2024년 이투스북 수학 연간검토단

※ 지역명, 이름은 가나다순입니다.

─ 강원 ─

고민정	로이스 물맷돌 수학
고승희	고수수학
구영준	하이탑수학과학학원
김보건	영탑학원
김성영	빨리 강해지는 수학 과학
김정은	아이탑스터디
김지영	김지영 수학
김진수	MCR융합학원/PF수학
김호동	하이탑수학학원
김희수	이투스247원주
남정훈	으뜸장원학원
노명훈	노명훈쌤의 알수학학원
노명희	탑클래스
박미경	수올림수학전문학원
박상윤	박상윤수학
배형진	화천학습관
백경수	이코수학
서아영	스텝영수단과학원
신동현	이코수학
심수경	Pf math
안현지	전문과외
양광석	원주고등학교
오준환	수학다움학원
유선형	Pf math
이윤서	더자람교실
이태현	하이탑 수학학원
이현우	베스트수학과학학원
장해연	영탑학원
정복인	하이탑수학과학학원
정인혁	수학과통하다학원
최수남	강릉 영.수배움교실
최재현	원탑M학원
홍지선	홍수학교습소

─ 경기 ─

강명식	매쓰온수학학원
강민정	한진홈스쿨
강민종	필에듀학원
강소미	솜수학
강수정	노마드 수학학원
강신충	원리탐구학원
강영미	쌤과통하는학원
강유정	더배움학원
강정희	쓱보고싹푼다
강진욱	고밀도 학원
강태희	한민고등학교
강하나	강하나수학
강현숙	루트엠수학교습소
경유진	오늘부터수학학원
경지현	화서탑이지수학
고규혁	고동국수학학원
고동국	고동국수학학원
고명지	고쌤수학학원

고상준	준수학교습소
고안나	기찬에듀기찬수학
고지윤	고수학전문학원
고진희	지니Go수학
곽병무	뉴파인 동탄 특목관
곽진영	전문과외
구재희	오성학원
구창숙	이룸학원
권영미	에스이마고수학학원
권영아	늘봄수학
권은주	나만수학
권준환	와이솔루션수학
권지우	수학앤마루
기소연	지혜의 틀 수학기지
김강환	뉴파인 동탄고등1관
김강희	수학전문 일비충천
김경민	평촌 바른길수학학원
김경오	더하다학원
김경진	경진수학학원 다산점
김경태	함께수학
김경훈	행복한학생학원
김관태	케이스 수학학원
김국환	전문과외
김덕락	준수학 수학학원
김도완	프라매쓰 수학 학원
김도현	유캔매쓰수학교습소
김동수	김동수학원
김동은	수학의힘 평택지제캠퍼스
김동현	JK영어수학전문학원
김미선	안양예일영수학원
김미옥	알프 수학교실
김민겸	더퍼스트수학교습소
김민경	경화여자중학교
김민경	더원수학
김민석	전문과외
김보경	새로운희망 수학학원
김보람	효성 스마트해법수학
김복현	시온고등학교
김상욱	Wook Math
김상윤	막강한수학학원
김새로미	뉴파인동탄특목관
김서림	엠베스트갈매
김서영	다인수학교습소
김석호	푸른영수학원
김선혜	분당파인만학원 중등부
김선홍	고밀도학원
김성	블랙박스수학과학전문학원
김세준	SMC수학학원
김소영	김소영수학학원
김소영	호매실 예스셈올림피아드
김소희	도촌동멘토해법수학
김수림	전문과외
김수연	김포셀파우등생학원
김수진	봉담 자이 라피네 진샘수학
김슬기	용죽 센트로학원
김승현	대치매쓰포유 동탄캠퍼스학원
김시훈	smc수학학원
김연진	수학메디컬센터
김영아	브레인캐슬 사고력학원

김완수	고수학
김용덕	(주)매쓰토리수학학원
김용환	수학의아침
김용희	솔로몬학원
김유리	미사페르마수학
김윤경	구리국빈학원
김윤재	코스매쓰 수학학원
김은미	탑브레인수학과학학원
김은영	세교수학의힘
김은채	채채 수학 교습소
김은향	의왕하이클래스
김정현	채움스쿨
김종균	케이수학
김종남	제너스학원
김종화	퍼스널개별지도학원
김주영	정진학원
김주용	스타수학
김지선	고산원탑학원
김지선	다산참수학영어2관학원
김지영	수이학원
김지윤	광교오드수학
김지현	엠코드수학과학원
김지효	로고스에이
김진만	아빠수학엄마영어학원
김진민	에듀스템수학전문학원
김진영	예미지우등생교실
김창영	하이포스학원
김태익	설봉중학교
김태진	프라임리만수학학원
김태학	평택드림에듀
김하영	막강수학학원
김하현	로지플 수학
김학준	수담 수학 학원
김학진	별을셀수학
김현자	생각하는수학공간학원
김현정	생각하는Y.와이수학
김현주	서부세종학원
김현지	프라임대치수학교습소
김형숙	가우스수학학원
김혜정	수학을말하다
김혜지	전문과외
김혜진	동탄자이교실
김호숙	호수학원
나영우	평촌에듀플렉스
나혜림	마녀수학
남선규	로지플수학
노영하	노크온 수학 학원
노진석	고밀도학원
노혜숙	지혜숲수학
도건민	목동 LEN
류은경	매쓰랩수학교습소
마소영	스터디MK
마정이	정이 수학
마지희	이안의학원 화정캠퍼스
문다영	평촌 에듀플렉스
문장원	에스원 영수학원
문재웅	수학의 공간
문제승	성공수학
문지현	문쌤수학

문진희	플랜에이수학학원
민건홍	칼수학학원 중.고등관
민동건	전문과외
민윤기	배곧 알파수학
박강희	끝장수학
박경훈	리버스수학학원
박규진	김포 하이스트
박대수	대수학
박도솔	도솔샘수학
박도현	진성고등학교
박민서	칼수학전문학원
박민정	악어수학
박민주	카라Math
박상일	생각의숲 수풀림수학학원
박성찬	성찬쌤's 수학의공간
박소연	이투스기숙학원
박수민	유레카 영수학원
박수현	용인능회 씨앗학원
박수현	리더가되는수학교습소
박신태	디엘수학전문학원
박연지	상승에듀
박영주	일산 후곡 쉬운수학
박우희	푸른보습학원
박유승	스터디모드
박윤호	이룸학원
박은주	은주쌤샘 수학공부방
박은주	스마일수학
박은진	지오수학학원
박은희	수학에빠지다
박장군	수리연학원
박재연	아이셀프수학교습소
박재현	LETS
박재홍	열린학원
박정화	우리들의 수학원
박종림	박쌤수학
박종필	정석수학학원
박주리	수학에반하다
박지영	마이엠수학학원
박지윤	파란수학학원
박지혜	수이학원
박진한	엡실론학원
박진홍	상위권을 만드는 고밀도 학원
박찬व	박종호수학학원
박태수	전문과외
박하늘	일산 후곡 쉬운수학
박현숙	전문과외
박현정	빡꼼수학학원
박현정	탑수학 공부방
박혜림	림스터디 수학
박희동	미르수학학원
방미양	JMI 수학학원
방혜정	리더스수학영어
배재준	연세영어고려수학 학원
배정혜	이화수학
배준용	변화의시작
배탐스	안양 삼성학원
백흥룡	성공수학학원
변상선	바른샘수학전문보습학원
서장호	로켓수학학원

최지윤	와이즈만 분당영재입시센터	김수진	수학의봄수학교습소
최한나	수학의아침	김양준	이룸학원
최호순	관찰과추론	김연지	하이퍼영수학원
표광수	풀무질 수학전문학원	김옥경	다온수학전문학원
하정훈	하쌤학원	김재현	타임영수학원
하창형	오늘부터수학학원	김정두	해성고등학교
한경태	한경태수학전문학원	김진형	수풀림 수학학원
한규욱	대치메이드학원	김치남	수나무학원
한기언	한스수학학원	김해성	AHHA수학(아하수학)
한동훈	고밀도학원	김형균	칠원채움수학
한문수	성빈학원	김형신	대치스터디 수학학원
한미정	한쌤수학	김혜영	프라임수학
한상훈	동탄수학과학학원	김혜인	조이매쓰
한성필	더프라임학원	김혜정	올림수학 교습소
한세은	이지수학	노현석	비코즈수학전문학원
한수민	SM수학학원	문소영	문소영수학관리학원
한유호	에듀셀파 독학 기숙학원	문주란	장유 올바른수학
한은기	참선생 수학 동탄호수	민동록	민쌤수학
한지희	이음수학학원	박규태	에듀탑영수학원
한혜숙	창의수학 플레이팩토	박소현	오름수학전문학원
함민호	에듀매쓰수학학원	박영진	대치스터디수학학원
함영호	함영호고등전문수학클럽	박우열	앤즈스터디메이트 학원
허지현	최상위권수학학원	박임수	고탑(GO TOP)수학학원
홍성미	부천옥길홍수학	박정길	아쿰수학학원
홍성민	해법영어 셀파우등생 일월	박주연	마산무학여자고등학교
	메디 학원	박진현	박쌤과외
홍세정	인투엠수학과학학원	박혜인	참좋은학원
홍유진	평촌 지수학학원	배미나	경남진주시
홍의찬	원수학	배종우	매쓰팩토리 수학학원
홍재욱	켈리윙즈학원	백은애	매쓰플랜수학학원
홍재화	아론에듀학원	성민지	베스트수학교습소
홍정욱	광교 김샘수학 3.14고등수학	송상윤	비상한수학학원
홍지유	HONGSSAM창의수학	신동훈	수과람학원
홍훈희	MAX 수학학원	신욱희	창익학원
황두연	전문과외	안성휘	매쓰팩토리 수학학원
황민지	수학하는날 입시학원	안지영	모두의수학학원
황선아	서나수학	어다혜	전문과외
황애리	애리수학학원	유인영	마산중앙고등학교
황영미	오산일신학원	유준성	시퀀스영수학원
황은지	멘토수학과학학원	윤영진	유클리드수학과학학원
황인영	더올림수학학원	이근영	매스마스터수학전문학원
황지훈	명문JS입시학원	이나영	TOP Edu
		이선미	삼성영수학원
		이아름	애시앙 수학맛집
		이유진	멘토수학교습소

◇─ 경남 ─◇

강경희	TOP Edu
강도윤	강도윤수학컨설팅학원
강지혜	강선생수학학원
고병옥	옥쌤수학과학학원
고성대	math911
고은정	수학은고쌤학원
권영애	권쌤수학
김가령	킴스아카데미
김경문	참진학원
김미양	오렌지클래스학원
김민석	한수위 수학학원
김민정	창원스키마수학
김선희	책벌레국영수학원
김송은	은쌤 수학

이진우	전문과외
이현주	즐거운 수학 교습소
장초향	이룸플러스수학학원
전창근	수과원학원
정승엽	해냄학원
정주영	다시봄이룸수학학원
조소현	in수학전문학원
조윤호	조윤호수학학원
주기호	비상한수학국어학원
차민성	율하차쌤수학
최소현	펠릭스 수학학원
하윤석	거제 정금학원
황진호	타임수학학원
황혜숙	합포고등학교

◇─ 경북 ─◇

강경훈	예천여자고등학교
강혜연	BK 영수전문학원
권오준	필수학영어학원
권호준	위너스터디학원
김대훈	이상렬입시단과학원
김동수	문화고등학교
김동욱	구미정보고등학교
김명훈	김민재수학
김보아	매쓰킹공부방
김수현	꿈꾸는 I
김윤정	더채움영수학원
김은미	매쓰그로우 수학학원
김재경	필즈수학영어학원
김태웅	에듀플렉스
김형진	닥터박수학전문학원
남영준	아르베수학전문학원
문소연	조쌤보습학원
박다현	최상위해법수학학원
박명훈	수학행수학학원
박우혁	예천연세학원
박유건	닥터박 수학학원
박은영	esh수학의달인
박진성	포항제철중학교
방성훈	매쓰그로우 수학학원
배재현	수학만영어도학원
백기남	수학만영어도학원
성세현	이투스수학두호장량학원
손나래	이든샘영수학원
손주희	이루다수학과학
송미경	이로지오 학원
송종진	김천고등학교
신광섭	광 수학학원
신승규	영남삼육고등학교
신승용	유신수학전문학원
신지현	문영수 학원
신채윤	포항제철고등학교
안지훈	강한수학
염성군	근화여자고등학교
예보경	피타고라스학원
오선민	수학만영어도학원
윤장영	윤쌤아카데미
이경하	안동 풍산고등학교
이다례	문매쓰달쌤수학
이상원	전문가집단 영수학원
이상현	인투학원
이성국	포스카이학원
이송제	다올입시학원
이영성	영주여자고등학교
이재광	생존학원
이준호	이준호수학교습소
이혜민	영남삼육중학교
이혜은	김천고등학교
장아름	아름수학학원
정은미	수학의봄학원
정재훈	현일고등학교
조진우	늘품수학학원
조현정	올댓수학
진성은	전문과외

천경훈	천강수학전문학원
최수영	수학만영어도학원
최진영	구미시 금오고등학교
추민지	닥터박수학학원
추호성	필즈수학영어학원
표현석	안동 풍산고등학교
하홍민	홍수학
홍영준	하이맵수학학원

◇─ 광주 ─◇

강민결	광주수피아여자중학교
강승완	블루마인드아카데미
곽웅수	카르페영수학원
권용식	와이엠 수학전문학원
김국진	김국진짜학원
김국철	풍암필즈수학학원
김대균	김대균수학학원
김동희	김동희수학학원
김미경	임팩트학원
김성기	원픽 영수학원
김안나	풍암필즈수학학원
김원진	메이블수학전문학원
김은석	만문제수학전문학원
김재광	디투엠 영수학학원
김종민	퍼스트수학학원
김태성	일곡지구 김태성 수학
김현진	에이블수학학원
나혜경	고수학학원
마채연	마채연 수학 전문학원
박서정	더강한수학전문학원
박용우	광주 더샘수학학원
박주홍	KS수학
박충현	본수학과학전문학원
박현영	KS수학
변석주	153유클리드수학 학원
빈선욱	빈선욱수학전문학원
선승연	MATHTOOL수학교습소
소병효	새움수학전문학원
손광일	송원고등학교
손동규	툴즈수학교습소
송승용	송승용수학학원
신성호	신성호수학공화국
신예준	JS영재학원
신현석	프라임 아카데미
심여주	웅진 공부방
양동식	A+수리수학원
어흥범	매쓰피아
위광복	우산해라클래스학원
이만재	매쓰로드수학
이상혁	감성수학
이승현	본(本)영수학원
이창현	알파수학학원
이채연	알파수학학원
이충현	전문과외
이헌기	보문고등학교
임태관	매쓰멘토수학전문학원
장광현	장쌤수학
장민경	일대일코칭수학학원

장영진	새움수학전문학원	박경득	파란수학
전주현	전문과외	박도희	전문과외
정다원	광주인성고등학교	박민석	아크로수학학원
정다희	다희쌤수학	박민정	빡쎈수학교습소
정수인	더최선학원	박산성	Venn수학
정원섭	수리수학학원	박수연	쌤통수학학원
정인용	일품수학학원	박순찬	찬스수학
정종규	에스원수학학원	박옥기	매쓰플랜수학학원
정태규	가우스수학전문학원	박장호	대구혜화여자고등학교
정형진	BMA롱맨영수학원	박정욱	연세스카이수학학원
조일양	서안수학	박지훈	더엠수학학원
조현진	조현진수학학원	박태호	프라임수학교습소
조형서	조형서 수학교습소	박현주	매쓰플래너
채소연	마하나임 영수학원	방소연	대치깊은생각수학학원
천지선	고수학학원		시지본원
최지웅	미라클학원	백승대	백박사학원
최혜정	이루다전문학원	백승환	수학의봄 수학교습소

◇ — 대구 —

강민영	매씨지수학학원	백재규	필즈수학공부방
고민정	전문과외	백태민	학문당입시학원
곽미선	좀다른수학	백현식	바른입시학원
구정모	제니스클래스	변용기	라온수학학원
구현태	대치깊은생각수학학원 시지본원	서경도	서경도수학교습소
권기현	이렇게좋은수학교습소	서재은	절대등급수학
권보경	학문당입시학원	성웅경	더빡쎈수학학원
권혜진	폴리아수학2호관학원	소현주	정S과학수학학원
김기연	스텝업수학	손승연	스카이수학
김대운	그릿수학831	손태수	트루매쓰 학원
김도영	땡큐수학학원	송영배	수학의정원
김동영	통쾌한 수학	신묘숙	매쓰매티카 수학교습소
김득현	차수학 교습소 사월 보성점	신수진	폴리아수학학원
김명서	샘수학	신은경	황금라온수학
김미경	폴린다수학교습소	신은주	하이매쓰학원
김미랑	랑쌤수해	양강일	양쌤수학과학학원
김미소	전문과외	양은실	제니스 클래스
김미정	일등수학학원	오세욱	IP수학과학학원
김상우	에이치투수학교습소	윤기호	샤인수학학원
김선영	수학학원 바른	이규철	좋은수학
김성무	김성무수학 수학교습소	이남희	이남희수학
김수영	봉덕김쌤수학학원	이만희	오르라수학전문학원
김수진	지니수학	이명희	잇츠생각수학 학원
김연정	유니티영어	이상훈	명석수학학원
김유진	S.M과외교습소	이수현	하이매쓰 수학교습소
김재홍	경북여자상업고등학교	이원영	엠제이통수학영어학원
김정우	이룸수학학원	이인호	본투비수학교습소
김종희	학문당 입시학원	이일균	수학의달인 수학교습소
김지연	찐수학	이종환	이꼼수학
김지영	김지영수학교습소	이준우	깊을준수학
김지은	정화여자고등학교	이지민	아이플러스 수학
김채영	전문과외	이진영	소나무학원
김태진	김태진 스카이루트 수학과학 학원	이진욱	시지이룸수학학원
김태환	로고스수학학원(성당원)	이창우	강철FM수학학원
김해은	한상철수학과학학원 상인원	이태형	가토수학과학학원
김현숙	메타매쓰	이한조	닥터엠에스
남인제	미쓰매쓰수학학원	이효진	진선생수학학원
노현진	트루매쓰 수학학원	임신옥	KS수학학원
민병문	선택과 집중	임유진	박진수학
		장두영	바움수학학원
		장세완	장선생수학학원
		장시현	전문과외

전동형	땡큐수학학원	서동원	수학의 중심 학원
전수민	전문과외	서영준	힐탑학원
전준현	매쓰플랜수학학원	선진규	로하스학원
전지영	전지영수학	송규성	하이클래스학원
정민호	스테듀입시학원	송다인	더브라이트학원
정재현	율사학원	송인석	송인석수학학원
조미란	엠투엠수학 학원	송정은	바른수학전문교실
조성애	조성애세움학원	신성철	도안베스트학원
조연호	Cho is Math	신성호	수학과학하다
조유정	다원MDS	신원진	공감수학학원
조인혁	루트원수학과학 학원	신익주	신 수학 교습소
조지연	연쌤영수학원	심효흠	일인주의학원
주기헌	송현여자고등학교	양지연	자람수학
진수정	마틸다수학	오우진	양영학원
최대진	엠프로수학학원	우현석	EBS 수학우수학원
최은미	수학다움 학원	유수림	수림수학학원
최정이	탑수학교습소(국우동)	유준호	더브레인코어 학원
최현정	MQ멘토수학	윤석주	윤석주수학전문학원
최희희	다온수학학원	윤찬근	오르고 수학학원
하태호	팀하이퍼 수학학원	이국빈	케이플러스수학
한원기	한쌤수학	이규영	쉐마수학학원
홍은아	탄탄수학교실	이민호	매쓰플랜수학학원 반석지점
황가영	루나수학	이성재	알파수학학원
황지현	위드제스트수학학원	이소현	바칼로레아영수학원
		이수진	대전관저중학교
		이용희	수림학원
◇ — 대전 —		이일녕	양영학원
강유식	연세제일학원	이재옥	청명대입학원
강홍규	최강학원	이준모	전문과외
고지훈	고지훈수학 지적공감입시학원	이희도	전문과외
김 일	더브레인코어 학원	인승열	신성 수학나무 공부방
김근아	닥터매쓰205	임병수	모티브
김근하	엠씨스터디수학학원	임현호	전문과외
김남홍	대전종로학원	장용훈	프라임수학
김덕한	더칸수학학원	전병전	더브레인코어 학원
김동근	엠투오영재학원	전하윤	전문과외
김민지	(주)청명에페보스학원	정순영	공부방,여기
김복응	더브레인코어 학원	정지윤	더브레인코어 학원
김상현	세종입시학원	조용호	오르고 수학학원
김수빈	제타수학전문학원	조창희	시그마수학교습소
김승환	청운학원	조충현	로하스학원
김윤혜	슬기로운수학교습소	차영진	연세언더우드수학
김주성	양영학원	차지훈	모티브에듀학원
김지현	파스칼 대덕학원	홍진국	저스트학원
김 진	발상의전환 수학전문학원	황은실	나린학원
김진수	김진수학		
김태형	청명대입학원		
김하은	전문과외	◇ — 부산 —	
김한솔	시대인재 대전	고경희	대연고등학교
김해찬	전문과외	권병국	케이스학원
김휘식	양영학원 고등관	권순석	남천다수인
나효명	열린아카데미	권영린	과사람학원
류재원	양영학원	김건우	4퍼센트의 논리 수학
박가와	마스터플랜 수학전문학원	김경희	해운대영수전문y-study
박솔비	매쓰톡수학 교습소	김대현	해운대중학교
박주희	빡쌤의 빡센수학	김도현	해신수학학원
박지성	엠아이큐수학학원	김도형	명작수학
배용제	굿티쳐강남학원	김민규	다비드수학학원
백승정	오르고 수학학원	김민영	정모클입시학원

김성민 직관수학학원	조 훈 캔필학원	김미영 명수학교습소	김지은 티포인트 에듀
김승호 과사람학원	주유미 엠투수학공부방	김미영 정일품 수학학원	김지은 수학대장
김애랑 채움수학교습소	채송화 채송화수학	김미진 채움수학	김지은 분석수학 선두학원
김원진 수성초등학교	천현민 키움스터디	김미희 행복한수학쌤	김지훈 드림에듀학원
김지연 김지연수학교습소	최광은 럭스 (Lux) 수학학원	김민수 대치 원수학	김지훈 형설학원
김초록 수날다수학교습소	최수정 이루다수학	김민정 전문과외	김지훈 마타수학
김태영 뉴스터디학원	최운교 삼성영어수학전문학원	김민지 강북 메가스터디학원	김진규 서울바움수학(역삼럭키)
김태진 한빛단과학원	최준승 주감학원	김민창 김민창 수학	김진영 이대부속고등학교
김효상 코스터디학원	하 현 하현수학교습소	김병수 중계 학림학원	김찬열 라엘수학
나기열 프로매스수학교습소	한주환 으뜸나무수학학원	김병호 국선수학학원	김창재 중계세일학원
노지연 수학공간학원	한혜경 한수학 교습소	김보민 이투스수학학원 상도점	김창주 고등부관 스카이학원
노향희 노쌤수학학원	허영재 자하연 학원	김부환 압구정정보강북수학학원	김태현 SMC 세곡관
류형수 연산 한샘학원	허윤정 올림수학전문학원	김상철 미래탐구마포	김태훈 성북 페르마
박대성 키움수학교습소	허정은 전문과외	김상호 압구정 파인만 이촌특별관	김하늘 역경패도 수학전문
박성찬 프라임학원	황영찬 수피움 수학	김선정 이룸학원	김하민 서강학원
박연주 매쓰메이트수학학원	황진영 진심수학	김성숙 써큘러스리더 러닝센터	김하연 전문과외
박재용 해운대영수전문y-study	황하남 과학수학의봄날학원	김성현 하이탑수학학원	김향기 동대문중학교
박주형 삼성에듀학원		김성호 개념상상(서초관)	김현미 김현미수학학원
배철우 명지 명성학원	◇─ 서울 ─◇	김수민 통수학학원	김현욱 리마인드수학
백융일 과사람학원	강동은 반포 세정학원	김수정 유니크 수학	김현유 혜성여자고등학교
부종민 부종민수학	강성철 목동 일타수학학원	김수진 싸인매쓰수학학원	김현정 미래탐구 중계
서유진 다올수학	강수진 블루플랜	김수진 깊은수학학원	김현주 숙명여자고등학교
서은지 ESM영수전문학원	강영미 슬로비매쓰수학학원	김승원 솔(sol)수학학원	김현지 전문과외
서자현 과사람학원	강은녕 탑수학학원	김승훈 하이스트 염창관	김형진 소자수학학원
서평승 신의학원	강종철 쿠메수학교습소	김양식 송파영재센터GTG	김혜연 수학작가
손희옥 매쓰폴수학학원	강주석 염광고등학교	김여옥 매쓰홀릭학원	김호영 장학학원
송다슬 전문과외	강태윤 미래탐구 대치 중등센터	김연정 전문과외	김홍수 김홍학원
심현섭 과사람학원	강현숙 유니크학원	김연주 목동쌤올림수학	김효선 토이300컴퓨터교습소
심혜정 명품수학	계훈범 MathK 공부방	김영란 일심수학학원	김효정 블루스카이학원 반포점
안남희 명지 실력을키움수학	고수환 상승곡선학원	김영미 제로미수학교습소	김후광 압구정파인만
안애경 오메가 수학 학원	고재일 대치 토브(TOV)수학	김영숙 수 플러스학원	김희연 이룸공부방
안찬종 전문과외	고지영 황금열쇠학원	김영재 한그루수학	김희원 대일외국어고등학교
양인희 에센셜수학교습소	고 현 네오 수학학원	김영준 강남매쓰탑학원	김희진 엑시엄 수학학원
오인혜 하단초등학교	공정현 대공수학학원	김영진 세움수학학원	나은영 메가스터리 러셀중계
오희영	곽슬기 목동매쓰원수학학원	김 유 전문과외	나태산 중계 학림학원
옥승길 옥승길수학학원	구난영 셀프스터디수학학원	김유진 전문과외	남식훈 수학만
이가연 엠오엠수학학원	구순모 세진학원	김윤태 두각학원, 김종철 국어수학	남호성 퍼씰수학전문학원
이경덕 수학으로 물들어 가다	권가영 커스텀(CUSTOM)수학	전문학원	노동일 형설학원
이경수 경:수학	권경아 청담해법수학학원	김윤희 유니수학교습소	류도현 서초구 방배동
이명희 조이수학학원	권민경 전문과외	김은숙 전문과외	류정민 사사모플러스수학학원
이아름누리 청어람학원	권상호 수학은권상호 수학학원	김은영 선우수학	목영훈 목동 일타수학학원
이정화 수학의 힘 가야캠퍼스	권용만 은광여자고등학교	김은영 와이즈만은평	목지아 수리티수학학원
이지영 오늘도,영어그리고수학	권은진 참수학뿌리국어학원	김은영 휘경여자고등학교	문근실 시리우스수학
이지은 한수연하이매쓰	김가회 에이원수학학원	김은찬 엑시엄수학학원	문성호 차원이다른수학학원
이 철 과사람학원	김강현 구주이배수학학원 송파점	김은현 김쌤깨알수학	문소정 대치명인학원
이효정 해 수학	김경진 덕성여자중학교	김의진 서울 성북구 채움수학	문용근 올림 고등수학
장지원 해신수학학원	김경희 전문과외	김이슬 전문과외	문지훈 문지훈수학
장진권 오메가수학	김규보 메리트수학원	김이현 에듀플렉스 고덕지점	박경보 최고수챌린지에듀학원
전경훈 대치명인학원	김규연 수력발전소학원	김인기 중계 학림학원	박경원 대치메이드 반포관
전완재 강앤전 수학학원	김금화 그루터기 수학학원	김재산 목동 일타수학학원	박광남 올마이티캠퍼스
전우빈 과사람학원	김기덕 메가 매쓰 수학학원	김재성 티포인트에듀학원	박교국 백인대장
전찬용 다이나믹학원	김나래 전문과외	김재연 규연 수학 학원	박근백 대치멘토스학원
정운용 정쌤수학교습소	김나영 대치 새움학원	김재현 Creverse 고등관	박동진 더힐링수학 교습소
정의진 남천다수인	김도규 김도규수학학원	김정민 청어람 수학원	박리안 CMS서초고등부
정휘수 제이매쓰수학방	김동균 더채움 수학학원	김정민	박명훈 김샘학원 성북캠퍼스
정희정 정쌤수학	김명후 김명후 수학학원	김정아 지올수학	박미라 매쓰몽
조아영 플레이팩토 오션시티교육원	김미란 퍼펙트수학	김지선 수학전문 순수	박민정 목동 깡수학과학학원
조우영 위드유수학학원	김미아 일등수학교습소	김지숙 김쌤수학의숲	박상길 대길수학
조은영 MIT수학교습소	김미애 스카이맥에듀	김지영 구주이배수학학원	박상후 강북 메가스터디학원

박설아	수학을삼키다학원 흑석2관	신채민	오스카 학원	이어진	신목중학교	장지식	피큐브아카데미
박성재	매쓰플러스수학학원	신현수	현수쌤의 수학해설	이영하	키움수학	장희준	대치 미래탐구
박소영	창동수학	심창섭	피에스수학학원	이용우	올림피아드 학원	전기열	유니크학원
박소윤	제이커브학원	심혜진	반포파인만학원	이원용	필과수 학원	전상현	뉴클리어 수학 교습소
박수견	비채수학원	안나연	전문과외	이원희	수학공작소	전성식	맥스전성식수학학원
박연주	물댄동산	안도연	목동정도수학	이유예	스카이플러스학원	전은나	상상수학학원
박연희	박연희깨침수학교습소	안주은	채움수학	이윤주	와이제이수학교습소	전지수	전문과외
박연희	열방수학	양원규	일신학원	이은경	신길수학	전진남	지니어스 논술 교습소
박영규	하이스트핏 수학 교습소	양지애	전문과외	이은숙	포르테수학 교습소	전진아	메가스터디
박영욱	태산학원	양창진	수학의 숲 수림학원	이은영	은수학교습소	정광조	로드맵수학
박용진	푸름을말하다학원	양해영	청출어람학원	이재봉	형설에듀이스트	정다운	정다운수학교습소
박정아	한신수학과외방	엄시온	올마이티캠퍼스	이재용	이재용the쉬운수학학원	정대영	대치파인만
박정훈	전문과외	엄유빈	유빈쌤 수학	이정석	CMS서초영재관	정명련	유니크 수학학원
박종선	스터디153학원	엄지희	티포인트에듀학원	이정섭	은지호 영감수학	정무웅	강동드림보습학원
박종원	상아탑학원 / 대치오르비	엄태웅	엄선생수학	이정호	정샘수학교습소	정문정	연세수학원
박종태	일타수학학원	여혜연	성북미래탐구	이제현	막강수학	정민교	진학학원
박주현	장훈고등학교	염승훈	이가 수학학원	이종혁	유인어스 학원	정민준	사과나무학원(양천관)
박준하	전문과외	오명석	대치 미래탐구 영재 경시	이종호	MathOne수학	정수정	대치수학클리닉 대치본점
박진희	박선생수학전문학원		특목센터	이종환	카이수학전문학원	정슬기	티포인트에듀학원
박 현	상일여자고등학교	오재경	성북 학림학원	이주연	목동 하이씨앤씨	정승희	뉴파인
박현주	나는별학원	오재현	강동파인만 고덕 고등관	이준석	이가수학학원	정연화	풀우리수학
박혜진	강북수재학원	오종택	에이원수학학원	이지연	단디수학학원	정영아	정이수학교습소
박혜진	진매쓰	오한별	광문고등학교	이지우	제이 앤 수 학원	정유미	휴브레인압구정학원
박흥식	송파연세수보습학원	우동훈	헤파학원	이지혜	세레나영어수학학원	정은경	제이수학
방정은	백인대장 훈련소	위명훈	대치명인학원(마포)	이지혜	대치파인만	정은영	CMS
방효건	서준학원 지혜관	위성승	시대인재수학스쿨	이지훈	백향목에듀수학학원	정재윤	성덕고등학교
배재형	배재형수학	위형채	에이치앤제이형설학원	이 진	수박에듀학원	정진아	정선생수학
백아름	아름쌤수학공부방	유가영	탑솔루션 수학 교습소	이진덕	카이스트수학학원	정찬민	목동매쓰원수학학원
서근환	대진고등학교	유시준	목동강수학과학학원	이진희	서준학원	정화진	진화수학학원
서다인	수학의봄학원	유정연	장훈고등학교	이창석	핵수학 수학전문학원	정환동	씨앤씨0.1%의대수학
서민국	시대인재	유환승	강북청솔학원	이채윤	전문과외	정효석	최상위하다학원
서민재	서준학원	윤상문	청어람수학원	이충훈	QANDA	조경미	레벨업수학(feat.과학)
서수연	수학전문 순수	윤석원	공감수학	이학송	뷰티풀마인드 수학학원	조병훈	꿈을담는수학
서승희	딥브레인수학	윤여균	전문과외	이 혁	강동메르센수학학원	조아라	유일수학
서용준	와이제이학원	윤영숙	윤영숙수학학원	이현주	그레잇에듀	조아라	수학의시점
서원준	잠실 시그마 수학학원	윤인영	전문과외	이형수	피앤아이수학영어학원	조아람	서울 양천구 목동
서은애	하이탑수학학원	윤형중	씨알학당	이혜림	다오른수학학원	조원해	연세YT학원
서중은	블루플렉스학원	은 현	목동 cms 입시센터	이혜림	대동세무고등학교	조재묵	천광학원
서하나	라엘수학학원		과고대비반	이혜수	대치수학원	조정은	조수학교습소
석현욱	잇올스파르타	이경복	매스타트 수학학원	이호준	형설학원	조한진	새미기픈수학
선 철	일신학원	이경용	열공학원	이효준	다원교육	조햇봄	너의일등급수학
설세령	뉴파인 용산중고등관	이경주	생각하는 황소수학 서초학원	이효진	올토 수학학원	조현탁	전문가집단
손권민경	원인학원	이경환	전문과외	이희선	브리스톨	주용호	아찬수학교습소
손민정	두드림에듀	이광락	펜타곤학원	임규철	원수학 대치	주은재	주은재수학학원
손전모	다원교육	이규만	수퍼매쓰학원	임기호	대치 원수학	주정미	수학의꽃수학교습소
손정화	4퍼센트수학학원	이동규	형설학원	임다혜	시대인재 수학스쿨	지명훈	선덕고등학교
손충모	공감수학	이동훈	PGA	임민정	전문과외	지민경	고래수학교습소
송경호	스마트스터디 학원	이루마	김샘학원	임상혁	임상혁수학학원	진임진	전문과외
송동인	송동인수학명가	이민호	강안교육	임소영	123수학	진혜원	더올라수학교습소
송재혁	엑시엄수학전문학원	이상영	대치명인학원 은평캠퍼스	임영주	송파 세빛학원	차민준	이투스수학학원 중계점
송준민	송수학	이상훈	골든벨수학학원	임정빈	임정빈수학	차성철	목동강수학과학학원
송진우	도진우 수학 연구소	이서경	엘리트탑학원	임지혜	위드수학교습소	차슬기	사과나무학원 은평관
송해선	불곰에듀	이성용	수학의원리학원	임현우	선덕고등학교	차용우	서울외국어고등학교
신연우	개념폴리아 삼성청담관	이성재	지앤정 학원	장석진	이덕재수학이미선국어학원	채성진	수학에빠진학원
신은숙	마곡펜타곤학원	이소윤	목동선수학	장성훈	미독수학	채우리	라엘수학
신은진	상위권수학학원	이수지	전문과외	장세영	스펀지 영어수학 학원	채행원	전문과외
신정훈	STEP EDU	이수호	준토에듀수학학원	장승희	명품이앤엠학원	최경민	배움틀수학학원
신지영	아하 김일래 수학 전문학원	이슬기	예친에듀	장영신	송례중학교	최규식	최강수학학원 보라매캠퍼스
신지현	대치미래탐구	이시현	SKY미래연수학학원	장은영	목동강수학과학학원	최동영	중계이투스수학학원

최동욱 숭의여자고등학교
최백화 최백화수학
최병옥 최코치수학학원
최서훈 피큐브 아카데미
최성수 알티스수학학원
최성희 최쌤수학학원
최세남 엑시엄수학학원
최소민 최쌤ON수학
최엄견 차수학학원
최영준 문일고등학교
최용재 엠피리언학원
최용주 피크에듀학원
최윤정 최쌤수학학원
최정언 진화수학학원
최종석 강북수재학원
최지나 목동PGA전문가집단학원
최지선
최찬희 CMS중고등관
최철우 탑수학학원
최향애 피크에듀학원
최효원 한국삼육중학교
편순창 알면쉽다연세수학학원
피경민 대치명인sky
하태성 은평G1230
한나희 우리해법수학 교습소
한명석 아드폰테스
한승우 같이상승수학
한승환 짱솔학원 반포점
한유리 강북청솔학원
한정우 휘문고등학교
한태인 러셀 강남
한헌주 PMG학원
현제윤 정명수학교습소
홍상민 디스토리 수학학원
홍석화 강동홍석화수학학원
홍성윤 센티움
홍성주 굿매쓰 수학
홍성진 문해와 수리 학원
홍정아 홍정아 수학
홍지혜 전문과외
황의숙 The 나은학원

◇— 세종 —◇
강태원 원수학
권정섭 너희가 꽃이다
권현수 권현수 수학전문학원
김광연 반곡고등학교
김기평 바른길수학학원
김서현 봄날영어수학학원
김수경 김수경 수학교실
김우진 정진수학학원
김편전 세종 데카르트 학원
김혜림 단하나수학
류바른 더 바른학원
박민겸 강남한국학원
배명욱 GTM 수학전문학원
배지후 해밀수학과학학원
설지연 수학적상상력

신석현 알파학원
오세은 플러스 학습교실
오현지 오쌤수학
윤여민 윤솔빈 수학하자
이준영 공부는습관이다
이지희 수학의강자
이진원 권현수수학학원
이혜란 마스터수학교습소
임채호 스파르타수학보람학원
장준영 백년대계입시학원
정하윤 공부방
최성실 샤위너스학원
최시안 세종 데카르트 수학학원
황성관 카이젠프리미엄 학원

◇— 울산 —◇
강규리 퍼스트클래스 수학영어 전문학원
고규라 고수학
고영준 비엠더블유수학전문학원
권상수 호크마수학전문학원
김민정 전문과외
김봉조 퍼스트클래스 수학영어 전문학원
김수영 울산학명수학학원
김영배 이영수학학원
김제독 퍼스트클래스 수학전문학원
김진희 김진수학학원
김현조 깊은생각수학학원
나순현 물푸레수학교습소
문명화 문쌤수학나무
박국진 강한수학전문학원
박민식 위더스 수학전문학원
반려진 우정 수학의달인
성수경 위룰 수학영어 전문학원
안지환 안누 수학
오종민 수학공작소학원
이윤호 호크마수학
이은수 삼산차수학학원
이한나 꿈꾸는고래학원
정경래 로고스영어수학학원
최규종 울산 뉴토모 수학전문학원
최이영 한양 수학전문학원
허다민 대치동 허쌤수학
황금주 제이티 수학전문학원

◇— 인천 —◇
강동인 전문과외
고준호 베스트교육(마전직영점)
곽나래 일등수학
권경원 강수학학원
권기우 하늘스터디수학학원
금상원 수미다
기미나 기쌤수학
기혜선 체리온탑수학영어학원
김강현 강수학전문학원
김건우 G1230 검단아라캠퍼스
김남식 클라비스학원
김도영 태풍학원

김미희 희수학
김보건 대치S클래스 학원
김보경 오아수학
김연주 하나M수학
김영훈 청라공감수학
김윤경 엠베스트SE학원
김은주 형진수학학원
김응수 메타수학학원
김 준 쭌에듀학원
김준식 동춘아카데미 동춘수학
김진완 성일학원
김현기 옵티머스프라임학원
김현우 더원스터디학원
김현호 온풀이 수학 1관 학원
김형진 형진수학학원
김혜린 밀턴수학
김혜영 김혜영 수학
김혜지 전문과외
김효선 코다수학학원
남덕우 Fun수학
노기성 노기성개인과외교습
렴영순 이텀교육학원
박동석 매쓰플랜수학학원 청라지점
박소이 다빈치창의수학교습소
박용석 절대학원
박재섭 구월SKY수학과학전문학원
박정우 청라디에이블영어수학학원
박치문 제일고등학교
박해석 효성비상영수학원
박혜용 전문과외
박효성 지코스수학학원
서대원 구름주전자
서미란 파이데이아학원
석동방 송도GLA학원
손선진 일품수학과학전문학원
송대익 청라ATOZ수학과학학원
송세진 부평페르마
신현우 다원교육
안서은 Sun매쓰
안예원 전문과외
오정민 갈루아수학학원
오지연 수학의힘 용현캠퍼스
왕건일 토모수학학원
유성규 현수학전문학원
유혜정 유쌤수학
이루다 이루다 교육학원
이민혁 혜윰학원
이애희 부평해법수학교실
이예나 E&M 아카데미
이필규 신현엠베스트SE학원
이혜경 이혜경고등수학학원
이혜선 우리공부
장태식 라이징수학학원
장혜림 와풀수학
전우진 인사이트 수학학원
정대웅 와이드수학
정진영 정선생 수학연구소
조미숙 수학의 신 학원
조민관 이앤에스 수학학원

조현숙 boo1class
차승민 황제수학학원
채선영 전문과외
최덕호 엠스퀘어수학교습소
최문경 (주)영웅아카데미
최웅철 큰샘수학학원
최은진 동춘수학
최 진 절대학원
한성윤 전문과외
한희영 더센플러스학원
허민선 수학나무
현미선 써니수학
현진명 에임학원
홍미영 연세영어수학과외
황규철 혜윰수학전문학원

◇— 전남 —◇
강선희 태강수학영어학원
김경민 한샘수학
김광현 한수위수학학원
김도형 하이수학교실
김도희 가람수학개인과외
김성문 창평고등학교
김윤선 전문과외
김은경 목포덕인고등학교
김은지 나주혁신위즈수학영어학원
김정은 바른사고력수학
박미옥 목포 폴리아학원
박유정 요리수연산&해봄학원
박진성 해남 한가람학원
배미경 창의논리upup
백지하 엠앤엠
서창현 전문과외
성준우 광양제철고등학교
유혜정 전문과외
이강화 강승학원
이미아 한다수학
임정원 순천매산고등학교
임진아 브레인 수학
전윤정 라온수학학원
정은경 목포베스트수학
정정화 올라스터디
정현옥 JK영수전문
조두섭 무안 남악초등학교
조예은 스페셜 매쓰
조정인 나주엠베스트학원
주희정 주쌤의과수원
진양수 목포덕인고등학교
한용호 한샘수학
한지선 전문과외
황남일 SM 수학학원

◇— 전북 —◇
강원택 탑시드 수학전문학원
고혜련 성영재수학학원
권정욱 권정욱 수학
김상호 휴민고등수학전문학원
김선호 혜명학원

김성혁	S수학전문학원	김연희	whyplus 수학교습소	이은아	한다수학학원
김수연	전선생수학학원	김장훈	프로젝트M수학학원	이재장	깊은수학학원
김윤빈	쿼크수학영어전문학원	류혜선	진정성영어수학노형학원	이하나	에메트수학
김재순	김재순수학학원	박 찬	찬수학학원	이현주	수학다방
김준형	성영재 수학학원	박대희	실전수학	장다희	개인과외교습소
나승현	나승현전유나 수학전문학원	박승우	남녕고등학교	전혜영	타임수학학원
노기한	포스 수학과학학원	박재현	위더스입시학원	정광수	혜윰국영수단과학원
박광수	박선생수학학원	박진석	진리수	최원석	명사특강학원
박미숙	전문과외	백민지	가우스수학학원	최지원	청수303수학
박미화	엄쌤수학전문학원	양은석	신성여자중학교	추교현	더웨이학원
박선미	박선생수학학원	여원구	피드백수학전문학원	한호선	두드림영어수학학원
박세희	멘토이젠수학	오가영	메타수학학원	허유미	전문과외
박소영	황규종수학전문학원	오재일	터닝포인트영어수학학원		
박은미	박은미수학교습소	이민경	공부의마침표	◇— 충북 —◇	
박재성	올림수학학원	이상민	서이현아카데미학원	고정균	엠스터디수학학원
박재홍	예섬학원	이선혜	STEADY MATH	구강서	상류수학 전문학원
박지유	박지유수학전문학원	이영주	전문과외	김가흔	루트 수학학원
박철우	익산 청운학원	이현우	전문과외	김경희	점프업수학학원
배태익	스키마아카데미 수학교실	장영환	제로링수학교실	김대호	온수학전문학원
서영우	서영우수학교실	편미경	편쌤수학	김미화	참수학공간학원
성영재	성영재수학전문학원	하혜림	제일아카데미	김병용	동남수학하는사람들학원
송지연	아이비리그데칼트학원	허은지	Hmath학원	김영은	연세고려E&M
신영진	유나이츠학원	현수진	학고제입시학원	김재광	노블가온수학학원
심우성	오늘은수학학원			김정호	생생수학
양은지	군산중앙고등학교			김주희	매쓰프라임수학학원
양재호	양재호카이스트학원	◇— 충남 —◇		김하나	하나수학
양형준	대들보 수학	최소영	빛나는수학	김현주	루트수학학원
오혜진	YMS부송	강민주	수학하다 수학교습소	문지혁	수학의 문 학원
유현수	수학당	강범수	전문과외	박연경	전문과외
윤병오	이투스247익산	강 석	에이커리어	안진아	전문과외
이가영	마루수학국어학원	고영지	전문과외	윤성길	엑스클래스 수학학원
이보근	미라클입시학원	권순필	권쌤수학	윤성희	윤성수학
이송심	와이엠에스입시전문학원	권오운	광풍중학교	윤정화	페르마수학교습소
이인성	우림중학교	김경원	한일학원	이경미	행복한수학공부방
이지원	긱매쓰	김명은	더하다 수학학원	이연수	오창로뎀학원
이한나	전문과외	김미경	시티자이수학	이예나	수학여우정철어학원
이혜상	S수학전문학원	김태화	김태화수학학원	주니어	옥산캠퍼스
임승진	이터널수학영어학원	김한빛	한빛수학학원	이예찬	입실론수학학원
장재은	YMS입시학원	김현영	마루공부방	이윤성	블랙수학 교습소
정두리	전문과외	남기용	전문과외	이지수	일신여자고등학교
정용재	성영재수학전문학원	박유진	제이홈스쿨	전병호	이루다 수학 학원
정혜승	샤인학원	박재혁	명성수학학원	정수연	모두의수학
정환희	릿지수학학원	박지화	MATH1022	조병교	에르매쓰수학학원
조세진	수학의길	박혜정	전문과외	조원미	원쌤수학과학교실
조영신	성영재 수학전문학원	서봉원	서산SM수학교습소	조형우	와이파이수학학원
채승희	채승희수학전문학원	서승우	담다수학	최윤아	피티엠수학학원
최성훈	최성훈수학학원	서유리	더배움영수학원		
최영준	최영준수학학원	서정기	시너지S클래스 불당		
최 윤	엠투엠수학학원	송은선	전문과외		
최형진	수학본부	신경미	Honeytip		
황규종	황규종수학전문학원	신유미	무한수학학원		
		유정수	천안고등학교		
		유창훈	시그마학원		
◇— 제주 —◇		윤보희	충남삼성고등학교		
강경혜	강경혜수학	윤재웅	베테랑수학전문학원		
강나래	전문과외	이봉이	더수학교습소		
김기한	원탑학원	이아람	퍼펙트브레인학원		
김대환	The원 수학	이연지	하크니스 수학학원		
김보라	라딕스수학	이예진	명성학원		

수학의 바이블

유형

1권

대수

모든 유형을 싹 담은

수학의 바이블 유형ON

단계별 수준별 학습 시스템

1 🖊️ 꼭 풀어봐야 할 문제를 딱 알맞게 구성하여 학교시험 완벽 대비

- 내신 시험을 완벽히 준비할 수 있도록 시험에 나오는 모든 문제를 한 권에 담았습니다.
- 1권의 PART A의 문제를 한 번 더 풀고 싶다면 2권의 PART A′의 문제로 유형 집중 훈련을 할 수 있습니다.

2 ⬡ 유형 집중 학습 구성으로 수학의 자신감 up!

- 최신 기출 문제를 철저히 분석 / 유형별, 난이도별로 세분화하여 체계적으로 수학 실력을 키울 수 있습니다.
- 부족한 부분의 파악이 쉽고 집중 학습하기 편리한 구성으로 효과적인 학습이 가능합니다.

3 ⚙️ 수능을 담은 문제로 문제 해결 능력 강화

- 사고력을 요하는 문제를 통해 문제 해결 능력을 강화하여 상위권으로 도약할 수 있습니다.
- 최신 출제 경향을 담은 기출 문제, 기출변형 문제로 수능은 물론 변별력 높은 내신 문제들에 대비할 수 있습니다.

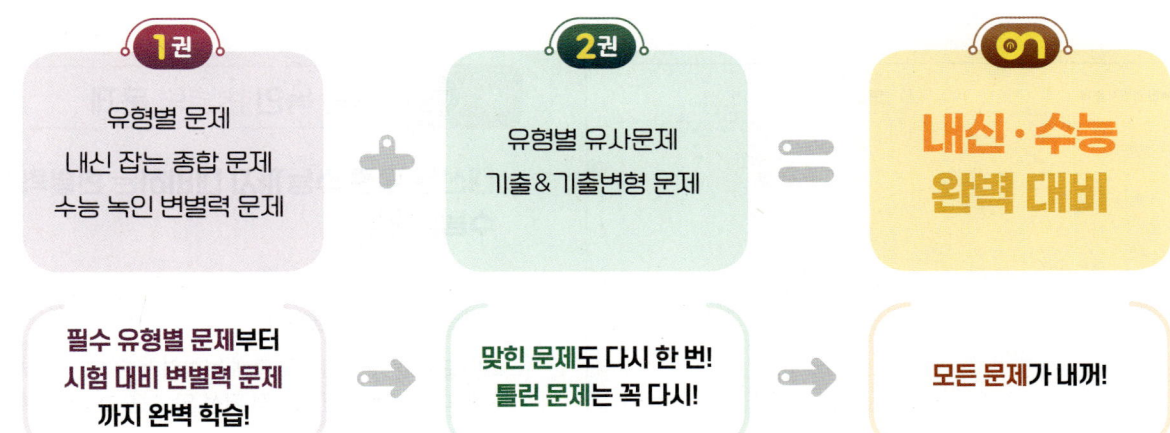

1권
유형별 문제
내신 잡는 종합 문제
수능 녹인 변별력 문제

+

2권
유형별 유사문제
기출&기출변형 문제

=

내신·수능 완벽 대비

필수 유형별 문제부터
시험 대비 변별력 문제
까지 완벽 학습!

➡️

맞힌 문제도 다시 한 번!
틀린 문제는 꼭 다시!

➡️

모든 문제가 내꺼!

이 책의 구성과 특장

모든 유형을 싹 쓸어 담아 한 권에!

PART A 유형별 문제

» 학교 시험에서 자주 출제되는 핵심 기출 유형

- 교과서 및 각종 시험 기출 문제와 출제 가능성 높은 예상 문제를 싹 쓸어 담아 개념, 풀이 방법에 따라 유형화하였습니다.

- 학교 시험에서 출제되는 수능형 문제를 대비할 수 있도록 수능 기출 , 평가원 기출 , 교육청 기출 문제를 엄선하여 수록하였습니다.

- 확인 문제 각 유형의 기본 개념 익힘 문제

- 대표문제 유형을 대표하는 필수 문제

- 중요 중요 빈출 문제, 서술형 서술형 문제

- 난이도 하, 중, 상

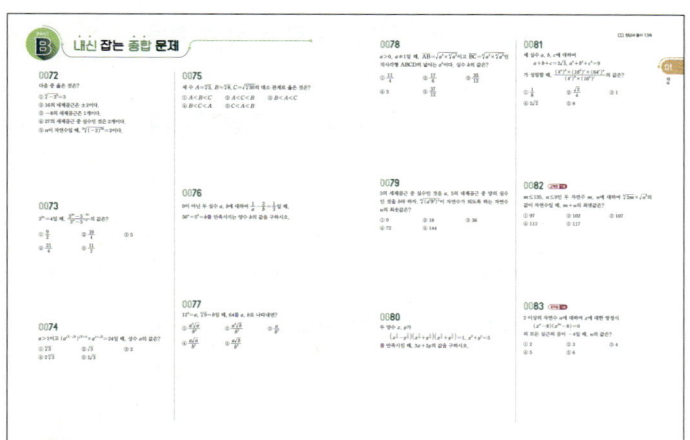

PART B 내신 잡는 종합 문제

» 핵심 기출 유형을 잘 익혔는지 확인할 수 있는 중단원별 내신 대비 종합 문제

- 각 중단원별로 반드시 풀어야 하는 문제를 수록하여 학교 시험에 대비할 수 있도록 하였습니다.

- 중단원 학습을 마무리하고 자신의 실력을 점검할 수 있습니다.

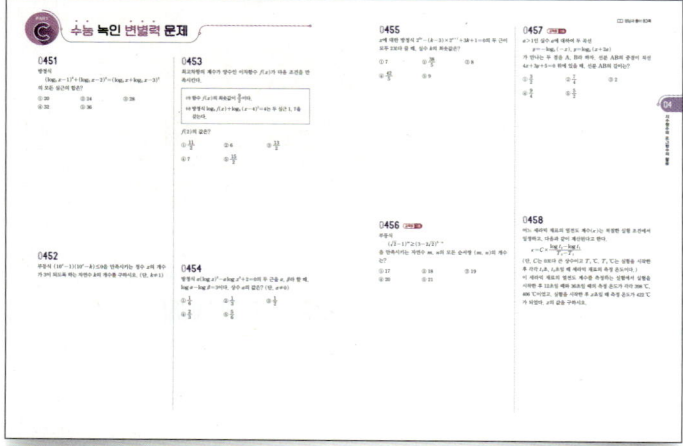

PART C 수능 녹인 변별력 문제

» 내신은 물론 수능까지 대비하는 변별력 높은 수능형 문제

- 문제 해결 능력을 강화할 수 있도록 복합 개념을 사용한 다양한 문제들로 구성하였습니다.

- 고난도 수능형 문제들을 통해 변별력 높은 내신 문제와 수능을 모두 대비하여 내신 고득점 달성 및 수능 고득점을 위한 실력을 쌓을 수 있습니다.

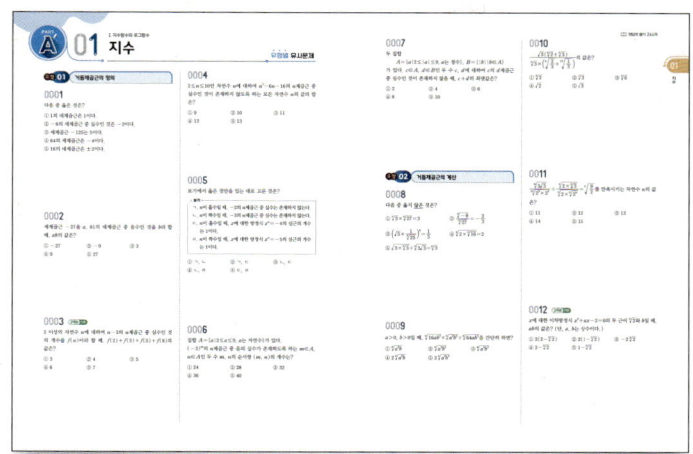

PART A' 유형별 유사문제

» 핵심 기출 유형을 완벽히 내 것으로 만드는 유형별 연습 문제

- 1권 PART A의 동일한 유형을 기준으로 각 문제의 유사, 변형 문제로 구성하여 충분한 유제를 통해 유형별 완전 학습이 가능하도록 하였습니다. 맞힌 문제는 더 완벽하게 학습하고, 틀린 문제는 반복 학습으로 약점을 줄여나갈 수 있습니다.

- 수능 변형, 평가원 변형, 교육청 변형 문제로 기출 문제를 이해하고 비슷한 유형이 출제되는 경우에 대비할 수 있습니다.

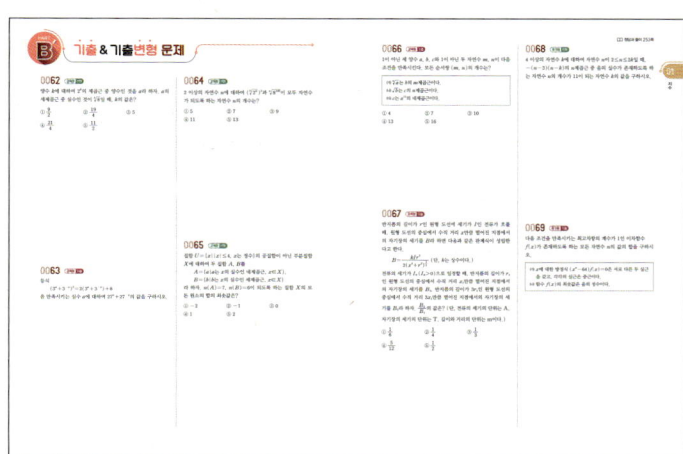

PART B' 기출 & 기출변형 문제

» 최신 출제 경향을 담은 기출 문제와 우수 기출 문제의 변형 문제

- 기출 문제를 통해 최신 출제 경향을 파악하고 우수 기출 문제의 변형 문제를 풀어 보면서 수능 실전 감각을 키울 수 있습니다.

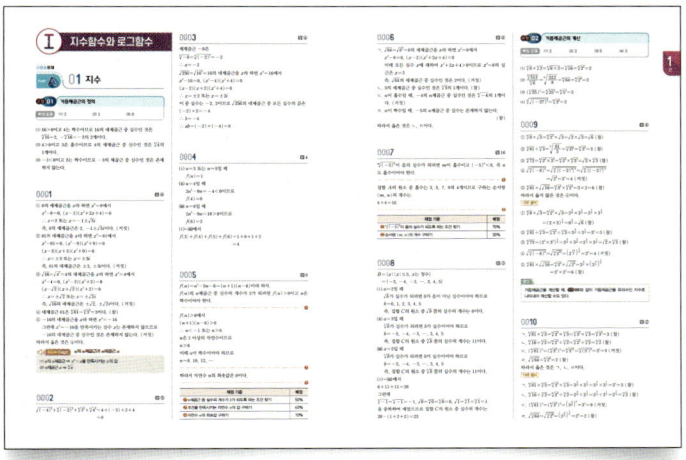

해설 정답과 풀이

» 완벽한 이해를 돕는 친절하고 명쾌한 풀이

- 문제 해결 과정을 꼼꼼하게 체크하고 이해할 수 있도록 친절하고 자세한 풀이를 실었습니다.

- Bible Says 문제 해결에 도움이 되는 학습 비법, 반드시 알아야 할 필수 개념, 공식, 원리

- 참고 해설 이해를 돕기 위한 부가적 설명

이 책의 차례

Ⅰ

지수함수와
로그함수

유형 01 거듭제곱근의 정의

(1) a의 n제곱근 $\iff$ n제곱하여 a가 되는 수
$\iff$ 방정식 $x^n = a$의 해

(2) n이 2 이상의 자연수일 때, 실수 a의 n제곱근 중 실수인 것은 다음과 같다.

	$a > 0$	$a = 0$	$a < 0$
n이 짝수	$\sqrt[n]{a}, -\sqrt[n]{a}$	0	없다.
n이 홀수	$\sqrt[n]{a}$	0	$\sqrt[n]{a}$

확인 문제

다음을 구하시오.

(1) 16의 네제곱근 중 실수의 개수
(2) 4의 세제곱근 중 실수의 개수
(3) -3의 제곱근 중 실수의 개수

🎧 개념ON 016쪽 🎧 유형ON 2권 004쪽

0001 대표문제

다음 중 옳은 것은?

① 8의 세제곱근은 $\sqrt[3]{8}$이다.
② 81의 네제곱근은 ± 3이다.
③ $\sqrt{16}$의 네제곱근은 2이다.
④ 네제곱근 81은 3이다.
⑤ -16의 네제곱근 중 실수인 것은 -2이다.

0002

$\sqrt{(-4)^2} + \sqrt[3]{(-2)^3} + \sqrt[4]{2^4} + \sqrt[5]{4^5}$의 값은?

① -8 ② -4 ③ 0
④ 4 ⑤ 8

0003 중요

세제곱근 -8을 a, $\sqrt{256}$의 네제곱근 중 모든 실수의 곱을 b라 할 때, ab의 값은?

① -8 ② -4 ③ 4
④ 8 ⑤ 16

0004 교육청 기출

$n \geq 2$인 자연수 n에 대하여 $2n^2 - 9n$의 n제곱근 중에서 실수인 것의 개수를 $f(n)$이라 할 때, $f(3) + f(4) + f(5) + f(6)$의 값을 구하시오.

0005 중요 서술형

2 이상의 자연수 n에 대하여 $n^2 - 5n - 6$의 n제곱근 중 실수의 개수가 2가 되도록 하는 자연수 n의 최솟값을 구하시오.

0006

보기에서 옳은 것만을 있는 대로 고른 것은?

> **보기**
> ㄱ. $\sqrt{64}$의 세제곱근 중 실수인 것은 ± 2이다.
> ㄴ. 3의 세제곱근 중 실수의 개수는 1이다.
> ㄷ. n이 홀수일 때, -4의 n제곱근 중 실수의 개수는 2이다.
> ㄹ. n이 짝수일 때, -5의 n제곱근 중 실수는 존재하지 않는다.

① ㄱ, ㄴ　　　② ㄱ, ㄷ　　　③ ㄴ, ㄷ
④ ㄴ, ㄹ　　　⑤ ㄷ, ㄹ

0007 서술형

집합 $A=\{a\,|\,2\leq a\leq 10,\ a$는 자연수$\}$가 있다. $\sqrt[m]{(-5)^n}$이 음의 실수가 되도록 하는 $m\in A$, $n\in A$인 두 자연수 m, n의 순서쌍 $(m,\,n)$의 개수를 구하시오.

0008 중요

두 집합
$$A=\{2,\,3,\,5\},\quad B=\{x\,|\,|x|\leq 5,\ x$는 정수$\}$$
에 대하여 집합
$$C=\{\sqrt[a]{b}\,|\,a\in A,\ b\in B\}$$
의 원소 중 실수의 개수는?

① 21　　　② 22　　　③ 23
④ 24　　　⑤ 25

유형 02　거듭제곱근의 계산

근호 안의 수를 소인수분해한 후 거듭제곱근의 성질을 이용한다.
➡ $a>0$, $b>0$이고 m, n이 2 이상의 자연수일 때

① $\sqrt[n]{a}\,\sqrt[n]{b}=\sqrt[n]{ab}$　　　② $\dfrac{\sqrt[n]{a}}{\sqrt[n]{b}}=\sqrt[n]{\dfrac{a}{b}}$

③ $(\sqrt[n]{a})^m=\sqrt[n]{a^m}$　　　④ $\sqrt[m]{\sqrt[n]{a}}=\sqrt[mn]{a}=\sqrt[n]{\sqrt[m]{a}}$

⑤ $\sqrt[np]{a^{mp}}=\sqrt[n]{a^m}$ (단, p는 자연수이다.)

확인 문제

다음을 간단히 하시오.

(1) $\sqrt[4]{8}\times\sqrt[4]{2}$　　　　　(2) $\dfrac{\sqrt[6]{512}}{\sqrt[6]{8}}$

(3) $\left(\sqrt[4]{25}\right)^2$　　　　　(4) $\sqrt[3]{\sqrt{(-27)^2}}$

🎧 개념ON 018쪽　🎧 유형ON 2권 005쪽

0009 대표문제

다음 중 옳지 않은 것은?

① $\sqrt[6]{8}\times\sqrt{3}=\sqrt{6}$　　　② $\sqrt[3]{81}\div\sqrt[3]{3}=3$

③ $\sqrt[6]{72}=\sqrt{2}\times\sqrt[3]{3}$　　　④ $\sqrt[3]{(-8)^4}=-4$

⑤ $\sqrt[4]{81}\times\sqrt{\sqrt{16}}=6$

0010

보기에서 옳은 것만을 있는 대로 고른 것은?

> **보기**
> ㄱ. $\sqrt[6]{81}\times\sqrt[3]{3}=3$
> ㄴ. $\sqrt[6]{16}\div\sqrt[3]{2}=\sqrt[3]{2}$
> ㄷ. $\left(\sqrt[6]{81}\right)^3=3$
> ㄹ. $\sqrt{\sqrt[3]{64}}=2$

① ㄱ, ㄴ, ㄷ　　　② ㄱ, ㄴ, ㄹ　　　③ ㄱ, ㄷ, ㄹ
④ ㄴ, ㄷ, ㄹ　　　⑤ ㄱ, ㄴ, ㄷ, ㄹ

01
지수

0011

$a>0$, $b>0$일 때, $\sqrt{3a^2b^3} \times \sqrt[3]{8a^4b^5} \div \sqrt[6]{27a^6b^7}$을 간단히 하면?

① $\sqrt{a^3b^5}$ ② $2\sqrt{a^3b^5}$ ③ $2\sqrt[3]{a^4b^6}$

④ $3\sqrt[3]{a^2b^5}$ ⑤ $3\sqrt[6]{a^2b^3}$

0012

그림과 같이 $\angle B=90°$인 직각이등변삼각형 ABC에서 $\overline{AB}=\sqrt[6]{24}$일 때, $\overline{AC}$의 길이는?

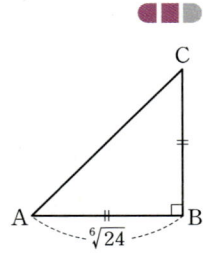

① $\sqrt[6]{48}$ ② $\sqrt[6]{96}$

③ $2\sqrt[6]{3}$ ④ $2\sqrt[6]{6}$

⑤ $2\sqrt[6]{12}$

0013

$\dfrac{\sqrt[6]{4} \times \sqrt[3]{3} + \sqrt[6]{243}}{\sqrt{\sqrt[3]{4}} + \sqrt{3}}$의 값은?

① $\sqrt[3]{2}$ ② $\sqrt[3]{3}$ ③ $\sqrt[3]{6}$

④ $\sqrt{2}$ ⑤ $\sqrt{3}$

0014 ✅중요 ✏서술형

$\sqrt{\dfrac{3 \times \sqrt[n]{3}}{\sqrt[8]{4}}} \div \sqrt[4]{\dfrac{9\sqrt{3}}{(\sqrt{2})^3}} = \sqrt[4]{2}$를 만족시키는 2 이상의 자연수 n의 값을 구하시오.

0015 [교육청 기출]

x에 대한 이차방정식 $x^2 - \sqrt[3]{81}x + a = 0$의 두 근이 $\sqrt[3]{3}$과 b일 때, ab의 값은? (단, a, b는 상수이다.)

① 6 ② $3\sqrt[3]{9}$ ③ $6\sqrt[3]{3}$

④ 12 ⑤ $6\sqrt[3]{9}$

0016 ✅중요

2 이상의 자연수 n과 양수 a에 대하여 $f(n, a)$를
$$f(n, a) = \sqrt[n]{a}$$
로 정의할 때, 보기에서 옳은 것만을 있는 대로 고른 것은?

┌ 보기 ┐
ㄱ. $f(2, 16) = f(4, 4)$
ㄴ. $f(n, a) = f(3n, a^3)$
ㄷ. $f(n, a) \times f(n, a) = f(n, a^2)$
ㄹ. $f(n, 2) \times f(n, 2) \times f(n, 2) = f(2, 2)$이면 $n=8$이다.

① ㄱ, ㄴ ② ㄴ, ㄷ ③ ㄴ, ㄹ

④ ㄴ, ㄷ, ㄹ ⑤ ㄱ, ㄴ, ㄷ, ㄹ

유형 03 거듭제곱근의 대소 비교

거듭제곱근 $\sqrt[m]{a}$, $\sqrt[n]{b}$의 대소는 다음과 같은 순서로 비교한다.

❶ $\sqrt[m]{a}$, $\sqrt[n]{b}$를 $\sqrt[mn]{a^n}$, $\sqrt[mn]{b^m}$으로 변형한다.

❷ 근호 안의 a^n과 b^m의 대소를 비교한다.

➡ $a^n < b^m$이면 $\sqrt[mn]{a^n} < \sqrt[mn]{b^m}$, 즉 $\sqrt[m]{a} < \sqrt[n]{b}$

참고 거듭제곱근 $\sqrt[l]{a}$, $\sqrt[m]{b}$, $\sqrt[n]{c}$의 대소는 l, m, n의 최소공배수 L을 구하여 $\sqrt[L]{a^p}$, $\sqrt[L]{b^q}$, $\sqrt[L]{c^r}$으로 변형하여 비교한다.

개념ON 028쪽 유형ON 2권 006쪽

0017 대표문제

세 수 $A = \sqrt{\sqrt{3}}$, $B = \sqrt[3]{\sqrt{5}}$, $C = \sqrt[4]{\sqrt[3]{30}}$의 대소 관계로 옳은 것은?

① $A < B < C$ ② $A < C < B$ ③ $B < A < C$

④ $B < C < A$ ⑤ $C < A < B$

0018 중요

세 수 $A = \sqrt{\sqrt[4]{(-2)^6}}$, $B = \sqrt[3]{\sqrt[5]{(-2)^9}}$, $C = \sqrt[3]{\sqrt{27}}$의 대소 관계로 옳은 것은?

① $A < B < C$ ② $A < C < B$ ③ $B < A < C$

④ $B < C < A$ ⑤ $C < A < B$

0019 서술형

네 수 $\sqrt{3}$, $\sqrt[3]{5}$, $\sqrt[4]{7}$, $\sqrt[6]{10}$ 중 가장 큰 수를 a, 가장 작은 수를 b라 할 때, $a^{12} + b^{12}$의 값을 구하시오.

0020 중요

세 수 $A = \sqrt{2} + \sqrt[3]{3}$, $B = 2\sqrt{2} - \sqrt[3]{3}$, $C = -\sqrt{2} + 2\sqrt[3]{3}$ 중 가장 큰 수와 가장 작은 수의 차는 $a\sqrt{2} + b\sqrt[3]{3}$이다. 두 정수 a, b에 대하여 ab의 값을 구하시오.

유형 04 지수의 확장

(1) $a \neq 0$이고 n이 양의 정수일 때

① $a^0 = 1$ ② $a^{-n} = \dfrac{1}{a^n}$

(2) $a > 0$, $b > 0$이고 x, y가 실수일 때

① $a^x \times a^y = a^{x+y}$ ② $a^x \div a^y = a^{x-y}$

③ $(a^x)^y = a^{xy}$ ④ $(ab)^x = a^x b^x$

개념ON 026쪽 유형ON 2권 006쪽

0021 대표문제

다음 중 옳지 않은 것은?

① $\left(4^{\frac{1}{3}}\right)^6 = 16$ ② $3^{\frac{1}{2}} \div 3^{\frac{1}{3}} = 3^{\frac{1}{6}}$

③ $\{(-8)^4\}^{\frac{1}{12}} = 2$ ④ $(3^{\sqrt{3}-1})^{\sqrt{3}+1} = 9$

⑤ $\dfrac{5^{\sqrt{2}-1}}{5^{\sqrt{2}+1}} = 25$

0022

$\left(a^{\frac{1}{2}} b^{\frac{3}{4}} \times a^{\frac{1}{3}} b^{\frac{1}{2}} \div a^{\frac{1}{6}} b^{\frac{5}{6}}\right)^3$을 간단히 하면? (단, $a > 0$, $b > 0$)

① $ab^{\frac{5}{4}}$ ② $ab^{\frac{5}{2}}$ ③ $a^2 b^{\frac{5}{4}}$

④ $a^2 b^{\frac{5}{2}}$ ⑤ $a^3 b^{\frac{5}{4}}$

0023

$\left(3^{\frac{2}{3}} \times 5^{-\frac{3}{4}}\right) \times \left(3^{\frac{2}{3}} \times 5^{\frac{1}{2}}\right)^{\frac{1}{2}}$의 값은?

① $\dfrac{\sqrt{3}}{5}$ ② $\dfrac{\sqrt{5}}{5}$ ③ $\dfrac{3\sqrt{5}}{5}$

④ $\dfrac{\sqrt{3}}{3}$ ⑤ $\dfrac{\sqrt{5}}{3}$

0024

다음은 $a \neq 0$이고 m과 n이 음의 정수일 때, $(a^m)^n = a^{mn}$이 성립함을 증명한 것이다.

두 자연수 p, q에 대하여 $m = -p$, $n = -q$라 하면

$$(a^m)^n = (a^{-p})^{-q} = \left(\frac{1}{\boxed{(가)}}\right)^{-q}$$

$$= \frac{1}{\left(\frac{1}{\boxed{(가)}}\right)^{\boxed{(나)}}} = \frac{1}{\dfrac{1}{a^{\boxed{(다)}}}}$$

$$= a^{\boxed{(다)}} = a^{mn}$$

위의 증명에서 (가), (나), (다)에 알맞은 것은?

	(가)	(나)	(다)
①	a^p	q	pq
②	a^p	q	$-pq$
③	a^p	$-q$	pq
④	$\dfrac{1}{a^p}$	q	pq
⑤	$\dfrac{1}{a^p}$	$-q$	$-pq$

0025

$5^{-2} \times \left\{25^{-4} \div \left(\dfrac{1}{5}\right)^7\right\} = 5^n$일 때, 정수 n의 값을 구하시오.

0026 중요

$a > 1$이고 $\left(a^{\frac{\sqrt{2}+1}{\sqrt{2}-1}}\right)^{3-2\sqrt{2}} = 2^{\frac{4}{3}}$일 때, 상수 a의 값은?

① $2^{\frac{1}{3}}$ ② $2^{\frac{2}{3}}$ ③ 2

④ $2^{\frac{4}{3}}$ ⑤ $2^{\frac{5}{3}}$

0027 중요

이차방정식 $x^2 - 2x - 1 = 0$의 서로 다른 두 근을 각각 α, β라 할 때, $\left(7^{\alpha+\frac{1}{\alpha}}\right)^{\beta} \times \left(7^{\beta+\frac{1}{\beta}}\right)^{\alpha}$의 값은?

① 7^{-6} ② $7^{-\frac{13}{2}}$ ③ 7^{-7}

④ $7^{-\frac{15}{2}}$ ⑤ 7^{-8}

0028 교육청 기출

두 실수 a, b에 대하여

$$2^a + 2^b = 2, \quad 2^{-a} + 2^{-b} = \frac{9}{4}$$

일 때, 2^{a+b}의 값은 $\dfrac{q}{p}$이다. $p+q$의 값을 구하시오.

(단, p와 q는 서로소인 자연수이다.)

유형 05 **거듭제곱근을 유리수인 지수로 나타내기**

$a>0$이고 m, n $(n \geq 2)$이 정수일 때

① $\sqrt[n]{a^m}=a^{\frac{m}{n}}$, 특히 $\sqrt[n]{a}=a^{\frac{1}{n}}$

② $\sqrt[m]{\sqrt[n]{a}}=a^{\frac{1}{mn}}$ (단, $m \geq 2$)

주의 지수가 유리수일 때는 밑이 양수, 즉 $a>0$임에 유의해야 한다.

예를 들어 $\sqrt[3]{-8}=-2$이지만 $(-8)^{\frac{1}{3}}$과 같은 수는 정의하지 않는다.

🔵 **개념ON** 026쪽　🔵 **유형ON 2권** 007쪽

0029 대표문제

$a>0$, $a \neq 1$일 때,

$$\sqrt{a \times \sqrt[3]{a^2 \times \sqrt[4]{a^3}}}=a^k$$

을 만족시키는 유리수 k의 값은?

① $\dfrac{47}{48}$　　② $\dfrac{23}{24}$　　③ $\dfrac{11}{12}$

④ $\dfrac{5}{6}$　　⑤ $\dfrac{2}{3}$

0030

$a>0$, $a \neq 1$일 때,

$$\sqrt{\dfrac{a \times \sqrt[3]{a^2}}{\sqrt[4]{a^k}}}=\sqrt[12]{a}$$

를 만족시키는 자연수 k의 값을 구하시오.

0031

$24^2=a$, $(\sqrt{3})^5=b$일 때, 12^{15}을 a, b로 나타내면?

① ab^6　　② a^2b^5　　③ a^3b^4

④ a^4b^3　　⑤ a^5b^2

0032

$a=\sqrt[3]{\dfrac{1}{2}}$, $b=\sqrt[4]{3}$일 때, $\sqrt[5]{24}=a^x \times b^y$이다. 유리수 x, y에 대하여 $x+y$의 값은?

① -1　　② $-\dfrac{3}{5}$　　③ $-\dfrac{1}{5}$

④ $\dfrac{1}{5}$　　⑤ $\dfrac{3}{5}$

0033 서술형

1이 아닌 세 양수 a, b, c가 다음 조건을 만족시킬 때, $a=c^k$이다. 실수 k의 값을 구하시오.

(가) a는 b^2의 세제곱근 중 실수이다.

(나) b는 네제곱근 c이다.

유형 06 $a^{\frac{n}{m}}$**이 자연수가 되도록 하는 조건**

자연수 a가 소수일 때, $a^{\frac{n}{m}}$이 자연수가 되려면 n이 m의 배수이어야 한다. (단, m, n은 자연수이다.)

🔵 **개념ON** 028쪽　🔵 **유형ON 2권** 008쪽

0034 대표문제

100 이하의 자연수 n에 대하여 $(\sqrt[3]{9})^{\frac{n}{6}}$의 값이 자연수가 되도록 하는 n의 개수를 구하시오.

0035

10 이하의 자연수 a에 대하여 $\left(a^{\frac{2}{3}}\right)^{\frac{1}{2}}$의 값이 자연수가 되도록 하는 모든 a의 값의 합은?

① 5 ② 7 ③ 9
④ 11 ⑤ 13

0036

두 자연수 m, n에 대하여 $\left(\sqrt{\sqrt[3]{4^5}}\right)^m = n$이 성립할 때, $m+n$의 최솟값을 구하시오.

0037 중요 서술형

정수 n에 대하여 $\left(\dfrac{1}{256}\right)^{\frac{1}{n}}$ 꼴로 나타낼 수 있는 모든 자연수의 합을 구하시오.

0038

세 양수 a, b, c가 $a^3=3$, $b^4=4$, $c^6=6$을 만족시킬 때, $(abc)^n$의 값이 자연수가 되도록 하는 100 이하의 자연수 n의 개수는?

① 16 ② 18 ③ 20
④ 22 ⑤ 24

0039

두 자연수 a, b에 대하여 $\sqrt{\dfrac{2^a \times 5^b}{2}}$ 이 자연수, $\sqrt[3]{\dfrac{3^b}{2^{a+1}}}$ 이 유리수일 때, $a+b$의 최솟값은?

① 11 ② 13 ③ 15
④ 17 ⑤ 19

유형 07 지수법칙과 곱셈 공식을 이용한 식의 계산

$a>0$, $b>0$이고 x, y가 실수일 때
(1) $(a^x+b^y)(a^x-b^y)=a^{2x}-b^{2y}$
(2) $(a^x \pm b^y)^2 = a^{2x} \pm 2a^x b^y + b^{2y}$ (복부호동순)
(3) $(a^x \pm b^y)^3 = a^{3x} \pm 3a^{2x}b^y + 3a^x b^{2y} \pm b^{3y}$ (복부호동순)
(4) $(a^x \pm b^y)(a^{2x} \mp a^x b^y + b^{2y}) = a^{3x} \pm b^{3y}$ (복부호동순)

개념ON 030쪽 유형ON 2권 009쪽

0040 대표문제

다음 중 옳지 <u>않은</u> 것은?

① $\left(4^{\frac{1}{4}}-3^{\frac{1}{2}}\right)\left(4^{\frac{1}{4}}+3^{\frac{1}{2}}\right)=-1$
② $\left(\sqrt[3]{7}-\sqrt[3]{5}\right)^3 = 2-3\sqrt[3]{35}\left(\sqrt[3]{7}-\sqrt[3]{5}\right)$
③ $\left(3^{\sqrt{2}}+2^{\sqrt{3}}\right)\left(3^{\sqrt{2}}-2^{\sqrt{3}}\right)=1$
④ $\left(3^{\frac{1}{3}}-2^{\frac{1}{3}}\right)\left(3^{\frac{2}{3}}+2^{\frac{2}{3}}+6^{\frac{1}{3}}\right)=1$
⑤ $\left(\sqrt[3]{2}+1\right)\left(\sqrt[3]{4}-\sqrt[3]{2}+1\right)=3$

0041

$6\left(5^{\frac{1}{2}}+1\right)\left(5^{\frac{1}{4}}+1\right)\left(5^{\frac{1}{4}}-1\right)$의 값은?

① 6 ② 12 ③ 18
④ 24 ⑤ 30

0042 ✏️서술형

두 양수 a, b에 대하여
$$a^{\frac{1}{3}}+b^{\frac{1}{3}}=3, \quad a+b=9$$
일 때, ab의 값을 구하시오.

유형 08 x^n+x^{-n} 꼴의 식의 값 구하기

x^n+x^{-n} 꼴의 식의 값을 구할 때에는 다음과 같은 곱셈 공식을 이용한다.

➡️ $x>0$일 때

① $\left(x^{\frac{1}{2}}\pm x^{-\frac{1}{2}}\right)^2=x+x^{-1}\pm 2$ (복부호동순)

② $\left(x^{\frac{1}{3}}\pm x^{-\frac{1}{3}}\right)^3=x\pm x^{-1}\pm 3\left(x^{\frac{1}{3}}\pm x^{-\frac{1}{3}}\right)$ (복부호동순)

🔘 개념ON 032쪽 🔘 유형ON 2권 010쪽

0045 대표문제

양수 a에 대하여 $a^{\frac{1}{2}}-a^{-\frac{1}{2}}=2$일 때, a^3+a^{-3}의 값은?

① 196 　　② 198 　　③ 200

④ 202 　　⑤ 204

0043

$\dfrac{1}{2^{-1}-1}+\dfrac{1}{2^{-1}+1}-\dfrac{1}{2^{-2}+1}-\dfrac{2}{2^{-4}+1}$를 간단히 하면?

① $\dfrac{1}{2^{-8}-1}$ 　　② $\dfrac{2}{2^{-8}-1}$ 　　③ $\dfrac{4}{2^{-8}-1}$

④ $\dfrac{8}{2^{-8}-1}$ 　　⑤ $\dfrac{16}{2^{-8}-1}$

0046 ✅중요

$2^{2x}-2^{x+2}=-1$일 때, $2^{4x}+2^{-4x}$의 값을 구하시오.

0044 ✅중요

$x=3^{\frac{1}{3}}+3^{-\frac{1}{3}}$일 때, $9(x^3-3x)$의 값을 구하시오.

0047

양수 x에 대하여 $x+\dfrac{1}{x}=47$일 때, $\sqrt[4]{x}+\dfrac{1}{\sqrt[4]{x}}$의 값은?

① $\sqrt{5}$ 　　② $\sqrt{6}$ 　　③ $\sqrt{7}$

④ $2\sqrt{2}$ 　　⑤ 3

0048

$x>1$이고 $\dfrac{x^{\frac{3}{2}}-x^{-\frac{3}{2}}}{x+x^{-1}}=\dfrac{4}{3}$일 때, $x^{\frac{1}{2}}-x^{-\frac{1}{2}}$의 값을 구하시오.

0049

두 양수 a, b에 대하여 $x=\dfrac{a^b-a^{-b}}{2}$일 때, $4x\sqrt{x^2+1}$을 a, b로 나타내면?

① a^b-a^{-b}　　② a^b+a^{-b}　　③ $a^{2b}-a^{-2b}$
④ $a^{2b}+a^{-2b}$　　⑤ $a^{3b}-a^{-3b}$

유형 09 $\dfrac{a^x-a^{-x}}{a^x+a^{-x}}$ 꼴의 식의 값 구하기

주어진 식의 값을 이용할 수 있도록 분수식의 분모와 분자에 각각 a^x, a^{kx} $(a>0)$ 등을 곱하여 식을 변형한다.

개념ON 034쪽　　유형ON 2권 010쪽

0050 대표문제

양수 a에 대하여 $a^{2x}=2$일 때, $\dfrac{a^{3x}-a^{-3x}}{a^x+a^{-x}}$의 값은?

① $\dfrac{8}{7}$　　② $\dfrac{7}{6}$　　③ $\dfrac{6}{5}$
④ $\dfrac{5}{4}$　　⑤ $\dfrac{4}{3}$

0051 ✅중요

$9^x=\sqrt{2}+1$일 때, $\dfrac{3^x-3^{-x}}{3^x+3^{-x}}$의 값은?

① $\sqrt{2}-1$　　② $2\sqrt{2}-1$　　③ $2\sqrt{2}-2$
④ $3\sqrt{2}-1$　　⑤ $3\sqrt{2}-2$

0052 ✅중요 ✏️서술형

1이 아닌 양수 a와 실수 x에 대하여 $\dfrac{a^x+a^{-x}}{a^x-a^{-x}}=\dfrac{5}{4}$일 때, a^{4x}의 값을 구하시오.

0053

실수 x에 대하여 $\dfrac{2^x+2^{-x}}{2^x-2^{-x}}=2$일 때, $\dfrac{8^x+2^{-x}}{8^x-2^{-x}}$의 값은?

① $\dfrac{9}{8}$　　② $\dfrac{5}{4}$　　③ $\dfrac{11}{8}$
④ $\dfrac{3}{2}$　　⑤ $\dfrac{13}{8}$

유형 10 $a^x=k$ (k는 양수)의 조건이 주어진 경우

(1) 실수 x, y에 대하여 $a^x=k$, $b^y=k$ ($a>0$, $b>0$, $xy\neq0$)이면 $a=k^{\frac{1}{x}}$, $b=k^{\frac{1}{y}}$임을 이용한다.

→ $ab=k^{\frac{1}{x}+\frac{1}{y}}$, $\dfrac{a}{b}=k^{\frac{1}{x}-\frac{1}{y}}$

(2) $a^x=k$ (k는 양수)를 다른 식에 대입하여 식을 간단히 한다.

예 실수 a, b에 대하여 $2^a=3$, $3^b=4$가 성립할 때, ab의 값을 구해 보자.

$2^a=3$을 $3^b=4$에 대입하면 $(2^a)^b=4$, $2^{ab}=2^2$ ∴ $ab=2$

🎧 개념ON 036쪽　🎧 유형ON 2권 011쪽

0054 대표문제

두 실수 x, y에 대하여 $2^x=3^y=36$일 때, $\dfrac{1}{x}+\dfrac{1}{y}$의 값은?

① $\dfrac{1}{4}$　　② $\dfrac{1}{2}$　　③ 1

④ 2　　⑤ 4

0055

두 양수 a, b가 $27^a=\sqrt[3]{4}$, $4^b=9$를 만족시킬 때, ab의 값은?

① $\dfrac{2}{9}$　　② $\dfrac{7}{27}$　　③ $\dfrac{8}{27}$

④ $\dfrac{1}{3}$　　⑤ $\dfrac{10}{27}$

0056 중요

두 실수 a, b에 대하여 $12^a=32$, $9^b=4$일 때, $\dfrac{5}{a}-\dfrac{1}{b}$의 값은?

① 1　　② 2　　③ 3

④ 4　　⑤ 5

0057 교육청 기출

두 실수 a, b에 대하여 $2^a=3$, $6^b=5$일 때, 2^{ab+a+b}의 값은?

① 15　　② 18　　③ 21

④ 24　　⑤ 27

0058

두 양수 x, y에 대하여 $xy=2$이고 $2^{\frac{1}{x}+\frac{1}{y}}=10$일 때, 2^{x+y}의 값을 구하시오.

0059 중요 서술형

세 양수 a, b, c에 대하여 $abc=729$이고 $a^x=b^y=c^z=9$일 때, $\dfrac{1}{x}+\dfrac{1}{y}+\dfrac{1}{z}$의 값을 구하시오.

0060

세 양수 a, b, c와 세 실수 x, y, z에 대하여

$$a^x=2, \quad (ab)^y=4, \quad (abc)^z=8$$

일 때, $2^{\frac{1}{x}-\frac{2}{y}+\frac{3}{z}}$의 값을 a, b, c로 나타내면?

① ac　　② bc　　③ $\dfrac{a}{c}$

④ $\dfrac{b}{c}$　　⑤ $\dfrac{b}{a}$

실수 x, y, z에 대하여
$a^x = b^y = c^z$ $(a > 0, b > 0, c > 0, xyz \neq 0)$이면
$a^x = b^y = c^z = k$ $(k > 0)$로 놓고 $a = k^{\frac{1}{x}}$, $b = k^{\frac{1}{y}}$, $c = k^{\frac{1}{z}}$임을 이용한다.

🎵 개념ON 036쪽 🎵 유형ON 2권 012쪽

0061 대표문제

$3^x = 4^y = 12^z$일 때, $\dfrac{1}{x} + \dfrac{1}{y} - \dfrac{1}{z}$의 값은? (단, $xyz \neq 0$)

① -2 ② -1 ③ 0
④ 1 ⑤ 2

0062 중요

$3^x = 6^y = 8^z = k$이고 $\dfrac{1}{x} + \dfrac{1}{y} + \dfrac{1}{z} = 2$일 때, 양수 k의 값은?

(단, $xyz \neq 0$)

① 12 ② 6 ③ 3
④ $\dfrac{3}{2}$ ⑤ $\dfrac{3}{4}$

0063

두 양수 x, y에 대하여
$$3x = 2y,\quad x^{2y} = y^x$$
일 때, x의 값은?

① $\dfrac{\sqrt{6}}{4}$ ② $\dfrac{\sqrt{6}}{3}$ ③ $\dfrac{\sqrt{6}}{2}$
④ $\sqrt{6}$ ⑤ $2\sqrt{6}$

0064

세 양수 a, b, c에 대하여
$$2^a = 6^b = k^c,\quad 2ab = ac - bc$$
일 때, 양수 k의 값은?

① 3 ② $\sqrt{3}$ ③ $\dfrac{\sqrt{3}}{3}$
④ $\dfrac{1}{3}$ ⑤ $\dfrac{\sqrt{3}}{9}$

0065 중요

0이 아닌 세 실수 a, b, c에 대하여
$$16^a = 27^b = k^c,\quad \dfrac{3}{a} + \dfrac{4}{b} = \dfrac{6}{c}$$
일 때, 양수 k의 값은?

① 6 ② 6^2 ③ 6^3
④ 6^4 ⑤ 6^5

0066 서술형

0이 아닌 세 실수 x, y, z에 대하여
$$3^x = 2^{-y},\quad 9^x = 10^z$$
일 때, $10^{\frac{z}{x} - \frac{z}{2y}}$의 값을 구하시오.

0067

등식 $2^a=5^b=10^c$을 만족시키는 세 양의 실수 a, b, c에 대하여 보기에서 옳은 것만을 있는 대로 고른 것은?

> **보기**
> ㄱ. $\dfrac{1}{c}=\dfrac{1}{a}+\dfrac{1}{b}$
> ㄴ. $a+b=2ab$이면 $2^c=\sqrt{10}$이다.
> ㄷ. c가 자연수일 때, $(a-c)(b-c)$는 자연수이다.

① ㄱ   ② ㄴ   ③ ㄱ, ㄴ
④ ㄱ, ㄷ   ⑤ ㄱ, ㄴ, ㄷ

유형 12   **지수법칙의 실생활에의 활용**

(1) 식이 주어진 경우
   ➡ 주어진 식에 알맞은 값을 대입한다.
(2) 식이 주어지지 않은 경우
   ➡ 조건에 맞도록 식을 세운 후 지수법칙을 이용한다.

🎧 유형ON 2권 013쪽

0068 대표문제

어느 물탱크에 서식하고 있는 박테리아를 제거하기 위하여 약품을 투여하려고 한다. 물탱크에 있는 물 1 mL 당 초기 박테리아 수를 C_0, 약품을 투여한 지 t시간이 지나는 순간 1 mL 당 박테리아 수를 C라 할 때, 다음의 관계식이 성립한다.

$$\frac{C}{C_0}=10^{-kt} \text{ (단, k는 양의 상수.)}$$

물 1 mL 당 초기 박테리아 수가 8×10^5이고, 약품을 투여한 지 1시간이 지나는 순간 1 mL 당 박테리아 수가 4×10^5일 때, 약품을 투여한 지 4시간이 지나는 순간 1 mL 당 박테리아 수는 $a \times 10^4$이다. 실수 a의 값은?

① 1   ② 2   ③ 3
④ 4   ⑤ 5

0069 교육청 기출

어느 필름의 사진농도를 P, 입사하는 빛의 세기를 Q, 투과하는 빛의 세기를 R라 하면 다음과 같은 관계식이 성립한다고 한다.

$$R=Q \times 10^{-P}$$

두 필름 A, B에 입사하는 빛의 세기가 서로 같고, 두 필름 A, B의 사진농도가 각각 p, $p+2$일 때, 투과하는 빛의 세기를 각각 R_A, R_B라 하자. $\dfrac{R_A}{R_B}$의 값을 구하시오. (단, $p>0$)

0070

한 변의 길이가 8인 정사각형이 그려진 종이를 축소 복사한 후, 출력된 복사본을 다시 똑같은 비율로 축소 복사하는 과정을 반복하였다. 6번째 복사본에 그려진 정사각형의 한 변의 길이가 4일 때, 2번째 복사본에 그려진 정사각형의 한 변의 길이는 $2^{\frac{q}{p}}$이다. $p+q$의 값을 구하시오.

(단, p와 q는 서로소인 자연수이다.)

0071

수면에서 수면과 수직인 방향으로 물속을 향해 발사된 총알은 시간이 지날수록 물의 저항에 의해 속도가 줄어든다. 수면에서 1000 m/s의 속도로 어떤 총알이 발사된 후 $t\left(0 \le t < \dfrac{1}{50}\right)$초가 지난 순간 총알의 속도를 $v(t)$ m/s라 하면

$$v(t)=a \times b^{100t} \text{ (a, b는 양의 상수)}$$

이 성립한다고 한다. 발사 후 $\dfrac{1}{200}$초가 지난 순간 총알의 속도가 $100\sqrt{5}$ m/s일 때, 발사 후 $\dfrac{1}{100}$초가 지난 순간 총알의 속도는?

① 50 m/s   ② $25\sqrt{5}$ m/s   ③ 100 m/s
④ $50\sqrt{5}$ m/s   ⑤ 150 m/s

0072

다음 중 옳은 것은?

① $\sqrt[3]{-3^3}=3$

② 16의 네제곱근은 ± 2이다.

③ -8의 세제곱근은 1개이다.

④ 27의 세제곱근 중 실수인 것은 2개이다.

⑤ n이 자연수일 때, $\sqrt[2n]{(-2)^{2n}}=2$이다.

0073

$3^{2x}=4$일 때, $\dfrac{3^{3x}-3^{-3x}}{3^x-3^{-x}}$의 값은?

① $\dfrac{9}{2}$ ② $\dfrac{19}{4}$ ③ 5

④ $\dfrac{21}{4}$ ⑤ $\dfrac{11}{2}$

0074

$a>1$이고 $\left(a^{\sqrt{3}-\sqrt{6}}\right)^{\sqrt{2}+2} \times a^{3+\sqrt{6}}=24$일 때, 상수 a의 값은?

① $\sqrt[3]{3}$ ② $\sqrt{3}$ ③ 2

④ $2\sqrt[3]{3}$ ⑤ $2\sqrt{3}$

0075

세 수 $A=\sqrt[3]{5}$, $B=\sqrt[4]{8}$, $C=\sqrt{\sqrt[3]{30}}$의 대소 관계로 옳은 것은?

① $A<B<C$ ② $A<C<B$ ③ $B<A<C$

④ $B<C<A$ ⑤ $C<A<B$

0076

0이 아닌 두 실수 a, b에 대하여 $\dfrac{1}{a}-\dfrac{2}{b}=\dfrac{1}{3}$일 때, $50^a=5^b=k$를 만족시키는 양수 k의 값을 구하시오.

0077

$12^3=a$, $\sqrt[3]{9}=b$일 때, 64를 a, b로 나타내면?

① $\dfrac{a^2\sqrt{a}}{b^3}$ ② $\dfrac{a^2\sqrt{b}}{b^3}$ ③ $\dfrac{a}{b^5}$

④ $\dfrac{a\sqrt{a}}{b^5}$ ⑤ $\dfrac{a\sqrt{b}}{b^5}$

0078

$a>0$, $a\neq1$일 때, $\overline{AB}=\sqrt{a^3\times\sqrt[3]{a^2}}$이고 $\overline{BC}=\sqrt[3]{a^2\times\sqrt[4]{a^3}}$인 직사각형 ABCD의 넓이는 a^k이다. 실수 k의 값은?

① $\dfrac{11}{4}$ ② $\dfrac{17}{6}$ ③ $\dfrac{35}{12}$

④ 3   ⑤ $\dfrac{37}{12}$

0079

3의 세제곱근 중 실수인 것을 a, 5의 네제곱근 중 양의 실수인 것을 b라 하자. $\sqrt[6]{(a^2b^3)^n}$이 자연수가 되도록 하는 자연수 n의 최솟값은?

① 9   ② 18   ③ 36

④ 72   ⑤ 144

0080

두 양수 x, y가
$$\left(x^{\frac{1}{4}}-y^{\frac{1}{4}}\right)\left(x^{\frac{1}{4}}+y^{\frac{1}{4}}\right)\left(x^{\frac{1}{2}}+y^{\frac{1}{2}}\right)=1, \quad x^2+y^2=5$$
를 만족시킬 때, $3x+2y$의 값을 구하시오.

0081

세 실수 a, b, c에 대하여
$$a+b+c=2\sqrt{3}, \quad a^2+b^2+c^2=9$$
가 성립할 때, $\dfrac{(4^a)^b\times(16^b)^c\times(64^c)^a}{(4^c)^b\times(16^a)^c}$의 값은?

① $\dfrac{1}{8}$ ② $\dfrac{\sqrt{2}}{4}$ ③ 1

④ $2\sqrt{2}$ ⑤ 8

0082 교육청 기출

$m\leq135$, $n\leq9$인 두 자연수 m, n에 대하여 $\sqrt[3]{2m}\times\sqrt{n^3}$의 값이 자연수일 때, $m+n$의 최댓값은?

① 97   ② 102   ③ 107

④ 112   ⑤ 117

0083 교육청 기출

2 이상의 자연수 n에 대하여 x에 대한 방정식
$$(x^n-8)(x^{2n}-8)=0$$
의 모든 실근의 곱이 -4일 때, n의 값은?

① 2   ② 3   ③ 4

④ 5   ⑤ 6

0084

실수 a와 2 이상의 자연수 n에 대하여

$f(a, n) = (a$의 n제곱근 중 실수인 것의 개수$)$

로 정의할 때, 보기에서 옳은 것만을 있는 대로 고른 것은?

┌ 보기 ┐
ㄱ. $f(-5, 3) = 1$
ㄴ. $f(k, 2k+1) + f(k, 2k) = 3$ (단, k는 자연수이다.)
ㄷ. $f(a, n) = 0$, $f(b, n) = 2$이면 $f(ab, n) = 0$이다.
                                    (단, b는 실수이다.)
└─────────────────────────────┘

① ㄱ   ② ㄱ, ㄴ   ③ ㄱ, ㄷ
④ ㄴ, ㄷ   ⑤ ㄱ, ㄴ, ㄷ

0085 [교육청 기출]

폭약에 의한 수중 폭발이 일어나면 폭발 지점에서 가스버블이 생긴다. 수면으로부터 폭발 지점까지의 깊이가 D (m)인 지점에서 무게가 W (kg)인 폭약이 폭발했을 때의 가스버블의 최대반경을 R (m)라 하면 다음과 같은 관계식이 성립한다고 한다.

$$R = k\left(\frac{W}{D+10}\right)^{\frac{1}{3}} \text{ (단, } k\text{는 양의 상수이다.)}$$

수면으로부터 깊이가 d (m)인 지점에서 무게가 160 kg인 폭약이 폭발했을 때의 가스버블의 최대반경을 R_1 (m)이라 하고, 같은 폭발 지점에서 무게가 p (kg)인 폭약이 폭발했을 때의 가스버블의 최대반경을 R_2 (m)라 하자. $\frac{R_1}{R_2} = 2$일 때, p의 값은? (단, 폭약의 종류는 같다.)

① 8   ② 12   ③ 16
④ 20   ⑤ 24

 ## 서술형 대비하기

0086

2 이상의 자연수 n에 대하여 $(n-2)^2(n-6)$의 n제곱근 중 실수의 개수를 $f(n)$이라 할 때, $f(n) = 1$을 만족시키는 10 이하의 모든 자연수 n의 값의 합을 구하시오.

0087

양수 x에 대하여 $2^{3x} = 3 \times 2^x - 2^{-x}$일 때, $\dfrac{2^{2x} + 2^{-2x} + 5}{2^{3x} - 2^{-3x}}$의 값을 구하시오.

수능 녹인 변별력 문제

0088

$x = 2^{\frac{1}{3}} + 4^{\frac{1}{3}}$일 때, $x^3 - 6x$의 값은?

① 2 　　　　② 4 　　　　③ 6

④ 8 　　　　⑤ 10

0089

두 양수 a, b에 대하여
$$20^a = 3, \quad 20^b = 5$$
일 때, $15^{\frac{a-b}{a+b}}$의 값은?

① $\dfrac{5}{9}$ 　　　　② $\dfrac{3}{5}$ 　　　　③ $\dfrac{2}{3}$

④ $\dfrac{7}{9}$ 　　　　⑤ $\dfrac{4}{5}$

0090

실수 x에 대하여 $\dfrac{3^x + 3^{-x}}{3^x - 3^{-x}} = \dfrac{5}{3}$일 때, $\dfrac{2^{\frac{1}{x}} + 2^{-\frac{1}{x}}}{2^{\frac{1}{x}} - 2^{-\frac{1}{x}}}$의 값은?

① $\dfrac{4}{3}$ 　　　　② $\dfrac{5}{4}$ 　　　　③ $\dfrac{6}{5}$

④ $\dfrac{7}{6}$ 　　　　⑤ $\dfrac{8}{7}$

0091

2 이상의 두 자연수 a, n에 대하여 $(\sqrt[n]{a})^2$의 값이 자연수가 되도록 하는 n의 최댓값을 $f(a)$라 할 때, $f(2) + f(3) + f(4) + \cdots + f(10)$의 값을 구하시오.

0092

그림과 같이 $\overline{AD}=\sqrt[6]{24}$, $\overline{AE}=1$인 직육면체 ABCD-EFGH가 있다. 대각선 DF의 길이가 $\sqrt[3]{3}+1$일 때, 이 직육면체의 부피는?

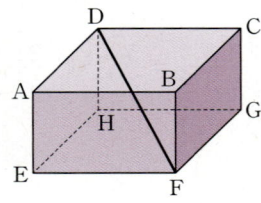

① $\sqrt{3}$ ② $\sqrt{6}$ ③ $2\sqrt{3}$
④ $2\sqrt{6}$ ⑤ $4\sqrt{3}$

0093 평가원 기출

함수 $f(x)=-(x-2)^2+k$에 대하여 다음 조건을 만족시키는 자연수 n의 개수가 2일 때, 상수 k의 값은?

> $\sqrt{3}^{f(n)}$의 네제곱근 중 실수인 것을 모두 곱한 값이 -9이다.

① 8   ② 9   ③ 10
④ 11   ⑤ 12

0094

자연수 n에 대하여 $a_n=2^{\frac{1}{n(n+1)}}$이라 하자. 4 이상의 자연수 m에 대하여

$$a_1 \times a_2 \times a_3 \times \cdots \times a_m = 2^{\frac{9}{10}}$$

이 성립할 때, m의 값을 구하시오.

0095 수능 기출

어느 금융상품에 초기자산 W_0을 투자하고 t년이 지난 시점에서의 기대자산 W가 다음과 같이 주어진다고 한다.

$$W=\frac{W_0}{2}10^{at}(1+10^{at})$$

(단, $W_0>0$, $t\geq 0$이고, a는 상수이다.)

이 금융상품에 초기자산 w_0을 투자하고 15년이 지난 시점에서의 기대자산은 초기자산의 3배이다. 이 금융상품에 초기자산 w_0을 투자하고 30년이 지난 시점에서의 기대자산이 초기자산의 k배일 때, 실수 k의 값은? (단, $w_0>0$)

① 9   ② 10   ③ 11
④ 12   ⑤ 13

0096 교육청 기출

그림과 같이 좌표평면에 두 함수 $f(x)=x^2$, $g(x)=x^3$의 그래프가 있다. 곡선 $y=f(x)$ 위의 한 점 $P_1(a, f(a))$ $(a>1)$에서 x축에 내린 수선의 발을 Q_1이라 하자. 선분 OQ_1을 한 변으로 하는 정사각형 OQ_1AB의 한 변 AB가 곡선 $y=g(x)$와 만나는 점을 P_2, 점 P_2에서 x축에 내린 수선의 발을 Q_2라 하자. 선분 OQ_2를 한 변으로 하는 정사각형 OQ_2CD의 한 변 CD가 곡선 $y=f(x)$와 만나는 점을 P_3, 점 P_3에서 x축에 내린 수선의 발을 Q_3이라 하자. 두 점 Q_2, Q_3의 x좌표를 각각 b, c라 할 때, $bc=2$가 되도록 하는 점 P_1의 y좌표의 값은?

(단, O는 원점이고, 두 점 A, C는 제1사분면에 있다.)

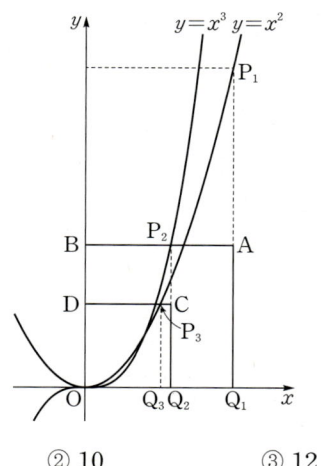

① 8   ② 10   ③ 12
④ 14   ⑤ 16

0097

함수 $f(x)=x^2-6x+8$에 대하여 1보다 큰 두 실수 a, b와 자연수 p가

$$f(a^p)=f(b^{3p})=0$$

을 만족시킨다. $ab=\sqrt[6]{2}$일 때, p의 최댓값과 최솟값의 합을 구하시오.

0098

실수 x와 2 이상의 자연수 n에 대하여 x의 n제곱근 중 실수인 것의 개수를 $f_n(x)$라 하자. -5 이상 5 이하의 서로 다른 네 정수 a, b, c, d에 대하여

$$f_2(a)+f_3(b)+f_4(c)+f_5(d)=4,$$
$$f_3(a)+f_4(b)+f_5(c)+f_6(d)=3$$

일 때, $a+b+c+d$의 최솟값은?

① -8 ② -7 ③ -6
④ -5 ⑤ -4

유형 **01** 로그의 정의

> $a>0$, $a\neq1$, $N>0$일 때
> $$a^x=N \iff x=\log_a N$$
>
> **Tip** $\log_a N$은 $a>0$, $a\neq1$, $N>0$일 때만 정의된다.
>
> **예** $2^3=8 \iff 3=\log_2 8$, $\left(\dfrac{1}{3}\right)^{-1}=3 \iff -1=\log_{\frac{1}{3}}3$
>
> **확인 문제**
>
> 다음 등식을 만족시키는 실수 x의 값을 구하시오.
> (1) $\log_2 x=5$　　　　　(2) $\log_x 9=2$

🔒 **개념ON** 048쪽　🔒 **유형ON** 2권 016쪽

0099 대표문제

$\log_{\sqrt{3}} a=4$, $\log_2 \dfrac{1}{16}=b$를 만족시키는 실수 a, b에 대하여 $a+b$의 값은?

① 1　　　　② 2　　　　③ 3
④ 4　　　　⑤ 5

0100 교육청 기출

양수 a에 대하여 $\log_2 \dfrac{a}{4}=b$일 때, $\dfrac{2^b}{a}$의 값은?

① $\dfrac{1}{16}$　　　② $\dfrac{1}{8}$　　　③ $\dfrac{1}{4}$
④ $\dfrac{1}{2}$　　　⑤ 1

0101 ✅중요

$\log_3 \{\log_2 (\log_3 a)\}=0$일 때, 양수 a의 값을 구하시오.

0102 🖊 서술형

$a=\log_3 (\sqrt{2}+1)$일 때, $\dfrac{3^a+3^{-a}}{3^a-3^{-a}}$의 값을 구하시오.

유형 **02** 로그의 밑과 진수의 조건

> $\log_a N$이 정의되려면
> (1) 밑의 조건 ➡ $a>0$, $a\neq1$
> (2) 진수의 조건 ➡ $N>0$
>
> **확인 문제**
>
> 다음이 정의되기 위한 실수 x의 값의 범위를 구하시오.
> (1) $\log_5 (x+1)$　　　(2) $\log_{x-1} 4$

🔒 **개념ON** 048쪽　🔒 **유형ON** 2권 016쪽

0103 대표문제

$\log_{x-2} (-x^2+9x-18)$이 정의되도록 하는 자연수 x의 개수는?

① 2　　　　② 4　　　　③ 6
④ 8　　　　⑤ 10

0104 교육청 기출

$\log_a (-2a+14)$가 정의되도록 하는 정수 a의 개수는?

① 1　　　　② 2　　　　③ 3
④ 4　　　　⑤ 5

0105

$\log_{|x-1|}(-x^2+x+12)$가 정의되도록 하는 정수 x의 개수는?

① 2 ② 3 ③ 4
④ 5 ⑤ 6

0106 중요 서술형

모든 실수 x에 대하여 $\log_{a-1}(x^2+2ax+5a)$가 정의되도록 하는 모든 정수 a의 값의 합을 구하시오.

유형 03 로그의 기본 성질

$a>0$, $a\neq 1$이고, $x>0$, $y>0$일 때
(1) $\log_a a=1$, $\log_a 1=0$
(2) $\log_a xy=\log_a x+\log_a y$
(3) $\log_a \dfrac{x}{y}=\log_a x-\log_a y$
(4) $\log_a x^n=n\log_a x$ (단, n은 실수이다.)

확인 문제

다음 값을 구하시오.
(1) $\log_2 2-\log_3 1$ (2) $\log_6 3+\log_6 2$
(3) $\log_3 36-\log_3 4$ (4) $\log_2 \sqrt{8}$

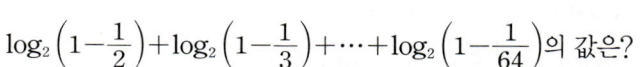
🔘 개념ON 054쪽 🔘 유형ON 2권 017쪽

0107 대표문제

$2\log_2 2\sqrt{3}-\log_2 \dfrac{9}{2}+\dfrac{1}{3}\log_2 216$의 값은?

① 3 ② 4 ③ 5
④ 6 ⑤ 7

0108 중요

$\log_2 \sqrt{18}+\log_2 \sqrt[3]{3}-\dfrac{4}{3}\log_2 3$의 값은?

① $\dfrac{1}{2}$ ② $\log_2 \sqrt[3]{3}$ ③ 1
④ $\log_2 3$ ⑤ 2

0109

$\log_2\left(1-\dfrac{1}{2}\right)+\log_2\left(1-\dfrac{1}{3}\right)+\cdots+\log_2\left(1-\dfrac{1}{64}\right)$의 값은?

① -2 ② -3 ③ -4
④ -5 ⑤ -6

0110

두 행렬 $A=\begin{pmatrix} \log_6 2 & 2 \\ -1 & \log_6 18 \end{pmatrix}$, $B=\begin{pmatrix} \log_2 24 & 0 \\ -1 & -\log_2 3 \end{pmatrix}$ 에 대하여 $2X-A=B+X$를 만족시키는 행렬 X의 모든 성분의 합을 구하시오.

0111

두 양의 실수 x, y가 $x^2-2xy-3y^2=0$을 만족시킬 때, $\log_2(x-y)-\log_2 y$의 값을 구하시오.

0112 서술형

넓이가 9인 정삼각형의 한 변의 길이를 x라 할 때, $2\log_2 x = a + b\log_2 3$이다. ab의 값을 구하시오.

(단, a, b는 유리수이다.)

유형 04 로그의 밑의 변환

$a > 0$, $a \neq 1$이고, $b > 0$일 때

(1) $\log_a b = \dfrac{\log_c b}{\log_c a}$ (단, $c > 0$, $c \neq 1$)

(2) $\log_a b = \dfrac{1}{\log_b a}$ (단, $b \neq 1$)

예 $\log_3 5 = \dfrac{\log_2 5}{\log_2 3}$, $\log_3 5 = \dfrac{\log_5 5}{\log_5 3} = \dfrac{1}{\log_5 3}$

확인 문제

다음 값을 구하시오.

(1) $\log_2 5 \times \log_5 2$

(2) $\log_2 3 \times \log_3 7 \times \log_7 2$

개념ON 056쪽　유형ON 2권 017쪽

0113 대표문제

$\log_2 25 \times \log_5 7 \times \log_7 8$의 값은?

① 2　　② 4　　③ 6
④ 8　　⑤ 10

0114 교육청 기출

$\log_2 96 - \dfrac{1}{\log_6 2}$의 값을 구하시오.

0115 중요

$\dfrac{1}{\log_3 6} + \dfrac{1}{\log_8 6} + \dfrac{1}{\log_9 6}$의 값은?

① 2　　② 3　　③ 4
④ 5　　⑤ 6

0116

$\dfrac{1}{\log_6 3} + \log_3 2 - \dfrac{2}{\log_2 3}$의 값은?

① $\dfrac{1}{2}$　　② 1　　③ $\dfrac{3}{2}$
④ 2　　⑤ $\dfrac{5}{2}$

0117

$\left(\dfrac{\log_5 12}{\log_5 3} + 2\log_3 \dfrac{\sqrt{5}}{2}\right) \times \log_{15} 9$의 값을 구하시오.

0118

다음 식의 값은?

$$\log_6 (\log_2 3) + \log_6 (\log_3 4) + \log_6 (\log_4 5)$$
$$+ \cdots + \log_6 (\log_{63} 64)$$

① 1　　② 3　　③ 5
④ 7　　⑤ 9

유형 05 로그의 여러 가지 성질

$a>0$, $a\neq1$이고, $b>0$일 때
(1) $a^{\log_a b}=b$
(2) $a^{\log_b c}=c^{\log_b a}$ (단, $b\neq1$, $c>0$)
(3) $\log_{a^m} b^n=\dfrac{n}{m}\log_a b$ (단, $m\neq0$, m, n은 실수이다.)

확인 문제

다음 값을 구하시오.

(1) $2^{\log_2 3}$　　　(2) $8^{\log_2 3}$　　　(3) $\log_4 32$

🔵 개념ON 058쪽　🟢 유형ON 2권 018쪽

0119 대표문제

$4^{\log_2 3}+\log_{\frac{1}{\sqrt{3}}} 9$의 값은?

① 1　　　② 2　　　③ 3
④ 4　　　⑤ 5

0120

$3^{2\log_3 2+\log_3 5-\log_3 6}$의 값은?

① 2　　　② $\dfrac{7}{3}$　　　③ $\dfrac{8}{3}$
④ 3　　　⑤ $\dfrac{10}{3}$

0121 ✅중요

$(\log_2 3+\log_4 9)(\log_3 2+\log_9 16)$의 값을 구하시오.

0122 ✅중요

$2\log_{\frac{1}{2}} 4-\log_4 \dfrac{9}{16}+\log_{\sqrt{2}} 2\sqrt{3}$의 값은?

① 0　　　② $\dfrac{1}{2}$　　　③ 1
④ $\dfrac{3}{2}$　　　⑤ 2

0123 ✏️서술형

세 수 $A=5^{\log_5 75-\log_5 15}$, $B=\log_9 3-\log_{\sqrt{3}} 27$,
$C=\log_2 \{\log_9 (\log_4 64)\}$의 대소 관계를 구하시오.

유형 06 로그의 값을 문자로 나타내기

로그의 값을 주어진 문자로 나타내는 순서는 다음과 같다.
❶ 로그의 밑의 변환을 이용하여 주어진 문자를 나타내는 로그와 구하는 로그의 밑을 같게 한다.
❷ 밑과 진수를 소인수분해한다.
❸ 로그의 성질을 이용하여 로그의 합 또는 차로 나타낸다.
❹ 주어진 문자를 대입한다.

🔵 개념ON 056쪽　🟢 유형ON 2권 019쪽

0124 대표문제

$\log_2 3=a$, $\log_3 5=b$일 때, $\log_{30} 40$을 a, b로 나타내면?

① $\dfrac{3+a+ab}{1+ab}$　　② $\dfrac{1+a+ab}{3+ab}$　　③ $\dfrac{1+ab}{1+a+ab}$
④ $\dfrac{3+ab}{1+a+ab}$　　⑤ $\dfrac{1+ab}{3+a+ab}$

0125

$\log_{10} 2 = a$, $\log_{10} 3 = b$일 때, $\log_{10} 48$을 a, b로 나타내면?

① $4a - b$ ② $4a - 2b$ ③ $4a + b$

④ $4a + b + 1$ ⑤ $4a + 2b$

0126 중요

$\log_5 2 = a$, $\log_5 3 = b$일 때, $\log_{12} \sqrt{48}$을 a, b로 나타내면?

① $\dfrac{a + 2b}{2a + b}$ ② $\dfrac{a + 2b + 1}{2a + b}$ ③ $\dfrac{a + 2b}{4a + 2b}$

④ $\dfrac{4a + b}{4a + 2b}$ ⑤ $\dfrac{4a + b + 1}{4a + 2b}$

0127 중요

$2^a = 3$, $2^b = 5$일 때, $\log_{15} 45$를 a, b로 나타내면?

① $\dfrac{a + b}{2a + b}$ ② $\dfrac{2a + b}{a + b}$ ③ $\dfrac{a + 2}{a + 2b}$

④ $\dfrac{2a + b}{a + b + 1}$ ⑤ $\dfrac{a + 2b}{a + b + 1}$

0128

$10^x = a$, $10^y = b$일 때, $\log_{\sqrt{a}} b$를 x, y로 나타내면?

(단, $x \neq 0$)

① $\dfrac{2y}{x}$ ② $\dfrac{y^2}{x}$ ③ $\dfrac{y}{2x}$

④ $\dfrac{y^2}{2x}$ ⑤ $\dfrac{y}{x^2}$

유형 **07** 식의 값 구하기

로그의 정의와 성질을 이용하여 주어진 조건을 변형한 후, 주어진 식에 대입하여 식의 값을 구한다.

⌂ 개념ON 060쪽   ⌂ 유형ON 2권 019쪽

0129 대표문제

두 양수 a, b에 대하여 $a^4 b^5 = 1$일 때, $\log_a a^3 b^6$의 값은?

(단, $a \neq 1$)

① $-\dfrac{8}{5}$ ② $-\dfrac{9}{5}$ ③ -2

④ $-\dfrac{11}{5}$ ⑤ $-\dfrac{12}{5}$

0130

두 양수 x, y가

$$\log_3 (x + 3y) = 2, \quad \log_3 x + \log_3 y = 1$$

을 만족시킬 때, $x^2 + 9y^2$의 값을 구하시오.

0131 서술형

1보다 큰 세 실수 a, b, c에 대하여 $\log_c a : \log_c b = 3 : 2$일 때, $9 \log_a b + 6 \log_b a$의 값을 구하시오.

0132 수능 기출

1보다 큰 두 실수 a, b에 대하여 $\log_{\sqrt{3}} a = \log_9 ab$가 성립할 때, $\log_a b$의 값은?

① 1   ② 2   ③ 3

④ 4   ⑤ 5

0133 중요

1이 아닌 양수 a, b, c, x에 대하여 $\log_a x = \dfrac{1}{2}$, $\log_b x = \dfrac{1}{3}$,

$\log_c x = \dfrac{1}{6}$일 때, $\log_{abc} x$의 값은?

① $\dfrac{1}{7}$ ② $\dfrac{1}{9}$ ③ $\dfrac{1}{11}$

④ $\dfrac{1}{13}$ ⑤ $\dfrac{1}{15}$

0134 중요

$3^a = 4$, $6^b = 8$일 때, $\dfrac{2}{a} - \dfrac{3}{b}$의 값을 구하시오.

0135 서술형

1이 아닌 양수 a, b, c가
$$abc = 8, \quad a^x = b^y = c^z = 64$$
를 만족시킬 때, $\dfrac{1}{x} + \dfrac{1}{y} + \dfrac{1}{z}$의 값을 구하시오.

유형 08   로그와 이차방정식

이차방정식 $ax^2 + bx + c = 0$의 두 근이 $\log_m \alpha$, $\log_m \beta$이면

(1) $\log_m \alpha + \log_m \beta = -\dfrac{b}{a}$

(2) $\log_m \alpha \times \log_m \beta = \dfrac{c}{a}$

⋒ 개념ON 062쪽   ⋒ 유형ON 2권 020쪽

0136 대표문제

1이 아닌 두 양수 a, b에 대하여 이차방정식 $x^2 - 4x + 2 = 0$의 두 근이 $\log_2 a$, $\log_2 b$일 때, $\log_a b + \log_b a$의 값은?

① 6   ② 8   ③ 10

④ 12   ⑤ 14

0137 교육청 기출

이차방정식 $x^2 - 18x + 6 = 0$의 두 근을 α, β라 할 때, $\log_2 (\alpha + \beta) - 2 \log_2 \alpha\beta$의 값은?

① -5 ② -4 ③ -3

④ -2 ⑤ -1

0138 중요

이차방정식 $x^2 - 5x + 3 = 0$의 두 근을 α, β라 할 때, $\log_{\alpha\beta} (\alpha + 1) + \log_{\alpha\beta} (\beta + 1)$의 값은?

① 1   ② 2   ③ 3

④ 4   ⑤ 5

0139

1이 아닌 두 양수 a, b에 대하여 이차방정식 $x^2-3x+1=0$의 두 근이 $\log_a 3$, $\log_b 3$일 때, ab의 값은?

① 24　② 25　③ 26　④ 27　⑤ 28

유형 09 로그의 정수 부분과 소수 부분

$a>1$일 때, 양수 N과 음이 아닌 정수 n에 대하여
$a^n \le N < a^{n+1}$이면 $\log_a a^n \le \log_a N < \log_a a^{n+1}$이므로
$n \le \log_a N < n+1$
➡ $\log_a N$의 정수 부분은 n, 소수 부분은 $\log_a N - n$

유형ON 2권 021쪽

0140 대표문제

$\log_2 5$의 정수 부분을 a, 소수 부분을 b라 할 때, 3^a+2^b의 값은?

① $\frac{19}{2}$　② $\frac{39}{4}$　③ 10　④ $\frac{41}{4}$　⑤ $\frac{21}{2}$

0141 서술형

$\log_3 18$의 정수 부분을 a, 소수 부분을 b라 할 때, $\frac{3^a+3^b}{3^a-3^b}$의 값을 구하시오.

0142 중요

$\log_5 15 = n+\alpha$ (n은 정수, $0\le\alpha<1$)일 때, 5^n+5^α의 값은?

① 4　② 8　③ 12　④ 16　⑤ 20

유형 10 로그의 값이 자연수가 되도록 하는 조건

$a>1$일 때, 양수 x에 대하여 $\log_a x$의 값이 자연수가 되도록 하는 a 또는 x의 값은 다음을 이용하여 구한다.
(1) x의 값의 범위가 주어지면 $\log_a x$의 값의 범위를 구한 후, 이 범위에 속하는 자연수를 모두 구한다.
(2) $\log_a x = k$ (k는 자연수)로 놓고 $x=a^k$ 또는 $a=x^{\frac{1}{k}}$ 꼴로 변형하여 구한다.

유형ON 2권 021쪽

0143 대표문제

$1\le x<100$인 실수 x에 대하여 $\log_{10} x^2 - \log_{10}\frac{1}{x}$의 값이 자연수가 되도록 하는 모든 x의 개수는?

① 4　② 5　③ 6　④ 7　⑤ 8

0144

2 이상의 자연수 n에 대하여 $4\log_n 2$의 값이 자연수가 되도록 하는 모든 n의 값의 합은?

① 18　② 20　③ 22　④ 24　⑤ 26

0145 ^{수능 기출}

$\log_4 2n^2 - \dfrac{1}{2} \log_2 \sqrt{n}$의 값이 40 이하의 자연수가 되도록 하는 자연수 n의 개수를 구하시오.

유형 11 로그의 성질의 활용

주어진 조건에 맞게 로그를 사용한 식을 세운 후, 로그의 성질을 이용하여 문제를 해결한다.

유형ON 2권 022쪽

0146 대표문제

1이 아닌 두 양수 a, b에 대하여 좌표평면 위의 두 점 $(3, \log_9 a)$, $(4, \log_3 b)$를 지나는 직선이 점 $(1, 0)$을 지날 때, $\log_a b$의 값은?

① $\dfrac{1}{4}$ ② $\dfrac{1}{2}$ ③ $\dfrac{3}{4}$

④ 1 ⑤ $\dfrac{5}{4}$

0147 중요

삼각형 ABC의 세 변의 길이 a, b, c에 대하여

$$\log_4 (a+b) + \log_4 (a-b) = \log_2 c$$

인 관계가 성립할 때, 삼각형 ABC는 어떤 삼각형인가?

(단, $a > b$)

① 예각삼각형
② $a = c$인 이등변삼각형
③ $b = c$인 이등변삼각형
④ 빗변의 길이가 a인 직각삼각형
⑤ 빗변의 길이가 c인 직각삼각형

0148

100의 모든 양의 약수를 a_1, a_2, a_3, $\cdots$, a_9라 할 때,
$\log_2 a_1 + \log_2 a_2 + \log_2 a_3 + \cdots + \log_2 a_9$의 값은?

(단, $\log_{10} 2 = 0.3$으로 계산한다.)

① 20 ② 25 ③ 30
④ 35 ⑤ 40

유형 12 상용로그의 값

양수 N에 대하여 $N = a \times 10^n$ ($1 \leq a < 10$, n은 정수)일 때
➡ $\log N = n + \log a$

예 $\log 300 = \log (3 \times 10^2) = 2 + \log 3$

확인 문제

$\log 2.13 = 0.3284$일 때, 다음 값을 구하시오.

(1) $\log 213$ (2) $\log 0.213$

개념ON 068쪽 유형ON 2권 022쪽

0149 대표문제

$\log 2 = 0.3010$, $\log 3 = 0.4771$일 때, $\log 60$의 값은?

① 1.3010 ② 1.4771 ③ 1.5562
④ 1.6811 ⑤ 1.7781

0150

$\log 2 = 0.3010$, $\log 3 = 0.4771$일 때, $\log 90 - \log 5$의 값은?

① 0.9542 ② 1.0791 ③ 1.2552
④ 1.5562 ⑤ 2.0333

0151 ✅중요 ✏서술형 ◀■▶

다음 상용로그표를 이용하여 $\log 132 + \log \sqrt{105}$의 값을 구하시오.

수	0	1	2	3	4	5
1.0	.0000	.0043	.0086	.0128	.0170	.0212
1.1	.0414	.0453	.0492	.0531	.0569	.0607
1.2	.0792	.0828	.0864	.0899	.0934	.0969
1.3	.1139	.1173	.1206	.1239	.1271	.1303

0152 ◀■▶

다음 상용로그표를 이용하여 $\log x = 3.5821$을 만족시키는 양수 x의 값을 구하시오.

수	0	1	2
3.7	.5682	.5694	.5705
3.8	.5798	.5809	.5821
3.9	.5911	.5922	.5933

0153 ◀■▶

$\log 51.2 = 1.7093$일 때, 양수 x, y에 대하여 $\log x = 2.7093$이고 $\log y = -1.2907$이다. $x + 10^4 y$의 값은?

① 1012   ② 1016   ③ 1020
④ 1024   ⑤ 1028

유형 13 상용로그의 정수 부분과 소수 부분

양수 N에 대하여 $\log N$의 정수 부분이 n, 소수 부분이 α $(0 \le \alpha < 1)$이면
(1) $10^n \le N < 10^{n+1}$
(2) $\alpha = \log N - n$

Tip 상용로그의 값이 음수인 경우 $0 \le$ (소수 부분) < 1이 되도록 식을 변형해야 한다.

🎧개념ON 066쪽   🎧유형ON 2권 023쪽

0154 대표문제

$\log x = -0.72$를 만족시키는 양수 x에 대하여 $\log x^2 + \log \sqrt[3]{x}$의 정수 부분을 n, 소수 부분을 α라 하자. $n - \alpha$의 값은?

① -1.32 ② -1.68 ③ -1.72
④ -2.32 ⑤ -2.68

0155 ◀■▷

$\log x$의 정수 부분이 2일 때, 자연수 x의 개수는?

① 90   ② 99   ③ 900
④ 999   ⑤ 9000

0156 ✅중요 ◀■▶

$\log \sqrt{x} = -\dfrac{5}{3}$를 만족시키는 양수 x에 대하여 $\log x$의 정수 부분을 n, 소수 부분을 α라 할 때, $n\alpha$의 값을 구하시오.

0157 ✏️서술형

$100 \leq x < 1000$인 x에 대하여 $\log x$의 소수 부분이 α일 때, $\log \sqrt{x}$의 소수 부분을 α로 나타내시오.

0158

자연수 x에 대하여 $\log x$의 정수 부분을 $f(x)$라 할 때,
$$f(1) + f(2) + f(3) + \cdots + f(2030)$$
의 값을 구하시오.

유형 14 자릿수와 상용로그

(1) 1보다 큰 양의 정수 N에 대하여 $\log N$의 정수 부분이 n이면 N은 $(n+1)$자리의 정수이다.

(2) 1보다 작은 양수 N에 대하여 $\log N$의 정수 부분이 $-n$이면 N은 소수점 아래 n째 자리에서 처음으로 0이 아닌 숫자가 나타난다.

🔘 개념ON 066쪽 🔘 유형ON 2권 024쪽

0159 대표문제

$A = 2^5$, $B = 5^{10}$일 때, $A^3 B$는 몇 자리의 정수인가?
(단, $\log 2 = 0.3010$으로 계산한다.)

① 8자리 　　② 10자리 　　③ 12자리
④ 14자리 　　⑤ 16자리

0160 ✅중요

$\log 2 = 0.3010$, $\log 3 = 0.4771$일 때, 6^8은 몇 자리의 정수인가?

① 4자리 　　② 5자리 　　③ 6자리
④ 7자리 　　⑤ 8자리

0161 ✅중요

$\log 2 = 0.3010$, $\log 3 = 0.4771$일 때, $\left(\dfrac{2}{3}\right)^{10}$은 소수점 아래 몇째 자리에서 처음으로 0이 아닌 숫자가 나타나는가?

① 2째 자리 　　② 3째 자리 　　③ 4째 자리
④ 5째 자리 　　⑤ 6째 자리

0162

2^n이 15자리의 정수가 되도록 하는 모든 자연수 n의 값의 합을 구하시오. (단, $\log 2 = 0.3$으로 계산한다.)

0163

1이 아닌 자연수 a에 대하여 a^8이 11자리의 정수일 때, $\left(\dfrac{1}{a}\right)^2$은 소수점 아래 몇째 자리에서 처음으로 0이 아닌 숫자가 나타나는가?

① 2째 자리 　　② 3째 자리 　　③ 4째 자리
④ 5째 자리 　　⑤ 6째 자리

유형 15 최고 자리의 숫자 구하기

a^k의 최고 자리의 숫자는 다음과 같은 순서로 구한다.
❶ $\log a^k$의 소수 부분 α를 구한다.
❷ $\log N < \alpha < \log(N+1)$을 만족시키는 한 자리의 자연수 N의 값을 구하면 a^k의 최고 자리의 숫자는 N이다.

🎧 개념ON 066쪽 🎧 유형ON 2권 025쪽

0164 대표문제

$\log 2 = 0.3010$, $\log 3 = 0.4771$일 때, 6^{11}의 최고 자리의 숫자는?

① 3　　　② 4　　　③ 5
④ 6　　　⑤ 7

0165

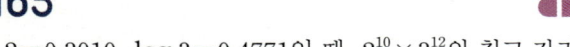

$\log 2 = 0.3010$, $\log 3 = 0.4771$일 때, $2^{10} \times 3^{12}$의 최고 자리의 숫자는?

① 1　　　② 3　　　③ 5
④ 7　　　⑤ 9

0166 서술형

$\log 2 = 0.3010$일 때, 5^6은 a자리의 정수이고 최고 자리의 숫자는 b이다. $a+b$의 값을 구하시오.

유형 16 두 상용로그의 소수 부분에 대한 조건이 주어진 경우

두 양수 A, B에 대하여
(1) $\log A$와 $\log B$의 소수 부분이 같다.
➡ $\log A - \log B = $ (정수)
(2) $\log A$와 $\log B$의 소수 부분의 합이 1이다.
➡ $\log A + \log B = $ (정수)

🎧 개념ON 068쪽 🎧 유형ON 2권 025쪽

0167 대표문제

$100 \le x < 1000$이고 $\log x^2$과 $\log \sqrt{x}$의 소수 부분이 같을 때, 모든 실수 x의 값의 곱은?

① $10^{\frac{11}{3}}$　　　② 10^4　　　③ $10^{\frac{13}{3}}$
④ $10^{\frac{14}{3}}$　　　⑤ 10^5

0168

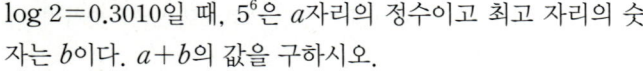

$10 < x < 100$이고 $\log x$와 $\log \frac{1}{x}$의 차가 정수일 때, 실수 x의 값을 구하시오.

0169 중요

$1000 < x < 10000$이고 $\log x$의 소수 부분과 $\log \sqrt[3]{x}$의 소수 부분의 합이 1일 때, $\log x$의 소수 부분은?

① $\frac{1}{4}$　　　② $\frac{1}{3}$　　　③ $\frac{1}{2}$
④ $\frac{2}{3}$　　　⑤ $\frac{3}{4}$

0170 ✅중요

양수 x에 대하여 $\log x$의 정수 부분이 3이고, $\log x$의 소수 부분과 $\log \sqrt{x}$의 소수 부분의 합이 1일 때, $\log \sqrt{x}$의 소수 부분은?

① $\dfrac{1}{4}$ 　　② $\dfrac{1}{3}$ 　　③ $\dfrac{1}{2}$

④ $\dfrac{2}{3}$ 　　⑤ $\dfrac{3}{4}$

0172 ✅중요

맨눈으로 측정한 별의 등급을 겉보기 등급이라 한다. 밝기가 l_1, l_2이고 겉보기 등급이 각각 m_1, m_2인 두 별에 대하여 다음과 같은 등식이 성립한다고 하자.

$$m_2 - m_1 = -2.5 \log \frac{l_2}{l_1}$$

베텔게우스의 겉보기 등급은 0.50이고, 북극성의 겉보기 등급은 1.98이다. 베텔게우스의 밝기는 북극성의 밝기의 약 x배일 때, $100x$의 값을 구하시오.

(단, $\log 3.91 = 0.592$로 계산한다.)

02 로그

유형 17 상용로그의 실생활에의 활용 – 관계식이 주어진 경우

문제에서 제시된 조건을 주어진 관계식에 대입한 후, 양변에 상용로그를 취하거나 로그의 성질을 이용한다.

🔵 개념ON 070쪽　🔵 유형ON 2권 025쪽

0171 대표문제

사람이 느끼는 소리의 크기는 음원 고유의 소리의 세기와는 다르며 거리에 따라 변한다. 사람이 느끼는 소리의 크기를 $S(\text{dB})$, 음원 고유의 소리의 세기를 $I(\text{W/m}^2)$, 음원과 사람 사이의 거리를 $d(\text{m})$라 하면 이들 사이에는 다음과 같은 관계가 있다.

$$S = 10 \log \frac{kI}{I_0 \times d^2} \quad (\text{단, } k\text{는 상수, } I_0 = 10^{-12}\,(\text{W/m}^2))$$

공연장 스피커로부터 10 m 떨어진 곳에서 사람이 느끼는 소리의 크기는 100 m 떨어진 곳에서 사람이 느끼는 소리의 크기보다 몇 dB 더 크게 들리는가?

① 10 dB 　　② 20 dB 　　③ 30 dB

④ 40 dB 　　⑤ 50 dB

0173 수능 기출

디지털 사진을 압축할 때 원본 사진과 압축한 사진의 다른 정도를 나타내는 지표인 최대 신호 대 잡음비를 P, 원본 사진과 압축한 사진의 평균제곱오차를 E라 하면 다음과 같은 관계식이 성립한다고 한다.

$$P = 20 \log 255 - 10 \log E \quad (E > 0)$$

두 원본 사진 A, B를 압축했을 때 최대 신호 대 잡음비를 각각 P_A, P_B라 하고, 평균제곱오차를 각각 $E_A(E_A > 0)$, $E_B(E_B > 0)$이라 하자. $E_B = 100E_A$일 때, $P_A - P_B$의 값은?

① 30 　　② 25 　　③ 20

④ 15 　　⑤ 10

정답과 풀이 29쪽

0174 서술형

충전된 전하량이 Q_0인 축전기에 전구를 연결한 지 t초 후에 남아 있는 전하량을 Q_t라 하면
$$\log_{10} Q_t - \log_{10} Q_0 = kt \ (k는 \ 상수)$$
가 성립한다. 충전된 전하량이 Q_0인 축전기에 전구를 연결한 지 a초 후에 남아 있는 전하량은 $\frac{1}{3}Q_0$이고, 충전된 전하량이 Q_0인 축전기에 전구를 연결한 지 b초 후에 남아 있는 전하량은 $\frac{1}{8}Q_0$이다. 충전된 전하량이 Q_0인 축전기에 전구를 연결한 지 $(a+2b)$초 후에 남아 있는 전하량이 $\frac{Q_0}{p}$일 때, 상수 p의 값을 구하시오. (단, 전하량의 단위는 쿨롱(C)이다.)

유형 18 상용로그의 실생활에의 활용 – 일정한 비율로 변화하는 경우

(1) 올해의 양이 A이고 매년 a %씩 증가할 때, n년 후의 양은
$$A\left(1+\frac{a}{100}\right)^n$$
(2) 올해의 양이 A이고 매년 b %씩 감소할 때, n년 후의 양은
$$A\left(1-\frac{b}{100}\right)^n$$

⚓ 개념ON 070쪽 ⚓ 유형ON 2권 026쪽

0175 대표문제

어느 제과 회사에서는 앞으로 10년 동안 빵 판매량을 매년 7 %씩 증가시키려는 목표를 가지고 있다. 이 회사가 목표를 달성했을 때, 10년 후 빵 판매량은 현재 빵 판매량의 몇 배인가? (단, $\log 1.07 = 0.03$, $\log 2 = 0.30$으로 계산한다.)

① 2배   ② 3배   ③ 4배
④ 5배   ⑤ 6배

0176 중요

어느 회사의 영업 이익이 매년 5 %씩 증가하였을 때, 100억 원의 영업 이익을 거둔 해로부터 20년 후의 영업 이익은 얼마인지 구하시오.
(단, $\log 1.05 = 0.021$, $\log 2.63 = 0.420$으로 계산한다.)

0177

어느 작업장에서는 먼지 농도를 매년 일정한 비율로 감소시켜 10년 후의 먼지 농도가 현재 먼지 농도의 $\frac{1}{4}$이 되도록 하려고 한다. 매년 몇 %씩 감소시켜야 하는가?
(단, $\log 2 = 0.30$, $\log 8.71 = 0.94$로 계산한다.)

① 11.9 %   ② 12.9 %   ③ 13.9 %
④ 14.9 %   ⑤ 15.9 %

0178

어느 약물의 혈중 농도는 3시간마다 반으로 줄어든다고 할 때, 이 약물의 혈중 농도가 현재의 20 %가 되는 것은 약물을 복용한 지 몇 시간 후인가? (단, $\log 2 = 0.3$으로 계산한다.)

① $\frac{19}{3}$시간   ② $\frac{20}{3}$시간   ③ 7시간
④ $\frac{22}{3}$시간   ⑤ $\frac{23}{3}$시간

0179

다음 중 옳은 것은?

① $\log_7 2 + \log_7 3 = \log_7 5$

② $\log_6 72 - \log_6 2 = 2$

③ $\log_2 7 \times \log_7 3 = \log_3 2$

④ $(\log_3 5)^2 = \log_3 25$

⑤ $\log_3 2 \times \log_8 9 = \log_4 3$

0180

$\log_3 \sqrt{6} + \log_3 6 - \log_3 2\sqrt{2}$의 값은?

① $\dfrac{1}{3}$ ② $\dfrac{1}{2}$ ③ $\dfrac{2}{3}$

④ 1 ⑤ $\dfrac{3}{2}$

0181

세 수 $A = 3\log_4 2$, $B = \log_6 216$, $C = \log_{\frac{1}{4}} \dfrac{1}{32}$의 대소 관계로 옳은 것은?

① $A < B < C$ ② $A < C < B$ ③ $B < C < A$

④ $C < A < B$ ⑤ $C < B < A$

0182

$(\log_4 5 + \log_8 5)(\log_5 2 - \log_{25} 2)$의 값은?

① $\dfrac{1}{4}$ ② $\dfrac{1}{3}$ ③ $\dfrac{5}{12}$

④ $\dfrac{1}{2}$ ⑤ $\dfrac{7}{12}$

0183 평가원 기출

$\log_2 5 = a$, $\log_5 3 = b$일 때, $\log_5 12$를 a, b로 옳게 나타낸 것은?

① $\dfrac{1}{a} + b$ ② $\dfrac{2}{a} + b$ ③ $\dfrac{1}{a} + 2b$

④ $a + \dfrac{1}{b}$ ⑤ $2a + \dfrac{1}{b}$

0184

$\log_{x-1}(-8 + 6x - x^2)$이 정의되기 위한 정수 x의 값을 구하시오.

0185

다음 상용로그표를 이용하여 $\log 4240 - \log 0.0402$의 값을 구하시오.

수	1	2	3	4	5	6
4.0	.6031	.6042	.6053	.6064	.6075	.6085
4.1	.6138	.6149	.6160	.6170	.6180	.6191
4.2	.6243	.6253	.6263	.6274	.6284	.6294

0186 평가원 기출

두 실수 a, b가

$$3a + 2b = \log_3 32, \quad ab = \log_9 2$$

를 만족시킬 때, $\dfrac{1}{3a} + \dfrac{1}{2b}$의 값은?

① $\dfrac{5}{12}$ ② $\dfrac{5}{6}$ ③ $\dfrac{5}{4}$

④ $\dfrac{5}{3}$ ⑤ $\dfrac{25}{12}$

0187

$\log x = -1.27$을 만족시키는 양수 x에 대하여 $\log x^3$의 정수 부분을 n, $\log \dfrac{1}{x}$의 소수 부분을 α라 할 때, $n + \alpha$의 값은?

① -4.73 ② -3.73 ③ -2.73

④ -1.73 ⑤ -0.73

0188

1이 아닌 두 양수 α, β에 대하여 이차방정식 $x^2 - 6x + 4 = 0$의 서로 다른 두 실근이 $\log_2 \alpha$, $\log_2 \beta$일 때, $\log_\alpha \beta + \log_\beta \alpha$의 값은?

① 3 ② 5 ③ 7

④ 9 ⑤ 11

0189

두 실수 x, y에 대하여 $9^x = 64$, $2^y = 3$일 때, xy의 값은?

① 1 ② 2 ③ 3

④ 4 ⑤ 5

0190

$\log_2 6$의 정수 부분을 a, 소수 부분을 b라 할 때, $\dfrac{2^a + 2^b}{2^{-a} + 2^{-b}}$의 값은?

① 3 ② 4 ③ 5

④ 6 ⑤ 7

0191

$\log 2=0.3010$, $\log 3=0.4771$일 때, 3^{15}의 최고 자리의 숫자는?

① 1   ② 2   ③ 3

④ 4   ⑤ 5

0192 교육청 기출

좌표평면 위에 서로 다른 세 점 A$(0,\ -\log_2 9)$, B$(2a,\ \log_2 7)$, C$(-\log_2 9,\ a)$를 꼭짓점으로 하는 삼각형 ABC가 있다. 삼각형 ABC의 무게중심의 좌표가 $(b,\ \log_8 7)$일 때, 2^{a+3b}의 값은?

① 63   ② 72   ③ 81

④ 90   ⑤ 99

0193

$10<x\leq100$인 실수 x에 대하여 $\log x$와 $\log \dfrac{1}{x^2}$의 소수 부분이 같을 때, 모든 x의 값의 곱은?

① 10^3 ② 10^4 ③ 10^5

④ 10^6 ⑤ 10^7

0194 평가원 기출

1보다 큰 세 실수 a, b, c가

$$\log_a b=\frac{\log_b c}{2}=\frac{\log_c a}{4}$$

를 만족시킬 때, $\log_a b+\log_b c+\log_c a$의 값은?

① $\dfrac{7}{2}$ ② 4   ③ $\dfrac{9}{2}$

④ 5   ⑤ $\dfrac{11}{2}$

0195

$10<a<10000$일 때, $\dfrac{1}{4}+\log \sqrt{a}$의 값이 자연수가 되도록 하는 모든 실수 a의 값의 곱은?

① 10^5 ② $10^{\frac{11}{2}}$ ③ 10^6

④ $10^{\frac{13}{2}}$ ⑤ 10^7

0196

양의 실수 A에 대하여 $\log_3 A=n+\alpha$ (n은 정수, $0\leq\alpha<1$)라 하자. 이차방정식 $3x^2-7x+k=0$의 두 근이 n, α일 때, A^{3k}의 값은? (단, k는 상수이다.)

① 3^{10} ② 3^{12} ③ 3^{14}

④ 3^{16} ⑤ 3^{18}

0197

2 이상의 자연수 x에 대하여 $2\log_x n$의 값이 자연수가 되도록 하는 100 이하의 자연수 n의 개수를 $A(x)$라 하자. $A(2)+A(4)+A(6)$의 값을 구하시오.

0198

어떤 미생물의 개체 수가 매시간 30 %씩 일정하게 증가할 때, 10시간 후의 개체 수는 처음의 몇 배인가?

(단, $\log 1.3=0.114$, $\log 1.38=0.140$으로 계산한다.)

① 12.5배   ② 13배   ③ 13.8배
④ 14배   ⑤ 14.4배

0199

주위 온도가 일정하게 $S(\text{℃})$로 유지될 때, 최초 온도가 $T_0(\text{℃})$인 어떤 물체의 t시간 후의 온도를 $T(\text{℃})$라 하면 다음과 같은 식이 성립한다고 한다.

$$T=S+(T_0-S)10^{-kt}\ (\text{단, }k\text{는 상수이다.})$$

주위 온도가 18 ℃로 유지될 때, 최초 온도가 30 ℃인 이 물체의 2시간 후의 온도가 24 ℃이었다. 주위 온도가 18 ℃로 유지될 때, 최초 온도가 26 ℃인 이 물체의 온도가 22 ℃가 될 때까지 걸린 시간은? (단, $\log 2=0.3$으로 계산한다.)

① 30분   ② 1시간   ③ 1시간 30분
④ 2시간   ⑤ 2시간 30분

✏️ 서술형 대비하기

0200

$\log(a+b)=1$, $\log_5 a+\log_5 b=1$일 때,
$$\left(a^{\frac{1}{4}}-b^{\frac{1}{4}}\right)\left(a^{\frac{1}{4}}+b^{\frac{1}{4}}\right)\left(a^{\frac{1}{2}}+b^{\frac{1}{2}}\right)(a+b)$$
의 값을 구하시오. (단, $a>b>0$)

0201

6^{10}은 m자리의 정수이고 $\left(\dfrac{1}{4}\right)^{20}$은 소수점 아래 n째 자리에서 처음으로 0이 아닌 숫자가 나타난다고 할 때, $m+n$의 값을 구하시오. (단, $\log 2=0.3010$, $\log 3=0.4771$로 계산한다.)

0202

$x=\log_4(\sqrt{2}+1)$일 때, $\dfrac{2^{3x}-2^{-3x+1}}{2^x-2^{-x}}$의 값은?

① $\sqrt{2}$　　　② $\dfrac{3\sqrt{2}}{2}$　　　③ $2\sqrt{2}$

④ $\dfrac{5\sqrt{2}}{2}$　　　⑤ $3\sqrt{2}$

0203

1보다 큰 자연수 n에 대하여

$$f(n)=\begin{cases} \log_3(\log_9 n) & (\log_9 n\text{이 유리수일 때}) \\ 0 & (\log_9 n\text{이 유리수가 아닐 때}) \end{cases}$$

으로 정의하자. $f(2)+f(3)+f(4)+\cdots+f(100)=m$일 때, 3^m의 값은?

① 1　　　② $\dfrac{3}{2}$　　　③ 2

④ $\dfrac{5}{2}$　　　⑤ 3

0204

1이 아닌 세 양수 a, b, c와 세 실수 x, y, z가 다음 조건을 만족시킬 때, $\dfrac{1}{x}+\dfrac{2}{y}-\dfrac{3}{z}$의 값은?

> (가) $\log_3 a+\log_3 b-\log_3 c=2$
> (나) $a^x=(\sqrt{b})^y=(\sqrt[3]{c})^z=27$

① $\dfrac{1}{6}$　　　② $\dfrac{1}{3}$　　　③ $\dfrac{1}{2}$

④ $\dfrac{2}{3}$　　　⑤ $\dfrac{5}{6}$

0205

양의 실수 a, b에 대하여 두 집합 A, B가

$$A=\left\{1, \log_3\frac{b}{a}\right\}, B=\{3, \log_3\sqrt[4]{a}, \log_9 b\}$$

이고 $A-B=\{4\}$일 때, ab의 값은?

① $\dfrac{1}{9}$　　　② $\dfrac{1}{3}$　　　③ 1

④ 3　　　⑤ 9

0206 교육청 기출

세 양수 a, b, c가

$$2^a = 3^b = c, \quad a^2 + b^2 = 2ab(a+b-1)$$

을 만족시킬 때, $\log_6 c$의 값은?

① $\dfrac{\sqrt{2}}{4}$ 　　② $\dfrac{1}{2}$ 　　③ $\dfrac{\sqrt{2}}{2}$

④ 1 　　⑤ $\sqrt{2}$

0207

자연수 n에 대하여 $3^n = b \times 10^a$ (a는 정수, $1 \le b < 10$)이 성립할 때, 두 함수 f, g를

$$f(n) = a, \quad g(n) = \log b$$

와 같이 정의한다. $f(33) + g(55)$의 값은?

(단, $\log 3 = 0.48$로 계산한다.)

① 15.4 　　② 15.8 　　③ 16.4

④ 16.8 　　⑤ 17.4

0208

실수 k에 대하여 두 집합 A, B를

$$A = \{x \mid x^2 + kx - 12 = 0,\ x\text{는 양의 실수}\},$$
$$B = \{y \mid \log_3 y \times \log_y 7 = \log_3 7,\ y\text{는 실수}\}$$

라 하자. $A \cap B = \varnothing$일 때, k의 값을 구하시오.

0209 평가원 기출

자연수 n에 대하여 $4\log_{64}\left(\dfrac{3}{4n+16}\right)$의 값이 정수가 되도록 하는 1000 이하의 모든 n의 값의 합을 구하시오.

0210

1보다 큰 두 실수 a, b가 다음 조건을 만족시킨다.

> (가) $\log_a 9 = \log_b 3$
> (나) 원 $(x-\log_3 a)^2 + (y-\log_3 b)^2 = 10$과
>   직선 $3x+y-4=0$이 접한다.

$a+b$의 값을 구하시오.

0211 평가원 기출

고속철도의 최고소음도 L(dB)을 예측하는 모형에 따르면 한 지점에서 가까운 선로 중앙 지점까지의 거리를 d(m), 열차가 가까운 선로 중앙 지점을 통과할 때의 속력을 v(km/h)라 할 때, 다음과 같은 관계식이 성립한다고 한다.

$$L = 80 + 28\log\frac{v}{100} - 14\log\frac{d}{25}$$

가까운 선로 중앙 지점 P까지의 거리가 75 m인 한 지점에서 속력이 서로 다른 두 열차 A, B의 최고소음도를 예측하고자 한다. 열차 A가 지점 P를 통과할 때의 속력이 열차 B가 지점 P를 통과할 때의 속력의 0.9배일 때, 두 열차 A, B의 예측 최고소음도를 각각 L_A, L_B라 하자. $L_B - L_A$의 값은?

① $14-28\log 3$ ② $28-56\log 3$ ③ $28-28\log 3$
④ $56-84\log 3$ ⑤ $56-56\log 3$

0212 교육청 기출

1이 아닌 세 양수 a, b, c가

$$-4\log_a b = 54\log_b c = \log_c a$$

를 만족시킨다. $b \times c$의 값이 300 이하의 자연수가 되도록 하는 모든 자연수 a의 값의 합은?

① 91 ② 93 ③ 95
④ 97 ⑤ 99

0213

자연수 n에 대하여 $\log n$의 정수 부분을 $f(n)$, 소수 부분을 $g(n)$이라 하자. 다음 조건을 만족시키는 자연수 n의 개수를 구하시오.

> (가) $3 \le f(n) < f(n+2025)$
> (나) $\log 7 < g(n) < \log 8$

지수함수와 로그함수

유형별 문제

유형 01 지수함수의 함숫값

지수함수 $f(x)=a^x$ $(a>0,\ a\neq1)$에 대하여 함숫값 $f(p)=k$ 가 주어지고 다른 함숫값을 구할 때에는 $a^p=k$와 지수법칙을 이용한다.

확인 문제

두 함수 $f(x)=2^x$, $g(x)=\left(\dfrac{1}{2}\right)^x$에 대하여 다음을 구하시오.

(1) $f(2)$ (2) $g(2)$ (3) $f(-2)g(-2)$

● 개념ON 088쪽 ● 유형ON 2권 030쪽

0214 대표문제

함수 $f(x)=2^x$에 대하여 $f(p)=q$라 할 때, 다음 중 항상 옳은 것은? (단, p, q는 실수이다.)

① $f(2p)=2q$　　　　② $f\left(\dfrac{p}{2}\right)=\dfrac{1}{2q}$

③ $f\left(-\dfrac{p}{2}\right)=-\sqrt{q}$　　④ $f(-p)=-q$

⑤ $f(-2p)=\dfrac{1}{q^2}$

0215

함수 $f(x)=a^{x-2}$에 대하여 $f(1)=2$일 때, $f(-2)$의 값은? (단, $a>0$, $a\neq1$)

① $\dfrac{1}{16}$　　　② $\dfrac{1}{4}$　　　③ 1

④ 4　　　　⑤ 16

0216

함수 $f(x)=3^x$에 대하여
$$f(a)f(2b)=81,\ f(a-b)=3$$
일 때, $a+b$의 값을 구하시오. (단, a, b는 실수이다.)

0217 중요

집합 $A=\{(x,\ y)\,|\,y=5^x,\ x$는 실수$\}$에 대하여 보기에서 옳은 것만을 있는 대로 고른 것은?

보기

ㄱ. $(-p,\ q)\in A$이면 $\left(p,\ \dfrac{1}{q}\right)\in A$이다.

ㄴ. $(p,\ q)\in A$이면 $\left(\dfrac{p}{2},\ \sqrt{q}\right)\in A$이다.

ㄷ. $(2p,\ q^2)\in A$이면 $(p,\ q)\in A$이다.

① ㄱ　　　② ㄴ　　　③ ㄱ, ㄴ

④ ㄴ, ㄷ　　　⑤ ㄱ, ㄴ, ㄷ

0218 서술형

함수 $f(x)=a^{px+q}$ $(a>0,\ a\neq1)$에 대하여 $f(1)=4$, $f(3)=\dfrac{1}{16}$일 때, $f(-2)=2^k$이다. 실수 k의 값을 구하시오. (단, p, q는 상수이다.)

유형 02 지수함수의 성질

지수함수 $y=a^x$ $(a>0,\ a\neq1)$에 대하여

(1) 정의역은 실수 전체의 집합이고, 치역은 양의 실수 전체의 집합이다.

(2) $a>1$일 때, x의 값이 증가하면 y의 값도 증가하고,
    $0<a<1$일 때, x의 값이 증가하면 y의 값은 감소한다.

(3) 그래프는 점 $(0, 1)$을 지나고, 점근선은 x축이다.

(4) 그래프는 $y=\left(\dfrac{1}{a}\right)^x$의 그래프와 y축에 대하여 대칭이다.

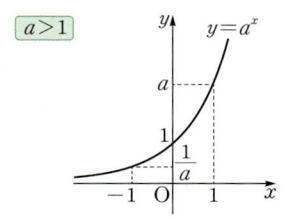 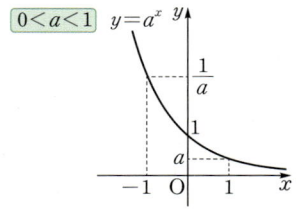

🔵 개념ON 088쪽 **🟢 유형ON** 2권 030쪽

0219 [대표문제]

다음 중 함수 $y=a^x$ $(a>0,\ a\neq1)$에 대한 설명으로 옳지 않은 것은?

① 그래프의 점근선의 방정식은 $y=0$이다.
② 그래프는 점 $(0, 1)$을 지난다.
③ x의 값이 증가하면 y의 값도 증가한다.
④ 치역은 양의 실수 전체의 집합이다.
⑤ 그래프는 제1, 2사분면을 지난다.

0220 ✅중요

다음 중 함수 $y=\left(\dfrac{1}{2}\right)^x$에 대한 설명으로 옳은 것은?

① 치역은 $\{y\,|\,y\geq0\}$이다.

② 그래프는 점 $\left(-1,\ \dfrac{1}{2}\right)$을 지난다.

③ x의 값이 증가하면 y의 값도 증가한다.

④ 그래프의 점근선은 y축이다.

⑤ 그래프는 함수 $y=2^x$의 그래프와 y축에 대하여 대칭이다.

0221 ✅중요

다음 중 임의의 실수 a, b에 대하여 $a<b$일 때, $f(a)>f(b)$를 만족시키는 함수는?

① $f(x)=\left(\dfrac{5}{2}\right)^x$ ② $f(x)=1.5^x$

③ $f(x)=\left(\dfrac{3}{2}\right)^{-x}$ ④ $f(x)=0.5^{-x}$

⑤ $f(x)=\left(\dfrac{3}{5}\right)^{-x}$

0222 ✏️서술형

함수 $y=\left(\dfrac{9}{2a}\right)^x$의 그래프와 직선 $y=x+2$가 서로 다른 두 점에서 만나도록 하는 모든 자연수 a의 값의 합을 구하시오.

0223

함수 $y=(a^2-3a+3)^x$에서 x의 값이 증가할 때 y의 값은 감소하도록 하는 실수 a의 값의 범위는?

① $0<a<1$ ② $1<a<2$ ③ $2<a<3$
④ $3<a<4$ ⑤ $4<a<5$

> 지수함수 $y=a^x$ $(a>0,\ a\neq1)$의 그래프를
> (1) x축의 방향으로 m만큼, y축의 방향으로 n만큼 평행이동
>   ➡ $y-n=a^{x-m}$, 즉 $y=a^{x-m}+n$
> (2) x축에 대하여 대칭이동 ➡ $-y=a^x$, 즉 $y=-a^x$
> (3) y축에 대하여 대칭이동 ➡ $y=a^{-x}$, 즉 $y=\left(\dfrac{1}{a}\right)^x$
> (4) 원점에 대하여 대칭이동 ➡ $-y=a^{-x}$, 즉 $y=-\left(\dfrac{1}{a}\right)^x$
>
> **확인 문제**
>
> 함수 $y=2^x$의 그래프를 다음에 대하여 대칭이동한 그래프의 식을 구하시오.
>
> (1) x축 (2) y축 (3) 원점

∩ 개념ON 090쪽 **∩ 유형ON 2권** 031쪽

0224 대표문제

함수 $y=2^x$의 그래프를 y축에 대하여 대칭이동한 후 x축의 방향으로 m만큼, y축의 방향으로 n만큼 평행이동한 그래프가 함수 $y=4\times\left(\dfrac{1}{2}\right)^x+4$의 그래프와 일치한다고 할 때, $m+n$의 값을 구하시오.

0225

다음 중 함수 $y=3^{x-1}-4$의 그래프에 대한 설명으로 옳은 것은?

① 정의역은 $\{x\,|\,x>1\}$이다.
② 치역은 -4 이상인 실수 전체의 집합이다.
③ 그래프의 점근선의 방정식은 $y=4$이다.
④ x의 값이 증가하면 y의 값은 감소한다.
⑤ 그래프는 제2사분면을 지나지 않는다.

0226 중요

보기에서 함수 $y=4^x$의 그래프를 평행이동 또는 대칭이동하여 일치시킬 수 있는 그래프의 식만을 있는 대로 고르시오.

> **보기**
> ㄱ. $y=4^{2x}$ ㄴ. $y=4^{x-1}+2$
> ㄷ. $y=\left(\dfrac{1}{4}\right)^x$ ㄹ. $y=16\times4^x$

0227

함수 $y=3^x-2$의 그래프의 점근선과 함수 $y=-\left(\dfrac{1}{2}\right)^{x-1}+a$의 그래프의 점근선 사이의 거리가 4이고, 두 함수 $y=3^x-2$, $y=-\left(\dfrac{1}{2}\right)^{x-1}+a$의 그래프가 만나지 않을 때, 상수 a의 값은?

① -6 ② -4 ③ -2
④ 2 ⑤ 4

0228 중요 서술형

함수 $y=-2^{2-x}+k$의 그래프가 제2사분면을 지나지 않도록 하는 실수 k의 최댓값을 구하시오.

유형 04 지수함수의 그래프 위의 점

함수 $y=a^x$ $(a>0,\ a\ne1)$의 그래프가 점 $(m,\ n)$을 지난다.
$\Rightarrow n=a^m$

개념ON 090쪽 유형ON 2권 032쪽

0229 대표문제

함수 $f(x)=a^x$ $(a>1)$의 그래프가 그림과 같을 때, $\dfrac{f(b+c)}{f(c-b)}$의 값은?

① 6　　② 8
③ 12　　④ 16
⑤ 18

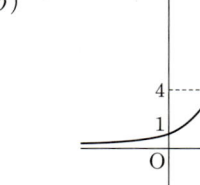

0230 교육청 기출

함수 $y=4^x$의 그래프를 x축의 방향으로 1만큼, y축의 방향으로 a만큼 평행이동한 그래프가 점 $\left(\dfrac{3}{2},\ 5\right)$를 지날 때, 상수 a의 값을 구하시오.

0231 중요

함수 $y=3^{x+a}+b$의 그래프가 그림과 같을 때, 상수 $a,\ b$에 대하여 $a+b$의 값은?

① 3　　② 4
③ 5　　④ 6
⑤ 7

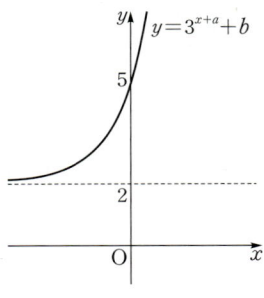

0232 중요

함수 $y=a^x$의 그래프를 x축에 대하여 대칭이동한 후 x축의 방향으로 2만큼, y축의 방향으로 4만큼 평행이동한 그래프가 원점을 지날 때, 양수 a의 값은?

① $\dfrac{1}{4}$　　② $\dfrac{1}{2}$　　③ $\dfrac{3}{4}$
④ 2　　⑤ 4

0233 서술형

함수 $y=4^{-x}$의 그래프가 y축과 만나는 점을 A$(0,\ a)$라 하고, 함수 $y=4^{-x}$의 그래프를 y축에 대하여 대칭이동한 후 x축의 방향으로 $-m$만큼 평행이동한 그래프가 y축과 만나는 점을 B$(0,\ b)$라 하자. $\overline{AB}=7$일 때, m의 값을 구하시오.
(단, $a<b$)

0234

그림과 같이 기울기가 -3인 직선이 두 함수 $y=2^x$, $y=2^{x+2}+6$의 그래프와 만나는 점을 각각 A, B라 하자. 선분 AB의 중점의 좌표가 $(2,\ a)$일 때, 상수 a의 값을 구하시오.

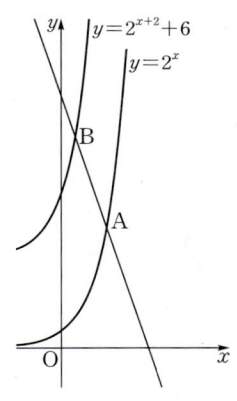

(1) 그래프가 지나는 점의 좌표를 지수함수의 식에 대입하여 지수함수의 식을 완성한다.

(2) 지수함수의 그래프가 좌표축, 다른 함수의 그래프와 만나는 점의 좌표를 구하여 도형의 넓이를 구하는 식을 세운다.

📖 개념ON 094쪽　📘 유형ON 2권 032쪽

0235 대표문제

그림과 같이 두 곡선 $y=2^x$, $y=2^{x+1}-4$가 y축과 만나는 점을 각각 A, B라 하고, 두 곡선이 만나는 점을 C라 할 때, 삼각형 ABC의 넓이를 구하시오.

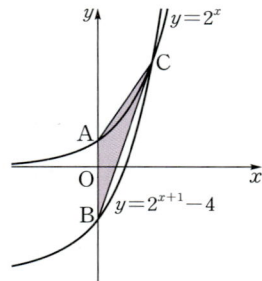

0236

그림과 같이 두 곡선 $y=2^x-1$, $y=2^{-x}+k$의 교점을 A라 하자. 점 B의 좌표가 $(6, 0)$일 때, 삼각형 AOB의 넓이가 9가 되도록 하는 양수 k의 값을 구하시오.
(단, O는 원점이다.)

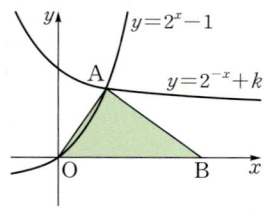

0237 💙중요

두 함수 $y=3^x$, $y=9\times3^x$의 그래프와 두 직선 $y=1$, $y=9$로 둘러싸인 부분의 넓이는?

① 14　　② 16　　③ 18
④ 20　　⑤ 22

0238 평가원 기출

곡선 $y=2^{ax+b}$과 직선 $y=x$가 서로 다른 두 점 A, B에서 만날 때, 두 점 A, B에서 x축에 내린 수선의 발을 각각 C, D라 하자. $\overline{AB}=6\sqrt{2}$이고 사각형 ACDB의 넓이가 30일 때, $a+b$의 값은? (단, a, b는 상수이다.)

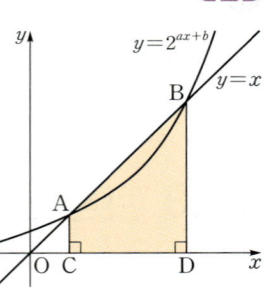

① $\dfrac{1}{6}$　　② $\dfrac{1}{3}$　　③ $\dfrac{1}{2}$

④ $\dfrac{2}{3}$　　⑤ $\dfrac{5}{6}$

지수함수 $y=a^x$ $(a>0,\ a\neq1)$에서
(1) $a>1$일 때, $x_1<x_2 \Longleftrightarrow a^{x_1}<a^{x_2}$
(2) $0<a<1$일 때, $x_1<x_2 \Longleftrightarrow a^{x_1}>a^{x_2}$

확인 문제

세 수 $\sqrt{2^3}$, 4, $2^{\sqrt{2}}$의 크기를 비교하시오.

📖 개념ON 096쪽　📘 유형ON 2권 033쪽

0239 대표문제

$a>1$일 때, 함수 $f(x)=a^x$에 대하여 세 수 $f(1)$, $f(a)$, $f\left(\dfrac{1}{a}\right)$의 대소 관계로 옳은 것은?

① $f\left(\dfrac{1}{a}\right)<f(1)<f(a)$　　② $f\left(\dfrac{1}{a}\right)<f(a)<f(1)$

③ $f(1)<f\left(\dfrac{1}{a}\right)<f(a)$　　④ $f(1)<f(a)<f\left(\dfrac{1}{a}\right)$

⑤ $f(a)<f(1)<f\left(\dfrac{1}{a}\right)$

0240 ✔중요

다음 세 수 A, B, C의 대소 관계로 옳은 것은?

$$A=\sqrt{\sqrt{\frac{1}{8}}},\ B=\left(\frac{1}{16}\right)^{\frac{1}{4}},\ C=\left(\frac{1}{2}\right)^{\frac{1}{3}}\times\left(\frac{1}{8}\right)^{\frac{1}{9}}$$

① $A<B<C$ ② $B<A<C$ ③ $B<C<A$
④ $C<A<B$ ⑤ $C<B<A$

0241

$0<a<1$일 때, 함수 $f(x)=4^x$에 대하여 세 수
$$A=f(a),\ B=f(a^2),\ C=\{f(a)\}^2$$
의 대소 관계로 옳은 것은?

① $A<B<C$ ② $A<C<B$ ③ $B<A<C$
④ $B<C<A$ ⑤ $C<B<A$

0242

함수 $f(x)=2^{-x}$의 그래프와 직선 $y=x$가 그림과 같고,
$$a_1=f(2),$$
$$a_{n+1}=f(a_n)\ (n=1,\ 2,\ 3)$$
이라 할 때, a_2, a_3, a_4의 대소 관계로 옳은 것은?

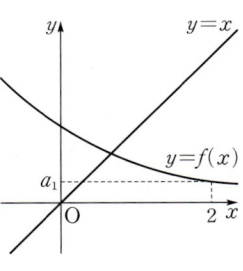

① $a_2<a_3<a_4$ ② $a_2<a_4<a_3$ ③ $a_3<a_2<a_4$
④ $a_3<a_4<a_2$ ⑤ $a_4<a_3<a_2$

유형 07 지수함수의 최대·최소 – 지수가 일차식인 경우

정의역이 $\{x\,|\,m\le x\le n\}$인 함수 $f(x)=a^{px+q}+r\ (p>0)$에서
(1) $a>1$일 때 ➡ 최댓값: $f(n)$, 최솟값: $f(m)$
(2) $0<a<1$일 때 ➡ 최댓값: $f(m)$, 최솟값: $f(n)$

확인 문제

다음 함수의 최댓값과 최솟값을 구하시오.
(1) $y=2^x\ (-2\le x\le3)$
(2) $y=\left(\frac{1}{3}\right)^x\ (-1\le x\le2)$

🔵 개념ON 098쪽   🟢 유형ON 2권 033쪽

0243 대표문제

정의역이 $\{x\,|\,-1\le x\le3\}$인 함수 $f(x)=\left(\frac{1}{3}\right)^{x-1}+k$의 최 댓값이 10일 때, $f(0)$의 값은? (단, k는 상수이다.)

① 0   ② 1   ③ 2
④ 3   ⑤ 4

0244

정의역이 $\{x\,|\,-1\le x\le2\}$인 두 함수
$$f(x)=2^{2x},\ g(x)=\left(\frac{1}{2}\right)^x$$
의 최댓값을 각각 a, b라 할 때, ab의 값을 구하시오.

0245 평가원 기출

$0<a<1$인 실수 a에 대하여 함수 $f(x)=a^x$은 $-2\le x\le1$에서 최솟값 $\dfrac{5}{6}$, 최댓값 M을 갖는다. $a\times M$의 값은?

① $\dfrac{2}{5}$ ② $\dfrac{3}{5}$ ③ $\dfrac{4}{5}$
④ 1   ⑤ $\dfrac{6}{5}$

0246

정의역이 $\{x|1\le x\le 2\}$인 함수 $f(x)=\left(\dfrac{1}{3}\right)^{2x-k}$의 최댓값은 9, 최솟값은 m이다. $k\times m$의 값을 구하시오.

(단, k는 상수이다.)

0247 평가원 기출

$-1\le x\le 3$에서 함수 $f(x)=2^{|x|}$의 최댓값과 최솟값의 합은?

① 5 ② 7 ③ 9
④ 11 ⑤ 13

유형 **08** 지수함수의 최대·최소 – 지수가 이차식인 경우

함수 $y=a^{f(x)}$에서
(1) $a>1$일 때 ➡ $f(x)$가 최대이면 y도 최대이다.
      $f(x)$가 최소이면 y도 최소이다.
(2) $0<a<1$일 때 ➡ $f(x)$가 최대이면 y는 최소이다.
      $f(x)$가 최소이면 y는 최대이다.

🔎 개념ON 100쪽 🔎 유형ON 2권 034쪽

0248 대표문제

정의역이 $\{x|-1\le x\le 3\}$인 함수 $y=2^{x^2-4x+2}$의 최댓값을 M, 최솟값을 m이라 할 때, Mm의 값은?

① 2^{-1} ② 2^2 ③ 2^5
④ 2^8 ⑤ 2^{11}

0249

$-2\le x\le 0$에서 함수 $y=\left(\dfrac{1}{3}\right)^{x^2-2x-2}$의 최댓값은?

① $3\sqrt{3}$ ② 9 ③ $9\sqrt{3}$
④ 27 ⑤ $27\sqrt{3}$

0250 중요 서술형

함수 $f(x)=a^{x^2-6x+5}$이 최솟값 $\dfrac{1}{4}$을 가질 때, 상수 a의 값을 구하시오. (단, $a>0$, $a\ne 1$)

0251 교육청 기출

두 함수

$$f(x)=\left(\dfrac{1}{2}\right)^{x-a}, \quad g(x)=(x-1)(x-3)$$

에 대하여 합성함수 $h(x)=(f\circ g)(x)$라 하자. 함수 $h(x)$가 $0\le x\le 5$에서 최솟값 $\dfrac{1}{4}$, 최댓값 M을 갖는다. M의 값을 구하시오. (단, a는 상수이다.)

정답과 풀이 42쪽

유형 09 지수함수의 최대·최소 $-a^x$ 꼴이 반복되는 경우

함수 $f(x)=pa^{2x}+qa^x+r$의 최대 · 최소는 다음과 같은 순서로 구한다.

❶ 함수 $f(x)$에서 $a^x=t$ $(t>0)$로 치환한다.

❷ t에 대한 이차함수 $y=pt^2+qt+r$의 최대 · 최소를 이용하여 함수 $f(x)$의 최대 · 최소를 구한다.

🔘개념ON 102쪽　🔘유형ON 2권 034쪽

0252 　대표문제

정의역이 $\{x\,|\,0\leq x\leq 3\}$인 함수 $y=2^{2x}-2^{x+2}$이 $x=a$에서 최솟값 m을 가질 때, $a+m$의 값은?

① -5　　　② -4　　　③ -3
④ -2　　　⑤ -1

0253

함수 $y=2^{-x+a}-4^{-x}+b$가 $x=-2$일 때, 최댓값 20을 갖는다. 상수 a, b에 대하여 $a+b$의 값을 구하시오.

0254　중요　서술형

정의역이 $\{x\,|\,0\leq x\leq 1\}$인 함수 $y=2\times 9^x-4\times 3^{x+1}+k$의 최솟값이 -13이다. 이 함수가 $x=a$에서 최댓값 M을 가질 때, $a+M$의 값을 구하시오. (단, k는 상수이다.)

유형 10 산술평균과 기하평균의 관계를 이용한 지수함수의 최대·최소

함수 $y=a^x+a^{-x}$ $(a>0, a\neq 1)$의 최대 · 최소는 다음의 성질을 이용하여 구한다.

➡ 모든 실수 x에 대하여 $a^x>0$, $a^{-x}>0$이므로 산술평균과 기하평균의 관계에 의하여

$$a^x+a^{-x}\geq 2\sqrt{a^x\times a^{-x}}=2$$

(단, 등호는 $a^x=a^{-x}$, 즉 $x=0$일 때 성립한다.)

🔘개념ON 104쪽　🔘유형ON 2권 035쪽

0255　대표문제

함수 $y=2^{a+x}+2^{a-x}$의 최솟값이 16일 때, 상수 a의 값은?

① 2　　　② 3　　　③ 4
④ 5　　　⑤ 6

0256

함수 $y=4^{\frac{4^x+1}{2^x}}$의 최솟값을 구하시오.

0257　중요　서술형

함수 $y=4(2^{x+2}+2^{-x})+4^{x+2}+4^{-x}$의 최솟값을 구하시오.

유형 11 로그함수의 함숫값

로그함수 $f(x)=\log_a x$ $(a>0,\ a\neq1)$에 대하여 함숫값 $f(p)=k$가 주어지고 다른 함숫값을 구할 때에는 $\log_a p=k \Longleftrightarrow a^k=p$와 로그의 성질을 이용한다.

확인 문제

두 함수 $f(x)=\log_2 x,\ g(x)=\log_{\frac{1}{2}} x$에 대하여 다음을 구하시오.

(1) $f(2)$ (2) $g(2)$ (3) $f\left(\dfrac{1}{2}\right)g\left(\dfrac{1}{2}\right)$

🎧 **개념ON** 114쪽   🎧 **유형ON 2권** 035쪽

0258 대표문제

함수 $f(x)=\log_2 x+a$에 대하여 $f(4)=8$일 때, $f(8)$의 값은? (단, a는 상수이다.)

① 9   ② 10   ③ 11
④ 12   ⑤ 13

0259

두 함수 $f(x)=9^x$, $g(x)=\log_3 x$에 대하여 $(f\circ g)(3)+(g\circ f)(3)$의 값을 구하시오.

0260 ✓중요

함수 $f(x)=\log_2 x$에 대하여 다음 중 옳지 않은 것은?
(단, $a>0,\ b>0$)

① $f(2^a)=a$ ② $f(ab)=f(a)+f(b)$
③ $f(a+b)=f(a)f(b)$ ④ $f\left(\dfrac{1}{a^3}\right)=-3f(a)$
⑤ $f(a)+f\left(\dfrac{4}{a}\right)=2$

0261

함수 $f(x)=\log_2 x$에 대하여
$$f(ab)=4,\ f(2a)-f(b)=-1$$
일 때, $a+b$의 값을 구하시오. (단, $a,\ b$는 양수이다.)

0262 ✓중요   ✏서술형

함수 $f(x)=\log_a\left(1+\dfrac{1}{x}\right)$에 대하여
$$f(1)+f(2)+f(3)+\cdots+f(624)=4$$
를 만족시키는 1이 아닌 양수 a의 값을 구하시오.

유형 12 로그함수의 성질

로그함수 $y=\log_a x$ $(a>0,\ a\neq1)$에 대하여

(1) 정의역은 양의 실수 전체의 집합이고, 치역은 실수 전체의 집합이다.

(2) $a>1$일 때, x의 값이 증가하면 y의 값도 증가하고, $0<a<1$일 때, x의 값이 증가하면 y의 값은 감소한다.

(3) 그래프는 점 $(1,0)$을 지나고, 점근선은 y축이다.

(4) 그래프는 지수함수 $y=a^x$의 그래프와 직선 $y=x$에 대하여 대칭이다.

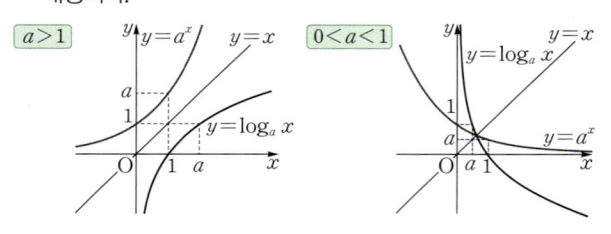

🎧 **개념ON** 114쪽   🎧 **유형ON 2권** 036쪽

0263 대표문제

다음 중 함수 $y=\log_a x$ $(a>1)$에 대한 설명으로 옳은 것은?

① 그래프의 점근선의 방정식은 $y=0$이다.
② 그래프는 점 $(1,a)$를 지난다.
③ x의 값이 증가하면 y의 값은 감소한다.
④ 치역은 양의 실수 전체의 집합이다.
⑤ 그래프는 제1, 4사분면을 지난다.

0264 ✓중요

함수 $y=\log(16-x^2)$의 정의역을 A, 함수 $y=\log(\log x)$의 정의역을 B라 할 때, 집합 $A\cap B$의 원소 중 정수의 개수를 구하시오.

0265 ✓중요

보기에서 서로 같은 함수끼리 짝 지어진 것만을 있는 대로 고른 것은?

보기
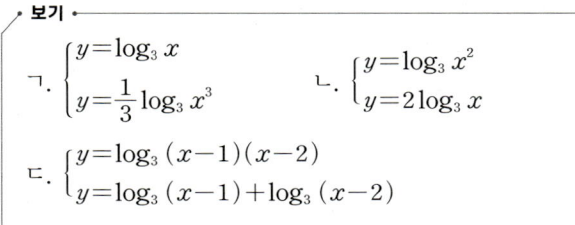

ㄱ. $\begin{cases} y=\log_3 x \\ y=\dfrac{1}{3}\log_3 x^3 \end{cases}$ ㄴ. $\begin{cases} y=\log_3 x^2 \\ y=2\log_3 x \end{cases}$

ㄷ. $\begin{cases} y=\log_3 (x-1)(x-2) \\ y=\log_3 (x-1)+\log_3 (x-2) \end{cases}$

① ㄱ   ② ㄴ   ③ ㄱ, ㄴ
④ ㄱ, ㄷ   ⑤ ㄴ, ㄷ

0266

1이 아닌 두 양수 a, b에 대하여 함수 $f(x)=\log_a bx$의 그래프가 그림과 같을 때, 세 수 1, a, b의 대소 관계로 옳은 것은?

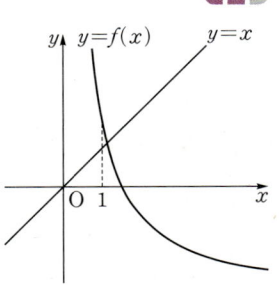

① $a<b<1$ ② $b<a<1$ ③ $a<1<b$
④ $b<1<a$ ⑤ $1<a<b$

유형 13 로그함수의 그래프의 평행이동과 대칭이동

로그함수 $y=\log_a x$ $(a>0,\ a\neq1)$의 그래프를
(1) x축의 방향으로 m만큼, y축의 방향으로 n만큼 평행이동
 ➡ $y-n=\log_a(x-m)$, 즉 $y=\log_a(x-m)+n$
(2) x축에 대하여 대칭이동 ➡ $-y=\log_a x$, 즉 $y=-\log_a x$
(3) y축에 대하여 대칭이동 ➡ $y=\log_a(-x)$
(4) 원점에 대하여 대칭이동
 ➡ $-y=\log_a(-x)$, 즉 $y=-\log_a(-x)$
(5) 직선 $y=x$에 대하여 대칭이동 ➡ $y=a^x$

확인 문제

함수 $y=\log_2 x$의 그래프를 다음에 대하여 대칭이동한 그래프의 식을 구하시오.

(1) x축   (2) y축
(3) 원점   (4) 직선 $y=x$

🔵개념ON 116쪽 🔵유형ON 2권 037쪽

0267 대표문제

함수 $y=\log_2\left(\dfrac{x}{4}-1\right)$의 그래프는 함수 $y=\log_2 x$의 그래프를 x축의 방향으로 m만큼, y축의 방향으로 n만큼 평행이동한 것이다. $\dfrac{m}{n}$의 값은?

① -4 ② -2 ③ $-\dfrac{1}{2}$
④ 2 ⑤ 4

0268 평가원기출

곡선 $y=\log_2(x+5)$의 점근선이 직선 $x=k$이다. k^2의 값을 구하시오. (단, k는 상수이다.)

0269

함수 $y=\log_k(x-a)+7$의 그래프가 k의 값에 관계없이 항상 점 $(5, b)$를 지날 때, $a+b$의 값을 구하시오.

(단, $k>0$, $k\neq1$이고, a는 상수이다.)

0270

함수 $y=\log_3(9x+9)+3$에 대하여 보기에서 옳은 것만을 있는 대로 고른 것은?

> **보기**
> ㄱ. 정의역은 $\{x|x>-9\}$이다.
> ㄴ. x의 값이 증가하면 y의 값도 증가한다.
> ㄷ. 그래프의 점근선은 직선 $x=-1$이다.

① ㄴ   ② ㄱ, ㄴ   ③ ㄱ, ㄷ
④ ㄴ, ㄷ   ⑤ ㄱ, ㄴ, ㄷ

0271 중요

다음 함수의 그래프 중 함수 $y=\log_2 x$의 그래프를 평행이동 또는 대칭이동하여 일치시킬 수 <u>없는</u> 것은?

① $y=\log_{\frac{1}{2}} x$ ② $y=\log_{\frac{1}{4}} x$ ③ $y=\log_2 2x$

④ $y=\log_2 \dfrac{2}{x}$ ⑤ $y=2\log_4(x-2)$

유형 14   로그함수의 그래프 위의 점

> 함수 $y=\log_a x \, (a>0, \, a\neq1)$의 그래프가 점 (m, n)을 지난다.
> ➡ $n=\log_a m \Longleftrightarrow m=a^n$

🔵 개념ON 116쪽   🔵 유형ON 2권 037쪽

0272 대표문제

그림과 같이 두 곡선 $y=\log_a x$, $y=\log_{a+2} x$가 직선 $y=1$과 만나는 점을 각각 A, B라 하고, 직선 $y=2$와 만나는 점을 각각 C, D라 하자. 선분 AB의 중점의 좌표가 $(3, 1)$일 때, 선분 CD의 길이를 구하시오. (단, $a>1$)

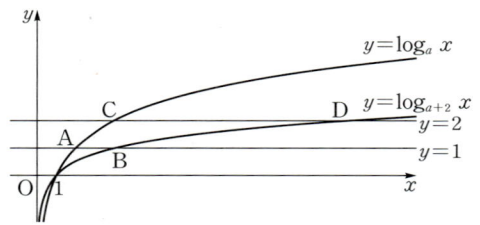

0273

곡선 $y=2^x+2$의 점근선과 곡선 $y=\log_2 x+4$의 교점의 x좌표는?

① $\dfrac{1}{4}$ ② $\dfrac{1}{2}$ ③ 1

④ 2   ⑤ 4

0274 중요 서술형

함수 $y=\log_5 x$의 그래프를 x축의 방향으로 m만큼, y축의 방향으로 n만큼 평행이동한 그래프가 그림과 같을 때, mn의 값을 구하시오.

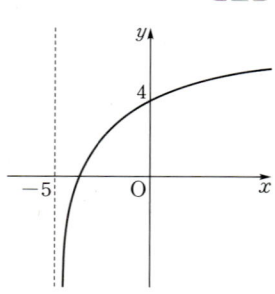

0275 ✓중요

함수 $y=\log_k x$의 그래프와 직선 $y=x$가 그림과 같을 때, 다음 중 k^{a+c}의 값과 항상 같은 값을 갖는 것은? (단, $0<k<1$이고, 점선은 x축 또는 y축과 평행하다.)

① ab ② ac

③ bc ④ $\dfrac{a+c}{2}$

⑤ $\dfrac{a+c}{b}$

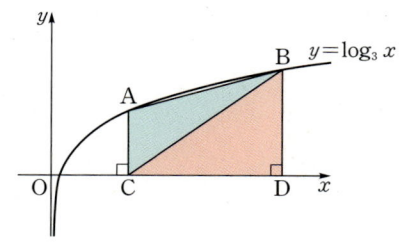

0276

함수 $y=\log_k x$의 그래프가 세 점 A$(16, 4)$, B$(16, 1)$, C$(32, 1)$을 꼭짓점으로 하는 삼각형 ABC와 만나도록 하는 2 이상의 모든 자연수 k의 개수를 구하시오.

0277 ✏서술형

그림과 같이 곡선 $y=|\log_a x|$와 직선 $y=2$가 만나는 점을 각각 A, B라 하고, 직선 $y=2$와 y축이 만나는 점을 C라 하자. $\overline{CA}:\overline{AB}=1:15$일 때, 상수 a의 값을 구하시오.

(단, $0<a<1$)

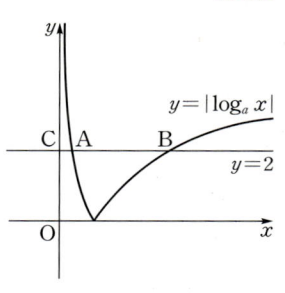

유형 15 **로그함수의 그래프의 도형에의 활용**

(1) 그래프가 지나는 점의 좌표를 로그함수의 식에 대입하여 로그함수의 식을 완성한다.

(2) 로그함수의 그래프가 좌표축, 다른 함수의 그래프와 만나는 점의 좌표를 구하여 도형의 넓이를 구하는 식을 세운다.

🎯개념ON 120쪽 🎯유형ON 2권 038쪽

0278 대표문제

그림과 같이 함수 $y=\log_3 x$의 그래프 위의 두 점 A, B에서 x축에 내린 수선의 발을 각각 C$(k, 0)$, D$(3k, 0)$이라 하자. 두 삼각형 ACB, BCD의 넓이의 비가 $2:3$일 때, 양수 k의 값을 구하시오.

0279

그림과 같이 함수 $y=\log_3 x$의 그래프 위의 x좌표가 2인 점을 A, 6인 점을 B라 할 때, 직사각형 ACBD의 넓이는?

① 3   ② 4

③ 5   ④ 6

⑤ 7

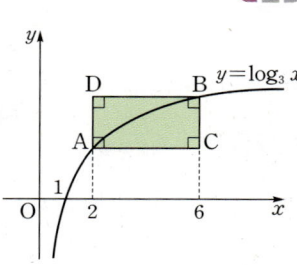

0280 ✓중요

두 함수 $y=\log_2 x$, $y=\log_2 4x$의 그래프와 두 직선 $x=2$, $x=6$으로 둘러싸인 부분의 넓이는?

① 6   ② 8   ③ 10

④ 12   ⑤ 14

0281

두 곡선 $y=\log_2 x$, $y=\log_a x$ ($0<a<1$)가 x축 위의 점 A에서 만난다. 직선 $x=4$가 곡선 $y=\log_2 x$와 만나는 점을 B, 곡선 $y=\log_a x$와 만나는 점을 C라 하자. 삼각형 ABC의 넓이가 $\dfrac{9}{2}$일 때, 상수 a의 값은?

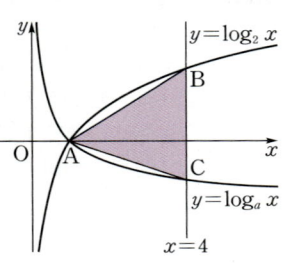

① $\dfrac{1}{16}$　　② $\dfrac{1}{8}$　　③ $\dfrac{3}{16}$

④ $\dfrac{1}{4}$　　⑤ $\dfrac{5}{16}$

유형 16 로그함수의 역함수

(1) $a>0$, $a\neq 1$일 때, 함수 $f(x)=\log_a x$의 역함수
　➡ $f^{-1}(x)=a^x$
(2) $a>0$, $a\neq 1$일 때, 함수 $f(x)=\log_a(x-p)+q$의 역함수
　➡ $f^{-1}(x)=a^{x-q}+p$
(3) $f^{-1}(a)=b \Longleftrightarrow f(b)=a$

Tip 함수 $f(x)$의 역함수를 $g(x)$라 하면 두 함수 $y=f(x)$, $y=g(x)$의 그래프는 직선 $y=x$에 대하여 대칭이다.

🔵 개념ON 122쪽　🔵 유형ON 2권 039쪽

0282 대표문제

함수 $f(x)=1+2\log_3 x$가 있다. 함수 $g(x)$가 모든 양수 x에 대하여 $(g\circ f)(x)=x$를 만족시킬 때, $g(5)$의 값을 구하시오.

0283

함수 $y=\log_2(x-4)+5$의 역함수는?

① $y=2^{x-5}-4$　② $y=2^{x-5}+4$　③ $y=2^{x-4}+5$
④ $y=2^{x+4}-5$　⑤ $y=2^{x+5}+4$

0284

함수 $y=\log_a x+b$의 그래프와 그 역함수의 그래프가 두 점에서 만나고, 두 교점의 x좌표가 1과 2일 때, 상수 a, b에 대하여 a^2+b^2의 값은? (단, $a>1$)

① 4　　② 5　　③ 6
④ 8　　⑤ 9

0285 ✅중요 ✏서술형

함수 $f(x)=\log_a x$ ($a>1$)의 그래프를 직선 $y=x$에 대하여 대칭이동한 함수의 그래프가 점 $\left(\dfrac{1}{2},\ 2\right)$를 지날 때, $f(8)$의 값을 구하시오.

0286

함수 $f(x)=\log_a x$의 그래프가 그림과 같고, 함수 $g(x)$가 모든 실수 x에 대하여
　$(f\circ g)(x)=x$
를 만족시킬 때, $g(p+q)$의 값은? (단, $a>1$)

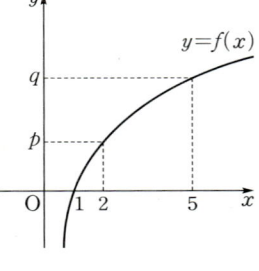

① 6　　② 8　　③ 10
④ 12　　⑤ 14

0287 교육청 기출

양수 k에 대하여 함수 $f(x)=3^{x-1}+k$의 역함수의 그래프를 x축의 방향으로 k^2만큼 평행이동시킨 곡선을 $y=g(x)$라 하자. 두 곡선 $y=f(x)$, $y=g(x)$의 점근선의 교점이 직선 $y=\frac{1}{3}x$ 위에 있을 때, k의 값은?

① 1   ② $\frac{3}{2}$ ③ 2

④ $\frac{5}{2}$ ⑤ 3

0288 중요

함수 $f(x)=\log_2 x$와 그 역함수 $g(x)$의 그래프가 그림과 같다. 곡선 $y=f(x)$가 x축과 만나는 점을 A, 점 A를 지나고 y축에 평행한 직선이 곡선 $y=g(x)$와 만나는 점을 B, 점 B를 지나고 x축에 평행한 직선이 곡선 $y=f(x)$와 만나는 점을 C라 하자. 삼각형 ABC의 넓이를 구하시오.

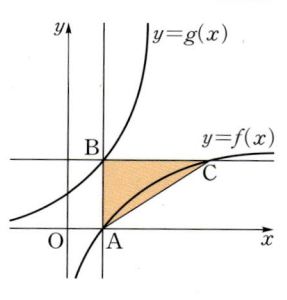

0289 교육청 기출

곡선 $y=\log_{\sqrt{2}}(x-a)$와 직선 $y=\frac{1}{2}x$가 만나는 점 중 한 점을 A라 하고, 점 A를 지나고 기울기가 -1인 직선이 곡선 $y=(\sqrt{2})^x+a$와 만나는 점을 B라 하자. 삼각형 OAB의 넓이가 6일 때, 상수 a의 값은?

(단, $0<a<4$이고, O는 원점이다.)

① $\frac{1}{2}$ ② 1   ③ $\frac{3}{2}$

④ 2   ⑤ $\frac{5}{2}$

유형 17 로그함수를 이용한 수의 대소 비교

로그함수 $y=\log_a x$ $(a>0, a\neq 1)$에서
(1) $a>1$일 때, $0<x_1<x_2 \iff \log_a x_1 < \log_a x_2$
(2) $0<a<1$일 때, $0<x_1<x_2 \iff \log_a x_1 > \log_a x_2$

확인 문제

세 수 $\log_2 3$, 3, $-\log_2 \frac{1}{5}$의 크기를 비교하시오.

개념ON 124쪽   유형ON 2권 040쪽

0290 대표문제

$1<a<b$일 때, 함수 $f(x)=\log_a x$에 대하여 세 수 $f(a)$, $f(b)$, $f\left(\frac{1}{b}\right)$의 대소 관계로 옳은 것은?

① $f\left(\frac{1}{b}\right)<f(a)<f(b)$ ② $f\left(\frac{1}{b}\right)<f(b)<f(a)$

③ $f(a)<f\left(\frac{1}{b}\right)<f(b)$ ④ $f(a)<f(b)<f\left(\frac{1}{b}\right)$

⑤ $f(b)<f\left(\frac{1}{b}\right)<f(a)$

0291 중요

다음 세 수 A, B, C의 대소 관계로 옳은 것은?

$$A=\log_{\frac{1}{3}}\sqrt{16}, \quad B=\log_9 \frac{1}{8}, \quad C=\log_{\frac{1}{9}}\sqrt[3]{32}$$

① $A<B<C$ ② $A<C<B$ ③ $B<A<C$

④ $B<C<A$ ⑤ $C<B<A$

0292

$1<a<b$일 때, 세 수 $A=\dfrac{1}{a-1}\log a$, $B=\dfrac{1}{b-1}\log b$,

$C=\dfrac{1}{b-a}\log\dfrac{b}{a}$의 대소 관계로 옳은 것은?

① $A<C<B$ ② $B<A<C$ ③ $B<C<A$

④ $C<A<B$ ⑤ $C<B<A$

유형 18 **로그함수의 최대·최소 – 진수가 일차식인 경우**

정의역이 $\{x\,|\,m\le x\le n\}$인 함수
$f(x)=\log_a(px+q)+r\,(p>0)$에서
(1) $a>1$일 때 ➡ 최댓값: $f(n)$, 최솟값: $f(m)$
(2) $0<a<1$일 때 ➡ 최댓값: $f(m)$, 최솟값: $f(n)$

확인 문제

다음 함수의 최댓값과 최솟값을 구하시오.
(1) $y=\log_2 x\ (2\le x\le4)$
(2) $y=\log_{\frac13} x\ \left(\dfrac13\le x\le9\right)$

🔵개념ON 126쪽   🟢유형ON 2권 040쪽

0293 대표문제

정의역이 $\{x\,|\,1\le x\le7\}$인 함수 $y=\log_2(x+1)+2$의 최댓값은?

① 3   ② 4   ③ 5

④ 6   ⑤ 7

0294 평가원 기출

함수 $f(x)=2\log_{\frac12}(x+k)$가 $0\le x\le12$에서 최댓값 -4, 최솟값 m을 갖는다. $k+m$의 값은? (단, k는 상수이다.)

① -1 ② -2 ③ -3

④ -4 ⑤ -5

0295 ✅중요

$0<a<1$이고 정의역이 $\{x\,|\,1\le x\le4\}$인 함수 $y=\log_a(2x+1)+b$의 최댓값이 -2, 최솟값이 -3일 때, 상수 a, b에 대하여 ab의 값은?

① $-\dfrac{4}{3}$ ② $-\dfrac{1}{3}$ ③ $\dfrac{1}{3}$

④ $\dfrac{1}{2}$ ⑤ $\dfrac{3}{2}$

유형 19 **로그함수의 최대·최소 – 진수가 이차식인 경우**

함수 $y=\log_a f(x)$에서
(1) $a>1$일 때 ➡ $f(x)$가 최대이면 y도 최대이다.
                  $f(x)$가 최소이면 y도 최소이다.
(2) $0<a<1$일 때 ➡ $f(x)$가 최대이면 y는 최소이다.
                        $f(x)$가 최소이면 y는 최대이다.

🔵개념ON 128쪽   🟢유형ON 2권 041쪽

0296 대표문제

$a>1$이고, 정의역이 $\{x\,|-2\le x\le1\}$인 함수
$$y=\log_a(3x^2+4)+3$$
의 최댓값이 7일 때, 상수 a의 값은?

① 2   ② 3   ③ 4

④ 5   ⑤ 6

0297

함수 $y=\log_{\frac13}(x^2-4x+31)-2$의 최댓값은?

① -5 ② -3 ③ -1

④ 1   ⑤ 3

0298 ✅중요 ✏️서술형

$1 \le x \le 6$에서 정의된 함수

$$f(x) = \log_{\frac{1}{2}}(8-x) + \log_{\frac{1}{2}} x$$

의 최댓값을 a, 최솟값을 b라 할 때, $\dfrac{b}{2^a}$의 값을 구하시오.

0299

두 함수

$$f(x) = \log_2 \frac{4}{x}, \quad g(x) = x^2 - 4x + 5$$

에 대하여 함수 $(f \circ g)(x)$의 최댓값은?

① $\dfrac{1}{2}$ ② $\log_2 3$ ③ 2

④ $\log_2 5$ ⑤ 3

0300

$3 \le x \le 6$에서 정의된 함수 $y = \log_3 |x^2 - 8x + 7|$의 최댓값은?

① 1   ② $\dfrac{3}{2}$ ③ 2

④ $\dfrac{5}{2}$ ⑤ 3

유형 20 **로그함수의 최대·최소**
- $\log_a x$ 꼴이 반복되는 경우

함수 $f(x) = p(\log_a x)^2 + q \log_a x + r$의 최대·최소는 다음과 같은 순서로 구한다.

❶ 함수 $f(x)$에서 $\log_a x = t$로 치환한다.
❷ t에 대한 이차함수 $y = pt^2 + qt + r$의 최대·최소를 이용하여 함수 $f(x)$의 최대·최소를 구한다.

🔵 개념ON 130쪽   🔵 유형ON 2권 041쪽

0301 대표문제

함수 $y = (\log_2 x)^2 + \log_2 \dfrac{1}{2} x^2$의 최솟값은?

① -2 ② -1 ③ $-\dfrac{1}{2}$

④ 1   ⑤ 2

0302 ✅중요 ✏️서술형

정의역이 $\left\{ x \,\middle|\, \dfrac{1}{9} \le x \le 9 \right\}$인 함수 $y = \left(\log_3 \dfrac{x}{3}\right)\left(\log_{\frac{1}{3}} \dfrac{x}{9}\right)$의 최댓값과 최솟값의 곱을 구하시오.

0303

함수 $y = (\log_2 x)^2 + a \log_8 x^2 + b$가 $x = \dfrac{1}{4}$에서 최솟값 1을 가질 때, 상수 a, b에 대하여 $a+b$의 값은?

① 8   ② 9   ③ 10

④ 11   ⑤ 12

📖 정답과 풀이 52쪽

유형 21 로그함수의 최대·최소
– 지수에 로그가 있는 경우

지수에 로그가 있는 $y=x^{f(x)}$ 꼴의 함수의 최대 · 최소는 양변에 로그를 취하여 구한다.

🔵 개념ON 130쪽 🟢 유형ON 2권 042쪽

0304 대표문제

$\frac{1}{2}\leq x\leq 8$에서 함수 $y=x^{\log_2 x}$의 최댓값을 M, 최솟값을 m이라 할 때, Mm의 값은?

① 2^3 ② 2^6 ③ 2^9

④ 2^{12} ⑤ 2^{15}

0305

함수 $y=x^{\log x+2}$의 최솟값은?

① -1 ② $-\frac{1}{10}$ ③ $\frac{1}{10}$

④ 1 ⑤ 10

0306 ✏️서술형

함수 $y=\dfrac{8x^4}{x^{\log_2 x}}$이 $x=a$에서 최댓값 b를 가질 때, $\dfrac{b}{a}$의 값을 구하시오.

유형 22 산술평균과 기하평균의 관계를 이용한 로그함수의 최대·최소

함수 $y=\log_a x+\log_x a$ $(\log_a x>0,\ \log_x a>0)$의 최대 · 최소는 다음의 성질을 이용하여 구한다.

➡ $\log_a x>0,\ \log_x a>0$이므로 산술평균과 기하평균의 관계에 의하여
$$\log_a x+\log_x a\geq 2\sqrt{\log_a x\times\log_x a}=2$$
(단, 등호는 $\log_a x=\log_x a$일 때 성립한다.)

🔵 개념ON 132쪽 🟢 유형ON 2권 042쪽

0307 대표문제

$x>1$일 때, 함수 $y=4\log_3 x+\log_x 9$의 최솟값은?

① $2\sqrt{2}$ ② $3\sqrt{2}$ ③ $4\sqrt{2}$

④ $2\sqrt{3}$ ⑤ $3\sqrt{3}$

0308

두 양수 $x,\ y$에 대하여 $x+4y=20$이 성립할 때, $\log_5 x+\log_5 y$의 최댓값은?

① 1 ② 2 ③ 3

④ 4 ⑤ 5

0309 ✅중요 ✏️서술형

$x>0,\ y>0$일 때,
$$\log_4\left(x+\frac{1}{y}\right)+\log_4\left(y+\frac{1}{x}\right)$$
의 최솟값을 구하시오.

내신 잡는 종합 문제

0310

다음 중 함수 $y=\log_2 \dfrac{1}{x}$에 대한 설명으로 옳지 <u>않은</u> 것은?

① 그래프는 $y=\log_{\frac{1}{2}} x$의 그래프와 일치한다.

② 그래프는 점 $(1, 0)$을 지난다.

③ 치역은 양의 실수 전체의 집합이다.

④ 그래프의 점근선은 y축이다.

⑤ x의 값이 증가하면 y의 값은 감소한다.

0311

함수 $y=16 \times 2^{2x}-3$의 그래프를 x축의 방향으로 m만큼, y축의 방향으로 n만큼 평행이동하였더니 함수 $y=4^x$의 그래프와 일치하였다. mn의 값은?

① 6   ② 8   ③ 10

④ 12   ⑤ 14

0312

함수 $f(x)=a^x+a^{-x}$ $(a>0, a\neq1)$에 대하여 $f\left(\dfrac{k}{2}\right)=3$일 때, $f(-2k)$의 값은? (단, k는 실수이다.)

① 35   ② 39   ③ 43

④ 47   ⑤ 51

0313

정의역이 $\{x \,|\, 2\leq x \leq 6\}$인 함수 $y=\log_{\frac{1}{2}}(x-a)$의 최댓값이 0일 때, 상수 a의 값은?

① -3 ② -2 ③ -1

④ 0   ⑤ 1

0314

함수 $y=\log x$의 그래프를 x축의 방향으로 a만큼, y축의 방향으로 b만큼 평행이동한 그래프가 두 점 $(6, b)$, $(15, 7)$을 지날 때, ab의 값을 구하시오.

0315

다음 네 수 중 가장 큰 수와 가장 작은 수의 곱은?

$$\sqrt[5]{16}, \quad \sqrt{\sqrt{32}}, \quad (0.125)^{-\frac{2}{9}}, \quad \left(\dfrac{1}{64}\right)^{-0.2}$$

① $2^{\frac{19}{12}}$ ② $2^{\frac{7}{4}}$ ③ $2^{\frac{23}{12}}$

④ $2^{\frac{25}{12}}$ ⑤ $2^{\frac{9}{4}}$

0316

두 함수 $f(x)=\log_2{(x+1)}$, $g(x)$가 모든 실수 x에 대하여 $(f \circ g)(x)=x$를 만족시킬 때, $(g \circ g)(3)$의 값을 구하시오.

0317

$1 \leq x \leq 3$에서 함수 $f(x)=3+\left(\dfrac{1}{3}\right)^{x+k}$의 최댓값이 6일 때, 최솟값은? (단, k는 상수이다.)

① 3   ② $\dfrac{10}{3}$ ③ $\dfrac{11}{3}$

④ 4   ⑤ $\dfrac{13}{3}$

0318

$0<x<1$에서 정의된 두 함수 $f(x)=\log_{\frac{1}{a}} x$, $g(x)=\log_b x$에 대하여 보기에서 옳은 것만을 있는 대로 고른 것은?

> **보기**
> ㄱ. $a>b>1$이면 $f(x)<g(x)$이다.
> ㄴ. $0<a<b<1$이면 $f(x)<g(x)$이다.
> ㄷ. $0<a<\dfrac{1}{2}$, $1<b<2$이면 $f(x)>g(x)$이다.

① ㄱ   ② ㄴ   ③ ㄱ, ㄷ

④ ㄴ, ㄷ   ⑤ ㄱ, ㄴ, ㄷ

0319

1이 아닌 두 양수 a, b에 대하여 함수 $y=\log_a{(x+b)}$의 그래프가 그림과 같을 때, 다음 중 함수 $y=\log_b{(x+a)}$의 그래프로 알맞은 것은?

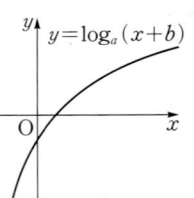

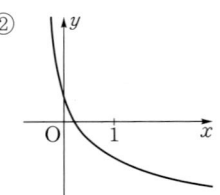

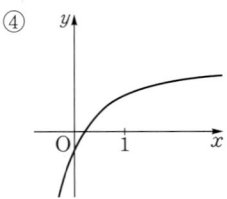

0320

$0<a<\dfrac{1}{2}$일 때, 세 수

$$A=-\log_2 a, \quad B=(\log_2 a)^2, \quad C=\log_a \dfrac{1}{2}$$

의 대소 관계로 옳은 것은?

① $A<B<C$ ② $B<A<C$ ③ $B<C<A$

④ $C<A<B$ ⑤ $C<B<A$

0321

함수 $y=\log_{a-3}(x^2-2x+17)$의 최솟값이 2일 때, 상수 a의 값을 구하시오. (단, $a>4$)

0322

상수 $a\,(a>1)$에 대하여 곡선 $y=a^x-1$과 곡선 $y=\log_a(x+1)$이 원점 O를 포함한 서로 다른 두 점에서 만난다. 이 두 점 중 O가 아닌 점을 P라 하고, 점 P에서 x축에 내린 수선의 발을 H라 하자. 삼각형 OHP의 넓이가 2일 때, a의 값은?

① $\sqrt{2}$ ② $\sqrt{3}$ ③ 2

④ $\sqrt{5}$ ⑤ $\sqrt{6}$

0323

함수 $f(x)=a^{x^2+2x+3}$의 최댓값이 $\dfrac{1}{3}$일 때, $f(-3)$의 값은?

(단, $a>0$)

① $\dfrac{1}{27}$ ② $\dfrac{\sqrt{3}}{27}$ ③ $\dfrac{1}{9}$

④ $\dfrac{\sqrt{3}}{9}$ ⑤ $\dfrac{1}{3}$

0324

그림과 같이 3 이상의 자연수 n에 대하여 두 곡선 $y=n^x$, $y=2^x$이 직선 $x=1$과 만나는 점을 각각 A, B라 하고, 두 곡선 $y=n^x$, $y=2^x$이 직선 $x=2$와 만나는 점을 각각 C, D라 하자. 사다리꼴 ABDC의 넓이가 18 이하가 되도록 하는 모든 자연수 n의 값의 합을 구하시오.

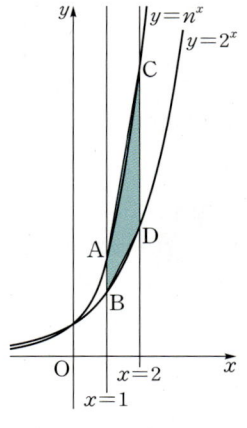

0325

정의역이 $\{x\,|\,1\leq x\leq16\}$인 함수
$$y=(\log_2 x)(\log_{\frac{1}{2}} x)+2\log_2 x$$
의 최댓값을 M, 최솟값을 m이라 할 때, $M+m$의 값은?

① -6 ② -7 ③ -8

④ -9 ⑤ -10

0326

$3x+y=18$을 만족시키는 두 양수 x, y에 대하여 $1+\log_3 x+\log_3 y$의 최댓값을 구하시오.

0327

두 함수

$$f(x)=\frac{a^x-a^{-x}}{2},\ g(x)=\frac{a^x+a^{-x}}{2}$$

에 대하여 보기에서 옳은 것만을 있는 대로 고른 것은?

(단, $a>1$)

> **보기**
>
> ㄱ. $f(-x)=-f(x)$
> ㄴ. 함수 $g(x)$의 최솟값은 1이다.
> ㄷ. $\{f(x)\}^2+\{g(x)\}^2$의 최솟값은 2이다.

① ㄱ   ② ㄱ, ㄴ   ③ ㄱ, ㄷ
④ ㄴ, ㄷ   ⑤ ㄱ, ㄴ, ㄷ

0328 평가원 기출

직선 $x=k$가 두 곡선 $y=\log_2 x$, $y=-\log_2 (8-x)$와 만나는 점을 각각 A, B라 하자. $\overline{AB}=2$가 되도록 하는 모든 실수 k의 값의 곱은? (단, $0<k<8$)

① $\frac{1}{2}$ ② 1   ③ $\frac{3}{2}$
④ 2   ⑤ $\frac{5}{2}$

✏️ 서술형 대비하기

0329

정의역이 $\{x \mid -3 \le x \le 0\}$인 함수 $y=-\left(\frac{1}{4}\right)^x+2^{-x+2}+k$ 의 최솟값이 -22이다. 이 함수가 $x=a$에서 최댓값 M을 가질 때, $a+M$의 값을 구하시오. (단, k는 상수이다.)

0330

그림과 같이 곡선 $y=\log_2 x+2$와 직선 $y=x+k$가 만나는 두 점을 각각 A, B라 하고, 점 A를 지나고 x축에 평행한 직선을 l, 점 B를 지나고 y축에 평행한 직선을 m이라 하자.

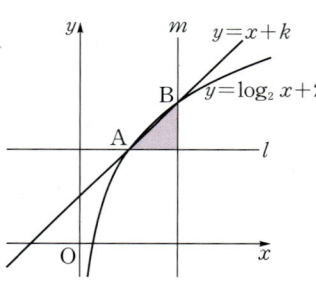

직선 AB와 두 직선 l, m으로 둘러싸인 부분의 넓이가 $\frac{1}{2}$일 때, 상수 k의 값을 구하시오.

(단, 점 A의 x좌표는 점 B의 x좌표보다 작다.)

수능 녹인 변별력 문제

0331

1보다 큰 실수 a에 대하여 세 수

$$A=\frac{a-1}{a}, \ B=\left(\frac{a-1}{a}\right)^{\frac{a-1}{a}}, \ C=\left(\frac{a-1}{a}\right)^{\left(\frac{a-1}{a}\right)^{\frac{a-1}{a}}}$$

의 대소 관계로 옳은 것은?

① $A<B<C$ ② $A<C<B$ ③ $B<A<C$

④ $B<C<A$ ⑤ $C<B<A$

0332

그림과 같이 양수 a에 대하여 두 곡선 $y=\log_2 x$, $y=\log_2 (x+a)$가 x축과 만나는 점을 각각 A, B라 하자. 또, 직선 $x=4$가 두 곡선 $y=\log_2 x$, $y=\log_2 (x+a)$와 만나는 점을 각각 P, Q라 하고, x축과 만나는 점을 R이라 하자. $\overline{PQ}=\frac{1}{2}\overline{PR}$일 때, 사각형 APQB의 넓이는?

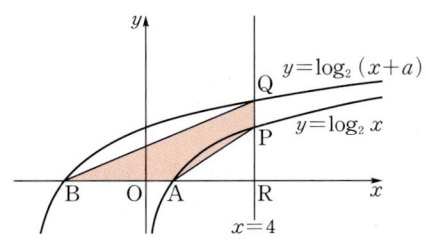

① 7 ② $\frac{15}{2}$ ③ 8

④ $\frac{17}{2}$ ⑤ 9

0333 평가원 기출

$\angle A=90°$이고 $\overline{AB}=2\log_2 x$, $\overline{AC}=\log_4 \frac{16}{x}$인 삼각형 ABC의 넓이를 $S(x)$라 하자. $S(x)$가 $x=a$에서 최댓값 M을 가질 때, $a+M$의 값은? (단, $1<x<16$)

① 6 ② 7 ③ 8

④ 9 ⑤ 10

0334

곡선 $f(x)=2^{x+2}-2$를 직선 $y=x$에 대하여 대칭이동한 곡선의 식을 $y=g(x)$라 하자. 직선 $y=2$와 두 곡선 $y=f(x)$, $y=g(x)$가 만나는 점을 각각 A, B라 하고, 선분 AB를 $6:1$로 내분하는 점을 C라 하자. 점 C가 곡선 $y=g(x)$를 x축의 방향으로 k만큼 평행이동한 곡선 위의 점일 때, k의 값은?

① -5 ② -4 ③ -3

④ -2 ⑤ -1

0335 평가원 기출

$a>1$인 실수 a에 대하여 곡선 $y=\log_a x$와 원 $C : \left(x-\dfrac{5}{4}\right)^2+y^2=\dfrac{13}{16}$의 두 교점을 P, Q라 하자. 선분 PQ가 원 C의 지름일 때, a의 값은?

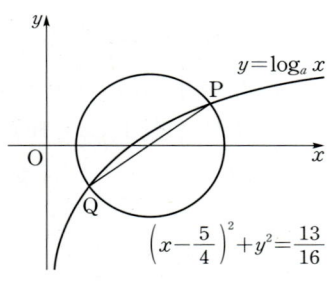

① 3   ② $\dfrac{7}{2}$ ③ 4

④ $\dfrac{9}{2}$ ⑤ 5

0336

그림과 같이 1보다 큰 두 실수 a, b에 대하여 직선 $y=-x+7$이 두 곡선 $y=a^{x-4}$, $y=\log_b(x-4)$와 만나는 점을 각각 A, B라 하고, x축과 만나는 점을 C라 하자. 점 B는 선분 AC의 중점이고 $\overline{AC}=2\sqrt{2}$일 때, $a+b$의 값을 구하시오.

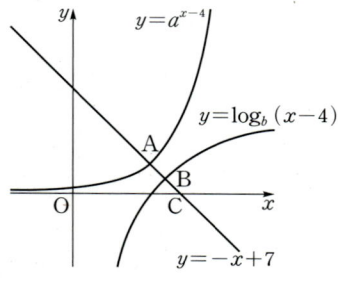

0337

그림과 같이 함수 $y=\log_3 x$의 그래프 위의 제1사분면에 있는 점 A에 대하여 점 A를 지나고 x축에 평행한 직선이 함수 $y=\log_{\frac{1}{3}}(-x)$의 그래프와 만나는 점을 B라 하자. 함수 $y=\log_{\frac{1}{3}}(-x)$의 그래프 위의 점 C와 함수 $y=\log_3 x$의 그래프 위의 점 D에 대하여 사각형 ABCD가 마름모일 때, 사각형 ABCD의 넓이는?

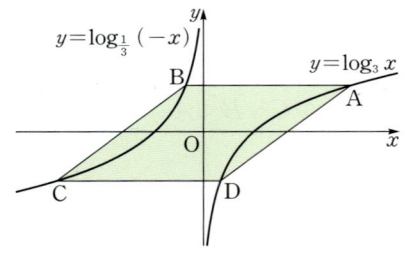

① 6   ② $\dfrac{20}{3}$ ③ $\dfrac{22}{3}$

④ 8   ⑤ $\dfrac{26}{3}$

0338

실수 t에 대하여 직선 $x=t$가 두 곡선 $y=3^{x-2}+3$, $y=1-\left(\dfrac{1}{3}\right)^x$과 만나는 점을 각각 P, Q라 하고, 선분 PQ의 길이를 $f(t)$라 하자. 함수 $f(t)$가 $t=a$에서 최솟값 b를 가질 때, $a+b$의 값은?

① 3   ② $\dfrac{10}{3}$ ③ $\dfrac{11}{3}$

④ 4   ⑤ $\dfrac{13}{3}$

0339

함수 $y=|\log_3|x||$의 그래프와 직선 $y=k$가 만나는 서로 다른 네 점을 x좌표가 작은 것부터 차례대로 A, B, C, D라 하자. $\overline{AB}=\overline{BC}=\overline{CD}$일 때, 상수 k의 값은?

① $\dfrac{1}{4}$ ② $\dfrac{1}{3}$ ③ $\dfrac{2}{5}$

④ $\dfrac{1}{2}$ ⑤ $\dfrac{2}{3}$

0340 교육청 기출

$a>2$인 실수 a에 대하여 기울기가 -1인 직선이 두 곡선 $y=a^x+2$, $y=\log_a x+2$와 만나는 점을 각각 A, B라 하자. 선분 AB를 지름으로 하는 원의 중심의 y좌표가 $\dfrac{19}{2}$이고 넓이가 $\dfrac{121}{2}\pi$일 때, a^2의 값을 구하시오.

0341

그림과 같이 두 곡선 $y=\log_a x$, $y=\log_b x$ $(0<a<b<1)$와 x축 위의 두 점 A, B가 있다. $\overline{OA}$를 한 변으로 하는 정사각형의 한 꼭짓점 P는 곡선 $y=\log_a x$ 위의 점이고, $\overline{OB}$를 한 변으로 하는 정사각형의 한 꼭짓점 Q는 곡선 $y=\log_b x$ 위의 점이다. 두 정사각형의 넓이의 비가 $9:16$이고 $\overline{PQ}=\dfrac{\sqrt{2}}{6}$일 때, $\dfrac{1}{a^2b^2}$의 값을 구하시오. (단, O는 원점이고, 두 점 P, Q는 제1사분면 위의 점이다.)

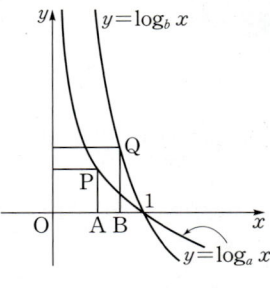

0342 평가원 기출

두 곡선 $y=2^x$과 $y=-2x^2+2$가 만나는 두 점을 (x_1, y_1), (x_2, y_2)라 하자. $x_1<x_2$일 때, 보기에서 옳은 것만을 있는 대로 고른 것은?

> **보기**
>
> ㄱ. $x_2>\dfrac{1}{2}$
>
> ㄴ. $y_2-y_1<x_2-x_1$
>
> ㄷ. $\dfrac{\sqrt{2}}{2}<y_1y_2<1$

① ㄱ ② ㄱ, ㄴ ③ ㄱ, ㄷ

④ ㄴ, ㄷ ⑤ ㄱ, ㄴ, ㄷ

지수함수와 로그함수의 활용

유형 01 밑을 같게 할 수 있는 지수방정식

방정식의 각 항의 밑을 같게 변형한 후 다음을 이용한다.

➡ $a^{f(x)}=a^{g(x)} \Longleftrightarrow f(x)=g(x)$ (단, $a>0$, $a\ne1$)

Tip 지수방정식을 풀 때는 다음의 지수법칙을 이용한다.

$a>0$, $b>0$이고 x, y가 실수일 때

① $a^x a^y = a^{x+y}$ ② $a^x \div a^y = a^{x-y}$ ③ $(a^x)^y = a^{xy}$

④ $(ab)^x = a^x b^x$ ⑤ $\left(\dfrac{a}{b}\right)^x = \dfrac{a^x}{b^x}$

확인 문제

다음 방정식을 푸시오.

(1) $2^{x+2}=32$

(2) $\left(\dfrac{1}{9}\right)^{-x}=81$

⌂ 개념ON 146쪽 ⌂ 유형ON 2권 046쪽

0343 대표문제

방정식 $\left(\dfrac{1}{8}\right)^{x-2}-2\times 2^{x^2-1}=0$의 모든 실근의 곱을 구하시오.

0344 수능 기출

방정식 $3^{x-8}=\left(\dfrac{1}{27}\right)^x$을 만족시키는 실수 x의 값을 구하시오.

0345

방정식 $(2^x-16)(3^{3x}-27)=0$의 두 실근을 α, β라 할 때, $\alpha^2+\beta^2$의 값은?

① 15 ② 16 ③ 17

④ 18 ⑤ 19

0346 중요

방정식 $(4\sqrt{2})^{x^2}=\left(\dfrac{1}{4}\right)^{\frac{3}{2}x+\frac{1}{4}}$을 만족시키는 정수 x의 값은?

① -2 ② -1 ③ 0

④ 1 ⑤ 2

0347 서술형

방정식 $\dfrac{100^{x^2-3}}{10^{x-5}}=100$을 푸시오.

유형 02 a^x 꼴이 반복되는 지수방정식

a^x 꼴이 반복되는 방정식은 $a^x=t$ $(t>0)$로 치환하여 t에 대한 방정식을 푼다.

확인 문제

다음 방정식을 푸시오.

(1) $4^x+2^{x+1}-8=0$

(2) $\left(\dfrac{1}{4}\right)^x-\left(\dfrac{1}{2}\right)^{x-1}=0$

(3) $3^x+3^{-x}=2$

⌂ 개념ON 148쪽 ⌂ 유형ON 2권 046쪽

0348 대표문제

방정식 $4^x+32=3\times 2^{x+2}$의 두 근을 α, β라 할 때, $\alpha\beta$의 값은?

① 2 ② 4 ③ 6

④ 8 ⑤ 10

0349 ✅중요 ✏️서술형

방정식 $27^x=3\times9^x+10\times3^x$의 근을 α라 할 때, 9^α의 값을 구하시오.

0350

두 함수 $f(x)=4^x$, $g(x)=3x+1$에 대하여 방정식 $(f\circ g)(x)=(g\circ f)(x)$를 만족시키는 x의 값은?

① -2 ② -1 ③ 0
④ 1 ⑤ 2

0351

1이 아닌 양수 a에 대하여 방정식 $a^{2x}-5a^x+4=0$의 한 근이 $\dfrac{1}{2}$일 때, a의 값을 구하시오.

0352 ✅중요 ✏️서술형

방정식 $4(4^x+4^{-x})-13(2^x+2^{-x})-9=0$의 모든 실근의 곱을 구하시오.

유형 03 밑에 미지수가 있는 지수방정식

(1) $\{a(x)\}^{f(x)}=\{b(x)\}^{f(x)}$ 꼴의 방정식 (지수가 같은 경우)
 ➡ $a(x)=b(x)$ 또는 $f(x)=0$을 푼다.
  (단, $a(x)>0$, $b(x)>0$)
(2) $\{a(x)\}^{f(x)}=\{a(x)\}^{g(x)}$ 꼴의 방정식 (밑이 같은 경우)
 ➡ $a(x)=1$ 또는 $f(x)=g(x)$를 푼다. (단, $a(x)>0$)

확인 문제

다음 방정식을 푸시오.
(1) $(x+2)^x=4^x$ (단, $x>-2$)
(2) $x^{2x+3}=x^{-x+4}$ (단, $x>0$)

🎧개념ON 156쪽   🎧유형ON 2권 047쪽

0353 대표문제

방정식 $x^{x^2-10}=(x^x)^3$의 두 근을 α, β라 할 때, $\alpha^2+\beta^2$의 값은? (단, $x>0$)

① 22 ② 23 ③ 24
④ 25 ⑤ 26

0354

방정식 $(4x-3)^{3x-4}=(x+2)^{3x-4}$의 모든 근의 합을 구하시오. $\left(\text{단, } x>\dfrac{3}{4}\right)$

0355 ✏️서술형

방정식 $x^{2x^2}=x^{7x-3}$의 모든 근의 합을 a, 방정식 $\left(x-\dfrac{1}{2}\right)^{2x-5}=4^{2x-5}$의 모든 근의 합을 b라 할 때, ab의 값을 구하시오. $\left(\text{단, } x>\dfrac{1}{2}\right)$

주어진 방정식이 a^x, b^y $(a>0, a\neq1, b>0, b\neq1)$에 대한 연립방정식일 때, 다음과 같은 순서로 푼다.
❶ $a^x=X$, $b^y=Y$ $(X>0, Y>0)$로 치환하여 X, Y에 대한 연립방정식을 푼다.
❷ $a^x=X$, $b^y=Y$에서 x, y의 값을 구한다.

🎧 개념ON 154쪽 🟢 유형ON 2권 047쪽

0356 대표문제

연립방정식 $\begin{cases} 2^{x+1}+3^y=11 \\ 2^x+3^{y+1}=13 \end{cases}$의 해가 $x=\alpha$, $y=\beta$일 때, $\alpha+\beta$의 값은?

① 2　　　　② 3　　　　③ 4
④ 5　　　　⑤ 6

0357

연립방정식 $\begin{cases} \left(\dfrac{1}{2}\right)^x+\left(\dfrac{1}{2}\right)^y=12 \\ \left(\dfrac{1}{2}\right)^{x+y}=32 \end{cases}$의 해가 $x=\alpha$, $y=\beta$일 때, $\alpha^2+\beta^2$의 값을 구하시오.

0358

연립방정식 $\begin{cases} 3^x+3^y=10 \\ 9^x+9^y=58 \end{cases}$의 해가 $x=\alpha$, $y=\beta$일 때, $3^\beta-3^\alpha$의 값은? (단, $\alpha<\beta$)

① 1　　　　② 2　　　　③ 3
④ 4　　　　⑤ 5

지수방정식 $pa^{2x}+qa^x+r=0$ $(a>0, a\neq1)$이 두 근 α, β를 가지면 $a^x=t$ $(t>0)$로 치환한 t에 대한 이차방정식 $pt^2+qt+r=0$은 양수인 두 근 a^α, a^β을 갖는다.

🎧 개념ON 148쪽 🟢 유형ON 2권 048쪽

0359 대표문제

x에 대한 방정식 $4^x-k\times2^x+4=0$이 서로 다른 두 실근을 가질 때, 자연수 k의 최솟값을 구하시오.

0360 중요

방정식 $25^x-8\times5^x+6=0$의 두 근을 α, β라 할 때, $25^\alpha+25^\beta$의 값은?

① 48　　　　② 50　　　　③ 52
④ 54　　　　⑤ 56

0361 중요

방정식 $9^x-3^{x+2}+k=0$의 서로 다른 두 실근의 합이 1일 때, 상수 k의 값은?

① -1　　　② 1　　　　③ 2
④ 3　　　　⑤ 4

0362 교육청 기출

x에 대한 방정식 $4^x - k \times 2^{x+1} + 16 = 0$이 오직 하나의 실근 α를 가질 때, $k+\alpha$의 값은? (단, k는 상수이다.)

① 3   ② 4   ③ 5
④ 6   ⑤ 7

0363 서술형

x에 대한 방정식 $9^x + k \times 3^{x+1} + 15 - 3k = 0$의 두 실근의 비가 $1 : 2$일 때, 실수 k의 값을 구하시오.

유형 06 밑을 같게 할 수 있는 지수부등식

부등식의 각 항의 밑을 같게 변형한 후 다음을 이용한다.
(1) $a > 1$일 때 ⟹ $a^{f(x)} > a^{g(x)} \Longleftrightarrow f(x) > g(x)$
(2) $0 < a < 1$일 때 ⟹ $a^{f(x)} > a^{g(x)} \Longleftrightarrow f(x) < g(x)$

확인 문제

다음 부등식을 푸시오.
(1) $5^{3x+1} < 5\sqrt{5}$
(2) $\left(\dfrac{2}{3}\right)^{x^2} \geq \left(\dfrac{3}{2}\right)^{x-2}$

개념ON 150쪽   유형ON 2권 048쪽

0364 대표문제

부등식 $\left(\dfrac{1}{9}\right)^{-x+3} > \left(\dfrac{1}{81}\right)^{3-x}$의 해는?

① $x < 1$ ② $x < 2$ ③ $x < 3$
④ $0 < x < 3$ ⑤ $2 < x < 5$

0365 중요

이차함수 $y = f(x)$의 그래프와 직선 $y = g(x)$가 그림과 같을 때, 부등식 $2^{f(x)} > 2^{g(x)}$의 해는?

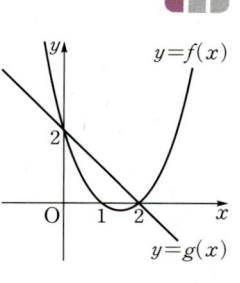

① $0 < x < 2$
② $x < 0$ 또는 $x > 2$
③ $1 < x < 3$
④ $x < 1$ 또는 $x > 3$
⑤ $2 < x < 4$

0366 중요 교육청 기출

부등식 $5^{2x-7} \leq \left(\dfrac{1}{5}\right)^{x-2}$을 만족시키는 자연수 x의 개수는?

① 1   ② 2   ③ 3
④ 4   ⑤ 5

0367 서술형

연립부등식 $\begin{cases} 3^{x+3} < (\sqrt{27})^{x+1} \\ \left(\dfrac{3}{7}\right)^{x+10} \leq \left(\dfrac{7}{3}\right)^{2x-x^2} \end{cases}$을 푸시오.

0368

부등식 $5^{3x} < \dfrac{\sqrt{5}}{25} < 25 \times \left(\dfrac{1}{5}\right)^{-2x}$을 만족시키는 정수 x의 개수를 구하시오.

0369 ✏️서술형 ◀●●

부등식 $\left(\dfrac{1}{36}\right)^{x^2} > 6^{ax}$을 만족시키는 정수 x의 개수가 2일 때, 모든 자연수 a의 값의 곱을 구하시오.

0370 ◀●●

두 집합

$$A = \{x \mid 6^{(x-3)^2} \le \sqrt{6^{3-x}}\},\ B = \{x \mid x^2 + ax + 1 \le 0\}$$

에 대하여 $A \subset B$를 만족시키는 정수 a의 최댓값은?

① -5 ② -4 ③ -3
④ -2 ⑤ -1

유형 07 a^x 꼴이 반복되는 지수부등식

a^x 꼴이 반복되는 지수부등식은 $a^x = t\ (t > 0)$로 치환하여 t에 대한 부등식을 푼다.

> **확인 문제**
>
> 다음 부등식을 푸시오.
>
> (1) $4^x - 12 \times 2^x + 32 < 0$
>
> (2) $\left(\dfrac{1}{9}\right)^x - 24 \times \left(\dfrac{1}{3}\right)^x - 81 \ge 0$

🔵 개념ON 152쪽   🔵 유형ON 2권 049쪽

0371 대표문제

부등식 $3^{2x+1} - 10 \times 3^x + 3 \le 0$을 만족시키는 x의 최댓값을 M, 최솟값을 m이라 할 때, $M - m$의 값은?

① 1 ② 2 ③ 3
④ 4 ⑤ 5

0372 ✅중요 교육청 기출 ◀●●

부등식 $4^x - 10 \times 2^x + 16 \le 0$을 만족시키는 모든 자연수 x의 값의 합을 구하시오.

0373 ✅중요 ◀●●

다음 두 부등식을 모두 만족시키는 정수 x의 개수는?

$$3^{x+3} + 3^{2-x} \le 244,\quad \left(\dfrac{1}{25}\right)^x - 4 \times \left(\dfrac{1}{5}\right)^{x-1} - 125 < 0$$

① 3 ② 4 ③ 5
④ 6 ⑤ 7

유형 08   밑에 미지수가 있는 지수부등식

$x^{f(x)} > x^{g(x)}\ (x > 0)$ 꼴의 부등식은 다음과 같은 순서로 푼다.

❶ $0 < x < 1$일 때 $f(x) < g(x)$를 만족시키는 x의 값의 범위를 구한다.

❷ $x = 1$일 때 주어진 부등식이 성립하는지 확인한다.

❸ $x > 1$일 때 $f(x) > g(x)$를 만족시키는 x의 값의 범위를 구한다.

❹ ❶ ~ ❸에서 구한 해의 합집합이 주어진 부등식의 해이다.

🔵 개념ON 156쪽   🔵 유형ON 2권 050쪽

0374 대표문제

부등식 $x^{2x+1} \le x^{-x+7}$의 해가 $\alpha \le x \le \beta$일 때, $\alpha\beta$의 값을 구하시오. (단, $x > 0$)

0375

부등식 $x^{x^2+1}>x^{2x+4}$의 해가 $\alpha<x<\beta$ 또는 $x>\gamma$일 때, $\alpha+\beta+\gamma$의 값은? (단, $x>0$)

① 3 ② 4 ③ 5
④ 6 ⑤ 7

0376 ✏️서술형

부등식 $(x+2)^{-2x+5}\leq(x+2)^9$을 만족시키는 실수 x의 최솟값을 구하시오. (단, $x>-2$)

0377

부등식 $(x^2-8x+16)^{x-4}<1$의 해의 집합을 S라 할 때, 다음 중 집합 S의 원소가 아닌 것은? (단, $x\neq4$)

① $\dfrac{1}{2}$ ② $\dfrac{3}{2}$ ③ $\dfrac{5}{2}$
④ $\dfrac{7}{2}$ ⑤ $\dfrac{9}{2}$

유형 09 지수부등식이 항상 성립할 조건

모든 실수 x에 대하여 부등식 $(a^x)^2+pa^x+q>0$ (p, q는 상수)이 성립하면 $a^x=t$ $(t>0)$로 치환한 t에 대한 이차부등식 $t^2+pt+q>0$이 $t>0$에서 항상 성립한다.

> **Tip** 이차항의 계수가 양수인 이차식 $f(x)$에 대하여 $a\leq x\leq b$에서
> ① 이차부등식 $f(x)\geq0$이 항상 성립
>   ➡ ($a\leq x\leq b$에서 $f(x)$의 최솟값)≥0
> ② 이차부등식 $f(x)\leq0$이 항상 성립
>   ➡ ($a\leq x\leq b$에서 $f(x)$의 최댓값)≤0

🎧 개념ON 158쪽 🎧 유형ON 2권 050쪽

0378 대표문제

모든 실수 x에 대하여 부등식 $9^x-3^{x+2}+k+5>0$이 성립할 때, 정수 k의 최솟값을 구하시오.

0379

$x\leq0$인 모든 실수 x에 대하여 부등식 $\left(\dfrac{1}{4}\right)^x-\left(\dfrac{1}{2}\right)^{x+2}\geq k$가 성립하도록 하는 실수 k의 최댓값은?

① $\dfrac{1}{2}$ ② $\dfrac{3}{4}$ ③ 1
④ $\dfrac{5}{4}$ ⑤ $\dfrac{3}{2}$

0380 ✓중요 ✏️서술형

모든 실수 x에 대하여 부등식 $4^x-a\times2^{x+1}+4\geq0$이 성립하도록 하는 실수 a의 값의 범위를 구하시오.

처음의 양이 p, 매시간 일정한 비율 a로 그 양이 변할 때, x시간 후의 양을 y라 하면 $y=pa^x$이다.

Tip 일정한 비율로 늘어나거나 줄어드는 상황이 주어지면 구하는 값을 미지수로 놓고 지수방정식이나 지수부등식으로 나타낸다.

📖 **개념ON** 160쪽 📖 **유형ON** 2권 051쪽

0381 대표문제

방사성 탄소 동위 원소 ^{14}C는 5730년마다 그 양이 반으로 줄어든다고 한다. 즉, 처음 ^{14}C의 양이 $a\ g$일 때 x년 후에 남아 있는 양을 $f(x)\ g$이라 하면

$$f(x)=a\left(\frac{1}{2}\right)^{\frac{x}{5730}}$$

이 성립한다. 어떤 유물을 발굴하여 조사하였더니 ^{14}C가 250 g 남아 있었다. 처음 ^{14}C의 양이 2 kg이었다면 이 유물은 몇 년 전의 것인지 구하시오.

0382

500만 원을 주고 구매한 어떤 안마의자를 중고로 팔 경우, 구매 후 1년이 지날 때마다 가격이 40 %씩 떨어진다고 한다. 이 안마의자의 중고 가격이 처음으로 648000원 이하가 되는 것은 구매 후 몇 년이 지났을 때인가?

① 1년 　　② 2년 　　③ 3년
④ 4년 　　⑤ 5년

0383 서술형

한 마리의 박테리아는 x시간 후에 a^x마리로 증식된다고 한다. 처음에 3마리였던 박테리아가 4시간 후에 768마리가 되었을 때, 3마리였던 박테리아가 12288마리가 되는 것은 처음으로부터 몇 시간 후인지 구하시오. (단, $a>0$)

0384 중요 교육청 기출

최대 충전 용량이 $Q_0\ (Q_0>0)$인 어떤 배터리를 완전히 방전시킨 후 t시간 동안 충전한 배터리의 충전 용량을 $Q(t)$라 할 때, 다음 식이 성립한다고 한다.

$$Q(t)=Q_0\left(1-2^{-\frac{t}{a}}\right)\ (단, a는 양의 상수이다.)$$

$\dfrac{Q(4)}{Q(2)}=\dfrac{3}{2}$일 때, a의 값은?

(단, 배터리의 충전 용량의 단위는 mAh이다.)

① $\dfrac{3}{2}$ 　　② 2 　　③ $\dfrac{5}{2}$

④ 3 　　⑤ $\dfrac{7}{2}$

유형 11 밑을 같게 할 수 있는 로그방정식

방정식의 각 항의 밑을 같게 변형한 후 다음을 이용한다.

➡ $\log_a f(x)=\log_a g(x) \Longleftrightarrow f(x)=g(x)$
　　　　(단, $a>0$, $a\neq 1$, $f(x)>0$, $g(x)>0$)

Tip 로그방정식을 풀 때는 다음 로그의 성질을 이용한다.
　　$a>0$, $a\neq 1$, $M>0$, $N>0$일 때
　　① $\log_a 1=0$, $\log_a a=1$
　　② $\log_a MN=\log_a M+\log_a N$
　　③ $\log_a \dfrac{M}{N}=\log_a M-\log_a N$
　　④ $\log_a M^k=k\log_a M$ (단, k는 실수이다.)

확인 문제

다음 방정식을 푸시오.
(1) $\log_2 (x-2)=2$
(2) $\log_3 (4-x)=2\log_9 x$

📖 **개념ON** 168쪽 📖 **유형ON** 2권 051쪽

0385 대표문제

방정식 $\log_3 x+2\log_9 (x-6)=3$의 해를 $x=\alpha$라 할 때, $\log_3 \alpha$의 값은?

① 1 　　② 2 　　③ 3
④ 4 　　⑤ 5

0386

방정식 $\log(x+1)+\log(x-2)=1$의 해를 구하시오.

0387 중요 교육청 기출

방정식 $\log_2(x-2)=1+\log_4(x+6)$을 만족시키는 실수 x의 값을 구하시오.

0388

방정식 $\log_{\sqrt{2}}(x+1)-\log_2(9x-5)=0$의 두 근을 α, β $(\alpha<\beta)$라 할 때, $\beta-\alpha$의 값은?

① 1   ② 3   ③ 5
④ 7   ⑤ 9

0389

방정식 $\log_3(x+a+8)+\log_3(x+a)=2$의 한 근이 $x=7$일 때, 상수 a의 값을 구하시오.

0390 서술형

방정식 $\log_{x^2-10x+25}(5-x)=\log_9(5-x)$의 해를 $x=\alpha$라 할 때, 10^α의 값을 구하시오.

유형 **12** $\log_a x$ 꼴이 반복되는 로그방정식

$\log_a x$ 꼴이 반복되는 방정식은 $\log_a x=t$로 치환하여 t에 대한 방정식을 푼다.

確인 문제

다음 방정식을 푸시오.

(1) $(\log_2 x)^2-2\log_2 x=0$

(2) $(\log_{\frac{1}{3}} x)^2-2\log_{\frac{1}{3}} x-3=0$

(3) $\log_3 x+\log_x 27=4$

🔊 **개념ON** 170쪽   🔊 **유형ON 2권** 052쪽

0391  대표문제

방정식 $\log_5 x^2-2\log_x 5-3=0$의 두 근의 곱은?

① $\sqrt{5}$ ② 5   ③ $5\sqrt{5}$
④ 25   ⑤ $25\sqrt{5}$

0392 중요 서술형

방정식 $(\log_{\frac{1}{2}} x)^2+2\log_{\frac{1}{2}} x^3-16=0$의 두 근을 α, β라 할 때, $\alpha\beta$의 값을 구하시오.

0393 ✅중요

방정식 $3^{\log x} \times x^{\log 3} - 3^{\log x} - 6 = 0$의 해는?

① 1   ② 3   ③ 9

④ 10   ⑤ 15

0394

방정식 $2(\log_3 x - \log_9 x) = 18 \log_9 x \times \log_{27} x$의 서로 다른 두 근을 α, β라 할 때, $\log_2(\alpha^3 + \beta^3)$의 값을 구하시오.

0395 ✅중요 교육청 기출

방정식 $\left(\log_2 \dfrac{x}{2}\right)(\log_2 4x) = 4$의 서로 다른 두 실근 α, β에 대하여 $64\alpha\beta$의 값을 구하시오.

유형 **13** 양변에 로그를 취하는 방정식

(1) $x^{\log_a f(x)} = g(x)$ 꼴의 방정식: 양변에 밑이 a인 로그를 취한다.
➡ $\log_a f(x) \times \log_a x = \log_a g(x)$

(2) $a^{f(x)} = b^{g(x)}$ $(a \neq b)$ 꼴의 방정식: 양변에 밑이 c인 로그를 취한다.
➡ $f(x) \log_c a = g(x) \log_c b$

확인 문제

다음 방정식을 푸시오.

(1) $x^{\log x} = 100x$
(2) $2^{5-x} = 5^x$

개념ON 172쪽   유형ON 2권 053쪽

0396 대표문제

방정식 $x^{\log_3 x} = \dfrac{x^4}{27}$의 두 근의 합은?

① 27   ② 28   ③ 29

④ 30   ⑤ 31

0397

방정식 $3^{3-x} = 2^x$을 풀면?

① $x = \log_6 3$ ② $x = 2\log_6 3$ ③ $x = 3\log_6 3$

④ $x = 4\log_6 3$ ⑤ $x = 5\log_6 3$

0398 ✅중요 ✏서술형

방정식 $4^{\log 4x} = 5^{\log 5x}$의 근이 α일 때, 100α의 값을 구하시오.

유형 14 연립방정식으로 표현된 로그방정식

주어진 방정식이 $\log_a x$, $\log_b y$ $(a>0, a\neq1, b>0, b\neq1)$에 대한 연립방정식일 때, 다음과 같은 순서로 푼다.
❶ $\log_a x=X$, $\log_b y=Y$로 치환하여 X, Y에 대한 연립방정식을 푼다.
❷ $\log_a x=X$, $\log_b y=Y$에서 x, y의 값을 구한다.

🎧 개념ON 180쪽　🎧 유형ON 2권 053쪽

0399 대표문제

연립방정식 $\begin{cases} \log_x 9+\log_y 3=-1 \\ \log_x 81-\log_y 27=8 \end{cases}$의 해가 $x=\alpha$, $y=\beta$일 때, $\alpha\beta$의 값은?

① $3\sqrt{3}$　　② 9　　③ $9\sqrt{3}$
④ 27　　⑤ $27\sqrt{3}$

0400 서술형　◀◀◁

연립방정식 $\begin{cases} \log_2 x+\log_5 y=5 \\ \log_2 x\times\log_5 y=6 \end{cases}$의 해가 $x=\alpha$, $y=\beta$일 때, $\beta-\alpha$의 최솟값을 구하시오.

0401　◀◀◀

연립방정식 $\begin{cases} \log_2 x+\log_3 y=4 \\ \log_3 x\times\log_2 y=3 \end{cases}$의 해가 $x=\alpha$, $y=\beta$일 때, $\alpha+\beta$의 값은? (단, $\alpha>\beta$)

① 8　　② 9　　③ 10
④ 11　　⑤ 12

유형 15 로그방정식의 근의 조건

로그방정식 $p(\log_a x)^2+q\log_a x+r=0$ $(a>0, a\neq1)$이 두 근 α, β를 가지면 $\log_a x=t$로 치환한 t에 대한 이차방정식 $pt^2+qt+r=0$은 두 근 $\log_a \alpha$, $\log_a \beta$를 갖는다.

🎧 개념ON 170쪽　🎧 유형ON 2권 054쪽

0402 대표문제

방정식 $(\log_3 x)^2+k\log_3 x-5=0$의 두 근의 곱이 27일 때, 상수 k의 값은?

① -5　　② -4　　③ -3
④ -2　　⑤ -1

0403 ✔중요　◀◀◁

방정식 $\log\dfrac{x}{6}\times\log\dfrac{x}{9}=2$의 두 근을 α, β라 할 때, $\alpha\beta$의 값을 구하시오.

0404　◀◀◁

x에 대한 방정식
$$(\log x+\log 3)(\log x+\log 27)=-(2\log k)^2$$
이 오직 하나의 실근을 갖도록 하는 모든 양수 k의 값의 곱은?

① $\dfrac{\sqrt{3}}{3}$　　② 1　　③ $\sqrt{3}$
④ 2　　⑤ $2\sqrt{3}$

04
지수함수와 로그함수의 활용

유형 16 밑을 같게 할 수 있는 로그부등식

부등식의 각 항의 밑을 같게 변형한 후 다음을 이용한다.

(1) $a>1$일 때

➡ $\log_a f(x)>\log_a g(x) \Longleftrightarrow f(x)>g(x)>0$

(2) $0<a<1$일 때

➡ $\log_a f(x)>\log_a g(x) \Longleftrightarrow 0<f(x)<g(x)$

확인 문제

다음 부등식을 푸시오.

(1) $\log_3 2x+\log_{\frac{1}{3}}(x+1)>0$

(2) $\log_{\frac{1}{5}}(2x+1)\geq -2$

🎧 **개념ON** 174쪽 🎧 **유형ON 2권** 054쪽

0405

부등식 $\log_3(2x-1)>1+\log_3(5-x)$의 해가 $\alpha<x<\beta$일 때, $5\alpha-\beta$의 값을 구하시오.

0406 교육청 기출

부등식 $\log_2(x^2-7x)-\log_2(x+5)\leq 1$을 만족시키는 모든 정수 x의 값의 합은?

① 22 ② 24 ③ 26

④ 28 ⑤ 30

0407 중요 서술형

이차함수 $y=f(x)$의 그래프와 직선 $y=\dfrac{3}{2}x-3$이 그림과 같을 때, 부등식 $\log f(x)+\log_{0.1}\left(\dfrac{3}{2}x-3\right)\leq 0$을 만족시키는 자연수 x의 개수를 구하시오.

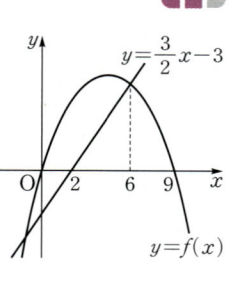

0408 중요

부등식 $\log_5(x-2)+\log_5(3x-4)<1$의 해와 이차부등식 $ax^2+bx+6<0$의 해가 서로 같을 때, 상수 a, b에 대하여 $a-b$의 값을 구하시오.

0409

부등식 $\log_{\frac{1}{3}}\{\log_2(\log_5 x)\}\geq 0$을 만족시키는 정수 x의 최댓값을 M, 최솟값을 m이라 할 때, $M+m$의 값을 구하시오.

0410

부등식 $\log_{0.2}(x^2+k)\geq \log_{0.2}(2x+3)$을 만족시키는 정수 x의 개수가 3일 때, 실수 k의 최댓값은? (단, $k>0$)

① 1 ② 2 ③ 3

④ 4 ⑤ 5

유형 17 $\log_a x$ 꼴이 반복되는 로그부등식

$\log_a x$ 꼴이 반복되는 로그부등식은 $\log_a x = t$로 치환하여 t에 대한 부등식을 푼다.

확인 문제

다음 부등식을 푸시오.

(1) $(\log x)^2 + \log x^2 - 8 < 0$

(2) $\left(\log_{\frac{1}{2}} x\right)^2 - 4\log_{\frac{1}{2}} x - 12 \leq 0$

🔵 개념ON 176쪽　🟢 유형ON 2권 055쪽

0411 대표문제

부등식 $(\log_2 x)^2 - \log_2 16x^3 \leq 0$의 해를 $\alpha \leq x \leq \beta$라 할 때, $\alpha\beta$의 값은?

① 4　　② 6　　③ 8

④ 10　　⑤ 12

0412 중요 서술형

부등식 $\log_3 x \times \log_3 9x \leq 24$를 만족시키는 자연수 x의 최댓값을 구하시오.

0413

부등식 $\left(\log_{\frac{1}{3}} x\right)^2 + a\log_3 x + b \leq 0$의 해가 $\frac{1}{3} \leq x \leq 27$일 때, 상수 a, b에 대하여 $a-b$의 값은?

① -2　　② -1　　③ 0

④ 1　　⑤ 2

0414 교육청 기출

두 집합

$$A = \{x \mid x^2 - 5x + 4 \leq 0\},$$
$$B = \{x \mid (\log_2 x)^2 - 2k\log_2 x + k^2 - 1 \leq 0\}$$

에 대하여 $A \cap B \neq \emptyset$을 만족시키는 정수 k의 개수는?

① 5　　② 6　　③ 7

④ 8　　⑤ 9

유형 18 양변에 로그를 취하는 부등식

(1) $x^{\log_a f(x)} > g(x)$ 꼴의 부등식: 양변에 밑이 a인 로그를 취한다.
　① $a > 1$일 때 ➡ $\log_a f(x)\log_a x > \log_a g(x)$
　② $0 < a < 1$일 때 ➡ $\log_a f(x)\log_a x < \log_a g(x)$

(2) $a^{f(x)} > b^{g(x)}$ $(a \neq b)$ 꼴의 부등식: 양변에 밑이 c인 로그를 취한다.
　① $c > 1$일 때 ➡ $f(x)\log_c a > g(x)\log_c b$
　② $0 < c < 1$일 때 ➡ $f(x)\log_c a < g(x)\log_c b$

확인 문제

다음 부등식을 푸시오.

(1) $x^{\log_2 x} \leq 4x$

(2) $2^{1-x} > 5^{x+1}$

🔵 개념ON 178쪽　🟢 유형ON 2권 055쪽

0415 대표문제

부등식 $x^{\log_{\frac{1}{3}} x + 3} > \frac{1}{81}$을 만족시키는 자연수 x의 개수를 구하시오.

0416

부등식 $x^{\log x - 1} \leq \frac{x^3}{1000}$의 해를 $\alpha \leq x \leq \beta$라 할 때, $\frac{\beta}{\alpha}$의 값은?

① $\frac{1}{10}$　　② 1　　③ 10

④ 100　　⑤ 1000

0417 중요 서술형 ◖◖▸

부등식 $(x-2)^{\log_3(x-2)}+18<9x$를 만족시키는 모든 정수 x의 값의 합을 구하시오.

0418 ◖◖▸

연립부등식 $\begin{cases} 5^{3x-2}>10^{5-x} \\ (4x)^{\log_2 x-5}\leq256 \end{cases}$ 을 만족시키는 정수 x의 개수를 구하시오. (단, $\log 5=0.7$로 계산한다.)

유형 19 로그부등식이 항상 성립할 조건

모든 양의 실수 x에 대하여 부등식
$(\log_a x)^2+p\log_a x+q>0$ (p, q는 상수)이 성립하면 $\log_a x=t$로 치환한 t에 대한 이차부등식 $t^2+pt+q>0$이 모든 실수 t에 대하여 항상 성립한다.

Tip 모든 실수 x에 대하여 이차부등식이 항상 성립할 조건
이차방정식 $ax^2+bx+c=0$의 판별식을 $D=b^2-4ac$라 하면
① $ax^2+bx+c>0 \Rightarrow a>0$, $D<0$
② $ax^2+bx+c<0 \Rightarrow a<0$, $D<0$
③ $ax^2+bx+c\geq0 \Rightarrow a>0$, $D\leq0$
④ $ax^2+bx+c\leq0 \Rightarrow a<0$, $D\leq0$

⋒ 개념ON 182쪽 ⋒ 유형ON 2권 056쪽

0419 대표문제

모든 양수 x에 대하여 부등식 $(\log_2 x)^2\geq\log_2 \dfrac{x^2}{8a}$이 성립하도록 하는 정수 a의 최솟값은?

① 1   ② 2   ③ 3
④ 4   ⑤ 5

0420 중요 ◖◖▸

부등식 $x^{\log_{\frac{1}{3}}x}<\dfrac{kx^2}{9}$이 모든 양수 x에 대하여 성립할 때, 양수 k의 값의 범위를 구하시오.

0421 ◖◖▸

모든 양수 x에 대하여 부등식 $x^{\log x}>(1000x^2)^k$이 성립하도록 하는 실수 k의 값의 범위는?

① $-3<k<1$ ② $-3<k<0$ ③ $-2<k<1$
④ $-2<k<2$ ⑤ $-1<k<1$

유형 20 로그를 포함한 방정식과 부등식의 활용

(1) 로그를 포함한 이차방정식에서 근에 대한 조건이 주어지면 이차방정식의 판별식을 이용하여 로그방정식 또는 로그부등식을 세운다.
(2) 로그방정식 또는 로그부등식에서 근에 대한 조건이 주어지면 $\log_a x=t$로 치환한 t에 대한 이차방정식 또는 이차부등식에서의 근의 조건으로 바꾸어 생각한다.

⋒ 개념ON 184쪽 ⋒ 유형ON 2권 056쪽

0422 대표문제

x에 대한 이차방정식
$$x^2+2(3-\log_2 a)x+3+\log_2 a=0$$
이 서로 다른 두 실근을 갖도록 하는 자연수 a의 최솟값은?

① 1   ② 2   ③ 3
④ 4   ⑤ 5

0423 중요 서술형

x에 대한 이차방정식

$$x^2+2(1-\log_5 a)x-\log_5 a+7=0$$

이 중근을 갖도록 하는 모든 양수 a의 값의 곱을 구하시오.

0424 중요 교육청 기출

모든 실수 x에 대하여 이차부등식

$$3x^2-2(\log_2 n)x+\log_2 n>0$$

이 성립하도록 하는 자연수 n의 개수를 구하시오.

유형 **21** 로그함수의 실생활에의 활용

주어진 조건에 맞게 방정식 또는 부등식을 세운 다음 양변에 상용로그를 취하여 해를 구한다.

 개념ON 186쪽  유형ON 2권 057쪽

0425 대표문제

어떤 청소기의 가격은 매년 전년보다 30 %씩 떨어진다고 한다. 2023년에 100만 원인 청소기가 처음으로 10만 원 이하가 되는 해는? (단, $\log 7=0.85$로 계산한다.)

① 2030년   ② 2031년   ③ 2032년
④ 2033년   ⑤ 2034년

0426 중요 서술형

올해 개체 수가 900인 어느 멸종 위기 동물의 개체 수는 매년 5 %씩 감소하고 있다고 한다. 이 동물의 개체 수가 처음으로 100 이하가 되는 것은 올해로부터 몇 년 후인지 구하시오.

(단, $\log 3=0.4771$, $\log 9.5=0.9777$로 계산한다.)

0427

어떤 여과기에 중금속을 넣으면 한 번 통과할 때마다 그 양의 $\dfrac{1}{4}$이 감소한다고 한다. 중금속의 양을 처음 양의 $\dfrac{1}{81}$만 남기려면 중금속을 여과기에 몇 번 통과시켜야 하는가?

(단, $\log 2=0.30$, $\log 3=0.48$로 계산한다.)

① 12번   ② 14번   ③ 16번
④ 18번   ⑤ 20번

0428 평가원 기출

통신이론에서 신호의 주파수 대역폭이 $B(\text{Hz})$이고 신호잡음전력비가 x일 때, 전송할 수 있는 신호의 최대 전송 속도 $C(\text{bps})$는 다음과 같이 계산된다고 한다.

$$C=B\times\log_2(1+x)$$

신호의 주파수 대역폭이 일정할 때, 신호잡음전력비를 a에서 $33a$로 높였더니 신호의 최대 전송 속도가 2배가 되었다. 양수 a의 값을 구하시오. (단, 신호잡음전력비는 잡음전력에 대한 신호전력의 비이다.)

0429

방정식 $5^{x+2}=10000$의 근을 α라 할 때, 다음 중 옳은 것은?

① $1<\alpha<2$ ② $2<\alpha<3$ ③ $3<\alpha<4$

④ $4<\alpha<5$ ⑤ $5<\alpha<6$

0430

방정식 $\left(\dfrac{1}{81}\right)^{1-\frac{x}{2}}=3^{x+2}$을 만족시키는 실수 x의 값은?

① 3 ② 4 ③ 5

④ 6 ⑤ 7

0431 평가원 기출

방정식 $2\log_4(5x+1)=1$의 실근을 α라 할 때, $\log_5\dfrac{1}{\alpha}$의 값을 구하시오.

0432

방정식 $(x^2-x+1)^{x+1}=1$을 만족시키는 모든 정수 x의 값의 합은?

① -1 ② 0 ③ 1

④ 2 ⑤ 3

0433

행렬의 곱

$$(2^x \quad 1)\begin{pmatrix} 2^x & 5 \\ -32 & -2^x \end{pmatrix}\begin{pmatrix} 1 \\ -1 \end{pmatrix}$$

의 성분이 0일 때, 실수 x의 값을 구하시오.

0434

연립방정식 $\begin{cases} 64^x \times \left(\dfrac{1}{2}\right)^y=8 \\ 8^{x-1} \times 2^{y-2}=2 \end{cases}$의 해가 $x=\alpha$, $y=\beta$일 때, $\alpha+\beta$의 값은?

① 2 ② 4 ③ 6

④ 8 ⑤ 10

0435

방정식 $\log_3 x - 7\log_{\frac{1}{3}} x = 4\log_3 x \times \log_{\frac{1}{3}} x$의 두 실근을 α, β라 할 때, $9\alpha + \beta$의 값은? (단, $\alpha < \beta$)

① 1　　　　② 2　　　　③ 3

④ 4　　　　⑤ 5

0436

방정식 $2^{2x} - 6 \times 2^{x+1} + k = 0$의 두 근을 α, β라 할 때, $\alpha + \beta = 3$이다. 상수 k의 값을 구하시오.

0437 [수능 기출]

부등식 $\left(\dfrac{1}{9}\right)^x < 3^{21-4x}$을 만족시키는 자연수 x의 개수는?

① 6　　　　② 7　　　　③ 8

④ 9　　　　⑤ 10

0438

부등식 $49^{-2x-3} \leq \left(\dfrac{1}{7}\right)^{x^2+1} \leq 7^{x-3}$의 해를 $\alpha \leq x \leq \beta$라 할 때, $\beta - \alpha$의 값은?

① 2　　　　② 3　　　　③ 4

④ 5　　　　⑤ 6

0439

방정식 $(\log_5 x)^2 + \log_{\frac{1}{5}} x^3 - 2 = 0$의 두 실근을 α, β라 할 때, $\alpha\beta$의 값은?

① 1　　　　② 5　　　　③ 25

④ 125　　　⑤ 625

0440 [교육청 기출]

부등식 $\log_{18}(n^2 - 9n + 18) < 1$을 만족시키는 모든 자연수 n의 값의 합은?

① 14　　　　② 15　　　　③ 16

④ 17　　　　⑤ 18

04

지수함수와 로그함수의 활용

0441

부등식 $\log(3x-1)\leq\log(2x+k)$를 만족시키는 자연수 x의 개수가 5일 때, 자연수 k의 값을 구하시오.

0442

부등식 $4^x+a\times 2^{x+2}+b<0$의 해가 $2<x<3$일 때, 상수 a, b에 대하여 $a+b$의 값은?

① 23   ② 25   ③ 27
④ 29   ⑤ 31

0443

다음 중 두 집합
$$A=\left\{x\,\middle|\,3^{-2x+1}<3-8\times\left(\frac{1}{3}\right)^x\right\},$$
$$B=\{x\,|\,\{\log_2(x+2)\}^2\leq 6-\log_2(x+2)\}$$
에 대하여 $A\cap B$의 원소가 <u>아닌</u> 것은?

① $\dfrac{9}{8}$ ② $\dfrac{11}{8}$ ③ $\dfrac{13}{8}$
④ $\dfrac{15}{8}$ ⑤ $\dfrac{17}{8}$

0444

모든 양수 x에 대하여 부등식
$$x^{\log_4 x}\geq(64x^2)^k$$
이 성립하도록 하는 실수 k의 값의 범위는?

① $-4\leq k\leq 1$ ② $-3\leq k\leq 1$ ③ $-2\leq k\leq 1$
④ $-4\leq k\leq 0$ ⑤ $-3\leq k\leq 0$

0445

현재 정민이의 하루 열량 섭취량은 4000 kcal인데, 정민이는 열량 섭취량을 매달 15 %씩 줄여 2000 kcal 이하가 되면 그 섭취량을 유지하기로 하였다. 열량 섭취량을 조절하기 시작한 지 몇 개월 후부터 2000 kcal 이하를 유지할 수 있는지 구하시오. (단, $\log 2=0.3010$, $\log 8.5=0.9294$로 계산한다.)

0446

방정식 $\log_9 x+a\log_x 3=2$의 서로 다른 두 실근이 27과 b일 때, $a+b$의 값은? (단, a는 상수이다.)

① 3   ② $\dfrac{7}{2}$ ③ 4
④ $\dfrac{9}{2}$ ⑤ 5

0447

일차함수 $y=f(x)$의 그래프가 그림과 같고 $f(-6)=0$이다. 부등식

$$3^{f(x)} \leq 9$$

의 해가 $x \leq -2$일 때, $f(0)$의 값은?

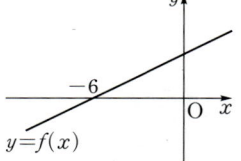

① 2   ② $\dfrac{5}{2}$

③ 3   ④ $\dfrac{7}{2}$

⑤ 4

0448 교육청 기출

어떤 앰프에 스피커를 접속 케이블로 연결하여 작동시키면 접속 케이블의 저항과 스피커의 임피던스(스피커에 교류전류가 흐를 때 생기는 저항)에 따라 전송 손실이 생긴다. 접속 케이블의 저항을 R, 스피커의 임피던스를 r, 전송 손실을 L이라 하면 다음과 같은 관계식이 성립한다고 한다.

$$L = 10 \log \left(1 + \frac{2R}{r}\right)$$

(단, 전송 손실의 단위는 dB, 접속 케이블의 저항과 스피커의 임피던스의 단위는 Ω이다.)

이 앰프에 임피던스가 8인 스피커를 저항이 5인 접속 케이블로 연결하여 작동시켰을 때의 전송 손실은 저항이 a인 접속 케이블로 교체하여 작동시켰을 때의 전송 손실의 2배이다. 양수 a의 값은?

① $\dfrac{1}{2}$ ② 1   ③ $\dfrac{3}{2}$

④ 2   ⑤ $\dfrac{5}{2}$

서술형 대비하기

0449

x에 대한 방정식 $6^{2x}-6^{x+1}+2k-1=0$이 서로 다른 두 개의 양의 실근을 갖도록 하는 정수 k의 개수를 구하시오.

0450

삼차함수 $y=f(x)$와 일차함수 $y=g(x)$의 그래프가 그림과 같을 때, 부등식 $\log_{\frac{1}{2}} f(x) \geq \log_{\frac{1}{2}} g(x)$를 만족시키는 모든 정수 x의 값의 합을 구하시오.

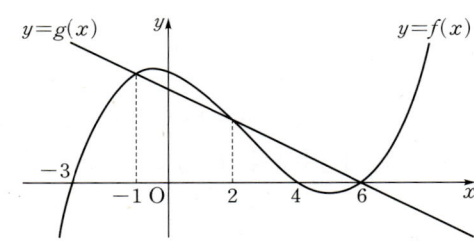

0451

방정식

$$(\log_3 x - 1)^2 + (\log_5 x - 2)^2 = (\log_3 x + \log_5 x - 3)^2$$

의 모든 실근의 합은?

① 20   ② 24   ③ 28

④ 32   ⑤ 36

0452

부등식 $(10^x - 1)(10^x - k) \le 0$을 만족시키는 정수 x의 개수가 3이 되도록 하는 자연수 k의 개수를 구하시오. (단, $k \ne 1$)

0453

최고차항의 계수가 양수인 이차함수 $f(x)$가 다음 조건을 만족시킨다.

> (개) 함수 $f(x)$의 최솟값이 $\dfrac{9}{2}$이다.
>
> (내) 방정식 $\log_3 f(x) + \log_3 (x-4)^2 = 4$는 두 실근 1, 7을 갖는다.

$f(2)$의 값은?

① $\dfrac{11}{2}$ ② 6   ③ $\dfrac{13}{2}$

④ 7   ⑤ $\dfrac{15}{2}$

0454

방정식 $a(\log x)^2 - a \log x^5 + 2 = 0$의 두 근을 α, β라 할 때, $\log \alpha - \log \beta = 3$이다. 상수 a의 값은? (단, $a \ne 0$)

① $\dfrac{1}{6}$ ② $\dfrac{1}{3}$ ③ $\dfrac{1}{2}$

④ $\dfrac{2}{3}$ ⑤ $\dfrac{5}{6}$

0455

x에 대한 방정식 $2^{2x}-(k-3)\times 2^{x+1}+3k+1=0$의 두 근이 모두 2보다 클 때, 실수 k의 최솟값은?

① 7   ② $\dfrac{38}{5}$ ③ 8

④ $\dfrac{42}{5}$ ⑤ 9

0456 교육청 기출

부등식

$$(\sqrt{2}-1)^m \geq (3-2\sqrt{2})^{5-n}$$

을 만족시키는 자연수 m, n의 모든 순서쌍 (m, n)의 개수는?

① 17   ② 18   ③ 19

④ 20   ⑤ 21

0457 교육청 기출

$a>1$인 실수 a에 대하여 두 곡선

$$y=-\log_2(-x),\ y=\log_2(x+2a)$$

가 만나는 두 점을 A, B라 하자. 선분 AB의 중점이 직선 $4x+3y+5=0$ 위에 있을 때, 선분 AB의 길이는?

① $\dfrac{3}{2}$ ② $\dfrac{7}{4}$ ③ 2

④ $\dfrac{9}{4}$ ⑤ $\dfrac{5}{2}$

0458

어느 세라믹 재료의 열전도 계수(κ)는 적절한 실험 조건에서 일정하고, 다음과 같이 계산된다고 한다.

$$\kappa = C \times \frac{\log t_2 - \log t_1}{T_2 - T_1}$$

(단, C는 0보다 큰 상수이고 $T_1\,℃$, $T_2\,℃$는 실험을 시작한 후 각각 t_1초, t_2초일 때 세라믹 재료의 측정 온도이다.)

이 세라믹 재료의 열전도 계수를 측정하는 실험에서 실험을 시작한 후 12초일 때와 36초일 때의 측정 온도가 각각 398 ℃, 406 ℃이었고, 실험을 시작한 후 x초일 때 측정 온도가 422 ℃가 되었다. x의 값을 구하시오.

0459

다음 두 부등식을 모두 만족시키는 정수 x의 개수가 5가 되도록 하는 자연수 a의 개수를 구하시오.

(가) $6^{x^2-x} \ge \left(\dfrac{1}{6}\right)^{x-a}$

(나) $(27x)^{\log_{\frac{1}{3}}x+1} \ge \dfrac{1}{243}$

0460 교육청 기출

두 함수 $f(x)=x^2-6x+11$, $g(x)=\log_3 x$가 있다. 정수 k에 대하여

$$k < (g \circ f)(n) < k+2$$

를 만족시키는 자연수 n의 개수를 $h(k)$라 할 때, $h(0)+h(3)$의 값은?

① 11   ② 13   ③ 15

④ 17   ⑤ 19

0461 평가원 기출

다음 조건을 만족시키는 모든 자연수 k의 값의 합은?

$\log_2 \sqrt{-n^2+10n+75} - \log_4 (75-kn)$의 값이 양수가 되도록 하는 자연수 n의 개수가 12이다.

① 6   ② 7   ③ 8

④ 9   ⑤ 10

0462

함수 $f(x)=|2^x-1|+a$에 대하여 방정식

$$4^{f(x)}-5 \times 2^{f(x)+1}+16=0$$

이 서로 다른 세 실근을 갖도록 하는 실수 a의 값의 범위가 $\alpha < a < \beta$일 때, $\alpha+\beta$의 값을 구하시오.

삼각함수

삼각함수

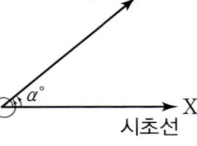
유형 01 일반각과 호도법

(1) 일반각

시초선 OX와 동경 OP가 나타내는 한 각의 크기를 $a°$라 할 때, 동경 OP가 나타내는 일반각은

$$360° \times n + a°$$

(단, n은 정수이다.)

Tip 보통 $a°$는 $0° \le a° < 360°$인 것을 택한다.

(2) 육십분법과 호도법

1라디안$= \dfrac{180°}{\pi}$, $1° = \dfrac{\pi}{180}$라디안이므로

① 육십분법의 각을 호도법의 각으로 나타낼 때

➡ (육십분법의 각)$\times \dfrac{\pi}{180}$

② 호도법의 각을 육십분법의 각으로 나타낼 때

➡ (호도법의 각)$\times \dfrac{180°}{\pi}$

확인 문제

1. 다음 각의 동경이 나타내는 일반각을 $360° \times n + a°$ 꼴로 나타내시오. (단, n은 정수이고, $0° \le a° < 360°$이다.)

(1) $120°$ (2) $750°$

(3) $-100°$ (4) $-540°$

2. 다음에서 육십분법으로 나타낸 각은 호도법으로, 호도법으로 나타낸 각은 육십분법으로 나타내시오.

(1) $60°$ (2) $150°$

(3) $-\dfrac{3}{2}\pi$ (4) $\dfrac{9}{4}\pi$

◉ 개념ON 204쪽   ◉ 유형ON 2권 062쪽

0463 대표문제

다음 중 각을 나타내는 동경이 나머지 넷과 다른 하나는?

① $-330°$ ② $780°$ ③ $1110°$

④ $\dfrac{13}{6}\pi$ ⑤ $-\dfrac{23}{6}\pi$

0464

다음 중 옳지 <u>않은</u> 것은?

① $-18° = -\dfrac{\pi}{10}$ ② $\dfrac{180°}{\pi} = 1$

③ $\dfrac{\pi}{3} = 60°$ ④ $\dfrac{1}{4} = \dfrac{90°}{\pi}$

⑤ $135° = \dfrac{3}{4}\pi$

0465

각의 동경이 나타내는 일반각을 $360° \times n + a°$ 꼴로 나타낼 때, 다음 중 a의 값이 가장 작은 것은?

(단, n은 정수이고, $0° \le a° < 360°$이다.)

① $-1743°$ ② $-635°$ ③ $400°$

④ $990°$ ⑤ $1974°$

0466 ✓중요

시초선 OX와 동경 OP의 위치가 그림과 같을 때, 다음 중 동경 OP가 나타내는 각이 될 수 <u>없는</u> 것은?

① $-650°$ ② $-290°$

③ $430°$ ④ $690°$

⑤ $1150°$

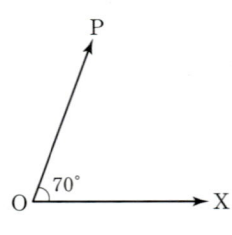

0467

보기의 각을 나타내는 동경 중 $-960°$를 나타내는 동경과 일치하는 것만을 있는 대로 고른 것은?

┌─ 보기 ─────────────────────────────┐
　ㄱ. $-\dfrac{19}{6}\pi$　　　　　　ㄴ. $-600°$

　ㄷ. $\dfrac{14}{3}\pi$　　　　　　　ㄹ. $1220°$
└──────────────────────────────────┘

① ㄱ, ㄴ　　　② ㄱ, ㄷ　　　③ ㄴ, ㄷ
④ ㄴ, ㄹ　　　⑤ ㄷ, ㄹ

유형 02　사분면의 각

정수 n에 대하여 각 θ가
(1) 제1사분면의 각 ➡ $360° \times n < \theta < 360° \times n + 90°$
(2) 제2사분면의 각 ➡ $360° \times n + 90° < \theta < 360° \times n + 180°$
(3) 제3사분면의 각 ➡ $360° \times n + 180° < \theta < 360° \times n + 270°$
(4) 제4사분면의 각 ➡ $360° \times n + 270° < \theta < 360° \times n + 360°$

주의 동경 OP가 좌표축 위에 있을 때는 어느 사분면에도 속하지 않는다.

확인 문제
크기가 다음과 같은 각은 제몇 사분면의 각인지 말하시오.
(1) $660°$　　　　　　(2) $-660°$

🔘 개념ON 204쪽　🔘 유형ON 2권 062쪽

0468 대표문제

각 θ가 제1사분면의 각일 때, 각 $\dfrac{\theta}{2}$는 제p사분면의 각이다. 이때 p의 값이 될 수 있는 모든 수의 합을 구하시오.

0469 중요

다음 중 제3사분면의 각이 아닌 것은?

① $-\dfrac{8}{3}\pi$　　　② $-230°$　　　③ $\dfrac{11}{8}\pi$

④ $\dfrac{21}{4}\pi$　　　⑤ $980°$

0470 서술형

10 이하의 자연수 n에 대하여 $50° \times n$이 제2사분면의 각이 되도록 하는 모든 n의 값의 합을 구하시오.

0471

각 3θ가 제4사분면의 각일 때, 각 θ를 나타내는 동경이 존재할 수 <u>없는</u> 사분면은?

① 제1사분면　　② 제2사분면　　③ 제3사분면
④ 제4사분면　　⑤ 제1, 4사분면

0472

각 θ가 제2사분면의 각일 때, 각 $\dfrac{\theta}{3}$를 나타내는 동경이 속하는 모든 영역을 좌표평면 위에 나타낸 것은?
(단, 경계선은 제외한다.)

① 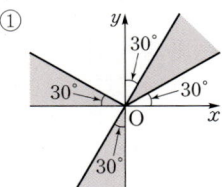　②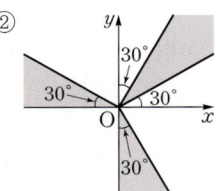

③ 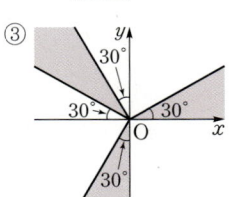　④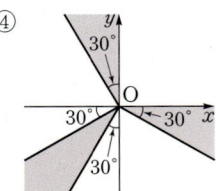

⑤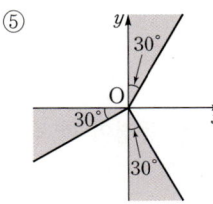

두 각 α, β를 나타내는 동경이 일치하거나 원점에 대하여 대칭이면 다음과 같이 $\alpha - \beta$를 일반각으로 나타낸다.

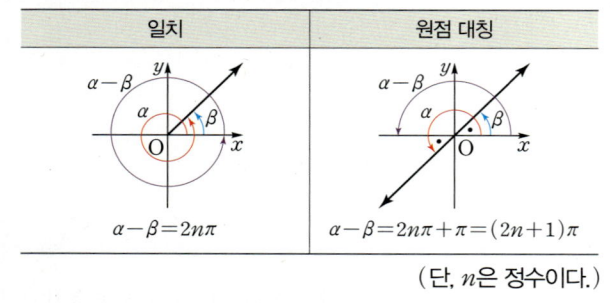

일치	원점 대칭
$\alpha - \beta = 2n\pi$	$\alpha - \beta = 2n\pi + \pi = (2n+1)\pi$

(단, n은 정수이다.)

🔲 개념ON 206쪽 🔲 유형ON 2권 063쪽

0473 대표문제

좌표평면에서 각 θ를 나타내는 동경과 각 7θ를 나타내는 동경이 원점에 대하여 대칭일 때, 각 θ의 크기는? $\left(단, \pi < \theta < \dfrac{3}{2}\pi\right)$

① $\dfrac{13}{12}\pi$ ② $\dfrac{7}{6}\pi$ ③ $\dfrac{5}{4}\pi$

④ $\dfrac{4}{3}\pi$ ⑤ $\dfrac{17}{12}\pi$

0474 중요

각 θ를 나타내는 동경과 각 5θ를 나타내는 동경이 일치할 때, 모든 각 θ의 크기의 합은? (단, $0 < \theta < 2\pi$)

① π ② $\dfrac{3}{2}\pi$ ③ 2π

④ $\dfrac{5}{2}\pi$ ⑤ 3π

0475 서술형

각 5θ를 나타내는 동경과 각 $-\theta$를 나타내는 동경이 한 직선 위에 있으면서 서로 반대 방향일 때, 모든 각 θ의 크기의 합을 구하시오. (단, $0 < \theta < 2\pi$)

두 각 α, β를 나타내는 동경이 좌표축 또는 직선에 대하여 대칭이면 다음과 같이 $\alpha + \beta$를 일반각으로 나타낸다.

x축 대칭	y축 대칭
$\alpha + \beta = 2n\pi$	$\alpha + \beta = 2n\pi + \pi = (2n+1)\pi$
직선 $y = x$ 대칭	직선 $y = -x$ 대칭
$\alpha + \beta = 2n\pi + \dfrac{\pi}{2}$	$\alpha + \beta = 2n\pi + \dfrac{3}{2}\pi$

(단, n은 정수이다.)

🔲 개념ON 206쪽 🔲 유형ON 2권 063쪽

0476 대표문제

좌표평면에서 각 θ를 나타내는 동경과 각 4θ를 나타내는 동경이 x축에 대하여 대칭일 때, 각 θ의 크기는? $\left(단, \dfrac{\pi}{2} < \theta < \pi\right)$

① $\dfrac{2}{3}\pi$ ② $\dfrac{3}{4}\pi$ ③ $\dfrac{4}{5}\pi$

④ $\dfrac{5}{6}\pi$ ⑤ $\dfrac{6}{7}\pi$

0477

좌표평면에서 각 θ를 나타내는 동경과 각 6θ를 나타내는 동경이 y축에 대하여 대칭일 때, 각 θ의 크기는? $\left(단, \dfrac{\pi}{2} < \theta < \pi\right)$

① $\dfrac{4}{7}\pi$ ② $\dfrac{2}{3}\pi$ ③ $\dfrac{5}{7}\pi$

④ $\dfrac{16}{21}\pi$ ⑤ $\dfrac{6}{7}\pi$

0478 ✅중요

좌표평면에서 각 θ를 나타내는 동경과 각 2θ를 나타내는 동경이 직선 $y=x$에 대하여 대칭일 때, 모든 각 θ의 크기의 합을 구하시오. (단, $0<\theta<\pi$)

0479

좌표평면에서 $0<\theta<\dfrac{3}{2}\pi$이고 각 θ를 나타내는 동경과 각 3θ를 나타내는 동경이 직선 $y=-x$에 대하여 대칭일 때, 모든 각 θ의 크기의 합은?

① $\dfrac{7}{8}\pi$ ② $\dfrac{5}{4}\pi$ ③ $\dfrac{15}{8}\pi$

④ $\dfrac{9}{4}\pi$ ⑤ $\dfrac{21}{8}\pi$

유형 **05**   부채꼴의 호의 길이와 넓이

반지름의 길이가 r, 중심각의 크기가 θ(라디안)인 부채꼴의 호의 길이를 l, 넓이를 S라 하면

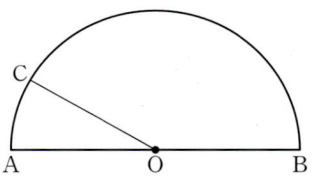

(1) $l=r\theta$

(2) $S=\dfrac{1}{2}r^2\theta=\dfrac{1}{2}rl$

(3) (부채꼴의 둘레의 길이)$=2r+r\theta$

확인 문제

반지름의 길이가 3, 중심각의 크기가 $\dfrac{4}{3}\pi$인 부채꼴의 호의 길이 l과 넓이 S를 구하시오.

🔵 개념ON 208쪽   🔵 유형ON 2권 064쪽

0480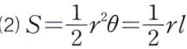

호의 길이가 4π이고 넓이가 12π인 부채꼴의 중심각의 크기는?

① $\dfrac{2}{3}\pi$ ② $\dfrac{3}{4}\pi$ ③ π

④ $\dfrac{4}{3}\pi$ ⑤ $\dfrac{3}{2}\pi$

0481

반지름의 길이가 4, 넓이가 6인 부채꼴의 호의 길이를 l, 중심각의 크기를 θ라 할 때, $8(l+\theta)$의 값을 구하시오.

0482 교육청 기출

중심각의 크기가 1라디안이고 둘레의 길이가 24인 부채꼴의 넓이를 구하시오.

0483 교육청 기출

선분 AB를 지름으로 하는 반원의 호 AB 위에 점 C가 있다. 선분 AB의 중점을 O라 할 때, 호 AC의 길이가 π이고 부채꼴 OBC의 넓이가 15π이다. 선분 OA의 길이를 구하시오.

(단, 점 C는 점 A도 아니고 점 B도 아니다.)

0484 ✅중요

둘레의 길이가 40인 부채꼴의 넓이가 최대일 때의 반지름의 길이를 구하시오.

0485

반지름의 길이가 r이고 중심각의 크기가 θ인 부채꼴이 있다. 넓이는 유지하면서 중심각의 크기를 10 % 줄여 새로운 부채꼴을 만들 때, 이 부채꼴의 호의 길이는 처음 부채꼴의 호의 길이의 몇 배인가?

① $\dfrac{\sqrt{10}}{3}$ 배 ② $\dfrac{\sqrt{10}}{10}$ 배 ③ $\dfrac{3\sqrt{10}}{10}$ 배

④ $\dfrac{9}{10}$ 배 ⑤ $\dfrac{10}{9}$ 배

0486 ✅중요

넓이가 36인 부채꼴이 있다. 이 부채꼴의 둘레의 길이의 최솟값은?

① 22 ② 24 ③ 26
④ 28 ⑤ 30

0487 🖊서술형

그림과 같이 ∠B=90°인 직각이등변삼각형 AOB에 대하여 점 O를 중심으로 하고 선분 OB를 반지름으로 하는 원과 선분 OA가 만나는 점을 C라 하자. 점 C에서 선분 OB에 내린 수선의 발을 D라 하고, 점 O를 중심으로 하고 선분 OD를 반지름으로 하는 원과 선분 OA가 만나는 점을 E라 하자. 색칠한 부분의 넓이가 5π일 때, 삼각형 AOB의 넓이를 구하시오.

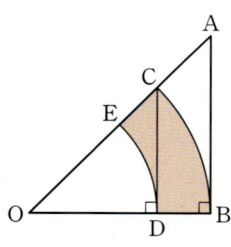

부채꼴의 호의 길이와 넓이의 활용

(1) 원뿔의 전개도에서 옆면인 부채꼴의 호의 길이와 밑면인 원의 둘레의 길이가 같다.
(2) 실생활 문제의 경우 부채꼴을 찾아 호의 길이와 넓이를 이용한 식을 세운 후 푼다.

🎧 **개념ON** 208쪽 🎧 **유형ON 2권** 065쪽

0488 대표문제

모선의 길이가 9이고 밑면의 반지름의 길이가 3인 원뿔이 있다. 이 원뿔의 옆면의 전개도인 부채꼴의 중심각의 크기는?

① $\dfrac{\pi}{4}$ ② $\dfrac{\pi}{3}$ ③ $\dfrac{\pi}{2}$

④ $\dfrac{2}{3}\pi$ ⑤ $\dfrac{3}{4}\pi$

0489 🖊서술형

반지름의 길이가 5이고 중심각의 크기가 $\dfrac{6}{5}\pi$인 부채꼴로 원뿔의 옆면을 만들 때, 이 원뿔의 부피를 구하시오.

0490

그림과 같은 부채꼴 모양의 땅의 내부에 원 모양의 분수대를 최대한 크게 만들고 나머지 부분은 잔디밭을 만들려고 한다. 부채꼴의 반지름의 길이가 12 m이고 중심각의 크기가 $\dfrac{\pi}{3}$일 때, 잔디밭의 넓이는?

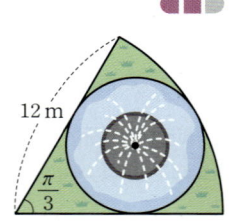

① 6π m² ② 8π m² ③ 9π m²
④ 10π m² ⑤ 12π m²

0491

그림과 같이 두 밑면의 반지름의 길이가 각각 6, 8이고, 높이가 6인 원뿔대의 옆면의 넓이는?

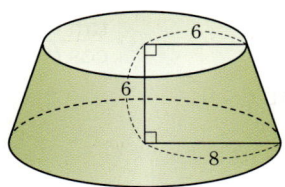

① $12\sqrt{10}\pi$　② $16\sqrt{10}\pi$　③ $20\sqrt{10}\pi$
④ $24\sqrt{10}\pi$　⑤ $28\sqrt{10}\pi$

0492 ✅중요

그림은 어느 자동차의 와이퍼가 $\dfrac{2}{3}\pi$만큼 회전한 모양을 나타낸 것이다. 이 와이퍼에서 유리를 닦는 고무판의 길이가 36 cm이고 와이퍼가 $\dfrac{2}{3}\pi$만큼 회전하면서 고무판이 닦은 부분의 둘레의 길이가 $(72+48\pi)$ cm일 때, 고무판이 닦은 부분의 넓이는?
(단, 고무판이 닦은 부분의 모양은 부채꼴의 일부이다.)

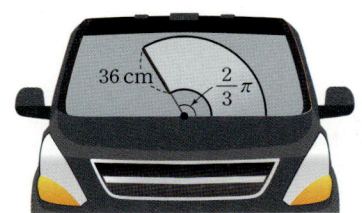

① 828π cm² 　② 837π cm² 　③ 846π cm²
④ 855π cm² 　⑤ 864π cm²

유형 07 삼각함수의 정의

원점 O를 중심으로 하고 반지름의 길이가 r인 원 위의 임의의 점 $P(x, y)$에 대하여 동경 OP가 x축의 양의 방향과 이루는 각의 크기를 θ라 하면

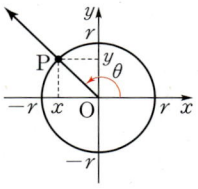

(1) $r=\overline{\mathrm{OP}}=\sqrt{x^2+y^2}$

(2) $\sin\theta=\dfrac{y}{r}$, $\cos\theta=\dfrac{x}{r}$, $\tan\theta=\dfrac{y}{x}$ $(x\neq0)$

🎧 **개념ON** 216쪽　🎧 **유형ON** 2권 066쪽

0493 대표문제

원점 O와 점 $P(6, -8)$을 지나는 동경 OP가 나타내는 각의 크기를 θ라 할 때, $5\sin\theta-5\cos\theta+3\tan\theta$의 값을 구하시오.

0494 ✅중요

원점 O와 점 $P(-1, k)$를 지나는 동경 OP가 나타내는 각의 크기를 θ라 하자. $\sin\theta=-\dfrac{2}{3}$일 때, $\cos\theta$의 값은?

① $-\dfrac{\sqrt{2}}{3}$　② $-\dfrac{\sqrt{3}}{3}$　③ $-\dfrac{2}{3}$
④ $-\dfrac{\sqrt{5}}{3}$　⑤ $-\dfrac{\sqrt{6}}{3}$

0495 ✏️서술형

직선 $y=-\sqrt{3}x$ 위의 두 점 P, Q에 대하여 $\overline{\mathrm{OP}}=2\overline{\mathrm{OQ}}$일 때, 두 동경 OP, OQ가 나타내는 각의 크기를 각각 α, β라 하자. $\dfrac{\sin\alpha}{\tan\alpha}-\cos\beta$의 값을 구하시오. (단, O는 원점이고, 두 점 P, Q는 각각 제2사분면, 제4사분면 위의 점이다.)

0496

그림과 같이 좌표평면에서 직선 $y=2$가 두 원 $x^2+y^2=5$, $x^2+y^2=9$와 제2사분면에서 만나는 점을 각각 A, B라 하자. 점 $C(3, 0)$에 대하여 $\angle COA=\alpha$, $\angle COB=\beta$라 할 때, $\sin\alpha\times\cos\beta$의 값은?

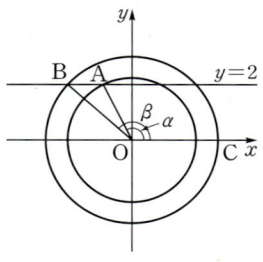

$$\left(\text{단, O는 원점이고, } \frac{\pi}{2}<\alpha<\beta<\pi\right)$$

① $\dfrac{1}{3}$　　② $\dfrac{1}{12}$　　③ $-\dfrac{1}{6}$

④ $-\dfrac{5}{12}$　　⑤ $-\dfrac{2}{3}$

유형 08 삼각함수의 값의 부호

삼각함수의 값의 부호는 각 θ를 나타내는 동경이 위치한 사분면에 따라 다음과 같이 정해진다.

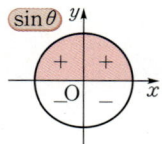 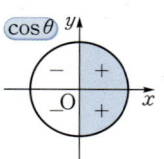 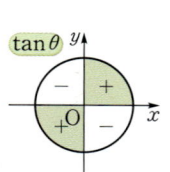

Tip 삼각함수의 값의 부호가 +인 것을 사분면에 나타내면 오른쪽 그림과 같다.

$\sin\theta$	$\sin\theta$ $\cos\theta$ $\tan\theta$
$\tan\theta$	$\cos\theta$

🔲 개념ON 218쪽　🔲 유형ON 2권 066쪽

0497

각 θ가 제4사분면의 각일 때, 다음 식을 간단히 하면?

$$|\sin\theta|-\sqrt{\cos^2\theta}+\sqrt{(\cos\theta-\sin\theta)^2}$$

① $-2\sin\theta$　　② $-2\cos\theta$　　③ 0

④ $2\sin\theta$　　⑤ $2\cos\theta$

0498

각 θ가 제3사분면의 각일 때, 다음 중 옳은 것은?

① $\sin\theta\cos\theta<0$　　② $\sin\theta+\cos\theta>0$

③ $\sin\theta-\tan\theta<0$　　④ $\dfrac{\tan\theta}{\cos\theta}>0$

⑤ $\sin\theta\cos\theta\tan\theta<0$

0499

$\sin\theta\tan\theta<0$, $\dfrac{\cos\theta}{\tan\theta}>0$을 동시에 만족시키는 각 θ는 제 몇 사분면의 각인가?

① 제1사분면　　② 제2사분면　　③ 제3사분면

④ 제4사분면　　⑤ 제2사분면 또는 제4사분면

0500

$\sin\theta+\cos\theta<0$, $\sin\theta\cos\theta>0$을 동시에 만족시키는 각 θ에 대하여 다음 식을 간단히 하시오.

$$|\tan\theta-\cos\theta|-\sqrt{\cos^2\theta}-|\sin\theta-\tan\theta|$$

0501 ✔중요

$\dfrac{\sqrt{\cos\theta}}{\sqrt{\tan\theta}}=-\sqrt{\dfrac{\cos\theta}{\tan\theta}}$ $(\cos\theta\tan\theta\ne0)$를 만족시키는 각 θ에 대하여 보기에서 옳은 것만을 있는 대로 고른 것은?

> 보기
> ㄱ. $\sin\theta\cos\theta<0$
> ㄴ. $\cos\theta-\tan\theta<0$
> ㄷ. $\sin\theta\times\tan\theta+\cos\theta>0$

① ㄱ   ② ㄱ, ㄴ   ③ ㄱ, ㄷ
④ ㄴ, ㄷ   ⑤ ㄱ, ㄴ, ㄷ

0502 ✎서술형

$\theta>0$일 때, 다음 조건을 만족시키는 각 θ의 최솟값을 구하시오.

> (가) $\sin\theta\cos\theta>0$
> (나) 좌표평면에서 각 θ를 나타내는 동경과 각 4θ를 나타내는 동경이 서로 일치한다.

유형 09   삼각함수 사이의 관계 – 식 간단히 하기

(1) $\tan\theta=\dfrac{\sin\theta}{\cos\theta}$

(2) $\sin^2\theta+\cos^2\theta=1$

◯ 개념ON 220쪽   ◯ 유형ON 2권 067쪽

0503 대표문제

다음 식을 간단히 하시오.

$$\left(1+\frac{1}{\sin\theta}\right)\left(1+\frac{1}{\cos\theta}\right)\left(1-\frac{1}{\sin\theta}\right)\left(1-\frac{1}{\cos\theta}\right)$$

0504 ✔중요

보기에서 옳은 것만을 있는 대로 고른 것은?

> 보기
> ㄱ. $\sin^4\theta-\cos^4\theta+2\cos^2\theta=1$
> ㄴ. $\dfrac{\tan^2\theta}{1+\tan^2\theta}=\sin^2\theta$
> ㄷ. $\dfrac{\sin\theta}{1-\cos\theta}-\dfrac{\sin\theta}{1+\cos\theta}=2\tan\theta$

① ㄱ   ② ㄱ, ㄴ   ③ ㄱ, ㄷ
④ ㄴ, ㄷ   ⑤ ㄱ, ㄴ, ㄷ

0505

다음 식을 간단히 하시오.

$$\left(\frac{1}{\sin\theta}+\sin\theta\right)^2+\left(\frac{1}{\cos\theta}+\cos\theta\right)^2-\left(\frac{1}{\tan\theta}-\tan\theta\right)^2$$

0506 ✔중요

각 θ가 제3사분면의 각일 때, 다음 식을 간단히 하면?

$$\sqrt{1+2\sin\theta\cos\theta}-|\cos\theta|$$

① $-\sin\theta$ ② $-\cos\theta$ ③ $\sin\theta-\cos\theta$
④ $\sin\theta$ ⑤ $\cos\theta$

주어진 삼각함수의 값과 $\tan \theta = \dfrac{\sin \theta}{\cos \theta}$, $\sin^2 \theta + \cos^2 \theta = 1$을 이용하여 식의 값을 구한다.

🔵 개념ON 222쪽 🔵 유형ON 2권 067쪽

0507 대표문제

$\dfrac{\pi}{2} < \theta < \pi$이고 $\cos \theta = -\dfrac{4}{5}$일 때, $5\sin \theta - 4\tan \theta$의 값을 구하시오.

0508

$\sin \theta = \dfrac{\sqrt{3}}{3}$일 때, $\sin^4 \theta - \cos^4 \theta$의 값은?

① $-\dfrac{4}{3}$ ② $-\dfrac{2}{3}$ ③ $-\dfrac{1}{3}$

④ $\dfrac{2}{3}$ ⑤ $\dfrac{4}{3}$

0509

각 θ가 제3사분면의 각이고 $\tan \theta = \dfrac{4}{3}$일 때, $\dfrac{10\cos \theta - 4}{5\sin \theta - 1}$의 값은?

① -2 ② -1 ③ 0
④ 1 ⑤ 2

0510 🖊서술형

$\dfrac{3}{2}\pi < \theta < 2\pi$인 θ에 대하여 $\dfrac{1}{\sin \theta + 1} - \dfrac{1}{\sin \theta - 1} = \dfrac{5}{2}$일 때, $\tan \theta$의 값을 구하시오.

0511 ✅중요 교육청 기출

$\pi < \theta < 2\pi$인 θ에 대하여 $\dfrac{\sin \theta \cos \theta}{1 - \cos \theta} + \dfrac{1 - \cos \theta}{\tan \theta} = 1$일 때, $\cos \theta$의 값은?

① $-\dfrac{2\sqrt{5}}{5}$ ② $-\dfrac{\sqrt{5}}{5}$ ③ $\dfrac{1}{5}$

④ $\dfrac{\sqrt{5}}{5}$ ⑤ $\dfrac{2\sqrt{5}}{5}$

0512

$2\sin^2 \theta - \sin \theta \cos \theta - 5\cos^2 \theta = 1$일 때, $\tan \theta$의 값을 구하시오. $\left(\text{단, } \pi < \theta < \dfrac{3}{2}\pi\right)$

05

삼각함수

 유형 11 삼각함수 사이의 관계
- $\sin\theta\pm\cos\theta$, $\sin\theta\cos\theta$ 이용

$\sin\theta\pm\cos\theta$의 값 또는 $\sin\theta\cos\theta$의 값이 주어진 경우에는 다음을 이용한다.
➡ $(\sin\theta\pm\cos\theta)^2=\sin^2\theta\pm2\sin\theta\cos\theta+\cos^2\theta$
$=1\pm2\sin\theta\cos\theta$ (복부호동순)

🔵 개념ON 222쪽 🟢 유형ON 2권 068쪽

0513 대표문제

$\sin\theta+\cos\theta=\dfrac{1}{3}$일 때, $\sin^3\theta+\cos^3\theta$의 값은?

① $\dfrac{11}{27}$ ② $\dfrac{13}{27}$ ③ $\dfrac{5}{9}$

④ $\dfrac{17}{27}$ ⑤ $\dfrac{19}{27}$

0514

각 θ가 제1사분면의 각이고 $\sin\theta-\cos\theta=\dfrac{\sqrt2}{2}$일 때, $\sin\theta\cos\theta$의 값은?

① $\dfrac{1}{16}$ ② $\dfrac{1}{8}$ ③ $\dfrac{1}{4}$

④ $\dfrac{3}{8}$ ⑤ $\dfrac{1}{2}$

0515 중요 서술형

$\pi<\theta<\dfrac{3}{2}\pi$인 θ에 대하여 $\sin\theta\cos\theta=\dfrac{16}{49}$일 때, $\sin\theta+\cos\theta$의 값을 구하시오.

0516 교육청 기출

$\sin\theta+\cos\theta=\dfrac{1}{2}$일 때, $\dfrac{1+\tan\theta}{\sin\theta}$의 값은?

① $-\dfrac{7}{3}$ ② $-\dfrac{4}{3}$ ③ $-\dfrac{1}{3}$

④ $\dfrac{2}{3}$ ⑤ $\dfrac{5}{3}$

0517 중요

$0<\theta<\dfrac{\pi}{4}$인 θ에 대하여 $\sin\theta+\cos\theta=\dfrac{\sqrt6}{2}$일 때, $\tan^2\theta-\dfrac{1}{\tan^2\theta}$의 값은?

① $-8\sqrt3$ ② $-4\sqrt3$ ③ $2\sqrt3$

④ $4\sqrt3$ ⑤ $8\sqrt3$

0518 교육청 기출

$3\sin\theta-4\tan\theta=4$일 때, $\sin\theta+\cos\theta$의 값은?

① $-\dfrac{2}{3}$ ② $-\dfrac{1}{3}$ ③ 0

④ $\dfrac{1}{3}$ ⑤ $\dfrac{2}{3}$

유형 12 삼각함수와 이차방정식

이차방정식의 두 근이 삼각함수로 주어진 경우 이차방정식의 근과 계수의 관계를 이용한다.

➡ 이차방정식 $ax^2+bx+c=0$의 두 근이 $\sin\theta$, $\cos\theta$이면
$$\sin\theta+\cos\theta=-\frac{b}{a}, \ \sin\theta\cos\theta=\frac{c}{a}$$

🔵 개념ON 224쪽　🔵 유형ON 2권 069쪽

0519 대표문제

x에 대한 이차방정식 $x^2-3ax-a^2=0$의 두 근이 $\sin\theta$, $\cos\theta$일 때, 양수 a의 값은?

① $\dfrac{\sqrt{7}}{7}$ 　② $\dfrac{\sqrt{2}}{4}$ 　③ $\dfrac{1}{3}$

④ $\dfrac{\sqrt{10}}{10}$ 　⑤ $\dfrac{\sqrt{11}}{11}$

0520 중요

x에 대한 이차방정식 $x^2-x+a^2-2=0$의 두 근이 $\sin\theta+\cos\theta$, $\sin\theta-\cos\theta$일 때, 양수 a의 값은?

① $\dfrac{\sqrt{6}}{2}$ 　② $\dfrac{\sqrt{5}}{2}$ 　③ 1

④ $\dfrac{\sqrt{3}}{2}$ 　⑤ $\dfrac{\sqrt{2}}{2}$

0521 서술형

x에 대한 이차방정식 $x^2+ax+3a=0$의 두 근이 $\sin\theta$, $\cos\theta$일 때, $\sin^3\theta+\cos^3\theta$의 값을 구하시오. (단, $a<0$)

0522

x에 대한 이차방정식 $4x^2-4mx+m^2-2=0$의 두 근이 $\sin\theta$, $\cos\theta$일 때, $\tan\theta$의 값은? (단, m은 상수이다.)

① -1 　② $-\dfrac{1}{2}$ 　③ $\dfrac{1}{2}$

④ 1 　⑤ 2

0523

이차방정식 $x^2+ax+b=0$의 두 근이 $\tan\theta$, $\dfrac{1}{\tan\theta}$이고 $\sin\theta+\cos\theta=\dfrac{\sqrt{3}}{2}$일 때, $a+b$의 값을 구하시오.

(단, a, b는 상수이다.)

0524 교육청 기출

이차방정식 $x^2-k=0$이 서로 다른 두 실근 $6\cos\theta$, $5\tan\theta$를 가질 때, 상수 k의 값을 구하시오.

내신 잡는 종합 문제

0525

$\pi < \theta < \dfrac{3}{2}\pi$이고 $\sin \theta = -\dfrac{\sqrt{5}}{3}$일 때, $\tan \theta$의 값은?

① $-\dfrac{\sqrt{5}}{2}$ ② $-\dfrac{\sqrt{3}}{2}$ ③ $\dfrac{1}{2}$

④ $\dfrac{\sqrt{3}}{2}$ ⑤ $\dfrac{\sqrt{5}}{2}$

0526

다음 중 옳지 않은 것은?

① $\dfrac{7}{6}\pi = 210°$

② $740°$는 제1사분면의 각이다.

③ $-460°$는 제2사분면의 각이다.

④ 1라디안은 $90°$보다 작은 각이다.

⑤ $\dfrac{\pi}{4}$를 나타내는 동경과 $\dfrac{17}{4}\pi$를 나타내는 동경은 일치한다.

0527

크기가 다음과 같은 각을 나타내는 동경 중 $200°$를 나타내는 동경과 일치하는 것은?

① $-\dfrac{19}{9}\pi$ ② $-\dfrac{11}{9}\pi$ ③ $-\dfrac{8}{9}\pi$

④ $\dfrac{7}{9}\pi$ ⑤ $\dfrac{23}{9}\pi$

0528

점 P(3, 4)를 직선 $y=x$에 대하여 대칭이동한 점을 Q라 하자. 직선 OQ가 x축의 양의 방향과 이루는 각의 크기를 θ라 할 때, $\cos \theta - \sin \theta$의 값은? (단, O는 원점이다.)

① $-\dfrac{1}{3}$ ② $-\dfrac{1}{4}$ ③ $-\dfrac{1}{5}$

④ $\dfrac{1}{5}$ ⑤ $\dfrac{1}{4}$

0529

각 2θ를 나타내는 동경과 각 5θ를 나타내는 동경이 일치할 때, 각 θ의 크기는? (단, $\pi < \theta < 2\pi$)

① $\dfrac{5}{4}\pi$ ② $\dfrac{4}{3}\pi$ ③ $\dfrac{3}{2}\pi$

④ $\dfrac{5}{3}\pi$ ⑤ $\dfrac{7}{4}\pi$

0530 평가원 기출

$\dfrac{\pi}{2} < \theta < \pi$인 θ에 대하여 $\dfrac{\sin \theta}{1-\sin \theta} - \dfrac{\sin \theta}{1+\sin \theta} = 4$일 때, $\cos \theta$의 값은?

① $-\dfrac{\sqrt{3}}{3}$ ② $-\dfrac{1}{3}$ ③ 0

④ $\dfrac{1}{3}$ ⑤ $\dfrac{\sqrt{3}}{3}$

0531

100 이하의 자연수 n에 대하여 $\dfrac{n\pi}{12}$가 제3사분면의 각이 되도록 하는 n의 최댓값과 최솟값의 합을 구하시오.

0532

좌표평면에서 각 3θ를 나타내는 동경과 각 5θ를 나타내는 동경이 y축에 대하여 대칭일 때, 모든 각 θ의 크기의 합은?

$$\text{(단, } 0<\theta<\pi\text{)}$$

① π ② $\dfrac{3}{2}\pi$ ③ 2π

④ $\dfrac{5}{2}\pi$ ⑤ 3π

0533

다음 식을 간단히 하면?

$$\dfrac{\sin\theta}{\dfrac{1}{\cos\theta}-\tan\theta}+\dfrac{\sin\theta}{\dfrac{1}{\cos\theta}+\tan\theta}$$

① -2 ② 2 ③ $2\sin\theta$

④ $2\cos\theta$ ⑤ $2\tan\theta$

0534

둘레의 길이가 24인 부채꼴 중에서 넓이가 최대인 부채꼴의 넓이를 구하시오.

0535

그림은 반지름의 길이가 8이고 중심각의 크기가 θ인 부채꼴 4개와 반지름의 길이가 5인 부채꼴 4개를 빈틈없이 겹치지 않게 붙여서 만든 도형이다. 이 도형의 넓이가 38π일 때, 각 θ의 크기는?

① $\dfrac{\pi}{8}$ ② $\dfrac{\pi}{6}$ ③ $\dfrac{5}{24}\pi$

④ $\dfrac{\pi}{4}$ ⑤ $\dfrac{7}{24}\pi$

0536

$\sin\theta-\cos\theta=\dfrac{1}{2}$일 때, $\dfrac{\sin^2\theta}{\cos\theta}-\dfrac{\cos^2\theta}{\sin\theta}$의 값은?

① $\dfrac{7}{6}$ ② $\dfrac{3}{2}$ ③ $\dfrac{11}{6}$

④ $\dfrac{13}{6}$ ⑤ $\dfrac{5}{2}$

0537

$\sqrt{\sin\theta}\sqrt{\tan\theta}=-\sqrt{\sin\theta\tan\theta}$ $(\sin\theta\tan\theta\neq0)$를 만족시키는 각 θ에 대하여

$$|1-\cos\theta|+\sqrt{\sin^2\theta}-\sqrt{(\sin\theta-\cos\theta)^2}$$

을 간단히 하면?

① 1 ② $2\cos\theta-1$ ③ $2\sin\theta-1$

④ $1-2\sin\theta$ ⑤ $1-2\cos\theta$

0538

$\sin\theta\cos\theta>0$, $\dfrac{\tan\theta}{\cos\theta}<0$을 동시에 만족시키는 각 θ에 대하여 각 $\dfrac{\theta}{2}$를 나타내는 동경이 존재할 수 있는 사분면을 모두 구하면?

① 제1, 2사분면   ② 제1, 3사분면

③ 제2, 3사분면   ④ 제2, 4사분면

⑤ 제3, 4사분면

0539

그림과 같이 길이가 12인 선분 AB를 지름으로 하는 반원이 있다. 직선 AB와 평행한 직선이 이 반원과 만나는 두 점을 C, D라 하자. 두 직선 AB와 CD 사이의 거리가 $3\sqrt{2}$일 때, 색칠한 부분의 넓이는 $a\pi+b$이다. $a+b$의 값을 구하시오.

(단, a, b는 유리수이다.)

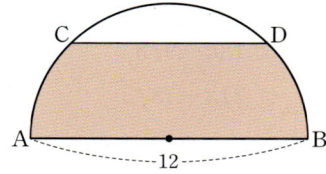

✏️ 서술형 대비하기

0540

둘레의 길이가 40이고 넓이가 80인 서로 다른 두 부채꼴의 반지름의 길이의 합을 구하시오.

0541

이차방정식 $x^2-2kx+4=0$의 두 근이 $\dfrac{1}{\sin\theta}$, $\dfrac{1}{\cos\theta}$일 때,

$\dfrac{\cos^2\theta}{\cos\theta-\sin\theta}+\dfrac{\sin^2\theta}{\sin\theta-\cos\theta}$의 값을 구하시오.

$\left(\text{단, }0<\theta<\dfrac{\pi}{4}\text{이고, }k\text{는 상수이다.}\right)$

0542

반지름의 길이가 1인 원 위의 점 $P(x, y)$ $(x>0, y<0)$에 대하여 동경 OP가 x축의 양의 방향과 이루는 각의 크기를 θ라 하자.

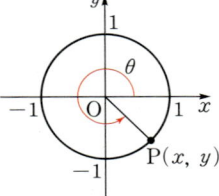

$\dfrac{y}{x}+\dfrac{x}{y}=-\dfrac{25}{12}$일 때,

$\sin\theta-\cos\theta$의 값은? (단, O는 원점이다.)

① $-\dfrac{9}{5}$ 　　② $-\dfrac{7}{5}$ 　　③ -1

④ $\dfrac{7}{5}$ 　　⑤ $\dfrac{9}{5}$

0543 교육청 기출

그림과 같이 반지름의 길이가 4, 호의 길이가 π인 부채꼴 OAB가 있다. 부채꼴 OAB의 넓이를 S, 선분 OB 위의 점 P에 대하여 삼각형 OAP의 넓이를 T라 하자. $\dfrac{S}{T}=\pi$일 때, 선분 OP의 길이는? (단, 점 P는 점 O가 아니다.)

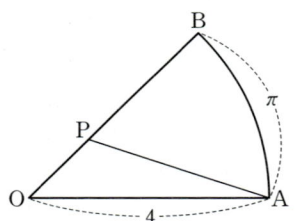

① $\dfrac{\sqrt{2}}{2}$ 　　② $\dfrac{3\sqrt{2}}{4}$ 　　③ $\sqrt{2}$

④ $\dfrac{5\sqrt{2}}{4}$ 　　⑤ $\dfrac{3\sqrt{2}}{2}$

0544

좌표평면에서 원점 O와 서로 다른 두 점 $P(x_1, y_1)$, $Q(x_2, y_2)$에 대하여 두 동경 OP, OQ가 나타내는 각의 크기를 각각 θ_1, θ_2라 하자. 두 점 P, Q와 θ_1, θ_2가 다음 조건을 만족시킬 때, 각 θ_2의 크기는? (단, $0<\theta_1<2\pi$)

(가) $\theta_2=2\theta_1$

(나) $x_1y_1>0$, $(x_1+x_2)^2+(y_1-y_2)^2=0$

① $\dfrac{\pi}{3}$ 　　② $\dfrac{2}{3}\pi$ 　　③ π

④ $\dfrac{4}{3}\pi$ 　　⑤ $\dfrac{5}{3}\pi$

0545

그림과 같이 반지름의 길이가 18이고 중심각의 크기가 $\dfrac{\pi}{3}$인 부채꼴 OAB가 있다. 부채꼴 OAB의 내접원 C와 선분 OA, 호 AB의 접점을 각각 M, N이라 하자. 두 호 AN, MN과 선분 MA로 둘러싸인 도형의 넓이는?

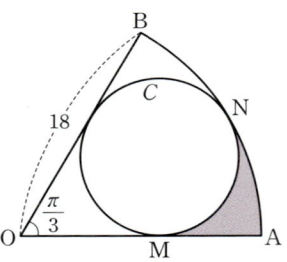

① $15\pi-18\sqrt{3}$ 　　② $18\pi-9\sqrt{3}$ 　　③ $18\pi-18\sqrt{3}$

④ $21\pi-9\sqrt{3}$ 　　⑤ $21\pi-18\sqrt{3}$

0546 교육청 기출

좌표평면에서 제1사분면에 점 P가 있다. 점 P를 직선 $y=x$ 에 대하여 대칭이동한 점을 Q라 하고, 점 Q를 원점에 대하여 대칭이동한 점을 R이라 할 때, 세 동경 OP, OQ, OR이 나타내는 각을 각각 α, β, γ라 하자. $\sin\alpha=\dfrac{1}{3}$일 때, $9(\sin^2\beta+\tan^2\gamma)$의 값을 구하시오.

(단, O는 원점이고, 시초선은 x축의 양의 방향이다.)

0547

$\sin x \times \cos y = \dfrac{\sqrt{2}}{6}$, $\cos x + \sin y = \dfrac{7\sqrt{2}}{6}$일 때, $\cos x \times \sin y$의 값은?

① $\dfrac{1}{3}$ ② $\dfrac{\sqrt{2}}{3}$ ③ $\dfrac{\sqrt{3}}{3}$

④ $\dfrac{2}{3}$ ⑤ $\dfrac{\sqrt{6}}{3}$

0548

그림과 같이 중심각의 크기가 같은 두 부채꼴로 둘러싸인 모양의 꽃밭을 만들려고 한다. 꽃밭의 둘레의 길이가 40 m일 때, 꽃밭의 최대 넓이는?

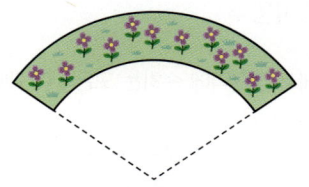

① 60 m²   ② 70 m²   ③ 80 m²
④ 90 m²   ⑤ 100 m²

0549

$0<\theta<4\pi$인 θ에 대하여 각 2θ를 나타내는 동경과 각 7θ를 나타내는 동경이 이루는 각의 크기가 $\dfrac{2}{3}\pi$일 때, 가능한 각 θ의 개수를 구하시오.

유형 01 주기함수

(1) 함수 $f(x)$에서 정의역에 속하는 모든 x에 대하여
$$f(x+p)=f(x)$$
를 만족시키는 0이 아닌 상수 p가 존재할 때, 함수 $f(x)$를 주기함수라 하고, 최소의 양수 p를 그 함수의 주기라 한다.

(2) 함수 $f(x)$의 주기가 p이면
$$f(x)=f(x+p)=f(x+2p)=\cdots=f(x+np)$$
$$\text{(단, }n\text{은 정수이다.)}$$

(3) 모든 실수 x에 대하여 $f(x-a)=f(x+a)$
$$\iff f(x)=f(x+2a)\text{ (단, }a>0)$$

🎧 유형ON 2권 072쪽

0550 대표문제

함수 $f(x)$는 모든 실수 x에 대하여 $f(x+2)=f(x)$를 만족시키고 $f(x)=\left|x+\dfrac{1}{2}\right|+1\left(-\dfrac{3}{2}\le x<\dfrac{1}{2}\right)$이다.

$f\left(\dfrac{51}{2}\right)$의 값은?

① 0   ② $\dfrac{1}{2}$ ③ 1

④ $\dfrac{3}{2}$ ⑤ 2

0551

주기가 4인 함수 $f(x)$에 대하여
$$f(k)=-k\,(k=1,\ 2,\ 3,\ 4)$$
일 때, $f(100)-f(25)$의 값을 구하시오.

0552 ✔중요 ✏서술형

주기가 p인 함수 $f(x)$가 모든 실수 x에 대하여 $f(x-5)=f(x+7)$을 만족시킬 때, p의 값이 될 수 있는 모든 자연수의 합을 구하시오.

유형 02 $y=\sin x,\ y=\cos x,\ y=\tan x$의 그래프

(1) 함수 $y=\sin x$의 성질

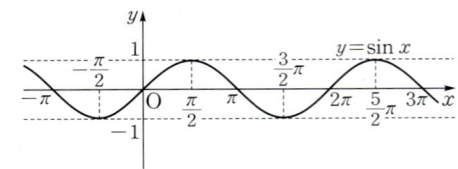

① 정의역: 실수 전체의 집합
② 치역: $\{y\,|-1\le y\le 1\}$
③ 그래프는 원점에 대하여 대칭
   ➡ $\sin(-x)=-\sin x$
④ 주기가 2π인 주기함수
   ➡ $\sin(2n\pi+x)=\sin x$ (단, n은 정수이다.)

(2) 함수 $y=\cos x$의 성질

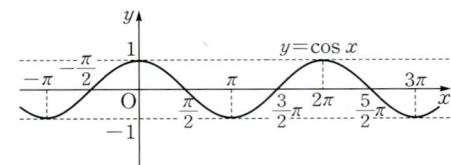

① 정의역: 실수 전체의 집합
② 치역: $\{y\,|-1\le y\le 1\}$
③ 그래프는 y축에 대하여 대칭
   ➡ $\cos(-x)=\cos x$
④ 주기가 2π인 주기함수
   ➡ $\cos(2n\pi+x)=\cos x$ (단, n은 정수이다.)
⑤ 함수 $y=\cos x$의 그래프는 함수 $y=\sin x$의 그래프를 x축의 방향으로 $-\dfrac{\pi}{2}$만큼 평행이동한 것과 같다.

(3) 함수 $y=\tan x$의 성질

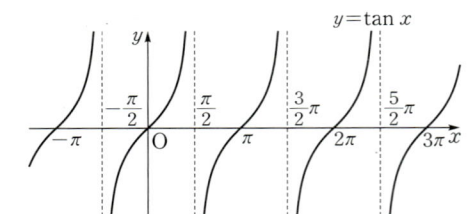

① 정의역: $n\pi+\dfrac{\pi}{2}$ (n은 정수)를 제외한 실수 전체의 집합
② 치역: 실수 전체의 집합
③ 그래프는 원점에 대하여 대칭
   ➡ $\tan(-x)=-\tan x$
④ 주기가 π인 주기함수
   ➡ $\tan(n\pi+x)=\tan x$ (단, n은 정수이다.)
⑤ 그래프의 점근선은 직선 $x=n\pi+\dfrac{\pi}{2}$ (n은 정수)이다.

🎧 유형ON 2권 072쪽

0553 대표문제

다음 중 세 함수 $f(x)=\sin x$, $g(x)=\cos x$, $h(x)=\tan x$에 대한 설명으로 옳지 <u>않은</u> 것은?

① 두 함수 $f(x)$, $g(x)$의 치역은 같다.

② 두 함수 $f(x)$, $g(x)$의 주기는 같다.

③ 두 함수 $f(x)$, $h(x)$의 그래프는 모두 원점에 대하여 대칭이다.

④ 두 함수 $g(x)$, $h(x)$의 그래프는 모두 직선 $x=\pi$에 대하여 대칭이다.

⑤ 모든 실수 x에 대하여 $h(2\pi+x)=h(x)$가 성립한다.

0554 ✔중요

다음 중 옳은 것은?

① 두 함수 $y=\sin x$, $y=\cos x$의 치역은 실수 전체의 집합이다.

② 두 함수 $y=\cos x$, $y=\tan x$의 그래프는 모두 y축에 대하여 대칭이다.

③ 함수 $y=\cos x$의 그래프는 함수 $y=\sin x$의 그래프를 x축의 방향으로 $\dfrac{\pi}{2}$만큼 평행이동한 것과 같다.

④ 함수 $y=\tan x$의 그래프의 점근선의 방정식은 $x=n\pi$ (n은 정수)이다.

⑤ $0 \le x \le 2\pi$에서 함수 $y=\sin x$의 그래프와 함수 $y=\cos x$의 그래프는 서로 다른 두 점에서 만난다.

0555

세 수 $\sin 70°$, $\cos 70°$, $\tan 70°$의 대소 관계로 옳은 것은?

① $\sin 70° < \cos 70° < \tan 70°$

② $\sin 70° < \tan 70° < \cos 70°$

③ $\cos 70° < \sin 70° < \tan 70°$

④ $\cos 70° < \tan 70° < \sin 70°$

⑤ $\tan 70° < \cos 70° < \sin 70°$

유형 03 $y=a\sin bx$, $y=a\cos bx$, $y=a\tan bx$의 그래프

함수 $y=a\sin bx$, $y=a\cos bx$, $y=a\tan bx$의 그래프는 각각 함수 $y=\sin x$, $y=\cos x$, $y=\tan x$의 그래프를 x축의 방향으로 $\dfrac{1}{|b|}$배, y축의 방향으로 $|a|$배한 것이다.

삼각함수	치역	주기
$y=a\sin bx$	$\{y \mid -\lvert a\rvert \le y \le \lvert a\rvert\}$	$\dfrac{2\pi}{\lvert b\rvert}$
$y=a\cos bx$	$\{y \mid -\lvert a\rvert \le y \le \lvert a\rvert\}$	$\dfrac{2\pi}{\lvert b\rvert}$
$y=a\tan bx$	실수 전체의 집합	$\dfrac{\pi}{\lvert b\rvert}$

🎧 개념ON 244, 246쪽 🎧 유형ON 2권 073쪽

0556 대표문제

정의역이 $\{x \mid 0 \le x \le 2\pi\}$인 두 함수 $y=2\cos x$와 $y=\sin 2x$의 그래프의 교점의 개수를 구하시오.

0557 ✔중요

함수 $y=\tan \dfrac{x}{2}$에 대하여 보기에서 옳은 것만을 있는 대로 고른 것은?

┌ 보기 ────────────────────────
ㄱ. 치역은 실수 전체의 집합이다.

ㄴ. 주기는 2π이다.

ㄷ. 그래프는 원점에 대하여 대칭이다.

ㄹ. 그래프의 점근선의 방정식은 $x=n\pi$ (n은 정수)이다.
└────────────────────────────

① ㄱ, ㄴ　　　② ㄱ, ㄷ　　　③ ㄴ, ㄷ

④ ㄱ, ㄴ, ㄷ　　　⑤ ㄱ, ㄴ, ㄷ, ㄹ

0558 교육청 기출

좌표평면에서 곡선 $y=4\sin\left(\dfrac{\pi}{2}x\right)$ $(0\le x\le 2)$ 위의 점 중 y좌표가 정수인 점의 개수를 구하시오.

0559

양의 실수 n에 대하여 함수 $y=n\cos\dfrac{n\pi}{2}x$의 주기가 n일 때, 치역은 $\{y\,|\,a\le y\le b\}$이다. $b-a$의 값은?

① 2   ② 4   ③ 6

④ 8   ⑤ 10

0560

두 함수 $y=5\cos 4x$, $y=3\sin 2x$의 그래프가 x축과 만나는 점을 각각 $A(a,0)$, $B(b,0)$이라 하자. 함수 $y=5\cos 4x$의 그래프 위의 점 P와 함수 $y=3\sin 2x$의 그래프 위의 점 Q에 대하여 두 삼각형 PAB와 QAB의 넓이의 합의 최댓값은?

$\left(\text{단, }0<a<\dfrac{\pi}{4}<b<\pi\right)$

① 3π ② $\dfrac{3}{2}\pi$ ③ $\dfrac{3}{4}\pi$

④ $\dfrac{\pi}{2}$ ⑤ $\dfrac{3}{8}\pi$

유형 04 삼각함수의 그래프의 평행이동과 대칭이동

(1) 함수 $y=f(x)$의 그래프를
 ① x축의 방향으로 p만큼, y축의 방향으로 q만큼 평행이동
  ➡ $y-q=f(x-p)$, 즉 $y=f(x-p)+q$
 ② x축에 대하여 대칭이동 ➡ $-y=f(x)$, 즉 $y=-f(x)$
 ③ y축에 대하여 대칭이동 ➡ $y=f(-x)$
 ④ 원점에 대하여 대칭이동
  ➡ $-y=f(-x)$, 즉 $y=-f(-x)$

(2) $y=a\sin(bx+c)+d=a\sin b\left(x+\dfrac{c}{b}\right)+d$의 그래프는
 $y=a\sin bx$의 그래프를 x축의 방향으로 $-\dfrac{c}{b}$만큼, y축의 방향으로 d만큼 평행이동한 것이다.

🎧 개념ON 244, 246쪽 🎧 유형ON 2권 073쪽

0561 대표문제

함수 $y=6\sin\pi x$의 그래프를 x축의 방향으로 m만큼, y축의 방향으로 n만큼 평행이동한 그래프의 식이 $y=6\sin\left(\pi x+\dfrac{\pi}{2}\right)+8$일 때, mn의 값을 구하시오.

$(\text{단, }-1<m<0)$

0562 중요 서술형

함수 $y=\cos\pi x$의 그래프를 x축의 방향으로 1만큼, y축의 방향으로 $\dfrac{3}{2}$만큼 평행이동한 후, 원점에 대하여 대칭이동한 그래프가 점 $\left(-\dfrac{4}{3},k\right)$를 지날 때, 실수 k의 값을 구하시오.

0563

함수 $y=\sin(ax-2)$의 그래프는 함수 $y=\sin x$의 그래프를 y축에 대하여 대칭이동한 후, x축의 방향으로 b만큼 평행이동한 것일 때, $a+b$의 값은? (단, $a<0$, $-\pi<b<\pi$)

① -3 ② -2 ③ -1

④ 0 ⑤ 1

0564 ✔중요

다음 함수의 그래프 중 평행이동 또는 대칭이동하여 나머지 넷과 겹쳐질 수 <u>없는</u> 것은?

① $y=\sin(2x-\pi)$　　② $y=\sin 2(x-\pi)+2$
③ $y=-\sin(-2x)-1$　④ $y=-\sin(-2x+2\pi)$
⑤ $y=2\sin 2x+2$

0565

다음 중 함수 $y=3\tan(2x-\pi)-1$에 대한 설명으로 옳은 것은?

① 치역은 $\{y\,|-3\leq y\leq 3\}$이다.
② 주기가 2π인 주기함수이다.
③ 그래프는 점 $\left(\dfrac{\pi}{2},\,0\right)$을 지난다.
④ 그래프의 점근선은 직선 $x=\dfrac{n}{2}\pi+\dfrac{\pi}{4}$ (n은 정수)이다.
⑤ 그래프는 함수 $y=3\tan 2x$의 그래프를 x축의 방향으로 π만큼, y축의 방향으로 -1만큼 평행이동한 것이다.

유형 05 삼각함수의 최대·최소와 주기

삼각함수	최댓값	최솟값	주기
$y=a\sin(bx+c)+d$	$|a|+d$	$-|a|+d$	$\dfrac{2\pi}{|b|}$
$y=a\cos(bx+c)+d$	$|a|+d$	$-|a|+d$	$\dfrac{2\pi}{|b|}$
$y=a\tan(bx+c)+d$	없다.	없다.	$\dfrac{\pi}{|b|}$

🔎 개념ON 244, 246쪽　🔎 유형ON 2권 074쪽

0566 대표문제

함수 $y=2\sin\left(x-\dfrac{\pi}{6}\right)+1$의 주기를 $a\pi$, 최댓값을 α, 최솟값을 β라 할 때, $a+\alpha+\beta$의 값을 구하시오.

0567 ✔중요

함수 $y=-5\cos\left(3x-\dfrac{3}{2}\pi\right)+7$의 주기, 최댓값, 최솟값의 곱은?

① 10π　② 12π　③ 14π
④ 16π　⑤ 18π

0568

다음 중 함수 $y=\tan\left(\dfrac{\pi}{2}x-\pi\right)+2$와 주기가 같은 것은?

① $y=-\sin\dfrac{\pi}{2}x$　　② $y=\sin(-\pi x+1)-2$
③ $y=\cos 2\pi x-1$　　④ $y=\cos\left(\dfrac{\pi}{4}x-\dfrac{\pi}{2}\right)+2$
⑤ $y=2\tan\pi x+\dfrac{1}{2}$

0569

보기에서 정의역의 모든 실수 x에 대하여 $f\left(x+\dfrac{\pi}{2}\right)=f(x)$를 만족시키는 것만을 있는 대로 고른 것은?

보기
ㄱ. $f(x)=2\sin 8x$　　ㄴ. $f(x)=2\cos\sqrt{2}\pi x$
ㄷ. $f(x)=\dfrac{1}{2}\tan\left(\dfrac{x}{3}-\pi\right)$　ㄹ. $f(x)=\sqrt{2}\tan 2x$

① ㄱ, ㄴ　② ㄱ, ㄹ　③ ㄴ, ㄷ
④ ㄷ, ㄹ　⑤ ㄱ, ㄷ, ㄹ

삼각함수의 미정계수의 결정 – 조건이 주어진 경우

(1) $y = a\sin(bx+c)+d$, $y = a\cos(bx+c)+d$

① a, d의 값: 함수의 최대·최소 또는 함숫값을 이용

② b의 값: 함수의 주기를 이용

③ b, c, d의 값: 평행이동을 이용

(2) $y = a\tan(bx+c)+d$

① a, d의 값: 함숫값을 이용

② b, c의 값: 함수의 주기 또는 그래프의 점근선을 이용

③ b, c, d의 값: 평행이동을 이용

🎧 **개념ON** 248쪽   🎧 **유형ON** 2권 075쪽

0570 대표문제

함수 $f(x) = a\cos\left(bx - \dfrac{\pi}{3}\right) + c$의 주기는 2π, 최댓값은 5

이고 $f\left(\dfrac{2}{3}\pi\right) = 3$일 때, $a+b-c$의 값은?

(단, a, b, c는 상수이고, $a > 0$, $b > 0$이다.)

① 3   ② 4   ③ 5

④ 6   ⑤ 7

0571 ◖◗◗

함수 $y = 3\sin ax + b$의 주기가 $\dfrac{\pi}{2}$이고 최댓값이 5, 최솟값

이 m일 때, $a+b+m$의 값을 구하시오.

(단, a, b는 상수이고, $a > 0$이다.)

0572 ◖◗◗

함수 $y = \tan(ax+b)$의 주기가 2π이고 그래프의 점근선의

방정식이 $x = 2n\pi + \dfrac{\pi}{2}$ (n은 정수)일 때, 상수 a, b에 대하

여 ab의 값은? (단, $a > 0$, $0 < b < \pi$)

① $\dfrac{\pi}{8}$ ② $\dfrac{\pi}{6}$ ③ $\dfrac{\pi}{4}$

④ $\dfrac{\pi}{2}$ ⑤ π

0573 ✓중요   🖋서술형   ◖◗▮

함수 $f(x) = a\tan(bx+c)+d$가 다음 조건을 만족시킬 때,

상수 a, b, c, d에 대하여 $abcd$의 값을 구하시오.

(단, $b > 0$, $-\pi < c < 0$)

(개) 주기가 $\dfrac{\pi}{2}$인 주기함수이다.

(내) $y = f(x)$의 그래프는 $y = a\tan bx$의 그래프를 x축의 방향

으로 $\dfrac{\pi}{4}$만큼, y축의 방향으로 -1만큼 평행이동한 것이다.

(대) $f\left(\dfrac{\pi}{3}\right) = \sqrt{3} - 1$

0574 ◖◗▮

함수 $f(x) = a\sin(x+b)$가 다음 조건을 만족시킬 때,

$f(ab)$의 값은? (단, a, b는 상수이고, $0 < b < \pi$이다.)

(개) 모든 실수 x에 대하여 $f(x) = f(-x)$이다.

(내) $f\left(\dfrac{7}{4}\pi\right) > 0$

(대) 함수 $f(x)$의 최댓값은 2이다.

① 2   ② 1   ③ 0

④ -1 ⑤ -2

유형 07 삼각함수의 미정계수의 결정
- 그래프가 주어진 경우

주어진 그래프에서 최댓값, 최솟값, 주기, 평행이동, 대칭이동, 함숫값 등의 조건을 찾아 삼각함수의 미정계수를 결정한다.

🔵 개념ON 248쪽 🔵 유형ON 2권 076쪽

0575 대표문제

세 양수 a, b, c에 대하여 함수 $f(x)=a\cos\left(bx-\dfrac{\pi}{4}\right)+c$의

그래프가 그림과 같을 때, $f\left(\dfrac{9}{8}\pi\right)$의 값은?

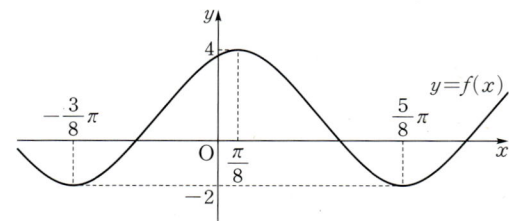

① -2 ② $-\dfrac{1}{2}$ ③ 1

④ $\dfrac{5}{2}$ ⑤ 4

0576 교육청 기출

그림과 같이 함수 $y=a\tan b\pi x$의 그래프가 두 점 $(2, 3)$, $(8, 3)$을 지날 때, $a^2 \times b$의 값은? (단, a, b는 양수이다.)

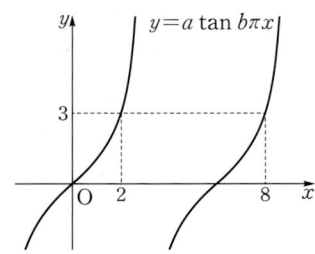

① $\dfrac{1}{6}$ ② $\dfrac{1}{3}$ ③ $\dfrac{1}{2}$

④ $\dfrac{2}{3}$ ⑤ $\dfrac{5}{6}$

0577 중요 교육청 기출

함수 $y=a\sin bx+c$의 그래프가 그림과 같을 때, 세 상수 a, b, c에 대하여 $2a+b+c$의 값은? (단, $a>0$, $b>0$)

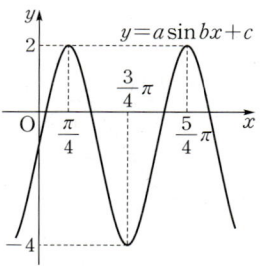

① 1 ② 3 ③ 5
④ 7 ⑤ 9

0578 중요

함수 $y=\tan(ax+b)$의 그래프가 그림과 같을 때, 상수 a, b에 대하여 ab의 값은? (단, $a>0$, $0<b<\pi$)

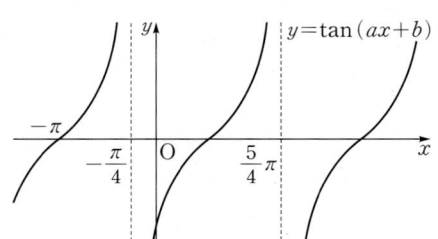

① $\dfrac{\pi}{9}$ ② $\dfrac{\pi}{3}$ ③ $\dfrac{4}{9}\pi$

④ $\dfrac{2}{3}\pi$ ⑤ $\dfrac{8}{9}\pi$

0579 서술형

함수 $y=a\sin b(x-c)+d$의 그래프가 그림과 같을 때, 상수 a, b, c, d에 대하여 $abcd$의 값을 구하시오.

(단, $a>0$, $b>0$, $-2\pi \le c \le 0$)

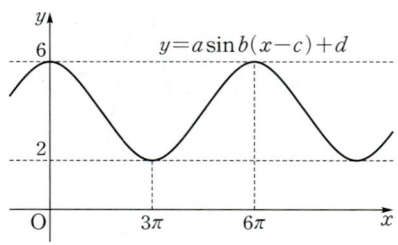

유형 08 절댓값 기호가 포함된 삼각함수

(1) $y=|a\sin bx|$, $y=|a\cos bx|$

① 최댓값: $|a|$, 최솟값: 0 ② 주기: $\dfrac{\pi}{|b|}$

(2) $y=|a\tan bx|$

① 최댓값: 없다, 최솟값: 0 ② 주기: $\dfrac{\pi}{|b|}$

Tip ① $y=f(|x|)$의 그래프는 $y=f(x)$의 그래프에서 $x \ge 0$인 부분만 그린 후, $x<0$인 부분은 $x \ge 0$인 부분을 y축에 대하여 대칭이동하여 그린다.
② $y=|f(x)|$의 그래프는 $y=f(x)$의 그래프에서 $y \ge 0$인 부분은 그대로 두고, $y<0$인 부분을 x축에 대하여 대칭이동하여 그린다.

🎧 개념ON 250쪽 🎧 유형ON 2권 077쪽

0580 대표문제

보기에서 주기가 π인 함수의 개수는?

┌ 보기 ┐

ㄱ. $y=-\sin|2x|$ ㄴ. $y=\cos\dfrac{x}{2}$

ㄷ. $y=2\tan x$ ㄹ. $y=|\cos x|$

ㅁ. $y=\tan \pi x$ ㅂ. $y=\dfrac{1}{2}\cos|2x|$

① 1 ② 2 ③ 3

④ 4 ⑤ 5

0581

함수 $f(x)=|\tan 2x|$에 대하여 보기에서 옳은 것만을 있는 대로 고른 것은?

┌ 보기 ┐

ㄱ. 주기가 $\dfrac{\pi}{2}$인 주기함수이다.

ㄴ. 모든 실수 x에 대하여 $f(-x)=f(x)$이다.

ㄷ. 점근선은 직선 $x=n\pi+\dfrac{\pi}{4}$ (n은 정수)이다.

① ㄱ ② ㄷ ③ ㄱ, ㄴ

④ ㄴ, ㄷ ⑤ ㄱ, ㄴ, ㄷ

0582 중요 교육청 기출

두 함수

$$f(x)=\cos(ax)+1, \ g(x)=|\sin 3x|$$

의 주기가 서로 같을 때, 양수 a의 값은?

① 5 ② 6 ③ 7

④ 8 ⑤ 9

0583

이차정사각행렬 A의 (i, j) 성분 a_{ij}를 곡선 $y=|\sin \pi x|$와 직선 $y=\dfrac{1}{i+j-1}x$의 교점의 개수라 할 때, 행렬 A의 모든 성분의 합을 구하시오. (단, $i=1, 2$, $j=1, 2$)

유형 09 **삼각함수의 그래프의 대칭성**

함수 $y=\sin x$ (또는 $y=\cos x$)의 그래프와 직선 $y=k$의 교점의 x좌표의 합은 삼각함수의 그래프의 대칭성을 이용하여 구한다.

(1) $f(x)=\sin x$에 대하여
  ① $0 \leq x \leq \pi$에서 $f(a)=f(b)=k$ $(a \neq b, \ 0 \leq k < 1)$이면
    ➡ $\dfrac{a+b}{2}=\dfrac{\pi}{2}$이므로 $a+b=\pi$
  ② $\pi \leq x \leq 2\pi$에서 $f(a)=f(b)=k$ $(a \neq b, \ -1 < k \leq 0)$
    이면 ➡ $\dfrac{a+b}{2}=\dfrac{3}{2}\pi$이므로 $a+b=3\pi$

(2) $f(x)=\cos x$에 대하여
  $0 \leq x \leq 2\pi$에서 $f(a)=f(b)=k$ $(a \neq b, \ -1 < k < 1)$이면
    ➡ $\dfrac{a+b}{2}=\pi$이므로 $a+b=2\pi$

🎧 유형ON 2권 077쪽

0584 대표문제

그림과 같이 $0 \leq x \leq 2\pi$에서 두 함수 $y=\sin x$와 $y=\cos x$의 그래프가 직선 $y=k \left(0<k<\dfrac{\sqrt{2}}{2}\right)$와 만나는 점의 x좌표를 a, b, c, d $(a<b<c<d)$라 할 때, $a+b+c+d$의 값은?

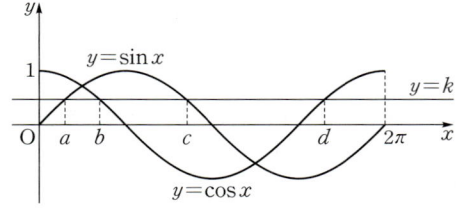

① 2π ② $\dfrac{5}{2}\pi$ ③ 3π

④ $\dfrac{7}{2}\pi$ ⑤ 4π

0585

그림과 같이 $0 \leq x \leq \pi$에서 함수 $y=\cos 2x$의 그래프가 직선 $y=-\dfrac{1}{3}$과 만나는 점의 x좌표를 α, β $(\alpha<\beta)$라 할 때, $\sin \dfrac{\alpha+\beta}{4}$의 값을 구하시오.

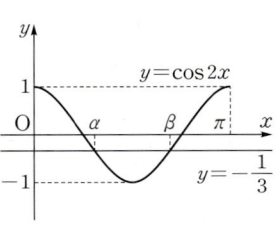

0586

$0 \leq x < 2\pi$에서 함수 $y=3\sin 2x$의 그래프와 직선 $y=2$의 교점의 x좌표를 작은 것부터 차례대로 x_1, x_2, x_3, x_4라 할 때, $\dfrac{x_3+x_4}{x_1+x_2}$의 값을 구하시오.

0587 ✓중요

그림과 같이 $0 \leq x \leq \dfrac{5}{2}\pi$에서 함수 $f(x)=\sin x$의 그래프와 직선 $y=\dfrac{2}{3}$의 교점의 x좌표를 α, β, γ $(\alpha<\beta<\gamma)$라 할 때, $f(\alpha+\beta+\gamma)$의 값은?

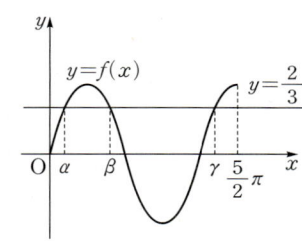

① $-\dfrac{2}{3}$ ② $-\dfrac{1}{2}$ ③ $\dfrac{1}{2}$

④ $\dfrac{2}{3}$ ⑤ 1

유형 10 **삼각함수의 그래프에서의 넓이**

삼각함수의 그래프의 대칭성을 이용하여 길이 또는 넓이가 같은 부분을 찾아 도형의 넓이를 구한다.

🎧 유형ON 2권 078쪽

0588 대표문제

두 함수 $y=\tan x$, $y=\tan x+4$의 그래프와 y축 및 직선 $x=\dfrac{\pi}{4}$로 둘러싸인 부분의 넓이는?

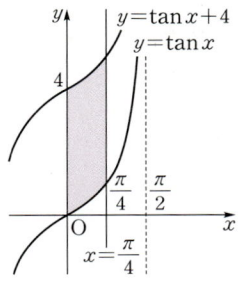

① $\dfrac{\pi}{4}$ ② $\dfrac{\pi}{2}$

③ π ④ 2π

⑤ 4π

0589

곡선 $y=2\cos\dfrac{\pi}{4}x\ (-4\le x\le 4)$와 직선 $y=-2$로 둘러싸인 부분의 넓이는?

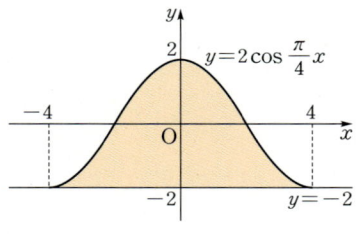

① 10   ② 12   ③ 14
④ 16   ⑤ 18

0590 ✅중요

그림과 같이 함수 $y=2\sin\dfrac{\pi}{6}x$의 그래프와 x축으로 둘러싸인 부분에 직사각형 ABCD가 내접하고 있다. $\overline{BC}=4$일 때, 직사각형 ABCD의 넓이는?

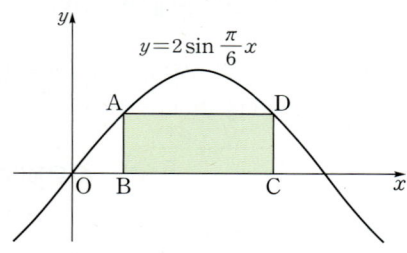

① $2\sqrt{2}$ ② $2\sqrt{3}$ ③ 4
④ $4\sqrt{2}$ ⑤ $4\sqrt{3}$

유형 11 여러 가지 각의 삼각함수

(1) $-\theta$의 삼각함수
  ① $\sin(-\theta)=-\sin\theta$
  ② $\cos(-\theta)=\cos\theta$
  ③ $\tan(-\theta)=-\tan\theta$

(2) $\pi\pm\theta$의 삼각함수
  ① $\sin(\pi+\theta)=-\sin\theta,\ \sin(\pi-\theta)=\sin\theta$
  ② $\cos(\pi+\theta)=-\cos\theta,\ \cos(\pi-\theta)=-\cos\theta$
  ③ $\tan(\pi+\theta)=\tan\theta,\ \tan(\pi-\theta)=-\tan\theta$

(3) $\dfrac{\pi}{2}\pm\theta$의 삼각함수
  ① $\sin\left(\dfrac{\pi}{2}+\theta\right)=\cos\theta,\ \sin\left(\dfrac{\pi}{2}-\theta\right)=\cos\theta$
  ② $\cos\left(\dfrac{\pi}{2}+\theta\right)=-\sin\theta,\ \cos\left(\dfrac{\pi}{2}-\theta\right)=\sin\theta$
  ③ $\tan\left(\dfrac{\pi}{2}+\theta\right)=-\dfrac{1}{\tan\theta},\ \tan\left(\dfrac{\pi}{2}-\theta\right)=\dfrac{1}{\tan\theta}$

Tip $\sin(\theta+2\pi)=\sin\theta,\ \cos(\theta+2\pi)=\cos\theta,$
$\tan(\theta+\pi)=\tan\theta$

Tip $\dfrac{n}{2}\pi\pm x\ (n$은 정수$)$ 꼴의 삼각함수의 값은 다음과 같은 순서로 구한다.

❶ n이 짝수이면 $\sin\to\sin,\ \cos\to\cos,\ \tan\to\tan$로 그대로 쓴다.
  n이 홀수이면 $\sin\to\cos,\ \cos\to\sin,\ \tan\to\dfrac{1}{\tan}$로 바꾼다.

❷ x를 예각으로 생각하고 $\dfrac{n}{2}\pi\pm x$가 나타내는 동경이 존재하는 사분면에서의 원래 삼각함수의 값의 부호를 붙인다.

확인 문제

다음 삼각함수의 값을 구하시오.

(1) $\sin\left(-\dfrac{\pi}{3}\right)$ (2) $\cos\left(-\dfrac{\pi}{4}\right)$ (3) $\tan\left(-\dfrac{\pi}{6}\right)$

(4) $\sin\left(\pi-\dfrac{\pi}{6}\right)$ (5) $\cos\left(\pi+\dfrac{\pi}{6}\right)$ (6) $\tan\left(\pi-\dfrac{\pi}{4}\right)$

(7) $\sin\left(\dfrac{\pi}{2}+\dfrac{\pi}{4}\right)$ (8) $\cos\left(\dfrac{\pi}{2}-\dfrac{\pi}{3}\right)$ (9) $\tan\left(\dfrac{\pi}{2}+\dfrac{\pi}{3}\right)$

🔵 개념ON 258쪽   🟢 유형ON 2권 078쪽

0591 대표문제

$\dfrac{\sin\left(\dfrac{3}{2}\pi+\theta\right)}{1+\sin(\pi+\theta)}\times\dfrac{\cos(\pi-\theta)}{1+\cos\left(\dfrac{\pi}{2}-\theta\right)}$ 를 간단히 하면?

① -1 ② $-\dfrac{1}{2}$ ③ 0

④ $\dfrac{1}{2}$ ⑤ 1

0592

$\sin^2(-\theta)+\sin^2\left(\frac{\pi}{2}+\theta\right)+\sin^2\left(\frac{\pi}{2}-\theta\right)+\sin^2(\pi-\theta)$를 간단히 하면?

① 2
② 1
③ 0
④ $\sin^2\theta$
⑤ $\cos^2\theta$

0596

세 수 $A=\sin\frac{3}{5}\pi$, $B=\tan\frac{7}{5}\pi$, $C=\cos\frac{8}{5}\pi$의 대소 관계로 옳은 것은?

① $A<B<C$
② $B<A<C$
③ $B<C<A$
④ $C<A<B$
⑤ $C<B<A$

0593 ✅중요

$\left\{\sin\frac{2}{3}\pi+\cos\left(-\frac{7}{3}\pi\right)\right\}\times\left\{\tan\left(-\frac{\pi}{3}\right)+\cos 4\pi\right\}$의 값은?

① $-\sqrt{3}$
② $-\sqrt{2}$
③ -1
④ 0
⑤ 1

0597 ✅중요 ✏서술형

직선 $y=ax+2$가 x축의 양의 방향과 이루는 각의 크기를 θ라 할 때,

$$\frac{\sin(\pi-\theta)}{1-\cos(\pi+\theta)}+\frac{\cos\left(\frac{\pi}{2}+\theta\right)}{1+\sin\left(\frac{3}{2}\pi-\theta\right)}=\frac{2}{3}$$

가 성립한다. 상수 a의 값을 구하시오. (단, $a\neq 0$)

0594 교육청 기출

$0<\theta<\frac{\pi}{2}$인 θ에 대하여 $\sin\theta=\frac{4}{5}$일 때,

$\sin\left(\frac{\pi}{2}-\theta\right)-\cos(\pi+\theta)$의 값은?

① $\frac{9}{10}$
② 1
③ $\frac{11}{10}$
④ $\frac{6}{5}$
⑤ $\frac{13}{10}$

유형 12 여러 가지 각의 삼각함수 - 일정하게 증가하는 각

다음의 성질을 이용하여 주어진 식을 간단히 한다.

$\alpha+\beta=\pi$	$\alpha+\beta=\frac{\pi}{2}$
$\sin\alpha=\sin\beta$	$\sin\alpha=\cos\beta$
$\cos\alpha=-\cos\beta$	$\cos\alpha=\sin\beta$
$\tan\alpha=-\tan\beta$	$\tan\alpha=\dfrac{1}{\tan\beta}$

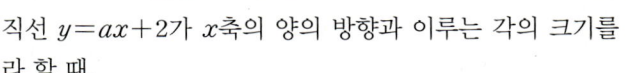
ⓝ 개념ON 260쪽   ⓝ 유형ON 2권 079쪽

0595

$\cos^2\left(\theta-\frac{\pi}{6}\right)+\cos^2\left(\theta+\frac{\pi}{3}\right)$의 값을 구하시오.

0598 대표문제

$\sin^2 1°+\sin^2 3°+\sin^2 5°+\cdots+\sin^2 87°+\sin^2 89°$의 값은?

① 9
② $\frac{45}{4}$
③ 15
④ $\frac{45}{2}$
⑤ 45

0599

$5\theta = \pi$일 때, $\sin\theta + \sin 2\theta + \sin 3\theta + \cdots + \sin 10\theta$의 값은?

① -1 ② $-\dfrac{1}{2}$ ③ 0

④ $\dfrac{1}{2}$ ⑤ 1

0600 중요 서술형

다음 식의 값을 구하시오.

$$\tan 1° \times \tan 2° \times \cdots \times \tan 88° \times \tan 89°$$

0601

A, B가 다음과 같을 때, $A - B$의 값은?

$A = \tan^2 2° + \tan^2 4° + \cdots + \tan^2 48° + \tan^2 50°$

$B = \dfrac{1}{\sin^2 88°} + \dfrac{1}{\sin^2 86°} + \cdots + \dfrac{1}{\sin^2 42°} + \dfrac{1}{\sin^2 40°}$

① -25 ② -10 ③ 0
④ 10 ⑤ 25

0602 중요

그림과 같이 사분원 POQ의 호 PQ를 10등분 하는 점을 차례대로 P_1, P_2, P_3, $\cdots$, P_9라 하자. $\angle POP_1 = \theta$라 할 때, $\sin^2\theta + \sin^2 2\theta + \sin^2 3\theta + \cdots + \sin^2 10\theta$의 값은?

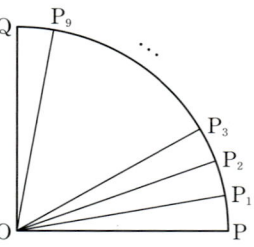

① $\dfrac{7}{2}$ ② 4 ③ $\dfrac{9}{2}$

④ 5 ⑤ $\dfrac{11}{2}$

0603

그림과 같이 좌표평면 위의 단위원을 10등분 하는 각 점을 차례대로 P_0, P_1, $\cdots$, P_9라 하자. 점 P_0의 좌표는 $(1, 0)$이고 $\angle P_0 O P_1 = \theta$라 할 때, 다음 식의 값은? (단, O는 원점이다.)

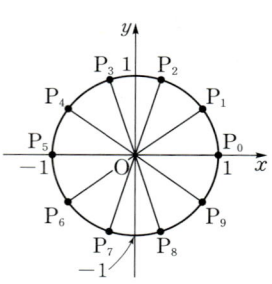

$$\tan\theta - \dfrac{1}{\tan 2\theta} + \tan 3\theta - \dfrac{1}{\tan 4\theta} + \tan 5\theta - \dfrac{1}{\tan 6\theta}$$
$$+ \tan 7\theta - \dfrac{1}{\tan 8\theta} + \tan 9\theta$$

① -1 ② $-\dfrac{\sqrt{3}}{3}$ ③ 0

④ $\dfrac{\sqrt{3}}{3}$ ⑤ 1

📖 정답과 풀이 110쪽

유형 13 여러 가지 각의 삼각함수 – 도형에의 활용

삼각형 ABC의 세 내각의 크기를 A, B, C라 하면
$A+B+C=\pi$
(1) $A+B=\pi-C$에서
　① $\sin(A+B)=\sin(\pi-C)=\sin C$
　② $\cos(A+B)=\cos(\pi-C)=-\cos C$
　③ $\tan(A+B)=\tan(\pi-C)=-\tan C$
(2) $\dfrac{A+B}{2}=\dfrac{\pi}{2}-\dfrac{C}{2}$에서
　① $\sin\dfrac{A+B}{2}=\sin\left(\dfrac{\pi}{2}-\dfrac{C}{2}\right)=\cos\dfrac{C}{2}$
　② $\cos\dfrac{A+B}{2}=\cos\left(\dfrac{\pi}{2}-\dfrac{C}{2}\right)=\sin\dfrac{C}{2}$
　③ $\tan\dfrac{A+B}{2}=\tan\left(\dfrac{\pi}{2}-\dfrac{C}{2}\right)=\dfrac{1}{\tan\dfrac{C}{2}}$

🎧개념ON 260쪽　🎧유형ON 2권 080쪽

0604 대표문제

삼각형 ABC의 세 내각의 크기를 A, B, C라 할 때, 보기에서 옳은 것만을 있는 대로 고른 것은?

> 보기 ┌
> ㄱ. $\cos\dfrac{A}{2}=\sin\dfrac{B+C}{2}$
> ㄴ. $\sin A=\sin(B+C)$
> ㄷ. $\tan A=-\tan(B+C)$

① ㄱ　　　　② ㄱ, ㄴ　　　　③ ㄱ, ㄷ
④ ㄴ, ㄷ　　　⑤ ㄱ, ㄴ, ㄷ

0605 중요

삼각형 ABC의 세 내각의 크기를 A, B, C라 할 때, $\cos\dfrac{A}{2}=\dfrac{1}{3}$이다. $\cos\dfrac{B+C}{2}$의 값은?

① $\dfrac{1}{3}$　　　② $\dfrac{\sqrt{2}}{3}$　　　③ $\dfrac{\sqrt{3}}{3}$

④ $\dfrac{2}{3}$　　　⑤ $\dfrac{2\sqrt{2}}{3}$

0606 중요

그림과 같이 선분 BC를 지름으로 하는 원 O 위의 한 점 A에 대하여 $\overline{AB}=3$, $\overline{AC}=4$이고, $\angle ACB=\alpha$, $\angle ABC=\beta$일 때, $\sin(\alpha+2\beta)+\cos(2\alpha+\beta)$의 값을 구하시오.

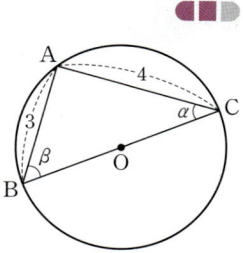

0607

그림과 같이 사각형 ABCD가 원 O에 내접할 때, 보기에서 옳은 것만을 있는 대로 고른 것은?

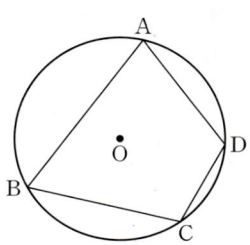

> 보기 ┌
> ㄱ. $\cos(A+C)=\cos(B+D)$
> ㄴ. $\sin A=\sin C$
> ㄷ. $\tan A=-\tan(B+C+D)$

① ㄱ　　　　② ㄱ, ㄴ　　　　③ ㄱ, ㄷ
④ ㄴ, ㄷ　　　⑤ ㄱ, ㄴ, ㄷ

0608

그림과 같이 중심이 원점 O인 원이 직선 $y=mx$ $(m>0)$와 만나는 두 점을 A, B라 하고, 원이 y축과 만나는 두 점을 C, D라 하자. $\angle ABC=\alpha$, $\angle ACD=\beta$라 할 때, $\sin 2\alpha+\sin 2\beta=\dfrac{8}{5}$이다. 상수 m의 값을 구하시오.

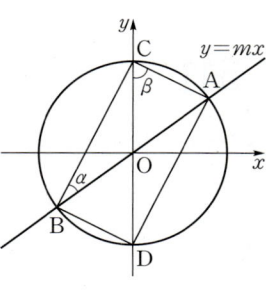

삼각함수가 포함된 함수의 최대·최소 – 일차식 꼴

삼각함수의 성질을 이용하여 하나의 삼각함수로 통일한 후, 주어진 범위에서의 최댓값과 최솟값을 구한다.

Tip 삼각함수가 절댓값 기호 안에 있을 경우, 절댓값의 성질과 $-1 \leq \sin x \leq 1$, $-1 \leq \cos x \leq 1$임을 이용하여 최댓값과 최솟값을 구한다.

ⓝ 개념ON 262쪽 ⓝ 유형ON 2권 080쪽

0609 대표문제

실수 전체의 집합에서 정의된 함수

$$y = \sin(\pi - x) + 2\cos\left(\frac{3}{2}\pi - x\right) + 3$$

의 최댓값과 최솟값의 합은?

① 6 　　② 7 　　③ 8
④ 9 　　⑤ 10

0610 중요

실수 전체의 집합에서 정의된 함수

$$y = \cos(\pi - x) - 5\sin\left(\frac{\pi}{2} + x\right) + k$$

의 최댓값이 5일 때, 최솟값을 구하시오. (단, k는 상수이다.)

0611

함수 $y = 2\left|\cos(x + 2\pi) - \dfrac{1}{2}\right| + 5$의 최댓값을 M, 최솟값을 m이라 할 때, Mm의 값은?

① 36 　　② 38 　　③ 40
④ 42 　　⑤ 44

0612

$0 \leq x \leq 2\pi$에서 함수 $f(x) = 3\tan\left(\dfrac{x}{6} - \dfrac{\pi}{6}\right) - 4$의 최댓값을 α, 최솟값을 β라 할 때, $\alpha^2 + \beta^2$의 값을 구하시오.

0613 🖊서술형

함수 $y = a|\sin x - 3| + b$의 최댓값이 9, 최솟값이 3일 때, 상수 a, b에 대하여 $a - b$의 값을 구하시오. (단, $a > 0$)

삼각함수가 포함된 함수의 최대·최소 – 이차식 꼴

삼각함수를 포함한 이차식 꼴의 최대, 최소는 다음과 같은 순서로 구한다.
❶ $\sin^2 x + \cos^2 x = 1$임을 이용하여 한 종류의 삼각함수로 나타낸다.
❷ 삼각함수를 한 문자 t로 치환하고 t의 값의 범위를 구한다.
❸ ❷의 범위에서 이차함수의 최댓값과 최솟값을 구한다.

ⓝ 개념ON 264쪽 ⓝ 유형ON 2권 081쪽

0614 대표문제

함수 $y = \cos^2\left(x + \dfrac{\pi}{2}\right) - 3\cos^2 x + 4\sin(x + \pi)$의 최댓값과 최솟값의 차는? (단, $0 \leq x < 2\pi$)

① 1 　　② 3 　　③ 5
④ 7 　　⑤ 9

0615 ✔중요

함수 $y = -2\sin^2 x + 4\cos x + 5$의 최댓값을 M, 최솟값을 m이라 할 때, $M+m$의 값은?

① 9   ② 10   ③ 11

④ 12   ⑤ 13

0616

함수 $y = -\cos^2\left(x+\dfrac{\pi}{2}\right) + \cos(x-\pi)$가 $x=a$에서 최솟값 b를 가질 때, ab의 값은? (단, $0 \le x \le \pi$)

① $-\dfrac{11}{12}\pi$ ② $-\dfrac{5}{12}\pi$ ③ 0

④ $\dfrac{5}{12}\pi$ ⑤ $\dfrac{11}{12}\pi$

0617 ✐서술형

$0 \le x < 2\pi$에서 함수 $y = \cos^2 x + 2k\sin x + 4k$가 최댓값 -11을 가질 때, 상수 k의 값을 구하시오. (단, $k < -1$)

0618 평가원 기출

실수 k에 대하여 함수

$$f(x) = \cos^2\left(x - \dfrac{3}{4}\pi\right) - \cos\left(x - \dfrac{\pi}{4}\right) + k$$

의 최댓값은 3, 최솟값은 m이다. $k+m$의 값은?

① 2   ② $\dfrac{9}{4}$ ③ $\dfrac{5}{2}$

④ $\dfrac{11}{4}$ ⑤ 3

유형 16 삼각함수가 포함된 함수의 최대·최소 – 유리식 꼴

삼각함수를 포함한 유리식 꼴의 최대, 최소는 다음과 같은 순서로 구한다.

❶ 삼각함수($\sin x$, $\cos x$, $\tan x$)를 t로 치환하여 t에 대한 함수로 나타낸다.

❷ t의 값의 범위를 구한다.

❸ ❷의 범위에서 유리함수의 최댓값과 최솟값을 구한다.

🎧 개념ON 264쪽   🎧 유형ON 2권 081쪽

0619 대표문제

함수 $y = \dfrac{4\sin\left(\dfrac{\pi}{2}+x\right)+5}{2\cos x - 3}$의 최댓값과 최솟값을 각각 M, m이라 할 때, $\dfrac{m}{M}$의 값을 구하시오.

0620 ✔중요

함수 $y = \dfrac{\sin x + 3}{\sin x - 2}$의 최댓값을 M, 최솟값을 m이라 할 때, $M-m$의 값은?

① 2   ② $\dfrac{7}{3}$ ③ $\dfrac{8}{3}$

④ 3   ⑤ $\dfrac{10}{3}$

0621

$0 \le x \le \dfrac{\pi}{4}$에서 함수 $y = \dfrac{3\cos x - \sin x}{\sin x + \cos x}$의 최댓값과 최솟값을 각각 M, m이라 할 때, Mm의 값을 구하시오.

유형 17 **삼각방정식 – 일차식 꼴**

(1) $\sin x = k$ 꼴의 방정식은 함수 $y = \sin x$의 그래프와 직선 $y = k$의 교점의 x좌표를 구한다.

(2) $\sin(ax + b) = k$ 꼴의 방정식은 $ax + b = t$로 치환한 후 t의 값의 범위에 유의하여 삼각방정식을 푼다.

확인 문제

$0 \le x < 2\pi$일 때, 다음 방정식의 해를 구하시오.

(1) $\sin x = \dfrac{\sqrt{3}}{2}$

(2) $2\cos x = -1$

(3) $\tan x = -1$

ⓝ 개념ON 270쪽   **ⓝ 유형ON 2권** 082쪽

0622 대표문제

$0 \le x < 2\pi$일 때, 방정식 $\sin\left(x - \dfrac{\pi}{3}\right) = \dfrac{1}{2}$을 만족시키는 모든 x의 값의 합은?

① $\dfrac{5}{3}\pi$ ② $\dfrac{4}{3}\pi$ ③ π

④ $\dfrac{2}{3}\pi$ ⑤ $\dfrac{\pi}{3}$

0623 중요

방정식 $\sin 3x = \dfrac{\sqrt{2}}{2}$를 만족시키는 x의 값을 작은 것부터 차례대로 나열할 때, 네 번째 수는? (단, $0 \le x \le 2\pi$)

① $\dfrac{\pi}{4}$ ② $\dfrac{3}{4}\pi$ ③ $\dfrac{11}{12}\pi$

④ π ⑤ $\dfrac{4}{3}\pi$

0624

$-\pi < x < \pi$일 때, 방정식 $\sqrt{3}\sin\dfrac{x}{2} = \cos\dfrac{x}{2}$의 근은?

① $-\dfrac{2}{3}\pi$ ② $-\dfrac{\pi}{3}$ ③ $\dfrac{\pi}{3}$

④ $\dfrac{\pi}{2}$ ⑤ $\dfrac{2}{3}\pi$

0625

$0 \le x < 2\pi$일 때, 방정식 $\sqrt{3}\tan\left(x + \dfrac{\pi}{6}\right) = 3$을 만족시키는 모든 x의 값의 합은?

① $\dfrac{7}{6}\pi$ ② $\dfrac{4}{3}\pi$ ③ $\dfrac{3}{2}\pi$

④ $\dfrac{5}{3}\pi$ ⑤ $\dfrac{11}{6}\pi$

0626 중요

$0 \le x \le 4\pi$일 때, 방정식 $\cos x = \dfrac{1}{3}$의 모든 근의 합은?

① 2π ② 4π ③ 6π

④ 8π ⑤ 10π

0627 ✏️서술형

$0 \leq x \leq 2\pi$일 때, 방정식 $-\cos\left(\dfrac{\pi}{2}+x\right)+|\sin x|=1$의 모든 근의 합을 구하시오.

0630

$0<x<\pi$일 때, 방정식 $\tan x-\dfrac{\sqrt{3}}{\tan x}+1-\sqrt{3}=0$의 모든 근의 합은?

① $\dfrac{3}{4}\pi$　　② $\dfrac{5}{6}\pi$　　③ $\dfrac{11}{12}\pi$

④ π　　⑤ $\dfrac{13}{12}\pi$

유형 **18**　삼각방정식 – 이차식 꼴

삼각함수를 포함한 이차식 꼴의 방정식은 $\sin^2 x+\cos^2 x=1$임을 이용하여 한 종류의 삼각함수에 대한 방정식으로 나타내어 푼다.

⦿ 개념ON 272쪽　　⦿ 유형ON 2권 083쪽

0628 대표문제

$0 \leq x \leq 2\pi$일 때, 방정식 $2\sin^2 x-\cos x-1=0$을 만족시키는 모든 x의 값의 합은?

① π　　② 2π　　③ 3π

④ 4π　　⑤ 5π

0631 교육청 기출

$0 \leq x < 2\pi$일 때, 방정식 $\sin x=\sqrt{3}(1+\cos x)$의 모든 해의 합은?

① $\dfrac{\pi}{3}$　　② $\dfrac{2}{3}\pi$　　③ π

④ $\dfrac{4}{3}\pi$　　⑤ $\dfrac{5}{3}\pi$

0629 ✔️중요

$0 \leq x < 2\pi$일 때, 방정식 $\sin x+\sin^2 x=\cos^2 x$의 모든 근의 합은?

① $\dfrac{\pi}{2}$　　② π　　③ $\dfrac{3}{2}\pi$

④ 2π　　⑤ $\dfrac{5}{2}\pi$

0632 ✏️서술형

삼각형 ABC에 대하여 다음 등식이 성립할 때, $\cos^2 C$의 값을 구하시오.

$$2\sin^2 \dfrac{A+B}{2}+\cos \dfrac{C}{2}-1=0$$

0633

$0 \le x < 2\pi$일 때, 방정식
$$6\sin x \cos x + 2\sin x + 3\cos x + 1 = 0$$
의 모든 근의 합은?

① π ② 2π ③ 3π

④ 4π ⑤ 5π

유형 19 삼각함수의 그래프와 삼각방정식의 실근

방정식 $f(x) = g(x)$의 서로 다른 실근의 개수는 두 함수 $y = f(x)$, $y = g(x)$의 그래프의 교점의 개수와 같다.

🔵 개념ON 274쪽   🔵 유형ON 2권 084쪽

0634 대표문제

방정식 $\sin x = \dfrac{x}{3\pi}$의 서로 다른 실근의 개수를 구하시오.

0635 ✅중요

$-3 < x < 3$에서 방정식 $\sin\dfrac{\pi}{6}x = \cos \pi x$의 서로 다른 실근의 개수는?

① 3   ② 4   ③ 5

④ 6   ⑤ 7

0636

두 함수 $f(x) = \cos \pi x$, $g(x) = -\sqrt{\dfrac{x}{2}} + 1$에 대하여 방정식 $f(x) = g(x)$의 서로 다른 실근의 개수는?

① 7   ② 8   ③ 9

④ 10   ⑤ 11

0637

$0 \le x < 2\pi$에서 x에 대한 방정식 $|\sin nx| = \dfrac{2}{3}$의 서로 다른 실근의 개수가 20일 때, 자연수 n의 값을 구하시오.

유형 20 삼각방정식의 근의 조건

방정식 $f(x) = k$가 실근을 가지려면 함수 $y = f(x)$의 그래프와 직선 $y = k$가 적어도 한 점에서 만나야 한다.

🔵 개념ON 274쪽   🔵 유형ON 2권 084쪽

0638 대표문제

$0 \le x < 2\pi$일 때, x에 대한 방정식
$$\cos x = \sin\left(x + \dfrac{3}{2}\pi\right) - 2 + k$$
가 오직 하나의 실근을 갖도록 하는 모든 실수 k의 값의 합은?

① 1   ② 2   ③ 3

④ 4   ⑤ 5

0639

x에 대한 방정식 $2\sin x+3=k$가 실근을 갖도록 하는 모든 정수 k의 값의 합은?

① 6   ② 10   ③ 15

④ 21   ⑤ 28

0640 ✅중요

x에 대한 방정식 $2\cos^2 x-\sin x=k$가 실근을 갖도록 하는 정수 k의 개수는?

① 1   ② 2   ③ 3

④ 4   ⑤ 5

0641 ✅중요

x에 대한 방정식 $\left|\cos x+\dfrac{1}{3}\right|=k$가 서로 다른 3개의 실근을 갖도록 하는 실수 k의 값을 α라 할 때, 30α의 값을 구하시오. (단, $0\le x<2\pi$)

유형 21   **삼각부등식 - 일차식 꼴**

삼각함수를 포함한 일차식 꼴의 부등식은 다음과 같은 순서로 푼다.

❶ 부등호를 등호로 바꾸어 삼각함수를 포함한 방정식을 푼다.

❷ 함수의 그래프와 직선의 위치 관계를 고려하여 부등식의 해를 구한다.

Tip ① 부등식 $f(x)>g(x)$의 해 ➡ $y=f(x)$의 그래프가 $y=g(x)$의 그래프보다 위쪽에 있는 x의 값의 범위

② 부등식 $f(x)<g(x)$의 해 ➡ $y=f(x)$의 그래프가 $y=g(x)$의 그래프보다 아래쪽에 있는 x의 값의 범위

확인 문제

$0\le x<2\pi$일 때, 다음 부등식의 해를 구하시오.

(1) $\sin x<\dfrac{\sqrt{2}}{2}$

(2) $\cos x\le-\dfrac{1}{2}$

(3) $\tan x>\sqrt{3}$

⋒ 개념ON 276쪽   ⋒ 유형ON 2권 084쪽

0642 대표문제

$0\le x<2\pi$에서 부등식 $2\sin x-1>0$의 해가 $\alpha<x<\beta$일 때, $\alpha+\beta$의 값은?

① $\dfrac{\pi}{3}$ ② $\dfrac{\pi}{2}$ ③ π

④ $\dfrac{4}{3}\pi$ ⑤ $\dfrac{3}{2}\pi$

0643

$-\pi\le x<\pi$일 때, 부등식 $\sin x\ge\cos x$의 해는?

① $-\pi\le x\le-\dfrac{3}{4}\pi$ 또는 $0\le x\le\dfrac{\pi}{4}$

② $-\pi\le x\le-\dfrac{3}{4}\pi$ 또는 $\dfrac{\pi}{4}\le x\le\dfrac{\pi}{2}$

③ $-\pi\le x\le-\dfrac{3}{4}\pi$ 또는 $\dfrac{\pi}{4}\le x<\pi$

④ $-\dfrac{3}{4}\pi\le x\le0$ 또는 $\dfrac{\pi}{4}\le x\le\dfrac{\pi}{2}$

⑤ $-\dfrac{3}{4}\pi\le x\le0$ 또는 $\dfrac{\pi}{4}\le x<\pi$

0644 ✅중요

$0 \le x < \pi$일 때, 부등식 $2\cos\left(2x+\dfrac{\pi}{3}\right)>1$의 해는?

① $\dfrac{\pi}{6}<x<\dfrac{\pi}{2}$　　② $\dfrac{\pi}{3}<x<\dfrac{\pi}{2}$　　③ $\dfrac{\pi}{2}<x<\pi$

④ $\dfrac{2}{3}\pi<x<\pi$　　⑤ $\dfrac{5}{6}\pi<x<\pi$

0645

$-\dfrac{1}{2}<x<\dfrac{1}{2}$일 때, 부등식 $|\tan \pi x| \le 1$의 해는 $\alpha \le x \le \beta$이다. $\beta - \alpha$의 값을 구하시오.

유형 22 삼각부등식 – 이차식 꼴

삼각함수를 포함한 이차식 꼴의 부등식은 $\sin^2 x + \cos^2 x = 1$임을 이용하여 한 종류의 삼각함수에 대한 부등식으로 나타내어 푼다.

⌂ 개념ON 276쪽　　⌂ 유형ON 2권 085쪽

0646 대표문제

$0 \le x < 2\pi$일 때, 부등식 $2\sin^2 x - \sin\left(\dfrac{\pi}{2}+x\right)-1>0$의 해는?

① $0<x<\dfrac{\pi}{3}$ 또는 $\dfrac{5}{3}\pi<x<2\pi$

② $0<x<\dfrac{\pi}{2}$ 또는 $\pi<x<\dfrac{5}{3}\pi$

③ $\dfrac{\pi}{3}<x<\dfrac{2}{3}\pi$ 또는 $\dfrac{4}{3}\pi<x<\dfrac{5}{3}\pi$

④ $\dfrac{2}{3}\pi<x<\pi$ 또는 $\pi<x<\dfrac{4}{3}\pi$

⑤ $\dfrac{\pi}{3}<x<\pi$ 또는 $\pi<x<\dfrac{5}{3}\pi$

0647 ✎서술형

$0 \le x < 2$일 때, 부등식 $\cos^2 \pi x - \sin^2 \pi x + \sin \pi x < 0$을 만족시키는 x의 값의 범위는 $\alpha < x < \beta$이다. $6(\beta - \alpha)$의 값을 구하시오.

0648 ✅중요

부등식 $3\sin^2 x - 2\sqrt{3}\cos x \sin x - 3\cos^2 x < 0$의 해가 $\alpha < x < \beta$일 때, $\beta - \alpha$의 값은? $\left(\text{단, } -\dfrac{\pi}{2}<x<\dfrac{\pi}{2}\right)$

① $\dfrac{\pi}{12}$　　　　② $\dfrac{\pi}{6}$　　　　③ $\dfrac{\pi}{3}$

④ $\dfrac{\pi}{2}$　　　　⑤ $\dfrac{3}{4}\pi$

0649

$0 \le x < 2\pi$일 때, 부등식

$2\cos^2\left(\dfrac{5}{6}\pi - x\right)+3\sin\left(x-\dfrac{\pi}{3}\right)-2>0$의 해는?

① $\dfrac{\pi}{2}<x<\dfrac{7}{6}\pi$　　② $\dfrac{\pi}{3}<x<\pi$　　③ $\dfrac{\pi}{6}<x<\dfrac{5}{6}\pi$

④ $\dfrac{2}{3}\pi<x<\dfrac{3}{2}\pi$　　⑤ $\dfrac{5}{6}\pi<x<\dfrac{3}{2}\pi$

0650

연립부등식 $\begin{cases} \cos x < \sin x \\ 2\sin^2 x - 5\cos x + 1 > 0 \end{cases}$ 의 해를 $\alpha < x < \beta$라

할 때, $\beta - \alpha$의 값은? (단, $0 \le x < 2\pi$)

① $\dfrac{3}{4}\pi$ ② $\dfrac{5}{6}\pi$ ③ $\dfrac{11}{12}\pi$

④ π ⑤ $\dfrac{13}{12}\pi$

0651 ✏️ 서술형

모든 실수 x에 대하여 부등식 $\cos^2 x + 3\sin x - a < 0$이 성립하도록 하는 정수 a의 최솟값을 구하시오.

유형 23 삼각방정식과 삼각부등식의 활용

이차방정식의 판별식을 이용하여 삼각함수에 대한 방정식 또는 부등식을 세워 조건을 만족시키는 값 또는 값의 범위를 구한다.

> Tip 계수가 실수인 x에 대한 이차방정식 $ax^2 + bx + c = 0$의 판별식을 $D = b^2 - 4ac$라 하면
> ① $D > 0 \iff$ 서로 다른 두 실근을 갖는다.
> ② $D = 0 \iff$ 중근을 갖는다.
> ③ $D < 0 \iff$ 서로 다른 두 허근을 갖는다.

🔗 개념ON 278쪽   🔗 유형ON 2권 086쪽

0652 대표문제

x에 대한 이차방정식 $x^2 - 2x + 9\tan^2 \theta - 2 = 0$이 서로 다른 두 실근을 갖도록 하는 θ의 값의 범위는 $\alpha < \theta < \beta$이다. $\beta - \alpha$의 값은? $\left(\text{단, } -\dfrac{\pi}{2} < \theta < \dfrac{\pi}{2}\right)$

① $\dfrac{\pi}{6}$ ② $\dfrac{\pi}{4}$ ③ $\dfrac{\pi}{3}$

④ $\dfrac{\pi}{2}$ ⑤ $\dfrac{2}{3}\pi$

0653

x에 대한 이차방정식 $x^2 - 2\sqrt[4]{3}x + 3\tan 2\theta = 0$이 중근을 갖도록 하는 모든 θ의 값의 곱은? (단, $0 \le \theta \le \pi$)

① $\dfrac{5}{144}\pi^2$ ② $\dfrac{7}{144}\pi^2$ ③ $\dfrac{5}{36}\pi^2$

④ $\dfrac{7}{36}\pi^2$ ⑤ $\dfrac{3}{4}\pi^2$

0654 수능 기출

$0 \le \theta < 2\pi$일 때, x에 대한 이차방정식
$$6x^2 + (4\cos \theta)x + \sin \theta = 0$$
이 실근을 갖지 않도록 하는 모든 θ의 값의 범위는 $\alpha < \theta < \beta$이다. $3\alpha + \beta$의 값은?

① $\dfrac{5}{6}\pi$ ② π ③ $\dfrac{7}{6}\pi$

④ $\dfrac{4}{3}\pi$ ⑤ $\dfrac{3}{2}\pi$

0655 ✅ 중요

모든 실수 x에 대하여 부등식 $x^2 - 2x\sin \theta + 2\sin \theta > 0$이 성립할 때, θ의 값의 범위는? (단, $0 \le \theta < 2\pi$)

① $0 < \theta < \pi$ ② $\dfrac{\pi}{6} < \theta < \dfrac{7}{6}\pi$ ③ $\dfrac{\pi}{3} < \theta < \dfrac{4}{3}\pi$

④ $\dfrac{\pi}{2} < \theta < \dfrac{3}{2}\pi$ ⑤ $\pi < \theta < 2\pi$

0656

$\dfrac{\cos(\pi+\theta)}{1+\cos\left(\dfrac{3}{2}\pi-\theta\right)}-\dfrac{\sin\left(\dfrac{\pi}{2}-\theta\right)}{1+\sin(\pi-\theta)}$ 를 간단히 하면?

① $-\dfrac{2}{\cos\theta}$ ② $-\dfrac{1}{\cos\theta}$ ③ -1

④ $\dfrac{1}{\cos\theta}$ ⑤ $\dfrac{2}{\cos\theta}$

0657

함수 $y=k\sin x$의 그래프를 x축의 방향으로 $-\dfrac{\pi}{2}$만큼, y축의 방향으로 5만큼 평행이동한 그래프가 점 $\left(\dfrac{\pi}{3},\ 10\right)$을 지날 때, 상수 k의 값을 구하시오.

0658

함수 $f(x)=-2\sin\left(\dfrac{x}{2}-\pi\right)+1$에 대하여 보기에서 옳은 것만을 있는 대로 고른 것은?

─ 보기 ─
ㄱ. 최댓값은 1, 최솟값은 -3이다.
ㄴ. 주기는 4π이다.
ㄷ. 그래프는 점 $(2\pi,\ 1)$을 지난다.
ㄹ. 그래프는 $y=-2\sin\dfrac{x}{2}$의 그래프를 x축의 방향으로 2π만큼, y축의 방향으로 1만큼 평행이동한 것이다.

① ㄱ, ㄷ ② ㄴ, ㄹ ③ ㄱ, ㄷ, ㄹ
④ ㄴ, ㄷ, ㄹ ⑤ ㄱ, ㄴ, ㄷ, ㄹ

0659

함수 $f(x)$가 다음 조건을 만족시킬 때, $f\left(\dfrac{37}{4}\right)$의 값은?

⑺ $0\le x<3$일 때, $f(x)=\cos\pi x$
⑻ 모든 실수 x에 대하여 $f(x)=f(x+3)$

① $\dfrac{1}{4}$ ② $\dfrac{1}{2}$ ③ $\dfrac{\sqrt{3}}{3}$

④ $\dfrac{\sqrt{2}}{2}$ ⑤ $\dfrac{\sqrt{3}}{2}$

0660 수능 기출

$0<x<2\pi$일 때, 방정식 $4\cos^2 x-1=0$과 부등식 $\sin x\cos x<0$을 동시에 만족시키는 모든 x의 값의 합은?

① 2π ② $\dfrac{7}{3}\pi$ ③ $\dfrac{8}{3}\pi$

④ 3π ⑤ $\dfrac{10}{3}\pi$

0661

다음 함수 중 주기함수가 <u>아닌</u> 것은?

① $y=|\sin x|$ ② $y=|\cos x|$ ③ $y=|\tan x|$
④ $y=\sin|x|$ ⑤ $y=\cos|x|$

0662

$0<x<\dfrac{\pi}{2}$에서 함수 $y=\tan x-\tan\left(\dfrac{\pi}{2}+x\right)+2$의 최솟값은?

① 3
② $\dfrac{13}{4}$
③ $\dfrac{7}{2}$

④ $\dfrac{15}{4}$
⑤ 4

0663

$0<x<2\pi$에서 부등식 $2\sin^2 x+3\cos x\leq 3$을 만족시키는 x의 최댓값과 최솟값의 합은?

① $\dfrac{\pi}{2}$
② π
③ $\dfrac{3}{2}\pi$

④ 2π
⑤ $\dfrac{5}{2}\pi$

0664 수능 기출

함수 $f(x)=a-\sqrt{3}\tan 2x$가 $-\dfrac{\pi}{6}\leq x\leq b$에서 최댓값 7, 최솟값 3을 가질 때, $a\times b$의 값은? (단, a, b는 상수이다.)

① $\dfrac{\pi}{2}$
② $\dfrac{5}{12}\pi$
③ $\dfrac{\pi}{3}$

④ $\dfrac{\pi}{4}$
⑤ $\dfrac{\pi}{6}$

0665

$0\leq x\leq 2\pi$일 때, 두 함수 $y=\sin 2x$와 $y=\sin\left(\dfrac{\pi}{2}-3x\right)$의 그래프의 교점의 개수를 구하시오.

0666 교육청 기출

그림은 두 함수 $y=\tan x$와 $y=a\sin bx$의 그래프이다. 두 함수의 그래프가 점 $\left(\dfrac{\pi}{3},\ c\right)$에서 만날 때, 세 상수 a, b, c의 곱 abc의 값은? (단, $a>0$, $b>0$)

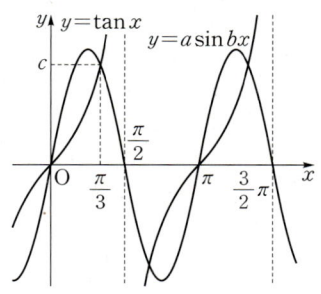

① 2
② $2\sqrt{3}$
③ 4

④ $4\sqrt{3}$
⑤ 8

0667 교육청 기출

$0\leq x<2\pi$일 때, 방정식 $3\cos^2 x+5\sin x-1=0$의 모든 해의 합은?

① π
② $\dfrac{3}{2}\pi$
③ 2π

④ $\dfrac{5}{2}\pi$
⑤ 3π

0668

함수 $y=\cos^2(\pi-x)-\sin^2 x+2\sin\left(\dfrac{\pi}{2}-x\right)$의 최댓값과 최솟값을 각각 M, m이라 할 때, $10(M+m)$의 값을 구하시오.

0669

$0\le x\le 2\pi$일 때, 부등식 $\cos x\le\sin\dfrac{\pi}{7}$를 만족시키는 모든 x의 값의 범위는 $\alpha\le x\le\beta$이다. $\beta-\alpha$의 값은?

① $\dfrac{8}{7}\pi$ ② $\dfrac{17}{14}\pi$ ③ $\dfrac{9}{7}\pi$

④ $\dfrac{19}{14}\pi$ ⑤ $\dfrac{10}{7}\pi$

0670

함수 $f(x)=a\cos b(x-c)+d$가 다음 조건을 만족시킬 때, 상수 a, b, c, d에 대하여 $abcd$의 값은?

$\left(\text{단, } a>0,\ b>0,\ \dfrac{\pi}{2}<c<\pi\right)$

(가) $f\left(\dfrac{\pi}{6}\right)=3$

(나) $f(x)$의 최댓값은 5이고 최솟값은 -3이다.

(다) 모든 실수 x에 대하여 $f(x)=f(x+p)$를 만족시키는 최소의 양수 p의 값은 4π이다.

① $\dfrac{\pi}{3}$ ② $\dfrac{2}{3}\pi$ ③ π

④ $\dfrac{4}{3}\pi$ ⑤ $\dfrac{5}{3}\pi$

0671

삼각형 ABC에 대하여 $\sin A=\sin B=\dfrac{\sqrt{3}}{3}$일 때, $\tan\left(\pi+\dfrac{C}{2}\right)$의 값은?

① $-\sqrt{2}$ ② $-\dfrac{\sqrt{2}}{2}$ ③ $\dfrac{\sqrt{2}}{2}$

④ 1 ⑤ $\sqrt{2}$

0672

모든 실수 x에 대하여 부등식 $2\sin^2 x-\cos x-a>0$이 성립하도록 하는 실수 a의 값의 범위는?

① $a<-1$ ② $a>-1$ ③ $-1<a<1$

④ $a<1$ ⑤ $a>1$

0673

$0\le x<\dfrac{5}{2}\pi$일 때, 방정식 $\sin x=\dfrac{1}{4}$을 만족시키는 x의 값을 작은 것부터 차례대로 α, β, γ라 하자. $\cos\left(\alpha+\dfrac{\beta+\gamma}{2}\right)+\sin\left(\dfrac{\alpha+\beta}{2}+\gamma\right)$의 값은?

① $\dfrac{-1-\sqrt{15}}{4}$ ② $\dfrac{1-\sqrt{15}}{4}$ ③ 0

④ $\dfrac{-1+\sqrt{15}}{4}$ ⑤ $\dfrac{1+\sqrt{15}}{4}$

0674

$0 \leq \theta < 2\pi$일 때, x에 대한 이차방정식

$$x^2 - (2\sin\theta)x - 3\cos^2\theta - 5\sin\theta + 5 = 0$$

이 실근을 갖도록 하는 θ의 최솟값과 최댓값을 각각 α, β라 하자. $4\beta - 2\alpha$의 값은?

① 3π ② 4π ③ 5π

④ 6π ⑤ 7π

0675

x에 대한 방정식 $\cos^2 x - \sin^2 x + \sin x - k = 0$이 $0 \leq x \leq \pi$에서 서로 다른 4개의 실근을 갖도록 하는 실수 k의 값의 범위가 $a \leq k < b$일 때, $40ab$의 값을 구하시오.

0676

함수 $f(x) = |-\tan 2x + 1|$에 대하여 보기에서 옳은 것만을 있는 대로 고른 것은?

보기

ㄱ. 정의역은 $\left\{ x \,\middle|\, x \neq \dfrac{2n+1}{4}\pi \ (n\text{은 정수})\right\}$인 모든 실수이다.

ㄴ. $-\pi \leq x \leq \pi$에서 $y = f(x)$의 그래프와 x축의 교점의 x좌표의 합은 $\dfrac{3}{8}\pi$이다.

ㄷ. $-\pi \leq x \leq \pi$에서 $y = f(x)$의 그래프와 직선 $y = x$의 교점의 개수는 5이다.

① ㄱ   ② ㄴ   ③ ㄷ

④ ㄱ, ㄷ   ⑤ ㄱ, ㄴ, ㄷ

📖 정답과 풀이 125쪽

✏️ 서술형 대비하기

0677

$0 \leq x \leq 1$에서 $f(x) = \sin 2\pi x$인 함수 $f(x)$가 모든 실수 x에 대하여 다음 조건을 만족시킨다.

> (가) $f(x+2) = f(x)$
> (나) $f(-x) = f(x)$

함수 $y = f(x)$의 그래프와 직선 $y = \dfrac{1}{2}x$가 만나는 점의 개수를 구하시오.

0678

다음 등식을 만족시키는 상수 k의 값을 구하시오.

$$2^{\sin^2 2^\circ} \times 2^{\sin^2 4^\circ} \times \cdots \times 2^{\sin^2 88^\circ} = 4^k$$

수능 녹인 변별력 문제

0679

$-2\pi \le x < 2\pi$일 때, 두 함수 $f(x)=\cos x$, $g(x)=\dfrac{\pi}{2}\sin x$

에 대하여 방정식 $(f \circ g)(x)=0$의 해의 개수는?

① 2   ② 4   ③ 6

④ 8   ⑤ 10

0680

$0<x<\pi$에서 함수 $f(x)$가

$$f(x)=\frac{\sin^2 x + 3\cos^2\left(\dfrac{\pi}{2}+x\right)+2}{\cos\left(\dfrac{\pi}{2}-x\right)}$$

일 때, 함수 $f(x)$의 최솟값은?

① $2\sqrt{6}$ ② 5   ③ $2\sqrt{7}$

④ $4\sqrt{2}$ ⑤ 6

0681

자연수 k에 대하여

$$A_k=\left\{\cos\frac{2(m-1)}{k}\pi \,\middle|\, m \text{은 자연수}\right\}$$

일 때, -1이 집합 A_k의 원소가 되도록 하는 두 자리 자연수 k의 개수는?

① 30   ② 35   ③ 40

④ 45   ⑤ 50

0682

$0<x<2\pi$일 때, 자연수 n에 대하여 x에 대한 방정식

$\cos nx = \dfrac{1}{3}$의 서로 다른 실근의 개수를 $f(n)$이라 하자.

$f(1)+f(10)+f(100)$의 값은?

① 222   ② 242   ③ 262

④ 282   ⑤ 302

0683 평가원 기출

두 양수 a, b에 대하여 곡선 $y=a\sin b\pi x$ $\left(0\le x\le\dfrac{3}{b}\right)$이 직선 $y=a$와 만나는 서로 다른 두 점을 A, B라 하자. 삼각형 OAB의 넓이가 5이고 직선 OA의 기울기와 직선 OB의 기울기의 곱이 $\dfrac{5}{4}$일 때, $a+b$의 값은? (단, O는 원점이다.)

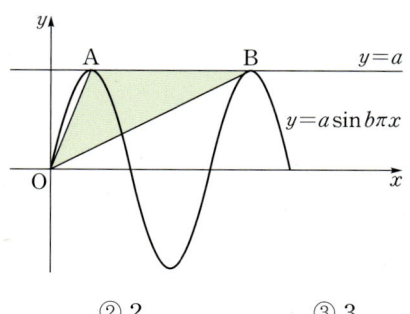

① 1   ② 2   ③ 3
④ 4   ⑤ 5

0684

x에 대한 방정식 $2\sin^2 x-|\cos x|-k-1=0$이 실근을 갖도록 하는 실수 k의 값의 범위는?

① $0\le k\le2$ ② $-1\le k\le2$ ③ $-1\le k\le3$
④ $-2\le k\le1$ ⑤ $-2\le k\le2$

0685

$0\le\theta<2\pi$일 때, x에 대한 이차방정식 $x^2+4x\sin\theta+6\cos\theta=0$의 두 근이 모두 음의 실수가 되도록 하는 θ의 값의 범위는 $p\le\theta<q$이다. $p+q$의 값은?

① $\dfrac{\pi}{3}$ ② $\dfrac{\pi}{2}$ ③ $\dfrac{2}{3}\pi$
④ $\dfrac{5}{6}\pi$ ⑤ π

0686 교육청 기출

$0\le x\le2\pi$일 때, 방정식 $2\sin^2 x-3\cos x=k$의 서로 다른 실근의 개수가 3이다. 이 세 실근 중 가장 큰 실근을 α라 할 때, $k\times\alpha$의 값은? (단, k는 상수이다.)

① $\dfrac{7}{2}\pi$ ② 4π ③ $\dfrac{9}{2}\pi$
④ 5π ⑤ $\dfrac{11}{2}\pi$

0687

함수 $y=\dfrac{1+a\sin x}{2-\sin x}$의 최솟값이 -1보다 크도록 하는 실수 a의 값의 범위가 $\alpha<a<\beta$일 때, $\beta-2\alpha$의 값을 구하시오.

0688

양수 a, b에 대하여 $\alpha+\beta+\gamma=\dfrac{\pi}{2}$이고, $a^2+b^2=4ab\cos\gamma$ 일 때, $2\cos^2(\pi+\alpha+\beta)+\cos\gamma$의 최댓값은?

① 1　　　　　② $\dfrac{3}{2}$　　　　　③ $\dfrac{7}{4}$

④ 2　　　　　⑤ $\dfrac{17}{8}$

0689

다음 중 함수 $y=\sqrt{1+\cos x}+\sqrt{1-\cos x}$와 주기가 같은 함수는?

① $y=\cos\dfrac{x}{2}$　　　　　② $y=2\sin x$

③ $y=|\cos(-x)|$　　　　　④ $y=\sin(4x-1)$

⑤ $y=2\tan 3x-1$

0690 교육청 기출

$x\geq0$에서 정의된 함수 $f(x)=a\cos bx+c$의 최댓값이 3, 최솟값이 -1이다. 그림과 같이 함수 $y=f(x)$의 그래프와 직선 $y=3$이 만나는 점 중에서 x좌표가 가장 작은 점과 두 번째로 작은 점을 각각 A, B라 하고, 함수 $y=f(x)$의 그래프와 x축이 만나는 점 중에서 x좌표가 가장 작은 점과 두 번째로 작은 점을 각각 C, D라 하자. 사각형 ACDB의 넓이가 6π일 때, $0\leq x\leq4\pi$에서 방정식 $f(x)=2$의 모든 해의 합은? (단, a, b, c는 양수이다.)

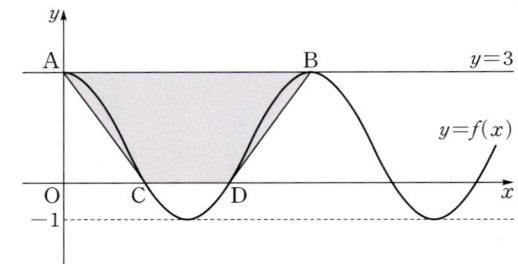

① 6π　　　　　② $\dfrac{13}{2}\pi$　　　　　③ 7π

④ $\dfrac{15}{2}\pi$　　　　　⑤ 8π

0691 _{교육청 기출}

양수 a에 대하여 함수

$$f(x) = \left| 4\sin\left(ax - \frac{\pi}{3}\right) + 2 \right| \quad \left(0 \le x < \frac{4\pi}{a}\right)$$

의 그래프가 직선 $y=2$와 만나는 서로 다른 점의 개수는 n이다. 이 n개의 점의 x좌표의 합이 39일 때, $n \times a$의 값은?

① $\dfrac{\pi}{2}$ ② π ③ $\dfrac{3}{2}\pi$

④ 2π ⑤ $\dfrac{5}{2}\pi$

0692

실수 a에 대하여 $0 \le x \le \dfrac{\pi}{2}$에서 함수

$$y = 2\sin^2 x - 2a\cos x - 2$$

의 최댓값을 $g(a)$라 할 때, 방정식 $g(a) = -a + 9$를 만족시키는 모든 실수 a의 값의 합을 구하시오.

0693

$\dfrac{\pi}{6} \le x \le \dfrac{\pi}{4}$에서 함수

$$y = \frac{1 + \sin x \cos x}{\cos^2 x} + \frac{1 - \sin x \cos x}{\sin^2 x}$$

의 최솟값은?

① $\dfrac{11}{4}$ ② 3 ③ $\dfrac{13}{4}$

④ $\dfrac{7}{2}$ ⑤ $\dfrac{15}{4}$

0694 _{평가원 기출}

5 이하의 두 자연수 a, b에 대하여 $0 < x < 2\pi$에서 정의된 함수 $y = a\sin x + b$의 그래프가 직선 $x = \pi$와 만나는 점의 집합을 A라 하고, 두 직선 $y = 1$, $y = 3$과 만나는 점의 집합을 각각 B, C라 하자. $n(A \cup B \cup C) = 3$이 되도록 하는 a, b의 순서쌍 (a, b)에 대하여 $a + b$의 최댓값을 M, 최솟값을 m이라 할 때, $M \times m$의 값을 구하시오.

A 07 삼각함수의 활용

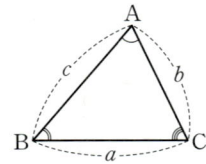

유형 01 사인법칙

삼각형 ABC에서

$$\frac{a}{\sin A} = \frac{b}{\sin B} = \frac{c}{\sin C}$$

Tip 삼각형 ABC에서 세 내각 ∠A, ∠B, ∠C의 크기를 각각 A, B, C로, 이들의 대변 BC, CA, AB의 길이를 각각 a, b, c로 나타낸다.

확인 문제

삼각형 ABC에 대하여 다음을 구하시오.
(1) $a=4\sqrt{2}$, $A=30°$, $B=45°$일 때, b의 값
(2) $b=2$, $c=2\sqrt{2}$, $C=135°$일 때, B의 크기

⟲ 개념ON 296쪽   ⟲ 유형ON 2권 090쪽

0695 대표문제

그림과 같이
$$A=75°, \ C=60°,$$
$$\overline{AC}=2\sqrt{2}$$
인 삼각형 ABC에서 $\overline{AB}$의 길이는?

① $\sqrt{2}$　　　② 2　　　③ $2\sqrt{3}$
④ 4　　　⑤ $2\sqrt{5}$

0696

삼각형 ABC에서 $A=120°$, $C=\alpha$, $\overline{AB}=2$, $\overline{BC}=\sqrt{6}$일 때, $\sin 3\alpha$의 값은?

① 0　　　② $\frac{1}{2}$　　　③ $\frac{\sqrt{2}}{2}$
④ $\frac{\sqrt{3}}{2}$　　　⑤ 1

0697

그림과 같이 한 원에 내접하는 두 삼각형 ABC, ABD에서 $\overline{AB}=6\sqrt{2}$, ∠ABD$=60°$, ∠ACB$=45°$일 때, 선분 AD의 길이는?

① 10　　　② $6\sqrt{3}$
③ $8\sqrt{2}$　　　④ 12
⑤ $6\sqrt{6}$

0698 ✓중요

그림과 같이
$$\overline{AC}=2, \ A=105°,$$
$$C=45°$$
인 삼각형 ABC를 이용하여 $\sin 105°$의 값을 구하면?

① $\frac{\sqrt{6}}{4}$　　　② $\frac{1+\sqrt{3}}{4}$　　　③ $\frac{1+\sqrt{3}}{3}$
④ $\frac{\sqrt{2}+\sqrt{6}}{6}$　　　⑤ $\frac{\sqrt{2}+\sqrt{6}}{4}$

0699

그림과 같은 삼각형 ABC에서 $\overline{AB}=4$, $\overline{AC}=3$이고, 점 D는 $\overline{BC}$를 2 : 3으로 내분하는 점이다. ∠BAD$=\alpha$, ∠CAD$=\beta$라 할 때, $\frac{\sin\beta}{\sin\alpha}$의 값을 구하시오.

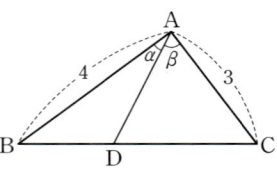

유형 02 사인법칙 – 삼각형의 외접원

삼각형 ABC의 외접원의 반지름의 길이를 R이라 하면

$$\frac{a}{\sin A} = \frac{b}{\sin B} = \frac{c}{\sin C} = 2R$$

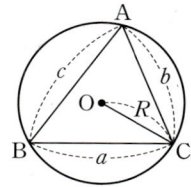

확인 문제

삼각형 ABC의 외접원의 반지름의 길이를 R이라 할 때, 다음을 구하시오.

(1) $a=3$, $A=30°$일 때, R의 값
(2) $B=120°$, $R=8$일 때, b의 값
(3) $c=6$, $R=2\sqrt{3}$일 때, C의 크기 (단, $0°<C<90°$)

🔵 개념ON 296쪽　🔵 유형ON 2권 090쪽

0700 대표문제

삼각형 ABC에서 $A=60°$, $B=75°$, $a=6$일 때, c의 값과 외접원의 반지름의 길이 R의 곱 cR의 값은?

① $6\sqrt{2}$　　② $6\sqrt{3}$　　③ 12
④ $12\sqrt{2}$　　⑤ $12\sqrt{3}$

0701 평가원 기출

반지름의 길이가 15인 원에 내접하는 삼각형 ABC에서 $\sin B = \dfrac{7}{10}$일 때, 선분 AC의 길이는?

① 15　　② 18　　③ 21
④ 24　　⑤ 27

0702 ✅ 중요

그림과 같은 삼각형 ABC에서 $\overline{BC}=6$, $B=70°$, $C=50°$일 때, 삼각형 ABC의 외접원의 넓이는?

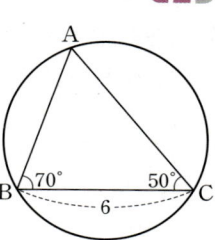

① 12π　　② 15π
③ 18π　　④ 21π
⑤ 24π

0703 ✏️ 서술형

그림과 같이 $\overline{AD}=2\sqrt{2}$이고 $\angle BCD=90°$인 사각형 ABCD에서 $\angle ABD=45°$, $\angle BCA=45°$일 때, 사인법칙을 이용하여 $\overline{BD}$의 길이를 구하시오.

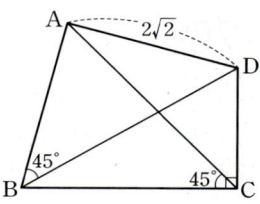

유형 03 사인법칙의 변형

삼각형 ABC의 외접원의 반지름의 길이를 R이라 하면 사인법칙에 의하여

(1) $a=2R\sin A$, $b=2R\sin B$, $c=2R\sin C$
　➡ $a:b:c=\sin A:\sin B:\sin C$
(2) $\sin A=\dfrac{a}{2R}$, $\sin B=\dfrac{b}{2R}$, $\sin C=\dfrac{c}{2R}$

🔵 개념ON 298쪽　🔵 유형ON 2권 091쪽

0704 대표문제

삼각형 ABC에서 $\sin A:\sin B:\sin C=2:3:4$일 때, $ab:bc:ca$는?

① $3:4:6$　　② $3:6:4$　　③ $4:3:6$
④ $4:6:3$　　⑤ $6:4:3$

07

삼각함수의 활용

0705 ✅중요

반지름의 길이가 $4\sqrt{5}$인 원에 내접하는 삼각형 ABC가 다음 조건을 만족시킬 때, 삼각형 ABC의 둘레의 길이는?

$$\sin A + \sin B + \sin C = \sqrt{5}$$

① $8\sqrt{10}$ ② $8\sqrt{15}$ ③ $16\sqrt{5}$

④ 40   ⑤ $8\sqrt{30}$

0706

삼각형 ABC에서 $a=4$, $b=5$, $c=3$일 때,

$$\sin(A+B) : \sin(B+C) : \sin(C+A)$$

를 가장 작은 자연수의 비로 나타내시오.

0707

삼각형 ABC에 대하여 보기에서 옳은 것만을 있는 대로 고른 것은?

┌ 보기 ┐
ㄱ. $a<b<c$이면 $\sin A < \sin B < \sin C$
ㄴ. $\sin A + \sin B > \sin C$
ㄷ. $A=90°$이면 $\sin^2 A = \sin^2 B + \sin^2 C$
└────┘

① ㄱ   ② ㄱ, ㄴ   ③ ㄱ, ㄷ

④ ㄴ, ㄷ   ⑤ ㄱ, ㄴ, ㄷ

0708 ✅중요

삼각형 ABC에서 $(a+b):(b+c):(c+a)=6:5:7$일 때, $\dfrac{\sin A \sin(B+C)}{\sin B \sin C}$의 값은?

① 2   ② $\dfrac{7}{3}$ ③ $\dfrac{8}{3}$

④ 3   ⑤ $\dfrac{10}{3}$

유형 04   **사인법칙을 이용한 삼각형의 모양 결정**

삼각형 ABC에서 $\sin A$, $\sin B$, $\sin C$에 대한 관계식이 주어지면

$$\sin A = \frac{a}{2R},\ \sin B = \frac{b}{2R},\ \sin C = \frac{c}{2R}$$

(R은 외접원의 반지름의 길이)

를 이용하여 세 변의 길이 a, b, c 사이의 관계식으로 변형한다.

🎧 개념ON 304쪽   🎧 유형ON 2권 092쪽

0709 대표문제

삼각형 ABC에서

$$a\sin A = b\sin B + c\sin C$$

가 성립할 때, 이 삼각형은 어떤 삼각형인가?

① $A=90°$인 직각삼각형   ② $B=90°$인 직각삼각형

③ $C=90°$인 직각삼각형   ④ $a=b$인 이등변삼각형

⑤ $b=c$인 이등변삼각형

0710

삼각형 ABC에서

$$\sin^2 A - \sin^2 B - \sin^2 C = 0$$

이 성립할 때, 이 삼각형은 어떤 삼각형인가?

① $a=b$인 이등변삼각형

② $b=c$인 이등변삼각형

③ 빗변의 길이가 a인 직각삼각형

④ 빗변의 길이가 b인 직각삼각형

⑤ 빗변의 길이가 c인 직각삼각형

0711 중요

삼각형 ABC가

$$(b-c)\sin A = b\sin B - c\sin C$$

를 만족시킬 때, 이 삼각형은 어떤 삼각형인가?

① $a=b$인 이등변삼각형 　② $a=c$인 이등변삼각형

③ $b=c$인 이등변삼각형 　④ $B=90°$인 직각삼각형

⑤ $C=90°$인 직각삼각형

0712 서술형

삼각형 ABC에 대하여 x에 대한 이차방정식

$$ax^2 - 2\sqrt{b}x\sin B + \sin^2 A = 0$$

이 중근을 가질 때, 이 삼각형은 어떤 삼각형인지 구하시오.

유형 **05** 사인법칙의 활용

삼각형 모양에서 한 변의 길이와 그 양 끝 각의 크기를 알 때, 사인법칙을 이용할 수 있다.

➡ 삼각형의 세 내각의 크기의 합이 180°임을 이용하여 나머지 한 내각의 크기를 구한 후, 사인법칙을 이용하여 나머지 두 변의 길이를 구한다.

🔘 개념ON 306쪽 　🔘 유형ON 2권 092쪽

0713 대표문제

그림과 같이 120 m만큼 떨어져 있는 지환이와 지윤이가 하늘에 떠 있는 비행기를 올려다본 각의 크기가 각각 45°, 75°일 때, 비행기와 지윤이 사이의 거리는?

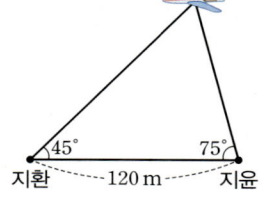

① $40\sqrt{2}$ m 　② $40\sqrt{3}$ m

③ 80 m 　④ $40\sqrt{5}$ m

⑤ $40\sqrt{6}$ m

0714 중요

그림과 같이 30 m 떨어진 두 지점 A, B와 등대가 위치한 지점 Q에 대하여 B지점에서 등대의 꼭대기 P를 바라본 각의 크기는 $\angle PBQ=30°$이고, $\angle QAB=60°$, $\angle QBA=75°$이다. 등대의 높이 $\overline{PQ}$는?

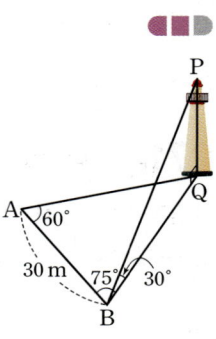

① $15\sqrt{2}$ m 　② $16\sqrt{2}$ m

③ $17\sqrt{2}$ m 　④ $18\sqrt{2}$ m

⑤ $19\sqrt{2}$ m

0715 서술형

그림과 같이 지면 위에 수직으로 서 있는 두 건물 P, Q가 있다. 높이가 30 m인 건물 P의 아래쪽 한 끝에서 건물 Q의 위쪽 끝을 올려다본 각의 크기가 45°이고, 건물 P의 옥상의 같은 쪽 끝에서 건물 Q의 위쪽 끝을 내려다본 각의 크기가 15°일 때, 건물 Q의 높이는 $(p+q\sqrt{3})$ m이다. $p+q$의 값을 구하시오.

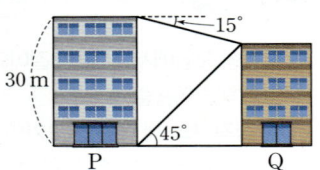

$\left(\text{단, } \cos 15° = \dfrac{\sqrt{2}+\sqrt{6}}{4} \text{이고, } p \text{와 } q \text{는 유리수이다.}\right)$

유형 06   코사인법칙

삼각형 ABC에서
$$a^2 = b^2 + c^2 - 2bc \cos A$$
$$b^2 = c^2 + a^2 - 2ca \cos B$$
$$c^2 = a^2 + b^2 - 2ab \cos C$$

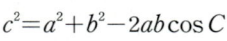

➡ 삼각형의 두 변의 길이와 그 끼인각의 크기를 알 때, 나머지 한 변의 길이를 구할 수 있다.

확인 문제

삼각형 ABC에 대하여 다음을 구하시오.
(1) $b=4$, $c=\sqrt{3}$, $A=30°$일 때, a의 값
(2) $a=2$, $b=3$, $C=120°$일 때, c의 값

🎵 개념ON 300쪽   🎵 유형ON 2권 093쪽

0716 대표문제

그림과 같이 중심각의 크기가 60°인 부채꼴 OAB에서 선분 OA를 3 : 1로 내분하는 점을 P, 선분 OB를 1 : 2로 내분하는 점을 Q라 하자. 호 AB의 길이가 4π일 때, 선분 PQ의 길이는?

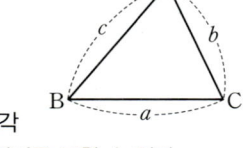

① $3\sqrt{6}$ ② $2\sqrt{14}$ ③ $2\sqrt{15}$
④ $\sqrt{61}$ ⑤ $3\sqrt{7}$

0717

삼각형 ABC에서 $b=18$, $c=16$, $C=60°$일 때, a의 값이 될 수 있는 모든 수의 곱은?

① 68 ② 70 ③ 72
④ 74 ⑤ 76

0718

삼각형 ABC에서
$$A=120°, \quad \overline{AB}=x, \quad \overline{AC}=\frac{4}{x}$$
일 때, $\overline{BC}$의 길이의 최솟값은? (단, $x>0$)

① $\sqrt{2}$ ② $\sqrt{3}$ ③ $2\sqrt{2}$
④ $2\sqrt{3}$ ⑤ 6

0719 중요 서술형

그림과 같이 원에 내접하는 사각형 ABCD에서 $\overline{AB}=1$, $\overline{AD}=3$, $\overline{CD}=3$, $C=60°$일 때, $\overline{BC}$의 길이를 구하시오.

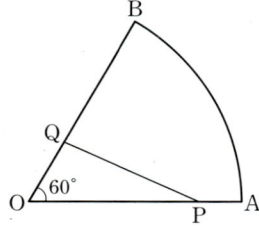
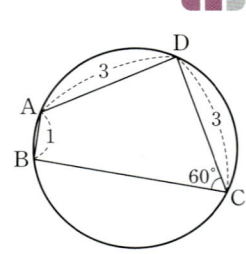

유형 07 코사인법칙의 변형

삼각형 ABC에서 코사인법칙에 의하여

$$\cos A = \frac{b^2+c^2-a^2}{2bc}$$

$$\cos B = \frac{c^2+a^2-b^2}{2ca}$$

$$\cos C = \frac{a^2+b^2-c^2}{2ab}$$

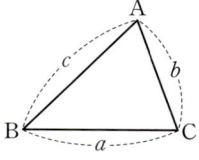

➡ 삼각형의 세 변의 길이를 알 때, 내각의 크기를 구할 수 있다.

확인 문제

삼각형 ABC에 대하여 다음을 구하시오.

(1) $a=5$, $b=6$, $c=7$일 때, $\cos C$의 값
(2) $a=7$, $b=3$, $c=8$일 때, A의 크기

🔵 개념ON 302쪽 🔵 유형ON 2권 094쪽

0720 대표문제

그림과 같이 $\overline{AB}=5$인 삼각형 ABC의 변 BC 위의 점 D에 대하여 $\overline{AD}=4$, $\overline{BD}=\overline{CD}=5$일 때, $\overline{AC}$의 길이는?

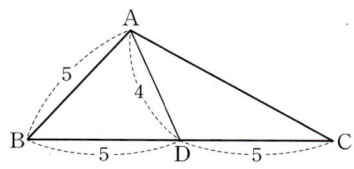

① 7
② $5\sqrt{2}$
③ $3\sqrt{6}$
④ $\sqrt{57}$
⑤ $2\sqrt{15}$

0721

삼각형 ABC에서 세 변의 길이 a, b, c의 관계가 다음과 같을 때, $\sin 2A$의 값은?

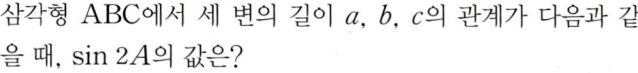

$$\frac{a-c}{b-c} = \frac{b}{a+c} \ (\text{단, } b \neq c)$$

① 0
② $\frac{1}{2}$
③ $\frac{\sqrt{2}}{2}$
④ $\frac{\sqrt{3}}{2}$
⑤ 1

0722

그림과 같이 $\overline{AD} /\!/ \overline{BC}$인 사다리꼴 ABCD에서 $\overline{AB}=5$, $\overline{BC}=9$, $\overline{CD}=7$, $\overline{DA}=3$일 때, 대각선 BD의 길이는?

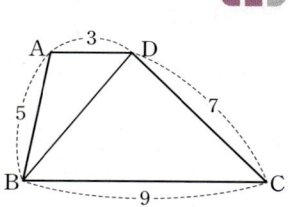

① $2\sqrt{10}$
② $3\sqrt{5}$
③ $4\sqrt{3}$
④ 7
⑤ $5\sqrt{2}$

0723 ✅중요 ✏서술형

그림과 같이 한 변의 길이가 6인 정사각형 ABCD에서 두 점 E, F는 두 변 BC, CD를 각각 2 : 1로 내분하는 점이다. ∠EAF=θ라 할 때, $\tan\theta$의 값을 구하시오.

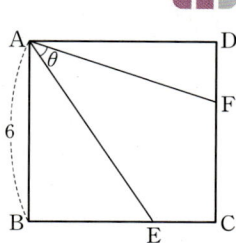

0724

그림과 같이 $\overline{AB}=\overline{AC}$인 이등변삼각형 ABC에서 $\overline{AC}$ 위의 점 D가 $\overline{AD}=\overline{BD}=\overline{BC}=6$을 만족시킨다. ∠ACB=$\theta$라 할 때, $\cos\theta$의 값은?

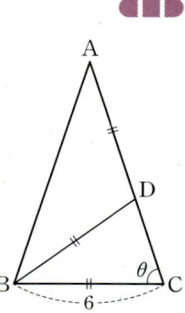

① $\frac{\sqrt{2}-1}{2}$
② $\frac{\sqrt{5}-1}{4}$
③ $\frac{6-\sqrt{6}}{8}$
④ $\frac{2+\sqrt{3}}{8}$
⑤ $\frac{1+\sqrt{2}}{5}$

(1) 삼각형 ABC에서 $\sin A$, $\sin B$, $\sin C$의 값의 비가 주어지면
➡ 사인법칙을 이용하여 변의 길이의 비를 구한 후, 코사인법칙을 이용한다.

(2) 삼각형 ABC의 두 변의 길이와 그 끼인각의 크기가 주어지면
➡ 코사인법칙을 이용하여 나머지 한 변의 길이를 구한 후, 사인법칙을 이용한다.

🎧 개념ON 302쪽 🎧 유형ON 2권 094쪽

0725 대표문제

삼각형 ABC에서 $\sin A : \sin B : \sin C = 7 : 8 : 13$일 때, ∠C의 크기는?

① $\dfrac{\pi}{6}$　　　② $\dfrac{\pi}{4}$　　　③ $\dfrac{\pi}{3}$

④ $\dfrac{2}{3}\pi$　　　⑤ $\dfrac{5}{6}\pi$

0726 중요

삼각형 ABC에서 $\dfrac{\sin A}{3} = \dfrac{\sin B}{5} = \dfrac{\sin C}{7}$일 때, $\tan C$의 값은?

① $-\sqrt{3}$　　　② -1　　　③ $-\dfrac{\sqrt{3}}{3}$

④ 1　　　　　⑤ $\sqrt{3}$

0727 중요 서술형

반지름의 길이가 R인 원에 내접하는 삼각형 ABC에서

$$\overline{AB} = 10, \quad \overline{AC} = 12, \quad \cos A = \frac{5}{6}$$

일 때, R의 값을 구하시오.

0728

삼각형 ABC에서 $\sin A : \sin B : \sin C = 1 : x : x^2$일 때, $\cos B$의 최솟값은?

① $\dfrac{1}{4}$　　　② $\dfrac{1}{3}$　　　③ $\dfrac{1}{2}$

④ $\dfrac{2}{3}$　　　⑤ $\dfrac{3}{4}$

0729

그림과 같이 원에 내접하는 사각형 ABCD가 $\overline{AB} = 6$, $\overline{AD} = 1$, $\cos C = \dfrac{2}{3}$를 만족시킨다. 이 원의 둘레의 길이를 구하시오.

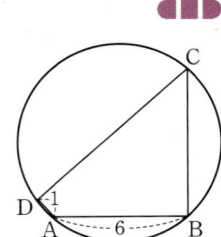

삼각형의 세 변의 길이를 알 때 코사인법칙을 이용하여 삼각형의 최대각과 최소각의 크기를 구한다.
(1) 최대각 ➡ 길이가 가장 긴 변의 대각
(2) 최소각 ➡ 길이가 가장 짧은 변의 대각

🎧 개념ON 302쪽 🎧 유형ON 2권 095쪽

0730 대표문제

$\overline{AB} : \overline{BC} : \overline{CA} = 2 : 4 : 5$를 만족시키는 삼각형 ABC의 세 내각 중 크기가 최대인 각의 크기를 θ라 할 때, $\cos \theta$의 값은?

① $-\dfrac{5}{16}$　　　② $-\dfrac{3}{8}$　　　③ $-\dfrac{7}{16}$

④ $-\dfrac{1}{2}$　　　⑤ $-\dfrac{9}{16}$

0731 ✅중요

삼각형 ABC의 세 변의 길이가

$$\overline{AB}=2, \ \overline{BC}=\sqrt{2}, \ \overline{CA}=\sqrt{3}+1$$

일 때, 세 내각 중 크기가 가장 작은 각의 크기는?

① 25°　　　② 30°　　　③ 35°
④ 40°　　　⑤ 45°

유형 10 코사인법칙을 이용한 삼각형의 모양 결정

사인법칙과 코사인법칙의 변형을 이용하여 각의 크기 사이의 관계를 변의 길이 사이의 관계로 나타내어 삼각형의 모양을 조사한다.

🔓 개념ON 304쪽　🔓 유형ON 2권 096쪽

0734 대표문제

등식 $\sin A = 2 \sin B \cos C$를 만족시키는 삼각형 ABC는 어떤 삼각형인가?

① $a=b$인 이등변삼각형　　② $b=c$인 이등변삼각형
③ $c=a$인 이등변삼각형　　④ $A=90°$인 직각삼각형
⑤ $B=90°$인 직각삼각형

0732 ✏️서술형

1보다 큰 실수 m에 대하여 삼각형의 세 변의 길이가 m^2+4, m^2-1, $m+4$이고, 삼각형의 세 내각 중 가장 큰 각의 크기가 $\frac{2}{3}\pi$일 때, m의 값을 구하시오.

0735

삼각형 ABC에서 $a \cos B = b \cos A$가 성립할 때, 이 삼각형은 어떤 삼각형인가?

① $a=b$인 이등변삼각형　　② $a=c$인 이등변삼각형
③ $A=90°$인 직각삼각형　　④ $B=90°$인 직각삼각형
⑤ $C=90°$인 직각삼각형

0733

$\overline{AB}=1, \ \overline{BC}=2, \ \overline{CA}=x$인 삼각형 ABC에서 ∠C의 크기가 최대가 될 때, $x=\alpha$이고 $C=\beta\pi$이다. $\alpha^2\beta$의 값은?

① $\frac{1}{3}$　　　② $\frac{1}{2}$　　　③ 1
④ 2　　　⑤ 3

0736 ✅중요

등식 $a \cos A + b \cos B = c \cos C$를 만족시키는 삼각형 ABC가 어떤 삼각형인지 모두 고르면? (정답 2개)

① $a=b$인 이등변삼각형　　② $a=c$인 이등변삼각형
③ $A=90°$인 직각삼각형　　④ $B=90°$인 직각삼각형
⑤ $C=90°$인 직각삼각형

0737

반지름의 길이가 1인 원에 내접하는 삼각형 ABC가 다음 조건을 만족시킬 때, $a^2+b^2+c^2$의 값은?

$$\sin A+\sin B=(\cos A+\cos B)\sin(A+B)$$

① 2　　　　　② 4　　　　　③ 6
④ 8　　　　　⑤ 10

0739

바다 위에 두 배 A, B가 있다. P 지점에서 서로 45°의 각을 이루며 두 배 A, B가 동시에 출발하였고, 배 A는 시속 $4\sqrt{2}$ km로, 배 B는 시속 6 km로 각각 전방을 향하여 이동하고 있다. 출발한 지 3시간이 지났을 때, 두 배 A와 B 사이의 거리는?

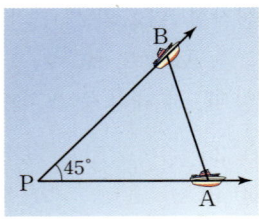

① 12 km　　　　② $2\sqrt{41}$ km　　　　③ $6\sqrt{5}$ km
④ 14 km　　　　⑤ $12\sqrt{2}$ km

유형 11　코사인법칙의 활용

삼각형 모양에서 다음의 경우 코사인법칙을 이용할 수 있다.
➡ ① 세 변의 길이를 알 때, 한 내각의 크기를 구하는 경우
　② 두 변의 길이와 그 끼인각의 크기를 알 때, 다른 한 변의 길이를 구하는 경우

🎧 개념ON 306쪽　🎧 유형ON 2권 096쪽

0738 대표문제

어느 해안 지역의 A지점과 C지점을 직선으로 잇는 다리를 건설하기 위하여 그림과 같이 거리와 각의 크기를 측정하였더니 $\overline{AB}=4$ km, $\overline{BC}=\sqrt{21}$ km, ∠BAC=60°이었다. 건설하려고 하는 다리의 길이 $\overline{AC}$를 구하시오.

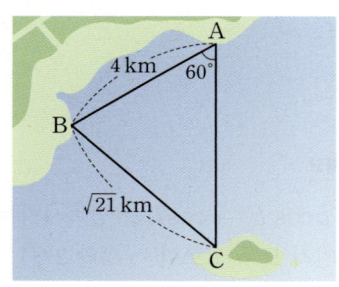

0740 ✅중요

그림과 같이 300 m 떨어진 두 지점 A, B에서 산꼭대기 D를 올려다본 각의 크기는 각각 30°, 45°이다. ∠ACB=30° 일 때, 지면에서부터 산꼭대기까지의 높이 $\overline{CD}$는?

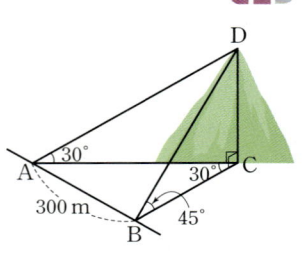

① 100 m　　　　② 150 m　　　　③ 200 m
④ 250 m　　　　⑤ 300 m

0741 ✅중요

그림과 같이 밑면의 반지름의 길이가 2, 모선의 길이가 6인 원뿔에 대하여 모선 AB를 2 : 1로 내분하는 점을 C라 하자. 점 B에서 출발하여 원뿔의 옆면을 따라 한 바퀴를 돌아 점 C까지 가는 최단 거리는?

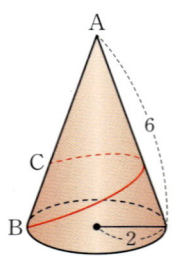

① $2\sqrt{15}$　　　　② 8　　　　③ $6\sqrt{2}$
④ $2\sqrt{19}$　　　　⑤ $4\sqrt{5}$

0742

그림과 같이 15°의 각을 이루면서 O지점에서 만나는 두 도로 사이에 마을 P가 있다. 도로 위에 두 지점 A, B를 잡아 마을 P를 잇는 삼각형 모양의 길을 내려고 한다. $\overline{OP}=30$ km이고 $\overline{PA}+\overline{AB}+\overline{PB}$의 최소 거리를 l km라 할 때, l^2의 값은? (단, 도로의 폭은 무시한다.)

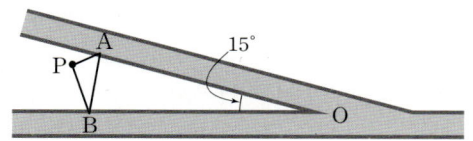

① $600(2-\sqrt{3})$ ② $900(2-\sqrt{3})$ ③ $900(3-\sqrt{3})$
④ $1800(2-\sqrt{3})$ ⑤ $1800(3-\sqrt{3})$

유형 12 삼각형의 넓이

삼각형 ABC의 넓이를 S라 하면

$$S=\frac{1}{2}bc\sin A=\frac{1}{2}ca\sin B$$
$$=\frac{1}{2}ab\sin C$$

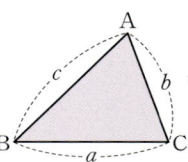

확인 문제

다음 조건을 만족시키는 삼각형 ABC의 넓이를 구하시오.
(1) $a=6$, $b=8$, $C=30°$
(2) $b=10$, $c=4\sqrt{2}$, $A=135°$

🔗 개념ON 314쪽 🔗 유형ON 2권 097쪽

0743 대표문제

그림과 같이 $\overline{BC}=\sqrt{7}$, $A=120°$인 삼각형 ABC가 $\overline{AB}+\overline{AC}=3$을 만족시킬 때, 삼각형 ABC의 넓이는?

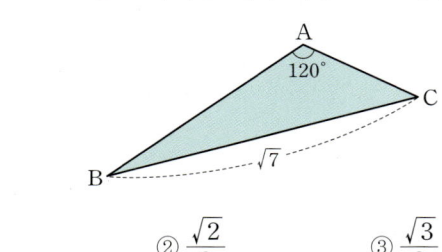

① $\frac{1}{2}$ ② $\frac{\sqrt{2}}{2}$ ③ $\frac{\sqrt{3}}{2}$
④ 1 ⑤ $\sqrt{3}$

0744 교육청 기출

$\overline{AB}=15$이고 넓이가 50인 삼각형 ABC에 대하여 $\angle ABC=\theta$라 할 때, $\cos\theta=\frac{\sqrt{5}}{3}$이다. 선분 BC의 길이를 구하시오.

0745

그림과 같이 삼각형 ABC에서 변 AB의 길이를 10 % 줄이고, 변 BC의 길이를 20 % 늘여서 삼각형 BDE를 만들려고 한다. 삼각형 ABC의 넓이를 S라 할 때, 삼각형 BDE의 넓이는?

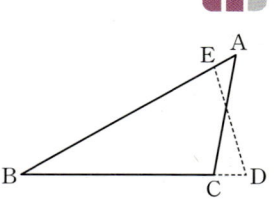

① $\frac{27}{25}S$ ② $\frac{14}{13}S$ ③ $\frac{29}{27}S$
④ $\frac{15}{14}S$ ⑤ $\frac{31}{29}S$

0746 중요

그림과 같이 $\overline{AB}=7$, $\overline{AC}=8$이고 $A=120°$인 삼각형 ABC에서 $\angle A$의 이등분선이 변 BC와 만나는 점을 D라 할 때, 선분 AD의 길이는?

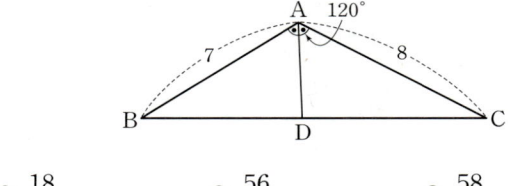

① $\frac{18}{5}$ ② $\frac{56}{15}$ ③ $\frac{58}{15}$
④ 4 ⑤ $\frac{62}{15}$

0747 ✓중요

그림과 같이 $\overline{AB}=6$, $\overline{BC}=10$, $\overline{AC}=2\sqrt{10}$인 삼각형 ABC와 $\overline{BC}$를 한 변으로 하는 정사각형 BEDC가 한 평면 위에 놓여 있다. 삼각형 ABE의 넓이는?

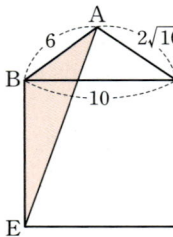

① 24   ② 30

③ 36   ④ 42

⑤ 48

0748 ✏️서술형

$b=6$, $c=8$, $B=45°$를 만족시키는 삼각형 ABC는 두 개이다. 이 두 삼각형의 넓이의 합을 구하시오.

0749 교육청 기출

그림과 같이 반지름의 길이가 2이고 중심각의 크기가 $\dfrac{\pi}{2}$인 부채꼴 OAB가 있다. 호 AB 위에 점 C를 $\overline{AC}=1$이 되도록 잡는다. 선분 OC 위의 점 O가 아닌 점 D에 대하여 삼각형 BOD의 넓이가 $\dfrac{7}{6}$일 때, 선분 OD의 길이는?

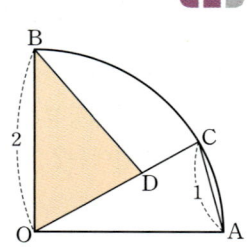

① $\dfrac{5}{4}$ ② $\dfrac{31}{24}$ ③ $\dfrac{4}{3}$

④ $\dfrac{11}{8}$ ⑤ $\dfrac{17}{12}$

유형 13 세 변의 길이가 주어진 삼각형의 넓이

삼각형 ABC의 세 변의 길이가 주어질 때 삼각형의 넓이 S는 다음과 같은 순서로 구한다.

❶ 한 내각의 크기 θ에 대하여 코사인법칙을 이용하여 $\cos\theta$의 값을 구한다.

❷ $\sin^2\theta+\cos^2\theta=1$을 이용하여 $\sin\theta$의 값을 구한다.

❸ 크기가 θ인 각의 두 변의 길이 및 $\sin\theta$를 이용하여 삼각형의 넓이 S를 구한다.

Tip 삼각형 ABC의 세 변의 길이 a, b, c가 주어졌을 때, 삼각형의 넓이 S는

$$S=\sqrt{s(s-a)(s-b)(s-c)} \ \left(s=\dfrac{a+b+c}{2}\right)$$

와 같이 구할 수 있고, 이를 헤론의 공식이라 한다.

⋂ 개념ON 316쪽   ⋂ 유형ON 2권 098쪽

0750 대표문제

그림과 같이 $\overline{AB}=4$, $\overline{BC}=5$, $\overline{CA}=6$인 삼각형 ABC의 넓이는?

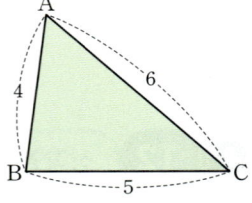

① $\dfrac{15\sqrt{6}}{4}$ ② $\dfrac{15\sqrt{7}}{4}$

③ $\dfrac{15\sqrt{2}}{2}$ ④ $\dfrac{15\sqrt{3}}{2}$

⑤ 15

0751 ✏️서술형

세 변의 길이가 x, 5, 7인 예각삼각형의 넓이가 $6\sqrt{6}$이 되도록 하는 x의 값을 구하시오.

0752

삼각형 ABC의 외접원의 반지름의 길이가 8이고 $a:b:c=2:\sqrt{10}:3$일 때, 삼각형 ABC의 넓이는?

① 54   ② $36\sqrt{3}$ ③ $18\sqrt{15}$

④ 72   ⑤ $36\sqrt{5}$

유형 14 외접원, 내접원의 반지름의 길이와 삼각형의 넓이

(1) 삼각형 ABC의 외접원의 반지름의 길이가 R일 때, 삼각형의 넓이 S는

➡ $S = \dfrac{abc}{4R} = 2R^2 \sin A \sin B \sin C$

(2) 삼각형 ABC의 내접원의 반지름의 길이가 r일 때, 삼각형의 넓이 S는

➡ $S = \dfrac{1}{2} r(a+b+c)$

🎧 개념ON 316쪽　🎧 유형ON 2권 099쪽

0753 대표문제

그림과 같이 $\overline{AB} = 10$, $\overline{BC} = 12$, $\overline{CA} = 8$인 삼각형 ABC에 내접하는 원의 반지름의 길이를 r, 외접하는 원의 반지름의 길이를 R이라 할 때, rR의 값을 구하시오.

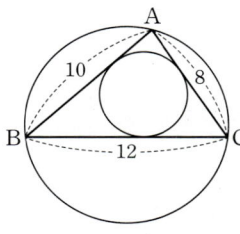

0754

넓이가 3인 삼각형 ABC가 반지름의 길이가 2인 원에 내접할 때, $\sin A \times \sin B \times \sin C$의 값은?

① $\dfrac{5}{16}$　② $\dfrac{3}{8}$　③ $\dfrac{7}{16}$

④ $\dfrac{1}{2}$　⑤ $\dfrac{9}{16}$

0755

반지름의 길이가 4인 원에 내접하는 삼각형 ABC가

$$\sin A + \sin B + \sin C = \frac{9}{4}$$

를 만족시킨다. 삼각형 ABC의 내접원의 반지름의 길이가 1일 때, 삼각형 ABC의 넓이를 구하시오.

0756 중요 서술형

삼각형 ABC가 다음 조건을 만족시킨다.

> (가) $abc = 60$
> (나) $a+b+c = 12$
> (다) 넓이는 6이다.

삼각형 ABC의 외접원과 내접원의 반지름의 길이를 각각 R, r이라 할 때, $2R + r$의 값을 구하시오.

0757

그림과 같이 $\overline{AB} = 7$, $\overline{BC} = 10$, $\overline{CA} = 9$인 삼각형 ABC에 내접하는 반원의 반지름의 길이는?

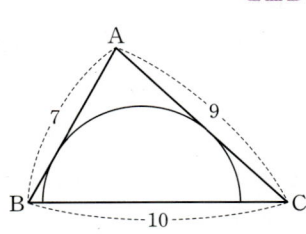

① $\dfrac{3\sqrt{5}}{2}$　② $\dfrac{3\sqrt{6}}{2}$

③ $\dfrac{15}{4}$　④ $\dfrac{3\sqrt{26}}{4}$

⑤ $\dfrac{9\sqrt{3}}{4}$

유형 **15** 사각형의 넓이 – 삼각형의 넓이 이용

사각형에 한 대각선을 그으면 두 개의 삼각형이 생기므로 사각형의 넓이를 두 삼각형의 넓이의 합으로 구할 수 있다.

🔓개념ON 318쪽 🔓유형ON 2권 100쪽

0758 대표문제

그림과 같이 $\overline{AB}=4$, $\overline{BC}=2+2\sqrt{3}$, $\overline{CD}=\sqrt{2}$이고 $\angle B=30°$, $\angle C=105°$인 사각형 ABCD의 넓이는?

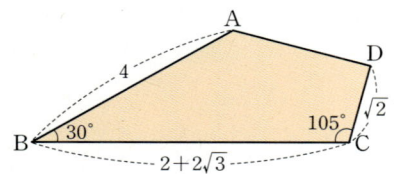

① $2+2\sqrt{3}$ ② $2+3\sqrt{3}$ ③ $3+2\sqrt{3}$
④ $3+3\sqrt{3}$ ⑤ $4+2\sqrt{3}$

0759

그림과 같이 $\overline{AB}=6$, $\overline{BC}=4$, $\overline{CD}=4$, $\overline{DA}=2$이고 $\angle B=60°$인 사각형 ABCD가 원에 내접할 때, 사각형 ABCD의 넓이는?

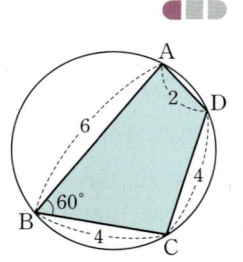

① $4\sqrt{2}$ ② $4\sqrt{3}$
③ 8 ④ $8\sqrt{2}$
⑤ $8\sqrt{3}$

0760 ✅중요

그림과 같이 $\overline{AB}=7$, $\overline{BC}=9$, $\overline{CD}=10$, $\overline{DA}=8$이고 $\angle A=120°$인 사각형 ABCD의 넓이는 $a\sqrt{3}+b\sqrt{14}$이다. 유리수 a, b에 대하여 $a+b$의 값을 구하시오.

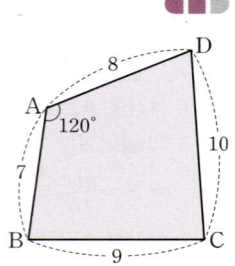

0761 ✏️서술형

그림과 같이 원에 내접하는 사각형 ABCD에서 $\angle B=45°$이고 $\overline{AB}=3\sqrt{2}$, $\overline{BC}=3+\sqrt{3}$, $\overline{DA}=\sqrt{2}$일 때, 사각형 ABCD의 넓이는 $p+q\sqrt{3}+r\sqrt{11}$이다. 유리수 p, q, r에 대하여 $p+q+r$의 값을 구하시오.

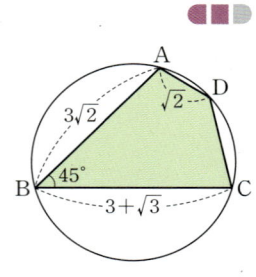

0762

그림과 같이 반지름의 길이가 6이고 중심이 O인 원 위의 세 점 A, B, C에 대하여 $\angle B=120°$이고 $\overline{AB}+\overline{BC}=8\sqrt{2}$일 때, 사각형 OABC의 넓이는?

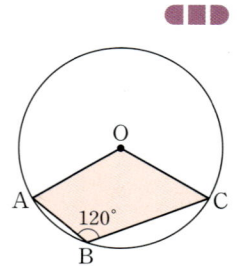

① 14 ② $14\sqrt{2}$
③ $14\sqrt{3}$ ④ 28
⑤ $14\sqrt{5}$

유형 16 평행사변형의 넓이

평행사변형 ABCD에서 이웃하는 두 변의 길이가 a, b이고, 그 끼인각의 크기가 θ일 때, 평행사변형 ABCD의 넓이를 S라 하면
$$S = ab\sin\theta$$

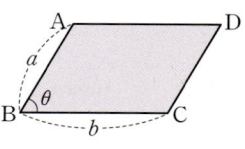

확인 문제

이웃하는 두 변의 길이가 8, 10이고, 그 끼인각의 크기가 150°인 평행사변형의 넓이를 구하시오.

개념ON 318쪽 **유형ON 2권** 101쪽

0763 대표문제

그림과 같은 평행사변형 ABCD에서 $\overline{AB}=4$, $\overline{BC}=12$, $C=135°$일 때, 평행사변형 ABCD의 넓이는?

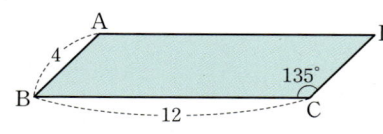

① $12\sqrt{3}$ ② 24 ③ $12\sqrt{5}$
④ $12\sqrt{6}$ ⑤ $24\sqrt{2}$

0764 중요

평행사변형 ABCD에서 $\overline{AB}=4$, $\overline{BC}=6$이고, 넓이가 $12\sqrt{2}$일 때, ∠C의 크기는? (단, $0° < B < 90°$)

① $105°$ ② $120°$ ③ $135°$
④ $150°$ ⑤ $165°$

0765

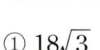

그림과 같이 $\overline{AC}=6\sqrt{3}$, $\overline{CD}=6$, $B=60°$인 평행사변형 ABCD의 넓이는?

① $18\sqrt{3}$ ② 36 ③ $36\sqrt{2}$
④ $36\sqrt{3}$ ⑤ 72

유형 17 사각형의 넓이 – 대각선의 길이 이용

사각형 ABCD에서 두 대각선의 길이가 p, q이고, 두 대각선이 이루는 각의 크기가 θ일 때, 사각형 ABCD의 넓이를 S라 하면
$$S = \frac{1}{2}pq\sin\theta$$

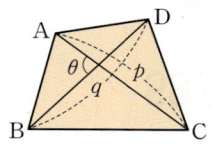

확인 문제

두 대각선의 길이가 8, 9이고, 두 대각선이 이루는 각의 크기가 60°인 사각형의 넓이를 구하시오.

개념ON 318쪽 **유형ON 2권** 101쪽

0766 대표문제

두 대각선의 길이가 x, y이고, 두 대각선이 이루는 각의 크기가 150°인 사각형 ABCD가 있다. $x+y=5$, $x^2+y^2=17$일 때, 사각형 ABCD의 넓이를 구하시오.

0767 중요

그림과 같이 한 대각선 AC의 길이가 6인 사각형 ABCD의 두 대각선 AC, BD가 이루는 각의 크기는 120°이고, 넓이는 $15\sqrt{3}$일 때, 대각선 BD의 길이를 구하시오.

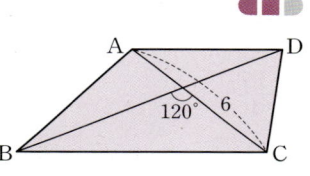

0768 서술형

그림과 같이 이웃하는 두 변의 길이가 각각 8, 10인 평행사변형 ABCD의 두 대각선이 이루는 각의 크기가 60°일 때, 평행사변형 ABCD의 넓이를 S라 하자. S^2의 값을 구하시오.

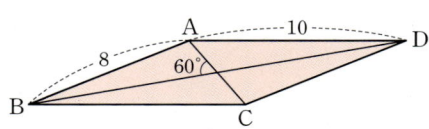

07
삼각함수의 활용

0769

$\overline{AB}=4$이고 $C=\dfrac{\pi}{6}$인 삼각형 ABC의 외접원의 반지름의 길이는?

① 3   ② $\dfrac{7}{2}$ ③ 4

④ $\dfrac{9}{2}$ ⑤ 5

0770

삼각형 ABC에서 $C=\dfrac{2}{3}\pi$, $b=3$, $c=7$일 때, 삼각형 ABC의 넓이는?

① $\dfrac{15}{4}$ ② $\dfrac{15\sqrt{3}}{4}$ ③ $\dfrac{21}{4}$

④ $\dfrac{21\sqrt{3}}{4}$ ⑤ $\dfrac{35}{4}$

0771

$a=3$, $b=5$, $c=7$인 삼각형 ABC의 세 내각 중 가장 큰 각의 크기를 θ라 할 때, $\tan^2\theta$의 값을 구하시오.

0772

그림과 같이 한 변의 길이가 12인 정삼각형 ABC에서 $\overline{AD}=\overline{EC}$가 되도록 두 변 AB, AC 위에 각각 두 점 D, E를 잡을 때, 삼각형 ADE의 넓이의 최댓값은?

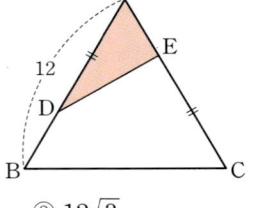

① $9\sqrt{3}$ ② $10\sqrt{3}$ ③ $12\sqrt{3}$

④ $15\sqrt{3}$ ⑤ $18\sqrt{3}$

0773

그림과 같은 삼각형 ABC에서 $\angle B=30°$, $\angle C=45°$, $\overline{AB}=4\sqrt{2}$일 때, $\overline{BC}$의 길이는?

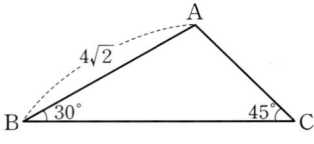

① $2\sqrt{2}+2\sqrt{6}$ ② $\sqrt{2}+2\sqrt{6}$ ③ $2\sqrt{3}+2\sqrt{6}$

④ $2\sqrt{2}+\sqrt{6}$ ⑤ $2\sqrt{2}+2$

0774

삼각형 ABC에서 $(a+b):(b+c):(c+a)=9:10:11$이 성립할 때, $\cos C$의 값은?

① $\dfrac{1}{10}$ ② $\dfrac{1}{8}$ ③ $\dfrac{1}{6}$

④ $\dfrac{1}{4}$ ⑤ $\dfrac{1}{2}$

0775

그림과 같이 길이가 8인 선분 BC를 지름으로 하는 반원 위의 두 점 A, D에 대하여 ∠ABC=45°, ∠BCD=15° 일 때, 선분 AD의 길이를 구하시오.

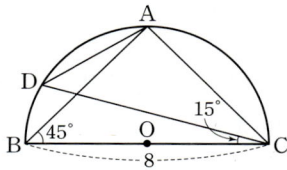

0776 평가원 기출

$\overline{AB}=6$, $\overline{AC}=10$인 삼각형 ABC가 있다. 선분 AC 위에 점 D를 $\overline{AB}=\overline{AD}$가 되도록 잡는다. $\overline{BD}=\sqrt{15}$일 때, 선분 BC의 길이를 k라 하자. k^2의 값을 구하시오.

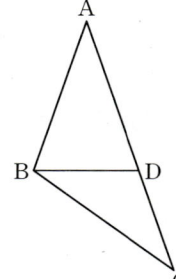

0777

그림과 같이 $\overline{AB}=\sqrt{13}$, ∠ACB=30°인 삼각형 ABC의 변 AC 위의 점 D에 대하여 $\overline{CD}=3$, ∠ADB=60°일 때, $\overline{AD}$의 길이를 구하시오.

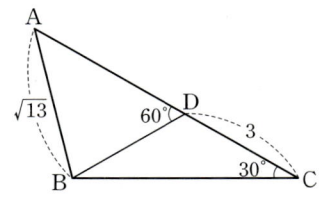

0778

등식 $\sin A = 2\sin C \sin\dfrac{A-B+C}{2}$를 만족시키는 삼각형 ABC는 어떤 삼각형인가?

① $a=c$인 이등변삼각형   ② $b=c$인 이등변삼각형
③ $A=90°$인 직각삼각형   ④ $B=90°$인 직각삼각형
⑤ $C=90°$인 직각삼각형

0779 수능 기출

∠$A=\dfrac{\pi}{3}$이고 $\overline{AB}:\overline{AC}=3:1$인 삼각형 ABC가 있다. 삼각형 ABC의 외접원의 반지름의 길이가 7일 때, 선분 AC의 길이를 k라 하자. k^2의 값을 구하시오.

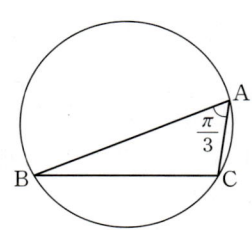

0780

그림과 같이 $\overline{AB}=3$, $\overline{AD}=5$이고 $A=120°$인 평행사변형 ABCD가 있다. 대각선 BD를 긋고, 삼각형 BCD에 내접하는 원을 그릴 때, 이 원의 넓이는?

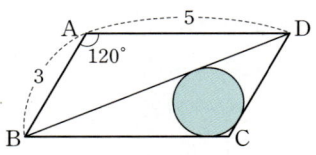

① $\dfrac{\pi}{2}$ ② $\dfrac{3}{4}\pi$ ③ π

④ $\dfrac{5}{4}\pi$ ⑤ $\dfrac{3}{2}\pi$

0781

그림과 같이 반지름의 길이가 3인 원에 내접하는 삼각형 ABC에서 $\overarc{AB} : \overarc{BC} : \overarc{CA} = 3 : 4 : 5$일 때, 삼각형 ABC의 넓이는 $a+b\sqrt{3}$이다. $a+b$의 값을 구하시오.

(단, a, b는 유리수이다.)

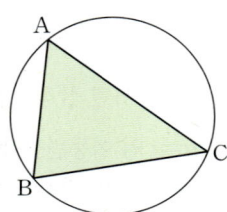

0782

그림과 같이 가로와 세로의 길이가 각각 12, 8인 직사각형 ABCD의 내부의 점 P에 대하여 $\overline{PA}=9$, $\overline{PD}=6$일 때, 삼각형 ABP의 넓이는?

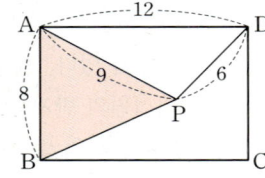

① 30
② $\dfrac{63}{2}$
③ 32

④ $\dfrac{65}{2}$
⑤ 33

0783

그림과 같이 원 모양의 호수의 넓이를 구하기 위해 호수의 둘레 위의 세 지점 A, B, C에서 거리와 각의 크기를 측정하였더니 $\overline{AB}=40$ m, $\overline{AC}=50$ m, $\angle BAC=60°$이었다. 이 호수의 넓이를 구하시오.

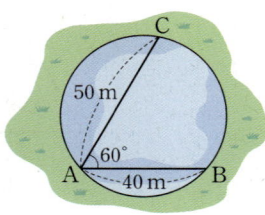

0784

반지름의 길이가 $2\sqrt{7}$인 원에 내접하고 $\angle A = \dfrac{\pi}{3}$인 삼각형 ABC가 있다. 점 A를 포함하지 않는 호 BC 위의 점 D에 대하여 $\sin(\angle BCD) = \dfrac{2\sqrt{7}}{7}$일 때, $\overline{BD}+\overline{CD}$의 값은?

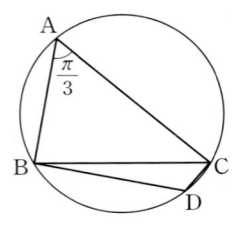

① $\dfrac{19}{2}$
② 10
③ $\dfrac{21}{2}$

④ 11
⑤ $\dfrac{23}{2}$

0785

삼각형 ABC의 세 변의 길이 a, b, c에 대하여 $c=8$이고, $\dfrac{\sin B}{\sin A} = \dfrac{5}{6}$, $\cos C = \dfrac{3}{4}$일 때, $a+b$의 값을 구하시오.

0786

그림과 같이 한 변의 길이가 4인 정사각형 ABCD가 있다. $\overline{BC}$, $\overline{CD}$의 중점을 각각 M, N이라 하고, $\overline{BN}$과 $\overline{DM}$의 교점을 O라 하자. $\angle BOM=\theta$일 때, $\sin\theta$의 값은?

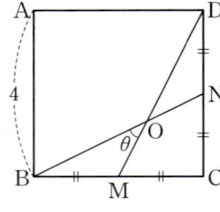

① $\dfrac{2}{5}$
② $\dfrac{1}{2}$
③ $\dfrac{3}{5}$

④ $\dfrac{7}{10}$
⑤ $\dfrac{4}{5}$

0787

그림과 같은 정사각뿔 O-ABCD가
다음 조건을 만족시킨다.

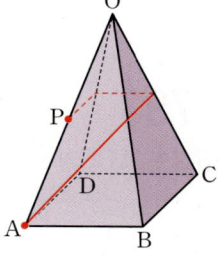

> (가) ∠AOB=∠BOC=∠COD
> =∠DOA=30°
> (나) $\overline{OA}=\overline{OB}=\overline{OC}=\overline{OD}=2$

점 A를 출발하여 $\overline{OB}$, $\overline{OC}$, $\overline{OD}$를 순서대로 모두 지난 후,
$\overline{OA}$의 중점 P까지 가는 최단 거리는?

① 2   ② $\sqrt{5}$ ③ $\sqrt{6}$

④ $\sqrt{7}$ ⑤ $2\sqrt{2}$

0788

그림과 같이 $\overline{BC}=12$, $\overline{CD}=6$인 사
각형 ABCD의 두 변 AB, CD의 연
장선의 교점을 O라 할 때, 사각형
ABCD의 넓이는?

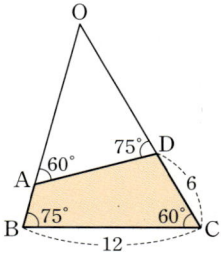

① $9+3\sqrt{3}$ ② $18+3\sqrt{3}$

③ $18+9\sqrt{3}$ ④ $27+9\sqrt{3}$

⑤ $27+18\sqrt{3}$

📖 정답과 풀이 149쪽

✏️ 서술형 대비하기

0789

그림과 같이 $\overline{AB}=9$, ∠B=60°인 삼
각형 ABC의 변 BC 위의 점 D에 대
하여 $\overline{BD}=3$, $\overline{CD}=3$일 때,
$\overline{AC}\times\overline{AD}$의 값을 구하시오.

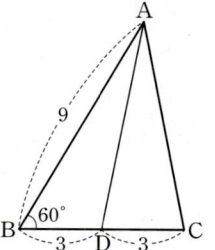

0790

그림과 같이 지름의 길이가 8이고 중심이 O인 원 위의 점 A
에 대하여 ∠OAB=30°가 되도록 원 위에 점 B를 잡는다.
점 B에서의 접선과 $\overline{OA}$의 연장선이 만나는 점을 C라 할 때,
삼각형 ABC의 넓이를 구하시오.

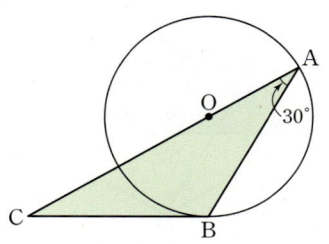

0791

그림과 같이 $\overline{AB}=\overline{AC}$, $\overline{BC}=4$이고 $\angle A=120°$인 이등변삼각형 ABC가 있다. $\overline{AB}$ 위를 움직이는 점 P에 대하여 $\overline{BP}^2+\overline{CP}^2$의 최솟값은?

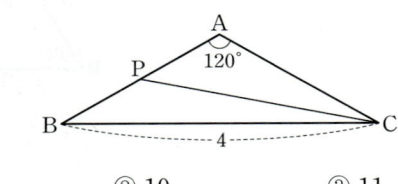

① 9   ② 10   ③ 11

④ 12   ⑤ 13

0792

한 변의 길이가 2인 정십이각형의 꼭짓점을 순서대로 A_1, A_2, A_3, …, A_{11}, A_{12}라 할 때, 그림과 같은 오각형 $A_1A_2A_3A_4A_5$의 넓이는? (단, O는 정십이각형의 외접원의 중심이다.)

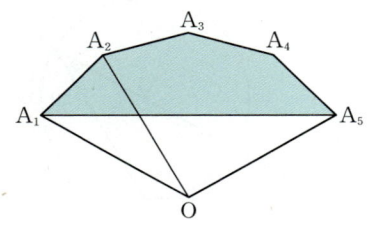

① $5+2\sqrt{3}$ ② $7+2\sqrt{3}$ ③ $9+2\sqrt{3}$

④ $5+6\sqrt{3}$ ⑤ $7+6\sqrt{3}$

0793

삼각형 ABC가 다음 조건을 만족시킨다.

> (가) $\sin A = \cos B \sin C$
>
> (나) $2\tan A + \tan(\pi - B) = \tan\left(\dfrac{\pi}{4} - C\right)$

삼각형 ABC의 넓이가 $\dfrac{16}{5}$일 때, 삼각형 ABC의 외접원의 넓이를 구하시오.

0794 평가원 기출

그림과 같이 $\overline{AB}=4$, $\overline{AC}=5$이고 $\cos(\angle BAC)=\dfrac{1}{8}$인 삼각형 ABC가 있다. 선분 AC 위의 점 D와 선분 BC 위의 점 E에 대하여

$$\angle BAC = \angle BDA = \angle BED$$

일 때, 선분 DE의 길이는?

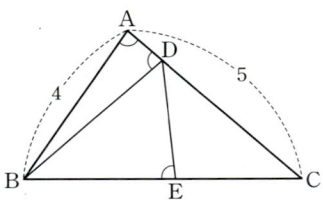

① $\dfrac{7}{3}$ ② $\dfrac{5}{2}$ ③ $\dfrac{8}{3}$

④ $\dfrac{17}{6}$ ⑤ 3

0795

그림과 같이 길이가 $3\sqrt{5}$인 선분 AB를 지름으로 하는 반원이 있다. 호 AB 위에 $\overline{AC}=2\overline{BC}$가 되도록 점 C를 잡는다. 선분 AB를 삼등분하는 점을 D, E라 하고 $\angle DCE=\theta$라 할 때, $\tan\theta$의 값은?

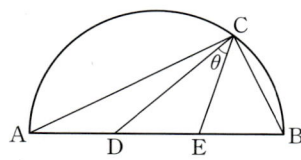

① $\dfrac{2}{5}$ ② $\dfrac{1}{2}$ ③ $\dfrac{3}{5}$

④ $\dfrac{7}{10}$ ⑤ $\dfrac{4}{5}$

0796

그림과 같이 원에 내접하는 사각형 ABCD에서
$$\overline{BC}=3,\ \overline{CD}=4,\ \overline{DA}=2$$
이고 삼각형 BCD의 넓이가 $4\sqrt{2}$이다.
$\angle BCD=\theta$라 하면 $0<\theta<\dfrac{\pi}{2}$일 때,
보기에서 옳은 것만을 있는 대로 고른 것은?

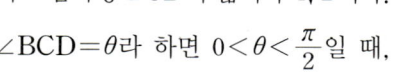

> **보기**
>
> ㄱ. $\cos\theta=\dfrac{1}{3}$
>
> ㄴ. 원의 넓이는 $\dfrac{153}{8}\pi$이다.
>
> ㄷ. 사각형 ABCD의 둘레의 길이는 12이다.

① ㄱ   ② ㄱ, ㄴ   ③ ㄱ, ㄷ

④ ㄴ, ㄷ   ⑤ ㄱ, ㄴ, ㄷ

0797 수능 기출

두 점 O_1, O_2를 각각 중심으로 하고 반지름의 길이가 $\overline{O_1O_2}$인 두 원 C_1, C_2가 있다. 그림과 같이 원 C_1 위의 서로 다른 세 점 A, B, C와 원 C_2 위의 점 D가 주어져 있고, 세 점 A, O_1, O_2와 세 점 C, O_2, D는 각각 한 직선 위에 있다. 이때 $\angle BO_1A=\theta_1$, $\angle O_2O_1C=\theta_2$, $\angle O_1O_2D=\theta_3$이라 하자.

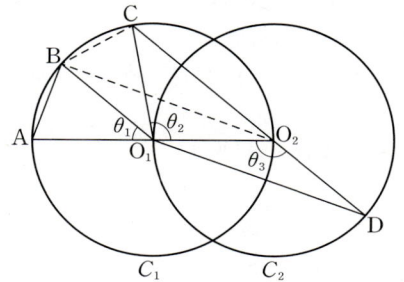

다음은 $\overline{AB}:\overline{O_1D}=1:2\sqrt{2}$이고 $\theta_3=\theta_1+\theta_2$일 때, 선분 AB와 선분 CD의 길이의 비를 구하는 과정이다.

> $\angle CO_2O_1+\angle O_1O_2D=\pi$이므로 $\theta_3=\dfrac{\pi}{2}+\dfrac{\theta_2}{2}$이고
>
> $\theta_3=\theta_1+\theta_2$에서 $2\theta_1+\theta_2=\pi$이므로 $\angle CO_1B=\theta_1$이다.
>
> 이때 $\angle O_2O_1B=\theta_1+\theta_2=\theta_3$이므로 삼각형 O_1O_2B와 삼각형 O_2O_1D는 합동이다.
>
> $\overline{AB}=k$라 할 때
>
> $\overline{BO_2}=\overline{O_1D}=2\sqrt{2}k$이므로 $\overline{AO_2}=\boxed{(가)}$이고,
>
> $\angle BO_2A=\dfrac{\theta_1}{2}$이므로 $\cos\dfrac{\theta_1}{2}=\boxed{(나)}$이다.
>
> 삼각형 O_2BC에서
>
> $\overline{BC}=k$, $\overline{BO_2}=2\sqrt{2}k$, $\angle CO_2B=\dfrac{\theta_1}{2}$이므로
>
> 코사인법칙에 의하여 $\overline{O_2C}=\boxed{(다)}$이다.
>
> $\overline{CD}=\overline{O_2D}+\overline{O_2C}=\overline{O_1O_2}+\overline{O_2C}$이므로
>
> $\overline{AB}:\overline{CD}=k:\left(\dfrac{\boxed{(가)}}{2}+\boxed{(다)}\right)$이다.

위의 (가), (다)에 알맞은 식을 각각 $f(k)$, $g(k)$라 하고, (나)에 알맞은 수를 p라 할 때, $f(p)\times g(p)$의 값은?

① $\dfrac{169}{27}$ ② $\dfrac{56}{9}$ ③ $\dfrac{167}{27}$

④ $\dfrac{166}{27}$ ⑤ $\dfrac{55}{9}$

0798 수능 기출

그림과 같이
$\overline{AB}=3$, $\overline{BC}=\sqrt{13}$,
$\overline{AD}\times\overline{CD}=9$, $\angle BAC=\dfrac{\pi}{3}$
인 사각형 ABCD가 있다. 삼각형
ABC의 넓이를 S_1, 삼각형 ACD
의 넓이를 S_2라 하고, 삼각형
ACD의 외접원의 반지름의 길이를 R이라 하자.

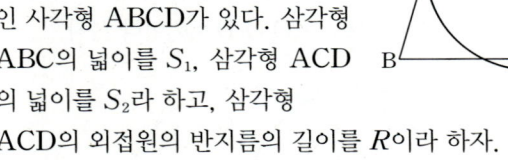

$S_2=\dfrac{5}{6}S_1$일 때, $\dfrac{R}{\sin(\angle ADC)}$의 값은?

① $\dfrac{54}{25}$ ② $\dfrac{117}{50}$ ③ $\dfrac{63}{25}$

④ $\dfrac{27}{10}$ ⑤ $\dfrac{72}{25}$

0799

그림과 같이 $\overline{AB}=7$, $\overline{BC}=8$, $\overline{CA}=13$인 삼각형 ABC에서
$\overline{AB}$ 위의 점 D와 $\overline{BC}$ 위의 점 E에 대하여 삼각형 ABC의
넓이가 삼각형 DBE의 넓이의 2배일 때, $\overline{DE}$의 길이의 최솟
값은?

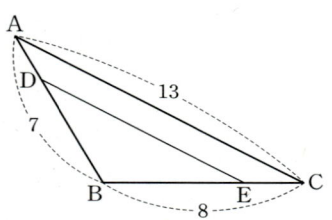

① $4\sqrt{5}$ ② 9 ③ $2\sqrt{21}$

④ $3\sqrt{10}$ ⑤ $7\sqrt{2}$

0800

그림과 같이 $B=30°$, $C=90°$이고 $\overline{BC}=4\sqrt{3}$인 직각삼각형
모양의 종이 ABC를 꼭짓점 B가 $\overline{AC}$의 중점 F에 오도록 접
을 때, 삼각형 DEF의 넓이는 $\dfrac{q}{p}\sqrt{3}$이다. $p+q$의 값을 구하
시오. (단, p와 q는 서로소인 자연수이다.)

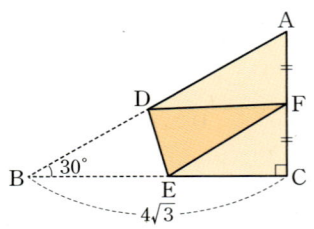

0801 교육청 기출

그림과 같이 $\overline{AB}=2$, $\overline{AC}\,/\!/\,\overline{BD}$,
$\overline{AC}:\overline{BD}=1:2$인 두 삼각형
ABC, ABD가 있다. 점 C에서 선
분 AB에 내린 수선의 발 H는 선분
AB를 $1:3$으로 내분한다.
두 삼각형 ABC, ABD의 외접원의
반지름의 길이를 각각 r, R라 할
때, $4(R^2-r^2)\times\sin^2(\angle CAB)=51$이다. $\overline{AC}^2$의 값을 구
하시오. $\left(\text{단, }\angle CAB<\dfrac{\pi}{2}\right)$

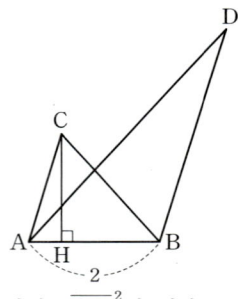

수열

등차수열과 등비수열

유형 01 등차수열의 일반항

(1) 첫째항이 a, 공차가 d인 등차수열 $\{a_n\}$의 일반항은
$$a_n = a + (n-1)d$$

(2) 등차수열 $\{a_n\}$의 공차가 d일 때
$$d = a_2 - a_1 = a_3 - a_2 = \cdots = a_n - a_{n-1}$$

(3) 첫째항이 a, 공차가 d인 등차수열 $\{a_n\}$의 제k항이 m이면
$$a + (k-1)d = m$$

확인 문제

다음 등차수열의 일반항 a_n을 구하시오.

(1) 첫째항이 10, 공차가 -2

(2) 2, 5, 8, 11, ⋯

(3) 7, 2, -3, -8, ⋯

🎧 개념ON 336쪽　　🎧 유형ON 2권 106쪽

0802 대표문제

등차수열 $\{a_n\}$에서 $a_3 = -1$, $a_8 = 9$일 때, 33은 제몇 항인가?

① 제18항　　② 제19항　　③ 제20항

④ 제21항　　⑤ 제22항

0803

등차수열 $\{a_n\}$에 대하여
$$a_1 - a_3 + a_5 - a_7 + \cdots + a_{21} - a_{23} = 24$$
일 때, 수열 $\{a_n\}$의 공차는?

① -3　　② -2　　③ 2

④ 3　　⑤ 4

0804 중요 서술형

등차수열 $\{a_n\}$에 대하여 $a_4 = 5$, $a_7 = -4$일 때, a_{11}의 값을 구하시오.

0805

등차수열 $\{a_n\}$에서
$$a_2 = \log_2 3, \quad a_6 = \log_2 768$$
일 때, 수열 $\{a_n\}$의 첫째항은?

① $\log_2 \dfrac{3}{8}$　　② -1　　③ $\log_2 \dfrac{5}{8}$

④ $\log_2 \dfrac{3}{4}$　　⑤ $\log_2 \dfrac{4}{3}$

0806 교육청 기출

첫째항이 2인 등차수열 $\{a_n\}$에 대하여 수열 $\{3a_{n+1} - a_n\}$은 공차가 6인 등차수열이다. a_{10}의 값을 구하시오.

0807

전체 좌석이 84개인 어느 소극장의 좌석 번호가 다음 그림과 같다. 은수는 앞에서 7번째 줄의 오른쪽에서 3번째 좌석을 예약하였을 때, 은수가 예약한 좌석 번호는?

① 43　　② 44　　③ 45

④ 46　　⑤ 47

유형 02 항 또는 항의 관계가 주어진 등차수열

항 사이의 관계가 주어진 등차수열 $\{a_n\}$의 일반항을 구할 때에는 첫째항을 a, 공차를 d라 하고 주어진 조건을 이용하여 a, d의 값을 구한 후, $a_n = a + (n-1)d$에 대입한다.

🎧 개념ON 336쪽 🎧 유형ON 2권 106쪽

0808 대표문제

등차수열 $\{a_n\}$에서
$$a_1 = 4,\ a_5 + a_7 = a_{13}$$
일 때, $a_k = 30$을 만족시키는 자연수 k의 값은?

① 11   ② 12   ③ 13
④ 14   ⑤ 15

0809 ✅중요

등차수열 $\{a_n\}$에 대하여
$$a_1 + a_2 + a_3 = 27,\ a_5 + a_6 + a_7 = 63$$
일 때, a_{14}의 값은?

① 33   ② 36   ③ 39
④ 42   ⑤ 45

0810 평가원 기출

등차수열 $\{a_n\}$에 대하여
$$a_1 = 2a_5,\ a_8 + a_{12} = -6$$
일 때, a_2의 값은?

① 17   ② 19   ③ 21
④ 23   ⑤ 25

0811

첫째항이 -5인 등차수열 $\{a_n\}$에서
$$(a_4 + a_8) : (a_9 + a_{13}) = 1 : 4$$
일 때, a_{11}의 값은?

① $\dfrac{19}{2}$ ② 10   ③ $\dfrac{21}{2}$
④ 11   ⑤ $\dfrac{23}{2}$

0812 평가원 기출

공차가 -3인 등차수열 $\{a_n\}$에 대하여
$$a_3 a_7 = 64,\ a_8 > 0$$
일 때, a_2의 값은?

① 17   ② 18   ③ 19
④ 20   ⑤ 21

0813 ✅중요 ✏서술형

등차수열 $\{a_n\}$이 다음 조건을 만족시킬 때, 54는 제몇 항인지 구하시오.

㈎ 첫째항과 제4항은 절댓값이 같고 부호가 반대이다.
㈏ 제7항은 18이다.

08
등차수열과 등비수열

0814

첫째항이 같은 두 등차수열 $\{a_n\}$, $\{b_n\}$에 대하여

$$a_3 - b_3 = 8$$

일 때, $a_{15} - b_{15}$의 값은?

① 40   ② 48   ③ 56

④ 64   ⑤ 80

유형 03 대소 관계를 만족시키는 등차수열의 항

등차수열 $\{a_n\}$에서

(1) 처음으로 양수가 되는 항
  ➡ $a_n > 0$을 만족시키는 자연수 n의 최솟값을 찾는다.

(2) 처음으로 음수가 되는 항
  ➡ $a_n < 0$을 만족시키는 자연수 n의 최솟값을 찾는다.

 **개념ON** 338쪽   **유형ON 2권** 107쪽

0815 대표문제

제5항이 24, 제12항이 -18인 등차수열 $\{a_n\}$에서 처음으로 음수가 되는 항은?

① 제7항   ② 제8항   ③ 제9항

④ 제10항   ⑤ 제11항

0816

등차수열 $\{a_n\}$에 대하여 $a_3 + a_5 = 44$이고 $a_2 a_4 = 220$일 때, $a_n < 100$을 만족시키는 자연수 n의 최댓값은?

① 15   ② 16   ③ 17

④ 18   ⑤ 19

0817 중요 서술형

모든 항이 서로 다른 등차수열 $\{a_n\}$에 대하여

$$a_1 = -12, \quad |a_3| = a_7$$

일 때, $a_k > 0$을 만족시키는 자연수 k의 최솟값을 구하시오.

0818

모든 항이 정수인 등차수열 $\{a_n\}$이 다음 조건을 만족시킨다.

(가) 공차가 -2이다.

(나) $a_n < 8$을 만족시키는 자연수 n의 최솟값은 12이다.

모든 a_5의 값의 합을 구하시오.

0819

등차수열 $\{a_n\}$에 대하여 $a_3 = -11$, $a_9 = 13$일 때, $|a_n|$의 값이 최소가 되도록 하는 자연수 n의 값은?

① 4   ② 5   ③ 6

④ 7   ⑤ 8

유형 04 두 수 사이에 수를 넣어서 만든 등차수열

두 수 a, b 사이에 n개의 수 x_1, x_2, x_3, $\cdots$, x_n을 넣어서 만든 수열
$$a, x_1, x_2, x_3, \cdots, x_n, b$$
가 등차수열일 때,
(1) 항수는 $n+2$, 첫째항은 a이다.
(2) 끝항 b는 제$(n+2)$항이고 $b=a+(n+1)d$
(단, d는 공차이다.)

🔵개념ON 340쪽 🟢유형ON 2권 108쪽

0820 대표문제

두 수 1과 34 사이에 10개의 수 a_1, a_2, a_3, $\cdots$, a_{10}을 넣어
$$1, a_1, a_2, a_3, \cdots, a_{10}, 34$$
가 이 순서대로 등차수열을 이루도록 할 때, a_7의 값은?

① 22　　　　② 24　　　　③ 26
④ 28　　　　⑤ 30

0821 중요 서술형

두 수 -3과 13 사이에 3개의 수 a, b, c를 넣어
$$-3, a, b, c, 13$$
이 이 순서대로 등차수열을 이루도록 할 때, $a+b+c$의 값을 구하시오.

0822 중요

두 수 -3과 9 사이에 n개의 수 a_1, a_2, a_3, $\cdots$, a_n을 넣어
$$-3, a_1, a_2, a_3, \cdots, a_n, 9$$
가 이 순서대로 공차가 $\dfrac{4}{3}$인 등차수열을 이루도록 하였다.
이때 자연수 n의 값은?

① 5　　　　② 6　　　　③ 7
④ 8　　　　⑤ 9

0823

두 수 28과 93 사이에 n개의 수 a_1, a_2, a_3, $\cdots$, a_n을 넣어
등차수열
$$28, a_1, a_2, a_3, \cdots, a_n, 93$$
을 만들었다. 이 등차수열의 공차가 1보다 큰 자연수일 때, 자연수 n의 최댓값은?

① 10　　　　② 12　　　　③ 14
④ 16　　　　⑤ 18

0824

10과 22 사이에 n개의 수 a_1, a_2, a_3, $\cdots$, a_n을 넣어
$$10, a_1, a_2, a_3, \cdots, a_n, 22$$
가 이 순서대로 등차수열을 이루도록 할 때, 다음 중 이 수열의 공차가 될 수 <u>없는</u> 것은?

① $\dfrac{2}{3}$　　　　② $\dfrac{3}{4}$　　　　③ $\dfrac{4}{5}$
④ $\dfrac{5}{6}$　　　　⑤ $\dfrac{6}{7}$

0825

공차가 서로 같은 두 등차수열 $\{a_n\}$, $\{b_n\}$이 각각 다음과 같을 때, $k+y_5$의 값을 구하시오. (단, k는 자연수이다.)

$\{a_n\}$: 4, x_1, x_2, x_3, $\cdots$, x_7, 20
$\{b_n\}$: -15, y_1, y_2, y_3, $\cdots$, y_k, 5

유형 05 등차중항

세 수 a, b, c가 이 순서대로 등차수열을 이룰 때

➡ $b = \dfrac{a+c}{2}$, 즉 $2b = a+c$

예 등차수열을 이루는 세 수 2, 3, 4에 대하여 3은 2, 4의 등차중항이다.

확인 문제

세 수 3, x, -7이 이 순서대로 등차수열을 이룰 때, x의 값을 구하시오.

🎧 개념ON 342쪽 🎧 유형ON 2권 108쪽

0826 대표문제

세 수 -3, $2-a$, a^2-1이 이 순서대로 등차수열을 이룰 때, 모든 실수 a의 값의 합을 구하시오.

0827

네 수 a, 3, b, 11이 이 순서대로 등차수열을 이룰 때, $b-a$의 값은?

① 2 ② 4 ③ 6
④ 8 ⑤ 10

0828 중요

다항식 x^2+ax+2를 일차식

$$x-1,\ x-2,\ x-4$$

로 나누었을 때의 나머지가 이 순서대로 등차수열을 이룰 때, 상수 a의 값은?

① -9 ② -6 ③ -3
④ 3 ⑤ 6

0829 서술형

세 수 $\log_3 2$, a, $\log_3 162$가 이 순서대로 등차수열을 이루고, 네 수 $\log_3 2$, b, $\log_3 32$, c도 이 순서대로 등차수열을 이룬다. $a+2b-c$의 값을 구하시오.

0830 중요 평가원 기출

자연수 n에 대하여 x에 대한 이차방정식

$$x^2-nx+4(n-4)=0$$

이 서로 다른 두 실근 α, β $(\alpha < \beta)$를 갖고, 세 수 1, α, β가 이 순서대로 등차수열을 이룰 때, n의 값은?

① 5 ② 8 ③ 11
④ 14 ⑤ 17

0831

등차수열 $\{a_n\}$이 $a_3+a_5+a_7=30$을 만족시킬 때, 세 수

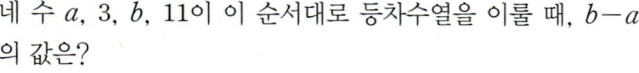

$$6,\ a_5,\ 3k+2$$

는 이 순서대로 등차수열을 이룬다. 실수 k의 값은?

① 3 ② 4 ③ 5
④ 6 ⑤ 7

유형 06 등차수열을 이루는 수

몇 개의 수가 등차수열을 이룰 때, 이 수들을 a, d를 이용하여 대칭형으로 놓고 식을 세운다.

(1) 세 수가 등차수열을 이룰 때
➡ $a-d$, a, $a+d$로 놓는다. 이때 공차는 d이다.

(2) 네 수가 등차수열을 이룰 때
➡ $a-3d$, $a-d$, $a+d$, $a+3d$로 놓는다.
이때 공차는 $2d$이다.

⌒ **개념ON** 342쪽 ⌒ **유형ON 2권** 109쪽

0832 대표문제

등차수열을 이루는 세 실수의 합은 6, 곱은 -42일 때, 세 실수의 제곱의 합은?

① 40   ② 49   ③ 59
④ 62   ⑤ 67

0833 중요

삼차방정식 $x^3-3x^2-x+k=0$의 세 실근이 크기 순서대로 등차수열을 이룰 때, 상수 k의 값은?

① -3 ② -1 ③ 0
④ 1   ⑤ 3

0834

등차수열을 이루는 서로 다른 네 수의 합은 32이고 가장 큰 수는 가장 작은 수의 7배일 때, 이들 네 수의 곱은?

① 1440   ② 1680   ③ 1740
④ 1800   ⑤ 1960

0835 서술형

어떤 직육면체의 가로의 길이, 세로의 길이, 높이가 이 순서대로 등차수열을 이룬다고 한다. 이 직육면체의 모든 모서리의 길이의 합이 84이고 겉넓이가 262일 때, 이 직육면체의 부피를 구하시오.

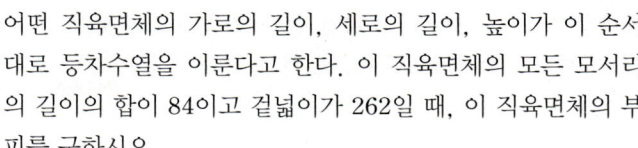

유형 07 등차수열의 합

첫째항이 a, 공차가 d이고 제n항이 l인 등차수열의 첫째항부터 제n항까지의 합을 S_n이라 하면

(1) 첫째항과 제n항을 알 때 ➡ $S_n = \dfrac{n(a+l)}{2}$

(2) 첫째항과 공차를 알 때 ➡ $S_n = \dfrac{n\{2a+(n-1)d\}}{2}$

확인 문제

등차수열 $\{a_n\}$의 첫째항부터 제n항까지의 합을 S_n이라 할 때, 다음을 구하시오.

(1) 수열 $\{a_n\}$의 첫째항이 3, 공차가 4일 때, S_{10}의 값
(2) 일반항이 $a_n=3n-5$일 때, S_{15}의 값

⌒ **개념ON** 344쪽 ⌒ **유형ON 2권** 110쪽

0836 대표문제

등차수열 $\{a_n\}$에서 $a_7=28$, $a_{10}=43$일 때, 이 수열의 첫째항부터 제20항까지의 합은?

① 750   ② 795   ③ 845
④ 880   ⑤ 910

08

등차수열과 등비수열

0837 중요 서술형

첫째항이 2이고 제n항이 44인 등차수열 $\{a_n\}$의 첫째항부터 제n항까지의 합이 345일 때, a_{30}의 값을 구하시오.

0838

첫째항이 1인 등차수열 $\{a_n\}$의 첫째항부터 제n항까지의 합을 S_n이라 하자. $a_2+a_7+a_8=10$일 때, $S_n=22$를 만족시키는 자연수 n의 값은?

① 5   ② 6   ③ 7
④ 8   ⑤ 9

0839 중요

첫째항이 -31이고 공차가 4인 등차수열 $\{a_n\}$의 첫째항부터 제n항까지의 합을 S_n이라 할 때, $S_n>0$이 되도록 하는 자연수 n의 최솟값은?

① 15   ② 16   ③ 17
④ 18   ⑤ 19

0840

등차수열 $\{a_n\}$에서
$$a_1+a_3+a_5+\cdots+a_{2n-1}=6n^2-3n \ (n=1, 2, 3, \cdots)$$
일 때, $a_1-a_2+a_3-a_4+\cdots+a_{19}-a_{20}$의 값은?

① -60 ② -30 ③ 30
④ 60   ⑤ 90

0841

두 등차수열 $\{a_n\}$, $\{b_n\}$에 대하여 $a_1+b_1=5$이고 두 수열의 공차의 합이 1일 때,
$$(a_1+a_2+a_3+\cdots+a_{15})+(b_1+b_2+b_3+\cdots+b_{15})$$
의 값을 구하시오.

0842 중요

첫째항이 -24, 제10항이 12인 등차수열 $\{a_n\}$에 대하여
$$|a_1|+|a_2|+|a_3|+\cdots+|a_{20}|$$
의 값을 구하시오.

0843 교육청 기출

등차수열 $\{a_n\}$의 첫째항부터 제n항까지의 합을 S_n이라 하자. $a_3=42$일 때, 다음 조건을 만족시키는 4 이상의 자연수 k의 값은?

> (가) $a_{k-3}+a_{k-1}=-24$
> (나) $S_k=k^2$

① 13   ② 14   ③ 15
④ 16   ⑤ 17

유형 08   두 수 사이에 수를 넣어서 만든 등차수열의 합

두 수 a, b 사이에 n개의 수를 넣어서 만든 등차수열의 합을 S라 하면

➡ S는 첫째항이 a, 끝항이 b, 항수가 $(n+2)$인 등차수열의 첫째항부터 제$(n+2)$항까지의 합이므로

$$S=\frac{(n+2)(a+b)}{2}$$

🔵 개념ON 344쪽 🟢 유형ON 2권 111쪽

0844 대표문제

24와 48 사이에 n개의 수 a_1, a_2, a_3, $\cdots$, a_n을 넣어

     24, a_1, a_2, a_3, $\cdots$, a_n, 48

이 이 순서대로 등차수열을 이루도록 하였다. 이 수열의 모든 항의 합이 468일 때, 이 수열의 공차를 구하시오.

0845 ✅ 중요

6과 63 사이에 18개의 수 a_1, a_2, a_3, $\cdots$, a_{18}을 넣어

     6, a_1, a_2, a_3, $\cdots$, a_{18}, 63

이 이 순서대로 등차수열을 이루도록 하였다. $a_1+a_2+a_3+\cdots+a_{18}$의 값은?

① 609   ② 615   ③ 621
④ 627   ⑤ 633

0846 ✏ 서술형

수열 13, a_1, a_2, a_3, $\cdots$, a_n, 73이 이 순서대로 등차수열을 이루고

     $a_1+a_2+a_3+\cdots+a_n=817$

일 때, 자연수 n의 값을 구하시오.

0847

11과 50 사이에 n개의 수 a_1, a_2, a_3, $\cdots$, a_n을 넣어

     11, a_1, a_2, a_3, $\cdots$, a_n, 50

이 이 순서대로 등차수열을 이루도록 하였다. 이 수열의 모든 항이 자연수일 때,

     $11+a_1+a_2+a_3+\cdots+a_n+50$

의 최솟값은?

① 122   ② 140   ③ 156
④ 178   ⑤ 194

첫째항이 a, 공차가 d인 등차수열 $\{a_n\}$의 첫째항부터 제n항까지의 합을 S_n이라 할 때, S_m, S_{2m}, S_{3m}, $\cdots$ 등의 값이 주어지면
$$S_n = \frac{n\{2a+(n-1)d\}}{2}$$
임을 이용하여 S_m, S_{2m}, S_{3m}, $\cdots$에 대한 식을 세우고 연립하여 첫째항과 공차를 먼저 구한다.

🎧 개념ON 346쪽 🎧 유형ON 2권 111쪽

0848 대표문제

등차수열 $\{a_n\}$의 첫째항부터 제n항까지의 합을 S_n이라 하자. $S_{10}=195$, $S_{20}=690$일 때, S_{30}의 값은?

① 1395 　　② 1425 　　③ 1460
④ 1485 　　⑤ 1515

0849 중요

등차수열 $\{a_n\}$의 첫째항부터 제10항까지의 합이 200이고 제11항부터 제20항까지의 합이 600일 때, 이 수열의 제21항부터 제30항까지의 합은?

① 1000 　　② 1200 　　③ 1400
④ 1600 　　⑤ 1800

0850

공차가 $\frac{3}{2}$인 등차수열 $\{a_n\}$에서
$$a_1+a_3+a_5+\cdots+a_{15}=148$$
일 때, $a_2+a_4+a_6+\cdots+a_{16}$의 값을 구하시오.

0851

첫째항이 10이고 모든 항이 양수인 등차수열 $\{a_n\}$의 첫째항부터 제n항까지의 합을 S_n이라 하자. $S_{3k}=9S_k$일 때, a_{20}의 값은?

① 350 　　② 360 　　③ 370
④ 380 　　⑤ 390

0852 교육청 기출

공차가 양수인 등차수열 $\{a_n\}$의 첫째항부터 제n항까지의 합을 S_n이라 하자. $S_9=|S_3|=27$일 때, a_{10}의 값은?

① 23 　　② 24 　　③ 25
④ 26 　　⑤ 27

0853 서술형

첫째항이 1, 공차가 $\frac{1}{2}$인 등차수열 $\{a_n\}$의 첫째항부터 제n항까지의 합을 S_n이라 할 때, S_k, S_{k+3}, S_7이 이 순서대로 등차수열을 이룬다. 자연수 k의 값을 구하시오.

유형 10 등차수열의 합의 최대·최소

첫째항이 a, 공차가 d인 등차수열 $\{a_n\}$의 첫째항부터 제n항까지의 합을 S_n이라 할 때

(1) $a > 0$, $d < 0$

➡ 첫째항이 양수이고 항수가 커질수록 항의 값이 감소한다.

➡ (S_n의 최댓값) = (첫째항부터 마지막 양수인 항까지의 합)

➡ $a_k > 0$, $a_{k+1} < 0$이면 S_n의 최댓값은 S_k

(2) $a < 0$, $d > 0$

➡ 첫째항이 음수이고 항수가 커질수록 항의 값이 증가한다.

➡ (S_n의 최솟값) = (첫째항부터 마지막 음수인 항까지의 합)

➡ $a_k < 0$, $a_{k+1} > 0$이면 S_n의 최솟값은 S_k

🔵 개념ON 348쪽 🔵 유형ON 2권 112쪽

0854 대표문제

제3항이 13, 제10항이 -15인 등차수열 $\{a_n\}$의 첫째항부터 제n항까지의 합을 S_n이라 할 때, S_n의 최댓값은?

① 64 ② 66 ③ 68
④ 70 ⑤ 72

0855 중요

첫째항이 -27인 등차수열 $\{a_n\}$의 첫째항부터 제n항까지의 합을 S_n이라 하자. $S_3 = S_7$일 때, S_n의 최솟값은?

① -66 ② -69 ③ -72
④ -75 ⑤ -78

0856 중요 서술형

등차수열 $\{a_n\}$의 첫째항부터 제n항까지의 합을 S_n이라 할 때,

$$a_5 = 23, \quad S_{10} = 215$$

이다. S_n의 값이 최대일 때의 n의 값을 k, 그때의 최댓값을 M이라 할 때, $k + M$의 값을 구하시오.

0857

등차수열 $\{a_n\}$에 대하여 수열

$$-30, a_1, a_2, a_3, \cdots, a_k, -3$$

이 이 순서대로 등차수열을 이루고 이 수열의 모든 항의 합이 -165이다. 등차수열 $\{a_n\}$의 첫째항부터 제n항까지의 합의 최솟값은?

① -115 ② -125 ③ -135
④ -145 ⑤ -155

0858

첫째항이 88이고 공차가 정수인 등차수열 $\{a_n\}$의 첫째항부터 제n항까지의 합을 S_n이라 하자. 임의의 자연수 n에 대하여 $S_n \leq S_{10}$이 성립할 때, 이 수열의 공차는?

① -5 ② -6 ③ -7
④ -8 ⑤ -9

등차수열과 등비수열

유형 11 나머지가 같은 자연수의 합

자연수 d에 대하여

(1) d의 배수를 작은 것부터 차례대로 나열한 수열
$$d, 2d, 3d, \cdots$$
는 첫째항과 공차가 모두 d인 등차수열이다.

(2) d로 나누었을 때의 나머지가 r인 자연수를 작은 것부터 차례대로 나열한 수열
$$r, r+d, r+2d, r+3d, \cdots \quad (\text{단, } 0 < r < d)$$
는 첫째항이 r, 공차가 d인 등차수열이다.

🔓 개념ON 352쪽   🔓 유형ON 2권 112쪽

0859 대표문제

두 자리 자연수 중에서 5로 나누었을 때의 나머지가 3인 수의 총합은?

① 864 　　　② 888 　　　③ 987

④ 999 　　　⑤ 1010

0860

100 이하의 자연수 중에서 6의 배수의 총합은?

① 816 　　　② 822 　　　③ 828

④ 834 　　　⑤ 840

0861

100 이상 200 이하의 자연수 중에서 3 또는 4로 나누어떨어지는 수의 총합은?

① 7200 　　　② 7650 　　　③ 8050

④ 8400 　　　⑤ 8850

0862 서술형

4로 나누었을 때의 나머지는 1이고, 6으로 나누었을 때의 나머지는 3인 자연수를 작은 것부터 차례대로 나열한 수열 $a_1, a_2, a_3, \cdots$이라 하자. $a_1 + a_2 + a_3 + \cdots + a_{10}$의 값을 구하시오.

유형 12 등차수열의 합의 활용

문제에 주어진 상황으로부터
$$\text{첫째항 } a, \text{ 공차 } d, \text{ 항수 } n$$
의 값을 각각 찾아 $S_n = \dfrac{n\{2a + (n-1)d\}}{2}$에 대입한다.

🔓 개념ON 352쪽   🔓 유형ON 2권 113쪽

0863 대표문제

연속하는 15개의 홀수인 자연수의 합이 315일 때, 이들 15개의 홀수인 자연수 중에서 가장 큰 수는?

① 31 　　　② 33 　　　③ 35

④ 37 　　　⑤ 39

0864

혜리는 어떤 음악 스트리밍 회사의 스트리밍 서비스를 이용하고 있다. 혜리가 이용하는 스트리밍 서비스는 가입한 첫 달의 요금이 13000원이고, 연속하여 이용하면 이전 달보다 요금을 400원 할인해 준다. 혜리가 이 서비스를 연속 이용하여 이달의 요금이 6200원이었을 때, 혜리가 이 서비스를 이용하면서 낸 요금의 총합은? (단, 요금은 매달 한 번 내고, 혜리가 선택한 서비스는 최대 2년까지만 할인을 적용한다.)

① 168400원 　　　② 172800원 　　　③ 178800원

④ 184400원 　　　⑤ 188600원

□□ 정답과 풀이 166쪽

0865 서술형

그림과 같이 1단계에 1개, 2단계에 3개, 3단계에 5개, 4단계에 7개, …의 블록을 쌓으려고 한다. 사용할 수 있는 블록이 총 200개일 때, 최대 몇 단계까지 쌓을 수 있는지 구하시오.

1 2 3 4 …
단 단 단 단
계 계 계 계

0866

3과 9 사이에 있는 분모가 7인 분수 중 정수가 아닌 수의 총합은?

① 216   ② 218   ③ 220
④ 222   ⑤ 224

0867 중요

어떤 n각형의 내각의 크기는 공차가 20°인 등차수열을 이룬다고 한다. 가장 작은 내각의 크기가 60°일 때, 가장 큰 내각의 크기는? (단, 한 내각의 크기는 180°보다 작다.)

① 120°   ② 130°   ③ 140°
④ 150°   ⑤ 160°

0868

그림은 두 곡선 $y=x^2+4x+a$, $y=x^2$의 교점에서 오른쪽 방향으로 두 곡선 사이에 y축과 평행한 선분 10개를 일정한 간격으로 그은 것이다.

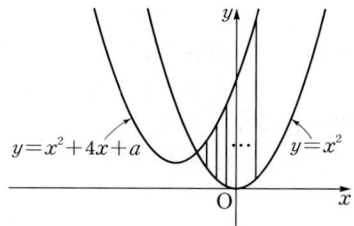

선분의 길이를 왼쪽부터 차례대로 l_1, l_2, l_3, …, l_{10}이라 하자. $l_1=7$, $l_{10}=29$일 때, $l_1+l_2+l_3+\cdots+l_{10}$의 값은?

(단, a는 상수이다.)

① 172   ② 174   ③ 176
④ 178   ⑤ 180

0869

함수 $y=\tan x$ $(x>0)$의 그래프와 직선 $y=\sqrt{3}$의 교점의 x좌표를 작은 것부터 차례대로 a_1, a_2, a_3, …이라 하고, 수열 $\{a_n\}$의 첫째항부터 제n항까지의 합을 S_n이라 하자. $S_k=17\pi$일 때, 자연수 k의 값은?

① 5   ② 6   ③ 7
④ 8   ⑤ 9

(1) 수열 $\{a_n\}$의 첫째항부터 제n항까지의 합 S_n이 주어질 때
　(i) $a_1 = S_1$
　(ii) $n \geq 2$일 때, $a_n = S_n - S_{n-1}$
　임을 이용하여 일반항 a_n을 구한다.
(2) 수열의 첫째항부터 제n항까지의 합이
　$S_n = An^2 + Bn + C$ (A, B, C는 실수, $A \neq 0$)의 꼴일 때
　➡ $C = 0$이면 첫째항부터 등차수열을 이룬다.
　　 $C \neq 0$이면 제2항부터 등차수열을 이룬다.

확인 문제

수열 $\{a_n\}$의 첫째항부터 제n항까지의 합 S_n이 다음과 같을 때,
일반항 a_n을 구하시오.
(1) $S_n = n^2 + 2n$
(2) $S_n = 2n^2 + n - 3$

🔵 **개념ON** 350쪽　🟢 **유형ON 2권** 114쪽

0870 대표문제

수열 $\{a_n\}$의 첫째항부터 제n항까지의 합 S_n이 $S_n = n^2 + 6n$
일 때, $a_2 + a_4 + a_6 + \cdots + a_{40}$의 값은?

① 930　　　② 935　　　③ 940
④ 945　　　⑤ 950

0871 중요

수열 $\{a_n\}$의 첫째항부터 제n항까지의 합 S_n이 $S_n = 2n^2 + n - 2$
일 때, $a_k = 51$을 만족시키는 자연수 k의 값은?

① 11　　　② 13　　　③ 15
④ 17　　　⑤ 19

0872

수열 $\{a_n\}$의 첫째항부터 제n항까지의 합 S_n이 다항식
$3x^2 - 5x$를 $x - n$으로 나누었을 때의 나머지와 같을 때,
$a_3 + a_6 + a_9$의 값을 구하시오.

0873

수열 $\{a_n\}$의 첫째항부터 제n항까지의 합 S_n이 $S_n = 3n^2 + kn$
이고 $a_7 + a_8 + a_9 = 33$일 때, S_{20}의 값을 구하시오.
(단, k는 상수이다.)

0874 ✏️ 서술형

첫째항부터 제n항까지의 합이 각각
　$n^2 + kn$, $2n^2 - 3n + 4$
인 두 수열 $\{a_n\}$, $\{b_n\}$에 대하여 $a_{10} = b_{10}$일 때, 상수 k의 값
을 구하시오.

0875 중요

수열 $\{a_n\}$의 첫째항부터 제n항까지의 합 S_n이
　$S_n = n^2 - 2n$
일 때, $a_n > 40$을 만족시키는 자연수 n의 최솟값은?

① 18　　　② 19　　　③ 20
④ 21　　　⑤ 22

유형 14 등비수열의 일반항

(1) 첫째항이 a, 공비가 r $(r \neq 0)$인 등비수열 $\{a_n\}$의 일반항은
$$a_n = ar^{n-1}$$

(2) 등비수열 $\{a_n\}$의 공비가 r $(r \neq 0)$일 때,
$$r = \frac{a_2}{a_1} = \frac{a_3}{a_2} = \cdots = \frac{a_n}{a_{n-1}}$$

(3) 첫째항이 a, 공비가 r $(r \neq 0)$인 등비수열 $\{a_n\}$의 제k항이 m이면
$$ar^{k-1} = m$$

확인 문제

다음 등비수열 $\{a_n\}$의 일반항 a_n을 구하시오.

(1) 첫째항이 1, 공비가 3
(2) 8, 4, 2, 1, $\cdots$
(3) 1, -2, 4, -8, $\cdots$

🔵 개념ON 364쪽 🟢 유형ON 2권 115쪽

0876 대표문제

모든 항이 실수인 등비수열 $\{a_n\}$에 대하여
$$a_3 = 108, \quad a_6 = 4$$
일 때, a_2의 값은?

① 324 ② 498 ③ 612
④ 755 ⑤ 972

0877

등비수열 $\{a_n\}$의 일반항이 $a_n = \dfrac{5}{4^{3n+1}}$일 때, 첫째항과 공비의 합을 구하시오.

0878 중요 서술형

등비수열 $\{a_n\}$에서 $a_4 = -\dfrac{1}{3}$, $a_7 = 9$일 때, $a_k = 729$를 만족시키는 자연수 k의 값을 구하시오. (단, 공비는 실수이다.)

0879 중요

첫째항이 6이고 공비가 $\dfrac{1}{4}$인 등비수열 $\{a_n\}$에 대하여 수열 $\{a_{2n-1}\}$도 등비수열일 때, 수열 $\{a_{2n-1}\}$의 첫째항과 공비의 곱은?

① $\dfrac{3}{8}$ ② $\dfrac{1}{2}$ ③ $\dfrac{5}{8}$
④ $\dfrac{3}{4}$ ⑤ $\dfrac{7}{8}$

0880 서술형

공비가 양수인 등비수열 $\{a_n\}$에 대하여 $a_2 = 2$, $a_6 = 8$일 때,
$$\log_2 a_1 + \log_2 a_3 + \log_2 a_5 + \cdots + \log_2 a_{19}$$
의 값을 구하시오.

항 사이의 관계가 주어진 등비수열 $\{a_n\}$의 일반항을 구할 때에는 첫째항을 a, 공비를 r $(r \neq 0)$이라 하고 주어진 조건을 이용하여 a, r의 값을 구한 후, $a_n = ar^{n-1}$에 대입한다.

🎧 개념ON 364쪽　🎧 유형ON 2권 116쪽

0881 대표문제

모든 항이 양수인 등비수열 $\{a_n\}$에 대하여 $\dfrac{a_{10}}{a_8} + \dfrac{a_7}{a_6} = 6$일 때, $\dfrac{a_5 + a_6}{a_2}$의 값은?

① 14　　② 16　　③ 20
④ 24　　⑤ 30

0882 중요

모든 항이 양수인 등비수열 $\{a_n\}$에 대하여 $a_2 = 24$, $a_5 = \dfrac{1}{4}a_3$ 일 때, a_7의 값은?

① $\dfrac{3}{16}$　　② $\dfrac{3}{8}$　　③ $\dfrac{3}{4}$
④ $\dfrac{3}{2}$　　⑤ 3

0883

등비수열 $\{a_n\}$에 대하여
$$a_1 + a_2 = 6, \quad a_3 \times a_4 + a_3 \times a_5 = 30$$
일 때, $a_5 \times a_7$의 값을 구하시오.

0884 평가원 기출

모든 항이 양수인 등비수열 $\{a_n\}$에 대하여
$$\frac{a_3 a_8}{a_6} = 12, \quad a_5 + a_7 = 36$$
일 때, a_{11}의 값은?

① 72　　② 78　　③ 84
④ 90　　⑤ 96

0885

첫째항과 공비가 모두 0이 아닌 등비수열 $\{a_n\}$에 대하여
$$\frac{a_{11}}{a_1} + \frac{a_{12}}{a_2} + \frac{a_{13}}{a_3} + \cdots + \frac{a_{20}}{a_{10}} = 30$$
일 때, $\dfrac{a_{30}}{a_{10}}$의 값은?

① 9　　② 10　　③ 11
④ 19　　⑤ 20

0886 중요 서술형

공비가 양수인 등비수열 $\{a_n\}$에 대하여
$$a_1 + a_2 + a_3 = 14, \quad a_3 + a_4 + a_5 = 56$$
일 때, $a_1 + a_3 + a_5$의 값을 구하시오.

0887 교육청 기출

공비가 1보다 큰 등비수열 $\{a_n\}$이 다음 조건을 만족시킨다.

(가) $a_3 \times a_5 \times a_7 = 125$

(나) $\dfrac{a_4 + a_8}{a_6} = \dfrac{13}{6}$

a_9의 값은?

① 10

② $\dfrac{45}{4}$

③ $\dfrac{25}{2}$

④ $\dfrac{55}{4}$

⑤ 15

0889

공비가 2인 등비수열 $\{a_n\}$에 대하여

$$a_2 + a_3 + a_4 = 84$$

일 때, 100에 가장 가까운 항은 제몇 항인가?

① 제4항

② 제5항

③ 제6항

④ 제7항

⑤ 제8항

0890

첫째항이 9, 제3항이 1이고 공비가 양수인 등비수열 $\{a_n\}$에서 처음으로 $\dfrac{1}{50}$보다 작아지는 항은 제몇 항인지 구하시오.

유형 16 대소 관계를 만족시키는 등비수열의 항

등비수열 $\{a_n\}$에서

(1) 처음으로 k보다 커지는 항
  ➡ $a_n > k$를 만족시키는 자연수 n의 최솟값을 찾는다.

(2) 처음으로 k보다 작아지는 항
  ➡ $a_n < k$를 만족시키는 자연수 n의 최솟값을 찾는다.

📖 개념ON 366쪽 📖 유형ON 2권 116쪽

0888 대표문제

모든 항이 실수인 등비수열 $\{a_n\}$에 대하여 $a_3 = \dfrac{1}{4}$, $a_6 = 16$일 때, $a_n < 1000$을 만족시키는 자연수 n의 최댓값은?

① 8

② 9

③ 10

④ 11

⑤ 12

0891

모든 항이 양수인 등비수열 $\{a_n\}$에 대하여

$$\log_3 a_3 = \dfrac{7}{4}, \quad \log_3 a_8 = 3$$

일 때, $27 < a_n < 243$을 만족시키는 자연수 n의 개수는?

① 7

② 9

③ 11

④ 13

⑤ 15

0892

모든 항이 정수인 등비수열 $\{a_n\}$에 대하여

$$a_1+a_2=2,\ a_4=27$$

일 때, $|a_n|<200$을 만족시키는 모든 자연수 n의 값의 합을 구하시오.

유형 17 두 수 사이에 수를 넣어서 만든 등비수열

두 수 $a,\ b$ 사이에 n개의 수 $x_1, x_2, x_3, \cdots, x_n$을 넣어서 만든 수열

$$a,\ x_1,\ x_2,\ x_3,\ \cdots,\ x_n,\ b$$

가 등비수열일 때,

(1) 항수는 $n+2$, 첫째항은 a이다.

(2) 끝항 b는 제$(n+2)$항이고 $b=ar^{n+1}$ (단, r은 공비이다.)

🎧 개념ON 368쪽 🎧 유형ON 2권 117쪽

0893 대표문제

4와 972 사이에 4개의 실수 x_1, x_2, x_3, x_4를 넣어

$$4,\ x_1,\ x_2,\ x_3,\ x_4,\ 972$$

가 이 순서대로 등비수열을 이루도록 할 때, $x_1+x_2+x_3+x_4$의 값을 구하시오.

0894

두 수 32와 243 사이에 n개의 수를 넣어 만든 등비수열

$$32,\ a_1,\ a_2,\ a_3,\ \cdots,\ a_n,\ 243$$

의 공비가 $\dfrac{3}{2}$일 때, 자연수 n의 값을 구하시오.

0895 중요

1과 256 사이에 15개의 양수 $a_1, a_2, a_3, \cdots, a_{15}$를 넣어

$$1,\ a_1,\ a_2,\ a_3,\ \cdots,\ a_{15},\ 256$$

이 이 순서대로 등비수열을 이루도록 할 때, $a_1 \times a_2 \times a_3 \times \cdots \times a_{15}$의 값은?

① 2^{15} ② 2^{30} ③ 2^{60}

④ 2^{90} ⑤ 2^{120}

0896 서술형

실수 a와 -1 사이에 2개의 수 x_1, x_2를, -1과 -81 사이에 3개의 수 x_3, x_4, x_5를 넣어서 만든 수열

$$a,\ x_1,\ x_2,\ -1,\ x_3,\ x_4,\ x_5,\ -81$$

이 이 순서대로 공비가 음수인 등비수열을 이룰 때, $\log_3 |x_2 \times x_5|$의 값을 구하시오.

0897

수열 $1,\ a_1,\ a_2,\ a_3,\ \cdots,\ a_n,\ 64$가 이 순서대로 공비가 r인 등비수열을 이룰 때, $n+r$의 최솟값은?

(단, $n,\ r$은 자연수이다.)

① 5 ② 6 ③ 7

④ 8 ⑤ 9

유형 18 등비중항

0이 아닌 세 수 a, b, c가 이 순서대로 등비수열을 이룰 때,
➡ $b^2 = ac$

예 등비수열을 이루는 세 수 1, 2, 4에 대하여 2는 1, 4의 등비중항
이다.

확인 문제

다음 세 수가 주어진 순서대로 등비수열을 이룰 때, 양수 x의 값
을 구하시오.

(1) 1, x, 16 　　　　　 (2) $\sqrt{2}-1$, 1, x

🔵 개념ON 370쪽　　🟢 유형ON 2권 118쪽

0898 대표문제

세 양수 x, $x+8$, $8x+4$가 이 순서대로 등비수열을 이룰 때,
x의 값은?

① 2 　　　　② 3 　　　　③ 4
④ 5 　　　　⑤ 6

0899

다항식 $f(x)=x^2+ax+2$를 $x-1$, x, $x+1$로 나눈 나머지
가 이 순서대로 등비수열을 이룰 때, 양수 a의 값은?

① $\sqrt{2}$ 　　　　② $\sqrt{3}$ 　　　　③ 2
④ $\sqrt{5}$ 　　　　⑤ $\sqrt{6}$

0900

1이 아닌 세 양수 a, b, c가 이 순서대로 등비수열을 이룰 때,
$\dfrac{1}{\log_a b} + \dfrac{1}{\log_c b}$의 값을 구하시오.

0901 　서술형

세 수 1, $2\cos\theta$, $4\sin\theta+1$이 이 순서대로 등비수열을 이룰
때, $\sin\theta \times \cos\theta$의 값을 구하시오. $\left(\text{단, } 0<\theta<\dfrac{\pi}{2}\right)$

0902 　중요

0이 아닌 두 실수 a, b가 다음 조건을 만족시킨다.

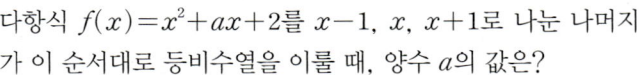

(가) 세 수 a, $a+b$, $2ab-5$는 이 순서대로 등차수열을 이룬다.
(나) 세 수 a, ab^2, $8ab$는 이 순서대로 등비수열을 이룬다.

a^2+b^2의 값을 구하시오.

0903

공차가 0이 아닌 등차수열 $\{a_n\}$의 세 항 a_2, a_5, a_{12}가 이 순
서대로 등비수열을 이룰 때, $\dfrac{a_3}{a_2}$의 값은?

① $\dfrac{11}{9}$ 　　　　② $\dfrac{13}{9}$ 　　　　③ $\dfrac{5}{3}$
④ $\dfrac{17}{9}$ 　　　　⑤ $\dfrac{19}{9}$

등비수열을 이루는 수

(1) 몇 개의 수가 등비수열을 이룬다는 조건이 주어질 때, 이 수들을 a, r을 이용하여
$$a,\ ar,\ ar^2,\ ar^3,\ \cdots$$
으로 놓고 식을 세운다. 이때 공비는 r이다.

(2) 등비수열을 이루는 세 수의 곱이 주어질 때, 세 수를 $\dfrac{a}{r}$, a, ar로 놓으면 계산이 간단한 경우가 있다.

🔵 개념ON 370쪽   🔵 유형ON 2권 119쪽

0904 대표문제

등비수열을 이루는 세 실수의 합이 21이고 곱이 64일 때, 세 수 중 가장 큰 수는?

① 10　　　　② 12　　　　③ 14

④ 16　　　　⑤ 18

0905

등비수열을 이루는 세 양수의 합이 7이고 가장 큰 수의 제곱이 가운데 수의 제곱의 4배와 같을 때, 이들 세 수의 곱은?

① 8　　　　② 27　　　　③ 64

④ 125　　　⑤ 216

0906 중요 서술형

등비수열을 이루는 세 실수의 합이 6, 곱이 -64일 때, 이 세 수의 절댓값의 합을 구하시오.

0907 중요

삼차방정식 $2x^3 - kx^2 + 63x - 54 = 0$의 세 실근이 등비수열을 이룰 때, 상수 k의 값은?

① 18　　　　② 21　　　　③ 24

④ 27　　　　⑤ 30

0908

두 곡선 $y = x^3 - 4x^2 - 8x + k$, $y = 2x^2 + 16x$가 서로 다른 세 점에서 만나고 그 교점의 x좌표를 적당히 나열하면 등비수열을 이룰 때, 상수 k의 값은?

① 32　　　　② 40　　　　③ 48

④ 56　　　　⑤ 64

0909

가로, 세로의 길이 및 높이가 이 순서대로 등비수열을 이루는 직육면체의 모든 모서리의 길이의 합이 52이고 겉넓이가 78일 때, 이 직육면체의 부피는?

① 8　　　　② 27　　　　③ 64

④ 125　　　⑤ 216

등비수열의 활용

(1) 도형의 길이, 넓이, 부피 등이 일정한 비율로 변할 때, 처음 몇 개의 항을 나열하여 규칙성을 파악한다.

(2) 처음의 양을 a, 매회(매시간, 매년 등) 일정한 증가율을 r이라 하면 n회(n시간, n년 등) 후의 양은

$$a(1+r)^n$$

🎧 개념ON 378쪽 🎧 유형ON 2권 119쪽

0910 대표문제

한 변의 길이가 2인 정삼각형 모양의 색종이가 있다. 그림과 같이 [1단계]에서는 각 변의 중점을 이어서 만든 작은 정삼각형을 오려 낸다. [2단계]에서는 [1단계]에서 남은 3개의 작은 정삼각형에서 같은 방법으로 만든 더 작은 정삼각형을 오려 낸다. [3단계]에서는 [2단계]에서 남은 9개의 작은 정삼각형에서 같은 방법으로 만든 더 작은 정삼각형을 오려 낸다. 이와 같은 과정을 계속 반복할 때, [8단계]에서 남아 있는 색종이의 넓이는?

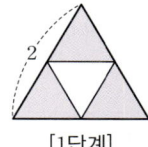 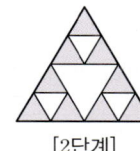 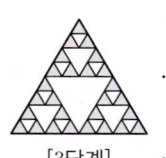

[1단계]　　　[2단계]　　　[3단계]　　…

① $\sqrt{3} \times \left(\dfrac{3}{4}\right)^7$　② $\sqrt{3} \times \left(\dfrac{3}{4}\right)^8$　③ $\sqrt{3} \times \left(\dfrac{3}{4}\right)^9$

④ $\sqrt{3} \times \left(\dfrac{1}{4}\right)^7$　⑤ $\sqrt{3} \times \left(\dfrac{1}{4}\right)^8$

0911 ✅중요

유리병을 만드는 어떤 공장에서는 생산량의 50 %가 재활용 유리병으로 수거되고, 그 중 60 %가 실제로 재활용되어 생산된다고 한다. 이 공장에서 생산된 유리병 100만 개로 이와 같은 재활용 과정을 6번 거쳤을 때, 실제로 재활용되어 생산되는 유리병의 개수를 구하시오.

0912

그림과 같이 한 변의 길이가 4인 정삼각형 ABC의 높이를 h_1, 한 변의 길이가 h_1인 정삼각형의 높이를 h_2, 한 변의 길이가 h_2인 정삼각형의 높이를 h_3, …이라 할 때, 한 변의 길이가 h_{10}인 정삼각형의 둘레의 길이는?

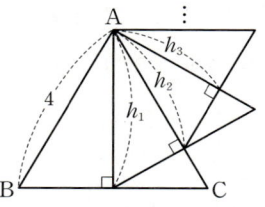

① $4 \times \left(\dfrac{\sqrt{3}}{2}\right)^9$　② $4 \times \left(\dfrac{\sqrt{3}}{2}\right)^{10}$　③ $4 \times \left(\dfrac{\sqrt{3}}{2}\right)^{11}$

④ $12 \times \left(\dfrac{\sqrt{3}}{2}\right)^9$　⑤ $12 \times \left(\dfrac{\sqrt{3}}{2}\right)^{10}$

0913 ✅중요 ✏서술형

그림과 같이 대각선의 길이가 4인 정사각형 A_1이 있다. 정사각형 A_1의 한 변을 대각선으로 하는 정사각형을 A_2, 정사각형 A_2의 한 변을 대각선으로 하는 정사각형을 A_3이라 하자. 같은 방법으로 정사각형을 계속 만들 때, 정사각형 A_{12}의 한 변의 길이를 구하시오.

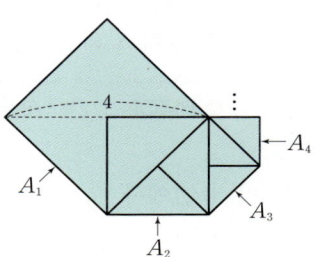

0914

이차함수 $f(x)=x^2$이 있다. 그림과 같이 x축 위에

$$x_1=2, \ x_2=\frac{4}{3}, \ x_3=\frac{8}{9}, \ \cdots, \ x_n=\frac{2^n}{3^{n-1}}, \ \cdots$$

을 정하고 밑변의 길이가 x_n-x_{n+1}이고 높이가 $f(x_{n+1})$인 직사각형의 넓이를 S_n이라 할 때, $S_{10}=\dfrac{2^m}{3^k}$이다. 자연수 m, k에 대하여 $m+k$의 값을 구하시오.

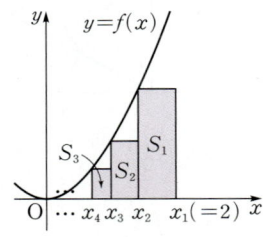

⊕ 개념ON 372쪽　⊕ 유형ON 2권 120쪽

유형 **21** **등비수열의 합**

첫째항이 a, 공비가 r인 등비수열의 첫째항부터 제n항까지의 합을 S_n이라 하면

(1) $r\neq1$일 때, $S_n=\dfrac{a(r^n-1)}{r-1}=\dfrac{a(1-r^n)}{1-r}$

(2) $r=1$일 때, $S_n=na$

확인 문제

등비수열 $\{a_n\}$의 첫째항부터 제n항까지의 합을 S_n이라 할 때, 다음을 구하시오.

(1) 수열 $\{a_n\}$의 첫째항이 3, 공비가 2일 때, S_{10}의 값

(2) 일반항이 $a_n=2\times(-2)^n$일 때, S_{10}의 값

0915 대표문제

공비가 음수인 등비수열 $\{a_n\}$에서

$$a_2+a_3=6, \ a_4+a_5=24$$

일 때, 등비수열 $\{a_n\}$의 첫째항부터 제10항까지의 합은?

① -1023　　② -1096　　③ -1148

④ -1272　　⑤ -1364

0916 중요

공비가 2인 등비수열 $\{a_n\}$에 대하여 $a_k=320$이고, 이 수열의 첫째항부터 제$(k+2)$항까지의 합이 2520일 때, 자연수 k의 값은?

① 3　　　　② 4　　　　③ 5

④ 6　　　　⑤ 7

0917 서술형

다음 등식을 만족시키는 자연수 m, n에 대하여 $m+n$의 값을 구하시오. (단, n은 한 자리 자연수이다.)

$$\log_2 4+\log_2 4^2+\log_2 4^4+\cdots+\log_2 4^{1024}=2^m-n$$

0918

등비수열 $\{a_n\}$이 모든 자연수 n에 대하여

$$a_n+a_{n+1}=8\times3^{n-1}$$

을 만족시킨다. 등비수열 $\{a_n\}$의 첫째항부터 제5항까지의 합을 구하시오.

0919 교육청 기출

함수 $f(x)=(1+x^4+x^8+x^{12})(1+x+x^2+x^3)$일 때,

$$\frac{f(2)}{\{f(1)-1\}\{f(1)+1\}}$$

의 값을 구하시오.

0920

192의 양의 약수의 총합은?

① 224   ② 381   ③ 384

④ 508   ⑤ 512

0921 중요

모든 항이 실수인 등비수열 $\{a_n\}$에 대하여

$$a_1{}^2=\frac{1}{2}, \ a_2 a_4=1$$

일 때, $(a_1+a_3+a_5+a_7+a_9)(a_1-a_3+a_5-a_7+a_9)$의 값은?

① 15   ② $\dfrac{31}{2}$ ③ 16

④ $\dfrac{33}{2}$ ⑤ 17

0922

첫째항이 12, 공비가 4인 등비수열의 첫째항부터 제n항까지의 합이 10^{10} 이상이 되도록 하는 자연수 n의 최솟값을 구하시오. (단, $\log 2=0.3$으로 계산한다.)

유형 22 부분의 합이 주어진 등비수열

첫째항이 a, 공비가 r $(r \neq 1)$인 등비수열 $\{a_n\}$의 첫째항부터 제n항까지의 합을 S_n이라 할 때,

$$S_n=\frac{a(r^n-1)}{r-1}, \ S_{2n}=\frac{a(r^{2n}-1)}{r-1}, \ S_{3n}=\frac{a(r^{3n}-1)}{r-1}$$

➡ S_{2n}, S_{3n}을 S_n으로 표현하여 r^n에 대한 식을 찾는다.

🔘 개념ON 374쪽   🔘 유형ON 2권 121쪽

0923 대표문제

각 항이 실수인 등비수열 $\{a_n\}$의 첫째항부터 제n항까지의 합 S_n에 대하여 $S_3=28$, $S_6=252$일 때, a_5의 값은?

① 16   ② 32   ③ 48

④ 64   ⑤ 72

0924 중요 서술형

각 항이 실수인 등비수열 $\{a_n\}$에서 첫째항부터 제10항까지의 합이 20, 제11항부터 제20항까지의 합이 40일 때, 제21항부터 제30항까지의 합을 구하시오.

08
등차수열과 등비수열

0925 평가원 기출

등비수열 $\{a_n\}$의 첫째항부터 제n항까지의 합을 S_n이라 하자.

$$a_1=1, \quad \frac{S_6}{S_3}=2a_4-7$$

일 때, a_7의 값을 구하시오.

0926

등비수열 $\{a_n\}$에 대하여

$$a_1+a_2+a_3+\cdots+a_{10}=20, \quad a_1+a_3+a_5+a_7+a_9=4$$

일 때, 이 수열의 공비는?

① 2   ② $\dfrac{5}{2}$ ③ 3

④ $\dfrac{7}{2}$ ⑤ 4

0927 중요

첫째항이 9인 등비수열 $\{a_n\}$의 첫째항부터 제n항까지의 합을 S_n이라 하자.

$$S_k=63, \quad S_{2k}=567$$

일 때, $a_1+a_3+a_5+\cdots+a_{2k-1}$의 값은?

① 181   ② 189   ③ 197

④ 205   ⑤ 213

0928

등비수열 $\{a_n\}$에 대하여

$$a_1+a_3+a_5+\cdots+a_{19}=10,$$
$$a_2+a_4+a_6+\cdots+a_{20}=30$$

일 때, $a_{11}+a_{12}+a_{13}+\cdots+a_{30}$의 값은?

① 40×3^{40} ② 40×3^{20} ③ 40×3^{10}

④ 20×3^{20} ⑤ 10×3^{10}

유형 23   **등비수열의 합의 활용**

도형의 길이, 넓이, 부피 등이 일정한 비율로 변할 때, 처음 몇 개의 항을 나열하여 규칙성을 파악한 후 총합은

$$a+ar+ar^2+\cdots+ar^{n-1}=\frac{a(1-r^n)}{1-r}$$

임을 이용한다.

개념ON 378쪽   유형ON 2권 122쪽

0929 대표문제

어느 연구 보고서에 따르면 앞으로 전기차의 사용이 증가하여 자동차 휘발유 소비가 감소할 것이라고 한다. 2021년 A지역의 연간 자동차 휘발유 소비량은 a톤이고 이 지역의 연간 자동차 휘발유 소비량은 전년도에 비하여 매년 일정한 비율로 감소하여 2030년에는 $\dfrac{a}{8}$톤이 된다고 한다. 2030년 이후에도 같은 비율로 계속 감소한다고 할 때, A지역에서 2021년부터 2035년까지 15년 동안 소비될 것으로 예상되는 자동차 휘발유 소비량의 총합은? (단, $\sqrt[3]{2}=1.3$으로 계산한다.)

① $\dfrac{401}{96}a$톤   ② $\dfrac{67}{16}a$톤   ③ $\dfrac{403}{96}a$톤

④ $\dfrac{101}{24}a$톤   ⑤ $\dfrac{135}{32}a$톤

0930 교육청 기출

철수는 마라톤 대회에 출전하기 위해 매주 일요일마다 달리기를 하기로 하였다. 첫 번째 일요일에 5 km를 달리기로 하고, 달릴 거리를 매주 일주일 전보다 10 %씩 늘려 나갈 계획이다. 이때 달릴 거리의 총합이 처음으로 200 km 이상이 되는 날은 몇 번째 일요일인가?

(단, $\log 2 = 0.3010$, $\log 1.1 = 0.0414$로 계산한다.)

① 15 　　　② 17 　　　③ 19
④ 21 　　　⑤ 23

0931

그림과 같이 $\angle B = 60°$이고, $\overline{AB} = 4$, $\overline{BC} = 6$인 삼각형 ABC에서 세 변 AB, BC, CA의 중점을 각각 D, E, F라 할 때, 두 선분 DF, EF를 이어 생기는 평행사변형 BEFD를 R_1이라 하자. 삼각형 FEC에서 세 변 FE, EC, CF의 중점을 각각 G, H, I라 할 때, 두 선분 GI, HI를 이어 생기는 평행사변형 EHIG를 R_2라 하자. 이와 같은 시행을 n번 반복하여 얻은 평행사변형 R_n의 넓이를 S_n이라 할 때, $S_1 + S_2 + S_3 + \cdots + S_{10}$의 값은?

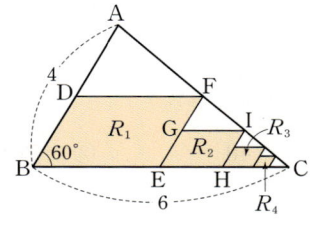

① $2\sqrt{3}\left(1 - \dfrac{1}{2^{10}}\right)$ 　　② $2\sqrt{3}\left(1 - \dfrac{1}{2^{20}}\right)$

③ $4\sqrt{3}\left(1 - \dfrac{1}{2^{10}}\right)$ 　　④ $4\sqrt{3}\left(1 - \dfrac{1}{2^{20}}\right)$

⑤ $6\sqrt{3}\left(1 - \dfrac{1}{2^{10}}\right)$

0932 ✔중요 ✏서술형

그림과 같이 [1단계]에서는 한 변의 길이가 16인 정사각형을 4등분하여 대각선 방향으로 놓인 두 정사각형에 색칠한다.
[2단계]에서는 [1단계]에서 칠하지 않은 2개의 정사각형을 각각 4등분하여 대각선 방향으로 놓인 두 정사각형에 추가로 색칠한다. [3단계]에서는 [2단계]에서 칠하지 않은 4개의 정사각형을 각각 4등분하여 대각선 방향으로 놓인 두 정사각형에 추가로 색칠한다.
이와 같은 과정을 계속 반복할 때, [10단계] 그림에서 색칠된 모든 부분의 넓이를 구하시오.

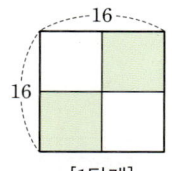 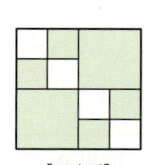 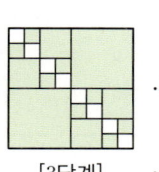

[1단계]　　　[2단계]　　　[3단계]　　　…

0933

그림과 같이 자연수 n에 대하여 좌표평면 위의 점 P_n이

$$\overline{OP_1} = 6, \quad \overline{P_1P_2} = \frac{2}{3}\overline{OP_1}, \quad \overline{P_2P_3} = \frac{2}{3}\overline{P_1P_2}, \cdots,$$

$$\angle OP_1P_2 = \angle P_1P_2P_3 = \angle P_2P_3P_4 = \cdots = 90°$$

를 만족시킬 때, 점 P_{15}의 y좌표는?

(단, O는 원점이고, $P_1(6, 0)$이다.)

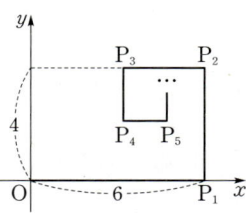

① $\dfrac{36}{13}\left\{1 + \left(\dfrac{4}{9}\right)^{7}\right\}$ 　　② $\dfrac{54}{13}\left\{1 - \left(\dfrac{4}{9}\right)^{7}\right\}$

③ $\dfrac{36}{13}\left\{1 + \left(\dfrac{4}{9}\right)^{8}\right\}$ 　　④ $\dfrac{54}{13}\left\{1 - \left(\dfrac{4}{9}\right)^{8}\right\}$

⑤ $\dfrac{36}{13}\left\{1 + \left(\dfrac{4}{9}\right)^{9}\right\}$

(1) 수열 $\{a_n\}$에서 첫째항부터 제n항까지의 합을 S_n이라 하면
$$a_1 = S_1, \quad a_n = S_n - S_{n-1} \ (n \geq 2)$$
(2) 수열의 첫째항부터 제n항까지의 합이
$S_n = Ar^n + B$ ($r \neq 0$, $r \neq 1$, A, B는 실수)의 꼴일 때
➡ $A + B = 0$이면 첫째항부터 등비수열을 이룬다.
➡ 일반항 a_n은
$$a_n = S_n - S_{n-1} = A(r-1) \times r^{n-1}$$

확인 문제

수열 $\{a_n\}$에서 첫째항부터 제n항까지의 합 S_n이 다음과 같을 때, 일반항 a_n을 구하시오.

(1) $S_n = 2^n - 1$
(2) $S_n = 3^n + 1$

🔵 개념ON 376쪽 🔵 유형ON 2권 123쪽

0934 대표문제

수열 $\{a_n\}$의 첫째항부터 제n항까지의 합을 S_n이라 할 때,
$$S_n = 2^{n+1} - 3$$
이다. $a_1 + a_3 + a_5 + a_7 + a_9$의 값은?

① 681 　　② 683 　　③ 685
④ 687 　　⑤ 689

0935 서술형

수열 $\{a_n\}$의 첫째항부터 제n항까지의 합 S_n이
$$3S_n + 1 = 6^n$$
을 만족시킨다. 수열 $\{a_n\}$의 일반항이 $a_n = ar^{n-1}$일 때, 실수 a, r에 대하여 $a + r$의 값을 구하시오.

0936

수열 $\{a_n\}$의 첫째항부터 제n항까지의 합 S_n에 대하여
$$\log_3 (S_n + 1) = n + 2$$
가 성립할 때, 보기에서 옳은 것만을 있는 대로 고른 것은?

보기

ㄱ. $a_1 + a_3 = 188$
ㄴ. $a_n = 2 \times 3^{n+1}$
ㄷ. 수열 $\{a_{2n}\}$은 공비가 9인 등비수열이다.

① ㄱ 　　② ㄱ, ㄴ 　　③ ㄱ, ㄷ
④ ㄴ, ㄷ 　　⑤ ㄱ, ㄴ, ㄷ

0937 중요

수열 $\{a_n\}$의 첫째항부터 제n항까지의 합을 S_n이라 할 때,
$$S_n = 5 \times 2^{n+2} + k$$
이다. 수열 $\{a_n\}$이 첫째항부터 등비수열을 이루도록 하는 상수 k의 값은?

① -40 　　② -20 　　③ -5
④ 5 　　⑤ 20

0938 서술형

수열 $\{a_n\}$의 첫째항부터 제n항까지의 합 S_n이
$$S_n = 2^{n+2} - 4$$
일 때, $a_n > 1000$을 만족시키는 자연수 n의 최솟값을 구하시오.

유형 25 원리합계

연이율 r의 복리로 n년 동안 매년 적립할 때, n년 말의 원리합계를 S_n이라 하면

(1) 매년 초에 a원씩 적립 ➡ $S_n = \dfrac{a(1+r)\{(1+r)^n - 1\}}{r}$

(2) 매년 말에 a원씩 적립 ➡ $S_n = \dfrac{a\{(1+r)^n - 1\}}{r}$

Tip (1), (2) 모두 공비가 $1+r$인 등비수열의 합이지만
(1)은 첫째항이 $a(1+r)$, (2)는 첫째항이 a인 경우이다.

🔵 개념ON 380쪽 🟢 유형ON 2권 124쪽

0939 대표문제

연이율이 3 %, 1년마다 복리로 매년 초에 100만 원씩 10년 동안 적립할 때, 10년째 말의 적립금의 원리합계는?

(단, $1.03^{10} = 1.3$으로 계산한다.)

① 1015만 원　　② 1020만 원　　③ 1025만 원
④ 1030만 원　　⑤ 1035만 원

0940 ✅중요

어느 회사원이 부모님의 기념일에 사용하기 위하여 매년 초에 일정한 금액씩 적립하여 5년째 말까지 260만 원을 마련하려고 한다. 연이율이 4 %이고 1년마다의 복리로 계산할 때, 매년 초에 얼마씩 적립해야 하는가?

(단, $1.04^5 = 1.2$로 계산한다.)

① 47만 원　　② 48만 원　　③ 49만 원
④ 50만 원　　⑤ 51만 원

0941 ✏️서술형

김씨는 매년 초에 11만 원씩 5년째 말까지, 이씨는 매년 말에 12만 원씩 5년째 말까지 적립하는 적금 상품에 가입하였다. 연이율은 두 상품 모두 6 %로 동일하고 1년마다의 복리로 계산할 때, 두 사람이 5년째 말에 받는 적립금의 원리합계의 차액을 구하시오. (단, $1.06^5 = 1.3$으로 계산한다.)

0942

은수는 2023년 초에 20만 원을 적립하고 다음 해부터 매년 초에 전년도 적립금액의 5 %를 증액하여 적립하기로 하였다. 연이율이 5 %이고 1년마다의 복리로 계산할 때, 2032년 말의 적립금의 원리합계는? (단, $1.05^{10} = 1.6$으로 계산한다.)

① 240만 원　　② 260만 원　　③ 280만 원
④ 300만 원　　⑤ 320만 원

0943 ✅중요

어느 부부가 이달 초에 300만 원짜리 냉장고를 12개월 할부로 구입하고 이달 말부터 매달 일정한 금액을 지불하여 모두 완납하기로 하였다. 월이율이 2 %이고 1개월마다의 복리로 계산할 때, 매달 지불해야 할 금액은?

(단, $1.02^{12} = 1.3$으로 계산한다.)

① 26만 원　　② 27만 원　　③ 28만 원
④ 29만 원　　⑤ 30만 원

08 등차수열과 등비수열

내신 잡는 종합 문제

0944

등차수열 $\{a_n\}$에 대하여
$$a_3 = 42, \ a_{13} = -18$$
일 때, $a_k = 0$을 만족시키는 자연수 k의 값은?

① 8   ② 9   ③ 10
④ 11   ⑤ 12

0945

등차수열 $\{a_n\}$에 대하여
$$\begin{pmatrix} a_1 & a_4 & a_7 \\ a_2 & a_5 & a_8 \end{pmatrix} \begin{pmatrix} 1 \\ 1 \\ 1 \end{pmatrix} = \begin{pmatrix} 36 \\ 30 \end{pmatrix}$$
일 때, $a_3 + a_9$의 값은?

① 12   ② 14   ③ 16
④ 18   ⑤ 20

0946 평가원 기출

등차수열 $\{a_n\}$에 대하여
$$a_1 = a_3 + 8, \ 2a_4 - 3a_6 = 3$$
일 때, $a_k < 0$을 만족시키는 자연수 k의 최솟값은?

① 8   ② 10   ③ 12
④ 14   ⑤ 16

0947

첫째항이 $\dfrac{1}{64}$이고 공비가 양수인 등비수열 $\{a_n\}$에 대하여
$a_2 + a_3 = \dfrac{1}{a_2} + \dfrac{1}{a_3}$일 때, a_5의 값은?

① 128   ② 256   ③ 512
④ 1024   ⑤ 2048

0948

공비가 양수인 등비수열 $\{a_n\}$에 대하여 $a_5 = 2$, $a_9 = 8$일 때, $a_n > 1000$을 만족시키는 자연수 n의 최솟값은?

① 19   ② 20   ③ 21
④ 22   ⑤ 23

0949 교육청 기출

등차수열 $\{a_n\}$, 등비수열 $\{b_n\}$에 대하여 $a_1 = b_1 = 3$이고
$$b_3 = -a_2, \ a_2 + b_2 = a_3 + b_3$$
일 때, a_3의 값은?

① -9 ② -3 ③ 0
④ 3   ⑤ 9

0950

세 실수 $\log 4$, $\log(3^a-3)$, $\log 144$가 이 순서대로 등차수열을 이룰 때, 실수 a의 값을 구하시오. (단, $a>1$)

0951

등차수열을 이루는 네 수의 합이 20이고, 가장 큰 수가 23일 때, 나머지 세 수의 곱은?

① 99   ② 110   ③ 120

④ 132   ⑤ 143

0952

5와 45 사이에 10개의 수 a_1, a_2, a_3, $\cdots$, a_{10}을 넣어

  5, a_1, a_2, a_3, $\cdots$, a_{10}, 45

가 이 순서대로 등비수열을 이루도록 할 때, $a_2 \times a_9$의 값은?

① 175   ② 200   ③ 225

④ 250   ⑤ 275

0953

100 이하의 자연수 중에서 3으로 나누어떨어지고 4로 나누었을 때의 나머지가 3인 자연수의 총합은?

① 459   ② 471   ③ 483

④ 495   ⑤ 507

0954

공차가 -4인 등차수열 $\{a_n\}$에서 $|a_4|=|a_9|$일 때, 이 수열의 제11항부터 제20항까지의 합은?

① -360 ② -270 ③ -180

④ -120 ⑤ -60

0955

두 양수 m, n에 대하여 그림과 같이 세 함수 $y=\sqrt{x}$, $y=\sqrt{mx}$, $y=3\sqrt{x}$의 그래프와 직선 $x=n$이 만나는 점을 각각 A, B, C라 하자. 점 $\mathrm{P}(n,\ 0)$에 대하여 $\overline{\mathrm{AP}}$, $\overline{\mathrm{BP}}$, $\overline{\mathrm{CP}}$가 이 순서대로 등비수열을 이루고 $\overline{\mathrm{OA}}^2$, $\overline{\mathrm{OB}}^2+7$, $\overline{\mathrm{OC}}^2+2$가 이 순서대로 등차수열을 이룰 때, $m+n$의 값은?

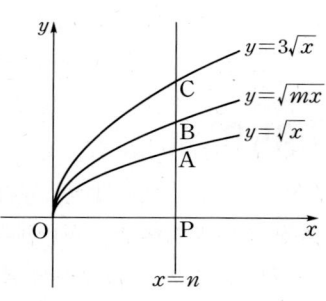

      (단, $1<m<9$이고, O는 원점이다.)

① 5   ② 6   ③ 7

④ 8   ⑤ 9

0956 수능 기출

첫째항이 7인 등비수열 $\{a_n\}$의 첫째항부터 제n항까지의 합을 S_n이라 하자. $\dfrac{S_9-S_5}{S_6-S_2}=3$일 때, a_7의 값을 구하시오.

0957

첫째항이 1이고 공비가 1보다 큰 등비수열 $\{a_n\}$의 첫째항부터 제n항까지의 합을 S_n이라 할 때, 보기에서 옳은 것만을 있는 대로 고른 것은?

┌─ 보기 ────────────────────────────────
  ㄱ. 수열 $\{\log a_n\}$은 공차가 $\log r$인 등차수열이다.
  ㄴ. 수열 $\{a_{n+1}-a_n\}$은 공비가 $r-1$인 등비수열이다.
  ㄷ. 수열 $\{S_{2n}-S_{2n-1}\}$은 공비가 r^2인 등비수열이다.
└───

① ㄱ   ② ㄱ, ㄴ   ③ ㄱ, ㄷ

④ ㄴ, ㄷ   ⑤ ㄱ, ㄴ, ㄷ

0958

동인이는 6월 초에 100만 원짜리 노트북을 구매하면서 40만 원을 우선 지불하였고 나머지는 6월 말부터 내년 5월 말까지 12개월 동안 매달 말에 일정한 금액을 지불하여 모두 완납하기로 하였다. 월이율이 4%이고 1개월마다의 복리로 계산할 때, 동인이가 매달 지불해야 할 금액은?

(단, $1.04^{12}=1.6$으로 계산한다.)

① 60000원   ② 64000원   ③ 68000원

④ 72000원   ⑤ 76000원

0959

등차수열 $\{a_n\}$의 첫째항부터 제n항까지의 합을 S_n이라 하자.

$$S_{10}=-70,\ S_{20}=-740$$

일 때, 임의의 자연수 n에 대하여 $S_n \leq k$이다. k의 최솟값은?

① 36   ② 40   ③ 44

④ 48   ⑤ 52

0960

그림과 같이 [1단계]에서는 한 변의 길이가 10인 정사각형의 각 변의 중점을 이어 만든 삼각형 4개에 색칠하고 그 넓이를 A_1이라 한다. [2단계]에서는 [1단계]에서 색칠하지 않은 정사각형의 각 변의 중점을 이어 만든 삼각형 4개에 색칠하고 그 넓이를 A_2라 한다. [3단계]에서는 [2단계]에서 색칠하지 않은 정사각형의 각 변의 중점을 이어 만든 삼각형 4개에 색칠하고 그 넓이를 A_3이라 한다. 이와 같이 계속할 때, [10단계]에서 새롭게 칠해지는 삼각형 4개의 넓이 A_{10}은?

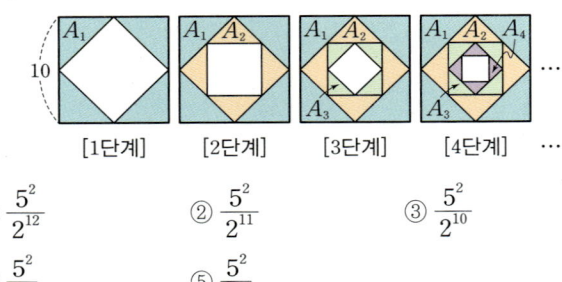

① $\dfrac{5^2}{2^{12}}$ ② $\dfrac{5^2}{2^{11}}$ ③ $\dfrac{5^2}{2^{10}}$

④ $\dfrac{5^2}{2^9}$ ⑤ $\dfrac{5^2}{2^8}$

0961 평가원 기출

공차가 2인 등차수열 $\{a_n\}$의 첫째항부터 제n항까지의 합을 S_n이라 하자. $S_k = -16$, $S_{k+2} = -12$를 만족시키는 자연수 k에 대하여 a_{2k}의 값은?

① 6　　　　　② 7　　　　　③ 8
④ 9　　　　　⑤ 10

0962

어느 지역의 전입자 수를 조사하였더니 2011년부터 2020년까지 10년 동안의 전입자 수는 20만 명이었고, 이 중 4만 명은 2016년부터 2020년까지 5년 동안의 전입자 수라고 한다. 이 지역의 전입자 수가 매년 일정한 비율로 감소한다고 할 때, 2011년의 전입자 수는 2026년의 전입자 수의 몇 배인가?

① 8배　　　　② 16배　　　　③ 32배
④ 64배　　　　⑤ 128배

0963

50 이하의 자연수 중에서 서로 다른 세 수를 택하여 가장 작은 수부터 크기순으로 나열할 때, 이 세 수가 공비가 자연수인 등비수열을 이루도록 나열하는 경우의 수를 구하시오.

✎ 서술형 대비하기

0964

중심각의 크기가 $\dfrac{2}{3}\pi$인 부채꼴 OAB에서 그림과 같이 두 선분 OA, OB를 각각 10등분하여 9개의 호
　　　$A_1B_1,\ A_2B_2,\ A_3B_3,\ \cdots,\ A_9B_9$
를 새로 만들었다. 부채꼴 OAB의 넓이가 48π일 때, 호 AB를 포함하는 10개의 호의 길이의 총합을 구하시오.

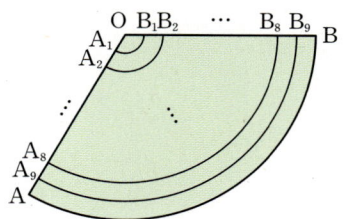

0965

등비수열 $\{a_n\}$에서 $a_3 = 12$, $a_5 = 36$일 때,
$$A = a_1{}^2 + a_2{}^2 + a_3{}^2 + \cdots + a_{10}{}^2$$
이라 하자. $\log_3 \dfrac{A+8}{8}$의 값을 구하시오.

0966

공차가 양수인 등차수열 $\{a_n\}$에 대하여

$$a_4 = -1, \ |a_2| + 1 = |a_7|$$

일 때, a_{10}의 값은?

① 13   ② 15   ③ 17

④ 19   ⑤ 21

0967

수열 1, 2, 3, 4, …가 있다. 첫 번째 시행에서는 이 수열의 홀수 번째 항을 버리고 남는 수들을 가장 작은 것부터 크기순으로 나열하고, 두 번째 시행부터는 이전 시행에서 만들어진 수열의 짝수 번째 항을 버리고 남는 수들을 가장 작은 것부터 크기순으로 나열한다. 이와 같은 시행을 반복할 때, 5번째 시행에서 만들어지는 수열의 제5항을 구하시오.

0968

첫째항이 3인 수열 $\{a_n\}$의 첫째항부터 제 n항까지의 합을 S_n이라 하자. 수열 $\{a_n\}$이 다음 조건을 만족시킬 때, a_8의 값을 구하시오.

(가) 수열 $\{a_{2n-1}\}$은 공차가 2인 등차수열이다.
(나) 수열 $\{S_{2n-1}\}$은 공비가 3인 등비수열이다.

0969

두 수 9와 40 사이에 10개의 실수 a_1, a_2, a_3, …, a_{10}을 넣어

$$9, \ a_1, \ a_2, \ a_3, \ \cdots, \ a_{10}, \ 40$$

이 이 순서대로 등비수열을 이루도록 하였다. 등식

$$9 + a_1 + a_2 + a_3 + \cdots + a_{10} + 40$$
$$= k\left(\frac{1}{9} + \frac{1}{a_1} + \frac{1}{a_2} + \frac{1}{a_3} + \cdots + \frac{1}{a_{10}} + \frac{1}{40}\right)$$

을 만족시키는 상수 k의 값을 구하시오.

0970 교육청 기출

공차가 d인 등차수열 $\{a_n\}$이 다음 조건을 만족시키도록 하는 모든 자연수 d의 값의 합을 구하시오.

(가) $a_8 = 2a_5 + 10$
(나) 모든 자연수 n에 대하여 $a_n \times a_{n+1} \geq 0$이다.

0971

첫째항이 3이고 공비가 실수인 등비수열 $\{a_n\}$의 첫째항부터 제n항까지의 합을 S_n이라 하자.

$$S_{10} < S_8, \ S_{10} - S_8 = S_2 + 2S_8$$

일 때, a_5의 값은?

① 9   ② 27   ③ 81

④ 243   ⑤ 729

0972

등차수열 $\{a_n\}$에 대하여

$$S_n = a_1 + a_2 + a_3 + \cdots + a_n,$$
$$T_n = |a_1| + |a_2| + |a_3| + \cdots + |a_n|$$

이라 하자. S_n, T_n이 다음 조건을 만족시킬 때, a_{10}의 값은?

(가) $S_{10} = a_{10}$
(나) $T_n = S_n + 60$ (단, $n \geq 4$)

① 10   ② 12   ③ 15

④ 18   ⑤ 20

0973

공비가 r_a인 등비수열 $\{a_n\}$과 공비가 r_b인 등비수열 $\{b_n\}$의 첫째항부터 제n항까지의 합을 각각 S_n, T_n이라 하자.

$$S_4 = 10S_2, \ T_6 = 21T_2$$

일 때, 보기에서 옳은 것만을 있는 대로 고른 것은?

(단, $a_1 \neq 0$, $b_1 \neq 0$, $r_a > 1$, $r_b > 1$)

보기

ㄱ. $r_a > r_b$
ㄴ. $a_1 = 4$이면 $S_5 = 480$이다.
ㄷ. $b_1 = 3$이면 $T_5 = 93$이다.

① ㄴ   ② ㄷ   ③ ㄱ, ㄴ

④ ㄱ, ㄷ   ⑤ ㄱ, ㄴ, ㄷ

0974 교육청 기출

세 실수 a, b, c가 이 순서대로 등차수열을 이루고 다음 조건을 만족시킬 때, abc의 값을 구하시오.

(가) $\dfrac{2^a \times 2^c}{2^b} = 32$
(나) $a + c + ca = 26$

08 등차수열과 등비수열

0975

태호는 그 동안 모은 100만 원을 2023년 초에 모두 예금한 후, 2023년 말부터 매년 말에 10만 원씩을 인출하여 부모님께 드릴 새해 선물을 준비하는 데 쓰기로 하였다. 연이율이 5 %이고 1년마다의 복리로 계산하는 예금에 가입하였을 때, 2033년 초에 이 통장에 남아 있는 금액은?

(단, $1.05^{10}=1.6$으로 계산한다.)

① 28만 원 ② 32만 원 ③ 36만 원
④ 40만 원 ⑤ 44만 원

0976 교육청 기출

등차수열 $\{a_n\}$의 첫째항부터 제n항까지의 합을 S_n이라 하자. S_n이 다음 조건을 만족시킬 때, a_{13}의 값을 구하시오.

> ㈎ S_n은 $n=7$, $n=8$에서 최솟값을 갖는다.
> ㈏ $|S_m|=|S_{2m}|=162$인 자연수 $m\,(m>8)$이 존재한다.

0977

두 수 20과 60 사이에 m개의 정수를 넣고, 20의 앞, 60의 뒤에 각각 n개의 정수를 넣어

$$a_1,\ a_2,\ \cdots,\ a_n,\ 20,\ b_1,\ b_2,\ \cdots,\ b_m,\ 60,\ c_1,\ c_2,\ \cdots,\ c_n$$

이 이 순서대로 등차수열을 이루도록 하였다. 이 수열의 합이 800일 때, $2m+n$의 값은? (단, m. n은 자연수이다.)

① 15 ② 16 ③ 17
④ 18 ⑤ 19

0978

서로 다른 두 자리 자연수 m, n에 대하여 $\log_m n$의 값은 유리수이고, 세 수 m, n, 64가 이 순서대로 등비수열을 이룰 때,

$$\log_m n=\frac{q}{p}$$

이다. $p+q$의 값을 구하시오.

(단, p와 q는 서로소인 자연수이다.)

0979

모든 항이 자연수이고 공차가 0이 아닌 등차수열 $\{a_n\}$이 다음 조건을 만족시킬 때, a_1의 값은?

> (가) a_1은 10보다 작은 자연수이다.
> (나) $a_7 = k$이고, $a_k = 67$이다.

① 2 　　　　② 3 　　　　③ 4
④ 5 　　　　⑤ 6

0980

10보다 큰 300 이하의 자연수 중에서 서로 다른 네 개의 수를 택하여 가장 작은 것부터 크기 순서대로 나열하였더니 공비가 자연수인 등비수열이 되었다. 네 수의 합이 가장 크도록 택할 때, 그 합은?

① 440 　　　　② 495 　　　　③ 555
④ 615 　　　　⑤ 688

0981 교육청 기출

그림과 같이 한 변의 길이가 2인 정사각형 모양의 종이 ABCD에서 각 변의 중점을 각각 A_1, B_1, C_1, D_1이라 하고 $\overline{A_1B_1}$, $\overline{B_1C_1}$, $\overline{C_1D_1}$, $\overline{D_1A_1}$을 접는 선으로 하여 네 점 A, B, C, D가 한 점에서 만나도록 접은 모양을 S_1이라 하자.

S_1에서 정사각형 $A_1B_1C_1D_1$의 각 변의 중점을 각각 A_2, B_2, C_2, D_2라 하고 $\overline{A_2B_2}$, $\overline{B_2C_2}$, $\overline{C_2D_2}$, $\overline{D_2A_2}$를 접는 선으로 하여 네 점 A_1, B_1, C_1, D_1이 한 점에서 만나도록 접은 모양을 S_2라 하자.

이와 같은 과정을 계속하여 n번째 얻은 모양을 S_n이라 하고, S_n을 정사각형 모양의 종이 ABCD와 같도록 펼쳤을 때 접힌 모든 선들의 길이의 합을 l_n이라 하자. 예를 들어, $l_1 = 4\sqrt{2}$이다. l_5의 값은? (단, 종이의 두께는 고려하지 않는다.)

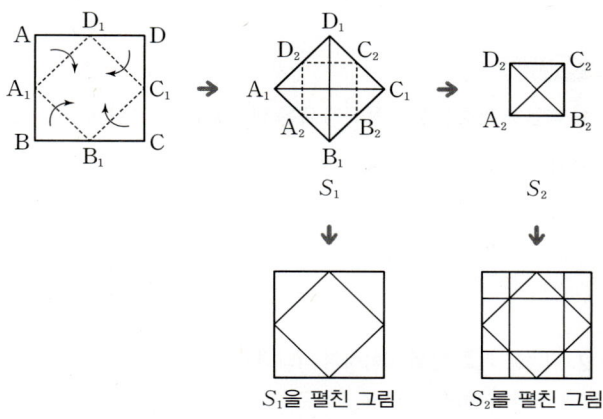

① $24 + 28\sqrt{2}$ 　　② $28 + 28\sqrt{2}$ 　　③ $28 + 32\sqrt{2}$
④ $32 + 32\sqrt{2}$ 　　⑤ $36 + 32\sqrt{2}$

유형 **01** 합의 기호 $\sum$

$\sum$의 정의를 이용하는 문제는 덧셈식으로 바꾸어 계산한다.

(1) $\displaystyle\sum_{k=1}^{n} a_k = a_1 + a_2 + a_3 + \cdots + a_n$

(2) $\displaystyle\sum_{k=1}^{n} a_{2k} = a_2 + a_4 + a_6 + \cdots + a_{2n}$

$\displaystyle\sum_{k=1}^{n} a_{2k-1} = a_1 + a_3 + a_5 + \cdots + a_{2n-1}$

(3) $\displaystyle\sum_{k=1}^{n} (a_{2k-1} + a_{2k}) = a_1 + a_2 + a_3 + a_4 + \cdots + a_{2n-1} + a_{2n}$

$$= \sum_{k=1}^{2n} a_k$$

확인 문제

1. 다음을 기호 $\sum$를 사용하지 않은 합의 꼴로 나타내시오.

(1) $\displaystyle\sum_{k=1}^{5} 2k$

(2) $\displaystyle\sum_{k=1}^{10} k^2$

(3) $\displaystyle\sum_{k=1}^{n} 2^k$

2. 다음을 기호 $\sum$를 사용하여 나타내시오.
(1) $1 + 3 + 5 + \cdots + 99$
(2) $5 + 8 + 11 + \cdots + 29$
(3) $1 \times 2 + 2 \times 3 + 3 \times 4 + \cdots + 10 \times 11$

🔗 개념ON 392쪽　🔗 유형ON 2권 128쪽

0982 대표문제

수열 $\{a_n\}$에 대하여 $\displaystyle\sum_{k=1}^{n}(a_{2k-1} + a_{2k}) = n^2 - n$일 때, $\displaystyle\sum_{k=1}^{20} a_k$의 값은?

① 80　　　② 90　　　③ 100
④ 110　　　⑤ 120

0983

수열 $\{a_n\}$에 대하여 $a_1 = 5$, $a_{100} = 105$일 때, $\displaystyle\sum_{k=1}^{99} a_{k+1} - \sum_{k=3}^{101} a_{k-2}$의 값을 구하시오.

0984 평가원 기출

수열 $\{a_n\}$이

$$\sum_{k=1}^{7} a_k = \sum_{k=1}^{6} (a_k + 1)$$

을 만족시킬 때, a_7의 값은?

① 6　　　② 7　　　③ 8
④ 9　　　⑤ 10

0985 중요

보기에서 옳은 것만을 있는 대로 고른 것은?

보기

ㄱ. $3 + 6 + 9 + \cdots + 3(n-1) = \displaystyle\sum_{k=2}^{n} 3(k-1)$

ㄴ. $1 - 1 + 1 - 1 + 1 = \displaystyle\sum_{k=0}^{5} (-1)^k$

ㄷ. $\displaystyle\sum_{k=1}^{n} k^2 = \sum_{k=0}^{n-1} (k+1)^2$

① ㄱ　　　② ㄷ　　　③ ㄱ, ㄴ
④ ㄱ, ㄷ　　　⑤ ㄴ, ㄷ

0986 서술형

수열 $\{a_n\}$에 대하여 $a_1 = 4$이고 $\displaystyle\sum_{k=1}^{20} a_{k+1} - \sum_{k=2}^{21} a_{k-1} = 26$일 때, a_{21}의 값을 구하시오.

0987 _{수능 기출}

수열 $\{a_n\}$은 $a_1=1$이고, 모든 자연수 n에 대하여

$$\sum_{k=1}^{n}(a_k-a_{k+1})=-n^2+n$$

을 만족시킨다. a_{11}의 값은?

① 88   ② 91   ③ 94

④ 97   ⑤ 100

유형 02 $\sum$의 기본 성질

$\sum$를 포함한 식을 계산할 때에는 $\sum$의 시작항과 끝항이 각각 같은지 확인한 다음, $\sum$의 성질을 이용한다.

(1) $\displaystyle\sum_{k=1}^{n}(pa_k+qb_k+r)=p\sum_{k=1}^{n}a_k+q\sum_{k=1}^{n}b_k+rn$

(단, p, q, r은 상수이다.)

(2) $\displaystyle\sum_{k=1}^{n}(a_k+c)^2=\sum_{k=1}^{n}a_k{}^2+2c\sum_{k=1}^{n}a_k+c^2n$ (단, c는 상수이다.)

Tip $\sum$의 시작항 또는 끝항이 다른 경우에는 $\sum$의 성질을 바로 적용할 수 없음에 주의한다.

확인 문제

$\displaystyle\sum_{k=1}^{5}a_k=2$, $\displaystyle\sum_{k=1}^{5}b_k=3$일 때, 다음 식의 값을 구하시오.

(1) $\displaystyle\sum_{k=1}^{5}(a_k+2b_k)$

(2) $\displaystyle\sum_{k=1}^{5}(6a_k-3b_k+2)$

🎧 개념ON 392쪽   🎧 유형ON 2권 129쪽

0988 ✅_{중요}

수열 $\{a_n\}$에 대하여

$$\sum_{k=1}^{10}ka_k=100,\quad \sum_{k=1}^{9}ka_{k+1}=72$$

일 때, $\displaystyle\sum_{k=1}^{10}a_k$의 값을 구하시오.

0990 _{대표문제}

수열 $\{a_n\}$에 대하여 $\displaystyle\sum_{k=1}^{10}a_k=7$, $\displaystyle\sum_{k=1}^{10}a_k{}^2=22$일 때,

$$\sum_{k=1}^{10}(a_k-1)(2a_k+3)$$

의 값은?

① 18   ② 19   ③ 20

④ 21   ⑤ 22

0989

수열 $\{a_n\}$의 첫째항부터 제n항까지의 합 S_n이

$$S_n=\sum_{k=1}^{n+1}(k+1)^2-\sum_{k=1}^{n}(k-1)^2$$

일 때, a_{10}의 값은?

① 47   ② 51   ③ 55

④ 59   ⑤ 63

0991 _{평가원 기출}

두 수열 $\{a_n\}$, $\{b_n\}$에 대하여

$$\sum_{k=1}^{10}(2a_k-b_k)=34,\quad \sum_{k=1}^{10}a_k=10$$

일 때, $\displaystyle\sum_{k=1}^{10}(a_k-b_k)$의 값을 구하시오.

09 수열의 합

0992

두 수열 $\{a_n\}$, $\{b_n\}$에 대하여 $\sum\limits_{k=1}^{n}(a_k+b_k)^2=120$,

$\sum\limits_{k=1}^{n}a_kb_k=25$일 때, $\sum\limits_{k=1}^{n}(a_k^2+b_k^2)$의 값은?

① 40　　　　② 55　　　　③ 70

④ 85　　　　⑤ 100

0993 중요 서술형

두 수열 $\{a_n\}$, $\{b_n\}$에 대하여 $\sum\limits_{k=1}^{10}(a_k+2b_k)=11$,

$\sum\limits_{k=1}^{10}(3a_k-b_k)=12$일 때, $\sum\limits_{k=1}^{10}\left(2a_k+\dfrac{1}{3}b_k\right)$의 값을 구하시오.

0994

두 수열 $\{a_n\}$, $\{b_n\}$에 대하여 $\sum\limits_{k=1}^{n}a_k=n^2$, $\sum\limits_{k=1}^{n}b_k=2n$일 때,

$\sum\limits_{k=11}^{20}(a_k-2b_k+5)$의 값은?

① 310　　　　② 320　　　　③ 330

④ 340　　　　⑤ 350

0995 중요

수열 $\{a_n\}$에 대하여 $\sum\limits_{k=1}^{10}(a_k+1)^2=20$, $\sum\limits_{k=1}^{10}a_k(a_k+3)=12$일

때, $\sum\limits_{k=1}^{10}a_k$의 값은?

① 2　　　　② 4　　　　③ 6

④ 8　　　　⑤ 10

0996 수능 기출

수열 $\{a_n\}$에 대하여

$$\sum_{k=1}^{10}a_k-\sum_{k=1}^{7}\frac{a_k}{2}=56, \quad \sum_{k=1}^{10}2a_k-\sum_{k=1}^{8}a_k=100$$

일 때, a_8의 값을 구하시오.

유형 03　$\sum r^k$ 꼴의 계산

$r \neq 1$일 때, $\sum r^k$ 꼴을 포함한 계산에서는 등비수열의 합 공식을 이용한다.

➡ $\sum\limits_{k=1}^{n}r^k=r+r^2+r^3+\cdots+r^n$　　첫째항과 공비가 모두 r인 등비수열의 첫째항부터 제n항까지의 합이다.

$$=\frac{r(r^n-1)}{r-1}=\frac{r(1-r^n)}{1-r}$$

🔲 개념ON 392쪽　　🔲 유형ON 2권 130쪽

0997 대표문제

$\sum\limits_{k=1}^{10}\dfrac{3^k+2^k}{4^k}=a\times\left(\dfrac{3}{4}\right)^{10}-\left(\dfrac{1}{2}\right)^{10}+b$일 때, 정수 a, b에 대하여

$a+b$의 값은?

① -2　　　　② -1　　　　③ 1

④ 2　　　　⑤ 4

0998

이차정사각행렬 A의 (i, j) 성분 a_{ij}를

$$a_{ij} = \sum_{k=1}^{3i+j} 2^k \quad (i=1, 2, j=1, 2)$$

라 할 때, 행렬 A의 제2행의 모든 성분의 합을 구하시오.

0999 ✅중요 ✏️서술형

다항식 $P(x) = x^{2n}(x-1)$을 $x-2$로 나누었을 때의 나머지를 a_n이라 하자. $\sum\limits_{k=1}^{n} a_k$를 n에 대한 식으로 나타내시오.

1000

수열 $\{a_n\}$에 대하여

$$\{a_n\} : 3, \ 3+3^2, \ 3+3^2+3^3, \ 3+3^2+3^3+3^4, \ \cdots$$

일 때, $\sum\limits_{k=1}^{n} (2a_k+3) = 360$을 만족시키는 자연수 n의 값은?

① 4   ② 5   ③ 6
④ 7   ⑤ 8

1001

수열 $\{a_n\}$이

$$\{a_n\} : 6, \ 66, \ 666, \ 6666, \ \cdots$$

일 때, $\sum\limits_{k=1}^{10} a_k = \dfrac{a \times 10^{11} - b}{27}$이다. $a+b$의 값은?

(단, a, b는 자연수이고 $0 < b < 500$이다.)

① 186   ② 190   ③ 194
④ 198   ⑤ 202

유형 04 ∑와 등차수열, 등비수열

(1) 수열 $\{a_n\}$이 첫째항이 a, 공차가 d인 등차수열일 때

➡ $a_n = a+(n-1)d$, $\sum\limits_{k=1}^{n} a_k = \dfrac{n\{2a+(n-1)d\}}{2}$

(2) 수열 $\{a_n\}$이 첫째항이 a, 공비가 r ($r \neq 1$)인 등비수열일 때

➡ $a_n = ar^{n-1}$, $\sum\limits_{k=1}^{n} a_k = \dfrac{a(r^n-1)}{r-1} = \dfrac{a(1-r^n)}{1-r}$

🔵 개념ON 394쪽   🔵 유형ON 2권 130쪽

1002 대표문제

등차수열 $\{a_n\}$에 대하여 $a_3=1$, $a_6=10$일 때,

$\sum\limits_{k=1}^{15} a_{2k} - \sum\limits_{k=1}^{15} a_{2k-1}$의 값을 구하시오.

1003

등차수열 $\{a_n\}$에 대하여 $a_1+a_{15}=40$일 때, $\sum\limits_{k=4}^{12} a_k$의 값은?

① 160   ② 180   ③ 200
④ 220   ⑤ 240

09
수열의 합

1004

공비가 1보다 큰 등비수열 $\{a_n\}$에 대하여 이차방정식

$$x^2 - 18x + 32 = 0$$

의 두 근이 a_1, a_7일 때, $\displaystyle\sum_{n=1}^{10} a_{2n-1}$의 값은?

① 1023   ② 1025   ③ 2046

④ 2048   ⑤ 2050

1005 수능 기출

등차수열 $\{a_n\}$이

$$a_5 + a_{13} = 3a_9, \quad \sum_{k=1}^{18} a_k = \frac{9}{2}$$

를 만족시킬 때, a_{13}의 값은?

① 2   ② 1   ③ 0

④ -1 ⑤ -2

1006 중요 서술형

첫째항이 3인 등비수열 $\{a_n\}$에 대하여

$$\sum_{k=1}^{n} a_{2k-1} = 255, \quad \sum_{k=1}^{n} a_{2k} = 510$$

을 만족시키는 자연수 n의 값을 구하시오.

1007

등비수열 $\{a_n\}$에 대하여

$$a_{10} = 4(a_9 - a_8), \quad \sum_{k=1}^{5} a_k = 124$$

일 때, $\displaystyle\sum_{k=1}^{5} a_{2k}$의 값은?

① 2486   ② 2502   ③ 2610

④ 2728   ⑤ 2882

1008 중요

등차수열 $\{a_n\}$에 대하여 $a_5 = 8$이고

$$\sum_{k=1}^{10} (a_{2k} + a_{2k+1}) - \sum_{n=1}^{10} (a_{2n-1} + a_{2n}) = 60$$

일 때, $\displaystyle\sum_{k=1}^{10} a_k$의 값은?

① 75   ② 80   ③ 85

④ 90   ⑤ 95

1009

첫째항이 양수이고 공비가 음수인 등비수열 $\{a_n\}$의 첫째항부터 제n항까지의 합을 S_n이라 하면 $S_3 = 3a_3$일 때, $\displaystyle\sum_{n=1}^{6} \frac{S_n}{a_n}$의 값을 구하시오.

유형 05 자연수의 거듭제곱의 합

(1) $\displaystyle\sum_{k=1}^{n} k = 1+2+3+\cdots+n = \frac{n(n+1)}{2}$

(2) $\displaystyle\sum_{k=1}^{n} k^2 = 1^2+2^2+3^2+\cdots+n^2 = \frac{n(n+1)(2n+1)}{6}$

(3) $\displaystyle\sum_{k=1}^{n} k^3 = 1^3+2^3+3^3+\cdots+n^3 = \left\{\frac{n(n+1)}{2}\right\}^2$

예 $\displaystyle\sum_{k=1}^{10} k = \frac{10\times 11}{2} = 55$, $\displaystyle\sum_{k=1}^{10} k^2 = \frac{10\times 11\times 21}{6} = 385$,

$\displaystyle\sum_{k=1}^{10} k^3 = \left(\frac{10\times 11}{2}\right)^2 = 3025$

확인 문제

다음 식의 값을 구하시오.

(1) $\displaystyle\sum_{k=1}^{9} 6k$

(2) $\displaystyle\sum_{k=1}^{9} (k^2+k)$

(3) $\displaystyle\sum_{k=1}^{5} (k^3-k)$

🔵 **개념ON** 400쪽 🔵 **유형ON 2권** 131쪽

1010 대표문제

$\displaystyle\sum_{k=1}^{12} \frac{1^2+2^2+3^2+\cdots+k^2}{1+k}$ 의 값은?

① 229 ② $\dfrac{688}{3}$ ③ $\dfrac{689}{3}$

④ 230 ⑤ $\dfrac{691}{3}$

1011

$\displaystyle\sum_{k=1}^{20} (k-1)^2 - \sum_{k=11}^{18} (k+1)^2$ 의 값은?

① 490 ② 494 ③ 498
④ 502 ⑤ 506

1012 ✏️서술형

첫째항이 -1, 공차가 2인 등차수열 $\{a_n\}$에 대하여

$$\sum_{k=1}^{n} (a_{k+1}+3) = 88$$

을 만족시키는 자연수 n의 값을 구하시오.

1013 ✅중요

$\displaystyle\sum_{k=1}^{n+1} k^2 - \sum_{k=1}^{n} (k^2-k) = 70$을 만족시키는 자연수 n의 값은?

① 6 ② 7 ③ 8
④ 9 ⑤ 10

1014 ✅중요 수능기출

자연수 n에 대하여 다항식 $2x^2-3x+1$을 $x-n$으로 나누었을 때의 나머지를 a_n이라 할 때, $\displaystyle\sum_{n=1}^{7} (a_n-n^2+n)$의 값을 구하시오.

09 수열의 합

1015 ✓중요

자연수 n에 대하여 x에 대한 이차방정식
$x^2-(2n-1)x+n(n-1)=0$의 두 근을 $\alpha_n,\ \beta_n$이라 할 때,
$\sum\limits_{n=1}^{7}(\alpha_n-1)(\beta_n-1)$의 값을 구하시오.

1016

$\sum\limits_{k=1}^{10}(k-c)(k+2c)$의 값이 최대가 되도록 하는 상수 c의 값은?

① $\dfrac{13}{10}$ ② $\dfrac{53}{40}$ ③ $\dfrac{27}{20}$

④ $\dfrac{11}{8}$ ⑤ $\dfrac{7}{5}$

1017

다음 식의 값은?

$$\sum_{k=1}^{10}(k+k^2)+\sum_{k=2}^{10}(k+k^2)+\sum_{k=3}^{10}(k+k^2)+\cdots+\sum_{k=10}^{10}(k+k^2)$$

① 3080   ② 3185   ③ 3260

④ 3365   ⑤ 3410

유형 06 | $\sum$를 여러 개 포함한 식

(1) 여러 개의 $\sum$를 포함한 식에서는 함수에 영향을 받는 문자와 상수를 나타내는 문자를 잘 구분해야 한다.

예) $\sum\limits_{k=1}^{n}(k+n)$의 $(k+n)$, $\sum\limits_{k=1}^{n}kn$의 kn에서 k는 함수에 영향을 받는 문자이고 n은 상수를 나타내는 문자이므로 각각

$$\sum_{k=1}^{n}(k+n)=\sum_{k=1}^{n}k+\sum_{k=1}^{n}n=\frac{n(n+1)}{2}+n\times n$$

$$\sum_{k=1}^{n}kn=n\sum_{k=1}^{n}k=n\times\frac{n(n+1)}{2}$$

과 같이 계산한다.

(2) 괄호가 있을 때에는 괄호 안에서부터 계산한다.

⊙ 개념ON 402쪽   ⊙ 유형ON 2권 132쪽

1018 대표문제

$\sum\limits_{m=1}^{n}\left(\sum\limits_{k=1}^{5}mk^2\right)=1155$를 만족시키는 자연수 n의 값은?

① 6   ② 7   ③ 8

④ 9   ⑤ 10

1019 ✓중요

$\sum\limits_{n=1}^{10}\left(\sum\limits_{m=1}^{5}mn\right)$의 값은?

① 675   ② 825   ③ 990

④ 1170   ⑤ 1365

1020

$\sum\limits_{m=1}^{10}\left(\sum\limits_{k=1}^{m}2m^2k\right)-\sum\limits_{k=1}^{10}k(k-1)^3$의 값은?

① 1000   ② 1100   ③ 7290

④ 11000   ⑤ 72900

1021

이차방정식 $x^2-8x+15=0$의 두 근을 m, n이라 할 때, $\sum\limits_{i=1}^{m}\left\{\sum\limits_{k=1}^{n}(i+k)\right\}$의 값은?

① 55 ② 60 ③ 65
④ 70 ⑤ 75

1022 ✅중요

$\sum\limits_{n=1}^{5}\left(\sum\limits_{k=1}^{n}2^{k+n-1}\right)$의 값은?

① 1136 ② 1212 ③ 1302
④ 1426 ⑤ 1504

유형 07 ∑를 이용한 여러 가지 수열의 합

등차수열 또는 등비수열이 아닌 수열, 즉 합의 공식을 바로 알수 없는 수열의 합은 다음과 같은 순서로 구한다.
❶ 주어진 항의 규칙을 파악하여 제k항 a_k를 k에 대한 식으로 나타낸다.
❷ 합을 구하는 수열의 항의 개수 n을 구한다.
❸ ∑의 성질, 자연수의 거듭제곱의 합 등을 이용하여 $\sum\limits_{k=1}^{n}a_k$를 계산한다.

🎧유형ON 2권 133쪽

1023 대표문제

수열의 합 $2\times1+3\times3+4\times5+\cdots+15\times27$의 값은?

① 2001 ② 2112 ③ 2121
④ 2133 ⑤ 2145

1024

첫째항이 1, 공차가 -2인 등차수열 $\{a_n\}$과 첫째항이 2, 공차가 3인 등차수열 $\{b_n\}$에 대하여 $\sum\limits_{n=1}^{10}a_nb_n$의 값을 구하시오.

1025 ✏️서술형

다음 수열의 첫째항부터 제12항까지의 합을 구하시오.

$$2\times1^2,\ 3\times2^2,\ 4\times3^2,\ 5\times4^2,\ \cdots$$

1026 ✅중요

수열의 합 $1\times15+2\times14+3\times13+\cdots+15\times1$의 값은?

① 640 ② 680 ③ 720
④ 760 ⑤ 800

1027 교육청 기출

수열 $\{a_n\}$의 각 항이

$a_1 = 1$

$a_2 = 1+3$

$a_3 = 1+3+5$

$\vdots$

$a_n = 1+3+5+\cdots+(2n-1)$

$\vdots$

일 때, $\log_4(2^{a_1} \times 2^{a_2} \times 2^{a_3} \times \cdots \times 2^{a_{12}})$의 값은?

① 315　　　　② 320　　　　③ 325

④ 330　　　　⑤ 335

유형 08　제k항이 n에 대한 식일 때의 수열의 합

수열 $\{a_n\}$의 제k항 a_k가 n에 대한 식으로 주어진 경우,
a_k를 k와 n에 대한 식으로 나타낸다.

이때 $\sum\limits_{k=1}^{n} a_k$에서 n은 상수를 나타내는 문자임에 주의한다.

예　수열 $\{a_n\}$이 $n+1, n+2, n+3, \cdots$일 때,

$a_k = n+k$이므로

$\sum\limits_{k=1}^{n} a_k = \sum\limits_{k=1}^{n} (n+k) = \sum\limits_{k=1}^{n} n + \sum\limits_{k=1}^{n} k$

$= n \times n + \dfrac{n(n+1)}{2} = \dfrac{3n^2+n}{2}$

🔵 유형ON 2권 133쪽

1028 대표문제

모든 자연수 n에 대하여 다음 등식이 성립할 때, $a+b+c$의 값을 구하시오. (단, a, b, c는 자연수이다.)

$$1 \times n + 2 \times (n-1) + 3 \times (n-2) + \cdots + (n-1) \times 2 + n \times 1$$
$$= \frac{n(n+a)(bn+c)}{6}$$

1029

다음 수열의 합을 간단히 하면?

$$1^2 \times (n-1) + 2^2 \times (n-2) + 3^2 \times (n-3) + \cdots + (n-1)^2 \times 1$$

① $\dfrac{n^2(n+1)(n-1)}{12}$　　　② $\dfrac{n^2(n+1)(n+2)}{12}$

③ $\dfrac{n(n+1)^2(n-1)}{12}$　　　④ $\dfrac{n(n+1)^2(n+2)}{12}$

⑤ $\dfrac{n(n+1)(n-1)^2}{12}$

1030 중요

수열 $\dfrac{3n+1}{n}, \dfrac{3n+2}{n}, \dfrac{3n+3}{n}, \cdots$의 첫째항부터 제$n$항까지의 합이 25일 때, 자연수 n의 값은?

① 5　　　　② 6　　　　③ 7

④ 8　　　　⑤ 9

1031 서술형

수열의 합

$$\left(\frac{n+1}{n}\right)^2 + \left(\frac{n+3}{n}\right)^2 + \left(\frac{n+5}{n}\right)^2 + \cdots + \left(\frac{3n-1}{n}\right)^2$$

을 간단히 하시오.

유형 09 ∑로 표현된 수열의 합과 일반항 사이의 관계

(1) 수열 $\{a_n\}$의 첫째항부터 제n항까지의 합을 S_n이라 하면
$$S_n = a_1 + a_2 + a_3 + \cdots + a_n = \sum_{k=1}^{n} a_k$$

(2) 수열 $\{a_n\}$에 대하여 $\sum_{k=1}^{n} a_k$가 주어질 때

　(ⅰ) $a_1 = S_1 = \sum_{k=1}^{1} a_k$

　(ⅱ) $n \geq 2$이면 $a_n = S_n - S_{n-1} = \sum_{k=1}^{n} a_k - \sum_{k=1}^{n-1} a_k$

　를 이용하여 일반항 a_n을 구한다.

🔵개념ON 404쪽　🟢유형ON 2권 134쪽

1032 대표문제

수열 $\{a_n\}$에 대하여 $\sum_{k=1}^{n} a_k = n(n+1)$일 때, $\sum_{k=1}^{10} k a_{2k+1}$의 값을 구하시오.

1033

수열 $\{a_n\}$에 대하여 $\sum_{k=1}^{n} a_k = n^2 - 2n$일 때, $a_1 + a_{10}$의 값은?

① 15 　　　② 16 　　　③ 17
④ 18 　　　⑤ 19

1034 중요

수열 $\{a_n\}$에 대하여 $\sum_{k=1}^{n} a_k = n^2$일 때, $\sum_{n=1}^{10} 3^{a_n}$의 값은?

① $\dfrac{3}{8}(9^9 - 1)$ 　② $\dfrac{3}{8}(9^{10} - 1)$ 　③ $\dfrac{3}{8}(9^{11} - 1)$
④ $\dfrac{3}{2}(3^9 - 1)$ 　⑤ $\dfrac{3}{2}(3^{10} - 1)$

1035 서술형

수열 $\{a_n\}$이 $\sum_{k=1}^{n} a_k = 2^{n+1} - 1$을 만족시킬 때, $\sum_{k=1}^{6} a_{2k-1}$의 값을 구하시오.

1036 중요

수열 $\{a_n\}$에 대하여 $\sum_{k=1}^{n} k a_k = n(n+1)(n+2)$일 때,
$\sum_{k=1}^{10} a_{2k-1}$의 값은?

① 210 　　　② 240 　　　③ 270
④ 300 　　　⑤ 330

1037 평가원 기출

수열 $\{a_n\}$이 모든 자연수 n에 대하여
$$\sum_{k=1}^{n} \frac{4k-3}{a_k} = 2n^2 + 7n$$
을 만족시킨다. $a_5 \times a_7 \times a_9 = \dfrac{q}{p}$일 때, $p+q$의 값을 구하시오. (단, p와 q는 서로소인 자연수이다.)

09

수열의 합

일반항이 분수 꼴로 주어진 수열의 합은 부분분수로의 변형

$$\frac{1}{AB} = \frac{1}{B-A}\left(\frac{1}{A} - \frac{1}{B}\right)$$

을 이용하여 계산한다. (단, $A \neq B$)

(1) $\displaystyle\sum_{k=1}^{n} \frac{1}{k(k+1)} = \sum_{k=1}^{n}\left(\frac{1}{k} - \frac{1}{k+1}\right)$

(2) $\displaystyle\sum_{k=1}^{n} \frac{1}{k(k+a)} = \frac{1}{a}\sum_{k=1}^{n}\left(\frac{1}{k} - \frac{1}{k+a}\right)$

(3) $\displaystyle\sum_{k=1}^{n} \frac{1}{(k+a)(k+b)} = \frac{1}{b-a}\sum_{k=1}^{n}\left(\frac{1}{k+a} - \frac{1}{k+b}\right)$

Tip 항이 연쇄적으로 소거될 때, 앞에서 남는 항과 뒤에서 남는 항은 서로 대칭이 되는 위치에 있다.

확인 문제

다음 수열의 합을 구하시오.

(1) $\dfrac{1}{1\times 2} + \dfrac{1}{2\times 3} + \dfrac{1}{3\times 4} + \cdots + \dfrac{1}{9\times 10}$

(2) $\displaystyle\sum_{k=1}^{10} \frac{1}{k(k+2)}$

🔵 개념ON 412쪽 🔵 유형ON 2권 135쪽

1038 대표문제

수열의 합 $\dfrac{1}{2^2-1} + \dfrac{1}{4^2-1} + \dfrac{1}{6^2-1} + \cdots + \dfrac{1}{30^2-1}$ 의 값이 $\dfrac{q}{p}$ 일 때, $p+q$ 의 값을 구하시오.

(단, p와 q는 서로소인 자연수이다.)

1039 중요 교육청 기출

수열 $\{a_n\}$의 일반항이 $a_n = 2n+1$일 때, $\displaystyle\sum_{n=1}^{12} \frac{1}{a_n a_{n+1}}$의 값은?

① $\dfrac{1}{9}$ ② $\dfrac{4}{27}$ ③ $\dfrac{5}{27}$

④ $\dfrac{2}{9}$ ⑤ $\dfrac{7}{27}$

1040

수열 $\{a_n\}$에 대하여 $a_n = \dfrac{2n^2+2n+1}{n^2+n}$일 때, $\displaystyle\sum_{n=1}^{10} a_n$의 값은?

① $\dfrac{54}{11}$ ② $\dfrac{100}{9}$ ③ $\dfrac{130}{11}$

④ $\dfrac{209}{9}$ ⑤ $\dfrac{230}{11}$

1041 서술형

자연수 n에 대하여 다항식 $x^3 - (n-1)x^2 - n$을 $x-n$으로 나눈 나머지를 a_n이라 할 때, $\displaystyle\sum_{n=5}^{15} \frac{1}{a_n} = \frac{q}{p}$ 이다. $p+q$의 값을 구하시오. (단, p와 q는 서로소인 자연수이다.)

1042

수열 $\{a_n\}$에 대하여 $\displaystyle\sum_{k=1}^{n} a_k = n^2 + 3n$일 때,

$$\sum_{n=1}^{p} \frac{1}{a_n a_{n+1}} = \frac{1}{10}$$

을 만족시키는 자연수 p의 값을 구하시오.

1043 중요

자연수 n에 대하여 x에 대한 이차방정식 $x^2-nx-n=0$의 서로 다른 두 실근을 α_n, β_n이라 할 때, $\displaystyle\sum_{n=1}^{9}\frac{5}{\alpha_n^2+\beta_n^2}$의 값은?

① 3
② $\dfrac{36}{11}$
③ $\dfrac{18}{5}$
④ 4
⑤ $\dfrac{9}{2}$

1044 중요

다음 수열의 합이 $\dfrac{16}{3}$일 때, 자연수 k의 값을 구하시오.

$$\frac{3}{1^2}+\frac{5}{1^2+2^2}+\frac{7}{1^2+2^2+3^2}+\cdots+\frac{2k+1}{1^2+2^2+3^2+\cdots+k^2}$$

1045 평가원 기출

수열 $\{a_n\}$의 첫째항부터 제n항까지의 합을 S_n이라 하자. $S_n=\dfrac{1}{n(n+1)}$일 때, $\displaystyle\sum_{k=1}^{10}(S_k-a_k)$의 값은?

① $\dfrac{1}{2}$
② $\dfrac{3}{5}$
③ $\dfrac{7}{10}$
④ $\dfrac{4}{5}$
⑤ $\dfrac{9}{10}$

유형 11 분모에 근호가 포함된 수열의 합

일반항의 분모에 근호가 포함된 수열의 합은 분모의 유리화를 이용하여 식을 변형한 후 계산한다.

예 $\displaystyle\sum_{k=1}^{n}\frac{1}{\sqrt{k}+\sqrt{k+1}}=\sum_{k=1}^{n}\frac{\sqrt{k}-\sqrt{k+1}}{(\sqrt{k}+\sqrt{k+1})(\sqrt{k}-\sqrt{k+1})}$
$\displaystyle=\sum_{k=1}^{n}(\sqrt{k+1}-\sqrt{k})$

확인 문제

수열의 합 $\displaystyle\sum_{k=1}^{8}\frac{1}{\sqrt{k}+\sqrt{k+1}}$의 값을 구하시오.

개념ON 414쪽   유형ON 2권 136쪽

1046 대표문제

수열의 합

$$\frac{1}{\sqrt{3}+1}+\frac{1}{\sqrt{5}+\sqrt{3}}+\frac{1}{\sqrt{7}+\sqrt{5}}+\cdots+\frac{1}{\sqrt{81}+\sqrt{79}}$$

의 값을 구하시오.

1047 서술형

수열 $\{a_n\}$의 일반항이 $a_n=\dfrac{1}{(n+1)\sqrt{n}+n\sqrt{n+1}}$일 때, $\displaystyle\sum_{n=1}^{k}a_n=\dfrac{10}{11}$을 만족시키는 자연수 k의 값을 구하시오.

09
수열의 합

1048 ✓중요

자연수 k에 대하여 그림과 같이 두 곡선

$$y=\sqrt{x},\ y=-\sqrt{x+1}$$

이 직선 $x=k$와 만나는 점을 각각 P_k, Q_k라 할 때,

$\displaystyle\sum_{k=1}^{35}\frac{1}{P_k Q_k}$의 값을 구하시오.

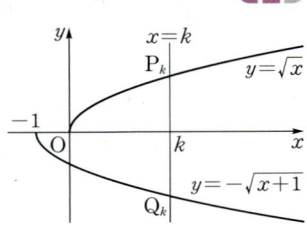

1049 수능기출

모든 항이 양수이고 첫째항과 공차가 같은 등차수열 $\{a_n\}$이

$$\sum_{k=1}^{15}\frac{1}{\sqrt{a_k}+\sqrt{a_{k+1}}}=2$$

를 만족시킬 때, a_4의 값은?

① 6 　　　② 7 　　　③ 8

④ 9 　　　⑤ 10

1050

정의역이 $\{x\,|\,x$는 음이 아닌 정수$\}$인 두 함수

$$f(x)=\frac{1}{\sqrt{x+2}+\sqrt{x+1}},\ g(x)=\sum_{k=0}^{x}f(k)$$

가 있다. $g(x)$의 값이 자연수가 되도록 하는 100 이하의 자연수 x의 개수는?

① 9 　　　② 10 　　　③ 16

④ 18 　　　⑤ 20

유형 **12** 　로그가 포함된 수열의 합

일반항에 로그가 포함된 수열의 합은 로그의 성질을 이용하여 계산한다.

➡ $a>0$, $a\neq1$이고 $x>0$, $y>0$일 때

① $\log_a xy=\log_a x+\log_a y$

② $\log_a\dfrac{x}{y}=\log_a x-\log_a y$

③ $\log_a x^k=k\log_a x$ (단, k는 실수이다.)

🔗 개념ON 414쪽　🔗 유형ON 2권 136쪽

1051 대표문제

수열 $\{a_n\}$이 첫째항과 공비가 모두 4인 등비수열일 때, $\displaystyle\sum_{n=1}^{10}\log_2 a_n$의 값은?

① 11 　　　② 55 　　　③ 110

④ 220 　　　⑤ 440

1052

$\displaystyle\sum_{k=1}^{n}\log_5\left(1+\frac{1}{k}\right)=4$일 때, 자연수 n의 값을 구하시오.

1053

수열 $\{a_n\}$에 대하여 $a_{2n}=2^n$, $a_{2n-1}=3^n$일 때, $\displaystyle\sum_{n=1}^{20}\log_6 a_n$의 값을 구하시오.

1054 ✅중요

$\sum\limits_{k=1}^{254} \log_2 \{\log_{k+1} (k+2)\}$의 값은?

① 3   ② 8   ③ 12

④ 24   ⑤ 30

1055 ✏️서술형

수열 $\{a_n\}$에 대하여 $\sum\limits_{k=1}^{n} a_k = \log \dfrac{(n+1)(n+2)}{2}$일 때,

$\sum\limits_{k=1}^{99} a_{2k}$의 값을 구하시오.

유형 13 특정한 값이 반복되는 수열의 합

수열 $\{a_n\}$에서 $a_1, a_2, a_3, \cdots$을 차례대로 구했을 때, 특정한 값이 반복되면 같은 값을 갖는 항의 개수를 이용하여 수열의 합을 구한다.

> 예) 수열 $\{a_n\}$에서 a_n이 자연수 n을 3으로 나눈 나머지일 때
> $\{a_n\}$: 1, 2, 0, 1, 2, 0, $\cdots$
> 즉, 수열 $\{a_n\}$은 1, 2, 0이 이 순서대로 반복되므로
> $\sum\limits_{k=1}^{9} a_k = \underbrace{(1+2+0)+(1+2+0)+(1+2+0)}_{(1+2+0)\text{이 3개}}$
> $= 3 \times (1+2+0) = 9$

🎧 유형ON 2권 137쪽

1056 대표문제

자연수 n에 대하여 n을 5로 나누었을 때의 나머지를 a_n이라 할 때, $\sum\limits_{n=1}^{123} a_n$의 값은?

① 234   ② 237   ③ 240

④ 243   ⑤ 246

1057

수열 $\{a_n\}$에서 a_n이 7^n의 일의 자리의 숫자일 때, $\sum\limits_{k=1}^{n} a_k = 256$ 을 만족시키는 자연수 n의 값은?

① 20   ② 30   ③ 40

④ 50   ⑤ 60

1058 ✅중요

수열 $\{a_n\}$의 각 항은 -1, 0, 3의 값 중 어느 하나를 갖고

$$\sum\limits_{k=1}^{n} a_k = 8, \quad \sum\limits_{k=1}^{n} a_k^2 = 52$$

일 때, $\sum\limits_{k=1}^{n} a_k^{\,3}$의 값을 구하시오.

1059 교육청 기출

2 이상의 자연수 n에 대하여 $(n-5)$의 n제곱근 중 실수인 것의 개수를 $f(n)$이라 할 때, $\sum\limits_{n=2}^{10} f(n)$의 값은?

① 8   ② 9   ③ 10

④ 11   ⑤ 12

1060

방정식 $x^3+1=0$의 한 허근을 ω라 하자. 자연수 n에 대하여 ω^n의 실수 부분을 $f(n)$이라 할 때, $\sum\limits_{n=1}^{99} f(n)$의 값을 구하시오.

유형ON 2권 138쪽

유형 14 여러 가지 수열의 합의 활용

함수의 그래프 위의 점의 좌표, 도형의 길이나 넓이, 조건을 만족시키는 점의 개수 등의 합은 다음과 같은 순서로 구한다.
❶ 주어진 조건, 도형의 성질 등을 이용하여 제k항 a_k를 k에 대한 식으로 나타낸다.
❷ 합을 구하는 수열의 항수 n을 구한다.
❸ $\sum$의 성질, 자연수의 거듭제곱의 합 등을 이용하여 $\sum\limits_{k=1}^{n} a_k$를 계산한다.

1061 대표문제

자연수 n에 대하여 그림과 같이 원 $x^2+y^2=n$과 직선 $y=x+1$의 두 교점을 A_n, B_n이라 할 때, $\sum\limits_{n=1}^{10} \overline{A_nB_n}^2$의 값은?

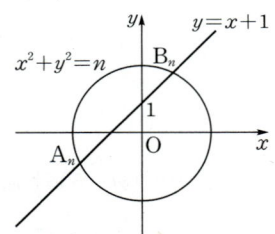

① 100   ② 150   ③ 200
④ 250   ⑤ 300

1062 중요

자연수 n에 대하여 두 함수
$$f(x)=x^2-nx+n(n+3),$$
$$g(x)=(n+3)x-2$$
의 그래프는 서로 다른 두 점에서 만난다. 이 두 교점의 x좌표를 a_n, b_n이라 할 때, $\sum\limits_{n=1}^{28} \dfrac{30}{a_nb_n}$의 값은?

① 7   ② 14   ③ 21
④ 28   ⑤ 35

1063 서술형

좌표평면에서 2 이상의 자연수 n에 대하여 곡선 $y=\dfrac{x^2}{2}$과 직선 $y=nx-1$이 만나는 두 점을 A_n, B_n이라 하자. 두 직선 OA_n, OB_n의 기울기를 각각 a_n, b_n이라 할 때, $\sum\limits_{n=2}^{30} (a_n+b_n)$의 값을 구하시오. (단, O는 원점이다.)

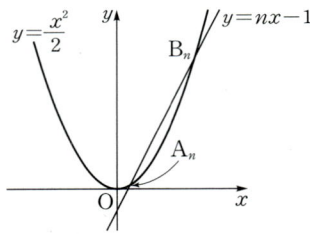

1064  중요 교육청 기출

자연수 n에 대하여 좌표평면 위의 점 P_n을 다음 규칙에 따라 정한다.

> (가) 점 A의 좌표는 $(1, 0)$이다.
> (나) 점 P_n은 선분 OA를 $2^n : 1$로 내분하는 점이다.

$l_n = \overline{OP_n}$이라 할 때, $\sum\limits_{n=1}^{10} \dfrac{1}{l_n}$의 값은? (단, O는 원점이다.)

① $10 - \left(\dfrac{1}{2}\right)^{10}$ ② $10 + \left(\dfrac{1}{2}\right)^{10}$ ③ $11 - \left(\dfrac{1}{2}\right)^{10}$

④ $11 + \left(\dfrac{1}{2}\right)^{10}$ ⑤ $12 - \left(\dfrac{1}{2}\right)^{10}$

1065

자연수 n에 대하여 곡선 $y = \dfrac{4}{x}$ $(x > 0)$ 위의 점 $\left(n, \dfrac{4}{n}\right)$와 두 점 $(n-1, 0)$, $(n+1, 0)$을 세 꼭짓점으로 하는 삼각형의 넓이를 a_n이라 할 때, $\sum\limits_{n=1}^{20} \dfrac{8}{a_n a_{n+1}}$의 값은?

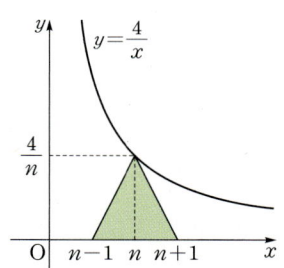

① 1480 ② 1500 ③ 1520
④ 1540 ⑤ 1560

1066

좌표평면에서 자연수 n에 대하여 곡선 $y = \sqrt{x + n^2}$과 x축, y축으로 둘러싸인 영역의 내부 또는 경계에 포함되고 x좌표와 y좌표가 모두 정수인 점의 개수를 a_n이라 할 때, $\sum\limits_{n=1}^{6} a_n$의 값은?

① 354 ② 357 ③ 360
④ 363 ⑤ 366

1067  중요

그림과 같이 좌표평면에서 자연수 n에 대하여 네 점
$$A(n, n), B(2n, n), C(2n, 2n), D(n, 2n)$$
을 꼭짓점으로 하는 정사각형을 F_n이라 하고 정사각형 F_n과 함수 $f(x) = \dfrac{1}{k} x^2$의 그래프가 만나도록 하는 자연수 k의 개수를 a_n이라 할 때, $\sum\limits_{n=1}^{10} a_n$의 값을 구하시오.

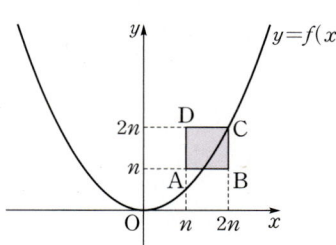

등차수열과 등비수열의 각 항의 곱으로 이루어진 수열의 합은
다음과 같은 순서로 구한다.
❶ 주어진 수열의 합을 S로 놓는다.
❷ ❶의 식의 양변에 등비수열의 공비 r을 곱한다.
❸ $S-rS$를 계산하여 S의 값을 구한다.

🎧개념ON 408쪽 🎧유형ON 2권 139쪽

1068 대표문제

수열 1×1, 2×2, 3×2^2, 4×2^3, $\cdots$의 첫째항부터 제10항까지의 합은?

① $9\times2^{10}-1$ ② 9×2^{10} ③ $9\times2^{10}+1$
④ $10\times2^{10}-1$ ⑤ $10\times2^{10}+1$

1069 중요

다음 등식을 만족시키는 자연수 a, b에 대하여 $a+b$의 값을
구하시오. (단, $1<a<4$)

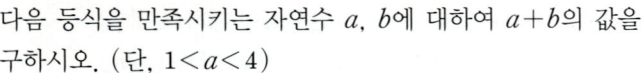
$$\frac{1}{3}+\frac{2}{3^2}+\frac{3}{3^3}+\frac{4}{3^4}+\cdots+\frac{10}{3^{10}}=\frac{1}{4}\left(a-\frac{b}{3^{10}}\right)$$

1070

함수 $f(x)=2+5x+8x^2+\cdots+38x^{12}$에 대하여 $f(2)$의 값은?

① $38\times2^{13}+4$ ② 38×2^{13} ③ $38\times2^{13}-4$
④ $35\times2^{13}+4$ ⑤ $35\times2^{13}+2$

정수 또는 분수로 이루어진 수열 중 항을 몇 개씩 묶어서 규칙
을 파악해야 하는 경우가 있다.
(1) 주어진 수열이 규칙성을 갖도록 적당히 묶어 본다.
(2) 각 묶음의 첫째항 또는 끝항이 갖는 규칙성, 각 묶음 안에 포
함된 항의 개수 등을 파악한다.

Tip 분수로 이루어진 수열의 경우, 다음과 같이 묶는다.
① 분모 또는 분자가 같은 것끼리 묶는다.
② (분모)+(분자)의 값이 같은 것끼리 묶는다.

🎧개념ON 408쪽 🎧유형ON 2권 139쪽

1071 대표문제

수열 1, -1, -2, 1, 2, 3, -1, -2, -3, -4, $\cdots$에서 처음으로 나타나는 10은 제몇 항인가?

① 제40항 ② 제45항 ③ 제50항
④ 제55항 ⑤ 제65항

1072 중요

수열 1, 3, 1, 5, 3, 1, 7, 5, 3, 1, $\cdots$에서 제100항은?

① 11 ② 13 ③ 15
④ 17 ⑤ 19

1073 ✅중요

수열 $1, \dfrac{1}{2}, \dfrac{2}{2}, \dfrac{1}{3}, \dfrac{2}{3}, \dfrac{3}{3}, \dfrac{1}{4}, \dfrac{2}{4}, \dfrac{3}{4}, \dfrac{4}{4}, \cdots$ 에서 $\dfrac{7}{10}$ 은 제 몇 항인가? (단, 어떤 분수도 약분하여 나타내지 않는다.)

① 제37항   ② 제42항   ③ 제47항
④ 제52항   ⑤ 제57항

1074 ✏️서술형

다음 수열의 제60항을 구하시오.

$$\dfrac{1}{2}, \dfrac{1}{3}, \dfrac{2}{3}, \dfrac{1}{4}, \dfrac{2}{4}, \dfrac{3}{4}, \dfrac{1}{5}, \dfrac{2}{5}, \dfrac{3}{5}, \dfrac{4}{5}, \cdots$$

1075

수열 $\{a_n\}$ 이

$$1, 2, 2, 3, 3, 3, 4, 4, 4, 4, \cdots$$

일 때, $\displaystyle\sum_{k=1}^{90} a_k$ 의 값을 구하시오.

1076 ✅중요

다음과 같이 순서쌍으로 이루어진 수열에서 제111항이 (a, b) 일 때, $a^2 + b^2$ 의 값을 구하시오.

$$(1, 1), (1, 2), (2, 1), (1, 3), (2, 2), (3, 1), (1, 4),$$
$$(2, 3), (3, 2), (4, 1), \cdots$$

유형 17 여러 가지 모양으로 주어진 수열

(1) 바둑판 모양으로 주어진 경우
  ➡️ 수가 나열되는 방향에 따른 규칙을 찾는다.
(2) 삼각형 모양으로 주어진 경우
  ➡️ 각 줄을 하나의 묶음으로 생각한다.

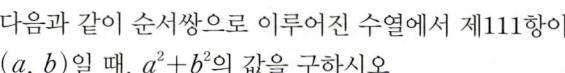
🔵개념ON 408쪽   🔵유형ON 2권 140쪽

1077 대표문제

다음과 같이 규칙적으로 수가 나열되어 있을 때, 위에서 첫 번째 줄부터 10번째 줄까지 나열된 모든 수의 합을 구하시오.

		1	2	3		
	2	4	6	8		
	3	6	9	12	15	
4	8	12	16	20	24	
5	10	15	20	25	30	35
			⋮			

09
수열의 합

1078 ✅중요

오른쪽과 같이 자연수를 배열할 때, 위에서 12번째 줄과 왼쪽에서 11번째 줄이 만나는 곳의 수는?

① 85   ② 97

③ 109   ④ 121

⑤ 133

1	2	3	4	⋯
1	3	5	7	⋯
1	4	7	10	⋯
1	5	9	13	⋯
⋮	⋮	⋮	⋮	⋱

1080

가로줄의 개수와 세로줄의 개수가 모두 10인 정사각형 모양의 표에 다음과 같이 자연수를 규칙적으로 배열할 때, 표에 적힌 모든 수의 합은?

1	2	3	4	⋯	9	10
2	2	3	4	⋯	9	10
3	3	3	4	⋯	9	10
4	4	4	4	⋯	9	10
⋮	⋮	⋮	⋮	⋱	⋮	⋮
9	9	9	9	⋯	9	10
10	10	10	10	⋯	10	10

① 715   ② 735   ③ 755

④ 775   ⑤ 795

1079 ✅중요

다음과 같이 1, 2, 3, 4, 5를 이 순서대로 나열할 때, 위에서 20번째 줄에 나열된 모든 수의 합은?

$$
\begin{array}{ccccccc}
 & & & 1 & 2 & & \\
 & & 3 & 4 & 5 & & \\
 & & 1 & 2 & 3 & 4 & \\
 & 5 & 1 & 2 & 3 & 4 & \\
 & 5 & 1 & 2 & 3 & 4 & 5 \\
 & & & \vdots & & &
\end{array}
$$

① 61   ② 62   ③ 63

④ 64   ⑤ 65

1081 [교육청 기출]

그림과 같이 자연수 n에 대하여 1행에는 1개, 2행에는 3개, $\cdots$, n행에는 $(2n-1)$개의 크기가 같은 원을 나열하고 그 안에 다음 규칙에 따라 숫자를 써넣는다.

> (가) 1행의 원 안에는 1을 써넣는다.
> (나) $n \geq 2$일 때, n행의 홀수 번째 놓인 원 안에는 $(2n-1)$을 써넣는다. n행의 짝수 번째 놓인 원 안에는 $(n-1)$행과 n행에 놓인 원 중에서, n행의 짝수 번째 놓인 원과 접하는 세 원 안에 쓰인 수의 합을 써넣는다.

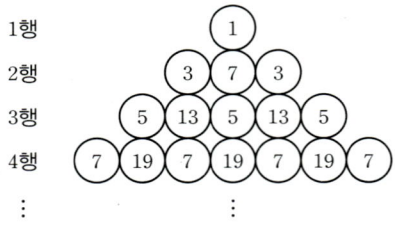

1행부터 10행까지 나열된 원 안에 써넣은 모든 수의 합을 S라 할 때, $\dfrac{S}{10}$의 값을 구하시오.

PART B 내신 잡는 종합 문제

1082

다음 중 옳지 <u>않은</u> 것은?

① $2+5+8+11+14+17=\sum\limits_{k=1}^{6}(3k-1)$

② $1+2+4+\cdots+2^n=\sum\limits_{k=1}^{n}2^{k-1}$

③ $\sum\limits_{k=1}^{100}a_k=\sum\limits_{k=1}^{50}a_{2k-1}+\sum\limits_{k=1}^{50}a_{2k}$

④ $\sum\limits_{k=1}^{20}(2k+1)=\sum\limits_{k=5}^{24}(2k-7)$

⑤ $\sum\limits_{k=0}^{9}(2k+1)^2+\sum\limits_{k=1}^{10}(2k)^2=\sum\limits_{k=0}^{19}(k+1)^2$

1083

두 수열 $\{a_n\}$, $\{b_n\}$에 대하여 $\sum\limits_{k=1}^{n}a_k=8n$, $\sum\limits_{k=1}^{n}b_k=-2n^2$일 때, $\sum\limits_{k=1}^{10}(3a_k-b_k+1)$의 값은?

① 360   ② 390   ③ 420
④ 450   ⑤ 480

1084 수능 기출

두 수열 $\{a_n\}$, $\{b_n\}$에 대하여
$$\sum\limits_{k=1}^{10}a_k=\sum\limits_{k=1}^{10}(2b_k-1),\ \sum\limits_{k=1}^{10}(3a_k+b_k)=33$$
일 때, $\sum\limits_{k=1}^{10}b_k$의 값을 구하시오.

1085

수열의 합 $\dfrac{1}{1\times3}+\dfrac{1}{2\times4}+\dfrac{1}{3\times5}+\cdots+\dfrac{1}{18\times20}$의 값이 $\dfrac{q}{p}$
일 때, $p-q$의 값을 구하시오.

(단, p와 q는 서로소인 자연수이다.)

1086

다음 등식을 만족시키는 자연수 n의 값은?

$$\sum\limits_{k=1}^{n}(k+1)^2-\sum\limits_{k=3}^{n}(k^2+2)=90$$

① 8   ② 9   ③ 10
④ 11   ⑤ 12

1087

$\sum\limits_{k=1}^{5}\left(\sum\limits_{n=1}^{5}kn\right)+\sum\limits_{n=1}^{5}\left\{\sum\limits_{k=1}^{5}(k+n)\right\}$의 값은?

① 325   ② 350   ③ 375
④ 400   ⑤ 425

09 수열의 합

1088

수열 2×2^2, 4×3^2, 6×4^2, 8×5^2, $\cdots$의 첫째항부터 제10항까지의 합은?

① 7500   ② 7550   ③ 7600

④ 7650   ⑤ 7700

1089

다음 수열의 합을 간단히 하면?

$$\left(\frac{n+3}{n}\right)^2 + \left(\frac{n+6}{n}\right)^2 + \left(\frac{n+9}{n}\right)^2 + \cdots + \left(\frac{4n}{n}\right)^2$$

① $\dfrac{14n^2+15n+3}{2n}$ ② $\dfrac{14n^2+15n+3}{n}$

③ $\dfrac{12n^2+15n+3}{2n}$ ④ $\dfrac{12n^2+15n+3}{n}$

⑤ $\dfrac{10n^2+15n+3}{2n}$

1090

두 수열 $\{a_n\}$, $\{b_n\}$이 모든 자연수 n에 대하여

$$\begin{pmatrix} a_n & 0 \\ a_n+1 & 3 \end{pmatrix} \begin{pmatrix} a_n+1 \\ b_n \end{pmatrix} = \begin{pmatrix} n-1 \\ 2n \end{pmatrix}$$

을 만족시킨다. $\sum\limits_{k=1}^{10} a_k = 10$일 때, $\sum\limits_{k=1}^{10} b_k$의 값을 구하시오.

1091

공차가 양수인 등차수열 $\{a_n\}$에 대하여 $a_5 = 5$이고 $\sum\limits_{k=3}^{7} |2a_k - 10| = 20$이다. a_6의 값은?

① 6   ② $\dfrac{20}{3}$ ③ $\dfrac{22}{3}$

④ 8   ⑤ $\dfrac{26}{3}$

1092

수열 $\{a_n\}$에 대하여 $(n+1)\sum\limits_{k=1}^{n} a_k = n$일 때, $\sum\limits_{k=1}^{n} \dfrac{1}{a_k} = 240$을 만족시키는 자연수 n의 값은?

① 6   ② 7   ③ 8

④ 9   ⑤ 10

1093

자연수 전체의 집합을 정의역으로 하는 두 함수 f, g가

$$f(n) = 2n-1, \quad g(n) = (n-1)(n+1)$$

일 때, $\sum\limits_{n=2}^{20} \dfrac{80}{(g \circ f)(n)}$의 값을 구하시오.

1094

$\sum_{k=2}^{50} \log\left(1-\dfrac{1}{k^2}\right) = \log \dfrac{q}{p}$일 때, $p+q$의 값을 구하시오.

(단, p와 q는 서로소인 자연수이다.)

1095

좌표평면에서 자연수 n에 대하여 곡선 $y = \dfrac{4^n}{x}$ 위의 점 중에서 x좌표와 y좌표가 모두 자연수인 점의 개수를 a_n이라 할 때, $\sum_{n=1}^{10} a_n a_{n+1}$의 값은?

① 1890   ② 1920   ③ 1950

④ 1980   ⑤ 2010

1096

$\sum_{n=1}^{9} \{(n+2) \times 2^n\}$의 값은?

① 1022   ② 1024   ③ 1026

④ 10238   ⑤ 10244

1097

수열 $\{a_n\}$은 첫째항이 양수이고 공비가 1보다 큰 등비수열이다. $a_3 a_8 = 1$일 때, $\sum_{k=1}^{n} \dfrac{1}{a_k} = \sum_{k=1}^{n} a_k$를 만족시키는 자연수 n의 값을 구하시오.

1098

등차수열 $\{a_n\}$에 대하여 $a_2 = 4$, $a_5 = 13$일 때, $\sum_{k=1}^{56} \dfrac{1}{\sqrt{a_{k+1}} + \sqrt{a_k}}$의 값은?

① 3   ② 4   ③ 5

④ 6   ⑤ 7

1099

다음 수열의 제45항은?

$$\dfrac{1}{2},\ \dfrac{1}{4},\ \dfrac{3}{4},\ \dfrac{1}{8},\ \dfrac{3}{8},\ \dfrac{5}{8},\ \dfrac{1}{16},\ \dfrac{3}{16},\ \dfrac{5}{16},\ \dfrac{7}{16},\ \cdots$$

① $\dfrac{15}{512}$ ② $\dfrac{17}{512}$ ③ $\dfrac{19}{512}$

④ $\dfrac{15}{256}$ ⑤ $\dfrac{17}{256}$

1100

오른쪽과 같은 규칙으로 1, 2, 3, 4, 5를 나열할 때, 위에서 12번째 줄에 나열된 모든 수의 합을 구하시오.

$$
\begin{array}{ccccccccc}
 & & & & 1 & & & & \\
 & & & 2 & 3 & 4 & & & \\
 & & 5 & 1 & 2 & 3 & 4 & & \\
 & 5 & 1 & 2 & 3 & 4 & 5 & 1 & \\
2 & 3 & 4 & 5 & 1 & 2 & 3 & 4 & 5 \\
 & & & & \vdots & & & &
\end{array}
$$

1101

수열 $\{a_n\}$에서 $a_n = (-1)^{\frac{n(n+1)}{2}}$일 때, 보기에서 옳은 것만을 있는 대로 고른 것은?

┌─ 보기 ─────────────────────────┐
ㄱ. $a_{19} = a_{20}$
ㄴ. 자연수 k에 대하여 $a_{2k-1} + a_{2k} = 0$
ㄷ. $\sum\limits_{n=1}^{2023} n a_n = 0$
└──────────────────────────────┘

① ㄱ   ② ㄱ, ㄴ   ③ ㄱ, ㄷ
④ ㄴ, ㄷ   ⑤ ㄱ, ㄴ, ㄷ

1102 수능 기출

공차가 0이 아닌 등차수열 $\{a_n\}$에 대하여

$$
|a_6| = a_8, \quad \sum_{k=1}^{5} \frac{1}{a_k a_{k+1}} = \frac{5}{96}
$$

일 때, $\sum\limits_{k=1}^{15} a_k$의 값은?

① 60   ② 65   ③ 70
④ 75   ⑤ 80

 서술형 대비하기

1103

$\sum\limits_{n=1}^{10} a_n = 10$, $\sum\limits_{n=1}^{20} a_n = 40$을 만족시키는 수열 $\{a_n\}$이 등차수열일 때의 $\sum\limits_{n=1}^{30} a_n$의 값을 A라 하고, 수열 $\{a_n\}$이 등비수열일 때의 $\sum\limits_{n=1}^{30} a_n$의 값을 B라 하자. $A+B$의 값을 구하시오.

1104

수열 $\{a_n\}$이 다음과 같을 때, $\sum\limits_{k=1}^{12} \dfrac{a_k}{k}$의 값을 구하시오.

$$
1,\ 2+4,\ 3+6+9,\ 4+8+12+16,\ \cdots
$$

수능 녹인 변별력 문제

1105

수열 $\{a_n\}$이 모든 자연수 n에 대하여 $\sum\limits_{k=n}^{2n+1} a_k = n^2$을 만족시킨다. $\sum\limits_{k=1}^{46} a_k = 610$일 때, a_{46}의 값은?

① 9   ② 13   ③ 17
④ 21   ⑤ 25

1106

모든 항이 실수인 등비수열 $\{a_n\}$이 다음 조건을 만족시킨다.

> (가) $a_3 + a_5 = 5$
>
> (나) $\sum\limits_{k=1}^{10} a_k + \sum\limits_{k=1}^{5} a_{2k} = 0$

a_1의 값을 구하시오.

1107

방정식 $x^3 = 1$의 한 허근 ω와 자연수 n에 대하여 $1 \le k \le n$일 때, ω^k이 실수가 되는 자연수 k의 개수를 $f(n)$이라 하자. $\sum\limits_{n=1}^{100} f(n)$의 값은?

① 1595   ② 1620   ③ 1650
④ 1680   ⑤ 1705

1108 교육청 기출

등차수열 $\{a_n\}$에 대하여

$$S_n = \sum_{k=1}^{n} a_k, \quad T_n = \sum_{k=1}^{n} |a_k|$$

라 할 때, 수열 $\{a_n\}$이 다음 조건을 만족시킨다.

> (가) $a_7 = a_6 + a_8$
>
> (나) 6 이상의 모든 자연수 n에 대하여 $S_n + T_n = 84$이다.

T_{15}의 값은?

① 96   ② 102   ③ 108
④ 114   ⑤ 120

1109

자연수 n에 대하여 $2^2 \times 3^2 \times 5^{n-1}$의 양의 약수의 개수를 a_n이라 할 때, $\displaystyle\sum_{k=1}^{n} \dfrac{1}{\sqrt{a_k} + \sqrt{a_{k+1}}}$의 값이 자연수가 되도록 하는 두 자리 자연수 n의 총합은?

① 63   ② 99   ③ 114

④ 141   ⑤ 162

1110 교육청 기출

모든 항이 양수인 등비수열 $\{a_n\}$이 다음 조건을 만족시킬 때, a_3의 값은?

> (가) $\displaystyle\sum_{k=1}^{4} a_k = 45$
>
> (나) $\displaystyle\sum_{k=1}^{6} \dfrac{a_2 \times a_5}{a_k} = 189$

① 12   ② 15   ③ 18

④ 21   ⑤ 24

1111

그림과 같이 자연수 n에 대하여 직선 $y = 1 + \dfrac{1}{n}$이 두 곡선 $y = 9^x$, $y = 3^x$과 만나는 점을 각각 P_n, Q_n이라 하자.

$\displaystyle\sum_{n=1}^{m} \overline{\mathrm{P}_n \mathrm{Q}_n} = 2$를 만족시키는 자연수 m의 값을 구하시오.

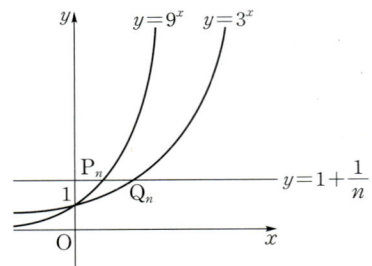

1112 교육청 기출

모든 항이 정수이고 공차가 5인 등차수열 $\{a_n\}$과 자연수 m이 다음 조건을 만족시킨다.

> (가) $\displaystyle\sum_{k=1}^{2m+1} a_k < 0$
>
> (나) $|a_m| + |a_{m+1}| + |a_{m+2}| < 13$

$24 < a_{21} < 29$일 때, m의 값은?

① 10   ② 12   ③ 14

④ 16   ⑤ 18

1113

모든 자연수 n에 대하여 이차함수

$$f(x) = \sum_{k=1}^{n} \left\{ x - \frac{1}{k(k+1)} \right\}^2$$

이 $x = g(n)$에서 최솟값을 가질 때, $60 \sum_{n=1}^{10} g(n)g(n+1)$의 값을 구하시오.

1114

다음 조건을 만족시키는 수열 $\{a_n\}$에 대하여 $\sum_{n=1}^{10} a_n$의 최댓값을 구하시오.

㉮ 모든 자연수 k에 대하여 실수 a_k는 x에 대한 방정식 $x^2 - 6x + (k-9)(3-k) = 0$의 근이다.

㉯ $a_n \times a_{n+1} < 0$을 만족시키는 10 이하의 자연수 n의 개수는 2이다.

1115

모든 항이 정수이고 공차가 양수인 등차수열 $\{a_n\}$에 대하여

$$\sum_{n=1}^{4} \{(a_n)^2 + a_n\} = k, \quad \sum_{n=1}^{4} \{(a_n)^2 + |a_n|\} = k + 14$$

가 성립할 때, 자연수 k의 최솟값을 구하시오.

1116 교육청 기출

그림과 같이 자연수 n에 대하여 한 변의 길이가 $2n$인 정사각형 ABCD가 있고, 네 점 E, F, G, H가 각각 네 변 AB, BC, CD, DA 위에 있다. 선분 HF의 길이는 $\sqrt{4n^2 + 1}$이고 선분 HF와 선분 EG가 서로 수직일 때, 사각형 EFGH의 넓이를 S_n이라 하자. $\sum_{n=1}^{10} S_n$의 값은?

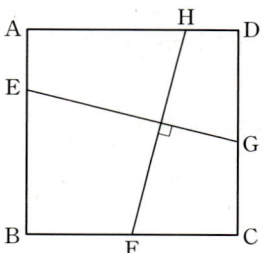

① 765   ② 770   ③ 775
④ 780   ⑤ 785

10 수학적 귀납법

Ⅲ. 수열

유형 01 등차수열의 귀납적 정의

수열 $\{a_n\}$에서
(1) $a_{n+1}-a_n=d$ (일정) 또는 $a_{n+1}=a_n+d$
➡ 공차가 d인 등차수열
(2) $a_{n+2}-a_{n+1}=a_{n+1}-a_n$ 또는 $2a_{n+1}=a_n+a_{n+2}$
➡ 등차수열

⊙ 개념ON 428쪽 ⊙ 유형ON 2권 144쪽

1117 대표문제

수열 $\{a_n\}$이
$$a_1=-10,\ a_{n+1}-a_n=4\ (n=1,\ 2,\ 3,\ \cdots)$$
로 정의될 때, $a_k=50$을 만족시키는 자연수 k의 값은?

① 16 ② 17 ③ 18
④ 19 ⑤ 20

1118

수열 $\{a_n\}$이 모든 자연수 n에 대하여
$$a_{n+1}=a_n-3$$
을 만족시킨다. $a_2=20$일 때, a_{10}의 값은?

① -7 ② -4 ③ -1
④ 1 ⑤ 4

1119

수열 $\{a_n\}$이 모든 자연수 n에 대하여
$$a_{n+2}-a_{n+1}=a_{n+1}-a_n$$
을 만족시킨다. $a_3=4$, $a_{11}=16$일 때, a_7의 값을 구하시오.

1120

수열 $\{a_n\}$이
$$a_1=2,\ a_2=5,$$
$$a_n-2a_{n+1}+a_{n+2}=0\ (n=1,\ 2,\ 3,\ \cdots)$$
으로 정의될 때, $\sum_{k=1}^{20}a_k$의 값을 구하시오.

1121

공차가 2인 등차수열 $\{a_n\}$이 모든 자연수 n에 대하여
$$a_{n+1}{}^2=a_n{}^2+4(2n-3)$$
을 만족시킬 때, a_{10}의 값은?

① 14 ② 16 ③ 18
④ 20 ⑤ 22

유형 02 등비수열의 귀납적 정의

수열 $\{a_n\}$에서
(1) $\dfrac{a_{n+1}}{a_n}=r$ (일정) 또는 $a_{n+1}=ra_n$
➡ 공비가 r인 등비수열
(2) $\dfrac{a_{n+2}}{a_{n+1}}=\dfrac{a_{n+1}}{a_n}$ 또는 $a_{n+1}{}^2=a_na_{n+2}$
➡ 등비수열

⊙ 개념ON 430쪽 ⊙ 유형ON 2권 144쪽

1122 대표문제

수열 $\{a_n\}$이
$$a_1=\frac{1}{3},\ a_{n+1}=2a_n\ (n=1,\ 2,\ 3,\ \cdots)$$
으로 정의될 때, 수열 $\{a_n\}$의 첫째항부터 제10항까지의 합을 구하시오.

1123 수능 기출

수열 $\{a_n\}$이 다음 조건을 만족시킨다.

> (가) $a_1 = a_2 + 3$
> (나) $a_{n+1} = -2a_n \ (n \geq 1)$

a_9의 값을 구하시오.

1124

수열 $\{a_n\}$이 모든 자연수 n에 대하여

$$\frac{a_{n+2}}{a_{n+1}} = \frac{a_{n+1}}{a_n}$$

을 만족시킨다. $a_3 = 4$, $a_4 = 16$일 때, $a_k = 2^{40}$을 만족시키는 자연수 k의 값을 구하시오.

1125 중요

모든 항이 양수인 수열 $\{a_n\}$이

$$a_1 = 1, \ a_{n+1}^2 = a_n a_{n+2} \ (n = 1, 2, 3, \cdots)$$

로 정의되고 $\dfrac{a_9}{a_4} + \dfrac{a_{11}}{a_6} = 8$일 때, $a_6 + a_{11}$의 값은?

① 16   ② 18   ③ 20
④ 22   ⑤ 24

1126 중요 서술형

$a_1 = \dfrac{1}{9}$이고 모든 항이 양수인 수열 $\{a_n\}$이

$$\log_3 a_{n+1} = \log_3 a_n - 1 \ (n = 1, 2, 3, \cdots)$$

을 만족시킬 때, $\log_3 \dfrac{1}{a_{10}}$의 값을 구하시오.

1127 교육청 기출

첫째항이 2이고 모든 항이 양수인 수열 $\{a_n\}$이 있다. x에 대한 이차방정식

$$a_n x^2 - a_{n+1} x + a_n = 0$$

이 모든 자연수 n에 대하여 중근을 가질 때, $\displaystyle\sum_{k=1}^{8} a_k$의 값을 구하시오.

유형 03 $a_{n+1} = a_n + f(n)$ 꼴로 정의된 수열

$a_{n+1} = a_n + f(n)$ 꼴로 정의된 수열의 일반항 a_n을 구할 때는 n에 $1, 2, 3, \cdots, n-1$을 차례대로 대입한 후 변끼리 더한다.

➡ $a_n = a_1 + f(1) + f(2) + f(3) + \cdots + f(n-1)$
$\quad = a_1 + \displaystyle\sum_{k=1}^{n-1} f(k)$

🔵 개념ON 432쪽   🔵 유형ON 2권 145쪽

1128 대표문제

수열 $\{a_n\}$이

$$a_1 = 3, \ a_{n+1} = a_n + 2n - 1 \ (n = 1, 2, 3, \cdots)$$

로 정의될 때, a_6의 값은?

① 26   ② 27   ③ 28
④ 29   ⑤ 30

10 수학적 귀납법

1129

수열 $\{a_n\}$이 모든 자연수 n에 대하여

$$a_{n+1} = a_n + 4n$$

을 만족시킨다. $2a_1 = a_2 + 5$일 때, a_7의 값은?

① 89   ② 91   ③ 93
④ 95   ⑤ 97

1130

수열 $\{a_n\}$이 모든 자연수 n에 대하여

$$a_{n+1} = a_n + 2^n$$

을 만족시키고 $a_7 = 136$일 때, 수열 $\{a_n\}$의 첫째항은?

① 6   ② 7   ③ 8
④ 9   ⑤ 10

1131 ✅중요 ✏️서술형

수열 $\{a_n\}$이

$$a_1 = 1, \quad a_{n+1} - a_n = \frac{1}{n(n+1)} \quad (n=1, 2, 3, \cdots)$$

로 정의될 때, $a_k = \dfrac{9}{5}$를 만족시키는 자연수 k의 값을 구하시오.

유형 **04** $a_{n+1} = a_n f(n)$ 꼴로 정의된 수열

$a_{n+1} = a_n f(n)$ 꼴로 정의된 수열의 일반항 a_n을 구할 때는 n에 1, 2, 3, $\cdots$, $n-1$을 차례대로 대입한 후 변끼리 곱한다.

➡️ $a_n = a_1 f(1) f(2) f(3) \times \cdots \times f(n-1)$

🔘 **개념ON** 434쪽   🔘 **유형ON** 2권 146쪽

1132 대표문제

수열 $\{a_n\}$이

$$a_1 = 2, \quad a_{n+1} = \frac{n+1}{n} a_n \quad (n=1, 2, 3, \cdots)$$

으로 정의될 때, $a_{10} + a_{20}$의 값을 구하시오.

1133

수열 $\{a_n\}$이

$$a_1 = 1, \quad a_{n+1} = 2^n a_n \quad (n=1, 2, 3, \cdots)$$

으로 정의될 때, $a_{10} = 2^k$이다. 자연수 k의 값은?

① 45   ② 46   ③ 47
④ 48   ⑤ 49

1134

수열 $\{a_n\}$이

$$a_1 = 1, \quad (n+1)^2 a_{n+1} = n(n+2) a_n \quad (n=1, 2, 3, \cdots)$$

으로 정의될 때, $a_k = \dfrac{4}{7}$를 만족시키는 자연수 k의 값을 구하시오.

1135 ✔중요 ✏서술형

수열 $\{a_n\}$이

$$a_1=1,\ \sqrt{n+1}\,a_{n+1}=\sqrt{n}\,a_n\ (n=1,\ 2,\ 3,\ \cdots)$$

으로 정의될 때, $\displaystyle\sum_{k=1}^{20}(a_k a_{k+1})^2=\dfrac{q}{p}$이다. $p+q$의 값을 구하시오. (단, p와 q는 서로소인 자연수이다.)

1138 ✔중요

수열 $\{a_n\}$이

$$a_1=2,\ a_{n+1}=\dfrac{2a_n}{a_n+2}\ (n=1,\ 2,\ 3,\ \cdots)$$

으로 정의될 때, $a_k=\dfrac{1}{5}$을 만족시키는 자연수 k의 값은?

① 8 ② 9 ③ 10
④ 11 ⑤ 12

유형 05 여러 가지 수열의 귀납적 정의

관계식으로부터 수열 $\{a_n\}$의 특징을 파악하기 어려운 경우에는
(1) 주어진 식의 n에 1, 2, 3, …을 차례대로 대입하여 항을 직접 구하거나 규칙을 찾아 일반항을 추론한다.
(2) 주어진 식을 적당히 변형하여 일반항을 구한다.

🔵 개념ON 436쪽   🔵 유형ON 2권 147쪽

1136 대표문제

수열 $\{a_n\}$이

$$a_1=2,\ a_{n+1}=3a_n+2\ (n=1,\ 2,\ 3,\ \cdots)$$

로 정의될 때, a_5의 값은?

① 241 ② 242 ③ 243
④ 244 ⑤ 245

1139 ✏서술형

수열 $\{a_n\}$은 $a_1=1,\ a_2=p$이고, 모든 자연수 n에 대하여

$$a_{n+2}=a_n+3$$

을 만족시킨다. $\displaystyle\sum_{k=1}^{20}a_k=300$을 만족시키는 상수 p의 값을 구하시오.

1137

$a_1=0$인 수열 $\{a_n\}$이 모든 자연수 n에 대하여

$$a_{n+1}=(-1)^n a_n+2\cos\dfrac{n}{3}\pi$$

를 만족시킬 때, a_4+a_6의 값은?

① -2 ② -1 ③ 0
④ 1 ⑤ 2

1140 평가원 기출

수열 $\{a_n\}$은 $a_1=12$이고, 모든 자연수 n에 대하여

$$a_{n+1}+a_n=(-1)^{n+1}\times n$$

을 만족시킨다. $a_k>a_1$인 자연수 k의 최솟값은?

① 2 ② 4 ③ 6
④ 8 ⑤ 10

10
수학적 귀납법

1141 ✅중요

수열 $\{a_n\}$이 모든 자연수 n에 대하여

$$a_n + a_{n+1} = n+1$$

을 만족시킬 때, $a_1 + a_{40}$의 값을 구하시오.

유형 **06** **여러 가지 수열의 귀납적 정의 – 경우에 따라 다르게 정의되는 수열**

(1) 주어진 조건에 따라 n에 1, 2, 3, …을 차례대로 대입하여 항의 값을 구한다.
(2) 이전 항들이 어떤 값을 가질 수 있는지 경우를 나누고 모순을 찾아내어 이전 항의 값을 구한다.

🔘 개념ON 438쪽   🔘 유형ON 2권 147쪽

1142 대표문제

수열 $\{a_n\}$은 $a_1 = 3$이고, 모든 자연수 n에 대하여

$$a_{n+1} = \begin{cases} 3a_n - 1 & (a_n \text{이 홀수인 경우}) \\ \dfrac{1}{2}a_n + n & (a_n \text{이 짝수인 경우}) \end{cases}$$

를 만족시킨다. a_7의 값을 구하시오.

1143 교육청 기출

수열 $\{a_n\}$은 $a_1 = 7$이고, 모든 자연수 n에 대하여

$$a_{n+1} = \begin{cases} \dfrac{a_n + 3}{2} & (a_n \text{이 소수인 경우}) \\ a_n + n & (a_n \text{이 소수가 아닌 경우}) \end{cases}$$

를 만족시킨다. a_8의 값은?

① 11　　　　② 13　　　　③ 15
④ 17　　　　⑤ 19

1144

수열 $\{a_n\}$은 $a_1 = -3$이고, 모든 자연수 n에 대하여

$$a_{n+1} = \begin{cases} a_n + 1 & (a_n < 0) \\ a_n - p & (a_n \geq 0) \end{cases}$$

을 만족시킨다. $a_6 = -10$이 되도록 하는 실수 p의 값을 구하시오.

1145 ✅중요 교육청 기출

수열 $\{a_n\}$은 $1 < a_1 < 2$이고, 모든 자연수 n에 대하여

$$a_{n+1} = \begin{cases} -2a_n & (a_n < 0) \\ a_n - 2 & (a_n \geq 0) \end{cases}$$

을 만족시킨다. $a_7 = -1$일 때, $40 \times a_1$의 값을 구하시오.

1146

모든 항이 자연수인 수열 $\{a_n\}$이 모든 자연수 n에 대하여

$$a_{n+2} = \begin{cases} a_n + a_{n+1} & (a_n + a_{n+1} \text{이 홀수인 경우}) \\ \dfrac{a_n + a_{n+1}}{2} & (a_n + a_{n+1} \text{이 짝수인 경우}) \end{cases}$$

를 만족시킨다. $a_1 = 1$, $a_4 = 10$일 때, $a_2 \times a_3$의 값을 구하시오.

유형 07 여러 가지 수열의 귀납적 정의 - 같은 수가 반복되는 수열

(1) 주어진 식의 n에 1, 2, 3, …을 차례대로 대입하여 같은 수가 반복되는 규칙을 찾는다.

(2) 수열 $\{a_n\}$이 모든 자연수 n에 대하여 $a_{n+p}=a_n$을 만족시키면 a_1부터 p개의 항이 반복됨을 이용한다.

⋒ 개념ON 438쪽 ⋒ 유형ON 2권 148쪽

1147 대표문제

$a_1=4$인 수열 $\{a_n\}$이 모든 자연수 n에 대하여

$$a_{n+1}=(-1)^n \times a_n+2$$

를 만족시킬 때, $\displaystyle\sum_{k=1}^{30} a_k$의 값을 구하시오.

1148

수열 $\{a_n\}$이 모든 자연수 n에 대하여

$$a_n a_{n+2}=a_{n+1}$$

을 만족시킨다. $a_1=2$, $a_2=4$일 때, $a_{10} \times a_{20}$의 값은?

① $\dfrac{1}{4}$ ② $\dfrac{1}{2}$ ③ 1

④ 2 ⑤ 4

1149 중요 수능기출

첫째항이 1인 수열 $\{a_n\}$이 모든 자연수 n에 대하여

$$a_{n+1}=\begin{cases} 2a_n & (a_n<7) \\ a_n-7 & (a_n\geq 7) \end{cases}$$

일 때, $\displaystyle\sum_{k=1}^{8} a_k$의 값은?

① 30 ② 32 ③ 34

④ 36 ⑤ 38

1150

수열 $\{a_n\}$은 $a_1=6$이고, 모든 자연수 n에 대하여

$$a_{n+1}=\begin{cases} 3-\dfrac{12}{a_n} & (a_n \text{이 정수인 경우}) \\ 3a_n-7 & (a_n \text{이 정수가 아닌 경우}) \end{cases}$$

를 만족시킨다. a_9+a_{15}의 값을 구하시오.

1151 서술형

수열 $\{a_n\}$이 모든 자연수 n에 대하여

$$a_1=3,$$
$$a_{n+1}=(3a_n \text{을 7로 나누었을 때의 나머지})$$

로 정의될 때, $a_k=4$를 만족시키는 50 이하의 모든 자연수 k의 값의 합을 구하시오.

1152

수열 $\{a_n\}$은 $0<a_1<1$이고, 모든 자연수 n에 대하여

$$a_{n+1}=\begin{cases} -a_n+1 & (a_n<0) \\ a_n-1 & (a_n\geq 0) \end{cases}$$

을 만족시킨다. $\displaystyle\sum_{k=1}^{20} a_k=\dfrac{35}{4}$일 때, a_1의 값은?

① $\dfrac{1}{8}$ ② $\dfrac{1}{4}$ ③ $\dfrac{3}{8}$

④ $\dfrac{1}{2}$ ⑤ $\dfrac{5}{8}$

10 수학적 귀납법

1153 교육청 기출

수열 $\{a_n\}$이 다음 조건을 만족시킨다.

(가) $a_{n+2}=\begin{cases} a_n-3 & (n=1,\ 3) \\ a_n+3 & (n=2,\ 4) \end{cases}$

(나) 모든 자연수 n에 대하여 $a_n=a_{n+6}$이 성립한다.

$\displaystyle\sum_{k=1}^{32} a_k=112$일 때, a_1+a_2의 값을 구하시오.

유형 08 S_n이 포함된 꼴로 정의된 수열

일반항 a_n과 합 S_n 사이의 관계식이 주어지면
$$a_1=S_1,\ a_n=S_n-S_{n-1}\ (n\geq2)$$
임을 이용하여 a_n 또는 S_n에 대한 식으로 변형한다.

⌂ 개념ON 436쪽 ⌂ 유형ON 2권 149쪽

1154 대표문제

수열 $\{a_n\}$의 첫째항부터 제n항까지의 합을 S_n이라 하자.
$$S_1=3,\ S_n=2a_n-3\ (n=1,\ 2,\ 3,\ \cdots)$$
이 성립할 때, a_6의 값은?

① 93 ② 96 ③ 99
④ 102 ⑤ 105

1155 중요

$a_1=2$인 수열 $\{a_n\}$의 첫째항부터 제n항까지의 합을 S_n이라 하자. 모든 자연수 n에 대하여
$$\frac{S_{n+1}}{S_n}=3$$
이 성립할 때, a_5의 값을 구하시오.

1156 서술형

수열 $\{a_n\}$의 첫째항부터 제n항까지의 합을 S_n이라 하자. $S_2=5$이고 모든 자연수 n에 대하여
$$2S_{n+1}=S_n+1$$
이 성립할 때, a_1+a_7의 값을 구하시오.

1157 교육청 기출

수열 $\{a_n\}$의 첫째항부터 제n항까지의 합을 S_n이라 하자. $a_1=2$, $a_2=4$이고 2 이상의 모든 자연수 n에 대하여
$$a_{n+1}S_n=a_nS_{n+1}$$
이 성립할 때, S_5의 값을 구하시오.

유형 09 수열의 귀납적 정의의 활용

문제에서 주어진 조건을 파악하여 제n항과 제$(n+1)$항 사이의 관계를 식으로 나타낸다.

⌂ 개념ON 440쪽 ⌂ 유형ON 2권 150쪽

1158 대표문제

어느 수족관에서는 매일 전날 물의 양의 $\dfrac{1}{4}$을 버리고 $40\ \text{L}$의 물을 새로 넣는다. 첫째날 이 수족관에 물 $200\ \text{L}$가 들어 있고 n일째 되는 날 수족관에 들어 있는 물의 양을 $a_n\ \text{L}$라 할 때,
$$a_{n+1}=pa_n+q\ (n=1,\ 2,\ 3,\ \cdots)$$
가 성립한다. 상수 p, q에 대하여 pq의 값은?
(단, 수족관의 크기는 충분히 크다.)

① 28 ② 30 ③ 32
④ 34 ⑤ 36

1159

길이가 같은 막대를 사용하여 그림과 같은 모양을 만들어 나
간다. [n단계]의 막대의 개수를 a_n이라 할 때, a_{20}의 값을 구
하시오. (단, $n=1, 2, 3, \cdots$)

[1단계]　　　[2단계]　　　　　[3단계]　　　$\cdots$

1160

어느 부부 동반 모임에 참석한 사람들이 모두 자신의 배우자
를 제외한 나머지 모든 참석자와 각각 한 번씩 악수를 한다.
이 모임에 n쌍의 부부가 참석하였을 때, 이루어지는 악수의
총 횟수를 a_n이라 하자. 다음 중 a_n과 a_{n+1} 사이의 관계식으
로 옳은 것은? (단, $n=1, 2, 3, \cdots$)

① $a_{n+1}=a_n+n$　　　　　② $a_{n+1}=a_n+2n$

③ $a_{n+1}=a_n+4n$　　　　　④ $a_{n+1}=2a_n+2n$

⑤ $a_{n+1}=2a_n+4n$

1161 중요

어떤 시험관 안에 세균을 넣으면 한 시간 동안 5마리는 죽고
나머지는 각각 2마리로 분열한다고 한다. 이 시험관에 처음
세균 20마리를 넣고 n시간이 지난 후 시험관 안에 살아 있는
세균의 수를 a_n이라 하면

$$a_1=a,\ a_{n+1}=pa_n+q\ (n=1, 2, 3, \cdots)$$

가 성립한다. 상수 a, p, q에 대하여 $a+p+q$의 값은?

① 12　　　　　② 17　　　　　③ 22

④ 27　　　　　⑤ 32

1162 중요 서술형

농도가 20 %인 소금물 400 g이 들어 있는 그릇이 있다. 이
그릇에서 소금물 100 g을 덜어 낸 후 농도가 12 %인 소금물
100 g을 다시 넣는 것을 1회 시행이라고 한다. n회 시행 후
이 그릇에 담긴 소금물의 농도를 a_n %라 할 때, 다음을 구하
시오. (단, $n=1, 2, 3, \cdots$)

(1) a_1의 값

(2) a_n과 a_{n+1} 사이의 관계식

1163 교육청 기출

다음 [단계]에 따라 반지름의 길이가 같은 원들을 외접하도록
그린다.

> [단계 1] 3개의 원을 외접하게 그려서 〈그림 1〉을 얻는다.
> [단계 2] 〈그림 1〉의 아래에 3개의 원을 외접하게 그려서
> 　　　　　〈그림 2〉를 얻는다.
> [단계 3] 〈그림 2〉의 아래에 4개의 원을 외접하게 그려서
> 　　　　　〈그림 3〉을 얻는다.
> 　　　　　　　　　　⋮
> [단계 m] 〈그림 $m-1$〉의 아래에 $(m+1)$개의 원을
> 　　　　　외접하게 그려서 〈그림 m〉을 얻는다. $(m\geq2)$

 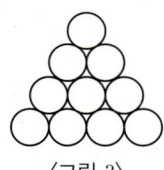

〈그림 1〉　　〈그림 2〉　　　〈그림 3〉　　　$\cdots$

〈그림 n〉에 그려진 원의 모든 접점의 개수를
$a_n\ (n=1, 2, 3, \cdots)$이라 하자. 예를 들어, $a_1=3$, $a_2=9$이
다. a_{10}의 값을 구하시오.

10

수학적 귀납법

자연수 n에 대하여 명제 $p(n)$이
(i) $p(1)$이 참이다.
(ii) $p(k)$가 참이면 $p(k+a)$도 참이다.
를 모두 만족시키면 $p(1)$, $p(1+a)$, $p(1+2a)$, $\cdots$가 모두 참이다. (단, k, a는 자연수이다.)

🎧 유형ON 2권 151쪽

1164 대표문제

자연수 n에 대하여 명제 $p(n)$이 아래 조건을 만족시킨다.

㉮ $p(1)$이 참이다.
㉯ $p(n)$이 참이면 $p(3n)$과 $p(4n)$도 참이다.

다음 중 반드시 참인 명제는?

① $p(72)$　　　② $p(96)$　　　③ $p(168)$
④ $p(180)$　　　⑤ $p(192)$

1165 ✅중요

자연수 n에 대하여 명제 $p(n)$이 아래 조건을 만족시킨다.

㉮ $p(1)$이 참이다.
㉯ $p(n)$이 참이면 $p(n+4)$와 $p(n+5)$도 참이다.

다음 중 반드시 참이라고 할 수 없는 명제는?

① $p(10)$　　　② $p(11)$　　　③ $p(12)$
④ $p(13)$　　　⑤ $p(14)$

1166

자연수 n에 대하여 명제 $p(n)$이 아래 조건을 만족시킨다.

㉮ $p(2)$, $p(5)$가 참이다.
㉯ $p(n)$이 참이면 $p(n+4)$도 참이다.

다음 중 반드시 참인 명제는?

① $p(12)$　　　② $p(23)$　　　③ $p(31)$
④ $p(40)$　　　⑤ $p(46)$

자연수 n에 대한 명제 $p(n)$이 모든 자연수 n에 대하여 성립함을 증명하려면 다음 두 가지를 보이면 된다.
(i) $n=1$일 때, 명제 $p(n)$이 성립한다.
(ii) $n=k$일 때, 명제 $p(n)$이 성립한다고 가정하면
$n=k+1$일 때도 명제 $p(n)$이 성립한다.

🎧 개념ON 446쪽　🎧 유형ON 2권 151쪽

1167 대표문제

다음은 모든 자연수 n에 대하여

$$1^3+2^3+3^3+\cdots+n^3=\left\{\frac{n(n+1)}{2}\right\}^2$$

이 성립함을 수학적 귀납법으로 증명한 것이다.

(i) $n=1$일 때,
(좌변)=(우변)= ㉮
이므로 주어진 등식이 성립한다.
(ii) $n=k$일 때, 주어진 등식이 성립한다고 가정하면
$$1^3+2^3+3^3+\cdots+k^3=\left\{\frac{k(k+1)}{2}\right\}^2$$
위의 식의 양변에 ㉯ 를 더하면
$$1^3+2^3+3^3+\cdots+k^3+\boxed{㉯}$$
$$=\left\{\frac{k(k+1)}{2}\right\}^2+\boxed{㉯}$$
$$=\{\boxed{㉰}\}^2$$
즉, $n=k+1$일 때도 주어진 등식이 성립한다.
(i), (ii)에 의하여 모든 자연수 n에 대하여 주어진 등식이 성립한다.

위의 ㉮에 알맞은 수를 a, ㉯, ㉰에 알맞은 식을 각각 $f(k)$, $g(k)$라 할 때, $f(a)+g(a)$의 값은?

① 11　　　② 12　　　③ 13
④ 14　　　⑤ 15

1168 ✅중요

다음은 모든 자연수 n에 대하여

$$\frac{1}{2\times5}+\frac{1}{5\times8}+\frac{1}{8\times11}+\cdots+\frac{1}{(3n-1)(3n+2)}$$
$$=\frac{n}{6n+4}$$

이 성립함을 수학적 귀납법으로 증명한 것이다.

(ⅰ) $n=1$일 때,

$$(\text{좌변})=\frac{1}{2\times5}=\frac{1}{10},$$

$$(\text{우변})=\frac{1}{6\times1+4}=\frac{1}{10}$$

이므로 주어진 등식이 성립한다.

(ⅱ) $n=k$일 때, 주어진 등식이 성립한다고 가정하면

$$\frac{1}{2\times5}+\frac{1}{5\times8}+\cdots+\frac{1}{(3k-1)(3k+2)}=\frac{k}{6k+4}$$

위의 식의 양변에 $\boxed{(\text{가})}$ 를 더하면

$$\frac{1}{2\times5}+\frac{1}{5\times8}+\cdots+\frac{1}{(3k-1)(3k+2)}+\boxed{(\text{가})}$$

$$=\frac{k}{6k+4}+\boxed{(\text{가})}$$

$$=\boxed{(\text{나})}$$

따라서 $n=k+1$일 때도 주어진 등식이 성립한다.

(ⅰ), (ⅱ)에 의하여 모든 자연수 n에 대하여 주어진 등식이 성립한다.

위의 (가), (나)에 알맞은 식을 각각 $f(k)$, $g(k)$라 할 때, $\dfrac{g(5)}{f(1)}$의 값은?

① 6
② $\dfrac{25}{4}$
③ $\dfrac{13}{2}$
④ $\dfrac{27}{4}$
⑤ 7

1169

다음은 모든 자연수 n에 대하여

$$1-\frac{1}{2}+\frac{1}{3}-\frac{1}{4}+\cdots+\frac{1}{2n-1}-\frac{1}{2n}=\sum_{k=1}^{n}\frac{1}{n+k}$$

이 성립함을 수학적 귀납법으로 증명한 것이다.

(ⅰ) $n=1$일 때,

$$(\text{좌변})=(\text{우변})=\boxed{(\text{가})}$$

이므로 주어진 등식이 성립한다.

(ⅱ) $n=m$일 때, 주어진 등식이 성립한다고 가정하면

$$1-\frac{1}{2}+\frac{1}{3}-\frac{1}{4}+\cdots+\frac{1}{2m-1}-\frac{1}{2m}=\sum_{k=1}^{m}\frac{1}{m+k}$$

$n=m+1$일 때,

$$1-\frac{1}{2}+\frac{1}{3}-\frac{1}{4}+\cdots+\frac{1}{2m+1}-\frac{1}{2m+2}$$

$$=\sum_{k=1}^{m}\frac{1}{m+k}+\left(\frac{1}{2m+1}-\frac{1}{2m+2}\right)$$

$$=\sum_{k=2}^{m}\frac{1}{m+k}+\frac{1}{2m+1}+\boxed{(\text{나})}$$

$$=\sum_{k=2}^{m+1}\frac{1}{m+k}+\boxed{(\text{나})}$$

$$=\sum_{k=1}^{m+1}\frac{1}{m+k+1}$$

따라서 $n=m+1$일 때도 주어진 등식이 성립한다.

(ⅰ), (ⅱ)에 의하여 모든 자연수 n에 대하여 주어진 등식이 성립한다.

위의 (가)에 알맞은 수를 a, (나)에 알맞은 식을 $f(m)$이라 할 때, $a+f(1)$의 값은?

① $\dfrac{2}{3}$
② $\dfrac{3}{4}$
③ $\dfrac{5}{6}$
④ 1
⑤ $\dfrac{5}{4}$

1170 교육청 기출

다음은 모든 자연수 n에 대하여

$$\frac{4}{3}+\frac{8}{3^2}+\frac{12}{3^3}+\cdots+\frac{4n}{3^n}=3-\frac{2n+3}{3^n} \quad \cdots\cdots (\ast)$$

이 성립함을 수학적 귀납법으로 증명한 것이다.

---

(1) $n=1$일 때,

  (좌변)$=\frac{4}{3}$, (우변)$=3-\frac{5}{3}=\frac{4}{3}$

  이므로 ($\ast$)이 성립한다.

(2) $n=k$일 때, ($\ast$)이 성립한다고 가정하면

  $$\frac{4}{3}+\frac{8}{3^2}+\frac{12}{3^3}+\cdots+\frac{4k}{3^k}=3-\frac{2k+3}{3^k}$$

  이다.

  위 등식의 양변에 $\dfrac{4(k+1)}{3^{k+1}}$을 더하여 정리하면

  $$\frac{4}{3}+\frac{8}{3^2}+\frac{12}{3^3}+\cdots+\frac{4k}{3^k}+\frac{4(k+1)}{3^{k+1}}$$

  $$=3-\frac{1}{3^k}\left\{(2k+3)-\left(\boxed{\text{(가)}}\right)\right\}$$

  $$=3-\frac{\boxed{\text{(나)}}}{3^{k+1}}$$

  따라서 $n=k+1$일 때도 ($\ast$)이 성립한다.

(1), (2)에 의하여 모든 자연수 n에 대하여 ($\ast$)이 성립한다.

위의 (가), (나)에 알맞은 식을 각각 $f(k)$, $g(k)$라 할 때, $f(3)\times g(2)$의 값은?

① 36 ② 39 ③ 42

④ 45 ⑤ 48

1171 평가원 기출

수열 $\{a_n\}$의 일반항은

$$a_n=(2^{2n}-1)\times 2^{n(n-1)}+(n-1)\times 2^{-n}$$

이다. 다음은 모든 자연수 n에 대하여

$$\sum_{k=1}^{n} a_k=2^{n(n+1)}-(n+1)\times 2^{-n} \quad \cdots\cdots (\ast)$$

임을 수학적 귀납법을 이용하여 증명한 것이다.

(i) $n=1$일 때,

  (좌변)$=3$, (우변)$=3$

  이므로 ($\ast$)이 성립한다.

(ii) $n=m$일 때, ($\ast$)이 성립한다고 가정하면

  $$\sum_{k=1}^{m} a_k=2^{m(m+1)}-(m+1)\times 2^{-m}$$

  이다.

  $n=m+1$일 때,

  $$\sum_{k=1}^{m+1} a_k=2^{m(m+1)}-(m+1)\times 2^{-m}$$

  $$+(2^{2m+2}-1)\times\boxed{\text{(가)}}+m\times 2^{-m-1}$$

  $$=\boxed{\text{(가)}}\times\boxed{\text{(나)}}-\frac{m+2}{2}\times 2^{-m}$$

  $$=2^{(m+1)(m+2)}-(m+2)\times 2^{-(m+1)}$$

  이다.

  따라서 $n=m+1$일 때도 ($\ast$)이 성립한다.

(i), (ii)에 의하여 모든 자연수 n에 대하여

  $$\sum_{k=1}^{n} a_k=2^{n(n+1)}-(n+1)\times 2^{-n}$$

  이다.

위의 (가), (나)에 알맞은 식을 각각 $f(m)$, $g(m)$이라 할 때, $\dfrac{g(7)}{f(3)}$의 값은?

① 2 ② 4 ③ 8

④ 16 ⑤ 32

유형 12 수학적 귀납법 - 배수의 증명

모든 자연수 n에 대하여 a_n이 l의 배수임을 증명하려면 다음 두 가지를 보이면 된다.

(i) $n=1$일 때, a_n이 l의 배수이다.

(ii) $n=k$일 때, a_n이 l의 배수라 가정하면 $n=k+1$일 때도 a_n이 l의 배수이다.

Tip $a_{k+1}=l(\,\bullet+\blacktriangle\,)$ 꼴로 정리하여 l의 배수임을 보인다.

🔘 개념ON 446쪽 🔘 유형ON 2권 153쪽

1172 대표문제

다음은 모든 자연수 n에 대하여 4^n-1이 3의 배수임을 수학적 귀납법으로 증명한 것이다.

(i) $n=1$일 때, $4^1-1=3$이므로 3의 배수이다.

(ii) $n=k$일 때, 4^k-1이 3의 배수라 가정하면 $4^k-1=3m$ (m은 자연수)으로 놓을 수 있으므로

$$4^k=\boxed{(가)}$$

$n=k+1$일 때,

$$4^{k+1}-1=4(\boxed{(가)})-1$$
$$=3(\boxed{(나)})$$

따라서 $n=k+1$일 때도 4^n-1은 3의 배수이다.

(i), (ii)에 의하여 모든 자연수 n에 대하여 4^n-1은 3의 배수이다.

위의 (가), (나)에 알맞은 식을 각각 $f(m)$, $g(m)$이라 할 때, $f(1)+g(2)$의 값은?

① 11 ② 12 ③ 13
④ 14 ⑤ 15

1173 ✅중요

다음은 모든 자연수 n에 대하여 $n(n^2+5)$가 6의 배수임을 수학적 귀납법으로 증명한 것이다.

(i) $n=1$일 때, $1\times(1^2+5)=6$이므로 6의 배수이다.

(ii) $n=k$일 때, $n(n^2+5)$가 6의 배수라 가정하면 $k(k^2+5)$는 6의 배수이다.

$n=k+1$일 때,

$$(k+1)\{(k+1)^2+5\}$$
$$=k(k^2+5)+3\times(\boxed{(가)})+6 \quad\cdots\cdots\ \bigcirc$$

이때 $k(k^2+5)$는 6의 배수이고 $\boxed{(가)}$ 는 $\boxed{(나)}$ 의 배수이므로 $\bigcirc$은 6의 배수이다.

따라서 $n=k+1$일 때도 $n(n^2+5)$는 6의 배수이다.

(i), (ii)에 의하여 모든 자연수 n에 대하여 $n(n^2+5)$는 6의 배수이다.

위의 (가)에 알맞은 식을 $f(k)$, (나)에 알맞은 수를 a라 할 때, $f(a)$의 값은?

① 2 ② 6 ③ 12
④ 15 ⑤ 30

1174

다음은 모든 자연수 n에 대하여 $4^{2n+1}+3^{n+2}$이 13의 배수임을 수학적 귀납법으로 증명한 것이다.

(i) $n=1$일 때, $4^{2\times1+1}+3^{1+2}=13\times\boxed{(가)}$이므로 13의 배수이다.

(ii) $n=k$일 때, $4^{2n+1}+3^{n+2}$이 13의 배수라 가정하면 $4^{2k+1}+3^{k+2}=13m$ (m은 자연수)으로 놓을 수 있다.

$n=k+1$일 때,

$$4^{2k+3}+3^{k+3}=4^2\times\boxed{(나)}+3\times3^{k+2}$$
$$=13\times(16m-\boxed{(다)})$$

따라서 $n=k+1$일 때도 $4^{2n+1}+3^{n+2}$은 13의 배수이다.

(i), (ii)에 의하여 모든 자연수 n에 대하여 $4^{2n+1}+3^{n+2}$은 13의 배수이다.

위의 (가)에 알맞은 수를 a, (나), (다)에 알맞은 식을 각각 $f(k)$, $g(k)$라 할 때, $a+f(0)+g(0)$의 값은?

① 16 ② 17 ③ 18
④ 19 ⑤ 20

유형 13 수학적 귀납법 - 부등식의 증명

자연수 n에 대한 명제 $p(n)$이 $n \geq m$ (m은 자연수)인 모든 자연수 n에 대하여 성립함을 증명하려면 다음 두 가지를 보이면 된다.

(ⅰ) $n=m$일 때, 명제 $p(n)$이 성립한다.

(ⅱ) $n=k$ ($k \geq m$)일 때, 명제 $p(n)$이 성립한다고 가정하면 $n=k+1$일 때도 명제 $p(n)$이 성립한다.

🔵 개념ON 448쪽 🔵 유형ON 2권 153쪽

1175 대표문제

다음은 $n \geq 5$인 모든 자연수 n에 대하여 부등식

$$2^n > n^2 \qquad \cdots\cdots \ \text{㉠}$$

이 성립함을 수학적 귀납법으로 증명한 것이다.

(ⅰ) $n=5$일 때,

(좌변)$=2^5=32$, (우변)$=5^2=25$

이므로 부등식 ㉠이 성립한다.

(ⅱ) $n=k$ ($k \geq 5$)일 때, 부등식 ㉠이 성립한다고 가정하면

$$2^k > k^2$$

위의 식의 양변에 $\boxed{(가)}$ 를 곱하면

$$\boxed{(가)} \times 2^k > \boxed{(가)} \times k^2 = k^2 + k^2$$

이때 $k \geq 5$이면

$$k^2 \geq 5k = 2k + 3k > \boxed{(나)} \text{이므로}$$

$$\boxed{(가)} \times 2^k > k^2 + \boxed{(나)} \text{에서}$$

$$2^{k+1} > (k+1)^2$$

따라서 $n=k+1$일 때도 부등식 ㉠이 성립한다.

(ⅰ), (ⅱ)에 의하여 $n \geq 5$인 모든 자연수 n에 대하여 부등식 ㉠이 성립한다.

위의 (가)에 알맞은 수를 p, (나)에 알맞은 식을 $f(k)$라 할 때, $f(p)$의 값은?

① 3 　　　　② 4 　　　　③ 5

④ 6 　　　　⑤ 7

1176 교육청 기출

다음은 $n \geq 2$인 모든 자연수 n에 대하여 부등식

$$\left(1 + \frac{1}{2} + \frac{1}{3} + \cdots + \frac{1}{n}\right)(1 + 2 + 3 + \cdots + n) > n^2$$

$$\cdots\cdots \ (\ast)$$

이 성립함을 수학적 귀납법을 이용하여 증명하는 과정이다.

주어진 식 $(\ast)$의 양변을 $\dfrac{n(n+1)}{2}$로 나누면

$$1 + \frac{1}{2} + \frac{1}{3} + \cdots + \frac{1}{n} > \frac{2n}{n+1} \qquad \cdots\cdots \ \text{㉠}$$

이다.

$n \geq 2$인 자연수 n에 대하여

(ⅰ) $n=2$일 때,

(좌변)$=\boxed{(가)}$, (우변)$=\dfrac{4}{3}$

이므로 ㉠이 성립한다.

(ⅱ) $n=k$ ($k \geq 2$)일 때, ㉠이 성립한다고 가정하면

$$1 + \frac{1}{2} + \frac{1}{3} + \cdots + \frac{1}{k} > \frac{2k}{k+1} \qquad \cdots\cdots \ \text{㉡}$$

이다. ㉡의 양변에 $\dfrac{1}{k+1}$을 더하면

$$1 + \frac{1}{2} + \frac{1}{3} + \cdots + \frac{1}{k} + \frac{1}{k+1} > \frac{2k+1}{k+1}$$

이 성립한다. 한편,

$$\frac{2k+1}{k+1} - \boxed{(나)} = \frac{k}{(k+1)(k+2)} > 0$$

이므로

$$1 + \frac{1}{2} + \frac{1}{3} + \cdots + \frac{1}{k} + \frac{1}{k+1} > \boxed{(나)}$$

이다. 따라서 $n=k+1$일 때도 ㉠이 성립한다.

(ⅰ), (ⅱ)에 의하여 $n \geq 2$인 모든 자연수 n에 대하여 ㉠이 성립하므로 $(\ast)$도 성립한다.

위의 (가)에 알맞은 수를 p, (나)에 알맞은 식을 $f(k)$라 할 때, $8p \times f(10)$의 값은?

① 14 　　　　② 16 　　　　③ 18

④ 20 　　　　⑤ 22

1177 ✅중요

다음은 모든 자연수 n에 대하여 부등식

$$1+\frac{1}{\sqrt{2}}+\frac{1}{\sqrt{3}}+\cdots+\frac{1}{\sqrt{n}}<2\sqrt{n} \quad\cdots\cdots\text{㉠}$$

이 성립함을 수학적 귀납법으로 증명한 것이다.

(i) $n=1$일 때,

(좌변)$=1$, (우변)$=2$

이므로 부등식 ㉠이 성립한다.

(ii) $n=k$일 때, 부등식 ㉠이 성립한다고 가정하면

$$1+\frac{1}{\sqrt{2}}+\frac{1}{\sqrt{3}}+\cdots+\frac{1}{\sqrt{k}}<2\sqrt{k}$$

위의 식의 양변에 $\dfrac{1}{\boxed{\text{(가)}}}$ 을 더하면

$$1+\frac{1}{\sqrt{2}}+\frac{1}{\sqrt{3}}+\cdots+\frac{1}{\sqrt{k}}+\frac{1}{\boxed{\text{(가)}}}$$

$$<2\sqrt{k}+\frac{1}{\boxed{\text{(가)}}}$$

이 성립한다.

한편, $2\sqrt{k+1}-2\sqrt{k}=\dfrac{2}{\boxed{\text{(나)}}}>\dfrac{1}{\sqrt{k+1}}$이므로

$$1+\frac{1}{\sqrt{2}}+\frac{1}{\sqrt{3}}+\cdots+\frac{1}{\sqrt{k}}+\frac{1}{\sqrt{k+1}}<2\sqrt{k+1}$$

따라서 $n=k+1$일 때도 부등식 ㉠이 성립한다.

(i), (ii)에 의하여 모든 자연수 n에 대하여 부등식 ㉠이 성립한다.

위의 (가), (나)에 알맞은 식을 각각 $f(k)$, $g(k)$라 할 때,

$f(99)+\displaystyle\sum_{k=1}^{99}\dfrac{1}{g(k)}$의 값을 구하시오.

1178

다음은 $n\geq2$인 모든 자연수 n에 대하여 부등식

$$1+\frac{1}{2}+\frac{1}{3}+\frac{1}{4}+\cdots+\frac{1}{2^n}>1+\frac{n}{2} \quad\cdots\cdots\text{㉠}$$

이 성립함을 수학적 귀납법으로 증명한 것이다.

(i) $n=2$일 때,

(좌변)$=\boxed{\text{(가)}}$, (우변)$=2$

이므로 부등식 ㉠이 성립한다.

(ii) $n=k$ $(k\geq2)$일 때, 부등식 ㉠이 성립한다고 가정하면

$$1+\frac{1}{2}+\frac{1}{3}+\frac{1}{4}+\cdots+\frac{1}{2^k}>1+\frac{k}{2}$$

위의 식의 양변에

$$\frac{1}{2^k+1}+\frac{1}{2^k+2}+\cdots+\frac{1}{2^k+\boxed{\text{(나)}}}$$

을 더하면

$$1+\frac{1}{2}+\frac{1}{3}+\frac{1}{4}+\cdots+\frac{1}{2^k}$$

$$+\frac{1}{2^k+1}+\frac{1}{2^k+2}+\cdots+\frac{1}{2^k+\boxed{\text{(나)}}}$$

$$>1+\frac{k}{2}+\frac{1}{2^k+1}+\frac{1}{2^k+2}+\cdots+\frac{1}{2^k+\boxed{\text{(나)}}}$$

즉,

$$1+\frac{1}{2}+\frac{1}{3}+\frac{1}{4}+\cdots+\frac{1}{2^{k+1}}$$

$$>1+\frac{k}{2}+\frac{1}{2^k+\boxed{\text{(다)}}}\times2^k$$

$$=1+\frac{k+1}{2}$$

따라서 $n=k+1$일 때도 부등식 ㉠이 성립한다.

(i), (ii)에 의하여 $n\geq2$인 모든 자연수 n에 대하여 부등식 ㉠이 성립한다.

위의 (가)에 알맞은 수를 p, (나), (다)에 알맞은 식을 각각 $f(k)$, $g(k)$라 할 때, $12p+f(1)+g(2)$의 값은?

① 27   ② 28   ③ 29

④ 30   ⑤ 31

10 수학적 귀납법

1179

수열 $\{a_n\}$이

$$a_1=9, \quad a_{n+1}=\frac{1}{3}a_n \ (n=1, 2, 3, \cdots)$$

으로 정의될 때, $a_k=\left(\frac{1}{3}\right)^{10}$을 만족시키는 자연수 k의 값은?

① 9   ② 10   ③ 11

④ 12   ⑤ 13

1180

수열 $\{a_n\}$이 모든 자연수 n에 대하여

$$2a_{n+1}=a_n+a_{n+2}$$

를 만족시키고 $a_2=-5$, $a_3+a_7=14$일 때, a_8의 값을 구하시오.

1181

수열 $\{a_n\}$이

$$a_1=\frac{1}{2}, \quad a_{n+1}=\frac{1}{2-a_n} \ (n=1, 2, 3, \cdots)$$

로 정의될 때, $a_1\times a_2\times a_3\times\cdots\times a_{10}$의 값은?

① $\frac{1}{8}$ ② $\frac{1}{9}$ ③ $\frac{1}{10}$

④ $\frac{1}{11}$ ⑤ $\frac{1}{12}$

1182

수열 $\{a_n\}$이

$$a_1=\sqrt{2}, \quad a_{n+1}-a_n=\frac{2}{\sqrt{n}+\sqrt{n+2}} \ (n=1, 2, 3, \cdots)$$

로 정의될 때, a_8의 값은?

① $1+\sqrt{2}$ ② $2+\sqrt{2}$ ③ $1+2\sqrt{2}$

④ $2+2\sqrt{2}$ ⑤ $3+2\sqrt{2}$

1183 수능 기출

수열 $\{a_n\}$은 $a_1=2$이고, 모든 자연수 n에 대하여

$$a_{n+1}=\begin{cases} a_n-1 & (a_n\text{이 짝수인 경우}) \\ a_n+n & (a_n\text{이 홀수인 경우}) \end{cases}$$

를 만족시킨다. a_7의 값은?

① 7   ② 9   ③ 11

④ 13   ⑤ 15

1184

자연수 n에 대한 명제 $p(n)$이 다음 조건을 만족시킨다.

> ㈎ $p(6)$이 참이다.
> ㈏ k가 자연수일 때, $p(k+2)$가 참이면 $p(2k+1)$도 참이다.

명제 $p(1)$, $p(2)$, $p(3)$, $\cdots$, $p(100)$ 중 반드시 참인 명제의 개수를 구하시오.

1185

다음은 모든 자연수 n에 대하여 $7^n - 6n$을 36으로 나눈 나머지는 1임을 수학적 귀납법으로 증명한 것이다.

(i) $n = 1$일 때,

$7^1 - 6 \times 1 = 1$이므로 36으로 나눈 나머지는 1이다.

(ii) $n = k$일 때, $7^k - 6k$를 36으로 나눈 나머지가 1이라 가정하면

$7^k - 6k = 36m + 1$ (m은 음이 아닌 정수)

로 놓을 수 있다.

$n = k + 1$일 때,

$7^{k+1} - 6(k+1) = 7(\boxed{} + 36m) - 6(k+1)$

$\qquad\qquad\qquad = 36(k + \boxed{}) + 1$

따라서 $n = k + 1$일 때도 $7^n - 6n$을 36으로 나눈 나머지는 1이다.

(i), (ii)에 의하여 모든 자연수 n에 대하여 $7^n - 6n$을 36으로 나눈 나머지는 1이다.

위의 (가)에 알맞은 식을 $f(k)$, (나)에 알맞은 식을 $g(m)$이라 할 때, $\dfrac{g(3)}{f(1)}$의 값은?

① $\dfrac{1}{3}$　　　② $\dfrac{1}{2}$　　　③ 1

④ 2　　　⑤ 3

1186　수능 기출

수열 $\{a_n\}$은 $a_1 = 2$이고, 모든 자연수 n에 대하여

$$a_{n+1} = \begin{cases} \dfrac{a_n}{2 - 3a_n} & (n\text{이 홀수인 경우}) \\ 1 + a_n & (n\text{이 짝수인 경우}) \end{cases}$$

를 만족시킨다. $\displaystyle\sum_{n=1}^{40} a_n$의 값은?

① 30　　　② 35　　　③ 40

④ 45　　　⑤ 50

1187

수열 $\{a_n\}$이

$$a_1 = 14, \quad (n+1)a_{n+1} = 2na_n \quad (n = 1, 2, 3, \cdots)$$

으로 정의될 때, a_7의 값을 구하시오.

1188　교육청 기출

첫째항이 20인 수열 $\{a_n\}$이 모든 자연수 n에 대하여

$$a_{n+1} = |a_n| - 2$$

를 만족시킬 때, $\displaystyle\sum_{n=1}^{30} a_n$의 값은?

① 88　　　② 90　　　③ 92

④ 94　　　⑤ 96

1189

평면 위에 n개의 원이 있다. 임의의 두 원은 서로 다른 두 점에서 만나고 어느 세 원도 한 점에서 만나지 않는다. 2 이상의 자연수 n에 대하여 n개의 원이 만나서 생기는 교점의 개수를 a_n이라 하자. 예를 들어 $a_2 = 2$, $a_3 = 6$이다. a_{10}의 값을 구하시오.

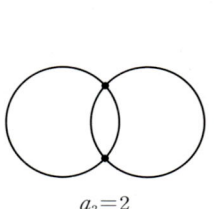
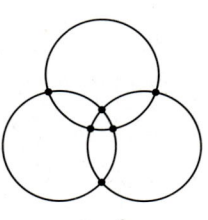

$a_2 = 2$　　　　　$a_3 = 6$

1190

수열 $\{a_n\}$의 첫째항부터 제 n항까지의 합을 S_n이라 하자. $a_1=2$, $a_2=8$이고 2 이상의 모든 자연수 n에 대하여

$$S_{n+1}+S_{n-1}=2(S_n+3)$$

이 성립할 때, S_{10}의 값을 구하시오.

1191

첫째항이 a인 수열 $\{a_n\}$이 다음 조건을 만족시킨다.

(가) $a_{n+1}=\begin{cases} 3-a_n & (n=1,3) \\ 4-a_n & (n=2,4) \end{cases}$

(나) 모든 자연수 n에 대하여 $a_{n+5}=2a_n$이다.

$\displaystyle\sum_{k=1}^{30} a_k=630$일 때, a의 값은?

① 1   ② 2   ③ 3

④ 4   ⑤ 5

1192

두 수열 $\{a_n\}$, $\{b_n\}$이 다음 조건을 만족시킨다.

(가) $a_1=1$, $b_1=5$

(나) $2a_{n+1}=a_n+a_{n+2}$ $(n=1, 2, 3, \cdots)$

(다) $\displaystyle\sum_{k=1}^{n} b_k=a_{n+1}$ $(n=1, 2, 3, \cdots)$

$\displaystyle\sum_{k=1}^{10}(a_k+b_k)$의 값을 구하시오.

 서술형 대비하기

1193

모든 항이 양의 실수인 수열 $\{a_n\}$은 $a_1=\dfrac{1}{16}$, $a_6=2$이고 모든 자연수 n에 대하여

$$a_{n+1}=\sqrt{a_n a_{n+2}}$$

를 만족시킨다. $a_k<100$을 만족시키는 자연수 k의 최댓값을 구하시오.

1194

모든 자연수 n에 대하여

$$\sum_{k=1}^{n}(2k+1)=n(n+2)$$

가 성립함을 수학적 귀납법으로 증명하시오.

PART C 수능 녹인 변별력 문제

1195

첫째항이 5 이상의 자연수인 수열 $\{a_n\}$이 모든 자연수 n에 대하여

$$a_{n+1}=\begin{cases} a_n-3 & (a_n\text{이 홀수인 경우}) \\ a_n+7 & (a_n\text{이 짝수인 경우}) \end{cases}$$

를 만족시킨다. $a_{11}=27$일 때, a_1+a_6의 값은?

① 18 　　② 19 　　③ 20

④ 21 　　⑤ 22

1196

$a_1=9$이고, 모든 항이 양수인 수열 $\{a_n\}$이 모든 자연수 n에 대하여

$$\log a_{n+1}=\log a_n-\log \sqrt[5]{3}$$

을 만족시킨다. 수열 $\{a_n\}$의 항의 값 중 유리수인 것을 큰 수부터 차례대로 나열할 때, 처음 10개의 합은 $\dfrac{k}{2}\left\{1-\left(\dfrac{1}{3}\right)^{10}\right\}$이다. 상수 k의 값을 구하시오.

1197

첫째항이 5인 수열 $\{a_n\}$이 다음 조건을 만족시킨다.

> (가) $a_{n+2}=2a_n$ $(n=1, 2, 3, \cdots, 8)$
>
> (나) 모든 자연수 n에 대하여 $a_{n+10}=a_n$이다.

$\displaystyle\sum_{k=1}^{50}a_k=1240$일 때, a_{50}의 값을 구하시오.

1198

두 수열 $\{a_n\}$, $\{b_n\}$이 모든 자연수 n에 대하여 다음 조건을 만족시킨다.

> (가) $a_1=3$, $a_n\times a_{n+1}=(-1)^{n+1}$
>
> (나) $a_n+b_n=n$

$\displaystyle\sum_{k=1}^{20}(b_k+b_{k+1})$의 값을 구하시오.

1199

다음은 모든 자연수 n에 대하여

$$\sum_{k=1}^{n} \frac{(-1)^{k-1} {}_n C_k}{k} = \sum_{k=1}^{n} \frac{1}{k} \quad \cdots\cdots \; (*)$$

이 성립함을 수학적 귀납법을 이용하여 증명한 것이다.

(i) $n=1$일 때,

(좌변)$=1$, (우변)$=1$

이므로 $(*)$이 성립한다.

(ii) $n=m$일 때, $(*)$이 성립한다고 가정하면

$$\sum_{k=1}^{m} \frac{(-1)^{k-1} {}_m C_k}{k} = \sum_{k=1}^{m} \frac{1}{k}$$

이다. $n=m+1$일 때,

$$\sum_{k=1}^{m+1} \frac{(-1)^{k-1} {}_{m+1} C_k}{k}$$

$$= \sum_{k=1}^{m} \frac{(-1)^{k-1} {}_{m+1} C_k}{k} + \boxed{\text{(가)}}$$

$$= \sum_{k=1}^{m} \frac{(-1)^{k-1} ({}_m C_k + {}_m C_{k-1})}{k} + \boxed{\text{(가)}}$$

$$= \sum_{k=1}^{m} \frac{1}{k} + \sum_{k=1}^{m+1} \left\{ \frac{(-1)^{k-1}}{k} \times \frac{\boxed{\text{(나)}}}{(m-k+1)!(k-1)!} \right\}$$

$$= \sum_{k=1}^{m} \frac{1}{k} + \sum_{k=1}^{m+1} \left\{ \frac{(-1)^{k-1}}{\boxed{\text{(다)}}} \times \frac{(m+1)!}{(m-k+1)! \, k!} \right\}$$

$$= \sum_{k=1}^{m} \frac{1}{k} + \frac{1}{m+1}$$

$$= \sum_{k=1}^{m+1} \frac{1}{k}$$

이다.

따라서 $n=m+1$일 때도 $(*)$이 성립한다.

(i), (ii)에 의하여 모든 자연수 n에 대하여 $(*)$이 성립한다.

위의 (가), (나), (다)에 알맞은 식을 각각 $f(m)$, $g(m)$, $h(m)$이라 할 때, $\dfrac{g(3)+h(3)}{f(4)}$의 값은?

① 40   ② 45   ③ 50

④ 55   ⑤ 60

1200

수열 $\{a_n\}$이 모든 자연수 n에 대하여 다음 조건을 만족시킨다.

(가) $a_{3n-1} = a_n - 1$

(나) $a_{3n} = 2a_n - 3$

(다) $a_{3n+1} = -a_n + 5$

$a_{30} = -27$일 때, $\displaystyle\sum_{k=1}^{40} a_k$의 값을 구하시오.

1201

수열 $\{a_n\}$이

$$a_1 = 30, \quad a_{n+1} = |a_n - 3| \quad (n = 1, 2, 3, \cdots)$$

으로 정의될 때, $\displaystyle\sum_{k=1}^{n} a_k \leq 300$을 만족시키는 자연수 n의 최댓값을 구하시오.

1202 `평가원 기출`

수열 $\{a_n\}$의 첫째항부터 제n항까지의 합을 S_n이라 하자.
다음은 모든 자연수 n에 대하여

$$\sum_{k=1}^{n} \frac{S_k}{k!} = \frac{1}{(n+1)!}$$

이 성립할 때, $\sum_{k=1}^{n} \frac{1}{a_k}$을 구하는 과정이다.

$n=1$일 때, $a_1 = S_1 = \frac{1}{2}$이므로 $\frac{1}{a_1} = 2$이다.

$n=2$일 때, $a_2 = S_2 - S_1 = -\frac{7}{6}$이므로 $\sum_{k=1}^{2} \frac{1}{a_k} = \frac{8}{7}$이다.

$n \geq 3$인 모든 자연수 n에 대하여

$$\frac{S_n}{n!} = \sum_{k=1}^{n} \frac{S_k}{k!} - \sum_{k=1}^{n-1} \frac{S_k}{k!} = -\frac{\boxed{(가)}}{(n+1)!}$$

즉, $S_n = -\dfrac{\boxed{(가)}}{n+1}$이므로

$$a_n = S_n - S_{n-1} = -(\boxed{(나)})$$

이다. 한편, $\sum_{k=3}^{n} k(k+1) = -8 + \sum_{k=1}^{n} k(k+1)$이므로

$$\sum_{k=1}^{n} \frac{1}{a_k} = \frac{8}{7} - \sum_{k=3}^{n} k(k+1)$$

$$= \frac{64}{7} - \frac{n(n+1)}{2} - \sum_{k=1}^{n} \boxed{(다)}$$

$$= -\frac{1}{3}n^3 - n^2 - \frac{2}{3}n + \frac{64}{7}$$

이다.

위의 (가), (나), (다)에 알맞은 식을 각각 $f(n)$, $g(n)$, $h(k)$라 할 때, $f(5) \times g(3) \times h(6)$의 값은?

① 3 　　　　② 6　　　　　③ 9
④ 12　　　　⑤ 15

1203 `평가원 기출`

첫째항이 자연수인 수열 $\{a_n\}$이 모든 자연수 n에 대하여

$$a_{n+1} = \begin{cases} a_n + 1 & (a_n \text{이 홀수인 경우}) \\ \frac{1}{2}a_n & (a_n \text{이 짝수인 경우}) \end{cases}$$

를 만족시킬 때, $a_2 + a_4 = 40$이 되도록 하는 모든 a_1의 값의 합은?

① 172　　　　② 175　　　　③ 178
④ 181　　　　⑤ 184

1204 `교육청 기출`

모든 항이 자연수인 수열 $\{a_n\}$이 다음 조건을 만족시킨다.

(가) $a_1 < 300$

(나) 모든 자연수 n에 대하여

$$a_{n+1} = \begin{cases} \frac{1}{3}a_n & (\log_3 a_n \text{이 자연수인 경우}) \\ a_n + 6 & (\log_3 a_n \text{이 자연수가 아닌 경우}) \end{cases}$$

이다.

$\sum_{k=4}^{7} a_k = 40$이 되도록 하는 모든 a_1의 값의 합은?

① 315　　　　② 321　　　　③ 327
④ 333　　　　⑤ 339

상·용·로·그·표

수	0	1	2	3	4	5	6	7	8	9
1.0	.0000	.0043	.0086	.0128	.0170	.0212	.0253	.0294	.0334	.0374
1.1	.0414	.0453	.0492	.0531	.0569	.0607	.0645	.0682	.0719	.0755
1.2	.0792	.0828	.0864	.0899	.0934	.0969	.1004	.1038	.1072	.1106
1.3	.1139	.1173	.1206	.1239	.1271	.1303	.1335	.1367	.1399	.1430
1.4	.1461	.1492	.1523	.1553	.1584	.1614	.1644	.1673	.1703	.1732
1.5	.1761	.1790	.1818	.1847	.1875	.1903	.1931	.1959	.1987	.2014
1.6	.2041	.2068	.2095	.2122	.2148	.2175	.2201	.2227	.2253	.2279
1.7	.2304	.2330	.2355	.2380	.2405	.2430	.2455	.2480	.2504	.2529
1.8	.2553	.2577	.2601	.2625	.2648	.2672	.2695	.2718	.2742	.2765
1.9	.2788	.2810	.2833	.2856	.2878	.2900	.2923	.2945	.2967	.2989
2.0	.3010	.3032	.3054	.3075	.3096	.3118	.3139	.3160	.3181	.3201
2.1	.3222	.3243	.3263	.3284	.3304	.3324	.3345	.3365	.3385	.3404
2.2	.3424	.3444	.3464	.3483	.3502	.3522	.3541	.3560	.3579	.3598
2.3	.3617	.3636	.3655	.3674	.3692	.3711	.3729	.3747	.3766	.3784
2.4	.3802	.3820	.3838	.3856	.3874	.3892	.3909	.3927	.3945	.3962
2.5	.3979	.3997	.4014	.4031	.4048	.4065	.4082	.4099	.4116	.4133
2.6	.4150	.4166	.4183	.4200	.4216	.4232	.4249	.4265	.4281	.4298
2.7	.4314	.4330	.4346	.4362	.4378	.4393	.4409	.4425	.4440	.4456
2.8	.4472	.4487	.4502	.4518	.4533	.4548	.4564	.4579	.4594	.4609
2.9	.4624	.4639	.4654	.4669	.4683	.4698	.4713	.4728	.4742	.4757
3.0	.4771	.4786	.4800	.4814	.4829	.4843	.4857	.4871	.4886	.4900
3.1	.4914	.4928	.4942	.4955	.4969	.4983	.4997	.5011	.5024	.5038
3.2	.5051	.5065	.5079	.5092	.5105	.5119	.5132	.5145	.5159	.5172
3.3	.5185	.5198	.5211	.5224	.5237	.5250	.5263	.5276	.5289	.5302
3.4	.5315	.5328	.5340	.5353	.5366	.5378	.5391	.5403	.5416	.5428
3.5	.5441	.5453	.5465	.5478	.5490	.5502	.5514	.5527	.5539	.5551
3.6	.5563	.5575	.5587	.5599	.5611	.5623	.5635	.5647	.5658	.5670
3.7	.5682	.5694	.5705	.5717	.5729	.5740	.5752	.5763	.5775	.5786
3.8	.5798	.5809	.5821	.5832	.5843	.5855	.5866	.5877	.5888	.5899
3.9	.5911	.5922	.5933	.5944	.5955	.5966	.5977	.5988	.5999	.6010
4.0	.6021	.6031	.6042	.6053	.6064	.6075	.6085	.6096	.6107	.6117
4.1	.6128	.6138	.6149	.6160	.6170	.6180	.6191	.6201	.6212	.6222
4.2	.6232	.6243	.6253	.6263	.6274	.6284	.6294	.6304	.6314	.6325
4.3	.6335	.6345	.6355	.6365	.6375	.6385	.6395	.6405	.6415	.6425
4.4	.6435	.6444	.6454	.6464	.6474	.6484	.6493	.6503	.6513	.6522
4.5	.6532	.6542	.6551	.6561	.6571	.6580	.6590	.6599	.6609	.6618
4.6	.6628	.6637	.6646	.6656	.6665	.6675	.6684	.6693	.6702	.6712
4.7	.6721	.6730	.6739	.6749	.6758	.6767	.6776	.6785	.6794	.6803
4.8	.6812	.6821	.6830	.6839	.6848	.6857	.6866	.6875	.6884	.6893
4.9	.6902	.6911	.6920	.6928	.6937	.6946	.6955	.6964	.6972	.6981
5.0	.6990	.6998	.7007	.7016	.7024	.7033	.7042	.7050	.7059	.7067
5.1	.7076	.7084	.7093	.7101	.7110	.7118	.7126	.7135	.7143	.7152
5.2	.7160	.7168	.7177	.7185	.7193	.7202	.7210	.7218	.7226	.7235
5.3	.7243	.7251	.7259	.7267	.7275	.7284	.7292	.7300	.7308	.7316
5.4	.7324	.7332	.7340	.7348	.7356	.7364	.7372	.7380	.7388	.7396

수	0	1	2	3	4	5	6	7	8	9
5.5	.7404	.7412	.7419	.7427	.7435	.7443	.7451	.7459	.7466	.7474
5.6	.7482	.7490	.7497	.7505	.7513	.7520	.7528	.7536	.7543	.7551
5.7	.7559	.7566	.7574	.7582	.7589	.7597	.7604	.7612	.7619	.7627
5.8	.7634	.7642	.7649	.7657	.7664	.7672	.7679	.7686	.7694	.7701
5.9	.7709	.7716	.7723	.7731	.7738	.7745	.7752	.7760	.7767	.7774
6.0	.7782	.7789	.7796	.7803	.7810	.7818	.7825	.7832	.7839	.7846
6.1	.7853	.7860	.7868	.7875	.7882	.7889	.7896	.7903	.7910	.7917
6.2	.7924	.7931	.7938	.7945	.7952	.7959	.7966	.7973	.7980	.7987
6.3	.7993	.8000	.8007	.8014	.8021	.8028	.8035	.8041	.8048	.8055
6.4	.8062	.8069	.8075	.8082	.8089	.8096	.8102	.8109	.8116	.8122
6.5	.8129	.8136	.8142	.8149	.8156	.8162	.8169	.8176	.8182	.8189
6.6	.8195	.8202	.8209	.8215	.8222	.8228	.8235	.8241	.8248	.8254
6.7	.8261	.8267	.8274	.8280	.8287	.8293	.8299	.8306	.8312	.8319
6.8	.8325	.8331	.8338	.8344	.8351	.8357	.8363	.8370	.8376	.8382
6.9	.8388	.8395	.8401	.8407	.8414	.8420	.8426	.8432	.8439	.8445
7.0	.8451	.8457	.8463	.8470	.8476	.8482	.8488	.8494	.8500	.8506
7.1	.8513	.8519	.8525	.8531	.8537	.8543	.8549	.8555	.8561	.8567
7.2	.8573	.8579	.8585	.8591	.8597	.8603	.8609	.8615	.8621	.8627
7.3	.8633	.8639	.8645	.8651	.8657	.8663	.8669	.8675	.8681	.8686
7.4	.8692	.8698	.8704	.8710	.8716	.8722	.8727	.8733	.8739	.8745
7.5	.8751	.8756	.8762	.8768	.8774	.8779	.8785	.8791	.8797	.8802
7.6	.8808	.8814	.8820	.8825	.8831	.8837	.8842	.8848	.8854	.8859
7.7	.8865	.8871	.8876	.8882	.8887	.8893	.8899	.8904	.8910	.8915
7.8	.8921	.8927	.8932	.8938	.8943	.8949	.8954	.8960	.8965	.8971
7.9	.8976	.8982	.8987	.8993	.8998	.9004	.9009	.9015	.9020	.9025
8.0	.9031	.9036	.9042	.9047	.9053	.9058	.9063	.9069	.9074	.9079
8.1	.9085	.9090	.9096	.9101	.9106	.9112	.9117	.9122	.9128	.9133
8.2	.9138	.9143	.9149	.9154	.9159	.9165	.9170	.9175	.9180	.9186
8.3	.9191	.9196	.9201	.9206	.9212	.9217	.9222	.9227	.9232	.9238
8.4	.9243	.9248	.9253	.9258	.9263	.9269	.9274	.9279	.9284	.9289
8.5	.9294	.9299	.9304	.9309	.9315	.9320	.9325	.9330	.9335	.9340
8.6	.9345	.9350	.9355	.9360	.9365	.9370	.9375	.9380	.9385	.9390
8.7	.9395	.9400	.9405	.9410	.9415	.9420	.9425	.9430	.9435	.9440
8.8	.9445	.9450	.9455	.9460	.9465	.9469	.9474	.9479	.9484	.9489
8.9	.9494	.9499	.9504	.9509	.9513	.9518	.9523	.9528	.9533	.9538
9.0	.9542	.9547	.9552	.9557	.9562	.9566	.9571	.9576	.9581	.9586
9.1	.9590	.9595	.9600	.9605	.9609	.9614	.9619	.9624	.9628	.9633
9.2	.9638	.9643	.9647	.9652	.9657	.9661	.9666	.9671	.9675	.9680
9.3	.9685	.9689	.9694	.9699	.9703	.9708	.9713	.9717	.9722	.9727
9.4	.9731	.9736	.9741	.9745	.9750	.9754	.9759	.9763	.9768	.9773
9.5	.9777	.9782	.9786	.9791	.9795	.9800	.9805	.9809	.9814	.9818
9.6	.9823	.9827	.9832	.9836	.9841	.9845	.9850	.9854	.9859	.9863
9.7	.9868	.9872	.9877	.9881	.9886	.9890	.9894	.9899	.9903	.9908
9.8	.9912	.9917	.9921	.9926	.9930	.9934	.9939	.9943	.9948	.9952
9.9	.9956	.9961	.9965	.9969	.9974	.9978	.9983	.9987	.9991	.9996

삼·각·함·수·표

각(θ)	$\sin\theta$	$\cos\theta$	$\tan\theta$
0°	0.0000	1.0000	0.0000
1°	0.0175	0.9998	0.0175
2°	0.0349	0.9994	0.0349
3°	0.0523	0.9986	0.0524
4°	0.0698	0.9976	0.0699
5°	0.0872	0.9962	0.0875
6°	0.1045	0.9945	0.1051
7°	0.1219	0.9925	0.1228
8°	0.1392	0.9903	0.1405
9°	0.1564	0.9877	0.1584
10°	0.1736	0.9848	0.1763
11°	0.1908	0.9816	0.1944
12°	0.2079	0.9781	0.2126
13°	0.2250	0.9744	0.2309
14°	0.2419	0.9703	0.2493
15°	0.2588	0.9659	0.2679
16°	0.2756	0.9613	0.2867
17°	0.2924	0.9563	0.3057
18°	0.3090	0.9511	0.3249
19°	0.3256	0.9455	0.3443
20°	0.3420	0.9397	0.3640
21°	0.3584	0.9336	0.3839
22°	0.3746	0.9272	0.4040
23°	0.3907	0.9205	0.4245
24°	0.4067	0.9135	0.4452
25°	0.4226	0.9063	0.4663
26°	0.4384	0.8988	0.4877
27°	0.4540	0.8910	0.5095
28°	0.4695	0.8829	0.5317
29°	0.4848	0.8746	0.5543
30°	0.5000	0.8660	0.5774
31°	0.5150	0.8572	0.6009
32°	0.5299	0.8480	0.6249
33°	0.5446	0.8387	0.6494
34°	0.5592	0.8290	0.6745
35°	0.5736	0.8192	0.7002
36°	0.5878	0.8090	0.7265
37°	0.6018	0.7986	0.7536
38°	0.6157	0.7880	0.7813
39°	0.6293	0.7771	0.8098
40°	0.6428	0.7660	0.8391
41°	0.6561	0.7547	0.8693
42°	0.6691	0.7431	0.9004
43°	0.6820	0.7314	0.9325
44°	0.6947	0.7193	0.9657
45°	0.7071	0.7071	1.0000

각(θ)	$\sin\theta$	$\cos\theta$	$\tan\theta$
45°	0.7071	0.7071	1.0000
46°	0.7193	0.6947	1.0355
47°	0.7314	0.6820	1.0724
48°	0.7431	0.6691	1.1106
49°	0.7547	0.6561	1.1504
50°	0.7660	0.6428	1.1918
51°	0.7771	0.6293	1.2349
52°	0.7880	0.6157	1.2799
53°	0.7986	0.6018	1.3270
54°	0.8090	0.5878	1.3764
55°	0.8192	0.5736	1.4281
56°	0.8290	0.5592	1.4826
57°	0.8387	0.5446	1.5399
58°	0.8480	0.5299	1.6003
59°	0.8572	0.5150	1.6643
60°	0.8660	0.5000	1.7321
61°	0.8746	0.4848	1.8040
62°	0.8829	0.4695	1.8807
63°	0.8910	0.4540	1.9626
64°	0.8988	0.4384	2.0503
65°	0.9063	0.4226	2.1445
66°	0.9135	0.4067	2.2460
67°	0.9205	0.3907	2.3559
68°	0.9272	0.3746	2.4751
69°	0.9336	0.3584	2.6051
70°	0.9397	0.3420	2.7475
71°	0.9455	0.3256	2.9042
72°	0.9511	0.3090	3.0777
73°	0.9563	0.2924	3.2709
74°	0.9613	0.2756	3.4874
75°	0.9659	0.2588	3.7321
76°	0.9703	0.2419	4.0108
77°	0.9744	0.2250	4.3315
78°	0.9781	0.2079	4.7046
79°	0.9816	0.1908	5.1446
80°	0.9848	0.1736	5.6713
81°	0.9877	0.1564	6.3138
82°	0.9903	0.1392	7.1154
83°	0.9925	0.1219	8.1443
84°	0.9945	0.1045	9.5144
85°	0.9962	0.0872	11.4301
86°	0.9976	0.0698	14.3007
87°	0.9986	0.0523	19.0811
88°	0.9994	0.0349	28.6363
89°	0.9998	0.0175	57.2900
90°	1.0000	0.0000	

MEMO

Ⅰ 지수함수와 로그함수

01 지수

확인 문제

유형 01 (1) 2 　　(2) 1 　　(3) 0

유형 02 (1) 2 　　(2) 2 　　(3) 5 　　(4) 3

PART A 유형별 문제

0001 ④	0002 ⑤	0003 ④	0004 4
0005 8	0006 ④	0007 16	0008 ③
0009 ④	0010 ②	0011 ③	0012 ③
0013 ②	0014 4	0015 ④	0016 ②
0017 ③	0018 ③	0019 829	0020 -2
0021 ⑤	0022 ③	0023 ③	0024 ①
0025 -3	0026 ④	0027 ⑤	0028 17
0029 ②	0030 6	0031 ⑤	0032 ①
0033 $\frac{1}{6}$	0034 11	0035 ③	0036 35
0037 278	0038 ①	0039 ①	0040 ③
0041 ④	0042 8	0043 ③	0044 30
0045 ②	0046 194	0047 ⑤	0048 1
0049 ③	0050 ②	0051 ①	0052 81
0053 ②	0054 ②	0055 ①	0056 ②
0057 ①	0058 100	0059 3	0060 ①
0061 ③	0062 ①	0063 ③	0064 ②
0065 ②	0066 18	0067 ④	0068 ⑤
0069 100	0070 11	0071 ①	

PART B 내신 잡는 종합 문제

0072 ⑤	0073 ④	0074 ④	0075 ③
0076 8	0077 ⑤	0078 ①	0079 ④
0080 8	0081 ⑤	0082 ⑤	0083 ②
0084 ⑤	0085 ④	0086 32	0087 2

PART C 수능 녹인 변별력 문제

0088 ③	0089 ②	0090 ②	0091 26
0092 ②	0093 ②	0094 9	0095 ②
0096 ⑤	0097 24	0098 ①	

02 로그

확인 문제

유형 01 (1) 32 　　(2) 3

유형 02 (1) $x>-1$ 　　(2) $x>1, x\neq2$

유형 03 (1) 1 　　(2) 1 　　(3) 2 　　(4) $\frac{3}{2}$

유형 04 (1) 1 　　(2) 1

유형 05 (1) 3 　　(2) 27 　　(3) $\frac{5}{2}$

유형 12 (1) 2.3284 　　(2) -0.6716

PART A 유형별 문제

0099 ⑤	0100 ③	0101 9	0102 $\sqrt{2}$
0103 ①	0104 ⑤	0105 ②	0106 7
0107 ②	0108 ①	0109 ⑤	0110 5
0111 1	0112 3	0113 ③	0114 4
0115 ②	0116 ②	0117 2	0118 ①
0119 ⑤	0120 ①	0121 6	0122 ①
0123 $B<C<A$		0124 ④	0125 ③
0126 ④	0127 ②	0128 ①	0129 ②
0130 63	0131 15	0132 ③	0133 ③
0134 -1	0135 $\frac{1}{2}$	0136 ①	0137 ⑤
0138 ②	0139 ④	0140 ④	0141 $\frac{11}{7}$
0142 ②	0143 ②	0144 ③	0145 13
0146 ③	0147 ④	0148 ③	0149 ⑤
0150 ③	0151 3.1312	0152 3820	0153 ④
0154 ④	0155 ③	0156 $-\frac{8}{3}$	0157 $\frac{\alpha}{2}$
0158 4983	0159 ③	0160 ④	0161 ①
0162 144	0163 ②	0164 ①	0165 ③
0166 6	0167 ④	0168 $10\sqrt{10}$	0169 ⑤
0170 ④	0171 ①	0172 391	0173 ③
0174 192	0175 ①	0176 263억 원	0177 ②
0178 ③			

PART B 내신 잡는 종합 문제

0179 ②	0180 ⑤	0181 ②	0182 ③
0183 ②	0184 3	0185 5.0232	0186 ④
0187 ②	0188 ①	0189 ③	0190 ④
0191 ①	0192 ③	0193 ③	0194 ①
0195 ①	0196 ③	0197 14	0198 ③
0199 ④	0200 $40\sqrt{5}$	0201 21	

03 지수함수와 로그함수

확인 문제

유형 01 (1) 4 (2) $\dfrac{1}{4}$ (3) 1

유형 03 (1) $y=-2^x$ (2) $y=\left(\dfrac{1}{2}\right)^x$ (3) $y=-\left(\dfrac{1}{2}\right)^x$

유형 06 $2^{\sqrt{2}}<\sqrt{2^3}<4$

유형 07 (1) 최댓값: 8, 최솟값: $\dfrac{1}{4}$ (2) 최댓값: 3, 최솟값: $\dfrac{1}{9}$

유형 11 (1) 1 (2) -1 (3) -1

유형 13 (1) $y=\log_2 \dfrac{1}{x}$ (2) $y=\log_2 (-x)$

(3) $y=\log_2 \left(-\dfrac{1}{x}\right)$ (4) $y=2^x$

유형 17 $\log_2 3<-\log_2 \dfrac{1}{5}<3$

유형 18 (1) 최댓값: 2, 최솟값: 1 (2) 최댓값: 1, 최솟값: -2

04 지수함수와 로그함수의 활용

확인 문제

유형 01 (1) $x=3$ (2) $x=2$

유형 02 (1) $x=1$ (2) $x=-1$ (3) $x=0$

유형 03 (1) $x=0$ 또는 $x=2$ (2) $x=\dfrac{1}{3}$ 또는 $x=1$

유형 06 (1) $x<\dfrac{1}{6}$ (2) $-2\leq x\leq 1$

유형 07 (1) $2<x<3$ (2) $x\leq -3$

유형 11 (1) $x=6$ (2) $x=2$

유형 12 (1) $x=1$ 또는 $x=4$ (2) $x=\dfrac{1}{27}$ 또는 $x=3$

(3) $x=3$ 또는 $x=27$

유형 13 (1) $x=\dfrac{1}{10}$ 또는 $x=100$ (2) $x=5\log 2$

유형 16 (1) $x>1$ (2) $-\dfrac{1}{2}<x\leq 12$

유형 17 (1) $\dfrac{1}{10000}<x<100$ (2) $\dfrac{1}{64}\leq x\leq 4$

유형 18 (1) $\dfrac{1}{2}\leq x\leq 4$ (2) $x<\log \dfrac{2}{5}$

0343 -6 　 0344 2 　 0345 ③ 　 0346 ②

0347 $x=-1$ 또는 $x=\dfrac{3}{2}$ 　 0348 ③ 　 0349 25

0350 ③ 　 0351 16 　 0352 -4 　 0353 ⑤

0354 3 　 0355 28 　 0356 ② 　 0357 13

0358 ④ 　 0359 5 　 0360 ③ 　 0361 ④

0362 ④ 　 0363 -4 　 0364 ③ 　 0365 ②

0366 ③ 　 0367 $3<x\le5$ 　 0368 1 　 0369 30

0370 ② 　 0371 ② 　 0372 6 　 0373 ②

0374 2 　 0375 ② 　 0376 -1 　 0377 ④

0378 16 　 0379 ② 　 0380 $a\le2$ 　 0381 17190년

0382 ④ 　 0383 6시간 　 0384 ② 　 0385 ③

0386 4 　 0387 10 　 0388 ③ 　 0389 -6

0390 100 　 0391 ③ 　 0392 64 　 0393 ④

0394 2 　 0395 32 　 0396 ④ 　 0397 ③

0398 5 　 0399 ① 　 0400 17 　 0401 ④

0402 ③ 　 0403 54 　 0404 ② 　 0405 11

0406 ③ 　 0407 3 　 0408 6 　 0409 31

0410 ③ 　 0411 ③ 　 0412 81 　 0413 ④

0414 ① 　 0415 80 　 0416 ④ 　 0417 52

0418 62 　 0419 ① 　 0420 $k>27$ 　 0421 ②

0422 ① 　 0423 5 　 0424 6 　 0425 ①

0426 43년 　 0427 ③ 　 0428 31

PART B 내신 잡는 종합 문제

0429 ③ 　 0430 ④ 　 0431 1 　 0432 ②

0433 3 　 0434 ② 　 0435 ② 　 0436 8

0437 ⑤ 　 0438 ③ 　 0439 ④ 　 0440 ⑤

0441 4 　 0442 ④ 　 0443 ⑤ 　 0444 ⑤

0445 5개월 　 0446 ④ 　 0447 ③ 　 0448 ④

0449 1 　 0450 2

PART C 수능 녹인 변별력 문제

0451 ③ 　 0452 900 　 0453 ③ 　 0454 ③

0455 ③ 　 0456 ④ 　 0457 ⑤ 　 0458 324

0459 9 　 0460 ③ 　 0461 ④ 　 0462 1

Ⅱ 삼각함수

05 삼각함수

확인 문제

유형 01　1. (1) $360°\times n+120°$ 　 (2) $360°\times n+30°$

　　　　　(3) $360°\times n+260°$ 　 (4) $360°\times n+180°$

　　　　2. (1) $\dfrac{\pi}{3}$ 　 (2) $\dfrac{5}{6}\pi$ 　 (3) $-270°$ 　 (4) $405°$

유형 02　(1) 제4사분면 　 (2) 제1사분면

유형 05　$l=4\pi,\ S=6\pi$

PART A 유형별 문제

0463 ② 　 0464 ④ 　 0465 ③ 　 0466 ④

0467 ③ 　 0468 4 　 0469 ② 　 0470 15

0471 ① 　 0472 ② 　 0473 ② 　 0474 ⑤

0475 6π 　 0476 ③ 　 0477 ③ 　 0478 π

0479 ⑤ 　 0480 ① 　 0481 30 　 0482 32

0483 6 　 0484 10 　 0485 ③ 　 0486 ②

0487 40 　 0488 ④ 　 0489 12π 　 0490 ②

0491 ⑤ 　 0492 ⑤ 　 0493 -11 　 0494 ④

0495 -1 　 0496 ⑤ 　 0497 ① 　 0498 ③

0499 ② 　 0500 $\sin\theta$ 　 0501 ③ 　 0502 $\dfrac{4}{3}\pi$

0503 1 　 0504 ② 　 0505 9 　 0506 ①

0507 6 　 0508 ③ 　 0509 ⑤ 　 0510 $-\dfrac{1}{2}$

0511 ② 　 0512 3 　 0513 ② 　 0514 ③

0515 $-\dfrac{9}{7}$ 　 0516 ② 　 0517 ① 　 0518 ②

0519 ⑤ 　 0520 ① 　 0521 $54-17\sqrt{10}$ 　 0522 ①

0523 9 　 0524 20

PART B 내신 잡는 종합 문제

0525 ⑤ 　 0526 ③ 　 0527 ③ 　 0528 ④

0529 ② 　 0530 ① 　 0531 102 　 0532 ③

0533 ⑤ 　 0534 36 　 0535 ② 　 0536 ③

0537 ⑤ 　 0538 ④ 　 0539 27 　 0540 20

0541 $\dfrac{\sqrt{6}}{2}$

PART C 수능 녹인 변별력 문제

0542 ② 　 0543 ③ 　 0544 ② 　 0545 ①

0546 80 　 0547 ④ 　 0548 ⑤ 　 0549 20

06 삼각함수의 그래프

확인 문제

유형 11 (1) $-\dfrac{\sqrt{3}}{2}$ (2) $\dfrac{\sqrt{2}}{2}$ (3) $-\dfrac{\sqrt{3}}{3}$ (4) $\dfrac{1}{2}$ (5) $-\dfrac{\sqrt{3}}{2}$

(6) -1 (7) $\dfrac{\sqrt{2}}{2}$ (8) $\dfrac{\sqrt{3}}{2}$ (9) $-\dfrac{\sqrt{3}}{3}$

유형 17 (1) $x=\dfrac{\pi}{3}$ 또는 $x=\dfrac{2}{3}\pi$ (2) $x=\dfrac{2}{3}\pi$ 또는 $x=\dfrac{4}{3}\pi$

(3) $x=\dfrac{3}{4}\pi$ 또는 $x=\dfrac{7}{4}\pi$

유형 21 (1) $0\le x<\dfrac{\pi}{4}$ 또는 $\dfrac{3}{4}\pi<x<2\pi$

(2) $\dfrac{2}{3}\pi\le x\le\dfrac{4}{3}\pi$

(3) $\dfrac{\pi}{3}<x<\dfrac{\pi}{2}$ 또는 $\dfrac{4}{3}\pi<x<\dfrac{3}{2}\pi$

PART A 유형별 문제

0550 ③	0551 -3	0552 28	0553 ④
0554 ⑤	0555 ③	0556 2	0557 ④
0558 9	0559 ②	0560 ②	0561 -4
0562 -2	0563 ①	0564 ⑤	0565 ④
0566 4	0567 ④	0568 ②	0569 ②
0570 ②	0571 5	0572 ①	0573 3π
0574 ⑤	0575 ⑤	0576 ③	0577 ④
0578 ③	0579 -4π	0580 ③	0581 ③
0582 ②	0583 16	0584 ③	0585 $\dfrac{\sqrt{2}}{2}$
0586 5	0587 ①	0588 ③	0589 ④
0590 ③	0591 ⑤	0592 ①	0593 ③
0594 ④	0595 1	0596 ④	0597 -3
0598 ④	0599 ③	0600 1	0601 ①
0602 ⑤	0603 ③	0604 ⑤	0605 ⑤
0606 0	0607 ⑤	0608 $\dfrac{3}{4}$	0609 ①
0610 -7	0611 ③	0612 38	0613 6
0614 ⑤	0615 ②	0616 ②	0617 $-\dfrac{11}{2}$
0618 ③	0619 45	0620 ⑤	0621 3
0622 ①	0623 ③	0624 ③	0625 ②
0626 ④	0627 π	0628 ③	0629 ⑤
0630 ⑤	0631 ⑤	0632 $\dfrac{1}{4}$	0633 ⑤
0634 7	0635 ③	0636 ③	0637 5
0638 ④	0639 ③	0640 ④	0641 20
0642 ③	0643 ③	0644 ④	0645 $\dfrac{1}{2}$
0646 ⑤	0647 4	0648 ④	0649 ①
0650 ③	0651 4	0652 ③	0653 ②
0654 ④	0655 ①		

PART B 내신 잡는 종합 문제

0656 ①	0657 10	0658 ④	0659 ④
0660 ②	0661 ④	0662 ⑤	0663 ④
0664 ③	0665 6	0666 ④	0667 ⑤
0668 15	0669 ③	0670 ⑤	0671 ⑤
0672 ①	0673 ⑤	0674 ①	0675 45
0676 ④	0677 8	0678 11	

PART C 수능 녹인 변별력 문제

0679 ②	0680 ④	0681 ④	0682 ①
0683 ③	0684 ④	0685 ④	0686 ②
0687 8	0688 ④	0689 ③	0690 ②
0691 ④	0692 -2	0693 ⑤	0694 24

07 삼각함수의 활용

확인 문제

유형 01 (1) 8 (2) $30°$

유형 02 (1) 3 (2) $8\sqrt{3}$ (3) $60°$

유형 06 (1) $\sqrt{7}$ (2) $\sqrt{19}$

유형 07 (1) $\dfrac{1}{5}$ (2) $60°$

유형 12 (1) 12 (2) 20

유형 16 40

유형 17 $18\sqrt{3}$

PART A 유형별 문제

0695 ③	0696 ③	0697 ②	0698 ⑤
0699 2	0700 ④	0701 ③	0702 ①
0703 4	0704 ②	0705 ④	0706 $3:4:5$
0707 ⑤	0708 ④	0709 ①	0710 ②
0711 ③	0712 $a=b$인 이등변삼각형	0713 ③	
0714 ①	0715 20	0716 ④	0717 ①
0718 ④	0719 4	0720 ④	0721 ④
0722 ①	0723 $\dfrac{7}{9}$	0724 ②	0725 ④
0726 ①	0727 6	0728 ③	0729 9π
0730 ①	0731 ③	0732 3	0733 ②
0734 ①	0735 ①	0736 ③, ④	0737 ①
0738 5 km	0739 ③	0740 ⑤	0741 ④
0742 ②	0743 ③	0744 10	0745 ①

Ⅲ 수열

08 등차수열과 등비수열

확인 문제

유형 01 (1) $a_n=-2n+12$ (2) $a_n=3n-1$
(3) $a_n=-5n+12$

유형 05 -2

유형 07 (1) 210   (2) 285

유형 13 (1) $a_n=2n+1$
(2) $a_1=0,\ a_n=4n-1\ (n\geq 2)$

유형 14 (1) $a_n=3^{n-1}$ (2) $a_n=8\times\left(\dfrac{1}{2}\right)^{n-1}$
(3) $a_n=(-2)^{n-1}$

유형 18 (1) 4   (2) $\sqrt{2}+1$

유형 21 (1) 3069   (2) 1364

유형 24 (1) $a_n=2^{n-1}$
(2) $a_1=4,\ a_n=2\times3^{n-1}\ (n\geq 2)$

0956 63	0957 ③	0958 ②	0959 ③
0960 ⑤	0961 ②	0962 ④	0963 24
0964 44π	0965 10		

PART C 수능 녹인 변별력 문제

0966 ③	0967 130	0968 151	0969 360
0970 18	0971 ②	0972 ③	0973 ④
0974 80	0975 ④	0976 30	0977 ①
0978 9	0979 ③	0980 ③	0981 ①

09 수열의 합

확인 문제

유형 01 1. (1) $2+4+6+8+10$ (2) $1+4+9+\cdots+100$
(3) $2+4+8+\cdots+2^n$

2. (1) $\sum\limits_{k=1}^{50}(2k-1)$ (2) $\sum\limits_{k=1}^{9}(3k+2)$

(3) $\sum\limits_{k=1}^{10}k(k+1)$

유형 02 (1) 8 (2) 13

유형 05 (1) 270 (2) 330 (3) 210

유형 10 (1) $\dfrac{9}{10}$ (2) $\dfrac{175}{264}$

유형 11 2

PART A 유형별 문제

0982 ②	0983 100	0984 ①	0985 ④
0986 30	0987 ②	0988 28	0989 ⑤
0990 ④	0991 24	0992 ③	0993 11
0994 ①	0995 ①	0996 12	0997 ③
0998 764	0999 $\dfrac{4^{n+1}-4}{3}$	1000 ①	1001 ⑤
1002 45	1003 ②	1004 ③	1005 ①
1006 4	1007 ④	1008 ⑤	1009 -12
1010 ③	1011 ⑤	1012 8	1013 ①
1014 91	1015 70	1016 ②	1017 ⑤
1018 ①	1019 ②	1020 ④	1021 ⑤
1022 ③	1023 ③	1024 -1735	1025 6734
1026 ②	1027 ③	1028 4	1029 ①
1030 ③	1031 $\dfrac{13n^2-1}{3n}$	1032 1650	1033 ②
1034 ②	1035 2731	1036 ⑤	1037 58
1038 46	1039 ③	1040 ⑤	1041 71

1042 8	1043 ②	1044 8	1045 ⑤
1046 4	1047 120	1048 5	1049 ④
1050 ①	1051 ②	1052 624	1053 55
1054 ①	1055 2	1056 ⑤	1057 ④
1058 128	1059 ③	1060 -1	1061 ③
1062 ②	1063 464	1064 ②	1065 ④
1066 ④	1067 200	1068 ③	1069 26
1070 ④	1071 ⑤	1072 ①	1073 ④
1074 $\dfrac{5}{12}$	1075 806	1076 136	1077 2640
1078 ④	1079 ⑤	1080 ①	1081 247

PART B 내신 잡는 종합 문제

1082 ②	1083 ④	1084 9	1085 229
1086 ②	1087 ③	1088 ⑤	1089 ①
1090 15	1091 ②	1092 ③	1093 19
1094 151	1095 ⑤	1096 ④	1097 10
1098 ②	1099 ②	1100 69	1101 ③
1102 ①	1103 220	1104 364	

PART C 수능 녹인 변별력 문제

1105 ①	1106 16	1107 ③	1108 ④
1109 ⑤	1110 ①	1111 80	1112 ③
1113 25	1114 47	1115 44	1116 ③

10 수학적 귀납법

PART A 유형별 문제

1117 ①	1118 ②	1119 10	1120 610
1121 ②	1122 341	1123 256	1124 22
1125 ③	1126 11	1127 510	1128 ③
1129 ③	1130 ⑤	1131 5	1132 60
1133 ①	1134 7	1135 41	1136 ②
1137 ⑤	1138 ③	1139 2	1140 ④
1141 21	1142 16	1143 ④	1144 11
1145 70	1146 91	1147 30	1148 ④
1149 ①	1150 -3	1151 200	1152 ③
1153 7	1154 ②	1155 108	1156 $\dfrac{71}{8}$
1157 162	1158 ②	1159 145	1160 ③
1161 ③	1162 (1) 18 (2) $a_{n+1}=\dfrac{3}{4}a_n+3$		1163 165

빠른 정답   **247**

1164	⑤	1165	③	1166	⑤	1167	①
1168	①	1169	②	1170	⑤	1171	④
1172	③	1173	②	1174	⑤	1175	③
1176	⑤	1177	19	1178	⑤		

PART B 내신 잡는 종합 문제

1179	⑤	1180	19	1181	④	1182	④
1183	②	1184	6	1185	⑤	1186	①
1187	128	1188	②	1189	90	1190	290
1191	②	1192	231	1193	11	1194	풀이 참조

PART C 수능 녹인 변별력 문제

1195	②	1196	27	1197	48	1198	440
1199	③	1200	175	1201	101	1202	⑤
1203	①	1204	④				

수학의 바이블

유형ON

2권

대수

이 책의 차례

지수함수와 로그함수

01

지수

유형 01 거듭제곱근의 정의

0001

다음 중 옳은 것은?

① 1의 네제곱근은 1이다.

② -8의 세제곱근 중 실수인 것은 -2이다.

③ 세제곱근 -125는 5이다.

④ 64의 세제곱근은 -4이다.

⑤ 16의 네제곱근은 ± 2이다.

0002

세제곱근 -27을 a, 81의 네제곱근 중 음수인 것을 b라 할 때, ab의 값은?

① -27 ② -9 ③ 3

④ 9   ⑤ 27

0003 교육청 변형

2 이상의 자연수 n에 대하여 $n-3$의 n제곱근 중 실수인 것의 개수를 $f(n)$이라 할 때, $f(2)+f(3)+f(5)+f(8)$의 값은?

① 3   ② 4   ③ 5

④ 6   ⑤ 7

0004

$2 \leq n \leq 10$인 자연수 n에 대하여 $n^2-6n-16$의 n제곱근 중 실수인 것이 존재하지 않도록 하는 모든 자연수 n의 값의 합은?

① 9   ② 10   ③ 11

④ 12   ⑤ 13

0005

보기에서 옳은 것만을 있는 대로 고른 것은?

> **보기**
>
> ㄱ. n이 홀수일 때, -2의 n제곱근 중 실수는 존재하지 않는다.
>
> ㄴ. n이 짝수일 때, -3의 n제곱근 중 실수는 존재하지 않는다.
>
> ㄷ. n이 홀수일 때, x에 대한 방정식 $x^n=-4$의 실근의 개수는 1이다.
>
> ㄹ. n이 짝수일 때, x에 대한 방정식 $x^n=-5$의 실근의 개수는 1이다.

① ㄱ, ㄴ   ② ㄱ, ㄷ   ③ ㄴ, ㄷ

④ ㄴ, ㄹ   ⑤ ㄷ, ㄹ

0006

집합 $A=\{a \mid 2 \leq a \leq 9,\ a는 자연수\}$가 있다.

$(-3)^m$의 n제곱근 중 음의 실수가 존재하도록 하는 $m \in A$, $n \in A$인 두 수 m, n의 순서쌍 (m, n)의 개수는?

① 24   ② 28   ③ 32

④ 36   ⑤ 40

0007

두 집합

$$A=\{a\,|\,2\le |a|\le 9,\ a\text{는 정수}\},\quad B=\{|b|\,|\,b\in A\}$$

가 있다. $c\in A$, $d\in B$인 두 수 c, d에 대하여 c의 d제곱근 중 실수인 것이 존재하지 않을 때, $c+d$의 최댓값은?

① 2   ② 4   ③ 6

④ 8   ⑤ 10

0010

$\dfrac{\sqrt{3}\left(\sqrt[3]{2}+\sqrt[4]{3}\right)}{\sqrt[3]{3}\times\left(\sqrt[3]{\dfrac{2}{3}}+\sqrt[12]{\dfrac{1}{3}}\right)}$의 값은?

① $\sqrt[3]{2}$ ② $\sqrt[3]{3}$ ③ $\sqrt[3]{6}$

④ $\sqrt{2}$ ⑤ $\sqrt{3}$

유형 02 거듭제곱근의 계산

0008

다음 중 옳지 <u>않은</u> 것은?

① $\sqrt[4]{3}\times\sqrt[4]{27}=3$

② $\dfrac{\sqrt[3]{-8}}{\sqrt[3]{27}}=-\dfrac{2}{3}$

③ $\left(\sqrt{5}\times\dfrac{1}{\sqrt[3]{25}}\right)^6=\dfrac{1}{5}$

④ $\sqrt[3]{2\times\sqrt[3]{16}}=2$

⑤ $\sqrt{3\times\sqrt[3]{3}}\div\sqrt[3]{3\sqrt{3}}=\sqrt[6]{3}$

0011

$\dfrac{\sqrt[6]{3\sqrt{3}}}{\sqrt[12]{2^3\times 3^4}}\div\dfrac{\sqrt[4]{2\times\sqrt[3]{2}}}{\sqrt[3]{2\times\sqrt[8]{3^n}}}=\sqrt[4]{\dfrac{9}{2}}$를 만족시키는 자연수 n의 값은?

① 11   ② 12   ③ 13

④ 14   ⑤ 15

0012 교육청 변형

x에 대한 이차방정식 $x^2+ax-2=0$의 두 근이 $\sqrt[3]{2}$와 b일 때, ab의 값은? (단, a, b는 상수이다.)

① $2(2-\sqrt[3]{2})$ ② $2(1-\sqrt[3]{2})$ ③ $-2\sqrt[3]{2}$

④ $2-\sqrt[3]{2}$ ⑤ $1-\sqrt[3]{2}$

0009

$a>0$, $b>0$일 때, $\sqrt[4]{16ab^2}\times\sqrt[3]{a^2b^2}\div\sqrt[6]{64ab^4}$을 간단히 하면?

① $\sqrt[3]{a^2b}$ ② $\sqrt[4]{a^3b^2}$ ③ $\sqrt[6]{a^4b^3}$

④ $2\sqrt[3]{a^2b}$ ⑤ $2\sqrt[4]{a^3b^2}$

0013

2보다 큰 자연수 a와 양수 b에 대하여 $R(a, b)$를

$$R(a, b) = \sqrt[a]{b}$$

로 정의할 때, 보기에서 옳은 것만을 있는 대로 고른 것은?

> **보기**
>
> ㄱ. $R(4, 2) = R(8, 4)$
>
> ㄴ. $R(a, R(a, b)) = R(2a, b)$
>
> ㄷ. $R(4, a) \times R(4, b) = R(4, ab)$
>
> ㄹ. $R(a, 3) \times R(b, 3) = R(ab, 3)$

① ㄱ, ㄴ   ② ㄱ, ㄷ   ③ ㄱ, ㄴ, ㄷ

④ ㄱ, ㄷ, ㄹ   ⑤ ㄴ, ㄷ, ㄹ

유형 03 **거듭제곱근의 대소 비교**

0014

세 수 $A = \sqrt{5}$, $B = \sqrt[3]{\sqrt{3^5}}$, $C = \sqrt{2 \times \sqrt[3]{3^2}}$의 대소 관계로 옳은 것은?

① $A < B < C$ ② $A < C < B$ ③ $B < A < C$

④ $B < C < A$ ⑤ $C < A < B$

0015

세 수 $A = \sqrt{\dfrac{1}{2} \times \sqrt[3]{(-2)^6}}$, $B = \sqrt[4]{\sqrt{3^3}}$, $C = \sqrt[5]{\sqrt[3]{(-2)^7}}$의 대소 관계로 옳은 것은?

① $A < B < C$ ② $A < C < B$ ③ $B < A < C$

④ $B < C < A$ ⑤ $C < A < B$

0016

네 수 $\sqrt{\sqrt{2}}$, $\sqrt[3]{2\sqrt{2}}$, $\sqrt[4]{4\sqrt{2}}$, $\sqrt[6]{8\sqrt{2}}$ 중 가장 큰 수를 a, 두 번째로 큰 수를 b라 할 때, $a^{24} \div b^{24}$의 값은?

① $\sqrt[5]{2}$ ② $\sqrt[4]{2}$ ③ $\sqrt[3]{2}$

④ $\sqrt{2}$ ⑤ 2

0017

세 수 $\sqrt{2} + \sqrt[3]{3}$, $\sqrt[3]{3} + \sqrt[4]{5}$, $\sqrt[4]{5} + \sqrt{2}$ 중 가장 큰 수를 a, 가장 작은 수를 b라 할 때, $3a + 2b = p\sqrt{2} + q\sqrt[3]{3} + r\sqrt[4]{5}$이다. $pq - r$의 값을 구하시오. (단, p, q, r은 유리수이다.)

유형 04 **지수의 확장**

0018

다음 중 옳은 것은?

① $3^0 + 8^{\frac{1}{3}} = 2$ ② $\left(2^{-\frac{2}{3}}\right)^3 = -4$

③ $\left(2^{\sqrt{2}}\right)^{\sqrt{8}} = 16$ ④ $\left\{(-2)^4\right\}^{\frac{3}{4}} = -8$

⑤ $3^{-2} \times \left(\dfrac{1}{9}\right)^{-3} = 27$

0019

$\left(a^{\frac{1}{2}}b^{\frac{1}{3}}c^{\frac{1}{6}} \times a^{\frac{1}{3}}b^{\frac{1}{6}}c^{\frac{1}{2}}\right)^3$을 간단히 하면?

(단, $a>0$, $b>0$, $c>0$)

① $a^{\frac{1}{2}}b^{\frac{1}{3}}c$ ② $a^{\frac{3}{2}}b^{\frac{1}{3}}c^2$ ③ $a^{\frac{3}{2}}b^{\frac{3}{2}}c^2$

④ $a^{\frac{5}{2}}b^{\frac{3}{2}}c$ ⑤ $a^{\frac{5}{2}}b^{\frac{3}{2}}c^2$

0020

$2^{\frac{4}{3}} \times 8^{\frac{1}{6}} \div \left(2^{\frac{1}{2}} \times 16^{-\frac{3}{4}}\right)^{\frac{1}{3}}$의 값은?

① 2^2 ② $2^{\frac{7}{3}}$ ③ $2^{\frac{8}{3}}$

④ 2^3 ⑤ $2^{\frac{10}{3}}$

0021

$3^{-3} \div \left\{\left(\dfrac{1}{27}\right)^{-3} \times 9^{-5}\right\} = 3^n$일 때, 정수 n의 값을 구하시오.

0022

$a>1$이고 $\left(a^{1+\sqrt{3}}\right)^{3-\sqrt{3}} = 64$일 때, 상수 a의 값은?

① $2^{\sqrt{2}}$ ② $2^{\sqrt{3}}$ ③ 2^2

④ $2^{\sqrt{5}}$ ⑤ $2^{\sqrt{6}}$

0023

이차방정식 $x^2-2x-2=0$의 서로 다른 두 근을 각각 α, β라 할 때, $\left(3^{\alpha+\frac{\beta}{\alpha}}\right)^{\alpha} \times \left(3^{\beta+\frac{\alpha}{\beta}}\right)^{\beta}$의 값은?

① 3^6 ② 3^7 ③ 3^8

④ 3^9 ⑤ 3^{10}

0024 교육청 변형

두 실수 x, y에 대하여

$$2^{x+1}-2^x=1, \quad 2 \times 4^y + 8 \times 4^{y-1} = 36$$

이 성립할 때, 8^{x+y}의 값을 구하시오.

유형 05   거듭제곱근을 유리수인 지수로 나타내기

0025

$a>0$, $a \neq 1$일 때,

$$\sqrt[4]{a^5 \times \sqrt{a^4 \times \sqrt[3]{a^2}}} = a^k$$

을 만족시키는 유리수 k의 값은?

① $\dfrac{4}{3}$ ② $\dfrac{3}{2}$ ③ $\dfrac{5}{3}$

④ $\dfrac{11}{6}$ ⑤ 2

0026

$a>0$, $a\neq1$일 때

$$\sqrt[3]{a^2 \times \dfrac{\sqrt[k]{a^5}}{\sqrt{a^3}}} = \sqrt[12]{a^7}$$

을 만족시키는 2 이상의 자연수 k의 값을 구하시오.

0027

$(3\sqrt{5})^3=a$, $27^2=b$일 때, 15^9을 a, b로 나타내면 $a^m b^n$이다. 유리수 m, n에 대하여 mn의 값은?

① -9 ② -6 ③ -3

④ 3 ⑤ 6

0028

$a=\sqrt[3]{2}$, $b=\sqrt[4]{7}$일 때, $\sqrt[6]{28}$을 a, b로 나타낸 것은?

① $ab^{\frac{1}{3}}$ ② $ab^{\frac{2}{3}}$ ③ $ab^{\frac{4}{3}}$

④ $a^2 b^{\frac{2}{3}}$ ⑤ $a^2 b^{\frac{4}{3}}$

유형 06 $a^{\frac{n}{m}}$이 자연수가 되도록 하는 조건

0029

50 이하의 자연수 n에 대하여 $(\sqrt[4]{5})^{\frac{n}{2}}$의 값이 자연수가 되도록 하는 n의 개수를 구하시오.

0030   교육청 변형

$\left(a^{\frac{3}{4}}\right)^{\frac{2}{3}}$의 값이 자연수가 되도록 하는 100 이하의 모든 자연수 a의 개수는?

① 6 ② 7 ③ 8

④ 9 ⑤ 10

0031

두 자연수 m, n에 대하여 $\left(\sqrt[3]{2 \times \sqrt[4]{8}}\right)^m = n$이 성립할 때, $m+n$의 최솟값은?

① 120 ② 130 ③ 140

④ 150 ⑤ 160

0032

정수 n에 대하여 $\left(\dfrac{1}{9}\right)^{\frac{2}{n}}$ 꼴로 나타낼 수 있는 모든 자연수의 합을 구하시오.

0033 교육청 변형

두 자연수 a, b에 대하여 $\sqrt[3]{\dfrac{2^a \times 3^b}{12}}$ 이 1보다 큰 자연수일 때, $a+b$의 최솟값은?

① 3 ② 4 ③ 5

④ 6 ⑤ 7

유형 07 지수법칙과 곱셈 공식을 이용한 식의 계산

0034

$\left(3^{\frac{1}{2}}+1\right)\left(3^{\frac{1}{4}}+1\right)\left(3^{\frac{1}{8}}+1\right)\left(3^{\frac{1}{8}}-1\right)$의 값은?

① $\dfrac{1}{4}$ ② $\dfrac{1}{2}$ ③ 1

④ 2 ⑤ 4

0035

두 양수 a, b에 대하여

$$a^{\frac{1}{3}}-b^{\frac{1}{3}}=2, \quad a-b=32$$

일 때, ab의 값을 구하시오.

0036

$\dfrac{1}{2^{\frac{1}{8}}-1} - \dfrac{1}{2^{\frac{1}{8}}+1} - \dfrac{2}{2^{\frac{1}{4}}+1} - \dfrac{4}{2^{\frac{1}{2}}+1}$의 값은?

① 1 ② 2 ③ 4

④ 8 ⑤ 16

0037

$x=2^{\frac{1}{3}}+2^{-\frac{1}{3}}$, $y=2^{\frac{1}{3}}-2^{-\frac{1}{3}}$일 때,

$$x^3+y^3-3(x-y)$$

의 값은?

① 1 ② 2 ③ 3

④ 4 ⑤ 6

0038

양수 a에 대하여 $a^{\frac{1}{3}} + a^{-\frac{1}{3}} = 3$일 때, $a^2 + a^{-2}$의 값을 구하시오.

0039

$3^{2x} - 3^{x+1} = -1$일 때, $\dfrac{3^{4x} + 3^{-4x} - 5}{3^{2x} + 3^{-2x} - 1}$의 값은?

① 3   ② 4   ③ 5
④ 6   ⑤ 7

0040

$x > 0$이고 $x^2 + \dfrac{1}{x^2} = 14$일 때, $\sqrt{x} + \dfrac{1}{\sqrt{x}}$의 값은?

① $\sqrt{5}$ ② $\sqrt{6}$ ③ $\sqrt{7}$
④ $2\sqrt{2}$ ⑤ 3

0041

$x > 1$이고 $\dfrac{x^{\frac{3}{2}} + x^{-\frac{3}{2}}}{x^2 - x^{-2}} = \dfrac{2}{3}$일 때, $x^{\frac{1}{2}} - x^{-\frac{1}{2}}$의 값을 구하시오.

0042

두 양수 a, b에 대하여 $x = \dfrac{a^b + a^{-b}}{2}$일 때,

$$16\left(x^2 - \dfrac{1}{2}\right)\sqrt{\left(x^2 - \dfrac{1}{2}\right)^2 - \dfrac{1}{4}}$$

을 a, b로 나타낸 것은? (단, $a^b > a^{-b}$)

① $a^b - a^{-b}$ ② $a^{2b} + a^{-2b}$ ③ $a^{2b} - a^{-2b}$
④ $a^{4b} + a^{-4b}$ ⑤ $a^{4b} - a^{-4b}$

0043

양수 a에 대하여 $a^{4x} = 3$일 때, $\dfrac{a^{2x} - a^{-2x}}{a^{6x} + a^{-6x}}$의 값은?

① $\dfrac{3}{14}$ ② $\dfrac{2}{7}$ ③ $\dfrac{5}{14}$
④ $\dfrac{3}{7}$ ⑤ $\dfrac{1}{2}$

0044

$4^x = 5$일 때, $\dfrac{8^x + 8^{-x}}{2^x - 2^{-x}}$의 값은?

① $\dfrac{31}{5}$ ② $\dfrac{63}{10}$ ③ $\dfrac{32}{5}$
④ $\dfrac{13}{2}$ ⑤ $\dfrac{33}{5}$

0045

1보다 큰 양수 a와 실수 x에 대하여 $\dfrac{a^{3x}-a^{-3x}}{a^x+a^{-x}}=\dfrac{7}{6}$일 때, a^{6x}의 값을 구하시오.

0046

실수 x가 $\dfrac{7^x-7^{-x}}{7^x+7^{-x}}=\dfrac{1}{2}$을 만족시킬 때, $\left(\dfrac{1}{7}\right)^{-2x}+\left(\dfrac{1}{7}\right)^{2x}$의 값은?

① $\dfrac{5}{2}$ ② $\dfrac{10}{3}$ ③ $\dfrac{17}{4}$

④ $\dfrac{26}{5}$ ⑤ $\dfrac{37}{6}$

유형 10 $a^x=k$ (k는 양수)의 조건이 주어진 경우

0047

두 실수 x, y에 대하여 $2^x=5^y=20$일 때, $\dfrac{2}{x}+\dfrac{1}{y}$의 값은?

① $\dfrac{1}{4}$ ② $\dfrac{1}{2}$ ③ 1

④ 2   ⑤ 4

0048

두 양수 a, b가
$$8^a=\sqrt[4]{3}, \quad 2^b=27$$
을 만족시킬 때, $\dfrac{b}{a}$의 값은?

① 4   ② 9   ③ 16

④ 25   ⑤ 36

0049

두 실수 a, b에 대하여 $21^a=27$, $7^b=3$일 때, $\dfrac{3}{a}-\dfrac{1}{b}$의 값은?

① $\dfrac{1}{4}$ ② $\dfrac{1}{2}$ ③ 1

④ 2   ⑤ 4

0050 교육청 변형

두 실수 a, b에 대하여 $3^a=5$, $15^b=25$일 때, $5^{\frac{1}{b(a+1)}}$의 값은?

① $\sqrt{3}$ ② 3   ③ $3\sqrt{3}$

④ 9   ⑤ $9\sqrt{3}$

0051

두 양수 x, y에 대하여 $x+y=3$이고 $3^{\frac{1}{x}+\frac{1}{y}}=8$일 때, 2^{xy}의 값은?

① $\sqrt{3}$ ② 3 ③ $3\sqrt{2}$

④ $3\sqrt{3}$ ⑤ 6

0052

세 양수 a, b, c에 대하여 $ab^2c^3=256$이고 $a^x=b^y=c^z=4$일 때, $\dfrac{1}{x}+\dfrac{2}{y}+\dfrac{3}{z}$의 값을 구하시오.

유형 **11**   **$a^x=b^y$의 조건이 주어진 경우**

0053

$3^x=5^y=\left(\dfrac{1}{15}\right)^z$일 때, $\dfrac{1}{x}+\dfrac{1}{y}+\dfrac{1}{z}$의 값은? (단, $xyz\neq0$)

① -3 ② -1 ③ 0

④ 1 ⑤ 3

0054

$2^x=3^y=12^z=k$이고 $\dfrac{1}{x}+\dfrac{1}{y}-\dfrac{1}{z}=2$일 때, 양수 k의 값은?

(단, $xyz\neq0$)

① $\dfrac{\sqrt{2}}{4}$ ② $\dfrac{\sqrt{2}}{2}$ ③ $\sqrt{2}$

④ $2\sqrt{2}$ ⑤ 2

0055

두 양수 x, y에 대하여
$$x=2y, \quad x^y=y^x$$
일 때, $x+y$의 값은?

① 2 ② 4 ③ 6

④ 8 ⑤ 10

0056

0이 아닌 세 실수 a, b, c에 대하여
$$9^a=125^b=k^c, \quad \dfrac{3}{a}+\dfrac{2}{b}=\dfrac{6}{c}$$
일 때, 양수 k의 값은?

① 3 ② 5 ③ 15

④ 45 ⑤ 75

0057

0이 아닌 세 실수 x, y, z에 대하여

$$8^x = 3^{-2y}, \quad 4^x = 5^z$$

일 때, $5^{\frac{z}{2x} - \frac{3z}{4y}}$의 값을 구하시오.

유형 12 지수법칙의 실생활에의 활용

0058

지진 발생시 에너지의 세기를 나타내는 척도인 리히터 규모 M과 그 에너지 E 사이에는

$$E = 10^{k+1.5M} \quad (k\text{는 상수})$$

인 관계식이 성립한다고 한다. 어느 지역에서 처음 발생한 규모 7.0인 지진의 에너지를 E_1, 며칠 후 발생한 규모 5.0인 지진의 에너지를 E_2라 할 때, $\dfrac{E_1}{E_2}$의 값은?

① 100
② $100\sqrt{10}$
③ 1000
④ $1000\sqrt{10}$
⑤ 10000

0059

매분마다 일정한 비율로 증식하는 박테리아가 있다. 어느 날 오전 9시의 박테리아의 수가 N, 오전 9시 30분의 박테리아의 수가 $10N$일 때, 같은 날 오전 9시 50분의 박테리아의 수는?

① $10^{\frac{4}{3}}N$
② $10^{\frac{5}{3}}N$
③ $10^2 N$
④ $10^{\frac{7}{3}}N$
⑤ $10^{\frac{8}{3}}N$

0060

태양광선이 대기권에 도달하기 전의 특정한 파장의 세기를 I_0, 그 파장이 두께가 x cm인 오존층을 통과한 후의 파장의 세기를 I라 하면 $2 < a < 3$인 어떤 상수 a와 파장에 대한 오존의 흡수상수 k에 대하여

$$\frac{I_0}{I} = a^{kx}$$

이 성립한다고 한다. 태양광선이 대기권에 도달하기 전의 특정 파장의 세기가 i_0이고 두께가 0.2 cm인 오존층을 통과한 후의 파장의 세기가 $\dfrac{5}{6}i_0$일 때, 이 파장이 두께가 0.1 cm인 오존층을 통과한 후의 파장의 세기는 $\dfrac{\sqrt{m}}{6}i_0$이다. 자연수 m의 값을 구하시오.

0061

어떤 영화의 흥행수입을 분석한 결과, 개봉한 후 30일째까지의 총 흥행수입이 400억 원이고, 개봉한 후 60일째까지의 총 흥행수입이 640억 원이라 한다. 이 영화를 개봉한 후 n일째까지의 총 흥행수입을 $f(n)$ (억 원)이라 하면

$$f(n) = a(1 - b^n) \quad (a, b\text{는 양의 상수, } n\text{은 자연수})$$

이 성립할 때, 개봉한 후 90일째까지의 총 흥행수입은?

① 760억 원
② 768억 원
③ 776억 원
④ 784억 원
⑤ 792억 원

0062 교육청 변형

양수 k에 대하여 2^k의 제곱근 중 양수인 것을 a라 하자. a의 세제곱근 중 실수인 것이 $\sqrt[4]{8}$일 때, k의 값은?

① $\dfrac{9}{2}$ ② $\dfrac{19}{4}$ ③ 5

④ $\dfrac{21}{4}$ ⑤ $\dfrac{11}{2}$

0064 교육청 변형

2 이상의 자연수 n에 대하여 $(\sqrt[3]{2^n})^2$과 $\sqrt[n]{8^{100}}$이 모두 자연수가 되도록 하는 자연수 n의 개수는?

① 5 ② 7 ③ 9

④ 11 ⑤ 13

0065 교육청 변형

집합 $U=\{x \mid |x| \leq 4, \ x$는 정수$\}$의 공집합이 아닌 부분집합 X에 대하여 두 집합 A, B를

$A=\{a \mid a$는 x의 실수인 네제곱근, $x \in X\}$,
$B=\{b \mid b$는 x의 실수인 세제곱근, $x \in X\}$

라 하자. $n(A)=7$, $n(B)=6$이 되도록 하는 집합 X의 모든 원소의 합의 최솟값은?

① -2 ② -1 ③ 0

④ 1 ⑤ 2

0063 교육청 기출

등식

$$(3^a + 3^{-a})^2 = 2(3^a + 3^{-a}) + 8$$

을 만족시키는 실수 a에 대하여 $27^a + 27^{-a}$의 값을 구하시오.

0066 교육청 기출

1이 아닌 세 양수 a, b, c와 1이 아닌 두 자연수 m, n이 다음 조건을 만족시킨다. 모든 순서쌍 (m, n)의 개수는?

> (가) $\sqrt[3]{a}$는 b의 m제곱근이다.
> (나) $\sqrt{b}$는 c의 n제곱근이다.
> (다) c는 a^{12}의 네제곱근이다.

① 4   ② 7   ③ 10
④ 13   ⑤ 16

0067 교육청 기출

반지름의 길이가 r인 원형 도선에 세기가 I인 전류가 흐를 때, 원형 도선의 중심에서 수직 거리 x만큼 떨어진 지점에서의 자기장의 세기를 B라 하면 다음과 같은 관계식이 성립한다고 한다.

$$B = \frac{kIr^2}{2(x^2+r^2)^{\frac{3}{2}}} \ (단, k는 상수이다.)$$

전류의 세기가 I_0 $(I_0 > 0)$으로 일정할 때, 반지름의 길이가 r_1인 원형 도선의 중심에서 수직 거리 x_1만큼 떨어진 지점에서의 자기장의 세기를 B_1, 반지름의 길이가 $3r_1$인 원형 도선의 중심에서 수직 거리 $3x_1$만큼 떨어진 지점에서의 자기장의 세기를 B_2라 하자. $\dfrac{B_2}{B_1}$의 값은? (단, 전류의 세기의 단위는 A, 자기장의 세기의 단위는 T, 길이와 거리의 단위는 m이다.)

① $\dfrac{1}{6}$ ② $\dfrac{1}{4}$ ③ $\dfrac{1}{3}$

④ $\dfrac{5}{12}$ ⑤ $\dfrac{1}{2}$

0068 평가원 변형

4 이상의 자연수 k에 대하여 자연수 n이 $2 \le n \le 2k$일 때, $-(n-3)(n-k)$의 n제곱근 중 음의 실수가 존재하도록 하는 자연수 n의 개수가 11이 되는 자연수 k의 값을 구하시오.

0069 평가원 기출

다음 조건을 만족시키는 최고차항의 계수가 1인 이차함수 $f(x)$가 존재하도록 하는 모든 자연수 n의 값의 합을 구하시오.

> (가) x에 대한 방정식 $(x^n - 64)f(x) = 0$은 서로 다른 두 실근을 갖고, 각각의 실근은 중근이다.
> (나) 함수 $f(x)$의 최솟값은 음의 정수이다.

로그

유형 01 로그의 정의

0070

$\log_x 16=2$, $\log_{\frac{1}{2}} y=-1$을 만족시키는 양수 x, y에 대하여 $x+y$의 값은? (단, $x\neq1$)

① 4 ② 6 ③ 8
④ 10 ⑤ 12

0071 교육청 변형

양수 a에 대하여 $\log_3 \frac{a}{9}=b$일 때, $\frac{a}{3^b}$의 값은?

① 3 ② 6 ③ 9
④ 12 ⑤ 15

0072

$\log_2 (\log_a 2)=1$, $\log_2 \{\log_3 (\log_2 b)\}=0$을 만족시키는 1이 아닌 양수 a, b에 대하여 a^2+b^2의 값을 구하시오.

0073

$a=\log_4 (\sqrt{2}-1)$일 때, $\frac{4^a-4^{-a}}{4^a+4^{-a}}$의 값은?

① $-\frac{\sqrt{2}}{2}$ ② $-\frac{1}{2}$ ③ $\frac{1}{2}-\frac{\sqrt{2}}{2}$
④ $\sqrt{2}$ ⑤ $1+\frac{\sqrt{2}}{2}$

유형 02 로그의 밑과 진수의 조건

0074 교육청 변형

$\log_{x+2} (6-x)$의 값이 존재하기 위한 정수 x의 최댓값은?

① 1 ② 2 ③ 3
④ 4 ⑤ 5

0075

$\log_{x-1} (-x^2+4x+5)$가 정의되도록 하는 모든 정수 x의 값의 합은?

① 1 ② 3 ③ 5
④ 7 ⑤ 9

0076

모든 실수 x에 대하여 $\log_{a-6}(x^2+ax+3a)$가 정의되기 위한 정수 a의 개수는?

① 4   ② 5   ③ 6

④ 7   ⑤ 8

유형 03   로그의 기본 성질

0077

$\log_3(\sqrt{19}-\sqrt{10})+\log_3(\sqrt{19}+\sqrt{10})$의 값은?

① 1   ② 2   ③ 3

④ 4   ⑤ 5

0078

$\log_5\sqrt{20}+2\log_5\dfrac{1}{25}-\log_5 2$의 값은?

① $-\dfrac{7}{2}$ ② -3 ③ $-\dfrac{5}{2}$

④ -2 ⑤ $-\dfrac{3}{2}$

0079

$\log_3\sqrt[3]{8}+\log_7 49-\log_3\sqrt{324}$의 값은?

① $1+\log_3 2$ ② 1 ③ $\log_3 2$

④ 0 ⑤ $-\log_3 2$

0080

$\log_4\left(1-\dfrac{1}{3}\right)+\log_4\left(1-\dfrac{1}{4}\right)+\cdots+\log_4\left(1-\dfrac{1}{32}\right)$의 값은?

① -1 ② -2 ③ -3

④ -4 ⑤ -5

유형 04   로그의 밑의 변환

0081 교육청 변형

$\log_3 108-\dfrac{1}{\log_4 3}$의 값은?

① 1 ② 2 ③ 3

④ 4 ⑤ 5

0082

$\log_2 81 \times \log_3 \sqrt{5} \times \log_5 \sqrt{2}$의 값은?

① 1   ② 2   ③ 3

④ 4   ⑤ 5

0083

$\dfrac{1}{\log_{12} 3} + \dfrac{1}{\log_{18} 3} - \dfrac{1}{\log_8 3}$의 값은?

① -1 ② 0   ③ 1

④ 2   ⑤ 3

0084

다음 식의 값은?

$$\log_2(\log_2 3) + \log_2(\log_3 4) + \log_2(\log_4 5) \\ + \cdots + \log_2(\log_{255} 256)$$

① 3   ② 6   ③ 9

④ 12   ⑤ 15

0085

$4^{\log_2 5} + \log_{\frac{1}{\sqrt{5}}} 125$의 값은?

① 11   ② 13   ③ 15

④ 17   ⑤ 19

0086

다음 식의 값은?

$$(\log_3 5 + \log_9 25)(\log_5 81 + \log_{25} 27)$$

① 9   ② 10   ③ 11

④ 12   ⑤ 13

0087

$2\log_{\frac{1}{3}} \dfrac{4}{3} - \log_3 \dfrac{3}{4} + \log_{\sqrt{3}} 2\sqrt{3}$의 값은?

① 1   ② $\dfrac{3}{2}$ ③ 2

④ $\dfrac{5}{2}$ ⑤ 3

0088

세 수 $A = 3^{\log_3 18 - \log_3 2}$, $B = \log_3 9 - \log_3 \dfrac{1}{81}$,

$C = \log_2 \{\log_4 (\log_8 64)\}$의 대소 관계로 옳은 것은?

① $A < B < C$ ② $A < C < B$ ③ $B < A < C$
④ $C < A < B$ ⑤ $C < B < A$

유형 06 로그의 값을 문자로 나타내기

0089

$\log_2 3 = a$, $\log_2 5 = b$일 때, $\log_2 120$을 a, b로 나타내면?

① $a - b + 2$ ② $a + b + 2$ ③ $a + b + 3$
④ $2a - b + 1$ ⑤ $a + 2b + 1$

0090

$\log_2 3 = a$, $\log_3 7 = b$일 때, $\log_7 54$를 a, b로 나타내면?

① $\dfrac{3a + 1}{ab + 1}$ ② $\dfrac{3a + 1}{ab}$ ③ $\dfrac{3a - 1}{ab - 1}$
④ $\dfrac{3a - 1}{ab}$ ⑤ $\dfrac{a + 3}{ab + 1}$

0091

$\log_{10} 2 = a$, $\log_{10} 3 = b$일 때, $\log_6 15$를 a, b로 나타내면?

① $\dfrac{a + b + 1}{a + b}$ ② $\dfrac{a - b + 1}{a + b}$ ③ $\dfrac{a - b - 1}{a + b}$
④ $\dfrac{-a + b + 1}{a + b}$ ⑤ $\dfrac{-a - b + 1}{a + b}$

0092

$5^a = 3$, $5^b = 4$일 때, $\log_6 \sqrt{12}$를 a, b로 나타내면?

① $\dfrac{a + b}{2a + b}$ ② $\dfrac{a + b}{a + 2b}$ ③ $\dfrac{2a + b}{a + b}$
④ $\dfrac{2a + b}{4a + b}$ ⑤ $\dfrac{a + 2b}{a + b}$

유형 07 식의 값 구하기

0093

두 양수 a, b에 대하여 $a^3 b^2 = 1$일 때, $\log_a a^4 b^3$의 값은?
(단, $a \neq 1$)

① $-\dfrac{3}{2}$ ② -1 ③ $-\dfrac{1}{2}$
④ $\dfrac{1}{2}$ ⑤ 1

02
로그

0094

두 실수 a, b가 $2^{a+b}=9$, $3^{a-b}=5$를 만족시킬 때, $2^{a^2-b^2}$의 값은?

① 5   ② 10   ③ 15

④ 20   ⑤ 25

0095 수능 변형

1보다 큰 두 실수 a, b에 대하여 $\log_{64} a = \log_4 \sqrt{b}$일 때, $8\log_b \sqrt{a}$의 값은?

① 3   ② 6   ③ 9

④ 12   ⑤ 15

0096

두 양수 a, b에 대하여

$$\log_{10} \frac{10b}{a} : \log_{10} \frac{a}{b} = 2 : 1$$

일 때, $\left(\dfrac{a}{b}\right)^3$의 값은?

① $10^{\frac{1}{3}}$ ② $10^{\frac{2}{3}}$ ③ 10

④ $10^{\frac{4}{3}}$ ⑤ $10^{\frac{5}{3}}$

0097

1이 아닌 양수 a, b, c, x에 대하여 $\log_a x = \dfrac{1}{5}$, $\log_b x = \dfrac{1}{4}$, $\log_c x = \dfrac{1}{3}$일 때, $\log_x abc$의 값은?

① 8   ② 10   ③ 12

④ 14   ⑤ 16

0098

$3^x = 6^y = 18^z$일 때, $\dfrac{1}{x} + \dfrac{1}{y} - \dfrac{1}{z}$의 값은? (단, $xyz \neq 0$)

① 0   ② 1   ③ 2

④ 3   ⑤ 4

유형 08   로그와 이차방정식

0099 교육청 변형

이차방정식 $x^2 - 6x + 4 = 0$의 두 근을 α, β라 할 때, $2\log_3 (\alpha + \beta) - \log_3 \alpha\beta$의 값은?

① 1   ② 2   ③ 3

④ 4   ⑤ 5

0100

이차방정식 $x^2-8x+4=0$의 두 근을 α, β라 할 때, $\log_{\alpha+\beta} \alpha + \log_{\alpha+\beta} \beta$의 값은?

① $\dfrac{1}{4}$ ② $\dfrac{1}{2}$ ③ $\dfrac{2}{3}$

④ $\dfrac{3}{4}$ ⑤ 1

0101

1이 아닌 두 양수 a, b에 대하여 이차방정식 $x^2-2x-1=0$의 두 근이 $\log_3 a$, $\log_3 b$일 때, $\log_a b + \log_b a$의 값은?

① -6 ② -5 ③ -4

④ -3 ⑤ -2

유형 09 로그의 정수 부분과 소수 부분

0102

$\log_5 50$의 소수 부분을 α라 할 때, 5^α의 값은?

① $\dfrac{3}{2}$ ② 2 ③ $\dfrac{5}{2}$

④ 3 ⑤ $\dfrac{7}{2}$

0103

$\log_2 12$의 정수 부분과 소수 부분을 각각 x, y라 할 때, $2^{-x}+2^y$의 값은?

① $\dfrac{3}{2}$ ② $\dfrac{13}{8}$ ③ $\dfrac{7}{4}$

④ $\dfrac{15}{8}$ ⑤ 2

0104

$\log_3 8 = n+\alpha$ (n은 정수, $0 \le \alpha < 1$)일 때, $\dfrac{3^n-3^\alpha}{3^n+3^\alpha}$의 값은?

① $\dfrac{1}{11}$ ② $\dfrac{1}{13}$ ③ $\dfrac{1}{15}$

④ $\dfrac{1}{17}$ ⑤ $\dfrac{1}{19}$

유형 10 로그의 값이 자연수가 되도록 하는 조건

0105

5 이상의 자연수 n에 대하여 $2\log_n 5$의 값이 자연수가 되도록 하는 모든 n의 값의 합은?

① 10 ② 15 ③ 20

④ 25 ⑤ 30

0106 수능 변형

$\frac{1}{3}\log_{10} 2^n + \frac{1}{9}\log_{10} 1.25^n$의 값이 정수가 되도록 하는 200 이하의 자연수 n의 개수는?

① 20   ② 21   ③ 22

④ 23   ⑤ 24

0107

$10 < x < 1000$인 실수 x에 대하여 $\log_{10} x - \log_{10} \frac{1}{x^2}$의 값이 자연수가 되도록 하는 모든 x의 값의 곱은?

① 10^{10} ② 10^{11} ③ 10^{12}

④ 10^{13} ⑤ 10^{14}

유형 11 로그의 성질의 활용

0108

1이 아닌 두 양수 a, b에 대하여 좌표평면 위의 두 점 $(2, \log_4 a)$, $(3, \log_2 b)$를 지나는 직선이 점 $(4, 0)$을 지날 때, $\log_a b$의 값은?

① $\frac{1}{4}$ ② $\frac{1}{2}$ ③ $\frac{3}{4}$

④ 1   ⑤ $\frac{5}{4}$

0109

삼각형 ABC의 세 변의 길이 a, b, c에 대하여
$$\log_c (a+b) + \log_c (a-b) = 2$$
인 관계가 성립할 때, 삼각형 ABC는 어떤 삼각형인가?
(단, $a > b$, $c \neq 1$)

① 예각삼각형
② $a = c$인 이등변삼각형
③ $b = c$인 이등변삼각형
④ 빗변의 길이가 a인 직각삼각형
⑤ 빗변의 길이가 c인 직각삼각형

0110

200의 모든 양의 약수를 a_1, a_2, a_3, $\cdots$, a_{12}라 할 때,
$$\log_2 a_1 + \log_2 a_2 + \log_2 a_3 + \cdots + \log_2 a_{12}$$
의 값은? (단, $\log_{10} 2 = 0.3$으로 계산한다.)

① 38   ② 40   ③ 42

④ 44   ⑤ 46

유형 12 상용로그의 값

0111

$\log 2 = 0.3010$, $\log 3 = 0.4771$일 때, $\log 0.6$의 값은?

① -0.7781 ② -0.4259 ③ -0.2219

④ -0.1761 ⑤ -0.1249

0112

다음은 상용로그표의 일부이다.

수	0	1	2	3	4
8.5	.9294	.9299	.9304	.9309	.9315
8.6	.9345	.9350	.9355	.9360	.9365
8.7	.9395	.9400	.9405	.9410	.9415
8.8	.9445	.9450	.9455	.9460	.9465

위의 표를 이용하여 $\log 851 + \log \sqrt{8.73}$의 값을 구하시오.

0113

다음 상용로그표를 이용하여 $\log x = 2.0828$을 만족시키는 양수 x의 값을 구하시오.

수	0	1	2	3
1.0	.0000	.0043	.0086	.0128
1.1	.0414	.0453	.0492	.0531
1.2	.0792	.0828	.0864	.0899
1.3	.1139	.1173	.1206	.1239

0114

$\log 0.419 = -0.3778$일 때, $\log x = 2.6222$이다. 양수 x의 값을 구하시오.

유형 13 상용로그의 정수 부분과 소수 부분

0115

$\log \sqrt{x} = -\dfrac{3}{4}$을 만족시키는 양수 x에 대하여 $\log x$의 정수 부분을 n, 소수 부분을 α라 할 때, $\dfrac{n}{\alpha}$의 값은?

① -1 ② -2 ③ -3
④ -4 ⑤ -5

0116

양수 x에 대하여 $\log x = 0.7832$일 때, $\log x^3 + \log \sqrt[4]{x^3}$의 정수 부분을 n, 소수 부분을 α라 하자. $n - \alpha$의 값은?

① 0.937 ② 1.063 ③ 1.937
④ 1.973 ⑤ 2.063

0117

$\log x$의 정수 부분이 5이고 $\log \sqrt{x}$의 소수 부분이 0.6일 때, $\log \dfrac{1}{x}$의 소수 부분은?

① 0.2 ② 0.4 ③ 0.5
④ 0.7 ⑤ 0.8

0118

자연수 n에 대하여 $\log n^2$의 정수 부분을 $f(n)$이라 할 때, $f(1)+f(2)+f(3)+\cdots+f(40)$의 값은?

① 71   ② 73   ③ 75

④ 77   ⑤ 79

유형 14 **자릿수와 상용로그**

0119

$\log 2=0.3010$, $\log 3=0.4771$일 때, 12^{10}은 몇 자리의 정수인가?

① 8자리   ② 9자리   ③ 10자리

④ 11자리   ⑤ 12자리

0120

$\log 2=0.3010$, $\log 3=0.4771$일 때, $\left(\dfrac{3}{5}\right)^9$은 소수점 아래 몇째 자리에서 처음으로 0이 아닌 숫자가 나타나는가?

① 2째 자리   ② 3째 자리   ③ 4째 자리

④ 5째 자리   ⑤ 6째 자리

0121

$A=2^{10}$, $B=5^8$일 때, A^2B^2은 몇 자리의 정수인가?

(단, $\log 2=0.3010$으로 계산한다.)

① 14자리   ② 15자리   ③ 16자리

④ 17자리   ⑤ 18자리

0122

3^n이 12자리의 정수가 되도록 하는 모든 자연수 n의 값의 합은? (단, $\log 3=0.48$로 계산한다.)

① 43   ② 45   ③ 47

④ 49   ⑤ 51

0123

1이 아닌 자연수 a에 대하여 a^{38}이 19자리의 정수일 때, a^{-24}은 소수점 아래 몇째 자리에서 처음으로 0이 아닌 숫자가 나타나는가?

① 9째 자리   ② 10째 자리   ③ 11째 자리

④ 12째 자리   ⑤ 13째 자리

유형 15 최고 자리의 숫자 구하기

0124

$\log 2 = 0.3010$, $\log 3 = 0.4771$일 때, 6^{12}의 최고 자리의 숫자는?

① 2 　　　　② 3 　　　　③ 4

④ 5 　　　　⑤ 6

0125

$\log 2 = 0.3010$, $\log 3 = 0.4771$일 때, $2^{10} \times 3^{20}$의 최고 자리의 숫자는?

① 1 　　　　② 3 　　　　③ 5

④ 7 　　　　⑤ 9

유형 16 두 상용로그의 소수 부분에 대한 조건이 주어진 경우

0126

$10 \le x < 100$이고 $\log x^3$과 $\log \sqrt{x}$의 소수 부분이 같을 때, 모든 실수 x의 값의 곱은?

① $10^{\frac{12}{5}}$ 　　　　② $10^{\frac{13}{5}}$ 　　　　③ $10^{\frac{14}{5}}$

④ 10^3 　　　　⑤ $10^{\frac{16}{5}}$

0127

$100 \le x < 1000$이고 $\log \sqrt{x}$의 소수 부분과 $\log \sqrt[4]{x^3}$의 소수 부분의 합이 1일 때, $x = 10^{\frac{n}{m}}$이다. $m+n$의 값을 구하시오. (단, m과 n은 서로소인 자연수이다.)

0128

양수 x에 대하여 $\log x$의 정수 부분이 4이고, $\log x$의 소수 부분과 $\log \sqrt[3]{x}$의 소수 부분의 합이 1일 때, $\log x$의 소수 부분은?

① $\dfrac{1}{2}$ 　　　　② $\dfrac{1}{3}$ 　　　　③ $\dfrac{1}{4}$

④ $\dfrac{1}{5}$ 　　　　⑤ $\dfrac{1}{6}$

유형 17 상용로그의 실생활에의 활용 – 관계식이 주어진 경우

0129

지진의 세기를 나타내는 대표적인 단위인 리히터 규모는 지진이 발생한 곳의 지표로부터 100 km 떨어진 곳의 지진계에 기록된 지진파의 최대 진폭의 상용로그의 값이다. 즉, 지진파의 최대 진폭을 N μm (1μm$=10^{-6}$ m), 지진의 리히터 규모를 M이라 하면 $M = \log N$이다. 규모 5.5인 지진파의 최대 진폭을 N_1 μm, 규모 5.0인 지진파의 최대 진폭을 N_2 μm라 할 때, $\dfrac{N_1}{N_2}$의 값은?

① $\sqrt[3]{10}$ 　　　　② $\sqrt{10}$ 　　　　③ 10

④ $10\sqrt[3]{10}$ 　　　　⑤ $10\sqrt{10}$

0130

지진의 규모 R과 지진이 일어났을 때 방출되는 에너지 E 사이에는 다음과 같은 관계가 있다고 한다.

$$R=0.67\log\left(0.37E\right)+1.46$$

지진의 규모가 R_1일 때 방출되는 에너지는 지진의 규모가 R_2일 때 방출되는 에너지의 4배이다. R_1-R_2의 값을 구하시오.

(단, $\log 2=0.3$으로 계산한다.)

0131

어떤 물질의 화학 반응에서 이 물질의 온도 T와 화합물이 생성되는 반응 속도 v 사이에는 다음과 같은 관계식이 성립한다고 한다.

$$\log\frac{v}{v_0}=k\left(\frac{1}{T_0}-\frac{1}{T}\right)\text{ (단, }k,\ T_0,\ v_0\text{은 상수이다.)}$$

이 물질의 온도가 $2T_0$일 때 화합물이 생성되는 반응 속도는 $\sqrt{10}v_0$이고, 이 물질의 온도가 $4T_0$일 때 화합물이 생성되는 반응 속도는 av_0이다. $100a$의 값을 구하시오.

(단, $\log 5.63=0.75$로 계산한다.)

0132

도로용량이 C인 어느 도로구간의 교통량을 V, 통행시간을 t라 할 때, 다음과 같은 관계식이 성립한다고 한다.

$$\log\left(\frac{t}{t_0}-1\right)=k+4\log\frac{V}{C}$$

(단, $t>t_0$이고, t_0은 도로 특성 등에 따른 기준통행시간, k는 상수이다.)

이 도로구간의 교통량이 도로용량의 2배일 때, 통행시간은 기준통행시간의 $\frac{3}{2}$배이다. 이 도로구간의 교통량이 도로용량의 4배일 때, 통행시간은 기준통행시간의 몇 배인가?

① 5배 ② 6배 ③ 7배
④ 8배 ⑤ 9배

0133

어느 지역의 하천은 하천 정화 작업으로 인하여 생화학적 산소 요구량(BOD)이 매년 10 %씩 감소하고 있다고 한다. 8년 후 이 하천의 생화학적 산소 요구량이 올해의 k배일 때, $1000k$의 값을 구하시오.

(단, $\log 3=0.48$, $\log 4.79=0.68$로 계산한다.)

0134

어느 자동차 회사의 수출량이 매년 일정한 비율로 증가하여 10년 만에 첫해 수출량의 2배가 되었다. 10년 동안 이 자동차 회사의 수출량은 매년 몇 %씩 증가하였는가?

(단, $\log 1.08=0.03$, $\log 2=0.30$으로 계산한다.)

① 8 % ② 9 % ③ 10 %
④ 11 % ⑤ 12 %

0135

현재 어느 도시의 인구는 80만 명이고 매년 인구 증가율은 a %로 일정하다고 한다. 10년 후에 이 도시의 인구가 현재의 1.2배가 된다고 할 때, 몇 년 후에 이 도시의 인구는 현재의 3배가 되는가? (단, $\log 2=0.30$, $\log 3=0.48$로 계산한다.)

① 54년 ② 56년 ③ 58년
④ 60년 ⑤ 62년

기출 & 기출변형 문제

0136 교육청 변형

1보다 큰 두 실수 a, b에 대하여

$$\log_a \frac{a^4}{b^3} = 2$$

가 성립할 때, $\log_a b + \log_b a$의 값은?

① $\dfrac{5}{3}$　　　② $\dfrac{11}{6}$　　　③ 2

④ $\dfrac{13}{6}$　　　⑤ $\dfrac{7}{3}$

0138 수능 기출

수직선 위의 두 점 $P(\log_5 3)$, $Q(\log_5 12)$에 대하여 선분 PQ를 $m : (1-m)$으로 내분하는 점의 좌표가 1일 때, 4^m의 값은? (단, m은 $0<m<1$인 상수이다.)

① $\dfrac{7}{6}$　　　② $\dfrac{4}{3}$　　　③ $\dfrac{3}{2}$

④ $\dfrac{5}{3}$　　　⑤ $\dfrac{11}{6}$

0137 교육청 변형

1보다 크고 20보다 작은 세 자연수 a, b, c에 대하여

$$\frac{\log_a b}{\log_c b} = 4, \quad \frac{\log_a c}{\log_b c} = 2$$

일 때, $\log_2 abc$의 값은?

① 6　　　② 7　　　③ 8

④ 9　　　⑤ 10

0139 교육청 변형

자연수 전체의 집합의 두 부분집합

$$A = \{a, b, c, d\},$$
$$B = \{\log_3 a, \log_3 b, \log_3 c, \log_3 d\}$$

에 대하여 $a+b=12$, $\log_3 c + \log_3 d = 8$일 때, 집합 A의 모든 원소의 합을 구하시오. (단, $a<b<c<d$)

0140 평가원 변형

세 양수 a, b, c $(a \neq 1)$가

$$\log_a b + \log_a c = 5, \quad \log_a \frac{b}{c} = 1, \quad \log_a \frac{b+c}{3} = 2$$

를 만족시킬 때, $a+b+c$의 값을 구하시오.

0141 교육청 기출

$\log_2 (-x^2 + ax + 4)$의 값이 자연수가 되도록 하는 실수 x의 개수가 6일 때, 모든 자연수 a의 값의 곱을 구하시오.

0142 평가원 기출

$\frac{1}{2} < \log a < \frac{11}{2}$인 양수 a에 대하여 $\frac{1}{3} + \log \sqrt{a}$의 값이 자연수가 되도록 하는 모든 a의 값의 곱은?

① 10^{10} ② 10^{11} ③ 10^{12}

④ 10^{13} ⑤ 10^{14}

0143 교육청 기출

진동가속도레벨 V (dB)는 공해진동에 사용되는 단위로 진동가속도 크기를 의미하며 편진폭 A (m), 진동수 w (Hz)에 대하여 다음과 같은 관계식이 성립한다고 한다.

$$V = 20 \log \frac{Aw^2}{k} \quad (\text{단, } k \text{는 양의 상수이다.})$$

편진폭이 A_1, 진동수가 10π일 때 진동가속도레벨이 83이고, 편진폭이 A_2, 진동수가 80π일 때 진동가속도레벨이 91이다. $\frac{A_2}{A_1}$의 값은?

① $\frac{1}{32} \times 10^{\frac{1}{5}}$ ② $\frac{1}{32} \times 10^{\frac{2}{5}}$ ③ $\frac{1}{64} \times 10^{\frac{1}{5}}$

④ $\frac{1}{64} \times 10^{\frac{2}{5}}$ ⑤ $\frac{1}{64} \times 10^{\frac{3}{5}}$

0144 수능 기출

두 상수 a, b ($1<a<b$)에 대하여 좌표평면 위의 두 점 $(a, \log_2 a)$, $(b, \log_2 b)$를 지나는 직선의 y절편과 두 점 $(a, \log_4 a)$, $(b, \log_4 b)$를 지나는 직선의 y절편이 같다. 함수 $f(x)=a^{bx}+b^{ax}$에 대하여 $f(1)=40$일 때, $f(2)$의 값은?

① 760   ② 800   ③ 840

④ 880   ⑤ 920

0145 교육청 변형

1이 아닌 세 양수 a, b, c가 다음 조건을 만족시킨다.

> (가) $\sqrt[4]{ab}$는 a의 세제곱근이다.
> (나) $\log_a bc + \log_b ac = 2$

$b^{24}=\left(\dfrac{a}{c}\right)^k$이 되도록 하는 실수 k의 값은?

① 2   ② 4   ③ 6

④ 8   ⑤ 10

0146 평가원 변형

네 양수 a, b, c, k가 다음 조건을 만족시킬 때, k의 값은?

> (가) $3^a=4^b=k^c$
> (나) $\log c = \log 2ab - \log (a+2b)$

① 6   ② 8   ③ 10

④ 12   ⑤ 14

0147 교육청 기출

자연수 m ($m\geq 2$)에 대하여 집합 A_m을
$$A_m = \{\log_m x \mid x \text{는 100 이하의 자연수}\}$$
라 하고, 집합 B를
$$B = \{2^k \mid k \text{는 10 이하의 자연수}\}$$
라 하자. 집합 B의 원소 b에 대하여 $n(A_4 \cap A_b)=4$가 되도록 하는 모든 b의 값의 합을 구하시오.

지수함수와 로그함수

유형 01 지수함수의 함숫값

0148

함수 $f(x)=a^{2x}$에 대하여 $f(2)=\dfrac{1}{81}$일 때, $f(-1)$의 값을 구하시오. (단, $a>0$, $a\neq1$)

0149

함수 $f(x)=a^x$ $(a>0$, $a\neq1)$에 대하여 다음 중 옳은 것은?
(단, p, q는 실수이다.)

① $f(-p)=f\left(\dfrac{1}{p}\right)$ 　　② $f(2p)=2f(p)$

③ $f\left(\dfrac{p}{2}\right)=f(\sqrt{p})$ 　　④ $\sqrt{f(2p)}=f(p)$

⑤ $f(pq)=f(p)f(q)$

0150

함수 $f(x)=2^x$에 대하여
$$f(2a)f(-b)=16,\ \dfrac{f(a)}{f(b)}=4$$
일 때, a^2+b^2의 값을 구하시오. (단, a, b는 실수이다.)

0151

함수 $f(x)=a^{px+q}$ $(a>0$, $a\neq1)$에 대하여 $f(1)=\dfrac{1}{9}$, $f(3)=9$일 때, $f(4)=3^k$이다. 실수 k의 값을 구하시오.
(단, p, q는 상수이다.)

유형 02 지수함수의 성질

0152

다음 중 함수 $y=5^{-x}$에 대한 설명으로 옳은 것은?

① 치역은 $\{y|y<0\}$이다.
② 그래프는 점 $(1, 5)$를 지난다.
③ x의 값이 증가하면 y의 값은 감소한다.
④ 그래프의 점근선은 y축이다.
⑤ 그래프는 함수 $y=-5^x$의 그래프와 y축에 대하여 대칭이다.

0153

다음 중 임의의 실수 a, b에 대하여 $a<b$일 때, $f(a)<f(b)$를 만족시키는 함수는?

① $f(x)=3.5^{-x}$ 　　② $f(x)=0.2^{-x}$

③ $f(x)=\left(\dfrac{8}{5}\right)^{-x}$ 　　④ $f(x)=0.6^x$

⑤ $f(x)=\left(\dfrac{\sqrt{3}}{2}\right)^x$

0154

함수 $y=\left(\dfrac{3a}{16}\right)^x$의 그래프와 원 $(x+1)^2+y^2=1$이 만나지 않도록 하는 자연수 a의 개수는?

① 1   ② 2   ③ 3

④ 4   ⑤ 5

0155

함수 $y=(2a^2-9a-4)^x$에서 x의 값이 증가할 때 y의 값도 증가하도록 하는 자연수 a의 최솟값을 구하시오.

유형 03 지수함수의 그래프의 평행이동과 대칭이동

0156

함수 $y=2^{2x}$의 그래프를 x축에 대하여 대칭이동한 후 x축의 방향으로 m만큼, y축의 방향으로 n만큼 평행이동한 그래프가 함수 $y=-8\times4^x-6$의 그래프와 겹쳐진다고 할 때, mn의 값을 구하시오.

0157

다음 중 함수 $y=\left(\dfrac{1}{3}\right)^{x-2}+3$에 대한 설명으로 옳지 <u>않은</u> 것은?

① 정의역은 실수 전체의 집합이다.
② 치역은 3 이하의 실수 전체의 집합이다.
③ 그래프의 점근선의 방정식은 $y=3$이다.
④ x의 값이 증가하면 y의 값은 감소한다.
⑤ 그래프는 제3, 4사분면을 지나지 않는다.

0158

보기에서 함수 $y=4^{-x}$의 그래프를 평행이동 또는 대칭이동하여 일치시킬 수 있는 그래프의 식만을 있는 대로 고른 것은?

> **보기**
>
> ㄱ. $y=-2^{2x}$ ㄴ. $y=2\times2^{-x}+5$
>
> ㄷ. $y=4\times\left(\dfrac{1}{2}\right)^{-2x}$ ㄹ. $y=2\times2^{-2x}$

① ㄱ, ㄴ, ㄷ   ② ㄱ, ㄴ, ㄹ   ③ ㄱ, ㄷ, ㄹ

④ ㄴ, ㄷ, ㄹ   ⑤ ㄱ, ㄴ, ㄷ, ㄹ

0159

함수 $y=2^{1-2x}+k$의 그래프가 제1사분면을 지나지 않도록 하는 실수 k의 최댓값은?

① -2 ② -1 ③ 0

④ 1   ⑤ 2

0160 교육청 변형

함수 $y=3^{-x}$의 그래프를 x축의 방향으로 3만큼, y축의 방향으로 k만큼 평행이동한 그래프가 점 $\left(4, \dfrac{16}{3}\right)$을 지날 때, 상수 k의 값을 구하시오.

0161

함수 $y=a^x$의 그래프를 y축에 대하여 대칭이동한 후 x축의 방향으로 2만큼, y축의 방향으로 -2만큼 평행이동한 그래프가 원점을 지날 때, 양수 a의 값은? (단, $a \neq 1$)

① $\dfrac{1}{2}$ 　　② $\dfrac{\sqrt{2}}{2}$ 　　③ $\sqrt{2}$

④ 2 　　⑤ $2\sqrt{2}$

0162

함수 $f(x)=a^x$ $(0<a<1)$의 그래프가 그림과 같을 때, $f\left(\dfrac{b+c}{2}\right)$의 값은?

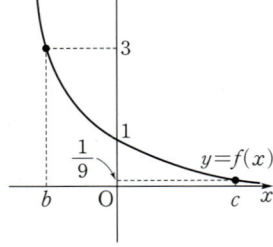

① $\dfrac{1}{3}$ 　　② $\dfrac{\sqrt{3}}{3}$

③ 1 　　④ $\sqrt{3}$

⑤ 3

0163

그림과 같이 함수 $y=2^x$의 그래프와 직선 l이 만나는 두 점을 각각 A, B라 하자. 점 A의 y좌표는 2이고, 직선 l과 y축이 만나는 점을 C라 할 때, 점 A는 선분 BC를 $2:1$로 내분하는 점이다. 점 C의 y좌표를 구하시오.

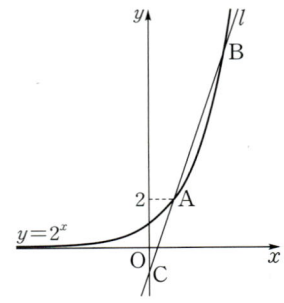

0164

그림과 같이 두 곡선 $y=3^x$, $y=-3^x+6$이 y축과 만나는 점을 각각 A, B라 하고, 두 곡선의 교점을 C라 할 때, 삼각형 ACB의 넓이를 구하시오.

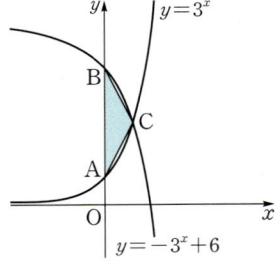

0165

두 함수 $f(x)=\left(\dfrac{1}{2}\right)^x-1$, $g(x)=-\left(\dfrac{1}{2}\right)^x+4$에 대하여 곡선 $y=g(x)$가 x축과 만나는 점을 A라 하고, 두 곡선 $y=f(x)$, $y=g(x)$가 만나는 점을 B라 할 때, 삼각형 AOB의 넓이는? (단, O는 원점이다.)

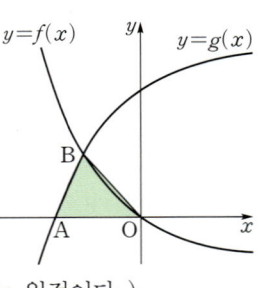

① $\dfrac{3}{2}$ 　　② 2 　　③ $\dfrac{5}{2}$

④ 3 　　⑤ $\dfrac{7}{2}$

0166

그림과 같이 두 함수 $y=2^x$, $y=8\times2^x$의 그래프와 두 직선 $y=1$, $y=4$로 둘러싸인 부분의 넓이를 구하시오.

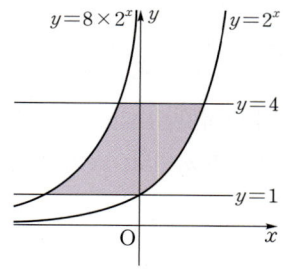

유형 06 지수함수를 이용한 수의 대소 비교

0167

$0<a<1$일 때, 함수 $f(x)=a^x$에 대하여 세 수 $f(1)$, $f(a)$, $f\left(\dfrac{1}{a}\right)$의 대소 관계로 옳은 것은?

① $f\left(\dfrac{1}{a}\right)<f(1)<f(a)$ ② $f\left(\dfrac{1}{a}\right)<f(a)<f(1)$

③ $f(1)<f\left(\dfrac{1}{a}\right)<f(a)$ ④ $f(1)<f(a)<f\left(\dfrac{1}{a}\right)$

⑤ $f(a)<f(1)<f\left(\dfrac{1}{a}\right)$

0168

다음 세 수 A, B, C의 대소 관계로 옳은 것은?

$$A=\sqrt[4]{4\sqrt2},\ B=\left(\dfrac{1}{8}\right)^{-\frac{1}{4}},\ C=4^{\frac{1}{6}}\times2^{\frac{1}{3}}$$

① $A<B<C$ ② $A<C<B$ ③ $B<A<C$
④ $B<C<A$ ⑤ $C<B<A$

0169

$0<a<1$일 때, 세 수 $A=3^{\frac{1}{a}}$, $B=3^{a^2}$, $C=3^{-a}$의 대소 관계로 옳은 것은?

① $A<B<C$ ② $B<A<C$ ③ $B<C<A$
④ $C<A<B$ ⑤ $C<B<A$

유형 07 지수함수의 최대·최소 – 지수가 일차식인 경우

0170

정의역이 $\{x\,|-2\le x\le1\}$인 두 함수

$$f(x)=2^{x+1},\ g(x)=\left(\dfrac{1}{2}\right)^{2x+2}$$

의 최댓값을 각각 a, b라 할 때, ab의 값을 구하시오.

0171 평가원 변형

$0<a<1$인 실수 a에 대하여 함수 $f(x)=a^{-x}$은 $-1\le x\le2$에서 최솟값이 $\dfrac{2}{5}$, 최댓값이 M이다. $a\times M$의 값은?

① $\dfrac{4}{25}$ ② $\dfrac{2}{5}$ ③ $\dfrac{5}{2}$

④ $\dfrac{25}{8}$ ⑤ $\dfrac{25}{4}$

0172

$-2\le x\le-1$에서 함수 $f(x)=4\times\left(\dfrac{1}{4}\right)^{2x+k}$의 최댓값은 1, 최솟값은 m이다. $\dfrac{k}{m}$의 값을 구하시오. (단, k는 상수이다.)

0173 평가원 변형

$-1 \leq x \leq 3$에서 함수 $f(x) = \left(\dfrac{1}{2}\right)^{|x-1|}$의 최댓값과 최솟값의 합은?

① $\dfrac{3}{4}$ ② 1 ③ $\dfrac{5}{4}$

④ $\dfrac{3}{2}$ ⑤ $\dfrac{7}{4}$

0176 교육청 변형

두 함수 $f(x)$, $g(x)$를

$$f(x) = x^2 - 6x + 11, \quad g(x) = \left(\dfrac{1}{a}\right)^x \ (a > 0, \ a \neq 1)$$

이라 하자. $1 \leq x \leq 4$에서 함수 $(g \circ f)(x)$의 최댓값은 8, 최솟값은 m이다. m의 값은?

① $\dfrac{1}{8}$ ② $\dfrac{1}{4}$ ③ $\dfrac{\sqrt{2}}{2}$

④ 2 ⑤ $2\sqrt{2}$

유형 08 지수함수의 최대·최소 – 지수가 이차식인 경우

0174

정의역이 $\{x \mid -1 \leq x \leq 2\}$인 함수 $y = 2^{-x^2 + 2x - 3}$의 최댓값을 M, 최솟값을 m이라 할 때, $\dfrac{M}{m}$의 값은?

① $\sqrt{2}$ ② 2 ③ 2^2

④ 2^4 ⑤ 2^6

유형 09 지수함수의 최대·최소 – a^x 꼴이 반복되는 경우

0177

정의역이 $\{x \mid -2 \leq x \leq 1\}$인 함수 $y = \left(\dfrac{1}{4}\right)^x - \left(\dfrac{1}{2}\right)^{x-1} - 4$가 $x = a$에서 최댓값 M, $x = b$에서 최솟값 m을 갖는다고 할 때, $a + b + M + m$의 값은?

① -5 ② -3 ③ -1

④ 1 ⑤ 3

0175

함수 $f(x) = a^{-x^2 + 2x + 3}$이 최솟값 $\dfrac{1}{81}$을 가질 때, 상수 a의 값은? (단, $a > 0$, $a \neq 1$)

① $\dfrac{1}{9}$ ② $\dfrac{1}{3}$ ③ $\dfrac{5}{9}$

④ $\dfrac{\sqrt{3}}{3}$ ⑤ $\dfrac{2}{3}$

0178

함수 $y = 4^x - 2^{x+a} + 7$이 $x = 1$일 때, 최솟값 b를 갖는다. $a + b$의 값을 구하시오. (단, a는 상수이다.)

0179

정의역이 $\{x \mid -1 \le x \le 0\}$인 함수

$y = -\left(\dfrac{1}{9}\right)^x + 2 \times 3^{-x+1} + k$의 최댓값이 15일 때, 이 함수의

최솟값을 구하시오. (단, k는 상수이다.)

유형 10 산술평균과 기하평균의 관계를 이용한 지수함수의 최대·최소

0180

함수 $y = \left(\dfrac{1}{6}\right)^{a+x} + \left(\dfrac{1}{6}\right)^{a-x}$의 최솟값이 72일 때, 상수 a의 값은?

① -3 ② -2 ③ -1

④ 2   ⑤ 3

0181

함수 $y = 3^{\frac{2^x}{4^x + 4}}$의 최댓값은?

① $3^{\frac{1}{8}}$ ② $3^{\frac{1}{4}}$ ③ $3^{\frac{1}{2}}$

④ 3   ⑤ 9

0182

함수 $y = 2(3^{-x-2} + 3^x) + 9^{-x-2} + 9^x$의 최솟값은?

① $\dfrac{11}{9}$ ② $\dfrac{4}{3}$ ③ $\dfrac{13}{9}$

④ $\dfrac{14}{9}$ ⑤ $\dfrac{5}{3}$

유형 11 로그함수의 함숫값

0183

함수 $f(x) = \log_2 x + 3$에 대하여 $f(a) = 1$일 때, a의 값은?

① $\dfrac{1}{8}$ ② $\dfrac{1}{6}$ ③ $\dfrac{1}{4}$

④ $\dfrac{1}{2}$ ⑤ 1

0184

두 함수 $f(x) = \left(\dfrac{1}{2}\right)^x$, $g(x) = \log_2 \dfrac{1}{x}$에 대하여

$\dfrac{(f \circ g)(2)}{(g \circ f)(2)}$의 값은?

① -2 ② -1 ③ $\dfrac{1}{2}$

④ 1   ⑤ 2

0185

함수 $f(x) = \log_a x$ ($a > 0$, $a \ne 1$)에 대하여 보기에서 옳은 것만을 있는 대로 고른 것은? (단, $x > 0$, $y > 0$)

> **보기**
>
> ㄱ. $f(a^x) = x$
>
> ㄴ. $f\left(\dfrac{x}{y}\right) = f(x) - f(y)$
>
> ㄷ. $f\left(\dfrac{1}{x^k}\right) = \dfrac{1}{k} f(x)$ (단, k는 상수이다.)
>
> ㄹ. $f(x) + f\left(\dfrac{1}{x}\right) = 1$

① ㄱ, ㄴ   ② ㄴ, ㄷ   ③ ㄱ, ㄴ, ㄷ

④ ㄱ, ㄴ, ㄹ   ⑤ ㄱ, ㄷ, ㄹ

0186

함수 $f(x)=\log_a\left(\dfrac{2}{x}+1\right)$에 대하여

$$f(1)+f(2)+f(3)+\cdots+f(14)=1$$

을 만족시키는 1이 아닌 양수 a의 값은?

① 30   ② 60   ③ 80

④ 120   ⑤ 240

유형 12 로그함수의 성질

0187

다음 중 함수 $y=\log_a x \ (0<a<1)$에 대한 설명으로 옳지 않은 것은?

① 그래프의 점근선의 방정식은 $x=0$이다.

② 그래프는 점 $(1,\ 0)$을 지난다.

③ x의 값이 증가하면 y의 값은 감소한다.

④ 정의역은 $\{x|x\geq 0\}$이다.

⑤ 그래프는 제1, 4사분면을 지난다.

0188

함수 $y=\log(x^2-2x)$의 정의역을 A, 함수 $y=\log(5-x)$의 정의역을 B라 하자. 집합 $A\cap B$의 원소 중 모든 자연수의 합을 구하시오.

0189

보기에서 함수 $y=\log_3 x$와 서로 같은 함수인 것만을 있는 대로 고르시오.

┌─ 보기 ─────────────────────────────┐

ㄱ. $y=\log_{\frac{1}{3}}(-x)$ ㄴ. $y=\log_{\frac{1}{3}}\dfrac{1}{x}$

ㄷ. $y=\log_9 x^2$ ㄹ. $y=-\dfrac{1}{3}\log_{\frac{1}{3}}x^3$

└────────────────────────────────────┘

0190

1이 아닌 두 양수 a, b에 대하여 함수 $y=\log_a bx$의 그래프가 그림과 같을 때, 다음 중 함수 $y=-\log_{\frac{1}{b}}ax$의 그래프로 알맞은 것은?

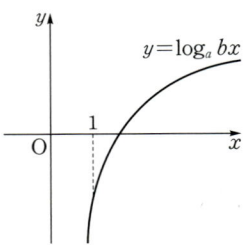

① 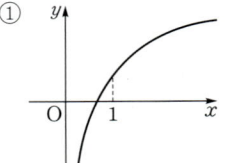   ②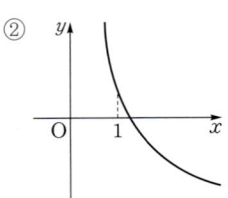

③ 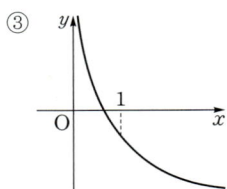   ④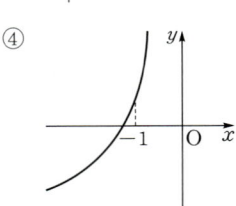

⑤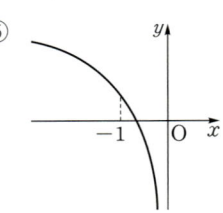

유형 13 로그함수의 그래프의 평행이동과 대칭이동

0191

함수 $y=\log_3\left(\dfrac{x}{9}+6\right)$의 그래프를 x축의 방향으로 m만큼, y축의 방향으로 n만큼 평행이동하면 함수 $y=\log_3 x$의 그래프와 일치한다고 할 때, $m-n$의 값을 구하시오.

0192

함수 $y=\log_a (ax+3a)$의 그래프가 a의 값에 관계없이 항상 점 $(p,\ q)$를 지날 때, $p+q$의 값은? (단, $a>0$, $a\neq1$)

① -2 ② -1 ③ 0
④ 1 ⑤ 2

0193

다음 중 함수 $y=-\log_2 (2x+8)$에 대한 설명으로 옳은 것은?

① 정의역은 $\{x\,|\,x\geq-4\}$이다.
② 치역은 -1 이하의 실수 전체의 집합이다.
③ 그래프의 점근선의 방정식은 $x=4$이다.
④ x의 값이 증가하면 y의 값은 감소한다.
⑤ 그래프는 함수 $y=-\log_2 2x$의 그래프를 x축의 방향으로 -8만큼 평행이동한 것이다.

0194

함수 $y=\log_3 x$의 그래프를 평행이동 또는 대칭이동하여 일치시킬 수 있는 그래프의 식만을 보기에서 있는 대로 고른 것은?

> **보기**
> ㄱ. $y=-\dfrac{1}{2}\log_{\sqrt{3}} x$
> ㄴ. $y=\log_3 \dfrac{x}{9}$
> ㄷ. $y=\log_3 (3-x)$

① ㄱ   ② ㄱ, ㄴ   ③ ㄱ, ㄷ
④ ㄴ, ㄷ   ⑤ ㄱ, ㄴ, ㄷ

유형 14 로그함수의 그래프 위의 점

0195

곡선 $y=2^{-x}-3$의 점근선과 곡선 $y=-\log_3 x-2$의 교점의 x좌표를 구하시오.

0196

함수 $y=\log_{\frac{1}{4}} (x+m)+n$의 그래프가 그림과 같을 때, mn의 값을 구하시오.
(단, m, n은 상수이다.)

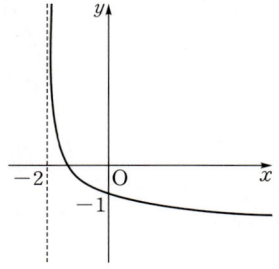

0197

함수 $y=\log_2 x$의 그래프와 직선 $y=x$가 그림과 같을 때, $ab+c$의 값은? (단, 점선은 x축 또는 y축과 평행하다.)

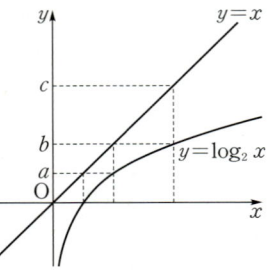

① 5 ② 6
③ 7 ④ 8
⑤ 9

0198

두 곡선 $y=a^{-x+1}$과 $y=\log_a(x-4)$가 직선 $y=1$과 만나는 점을 각각 A, B라 하자. $\overline{AB}=7$일 때, a의 값을 구하시오.

(단, $a>1$)

0199

그림과 같이 세 곡선 $y=\log_a x$, $y=-\log_a x$, $y=\log_a(x+a^2)$이 직선 $x=2$와 만나는 점을 각각 A, B, C라 하자. $\overline{AB}:\overline{AC}=2:1$일 때, 상수 a의 값은? (단, $a>1$)

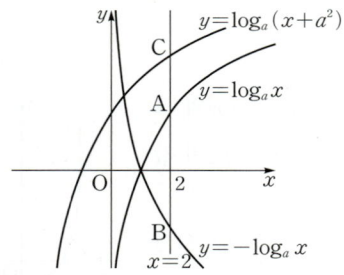

① $\sqrt{2}$ ② 2 ③ $2\sqrt{2}$
④ 3 ⑤ $3\sqrt{2}$

0200

그림과 같이 곡선 $y=\log_2 x$가 x축과 만나는 점을 A라 하고, 제1사분면에 있는 곡선 위의 한 점 B에서 x축에 내린 수선의 발을 C라 하자. 삼각형 ACB의 무게중심의 좌표가 $\left(11, \dfrac{4}{3}\right)$일 때, 삼각형 ACB의 넓이를 구하시오.

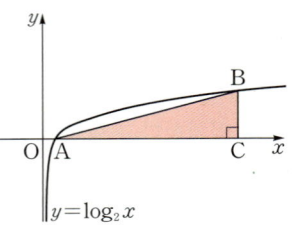

0201

두 함수 $f(x)=3^x+1$, $g(x)=\log_3(x-k)$가 있다. 그림과 같이 두 곡선 $y=f(x)$, $y=g(x)$의 점근선이 만나는 점을 A, 곡선 $y=f(x)$의 점근선이 곡선 $y=g(x)$와 만나는 점을 B, 곡선 $y=g(x)$의 점근선이 곡선 $y=f(x)$와 만나는 점을 C라 하자. 삼각형 ABC의 넓이가 $\dfrac{27}{2}$일 때, 양수 k의 값을 구하시오.

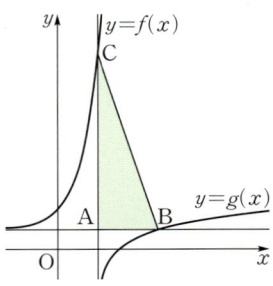

0202

그림과 같이 두 함수 $y=\log_3 3x$, $y=\log_3 \dfrac{x}{3}$의 그래프와 두 직선 $x=1$, $x=9$로 둘러싸인 부분의 넓이를 구하시오.

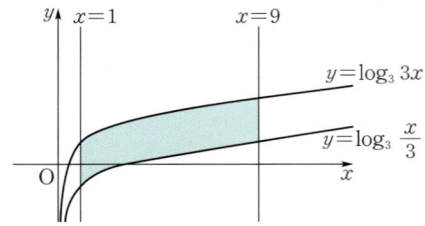

유형 16 로그함수의 역함수

0203

함수 $y=\log_{\frac{1}{2}}(x+3)+2$의 역함수는?

① $y=2^{-x-2}-3$ ② $y=2^{-x+2}-3$ ③ $y=2^{-x+2}+3$

④ $y=2^{x-2}+3$ ⑤ $y=2^{x+3}+2$

0204

함수 $f(x)=\log_5(3x^3+1)$이 있다. 함수 $g(x)$가 모든 실수 x에 대하여 $(f \circ g)(x)=x$를 만족시킬 때, $g(2)$의 값은?

① $\dfrac{1}{4}$ ② $\dfrac{1}{2}$ ③ 1

④ 2   ⑤ 4

0205

함수 $f(x)=\log_a x+b$ $(a>1)$의 그래프와 그 역함수의 그 래프가 두 점에서 만나고, 두 교점의 x좌표가 $\dfrac{1}{2}$과 1일 때, $f(4)$의 값은? (단, a, b는 상수이다.)

① -2 ② -1 ③ 1

④ 2   ⑤ 4

0206

함수 $y=\log_2 16x$의 그래프를 x축의 방향으로 2만큼 평행이 동한 후 직선 $y=x$에 대하여 대칭이동한 함수의 그래프가 점 $(3, a)$를 지날 때, a의 값은?

① $\dfrac{1}{2}$ ② 1   ③ $\dfrac{3}{2}$

④ 2   ⑤ $\dfrac{5}{2}$

0207 교육청 변형

함수 $f(x)=2^{x+3}+a$의 역함수의 그래프를 x축의 방향으로 b만큼 평행이동시킨 곡선을 $y=g(x)$라 하자. 두 곡선 $y=f(x)$, $y=g(x)$의 점근선의 교점의 좌표가 $(8, 2)$일 때, a^2+b^2의 값을 구하시오. (단, a는 상수이다.)

0208

함수 $f(x)=\log_2 x$와 그 역함수 $g(x)$의 그래프가 그림과 같다. 곡선 $y=g(x)$가 y축과 만나는 점을 A, 점 A를 지나 고 x축에 평행한 직선이 곡선 $y=f(x)$와 만나는 점을 B라

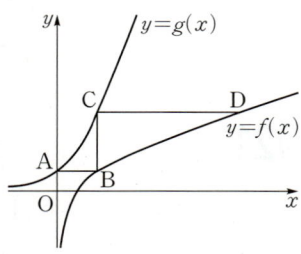

하자. 점 B를 지나고 y축에 평행한 직선이 곡선 $y=g(x)$와 만나는 점을 C, 점 C를 지나고 x축에 평행한 직선이 곡선 $y=f(x)$와 만나는 점을 D라 하자. $\overline{AD}^2$의 값을 구하시오.

0209

$0<a<1$일 때, 함수 $f(x)=\log_{\frac{1}{2}} x$에 대하여 세 수 $f(a)$, $f(a^2)$, $f\left(\frac{1}{a}\right)$의 대소 관계로 옳은 것은?

① $f\left(\frac{1}{a}\right)<f(a)<f(a^2)$ ② $f\left(\frac{1}{a}\right)<f(a^2)<f(a)$

③ $f(a)<f\left(\frac{1}{a}\right)<f(a^2)$ ④ $f(a)<f(a^2)<f\left(\frac{1}{a}\right)$

⑤ $f(a^2)<f\left(\frac{1}{a}\right)<f(a)$

0210

다음 세 수 A, B, C의 대소 관계로 옳은 것은?

$$A=\log_4 \sqrt{27}, \; B=\log_{16} \sqrt[3]{81}, \; C=\log_8 27$$

① $A<B<C$ ② $A<C<B$ ③ $B<A<C$
④ $B<C<A$ ⑤ $C<B<A$

0211

$0<a<b<1$일 때, 세 수 $A=\log_a \frac{a}{b}$, $B=\log_b a$,

$C=\log_a \frac{b}{a}$의 대소 관계로 옳은 것은?

① $A<C<B$ ② $B<A<C$ ③ $B<C<A$
④ $C<A<B$ ⑤ $C<B<A$

0212

정의역이 $\{x\,|\,4\leq x\leq 10\}$인 함수 $f(x)=\log_{\frac{1}{3}}(x-1)+3$의 최댓값은?

① -1 ② 0 ③ 1
④ 2 ⑤ 3

0213 평가원 변형

$4\leq x\leq 6$에서 함수 $f(x)=\log_{\frac{1}{3}}(x+a)$의 최솟값이 -1일 때, 최댓값은? (단, $a>-4$)

① $-\frac{1}{3}$ ② 0 ③ $\frac{1}{3}$
④ 1 ⑤ 3

0214

$a>1$인 실수 a에 대하여 정의역이 $\{x\,|\,2\leq x\leq 8\}$인 함수 $y=\log_a\left(\frac{1}{3}x+b\right)$의 최댓값이 2, 최솟값이 1일 때, 상수 a, b에 대하여 $a+b$의 값은? $\left(\text{단, } b>-\frac{2}{3}\right)$

① $\frac{4}{3}$ ② 2 ③ $\frac{8}{3}$
④ $\frac{10}{3}$ ⑤ 4

유형 19 로그함수의 최대·최소 – 진수가 이차식인 경우

0215

함수 $y=\log_7(x^2-8x+23)+3$의 최솟값은?

① 1   ② 2   ③ 3

④ 4   ⑤ 5

0216

정의역이 $\{x\,|\,-1\leq x\leq 4\}$인 함수
$$y=\log_a(2x^2-8x+10)$$
의 최솟값이 -1일 때, a의 값을 구하시오. (단, $0<a<1$)

0217

함수 $y=\log_2(6-x)-\log_{0.5}(x+2)$의 최댓값은?

① 1   ② 2   ③ 3

④ 4   ⑤ 5

0218

$2\leq x\leq 8$에서 정의된 함수 $y=\log|x^2-10x+9|$의 최댓값은?

① $\log 2$ ② $\log 5$ ③ $\log 7$

④ $3\log 2$ ⑤ $4\log 2$

유형 20 로그함수의 최대·최소 – $\log_a x$ 꼴이 반복되는 경우

0219

정의역이 $\left\{x\,\Big|\,\dfrac{1}{3}\leq x\leq 27\right\}$인 함수
$$y=(\log_3 x)^2+\log_{\frac{1}{3}}3x^4+4$$
의 최댓값과 최솟값의 합은?

① 3   ② 4   ③ 5

④ 6   ⑤ 7

0220

정의역이 $\{x\,|\,2\leq x\leq 16\}$인 함수
$$y=\left(\log_2\frac{x^2}{4}\right)\left(\log_4\frac{x}{8}\right)$$
가 $x=a$에서 최솟값 b를 가질 때, $a+b$의 값은?

① 2   ② 3   ③ 4

④ 5   ⑤ 6

0221

함수 $y=(\log_3 x)(\log_{\frac{1}{3}}x)+a\log_3 x+b$가 $x=3$에서 최댓값 11을 가질 때, 상수 a, b에 대하여 $a-b$의 값은?

① -10 ② -8 ③ -6

④ -4 ⑤ -2

유형 21 로그함수의 최대·최소 – 지수에 로그가 있는 경우

0222

$1 \leq x \leq 9$에서 함수 $y = x^{\log_3 x - 1}$의 최댓값과 최솟값의 곱이 3^k일 때, 실수 k의 값은?

① $\dfrac{5}{4}$ ② $\dfrac{3}{2}$ ③ $\dfrac{7}{4}$

④ 2 ⑤ $\dfrac{9}{4}$

0223

함수 $y = x^{-\log x + 6}$이 $x = a$에서 최댓값 b를 가질 때, ab의 값은?

① 10^3 ② 10^6 ③ 10^9
④ 10^{12} ⑤ 10^{15}

0224

함수 $y = \dfrac{10x^{\log x}}{x}$이 $x = a$에서 최솟값 b를 가질 때, $\log ab$의 값은?

① $-\dfrac{5}{4}$ ② $-\dfrac{3}{4}$ ③ $-\dfrac{1}{4}$

④ $\dfrac{3}{4}$ ⑤ $\dfrac{5}{4}$

유형 22 산술평균과 기하평균의 관계를 이용한 로그함수의 최대·최소

0225

$x > 1$일 때, 함수 $y = \log_3 x^2 + \log_{x^2} 81$의 최솟값은?

① 3 ② $\dfrac{7}{2}$ ③ 4

④ $\dfrac{9}{2}$ ⑤ 5

0226

두 양수 x, y에 대하여 $x^2 + y^4 = 32$가 성립할 때, $4\log_4 x + 4\log_2 y$의 최댓값은?

① 5 ② 6 ③ 7
④ 8 ⑤ 9

0227

$x > 0$, $y > 0$일 때,
$$\log_4 (x + y) + \log_4 \left(\dfrac{4}{x} + \dfrac{4}{y} \right)$$
의 최솟값은?

① 2 ② 3 ③ 4
④ 5 ⑤ 6

기출 & 기출변형 문제

0228 [교육청 기출]

함수 $y=2^x-1$의 그래프의 점근선과 함수 $y=\log_2(x+k)$의 그래프가 만나는 점이 y축 위에 있을 때, 상수 k의 값은?

① $\dfrac{1}{4}$　　　② $\dfrac{1}{2}$　　　③ $\dfrac{3}{4}$

④ 1　　　⑤ $\dfrac{5}{4}$

0229 [교육청 기출]

함수 $y=\log_{\frac{1}{2}}(x-a)+b$가 $2\le x\le 5$에서 최댓값 3, 최솟값 1을 갖는다. $a+b$의 값은? (단, a, b는 상수이다.)

① 1　　　② 2　　　③ 3

④ 4　　　⑤ 5

0230 [평가원 변형]

함수 $y=a-\log_2(ax+8)$의 그래프가 제1사분면을 지나지 않도록 하는 양수 a의 최댓값은?

① 2　　　② $\dfrac{5}{2}$　　　③ 3

④ $\dfrac{7}{2}$　　　⑤ 4

0231 [교육청 변형]

그림과 같이 함수 $y=\log_2 x$의 그래프 위의 한 점 A와 함수 $y=\log_2 4x$의 그래프 위의 두 점 B, C에 대하여 선분 AB는 x축에 평행하고, 선분 AC는 y축에 평행하다. $\overline{AB}=\overline{AC}$일 때, 점 B의 좌표는 (p, q)이다. $p\times 2^q$의 값은?

(단, 점 A는 제1사분면 위에 있다.)

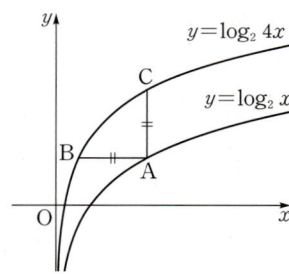

① $\dfrac{8}{3}$　　　② $\dfrac{9}{4}$　　　③ $\dfrac{15}{8}$

④ $\dfrac{16}{9}$　　　⑤ $\dfrac{7}{4}$

0232 교육청 변형

이차함수 $f(x)$가 다음 조건을 만족시키고 $g(x)=\left(\dfrac{1}{2}\right)^x$일 때, $1\leq x\leq 4$에서 함수 $(g\circ f)(x)$의 최댓값을 구하시오.

> (가) $f(1)=-4$
> (나) $f(4)=2$
> (다) 모든 실수 x에 대하여 $f(3-x)=f(3+x)$

0233 수능 기출

지수함수 $y=a^x$ $(a>1)$의 그래프와 직선 $y=\sqrt{3}$이 만나는 점을 A라 하자. 점 $B(4, 0)$에 대하여 직선 OA와 직선 AB가 서로 수직이 되도록 하는 모든 a의 값의 곱은?

(단, O는 원점이다.)

① $3^{\frac{1}{3}}$　　　　② $3^{\frac{2}{3}}$　　　　③ 3

④ $3^{\frac{4}{3}}$　　　　⑤ $3^{\frac{5}{3}}$

0234 교육청 변형

2 이상의 서로 다른 두 자연수 a, b에 대하여 두 곡선 $y=a^x$, $y=b^x$이 직선 $x=1$과 만나는 점을 각각 A, B라 하고, 두 곡선 $y=a^x$, $y=b^x$이 직선 $x=2$와 만나는 점을 각각 C, D라 하자. $\overline{\mathrm{OA}}<\overline{\mathrm{OB}}$이고, 네 점 A, B, C, D를 꼭짓점으로 하는 사각형의 넓이가 5일 때, $10a+b$의 값을 구하시오.

(단, O는 원점이다.)

0235 평가원 기출

그림과 같이 곡선 $y=1-2^{-x}$ 위의 제1사분면에 있는 점 A를 지나고 y축에 평행한 직선이 곡선 $y=2^x$과 만나는 점을 B라 하자. 점 A를 지나고 x축에 평행한 직선이 곡선 $y=2^x$과 만나는 점을 C, 점 C를 지나고 y축에 평행한 직선이 곡선 $y=1-2^{-x}$과 만나는 점을 D라 하자. $\overline{\mathrm{AB}}=2\overline{\mathrm{CD}}$일 때, 사각형 ABCD의 넓이는?

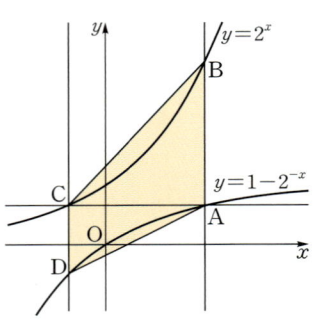

① $\dfrac{5}{2}\log_2 3-\dfrac{5}{4}$　　② $3\log_2 3-\dfrac{3}{2}$　　③ $\dfrac{7}{2}\log_2 3-\dfrac{7}{4}$

④ $4\log_2 3-2$　　⑤ $\dfrac{9}{2}\log_2 3-\dfrac{9}{4}$

0236 평가원 변형

곡선 $y=2\times\left(\dfrac{1}{2}\right)^{ax+b}$ 과 직선 $y=-x$ 가 서로 다른 두 점 A, B에서 만날 때, 두 점 A, B에서 y축에 내린 수선의 발을 각각 C, D라 하자. $\overline{AB}=6\sqrt{2}$ 이고 사각형 ACDB의 넓이가 30일 때, $a+b$의 값은? (단, a, b는 상수이다.)

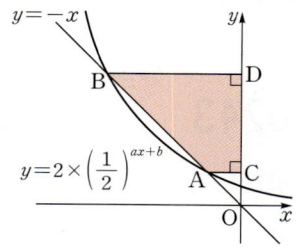

① $\dfrac{1}{3}$ ② $\dfrac{1}{2}$ ③ $\dfrac{2}{3}$

④ 1 ⑤ $\dfrac{4}{3}$

0237 수능 변형

$x\geq0$에서 정의된 함수 $f(x)$는

$$f(x)=\begin{cases}-x^2+4x & (0\leq x<4)\\ 4\log_2(x-3) & (x\geq4)\end{cases}$$

이다. $t\leq x\leq t+1$에서 함수 $f(x)$의 최댓값이 4가 되도록 하는 모든 정수 t의 값의 합을 a, $s\leq x\leq s+1$에서 함수 $f(x)$의 최솟값이 2가 되도록 하는 모든 실수 s의 값의 합을 b라 할 때, $a-b$의 값은? (단, $t\geq0$, $s\geq0$)

① $1-\sqrt{2}$ ② $2-\sqrt{2}$ ③ $\sqrt{2}$

④ $1+\sqrt{2}$ ⑤ $2+\sqrt{2}$

0238 교육청 기출

그림과 같이 1보다 큰 두 실수 a, k에 대하여 직선 $y=k$가 두 곡선 $y=2\log_a x+k$, $y=a^{x-k}$과 만나는 점을 각각 A, B라 하고, 직선 $x=k$가 두 곡선 $y=2\log_a x+k$, $y=a^{x-k}$과 만나는 점을 각각 C, D라 하자. $\overline{AB}\times\overline{CD}=85$이고 삼각형 CAD의 넓이가 35일 때, $a+k$의 값을 구하시오.

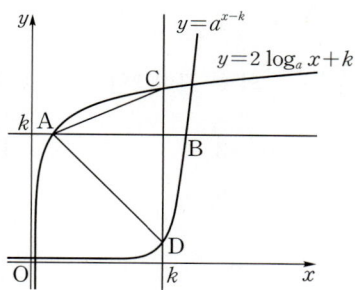

0239 평가원 기출

$a>1$인 실수 a에 대하여 직선 $y=-x+4$가 두 곡선 $y=a^{x-1}$, $y=\log_a(x-1)$과 만나는 점을 각각 A, B라 하고, 곡선 $y=a^{x-1}$이 y축과 만나는 점을 C라 하자. $\overline{AB}=2\sqrt{2}$일 때, 삼각형 ABC의 넓이는 S이다. $50\times S$의 값을 구하시오.

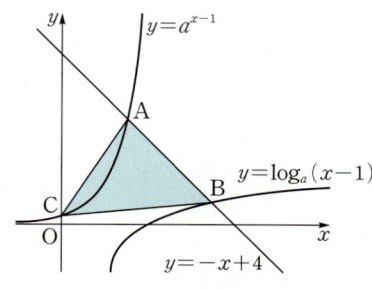

03 지수함수와 로그함수

지수함수와 로그함수의 활용

유형 01 밑을 같게 할 수 있는 지수방정식

0240

방정식 $9^{x^2}=\left(\dfrac{1}{3}\right)^{-2x+k}$의 한 근이 2일 때, 상수 k의 값은?

① -2 ② -3 ③ -4

④ -5 ⑤ -6

0241

방정식 $(3^x-9)(5^{3x}-1)=0$의 모든 실근의 합은?

① -1 ② 0 ③ 1

④ 2 ⑤ 3

0242

방정식 $(8\sqrt{2})^{2x}=4^{x^2-2}$을 만족시키는 정수 x의 값을 구하시오.

0243

방정식 $\dfrac{5^{-x^2+4}}{5^{2x-1}}=\dfrac{1}{125}$의 두 근을 α, β라 할 때, $\alpha-\beta$의 값은? (단, $\alpha>\beta$)

① 2 ② 4 ③ 6

④ 8 ⑤ 10

유형 02 a^x 꼴이 반복되는 지수방정식

0244

방정식 $64^x=5\times16^x+6\times4^x$의 근을 α라 할 때, 2^α의 값은?

① $\sqrt{2}$ ② $\sqrt{3}$ ③ 2

④ $\sqrt{5}$ ⑤ $\sqrt{6}$

0245

x에 대한 방정식 $a^x+\dfrac{1}{2a^x}=\dfrac{9}{4}$의 한 근이 1일 때, 다른 한 근은? (단, $a>1$)

① -2 ② -1 ③ 0

④ 2 ⑤ 3

0246

방정식 $(2+\sqrt{3})^x+(2-\sqrt{3})^x=4$의 두 근을 α, β라 할 때, $\alpha^2+\beta^2$의 값을 구하시오.

0247

방정식 $9^x+9^{-x}+3^x+3^{-x}=4$의 해를 구하시오.

유형 03 밑에 미지수가 있는 지수방정식

0248

방정식 $x^{x+12}=x^{x^2}$을 만족시키는 모든 양수 x의 값의 합은?

① 2   ② 3   ③ 4
④ 5   ⑤ 6

0249

방정식 $(3x^2-x+1)^{x+2}=1$을 만족시키는 모든 정수 x의 개수를 구하시오.

0250

두 집합
$$A=\{x\,|\,(x-3)^{x+4}=(x-3)^{2x+5},\ x>3\},$$
$$B=\{x\,|\,(x+2)^{3x-2}=4^{3x-2},\ x>-2\}$$
에 대하여 집합 $A\cup B$의 부분집합의 개수는?

① 2   ② 4   ③ 8
④ 16   ⑤ 32

유형 04 연립방정식으로 표현된 지수방정식

0251

연립방정식 $\begin{cases} 2^x+3^{y+1}=13 \\ 3\times 2^x-2\times 3^y=6 \end{cases}$의 해가 $x=\alpha$, $y=\beta$일 때, $\alpha-\beta$의 값을 구하시오.

0252

연립방정식 $\begin{cases} 3^{x-1}+3^{y-1}=10 \\ 3^{x+y-2}=9 \end{cases}$의 해가 $x=\alpha$, $y=\beta$일 때, $\alpha^2+\beta^2$의 값은?

① 6   ② 7   ③ 8
④ 9   ⑤ 10

0253

연립방정식 $\begin{cases} 2^x+2^y=12 \\ 4^x+4^y=80 \end{cases}$ 의 해가 $x=\alpha$, $y=\beta$일 때, $\alpha-\beta$의 값은? (단, $\alpha>\beta$)

① 1   ② 2   ③ 3

④ 4   ⑤ 5

유형 **05** **지수방정식의 근의 조건**

0254

방정식 $4^x-5\times2^x+5=0$의 두 근을 α, β라 할 때, $4^\alpha+4^\beta$의 값을 구하시오.

0255

방정식 $25^x-3\times5^{x+1}+k=0$의 서로 다른 두 실근의 합이 2일 때, 상수 k의 값을 구하시오.

0256 교육청 변형

x에 대한 방정식 $9^x-2\times3^{x+1}-k=0$이 서로 다른 두 실근을 갖도록 하는 모든 정수 k의 값의 합은?

① -45 ② -36 ③ -28

④ -21 ⑤ -15

0257

방정식 $4^x+k\times2^{x+1}+3k+1=0$의 두 실근의 비가 $1:3$일 때, 상수 k의 값은?

① $-\dfrac{5}{16}$ ② $-\dfrac{1}{4}$ ③ $-\dfrac{3}{16}$

④ $-\dfrac{1}{8}$ ⑤ $-\dfrac{1}{16}$

유형 **06** **밑을 같게 할 수 있는 지수부등식**

0258

이차함수 $y=f(x)$의 그래프와 직선 $y=g(x)$가 그림과 같을 때, 부등식 $0.6^{-f(x)}>0.6^{-g(x)}$의 해는?

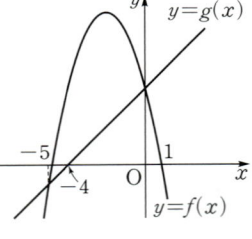

① $-5<x<-4$

② $-5<x<0$

③ $0<x<1$

④ $x<-5$ 또는 $x>0$

⑤ $x<-4$ 또는 $x>1$

0259

부등식 $\dfrac{32}{8^x} \geq 2^{x-3}$을 만족시키는 자연수 x의 개수는?

① 1　　　　② 2　　　　③ 3
④ 4　　　　⑤ 5

0260

부등식 $0.5^{x^2-1} - 0.125^{x+3} > 0$을 만족시키는 모든 정수 x의 값의 합을 구하시오.

0261

부등식 $\left(\dfrac{1}{9}\right)^{2x+1} \leq 243 \leq \left(\dfrac{1}{3}\right)^{3x-20}$의 해가 $\alpha \leq x \leq \beta$일 때, $4\alpha + \beta$의 값은?

① -2　　　　② -1　　　　③ 0
④ 1　　　　⑤ 2

0262

부등식 $8^{ax} \leq \left(\dfrac{1}{16}\right)^{x^2}$을 만족시키는 정수 x의 개수가 5일 때, 자연수 a의 값을 구하시오.

유형 **07** a^x 꼴이 반복되는 지수부등식

0263 교육청 변형

부등식 $2^{2x} - 6 \times 2^{x+1} + 20 < 0$의 해가 $\alpha < x < \beta$일 때, $2^\alpha + 2^\beta$의 값은?

① 8　　　　② 10　　　　③ 12
④ 14　　　　⑤ 16

0264

연립부등식 $\begin{cases} 2^x - 2^{2-x} \leq 3 \\ \left(\dfrac{1}{9}\right)^x - 10 \times \left(\dfrac{1}{3}\right)^{x+1} + 1 \leq 0 \end{cases}$을 만족시키는 실수 x의 최댓값을 구하시오.

0265

부등식 $\left(\dfrac{1}{25}\right)^x - p\left(\dfrac{1}{5}\right)^x + q < 0$의 해가 $-2 < x < 1$일 때, 상수 p, q에 대하여 $5(p-q)$의 값을 구하시오.

0266

부등식 $x^{x^2-12} < x^{4x}$의 해가 $\alpha < x < \beta$일 때, $\beta - \alpha$의 값은?
(단, $x > 0$)

① 1   ② 2   ③ 3

④ 4   ⑤ 5

0267

부등식 $(x-2)^{-x^2+4x} \geq (x-2)^{x-18}$을 만족시키는 정수 x의 개수를 구하시오. (단, $x > 2$)

0268

부등식 $(x^2-10x+25)^{x-5} < 1$의 해의 집합을 S라 할 때, 다음 중 집합 S의 원소가 <u>아닌</u> 것은? (단, $x \neq 5$)

① $\dfrac{3}{2}$ ② $\dfrac{5}{2}$ ③ $\dfrac{7}{2}$

④ $\dfrac{9}{2}$ ⑤ $\dfrac{11}{2}$

0269

모든 실수 x에 대하여 부등식 $49^x - 2 \times 7^{x+1} + 3k - 2 \geq 0$이 성립할 때, 실수 k의 최솟값은?

① 15   ② 16   ③ 17

④ 18   ⑤ 19

0270

모든 실수 x에 대하여 부등식 $3^{x+1} - 2 \times 3^{\frac{x+4}{2}} + k \geq 0$이 항상 성립하도록 하는 실수 k의 최솟값을 구하시오.

0271

$x \geq 0$인 모든 실수 x에 대하여 부등식 $\left(\dfrac{1}{4}\right)^x - \left(\dfrac{1}{2}\right)^{x-2} + k \geq 0$이 성립하도록 하는 실수 k의 값의 범위는?

① $k \leq 1$ ② $k \leq 3$ ③ $k \geq 1$

④ $k \geq 3$ ⑤ $1 \leq k \leq 3$

유형 10 지수함수의 실생활에의 활용

0272

처음 가격이 160만 원인 어느 태블릿 컴퓨터의 가격이 매년 30 %씩 하락한다고 할 때, 가격이 548800원 이하가 되는 것은 최소 몇 년 후인가?

① 1년   ② 2년   ③ 3년
④ 4년   ⑤ 5년

0273

어느 호수의 수면에서의 빛의 세기가 A W/m²일 때, 수심이 h m인 곳에서의 빛의 세기를 B W/m²라 하면

$$B = A \times 2^{-\frac{h}{4}}$$

의 관계가 성립한다고 한다. 이 호수에서 빛의 세기가 수면에서의 빛의 세기의 $\frac{1}{128}$이 되는 곳의 수심은 몇 m인가?

① 20 m   ② 24 m   ③ 28 m
④ 32 m   ⑤ 64 m

0274

어떤 치료용 주사액은 혈관에 주입되면 몸에 흡수되기 시작하여 t시간 후 혈액 속에 남은 양이 처음 주사한 양의 $\left(\frac{1}{\sqrt[3]{3}}\right)^t$이 된다. 혈액 속에 남은 양이 처음 주사한 양의 $\frac{1}{243}$보다 적으면 이 주사액의 약효가 없다고 할 때, 이 주사액의 약효가 지속되는 최대 시간은?

① 12시간   ② 13시간   ③ 14시간
④ 15시간   ⑤ 16시간

0275

유리에 어떤 필름을 한 장 붙이면 빛은 처음 양의 $\frac{3}{5}$만큼 통과된다고 한다. 유리를 통과하는 빛의 양이 처음 양의 $\frac{81}{625}$ 이하가 되도록 하려면 이 필름을 최소 몇 장 붙여야 하는지 구하시오.

유형 11 밑을 같게 할 수 있는 로그방정식

0276

방정식 $\log_3(x^2-9)+1=\log_3(7x+13)$을 풀면?

① $x=5$ ② $x=6$ ③ $x=7$
④ $x=8$ ⑤ $x=9$

0277

방정식 $\log\sqrt{3x+8}=1-\frac{1}{2}\log(5x-5)$의 해를 $x=\alpha$라 할 때, 3α의 값을 구하시오.

0278 교육청 변형

다음 두 방정식의 해를 각각 α, β라 할 때, $\alpha+\beta$의 값은?

$$\log_2(x+2)=\frac{1}{2}+\log_4(3x+6)$$
$$2\log_{\frac{1}{4}}(x-4)-1=\log_{\frac{1}{2}}x$$

① 4   ② 6   ③ 8
④ 10   ⑤ 12

0279

방정식 $\log_{x^2-6x+9}(3-x)=\log_4(3-x)$의 해를 구하시오.

유형 12 $\log_a x$ 꼴이 반복되는 로그방정식

0280

방정식 $\log_{\frac{1}{5}}x^2+\left(\log_{\frac{1}{5}}x\right)^2-15=0$의 두 근을 α, β라 할 때, $\alpha\beta$의 값은?

① $\frac{1}{5}$ ② 1   ③ 5
④ 25   ⑤ 125

0281

방정식 $6^{\log x}\times x^{\log 6}-35\times 6^{\log x}-36=0$의 해를 구하시오.

0282 교육청 변형

방정식 $\log_3\dfrac{27}{x}\times\log_3\dfrac{x}{9}+2=0$의 두 근의 합은?

① 80   ② 81   ③ 82
④ 83   ⑤ 84

0283

서로 다른 두 실수 x, y에 대하여 $x^2+y^2=34$일 때, 방정식 $\log_2 x-\log_2 y=\dfrac{1}{2}(\log_2 x-\log_2 y)^2$의 해를 $x=\alpha$, $y=\beta$라 하자. $\alpha\beta$의 값을 구하시오.

유형 13 양변에 로그를 취하는 방정식

0284

방정식 $5^{3x}=2^{9-3x}$을 풀면?

① $x=\log 2$ ② $x=2\log 2$ ③ $x=3\log 2$
④ $x=4\log 2$ ⑤ $x=5\log 2$

0285

방정식 $6^{\log 6x}=7^{\log 7x}$의 근이 α일 때, $\dfrac{1}{\alpha}$의 값을 구하시오.

0286

방정식 $\dfrac{81}{x^2}=x^{\log_3 x+1}$을 만족시키는 모든 실수 x의 값의 곱은?

① $\dfrac{1}{81}$ ② $\dfrac{1}{27}$ ③ $\dfrac{1}{9}$
④ $\dfrac{1}{3}$ ⑤ 1

유형 14 연립방정식으로 표현된 로그방정식

0287

연립방정식 $\begin{cases} \log_3 x+\log_5 y=6 \\ \log_3 x \times \log_5 y=8 \end{cases}$의 해가 $x=\alpha$, $y=\beta$일 때, $\alpha-2\beta$의 값은? (단, $\alpha>\beta$)

① 29 ② 31 ③ 33
④ 35 ⑤ 37

0288

연립방정식 $\begin{cases} \log_x 64+\log_y 32=8 \\ \log_x 16-\log_y 128=-5 \end{cases}$의 해가 $x=\alpha$, $y=\beta$
일 때, $\alpha\beta$의 값은?

① 2 ② 4 ③ 6
④ 8 ⑤ 10

0289

연립방정식 $\begin{cases} \log_2 x+\log_5 y=4 \\ \log_5 x \times \log_2 y=4 \end{cases}$의 해가 $x=\alpha$, $y=\beta$일 때, $\alpha+\beta$의 값을 구하시오.

0290

방정식 $\log \dfrac{x}{5} \times \log \dfrac{x}{6} = 1$의 두 근의 곱은?

① 25 ② 30 ③ 35
④ 40 ⑤ 45

0291

방정식 $(\log_3 x)^2 - 4\log_3 x - 10 = 0$의 두 근을 α, β라 할 때, $(\log_\alpha 3)^2 + (\log_\beta 3)^2$의 값은?

① $\dfrac{1}{5}$ ② $\dfrac{7}{25}$ ③ $\dfrac{9}{25}$
④ $\dfrac{11}{25}$ ⑤ $\dfrac{13}{25}$

0292

방정식 $(\log_2 x)^2 + k\log_2 x - 5 = 0$의 두 근의 곱이 16일 때, 상수 k의 값은?

① -1 ② -2 ③ -3
④ -4 ⑤ -5

0293

부등식 $\log_3(x^2 + 4x - 12) \leq 2$를 만족시키는 정수 x의 개수는?

① 1 ② 2 ③ 3
④ 4 ⑤ 5

0294 교육청 변형

부등식 $\log_2(x+2) + 2 > \log_2(x^2 - 4)$의 해가 $\alpha < x < \beta$일 때, $\alpha + \beta$의 값은?

① 6 ② 7 ③ 8
④ 9 ⑤ 10

0295

이차함수 $y=f(x)$의 그래프와 직선 $y=g(x)$가 그림과 같을 때, 부등식

$$\log_2 f(x) + \log_{\frac{1}{2}} g(x) \leq 0$$

을 만족시키는 모든 자연수 x의 값의 합을 구하시오.

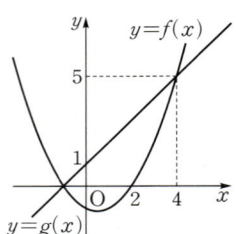

0296

부등식 $\log_{\frac{1}{3}}(2x-1) < \log_{\frac{1}{3}}(x-2) - 1$의 해와 이차부등식 $x^2 + ax + b < 0$의 해가 서로 같을 때, 상수 a, b에 대하여 $a+b$의 값을 구하시오.

0297

부등식 $\log_a(x+1) < \log_a(2-x)+1$의 해가 $-1 < x < 1$일 때, 양수 a의 값은? (단, $a \neq 1$)

① $\dfrac{1}{3}$ ② $\dfrac{2}{3}$ ③ $\dfrac{4}{3}$

④ $\dfrac{5}{3}$ ⑤ 2

유형 17 $\log_a x$ 꼴이 반복되는 로그부등식

0298

부등식 $(\log_3 x)^2 - 2\log_3 x - 3 \geq 0$의 해는?

① $\dfrac{1}{3} \leq x \leq 27$ ② $1 \leq x \leq 27$

③ $3 \leq x \leq 27$ ④ $0 < x \leq \dfrac{1}{3}$ 또는 $x \geq 27$

⑤ $0 < x \leq 1$ 또는 $x \geq 27$

0299

부등식 $\log_{\frac{1}{2}} 16x \times \log_2 \dfrac{x}{4} \geq 0$의 해가 $\alpha \leq x \leq \beta$일 때, $\dfrac{\beta}{\alpha}$의 값은?

① 60 ② 62 ③ 64

④ 66 ⑤ 68

0300

부등식 $\log_4 x \times \log_4 64x \leq 10$을 만족시키는 x의 최댓값을 M, 최솟값을 m이라 할 때, $\dfrac{1}{Mm}$의 값을 구하시오.

0301

부등식 $\left(\log_{\frac{1}{2}} x\right)^2 + a\log_2 x + b > 0$의 해가 $0 < x < \dfrac{1}{8}$ 또는 $x > 32$일 때, 상수 a, b에 대하여 $a-b$의 값을 구하시오.

유형 18 양변에 로그를 취하는 부등식

0302

부등식 $\sqrt{\dfrac{x^3}{4}} \leq x^{\log_{0.5} x}$을 만족시키는 실수 x의 최솟값은?

① $\dfrac{1}{8}$ ② $\dfrac{1}{4}$ ③ $\dfrac{3}{8}$

④ $\dfrac{1}{2}$ ⑤ $\dfrac{5}{8}$

0303

부등식 $x^{\log_5 x + 2} < 125$를 만족시키는 자연수 x의 개수는?

① 1   ② 2   ③ 3

④ 4   ⑤ 5

0304

다음 두 부등식을 모두 만족시키는 정수 x의 개수를 구하시오. (단, $\log 3 = 0.48$, $\sqrt{10} = 3.16$으로 계산한다.)

$$3^{x-1} < 10^{x-2}, \quad x^{2\log x} \leq 1000x$$

유형 **19** 로그부등식이 항상 성립할 조건

0305

모든 양수 x에 대하여 부등식 $(\log_5 x)^2 > \log_5 \dfrac{x^2}{125a}$이 성립하도록 하는 양수 a의 값의 범위는?

① $a > \dfrac{1}{125}$ ② $a > \dfrac{1}{25}$ ③ $a > \dfrac{1}{5}$

④ $a > 1$ ⑤ $a > 5$

0306

모든 양수 x에 대하여 부등식

$$x^{\log_3 x} > (27x)^k$$

이 성립하도록 하는 정수 k의 개수는?

① 10   ② 11   ③ 12

④ 13   ⑤ 14

0307

모든 양수 x에 대하여 부등식

$$\left(\log_2 \frac{x^4}{a}\right)\left(\log_2 \frac{x^2}{a}\right) + 2 \geq 0$$

이 성립하도록 하는 양수 a의 값의 범위가 $m \leq a \leq M$일 때, $M + 16m$의 값을 구하시오.

유형 **20** 로그를 포함한 방정식과 부등식의 활용

0308

x에 대한 이차방정식

$$x^2 - 2(\log_3 a - 1)x + \log_3 a + 5 = 0$$

이 중근을 갖도록 하는 모든 양수 a의 값의 곱을 구하시오.

0309

x에 대한 이차방정식

$$(\log_2 a+3)x^2+2(\log_2 a-1)x+2=0$$

이 실근을 갖도록 하는 자연수 a의 최솟값을 구하시오.

0310 교육청 변형

모든 실수 x에 대하여 부등식

$$x^2+2x\log_5 a+3\log_5 a-2>0$$

이 성립하도록 하는 실수 a의 값의 범위는?

① $5<a<25$ ② $10<a<25$ ③ $5<a<50$

④ $10<a<50$ ⑤ $15<a<50$

유형 **21**   **로그함수의 실생활에의 활용**

0311

오염 물질이 포함된 폐수가 폐수 처리 기계를 한 번 통과할 때마다 오염 물질의 20 %가 제거된다고 한다. 10 t의 오염 물질이 포함된 폐수를 이 기계에 여러 번 통과시켜 오염 물질의 양이 1 t 이하가 되도록 하려면 최소한 몇 번 통과시켜야 하는가? (단, $\log 2=0.3$으로 계산한다.)

① 8번   ② 9번   ③ 10번

④ 11번   ⑤ 12번

0312

지면으로부터 높이가 H_1 m인 곳의 풍속이 V_1 m/s이고 높이가 H_2 m인 곳의 풍속이 V_2 m/s일 때, 대기 안정도 계수 k는

$$\left(\frac{V_2}{V_1}\right)^{2-k}=\left(\frac{H_2}{H_1}\right)^2 \ (H_1<H_2)$$

을 만족시킨다. A 지역의 P, Q 두 곳에서의 높이와 풍속을 측정한 결과가 다음 표와 같을 때, A 지역의 대기 안정도 계수는? (단, $\log 2=0.30$, $\log 3=0.48$로 계산한다.)

	P	Q
높이	15 m	60 m
풍속	3 m/s	27 m/s

① $\dfrac{1}{4}$ ② $\dfrac{3}{8}$ ③ $\dfrac{1}{2}$

④ $\dfrac{5}{8}$ ⑤ $\dfrac{3}{4}$

0313

물질의 산성 또는 염기성의 정도를 나타내는 pH는 수소 이온 농도를 [H+]라 할 때,

$$\text{pH}=-\log\,[\text{H+}]$$

로 정의한다. pH=5.8인 용액 1 L 속에 들어 있는 수소 이온 농도는 pH=7.8인 용액 1 L 속에 들어 있는 수소 이온 농도의 몇 배인지 구하시오.

(단, 수소 이온 농도의 단위는 mol/L이다.)

0314

어떤 식물성 플랑크톤은 바다 수면에 비치는 햇빛의 양의 10 % 이상이 도달하는 깊이까지 살 수 있다고 한다. 어떤 지역에서 햇빛이 수면으로부터 10 m씩 내려갈 때마다 햇빛의 양이 11 %씩 감소된다고 할 때, 이 식물성 플랑크톤이 살 수 있는 깊이는 최대 몇 m인가? (단, $\log 8.9=0.95$로 계산한다.)

① 180 m   ② 190 m   ③ 200 m

④ 210 m   ⑤ 220 m

0315 평가원 변형

부등식 $2^{x-13} \leq \dfrac{\sqrt{128}}{8^x} \leq 4^{-x^2+\frac{61}{4}}$ 을 만족시키는 모든 정수 x의 값의 합을 구하시오.

0316 교육청 기출

x에 대한 부등식

$$2^{2x+1} - (2n+1)2^x + n \leq 0$$

을 만족시키는 모든 정수 x의 개수가 7일 때, 자연수 n의 최댓값을 구하시오.

0317 평가원 변형

상수 a에 대하여 방정식 $\log_3 3x + \log_{\frac{1}{9}}(7x-12) = a$의 근이 4일 때, 부등식 $3\log_3|x-2| \leq 4a - \log_3 \dfrac{1}{9}$ 을 만족시키는 모든 자연수 x의 개수는?

① 9   ② 10   ③ 11
④ 12   ⑤ 13

0318 교육청 변형

정수 전체의 집합의 두 부분집합

$$A = \{x \mid \log_3(x+3) \leq k\},$$
$$B = \{x \mid \log_3(x-5) - \log_{\frac{1}{3}}(x+3) \geq 2\}$$

에 대하여 $n(A \cap B) = 1$을 만족시키는 자연수 k의 값은?

① 1   ② 2   ③ 3
④ 4   ⑤ 5

0319 평가원 기출

이차함수 $y=f(x)$의 그래프와 직선 $y=x-1$이 그림과 같을 때, 부등식

$$\log_3 f(x) + \log_{\frac{1}{3}}(x-1) \leq 0$$

을 만족시키는 모든 자연수 x의 값의 합을 구하시오.

(단, $f(0)=f(7)=0$, $f(4)=3$)

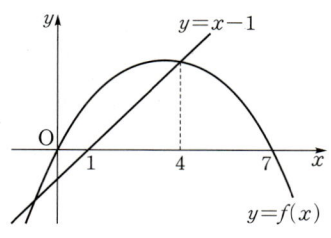

0320 교육청 변형

두 함수 $f(x)=2^x+2$, $g(x)=2^{x+1}$의 그래프가 점 P에서 만난다. 서로 다른 두 점 A, B가 각각 두 함수 $y=f(x)$, $y=g(x)$의 그래프 위의 점이고, 선분 AB는 점 P를 중심으로 하는 원의 지름일 때, 이 원의 넓이는?

① 2π　　　　② 3π　　　　③ 4π

④ 5π　　　　⑤ 6π

0321 교육청 기출

어떤 약물을 사람의 정맥에 일정한 속도로 주입하기 시작한 지 t분 후 정맥에서의 약물 농도가 C(ng/mL)일 때, 다음 식이 성립한다고 한다.

$$\log(10-C)=1-kt$$

(단, $C<10$이고 k는 양의 상수이다.)

이 약물을 사람의 정맥에 일정한 속도로 주입하기 시작한 지 30분 후 정맥에서의 약물 농도는 2 ng/mL이고, 주입하기 시작한 지 60분 후 정맥에서의 약물 농도가 a(ng/mL)일 때, a의 값은?

① 3　　　　② 3.2　　　　③ 3.4

④ 3.6　　　　⑤ 3.8

0322 교육청 변형

1이 아닌 양의 실수 전체의 집합에서 정의된 함수 $f(x)$를 $f(x)=3^{\frac{1}{\log_3 x}}$이라 할 때, 방정식 $9 \times f(f(x))=f(x^3)$의 모든 실근의 곱은?

① $\dfrac{1}{9}$　　　　② $\dfrac{2}{9}$　　　　③ $\dfrac{1}{3}$

④ $\dfrac{4}{9}$　　　　⑤ $\dfrac{5}{9}$

0323 교육청 기출

그림과 같이 가로줄 l_1, l_2, l_3과 세로줄 l_4, l_5, l_6이 만나는 곳에 있는 9개의 메모판에 모두 x에 대한 식이 하나씩 적혀 있고, 그중 4개의 메모판은 접착 메모지로 가려져 있다.
$x=a$일 때, 각 줄 l_k ($k=1, 2, 3, 4, 5, 6$)에 있는 3개의 메모판에 적혀 있는 모든 식의 값의 합을 S_k라 하자.
S_k ($k=1, 2, 3, 4, 5, 6$)의 값이 모두 같게 되는 모든 실수 a의 값의 합은?

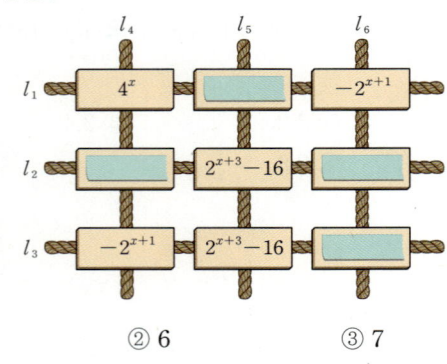

① 5 　　② 6 　　③ 7
④ 8 　　⑤ 9

0324 평가원 변형

$n\geq2$인 자연수 n에 대하여 두 곡선
$$y=\log_n 2x, \quad y=-\log_n(x+5)+1$$
의 교점의 x좌표가 1보다 작을 때, 자연수 n의 최댓값은?

① 8 　　② 9 　　③ 10
④ 11 　　⑤ 12

0325 교육청 기출

자연수 n에 대하여 직선 $y=1$이 곡선 $y=2^x-1$, 직선 $y=-(1+\log_2 n)x+7$과 만나는 점을 각각 A, B라 하자. 두 점 A, B 사이의 거리를 $f(n)$이라 할 때, 보기에서 옳은 것만을 있는 대로 고른 것은?

▸ 보기 ◂

ㄱ. $f(2)=2$
ㄴ. $f(n)\geq1$을 만족시키는 n의 개수는 4이다.
ㄷ. $|f(n)-1|\geq\dfrac{2}{3}$를 만족시키는 n의 개수는 245이다.

① ㄴ 　　② ㄷ 　　③ ㄱ, ㄴ
④ ㄱ, ㄷ 　　⑤ ㄱ, ㄴ, ㄷ

0326 교육청 기출

상수 k에 대하여 다음 조건을 만족시키는 좌표평면의 점 A(a, b)가 오직 하나 존재한다.

㉮ 점 A는 곡선 $y=\log_2(x+2)+k$ 위의 점이다.
㉯ 점 A를 직선 $y=x$에 대하여 대칭이동한 점은 곡선 $y=4^{x+k}+2$ 위에 있다.

ab의 값을 구하시오. (단, $a\neq b$)

삼각함수

유형 01 일반각과 호도법

0327

다음 중 육십분법으로 나타낸 각은 호도법으로, 호도법으로 나타낸 각은 육십분법으로 바르게 나타낸 것은?

① $225° = \dfrac{9}{7}\pi$

② $-480° = -\dfrac{5}{4}\pi$

③ $-\dfrac{2}{15}\pi = -24°$

④ $\dfrac{3}{2}\pi = 240°$

⑤ $300° = \dfrac{3}{5}\pi$

0328

각의 동경이 나타내는 일반각을 $360° \times n + \alpha°$ 꼴로 나타낼 때, 다음 중 옳지 <u>않은</u> 것은?

(단, n은 정수이고, $0° \le \alpha° < 360°$이다.)

① $-210°$ ➡ $360° \times n + 150°$

② $45°$ ➡ $360° \times n + 45°$

③ $120°$ ➡ $360° \times n + 120°$

④ $600°$ ➡ $360° \times n + 240°$

⑤ $1080°$ ➡ $360° \times n + 60°$

0329

각을 $360° \times n + \alpha°$ 꼴로 나타낼 때, 다음 중 α의 값이 가장 큰 것은? (단, n은 정수이고, $0° \le \alpha° < 360°$이다.)

① $1300°$ ② $1000°$ ③ $400°$

④ $-900°$ ⑤ $-1500°$

0330

다음 중 각을 나타내는 동경이 나머지 넷과 <u>다른</u> 하나는?

① $-1435°$ ② $-\dfrac{47}{12}\pi$ ③ $375°$

④ $735°$ ⑤ $\dfrac{73}{12}\pi$

0331

반직선 OX를 시초선으로 하는 ∠XOP의 크기가 보기와 같을 때, 동경 OP의 위치가 같은 것을 바르게 짝 지은 것은?

> **보기**
> ㄱ. $432°$ ㄴ. $612°$
> ㄷ. $-822°$ ㄹ. $-1008°$

① ㄱ과 ㄴ   ② ㄱ과 ㄹ   ③ ㄴ과 ㄷ
④ ㄴ과 ㄹ   ⑤ ㄷ과 ㄹ

유형 02 사분면의 각

0332

다음 중 제4사분면의 각인 것은?

① $-\dfrac{23}{6}\pi$ ② $245°$ ③ $840°$

④ $\dfrac{17}{3}\pi$ ⑤ $\dfrac{55}{9}\pi$

0333

15 이하의 자연수 n에 대하여 $40° \times n$이 제3사분면의 각이 되도록 하는 모든 n의 값의 합을 구하시오.

0334

각 θ가 제3사분면의 각일 때, 각 $\dfrac{\theta}{3}$를 나타내는 동경이 존재할 수 없는 사분면은?

① 제1사분면 ② 제2사분면 ③ 제3사분면
④ 제4사분면 ⑤ 없다.

유형 03 두 동경의 위치 관계 – 일치 또는 원점 대칭

0335

$0 < \theta < \dfrac{\pi}{2}$이고 각 θ를 나타내는 동경과 각 9θ를 나타내는 동경이 일치할 때, 각 θ의 크기는?

① $\dfrac{\pi}{16}$ ② $\dfrac{\pi}{8}$ ③ $\dfrac{3}{16}\pi$
④ $\dfrac{\pi}{4}$ ⑤ $\dfrac{5}{16}\pi$

0336

좌표평면에서 각 θ를 나타내는 동경과 각 8θ를 나타내는 동경이 원점에 대하여 대칭일 때, 각 θ의 크기는? $\left(단, \dfrac{\pi}{2} < \theta < \pi\right)$

① $\dfrac{8}{9}\pi$ ② $\dfrac{6}{7}\pi$ ③ $\dfrac{5}{7}\pi$
④ $\dfrac{2}{3}\pi$ ⑤ $\dfrac{5}{9}\pi$

0337

$\dfrac{\pi}{2} < \theta < \pi$인 θ에 대하여 각 -3θ를 나타내는 동경과 각 5θ를 나타내는 동경이 서로 반대 방향으로 일직선을 이룰 때, 모든 각 θ의 크기의 합은?

① π ② $\dfrac{5}{4}\pi$ ③ $\dfrac{3}{2}\pi$
④ $\dfrac{7}{4}\pi$ ⑤ 2π

유형 04 두 동경의 위치 관계 – 직선 대칭

0338

좌표평면에서 각 θ를 나타내는 동경과 각 5θ를 나타내는 동경이 x축에 대하여 대칭일 때, 각 θ의 크기는? (단, $0° < \theta < 90°$)

① $15°$ ② $30°$ ③ $45°$
④ $60°$ ⑤ $75°$

05
삼각함수

0339

좌표평면에서 각 θ를 나타내는 동경과 각 4θ를 나타내는 동경이 y축에 대하여 대칭일 때, 각 θ의 크기는? $\left($단, $0 < \theta < \dfrac{\pi}{2}\right)$

① $\dfrac{\pi}{12}$ ② $\dfrac{\pi}{6}$ ③ $\dfrac{\pi}{5}$

④ $\dfrac{\pi}{4}$ ⑤ $\dfrac{\pi}{3}$

0340

좌표평면에서 각 2θ를 나타내는 동경과 각 4θ를 나타내는 동경이 직선 $y=x$에 대하여 대칭이 되도록 하는 모든 각 θ의 크기의 합은? (단, $0 < \theta < \pi$)

① π ② $\dfrac{5}{4}\pi$ ③ $\dfrac{3}{2}\pi$

④ $\dfrac{7}{4}\pi$ ⑤ 2π

0341

좌표평면에서 $0 < \theta < 2\pi$인 θ에 대하여 각 θ를 나타내는 동경과 각 2θ를 나타내는 동경이 직선 $y=-x$에 대하여 대칭일 때, 모든 각 θ의 크기의 합은?

① $\dfrac{5}{2}\pi$ ② 3π ③ $\dfrac{7}{2}\pi$

④ 4π ⑤ $\dfrac{9}{2}\pi$

0342

반지름의 길이가 6, 중심각의 크기가 $\dfrac{\pi}{3}$인 부채꼴의 호의 길이를 a, 넓이를 b라 할 때, $a+b$의 값은?

① 6π ② 8π ③ 10π

④ 12π ⑤ 14π

0343

호의 길이가 2π, 넓이가 8π인 부채꼴의 중심각의 크기는?

① $\dfrac{\pi}{6}$ ② $\dfrac{\pi}{4}$ ③ $\dfrac{\pi}{3}$

④ $\dfrac{\pi}{2}$ ⑤ $\dfrac{2}{3}\pi$

0344

중심각의 크기가 $\dfrac{5}{7}\pi$, 넓이가 70π인 부채꼴의 호의 길이가 $a\pi$일 때, 상수 a의 값을 구하시오.

0345   교육청 변형

중심각의 크기가 $\dfrac{3}{2}$라디안이고 둘레의 길이가 35인 부채꼴의 넓이를 구하시오.

0346

넓이가 30인 부채꼴이 있다. 이 부채꼴의 중심각의 크기는 60 % 늘리고, 반지름의 길이는 25 % 줄여서 새로운 부채꼴을 만들 때, 새로 만든 부채꼴의 넓이를 구하시오.

(단, 처음 부채꼴의 중심각의 크기는 π보다 작다.)

0347

둘레의 길이가 16인 부채꼴의 넓이가 최대가 되도록 하는 반지름의 길이를 α라 하고, 이때의 넓이를 β라 할 때, $\alpha+\beta$의 값을 구하시오.

0348

그림과 같이 길이가 12인 선분 AB를 지름으로 하는 반원이 있다. 호 AB 위의 한 점 P에 대하여 호 AP의 길이가 2π일 때, 호 AP와 두 선분 AB, BP로 둘러싸인 도형의 넓이는?

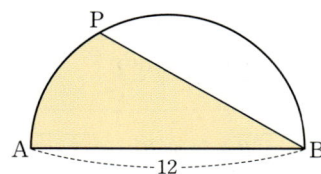

① $3\pi+9\sqrt{3}$ ② $6\pi+9\sqrt{3}$ ③ $3\pi+18\sqrt{3}$
④ $6\pi+18\sqrt{3}$ ⑤ $3\pi+27\sqrt{3}$

유형 06 부채꼴의 호의 길이와 넓이의 활용

0349

그림과 같이 모선의 길이가 12이고, 밑면의 반지름의 길이가 4인 원뿔의 겉넓이는?

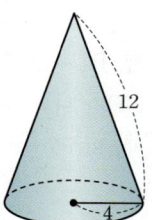

① 64π ② 68π
③ 72π ④ 76π
⑤ 80π

0350

원뿔의 꼭짓점에서 밑면에 내린 수선과 모선이 이루는 각의 크기를 θ라 하자. 원뿔의 옆넓이가 밑넓이의 2배일 때, $\sin\theta$의 값은?

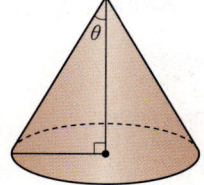

① $\dfrac{2}{5}$ ② $\dfrac{1}{2}$

③ $\dfrac{3}{5}$ ④ $\dfrac{2}{3}$

⑤ $\dfrac{3}{4}$

0351

한지를 이용하여 그림과 같은 부채를 만들려고 한다. 두 부채꼴 AOB, COD의 반지름의 길이가 각각 8 cm, 20 cm이고 $\angle AOB=\dfrac{2}{3}\pi$일 때, 필요한 한지의 넓이를 구하시오.

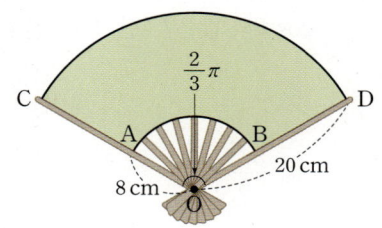

05
삼각함수

0352

그림과 같이 원점 O와
점 $P(-12, -9)$를 지나는 동경
OP가 나타내는 각의 크기를 θ라 할
때, $\sin\theta-\cos\theta$의 값은?

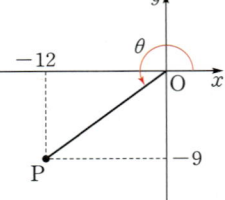

① $-\dfrac{7}{5}$ ② $-\dfrac{1}{5}$

③ $\dfrac{1}{5}$ ④ 1

⑤ $\dfrac{7}{5}$

0353

원점 O와 점 $P(\sqrt{11}, a)$에 대하여 동경 OP가 나타내는 각의
크기를 θ라 하자. $\sin\theta=-\dfrac{5}{6}$일 때, $\tan\theta$의 값은?

① $-\dfrac{5\sqrt{11}}{11}$ ② $-\dfrac{3\sqrt{11}}{11}$ ③ $-\dfrac{\sqrt{11}}{11}$

④ $\dfrac{3\sqrt{11}}{11}$ ⑤ $\dfrac{5\sqrt{11}}{11}$

0354 교육청 변형

좌표평면에서 원 $x^2+y^2=1$과 직선 $y=-2x$가 제2사분면에
서 만나는 점을 P라 하자. 동경 OP가 나타내는 각의 크기를
θ라 할 때, $\sin\theta+\cos\theta$의 값은? (단, O는 원점이다.)

① $-\dfrac{3\sqrt{5}}{5}$ ② $-\dfrac{\sqrt{5}}{5}$ ③ 0

④ $\dfrac{\sqrt{5}}{5}$ ⑤ $\dfrac{3\sqrt{5}}{5}$

0355

각 θ가 제2사분면의 각일 때, 다음 중 옳지 않은 것은?

① $\sin\theta\cos\theta<0$ ② $\sin\theta-\cos\theta>0$

③ $\cos\theta\tan\theta>0$ ④ $\cos\theta+\tan\theta<0$

⑤ $\dfrac{\tan\theta}{\sin\theta}>0$

0356

$\sin\theta\cos\theta>0$, $\cos\theta\tan\theta<0$을 동시에 만족시키는 각 θ
는 제몇 사분면의 각인가?

① 제1사분면   ② 제2사분면

③ 제3사분면   ④ 제4사분면

⑤ 제2사분면 또는 제3사분면

0357

$\sin\theta\tan\theta>0$, $\sin\theta+\tan\theta<0$을 동시에 만족시키는 각
θ에 대하여 다음 식을 간단히 하면?

$$\sqrt{\tan^2\theta}+\sqrt{\sin^2\theta}+|\cos\theta|-\sqrt{(\tan\theta+\sin\theta)^2}$$

① $-\cos\theta$ ② $\sin\theta$

③ $\cos\theta$ ④ $2\tan\theta+\cos\theta$

⑤ $2\tan\theta+2\sin\theta-\cos\theta$

0358

$\dfrac{\sqrt{\cos\theta}}{\sqrt{\sin\theta}}=-\sqrt{\dfrac{\cos\theta}{\sin\theta}}$ $(\sin\theta\cos\theta\ne0)$가 성립할 때, 다음 식을 간단히 하시오.

$$\dfrac{\sqrt{\sin^2\theta}}{\sin\theta}+\dfrac{\sqrt{\cos^2\theta}}{\cos\theta}+\dfrac{\sqrt{\tan^2\theta}}{\tan\theta}$$

유형 09 삼각함수 사이의 관계 – 식 간단히 하기

0359

각 θ가 제2사분면의 각일 때, $\dfrac{|\sin\theta|}{\sqrt{\cos^2\theta}}+2|\tan\theta|$를 간단히 하시오.

0360

보기에서 옳은 것만을 있는 대로 고른 것은?

보기
ㄱ. $\dfrac{\sin\theta}{1+\cos\theta}=\dfrac{1-\cos\theta}{\sin\theta}$

ㄴ. $\tan^2\theta-\sin^2\theta=\tan^2\theta\sin^2\theta$

ㄷ. $(\sin\theta+\cos\theta)^2+\dfrac{(1-\tan\theta)^2}{1+\tan^2\theta}=2$

① ㄱ   ② ㄱ, ㄴ   ③ ㄱ, ㄷ
④ ㄴ, ㄷ   ⑤ ㄱ, ㄴ, ㄷ

0361

$\left(1+\tan\theta+\dfrac{1}{\cos\theta}\right)\left(1+\dfrac{1}{\tan\theta}-\dfrac{1}{\sin\theta}\right)$을 간단히 하시오.

0362

$0<\sin\theta<\cos\theta$일 때, $\sqrt{1+2\sin\theta\cos\theta}-\sqrt{1-2\sin\theta\cos\theta}$를 간단히 하면?

① $\sin\theta$ ② $2\sin\theta$ ③ $\cos\theta$
④ $2\cos\theta$ ⑤ $\tan\theta$

유형 10 삼각함수 사이의 관계 – 식의 값 구하기

0363

각 θ가 제3사분면의 각이고 $\sin\theta=-\dfrac{3}{5}$일 때, $15\cos\theta+16\tan\theta$의 값은?

① -2 ② -1 ③ 0
④ 1 ⑤ 2

0364

$\tan\theta=\dfrac{1}{2}$, $\sin\theta<0$일 때, $\sin\theta\cos\theta$의 값은?

① $-\dfrac{3}{5}$ ② $-\dfrac{2}{5}$ ③ $-\dfrac{1}{5}$
④ $\dfrac{1}{5}$ ⑤ $\dfrac{2}{5}$

0365

각 θ가 제4사분면의 각이고 $\dfrac{1-\cos\theta}{1+\cos\theta}=\dfrac{1}{9}$일 때,

$5\sin\theta-8\tan\theta$의 값은?

① -9 ② -3 ③ 0

④ 3 ⑤ 9

0366

$0<\theta<\dfrac{\pi}{2}$이고 $\dfrac{1}{1+\cos\theta}+\dfrac{1}{1-\cos\theta}=6$일 때, $\tan\theta$의

값은?

① $\dfrac{1}{2}$ ② $\dfrac{\sqrt{2}}{2}$ ③ $\dfrac{1}{3}$

④ $\dfrac{\sqrt{3}}{3}$ ⑤ 1

0367 교육청 변형

$\dfrac{\pi}{2}<\theta<\pi$인 θ에 대하여 $\dfrac{\sin\theta}{1+\cos\theta}+\dfrac{1+\cos\theta}{\sin\theta}=\dfrac{8}{3}$일 때,

$\cos\theta$의 값은?

① $-\dfrac{\sqrt{7}}{4}$ ② $-\dfrac{\sqrt{6}}{4}$ ③ $-\dfrac{\sqrt{5}}{4}$

④ $-\dfrac{\sqrt{7}}{3}$ ⑤ $-\dfrac{\sqrt{6}}{3}$

유형 **11** 삼각함수 사이의 관계
- $\sin\theta\pm\cos\theta$, $\sin\theta\cos\theta$ 이용

0368

$\sin\theta+\cos\theta=\dfrac{1}{2}$일 때, $\tan\theta+\dfrac{1}{\tan\theta}$의 값은?

① $-\dfrac{8}{3}$ ② $-\dfrac{5}{3}$ ③ $-\dfrac{2}{3}$

④ $\dfrac{5}{3}$ ⑤ $\dfrac{8}{3}$

0369

$\sin\theta+\cos\theta=\dfrac{\sqrt{5}}{2}$일 때, $(1+\sin^2\theta)(1+\cos^2\theta)=\dfrac{q}{p}$이

다. $p+q$의 값을 구하시오.

(단, p와 q는 서로소인 자연수이다.)

0370

$\dfrac{\pi}{2}<\theta<\pi$인 θ에 대하여 $\sin\theta\cos\theta=-\dfrac{1}{2}$일 때,

$\sin^3\theta-\cos^3\theta$의 값은?

① $-\dfrac{\sqrt{2}}{2}$ ② $-\dfrac{1}{2}$ ③ $\dfrac{1}{2}$

④ $\dfrac{\sqrt{2}}{2}$ ⑤ $\sqrt{2}$

0371

$0 < \theta < \dfrac{\pi}{2}$이고 $\tan\theta + \dfrac{1}{\tan\theta} = 2$일 때, $\sin\theta + \cos\theta$의 값은?

① $\dfrac{\sqrt{2}}{2}$ ② $\dfrac{\sqrt{3}}{2}$ ③ 1

④ $\dfrac{\sqrt{6}}{2}$ ⑤ $\sqrt{2}$

0372

각 θ가 제3사분면의 각이고 $\sin\theta - \cos\theta = \dfrac{\sqrt{5}}{5}$일 때, $\sin^2\theta - \cos^2\theta$의 값은?

① $-\dfrac{3}{5}$ ② $-\dfrac{2}{5}$ ③ $-\dfrac{\sqrt{3}}{5}$

④ $-\dfrac{\sqrt{2}}{5}$ ⑤ $-\dfrac{1}{5}$

유형 12 삼각함수와 이차방정식

0373

이차방정식 $2x^2 - (\sqrt{3}+1)x + p = 0$의 두 근이 $\sin\theta$, $\cos\theta$일 때, 상수 p의 값은?

① $\sqrt{3}$ ② $\dfrac{\sqrt{3}}{2}$ ③ $\dfrac{\sqrt{3}}{3}$

④ $\dfrac{\sqrt{3}}{4}$ ⑤ $\dfrac{\sqrt{3}}{6}$

0374

이차방정식 $3x^2 + 2x + a = 0$의 두 근이 $\cos\theta + \sin\theta$, $\cos\theta - \sin\theta$일 때, 상수 a의 값은?

① $-\dfrac{4}{3}$ ② $-\dfrac{5}{3}$ ③ -2

④ $-\dfrac{7}{3}$ ⑤ $-\dfrac{8}{3}$

0375

이차방정식 $2x^2 - x + a = 0$의 두 근은 $\sin\theta$, $\cos\theta$이고, 이차방정식 $3x^2 + bx + 3 = 0$의 두 근은 $\tan\theta$, $\dfrac{1}{\tan\theta}$이다. ab의 값을 구하시오. (단, a, b는 상수이다.)

0376

이차방정식 $8x^2 - 4kx + 3k = 0$의 두 근이 $\sin\theta$, $\cos\theta$일 때, $\dfrac{\sin^2\theta}{\cos\theta} + \dfrac{\cos^2\theta}{\sin\theta} = \dfrac{q}{p}$이다. $p+q$의 값을 구하시오.
(단, k는 상수이고, p와 q는 서로소인 자연수이다.)

0377 수능 기출

$\pi < \theta < \dfrac{3}{2}\pi$인 θ에 대하여 $\tan\theta - \dfrac{6}{\tan\theta} = 1$일 때, $\sin\theta + \cos\theta$의 값은?

① $-\dfrac{2\sqrt{10}}{5}$ ② $-\dfrac{\sqrt{10}}{5}$ ③ 0

④ $\dfrac{\sqrt{10}}{5}$ ⑤ $\dfrac{2\sqrt{10}}{5}$

0378 교육청 변형

좌표평면 위의 원점 O와 점 P에 대하여 동경 OP가 나타내는 각의 크기를 θ라 하고, 점 P와 원점에 대하여 대칭인 점을 P′이라 할 때, 두 점 P, P′이 다음 조건을 만족시킨다.

(가) $\sin\theta + \cos\theta < 0$, $\tan\theta > 0$
(나) 동경 OP′이 나타내는 각의 크기는 5θ이다.

각 θ의 크기는? (단, $0 \le \theta \le 2\pi$)

① $\dfrac{5}{4}\pi$ ② $\dfrac{4}{3}\pi$ ③ $\dfrac{3}{2}\pi$

④ $\dfrac{5}{3}\pi$ ⑤ $\dfrac{7}{4}\pi$

0379 교육청 기출

$\dfrac{\pi}{2} < \theta < \pi$인 θ에 대하여 $\sin^4\theta + \cos^4\theta = \dfrac{23}{32}$일 때, $\sin\theta - \cos\theta$의 값은?

① $\dfrac{\sqrt{3}}{2}$ ② 1 ③ $\dfrac{\sqrt{5}}{2}$

④ $\dfrac{\sqrt{6}}{2}$ ⑤ $\dfrac{\sqrt{7}}{2}$

0380 교육청 기출

그림과 같이 두 점 O, O′을 각각 중심으로 하고 반지름의 길이가 3인 두 원 O, O′이 한 평면 위에 있다. 두 원 O, O′이 만나는 점을 각각 A, B라 할 때, $\angle \text{AOB} = \dfrac{5}{6}\pi$이다.

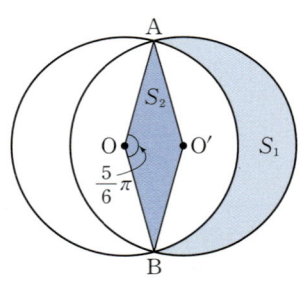

원 O의 외부와 원 O′의 내부의 공통부분의 넓이를 S_1, 마름모 AOBO′의 넓이를 S_2라 할 때, $S_1 - S_2$의 값은?

① $\dfrac{5}{4}\pi$ ② $\dfrac{4}{3}\pi$ ③ $\dfrac{17}{12}\pi$

④ $\dfrac{3}{2}\pi$ ⑤ $\dfrac{19}{12}\pi$

0381 교육청 변형

$\dfrac{\pi}{2}<\theta<\pi$인 θ에 대하여 $3\sin\theta-\cos\theta=3$일 때, $\sin\theta+\tan\theta$의 값은?

① $-\dfrac{4}{5}$ ② $-\dfrac{2}{3}$ ③ $-\dfrac{8}{15}$

④ $\dfrac{2}{3}$ ⑤ $\dfrac{4}{5}$

0382 교육청 기출

좌표평면에서 곡선 $y=\sqrt{x}\ (x>0)$ 위의 점 P에 대하여 동경 OP가 나타내는 각의 크기를 θ라 하자. $\cos^2\theta-2\sin^2\theta=-1$일 때, 선분 OP의 길이는?

(단, O는 원점이고, x축의 양의 방향을 시초선으로 한다.)

① $\dfrac{1}{2}$ ② $\dfrac{\sqrt{2}}{2}$ ③ $\dfrac{\sqrt{3}}{2}$

④ 1 ⑤ $\dfrac{\sqrt{5}}{2}$

0383 교육청 변형

그림과 같이 지름이 선분 AB인 반원과 선분 AB 위의 점 C에 대하여 중심이 B, 반지름이 선분 BC인 사분원이 있다. 점 E는 두 호 AB, CD의 교점이다. $\overline{AB}=6$, $\angle CAE=\dfrac{\pi}{3}$일 때, 반원의 외부와 사분원의 내부의 공통부분의 넓이는 $p\pi+q\sqrt{3}$이다. $8pq$의 값을 구하시오.

(단, p, q는 유리수이다.)

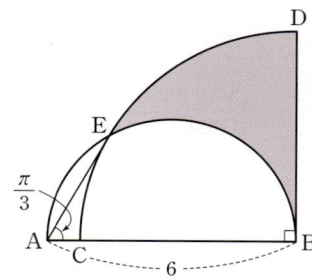

0384 교육청 변형

한 개의 주사위를 던져서 나오는 눈의 수를 원소로 가지는 집합 A에 대하여 집합 X를

$$X=\left\{(a,\ b)\ \middle|\ \sin\dfrac{a+b}{6}\pi<0,\ a\in A,\ b\in A\right\}$$

라 하자. 집합 X의 원소의 개수를 구하시오.

06 삼각함수의 그래프

유형별 유사문제

유형 01 주기함수

0385

함수 $f(x)$가 모든 실수 x에 대하여 $f(x+4)=f(x)$를 만족시키고 $f(1)=-3$, $f(3)=1$일 때, $f(11)+f(121)$의 값을 구하시오.

0386

모든 실수 x에 대하여 $f(x-3)=f(x+5)$를 만족시키는 함수 $f(x)$의 주기가 자연수 p일 때, p의 값이 될 수 있는 모든 자연수의 합을 구하시오.

0387

함수 $f(x)$가 다음 조건을 만족시킬 때, $f\left(\dfrac{49}{2}\right)$의 값은?

> (가) $-1\leq x\leq 0$일 때, $f(x)=(x+1)^2$
> (나) 모든 실수 x에 대하여 $f(x)=f(-x)$
> (다) 모든 실수 x에 대하여 $f(x+2)=f(x)$

① 0 ② $\dfrac{1}{4}$ ③ $\dfrac{1}{2}$

④ 1 ⑤ $\dfrac{9}{4}$

유형 02 $y=\sin x$, $y=\cos x$, $y=\tan x$의 그래프

0388

보기에서 함수 $y=\cos x$에 대한 설명으로 옳은 것만을 있는 대로 고른 것은?

> **보기**
> ㄱ. 치역은 $\{y\,|\,-1\leq y\leq 1\}$이다.
> ㄴ. 그래프는 y축에 대하여 대칭이다.
> ㄷ. 모든 실수 x에 대하여 $\cos(x+\pi)=\cos x$가 성립한다.

① ㄱ ② ㄱ, ㄴ ③ ㄱ, ㄷ
④ ㄴ, ㄷ ⑤ ㄱ, ㄴ, ㄷ

0389

다음 중 옳지 <u>않은</u> 것은?

① 함수 $y=\tan x$의 치역은 실수 전체의 집합이다.
② 두 함수 $y=\sin x$, $y=\tan x$의 그래프는 모두 원점에 대하여 대칭이다.
③ 함수 $y=\cos x$의 그래프는 직선 $x=\pi$에 대하여 대칭이다.
④ $-\dfrac{\pi}{2}<x<\dfrac{\pi}{2}$에서 함수 $y=\sin x$와 함수 $y=\cos x$의 치역은 같다.
⑤ 함수 $y=\tan x$의 그래프의 점근선의 방정식은 $x=n\pi+\dfrac{\pi}{2}$ (n은 정수)이다.

0390

세 함수 $f(x)=\sin x$, $g(x)=\cos x$, $h(x)=\tan x$에 대하여 다음 중 옳은 것은?

① $f(1)<g(1)<h(1)$ ② $g(1)<f(1)<h(1)$
③ $g(1)<h(1)<f(1)$ ④ $h(1)<f(1)<g(1)$
⑤ $h(1)<g(1)<f(1)$

유형 03 $y=a\sin bx$, $y=a\cos bx$, $y=a\tan bx$의 그래프

0391

다음 중 함수 $y=-2\cos\dfrac{x}{2}$에 대한 설명으로 옳은 것은?

① 치역은 $\{y\,|-3\le y\le 1\}$이다.
② 주기는 π이다.
③ 최댓값과 최솟값의 차는 4이다.
④ 그래프는 점 $(0,\,0)$을 지난다.
⑤ 그래프는 원점에 대하여 대칭이다.

0392

함수 $f(x)=\pi\tan\dfrac{3\pi}{4}x$에 대하여 보기에서 옳은 것만을 있는 대로 고른 것은?

─ 보기 ─
ㄱ. 치역은 $\{y\,|-\pi\le y\le\pi\}$이다.
ㄴ. 정수 n에 대하여 점근선의 방정식은 $x=\dfrac{4}{3}n+\dfrac{2}{3}$이다.
ㄷ. 정의역의 모든 실수 x에 대하여 $f(-x)+f(x)=0$이다.

① ㄴ ② ㄱ, ㄴ ③ ㄱ, ㄷ
④ ㄴ, ㄷ ⑤ ㄱ, ㄴ, ㄷ

0393 교육청 변형

곡선 $y=2\cos\dfrac{\pi}{2}x$ $(0\le x\le 2)$ 위의 점 중 y좌표가 정수인 점의 개수는?

① 4 ② 5 ③ 6
④ 7 ⑤ 8

0394

양의 실수 n에 대하여 함수 $y=n\sin\dfrac{n\pi}{3}x$의 주기가 n일 때, 치역은 $\{y\,|\,a\le y\le b\}$이다. ab의 값은?

① -6 ② -3 ③ -2
④ -1 ⑤ 0

0395

함수 $y=3\sin 2\pi x$의 그래프와 직선 $y=x$의 교점의 개수를 구하시오.

유형 04 삼각함수의 그래프의 평행이동과 대칭이동

0396

함수 $y=3\sin\left(\dfrac{x}{3}-\dfrac{\pi}{6}\right)-2$의 그래프는 함수 $y=3\sin\dfrac{x}{3}$의 그래프를 x축의 방향으로 a만큼, y축의 방향으로 b만큼 평행이동한 것일 때, ab의 값은? (단, $0<a<\pi$)

① $-\pi$ ② $-\dfrac{\pi}{2}$ ③ 0
④ $\dfrac{\pi}{2}$ ⑤ π

0397

함수 $y = \tan \dfrac{\pi}{4}x$의 그래프를 x축의 방향으로 1만큼, y축의 방향으로 $-\dfrac{1}{2}$만큼 평행이동한 후, x축에 대하여 대칭이동한 그래프가 점 $(2,\ k)$를 지날 때, 실수 k의 값은?

① -1 ② $-\dfrac{1}{2}$ ③ 0

④ $\dfrac{1}{2}$ ⑤ 1

0398

다음 함수의 그래프 중 함수 $y = \cos 2x$의 그래프를 평행이동 또는 대칭이동하여 겹쳐질 수 <u>없는</u> 것은?

① $y = -\cos 2x - 1$ ② $y = -\cos(2x + 2\pi)$

③ $y = 2\cos(-x) + 2$ ④ $y = \cos 2(x - \pi) + 1$

⑤ $y = \cos(2x - \pi) - 1$

0399

다음 중 함수 $y = 2\tan\left(3x - \dfrac{\pi}{2}\right)$에 대한 설명으로 옳지 <u>않은</u> 것은?

① 주기는 $\dfrac{\pi}{3}$이다.

② 치역은 실수 전체의 집합이다.

③ 그래프는 점 $\left(\dfrac{\pi}{6},\ 0\right)$에 대하여 대칭이다.

④ 그래프의 점근선의 방정식은 $x = \dfrac{n}{3}\pi + \dfrac{\pi}{6}$ (n은 정수)이다.

⑤ 그래프는 $y = 2\tan 3x$의 그래프를 x축의 방향으로 $\dfrac{\pi}{6}$만큼 평행이동한 것이다.

0400

함수 $y = 2\cos\left(2x - \dfrac{\pi}{2}\right) - 3$의 최댓값을 α, 최솟값을 β라 할 때, $\alpha^2 + \beta^2$의 값은?

① 13 ② 16 ③ 18

④ 25 ⑤ 26

0401

함수 $y = -3\sin\left(\dfrac{x}{3} - \dfrac{\pi}{6}\right) + 1$의 주기를 $a\pi$, 최댓값을 M, 최솟값을 m이라 할 때, $a + M + m$의 값은?

① 5 ② 6 ③ 7

④ 8 ⑤ 9

0402

보기에서 정의역의 모든 실수 x에 대하여 $f(x+2) = f(x)$를 만족시키는 것만을 있는 대로 고른 것은?

┌─── **보기** ───────────────────────┐

ㄱ. $f(x) = 2\sin \pi x$

ㄴ. $f(x) = \cos 2\pi x + 1$

ㄷ. $f(x) = \tan\left(\dfrac{\pi}{2}x - \pi\right)$

└──────────────────────────────┘

① ㄱ   ② ㄱ, ㄴ   ③ ㄱ, ㄷ

④ ㄴ, ㄷ   ⑤ ㄱ, ㄴ, ㄷ

06

삼각함수의 그래프

유형 06 삼각함수의 미정계수의 결정 – 조건이 주어진 경우

0403

함수 $f(x) = a \sin \dfrac{x}{3} + b$의 최댓값은 4이고, $f\left(\dfrac{\pi}{2}\right) = \dfrac{3}{2}$일 때, $a-b$의 값은? (단, a, b는 상수이고, $a>0$이다.)

① 3   ② 4   ③ 5

④ 6   ⑤ 7

0404

함수 $f(x) = a \cos b\pi x + c$의 최댓값이 5, 최솟값이 1, 주기가 $\dfrac{3}{2}$일 때, 상수 a, b, c에 대하여 abc의 값을 구하시오.

(단, $a>0$, $b>0$)

0405

함수 $y = \tan(ax - b\pi)$의 그래프의 점근선이 직선 $x = \dfrac{n}{2}\pi$ (n은 정수)일 때, 상수 a, b에 대하여 ab의 값은?

(단, $a>0$, $0<b<1$)

① $\dfrac{1}{4}$ ② $\dfrac{1}{2}$ ③ $\dfrac{3}{4}$

④ 1   ⑤ $\dfrac{5}{4}$

0406

함수 $f(x) = a \sin bx + c$가 다음 조건을 만족시킬 때, 상수 a, b, c에 대하여 $2a + b + c$의 값은? (단, $a>0$, $b>0$)

> (가) 함수 $f(x)$의 주기는 $\dfrac{\pi}{2}$이다.
> (나) 함수 $f(x)$의 최솟값은 0이다.
> (다) $f\left(\dfrac{\pi}{8}\right) = 6$

① 9   ② 10   ③ 11

④ 12   ⑤ 13

0407

함수 $f(x) = a \cos(bx + c) + d$가 다음 조건을 만족시킬 때, 상수 a, b, c, d에 대하여 $abcd$의 값은?

$\left(\text{단, } a>0, \ b>0, \ 0<c<\dfrac{\pi}{2}\right)$

> (가) 함수 $f(x)$의 주기는 π이다.
> (나) 함수 $f(x)$의 최댓값과 최솟값의 합은 2, 차는 4이다.
> (다) $f\left(\dfrac{\pi}{6}\right) = 1$

① $\dfrac{2}{3}\pi$ ② 2π ③ $\dfrac{14}{3}\pi$

④ $\dfrac{16}{3}\pi$ ⑤ 6π

0408

상수 a, b에 대하여 함수 $y=a\sin bx$의 그래프가 그림과 같을 때, 함수 $y=-b\cos x+a$의 최솟값은? (단, $a>0$, $b>0$)

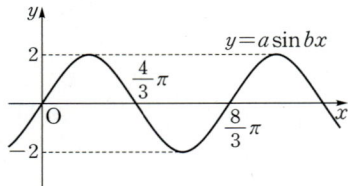

① 1　　　　② $\dfrac{5}{4}$　　　　③ $\dfrac{3}{2}$

④ $\dfrac{7}{4}$　　　　⑤ 2

0409 교육청 변형

함수 $y=a\cos bx+c$의 그래프가 그림과 같을 때, 상수 a, b, c에 대하여 abc의 값은? (단, $a>0$, $b>0$)

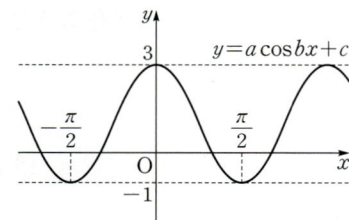

① 2　　　　② 4　　　　③ 6

④ 8　　　　⑤ 10

0410

함수 $y=\tan(ax+b\pi)$의 그래프가 그림과 같을 때, 상수 a, b에 대하여 $a+b$의 값은? (단, $a>0$, $0<b<1$)

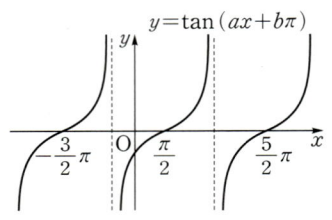

① $\dfrac{3}{4}$　　　　② 1　　　　③ $\dfrac{5}{4}$

④ $\dfrac{3}{2}$　　　　⑤ $\dfrac{7}{4}$

0411

함수 $y=3\sin(ax+b)+2$의 그래프가 그림과 같을 때, 상수 a, b에 대하여 ab의 값은? (단, $a>0$, $0<b<\pi$)

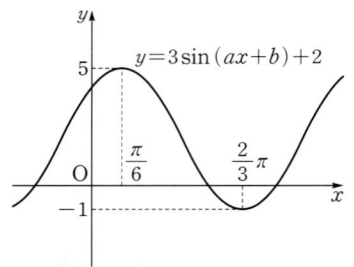

① $\dfrac{\pi}{3}$　　　　② $\dfrac{\pi}{2}$　　　　③ $\dfrac{2}{3}\pi$

④ $\dfrac{5}{6}\pi$　　　　⑤ π

유형 08 절댓값 기호가 포함된 삼각함수

0412

두 함수의 그래프가 일치하는 것만을 보기에서 있는 대로 고른 것은?

> **보기**
> ㄱ. $y=\sin|x|$, $y=|\sin x|$
> ㄴ. $y=\cos x$, $y=\cos|x|$
> ㄷ. $y=|\cos x|$, $y=\left|\sin\left(x-\dfrac{\pi}{2}\right)\right|$

① ㄴ   ② ㄷ   ③ ㄱ, ㄴ
④ ㄱ, ㄷ   ⑤ ㄴ, ㄷ

0413

다음 함수 중 주기가 나머지 넷과 <u>다른</u> 하나는?

① $y=3\cos 2x$ ② $y=2\sin 2x$ ③ $y=\cos|x|$
④ $y=|\sin x|$ ⑤ $y=|\tan x|$

0414 교육청 변형

함수 $y=|\tan ax|$의 주기와 함수 $y=3\sin 4x$의 주기가 서로 같을 때, 양수 a의 값은?

① $\dfrac{1}{4}$ ② $\dfrac{1}{2}$ ③ 2
④ 4   ⑤ 6

0415

함수 $f(x)=|3\sin 2\pi x|$에 대하여 보기에서 옳은 것만을 있는 대로 고른 것은?

> **보기**
> ㄱ. 함수 $f(x)$의 최댓값은 3, 최솟값은 0이다.
> ㄴ. 주기가 1인 주기함수이다.
> ㄷ. 모든 실수 x에 대하여 $f(x)-f(-x)=0$이다.

① ㄴ   ② ㄷ   ③ ㄱ, ㄴ
④ ㄱ, ㄷ   ⑤ ㄴ, ㄷ

유형 09 삼각함수의 그래프의 대칭성

0416

그림과 같은 함수 $y=\sin x$의 그래프에서 $0<k<1$일 때, $a+b+c+d$의 값을 구하시오.

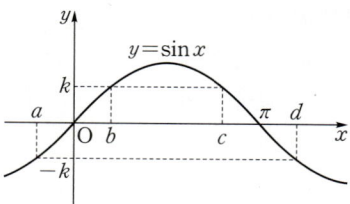

0417

그림과 같이 $0\le x<\dfrac{\pi}{2}$에서 함수 $f(x)=\cos 4x$의 그래프가 직선 $y=\dfrac{3}{5}$과 만나는 점의 x좌표를 α, β $(\alpha<\beta)$라 하고, 직선 $y=-\dfrac{3}{5}$과 만나는 점의 x좌표를 γ, δ $(\gamma<\delta)$라 할 때, $f\left(\dfrac{\alpha+\beta+\gamma+\delta}{12}\right)$의 값은?

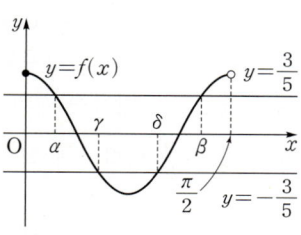

① 0 ② $\dfrac{1}{2}$ ③ $\dfrac{\sqrt{2}}{2}$
④ $\dfrac{\sqrt{3}}{2}$ ⑤ 1

0418

$0<x<4$에서 함수 $y=\sin \pi x$의 그래프와 직선 $y=\dfrac{1}{4}$의 교점의 x좌표를 작은 것부터 차례대로 a, b, c, d라 할 때, $a+2b+2c+d$의 값은?

① 8   ② 9   ③ 10

④ 11   ⑤ 12

유형 10   **삼각함수의 그래프에서의 넓이**

0419

그림과 같이 집합 $\left\{x \,\middle|\, 0 \le x < \dfrac{3}{2}\pi,\ x \ne \dfrac{\pi}{2}\right\}$에서 정의된 함수 $y=\tan x$의 그래프와 x축 및 직선 $y=k\,(k>0)$로 둘러싸인 부분의 넓이가 10π일 때, 상수 k의 값을 구하시오.

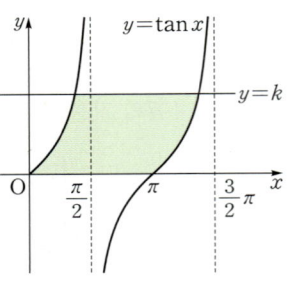

0420

그림과 같이 함수 $y=a\cos bx$의 그래프의 일부분과 x축에 평행한 직선 l이 만나는 점의 x좌표가 $\dfrac{4}{3}$, $\dfrac{20}{3}$이다. 세 직선 l, $x=\dfrac{4}{3}$, $x=\dfrac{20}{3}$과 x축으로 둘러싸인 부분의 넓이가 32일 때, ab의 값은?

(단, a, b는 상수이고, $b>0$이다.)

① π ② 2π ③ 3π

④ 4π ⑤ 5π

0421

그림과 같이 함수 $y=\sin \dfrac{\pi}{8}x$의 그래프와 x축 사이에 직사각형 ABCD가 내접하고 있다. 선분 BC의 길이가 4일 때, 직사각형 ABCD의 넓이는?

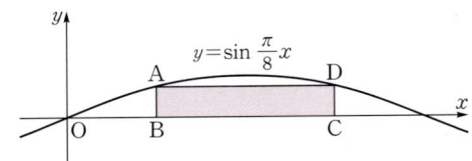

① $\dfrac{2\sqrt{2}}{3}$ ② $\dfrac{4}{3}$ ③ $\dfrac{5}{3}$

④ 2   ⑤ $2\sqrt{2}$

유형 11   **여러 가지 각의 삼각함수**

0422   교육청 변형

$\sin \theta = \dfrac{2}{3}$일 때, $\sin (\pi+\theta)+4\cos \left(\dfrac{3}{2}\pi+\theta\right)$의 값은?

① $\dfrac{4}{3}$ ② 2   ③ $\dfrac{8}{3}$

④ $\dfrac{10}{3}$ ⑤ 4

0423

다음 식을 간단히 하시오.

$$\sin^2 x - \sin \left(\dfrac{\pi}{2}+x\right)\cos (\pi+x)$$
$$+\sin (-x)\cos \left(\dfrac{\pi}{2}+x\right)+\sin^2 \left(\dfrac{3}{2}\pi+x\right)$$

0424

$\sin\left(\dfrac{\pi}{2}+\dfrac{\pi}{3}\right)+\cos\left(\dfrac{\pi}{2}+\dfrac{\pi}{6}\right)+\tan\left(\pi+\dfrac{\pi}{4}\right)$의 값은?

① $\dfrac{1}{2}$ ② 1 ③ $\dfrac{3}{2}$

④ 2 ⑤ $\dfrac{5}{2}$

0425

다음 중 옳지 <u>않은</u> 것은?

① $\sin\dfrac{9}{4}\pi=\dfrac{\sqrt{2}}{2}$ ② $\tan\dfrac{2}{3}\pi=-\sqrt{3}$

③ $\cos\left(-\dfrac{7}{3}\pi\right)=\dfrac{1}{2}$ ④ $\sin 510°=\dfrac{\sqrt{3}}{2}$

⑤ $\tan 855°=-1$

0426

$\dfrac{\cos(-x)}{\sin\left(\dfrac{\pi}{2}+x\right)\sin^2(\pi+x)}+\dfrac{\sin(-x)}{\cos\left(\dfrac{\pi}{2}-x\right)\tan^2(\pi+x)}$

를 간단히 한 것은? $\left(\text{단, } x\neq\dfrac{n}{2}\pi\text{이고, } n\text{은 정수이다.}\right)$

① -1 ② 0 ③ 1

④ $\sin x$ ⑤ $\cos x$

유형 12 여러 가지 각의 삼각함수 - 일정하게 증가하는 각

0427

$\theta=\dfrac{\pi}{7}$일 때, $\sin\theta+\sin 2\theta+\sin 3\theta+\cdots+\sin 14\theta$의 값은?

① -2 ② -1 ③ 0

④ 1 ⑤ 2

0428

다음 식의 값을 구하시오.

$$\cos^2 2°+\cos^2 4°+\cos^2 6°+\cdots+\cos^2 88°$$

0429

다음 식의 값은?

$$\tan 5°\times\tan 10°\times\tan 15°\times\cdots\times\tan 80°\times\tan 85°$$

① $\dfrac{1}{2}$ ② 1 ③ 2

④ 3 ⑤ 4

06 삼각함수의 그래프

0430

그림과 같이 좌표평면 위의 단위 원을 10등분 하는 각 점을 차례대로 P_0, P_1, P_2, $\cdots$, P_9라 하자. 점 P_0의 좌표는 $(1, 0)$이고 $\angle P_0 O P_1 = \theta$라 할 때, 9 이하의 음이 아닌 정수 k에 대하여 두 집합 S, T는 다음과 같다.

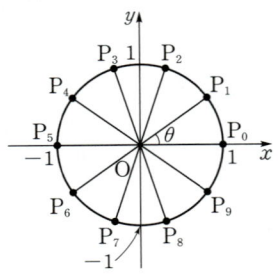

$$S = \{x \mid x = \sin k\theta\}, \quad T = \{x \mid x = \cos k\theta\}$$

$n(S) + n(T)$의 값을 구하시오. (단, O는 원점이다.)

유형 13 여러 가지 각의 삼각함수 – 도형에의 활용

0431

삼각형 ABC의 세 내각의 크기를 A, B, C라 할 때, 보기에서 옳은 것만을 있는 대로 고른 것은?

┌ 보기 ─────────────────────
ㄱ. $\cos A = \cos (B + C)$

ㄴ. $\sin \dfrac{A}{2} = \cos \left(\dfrac{B}{2} + \dfrac{C}{2} \right)$

ㄷ. $\tan \dfrac{A}{2} = \tan \left(\dfrac{B}{2} + \dfrac{C}{2} \right)$
└─────────────────────────

① ㄱ   ② ㄴ   ③ ㄱ, ㄴ

④ ㄱ, ㄷ   ⑤ ㄴ, ㄷ

0432

삼각형 ABC에 대하여 $2\cos^2 A - 3\sin A = 0$이 성립할 때, $\sin \left(B + C - \dfrac{\pi}{2} \right)$의 값은? $\left(\text{단, } 0 < A < \dfrac{\pi}{2} \right)$

① $\dfrac{1}{4}$ ② $\dfrac{1}{2}$ ③ $\dfrac{\sqrt{2}}{2}$

④ $\dfrac{\sqrt{3}}{2}$ ⑤ 1

0433

$C = \dfrac{\pi}{2}$인 삼각형 ABC에 대하여

$$\left(\tan A + \frac{1}{\tan A} \right) \left(\tan B + \frac{1}{\tan B} \right) = 9$$

가 성립할 때, $\sin A \cos A$의 값은?

① $\dfrac{1}{4}$ ② $\dfrac{1}{3}$ ③ $\dfrac{1}{2}$

④ $\dfrac{2}{3}$ ⑤ $\dfrac{3}{4}$

유형 14 삼각함수가 포함된 함수의 최대·최소 – 일차식 꼴

0434

함수 $f(x) = 2\cos (x + \pi) + 3\sin \left(x + \dfrac{3}{2}\pi \right) + 2$의 최댓값을 M, 최솟값을 m이라 할 때, Mm의 값은?

① -27 ② -24 ③ -21

④ -18 ⑤ -15

0435

함수 $y = 2\sin x - \cos \left(\dfrac{\pi}{2} + x \right) + k$의 최솟값이 1일 때, 최댓값을 구하시오. (단, k는 상수이다.)

0436

함수 $y=\left|\sin(x+2\pi)-\dfrac{1}{2}\right|+\dfrac{9}{2}$의 최댓값을 M, 최솟값을 m이라 할 때, Mm의 값을 구하시오.

0437

$-\dfrac{\pi}{4}\le x\le\dfrac{\pi}{4}$에서 함수 $y=-|\tan x-2|+k$의 최댓값과 최솟값의 합이 6일 때, 상수 k의 값은?

① 2   ② 3   ③ 4
④ 5   ⑤ 6

유형 **15** 삼각함수가 포함된 함수의 최대·최소
– 이차식 꼴

0438

함수 $y=-4\sin^2 x+4\cos x$의 최댓값을 M, 최솟값을 m이라 할 때, $M-m$의 값을 구하시오.

0439

함수 $y=\sin^2\left(\dfrac{\pi}{2}+x\right)-\cos(\pi+x)+k$의 최댓값이 4일 때, 상수 k의 값은?

① 1   ② 2   ③ 3
④ 4   ⑤ 5

0440

함수 $y=2\sin^2 x+\cos^2\left(\dfrac{\pi}{2}+x\right)+2\sin(\pi-x)$가 $x=\alpha$에서 최댓값 β를 가질 때, $\alpha\beta$의 값은? (단, $0\le x\le 2\pi$)

① π ② $\dfrac{3}{2}\pi$ ③ 2π
④ $\dfrac{5}{2}\pi$ ⑤ 3π

0441 평가원 변형

함수 $y=a\cos^2\left(x-\dfrac{3}{4}\pi\right)+a\sin\left(x+\dfrac{\pi}{4}\right)+b$의 최댓값이 4, 최솟값이 -5일 때, $a+b$의 값을 구하시오.
(단, a, b는 상수이고, $a>0$이다.)

유형 **16** 삼각함수가 포함된 함수의 최대·최소
– 유리식 꼴

0442

함수 $y=\dfrac{1}{\sin x+2}-1$의 최댓값을 M, 최솟값을 m이라 할 때, $M+m$의 값은?

① -1 ② $-\dfrac{2}{3}$ ③ $-\dfrac{1}{3}$
④ 0 ⑤ $\dfrac{1}{3}$

0443

$0 \le x \le \dfrac{\pi}{4}$에서 정의된 함수 $y = -\dfrac{\tan x + 1}{\tan x - 2}$의 최댓값을 M, 최솟값을 m이라 할 때, Mm의 값은?

① $\dfrac{1}{2}$ ② 1 ③ $\dfrac{3}{2}$

④ 2 ⑤ $\dfrac{5}{2}$

0444

함수 $y = \dfrac{2\cos x + a}{2\cos x - 2a}$의 최댓값이 0이 되도록 하는 상수 a의 값을 구하시오. (단, $a > 1$)

유형 17 삼각방정식 – 일차식 꼴

0445

$0 \le x < 3$일 때, 방정식 $\sqrt{3}\tan \pi x - 3 = 0$의 모든 근의 합은?

① 3 ② $\dfrac{10}{3}$ ③ $\dfrac{11}{3}$

④ 4 ⑤ $\dfrac{13}{3}$

0446

$0 \le x \le 2\pi$일 때, 방정식 $\cos 2x = \dfrac{1}{2}$의 네 근을 α, β, γ, δ라 하자. $\cos(\beta - \alpha + \delta - \gamma)$의 값은? (단, $\alpha < \beta < \gamma < \delta$)

① 0 ② $-\dfrac{1}{2}$ ③ $-\dfrac{\sqrt{2}}{2}$

④ $-\dfrac{\sqrt{3}}{2}$ ⑤ -1

0447

$0 \le x < 2$에서 방정식 $\cos\left(\pi x + \dfrac{\pi}{4}\right) = \dfrac{\sqrt{3}}{2}$의 근을 $x = \alpha$ 또는 $x = \beta$ $(\alpha < \beta)$라 할 때, $\beta - \alpha$의 값은?

① $\dfrac{1}{4}$ ② $\dfrac{1}{3}$ ③ $\dfrac{1}{2}$

④ $\dfrac{2}{3}$ ⑤ $\dfrac{3}{4}$

0448

$0 \le x < 2\pi$에서 x에 대한 방정식 $\sin x = k$ $(0 < k < 1)$의 한 근이 $\dfrac{\pi}{5}$일 때, 다른 한 근은 $\dfrac{n}{5}\pi$이다. 자연수 n의 값을 구하시오.

0449

$0 \le x < 2\pi$일 때, 방정식 $\sin(\pi \cos x) = 0$의 모든 근의 합은?

① 2π 　　② 3π 　　③ 4π

④ 5π 　　⑤ 6π

0452 교육청 변형

$0 \le x < \pi$일 때, 방정식 $\cos x + \sqrt{3} \sin x = \sqrt{3}$을 만족시키는 모든 x의 값의 합은?

① $\dfrac{2}{3}\pi$ 　　② $\dfrac{5}{6}\pi$ 　　③ π

④ $\dfrac{7}{6}\pi$ 　　⑤ $\dfrac{4}{3}\pi$

유형 18 삼각방정식 – 이차식 꼴

0450

$0 \le x < 2\pi$일 때, 방정식 $\sin^2 x + \cos x = 1$의 모든 실근의 합은?

① $\dfrac{\pi}{2}$ 　　② π 　　③ $\dfrac{3}{2}\pi$

④ 2π 　　⑤ $\dfrac{5}{2}\pi$

0453

삼각형 ABC에 대하여 $2\sin^2(A+B) - 3\cos C = 3$이 성립할 때, $\sin(A+B-C)$의 값은?

① $-\dfrac{\sqrt{3}}{2}$ 　　② $-\dfrac{\sqrt{2}}{2}$ 　　③ $-\dfrac{1}{2}$

④ $\dfrac{\sqrt{2}}{2}$ 　　⑤ $\dfrac{\sqrt{3}}{2}$

0451

$0 \le x < 2\pi$일 때, 방정식 $2\cos^2 x - \sin x - 1 = 0$의 모든 근의 합은?

① π 　　② $\dfrac{3}{2}\pi$ 　　③ 2π

④ $\dfrac{5}{2}\pi$ 　　⑤ 3π

0454

$0 \le x < \dfrac{\pi}{2}$일 때, 방정식 $5\sin^2 x - 1 = 3\sin x \cos x$를 만족시키는 x의 값을 구하시오.

0455

방정식 $\sin \pi x = \dfrac{1}{5}x$의 서로 다른 실근의 개수는?

① 9 ② 10 ③ 11
④ 12 ⑤ 13

0456

$0 \le x \le 2\pi$일 때, 방정식 $\sin\left(\dfrac{\pi}{2}-x\right)=\cos 2x$의 서로 다른 실근의 개수를 구하시오.

0457

$0 \le x < 2\pi$일 때, 방정식 $|\cos 4x|=\dfrac{1}{3}$의 서로 다른 실근의 개수를 구하시오.

유형 **20** 삼각방정식의 근의 조건

0458

$0 \le x < 2\pi$일 때, x에 대한 방정식

$$\sin(\pi+x)=\cos\left(\dfrac{\pi}{2}-x\right)-1+k$$

가 오직 하나의 실근을 갖도록 하는 모든 실수 k의 값의 합은?

① 1 ② 2 ③ 3
④ 4 ⑤ 5

0459

x에 대한 방정식 $\cos^2 x + \sin x + k = 0$이 실근을 갖도록 하는 실수 k의 값의 범위는?

① $-\dfrac{9}{4} \le k \le 0$ ② $-\dfrac{5}{4} \le k \le 1$

③ $-\dfrac{5}{4} \le k \le \dfrac{5}{4}$ ④ $0 \le k \le \dfrac{9}{4}$

⑤ $1 \le k \le \dfrac{5}{4}$

0460

$0 \le x < 2\pi$에서 x에 대한 방정식 $\left|\cos x + \dfrac{1}{6}\right|=k$가 서로 다른 두 실근을 갖도록 하는 실수 k의 값의 범위가 $\alpha < k < \beta$일 때, $\alpha+\beta$의 값은? (단, $k \ne 0$)

① 1 ② $\dfrac{3}{2}$ ③ 2
④ $\dfrac{5}{2}$ ⑤ 3

유형 **21** 삼각부등식 – 일차식 꼴

0461

$-\dfrac{\pi}{2} < x < \dfrac{\pi}{2}$에서 부등식 $|\tan x| \le \sqrt{3}$의 해가 $\alpha \le x \le \beta$일 때, $\beta-\alpha$의 값은?

① $\dfrac{\pi}{4}$ ② $\dfrac{\pi}{3}$ ③ $\dfrac{\pi}{2}$
④ $\dfrac{2}{3}\pi$ ⑤ $\dfrac{3}{4}\pi$

0462

$-\dfrac{\pi}{2}<x<\dfrac{\pi}{2}$일 때, 부등식 $|\sin x|<\cos x$를 풀면?

① $-\dfrac{\pi}{4}<x<\dfrac{\pi}{4}$ ② $-\dfrac{\pi}{4}<x<\dfrac{\pi}{2}$

③ $-\dfrac{\pi}{2}<x<\dfrac{\pi}{4}$ ④ $-\dfrac{\pi}{2}<x<\dfrac{\pi}{2}$

⑤ $0<x<\dfrac{\pi}{2}$

0463

부등식 $\cos\left(x-\dfrac{\pi}{3}\right)<\dfrac{1}{2}$의 해는? (단, $0\le x<2\pi$)

① $0<x<\dfrac{2}{3}\pi$ ② $\dfrac{\pi}{3}<x<\dfrac{5}{3}\pi$

③ $\dfrac{\pi}{3}<x<2\pi$ ④ $\dfrac{2}{3}\pi<x<\dfrac{4}{3}\pi$

⑤ $\dfrac{2}{3}\pi<x<2\pi$

0464

$0\le x<2\pi$일 때, 두 부등식 $\sin x\ge\dfrac{\sqrt{2}}{2}$, $\cos x\le-\dfrac{1}{2}$을 동시에 만족시키는 x의 값의 범위는 $\alpha\pi\le x\le\beta\pi$이다. $12\alpha\beta$의 값을 구하시오.

0465

$0\le x<2\pi$일 때, 부등식 $2\sin^2 x+3\cos x-3>0$의 해는?

① $\dfrac{\pi}{3}<x<\dfrac{5}{3}\pi$

② $0<x<\dfrac{\pi}{3}$ 또는 $\dfrac{5}{3}\pi<x<2\pi$

③ $0<x<\dfrac{\pi}{2}$ 또는 $\dfrac{3}{2}\pi<x<2\pi$

④ $\dfrac{\pi}{3}<x<\dfrac{\pi}{2}$ 또는 $\dfrac{3}{2}\pi<x<\dfrac{5}{3}\pi$

⑤ $\dfrac{\pi}{2}<x<\dfrac{2}{3}\pi$ 또는 $\dfrac{4}{3}\pi<x<\dfrac{3}{2}\pi$

0466

$0<x<\dfrac{\pi}{2}$에서 부등식 $\sin x+\dfrac{1}{\sin x}<\dfrac{5}{2}$의 해가 $\alpha<x<\beta$일 때, $\cos(\alpha+\beta)$의 값을 구하시오.

0467

$0\le x<2\pi$에서 부등식

$$2\cos^2\left(x-\dfrac{\pi}{3}\right)-\cos\left(x+\dfrac{\pi}{6}\right)-1\ge0$$

의 해가 $\alpha\le x\le\beta$일 때, $\alpha+\beta$의 값은?

① π ② $\dfrac{4}{3}\pi$ ③ $\dfrac{5}{3}\pi$

④ 2π ⑤ $\dfrac{7}{3}\pi$

0468

$-\dfrac{\pi}{2}<x<\dfrac{\pi}{2}$에서 부등식 $\sqrt{3}\,|\tan x|\geq\tan^2 x$의 해가 $\alpha\leq x\leq\beta$일 때, $\beta-\alpha$의 값은?

① $\dfrac{\pi}{6}$ ② $\dfrac{\pi}{3}$ ③ $\dfrac{\pi}{2}$

④ $\dfrac{2}{3}\pi$ ⑤ $\dfrac{5}{6}\pi$

0469

모든 실수 x에 대하여 부등식

$$\sin^2 x+6\cos x-3k\leq 0$$

이 성립하도록 하는 실수 k의 최솟값은?

① -2 ② -1 ③ 0

④ 1 ⑤ 2

유형 23 삼각방정식과 삼각부등식의 활용

0470

x에 대한 이차방정식 $2x^2+4x\cos\theta+\sin\theta+2=0$이 서로 다른 두 실근을 갖도록 하는 θ의 값의 범위가 $\pi<\theta<\alpha$ 또는 $\beta<\theta<2\pi$일 때, $\alpha+\beta$의 값은? (단, $0<\theta<2\pi$)

① $\dfrac{7}{3}\pi$ ② $\dfrac{5}{2}\pi$ ③ $\dfrac{8}{3}\pi$

④ $\dfrac{17}{6}\pi$ ⑤ 3π

0471 수능 변형

$0\leq\theta<2\pi$일 때, x에 대한 이차방정식

$$x^2-2x\cos\theta+2\cos\theta=0$$

이 실근을 갖지 않도록 하는 θ의 값의 범위는?

① $\dfrac{\pi}{2}<\theta<\dfrac{3}{2}\pi$ ② $\dfrac{\pi}{2}<\theta<2\pi$

③ $0\leq\theta<\dfrac{3}{2}\pi$ ④ $\dfrac{\pi}{2}<\theta<\pi$ 또는 $\pi<\theta<2\pi$

⑤ $0\leq\theta<\dfrac{\pi}{2}$ 또는 $\dfrac{3}{2}\pi<\theta<2\pi$

0472

$0<\theta<\dfrac{\pi}{2}$에서 x에 대한 이차방정식

$$3x^2-3(\cos\theta-1)x-\sqrt{3}\sin\theta=0$$

의 한 근이 -1일 때, 다른 한 근은?

① $\dfrac{1}{6}$ ② $\dfrac{1}{3}$ ③ $\dfrac{1}{2}$

④ $\dfrac{2}{3}$ ⑤ $\dfrac{5}{6}$

0473

x에 대한 이차함수 $y=x^2+2\sqrt{2}x-4\cos\theta$의 그래프가 x축과 만나지 않도록 하는 θ의 값의 범위가 $\alpha<\theta<\beta$일 때, $\beta-\alpha$의 값은? (단, $0\leq\theta<2\pi$)

① $\dfrac{\pi}{4}$ ② $\dfrac{\pi}{3}$ ③ $\dfrac{\pi}{2}$

④ $\dfrac{2}{3}\pi$ ⑤ $\dfrac{3}{4}\pi$

0474 교육청 변형

$\cos\left(\dfrac{\pi}{2}+\theta\right)\times\tan\left(\dfrac{\pi}{2}-\theta\right)=\dfrac{\sqrt{7}}{4}$ 이고 $\tan\theta<0$ 일 때, $\sin(\pi+\theta)$ 의 값은?

① $-\dfrac{3}{4}$ ② $-\dfrac{2}{3}$ ③ $-\dfrac{1}{3}$

④ $\dfrac{2}{3}$ ⑤ $\dfrac{3}{4}$

0475 수능 기출

함수 $f(x)=\sin\dfrac{\pi}{4}x$ 라 할 때, $0<x<16$ 에서 부등식

$$f(2+x)f(2-x)<\dfrac{1}{4}$$

을 만족시키는 모든 자연수 x 의 값의 합을 구하시오.

0476 평가원 변형

$0\le x<2\pi$ 일 때, 방정식 $3|\sin x|=3-2\cos^2 x$ 의 모든 해의 합은?

① 6π ② 7π ③ 8π
④ 9π ⑤ 10π

0477 교육청 기출

곡선 $y=\sin\dfrac{\pi}{2}x\ (0\le x\le 5)$ 가 직선 $y=k\ (0<k<1)$ 과 만나는 서로 다른 세 점을 y 축에서 가까운 순서대로 A, B, C라 하자. 세 점 A, B, C의 x 좌표의 합이 $\dfrac{25}{4}$ 일 때, 선분 AB의 길이는?

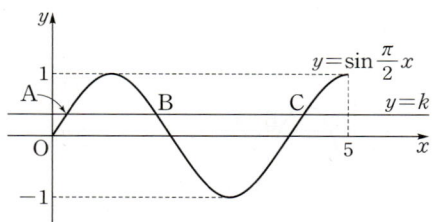

① $\dfrac{5}{4}$ ② $\dfrac{11}{8}$ ③ $\dfrac{3}{2}$

④ $\dfrac{13}{8}$ ⑤ $\dfrac{7}{4}$

0478 교육청 변형

함수 $f(x) = a \tan bx + c$가 다음 조건을 만족시킬 때, 상수 a, b, c에 대하여 abc의 값을 구하시오. (단, $a > 0$, $b > 0$)

(가) $f(x)$의 주기는 2π이다.

(나) $-\dfrac{\pi}{2} \le x \le \dfrac{\pi}{2}$에서 $f(x)$의 최댓값은 3이다.

(다) $f\left(-\dfrac{\pi}{2}\right) = 1$

0479 교육청 기출

그림과 같이 두 상수 a, b에 대하여 함수

$$f(x) = a \sin \frac{\pi x}{b} + 1 \left(0 \le x \le \frac{5}{2}b\right)$$

의 그래프와 직선 $y = 5$가 만나는 점을 x좌표가 작은 것부터 차례로 A, B, C라 하자. $\overline{BC} = \overline{AB} + 6$이고 삼각형 AOB의 넓이가 $\dfrac{15}{2}$일 때, $a^2 + b^2$의 값은?

(단, $a > 4$, $b > 0$이고, O는 원점이다.)

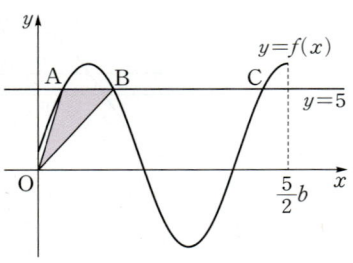

① 68 　　　② 70 　　　③ 72
④ 74 　　　⑤ 76

0480 교육청 기출

그림과 같이 어떤 용수철에 질량이 m g인 추를 매달아 아래쪽으로 L cm만큼 잡아당겼다가 놓으면 추는 지면과 수직인 방향으로 진동한다. 추를 놓은 지 t초가 지난 후의 추의 높이를 h cm라 하면 다음 관계식이 성립한다.

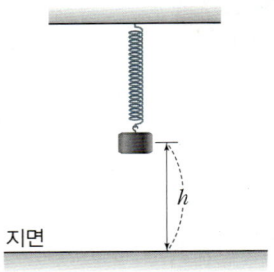

$$h = 20 - L \cos \frac{2\pi t}{\sqrt{m}}$$

이 용수철에 질량이 144 g인 추를 매달아 아래쪽으로 10 cm만큼 잡아당겼다가 놓은 지 2초가 지난 후의 추의 높이와, 질량이 a g인 추를 매달아 아래쪽으로 $5\sqrt{2}$ cm만큼 잡아당겼다가 놓은 지 2초가 지난 후의 추의 높이가 같을 때, a의 값을 구하시오. (단, $L < 20$이고 $a \ge 100$이다.)

0481 수능 기출

양수 a에 대하여 집합

$$\left\{ x \,\middle|\, -\frac{a}{2} < x \le a, \ x \ne \frac{a}{2} \right\}$$에서

정의된 함수 $f(x) = \tan \dfrac{\pi x}{a}$가 있다. 그림과 같이 함수 $y = f(x)$의 그래프 위의 세 점 O, A, B를 지나는 직선이 있다. 점 A를 지나고 x축에 평행한 직선이 함수 $y = f(x)$의 그래프와 만나는 점 중 A가 아닌 점을 C라 하자. 삼각형 ABC가 정삼각형일 때, 삼각형 ABC의 넓이는? (단, O는 원점이다.)

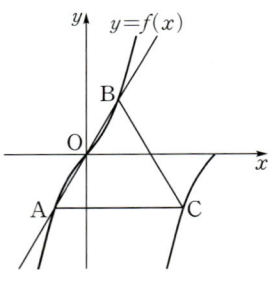

① $\dfrac{3\sqrt{3}}{2}$ 　　　② $\dfrac{17\sqrt{3}}{12}$ 　　　③ $\dfrac{4\sqrt{3}}{3}$

④ $\dfrac{5\sqrt{3}}{4}$ 　　　⑤ $\dfrac{7\sqrt{3}}{6}$

0482 교육청 변형

함수 $f(x)$가 다음 조건을 만족시킨다.

(가) 모든 실수 x에 대하여 $f(x+\pi)=f(x)$

(나) $0 \le x \le \dfrac{\pi}{2}$일 때, $f(x)=\sin 8x$

(다) $\dfrac{\pi}{2} < x \le \pi$일 때, $f(x)=-\sin 8x$

방정식 $f(x)=\dfrac{x}{\pi}$의 서로 다른 실근의 개수를 구하시오.

0483 교육청 기출

$0<\theta<\dfrac{\pi}{4}$인 θ에 대하여 보기에서 옳은 것만을 있는 대로 고른 것은?

보기
ㄱ. $0<\sin\theta<\cos\theta<1$
ㄴ. $0<\log_{\sin\theta}\cos\theta<1$
ㄷ. $(\sin\theta)^{\cos\theta}<(\cos\theta)^{\cos\theta}<(\cos\theta)^{\sin\theta}$

① ㄱ
② ㄱ, ㄴ
③ ㄱ, ㄷ
④ ㄴ, ㄷ
⑤ ㄱ, ㄴ, ㄷ

0484 교육청 변형

10보다 작은 두 자연수 a, b에 대하여 $0 \le x \le 2\pi$에서 함수 $y=a\sin 2x+b$의 그래프가 두 직선 $y=1$, $y=5$와 만나는 점의 개수를 각각 p, q라 할 때, $p+q=6$이 되도록 하는 a, b의 모든 순서쌍 (a, b)의 개수를 구하시오.

0485 교육청 변형

$-2\pi \le x \le 2\pi$에서 정의된 함수 $f(x)=\left|\sin|x|+\dfrac{\sqrt{3}}{2}\right|$이 있다. 실수 k에 대하여 방정식 $f(x)-k=0$의 실근의 개수를 $g(k)$라 할 때, 집합 $A=\{g(k)|k$는 실수$\}$의 모든 원소의 합을 구하시오.

삼각함수의 활용

유형 01 사인법칙

0486

그림과 같이 $\overline{AB}=\sqrt{6}$이고 $B=45°$, $C=60°$인 삼각형 ABC에서 $\overline{AC}$의 길이는?

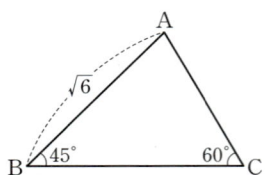

① 1　　　　② $\sqrt{2}$
③ $\sqrt{3}$　　　④ 2
⑤ $\sqrt{5}$

0487

삼각형 ABC에서 $a=4$, $b=8$, $c=6$일 때, $\dfrac{\sin B}{\sin A}$의 값을 구하시오.

0488

그림과 같이 원에 내접하는 삼각형 ABC가 있다.
$\overset{\frown}{AB}:\overset{\frown}{BC}:\overset{\frown}{CA}=4:3:5$이고, $\overline{AB}=2\sqrt{3}$일 때, $\overline{BC}$의 길이는?

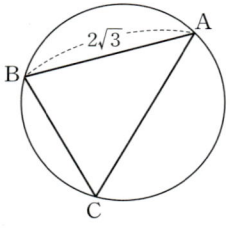

① $\sqrt{6}$　　　② $\sqrt{7}$
③ $2\sqrt{2}$　　　④ 3
⑤ $\sqrt{10}$

0489

그림과 같이 삼각형 ABC의 꼭짓점 A에서 변 BC에 내린 수선의 발을 H라 하자. $\overline{AB}=6$, $B=60°$, $\sin C=\dfrac{\sqrt{3}}{3}$일 때, $\overline{CH}$의 길이는? (단, $0°<C<90°$)

① $4\sqrt{2}$　　　② 6　　　③ $4\sqrt{3}$
④ $3\sqrt{6}$　　　⑤ $2\sqrt{15}$

유형 02 사인법칙 – 삼각형의 외접원

0490 평가원 변형

반지름의 길이가 8인 원에 내접하는 삼각형 ABC에서 $\sin A=\dfrac{3}{4}$일 때, 선분 BC의 길이는?

① 8　　　　② 9　　　　③ 10
④ 11　　　⑤ 12

0491

삼각형 ABC에서 $A=105°$, $B=30°$, $b=8$일 때, c의 값과 외접원의 반지름의 길이 R의 곱 cR의 값은?

① 32　　　② $32\sqrt{2}$　　　③ $32\sqrt{3}$
④ 64　　　⑤ $64\sqrt{2}$

0492

그림과 같이 중심이 O인 원에서 접선 AC와 현 AB가 이루는 각의 크기가 60°이고 $\overline{AB}=12$일 때, 이 원의 넓이는?

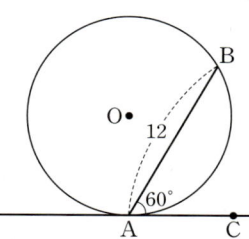

① 39π ② 42π

③ 45π ④ 48π

⑤ 51π

0493

그림과 같이 반지름의 길이가 $3\sqrt{5}$인 원에 내접하는 삼각형 ABC에서 $\overline{AC}=3\sqrt{2}$, $C=45°$일 때, $\overline{BC}$의 길이를 구하시오.

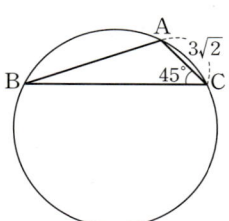

유형 **03** **사인법칙의 변형**

0494

삼각형 ABC에서 $a:b:c=2:3:4$일 때, $\dfrac{\sin C}{\sin A+\sin B}$의 값은?

① $\dfrac{1}{5}$ ② $\dfrac{2}{5}$ ③ $\dfrac{3}{5}$

④ $\dfrac{4}{5}$ ⑤ 1

0495

반지름의 길이가 5인 원에 내접하는 삼각형 ABC의 둘레의 길이가 25일 때, $\sin A+\sin B+\sin C$의 값은?

① $\dfrac{3}{2}$ ② $\dfrac{7}{4}$ ③ 2

④ $\dfrac{9}{4}$ ⑤ $\dfrac{5}{2}$

0496

삼각형 ABC에서

$$\sin(A+B):\sin(B+C):\sin(C+A)=3:4:5$$

일 때, $\dfrac{a^2+c^2}{b^2}$의 값을 구하시오.

0497

삼각형 ABC의 세 변의 길이 a, b, c에 대하여

$$ab:bc:ca=4:3:6$$

일 때, $\sin A:\sin B:\sin C$는?

① $4:2:3$ ② $4:3:2$ ③ $3:2:4$

④ $3:4:2$ ⑤ $2:3:4$

0498

등식 $\cos^2 A - \cos^2 B = \sin^2 C$를 만족시키는 삼각형 ABC는 어떤 삼각형인가?

① 정삼각형
② $a=b$인 이등변삼각형
③ $b=c$인 이등변삼각형
④ $B=90°$인 직각삼각형
⑤ $C=90°$인 직각삼각형

0499

다음을 만족시키는 삼각형 ABC는 어떤 삼각형인가?

$$a\sin(B+C) = b\sin(C+A) = c\sin C$$

① 정삼각형
② $a=b \neq c$인 이등변삼각형
③ $a \neq b=c$인 이등변삼각형
④ $a=c \neq b$인 이등변삼각형
⑤ $C=90°$인 직각삼각형

0500

삼각형 ABC에서
$$\sin^2 A + \sin^2 B = 2\sin A \sin(B+C)$$
가 성립할 때, 이 삼각형은 어떤 삼각형인가?

① $a=b$인 이등변삼각형
② $a=c$인 이등변삼각형
③ $b=c$인 이등변삼각형
④ $A=90°$인 직각삼각형
⑤ $C=90°$인 직각삼각형

0501

A지점에서 강 건너편의 P지점까지의 거리를 구하기 위하여 측정한 결과가 그림과 같았다. 두 지점 A, P 사이의 거리는?

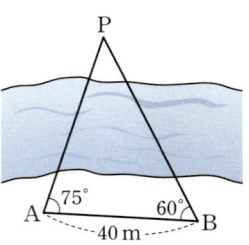

① $20\sqrt{3}$ m
② $20\sqrt{6}$ m
③ $40\sqrt{3}$ m
④ $40\sqrt{6}$ m
⑤ $60\sqrt{3}$ m

0502

그림과 같이 200 m 떨어진 두 지점 A, B와 타워가 위치한 지점 Q에 대하여 B지점에서 타워의 꼭대기 P를 바라본 각의 크기는 $\angle PBQ = 60°$이고 $\angle QAB = 30°$, $\angle ABQ = 105°$이다. 타워의 높이 $\overline{PQ}$는?

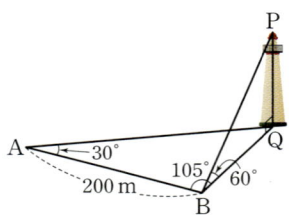

① 100 m
② $100\sqrt{2}$ m
③ $100\sqrt{3}$ m
④ 200 m
⑤ $100\sqrt{6}$ m

0503

그림과 같이 지면에 수직으로 서 있는 건물의 높이를 구하기 위해 A지점에서 건물의 꼭대기 D지점을 바라본 각의 크기와 A지점에서 40 m 떨어진 B지점에서 건물의 꼭대기 D지점을 바라본 각의 크기를 측정하였더니 각각 30°, 75°이었다. 건물의 높이를 h m라 할 때, h의 값은?

(단, 세 지점 A, B, C는 일직선 위에 있다.)

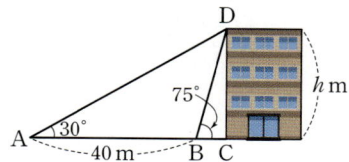

① $5\sqrt{2}+15$ ② $5\sqrt{3}+15$ ③ 20
④ $10\sqrt{2}+10$ ⑤ $10\sqrt{3}+10$

 유형 06 코사인법칙

0504

삼각형 ABC에서 $\overline{BC}=7$, $\overline{AC}=5$, $A=\dfrac{\pi}{3}$일 때, $\overline{AB}$의 길이를 구하시오.

0505

그림과 같이 원에 내접하는 사각형 ABCD에서 $\overline{AB}=3$, $\overline{BC}=2$이고, $\cos D=\dfrac{5}{12}$일 때, $\overline{AC}$의 길이는?

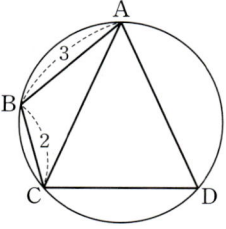

① 4 ② $3\sqrt{2}$
③ $2\sqrt{5}$ ④ $\sqrt{22}$
⑤ $2\sqrt{6}$

0506

그림과 같은 사각형 ABCD에서 $B=60°$, $D=120°$이고, $\overline{AB}=6$, $\overline{AD}=4$, $\overline{CD}=6$일 때, $\overline{BC}$의 길이를 구하시오.

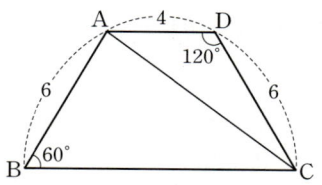

0507

그림과 같이 $\overline{AB}=6$, $\overline{BC}=8$, $\overline{CD}=\overline{DA}=3\sqrt{3}$인 사각형 ABCD가 원에 내접할 때, $\cos B$의 값은?

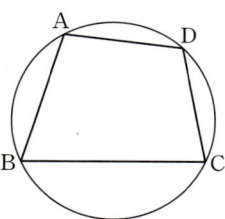

① $\dfrac{17}{75}$ ② $\dfrac{19}{75}$
③ $\dfrac{7}{25}$ ④ $\dfrac{23}{75}$
⑤ $\dfrac{1}{3}$

0508

삼각형 ABC에서 $a=\sqrt{2}$, $b=2$, $c=\sqrt{3}-1$일 때, $\angle B$의 크기는?

① $45°$ ② $60°$ ③ $90°$

④ $120°$ ⑤ $135°$

0509

그림과 같은 삼각형 ABC에서 $\overline{BC}$ 위의 한 점 D에 대하여 $\overline{AB}=7$, $\overline{BD}=6$, $\overline{AD}=5$, $\overline{CD}=4$일 때, $\overline{AC}$의 길이를 구하시오.

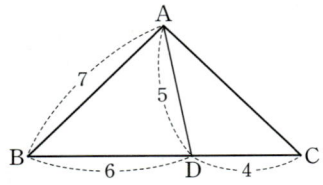

0510

그림과 같은 정삼각형 ABC에서 $\overline{BC}$의 삼등분점을 각각 P, Q라 하고, $\angle PAQ=\theta$라 할 때, $\cos\theta$의 값은?

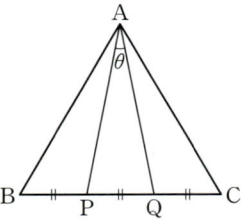

① $\dfrac{2\sqrt{10}}{7}$ ② $\dfrac{9\sqrt{2}}{14}$

③ $\dfrac{\sqrt{165}}{14}$ ④ $\dfrac{\sqrt{42}}{7}$

⑤ $\dfrac{13}{14}$

0511

그림과 같이 세 변의 길이가 각각 8 cm, 9 cm, 10 cm인 삼각형 모양의 색종이가 있다. 이 색종이를 길이가 8 cm, 10 cm인 두 변이 서로 겹쳐지도록 접은 다음 펼쳤을 때, 접힌 선의 길이는?

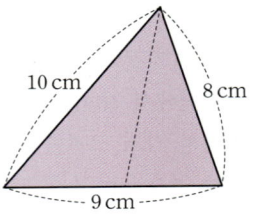

① $\sqrt{57}$ cm   ② $2\sqrt{15}$ cm   ③ 8 cm

④ $2\sqrt{17}$ cm   ⑤ $6\sqrt{2}$ cm

0512

$a=4\sqrt{2}$, $b=7$, $c=5$인 삼각형 ABC의 외접원의 둘레의 길이는?

① $4\sqrt{3}\pi$ ② 7π ③ $5\sqrt{2}\pi$

④ $\sqrt{51}\pi$ ⑤ $2\sqrt{13}\pi$

0513

삼각형 ABC에서 $a=6$, $c=5$, $\cos B=\dfrac{3}{4}$일 때, 삼각형 ABC의 외접원의 넓이는?

① $\dfrac{61}{7}\pi$ ② $\dfrac{62}{7}\pi$ ③ 9π

④ $\dfrac{64}{7}\pi$ ⑤ $\dfrac{65}{7}\pi$

0514

삼각형 ABC에서 $2\sin A = 3\sin B = 2\sin C$가 성립할 때, $\cos B$의 값은?

① $\dfrac{4}{9}$ ② $\dfrac{5}{9}$ ③ $\dfrac{2}{3}$

④ $\dfrac{7}{9}$ ⑤ $\dfrac{8}{9}$

0515

그림과 같이 원 위의 세 점 A, B, C에 대하여
$$\overline{AB}=5, \quad \overline{AC}=8,$$
$$\angle BAC=60°$$
일 때, 원의 넓이는?

① $\dfrac{47}{3}\pi$ ② $\dfrac{49}{3}\pi$

③ 17π ④ $\dfrac{53}{3}\pi$

⑤ $\dfrac{55}{3}\pi$

0516

삼각형 ABC에서 $\tan C = \dfrac{1}{3}$일 때,
$\sin^2 A + \sin^2 B - 2\sin A\sin B\cos C$의 값은?

① $\dfrac{1}{10}$ ② $\dfrac{1}{5}$ ③ $\dfrac{3}{10}$

④ $\dfrac{2}{5}$ ⑤ $\dfrac{1}{2}$

0517

그림과 같이 $a=5$, $b=6$, $c=3$인 삼각형 ABC의 한 변 BC 위의 점 D에 대하여 삼각형 ABD의 외접원의 반지름의 길이를 R_1, 삼각형 ADC의 외접원의 반지름의 길이를 R_2라 할 때, $\dfrac{R_2}{R_1}$의 값을 구하시오.

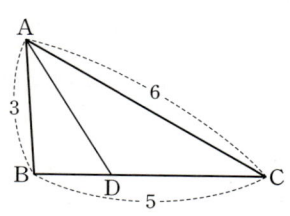

유형 09 삼각형의 최대각과 최소각

0518

$a=4$, $b=5$, $c=7$인 삼각형 ABC의 세 내각 중 가장 큰 각의 크기를 θ라 할 때, $\tan^2\theta$의 값을 구하시오.

0519

삼각형 ABC에서 $\dfrac{\sin A}{7} = \dfrac{\sin B}{5} = \dfrac{\sin C}{3}$가 성립할 때, 삼각형 ABC의 세 내각 중 가장 큰 각의 크기는?

① $\dfrac{\pi}{3}$ ② $\dfrac{\pi}{2}$ ③ $\dfrac{2}{3}\pi$

④ $\dfrac{3}{4}\pi$ ⑤ $\dfrac{5}{6}\pi$

0520

$\overline{AB}=3$, $\overline{BC}=5$인 삼각형 ABC에서 ∠C의 최대 크기를 θ
라 하고, ∠C$=\theta$일 때 $\overline{AC}$의 길이를 a라 하자. $\dfrac{a^2}{\cos^2\theta}$의 값
을 구하시오.

유형 **10** **코사인법칙을 이용한 삼각형의 모양 결정**

0521

삼각형 ABC가 $a\cos B-b\cos A=c$를 만족시킬 때, 이 삼
각형은 어떤 삼각형인가?

① 정삼각형 ② $a=b$인 이등변삼각형
③ $A=90°$인 직각삼각형 ④ $B=90°$인 직각삼각형
⑤ $C=90°$인 직각삼각형

0522

등식 $\sin(A+B)=\sin A\cos B$를 만족시키는 삼각형
ABC는 어떤 삼각형인가?

① 정삼각형 ② $a=b$인 이등변삼각형
③ $b=c$인 이등변삼각형 ④ $A=90°$인 직각삼각형
⑤ $B=90°$인 직각삼각형

0523

다음 등식을 만족시키는 삼각형 ABC는 어떤 삼각형인가?

$$2\sin C\cos A+\sin(B+C)=\sin(A+B)+\sin(C+A)$$

① $a=b$인 이등변삼각형 ② $a=c$인 이등변삼각형
③ $b=c$인 이등변삼각형 ④ $A=90°$인 직각삼각형
⑤ $B=90°$인 직각삼각형

유형 **11** **코사인법칙의 활용**

0524

그림은 원 모양의 접시의 일부가 깨
진 것이다. 남아 있는 부분의 둘레
위의 세 지점을 A, B, C로 정하여
삼각형 ABC의 세 변의 길이를 재
었더니 $\overline{AB}=7\text{ cm}$, $\overline{BC}=3\text{ cm}$,
$\overline{AC}=5\text{ cm}$이었다. 깨지기 전의 접시의 넓이는?

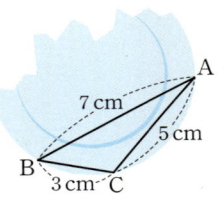

① $\dfrac{47}{3}\pi\text{ cm}^2$ ② $16\pi\text{ cm}^2$ ③ $\dfrac{49}{3}\pi\text{ cm}^2$

④ $\dfrac{50}{3}\pi\text{ cm}^2$ ⑤ $17\pi\text{ cm}^2$

0525

그림과 같이 45°의 각을 이루는 두 직선 도로가 만나는 지점 O에서 두 자동차 A, B가 동시에 출발하여 각각의 도로를 시속 50 km, $20\sqrt{2}$ km로 달릴 때, 출발한 지 30분 후의 두 자동차 사이의 직선 거리는 몇 km인가? (단, 도로의 폭, 자동차의 크기는 무시한다.)

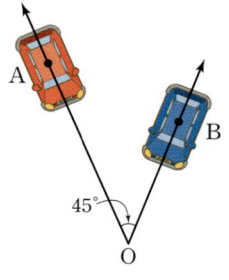

① $5\sqrt{13}$ km
② $5\sqrt{23}$ km
③ $10\sqrt{6}$ km
④ $20\sqrt{2}$ km
⑤ $5\sqrt{33}$ km

0526

그림과 같이 인명 구조 훈련을 위해 높이가 각각 30 m, 40 m인 두 빌딩 A, B의 옥상에 로프를 직선으로 연결하였다. 지면의 한 지점 C에서 두 빌딩 A, B에 설치된 로프의 끝을 올려다본 각의 크기가 모두 30°일 때, 로프의 길이 $\overline{AB}$는? (단, 세 지점 A, B, C는 모두 지면과 수직인 한 평면 위에 위치한다.)

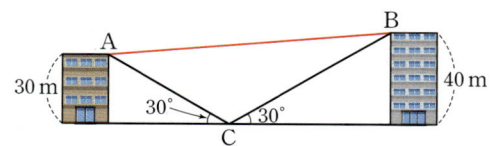

① $60\sqrt{3}$ m
② $80\sqrt{2}$ m
③ 120 m
④ $20\sqrt{37}$ m
⑤ $40\sqrt{10}$ m

0527

그림은 모선의 길이가 3이고, 밑면의 반지름의 길이가 1인 원뿔이다. 모선 OB 위의 점 P가 $\overline{OP}=2$를 만족시킬 때, 점 A에서 출발하여 원뿔의 옆면을 따라 점 P까지 가는 최단 거리는? (단, 두 점 A, B는 밑면의 지름의 양 끝 점이다.)

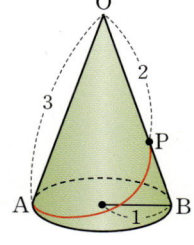

① $\sqrt{6}$
② $\sqrt{7}$
③ $2\sqrt{2}$
④ 3
⑤ $\sqrt{10}$

0528

그림과 같이 중심각의 크기가 60°이고 반지름의 길이가 $4\sqrt{3}$인 부채꼴 OAB가 있다. 세 점 P, Q, R은 각각 호 AB, 선분 OA, 선분 OB 위를 움직일 때, 삼각형 PQR의 둘레의 길이의 최솟값을 구하시오.

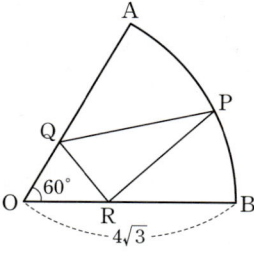

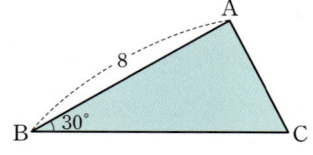

유형 **12** **삼각형의 넓이**

0529

그림과 같이 $\overline{AB}=8$, $B=30°$인 삼각형 ABC의 넓이가 18일 때, $\overline{BC}$의 길이를 구하시오.

07 삼각함수의 활용

0530

그림과 같이 $\overline{AB}=4$이고 $B=30°$, $C=45°$인 삼각형 ABC 의 넓이는?

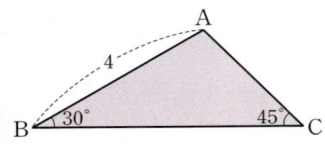

① $2\sqrt{3}$　　　② $2(1+\sqrt{2})$　　　③ $2(1+\sqrt{3})$
④ $2(2+\sqrt{2})$　　　⑤ $2(2+\sqrt{3})$

0531

삼각형 ABC에서 $\overline{AB}=3$, $\overline{CA}=2\sqrt{2}$이고 그 넓이가 3일 때, $\overline{BC}$의 길이는? (단, $0°<A<90°$)

① $\sqrt{5}$　　　② $\sqrt{7}$　　　③ 3
④ $\sqrt{11}$　　　⑤ $\sqrt{13}$

0532

삼각형 ABC가 다음 조건을 만족시킬 때, 삼각형 ABC의 넓이는?

$$c=2,\ C=60°,\ a^3+b^3=16$$

① 1　　　② $\sqrt{2}$　　　③ $\sqrt{3}$
④ 2　　　⑤ 3

0533

그림과 같이 $A=90°$이고 $\overline{AB}=3$, $\overline{AC}=4$인 삼각형 ABC에서 $\angle A$의 이등분선이 $\overline{BC}$와 만나는 점을 D라 할 때, $\overline{AD}$의 길이는 $\dfrac{q}{p}\sqrt{2}$ 이다. $p+q$의 값을 구하시오.

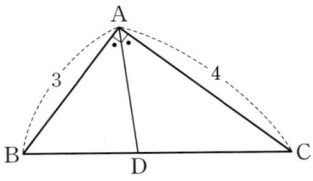

(단, p와 q는 서로소인 자연수이다.)

0534

그림과 같이 원에 내접하는 사각형 ABCD가 있다. $\cos A=-\dfrac{1}{4}$, $\overline{BD}=4\sqrt{2}$, $\overline{CD}=2\overline{BC}$일 때, 삼각형 BCD의 넓이는?

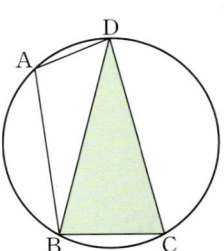

① $2\sqrt{14}$　　　② $2\sqrt{15}$
③ 8　　　④ $2\sqrt{17}$
⑤ $6\sqrt{2}$

유형 13 세 변의 길이가 주어진 삼각형의 넓이

0535

세 변의 길이가 8, 13, 15인 삼각형의 넓이는?

① $20\sqrt{3}$　　　② $25\sqrt{3}$　　　③ $30\sqrt{3}$
④ $35\sqrt{3}$　　　⑤ $40\sqrt{3}$

0536

세 변의 길이가 x, $\sqrt{21}$, 5인 예각삼각형의 넓이가 $5\sqrt{3}$일 때, x의 값을 구하시오.

0537

세 변의 길이의 비가 $4:5:6$인 삼각형의 넓이가 $120\sqrt{7}$일 때, 가장 짧은 변의 길이는?

① $14\sqrt{2}$ ② 20   ③ $16\sqrt{2}$
④ $10\sqrt{6}$ ⑤ $12\sqrt{5}$

유형 14   **외접원, 내접원의 반지름의 길이와 삼각형의 넓이**

0538

외접원의 반지름의 길이가 3인 삼각형 ABC의 넓이가 10일 때, 삼각형 ABC의 세 변의 길이의 곱은?

① 80   ② 90   ③ 100
④ 110   ⑤ 120

0539

그림과 같은 삼각형 ABC에서 $\overline{AB}=4$, $\overline{BC}=7$, $\overline{CA}=5$일 때, 삼각형 ABC의 내접원의 반지름의 길이는?

① $\dfrac{\sqrt{2}}{2}$ ② $\dfrac{\sqrt{3}}{2}$ ③ 1
④ $\dfrac{\sqrt{5}}{2}$ ⑤ $\dfrac{\sqrt{6}}{2}$

0540

넓이가 24인 삼각형 ABC가 반지름의 길이가 5인 원에 내접하고 $\sin A+\sin B+\sin C=\dfrac{12}{5}$를 만족시킬 때, 삼각형 ABC의 내접원의 반지름의 길이를 구하시오.

0541

그림과 같은 삼각형 ABC에서 $\overline{AB}=6$, $\overline{BC}=4$이고, $\angle ABC=\theta$라 하면 $\sin\theta=\dfrac{\sqrt{5}}{3}$이다.

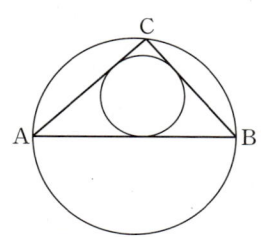

삼각형 ABC의 외접원의 둘레의 길이와 내접원의 둘레의 길이의 합은? $\left(\text{단, } 0<\theta<\dfrac{\pi}{2}\right)$

① $(2\sqrt{5}-4)\pi$ ② $(2\sqrt{5}-2)\pi$ ③ $2\sqrt{5}\pi$
④ $(2\sqrt{5}+4)\pi$ ⑤ $(2\sqrt{5}+6)\pi$

0542

그림과 같이 $\overline{AB}=3$, $\overline{BC}=3$, $\overline{CD}=1$, $\overline{DA}=4$이고 $A=60°$인 사각형 ABCD가 원에 내접할 때, 사각형 ABCD의 넓이는?

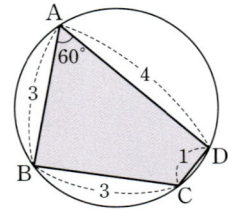

① $\dfrac{15\sqrt{3}}{4}$ ② $4\sqrt{3}$

③ $\dfrac{17\sqrt{3}}{4}$ ④ $\dfrac{9\sqrt{3}}{2}$

⑤ $\dfrac{19\sqrt{3}}{4}$

0543

그림과 같이 $\overline{AB}=5$, $\overline{BC}=6$, $\overline{CD}=4$, $\overline{DA}=3$이고, $D=120°$인 사각형 ABCD의 넓이는?

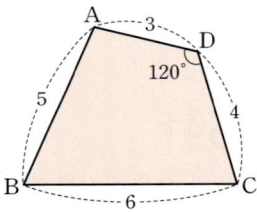

① $3\sqrt{21}+2\sqrt{3}$
② $3\sqrt{21}+3\sqrt{3}$
③ $6\sqrt{21}+2\sqrt{3}$
④ $6\sqrt{21}+3\sqrt{3}$
⑤ $9\sqrt{21}+2\sqrt{3}$

0544

그림과 같이 $B=90°$, $D=120°$이고 $\overline{AD}=7$, $\overline{CD}=8$인 사각형 ABCD가 $\overline{AB}:\overline{BC}=2:3$을 만족시킬 때, 사각형 ABCD의 넓이는 $p+q\sqrt{3}$이다. $p+q$의 값을 구하시오. (단, p, q는 유리수이다.)

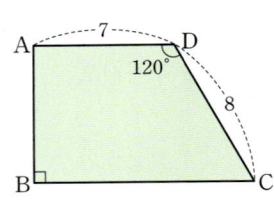

0545

그림과 같이 $C=60°$, $D=75°$이고 $\overline{BC}=1$, $\overline{CD}=2$인 사각형 ABCD의 넓이가 $\dfrac{\sqrt{3}+\sqrt{6}}{2}$일 때, $\overline{AD}$의 길이를 구하시오.

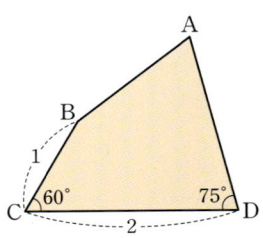

0546

그림과 같은 사각형 ABCD에서 $\overline{AB}=1$, $\overline{BC}=2$, $\overline{CD}=4$, $\overline{DA}=5$이고 $\angle B + \angle D = 180°$일 때, 사각형 ABCD의 넓이는?

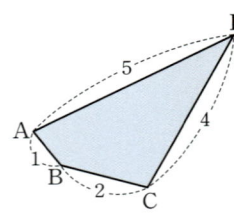

① $4\sqrt{2}$ ② $\sqrt{34}$
③ 6 ④ $\sqrt{38}$
⑤ $2\sqrt{10}$

유형 16 평행사변형의 넓이

0547

그림과 같이 $\overline{AB}=5$, $\overline{BC}=8$ 인 평행사변형 ABCD의 넓이가 $20\sqrt{3}$일 때, ∠C의 크기는? (단, $0°<B<90°$)

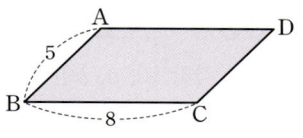

① 105°   ② 120°   ③ 135°
④ 150°   ⑤ 165°

0548

그림과 같은 평행사변형 ABCD의 넓이는?

① $8\sqrt{2}$ ② $8\sqrt{3}$
③ 16   ④ $16\sqrt{2}$
⑤ $16\sqrt{3}$

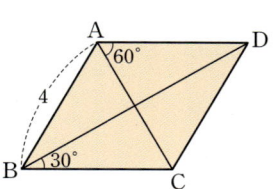

0549

그림과 같이 $\overline{AB}=6\sqrt{3}$, $\overline{AC}=6$이고 $B=30°$인 평행사변형 ABCD의 넓이는? (단, $\overline{AC}<\overline{BC}$)

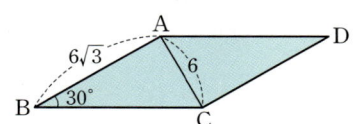

① $18\sqrt{2}$ ② $18\sqrt{3}$ ③ 36
④ $36\sqrt{2}$ ⑤ $36\sqrt{3}$

유형 17 사각형의 넓이 – 대각선의 길이 이용

0550

그림과 같이 $\overline{AC}=6$이고 두 대각선 AC, BD가 이루는 각의 크기가 30°인 등변사다리꼴 ABCD의 넓이를 구하시오.

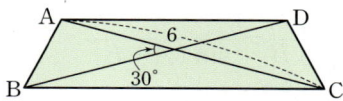

0551

그림과 같이 $\overline{AD}=8$인 사각형 ABCD에서 두 대각선 AC와 BD의 교점을 P라 하자. $\overline{PA}=8$, $\overline{PB}=12$, $\overline{PC}=6$, $\overline{PD}=4$일 때, 사각형 ABCD의 넓이는?

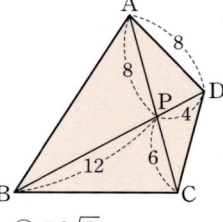

① $56\sqrt{2}$ ② 84   ③ $56\sqrt{3}$
④ $28\sqrt{15}$ ⑤ 112

0552

그림과 같이 $\overline{AB}=4$, $\overline{AD}=5$인 평행사변형 ABCD의 두 대각선의 교점을 O라 하면 ∠AOD=120°일 때, 평행사변형 ABCD의 넓이는?

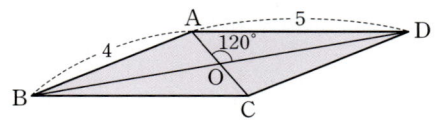

① $3\sqrt{3}$ ② $\dfrac{7\sqrt{3}}{2}$ ③ $4\sqrt{3}$
④ $\dfrac{9\sqrt{3}}{2}$ ⑤ $5\sqrt{3}$

0553 교육청 변형

삼각형 ABC에서

$$\frac{6}{\sin A} = \frac{7}{\sin B} = \frac{5}{\sin (A+B)}$$

일 때, $\cos A$의 값은?

① $\frac{19}{35}$　　② $\frac{4}{7}$　　③ $\frac{3}{5}$

④ $\frac{22}{35}$　　⑤ $\frac{23}{35}$

0555 교육청 기출

길이가 각각 10, a, b인 세 선분 AB, BC, CA를 각 변으로 하는 예각삼각형 ABC가 있다. 삼각형 ABC의 세 꼭짓점을 지나는 원의 반지름의 길이가 $3\sqrt{5}$이고

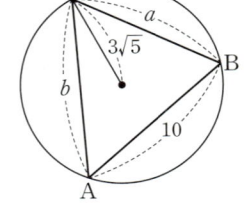

$$\frac{a^2+b^2-ab\cos C}{ab} = \frac{4}{3}$$

일 때, ab의 값은?

① 140　　② 150　　③ 160

④ 170　　⑤ 180

0554 교육청 변형

그림과 같이 $\angle C = 90°$이고 $\overline{AB} = 13$, $\overline{AC} = 5$인 직각삼각형 ABC에서 $\overline{AB}$, $\overline{AC}$를 각각 한 변으로 하는 정사각형을 그렸을 때, 삼각형 ADE의 넓이는?

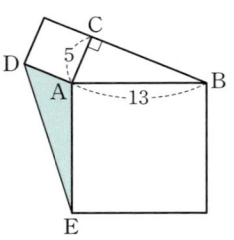

① 22　　② 25

③ 28　　④ 30

⑤ 32

0556 교육청 기출

그림과 같이 $\overline{AB} = 3$, $\overline{AC} = 1$이고 $\angle BAC = \frac{\pi}{3}$인 삼각형 ABC가 있다. $\angle BAC$의 이등분선이 선분 BC와 만나는 점을 P라 할 때, 삼각형 APC의 외접원의 넓이는?

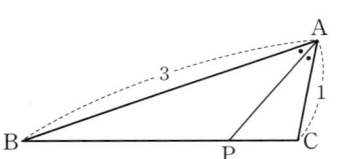

① $\frac{\pi}{4}$　　② $\frac{5}{16}\pi$　　③ $\frac{3}{8}\pi$

④ $\frac{7}{16}\pi$　　⑤ $\frac{\pi}{2}$

0557 평가원 기출

그림과 같이 $\overline{AB}=3$, $\overline{BC}=2$, $\overline{AC}>3$이고 $\cos(\angle BAC)=\dfrac{7}{8}$인 삼각형 ABC가 있다. 선분 AC의 중점을 M, 삼각형 ABC의 외접원이 직선 BM과 만나는 점 중 B가 아닌 점을 D라 할 때, 선분 MD의 길이는?

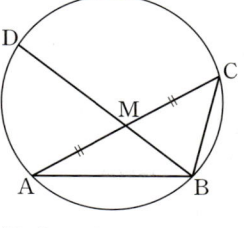

① $\dfrac{3\sqrt{10}}{5}$
② $\dfrac{7\sqrt{10}}{10}$
③ $\dfrac{4\sqrt{10}}{5}$

④ $\dfrac{9\sqrt{10}}{10}$
⑤ $\sqrt{10}$

0558 수능 변형

그림과 같이 $\overline{AB}=3$, $\overline{AC}=5$인 삼각형 ABC에서 $\angle BAC$의 이등분선이 삼각형 ABC의 외접원과 만나는 점 중 A가 아닌 점을 D라 하자. $\overline{AD}=4\sqrt{3}$일 때, 삼각형 ABD의 넓이는?

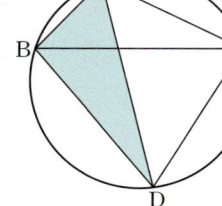

① $4\sqrt{3}$
② $3\sqrt{6}$
③ $2\sqrt{15}$
④ $\sqrt{66}$
⑤ $6\sqrt{2}$

0559 교육청 기출

그림과 같이 반지름의 길이가 $R\,(5<R<5\sqrt{5}\,)$인 원에 내접하는 사각형 ABCD가 다음 조건을 만족시킨다.

- $\overline{AB}=\overline{AD}$이고 $\overline{AC}=10$이다.
- 사각형 ABCD의 넓이는 40이다.

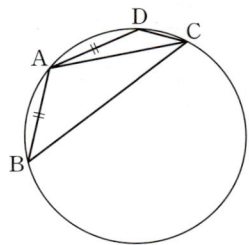

다음은 선분 BD의 길이와 R의 비를 구하는 과정이다.

$\overline{AB}=\overline{AD}=k$라 할 때
두 삼각형 ABC, ACD에서 각각 코사인법칙에 의하여
$$\cos(\angle ACB)=\dfrac{1}{20}\left(\overline{BC}+\dfrac{\boxed{(가)}}{\overline{BC}}\right),$$
$$\cos(\angle DCA)=\dfrac{1}{20}\left(\overline{CD}+\dfrac{\boxed{(가)}}{\overline{CD}}\right)$$
이다.
이때 두 호 AB, AD에 대한 원주각의 크기가 같으므로
$\cos(\angle ACB)=\cos(\angle DCA)$이다.
사각형 ABCD의 넓이는
두 삼각형 ABD, BCD의 넓이의 합과 같으므로
$$\dfrac{1}{2}k^2\sin(\angle BAD)+\dfrac{1}{2}\times\overline{BC}\times\overline{CD}\times\sin(\pi-\angle BAD)$$
$$=40$$
에서 $\sin(\angle BAD)=\boxed{(나)}$이다.
따라서 삼각형 ABD에서 사인법칙에 의하여
$\overline{BD}:R=\boxed{(다)}:1$이다.

위의 (가)에 알맞은 식을 $f(k)$라 하고, (나), (다)에 알맞은 수를 각각 p, q라 할 때, $\dfrac{f(10p)}{q}$의 값은?

① $\dfrac{25}{2}$
② 15
③ $\dfrac{35}{2}$

④ 20
⑤ $\dfrac{45}{2}$

0560 교육청 기출

중심이 O이고 길이가 10인 선분 AB를 지름으로 하는 반원의 호 위에 점 P가 있다. 그림과 같이 선분 PB의 연장선 위에 $\overline{PA}=\overline{PC}$인 점 C를 잡고, 선분 PO의 연장선 위에 $\overline{PA}=\overline{PD}$인 점 D를 잡는다. $\angle PAB=\theta$에 대하여 $4\sin\theta=3\cos\theta$일 때, 삼각형 ADC의 넓이는?

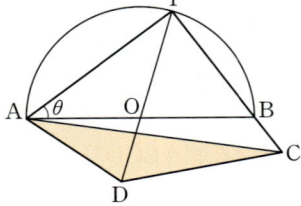

① $\dfrac{63}{5}$ ② $\dfrac{127}{10}$ ③ $\dfrac{64}{5}$

④ $\dfrac{129}{10}$ ⑤ 13

0561 교육청 변형

그림과 같이 $\overline{AB}=\overline{BC}$인 삼각형 ABC에 내접하고 반지름의 길이가 3인 원의 중심을 O라 하자. 직선 BO가 $\overline{CA}$와 만나는 점을 D라 하면 $\overline{AD}=6$일 때, 삼각형 OBC의 외접원의 둘레의 길이는?

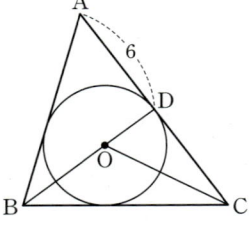

① 10π ② $6\sqrt{3}\pi$ ③ $2\sqrt{30}\pi$

④ $5\sqrt{5}\pi$ ⑤ $8\sqrt{2}\pi$

0562 교육청 변형

그림과 같이 선분 AB를 지름으로 하는 원 위의 두 점 P, Q에 대하여 $\overline{PA}=1$, $\overline{PB}=7$, $\overline{QA}=\overline{QB}$이다. 두 선분 AB와 PQ가 만나는 점을 R이라 하자. 삼각형 PAR의 외접원의 둘레의 길이가 $\dfrac{q}{p}\pi$일 때, $p+q$의 값을 구하시오. (단, p와 q는 서로소인 자연수이다.)

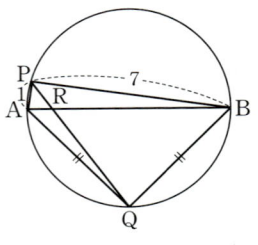

0563 평가원 기출

그림과 같이

$$\overline{BC}=3,\ \overline{CD}=2,\ \cos(\angle BCD)=-\frac{1}{3},\ \angle DAB>\frac{\pi}{2}$$

인 사각형 ABCD에서 두 삼각형 ABC와 ACD는 모두 예각삼각형이다. 선분 AC를 1 : 2로 내분하는 점 E에 대하여 선분 AE를 지름으로 하는 원이 두 선분 AB, AD와 만나는 점 중 A가 아닌 점을 각각 P_1, P_2라 하고, 선분 CE를 지름으로 하는 원이 두 선분 BC, CD와 만나는 점 중 C가 아닌 점을 각각 Q_1, Q_2라 하자. $\overline{P_1P_2}:\overline{Q_1Q_2}=3:5\sqrt{2}$이고 삼각형 ABD의 넓이가 2일 때, $\overline{AB}+\overline{AD}$의 값은? (단, $\overline{AB}>\overline{AD}$)

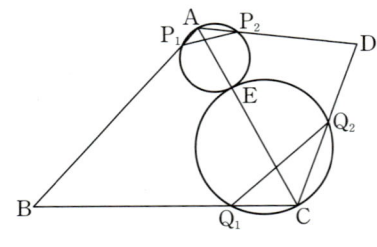

① $\sqrt{21}$ ② $\sqrt{22}$ ③ $\sqrt{23}$

④ $2\sqrt{6}$ ⑤ 5

수열

등차수열과 등비수열

유형 01 등차수열의 일반항

0564

등차수열 $\{a_n\}$에 대하여

$$a_{100}-a_{99}+a_{98}-a_{97}+\cdots+a_2-a_1=100$$

일 때, 수열 $\{a_n\}$의 공차는?

① -2 ② -1 ③ 1

④ 2 ⑤ 4

0565

공차가 -2인 등차수열 $\{a_n\}$에서 $a_{10}=3$일 때, $a_k=-15$를 만족시키는 자연수 k의 값을 구하시오.

0566

등차수열 $\{a_n\}$에서

$$a_2=\log_3\frac{2}{3},\ a_5=\log_3 18$$

일 때, $\log_3 486$은 제몇 항인가?

① 제8항   ② 제9항   ③ 제10항

④ 제11항   ⑤ 제12항

0567 교육청 변형

첫째항이 1인 등차수열 $\{a_n\}$에 대하여 등차수열 $\{a_{3n+2}\}$의 공차가 12일 때, 등차수열 $\{a_{2n}\}$의 공차는?

① 4   ② 6   ③ 8

④ 12   ⑤ 16

유형 02 항 또는 항의 관계가 주어진 등차수열

0568

첫째항과 공차가 같은 등차수열 $\{a_n\}$이

$$a_3+a_7=20$$

을 만족시킬 때, a_{10}의 값은?

① 10   ② 16   ③ 20

④ 24   ⑤ 30

0569 교육청 변형

등차수열 $\{a_n\}$에서

$$a_2+2a_6=0,$$
$$a_2+a_4+a_6+9=a_1+a_3+a_5$$

일 때, a_5의 값은?

① -1 ② 1 ③ 2

④ 4 ⑤ 5

0570

등차수열 $\{a_n\}$에서 $a_5=7$이고
$$(a_3+a_9):(a_6+a_{11})=4:7$$
일 때, $a_k=40$을 만족시키는 자연수 k의 값은?

① 13   ② 14   ③ 15

④ 16   ⑤ 17

0571

수열 $\{a_n\}$과 공차가 2인 등차수열 $\{b_n\}$에 대하여
$$a_5=12,\ a_n+b_n=5n\ (n=1,\ 2,\ 3,\ \cdots)$$
일 때, b_{10}의 값을 구하시오.

0572

첫째항이 4이고 공차가 0이 아닌 등차수열 $\{a_n\}$에 대하여 $|a_2|=|a_6|$일 때, a_{10}의 값은?

① -8 ② -4 ③ 4

④ 8   ⑤ 16

유형 03 대소 관계를 만족시키는 등차수열의 항

0573

등차수열 $\{a_n\}$에 대하여
$$a_3=-13,\ a_{10}=15$$
일 때, 처음으로 양수가 되는 항은?

① 제5항   ② 제6항   ③ 제7항

④ 제8항   ⑤ 제9항

0574

첫째항이 30인 등차수열 $\{a_n\}$의 제2항과 제15항은 절댓값이 같고 부호가 반대일 때, $a_k<0$을 만족시키는 자연수 k의 최솟값은?

① 9   ② 10   ③ 11

④ 12   ⑤ 13

0575

제2항이 20인 등차수열 $\{a_n\}$에 대하여
$$a_5+a_6+a_{15}=0$$
일 때, $|a_n|$의 값이 최소가 되도록 하는 자연수 n의 값은?

① 7   ② 8   ③ 9

④ 10   ⑤ 11

0576

두 수 3과 12 사이에 17개의 수 $a_1, a_2, a_3, \cdots, a_{17}$을 넣어

$3, a_1, a_2, a_3, \cdots, a_{17}, 12$

가 이 순서대로 등차수열을 이루도록 할 때, 이 수열의 공차는?

① $\dfrac{1}{3}$　　② $\dfrac{1}{2}$　　③ $\dfrac{3}{4}$

④ $\dfrac{4}{3}$　　⑤ $\dfrac{3}{2}$

0577

1과 28 사이에 n개의 수 $a_1, a_2, a_3, \cdots, a_n$을 넣어 만든 수열

$1, a_1, a_2, a_3, \cdots, a_n, 28$

이 이 순서대로 공차가 $\dfrac{3}{2}$인 등차수열을 이룰 때, n의 값은?

① 14　　② 15　　③ 16

④ 17　　⑤ 18

0578

등차수열 $\{a_n\}$이 다음과 같을 때, y_7의 값을 구하시오.

$$\{a_n\} : 8, x_1, x_2, x_3, \cdots, x_7, 24, y_1, y_2, y_3, \cdots, y_7$$

0579

6과 15 사이에 m개, 15와 30 사이에 n개의 수를 넣어

$6, a_1, a_2, a_3, \cdots, a_m, 15, b_1, b_2, b_3, \cdots, b_n, 30$

이 이 순서대로 등차수열을 이루도록 할 때, 다음 중 옳은 것은?

① $5m+3n+2=0$　　② $3m+5n+2=0$

③ $5m-3n-2=0$　　④ $3m-5n-2=0$

⑤ $5m-3n+2=0$

0580

세 수 $a+4$, a^2+3a, $3a^2+2$가 이 순서대로 등차수열을 이룰 때, 모든 실수 a의 값의 곱은?

① 2　　② 3　　③ 4

④ 5　　⑤ 6

0581

다항식 ax^2-3x+6을 일차식 $x+1$, $x-1$, $x-2$로 나누었을 때의 나머지가 이 순서대로 등차수열을 이룰 때, 상수 a의 값을 구하시오.

0582

이차방정식 $x^2-6x+4=0$의 두 근을 α, β라 할 때, m은 α, β의 등차중항이고 n은 α^2, β^2의 등차중항이다. $m \times n$의 값을 구하시오.

0583 [평가원 변형]

자연수 n에 대하여 x에 대한 이차방정식
$$x^2-2nx+n^2-4=0$$
이 서로 다른 두 실근 α, β $(\alpha<\beta)$를 갖고, 세 수 α, β, 13이 이 순서대로 등차수열을 이룰 때, n의 값은?

① 5   ② 6   ③ 7
④ 8   ⑤ 9

0584

공차가 3인 등차수열 $\{a_n\}$에 대하여 세 수
$$a_1,\ a_1+a_2,\ a_1+a_4$$
가 이 순서대로 등차수열을 이룰 때, a_1의 값은?

① -2 ② 1   ③ 3
④ 6   ⑤ 8

유형 06 등차수열을 이루는 수

0585

등차수열을 이루는 세 실수의 합이 12이고, 제곱의 합이 146 일 때, 세 실수의 곱은?

① -180 ② -132 ③ -64
④ 48   ⑤ 144

0586

삼차방정식 $x^3-6x^2+kx+10=0$의 세 실근이 등차수열을 이룰 때, 세 실근의 제곱의 합은? (단, k는 상수이다.)

① 21   ② 26   ③ 27
④ 29   ⑤ 30

0587

등차수열을 이루는 네 수의 합이 6이고 가장 작은 수와 가장 큰 수의 곱이 -54일 때, 네 수 중 가장 큰 수는?

① 6   ② 8   ③ 9
④ 18   ⑤ 27

0588

공차가 3인 등차수열 $\{a_n\}$의 제3항이 13일 때, 이 수열의 첫째항부터 제11항까지의 합은?

① 200   ② 218   ③ 230

④ 242   ⑤ 260

0589

첫째항이 -10이고 공차가 2인 등차수열 $\{a_n\}$의 첫째항부터 제n항까지의 합이 180일 때, 자연수 n의 값은?

① 10   ② 15   ③ 20

④ 25   ⑤ 30

0590

등차수열 $\{a_n\}$에서 $a_{20}=4$, $a_{30}=-16$이고
$$a_1+a_2+a_3+\cdots+a_k=372$$
일 때, a_k의 값은? (단, $k<30$)

① 8   ② 12   ③ 16

④ 18   ⑤ 20

0591

등차수열 $\{a_n\}$에서
$$a_2+a_3=0,\ a_5+a_{15}=30$$
일 때, 이 수열의 첫째항부터 제10항까지의 합을 구하시오.

0592

등차수열 $\{a_n\}$의 공차가 -3이고 $a_7=7$일 때,
$$a_1+a_2+a_3+\cdots+a_n<0$$
을 만족시키는 자연수 n의 최솟값은?

① 15   ② 16   ③ 17

④ 18   ⑤ 19

0593

등차수열 $\{a_n\}$에 대하여 $a_3=11$, $a_{10}=-3$일 때,
$$|a_1|+|a_2|+|a_3|+\cdots+|a_{15}|$$
의 값은?

① 105   ② 113   ③ 121

④ 129   ⑤ 137

유형 08 두 수 사이에 수를 넣어서 만든 등차수열의 합

0594

수열 $2, a_1, a_2, a_3, \cdots, a_n, 35$가 이 순서대로 등차수열을 이루고 이 수열의 모든 항의 합이 259일 때, 자연수 n의 값은?

① 10　　　② 11　　　③ 12
④ 13　　　⑤ 14

0595

7과 70 사이에 20개의 수 $a_1, a_2, a_3, \cdots, a_{20}$을 넣어
$$7, a_1, a_2, a_3, \cdots, a_{20}, 70$$
이 이 순서대로 등차수열을 이루도록 할 때,
$a_1+a_3+a_5+\cdots+a_{19}$의 값을 구하시오.

0596

수열 $14, a_1, a_2, a_3, \cdots, a_n, 35$가 이 순서대로 공차가 자연수인 등차수열을 이룰 때, $a_1+a_2+a_3+\cdots+a_n$의 최솟값은?

① 49　　　② 50　　　③ 51
④ 52　　　⑤ 53

유형 09 부분의 합이 주어진 등차수열

0597

등차수열 $\{a_n\}$의 첫째항부터 제10항까지의 합이 -20, 첫째항부터 제30항까지의 합이 540일 때, 이 수열의 첫째항부터 제20항까지의 합은?

① 120　　　② 140　　　③ 160
④ 180　　　⑤ 200

0598

등차수열 $\{a_n\}$의 첫째항부터 제n항까지의 합을 S_n이라 하자. $S_{10}=145$, $S_{15}=330$일 때, $a_{16}+a_{17}+a_{18}+\cdots+a_{25}$의 값은?

① 445　　　② 495　　　③ 545
④ 595　　　⑤ 645

0599

등차수열 $\{a_n\}$에서
$$a_1+a_2+a_3+\cdots+a_{13}=208,$$
$$a_{14}+a_{15}+a_{16}+\cdots+a_{25}=292$$
일 때, $a_{26}+a_{27}+a_{28}+\cdots+a_{37}$의 값을 구하시오.

0600 교육청 변형

공차가 양수인 등차수열 $\{a_n\}$의 첫째항부터 제n항까지의 합을 S_n이라 하자. $S_6 = |S_3| = 24$일 때, S_{10}의 값은?

① 160   ② 200   ③ 240

④ 280   ⑤ 320

유형 10 등차수열의 합의 최대·최소

0601

등차수열 $\{a_n\}$의 제2항이 -22, 제20항이 32일 때, 수열 $\{a_n\}$의 첫째항부터 제n항까지의 합의 최솟값은?

① -120 ② -117 ③ -114

④ -111 ⑤ -108

0602

등차수열 $\{a_n\}$에 대하여

$$a_5 = 20, \quad a_6 + a_{11} = -2$$

일 때, 첫째항부터 제n항까지의 합이 최대가 되도록 하는 자연수 n의 값은?

① 8   ② 9   ③ 10

④ 11   ⑤ 12

0603

등차수열 $\{a_n\}$의 첫째항부터 제n항까지의 합을 S_n이라 하자.

$$S_4 = -60, \quad S_{10} = -30$$

일 때, 수열 $\{a_n\}$의 첫째항부터 제k항까지의 합이 최소이고 그때의 최솟값이 m이다. $k-m$의 값을 구하시오.

0604

첫째항이 99이고 공차가 정수인 등차수열 $\{a_n\}$의 첫째항부터 제n항까지의 합은 $n=15$일 때 최대이다. a_{10}의 값은?

① 24   ② 28   ③ 32

④ 36   ⑤ 40

유형 11 나머지가 같은 자연수의 합

0605

100보다 작은 자연수 중에서 7로 나누었을 때의 나머지가 4인 수의 총합은?

① 686   ② 693   ③ 700

④ 707   ⑤ 714

0606

두 자리 자연수 중에서 4 또는 6으로 나누어떨어지는 수의 총합은?

① 1472 ② 1486 ③ 1498
④ 1520 ⑤ 1566

0607

3으로 나누었을 때의 나머지는 2이고, 5로 나누었을 때의 나머지는 3인 자연수를 작은 것부터 차례대로 a_1, a_2, a_3, $\cdots$이라 할 때, 수열 $\{a_n\}$의 첫째항부터 제12항까지의 합은?

① 1054 ② 1066 ③ 1072
④ 1086 ⑤ 1098

유형 **12** 등차수열의 합의 활용

0608

연속하는 30개의 자연수의 합이 525일 때, 이들 30개의 자연수 중에서 가장 작은 수와 가장 큰 수의 합은?

① 32 ② 33 ③ 34
④ 35 ⑤ 36

0609

그림과 같은 숫자판에서 왼쪽에서부터 n번째 칸을 시작으로 ☐☐☐ 모양으로 연속하는 3개의 칸에 적힌 수의 합을 a_n이라 하자. 예를 들어 그림에 표시된 ☐☐☐ 모양의 3개의 칸에 적힌 수의 합은 $a_3 = 3+4+5 = 12$이다. 수열 $\{a_n\}$의 첫째항부터 제8항까지의 합을 구하시오.

| 1 | 2 | 3 | 4 | 5 | 6 | 7 | 8 | 9 | ⋯ |

0610

도영이는 여름 방학 동안 매일 공부 시간을 5분씩 늘리기로 계획하였다. 방학 첫날의 공부 시간이 1시간이고 방학 마지막 날의 공부 시간이 3시간 50분이었을 때, 도영이가 공부한 시간의 총합은?

① 5050분 ② 5075분 ③ 5100분
④ 5125분 ⑤ 5150분

0611

어떤 n각형의 내각의 크기는 공차가 20°인 등차수열을 이룬다고 한다. 가장 큰 내각의 크기가 170°일 때, 이 다각형의 가장 작은 내각의 크기는?

① 30° ② 40° ③ 50°
④ 60° ⑤ 70°

0612

함수 $y=\sin x\ (x>0)$의 그래프와 직선 $y=\dfrac{\sqrt{2}}{2}$의 교점의

x좌표를 작은 것부터 차례대로 $a_1,\ a_2,\ a_3,\ \cdots$이라 하자.

$$a_1+a_3+a_5+\cdots+a_{2k-1}=58\pi$$

일 때, 자연수 k의 값은?

① 8   ② 10   ③ 12

④ 14   ⑤ 16

유형 13   **수열의 합과 일반항 사이의 관계**

0613

수열 $\{a_n\}$의 첫째항부터 제n항까지의 합 S_n이

$$S_n=-2n^2+2n+5$$

일 때, a_1-a_{10}의 값은?

① 36   ② 41   ③ 46

④ 51   ⑤ 56

0614

수열 $\{a_n\}$의 첫째항부터 제n항까지의 합 S_n이

$$S_n=n^2+kn+1$$

이고 $a_3+a_4+a_5=30$일 때, a_6의 값은? (단, k는 상수이다.)

① 12   ② 14   ③ 16

④ 18   ⑤ 20

0615

수열 $\{a_n\}$의 첫째항부터 제n항까지의 합 S_n이

$$S_n=-n^2+2n$$

일 때, $a_1+a_3+a_5+\cdots+a_{99}$의 값은?

① -4450 ② -4550 ③ -4650

④ -4750 ⑤ -4850

0616

수열 $\{a_n\}$의 첫째항부터 제n항까지의 합 S_n이 다항식

x^2-12x를 $x+n$으로 나누었을 때의 나머지와 같을 때,

$a_{10}+a_{15}+a_{20}$의 값을 구하시오.

0617

두 수열 $\{a_n\}$, $\{b_n\}$의 첫째항부터 제n항까지의 합이 각각

$$2n^2+kn-1,\ n^2+7n$$

이고 두 수열의 제8항이 서로 같을 때, 상수 k의 값은?

① -8 ② -7 ③ -6

④ -5 ⑤ -4

0618

수열 $\{a_n\}$의 첫째항부터 제n항까지의 합 S_n이
$$S_n=2n^2-11n$$
일 때, $1\le a_n\le 100$을 만족시키는 자연수 n의 개수를 구하시오.

유형 14 등비수열의 일반항

0619 교육청 변형

모든 항이 양수인 등비수열 $\{a_n\}$에서 $a_3=6$, $a_6=162$일 때, $\dfrac{a_8}{a_4}$의 값은?

① 3　　　　　② 9　　　　　③ 27

④ 81　　　　　⑤ 243

0620

제2항이 6, 제5항이 -48인 등비수열 $\{a_n\}$에 대하여 a_3+a_4의 값은? (단, 공비는 실수이다.)

① 8　　　　　② 12　　　　　③ 16

④ 18　　　　　⑤ 20

0621

모든 항이 양수인 등비수열 $\{a_n\}$에서
$$a_2=\frac{3}{2},\ a_4=6$$
일 때, $a_m=768$을 만족시키는 자연수 m의 값을 구하시오.

0622

첫째항이 4, 공비가 -2인 등비수열 $\{a_n\}$에 대하여 수열 $\{a_n^2\}$도 등비수열을 이룬다. 수열 $\{a_n^2\}$의 첫째항과 공비의 합은?

① 12　　　　　② 14　　　　　③ 16

④ 18　　　　　⑤ 20

0623

공비가 양수인 등비수열 $\{a_n\}$에 대하여
$$a_3=3,\ a_5=9$$
일 때, $a_1\times a_3\times a_5\times\cdots\times a_{19}$의 값은?

① 3^5　　　　　② 3^{45}　　　　　③ 3^{55}

④ 3^{99}　　　　　⑤ 3^{100}

08 등차수열과 등비수열

0624

모든 항이 양수인 등비수열 $\{a_n\}$에 대하여

$$\frac{a_{12}-a_{11}}{a_{10}}=2$$

일 때, $\dfrac{a_{10}}{a_8}+\dfrac{a_7}{a_6}$의 값은?

① 4   ② 6   ③ 8

④ 10   ⑤ 12

0625

등비수열 $\{a_n\}$에 대하여

$$a_3+a_4=12,\ a_3\times a_4+a_3\times a_5=48$$

일 때, $a_3\times a_4\times a_5$의 값은?

① 16   ② 24   ③ 40

④ 52   ⑤ 64

0626

등비수열 $\{a_n\}$에 대하여

$$a_6+a_7+a_8=7,\ a_7+a_8+a_9=14$$

일 때, $a_8+a_9+a_{10}$의 값은?

① 16   ② 20   ③ 24

④ 28   ⑤ 32

0627

첫째항과 공비가 모두 0이 아닌 등비수열 $\{a_n\}$에 대하여

$$\frac{a_{15}}{a_{10}}+\frac{a_{16}}{a_{11}}+\frac{a_{17}}{a_{12}}+\cdots+\frac{a_{30}}{a_{25}}=80$$

일 때, $a_{20}=k\times a_{10}$을 만족시키는 상수 k의 값을 구하시오.

0628 교육청 변형

공비가 1보다 큰 등비수열 $\{a_n\}$에 대하여

$$a_2\times a_3\times a_4=216,\ \frac{a_4+a_6}{a_5}=\frac{5}{2}$$

일 때, a_5의 값은?

① 12   ② 18   ③ 24

④ 30   ⑤ 36

0629

공비가 양수인 등비수열 $\{a_n\}$에 대하여 $a_2=\dfrac{1}{3}$, $a_4=3$일 때, $a_n>700$을 만족시키는 자연수 n의 최솟값은?

① 9   ② 10   ③ 11

④ 12   ⑤ 13

0630

첫째항이 5, 제5항이 80이고 공비가 양수인 등비수열 $\{a_n\}$에서 처음으로 500보다 커지는 항은?

① 제6항 ② 제7항 ③ 제8항
④ 제9항 ⑤ 제10항

0631

등비수열 $\{a_n\}$에 대하여

$$a_3 - a_1 = 48, \quad a_4 - a_2 = 144$$

일 때, $300 < a_k < 3000$을 만족시키는 모든 자연수 k의 값의 합은?

① 8 ② 9 ③ 10
④ 11 ⑤ 12

0632

모든 항이 정수인 등비수열 $\{a_n\}$에 대하여

$$a_2 + a_3 = 16, \quad a_5 = 128$$

일 때, $|a_n|$의 값이 두 자리 자연수인 n의 개수는?

① 2 ② 3 ③ 4
④ 5 ⑤ 6

유형 17 두 수 사이에 수를 넣어서 만든 등비수열

0633

두 수 81과 a 사이에 5개의 수 a_1, a_2, a_3, a_4, a_5를 넣어 만든 등비수열

$$81, a_1, a_2, a_3, a_4, a_5, a$$

의 공비가 $\dfrac{2}{3}$일 때, a의 값은?

① 2 ② $\dfrac{32}{9}$ ③ $\dfrac{16}{3}$
④ $\dfrac{64}{9}$ ⑤ $\dfrac{32}{3}$

0634

3과 192 사이에 세 양수 a, b, c를 넣어

$$3, a, b, c, 192$$

가 이 순서대로 등비수열을 이루도록 할 때, $\dfrac{b \times c}{a}$의 값을 구하시오.

0635

$\dfrac{1}{8}$과 2 사이에 3개의 양수 x_1, x_2, x_3을 넣고 2와 512 사이에 n개의 양수 y_1, y_2, y_3, $\cdots$, y_n을 넣어 만든 수열

$$\dfrac{1}{8}, x_1, x_2, x_3, 2, y_1, y_2, \cdots, y_n, 512$$

가 이 순서대로 등비수열을 이룰 때, 자연수 n의 값은?

① 6 ② 7 ③ 8
④ 9 ⑤ 10

0636

수열 3, x_1, x_2, x_3, $\cdots$, x_8, 81이 이 순서대로 등비수열을 이룰 때, $\log_3 x_1 + \log_3 x_2 + \log_3 x_3 + \cdots + \log_3 x_8$의 값은?

(단, x_1, x_2, x_3, $\cdots$, x_8은 양수이다.)

① 12   ② 14   ③ 16

④ 18   ⑤ 20

유형 18   등비중항

0637

세 양수 $x-1$, $x+2$, $3x$가 이 순서대로 등비수열을 이룰 때, x의 값은?

① 3   ② 4   ③ 5

④ 6   ⑤ 7

0638

이차방정식 $x^2 - 8x + 1 = 0$의 두 실근을 α, β라 하면 세 수
$$\alpha + 2, \ k, \ \beta + 2$$
가 이 순서대로 등비수열을 이룰 때, 양수 k의 값은?

① $2\sqrt{2}$ ② $\sqrt{15}$ ③ 4

④ $3\sqrt{2}$ ⑤ $\sqrt{21}$

0639

세 양수 2, $2\sin\theta$, $3\cos\theta$가 이 순서대로 등비수열을 이룰 때, $\tan\theta$의 값은?

① 1   ② $\dfrac{\sqrt{3}}{3}$ ③ $\dfrac{\sqrt{3}}{2}$

④ $\sqrt{3}$ ⑤ 2

0640

네 양수 1, a, b, 15에 대하여 1, a, b는 이 순서대로 등비수열을 이루고, a, b, 15는 이 순서대로 등차수열을 이룰 때, $a+b$의 값은?

① 8   ② 12   ③ 16

④ 20   ⑤ 24

0641

세 수 2, a, b가 이 순서대로 등비수열을 이루고
$$\log_a 2ab + \log_2 b = 8$$
을 만족시킬 때, $a+b$의 값을 구하시오.

(단, a, b는 1이 아닌 양수이다.)

0642

공차가 0이 아닌 등차수열 $\{a_n\}$의 세 항 a_3, a_5, a_8이 이 순서 대로 공비가 r인 등비수열을 이룰 때, r의 값은?

① $\dfrac{1}{2}$ ② 1 ③ $\dfrac{3}{2}$

④ 2 ⑤ $\dfrac{5}{2}$

유형 19 등비수열을 이루는 수

0643

등비수열을 이루는 세 실수의 합이 -7, 곱이 27일 때, 이 세 수의 제곱의 합은?

① 37 ② 51 ③ 65

④ 73 ⑤ 91

0644

삼차방정식 $x^3-kx^2-52x+64=0$의 세 실근이 등비수열을 이룰 때, 상수 k의 값은?

① 12 ② 13 ③ 14

④ 15 ⑤ 16

0645

두 곡선 $y=x^3+4x^2-4x$, $y=x^2+2x+k$가 서로 다른 세 점 에서 만나고 그 교점의 x좌표를 적당히 나열하면 등비수열을 이룰 때, 상수 k의 값을 구하시오.

0646

세 변의 길이가 크기 순서대로 등비수열을 이루는 삼각형의 세 변의 길이의 합이 19, 세 변의 길이의 곱이 216일 때, 세 변 중 길이가 가장 긴 변과 가장 짧은 변의 길이의 합은?

① 11 ② 12 ③ 13

④ 14 ⑤ 15

유형 20 등비수열의 활용

0647

공기청정기에 사용되는 어떤 정화 필터는 8시간 연속 사용할 때마다 성능이 10%씩 감소한다고 한다. 새 필터를 장착한 공기청정기를 매일 8시간씩만 연속 사용한다고 할 때, 새 필 터를 장착하고 5일을 사용한 후의 성능은 새 필터의 성능의 몇 $\%$인가?

① $\dfrac{9^7}{100000}\%$ ② $\dfrac{9^6}{10000}\%$ ③ $\dfrac{9^5}{1000}\%$

④ $\dfrac{9^4}{100}\%$ ⑤ $\dfrac{9^3}{10}\%$

0648

그림과 같이 둘레의 길이가 12인 삼각형 A_1이 있다. 삼각형 A_1의 각 변의 중점을 이어서 만든 삼각형을 A_2, 삼각형 A_2의 각 변의 중점을 이어서 만든 삼각형을 A_3이라 하자. 이와 같은 방법으로 삼각형을 계속 만들 때, 삼각형 A_{12}의 둘레의 길이는?

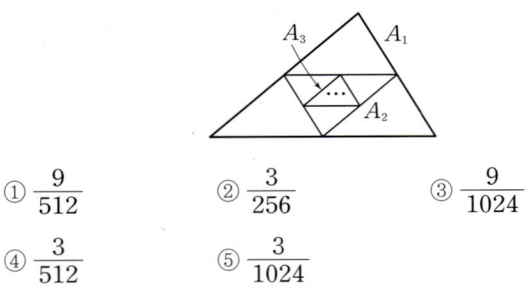

① $\dfrac{9}{512}$　　② $\dfrac{3}{256}$　　③ $\dfrac{9}{1024}$

④ $\dfrac{3}{512}$　　⑤ $\dfrac{3}{1024}$

0649

한 변의 길이가 4인 정사각형 모양의 색종이가 있다. 그림과 같이 [1단계]에서는 색종이를 4등분하여 그 중 오른쪽 아래의 한 정사각형을 오려낸다. [2단계]에서는 [1단계]에서 남은 3개의 작은 정사각형을 각각 4등분하여 오른쪽 아래의 한 정사각형을 각각 오려낸다. [3단계]에서는 [2단계]에서 남은 9개의 작은 정사각형을 각각 4등분하여 오른쪽 아래의 한 정사각형을 각각 오려낸다.
이와 같은 과정을 계속 반복할 때, [7단계]에서 남아 있는 색종이의 넓이는?

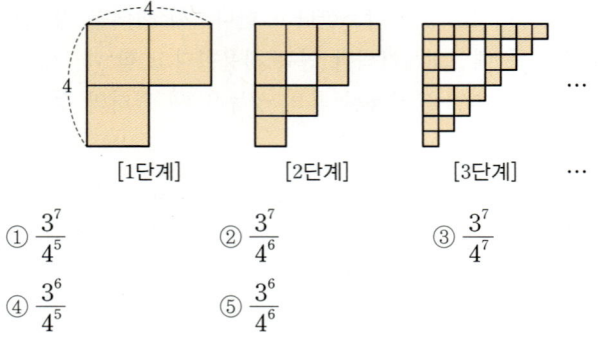

[1단계]　　[2단계]　　[3단계]　　…

① $\dfrac{3^7}{4^5}$　　② $\dfrac{3^7}{4^6}$　　③ $\dfrac{3^7}{4^7}$

④ $\dfrac{3^6}{4^5}$　　⑤ $\dfrac{3^6}{4^6}$

0650

그림과 같이 $\overline{AB}=\overline{BC}=4$, $\angle B=90°$인 직각이등변삼각형 ABC에 내접하는 정사각형을 A_1, 정사각형 A_1의 한 변과 $\overline{AC}$, $\overline{BC}$로 둘러싸인 직각이등변삼각형에 내접하는 정사각형을 A_2, 정사각형 A_2의 한 변과 $\overline{AC}$, $\overline{BC}$로 둘러싸인 직각이등변삼각형에 내접하는 정사각형을 A_3, …이라 할 때, 정사각형 A_8의 넓이는?

(단, 각 정사각형의 한 꼭짓점은 변 AC 위에 있다.)

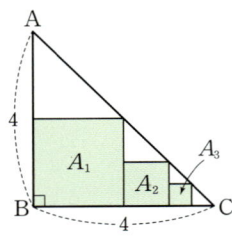

① $\dfrac{1}{2^{10}}$　　② $\dfrac{1}{2^{11}}$　　③ $\dfrac{1}{2^{12}}$

④ $\dfrac{1}{2^{13}}$　　⑤ $\dfrac{1}{2^{14}}$

유형 **21** 　**등비수열의 합**

0651

수열 $\{a_n\}$의 일반항이 $a_n=2^{2n+1}$ $(n=1, 2, 3, \cdots)$일 때,

$$a_1+a_2+a_3+\cdots+a_{10}=\dfrac{2^a-b}{3}$$

를 만족시키는 자연수 a, b에 대하여 $a+b$의 값은?

(단, $0<b<10$)

① 11　　② 16　　③ 21

④ 26　　⑤ 31

0652

공비가 2인 등비수열 $\{a_n\}$의 첫째항부터 제n항까지의 합을 S_n이라 하자. $a_4=48$일 때, $S_k=1530$을 만족시키는 자연수 k의 값을 구하시오.

0653 교육청 변형

다음 식을 간단히 하면? (단, $x \neq -1$, $x \neq 0$)

$$1+(x+1)+(x+1)^2+(x+1)^3+\cdots+(x+1)^n$$

① $\dfrac{(x+1)^{n+1}-1}{x}$ ② $\dfrac{(x+1)^{n+1}-x-1}{x}$

③ $\dfrac{(x+1)^{n}-1}{x}$ ④ $\dfrac{(x+1)^{n}-x-1}{x}$

⑤ $\dfrac{(x+1)^{n-1}-1}{x}$

0654

행렬 $A=\begin{pmatrix} 1 & 0 \\ 1 & 3 \end{pmatrix}$에 대하여 행렬 $4A^{12}$의 $(2, 1)$ 성분은?

① $2 \times 3^{12}-4$ ② $2 \times 3^{12}-2$ ③ $2 \times 3^{12}-1$

④ $4 \times 3^{12}-4$ ⑤ $4 \times 3^{12}-2$

0655

모든 항이 양수인 등비수열 $\{a_n\}$에 대하여 $a_2=16$, $a_4=4$이다. 수열 $\{a_n\}$의 첫째항부터 제n항까지의 합을 S_n이라 할 때,

$$|64-S_n| < \frac{1}{300}$$

을 만족시키는 자연수 n의 최솟값을 구하시오.

0656

모든 항이 0이 아닌 실수인 등비수열 $\{a_n\}$에 대하여

$$a_1+a_3=6, \quad a_2 \times a_3 = a_6$$

일 때, $a_1+a_3+a_5+\cdots+a_{19}$의 값은?

① 1023 ② 1025 ③ 1556

④ 2046 ⑤ 2050

유형 22 부분의 합이 주어진 등비수열

0657

모든 항이 양수인 등비수열 $\{a_n\}$의 첫째항부터 제10항까지의 합은 10, 첫째항부터 제20항까지의 합은 330일 때, 이 수열의 공비는?

① 1 ② $\sqrt{2}$ ③ 2

④ $2\sqrt{2}$ ⑤ 4

0658

등비수열 $\{a_n\}$의 첫째항부터 제n항까지의 합을 S_n이라 하자.

$$S_k = 4, \quad S_{2k} = 28$$

일 때, S_{3k}의 값은?

① 164   ② 166   ③ 168

④ 170   ⑤ 172

0659 평가원 변형

첫째항이 0이 아닌 등비수열 $\{a_n\}$의 첫째항부터 제n항까지의 합 S_n에 대하여 $S_{10} = 10 \times S_5$가 성립할 때, $\dfrac{a_{10}}{a_5}$의 값은?

① 5   ② 9   ③ 10

④ 25   ⑤ 100

0660

첫째항이 1인 등비수열 $\{a_n\}$에 대하여

$$a_1 + a_3 + a_5 + \cdots + a_{2k-1} = 21,$$
$$a_2 + a_4 + a_6 + \cdots + a_{2k} = 42$$

를 만족시키는 자연수 k의 값을 구하시오.

0661

어느 회사의 연봉 규정에 따르면 입사 첫째 해 연봉이 a원일 때, 입사 10년째까지는 해마다 직전 연봉에서 10 %씩 인상되고 입사 11년째부터는 입사 10년째 연봉으로 동결된다. 이 회사에 입사한 사람이 15년 동안 근무할 때, 받는 연봉의 총합은? (단, $1.1^{10} = 2.6$으로 계산한다.)

① $\dfrac{305}{11}a$원   ② $\dfrac{306}{11}a$원   ③ $\dfrac{307}{11}a$원

④ $28a$원   ⑤ $\dfrac{309}{11}a$원

0662

그림과 같이 $\overline{BC} = 4$인 삼각형 ABC에서 점 B_1, C_1은 각각 변 AB, AC를 $3 : 1$로 내분하는 점이고 점 B_2, C_2는 각각 변 AB_1, AC_1을 $3 : 1$로 내분하는 점이다. 이와 같이 변을 $3 : 1$로 내분하는 두 점을 계속 잡아 나갈 때,

$$\overline{B_1C_1} + \overline{B_2C_2} + \overline{B_3C_3} + \cdots + \overline{B_{10}C_{10}}$$

의 값은?

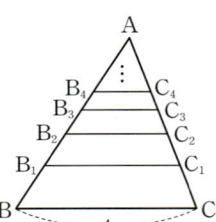

① $6\left\{1 - \left(\dfrac{3}{4}\right)^{10}\right\}$ ② $12\left\{1 - \left(\dfrac{3}{4}\right)^{10}\right\}$

③ $16\left\{1 - \left(\dfrac{3}{4}\right)^{10}\right\}$ ④ $12\left\{1 - \left(\dfrac{1}{3}\right)^{10}\right\}$

⑤ $16\left\{1 - \left(\dfrac{1}{3}\right)^{10}\right\}$

0663

모든 자연수 n에 대하여 좌표평면 위의 두 점 A_n, B_n의 좌표를
$$A_n(n, 2^n), B_n(n, 0)$$
이라 하고 삼각형 $A_n B_n B_{n+1}$의 넓이를 S_n이라 할 때, $S_1 + S_3 + S_5 + S_7 + S_9$의 값은?

① 338　　　　② 339　　　　③ 340

④ 341　　　　⑤ 342

0664

그림과 같이 [1단계]에서는 한 변의 길이가 4인 정삼각형의 각 변의 중점을 이어서 4개의 정삼각형을 만들고 한가운데의 정삼각형에 색칠한다. [2단계]에서는 [1단계]에서 칠하지 않은 3개의 정삼각형 각각에서 각 변의 중점을 이어서 4개의 정삼각형을 만들고 한가운데의 정삼각형에 색칠한다. [3단계]에서는 [2단계]에서 칠하지 않은 9개의 정삼각형 각각에서 각 변의 중점을 이어서 4개의 정삼각형을 만들고 한가운데의 정삼각형에 색칠한다. 이와 같은 과정을 계속 반복할 때, [20단계] 그림에서 색칠된 모든 부분의 넓이는?

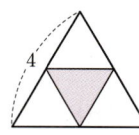 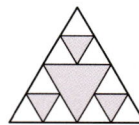 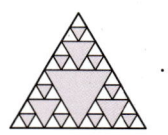

[1단계]　　[2단계]　　[3단계]　　…

① $\sqrt{3}\left\{1 - \left(\dfrac{3}{4}\right)^{20}\right\}$

② $\sqrt{3}\left\{1 - \left(\dfrac{3}{4}\right)^{19}\right\}$

③ $4\sqrt{3}\left\{1 - \left(\dfrac{3}{4}\right)^{20}\right\}$

④ $4\sqrt{3}\left\{1 - \left(\dfrac{3}{4}\right)^{19}\right\}$

⑤ $16\sqrt{3}\left\{1 - \left(\dfrac{3}{4}\right)^{20}\right\}$

유형 24　등비수열의 합과 일반항 사이의 관계

0665

수열 $\{a_n\}$의 첫째항부터 제n항까지의 합 S_n이 $S_n = 3^n - 2$일 때, $a_1 + a_4$의 값은?

① 43　　　　② 47　　　　③ 51

④ 55　　　　⑤ 59

0666

수열 $\{a_n\}$의 첫째항부터 제n항까지의 합을 S_n이라 하자.
$$S_n + 25 = 5^{n+2}, \ a_n = p \times q^{n+1}$$
일 때, 실수 p, q에 대하여 $p + q$의 값을 구하시오.

0667

첫째항부터 제n항까지의 합 S_n이
$$S_n = k \times 3^{n-1} - 9$$
로 나타내어지는 수열 $\{a_n\}$이 첫째항부터 등비수열을 이루도록 하는 상수 k의 값을 구하시오.

0668

수열 $\{a_n\}$의 첫째항부터 제n항까지의 합 S_n이

$$S_n = 2^{n+3} - 8$$

일 때, $a_k - a_{k-1} = 128$을 만족시키는 자연수 k에 대하여 a_k의 값은?

① 256　　　　② 384　　　　③ 512

④ 640　　　　⑤ 768

유형 25 원리합계

0669

연이율 5 %, 1년마다 복리로 매년 초에 40만 원씩 15년 동안 적립할 때, 15년째 말의 적립금의 원리합계는?

(단, $1.05^{15} = 2$로 계산한다.)

① 640만 원　　　② 672만 원　　　③ 720만 원

④ 788만 원　　　⑤ 840만 원

0670

준우는 내년 휴가에 해외여행을 가기 위하여 지금부터 매월 말에 일정한 금액을 적립하여 1년 후에 200만 원을 마련하려고 한다. 월이율이 1.5 %이고 1개월마다의 복리로 계산하는 적금 상품에 가입하였을 때, 준우가 매월 말에 납입해야 하는 금액은? (단, $1.015^{12} = 1.2$로 계산한다.)

① 12만 원　　　② 13만 원　　　③ 14만 원

④ 15만 원　　　⑤ 16만 원

0671

원아는 매년 초에 10만 원씩 10년 동안, 효찬이는 매년 초에 20만 원씩 5년 동안 적립하기로 하였다. 연이율은 4 %이고 1년마다의 복리로 계산할 때, 원아가 10년째 말에 받는 금액은 효찬이가 5년째 말에 받는 금액보다 얼마가 더 많은가?

(단, $1.04^5 = 1.2$로 계산한다.)

① 96000원　　　② 100000원　　　③ 104000원

④ 108000원　　　⑤ 112000원

0672

어느 회사의 한 신입사원이 미래를 위해 매년 초에 연봉의 일부를 적립하기로 결심하였다. 2023년 초에 100만 원을 적립하기 시작하고 매년 전년도보다 10 %씩 증액하려고 한다. 연이율이 10 %이고 1년마다의 복리로 계산할 때, 2030년 말의 적립금의 원리합계는? (단, $1.1^8 = 2.14$로 계산한다.)

① 1580만 원　　　② 1612만 원　　　③ 1664만 원

④ 1712만 원　　　⑤ 1784만 원

PART B' 기출 & 기출변형 문제

0673 수능 변형

공차가 양수이고 모든 항이 정수인 등차수열 $\{a_n\}$이 다음 조건을 만족시킬 때, a_5의 값은?

(가) $a_4 = -3$
(나) $|a_3| = |a_6| + 2$

① -1 ② 0 ③ 1
④ 2 ⑤ 3

0674 교육청 기출

첫째항이 a $(a > 0)$이고, 공비가 r인 등비수열 $\{a_n\}$의 첫째항부터 제n항까지의 합을 S_n이라 하자.

$$2a = S_2 + S_3, \quad r^2 = 64a^2$$

일 때, a_5의 값은?

① 2 ② 4 ③ 6
④ 8 ⑤ 10

0675 평가원 변형

등비수열 $\{a_n\}$의 첫째항부터 제n항까지의 합을 S_n이라 할 때, 모든 자연수 n에 대하여

$$S_{n+4} = S_n + 3^n$$

이 성립하고 $a_5 = \dfrac{q}{p}$이다. $p+q$의 값을 구하시오.

(단, p와 q는 서로소인 자연수이다.)

0676 교육청 변형

등차수열 $\{a_n\}$과 공비가 1보다 큰 등비수열 $\{b_n\}$이 다음 조건을 만족시킬 때, $a_1 + b_5$의 값은?

(가) $a_3 = b_4$, $a_4 = b_3$
(나) $a_2 + a_5 = 9$, $b_1 b_6 = 18$

① 12 ② 16 ③ 20
④ 24 ⑤ 28

0677 교육청 변형

서로 다른 세 자연수 a, b, c가 이 순서대로 등비수열을 이루고
$$\log_2 a + \log_2 b + \log_2 c = 9$$
일 때, $a+b+c$의 최댓값과 최솟값의 합을 구하시오.

0678 평가원 기출

$a_2 = -4$이고 공차가 0이 아닌 등차수열 $\{a_n\}$에 대하여 수열 $\{b_n\}$을 $b_n = a_n + a_{n+1}$ $(n \geq 1)$이라 하고, 두 집합 A, B를
$$A = \{a_1, a_2, a_3, a_4, a_5\}, \quad B = \{b_1, b_2, b_3, b_4, b_5\}$$
라 하자. $n(A \cap B) = 3$이 되도록 하는 모든 수열 $\{a_n\}$에 대하여 a_{20}의 값의 합은?

① 30   ② 34   ③ 38
④ 42   ⑤ 46

0679 교육청 기출

첫째항이 양수인 등차수열 $\{a_n\}$의 첫째항부터 제n항까지의 합을 S_n이라 하자.
$$|S_3| = |S_6| = |S_{11}| - 3$$
을 만족시키는 모든 수열 $\{a_n\}$의 첫째항의 합은?

① $\dfrac{31}{5}$ ② $\dfrac{33}{5}$ ③ 7
④ $\dfrac{37}{5}$ ⑤ $\dfrac{39}{5}$

0680 교육청 기출

그림과 같이 함수 $y=|x^2-9|$의 그래프가 직선 $y=k$와 서로 다른 네 점에서 만날 때, 네 점의 x좌표를 각각 a_1, a_2, a_3, a_4라 하자. 네 수 a_1, a_2, a_3, a_4가 이 순서대로 등차수열을 이룰 때, 상수 k의 값은?

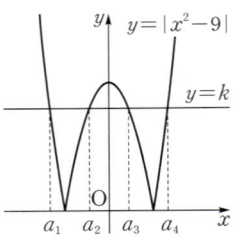

(단, $a_1 < a_2 < a_3 < a_4$)

① $\dfrac{34}{5}$ ② 7   ③ $\dfrac{36}{5}$
④ $\dfrac{37}{5}$ ⑤ $\dfrac{38}{5}$

0681 평가원 변형

등차수열 $\{a_n\}$의 첫째항부터 제n항까지의 합을 S_n이라 할 때,
$$S_{k-3}=-28,\ S_k=-10,\ S_{k+3}=26$$
을 만족시키는 자연수 k에 대하여 S_{k-1}의 값은? (단, $k \geq 4$)

① -18 ② -15 ③ -12
④ -9 ⑤ -6

0683 교육청 변형

등차수열 $\{a_n\}$의 첫째항부터 제n항까지의 합을 S_n이라 할 때, 다음 조건을 만족시키는 6 이상의 자연수 k의 값은?

> (가) $a_4=10$
> (나) $a_{k-1}+a_{k-5}=8$
> (다) $S_k=k^2-18$

① 6   ② 7   ③ 8
④ 9   ⑤ 10

0682 교육청 기출

그림은 16개의 칸 중 3개의 칸에 다음 규칙을 만족시키도록 수를 써 넣은 것이다.

> (가) 가로로 인접한 두 칸에서 오른쪽 칸의 수는 왼쪽 칸의 수의 2배이다.
> (나) 세로로 인접한 두 칸에서 아래쪽 칸의 수는 위쪽 칸의 수의 2배이다.

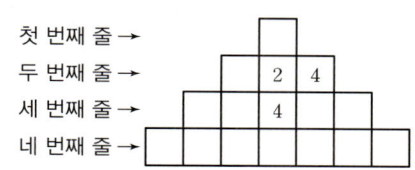

첫 번째 줄 →
두 번째 줄 →
세 번째 줄 →
네 번째 줄 →

이 규칙을 만족시키도록 나머지 칸에 수를 써 넣을 때, 네 번째 줄에 있는 모든 수의 합은?

① 119   ② 127   ③ 135
④ 143   ⑤ 151

0684 교육청 기출

공차가 d이고 모든 항이 자연수인 등차수열 $\{a_n\}$이 다음 조건을 만족시킨다.

> (가) $a_1 \leq d$
> (나) 어떤 자연수 $k\ (k \geq 3)$에 대하여 세 항 a_2, a_k, a_{3k-1}이 이 순서대로 등비수열을 이룬다.

$90 \leq a_{16} \leq 100$일 때, a_{20}의 값을 구하시오.

09 수열의 합

유형 01 합의 기호 $\sum$

0685

수열 $\{a_n\}$에 대하여 $a_2=1$, $a_{99}=100$일 때,

$\sum\limits_{k=1}^{97} a_{k+2} - \sum\limits_{k=3}^{99} a_{k-1}$의 값은?

① 51　　　　　② 99　　　　　③ 100

④ 101　　　　　⑤ 151

0686 평가원 변형

수열 $\{a_n\}$에 대하여 $a_1+a_{10}=45$이고 $\sum\limits_{k=2}^{10} a_k = \sum\limits_{k=1}^{9}(a_k+3)$일 때, a_1의 값은?

① 0　　　　　② 9　　　　　③ 18

④ 27　　　　　⑤ 36

0687

함수 $f(x)$에 대하여

$$\sum\limits_{k=1}^{18} f(k+2)=66, \quad \sum\limits_{k=3}^{20} f(k-1)=52$$

일 때, $f(20)-f(2)$의 값을 구하시오.

0688

수열 $\{a_n\}$에 대하여 $\sum\limits_{k=1}^{n}(a_{2k-1}+a_{2k})=3n^2$일 때, $\sum\limits_{k=1}^{10} a_k$의 값은?

① 75　　　　　② 125　　　　　③ 175

④ 225　　　　　⑤ 275

0689 수능 변형

수열 $\{a_n\}$이 $a_1=33$, $\sum\limits_{k=2}^{n}(a_k-a_{k-1})=2n-1$ $(n\geq2)$을 만족시킬 때, a_{10}의 값은?

① 40　　　　　② 44　　　　　③ 48

④ 52　　　　　⑤ 56

0690

수열 $\{a_n\}$에 대하여 $a_{21}=3$, $\sum\limits_{k=1}^{20} ka_k=60$, $\sum\limits_{k=1}^{20} ka_{k+1}=48$일 때,

$\sum\limits_{k=1}^{20} a_k$의 값은?

① 24　　　　　② 36　　　　　③ 48

④ 60　　　　　⑤ 72

유형 02 **∑의 기본 성질**

0691

두 수열 $\{a_n\}$, $\{b_n\}$에 대하여 $\sum_{k=1}^{10} a_k = 8$, $\sum_{k=1}^{10} b_k = 17$일 때,

$\sum_{k=1}^{10} (3a_k - 2b_k + 4)$의 값은?

① 30   ② 32   ③ 34

④ 36   ⑤ 38

0692

두 수열 $\{a_n\}$, $\{b_n\}$에 대하여 $\sum_{k=1}^{n} (a_k - b_k)^2 = 24$,

$\sum_{k=1}^{n} (a_k^2 + b_k^2) = 38$일 때, $\sum_{k=1}^{n} a_k b_k$의 값은?

① 4   ② 5   ③ 6

④ 7   ⑤ 8

0693

두 수열 $\{a_n\}$, $\{b_n\}$에 대하여 $\sum_{k=1}^{10} a_k^2 = 65$, $\sum_{k=1}^{10} b_k^2 = 7$일 때,

$\sum_{k=1}^{10} (a_k + 2b_k)(a_k - 2b_k)$의 값을 구하시오.

0694

두 수열 $\{a_n\}$, $\{b_n\}$에 대하여 $\sum_{k=1}^{10} (2a_k - b_k) = 2$,

$\sum_{k=1}^{10} (a_k + 2b_k) = 16$일 때, $\sum_{k=1}^{10} \left(\frac{1}{2}a_k + \frac{1}{3}b_k\right)$의 값은?

① 4   ② 5   ③ 6

④ 7   ⑤ 8

0695

두 수열 $\{a_n\}$, $\{b_n\}$에 대하여 $\sum_{k=1}^{5} a_k = 8$, $\sum_{k=1}^{10} a_k = 33$,

$\sum_{k=1}^{5} b_k = 11$, $\sum_{k=1}^{10} b_k = 26$일 때, $\sum_{k=6}^{10} (3a_k - 2b_k)$의 값을 구하시오.

0696

수열 $\{a_n\}$에 대하여

$$\sum_{k=1}^{10} (a_k + 1)^3 - \sum_{k=1}^{10} (a_k - 1)^3 = 80$$

일 때, $\sum_{k=1}^{10} (3a_k^2 - 1)$의 값은?

① 14   ② 17   ③ 20

④ 23   ⑤ 26

0697

다음을 만족시키는 정수 a, b에 대하여 $a-b$의 값을 구하시오.

$$\sum_{k=1}^{10} \frac{4^k+2^k}{3^k} = \frac{a \times 2^{22}-2^{11}}{3^{10}}+b$$

0698

두 수열 $\{a_n\}$, $\{b_n\}$에 대하여 $a_n=\displaystyle\sum_{k=1}^{n} 2^{k-1}$, $b_n=\displaystyle\sum_{k=1}^{n} a_k$일 때, $\displaystyle\sum_{k=1}^{10} b_k$의 값은?

① 1000   ② 1512   ③ 2024

④ 3048   ⑤ 4017

0699

수열 $\{a_n\}$: 3, 33, 333, $\cdots$에 대하여 $\displaystyle\sum_{k=1}^{9} a_k$의 값은?

① $\dfrac{10^{10}-91}{27}$ ② $\dfrac{10^{10}-81}{27}$ ③ $\dfrac{10^{10}-27}{27}$

④ $\dfrac{10^9-81}{81}$ ⑤ $\dfrac{10^9-27}{81}$

0700

등차수열 $\{a_n\}$에 대하여 $a_5=2$, $a_{10}=12$일 때, $\displaystyle\sum_{k=1}^{20} a_{2k+1}$의 값은?

① 640   ② 680   ③ 720

④ 760   ⑤ 800

0701

모든 항이 실수인 등비수열 $\{a_n\}$에 대하여

$$a_2 a_5 = a_7,\ a_3 = 8$$

일 때, $\displaystyle\sum_{k=1}^{n} a_k = 254$를 만족시키는 자연수 n의 값은?

① 6   ② 7   ③ 8

④ 9   ⑤ 10

0702

공차가 양수인 등차수열 $\{a_n\}$에 대하여 이차방정식

$$x^2-12x+20=0$$

의 두 근이 a_2, a_{10}일 때, $\displaystyle\sum_{n=2}^{10} a_n$의 값을 구하시오.

0703 수능 변형

등차수열 $\{a_n\}$이 $a_2 + a_9 = 3a_7$, $\sum_{k=1}^{10} a_k = 90$을 만족시킬 때, a_6의 값은?

① 8   ② 10   ③ 12

④ 14   ⑤ 16

0704

모든 항이 실수인 등비수열 $\{a_n\}$에 대하여 $a_1 = 1$이고

$$\sum_{k=1}^{5}(a_{2k} + a_{2k-1}) - \sum_{n=1}^{4}(a_{2n} + a_{2n+1}) = 513$$

일 때, $\sum_{k=1}^{5} a_{2k}$의 값을 구하시오.

0705

모든 항이 양수인 등비수열 $\{a_n\}$의 첫째항부터 제n항까지의 합을 S_n이라 하자. $S_2 = 6a_3$일 때, $\sum_{n=1}^{10} \dfrac{S_n}{a_n}$의 값은?

① 2021   ② 2030   ③ 2036

④ 2048   ⑤ 2096

유형 05 · 자연수의 거듭제곱의 합

0706

$\sum_{k=1}^{20} \dfrac{(k^2 + k)^2}{1 + 2 + 3 + \cdots + k}$의 값은?

① 4480   ② 4720   ③ 5320

④ 5980   ⑤ 6160

0707

$\sum_{k=1}^{n-1}(3k+2) = 75$를 만족시키는 자연수 n의 값은? (단, $n \geq 2$)

① 6   ② 7   ③ 8

④ 9   ⑤ 10

0708

첫째항이 4, 공차가 3인 등차수열 $\{a_n\}$에 대하여

$$S_n = \sum_{k=1}^{n} a_k$$

라 할 때, $\sum_{k=1}^{10}(2S_k - 3)$의 값은?

① 1280   ② 1320   ③ 1360

④ 1400   ⑤ 1440

0709 수능 변형

자연수 n에 대하여 다항식 x^2+x+1을 $x-n$으로 나누었을 때의 나머지를 a_n이라 하자. $\sum\limits_{n=1}^{6}(a_n+2n^2-n)$의 값은?

① 277   ② 278   ③ 279

④ 280   ⑤ 281

0710

자연수 n에 대하여 x에 대한 이차방정식 $x^2-nx-n=0$의 두 근을 α_n, β_n이라 할 때, $\sum\limits_{n=1}^{7}(\alpha_n{}^2+\beta_n{}^2)$의 값은?

① 188   ② 196   ③ 204

④ 212   ⑤ 220

유형 06 Σ를 여러 개 포함한 식

0711

$\sum\limits_{m=1}^{6}\left(\sum\limits_{k=1}^{6}m^2k\right)$의 값은?

① 1617   ② 1699   ③ 1764

④ 1851   ⑤ 1911

0712

$\sum\limits_{i=1}^{m}\left\{\sum\limits_{j=1}^{n}(i+j-2)\right\}$를 간단히 하면?

① $\dfrac{m^2n+mn^2-2mn}{2}$ ② $\dfrac{m^2n+mn^2-mn}{2}$

③ $\dfrac{m^2n+mn^2+2mn}{2}$ ④ $\dfrac{m^2n+mn^2+mn}{2}$

⑤ $\dfrac{m^2n-mn^2-2mn}{2}$

0713

$\sum\limits_{m=1}^{n}\left\{\sum\limits_{l=1}^{m}\left(\sum\limits_{k=1}^{l}6\right)\right\}=336$을 만족시키는 자연수 n의 값은?

① 2   ② 4   ③ 6

④ 8   ⑤ 10

0714

$\sum\limits_{m=1}^{n}\left\{\sum\limits_{k=1}^{m}(m+k)\right\}=90$을 만족시키는 자연수 n의 값을 구하시오.

유형 **07** Σ를 이용한 여러 가지 수열의 합

0715

수열의 합 $2 \times 3 + 3 \times 5 + 4 \times 7 + \cdots + 14 \times 27$의 값은?

① 1832 ② 1864 ③ 1888
④ 1902 ⑤ 1924

0716

수열의 합 $1 \times 20 + 3 \times 18 + 5 \times 16 + \cdots + 19 \times 2$의 값은?

① 740 ② 750 ③ 760
④ 770 ⑤ 780

0717 교육청 변형

수열 $\{a_n\}$이

$$1, \ 2+3, \ 3+4+5, \ 4+5+6+7, \ \cdots$$

일 때, $\sum\limits_{k=1}^{10} a_k$의 값을 구하시오.

0718

수열 $\{a_n\}$이 $1^2 - 3, \ 2^2 - 6, \ 3^2 - 9, \ \cdots$일 때, $\sum\limits_{k=1}^{n} a_k = 28$을 만족시키는 자연수 n의 값은?

① 5 ② 6 ③ 7
④ 8 ⑤ 9

유형 **08** 제 k항이 n에 대한 식일 때의 수열의 합

0719

모든 자연수 n에 대하여

$$1 \times (n-1) + 2 \times (n-2) + 3 \times (n-3) + \cdots + (n-1) \times 1$$
$$= \frac{(n+a)(n+b)(n+c)}{6}$$

가 성립할 때, 정수 a, b, c에 대하여 $a^2 + b^2 + c^2$의 값을 구하시오.

0720

수열의 합

$$\left(\frac{2n+1}{n}\right)^2 + \left(\frac{2n+2}{n}\right)^2 + \left(\frac{2n+3}{n}\right)^2 + \cdots + \left(\frac{3n}{n}\right)^2$$

을 간단히 하면?

① $\dfrac{18n^2 + 15n + 1}{3n}$ ② $\dfrac{18n^2 + 15n + 1}{6n}$

③ $\dfrac{38n^2 + 15n + 1}{3n}$ ④ $\dfrac{38n^2 + 15n + 1}{6n}$

⑤ $\dfrac{58n^2 + 15n + 1}{3n}$

09

수열의 합

0721

자연수 n에 대하여 다음 수열의 첫째항부터 제n항까지의 합을 구하시오.

$$1 \times (2n+1),\ 2 \times (2n+3),\ 3 \times (2n+5),\ 4 \times (2n+7),\ \cdots$$

유형 **09** ∑로 표현된 수열의 합과 일반항 사이의 관계

0722

수열 $\{a_n\}$이 $\displaystyle\sum_{k=1}^{n} a_k = 3n-2$를 만족시킬 때, a_7의 값은?

① 1   ② 3   ③ 5
④ 7   ⑤ 9

0723

수열 $\{a_n\}$에 대하여

$$\sum_{k=1}^{n} a_k = n^2 - n$$

일 때, $\displaystyle\sum_{k=1}^{10} (2k-1)a_k$의 값은?

① 1170   ② 1200   ③ 1230
④ 1260   ⑤ 1290

0724

수열 $\{a_n\}$에 대하여 $\displaystyle\sum_{k=1}^{n} a_k = 4^n - 1$일 때, $\displaystyle\sum_{k=1}^{10} \frac{1}{a_k}$의 값은?

① $\dfrac{4}{3}\left\{1-\left(\dfrac{1}{4}\right)^{10}\right\}$ ② $\dfrac{4}{3}(4^{10}-1)$

③ $\dfrac{4}{9}\left\{1-\left(\dfrac{1}{4}\right)^{10}\right\}$ ④ $\dfrac{4}{9}(4^{10}-1)$

⑤ $4-\left(\dfrac{1}{4}\right)^{9}$

0725

수열 $\{a_n\}$에 대하여

$$\sum_{k=1}^{n} (2k-1)a_k = n(n+1)(4n-1)$$

일 때, a_{10}의 값을 구하시오.

0726 평가원 변형

수열 $\{a_n\}$에 대하여 $\displaystyle\sum_{k=1}^{n} \frac{1}{a_k+2} = n^2+n$일 때, $\displaystyle\sum_{k=1}^{10} \frac{a_k+4}{a_k+2}$의 값은?

① 230   ② 240   ③ 250
④ 260   ⑤ 270

유형 10 분수 꼴인 수열의 합

0727 교육청 변형

첫째항이 5이고 공차가 2인 등차수열 $\{a_n\}$에 대하여

$\sum\limits_{n=1}^{10} \dfrac{1}{a_n a_{n+1}}$의 값은?

① $\dfrac{2}{25}$ ② $\dfrac{4}{25}$ ③ $\dfrac{8}{25}$

④ $\dfrac{2}{23}$ ⑤ $\dfrac{4}{23}$

0728

수열의 합 $\dfrac{1}{3^2-1}+\dfrac{1}{5^2-1}+\dfrac{1}{7^2-1}+\cdots+\dfrac{1}{19^2-1}$의 값을 구하시오.

0729

수열의 합 $\dfrac{1}{2\times 5}+\dfrac{1}{5\times 8}+\dfrac{1}{8\times 11}+\cdots+\dfrac{1}{47\times 50}$의 값은?

① $\dfrac{3}{25}$ ② $\dfrac{4}{25}$ ③ $\dfrac{1}{5}$

④ $\dfrac{6}{25}$ ⑤ $\dfrac{8}{25}$

0730

다음 수열의 합이 $\dfrac{13}{7}$일 때, 자연수 k의 값을 구하시오.

$$1+\dfrac{1}{1+2}+\dfrac{1}{1+2+3}+\dfrac{1}{1+2+3+4}+\cdots+\dfrac{1}{1+2+3+\cdots+k}$$

0731

자연수 n에 대하여 a_n이 다항식 x^2+4x+3을 $x-n$으로 나눈 나머지일 때, $\sum\limits_{n=1}^{7} \dfrac{1}{a_n}$의 값은?

① $\dfrac{14}{45}$ ② $\dfrac{29}{90}$ ③ $\dfrac{1}{3}$

④ $\dfrac{31}{90}$ ⑤ $\dfrac{16}{45}$

0732

자연수 n에 대하여 x에 대한 이차방정식 $x^2+4x-n(n+2)=0$의 서로 다른 두 실근을 a_n, β_n이라 할 때, $\sum\limits_{k=1}^{14}\left(\dfrac{1}{a_k}+\dfrac{1}{\beta_k}\right)$의 값은?

① $\dfrac{41}{15}$ ② $\dfrac{329}{120}$ ③ $\dfrac{11}{4}$

④ $\dfrac{331}{120}$ ⑤ $\dfrac{83}{30}$

유형 11 분모에 근호가 포함된 수열의 합

0733

수열의 합 $\sum\limits_{k=1}^{120} \dfrac{2}{\sqrt{k-1}+\sqrt{k+1}}$ 의 값은?

① 10   ② 11   ③ 12

④ $10+2\sqrt{30}$ ⑤ $11+2\sqrt{30}$

0734

수열 $\{a_n\}$의 일반항이 $a_n=\sqrt{n+1}+\sqrt{n+2}$일 때,

$\sum\limits_{n=1}^{k} \dfrac{1}{a_n}=3\sqrt{2}$를 만족시키는 자연수 k의 값은?

① 24   ② 26   ③ 28

④ 30   ⑤ 32

0735 수능 변형

수열 $\{a_n\}$이 첫째항이 1, 공차가 2인 등차수열일 때,

$\sum\limits_{k=1}^{24} \dfrac{1}{\sqrt{a_{k+1}}+\sqrt{a_k}}$의 값은?

① $3-\sqrt{2}$ ② $\sqrt{5}$ ③ 3

④ $2\sqrt{5}$ ⑤ 6

0736

2 이상의 자연수 k에 대하여 그림과 같이 두 곡선 $y=\sqrt{x}$, $y=-\sqrt{x-1}$과 직선 $x=k$와의 교점을 두 꼭짓점으로 하고, 직선 $x=k+1$ 위에 나머지 두 꼭짓점이 있는 직사각형의 넓이를 S_k라 할 때, $\sum\limits_{k=2}^{49} \dfrac{1}{S_k}$의 값을 구하시오.

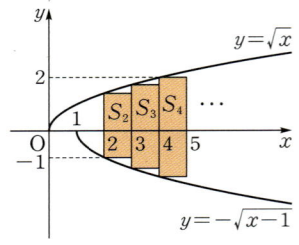

유형 12 로그가 포함된 수열의 합

0737

첫째항이 27, 공비가 3인 등비수열 $\{a_n\}$에 대하여

$\sum\limits_{k=1}^{20} \log_9 a_k$의 값을 구하시오.

0738

수열 $\{a_n\}$에 대하여 $a_{3n-2}=2^n$, $a_{3n-1}=3^n$, $a_{3n}=2^n$일 때,

$\sum\limits_{n=1}^{30} \log a_n$의 값은?

① $\log 12^{110}$ ② $\log 12^{55}$ ③ $\log 12^{45}$

④ $\log 6^{55}$ ⑤ $\log 6^{45}$

0739

$\sum_{k=2}^{40} \log_3 \{\log_{2k-1} (2k+1)\}$의 값은?

① 1   ② $\log_3 4$ ③ 3

④ $\log_3 40$ ⑤ 4

0740

수열 $\{a_n\}$이 모든 자연수 n에 대하여

$$\sum_{k=1}^{n} a_k = \log_2 \frac{(n+1)(n+2)}{2}$$

를 만족시킨다. $\sum_{k=1}^{30} a_{2k+1} = p$일 때, 2^p의 값은?

① 21   ② 28   ③ 35

④ 42   ⑤ 49

유형 **13** 특정한 값이 반복되는 수열의 합

0741

수열 $\{a_n\}$의 일반항 a_n을

$$a_n = (n^2 \text{을 4로 나누었을 때의 나머지})$$

라 할 때, $\sum_{n=1}^{1111} a_n$의 값은?

① 555   ② 556   ③ 1110

④ 1111   ⑤ 1112

0742

자연수 n에 대하여 3^n을 10으로 나누었을 때의 나머지를 a_n, 4^n을 5로 나누었을 때의 나머지를 b_n이라 할 때, $\sum_{k=1}^{30} (a_k + b_k)$의 값을 구하시오.

0743

$x_1, x_2, x_3, \cdots, x_n$은 0, 1, 3의 값 중 어느 하나를 갖고 $\sum_{k=1}^{n} x_k = 21$, $\sum_{k=1}^{n} x_k^2 = 39$일 때, $\sum_{k=1}^{n} x_k^5$의 값은?

① 714   ② 723   ③ 732

④ 741   ⑤ 750

0744 교육청 변형

2 이상의 자연수 n에 대하여 $(2n-9)^3$의 n제곱근 중 실수인 것의 개수를 $f(n)$이라 할 때, $\sum_{n=2}^{30} f(n)$의 값을 구하시오.

09 수열의 합

0745

좌표평면에서 자연수 n에 대하여 함수

$$f(x) = 2^{n+1} - x$$

의 그래프와 직선 $y = x$가 만나는 점의 x좌표를 a_n이라 할 때, $\sum_{n=1}^{9} a_n$의 값은?

① 511   ② 512   ③ 513

④ 1022   ⑤ 1023

0746

자연수 n에 대하여 곡선 $y = \dfrac{2}{x}$ $(x>0)$ 위의 점 $\left(n, \dfrac{2}{n}\right)$와 두 점 $(n-1, 0)$, $(n+2, 0)$을 세 꼭짓점으로 하는 삼각형의 넓이를 a_n이라 할 때, $\sum_{n=1}^{12} \dfrac{9}{a_n a_{n+1}}$의 값을 구하시오.

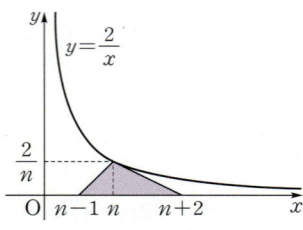

0747

자연수 n에 대하여 그림과 같이 원

$$C_n : (x-2n)^2 + (y-n)^2 = 2n(n+1)$$

과 직선 $y = x$가 만나서 생기는 선분의 길이를 l_n이라 할 때, $\sum_{n=1}^{9} \dfrac{l_n^{\,2}}{5}$의 값을 구하시오.

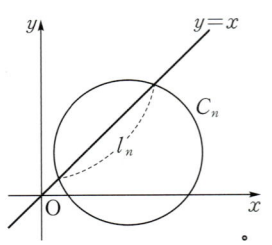

0748

좌표평면에서 자연수 n에 대하여 네 점

$$A(n^2, n^2),\ B(4n^2, n^2),\ C(4n^2, 4n^2),\ D(n^2, 4n^2)$$

을 꼭짓점으로 하는 정사각형과 함수 $f(x) = k\sqrt{x}$의 그래프가 만나도록 하는 자연수 k의 개수를 a_n이라 할 때, $\sum_{n=1}^{10} a_{2n-1}$의 값은?

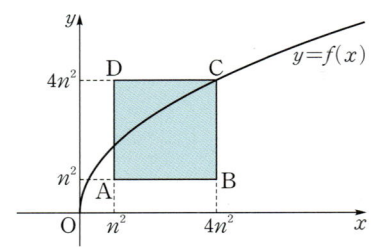

① 335   ② 345   ③ 355

④ 365   ⑤ 375

0749

좌표평면에서 자연수 n에 대하여 곡선 $y=-\sqrt{x}+n$과 x축, y축으로 둘러싸인 영역의 내부 또는 경계에 포함되고 x좌표와 y좌표가 모두 정수인 점의 개수를 a_n이라 할 때, $\sum\limits_{n=1}^{5} a_n$의 값을 구하시오.

0752

다항식 $x+2x^2+3x^3+4x^4+\cdots+nx^n$을 $x-2$로 나누었을 때의 나머지가 $2+3\times2^9$이 되도록 하는 자연수 n의 값은?

① 7 　　② 8 　　③ 9
④ 10 　　⑤ 11

유형 15　(등차수열)×(등비수열) 꼴의 수열의 합

0750

다음 수열의 합이 $\dfrac{a-b\times3^{10}}{16}$일 때, 자연수 a, b에 대하여 $a+b$의 값을 구하시오. (단, $0<a<10$, $0<b<50$)

$$1\times1-2\times3+3\times3^2-4\times3^3+\cdots-10\times3^9$$

유형 16　항을 묶어서 만드는 수열

0753

수열 1, 2, 2, 3, 3, 3, 4, 4, 4, 4, …에서 처음으로 나타나는 10은 제p항이고 마지막으로 나타나는 12는 제q항일 때, $p+q$의 값은?

① 111 　　② 121 　　③ 123
④ 124 　　⑤ 133

0751

수열의 합

$$S=3\times\frac{1}{2}+6\times\left(\frac{1}{2}\right)^2+9\times\left(\frac{1}{2}\right)^3+\cdots+30\times\left(\frac{1}{2}\right)^{10}$$

의 값은?

① $\dfrac{1521}{256}$ 　　② $\dfrac{1523}{256}$ 　　③ $\dfrac{1525}{256}$

④ $\dfrac{1527}{256}$ 　　⑤ $\dfrac{1529}{256}$

0754

수열 $\dfrac{1}{1}$, $\dfrac{1}{2}$, $\dfrac{2}{1}$, $\dfrac{1}{3}$, $\dfrac{2}{2}$, $\dfrac{3}{1}$, $\dfrac{1}{4}$, $\dfrac{2}{3}$, $\dfrac{3}{2}$, $\dfrac{4}{1}$, …에서 $\dfrac{5}{7}$는 제 몇 항인가? (단, 어떤 분수도 약분하여 나타내지 않는다.)

① 제50항 　　② 제55항 　　③ 제60항
④ 제65항 　　⑤ 제70항

0755

수열 1, 3, 1, 5, 3, 1, 7, 5, 3, 1, …의 첫째항부터 제50항까지의 합은?

① 285   ② 336   ③ 360

④ 396   ⑤ 412

0756

다음과 같이 괄호로 묶어진 수열에서 5는 3번째 묶음의 2번째 항이고 9는 4번째 묶음의 3번째 항이다. 이 수열에서 531은 a번째 묶음의 b번째 항일 때, $a+b$의 값을 구하시오.

$$(1), (2, 3), (4, 5, 6), (7, 8, 9, 10), \cdots$$

0757

수열 $1, \dfrac{1}{2}, \dfrac{2}{2}, \dfrac{1}{3}, \dfrac{2}{3}, \dfrac{3}{3}, \dfrac{1}{4}, \dfrac{2}{4}, \dfrac{3}{4}, \dfrac{4}{4}, \cdots$의 첫째항부터 제30항까지의 합은?

① $\dfrac{71}{4}$ ② $\dfrac{143}{8}$ ③ 18

④ $\dfrac{145}{8}$ ⑤ $\dfrac{73}{4}$

유형 **17** 여러 가지 모양으로 주어진 수열

0758

오른쪽과 같이 자연수가 나열되어 있을 때, 위에서 12번째 줄의 왼쪽에서 6번째 수를 구하시오.

```
          1
        2   3
      4   5   6
    7   8   9   10
  11  12  13  14  15
          ⋮
```

0759

오른쪽과 같이 규칙적으로 수가 나열되어 있을 때, 위에서 첫 번째 줄부터 9번째 줄까지 나열된 모든 수의 합은?

```
      1   2
    2   4   6
  3   6   9   12
4   8   12  16  20
5 10  15  20  25  30
          ⋮
```

① 1425   ② 1445

③ 1465   ④ 1485

⑤ 1505

0760

가로줄의 개수와 세로줄의 개수가 같은 정사각형 모양의 표에 오른쪽과 같이 자연수를 규칙적으로 배열하였다. 이때 자연수 a, b에 대하여 $a+b$의 값을 구하시오.

1	2	3	4	5	⋯	
2	4	6	8	10	⋯	
3	6	9	12	15	⋯	
4	8	12	16	20	⋯	
5	10	15	20	25	⋯	
⋮	⋮	⋮	⋮	⋮	⋱	b
					a	256

기출 & 기출변형 문제

0761 [수능 변형]

수열 $\{a_n\}$에 대하여

$$\sum_{k=1}^{10}(a_k+2)^2=64, \quad \sum_{k=1}^{10}a_k(2a_k-1)=21$$

일 때, $\sum_{k=1}^{10}a_k(a_k+1)$의 값은?

① 9   ② 12   ③ 15

④ 18   ⑤ 21

0762 [평가원 기출]

수열 $\{a_n\}$이 모든 자연수 n에 대하여

$$\sum_{k=1}^{n}\frac{1}{(2k-1)a_k}=n^2+2n$$

을 만족시킬 때, $\sum_{n=1}^{10}a_n$의 값은?

① $\dfrac{10}{21}$ ② $\dfrac{4}{7}$ ③ $\dfrac{2}{3}$

④ $\dfrac{16}{21}$ ⑤ $\dfrac{6}{7}$

0763 [평가원 변형]

자연수 n에 대하여 x에 대한 이차방정식

$$x^2-(2n+1)x+n^2+n=0$$

의 두 근을 α_n, β_n이라 할 때, $\sum_{n=1}^{120}\dfrac{1}{\sqrt{\alpha_n}+\sqrt{\beta_n}}$의 값은?

① $10-\sqrt{2}$ ② 9   ③ $11-\sqrt{2}$

④ 10   ⑤ 11

0764 [교육청 기출]

첫째항이 2, 공차가 4인 등차수열 $\{a_n\}$에 대하여

$$\sum_{k=1}^{n}a_kb_k=4n^3+3n^2-n$$

일 때, b_5의 값을 구하시오.

09

수열의 합

0765 수능 변형

첫째항이 -21, 공차가 2인 등차수열의 첫째항부터 제n항까지의 합을 S_n이라 할 때, $\sum\limits_{k=n}^{n+4} S_k$의 값이 최소가 되도록 하는 자연수 n의 값은?

① 9   ② 10   ③ 11

④ 12   ⑤ 13

0766 교육청 변형

첫째항이 2이고 공차가 2인 등차수열 $\{a_n\}$에 대하여 수열 $\{b_n\}$을
$$b_n = a_1 + 3a_2 + 5a_3 + \cdots + (2n-1)a_n \ (n \geq 1)$$
이라 할 때, $\sum\limits_{n=1}^{10} \dfrac{b_n}{4n-1}$의 값은?

① $\dfrac{110}{3}$ ② $\dfrac{220}{3}$ ③ 88

④ 110   ⑤ $\dfrac{440}{3}$

0767 교육청 변형

수열 $\{a_n\}$의 일반항이
$$a_n = \begin{cases} \left(\dfrac{n-1}{3}\right)^2 & (n=1, 4, 7, \cdots) \\ 1-n^2 & (n=2, 5, 8, \cdots) \\ n^2+n-5 & (n=3, 6, 9, \cdots) \end{cases}$$
일 때, $\sum\limits_{n=1}^{30} a_n$의 값을 구하시오.

0768 평가원 기출

공차가 3인 등차수열 $\{a_n\}$이 다음 조건을 만족시킬 때, a_{10}의 값은?

(가) $a_5 \times a_7 < 0$

(나) $\sum\limits_{k=1}^{6} |a_{k+6}| = 6 + \sum\limits_{k=1}^{6} |a_{2k}|$

① $\dfrac{21}{2}$ ② 11   ③ $\dfrac{23}{2}$

④ 12   ⑤ $\dfrac{25}{2}$

□ 정답과 풀이 384쪽

0769 수능 기출

자연수 n의 양의 약수의 개수를 $f(n)$이라 하고, 36의 모든 양의 약수를 a_1, a_2, a_3, $\cdots$, a_9라 하자.

$\displaystyle\sum_{k=1}^{9}\{(-1)^{f(a_k)}\times\log a_k\}$의 값은?

① $\log 2+\log 3$ ② $2\log 2+\log 3$

③ $\log 2+2\log 3$ ④ $2\log 2+2\log 3$

⑤ $3\log 2+2\log 3$

0770 평가원 기출

첫째항이 2이고 공비가 정수인 등비수열 $\{a_n\}$과 자연수 m이 다음 조건을 만족시킬 때, a_m의 값을 구하시오.

(가) $4<a_2+a_3\leq12$
(나) $\displaystyle\sum_{k=1}^{m}a_k=122$

0771 교육청 변형

그림과 같이 곡선 $y=2^x-1$ 위의 점 P를 지나고 기울기가 -1인 직선이 x축, y축과 만나는 점을 각각 Q, R이라 하자. 자연수 n에 대하여 $\overline{\mathrm{PR}}=\sqrt{2}n$이 되도록 하는 점 Q의 좌표를 $(a_n, 0)$이라 할 때, $\displaystyle\sum_{k=1}^{8}a_k$의 값을 구하시오.

(단, 점 P는 제1사분면의 점이다.)

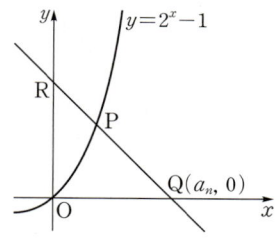

0772 평가원 기출

모든 항이 자연수인 등차수열 $\{a_n\}$의 첫째항부터 제n항까지의 합을 S_n이라 하자. a_7이 13의 배수이고 $\displaystyle\sum_{k=1}^{7}S_k=644$일 때, a_2의 값을 구하시오.

유형 01 등차수열의 귀납적 정의

0773

수열 $\{a_n\}$이 모든 자연수 n에 대하여

$$a_{n+1}=a_n+2$$

를 만족시킬 때, $\dfrac{2^{a_4}}{2^{a_2}}$의 값은?

① 2   ② 4   ③ 8

④ 16   ⑤ 32

0774

수열 $\{a_n\}$이

$$a_1=100,\ a_{n+1}-a_n=-6\ (n=1, 2, 3, \cdots)$$

으로 정의될 때, $a_k<0$을 만족시키는 자연수 k의 최솟값은?

① 16   ② 17   ③ 18

④ 19   ⑤ 20

0775

수열 $\{a_n\}$이 모든 자연수 n에 대하여

$$a_n-2a_{n+1}+a_{n+2}=0$$

을 만족시킨다. $a_1=2$, $a_8-a_6=6$일 때, a_{10}의 값을 구하시오.

0776

수열 $\{a_n\}$이

$$a_1=1,\ a_2=2,\ 2a_{n+1}=a_n+a_{n+2}\ (n=1, 2, 3, \cdots)$$

로 정의될 때, $\displaystyle\sum_{k=1}^{10}\dfrac{1}{a_k a_{k+1}}$의 값은?

① $\dfrac{8}{11}$ ② $\dfrac{4}{5}$ ③ $\dfrac{9}{11}$

④ $\dfrac{9}{10}$ ⑤ $\dfrac{10}{11}$

유형 02 등비수열의 귀납적 정의

0777

수열 $\{a_n\}$이 모든 자연수 n에 대하여

$$a_{n+1}=\dfrac{1}{2}a_n$$

을 만족시키고 $a_3=64$일 때, a_{10}의 값은?

① 2   ② 1   ③ $\dfrac{1}{2}$

④ $\dfrac{1}{4}$ ⑤ $\dfrac{1}{8}$

0778 수능 변형

모든 항이 양수인 수열 $\{a_n\}$이 다음 조건을 만족시킬 때, $\displaystyle\sum_{k=1}^{6}a_k$의 값을 구하시오.

(가) $a_1 a_2=12$
(나) $a_{n+1}=3a_n\ (n=1, 2, 3, \cdots)$

0779

모든 항이 양수인 수열 $\{a_n\}$이

$$a_1=3,\ \frac{a_{n+2}}{a_{n+1}}=\frac{a_{n+1}}{a_n}\ (n=1,\ 2,\ 3,\ \cdots)$$

로 정의되고 $a_1+a_2+a_3=21$일 때, a_6의 값은?

① 92   ② 94   ③ 96

④ 98   ⑤ 100

0780

수열 $\{a_n\}$이

$$a_1=8,\ a_2=-16,$$
$$a_{n+1}{}^2=a_n a_{n+2}\ (n=1,\ 2,\ 3,\ \cdots)$$

로 정의될 때, $a_k=-1024$를 만족시키는 자연수 k의 값을 구하시오.

0781

$a_1=5$이고 모든 항이 양수인 수열 $\{a_n\}$이

$$\log_5 a_{n+1}=2+\log_5 a_n\ (n=1,\ 2,\ 3,\ \cdots)$$

을 만족시킬 때, $\displaystyle\sum_{k=1}^{5}\log_5 a_k$의 값을 구하시오.

0782 교육청 변형

첫째항이 4이고 모든 항이 양수인 수열 $\{a_n\}$이 있다. x에 대한 이차방정식

$$a_n x^2-2\sqrt{a_{n+1}}\,x+4=0$$

이 모든 자연수 n에 대하여 중근을 가질 때, $\log_2 a_{10}$의 값을 구하시오.

유형 03 $a_{n+1}=a_n+f(n)$ 꼴로 정의된 수열

0783

수열 $\{a_n\}$이

$$a_1=100,\ a_{n+1}=a_n-4n+5\ (n=1,\ 2,\ 3,\ \cdots)$$

로 정의될 때, a_8의 값은?

① 23   ② 24   ③ 25

④ 26   ⑤ 27

0784

수열 $\{a_n\}$이 다음 조건을 만족시킨다.

> (가) $a_1=3a_2-7$
> (나) $a_{n+1}-a_n=2n+3\ (n=1,\ 2,\ 3,\ \cdots)$

a_1+a_7의 값을 구하시오.

0785

수열 $\{a_n\}$이

$$a_1=3, \ a_{n+1}=a_n+2^{n+1} \ (n=1, \ 2, \ 3, \ \cdots)$$

으로 정의될 때, $a_k=255$를 만족시키는 자연수 k의 값은?

① 6   ② 7   ③ 8

④ 9   ⑤ 10

0786

수열 $\{a_n\}$이

$$a_1=5, \ a_{n+1}-a_n=\frac{1}{\sqrt{n+1}+\sqrt{n}} \ (n=1, \ 2, \ 3, \ \cdots)$$

로 정의될 때, a_{16}의 값을 구하시오.

유형 **04** $a_{n+1}=a_n f(n)$ 꼴로 정의된 수열

0787

수열 $\{a_n\}$이

$$a_1=1, \ a_{n+1}=\frac{n+3}{n+1}a_n \ (n=1, \ 2, \ 3, \ \cdots)$$

으로 정의될 때, a_5+a_{10}의 값을 구하시오.

0788

모든 항이 양수인 수열 $\{a_n\}$이

$$a_1=2, \ a_{n+1}=4^n a_n \ (n=1, \ 2, \ 3, \ \cdots)$$

으로 정의될 때, $\log_2 a_6$의 값은?

① 28   ② 29   ③ 30

④ 31   ⑤ 32

0789

수열 $\{a_n\}$이

$$a_1=1, \ a_{n+1}=\frac{(n+1)(n+3)}{(n+2)^2}a_n \ (n=1, \ 2, \ 3, \ \cdots)$$

으로 정의될 때, a_{10}의 값을 구하시오.

0790

수열 $\{a_n\}$이 모든 자연수 n에 대하여

$$\sqrt{n}\,a_{n+1}=\sqrt{n+1}\,a_n$$

을 만족시킨다. $a_1=1$일 때, $\sum\limits_{k=1}^{10}(a_{k+1})^2$의 값은?

① 61   ② 63   ③ 65

④ 67   ⑤ 69

유형 05 여러 가지 수열의 귀납적 정의

0791

수열 $\{a_n\}$이
$$a_1=1, \ a_{n+1}=2a_n+3 \ (n=1, \ 2, \ 3, \ \cdots)$$
으로 정의될 때, a_5+a_6의 값을 구하시오.

0792

$a_1=1$인 수열 $\{a_n\}$이 모든 자연수 n에 대하여
$$a_{n+1}=a_n+2\sin\frac{n}{6}\pi$$
를 만족시킬 때, $a_5=p+q\sqrt{3}$이다. $p+q$의 값은?
(단, p, q는 유리수이다.)

① 3   ② 4   ③ 5
④ 6   ⑤ 7

0793

수열 $\{a_n\}$이
$$a_1=\frac{1}{3}, \ a_{n+1}=\frac{a_n}{3a_n+1} \ (n=1, \ 2, \ 3, \ \cdots)$$
으로 정의될 때, a_{10}의 값은?

① $\dfrac{1}{30}$ ② $\dfrac{1}{33}$ ③ $\dfrac{1}{36}$

④ $\dfrac{1}{39}$ ⑤ $\dfrac{1}{42}$

0794 평가원 변형

수열 $\{a_n\}$은 $a_1=1$이고, 모든 자연수 n에 대하여
$$a_{n+1}+(-1)^n\times a_n=3^{n-1}$$
을 만족시킬 때, $a_k<100$인 자연수 k의 최댓값을 구하시오.

0795

$a_1=1$이고 수열 $\{a_n\}$이 모든 자연수 n에 대하여
$$a_n+a_{n+1}=n$$
을 만족시킬 때, $\displaystyle\sum_{k=1}^{11}a_k$의 값을 구하시오.

유형 06 여러 가지 수열의 귀납적 정의
– 경우에 따라 다르게 정의되는 수열

0796

수열 $\{a_n\}$은 $a_1=2$이고, 모든 자연수 n에 대하여
$$a_{n+1}=\begin{cases} na_n-1 & (a_n\text{이 홀수인 경우}) \\ a_n+1 & (a_n\text{이 짝수인 경우}) \end{cases}$$
를 만족시킬 때, a_6의 값은?

① 71   ② 72   ③ 73
④ 74   ⑤ 75

0797

수열 $\{a_n\}$은 $a_1 = 4$이고, 모든 자연수 n에 대하여

$$a_{n+1} = \begin{cases} a_n + p & (a_n < 1) \\ 3 - 2a_n & (a_n \geq 1) \end{cases}$$

을 만족시킨다. $a_4 = 0$이 되도록 하는 모든 실수 p의 값의 합을 구하시오.

0798

첫째항이 홀수인 수열 $\{a_n\}$이 모든 자연수 n에 대하여

$$a_{n+1} = \begin{cases} a_n + 3 & (a_n \text{이 홀수인 경우}) \\ \dfrac{1}{2}a_n & (a_n \text{이 짝수인 경우}) \end{cases}$$

를 만족시킨다. $a_4 = 8$이 되도록 하는 모든 a_1의 값의 합은?

① 32   ② 34   ③ 36

④ 38   ⑤ 40

0799 교육청 변형

수열 $\{a_n\}$은 $-\dfrac{1}{2} < a_1 < 0$이고, 모든 자연수 n에 대하여

$$a_{n+1} = \begin{cases} a_n + 1 & (a_n < 0) \\ -2a_n + 1 & (a_n \geq 0) \end{cases}$$

을 만족시킨다. $a_6 = -\dfrac{1}{2}$일 때, $a_1 + a_2$의 값은?

① $\dfrac{3}{8}$ ② $\dfrac{1}{2}$ ③ $\dfrac{5}{8}$

④ $\dfrac{3}{4}$ ⑤ $\dfrac{7}{8}$

유형 **07** 여러 가지 수열의 귀납적 정의
        - 같은 수가 반복되는 수열

0800

$a_1 = \dfrac{1}{2}$인 수열 $\{a_n\}$이 모든 자연수 n에 대하여

$$a_{n+1} = \dfrac{2a_n - 1}{3a_n - 1}$$

을 만족시킬 때, $a_{10} + a_{20}$의 값은?

① 0   ② $\dfrac{1}{2}$ ③ 1

④ $\dfrac{3}{2}$ ⑤ 2

0801 수능 변형

첫째항이 $\dfrac{1}{4}$인 수열 $\{a_n\}$이 모든 자연수 n에 대하여

$$a_{n+1} = \begin{cases} 2a_n & (a_n \leq 1) \\ \dfrac{a_n - 1}{4} & (a_n > 1) \end{cases}$$

을 만족시킬 때, $a_5 + a_{10} + a_{15} + a_{20} + a_{25}$의 값을 구하시오.

0802

수열 $\{a_n\}$은 $a_1 = 2$이고, 모든 자연수 n에 대하여

$$a_{n+1} = \begin{cases} \dfrac{1}{a_n} & (n \text{이 홀수인 경우}) \\ 6a_n & (n \text{이 짝수인 경우}) \end{cases}$$

를 만족시킬 때, $\displaystyle\sum_{k=1}^{25} a_k$의 값을 구하시오.

0803

수열 $\{a_n\}$이 $a_1=1$, $a_2=2$이고, 모든 자연수 n에 대하여

$$a_{n+2}=\frac{a_{n+1}+1}{a_n}$$

을 만족시킬 때, $\displaystyle\sum_{k=1}^{10} a_{2k}$의 값을 구하시오.

0804

수열 $\{a_n\}$이 모든 자연수 n에 대하여

    $a_1=4,$

    $a_{n+1}=(a_n{}^3+1$을 5로 나누었을 때의 나머지)

로 정의될 때, $\displaystyle\sum_{k=1}^{50} a_k$의 값을 구하시오.

0805

수열 $\{a_n\}$은 $a_1=5$이고 다음 조건을 만족시킨다.

> (가) $a_{n+2}=a_n-2$ $(n=1, 2, 3, 4)$
>
> (나) 모든 자연수 n에 대하여 $a_{n+6}=a_n$이다.

$\displaystyle\sum_{k=1}^{20} a_k=134$일 때, a_2의 값은?

① 10   ② 11   ③ 12

④ 13   ⑤ 14

유형 **08** S_n이 포함된 꼴로 정의된 수열

0806

수열 $\{a_n\}$의 첫째항부터 제n항까지의 합을 S_n이라 하자.

$$a_1=3, \; S_n=\frac{2}{3}a_n+1 \; (n=1, 2, 3, \cdots)$$

이 성립할 때, a_5의 값을 구하시오.

0807

수열 $\{a_n\}$의 첫째항부터 제n항까지의 합을 S_n이라 하자.

    $S_2=8, \; 2S_n-S_{n+1}=0 \; (n=1, 2, 3, \cdots)$

이 성립할 때, a_1+a_8의 값은?

① 260   ② 266   ③ 272

④ 278   ⑤ 284

0808

수열 $\{a_n\}$의 첫째항부터 제n항까지의 합을 S_n이라 하자.

    $S_1=1, \; a_{n+1}=S_n+2n \; (n=1, 2, 3, \cdots)$

이 성립할 때, a_6의 값을 구하시오.

0809

수직선 위의 두 점 P_n, P_{n+1}에 대하여 선분 P_nP_{n+1}을 $1:2$로 내분하는 점을 P_{n+2}라 하자. 두 점 P_1, P_2의 좌표가 각각 0, 81일 때, 점 P_6의 좌표는?

① 43   ② 46   ③ 49
④ 52   ⑤ 55

0810

한 변의 길이가 1인 정육각형을 변끼리 붙여 그림과 같은 도형을 만들려고 한다. [n단계]의 도형에서 길이가 1인 선분의 개수를 a_n이라 하자. 예를 들어 $a_1=6$, $a_2=15$이다. a_{10}의 값을 구하시오.

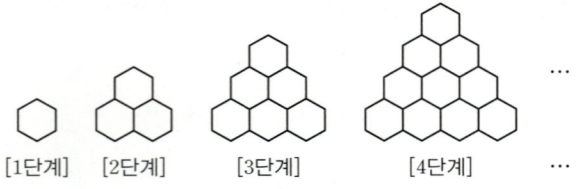

[1단계]   [2단계]   [3단계]   [4단계] $\cdots$

0811

어느 독서 동호회 모임에 참석한 회원이 모두 각각 한 번씩 악수를 한다. 이 모임에 n명의 회원이 참석하였을 때, 이루어지는 악수의 총 횟수를 a_n이라 하자. a_{12}의 값은?

① 44   ② 55   ③ 66
④ 77   ⑤ 88

0812

어떤 호수의 물고기 수가 매년 30 %씩 감소하여 이 호수를 관리하는 단체에서 매년 말 이 호수에 물고기를 2000마리씩 추가로 풀어 놓는다고 한다. 올해 초 이 호수의 물고기 수가 10000마리이고, 올해 초로부터 n년째 말의 이 호수의 물고기 수를 a_n마리라 할 때,

$$a_1=a, \ a_{n+1}=pa_n+q \ (n=1, \ 2, \ 3, \ \cdots)$$

가 성립한다. 상수 a, p, q에 대하여 $\dfrac{a-q}{100p}$의 값을 구하시오.

0813

10 %의 소금물 100 g과 6 %의 소금물 100 g을 섞은 소금물의 농도를 a_1 %라 하고, a_1 %의 소금물 100 g과 6 %의 소금물 100 g을 섞은 소금물의 농도를 a_2 %라 하자. 이와 같은 시행을 n번 반복한 소금물의 농도를 a_n %라 할 때,

$$a_1=a, \ a_{n+1}=pa_n+q \ (n=1, \ 2, \ 3, \ \cdots)$$

가 성립한다. 상수 a, p, q에 대하여 apq의 값을 구하시오.

유형 10 수학적 귀납법

0814

자연수 n에 대한 명제 $p(n)$이 모든 홀수 n에 대하여 성립함을 증명하려고 한다. 보기 중 반드시 보여야 할 것을 있는 대로 고른 것은?

---보기---

ㄱ. $p(1)$이 참이다.

ㄴ. $p(3)$이 참이다.

ㄷ. $p(k)$가 참이면 $p(k+2)$도 참이다.

ㄹ. $p(k)$가 참이면 $p(2k+1)$도 참이다.

---

① ㄱ, ㄴ   ② ㄱ, ㄷ   ③ ㄱ, ㄹ

④ ㄱ, ㄴ, ㄷ   ⑤ ㄱ, ㄴ, ㄹ

0815

자연수 n에 대하여 명제 $p(n)$이 다음 조건을 만족시킨다.

> 5 이상의 자연수 k에 대하여 $p(k)$와 $p(k+1)$이 참이면 $p(k+2)$도 참이다.

명제 $p(n)$이 5 이상의 모든 자연수 n에 대하여 성립함을 증명하기 위하여 참임을 반드시 보여야 하는 명제를 모두 나열한 것은?

① $p(5)$ ② $p(6)$ ③ $p(5)$, $p(6)$

④ $p(5)$, $p(7)$ ⑤ $p(5)$, $p(6)$, $p(7)$

0816

자연수 n에 대하여 명제 $p(n)$이 아래 조건을 만족시킨다.

> ㈎ $p(1)$이 참이다.
> ㈏ $p(n)$이 참이면 $p(3n)$도 참이다.
> ㈐ $p(n)$이 참이면 $p(7n)$도 참이다.

다음 중 반드시 참인 명제는?

① $p(42)$ ② $p(70)$ ③ $p(126)$

④ $p(189)$ ⑤ $p(231)$

유형 11 수학적 귀납법 – 등식의 증명

0817

다음은 모든 자연수 n에 대하여

$$2+4+6+\cdots+2n=n(n+1)$$

이 성립함을 수학적 귀납법으로 증명한 것이다.

> (i) $n=1$일 때,
> $$(\text{좌변})=(\text{우변})=\boxed{\text{㈎}}$$
> 이므로 주어진 등식이 성립한다.
> (ii) $n=k$일 때, 주어진 등식이 성립한다고 가정하면
> $$2+4+6+\cdots+2k=k(k+1)$$
> 위의 식의 양변에 $\boxed{\text{㈏}}$ 를 더하면
> $$2+4+6+\cdots+2k+\boxed{\text{㈏}}$$
> $$=k(k+1)+\boxed{\text{㈏}}$$
> $$=(k+1)(\boxed{\text{㈐}})$$
> 따라서 $n=k+1$일 때도 주어진 등식이 성립한다.
>
> (i), (ii)에 의하여 모든 자연수 n에 대하여 주어진 등식이 성립한다.

위의 ㈎에 알맞은 수를 a, ㈏, ㈐에 알맞은 식을 각각 $f(k)$, $g(k)$라 할 때, $\dfrac{f(a)}{g(a)}$의 값은?

① 1   ② $\dfrac{3}{2}$ ③ 2

④ $\dfrac{5}{2}$ ⑤ 3

0818 교육청 변형

다음은 모든 자연수 n에 대하여

$$\frac{1}{2}+\frac{2}{4}+\frac{3}{8}+\cdots+\frac{n}{2^n}=2-\frac{n+2}{2^n}$$

가 성립함을 수학적 귀납법으로 증명한 것이다.

(i) $n=1$일 때,

(좌변)=(우변)= 〔가〕

이므로 주어진 등식이 성립한다.

(ii) $n=k$일 때, 주어진 등식이 성립한다고 가정하면

$$\frac{1}{2}+\frac{2}{4}+\frac{3}{8}+\cdots+\frac{k}{2^k}=\boxed{\text{(나)}}$$

위의 식의 양변에 $\dfrac{k+1}{2^{k+1}}$ 을 더하면

$$\frac{1}{2}+\frac{2}{4}+\frac{3}{8}+\cdots+\frac{k}{2^k}+\frac{k+1}{2^{k+1}}$$

$$=\boxed{\text{(나)}}+\frac{k+1}{2^{k+1}}$$

$$=\boxed{\text{(다)}}$$

따라서 $n=k+1$일 때도 주어진 등식이 성립한다.

(i), (ii)에 의하여 모든 자연수 n에 대하여 주어진 등식이 성립한다.

위의 ㈎에 알맞은 수를 a, ㈏, ㈐에 알맞은 식을 각각 $f(k)$, $g(k)$라 할 때, $a+f(3)+g(3)$의 값은?

① $\dfrac{3}{2}$ 　② 2 　③ $\dfrac{5}{2}$

④ 3 　⑤ $\dfrac{7}{2}$

0819

다음은 모든 자연수 n에 대하여

$$1\times2+3\times2^2+5\times2^3+\cdots+(2n-1)\times2^n$$
$$=(2n-3)\times2^{n+1}+6$$

이 성립함을 수학적 귀납법으로 증명한 것이다.

(i) $n=1$일 때,

(좌변)=(우변)= 〔가〕

이므로 주어진 등식이 성립한다.

(ii) $n=k$일 때, 주어진 등식이 성립한다고 가정하면

$$1\times2+3\times2^2+5\times2^3+\cdots+(2k-1)\times2^k$$
$$=(2k-3)\times2^{k+1}+6$$

위의 식의 양변에 $\boxed{\text{(나)}}$ 를 더하면

$$1\times2+3\times2^2+5\times2^3+\cdots+(2k-1)\times2^k+\boxed{\text{(나)}}$$

$$=(2k-3)\times2^{k+1}+6+\boxed{\text{(나)}}$$

$$=\boxed{\text{(다)}}+6$$

따라서 $n=k+1$일 때도 주어진 등식이 성립한다.

(i), (ii)에 의하여 모든 자연수 n에 대하여 주어진 등식이 성립한다.

위의 ㈎에 알맞은 수를 a, ㈏, ㈐에 알맞은 식을 각각 $f(k)$, $g(k)$라 할 때, $f(a)+g(a)$의 값을 구하시오.

유형 **12** 수학적 귀납법 - 배수의 증명

0820

다음은 모든 자연수 n에 대하여 $3^{2n}-1$이 8의 배수임을 수학적 귀납법으로 증명한 것이다.

(i) $n=1$일 때, $3^2-1=8$이므로 8의 배수이다.

(ii) $n=k$일 때, $3^{2n}-1$이 8의 배수라 가정하면
$3^{2k}-1=8m$ (m은 자연수)으로 놓을 수 있으므로
$3^{2k}=8m+1$
$n=k+1$일 때,
$3^{\boxed{(가)}}-1=9\times3^{2k}-1=8(\boxed{(나)})$
따라서 $n=k+1$일 때도 $3^{2n}-1$은 8의 배수이다.

(i), (ii)에 의하여 모든 자연수 n에 대하여 $3^{2n}-1$은 8의 배수이다.

위의 (가), (나)에 알맞은 식을 각각 $f(k)$, $g(m)$이라 할 때, $f(4)+g(8)$의 값은?

① 81   ② 83   ③ 85

④ 87   ⑤ 89

0821

다음은 모든 자연수 n에 대하여 2^n+3^{3n-2}이 5의 배수임을 수학적 귀납법으로 증명한 것이다.

(i) $n=1$일 때, $2^1+3^{3\times1-2}=\boxed{(가)}$ 이므로 5의 배수이다.

(ii) $n=k$일 때, 2^n+3^{3n-2}이 5의 배수라 가정하면
$2^k+3^{3k-2}=5m$ (m은 자연수)으로 놓을 수 있다.
$n=k+1$일 때,
$2^{k+1}+3^{3(k+1)-2}=\boxed{(나)}\times m+\boxed{(다)}\times3^{3k-2}$
이때 $\boxed{(나)}\times m$과 $\boxed{(다)}\times3^{3k-2}$이 모두 5의 배수이므로 $2^{k+1}+3^{3(k+1)-2}$도 5의 배수이다.
따라서 $n=k+1$일 때도 2^n+3^{3n-2}은 5의 배수이다.

(i), (ii)에 의하여 모든 자연수 n에 대하여 2^n+3^{3n-2}은 5의 배수이다.

위의 (가), (나), (다)에 알맞은 수를 각각 a, b, c라 할 때, $a+b+c$의 값을 구하시오.

유형 **13** 수학적 귀납법 - 부등식의 증명

0822

다음은 모든 자연수 n에 대하여 부등식 $3^n-1\geq2n$이 성립함을 수학적 귀납법으로 증명한 것이다.

(i) $n=1$일 때,
(좌변)$=3^1-1=2$, (우변)$=2\times1=2$
이므로 주어진 부등식이 성립한다.

(ii) $n=k$ ($k\geq1$)일 때, 주어진 부등식이 성립한다고 가정하면
$3^k-1\geq2k$ ...... ㉠
이때
$(3^{k+1}-1)-(\boxed{(가)})$
$=\boxed{(나)}\times(3^k-1)-2k$
$\geq\boxed{(나)}\times\boxed{(다)}-2k$ ($\because$ ㉠)
$=4k>0$
즉, $3^{k+1}-1\geq\boxed{(가)}$
따라서 $n=k+1$일 때도 주어진 부등식이 성립한다.

(i), (ii)에 의하여 모든 자연수 n에 대하여 주어진 부등식이 성립한다.

위의 (가), (다)에 알맞은 식을 각각 $f(k)$, $g(k)$, (나)에 알맞은 수를 a라 할 때, $f(a)\times g(a)$의 값은?

① 48   ② 50   ③ 52

④ 54   ⑤ 56

10

수학적 귀납법

0823

다음은 모든 자연수 n에 대하여 부등식

$$\frac{(n+3)!}{8} > 2^n \qquad \cdots\cdots ㉠$$

이 성립함을 수학적 귀납법으로 증명한 것이다.

(i) $n=1$일 때,

(좌변) $=$ ⟮가⟯ , (우변) $=2$

이므로 부등식 ㉠이 성립한다.

(ii) $n=k$ $(k≥1)$일 때, 부등식 ㉠이 성립한다고 가정하면

$$\frac{(k+3)!}{8} > 2^k$$

위의 식의 양변에 ⟮나⟯ 를 곱하면

$$\frac{(k+3)!}{8} \times (\,⟮나⟯\,) > 2^k \times (\,⟮나⟯\,)$$
$$= k \times 2^k + 2^{k+2}$$
$$> 2^{k+1}$$

즉, $\dfrac{(k+4)!}{8} > 2^{k+1}$

따라서 $n=$ ⟮다⟯ 일 때도 부등식 ㉠이 성립한다.

(i), (ii)에 의하여 모든 자연수 n에 대하여 부등식 ㉠이 성립한다.

위의 ⟮가⟯에 알맞은 수를 a, ⟮나⟯, ⟮다⟯에 알맞은 식을 각각 $f(k)$, $g(k)$라 할 때, $f(a) \times g(a)$의 값은?

① 28 　　② 30 　　③ 32

④ 34 　　⑤ 36

0824

다음은 $n≥2$인 모든 자연수 n에 대하여 부등식

$$1 + \frac{1}{2^2} + \frac{1}{3^2} + \cdots + \frac{1}{n^2} < 2 - \frac{1}{n} \qquad \cdots\cdots ㉠$$

이 성립함을 수학적 귀납법으로 증명한 것이다.

(i) $n=2$일 때,

(좌변) $=$ ⟮가⟯ , (우변) $=\dfrac{3}{2}$

이므로 부등식 ㉠이 성립한다.

(ii) $n=k$ $(k≥2)$일 때, 부등식 ㉠이 성립한다고 가정하면

$$1 + \frac{1}{2^2} + \frac{1}{3^2} + \cdots + \frac{1}{k^2} < 2 - \frac{1}{k}$$

위의 식의 양변에 ⟮나⟯ 를 더하면

$$1 + \frac{1}{2^2} + \frac{1}{3^2} + \cdots + \frac{1}{k^2} + ⟮나⟯ < 2 - \frac{1}{k} + ⟮나⟯$$

그런데 $k≥2$이므로

$$\left\{2 - \frac{1}{k} + \frac{1}{(k+1)^2}\right\} - (\,⟮다⟯\,) = -\frac{1}{k(k+1)^2} < 0$$

즉, $1 + \dfrac{1}{2^2} + \dfrac{1}{3^2} + \cdots + \dfrac{1}{k^2} + \dfrac{1}{(k+1)^2} < $ ⟮다⟯

따라서 $n=k+1$일 때도 부등식 ㉠이 성립한다.

(i), (ii)에 의하여 $n≥2$인 모든 자연수 n에 대하여 부등식 ㉠이 성립한다.

위의 ⟮가⟯에 알맞은 수를 a, ⟮나⟯, ⟮다⟯에 알맞은 식을 각각 $f(k)$, $g(k)$라 할 때, $\dfrac{a}{f(1) \times g(2)}$의 값은?

① 1 　　② 2 　　③ 3

④ 4 　　⑤ 5

0825 평가원 변형

첫째항이 a인 수열 $\{a_n\}$이 모든 자연수 n에 대하여

$$a_{n+1} = \begin{cases} (-1)^n \times (2a_n - 1) & (n\text{이 3의 배수가 아닌 경우}) \\ a_n + 3 & (n\text{이 3의 배수인 경우}) \end{cases}$$

를 만족시킨다. $a_3 = a_8$일 때, a의 값은?

① $\dfrac{3}{7}$ ② $\dfrac{4}{7}$ ③ $\dfrac{5}{7}$

④ $\dfrac{6}{7}$ ⑤ 1

0826 평가원 변형

수열 $\{a_n\}$은 $a_1 = a$ $(a > 0)$, $a_2 = -3$이고, 모든 자연수 n에 대하여

$$a_{n+2} = a_{n+1} - a_n$$

을 만족시킨다. $\displaystyle\sum_{k=1}^{10} |a_k| = 60$을 만족시키는 a의 값을 구하시오.

0827 교육청 기출

수열 $\{a_n\}$이 다음 조건을 만족시킨다.

> (가) $1 \le n \le 4$인 모든 자연수 n에 대하여 $a_n + a_{n+4} = 15$이다.
> (나) $n \ge 5$인 모든 자연수 n에 대하여 $a_{n+1} - a_n = n$이다.

$\displaystyle\sum_{n=1}^{4} a_n = 6$일 때, a_5의 값은?

① 1   ② 3   ③ 5

④ 7   ⑤ 9

0828 수능 변형

수열 $\{a_n\}$은 $a_1 = 6$이고, 모든 자연수 n에 대하여

$$a_{n+1} = \begin{cases} a_n + 3 & (a_n \le 4) \\ \dfrac{a_n}{4 - a_n} & (a_n > 4) \end{cases}$$

를 만족시킨다. $\displaystyle\sum_{k=1}^{m} a_k = 18$을 만족시키는 자연수 m의 최솟값은?

① 8   ② 9   ③ 10

④ 11   ⑤ 12

0829 교육청 기출

3 이상의 자연수 n에 대하여 집합

$$A_n=\{(p,\,q)\,|\,p<q$$이고 $p,\,q$는 n 이하의 자연수$\}$$

이다. 집합 A_n의 모든 원소 $(p,\,q)$에 대하여 q의 값의 평균을 a_n이라 하자. 다음은 3 이상의 자연수 n에 대하여

$a_n=\dfrac{2n+2}{3}$임을 수학적 귀납법을 이용하여 증명한 것이다.

(i) $n=3$일 때,

$A_3=\{(1,\,2),\,(1,\,3),\,(2,\,3)\}$이므로

$a_3=\dfrac{2+3+3}{3}=\dfrac{8}{3}$이고 $\dfrac{2\times3+2}{3}=\dfrac{8}{3}$이다.

그러므로 $a_n=\dfrac{2n+2}{3}$가 성립한다.

(ii) $n=k\ (k\geq3)$일 때, $a_k=\dfrac{2k+2}{3}$가 성립한다고 가정하자. $n=k+1$일 때,

$A_{k+1}=A_k\cup\{(1,\,k+1),\,(2,\,k+1),\,\cdots,\,(k,\,k+1)\}$

이고 집합 A_k의 원소의 개수는 $\boxed{\ (가)\ }$이므로

$$a_{k+1}=\dfrac{\boxed{(가)}\times\dfrac{2k+2}{3}+\boxed{(나)}}{{}_{k+1}C_2}$$

$$=\dfrac{2k+4}{3}=\dfrac{2(k+1)+2}{3}$$

이다. 따라서 $n=k+1$일 때도 $a_n=\dfrac{2n+2}{3}$가 성립한다.

(i), (ii)에 의하여 3 이상의 자연수 n에 대하여

$a_n=\dfrac{2n+2}{3}$이다.

위의 (가), (나)에 알맞은 식을 각각 $f(k)$, $g(k)$라 할 때, $f(10)+g(9)$의 값은?

① 131   ② 133   ③ 135

④ 137   ⑤ 139

0830 수능 기출

첫째항이 자연수인 수열 $\{a_n\}$이 모든 자연수 n에 대하여

$$a_{n+1}=\begin{cases}2^{a_n} & (a_n$$이 홀수인 경우$)\\[2mm]\dfrac{1}{2}a_n & (a_n$이 짝수인 경우$)\end{cases}$$

를 만족시킬 때, $a_6+a_7=3$이 되도록 하는 모든 a_1의 값의 합은?

① 139   ② 146   ③ 153

④ 160   ⑤ 167

0831 수능 기출

모든 항이 자연수이고 다음 조건을 만족시키는 모든 수열 $\{a_n\}$에 대하여 a_9의 최댓값과 최솟값을 각각 M, m이라 할 때, $M+m$의 값은?

(가) $a_7=40$

(나) 모든 자연수 n에 대하여

$$a_{n+2}=\begin{cases}a_{n+1}+a_n & (a_{n+1}$$이 3의 배수가 아닌 경우$)\\[2mm]\dfrac{1}{3}a_{n+1} & (a_{n+1}$이 3의 배수인 경우$)\end{cases}$$

이다.

---

① 216   ② 218   ③ 220

④ 222   ⑤ 224

Ⅰ 지수함수와 로그함수

01 지수

PART A 유형별 유사문제

0001 ②	0002 ④	0003 ②	0004 ④
0005 ③	0006 ③	0007 ③	0008 ④
0009 ②	0010 ⑤	0011 ④	0012 ②
0013 ②	0014 ⑤	0015 ⑤	0016 ⑤
0017 7	0018 ③	0019 ⑤	0020 ③
0021 −2	0022 ②	0023 ⑤	0024 27
0025 ④	0026 4	0027 ①	0028 ②
0029 6	0030 ⑤	0031 ③	0032 93
0033 ④	0034 ④	0035 64	0036 ④
0037 ④	0038 322	0039 ①	0040 ②
0041 1	0042 ⑤	0043 ①	0044 ②
0045 8	0046 ②	0047 ③	0048 ⑤
0049 ③	0050 ①	0051 ②	0052 4
0053 ③	0054 ②	0055 ③	0056 ③
0057 6	0058 ③	0059 ②	0060 30
0061 ④			

PART B 기출&기출변형 문제

0062 ①	0063 52	0064 ③	0065 ②
0066 ①	0067 ③	0068 13	0069 24

02 로그

PART A 유형별 유사문제

0070 ②	0071 ③	0072 66	0073 ①
0074 ⑤	0075 ④	0076 ①	0077 ②
0078 ①	0079 ④	0080 ②	0081 ③
0082 ①	0083 ⑤	0084 ①	0085 ⑤
0086 ④	0087 ③	0088 ⑤	0089 ④
0090 ④	0091 ④	0092 ①	0093 ④
0094 ⑤	0095 ②	0096 ③	0097 ③
0098 ①	0099 ②	0100 ③	0101 ①
0102 ②	0103 ②	0104 ④	0105 ⑤
0106 ③	0107 ①	0108 ①	0109 ④
0110 ⑤	0111 ③	0112 3.4004	0113 121
0114 419	0115 ④	0116 ②	0117 ⑤
0118 ④	0119 ④	0120 ①	0121 ⑤
0122 ③	0123 ④	0124 ①	0125 ②
0126 ③	0127 17	0128 ④	0129 ②
0130 0.402	0131 563	0132 ⑤	0133 479
0134 ①	0135 ④		

PART B 기출&기출변형 문제

0136 ④	0137 ②	0138 ④	0139 282
0140 14	0141 30	0142 ①	0143 ④
0144 ②	0145 ③	0146 ①	0147 72

03 지수함수와 로그함수

PART A 유형별 유사문제

0148 9	0149 ④	0150 4	0151 4
0152 ③	0153 ②	0154 ⑤	0155 6
0156 9	0157 ②	0158 ③	0159 ①
0160 5	0161 ③	0162 ②	0163 −1
0164 2	0165 ①	0166 9	0167 ①
0168 ②	0169 ④	0170 16	0171 ③
0172 80	0173 ③	0174 ④	0175 ②
0176 ④	0177 ④	0178 5	0179 11
0180 ②	0181 ④	0182 ④	0183 ③
0184 ④	0185 ①	0186 ④	0187 ④
0188 7	0189 ㄴ, ㄹ	0190 ③	0191 52
0192 ②	0193 ④	0194 ⑤	0195 3
0196 −1	0197 ②	0198 4	0199 ①
0200 30	0201 2	0202 16	0203 ②
0204 ④	0205 ④	0206 ⑤	0207 40
0208 265	0209 ①	0210 ③	0211 ④
0212 ④	0213 ④	0214 ④	0215 ④
0216 $\frac{1}{20}$	0217 ④	0218 ⑤	0219 ⑤
0220 ②	0221 ②	0222 ③	0223 ④
0224 ⑤	0225 ③	0226 ④	0227 ①

PART B 기출&기출변형 문제

0228 ②	0229 ④	0230 ③	0231 ④
0232 16	0233 ②	0234 45	0235 ③
0236 ④	0237 ①	0238 12	0239 192

04 지수함수와 로그함수의 활용

Ⅱ 삼각함수

05 삼각함수

06 삼각함수의 그래프

07 삼각함수의 활용

유형별 유사문제

0486 ④	0487 2	0488 ③	0489 ④
0490 ⑤	0491 ⑤	0492 ④	0493 12
0494 ④	0495 ⑤	0496 1	0497 ①
0498 ④	0499 ①	0500 ①	0501 ②
0502 ⑤	0503 ⑤	0504 8	0505 ②
0506 10	0507 ④	0508 ⑤	0509 7
0510 ⑤	0511 ②	0512 ③	0513 ④
0514 ④	0515 ②	0516 ①	0517 2
0518 24	0519 ③	0520 25	0521 ③
0522 ④	0523 ②	0524 ③	0525 ①
0526 ④	0527 ②	0528 12	0529 9
0530 ③	0531 ①	0532 ③	0533 19
0534 ②	0535 ③	0536 4	0537 ③
0538 ⑤	0539 ⑤	0540 2	0541 ④
0542 ①	0543 ②	0544 53	0545 2
0546 ⑤	0547 ②	0548 ②	0549 ⑤
0550 9	0551 ④	0552 ④	

PART B 기출&기출변형 문제

0553 ①	0554 ④	0555 ②	0556 ④
0557 ③	0558 ⑤	0559 ⑤	0560 ③
0561 ④	0562 9	0563 ①	

Ⅲ 수열

08 등차수열과 등비수열

유형별 유사문제

0564 ④	0565 19	0566 ①	0567 ③
0568 ③	0569 ①	0570 ④	0571 23
0572 ①	0573 ③	0574 ①	0575 ③
0576 ②	0577 ④	0578 38	0579 ⑤
0580 ⑤	0581 −1	0582 42	0583 ③
0584 ③	0585 ②	0586 ⑤	0587 ③
0588 ④	0589 ③	0590 ⑤	0591 60
0592 ②	0593 ②	0594 ③	0595 370
0596 ①	0597 ③	0598 ④	0599 388
0600 ②	0601 ②	0602 ①	0603 72

0604 ④	0605 ②	0606 ⑤	0607 ④
0608 ④	0609 132	0610 ②	0611 ⑤
0612 ①	0613 ②	0614 ②	0615 ⑤
0616 123	0617 ①	0618 25	0619 ④
0620 ②	0621 11	0622 ④	0623 ②
0624 ②	0625 ⑤	0626 ④	0627 25
0628 ②	0629 ①	0630 ③	0631 ④
0632 ②	0633 ④	0634 192	0635 ②
0636 ⑤	0637 ②	0638 ③	0639 ④
0640 ②	0641 40	0642 ③	0643 ⑤
0644 ②	0645 8	0646 ④	0647 ③
0648 ④	0649 ①	0650 ④	0651 ②
0652 8	0653 ①	0654 ②	0655 15
0656 ④	0657 ②	0658 ④	0659 ②
0660 3	0661 ④	0662 ②	0663 ④
0664 ③	0665 ④	0666 9	0667 27
0668 ①	0669 ⑤	0670 ④	0671 ③
0672 ④			

PART B 기출&기출변형 문제

0673 ③	0674 ②	0675 121	0676 ④
0677 101	0678 ⑤	0679 ①	0680 ③
0681 ①	0682 ②	0683 ④	0684 117

09 수열의 합

PART A 유형별 유사문제

0685 ②	0686 ②	0687 14	0688 ①
0689 ④	0690 ⑤	0691 ①	0692 ④
0693 37	0694 ①	0695 45	0696 ③
0697 3	0698 ⑤	0699 ①	0700 ③
0701 ②	0702 54	0703 ①	0704 682
0705 ③	0706 ⑤	0707 ②	0708 ④
0709 ③	0710 ②	0711 ⑤	0712 ①
0713 ③	0714 5	0715 ⑤	0716 ④
0717 550	0718 ②	0719 2	0720 ④
0721 $\dfrac{n(n+1)(10n-1)}{6}$	0722 ②	0723 ③	
0724 ③	0725 60	0726 ①	0727 ①
0728 $\dfrac{9}{40}$	0729 ②	0730 13	0731 ①
0732 ②	0733 ④	0734 ④	0735 ③
0736 6	0737 125	0738 ②	0739 ②
0740 ①	0741 ②	0742 227	0743 ④

0744 40   0745 ④   0746 728   0747 414

0748 ③   0749 125   0750 42   0751 ④

0752 ①   0753 ④   0754 ③   0755 ③

0756 36   0757 ②   0758 72   0759 ④

0760 480

PART B 기출 & 기출변형 문제

0761 ③   0762 ①   0763 ④   0764 15

0765 ①   0766 ⑤   0767 730   0768 ③

0769 ①   0770 162   0771 538   0772 19

10 수학적 귀납법

PART A 유형별 유사문제

0773 ④   0774 ③   0775 29   0776 ⑤

0777 ③   0778 728   0779 ③   0780 8

0781 25   0782 20   0783 ①   0784 52

0785 ②   0786 8   0787 29   0788 ④

0789 $\dfrac{8}{11}$ 0790 ③   0791 186   0792 ④

0793 ①   0794 6   0795 31   0796 ④

0797 9   0798 ③   0799 ⑤   0800 ②

0801 4   0802 37   0803 18   0804 88

0805 ③   0806 48   0807 ①   0808 78

0809 ⑤   0810 195   0811 ③   0812 100

0813 12   0814 ②   0815 ③   0816 ④

0817 ②   0818 ⑤   0819 88   0820 ②

0821 40   0822 ①   0823 ①   0824 ③

PART B 기출 & 기출변형 문제

0825 ③   0826 6   0827 ③   0828 ②

0829 ③   0830 ③   0831 ⑤

수학의 바이블 | 유형 ON 대수

모든 유형으로 실력을 **밝혀라!**

수학의 바이블 유형 ON 특장점

- ◆ 학습 부담은 줄이고 휴대성은 높인 1권, 2권 구조
- ◆ 고등 수학의 모든 유형을 담은 유형 문제집
- ◆ 내신 만점을 위한 내신 빈출, 서술형 대비 문항 수록
- ◆ 수능, 평가원, 교육청 기출, 기출 변형 문항 수록
- ◆ 중단원별 종합 문제로 유형별 학습의 단점 극복 및 내신 대비
- ◆ 1권과 2권의 A PART 유사 변형 문항으로 복습, 오답노트 가능

가르치기 쉽고 빠르게 배울 수 있는 **이투스북**

www.etoosbook.com

○ **도서 내용 문의**
홈페이지 > 이투스북 고객센터 > 1:1 문의

○ **도서 정답 및 해설**
홈페이지 > 도서자료실 > 정답/해설

○ **도서 정오표**
홈페이지 > 도서자료실 > 정오표

○ **선생님을 위한 강의 지원 서비스 T폴더**
홈페이지 > 교강사 T폴더

수학의
바이블

유형ON

정답과 풀이

2022개정 교육과정 **대수**

이투스북

수학의 바이블

유형 ON

1권

정답과 풀이

대수

지수함수와 로그함수

PART A 01 지수

유형 01 거듭제곱근의 정의

확인 문제   (1) 2   (2) 1   (3) 0

(1) $16>0$이고 4는 짝수이므로 16의 네제곱근 중 실수인 것은
$\sqrt[4]{16}=2$, $-\sqrt[4]{16}=-2$의 2개이다.

(2) $4>0$이고 3은 홀수이므로 4의 세제곱근 중 실수인 것은 $\sqrt[3]{4}$의
1개이다.

(3) $-3<0$이고 2는 짝수이므로 -3의 제곱근 중 실수인 것은 존재
하지 않는다.

0001
답 ④

① 8의 세제곱근을 x라 하면 $x^3=8$에서
$x^3-8=0$, $(x-2)(x^2+2x+4)=0$
$\therefore x=2$ 또는 $x=-1\pm\sqrt{3}i$
즉, 8의 세제곱근은 2, $-1\pm\sqrt{3}i$이다. (거짓)

② 81의 네제곱근을 x라 하면 $x^4=81$에서
$x^4-81=0$, $(x^2-9)(x^2+9)=0$
$(x-3)(x+3)(x^2+9)=0$
$\therefore x=\pm3$ 또는 $x=\pm3i$
즉, 81의 네제곱근은 ±3, $\pm3i$이다. (거짓)

③ $\sqrt{16}=\sqrt{4^2}=4$의 네제곱근을 x라 하면 $x^4=4$에서
$x^4-4=0$, $(x^2-2)(x^2+2)=0$
$(x-\sqrt{2})(x+\sqrt{2})(x^2+2)=0$
$\therefore x=\pm\sqrt{2}$ 또는 $x=\pm\sqrt{2}i$
즉, $\sqrt{16}$의 네제곱근은 $\pm\sqrt{2}$, $\pm\sqrt{2}i$이다. (거짓)

④ 네제곱근 81은 $\sqrt[4]{81}=\sqrt[4]{3^4}=3$이다. (참)

⑤ -16의 네제곱근을 x라 하면 $x^4=-16$
그런데 $x^4=-16$을 만족시키는 실수 x는 존재하지 않으므로
-16의 네제곱근 중 실수인 것은 존재하지 않는다. (거짓)

따라서 옳은 것은 ④이다.

🔊 **Bible Says** a의 n제곱근과 n제곱근 a

(1) a의 n제곱근 ➡ $x^n=a$를 만족시키는 x의 값
(2) n제곱근 a ➡ $\sqrt[n]{a}$

0002
답 ⑤

$\sqrt{(-4)^2}+\sqrt[3]{(-2)^3}+\sqrt[4]{2^4}+\sqrt[5]{4^5}=4+(-2)+2+4$
$\qquad\qquad\qquad\qquad\qquad\qquad =8$

0003
답 ④

세제곱근 -8은
$\sqrt[3]{-8}=\sqrt[3]{(-2)^3}=-2$
$\therefore a=-2$

$\sqrt{256}=\sqrt{16^2}=16$의 네제곱근을 x라 하면 $x^4=16$에서
$x^4-16=0$, $(x^2-4)(x^2+4)=0$
$(x-2)(x+2)(x^2+4)=0$
$\therefore x=\pm2$ 또는 $x=\pm2i$
이 중 실수는 -2, 2이므로 $\sqrt{256}$의 네제곱근 중 모든 실수의 곱은
$(-2)\times2=-4$
$\therefore b=-4$
$\therefore ab=(-2)\times(-4)=8$

0004
답 4

(i) $n=3$ 또는 $n=5$일 때
$\quad f(n)=1$

(ii) $n=4$일 때
$\quad 2n^2-9n=-4<0$이므로
$\quad f(4)=0$

(iii) $n=6$일 때
$\quad 2n^2-9n=18>0$이므로
$\quad f(6)=2$

(i)~(iii)에서
$f(3)+f(4)+f(5)+f(6)=1+0+1+2$
$\qquad\qquad\qquad\qquad\qquad =4$

0005
답 8

$f(n)=n^2-5n-6=(n+1)(n-6)$이라 하자.
$f(n)$의 n제곱근 중 실수의 개수가 2가 되려면 $f(n)>0$이고 n은
짝수이어야 한다.
··· ❶

$f(n)>0$에서
$(n+1)(n-6)>0$
$\therefore n<-1$ 또는 $n>6$
n은 2 이상의 자연수이므로
$n>6$
이때 n이 짝수이어야 하므로
$n=8$, 10, 12, $\cdots$
··· ❷

따라서 자연수 n의 최솟값은 8이다.
··· ❸

채점 기준	배점
❶ n제곱근 중 실수의 개수가 2가 되도록 하는 조건 찾기	50%
❷ 조건을 만족시키는 자연수 n의 값 구하기	40%
❸ 자연수 n의 최솟값 구하기	10%

0006

ㄱ. $\sqrt{64}=\sqrt{8^2}=8$의 세제곱근을 x라 하면 $x^3=8$에서
$x^3-8=0$, $(x-2)(x^2+2x+4)=0$
이때 모든 실수 x에 대하여 $x^2+2x+4>0$이므로 $x^3=8$의 실근은 $x=2$
즉, $\sqrt{64}$의 세제곱근 중 실수인 것은 2이다. (거짓)

ㄴ. 3의 세제곱근 중 실수인 것은 $\sqrt[3]{3}$의 1개이다. (참)

ㄷ. n이 홀수일 때, -4의 n제곱근 중 실수인 것은 $\sqrt[n]{-4}$의 1개이다. (거짓)

ㄹ. n이 짝수일 때, -5의 n제곱근 중 실수는 존재하지 않는다. (참)

따라서 옳은 것은 ㄴ, ㄹ이다.

0007

답 16

$\sqrt[m]{(-5)^n}$이 음의 실수가 되려면 m이 홀수이고 $(-5)^n<0$, 즉 n도 홀수이어야 한다. ❶

집합 A의 원소 중 홀수는 3, 5, 7, 9의 4개이므로 구하는 순서쌍 (m, n)의 개수는
$4\times4=16$ ❷

채점 기준	배점
❶ $\sqrt[m]{(-5)^n}$이 음의 실수가 되도록 하는 조건 찾기	70%
❷ 순서쌍 (m, n)의 개수 구하기	30%

0008

답 ③

$B=\{x\,|\,|x|\le5, x$는 정수$\}$
$=\{-5, -4, -3, \cdots, 3, 4, 5\}$

(i) $a=2$일 때
$\sqrt{b}$가 실수가 되려면 b가 음이 아닌 실수이어야 하므로
$b=0, 1, 2, 3, 4, 5$
즉, 집합 C의 원소 중 $\sqrt{b}$ 꼴의 실수의 개수는 6이다.

(ii) $a=3$일 때
$\sqrt[3]{b}$가 실수가 되려면 b가 실수이어야 하므로
$b=-5, -4, -3, \cdots, 3, 4, 5$
즉, 집합 C의 원소 중 $\sqrt[3]{b}$ 꼴의 실수의 개수는 11이다.

(iii) $a=5$일 때
$\sqrt[5]{b}$가 실수가 되려면 b가 실수이어야 하므로
$b=-5, -4, -3, \cdots, 3, 4, 5$
즉, 집합 C의 원소 중 $\sqrt[5]{b}$ 꼴의 실수의 개수는 11이다.

(i)~(iii)에서
$6+11+11=28$
그런데
$\sqrt[3]{-1}=\sqrt[5]{-1}=-1$, $\sqrt{0}=\sqrt[3]{0}=\sqrt[5]{0}=0$, $\sqrt{1}=\sqrt[3]{1}=\sqrt[5]{1}=1$
을 중복하여 세었으므로 집합 C의 원소 중 실수의 개수는
$28-(1+2+2)=23$

유형 02 거듭제곱근의 계산

확인 문제 (1) 2   (2) 2   (3) 5   (4) 3

(1) $\sqrt[4]{8}\times\sqrt[4]{2}=\sqrt[4]{8\times2}=\sqrt[4]{16}=\sqrt[4]{2^4}=2$

(2) $\dfrac{\sqrt[6]{512}}{\sqrt[6]{8}}=\sqrt[6]{\dfrac{512}{8}}=\sqrt[6]{64}=\sqrt[6]{2^6}=2$

(3) $(\sqrt[4]{25})^2=\sqrt[4]{25^2}=\sqrt[4]{5^4}=5$

(4) $\sqrt[3]{\sqrt{(-27)^2}}=\sqrt[6]{3^6}=3$

0009

답 ④

① $\sqrt[6]{8}\times\sqrt{3}=\sqrt[6]{2^3}\times\sqrt{3}=\sqrt{2}\times\sqrt{3}=\sqrt{6}$ (참)

② $\sqrt[3]{81}\div\sqrt[3]{3}=\sqrt[3]{\dfrac{81}{3}}=\sqrt[3]{27}=\sqrt[3]{3^3}=3$ (참)

③ $\sqrt[6]{72}=\sqrt[6]{2^3\times3^2}=\sqrt[6]{2^3}\times\sqrt[6]{3^2}=\sqrt{2}\times\sqrt[3]{3}$ (참)

④ $\sqrt{\sqrt[3]{(-8)^4}}=\sqrt{\sqrt[3]{\{(-2)^3\}^4}}=\sqrt{\sqrt[3]{\{(-2)^4\}^3}}$
$=\sqrt{2^4}=2^2=4$ (거짓)

⑤ $\sqrt[4]{81}\times\sqrt{\sqrt{16}}=\sqrt[4]{3^4}\times\sqrt[4]{2^4}=3\times2=6$ (참)

따라서 옳지 않은 것은 ④이다.

다른 풀이

① $\sqrt[6]{8}\times\sqrt{3}=\sqrt[6]{2^3}\times\sqrt{3}=2^{\frac{3}{6}}\times3^{\frac{1}{2}}=2^{\frac{1}{2}}\times3^{\frac{1}{2}}$
$=(2\times3)^{\frac{1}{2}}=6^{\frac{1}{2}}=\sqrt{6}$ (참)

② $\sqrt[3]{81}\div\sqrt[3]{3}=\sqrt[3]{3^4}\div\sqrt[3]{3}=3^{\frac{4}{3}}\div3^{\frac{1}{3}}=3^1=3$ (참)

③ $\sqrt[6]{72}=(2^3\times3^2)^{\frac{1}{6}}=2^{\frac{3}{6}}\times3^{\frac{2}{6}}=2^{\frac{1}{2}}\times3^{\frac{1}{3}}=\sqrt{2}\times\sqrt[3]{3}$ (참)

④ $\sqrt{\sqrt[3]{(-8)^4}}=\sqrt{\sqrt[3]{2^{12}}}=(2^{\frac{12}{3}})^{\frac{1}{2}}=2^2=4$ (거짓)

⑤ $\sqrt[4]{81}\times\sqrt{\sqrt{16}}=\sqrt[4]{3^4}\times\sqrt{\sqrt{2^4}}=3^{\frac{4}{4}}\times(2^{\frac{4}{2}})^{\frac{1}{2}}$
$=3^1\times2^1=6$ (참)

참고

거듭제곱근을 계산할 때, 유형 05와 같이 거듭제곱근을 유리수인 지수로 나타내어 계산할 수도 있다.

0010

답 ②

ㄱ. $\sqrt[6]{81}\times\sqrt[3]{3}=\sqrt[6]{3^4}\times\sqrt[3]{3}=\sqrt[3]{3^2}\times\sqrt[3]{3}=\sqrt[3]{3^3}=3$ (참)

ㄴ. $\sqrt[6]{16}\div\sqrt[3]{2}=\sqrt[6]{2^4}\div\sqrt[3]{2}=\sqrt[3]{2^2}\div\sqrt[3]{2}=\sqrt[3]{2}$ (참)

ㄷ. $(\sqrt[6]{81})^3=(\sqrt[6]{3^4})^3=\sqrt[6]{3^{12}}=\sqrt[6]{(3^2)^6}=3^2=9$ (거짓)

ㄹ. $\sqrt{\sqrt[3]{64}}=\sqrt[6]{2^6}=2$ (참)

따라서 옳은 것은 ㄱ, ㄴ, ㄹ이다.

다른 풀이

ㄱ. $\sqrt[6]{81}\times\sqrt[3]{3}=\sqrt[6]{3^4}\times\sqrt[3]{3}=3^{\frac{4}{6}}\times3^{\frac{1}{3}}=3^{\frac{2}{3}}\times3^{\frac{1}{3}}=3^1=3$ (참)

ㄴ. $\sqrt[6]{16}\div\sqrt[3]{2}=\sqrt[6]{2^4}\div\sqrt[3]{2}=2^{\frac{4}{6}}\div2^{\frac{1}{3}}=2^{\frac{2}{3}}\div2^{\frac{1}{3}}=2^{\frac{1}{3}}=\sqrt[3]{2}$ (참)

ㄷ. $(\sqrt[6]{81})^3=(\sqrt[6]{3^4})^3=(3^{\frac{4}{6}})^3=3^2=9$ (거짓)

ㄹ. $\sqrt{\sqrt[3]{64}}=\sqrt{\sqrt[3]{2^6}}=(2^{\frac{6}{3}})^{\frac{1}{2}}=2^1=2$ (참)

0011

답 ③

$$\sqrt{3a^2b^3} \times \sqrt[3]{8a^4b^5} \div \sqrt[6]{27a^6b^7} = \sqrt[6]{(3a^2b^3)^3} \times \sqrt[6]{(8a^4b^5)^2} \div \sqrt[6]{27a^6b^7}$$

$$= \sqrt[6]{3^3a^6b^9} \times \sqrt[6]{2^6a^8b^{10}} \div \sqrt[6]{3^3a^3b^7}$$

$$= \sqrt[6]{\frac{3^3a^6b^9 \times 2^6a^8b^{10}}{3^3a^3b^7}} = \sqrt[6]{2^6a^8b^{12}}$$

$$= \sqrt[3]{2^3a^4b^6} = \sqrt[3]{2^3} \times \sqrt[3]{a^4b^6} = 2\sqrt[3]{a^4b^6}$$

다른 풀이

$$\sqrt{3a^2b^3} \times \sqrt[3]{8a^4b^5} \div \sqrt[6]{27a^6b^7} = \sqrt{3a^2b^3} \times \sqrt[3]{2^3a^4b^5} \div \sqrt[6]{3^3a^6b^7}$$

$$= 3^{\frac{1}{2}}a^2b^{\frac{3}{2}} \times 2^{\frac{3}{3}}a^{\frac{4}{3}}b^{\frac{5}{3}} \div 3^{\frac{3}{6}}a^{\frac{6}{6}}b^{\frac{7}{6}}$$

$$= 2^1 a^{1+\frac{4}{3}-1} b^{\frac{3}{2}+\frac{5}{3}-\frac{7}{6}}$$

$$= 2a^{\frac{4}{3}}b^2 = 2\sqrt[3]{a^4b^6}$$

0012

답 ③

직각이등변삼각형 ABC에서

$$\overline{AC} = \sqrt{2} \times \overline{AB} = \sqrt{2} \times \sqrt[6]{24}$$

$$= \sqrt[6]{2^3} \times \sqrt[6]{2^3 \times 3} = \sqrt[6]{2^6 \times 3}$$

$$= \sqrt[6]{2^6} \times \sqrt[6]{3} = 2\sqrt[6]{3}$$

다른 풀이

피타고라스 정리에 의하여

$$\overline{AC} = \sqrt{(\sqrt[6]{24})^2 + (\sqrt[6]{24})^2} = \sqrt{(\sqrt[6]{2^3 \times 3})^2 + (\sqrt[6]{2^3 \times 3})^2}$$

$$= \sqrt{\sqrt[6]{2^6 \times 3^2} + \sqrt[6]{2^6 \times 3^2}} = \sqrt{2\sqrt[6]{3^2} + 2\sqrt[6]{3^2}}$$

$$= \sqrt{2\sqrt[3]{3} + 2\sqrt[3]{3}} = \sqrt{4\sqrt[3]{3}} = 2\sqrt[6]{3}$$

0013

답 ②

$$\frac{\sqrt[6]{4} \times \sqrt[3]{3} + \sqrt[6]{243}}{\sqrt{\sqrt[3]{4}} + \sqrt{3}} = \frac{\sqrt[6]{2^2} \times \sqrt[3]{3} + \sqrt[6]{3^5}}{\sqrt[6]{2^2} + \sqrt{3}}$$

$$= \frac{\sqrt[3]{2} \times \sqrt[3]{3} + \sqrt[6]{3^2} \times \sqrt[6]{3^3}}{\sqrt[3]{2} + \sqrt{3}}$$

$$= \frac{\sqrt[3]{2} \times \sqrt[3]{3} + \sqrt[3]{3} \times \sqrt{3}}{\sqrt[3]{2} + \sqrt{3}}$$

$$= \frac{\sqrt[3]{3}(\sqrt[3]{2} + \sqrt{3})}{\sqrt[3]{2} + \sqrt{3}} = \sqrt[3]{3}$$

다른 풀이

$$\frac{\sqrt[6]{4} \times \sqrt[3]{3} + \sqrt[6]{243}}{\sqrt{\sqrt[3]{4}} + \sqrt{3}} = \frac{\sqrt[6]{2^2} \times \sqrt[3]{3} + \sqrt[6]{3^5}}{\sqrt{\sqrt[3]{2^2}} + \sqrt{3}}$$

$$= \frac{2^{\frac{2}{6}} \times 3^{\frac{1}{3}} + 3^{\frac{5}{6}}}{(2^{\frac{2}{3}})^{\frac{1}{2}} + 3^{\frac{1}{2}}}$$

$$= \frac{2^{\frac{1}{3}} \times 3^{\frac{1}{3}} + 3^{\frac{1}{2}+\frac{1}{3}}}{2^{\frac{1}{3}} + 3^{\frac{1}{2}}}$$

$$= \frac{2^{\frac{1}{3}} \times 3^{\frac{1}{3}} + 3^{\frac{1}{2}} \times 3^{\frac{1}{3}}}{2^{\frac{1}{3}} + 3^{\frac{1}{2}}}$$

$$= \frac{3^{\frac{1}{3}}(2^{\frac{1}{3}} + 3^{\frac{1}{2}})}{2^{\frac{1}{3}} + 3^{\frac{1}{2}}}$$

$$= 3^{\frac{1}{3}} = \sqrt[3]{3}$$

0014

답 4

$$\sqrt{\frac{3 \times \sqrt[n]{3}}{\sqrt[8]{4}}} \div \sqrt[4]{\frac{9\sqrt{3}}{(\sqrt{2})^3}} = \sqrt{\frac{\sqrt[n]{3^n} \times \sqrt[n]{3}}{\sqrt[8]{2^2}}} \times \sqrt[4]{\frac{(\sqrt{2})^3}{9\sqrt{3}}}$$

$$= \sqrt{\frac{\sqrt[n]{3^n \times 3}}{\sqrt[4]{2}}} \times \sqrt[4]{\frac{\sqrt{2^3}}{\sqrt{243}}}$$

$$= \frac{\sqrt[2n]{3^{n+1}}}{\sqrt[8]{2}} \times \frac{\sqrt[8]{2^3}}{\sqrt[8]{3^5}}$$

$$= \frac{\sqrt[8n]{(3^{n+1})^4}}{\sqrt[8n]{(3^5)^n}} \times \frac{\sqrt[8]{2^3}}{\sqrt[8]{2}}$$

$$= \sqrt[8n]{\frac{3^4}{3^n}} \times \sqrt[8]{2^2}$$

$$= \sqrt[8n]{\frac{3^4}{3^n}} \times \sqrt[4]{2}$$ ❶

즉, $\sqrt[8n]{\dfrac{3^4}{3^n}} \times \sqrt[4]{2} = \sqrt[4]{2}$ 이므로

$$\sqrt[8n]{\frac{3^4}{3^n}} = 1, \ \frac{3^4}{3^n} = 1$$

$$3^4 = 3^n \quad \therefore n = 4$$ ❷

채점 기준	배점
❶ $\sqrt{\dfrac{3 \times \sqrt[n]{3}}{\sqrt[8]{4}}} \div \sqrt[4]{\dfrac{9\sqrt{3}}{(\sqrt{2})^3}}$ 을 간단히 나타내기	70%
❷ 자연수 n의 값 구하기	30%

다른 풀이

$$\sqrt{\frac{3 \times \sqrt[n]{3}}{\sqrt[8]{4}}} \div \sqrt[4]{\frac{9\sqrt{3}}{(\sqrt{2})^3}} = \sqrt[4]{2} \text{에서}$$

$$\sqrt{\frac{3 \times \sqrt[n]{3}}{\sqrt[8]{4}}} = \sqrt[4]{2} \times \sqrt[4]{\frac{9\sqrt{3}}{(\sqrt{2})^3}}, \ \sqrt{\frac{3 \times \sqrt[n]{3}}{\sqrt[8]{2^2}}} = \sqrt[4]{2 \times \frac{3^2\sqrt{3}}{2\sqrt{2}}}$$

$$\sqrt{\frac{3 \times \sqrt[n]{3}}{\sqrt[4]{2}}} = \sqrt[4]{\frac{3^2\sqrt{3}}{\sqrt{2}}}, \ \frac{3^{\frac{1}{2}} \times (3^{\frac{1}{n}})^{\frac{1}{2}}}{(2^{\frac{1}{4}})^{\frac{1}{2}}} = \frac{(3^2)^{\frac{1}{4}} \times (3^{\frac{1}{2}})^{\frac{1}{4}}}{(2^{\frac{1}{2}})^{\frac{1}{4}}}$$

$$\frac{3^{\frac{1}{2}} \times 3^{\frac{1}{2n}}}{2^{\frac{1}{8}}} = \frac{3^{\frac{1}{2}} \times 3^{\frac{1}{8}}}{2^{\frac{1}{8}}}, \ 3^{\frac{1}{2n}} = 3^{\frac{1}{8}}$$

즉, $2n = 8$이므로 $n = 4$

0015

답 ④

이차방정식의 근과 계수의 관계에 의하여

$$\sqrt[3]{3} + b = \sqrt[3]{81} \quad \cdots\cdots \ ㉠$$

$$\sqrt[3]{3} \times b = a \quad \cdots\cdots \ ㉡$$

㉠에서

$$b = \sqrt[3]{81} - \sqrt[3]{3} = \sqrt[3]{3^4} - \sqrt[3]{3}$$

$$= 3\sqrt[3]{3} - \sqrt[3]{3} = 2\sqrt[3]{3}$$

$b = 2\sqrt[3]{3}$을 ㉡에 대입하면

$$a = \sqrt[3]{3} \times 2\sqrt[3]{3} = 2\sqrt[3]{3^2}$$

$$\therefore ab = 2\sqrt[3]{3^2} \times 2\sqrt[3]{3} = 4 \times \sqrt[3]{3^3}$$

$$= 4 \times 3 = 12$$

0016

답 ②

ㄱ. $f(2, 16)=\sqrt{\sqrt{16}}=\sqrt{\sqrt{16^2}}$
$\qquad =\sqrt[4]{256}=f(4, 256)$ (거짓)

ㄴ. $f(n, a)=\sqrt[n]{a}=\sqrt[n]{\sqrt[3]{a^3}}$
$\qquad =\sqrt[3n]{a^3}=f(3n, a^3)$ (참)

ㄷ. $f(n, a)\times f(n, a)=\sqrt[n]{a}\times\sqrt[n]{a}=\sqrt[n]{a^2}$
$\qquad\qquad\qquad\qquad =f(n, a^2)$ (참)

ㄹ. $f(n, 2)\times f(n, 2)\times f(n, 2)=\sqrt[n]{2}\times\sqrt[n]{2}\times\sqrt[n]{2}=\sqrt[n]{2^3}$
$\qquad f(2, 2)=\sqrt{2}=\sqrt{\sqrt[3]{2^3}}=\sqrt[6]{2^3}$
$\qquad$ 즉, $\sqrt[n]{2^3}=\sqrt[6]{2^3}$이면 $n=6$ (거짓)

따라서 옳은 것은 ㄴ, ㄷ이다.

다른 풀이

ㄱ. $f(2, 16)=\sqrt{\sqrt{16}}=4$
$\qquad f(4, 4)=\sqrt[4]{\sqrt{4}}=\sqrt[4]{\sqrt{2^2}}=\sqrt{2}$
$\qquad \therefore f(2, 16)\neq f(4, 4)$ (거짓)

유형 **03** 거듭제곱근의 대소 비교

0017

답 ③

$A=\sqrt{\sqrt{3}}=\sqrt[4]{3}$

$B=\sqrt[3]{\sqrt{5}}=\sqrt[6]{5}$

$C=\sqrt[4]{\sqrt[3]{30}}=\sqrt[12]{30}$

4, 6, 12의 최소공배수는 12이므로 세 수를 12제곱근 꼴로 나타내면

$A=\sqrt[4]{3}=\sqrt[12]{3^3}=\sqrt[12]{27}$

$B=\sqrt[6]{5}=\sqrt[12]{5^2}=\sqrt[12]{25}$

$C=\sqrt[12]{30}$

이때 $25<27<30$이므로 $\sqrt[12]{25}<\sqrt[12]{27}<\sqrt[12]{30}$

$\therefore B<A<C$

다른 풀이

$A=\sqrt{\sqrt{3}}=\left(3^{\frac{1}{2}}\right)^{\frac{1}{2}}=3^{\frac{1}{4}}=3^{\frac{3}{12}}=(3^3)^{\frac{1}{12}}=27^{\frac{1}{12}}$

$B=\sqrt[3]{\sqrt{5}}=\left(5^{\frac{1}{2}}\right)^{\frac{1}{3}}=5^{\frac{1}{6}}=5^{\frac{2}{12}}=(5^2)^{\frac{1}{12}}=25^{\frac{1}{12}}$

$C=\sqrt[4]{\sqrt[3]{30}}=\left(30^{\frac{1}{3}}\right)^{\frac{1}{4}}=30^{\frac{1}{12}}$

이때 $25<27<30$이므로 $25^{\frac{1}{12}}<27^{\frac{1}{12}}<30^{\frac{1}{12}}$

$\therefore B<A<C$

🔊 **Bible Says** 거듭제곱근의 대소 비교

(1) $\sqrt[m]{a}$, $\sqrt[n]{b}$의 대소는 $\sqrt[mn]{a^n}$, $\sqrt[mn]{b^m}$으로 변형한 후 a^n과 b^m의 크기를 비교하여 판단한다.

(2) $a^{\frac{1}{m}}$, $b^{\frac{1}{n}}$의 대소는 $(a^n)^{\frac{1}{mn}}$, $(b^m)^{\frac{1}{mn}}$으로 변형한 후 a^n과 b^m의 크기를 비교하여 판단한다.

0018

답 ③

$A=\sqrt{\sqrt[4]{(-2)^6}}=\sqrt{\sqrt[4]{2^6}}=\sqrt{\sqrt[4]{2^3}}=\sqrt[4]{8}$

$B=\sqrt[3]{\sqrt[5]{(-2)^9}}=\sqrt[5]{\sqrt[3]{\{(-2)^3\}^3}}$
$\qquad =\sqrt[5]{(-2)^3}=\sqrt[5]{-2^3}$
$\qquad =-\sqrt[5]{2^3}$

$C=\sqrt[3]{\sqrt{27}}=\sqrt{\sqrt[3]{3^3}}=\sqrt{3}$

이때 $A>0$, $B<0$, $C>0$이므로 A, B, C 중 B가 가장 작다.

한편, $C=\sqrt{3}=\sqrt{\sqrt{3^2}}=\sqrt[4]{9}$이므로 $\sqrt[4]{8}<\sqrt[4]{9}$에서 $A<C$

$\therefore B<A<C$

0019

답 829

2, 3, 4, 6의 최소공배수는 12이므로 네 수를 12제곱근 꼴로 나타내면

$\sqrt{3}=\sqrt[12]{3^6}=\sqrt[12]{729}$, $\sqrt[3]{5}=\sqrt[12]{5^4}=\sqrt[12]{625}$,

$\sqrt[4]{7}=\sqrt[12]{7^3}=\sqrt[12]{343}$, $\sqrt[6]{10}=\sqrt[12]{10^2}=\sqrt[12]{100}$

··· ❶

이때 $100<343<625<729$이므로

$\sqrt[6]{10}<\sqrt[4]{7}<\sqrt[3]{5}<\sqrt{3}$

따라서 가장 큰 수는 $\sqrt{3}$, 가장 작은 수는 $\sqrt[6]{10}$이므로

$a=\sqrt{3}$, $b=\sqrt[6]{10}$

··· ❷

$\therefore a^{12}+b^{12}=(\sqrt{3})^{12}+(\sqrt[6]{10})^{12}$
$\qquad\qquad =729+100=829$

··· ❸

채점 기준	배점
❶ 네 수를 12제곱근 꼴로 나타내기	50%
❷ 네 수의 대소를 비교하여 a, b의 값 구하기	30%
❸ $a^{12}+b^{12}$의 값 구하기	20%

다른 풀이

$\sqrt{3}=3^{\frac{1}{2}}=3^{\frac{6}{12}}=(3^6)^{\frac{1}{12}}=729^{\frac{1}{12}}$

$\sqrt[3]{5}=5^{\frac{1}{3}}=5^{\frac{4}{12}}=(5^4)^{\frac{1}{12}}=625^{\frac{1}{12}}$

$\sqrt[4]{7}=7^{\frac{1}{4}}=7^{\frac{3}{12}}=(7^3)^{\frac{1}{12}}=343^{\frac{1}{12}}$

$\sqrt[6]{10}=10^{\frac{1}{6}}=10^{\frac{2}{12}}=(10^2)^{\frac{1}{12}}=100^{\frac{1}{12}}$

이때 $100<343<625<729$이므로

$\sqrt[6]{10}<\sqrt[4]{7}<\sqrt[3]{5}<\sqrt{3}$

따라서 가장 큰 수는 $\sqrt{3}$, 가장 작은 수는 $\sqrt[6]{10}$이므로

$a=\sqrt{3}$, $b=\sqrt[6]{10}$

$\therefore a^{12}+b^{12}=(\sqrt{3})^{12}+(\sqrt[6]{10})^{12}=729+100=829$

0020

답 -2

$A-B=(\sqrt{2}+\sqrt[3]{3})-(2\sqrt{2}-\sqrt[3]{3})$
$\qquad =-\sqrt{2}+2\sqrt[3]{3}=-\sqrt{2}+\sqrt[3]{2^3\times3}$
$\qquad =-\sqrt{2}+\sqrt[3]{24}=-\sqrt[6]{2^3}+\sqrt[6]{24^2}>0$

$\therefore A>B$

$B-C=(2\sqrt{2}-\sqrt[3]{3})-(-\sqrt{2}+2\sqrt[3]{3})$

$\qquad =3\sqrt{2}-3\sqrt[3]{3}=3(\sqrt[6]{2^3}-\sqrt[6]{3^2})<0$

$\therefore B<C$

$C-A=(-\sqrt{2}+2\sqrt[3]{3})-(\sqrt{2}+\sqrt[3]{3})$

$\qquad =-2\sqrt{2}+\sqrt[3]{3}=-\sqrt{2^2\times2}+\sqrt[3]{3}$

$\qquad =-\sqrt{8}+\sqrt[3]{3}=-\sqrt[6]{8^3}+\sqrt[6]{3^2}<0$

$\therefore C<A$

즉, $B<C<A$이므로 A, B, C 중 가장 큰 수와 가장 작은 수의 차는

$A-B=(\sqrt{2}+\sqrt[3]{3})-(2\sqrt{2}-\sqrt[3]{3})$

$\qquad =-\sqrt{2}+2\sqrt[3]{3}$

따라서 $a=-1$, $b=2$이므로

$ab=(-1)\times2=-2$

🔊 **Bible Says**　**두 수 또는 두 식의 대소 비교**

[방법 1] 차의 부호를 조사한다.
　➡ $A-B>0$이면 $A>B$이다.

[방법 2] 비를 조사한다.
　➡ $A>0$, $B>0$일 때, $\dfrac{A}{B}>1$이면 $A>B$이다.

[방법 3] 제곱의 차의 부호를 조사한다.
　➡ $A>0$, $B>0$일 때, $A^2-B^2>0$이면
　　$A^2>B^2$이므로 $A>B$이다.

유형 04　지수의 확장

0021

답 ⑤

① $\left(4^{\frac{1}{3}}\right)^6=4^{\frac{1}{3}\times6}=4^2=16$ (참)

② $3^{\frac{1}{2}}\div3^{\frac{1}{3}}=3^{\frac{1}{2}-\frac{1}{3}}=3^{\frac{1}{6}}$ (참)

③ $\{(-8)^4\}^{\frac{1}{12}}=\{(-2^3)^4\}^{\frac{1}{12}}=\{(2^3)^4\}^{\frac{1}{12}}=2^{3\times4\times\frac{1}{12}}=2$ (참)

④ $\left(3^{\sqrt{3}-1}\right)^{\sqrt{3}+1}=3^{(\sqrt{3}-1)(\sqrt{3}+1)}=3^2=9$ (참)

⑤ $\dfrac{5^{\sqrt{2}-1}}{5^{\sqrt{2}+1}}=5^{(\sqrt{2}-1)-(\sqrt{2}+1)}=5^{-2}=\dfrac{1}{25}$ (거짓)

따라서 옳지 않은 것은 ⑤이다.

참고

지수가 정수가 아닌 유리수인 경우, 밑이 음수이면 지수법칙을 이용할 수 없으므로 다음과 같이 계산하지 않도록 주의한다.

③ $\{(-8)^4\}^{\frac{1}{12}}=\{(-2^3)^4\}^{\frac{1}{12}}=(-2)^{3\times4\times\frac{1}{12}}=-2$ ($\times$)

0022

답 ③

$\left(a^{\frac{1}{2}}b^{\frac{3}{4}}\times a^{\frac{1}{3}}b^{\frac{1}{2}}\div a^{\frac{1}{6}}b^{\frac{5}{6}}\right)^3=\left(a^{\frac{1}{2}+\frac{1}{3}-\frac{1}{6}}b^{\frac{3}{4}+\frac{1}{2}-\frac{5}{6}}\right)^3$

$\qquad =\left(a^{\frac{2}{3}}b^{\frac{5}{12}}\right)^3$

$\qquad =a^2b^{\frac{5}{4}}$

0023

답 ③

$\left(3^{\frac{2}{3}}\times5^{-\frac{3}{4}}\right)\times\left(3^{\frac{2}{3}}\times5^{\frac{1}{2}}\right)^{\frac{1}{2}}=\left(3^{\frac{2}{3}}\times5^{-\frac{3}{4}}\right)\times\left(3^{\frac{2}{3}\times\frac{1}{2}}\times5^{\frac{1}{2}\times\frac{1}{2}}\right)$

$\qquad =\left(3^{\frac{2}{3}}\times5^{-\frac{3}{4}}\right)\times\left(3^{\frac{1}{3}}\times5^{\frac{1}{4}}\right)$

$\qquad =3^{\frac{2}{3}+\frac{1}{3}}\times5^{\left(-\frac{3}{4}\right)+\frac{1}{4}}=3^1\times5^{-\frac{1}{2}}$

$\qquad =\dfrac{3}{\sqrt{5}}=\dfrac{3\sqrt{5}}{5}$

0024

답 ①

자연수 k에 대하여 $a^{-k}=\dfrac{1}{a^k}$임을 이용하여 증명하자.

두 자연수 p, q에 대하여 $m=-p$, $n=-q$라 하면

$(a^m)^n=(a^{-p})^{-q}=\left(\dfrac{1}{\boxed{a^p}}\right)^{-q}$

$\qquad =\dfrac{1}{\left(\dfrac{1}{\boxed{a^p}}\right)^{\boxed{q}}}=\dfrac{1}{\dfrac{1}{a^{\boxed{pq}}}}$

$\qquad =a^{\boxed{pq}}=a^{(-p)\times(-q)}=a^{mn}$

$\therefore$ (가): a^p, (나): q, (다): pq

0025

답 -3

$5^{-2}\times\left\{25^{-4}\div\left(\dfrac{1}{5}\right)^7\right\}=5^{-2}\times\{(5^2)^{-4}\div(5^{-1})^7\}$

$\qquad =5^{-2}\times(5^{-8}\div5^{-7})$

$\qquad =5^{-2}\times5^{-1}=5^{-3}$

따라서 $5^{-3}=5^n$이므로 $n=-3$

0026

답 ④

$\left(a^{\frac{\sqrt{2}+1}{\sqrt{2}-1}}\right)^{3-2\sqrt{2}}=\left\{a^{\frac{(\sqrt{2}+1)^2}{(\sqrt{2}-1)(\sqrt{2}+1)}}\right\}^{3-2\sqrt{2}}$

$\qquad =(a^{3+2\sqrt{2}})^{3-2\sqrt{2}}$

$\qquad =a^{(3+2\sqrt{2})(3-2\sqrt{2})}=a$

이때 $\left(a^{\frac{\sqrt{2}+1}{\sqrt{2}-1}}\right)^{3-2\sqrt{2}}=2^{\frac{4}{3}}$이므로 $a=2^{\frac{4}{3}}$

0027

답 ⑤

$\left(7^{\alpha+\frac{1}{\alpha}}\right)^\beta\times\left(7^{\beta+\frac{1}{\beta}}\right)^\alpha=\left(7^{\alpha\beta+\frac{\beta}{\alpha}}\right)\times\left(7^{\alpha\beta+\frac{\alpha}{\beta}}\right)$

$\qquad =7^{\left(\alpha\beta+\frac{\beta}{\alpha}\right)+\left(\alpha\beta+\frac{\alpha}{\beta}\right)}$

$\qquad =7^{2\alpha\beta+\frac{\alpha^2+\beta^2}{\alpha\beta}}$

$\qquad =7^{2\alpha\beta+\frac{(\alpha+\beta)^2-2\alpha\beta}{\alpha\beta}}$

이차방정식 $x^2-2x-1=0$의 두 근이 α, β이므로 이차방정식의 근과 계수의 관계에 의하여

$\alpha+\beta=2$, $\alpha\beta=-1$

$\therefore \left(7^{\alpha+\frac{1}{\alpha}}\right)^\beta\times\left(7^{\beta+\frac{1}{\beta}}\right)^\alpha=7^{2\times(-1)+\frac{2^2-2\times(-1)}{-1}}=7^{-8}$

0028

답 17

$$2^{-a}+2^{-b}=\frac{1}{2^a}+\frac{1}{2^b}=\frac{2^b+2^a}{2^a\times 2^b}$$
$$=\frac{2^a+2^b}{2^{a+b}}=\frac{2}{2^{a+b}}$$

즉, $\dfrac{2}{2^{a+b}}=\dfrac{9}{4}$이므로

$$9\times 2^{a+b}=8 \qquad \therefore 2^{a+b}=\frac{8}{9}$$

따라서 $p=9$, $q=8$이므로

$$p+q=9+8=17$$

유형 **05** 거듭제곱근을 유리수인 지수로 나타내기

0029

답 ②

$$\sqrt{a\times\sqrt[3]{a^2\times\sqrt[4]{a^3}}}=\sqrt{a}\times\sqrt{\sqrt[3]{a^2}}\times\sqrt{\sqrt[3]{\sqrt[4]{a^3}}}$$
$$=\sqrt{a}\times\sqrt[6]{a^2}\times\sqrt[24]{a^3}$$
$$=a^{\frac{1}{2}}\times a^{\frac{2}{6}}\times a^{\frac{3}{24}}$$
$$=a^{\frac{1}{2}+\frac{1}{3}+\frac{1}{8}}=a^{\frac{23}{24}}$$

$$\therefore k=\frac{23}{24}$$

다른 풀이

$$\sqrt{a\times\sqrt[3]{a^2\times\sqrt[4]{a^3}}}=\{a\times(a^2\times a^{\frac{3}{4}})^{\frac{1}{3}}\}^{\frac{1}{2}}$$
$$=\{a\times(a^{\frac{11}{4}})^{\frac{1}{3}}\}^{\frac{1}{2}}$$
$$=(a\times a^{\frac{11}{12}})^{\frac{1}{2}}$$
$$=(a^{\frac{23}{12}})^{\frac{1}{2}}=a^{\frac{23}{24}}$$

$$\therefore k=\frac{23}{24}$$

📢)) **Bible Says** **여러 개의 거듭제곱근이 포함된 식**

여러 개의 거듭제곱근이 포함된 식은 거듭제곱근의 성질을 이용하여 간단히 할 수도 있지만 a^r 꼴로 변형한 후 지수법칙을 이용하는 방법이 보다 쉽다. 이때 $\sqrt[n]{a^m}=a^{\frac{m}{n}}$, $\sqrt[m]{\sqrt[n]{a}}=a^{\frac{1}{mn}}$임을 이용하여 식을 변형한 후 지수법칙을 이용한다.

0030

답 6

$$\sqrt{\frac{a\times\sqrt[3]{a^2}}{\sqrt[4]{a^k}}}=\left(\frac{a\times a^{\frac{2}{3}}}{a^{\frac{k}{4}}}\right)^{\frac{1}{2}}=(a^{1+\frac{2}{3}-\frac{k}{4}})^{\frac{1}{2}}=(a^{\frac{5}{3}-\frac{k}{4}})^{\frac{1}{2}}=a^{\frac{5}{6}-\frac{k}{8}}$$

$$\sqrt[12]{a}=a^{\frac{1}{12}}$$

즉, $a^{\frac{5}{6}-\frac{k}{8}}=a^{\frac{1}{12}}$이므로 $\dfrac{5}{6}-\dfrac{k}{8}=\dfrac{1}{12}$

$$\frac{k}{8}=\frac{3}{4} \qquad \therefore k=6$$

0031

답 ⑤

$$a=24^2=(2^3\times 3)^2=2^6\times 3^2$$
$$b=(\sqrt{3})^5=(3^{\frac{1}{2}})^5=3^{\frac{5}{2}}$$
$$\therefore 12^{15}=(2^2\times 3)^{15}=2^{30}\times 3^{15}$$
$$=(2^6\times 3^2)^5\times 3^5$$
$$=(2^6\times 3^2)^5\times(3^{\frac{5}{2}})^2$$
$$=a^5b^2$$

다른 풀이

$(\sqrt{3})^5=b$에서 $3^{\frac{5}{2}}=b$ $\qquad\therefore 3=b^{\frac{2}{5}}$

$24^2=a$에서 $(2^3\times 3)^2=2^6\times 3^2=a$이므로

$$2^6=a\times 3^{-2}=a\times(b^{\frac{2}{5}})^{-2}=a\times b^{-\frac{4}{5}}$$

$$\therefore 2=(a\times b^{-\frac{4}{5}})^{\frac{1}{6}}=a^{\frac{1}{6}}\times b^{-\frac{2}{15}}$$

$$\therefore 12^{15}=(2^2\times 3)^{15}=2^{30}\times 3^{15}$$
$$=(a^{\frac{1}{6}}\times b^{-\frac{2}{15}})^{30}\times(b^{\frac{2}{5}})^{15}$$
$$=a^5\times b^{-4}\times b^6$$
$$=a^5b^2$$

0032

답 ①

$a=\sqrt[3]{\dfrac{1}{2}}$에서 $a^3=\dfrac{1}{2}=2^{-1}$

$b=\sqrt[4]{3}$에서 $b^4=3$

$$\therefore \sqrt[5]{24}=\sqrt[5]{2^3\times 3}=(2^3\times 3)^{\frac{1}{5}}$$
$$=\{(2^{-1})^{-3}\times 3\}^{\frac{1}{5}}=\{(a^3)^{-3}\times b^4\}^{\frac{1}{5}}$$
$$=(a^{-9}\times b^4)^{\frac{1}{5}}=a^{-\frac{9}{5}}\times b^{\frac{4}{5}}$$

따라서 $x=-\dfrac{9}{5}$, $y=\dfrac{4}{5}$이므로

$$x+y=-\frac{9}{5}+\frac{4}{5}=-1$$

0033

답 $\dfrac{1}{6}$

조건 ㈎에서 a는 b^2의 세제곱근 중 실수이므로

$$a=\sqrt[3]{b^2}=b^{\frac{2}{3}} \qquad\cdots\cdots\ \text{㉠}$$

❶

조건 ㈏에서 b는 c의 네제곱근이므로

$$b=\sqrt[4]{c}=c^{\frac{1}{4}} \qquad\cdots\cdots\ \text{㉡}$$

❷

㉡을 ㉠에 대입하면

$$a=\left(c^{\frac{1}{4}}\right)^{\frac{2}{3}}=c^{\frac{1}{6}} \qquad\therefore k=\frac{1}{6}$$

❸

채점 기준	배점
❶ a를 b에 대한 식으로 나타내기	40%
❷ b를 c에 대한 식으로 나타내기	40%
❸ k의 값 구하기	20%

0034

$\left(\sqrt[3]{9}\right)^{\frac{n}{6}}=\left(\sqrt[3]{3^2}\right)^{\frac{n}{6}}=\left(3^{\frac{2}{3}}\right)^{\frac{n}{6}}=3^{\frac{n}{9}}$

즉, $\left(\sqrt[3]{9}\right)^{\frac{n}{6}}$의 값이 자연수가 되려면 n은 9의 배수이어야 한다.
따라서 주어진 조건을 만족시키는 100 이하의 자연수 n은 9, 18, 27, $\cdots$, 99의 11개이다.

0035

$\left(a^{\frac{2}{3}}\right)^{\frac{1}{2}}=a^{\frac{1}{3}}$이 자연수가 되려면 $a=k^3$ (k는 자연수) 꼴이어야 한다.
(i) $k=1$일 때, $a=1^3=1$
(ii) $k=2$일 때, $a=2^3=8$
(iii) $k\geq3$일 때, $a=k^3>10$이므로 주어진 조건을 만족시키지 않는다.
(i)~(iii)에서 모든 a의 값의 합은
$1+8=9$

0036

$\left(\sqrt{\sqrt[3]{4^5}}\right)^m=\left(\sqrt[6]{2^{10}}\right)^m=\left(2^{\frac{10}{6}}\right)^m=2^{\frac{5}{3}m}=n$

즉, $\left(\sqrt{\sqrt[3]{4^5}}\right)^m$의 값이 자연수가 되려면 m이 3의 배수이어야 한다.
따라서 m의 최솟값은 3이고 이때의 n의 값은 $2^5=32$이므로
$m+n$의 최솟값은
$3+32=35$

0037

$\left(\dfrac{1}{256}\right)^{\frac{1}{n}}=(2^{-8})^{\frac{1}{n}}=2^{-\frac{8}{n}}$ $\cdots\cdots$ ㉠

㉠이 자연수가 되려면 $-\dfrac{8}{n}$이 자연수이어야 한다.
따라서 가능한 정수 n의 값은 -8, -4, -2, -1이다.

❶

이때 ㉠ 꼴로 나타낼 수 있는 자연수는
$n=-8$이면 $2^{-\frac{8}{-8}}=2^1=2$, $n=-4$이면 $2^{-\frac{8}{-4}}=2^2=4$
$n=-2$이면 $2^{-\frac{8}{-2}}=2^4=16$, $n=-1$이면 $2^{-\frac{8}{-1}}=2^8=256$

❷

따라서 구하는 모든 자연수의 합은
$2+4+16+256=278$

❸

채점 기준	배점
❶ $\left(\dfrac{1}{256}\right)^{\frac{1}{n}}$이 자연수가 되기 위한 정수 n의 값 구하기	40%
❷ $\left(\dfrac{1}{256}\right)^{\frac{1}{n}}$ 꼴로 나타낼 수 있는 자연수 구하기	40%
❸ 모든 자연수의 합 구하기	20%

0038

$a^3=3$에서 $a=3^{\frac{1}{3}}$
$b^4=4$에서 $b=4^{\frac{1}{4}}=2^{\frac{1}{2}}$
$c^6=6$에서 $c=6^{\frac{1}{6}}=2^{\frac{1}{6}}\times3^{\frac{1}{6}}$
$\therefore abc=3^{\frac{1}{3}}\times2^{\frac{1}{2}}\times\left(2^{\frac{1}{6}}\times3^{\frac{1}{6}}\right)=2^{\frac{1}{2}+\frac{1}{6}}\times3^{\frac{1}{3}+\frac{1}{6}}=2^{\frac{2}{3}}\times3^{\frac{1}{2}}$
$\therefore (abc)^n=2^{\frac{2}{3}n}\times3^{\frac{n}{2}}$

이때 $(abc)^n$의 값이 자연수가 되려면 $\dfrac{2}{3}n$과 $\dfrac{n}{2}$이 모두 자연수이어야 하므로 n은 6의 배수이어야 한다.
따라서 주어진 조건을 만족시키는 100 이하의 자연수 n은 6, 12, 18, $\cdots$, 96의 16개이다.

0039

$\sqrt{\dfrac{2^a\times5^b}{2}}=\left(\dfrac{2^a\times5^b}{2}\right)^{\frac{1}{2}}=(2^{a-1}\times5^b)^{\frac{1}{2}}=2^{\frac{a-1}{2}}\times5^{\frac{b}{2}}$이 자연수이므로 $\dfrac{a-1}{2}$은 음이 아닌 정수이고, $\dfrac{b}{2}$는 자연수이다.
즉, $a=1$, 3, 5, $\cdots$, $b=2$, 4, 6, $\cdots$ $\cdots\cdots$ ㉠

$\sqrt[3]{\dfrac{3^b}{2^{a+1}}}=\left(\dfrac{3^b}{2^{a+1}}\right)^{\frac{1}{3}}=2^{-\frac{a+1}{3}}\times3^{\frac{b}{3}}$이 유리수이므로 $-\dfrac{a+1}{3}$은 정수이고, $\dfrac{b}{3}$는 자연수이다.
즉, $a=2$, 5, 8, $\cdots$, $b=3$, 6, 9, $\cdots$ $\cdots\cdots$ ㉡

㉠, ㉡에서 a의 최솟값은 5, b의 최솟값은 6이므로 $a+b$의 최솟값은
$5+6=11$

0040

① $\left(4^{\frac{1}{4}}-3^{\frac{1}{2}}\right)\left(4^{\frac{1}{4}}+3^{\frac{1}{2}}\right)=\left(4^{\frac{1}{4}}\right)^2-\left(3^{\frac{1}{2}}\right)^2$
$=\left(2^{\frac{1}{2}}\right)^2-\left(3^{\frac{1}{2}}\right)^2$
$=2-3=-1$ (참)
② $\left(\sqrt[3]{7}-\sqrt[3]{5}\right)^3=\left(\sqrt[3]{7}\right)^3-3\sqrt[3]{5}\left(\sqrt[3]{7}\right)^2+3\sqrt[3]{7}\left(\sqrt[3]{5}\right)^2-\left(\sqrt[3]{5}\right)^3$
$=7-3\sqrt[3]{5}\sqrt[3]{7}\left(\sqrt[3]{7}-\sqrt[3]{5}\right)-5$
$=2-3\sqrt[3]{35}\left(\sqrt[3]{7}-\sqrt[3]{5}\right)$ (참)
③ $(3^{\sqrt{2}}+2^{\sqrt{3}})(3^{\sqrt{2}}-2^{\sqrt{3}})=(3^{\sqrt{2}})^2-(2^{\sqrt{3}})^2$
$=3^{2\sqrt{2}}-2^{2\sqrt{3}}$ (거짓)
④ $\left(3^{\frac{1}{3}}-2^{\frac{1}{3}}\right)\left(3^{\frac{2}{3}}+2^{\frac{2}{3}}+6^{\frac{1}{3}}\right)$
$=\left(3^{\frac{1}{3}}-2^{\frac{1}{3}}\right)\left\{\left(3^{\frac{1}{3}}\right)^2+3^{\frac{1}{3}}\times2^{\frac{1}{3}}+\left(2^{\frac{1}{3}}\right)^2\right\}$
$=\left(3^{\frac{1}{3}}\right)^3-\left(2^{\frac{1}{3}}\right)^3=3-2=1$ (참)
⑤ $(\sqrt[3]{2}+1)(\sqrt[3]{4}-\sqrt[3]{2}+1)=(\sqrt[3]{2}+1)\left\{(\sqrt[3]{2})^2-\sqrt[3]{2}+1\right\}$
$=(\sqrt[3]{2})^3+1^3=2+1=3$ (참)
따라서 옳지 않은 것은 ③이다.

0041

답 ④

$$6\left(5^{\frac{1}{2}}+1\right)\left(5^{\frac{1}{4}}+1\right)\left(5^{\frac{1}{4}}-1\right)=6\left(5^{\frac{1}{2}}+1\right)\left\{\left(5^{\frac{1}{4}}\right)^2-1\right\}$$
$$=6\left(5^{\frac{1}{2}}+1\right)\left(5^{\frac{1}{2}}-1\right)$$
$$=6\left\{\left(5^{\frac{1}{2}}\right)^2-1\right\}$$
$$=6(5-1)=24$$

0042

답 8

$a+b=\left(a^{\frac{1}{3}}+b^{\frac{1}{3}}\right)^3-3a^{\frac{1}{3}}b^{\frac{1}{3}}\left(a^{\frac{1}{3}}+b^{\frac{1}{3}}\right)$이므로

$a^{\frac{1}{3}}+b^{\frac{1}{3}}=3$, $a+b=9$를 대입하면

$9=3^3-3a^{\frac{1}{3}}b^{\frac{1}{3}}\times3$

$9a^{\frac{1}{3}}b^{\frac{1}{3}}=18$ $\quad\therefore a^{\frac{1}{3}}b^{\frac{1}{3}}=2$ ························ ❶

$\therefore ab=\left(a^{\frac{1}{3}}b^{\frac{1}{3}}\right)^3=2^3=8$ ························ ❷

채점 기준	배점
❶ 주어진 식을 이용하여 $a^{\frac{1}{3}}b^{\frac{1}{3}}$의 값 구하기	70%
❷ ab의 값 구하기	30%

0043

답 ③

$$\frac{1}{2^{-1}-1}+\frac{1}{2^{-1}+1}-\frac{1}{2^{-2}+1}-\frac{2}{2^{-4}+1}$$
$$=\frac{(2^{-1}+1)+(2^{-1}-1)}{(2^{-1}-1)(2^{-1}+1)}-\frac{1}{2^{-2}+1}-\frac{2}{2^{-4}+1}$$
$$=\frac{1}{2^{-2}-1}-\frac{1}{2^{-2}+1}-\frac{2}{2^{-4}+1}$$
$$=\frac{(2^{-2}+1)-(2^{-2}-1)}{(2^{-2}-1)(2^{-2}+1)}-\frac{2}{2^{-4}+1}$$
$$=\frac{2}{2^{-4}-1}-\frac{2}{2^{-4}+1}$$
$$=\frac{2\{(2^{-4}+1)-(2^{-4}-1)\}}{(2^{-4}-1)(2^{-4}+1)}$$
$$=\frac{4}{2^{-8}-1}$$

0044

답 30

$x=3^{\frac{1}{3}}+3^{-\frac{1}{3}}$의 양변을 세제곱하면

$x^3=\left(3^{\frac{1}{3}}\right)^3+\left(3^{-\frac{1}{3}}\right)^3+3\times3^{\frac{1}{3}}\times3^{-\frac{1}{3}}\times\left(3^{\frac{1}{3}}+3^{-\frac{1}{3}}\right)$

$x^3=3+3^{-1}+3\times\left(3^{\frac{1}{3}}+3^{-\frac{1}{3}}\right)$

$x^3=3+\frac{1}{3}+3x$, $x^3-3x=\frac{10}{3}$

$\therefore 9(x^3-3x)=9\times\frac{10}{3}=30$

다른 풀이

$$9(x^3-3x)=9\left\{\left(3^{\frac{1}{3}}+3^{-\frac{1}{3}}\right)^3-3\left(3^{\frac{1}{3}}+3^{-\frac{1}{3}}\right)\right\}$$
$$=9\left\{\left(3^{\frac{1}{3}}\right)^3+3\times3^{\frac{1}{3}}\times3^{-\frac{1}{3}}\times\left(3^{\frac{1}{3}}+3^{-\frac{1}{3}}\right)+\left(3^{-\frac{1}{3}}\right)^3\right.$$
$$\left.-3\left(3^{\frac{1}{3}}+3^{-\frac{1}{3}}\right)\right\}$$
$$=9(3+3^{-1})=9\times\left(3+\frac{1}{3}\right)=30$$

유형 08 x^n+x^{-n} 꼴의 식의 값 구하기

0045

답 ②

$a^{\frac{1}{2}}-a^{-\frac{1}{2}}=2$의 양변을 제곱하면

$a+a^{-1}-2=4$ $\quad\therefore a+a^{-1}=6$

$a+a^{-1}=6$의 양변을 세제곱하면

$a^3+a^{-3}+3(a+a^{-1})=216$

$a^3+a^{-3}+3\times6=216$

$\therefore a^3+a^{-3}=198$

0046

답 194

$2^{2x}-2^{x+2}=-1$의 양변을 2^x으로 나누면

$2^x-4=-2^{-x}$ $\quad\therefore 2^x+2^{-x}=4$

$2^x+2^{-x}=4$의 양변을 제곱하면

$2^{2x}+2^{-2x}+2=16$ $\quad\therefore 2^{2x}+2^{-2x}=14$

$2^{2x}+2^{-2x}=14$의 양변을 제곱하면

$2^{4x}+2^{-4x}+2=196$

$\therefore 2^{4x}+2^{-4x}=194$

0047

답 ⑤

$\left(\sqrt{x}+\frac{1}{\sqrt{x}}\right)^2=x+\frac{1}{x}+2=47+2=49$이므로

$\sqrt{x}+\frac{1}{\sqrt{x}}=7$ $(\because x>0)$

또한 $\left(\sqrt[4]{x}+\frac{1}{\sqrt[4]{x}}\right)^2=\sqrt{x}+\frac{1}{\sqrt{x}}+2=7+2=9$이므로

$\sqrt[4]{x}+\frac{1}{\sqrt[4]{x}}=3$ $(\because x>0)$

0048

답 1

$x^{\frac{1}{2}}-x^{-\frac{1}{2}}=k$라 하면

$$\frac{x^{\frac{3}{2}}-x^{-\frac{3}{2}}}{x+x^{-1}}=\frac{\left(x^{\frac{1}{2}}-x^{-\frac{1}{2}}\right)^3+3\left(x^{\frac{1}{2}}-x^{-\frac{1}{2}}\right)}{\left(x^{\frac{1}{2}}-x^{-\frac{1}{2}}\right)^2+2}=\frac{k^3+3k}{k^2+2}$$

즉, $\frac{k^3+3k}{k^2+2}=\frac{4}{3}$이므로

$3k^3+9k=4k^2+8$, $3k^3-4k^2+9k-8=0$

$(k-1)(3k^2-k+8)=0$ $\quad\therefore k=1$ $(\because 3k^2-k+8>0)$

$\therefore x^{\frac{1}{2}}-x^{-\frac{1}{2}}=1$

0049

답 ③

$x = \dfrac{a^b - a^{-b}}{2}$ 의 양변을 제곱하면

$x^2 = \dfrac{a^{2b} + a^{-2b} - 2}{4}$

이므로

$x^2 + 1 = \dfrac{a^{2b} + a^{-2b} + 2}{4} = \left(\dfrac{a^b + a^{-b}}{2} \right)^2$

$\therefore \sqrt{x^2 + 1} = \dfrac{a^b + a^{-b}}{2} \ (\because a^b > 0)$

$\therefore 4x\sqrt{x^2 + 1} = 4 \times \dfrac{a^b - a^{-b}}{2} \times \dfrac{a^b + a^{-b}}{2}$

$\qquad\qquad = (a^b - a^{-b})(a^b + a^{-b})$

$\qquad\qquad = a^{2b} - a^{-2b}$

유형 09 $\dfrac{a^x - a^{-x}}{a^x + a^{-x}}$ 꼴의 식의 값 구하기

0050

답 ②

$\dfrac{a^{3x} - a^{-3x}}{a^x + a^{-x}}$ 의 분모와 분자에 각각 a^{3x}을 곱하면

$\dfrac{a^{3x} - a^{-3x}}{a^x + a^{-x}} = \dfrac{a^{6x} - 1}{a^{4x} + a^{2x}} = \dfrac{(a^{2x})^3 - 1}{(a^{2x})^2 + a^{2x}}$

$\qquad\qquad = \dfrac{2^3 - 1}{2^2 + 2} = \dfrac{7}{6}$

0051

답 ①

$\dfrac{3^x - 3^{-x}}{3^x + 3^{-x}}$ 의 분모와 분자에 각각 3^x을 곱하면

$\dfrac{3^x - 3^{-x}}{3^x + 3^{-x}} = \dfrac{3^{2x} - 1}{3^{2x} + 1} = \dfrac{9^x - 1}{9^x + 1} = \dfrac{(\sqrt{2} + 1) - 1}{(\sqrt{2} + 1) + 1}$

$\qquad\qquad = \dfrac{\sqrt{2}}{2 + \sqrt{2}} = \dfrac{\sqrt{2}(2 - \sqrt{2})}{(2 + \sqrt{2})(2 - \sqrt{2})}$

$\qquad\qquad = \dfrac{2\sqrt{2} - 2}{2} = \sqrt{2} - 1$

0052

답 81

$\dfrac{a^x + a^{-x}}{a^x - a^{-x}}$ 의 분모와 분자에 각각 a^x을 곱하면

$\dfrac{a^x + a^{-x}}{a^x - a^{-x}} = \dfrac{a^{2x} + 1}{a^{2x} - 1} = \dfrac{5}{4}$ ············ ❶

$a^{2x} = t \ (t > 0)$로 놓으면

$\dfrac{t + 1}{t - 1} = \dfrac{5}{4}$, $4t + 4 = 5t - 5$ $\quad \therefore t = 9$

$\therefore a^{2x} = 9$ ············ ❷

$\therefore a^{4x} = (a^{2x})^2 = 9^2 = 81$ ············ ❸

채점 기준	배점
❶ 분모와 분자에 각각 a^x을 곱하여 식을 변형하기	50%
❷ a^{2x}의 값 구하기	30%
❸ a^{4x}의 값 구하기	20%

0053

답 ②

$\dfrac{2^x + 2^{-x}}{2^x - 2^{-x}}$ 의 분모와 분자에 각각 2^x을 곱하면

$\dfrac{2^x + 2^{-x}}{2^x - 2^{-x}} = \dfrac{2^{2x} + 1}{2^{2x} - 1} = 2$

$2^{2x} = t \ (t > 0)$로 놓으면

$\dfrac{t + 1}{t - 1} = 2$, $t + 1 = 2t - 2$ $\quad \therefore t = 3$

$\therefore 2^{2x} = 3$

$\dfrac{8^x + 2^{-x}}{8^x - 2^{-x}}$, 즉 $\dfrac{2^{3x} + 2^{-x}}{2^{3x} - 2^{-x}}$ 의 분모와 분자에 각각 2^x을 곱하면

$\dfrac{8^x + 2^{-x}}{8^x - 2^{-x}} = \dfrac{2^{4x} + 1}{2^{4x} - 1} = \dfrac{(2^{2x})^2 + 1}{(2^{2x})^2 - 1} = \dfrac{3^2 + 1}{3^2 - 1} = \dfrac{10}{8} = \dfrac{5}{4}$

유형 10 $a^x = k \ (k$는 양수$)$의 조건이 주어진 경우

0054

답 ②

$2^x = 36$에서 $36^{\frac{1}{x}} = 2$ ······ ㉠

$3^y = 36$에서 $36^{\frac{1}{y}} = 3$ ······ ㉡

㉠×㉡을 하면

$36^{\frac{1}{x} + \frac{1}{y}} = 6 = 36^{\frac{1}{2}}$

$\therefore \dfrac{1}{x} + \dfrac{1}{y} = \dfrac{1}{2}$

0055

답 ①

$27^a = \sqrt[3]{4}$에서 $27^a = 4^{\frac{1}{3}}$이므로

$27^{3a} = 4$

이것을 $4^b = 9$에 대입하면

$(27^{3a})^b = 9$, $3^{9ab} = 3^2$

$9ab = 2$ $\quad \therefore ab = \dfrac{2}{9}$

0056

답 ②

$12^a = 32 = 2^5$에서 $2^{\frac{5}{a}} = 12$ ······ ㉠

$9^b = 4 = 2^2$에서 $2^{\frac{2}{b}} = 9 = 3^2$ $\quad \therefore 2^{\frac{1}{b}} = 3$ ······ ㉡

㉠÷㉡을 하면

$2^{\frac{5}{a} - \frac{1}{b}} = 4 = 2^2$

$\therefore \dfrac{5}{a} - \dfrac{1}{b} = 2$

0057

답 ①

$2^a = 3$이므로

$6^b = (2 \times 3)^b = (2 \times 2^a)^b = 2^b \times 2^{ab} = 2^{ab+b} = 5$

$\therefore 2^{ab+a+b} = 2^{ab+b} \times 2^a = 5 \times 3 = 15$

0058

답 100

$2^{\frac{1}{x}+\frac{1}{y}} = 2^{\frac{x+y}{xy}} = (2^{x+y})^{\frac{1}{xy}} = (2^{x+y})^{\frac{1}{2}} = 10$

$\therefore 2^{x+y} = 10^2 = 100$

다른 풀이

$xy = 2$에서 $x = \dfrac{2}{y}$이고 $y = \dfrac{2}{x}$이므로

$2^x = 2^{\frac{2}{y}}$ ...... ㉠

$2^y = 2^{\frac{2}{x}}$ ...... ㉡

㉠×㉡을 하면

$2^{x+y} = 2^{\frac{2}{x}+\frac{2}{y}} = \left(2^{\frac{1}{x}+\frac{1}{y}}\right)^2 = 10^2 = 100$

0059

답 3

$a^x = 9$에서 $a = 9^{\frac{1}{x}}$ ...... ㉠

$b^y = 9$에서 $b = 9^{\frac{1}{y}}$ ...... ㉡

$c^z = 9$에서 $c = 9^{\frac{1}{z}}$ ...... ㉢

❶

㉠×㉡×㉢을 하면

$abc = 9^{\frac{1}{x}+\frac{1}{y}+\frac{1}{z}}$

이때 $abc = 729 = 3^6$이므로

$9^{\frac{1}{x}+\frac{1}{y}+\frac{1}{z}} = 3^6$, $(3^2)^{\frac{1}{x}+\frac{1}{y}+\frac{1}{z}} = (3^2)^3$

$\therefore \dfrac{1}{x}+\dfrac{1}{y}+\dfrac{1}{z} = 3$

❷

채점 기준	배점
❶ a, b, c를 각각 x, y, z에 대한 식으로 나타내기	50%
❷ $\dfrac{1}{x}+\dfrac{1}{y}+\dfrac{1}{z}$의 값 구하기	50%

0060

답 ①

$a^x = 2$에서 $a = 2^{\frac{1}{x}}$ ...... ㉠

$(ab)^y = 4$에서 $ab = 4^{\frac{1}{y}} = 2^{\frac{2}{y}}$ ...... ㉡

$(abc)^z = 8$에서 $abc = 8^{\frac{1}{z}} = 2^{\frac{3}{z}}$ ...... ㉢

㉠÷㉡×㉢을 하면

$2^{\frac{1}{x}-\frac{2}{y}+\frac{3}{z}} = \dfrac{a \times abc}{ab} = ac$

유형 11 $a^x = b^y$의 조건이 주어진 경우

0061

답 ③

$3^x = 4^y = 12^z = k \, (k>0)$로 놓으면 $xyz \neq 0$에서 $k \neq 1$

$3^x = k$에서 $k^{\frac{1}{x}} = 3$ ...... ㉠

$4^y = k$에서 $k^{\frac{1}{y}} = 4$ ...... ㉡

$12^z = k$에서 $k^{\frac{1}{z}} = 12$ ...... ㉢

㉠×㉡÷㉢을 하면

$k^{\frac{1}{x}+\frac{1}{y}-\frac{1}{z}} = 3 \times 4 \div 12 = 1$

$\therefore \dfrac{1}{x}+\dfrac{1}{y}-\dfrac{1}{z} = 0$

0062

답 ①

$3^x = k$에서 $3 = k^{\frac{1}{x}}$ ...... ㉠

$6^y = k$에서 $6 = k^{\frac{1}{y}}$ ...... ㉡

$8^z = k$에서 $8 = k^{\frac{1}{z}}$ ...... ㉢

㉠×㉡×㉢을 하면

$3 \times 6 \times 8 = k^{\frac{1}{x}+\frac{1}{y}+\frac{1}{z}}$

$2^4 \times 3^2 = k^2$, $(2^2 \times 3)^2 = k^2$

$\therefore k = 2^2 \times 3 = 12 \, (\because k>0)$

0063

답 ③

$3x = 2y$에서 $\dfrac{x}{2y} = \dfrac{1}{3}$

또한 $x^{2y} = y^x$에서 $x = y^{\frac{x}{2y}}$

$x = y^{\frac{1}{3}}$ $\therefore y = x^3$

이것을 $3x = 2y$에 대입하면

$3x = 2x^3$, $x^2 = \dfrac{3}{2} \, (\because x \neq 0)$

$\therefore x = \dfrac{\sqrt{6}}{2} \, (\because x>0)$

0064

답 ②

$2ab = ac - bc$의 양변을 ab로 나누면

$2 = \dfrac{c}{b} - \dfrac{c}{a}$

$2^a = k^c$에서 $2 = k^{\frac{c}{a}}$ ...... ㉠

$6^b = k^c$에서 $6 = k^{\frac{c}{b}}$ ...... ㉡

㉡÷㉠을 하면

$3 = k^{\frac{c}{b}-\frac{c}{a}} = k^2$

$\therefore k = \sqrt{3} \, (\because k>0)$

0065

답 ②

$16^a=27^b=k^c=t$ $(t>0)$로 놓으면

$16^a=t$에서 $16=t^{\frac{1}{a}}$ $\therefore 16^3=t^{\frac{3}{a}}$

$27^b=t$에서 $27=t^{\frac{1}{b}}$ $\therefore 27^4=t^{\frac{4}{b}}$

$k^c=t$에서 $k=t^{\frac{1}{c}}$ $\therefore k^6=t^{\frac{6}{c}}$

이때 $\dfrac{3}{a}+\dfrac{4}{b}=\dfrac{6}{c}$이므로 $t^{\frac{3}{a}+\frac{4}{b}}=t^{\frac{6}{c}}$에서

$t^{\frac{3}{a}}\times t^{\frac{4}{b}}=t^{\frac{6}{c}}$, $16^3\times 27^4=k^6$

$2^{12}\times 3^{12}=k^6$, $(6^2)^6=k^6$

$\therefore k=6^2$ $(\because k>0)$

0066

답 18

$9^x=10^z$에서 $9=10^{\frac{z}{x}}$ ······ ㉠

$9^x=10^z$에서 $(3^x)^2=10^z$이므로 $3^x=2^{-y}$을 대입하면

$(2^{-y})^2=10^z$

즉, $2^{-2y}=10^z$에서 $2=10^{-\frac{z}{2y}}$ ······ ㉡

─────────────────────────────── ❶

㉠×㉡을 하면

$10^{\frac{z}{x}-\frac{z}{2y}}=9\times 2=18$

─────────────────────────────── ❷

채점 기준	배점
❶ 주어진 식을 $9=10^{\frac{z}{x}}$, $2=10^{-\frac{z}{2y}}$으로 변형하기	60%
❷ $10^{\frac{z}{x}-\frac{z}{2y}}$의 값 구하기	40%

0067

답 ④

ㄱ. $2^a=5^b=10^c=t$ $(t>0)$로 놓으면

$2^a=t$에서 $2=t^{\frac{1}{a}}$ ······ ㉠

$5^b=t$에서 $5=t^{\frac{1}{b}}$ ······ ㉡

$10^c=t$에서 $10=t^{\frac{1}{c}}$ ······ ㉢

㉠×㉡을 하면 $10=t^{\frac{1}{a}+\frac{1}{b}}$ ······ ㉣

㉢, ㉣에서 $t^{\frac{1}{c}}=t^{\frac{1}{a}+\frac{1}{b}}$

$\therefore \dfrac{1}{c}=\dfrac{1}{a}+\dfrac{1}{b}$ (참)

ㄴ. ㄱ에 의하여 $\dfrac{1}{c}=\dfrac{1}{a}+\dfrac{1}{b}=\dfrac{a+b}{ab}$이고 $a+b=2ab$이면

$\dfrac{1}{c}=\dfrac{a+b}{ab}=\dfrac{2ab}{ab}=2$ $\therefore c=\dfrac{1}{2}$

$\therefore 2^c=2^{\frac{1}{2}}=\sqrt{2}$ (거짓)

ㄷ. $(a-c)(b-c)=ab-(a+b)c+c^2$

ㄱ에 의하여 $\dfrac{1}{c}=\dfrac{a+b}{ab}$이므로 $ab=(a+b)c$

$\therefore (a-c)(b-c)=c^2$

이때 c가 자연수이면 c^2도 자연수이므로 $(a-c)(b-c)$는 자연수이다. (참)

따라서 옳은 것은 ㄱ, ㄷ이다.

0068

답 ⑤

물 1 mL 당 초기 박테리아 수가 8×10^5이고, 약품을 투여한 지 1시간이 지나는 순간 1 mL 당 박테리아 수는 4×10^5이므로

$\dfrac{4\times 10^5}{8\times 10^5}=10^{-k}$ $\therefore 10^{-k}=\dfrac{1}{2}$

$\therefore \dfrac{C}{C_0}=10^{-kt}=\left(\dfrac{1}{2}\right)^t$

물 1 mL 당 초기 박테리아 수가 8×10^5이고, 약품을 투여한 지 4시간이 지나는 순간 1 mL 당 박테리아 수는 $a\times 10^4$이므로

$\dfrac{a\times 10^4}{8\times 10^5}=\left(\dfrac{1}{2}\right)^4$, $\dfrac{a}{80}=\dfrac{1}{16}$

$\therefore a=5$

0069

답 100

두 필름 A, B에 입사하는 빛의 세기가 서로 같고, 두 필름 A, B의 사진농도가 각각 p, $p+2$이므로

$R_{\text{A}}=Q\times 10^{-p}$, $R_{\text{B}}=Q\times 10^{-(p+2)}$

$\therefore \dfrac{R_{\text{A}}}{R_{\text{B}}}=\dfrac{Q\times 10^{-p}}{Q\times 10^{-(p+2)}}=10^{(-p)-\{-(p+2)\}}$

$\qquad =10^2=100$

0070

답 11

한 번 축소 복사할 때마다 r배 작아진다고 하면 6번째 복사본에 그려진 정사각형의 한 변의 길이는 원본에 그려진 정사각형의 한 변의 길이의 $\dfrac{1}{2}$배이므로

$r^6=\dfrac{1}{2}$

$\therefore r=\left(\dfrac{1}{2}\right)^{\frac{1}{6}}=(2^{-1})^{\frac{1}{6}}=2^{-\frac{1}{6}}$

2번째 복사본에 그려진 정사각형의 한 변의 길이는

$8r^2=8\times\left(2^{-\frac{1}{6}}\right)^2=2^3\times 2^{-\frac{1}{3}}=2^{\frac{8}{3}}$

따라서 $p=3$, $q=8$이므로

$p+q=3+8=11$

0071

답 ①

$v(0)=1000$이므로

$a\times b^{100\times 0}=1000$ $\therefore a=1000$

발사 후 $\dfrac{1}{200}$초가 지난 순간 총알의 속도가 $100\sqrt{5}$ m/s이므로

$v\left(\dfrac{1}{200}\right)=100\sqrt{5}$에서

$1000\times b^{100\times\frac{1}{200}}=100\sqrt{5}$, $b^{\frac{1}{2}}=\dfrac{\sqrt{5}}{10}$

$\therefore b=\left(\dfrac{\sqrt{5}}{10}\right)^2=\dfrac{1}{20}$

$$\therefore v(t)=1000\times\left(\frac{1}{20}\right)^{100t}$$

따라서 발사 후 $\frac{1}{100}$초가 지난 순간 총알의 속도는

$$v\left(\frac{1}{100}\right)=1000\times\left(\frac{1}{20}\right)^{100\times\frac{1}{100}}=50\,(\text{m/s})$$

PART B 내신 잡는 종합 문제

0072
답 ⑤

① $\sqrt[3]{-3^3}=\sqrt[3]{(-3)^3}=-3$ (거짓)

② 16의 네제곱근을 x라 하면 $x^4=16$에서
$x^4-16=0$, $(x^2-4)(x^2+4)=0$
$(x-2)(x+2)(x^2+4)=0$
$\therefore x=\pm2$ 또는 $x=\pm2i$
따라서 16의 네제곱근은 ±2, $\pm2i$이다. (거짓)

③ -8의 세제곱근을 x라 하면 $x^3=-8$에서
$x^3+8=0$, $(x+2)(x^2-2x+4)=0$
$\therefore x=-2$ 또는 $x=1\pm\sqrt{3}i$
따라서 -8의 세제곱근은 -2, $1\pm\sqrt{3}i$의 3개이다. (거짓)

④ 27의 세제곱근 중 실수인 것은 $\sqrt[3]{27}=3$의 1개이다. (거짓)

⑤ $\sqrt[2n]{(-2)^{2n}}=\sqrt[2n]{\{(-2)^2\}^n}=\sqrt[2n]{(2^2)^n}=\sqrt[2n]{2^{2n}}=2$ (참)

따라서 옳은 것은 ⑤이다.

참고

⑤ $\sqrt[n]{a^n}=\begin{cases}a & (n\text{이 홀수})\\|a| & (n\text{이 짝수})\end{cases}$

0073
답 ④

$\dfrac{3^{3x}-3^{-3x}}{3^x-3^{-x}}$의 분모와 분자에 각각 3^{3x}을 곱하면

$$\dfrac{3^{3x}-3^{-3x}}{3^x-3^{-x}}=\dfrac{3^{6x}-1}{3^{4x}-3^{2x}}=\dfrac{(3^{2x})^3-1}{(3^{2x})^2-3^{2x}}$$

$$=\dfrac{4^3-1}{4^2-4}=\dfrac{63}{12}=\dfrac{21}{4}$$

0074
답 ④

$(a^{\sqrt{3}-\sqrt{6}})^{\sqrt{2}+2}\times a^{3+\sqrt{6}}=a^{\sqrt{6}+2\sqrt{3}-2\sqrt{3}-2\sqrt{6}}\times a^{3+\sqrt{6}}$
$\phantom{(a^{\sqrt{3}-\sqrt{6}})^{\sqrt{2}+2}\times a^{3+\sqrt{6}}}=a^{-\sqrt{6}}\times a^{3+\sqrt{6}}$
$\phantom{(a^{\sqrt{3}-\sqrt{6}})^{\sqrt{2}+2}\times a^{3+\sqrt{6}}}=a^{(-\sqrt{6})+(3+\sqrt{6})}$
$\phantom{(a^{\sqrt{3}-\sqrt{6}})^{\sqrt{2}+2}\times a^{3+\sqrt{6}}}=a^3$

즉, $a^3=24$이므로
$a=\sqrt[3]{24}=\sqrt[3]{2^3\times3}=2\sqrt[3]{3}$

0075
답 ③

$C=\sqrt{\sqrt[3]{30}}=\sqrt[6]{30}$

3, 4, 6의 최소공배수는 12이므로 세 수를 12제곱근 꼴로 나타내면

$A=\sqrt[3]{5}=\sqrt[12]{5^4}=\sqrt[12]{625}$
$B=\sqrt[4]{8}=\sqrt[12]{8^3}=\sqrt[12]{512}$
$C=\sqrt[6]{30}=\sqrt[12]{30^2}=\sqrt[12]{900}$

이때 $512<625<900$이므로 $\sqrt[12]{512}<\sqrt[12]{625}<\sqrt[12]{900}$

$\therefore B<A<C$

다른 풀이

$A=\sqrt[3]{5}=5^{\frac{1}{3}}=5^{\frac{4}{12}}=(5^4)^{\frac{1}{12}}=625^{\frac{1}{12}}$
$B=\sqrt[4]{8}=8^{\frac{1}{4}}=8^{\frac{3}{12}}=(8^3)^{\frac{1}{12}}=512^{\frac{1}{12}}$
$C=\sqrt{\sqrt[3]{30}}=\sqrt[6]{30}=30^{\frac{1}{6}}=30^{\frac{2}{12}}=(30^2)^{\frac{1}{12}}=900^{\frac{1}{12}}$

이때 $512<625<900$이므로 $512^{\frac{1}{12}}<625^{\frac{1}{12}}<900^{\frac{1}{12}}$

$\therefore B<A<C$

0076
답 8

$50^a=k$에서 $50=k^{\frac{1}{a}}$ ...... ㉠

$5^b=k$에서 $5=k^{\frac{1}{b}}$ $\therefore 5^2=k^{\frac{2}{b}}$ ...... ㉡

㉠ $\div$ ㉡을 하면

$2=k^{\frac{1}{a}-\frac{2}{b}}$

이때 $\dfrac{1}{a}-\dfrac{2}{b}=\dfrac{1}{3}$이므로 $2=k^{\frac{1}{3}}$

$\therefore k=2^3=8$

0077
답 ⑤

$a=12^3=(2^2\times3)^3=2^6\times3^3$
$b=\sqrt[3]{9}=\sqrt[3]{3^2}=3^{\frac{2}{3}}$

$\therefore 64=2^6=2^6\times3^3\times\left(3^{\frac{2}{3}}\right)^{-\frac{9}{2}}$
$=a\times b^{-\frac{9}{2}}=a\times\dfrac{1}{b^{\frac{9}{2}}}$
$=\dfrac{a}{b^4\sqrt{b}}=\dfrac{a\sqrt{b}}{b^5}$

0078
답 ①

직사각형 ABCD의 넓이를 S라 하면

$S=\sqrt{a^3\times\sqrt[3]{a^2}}\times\sqrt[3]{a^2\times\sqrt[4]{a^3}}$
$=\sqrt{a^3}\times\sqrt[6]{a^2}\times\sqrt[3]{a^2}\times\sqrt[12]{a^3}$
$=a^{\frac{3}{2}}\times a^{\frac{1}{3}}\times a^{\frac{2}{3}}\times a^{\frac{1}{4}}$
$=a^{\frac{3}{2}+\frac{1}{3}+\frac{2}{3}+\frac{1}{4}}=a^{\frac{11}{4}}$

$\therefore k=\dfrac{11}{4}$

0079

답 ④

3의 세제곱근 중 실수인 것은 $\sqrt[3]{3}$이므로

$a=\sqrt[3]{3}=3^{\frac{1}{3}}$

5의 네제곱근 중 양의 실수인 것은 $\sqrt[4]{5}$이므로

$b=\sqrt[4]{5}=5^{\frac{1}{4}}$

$\therefore \sqrt[6]{(a^2b^3)^n}=(a^2b^3)^{\frac{n}{6}}=a^{\frac{n}{3}}b^{\frac{n}{2}}=\left(3^{\frac{1}{3}}\right)^{\frac{n}{3}}\left(5^{\frac{1}{4}}\right)^{\frac{n}{2}}=3^{\frac{n}{9}}\times 5^{\frac{n}{8}}$

즉, $\sqrt[6]{(a^2b^3)^n}$이 자연수가 되려면 n은 9의 배수이면서 8의 배수이어야 한다.

이때 9와 8의 최소공배수는 72이므로 $\sqrt[6]{(a^2b^3)^n}$이 자연수가 되도록 하는 자연수 n의 최솟값은 72이다.

0080

답 8

$\left(x^{\frac{1}{4}}-y^{\frac{1}{4}}\right)\left(x^{\frac{1}{4}}+y^{\frac{1}{4}}\right)\left(x^{\frac{1}{2}}+y^{\frac{1}{2}}\right)=\left\{\left(x^{\frac{1}{4}}\right)^2-\left(y^{\frac{1}{4}}\right)^2\right\}\left(x^{\frac{1}{2}}+y^{\frac{1}{2}}\right)$

$\qquad =\left(x^{\frac{1}{2}}-y^{\frac{1}{2}}\right)\left(x^{\frac{1}{2}}+y^{\frac{1}{2}}\right)$

$\qquad =\left(x^{\frac{1}{2}}\right)^2-\left(y^{\frac{1}{2}}\right)^2$

$\qquad =x-y$

즉, $x-y=1$이므로 $y=x-1$

$y=x-1$을 $x^2+y^2=5$에 대입하면

$x^2+(x-1)^2=5,\ 2x^2-2x-4=0$

$x^2-x-2=0,\ (x+1)(x-2)=0$

$\therefore x=2\ (\because x>0)$

$x=2$를 $y=x-1$에 대입하면 $y=1$

$\therefore 3x+2y=3\times 2+2\times 1=8$

0081

답 ⑤

$a+b+c=2\sqrt{3}$의 양변을 제곱하면

$(a+b+c)^2=a^2+b^2+c^2+2(ab+bc+ca)$

$\qquad =9+2(ab+bc+ca)=12$

$\therefore ab+bc+ca=\dfrac{3}{2}$

$\therefore \dfrac{(4^a)^b\times(16^b)^c\times(64^c)^a}{(4^c)^b\times(16^a)^c}=\dfrac{4^{ab}\times 4^{2bc}\times 4^{3ac}}{4^{bc}\times 4^{2ac}}$

$\qquad =4^{ab+bc+ca}=4^{\frac{3}{2}}$

$\qquad =(2^2)^{\frac{3}{2}}=8$

0082

답 ⑤

두 자연수 m, n에 대하여 $\sqrt[3]{2m}\times\sqrt{n^3}$의 값이 자연수가 되려면 $\sqrt[3]{2m}$, $\sqrt{n^3}$의 값이 각각 자연수가 되어야 한다.

$\sqrt[3]{2m}=(2m)^{\frac{1}{3}}$이 자연수가 되기 위해서는 자연수 $2m$이 어떤 자연수의 세제곱 꼴이어야 한다.

즉, $m=2^2\times k^3$ (k는 자연수)이고 $m\le 135$이므로 가능한 m의 값은

$k=1$일 때, $m=2^2\times 1^3=4$

$k=2$일 때, $m=2^2\times 2^3=32$

$k=3$일 때, $m=2^2\times 3^3=108$

$\sqrt{n^3}=n^{\frac{3}{2}}$이 자연수가 되기 위해서는 자연수 n이 어떤 자연수의 제곱 꼴이어야 한다.

즉, $n=l^2$ (l은 자연수)이고 $n\le 9$이므로 가능한 n의 값은

$l=1$일 때, $n=1^2=1$

$l=2$일 때, $n=2^2=4$

$l=3$일 때, $n=3^2=9$

따라서 m의 최댓값은 108, n의 최댓값은 9이므로 $m+n$의 최댓값은

$108+9=117$

0083

답 ②

(ⅰ) n이 짝수일 때

$(x^n-8)(x^{2n}-8)=0$의 실근은

$x=\pm\sqrt[n]{8}$ 또는 $x=\pm\sqrt[2n]{8}$

모든 실근의 곱이 양수이므로 모순이다.

(ⅱ) n이 홀수일 때

$(x^n-8)(x^{2n}-8)=0$의 실근은

$x=\sqrt[n]{8}$ 또는 $x=\pm\sqrt[2n]{8}$

모든 실근의 곱은

$\sqrt[n]{8}\times\sqrt[2n]{8}\times(-\sqrt[2n]{8})=\sqrt[2n]{8^2}\times\sqrt[2n]{8}\times(-\sqrt[2n]{8})$

$\qquad\qquad =-\sqrt[2n]{8^4}=-\sqrt[2n]{2^{12}}$

이때 $-\sqrt[2n]{2^{12}}=-4$, 즉 $-\sqrt[2n]{2^{12}}=-\sqrt[2n]{4^{2n}}$이므로

$2^{12}=4^{2n},\ 2^{12}=2^{4n}$

$12=4n\qquad \therefore n=3$

(ⅰ), (ⅱ)에서 $n=3$

0084

답 ⑤

ㄱ. -5의 세제곱근 중 실수인 것은 $\sqrt[3]{-5}$의 1개이므로

$f(-5,\ 3)=1$ (참)

ㄴ. k가 자연수일 때, $2k+1$은 홀수, $2k$는 짝수이므로

$f(k,\ 2k+1)+f(k,\ 2k)=1+2=3$ (참)

ㄷ. $f(a,\ n)=0$이므로 $a<0$이고 n은 짝수이다.

$f(b,\ n)=2$이므로 $b>0$이고 n은 짝수이다.

즉, $ab<0$이고 n은 짝수이므로 $f(ab,\ n)=0$ (참)

따라서 옳은 것은 ㄱ, ㄴ, ㄷ이다.

0085

답 ④

수면으로부터 깊이가 d (m)인 지점에서 무게가 160 kg인 폭약이 폭발했을 때의 가스버블의 최대반경이 R_1 (m)이므로

$R_1=k\left(\dfrac{160}{d+10}\right)^{\frac{1}{3}}$

같은 폭발 지점에서 무게가 p (kg)인 폭약이 폭발했을 때의 가스버블의 최대반경이 R_2 (m)이므로

$R_2=k\left(\dfrac{p}{d+10}\right)^{\frac{1}{3}}$

$\dfrac{R_1}{R_2}=2$이므로

$$\frac{k\left(\frac{160}{d+10}\right)^{\frac{1}{3}}}{k\left(\frac{p}{d+10}\right)^{\frac{1}{3}}}=2, \quad \left(\frac{160}{p}\right)^{\frac{1}{3}}=2$$

$$\frac{160}{p}=2^3=8 \qquad \therefore p=20$$

0086

답 32

실수 x의 n제곱근 중 실수의 개수는 다음과 같다.

	$x>0$	$x=0$	$x<0$
n이 짝수	2	1	0
n이 홀수	1	1	1

$g(n)=(n-2)^2(n-6)$이라 할 때, $f(n)=1$이 되려면 n이 홀수이거나 n이 짝수이면서 $g(n)=0$이어야 한다. ❶

(i) n이 홀수일 때

$n=3,\ 5,\ 7,\ 9$는 주어진 조건을 만족시킨다.

(ii) n이 짝수일 때

$g(n)=0$이어야 하므로 $n=2,\ 6$ ❷

(i), (ii)에서 주어진 조건을 만족시키는 10 이하의 모든 자연수 n의 값의 합은

$2+3+5+6+7+9=32$ ❸

채점 기준	배점
❶ $f(n)=1$이 되도록 하는 n의 조건 찾기	40%
❷ 조건을 만족시키는 자연수 n의 값 구하기	40%
❸ 모든 자연수 n의 값의 합 구하기	20%

0087

답 2

$2^{3x}=3\times2^x-2^{-x}$에서

$2^{3x}+2^{-x}=3\times2^x$

양변을 2^x으로 나누면

$2^{2x}+2^{-2x}=3$ ❶

$(2^x-2^{-x})^2+2=3, \quad (2^x-2^{-x})^2=1$

$\therefore 2^x-2^{-x}=1\ (\because x>0)$ ❷

$$\therefore \frac{2^{2x}+2^{-2x}+5}{2^{3x}-2^{-3x}}=\frac{2^{2x}+2^{-2x}+5}{(2^x-2^{-x})^3+3(2^x-2^{-x})}$$

$$=\frac{3+5}{1^3+3\times1}=\frac{8}{4}=2$$ ❸

채점 기준	배점
❶ $2^{2x}+2^{-2x}$의 값 구하기	30%
❷ 2^x-2^{-x}의 값 구하기	30%
❸ $\dfrac{2^{2x}+2^{-2x}+5}{2^{3x}-2^{-3x}}$의 값 구하기	40%

0088

답 ③

x^3-6x

$=\left(2^{\frac{1}{3}}+4^{\frac{1}{3}}\right)^3-6\left(2^{\frac{1}{3}}+4^{\frac{1}{3}}\right)$

$=\left\{\left(2^{\frac{1}{3}}\right)^3+3\times2^{\frac{1}{3}}\times4^{\frac{1}{3}}\times\left(2^{\frac{1}{3}}+4^{\frac{1}{3}}\right)+\left(4^{\frac{1}{3}}\right)^3\right\}-6\left(2^{\frac{1}{3}}+4^{\frac{1}{3}}\right)$

$=\left\{2+3\times2^{\frac{1}{3}}\times2^{\frac{2}{3}}\times\left(2^{\frac{1}{3}}+4^{\frac{1}{3}}\right)+4\right\}-6\left(2^{\frac{1}{3}}+4^{\frac{1}{3}}\right)$

$=\left\{6+6\left(2^{\frac{1}{3}}+4^{\frac{1}{3}}\right)\right\}-6\left(2^{\frac{1}{3}}+4^{\frac{1}{3}}\right)$

$=6$

다른 풀이

$x^3=\left(2^{\frac{1}{3}}+4^{\frac{1}{3}}\right)^3$

$=\left(2^{\frac{1}{3}}\right)^3+3\times2^{\frac{1}{3}}\times4^{\frac{1}{3}}\times\left(2^{\frac{1}{3}}+4^{\frac{1}{3}}\right)+\left(4^{\frac{1}{3}}\right)^3$

$=2+3\times2\times x+4$

$=6x+6$

$\therefore x^3-6x=6$

0089

답 ②

$20^a=3$ …… ㉠

$20^b=5$ …… ㉡

㉠×㉡을 하면

$20^{a+b}=15 \qquad \therefore 15^{\frac{1}{a+b}}=20$ …… ㉢

㉠÷㉡을 하면

$20^{a-b}=\dfrac{3}{5}$ …… ㉣

㉢을 ㉣에 대입하면

$\left(15^{\frac{1}{a+b}}\right)^{a-b}=\dfrac{3}{5} \qquad \therefore 15^{\frac{a-b}{a+b}}=\dfrac{3}{5}$

🔊 **Bible Says** $a^x=k$ (k는 양수)의 조건이 주어진 경우

(1) 지수의 덧셈과 뺄셈

$\begin{cases}a^x=b\\a^y=c\end{cases}$에서 각 변을 서로 곱하면 $a^{x+y}=bc$와 같이 지수의 덧셈을 나타낼 수 있고, 각 변을 서로 나누면 $a^{x-y}=\dfrac{b}{c}$와 같이 지수의 뺄셈을 나타낼 수 있다.

(2) 지수의 곱셈과 나눗셈

$a^x=b$의 양변을 y제곱하면 $(a^x)^y=b^y$, 즉 $a^{xy}=b^y$과 같이 지수의 곱셈을 나타낼 수 있고, $a^x=b$의 양변을 $\dfrac{1}{y}$제곱하면 $(a^x)^{\frac{1}{y}}=b^{\frac{1}{y}}$, 즉 $a^{\frac{x}{y}}=b^{\frac{1}{y}}$과 같이 지수의 나눗셈을 나타낼 수 있다.

0090

답 ②

$\dfrac{3^x+3^{-x}}{3^x-3^{-x}}$의 분모와 분자에 각각 3^x을 곱하면

$\dfrac{3^x+3^{-x}}{3^x-3^{-x}}=\dfrac{3^{2x}+1}{3^{2x}-1}=\dfrac{5}{3}$

$3^{2x}=t\ (t>0)$로 놓으면

$$\frac{t+1}{t-1}=\frac{5}{3},\ 3t+3=5t-5 \quad \therefore t=4$$

즉, $3^{2x}=4$이므로 $3^x=2$에서 $2^{\frac{1}{x}}=3$

$$\therefore \frac{2^{\frac{1}{x}}+2^{-\frac{1}{x}}}{2^{\frac{1}{x}}-2^{-\frac{1}{x}}}=\frac{3+\frac{1}{3}}{3-\frac{1}{3}}=\frac{\frac{10}{3}}{\frac{8}{3}}=\frac{5}{4}$$

0091 　　　　　답 26

2 이상 10 이하의 자연수를 거듭제곱으로 나타내어 나열하면

2, 3, 2^2, 5, 6, 7, 2^3, 3^2, 10

(i) $a=2, 3, 5, 6, 7, 10$일 때

$(\sqrt[n]{a})^2=a^{\frac{2}{n}}$의 값이 자연수가 되려면 2 이상의 자연수 n이 2의 약수이어야 하므로

$n=2$

$\therefore f(2)=f(3)=f(5)=f(6)=f(7)=f(10)=2$

(ii) $a=2^2, 3^2$일 때

$(\sqrt[n]{2^2})^2=2^{\frac{4}{n}}$, $(\sqrt[n]{3^2})^2=3^{\frac{4}{n}}$의 값이 자연수가 되려면 2 이상의 자연수 n이 4의 약수이어야 하므로

$n=2, 4$

$\therefore f(4)=f(9)=4$

(iii) $a=2^3$일 때

$(\sqrt[n]{2^3})^2=2^{\frac{6}{n}}$의 값이 자연수가 되려면 2 이상의 자연수 n이 6의 약수이어야 하므로

$n=2, 3, 6$

$\therefore f(8)=6$

(i)~(iii)에서

$f(2)+f(3)+f(4)+\cdots+f(10)=2\times6+4\times2+6$
$=12+8+6=26$

0092 　　　　　답 ②

$\overline{AB}=x\ (x>0)$라 하면 피타고라스 정리에 의하여

$$\overline{DF}^2=\overline{BD}^2+\overline{BF}^2$$
$$\phantom{\overline{DF}^2}=(\overline{AB}^2+\overline{AD}^2)+\overline{BF}^2$$
$$\phantom{\overline{DF}^2}=x^2+(\sqrt[6]{24})^2+1^2\ (\because \overline{BF}=\overline{AE})$$

이때 주어진 조건에서 $\overline{DF}=\sqrt[3]{3}+1$이므로

$$\overline{DF}^2=(\sqrt[3]{3}+1)^2=(\sqrt[3]{3})^2+2\times\sqrt[3]{3}+1$$

즉, $x^2+(\sqrt[6]{24})^2+1=(\sqrt[3]{3})^2+2\times\sqrt[3]{3}+1$이므로

$$x^2+\sqrt[3]{2^3\times3}=(\sqrt[3]{3})^2+2\times\sqrt[3]{3}$$
$$x^2+2\times\sqrt[3]{3}=(\sqrt[3]{3})^2+2\times\sqrt[3]{3}$$
$$x^2=(\sqrt[3]{3})^2 \quad \therefore x=\sqrt[3]{3}\ (\because x>0)$$

따라서 직육면체의 부피는

$$\overline{AB}\times\overline{AD}\times\overline{AE}=\sqrt[3]{3}\times\sqrt[6]{24}\times1$$
$$\phantom{\overline{AB}\times\overline{AD}\times\overline{AE}}=\sqrt[6]{3^2}\times\sqrt[6]{2^3\times3}$$
$$\phantom{\overline{AB}\times\overline{AD}\times\overline{AE}}=\sqrt[6]{6^3}=\sqrt{6}$$

0093 　　　　　답 ②

$\sqrt{3^{f(n)}}$의 네제곱근 중 실수인 것은 $\sqrt[4]{\sqrt{3^{f(n)}}}$, $-\sqrt[4]{\sqrt{3^{f(n)}}}$이므로

$$\sqrt[4]{\sqrt{3^{f(n)}}}\times\{-\sqrt[4]{\sqrt{3^{f(n)}}}\}=-\sqrt{3}^{\frac{f(n)}{4}}\times\sqrt{3}^{\frac{f(n)}{4}}$$
$$=-3^{\frac{f(n)}{8}}\times3^{\frac{f(n)}{8}}$$
$$=-3^{\frac{f(n)}{4}}=-9$$

에서 $3^{\frac{f(n)}{4}}=3^2$

$$\frac{f(n)}{4}=2 \quad \therefore f(n)=8$$

즉, $f(n)=8$을 만족시키는 자연수 n의 개수가 2이어야 하므로 이를 만족시키는 두 자연수를 $n_1, n_2\ (n_1<n_2)$라 하자.

함수 $f(x)=-(x-2)^2+k$의 그래프의 축의 방정식이 $x=2$이므로

$n_1=1\ (\because n_1$은 자연수$)$

따라서 $f(1)=8$이므로

$8=-(1-2)^2+k,\ -1+k=8$

$\therefore k=9$

0094 　　　　　답 9

$a_n=2^{\frac{1}{n(n+1)}}=2^{\frac{1}{n}-\frac{1}{n+1}}$이므로

$$a_1\times a_2\times a_3\times\cdots\times a_m$$
$$=2^{1-\frac{1}{2}}\times2^{\frac{1}{2}-\frac{1}{3}}\times2^{\frac{1}{3}-\frac{1}{4}}\times\cdots\times2^{\frac{1}{m}-\frac{1}{m+1}}$$
$$=2^{(1-\frac{1}{2})+(\frac{1}{2}-\frac{1}{3})+(\frac{1}{3}-\frac{1}{4})+\cdots+(\frac{1}{m}-\frac{1}{m+1})}$$
$$=2^{1-\frac{1}{m+1}}$$

즉, $2^{1-\frac{1}{m+1}}=2^{\frac{9}{10}}$이므로

$$1-\frac{1}{m+1}=\frac{9}{10},\ \frac{m}{m+1}=\frac{9}{10}$$
$$10m=9m+9 \quad \therefore m=9$$

🔊 **Bible Says**　부분분수(Partial Fraction)

$AB\neq0$이고 $A\neq B$일 때

$$\frac{1}{AB}=\frac{1}{B-A}\times\left(\frac{1}{A}-\frac{1}{B}\right)$$

로 바꾸어 나타낼 수 있다.

0095 　　　　　답 ②

금융상품에 초기자산 w_0을 투자하고 15년이 지난 시점에서의 기대자산은 초기자산의 3배이므로 $W_0=w_0$, $t=15$, $W=3w_0$을 주어진 관계식에 대입하면

$$3w_0=\frac{w_0}{2}\times10^{15a}(1+10^{15a})$$
$$6=10^{15a}(1+10^{15a}),\ (10^{15a})^2+10^{15a}-6=0$$
$$(10^{15a}+3)(10^{15a}-2)=0$$

$10^{15a}>0$이므로 $10^{15a}=2$ ⋯⋯ ㉠

초기자산 w_0을 투자하고 30년이 지난 시점에서의 기대자산이 초기자산의 k배이므로 $W_0=w_0$, $t=30$, $W=kw_0$을 주어진 관계식에 대입하면

$$kw_0=\frac{w_0}{2}\times10^{30a}(1+10^{30a})$$

$$\therefore k = \frac{1}{2} \times (10^{15a})^2 \{1 + (10^{15a})^2\}$$
$$= \frac{1}{2} \times 2^2 \times (1 + 2^2) \ (\because \ㄱ)$$
$$= 10$$

0096

답 ⑤

$\overline{OQ_1} = a$에서 점 P_2의 y좌표는 a이므로 점 P_2의 좌표는 (b, a)이다.
이때 점 P_2는 곡선 $y = g(x)$ 위의 점이므로
$$a = b^3 \quad \therefore b = a^{\frac{1}{3}} \quad \cdots \cdots ㉠$$
$\overline{OQ_2} = b$에서 점 P_3의 y좌표는 b이므로 점 P_3의 좌표는 (c, b)이다.
이때 점 P_3은 곡선 $y = f(x)$ 위의 점이므로
$$b = c^2 \quad \therefore c = b^{\frac{1}{2}} \quad \cdots \cdots ㉡$$
㉠을 ㉡에 대입하면
$$c = b^{\frac{1}{2}} = \left(a^{\frac{1}{3}}\right)^{\frac{1}{2}} = a^{\frac{1}{6}}$$
$bc = 2$이므로
$$bc = a^{\frac{1}{3}} a^{\frac{1}{6}} = a^{\frac{1}{3} + \frac{1}{6}} = a^{\frac{1}{2}} = 2$$
$$\therefore a = 2^2 = 4$$
따라서 점 P_1의 y좌표의 값은
$$f(4) = 4^2 = 16$$

0097

답 24

$f(x) = x^2 - 6x + 8 = (x-2)(x-4)$이므로
$f(a^p) = f(b^{3p}) = 0$에서 a^p과 b^{3p}은 2 또는 4이다.
또한 $ab = \sqrt[6]{2} = 2^{\frac{1}{6}}$이므로
(ⅰ) $a^p = b^{3p} = 2$일 때
$a^p = 2$에서 $a = 2^{\frac{1}{p}}$ $\quad \cdots \cdots ㉠$
$b^{3p} = 2$에서 $b = 2^{\frac{1}{3p}}$ $\quad \cdots \cdots ㉡$
㉠×㉡을 하면 $ab = 2^{\frac{1}{p} + \frac{1}{3p}}$
즉, $2^{\frac{1}{p} + \frac{1}{3p}} = 2^{\frac{1}{6}}$이므로 $\frac{1}{p} + \frac{1}{3p} = \frac{1}{6}$
$\frac{4}{3p} = \frac{1}{6}$, $3p = 24$ $\quad \therefore p = 8$
(ⅱ) $a^p = 2$, $b^{3p} = 4$일 때
$a^p = 2$에서 $a = 2^{\frac{1}{p}}$ $\quad \cdots \cdots ㉢$
$b^{3p} = 4$에서 $b = 4^{\frac{1}{3p}} = 2^{\frac{2}{3p}}$ $\quad \cdots \cdots ㉣$
㉢×㉣을 하면 $ab = 2^{\frac{1}{p} + \frac{2}{3p}}$
즉, $2^{\frac{1}{p} + \frac{2}{3p}} = 2^{\frac{1}{6}}$이므로 $\frac{1}{p} + \frac{2}{3p} = \frac{1}{6}$
$\frac{5}{3p} = \frac{1}{6}$, $3p = 30$ $\quad \therefore p = 10$
(ⅲ) $a^p = 4$, $b^{3p} = 2$일 때
$a^p = 4$에서 $a = 4^{\frac{1}{p}} = 2^{\frac{2}{p}}$ $\quad \cdots \cdots ㉤$
$b^{3p} = 2$에서 $b = 2^{\frac{1}{3p}}$ $\quad \cdots \cdots ㉥$

㉤×㉥을 하면 $ab = 2^{\frac{2}{p} + \frac{1}{3p}}$
즉, $2^{\frac{2}{p} + \frac{1}{3p}} = 2^{\frac{1}{6}}$이므로 $\frac{2}{p} + \frac{1}{3p} = \frac{1}{6}$
$\frac{7}{3p} = \frac{1}{6}$, $3p = 42$ $\quad \therefore p = 14$
(ⅳ) $a^p = b^{3p} = 4$일 때
$a^p = 4$에서 $a = 4^{\frac{1}{p}} = 2^{\frac{2}{p}}$ $\quad \cdots \cdots ㉦$
$b^{3p} = 4$에서 $b = 4^{\frac{1}{3p}} = 2^{\frac{2}{3p}}$ $\quad \cdots \cdots ㉧$
㉦×㉧을 하면 $ab = 2^{\frac{2}{p} + \frac{2}{3p}}$
즉, $2^{\frac{2}{p} + \frac{2}{3p}} = 2^{\frac{1}{6}}$이므로 $\frac{2}{p} + \frac{2}{3p} = \frac{1}{6}$
$\frac{8}{3p} = \frac{1}{6}$, $3p = 48$ $\quad \therefore p = 16$
(ⅰ)~(ⅳ)에서 p의 최댓값은 16이고 최솟값은 8이므로 그 합은
$16 + 8 = 24$

0098

답 ①

실수 x의 n제곱근 중 실수의 개수는 다음과 같다.

	$x > 0$	$x = 0$	$x < 0$
n이 짝수	2	1	0
n이 홀수	1	1	1

$f_2(a) + f_3(b) + f_4(c) + f_5(d) = 4$에서
$f_2(a) + 1 + f_4(c) + 1 = 4$ $\quad \therefore f_2(a) + f_4(c) = 2$
즉, a, c는 양수 1개, 음수 1개이거나 모두 0이어야 한다.
$f_3(a) + f_4(b) + f_5(c) + f_6(d) = 3$에서
$1 + f_4(b) + 1 + f_6(d) = 3$ $\quad \therefore f_4(b) + f_6(d) = 1$
즉, b, d는 0이 1개, 음수 1개이어야 한다.
이때 $a < c$, $b < d$라 해도 일반성을 잃지 않으므로 $a < c$, $b < d$인
경우만 생각해 보자.
a, b, c, d는 모두 -5 이상 5 이하의 서로 다른 정수이므로
$a + b + c + d$의 값이 최소가 되려면
$a = -5$, $c = 1$이고 $b = -4$, $d = 0$ 또는
$a = -4$, $c = 1$이고 $b = -5$, $d = 0$
따라서 $a + b + c + d$의 최솟값은
$(-5) + (-4) + 1 + 0 = -8$

PART A 02 로그

유형 01 로그의 정의

확인 문제 (1) 32　　　　　　(2) 3

(1) 로그의 정의에 의하여
$$2^5=x \quad \therefore x=2^5=32$$
(2) 로그의 정의에 의하여
$$x^2=9 \quad \therefore x=3 \ (\because x>0)$$

0099　　답 ⑤

$\log_{\sqrt{3}} a=4$에서 로그의 정의에 의하여
$$a=(\sqrt{3})^4=9$$
$\log_2 \dfrac{1}{16}=b$에서 로그의 정의에 의하여
$$2^b=\dfrac{1}{16}, \ 2^b=2^{-4} \quad \therefore b=-4$$
$$\therefore a+b=9+(-4)=5$$

0100　　답 ③

로그의 정의에 의하여 $2^b=\dfrac{a}{4}$
$$\therefore \dfrac{2^b}{a}=\dfrac{1}{4}$$

0101　　답 9

$\log_3 \{\log_2 (\log_3 a)\}=0$에서 로그의 정의에 의하여
$$\log_2 (\log_3 a)=3^0=1, \ \log_3 a=2^1=2$$
$$\therefore a=3^2=9$$

0102　　답 $\sqrt{2}$

로그의 정의에 의하여
$$3^a=\sqrt{2}+1$$
❶
$$3^{-a}=\dfrac{1}{\sqrt{2}+1}=\dfrac{\sqrt{2}-1}{(\sqrt{2}+1)(\sqrt{2}-1)}=\sqrt{2}-1$$
❷
$$\therefore \dfrac{3^a+3^{-a}}{3^a-3^{-a}}=\dfrac{(\sqrt{2}+1)+(\sqrt{2}-1)}{(\sqrt{2}+1)-(\sqrt{2}-1)}=\dfrac{2\sqrt{2}}{2}=\sqrt{2}$$
❸

채점 기준	배점
❶ 3^a의 값 구하기	30%
❷ 3^{-a}의 값 구하기	40%
❸ $\dfrac{3^a+3^{-a}}{3^a-3^{-a}}$의 값 구하기	30%

유형 02 로그의 밑과 진수의 조건

확인 문제 (1) $x>-1$　　　　(2) $x>1, \ x\neq 2$

(1) 진수의 조건에서 $x+1>0$　　$\therefore x>-1$
(2) 밑의 조건에서 $x-1>0, \ x-1\neq 1$
$$\therefore x>1, \ x\neq 2$$

0103　　답 ①

(i) 밑의 조건에서 $x-2>0, \ x-2\neq 1$
$$\therefore x>2, \ x\neq 3$$
(ii) 진수의 조건에서 $-x^2+9x-18>0$
즉, $x^2-9x+18<0$이므로
$$(x-3)(x-6)<0 \quad \therefore 3<x<6$$
(i), (ii)에서 $3<x<6$
따라서 자연수 x는 4, 5의 2개이다.

0104　　답 ⑤

(i) 밑의 조건에서 $a>0, \ a\neq 1$
(ii) 진수의 조건에서 $-2a+14>0, \ 2a<14$
$$\therefore a<7$$
(i), (ii)에서 $0<a<1$ 또는 $1<a<7$
따라서 정수 a는 2, 3, 4, 5, 6의 5개이다.

0105　　답 ②

(i) 밑의 조건에서 $|x-1|>0, \ |x-1|\neq 1$
$$\therefore x\neq 0, \ x\neq 1, \ x\neq 2$$
(ii) 진수의 조건에서 $-x^2+x+12>0, \ x^2-x-12<0$
$$(x+3)(x-4)<0 \quad \therefore -3<x<4$$
(i), (ii)에서
$-3<x<0$ 또는 $0<x<1$ 또는 $1<x<2$ 또는 $2<x<4$
따라서 정수 x는 $-2, \ -1, \ 3$의 3개이다.

0106　　답 7

(i) 밑의 조건에서 $a-1>0, \ a-1\neq 1$
$$\therefore a>1, \ a\neq 2$$
❶
(ii) 진수의 조건에서 모든 실수 x에 대하여 $x^2+2ax+5a>0$이 성립하려면 $x^2+2ax+5a=0$의 판별식을 D라 할 때, $D<0$이어야 하므로
$$\dfrac{D}{4}=a^2-5a<0, \ a(a-5)<0 \quad \therefore 0<a<5$$
❷

(ⅰ), (ⅱ)에서 $1<a<2$ 또는 $2<a<5$

··· ❸

따라서 정수 a는 3, 4이므로 모든 정수 a의 값의 합은
$3+4=7$

··· ❹

채점 기준	배점
❶ 밑의 조건 구하기	30%
❷ 진수의 조건 구하기	40%
❸ a의 값의 범위 구하기	20%
❹ 모든 정수 a의 값의 합 구하기	10%

🔊 **Bible Says** **이차부등식이 항상 성립할 조건**

이차방정식 $ax^2+bx+c=0$의 판별식을 D라 할 때
(1) 모든 실수 x에 대하여 $ax^2+bx+c>0$이 성립할 조건
  ➡ $a>0$, $D<0$
(2) 모든 실수 x에 대하여 $ax^2+bx+c<0$이 성립할 조건
  ➡ $a<0$, $D<0$

유형 **03** 로그의 기본 성질

확인 문제 (1) 1   (2) 1   (3) 2   (4) $\dfrac{3}{2}$

(1) $\log_2 2 - \log_3 1 = 1 - 0 = 1$

(2) $\log_6 3 + \log_6 2 = \log_6 (3 \times 2) = \log_6 6 = 1$

(3) $\log_3 36 - \log_3 4 = \log_3 \dfrac{36}{4} = \log_3 9$

$\qquad\qquad = \log_3 3^2 = 2 \log_3 3 = 2$

(4) $\log_2 \sqrt{8} = \log_2 2^{\frac{3}{2}} = \dfrac{3}{2} \log_2 2 = \dfrac{3}{2}$

🔊 **Bible Says** **착각하기 쉬운 로그의 성질**

$a>0$, $a \neq 1$이고, $x>0$, $y>0$일 때
(1) $\log_a (x+y) \neq \log_a x + \log_a y$
(2) $\log_a x \times \log_a y \neq \log_a x + \log_a y$
(3) $\log_a (x-y) \neq \log_a x - \log_a y$
(4) $(\log_a x)^n \neq n \log_a x$ (단, n은 실수이다.)

0107

답 ②

$2\log_2 2\sqrt{3} - \log_2 \dfrac{9}{2} + \dfrac{1}{3} \log_2 216$

$= \log_2 (2\sqrt{3})^2 - \log_2 \dfrac{9}{2} + \log_2 (6^3)^{\frac{1}{3}}$

$= \log_2 12 - \log_2 \dfrac{9}{2} + \log_2 6$

$= \log_2 \left(12 \times \dfrac{2}{9} \times 6 \right)$

$= \log_2 16 = \log_2 2^4$

$= 4 \log_2 2 = 4$

0108

답 ①

$\log_2 \sqrt{18} + \log_2 \sqrt[3]{3} - \dfrac{4}{3} \log_2 3$

$= \log_2 (2 \times 3^2)^{\frac{1}{2}} + \log_2 3^{\frac{1}{3}} - \dfrac{4}{3} \log_2 3$

$= \dfrac{1}{2} \log_2 (2 \times 3^2) + \dfrac{1}{3} \log_2 3 - \dfrac{4}{3} \log_2 3$

$= \dfrac{1}{2} (\log_2 2 + \log_2 3^2) - \log_2 3$

$= \dfrac{1}{2} (1 + 2 \log_2 3) - \log_2 3$

$= \dfrac{1}{2} + \log_2 3 - \log_2 3 = \dfrac{1}{2}$

0109

답 ⑤

$\log_2 \left(1 - \dfrac{1}{2}\right) + \log_2 \left(1 - \dfrac{1}{3}\right) + \cdots + \log_2 \left(1 - \dfrac{1}{64}\right)$

$= \log_2 \dfrac{1}{2} + \log_2 \dfrac{2}{3} + \cdots + \log_2 \dfrac{63}{64}$

$= \log_2 \left(\dfrac{1}{2} \times \dfrac{2}{3} \times \cdots \times \dfrac{63}{64} \right)$

$= \log_2 \dfrac{1}{64} = \log_2 2^{-6}$

$= -6 \log_2 2 = -6$

0110

답 5

$2X - A = B + X$에서 $X = A + B$

$\therefore X = \begin{pmatrix} \log_6 2 & 2 \\ -1 & \log_6 18 \end{pmatrix} + \begin{pmatrix} \log_2 24 & 0 \\ -1 & -\log_2 3 \end{pmatrix}$

$\qquad = \begin{pmatrix} \log_6 2 + \log_2 24 & 2 \\ -2 & \log_6 18 - \log_2 3 \end{pmatrix}$

따라서 행렬 X의 모든 성분의 합은
$\log_6 2 + \log_2 24 + 2 + (-2) + \log_6 18 - \log_2 3$

$= \log_6 2 + \log_6 18 + \log_2 24 - \log_2 3$

$= \log_6 (2 \times 18) + \log_2 \dfrac{24}{3}$

$= \log_6 36 + \log_2 8$

$= \log_6 6^2 + \log_2 2^3$

$= 2 + 3 = 5$

0111

답 1

$x^2 - 2xy - 3y^2 = 0$에서 $(x+y)(x-3y) = 0$
이때 $x>0$, $y>0$이므로 $x+y \neq 0$
$x - 3y = 0$ $\therefore x = 3y$
$\therefore \log_2 (x-y) - \log_2 y = \log_2 2y - \log_2 y$

$\qquad\qquad\qquad = \log_2 \dfrac{2y}{y}$

$\qquad\qquad\qquad = \log_2 2 = 1$

0112

답 3

정삼각형의 넓이가 9이므로

$$\frac{\sqrt{3}}{4}x^2=9,\ x^2=12\sqrt{3}$$

――――――――――――――――― **❶**

$$\therefore 2\log_2 x=\log_2 x^2=\log_2 12\sqrt{3}$$
$$=\log_2 (2^2\times 3\sqrt{3})$$
$$=\log_2 2^2+\log_2 3^{\frac{3}{2}}$$
$$=2\log_2 2+\frac{3}{2}\log_2 3$$
$$=2+\frac{3}{2}\log_2 3$$

――――――――――――――――― **❷**

따라서 $a=2,\ b=\dfrac{3}{2}$이므로

$$ab=2\times\frac{3}{2}=3$$

――――――――――――――――― **❸**

채점 기준	배점
❶ x^2의 값 구하기	30%
❷ $2\log_2 x$의 값 구하기	50%
❸ ab의 값 구하기	20%

🔊 **Bible Says** **정삼각형의 넓이**

한 변의 길이가 x인 정삼각형의 넓이는 $\dfrac{\sqrt{3}}{4}x^2$

유형 04 **로그의 밑의 변환**

확인 문제   (1) 1   (2) 1

(1) $\log_2 5\times\log_5 2=\log_2 5\times\dfrac{1}{\log_2 5}=1$

(2) $\log_2 3\times\log_3 7\times\log_7 2=\log_2 3\times\dfrac{\log_2 7}{\log_2 3}\times\dfrac{\log_2 2}{\log_2 7}=1$

0113

답 ③

$$\log_2 25\times\log_5 7\times\log_7 8$$
$$=\frac{\log_{10} 25}{\log_{10} 2}\times\frac{\log_{10} 7}{\log_{10} 5}\times\frac{\log_{10} 8}{\log_{10} 7}$$
$$=\frac{\log_{10} 5^2}{\log_{10} 2}\times\frac{\log_{10} 7}{\log_{10} 5}\times\frac{\log_{10} 2^3}{\log_{10} 7}$$
$$=\frac{2\log_{10} 5}{\log_{10} 2}\times\frac{\log_{10} 7}{\log_{10} 5}\times\frac{3\log_{10} 2}{\log_{10} 7}$$
$$=2\times 3=6$$

> **참고**
>
> 풀이에서는 밑을 10으로 변환했지만 10이 아닌 다른 수를 택하여 밑을 변환해도 결과는 같다.

0114

답 4

$$\log_2 96-\frac{1}{\log_6 2}=\log_2 96-\log_2 6$$
$$=\log_2 \frac{96}{6}$$
$$=\log_2 16=\log_2 2^4$$
$$=4\log_2 2$$
$$=4$$

0115

답 ②

$$\frac{1}{\log_3 6}+\frac{1}{\log_8 6}+\frac{1}{\log_9 6}=\log_6 3+\log_6 8+\log_6 9$$
$$=\log_6 (3\times 8\times 9)$$
$$=\log_6 216=\log_6 6^3$$
$$=3\log_6 6=3$$

0116

답 ②

$$\frac{1}{\log_6 3}+\log_3 2-\frac{2}{\log_2 3}=\log_3 6+\log_3 2-2\log_3 2$$
$$=\log_3 6-\log_3 2$$
$$=\log_3 \frac{6}{2}=\log_3 3=1$$

0117

답 2

$$\left(\frac{\log_5 12}{\log_5 3}+2\log_3 \frac{\sqrt{5}}{2}\right)\times\log_{15} 9$$
$$=\left\{\log_3 12+\log_3 \left(\frac{\sqrt{5}}{2}\right)^2\right\}\times\log_{15} 9$$
$$=\left(\log_3 12+\log_3 \frac{5}{4}\right)\times\log_{15} 3^2$$
$$=\log_3 \left(12\times\frac{5}{4}\right)\times 2\log_{15} 3$$
$$=\log_3 15\times\frac{2}{\log_3 15}=2$$

0118

답 ①

$$\log_6 (\log_2 3)+\log_6 (\log_3 4)+\log_6 (\log_4 5)+\cdots+\log_6 (\log_{63} 64)$$
$$=\log_6 (\log_2 3\times\log_3 4\times\log_4 5\times\cdots\times\log_{63} 64)$$
$$=\log_6 (\log_2 64)=\log_6 (\log_2 2^6)$$
$$=\log_6 (6\log_2 2)=\log_6 6=1$$

🔊 **Bible Says** **로그의 밑의 변환**

$a,\ b,\ c$가 1이 아닌 양수이고, $d>0$일 때

$$\log_a b\times\log_b c\times\log_c d=\log_a b\times\frac{\log_a c}{\log_a b}\times\frac{\log_a d}{\log_a c}=\log_a d$$

유형 05 로그의 여러 가지 성질

확인 문제   (1) 3   (2) 27   (3) $\dfrac{5}{2}$

(1) $2^{\log_2 3} = 3$

(2) $8^{\log_2 3} = 3^{\log_3 8} = 3^{\log_3 2^3} = 3^3 = 27$

(3) $\log_4 32 = \log_{2^2} 2^5 = \dfrac{5}{2} \log_2 2 = \dfrac{5}{2}$

0119

답 ⑤

$$4^{\log_2 3} + \log_{\frac{1}{\sqrt{3}}} 9 = 3^{\log_2 4} + \log_{3^{-\frac{1}{2}}} 3^2$$
$$= 3^{\log_2 2^2} + (-2) \times 2 \log_3 3$$
$$= 3^2 - 4 = 5$$

0120

답 ⑤

$$2 \log_3 2 + \log_3 5 - \log_3 6 = \log_3 2^2 + \log_3 5 - \log_3 6$$
$$= \log_3 \left(\dfrac{2^2 \times 5}{6} \right) = \log_3 \dfrac{10}{3}$$
$$\therefore 3^{2\log_3 2 + \log_3 5 - \log_3 6} = 3^{\log_3 \frac{10}{3}} = \dfrac{10}{3}$$

0121

답 6

$$(\log_2 3 + \log_4 9)(\log_3 2 + \log_9 16)$$
$$= (\log_2 3 + \log_{2^2} 3^2)(\log_3 2 + \log_{3^2} 2^4)$$
$$= (\log_2 3 + \log_2 3)(\log_3 2 + 2\log_3 2)$$
$$= 2\log_2 3 \times 3\log_3 2$$
$$= 6 \times \dfrac{\log_{10} 3}{\log_{10} 2} \times \dfrac{\log_{10} 2}{\log_{10} 3}$$
$$= 6$$

0122

답 ①

$$2 \log_{\frac{1}{2}} 4 - \log_4 \dfrac{9}{16} + \log_{\sqrt{2}} 2\sqrt{3}$$
$$= 2 \log_{2^{-1}} 4 - \log_{2^2} \left(\dfrac{3}{4} \right)^2 + \log_{2^{\frac{1}{2}}} 2\sqrt{3}$$
$$= -2 \log_2 4 - \log_2 \dfrac{3}{4} + 2 \log_2 2\sqrt{3}$$
$$= \log_2 4^{-2} - \log_2 \dfrac{3}{4} + \log_2 (2\sqrt{3})^2$$
$$= \log_2 \dfrac{1}{16} - \log_2 \dfrac{3}{4} + \log_2 12$$
$$= \log_2 \left(\dfrac{1}{16} \times \dfrac{4}{3} \times 12 \right)$$
$$= \log_2 1 = 0$$

0123

답 $B < C < A$

$$A = 5^{\log_5 75 - \log_5 15} = 5^{\log_5 \frac{75}{15}}$$
$$= 5^{\log_5 5} = 5$$

⸺⸺⸺⸺⸺⸺⸺⸺⸺⸺⸺⸺⸺ ❶

$$B = \log_9 3 - \log_{\sqrt{3}} 27$$
$$= \log_{3^2} 3 - \log_{3^{\frac{1}{2}}} 3^3$$
$$= \dfrac{1}{2} \log_3 3 - 6 \log_3 3$$
$$= \dfrac{1}{2} - 6 = -\dfrac{11}{2}$$

⸺⸺⸺⸺⸺⸺⸺⸺⸺⸺⸺⸺⸺ ❷

$$C = \log_2 \{ \log_9 (\log_4 64) \}$$
$$= \log_2 \{ \log_9 (\log_4 4^3) \}$$
$$= \log_2 (\log_{3^2} 3) = \log_2 \dfrac{1}{2}$$
$$= \log_2 2^{-1} = -1$$

⸺⸺⸺⸺⸺⸺⸺⸺⸺⸺⸺⸺⸺ ❸

따라서 A, B, C의 대소 관계는
$B < C < A$

⸺⸺⸺⸺⸺⸺⸺⸺⸺⸺⸺⸺⸺ ❹

채점 기준	배점
❶ A의 값 구하기	30%
❷ B의 값 구하기	30%
❸ C의 값 구하기	30%
❹ A, B, C의 대소 관계 구하기	10%

유형 06 로그의 값을 문자로 나타내기

0124

답 ④

$\log_2 3 = a$에서 $\log_3 2 = \dfrac{1}{a}$

$$\therefore \log_{30} 40 = \dfrac{\log_3 40}{\log_3 30} = \dfrac{\log_3 (2^3 \times 5)}{\log_3 (2 \times 3 \times 5)}$$
$$= \dfrac{3 \log_3 2 + \log_3 5}{\log_3 2 + \log_3 3 + \log_3 5}$$
$$= \dfrac{\dfrac{3}{a} + b}{\dfrac{1}{a} + 1 + b} = \dfrac{3 + ab}{1 + a + ab}$$

참고

로그의 값을 문자로 나타낼 때
(1) $\log_a b$ 꼴이 주어진 경우
 ➡ 주어진 로그식의 밑을 a로 같게 한 후, 로그식을 대입할 수 있도록 구하는 식의 진수를 소인수분해한다.
(2) $a^x = b$ 꼴이 주어진 경우
 ➡ 주어진 지수식을 밑을 a로 하는 로그식으로 변형한 후 대입한다.

0125

답 ③

$$\log_{10} 48 = \log_{10} (2^4 \times 3)$$
$$= \log_{10} 2^4 + \log_{10} 3$$
$$= 4 \log_{10} 2 + \log_{10} 3$$
$$= 4a + b$$

0126

답 ④

$$\log_{12}\sqrt{48}=\frac{\log_5\sqrt{48}}{\log_5 12}=\frac{\frac{1}{2}\log_5 48}{\log_5 12}$$

$$=\frac{\frac{1}{2}\log_5 (2^4\times 3)}{\log_5 (2^2\times 3)}$$

$$=\frac{2\log_5 2+\frac{1}{2}\log_5 3}{2\log_5 2+\log_5 3}$$

$$=\frac{2a+\frac{1}{2}b}{2a+b}=\frac{4a+b}{4a+2b}$$

0127

답 ②

$2^a=3$에서 $a=\log_2 3$

$2^b=5$에서 $b=\log_2 5$

$$\therefore \log_{15} 45=\frac{\log_2 45}{\log_2 15}=\frac{\log_2 (3^2\times 5)}{\log_2 (3\times 5)}$$

$$=\frac{2\log_2 3+\log_2 5}{\log_2 3+\log_2 5}$$

$$=\frac{2a+b}{a+b}$$

0128

답 ①

$10^x=a$에서 $x=\log_{10} a$

$10^y=b$에서 $y=\log_{10} b$

$$\therefore \log_{\sqrt{a}} b=\frac{\log_{10} b}{\log_{10}\sqrt{a}}$$

$$=\frac{\log_{10} b}{\frac{1}{2}\log_{10} a}$$

$$=\frac{y}{\frac{1}{2}x}=\frac{2y}{x}$$

유형 07 식의 값 구하기

0129

답 ②

$a^4 b^5=1$의 양변에 밑이 a인 로그를 취하면

$\log_a a^4 b^5=\log_a 1$, $\log_a a^4+\log_a b^5=0$

$4+5\log_a b=0$ $\qquad \therefore \log_a b=-\frac{4}{5}$

$$\therefore \log_a a^3 b^6=\log_a a^3+\log_a b^6=3+6\log_a b$$

$$=3+6\times\left(-\frac{4}{5}\right)=-\frac{9}{5}$$

0130

답 63

$\log_3 (x+3y)=2$에서 $x+3y=3^2=9$

$\log_3 x+\log_3 y=1$에서 $\log_3 xy=1$, $xy=3$

$$\therefore x^2+9y^2=(x+3y)^2-6xy$$

$$=9^2-6\times 3=63$$

🔊 **Bible Says** 곱셈 공식의 변형

(1) $x^2+y^2=(x+y)^2-2xy=(x-y)^2+2xy$
(2) $(x+y)^2=(x-y)^2+4xy$
(3) $(x-y)^2=(x+y)^2-4xy$

0131

답 15

$\log_c a : \log_c b=3 : 2$이므로

$\log_c a=3k$, $\log_c b=2k$ $(k\neq 0)$로 놓으면

$$\log_a b=\frac{\log_c b}{\log_c a}=\frac{2k}{3k}=\frac{2}{3}$$ ❶

$$\therefore 9\log_a b+6\log_b a=9\log_a b+6\times\frac{1}{\log_a b}$$

$$=9\times\frac{2}{3}+6\times\frac{3}{2}$$

$$=6+9=15$$ ❷

채점 기준	배점
❶ $\log_a b$의 값 구하기	50%
❷ $9\log_a b+6\log_b a$의 값 구하기	50%

다른 풀이

$\log_c a : \log_c b=3 : 2$이므로

$2\log_c a=3\log_c b$, $\dfrac{\log_c b}{\log_c a}=\dfrac{2}{3}$

$$\therefore \log_a b=\frac{\log_c b}{\log_c a}=\frac{2}{3}$$

$$\therefore 9\log_a b+6\log_b a=9\log_a b+6\times\frac{1}{\log_a b}$$

$$=9\times\frac{2}{3}+6\times\frac{3}{2}$$

$$=6+9=15$$

0132

답 ③

$\log_{\sqrt{3}} a=\log_9 ab$에서

$\log_{3^{\frac{1}{2}}} a=\log_{3^2} ab$, $2\log_3 a=\frac{1}{2}\log_3 ab$

$4\log_3 a=\log_3 ab$

$4\log_3 a=\log_3 a+\log_3 b$

$3\log_3 a=\log_3 b$, $\dfrac{\log_3 b}{\log_3 a}=3$

$$\therefore \log_a b=\frac{\log_3 b}{\log_3 a}=3$$

0133

답 ③

$\log_a x = \dfrac{1}{2}$에서 $\log_x a = 2$

$\log_b x = \dfrac{1}{3}$에서 $\log_x b = 3$

$\log_c x = \dfrac{1}{6}$에서 $\log_x c = 6$

$$\therefore \log_{abc} x = \frac{1}{\log_x abc}$$

$$= \frac{1}{\log_x a + \log_x b + \log_x c}$$

$$= \frac{1}{2+3+6} = \frac{1}{11}$$

0134

답 -1

$3^a = 4$의 양변에 밑이 2인 로그를 취하면

$\log_2 3^a = \log_2 4$, $\log_2 3^a = \log_2 2^2$

$a \log_2 3 = 2$　　$\therefore \dfrac{2}{a} = \log_2 3$

$6^b = 8$의 양변에 밑이 2인 로그를 취하면

$\log_2 6^b = \log_2 8$, $\log_2 6^b = \log_2 2^3$

$b \log_2 6 = 3$　　$\therefore \dfrac{3}{b} = \log_2 6$

$$\therefore \frac{2}{a} - \frac{3}{b} = \log_2 3 - \log_2 6$$

$$= \log_2 \frac{3}{6}$$

$$= \log_2 \frac{1}{2}$$

$$= \log_2 2^{-1} = -1$$

다른 풀이

$3^a = 4$에서 $3 = 4^{\frac{1}{a}} = (2^2)^{\frac{1}{a}}$

$\therefore 3 = 2^{\frac{2}{a}}$　　$\cdots\cdots$ ㉠

$6^b = 8$에서 $6 = 8^{\frac{1}{b}} = (2^3)^{\frac{1}{b}}$

$\therefore 6 = 2^{\frac{3}{b}}$　　$\cdots\cdots$ ㉡

㉠÷㉡을 하면 $\dfrac{3}{6} = \dfrac{2^{\frac{2}{a}}}{2^{\frac{3}{b}}}$

$\dfrac{1}{2} = 2^{\frac{2}{a} - \frac{3}{b}}$, $2^{-1} = 2^{\frac{2}{a} - \frac{3}{b}}$

$$\therefore \frac{2}{a} - \frac{3}{b} = -1$$

0135

답 $\dfrac{1}{2}$

$a^x = 64 = 2^6$이므로 양변에 밑이 a인 로그를 취하면

$\log_a a^x = \log_a 2^6$

$\therefore x = 6 \log_a 2$

··· ❶

$b^y = 2^6$이므로 양변에 밑이 b인 로그를 취하면

$\log_b b^y = \log_b 2^6$

$\therefore y = 6 \log_b 2$

··· ❷

$c^z = 2^6$이므로 양변에 밑이 c인 로그를 취하면

$\log_c c^z = \log_c 2^6$

$\therefore z = 6 \log_c 2$

··· ❸

$$\therefore \frac{1}{x} + \frac{1}{y} + \frac{1}{z} = \frac{1}{6 \log_a 2} + \frac{1}{6 \log_b 2} + \frac{1}{6 \log_c 2}$$

$$= \frac{1}{6}(\log_2 a + \log_2 b + \log_2 c)$$

$$= \frac{1}{6} \log_2 abc = \frac{1}{6} \log_2 8$$

$$= \frac{1}{6} \log_2 2^3 = \frac{3}{6} = \frac{1}{2}$$

··· ❹

채점 기준	배점
❶ x를 밑이 a인 로그로 나타내기	20%
❷ y를 밑이 b인 로그로 나타내기	20%
❸ z를 밑이 c인 로그로 나타내기	20%
❹ $\dfrac{1}{x} + \dfrac{1}{y} + \dfrac{1}{z}$의 값 구하기	40%

다른 풀이

$a^x = 64$에서 $a^x = 2^6$이므로 $a = 2^{\frac{6}{x}}$

$b^y = 2^6$에서 $b = 2^{\frac{6}{y}}$

$c^z = 2^6$에서 $c = 2^{\frac{6}{z}}$

$\therefore abc = 2^{\frac{6}{x}} \times 2^{\frac{6}{y}} \times 2^{\frac{6}{z}} = 2^{\frac{6}{x} + \frac{6}{y} + \frac{6}{z}} = 2^{6\left(\frac{1}{x} + \frac{1}{y} + \frac{1}{z}\right)}$

$abc = 8 = 2^3$이므로

$6\left(\dfrac{1}{x} + \dfrac{1}{y} + \dfrac{1}{z}\right) = 3$

$$\therefore \frac{1}{x} + \frac{1}{y} + \frac{1}{z} = \frac{1}{2}$$

유형 08　로그와 이차방정식

0136

답 ①

이차방정식의 근과 계수의 관계에 의하여

$\log_2 a + \log_2 b = 4$, $\log_2 a \times \log_2 b = 2$

$$\therefore \log_a b + \log_b a = \frac{\log_2 b}{\log_2 a} + \frac{\log_2 a}{\log_2 b}$$

$$= \frac{(\log_2 a)^2 + (\log_2 b)^2}{\log_2 a \times \log_2 b}$$

$$= \frac{(\log_2 a + \log_2 b)^2 - 2 \times \log_2 a \times \log_2 b}{\log_2 a \times \log_2 b}$$

$$= \frac{4^2 - 2 \times 2}{2} = 6$$

Bible Says 　이차방정식의 근과 계수의 관계

이차방정식 $ax^2 + bx + c = 0$의 두 근을 α, β라 하면

$$\alpha + \beta = -\frac{b}{a}, \ \alpha\beta = \frac{c}{a}$$

0137

답 ⑤

이차방정식의 근과 계수의 관계에 의하여

$\alpha + \beta = 18$, $\alpha\beta = 6$

$$
\begin{aligned}
\therefore \log_2 (\alpha + \beta) - 2\log_2 \alpha\beta &= \log_2 18 - 2\log_2 6 \\
&= \log_2 18 - \log_2 6^2 \\
&= \log_2 18 - \log_2 36 \\
&= \log_2 \frac{18}{36} \\
&= \log_2 \frac{1}{2} = \log_2 2^{-1} = -1
\end{aligned}
$$

0138

답 ②

이차방정식의 근과 계수의 관계에 의하여

$\alpha + \beta = 5$, $\alpha\beta = 3$

$$
\begin{aligned}
\therefore \log_{\alpha\beta} (\alpha + 1) + \log_{\alpha\beta} (\beta + 1) &= \log_{\alpha\beta} (\alpha + 1)(\beta + 1) \\
&= \log_{\alpha\beta} (\alpha\beta + \alpha + \beta + 1) \\
&= \log_3 (3 + 5 + 1) \\
&= \log_3 9 = \log_3 3^2 = 2
\end{aligned}
$$

0139

답 ④

이차방정식의 근과 계수의 관계에 의하여

$\log_a 3 + \log_b 3 = 3$, $\log_a 3 \times \log_b 3 = 1$

$\log_a 3 \times \log_b 3 = 1$에서 밑의 변환 공식에 의하여

$$\frac{1}{\log_3 a} \times \frac{1}{\log_3 b} = 1 \qquad \therefore \log_3 a \times \log_3 b = 1$$

$\log_a 3 + \log_b 3 = 3$에서 밑의 변환 공식에 의하여

$$\frac{1}{\log_3 a} + \frac{1}{\log_3 b} = 3, \ \frac{\log_3 a + \log_3 b}{\log_3 a \times \log_3 b} = 3$$

$\log_3 a + \log_3 b = 3$, $\log_3 ab = 3$

$\therefore ab = 3^3 = 27$

유형 09 로그의 정수 부분과 소수 부분

0140

답 ④

$4 < 5 < 8$이므로 각 변에 밑이 2인 로그를 취하면

$\log_2 4 < \log_2 5 < \log_2 8$, $\log_2 2^2 < \log_2 5 < \log_2 2^3$

$\therefore 2 < \log_2 5 < 3$

따라서 $\log_2 5$의 정수 부분은 $a = 2$

$\log_2 5$의 소수 부분은

$$b = \log_2 5 - 2 = \log_2 5 - \log_2 2^2 = \log_2 \frac{5}{4}$$

$$\therefore 3^a + 2^b = 3^2 + 2^{\log_2 \frac{5}{4}} = 9 + \frac{5}{4} = \frac{41}{4}$$

0141

답 $\dfrac{11}{7}$

$9 < 18 < 27$이므로 각 변에 밑이 3인 로그를 취하면

$\log_3 9 < \log_3 18 < \log_3 27$, $\log_3 3^2 < \log_3 18 < \log_3 3^3$

$\therefore 2 < \log_3 18 < 3$

❶

따라서 $\log_3 18$의 정수 부분은 $a = 2$

$\log_3 18$의 소수 부분은

$$b = \log_3 18 - 2 = \log_3 18 - \log_3 3^2 = \log_3 \frac{18}{9} = \log_3 2$$

❷

$$
\begin{aligned}
\therefore \frac{3^a + 3^b}{3^a - 3^b} &= \frac{3^2 + 3^{\log_3 2}}{3^2 - 3^{\log_3 2}} \\
&= \frac{9 + 2}{9 - 2} = \frac{11}{7}
\end{aligned}
$$

❸

채점 기준	배점
❶ $\log_3 18$의 값의 범위 구하기	30%
❷ a, b의 값 구하기	30%
❸ $\dfrac{3^a + 3^b}{3^a - 3^b}$의 값 구하기	40%

0142

답 ②

$5 < 15 < 25$이므로 각 변에 밑이 5인 로그를 취하면

$\log_5 5 < \log_5 15 < \log_5 25$, $\log_5 5 < \log_5 15 < \log_5 5^2$

$\therefore 1 < \log_5 15 < 2$

따라서 $\log_5 15$의 정수 부분은 $n = 1$

$\log_5 15$의 소수 부분은

$$a = \log_5 15 - 1 = \log_5 15 - \log_5 5 = \log_5 \frac{15}{5} = \log_5 3$$

$\therefore 5^n + 5^a = 5^1 + 5^{\log_5 3} = 5 + 3 = 8$

유형 10 로그의 값이 자연수가 되도록 하는 조건

0143

답 ②

$$
\begin{aligned}
\log_{10} x^2 - \log_{10} \frac{1}{x} &= 2\log_{10} x - \log_{10} x^{-1} \\
&= 2\log_{10} x + \log_{10} x \\
&= 3\log_{10} x
\end{aligned}
$$

이때 $1 \leq x < 100$에서 $\log_{10} 1 \leq \log_{10} x < \log_{10} 10^2$

즉, $0 \leq \log_{10} x < 2$이므로 $0 \leq 3\log_{10} x < 6$

따라서 주어진 식의 값이 자연수가 되도록 하는 모든 x는 5개이다.

참고

$3\log_{10} x$의 값이 자연수가 되도록 하는 x의 값은

$3\log_{10} x = 1, 2, 3, 4, 5$에서

$x = 10^{\frac{1}{3}}, 10^{\frac{2}{3}}, 10, 10^{\frac{4}{3}}, 10^{\frac{5}{3}}$

0144

답 ③

$4\log_n 2 = \log_n 2^4$의 값이 자연수가 되려면 n이 2 이상의 자연수이므로 $n = 2^k$ (k는 4의 양의 약수) 꼴이어야 한다.

따라서 $n = 2^1, 2^2, 2^4$이므로 모든 n의 값의 합은

$2 + 4 + 16 = 22$

다른 풀이

$4\log_n 2 = \dfrac{4}{\log_2 n}$의 값이 자연수가 되려면 n이 2 이상의 자연수이므로

$\log_2 n = 1, 2, 4 \qquad \therefore n = 2^1, 2^2, 2^4$

따라서 모든 n의 값의 합은

$2 + 4 + 16 = 22$

0145

답 13

$$\log_4 2n^2 - \frac{1}{2}\log_2 \sqrt{n} = \frac{1}{2}\log_2 2n^2 - \frac{1}{2}\log_2 \sqrt{n}$$
$$= \frac{1}{2}\log_2 \frac{2n^2}{n^{\frac{1}{2}}}$$
$$= \frac{1}{2}\log_2 2n^{\frac{3}{2}}$$

주어진 식의 값이 40 이하의 자연수이어야 하므로 40 이하의 자연수 k에 대하여 $\dfrac{1}{2}\log_2 2n^{\frac{3}{2}} = k$로 놓으면

$\log_2 2n^{\frac{3}{2}} = 2k$, $2n^{\frac{3}{2}} = 2^{2k}$

$n^{\frac{3}{2}} = 2^{2k-1} \qquad \therefore n = 2^{\frac{2(2k-1)}{3}} = 4^{\frac{2k-1}{3}}$

이때 n이 자연수가 되기 위해서는 4의 지수인 $\dfrac{2k-1}{3}$이 0 또는 자연수가 되어야 한다.

즉, $2k-1$은 3의 배수이어야 하므로 가능한 자연수 k는 2, 5, 8, 11, $\cdots$, 35, 38의 13개이다.

각각의 k의 값에 대하여 n의 값이 존재하므로 구하는 자연수 n의 개수는 13이다.

유형 11 로그의 성질의 활용

0146

답 ③

두 점 $(3, \log_9 a)$, $(4, \log_3 b)$를 지나는 직선이 점 $(1, 0)$을 지나므로 세 점 $(3, \log_9 a)$, $(4, \log_3 b)$, $(1, 0)$은 한 직선 위에 있다.

즉, $\dfrac{\log_9 a - 0}{3-1} = \dfrac{\log_3 b - 0}{4-1}$이므로

$\dfrac{\frac{1}{2}\log_3 a}{2} = \dfrac{\log_3 b}{3}$, $\dfrac{\log_3 b}{\log_3 a} = \dfrac{3}{4}$

$\therefore \log_a b = \dfrac{3}{4}$

다른 풀이

두 점 $(3, \log_9 a)$, $(4, \log_3 b)$를 지나는 직선의 방정식은

$$y - \frac{1}{2}\log_3 a = \frac{\log_3 b - \frac{1}{2}\log_3 a}{4-3}(x-3)$$

$$\therefore y = \left(\log_3 b - \frac{1}{2}\log_3 a\right)(x-3) + \frac{1}{2}\log_3 a$$

이 직선이 점 $(1, 0)$을 지나므로

$$0 = -2\left(\log_3 b - \frac{1}{2}\log_3 a\right) + \frac{1}{2}\log_3 a$$

$\dfrac{3}{2}\log_3 a = 2\log_3 b$, $\dfrac{\log_3 b}{\log_3 a} = \dfrac{3}{4}$

$\therefore \log_a b = \dfrac{3}{4}$

🔊 **Bible Says** 세 점이 일직선 위에 있을 조건

세 점 A, B, C가 일직선 위에 있을 때

$(\overrightarrow{\text{AB}}$의 기울기$) = (\overrightarrow{\text{BC}}$의 기울기$) = (\overrightarrow{\text{CA}}$의 기울기$)$

0147

답 ④

$\log_4 (a+b) + \log_4 (a-b) = \log_2 c$에서

$\log_4 (a+b)(a-b) = \log_2 c$, $\dfrac{1}{2}\log_2 (a+b)(a-b) = \log_2 c$

$\log_2 (a^2-b^2) = 2\log_2 c$, $\log_2 (a^2-b^2) = \log_2 c^2$

$a^2-b^2 = c^2 \qquad \therefore a^2 = b^2 + c^2$

따라서 삼각형 ABC는 빗변의 길이가 a인 직각삼각형이다.

0148

답 ③

$100 = 2^2 \times 5^2$의 양의 약수는 다음과 같다.

	1	2	2^2
1	1	2	2^2
5	5	2×5	$2^2 \times 5$
5^2	5^2	2×5^2	$2^2 \times 5^2$

$$\therefore \log_2 a_1 + \log_2 a_2 + \log_2 a_3 + \cdots + \log_2 a_9$$
$$= \log_2 (a_1 \times a_2 \times a_3 \times \cdots \times a_9)$$
$$= \log_2 (2^9 \times 5^9) = \log_2 10^9$$
$$= 9\log_2 10 = \frac{9}{\log_{10} 2}$$
$$= \frac{9}{0.3} = 30$$

유형 12 상용로그의 값

확인 문제   (1) 2.3284   (2) -0.6716

(1) $\log 213 = \log (2.13 \times 10^2) = 2 + \log 2.13$
$\qquad = 2 + 0.3284 = 2.3284$

(2) $\log 0.213 = \log (2.13 \times 10^{-1}) = -1 + \log 2.13$
$\qquad = -1 + 0.3284 = -0.6716$

0149
답 ⑤

$\log 60 = \log (2 \times 3 \times 10)$
$\quad\quad = \log 2 + \log 3 + \log 10$
$\quad\quad = \log 2 + \log 3 + 1$
$\quad\quad = 0.3010 + 0.4771 + 1$
$\quad\quad = 1.7781$

0150
답 ③

$\log 90 - \log 5 = \log \dfrac{90}{5} = \log 18$
$\quad\quad\quad\quad\quad = \log (2 \times 3^2)$
$\quad\quad\quad\quad\quad = \log 2 + 2 \log 3$
$\quad\quad\quad\quad\quad = 0.3010 + 2 \times 0.4771$
$\quad\quad\quad\quad\quad = 1.2552$

0151
답 3.1312

$\log 132 = \log (1.32 \times 10^2) = 2 + \log 1.32$
상용로그표에서 $\log 1.32 = 0.1206$이므로
$\log 132 = 2 + 0.1206 = 2.1206$

❶

$\log \sqrt{105} = \dfrac{1}{2} \log 105 = \dfrac{1}{2} \log (1.05 \times 10^2)$
$\quad\quad\quad\quad = \dfrac{1}{2} (2 + \log 1.05)$
상용로그표에서 $\log 1.05 = 0.0212$이므로
$\log \sqrt{105} = \dfrac{1}{2}(2 + 0.0212) = 1.0106$

❷

$\therefore \log 132 + \log \sqrt{105} = 2.1206 + 1.0106$
$\quad\quad\quad\quad\quad\quad\quad = 3.1312$

❸

채점 기준	배점
❶ $\log 132$의 값 구하기	40%
❷ $\log \sqrt{105}$의 값 구하기	40%
❸ $\log 132 + \log \sqrt{105}$의 값 구하기	20%

0152
답 3820

$\log x = 3.5821 = 3 + 0.5821 = 3 + \log 3.82$
$\quad\quad = \log (10^3 \times 3.82) = \log 3820$
$\therefore x = 3820$

0153
답 ④

$\log 51.2 = \log (5.12 \times 10)$
$\quad\quad\quad = \log 5.12 + 1$
$\quad\quad\quad = 1.7093$
이므로
$\log 5.12 = 0.7093$

$\log x = 2.7093 = 2 + 0.7093$
$\quad\quad = \log 10^2 + \log 5.12$
$\quad\quad = \log (10^2 \times 5.12)$
$\quad\quad = \log 512$
$\therefore x = 512$
$\log y = -1.2907 = -2 + 0.7093$
$\quad\quad = \log 10^{-2} + \log 5.12$
$\quad\quad = \log (10^{-2} \times 5.12)$
$\quad\quad = \log 0.0512$
$\therefore y = 0.0512$
$\therefore x + 10^4 y = 512 + 512 = 1024$

유형 13 상용로그의 정수 부분과 소수 부분

0154
답 ④

$\log x^2 + \log \sqrt[3]{x} = 2 \log x + \dfrac{1}{3} \log x = \dfrac{7}{3} \log x$
$\quad\quad\quad\quad\quad\quad = \dfrac{7}{3} \times (-0.72) = -1.68$
$\quad\quad\quad\quad\quad\quad = -1 - 0.68 = (-1-1) + (1-0.68)$
$\quad\quad\quad\quad\quad\quad = -2 + 0.32$
따라서 $n = -2$, $\alpha = 0.32$이므로
$n - \alpha = -2 - 0.32 = -2.32$

0155
답 ③

$\log x$의 정수 부분이 2이므로 $2 \le \log x < 3$
$10^2 \le x < 10^3$, $100 \le x < 1000$
따라서 자연수 x의 개수는
$1000 - 100 = 900$

0156
답 $-\dfrac{8}{3}$

$\log \sqrt{x} = \dfrac{1}{2} \log x = -\dfrac{5}{3}$이므로
$\log x = -\dfrac{10}{3} = -3 - \dfrac{1}{3}$
$\quad\quad = (-3-1) + \left(1 - \dfrac{1}{3}\right)$
$\quad\quad = -4 + \dfrac{2}{3}$
따라서 $n = -4$, $\alpha = \dfrac{2}{3}$이므로
$n\alpha = (-4) \times \dfrac{2}{3} = -\dfrac{8}{3}$

0157
답 $\dfrac{\alpha}{2}$

$100 \le x < 1000$에서 $\log 100 \le \log x < \log 1000$
$\therefore 2 \le \log x < 3$

❶

즉, $\log x$의 정수 부분이 2이므로

$\log x = 2 + \alpha$ $(0 \le \alpha < 1)$로 놓으면

$\log \sqrt{x} = \dfrac{1}{2} \log x = \dfrac{1}{2}(2 + \alpha) = 1 + \dfrac{\alpha}{2}$

·· ❷

그런데 $0 \le \alpha < 1$이므로 $0 \le \dfrac{\alpha}{2} < \dfrac{1}{2}$

따라서 $\log \sqrt{x}$의 소수 부분은 $\dfrac{\alpha}{2}$이다.

·· ❸

채점 기준	배점
❶ $\log x$의 값의 범위 구하기	30%
❷ $\log \sqrt{x}$를 α로 나타내기	40%
❸ $\log \sqrt{x}$의 소수 부분 구하기	30%

0158
답 4983

$1 \le x < 10$일 때, $0 \le \log x < 1$이므로 $f(x) = 0$

$10 \le x < 100$일 때, $1 \le \log x < 2$이므로 $f(x) = 1$

$100 \le x < 1000$일 때, $2 \le \log x < 3$이므로 $f(x) = 2$

$1000 \le x < 10000$일 때, $3 \le \log x < 4$이므로 $f(x) = 3$

$\therefore f(1) + f(2) + f(3) + \cdots + f(2030)$

$\quad = 0 \times 9 + 1 \times 90 + 2 \times 900 + 3 \times 1031$

$\quad = 4983$

유형 14 자릿수와 상용로그

0159
답 ③

$\log A^3 B = \log(2^{15} \times 5^{10}) = \log(2^{10} \times 5^{10} \times 2^5)$

$\qquad = \log(10^{10} \times 2^5) = 10 + 5\log 2$

$\qquad = 10 + 5 \times 0.3010$

$\qquad = 11.505$

따라서 $\log A^3 B$의 정수 부분이 11이므로 $A^3 B$는 12자리의 정수이다.

0160
답 ④

$\log 6^8 = 8\log 6 = 8\log(2 \times 3)$

$\qquad = 8(\log 2 + \log 3)$

$\qquad = 8(0.3010 + 0.4771)$

$\qquad = 6.2248$

따라서 $\log 6^8$의 정수 부분이 6이므로 6^8은 7자리의 정수이다.

0161
답 ①

$\log \left(\dfrac{2}{3}\right)^{10} = 10(\log 2 - \log 3)$

$\qquad = 10 \times (0.3010 - 0.4771)$

$\qquad = 10 \times (-0.1761)$

$\qquad = -1.761$

$\qquad = -2 + 0.239$

따라서 $\log \left(\dfrac{2}{3}\right)^{10}$의 정수 부분이 -2이므로 $\left(\dfrac{2}{3}\right)^{10}$은 소수점 아래 2째 자리에서 처음으로 0이 아닌 숫자가 나타난다.

> **참고**
>
> $\log \left(\dfrac{2}{3}\right)^{10} = -1.761$에서 $\log \left(\dfrac{2}{3}\right)^{10}$의 정수 부분을 -1로 착각하면 안 된다.
>
> $0 \le$ (소수 부분) < 1이어야 하므로 $\log \left(\dfrac{2}{3}\right)^{10} = -1.761 = -2 + 0.239$로 변형해야 한다.

0162
답 144

2^n이 15자리의 정수가 되어야 하므로 $\log 2^n$의 정수 부분은 14이어야 한다.

즉, $14 \le \log 2^n < 15$이어야 하므로 $14 \le n\log 2 < 15$

$14 \le 0.3n < 15$ $\therefore 46.\times\times\times \le n < 50$

따라서 이를 만족시키는 자연수 n은 47, 48, 49이므로 그 합은

$47 + 48 + 49 = 144$

0163
답 ②

a^8이 11자리의 정수이므로 $\log a^8$의 정수 부분은 10이어야 한다.

즉, $10 \le \log a^8 < 11$이어야 하므로

$10 \le 8\log a < 11$ $\therefore 1.25 \le \log a < 1.375$ ······ ㉠

$\log \left(\dfrac{1}{a}\right)^2 = -2\log a$이므로 ㉠의 각 변에 -2를 곱하면

$-2.75 < -2\log a \le -2.5$

이때 $\log \left(\dfrac{1}{a}\right)^2 = -3 + \alpha$ $(0 \le \alpha < 1)$ 꼴이므로 $\log \left(\dfrac{1}{a}\right)^2$의 정수 부분은 -3이다.

따라서 $\left(\dfrac{1}{a}\right)^2$은 소수점 아래 3째 자리에서 처음으로 0이 아닌 숫자가 나타난다.

유형 15 최고 자리의 숫자 구하기

0164
답 ①

$\log 6^{11} = 11\log 6 = 11(\log 2 + \log 3)$

$\qquad = 11 \times (0.3010 + 0.4771)$

$\qquad = 8.5591$

이때 $\log 3 = 0.4771$, $\log 4 = 2\log 2 = 2 \times 0.3010 = 0.6020$이므로

$\log 3 < 0.5591 < \log 4$

$8 + \log 3 < 8.5591 < 8 + \log 4$

$\log(3 \times 10^8) < \log 6^{11} < \log(4 \times 10^8)$

$\therefore 3 \times 10^8 < 6^{11} < 4 \times 10^8$

따라서 6^{11}의 최고 자리의 숫자는 3이다.

0165
답 ③

$\log(2^{10} \times 3^{12}) = \log 2^{10} + \log 3^{12} = 10 \log 2 + 12 \log 3$
$\qquad\qquad\qquad = 10 \times 0.3010 + 12 \times 0.4771$
$\qquad\qquad\qquad = 8.7352$

이때 $\log 5 = \log \dfrac{10}{2} = \log 10 - \log 2 = 1 - 0.3010 = 0.6990$,

$\log 6 = \log 2 + \log 3 = 0.3010 + 0.4771 = 0.7781$이므로

$\log 5 < 0.7352 < \log 6$

$8 + \log 5 < 8.7352 < 8 + \log 6$

$\log(5 \times 10^8) < \log(2^{10} \times 3^{12}) < \log(6 \times 10^8)$

$\therefore 5 \times 10^8 < 2^{10} \times 3^{12} < 6 \times 10^8$

따라서 $2^{10} \times 3^{12}$의 최고 자리의 숫자는 5이다.

0166
답 6

$\log 5^6 = 6 \log 5 = 6 \log \dfrac{10}{2} = 6(\log 10 - \log 2)$
$\qquad\quad = 6 \times (1 - 0.3010) = 4.194$

따라서 $\log 5^6$의 정수 부분이 4이므로 5^6은 5자리의 정수이다.

$\therefore a = 5$ ·· ❶

$\log 1 < 0.194 < \log 2$이므로

$4 + \log 1 < 4.194 < 4 + \log 2$

$\log(1 \times 10^4) < \log 5^6 < \log(2 \times 10^4)$

$\therefore 1 \times 10^4 < 5^6 < 2 \times 10^4$

따라서 5^6의 최고 자리의 숫자는 1이므로 $b = 1$ ·········· ❷

$\therefore a + b = 5 + 1 = 6$ ···································· ❸

채점 기준	배점
❶ a의 값 구하기	30%
❷ b의 값 구하기	60%
❸ $a+b$의 값 구하기	10%

유형 **16** 두 상용로그의 소수 부분에 대한 조건이 주어진 경우

0167
답 ④

$100 \le x < 1000$이므로 $\log 100 \le \log x < \log 1000$

$\therefore 2 \le \log x < 3$

$\log x^2$과 $\log \sqrt{x}$의 소수 부분이 같으므로

$\log x^2 - \log \sqrt{x} = 2 \log x - \dfrac{1}{2} \log x = \dfrac{3}{2} \log x = (\text{정수})$

$3 \le \dfrac{3}{2} \log x < \dfrac{9}{2}$이므로 $\dfrac{3}{2} \log x = 3$ 또는 $\dfrac{3}{2} \log x = 4$

$\log x = 2$ 또는 $\log x = \dfrac{8}{3}$ $\quad \therefore x = 10^2$ 또는 $x = 10^{\frac{8}{3}}$

따라서 모든 실수 x의 값의 곱은

$10^2 \times 10^{\frac{8}{3}} = 10^{2 + \frac{8}{3}} = 10^{\frac{14}{3}}$

0168
답 $10\sqrt{10}$

$10 < x < 100$이므로 $\log 10 < \log x < \log 100$

$\therefore 1 < \log x < 2$

$\log x$와 $\log \dfrac{1}{x}$의 차가 정수이므로

$\log x - \log \dfrac{1}{x} = \log x + \log x = 2 \log x = (\text{정수})$

이때 $2 < 2 \log x < 4$이므로

$2 \log x = 3$, $\log x = \dfrac{3}{2}$

$\therefore x = 10^{\frac{3}{2}} = 10\sqrt{10}$

0169
답 ⑤

$1000 < x < 10000$이므로 $\log 1000 < \log x < \log 10000$

$\therefore 3 < \log x < 4$

$\log x$의 소수 부분과 $\log \sqrt[3]{x}$의 소수 부분의 합이 1이므로

$\log x + \log \sqrt[3]{x} = \log x + \dfrac{1}{3} \log x = \dfrac{4}{3} \log x = (\text{정수})$

$4 < \dfrac{4}{3} \log x < \dfrac{16}{3}$이므로

$\dfrac{4}{3} \log x = 5$ $\quad \therefore \log x = \dfrac{15}{4} = 3 + \dfrac{3}{4}$

따라서 $\log x$의 소수 부분은 $\dfrac{3}{4}$이다.

다른 풀이

$1000 < x < 10000$이므로 $\log 1000 < \log x < \log 10000$

$\therefore 3 < \log x < 4$

$\log x$의 소수 부분을 $\alpha \ (0 \le \alpha < 1)$로 놓으면

$\log x = 3 + \alpha$

$\log \sqrt[3]{x} = \dfrac{1}{3} \log x = \dfrac{1}{3}(3 + \alpha) = 1 + \dfrac{\alpha}{3}$

이때 $0 \le \dfrac{\alpha}{3} < \dfrac{1}{3}$이므로 $\log \sqrt[3]{x}$의 소수 부분은 $\dfrac{\alpha}{3}$이다.

즉, $\alpha + \dfrac{\alpha}{3} = 1$이므로

$\dfrac{4}{3} \alpha = 1$ $\quad \therefore \alpha = \dfrac{3}{4}$

따라서 $\log x$의 소수 부분은 $\dfrac{3}{4}$이다.

0170
답 ④

$\log x$의 정수 부분이 3이므로 $3 \le \log x < 4$

$\log x$의 소수 부분과 $\log \sqrt{x}$의 소수 부분의 합이 1이므로

$\log x + \log \sqrt{x} = \log x + \dfrac{1}{2} \log x = \dfrac{3}{2} \log x = (\text{정수})$

$\dfrac{9}{2} \le \dfrac{3}{2} \log x < 6$이므로 $\dfrac{3}{2} \log x = 5$

$\therefore \log x = \dfrac{10}{3}$

$\log \sqrt{x} = \dfrac{1}{2} \log x = \dfrac{5}{3} = 1 + \dfrac{2}{3}$

따라서 $\log \sqrt{x}$의 소수 부분은 $\dfrac{2}{3}$이다.

유형 17 상용로그의 실생활에의 활용 – 관계식이 주어진 경우

0171

답 ②

음원에서 떨어진 거리가 10 m, 100 m인 두 지점에서 사람이 느끼는 소리의 크기를 각각 S_1 dB, S_2 dB이라 하면

$$S_1 - S_2 = 10 \log \frac{kI}{I_0 \times 10^2} - 10 \log \frac{kI}{I_0 \times 100^2}$$

$$= 10 \log \frac{\frac{kI}{100 I_0}}{\frac{kI}{10000 I_0}} = 10 \log 100$$

$$= 10 \times 2 = 20$$

$$\therefore S_1 = S_2 + 20$$

따라서 20 dB 더 크게 들린다.

0172

답 391

북극성의 겉보기 등급을 m_1, 베텔게우스의 겉보기 등급을 m_2라 하면 $m_1 = 1.98$, $m_2 = 0.50$

북극성의 밝기를 l_1이라 하면 베텔게우스의 밝기는 $l_1 x$이므로

$$0.50 - 1.98 = -2.5 \log \frac{l_1 x}{l_1}$$

$$-1.48 = -2.5 \log x$$

$$\therefore \log x = 0.592$$

$\log 3.91 = 0.592$이므로

$$x = 3.91$$

$$\therefore 100x = 391$$

0173

답 ③

두 원본 사진 A, B를 압축했을 때 최대 신호 대 잡음비가 각각 P_A, P_B이고, 평균제곱오차가 각각 E_A, E_B이므로

$$P_A = 20 \log 255 - 10 \log E_A$$

$$P_B = 20 \log 255 - 10 \log E_B$$

이때 $E_B = 100 E_A$이므로

$$P_A - P_B = (20 \log 255 - 10 \log E_A) - (20 \log 255 - 10 \log E_B)$$

$$= 10 (\log E_B - \log E_A)$$

$$= 10 \log \frac{E_B}{E_A} = 10 \log \frac{100 E_A}{E_A}$$

$$= 10 \log 100 = 10 \times 2 = 20$$

0174

답 192

$t = a$일 때, $\log_{10} Q_a - \log_{10} Q_0 = ak$

$Q_a = \frac{1}{3} Q_0$이므로

$$\log_{10} \frac{1}{3} Q_0 - \log_{10} Q_0 = ak$$

$$\therefore \log_{10} \frac{1}{3} = ak$$

❶

$t = b$일 때, $\log_{10} Q_b - \log_{10} Q_0 = bk$

$Q_b = \frac{1}{8} Q_0$이므로

$$\log_{10} \frac{1}{8} Q_0 - \log_{10} Q_0 = bk$$

$$\therefore \log_{10} \frac{1}{8} = bk$$

❷

$t = a + 2b$일 때, $\log_{10} Q_{a+2b} - \log_{10} Q_0 = (a+2b)k$

$Q_{a+2b} = \frac{Q_0}{p}$이므로

$$\log_{10} \frac{Q_0}{p} - \log_{10} Q_0 = (a+2b)k$$

$$\therefore \log_{10} \frac{1}{p} = (a+2b)k$$

❸

이때

$$(a+2b)k = ak + 2bk$$

$$= \log_{10} \frac{1}{3} + 2 \log_{10} \frac{1}{8}$$

$$= \log_{10} \frac{1}{3} + \log_{10} \frac{1}{64}$$

$$= \log_{10} \left(\frac{1}{3} \times \frac{1}{64} \right)$$

$$= \log_{10} \frac{1}{192}$$

이므로 $\log_{10} \frac{1}{p} = \log_{10} \frac{1}{192}$

$$\therefore p = 192$$

❹

채점 기준	배점
❶ ak를 상용로그로 나타내기	20%
❷ bk를 상용로그로 나타내기	20%
❸ $(a+2b)k$를 p로 나타내기	20%
❹ p의 값 구하기	40%

유형 18 상용로그의 실생활에의 활용 – 일정한 비율로 변화하는 경우

0175

답 ①

현재의 빵 판매량을 a라 하면 빵 판매량이 매년 7 %씩 증가하므로 n년 후 빵 판매량은

$$a(1 + 0.07)^n = 1.07^n a$$

10년 후의 빵 판매량이 현재의 k배라 할 때

$$1.07^{10} a = ka \qquad \therefore k = 1.07^{10}$$

양변에 상용로그를 취하면

$$\log k = 10 \log 1.07 = 10 \times 0.03$$

$$= 0.3 = \log 2$$

$$\therefore k = 2$$

따라서 10년 후의 빵 판매량은 현재의 2배이다.

0176

답 263억 원

100억 원의 영업 이익을 거둔 해로부터 20년 후의 영업 이익은

$$100 \times \left(1 + \frac{5}{100}\right)^{20} = 100 \times 1.05^{20} \text{ (억 원)}$$

$s = 1.05^{20}$이라 하고 양변에 상용로그를 취하면

$$\log s = 20 \log 1.05 = 20 \times 0.021$$
$$= 0.42 = \log 2.63$$
$$\therefore s = 2.63$$

따라서 20년 후의 영업 이익은

$$100 \times 2.63 = 263 \text{ (억 원)}$$

0177

답 ②

현재 먼지 농도를 a라 하고, 매년 $r\%$씩 감소시킨다고 하면 10년 후의 먼지 농도는 $\frac{1}{4}a$이므로

$$a\left(1 - \frac{r}{100}\right)^{10} = \frac{1}{4}a, \quad \left(1 - \frac{r}{100}\right)^{10} = \frac{1}{4}$$

양변에 상용로그를 취하면

$$\log\left(1 - \frac{r}{100}\right)^{10} = \log \frac{1}{4}, \quad 10\log\left(1 - \frac{r}{100}\right) = -\log 4$$

$\log 4 = 2\log 2 = 2 \times 0.30 = 0.6$이므로

$$\log\left(1 - \frac{r}{100}\right) = -\frac{\log 4}{10} = -\frac{0.6}{10}$$
$$= -0.06 = -1 + 0.94$$
$$= -1 + \log 8.71$$
$$= \log \frac{1}{10} + \log 8.71$$
$$= \log \frac{8.71}{10} = \log 0.871$$

즉, $1 - \frac{r}{100} = 0.871$이므로

$$\frac{r}{100} = 0.129 \qquad \therefore r = 12.9$$

따라서 매년 12.9 %씩 감소시켜야 한다.

0178

답 ③

약물을 복용한 직후의 혈중 농도를 a라 하면 $3x$시간 후의 혈중 농도는 $a \times \left(\frac{1}{2}\right)^x$이다.

$3x$시간 후 약물의 혈중 농도가 현재의 20 %가 된다고 하면

$$a \times \left(\frac{1}{2}\right)^x = a \times \frac{1}{5}, \quad \left(\frac{1}{2}\right)^x = \frac{1}{5}$$

양변에 상용로그를 취하면

$$\log\left(\frac{1}{2}\right)^x = \log \frac{1}{5}, \quad \log\left(\frac{1}{2}\right)^x = \log \frac{2}{10}$$
$$-x\log 2 = \log 2 - 1, \quad -0.3x = 0.3 - 1$$
$$0.3x = 0.7 \qquad \therefore x = \frac{7}{3}$$

따라서 약물의 혈중 농도가 현재의 20 %가 되는 것은 약물을 복용한 지 $3 \times \frac{7}{3} = 7$(시간) 후이다.

0179

답 ②

① $\log_7 2 + \log_7 3 = \log_7 (2 \times 3) = \log_7 6$ (거짓)

② $\log_6 72 - \log_6 2 = \log_6 \frac{72}{2} = \log_6 36$
$$= \log_6 6^2 = 2 \text{ (참)}$$

③ $\log_2 7 \times \log_7 3 = \log_2 7 \times \frac{\log_2 3}{\log_2 7} = \log_2 3$ (거짓)

④ $(\log_3 5)^2 = \log_3 5 \times \log_3 5$ (거짓)

⑤ $\log_3 2 \times \log_8 9 = \log_3 2 \times \frac{\log_3 9}{\log_3 8}$
$$= \log_3 2 \times \frac{2\log_3 3}{3\log_3 2}$$
$$= \frac{2}{3} \text{ (거짓)}$$

따라서 옳은 것은 ②이다.

0180

답 ⑤

$$\log_3 \sqrt{6} + \log_3 6 - \log_3 2\sqrt{2} = \log_3 \frac{6\sqrt{6}}{2\sqrt{2}}$$
$$= \log_3 3\sqrt{3}$$
$$= \log_3 3^{\frac{3}{2}} = \frac{3}{2}$$

0181

답 ②

$$A = 3\log_4 2 = 3\log_{2^2} 2 = \frac{3}{2}$$
$$B = \log_6 216 = \log_6 6^3 = 3$$
$$C = \log_{\frac{1}{4}} \frac{1}{32} = \log_{2^{-2}} 2^{-5} = \frac{5}{2}$$
$$\therefore A < C < B$$

0182

답 ③

$$(\log_4 5 + \log_8 5)(\log_5 2 - \log_{25} 2)$$
$$= (\log_{2^2} 5 + \log_{2^3} 5)(\log_5 2 - \log_{5^2} 2)$$
$$= \left(\frac{1}{2}\log_2 5 + \frac{1}{3}\log_2 5\right)\left(\log_5 2 - \frac{1}{2}\log_5 2\right)$$
$$= \frac{5}{6}\log_2 5 \times \frac{1}{2}\log_5 2$$
$$= \frac{5}{6} \times \frac{1}{2} \times \log_2 5 \times \frac{1}{\log_2 5}$$
$$= \frac{5}{12}$$

0183

답 ②

$\log_2 5 = a$에서 $\log_5 2 = \dfrac{1}{a}$

$\therefore \log_5 12 = \log_5 (2^2 \times 3)$

$\qquad = \log_5 2^2 + \log_5 3$

$\qquad = 2 \log_5 2 + \log_5 3$

$\qquad = 2 \times \dfrac{1}{a} + b = \dfrac{2}{a} + b$

0184

답 3

(ⅰ) 밑의 조건에서 $x-1>0$, $x-1 \neq 1$

　　$\therefore x>1$, $x \neq 2$

(ⅱ) 진수의 조건에서 $-8+6x-x^2>0$, $x^2-6x+8<0$

　　$(x-2)(x-4)<0$　　$\therefore 2<x<4$

(ⅰ), (ⅱ)에서 $2<x<4$

따라서 정수 x의 값은 3이다.

0185

답 5.0232

$\log 4240 - \log 0.0402 = \log(4.24 \times 10^3) - \log \dfrac{4.02}{10^2}$

$\qquad\qquad = 3 + \log 4.24 - (-2 + \log 4.02)$

$\qquad\qquad = 3 + 0.6274 + 2 - 0.6042$

$\qquad\qquad = 5.0232$

0186

답 ④

$\dfrac{1}{3a} + \dfrac{1}{2b} = \dfrac{3a+2b}{6ab} = \dfrac{\log_3 32}{6 \log_9 2} = \dfrac{\log_3 2^5}{6 \log_{3^2} 2}$

$\qquad = \dfrac{5 \log_3 2}{6 \times \dfrac{1}{2} \log_3 2} = \dfrac{5}{3}$

0187

답 ②

$\log x^3 = 3 \log x = 3 \times (-1.27)$

$\qquad = -3.81 = -3 - 0.81$

$\qquad = (-3-1) + (1-0.81)$

$\qquad = -4 + 0.19$

이므로 $n = -4$

$\log \dfrac{1}{x} = -\log x = -(-1.27) = 1.27$

이므로 $\alpha = 0.27$

$\therefore n + \alpha = -4 + 0.27 = -3.73$

0188

답 ③

이차방정식의 근과 계수의 관계에 의하여

$\log_2 \alpha + \log_2 \beta = 6$, $\log_2 \alpha \times \log_2 \beta = 4$

$\therefore \log_\alpha \beta + \log_\beta \alpha = \dfrac{\log_2 \beta}{\log_2 \alpha} + \dfrac{\log_2 \alpha}{\log_2 \beta}$

$\qquad = \dfrac{(\log_2 \alpha)^2 + (\log_2 \beta)^2}{\log_2 \alpha \times \log_2 \beta}$

$\qquad = \dfrac{(\log_2 \alpha + \log_2 \beta)^2 - 2 \times \log_2 \alpha \times \log_2 \beta}{4}$

$\qquad = \dfrac{6^2 - 2 \times 4}{4} = 7$

0189

답 ③

$9^x = 64$에서 로그의 정의에 의하여

$x = \log_9 64 = \log_{3^2} 2^6 = 3 \log_3 2$

$2^y = 3$에서 로그의 정의에 의하여

$y = \log_2 3$

$\therefore xy = 3 \log_3 2 \times \log_2 3 = 3$

0190

답 ④

$4 < 6 < 8$이므로 각 변에 밑이 2인 로그를 취하면

$\log_2 4 < \log_2 6 < \log_2 8$, $\log_2 2^2 < \log_2 6 < \log_2 2^3$

$\therefore 2 < \log_2 6 < 3$

따라서 $\log_2 6$의 정수 부분은 $a = 2$

$\log_2 6$의 소수 부분은

$b = \log_2 6 - 2 = \log_2 6 - \log_2 2^2 = \log_2 \dfrac{3}{2}$

$\therefore \dfrac{2^a + 2^b}{2^{-a} + 2^{-b}} = \dfrac{2^2 + 2^{\log_2 \frac{3}{2}}}{2^{-2} + 2^{-\log_2 \frac{3}{2}}} = \dfrac{4 + \dfrac{3}{2}}{\dfrac{1}{4} + \dfrac{2}{3}} = 6$

0191

답 ①

$\log 3^{15} = 15 \log 3 = 15 \times 0.4771 = 7.1565$

이때 $\log 1 < 0.1565 < \log 2$이므로

$7 + \log 1 < 7.1565 < 7 + \log 2$

$\log(1 \times 10^7) < \log 3^{15} < \log(2 \times 10^7)$

$\therefore 1 \times 10^7 < 3^{15} < 2 \times 10^7$

따라서 3^{15}의 최고 자리의 숫자는 1이다.

0192

답 ③

삼각형 ABC의 무게중심의 좌표는

$\left(\dfrac{0 + 2a + (-\log_2 9)}{3}, \dfrac{-\log_2 9 + \log_2 7 + a}{3} \right)$

$\dfrac{0 + 2a + (-\log_2 9)}{3} = b$에서 $2a - \log_2 9 = 3b$

$\therefore b = \dfrac{2}{3} a - \dfrac{1}{3} \log_2 9$　　$\cdots\cdots$ ㉠

$\dfrac{-\log_2 9 + \log_2 7 + a}{3} = \log_8 7$에서

$\dfrac{-\log_2 9 + \log_2 7 + a}{3} = \dfrac{1}{3}\log_2 7$

$\therefore a = \log_2 9$ $\qquad$ ...... ㉡

㉡을 ㉠에 대입하면

$b = \dfrac{2}{3}\log_2 9 - \dfrac{1}{3}\log_2 9 = \dfrac{1}{3}\log_2 9$

$a + 3b = \log_2 9 + 3 \times \dfrac{1}{3}\log_2 9 = 2\log_2 9 = \log_2 81$

$\therefore 2^{a+3b} = 2^{\log_2 81} = 81$

0193

답 ③

$10 < x \le 100$이므로 $\log 10 < \log x \le \log 100$

$\therefore 1 < \log x \le 2$

$\log x$와 $\log \dfrac{1}{x^2}$의 소수 부분이 서로 같으므로

$\log x - \log \dfrac{1}{x^2} = \log x - (-2\log x)$

$\qquad\qquad\qquad = 3\log x = (정수)$

$3 < 3\log x \le 6$이므로

$3\log x = 4$ 또는 $3\log x = 5$ 또는 $3\log x = 6$

$\log x = \dfrac{4}{3}$ 또는 $\log x = \dfrac{5}{3}$ 또는 $\log x = 2$

$\therefore x = 10^{\frac{4}{3}}$ 또는 $x = 10^{\frac{5}{3}}$ 또는 $x = 10^2$

따라서 모든 x의 값의 곱은

$10^{\frac{4}{3}} \times 10^{\frac{5}{3}} \times 10^2 = 10^{\frac{4}{3}+\frac{5}{3}+2} = 10^5$

0194

답 ①

$\log_a b = \dfrac{\log_b c}{2} = \dfrac{\log_c a}{4} = k$ (k는 0이 아닌 실수)로 놓으면

$\log_a b = k$, $\log_b c = 2k$, $\log_c a = 4k$

$\log_a b \times \log_b c \times \log_c a = \dfrac{\log b}{\log a} \times \dfrac{\log c}{\log b} \times \dfrac{\log a}{\log c} = 1$이므로

$k \times 2k \times 4k = 8k^3 = 1$

$k^3 = \dfrac{1}{8}$ $\qquad \therefore k = \dfrac{1}{2}$

$\therefore \log_a b + \log_b c + \log_c a = k + 2k + 4k = 7k = \dfrac{7}{2}$

다른 풀이

$\log_a b = \dfrac{\log_b c}{2} = \dfrac{\log_c a}{4} = k$ (k는 0이 아닌 실수)로 놓으면

$\log_a b = k$에서 $b = a^k$ $\qquad$ ...... ㉠

$\log_b c = 2k$에서 $c = b^{2k}$ $\qquad$ ...... ㉡

$\log_c a = 4k$에서 $a = c^{4k}$ $\qquad$ ...... ㉢

㉢을 ㉠에 대입하면 $b = c^{4k^2}$이고, ㉡에서 $b = c^{\frac{1}{2k}}$이므로

$c^{4k^2} = c^{\frac{1}{2k}}$, $4k^2 = \dfrac{1}{2k}$

$k^3 = \dfrac{1}{8}$ $\qquad \therefore k = \dfrac{1}{2}$

$\therefore \log_a b + \log_b c + \log_c a = k + 2k + 4k = 7k = \dfrac{7}{2}$

0195

답 ①

$10 < a < 10000$에서 $\log 10 < \log a < \log 10000$이므로

$1 < \log a < 4$

이때 $\dfrac{1}{4} + \log \sqrt{a} = \dfrac{1}{4} + \dfrac{1}{2}\log a$이므로

$\dfrac{3}{4} < \dfrac{1}{4} + \dfrac{1}{2}\log a < \dfrac{9}{4}$

$\dfrac{1}{4} + \dfrac{1}{2}\log a$의 값이 자연수이므로

$\dfrac{1}{4} + \dfrac{1}{2}\log a = 1$ 또는 $\dfrac{1}{4} + \dfrac{1}{2}\log a = 2$

$\log a = \dfrac{3}{2}$ 또는 $\log a = \dfrac{7}{2}$

$\therefore a = 10^{\frac{3}{2}}$ 또는 $a = 10^{\frac{7}{2}}$

따라서 모든 실수 a의 값의 곱은

$10^{\frac{3}{2}} \times 10^{\frac{7}{2}} = 10^{\frac{3}{2}+\frac{7}{2}} = 10^5$

0196

답 ③

이차방정식 $3x^2 - 7x + k = 0$의 두 근이 n, α이므로 이차방정식의 근과 계수의 관계에 의하여

$n + \alpha = \dfrac{7}{3}$ $\qquad$ ...... ㉠

$n\alpha = \dfrac{k}{3}$ $\qquad$ ...... ㉡

㉠에서 $\log_3 A = n + \alpha = \dfrac{7}{3}$이므로

$A = 3^{\frac{7}{3}}$

이때 n은 정수이고, $0 \le \alpha < 1$이므로

$n = 2$, $\alpha = \dfrac{1}{3}$

이것을 ㉡에 대입하면

$2 \times \dfrac{1}{3} = \dfrac{k}{3}$ $\qquad \therefore k = 2$

$\therefore A^{3k} = \left(3^{\frac{7}{3}}\right)^{3 \times 2} = 3^{14}$

0197

답 14

(i) $x = 2$일 때

$2\log_2 n$의 값이 자연수가 되도록 하는 100 이하의 자연수 n은 $2, 4, 8, 16, 32, 64$의 6개이므로

$A(2) = 6$

(ii) $x = 4$일 때

$2\log_4 n = \log_2 n$의 값이 자연수가 되도록 하는 100 이하의 자연수 n은 $2, 4, 8, 16, 32, 64$의 6개이므로

$A(4) = 6$

(iii) $x = 6$일 때

$2\log_6 n$의 값이 자연수가 되도록 하는 100 이하의 자연수 n은 $6, 36$의 2개이므로

$A(6) = 2$

(i)~(iii)에서

$A(2) + A(4) + A(6) = 6 + 6 + 2 = 14$

0198

답 ③

처음의 개체 수를 a라 하면 10시간 후의 개체 수는

$$a\left(1+\frac{30}{100}\right)^{10}=1.3^{10}a$$

10시간 후의 개체 수가 처음의 k배라 하면

$$1.3^{10}a=ka \qquad \therefore k=1.3^{10}$$

양변에 상용로그를 취하면

$$\begin{aligned}\log k&=10\log 1.3=10\times 0.114\\&=1.14=1+0.14\\&=1+\log 1.38\\&=\log 10+\log 1.38\\&=\log (10\times 1.38)\\&=\log 13.8\end{aligned}$$

$$\therefore k=13.8$$

따라서 10시간 후의 개체 수는 처음의 13.8배이다.

0199

답 ④

주위 온도가 18 ℃로 유지될 때, 최초 온도가 30 ℃인 이 물체의 2시간 후의 온도가 24 ℃이므로

$$24=18+(30-18)10^{-2k}$$

$$12\times 10^{-2k}=6 \qquad \therefore 10^{-2k}=\frac{1}{2}$$

양변에 상용로그를 취하면

$$\log 10^{-2k}=\log \frac{1}{2}$$이므로 $-2k=-\log 2$

$$\therefore k=\frac{1}{2}\log 2=\frac{1}{2}\times 0.3=0.15$$

같은 조건에서 최초 온도가 26 ℃인 이 물체의 온도가 22 ℃가 될 때까지 걸린 시간을 t시간이라 하면

$$22=18+(26-18)10^{-0.15t}$$

$$8\times 10^{-0.15t}=4 \qquad \therefore 10^{-0.15t}=\frac{1}{2}$$

양변에 상용로그를 취하면

$$\log 10^{-0.15t}=\log \frac{1}{2},\ -0.15t=-\log 2$$

$$\therefore t=\frac{\log 2}{0.15}=\frac{0.3}{0.15}=2$$

따라서 걸린 시간은 2시간이다.

0200

답 $40\sqrt{5}$

$\log (a+b)=1$에서

$$a+b=10$$

❶

$\log_5 a+\log_5 b=1$에서 $\log_5 ab=1$이므로

$$ab=5$$

❷

$$\begin{aligned}\therefore (a-b)^2&=(a+b)^2-4ab\\&=10^2-4\times 5=80\end{aligned}$$

$a>b$이므로

$$a-b=\sqrt{80}=4\sqrt{5}$$

❸

$$\begin{aligned}\therefore \left(a^{\frac{1}{4}}-b^{\frac{1}{4}}\right)&\left(a^{\frac{1}{4}}+b^{\frac{1}{4}}\right)\left(a^{\frac{1}{2}}+b^{\frac{1}{2}}\right)(a+b)\\&=\left(a^{\frac{1}{2}}-b^{\frac{1}{2}}\right)\left(a^{\frac{1}{2}}+b^{\frac{1}{2}}\right)(a+b)\\&=(a-b)(a+b)\\&=4\sqrt{5}\times 10=40\sqrt{5}\end{aligned}$$

❹

채점 기준	배점
❶ $a+b$의 값 구하기	20%
❷ ab의 값 구하기	20%
❸ $a-b$의 값 구하기	30%
❹ 주어진 식의 값 구하기	30%

0201

답 21

$$\begin{aligned}\log 6^{10}&=10\log (2\times 3)\\&=10(\log 2+\log 3)\\&=10\times (0.3010+0.4771)\\&=7.781\end{aligned}$$

따라서 $\log 6^{10}$의 정수 부분이 7이므로 6^{10}은 8자리의 정수이다.

$$\therefore m=8$$

❶

$$\begin{aligned}\log \left(\frac{1}{4}\right)^{20}&=20\log \frac{1}{4}\\&=20\log 2^{-2}\\&=-40\log 2\\&=-40\times 0.3010\\&=-12.04\\&=-13+0.96\end{aligned}$$

따라서 $\log \left(\frac{1}{4}\right)^{20}$의 정수 부분이 -13이므로 $\left(\frac{1}{4}\right)^{20}$은 소수점 아래 13째 자리에서 처음으로 0이 아닌 숫자가 나타난다.

$$\therefore n=13$$

❷

$$\therefore m+n=8+13=21$$

❸

채점 기준	배점
❶ m의 값 구하기	40%
❷ n의 값 구하기	40%
❸ $m+n$의 값 구하기	20%

0202

답 ④

로그의 정의에 의하여

$4^x = \sqrt{2}+1$ $\therefore 2^{2x} = \sqrt{2}+1$

$2^{-2x} = \dfrac{1}{\sqrt{2}+1} = \dfrac{\sqrt{2}-1}{(\sqrt{2}+1)(\sqrt{2}-1)} = \sqrt{2}-1$

$\therefore \dfrac{2^{3x}-2^{-3x+1}}{2^x-2^{-x}} = \dfrac{2^{4x}-2^{-2x+1}}{2^{2x}-1}$

$= \dfrac{(2^{2x})^2 - 2 \times 2^{-2x}}{2^{2x}-1}$

$= \dfrac{(\sqrt{2}+1)^2 - 2(\sqrt{2}-1)}{(\sqrt{2}+1)-1}$

$= \dfrac{3+2\sqrt{2}-2\sqrt{2}+2}{\sqrt{2}}$

$= \dfrac{5}{\sqrt{2}} = \dfrac{5\sqrt{2}}{2}$

0203

답 ②

$\log_9 n$이 유리수가 아니면 $f(n)=0$이므로 $\log_9 n$이 유리수인 경우만 생각해도 된다.

1보다 큰 자연수 n에 대하여 $\log_9 n = \log_{3^2} n = \dfrac{1}{2}\log_3 n$이 유리수가 되려면 $\log_3 n$이 유리수이어야 하므로 $n=3^k$ (k는 자연수) 꼴이어야 한다.

100 이하의 자연수 중 $n=3^k$ (k는 자연수) 꼴인 수는 3, 9, 27, 81이므로

$f(2)+f(3)+f(4)+\cdots+f(100)$

$= f(3)+f(9)+f(27)+f(81)$

$= \log_3(\log_9 3)+\log_3(\log_9 9)+\log_3(\log_9 27)+\log_3(\log_9 81)$

$= \log_3 \dfrac{1}{2} + \log_3 1 + \log_3 \dfrac{3}{2} + \log_3 2$

$= \log_3 \left(\dfrac{1}{2} \times 1 \times \dfrac{3}{2} \times 2 \right)$

$= \log_3 \dfrac{3}{2}$

따라서 $m=\log_3 \dfrac{3}{2}$이므로

$3^m = 3^{\log_3 \frac{3}{2}} = \dfrac{3}{2}$

0204

답 ④

$\log_3 a + \log_3 b - \log_3 c = 2$에서

$\log_3 \dfrac{ab}{c} = 2$ $\therefore \dfrac{ab}{c} = 9$

$a^x = 27$에서 $x = \log_a 27$이므로 $\dfrac{1}{x} = \log_{27} a$

$(\sqrt{b})^y = 27$에서 $\dfrac{y}{2} = \log_b 27$이므로 $\dfrac{2}{y} = \log_{27} b$

$(\sqrt[3]{c})^z = 27$에서 $\dfrac{z}{3} = \log_c 27$이므로 $\dfrac{3}{z} = \log_{27} c$

$\therefore \dfrac{1}{x} + \dfrac{2}{y} - \dfrac{3}{z} = \log_{27} a + \log_{27} b - \log_{27} c$

$\qquad = \log_{27} \dfrac{ab}{c} = \log_{27} 9$

$\qquad = \log_{3^3} 3^2 = \dfrac{2}{3}$

다른 풀이

$\log_3 a + \log_3 b - \log_3 c = 2$에서

$\log_3 \dfrac{ab}{c} = 2$ $\therefore \dfrac{ab}{c} = 9$

$a^x = 27$에서 $a = 27^{\frac{1}{x}}$

$(\sqrt{b})^y = 27$에서 $b = 27^{\frac{2}{y}}$

$(\sqrt[3]{c})^z = 27$에서 $c = 27^{\frac{3}{z}}$

$27^{\frac{1}{x}+\frac{2}{y}-\frac{3}{z}} = \dfrac{27^{\frac{1}{x}} \times 27^{\frac{2}{y}}}{27^{\frac{3}{z}}} = \dfrac{ab}{c} = 9 = 3^2$이므로

$3^{3\left(\frac{1}{x}+\frac{2}{y}-\frac{3}{z}\right)} = 3^2$, $3\left(\dfrac{1}{x} + \dfrac{2}{y} - \dfrac{3}{z} \right) = 2$

$\therefore \dfrac{1}{x} + \dfrac{2}{y} - \dfrac{3}{z} = \dfrac{2}{3}$

0205

답 ③

$A-B=\{4\}$이므로

$\log_3 \dfrac{b}{a} = 4$ $\therefore \dfrac{b}{a} = 3^4 = 81$ $\cdots\cdots$ ㉠

또한 $1 \in B$이어야 하므로 다음 두 경우로 나눌 수 있다.

(i) $\log_3 \sqrt[4]{a} = 1$인 경우

$\dfrac{1}{4}\log_3 a = 1$이므로

$\log_3 a = 4$ $\therefore a = 3^4 = 81$

$a=81$을 ㉠에 대입하면

$\dfrac{b}{81} = 81$ $\therefore b = 81^2$

집합 B에서

$\log_9 b = \log_9 81^2 = \log_9 9^4 = 4$

이때 $A=\{1, 4\}$, $B=\{3, 1, 4\}$이므로 $A-B=\{4\}$를 만족시키지 않는다.

(ii) $\log_9 b = 1$인 경우

$b=9$를 ㉠에 대입하면

$\dfrac{9}{a} = 81$ $\therefore a = \dfrac{1}{9}$

집합 B에서

$\log_3 \sqrt[4]{a} = \dfrac{1}{4}\log_3 a = \dfrac{1}{4}\log_3 \dfrac{1}{9}$

$\qquad = \dfrac{1}{4} \times (-2) = -\dfrac{1}{2}$

이때 $A=\{1, 4\}$, $B=\left\{3, -\dfrac{1}{2}, 1\right\}$이므로 $A-B=\{4\}$를 만족시킨다.

(i), (ii)에서 $a = \dfrac{1}{9}$, $b=9$

$\therefore ab = \dfrac{1}{9} \times 9 = 1$

0206

답 ②

$2^a=3^b=c$에서 $a=\log_2 c$, $b=\log_3 c$이므로

$\log_c 2=\dfrac{1}{a}$, $\log_c 3=\dfrac{1}{b}$

$\log_c 6=\log_c 2+\log_c 3=\dfrac{1}{a}+\dfrac{1}{b}=\dfrac{a+b}{ab}$이므로

$\log_6 c=\dfrac{ab}{a+b}$

$a^2+b^2=2ab(a+b-1)$에서

$a^2+b^2=2ab(a+b)-2ab$

$a^2+b^2+2ab=2ab(a+b)$

$(a+b)^2=2ab(a+b)$

양변을 $2(a+b)^2$으로 나누면

$\dfrac{ab}{a+b}=\dfrac{1}{2}$

$\therefore \log_6 c=\dfrac{ab}{a+b}=\dfrac{1}{2}$

0207

답 ①

$3^n=b\times 10^a$의 양변에 상용로그를 취하면

$\log 3^n=a+\log b$

이때 $1\le b<10$에서 $0\le \log b<1$이므로 $f(n)$은 $\log 3^n$의 정수 부분이고 $g(n)$은 $\log 3^n$의 소수 부분이다.

$n=33$일 때, $\log 3^{33}=33\log 3=33\times 0.48=15.84$이므로

$f(33)=15$

$n=55$일 때, $\log 3^{55}=55\log 3=55\times 0.48=26.4$이므로

$g(55)=0.4$

$\therefore f(33)+g(55)=15+0.4=15.4$

0208

답 11

이차방정식 $x^2+kx-12=0$의 판별식을 D라 하면

$D=k^2-4\times 1\times(-12)=k^2+48>0$

이므로 이차방정식 $x^2+kx-12=0$은 서로 다른 두 실근을 갖는다. 두 실근을 α, β $(\alpha<\beta)$라 하면 이차방정식의 근과 계수의 관계에 의하여 $\alpha\beta=-12<0$이므로 $\alpha<0$, $\beta>0$이다.

$\therefore A=\{\beta\}$

한편, $\log_3 y$가 정의되려면 진수의 조건에서

$y>0$ ...... ㉠

$\log_y 7$이 정의되려면 밑의 조건에서

$y>0$, $y\ne 1$ ...... ㉡

$\log_3 y$와 $\log_y 7$이 정의되면 $\log_3 y\times \log_y 7=\log_3 7$이 성립하므로 ㉠, ㉡에 의하여

$B=\{y\,|\,y>0,\ y\ne 1,\ y는\ 실수\}$

이때 $A\cap B=\varnothing$이므로 $\beta=1$

따라서 $x=1$을 $x^2+kx-12=0$에 대입하면

$1+k-12=0$ $\therefore k=11$

0209

답 426

$4\log_{64}\dfrac{3}{4n+16}=4\log_{2^6}\dfrac{3}{4n+16}=\dfrac{2}{3}\log_2\dfrac{3}{4n+16}$

이 값이 정수가 되어야 하므로 정수 k에 대하여 $\log_2\dfrac{3}{4n+16}=3k$로 놓으면

$\dfrac{3}{4n+16}=2^{3k}$ $\therefore \dfrac{3}{n+4}=2^{3k+2}$

$1\le n\le 1000$에서 $\dfrac{3}{1004}\le \dfrac{3}{n+4}\le \dfrac{3}{5}$이므로

$\dfrac{3}{1004}\le 2^{3k+2}\le \dfrac{3}{5}$

이때 $2^{-9}<\dfrac{3}{1004}<2^{-8}$, $2^{-1}<\dfrac{3}{5}<2^0$이므로

$-8\le 3k+2\le -1$

$\therefore -\dfrac{10}{3}\le k\le -1$

k는 정수이므로 $k=-3,\ -2,\ -1$

$k=-3$일 때, $\dfrac{3}{n+4}=2^{-7}=\dfrac{1}{128}$에서

$n+4=384$ $\therefore n=380$

$k=-2$일 때, $\dfrac{3}{n+4}=2^{-4}=\dfrac{1}{16}$에서

$n+4=48$ $\therefore n=44$

$k=-1$일 때, $\dfrac{3}{n+4}=2^{-1}=\dfrac{1}{2}$에서

$n+4=6$ $\therefore n=2$

따라서 모든 자연수 n의 값의 합은

$380+44+2=426$

0210

답 90

조건 ㈎의 $\log_a 9=\log_b 3$에서

$2\log_a 3=\log_b 3$, $\dfrac{2}{\log_3 a}=\dfrac{1}{\log_3 b}$

$\log_3 a=2\log_3 b$, $\log_3 a=\log_3 b^2$

$\therefore a=b^2$ ...... ㉠

조건 ㈏에서 원 $(x-\log_3 a)^2+(y-\log_3 b)^2=10$과 직선 $3x+y-4=0$이 접하므로 원의 중심 $(\log_3 a,\ \log_3 b)$와 직선 $3x+y-4=0$ 사이의 거리는 원의 반지름의 길이인 $\sqrt{10}$과 같다.

즉, $\dfrac{|3\log_3 a+\log_3 b-4|}{\sqrt{3^2+1^2}}=\sqrt{10}$에서

$|3\log_3 a+\log_3 b-4|=10$

$|\log_3 a^3+\log_3 b-4|=10$, $|\log_3 a^3 b-4|=10$

$\log_3 a^3 b-4=10$ 또는 $\log_3 a^3 b-4=-10$

$\log_3 a^3 b=14$ 또는 $\log_3 a^3 b=-6$

$a^3 b=3^{14}$ 또는 $a^3 b=3^{-6}$

이때 $a>1$, $b>1$이므로

$a^3 b=3^{14}$ ...... ㉡

㉠을 ㉡에 대입하면

$(b^2)^3 b=3^{14}$, $b^7=3^{14}$ $\therefore b=3^2=9$

$b=9$를 ㉠에 대입하면 $a=9^2=81$

$\therefore a+b=81+9=90$

0211

답 ②

열차 A가 지점 P를 통과할 때의 속력을 v_A, 열차 B가 지점 P를 통과할 때의 속력을 v_B라 하자.

v_A가 v_B의 0.9배이므로

$v_A = 0.9v_B$

이때 가까운 선로 중앙 지점 P까지의 거리가 $d = 75$이므로

$$L_A = 80 + 28\log\frac{v_A}{100} - 14\log\frac{75}{25}$$

$$\quad\quad = 80 + 28\log\frac{0.9v_B}{100} - 14\log\frac{75}{25} \quad\cdots\cdots \ \text{㉠}$$

$$L_B = 80 + 28\log\frac{v_B}{100} - 14\log\frac{75}{25} \quad\cdots\cdots \ \text{㉡}$$

㉡ $-$ ㉠을 하면

$$L_B - L_A = 28\log\frac{v_B}{100} - 28\log\frac{0.9v_B}{100}$$

$$\quad\quad = 28\log\frac{\dfrac{v_B}{100}}{\dfrac{0.9v_B}{100}}$$

$$\quad\quad = 28\log\frac{1}{0.9} = 28\log\frac{10}{9}$$

$$\quad\quad = 28(\log 10 - \log 9)$$

$$\quad\quad = 28(1 - \log 3^2)$$

$$\quad\quad = 28(1 - 2\log 3)$$

$$\quad\quad = 28 - 56\log 3$$

0212

답 ⑤

$-4\log_a b = 54\log_b c = \log_c a = k$ (k는 0이 아닌 실수)로 놓으면

$$k^3 = (-4\log_a b) \times 54\log_b c \times \log_c a$$

$$\quad = -\frac{4\log b}{\log a} \times \frac{54\log c}{\log b} \times \frac{\log a}{\log c}$$

$$\quad = -216$$

$\therefore \ k = -6$

즉, $-4\log_a b = 54\log_b c = \log_c a = -6$이므로

$\log_a b = \dfrac{3}{2}$에서 $b = a^{\frac{3}{2}}$

$\log_c a = -6$에서 $\log_a c = -\dfrac{1}{6}$, $c = a^{-\frac{1}{6}}$

$\therefore \ b \times c = a^{\frac{3}{2}} \times a^{-\frac{1}{6}} = a^{\frac{8}{6}} = a^{\frac{4}{3}}$

1이 아닌 자연수 a에 대하여 $a^{\frac{4}{3}}$의 값이 자연수가 되려면 어떤 자연수 n ($n > 1$)에 대하여 $a = n^3$ 꼴이어야 한다.

$a^{\frac{4}{3}} = (n^3)^{\frac{4}{3}} = n^4 \leq 300$에서

$n = 2, 3, 4$

따라서 구하는 모든 자연수 a의 값의 합은

$2^3 + 3^3 + 4^3 = 8 + 27 + 64 = 99$

0213

답 25

조건 ㉠에서 $f(n) \geq 3$이므로 n은 1000 이상의 자연수이다.

또한 $f(n) < f(n+2025)$이므로 n의 자릿수보다 $n+2025$의 자릿수가 더 커야 한다.

따라서 조건 ㉠를 만족시키는 자연수 n 중에서 가장 작은 자연수는 $10000 - 2025 = 7975$이고, 조건 ㉠를 만족시키는 자연수는 다음과 같다.

7975, 7976, 7977, $\cdots$, 9999

97975, 97976, 97977, $\cdots$, 99999

$\quad\vdots$

그런데 조건 ㉡에서 $\log n$의 소수 부분이 $\log 7$보다 크고 $\log 8$보다 작으므로 자연수 n의 최고 자리의 숫자는 7이어야 한다.

따라서 주어진 조건을 만족시키는 자연수 n은

7975, 7976, 7977, $\cdots$, 7999

이므로 구하는 자연수 n의 개수는

$7999 - 7975 + 1 = 25$

PART **A** **03 지수함수와 로그함수**

유형 01 **지수함수의 함숫값**

확인 문제 (1) 4   (2) $\dfrac{1}{4}$ (3) 1

$f(x)=2^x,\ g(x)=\left(\dfrac{1}{2}\right)^x$에서

(1) $f(2)=2^2=4$

(2) $g(2)=\left(\dfrac{1}{2}\right)^2=\dfrac{1}{4}$

(3) $f(-2)g(-2)=2^{-2}\times\left(\dfrac{1}{2}\right)^{-2}=\dfrac{1}{4}\times4=1$

0214   답 ⑤

$f(x)=2^x$에서 $f(p)=q$이므로 $2^p=q$

① $f(2p)=2^{2p}=(2^p)^2=q^2$ (거짓)

② $f\left(\dfrac{p}{2}\right)=2^{\frac{p}{2}}=(2^p)^{\frac{1}{2}}=q^{\frac{1}{2}}=\sqrt{q}$ (거짓)

③ $f\left(-\dfrac{p}{2}\right)=2^{-\frac{p}{2}}=(2^p)^{-\frac{1}{2}}=q^{-\frac{1}{2}}=\dfrac{1}{\sqrt{q}}$ (거짓)

④ $f(-p)=2^{-p}=(2^p)^{-1}=q^{-1}=\dfrac{1}{q}$ (거짓)

⑤ $f(-2p)=2^{-2p}=(2^p)^{-2}=q^{-2}=\dfrac{1}{q^2}$ (참)

따라서 항상 옳은 것은 ⑤이다.

0215   답 ⑤

$f(x)=a^{x-2}$에서 $f(1)=2$이므로 $a^{-1}=2$

$\dfrac{1}{a}=2$ $\therefore a=\dfrac{1}{2}$

따라서 $f(x)=\left(\dfrac{1}{2}\right)^{x-2}$이므로

$f(-2)=\left(\dfrac{1}{2}\right)^{-2-2}=\left(\dfrac{1}{2}\right)^{-4}=16$

0216   답 3

$f(x)=3^x$에서 $f(a)f(2b)=81$이므로

$3^a\times3^{2b}=81,\ 3^{a+2b}=3^4$

$\therefore a+2b=4$ …… ㉠

$f(a-b)=3$이므로

$3^{a-b}=3$

$\therefore a-b=1$ …… ㉡

㉠, ㉡을 연립하여 풀면 $a=2,\ b=1$

$\therefore a+b=2+1=3$

0217   답 ③

ㄱ. $(-p,\ q)\in A$이면 $q=5^{-p}$이므로 $q=\dfrac{1}{5^p}$

$\dfrac{1}{q}=5^p$ $\therefore \left(p,\ \dfrac{1}{q}\right)\in A$ (참)

ㄴ. $(p,\ q)\in A$이면 $q=5^p$이므로 $q^{\frac{1}{2}}=5^{\frac{p}{2}}$

$\sqrt{q}=5^{\frac{p}{2}}$ $\therefore \left(\dfrac{p}{2},\ \sqrt{q}\right)\in A$ (참)

ㄷ. [반례] $p=1,\ q=-5$이면 $q^2=5^{2p}$이므로 $(2p,\ q^2)\in A$이지만

$q\neq5^p$이므로 $(p,\ q)\notin A$이다. (거짓)

따라서 옳은 것은 ㄱ, ㄴ이다.

0218   답 11

$f(x)=a^{px+q}$에서

$f(1)=4$이므로 $a^{p+q}=4$ …… ㉠

$f(3)=\dfrac{1}{16}$이므로 $a^{3p+q}=\dfrac{1}{16}$ …… ㉡   **①**

㉡÷㉠을 하면 $\dfrac{a^{3p+q}}{a^{p+q}}=\dfrac{\frac{1}{16}}{4}$

$a^{2p}=\dfrac{1}{64}$ $\therefore a^p=\dfrac{1}{8}\ (\because a^p>0)$

㉠에서 $a^{p+q}=a^pa^q=\dfrac{1}{8}a^q=4$ $\therefore a^q=32$ **②**

$f(-2)=a^{-2p+q}=(a^p)^{-2}\times a^q$

$\qquad=\left(\dfrac{1}{8}\right)^{-2}\times32=2^6\times2^5=2^{11}=2^k$

$\therefore k=11$ **③**

채점 기준	배점
❶ $p,\ q$에 대한 식 세우기	30%
❷ $a^p,\ a^q$의 값 구하기	40%
❸ k의 값 구하기	30%

유형 02 **지수함수의 성질**

0219   답 ③

① 그래프의 점근선은 x축이므로 점근선의 방정식은 $y=0$이다. (참)

② $a^0=1$이므로 그래프는 점 $(0,\ 1)$을 지난다. (참)

③ $a>1$이면 x의 값이 증가할 때 y의 값도 증가하지만, $0<a<1$이면 x의 값이 증가할 때 y의 값은 감소한다. (거짓)

④ $y=a^x$에서 $a>0,\ a\neq1$이므로 $a^x>0$이다.

따라서 치역은 양의 실수 전체의 집합이다. (참)

⑤ 정의역은 실수 전체의 집합이고, 치역은 양의 실수 전체의 집합이므로 그래프는 제1, 2사분면을 지난다. (참)

따라서 옳지 않은 것은 ③이다.

0220

답 ⑤

① 치역은 $\{y|y>0\}$이다. (거짓)

② $x=-1$일 때 $y=\left(\dfrac{1}{2}\right)^{-1}=2$이므로 그래프는 점 $(-1,\,2)$를 지난다. (거짓)

③ 밑이 $0<\dfrac{1}{2}<1$이므로 x의 값이 증가하면 y의 값은 감소한다.

(거짓)

④ 그래프의 점근선은 x축이다. (거짓)

⑤ $y=\left(\dfrac{1}{2}\right)^{x}=2^{-x}$이므로 그래프는 함수 $y=2^{x}$의 그래프와 y축에 대하여 대칭이다. (참)

따라서 옳은 것은 ⑤이다.

0221

답 ③

$a<b$일 때, $f(a)>f(b)$를 만족시키는 함수 $y=f(x)$는 x의 값이 증가할 때 y의 값은 감소하는 함수이므로 이를 만족시키는 지수함수는 $0<(밑)<1$이어야 한다.

① $f(x)=\left(\dfrac{5}{2}\right)^{x}$에서 $(밑)>1$

② $f(x)=1.5^{x}$에서 $(밑)>1$

③ $f(x)=\left(\dfrac{3}{2}\right)^{-x}=\left(\dfrac{2}{3}\right)^{x}$에서 $0<(밑)<1$

④ $f(x)=0.5^{-x}=\left(\dfrac{1}{2}\right)^{-x}=2^{x}$에서 $(밑)>1$

⑤ $f(x)=\left(\dfrac{3}{5}\right)^{-x}=\left(\dfrac{5}{3}\right)^{x}$에서 $(밑)>1$

따라서 주어진 조건을 만족시키는 함수는 ③이다.

0222

답 10

함수 $y=\left(\dfrac{9}{2a}\right)^{x}$의 그래프와 직선 $y=x+2$가 서로 다른 두 점에서 만나려면 함수 $y=\left(\dfrac{9}{2a}\right)^{x}$이 x의 값이 증가할 때 y의 값도 증가하는 함수이어야 하므로 $(밑)>1$이어야 한다.

❶

즉, $\dfrac{9}{2a}>1$에서 $9>2a$

$\therefore a<\dfrac{9}{2}$

❷

따라서 자연수 a는 1, 2, 3, 4이므로 그 합은
$1+2+3+4=10$

❸

채점 기준	배점
❶ 지수함수의 그래프와 직선이 서로 다른 두 점에서 만나도록 하는 조건 찾기	50%
❷ a의 값의 범위 구하기	30%
❸ 모든 자연수 a의 값의 합 구하기	20%

0223

답 ②

$y=(a^2-3a+3)^x$에서 x의 값이 증가할 때 y의 값은 감소하려면 $0<a^2-3a+3<1$이어야 한다.

(i) $a^2-3a+3>0$에서

$a^2-3a+3=\left(a-\dfrac{3}{2}\right)^2+\dfrac{3}{4}>0$

이므로 항상 성립한다.

(ii) $a^2-3a+3<1$에서 $a^2-3a+2<0$

$(a-1)(a-2)<0$ $\quad\therefore 1<a<2$

(i), (ii)에서 구하는 실수 a의 값의 범위는
$1<a<2$

유형 03 지수함수의 그래프의 평행이동과 대칭이동

확인 문제 (1) $y=-2^x$ (2) $y=\left(\dfrac{1}{2}\right)^x$ (3) $y=-\left(\dfrac{1}{2}\right)^x$

(1) y 대신 $-y$를 대입하면 $-y=2^x$이므로 $y=-2^x$

(2) x 대신 $-x$를 대입하면 $y=2^{-x}$이므로 $y=\left(\dfrac{1}{2}\right)^x$

(3) x 대신 $-x$, y 대신 $-y$를 대입하면 $-y=2^{-x}$이므로
$y=-\left(\dfrac{1}{2}\right)^x$

0224

답 6

$y=2^x$의 그래프를 y축에 대하여 대칭이동한 그래프의 식은
$y=2^{-x}$

이 함수의 그래프를 x축의 방향으로 m만큼, y축의 방향으로 n만큼 평행이동한 그래프의 식은
$y=2^{-(x-m)}+n$, 즉 $y=2^{-x+m}+n$

이 식이 $y=4\times\left(\dfrac{1}{2}\right)^x+4$, 즉 $y=2^{-x+2}+4$와 일치하므로

$m=2$, $n=4$

$\therefore m+n=2+4=6$

0225

답 ⑤

① 정의역은 실수 전체의 집합이다. (거짓)

② 치역은 -4보다 큰 실수 전체의 집합이다. (거짓)

③ 그래프의 점근선의 방정식은 $y=-4$이다. (거짓)

④ x의 값이 증가하면 y의 값도 증가한다.

(거짓)

⑤ 함수 $y=3^{x-1}-4$의 그래프는 $y=3^x$의 그래프를 x축의 방향으로 1만큼, y축의 방향으로 -4만큼 평행이동한 것이므로 제2사분면을 지나지 않는다. (참)

따라서 옳은 것은 ⑤이다.

0226

답 ㄴ, ㄷ, ㄹ

ㄱ. $y=4^{2x}=16^x$이므로 $y=4^x$의 그래프를 평행이동 또는 대칭이동
  하여 $y=4^{2x}$의 그래프와 일치시킬 수 없다.
ㄴ. $y=4^x$의 그래프를 x축의 방향으로 1만큼, y축의 방향으로 2만
  큼 평행이동하면 $y=4^{x-1}+2$의 그래프와 일치한다.
ㄷ. $y=\left(\dfrac{1}{4}\right)^x=4^{-x}$이므로 $y=4^x$의 그래프를 y축에 대하여 대칭이

  동하면 $y=\left(\dfrac{1}{4}\right)^x$의 그래프와 일치한다.
ㄹ. $y=16\times4^x=4^{x+2}$이므로 $y=4^x$의 그래프를 x축의 방향으로
  -2만큼 평행이동하면 $y=16\times4^x$의 그래프와 일치한다.
따라서 $y=4^x$의 그래프를 평행이동 또는 대칭이동하여 일치시킬
수 있는 그래프의 식은 ㄴ, ㄷ, ㄹ이다.

0227

답 ①

함수 $y=3^x-2$의 그래프는 함수 $y=3^x$의 그래프를 y축의 방향으로
-2만큼 평행이동한 것이므로 점근선은 직선 $y=-2$이다.

또한 함수 $y=-\left(\dfrac{1}{2}\right)^{x-1}+a$의 그래프는 함수 $y=-\left(\dfrac{1}{2}\right)^x$의 그래

프를 x축의 방향으로 1만큼, y축의 방향으로 a만큼 평행이동한 것
이므로 점근선은 직선 $y=a$이다.
두 점근선 $y=-2$, $y=a$ 사이의 거리가 4이므로
$a=-6$ 또는 $a=2$

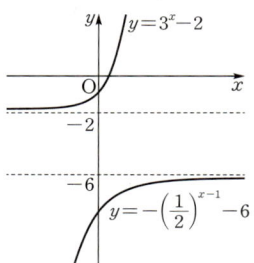

이때 두 함수 $y=3^x-2$, $y=-\left(\dfrac{1}{2}\right)^{x-1}+a$의 그래프가 만나지 않
으므로 위의 그림에서
$a=-6$

0228

답 4

$f(x)=-2^{2-x}+k=-\left(\dfrac{1}{2}\right)^{x-2}+k$라 하면 함수 $y=f(x)$의 그래

프는 $y=-\left(\dfrac{1}{2}\right)^x$의 그래프를 x축의 방향으로 2만큼, y축의 방향

으로 k만큼 평행이동한 것이다.

❶

이때 $y=-\left(\dfrac{1}{2}\right)^x$의 그래프는 오른쪽 그

림과 같으므로 $f(x)=-\left(\dfrac{1}{2}\right)^{x-2}+k$의

그래프가 제2사분면을 지나지 않으려면
$f(0)\leq0$이어야 한다.

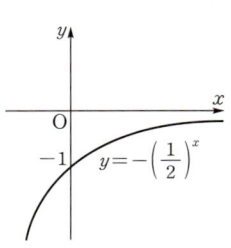

❷

즉, $f(0)=-\left(\dfrac{1}{2}\right)^{-2}+k\leq0$이어야 하므로
$-4+k\leq0$
$\therefore k\leq4$
따라서 실수 k의 최댓값은 4이다.

❸

채점 기준	배점
❶ 그래프의 평행이동 알기	30%
❷ 그래프가 제2사분면을 지나지 않기 위한 조건 알기	40%
❸ 실수 k의 최댓값 구하기	30%

유형 04 지수함수의 그래프 위의 점

0229

답 ④

함수 $f(x)=a^x$의 그래프가 두 점 $(b, 4)$, $(c, 12)$를 지나므로
$a^b=4$, $a^c=12$
$f(b+c)=a^{b+c}=a^b\times a^c=4\times12=48$
$f(c-b)=a^{c-b}=\dfrac{a^c}{a^b}=\dfrac{12}{4}=3$
$\therefore \dfrac{f(b+c)}{f(c-b)}=\dfrac{48}{3}=16$

다른 풀이

$\dfrac{f(b+c)}{f(c-b)}=\dfrac{a^{b+c}}{a^{c-b}}=a^{b+c-(c-b)}$
$\qquad\qquad =a^{2b}=(a^b)^2$
$\qquad\qquad =4^2=16$

0230

답 3

함수 $y=4^x$의 그래프를 x축의 방향으로 1만큼, y축의 방향으로 a
만큼 평행이동한 그래프의 식은
$y=4^{x-1}+a$
이 그래프가 점 $\left(\dfrac{3}{2}, 5\right)$를 지나므로
$5=4^{\frac{3}{2}-1}+a$, $5=2+a$
$\therefore a=3$

0231

답 ①

함수 $y=3^{x+a}+b$의 그래프의 점근선이 직선 $y=2$이므로
$b=2$
즉, 함수 $y=3^{x+a}+2$의 그래프가 점 $(0, 5)$를 지나므로
$5=3^a+2$, $3^a=3$
$\therefore a=1$
$\therefore a+b=1+2=3$

0232

답 ②

함수 $y=a^x$의 그래프를 x축에 대하여 대칭이동한 그래프의 식은

$y=-a^x$ …… ㉠

㉠의 그래프를 x축의 방향으로 2만큼, y축의 방향으로 4만큼 평행이동한 그래프의 식은

$y=-a^{x-2}+4$ …… ㉡

㉡의 그래프가 원점을 지나므로

$0=-a^{-2}+4$, $a^{-2}=4$

$\dfrac{1}{a^2}=4$, $a^2=\dfrac{1}{4}$

$\therefore a=\dfrac{1}{2}$ ($\because a>0$)

0233

답 $\dfrac{3}{2}$

$y=4^{-x}$의 그래프와 y축이 만나는 점은

$A(0, 1)$ $\therefore a=1$

──────────────────────────── ❶

$y=4^{-x}$의 그래프를 y축에 대하여 대칭이동한 그래프의 식은

$y=4^x$ …… ㉠

㉠의 그래프를 x축의 방향으로 $-m$만큼 평행이동한 그래프의 식은

$y=4^{x+m}$ …… ㉡

㉡의 그래프와 y축이 만나는 점은

$B(0, 4^m)$ $\therefore b=4^m$

──────────────────────────── ❷

이때 $\overline{AB}=7$이고, $a<b$이므로 $4^m-1=7$

$4^m=8$, $2^{2m}=2^3$ $\therefore m=\dfrac{3}{2}$

──────────────────────────── ❸

채점 기준	배점
❶ 점 A의 좌표 구하기	20%
❷ 점 B의 좌표 구하기	50%
❸ m의 값 구하기	30%

0234

답 11

함수 $y=2^{x+2}+6$의 그래프는 함수 $y=2^x$의 그래프를 x축의 방향으로 -2만큼, y축의 방향으로 6만큼 평행이동한 것이다.

함수 $y=2^x$의 그래프 위의 점을 (p, q)라 하면 위의 평행이동에 의하여 점 (p, q)는 점 $(p-2, q+6)$으로 옮겨지고 이 점은 함수 $y=2^{x+2}+6$의 그래프 위의 점이다.

이때 두 점 (p, q), $(p-2, q+6)$을 지나는 직선의 기울기가

$\dfrac{(q+6)-q}{(p-2)-p}=\dfrac{6}{-2}=-3$이므로 $A(p, q)$, $B(p-2, q+6)$이라

하면 선분 AB의 중점의 좌표는

$\left(\dfrac{p+(p-2)}{2}, \dfrac{q+(q+6)}{2}\right)$, 즉 $(p-1, q+3)$

이고, 이 점의 좌표가 $(2, a)$이므로

$p-1=2$ $\therefore p=3$

점 $A(3, q)$는 함수 $y=2^x$의 그래프 위의 점이므로

$q=2^3=8$

$\therefore a=q+3=8+3=11$

0235

답 3

곡선 $y=2^x$이 y축과 만나는 점이 A이므로

$A(0, 1)$

곡선 $y=2^{x+1}-4$가 y축과 만나는 점이 B이므로

$B(0, -2)$

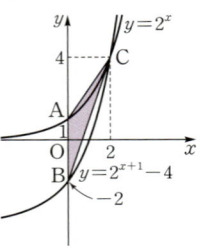

두 곡선 $y=2^x$, $y=2^{x+1}-4$가 만나는 점이 C이므로 점 C의 x좌표는 $2^x=2^{x+1}-4$에서

$2\times2^x-2^x=4$, $2^x=4$ $\therefore x=2$

$\therefore C(2, 4)$

따라서 삼각형 ABC의 넓이는

$\dfrac{1}{2}\times3\times2=3$

0236

답 $\dfrac{11}{4}$

삼각형 AOB의 넓이가 9이고 밑변의 길이가 6이므로

$\dfrac{1}{2}\times6\times(\text{높이})=9$ $\therefore (\text{높이})=3$

즉, 점 A의 y좌표는 3이다.

이때 점 A가 곡선 $y=2^x-1$ 위의 점이므로 $3=2^x-1$에서

$2^x=4$ $\therefore x=2$

$\therefore A(2, 3)$

점 $A(2, 3)$이 곡선 $y=2^{-x}+k$ 위의 점이므로

$3=2^{-2}+k$, $3=\dfrac{1}{4}+k$ $\therefore k=\dfrac{11}{4}$

0237

답 ②

$y=9\times3^x=3^{x+2}$이므로 $y=9\times3^x$의 그래프는 $y=3^x$의 그래프를 x축의 방향으로 -2만큼 평행이동한 것이다.

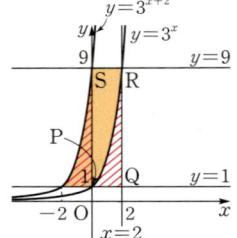

오른쪽 그림에서 빗금 친 두 부분의 넓이가 같으므로 두 함수 $y=3^x$, $y=9\times3^x$의 그래프와 두 직선 $y=1$, $y=9$로 둘러싸인 부분의 넓이는 직사각형 PQRS의 넓이와 같다.

따라서 구하는 넓이는

$\overline{PQ}\times\overline{QR}=2\times8=16$

0238

답 ④

직선 $y=x$ 위의 두 점 A, B의 좌표를 각각 $A(p, p)$, $B(q, q)$라 하자.

이때 $\overline{AB}=6\sqrt{2}$이므로

$\sqrt{(q-p)^2+(q-p)^2}=6\sqrt{2}$

$\sqrt{2}(q-p)=6\sqrt{2}$ $\therefore q-p=6$ …… ㉠

한편, 사다리꼴 ACDB의 넓이가 30이므로

$\dfrac{1}{2} \times (p+q) \times (q-p) = 30$

$3(p+q) = 30$ ∴ $p+q = 10$ …… ㉡

㉠, ㉡을 연립하여 풀면 $p=2$, $q=8$

점 $A(2, 2)$가 곡선 $y=2^{ax+b}$ 위의 점이므로

$2 = 2^{2a+b}$ ∴ $2a+b = 1$ …… ㉢

점 $B(8, 8)$이 곡선 $y=2^{ax+b}$ 위의 점이므로

$8 = 2^{8a+b}$, $2^3 = 2^{8a+b}$ ∴ $8a+b = 3$ …… ㉣

㉢, ㉣을 연립하여 풀면 $a=\dfrac{1}{3}$, $b=\dfrac{1}{3}$

∴ $a+b = \dfrac{1}{3} + \dfrac{1}{3} = \dfrac{2}{3}$

유형 06 지수함수를 이용한 수의 대소 비교

확인 문제 $2^{\sqrt{2}} < \sqrt{2^3} < 4$

$\sqrt{2^3} = 2^{\frac{3}{2}}$, $4 = 2^2$, $2^{\sqrt{2}}$에서 (밑)>1이고, $\sqrt{2} < \dfrac{3}{2} < 2$이므로

$2^{\sqrt{2}} < 2^{\frac{3}{2}} < 2^2$

∴ $2^{\sqrt{2}} < \sqrt{2^3} < 4$

0239

답 ①

$a>1$일 때, $f(x)=a^x$의 그래프의 개형은 오른쪽 그림과 같고, $\dfrac{1}{a} < 1 < a$

이므로 $f\left(\dfrac{1}{a}\right) < f(1) < f(a)$이다.

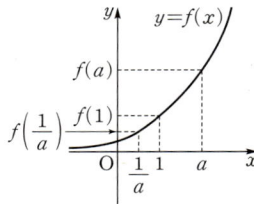

다른 풀이

$f(x)=a^x$에서

$f(1)=a^1$, $f(a)=a^a$, $f\left(\dfrac{1}{a}\right)=a^{\frac{1}{a}}$

$a>1$일 때 $0 < \dfrac{1}{a} < 1 < a$이고, (밑)>1이므로

$a^{\frac{1}{a}} < a^1 < a^a$

∴ $f\left(\dfrac{1}{a}\right) < f(1) < f(a)$

0240

답 ②

$A = \sqrt{\sqrt{\dfrac{1}{8}}} = \sqrt[4]{\left(\dfrac{1}{2}\right)^3} = \left(\dfrac{1}{2}\right)^{3 \times \frac{1}{4}} = \left(\dfrac{1}{2}\right)^{\frac{3}{4}}$

$B = \left(\dfrac{1}{16}\right)^{\frac{1}{4}} = \left(\dfrac{1}{2}\right)^{4 \times \frac{1}{4}} = \left(\dfrac{1}{2}\right)^1$

$C = \left(\dfrac{1}{2}\right)^{\frac{1}{3}} \times \left(\dfrac{1}{8}\right)^{\frac{1}{9}} = \left(\dfrac{1}{2}\right)^{\frac{1}{3}} \times \left(\dfrac{1}{2}\right)^{3 \times \frac{1}{9}}$

$ = \left(\dfrac{1}{2}\right)^{\frac{1}{3} + \frac{1}{3}} = \left(\dfrac{1}{2}\right)^{\frac{2}{3}}$

이때 $0 <$ (밑) < 1이고, $\dfrac{2}{3} < \dfrac{3}{4} < 1$이므로

$\left(\dfrac{1}{2}\right)^{\frac{2}{3}} > \left(\dfrac{1}{2}\right)^{\frac{3}{4}} > \left(\dfrac{1}{2}\right)^1$

∴ $B < A < C$

0241

답 ③

$f(x)=4^x$에서

$A = f(a) = 4^a$

$B = f(a^2) = 4^{a^2}$

$C = \{f(a)\}^2 = (4^a)^2 = 4^{2a} = f(2a)$

$0 < a < 1$에서 $0 < a^2 < a$이고, $a < 2a$

이므로

$0 < a^2 < a < 2a$

따라서 오른쪽 그림에서

$f(a^2) < f(a) < f(2a)$, 즉

$f(a^2) < f(a) < \{f(a)\}^2$이므로

$B < A < C$

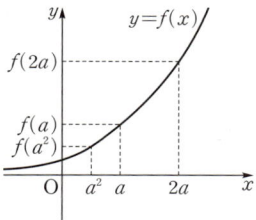

참고

$0 < a < 1$이므로 $a = \dfrac{1}{2}$을 대입해 보면

$A = f\left(\dfrac{1}{2}\right) = 4^{\frac{1}{2}}$, $B = f\left(\dfrac{1}{4}\right) = 4^{\frac{1}{4}}$, $C = \left\{f\left(\dfrac{1}{2}\right)\right\}^2 = (4^{\frac{1}{2}})^2 = 4$

(밑)>1이고 $\dfrac{1}{4} < \dfrac{1}{2} < 1$이므로 $4^{\frac{1}{4}} < 4^{\frac{1}{2}} < 4$

∴ $B < A < C$

0242

답 ④

$a_1 = f(2)$이고,

$a_{n+1} = f(a_n)$ $(n=1, 2, 3)$에서

$a_2 = f(a_1)$

$a_3 = f(a_2)$

$a_4 = f(a_3)$

따라서 오른쪽 그림에서

$a_3 < a_4 < a_2$

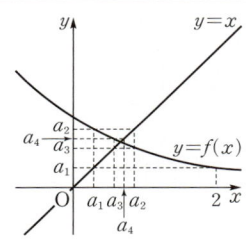

유형 07 지수함수의 최대·최소 – 지수가 일차식인 경우

확인 문제 (1) 최댓값: 8, 최솟값: $\dfrac{1}{4}$ (2) 최댓값: 3, 최솟값: $\dfrac{1}{9}$

(1) $y=2^x$에서 (밑)>1이므로 함수 $y=2^x$은 x의 값이 증가하면 y의 값도 증가한다.

즉, $-2 \le x \le 3$에서

$x=3$일 때 최대이고, 최댓값은 $2^3 = 8$

$x=-2$일 때 최소이고, 최솟값은 $2^{-2} = \dfrac{1}{4}$

(2) $y=\left(\dfrac{1}{3}\right)^x$에서 $0 <$ (밑) < 1이므로 함수 $y=\left(\dfrac{1}{3}\right)^x$은 x의 값이 증가하면 y의 값은 감소한다.

즉, $-1 \le x \le 2$에서

$x=-1$일 때 최대이고, 최댓값은 $\left(\dfrac{1}{3}\right)^{-1} = 3$

$x=2$일 때 최소이고, 최솟값은 $\left(\dfrac{1}{3}\right)^2 = \dfrac{1}{9}$

0243

답 ⑤

$f(x)=\left(\dfrac{1}{3}\right)^{x-1}+k$에서 $0<(밑)<1$이므로 $-1\leq x\leq3$에서 함수 $f(x)=\left(\dfrac{1}{3}\right)^{x-1}+k$는 $x=-1$일 때 최대이다.

이때 최댓값이 10이므로 $f(-1)=10$에서

$\left(\dfrac{1}{3}\right)^{-2}+k=10$, $9+k=10$ $\therefore k=1$

따라서 $f(x)=\left(\dfrac{1}{3}\right)^{x-1}+1$이므로

$f(0)=\left(\dfrac{1}{3}\right)^{-1}+1=3+1=4$

0244

답 32

$f(x)=2^{2x}$에서 $(밑)>1$이므로 $-1\leq x\leq2$에서 함수 $f(x)=2^{2x}$은 $x=2$일 때 최대이다.

즉, 함수 $f(x)$의 최댓값은 $a=f(2)=2^4=16$

$g(x)=\left(\dfrac{1}{2}\right)^x$에서 $0<(밑)<1$이므로 $-1\leq x\leq2$에서 함수 $g(x)=\left(\dfrac{1}{2}\right)^x$은 $x=-1$일 때 최대이다.

즉, 함수 $g(x)$의 최댓값은 $b=g(-1)=\left(\dfrac{1}{2}\right)^{-1}=2$

$\therefore ab=16\times2=32$

0245

답 ⑤

$f(x)=a^x$에서 $0<a<1$이므로 $-2\leq x\leq1$에서 함수 $f(x)=a^x$은 $x=1$일 때 최소이다.

이때 최솟값이 $\dfrac{5}{6}$이므로 $f(1)=\dfrac{5}{6}$에서 $a=\dfrac{5}{6}$

따라서 함수 $f(x)=\left(\dfrac{5}{6}\right)^x$은 $x=-2$일 때 최대이므로 최댓값은

$M=f(-2)=\left(\dfrac{5}{6}\right)^{-2}=\dfrac{36}{25}$

$\therefore a\times M=\dfrac{5}{6}\times\dfrac{36}{25}=\dfrac{6}{5}$

다른 풀이

$f(x)=a^x$에서 $0<a<1$이므로 $-2\leq x\leq1$에서 함수 $f(x)=a^x$은 $x=1$일 때 최소이고, $x=-2$일 때 최대이다. 즉,

$f(1)=a=\dfrac{5}{6}$, $M=f(-2)=a^{-2}$

$\therefore a\times M=a\times a^{-2}=a^{-1}=\dfrac{6}{5}$

0246

답 4

$f(x)=\left(\dfrac{1}{3}\right)^{2x-k}$에서 $0<(밑)<1$이므로 $1\leq x\leq2$에서 함수 $f(x)=\left(\dfrac{1}{3}\right)^{2x-k}$은 $x=1$일 때 최대이다.

이때 최댓값이 9이므로 $f(1)=9$에서

$\left(\dfrac{1}{3}\right)^{2-k}=9$, $3^{k-2}=3^2$

$k-2=2$ $\therefore k=4$

.... ❶

따라서 함수 $f(x)=\left(\dfrac{1}{3}\right)^{2x-4}$은 $x=2$일 때 최소이므로 최솟값은

$m=f(2)=\left(\dfrac{1}{3}\right)^{4-4}=1$

.... ❷

$\therefore k\times m=4\times1=4$

.... ❸

채점 기준	배점
❶ k의 값 구하기	50%
❷ m의 값 구하기	30%
❸ $k\times m$의 값 구하기	20%

0247

답 ③

$-1\leq x\leq3$에서 $|x|$의 값은 $x=3$일 때 최대이고, $x=0$일 때 최소이다.

한편, $f(x)=2^{|x|}$에서 $(밑)>1$이므로 함수 $f(x)=2^{|x|}$은 $|x|$의 값이 최대일 때 최댓값을 갖고, $|x|$의 값이 최소일 때 최솟값을 갖는다.

따라서 함수 $f(x)=2^{|x|}$의 최댓값과 최솟값은 각각

$f(3)=2^{|3|}=8$, $f(0)=2^0=1$

이므로 구하는 최댓값과 최솟값의 합은

$8+1=9$

참고

함수 $y=2^{|x|}$의 그래프는 오른쪽 그림과 같다.

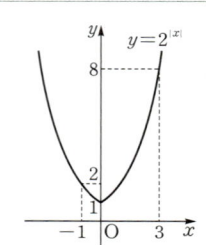

유형 08

지수함수의 최대·최소 – 지수가 이차식인 경우

0248

답 ③

$y=2^{x^2-4x+2}$에서 $f(x)=x^2-4x+2$라 하면

$f(x)=(x-2)^2-2$

$-1\leq x\leq3$에서 함수 $f(x)$는 $x=-1$일 때 최댓값 7을 갖고, $x=2$일 때 최솟값 -2를 갖는다.

한편, $y=2^{f(x)}$에서 $(밑)>1$이므로 함수 $y=2^{f(x)}$은 $f(x)$가 최대일 때 최댓값을 갖고, $f(x)$가 최소일 때 최솟값을 갖는다.

따라서 $M=2^{f(-1)}=2^7$, $m=2^{f(2)}=2^{-2}$이므로

$Mm=2^7\times2^{-2}=2^5$

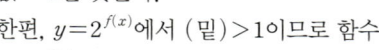

0249

답 ②

$y=\left(\dfrac{1}{3}\right)^{x^2-2x-2}$에서 $f(x)=x^2-2x-2$

라 하면

$f(x)=(x-1)^2-3$

$-2\leq x\leq 0$에서 함수 $f(x)$는 $x=-2$

일 때 최댓값 6을 갖고, $x=0$일 때 최솟

값 -2를 갖는다.

한편, $y=\left(\dfrac{1}{3}\right)^{f(x)}$에서 $0<(밑)<1$이므

로 함수 $y=\left(\dfrac{1}{3}\right)^{f(x)}$은 $f(x)$가 최소일 때 최댓값을 갖는다.

따라서 구하는 최댓값은

$\left(\dfrac{1}{3}\right)^{f(0)}=\left(\dfrac{1}{3}\right)^{-2}=9$

0250

답 $\sqrt{2}$

$f(x)=a^{x^2-6x+5}$에서 $g(x)=x^2-6x+5$라 하면

$g(x)=(x-3)^2-4$

이므로 함수 $g(x)$는 $x=3$일 때 최솟값 -4를 갖는다.

❶

한편, $f(x)=a^{g(x)}$에서 $a>1$이면 함수 $f(x)$는 $g(x)$가 최소일 때 최솟값을 갖고, $0<a<1$이면 함수 $f(x)$는 $g(x)$가 최소일 때 최댓값을 갖는다.

$\therefore a>1$

❷

함수 $f(x)$의 최솟값이 $\dfrac{1}{4}$이므로 $a^{g(3)}=\dfrac{1}{4}$에서

$a^{-4}=2^{-2}$

$\therefore a=(2^{-2})^{-\frac{1}{4}}=2^{\frac{1}{2}}=\sqrt{2}$

❸

채점 기준	배점
❶ 지수가 최소이기 위한 조건 구하기	40%
❷ $f(x)$가 최소이기 위한 조건 알기	30%
❸ a의 값 구하기	30%

0251

답 128

$g(x)=(x-1)(x-3)$

　　　$=(x-2)^2-1$

$0\leq x\leq 5$에서 함수 $g(x)$는 $x=5$일 때

최댓값 8을 갖고, $x=2$일 때 최솟값 -1

을 갖는다.

한편, 함수

$h(x)=f(g(x))=\left(\dfrac{1}{2}\right)^{g(x)-a}$에서

$0<(밑)<1$이므로 함수 $h(x)$는

$g(x)-a$가 최소일 때, 즉 $g(x)$가 최소일 때 최댓값을 갖고,

$g(x)-a$가 최대일 때, 즉 $g(x)$가 최대일 때 최솟값을 갖는다.

함수 $h(x)$의 최솟값이 $\dfrac{1}{4}$이므로

$h(5)=f(8)=\left(\dfrac{1}{2}\right)^{8-a}=\dfrac{1}{4}$

$\left(\dfrac{1}{2}\right)^{8-a}=\left(\dfrac{1}{2}\right)^2,\ 8-a=2$　$\therefore a=6$

따라서 함수 $h(x)$의 최댓값은

$M=h(2)=f(-1)=\left(\dfrac{1}{2}\right)^{-1-6}=128$

유형 09　지수함수의 최대·최소 $-$ a^x 꼴이 반복되는 경우

0252

답 ③

$y=2^{2x}-2^{x+2}=(2^x)^2-4\times2^x$에서 $2^x=t\ (t>0)$로 놓으면

$y=t^2-4t=(t-2)^2-4$

이때 $0\leq x\leq3$에서 $2^0\leq2^x\leq2^3$이므로 $1\leq t\leq8$

따라서 주어진 함수는 $t=2$, 즉 $x=1$일 때 최소이고, 최솟값은

$(2-2)^2-4=-4$

즉, $a=1$, $m=-4$이므로

$a+m=1+(-4)=-3$

0253

답 7

$y=2^{-x+a}-4^{-x}+b=2^a\times\left(\dfrac{1}{2}\right)^x-\left\{\left(\dfrac{1}{2}\right)^x\right\}^2+b$에서

$\left(\dfrac{1}{2}\right)^x=t\ (t>0)$로 놓으면

$y=2^a t-t^2+b=-t^2+2^a t+b$　　……　㉠

이때 ㉠은 $x=-2$, 즉 $t=\left(\dfrac{1}{2}\right)^{-2}=4$일 때 최댓값 20을 가지므로

$y=-t^2+2^a t+b=-(t-4)^2+20$

　$=-t^2+8t+4$

따라서 $2^a=8$, $b=4$이므로

$a=3$, $b=4$

$\therefore a+b=3+4=7$

0254

답 -5

$y=2\times9^x-4\times3^{x+1}+k$

　$=2\times(3^x)^2-12\times3^x+k$

에서 $3^x=t\ (t>0)$로 놓으면

$y=2t^2-12t+k=2(t-3)^2+k-18$

이때 $0\leq x\leq1$에서 $3^0\leq3^x\leq3^1$이므로

$1\leq t\leq3$

❶

따라서 주어진 함수는 $t=3$일 때 최소이고, 최솟값이 -13이므로

$k-18=-13$

$\therefore k=5$

❷

또한 주어진 함수는 $t=1$, 즉 $x=0$일 때 최대이고, 최댓값은
$k-10=5-10=-5$
따라서 $a=0$, $M=-5$이므로
$a+M=-5$

.... ❸

채점 기준	배점
❶ $3^x=t$로 치환하고, t의 값의 범위 구하기	30%
❷ k의 값 구하기	40%
❸ $a+M$의 값 구하기	30%

0255
답 ②

$2^{a+x}>0$, $2^{a-x}>0$이므로 산술평균과 기하평균의 관계에 의하여
$y=2^{a+x}+2^{a-x}$
$\quad \geq 2\sqrt{2^{a+x}\times 2^{a-x}}$
$\quad =2\sqrt{2^{2a}}=2^{a+1}$ (단, 등호는 $2^{a+x}=2^{a-x}$일 때 성립한다.)
이때 함수 $y=2^{a+x}+2^{a-x}$의 최솟값이 16이므로
$2^{a+1}=16$, $2^{a+1}=2^4$
$a+1=4$ $\quad \therefore a=3$

0256
답 16

$\dfrac{4^x+1}{2^x}=2^x+2^{-x}=t$로 놓으면 $2^x>0$, $2^{-x}>0$이므로 산술평균과 기하평균의 관계에 의하여
$t=2^x+2^{-x}$
$\quad \geq 2\sqrt{2^x\times 2^{-x}}=2$ (단, 등호는 $2^x=2^{-x}$일 때 성립한다.)
따라서 $y=4^{\frac{4^x+1}{2^x}}=4^t\geq 4^2=16$이므로 주어진 함수의 최솟값은 16이다.

0257
답 24

$2^{x+2}+2^{-x}=t$로 놓으면 $2^{x+2}>0$, $2^{-x}>0$이므로 산술평균과 기하평균의 관계에 의하여
$t=2^{x+2}+2^{-x}$
$\quad \geq 2\sqrt{2^{x+2}\times 2^{-x}}=2\sqrt{2^2}$
$\quad =2\times 2=4$ (단, 등호는 $2^{x+2}=2^{-x}$일 때 성립한다.) ⋯⋯ ㉠

.... ❶

한편,
$4^{x+2}+4^{-x}=(2^{x+2})^2+(2^{-x})^2=(2^{x+2}+2^{-x})^2-2\times 2^{x+2}\times 2^{-x}$
$\qquad\qquad =(2^{x+2}+2^{-x})^2-8=t^2-8$
이므로
$y=4(2^{x+2}+2^{-x})+4^{x+2}+4^{-x}$
$\quad =4t+t^2-8=(t+2)^2-12$

.... ❷

이때 ㉠에서 $t\geq 4$이므로 주어진 함수는 $t=4$일 때 최소이고, 최솟값은
$(4+2)^2-12=24$

.... ❸

채점 기준	배점
❶ $2^{x+2}+2^{-x}=t$로 치환하고, t의 값의 범위 구하기	40%
❷ 주어진 함수를 t에 대한 식으로 나타내기	30%
❸ 주어진 함수의 최솟값 구하기	30%

확인 문제 (1) 1　　　(2) -1　　　(3) -1

(1) $f(2)=\log_2 2=1$
(2) $g(2)=\log_{\frac{1}{2}} 2=\log_{\frac{1}{2}}\left(\dfrac{1}{2}\right)^{-1}=-1$
(3) $f\left(\dfrac{1}{2}\right)g\left(\dfrac{1}{2}\right)=\log_2\dfrac{1}{2}\times\log_{\frac{1}{2}}\dfrac{1}{2}=\log_2 2^{-1}\times\log_{\frac{1}{2}}\dfrac{1}{2}$
$\qquad\qquad\qquad =(-1)\times 1=-1$

0258
답 ①

$f(x)=\log_2 x+a$에서 $f(4)=8$이므로
$\log_2 4+a=8$, $2+a=8$ $\quad \therefore a=6$
따라서 $f(x)=\log_2 x+6$이므로
$f(8)=\log_2 8+6=3+6=9$

0259
답 15

$f(x)=9^x$, $g(x)=\log_3 x$에서
$(f\circ g)(3)=f(g(3))=f(\log_3 3)=f(1)=9^1=9$
$(g\circ f)(3)=g(f(3))=g(9^3)=\log_3 9^3=\log_3 3^6=6$
$\therefore (f\circ g)(3)+(g\circ f)(3)=9+6=15$

0260
답 ③

① $f(2^a)=\log_2 2^a=a\log_2 2=a$ (참)
② $f(ab)=\log_2 ab=\log_2 a+\log_2 b=f(a)+f(b)$ (참)
③ $f(a+b)=\log_2(a+b)$, $f(a)f(b)=\log_2 a\times\log_2 b$이므로 $f(a+b)\neq f(a)f(b)$ (거짓)
④ $f\left(\dfrac{1}{a^3}\right)=\log_2\dfrac{1}{a^3}=\log_2 a^{-3}=-3\log_2 a=-3f(a)$ (참)
⑤ $f\left(\dfrac{4}{a}\right)=\log_2\dfrac{4}{a}=\log_2 4-\log_2 a=2-\log_2 a=2-f(a)$이므로 $f(a)+f\left(\dfrac{4}{a}\right)=2$ (참)
따라서 옳지 않은 것은 ③이다.

0261

$f(x)=\log_2 x$에서 $f(ab)=4$이므로

$\log_2 ab=4$

$\therefore ab=2^4=16$ ····· ㉠

$f(2a)-f(b)=-1$이므로

$\log_2 2a-\log_2 b=-1$, $\log_2 \dfrac{2a}{b}=-1$

$\dfrac{2a}{b}=2^{-1}$, $\dfrac{2a}{b}=\dfrac{1}{2}$

$\therefore b=4a$ ····· ㉡

㉡을 ㉠에 대입하면

$4a^2=16$, $a^2=4$ $\therefore a=2 \ (\because a>0)$

$a=2$를 ㉡에 대입하면 $b=8$

$\therefore a+b=2+8=10$

0262

$f(x)=\log_a\left(1+\dfrac{1}{x}\right)=\log_a\dfrac{x+1}{x}$이므로 ❶

$f(1)+f(2)+f(3)+\cdots+f(624)$

$=\log_a\dfrac{2}{1}+\log_a\dfrac{3}{2}+\log_a\dfrac{4}{3}+\cdots+\log_a\dfrac{625}{624}$

$=\log_a\left(\dfrac{2}{1}\times\dfrac{3}{2}\times\dfrac{4}{3}\times\cdots\times\dfrac{625}{624}\right)$

$=\log_a 625=\log_a 5^4=4\log_a 5$ ❷

이때 $4\log_a 5=4$이므로

$\log_a 5=1$ $\therefore a=5$ ❸

채점 기준	배점
❶ 주어진 함수식 간단히 하기	30%
❷ 주어진 등식의 좌변 간단히 하기	50%
❸ a의 값 구하기	20%

유형 12 로그함수의 성질

0263

① 그래프의 점근선이 y축이므로 점근선의 방정식은 $x=0$이다.
(거짓)

② $\log_a 1=0$이므로 그래프는 점 $(1, 0)$을 지난다. (거짓)

③ $a>1$이므로 x의 값이 증가하면 y의 값도 증가한다. (거짓)

④ 정의역은 양의 실수 전체의 집합이고, 치역은 실수 전체의 집합
이다. (거짓)

⑤ 정의역은 양의 실수 전체의 집합이고, 치역은 실수 전체의 집합
이므로 그래프는 제1, 4사분면을 지난다. (참)

따라서 옳은 것은 ⑤이다.

0264

$y=\log(16-x^2)$에서 $16-x^2>0$이므로 $x^2<16$

$\therefore -4<x<4$

$\therefore A=\{x\,|\,-4<x<4\}$

$y=\log(\log x)$에서 $\log x>0$, $x>0$이므로

$\log x>\log 1$

$\therefore x>1$

$\therefore B=\{x\,|\,x>1\}$

따라서 $A\cap B=\{x\,|\,1<x<4\}$이므로 집합 $A\cap B$의 원소 중 정수
는 2, 3의 2개이다.

0265

ㄱ. 두 함수의 정의역은 모두 $\{x\,|\,x>0$인 실수$\}$이고,

$\log_3 x=\dfrac{1}{3}\log_3 x^3$이므로 두 함수는 서로 같다.

ㄴ. 함수 $y=\log_3 x^2$의 정의역은 $\{x\,|\,x\neq 0$인 실수$\}$이고,

함수 $y=2\log_3 x$의 정의역은 $\{x\,|\,x>0$인 실수$\}$이다.

즉, 정의역이 다르므로 두 함수는 서로 다르다.

ㄷ. 함수 $y=\log_3(x-1)(x-2)$가 정의되려면

$(x-1)(x-2)>0$이어야 한다.

$\therefore x<1$ 또는 $x>2$

함수 $y=\log_3(x-1)+\log_3(x-2)$가 정의되려면

$x-1>0$이고 $x-2>0$이어야 한다.

$\therefore x>2$

즉, 정의역이 다르므로 두 함수는 서로 다르다.

따라서 서로 같은 함수끼리 짝 지어진 것은 ㄱ이다.

0266

$y=f(x)$의 그래프에서 x의 값이 증가할 때 y의 값은 감소하므로

$0<a<1$

$x=1$일 때 $f(1)>1$이므로

$\log_a b>1$, $\log_a b>\log_a a$

밑이 $0<a<1$이므로

$b<a$

$\therefore b<a<1$

유형 13 로그함수의 그래프의 평행이동과 대칭이동

확인 문제

(1) $y=\log_2\dfrac{1}{x}$

(2) $y=\log_2(-x)$

(3) $y=\log_2\left(-\dfrac{1}{x}\right)$

(4) $y=2^x$

(1) y 대신 $-y$를 대입하면 $-y=\log_2 x$이므로

$y=-\log_2 x$, $y=\log_2 x^{-1}$

$\therefore y=\log_2\dfrac{1}{x}$

(2) x 대신 $-x$를 대입하면 $y=\log_2(-x)$

(3) x 대신 $-x$, y 대신 $-y$를 대입하면 $-y=\log_2(-x)$이므로
$$y=-\log_2(-x),\ y=\log_2(-x)^{-1}$$
$$\therefore\ y=\log_2\left(-\frac{1}{x}\right)$$

(4) $y=\log_2 x$에서 $x=2^y$
x와 y를 서로 바꾸면 $y=2^x$

0267
답 ②

$$y=\log_2\left(\frac{x}{4}-1\right)=\log_2\frac{x-4}{4}$$
$$=\log_2(x-4)-\log_2 4=\log_2(x-4)-2$$

즉, 함수 $y=\log_2\left(\frac{x}{4}-1\right)$의 그래프는 함수 $y=\log_2 x$의 그래프를 x축의 방향으로 4만큼, y축의 방향으로 -2만큼 평행이동한 것이다.

따라서 $m=4$, $n=-2$이므로
$$\frac{m}{n}=\frac{4}{-2}=-2$$

0268
답 25

곡선 $y=\log_2(x+5)$는 곡선 $y=\log_2 x$를 x축의 방향으로 -5만큼 평행이동한 것이다.
이때 곡선 $y=\log_2 x$의 점근선이 직선 $x=0$이므로 곡선 $y=\log_2(x+5)$의 점근선은 직선 $x=-5$이다.
따라서 $k=-5$이므로
$$k^2=25$$

0269
답 11

함수 $y=\log_k(x-a)+7$의 그래프는 함수 $y=\log_k x$를 x축의 방향으로 a만큼, y축의 방향으로 7만큼 평행이동한 것이다.
이때 함수 $y=\log_k x$의 그래프는 k의 값에 관계없이 항상 점 $(1,\ 0)$을 지나므로 함수 $y=\log_k(x-a)+7$의 그래프는 k의 값에 관계없이 항상 점 $(1+a,\ 7)$을 지난다.
즉, $1+a=5$, $b=7$이므로 $a=4$, $b=7$
$$\therefore\ a+b=4+7=11$$

0270
답 ④

$$y=\log_3(9x+9)+3=\log_3 9(x+1)+3$$
$$=\log_3 9+\log_3(x+1)+3=\log_3(x+1)+5$$

이므로 주어진 함수의 그래프는 $y=\log_3 x$의 그래프를 x축의 방향으로 -1만큼, y축의 방향으로 5만큼 평행이동한 것이다.
ㄱ. $x+1>0$이므로 정의역은 $\{x|x>-1\}$이다. (거짓)
ㄴ. x의 값이 증가하면 y의 값도 증가한다. (참)
ㄷ. 그래프의 점근선은 직선 $x=-1$이다. (참)
따라서 옳은 것은 ㄴ, ㄷ이다.

0271
답 ②

① $y=\log_{\frac{1}{2}} x=-\log_2 x$이므로 $y=\log_2 x$의 그래프를 x축에 대하여 대칭이동하면 $y=\log_{\frac{1}{2}} x$의 그래프와 일치한다.

② $y=\log_{\frac{1}{4}} x=-\frac{1}{2}\log_2 x$이므로 $y=\log_2 x$의 그래프를 평행이동 또는 대칭이동하여 $y=\log_{\frac{1}{4}} x$의 그래프와 일치시킬 수 없다.

③ $y=\log_2 2x=\log_2 x+1$이므로 $y=\log_2 x$의 그래프를 y축의 방향으로 1만큼 평행이동하면 $y=\log_2 2x$의 그래프와 일치한다.

④ $y=\log_2\frac{2}{x}=1-\log_2 x$이므로 $y=\log_2 x$의 그래프를 x축에 대하여 대칭이동한 후 y축의 방향으로 1만큼 평행이동하면 $y=\log_2\frac{2}{x}$의 그래프와 일치한다.

⑤ $y=2\log_4(x-2)=\log_2(x-2)$이므로 $y=\log_2 x$의 그래프를 x축의 방향으로 2만큼 평행이동하면 $y=2\log_4(x-2)$의 그래프와 일치한다.

따라서 함수 $y=\log_2 x$의 그래프를 평행이동 또는 대칭이동하여 일치시킬 수 없는 것은 ②이다.

유형 14 로그함수의 그래프 위의 점

0272
답 12

곡선 $y=\log_a x$와 직선 $y=1$이 만나는 점 A의 x좌표는
$$1=\log_a x\quad\therefore\ x=a\quad\therefore\ \mathrm{A}(a,\ 1)$$
곡선 $y=\log_{a+2} x$와 직선 $y=1$이 만나는 점 B의 x좌표는
$$1=\log_{a+2} x\quad\therefore\ x=a+2\quad\therefore\ \mathrm{B}(a+2,\ 1)$$
이때 선분 AB의 중점의 좌표가 $(3,\ 1)$이므로
$$\frac{a+(a+2)}{2}=3,\ a+1=3$$
$$\therefore\ a=2$$
곡선 $y=\log_2 x$와 직선 $y=2$가 만나는 점 C의 x좌표는
$$2=\log_2 x\quad\therefore\ x=4\quad\therefore\ \mathrm{C}(4,\ 2)$$
곡선 $y=\log_4 x$와 직선 $y=2$가 만나는 점 D의 x좌표는
$$2=\log_4 x\quad\therefore\ x=16\quad\therefore\ \mathrm{D}(16,\ 2)$$
따라서 선분 CD의 길이는
$$16-4=12$$

0273
답 ①

곡선 $y=2^x+2$의 점근선은 직선 $y=2$이므로 이 직선과 곡선 $y=\log_2 x+4$의 교점의 좌표를 $(a,\ 2)$라 하면
$$2=\log_2 a+4,\ \log_2 a=-2$$
$$\therefore\ a=2^{-2}=\frac{1}{4}$$
따라서 구하는 교점의 x좌표는 $\frac{1}{4}$이다.

0274

함수 $y=\log_5 x$의 그래프를 x축의 방향으로 m만큼, y축의 방향으로 n만큼 평행이동한 그래프의 식은 $y=\log_5 (x-m)+n$이므로 점근선은 직선 $x=m$이다.
이때 주어진 그래프에서 점근선이 직선 $x=-5$이므로
$m=-5$

❶

또한 그래프가 점 $(0, 4)$를 지나므로
$4=\log_5 5+n$ ∴ $n=3$

❷

∴ $mn=(-5)\times 3=-15$

❸

채점 기준	배점
❶ m의 값 구하기	40%
❷ n의 값 구하기	40%
❸ mn의 값 구하기	20%

0275

답 ①

오른쪽 그림과 같이 함수 $y=\log_k x$의 그래프가 두 점 (a, c), (b, a)를 지나므로
$c=\log_k a$에서 $a=k^c$
$a=\log_k b$에서 $b=k^a$
∴ $k^{a+c}=k^a\times k^c=b\times a=ab$

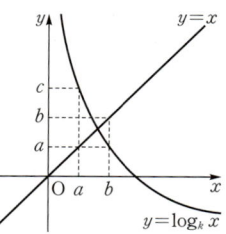

0276

답 31

삼각형 ABC와 함수 $y=\log_k x$의 그래프가 만나려면 다음 그림과 같이 함수 $y=\log_k x$의 그래프가 점 A 또는 점 C를 지나거나 두 점 A, C 사이를 지나야 한다.

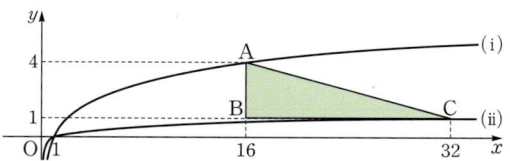

(i) 함수 $y=\log_k x$의 그래프가 점 A$(16, 4)$를 지날 때 k의 값은
  $4=\log_k 16$에서
  $16=k^4$, $2^4=k^4$
  ∴ $k=2$ (∵ $k>0$)
(ii) 함수 $y=\log_k x$의 그래프가 점 C$(32, 1)$을 지날 때 k의 값은
  $1=\log_k 32$에서
  $k=32$
(i), (ii)에서 k의 값의 범위는
$2\leq k\leq 32$
따라서 자연수 k는 2, 3, 4, $\cdots$, 32의 31개이다.

참고

$k>1$일 때, 함수 $y=\log_k x$의 그래프는 k의 값이 커질수록 x축에 가깝게 그려지므로 함수 $y=\log_{k_1} x$의 그래프가 점 A를 지나고, 함수 $y=\log_{k_2} x$의 그래프가 점 C를 지나면 $k_1<k_2$이다.

0277

$0<a<1$이므로 $y=|\log_a x|=\begin{cases} \log_a x & (0<x<1) \\ -\log_a x & (x\geq 1) \end{cases}$
곡선 $y=\log_a x$와 직선 $y=2$가 만나는 점 A의 x좌표는
$2=\log_a x$에서 $x=a^2$ ∴ A$(a^2, 2)$
곡선 $y=-\log_a x$와 직선 $y=2$가 만나는 점 B의 x좌표는
$2=-\log_a x$에서 $x=a^{-2}$ ∴ B$(a^{-2}, 2)$

❶

이때 C$(0, 2)$이므로
$\overline{CA}=a^2$, $\overline{AB}=a^{-2}-a^2$

❷

$\overline{CA} : \overline{AB}=1:15$이므로
$a^2 : (a^{-2}-a^2)=1:15$
$a^{-2}-a^2=15a^2$, $16a^2=a^{-2}$
$a^4=\frac{1}{16}=\left(\frac{1}{2}\right)^4$ ∴ $a=\frac{1}{2}$ (∵ $0<a<1$)

❸

채점 기준	배점
❶ 두 점 A, B의 좌표를 a를 이용하여 나타내기	50%
❷ $\overline{CA}$, $\overline{AB}$를 a에 대한 식으로 나타내기	20%
❸ a의 값 구하기	30%

유형 15 로그함수의 그래프의 도형에의 활용

0278

답 9

점 A의 x좌표가 k이므로 A$(k, \log_3 k)$
점 B의 x좌표가 $3k$이므로 B$(3k, \log_3 3k)$
삼각형 ACB의 넓이는
$\frac{1}{2}\times(3k-k)\times\log_3 k=k\log_3 k$
삼각형 BCD의 넓이는
$\frac{1}{2}\times(3k-k)\times\log_3 3k=k\log_3 3k=k\log_3 k+k$
이때 두 삼각형 ACB, BCD의 넓이의 비가 2 : 3이므로
$k\log_3 k : (k\log_3 k+k)=2:3$
$2k\log_3 k+2k=3k\log_3 k$, $k\log_3 k=2k$
$\log_3 k=2$ (∵ $k>0$) ∴ $k=3^2=9$

0279

답 ②

함수 $y=\log_3 x$의 그래프 위의 x좌표가 2인 점 A의 좌표는
A$(2, \log_3 2)$
함수 $y=\log_3 x$의 그래프 위의 x좌표가 6인 점 B의 좌표는
B$(6, \log_3 6)$
따라서 직사각형 ACBD의 넓이는
$(6-2)\times(\log_3 6-\log_3 2)=4\times\log_3 \frac{6}{2}=4\times 1=4$

0280

답 ②

$y=\log_2 4x=\log_2 4+\log_2 x=\log_2 x+2$이므로 $y=\log_2 4x$의 그래프는 $y=\log_2 x$의 그래프를 y축의 방향으로 2만큼 평행이동한 것이다.

오른쪽 그림에서 빗금 친 두 부분의 넓이가 같으므로 두 함수 $y=\log_2 x$, $y=\log_2 4x$의 그래프와 두 직선 $x=2$, $x=6$으로 둘러싸인 부분의 넓이는 직사각형 PQRS의 넓이와 같다.

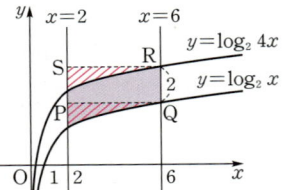

따라서 구하는 넓이는
$\overline{PQ}\times\overline{QR}=(6-2)\times2=8$

0281

답 ④

점 A는 곡선 $y=\log_2 x$와 x축이 만나는 점이므로 A(1, 0)
점 B는 x좌표가 4인 곡선 $y=\log_2 x$ 위의 점이므로 B(4, 2)
점 C는 x좌표가 4인 곡선 $y=\log_a x$ 위의 점이므로 C(4, $\log_a 4$)
이때 삼각형 ABC의 넓이가 $\frac{9}{2}$이므로

$\frac{1}{2}\times(4-1)\times(2-\log_a 4)=\frac{9}{2}$

$6-3\log_a 4=9,\ -3\log_a 4=3$

$\log_a 4=-1,\ a^{-1}=4$ $\qquad \therefore a=\frac{1}{4}$

유형 **16** 로그함수의 역함수

0282

답 9

$(g\circ f)(x)=x$이므로 함수 $g(x)$는 함수 $f(x)$의 역함수이다.
$g(5)=k$라 하면 $f(k)=5$이므로
$1+2\log_3 k=5,\ \log_3 k=2$ $\qquad \therefore k=3^2=9$
$\therefore g(5)=k=9$

다른 풀이

$(g\circ f)(x)=x$이므로 함수 $g(x)$는 함수 $f(x)$의 역함수이다.
$y=1+2\log_3 x$라 하면 $y-1=2\log_3 x$

$\frac{y-1}{2}=\log_3 x,\ x=3^{\frac{y-1}{2}}$

x와 y를 서로 바꾸면 $y=3^{\frac{x-1}{2}}$

따라서 $g(x)=3^{\frac{x-1}{2}}$이므로

$g(5)=3^{\frac{5-1}{2}}=3^2=9$

0283

답 ②

$y=\log_2(x-4)+5$에서 $y-5=\log_2(x-4)$
$2^{y-5}=x-4,\ x=2^{y-5}+4$
x와 y를 서로 바꾸면
$y=2^{x-5}+4$

0284

답 ②

함수 $y=\log_a x+b\ (a>1)$의 그래프와 그 역함수의 그래프의 두 교점은 직선 $y=x$ 위에 있으므로 두 교점의 좌표는 각각 (1, 1), (2, 2)이다.

$y=\log_a x+b$의 그래프가 점 (1, 1)을 지나므로
$\log_a 1+b=1$ $\qquad \therefore b=1$
$y=\log_a x+1$의 그래프가 점 (2, 2)를 지나므로
$\log_a 2+1=2,\ \log_a 2=1$ $\qquad \therefore a=2$
$\therefore a^2+b^2=2^2+1^2=5$

참고

두 함수 $y=f(x)$, $y=g(x)$가 서로 역함수 관계일 때,
(1) 두 함수의 그래프는 직선 $y=x$에 대하여 대칭이다.
(2) 두 함수가 x의 값이 증가할 때 y의 값도 증가하는 함수이고, 두 함수의 그래프의 교점이 존재하면 교점은 직선 $y=x$ 위에 있다.

0285

답 $\frac{3}{2}$

함수 $f(x)=\log_a x$의 그래프를 직선 $y=x$에 대하여 대칭이동한 함수의 그래프가 점 $\left(\frac{1}{2}, 2\right)$를 지나므로 함수 $y=f(x)$의 그래프는 점 $\left(2, \frac{1}{2}\right)$을 지난다.

··· ❶

즉, $f(2)=\frac{1}{2}$이므로 $\log_a 2=\frac{1}{2}$

$a^{\frac{1}{2}}=2$ $\qquad \therefore a=2^2=4$

··· ❷

따라서 $f(x)=\log_4 x$이므로

$f(8)=\log_4 8=\frac{3}{2}$

··· ❸

채점 기준	배점
❶ 함수 $y=f(x)$의 그래프가 지나는 점의 좌표 알기	30%
❷ a의 값 구하기	40%
❸ $f(8)$의 값 구하기	30%

0286

답 ③

$(f\circ g)(x)=x$이므로 함수 $g(x)$는 함수 $f(x)$의 역함수이다.
$\therefore g(x)=a^x$
한편, 함수 $f(x)=\log_a x$의 그래프가 두 점 (2, p), (5, q)를 지나므로 함수 $y=g(x)$의 그래프는 두 점 (p, 2), (q, 5)를 지난다.
즉, $g(p)=a^p=2$, $g(q)=a^q=5$이므로
$g(p+q)=a^{p+q}=a^p\times a^q=2\times5=10$

0287

답 ③

$y=3^{x-1}+k$라 하면 $y-k=3^{x-1}$
$x-1=\log_3(y-k),\ x=\log_3(y-k)+1$
x와 y를 서로 바꾸면 $y=\log_3(x-k)+1$

곡선 $y=\log_3(x-k)+1$을 x축의 방향으로 k^2만큼 평행이동시킨 곡선의 식은 $y=\log_3(x-k^2-k)+1$이므로

$g(x)=\log_3(x-k^2-k)+1$

따라서 곡선 $y=f(x)$의 점근선은 직선 $y=k$이고, 곡선 $y=g(x)$의 점근선은 직선 $x=k^2+k$이므로 두 점근선의 교점의 좌표는 $(k^2+k,\ k)$이다.

이 점이 직선 $y=\dfrac{1}{3}x$ 위에 있으므로

$k=\dfrac{1}{3}(k^2+k),\ k^2-2k=0$

$k(k-2)=0 \qquad \therefore k=2\ (\because k>0)$

0288
답 3

함수 $f(x)=\log_2 x$의 역함수가 $g(x)$이므로 $g(x)=2^x$

점 A는 곡선 $y=f(x)$와 x축이 만나는 점이므로 A$(1,\ 0)$

점 B는 점 A$(1,\ 0)$을 지나고 y축에 평행한 직선이 곡선 $y=g(x)$와 만나는 점이므로 B$(1,\ 2)$

점 C는 점 B를 지나고 x축에 평행한 직선이 곡선 $y=f(x)$와 만나는 점이므로 점 C의 좌표를 $(k,\ 2)$라 하면

$2=\log_2 k \qquad \therefore k=2^2=4 \qquad \therefore$ C$(4,\ 2)$

따라서 삼각형 ABC의 넓이는

$\dfrac{1}{2}\times\overline{\text{AB}}\times\overline{\text{BC}}=\dfrac{1}{2}\times2\times(4-1)=3$

0289
답 ④

함수 $y=\log_{\sqrt{2}}(x-a)$의 역함수가 함수 $y=(\sqrt{2})^x+a$이므로 두 함수의 그래프는 직선 $y=x$에 대하여 대칭이다.

또한 직선 AB는 직선 $y=x$에 수직이므로 두 점 A, B는 직선 $y=x$에 대하여 서로 대칭이다.

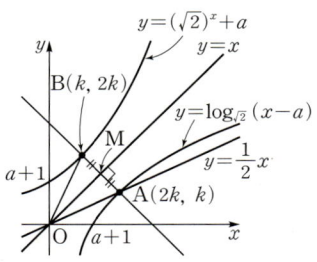

따라서 점 A의 좌표를 $(2k,\ k)\ (k>0)$라 하면 점 B의 좌표는 $(k,\ 2k)$이다.

선분 AB의 중점을 M이라 하면 M$\left(\dfrac{3}{2}k,\ \dfrac{3}{2}k\right)$

$\therefore \overline{\text{OM}}=\sqrt{\left(\dfrac{3}{2}k\right)^2+\left(\dfrac{3}{2}k\right)^2}=\dfrac{3\sqrt{2}}{2}k$

이때 $\overline{\text{AB}}=\sqrt{(2k-k)^2+(k-2k)^2}=\sqrt{2}k$이므로

삼각형 OAB의 넓이는

$\dfrac{1}{2}\times\overline{\text{AB}}\times\overline{\text{OM}}=\dfrac{1}{2}\times\sqrt{2}k\times\dfrac{3\sqrt{2}}{2}k=\dfrac{3}{2}k^2$

이때 삼각형 OAB의 넓이가 6이므로

$\dfrac{3}{2}k^2=6,\ k^2=4$

$\therefore k=2\ (\because k>0) \qquad \therefore$ A$(4,\ 2)$

점 A$(4,\ 2)$가 곡선 $y=\log_{\sqrt{2}}(x-a)$ 위의 점이므로

$2=\log_{\sqrt{2}}(4-a),\ (\sqrt{2})^2=4-a$

$2=4-a \qquad \therefore a=2$

참고

함수 $y=\log_{\sqrt{2}}(x-a)$에서 $x-a=(\sqrt{2})^y$, 즉 $x=(\sqrt{2})^y+a$ x와 y를 서로 바꾸면 $y=(\sqrt{2})^x+a$이므로 두 함수 $y=\log_{\sqrt{2}}(x-a)$와 $y=(\sqrt{2})^x+a$는 서로 역함수 관계이다.

유형 17 로그함수를 이용한 수의 대소 비교

확인 문제 $\log_2 3<-\log_2\dfrac{1}{5}<3$

$\log_2 3,\ 3=\log_2 2^3=\log_2 8,\ -\log_2\dfrac{1}{5}=\log_2\left(\dfrac{1}{5}\right)^{-1}=\log_2 5$에서

(밑)$=2>1$이고, $3<5<8$이므로

$\log_2 3<\log_2 5<\log_2 8$

$\therefore \log_2 3<-\log_2\dfrac{1}{5}<3$

0290
답 ①

$1<a<b$일 때, $f(x)=\log_a x$의 그래프의 개형은 오른쪽 그림과 같고, $\dfrac{1}{b}<a<b$이므로

$f\left(\dfrac{1}{b}\right)<f(a)<f(b)$이다.

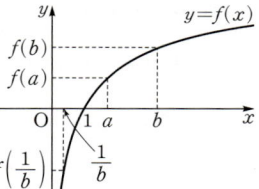

다른 풀이

$f(x)=\log_a x$에서

$f(a)=\log_a a=1$

$f(b)=\log_a b$

$f\left(\dfrac{1}{b}\right)=\log_a\dfrac{1}{b}=-\log_a b$

$1<a<b$이면 $\log_a b>1$이므로

$-\log_a b<1<\log_a b$

$\therefore f\left(\dfrac{1}{b}\right)<f(a)<f(b)$

0291
답 ①

$A=\log_{\frac{1}{3}}\sqrt{16}=-\log_3 4=\log_3 2^{-2}$

$B=\log_9\dfrac{1}{8}=\dfrac{1}{2}\log_3\left(\dfrac{1}{2}\right)^3=\log_3 2^{-\frac{3}{2}}$

$C=\log_{\frac{1}{9}}\sqrt[3]{32}=-\dfrac{1}{2}\log_3 2^{\frac{5}{3}}=\log_3 2^{-\frac{1}{2}\times\frac{5}{3}}=\log_3 2^{-\frac{5}{6}}$

이때 $2^{-2}<2^{-\frac{3}{2}}<2^{-\frac{5}{6}}$이므로

$\log_3 2^{-2}<\log_3 2^{-\frac{3}{2}}<\log_3 2^{-\frac{5}{6}}$

$\therefore A<B<C$

0292

$\mathrm{A}(a, \log a)$, $\mathrm{B}(b, \log b)$라 하면

$A=\dfrac{1}{a-1}\log a=\dfrac{\log a}{a-1}$ 는 점 $(1, 0)$

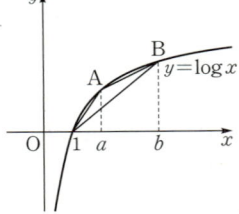

과 점 A를 지나는 직선의 기울기이고,

$B=\dfrac{1}{b-1}\log b=\dfrac{\log b}{b-1}$ 는 점 $(1, 0)$

과 점 B를 지나는 직선의 기울기이다.

또한 $C=\dfrac{1}{b-a}\log\dfrac{b}{a}=\dfrac{\log b-\log a}{b-a}$ 는 두 점 A, B를 지나는 직선의 기울기이므로 위의 그림에서

$C<B<A$

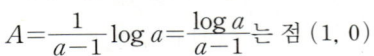 **로그함수의 최대·최소 – 진수가 일차식인 경우**

확인 문제 (1) 최댓값: 2, 최솟값: 1   (2) 최댓값: 1, 최솟값: -2

(1) 함수 $y=\log_2 x$는 x의 값이 증가하면 y의 값도 증가하므로
$2\le x\le 4$에서
$x=4$일 때 최대이고, 최댓값은 $\log_2 4=2$
$x=2$일 때 최소이고, 최솟값은 $\log_2 2=1$

(2) 함수 $y=\log_{\frac{1}{3}} x$는 x의 값이 증가하면 y의 값은 감소하므로
$\dfrac{1}{3}\le x\le 9$에서

$x=\dfrac{1}{3}$일 때 최대이고, 최댓값은 $\log_{\frac{1}{3}}\dfrac{1}{3}=1$

$x=9$일 때 최소이고, 최솟값은 $\log_{\frac{1}{3}} 9=-2$

0293

함수 $y=\log_2 (x+1)+2$는 x의 값이 증가하면 y의 값이 증가하므로 $1\le x\le 7$에서 함수 $y=\log_2 (x+1)+2$는 $x=7$일 때 최대이다.
따라서 구하는 최댓값은
$\log_2 (7+1)+2=\log_2 8+2=3+2=5$

0294

함수 $f(x)=2\log_{\frac{1}{2}} (x+k)$는 x의 값이 증가하면 $f(x)$의 값은 감소하므로 $0\le x\le 12$에서 함수 $f(x)$는 $x=0$일 때 최댓값 -4를 갖는다.
즉, $f(0)=-4$이므로
$2\log_{\frac{1}{2}} k=-4$, $\log_2 k=2$ $\therefore k=2^2=4$

$\therefore f(x)=2\log_{\frac{1}{2}} (x+4)$

한편, 함수 $f(x)$는 $x=12$일 때 최소이므로
$m=f(12)=2\log_{\frac{1}{2}} (12+4)$
    $=-2\log_2 16$
    $=-2\times 4=-8$
$\therefore k+m=4+(-8)=-4$

0295

$0<a<1$일 때, 함수 $y=\log_a (2x+1)+b$는 x의 값이 증가하면 y의 값은 감소하므로 $1\le x\le 4$에서 함수 $y=\log_a (2x+1)+b$는 $x=1$일 때 최댓값 -2를 갖는다.
$\therefore \log_a 3+b=-2$ …… ㉠
또한 주어진 함수는 $x=4$일 때 최솟값 -3을 갖는다.
즉, $\log_a 9+b=-3$이므로 $2\log_a 3+b=-3$ …… ㉡
㉡$-$㉠을 하면 $\log_a 3=-1$
$a^{-1}=3$ $\therefore a=3^{-1}=\dfrac{1}{3}$

$a=\dfrac{1}{3}$을 ㉠에 대입하면

$\log_{\frac{1}{3}} 3+b=-2$, $-1+b=-2$ $\therefore b=-1$

$\therefore ab=\dfrac{1}{3}\times(-1)=-\dfrac{1}{3}$

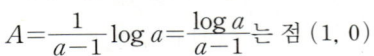 **로그함수의 최대·최소 – 진수가 이차식인 경우**

0296

$f(x)=3x^2+4$라 하면 $-2\le x\le 1$에서 함수 $f(x)$는 $x=-2$일 때 최댓값 16을 갖고, $x=0$일 때 최솟값 4를 갖는다.
한편, $a>1$이므로 함수 $y=\log_a f(x)+3$은 $f(x)$의 값이 증가하면 y의 값이 증가한다.
즉, 함수 $y=\log_a f(x)+3$은 $f(x)$가 최대일 때 최댓값을 갖는다.
이때 최댓값은 7이므로 $\log_a f(-2)+3=7$
$\log_a 16+3=7$, $4\log_a 2=4$, $\log_a 2=1$
$\therefore a=2$

0297

$f(x)=x^2-4x+31$이라 하면 $f(x)=(x-2)^2+27$이므로 함수 $f(x)$는 $x=2$일 때 최솟값 27을 갖는다.
이때 함수 $y=\log_{\frac{1}{3}} f(x)-2$는 $f(x)$의 값이 증가하면 y의 값은 감소하므로 함수 $y=\log_{\frac{1}{3}} f(x)-2$는 $f(x)$의 값이 최소일 때 최댓값을 갖는다.
따라서 구하는 최댓값은
$\log_{\frac{1}{3}} f(2)-2=\log_{\frac{1}{3}} 27-2=-3-2=-5$

0298

$f(x)=\log_{\frac{1}{2}} (8-x)+\log_{\frac{1}{2}} x$
    $=\log_{\frac{1}{2}} x(8-x)$
    $=\log_{\frac{1}{2}} (-x^2+8x)$

$g(x)=-x^2+8x$라 하면

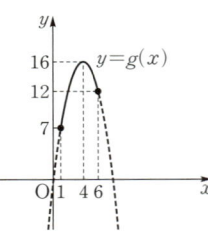

$g(x)=-(x-4)^2+16$
$1\le x\le 6$에서 함수 $g(x)$는 $x=4$일 때
최댓값 16을 갖고, $x=1$일 때 최솟값 7
을 갖는다.

이때 함수 $f(x)=\log_{\frac{1}{2}} g(x)$는 $g(x)$의 값이 증가하면 $f(x)$의 값은 감소하므로 함수 $f(x)=\log_{\frac{1}{2}} g(x)$는 $g(x)$가 최소일 때 최댓값을 갖고, $g(x)$가 최대일 때 최솟값을 갖는다.

즉, 함수 $f(x)$는 $x=1$일 때 최댓값을 갖고, $x=4$일 때 최솟값을 갖는다.

.... ❶

$\therefore a=\log_{\frac{1}{2}} g(1)=\log_{\frac{1}{2}} 7$

$\quad b=\log_{\frac{1}{2}} g(4)=\log_{\frac{1}{2}} 16=-4$

.... ❷

따라서 $2^a=2^{\log_{\frac{1}{2}} 7}=7^{\log_{\frac{1}{2}} 2}=7^{-1}=\dfrac{1}{7}$, $b=-4$이므로

$\dfrac{b}{2^a}=(-4)\times 7=-28$

.... ❸

채점 기준	배점
❶ 함수 $f(x)$를 간단히 정리하고, 최댓값과 최솟값을 가질 때의 x의 값 구하기	50%
❷ a, b의 값 구하기	30%
❸ $\dfrac{b}{2^a}$의 값 구하기	20%

0299
답 ③

$f(x)=\log_2 \dfrac{4}{x}=\log_2 4-\log_2 x=2-\log_2 x$이므로

$(f\circ g)(x)=f(g(x))=2-\log_2 g(x)$

$\qquad\qquad\qquad =\log_{\frac{1}{2}} g(x)+2$

한편, $g(x)=x^2-4x+5=(x-2)^2+1$이고, 함수 $g(x)$는 $x=2$일 때 최솟값 1을 갖는다.

이때 함수 $(f\circ g)(x)=\log_{\frac{1}{2}} g(x)+2$는 $g(x)$의 값이 증가하면 $(f\circ g)(x)$의 값은 감소하므로 함수 $(f\circ g)(x)$는 $g(x)$가 최소일 때, 최댓값을 갖는다.

따라서 함수 $(f\circ g)(x)$의 최댓값은

$(f\circ g)(2)=f(g(2))=\log_{\frac{1}{2}} g(2)+2$

$\qquad\qquad\qquad =\log_{\frac{1}{2}} 1+2=2$

0300
답 ③

$f(x)=|x^2-8x+7|$이라 하면

$f(x)=|(x-1)(x-7)|$

$\qquad =|(x-4)^2-9|$

함수 $y=f(x)$의 그래프는 오른쪽 그림과 같다.

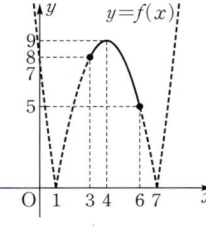

$3\le x\le 6$에서 함수 $f(x)$는 $x=4$일 때 최댓값 9를 갖고, $x=6$일 때 최솟값 5를 갖는다.

이때 함수 $y=\log_3 f(x)$는 $f(x)$의 값이 증가하면 y의 값도 증가하므로 함수 $y=\log_3 f(x)$는 $f(x)$가 최대일 때, 최댓값을 갖는다.

따라서 구하는 최댓값은

$\log_3 f(4)=\log_3 9=2$

유형 20 로그함수의 최대·최소 - $\log_a x$ 꼴이 반복되는 경우

0301
답 ①

$y=(\log_2 x)^2+\log_2 \dfrac{1}{2}x^2=(\log_2 x)^2+\log_2 \dfrac{1}{2}+\log_2 x^2$

$\quad =(\log_2 x)^2+2\log_2 x-1$

에서 $\log_2 x=t$로 놓으면

$y=t^2+2t-1=(t+1)^2-2$

따라서 주어진 함수는 $t=-1$일 때 최소이고, 최솟값은 -2이다.

0302
답 -3

$y=\left(\log_3 \dfrac{x}{3}\right)\left(\log_{\frac{1}{3}} \dfrac{x}{9}\right)=\left(\log_3 \dfrac{x}{3}\right)\left(\log_3 \dfrac{9}{x}\right)$

$\quad =(\log_3 x-1)(2-\log_3 x)$

$\quad =-(\log_3 x)^2+3\log_3 x-2$

에서 $\log_3 x=t$로 놓으면

$y=-t^2+3t-2$

$\quad =-\left(t-\dfrac{3}{2}\right)^2+\dfrac{1}{4}$

이때 $\dfrac{1}{9}\le x\le 9$에서

$\log_3 \dfrac{1}{9}\le \log_3 x\le \log_3 9$이므로

$-2\le t\le 2$

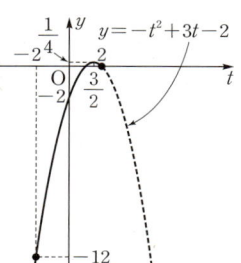

.... ❶

즉, 주어진 함수는 $t=\dfrac{3}{2}$일 때 최대이고, 최댓값은 $\dfrac{1}{4}$이다.

또한 $t=-2$일 때 최소이고, 최솟값은 -12이다.

.... ❷

따라서 구하는 최댓값과 최솟값의 곱은

$\dfrac{1}{4}\times(-12)=-3$

.... ❸

채점 기준	배점
❶ $\log_3 x=t$로 치환하여 y를 t에 대한 식으로 나타내고 t의 값의 범위 구하기	50%
❷ 최댓값과 최솟값 구하기	40%
❸ 최댓값과 최솟값의 곱 구하기	10%

0303
답 ④

$y=(\log_2 x)^2+a\log_8 x^2+b$

$\quad =(\log_2 x)^2+\dfrac{2}{3}a\log_2 x+b$

$\log_2 x=t$로 놓으면

$y=t^2+\dfrac{2}{3}at+b=\left(t+\dfrac{a}{3}\right)^2-\dfrac{a^2}{9}+b$　　…… ㉠

$x=\dfrac{1}{4}$이면 $t=-2$이고, $t=-2$일 때 ㉠은 최솟값 1을 가지므로

$-\dfrac{a}{3}=-2$, $-\dfrac{a^2}{9}+b=1$　　$\therefore a=6$, $b=5$

$\therefore a+b=6+5=11$

0304

답 ③

$y=x^{\log_2 x}$의 양변에 밑이 2인 로그를 취하면

$\log_2 y=\log_2 x^{\log_2 x}$

$\log_2 y=(\log_2 x)^2$

$\log_2 x=X$, $\log_2 y=Y$로 놓으면 $Y=X^2$

이때 $\frac{1}{2}\leq x\leq 8$에서 $\log_2 \frac{1}{2}\leq \log_2 x\leq \log_2 8$이므로

$-1\leq X\leq 3$

따라서 Y는 $X=3$일 때 최대이고, 최댓값은 9이므로

$\log_2 y=9$에서 $y=2^9$ ∴ $M=2^9$

또한 Y는 $X=0$일 때 최소이고, 최솟값은 0이므로

$\log_2 y=0$에서 $y=1$ ∴ $m=1$

∴ $Mm=2^9$

0305

답 ③

$y=x^{\log x+2}$의 양변에 상용로그를 취하면

$\log y=\log x^{\log x+2}$

$\log y=(\log x+2)\log x$

$\log y=(\log x)^2+2\log x$

$\log x=X$, $\log y=Y$로 놓으면

$Y=X^2+2X=(X+1)^2-1$

즉, Y는 $X=-1$일 때 최소이고, 최솟값은 -1이므로

$\log y=-1$에서 $y=10^{-1}=\frac{1}{10}$

따라서 주어진 함수의 최솟값은 $\frac{1}{10}$이다.

0306

답 32

$y=\dfrac{8x^4}{x^{\log_2 x}}$의 양변에 밑이 2인 로그를 취하면

$\log_2 y=\log_2 \dfrac{8x^4}{x^{\log_2 x}}$

$\log_2 y=\log_2 8x^4-\log_2 x^{\log_2 x}$

$\log_2 y=3+4\log_2 x-(\log_2 x)^2$

$\log_2 x=X$, $\log_2 y=Y$로 놓으면

$Y=-X^2+4X+3=-(X-2)^2+7$ ❶

즉, Y는 $X=2$일 때 최대이고, 최댓값은 7이므로

$\log_2 x=2$, $\log_2 y=7$에서 $x=2^2$, $y=2^7$ ❷

따라서 $a=2^2$, $b=2^7$이므로

$\dfrac{b}{a}=\dfrac{2^7}{2^2}=2^5=32$ ❸

채점 기준	배점
❶ $\log_2 x=X$, $\log_2 y=Y$로 치환한 식 세우기	40%
❷ 주어진 함수가 최댓값을 가질 때의 x, y의 값 구하기	40%
❸ $\dfrac{b}{a}$의 값 구하기	20%

0307

답 ③

$y=4\log_3 x+\log_x 9$

$=4\log_3 x+\dfrac{1}{\log_9 x}$

$=4\log_3 x+\dfrac{2}{\log_3 x}$

이때 $x>1$에서 $\log_3 x>0$이므로 산술평균과 기하평균의 관계에 의하여

$y=4\log_3 x+\dfrac{2}{\log_3 x}$

$\geq 2\sqrt{4\log_3 x\times\dfrac{2}{\log_3 x}}$

$=2\times 2\sqrt{2}=4\sqrt{2}$ (단, 등호는 $4\log_3 x=\dfrac{2}{\log_3 x}$일 때 성립한다.)

따라서 주어진 함수의 최솟값은 $4\sqrt{2}$이다.

0308

답 ②

$\log_5 x+\log_5 y=\log_5 xy$

한편, $x>0$, $y>0$이므로 산술평균과 기하평균의 관계에 의하여

$x+4y\geq 2\sqrt{4xy}$ (단, 등호는 $x=4y$일 때 성립한다.)

$20\geq 2\sqrt{4xy}$, $4xy\leq 100$

∴ $xy\leq 25$

∴ $\log_5 xy\leq \log_5 25=2$

따라서 구하는 최댓값은 2이다.

0309

답 1

$\log_4\left(x+\dfrac{1}{y}\right)+\log_4\left(y+\dfrac{1}{x}\right)=\log_4\left(x+\dfrac{1}{y}\right)\left(y+\dfrac{1}{x}\right)$

$=\log_4\left(xy+\dfrac{1}{xy}+2\right)$ ❶

이때 $x>0$, $y>0$에서 $xy>0$, $\dfrac{1}{xy}>0$이므로 산술평균과 기하평균의 관계에 의하여

$xy+\dfrac{1}{xy}+2\geq 2\sqrt{xy\times\dfrac{1}{xy}}+2$

$=2+2=4$ (단, 등호는 $xy=\dfrac{1}{xy}$일 때 성립한다.) ❷

∴ $\log_4\left(xy+\dfrac{1}{xy}+2\right)\geq \log_4 4=1$

따라서 구하는 최솟값은 1이다. ❸

채점 기준	배점
❶ 주어진 식을 정리하기	30%
❷ 산술평균과 기하평균의 관계 이용하기	50%
❸ 최솟값 구하기	20%

0310

답 ③

$y=\log_2 \dfrac{1}{x}=\log_2 x^{-1}$

$\quad =-\log_2 x=\log_{2^{-1}} x$

$\quad =\log_{\frac{1}{2}} x$

이므로 그래프는 오른쪽 그림과 같다.

③ 함수 $y=\log_2 \dfrac{1}{x}$ 의 치역은 실수 전체

　의 집합이다. (거짓)

따라서 옳지 않은 것은 ③이다.

0311

답 ①

$y=16\times 2^{2x}-3=4^{x+2}-3$ 이고, 이 그래프를 x축의 방향으로 m만큼, y축의 방향으로 n만큼 평행이동한 그래프의 식은

$y=4^{x+2-m}-3+n$

이 식이 $y=4^x$과 일치하므로

$m=2,\ n=3 \qquad \therefore mn=2\times 3=6$

0312

답 ④

$f\left(\dfrac{k}{2}\right)=3$ 이므로 $a^{\frac{k}{2}}+a^{-\frac{k}{2}}=3$

$(a^{\frac{k}{2}}+a^{-\frac{k}{2}})^2=9,\ a^k+a^{-k}+2=9$

$\therefore a^k+a^{-k}=7$

$\therefore f(-2k)=a^{-2k}+a^{2k}=(a^k+a^{-k})^2-2$

$\qquad\qquad =7^2-2=47$

0313

답 ⑤

함수 $y=\log_{\frac{1}{2}}(x-a)$ 는 x의 값이 증가하면 y의 값은 감소하므로 $2\leq x\leq 6$ 에서 함수 $y=\log_{\frac{1}{2}}(x-a)$ 는 $x=2$일 때 최댓값 0을 갖는다.

따라서 $\log_{\frac{1}{2}}(2-a)=0$ 이므로 $2-a=1$

$\therefore a=1$

0314

답 30

함수 $y=\log x$ 의 그래프를 x축의 방향으로 a만큼, y축의 방향으로 b만큼 평행이동한 그래프의 식은

$y=\log (x-a)+b$

이 그래프가 점 $(6,\ b)$ 를 지나므로

$b=\log (6-a)+b,\ 6-a=1 \qquad \therefore a=5$

또한 함수 $y=\log (x-5)+b$ 의 그래프가 점 $(15,\ 7)$을 지나므로

$7=\log (15-5)+b,\ 7=1+b \qquad \therefore b=6$

$\therefore ab=5\times 6=30$

0315

답 ③

$\sqrt[5]{16}=\sqrt[5]{2^4}=2^{\frac{4}{5}}$

$\sqrt{\sqrt{32}}=\sqrt[4]{2^5}=2^{\frac{5}{4}}$

$(0.125)^{-\frac{2}{9}}=\left(\dfrac{1}{8}\right)^{-\frac{2}{9}}=(2^{-3})^{-\frac{2}{9}}=2^{\frac{2}{3}}$

$\left(\dfrac{1}{64}\right)^{-0.2}=(2^{-6})^{-0.2}=2^{1.2}=2^{\frac{6}{5}}$

이때 (밑)>1이고, $\dfrac{2}{3}<\dfrac{4}{5}<\dfrac{6}{5}<\dfrac{5}{4}$ 이므로

$2^{\frac{2}{3}}<2^{\frac{4}{5}}<2^{\frac{6}{5}}<2^{\frac{5}{4}}$

따라서 가장 큰 수는 $2^{\frac{5}{4}}$, 가장 작은 수는 $2^{\frac{2}{3}}$ 이므로 그 곱은

$2^{\frac{5}{4}}\times 2^{\frac{2}{3}}=2^{\frac{5}{4}+\frac{2}{3}}=2^{\frac{23}{12}}$

0316

답 127

$(f\circ g)(x)=x$ 이므로 함수 $g(x)$ 는 함수 $f(x)$ 의 역함수이다.

$g(3)=k$ 라 하면 $f(k)=3$ 이므로

$\log_2 (k+1)=3,\ k+1=2^3=8 \qquad \therefore k=7$

$\therefore (g\circ g)(3)=g(g(3))=g(7)$

이때 $g(7)=l$ 이라 하면 $f(l)=7$ 이므로

$\log_2 (l+1)=7,\ l+1=2^7=128$

$\therefore l=127$

$\therefore (g\circ g)(3)=g(7)=127$

0317

답 ②

$f(x)=3+\left(\dfrac{1}{3}\right)^{x+k}$ 에서 $0<$(밑)<1이므로 $1\leq x\leq 3$ 에서 함수

$f(x)=3+\left(\dfrac{1}{3}\right)^{x+k}$ 은 $x=1$일 때 최대이다.

이때 최댓값이 6이므로 $f(1)=6$에서

$3+\left(\dfrac{1}{3}\right)^{k+1}=6$

$\left(\dfrac{1}{3}\right)^{k+1}=3,\ 3^{-k-1}=3$

$-k-1=1 \qquad \therefore k=-2$

따라서 함수 $f(x)=3+\left(\dfrac{1}{3}\right)^{x-2}$ 의 최솟값은

$f(3)=3+\left(\dfrac{1}{3}\right)^{3-2}=3+\dfrac{1}{3}=\dfrac{10}{3}$

0318

답 ④

ㄱ. $a>b>1$이면 $0<\dfrac{1}{a}<1$이므로

　　두 함수 $f(x)=\log_{\frac{1}{a}} x$,

　　$g(x)=\log_b x$의 그래프는 오른쪽

　　그림과 같다.

　　따라서 $0<x<1$에서 $f(x)>g(x)$

　　이다. (거짓)

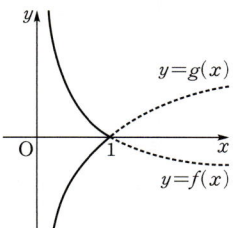

ㄴ. $0<a<b<1$이면 $\dfrac{1}{a}>1$이므로

두 함수 $f(x)=\log_{\frac{1}{a}} x$,

$g(x)=\log_b x$의 그래프는 오른쪽

그림과 같다.

따라서 $0<x<1$에서 $f(x)<g(x)$

이다. (참)

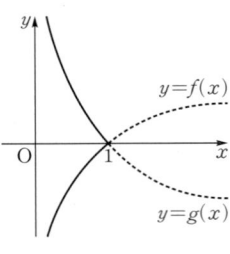

ㄷ. $0<a<\dfrac{1}{2}$, $1<b<2$이면

$1<b<2<\dfrac{1}{a}$이므로 두 함수

$f(x)=\log_{\frac{1}{a}} x$, $g(x)=\log_b x$의 그

래프는 오른쪽 그림과 같다.

따라서 $0<x<1$에서 $f(x)>g(x)$

이다. (참)

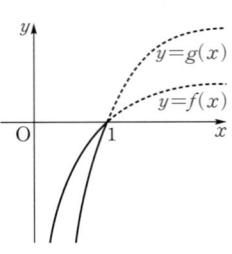

그러므로 옳은 것은 ㄴ, ㄷ이다.

0319

답 ①

함수 $y=\log_a (x+b)$의 그래프는 함수 $y=\log_a x$의 그래프를 x축

의 방향으로 $-b$만큼 평행이동한 것이다.

함수 $y=\log_a (x+b)$가 x의 값이 증가할 때 y의 값도 증가하므로

$a>1$이고, $x=0$일 때 $\log_a b<0=\log_a 1$이므로 $0<b<1$이다.

한편, 함수 $y=\log_b (x+a)$의 그래프는 함수 $y=\log_b x$의 그래프

를 x축의 방향으로 $-a$만큼 평행이동한 것이고, $-a<-1$이므로

함수 $y=\log_b (x+a)$의 그래프로 알맞은 것은 ①이다.

0320

답 ④

$0<a<\dfrac{1}{2}$일 때,

$A=-\log_2 a$에서 $\log_2 a<-1$이므로 $-\log_2 a>1$

$\therefore A>1$

$B=(\log_2 a)^2$이고, $-\log_2 a>1$이므로

$(\log_2 a)^2=(-\log_2 a)^2>-\log_2 a>1$

$\therefore B>A>1$

$C=\log_a \dfrac{1}{2}=-\log_a 2=-\dfrac{1}{\log_2 a}$이고, $-\log_2 a>1$이므로

$0<-\dfrac{1}{\log_2 a}<1$ $\therefore 0<C<1$

$\therefore C<A<B$

0321

답 7

$f(x)=x^2-2x+17$이라 하면

$f(x)=(x-1)^2+16$

이므로 함수 $f(x)$는 $x=1$일 때 최솟값 16을 갖는다.

한편, $a>4$이므로 $a-3>1$이고, 함수 $y=\log_{a-3} f(x)$의 밑이 1보

다 크므로 $f(x)$의 값이 증가하면 y의 값도 증가한다.

즉, 함수 $y=\log_{a-3} f(x)$는 함수 $f(x)$가 최소일 때, 최솟값 2를

가지므로

$\log_{a-3} f(1)=2$, $\log_{a-3} 16=2$, $(a-3)^2=16$

$a>4$이므로 $a-3=4$ $\therefore a=7$

0322

답 ②

함수 $y=a^x-1$의 역함수가 함수 $y=\log_a (x+1)$이므로 두 함수의

그래프는 직선 $y=x$에 대하여 대칭이다.

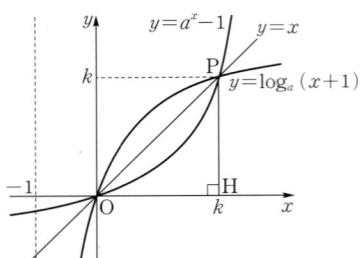

$a>1$이므로 점 P는 직선 $y=x$ 위의 점이고, 점 P의 좌표를 (k, k)

라 하면 점 P는 곡선 $y=\log_a (x+1)$ 위의 점이므로 $k>-1$

이때 삼각형 OHP의 넓이가 2이므로

$\dfrac{1}{2}\times\overline{\mathrm{OH}}\times\overline{\mathrm{PH}}=2$

$\dfrac{1}{2}\times|k|\times|k|=2$, $k^2=4$ $\therefore k=2\ (\because k>-1)$

점 P$(2, 2)$가 곡선 $y=a^x-1$ 위의 점이므로

$2=a^2-1$, $a^2=3$

$\therefore a=\sqrt{3}\ (\because a>1)$

> **참고**
>
> 실수 전체의 집합에서 x의 값이 증가하면 y의 값이 증가하는 함수 $f(x)$
>
> 가 역함수를 가질 때, 함수 $y=f(x)$의 그래프와 그 역함수의 그래프의 교
>
> 점이 존재하면 이 점은 직선 $y=x$ 위의 점이다.

0323

답 ①

$g(x)=x^2+2x+3$이라 하면

$g(x)=(x+1)^2+2$

이므로 함수 $g(x)$는 $x=-1$일 때 최솟값 2를 갖는다.

한편, $f(x)=a^{g(x)}$에서 $a>1$이면 함수 $f(x)$는 $g(x)$가 최대일 때

최댓값을 갖고, $0<a<1$이면 함수 $f(x)$는 $g(x)$가 최소일 때 최댓

값을 갖는다.

$\therefore 0<a<1$

함수 $f(x)=a^{g(x)}$의 최댓값이 $\dfrac{1}{3}$이므로

$a^{g(-1)}=\dfrac{1}{3}$에서

$a^2=\dfrac{1}{3}$ $\therefore a=\dfrac{1}{\sqrt{3}}\ (\because a>0)$

따라서 $f(x)=\left(\dfrac{1}{\sqrt{3}}\right)^{x^2+2x+3}$이므로

$f(-3)=\left(\dfrac{1}{\sqrt{3}}\right)^6=\dfrac{1}{27}$

0324

답 18

곡선 $y=n^x$과 직선 $x=1$의 교점의 좌표는 A$(1, n)$

곡선 $y=2^x$과 직선 $x=1$의 교점의 좌표는 B$(1, 2)$

곡선 $y=n^x$과 직선 $x=2$의 교점의 좌표는 C$(2, n^2)$

곡선 $y=2^x$과 직선 $x=2$의 교점의 좌표는 D$(2, 4)$

$\therefore \overline{\mathrm{AB}}=n-2$, $\overline{\mathrm{CD}}=n^2-4$

사다리꼴 ABDC의 넓이가 18 이하이므로

$\frac{1}{2} \times (\overline{AB} + \overline{CD}) \times 1 \leq 18$

$\frac{1}{2} \times \{(n-2) + (n^2-4)\} \times 1 \leq 18$

$\frac{1}{2} \times (n^2 + n - 6) \leq 18$, $n^2 + n - 42 \leq 0$

$(n+7)(n-6) \leq 0$ ∴ $-7 \leq n \leq 6$

이때 n은 3 이상의 자연수이므로

$3 \leq n \leq 6$

따라서 모든 자연수 n의 값의 합은

$3 + 4 + 5 + 6 = 18$

0325

답 ②

$y = (\log_2 x)(\log_{\frac{1}{2}} x) + 2\log_2 x$

$\quad = (\log_2 x)(-\log_2 x) + 2\log_2 x$

$\quad = -(\log_2 x)^2 + 2\log_2 x$

$\log_2 x = t$로 놓으면

$y = -t^2 + 2t = -(t-1)^2 + 1$

이때 $1 \leq x \leq 16$에서

$\log_2 1 \leq \log_2 x \leq \log_2 16$이므로

$0 \leq t \leq 4$

따라서 함수 $y = -t^2 + 2t$는 $t = 1$일 때

최대이고, 최댓값은 1이다.

∴ $M = 1$

또한 $t = 4$일 때 최소이고, 최솟값은 -8

이다.

∴ $m = -8$

∴ $M + m = 1 + (-8) = -7$

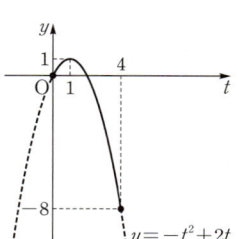

0326

답 4

$1 + \log_3 x + \log_3 y = \log_3 3xy$

한편, $x > 0$, $y > 0$이므로 산술평균과 기하평균의 관계에 의하여

$3x + y \geq 2\sqrt{3xy}$ (단, 등호는 $3x = y$일 때 성립한다.)

$18 \geq 2\sqrt{3xy}$, $3xy \leq 81$

∴ $\log_3 3xy \leq \log_3 81 = 4$

따라서 구하는 최댓값은 4이다.

0327

답 ②

$f(x) = \frac{a^x - a^{-x}}{2}$, $g(x) = \frac{a^x + a^{-x}}{2}$에서

ㄱ. $f(-x) = \frac{a^{-x} - a^x}{2} = -\frac{a^x - a^{-x}}{2} = -f(x)$ (참)

ㄴ. $a^x > 0$, $a^{-x} > 0$이므로 산술평균과 기하평균의 관계에 의하여

$\quad g(x) = \frac{a^x + a^{-x}}{2} \geq \frac{2\sqrt{a^x \times a^{-x}}}{2} = \frac{2}{2} = 1$

$\qquad\qquad\qquad$ (단, 등호는 $a^x = a^{-x}$일 때 성립한다.)

즉, 함수 $g(x)$의 최솟값은 1이다. (참)

ㄷ. $\{f(x)\}^2 + \{g(x)\}^2 = \left(\frac{a^x - a^{-x}}{2}\right)^2 + \left(\frac{a^x + a^{-x}}{2}\right)^2$

$\qquad\qquad\qquad\qquad = \frac{a^{2x} + a^{-2x} - 2}{4} + \frac{a^{2x} + a^{-2x} + 2}{4}$

$\qquad\qquad\qquad\qquad = \frac{2(a^{2x} + a^{-2x})}{4} = \frac{a^{2x} + a^{-2x}}{2}$

이때 $a^{2x} > 0$, $a^{-2x} > 0$이므로 산술평균과 기하평균의 관계에 의하여

$\{f(x)\}^2 + \{g(x)\}^2 = \frac{a^{2x} + a^{-2x}}{2} \geq \frac{2\sqrt{a^{2x} \times a^{-2x}}}{2} = \frac{2}{2} = 1$

$\qquad\qquad$ (단, 등호는 $a^{2x} = a^{-2x}$일 때 성립한다.)

즉, $\{f(x)\}^2 + \{g(x)\}^2$의 최솟값은 1이다. (거짓)

따라서 옳은 것은 ㄱ, ㄴ이다.

0328

답 ②

직선 $x = k$가 곡선 $y = \log_2 x$와 만나는 점은

$A(k, \log_2 k)$

직선 $x = k$가 곡선 $y = -\log_2 (8-x)$와 만나는 점은

$B(k, -\log_2 (8-k))$

∴ $\overline{AB} = |\log_2 k - \{-\log_2 (8-k)\}|$

$\qquad = |\log_2 k + \log_2 (8-k)|$

$\qquad = |\log_2 k(8-k)|$

이때 $\overline{AB} = 2$이므로

(i) $\log_2 k(8-k) = 2$일 때

$\quad -k^2 + 8k = 2^2$ ∴ $k^2 - 8k + 4 = 0$

이차방정식의 근과 계수의 관계에 의하여 (i)에서의 모든 실수 k의 값의 곱은 4이다.

(ii) $\log_2 k(8-k) = -2$일 때

$\quad -k^2 + 8k = 2^{-2}$ ∴ $k^2 - 8k + \frac{1}{4} = 0$

이차방정식의 근과 계수의 관계에 의하여 (ii)에서의 모든 실수 k의 값의 곱은 $\frac{1}{4}$이다.

(i), (ii)에서 모든 실수 k의 값의 곱은

$4 \times \frac{1}{4} = 1$

0329

답 13

$y = -\left(\frac{1}{4}\right)^x + 2^{-x+2} + k$

$\quad = -\left\{\left(\frac{1}{2}\right)^x\right\}^2 + 4 \times \left(\frac{1}{2}\right)^x + k$

$\left(\frac{1}{2}\right)^x = t$ $(t > 0)$로 놓으면

$y = -t^2 + 4t + k$

$\quad = -(t-2)^2 + k + 4$

이때 $-3 \leq x \leq 0$에서 $\left(\frac{1}{2}\right)^0 \leq \left(\frac{1}{2}\right)^x \leq \left(\frac{1}{2}\right)^{-3}$이므로

$1 \leq t \leq 8$

따라서 주어진 함수는 $t=8$일 때 최소이고, 최솟값이 -22이므로

$k-32=-22$

$\therefore k=10$

   ❷

또한 $t=2$, 즉 $x=-1$일 때 최대이고, 최댓값은

$k+4=10+4=14$

따라서 $a=-1$, $M=14$이므로

$a+M=-1+14=13$

   ❸

채점 기준	배점
❶ $\left(\dfrac{1}{2}\right)^x=t$로 치환하여 y를 t에 대한 식으로 나타내고 t의 값의 범위 구하기	40%
❷ k의 값 구하기	30%
❸ $a+M$의 값 구하기	30%

0330
답 1

$A(a, \log_2 a+2)$, $B(b, \log_2 b+2)$ $(a<b)$라 하자.

두 점 A, B가 직선 $y=x+k$ 위의 점이고, 직선 $y=x+k$의 기울기는 1이므로

$\dfrac{(\log_2 b+2)-(\log_2 a+2)}{b-a}=1$

$\dfrac{\log_2 b-\log_2 a}{b-a}=1$

$\therefore \log_2 b-\log_2 a=b-a$ ······ ㉠

   ❶

이때 직선 AB와 두 직선 l, m으로 둘러싸인 부분의 넓이가 $\dfrac{1}{2}$이므로

$\dfrac{1}{2}\times(b-a)\times(\log_2 b-\log_2 a)=\dfrac{1}{2}$

$\dfrac{1}{2}\times(b-a)^2=\dfrac{1}{2}$ $(\because ㉠)$

$(b-a)^2=1$, $b-a=1$ $(\because a<b)$

$\therefore b=a+1$ ······ ㉡

   ❷

㉡을 ㉠에 대입하면

$\log_2(a+1)-\log_2 a=(a+1)-a$

$\log_2 \dfrac{a+1}{a}=1$, $\dfrac{a+1}{a}=2$

$a+1=2a$ $\therefore a=1$

$\therefore A(1, 2)$

   ❸

따라서 직선 $y=x+k$는 점 $A(1, 2)$를 지나므로

$2=1+k$ $\therefore k=1$

   ❹

채점 기준	배점
❶ 두 점 A, B가 직선 $y=x+k$ 위의 점임을 이용하여 식 세우기	30%
❷ 세 직선으로 둘러싸인 부분의 넓이를 이용하여 식 세우기	30%
❸ 점 A 또는 점 B의 좌표 구하기	20%
❹ k의 값 구하기	20%

0331
답 ②

1보다 큰 실수 a에 대하여 $0<\dfrac{a-1}{a}<1$이므로

$\left(\dfrac{a-1}{a}\right)^0>\left(\dfrac{a-1}{a}\right)^{\frac{a-1}{a}}>\left(\dfrac{a-1}{a}\right)^1$

$\therefore \dfrac{a-1}{a}<\left(\dfrac{a-1}{a}\right)^{\frac{a-1}{a}}<1$

같은 방법으로 하면

$\left(\dfrac{a-1}{a}\right)^{\frac{a-1}{a}}>\left(\dfrac{a-1}{a}\right)^{\left(\frac{a-1}{a}\right)^{\frac{a-1}{a}}}>\left(\dfrac{a-1}{a}\right)^1$

$\therefore \dfrac{a-1}{a}<\left(\dfrac{a-1}{a}\right)^{\left(\frac{a-1}{a}\right)^{\frac{a-1}{a}}}<\left(\dfrac{a-1}{a}\right)^{\frac{a-1}{a}}$

$\therefore A<C<B$

0332
답 ②

곡선 $y=\log_2 x$는 점 $(1, 0)$을 지나고, 직선 $x=4$와 점 $(4, 2)$에서 만나므로

$A(1, 0)$, $P(4, 2)$

직선 $x=4$가 x축과 만나는 점 R의 좌표는 $R(4, 0)$

$\overline{PQ}=\dfrac{1}{2}\overline{PR}$을 만족시키는 점 Q의 좌표는 $Q(4, 3)$

점 $Q(4, 3)$이 곡선 $y=\log_2(x+a)$ 위의 점이므로

$3=\log_2(4+a)$, $4+a=2^3=8$ $\therefore a=4$

즉, 곡선 $y=\log_2(x+4)$가 x축과 만나는 점의 x좌표는

$\log_2(x+4)=0$에서 $x+4=1$ $\therefore x=-3$

$\therefore B(-3, 0)$

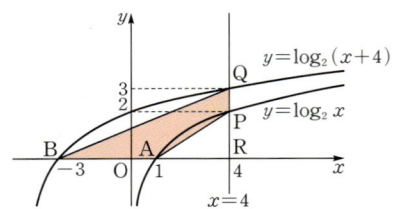

따라서 사각형 APQB의 넓이는

$\triangle BRQ-\triangle ARP=\dfrac{1}{2}\times7\times3-\dfrac{1}{2}\times3\times2=\dfrac{15}{2}$

0333
답 ①

삼각형 ABC가 $\angle A=90°$인 직각삼각형이므로 삼각형 ABC의 넓이 $S(x)$는

$S(x)=\dfrac{1}{2}\times\overline{AB}\times\overline{AC}$

$=\dfrac{1}{2}\times2\log_2 x\times\log_4 \dfrac{16}{x}$

$=\log_2 x\times(\log_4 16-\log_4 x)$

$=\log_2 x\times\left(2-\dfrac{1}{2}\log_2 x\right)$

$=-\dfrac{1}{2}(\log_2 x)^2+2\log_2 x$

$\log_2 x = t$로 놓으면

$y = -\dfrac{1}{2}t^2 + 2t = -\dfrac{1}{2}(t-2)^2 + 2$

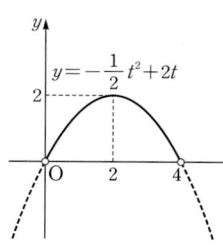

이때 $1 < x < 16$에서

$\log_2 1 < \log_2 x < \log_2 16$이므로

$0 < t < 4$

따라서 $S(x)$는 $t=2$, 즉 $x=4$일 때 최

댓값 2를 가지므로

$a = 4$, $M = 2$

$\therefore a + M = 4 + 2 = 6$

0334
<답 ④>

곡선 $f(x) = 2^{x+2} - 2$를 직선 $y=x$에 대하여 대칭이동한 곡선의 식이 $y = g(x)$이므로 함수 $y = g(x)$는 함수 $y = f(x)$의 역함수이다.

$y = 2^{x+2} - 2$에서 $y + 2 = 2^{x+2}$

$x + 2 = \log_2 (y+2)$

$x = \log_2 (y+2) - 2$

x와 y를 서로 바꾸면

$y = \log_2 (x+2) - 2$

$\therefore g(x) = \log_2 (x+2) - 2$

한편, 직선 $y=2$와 곡선 $y = f(x)$의 교점을 A$(a, 2)$라 하면

$2 = 2^{a+2} - 2$에서

$4 = 2^{a+2}$, $a + 2 = 2$ $\quad \therefore a = 0$

$\therefore$ A$(0, 2)$

직선 $y=2$와 곡선 $y = g(x)$의 교점을 B$(b, 2)$라 하면

$2 = \log_2 (b+2) - 2$에서

$4 = \log_2 (b+2)$, $b + 2 = 2^4 = 16$ $\quad \therefore b = 14$

$\therefore$ B$(14, 2)$

선분 AB를 $6 : 1$로 내분하는 점이 C이므로

C$\left(\dfrac{6 \times 14 + 1 \times 0}{6+1}, \dfrac{6 \times 2 + 1 \times 2}{6+1} \right)$, 즉 C$(12, 2)$

곡선 $y = g(x)$를 x축의 방향으로 k만큼 평행이동한 곡선의 식은

$y = \log_2 (x + 2 - k) - 2$

점 C$(12, 2)$가 이 곡선 위의 점이므로

$2 = \log_2 (12 + 2 - k) - 2$

$4 = \log_2 (14 - k)$, $14 - k = 2^4 = 16$

$\therefore k = -2$

0335
<답 ③>

P$(p, \log_a p)$, Q$(q, \log_a q)$ $(p > q)$라 하면 선분 PQ의 중점은 원 C의 중심 $\left(\dfrac{5}{4}, 0 \right)$과 일치하므로

$\dfrac{p+q}{2} = \dfrac{5}{4}$에서 $p + q = \dfrac{5}{2}$ $\qquad \cdots\cdots$ ㉠

$\dfrac{\log_a p + \log_a q}{2} = 0$에서 $\log_a pq = 0$ $\quad \therefore pq = 1$ $\qquad \cdots\cdots$ ㉡

㉠, ㉡에서 p, q는 이차방정식 $t^2 - \dfrac{5}{2}t + 1 = 0$의 두 실근이므로

$2t^2 - 5t + 2 = 0$, $(2t-1)(t-2) = 0$

$\therefore t = \dfrac{1}{2}$ 또는 $t = 2$

$\therefore p = 2$, $q = \dfrac{1}{2}$ $(\because p > q)$

$\therefore$ P$\left(2, \log_a 2\right)$, Q$\left(\dfrac{1}{2}, \log_a \dfrac{1}{2} \right)$

점 P$(2, \log_a 2)$와 원 C의 중심 사이의 거리는 원 C의 반지름의 길이와 같으므로

$\sqrt{ \left(2 - \dfrac{5}{4} \right)^2 + (\log_a 2)^2 } = \sqrt{ \dfrac{13}{16} }$

$\dfrac{9}{16} + (\log_a 2)^2 = \dfrac{13}{16}$, $(\log_a 2)^2 = \dfrac{1}{4}$

이때 $a > 1$에서 $\log_a 2 > 0$이므로

$\log_a 2 = \dfrac{1}{2}$, $a^{\frac{1}{2}} = 2$

$\therefore a = 2^2 = 4$

0336
<답 4>

직선 $y = -x + 7$ 위의 점 A의 x좌표를 k라 하면

A$(k, -k+7)$

점 A는 제1사분면 위의 점이므로

$0 < k < 7$ $\qquad \cdots\cdots$ ㉠

직선 $y = -x + 7$의 x절편은 7이므로 C$(7, 0)$

이때 $\overline{AC} = 2\sqrt{2}$이므로

$\sqrt{(k-7)^2 + (-k+7)^2} = 2\sqrt{2}$

$2(k-7)^2 = 8$, $(k-7)^2 = 4$

$k - 7 = 2$ 또는 $k - 7 = -2$

$\therefore k = 5$ $(\because$ ㉠$)$

$\therefore$ A$(5, 2)$

점 B는 선분 AC의 중점이므로

B$\left(\dfrac{5+7}{2}, \dfrac{2}{2} \right)$, 즉 B$(6, 1)$

점 A$(5, 2)$가 곡선 $y = a^{x-4}$ 위의 점이므로

$2 = a^{5-4}$ $\quad \therefore a = 2$

점 B$(6, 1)$이 곡선 $y = \log_b (x-4)$ 위의 점이므로

$1 = \log_b (6-4)$ $\quad \therefore b = 2$

$\therefore a + b = 2 + 2 = 4$

0337
<답 ②>

점 A의 좌표를 $(a, \log_3 a)$ $(a > 1)$라 하면 점 B의 y좌표는 $\log_3 a$이므로 점 B의 x좌표는 $\log_{\frac{1}{3}} (-x) = \log_3 a$에서

$-\log_3 (-x) = \log_3 a$

$\log_3 \left(-\dfrac{1}{x} \right) = \log_3 a$

$-\dfrac{1}{x} = a$ $\quad \therefore x = -\dfrac{1}{a}$

따라서 점 B의 좌표는 $\left(-\dfrac{1}{a}, \log_3 a \right)$이다.

한편, $y = \log_{\frac{1}{3}} (-x) = -\log_3 (-x)$이므로 함수 $y = \log_{\frac{1}{3}} (-x)$의 그래프는 함수 $y = \log_3 x$의 그래프를 원점에 대하여 대칭이동한 것이다.

즉, 원점 O는 선분 AC, 선분 BD의 중점이고
$C(-a, -\log_3 a)$, $D\left(\dfrac{1}{a}, -\log_3 a\right)$

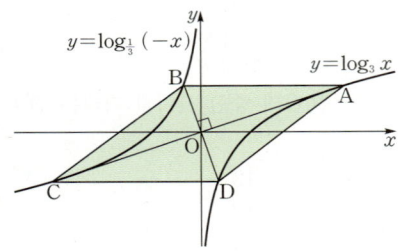

이때 사각형 ABCD가 마름모이므로 두 직선 AC, BD는 서로 수직이다.

즉, $\dfrac{\log_3 a-(-\log_3 a)}{a-(-a)} \times \dfrac{-\log_3 a-\log_3 a}{\dfrac{1}{a}-\left(-\dfrac{1}{a}\right)}=-1$에서

$\dfrac{2\log_3 a}{2a} \times \dfrac{-2\log_3 a}{\dfrac{2}{a}}=-1$, $(\log_3 a)^2=1$

$\log_3 a=1$ 또는 $\log_3 a=-1$ $\therefore a=3$ 또는 $a=\dfrac{1}{3}$

이때 $a>1$이므로 $a=3$

따라서 $A(3, 1)$, $B\left(-\dfrac{1}{3}, 1\right)$, $C(-3, -1)$, $D\left(\dfrac{1}{3}, -1\right)$이므로

사각형 ABCD의 넓이는 $\overline{AB}$를 밑변으로 생각하면

$\left\{3-\left(-\dfrac{1}{3}\right)\right\} \times \{1-(-1)\}=\dfrac{10}{3} \times 2=\dfrac{20}{3}$

0338
답 ③

$P(t, 3^{t-2}+3)$, $Q\left(t, 1-\left(\dfrac{1}{3}\right)^t\right)$이므로

$f(t)=\overline{PQ}$

$\quad=(3^{t-2}+3)-\left\{1-\left(\dfrac{1}{3}\right)^t\right\}$

$\quad=3^{t-2}+\left(\dfrac{1}{3}\right)^t+2$

$\quad=\dfrac{3^t}{9}+\left(\dfrac{1}{3}\right)^t+2$

한편, $\dfrac{3^t}{9}>0$, $\left(\dfrac{1}{3}\right)^t>0$이므로 산술평균과 기하평균의 관계에 의하여

$f(t)=\dfrac{3^t}{9}+\left(\dfrac{1}{3}\right)^t+2$

$\quad\geq 2\sqrt{\dfrac{3^t}{9} \times \left(\dfrac{1}{3}\right)^t}+2$

$\quad=2\sqrt{\dfrac{1}{9}}+2$

$\quad=2\times\dfrac{1}{3}+2=\dfrac{8}{3}$ $\left(\text{단, 등호는 }\dfrac{3^t}{9}=\left(\dfrac{1}{3}\right)^t\text{일 때 성립한다.}\right)$

이때 $\dfrac{3^t}{9}=\left(\dfrac{1}{3}\right)^t$에서 $\dfrac{3^t}{9}=\dfrac{1}{3^t}$

$(3^t)^2=9$, $3^t=3$ $\therefore t=1$

즉, 함수 $f(t)$는 $t=1$에서 최솟값 $\dfrac{8}{3}$을 갖는다.

따라서 $a=1$, $b=\dfrac{8}{3}$이므로

$a+b=1+\dfrac{8}{3}=\dfrac{11}{3}$

0339
답 ④

함수 $y=\log_3|x|$의 그래프는 $y=\log_3 x$의 그래프에 $y=\log_3 x$의 그래프를 y축에 대하여 대칭이동한 그래프를 추가한 것이고,

함수 $y=|\log_3|x||$의 그래프는 $y=\log_3|x|$의 그래프에서 $y\geq 0$인 부분은 그대로 두고, $y<0$인 부분은 x축에 대하여 대칭이동한 것이므로 위의 그림과 같다.

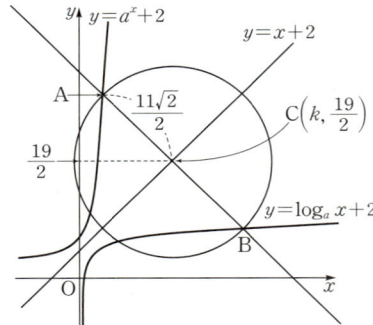

네 점 A, B, C, D의 x좌표를 각각 a, b, c, d $(a<b<0<c<d)$라 하면 함수 $y=|\log_3|x||$의 그래프는 y축에 대하여 대칭이고 $\overline{AB}=\overline{BC}=\overline{CD}$이므로

$a=-3c$, $b=-c$, $d=3c$

이때 점 $C(c, k)$는 함수 $y=-\log_3 x$의 그래프 위의 점이고, 점 $D(3c, k)$는 함수 $y=\log_3 x$의 그래프 위의 점이므로

$k=-\log_3 c$, $k=\log_3 3c$에서

$-\log_3 c=\log_3 3c$, $-\log_3 c=1+\log_3 c$ $\therefore \log_3 c=-\dfrac{1}{2}$

$\therefore k=-\log_3 c=-\left(-\dfrac{1}{2}\right)=\dfrac{1}{2}$

0340
답 13

곡선 $y=a^x+2$는 곡선 $y=a^x$을 y축의 방향으로 2만큼 평행이동한 것이고, 곡선 $y=\log_a x+2$는 곡선 $y=\log_a x$를 y축의 방향으로 2만큼 평행이동한 것이다.

이때 두 함수 $y=a^x$, $y=\log_a x$는 역함수 관계이므로 이 두 곡선은 직선 $y=x$에 대하여 대칭이다.

따라서 두 곡선 $y=a^x+2$, $y=\log_a x+2$는 직선 $y=x+2$에 대하여 대칭이다.

선분 AB를 지름으로 하는 원의 중심을 점 $C\left(k, \dfrac{19}{2}\right)$라 하면 점 C는 선분 AB의 중점이므로 점 C는 직선 $y=x+2$ 위의 점이다.

따라서 $\dfrac{19}{2}=k+2$이므로 $k=\dfrac{15}{2}$ $\therefore C\left(\dfrac{15}{2}, \dfrac{19}{2}\right)$

넓이가 $\dfrac{121}{2}\pi$인 원의 반지름의 길이는 $\sqrt{\dfrac{121}{2}}=\dfrac{11\sqrt{2}}{2}$이므로

$\overline{AC}=\dfrac{11\sqrt{2}}{2}$이다.

이때 직선 AB의 기울기가 -1이므로 점 A의 좌표는

$\left(\dfrac{15}{2}-\dfrac{11}{2}, \dfrac{19}{2}+\dfrac{11}{2}\right)$, 즉 $(2, 15)$

점 $A(2, 15)$가 곡선 $y=a^x+2$ 위의 점이므로

$15=a^2+2$ $\therefore a^2=13$

선분 AB를 지름으로 하는 원의 중심을 점 $C\left(k, \dfrac{19}{2}\right)$라 하면 점 C

는 선분 AB의 중점이다.

두 곡선 $y=a^x+2$, $y=\log_a x+2$를 y축의 방향으로 각각 -2만큼

평행이동한 두 곡선 $y=a^x$, $y=\log_a x$가 직선 $y=x$에 대하여 대칭

이므로 두 점 A, B를 y축의 방향으로 각각 -2만큼 평행이동한 두

점을 A′, B′이라 하면 두 점 A′, B′도 직선 $y=x$에 대하여 대칭이다.

점 C를 y축의 방향으로 -2만큼 평행이동한 점을 C′이라 하면

점 $C'\left(k, \dfrac{15}{2}\right)$가 직선 $y=x$ 위의 점이므로

$$k=\dfrac{15}{2}$$

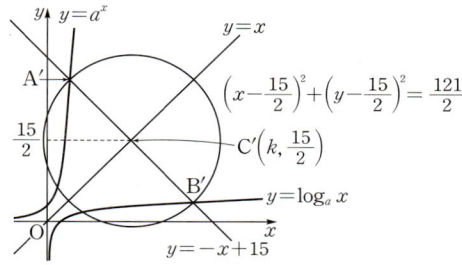

점 $C'\left(\dfrac{15}{2}, \dfrac{15}{2}\right)$를 지나고 기울기가 -1인 직선의 방정식은

$$y-\dfrac{15}{2}=-\left(x-\dfrac{15}{2}\right) \qquad \therefore y=-x+15 \quad \cdots\cdots \text{㉠}$$

중심이 $C'\left(\dfrac{15}{2}, \dfrac{15}{2}\right)$이고 넓이가 $\dfrac{121}{2}\pi$인 원의 방정식은

$$\left(x-\dfrac{15}{2}\right)^2+\left(y-\dfrac{15}{2}\right)^2=\dfrac{121}{2} \qquad \cdots\cdots \text{㉡}$$

㉠을 ㉡에 대입하면

$$\left(x-\dfrac{15}{2}\right)^2+\left(-x+15-\dfrac{15}{2}\right)^2=\dfrac{121}{2}$$

$$\left(x-\dfrac{15}{2}\right)^2=\dfrac{121}{4}$$

$$x-\dfrac{15}{2}=-\dfrac{11}{2} \ \text{또는} \ x-\dfrac{15}{2}=\dfrac{11}{2}$$

$$\therefore x=2 \ \text{또는} \ x=13$$

$$\therefore \text{A}'(2, 13), \text{B}'(13, 2)$$

점 A′(2, 13)이 곡선 $y=a^x$ 위의 점이므로

$$a^2=13$$

0341

답 54

두 정사각형의 넓이의 비가 $9:16$이므로 $\overline{OA}:\overline{OB}=3:4$이다.

또한 $\overline{PQ}$는 정사각형의 대각선의 일부이고 $\overline{PQ}=\dfrac{\sqrt{2}}{6}$이므로

$\overline{AB}=\dfrac{1}{6}$이다.

두 점 A, B의 x좌표를 각각 $3k$, $4k$ $(k>0)$라 하면

$$4k-3k=\dfrac{1}{6} \qquad \therefore k=\dfrac{1}{6}$$

즉, $\text{A}\left(\dfrac{1}{2}, 0\right)$, $\text{B}\left(\dfrac{2}{3}, 0\right)$이므로 $\text{P}\left(\dfrac{1}{2}, \dfrac{1}{2}\right)$, $\text{Q}\left(\dfrac{2}{3}, \dfrac{2}{3}\right)$

점 $\text{P}\left(\dfrac{1}{2}, \dfrac{1}{2}\right)$은 곡선 $y=\log_a x$ 위의 점이므로

$\dfrac{1}{2}=\log_a \dfrac{1}{2}$에서 $a^{\frac{1}{2}}=\dfrac{1}{2}$ $\qquad \therefore a^2=\left(\dfrac{1}{2}\right)^4$

점 $\text{Q}\left(\dfrac{2}{3}, \dfrac{2}{3}\right)$는 곡선 $y=\log_b x$ 위의 점이므로

$\dfrac{2}{3}=\log_b \dfrac{2}{3}$에서 $b^{\frac{2}{3}}=\dfrac{2}{3}$ $\qquad \therefore b^2=\left(\dfrac{2}{3}\right)^3$

$$\therefore \dfrac{1}{a^2 b^2}=2^4 \times \dfrac{3^3}{2^3}=54$$

0342

답 ⑤

$f(x)=2^x$, $g(x)=-2x^2+2$라 하면 두 곡선 $y=f(x)$, $y=g(x)$의 교점의 x좌표가 x_1, x_2 $(x_1<x_2)$이므로 $x_1<0<x_2$이고, $x<x_1$ 또는 $x>x_2$이면

$$f(x)>g(x) \qquad \cdots\cdots \text{㉠}$$

$x_1<x<x_2$이면

$$f(x)<g(x) \qquad \cdots\cdots \text{㉡}$$

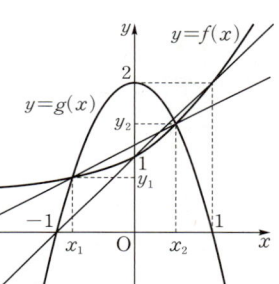

ㄱ. $f\left(\dfrac{1}{2}\right)=2^{\frac{1}{2}}=\sqrt{2}$, $g\left(\dfrac{1}{2}\right)=-2\times\left(\dfrac{1}{2}\right)^2+2=\dfrac{3}{2}$이므로

$$f\left(\dfrac{1}{2}\right)<g\left(\dfrac{1}{2}\right)$$

㉠, ㉡에 의하여 $x_2>\dfrac{1}{2}$ (참)

ㄴ. 두 점 (x_1, y_1), (x_2, y_2)를 지나는 직선의 기울기는 $\dfrac{y_2-y_1}{x_2-x_1}$

이고, 두 점 $(0, 1)$, $(1, 2)$를 지나는 직선의 기울기는

$\dfrac{2-1}{1-0}=1$이다.

오른쪽 그림과 같이 두 점 (x_1, y_1), (x_2, y_2)를 지나는 직선의 기울기가 1보다 작으므로

$$\dfrac{y_2-y_1}{x_2-x_1}<1$$

$$\therefore y_2-y_1<x_2-x_1 \ (\because x_2-x_1>0) \ (참)$$

ㄷ. $y_1 y_2=f(x_1)f(x_2)$

$$=2^{x_1}\times 2^{x_2}=2^{x_1+x_2}$$

곡선 $y=g(x)$가 y축에 대하여 대칭이므로 오른쪽 그림과 같이 $x_2<-x_1$, 즉 $x_1+x_2<0$이고,

$x_1>-1$, $x_2>\dfrac{1}{2}$이므로

$$x_1+x_2>-\dfrac{1}{2}$$이다.

즉, $-\dfrac{1}{2}<x_1+x_2<0$이므로

$$2^{-\frac{1}{2}}<2^{x_1+x_2}<2^0$$

$$\dfrac{1}{\sqrt{2}}<2^{x_1+x_2}<1$$

$$\therefore \dfrac{\sqrt{2}}{2}<y_1 y_2<1 \ (참)$$

따라서 옳은 것은 ㄱ, ㄴ, ㄷ이다.

유형 **01** 밑을 같게 할 수 있는 지수방정식

확인 문제 (1) $x=3$ (2) $x=2$

(1) $2^{x+2}=32$에서 $2^{x+2}=2^5$

따라서 $x+2=5$이므로 $x=3$

(2) $\left(\dfrac{1}{9}\right)^{-x}=81$에서 $3^{2x}=3^4$

따라서 $2x=4$이므로 $x=2$

0343

답 -6

$\left(\dfrac{1}{8}\right)^{x-2}-2\times 2^{x^2-1}=0$에서

$\left(\dfrac{1}{8}\right)^{x-2}=2\times 2^{x^2-1}$, $2^{-3(x-2)}=2^{x^2}$

$2^{-3x+6}=2^{x^2}$

즉, $-3x+6=x^2$이므로

$x^2+3x-6=0$

이차방정식의 근과 계수의 관계에 의하여 주어진 방정식의 모든 실근의 곱은 -6이다.

Bible Says 이차방정식의 근과 계수의 관계

이차방정식 $ax^2+bx+c=0$의 두 근을 α, β라 하면

$$\alpha+\beta=-\frac{b}{a}, \ \alpha\beta=\frac{c}{a}$$

0344

답 2

$3^{x-8}=\left(\dfrac{1}{27}\right)^x$에서 $3^{x-8}=(3^{-3})^x$

$3^{x-8}=3^{-3x}$

즉, $x-8=-3x$이므로

$4x=8$ $\therefore x=2$

0345

답 ③

$(2^x-16)(3^{3x}-27)=0$에서

$2^x=16$ 또는 $3^{3x}=27$

$2^x=16$에서 $2^x=2^4$ $\therefore x=4$

$3^{3x}=27$에서 $3^{3x}=3^3$, $3x=3$ $\therefore x=1$

따라서 주어진 방정식의 두 실근이 1, 4이므로

$\alpha^2+\beta^2=1^2+4^2=17$

0346

답 ②

$(4\sqrt{2})^x=\left(\dfrac{1}{4}\right)^{\frac{3}{2}x+\frac{1}{4}}$에서

$2^{\frac{5}{2}x}=2^{-2\left(\frac{3}{2}x+\frac{1}{4}\right)}$, $2^{\frac{5}{2}x}=2^{-3x-\frac{1}{2}}$

즉, $\dfrac{5}{2}x^2=-3x-\dfrac{1}{2}$이므로

$5x^2=-6x-1$, $5x^2+6x+1=0$

$(5x+1)(x+1)=0$

$\therefore x=-\dfrac{1}{5}$ 또는 $x=-1$

따라서 주어진 방정식을 만족시키는 정수 x의 값은 -1이다.

0347

답 $x=-1$ 또는 $x=\dfrac{3}{2}$

$\dfrac{100^{x^2-3}}{10^{x-5}}=100$에서

$\dfrac{10^{2(x^2-3)}}{10^{x-5}}=10^2$, $10^{2(x^2-3)-(x-5)}=10^2$

$10^{2x^2-x-1}=10^2$ ············ ❶

즉, $2x^2-x-1=2$이므로

$2x^2-x-3=0$, $(x+1)(2x-3)=0$

$\therefore x=-1$ 또는 $x=\dfrac{3}{2}$ ············ ❷

채점 기준	배점
❶ 주어진 방정식을 $10^{f(x)}=10^{g(x)}$ 꼴로 변형하기	50%
❷ 주어진 방정식의 해 구하기	50%

유형 **02** a^x 꼴이 반복되는 지수방정식

확인 문제 (1) $x=1$ (2) $x=-1$ (3) $x=0$

(1) $4^x+2^{x+1}-8=0$에서

$(2^x)^2+2\times 2^x-8=0$

$2^x=t \ (t>0)$로 놓으면

$t^2+2t-8=0$, $(t+4)(t-2)=0$

$\therefore t=2 \ (\because t>0)$

즉, $2^x=2$이므로 $x=1$

(2) $\left(\dfrac{1}{4}\right)^x-\left(\dfrac{1}{2}\right)^{x-1}=0$에서

$\left\{\left(\dfrac{1}{2}\right)^x\right\}^2-2\times\left(\dfrac{1}{2}\right)^x=0$

$\left(\dfrac{1}{2}\right)^x=t \ (t>0)$로 놓으면

$t^2-2t=0$, $t(t-2)=0$

$\therefore t=2 \ (\because t>0)$

즉, $\left(\dfrac{1}{2}\right)^x=2=\left(\dfrac{1}{2}\right)^{-1}$이므로 $x=-1$

(3) $3^x+3^{-x}=2$에서

$3^x+\dfrac{1}{3^x}=2$, $(3^x)^2-2\times 3^x+1=0$

$3^x=t \ (t>0)$로 놓으면

$t^2-2t+1=0$, $(t-1)^2=0$ $\therefore t=1$

즉, $3^x=1$이므로 $x=0$

참고

지수함수 $y=a^x$ $(a>0,\ a\neq1)$의 그래프는 항상 x축보다 위쪽에 있다. 따라서 지수방정식 $f(a^x)=0$에서 $a^x=t$로 치환할 때, t의 값의 범위는 항상 $t>0$임에 주의한다.

0348

답 ③

$4^x+32=3\times2^{x+2}$에서

$(2^x)^2+32=12\times2^x,\ (2^x)^2-12\times2^x+32=0$

$2^x=t\ (t>0)$로 놓으면

$t^2-12t+32=0,\ (t-4)(t-8)=0$

$\therefore\ t=4$ 또는 $t=8$

즉, $2^x=4=2^2$ 또는 $2^x=8=2^3$이므로

$x=2$ 또는 $x=3$

$\therefore\ \alpha\beta=2\times3=6$

0349

답 25

$27^x=3\times9^x+10\times3^x$에서

$(3^x)^3=3\times(3^x)^2+10\times3^x$

$(3^x)^3-3\times(3^x)^2-10\times3^x=0$

⋯⋯❶

$3^x=t\ (t>0)$로 놓으면

$t^3-3t^2-10t=0,\ t(t+2)(t-5)=0$

$\therefore\ t=5\ (\because\ t>0)$

⋯⋯❷

즉, $3^a=5$이므로

$9^a=(3^a)^2=5^2=25$

⋯⋯❸

채점 기준	배점
❶ 주어진 방정식을 3^x 꼴이 반복되는 형태로 변형하기	40%
❷ $3^x=t$로 치환하여 t의 값 구하기	40%
❸ 9^a의 값 구하기	20%

참고

$3^x=5$에서 $x=\log_3 5$이므로 $a=\log_3 5$

0350

답 ③

$f(x)=4^x,\ g(x)=3x+1$이므로

$(f\circ g)(x)=f(g(x))=f(3x+1)=4^{3x+1}$

$(g\circ f)(x)=g(f(x))=g(4^x)=3\times4^x+1$

$(f\circ g)(x)=(g\circ f)(x)$에서

$4^{3x+1}=3\times4^x+1,\ 4\times(4^x)^3-3\times4^x-1=0$

$4^x=t\ (t>0)$로 놓으면

$4t^3-3t-1=0,\ (t-1)(2t+1)^2=0$

$\therefore\ t=1\ (\because\ t>0)$

즉, $4^x=1$이므로 $x=0$

0351

답 16

$a^{2x}-5a^x+4=0$에서 $(a^x)^2-5a^x+4=0$

$a^x=t\ (t>0)$로 놓으면

$t^2-5t+4=0,\ (t-1)(t-4)=0$

$\therefore\ t=1$ 또는 $t=4$

즉, $a^x=1$ 또는 $a^x=4$이므로

$x=0$ 또는 $x=\log_a 4$

이때 주어진 방정식의 한 근이 $\dfrac{1}{2}$이므로

$\log_a 4=\dfrac{1}{2},\ a^{\frac{1}{2}}=4$ $\qquad\therefore\ a=4^2=16$

0352

답 -4

$4(4^x+4^{-x})-13(2^x+2^{-x})-9=0$에서

$4\{(2^x+2^{-x})^2-2\}-13(2^x+2^{-x})-9=0$

$4(2^x+2^{-x})^2-13(2^x+2^{-x})-17=0$

⋯⋯❶

$2^x+2^{-x}=t$로 놓으면 $2^x>0,\ 2^{-x}>0$이므로 산술평균과 기하평균의 관계에 의하여

$t=2^x+2^{-x}\geq2\sqrt{2^x\times2^{-x}}=2$

(단, 등호는 $2^x=2^{-x}$, 즉 $x=0$일 때 성립한다.)

이때 주어진 방정식은

$4t^2-13t-17=0,\ (t+1)(4t-17)=0$

$\therefore\ t=\dfrac{17}{4}\ (\because\ t\geq2)$

⋯⋯❷

즉, $2^x+2^{-x}=\dfrac{17}{4}$이므로 양변에 2^x을 곱하면

$(2^x)^2+1=\dfrac{17}{4}\times2^x,\ 4\times(2^x)^2+4=17\times2^x$

$4\times(2^x)^2-17\times2^x+4=0$

$2^x=k\ (k>0)$로 놓으면

$4k^2-17k+4=0,\ (4k-1)(k-4)=0$

$\therefore\ k=\dfrac{1}{4}$ 또는 $k=4$

⋯⋯❸

즉, $2^x=\dfrac{1}{4}=2^{-2}$ 또는 $2^x=4=2^2$이므로

$x=-2$ 또는 $x=2$

따라서 모든 실근의 곱은

$(-2)\times2=-4$

⋯⋯❹

채점 기준	배점
❶ 주어진 방정식을 2^x+2^{-x} 꼴이 반복되는 형태로 변형하기	20%
❷ $2^x+2^{-x}=t$로 치환하여 t의 값 구하기	30%
❸ $2^x+2^{-x}=\dfrac{17}{4}$에서 $2^x=k$로 치환하여 k의 값 구하기	30%
❹ 주어진 방정식의 모든 실근의 곱 구하기	20%

🔊 **Bible Says** 산술평균과 기하평균의 관계

$a>0,\ b>0$일 때

$\dfrac{a+b}{2}\geq\sqrt{ab}$ (단, 등호는 $a=b$일 때 성립한다.)

확인 문제 (1) $x=0$ 또는 $x=2$ (2) $x=\dfrac{1}{3}$ 또는 $x=1$

(1) $(x+2)^x=4^x$에서
  (i) $x=0$일 때, $2^0=4^0=1$이므로 등식이 성립한다.
  (ii) $x\neq0$일 때, $x+2=4$이므로 $x=2$
  (i), (ii)에서 주어진 방정식의 해는
  $x=0$ 또는 $x=2$
(2) $x^{2x+3}=x^{-x+4}$에서
  (i) $x=1$일 때, $1^5=1^3=1$이므로 등식이 성립한다.
  (ii) $x\neq1$일 때, $2x+3=-x+4$이므로
    $3x=1$ $\therefore x=\dfrac{1}{3}$
  (i), (ii)에서 주어진 방정식의 해는
  $x=\dfrac{1}{3}$ 또는 $x=1$

0353
답 ⑤

$x^{x^2-10}=(x^x)^3$에서 $x^{x^2-10}=x^{3x}$
(i) $x=1$일 때, $1^{-9}=1^3=1$이므로 등식이 성립한다.
(ii) $x\neq1$일 때, $x^2-10=3x$이므로
  $x^2-3x-10=0$, $(x+2)(x-5)=0$
  $\therefore x=5$ $(\because x>0)$
(i), (ii)에서 $x=1$ 또는 $x=5$이므로
$\alpha^2+\beta^2=1^2+5^2=26$

0354
답 3

$(4x-3)^{3x-4}=(x+2)^{3x-4}$에서
(i) $3x-4=0$, 즉 $x=\dfrac{4}{3}$일 때, $\left(\dfrac{7}{3}\right)^0=\left(\dfrac{10}{3}\right)^0=1$이므로 등식이
  성립한다.
(ii) $3x-4\neq0$, 즉 $x\neq\dfrac{4}{3}$일 때, $4x-3=x+2$이므로
  $3x=5$ $\therefore x=\dfrac{5}{3}$
(i), (ii)에서 $x=\dfrac{4}{3}$ 또는 $x=\dfrac{5}{3}$

따라서 구하는 모든 근의 합은 $\dfrac{4}{3}+\dfrac{5}{3}=3$

0355
답 28

$x^{2x^2}=x^{7x-3}$에서
(i) $x=1$일 때, $1^2=1^4=1$이므로 등식이 성립한다.
(ii) $x\neq1$일 때, $2x^2=7x-3$이므로
  $2x^2-7x+3=0$, $(2x-1)(x-3)=0$
  $\therefore x=3$ $\left(\because x>\dfrac{1}{2}\right)$
(i), (ii)에서 $x=1$ 또는 $x=3$이므로
$a=1+3=4$

❶

$\left(x-\dfrac{1}{2}\right)^{2x-5}=4^{2x-5}$에서
(iii) $2x-5=0$, 즉 $x=\dfrac{5}{2}$일 때, $2^0=4^0=1$이므로 등식이 성립한다.
(iv) $2x-5\neq0$, 즉 $x\neq\dfrac{5}{2}$일 때, $x-\dfrac{1}{2}=4$이므로
  $x=\dfrac{9}{2}$
(iii), (iv)에서 $x=\dfrac{5}{2}$ 또는 $x=\dfrac{9}{2}$이므로
$b=\dfrac{5}{2}+\dfrac{9}{2}=7$

❷

$\therefore ab=4\times7=28$

❸

채점 기준	배점
❶ a의 값 구하기	40%
❷ b의 값 구하기	40%
❸ ab의 값 구하기	20%

0356
답 ②

$\begin{cases}2^{x+1}+3^y=11\\2^x+3^{y+1}=13\end{cases}$에서 $\begin{cases}2\times2^x+3^y=11\\2^x+3\times3^y=13\end{cases}$

$2^x=X$, $3^y=Y$ $(X>0, Y>0)$로 놓으면
$\begin{cases}2X+Y=11\\X+3Y=13\end{cases}$
위의 연립방정식을 풀면 $X=4$, $Y=3$
즉, $2^x=4=2^2$, $3^y=3$이므로
$x=2$, $y=1$
따라서 $\alpha=2$, $\beta=1$이므로
$\alpha+\beta=2+1=3$

0357
답 13

$\begin{cases}\left(\dfrac{1}{2}\right)^x+\left(\dfrac{1}{2}\right)^y=12\\\left(\dfrac{1}{2}\right)^{x+y}=32\end{cases}$에서 $\begin{cases}\left(\dfrac{1}{2}\right)^x+\left(\dfrac{1}{2}\right)^y=12\\\left(\dfrac{1}{2}\right)^x\left(\dfrac{1}{2}\right)^y=32\end{cases}$

$\left(\dfrac{1}{2}\right)^x=X$, $\left(\dfrac{1}{2}\right)^y=Y$ $(X>0, Y>0)$로 놓으면
$\begin{cases}X+Y=12\\XY=32\end{cases}$
위의 연립방정식을 풀면
$X=4$, $Y=8$ 또는 $X=8$, $Y=4$
즉, $\left(\dfrac{1}{2}\right)^x=4=\left(\dfrac{1}{2}\right)^{-2}$, $\left(\dfrac{1}{2}\right)^y=8=\left(\dfrac{1}{2}\right)^{-3}$
또는 $\left(\dfrac{1}{2}\right)^x=8=\left(\dfrac{1}{2}\right)^{-3}$, $\left(\dfrac{1}{2}\right)^y=4=\left(\dfrac{1}{2}\right)^{-2}$이므로
$x=-2$, $y=-3$ 또는 $x=-3$, $y=-2$
$\therefore \alpha^2+\beta^2=(-2)^2+(-3)^2=13$

참고

$\begin{cases} X+Y=12 \\ XY=32 \end{cases}$ 이므로 X, Y는 t에 대한 이차방정식 $t^2-12t+32=0$의 두 근이다.

$t^2-12t+32=0$에서 $(t-4)(t-8)=0$

$\therefore t=4$ 또는 $t=8$

$\therefore X=4, Y=8$ 또는 $X=8, Y=4$

Bible Says 이차방정식의 실근의 부호

이차방정식 $ax^2+bx+c=0$의 두 실근을 α, β라 하고 판별식을 D라 할 때

(1) 두 근이 모두 양수 $\Longleftrightarrow D\geq0$, $\alpha+\beta=-\dfrac{b}{a}>0$, $\alpha\beta=\dfrac{c}{a}>0$

(2) 두 근이 모두 음수 $\Longleftrightarrow D\geq0$, $\alpha+\beta=-\dfrac{b}{a}<0$, $\alpha\beta=\dfrac{c}{a}>0$

(3) 두 근이 서로 다른 부호 $\Longleftrightarrow \alpha\beta=\dfrac{c}{a}<0$

0358   답 ④

$\begin{cases} 3^x+3^y=10 \\ 9^x+9^y=58 \end{cases}$ 에서 $\begin{cases} 3^x+3^y=10 \\ (3^x)^2+(3^y)^2=58 \end{cases}$

$3^x=X$, $3^y=Y$ $(X>0, Y>0)$로 놓으면

$\begin{cases} X+Y=10 \\ X^2+Y^2=58 \end{cases}$

위의 연립방정식을 풀면

$X=3, Y=7$ 또는 $X=7, Y=3$

$\therefore 3^x=3, 3^y=7$ 또는 $3^x=7, 3^y=3$

이때 $a<\beta$이므로 $3^\alpha=3$, $3^\beta=7$

$\therefore 3^\beta-3^\alpha=7-3=4$

참고

$\begin{cases} X+Y=10 \\ X^2+Y^2=58 \end{cases}$ 에서 $\begin{cases} X+Y=10 \\ (X+Y)^2-2XY=58 \end{cases}$

$\therefore \begin{cases} X+Y=10 \\ XY=21 \end{cases}$

따라서 X, Y는 t에 대한 이차방정식 $t^2-10t+21=0$의 두 근이다.

$t^2-10t+21=0$에서 $(t-3)(t-7)=0$

$\therefore t=3$ 또는 $t=7$

$\therefore X=3, Y=7$ 또는 $X=7, Y=3$

유형 05 지수방정식의 근의 조건

0359   답 5

$4^x-k\times2^x+4=0$에서 $(2^x)^2-k\times2^x+4=0$

$2^x=t$ $(t>0)$로 놓으면

$t^2-kt+4=0$ ······ ㉠

주어진 방정식이 서로 다른 두 실근을 가지므로 방정식 ㉠은 서로 다른 두 양의 실근을 갖는다.

(i) 이차방정식 ㉠의 판별식을 D라 하면

$D=(-k)^2-4\times1\times4>0$, $k^2-16>0$

$(k+4)(k-4)>0$ $\therefore k<-4$ 또는 $k>4$

(ii) 이차방정식 ㉠의 두 근의 합이 양수이어야 하므로 이차방정식의 근과 계수의 관계에 의하여

(두 근의 합)$=k>0$

(iii) 이차방정식 ㉠의 두 근의 곱이 양수이어야 하므로 이차방정식의 근과 계수의 관계에 의하여

(두 근의 곱)$=4>0$

(i)~(iii)에서 $k>4$

따라서 자연수 k의 최솟값은 5이다.

0360   답 ③

$25^x-8\times5^x+6=0$에서 $(5^x)^2-8\times5^x+6=0$

$5^x=t$ $(t>0)$로 놓으면

$t^2-8t+6=0$ ······ ㉠

주어진 방정식의 두 근이 α, β이므로 이차방정식 ㉠의 두 근은 5^α, 5^β이다.

따라서 이차방정식의 근과 계수의 관계에 의하여

$5^\alpha+5^\beta=8$, $5^\alpha\times5^\beta=6$

$\therefore 25^\alpha+25^\beta=5^{2\alpha}+5^{2\beta}$

$=(5^\alpha+5^\beta)^2-2\times5^\alpha\times5^\beta$

$=8^2-2\times6=52$

0361   답 ④

$9^x-3^{x+2}+k=0$에서 $(3^x)^2-9\times3^x+k=0$

$3^x=t$ $(t>0)$로 놓으면

$t^2-9t+k=0$ ······ ㉠

주어진 방정식의 두 근을 α, β라 하면 이차방정식 ㉠의 두 근은 3^α, 3^β이다.

이때 $\alpha+\beta=1$이므로 이차방정식의 근과 계수의 관계에 의하여

$k=3^\alpha\times3^\beta=3^{\alpha+\beta}=3^1=3$

0362   답 ④

$4^x-k\times2^{x+1}+16=0$에서

$(2^x)^2-2k\times2^x+16=0$

$2^x=t$ $(t>0)$로 놓으면

$t^2-2kt+16=0$ ······ ㉠

이차방정식 ㉠에서 근과 계수의 관계에 의하여 두 근의 곱은 양수이고 주어진 방정식이 오직 하나의 실근을 가지므로 이차방정식 ㉠은 오직 하나의 양의 실근, 즉 양수인 중근을 갖는다.

이차방정식 ㉠의 판별식을 D라 하면

$\dfrac{D}{4}=(-k)^2-16=0$, $k^2-16=0$

$(k+4)(k-4)=0$ $\therefore k=-4$ 또는 $k=4$

이때 이차방정식 ㉠이 양수인 중근을 가지므로 이차방정식의 근과 계수의 관계에 의하여

(두 근의 합)$=2k>0$ $\therefore k>0$

따라서 $k=4$이므로 ㉠에 대입하면

$t^2-8t+16=0$, $(t-4)^2=0$ $\therefore t=4$

즉, $2^x=4=2^2$이므로 $x=2$ $\therefore \alpha=2$

$\therefore k+\alpha=4+2=6$

0363

$9^x+k\times3^{x+1}+15-3k=0$에서

$(3^x)^2+3k\times3^x+15-3k=0$

$3^x=t\;(t>0)$로 놓으면

$t^2+3kt+15-3k=0$ ······ ㉠

❶

주어진 방정식의 두 실근의 비가 $1:2$이므로 두 근을
$\alpha,\,2\alpha\;(\alpha\neq0)$라 하면 이차방정식 ㉠의 두 근은 $3^\alpha,\,3^{2\alpha}$이다.
따라서 이차방정식의 근과 계수의 관계에 의하여

$3^\alpha+3^{2\alpha}=-3k,\;3^\alpha\times3^{2\alpha}=15-3k$

❷

$3^\alpha=p\;(p>0)$로 놓으면

$p+p^2=-3k,\;p\times p^2=15-3k$

즉, $p^3=15+p+p^2$이므로

$p^3-p^2-p-15=0,\;(p-3)(p^2+2p+5)=0$

$\therefore p=3\;(\because p^2+2p+5>0)$

❸

따라서 $p+p^2=-3k$에서

$k=-\dfrac{1}{3}(p+p^2)=-\dfrac{1}{3}\times(3+3^2)=-4$

❹

채점 기준	배점
❶ $3^x=t$로 치환하여 주어진 방정식을 t에 대한 이차방정식으로 나타내기	20%
❷ ❶의 방정식의 두 근을 $3^\alpha,\,3^{2\alpha}$으로 놓고 이차방정식의 근과 계수의 관계를 이용하여 식 세우기	30%
❸ $3^\alpha=p$로 놓고 p의 값 구하기	30%
❹ k의 값 구하기	20%

유형 06 밑을 같게 할 수 있는 지수부등식

확인 문제 (1) $x<\dfrac{1}{6}$ (2) $-2\le x\le1$

(1) $5^{3x+1}<5\sqrt5$에서 $5^{3x+1}<5^{\frac{3}{2}}$

 이때 밑이 1보다 크므로

 $3x+1<\dfrac{3}{2},\;3x<\dfrac{1}{2}$ $\therefore x<\dfrac{1}{6}$

(2) $\left(\dfrac{2}{3}\right)^{x^2}\ge\left(\dfrac{3}{2}\right)^{x-2}$에서 $\left(\dfrac{2}{3}\right)^{x^2}\ge\left(\dfrac{2}{3}\right)^{-x+2}$

 이때 밑이 1보다 작으므로

 $x^2\le-x+2,\;x^2+x-2\le0$

 $(x+2)(x-1)\le0$ $\therefore -2\le x\le1$

0364

$\left(\dfrac{1}{9}\right)^{-x+3}>\left(\dfrac{1}{81}\right)^{3-x}$에서 $\left(\dfrac{1}{3}\right)^{-2x+6}>\left(\dfrac{1}{3}\right)^{12-4x}$

이때 밑이 1보다 작으므로

$-2x+6<12-4x,\;2x<6$ $\therefore x<3$

다른 풀이

$\left(\dfrac{1}{9}\right)^{-x+3}>\left(\dfrac{1}{81}\right)^{3-x}$에서 $3^{2x-6}>3^{-12+4x}$

이때 밑이 1보다 크므로

$2x-6>-12+4x,\;-2x>-6$ $\therefore x<3$

0365

$2^{f(x)}>2^{g(x)}$에서 밑이 1보다 크므로

$f(x)>g(x)$

주어진 그래프에서 $f(x)>g(x)$의 해는 곡선 $y=f(x)$가 직선
$y=g(x)$보다 위쪽에 있는 부분의 x의 값의 범위이므로

$x<0$ 또는 $x>2$

0366

$5^{2x-7}\le\left(\dfrac{1}{5}\right)^{x-2}$에서 $5^{2x-7}\le5^{-x+2}$

이때 밑이 1보다 크므로

$2x-7\le-x+2,\;3x\le9$

$\therefore x\le3$

따라서 주어진 부등식을 만족시키는 자연수 x는 1, 2, 3의 3개이다.

0367

$3^{x+3}<(\sqrt{27})^{x+1}$에서 $3^{x+3}<3^{\frac{3}{2}(x+1)}$

이때 밑이 1보다 크므로

$x+3<\dfrac{3}{2}(x+1),\;2x+6<3x+3$

$\therefore x>3$ ······ ㉠

❶

$\left(\dfrac{3}{7}\right)^{x+10}\le\left(\dfrac{7}{3}\right)^{2x-x^2}$에서 $\left(\dfrac{3}{7}\right)^{x+10}\le\left(\dfrac{3}{7}\right)^{x^2-2x}$

이때 밑이 1보다 작으므로

$x+10\ge x^2-2x,\;x^2-3x-10\le0$

$(x+2)(x-5)\le0$

$\therefore -2\le x\le5$ ······ ㉡

❷

㉠, ㉡의 공통 범위를 구하면

$3<x\le5$

❸

채점 기준	배점
❶ $3^{x+3}<(\sqrt{27})^{x+1}$의 해 구하기	40%
❷ $\left(\dfrac{3}{7}\right)^{x+10}\le\left(\dfrac{7}{3}\right)^{2x-x^2}$의 해 구하기	40%
❸ 주어진 연립부등식의 해 구하기	20%

0368

답 1

$5^{3x} < \dfrac{\sqrt{5}}{25} < 25 \times \left(\dfrac{1}{5}\right)^{-2x}$ 에서

$5^{3x} < 5^{-\frac{3}{2}} < 5^2 \times 5^{2x}$ ∴ $5^{3x} < 5^{-\frac{3}{2}} < 5^{2+2x}$

이때 밑이 1보다 크므로

$3x < -\dfrac{3}{2} < 2 + 2x$

(ⅰ) $3x < -\dfrac{3}{2}$ 에서 $x < -\dfrac{1}{2}$

(ⅱ) $-\dfrac{3}{2} < 2 + 2x$ 에서 $2x > -\dfrac{7}{2}$ ∴ $x > -\dfrac{7}{4}$

(ⅰ), (ⅱ)에서 주어진 부등식의 해는

$-\dfrac{7}{4} < x < -\dfrac{1}{2}$

따라서 주어진 부등식을 만족시키는 정수 x는 -1의 1개이다.

참고

$A < B < C$ 꼴의 부등식은 연립부등식 $\begin{cases} A < B \\ B < C \end{cases}$ 꼴로 고쳐서 푼다.

0369

답 30

$\left(\dfrac{1}{36}\right)^{x^2} > 6^{ax}$ 에서 $6^{-2x^2} > 6^{ax}$

이때 밑이 1보다 크므로

$-2x^2 > ax,\ 2x^2 + ax < 0,\ x(2x + a) < 0$

∴ $-\dfrac{a}{2} < x < 0$ (∵ a는 자연수) …… ㉠

━━━━━━━━━━━━━━━━━━━━━━━━━━ ❶

㉠을 만족시키는 정수 x의 개수가 2
이므로 오른쪽 그림에서

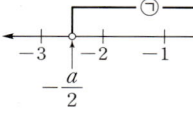

$-3 \le -\dfrac{a}{2} < -2$

∴ $4 < a \le 6$

━━━━━━━━━━━━━━━━━━━━━━━━━━ ❷

따라서 자연수 a는 5, 6이므로 구하는 곱은
$5 \times 6 = 30$

━━━━━━━━━━━━━━━━━━━━━━━━━━ ❸

채점 기준	배점
❶ 주어진 부등식의 해 구하기	40%
❷ a의 값의 범위 구하기	40%
❸ 모든 자연수 a의 값의 곱 구하기	20%

0370

답 ②

$6^{(x-3)^2} \le \sqrt{6^{3-x}}$ 에서 $6^{x^2-6x+9} \le 6^{\frac{3-x}{2}}$

이때 밑이 1보다 크므로

$x^2 - 6x + 9 \le \dfrac{3-x}{2},\ 2x^2 - 12x + 18 \le 3 - x$

$2x^2 - 11x + 15 \le 0,\ (2x - 5)(x - 3) \le 0$

∴ $\dfrac{5}{2} \le x \le 3$

∴ $A = \left\{ x \,\middle|\, \dfrac{5}{2} \le x \le 3 \right\}$

$f(x) = x^2 + ax + 1$이라 하면 $A \subset B$이
므로 $y = f(x)$의 그래프는 오른쪽 그림
과 같아야 한다.

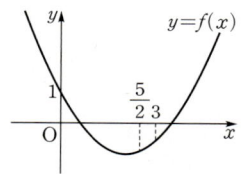

$f\left(\dfrac{5}{2}\right) \le 0$에서 $\left(\dfrac{5}{2}\right)^2 + \dfrac{5}{2}a + 1 \le 0$

∴ $a \le -\dfrac{29}{10}$ …… ㉠

$f(3) \le 0$에서 $3^2 + 3a + 1 \le 0$

∴ $a \le -\dfrac{10}{3}$ …… ㉡

㉠, ㉡에서 $a \le -\dfrac{10}{3}$

따라서 정수 a의 최댓값은 -4이다.

유형 07 a^x 꼴이 반복되는 지수부등식

확인 문제 (1) $2 < x < 3$　　　(2) $x \le -3$

(1) $4^x - 12 \times 2^x + 32 < 0$에서
　$(2^x)^2 - 12 \times 2^x + 32 < 0$
　$2^x = t\ (t > 0)$로 놓으면
　$t^2 - 12t + 32 < 0,\ (t-4)(t-8) < 0$
　∴ $4 < t < 8$
　즉, $4 < 2^x < 8$이므로 $2^2 < 2^x < 2^3$
　이때 밑이 1보다 크므로 $2 < x < 3$

(2) $\left(\dfrac{1}{9}\right)^x - 24 \times \left(\dfrac{1}{3}\right)^x - 81 \ge 0$에서
　$\left\{\left(\dfrac{1}{3}\right)^x\right\}^2 - 24 \times \left(\dfrac{1}{3}\right)^x - 81 \ge 0$
　$\left(\dfrac{1}{3}\right)^x = t\ (t > 0)$로 놓으면
　$t^2 - 24t - 81 \ge 0,\ (t+3)(t-27) \ge 0$
　∴ $t \ge 27$ (∵ $t > 0$)
　즉, $\left(\dfrac{1}{3}\right)^x \ge 27$이므로 $\left(\dfrac{1}{3}\right)^x \ge \left(\dfrac{1}{3}\right)^{-3}$
　이때 밑이 1보다 작으므로 $x \le -3$

0371

답 ②

$3^{2x+1} - 10 \times 3^x + 3 \le 0$에서

$3 \times (3^x)^2 - 10 \times 3^x + 3 \le 0$

$3^x = t\ (t > 0)$로 놓으면

$3t^2 - 10t + 3 \le 0,\ (3t-1)(t-3) \le 0$

∴ $\dfrac{1}{3} \le t \le 3$

즉, $\dfrac{1}{3} \le 3^x \le 3$이므로 $3^{-1} \le 3^x \le 3$

이때 밑이 1보다 크므로 $-1 \le x \le 1$

따라서 $M = 1,\ m = -1$이므로

$M - m = 1 - (-1) = 2$

0372

답 6

$4^x - 10 \times 2^x + 16 \leq 0$에서 $(2^x)^2 - 10 \times 2^x + 16 \leq 0$

$2^x = t$ $(t > 0)$로 놓으면

$t^2 - 10t + 16 \leq 0$, $(t-2)(t-8) \leq 0$

$\therefore 2 \leq t \leq 8$

즉, $2 \leq 2^x \leq 8$이므로 $2 \leq 2^x \leq 2^3$

이때 밑이 1보다 크므로 $1 \leq x \leq 3$

따라서 주어진 부등식을 만족시키는 모든 자연수 x의 값의 합은

$1 + 2 + 3 = 6$

0373

답 ②

$3^{x+3} + 3^{2-x} \leq 244$에서 $27 \times 3^x + \dfrac{9}{3^x} \leq 244$

$\therefore 27 \times (3^x)^2 - 244 \times 3^x + 9 \leq 0$

$3^x = t$ $(t > 0)$로 놓으면

$27t^2 - 244t + 9 \leq 0$, $(27t-1)(t-9) \leq 0$

$\therefore \dfrac{1}{27} \leq t \leq 9$

즉, $\dfrac{1}{27} \leq 3^x \leq 9$이므로 $3^{-3} \leq 3^x \leq 3^2$

이때 밑이 1보다 크므로 $-3 \leq x \leq 2$ $\qquad$ ……㉠

$\left(\dfrac{1}{25}\right)^x - 4 \times \left(\dfrac{1}{5}\right)^{x-1} - 125 < 0$에서

$\left\{\left(\dfrac{1}{5}\right)^x\right\}^2 - 20 \times \left(\dfrac{1}{5}\right)^x - 125 < 0$

$\left(\dfrac{1}{5}\right)^x = s$ $(s > 0)$로 놓으면

$s^2 - 20s - 125 < 0$, $(s+5)(s-25) < 0$

$\therefore 0 < s < 25$ $(\because s > 0)$

즉, $0 < \left(\dfrac{1}{5}\right)^x < 25$이므로 $0 < \left(\dfrac{1}{5}\right)^x < \left(\dfrac{1}{5}\right)^{-2}$

이때 밑이 1보다 작으므로 $x > -2$ $\qquad$ ……㉡

㉠, ㉡의 공통 범위를 구하면

$-2 < x \leq 2$

따라서 주어진 두 부등식을 모두 만족시키는 정수 x는 -1, 0, 1, 2의 4개이다.

유형 08 **밑에 미지수가 있는 지수부등식**

0374

답 2

$x^{2x+1} \leq x^{-x+7}$에서

(i) $0 < x < 1$일 때, $2x+1 \geq -x+7$이므로

$3x \geq 6$ $\quad \therefore x \geq 2$

그런데 $0 < x < 1$이므로 해가 없다.

(ii) $x = 1$일 때, $1^3 \leq 1^6$이므로 주어진 부등식이 성립한다.

(iii) $x > 1$일 때, $2x+1 \leq -x+7$이므로

$3x \leq 6$ $\quad \therefore x \leq 2$

그런데 $x > 1$이므로 $1 < x \leq 2$

(i)~(iii)에서 주어진 부등식의 해는

$1 \leq x \leq 2$

따라서 $\alpha = 1$, $\beta = 2$이므로

$\alpha\beta = 1 \times 2 = 2$

0375

답 ②

$x^{x^2+1} > x^{2x+4}$에서

(i) $0 < x < 1$일 때, $x^2+1 < 2x+4$이므로

$x^2 - 2x - 3 < 0$, $(x+1)(x-3) < 0$

$\therefore -1 < x < 3$

그런데 $0 < x < 1$이므로 $0 < x < 1$

(ii) $x = 1$일 때, 주어진 부등식은 성립하지 않는다.

(iii) $x > 1$일 때, $x^2+1 > 2x+4$이므로

$x^2 - 2x - 3 > 0$, $(x+1)(x-3) > 0$

$\therefore x < -1$ 또는 $x > 3$

그런데 $x > 1$이므로 $x > 3$

(i)~(iii)에서 주어진 부등식의 해는

$0 < x < 1$ 또는 $x > 3$

따라서 $\alpha = 0$, $\beta = 1$, $\gamma = 3$이므로

$\alpha + \beta + \gamma = 0 + 1 + 3 = 4$

0376

답 -1

$(x+2)^{-2x+5} \leq (x+2)^9$에서

(i) $0 < x+2 < 1$, 즉 $-2 < x < -1$일 때

$-2x+5 \geq 9$, $-2x \geq 4$ $\quad \therefore x \leq -2$

그런데 $-2 < x < -1$이므로 해가 없다.

❶

(ii) $x+2 = 1$, 즉 $x = -1$일 때

$1^7 \leq 1^9$이므로 주어진 부등식이 성립한다.

❷

(iii) $x+2 > 1$, 즉 $x > -1$일 때

$-2x+5 \leq 9$, $-2x \leq 4$ $\quad \therefore x \geq -2$

그런데 $x > -1$이므로 $x > -1$

❸

(i)~(iii)에서 주어진 부등식의 해는

$x \geq -1$

따라서 구하는 실수 x의 최솟값은 -1이다.

❹

채점 기준	배점
❶ $0 < x+2 < 1$일 때 주어진 부등식의 해 구하기	30%
❷ $x+2 = 1$일 때 주어진 부등식의 해 구하기	20%
❸ $x+2 > 1$일 때 주어진 부등식의 해 구하기	30%
❹ 주어진 부등식을 만족시키는 실수 x의 최솟값 구하기	20%

0377

답 ④

$(x^2-8x+16)^{x-4}<1$에서 $\{(x-4)^2\}^{x-4}<1$

$\therefore |x-4|^{2x-8}<1$ ...... ㉠

(i) $0<|x-4|<1$일 때

$-1<x-4<0$ 또는 $0<x-4<1$

$\therefore 3<x<4$ 또는 $4<x<5$ ...... ㉡

㉠에서 밑이 1보다 작으므로

$2x-8>0$ $\therefore x>4$ ...... ㉢

㉡, ㉢의 공통 범위를 구하면 $4<x<5$

(ii) $|x-4|=1$일 때

$x-4=\pm 1$ $\therefore x=3$ 또는 $x=5$

이때 부등식 ㉠은 성립하지 않는다.

(iii) $|x-4|>1$일 때

$x-4<-1$ 또는 $x-4>1$

$\therefore x<3$ 또는 $x>5$ ...... ㉣

㉠에서 밑이 1보다 크므로

$2x-8<0$ $\therefore x<4$ ...... ㉤

㉣, ㉤의 공통 범위를 구하면 $x<3$

(i)~(iii)에서 주어진 부등식의 해는

$x<3$ 또는 $4<x<5$

따라서 $S=\{x|x<3$ 또는 $4<x<5\}$이므로 집합 S의 원소가 아닌 것은 ④이다.

> **참고**
>
> 부등식 $\{(x-4)^2\}^{x-4}<1$을 $(x-4)^{2x-8}<1$로 변형하지 않도록 주의하자. 주어진 부등식의 밑 $(x-4)^2$이 $x\neq 4$인 모든 실수 x에 대하여 정의되므로 이를 유지하기 위해 반드시 $|x-4|^{2x-8}<1$로 변형해야 한다.

유형 09 지수부등식이 항상 성립할 조건

0378

답 16

$9^x-3^{x+2}+k+5>0$에서 $(3^x)^2-9\times 3^x+k+5>0$

$3^x=t\ (t>0)$로 놓으면

$t^2-9t+k+5>0$

$f(t)=t^2-9t+k+5$라 하면

$f(t)=\left(t-\dfrac{9}{2}\right)^2+k-\dfrac{61}{4}$

$t>0$에서 $f(t)>0$이 항상 성립해야 하므로 오른쪽 그림에서

$f\left(\dfrac{9}{2}\right)=k-\dfrac{61}{4}>0$

$\therefore k>\dfrac{61}{4}=15.25$

따라서 정수 k의 최솟값은 16이다.

0379

답 ②

$\left(\dfrac{1}{4}\right)^x-\left(\dfrac{1}{2}\right)^{x+2}\geq k$에서

$\left\{\left(\dfrac{1}{2}\right)^x\right\}^2-\dfrac{1}{4}\times\left(\dfrac{1}{2}\right)^x-k\geq 0$ ...... ㉠

$\left(\dfrac{1}{2}\right)^x=t$로 놓으면 $x\leq 0$이므로 $t\geq 1$

㉠에서 $t^2-\dfrac{1}{4}t-k\geq 0$

$f(t)=t^2-\dfrac{1}{4}t-k$라 하면

$f(t)=\left(t-\dfrac{1}{8}\right)^2-k-\dfrac{1}{64}$

$t\geq 1$에서 $f(t)\geq 0$이 항상 성립해야 하므로 오른쪽 그림에서

$f(1)=\dfrac{3}{4}-k\geq 0$

$\therefore k\leq\dfrac{3}{4}$

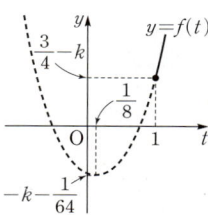

따라서 실수 k의 최댓값은 $\dfrac{3}{4}$이다.

0380

답 $a\leq 2$

$4^x-a\times 2^{x+1}+4\geq 0$에서 $(2^x)^2-2a\times 2^x+4\geq 0$

$2^x=t\ (t>0)$로 놓으면 $t^2-2at+4\geq 0$

························· ❶

$f(t)=t^2-2at+4$라 하면

$f(t)=(t-a)^2+4-a^2$

(i) $a>0$일 때

$t>0$에서 $f(t)\geq 0$이 항상 성립해야 하므로 오른쪽 그림에서

$f(a)=4-a^2\geq 0$

$a^2-4\leq 0$, $(a+2)(a-2)\leq 0$

$\therefore -2\leq a\leq 2$

그런데 $a>0$이므로 $0<a\leq 2$

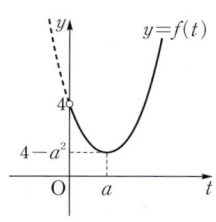

························· ❷

(ii) $a\leq 0$일 때

오른쪽 그림과 같이 $t>0$에서 $f(t)>4$이므로 $f(t)\geq 0$이 항상 성립한다.

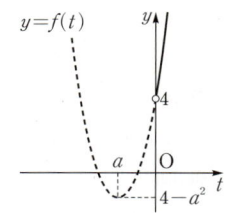

························· ❸

(i), (ii)에서 $a\leq 2$

························· ❹

채점 기준	배점
❶ $2^x=t$로 치환하여 주어진 부등식을 t에 대한 이차부등식으로 나타내기	20%
❷ $a>0$일 때 주어진 부등식이 성립하도록 하는 a의 값의 범위 구하기	30%
❸ $a\leq 0$일 때 주어진 부등식이 항상 성립함을 보이기	30%
❹ a의 값의 범위 구하기	20%

0381

답 17190년

처음 ^{14}C의 양이 2 kg, 즉 2000 g일 때 x년 후에 남아 있는 ^{14}C의 양이 250 g이므로

$250 = 2000 \times \left(\dfrac{1}{2}\right)^{\frac{x}{5730}}$, $\left(\dfrac{1}{2}\right)^{\frac{x}{5730}} = \dfrac{250}{2000} = \dfrac{1}{8} = \left(\dfrac{1}{2}\right)^3$

즉, $\dfrac{x}{5730} = 3$이므로 $x = 17190$

따라서 17190년 전 유물이다.

0382

답 ④

구매 후 x년이 지났을 때의 안마의자의 중고 가격이 648000원, 즉 64.8만 원 이하가 되려면

$500 \times 0.6^x \le 64.8$, $0.6^x \le 0.1296$

$0.6^x \le 0.6^4$

이때 밑이 1보다 작으므로

$x \ge 4$

따라서 안마의자의 중고 가격이 처음으로 648000원 이하가 되는 것은 구매 후 4년이 지났을 때이다.

0383

답 6시간

처음에 3마리였던 박테리아가 4시간 후에 768마리가 되었으므로

$3 \times a^4 = 768$, $a^4 = 256 = 4^4$

$\therefore a = 4$ ❶

즉, 한 마리의 박테리아가 x시간 후에 4^x마리로 증식되므로 3마리의 박테리아가 x시간 후에 12288마리가 된다고 하면

$3 \times 4^x = 12288$ ❷

$4^x = 4096 = 4^6$ $\therefore x = 6$

따라서 3마리였던 박테리아가 12288마리가 되는 것은 처음으로부터 6시간 후이다. ❸

채점 기준	배점
❶ a의 값 구하기	40%
❷ x시간 후 12288마리가 된다고 하고 식 세우기	20%
❸ 3마리였던 박테리아가 12288마리가 되는 시간 구하기	40%

0384

답 ②

$Q(2) = Q_0\left(1 - 2^{-\frac{2}{a}}\right)$, $Q(4) = Q_0\left(1 - 2^{-\frac{4}{a}}\right)$이므로

$\dfrac{Q(4)}{Q(2)} = \dfrac{Q_0\left(1 - 2^{-\frac{4}{a}}\right)}{Q_0\left(1 - 2^{-\frac{2}{a}}\right)} = \dfrac{1 - 2^{-\frac{4}{a}}}{1 - 2^{-\frac{2}{a}}}$ $(\because Q_0 > 0)$

$\dfrac{Q(4)}{Q(2)} = \dfrac{3}{2}$에서

$\dfrac{1 - 2^{-\frac{4}{a}}}{1 - 2^{-\frac{2}{a}}} = \dfrac{3}{2}$, $2\left(1 - 2^{-\frac{4}{a}}\right) = 3\left(1 - 2^{-\frac{2}{a}}\right)$

$2\left(1 + 2^{-\frac{2}{a}}\right)\left(1 - 2^{-\frac{2}{a}}\right) = 3\left(1 - 2^{-\frac{2}{a}}\right)$

이때 $1 - 2^{-\frac{2}{a}} \ne 0$이므로

$2\left(1 + 2^{-\frac{2}{a}}\right) = 3$, $1 + 2^{-\frac{2}{a}} = \dfrac{3}{2}$, $2^{-\frac{2}{a}} = \dfrac{1}{2} = 2^{-1}$

즉, $-\dfrac{2}{a} = -1$이므로 $a = 2$

확인 문제 (1) $x = 6$ (2) $x = 2$

(1) 진수의 조건에서 $x - 2 > 0$

$\therefore x > 2$ ...... ㉠

$\log_2 (x-2) = 2$에서 $\log_2 (x-2) = \log_2 2^2$

즉, $x - 2 = 4$이므로 $x = 6$

$x = 6$은 ㉠을 만족시키므로 구하는 해이다.

(2) 진수의 조건에서 $4 - x > 0$, $x > 0$

$\therefore 0 < x < 4$ ...... ㉠

$\log_3 (4-x) = 2\log_9 x$에서

$\log_3 (4-x) = 2\log_{3^2} x$, $\log_3 (4-x) = \log_3 x$

즉, $4 - x = x$이므로 $2x = 4$ $\therefore x = 2$

$x = 2$는 ㉠을 만족시키므로 구하는 해이다.

다른 풀이

(1) $\log_2 (x-2) = 2$이므로 로그의 정의에 의하여

$x - 2 = 2^2$ $\therefore x = 6$

0385

답 ②

진수의 조건에서 $x > 0$, $x - 6 > 0$

$\therefore x > 6$ ...... ㉠

$\log_3 x + 2\log_9 (x-6) = 3$에서

$\log_3 x + 2\log_{3^2} (x-6) = \log_3 3^3$

$\log_3 x + \log_3 (x-6) = \log_3 27$

$\log_3 x(x-6) = \log_3 27$

즉, $x(x-6) = 27$이므로

$x^2 - 6x - 27 = 0$, $(x+3)(x-9) = 0$

$\therefore x = 9$ $(\because$ ㉠$)$

따라서 $a = 9$이므로

$\log_3 a = \log_3 9 = \log_3 3^2 = 2$

0386

답 4

진수의 조건에서 $x + 1 > 0$, $x - 2 > 0$

$\therefore x > 2$ ...... ㉠

$\log (x+1) + \log (x-2) = 1$에서

$\log (x+1)(x-2) = \log 10$

즉, $(x+1)(x-2) = 10$이므로

$x^2 - x - 12 = 0$, $(x+3)(x-4) = 0$

$\therefore x = 4$ $(\because$ ㉠$)$

0387

답 10

진수의 조건에서 $x-2>0$, $x+6>0$

$\therefore x>2$ ...... ㉠

$\log_2(x-2)=1+\log_4(x+6)$에서

$\log_2(x-2)=\log_4 4+\log_4(x+6)$

$\log_2(x-2)=\log_4 4(x+6)$

$\log_2(x-2)=\dfrac{1}{2}\log_2 4(x+6)$

$2\log_2(x-2)=\log_2 4(x+6)$

$\log_2(x-2)^2=\log_2 4(x+6)$

즉, $(x-2)^2=4(x+6)$이므로

$x^2-8x-20=0$

$(x+2)(x-10)=0$

$\therefore x=10$ $(\because ㉠)$

0388

답 ③

진수의 조건에서 $x+1>0$, $9x-5>0$

$\therefore x>\dfrac{5}{9}$ ...... ㉠

$\log_{\sqrt{2}}(x+1)-\log_2(9x-5)=0$에서

$\log_{2^{\frac{1}{2}}}(x+1)=\log_2(9x-5)$

$2\log_2(x+1)=\log_2(9x-5)$

$\log_2(x+1)^2=\log_2(9x-5)$

즉, $(x+1)^2=9x-5$이므로

$x^2-7x+6=0$, $(x-1)(x-6)=0$

$\therefore x=1$ 또는 $x=6$ ...... ㉡

㉡은 모두 ㉠을 만족시키므로 주어진 방정식의 해이다.

이때 $\alpha<\beta$이므로 $\alpha=1$, $\beta=6$

$\therefore \beta-\alpha=6-1=5$

0389

답 -6

$\log_3(x+a+8)+\log_3(x+a)=2$의 한 근이 $x=7$이므로

$\log_3(a+15)+\log_3(7+a)=\log_3 3^2$ ...... ㉠

$\log_3(a+15)(a+7)=\log_3 9$

즉, $(a+15)(a+7)=9$이므로

$a^2+22a+96=0$, $(a+6)(a+16)=0$

$\therefore a=-6$ 또는 $a=-16$

㉠에서 진수의 조건에 의하여 $a+15>0$, $a+7>0$

$\therefore a>-7$

따라서 구하는 a의 값은 -6이다.

0390

답 100

밑의 조건에서 $x^2-10x+25>0$, $x^2-10x+25\neq 1$이므로

$(x-5)^2>0$, $(x-4)(x-6)\neq 0$

$\therefore x\neq 4$, $x\neq 5$, $x\neq 6$ ...... ㉠

진수의 조건에서 $5-x>0$이므로 $x<5$ ...... ㉡

㉠, ㉡에서

$x<4$ 또는 $4<x<5$ ...... ㉢ ❶

$\log_{x^2-10x+25}(5-x)=\log_9(5-x)$에서

(ⅰ) $x^2-10x+25=9$일 때

$x^2-10x+16=0$, $(x-2)(x-8)=0$

$\therefore x=2$ $(\because ㉢)$

(ⅱ) $5-x=1$일 때 $x=4$

그런데 $x=4$는 ㉢을 만족시키지 않는다.

(ⅰ), (ⅱ)에서 $x=2$ ❷

따라서 $a=2$이므로

$10^a=10^2=100$ ❸

채점 기준	배점
❶ 밑과 진수의 조건을 만족시키는 x의 값의 범위 구하기	40%
❷ 주어진 방정식의 해 구하기	40%
❸ 10^a의 값 구하기	20%

🔊)) **Bible Says** 진수가 같은 로그방정식의 풀이

진수가 같은 로그방정식은 밑이 같거나 진수가 1이 됨을 이용하여 푼다.

$\log_{a(x)} f(x)=\log_{b(x)} f(x) \Longleftrightarrow a(x)=b(x)$ 또는 $f(x)=1$

(단, $a(x)>0$, $a(x)\neq 1$, $b(x)>0$, $b(x)\neq 1$, $f(x)>0$)

유형 12 $\log_a x$ 꼴이 반복되는 로그방정식

확인 문제 (1) $x=1$ 또는 $x=4$ (2) $x=\dfrac{1}{27}$ 또는 $x=3$

(3) $x=3$ 또는 $x=27$

(1) 진수의 조건에서 $x>0$ ...... ㉠

$\log_2 x=t$로 놓으면

$t^2-2t=0$, $t(t-2)=0$

$\therefore t=0$ 또는 $t=2$

따라서 $\log_2 x=0$ 또는 $\log_2 x=2$이므로

$x=2^0=1$ 또는 $x=2^2=4$ ...... ㉡

㉡은 모두 ㉠을 만족시키므로 주어진 방정식의 해이다.

(2) 진수의 조건에서 $x>0$ ...... ㉠

$\log_{\frac{1}{3}} x=t$로 놓으면

$t^2-2t-3=0$, $(t+1)(t-3)=0$

$\therefore t=-1$ 또는 $t=3$

따라서 $\log_{\frac{1}{3}} x=-1$ 또는 $\log_{\frac{1}{3}} x=3$이므로

$x=\left(\dfrac{1}{3}\right)^{-1}=3$ 또는 $x=\left(\dfrac{1}{3}\right)^3=\dfrac{1}{27}$ ...... ㉡

㉡은 모두 ㉠을 만족시키므로 주어진 방정식의 해이다.

(3) 진수와 밑의 조건에서 $x>0$, $x\neq 1$

$\therefore 0<x<1$ 또는 $x>1$ ...... ㉠

$\log_3 x+\log_x 27=4$에서

$\log_3 x+\dfrac{\log_3 27}{\log_3 x}=4$, $\log_3 x+\dfrac{\log_3 3^3}{\log_3 x}=4$

$$\log_3 x + \frac{3}{\log_3 x} = 4$$

$$\therefore (\log_3 x)^2 - 4\log_3 x + 3 = 0$$

$\log_3 x = t$로 놓으면

$$t^2 - 4t + 3 = 0,\ (t-1)(t-3) = 0$$

$$\therefore t = 1\ \text{또는}\ t = 3$$

따라서 $\log_3 x = 1$ 또는 $\log_3 x = 3$이므로

$$x = 3\ \text{또는}\ x = 3^3 = 27 \qquad \cdots\cdots\ \textcircled{\tiny L}$$

$\textcircled{\tiny L}$은 모두 $\textcircled{\tiny ㉠}$을 만족시키므로 주어진 방정식의 해이다.

0391

답 ③

진수와 밑의 조건에서 $x^2 > 0$, $x > 0$, $x \neq 1$

$$\therefore 0 < x < 1\ \text{또는}\ x > 1 \qquad \cdots\cdots\ \textcircled{\tiny ㉠}$$

$\log_5 x^2 - 2\log_x 5 - 3 = 0$에서

$$2\log_5 x - \frac{2}{\log_5 x} - 3 = 0$$

$$\therefore 2(\log_5 x)^2 - 3\log_5 x - 2 = 0$$

$\log_5 x = t$로 놓으면

$$2t^2 - 3t - 2 = 0,\ (2t+1)(t-2) = 0$$

$$\therefore t = -\frac{1}{2}\ \text{또는}\ t = 2$$

즉, $\log_5 x = -\frac{1}{2}$ 또는 $\log_5 x = 2$이므로

$$x = 5^{-\frac{1}{2}} = \frac{1}{\sqrt{5}} = \frac{\sqrt{5}}{5}\ \text{또는}\ x = 5^2 = 25 \qquad \cdots\cdots\ \textcircled{\tiny L}$$

$\textcircled{\tiny L}$은 모두 $\textcircled{\tiny ㉠}$을 만족시키므로 주어진 방정식의 해이다.
따라서 구하는 두 근의 곱은

$$\frac{\sqrt{5}}{5} \times 25 = 5\sqrt{5}$$

0392

답 64

진수의 조건에서 $x > 0$, $x^3 > 0$ $\quad \therefore x > 0 \quad \cdots\cdots\ \textcircled{\tiny ㉠}$

$\left(\log_{\frac{1}{2}} x\right)^2 + 2\log_{\frac{1}{2}} x^3 - 16 = 0$에서

$$\left(\log_{\frac{1}{2}} x\right)^2 + 6\log_{\frac{1}{2}} x - 16 = 0$$

-- ❶

$\log_{\frac{1}{2}} x = t$로 놓으면

$$t^2 + 6t - 16 = 0,\ (t+8)(t-2) = 0 \qquad \therefore t = -8\ \text{또는}\ t = 2$$

즉, $\log_{\frac{1}{2}} x = -8$ 또는 $\log_{\frac{1}{2}} x = 2$이므로

$$x = \left(\frac{1}{2}\right)^{-8} = 2^8 = 256\ \text{또는}\ x = \left(\frac{1}{2}\right)^2 = \frac{1}{4} \qquad \cdots\cdots\ \textcircled{\tiny L}$$

$\textcircled{\tiny L}$은 모두 $\textcircled{\tiny ㉠}$을 만족시키므로 주어진 방정식의 해이다.

-- ❷

$$\therefore \alpha\beta = 256 \times \frac{1}{4} = 64$$

-- ❸

채점 기준	배점
❶ 주어진 방정식을 $\log_{\frac{1}{2}} x$가 반복되는 꼴로 변형하기	20%
❷ 주어진 방정식의 해 구하기	50%
❸ $\alpha\beta$의 값 구하기	30%

0393

답 ④

진수의 조건에서 $x > 0$ $\quad \cdots\cdots\ \textcircled{\tiny ㉠}$

$3^{\log x} = x^{\log 3}$이므로 주어진 방정식은

$$(3^{\log x})^2 - 3^{\log x} - 6 = 0$$

$3^{\log x} = t\ (t > 0)$로 놓으면

$$t^2 - t - 6 = 0,\ (t+2)(t-3) = 0$$

$$\therefore t = 3\ (\because t > 0)$$

즉, $3^{\log x} = 3$이므로

$$\log x = 1 \qquad \therefore x = 10$$

$x = 10$은 $\textcircled{\tiny ㉠}$을 만족시키므로 주어진 방정식의 해이다.

> **참고**
>
> $a^{\log_b x}$과 $x^{\log_b a}$ 꼴을 포함한 방정식은 $a^{\log_b x} = x^{\log_b a}$임을 이용하여 푼다.

0394

답 2

진수의 조건에서 $x > 0$ $\quad \cdots\cdots\ \textcircled{\tiny ㉠}$

$2(\log_3 x - \log_9 x) = 18\log_9 x \times \log_{27} x$에서

$$2(\log_3 x - \log_{3^2} x) = 18\log_{3^2} x \times \log_{3^3} x$$

$$2\left(\log_3 x - \frac{1}{2}\log_3 x\right) = 18 \times \frac{1}{2}\log_3 x \times \frac{1}{3}\log_3 x$$

$$\therefore 3(\log_3 x)^2 - \log_3 x = 0$$

$\log_3 x = t$로 놓으면

$$3t^2 - t = 0,\ t(3t-1) = 0$$

$$\therefore t = 0\ \text{또는}\ t = \frac{1}{3}$$

즉, $\log_3 x = 0$ 또는 $\log_3 x = \frac{1}{3}$이므로

$$x = 3^0 = 1\ \text{또는}\ x = 3^{\frac{1}{3}} = \sqrt[3]{3} \qquad \cdots\cdots\ \textcircled{\tiny L}$$

$\textcircled{\tiny L}$은 모두 $\textcircled{\tiny ㉠}$을 만족시키므로 주어진 방정식의 해이다.
따라서 $\alpha^3 + \beta^3 = 1^3 + (\sqrt[3]{3})^3 = 4$이므로

$$\log_2(\alpha^3 + \beta^3) = \log_2 4 = \log_2 2^2 = 2$$

0395

답 32

진수의 조건에서 $\frac{x}{2} > 0$, $4x > 0$

$$\therefore x > 0 \qquad \cdots\cdots\ \textcircled{\tiny ㉠}$$

$\left(\log_2 \frac{x}{2}\right)(\log_2 4x) = 4$에서

$$(\log_2 x - \log_2 2)(\log_2 4 + \log_2 x) = 4$$

$$(\log_2 x - 1)(2 + \log_2 x) = 4$$

$$\therefore (\log_2 x)^2 + \log_2 x - 6 = 0$$

$\log_2 x = t$로 놓으면

$$t^2 + t - 6 = 0,\ (t+3)(t-2) = 0$$

$$\therefore t = -3\ \text{또는}\ t = 2$$

즉, $\log_2 x = -3$ 또는 $\log_2 x = 2$이므로

$$x = 2^{-3} = \frac{1}{8}\ \text{또는}\ x = 2^2 = 4 \qquad \cdots\cdots\ \textcircled{\tiny L}$$

$\textcircled{\tiny L}$은 모두 $\textcircled{\tiny ㉠}$을 만족시키므로 주어진 방정식의 해이다.

$$\therefore 64\alpha\beta = 64 \times \frac{1}{8} \times 4 = 32$$

확인 문제 (1) $x=\dfrac{1}{10}$ 또는 $x=100$ (2) $x=5\log 2$

(1) 진수의 조건에서 $x>0$ ······ ㉠

$x^{\log x}=100x$의 양변에 상용로그를 취하면

$\log x^{\log x}=\log 100x$

$(\log x)^2=\log 10^2+\log x$

$\therefore (\log x)^2-\log x-2=0$

$\log x=t$로 놓으면

$t^2-t-2=0,\ (t+1)(t-2)=0$

$\therefore t=-1$ 또는 $t=2$

따라서 $\log x=-1$ 또는 $\log x=2$이므로

$x=10^{-1}=\dfrac{1}{10}$ 또는 $x=10^2=100$ ······ ㉡

㉡은 모두 ㉠을 만족시키므로 주어진 방정식의 해이다.

(2) $2^{5-x}=5^x$의 양변에 상용로그를 취하면

$\log 2^{5-x}=\log 5^x,\ (5-x)\log 2=x\log 5$

$x(\log 5+\log 2)=5\log 2,\ x\log 10=5\log 2$

$\therefore x=5\log 2$

0396

답 ④

진수의 조건에서 $x>0$ ······ ㉠

$x^{\log_3 x}=\dfrac{x^4}{27}$의 양변에 밑이 3인 로그를 취하면

$\log_3 x^{\log_3 x}=\log_3 \dfrac{x^4}{27}$

$(\log_3 x)^2=\log_3 x^4-\log_3 27$

$(\log_3 x)^2=4\log_3 x-\log_3 3^3$

$\therefore (\log_3 x)^2-4\log_3 x+3=0$

$\log_3 x=t$로 놓으면

$t^2-4t+3=0,\ (t-1)(t-3)=0$

$\therefore t=1$ 또는 $t=3$

즉, $\log_3 x=1$ 또는 $\log_3 x=3$이므로

$x=3$ 또는 $x=3^3=27$ ······ ㉡

㉡은 모두 ㉠을 만족시키므로 주어진 방정식의 해이다.

따라서 주어진 방정식의 두 근의 합은

$3+27=30$

0397

답 ③

$3^{3-x}=2^x$의 양변에 밑이 6인 로그를 취하면

$\log_6 3^{3-x}=\log_6 2^x$

$(3-x)\log_6 3=x\log_6 2$

$x(\log_6 2+\log_6 3)=3\log_6 3$

$x\log_6 6=3\log_6 3$

$\therefore x=3\log_6 3$

0398

답 5

진수의 조건에서 $4x>0,\ 5x>0$ $\therefore x>0$ ······ ㉠

$4^{\log 4x}=5^{\log 5x}$의 양변에 상용로그를 취하면

$\log 4^{\log 4x}=\log 5^{\log 5x}$

$\log 4x \times \log 4=\log 5x \times \log 5$

$(\log 4+\log x)\log 4=(\log 5+\log x)\log 5$

$(\log 4-\log 5)\log x=(\log 5)^2-(\log 4)^2$

$\therefore \log x=\dfrac{(\log 5)^2-(\log 4)^2}{\log 4-\log 5}$

$=-\dfrac{(\log 5+\log 4)(\log 5-\log 4)}{\log 5-\log 4}$

$=-(\log 5+\log 4)$

$=-\log 20=\log \dfrac{1}{20}$ ❶

$\therefore x=\dfrac{1}{20}$

$x=\dfrac{1}{20}$은 ㉠을 만족시키므로 주어진 방정식의 해이다.   ❷

따라서 $a=\dfrac{1}{20}$이므로 $100a=100\times\dfrac{1}{20}=5$ ❸

채점 기준	배점
❶ $\log x$의 값 구하기	60%
❷ x의 값 구하기	20%
❸ $100a$의 값 구하기	20%

0399

답 ①

밑의 조건에서 $x>0,\ x\neq1,\ y>0,\ y\neq1$ ······ ㉠

$\begin{cases}\log_x 9+\log_y 3=-1\\\log_x 81-\log_y 27=8\end{cases}$에서 $\begin{cases}\log_x 3^2+\log_y 3=-1\\\log_x 3^4-\log_y 3^3=8\end{cases}$

$\therefore \begin{cases}2\log_x 3+\log_y 3=-1\\4\log_x 3-3\log_y 3=8\end{cases}$

$\log_x 3=X,\ \log_y 3=Y$로 놓으면

$\begin{cases}2X+Y=-1\\4X-3Y=8\end{cases}$

위의 연립방정식을 풀면

$X=\dfrac{1}{2},\ Y=-2$

즉, $\log_x 3=\dfrac{1}{2},\ \log_y 3=-2$이므로

$x^{\frac{1}{2}}=3,\ y^{-2}=3$

$\therefore x=9,\ y=\dfrac{\sqrt{3}}{3}\ (\because ㉠)$

따라서 $a=9,\ \beta=\dfrac{\sqrt{3}}{3}$이므로

$a\beta=9\times\dfrac{\sqrt{3}}{3}=3\sqrt{3}$

0400

답 17

진수의 조건에서 $x>0$, $y>0$ ...... ㉠

$\log_2 x=X$, $\log_5 y=Y$로 놓으면 주어진 연립방정식은

$$\begin{cases} X+Y=5 \\ XY=6 \end{cases}$$

❶

위의 연립방정식을 풀면

$X=2$, $Y=3$ 또는 $X=3$, $Y=2$

즉, $\log_2 x=2$, $\log_5 y=3$ 또는 $\log_2 x=3$, $\log_5 y=2$이므로

$x=2^2=4$, $y=5^3=125$ 또는 $x=2^3=8$, $y=5^2=25$ ...... ㉡

㉡은 모두 ㉠을 만족시키므로 주어진 연립방정식의 해이다.

❷

(i) $\alpha=4$, $\beta=125$일 때

   $\beta-\alpha=125-4=121$

(ii) $\alpha=8$, $\beta=25$일 때

   $\beta-\alpha=25-8=17$

(i), (ii)에서 구하는 최솟값은 17이다.

❸

채점 기준	배점
❶ $\log_2 x=X$, $\log_5 y=Y$로 놓고 주어진 연립방정식 변형하기	20%
❷ x, y의 값 구하기	40%
❸ $\beta-\alpha$의 최솟값 구하기	40%

참고

> $\begin{cases} X+Y=5 \\ XY=6 \end{cases}$이므로 X, Y는 t에 대한 이차방정식 $t^2-5t+6=0$의 두 근
> 이다.
> $t^2-5t+6=0$에서 $(t-2)(t-3)=0$
> $\therefore t=2$ 또는 $t=3$
> $\therefore X=2$, $Y=3$ 또는 $X=3$, $Y=2$

0401

답 ④

진수의 조건에서 $x>0$, $y>0$ ...... ㉠

$\begin{cases} \log_2 x+\log_3 y=4 \\ \log_3 x \times \log_2 y=3 \end{cases}$에서 $\begin{cases} \dfrac{\log x}{\log 2}+\dfrac{\log y}{\log 3}=4 \\ \dfrac{\log x}{\log 3}\times\dfrac{\log y}{\log 2}=3 \end{cases}$

$\therefore \begin{cases} \dfrac{\log x}{\log 2}+\dfrac{\log y}{\log 3}=4 \\ \dfrac{\log x}{\log 2}\times\dfrac{\log y}{\log 3}=3 \end{cases}$

$\dfrac{\log x}{\log 2}=X$, $\dfrac{\log y}{\log 3}=Y$로 놓으면

$$\begin{cases} X+Y=4 \\ XY=3 \end{cases}$$

위의 연립방정식을 풀면

$X=1$, $Y=3$ 또는 $X=3$, $Y=1$

즉, $\dfrac{\log x}{\log 2}=1$, $\dfrac{\log y}{\log 3}=3$ 또는 $\dfrac{\log x}{\log 2}=3$, $\dfrac{\log y}{\log 3}=1$이므로

$\log x=\log 2$, $\log y=3\log 3=\log 3^3$

   또는 $\log x=3\log 2=\log 2^3$, $\log y=\log 3$

$\therefore x=2$, $y=27$ 또는 $x=8$, $y=3$ ...... ㉡

㉡은 모두 ㉠을 만족시키므로 주어진 연립방정식의 해이다.

이때 $\alpha>\beta$이므로 $\alpha=8$, $\beta=3$

$\therefore \alpha+\beta=8+3=11$

참고

> $\begin{cases} X+Y=4 \\ XY=3 \end{cases}$이므로 X, Y는 t에 대한 이차방정식 $t^2-4t+3=0$의 두 근
> 이다.
> $t^2-4t+3=0$에서 $(t-1)(t-3)=0$
> $\therefore t=1$ 또는 $t=3$
> $\therefore X=1$, $Y=3$ 또는 $X=3$, $Y=1$

유형 15 로그방정식의 근의 조건

0402

답 ③

주어진 방정식의 두 근을 α, β라 하면

$\alpha\beta=27$ ...... ㉠

$\log_3 x=t$로 놓으면 주어진 방정식은

$t^2+kt-5=0$

이 이차방정식의 두 근은 $\log_3 \alpha$, $\log_3 \beta$이므로 이차방정식의 근과
계수의 관계에 의하여

$\log_3 \alpha+\log_3 \beta=-k$

$\therefore k=-(\log_3 \alpha+\log_3 \beta)=-\log_3 \alpha\beta$

   $=-\log_3 27=-\log_3 3^3=-3$ ($\because$ ㉠)

0403

답 54

$\log\dfrac{x}{6}\times\log\dfrac{x}{9}=2$에서

$(\log x-\log 6)(\log x-\log 9)=2$

$\therefore (\log x)^2-(\log 6+\log 9)\log x+\log 6\times\log 9-2=0$

$\log x=t$로 놓으면

$t^2-(\log 6+\log 9)t+\log 6\times\log 9-2=0$

주어진 방정식의 두 근이 α, β이므로 위의 방정식의 두 근은 $\log \alpha$,
$\log \beta$이다.

이차방정식의 근과 계수의 관계에 의하여

$\log \alpha+\log \beta=\log 6+\log 9$

$\log \alpha\beta=\log 54$ $\therefore \alpha\beta=54$

0404

답 ②

$(\log x+\log 3)(\log x+\log 27)=-(2\log k)^2$에서

$(\log x)^2+(\log 3+\log 27)\log x+\log 3\times\log 27+(2\log k)^2=0$

$(\log x)^2+\log 81\times\log x+\log 3\times\log 3^3+(2\log k)^2=0$

$\therefore (\log x)^2+4\log 3\times\log x+3(\log 3)^2+(2\log k)^2=0$

$\log x=t$로 놓으면

$t^2+4\log 3\times t+3(\log 3)^2+(2\log k)^2=0$ ...... ㉠

주어진 방정식이 오직 하나의 실근을 가지려면 t에 대한 이차방정
식 ㉠은 중근을 가져야 한다.

이차방정식 ㉠의 판별식을 D라 하면

$\dfrac{D}{4}=(2\log 3)^2-3(\log 3)^2-(2\log k)^2=0$

$4(\log k)^2-(\log 3)^2=0$

$\log k=p$로 놓으면

$4p^2-(\log 3)^2=0,\ (2p+\log 3)(2p-\log 3)=0$

$\therefore p=-\dfrac{\log 3}{2}$ 또는 $p=\dfrac{\log 3}{2}$

즉, $\log k=-\dfrac{\log 3}{2}=\log 3^{-\frac{1}{2}}$ 또는 $\log k=\dfrac{\log 3}{2}=\log 3^{\frac{1}{2}}$이므로

$k=3^{-\frac{1}{2}}=\dfrac{\sqrt{3}}{3}$ 또는 $k=3^{\frac{1}{2}}=\sqrt{3}$

따라서 모든 양수 k의 값의 곱은 $\dfrac{\sqrt{3}}{3}\times\sqrt{3}=1$

유형 16 밑을 같게 할 수 있는 로그부등식

확인 문제 (1) $x>1$ (2) $-\dfrac{1}{2}<x\leq 12$

(1) 진수의 조건에서 $2x>0,\ x+1>0$

  $\therefore x>0$ ...... ㉠

  $\log_3 2x+\log_{\frac{1}{3}}(x+1)>0$에서

  $\log_3 2x-\log_3(x+1)>0$ $\therefore \log_3 2x>\log_3(x+1)$

  이때 밑이 1보다 크므로

  $2x>x+1$ $\therefore x>1$ ...... ㉡

  ㉠, ㉡의 공통 범위를 구하면 $x>1$

(2) 진수의 조건에서 $2x+1>0$

  $\therefore x>-\dfrac{1}{2}$ ...... ㉠

  $\log_{\frac{1}{5}}(2x+1)\geq -2$에서 $\log_{\frac{1}{5}}(2x+1)\geq \log_{\frac{1}{5}}\left(\dfrac{1}{5}\right)^{-2}$

  $\therefore \log_{\frac{1}{5}}(2x+1)\geq \log_{\frac{1}{5}} 25$

  이때 밑이 1보다 작으므로

  $2x+1\leq 25,\ 2x\leq 24$ $\therefore x\leq 12$ ...... ㉡

  ㉠, ㉡의 공통 범위를 구하면 $-\dfrac{1}{2}<x\leq 12$

0405
답 11

진수의 조건에서 $2x-1>0,\ 5-x>0$

$\therefore \dfrac{1}{2}<x<5$ ...... ㉠

$\log_3(2x-1)>1+\log_3(5-x)$에서

$\log_3(2x-1)>\log_3 3+\log_3(5-x)$

$\log_3(2x-1)>\log_3 3(5-x)$

이때 밑이 1보다 크므로

$2x-1>3(5-x),\ 5x>16$ $\therefore x>\dfrac{16}{5}$ ...... ㉡

㉠, ㉡의 공통 범위를 구하면 $\dfrac{16}{5}<x<5$

따라서 $\alpha=\dfrac{16}{5}$, $\beta=5$이므로

$5\alpha-\beta=5\times\dfrac{16}{5}-5=11$

0406
답 ③

진수의 조건에서 $x^2-7x>0,\ x+5>0$

$x^2-7x>0$에서 $x(x-7)>0$ $\therefore x<0$ 또는 $x>7$ ...... ㉠

$x+5>0$에서 $x>-5$ ...... ㉡

㉠, ㉡의 공통 범위는 $-5<x<0$ 또는 $x>7$ ...... ㉢

$\log_2(x^2-7x)-\log_2(x+5)\leq 1$에서

$\log_2(x^2-7x)\leq 1+\log_2(x+5)$

$\log_2(x^2-7x)\leq \log_2 2+\log_2(x+5)$

$\log_2(x^2-7x)\leq \log_2 2(x+5)$

이때 밑이 1보다 크므로

$x^2-7x\leq 2(x+5),\ x^2-9x-10\leq 0$

$(x+1)(x-10)\leq 0$ $\therefore -1\leq x\leq 10$ ...... ㉣

㉢, ㉣의 공통 범위를 구하면

$-1\leq x<0$ 또는 $7<x\leq 10$

따라서 주어진 부등식을 만족시키는 정수 x는 $-1,\ 8,\ 9,\ 10$이므로 구하는 합은

$-1+8+9+10=26$

0407
답 3

진수의 조건에서 $f(x)>0,\ \dfrac{3}{2}x-3>0$

$f(x)>0$에서 $0<x<9$ ...... ㉠

$\dfrac{3}{2}x-3>0$에서 $x>2$ ...... ㉡

㉠, ㉡의 공통 범위를 구하면 $2<x<9$ ...... ㉢   ❶

$\log f(x)+\log_{0.1}\left(\dfrac{3}{2}x-3\right)\leq 0$에서

$\log f(x)+\log_{10^{-1}}\left(\dfrac{3}{2}x-3\right)\leq 0,\ \log f(x)-\log\left(\dfrac{3}{2}x-3\right)\leq 0$

$\log f(x)\leq \log\left(\dfrac{3}{2}x-3\right)$

이때 밑이 1보다 크므로 $f(x)\leq \dfrac{3}{2}x-3$ ...... ㉣

㉢, ㉣을 모두 만족시키는 x의 값의 범위는 $2<x<9$이면서 함수 $y=f(x)$의 그래프가 직선 $y=\dfrac{3}{2}x-3$과 만나거나 그 아래쪽에 있어야 하므로

$6\leq x<9$ ❷

따라서 주어진 부등식을 만족시키는 자연수 x는 $6,\ 7,\ 8$의 3개이다.   ❸

채점 기준	배점
❶ 진수의 조건을 만족시키는 x의 값의 범위 구하기	30%
❷ 주어진 부등식의 해 구하기	50%
❸ 주어진 부등식을 만족시키는 자연수 x의 개수 구하기	20%

0408

진수의 조건에서 $x-2>0$, $3x-4>0$

$\therefore x>2$ ……㉠

$\log_5(x-2)+\log_5(3x-4)<1$에서

$\log_5(x-2)(3x-4)<\log_5 5$

이때 밑이 1보다 크므로

$(x-2)(3x-4)<5$, $3x^2-10x+3<0$

$(3x-1)(x-3)<0$

$\therefore \dfrac{1}{3}<x<3$ ……㉡

㉠, ㉡의 공통 범위를 구하면 $2<x<3$

해가 $2<x<3$이고 x^2의 계수가 1인 이차부등식은

$(x-2)(x-3)<0$

$\therefore x^2-5x+6<0$

이차부등식 $ax^2+bx+6<0$의 해가 $2<x<3$이므로

$a>0$

$x^2-5x+6<0$의 양변에 양수 a를 곱하면

$ax^2-5ax+6a<0$

이것이 $ax^2+bx+6<0$과 일치해야 하므로

$-5a=b$, $6a=6$ $\therefore a=1$, $b=-5$

$\therefore a-b=1-(-5)=6$

🔊)) **Bible Says** **이차부등식의 작성**

(1) 해가 $\alpha<x<\beta$이고 x^2의 계수가 1인 이차부등식은
$(x-\alpha)(x-\beta)<0$, 즉 $x^2-(\alpha+\beta)x+\alpha\beta<0$

(2) 해가 $x<\alpha$ 또는 $x>\beta$이고 x^2의 계수가 1인 이차부등식은
$(x-\alpha)(x-\beta)>0$, 즉 $x^2-(\alpha+\beta)x+\alpha\beta>0$

0409

진수의 조건에서 $x>0$, $\log_5 x>0$, $\log_2(\log_5 x)>0$

$\log_2(\log_5 x)>0$에서 $\log_2(\log_5 x)>\log_2 1$

밑이 1보다 크므로 $\log_5 x>1$, $\log_5 x>\log_5 5$

밑이 1보다 크므로 $x>5$ ……㉠

$\log_{\frac{1}{3}}\{\log_2(\log_5 x)\}\geq 0$에서

$\log_{\frac{1}{3}}\{\log_2(\log_5 x)\}\geq\log_{\frac{1}{3}} 1$

밑이 1보다 작으므로

$\log_2(\log_5 x)\leq 1$, $\log_2(\log_5 x)\leq\log_2 2$

밑이 1보다 크므로

$\log_5 x\leq 2$, $\log_5 x\leq\log_5 5^2$

밑이 1보다 크므로 $x\leq 25$ ……㉡

㉠, ㉡의 공통 범위를 구하면

$5<x\leq 25$

따라서 정수 x의 최댓값은 25, 최솟값은 6이므로

$M+m=25+6=31$

참고

진수의 조건 $x>0$, $\log_5 x>0$, $\log_2(\log_5 x)>0$에서 $x>0$, $\log_5 x>0$ 을 만족시키는 x의 값의 범위는 $\log_2(\log_5 x)>0$을 만족시키는 x의 값의 범위를 포함하므로 $\log_2(\log_5 x)>0$을 만족시키는 x의 값의 범위만 구해도 된다.

0410

진수의 조건에서 $x^2+k>0$, $2x+3>0$

$\therefore x>-\dfrac{3}{2}$ ($\because k>0$) ……㉠

$\log_{0.2}(x^2+k)\geq\log_{0.2}(2x+3)$에서 밑이 1보다 작으므로

$x^2+k\leq 2x+3$ $\therefore x^2-2x+k-3\leq 0$ ……㉡

㉠, ㉡을 만족시키는 정수 x의 개수가 3이어야 하므로

$f(x)=x^2-2x+k-3=(x-1)^2+k-4$

라 하면 함수 $y=f(x)$의 그래프는 오른쪽 그림과 같아야 한다.

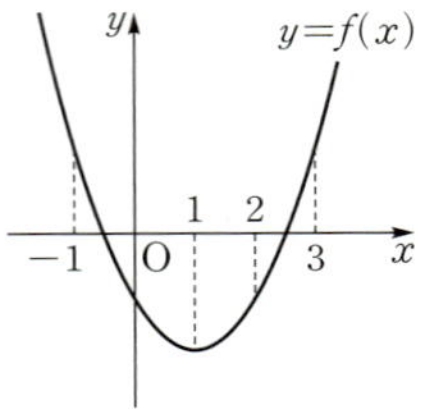

즉, $f(-1)>0$, $f(0)\leq 0$, $f(2)\leq 0$, $f(3)>0$이어야 한다.

$f(-1)=f(3)=k$이므로

$k>0$ ……㉢

$f(0)=f(2)=k-3$이므로

$k-3\leq 0$ $\therefore k\leq 3$ ……㉣

㉢, ㉣의 공통 범위를 구하면 $0<k\leq 3$

따라서 실수 k의 최댓값은 3이다.

유형 17 $\log_a x$ 꼴이 반복되는 로그부등식

확인 문제 (1) $\dfrac{1}{10000}<x<100$ (2) $\dfrac{1}{64}\leq x\leq 4$

(1) 진수의 조건에서 $x>0$, $x^2>0$ $\therefore x>0$ ……㉠

$(\log x)^2+\log x^2-8<0$에서

$(\log x)^2+2\log x-8<0$

$\log x=t$로 놓으면

$t^2+2t-8<0$, $(t+4)(t-2)<0$

$\therefore -4<t<2$

즉, $-4<\log x<2$이므로

$\log 10^{-4}<\log x<\log 10^2$

이때 밑이 1보다 크므로 $\dfrac{1}{10000}<x<100$ ……㉡

㉠, ㉡의 공통 범위를 구하면

$\dfrac{1}{10000}<x<100$

(2) 진수의 조건에서 $x>0$ ……㉠

$(\log_{\frac{1}{2}} x)^2-4\log_{\frac{1}{2}} x-12\leq 0$에서 $\log_{\frac{1}{2}} x=t$로 놓으면

$t^2-4t-12\leq 0$, $(t+2)(t-6)\leq 0$

$\therefore -2\leq t\leq 6$

즉, $-2\leq\log_{\frac{1}{2}} x\leq 6$이므로

$\log_{\frac{1}{2}}\left(\dfrac{1}{2}\right)^{-2}\leq\log_{\frac{1}{2}} x\leq\log_{\frac{1}{2}}\left(\dfrac{1}{2}\right)^6$

이때 밑이 1보다 작으므로 $\dfrac{1}{64}\leq x\leq 4$ ……㉡

㉠, ㉡의 공통 범위를 구하면

$\dfrac{1}{64}\leq x\leq 4$

0411

답 ③

진수의 조건에서 $x>0$, $16x^3>0$

$\therefore x>0$ ······ ㉠

$(\log_2 x)^2-\log_2 16x^3\leq 0$에서

$(\log_2 x)^2-(\log_2 16+\log_2 x^3)\leq 0$

$\therefore (\log_2 x)^2-3\log_2 x-4\leq 0$

$\log_2 x=t$로 놓으면

$t^2-3t-4\leq 0$, $(t+1)(t-4)\leq 0$

$\therefore -1\leq t\leq 4$

즉, $-1\leq \log_2 x\leq 4$이므로

$\log_2 2^{-1}\leq \log_2 x\leq \log_2 2^4$

이때 밑이 1보다 크므로 $\dfrac{1}{2}\leq x\leq 16$ ······ ㉡

㉠, ㉡의 공통 범위를 구하면 $\dfrac{1}{2}\leq x\leq 16$

따라서 $\alpha=\dfrac{1}{2}$, $\beta=16$이므로

$\alpha\beta=\dfrac{1}{2}\times 16=8$

0412

답 81

진수의 조건에서 $x>0$, $9x>0$

$\therefore x>0$ ······ ㉠

              ❶

$\log_3 x\times \log_3 9x\leq 24$에서

$\log_3 x\times (\log_3 9+\log_3 x)\leq 24$

$\log_3 x\times (2+\log_3 x)-24\leq 0$

$\therefore (\log_3 x)^2+2\log_3 x-24\leq 0$

$\log_3 x=t$로 놓으면

$t^2+2t-24\leq 0$, $(t+6)(t-4)\leq 0$

$\therefore -6\leq t\leq 4$

즉, $-6\leq \log_3 x\leq 4$이므로

$\log_3 3^{-6}\leq \log_3 x\leq \log_3 3^4$

이때 밑이 1보다 크므로 $\dfrac{1}{729}\leq x\leq 81$ ······ ㉡

㉠, ㉡의 공통 범위를 구하면 $\dfrac{1}{729}\leq x\leq 81$

              ❷

따라서 자연수 x의 최댓값은 81이다.

              ❸

채점 기준	배점
❶ 진수의 조건을 만족시키는 x의 값의 범위 구하기	30%
❷ 주어진 부등식의 해 구하기	50%
❸ 주어진 부등식을 만족시키는 자연수 x의 최댓값 구하기	20%

0413

답 ④

$(\log_{\frac{1}{3}} x)^2+a\log_3 x+b\leq 0$에서

$(-\log_3 x)^2+a\log_3 x+b\leq 0$

$\therefore (\log_3 x)^2+a\log_3 x+b\leq 0$

$\log_3 x=t$로 놓으면 $t^2+at+b\leq 0$ ······ ㉠

$\dfrac{1}{3}\leq x\leq 27$에서 $\log_3 \dfrac{1}{3}\leq \log_3 x\leq \log_3 27$

$\therefore -1\leq t\leq 3$

해가 $-1\leq t\leq 3$이고 t^2의 계수가 1인 이차부등식은

$(t+1)(t-3)\leq 0$ $\therefore t^2-2t-3\leq 0$

이것이 ㉠과 일치해야 하므로

$a=-2$, $b=-3$

$\therefore a-b=-2-(-3)=1$

0414

답 ①

$x^2-5x+4\leq 0$에서

$(x-1)(x-4)\leq 0$ $\therefore 1\leq x\leq 4$

$\therefore A=\{x\,|\,1\leq x\leq 4\}$

$(\log_2 x)^2-2k\log_2 x+k^2-1\leq 0$에서 $\log_2 x=t$로 놓으면

$t^2-2kt+k^2-1\leq 0$, $(t-k+1)(t-k-1)\leq 0$

$\therefore k-1\leq t\leq k+1$

즉, $k-1\leq \log_2 x\leq k+1$이므로

$\log_2 2^{k-1}\leq \log_2 x\leq \log_2 2^{k+1}$

이때 밑이 1보다 크므로 $2^{k-1}\leq x\leq 2^{k+1}$

$\therefore B=\{x\,|\,2^{k-1}\leq x\leq 2^{k+1}\}$

$A\cap B\neq\varnothing$이려면 다음 그림과 같이

$1\leq 2^{k+1}\leq 4$ 또는 $1\leq 2^{k-1}\leq 4$

이어야 한다.

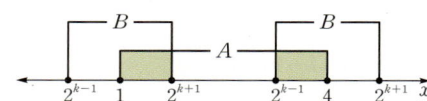

$1\leq 2^{k+1}\leq 4$에서 $2^0\leq 2^{k+1}\leq 2^2$

이때 밑이 1보다 크므로 $0\leq k+1\leq 2$

$\therefore -1\leq k\leq 1$ ······ ㉠

$1\leq 2^{k-1}\leq 4$에서 $2^0\leq 2^{k-1}\leq 2^2$

이때 밑이 1보다 크므로 $0\leq k-1\leq 2$

$\therefore 1\leq k\leq 3$ ······ ㉡

㉠, ㉡에서

$-1\leq k\leq 3$

따라서 정수 k는 -1, 0, 1, 2, 3의 5개이다.

유형 18   양변에 로그를 취하는 부등식

확인 문제   (1) $\dfrac{1}{2}\leq x\leq 4$ (2) $x<\log \dfrac{2}{5}$

(1) 진수의 조건에서 $x>0$ ······ ㉠

 $x^{\log_2 x}\leq 4x$의 양변에 밑이 2인 로그를 취하면

 $\log_2 x^{\log_2 x}\leq \log_2 4x$, $(\log_2 x)^2\leq \log_2 4+\log_2 x$

 $\therefore (\log_2 x)^2-\log_2 x-2\leq 0$

$\log_2 x = t$로 놓으면 $t^2 - t - 2 \leq 0$

$(t+1)(t-2) \leq 0$ $\therefore -1 \leq t \leq 2$

즉, $-1 \leq \log_2 x \leq 2$이므로

$\log_2 2^{-1} \leq \log_2 x \leq \log_2 2^2$

밑이 1보다 크므로 $\dfrac{1}{2} \leq x \leq 4$ ...... ㉡

㉠, ㉡의 공통 범위를 구하면

$\dfrac{1}{2} \leq x \leq 4$

(2) $2^{1-x} > 5^{x+1}$의 양변에 상용로그를 취하면

$\log 2^{1-x} > \log 5^{x+1}$, $(1-x)\log 2 > (x+1)\log 5$

$x(\log 2 + \log 5) < \log 2 - \log 5$

$x \log 10 < \log \dfrac{2}{5}$

$\therefore x < \log \dfrac{2}{5}$

0415

답 80

진수의 조건에서 $x > 0$ ...... ㉠

$x^{\log_{\frac{1}{3}} x + 3} > \dfrac{1}{81}$의 양변에 밑이 $\dfrac{1}{3}$인 로그를 취하면

$\log_{\frac{1}{3}} x^{\log_{\frac{1}{3}} x + 3} < \log_{\frac{1}{3}} \dfrac{1}{81}$

$(\log_{\frac{1}{3}} x + 3)\log_{\frac{1}{3}} x < 4$

$\therefore (\log_{\frac{1}{3}} x)^2 + 3\log_{\frac{1}{3}} x - 4 < 0$

$\log_{\frac{1}{3}} x = t$로 놓으면

$t^2 + 3t - 4 < 0$, $(t+4)(t-1) < 0$

$\therefore -4 < t < 1$

즉, $-4 < \log_{\frac{1}{3}} x < 1$이므로

$\log_{\frac{1}{3}} \left(\dfrac{1}{3}\right)^{-4} < \log_{\frac{1}{3}} x < \log_{\frac{1}{3}} \dfrac{1}{3}$

이때 밑이 1보다 작으므로 $\dfrac{1}{3} < x < 81$ ...... ㉡

㉠, ㉡의 공통 범위를 구하면

$\dfrac{1}{3} < x < 81$

따라서 자연수 x는 1, 2, 3, $\cdots$, 80의 80개이다.

0416

답 ④

진수의 조건에서 $x > 0$ ...... ㉠

$x^{\log x - 1} \leq \dfrac{x^3}{1000}$의 양변에 상용로그를 취하면

$\log x^{\log x - 1} \leq \log \dfrac{x^3}{1000}$

$(\log x - 1)\log x \leq \log x^3 - \log 1000$

$(\log x)^2 - \log x \leq 3\log x - 3$

$\therefore (\log x)^2 - 4\log x + 3 \leq 0$

$\log x = t$로 놓으면

$t^2 - 4t + 3 \leq 0$, $(t-1)(t-3) \leq 0$

$\therefore 1 \leq t \leq 3$

즉, $1 \leq \log x \leq 3$이므로

$\log 10 \leq \log x \leq \log 10^3$

이때 밑이 1보다 크므로 $10 \leq x \leq 1000$ ...... ㉡

㉠, ㉡의 공통 범위를 구하면

$10 \leq x \leq 1000$

따라서 $\alpha = 10$, $\beta = 1000$이므로

$\dfrac{\beta}{\alpha} = \dfrac{1000}{10} = 100$

0417

답 52

진수의 조건에서 $x - 2 > 0$

$\therefore x > 2$ ...... ㉠

❶

$(x-2)^{\log_3(x-2)} + 18 < 9x$에서

$(x-2)^{\log_3(x-2)} < 9(x-2)$

양변에 밑이 3인 로그를 취하면

$\log_3 (x-2)^{\log_3(x-2)} < \log_3 9(x-2)$

$\{\log_3 (x-2)\}^2 < \log_3 9 + \log_3 (x-2)$

$\therefore \{\log_3 (x-2)\}^2 - \log_3 (x-2) - 2 < 0$

$\log_3 (x-2) = t$로 놓으면

$t^2 - t - 2 < 0$, $(t+1)(t-2) < 0$

$\therefore -1 < t < 2$

즉, $-1 < \log_3 (x-2) < 2$이므로

$\log_3 3^{-1} < \log_3 (x-2) < \log_3 3^2$

이때 밑이 1보다 크므로 $\dfrac{1}{3} < x - 2 < 9$

$\therefore \dfrac{7}{3} < x < 11$ ...... ㉡

㉠, ㉡의 공통 범위를 구하면

$\dfrac{7}{3} < x < 11$

❷

따라서 모든 정수 x의 값의 합은

$3 + 4 + 5 + \cdots + 10 = 52$

❸

채점 기준	배점
❶ 진수의 조건을 만족시키는 x의 값의 범위 구하기	20%
❷ 주어진 부등식의 해 구하기	50%
❸ 모든 정수 x의 값의 합 구하기	30%

0418

답 62

$\begin{cases} 5^{3x-2} > 10^{5-x} & ...... ㉠ \\ (4x)^{\log_2 x - 5} \leq 256 & ...... ㉡ \end{cases}$

㉠의 양변에 상용로그를 취하면

$\log 5^{3x-2} > \log 10^{5-x}$

$(3x-2)\log 5 > (5-x)\log 10$

$3x \log 5 - 2\log 5 > 5 - x$

$x(3\log 5 + 1) > 5 + 2\log 5$

$3\log 5 + 1 > 0$이므로

$x > \dfrac{5+2\log 5}{3\log 5+1} = 2.\times\times\times \ (\because \log 5 = 0.7)$ ...... ㉢

㉢의 진수의 조건에서 $x > 0$ ...... ㉣

㉠의 양변에 밑이 2인 로그를 취하면

$\log_2 (4x)^{\log_2 x - 5} \leq \log_2 256$

$(\log_2 x - 5)\log_2 4x \leq 8$

$(\log_2 x - 5)(\log_2 4 + \log_2 x) \leq 8$

$(\log_2 x - 5)(\log_2 x + 2) \leq 8$

$\therefore (\log_2 x)^2 - 3\log_2 x - 18 \leq 0$

$\log_2 x = t$로 놓으면

$t^2 - 3t - 18 \leq 0, \ (t+3)(t-6) \leq 0$

$\therefore -3 \leq t \leq 6$

즉, $-3 \leq \log_2 x \leq 6$이므로

$\log_2 2^{-3} \leq \log_2 x \leq \log_2 2^6$

이때 밑이 1보다 크므로 $\dfrac{1}{8} \leq x \leq 64$ ...... ㉤

㉣, ㉤의 공통 범위를 구하면

$\dfrac{1}{8} \leq x \leq 64$ ...... ㉥

㉢, ㉥의 공통 범위를 구하면

$2.\times\times\times < x \leq 64$

따라서 정수 x는 3, 4, 5, $\cdots$, 64의 62개이다.

유형 **19** 로그부등식이 항상 성립할 조건

0419

답 ①

진수의 조건에서 $x > 0, \ \dfrac{x^2}{8a} > 0$

$\therefore a > 0 \ (\because x > 0)$ ...... ㉠

$(\log_2 x)^2 \geq \log_2 \dfrac{x^2}{8a}$에서

$(\log_2 x)^2 \geq \log_2 x^2 - \log_2 8a$

$(\log_2 x)^2 \geq 2\log_2 x - (\log_2 8 + \log_2 a)$

$\therefore (\log_2 x)^2 - 2\log_2 x + 3 + \log_2 a \geq 0$

$\log_2 x = t$로 놓으면

$t^2 - 2t + 3 + \log_2 a \geq 0$ ...... ㉡

모든 양수 x에 대하여 주어진 부등식이 성립하려면 모든 실수 t에 대하여 ㉡이 성립해야 한다.

이차방정식 $t^2 - 2t + 3 + \log_2 a = 0$의 판별식을 D라 하면

$\dfrac{D}{4} = (-1)^2 - 3 - \log_2 a \leq 0$

$\log_2 a \geq -2, \ \log_2 a \geq \log_2 2^{-2}$

이때 밑이 1보다 크므로 $a \geq \dfrac{1}{4}$ ...... ㉢

㉠, ㉢의 공통 범위를 구하면

$a \geq \dfrac{1}{4}$

따라서 정수 a의 최솟값은 1이다.

0420

답 $k > 27$

$x^{\log_{\frac{1}{3}} x} < \dfrac{kx^2}{9}$의 양변에 밑이 $\dfrac{1}{3}$인 로그를 취하면

$\log_{\frac{1}{3}} x^{\log_{\frac{1}{3}} x} > \log_{\frac{1}{3}} \dfrac{kx^2}{9}$

$(\log_{\frac{1}{3}} x)^2 > \log_{\frac{1}{3}} kx^2 - \log_{\frac{1}{3}} 9$

$(\log_{\frac{1}{3}} x)^2 > \log_{\frac{1}{3}} k + \log_{\frac{1}{3}} x^2 + 2$

$\therefore (\log_{\frac{1}{3}} x)^2 - 2\log_{\frac{1}{3}} x - \log_{\frac{1}{3}} k - 2 > 0$

$\log_{\frac{1}{3}} x = t$로 놓으면

$t^2 - 2t - \log_{\frac{1}{3}} k - 2 > 0$ ...... ㉠

주어진 부등식이 모든 양수 x에 대하여 성립하려면 모든 실수 t에 대하여 ㉠이 성립해야 한다.

이차방정식 $t^2 - 2t - \log_{\frac{1}{3}} k - 2 = 0$의 판별식을 D라 하면

$\dfrac{D}{4} = (-1)^2 + \log_{\frac{1}{3}} k + 2 < 0$

$\log_{\frac{1}{3}} k < -3, \ \log_{\frac{1}{3}} k < \log_{\frac{1}{3}} \left(\dfrac{1}{3}\right)^{-3}$

이때 밑이 1보다 작으므로 $k > 27$

0421

답 ②

$x^{\log x} > (1000x^2)^k$의 양변에 상용로그를 취하면

$\log x^{\log x} > \log (1000x^2)^k$

$(\log x)^2 > k(\log 1000 + \log x^2)$

$(\log x)^2 > k(3 + 2\log x)$

$\therefore (\log x)^2 - 2k\log x - 3k > 0$

$\log x = t$로 놓으면

$t^2 - 2kt - 3k > 0$ ...... ㉠

주어진 부등식이 모든 양수 x에 대하여 성립하려면 모든 실수 t에 대하여 ㉠이 성립해야 한다.

이차방정식 $t^2 - 2kt - 3k = 0$의 판별식을 D라 하면

$\dfrac{D}{4} = (-k)^2 - (-3k) < 0$

$k^2 + 3k < 0, \ k(k+3) < 0$

$\therefore -3 < k < 0$

유형 **20** 로그를 포함한 방정식과 부등식의 활용

0422

답 ①

진수의 조건에서 $a > 0$ ...... ㉠

이차방정식 $x^2 + 2(3 - \log_2 a)x + 3 + \log_2 a = 0$의 판별식을 D라 하면

$\dfrac{D}{4} = (3 - \log_2 a)^2 - 3 - \log_2 a > 0$

$\therefore (\log_2 a)^2 - 7\log_2 a + 6 > 0$

$\log_2 a = t$로 놓으면

$t^2 - 7t + 6 > 0, \ (t-1)(t-6) > 0$

$\therefore t < 1$ 또는 $t > 6$

즉, $\log_2 a < 1$ 또는 $\log_2 a > 6$이므로

$\log_2 a < \log_2 2$ 또는 $\log_2 a > \log_2 2^6$

이때 밑이 1보다 크므로 $a < 2$ 또는 $a > 64$ ...... ㉡

㉠, ㉡의 공통 범위를 구하면

$0 < a < 2$ 또는 $a > 64$

따라서 자연수 a의 최솟값은 1이다.

0423
답 5

진수의 조건에서 $a > 0$ ...... ㉠

이차방정식 $x^2 + 2(1 - \log_5 a)x - \log_5 a + 7 = 0$의 판별식을 D라 하면

$\dfrac{D}{4} = (1 - \log_5 a)^2 + \log_5 a - 7 = 0$

$\therefore (\log_5 a)^2 - \log_5 a - 6 = 0$ ----------------❶

$\log_5 a = t$로 놓으면

$t^2 - t - 6 = 0$, $(t+2)(t-3) = 0$

$\therefore t = -2$ 또는 $t = 3$

즉, $\log_5 a = -2$ 또는 $\log_5 a = 3$이므로

$a = 5^{-2} = \dfrac{1}{25}$ 또는 $a = 5^3 = 125$ ...... ㉡

㉡은 모두 ㉠을 만족시킨다. ----------------❷

따라서 모든 양수 a의 값의 곱은

$\dfrac{1}{25} \times 125 = 5$ ----------------❸

채점 기준	배점
❶ 이차방정식의 판별식을 이용하여 로그방정식 세우기	30%
❷ 주어진 이차방정식이 중근을 갖도록 하는 a의 값 구하기	50%
❸ 모든 양수 a의 값의 곱 구하기	20%

0424
답 6

진수의 조건에서 $n > 0$ ...... ㉠

이차방정식 $3x^2 - 2(\log_2 n)x + \log_2 n = 0$의 판별식을 D라 하면

$\dfrac{D}{4} = (-\log_2 n)^2 - 3\log_2 n < 0$

$\therefore (\log_2 n)^2 - 3\log_2 n < 0$

$\log_2 n = t$로 놓으면

$t^2 - 3t < 0$, $t(t-3) < 0$

$\therefore 0 < t < 3$

즉, $0 < \log_2 n < 3$이므로

$\log_2 1 < \log_2 n < \log_2 2^3$

이때 밑이 1보다 크므로

$1 < n < 8$ ...... ㉡

㉠, ㉡의 공통 범위를 구하면 $1 < n < 8$

따라서 자연수 n은 2, 3, 4, 5, 6, 7의 6개이다.

유형 21 　**로그함수의 실생활에의 활용**

0425
답 ①

n년 후의 청소기의 가격은

$100 \times (1 - 0.3)^n = 100 \times 0.7^n$(만 원)

이므로 n년 후에 가격이 10만 원 이하가 된다고 하면

$100 \times 0.7^n \leq 10$ 　 $\therefore 0.7^n \leq \dfrac{1}{10}$

양변에 상용로그를 취하면

$\log 0.7^n \leq \log \dfrac{1}{10}$, $n(\log 7 - 1) \leq -1$

$n(0.85 - 1) \leq -1$, $-0.15n \leq -1$

$\therefore n \geq \dfrac{20}{3} = 6.\times\times\times$

따라서 7년 후인 2030년에 청소기의 가격이 처음으로 10만 원 이하가 된다.

0426
답 43년

올해로부터 n년 후의 동물의 개체 수는

$900 \times (1 - 0.05)^n = 900 \times 0.95^n$

이므로 n년 후에 동물의 개체 수가 100 이하가 된다고 하면

$900 \times 0.95^n \leq 100$ 　 $\therefore 0.95^n \leq \dfrac{1}{9}$ ----------------❶

양변에 상용로그를 취하면

$\log 0.95^n \leq \log \dfrac{1}{9}$

$n(\log 9.5 - 1) \leq -2\log 3$

$n(0.9777 - 1) \leq -2 \times 0.4771$

$n \times (-0.0223) \leq -0.9542$

$\therefore n \geq \dfrac{0.9542}{0.0223} = 42.\times\times\times$ ----------------❷

따라서 동물의 개체 수 처음으로 100 이하가 되는 것은 올해로부터 43년 후이다. ----------------❸

채점 기준	배점
❶ n년 후에 동물의 개체 수가 100 이하가 된다고 하여 부등식 세우기	30%
❷ ❶의 부등식의 해 구하기	50%
❸ 동물의 개체 수 처음으로 100 이하가 되는 것은 몇 년 후인지 구하기	20%

0427

처음 중금속의 양을 1이라 하면 여과기를 한 번 통과한 후 남아 있는 중금속의 양은 $\frac{3}{4}$이므로 여과기를 n번 통과한 후 남아 있는 중금속의 양은 $\left(\frac{3}{4}\right)^n$이다.

여과기를 n번 통과한 후 남아 있는 중금속의 양이 처음 양의 $\frac{1}{81}$이라 하면

$$\left(\frac{3}{4}\right)^n=\frac{1}{81}$$

양변에 상용로그를 취하면

$$\log\left(\frac{3}{4}\right)^n=\log\frac{1}{81}$$

$$n(\log 3-\log 4)=-\log 81$$

$$n(\log 3-2\log 2)=-4\log 3$$

$$n(0.48-2\times 0.3)=-4\times 0.48$$

$$-0.12n=-1.92$$

$$\therefore n=16$$

따라서 여과기를 16번 통과시켜야 한다.

0428

신호잡음전력비가 a일 때의 신호의 최대 전송 속도를 C_1이라 하고 이를 주어진 관계식에 대입하면

$$C_1=B\times\log_2(1+a)$$

신호잡음전력비가 $33a$일 때의 신호의 최대 전송 속도를 C_2라 하고 이를 주어진 관계식에 대입하면

$$C_2=B\times\log_2(1+33a)$$

이때 $C_2=2C_1$이므로

$$2B\times\log_2(1+a)=B\times\log_2(1+33a)$$

$$2\log_2(1+a)=\log_2(1+33a)$$

$$\log_2(1+a)^2=\log_2(1+33a)$$

$$(1+a)^2=1+33a,\ a^2-31a=0$$

$$a(a-31)=0$$

$$\therefore a=31\ (\because a>0)$$

PART **B** 내신 잡는 종합 문제

0429

$5^{x+2}=10000$에서 $25\times 5^x=10000$

$$\therefore 5^x=400$$

즉, $5^\alpha=400$이고, $5^3=125$, $5^4=625$이므로

$$3<\alpha<4$$

0430

$\left(\frac{1}{81}\right)^{1-\frac{x}{2}}=3^{x+2}$에서 $3^{-4\left(1-\frac{x}{2}\right)}=3^{x+2}$

즉, $-4\left(1-\frac{x}{2}\right)=x+2$이므로

$$-4+2x=x+2\qquad\therefore x=6$$

0431

진수의 조건에서 $5x+1>0$ $\therefore x>-\frac{1}{5}$ ...... ㉠

$2\log_4(5x+1)=1$에서 $\log_4(5x+1)=\frac{1}{2}$

$5x+1=4^{\frac{1}{2}}$, $5x+1=2$ $\therefore x=\frac{1}{5}$

$x=\frac{1}{5}$은 ㉠을 만족시키므로 주어진 방정식의 해이다.

따라서 $\alpha=\frac{1}{5}$이므로

$$\log_5\frac{1}{\alpha}=\log_5 5=1$$

0432

$(x^2-x+1)^{x+1}=1$에서

(i) $x+1=0$, 즉 $x=-1$일 때
$3^0=1$이므로 주어진 등식은 성립한다.

(ii) $x+1\neq 0$, 즉 $x\neq -1$일 때
$x^2-x+1=1$에서 $x^2-x=0$
$x(x-1)=0$ $\therefore x=0$ 또는 $x=1$

(i), (ii)에서 주어진 방정식의 해는
$x=-1$ 또는 $x=0$ 또는 $x=1$

따라서 구하는 모든 정수 x의 값의 합은

$$-1+0+1=0$$

참고

$x^2-x+1=\left(x-\frac{1}{2}\right)^2+\frac{3}{4}>0$이므로 $x^2-x+1=-1$인 경우를 생각하지 않아도 된다.

0433

$$\begin{pmatrix}2^x & 1\end{pmatrix}\begin{pmatrix}2^x & 5 \\ -32 & -2^x\end{pmatrix}\begin{pmatrix}1 \\ -1\end{pmatrix}$$

$$=\begin{pmatrix}(2^x)^2-32 & 5\times 2^x-2^x\end{pmatrix}\begin{pmatrix}1 \\ -1\end{pmatrix}$$

$$=\begin{pmatrix}(2^x)^2-32 & 4\times 2^x\end{pmatrix}\begin{pmatrix}1 \\ -1\end{pmatrix}$$

$$=\begin{pmatrix}(2^x)^2-32-4\times 2^x\end{pmatrix}$$

따라서 $(2^x)^2-4\times 2^x-32=0$이므로 $2^x=t\ (t>0)$로 놓으면

$$t^2-4t-32=0,\ (t+4)(t-8)=0$$

$$\therefore t=8\ (\because t>0)$$

즉, $2^x=8=2^3$이므로 $x=3$

0434

답 ②

$64^x \times \left(\dfrac{1}{2}\right)^y = 8$에서 $2^{6x} \times 2^{-y} = 2^3$

$2^{6x-y} = 2^3$ $\therefore 6x - y = 3$ ...... ㉠

$8^{x-1} \times 2^{y-2} = 2$에서 $2^{3(x-1)} \times 2^{y-2} = 2$

$2^{3x+y-5} = 2$, $3x + y - 5 = 1$ $\therefore 3x + y = 6$ ...... ㉡

㉠, ㉡을 연립하여 풀면 $x = 1$, $y = 3$

따라서 $\alpha = 1$, $\beta = 3$이므로

$\alpha + \beta = 1 + 3 = 4$

0435

답 ②

진수의 조건에서 $x > 0$ ...... ㉠

$\log_3 x - 7\log_{\frac{1}{3}} x = 4\log_3 x \times \log_{\frac{1}{3}} x$에서

$\log_3 x + 7\log_3 x = 4\log_3 x \times (-\log_3 x)$

$8\log_3 x = -4(\log_3 x)^2$

$\therefore (\log_3 x)^2 + 2\log_3 x = 0$

$\log_3 x = t$로 놓으면

$t^2 + 2t = 0$, $t(t+2) = 0$

$\therefore t = -2$ 또는 $t = 0$

즉, $\log_3 x = -2$ 또는 $\log_3 x = 0$이므로

$x = 3^{-2} = \dfrac{1}{9}$ 또는 $x = 3^0 = 1$ ...... ㉡

㉡은 모두 ㉠을 만족시키므로 주어진 방정식의 해이다.

이때 $\alpha < \beta$이므로 $\alpha = \dfrac{1}{9}$, $\beta = 1$

$\therefore 9\alpha + \beta = 9 \times \dfrac{1}{9} + 1 = 2$

0436

답 8

$2^{2x} - 6 \times 2^{x+1} + k = 0$에서

$(2^x)^2 - 12 \times 2^x + k = 0$

$2^x = t \ (t > 0)$로 놓으면

$t^2 - 12t + k = 0$

주어진 방정식의 두 근이 α, β이므로 위의 t에 대한 이차방정식의 두 근은 2^α, 2^β이다.

이차방정식의 근과 계수의 관계에서

$2^\alpha \times 2^\beta = k$, $2^{\alpha+\beta} = k$

$\therefore k = 2^3 = 8 \ (\because \alpha + \beta = 3)$

0437

답 ⑤

$\left(\dfrac{1}{9}\right)^x < 3^{21-4x}$에서 $3^{-2x} < 3^{21-4x}$

이때 밑이 1보다 크므로

$-2x < 21 - 4x$, $2x < 21$ $\therefore x < \dfrac{21}{2}$

따라서 주어진 부등식을 만족시키는 자연수 x는 $1, 2, 3, \cdots, 10$의 10개이다.

0438

답 ③

$49^{-2x-3} \leq \left(\dfrac{1}{7}\right)^{x^2+1} \leq 7^{x-3}$에서

$\left(\dfrac{1}{7}\right)^{2(2x+3)} \leq \left(\dfrac{1}{7}\right)^{x^2+1} \leq \left(\dfrac{1}{7}\right)^{-x+3}$

이때 밑이 1보다 작으므로

$2(2x+3) \geq x^2 + 1 \geq -x + 3$

(i) $2(2x+3) \geq x^2 + 1$에서

$4x + 6 \geq x^2 + 1$, $x^2 - 4x - 5 \leq 0$

$(x+1)(x-5) \leq 0$ $\therefore -1 \leq x \leq 5$

(ii) $x^2 + 1 \geq -x + 3$에서

$x^2 + x - 2 \geq 0$, $(x+2)(x-1) \geq 0$

$\therefore x \leq -2$ 또는 $x \geq 1$

(i), (ii)에서 주어진 부등식의 해는 $1 \leq x \leq 5$

따라서 $\alpha = 1$, $\beta = 5$이므로

$\beta - \alpha = 5 - 1 = 4$

> **참고**
>
> $49^{-2x-3} \leq \left(\dfrac{1}{7}\right)^{x^2+1} \leq 7^{x-3}$에서
>
> $7^{2(-2x-3)} \leq 7^{-(x^2+1)} \leq 7^{x-3}$
>
> 이때 밑이 1보다 크므로
>
> $2(-2x-3) \leq -(x^2+1) \leq x-3$
>
> 이와 같이 풀어도 결과는 같다.

0439

답 ④

$(\log_5 x)^2 + \log_{\frac{1}{5}} x^3 - 2 = 0$에서

$(\log_5 x)^2 - 3\log_5 x - 2 = 0$

$\log_5 x = t$로 놓으면

$t^2 - 3t - 2 = 0$

주어진 방정식의 두 실근이 α, β이므로 위의 t에 대한 이차방정식의 두 근은 $\log_5 \alpha$, $\log_5 \beta$이다.

따라서 이차방정식의 근과 계수의 관계에서

$\log_5 \alpha + \log_5 \beta = 3$, $\log_5 \alpha\beta = 3$

$\therefore \alpha\beta = 5^3 = 125$

0440

답 ⑤

진수의 조건에서

$n^2 - 9n + 18 > 0$, $(n-3)(n-6) > 0$

$\therefore n < 3$ 또는 $n > 6$ ...... ㉠

$\log_{18}(n^2 - 9n + 18) < 1$에서

$\log_{18}(n^2 - 9n + 18) < \log_{18} 18$

이때 밑이 1보다 크므로

$n^2 - 9n + 18 < 18$, $n^2 - 9n < 0$

$n(n-9) < 0$ $\therefore 0 < n < 9$ ...... ㉡

㉠, ㉡의 공통 범위를 구하면

$0 < n < 3$ 또는 $6 < n < 9$

따라서 주어진 부등식을 만족시키는 모든 자연수 n의 값의 합은

$1 + 2 + 7 + 8 = 18$

0441

답 4

진수의 조건에서 $3x-1>0$, $2x+k>0$

$\therefore x>\dfrac{1}{3}$ ($\because k$는 자연수) ...... ㉠

$\log(3x-1)\leq\log(2x+k)$에서 밑이 1보다 크므로

$3x-1\leq2x+k$ $\therefore x\leq k+1$ ...... ㉡

㉠, ㉡을 모두 만족시키는 자연
수 x의 개수가 5이므로 오른쪽
그림에서

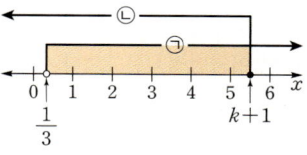

$5\leq k+1<6$

$\therefore 4\leq k<5$

따라서 자연수 k의 값은 4이다.

0442

답 ④

$4^x+a\times2^{x+2}+b<0$에서

$(2^x)^2+4a\times2^x+b<0$

$2^x=t$ $(t>0)$로 놓으면

$t^2+4at+b<0$ ...... ㉠

주어진 부등식의 해가 $2<x<3$이므로

$2^2<2^x<2^3$ $\therefore 4<t<8$

해가 $4<t<8$이고 t^2의 계수가 1인 이차부등식은

$(t-4)(t-8)<0$

$\therefore t^2-12t+32<0$ ...... ㉡

㉠, ㉡이 서로 일치해야 하므로

$4a=-12$, $b=32$ $\therefore a=-3$, $b=32$

$\therefore a+b=-3+32=29$

0443

답 ⑤

$3^{-2x+1}<3-8\times\left(\dfrac{1}{3}\right)^x$에서

$3\times\left\{\left(\dfrac{1}{3}\right)^x\right\}^2+8\times\left(\dfrac{1}{3}\right)^x-3<0$

$\left(\dfrac{1}{3}\right)^x=t$ $(t>0)$로 놓으면

$3t^2+8t-3<0$, $(3t-1)(t+3)<0$

$\therefore 0<t<\dfrac{1}{3}$ ($\because t>0$)

즉, $0<\left(\dfrac{1}{3}\right)^x<\dfrac{1}{3}$이고 밑이 1보다 작으므로 $x>1$

$\therefore A=\{x|x>1\}$

$\{\log_2(x+2)\}^2\leq6-\log_2(x+2)$의 진수의 조건에서

$x+2>0$ $\therefore x>-2$ ...... ㉠

$\{\log_2(x+2)\}^2\leq6-\log_2(x+2)$에서

$\{\log_2(x+2)\}^2+\log_2(x+2)-6\leq0$

$\log_2(x+2)=k$로 놓으면

$k^2+k-6\leq0$, $(k+3)(k-2)\leq0$

$\therefore -3\leq k\leq2$

즉, $-3\leq\log_2(x+2)\leq2$이므로

$\log_2 2^{-3}\leq\log_2(x+2)\leq\log_2 2^2$

이때 밑이 1보다 크므로

$\dfrac{1}{8}\leq x+2\leq4$

$\therefore -\dfrac{15}{8}\leq x\leq2$ ...... ㉡

㉠, ㉡의 공통 범위를 구하면

$-\dfrac{15}{8}\leq x\leq2$

$\therefore B=\left\{x\left|-\dfrac{15}{8}\leq x\leq2\right.\right\}$

따라서 $A\cap B=\{x|1<x\leq2\}$이므로 $A\cap B$의 원소가 아닌 것은
⑤이다.

0444

답 ⑤

$x^{\log_4 x}\geq(64x^2)^k$의 양변에 밑이 4인 로그를 취하면

$\log_4 x^{\log_4 x}\geq\log_4(64x^2)^k$

$(\log_4 x)^2\geq k(\log_4 64+\log_4 x^2)$

$(\log_4 x)^2\geq3k+2k\log_4 x$

$\therefore (\log_4 x)^2-2k\log_4 x-3k\geq0$

$\log_4 x=t$로 놓으면

$t^2-2kt-3k\geq0$

주어진 부등식이 모든 양수 x에 대하여 성립하려면 모든 실수 t에
대하여 위의 부등식이 성립해야 한다.

이차방정식 $t^2-2kt-3k=0$의 판별식을 D라 하면

$\dfrac{D}{4}=(-k)^2+3k\leq0$, $k(k+3)\leq0$

$\therefore -3\leq k\leq0$

0445

답 5개월

열량 섭취량을 조절하기 시작한 지 x개월 후 하루 열량 섭취량은

$4000\times(1-0.15)^x=4000\times0.85^x$ (kcal)

x개월 후 하루 열량 섭취량이 2000 kcal 이하가 된다고 하면

$4000\times0.85^x\leq2000$

$\therefore 0.85^x\leq\dfrac{1}{2}$

양변에 상용로그를 취하면

$\log 0.85^x\leq\log\dfrac{1}{2}$, $x(\log 8.5-1)\leq-\log 2$

$x(0.9294-1)\leq-0.3010$

$x\times(-0.0706)\leq-0.3010$

$\therefore x\geq\dfrac{0.3010}{0.0706}=4.\times\times\times$

따라서 열량 섭취량을 조절하기 시작한 지 5개월 후부터
2000 kcal 이하를 유지할 수 있다.

0446

답 ④

진수와 밑의 조건에서 $x>0$, $x\neq1$

$\therefore 0<x<1$ 또는 $x>1$ ...... ㉠

방정식 $\log_9 x+a\log_x 3=2$의 한 근이 27이므로 $x=27$을 대입하면

$\log_9 27+a\log_{27} 3=2$, $\log_{3^2} 3^3+a\log_{3^3} 3=2$

$\dfrac{3}{2}+\dfrac{a}{3}=2,\ \dfrac{a}{3}=\dfrac{1}{2}$ $\therefore a=\dfrac{3}{2}$

따라서 주어진 방정식은

$\log_9 x+\dfrac{3}{2}\log_x 3=2$

$\dfrac{1}{2}\log_3 x+\dfrac{3}{2\log_3 x}=2$

$\therefore (\log_3 x)^2-4\log_3 x+3=0$

$\log_3 x=t$로 놓으면

$t^2-4t+3=0,\ (t-1)(t-3)=0$

$\therefore t=1$ 또는 $t=3$

즉, $\log_3 x=1$ 또는 $\log_3 x=3$이므로

$x=3$ 또는 $x=3^3=27$

$x=3$은 ㉠을 만족시키므로 주어진 방정식의 해이다.

$\therefore b=3$

$\therefore a+b=\dfrac{3}{2}+3=\dfrac{9}{2}$

0447

답 ③

일차함수 $y=f(x)$의 그래프의 기울기를 a라 하면 $y=f(x)$의 그래프가 점 $(-6,0)$을 지나므로

$f(x)=a(x+6)$

$3^{f(x)}\leq 9$에서 $3^{f(x)}\leq 3^2$

이때 밑이 1보다 크므로

$f(x)\leq 2$

이 부등식의 해가 $x\leq -2$이므로 $y=f(x)$의 그래프는 오른쪽 그림과 같이 점 $(-2,2)$를 지나야 한다.

즉, $f(-2)=2$이므로

$a(-2+6)=2,\ 4a=2$

$\therefore a=\dfrac{1}{2}$

따라서 $f(x)=\dfrac{1}{2}(x+6)=\dfrac{1}{2}x+3$이므로

$f(0)=3$

0448

답 ④

임피던스가 8인 스피커를 저항이 5인 접속 케이블로 연결하여 작동시켰을 때의 전송 손실은 저항이 a인 접속 케이블로 교체하여 작동시켰을 때의 전송 손실의 2배이므로

$10\log\left(1+\dfrac{2\times 5}{8}\right)=2\times 10\log\left(1+\dfrac{2a}{8}\right)$

$\log\dfrac{9}{4}=2\log\left(1+\dfrac{a}{4}\right)$

$\log\dfrac{9}{4}=\log\left(1+\dfrac{a}{4}\right)^2$

$\dfrac{9}{4}=\left(1+\dfrac{a}{4}\right)^2$

$a>0$이므로

$1+\dfrac{a}{4}=\dfrac{3}{2},\ \dfrac{a}{4}=\dfrac{1}{2}$

$\therefore a=2$

0449

답 1

$6^{2x}-6^{x+1}+2k-1=0$에서

$(6^x)^2-6\times 6^x+2k-1=0$

$6^x=t\ (t>0)$로 놓으면

$t^2-6t+2k-1=0$

────────────────── ❶

주어진 방정식이 서로 다른 두 개의 양의 실근을 가지므로 위의 t에 대한 이차방정식은 1보다 큰 서로 다른 두 실근을 가져야 한다.

이차방정식 $t^2-6t+2k-1=0$의 판별식을 D라 하면

$\dfrac{D}{4}=(-3)^2-2k+1>0$

$2k<10$ $\therefore k<5$ …… ㉠

$f(t)=t^2-6t+2k-1$이라 하면 오른쪽 그림과 같이 $f(1)>0$이어야 하므로

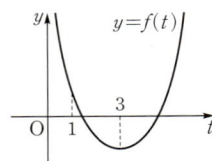

$1-6+2k-1>0$

$2k>6$ $\therefore k>3$ …… ㉡

㉠, ㉡의 공통 범위를 구하면

$3<k<5$

────────────────── ❷

따라서 정수 k는 4의 1개이다.

────────────────── ❸

채점 기준	배점
❶ $6^x=t$로 치환하여 주어진 방정식을 t에 대한 이차방정식으로 나타내기	30%
❷ k의 값의 범위 구하기	50%
❸ 정수 k의 개수 구하기	20%

0450

답 2

진수의 조건에서 $f(x)>0,\ g(x)>0$

위의 부등식을 모두 만족시키는 x의 값의 범위는 $y=f(x)$의 그래프와 $y=g(x)$의 그래프가 모두 x축 위쪽에 있어야 하므로

$-3<x<4$ …… ㉠

────────────────── ❶

$\log_{\frac{1}{2}}f(x)\geq \log_{\frac{1}{2}}g(x)$에서 밑이 1보다 작으므로

$f(x)\leq g(x)$

위의 부등식을 만족시키는 x의 값의 범위는 $y=f(x)$의 그래프가 $y=g(x)$의 그래프와 만나거나 그 아래쪽에 있어야 하므로

$x\leq -1$ 또는 $2\leq x\leq 6$ …… ㉡

㉠, ㉡의 공통 범위를 구하면

$-3<x\leq -1$ 또는 $2\leq x<4$

────────────────── ❷

따라서 구하는 모든 정수 x의 값의 합은

$-2+(-1)+2+3=2$

────────────────── ❸

채점 기준	배점
❶ 진수의 조건 구하기	30%
❷ 주어진 부등식의 해 구하기	50%
❸ 모든 정수 x의 값의 합 구하기	20%

0451

답 ③

진수의 조건에서 $x>0$

$\log_3 x-1=a$, $\log_5 x-2=b$로 놓으면 주어진 방정식은

$a^2+b^2=(a+b)^2$

$a^2+b^2=a^2+2ab+b^2$

$ab=0$ $\therefore a=0$ 또는 $b=0$

즉, $\log_3 x-1=0$ 또는 $\log_5 x-2=0$이므로

$\log_3 x=1$ 또는 $\log_5 x=2$

$\therefore x=3$ 또는 $x=25$

따라서 모든 실근의 합은 $3+25=28$

0452

답 900

$(10^x-1)(10^x-k)\leq 0$에서 $1\leq 10^x\leq k$

각 변에 상용로그를 취하면

$\log 1\leq \log 10^x\leq \log k$

$\therefore 0\leq x\leq \log k$

위의 부등식을 만족시키는 정수 x의 개
수가 3이므로 오른쪽 그림에서

$2\leq \log k<3$

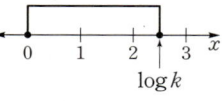

$\log 10^2\leq \log k<\log 10^3$

이때 밑이 1보다 크므로

$100\leq k<1000$

따라서 조건을 만족시키는 자연수 k는 100, 101, 102, …, 999의
900개이다.

0453

답 ③

조건 ㈏에서 방정식 $\log_3 f(x)+\log_3(x-4)^2=4$의 두 실근이
1, 7이므로

$\log_3 f(1)+\log_3(1-4)^2=4$에서

$\log_3 f(1)=2$, $f(1)=9$

$\therefore f(1)-9=0$ …… ㉠

$\log_3 f(7)+\log_3(7-4)^2=4$에서

$\log_3 f(7)=2$, $f(7)=9$

$\therefore f(7)-9=0$ …… ㉡

㉠, ㉡에서

$f(x)-9=a(x-1)(x-7)$ $(a>0)$

이라 하면

$f(x)=a(x-1)(x-7)+9=a(x-4)^2-9a+9$

이때 조건 ㈎에서 함수 $f(x)$의 최솟값이 $\dfrac{9}{2}$이므로

$-9a+9=\dfrac{9}{2}$ $\therefore a=\dfrac{1}{2}$

따라서 $f(x)=\dfrac{1}{2}(x-1)(x-7)+9$이므로

$f(2)=\dfrac{13}{2}$

0454

답 ③

$a(\log x)^2-a\log x^5+2=0$에서

$a(\log x)^2-5a\log x+2=0$

$\log x=t$로 놓으면

$at^2-5at+2=0$

주어진 방정식의 두 근이 α, β이므로 위의 t에 대한 이차방정식의
두 근은 $\log \alpha$, $\log \beta$이다.

이차방정식의 근과 계수의 관계에 의하여

$\log \alpha+\log \beta=-\dfrac{-5a}{a}=5$

$\log \alpha\times\log \beta=\dfrac{2}{a}$

이때 $\log \alpha-\log \beta=3$이므로 이 식과 $\log \alpha+\log \beta=5$를 연립하
여 풀면

$\log \alpha=4$, $\log \beta=1$

이것을 $\log \alpha\times\log \beta=\dfrac{2}{a}$에 대입하면

$4=\dfrac{2}{a}$ $\therefore a=\dfrac{1}{2}$

0455

답 ③

$2^{2x}-(k-3)\times 2^{x+1}+3k+1=0$에서

$(2^x)^2-2(k-3)\times 2^x+3k+1=0$

$2^x=t$ $(t>0)$로 놓으면

$t^2-2(k-3)t+3k+1=0$

주어진 방정식의 두 근이 모두 2보다 크므로 위의 t에 대한 이차방
정식의 두 근은 모두 4보다 커야 한다.

이차방정식 $t^2-2(k-3)t+3k+1=0$의 판별식을 D라 하면

$\dfrac{D}{4}=\{-(k-3)\}^2-3k-1\geq 0$

$k^2-9k+8\geq 0$

$(k-1)(k-8)\geq 0$

$\therefore k\leq 1$ 또는 $k\geq 8$ …… ㉠

$f(t)=t^2-2(k-3)t+3k+1$이라 하면
오른쪽 그림과 같이 $y=f(t)$의 그래프의
축 $t=k-3$이 $t=4$의 오른쪽에 있어야 하
고, $f(4)>0$이어야 한다.

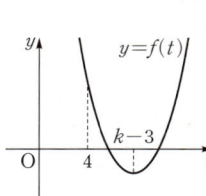

즉, $k-3>4$에서

$k>7$ …… ㉡

$f(4)>0$에서

$16-8(k-3)+3k+1>0$

$-5k>-41$

$\therefore k<\dfrac{41}{5}$ …… ㉢

㉠, ㉡, ㉢의 공통 범위를 구하면

$8\leq k<\dfrac{41}{5}$

따라서 실수 k의 최솟값은 8이다.

0456

답 ④

$p=\sqrt{2}-1$이라 하면

$p^2=(\sqrt{2}-1)^2=3-2\sqrt{2}$

이므로 주어진 부등식은

$p^m\geq(p^2)^{5-n}$ ∴ $p^m\geq p^{10-2n}$

이때 밑이 1보다 작으므로

$m\leq10-2n$

(i) $n=1$일 때

$m\leq8$이므로 자연수 m, n의 순서쌍 (m, n)은

$(1, 1)$, $(2, 1)$, $(3, 1)$, $\cdots$, $(8, 1)$의 8개이다.

(ii) $n=2$일 때

$m\leq6$이므로 자연수 m, n의 순서쌍 (m, n)은

$(1, 2)$, $(2, 2)$, $(3, 2)$, $\cdots$, $(6, 2)$의 6개이다.

(iii) $n=3$일 때

$m\leq4$이므로 자연수 m, n의 순서쌍 (m, n)은

$(1, 3)$, $(2, 3)$, $(3, 3)$, $(4, 3)$의 4개이다.

(iv) $n=4$일 때

$m\leq2$이므로 자연수 m, n의 순서쌍 (m, n)은

$(1, 4)$, $(2, 4)$의 2개이다.

(v) $n\geq5$이면 $m\leq0$이므로 주어진 부등식을 만족시키는 자연수 m은 존재하지 않는다.

(i)~(v)에서 구하는 자연수 m, n의 모든 순서쌍 (m, n)의 개수는

$8+6+4+2=20$

0457

답 ⑤

두 점 A, B의 x좌표를 각각 α, β $(\alpha>\beta)$라 하자.

두 점 A, B는 곡선 $y=-\log_2(-x)$ 위의 점이므로

$A(\alpha, -\log_2(-\alpha))$, $B(\beta, -\log_2(-\beta))$

이때 선분 AB의 중점을 M이라 하면

$M\left(\dfrac{\alpha+\beta}{2}, -\dfrac{\log_2\alpha\beta}{2}\right)$ ...... ㉠

한편, 두 곡선 $y=-\log_2(-x)$, $y=\log_2(x+2a)$의 교점이 두 점 A, B이므로 α, β는 방정식 $-\log_2(-x)=\log_2(x+2a)$의 두 실근이다.

$\log_2(-x)+\log_2(x+2a)=0$

$\log_2(-x^2-2ax)=0$

$-x^2-2ax=1$ ∴ $x^2+2ax+1=0$

이차방정식의 근과 계수의 관계에 의하여

$\alpha+\beta=-2a$, $\alpha\beta=1$ ...... ㉡

㉡을 ㉠에 대입하면 $M(-a, 0)$

점 M은 직선 $4x+3y+5=0$ 위의 점이므로

$-4a+5=0$ ∴ $a=\dfrac{5}{4}$

㉡에서 $\alpha+\beta=-\dfrac{5}{2}$, $\alpha\beta=1$이므로 α, β는 이차방정식

$t^2+\dfrac{5}{2}t+1=0$의 두 실근이다.

$2t^2+5t+2=0$, $(2t+1)(t+2)=0$

∴ $t=-\dfrac{1}{2}$ 또는 $t=-2$

∴ $\alpha=-\dfrac{1}{2}$, $\beta=-2$ $(∵ \alpha>\beta)$

따라서 $A\left(-\dfrac{1}{2}, 1\right)$, $B(-2, -1)$이므로

$\overline{AB}=\sqrt{\left\{-2-\left(-\dfrac{1}{2}\right)\right\}^2+(-1-1)^2}=\sqrt{\dfrac{9}{4}+4}=\dfrac{5}{2}$

0458

답 324

$t_1=12$일 때 $T_1=398$, $t_2=36$일 때 $T_2=406$이므로

$\kappa=C\times\dfrac{\log36-\log12}{406-398}=\dfrac{C\log3}{8}$ ...... ㉠

$t_2=36$일 때 $T_2=406$, $t_3=x$일 때 $T_3=422$이므로

$\kappa=C\times\dfrac{\log x-\log36}{422-406}=\dfrac{C}{16}\log\dfrac{x}{36}$ ...... ㉡

㉠, ㉡에서

$\dfrac{C\log3}{8}=\dfrac{C}{16}\log\dfrac{x}{36}$, $\log\dfrac{x}{36}=2\log3$

$\log\dfrac{x}{36}=\log3^2$

따라서 $\dfrac{x}{36}=9$이므로 $x=324$

0459

답 9

㈎의 부등식에서 $6^{x^2-x}\geq6^{-x+a}$

이때 밑이 1보다 크므로

$x^2-x\geq-x+a$, $x^2\geq a$

∴ $x\leq-\sqrt{a}$ 또는 $x\geq\sqrt{a}$ ...... ㉠

㈏의 부등식의 진수의 조건에서 $x>0$ ...... ㉡

㈏의 부등식의 양변에 밑이 $\dfrac{1}{3}$인 로그를 취하면

$\log_{\frac{1}{3}}(27x)^{\log_{\frac{1}{3}}x+1}\leq\log_{\frac{1}{3}}\dfrac{1}{243}$

$(\log_{\frac{1}{3}}x+1)\log_{\frac{1}{3}}(27x)\leq5$

$(\log_{\frac{1}{3}}x+1)(\log_{\frac{1}{3}}27+\log_{\frac{1}{3}}x)\leq5$

$(\log_{\frac{1}{3}}x+1)(\log_{\frac{1}{3}}x-3)\leq5$

∴ $(\log_{\frac{1}{3}}x)^2-2\log_{\frac{1}{3}}x-8\leq0$

$\log_{\frac{1}{3}}x=t$로 놓으면

$t^2-2t-8\leq0$, $(t+2)(t-4)\leq0$

∴ $-2\leq t\leq4$

즉, $-2\leq\log_{\frac{1}{3}}x\leq4$이므로

$\log_{\frac{1}{3}}\left(\dfrac{1}{3}\right)^{-2}\leq\log_{\frac{1}{3}}x\leq\log_{\frac{1}{3}}\left(\dfrac{1}{3}\right)^4$

이때 밑이 1보다 작으므로 $\dfrac{1}{81}\leq x\leq9$ ...... ㉢

㉡, ㉢의 공통 범위를 구하면 $\dfrac{1}{81}\leq x\leq9$ ...... ㉣

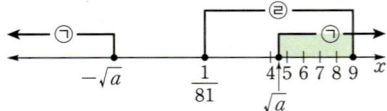

주어진 두 부등식을 모두 만족시키는 정수 x의 개수가 5가 되려면 위의 그림에서

$4<\sqrt{a}\leq5$ ∴ $16<a\leq25$

따라서 자연수 a는 17, 18, 19, $\cdots$, 25의 9개이다.

0460

답 ③

$f(x)=x^2-6x+11$, $g(x)=\log_3 x$이므로
$$(g \circ f)(n)=g(f(n))=g(n^2-6n+11)$$
$$=\log_3(n^2-6n+11)$$
$k<(g \circ f)(n)<k+2$에서
$$k<\log_3(n^2-6n+11)<k+2$$
$$\therefore \log_3 3^k<\log_3(n^2-6n+11)<\log_3 3^{k+2}$$
이때 밑이 1보다 크므로
$$3^k<n^2-6n+11<3^{k+2}$$

(i) $k=0$일 때
$$1<n^2-6n+11<9$$이므로
$$1<(n-3)^2+2<9$$
$$\therefore -1<(n-3)^2<7$$
즉, $n-3=-2$, -1, 0, 1, 2일 때 주어진 부등식이 성립하므로 자연수 n은 1, 2, 3, 4, 5의 5개이다.
$$\therefore h(0)=5$$

(ii) $k=3$일 때
$$27<n^2-6n+11<243$$이므로
$$27<(n-3)^2+2<243$$
$$\therefore 25<(n-3)^2<241$$
즉, $n-3=6$, 7, 8, $\cdots$, 15일 때 주어진 부등식이 성립하므로 자연수 n은 9, 10, 11, $\cdots$, 18의 10개이다.
$$\therefore h(3)=10$$

(i), (ii)에서
$$h(0)+h(3)=5+10=15$$

0461

답 ④

진수의 조건에서 $\sqrt{-n^2+10n+75}>0$, $75-kn>0$
$\sqrt{-n^2+10n+75}>0$에서
$$-n^2+10n+75>0, \quad n^2-10n-75<0$$
$$(n+5)(n-15)<0$$
$$\therefore -5<n<15 \quad\cdots\cdots\ \text{㉠}$$
$75-kn>0$에서 $n<\dfrac{75}{k} \quad\cdots\cdots\ \text{㉡}$

$\log_2 \sqrt{-n^2+10n+75}-\log_4(75-kn)>0$에서
$$\frac{1}{2}\log_2(-n^2+10n+75)-\log_4(75-kn)>0$$
$$\log_4(-n^2+10n+75)>\log_4(75-kn)$$
이때 밑이 1보다 크므로
$$-n^2+10n+75>75-kn$$
$$n^2-(k+10)n<0, \quad n(n-k-10)<0$$
$$\therefore 0<n<k+10 \quad\cdots\cdots\ \text{㉢}$$
주어진 조건을 만족시키려면 ㉠, ㉡, ㉢을 모두 만족시키는 자연수 n의 개수가 12가 되어야 한다.

(i) $k \le 2$일 때
㉢을 만족시키는 자연수 n의 개수가 11 이하이므로 주어진 조건을 만족시키지 않는다.

(ii) $k=3$일 때
$0<n<13$이므로 주어진 조건을 만족시킨다.

(iii) $k=4$일 때
$0<n<14$이므로 주어진 조건을 만족시키지 않는다.

(iv) $k=5$일 때
$0<n<15$이므로 주어진 조건을 만족시키지 않는다.

(v) $k=6$일 때
$0<n<\dfrac{25}{2}$이므로 주어진 조건을 만족시킨다.

(vi) $k \ge 7$일 때
㉡을 만족시키는 자연수 n의 개수가 10 이하이므로 주어진 조건을 만족시키지 않는다.

(i)~(vi)에서 주어진 조건을 만족시키는 자연수 k는 3, 6이므로 구하는 합은
$$3+6=9$$

0462

답 1

$4^{f(x)}-5\times 2^{f(x)+1}+16=0$에서
$$\{2^{f(x)}\}^2-10\times 2^{f(x)}+16=0$$
$2^{f(x)}=t \ (t>0)$로 놓으면
$$t^2-10t+16=0, \quad (t-2)(t-8)=0$$
$$\therefore t=2 \ \text{또는} \ t=8$$
즉, $2^{f(x)}=2$ 또는 $2^{f(x)}=8$이므로
$$f(x)=1 \ \text{또는} \ f(x)=3$$

주어진 방정식이 서로 다른 세 실근을 가지려면 함수 $y=f(x)$의 그래프가 직선 $y=1$ 또는 $y=3$과 서로 다른 세 점에서 만나야 한다.

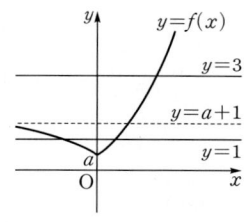

따라서 오른쪽 그림과 같이 $y=f(x)$의 그래프가 직선 $y=1$과 서로 다른 두 점에서 만나고 직선 $y=3$과 한 점에서 만나야 한다.

즉, $a<1$이고 함수 $y=f(x)$의 그래프의 점근선이 직선 $y=1$보다 위쪽에 있어야 하므로 $a+1>1$에서 $a>0$
$$\therefore 0<a<1$$
따라서 $a=0$, $\beta=1$이므로
$$a+\beta=1$$

참고

함수 $y=|2^x-1|$의 그래프는 함수 $y=2^x-1$의 그래프에서 $y \ge 0$인 부분은 그대로 두고, $y<0$인 부분은 x축에 대하여 대칭이동하여 그리면 되므로 오른쪽 그림과 같다.

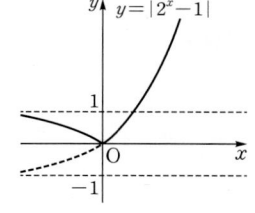

삼각함수

유형별 문제

05 삼각함수

유형 01 일반각과 호도법

확인 문제
1. (1) $360° \times n + 120°$ (2) $360° \times n + 30°$
    (3) $360° \times n + 260°$ (4) $360° \times n + 180°$
2. (1) $\dfrac{\pi}{3}$ (2) $\dfrac{5}{6}\pi$ (3) $-270°$ (4) $405°$

1. (1) $120° = 360° \times 0 + 120°$이므로 일반각은 $360° \times n + 120°$
 (2) $750° = 360° \times 2 + 30°$이므로 일반각은 $360° \times n + 30°$
 (3) $-100° = 360° \times (-1) + 260°$이므로
  일반각은 $360° \times n + 260°$
 (4) $-540° = 360° \times (-2) + 180°$이므로
  일반각은 $360° \times n + 180°$

2. (1) $60° = 60 \times 1° = 60 \times \dfrac{\pi}{180} = \dfrac{\pi}{3}$

 (2) $150° = 150 \times 1° = 150 \times \dfrac{\pi}{180} = \dfrac{5}{6}\pi$

 (3) $-\dfrac{3}{2}\pi = -\dfrac{3}{2}\pi \times 1(라디안) = -\dfrac{3}{2}\pi \times \dfrac{180°}{\pi} = -270°$

 (4) $\dfrac{9}{4}\pi = \dfrac{9}{4}\pi \times 1(라디안) = \dfrac{9}{4}\pi \times \dfrac{180°}{\pi} = 405°$

0463   답 ②

① $-330° = 360° \times (-1) + 30°$

② $780° = 360° \times 2 + 60°$

③ $1110° = 360° \times 3 + 30°$

④ $\dfrac{13}{6}\pi = 390° = 360° \times 1 + 30°$

⑤ $-\dfrac{23}{6}\pi = -690° = 360° \times (-2) + 30°$

따라서 각을 나타내는 동경이 나머지 넷과 다른 하나는 ②이다.

0464   답 ④

$\pi = 180°$임을 이용하면

① $-\dfrac{\pi}{10} = -\dfrac{180°}{10} = -18°$ (참)

② $\dfrac{180°}{\pi} = \dfrac{180°}{180°} = 1$ (참)

③ $\dfrac{\pi}{3} = \dfrac{180°}{3} = 60°$ (참)

④ $\dfrac{90°}{\pi} = \dfrac{90°}{180°} = \dfrac{1}{2}$ (거짓)

⑤ $\dfrac{3}{4}\pi = \dfrac{3}{4} \times 180° = 135°$ (참)

따라서 옳지 않은 것은 ④이다.

0465   답 ③

① $-1743° = 360° \times (-5) + 57°$이므로 일반각은 $360° \times n + 57°$

② $-635° = 360° \times (-2) + 85°$이므로 일반각은 $360° \times n + 85°$

③ $400° = 360° \times 1 + 40°$이므로 일반각은 $360° \times n + 40°$

④ $990° = 360° \times 2 + 270°$이므로 일반각은 $360° \times n + 270°$

⑤ $1974° = 360° \times 5 + 174°$이므로 일반각은 $360° \times n + 174°$

따라서 α의 값이 가장 작은 것은 ③이다.

0466   답 ④

동경 OP가 나타내는 $70°$의 일반각은 $360° \times n + 70°$ (n은 정수)

① $-650° = 360° \times (-2) + 70°$

② $-290° = 360° \times (-1) + 70°$

③ $430° = 360° \times 1 + 70°$

④ $690° = 360° \times 1 + 330°$

⑤ $1150° = 360° \times 3 + 70°$

따라서 동경 OP가 나타내는 각이 될 수 없는 것은 ④이다.

0467   답 ③

$-960° = 360° \times (-3) + 120°$

ㄱ. $-\dfrac{19}{6}\pi = -570° = 360° \times (-2) + 150°$

ㄴ. $-600° = 360° \times (-2) + 120°$

ㄷ. $\dfrac{14}{3}\pi = 840° = 360° \times 2 + 120°$

ㄹ. $1220° = 360° \times 3 + 140°$

따라서 $-960°$를 나타내는 동경과 일치하는 각은 ㄴ, ㄷ이다.

유형 02 사분면의 각

확인 문제 (1) 제4사분면   (2) 제1사분면

(1) $660° = 360° \times 1 + 300°$에서 $270° < 300° < 360°$
 ➡ 제4사분면의 각
(2) $-660° = 360° \times (-2) + 60°$에서 $0° < 60° < 90°$
 ➡ 제1사분면의 각

0468   답 4

각 θ가 제1사분면의 각이므로 정수 n에 대하여
$$360° \times n < \theta < 360° \times n + 90°$$
$$180° \times n < \dfrac{\theta}{2} < 180° \times n + 45°$$
(ⅰ) $n = 2k$ (k는 정수)일 때
$$180° \times 2k < \dfrac{\theta}{2} < 180° \times 2k + 45°$$
$$360° \times k < \dfrac{\theta}{2} < 360° \times k + 45°$$
즉, 각 $\dfrac{\theta}{2}$는 제1사분면의 각이다.

(ii) $n=2k+1$ (k는 정수)일 때

$$180°×(2k+1)<\frac{\theta}{2}<180°×(2k+1)+45°$$

$$360°×k+180°<\frac{\theta}{2}<360°×k+225°$$

즉, 각 $\frac{\theta}{2}$는 제3사분면의 각이다.

(i), (ii)에서 각 $\frac{\theta}{2}$는 제1사분면 또는 제3사분면의 각이므로

$p=1$ 또는 $p=3$

따라서 p의 값이 될 수 있는 모든 수의 합은

$1+3=4$

0469

답 ②

① $-\frac{8}{3}\pi=2\pi×(-2)+\frac{4}{3}\pi$에서 $\pi<\frac{4}{3}\pi<\frac{3}{2}\pi$

➡ 제3사분면의 각

② $-230°=360°×(-1)+130°$에서 $90°<130°<180°$

➡ 제2사분면의 각

③ $\pi<\frac{11}{8}\pi<\frac{3}{2}\pi$ ➡ 제3사분면의 각

④ $\frac{21}{4}\pi=2\pi×2+\frac{5}{4}\pi$에서 $\pi<\frac{5}{4}\pi<\frac{3}{2}\pi$ ➡ 제3사분면의 각

⑤ $980°=360°×2+260°$에서 $180°<260°<270°$

➡ 제3사분면의 각

따라서 제3사분면의 각이 아닌 것은 ②이다.

0470

답 15

$50°×n$이 제2사분면의 각이 되려면 음이 아닌 정수 k에 대하여

$$360°×k+90°<50°×n<360°×k+180°$$

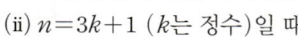

$k=0$일 때, $90°<50°×n<180°$에서

$\frac{9}{5}<n<\frac{18}{5}$ ∴ $n=2, 3$

$k=1$일 때, $450°<50°×n<540°$에서

$9<n<\frac{54}{5}$ ∴ $n=10$

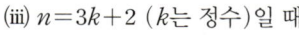

따라서 모든 n의 값의 합은

$2+3+10=15$

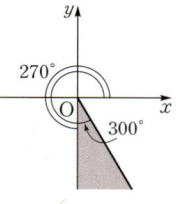

채점 기준	배점
❶ $50°×n$의 값의 범위를 부등식으로 나타내기	30%
❷ n의 값 구하기	50%
❸ n의 값의 합 구하기	20%

0471

답 ①

각 3θ가 제4사분면의 각이므로 정수 n에 대하여

$$360°×n+270°<3\theta<360°×n+360°$$

$$120°×n+90°<\theta<120°×n+120°$$

(i) $n=3k$ (k는 정수)일 때

$$120°×3k+90°<\theta<120°×3k+120°$$

$$360°×k+90°<\theta<360°×k+120°$$

즉, 각 θ는 제2사분면의 각이다.

(ii) $n=3k+1$ (k는 정수)일 때

$$120°×(3k+1)+90°<\theta<120°×(3k+1)+120°$$

$$360°×k+210°<\theta<360°×k+240°$$

즉, 각 θ는 제3사분면의 각이다.

(iii) $n=3k+2$ (k는 정수)일 때

$$120°×(3k+2)+90°<\theta<120°×(3k+2)+120°$$

$$360°×k+330°<\theta<360°×k+360°$$

즉, 각 θ는 제4사분면의 각이다.

(i)~(iii)에서 각 θ는 제2, 3, 4사분면의 각이므로 동경이 존재할 수 없는 사분면은 제1사분면이다.

0472

답 ②

각 θ가 제2사분면의 각이므로 정수 n에 대하여

$$360°×n+90°<\theta<360°×n+180°$$

$$120°×n+30°<\frac{\theta}{3}<120°×n+60°$$

(i) $n=3k$ (k는 정수)일 때

$$120°×3k+30°<\frac{\theta}{3}<120°×3k+60°$$

$$360°×k+30°<\frac{\theta}{3}<360°×k+60°$$

즉, 각 $\frac{\theta}{3}$는 제1사분면의 각이고, 각 $\frac{\theta}{3}$를 나타내는 동경이 속하는 영역은 오른쪽 그림과 같다. (단, 경계선은 제외한다.)

(ii) $n=3k+1$ (k는 정수)일 때

$$120°×(3k+1)+30°<\frac{\theta}{3}<120°×(3k+1)+60°$$

$$360°×k+150°<\frac{\theta}{3}<360°×k+180°$$

즉, 각 $\frac{\theta}{3}$는 제2사분면의 각이고, 각 $\frac{\theta}{3}$를 나타내는 동경이 속하는 영역은 오른쪽 그림과 같다. (단, 경계선은 제외한다.)

(iii) $n=3k+2$ (k는 정수)일 때

$$120°×(3k+2)+30°<\frac{\theta}{3}<120°×(3k+2)+60°$$

$$360°×k+270°<\frac{\theta}{3}<360°×k+300°$$

즉, 각 $\frac{\theta}{3}$는 제4사분면의 각이고, 각 $\frac{\theta}{3}$를 나타내는 동경이 속하는 영역은 오른쪽 그림과 같다. (단, 경계선은 제외한다.)

(i)~(iii)에서 각 $\frac{\theta}{3}$는 제1, 2, 4사분면의 각이고, 각 $\frac{\theta}{3}$를 나타내는 동경이 속하는 모든 영역을 좌표평면 위에 나타내면 오른쪽 그림과 같다. (단, 경계선은 제외한다.)

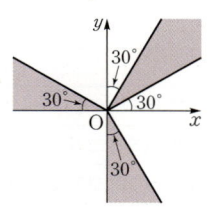

0473

답 ②

각 θ를 나타내는 동경과 각 7θ를 나타내는 동경이 원점에 대하여 대칭이므로

$7\theta-\theta=(2n+1)\pi$ (n은 정수)

$6\theta=(2n+1)\pi$ $\quad\therefore \theta=\dfrac{2n+1}{6}\pi$ $\quad\cdots\cdots$ ㉠

한편, $\pi<\theta<\dfrac{3}{2}\pi$이므로 $\pi<\dfrac{2n+1}{6}\pi<\dfrac{3}{2}\pi$

$6<2n+1<9$ $\quad\therefore \dfrac{5}{2}<n<4$

n은 정수이므로 $n=3$

이것을 ㉠에 대입하면 $\theta=\dfrac{7}{6}\pi$

0474

답 ⑤

각 θ를 나타내는 동경과 각 5θ를 나타내는 동경이 일치하므로

$5\theta-\theta=2n\pi$ (n은 정수)

$4\theta=2n\pi$ $\quad\therefore \theta=\dfrac{n}{2}\pi$ $\quad\cdots\cdots$ ㉠

한편, $0<\theta<2\pi$이므로 $0<\dfrac{n}{2}\pi<2\pi$ $\quad\therefore 0<n<4$

n은 정수이므로 $n=1,\ 2,\ 3$

이것을 ㉠에 대입하면 $\theta=\dfrac{\pi}{2},\ \pi,\ \dfrac{3}{2}\pi$

따라서 모든 각 θ의 크기의 합은

$\dfrac{\pi}{2}+\pi+\dfrac{3}{2}\pi=3\pi$

0475

답 6π

각 5θ를 나타내는 동경과 각 $-\theta$를 나타내는 동경이 한 직선 위에 있으면서 서로 반대 방향이므로, 즉 원점에 대하여 대칭이므로

$5\theta-(-\theta)=(2n+1)\pi$ (n은 정수)

$6\theta=(2n+1)\pi$ $\quad\therefore \theta=\dfrac{2n+1}{6}\pi$ $\quad\cdots\cdots$ ㉠

❶

한편, $0<\theta<2\pi$이므로 $0<\dfrac{2n+1}{6}\pi<2\pi$

$0<2n+1<12$ $\quad\therefore -\dfrac{1}{2}<n<\dfrac{11}{2}$

n은 정수이므로 $n=0,\ 1,\ 2,\ 3,\ 4,\ 5$

이것을 ㉠에 대입하면 $\theta=\dfrac{\pi}{6},\ \dfrac{3}{6}\pi,\ \dfrac{5}{6}\pi,\ \dfrac{7}{6}\pi,\ \dfrac{9}{6}\pi,\ \dfrac{11}{6}\pi$

❷

따라서 모든 각 θ의 크기의 합은

$\dfrac{\pi}{6}+\dfrac{3}{6}\pi+\dfrac{5}{6}\pi+\dfrac{7}{6}\pi+\dfrac{9}{6}\pi+\dfrac{11}{6}\pi=6\pi$

❸

채점 기준	배점
❶ 두 각 5θ와 $-\theta$의 차를 이용하여 θ를 일반각으로 나타내기	30%
❷ 각 θ의 크기 구하기	50%
❸ 각 θ의 크기의 합 구하기	20%

0476

답 ③

각 θ를 나타내는 동경과 각 4θ를 나타내는 동경이 x축에 대하여 대칭이므로

$\theta+4\theta=2n\pi$ (n은 정수)

$5\theta=2n\pi$ $\quad\therefore \theta=\dfrac{2n}{5}\pi$ $\quad\cdots\cdots$ ㉠

한편, $\dfrac{\pi}{2}<\theta<\pi$이므로 $\dfrac{\pi}{2}<\dfrac{2n}{5}\pi<\pi$ $\quad\therefore \dfrac{5}{4}<n<\dfrac{5}{2}$

n은 정수이므로 $n=2$

이것을 ㉠에 대입하면 $\theta=\dfrac{4}{5}\pi$

0477

답 ③

각 θ를 나타내는 동경과 각 6θ를 나타내는 동경이 y축에 대하여 대칭이므로

$\theta+6\theta=(2n+1)\pi$ (n은 정수)

$7\theta=(2n+1)\pi$ $\quad\therefore \theta=\dfrac{2n+1}{7}\pi$ $\quad\cdots\cdots$ ㉠

한편, $\dfrac{\pi}{2}<\theta<\pi$이므로 $\dfrac{\pi}{2}<\dfrac{2n+1}{7}\pi<\pi$

$\dfrac{7}{2}<2n+1<7$ $\quad\therefore \dfrac{5}{4}<n<3$

n은 정수이므로 $n=2$

이것을 ㉠에 대입하면 $\theta=\dfrac{5}{7}\pi$

0478

답 π

각 θ를 나타내는 동경과 각 2θ를 나타내는 동경이 직선 $y=x$에 대하여 대칭이므로

$\theta+2\theta=2n\pi+\dfrac{\pi}{2}$ (n은 정수)

$3\theta=\dfrac{4n+1}{2}\pi$ $\quad\therefore \theta=\dfrac{4n+1}{6}\pi$ $\quad\cdots\cdots$ ㉠

한편, $0<\theta<\pi$이므로 $0<\dfrac{4n+1}{6}\pi<\pi$

$0<4n+1<6$ $\quad\therefore -\dfrac{1}{4}<n<\dfrac{5}{4}$

n은 정수이므로 $n=0,\ 1$

이것을 ㉠에 대입하면 $\theta=\dfrac{\pi}{6},\ \dfrac{5}{6}\pi$

따라서 모든 각 θ의 크기의 합은

$\dfrac{\pi}{6}+\dfrac{5}{6}\pi=\pi$

0479

답 ⑤

각 θ를 나타내는 동경과 각 3θ를 나타내는 동경이 직선 $y=-x$에 대하여 대칭이므로

$\theta+3\theta=2n\pi+\dfrac{3}{2}\pi$ (n은 정수)

$4\theta=\dfrac{4n+3}{2}\pi$ $\quad\therefore \theta=\dfrac{4n+3}{8}\pi$ $\quad\cdots\cdots$ ㉠

한편, $0<\theta<\dfrac{3}{2}\pi$이므로 $0<\dfrac{4n+3}{8}\pi<\dfrac{3}{2}\pi$

$0<4n+3<12$ $\qquad\therefore -\dfrac{3}{4}<n<\dfrac{9}{4}$

n은 정수이므로 $n=0,\ 1,\ 2$

이것을 ㉠에 대입하면 $\theta=\dfrac{3}{8}\pi,\ \dfrac{7}{8}\pi,\ \dfrac{11}{8}\pi$

따라서 모든 각 θ의 크기의 합은

$\dfrac{3}{8}\pi+\dfrac{7}{8}\pi+\dfrac{11}{8}\pi=\dfrac{21}{8}\pi$

유형 05 부채꼴의 호의 길이와 넓이

확인 문제 $l=4\pi,\ S=6\pi$

$l=3\times\dfrac{4}{3}\pi=4\pi$

$S=\dfrac{1}{2}\times3^2\times\dfrac{4}{3}\pi=6\pi$

0480
답 ①

부채꼴의 반지름의 길이를 r, 중심각의 크기를 θ라 하자.

부채꼴의 호의 길이가 4π이므로 $r\theta=4\pi$ $\qquad$ ㉠

부채꼴의 넓이가 12π이므로

$\dfrac{1}{2}r\times4\pi=12\pi$ $\qquad\therefore r=6$

$r=6$을 ㉠에 대입하면

$6\theta=4\pi$ $\qquad\therefore \theta=\dfrac{2}{3}\pi$

0481
답 30

부채꼴의 반지름의 길이가 4, 넓이가 6이므로

$6=\dfrac{1}{2}\times4\times l$ $\qquad\therefore l=3$

$6=\dfrac{1}{2}\times4^2\times\theta$ $\qquad\therefore \theta=\dfrac{3}{4}$

$\therefore 8(l+\theta)=8\times\left(3+\dfrac{3}{4}\right)=30$

0482
답 32

부채꼴의 반지름의 길이를 r, 호의 길이를 l이라 하자.

부채꼴의 중심각의 크기가 1라디안이므로

$l=r\times1$ $\qquad\therefore l=r$ $\qquad$ ㉠

이때 부채꼴의 둘레의 길이가 24이므로

$2r+l=24$ $\qquad$ ㉡

㉠, ㉡을 연립하여 풀면 $r=8,\ l=8$

따라서 부채꼴의 넓이는

$\dfrac{1}{2}rl=\dfrac{1}{2}\times8\times8=32$

0483
답 6

$\overline{OA}=r$, $\angle COA=\theta\ (0<\theta<\pi)$라 하자.

호 AC의 길이가 π이므로

$r\theta=\pi$ $\qquad\therefore \theta=\dfrac{\pi}{r}$ $\qquad$ ㉠

부채꼴 OBC의 넓이가 15π이므로

$\dfrac{1}{2}r^2(\pi-\theta)=15\pi$

㉠을 대입하면

$\dfrac{1}{2}r^2\left(\pi-\dfrac{\pi}{r}\right)=15\pi,\ \dfrac{1}{2}\pi(r^2-r)=15\pi$

$r^2-r-30=0,\ (r+5)(r-6)=0$

$\therefore r=6\ (\because r>0)$

$\therefore \overline{OA}=6$

0484
답 10

부채꼴의 반지름의 길이를 r, 호의 길이를 l, 넓이를 S라 하자.

부채꼴의 둘레의 길이가 40이므로

$2r+l=40$에서 $l=40-2r$

$\therefore S=\dfrac{1}{2}rl=\dfrac{1}{2}r(40-2r)$

$\qquad =-r^2+20r$

$\qquad =-(r-10)^2+100$

따라서 $r=10$일 때 S가 최대이므로 부채꼴의 넓이가 최대일 때의 반지름의 길이는 10이다.

참고

둘레의 길이가 일정한 부채꼴의 넓이가 최대일 때의 반지름의 길이와 그때의 넓이는 다음 두 가지 방법으로 구할 수 있다.
부채꼴의 반지름의 길이를 r, 호의 길이를 l, 넓이를 S라 하자.
부채꼴의 둘레의 길이가 a로 일정하다고 하면
$2r+l=a$에서 $l=a-2r$

[방법1] 이차함수의 최대·최소 이용

$S=\dfrac{1}{2}rl=\dfrac{1}{2}r(a-2r)=-r^2+\dfrac{a}{2}r=-\left(r-\dfrac{a}{4}\right)^2+\dfrac{a^2}{16}$

따라서 $r=\dfrac{a}{4}$일 때 S는 최댓값 $\dfrac{a^2}{16}$을 갖는다.

[방법2] 산술평균과 기하평균의 관계 이용

$2r>0$, $l>0$이므로 산술평균과 기하평균의 관계에 의하여

$2r+l\geq2\sqrt{2r\times l}\ \left(\text{단, 등호는 }2r=l,\ \text{즉 }r=\dfrac{a}{4}\text{일 때 성립한다.}\right)$

$a\geq2\sqrt{2rl},\ \sqrt{2rl}\leq\dfrac{a}{2}$

$2rl\leq\dfrac{a^2}{4},\ \dfrac{1}{2}rl\leq\dfrac{a^2}{16}$ $\qquad\therefore S\leq\dfrac{a^2}{16}$

따라서 $r=\dfrac{a}{4}$일 때 S는 최댓값 $\dfrac{a^2}{16}$을 갖는다.

0485
답 ③

처음 부채꼴의 호의 길이를 l, 넓이를 S라 하면

$l=r\theta$ $\qquad$ ㉠

$S=\dfrac{1}{2}r^2\theta$ $\qquad$ ㉡

이때 넓이는 유지하면서 중심각의 크기를 10 % 줄인 부채꼴의 반지름의 길이를 R, 호의 길이를 L이라 하면

$\bigcirc$에서 $S=\dfrac{1}{2}r^2\theta=\dfrac{1}{2}R^2\times\left(1-\dfrac{1}{10}\right)\theta$

$R^2=\dfrac{10}{9}r^2$ $\therefore R=\dfrac{\sqrt{10}}{3}r$

$\therefore L=R\times\left(1-\dfrac{1}{10}\right)\theta$

$\qquad =\dfrac{\sqrt{10}}{3}r\times\dfrac{9}{10}\theta$

$\qquad =\dfrac{3\sqrt{10}}{10}r\theta=\dfrac{3\sqrt{10}}{10}l\ (\because \bigcirc)$

따라서 새로 만든 부채꼴의 호의 길이는 처음 부채꼴의 호의 길이의 $\dfrac{3\sqrt{10}}{10}$배이다.

0486
답 ②

부채꼴의 반지름의 길이를 r, 호의 길이를 l이라 하자.

부채꼴의 넓이가 36이므로

$\dfrac{1}{2}rl=36$ $\therefore l=\dfrac{72}{r}$

부채꼴의 둘레의 길이는 $2r+l=2r+\dfrac{72}{r}$

이때 $2r>0$, $\dfrac{72}{r}>0$이므로 산술평균과 기하평균의 관계에 의하여

$2r+\dfrac{72}{r}\geq 2\sqrt{2r\times\dfrac{72}{r}}=2\sqrt{144}$

$\qquad =24\left(\text{단, 등호는 }2r=\dfrac{72}{r}\text{, 즉 }r=6\text{일 때 성립한다.}\right)$

따라서 부채꼴의 둘레의 길이의 최솟값은 24이다.

Bible Says 산술평균과 기하평균의 관계

$a>0$, $b>0$일 때

$\dfrac{a+b}{2}\geq\sqrt{ab}$ (단, 등호는 $a=b$일 때 성립한다.)

0487
답 40

$\angle\mathrm{AOB}=\dfrac{\pi}{4}$이고, 삼각형 COD가 직각이등변삼각형이므로

$\overline{\mathrm{OD}}=\overline{\mathrm{CD}}=a$라 하면 $\overline{\mathrm{OC}}=\overline{\mathrm{OB}}=\overline{\mathrm{AB}}=\sqrt{2}a$

············· ❶

이때 색칠한 부분의 넓이가 5π이므로

(부채꼴 COB의 넓이)$-$(부채꼴 EOD의 넓이)$=5\pi$

$\dfrac{1}{2}\times(\sqrt{2}a)^2\times\dfrac{\pi}{4}-\dfrac{1}{2}\times a^2\times\dfrac{\pi}{4}=5\pi$

$\dfrac{\pi}{8}a^2=5\pi$, $a^2=40$

············· ❷

따라서 삼각형 AOB의 넓이는

$\dfrac{1}{2}\times(\sqrt{2}a)^2=a^2=40$

············· ❸

채점 기준	배점
❶ $\overline{\mathrm{OB}}$, $\overline{\mathrm{OC}}$, $\overline{\mathrm{OD}}$, $\overline{\mathrm{AB}}$, $\overline{\mathrm{CD}}$의 길이를 한 문자 a로 나타내기	20%
❷ a^2의 값 구하기	50%
❸ 삼각형 AOB의 넓이 구하기	30%

0488
답 ④

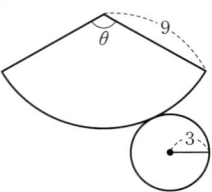

전개도에서 부채꼴의 중심각의 크기를 θ라 하면 부채꼴의 반지름의 길이는 원뿔의 모선의 길이와 같은 9이므로 부채꼴의 호의 길이는 9θ이다.

한편, 밑면인 원의 둘레의 길이는

$2\pi\times3=6\pi$

원뿔의 전개도에서 부채꼴의 호의 길이는 밑면인 원의 둘레의 길이와 같으므로

$9\theta=6\pi$ $\therefore \theta=\dfrac{2}{3}\pi$

0489
답 12π

반지름의 길이가 5이고 중심각의 크기가 $\dfrac{6}{5}\pi$인 부채꼴의 호의 길이는

$5\times\dfrac{6}{5}\pi=6\pi$

원뿔의 전개도에서 부채꼴의 호의 길이는 밑면인 원의 둘레의 길이와 같으므로 밑면인 원의 반지름의 길이를 r이라 하면

$6\pi=2\pi r$ $\therefore r=3$

············· ❶

원뿔의 높이를 h라 하면

$3^2+h^2=5^2$, $h^2=16$

$\therefore h=4\ (\because h>0)$

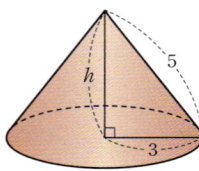

············· ❷

따라서 원뿔의 부피는

$\dfrac{1}{3}\times(\pi\times3^2)\times4=12\pi$

············· ❸

채점 기준	배점
❶ 밑면인 원의 반지름의 길이 구하기	40%
❷ 원뿔의 높이 구하기	40%
❸ 원뿔의 부피 구하기	20%

0490
답 ②

오른쪽 그림과 같이 부채꼴의 중심을 O, 호를 $\widehat{\mathrm{AB}}$라 하고, 원의 중심을 P, $\overline{\mathrm{OP}}$의 연장선이 $\widehat{\mathrm{AB}}$와 만나는 점을 C, 점 P에서 $\overline{\mathrm{OA}}$에 내린 수선의 발을 H라 하자.

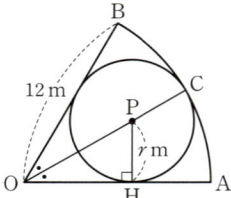

$\angle\mathrm{POA}=\angle\mathrm{POB}=\dfrac{\pi}{6}$이고

원의 반지름의 길이를 $r\,\mathrm{m}$라 하면

$\overline{\mathrm{OP}}=12-r\,(\mathrm{m})$, $\overline{\mathrm{PH}}=r\,(\mathrm{m})$

$\sin\dfrac{\pi}{6}=\dfrac{\overline{\mathrm{PH}}}{\overline{\mathrm{OP}}}$에서 $\dfrac{1}{2}=\dfrac{r}{12-r}$

$2r=12-r,\ 3r=12$ $\quad\therefore r=4$

따라서 잔디밭의 넓이는

$\dfrac{1}{2}\times12^2\times\dfrac{\pi}{3}-\pi\times4^2=24\pi-16\pi=8\pi\,(\mathrm{m^2})$

0491

답 ⑤

원뿔대의 작은 밑면의 중심을 A, 큰 밑면의 중심을 B라 하고, 두 밑면이 한 모선과 만나는 점을 각각 C, D라 하자.

오른쪽 그림과 같이 두 직선 AB, CD의 교점을 O라 하고, $\overline{\mathrm{OA}}=x$라 하면

$\triangle\mathrm{OAC}\backsim\triangle\mathrm{OBD}$ (AA 닮음)

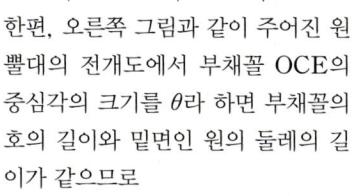

이므로 $x:6=(x+6):8$에서

$8x=6(x+6),\ 2x=36$

$\therefore x=18$

즉, $\overline{\mathrm{OA}}=18,\ \overline{\mathrm{OB}}=18+6=24$이므로

$\overline{\mathrm{OC}}=\sqrt{18^2+6^2}=\sqrt{360}=6\sqrt{10}$

$\overline{\mathrm{OD}}=\sqrt{24^2+8^2}=\sqrt{640}=8\sqrt{10}$

한편, 오른쪽 그림과 같이 주어진 원뿔대의 전개도에서 부채꼴 OCE의 중심각의 크기를 θ라 하면 부채꼴의 호의 길이와 밑면인 원의 둘레의 길이가 같으므로

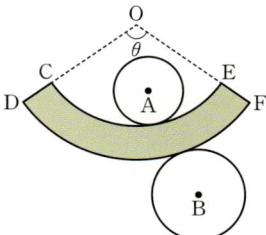

$6\sqrt{10}\,\theta=2\pi\times6$ $\quad\therefore\theta=\dfrac{2}{\sqrt{10}}\pi$

따라서 원뿔대의 옆면의 넓이는

(부채꼴 ODF의 넓이)$-$(부채꼴 OCE의 넓이)

$=\dfrac{1}{2}\times(8\sqrt{10})^2\times\dfrac{2}{\sqrt{10}}\pi-\dfrac{1}{2}\times(6\sqrt{10})^2\times\dfrac{2}{\sqrt{10}}\pi$

$=64\sqrt{10}\pi-36\sqrt{10}\pi$

$=28\sqrt{10}\pi$

0492

답 ⑤

오른쪽 그림과 같이 와이퍼에서 고무판이 없는 부분의 길이를 r cm라 하면 와이퍼가 $\dfrac{2}{3}\pi$만큼 회전하면서 고무판이 닦은 부

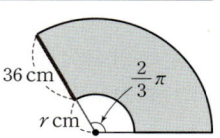

분의 바깥쪽 호의 길이는 $\dfrac{2}{3}\pi(r+36)$ cm, 안쪽 호의 길이는

$\dfrac{2}{3}\pi r$ cm이고, 둘레의 길이가 $(72+48\pi)$ cm이므로

$36+\dfrac{2}{3}\pi(r+36)+36+\dfrac{2}{3}\pi r=72+48\pi$

$\dfrac{2}{3}\pi(2r+36)=48\pi,\ 2r+36=72$

$2r=36$ $\quad\therefore r=18$

따라서 고무판이 닦은 부분의 넓이는

$\dfrac{1}{2}\times(18+36)^2\times\dfrac{2}{3}\pi-\dfrac{1}{2}\times18^2\times\dfrac{2}{3}\pi$

$=972\pi-108\pi$

$=864\pi\,(\mathrm{cm^2})$

유형 07 삼각함수의 정의

0493

답 -11

$\overline{\mathrm{OP}}=\sqrt{6^2+(-8)^2}=10$이므로

$\sin\theta=\dfrac{-8}{10}=-\dfrac{4}{5}$

$\cos\theta=\dfrac{6}{10}=\dfrac{3}{5}$

$\tan\theta=\dfrac{-8}{6}=-\dfrac{4}{3}$

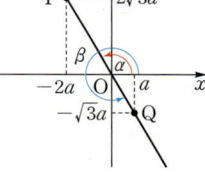

$\therefore 5\sin\theta-5\cos\theta+3\tan\theta$

$=5\times\left(-\dfrac{4}{5}\right)-5\times\dfrac{3}{5}+3\times\left(-\dfrac{4}{3}\right)=-11$

0494

답 ④

$\overline{\mathrm{OP}}=\sqrt{(-1)^2+k^2}=\sqrt{k^2+1}$이므로

$\sin\theta=\dfrac{k}{\sqrt{k^2+1}}=-\dfrac{2}{3},\ -3k=2\sqrt{k^2+1}$

양변을 제곱하면 $9k^2=4k^2+4$

$5k^2=4$ $\quad\therefore k^2=\dfrac{4}{5}$

즉, $\overline{\mathrm{OP}}=\sqrt{\dfrac{4}{5}+1}=\sqrt{\dfrac{9}{5}}=\dfrac{3}{\sqrt{5}}$이므로

$\cos\theta=\dfrac{-1}{\dfrac{3}{\sqrt{5}}}=-\dfrac{\sqrt{5}}{3}$

0495

답 -1

$\overline{\mathrm{OP}}=2\overline{\mathrm{OQ}}$이고 점 P는 제2사분면, 점 Q는 제4사분면 위의 점이므로

P$(-2a,\ 2\sqrt{3}a)$,

Q$(a,\ -\sqrt{3}a)\ (a>0)$로 놓을 수 있다.

$\overline{\mathrm{OP}}=\sqrt{(-2a)^2+(2\sqrt{3}a)^2}$

$\quad=\sqrt{16a^2}=4a$

$\overline{\mathrm{OQ}}=\sqrt{a^2+(-\sqrt{3}a)^2}$

$\quad=\sqrt{4a^2}=2a$

❶

삼각함수의 정의에 의하여

$\sin\alpha=\dfrac{2\sqrt{3}a}{4a}=\dfrac{\sqrt{3}}{2},\ \tan\alpha=\dfrac{2\sqrt{3}a}{-2a}=-\sqrt{3},\ \cos\beta=\dfrac{a}{2a}=\dfrac{1}{2}$

❷

$\therefore \dfrac{\sin\alpha}{\tan\alpha}-\cos\beta=\dfrac{\dfrac{\sqrt{3}}{2}}{-\sqrt{3}}-\dfrac{1}{2}=-1$

❸

채점 기준	배점
❶ 두 점 P, Q의 좌표와 $\overline{\mathrm{OP}},\ \overline{\mathrm{OQ}}$의 길이를 한 문자로 나타내기	30%
❷ $\sin\alpha,\ \tan\alpha,\ \cos\beta$의 값 구하기	50%
❸ $\dfrac{\sin\alpha}{\tan\alpha}-\cos\beta$의 값 구하기	20%

0496

답 ⑤

직선 $y=2$가 원 $x^2+y^2=5$와 제2사분면에서 만나는 점 A의 좌표는 $(-1, 2)$이고 $\overline{OA}=\sqrt{5}$이므로 $\sin\alpha=\dfrac{2}{\sqrt{5}}$

직선 $y=2$가 원 $x^2+y^2=9$와 제2사분면에서 만나는 점 B의 좌표는 $(-\sqrt{5}, 2)$이고 $\overline{OB}=3$이므로 $\cos\beta=-\dfrac{\sqrt{5}}{3}$

$\therefore \sin\alpha\times\cos\beta=\dfrac{2}{\sqrt{5}}\times\left(-\dfrac{\sqrt{5}}{3}\right)=-\dfrac{2}{3}$

유형 08 삼각함수의 값의 부호

0497

답 ①

각 θ가 제4사분면의 각이므로
$\sin\theta<0$, $\cos\theta>0$이고 $\cos\theta-\sin\theta>0$

$\therefore |\sin\theta|-\sqrt{\cos^2\theta}+\sqrt{(\cos\theta-\sin\theta)^2}$
$= |\sin\theta|-|\cos\theta|+|\cos\theta-\sin\theta|$
$= -\sin\theta-\cos\theta+\cos\theta-\sin\theta$
$= -2\sin\theta$

0498

답 ③

각 θ가 제3사분면의 각이므로 $\sin\theta<0$, $\cos\theta<0$, $\tan\theta>0$

① $\sin\theta\cos\theta>0$ (거짓)　　② $\sin\theta+\cos\theta<0$ (거짓)

③ $\sin\theta-\tan\theta<0$ (참)　　④ $\dfrac{\tan\theta}{\cos\theta}<0$ (거짓)

⑤ $\sin\theta\cos\theta\tan\theta>0$ (거짓)

따라서 옳은 것은 ③이다.

0499

답 ②

(i) $\sin\theta\tan\theta<0$일 때
　　$\sin\theta>0$, $\tan\theta<0$ 또는 $\sin\theta<0$, $\tan\theta>0$
　　즉, 각 θ는 제2사분면 또는 제3사분면의 각이다.

(ii) $\dfrac{\cos\theta}{\tan\theta}>0$일 때
　　$\cos\theta>0$, $\tan\theta>0$ 또는 $\cos\theta<0$, $\tan\theta<0$
　　즉, 각 θ는 제1사분면 또는 제2사분면의 각이다.

(i), (ii)에서 각 θ는 제2사분면의 각이다.

0500

답 $\sin\theta$

$\sin\theta\cos\theta>0$에서 $\sin\theta$와 $\cos\theta$의 값의 부호가 서로 같고
$\sin\theta+\cos\theta<0$이므로
$\sin\theta<0$, $\cos\theta<0$

❶

즉, 각 θ는 제3사분면의 각이므로 $\tan\theta>0$

❷

따라서 $\tan\theta-\cos\theta>0$, $\sin\theta-\tan\theta<0$이므로
$|\tan\theta-\cos\theta|-\sqrt{\cos^2\theta}-|\sin\theta-\tan\theta|$
$= |\tan\theta-\cos\theta|-|\cos\theta|-|\sin\theta-\tan\theta|$
$= (\tan\theta-\cos\theta)-(-\cos\theta)-\{-(\sin\theta-\tan\theta)\}$
$= \tan\theta-\cos\theta+\cos\theta+\sin\theta-\tan\theta$
$= \sin\theta$

❸

채점 기준	배점
❶ $\sin\theta$, $\cos\theta$의 값의 부호 알아내기	30%
❷ $\tan\theta$의 값의 부호 알아내기	20%
❸ 주어진 식 간단히 하기	50%

0501

답 ③

$\dfrac{\sqrt{\cos\theta}}{\sqrt{\tan\theta}}=-\sqrt{\dfrac{\cos\theta}{\tan\theta}}$가 성립하므로 $\cos\theta>0$, $\tan\theta<0$

즉, 각 θ는 제4사분면의 각이므로 $\sin\theta<0$

ㄱ. $\sin\theta\cos\theta<0$ (참)
ㄴ. $\cos\theta-\tan\theta>0$ (거짓)
ㄷ. $\sin\theta\times\tan\theta+\cos\theta>0$ (참)

따라서 옳은 것은 ㄱ, ㄷ이다.

Bible Says 음수의 제곱근의 성질

$ab\neq 0$인 실수 a, b에 대하여
(1) $\sqrt{a}\sqrt{b}=-\sqrt{ab}$이면 $a<0$, $b<0$
(2) $\dfrac{\sqrt{a}}{\sqrt{b}}=-\sqrt{\dfrac{a}{b}}$이면 $a>0$, $b<0$

0502

답 $\dfrac{4}{3}\pi$

조건 ㈎의 $\sin\theta\cos\theta>0$에서
$\sin\theta>0$, $\cos\theta>0$ 또는 $\sin\theta<0$, $\cos\theta<0$
즉, 각 θ는 제1사분면 또는 제3사분면의 각이다. …… ㉠

❶

한편, 조건 ㈏에서 각 θ를 나타내는 동경과 각 4θ를 나타내는 동경이 서로 일치하므로 양의 정수 n에 대하여
$4\theta-\theta=2n\pi$, $3\theta=2n\pi$　　$\therefore \theta=\dfrac{2n}{3}\pi$

❷

$n=1$이면 $\theta=\dfrac{2}{3}\pi$는 제2사분면의 각이므로 ㉠을 만족시키지 않는다.

$n=2$이면 $\theta=\dfrac{4}{3}\pi$는 제3사분면의 각이므로 ㉠을 만족시킨다.

따라서 각 θ의 최솟값은 $\dfrac{4}{3}\pi$이다.

❸

채점 기준	배점
❶ 각 θ가 존재하는 사분면 알아내기	30%
❷ 두 각 θ와 4θ의 차를 일반각으로 나타내기	30%
❸ 각 θ의 최솟값 구하기	40%

0503
답 1

$$\left(1+\frac{1}{\sin\theta}\right)\left(1+\frac{1}{\cos\theta}\right)\left(1-\frac{1}{\sin\theta}\right)\left(1-\frac{1}{\cos\theta}\right)$$

$$=\left(1+\frac{1}{\sin\theta}\right)\left(1-\frac{1}{\sin\theta}\right)\left(1+\frac{1}{\cos\theta}\right)\left(1-\frac{1}{\cos\theta}\right)$$

$$=\left(1-\frac{1}{\sin^2\theta}\right)\left(1-\frac{1}{\cos^2\theta}\right)$$

$$=\frac{\sin^2\theta-1}{\sin^2\theta}\times\frac{\cos^2\theta-1}{\cos^2\theta}$$

$$=\frac{-\cos^2\theta}{\sin^2\theta}\times\frac{-\sin^2\theta}{\cos^2\theta}=1$$

0504
답 ②

ㄱ. $\sin^4\theta-\cos^4\theta+2\cos^2\theta$

$\quad=(\sin^2\theta+\cos^2\theta)(\sin^2\theta-\cos^2\theta)+2\cos^2\theta$

$\quad=\sin^2\theta-\cos^2\theta+2\cos^2\theta$

$\quad=\sin^2\theta+\cos^2\theta=1$ (참)

ㄴ. $\dfrac{\tan^2\theta}{1+\tan^2\theta}=\dfrac{\dfrac{\sin^2\theta}{\cos^2\theta}}{1+\dfrac{\sin^2\theta}{\cos^2\theta}}=\dfrac{\dfrac{\sin^2\theta}{\cos^2\theta}}{\dfrac{\cos^2\theta+\sin^2\theta}{\cos^2\theta}}$

$\quad\quad\quad\quad=\dfrac{\dfrac{\sin^2\theta}{\cos^2\theta}}{\dfrac{1}{\cos^2\theta}}=\sin^2\theta$ (참)

ㄷ. $\dfrac{\sin\theta}{1-\cos\theta}-\dfrac{\sin\theta}{1+\cos\theta}=\sin\theta\left(\dfrac{1}{1-\cos\theta}-\dfrac{1}{1+\cos\theta}\right)$

$\quad\quad\quad\quad=\sin\theta\times\dfrac{(1+\cos\theta)-(1-\cos\theta)}{(1-\cos\theta)(1+\cos\theta)}$

$\quad\quad\quad\quad=\sin\theta\times\dfrac{2\cos\theta}{1-\cos^2\theta}$

$\quad\quad\quad\quad=\sin\theta\times\dfrac{2\cos\theta}{\sin^2\theta}$

$\quad\quad\quad\quad=2\times\dfrac{\cos\theta}{\sin\theta}=\dfrac{2}{\tan\theta}$ (거짓)

따라서 옳은 것은 ㄱ, ㄴ이다.

0505
답 9

$$\left(\frac{1}{\sin\theta}+\sin\theta\right)^2+\left(\frac{1}{\cos\theta}+\cos\theta\right)^2-\left(\frac{1}{\tan\theta}-\tan\theta\right)^2$$

$$=\frac{1}{\sin^2\theta}+2+\sin^2\theta+\frac{1}{\cos^2\theta}+2+\cos^2\theta-\frac{1}{\tan^2\theta}+2-\tan^2\theta$$

$$=\frac{1}{\sin^2\theta}+\frac{1}{\cos^2\theta}+(\sin^2\theta+\cos^2\theta)-\frac{\cos^2\theta}{\sin^2\theta}-\frac{\sin^2\theta}{\cos^2\theta}+6$$

$$=\frac{1-\cos^2\theta}{\sin^2\theta}+\frac{1-\sin^2\theta}{\cos^2\theta}+(\sin^2\theta+\cos^2\theta)+6$$

$$=\frac{\sin^2\theta}{\sin^2\theta}+\frac{\cos^2\theta}{\cos^2\theta}+(\sin^2\theta+\cos^2\theta)+6$$

$$=1+1+1+6=9$$

0506
답 ①

각 θ가 제3사분면의 각이므로

$\sin\theta<0$, $\cos\theta<0$

$\therefore\sqrt{1+2\sin\theta\cos\theta}-|\cos\theta|$

$\quad=\sqrt{\sin^2\theta+2\sin\theta\cos\theta+\cos^2\theta}-|\cos\theta|$

$\quad=\sqrt{(\sin\theta+\cos\theta)^2}-|\cos\theta|$

$\quad=|\sin\theta+\cos\theta|-|\cos\theta|$

$\quad=-(\sin\theta+\cos\theta)-(-\cos\theta)$ ($\because \sin\theta+\cos\theta<0$)

$\quad=-\sin\theta-\cos\theta+\cos\theta$

$\quad=-\sin\theta$

0507
답 6

$$\sin^2\theta=1-\cos^2\theta=1-\left(-\frac{4}{5}\right)^2=\frac{9}{25}$$

$\dfrac{\pi}{2}<\theta<\pi$에서 $\sin\theta>0$이므로 $\sin\theta=\dfrac{3}{5}$

$$\tan\theta=\frac{\sin\theta}{\cos\theta}=\frac{\dfrac{3}{5}}{-\dfrac{4}{5}}=-\frac{3}{4}$$

$$\therefore 5\sin\theta-4\tan\theta=5\times\frac{3}{5}-4\times\left(-\frac{3}{4}\right)=6$$

0508
답 ③

$$\sin^4\theta-\cos^4\theta=(\sin^2\theta+\cos^2\theta)(\sin^2\theta-\cos^2\theta)$$

$$=\sin^2\theta-\cos^2\theta$$

$$=\sin^2\theta-(1-\sin^2\theta)$$

$$=2\sin^2\theta-1$$

$$=2\times\left(\frac{\sqrt{3}}{3}\right)^2-1$$

$$=-\frac{1}{3}$$

0509
답 ⑤

$\tan\theta=\dfrac{4}{3}$에서 $\dfrac{\sin\theta}{\cos\theta}=\dfrac{4}{3}$이므로 $\sin\theta=\dfrac{4}{3}\cos\theta$ ...... ㉠

㉠을 $\sin^2\theta+\cos^2\theta=1$에 대입하면 $\left(\dfrac{4}{3}\cos\theta\right)^2+\cos^2\theta=1$

$\dfrac{25}{9}\cos^2\theta=1$, $\cos^2\theta=\dfrac{9}{25}$

각 θ는 제3사분면의 각이므로 $\cos\theta=-\dfrac{3}{5}$

$\cos\theta=-\dfrac{3}{5}$을 ㉠에 대입하면 $\sin\theta=\dfrac{4}{3}\times\left(-\dfrac{3}{5}\right)=-\dfrac{4}{5}$

$$\therefore \frac{10\cos\theta-4}{5\sin\theta-1}=\frac{10\times\left(-\dfrac{3}{5}\right)-4}{5\times\left(-\dfrac{4}{5}\right)-1}=\frac{-10}{-5}=2$$

0510

답 $-\dfrac{1}{2}$

$\dfrac{1}{\sin\theta+1}-\dfrac{1}{\sin\theta-1}=\dfrac{5}{2}$에서

$\dfrac{(\sin\theta-1)-(\sin\theta+1)}{(\sin\theta+1)(\sin\theta-1)}=\dfrac{5}{2}$, $\dfrac{-2}{\sin^2\theta-1}=\dfrac{5}{2}$

$\dfrac{2}{\cos^2\theta}=\dfrac{5}{2}$, $\cos^2\theta=\dfrac{4}{5}$

······❶

$\dfrac{3}{2}\pi<\theta<2\pi$에서 $\cos\theta>0$이므로 $\cos\theta=\sqrt{\dfrac{4}{5}}=\dfrac{2\sqrt5}{5}$

$\sin^2\theta=1-\cos^2\theta=1-\dfrac{4}{5}=\dfrac{1}{5}$

$\dfrac{3}{2}\pi<\theta<2\pi$에서 $\sin\theta<0$이므로 $\sin\theta=-\sqrt{\dfrac{1}{5}}=-\dfrac{\sqrt5}{5}$

······❷

$\therefore \tan\theta=\dfrac{\sin\theta}{\cos\theta}=\dfrac{-\dfrac{\sqrt5}{5}}{\dfrac{2\sqrt5}{5}}=-\dfrac{1}{2}$

······❸

채점 기준	배점
❶ 주어진 식 간단히 정리하기	40%
❷ $\sin\theta$, $\cos\theta$의 값 구하기	40%
❸ $\tan\theta$의 값 구하기	20%

0511

답 ②

$\dfrac{\sin\theta\cos\theta}{1-\cos\theta}+\dfrac{1-\cos\theta}{\tan\theta}=1$에서

$\dfrac{\sin\theta\cos\theta}{1-\cos\theta}+\dfrac{(1-\cos\theta)\cos\theta}{\sin\theta}=1$

$\dfrac{\sin^2\theta\cos\theta+(1-\cos\theta)^2\cos\theta}{(1-\cos\theta)\sin\theta}=1$

$\dfrac{(\sin^2\theta+\cos^2\theta-2\cos\theta+1)\cos\theta}{(1-\cos\theta)\sin\theta}=1$

$\dfrac{(2-2\cos\theta)\cos\theta}{(1-\cos\theta)\sin\theta}=1$, $\dfrac{2\cos\theta}{\sin\theta}=1$

$\therefore \sin\theta=2\cos\theta$ ······ ㉠

㉠을 $\sin^2\theta+\cos^2\theta=1$에 대입하면

$(2\cos\theta)^2+\cos^2\theta=1$, $5\cos^2\theta=1$ $\therefore \cos^2\theta=\dfrac{1}{5}$

이때 $\pi<\theta<2\pi$에서 $\sin\theta<0$이므로 ㉠에서 $\cos\theta<0$

$\therefore \cos\theta=-\sqrt{\dfrac{1}{5}}=-\dfrac{\sqrt5}{5}$

0512

답 3

$\sin^2\theta+\cos^2\theta=1$이므로

$2\sin^2\theta-\sin\theta\cos\theta-5\cos^2\theta=1$에서

$2\sin^2\theta-\sin\theta\cos\theta-5\cos^2\theta=\sin^2\theta+\cos^2\theta$

$\sin^2\theta-\sin\theta\cos\theta-6\cos^2\theta=0$

$(\sin\theta+2\cos\theta)(\sin\theta-3\cos\theta)=0$

$\therefore \sin\theta=-2\cos\theta$ 또는 $\sin\theta=3\cos\theta$

이때 $\pi<\theta<\dfrac{3}{2}\pi$에서 $\sin\theta<0$, $\cos\theta<0$이므로

$\sin\theta=3\cos\theta$ $\therefore \tan\theta=\dfrac{\sin\theta}{\cos\theta}=3$

유형 **11** 삼각함수 사이의 관계 - $\sin\theta\pm\cos\theta$, $\sin\theta\cos\theta$ 이용

0513

답 ②

$\sin\theta+\cos\theta=\dfrac{1}{3}$의 양변을 제곱하면

$\sin^2\theta+2\sin\theta\cos\theta+\cos^2\theta=\dfrac{1}{9}$, $1+2\sin\theta\cos\theta=\dfrac{1}{9}$

$2\sin\theta\cos\theta=-\dfrac{8}{9}$ $\therefore \sin\theta\cos\theta=-\dfrac{4}{9}$

$\therefore \sin^3\theta+\cos^3\theta$
$=(\sin\theta+\cos\theta)(\sin^2\theta-\sin\theta\cos\theta+\cos^2\theta)$
$=(\sin\theta+\cos\theta)(1-\sin\theta\cos\theta)$
$=\dfrac{1}{3}\times\left\{1-\left(-\dfrac{4}{9}\right)\right\}=\dfrac{13}{27}$

다른 풀이

$\sin^3\theta+\cos^3\theta=(\sin\theta+\cos\theta)^3-3\sin\theta\cos\theta(\sin\theta+\cos\theta)$
$=\left(\dfrac{1}{3}\right)^3-3\times\left(-\dfrac{4}{9}\right)\times\dfrac{1}{3}=\dfrac{13}{27}$

0514

답 ③

$\sin\theta-\cos\theta=\dfrac{\sqrt2}{2}$의 양변을 제곱하면

$\sin^2\theta-2\sin\theta\cos\theta+\cos^2\theta=\dfrac{1}{2}$, $1-2\sin\theta\cos\theta=\dfrac{1}{2}$

$2\sin\theta\cos\theta=\dfrac{1}{2}$ $\therefore \sin\theta\cos\theta=\dfrac{1}{4}$

0515

답 $-\dfrac{9}{7}$

$\sin\theta\cos\theta=\dfrac{16}{49}$이므로

$(\sin\theta+\cos\theta)^2=\sin^2\theta+2\sin\theta\cos\theta+\cos^2\theta$
$=1+2\times\dfrac{16}{49}=\dfrac{81}{49}$

······❶

이때 $\pi<\theta<\dfrac{3}{2}\pi$에서 $\sin\theta<0$, $\cos\theta<0$이므로

$\sin\theta+\cos\theta<0$

······❷

$\therefore \sin\theta+\cos\theta=-\sqrt{\dfrac{81}{49}}=-\dfrac{9}{7}$

······❸

채점 기준	배점
❶ $(\sin\theta+\cos\theta)^2$의 값 구하기	50%
❷ $\sin\theta+\cos\theta$의 값의 부호 알아내기	30%
❸ $\sin\theta+\cos\theta$의 값 구하기	20%

0516

답 ②

$\sin\theta+\cos\theta=\dfrac{1}{2}$의 양변을 제곱하면

$\sin^2\theta+2\sin\theta\cos\theta+\cos^2\theta=\dfrac{1}{4}$, $1+2\sin\theta\cos\theta=\dfrac{1}{4}$

$2\sin\theta\cos\theta=-\dfrac{3}{4}$ $\quad\therefore\sin\theta\cos\theta=-\dfrac{3}{8}$

$\therefore\dfrac{1+\tan\theta}{\sin\theta}=\dfrac{1+\dfrac{\sin\theta}{\cos\theta}}{\sin\theta}=\dfrac{\dfrac{\cos\theta+\sin\theta}{\cos\theta}}{\sin\theta}$

$\qquad=\dfrac{\cos\theta+\sin\theta}{\sin\theta\cos\theta}=\dfrac{\dfrac{1}{2}}{-\dfrac{3}{8}}=-\dfrac{4}{3}$

0517

답 ①

$\sin\theta+\cos\theta=\dfrac{\sqrt{6}}{2}$의 양변을 제곱하면

$\sin^2\theta+2\sin\theta\cos\theta+\cos^2\theta=\dfrac{3}{2}$, $1+2\sin\theta\cos\theta=\dfrac{3}{2}$

$2\sin\theta\cos\theta=\dfrac{1}{2}$ $\quad\therefore\sin\theta\cos\theta=\dfrac{1}{4}$

$(\sin\theta-\cos\theta)^2=\sin^2\theta-2\sin\theta\cos\theta+\cos^2\theta$

$\qquad\qquad\qquad=1-2\sin\theta\cos\theta$

$\qquad\qquad\qquad=1-2\times\dfrac{1}{4}=\dfrac{1}{2}$

이때 $0<\theta<\dfrac{\pi}{4}$에서 $0<\sin\theta<\cos\theta$이므로

$\sin\theta-\cos\theta=-\sqrt{\dfrac{1}{2}}=-\dfrac{\sqrt{2}}{2}$

$\therefore\tan^2\theta-\dfrac{1}{\tan^2\theta}$

$=\dfrac{\sin^2\theta}{\cos^2\theta}-\dfrac{\cos^2\theta}{\sin^2\theta}=\dfrac{\sin^4\theta-\cos^4\theta}{\sin^2\theta\cos^2\theta}$

$=\dfrac{(\sin^2\theta+\cos^2\theta)(\sin\theta+\cos\theta)(\sin\theta-\cos\theta)}{(\sin\theta\cos\theta)^2}$

$=\dfrac{1\times\dfrac{\sqrt{6}}{2}\times\left(-\dfrac{\sqrt{2}}{2}\right)}{\left(\dfrac{1}{4}\right)^2}=-8\sqrt{3}$

0518

답 ②

$3\sin\theta-4\tan\theta=4$에서 $3\sin\theta-4\times\dfrac{\sin\theta}{\cos\theta}=4$

양변에 $\cos\theta$를 곱하면

$3\sin\theta\cos\theta-4\sin\theta=4\cos\theta$

$3\sin\theta\cos\theta=4(\sin\theta+\cos\theta)$ $\qquad\cdots\cdots$ ㉠

양변을 제곱하면

$9\sin^2\theta\cos^2\theta=16(\sin^2\theta+2\sin\theta\cos\theta+\cos^2\theta)$

$9\sin^2\theta\cos^2\theta=16(1+2\sin\theta\cos\theta)$

$9\sin^2\theta\cos^2\theta-32\sin\theta\cos\theta-16=0$

$(9\sin\theta\cos\theta+4)(\sin\theta\cos\theta-4)=0$

$\sin\theta\cos\theta=-\dfrac{4}{9}$ 또는 $\sin\theta\cos\theta=4$

이때 $-1\le\sin\theta\le1$, $-1\le\cos\theta\le1$이므로

$\sin\theta\cos\theta=-\dfrac{4}{9}$

㉠에서

$\sin\theta+\cos\theta=\dfrac{3}{4}\sin\theta\cos\theta$

$\qquad\qquad\quad=\dfrac{3}{4}\times\left(-\dfrac{4}{9}\right)=-\dfrac{1}{3}$

다른 풀이

$3\sin\theta-4\tan\theta=4$에서 $3\sin\theta-4\times\dfrac{\sin\theta}{\cos\theta}=4$

양변에 $\cos\theta$를 곱하면

$3\sin\theta\cos\theta-4\sin\theta=4\cos\theta$

$3\sin\theta\cos\theta=4(\sin\theta+\cos\theta)$ $\qquad\cdots\cdots$ ㉠

한편,

$(\sin\theta+\cos\theta)^2=\sin^2\theta+2\sin\theta\cos\theta+\cos^2\theta$

$\qquad\qquad\qquad=1+2\sin\theta\cos\theta$

이므로

$(\sin\theta+\cos\theta)^2=1+2\times\dfrac{4}{3}(\sin\theta+\cos\theta)$ ($\because$ ㉠)

$3(\sin\theta+\cos\theta)^2-8(\sin\theta+\cos\theta)-3=0$

$\{3(\sin\theta+\cos\theta)+1\}\{(\sin\theta+\cos\theta)-3\}=0$

$\sin\theta+\cos\theta=-\dfrac{1}{3}$ 또는 $\sin\theta+\cos\theta=3$

이때 $-1\le\sin\theta\le1$, $-1\le\cos\theta\le1$이므로

$\sin\theta+\cos\theta=-\dfrac{1}{3}$

유형 12 삼각함수와 이차방정식

0519

답 ⑤

이차방정식 $x^2-3ax-a^2=0$의 두 근이 $\sin\theta$, $\cos\theta$이므로 근과 계수의 관계에 의하여

$\sin\theta+\cos\theta=3a$ $\qquad\cdots\cdots$ ㉠

$\sin\theta\cos\theta=-a^2$ $\qquad\cdots\cdots$ ㉡

㉠의 양변을 제곱하면

$\sin^2\theta+2\sin\theta\cos\theta+\cos^2\theta=9a^2$

$1+2\sin\theta\cos\theta=9a^2$, $1-2a^2=9a^2$ ($\because$ ㉡)

$11a^2=1$, $a^2=\dfrac{1}{11}$ $\qquad\therefore a=\dfrac{\sqrt{11}}{11}$ ($\because a>0$)

0520

답 ①

이차방정식 $x^2-x+a^2-2=0$의 두 근이 $\sin\theta+\cos\theta$, $\sin\theta-\cos\theta$이므로 근과 계수의 관계에 의하여

$(\sin\theta+\cos\theta)+(\sin\theta-\cos\theta)=1$ $\qquad\cdots\cdots$ ㉠

$(\sin\theta+\cos\theta)(\sin\theta-\cos\theta)=a^2-2$ $\qquad\cdots\cdots$ ㉡

㉠에서 $2\sin\theta=1$ $\quad\therefore\sin\theta=\dfrac{1}{2}$ $\qquad\cdots\cdots$ ㉢

㉡에서 $\sin^2\theta-\cos^2\theta=a^2-2$

$\sin^2\theta-(1-\sin^2\theta)=a^2-2$

$2\sin^2\theta-1=a^2-2$

©을 대입하면

$2\times\left(\dfrac{1}{2}\right)^2-1=a^2-2, \quad -\dfrac{1}{2}=a^2-2$

$a^2=\dfrac{3}{2} \qquad \therefore a=\dfrac{\sqrt{6}}{2} \ (\because a>0)$

0521

답 $54-17\sqrt{10}$

이차방정식 $x^2+ax+3a=0$의 두 근이 $\sin\theta$, $\cos\theta$이므로 근과 계수의 관계에 의하여

$\sin\theta+\cos\theta=-a \qquad \cdots\cdots\ ㉠$

$\sin\theta\cos\theta=3a \qquad \cdots\cdots\ ㉡$

❶

㉠의 양변을 제곱하면

$\sin^2\theta+2\sin\theta\cos\theta+\cos^2\theta=a^2$

$1+2\sin\theta\cos\theta=a^2$

$1+6a=a^2\ (\because ㉡), \quad a^2-6a-1=0$

$\therefore a=3-\sqrt{10}\ (\because a<0)$

❷

$\therefore \sin^3\theta+\cos^3\theta$

$=(\sin\theta+\cos\theta)(\sin^2\theta-\sin\theta\cos\theta+\cos^2\theta)$

$=-a(1-3a)=3a^2-a$

$=3(6a+1)-a=17a+3$

$=17\times(3-\sqrt{10})+3$

$=54-17\sqrt{10}$

❸

채점 기준	배점
❶ 이차방정식의 근과 계수의 관계를 이용하여 $\sin\theta+\cos\theta$, $\sin\theta\cos\theta$의 값을 a로 나타내기	20%
❷ a의 값 구하기	40%
❸ $\sin^3\theta+\cos^3\theta$의 값 구하기	40%

0522

답 ①

이차방정식 $4x^2-4mx+m^2-2=0$의 두 근이 $\sin\theta$, $\cos\theta$이므로 근과 계수의 관계에 의하여

$\sin\theta+\cos\theta=m \qquad \cdots\cdots\ ㉠$

$\sin\theta\cos\theta=\dfrac{m^2-2}{4} \qquad \cdots\cdots\ ㉡$

㉠의 양변을 제곱하면

$\sin^2\theta+2\sin\theta\cos\theta+\cos^2\theta=m^2$

$1+2\times\dfrac{m^2-2}{4}=m^2\ (\because ㉡)$

$m^2=0 \qquad \therefore m=0$

따라서 ㉠에서 $\sin\theta+\cos\theta=0$이므로

$\sin\theta=-\cos\theta, \quad \dfrac{\sin\theta}{\cos\theta}=-1$

$\therefore \tan\theta=-1$

0523

답 9

$\sin\theta+\cos\theta=\dfrac{\sqrt{3}}{2}$의 양변을 제곱하면

$\sin^2\theta+2\sin\theta\cos\theta+\cos^2\theta=\dfrac{3}{4}$

$1+2\sin\theta\cos\theta=\dfrac{3}{4}$

$2\sin\theta\cos\theta=-\dfrac{1}{4}$

$\therefore \sin\theta\cos\theta=-\dfrac{1}{8}$

한편, 이차방정식 $x^2+ax+b=0$의 두 근이 $\tan\theta$, $\dfrac{1}{\tan\theta}$이므로 근과 계수의 관계에 의하여

$\tan\theta+\dfrac{1}{\tan\theta}=-a \qquad \cdots\cdots\ ㉠$

$\tan\theta\times\dfrac{1}{\tan\theta}=b \qquad \cdots\cdots\ ㉡$

㉠의 좌변을 정리하면

$\tan\theta+\dfrac{1}{\tan\theta}=\dfrac{\sin\theta}{\cos\theta}+\dfrac{\cos\theta}{\sin\theta}$

$=\dfrac{\sin^2\theta+\cos^2\theta}{\sin\theta\cos\theta}$

$=\dfrac{1}{\sin\theta\cos\theta}$

이므로

$a=-\dfrac{1}{\sin\theta\cos\theta}=-\dfrac{1}{-\dfrac{1}{8}}=8$

㉡에서 $b=1$

$\therefore a+b=8+1=9$

0524

답 20

이차방정식 $x^2-k=0$의 두 근이 $6\cos\theta$, $5\tan\theta$이므로 근과 계수의 관계에 의하여

$6\cos\theta+5\tan\theta=0 \qquad \cdots\cdots\ ㉠$

$6\cos\theta\times5\tan\theta=-k \qquad \cdots\cdots\ ㉡$

㉠에서 $6\cos\theta+5\times\dfrac{\sin\theta}{\cos\theta}=0$

양변에 $\cos\theta$를 곱하면

$6\cos^2\theta+5\sin\theta=0$

$6(1-\sin^2\theta)+5\sin\theta=0$

$6\sin^2\theta-5\sin\theta-6=0$

$(3\sin\theta+2)(2\sin\theta-3)=0$

이때 $-1\leq\sin\theta\leq1$이므로 $\sin\theta=-\dfrac{2}{3}$

따라서 ㉡에서

$k=-6\cos\theta\times5\tan\theta$

$=-30\cos\theta\times\dfrac{\sin\theta}{\cos\theta}$

$=-30\sin\theta=-30\times\left(-\dfrac{2}{3}\right)$

$=20$

0525
답 ⑤

$\cos^2\theta = 1 - \sin^2\theta = 1 - \left(-\dfrac{\sqrt{5}}{3}\right)^2 = \dfrac{4}{9}$

$\pi < \theta < \dfrac{3}{2}\pi$에서 $\cos\theta < 0$이므로 $\cos\theta = -\dfrac{2}{3}$

$\therefore \tan\theta = \dfrac{\sin\theta}{\cos\theta} = \dfrac{-\dfrac{\sqrt{5}}{3}}{-\dfrac{2}{3}} = \dfrac{\sqrt{5}}{2}$

0526
답 ③

① $\dfrac{7}{6}\pi = \dfrac{7}{6} \times 180° = 210°$ (참)

② $740° = 360° \times 2 + 20°$이고 $0° < 20° < 90°$이므로 제1사분면의 각이다. (참)

③ $-460° = 360° \times (-2) + 260°$이고 $180° < 260° < 270°$이므로 제3사분면의 각이다. (거짓)

④ $\pi > 2$이므로 1라디안$= \dfrac{180°}{\pi} < \dfrac{180°}{2} = 90°$ (참)

⑤ $\dfrac{17}{4}\pi = 2\pi \times 2 + \dfrac{\pi}{4}$이므로 $\dfrac{\pi}{4}$를 나타내는 동경과 $\dfrac{17}{4}\pi$를 나타내는 동경은 일치한다. (참)

따라서 옳지 않은 것은 ③이다.

0527
답 ③

$200° = 200 \times 1° = 200 \times \dfrac{\pi}{180} = \dfrac{10}{9}\pi$

① $-\dfrac{19}{9}\pi = 2\pi \times (-2) + \dfrac{17}{9}\pi$

② $-\dfrac{11}{9}\pi = 2\pi \times (-1) + \dfrac{7}{9}\pi$

③ $-\dfrac{8}{9}\pi = 2\pi \times (-1) + \dfrac{10}{9}\pi$

④ $\dfrac{7}{9}\pi = 2\pi \times 0 + \dfrac{7}{9}\pi$

⑤ $\dfrac{23}{9}\pi = 2\pi \times 1 + \dfrac{5}{9}\pi$

따라서 200°를 나타내는 동경과 일치하는 것은 ③이다.

0528
답 ④

점 $P(3, 4)$를 직선 $y = x$에 대하여 대칭 이동한 점 Q의 좌표는 $(4, 3)$이다.

$\overline{OQ} = \sqrt{4^2 + 3^2} = 5$이므로

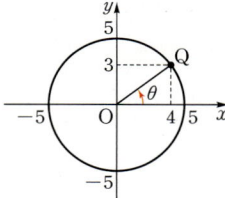

$\cos\theta = \dfrac{4}{5}$, $\sin\theta = \dfrac{3}{5}$

$\therefore \cos\theta - \sin\theta = \dfrac{4}{5} - \dfrac{3}{5} = \dfrac{1}{5}$

0529
답 ②

각 2θ를 나타내는 동경과 각 5θ를 나타내는 동경이 일치하므로

$5\theta - 2\theta = 2n\pi$ (n은 정수)

$3\theta = 2n\pi$ $\therefore \theta = \dfrac{2n}{3}\pi$ ...... ㉠

한편, $\pi < \theta < 2\pi$이므로

$\pi < \dfrac{2n}{3}\pi < 2\pi$

$\therefore \dfrac{3}{2} < n < 3$

n은 정수이므로 $n = 2$

이것을 ㉠에 대입하면

$\theta = \dfrac{4}{3}\pi$

0530
답 ①

$\dfrac{\sin\theta}{1 - \sin\theta} - \dfrac{\sin\theta}{1 + \sin\theta} = 4$에서

$\dfrac{\sin\theta(1 + \sin\theta) - \sin\theta(1 - \sin\theta)}{(1 - \sin\theta)(1 + \sin\theta)} = 4$

$\dfrac{\sin\theta + \sin^2\theta - \sin\theta + \sin^2\theta}{1 - \sin^2\theta} = 4$

$\dfrac{2\sin^2\theta}{1 - \sin^2\theta} = 4$, $\dfrac{2(1 - \cos^2\theta)}{\cos^2\theta} = 4$

$1 - \cos^2\theta = 2\cos^2\theta$, $3\cos^2\theta = 1$

$\therefore \cos^2\theta = \dfrac{1}{3}$

이때 $\dfrac{\pi}{2} < \theta < \pi$에서 $\cos\theta < 0$이므로

$\cos\theta = -\sqrt{\dfrac{1}{3}} = -\dfrac{\sqrt{3}}{3}$

0531
답 102

$\dfrac{n\pi}{12}$가 제3사분면의 각이 되려면 음이 아닌 정수 k에 대하여

$2k\pi + \pi < \dfrac{n\pi}{12} < 2k\pi + \dfrac{3}{2}\pi$

$k = 0$일 때, $\pi < \dfrac{n\pi}{12} < \dfrac{3}{2}\pi$에서 $12 < n < 18$

$k = 1$일 때, $3\pi < \dfrac{n\pi}{12} < \dfrac{7}{2}\pi$에서 $36 < n < 42$

$k = 2$일 때, $5\pi < \dfrac{n\pi}{12} < \dfrac{11}{2}\pi$에서 $60 < n < 66$

$k = 3$일 때, $7\pi < \dfrac{n\pi}{12} < \dfrac{15}{2}\pi$에서 $84 < n < 90$

$k = 4$일 때, $9\pi < \dfrac{n\pi}{12} < \dfrac{19}{2}\pi$에서 $108 < n < 114$

⋮

따라서 조건을 만족시키는 100 이하의 자연수 n의 최댓값은 89, 최솟값은 13이므로 그 합은

$89 + 13 = 102$

0532

답 ③

각 3θ를 나타내는 동경과 각 5θ를 나타내는 동경이 y축에 대하여 대칭이므로

$3\theta+5\theta=(2n+1)\pi$ (n은 정수)

$8\theta=(2n+1)\pi$ $\quad\therefore\theta=\dfrac{2n+1}{8}\pi$ $\quad\cdots\cdots$ ㉠

한편, $0<\theta<\pi$이므로 $0<\dfrac{2n+1}{8}\pi<\pi$

$0<2n+1<8$

$\therefore -\dfrac{1}{2}<n<\dfrac{7}{2}$

n은 정수이므로 $n=0,\ 1,\ 2,\ 3$

이것을 ㉠에 대입하면

$\theta=\dfrac{\pi}{8},\ \dfrac{3}{8}\pi,\ \dfrac{5}{8}\pi,\ \dfrac{7}{8}\pi$

따라서 모든 각 θ의 크기의 합은

$\dfrac{\pi}{8}+\dfrac{3}{8}\pi+\dfrac{5}{8}\pi+\dfrac{7}{8}\pi=2\pi$

0533

답 ⑤

$\dfrac{\sin\theta}{\dfrac{1}{\cos\theta}-\tan\theta}+\dfrac{\sin\theta}{\dfrac{1}{\cos\theta}+\tan\theta}$

$=\dfrac{\sin\theta}{\dfrac{1}{\cos\theta}-\dfrac{\sin\theta}{\cos\theta}}+\dfrac{\sin\theta}{\dfrac{1}{\cos\theta}+\dfrac{\sin\theta}{\cos\theta}}$

$=\dfrac{\sin\theta}{\dfrac{1-\sin\theta}{\cos\theta}}+\dfrac{\sin\theta}{\dfrac{1+\sin\theta}{\cos\theta}}$

$=\dfrac{\sin\theta\cos\theta}{1-\sin\theta}+\dfrac{\sin\theta\cos\theta}{1+\sin\theta}$

$=\dfrac{\sin\theta\cos\theta(1+\sin\theta)+\sin\theta\cos\theta(1-\sin\theta)}{(1-\sin\theta)(1+\sin\theta)}$

$=\dfrac{\sin\theta\cos\theta+\sin^2\theta\cos\theta+\sin\theta\cos\theta-\sin^2\theta\cos\theta}{1-\sin^2\theta}$

$=\dfrac{2\sin\theta\cos\theta}{\cos^2\theta}$

$=\dfrac{2\sin\theta}{\cos\theta}$

$=2\tan\theta$

0534

답 36

부채꼴의 반지름의 길이를 r, 호의 길이를 l, 넓이를 S라 하자.

부채꼴의 둘레의 길이가 24이므로

$2r+l=24$에서 $l=24-2r$

$\therefore S=\dfrac{1}{2}rl=\dfrac{1}{2}r(24-2r)$

$\qquad =-r^2+12r$

$\qquad =-(r-6)^2+36$

따라서 $r=6$일 때 S의 최댓값은 36이므로 구하는 부채꼴의 넓이는 36이다.

0535

답 ②

반지름의 길이가 8이고 중심각의 크기가 θ인 부채꼴 4개의 넓이의 합은 반지름의 길이가 8이고 중심각의 크기가 4θ인 부채꼴의 넓이와 같으므로

$\dfrac{1}{2}\times8^2\times4\theta=128\theta$

반지름의 길이가 5인 부채꼴 4개의 넓이의 합은 반지름의 길이가 5이고 중심각의 크기가 $2\pi-4\theta$인 부채꼴의 넓이와 같으므로

$\dfrac{1}{2}\times5^2\times(2\pi-4\theta)=25\pi-50\theta$

이때 도형의 넓이가 38π이므로

$128\theta+(25\pi-50\theta)=38\pi$

$78\theta=13\pi$

$\therefore \theta=\dfrac{\pi}{6}$

0536

답 ③

$\sin\theta-\cos\theta=\dfrac{1}{2}$의 양변을 제곱하면

$\sin^2\theta-2\sin\theta\cos\theta+\cos^2\theta=\dfrac{1}{4}$, $1-2\sin\theta\cos\theta=\dfrac{1}{4}$

$2\sin\theta\cos\theta=\dfrac{3}{4}$ $\quad\therefore\sin\theta\cos\theta=\dfrac{3}{8}$

$\therefore\dfrac{\sin^2\theta}{\cos\theta}-\dfrac{\cos^2\theta}{\sin\theta}$

$=\dfrac{\sin^3\theta-\cos^3\theta}{\sin\theta\cos\theta}$

$=\dfrac{(\sin\theta-\cos\theta)(\sin^2\theta+\sin\theta\cos\theta+\cos^2\theta)}{\sin\theta\cos\theta}$

$=\dfrac{\dfrac{1}{2}\times\left(1+\dfrac{3}{8}\right)}{\dfrac{3}{8}}=\dfrac{11}{6}$

0537

답 ⑤

$\sqrt{\sin\theta}\sqrt{\tan\theta}=-\sqrt{\sin\theta\tan\theta}$가 성립하므로

$\sin\theta<0$, $\tan\theta<0$

즉, 각 θ는 제4사분면의 각이므로 $0<\cos\theta<1$

따라서 $1-\cos\theta>0$, $\sin\theta-\cos\theta<0$이므로

$|1-\cos\theta|+\sqrt{\sin^2\theta}-\sqrt{(\sin\theta-\cos\theta)^2}$

$=|1-\cos\theta|+|\sin\theta|-|\sin\theta-\cos\theta|$

$=1-\cos\theta-\sin\theta-\{-(\sin\theta-\cos\theta)\}$

$=1-\cos\theta-\sin\theta+\sin\theta-\cos\theta$

$=1-2\cos\theta$

🔊 **Bible Says** 음수의 제곱근의 성질

$ab\neq0$인 실수 a, b에 대하여

(1) $\sqrt{a}\sqrt{b}=-\sqrt{ab}$이면 $a<0$, $b<0$

(2) $\dfrac{\sqrt{a}}{\sqrt{b}}=-\sqrt{\dfrac{a}{b}}$이면 $a>0$, $b<0$

0538

답 ④

$\sin\theta\cos\theta>0$, $\dfrac{\tan\theta}{\cos\theta}<0$에서

$\sin\theta<0$, $\cos\theta<0$, $\tan\theta>0$

즉, 각 θ는 제3사분면의 각이므로 정수 n에 대하여

$2n\pi+\pi<\theta<2n\pi+\dfrac{3}{2}\pi$

$n\pi+\dfrac{\pi}{2}<\dfrac{\theta}{2}<n\pi+\dfrac{3}{4}\pi$

(i) $n=2k$ (k는 정수)일 때

$2k\pi+\dfrac{\pi}{2}<\dfrac{\theta}{2}<2k\pi+\dfrac{3}{4}\pi$

즉, 각 $\dfrac{\theta}{2}$는 제2사분면의 각이다.

(ii) $n=2k+1$ (k는 정수)일 때

$(2k+1)\pi+\dfrac{\pi}{2}<\dfrac{\theta}{2}<(2k+1)\pi+\dfrac{3}{4}\pi$

$2k\pi+\dfrac{3}{2}\pi<\dfrac{\theta}{2}<2k\pi+\dfrac{7}{4}\pi$

즉, 각 $\dfrac{\theta}{2}$는 제4사분면의 각이다.

(i), (ii)에서 각 $\dfrac{\theta}{2}$를 나타내는 동경이 존재할 수 있는 사분면은
제2, 4사분면이다.

0539

답 27

오른쪽 그림과 같이 반원의 중심을 O, 점 O에서 직선 CD에 내린 수선의 발을 H라 하면 $\overline{OC}=6$, $\overline{OH}=3\sqrt{2}$이므로

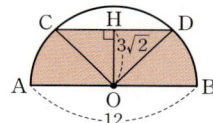

$\overline{CH}=\overline{DH}=\sqrt{6^2-(3\sqrt{2})^2}=3\sqrt{2}$

$\overline{CD}=2\overline{CH}=6\sqrt{2}$

또한 $\angle OCH=\angle ODH=\dfrac{\pi}{4}$이고, $\overline{CD}/\!/\overline{AB}$이므로

$\angle COA=\angle OCH=\dfrac{\pi}{4}$, $\angle DOB=\angle ODH=\dfrac{\pi}{4}$ (엇각)

그러므로 색칠한 부분의 넓이는

(부채꼴 AOC의 넓이)+(부채꼴 BOD의 넓이)
$\qquad\qquad$ +(삼각형 OCD의 넓이)

$=\dfrac{1}{2}\times 6^2\times\dfrac{\pi}{4}+\dfrac{1}{2}\times 6^2\times\dfrac{\pi}{4}+\dfrac{1}{2}\times 6\sqrt{2}\times 3\sqrt{2}$

$=\dfrac{9}{2}\pi+\dfrac{9}{2}\pi+18=9\pi+18$

따라서 $a=9$, $b=18$이므로 $a+b=9+18=27$

0540

답 20

부채꼴의 반지름의 길이를 r, 호의 길이를 l이라 하자.

부채꼴의 둘레의 길이가 40이므로

$2r+l=40$ $\qquad$ ······ ㉠

부채꼴의 넓이가 80이므로

$\dfrac{1}{2}rl=80$에서 $rl=160$ $\qquad$ ······ ㉡

❶

㉠에서 $l=40-2r$을 ㉡에 대입하면

$r(40-2r)=160$, $-2r^2+40r=160$

$\therefore r^2-20r+80=0$ $\qquad$ ······ ㉢

❷

이때 구하는 두 부채꼴의 반지름의 길이를 r_1, r_2라 하면 r_1, r_2는 이차방정식 ㉢의 서로 다른 두 실근이므로 이차방정식의 근과 계수의 관계에 의하여

$r_1+r_2=20$

따라서 구하는 두 부채꼴의 반지름의 길이의 합은 20이다.

❸

채점 기준	배점
❶ 부채꼴의 반지름과 호의 길이 r, l에 대한 식 세우기	30%
❷ r에 대한 이차방정식 구하기	30%
❸ 두 부채꼴의 반지름의 길이의 합 구하기	40%

0541

답 $\dfrac{\sqrt{6}}{2}$

이차방정식 $x^2-2kx+4=0$의 두 근이 $\dfrac{1}{\sin\theta}$, $\dfrac{1}{\cos\theta}$이므로 근과 계수의 관계에 의하여

$\dfrac{1}{\sin\theta}\times\dfrac{1}{\cos\theta}=4$에서

$\sin\theta\cos\theta=\dfrac{1}{4}$ $\qquad$ ······ ㉠

$\dfrac{1}{\sin\theta}+\dfrac{1}{\cos\theta}=2k$에서

$\dfrac{\sin\theta+\cos\theta}{\sin\theta\cos\theta}=2k$, $4(\sin\theta+\cos\theta)=2k$ ($\because$ ㉠)

$\therefore \sin\theta+\cos\theta=\dfrac{k}{2}$ $\qquad$ ······ ㉡

❶

㉡의 양변을 제곱하면

$\sin^2\theta+2\sin\theta\cos\theta+\cos^2\theta=\dfrac{k^2}{4}$

$1+2\times\dfrac{1}{4}=\dfrac{k^2}{4}$, $k^2=6$

이때 $0<\theta<\dfrac{\pi}{4}$에서 $\sin\theta>0$, $\cos\theta>0$이므로 ㉡에서 $k>0$이다.

$\therefore k=\sqrt{6}$

❷

$\therefore \dfrac{\cos^2\theta}{\cos\theta-\sin\theta}+\dfrac{\sin^2\theta}{\sin\theta-\cos\theta}$

$=\dfrac{\cos^2\theta-\sin^2\theta}{\cos\theta-\sin\theta}$

$=\dfrac{(\cos\theta-\sin\theta)(\cos\theta+\sin\theta)}{\cos\theta-\sin\theta}$

$=\sin\theta+\cos\theta=\dfrac{\sqrt{6}}{2}$

❸

채점 기준	배점
❶ 이차방정식의 근과 계수의 관계를 이용하여 식 세우기	30%
❷ k의 값 구하기	30%
❸ 주어진 식의 값 구하기	40%

0542 답 ②

삼각함수의 정의에 의하여 $x=\cos\theta$, $y=\sin\theta$이므로

$$\frac{y}{x}+\frac{x}{y}=\frac{\sin\theta}{\cos\theta}+\frac{\cos\theta}{\sin\theta}$$
$$=\frac{\sin^2\theta+\cos^2\theta}{\sin\theta\cos\theta}$$
$$=\frac{1}{\sin\theta\cos\theta}=-\frac{25}{12}$$

$$\therefore \sin\theta\cos\theta=-\frac{12}{25}$$

$$(\sin\theta-\cos\theta)^2=\sin^2\theta-2\sin\theta\cos\theta+\cos^2\theta$$
$$=1-2\times\left(-\frac{12}{25}\right)$$
$$=1+\frac{24}{25}=\frac{49}{25}$$

이때 $\cos\theta>0$, $\sin\theta<0$에서 $\sin\theta-\cos\theta<0$이므로

$$\sin\theta-\cos\theta=-\frac{7}{5}$$

0543 답 ③

부채꼴 OAB의 넓이는

$$S=\frac{1}{2}\times4\times\pi=2\pi$$

부채꼴 OAB의 중심각의 크기를 θ라 하면 호의 길이가 π이므로

$$\pi=4\theta \qquad \therefore \theta=\frac{\pi}{4}$$

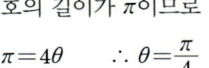

$\overline{OP}=x$라 하고, 점 P에서 선분 OA에 내린 수선의 발을 H라 하면

$$\overline{PH}=\overline{OP}\sin\frac{\pi}{4}=\frac{\sqrt{2}}{2}x$$

삼각형 OAP의 넓이는

$$T=\frac{1}{2}\times4\times\frac{\sqrt{2}}{2}x=\sqrt{2}x$$

이때 $\dfrac{S}{T}=\pi$이므로

$$\frac{2\pi}{\sqrt{2}x}=\pi \qquad \therefore x=\sqrt{2}$$
$$\therefore \overline{OP}=\sqrt{2}$$

0544 답 ②

조건 (내)에서 $x_1y_1>0$이므로 점 P는 제1사분면 또는 제3사분면 위의 점이다. ...... ㉠

$(x_1+x_2)^2+(y_1-y_2)^2=0$이므로

$x_1+x_2=0$, $y_1-y_2=0$

$\therefore x_1=-x_2$, $y_1=y_2$

즉, 두 점 P, Q는 y축에 대하여 대칭이므로

$\theta_1+\theta_2=(2n+1)\pi$ (n은 정수)

이때 조건 (가)에서 $\theta_2=2\theta_1$이므로

$\theta_1+2\theta_1=(2n+1)\pi$

$$\therefore \theta_1=\frac{2n+1}{3}\pi \qquad \cdots\cdots \text{ㄴ}$$

한편, $0<\theta_1<2\pi$이므로 $0<\dfrac{2n+1}{3}\pi<2\pi$

$0<2n+1<6$

$$\therefore -\frac{1}{2}<n<\frac{5}{2}$$

n은 정수이므로 $n=0$, 1, 2

이것을 ㄴ에 대입하면 $\theta_1=\dfrac{\pi}{3}$, π, $\dfrac{5}{3}\pi$

이때 ㉠을 만족시키려면 $\theta_1=\dfrac{\pi}{3}$

$$\therefore \theta_2=2\theta_1=2\times\frac{\pi}{3}=\frac{2}{3}\pi$$

0545 답 ①

오른쪽 그림과 같이 내접원의 중심을 P라 하면 직각삼각형 POM에서 $\angle POM=\dfrac{\pi}{6}$이므로

$\overline{OP}:\overline{PM}=2:1$

이때 $\overline{OP}+\overline{PM}=\overline{OP}+\overline{PN}=\overline{ON}=18$이므로

$\overline{OP}=12$, $\overline{PM}=6$

$\angle OPM=\dfrac{\pi}{3}$이므로

$$\overline{OM}=\overline{OP}\sin\frac{\pi}{3}=12\times\frac{\sqrt{3}}{2}=6\sqrt{3}$$

$\angle MPN=\dfrac{2}{3}\pi$

따라서 구하는 도형의 넓이는

(부채꼴 OAN의 넓이)$-$(부채꼴 PMN의 넓이)
$\qquad\qquad\qquad\qquad -$(삼각형 POM의 넓이)

$$=\frac{1}{2}\times18^2\times\frac{\pi}{6}-\frac{1}{2}\times6^2\times\frac{2}{3}\pi-\frac{1}{2}\times6\sqrt{3}\times6$$
$$=27\pi-12\pi-18\sqrt{3}$$
$$=15\pi-18\sqrt{3}$$

0546 답 80

원점을 중심으로 하고 반지름의 길이가 3인 원이 세 동경 OP, OQ, OR과 만나는 점을 각각 A, B, C라 하자. 세 점과 세 동경을 좌표평면에 나타내면 다음 그림과 같다.

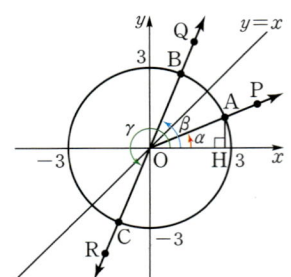

점 A에서 x축에 내린 수선의 발을 H라 하면 $\overline{OA}=3$이고

$\sin \alpha=\dfrac{1}{3}$이므로 $\overline{AH}=1$

$\overline{OH}=\sqrt{\overline{OA}^2-\overline{AH}^2}$

$\qquad =\sqrt{3^2-1^2}=2\sqrt{2}$

$\therefore \mathrm{A}(2\sqrt{2},\ 1)$

점 Q가 점 P와 직선 $y=x$에 대하여 대칭이므로 동경 OQ와 동경 OP도 직선 $y=x$에 대하여 대칭이다.

$\therefore \mathrm{B}(1,\ 2\sqrt{2})$

점 R이 점 Q와 원점에 대하여 대칭이므로 동경 OR과 동경 OQ도 원점에 대하여 대칭이다.

$\therefore \mathrm{C}(-1,\ -2\sqrt{2})$

삼각함수의 정의에 의하여

$\sin \beta=\dfrac{2\sqrt{2}}{3}$, $\tan \gamma=\dfrac{-2\sqrt{2}}{-1}=2\sqrt{2}$

이므로

$9(\sin^2 \beta+\tan^2 \gamma)=9\times\left\{\left(\dfrac{2\sqrt{2}}{3}\right)^2+(2\sqrt{2})^2\right\}$

$\qquad\qquad\qquad\qquad =9\times\left(\dfrac{8}{9}+8\right)$

$\qquad\qquad\qquad\qquad =80$

0547
답 ④

$\cos x=X$, $\sin y=Y$로 놓으면 $\cos x+\sin y=\dfrac{7\sqrt{2}}{6}$에서

$X+Y=\dfrac{7\sqrt{2}}{6}$

$\sin^2 x+\cos^2 x=1$, $\sin^2 y+\cos^2 y=1$이므로

$\sin^2 x=1-X^2$, $\cos^2 y=1-Y^2$

$\sin x\times\cos y=\dfrac{\sqrt{2}}{6}$에서

$\sin^2 x\times\cos^2 y=\dfrac{1}{18}$

$(1-X^2)(1-Y^2)=\dfrac{1}{18}$

$(XY)^2-(X^2+Y^2)+1=\dfrac{1}{18}$

이때

$X^2+Y^2=(X+Y)^2-2XY$

$\qquad\quad =\left(\dfrac{7\sqrt{2}}{6}\right)^2-2XY$

$\qquad\quad =\dfrac{49}{18}-2XY$

이므로

$(XY)^2-\dfrac{49}{18}+2XY+1=\dfrac{1}{18}$

$9(XY)^2+18XY-16=0$

$(3XY+8)(3XY-2)=0$

$-1\leq X\leq 1$, $-1\leq Y\leq 1$에서 $-1\leq XY\leq 1$이므로

$XY=\dfrac{2}{3}$

$\therefore \cos x\times\sin y=\dfrac{2}{3}$

0548
답 ⑤

오른쪽 그림과 같이 부채꼴의 중심각의 크기를 θ, 반지름의 길이를 각각 a m, b m $(b>a)$라 하면 꽃밭의 둘레의 길이가 40 m이므로

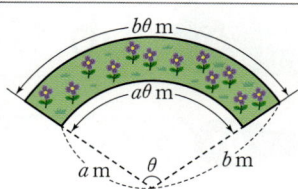

$a\theta+b\theta+2(b-a)=40$

$\therefore (a+b)\theta=40-2(b-a)$ $\qquad$ …… ㉠

꽃밭의 넓이를 S m^2라 하면

$S=\dfrac{1}{2}b^2\theta-\dfrac{1}{2}a^2\theta$

$\quad =\dfrac{1}{2}(b^2-a^2)\theta$

$\quad =\dfrac{1}{2}(b-a)(b+a)\theta$

$\quad =\dfrac{1}{2}(b-a)\{40-2(b-a)\}$ $(\because ㉠)$

$\quad =20(b-a)-(b-a)^2$

이때 $b-a=x$라 하면

$S=-x^2+20x=-(x-10)^2+100$

이므로 $x=10$일 때 S는 최댓값 100을 갖는다.

따라서 꽃밭의 최대 넓이는 100 m^2이다.

0549
답 20

각 2θ를 나타내는 동경과 각 7θ를 나타내는 동경이 이루는 각의 크기가 $\dfrac{2}{3}\pi$이므로

$7\theta-2\theta=2n\pi\pm\dfrac{2}{3}\pi$ (n은 정수)

$5\theta=\dfrac{6n\pm2}{3}\pi$ $\qquad \therefore \theta=\dfrac{6n\pm2}{15}\pi$

(i) $\theta=\dfrac{6n+2}{15}\pi$일 때

$0<\theta<4\pi$이므로

$0<\dfrac{6n+2}{15}\pi<4\pi$, $0<6n+2<60$

$\therefore -\dfrac{1}{3}<n<\dfrac{29}{3}$

n은 정수이므로 $n=0,\ 1,\ 2,\ \cdots,\ 9$

따라서 각 θ는 $\dfrac{2}{15}\pi$, $\dfrac{8}{15}\pi$, $\cdots$, $\dfrac{56}{15}\pi$의 10개이다.

(ii) $\theta=\dfrac{6n-2}{15}\pi$일 때

$0<\theta<4\pi$이므로

$0<\dfrac{6n-2}{15}\pi<4\pi$, $0<6n-2<60$

$\therefore \dfrac{1}{3}<n<\dfrac{31}{3}$

n은 정수이므로 $n=1,\ 2,\ 3,\ \cdots,\ 10$

따라서 각 θ는 $\dfrac{4}{15}\pi$, $\dfrac{10}{15}\pi$, $\cdots$, $\dfrac{58}{15}\pi$의 10개이다.

(i), (ii)에서 구하는 각 θ의 개수는

$10+10=20$

06 삼각함수의 그래프

유형 01 주기함수

0550
답 ③

모든 실수 x에 대하여 $f(x+2)=f(x)$가 성립하므로
$$f\left(\frac{51}{2}\right)=f\left(\frac{47}{2}\right)=f\left(\frac{43}{2}\right)=\cdots=f\left(\frac{3}{2}\right)=f\left(-\frac{1}{2}\right)$$
$$=\left|-\frac{1}{2}+\frac{1}{2}\right|+1=1$$

0551
답 -3

함수 $f(x)$의 주기가 4이므로
$$f(100)=f(96)=f(92)=\cdots=f(8)=f(4)$$
$$f(25)=f(21)=f(17)=\cdots=f(5)=f(1)$$
$$\therefore f(100)-f(25)=f(4)-f(1)$$
$$=-4-(-1)=-3$$

0552
답 28

함수 $f(x)$의 주기가 p이므로 모든 실수 x에 대하여
$f(x+p)=f(x)$가 성립하고, 자연수 n에 대하여
$$f(x)=f(x+np) \quad \cdots\cdots \ ㉠$$
가 성립한다.
한편, 모든 실수 x에 대하여 $f(x-5)=f(x+7)$이 성립하므로 이
식의 양변에 x 대신 $x+5$를 대입하면
$$f(x)=f(x+12) \quad \cdots\cdots \ ㉡$$

❶

㉠, ㉡에서
$$np=12 \qquad \therefore n=\frac{12}{p}$$
이때 n이 자연수이므로 자연수 p는 12의 양의 약수이어야 한다.
$$\therefore p=1, 2, 3, 4, 6, 12$$

❷

따라서 p의 값이 될 수 있는 모든 자연수의 합은
$$1+2+3+4+6+12=28$$

❸

채점 기준	배점
❶ $f(x-5)=f(x+7)$을 $f(x)=f(x+12)$로 변형하기	40%
❷ p의 값 구하기	40%
❸ p의 값의 합 구하기	20%

> 참고
>
> 함수 $f(x)$의 주기가 p이면 $f(x)=f(x+p)$가 성립하지만
> $f(x)=f(x+p)$를 만족시키는 함수 $f(x)$의 주기가 반드시 p인 것은 아
> 님에 주의해야 한다.

유형 02 $y=\sin x$, $y=\cos x$, $y=\tan x$의 그래프

0553
답 ④

① 두 함수 $f(x)=\sin x$, $g(x)=\cos x$의 치역은 $\{y|-1\leq y\leq 1\}$
로 같다. (참)
② 두 함수 $f(x)=\sin x$, $g(x)=\cos x$의 주기는 2π로 같다. (참)
④ 함수 $g(x)=\cos x$의 그래프는 직선 $x=\pi$에 대하여 대칭이고,
함수 $h(x)=\tan x$의 그래프는 점 $(\pi, 0)$에 대하여 대칭이다.
(거짓)
⑤ 함수 $h(x)=\tan x$의 주기가 π이므로 모든 실수 x에 대하여
$h(\pi+x)=h(x)$가 성립한다. 그러므로 모든 실수 x에 대하여
$h(2\pi+x)=h(x)$가 성립한다. (참)
따라서 옳지 않은 것은 ④이다.

0554
답 ⑤

① 두 함수 $y=\sin x$, $y=\cos x$의 치역은 $\{y|-1\leq y\leq 1\}$이다.
(거짓)
② 함수 $y=\cos x$의 그래프는 y축에 대하여 대칭이고, 함수
$y=\tan x$의 그래프는 원점에 대하여 대칭이다.(거짓)
③ 함수 $y=\cos x$의 그래프는 함수 $y=\sin x$의 그래프를 x축의 방
향으로 $-\frac{\pi}{2}$만큼 평행이동한 것과 같다.(거짓)
④ 함수 $y=\tan x$의 그래프의 점근선의 방정식은
$x=n\pi+\frac{\pi}{2}$ (n은 정수)이다. (거짓)
⑤ $0\leq x\leq 2\pi$에서 함수 $y=\sin x$의
그래프와 함수 $y=\cos x$의 그래프
는 오른쪽 그림과 같이 서로 다른
두 점에서 만난다. (참)

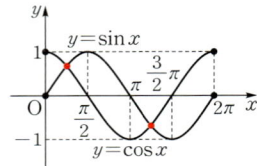

따라서 옳은 것은 ⑤이다.

0555
답 ③

$\frac{\pi}{4}<70°=\frac{7}{18}\pi<\frac{\pi}{2}$이므로 오른쪽
그림에서
$\cos 70°<\sin 70°<\tan 70°$

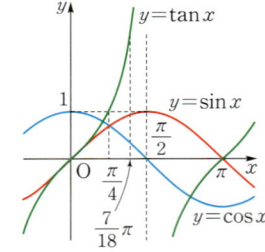

> 참고
>
> 오른쪽 그림과 같이 반지름의 길이가 1인 사분원을
> 그려 보면
> $\sin 70°=\overline{AB}$, $\cos 70°=\overline{OB}$, $\tan 70°=\overline{CD}$이고
> $\overline{OB}<\overline{AB}<\overline{CD}$이므로
> $\cos 70°<\sin 70°<\tan 70°$

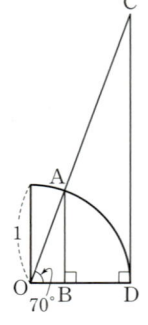

유형 03 $y=a\sin bx$, $y=a\cos bx$, $y=a\tan bx$의 그래프

0556
답 2

함수 $y=2\cos x$의 주기는 2π, 치역은 $\{y\,|\,-2\leq y\leq 2\}$이고,

함수 $y=\sin 2x$의 주기는 $\dfrac{2\pi}{2}=\pi$, 치역은 $\{y\,|\,-1\leq y\leq 1\}$이므로

$0\leq x\leq 2\pi$에서 두 함수의 그래프는 다음 그림과 같다.

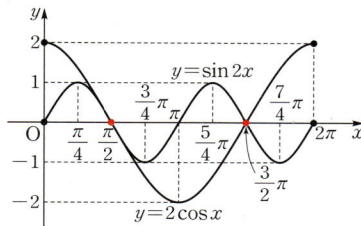

따라서 두 함수의 그래프의 교점의 개수는 2이다.

0557
답 ④

함수 $y=\tan\dfrac{x}{2}$의 그래프는 다음 그림과 같다.

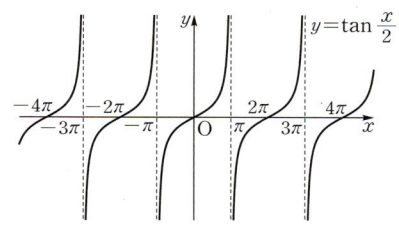

ㄱ. 치역은 실수 전체의 집합이다. (참)

ㄴ. 주기는 $\dfrac{\pi}{\frac{1}{2}}=2\pi$이다. (참)

ㄷ. 그래프는 원점에 대하여 대칭이다. (참)

ㄹ. 그래프의 점근선의 방정식은

$\quad x=2n\pi+\pi=(2n+1)\pi$ (n은 정수)이다. (거짓)

따라서 옳은 것은 ㄱ, ㄴ, ㄷ이다.

0558
답 9

함수 $y=4\sin\left(\dfrac{\pi}{2}x\right)$의 주기는 $\dfrac{2\pi}{\frac{\pi}{2}}=4$

따라서 $0\leq x\leq 2$에서 곡선

$y=4\sin\left(\dfrac{\pi}{2}x\right)$는 오른쪽 그림과 같다.

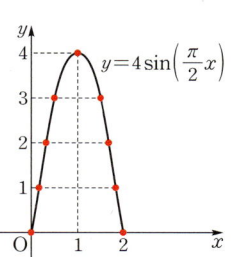

이때 곡선 $y=4\sin\left(\dfrac{\pi}{2}x\right)$ 위의 점 중

y좌표가 정수인 점은 이 곡선과 직선

$y=k$ ($k=0$, 1, 2, 3, 4)의 교점과 같으

므로 구하는 점의 개수는 9이다.

0559
답 ②

함수 $y=n\cos\dfrac{n\pi}{2}x$의 주기는 $\dfrac{2\pi}{\frac{n\pi}{2}}=\dfrac{4}{n}$

이때 주기가 n이므로

$\dfrac{4}{n}=n$, $n^2=4$ $\quad\therefore n=2$ ($\because n>0$)

치역은 $\{y\,|\,-n\leq y\leq n\}$, 즉 $\{y\,|\,-2\leq y\leq 2\}$이므로

$a=-2$, $b=2$

$\therefore b-a=2-(-2)=4$

0560
답 ②

함수 $y=5\cos 4x$의 그래프가 x축과 만나는 점 A의 좌표는

$\left(\dfrac{\pi}{8},\,0\right)\left(\because 0<a<\dfrac{\pi}{4}\right)$

함수 $y=3\sin 2x$의 그래프가 x축과 만나는 점 B의 좌표는

$\left(\dfrac{\pi}{2},\,0\right)\left(\because \dfrac{\pi}{4}<b<\pi\right)$

한편, 두 삼각형 PAB와 QAB의 넓이의 합이 최대가 되려면 밑변

의 길이가 $\overline{\mathrm{AB}}=\dfrac{\pi}{2}-\dfrac{\pi}{8}=\dfrac{3}{8}\pi$로 일정하므로 점 P의 y좌표는 5 또

는 -5이어야 하고, 점 Q의 y좌표는 3 또는 -3이어야 한다.

따라서 구하는 넓이의 합의 최댓값은

$\dfrac{1}{2}\times\dfrac{3}{8}\pi\times 5+\dfrac{1}{2}\times\dfrac{3}{8}\pi\times 3=\dfrac{15}{16}\pi+\dfrac{9}{16}\pi=\dfrac{3}{2}\pi$

유형 04 삼각함수의 그래프의 평행이동과 대칭이동

0561
답 -4

$y=6\sin\left(\pi x+\dfrac{\pi}{2}\right)+8=6\sin\pi\left(x+\dfrac{1}{2}\right)+8$이므로

함수 $y=6\sin\left(\pi x+\dfrac{\pi}{2}\right)+8$의 그래프는 $y=6\sin\pi x$의 그래프를

x축의 방향으로 $-\dfrac{1}{2}$만큼, y축의 방향으로 8만큼 평행이동한 것이

다.

따라서 $m=-\dfrac{1}{2}$, $n=8$이므로

$mn=\left(-\dfrac{1}{2}\right)\times 8=-4$

0562
답 -2

함수 $y=\cos\pi x$의 그래프를 x축의 방향으로 1만큼, y축의 방향으

로 $\dfrac{3}{2}$만큼 평행이동한 그래프의 식은

$y=\cos\pi(x-1)+\dfrac{3}{2}$

....**❶**

이 함수의 그래프를 원점에 대하여 대칭이동한 그래프의 식은

$-y=\cos\pi(-x-1)+\dfrac{3}{2}$

$\therefore y=-\cos(-\pi x-\pi)-\dfrac{3}{2}$

....**❷**

이 함수의 그래프가 점 $\left(-\dfrac{4}{3}, k\right)$를 지나므로

$k = -\cos\left(\dfrac{4}{3}\pi - \pi\right) - \dfrac{3}{2} = -\cos\dfrac{\pi}{3} - \dfrac{3}{2}$

$= -\dfrac{1}{2} - \dfrac{3}{2} = -2$

❸

채점 기준	배점
❶ 평행이동한 그래프의 식 구하기	30%
❷ 대칭이동한 그래프의 식 구하기	30%
❸ k의 값 구하기	40%

0563 답 ①

함수 $y = \sin x$의 그래프를 y축에 대하여 대칭이동한 그래프의 식은

$y = \sin(-x)$

이 함수의 그래프를 x축의 방향으로 b만큼 평행이동한 그래프의 식은

$y = \sin\{-(x-b)\}$ $\qquad \therefore y = \sin(-x+b)$

이 식이 $y = \sin(ax-2)$와 일치해야 하므로

$a = -1,\ b = -2$

$\therefore a+b = -1+(-2) = -3$

0564 답 ⑤

① $y = \sin(2x-\pi) = \sin 2\left(x-\dfrac{\pi}{2}\right)$의 그래프는 $y=\sin 2x$의 그래프를 x축의 방향으로 $\dfrac{\pi}{2}$만큼 평행이동한 것이다.

② $y = \sin 2(x-\pi)+2$의 그래프는 $y=\sin 2x$의 그래프를 x축의 방향으로 π만큼, y축의 방향으로 2만큼 평행이동한 것이다.

③ $y = -\sin(-2x)-1$의 그래프는 $y=\sin 2x$의 그래프를 원점에 대하여 대칭이동한 후, y축의 방향으로 -1만큼 평행이동한 것이다.

④ $y = -\sin(-2x+2\pi) = -\sin\{-2(x-\pi)\}$의 그래프는 $y=\sin 2x$의 그래프를 원점에 대하여 대칭이동한 후, x축의 방향으로 π만큼 평행이동한 것이다.

⑤ $y = 2\sin 2x+2$의 그래프는 $y=2\sin 2x$의 그래프를 y축의 방향으로 2만큼 평행이동한 것이다.

따라서 평행이동 또는 대칭이동하여 나머지 넷과 겹쳐질 수 없는 것은 ⑤이다.

0565 답 ④

$y = 3\tan(2x-\pi)-1 = 3\tan 2\left(x-\dfrac{\pi}{2}\right)-1$

① 치역은 실수 전체의 집합이다. (거짓)

② 주기가 $\dfrac{\pi}{2}$인 주기함수이다. (거짓)

③ 그래프는 점 $\left(\dfrac{\pi}{2}, -1\right)$을 지난다. (거짓)

⑤ 그래프는 함수 $y=3\tan 2x$의 그래프를 x축의 방향으로 $\dfrac{\pi}{2}$만큼, y축의 방향으로 -1만큼 평행이동한 것이다. (거짓)

따라서 옳은 것은 ④이다.

0566 답 4

함수 $y = 2\sin\left(x-\dfrac{\pi}{6}\right)+1$의 주기는 2π이므로 $a=2$

최댓값은 $|2|+1=3$이므로 $\alpha=3$

최솟값은 $-|2|+1=-1$이므로 $\beta=-1$

$\therefore a+\alpha+\beta = 2+3+(-1) = 4$

0567 답 ④

함수 $y = -5\cos\left(3x-\dfrac{3}{2}\pi\right)+7$의 주기는 $\dfrac{2\pi}{3}$, 최댓값은 $|-5|+7=12$, 최솟값은 $-|-5|+7=2$이므로 주기, 최댓값, 최솟값의 곱은

$\dfrac{2\pi}{3} \times 12 \times 2 = 16\pi$

0568 답 ②

$y = \tan\left(\dfrac{\pi}{2}x-\pi\right)+2$의 주기는 $\dfrac{\pi}{\frac{\pi}{2}} = 2$

① $y = -\sin\dfrac{\pi}{2}x$의 주기는 $\dfrac{2\pi}{\frac{\pi}{2}} = 4$

② $y = \sin(-\pi x+1)-2$의 주기는 $\dfrac{2\pi}{|-\pi|} = 2$

③ $y = \cos 2\pi x-1$의 주기는 $\dfrac{2\pi}{2\pi} = 1$

④ $y = \cos\left(\dfrac{\pi}{4}x-\dfrac{\pi}{2}\right)+2$의 주기는 $\dfrac{2\pi}{\frac{\pi}{4}} = 8$

⑤ $y = 2\tan\pi x+\dfrac{1}{2}$의 주기는 $\dfrac{\pi}{\pi} = 1$

따라서 주어진 함수와 주기가 같은 것은 ②이다.

0569 답 ②

ㄱ. $f(x) = 2\sin 8x$의 주기는 $\dfrac{2\pi}{8} = \dfrac{\pi}{4}$이므로 정의역의 모든 실수 x에 대하여 $f\left(x+\dfrac{\pi}{4}\right) = f(x)$, 즉

$f\left(x+\dfrac{\pi}{4}n\right) = f(x)$ (n은 정수)를 만족시킨다.

따라서 $n=2$일 때 $f\left(x+\dfrac{\pi}{2}\right) = f(x)$

ㄴ. $f(x) = 2\cos\sqrt{2}\pi x$의 주기는 $\dfrac{2\pi}{\sqrt{2}\pi} = \sqrt{2}$이므로 정의역의 모든 실수 x에 대하여 $f(x+\sqrt{2}) = f(x)$, 즉

$f(x+\sqrt{2}n) = f(x)$ (n은 정수)를 만족시킨다.

그런데 $\sqrt{2}n = \dfrac{\pi}{2}$를 만족시키는 정수 n은 존재하지 않는다.

$\therefore f\left(x+\dfrac{\pi}{2}\right) \neq f(x)$

ㄷ. $f(x)=\dfrac{1}{2}\tan\left(\dfrac{x}{3}-\pi\right)$의 주기는 $\dfrac{\pi}{\frac{1}{3}}=3\pi$이므로 정의역의 모든 실수 x에 대하여 $f(x+3\pi)=f(x)$, 즉 $f(x+3n\pi)=f(x)$ (n은 정수)를 만족시킨다.

그런데 $3n\pi=\dfrac{\pi}{2}$를 만족시키는 정수 n은 존재하지 않는다.

$\therefore f\left(x+\dfrac{\pi}{2}\right)\neq f(x)$

ㄹ. $f(x)=\sqrt{2}\tan 2x$의 주기는 $\dfrac{\pi}{2}$이므로 정의역의 모든 실수 x에 대하여 $f\left(x+\dfrac{\pi}{2}\right)=f(x)$를 만족시킨다.

따라서 정의역의 모든 실수 x에 대하여 $f\left(x+\dfrac{\pi}{2}\right)=f(x)$를 만족시키는 것은 ㄱ, ㄹ이다.

유형 06 **삼각함수의 미정계수의 결정 – 조건이 주어진 경우**

0570

답 ②

함수 $f(x)=a\cos\left(bx-\dfrac{\pi}{3}\right)+c$의 주기가 2π이고 $b>0$이므로

$\dfrac{2\pi}{b}=2\pi \qquad \therefore b=1$

즉, 함수 $f(x)=a\cos\left(x-\dfrac{\pi}{3}\right)+c$의 최댓값이 5이고 $a>0$이므로

$a+c=5 \qquad \cdots\cdots \ \ominus$

$f\left(\dfrac{2}{3}\pi\right)=3$이므로 $a\cos\dfrac{\pi}{3}+c=3$

$\therefore \dfrac{a}{2}+c=3 \qquad \cdots\cdots \ \bigcirc\!\!\!\bigcirc$

$\ominus$, $\bigcirc\!\!\!\bigcirc$을 연립하여 풀면 $a=4$, $c=1$

$\therefore a+b-c=4+1-1=4$

0571

답 5

함수 $y=3\sin ax+b$의 주기가 $\dfrac{\pi}{2}$이고 $a>0$이므로

$\dfrac{2\pi}{a}=\dfrac{\pi}{2} \qquad \therefore a=4$

즉, 함수 $y=3\sin 4x+b$의 최댓값이 5이므로

$3+b=5 \qquad \therefore b=2$

따라서 $y=3\sin 4x+2$이므로 최솟값은

$-3+2=-1 \qquad \therefore m=-1$

$\therefore a+b+m=4+2+(-1)=5$

0572

답 ①

함수 $y=\tan(ax+b)$의 주기가 2π이고 $a>0$이므로

$\dfrac{\pi}{a}=2\pi \qquad \therefore a=\dfrac{1}{2}$

즉, $y=\tan\left(\dfrac{x}{2}+b\right)$이고 점근선의 방정식은

$\dfrac{x}{2}+b=n\pi+\dfrac{\pi}{2}$ (n은 정수)에서 $x=2n\pi+\pi-2b$이므로

$\pi-2b=\dfrac{\pi}{2}$ ($\because 0<b<\pi$) $\qquad \therefore b=\dfrac{\pi}{4}$

$\therefore ab=\dfrac{1}{2}\times\dfrac{\pi}{4}=\dfrac{\pi}{8}$

0573

답 3π

조건 ㈎에서 함수 $f(x)=a\tan(bx+c)+d$의 주기가 $\dfrac{\pi}{2}$이고 $b>0$이므로

$\dfrac{\pi}{b}=\dfrac{\pi}{2} \qquad \therefore b=2$

❶

조건 ㈏에서 $y=a\tan bx$의 그래프를 x축의 방향으로 $\dfrac{\pi}{4}$만큼, y축의 방향으로 -1만큼 평행이동한 그래프의 식은

$y=a\tan b\left(x-\dfrac{\pi}{4}\right)-1=a\tan\left(2x-\dfrac{\pi}{2}\right)-1$

$\therefore c=-\dfrac{\pi}{2}$, $d=-1$

❷

조건 ㈐에서 $f\left(\dfrac{\pi}{3}\right)=\sqrt{3}-1$이므로

$a\tan\left(\dfrac{2}{3}\pi-\dfrac{\pi}{2}\right)-1=\sqrt{3}-1$

$a\tan\dfrac{\pi}{6}=\sqrt{3}$, $\dfrac{\sqrt{3}}{3}a=\sqrt{3} \qquad \therefore a=3$

❸

$\therefore abcd=3\times 2\times\left(-\dfrac{\pi}{2}\right)\times(-1)=3\pi$

❹

채점 기준	배점
❶ b의 값 구하기	30%
❷ c, d의 값 구하기	30%
❸ a의 값 구하기	30%
❹ $abcd$의 값 구하기	10%

0574

답 ⑤

조건 ㈏에서 $f(x)$의 최댓값이 2이고, 조건 ㈎에서 $y=f(x)$의 그래프는 y축에 대하여 대칭이므로 $y=f(x)$의 그래프는 [그림 1] 또는 [그림 2]와 같아야 한다.

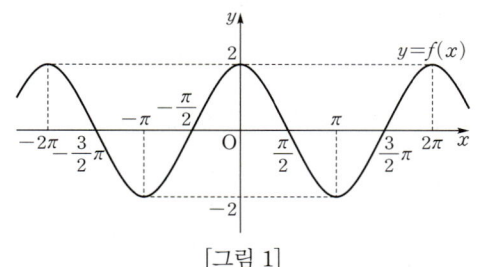

[그림 1]

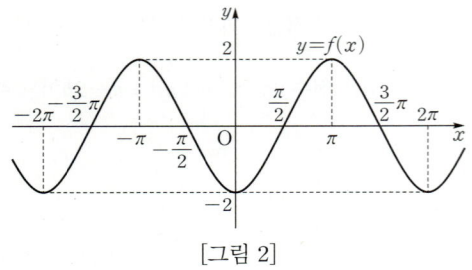

[그림 2]

그런데 $\dfrac{3}{2}\pi < \dfrac{7}{4}\pi < 2\pi$이므로 조건 (나)에서 $f\left(\dfrac{7}{4}\pi\right) > 0$을 만족시키는 그래프는 [그림 1]이다.

따라서 $f(x) = 2\sin\left(x + \dfrac{\pi}{2}\right)$이므로

$a = 2$, $b = \dfrac{\pi}{2}$ $(\because 0 < b < \pi)$

$\therefore f(ab) = f(\pi) = 2\sin\dfrac{3}{2}\pi = 2 \times (-1) = -2$

유형 07 삼각함수의 미정계수의 결정 – 그래프가 주어진 경우

0575
답 ⑤

주어진 그래프에서 주기가 $\dfrac{5}{8}\pi - \left(-\dfrac{3}{8}\pi\right) = \pi$이고 $b > 0$이므로

$\dfrac{2\pi}{b} = \pi$ $\therefore b = 2$

최댓값 4, 최솟값이 -2이고 $a > 0$이므로

$a + c = 4$, $-a + c = -2$

위의 두 식을 연립하여 풀면

$a = 3$, $c = 1$

따라서 $f(x) = 3\cos\left(2x - \dfrac{\pi}{4}\right) + 1$이므로

$f\left(\dfrac{9}{8}\pi\right) = 3\cos\left(\dfrac{9}{4}\pi - \dfrac{\pi}{4}\right) + 1$

$= 3\cos 2\pi + 1$

$= 3 \times 1 + 1 = 4$

0576
답 ③

주어진 그래프에서 주기가 $8 - 2 = 6$이고 $b > 0$이므로

$\dfrac{\pi}{b} = 6$ $\therefore b = \dfrac{1}{6}$

즉, 함수 $y = a\tan\dfrac{\pi}{6}x$의 그래프가 점 $(2, 3)$을 지나므로

$3 = a\tan\dfrac{\pi}{3}$, $\sqrt{3}a = 3$ $\therefore a = \sqrt{3}$

$\therefore a^2 \times b = (\sqrt{3})^2 \times \dfrac{1}{6} = \dfrac{1}{2}$

0577
답 ④

주어진 그래프에서 주기가 $\dfrac{5}{4}\pi - \dfrac{\pi}{4} = \pi$이고 $b > 0$이므로

$\dfrac{2\pi}{b} = \pi$ $\therefore b = 2$

최댓값 2, 최솟값이 -4이고 $a > 0$이므로

$a + c = 2$, $-a + c = -4$

위의 두 식을 연립하여 풀면 $a = 3$, $c = -1$

$\therefore 2a + b + c = 2 \times 3 + 2 + (-1) = 7$

0578
답 ③

주어진 그래프에서 주기가 $\dfrac{5}{4}\pi - \left(-\dfrac{\pi}{4}\right) = \dfrac{3}{2}\pi$이고 $a > 0$이므로

$\dfrac{\pi}{a} = \dfrac{3}{2}\pi$ $\therefore a = \dfrac{2}{3}$

즉, $y = \tan\left(\dfrac{2}{3}x + b\right)$의 그래프가 점 $(-\pi, 0)$을 지나므로

$\tan\left(-\dfrac{2}{3}\pi + b\right) = 0$

이때 $0 < b < \pi$에서 $-\dfrac{2}{3}\pi < -\dfrac{2}{3}\pi + b < \dfrac{\pi}{3}$이므로

$-\dfrac{2}{3}\pi + b = 0$ $\therefore b = \dfrac{2}{3}\pi$

$\therefore ab = \dfrac{2}{3} \times \dfrac{2}{3}\pi = \dfrac{4}{9}\pi$

0579
답 -4π

주어진 그래프에서 주기가 $6\pi - 0 = 6\pi$이고 $b > 0$이므로

$\dfrac{2\pi}{b} = 6\pi$ $\therefore b = \dfrac{1}{3}$

최댓값 6, 최솟값이 2이고 $a > 0$이므로

$a + d = 6$, $-a + d = 2$

위의 두 식을 연립하여 풀면 $a = 2$, $d = 4$

❶

즉, $y = 2\sin\dfrac{1}{3}(x - c) + 4$의 그래프가 점 $(0, 6)$을 지나므로

$2\sin\left(-\dfrac{c}{3}\right) + 4 = 6$

$\sin\left(-\dfrac{c}{3}\right) = 1$

이때 $-2\pi \le c \le 0$에서 $0 \le -\dfrac{c}{3} \le \dfrac{2}{3}\pi$이므로

$-\dfrac{c}{3} = \dfrac{\pi}{2}$ $\therefore c = -\dfrac{3}{2}\pi$

❷

$\therefore abcd = 2 \times \dfrac{1}{3} \times \left(-\dfrac{3}{2}\pi\right) \times 4 = -4\pi$

❸

채점 기준	배점
❶ a, b, d의 값 구하기	40%
❷ c의 값 구하기	40%
❸ $abcd$의 값 구하기	20%

유형 08 절댓값 기호가 포함된 삼각함수

0580
답 ③

ㄱ. $y=-\sin|2x|$의 그래프는 $y=-\sin 2x$의 그래프에서 $x\geq0$인 부분을 그린 후, $x<0$인 부분은 $x\geq0$인 부분을 y축에 대하여 대칭이동하여 그린 것으로 다음 그림과 같다.

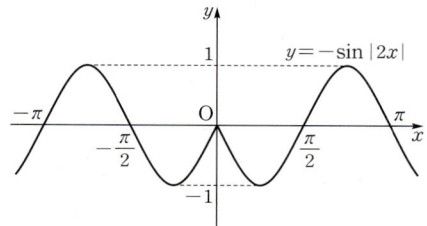

즉, 함수 $y=-\sin|2x|$는 주기함수가 아니다.

ㄴ. 함수 $y=\cos\dfrac{x}{2}$의 주기는 $\dfrac{2\pi}{\frac{1}{2}}=4\pi$이다.

ㄷ. 함수 $y=2\tan x$의 주기는 π이다.

ㄹ. $y=|\cos x|$의 그래프는 $y=\cos x$의 그래프에서 $y\geq0$인 부분은 그대로 두고, $y<0$인 부분을 x축에 대하여 대칭이동하여 그린 것으로 다음 그림과 같다.

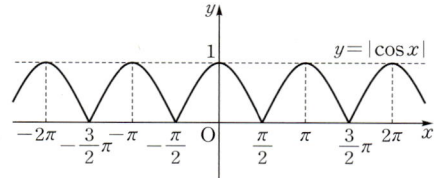

즉, 함수 $y=|\cos x|$의 주기는 π이다.

ㅁ. 함수 $y=\tan\pi x$의 주기는 $\dfrac{\pi}{\pi}=1$이다.

ㅂ. $y=\dfrac{1}{2}\cos 2x$의 그래프는 y축에 대하여 대칭이므로

$y=\dfrac{1}{2}\cos|2x|$의 그래프는 $y=\dfrac{1}{2}\cos 2x$의 그래프와 일치한다.

즉, 함수 $y=\dfrac{1}{2}\cos|2x|$의 주기는 $\dfrac{2\pi}{2}=\pi$이다.

따라서 주기가 π인 주기함수는 ㄷ, ㄹ, ㅂ의 3개이다.

0581
답 ③

함수 $y=f(x)$의 그래프는 다음 그림과 같다.

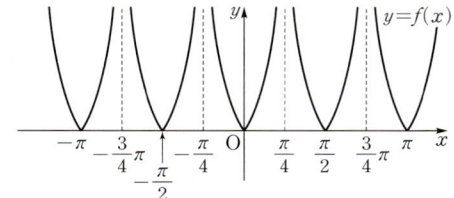

ㄱ. 주기가 $\dfrac{\pi}{2}$인 주기함수이다. (참)

ㄴ. 그래프가 y축에 대하여 대칭이므로 $f(-x)=f(x)$이다. (참)

ㄷ. 점근선은 직선 $x=\dfrac{n}{2}\pi+\dfrac{\pi}{4}$ (n은 정수)이다. (거짓)

따라서 옳은 것은 ㄱ, ㄴ이다.

0582
답 ②

함수 $g(x)=|\sin 3x|$의 그래프는 다음 그림과 같다.

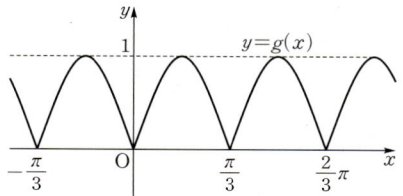

즉, 함수 $g(x)$의 주기는 $\dfrac{\pi}{3}$이다.

한편, 함수 $f(x)=\cos(ax)+1$에서 $a>0$이므로 주기는 $\dfrac{2\pi}{a}$

이때 두 함수의 주기가 서로 같으므로

$\dfrac{\pi}{3}=\dfrac{2\pi}{a}$ ∴ $a=6$

0583
답 16

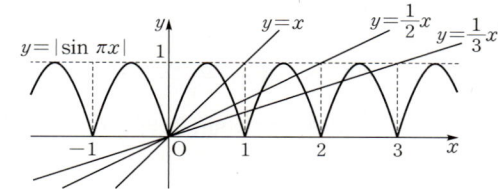

(ⅰ) $i=1$, $j=1$일 때
곡선 $y=|\sin\pi x|$와 직선 $y=x$의 교점의 개수는 2이므로
$a_{11}=2$

(ⅱ) $i=1$, $j=2$ 또는 $i=2$, $j=1$일 때
곡선 $y=|\sin\pi x|$와 직선 $y=\dfrac{1}{2}x$의 교점의 개수는 4이므로
$a_{12}=a_{21}=4$

(ⅲ) $i=2$, $j=2$일 때
곡선 $y=|\sin\pi x|$와 직선 $y=\dfrac{1}{3}x$의 교점의 개수는 6이므로
$a_{22}=6$

(ⅰ)~(ⅲ)에서 $A=\begin{pmatrix}2&4\\4&6\end{pmatrix}$

따라서 행렬 A의 모든 성분의 합은
$2+4+4+6=16$

유형 09 삼각함수의 그래프의 대칭성

0584
답 ③

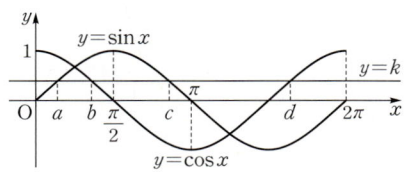

함수 $y=\sin x$의 그래프에서 두 점 (a,k), (c,k)는 직선 $x=\dfrac{\pi}{2}$

에 대하여 대칭이므로

$$\frac{a+c}{2}=\frac{\pi}{2} \qquad \therefore a+c=\pi$$

함수 $y=\cos x$의 그래프에서 두 점 (b, k), (d, k)는 직선 $x=\pi$에 대하여 대칭이므로

$$\frac{b+d}{2}=\pi \qquad \therefore b+d=2\pi$$

$$\therefore a+b+c+d=\pi+2\pi=3\pi$$

0585

답 $\dfrac{\sqrt{2}}{2}$

함수 $y=\cos 2x$의 그래프에서 두 점 $\left(\alpha, -\dfrac{1}{3}\right)$, $\left(\beta, -\dfrac{1}{3}\right)$은 직선 $x=\dfrac{\pi}{2}$에 대하여 대칭이므로

$$\frac{\alpha+\beta}{2}=\frac{\pi}{2} \qquad \therefore \alpha+\beta=\pi$$

$$\therefore \sin\frac{\alpha+\beta}{4}=\sin\frac{\pi}{4}=\frac{\sqrt{2}}{2}$$

0586

답 5

함수 $y=3\sin 2x$의 최댓값과 최솟값은 각각 3, -3이고, 주기는 $\dfrac{2\pi}{2}=\pi$이므로 $0\le x<2\pi$에서 $y=3\sin 2x$의 그래프는 다음 그림과 같다.

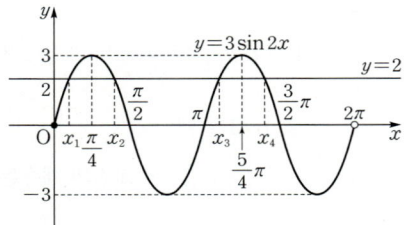

두 점 $(x_1, 2)$, $(x_2, 2)$는 직선 $x=\dfrac{\pi}{4}$에 대하여 대칭이므로

$$\frac{x_1+x_2}{2}=\frac{\pi}{4} \qquad \therefore x_1+x_2=\frac{\pi}{2}$$

두 점 $(x_3, 2)$, $(x_4, 2)$는 직선 $x=\dfrac{5}{4}\pi$에 대하여 대칭이므로

$$\frac{x_3+x_4}{2}=\frac{5}{4}\pi \qquad \therefore x_3+x_4=\frac{5}{2}\pi$$

$$\therefore \frac{x_3+x_4}{x_1+x_2}=\frac{\frac{5}{2}\pi}{\frac{\pi}{2}}=5$$

0587

답 ①

$f(x)=\sin x$의 그래프에서 두 점 $\left(\alpha, \dfrac{2}{3}\right)$, $\left(\beta, \dfrac{2}{3}\right)$는 직선 $x=\dfrac{\pi}{2}$에 대하여 대칭이므로

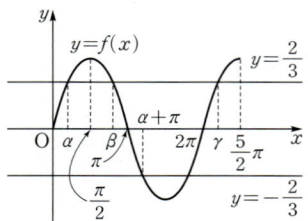

$$\frac{\alpha+\beta}{2}=\frac{\pi}{2} \qquad \therefore \alpha+\beta=\pi$$

함수 $f(x)=\sin x$의 주기는 2π이므로

$$\gamma=\alpha+2\pi$$

$$\therefore \alpha+\beta+\gamma=\pi+\alpha+2\pi=\alpha+3\pi$$

$$\therefore f(\alpha+\beta+\gamma)=f(\alpha+3\pi)$$
$$=f(\alpha+\pi) \ (\because f(x)\text{의 주기가 } 2\pi)$$
$$=-\frac{2}{3}$$

유형 10 삼각함수의 그래프에서의 넓이

0588

답 ③

함수 $y=\tan x+4$의 그래프는 $y=\tan x$의 그래프를 y축의 방향으로 4만큼 평행이동한 것이다.

오른쪽 그림에서 빗금 친 두 부분의 넓이가 같으므로 두 함수 $y=\tan x$, $y=\tan x+4$의 그래프와 y축 및 직선 $x=\dfrac{\pi}{4}$로 둘러싸인 부분의 넓이는 가로의

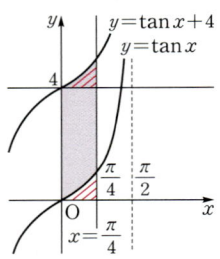

길이가 $\dfrac{\pi}{4}$, 세로의 길이가 4인 직사각형의 넓이와 같다.

따라서 구하는 넓이는 $\dfrac{\pi}{4}\times 4=\pi$

0589

답 ④

함수 $y=2\cos\dfrac{\pi}{4}x$의 주기가 $\dfrac{2\pi}{\frac{\pi}{4}}=8$이므로 그래프는 점 $(-2, 0)$, $(2, 0)$에 대하여 대칭이다.

오른쪽 그림에서 빗금 친 부분의 넓이가 같으므로 곡선

$y=2\cos\dfrac{\pi}{4}x \ (-4\le x\le 4)$와 직선

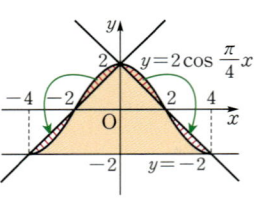

$y=-2$로 둘러싸인 부분의 넓이는 밑변의 길이가 8, 높이가 4인 삼각형의 넓이와 같다.

따라서 구하는 넓이는 $\dfrac{1}{2}\times 8\times 4=16$

0590

답 ③

$f(x)=2\sin\dfrac{\pi}{6}x$라 하면 함수 $f(x)$의 주기가 $\dfrac{2\pi}{\frac{\pi}{6}}=12$이므로

$y=f(x)$의 그래프는 직선 $x=3$에 대하여 대칭이다.

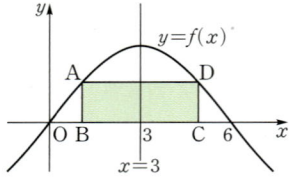

이때 $\overline{BC}=4$이므로 점 B의 x좌표가 1이다.

즉, $A(1, f(1))$이고 $f(1)=2\sin\dfrac{\pi}{6}=2\times\dfrac{1}{2}=1$이므로

$\overline{AB}=1$

따라서 직사각형 ABCD의 넓이는 $4\times1=4$

유형 11 여러 가지 각의 삼각함수

확인 문제
(1) $-\dfrac{\sqrt{3}}{2}$ (2) $\dfrac{\sqrt{2}}{2}$ (3) $-\dfrac{\sqrt{3}}{3}$ (4) $\dfrac{1}{2}$ (5) $-\dfrac{\sqrt{3}}{2}$

(6) -1 (7) $\dfrac{\sqrt{2}}{2}$ (8) $\dfrac{\sqrt{3}}{2}$ (9) $-\dfrac{\sqrt{3}}{3}$

(1) $\sin\left(-\dfrac{\pi}{3}\right)=-\sin\dfrac{\pi}{3}=-\dfrac{\sqrt{3}}{2}$

(2) $\cos\left(-\dfrac{\pi}{4}\right)=\cos\dfrac{\pi}{4}=\dfrac{\sqrt{2}}{2}$

(3) $\tan\left(-\dfrac{\pi}{6}\right)=-\tan\dfrac{\pi}{6}=-\dfrac{\sqrt{3}}{3}$

(4) $\sin\left(\pi-\dfrac{\pi}{6}\right)=\sin\dfrac{\pi}{6}=\dfrac{1}{2}$

(5) $\cos\left(\pi+\dfrac{\pi}{6}\right)=-\cos\dfrac{\pi}{6}=-\dfrac{\sqrt{3}}{2}$

(6) $\tan\left(\pi-\dfrac{\pi}{4}\right)=-\tan\dfrac{\pi}{4}=-1$

(7) $\sin\left(\dfrac{\pi}{2}+\dfrac{\pi}{4}\right)=\cos\dfrac{\pi}{4}=\dfrac{\sqrt{2}}{2}$

(8) $\cos\left(\dfrac{\pi}{2}-\dfrac{\pi}{3}\right)=\sin\dfrac{\pi}{3}=\dfrac{\sqrt{3}}{2}$

(9) $\tan\left(\dfrac{\pi}{2}+\dfrac{\pi}{3}\right)=-\dfrac{1}{\tan\dfrac{\pi}{3}}=-\dfrac{\sqrt{3}}{3}$

0591   답 ⑤

$\dfrac{\sin\left(\dfrac{3}{2}\pi+\theta\right)}{1+\sin(\pi+\theta)}\times\dfrac{\cos(\pi-\theta)}{1+\cos\left(\dfrac{\pi}{2}-\theta\right)}$

$=\dfrac{-\cos\theta}{1-\sin\theta}\times\dfrac{-\cos\theta}{1+\sin\theta}=\dfrac{\cos^2\theta}{1-\sin^2\theta}$

$=\dfrac{\cos^2\theta}{\cos^2\theta}=1$

0592   답 ①

$\sin^2(-\theta)+\sin^2\left(\dfrac{\pi}{2}+\theta\right)+\sin^2\left(\dfrac{\pi}{2}-\theta\right)+\sin^2(\pi-\theta)$

$=\sin^2\theta+\cos^2\theta+\cos^2\theta+\sin^2\theta$

$=2(\sin^2\theta+\cos^2\theta)$

$=2$

0593   답 ③

$\sin\dfrac{2}{3}\pi=\sin\left(\pi-\dfrac{\pi}{3}\right)=\sin\dfrac{\pi}{3}=\dfrac{\sqrt{3}}{2}$

$\cos\left(-\dfrac{7}{3}\pi\right)=\cos\dfrac{7}{3}\pi=\cos\left(2\pi+\dfrac{\pi}{3}\right)=\cos\dfrac{\pi}{3}=\dfrac{1}{2}$

$\tan\left(-\dfrac{\pi}{3}\right)=-\tan\dfrac{\pi}{3}=-\sqrt{3}$

$\cos4\pi=\cos0=1$

$\therefore\left\{\sin\dfrac{2}{3}\pi+\cos\left(-\dfrac{7}{3}\pi\right)\right\}\times\left\{\tan\left(-\dfrac{\pi}{3}\right)+\cos4\pi\right\}$

$=\left(\dfrac{\sqrt{3}}{2}+\dfrac{1}{2}\right)\times(-\sqrt{3}+1)=\dfrac{(1+\sqrt{3})(1-\sqrt{3})}{2}$

$=\dfrac{1-3}{2}=-1$

0594   답 ④

$\sin\left(\dfrac{\pi}{2}-\theta\right)-\cos(\pi+\theta)=\cos\theta-(-\cos\theta)=2\cos\theta$

$0<\theta<\dfrac{\pi}{2}$인 θ에 대하여 $\sin\theta=\dfrac{4}{5}$이므로

$\cos\theta=\sqrt{1-\sin^2\theta}=\sqrt{1-\left(\dfrac{4}{5}\right)^2}=\dfrac{3}{5}$

$\therefore\sin\left(\dfrac{\pi}{2}-\theta\right)-\cos(\pi+\theta)=2\cos\theta=2\times\dfrac{3}{5}=\dfrac{6}{5}$

0595   답 1

$\theta-\dfrac{\pi}{6}=A$라 하면 $\theta=A+\dfrac{\pi}{6}$이므로

$\theta+\dfrac{\pi}{3}=A+\dfrac{\pi}{6}+\dfrac{\pi}{3}=\dfrac{\pi}{2}+A$

$\therefore\cos^2\left(\theta-\dfrac{\pi}{6}\right)+\cos^2\left(\theta+\dfrac{\pi}{3}\right)=\cos^2A+\cos^2\left(\dfrac{\pi}{2}+A\right)$

$\qquad\qquad\qquad\qquad\qquad\qquad=\cos^2A+\sin^2A=1$

0596   답 ④

$A=\sin\dfrac{3}{5}\pi=\sin\left(\pi-\dfrac{2}{5}\pi\right)=\sin\dfrac{2}{5}\pi$

$B=\tan\dfrac{7}{5}\pi=\tan\left(\pi+\dfrac{2}{5}\pi\right)=\tan\dfrac{2}{5}\pi$

$C=\cos\dfrac{8}{5}\pi=\cos\left(2\pi-\dfrac{2}{5}\pi\right)=\cos\left(-\dfrac{2}{5}\pi\right)=\cos\dfrac{2}{5}\pi$

이때 $\dfrac{\pi}{4}<\dfrac{2}{5}\pi<\dfrac{\pi}{2}$이므로 $\cos\dfrac{2}{5}\pi<\sin\dfrac{2}{5}\pi<\tan\dfrac{2}{5}\pi$

$\therefore C<A<B$

0597   답 -3

직선 $y=ax+2$가 x축의 양의 방향과 이루는 각의 크기가 θ이므로

$\tan\theta=a$ ...... ㉠

❶

한편, $\dfrac{\sin(\pi-\theta)}{1-\cos(\pi+\theta)}+\dfrac{\cos\left(\dfrac{\pi}{2}+\theta\right)}{1+\sin\left(\dfrac{3}{2}\pi-\theta\right)}=\dfrac{2}{3}$에서

$$\frac{\sin\theta}{1+\cos\theta}+\frac{-\sin\theta}{1-\cos\theta}=\frac{2}{3}$$

$$\frac{\sin\theta(1-\cos\theta)-\sin\theta(1+\cos\theta)}{1-\cos^2\theta}=\frac{2}{3}$$

$$\frac{-2\sin\theta\cos\theta}{\sin^2\theta}=\frac{2}{3}$$

$$-\frac{2\cos\theta}{\sin\theta}=\frac{2}{3}, \ -\frac{2}{\tan\theta}=\frac{2}{3}$$

.... ❷

$$-\frac{2}{a}=\frac{2}{3} \ (\because \text{㉠})$$

$$\therefore a=-3$$

.... ❸

채점 기준	배점
❶ $\tan\theta=a$임을 알기	20%
❷ 주어진 식을 간단히 정리하기	60%
❸ a의 값 구하기	20%

유형 12 여러 가지 각의 삼각함수 – 일정하게 증가하는 각

0598 답 ④

$$\sin 1°=\sin(90°-89°)=\cos 89°$$
$$\sin 3°=\sin(90°-87°)=\cos 87°$$
$$\vdots$$
$$\sin 89°=\sin(90°-1°)=\cos 1°$$
이때
$$\sin^2 1°+\sin^2 3°+\cdots+\sin^2 87°+\sin^2 89°=A \quad \cdots\cdots \text{㉠}$$
라 하면
$$\cos^2 89°+\cos^2 87°+\cdots+\cos^2 3°+\cos^2 1°=A \quad \cdots\cdots \text{㉡}$$
㉠+㉡을 하면
$$2A=(\sin^2 1°+\cos^2 1°)+(\sin^2 3°+\cos^2 3°)$$
$$+\cdots+(\sin^2 87°+\cos^2 87°)+(\sin^2 89°+\cos^2 89°)$$
$$=\underbrace{1+1+\cdots+1+1}_{45\text{개}}=45$$

$$\therefore A=\frac{45}{2}$$

$$\therefore \sin^2 1°+\sin^2 3°+\sin^2 5°+\cdots+\sin^2 87°+\sin^2 89°=\frac{45}{2}$$

0599 답 ③

$$\sin 6\theta=\sin(5\theta+\theta)=\sin(\pi+\theta)=-\sin\theta$$
$$\sin 7\theta=\sin(5\theta+2\theta)=\sin(\pi+2\theta)=-\sin 2\theta$$
$$\vdots$$
$$\sin 10\theta=\sin(5\theta+5\theta)=\sin(\pi+5\theta)=-\sin 5\theta$$
$$\therefore \sin\theta+\sin 2\theta+\sin 3\theta+\cdots+\sin 10\theta$$
$$=\sin\theta+\sin 2\theta+\cdots+\sin 5\theta-(\sin\theta+\sin 2\theta+\cdots+\sin 5\theta)$$
$$=0$$

0600 답 1

$$\tan 1°=\tan(90°-89°)=\frac{1}{\tan 89°}$$
$$\tan 2°=\tan(90°-88°)=\frac{1}{\tan 88°}$$
$$\vdots$$
$$\tan 44°=\tan(90°-46°)=\frac{1}{\tan 46°}$$

.... ❶

$$\therefore \tan 1°\times\tan 2°\times\cdots\times\tan 88°\times\tan 89°$$
$$=\tan 1°\times\tan 2°\times\cdots\times\tan 44°\times\tan 45°$$
$$\times\tan 46°\times\cdots\times\tan 88°\times\tan 89°$$
$$=\frac{1}{\tan 89°}\times\frac{1}{\tan 88°}\times\cdots\times\frac{1}{\tan 46°}\times\tan 45°$$
$$\times\tan 46°\times\cdots\times\tan 88°\times\tan 89°$$
$$=\tan 45°=1$$

.... ❷

채점 기준	배점
❶ $\tan$ 사이의 관계 이해하기	40%
❷ 주어진 식의 값 구하기	60%

0601 답 ①

$$\sin 88°=\sin(90°-2°)=\cos 2°$$
$$\sin 86°=\sin(90°-4°)=\cos 4°$$
$$\vdots$$
$$\sin 40°=\sin(90°-50°)=\cos 50°$$
$$\therefore A-B=(\tan^2 2°+\tan^2 4°+\cdots+\tan^2 48°+\tan^2 50°)$$
$$-\left(\frac{1}{\sin^2 88°}+\frac{1}{\sin^2 86°}+\cdots+\frac{1}{\sin^2 42°}+\frac{1}{\sin^2 40°}\right)$$
$$=\left(\frac{\sin^2 2°}{\cos^2 2°}+\frac{\sin^2 4°}{\cos^2 4°}+\cdots+\frac{\sin^2 48°}{\cos^2 48°}+\frac{\sin^2 50°}{\cos^2 50°}\right)$$
$$-\left(\frac{1}{\cos^2 2°}+\frac{1}{\cos^2 4°}+\cdots+\frac{1}{\cos^2 48°}+\frac{1}{\cos^2 50°}\right)$$
$$=\frac{\sin^2 2°-1}{\cos^2 2°}+\frac{\sin^2 4°-1}{\cos^2 4°}$$
$$+\cdots+\frac{\sin^2 48°-1}{\cos^2 48°}+\frac{\sin^2 50°-1}{\cos^2 50°}$$
$$=\frac{-\cos^2 2°}{\cos^2 2°}+\frac{-\cos^2 4°}{\cos^2 4°}$$
$$+\cdots+\frac{-\cos^2 48°}{\cos^2 48°}+\frac{-\cos^2 50°}{\cos^2 50°}$$
$$=\underbrace{(-1)+(-1)+\cdots+(-1)+(-1)}_{25\text{개}}=-25$$

0602 답 ⑤

$\angle POP_1=\angle P_1OP_2=\cdots=\angle P_8OP_9=\angle P_9OQ=\theta$이므로
$$\angle POQ=10\theta=\frac{\pi}{2}$$

이때

$\sin\theta = \sin(10\theta - 9\theta) = \sin\left(\dfrac{\pi}{2} - 9\theta\right) = \cos 9\theta$

$\sin 2\theta = \sin(10\theta - 8\theta) = \sin\left(\dfrac{\pi}{2} - 8\theta\right) = \cos 8\theta$

$\vdots$

$\sin 9\theta = \sin(10\theta - \theta) = \sin\left(\dfrac{\pi}{2} - \theta\right) = \cos\theta$

$\sin 10\theta = \sin\dfrac{\pi}{2} = 1$

이므로

$\sin^2\theta + \sin^2 2\theta + \cdots + \sin^2 9\theta + \sin^2 10\theta = A$ ······ ㉠

라 하면

$\cos^2 9\theta + \cos^2 8\theta + \cdots + \cos^2\theta + 1 = A$ ······ ㉡

㉠ + ㉡을 하면

$2A = 2 + (\sin^2\theta + \cos^2\theta) + (\sin^2 2\theta + \cos^2 2\theta)$
$\qquad\qquad\qquad\qquad\qquad + \cdots + (\sin^2 9\theta + \cos^2 9\theta)$

$\qquad = 2 + \underbrace{1 + 1 + \cdots + 1}_{9\text{개}} = 11$

$\therefore A = \dfrac{11}{2}$

$\therefore \sin^2\theta + \sin^2 2\theta + \sin^2 3\theta + \cdots + \sin^2 10\theta = \dfrac{11}{2}$

0603

답 ③

$\angle P_0 O P_1 = \angle P_1 O P_2 = \cdots = \angle P_9 O P_0 = \theta$이고, $5\theta = \pi$이므로

$4\theta = \pi - \theta$, $3\theta = \pi - 2\theta$

$\therefore \tan\theta - \dfrac{1}{\tan 2\theta} + \tan 3\theta - \dfrac{1}{\tan 4\theta} + \tan 5\theta - \dfrac{1}{\tan 6\theta}$

$\qquad\qquad\qquad + \tan 7\theta - \dfrac{1}{\tan 8\theta} + \tan 9\theta$

$= (\tan\theta + \tan 3\theta + \tan 5\theta + \tan 7\theta + \tan 9\theta)$

$\qquad - \left(\dfrac{1}{\tan 2\theta} + \dfrac{1}{\tan 4\theta} + \dfrac{1}{\tan 6\theta} + \dfrac{1}{\tan 8\theta}\right)$

$= \{\tan\theta + \tan 3\theta + \tan\pi + \tan(\pi + 2\theta) + \tan(\pi + 4\theta)\}$

$\qquad - \left\{\dfrac{1}{\tan 2\theta} + \dfrac{1}{\tan 4\theta} + \dfrac{1}{\tan(\pi + \theta)} + \dfrac{1}{\tan(\pi + 3\theta)}\right\}$

$= (\tan\theta + \tan 3\theta + 0 + \tan 2\theta + \tan 4\theta)$

$\qquad - \left(\dfrac{1}{\tan 2\theta} + \dfrac{1}{\tan 4\theta} + \dfrac{1}{\tan\theta} + \dfrac{1}{\tan 3\theta}\right)$

$= (\tan\theta + \tan 2\theta + \tan 3\theta + \tan 4\theta)$

$\qquad - \left(\dfrac{1}{\tan\theta} + \dfrac{1}{\tan 2\theta} + \dfrac{1}{\tan 3\theta} + \dfrac{1}{\tan 4\theta}\right)$

$= \{\tan\theta + \tan 2\theta + \tan(\pi - 2\theta) + \tan(\pi - \theta)\}$

$\qquad - \left\{\dfrac{1}{\tan\theta} + \dfrac{1}{\tan 2\theta} + \dfrac{1}{\tan(\pi - 2\theta)} + \dfrac{1}{\tan(\pi - \theta)}\right\}$

$= (\tan\theta + \tan 2\theta - \tan 2\theta - \tan\theta)$

$\qquad - \left(\dfrac{1}{\tan\theta} + \dfrac{1}{\tan 2\theta} - \dfrac{1}{\tan 2\theta} - \dfrac{1}{\tan\theta}\right)$

$= 0$

유형 13 · 여러 가지 각의 삼각함수 - 도형에의 활용

0604

답 ⑤

A, B, C가 삼각형 ABC의 세 내각의 크기이므로

$A + B + C = \pi$에서 $A = \pi - (B + C)$

ㄱ. $\cos\dfrac{A}{2} = \cos\dfrac{\pi - (B + C)}{2} = \cos\left(\dfrac{\pi}{2} - \dfrac{B + C}{2}\right)$

$\qquad = \sin\dfrac{B + C}{2}$ (참)

ㄴ. $\sin A = \sin\{\pi - (B + C)\} = \sin(B + C)$ (참)

ㄷ. $\tan A = \tan\{\pi - (B + C)\} = -\tan(B + C)$ (참)

따라서 옳은 것은 ㄱ, ㄴ, ㄷ이다.

0605

답 ⑤

A, B, C가 삼각형 ABC의 세 내각의 크기이므로

$A + B + C = \pi$에서 $B + C = \pi - A$

$\therefore \cos\dfrac{B + C}{2} = \cos\dfrac{\pi - A}{2} = \cos\left(\dfrac{\pi}{2} - \dfrac{A}{2}\right) = \sin\dfrac{A}{2}$

한편, $\sin^2\dfrac{A}{2} + \cos^2\dfrac{A}{2} = 1$이므로

$\sin^2\dfrac{A}{2} + \left(\dfrac{1}{3}\right)^2 = 1$, $\sin^2\dfrac{A}{2} = \dfrac{8}{9}$

$\therefore \sin\dfrac{A}{2} = \dfrac{2\sqrt{2}}{3}$ $\left(\because 0 < \dfrac{A}{2} < \dfrac{\pi}{2}\right)$

$\therefore \cos\dfrac{B + C}{2} = \dfrac{2\sqrt{2}}{3}$

0606

답 0

$\angle A$가 반원에 대한 원주각이므로 $\angle A = \dfrac{\pi}{2}$이고 $\alpha + \beta = \dfrac{\pi}{2}$

한편, 직각삼각형 ABC에서 피타고라스 정리에 의하여

$\overline{BC} = \sqrt{3^2 + 4^2} = \sqrt{25} = 5$

$\therefore \sin(\alpha + 2\beta) + \cos(2\alpha + \beta) = \sin\left(\dfrac{\pi}{2} + \beta\right) + \cos\left(\dfrac{\pi}{2} + \alpha\right)$

$\qquad = \cos\beta - \sin\alpha$

$\qquad = \dfrac{3}{5} - \dfrac{3}{5} = 0$

0607

답 ⑤

사각형 ABCD가 원에 내접하므로

$A + C = \pi$, $B + D = \pi$

ㄱ. $A + C = B + D$이므로

$\cos(A + C) = \cos(B + D)$ (참)

ㄴ. $A + C = \pi$에서 $A = \pi - C$이므로

$\sin A = \sin(\pi - C) = \sin C$ (참)

ㄷ. $A + B + C + D = 2\pi$에서 $A = 2\pi - (B + C + D)$이므로

$\tan A = \tan\{2\pi - (B + C + D)\} = \tan\{-(B + C + D)\}$

$\qquad = -\tan(B + C + D)$ (참)

따라서 옳은 것은 ㄱ, ㄴ, ㄷ이다.

0608

답 $\dfrac{3}{4}$

$\overline{OB}=\overline{OC}$이므로 $\angle OCB=\angle OBC=\alpha$

$\overline{OA}=\overline{OC}$이므로 $\angle OAC=\angle OCA=\beta$

즉, $\alpha+\beta=\dfrac{\pi}{2}$이므로 $2\beta=\pi-2\alpha$

$\sin 2\alpha+\sin 2\beta=\dfrac{8}{5}$에서 $\sin 2\alpha+\sin(\pi-2\alpha)=\dfrac{8}{5}$

$2\sin 2\alpha=\dfrac{8}{5}$ $\therefore \sin 2\alpha=\dfrac{4}{5}$

이때 $0<\angle AOC<\dfrac{\pi}{2}$, 즉 $0<2\alpha<\dfrac{\pi}{2}$이므로

$\cos 2\alpha=\sqrt{1-\sin^2 2\alpha}=\sqrt{1-\left(\dfrac{4}{5}\right)^2}=\dfrac{3}{5}$

$\tan 2\alpha=\dfrac{\sin 2\alpha}{\cos 2\alpha}=\dfrac{\frac{4}{5}}{\frac{3}{5}}=\dfrac{4}{3}$

$\therefore m=\tan\left(\dfrac{\pi}{2}-2\alpha\right)=\dfrac{1}{\tan 2\alpha}$

$=\dfrac{1}{\frac{4}{3}}=\dfrac{3}{4}$

유형 14 삼각함수가 포함된 함수의 최대·최소 – 일차식 꼴

0609

답 ①

$y=\sin(\pi-x)+2\cos\left(\dfrac{3}{2}\pi-x\right)+3$

$=\sin x-2\sin x+3$

$=-\sin x+3$

따라서 이 함수의 최댓값은 $|-1|+3=4$, 최솟값은 $-|-1|+3=2$

이므로 그 합은

$4+2=6$

0610

답 -7

$y=\cos(\pi-x)-5\sin\left(\dfrac{\pi}{2}+x\right)+k$

$=-\cos x-5\cos x+k$

$=-6\cos x+k$

주어진 함수의 최댓값이 5이므로

$|-6|+k=5$ $\therefore k=-1$

따라서 주어진 함수의 최솟값은

$-|-6|+(-1)=-7$

0611

답 ③

$y=2\left|\cos(x+2\pi)-\dfrac{1}{2}\right|+5=2\left|\cos x-\dfrac{1}{2}\right|+5$

$-1\leq\cos x\leq 1$이므로 $-\dfrac{3}{2}\leq\cos x-\dfrac{1}{2}\leq\dfrac{1}{2}$

$0\leq\left|\cos x-\dfrac{1}{2}\right|\leq\dfrac{3}{2}$

$\therefore 5\leq 2\left|\cos x-\dfrac{1}{2}\right|+5\leq 8$

따라서 주어진 함수의 최댓값은 8, 최솟값은 5이므로

$M=8,\ m=5$

$\therefore Mm=8\times 5=40$

> **다른 풀이**

$y=2\left|\cos x-\dfrac{1}{2}\right|+5$에서 $\cos x=t$로 놓으면 $-1\leq t\leq 1$이고, 주

어진 함수는 $y=2\left|t-\dfrac{1}{2}\right|+5$

$-1\leq t\leq 1$에서 이 함수는 $t=-1$일

때 최댓값 8, $t=\dfrac{1}{2}$일 때 최솟값 5를

가지므로

$M=8,\ m=5$

$\therefore Mm=8\times 5=40$

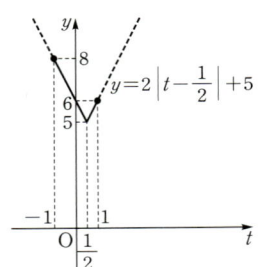

0612

답 38

$f(x)=3\tan\left(\dfrac{x}{6}-\dfrac{\pi}{6}\right)-4=3\tan\dfrac{1}{6}(x-\pi)-4$이므로

함수 $f(x)$의 주기는 $\dfrac{\pi}{\frac{1}{6}}=6\pi$

함수 $y=f(x)$의 그래프는

$y=3\tan\dfrac{1}{6}x$의 그래프를 x축의 방향

으로 π만큼, y축의 방향으로 -4만큼

평행이동한 것이므로 $0\leq x\leq 2\pi$에서

그래프는 오른쪽 그림과 같다.

따라서 함수 $f(x)$의

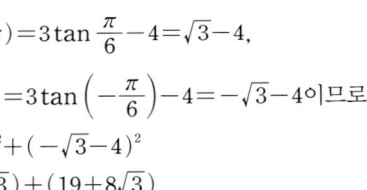

최댓값은 $\alpha=f(2\pi)=3\tan\dfrac{\pi}{6}-4=\sqrt{3}-4$,

최솟값은 $\beta=f(0)=3\tan\left(-\dfrac{\pi}{6}\right)-4=-\sqrt{3}-4$이므로

$\alpha^2+\beta^2=(\sqrt{3}-4)^2+(-\sqrt{3}-4)^2$

$=(19-8\sqrt{3})+(19+8\sqrt{3})$

$=38$

0613

답 6

$-1\leq\sin x\leq 1$이므로 $-4\leq\sin x-3\leq -2$

$2\leq|\sin x-3|\leq 4$

$\therefore 2a+b\leq a|\sin x-3|+b\leq 4a+b\ (\because a>0)$

❶

주어진 함수의 최댓값이 9, 최솟값이 3이므로

$4a+b=9,\ 2a+b=3$

❷

위의 두 식을 연립하여 풀면 $a=3,\ b=-3$

$\therefore a-b=3-(-3)=6$

❸

채점 기준	배점
❶ $a|\sin x-3|+b$의 값의 범위 구하기	50%
❷ a, b에 대한 식 구하기	20%
❸ $a-b$의 값 구하기	30%

다른 풀이

$-1\le\sin x\le1$이므로 $\sin x-3<0$

$\therefore y=a|\sin x-3|+b$

$\quad =-a\sin x+3a+b$

이 함수의 최댓값이 9, 최솟값이 3이고 $a>0$이므로

$|-a|+3a+b=9$에서 $4a+b=9$ $\cdots\cdots$ ㉠

$-|-a|+3a+b=3$에서 $2a+b=3$ $\cdots\cdots$ ㉡

㉠, ㉡을 연립하여 풀면 $a=3$, $b=-3$

$\therefore a-b=3-(-3)=6$

유형 **15** 삼각함수가 포함된 함수의 최대·최소 - 이차식 꼴

0614

답 ⑤

$y=\cos^2\left(x+\dfrac{\pi}{2}\right)-3\cos^2 x+4\sin(x+\pi)$

$\quad =\sin^2 x-3(1-\sin^2 x)-4\sin x$

$\quad =4\sin^2 x-4\sin x-3$

이때 $\sin x=t$로 놓으면 $0\le x<2\pi$에서

$-1\le t\le1$이고, 주어진 함수는

$y=4t^2-4t-3$

$\quad =(2t-1)^2-4$

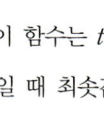

$-1\le t\le1$에서 이 함수는 $t=-1$일 때

최댓값 5, $t=\dfrac{1}{2}$일 때 최솟값 -4를 갖

는다.

따라서 최댓값과 최솟값의 차는

$5-(-4)=9$

0615

답 ②

$y=-2\sin^2 x+4\cos x+5$

$\quad =-2(1-\cos^2 x)+4\cos x+5$

$\quad =2\cos^2 x+4\cos x+3$

이때 $\cos x=t$로 놓으면 $-1\le t\le1$이

고, 주어진 함수는

$y=2t^2+4t+3$

$\quad =2(t+1)^2+1$

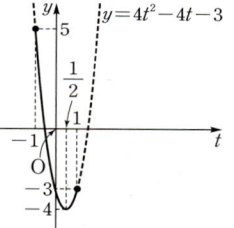

$-1\le t\le1$에서 이 함수는 $t=1$일 때 최

댓값 9, $t=-1$일 때 최솟값 1을 가지므

로

$M=9$, $m=1$

$\therefore M+m=9+1=10$

0616

답 ②

$y=-\cos^2\left(x+\dfrac{\pi}{2}\right)+\cos(x-\pi)$

$\quad =-\sin^2 x-\cos x=-(1-\cos^2 x)-\cos x$

$\quad =\cos^2 x-\cos x-1$

이때 $\cos x=t$로 놓으면 $0\le x\le\pi$에서

$-1\le t\le1$이고, 주어진 함수는

$y=t^2-t-1=\left(t-\dfrac{1}{2}\right)^2-\dfrac{5}{4}$

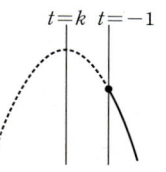

$-1\le t\le1$에서 이 함수는 $t=\dfrac{1}{2}$일 때

최솟값 $-\dfrac{5}{4}$를 갖는다.

$\therefore b=-\dfrac{5}{4}$

이때 $t=\dfrac{1}{2}$에서 $\cos a=\dfrac{1}{2}$이고, $\cos\dfrac{\pi}{3}=\dfrac{1}{2}$이므로 $a=\dfrac{\pi}{3}$

$\therefore ab=\dfrac{\pi}{3}\times\left(-\dfrac{5}{4}\right)=-\dfrac{5}{12}\pi$

0617

답 $-\dfrac{11}{2}$

$y=\cos^2 x+2k\sin x+4k$

$\quad =(1-\sin^2 x)+2k\sin x+4k$

$\quad =-\sin^2 x+2k\sin x+4k+1$

$\qquad\qquad\qquad\qquad\qquad\qquad$ ❶

이때 $\sin x=t$로 놓으면 $0\le x<2\pi$에서 $-1\le t\le1$이고, 주어진

함수는

$y=-t^2+2kt+4k+1$

$\quad =-(t-k)^2+k^2+4k+1$

$k<-1$이므로 $-1\le t\le1$에서 이 함수는

$t=-1$일 때 최댓값

$-1-2k+4k+1=2k$를 갖는다.

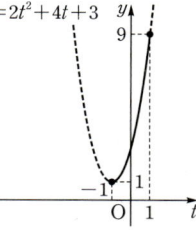

$\qquad\qquad\qquad\qquad\qquad\qquad$ ❷

이때 최댓값이 -11이므로

$2k=-11$ $\qquad\therefore k=-\dfrac{11}{2}$

$\qquad\qquad\qquad\qquad\qquad\qquad$ ❸

채점 기준	배점
❶ 함수를 한 종류의 삼각함수로 나타내기	30%
❷ 최댓값을 k로 나타내기	40%
❸ k의 값 구하기	30%

0618

답 ③

$y=f(x)$라 하고 $x-\dfrac{3}{4}\pi=t$로 놓으면 $x=t+\dfrac{3}{4}\pi$이므로

$y=\cos^2\left(x-\dfrac{3}{4}\pi\right)-\cos\left(x-\dfrac{\pi}{4}\right)+k$

$\quad =\cos^2 t-\cos\left(t+\dfrac{\pi}{2}\right)+k$

$\quad =(1-\sin^2 t)+\sin t+k$

$\quad =-\sin^2 t+\sin t+k+1$

이때 $\sin t = X$로 놓으면
$-1 \leq X \leq 1$이고, 주어진 함수는
$y = -X^2 + X + k + 1$
$= -\left(X - \dfrac{1}{2}\right)^2 + k + \dfrac{5}{4}$

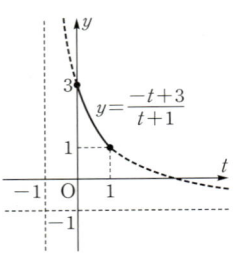

$-1 \leq X \leq 1$에서 이 함수는
$X = \dfrac{1}{2}$일 때 최댓값 $k + \dfrac{5}{4}$,
$X = -1$일 때 최솟값 $k-1$을 갖는다.
즉, $k + \dfrac{5}{4} = 3$, $k - 1 = m$이므로 $k = \dfrac{7}{4}$, $m = \dfrac{3}{4}$
$\therefore k + m = \dfrac{7}{4} + \dfrac{3}{4} = \dfrac{5}{2}$

유형 16 삼각함수가 포함된 함수의 최대·최소 - 유리식 꼴

0619
답 45

$y = \dfrac{4 \sin\left(\dfrac{\pi}{2} + x\right) + 5}{2 \cos x - 3} = \dfrac{4 \cos x + 5}{2 \cos x - 3}$

이때 $\cos x = t$로 놓으면 $-1 \leq t \leq 1$이
고, 주어진 함수는
$y = \dfrac{4t + 5}{2t - 3} = \dfrac{11}{2t - 3} + 2$

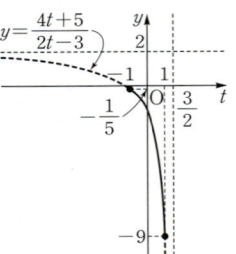

$-1 \leq t \leq 1$에서 이 함수는 $t = -1$일 때
최댓값 $-\dfrac{1}{5}$, $t = 1$일 때 최솟값 -9를
가지므로
$M = -\dfrac{1}{5}$, $m = -9$
$\therefore \dfrac{m}{M} = \dfrac{-9}{-\dfrac{1}{5}} = 45$

0620
답 ⑤

함수 $y = \dfrac{\sin x + 3}{\sin x - 2}$에서 $\sin x = t$로 놓으면 $-1 \leq t \leq 1$이고, 주어
진 함수는
$y = \dfrac{t + 3}{t - 2} = \dfrac{5}{t - 2} + 1$

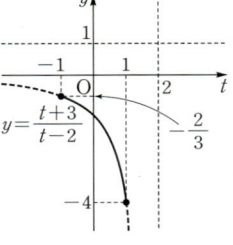

$-1 \leq t \leq 1$에서 이 함수는 $t = -1$일 때
최댓값 $-\dfrac{2}{3}$, $t = 1$일 때 최솟값 -4를
가지므로
$M = -\dfrac{2}{3}$, $m = -4$
$\therefore M - m = -\dfrac{2}{3} - (-4) = \dfrac{10}{3}$

0621
답 3

$y = \dfrac{3 \cos x - \sin x}{\sin x + \cos x} = \dfrac{\dfrac{3 \cos x - \sin x}{\cos x}}{\dfrac{\sin x + \cos x}{\cos x}} = \dfrac{-\tan x + 3}{\tan x + 1}$

이때 $\tan x = t$로 놓으면 $0 \leq x \leq \dfrac{\pi}{4}$에서
$0 \leq t \leq 1$이고, 주어진 함수는
$y = \dfrac{-t + 3}{t + 1} = \dfrac{4}{t + 1} - 1$

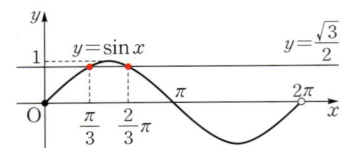

$0 \leq t \leq 1$에서 이 함수는 $t = 0$일 때 최댓
값 3, $t = 1$일 때 최솟값 1을 가지므로
$M = 3$, $m = 1$
$\therefore Mm = 3 \times 1 = 3$

유형 17 삼각방정식 - 일차식 꼴

확인 문제 (1) $x = \dfrac{\pi}{3}$ 또는 $x = \dfrac{2}{3}\pi$ (2) $x = \dfrac{2}{3}\pi$ 또는 $x = \dfrac{4}{3}\pi$

(3) $x = \dfrac{3}{4}\pi$ 또는 $x = \dfrac{7}{4}\pi$

(1)

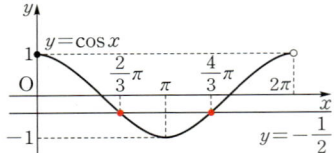

$0 \leq x < 2\pi$에서 방정식 $\sin x = \dfrac{\sqrt{3}}{2}$의 해는 $y = \sin x$의 그래프
와 직선 $y = \dfrac{\sqrt{3}}{2}$의 교점의 x좌표와 같으므로 위의 그림에서
$x = \dfrac{\pi}{3}$ 또는 $x = \dfrac{2}{3}\pi$

(2) $2 \cos x = -1$에서 $\cos x = -\dfrac{1}{2}$

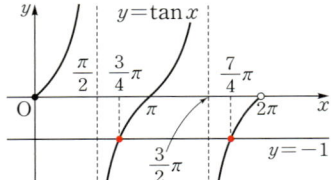

$0 \leq x < 2\pi$에서 방정식 $\cos x = -\dfrac{1}{2}$의 해는 $y = \cos x$의 그래
프와 직선 $y = -\dfrac{1}{2}$의 교점의 x좌표와 같으므로 위의 그림에서
$x = \dfrac{2}{3}\pi$ 또는 $x = \dfrac{4}{3}\pi$

(3)

$0 \leq x < 2\pi$에서 방정식 $\tan x = -1$의 해는 $y = \tan x$의 그래프
와 직선 $y = -1$의 교점의 x좌표와 같으므로 위의 그림에서
$x = \dfrac{3}{4}\pi$ 또는 $x = \dfrac{7}{4}\pi$

0622

답 ①

$\sin\left(x-\dfrac{\pi}{3}\right)=\dfrac{1}{2}$에서 $x-\dfrac{\pi}{3}=t$로 놓으면 $0\le x<2\pi$에서

$-\dfrac{\pi}{3}\le t<\dfrac{5}{3}\pi$이고, 주어진 방정식은 $\sin t=\dfrac{1}{2}$

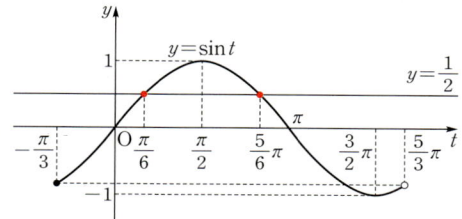

$-\dfrac{\pi}{3}\le t<\dfrac{5}{3}\pi$에서 방정식 $\sin t=\dfrac{1}{2}$의 해는 $y=\sin t$의 그래프와

직선 $y=\dfrac{1}{2}$의 교점의 t좌표와 같으므로 위의 그림에서

$t=\dfrac{\pi}{6}$ 또는 $t=\dfrac{5}{6}\pi$

즉, $x-\dfrac{\pi}{3}=\dfrac{\pi}{6}$ 또는 $x-\dfrac{\pi}{3}=\dfrac{5}{6}\pi$이므로

$x=\dfrac{\pi}{2}$ 또는 $x=\dfrac{7}{6}\pi$

따라서 주어진 방정식을 만족시키는 모든 x의 값의 합은

$\dfrac{\pi}{2}+\dfrac{7}{6}\pi=\dfrac{5}{3}\pi$

0623

답 ③

$\sin 3x=\dfrac{\sqrt{2}}{2}$에서 $3x=t$로 놓으면 $0\le x\le 2\pi$에서 $0\le t\le 6\pi$이고,

주어진 방정식은 $\sin t=\dfrac{\sqrt{2}}{2}$

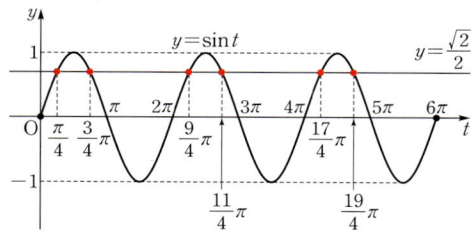

$0\le t\le 6\pi$에서 방정식 $\sin t=\dfrac{\sqrt{2}}{2}$의 해는 $y=\sin t$의 그래프와 직

선 $y=\dfrac{\sqrt{2}}{2}$의 교점의 t좌표와 같으므로 t의 값을 작은 것부터 차례

대로 나열할 때 네 번째 수는 위의 그림에서 $t=\dfrac{11}{4}\pi$

즉, $3x=\dfrac{11}{4}\pi$이므로 $x=\dfrac{11}{12}\pi$

0624

답 ③

$-\pi<x<\pi$에서 $\cos\dfrac{x}{2}\ne 0$이므로 $\sqrt{3}\sin\dfrac{x}{2}=\cos\dfrac{x}{2}$의 양변을

$\sqrt{3}\cos\dfrac{x}{2}$로 나누면 $\tan\dfrac{x}{2}=\dfrac{1}{\sqrt{3}}$

$\dfrac{x}{2}=t$로 놓으면 $-\pi<x<\pi$에서 $-\dfrac{\pi}{2}<t<\dfrac{\pi}{2}$이고, 주어진 방정

식은 $\tan t=\dfrac{1}{\sqrt{3}}$

$-\dfrac{\pi}{2}<t<\dfrac{\pi}{2}$에서 방정식 $\tan t=\dfrac{1}{\sqrt{3}}$

의 해는 $y=\tan t$의 그래프와 직선

$y=\dfrac{1}{\sqrt{3}}$의 교점의 t좌표와 같으므로

오른쪽 그림에서 $t=\dfrac{\pi}{6}$

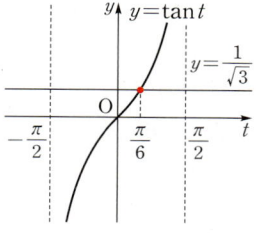

즉, $\dfrac{x}{2}=\dfrac{\pi}{6}$이므로 $x=\dfrac{\pi}{3}$

0625

답 ②

$\sqrt{3}\tan\left(x+\dfrac{\pi}{6}\right)=3$에서 $x+\dfrac{\pi}{6}=t$로 놓으면 $0\le x<2\pi$에서

$\dfrac{\pi}{6}\le t<\dfrac{13}{6}\pi$이고, 주어진 방정식은

$\sqrt{3}\tan t=3$ ∴ $\tan t=\sqrt{3}$

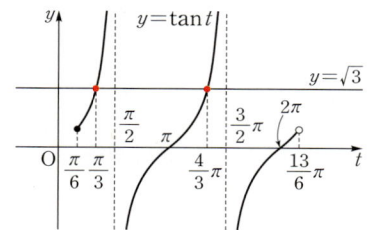

$\dfrac{\pi}{6}\le t<\dfrac{13}{6}\pi$에서 방정식 $\tan t=\sqrt{3}$의 해는 $y=\tan t$의 그래프와

직선 $y=\sqrt{3}$의 교점의 t좌표와 같으므로 위의 그림에서

$t=\dfrac{\pi}{3}$ 또는 $t=\dfrac{4}{3}\pi$

즉, $x+\dfrac{\pi}{6}=\dfrac{\pi}{3}$ 또는 $x+\dfrac{\pi}{6}=\dfrac{4}{3}\pi$이므로

$x=\dfrac{\pi}{6}$ 또는 $x=\dfrac{7}{6}\pi$

따라서 주어진 방정식을 만족시키는 모든 x의 값의 합은

$\dfrac{\pi}{6}+\dfrac{7}{6}\pi=\dfrac{4}{3}\pi$

0626

답 ④

방정식 $\cos x=\dfrac{1}{3}$의 근은 함수 $y=\cos x$의 그래프와 직선 $y=\dfrac{1}{3}$

의 교점의 x좌표와 같다.

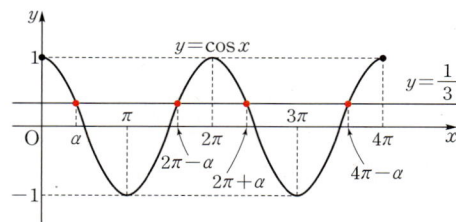

$0\le x\le\dfrac{\pi}{2}$에서 $\cos x=\dfrac{1}{3}$을 만족시키는 x의 값을 α라 하면 함수

$y=\cos x$의 그래프의 대칭성에 의하여 $0\le x\le 4\pi$에서 $\cos x=\dfrac{1}{3}$

을 만족시키는 x의 값은

$x=\alpha$ 또는 $x=2\pi-\alpha$ 또는 $x=2\pi+\alpha$ 또는 $x=4\pi-\alpha$

따라서 주어진 방정식의 모든 근의 합은

$\alpha+(2\pi-\alpha)+(2\pi+\alpha)+(4\pi-\alpha)=8\pi$

0627

답 π

$-\cos\left(\dfrac{\pi}{2}+x\right)+|\sin x|=1$에서

$\sin x+|\sin x|=1$

❶

(i) $\sin x\leq 0$, 즉 $\pi\leq x\leq 2\pi$일 때

$\sin x+(-\sin x)=1$에서 $0=1$이므로 주어진 방정식을 만족시키는 x의 값은 존재하지 않는다.

(ii) $\sin x\geq 0$, 즉 $0\leq x\leq\pi$일 때

$\sin x+\sin x=1$ $\therefore \sin x=\dfrac{1}{2}$

$0\leq x\leq\pi$에서 방정식 $\sin x=\dfrac{1}{2}$의 해는 $y=\sin x$의 그래프와 직선 $y=\dfrac{1}{2}$의 교점의 x좌표와 같으므로 오른쪽 그림에서

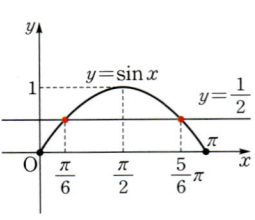

$x=\dfrac{\pi}{6}$ 또는 $x=\dfrac{5}{6}\pi$

❷

(i), (ii)에서 주어진 방정식의 모든 근의 합은

$\dfrac{\pi}{6}+\dfrac{5}{6}\pi=\pi$

❸

채점 기준	배점
❶ 방정식을 한 종류의 삼각함수로 나타내기	30%
❷ 절댓값을 풀어 근 구하기	50%
❸ 모든 근의 합 구하기	20%

유형 18 삼각방정식 – 이차식 꼴

0628

답 ③

$2\sin^2 x-\cos x-1=0$에서

$2(1-\cos^2 x)-\cos x-1=0$, $2\cos^2 x+\cos x-1=0$

$(\cos x+1)(2\cos x-1)=0$

$\therefore \cos x=-1$ 또는 $\cos x=\dfrac{1}{2}$

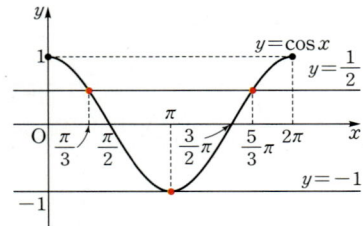

이때 $0\leq x\leq 2\pi$이므로

$\cos x=-1$에서 $x=\pi$

$\cos x=\dfrac{1}{2}$에서 $x=\dfrac{\pi}{3}$ 또는 $x=\dfrac{5}{3}\pi$

따라서 주어진 방정식을 만족시키는 모든 x의 값의 합은

$\pi+\dfrac{\pi}{3}+\dfrac{5}{3}\pi=3\pi$

0629

답 ⑤

$\sin x+\sin^2 x=\cos^2 x$에서

$\sin x+\sin^2 x=1-\sin^2 x$

$2\sin^2 x+\sin x-1=0$

$(\sin x+1)(2\sin x-1)=0$

$\therefore \sin x=-1$ 또는 $\sin x=\dfrac{1}{2}$

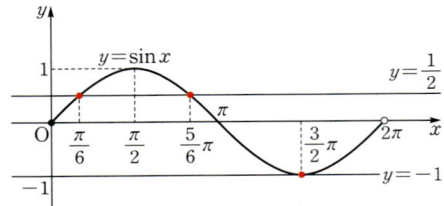

이때 $0\leq x<2\pi$이므로

$\sin x=-1$에서 $x=\dfrac{3}{2}\pi$

$\sin x=\dfrac{1}{2}$에서 $x=\dfrac{\pi}{6}$ 또는 $x=\dfrac{5}{6}\pi$

따라서 주어진 방정식의 모든 근의 합은

$\dfrac{3}{2}\pi+\dfrac{\pi}{6}+\dfrac{5}{6}\pi=\dfrac{5}{2}\pi$

0630

답 ⑤

$\tan x-\dfrac{\sqrt{3}}{\tan x}+1-\sqrt{3}=0$의 양변에 $\tan x$를 곱하면

$\tan^2 x+(1-\sqrt{3})\tan x-\sqrt{3}=0$

$(\tan x+1)(\tan x-\sqrt{3})=0$

$\therefore \tan x=-1$ 또는 $\tan x=\sqrt{3}$

이때 $0<x<\pi$이므로

$\tan x=-1$에서 $x=\dfrac{3}{4}\pi$

$\tan x=\sqrt{3}$에서 $x=\dfrac{\pi}{3}$

따라서 주어진 방정식의 모든 근의 합은

$\dfrac{3}{4}\pi+\dfrac{\pi}{3}=\dfrac{13}{12}\pi$

0631

답 ⑤

$\sin x=\sqrt{3}(1+\cos x)$ ······ ㉠

㉠의 양변을 제곱하면

$\sin^2 x=3(1+\cos x)^2$

$1-\cos^2 x=3+6\cos x+3\cos^2 x$

$4\cos^2 x+6\cos x+2=0$

$2\cos^2 x+3\cos x+1=0$

$(\cos x+1)(2\cos x+1)=0$

$\therefore \cos x=-1$ 또는 $\cos x=-\dfrac{1}{2}$

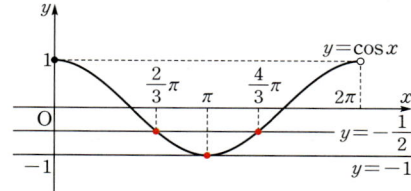

이때 $0 \le x < 2\pi$이므로

(i) $\cos x = -1$에서 $x = \pi$

(ii) $\cos x = -\dfrac{1}{2}$에서 $x = \dfrac{2}{3}\pi$ 또는 $x = \dfrac{4}{3}\pi$

　　그런데 $x = \dfrac{4}{3}\pi$는 ㉠을 만족시키지 않는다.

(i), (ii)에서 주어진 방정식의 모든 해의 합은

$\pi + \dfrac{2}{3}\pi = \dfrac{5}{3}\pi$

0632　답 $\dfrac{1}{4}$

삼각형 ABC에서 $A + B + C = \pi$이므로

$A + B = \pi - C$

$\therefore \sin\dfrac{A+B}{2} = \sin\dfrac{\pi-C}{2} = \sin\left(\dfrac{\pi}{2} - \dfrac{C}{2}\right) = \cos\dfrac{C}{2}$

$2\sin^2\dfrac{A+B}{2} + \cos\dfrac{C}{2} - 1 = 0$에서

$2\cos^2\dfrac{C}{2} + \cos\dfrac{C}{2} - 1 = 0$

············· ❶

이때 $\cos\dfrac{C}{2} = t$로 놓으면 $0 < C < \pi$에서

$0 < \dfrac{C}{2} < \dfrac{\pi}{2}$ ······ ㉠

이므로 $0 < t < 1$이고, 주어진 방정식은

$2t^2 + t - 1 = 0$, $(t+1)(2t-1) = 0$

$\therefore t = \dfrac{1}{2}$ $(\because 0 < t < 1)$

즉, $\cos\dfrac{C}{2} = \dfrac{1}{2}$이므로

$\dfrac{C}{2} = \dfrac{\pi}{3}$ $(\because ㉠)$ 　　$\therefore C = \dfrac{2}{3}\pi$

············· ❷

$\therefore \cos^2 C = \cos^2\dfrac{2}{3}\pi = \left(-\dfrac{1}{2}\right)^2 = \dfrac{1}{4}$

············· ❸

채점 기준	배점
❶ 방정식을 한 종류의 삼각함수로 나타내기	40%
❷ 각 C의 크기 구하기	40%
❸ $\cos^2 C$의 값 구하기	20%

0633　답 ⑤

$6\sin x \cos x + 2\sin x + 3\cos x + 1 = 0$에서

$2\sin x(3\cos x + 1) + (3\cos x + 1) = 0$

$(2\sin x + 1)(3\cos x + 1) = 0$

$\therefore \sin x = -\dfrac{1}{2}$ 또는 $\cos x = -\dfrac{1}{3}$

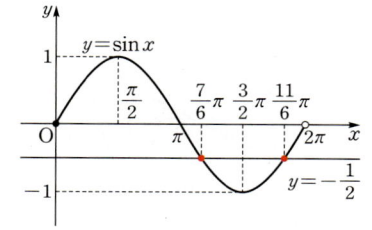

이때 $0 \le x < 2\pi$이므로

$\sin x = -\dfrac{1}{2}$에서 $x = \dfrac{7}{6}\pi$ 또는 $x = \dfrac{11}{6}\pi$

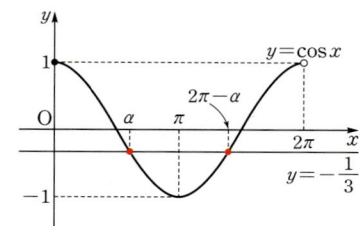

$0 \le x < \pi$에서 $\cos x = -\dfrac{1}{3}$을 만족시키는 x의 값을 α라 하면 함수 $y = \cos x$의 그래프의 대칭성에 의하여 $0 \le x < 2\pi$에서 $\cos x = -\dfrac{1}{3}$을 만족시키는 x의 값은

$x = \alpha$ 또는 $x = 2\pi - \alpha$

따라서 주어진 방정식의 모든 근의 합은

$\dfrac{7}{6}\pi + \dfrac{11}{6}\pi + \alpha + (2\pi - \alpha) = 5\pi$

유형 19 삼각함수의 그래프와 삼각방정식의 실근

0634　답 7

방정식 $\sin x = \dfrac{x}{3\pi}$의 서로 다른 실근의 개수는 함수 $y = \sin x$의 그래프와 직선 $y = \dfrac{x}{3\pi}$의 교점의 개수와 같다.

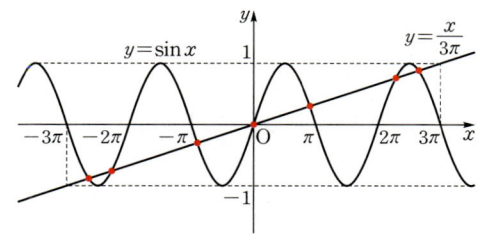

위의 그림에서 교점의 개수가 7이므로 방정식 $\sin x = \dfrac{x}{3\pi}$의 서로 다른 실근의 개수는 7이다.

0635　답 ③

방정식 $\sin\dfrac{\pi}{6}x = \cos \pi x$의 서로 다른 실근의 개수는 함수 $y = \sin\dfrac{\pi}{6}x$의 그래프와 함수 $y = \cos \pi x$의 그래프의 교점의 개수와 같다.

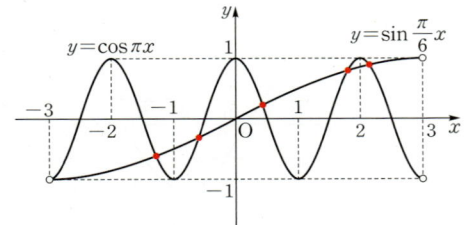

위의 그림에서 교점의 개수가 5이므로 $-3 < x < 3$에서 방정식 $\sin \frac{\pi}{6} x = \cos \pi x$의 서로 다른 실근의 개수는 5이다.

0636

답 ③

방정식 $f(x) = g(x)$의 서로 다른 실근의 개수는 두 함수 $f(x) = \cos \pi x$, $g(x) = -\sqrt{\frac{x}{2}} + 1$의 그래프의 교점의 개수와 같다.

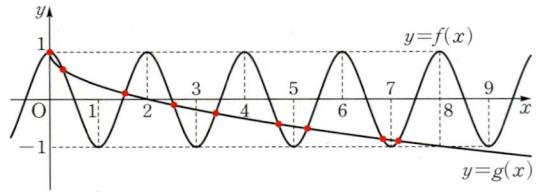

위의 그림에서 교점의 개수가 9이므로 방정식 $f(x) = g(x)$의 서로 다른 실근의 개수는 9이다.

0637

답 5

방정식 $|\sin nx| = \frac{2}{3}$의 서로 다른 실근의 개수는 함수 $y = |\sin nx|$의 그래프와 직선 $y = \frac{2}{3}$의 교점의 개수와 같다.

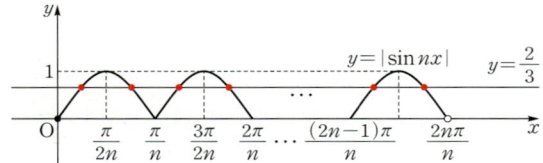

함수 $y = |\sin nx|$의 주기는 $\frac{\pi}{n}$이고 $0 \le x < \frac{\pi}{n}$에서 $y = |\sin nx|$의 그래프와 직선 $y = \frac{2}{3}$의 교점의 개수는 2이므로 $0 \le x < 2\pi$에서 $y = |\sin nx|$의 그래프와 직선 $y = \frac{2}{3}$의 교점의 개수는 $2 \times 2n = 4n$

즉, $4n = 20$이므로 $n = 5$

 20 삼각방정식의 근의 조건

0638

답 ④

$\cos x = \sin \left(x + \frac{3}{2}\pi \right) - 2 + k$에서 $\cos x = -\cos x - 2 + k$

$2\cos x = k - 2$ $\quad \therefore \cos x = \frac{1}{2}k - 1$

이 방정식이 $0 \le x < 2\pi$에서 오직 하나의 실근을 가지려면 함수 $y = \cos x$의 그래프와 직선 $y = \frac{1}{2}k - 1$이 한 점에서 만나야 하므로 오른쪽 그림에서

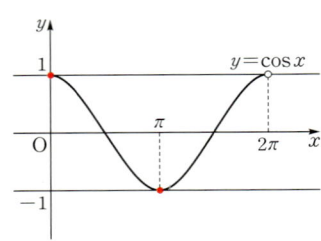

$\frac{1}{2}k - 1 = -1$ 또는 $\frac{1}{2}k - 1 = 1$

$\therefore k = 0$ 또는 $k = 4$

따라서 모든 실수 k의 값의 합은 $0 + 4 = 4$

0639

답 ③

$2\sin x + 3 = k$에서

$2\sin x = k - 3$ $\quad \therefore \sin x = \frac{k-3}{2}$

이 방정식이 실근을 가지려면 함수 $y = \sin x$의 그래프와 직선 $y = \frac{k-3}{2}$이 만나야 한다.

즉, $-1 \le \frac{k-3}{2} \le 1$이어야 하므로

$-2 \le k - 3 \le 2$ $\quad \therefore 1 \le k \le 5$

따라서 모든 정수 k의 값의 합은 $1 + 2 + 3 + 4 + 5 = 15$

0640

답 ④

$2\cos^2 x - \sin x = k$에서

$2(1 - \sin^2 x) - \sin x = k$

$-2\sin^2 x - \sin x + 2 = k$

이때 $\sin x = t$로 놓으면 $-1 \le t \le 1$이고, 주어진 방정식은

$-2t^2 - t + 2 = k$

이 방정식이 실근을 가지려면 $-1 \le t \le 1$에서

$y = -2t^2 - t + 2 = -2\left(t + \frac{1}{4} \right)^2 + \frac{17}{8}$

의 그래프와 직선 $y = k$가 만나야 하므로 오른쪽 그림에서

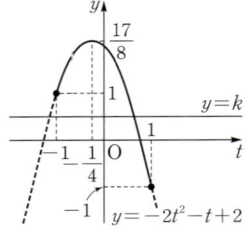

$-1 \le k \le \frac{17}{8}$

따라서 정수 k는 $-1, 0, 1, 2$의 4개이다.

0641

답 20

방정식 $\left| \cos x + \frac{1}{3} \right| = k$의 실근의 개수는 함수 $y = \left| \cos x + \frac{1}{3} \right|$의 그래프와 직선 $y = k$의 교점의 개수와 같다.

함수 $y=\left|\cos x+\dfrac{1}{3}\right|$의 그래프는 함수 $y=\cos x+\dfrac{1}{3}$의 그래프에서 $y\geq0$인 부분은 그대로 두고 $y<0$인 부분을 x축에 대하여 대칭이동하여 그리면 되므로 다음 그림과 같다.

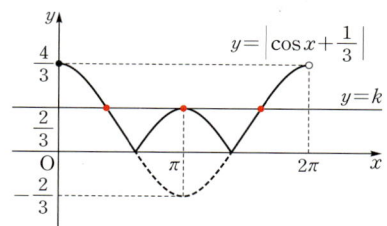

주어진 방정식이 서로 다른 3개의 실근을 가지려면 $0\leq x<2\pi$에서 함수 $y=\left|\cos x+\dfrac{1}{3}\right|$의 그래프와 직선 $y=k$가 세 점에서 만나야 하므로 위의 그림에서

$k=\dfrac{2}{3}$

따라서 $\alpha=\dfrac{2}{3}$이므로

$30\alpha=30\times\dfrac{2}{3}=20$

유형 21 · 삼각부등식 – 일차식 꼴

확인 문제 (1) $0\leq x<\dfrac{\pi}{4}$ 또는 $\dfrac{3}{4}\pi<x<2\pi$

(2) $\dfrac{2}{3}\pi\leq x\leq\dfrac{4}{3}\pi$

(3) $\dfrac{\pi}{3}<x<\dfrac{\pi}{2}$ 또는 $\dfrac{4}{3}\pi<x<\dfrac{3}{2}\pi$

(1)

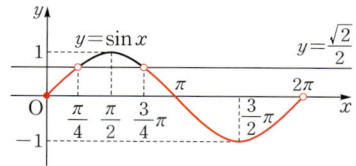

$0\leq x<2\pi$에서 부등식 $\sin x<\dfrac{\sqrt{2}}{2}$의 해는 $y=\sin x$의 그래프가 직선 $y=\dfrac{\sqrt{2}}{2}$보다 아래쪽에 있는 부분의 x의 값의 범위이므로 위의 그림에서

$0\leq x<\dfrac{\pi}{4}$ 또는 $\dfrac{3}{4}\pi<x<2\pi$

(2)

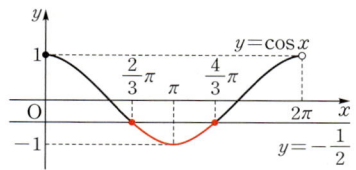

$0\leq x<2\pi$에서 부등식 $\cos x\leq-\dfrac{1}{2}$의 해는 $y=\cos x$의 그래프가 직선 $y=-\dfrac{1}{2}$과 만나는 부분 또는 직선보다 아래쪽에 있는 부분의 x의 값의 범위이므로 위의 그림에서

$\dfrac{2}{3}\pi\leq x\leq\dfrac{4}{3}\pi$

(3)

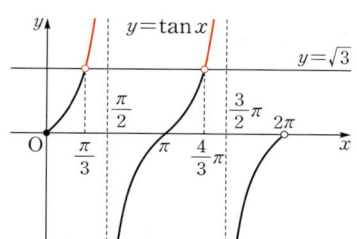

$0\leq x<2\pi$에서 부등식 $\tan x>\sqrt{3}$의 해는 $y=\tan x$의 그래프가 직선 $y=\sqrt{3}$보다 위쪽에 있는 부분의 x의 값의 범위이므로 위의 그림에서

$\dfrac{\pi}{3}<x<\dfrac{\pi}{2}$ 또는 $\dfrac{4}{3}\pi<x<\dfrac{3}{2}\pi$

0642 　답 ③

$2\sin x-1>0$에서 $\sin x>\dfrac{1}{2}$

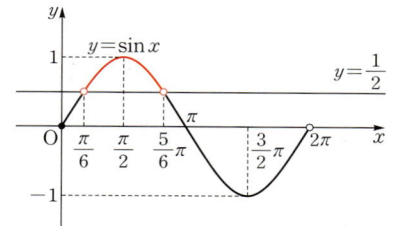

$0\leq x<2\pi$에서 부등식 $\sin x>\dfrac{1}{2}$의 해는 $y=\sin x$의 그래프가 직선 $y=\dfrac{1}{2}$보다 위쪽에 있는 부분의 x의 값의 범위이므로 위의 그림에서

$\dfrac{\pi}{6}<x<\dfrac{5}{6}\pi$

따라서 $\alpha=\dfrac{\pi}{6}$, $\beta=\dfrac{5}{6}\pi$이므로

$\alpha+\beta=\dfrac{\pi}{6}+\dfrac{5}{6}\pi=\pi$

0643 　답 ③

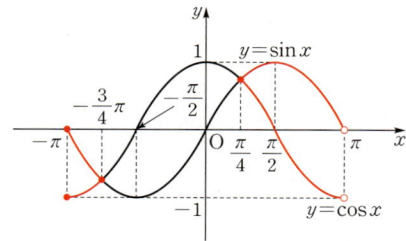

$-\pi\leq x<\pi$에서 부등식 $\sin x\geq\cos x$의 해는 $y=\sin x$의 그래프가 $y=\cos x$의 그래프와 만나는 부분 또는 $y=\cos x$의 그래프보다 위쪽에 있는 부분의 x의 값의 범위이므로 위의 그림에서

$-\pi\leq x\leq-\dfrac{3}{4}\pi$ 또는 $\dfrac{\pi}{4}\leq x<\pi$

0644 　답 ④

$2\cos\left(2x+\dfrac{\pi}{3}\right)>1$에서 $2x+\dfrac{\pi}{3}=t$로 놓으면 $0\leq x<\pi$에서

$\dfrac{\pi}{3}\leq t<\dfrac{7}{3}\pi$이고, 주어진 부등식은 $2\cos t>1$에서 $\cos t>\dfrac{1}{2}$

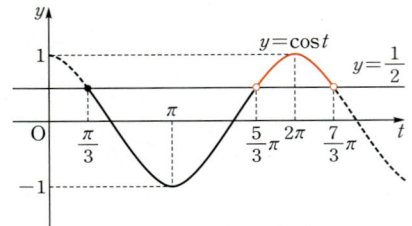

$\dfrac{\pi}{3} \le t < \dfrac{7}{3}\pi$에서 $y = \cos t$의 그래프는 위의 그림과 같으므로

$\cos t > \dfrac{1}{2}$을 만족시키는 t의 값의 범위는

$\dfrac{5}{3}\pi < t < \dfrac{7}{3}\pi$

즉, $\dfrac{5}{3}\pi < 2x + \dfrac{\pi}{3} < \dfrac{7}{3}\pi$이므로

$\dfrac{4}{3}\pi < 2x < 2\pi$ $\quad \therefore \dfrac{2}{3}\pi < x < \pi$

0645

답 $\dfrac{1}{2}$

$|\tan \pi x| \le 1$에서 $-1 \le \tan \pi x \le 1$

$-\dfrac{1}{2} < x < \dfrac{1}{2}$에서 $y = \tan \pi x$의 그래프는 오른쪽 그림과 같으므로 $-1 \le \tan \pi x \le 1$을 만족시키는 x의 값의 범위는

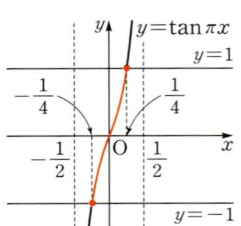

$-\dfrac{1}{4} \le x \le \dfrac{1}{4}$

따라서 $\alpha = -\dfrac{1}{4}$, $\beta = \dfrac{1}{4}$이므로

$\beta - \alpha = \dfrac{1}{4} - \left(-\dfrac{1}{4}\right) = \dfrac{1}{2}$

유형 22 삼각부등식 – 이차식 꼴

0646

답 ⑤

$2\sin^2 x - \sin\left(\dfrac{\pi}{2} + x\right) - 1 > 0$에서

$2(1 - \cos^2 x) - \cos x - 1 > 0$, $2\cos^2 x + \cos x - 1 < 0$

$(\cos x + 1)(2\cos x - 1) < 0$

$\therefore -1 < \cos x < \dfrac{1}{2}$

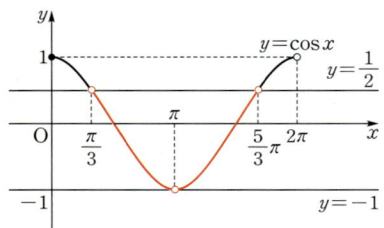

$0 \le x < 2\pi$에서 $y = \cos x$의 그래프는 위의 그림과 같으므로

$-1 < \cos x < \dfrac{1}{2}$을 만족시키는 x의 값의 범위는

$\dfrac{\pi}{3} < x < \pi$ 또는 $\pi < x < \dfrac{5}{3}\pi$

0647

답 4

$\cos^2 \pi x - \sin^2 \pi x + \sin \pi x < 0$에서

$1 - \sin^2 \pi x - \sin^2 \pi x + \sin \pi x < 0$

$2\sin^2 \pi x - \sin \pi x - 1 > 0$

❶

$(2\sin \pi x + 1)(\sin \pi x - 1) > 0$

이때 $0 \le x < 2$에서 $\sin \pi x - 1 \le 0$이므로

$2\sin \pi x + 1 < 0$ $\quad \therefore \sin \pi x < -\dfrac{1}{2}$

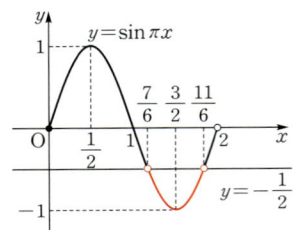

$0 \le x < 2$에서 $y = \sin \pi x$의 그래프는 위의 그림과 같으므로

$\sin \pi x < -\dfrac{1}{2}$을 만족시키는 x의 값의 범위는

$\dfrac{7}{6} < x < \dfrac{11}{6}$

❷

따라서 $\alpha = \dfrac{7}{6}$, $\beta = \dfrac{11}{6}$이므로

$6(\beta - \alpha) = 6 \times \left(\dfrac{11}{6} - \dfrac{7}{6}\right) = 4$

❸

채점 기준	배점
❶ 한 종류의 삼각함수에 대한 부등식으로 나타내기	30%
❷ 부등식의 해 구하기	50%
❸ $6(\beta - \alpha)$의 값 구하기	20%

0648

답 ④

$-\dfrac{\pi}{2} < x < \dfrac{\pi}{2}$에서 $\cos^2 x > 0$이므로

$3\sin^2 x - 2\sqrt{3}\cos x \sin x - 3\cos^2 x < 0$의 양변을 $\cos^2 x$로 나누면

$3\tan^2 x - 2\sqrt{3}\tan x - 3 < 0$

$(3\tan x + \sqrt{3})(\tan x - \sqrt{3}) < 0$

$\therefore -\dfrac{\sqrt{3}}{3} < \tan x < \sqrt{3}$

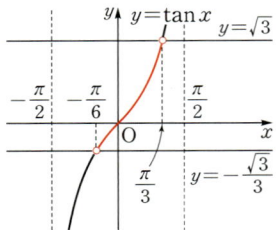

$-\dfrac{\pi}{2} < x < \dfrac{\pi}{2}$에서 $y = \tan x$의 그래프는 위의 그림과 같으므로

$-\dfrac{\sqrt{3}}{3} < \tan x < \sqrt{3}$을 만족시키는 x의 값의 범위는

$-\dfrac{\pi}{6} < x < \dfrac{\pi}{3}$

따라서 $\alpha=-\dfrac{\pi}{6}$, $\beta=\dfrac{\pi}{3}$이므로

$$\beta-\alpha=\dfrac{\pi}{3}-\left(-\dfrac{\pi}{6}\right)=\dfrac{\pi}{2}$$

0649
답 ①

$$\begin{aligned}\cos\left(\dfrac{5}{6}\pi-x\right)&=\cos\left(\dfrac{\pi}{2}+\dfrac{\pi}{3}-x\right)\\&=-\sin\left(\dfrac{\pi}{3}-x\right)\\&=\sin\left(x-\dfrac{\pi}{3}\right)\end{aligned}$$

이므로 $2\cos^2\left(\dfrac{5}{6}\pi-x\right)+3\sin\left(x-\dfrac{\pi}{3}\right)-2>0$에서

$$2\sin^2\left(x-\dfrac{\pi}{3}\right)+3\sin\left(x-\dfrac{\pi}{3}\right)-2>0$$

이때 $x-\dfrac{\pi}{3}=t$로 놓으면 $0\le x<2\pi$에서 $-\dfrac{\pi}{3}\le t<\dfrac{5}{3}\pi$이고, 주어진 부등식은

$$2\sin^2 t+3\sin t-2>0$$
$$(\sin t+2)(2\sin t-1)>0$$

이때 $-\dfrac{\pi}{3}\le t<\dfrac{5}{3}\pi$에서 $\sin t+2>0$이므로

$$2\sin t-1>0 \qquad \therefore \sin t>\dfrac{1}{2}$$

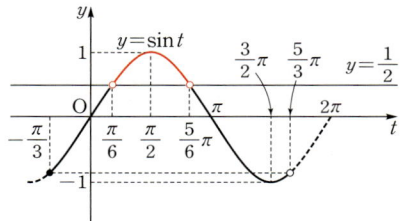

$-\dfrac{\pi}{3}\le t<\dfrac{5}{3}\pi$에서 $y=\sin t$의 그래프는 위의 그림과 같으므로

$\sin t>\dfrac{1}{2}$을 만족시키는 t의 값의 범위는

$$\dfrac{\pi}{6}<t<\dfrac{5}{6}\pi$$

즉, $\dfrac{\pi}{6}<x-\dfrac{\pi}{3}<\dfrac{5}{6}\pi$이므로

$$\dfrac{\pi}{2}<x<\dfrac{7}{6}\pi$$

0650
답 ③

$$\begin{cases}\cos x<\sin x & \cdots\cdots \text{㉠}\\ 2\sin^2 x-5\cos x+1>0 & \cdots\cdots \text{㉡}\end{cases}$$

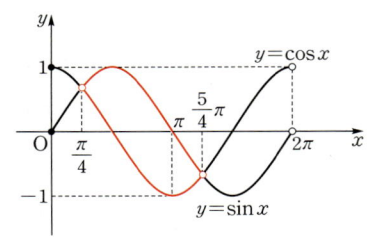

부등식 ㉠의 해는 $\dfrac{\pi}{4}<x<\dfrac{5}{4}\pi$ $\cdots\cdots$ ㉢

㉡에서
$$2(1-\cos^2 x)-5\cos x+1>0$$
$$2\cos^2 x+5\cos x-3<0$$
$$(\cos x+3)(2\cos x-1)<0$$
이때 $0\le x<2\pi$에서 $\cos x+3>0$이므로
$$2\cos x-1<0$$
$$\therefore \cos x<\dfrac{1}{2}$$

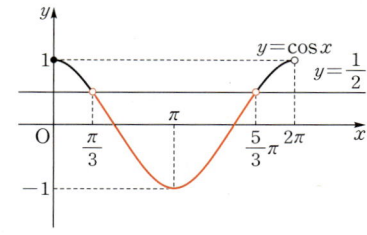

부등식 ㉡의 해는 $\dfrac{\pi}{3}<x<\dfrac{5}{3}\pi$ $\cdots\cdots$ ㉣

㉢, ㉣의 공통 범위를 구하면

$$\dfrac{\pi}{3}<x<\dfrac{5}{4}\pi$$

따라서 $\alpha=\dfrac{\pi}{3}$, $\beta=\dfrac{5}{4}\pi$이므로

$$\beta-\alpha=\dfrac{5}{4}\pi-\dfrac{\pi}{3}=\dfrac{11}{12}\pi$$

0651
답 4

$\cos^2 x+3\sin x-a<0$에서
$$1-\sin^2 x+3\sin x-a<0$$
$$\sin^2 x-3\sin x+a-1>0$$
이때 $\sin x=t$로 놓으면 $-1\le t\le 1$이고, 주어진 부등식은
$$t^2-3t+a-1>0 \qquad \cdots\cdots \text{㉠}$$

❶

$$\begin{aligned}y&=t^2-3t+a-1\\&=\left(t-\dfrac{3}{2}\right)^2+a-\dfrac{13}{4} \qquad \cdots\cdots \text{㉡}\end{aligned}$$

$-1\le t\le 1$에서 부등식 ㉠이 항상 성립하려면 이차함수 ㉡의 최솟값이 0보다 커야 한다.

❷

이때 $-1\le t\le 1$에서 이차함수 ㉡은 $t=1$일 때 최솟값 $a-3$을 가지므로

$$a-3>0$$
$$\therefore a>3$$

따라서 정수 a의 최솟값은 4이다.

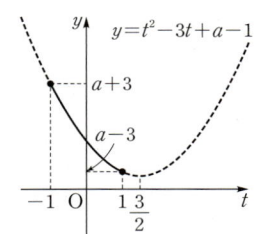

❸

채점 기준	배점
❶ 부등식을 한 종류의 삼각함수로 나타낸 후 t로 치환하기	40%
❷ t의 값의 범위에서 치환한 부등식이 항상 성립할 조건 찾기	30%
❸ 정수 a의 최솟값 구하기	30%

0652

답 ③

이차방정식 $x^2-2x+9\tan^2\theta-2=0$이 서로 다른 두 실근을 가지려면 판별식을 D라 할 때, $D>0$이어야 하므로

$$\frac{D}{4}=(-1)^2-9\tan^2\theta+2>0$$

$$9\tan^2\theta-3<0$$

$$(3\tan\theta+\sqrt{3})(3\tan\theta-\sqrt{3})<0$$

$$\therefore -\frac{\sqrt{3}}{3}<\tan\theta<\frac{\sqrt{3}}{3}$$

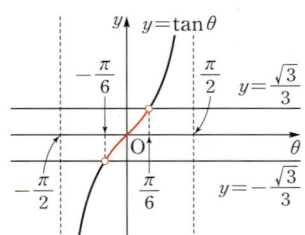

위의 그림에서 부등식 $-\frac{\sqrt{3}}{3}<\tan\theta<\frac{\sqrt{3}}{3}$의 해는

$$-\frac{\pi}{6}<\theta<\frac{\pi}{6}$$

따라서 $\alpha=-\frac{\pi}{6}$, $\beta=\frac{\pi}{6}$이므로

$$\beta-\alpha=\frac{\pi}{6}-\left(-\frac{\pi}{6}\right)=\frac{\pi}{3}$$

0653

답 ②

이차방정식 $x^2-2\sqrt[4]{3}x+3\tan 2\theta=0$이 중근을 가지려면 판별식을 D라 할 때, $D=0$이어야 하므로

$$\frac{D}{4}=(-\sqrt[4]{3})^2-3\tan 2\theta=0$$

$$\therefore \tan 2\theta=\frac{\sqrt{3}}{3} \quad \cdots\cdots \text{㉠}$$

이때 $2\theta=t$로 놓으면 $0\le\theta\le\pi$에서 $0\le t\le 2\pi$이고, 방정식 ㉠은

$$\tan t=\frac{\sqrt{3}}{3}$$

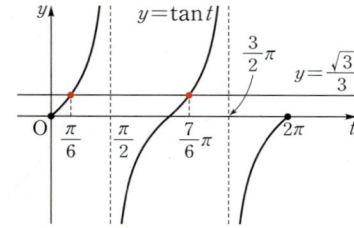

위의 그림에서 방정식 $\tan t=\frac{\sqrt{3}}{3}$의 해는

$$t=\frac{\pi}{6} \text{ 또는 } t=\frac{7}{6}\pi$$

즉, $2\theta=\frac{\pi}{6}$ 또는 $2\theta=\frac{7}{6}\pi$이므로

$$\theta=\frac{\pi}{12} \text{ 또는 } \theta=\frac{7}{12}\pi$$

따라서 모든 θ의 값의 곱은

$$\frac{\pi}{12}\times\frac{7}{12}\pi=\frac{7}{144}\pi^2$$

0654

답 ④

이차방정식 $6x^2+(4\cos\theta)x+\sin\theta=0$이 실근을 갖지 않으려면 판별식을 D라 할 때, $D<0$이어야 하므로

$$\frac{D}{4}=(2\cos\theta)^2-6\sin\theta<0$$

$$2\cos^2\theta-3\sin\theta<0$$

$$2(1-\sin^2\theta)-3\sin\theta<0$$

$$2\sin^2\theta+3\sin\theta-2>0$$

$$(2\sin\theta-1)(\sin\theta+2)>0$$

이때 $0\le\theta<2\pi$에서 $\sin\theta+2>0$이므로

$$2\sin\theta-1>0$$

$$\therefore \sin\theta>\frac{1}{2}$$

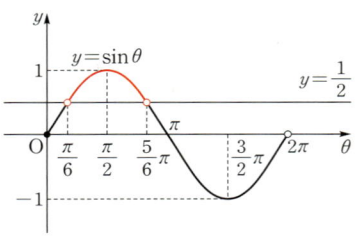

위의 그림에서 부등식 $\sin\theta>\frac{1}{2}$의 해는

$$\frac{\pi}{6}<\theta<\frac{5}{6}\pi$$

따라서 $\alpha=\frac{\pi}{6}$, $\beta=\frac{5}{6}\pi$이므로

$$3\alpha+\beta=3\times\frac{\pi}{6}+\frac{5}{6}\pi=\frac{4}{3}\pi$$

0655

답 ①

모든 실수 x에 대하여 이차부등식 $x^2-2x\sin\theta+2\sin\theta>0$이 성립하려면 이차방정식 $x^2-2x\sin\theta+2\sin\theta=0$의 판별식을 D라 할 때, $D<0$이어야 하므로

$$\frac{D}{4}=(-\sin\theta)^2-2\sin\theta<0$$

$$\sin\theta(\sin\theta-2)<0$$

이때 $0\le\theta<2\pi$에서 $\sin\theta-2<0$이므로

$$\sin\theta>0$$

$$\therefore 0<\theta<\pi$$

🔊))) **Bible Says**   **이차부등식이 항상 성립할 조건**

이차방정식 $ax^2+bx+c=0$의 판별식을 D라 할 때
(1) 모든 실수 x에 대하여 $ax^2+bx+c>0$이 성립할 조건
   ➡ $a>0$, $D<0$
(2) 모든 실수 x에 대하여 $ax^2+bx+c<0$이 성립할 조건
   ➡ $a<0$, $D<0$

0656

답 ①

$$\frac{\cos(\pi+\theta)}{1+\cos\left(\frac{3}{2}\pi-\theta\right)}-\frac{\sin\left(\frac{\pi}{2}-\theta\right)}{1+\sin(\pi-\theta)}$$

$$=\frac{-\cos\theta}{1-\sin\theta}-\frac{\cos\theta}{1+\sin\theta}$$

$$=\frac{-\cos\theta(1+\sin\theta)-\cos\theta(1-\sin\theta)}{(1-\sin\theta)(1+\sin\theta)}$$

$$=\frac{-2\cos\theta}{1-\sin^2\theta}=\frac{-2\cos\theta}{\cos^2\theta}$$

$$=-\frac{2}{\cos\theta}$$

0657

답 10

함수 $y=k\sin x$의 그래프를 x축의 방향으로 $-\frac{\pi}{2}$만큼, y축의 방향으로 5만큼 평행이동한 그래프의 식은

$$y=k\sin\left(x+\frac{\pi}{2}\right)+5=k\cos x+5$$

함수 $y=k\cos x+5$의 그래프가 점 $\left(\frac{\pi}{3},\ 10\right)$을 지나므로

$$10=k\cos\frac{\pi}{3}+5,\ 10=\frac{1}{2}k+5$$

$$\frac{1}{2}k=5\qquad\therefore\ k=10$$

0658

답 ④

$$f(x)=-2\sin\left(\frac{x}{2}-\pi\right)+1$$

$$=2\sin\left(\pi-\frac{x}{2}\right)+1$$

$$=2\sin\frac{x}{2}+1$$

ㄱ. $-1\le\sin\frac{x}{2}\le1$에서 $-1\le2\sin\frac{x}{2}+1\le3$이므로

최댓값은 3, 최솟값은 -1이다. (거짓)

ㄴ. 함수 $f(x)$의 주기는 $\frac{2\pi}{\frac{1}{2}}=4\pi$이다. (참)

ㄷ. $f(2\pi)=2\sin\pi+1=1$이므로 $y=f(x)$의 그래프는 점 $(2\pi,\ 1)$을 지난다. (참)

ㄹ. $f(x)=-2\sin\left(\frac{x}{2}-\pi\right)+1$

$$=-2\sin\frac{1}{2}(x-2\pi)+1$$

이므로 $y=f(x)$의 그래프는 $y=-2\sin\frac{x}{2}$의 그래프를 x축의 방향으로 2π만큼, y축의 방향으로 1만큼 평행이동한 것이다. (참)

따라서 옳은 것은 ㄴ, ㄷ, ㄹ이다.

0659

답 ④

조건 ㈏에서 모든 실수 x에 대하여 $f(x)=f(x+3)$이 성립하므로

$$f\left(\frac{37}{4}\right)=f\left(\frac{25}{4}\right)=f\left(\frac{13}{4}\right)=f\left(\frac{1}{4}\right)$$

$$=\cos\frac{\pi}{4}=\frac{\sqrt{2}}{2}$$

0660

답 ②

$4\cos^2 x-1=0$에서

$(2\cos x+1)(2\cos x-1)=0$

$$\therefore\ \cos x=-\frac{1}{2}\ \text{또는}\ \cos x=\frac{1}{2}$$

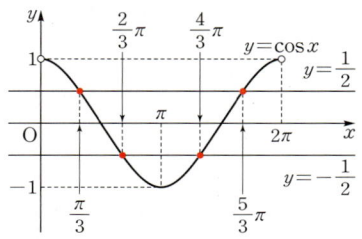

이때 $0<x<2\pi$이므로

$\cos x=-\frac{1}{2}$에서 $x=\frac{2}{3}\pi$ 또는 $x=\frac{4}{3}\pi$

$\cos x=\frac{1}{2}$에서 $x=\frac{\pi}{3}$ 또는 $x=\frac{5}{3}\pi$

한편, $\sin x\cos x<0$에서

$\sin x>0,\ \cos x<0$ 또는 $\sin x<0,\ \cos x>0$

이므로 x는 제2사분면 또는 제4사분면의 각이다.

따라서 구하는 x의 값은 $x=\frac{2}{3}\pi$ 또는 $x=\frac{5}{3}\pi$이므로 그 합은

$$\frac{2}{3}\pi+\frac{5}{3}\pi=\frac{7}{3}\pi$$

0661

답 ④

① $y=|\sin x|=\begin{cases}\sin x & (\sin x\ge0)\\ -\sin x & (\sin x<0)\end{cases}$

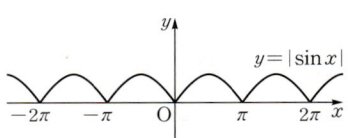

즉, $y=|\sin x|$는 주기가 π인 주기함수이다.

② $y=|\cos x|=\begin{cases}\cos x & (\cos x\ge0)\\ -\cos x & (\cos x<0)\end{cases}$

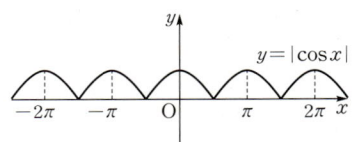

즉, $y=|\cos x|$는 주기가 π인 주기함수이다.

③ $y=|\tan x|=\begin{cases}\tan x & (\tan x\geq 0)\\ -\tan x & (\tan x<0)\end{cases}$

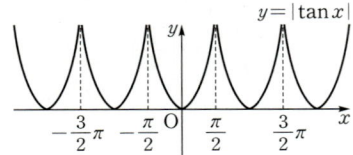

즉, $y=|\tan x|$는 주기가 π인 주기함수이다.

④ $y=\sin|x|=\begin{cases}\sin x & (x\geq 0)\\ \sin(-x) & (x<0)\end{cases}=\begin{cases}\sin x & (x\geq 0)\\ -\sin x & (x<0)\end{cases}$

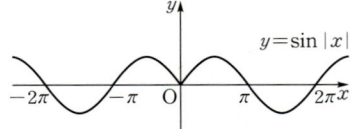

즉, $y=\sin|x|$는 주기함수가 아니다.

⑤ $y=\cos|x|=\begin{cases}\cos x & (x\geq 0)\\ \cos(-x) & (x<0)\end{cases}=\begin{cases}\cos x & (x\geq 0)\\ \cos x & (x<0)\end{cases}$

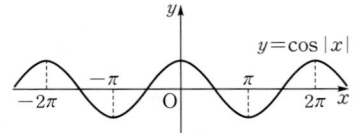

즉, $y=\cos|x|$는 주기가 2π인 주기함수이다.
따라서 주기함수가 아닌 것은 ④이다.

0662
답 ⑤

$y=\tan x-\tan\left(\frac{\pi}{2}+x\right)+2=\tan x+\frac{1}{\tan x}+2$

이때 $0<x<\frac{\pi}{2}$에서 $\tan x>0$이므로 산술평균과 기하평균의 관계에 의하여

$y=\tan x+\frac{1}{\tan x}+2$

$\geq 2\sqrt{\tan x\times\frac{1}{\tan x}}+2$

$=2\times 1+2=4$

$\left(\text{단, 등호는 }\tan x=\frac{1}{\tan x}, \text{ 즉 }x=\frac{\pi}{4}\text{일 때 성립한다.}\right)$

따라서 주어진 함수의 최솟값은 4이다.

🔊 **Bible Says** **산술평균과 기하평균의 관계**

$a>0, b>0$일 때

$\frac{a+b}{2}\geq\sqrt{ab}$ (단, 등호는 $a=b$일 때 성립한다.)

0663
답 ④

$2\sin^2 x+3\cos x\leq 3$에서

$2(1-\cos^2 x)+3\cos x\leq 3$

$2\cos^2 x-3\cos x+1\geq 0$

$(2\cos x-1)(\cos x-1)\geq 0$

이때 $0<x<2\pi$에서 $\cos x-1<0$이므로

$2\cos x-1\leq 0$ $\therefore \cos x\leq\frac{1}{2}$

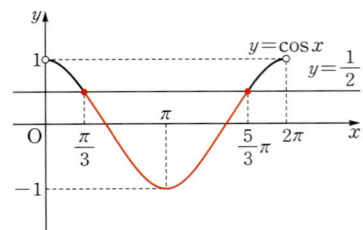

$0<x<2\pi$에서 $y=\cos x$의 그래프는 위의 그림과 같으므로

$\cos x\leq\frac{1}{2}$을 만족시키는 x의 값의 범위는

$\frac{\pi}{3}\leq x\leq\frac{5}{3}\pi$

따라서 x의 최댓값은 $\frac{5}{3}\pi$, 최솟값은 $\frac{\pi}{3}$이므로 그 합은

$\frac{5}{3}\pi+\frac{\pi}{3}=2\pi$

0664
답 ③

함수 $f(x)=a-\sqrt{3}\tan 2x$의 주기는 $\frac{\pi}{2}$이고, 그 그래프는

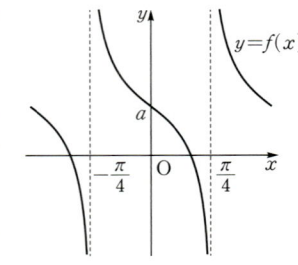

$y=\sqrt{3}\tan 2x$의 그래프를 x축에 대하여 대칭이동한 후 y축의 방향으로 a만큼 평행이동한 것이다.

즉, 함수 $y=f(x)$의 그래프는 오른쪽 그림과 같다.

따라서 함수 $f(x)$는 $x=-\frac{\pi}{6}$일 때 최댓값 7을 가지므로

$7=a-\sqrt{3}\tan\left(-\frac{\pi}{3}\right)$, $7=a-\sqrt{3}\times(-\sqrt{3})$

$7=a+3$ $\therefore a=4$

또한 함수 $f(x)$는 $x=b$일 때 최솟값 3을 가지므로

$3=4-\sqrt{3}\tan 2b$, $\sqrt{3}\tan 2b=1$

$\tan 2b=\frac{\sqrt{3}}{3}$

이때 $-\frac{\pi}{6}<b<\frac{\pi}{4}$에서 $-\frac{\pi}{3}<2b<\frac{\pi}{2}$이므로

$2b=\frac{\pi}{6}$ $\therefore b=\frac{\pi}{12}$

$\therefore a\times b=4\times\frac{\pi}{12}=\frac{\pi}{3}$

0665
답 6

함수 $y=\sin 2x$의 주기는 $\frac{2\pi}{2}=\pi$, 최댓값은 1, 최솟값은 -1이고,

함수 $y=\sin\left(\frac{\pi}{2}-3x\right)=\cos 3x$의 주기는 $\frac{2\pi}{3}$, 최댓값은 1, 최솟값은 -1이므로 $0\leq x\leq 2\pi$에서 두 함수 $y=\sin 2x$,

$y=\sin\left(\frac{\pi}{2}-3x\right)$의 그래프는 다음 그림과 같다.

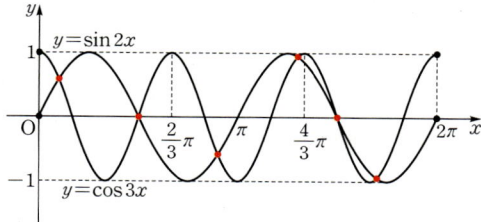

따라서 두 함수의 그래프의 교점의 개수는 6이다.

0666
답 ④

$y=\tan x$의 그래프가 점 $\left(\dfrac{\pi}{3},\ c\right)$를 지나므로

$c=\tan\dfrac{\pi}{3}=\sqrt{3}$

$y=a\sin bx$의 주기가 π이고 $b>0$이므로

$\dfrac{2\pi}{b}=\pi$　　∴ $b=2$

즉, $y=a\sin 2x$의 그래프가 점 $\left(\dfrac{\pi}{3},\ \sqrt{3}\right)$을 지나므로

$a\sin\dfrac{2}{3}\pi=\sqrt{3}$, $\dfrac{\sqrt{3}}{2}a=\sqrt{3}$　　∴ $a=2$

∴ $abc=2\times 2\times\sqrt{3}=4\sqrt{3}$

0667
답 ⑤

$3\cos^2 x+5\sin x-1=0$에서

$3(1-\sin^2 x)+5\sin x-1=0$

$3\sin^2 x-5\sin x-2=0$

$(3\sin x+1)(\sin x-2)=0$

이때 $0\leq x<2\pi$에서 $\sin x-2<0$이므로

$3\sin x+1=0$　　∴ $\sin x=-\dfrac{1}{3}$ ······ ㉠

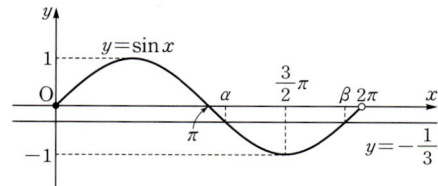

이때 ㉠을 만족시키는 x의 값을 α, $\beta\ (\alpha<\beta)$라 하면

두 점 $(\alpha,\ \sin\alpha)$, $(\beta,\ \sin\beta)$는 직선 $x=\dfrac{3}{2}\pi$에 대하여 대칭이므로

$\dfrac{\alpha+\beta}{2}=\dfrac{3}{2}\pi$　　∴ $\alpha+\beta=3\pi$

따라서 구하는 모든 해의 합은 3π이다.

0668
답 15

$y=\cos^2(\pi-x)-\sin^2 x+2\sin\left(\dfrac{\pi}{2}-x\right)$

$=\cos^2 x-\sin^2 x+2\cos x$

$=\cos^2 x-(1-\cos^2 x)+2\cos x$

$=2\cos^2 x+2\cos x-1$

이때 $\cos x=t$로 놓으면 $-1\leq t\leq 1$이고, 주어진 함수는

$y=2t^2+2t-1=2\left(t+\dfrac{1}{2}\right)^2-\dfrac{3}{2}$

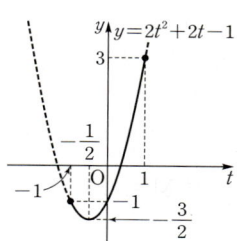

$-1\leq t\leq 1$에서 이 함수는 $t=1$일 때 최댓값 3, $t=-\dfrac{1}{2}$일 때 최솟값 $-\dfrac{3}{2}$을 가지므로

$M=3$, $m=-\dfrac{3}{2}$

∴ $10(M+m)=10\times\left(3-\dfrac{3}{2}\right)=15$

0669
답 ③

$\sin\dfrac{\pi}{7}=\cos\left(\dfrac{\pi}{2}-\dfrac{\pi}{7}\right)=\cos\left(\dfrac{3}{2}\pi+\dfrac{\pi}{7}\right)$이므로

$0\leq x\leq 2\pi$에서 방정식 $\cos x=\sin\dfrac{\pi}{7}$를 만족시키는 x의 값은

$x=\dfrac{\pi}{2}-\dfrac{\pi}{7}=\dfrac{5}{14}\pi$ 또는 $x=\dfrac{3}{2}\pi+\dfrac{\pi}{7}=\dfrac{23}{14}\pi$

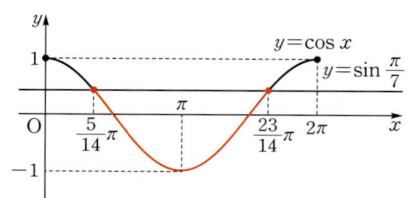

$0\leq x\leq 2\pi$에서 부등식 $\cos x\leq\sin\dfrac{\pi}{7}$를 만족시키는 x의 값의 범위는 함수 $y=\cos x$의 그래프가 직선 $y=\sin\dfrac{\pi}{7}$와 만나는 부분 또는 직선보다 아래쪽에 있는 x의 값의 범위이므로 위의 그림에서

$\dfrac{5}{14}\pi\leq x\leq\dfrac{23}{14}\pi$

따라서 $\alpha=\dfrac{5}{14}\pi$, $\beta=\dfrac{23}{14}\pi$이므로

$\beta-\alpha=\dfrac{23}{14}\pi-\dfrac{5}{14}\pi=\dfrac{9}{7}\pi$

0670
답 ⑤

조건 ㈐에 의하여 함수 $f(x)$의 주기가 4π이고 $b>0$이므로

$\dfrac{2\pi}{b}=4\pi$　　∴ $b=\dfrac{1}{2}$

조건 ㈏에 의하여 $f(x)$의 최댓값이 5, 최솟값이 -3이고 $a>0$이므로

$a+d=5$, $-a+d=-3$

위의 두 식을 연립하여 풀면 $a=4$, $d=1$

따라서 $f(x)=4\cos\dfrac{1}{2}(x-c)+1$이고 조건 ㈎에서 $f\left(\dfrac{\pi}{6}\right)=3$이므로

$4\cos\left(\dfrac{\pi}{12}-\dfrac{c}{2}\right)+1=3$, $\cos\left(\dfrac{\pi}{12}-\dfrac{c}{2}\right)=\dfrac{1}{2}$

이때 $\dfrac{\pi}{2}<c<\pi$에서 $-\dfrac{5}{12}\pi<\dfrac{\pi}{12}-\dfrac{c}{2}<-\dfrac{\pi}{6}$이므로

$\dfrac{\pi}{12}-\dfrac{c}{2}=-\dfrac{\pi}{3}$, $\dfrac{c}{2}=\dfrac{5}{12}\pi$　　∴ $c=\dfrac{5}{6}\pi$

∴ $abcd=4\times\dfrac{1}{2}\times\dfrac{5}{6}\pi\times 1=\dfrac{5}{3}\pi$

0671

답 ⑤

$A+B+C=\pi$이고 $\sin A=\sin B$이므로
$A=B$
따라서 삼각형 ABC는 $\overline{AC}=\overline{BC}$인 이등변삼각형이다.

오른쪽 그림과 같이 점 C에서 $\overline{AB}$에
내린 수선의 발을 M이라 하면

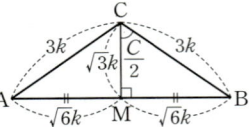

$\angle ACM=\angle BCM=\dfrac{C}{2}$, $\overline{AM}=\overline{BM}$

$\sin A=\dfrac{\sqrt{3}}{3}$이므로 $\overline{AC}=3k\,(k>0)$라 하면

$\overline{CM}=\sqrt{3}k$, $\overline{AM}=\sqrt{(3k)^2-(\sqrt{3}k)^2}=\sqrt{6}k$

따라서 $\tan\dfrac{C}{2}=\dfrac{\sqrt{6}k}{\sqrt{3}k}=\sqrt{2}$이므로

$\tan\left(\pi+\dfrac{C}{2}\right)=\tan\dfrac{C}{2}=\sqrt{2}$

0672

답 ①

$2\sin^2 x-\cos x-a>0$에서
$2(1-\cos^2 x)-\cos x-a>0$
$-2\cos^2 x-\cos x+2>a$
이때 $\cos x=t$로 놓으면 $-1\le t\le 1$이고, 주어진 부등식은
$-2t^2-t+2>a$ ...... ㉠
$-1\le t\le 1$에서 부등식 ㉠이 항상 성립
하려면 a의 값은 이차함수
$y=-2t^2-t+2$의 최솟값보다 작아야
한다.

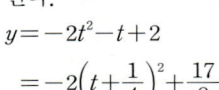

$y=-2t^2-t+2$
$\quad=-2\left(t+\dfrac{1}{4}\right)^2+\dfrac{17}{8}$

$-1\le t\le 1$에서 이 함수는 $t=1$일 때 최솟값 -1을 가지므로
$a<-1$

0673

답 ⑤

방정식 $\sin x=\dfrac{1}{4}$을 만족시키는 x의 값은 함수 $y=\sin x$의 그래프

와 직선 $y=\dfrac{1}{4}$의 교점의 x좌표와 같다.

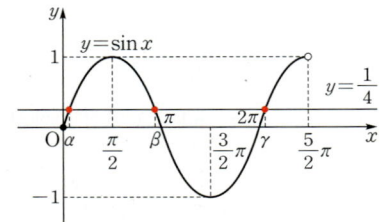

$y=\sin x$의 그래프에서 두 점 $\left(\alpha,\ \dfrac{1}{4}\right)$, $\left(\beta,\ \dfrac{1}{4}\right)$은 직선 $x=\dfrac{\pi}{2}$에

대하여 대칭이므로

$\dfrac{\alpha+\beta}{2}=\dfrac{\pi}{2}$ $\quad\therefore \beta=\pi-\alpha$

함수 $y=\sin x$의 주기는 2π이므로 $\gamma=2\pi+\alpha$

$\therefore \cos\left(\alpha+\dfrac{\beta+\gamma}{2}\right)+\sin\left(\dfrac{\alpha+\beta}{2}+\gamma\right)$

$\quad=\cos\left(\alpha+\dfrac{\pi-\alpha+2\pi+\alpha}{2}\right)+\sin\left(\dfrac{\pi}{2}+2\pi+\alpha\right)$

$\quad=\cos\left(\dfrac{3}{2}\pi+\alpha\right)+\sin\left(\dfrac{\pi}{2}+\alpha\right)$

$\quad=\sin\alpha+\cos\alpha=\sin\alpha+\sqrt{1-\sin^2\alpha}\ \left(\because 0<\alpha<\dfrac{\pi}{2}\right)$

$\quad=\dfrac{1}{4}+\sqrt{1-\left(\dfrac{1}{4}\right)^2}=\dfrac{1+\sqrt{15}}{4}$

0674

답 ①

이차방정식 $x^2-(2\sin\theta)x-3\cos^2\theta-5\sin\theta+5=0$이 실근을
가지려면 판별식을 D라 할 때, $D\ge 0$이어야 하므로

$\dfrac{D}{4}=(-\sin\theta)^2-(-3\cos^2\theta-5\sin\theta+5)\ge 0$

$\sin^2\theta+3\cos^2\theta+5\sin\theta-5\ge 0$

$\sin^2\theta+3(1-\sin^2\theta)+5\sin\theta-5\ge 0$

$2\sin^2\theta-5\sin\theta+2\le 0$

$(2\sin\theta-1)(\sin\theta-2)\le 0$

이때 $0\le\theta<2\pi$에서 $\sin\theta-2<0$이므로

$2\sin\theta-1\ge 0$

$\therefore \sin\theta\ge\dfrac{1}{2}$

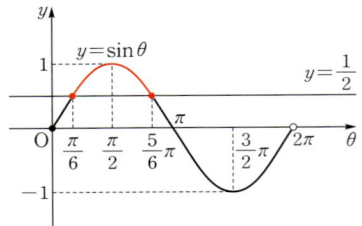

위의 그림에서 부등식 $\sin\theta\ge\dfrac{1}{2}$의 해는

$\dfrac{\pi}{6}\le\theta\le\dfrac{5}{6}\pi$

따라서 $\alpha=\dfrac{\pi}{6}$, $\beta=\dfrac{5}{6}\pi$이므로

$4\beta-2\alpha=4\times\dfrac{5}{6}\pi-2\times\dfrac{\pi}{6}=3\pi$

0675

답 45

$\cos^2 x-\sin^2 x+\sin x-k=0$에서
$(1-\sin^2 x)-\sin^2 x+\sin x-k=0$
$-2\sin^2 x+\sin x+1=k$
이때 $\sin x=t$로 놓으면 $0\le x\le\pi$에서 $0\le t\le 1$이고, 주어진 방정
식은
$-2t^2+t+1=k$
주어진 방정식이 서로 다른 4개의 실근
을 가지려면 $0\le t\le 1$에서

$y=-2t^2+t+1=-2\left(t-\dfrac{1}{4}\right)^2+\dfrac{9}{8}$의

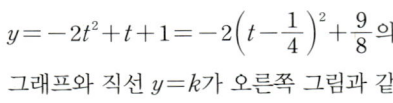

그래프와 직선 $y=k$가 오른쪽 그림과 같
이 서로 다른 두 점에서 만나야 한다.

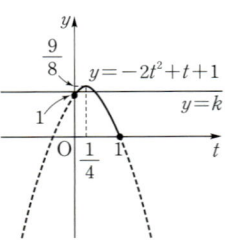

$\therefore 1 \leq k < \dfrac{9}{8}$

따라서 $a=1$, $b=\dfrac{9}{8}$이므로

$40ab = 40 \times 1 \times \dfrac{9}{8} = 45$

0676

답 ④

ㄱ. 함수 $f(x) = |-\tan 2x + 1|$의 주기는 $\dfrac{\pi}{2}$이므로

점근선의 방정식은 $x = \dfrac{\pi}{2}n + \dfrac{\pi}{4} = \dfrac{2n+1}{4}\pi$ (n은 정수)이고

정의역은 $\left\{ x \,\middle|\, x \neq \dfrac{2n+1}{4}\pi \text{ (n은 정수)인 모든 실수} \right\}$이다. (참)

ㄴ. $y = |-\tan 2x + 1|$의 그래프와 x축의 교점의 x좌표는

$y = -\tan 2x + 1$의 그래프와 x축의 교점의 x좌표와 같다.

$-\tan 2x + 1 = 0$에서 $\tan 2x = 1$

이때 $2x = t$로 놓으면 $-\pi \leq x \leq \pi$에서 $-2\pi \leq t \leq 2\pi$이고,

$\tan t = 1$

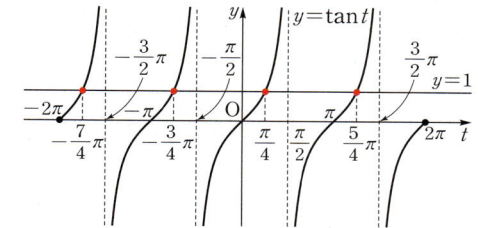

$-2\pi \leq t \leq 2\pi$에서 $y = \tan t$의 그래프는 위의 그림과 같으므로

$\tan t = 1$을 만족시키는 t의 값은

$t = -\dfrac{7}{4}\pi$ 또는 $t = -\dfrac{3}{4}\pi$ 또는 $t = \dfrac{\pi}{4}$ 또는 $t = \dfrac{5}{4}\pi$

즉, $2x = -\dfrac{7}{4}\pi$ 또는 $2x = -\dfrac{3}{4}\pi$ 또는 $2x = \dfrac{\pi}{4}$ 또는 $2x = \dfrac{5}{4}\pi$

이므로

$x = -\dfrac{7}{8}\pi$ 또는 $x = -\dfrac{3}{8}\pi$ 또는 $x = \dfrac{\pi}{8}$ 또는 $x = \dfrac{5}{8}\pi$

따라서 $y = f(x)$의 그래프와 x축의 교점의 x좌표의 합은

$-\dfrac{7}{8}\pi + \left(-\dfrac{3}{8}\pi\right) + \dfrac{\pi}{8} + \dfrac{5}{8}\pi = -\dfrac{\pi}{2}$ (거짓)

ㄷ. 함수 $y = |-\tan 2x + 1|$의 그래프는 함수 $y = -\tan 2x + 1$의

그래프에서 $y \geq 0$인 부분은 그대로 두고, $y < 0$인 부분을 x축에

대하여 대칭이동하여 그리면 되므로 다음 그림과 같다.

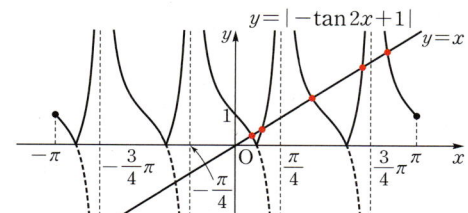

$-\pi \leq x \leq \pi$에서 $y = f(x)$의 그래프와 직선 $y = x$의 교점의 개

수는 5이다. (참)

따라서 옳은 것은 ㄱ, ㄷ이다.

0677

답 8

조건 (가)에 의하여 함수 $f(x)$의 주기는 2이고, 조건 (나)에 의하여 함수 $y = f(x)$의 그래프는 y축에 대하여 대칭임을 알 수 있다.

❶

함수 $y = f(x)$의 그래프와 직선 $y = \dfrac{1}{2}x$는 다음 그림과 같다.

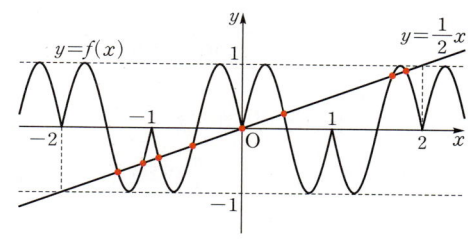

❷

따라서 함수 $y = f(x)$의 그래프와 직선 $y = \dfrac{1}{2}x$의 교점의 개수는 8

이다.

❸

채점 기준	배점
❶ 함수 $f(x)$의 주기와 그래프의 대칭성 파악하기	30%
❷ 함수 $y = f(x)$의 그래프와 직선 $y = \dfrac{1}{2}x$ 그리기	50%
❸ 함수 $y = f(x)$의 그래프와 직선 $y = \dfrac{1}{2}x$의 교점의 개수 구하기	20%

참고

함수 $y = \sin 2\pi x$의 주기는 $\dfrac{2\pi}{2\pi} = 1$이다. ······ (*)

그런데 $0 \leq x < 1$에서 $f(x) = \sin 2\pi x$이고 조건 (가), (나)에 의하여 함수

$f(x)$의 주기는 2가 된다.

(*)만을 생각하여 함수 $f(x)$의 주기를 1로 착각하지 않도록 유의한다.

0678

답 11

$2^{\sin^2 2°} \times 2^{\sin^2 4°} \times \cdots \times 2^{\sin^2 88°} = 4^k$에서 $2^{\sin^2 2° + \sin^2 4° + \cdots + \sin^2 88°} = 2^{2k}$

$\therefore 2k = \sin^2 2° + \sin^2 4° + \cdots + \sin^2 88°$ ······ ㉠

❶

이때

$\sin 2° = \sin(90° - 88°) = \cos 88°$,

$\sin 4° = \sin(90° - 86°) = \cos 86°$,

$\vdots$

$\sin 88° = \sin(90° - 2°) = \cos 2°$

이므로 ㉠에서

$2k = \cos^2 88° + \cos^2 86° + \cdots + \cos^2 2°$ ······ ㉡

❷

㉠+㉡을 하면

$4k = (\sin^2 2° + \cos^2 2°) + (\sin^2 4° + \cos^2 4°)$

$\qquad\qquad + \cdots + (\sin^2 88° + \cos^2 88°)$

$4k = 44$ $\quad \therefore k = 11$

❸

채점 기준	배점
❶ $2k$를 $\sin x$에 대한 식으로 나타내기	20%
❷ $2k$를 $\cos x$에 대한 식으로 나타내기	40%
❸ k의 값 구하기	40%

0679

답 ②

$f(x)=\cos x$, $g(x)=\dfrac{\pi}{2}\sin x$이므로

$(f\circ g)(x)=f(g(x))=\cos\left(\dfrac{\pi}{2}\sin x\right)=0$

$-2\pi\le x<2\pi$에서 $-\dfrac{\pi}{2}\le\dfrac{\pi}{2}\sin x\le\dfrac{\pi}{2}$이므로

$\dfrac{\pi}{2}\sin x=X$로 놓으면 $-\dfrac{\pi}{2}\le X\le\dfrac{\pi}{2}$이고, 주어진 방정식은

$\cos X=0$ $\quad\therefore X=-\dfrac{\pi}{2}$ 또는 $X=\dfrac{\pi}{2}$

즉, $\dfrac{\pi}{2}\sin x=-\dfrac{\pi}{2}$ 또는 $\dfrac{\pi}{2}\sin x=\dfrac{\pi}{2}$이므로

$\sin x=-1$ 또는 $\sin x=1$

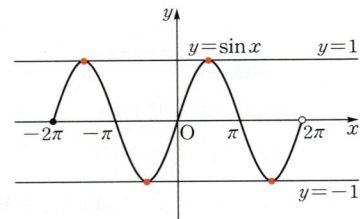

$-2\pi\le x<2\pi$에서 함수 $y=\sin x$의 그래프와 두 직선 $y=-1$,
$y=1$은 각각 두 점에서 만난다.
따라서 주어진 방정식의 해의 개수는 $2+2=4$

0680

답 ④

$f(x)=\dfrac{\sin^2 x+3\cos^2\left(\dfrac{\pi}{2}+x\right)+2}{\cos\left(\dfrac{\pi}{2}-x\right)}=\dfrac{\sin^2 x+3\sin^2 x+2}{\sin x}$

$\quad=\dfrac{4\sin^2 x+2}{\sin x}=4\sin x+\dfrac{2}{\sin x}$

이때 $0<x<\pi$에서 $\sin x>0$이므로 산술평균과 기하평균의 관계
에 의하여

$f(x)=4\sin x+\dfrac{2}{\sin x}$

$\qquad\ge 2\sqrt{4\sin x\times\dfrac{2}{\sin x}}$

$\qquad=2\sqrt{8}=4\sqrt{2}$

$\left(\text{단, 등호는 } 4\sin x=\dfrac{2}{\sin x}, \text{ 즉 } x=\dfrac{\pi}{4} \text{ 또는 } x=\dfrac{3}{4}\pi\text{일 때 성립한다.}\right)$
따라서 함수 $f(x)$의 최솟값은 $4\sqrt{2}$이다.

0681

답 ④

$\cos(2n\pi+\pi)=-1$ (n은 정수)이므로 k가 자연수일 때,

$A_k=\left\{\cos\dfrac{2(m-1)}{k}\pi\,\middle|\,m\text{은 자연수}\right\}$에 대하여 $-1\in A_k$이려면

$\dfrac{2(m-1)}{k}=2n+1$ (n은 정수)이어야 한다.

즉, $2m-2=k(2n+1)$에서

$m=\dfrac{k(2n+1)+2}{2}=nk+\dfrac{k}{2}+1$

이때 n은 정수이고, m과 k는 자연수이므로 k는 2의 배수이다.
k는 두 자리 자연수이므로
$k=10,\ 12,\ 14,\ \cdots,\ 98$
따라서 구하는 자연수 k의 개수는 45이다.

0682

답 ①

방정식 $\cos nx=\dfrac{1}{3}$의 서로 다른 실근의 개수는 함수 $y=\cos nx$의

그래프와 직선 $y=\dfrac{1}{3}$의 교점의 개수와 같다.

(i) $0<x<2\pi$에서 함수 $y=\cos x$의 그래프와 직선 $y=\dfrac{1}{3}$의 교점
의 개수는 2이다.

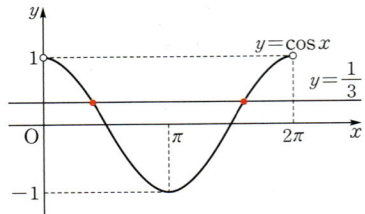

$\quad\therefore f(1)=2$

(ii) $0<x<2\pi$에서 함수 $y=\cos 10x$의 그래프는 (i)과 같은 모양
의 곡선이 10번 반복되므로 함수 $y=\cos 10x$의 그래프와 직선
$y=\dfrac{1}{3}$의 교점의 개수는 20이다.

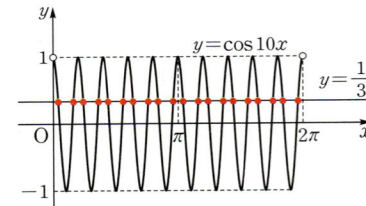

$\quad\therefore f(10)=20$

(iii) $0<x<2\pi$에서 함수 $y=\cos 100x$의 그래프는 (i)과 같은 모양
의 곡선이 100번 반복되므로 함수 $y=\cos 100x$의 그래프와 직
선 $y=\dfrac{1}{3}$의 교점의 개수는 200이다.

$\quad\therefore f(100)=200$

(i)~(iii)에서
$f(1)+f(10)+f(100)=2+20+200=222$

0683

답 ③

함수 $y=a\sin b\pi x$의 주기는 $\dfrac{2\pi}{b\pi}=\dfrac{2}{b}$ ($\because b>0$)이고 최댓값은 a

이므로 함수 $y=a\sin b\pi x\left(0\le x\le\dfrac{3}{b}\right)$의 그래프와 직선 $y=a$가

만나는 두 점 A, B의 x좌표는

$a=a\sin b\pi x$에서 $\sin b\pi x=1$ $\qquad\cdots\cdots\ \text{㉠}$

이때 $b\pi x=t$로 놓으면 $0\le x\le\dfrac{3}{b}$에서 $0\le t\le 3\pi$이고, 방정식 ㉠은

$\sin t=1$

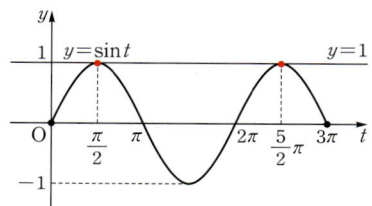

$\therefore t=\dfrac{\pi}{2}$ 또는 $t=\dfrac{5}{2}\pi$

즉, $b\pi x=\dfrac{\pi}{2}$ 또는 $b\pi x=\dfrac{5}{2}\pi$이므로 $x=\dfrac{1}{2b}$ 또는 $x=\dfrac{5}{2b}$

따라서 A$\left(\dfrac{1}{2b},\ a\right)$, B$\left(\dfrac{5}{2b},\ a\right)$이고 삼각형 OAB의 넓이가 5이므로

$\dfrac{1}{2}\times\left(\dfrac{5}{2b}-\dfrac{1}{2b}\right)\times a=5$, $\dfrac{a}{b}=5$ $\therefore a=5b$ ……㉡

한편, 직선 OA의 기울기와 직선 OB의 기울기의 곱이 $\dfrac{5}{4}$이므로

$\dfrac{a}{\frac{1}{2b}}\times\dfrac{a}{\frac{5}{2b}}=\dfrac{5}{4}$, $\dfrac{4a^2b^2}{5}=\dfrac{5}{4}$

$a^2b^2=\dfrac{5^2}{4^2}$ $\therefore ab=\dfrac{5}{4}$ ($\because a,\ b$는 양수) ……㉢

㉡을 ㉢에 대입하면

$5b^2=\dfrac{5}{4}$, $b^2=\dfrac{1}{4}$ $\therefore b=\dfrac{1}{2}$ ($\because b$는 양수)

$b=\dfrac{1}{2}$을 ㉡에 대입하면 $a=\dfrac{5}{2}$

$\therefore a+b=\dfrac{5}{2}+\dfrac{1}{2}=3$

0684

답 ④

$2\sin^2 x-|\cos x|-k-1=0$에서

$2(1-\cos^2 x)-|\cos x|-k-1=0$

$2\cos^2 x+|\cos x|+k-1=0$

이때 $|\cos x|=t$로 놓으면 $0\le t\le 1$이고, 주어진 방정식은

$2t^2+t+k-1=0$ $\therefore -2t^2-t+1=k$

이 방정식이 실근을 가지려면

$0\le t\le 1$에서

$y=-2t^2-t+1=-2\left(t+\dfrac{1}{4}\right)^2+\dfrac{9}{8}$

의 그래프와 직선 $y=k$가 만나야 하므로 오른쪽 그림에서

$-2\le k\le 1$

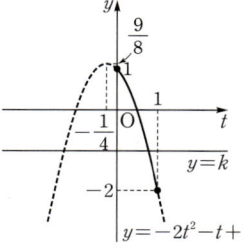

0685

답 ④

이차방정식 $x^2+4x\sin\theta+6\cos\theta=0$의 판별식을 D라 하고, 두 근을 α, β라 하면 두 근이 모두 음의 실수이므로

(i) $\dfrac{D}{4}=(2\sin\theta)^2-6\cos\theta\ge 0$

$4\sin^2\theta-6\cos\theta\ge 0$, $4(1-\cos^2\theta)-6\cos\theta\ge 0$

$2\cos^2\theta+3\cos\theta-2\le 0$

$(2\cos\theta-1)(\cos\theta+2)\le 0$

$0\le\theta<2\pi$에서 $\cos\theta+2>0$이므로

$2\cos\theta-1\le 0$ $\therefore \cos\theta\le\dfrac{1}{2}$

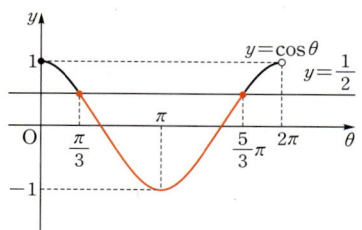

위의 그림에서 θ의 값의 범위는 $\dfrac{\pi}{3}\le\theta\le\dfrac{5}{3}\pi$ ……㉠

(ii) $\alpha+\beta=-4\sin\theta<0$ $\therefore \sin\theta>0$ ……㉡

(iii) $\alpha\beta=6\cos\theta>0$ $\therefore \cos\theta>0$ ……㉢

㉡, ㉢에서 θ는 제1사분면의 각이므로 $0<\theta<\dfrac{\pi}{2}$ ……㉣

㉠, ㉣의 공통 범위를 구하면 $\dfrac{\pi}{3}\le\theta<\dfrac{\pi}{2}$

따라서 $p=\dfrac{\pi}{3}$, $q=\dfrac{\pi}{2}$이므로

$p+q=\dfrac{\pi}{3}+\dfrac{\pi}{2}=\dfrac{5}{6}\pi$

0686

답 ②

$2\sin^2 x-3\cos x=k$에서 $2(1-\cos^2 x)-3\cos x=k$

$2\cos^2 x+3\cos x+k-2=0$ ……㉠

$\cos x=t$로 놓으면 $0\le x\le 2\pi$에서 $-1\le t\le 1$이고, 방정식 ㉠은

$2t^2+3t+k-2=0$ ……㉡

이때 방정식 ㉡을 만족시키는 t ($-1\le t\le 1$)의 값에 대하여 $0\le x\le 2\pi$에서 $y=\cos x$의 그래프와 직선 $y=t$의 서로 다른 교점은 $t=-1$일 때 1개, $-1<t\le 1$일 때 2개이다.

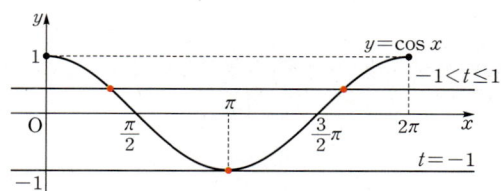

방정식 ㉠의 서로 다른 실근의 개수가 3이므로 이차방정식 ㉡은 $-1\le t\le 1$에서 서로 다른 두 실근을 가져야 하고, 그중 하나는 $t=-1$이다.

$t=-1$을 ㉡에 대입하면

$2-3+k-2=0$ $\therefore k=3$

$k=3$을 ㉠에 대입하면

$2\cos^2 x+3\cos x+1=0$

$(2\cos x+1)(\cos x+1)=0$

$\therefore \cos x=-\dfrac{1}{2}$ 또는 $\cos x=-1$

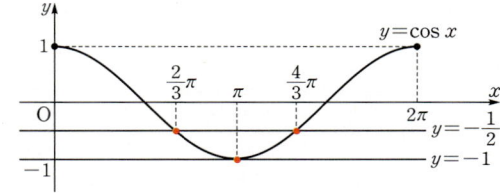

이때 $0 \le x \le 2\pi$이므로

$\cos x = -\dfrac{1}{2}$에서 $x = \dfrac{2}{3}\pi$ 또는 $x = \dfrac{4}{3}\pi$

$\cos x = -1$에서 $x = \pi$

따라서 세 실근 중 가장 큰 실근은 $x = \dfrac{4}{3}\pi$이므로 $\alpha = \dfrac{4}{3}\pi$

$\therefore k \times \alpha = 3 \times \dfrac{4}{3}\pi = 4\pi$

0687

답 8

함수 $y = \dfrac{1 + a\sin x}{2 - \sin x}$에서 $\sin x = t$로 놓으면 $-1 \le t \le 1$이고, 주어진 함수는

$y = \dfrac{1 + at}{2 - t} = \dfrac{-2a - 1}{t - 2} - a$

(ⅰ) $-2a - 1 < 0$, 즉 $a > -\dfrac{1}{2}$인 경우

$t = -1$일 때 최솟값 $\dfrac{-a+1}{3}$을 갖는다.

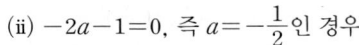

이때 최솟값이 -1보다 크므로

$\dfrac{-a+1}{3} > -1$, $-a + 1 > -3$

$\therefore a < 4$

그런데 $a > -\dfrac{1}{2}$이므로

$-\dfrac{1}{2} < a < 4$

(ⅱ) $-2a - 1 = 0$, 즉 $a = -\dfrac{1}{2}$인 경우

주어진 함수는 $y = \dfrac{1}{2}$이므로 최솟값은 -1보다 크다.

$\therefore a = -\dfrac{1}{2}$

(ⅲ) $-2a - 1 > 0$, 즉 $a < -\dfrac{1}{2}$인 경우

$t = 1$일 때 최솟값 $a + 1$을 갖는다.

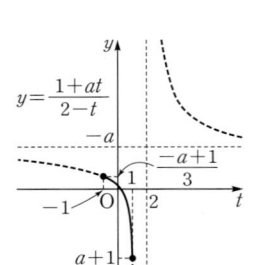

이때 최솟값이 -1보다 크므로

$a + 1 > -1$ $\therefore a > -2$

그런데 $a < -\dfrac{1}{2}$이므로

$-2 < a < -\dfrac{1}{2}$

(ⅰ)~(ⅲ)에서 $-2 < a < 4$이므로

$\alpha = -2$, $\beta = 4$

$\therefore \beta - 2\alpha = 4 - 2 \times (-2) = 8$

0688

답 ④

$\alpha + \beta + \gamma = \dfrac{\pi}{2}$에서 $\alpha + \beta = \dfrac{\pi}{2} - \gamma$

$2\cos^2(\pi + \alpha + \beta) + \cos\gamma = y$라 하면

$y = 2\cos^2(\pi + \alpha + \beta) + \cos\gamma = 2\cos^2\left(\dfrac{3}{2}\pi - \gamma\right) + \cos\gamma$

$\quad = 2\sin^2\gamma + \cos\gamma = 2(1 - \cos^2\gamma) + \cos\gamma$

$\quad = -2\cos^2\gamma + \cos\gamma + 2$

이때 $\cos\gamma = t$로 놓으면 $-1 \le t \le 1$이고, $\cdots\cdots$ ㉠

$y = -2t^2 + t + 2$ $\cdots\cdots$ ㉡

한편, $a^2 + b^2 = 4ab\cos\gamma$에서

$t = \dfrac{a^2 + b^2}{4ab} = \dfrac{a}{4b} + \dfrac{b}{4a}$

이때 $\dfrac{a}{4b} > 0$, $\dfrac{b}{4a} > 0$ $(\because a > 0, b > 0)$이므로 산술평균과 기하평균의 관계에 의하여

$t = \dfrac{a}{4b} + \dfrac{b}{4a} \ge 2\sqrt{\dfrac{a}{4b} \times \dfrac{b}{4a}} = \dfrac{1}{2}$ $\cdots\cdots$ ㉢

$\left(\text{단, 등호는 } \dfrac{a}{4b} = \dfrac{b}{4a}\text{일 때 성립한다.}\right)$

㉠, ㉢에서 $\dfrac{1}{2} \le t \le 1$

㉡에서

$y = -2t^2 + t + 2$

$\quad = -2\left(t - \dfrac{1}{4}\right)^2 + \dfrac{17}{8}$

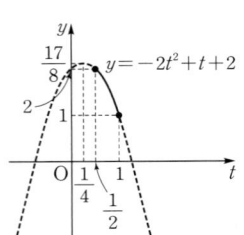

은 $t = \dfrac{1}{2}$일 때, 최댓값 2를 갖는다.

따라서 구하는 최댓값은 2이다.

0689

답 ③

$f(x) = \sqrt{1 + \cos x} + \sqrt{1 - \cos x}$라 하고, 주기를 p라 하면

$f(x + p) = f(x)$이므로

$\sqrt{1 + \cos(x + p)} + \sqrt{1 - \cos(x + p)} = \sqrt{1 + \cos x} + \sqrt{1 - \cos x}$

위의 등식을 만족시키는 p는

$\cos(x + p) = \cos x$ 또는 $\cos(x + p) = -\cos x$

를 만족시키는 가장 작은 양수이어야 한다.

이때 $p = 2\pi$일 때 $\cos(x + 2\pi) = \cos x$, $p = \pi$일 때

$\cos(x + \pi) = -\cos x$이므로 함수 $f(x)$의 주기는 π이다.

① $y = \cos\dfrac{x}{2}$의 주기는 $\dfrac{2\pi}{\frac{1}{2}} = 4\pi$

② $y = 2\sin x$의 주기는 2π

③ $y = |\cos(-x)|$의 주기는 π

④ $y = \sin(4x - 1)$의 주기는 $\dfrac{2\pi}{4} = \dfrac{\pi}{2}$

⑤ $y = 2\tan 3x - 1$의 주기는 $\dfrac{\pi}{3}$

따라서 함수 $f(x)$와 주기가 같은 것은 ③이다.

참고

함수 $y = \sqrt{1 + \cos x} + \sqrt{1 - \cos x}$의 그래프는 다음 그림과 같다.

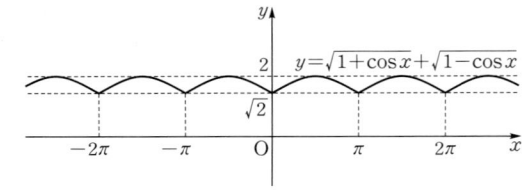

0690

답 ②

함수 $f(x)=a\cos bx+c$의 최댓값이 3, 최솟값이 -1이고 a가 양수이므로

$a+c=3$, $-a+c=-1$

위의 두 식을 연립하여 풀면 $a=2$, $c=1$

$\therefore f(x)=2\cos bx+1$

함수 $f(x)=2\cos bx+1$의 주기는

$\dfrac{2\pi}{b}$ $(\because b>0)$ $\qquad \therefore \overline{\text{AB}}=\dfrac{2\pi}{b}$

$0\leq x\leq\dfrac{2\pi}{b}$에서 방정식 $2\cos bx+1=0$의 해는

$x=\dfrac{2\pi}{3b}$ 또는 $x=\dfrac{4\pi}{3b}$이므로 $\overline{\text{CD}}=\dfrac{4\pi}{3b}-\dfrac{2\pi}{3b}=\dfrac{2\pi}{3b}$

이때 사각형 ACDB의 넓이가 6π이므로

$\dfrac{1}{2}\times\left(\dfrac{2\pi}{3b}+\dfrac{2\pi}{b}\right)\times 3=6\pi$, $6b=4$ $\qquad \therefore b=\dfrac{2}{3}$

$\therefore f(x)=2\cos\dfrac{2}{3}x+1$

방정식 $f(x)=2$, 즉 $2\cos\dfrac{2}{3}x+1=2$에서

$\cos\dfrac{2}{3}x=\dfrac{1}{2}$ ...... ㉠

이때 $\dfrac{2}{3}x=t$로 놓으면 $0\leq x\leq 4\pi$에서 $0\leq t\leq\dfrac{8}{3}\pi$이고, 방정식 ㉠은

$\cos t=\dfrac{1}{2}$

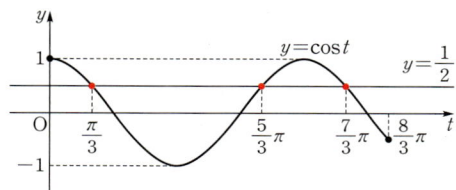

$\therefore t=\dfrac{\pi}{3}$ 또는 $t=\dfrac{5}{3}\pi$ 또는 $t=\dfrac{7}{3}\pi$

즉, $\dfrac{2}{3}x=\dfrac{\pi}{3}$ 또는 $\dfrac{2}{3}x=\dfrac{5}{3}\pi$ 또는 $\dfrac{2}{3}x=\dfrac{7}{3}\pi$이므로

$x=\dfrac{\pi}{2}$ 또는 $x=\dfrac{5}{2}\pi$ 또는 $x=\dfrac{7}{2}\pi$

따라서 구하는 모든 해의 합은

$\dfrac{\pi}{2}+\dfrac{5}{2}\pi+\dfrac{7}{2}\pi=\dfrac{13}{2}\pi$

0691

답 ④

$0\leq x<\dfrac{4\pi}{a}$에서 함수 $y=f(x)$의 그래프가 직선 $y=2$와 만나는

점의 x좌표는 방정식

$\left|4\sin\left(ax-\dfrac{\pi}{3}\right)+2\right|=2$ ...... ㉠

의 실근과 같다.

이때 $ax-\dfrac{\pi}{3}=t$로 놓으면 $0\leq x<\dfrac{4\pi}{a}$에서 $-\dfrac{\pi}{3}\leq t<\dfrac{11}{3}\pi$이고,

방정식 ㉠은

$|4\sin t+2|=2$ ...... ㉡

$4\sin t+2=2$ 또는 $4\sin t+2=-2$

$4\sin t=0$ 또는 $4\sin t=-4$

$\therefore \sin t=0$ 또는 $\sin t=-1$

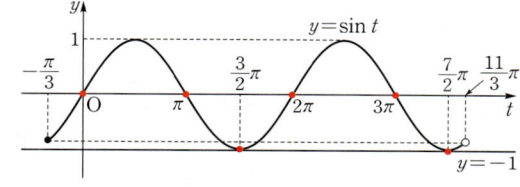

$-\dfrac{\pi}{3}\leq t<\dfrac{11}{3}\pi$에서 $y=\sin t$의 그래프는 위의 그림과 같으므로

㉡을 만족시키는 t의 값은

$t=0$ 또는 $t=\pi$ 또는 $t=\dfrac{3}{2}\pi$ 또는 $t=2\pi$ 또는 $t=3\pi$ 또는 $t=\dfrac{7}{2}\pi$

따라서 $n=6$이고 ㉡을 만족시키는 모든 t의 값의 합은

$0+\pi+\dfrac{3}{2}\pi+2\pi+3\pi+\dfrac{7}{2}\pi=11\pi$

이때 방정식 ㉠의 실근의 개수가 6이므로 각각 x_1, x_2, x_3, x_4, x_5, x_6이라 하면

$x_1+x_2+x_3+x_4+x_5+x_6=39$

$a(x_1+x_2+x_3+x_4+x_5+x_6)-\dfrac{\pi}{3}\times 6=11\pi$에서

$39a-2\pi=11\pi$, $39a=13\pi$ $\qquad \therefore a=\dfrac{\pi}{3}$

$\therefore n\times a=6\times\dfrac{\pi}{3}=2\pi$

0692

답 -2

$y=2\sin^2 x-2a\cos x-2$

$=2(1-\cos^2 x)-2a\cos x-2$

$=-2\cos^2 x-2a\cos x$

이때 $\cos x=t$로 놓으면 $0\leq x\leq\dfrac{\pi}{2}$에서 $0\leq t\leq 1$이고, 주어진 함수는

$y=-2t^2-2at=-2\left(t+\dfrac{a}{2}\right)^2+\dfrac{a^2}{2}$

(i) $-\dfrac{a}{2}<0$, 즉 $a>0$인 경우

$t=0$일 때 최댓값 0을 가지므로

$g(a)=0$

$g(a)=-a+9$에서

$0=-a+9$

$\therefore a=9$

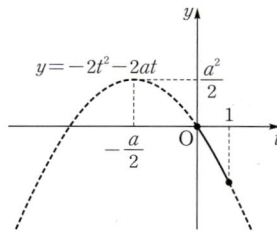

(ii) $0\leq-\dfrac{a}{2}<1$, 즉 $-2<a\leq 0$인 경우

$t=-\dfrac{a}{2}$일 때 최댓값 $\dfrac{a^2}{2}$을 가

지므로

$g(a)=\dfrac{a^2}{2}$

$g(a)=-a+9$에서

$\dfrac{a^2}{2}=-a+9$, $a^2+2a-18=0$

$\therefore a=-1\pm\sqrt{19}$

그런데 $-2<a\leq 0$이므로 만족시키는 a의 값은 없다.

(iii) $-\dfrac{a}{2} \geq 1$, 즉 $a \leq -2$인 경우

$t=1$일 때 최댓값 $-2-2a$를 가지므로

$g(a)=-2-2a$

$g(a)=-a+9$에서

$-2-2a=-a+9$

$\therefore a=-11$

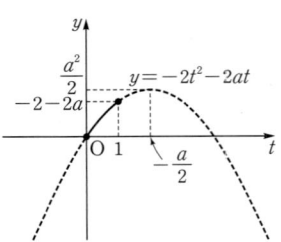

(i)~(iii)에서 $a=-11$ 또는 $a=9$

따라서 모든 실수 a의 값의 합은

$-11+9=-2$

0693

답 ⑤

$y=\dfrac{1+\sin x \cos x}{\cos^2 x}+\dfrac{1-\sin x \cos x}{\sin^2 x}$에서

$1=\sin^2 x+\cos^2 x$이므로

$y=\dfrac{\sin^2 x+\cos^2 x+\sin x \cos x}{\cos^2 x}+\dfrac{\sin^2 x+\cos^2 x-\sin x \cos x}{\sin^2 x}$

$=\dfrac{\sin^2 x}{\cos^2 x}+1+\dfrac{\sin x}{\cos x}+1+\dfrac{\cos^2 x}{\sin^2 x}-\dfrac{\cos x}{\sin x}$

$=\tan^2 x+\tan x+\dfrac{1}{\tan^2 x}-\dfrac{1}{\tan x}+2$

이때 $\tan x=k$로 놓으면 $\dfrac{\pi}{6} \leq x \leq \dfrac{\pi}{4}$에서 $\dfrac{1}{\sqrt{3}} \leq k \leq 1$이고, 주어진 함수는

$y=k^2+\dfrac{1}{k^2}+k-\dfrac{1}{k}+2=\left(k-\dfrac{1}{k}\right)^2+\left(k-\dfrac{1}{k}\right)+4$ ...... ㉠

한편, $1 \leq \dfrac{1}{k} \leq \sqrt{3}$에서 $-\dfrac{2\sqrt{3}}{3} \leq k-\dfrac{1}{k} \leq 0$이므로

$k-\dfrac{1}{k}=t$로 놓으면 $-\dfrac{2\sqrt{3}}{3} \leq t \leq 0$이고, ㉠은

$y=t^2+t+4=\left(t+\dfrac{1}{2}\right)^2+\dfrac{15}{4}$

따라서 $t=-\dfrac{1}{2}$일 때 최솟값은 $\dfrac{15}{4}$이다.

0694

답 24

$n(A \cup B \cup C)=3$이 되려면 함수 $y=a \sin x+b$의 그래프가 세 직선 $x=\pi$, $y=1$, $y=3$과 만나는 서로 다른 점의 개수가 3이 되어야 한다.

a, b가 자연수이므로 $0<x<2\pi$에서 함수 $y=a \sin x+b$의 최댓값은 $a+b$, 최솟값은 $-a+b$이고, 함수 $y=a \sin x+b$의 그래프가 직선 $x=\pi$와 만나는 점의 좌표는 (π, b)이다.

b의 값에 따라 $n(A \cup B \cup C)=3$이 되도록 하는 5 이하의 두 자연수 a, b의 순서쌍 (a, b)는 다음과 같다.

(i) $b=1$일 때

$0<x<2\pi$에서 함수 $y=a \sin x+b$의 그래프와 직선 $y=3$이 만나는 점의 개수가 2가 되어야 하므로 $a+b>3$, 즉 $a+1>3$에서

$a>2$ $\therefore a=3, 4, 5$

따라서 순서쌍 (a, b)는 $(3, 1)$, $(4, 1)$, $(5, 1)$이다.

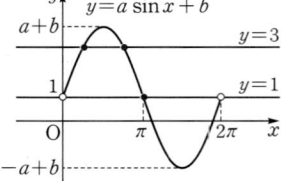

(ii) $b=2$일 때

$0<x<2\pi$에서 함수 $y=a \sin x+b$의 그래프와 직선 $y=1$이 만나는 점의 개수가 1이고, 함수 $y=a \sin x+b$의 그래프와 직선 $y=3$이 만나는 점의 개수가 1이 되어야 하므로 $-a+b=1$, $a+b=3$에서

$a=1$, $b=2$

따라서 순서쌍 (a, b)는 $(1, 2)$이다.

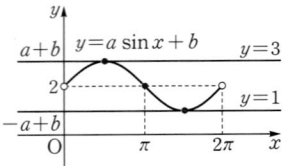

(iii) $b=3$일 때

$0<x<2\pi$에서 함수 $y=a \sin x+b$의 그래프와 직선 $y=1$이 만나는 점의 개수가 2가 되어야 하므로 $-a+b<1$, 즉 $-a+3<1$에서

$a>2$ $\therefore a=3, 4, 5$

따라서 순서쌍 (a, b)는 $(3, 3)$, $(4, 3)$, $(5, 3)$이다.

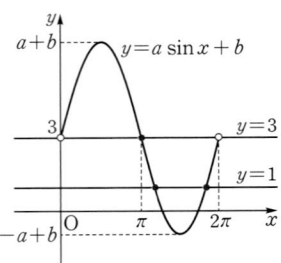

(iv) $b=4$일 때

$0<x<2\pi$에서 함수 $y=a \sin x+b$의 그래프와 직선 $y=3$이 만나는 점의 개수가 2가 되어야 하므로 $1<-a+b<3$, 즉 $1<-a+4<3$에서

$1<a<3$ $\therefore a=2$

따라서 순서쌍 (a, b)는 $(2, 4)$이다.

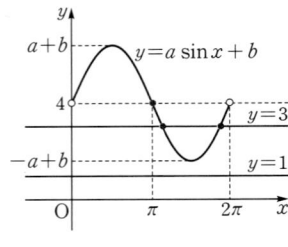

(v) $b=5$일 때

$0<x<2\pi$에서 함수 $y=a \sin x+b$의 그래프와 직선 $y=3$이 만나는 점의 개수가 2가 되어야 하므로 $1<-a+b<3$, 즉 $1<-a+5<3$에서

$2<a<4$ $\therefore a=3$

따라서 순서쌍 (a, b)는 $(3, 5)$이다.

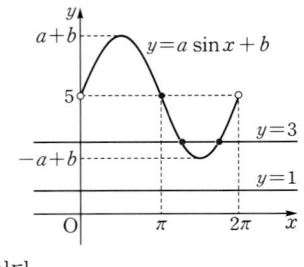

(i)~(v)에서 $a+b$의 최댓값은 $M=3+5=8$, 최솟값은 $m=1+2=3$이므로

$M \times m=8 \times 3=24$

 07 삼각함수의 활용

유형 01 사인법칙

확인 문제 (1) 8   (2) 30°

(1) 사인법칙에 의하여 $\dfrac{a}{\sin A}=\dfrac{b}{\sin B}$이므로

$$\dfrac{4\sqrt{2}}{\sin 30°}=\dfrac{b}{\sin 45°},\ \dfrac{4\sqrt{2}}{\frac{1}{2}}=\dfrac{b}{\frac{\sqrt{2}}{2}}$$

$$\therefore b=8$$

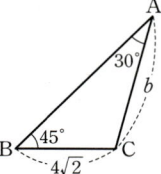

(2) 사인법칙에 의하여

$$\dfrac{b}{\sin B}=\dfrac{c}{\sin C}$$이므로

$$\dfrac{2}{\sin B}=\dfrac{2\sqrt{2}}{\sin 135°}$$

$$\dfrac{2}{\sin B}=\dfrac{2\sqrt{2}}{\frac{\sqrt{2}}{2}}$$

$$\therefore \sin B=\dfrac{1}{2}$$

즉, $B=30°$ 또는 $B=150°$

그런데 $C=135°$이므로 $0°<B<45°$

$$\therefore B=30°$$

0695 답 ③

$B=180°-(75°+60°)=45°$

사인법칙에 의하여 $\dfrac{\overline{AB}}{\sin 60°}=\dfrac{\overline{AC}}{\sin 45°}$이므로

$$\dfrac{\overline{AB}}{\frac{\sqrt{3}}{2}}=\dfrac{2\sqrt{2}}{\frac{\sqrt{2}}{2}}\quad \therefore \overline{AB}=2\sqrt{3}$$

0696 답 ③

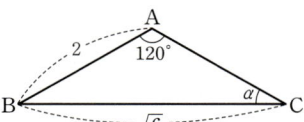

사인법칙에 의하여 $\dfrac{\overline{BC}}{\sin A}=\dfrac{\overline{AB}}{\sin C}$이므로

$$\dfrac{\sqrt{6}}{\sin 120°}=\dfrac{2}{\sin \alpha},\ \dfrac{\sqrt{6}}{\frac{\sqrt{3}}{2}}=\dfrac{2}{\sin \alpha}\quad \therefore \sin \alpha=\dfrac{\sqrt{2}}{2}$$

즉, $\alpha=45°$ 또는 $\alpha=135°$

그런데 $A=120°$이므로 $0°<C<60°$ $\therefore \alpha=45°$

$$\therefore \sin 3\alpha=\sin 135°=\dfrac{\sqrt{2}}{2}$$

0697 답 ②

한 호에 대한 원주각의 크기는 서로 같으므로

$$\angle ADB=\angle ACB=45°$$

삼각형 ABD에서 사인법칙에 의하여 $\dfrac{\overline{AB}}{\sin 45°}=\dfrac{\overline{AD}}{\sin 60°}$이므로

$$\dfrac{6\sqrt{2}}{\frac{\sqrt{2}}{2}}=\dfrac{\overline{AD}}{\frac{\sqrt{3}}{2}}\quad \therefore \overline{AD}=6\sqrt{3}$$

Bible Says 원주각

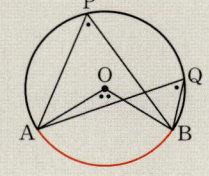

(1) 원에서 한 호에 대한 원주각의 크기는 모두 같다.
즉, $\angle APB=\angle AQB$

(2) 한 호에 대한 원주각의 크기는 그 호에 대한 중심각의 크기의 $\dfrac{1}{2}$이다.
즉, $\angle APB=\dfrac{1}{2}\angle AOB$

(3) 반원인 호에 대한 원주각의 크기는 90°이다.

0698 답 ⑤

오른쪽 그림과 같이 꼭짓점 A에서 $\overline{BC}$에 내린 수선의 발을 H라 하면

$\angle CAH=45°$이므로

$$\overline{AH}=\overline{CH}=\sqrt{2}$$

$\angle BAH=105°-45°=60°$이므로 $\overline{BH}=\sqrt{6}$, $\overline{AB}=2\sqrt{2}$

$$\therefore \overline{BC}=\overline{BH}+\overline{CH}=\sqrt{6}+\sqrt{2}$$

삼각형 ABC에서 사인법칙에 의하여 $\dfrac{\overline{AB}}{\sin 45°}=\dfrac{\overline{BC}}{\sin 105°}$이므로

$$\dfrac{2\sqrt{2}}{\frac{\sqrt{2}}{2}}=\dfrac{\sqrt{6}+\sqrt{2}}{\sin 105°}\quad \therefore \sin 105°=\dfrac{\sqrt{2}+\sqrt{6}}{4}$$

Bible Says 특수한 직각삼각형의 세 변의 길이의 비

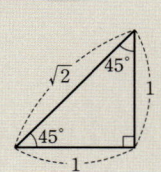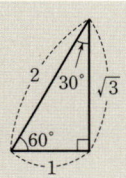

0699 답 2

점 D가 $\overline{BC}$를 $2:3$으로 내분하는 점이므로

$\overline{BD}=2k$, $\overline{CD}=3k\ (k>0)$로 놓을 수 있다.

이때 $\angle ADB=\theta$라 하면 $\angle ADC=\pi-\theta$

삼각형 ABD에서 사인법칙에 의하여 $\dfrac{4}{\sin \theta}=\dfrac{2k}{\sin \alpha}$이므로

$$\sin \alpha=\dfrac{k\sin \theta}{2}$$

삼각형 ADC에서 사인법칙에 의하여 $\dfrac{3}{\sin (\pi-\theta)}=\dfrac{3k}{\sin \beta}$이므로

$$\sin \beta=k\sin (\pi-\theta)=k\sin \theta$$

$$\therefore \dfrac{\sin \beta}{\sin \alpha}=\dfrac{k\sin \theta}{\frac{k\sin \theta}{2}}=2$$

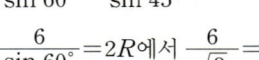

유형 02 사인법칙 - 삼각형의 외접원

확인 문제 (1) 3 (2) $8\sqrt{3}$ (3) $60°$

(1) 사인법칙에 의하여 $\dfrac{a}{\sin A}=2R$이므로

$$\dfrac{3}{\sin 30°}=2R,\ \dfrac{3}{\frac{1}{2}}=2R \qquad \therefore R=3$$

(2) 사인법칙에 의하여 $\dfrac{b}{\sin B}=2R$이므로

$$\dfrac{b}{\sin 120°}=2\times 8 \qquad \therefore b=2\times 8\times \dfrac{\sqrt{3}}{2}=8\sqrt{3}$$

(3) 사인법칙에 의하여 $\dfrac{c}{\sin C}=2R$이므로

$$\dfrac{6}{\sin C}=2\times 2\sqrt{3} \qquad \therefore \sin C=\dfrac{6}{2\times 2\sqrt{3}}=\dfrac{\sqrt{3}}{2}$$

이때 $0°<C<90°$이므로 $C=60°$

0700
답 ④

$C=180°-(60°+75°)=45°$

사인법칙에 의하여

$$\dfrac{a}{\sin A}=\dfrac{c}{\sin C}=2R$$이므로

$$\dfrac{6}{\sin 60°}=\dfrac{c}{\sin 45°}=2R$$

$$\dfrac{6}{\sin 60°}=2R에서 \dfrac{6}{\frac{\sqrt{3}}{2}}=2R \qquad \therefore R=2\sqrt{3}$$

$$\dfrac{c}{\sin 45°}=2R에서 \dfrac{c}{\frac{\sqrt{2}}{2}}=4\sqrt{3} \qquad \therefore c=2\sqrt{6}$$

$$\therefore cR=2\sqrt{6}\times 2\sqrt{3}=12\sqrt{2}$$

0701
답 ③

삼각형 ABC의 외접원의 반지름의 길이가 15이므로 사인법칙에 의하여

$$\dfrac{\overline{AC}}{\sin B}=2\times 15$$

$$\therefore \overline{AC}=2\times 15\times \sin B=2\times 15\times \dfrac{7}{10}=21$$

0702
답 ①

$A=180°-(70°+50°)=60°$

삼각형 ABC의 외접원의 반지름의 길이를 R이라 하면 사인법칙에 의하여 $\dfrac{6}{\sin A}=2R$이므로

$$2R=\dfrac{6}{\sin 60°}=\dfrac{6}{\frac{\sqrt{3}}{2}}=4\sqrt{3} \qquad \therefore R=2\sqrt{3}$$

따라서 구하는 외접원의 넓이는

$\pi\times(2\sqrt{3})^2=12\pi$

0703
답 4

$\angle ACD=90°-45°=45°$이므로

$\angle ABD=\angle ACD$

즉, 네 점 A, B, C, D가 한 원 위에 있으므로 사각형 ABCD에 외접하는 원이 존재한다. ... ❶

이 원의 반지름의 길이를 R이라 하면

$\angle BCD=90°$이므로 $\overline{BD}=2R$ ... ❷

삼각형 ABD에서 사인법칙에 의하여

$$\dfrac{\overline{AD}}{\sin(\angle ABD)}=2R$$이므로 $\dfrac{2\sqrt{2}}{\sin 45°}=\overline{BD}$

$$\therefore \overline{BD}=\dfrac{2\sqrt{2}}{\frac{\sqrt{2}}{2}}=4$$ ... ❸

채점 기준	배점
❶ 사각형 ABCD의 외접원이 존재함을 알아내기	40%
❷ $\overline{BD}$의 길이가 사각형의 외접원의 지름의 길이와 같음을 알아내기	30%
❸ 사인법칙을 이용하여 $\overline{BD}$의 길이 구하기	30%

Bible Says 네 점이 한 원 위에 있을 조건

두 점 C, D가 직선 AB에 대하여 같은 쪽에 있을 때,
$$\angle ACB=\angle ADB$$
이면 네 점 A, B, C, D는 한 원 위에 있다.

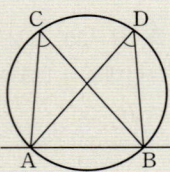

유형 03 사인법칙의 변형

0704
답 ②

$\sin A:\sin B:\sin C=2:3:4$이므로

$a:b:c=2:3:4$

따라서 $a=2k,\ b=3k,\ c=4k\ (k>0)$로 놓으면

$ab=6k^2,\ bc=12k^2,\ ca=8k^2$

$$\therefore ab:bc:ca=6k^2:12k^2:8k^2$$
$$=3:6:4$$

0705
답 ④

삼각형 ABC의 외접원의 반지름의 길이가 $4\sqrt{5}$이므로 사인법칙에 의하여

$$\dfrac{a}{\sin A}=\dfrac{b}{\sin B}=\dfrac{c}{\sin C}=8\sqrt{5}$$

$$\therefore \sin A=\dfrac{a}{8\sqrt{5}},\ \sin B=\dfrac{b}{8\sqrt{5}},\ \sin C=\dfrac{c}{8\sqrt{5}}$$

이때 $\sin A + \sin B + \sin C = \sqrt{5}$이므로

$$\frac{a}{8\sqrt{5}} + \frac{b}{8\sqrt{5}} + \frac{c}{8\sqrt{5}} = \sqrt{5}$$

$$\therefore a+b+c = 8\sqrt{5} \times \sqrt{5} = 40$$

따라서 삼각형 ABC의 둘레의 길이는 40이다.

0706

답 $3:4:5$

$A+B+C = \pi$이므로

$\sin(A+B) : \sin(B+C) : \sin(C+A)$
$= \sin(\pi-C) : \sin(\pi-A) : \sin(\pi-B)$
$= \sin C : \sin A : \sin B$
$= c : a : b = 3 : 4 : 5$

0707

답 ⑤

삼각형 ABC의 외접원의 반지름의 길이를 R이라 하면 사인법칙에 의하여

$$\frac{a}{\sin A} = \frac{b}{\sin B} = \frac{c}{\sin C} = 2R$$

즉, $a = 2R\sin A$, $b = 2R\sin B$, $c = 2R\sin C$이므로

$$\sin A = \frac{a}{2R}, \ \sin B = \frac{b}{2R}, \ \sin C = \frac{c}{2R}$$

ㄱ. $R > 0$이므로 $a < b < c$이면 $\dfrac{a}{2R} < \dfrac{b}{2R} < \dfrac{c}{2R}$

   $\therefore \sin A < \sin B < \sin C$ (참)

ㄴ. 삼각형의 두 변의 길이의 합은 나머지 한 변의 길이보다 크므로
   $a+b > c$

   $R > 0$이므로 $\dfrac{a}{2R} + \dfrac{b}{2R} > \dfrac{c}{2R}$

   $\therefore \sin A + \sin B > \sin C$ (참)

ㄷ. $A = 90°$이면 $a^2 = b^2 + c^2$
   위의 식에 $a = 2R\sin A$, $b = 2R\sin B$, $c = 2R\sin C$를 대입
   하면
   $(2R\sin A)^2 = (2R\sin B)^2 + (2R\sin C)^2$
   $4R^2\sin^2 A = 4R^2\sin^2 B + 4R^2\sin^2 C$

   $\therefore \sin^2 A = \sin^2 B + \sin^2 C$ (참)

따라서 옳은 것은 ㄱ, ㄴ, ㄷ이다.

0708

답 ③

$(a+b) : (b+c) : (c+a) = 6 : 5 : 7$이므로
$a+b = 6k$, $b+c = 5k$, $c+a = 7k \ (k>0)$ ...... ㉠
로 놓고 세 식을 변끼리 더하면
$2(a+b+c) = 18k$ $\therefore a+b+c = 9k$ ...... ㉡
㉡에서 ㉠의 각 식을 빼면 $a = 4k$, $b = 2k$, $c = 3k$
삼각형 ABC의 외접원의 반지름의 길이를 R이라 하면 사인법칙에 의하여

$$\frac{a}{\sin A} = \frac{b}{\sin B} = \frac{c}{\sin C} = 2R$$

따라서 $\sin A = \dfrac{a}{2R}$, $\sin B = \dfrac{b}{2R}$, $\sin C = \dfrac{c}{2R}$이고
$A+B+C = \pi$이므로

$$\frac{\sin A \sin(B+C)}{\sin B \sin C} = \frac{\sin A \sin(\pi-A)}{\sin B \sin C} = \frac{\sin^2 A}{\sin B \sin C}$$

$$= \frac{\left(\dfrac{a}{2R}\right)^2}{\dfrac{b}{2R} \times \dfrac{c}{2R}} = \frac{a^2}{bc} = \frac{(4k)^2}{2k \times 3k} = \frac{8}{3}$$

0709

답 ①

삼각형 ABC의 외접원의 반지름의 길이를 R이라 하면 사인법칙에 의하여

$$\frac{a}{\sin A} = \frac{b}{\sin B} = \frac{c}{\sin C} = 2R$$

$$\therefore \sin A = \frac{a}{2R}, \ \sin B = \frac{b}{2R}, \ \sin C = \frac{c}{2R}$$

위의 식을 $a\sin A = b\sin B + c\sin C$에 대입하면

$$a \times \frac{a}{2R} = b \times \frac{b}{2R} + c \times \frac{c}{2R} \quad \therefore a^2 = b^2 + c^2$$

따라서 삼각형 ABC는 $A = 90°$인 직각삼각형이다.

0710

답 ③

삼각형 ABC의 외접원의 반지름의 길이를 R이라 하면 사인법칙에 의하여

$$\frac{a}{\sin A} = \frac{b}{\sin B} = \frac{c}{\sin C} = 2R$$

$$\therefore \sin A = \frac{a}{2R}, \ \sin B = \frac{b}{2R}, \ \sin C = \frac{c}{2R}$$

위의 식을 $\sin^2 A - \sin^2 B - \sin^2 C = 0$에 대입하면

$$\left(\frac{a}{2R}\right)^2 - \left(\frac{b}{2R}\right)^2 - \left(\frac{c}{2R}\right)^2 = 0$$

$$\frac{a^2}{4R^2} - \frac{b^2}{4R^2} - \frac{c^2}{4R^2} = 0 \quad \therefore a^2 = b^2 + c^2$$

따라서 삼각형 ABC는 빗변의 길이가 a인 직각삼각형이다.

0711

답 ③

삼각형 ABC의 외접원의 반지름의 길이를 R이라 하면 사인법칙에 의하여

$$\frac{a}{\sin A} = \frac{b}{\sin B} = \frac{c}{\sin C} = 2R$$

$$\therefore \sin A = \frac{a}{2R}, \ \sin B = \frac{b}{2R}, \ \sin C = \frac{c}{2R}$$

위의 식을 $(b-c)\sin A = b\sin B - c\sin C$에 대입하면

$$(b-c) \times \frac{a}{2R} = b \times \frac{b}{2R} - c \times \frac{c}{2R}$$

$(b-c)a = b^2 - c^2$, $(b-c)a - (b-c)(b+c) = 0$
$(b-c)(a-b-c) = 0$ $\therefore b = c$ 또는 $a = b+c$

그런데 삼각형의 한 변의 길이는 다른 두 변의 길이의 합보다 작으므로
$a < b + c$ $\therefore b = c$

따라서 삼각형 ABC는 $b = c$인 이등변삼각형이다.

0712

답 $a=b$인 이등변삼각형

주어진 이차방정식이 중근을 가지므로 판별식을 D라 하면

$$\frac{D}{4}=(-\sqrt{b}\sin B)^2-a\sin^2 A=0$$

$$\therefore a\sin^2 A=b\sin^2 B \quad\cdots\cdots \text{㉠}$$

❶

삼각형 ABC의 외접원의 반지름의 길이를 R이라 하면 사인법칙에 의하여

$$\frac{a}{\sin A}=\frac{b}{\sin B}=2R \quad \therefore \sin A=\frac{a}{2R},\ \sin B=\frac{b}{2R}$$

위의 식을 ㉠에 대입하면

$$a\times\left(\frac{a}{2R}\right)^2=b\times\left(\frac{b}{2R}\right)^2$$

$$a^3=b^3,\ (a-b)(a^2+ab+b^2)=0$$

$$\therefore a=b \ (\because a,\ b\text{는 양수})$$

❷

따라서 삼각형 ABC는 $a=b$인 이등변삼각형이다.

❸

채점 기준	배점
❶ 이차방정식의 판별식을 이용하여 $\sin A$, $\sin B$에 대한 관계식 구하기	30%
❷ 사인법칙을 이용하여 a, b 사이의 관계식 구하기	50%
❸ 삼각형 ABC가 어떤 삼각형인지 구하기	20%

유형 05 사인법칙의 활용

0713

답 ⑤

비행기, 지환, 지윤이의 위치를 각각 A, B, C라 하면

$$A=180°-(45°+75°)=60°$$

삼각형 ABC에서 사인법칙에 의하여

$$\frac{\overline{AC}}{\sin B}=\frac{\overline{BC}}{\sin A}\text{이므로}$$

$$\frac{\overline{AC}}{\sin 45°}=\frac{120}{\sin 60°}$$

$$\therefore \overline{AC}=\frac{120}{\sin 60°}\times\sin 45°=\frac{120}{\frac{\sqrt{3}}{2}}\times\frac{\sqrt{2}}{2}=40\sqrt{6}\,(\text{m})$$

따라서 비행기와 지윤이 사이의 거리는 $40\sqrt{6}$ m이다.

0714

답 ①

삼각형 ABQ에서

$$\angle AQB=180°-(60°+75°)=45°$$

삼각형 ABQ에서 사인법칙에 의하여

$$\frac{\overline{BQ}}{\sin 60°}=\frac{\overline{AB}}{\sin 45°}\text{이므로}$$

$$\frac{\overline{BQ}}{\frac{\sqrt{3}}{2}}=\frac{30}{\frac{\sqrt{2}}{2}} \quad \therefore \overline{BQ}=15\sqrt{6}\,(\text{m})$$

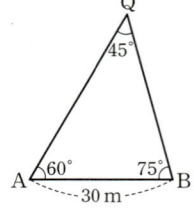

이때 삼각형 PBQ에서

$$\overline{PQ}=\overline{BQ}\tan 30°$$

$$=15\sqrt{6}\times\frac{\sqrt{3}}{3}=15\sqrt{2}\,(\text{m})$$

따라서 등대의 높이는 $15\sqrt{2}$ m이다.

다른 풀이

점 B에서 선분 AQ에 내린 수선의 발을 H라 하면

$$\overline{BH}=\overline{AB}\sin 60°=30\times\frac{\sqrt{3}}{2}=15\sqrt{3}\,(\text{m})$$

$\angle ABH=30°$이므로

$$\angle QBH=75°-30°=45°$$

$$\therefore \overline{BQ}=\frac{\overline{BH}}{\cos 45°}=\frac{15\sqrt{3}}{\frac{\sqrt{2}}{2}}=15\sqrt{6}\,(\text{m})$$

이때 삼각형 PBQ에서

$$\overline{PQ}=\overline{BQ}\tan 30°=15\sqrt{6}\times\frac{\sqrt{3}}{3}=15\sqrt{2}\,(\text{m})$$

따라서 등대의 높이는 $15\sqrt{2}$ m이다.

0715

답 20

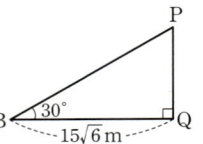

건물 P의 아래쪽 끝, 옥상의 같은 쪽 끝, 건물 Q의 아래쪽 끝, 옥상의 같은 쪽 끝을 각각 A, B, C, D라 하면

$$\overline{AB}=30\text{ m},\ \angle ABD=75°,\ \angle ADB=60°$$

삼각형 ABD에서 사인법칙에 의하여

$$\frac{\overline{AB}}{\sin 60°}=\frac{\overline{AD}}{\sin 75°}$$

이때 $\sin 75°=\sin(90°-15°)=\cos 15°=\dfrac{\sqrt{2}+\sqrt{6}}{4}$이므로

$$\overline{AD}=\frac{\overline{AB}\sin 75°}{\sin 60°}=\frac{30\times\frac{\sqrt{2}+\sqrt{6}}{4}}{\frac{\sqrt{3}}{2}}=15\sqrt{2}+5\sqrt{6}\,(\text{m})$$

❶

삼각형 ACD에서

$$\overline{CD}=\overline{AD}\sin 45°=(15\sqrt{2}+5\sqrt{6})\times\frac{\sqrt{2}}{2}=15+5\sqrt{3}\,(\text{m})$$

❷

따라서 건물 Q의 높이가 $(15+5\sqrt{3})$ m이므로

$$p=15,\ q=5$$

$$\therefore p+q=15+5=20$$

❸

채점 기준	배점
❶ 건물 P의 아래쪽 한 끝과 건물 Q의 옥상의 한쪽 끝 사이의 거리 구하기	50%
❷ 건물 Q의 높이 구하기	40%
❸ $p+q$의 값 구하기	10%

🔊 **Bible Says** $\dfrac{\pi}{2}-\theta$의 삼각함수

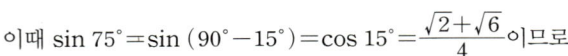

$$\sin\left(\frac{\pi}{2}-\theta\right)=\cos\theta,\ \cos\left(\frac{\pi}{2}-\theta\right)=\sin\theta,\ \tan\left(\frac{\pi}{2}-\theta\right)=\frac{1}{\tan\theta}$$

유형 06 코사인법칙

확인 문제   (1) $\sqrt{7}$ (2) $\sqrt{19}$

(1) 코사인법칙에 의하여
$$a^2=b^2+c^2-2bc\cos A$$
$$=4^2+(\sqrt{3})^2-2\times4\times\sqrt{3}\times\cos30°$$
$$=16+3-2\times4\times\sqrt{3}\times\frac{\sqrt{3}}{2}$$
$$=16+3-12=7$$
$$\therefore a=\sqrt{7}\ (\because a>0)$$

(2) 코사인법칙에 의하여
$$c^2=a^2+b^2-2ab\cos C$$
$$=2^2+3^2-2\times2\times3\times\cos120°$$
$$=4+9-2\times2\times3\times\left(-\frac{1}{2}\right)$$
$$=4+9+6=19$$
$$\therefore c=\sqrt{19}\ (\because c>0)$$

0716

답 ④

부채꼴 OAB의 반지름의 길이를 r이라 하면 중심각의 크기가 $60°$,
즉 $\frac{\pi}{3}$이고 호 AB의 길이가 4π이므로
$$r\times\frac{\pi}{3}=4\pi\quad\therefore r=12$$
$$\therefore \overline{OP}=12\times\frac{3}{3+1}=9,\ \overline{OQ}=12\times\frac{1}{1+2}=4$$
삼각형 OPQ에서 코사인법칙에 의하여
$$\overline{PQ}^2=\overline{OP}^2+\overline{OQ}^2-2\times\overline{OP}\times\overline{OQ}\times\cos60°$$
$$=9^2+4^2-2\times9\times4\times\frac{1}{2}$$
$$=81+16-36=61$$
$$\therefore \overline{PQ}=\sqrt{61}\ (\because \overline{PQ}>0)$$

🔊 **Bible Says**   부채꼴의 호의 길이와 넓이

반지름의 길이가 r, 중심각의 크기가 θ라디안인
부채꼴의 호의 길이를 l, 넓이를 S라 하면
$$l=r\theta$$
$$S=\frac{1}{2}r^2\theta=\frac{1}{2}rl$$

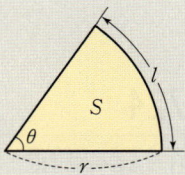

0717

답 ①

코사인법칙에 의하여 $c^2=a^2+b^2-2ab\cos C$이므로
$$16^2=a^2+18^2-2\times a\times18\times\cos60°$$
$$256=a^2+324-2\times a\times18\times\frac{1}{2}$$
$$\therefore a^2-18a+68=0$$
따라서 a의 값이 될 수 있는 모든 수의 곱은 근과 계수의 관계에 의하여 68이다.

참고

이차방정식 $a^2-18a+68=0$의 판별식을 D라 하면
$\frac{D}{4}=(-9)^2-1\times68=13>0$이고, 근과 계수의 관계에 의하여
(두 근의 합)$=18>0$, (두 근의 곱)$=68>0$이므로 이차방정식
$a^2-18a+68=0$의 두 근은 모두 양수이다.
따라서 근과 계수의 관계를 이용하여 a의 값이 될 수 있는 모든 수의 곱을 구할 수 있다.

0718

답 ④

삼각형 ABC에서 코사인법칙에 의하여
$$\overline{BC}^2=\overline{AB}^2+\overline{AC}^2-2\times\overline{AB}\times\overline{AC}\times\cos120°$$
$$=x^2+\frac{16}{x^2}-2\times x\times\frac{4}{x}\times\left(-\frac{1}{2}\right)$$
$$=x^2+\frac{16}{x^2}+4$$
이때 $x^2>0,\ \frac{16}{x^2}>0$이므로 산술평균과 기하평균의 관계에 의하여
$$\overline{BC}^2=x^2+\frac{16}{x^2}+4\geq2\sqrt{x^2\times\frac{16}{x^2}}+4=12$$
$$\left(\text{단, 등호는 } x^2=\frac{16}{x^2},\ \text{즉 } x=2\text{일 때 성립한다.}\right)$$
$$\therefore \overline{BC}\geq\sqrt{12}=2\sqrt{3}\ (\because \overline{BC}>0)$$
따라서 $\overline{BC}$의 길이의 최솟값은 $2\sqrt{3}$이다.

🔊 **Bible Says**   산술평균과 기하평균의 관계

$a>0, b>0$일 때,
$$\frac{a+b}{2}\geq\sqrt{ab}\ (\text{단, 등호는 } a=b\text{일 때 성립한다.})$$

0719

답 4

원에 내접하는 사각형에서 한 쌍의 대각의 크기의 합은 $180°$이다.
사각형 ABCD가 원에 내접하므로
$$A+C=180°\quad\therefore A=120°$$
----------------------------------- ❶
$\overline{BD}$를 그으면 삼각형 ABD에서 코사인법칙에 의하여
$$\overline{BD}^2=1^2+3^2-2\times1\times3\times\cos120°$$
$$=1+9-2\times1\times3\times\left(-\frac{1}{2}\right)=13$$
----------------------------------- ❷
$\overline{BC}=x$라 하면 삼각형 BCD에서 코사인법칙에 의하여
$$\overline{BD}^2=x^2+3^2-2\times x\times3\times\cos60°$$
즉, $13=x^2+9-2\times x\times3\times\frac{1}{2}$에서 $x^2-3x-4=0$
$$(x+1)(x-4)=0\quad\therefore x=4\ (\because x>0)$$
$$\therefore \overline{BC}=4$$
----------------------------------- ❸

채점 기준	배점
❶ A의 크기 구하기	20%
❷ $\overline{BD}$를 긋고 코사인법칙을 이용하여 $\overline{BD}^2$의 값 구하기	40%
❸ 코사인법칙을 이용하여 $\overline{BC}$의 길이 구하기	40%

확인 문제 (1) $\dfrac{1}{5}$ (2) $60°$

(1) 코사인법칙에 의하여
$$\cos C = \frac{a^2+b^2-c^2}{2ab} = \frac{5^2+6^2-7^2}{2\times 5\times 6} = \frac{12}{60} = \frac{1}{5}$$
(2) 코사인법칙에 의하여
$$\cos A = \frac{b^2+c^2-a^2}{2bc} = \frac{3^2+8^2-7^2}{2\times 3\times 8} = \frac{24}{48} = \frac{1}{2}$$
이때 $0°<A<180°$이므로 $A=60°$

0720

답 ④

$\angle ABD=\theta$라 하면 삼각형 ABD에서 코사인법칙에 의하여
$$\cos\theta = \frac{\overline{AB}^2+\overline{BD}^2-\overline{AD}^2}{2\times\overline{AB}\times\overline{BD}}$$
$$= \frac{5^2+5^2-4^2}{2\times 5\times 5} = \frac{17}{25}$$
삼각형 ABC에서 $\overline{BC}=5+5=10$이므로 코사인법칙에 의하여
$$\overline{AC}^2 = \overline{AB}^2+\overline{BC}^2-2\times\overline{AB}\times\overline{BC}\times\cos\theta$$
$$= 5^2+10^2-2\times 5\times 10\times\frac{17}{25}$$
$$= 25+100-68 = 57$$
$$\therefore \overline{AC}=\sqrt{57} \ (\because \overline{AC}>0)$$

0721

답 ④

$\dfrac{a-c}{b-c}=\dfrac{b}{a+c}$에서 $b(b-c)=(a+c)(a-c)$이므로
$$b^2-bc=a^2-c^2$$
$$\therefore b^2+c^2-a^2=bc$$
삼각형 ABC에서 코사인법칙에 의하여
$$\cos A = \frac{b^2+c^2-a^2}{2bc} = \frac{bc}{2bc} = \frac{1}{2}$$
이때 $0°<A<180°$이므로 $A=60°$
$$\therefore \sin 2A = \sin 120° = \frac{\sqrt{3}}{2}$$

0722

답 ①

$\overline{AD}\ /\!/\ \overline{BC}$이므로 $\angle ADB=\angle DBC$ $(\because$ 엇각$)$
이때 $\angle ADB=\angle DBC=\theta$, $\overline{BD}=x$라 하면
삼각형 ABD에서 코사인법칙에 의하여
$$\cos\theta = \frac{\overline{DA}^2+\overline{BD}^2-\overline{AB}^2}{2\times\overline{DA}\times\overline{BD}} = \frac{3^2+x^2-5^2}{2\times 3\times x} = \frac{x^2-16}{6x} \quad \cdots\cdots \ ㉠$$
삼각형 BCD에서 코사인법칙에 의하여
$$\cos\theta = \frac{\overline{BC}^2+\overline{BD}^2-\overline{CD}^2}{2\times\overline{BC}\times\overline{BD}} = \frac{9^2+x^2-7^2}{2\times 9\times x} = \frac{x^2+32}{18x} \quad \cdots\cdots \ ㉡$$

㉠, ㉡에서 $\dfrac{x^2-16}{6x}=\dfrac{x^2+32}{18x}$
$$3(x^2-16)=x^2+32, \ 2x^2=80, \ x^2=40$$
$$\therefore x=2\sqrt{10} \ (\because x>0)$$
따라서 대각선 BD의 길이는 $2\sqrt{10}$이다.

0723

답 $\dfrac{7}{9}$

$\overline{BE}:\overline{CE}=\overline{CF}:\overline{DF}=2:1$이므로
$$\overline{BE}=\overline{CF}=4, \ \overline{CE}=\overline{DF}=2$$
$$\therefore \overline{AE}=\sqrt{\overline{AB}^2+\overline{BE}^2}=\sqrt{6^2+4^2}=\sqrt{52}=2\sqrt{13}$$
$$\overline{EF}=\sqrt{\overline{CE}^2+\overline{CF}^2}=\sqrt{2^2+4^2}=\sqrt{20}=2\sqrt{5}$$
$$\overline{AF}=\sqrt{\overline{AD}^2+\overline{DF}^2}=\sqrt{6^2+2^2}=\sqrt{40}=2\sqrt{10}$$

❶

삼각형 AEF에서 코사인법칙에 의하여
$$\cos\theta = \frac{\overline{AE}^2+\overline{AF}^2-\overline{EF}^2}{2\times\overline{AE}\times\overline{AF}}$$
$$= \frac{(2\sqrt{13})^2+(2\sqrt{10})^2-(2\sqrt{5})^2}{2\times 2\sqrt{13}\times 2\sqrt{10}}$$
$$= \frac{9}{\sqrt{130}}$$

❷

이때 $0<\theta<\dfrac{\pi}{2}$이므로
$$\sin\theta = \sqrt{1-\cos^2\theta}=\sqrt{1-\left(\frac{9}{\sqrt{130}}\right)^2}=\sqrt{\frac{49}{130}}=\frac{7}{\sqrt{130}}$$
$$\therefore \tan\theta = \frac{\sin\theta}{\cos\theta} = \frac{\frac{7}{\sqrt{130}}}{\frac{9}{\sqrt{130}}} = \frac{7}{9}$$

❸

채점 기준	배점
❶ $\overline{AE}$, $\overline{EF}$, $\overline{AF}$의 길이 구하기	30%
❷ 코사인법칙을 이용하여 $\cos\theta$의 값 구하기	40%
❸ $\tan\theta$의 값 구하기	30%

0724

답 ②

$\overline{AB}=\overline{AC}$이고 $\overline{BC}=\overline{BD}$이므로 $\angle B=\angle C=\angle BDC=\theta$
따라서 $\triangle ABC \backsim \triangle BCD$ (AA 닮음)이므로
$$\overline{AB}:\overline{BC}=\overline{BC}:\overline{CD}$$
$\overline{CD}=x$라 하면 $(x+6):6=6:x$
$$x^2+6x=36, \ x^2+6x-36=0$$
$$\therefore x=-3+3\sqrt{5} \ (\because x>0)$$
삼각형 BCD에서 코사인법칙에 의하여
$$\cos\theta = \frac{\overline{BC}^2+\overline{CD}^2-\overline{BD}^2}{2\times\overline{BC}\times\overline{CD}}$$
$$= \frac{6^2+(-3+3\sqrt{5})^2-6^2}{2\times 6\times(-3+3\sqrt{5})}$$
$$= \frac{\sqrt{5}-1}{4}$$

유형 08 사인법칙과 코사인법칙

0725
답 ④

$\sin A : \sin B : \sin C = 7 : 8 : 13$이므로

$a : b : c = 7 : 8 : 13$

따라서 $a = 7k$, $b = 8k$, $c = 13k$ $(k > 0)$로 놓으면 코사인법칙에 의하여

$\cos C = \dfrac{a^2 + b^2 - c^2}{2ab} = \dfrac{49k^2 + 64k^2 - 169k^2}{2 \times 7k \times 8k} = -\dfrac{1}{2}$

$\therefore \angle C = \dfrac{2}{3}\pi$ $(\because 0 < \angle C < \pi)$

0726
답 ①

$\dfrac{\sin A}{3} = \dfrac{\sin B}{5} = \dfrac{\sin C}{7}$에서 $\sin A \sin B \sin C \neq 0$이므로

$\dfrac{3}{\sin A} = \dfrac{5}{\sin B} = \dfrac{7}{\sin C}$

즉, 사인법칙에 의하여 $a = 3k$, $b = 5k$, $c = 7k$ $(k > 0)$로 놓을 수 있다.

코사인법칙에 의하여

$\cos C = \dfrac{a^2 + b^2 - c^2}{2ab} = \dfrac{9k^2 + 25k^2 - 49k^2}{2 \times 3k \times 5k} = -\dfrac{1}{2}$

이때 $0 < C < \pi$이므로 $C = \dfrac{2}{3}\pi$

$\therefore \tan C = \tan \dfrac{2}{3}\pi = -\sqrt{3}$

0727
답 6

코사인법칙에 의하여

$\overline{BC}^2 = \overline{AB}^2 + \overline{AC}^2 - 2 \times \overline{AB} \times \overline{AC} \times \cos A$

$\qquad = 10^2 + 12^2 - 2 \times 10 \times 12 \times \dfrac{5}{6} = 44$

$\therefore \overline{BC} = 2\sqrt{11}$ $(\because \overline{BC} > 0)$

❶

한편, $0 < A < \pi$이므로

$\sin A = \sqrt{1 - \cos^2 A} = \sqrt{1 - \left(\dfrac{5}{6}\right)^2} = \dfrac{\sqrt{11}}{6}$

❷

따라서 사인법칙에 의하여 $\dfrac{\overline{BC}}{\sin A} = 2R$이므로

$R = \dfrac{\overline{BC}}{2\sin A} = \dfrac{2\sqrt{11}}{2 \times \dfrac{\sqrt{11}}{6}} = 6$

❸

채점 기준	배점
❶ 코사인법칙을 이용하여 $\overline{BC}$의 길이 구하기	40%
❷ $\sin A$의 값 구하기	20%
❸ 사인법칙을 이용하여 R의 값 구하기	40%

0728
답 ③

$\sin A : \sin B : \sin C = 1 : x : x^2$이므로

$a : b : c = 1 : x : x^2$

이때 $a = 1$, $b = x$, $c = x^2$으로 놓을 수 있으므로

코사인법칙에 의하여

$\cos B = \dfrac{a^2 + c^2 - b^2}{2ac} = \dfrac{1 + x^4 - x^2}{2x^2} = \dfrac{1}{2x^2} + \dfrac{x^2}{2} - \dfrac{1}{2}$

이때 $\dfrac{1}{2x^2} > 0$, $\dfrac{x^2}{2} > 0$이므로 산술평균과 기하평균의 관계에 의하여

$\cos B = \dfrac{1}{2x^2} + \dfrac{x^2}{2} - \dfrac{1}{2} \geq 2\sqrt{\dfrac{1}{2x^2} \times \dfrac{x^2}{2}} - \dfrac{1}{2} = 1 - \dfrac{1}{2} = \dfrac{1}{2}$

$\left(\text{단, 등호는 } \dfrac{1}{2x^2} = \dfrac{x^2}{2}, \text{ 즉 } x = 1\text{일 때 성립한다.}\right)$

따라서 $\cos B$의 최솟값은 $\dfrac{1}{2}$이다.

0729
답 9π

사각형 ABCD가 원에 내접하므로

$A + C = \pi$ $\qquad \therefore A = \pi - C$

$\overline{BD}$를 그으면 삼각형 ABD에서 코사인법칙에 의하여

$\overline{BD}^2 = \overline{AB}^2 + \overline{AD}^2 - 2 \times \overline{AB} \times \overline{AD} \times \cos A$

$\qquad = 6^2 + 1^2 - 2 \times 6 \times 1 \times \cos(\pi - C)$

$\qquad = 37 + 12\cos C = 37 + 12 \times \dfrac{2}{3} = 45$

$\therefore \overline{BD} = 3\sqrt{5}$ $(\because \overline{BD} > 0)$

한편, 원의 반지름의 길이를 R이라 하면 삼각형 ABD에서 사인법칙에 의하여

$\dfrac{3\sqrt{5}}{\sin A} = 2R$ $\qquad \cdots\cdots$ ㉠

이때

$\sin A = \sin(\pi - C) = \sin C = \sqrt{1 - \cos^2 C}$

$\qquad = \sqrt{1 - \left(\dfrac{2}{3}\right)^2} = \dfrac{\sqrt{5}}{3}$

$\therefore R = \dfrac{3\sqrt{5}}{2\sin A} = \dfrac{3\sqrt{5}}{2 \times \dfrac{\sqrt{5}}{3}} = \dfrac{9}{2}$ $(\because ㉠)$

따라서 구하는 원의 둘레의 길이는

$2\pi R = 2\pi \times \dfrac{9}{2} = 9\pi$

유형 09 삼각형의 최대각과 최소각

0730
답 ①

$\overline{AB} : \overline{BC} : \overline{CA} = 2 : 4 : 5$에서 길이가 가장 긴 변은 $\overline{CA}$이므로

$\theta = \angle B$

이때 $\overline{AB} = 2k$, $\overline{BC} = 4k$, $\overline{CA} = 5k$ $(k > 0)$로 놓으면

$\cos \theta = \dfrac{\overline{AB}^2 + \overline{BC}^2 - \overline{CA}^2}{2 \times \overline{AB} \times \overline{BC}} = \dfrac{4k^2 + 16k^2 - 25k^2}{2 \times 2k \times 4k}$

$\qquad = \dfrac{-5k^2}{16k^2} = -\dfrac{5}{16}$

0731

답 ②

$\sqrt{2}<2<\sqrt{3}+1$에서 길이가 가장 짧은 변은 $\overline{BC}$이므로 세 내각 중 크기가 가장 작은 각은 $\overline{BC}$의 대각인 $\angle A$이다.

코사인법칙에 의하여

$$\cos A = \frac{\overline{AB}^2 + \overline{CA}^2 - \overline{BC}^2}{2 \times \overline{AB} \times \overline{CA}}$$

$$= \frac{2^2 + (\sqrt{3}+1)^2 - (\sqrt{2})^2}{2 \times 2 \times (\sqrt{3}+1)} = \frac{6+2\sqrt{3}}{4(\sqrt{3}+1)}$$

$$= \frac{2\sqrt{3}(\sqrt{3}+1)}{4(\sqrt{3}+1)} = \frac{\sqrt{3}}{2}$$

이때 $0° < A < 180°$이므로

$A = 30°$

0732

답 3

$m>1$이므로 $m^2+4>m+4$이고, $m^2+4>m^2-1$

즉, 주어진 삼각형의 가장 긴 변의 길이는 m^2+4이다.

❶

코사인법칙에 의하여

$$(m^2+4)^2 = (m^2-1)^2 + (m+4)^2 - 2(m^2-1)(m+4)\cos\frac{2}{3}\pi$$

❷

$m^4+8m^2+16 = m^4-2m^2+1+m^2+8m+16+m^3+4m^2-m-4$

$m^3-5m^2+7m-3=0$

$(m-1)^2(m-3)=0$

$\therefore m=3 \ (\because m>1)$

❸

채점 기준	배점
❶ 가장 긴 변의 길이 알아내기	30%
❷ 코사인법칙을 이용하여 m에 대한 방정식 세우기	40%
❸ 방정식을 풀고 m의 값 구하기	30%

0733

답 ②

코사인법칙에 의하여

$$\cos C = \frac{\overline{BC}^2 + \overline{CA}^2 - \overline{AB}^2}{2 \times \overline{BC} \times \overline{CA}}$$

$$= \frac{4+x^2-1}{2 \times 2 \times x} = \frac{x^2+3}{4x}$$

$$= \frac{x}{4} + \frac{3}{4x}$$

이때 $\frac{x}{4}>0$, $\frac{3}{4x}>0$이므로 산술평균과 기하평균의 관계에 의하여

$$\cos C = \frac{x}{4} + \frac{3}{4x} \geq 2\sqrt{\frac{x}{4} \times \frac{3}{4x}} = \frac{\sqrt{3}}{2}$$

$$\left(\text{단, 등호는 } \frac{x}{4}=\frac{3}{4x}, \text{ 즉 } x=\sqrt{3}\text{일 때 성립한다.}\right)$$

즉, $\cos C \geq \frac{\sqrt{3}}{2}$이고 $0<C<\pi$에서 $0<C\leq\frac{\pi}{6}$

$0<C<\pi$에서 $\cos C$는 감소하므로 $\cos C$의 값이 최소일 때 $\angle C$의 크기가 최대이다.

따라서 $x=\sqrt{3}$일 때 C의 최댓값은 $\frac{\pi}{6}$이므로 $\alpha=\sqrt{3}$, $\beta=\frac{1}{6}$

$\therefore \alpha^2\beta = (\sqrt{3})^2 \times \frac{1}{6} = \frac{1}{2}$

유형 10 코사인법칙을 이용한 삼각형의 모양 결정

0734

답 ②

삼각형 ABC의 외접원의 반지름의 길이를 R이라 하면 사인법칙에 의하여 $\frac{a}{\sin A} = \frac{b}{\sin B} = 2R$이므로

$$\sin A = \frac{a}{2R}, \ \sin B = \frac{b}{2R} \qquad \cdots\cdots \ \text{㉠}$$

코사인법칙에 의하여 $\cos C = \frac{a^2+b^2-c^2}{2ab}$ $\qquad \cdots\cdots \ \text{㉡}$

㉠, ㉡을 $\sin A = 2\sin B \cos C$에 대입하면

$$\frac{a}{2R} = 2 \times \frac{b}{2R} \times \frac{a^2+b^2-c^2}{2ab}$$

$a^2 = a^2+b^2-c^2$, $b^2=c^2$

$\therefore b=c \ (\because b>0, \ c>0)$

따라서 삼각형 ABC는 $b=c$인 이등변삼각형이다.

0735

답 ①

코사인법칙에 의하여

$$\cos A = \frac{b^2+c^2-a^2}{2bc}, \ \cos B = \frac{c^2+a^2-b^2}{2ca}$$

위의 식을 $a\cos B = b\cos A$에 대입하면

$$a \times \frac{c^2+a^2-b^2}{2ca} = b \times \frac{b^2+c^2-a^2}{2bc}$$

$c^2+a^2-b^2 = b^2+c^2-a^2$, $a^2=b^2$

$\therefore a=b \ (\because a>0, \ b>0)$

따라서 삼각형 ABC는 $a=b$인 이등변삼각형이다.

0736

답 ③, ④

코사인법칙에 의하여

$$\cos A = \frac{b^2+c^2-a^2}{2bc}, \ \cos B = \frac{c^2+a^2-b^2}{2ca}, \ \cos C = \frac{a^2+b^2-c^2}{2ab}$$

위의 식을 $a\cos A + b\cos B = c\cos C$에 대입하면

$$\frac{a(b^2+c^2-a^2)}{2bc} + \frac{b(c^2+a^2-b^2)}{2ca} = \frac{c(a^2+b^2-c^2)}{2ab}$$

양변에 $2abc$를 곱하면

$a^2(b^2+c^2-a^2) + b^2(c^2+a^2-b^2) = c^2(a^2+b^2-c^2)$

$a^2b^2+c^2a^2-a^4+b^2c^2+a^2b^2-b^4 = c^2a^2+b^2c^2-c^4$

$a^4-2a^2b^2+b^4-c^4=0$

$(a^2-b^2)^2-(c^2)^2=0$, $(a^2-b^2-c^2)(a^2-b^2+c^2)=0$

$\therefore a^2=b^2+c^2$ 또는 $b^2=a^2+c^2$

따라서 삼각형 ABC는 $A=90°$인 직각삼각형 또는 $B=90°$인 직각삼각형이다.

0737

답 ④

$A+B+C=\pi$에서 $A+B=\pi-C$이므로

$\sin(A+B)=\sin(\pi-C)=\sin C$

즉, $\sin A+\sin B=(\cos A+\cos B)\sin(A+B)$에서

$\sin A+\sin B=(\cos A+\cos B)\sin C$ ····· ㉠

이때 외접원의 반지름의 길이가 1이므로 사인법칙에 의하여

$$\frac{a}{\sin A}=\frac{b}{\sin B}=\frac{c}{\sin C}=2\times 1$$

$$\therefore \sin A=\frac{a}{2},\ \sin B=\frac{b}{2},\ \sin C=\frac{c}{2}\quad \cdots\cdots ㉡$$

코사인법칙에 의하여

$$\cos A=\frac{b^2+c^2-a^2}{2bc},\ \cos B=\frac{a^2+c^2-b^2}{2ac}\quad \cdots\cdots ㉢$$

㉡, ㉢을 ㉠에 대입하면

$$\frac{a}{2}+\frac{b}{2}=\left(\frac{b^2+c^2-a^2}{2bc}+\frac{a^2+c^2-b^2}{2ac}\right)\times\frac{c}{2}$$

양변에 $4ab$를 곱하면

$2a^2b+2ab^2=a(b^2+c^2-a^2)+b(a^2+c^2-b^2)$

$2a^2b+2ab^2=ab^2+ac^2-a^3+a^2b+bc^2-b^3$

$a^3+b^3+a^2b+ab^2-ac^2-bc^2=0$

$a(a^2+b^2-c^2)+b(b^2+a^2-c^2)=0$

$(a+b)(a^2+b^2-c^2)=0$

$\therefore a^2+b^2=c^2\ (\because a+b>0)$

따라서 삼각형 ABC는 빗변의 길이가 c인 직각삼각형이다.

이때 직각삼각형 ABC의 빗변의 길이는 외접원의 지름의 길이와 같으므로

$c=2$

$\therefore a^2+b^2+c^2=2c^2=2\times 2^2=8$

유형 11 코사인법칙의 활용

0738

답 5 km

$\overline{AC}=x$ km라 하면 삼각형 ABC에서 코사인법칙에 의하여

$$\overline{BC}^2=\overline{AB}^2+\overline{AC}^2-2\times\overline{AB}\times\overline{AC}\times\cos 60°$$

즉, $(\sqrt{21})^2=4^2+x^2-2\times 4\times x\times\frac{1}{2}$에서 $21=x^2-4x+16$

$x^2-4x-5=0,\ (x+1)(x-5)=0$

$\therefore x=5\ (\because x>0)$

따라서 건설하려고 하는 다리의 길이는 5 km이다.

0739

답 ③

출발한 지 3시간이 지났을 때 P지점과 배 A 사이의 직선 거리는 $12\sqrt{2}$ km, P지점과 배 B 사이의 직선 거리는 18 km이고, 두 반직선 PA, PB가 이루는 각의 크기가 $45°$이다.

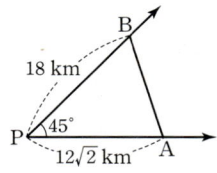

삼각형 PAB에서 코사인법칙에 의하여

$$\overline{AB}^2=\overline{PA}^2+\overline{PB}^2-2\times\overline{PA}\times\overline{PB}\times\cos 45°$$

$$=(12\sqrt{2})^2+18^2-2\times 12\sqrt{2}\times 18\times\frac{\sqrt{2}}{2}$$

$$=288+324-432=180$$

$\therefore \overline{AB}=\sqrt{180}=6\sqrt{5}\ (\text{km})(\because \overline{AB}>0)$

따라서 출발한 지 3시간이 지났을 때, 두 배 A와 B 사이의 거리는 $6\sqrt{5}$ km이다.

0740

답 ⑤

$\overline{CD}=x$ m라 하면

삼각형 ACD에서 $\overline{AC}=\sqrt{3}x$ m

삼각형 BCD에서 $\overline{BC}=x$ m

삼각형 ABC에서 코사인법칙에 의하여

$$\overline{AB}^2=\overline{AC}^2+\overline{BC}^2-2\times\overline{AC}\times\overline{BC}\times\cos 30°$$

즉, $300^2=(\sqrt{3}x)^2+x^2-2\times\sqrt{3}x\times x\times\frac{\sqrt{3}}{2}$이므로

$300^2=3x^2+x^2-3x^2,\ x^2=300^2$

$\therefore x=300\ (\because x>0)$

따라서 지면에서부터 산꼭대기까지의 높이는 300 m이다.

0741

답 ④

원뿔의 전개도에서 부채꼴의 중심각의 크기를 θ라 하면 부채꼴의 호의 길이는 밑면인 원의 둘레의 길이와 같으므로

$6\theta=2\pi\times 2\qquad \therefore \theta=\frac{2}{3}\pi$

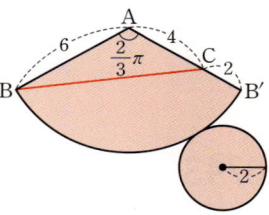

이때 점 B를 출발하여 원뿔의 옆면을 따라 점 C까지 이동한 경로를 전개도에 나타내면 최단 거리는 오른쪽 그림에서 $\overline{BC}$의 길이와 같다.

삼각형 ABC에서 코사인법칙에 의하여

$$\overline{BC}^2=\overline{AB}^2+\overline{AC}^2-2\times\overline{AB}\times\overline{AC}\times\cos\frac{2}{3}\pi$$

$$=6^2+4^2-2\times 6\times 4\times\left(-\frac{1}{2}\right)$$

$$=36+16+24=76$$

$\therefore \overline{BC}=\sqrt{76}=2\sqrt{19}\ (\because \overline{BC}>0)$

따라서 구하는 최단 거리는 $2\sqrt{19}$이다.

0742

답 ②

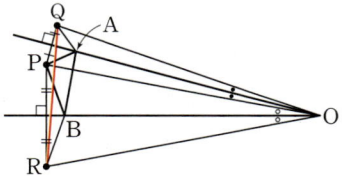

점 P를 직선 OA에 대하여 대칭이동한 점을 Q라 하면

$\overline{PA}=\overline{QA},\ \angle POA=\angle QOA$

$\therefore \overline{OQ}=\overline{OP}=30\ (\text{km})$

점 P를 직선 OB에 대하여 대칭이동한 점을 R이라 하면
$\overline{PB}=\overline{RB}$, $\angle POB=\angle ROB$
$\therefore \overline{OR}=\overline{OP}=30\,(km)$
$\therefore \overline{PA}+\overline{AB}+\overline{PB}=\overline{QA}+\overline{AB}+\overline{RB}$
$\qquad\qquad\qquad\qquad \geq \overline{QR}$

한편,
$\angle QOR=2\angle POA+2\angle POB$
$\qquad\quad =2(\angle POA+\angle POB)$
$\qquad\quad =2\angle AOB=30°$
이므로 삼각형 OQR에서 코사인법칙에 의하여
$\overline{QR}^2=\overline{OQ}^2+\overline{OR}^2-2\times\overline{OQ}\times\overline{OR}\times\cos 30°$
$\qquad =30^2+30^2-2\times30\times30\times\dfrac{\sqrt3}{2}$
$\qquad =1800-900\sqrt3$
$\therefore l^2=1800-900\sqrt3=900(2-\sqrt3)$

유형 12 삼각형의 넓이

확인 문제 (1) 12 (2) 20

(1) $\triangle ABC=\dfrac{1}{2}ab\sin C=\dfrac{1}{2}\times6\times8\times\sin30°$
$\qquad\qquad =\dfrac{1}{2}\times6\times8\times\dfrac{1}{2}=12$

(2) $\triangle ABC=\dfrac{1}{2}bc\sin A=\dfrac{1}{2}\times10\times4\sqrt2\times\sin135°$
$\qquad\qquad =\dfrac{1}{2}\times10\times4\sqrt2\times\dfrac{\sqrt2}{2}=20$

0743
답 ③

코사인법칙에 의하여
$\overline{BC}^2=\overline{AB}^2+\overline{AC}^2-2\times\overline{AB}\times\overline{AC}\times\cos120°$
$\overline{AB}=x$, $\overline{AC}=y$라 하면
$7=x^2+y^2-2\times x\times y\times\left(-\dfrac{1}{2}\right)$에서
$x^2+y^2+xy=7$
$(x+y)^2-xy=7$, $3^2-xy=7$ $(\because x+y=3)$
$\therefore xy=2$
$\therefore \triangle ABC=\dfrac{1}{2}xy\sin120°$
$\qquad\qquad =\dfrac{1}{2}\times2\times\dfrac{\sqrt3}{2}=\dfrac{\sqrt3}{2}$

0744
답 10

삼각형 ABC에서 $\cos\theta=\dfrac{\sqrt5}{3}$이므로
$\sin\theta=\sqrt{1-\cos^2\theta}=\sqrt{1-\left(\dfrac{\sqrt5}{3}\right)^2}=\dfrac{2}{3}$

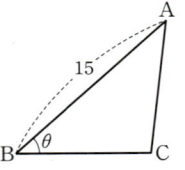

이때 $\overline{AB}=15$이고 삼각형 ABC의 넓이가 50이므로
$50=\dfrac{1}{2}\times\overline{AB}\times\overline{BC}\times\sin\theta$
$\quad\;\; =\dfrac{1}{2}\times15\times\overline{BC}\times\dfrac{2}{3}=5\times\overline{BC}$
$\therefore \overline{BC}=10$

0745
답 ①

$\overline{AB}=x$, $\overline{BC}=y$라 하면
$\overline{BE}=\dfrac{9}{10}x$, $\overline{BD}=\dfrac{6}{5}y$
따라서 $S=\dfrac{1}{2}xy\sin B$이므로
$\triangle BDE=\dfrac{1}{2}\times\overline{BE}\times\overline{BD}\times\sin B$
$\qquad\quad =\dfrac{1}{2}\times\dfrac{9}{10}x\times\dfrac{6}{5}y\times\sin B$
$\qquad\quad =\dfrac{27}{25}\times\left(\dfrac{1}{2}xy\sin B\right)$
$\qquad\quad =\dfrac{27}{25}S$

0746
답 ②

$\overline{AD}$가 $\angle A$의 이등분선이므로
$\angle BAD=\angle CAD=60°$
$\triangle ABC=\triangle ABD+\triangle ACD$에서
$\dfrac{1}{2}\times\overline{AB}\times\overline{AC}\times\sin120°$
$=\dfrac{1}{2}\times\overline{AB}\times\overline{AD}\times\sin60°+\dfrac{1}{2}\times\overline{AD}\times\overline{AC}\times\sin60°$
즉, $\dfrac{1}{2}\times7\times8\times\dfrac{\sqrt3}{2}=\dfrac{1}{2}\times7\times\overline{AD}\times\dfrac{\sqrt3}{2}+\dfrac{1}{2}\times\overline{AD}\times8\times\dfrac{\sqrt3}{2}$이므로
$14\sqrt3=\dfrac{15\sqrt3}{4}\times\overline{AD}$
$\therefore \overline{AD}=\dfrac{56}{15}$

0747
답 ①

$\angle ABC=\theta$라 하면 삼각형 ABC에서 코사인법칙에 의하여
$\cos\theta=\dfrac{6^2+10^2-(2\sqrt{10})^2}{2\times6\times10}=\dfrac{96}{120}=\dfrac{4}{5}$
한편, 삼각형 ABE에서 $\angle ABE=\dfrac{\pi}{2}+\theta$이므로
$\triangle ABE=\dfrac{1}{2}\times6\times10\times\sin(\angle ABE)$
$\qquad\quad =30\sin\left(\dfrac{\pi}{2}+\theta\right)=30\cos\theta$
$\qquad\quad =30\times\dfrac{4}{5}=24$

0748

답 32

주어진 조건으로 만들어지는 삼각형 두 개는 다음 그림과 같다.

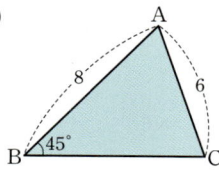

(i) (ii)

$\overline{BC}=x$라 하면 코사인법칙에 의하여

$x^2+8^2-2\times x\times 8\times\cos 45°=6^2$

즉, $x^2+64-8\sqrt{2}x=36$에서

$x^2-8\sqrt{2}x+28=0$

$\therefore x=4\sqrt{2}\pm\sqrt{(-4\sqrt{2})^2-28}$

$\quad=4\sqrt{2}\pm 2$

....❶

(i) $x=4\sqrt{2}+2$일 때

$\triangle ABC=\dfrac{1}{2}\times 8\times(4\sqrt{2}+2)\times\sin 45°$

$\qquad=8(2\sqrt{2}+1)\times\dfrac{\sqrt{2}}{2}$

$\qquad=4(4+\sqrt{2})$

(ii) $x=4\sqrt{2}-2$일 때

$\triangle ABC=\dfrac{1}{2}\times 8\times(4\sqrt{2}-2)\times\sin 45°$

$\qquad=8(2\sqrt{2}-1)\times\dfrac{\sqrt{2}}{2}$

$\qquad=4(4-\sqrt{2})$

....❷

(i), (ii)에서 두 삼각형의 넓이의 합은

$4(4+\sqrt{2})+4(4-\sqrt{2})=32$

....❸

채점 기준	배점
❶ 코사인법칙을 이용하여 나머지 한 변의 길이 구하기	40%
❷ 두 삼각형의 넓이를 각각 구하기	40%
❸ 두 삼각형의 넓이의 합 구하기	20%

0749

답 ③

$\angle COA=\theta$라 하면 삼각형 COA에서 코사인법칙에 의하여

$\cos\theta=\dfrac{2^2+2^2-1^2}{2\times 2\times 2}=\dfrac{7}{8}$

삼각형 BOD에서 $\angle BOD=\dfrac{\pi}{2}-\theta$이고 삼각형 BOD의 넓이가 $\dfrac{7}{6}$이므로

$\dfrac{1}{2}\times 2\times\overline{OD}\times\sin\left(\dfrac{\pi}{2}-\theta\right)=\dfrac{7}{6}$

이때 $\sin\left(\dfrac{\pi}{2}-\theta\right)=\cos\theta=\dfrac{7}{8}$이므로

$\dfrac{7}{8}\times\overline{OD}=\dfrac{7}{6}$

$\therefore \overline{OD}=\dfrac{4}{3}$

유형 13 | 세 변의 길이가 주어진 삼각형의 넓이

0750

답 ②

코사인법칙에 의하여

$\cos B=\dfrac{4^2+5^2-6^2}{2\times 4\times 5}=\dfrac{1}{8}$

$\sin B=\sqrt{1-\cos^2 B}$

$\qquad=\sqrt{1-\left(\dfrac{1}{8}\right)^2}=\dfrac{3\sqrt{7}}{8}$

$\therefore \triangle ABC=\dfrac{1}{2}\times\overline{AB}\times\overline{BC}\times\sin B$

$\qquad\quad=\dfrac{1}{2}\times 4\times 5\times\dfrac{3\sqrt{7}}{8}$

$\qquad\quad=\dfrac{15\sqrt{7}}{4}$

다른 풀이

$s=\dfrac{4+5+6}{2}=\dfrac{15}{2}$이므로

$\triangle ABC=\sqrt{\dfrac{15}{2}\times\left(\dfrac{15}{2}-4\right)\times\left(\dfrac{15}{2}-5\right)\times\left(\dfrac{15}{2}-6\right)}$

$\qquad\quad=\sqrt{\dfrac{15}{2}\times\dfrac{7}{2}\times\dfrac{5}{2}\times\dfrac{3}{2}}$

$\qquad\quad=\dfrac{15\sqrt{7}}{4}$

0751

답 6

$a=x$, $b=5$, $c=7$이라 하면 삼각형의 넓이가 $6\sqrt{6}$이므로

$\dfrac{1}{2}bc\sin A=6\sqrt{6}$

즉, $\dfrac{1}{2}\times 5\times 7\times\sin A=6\sqrt{6}$에서

$\sin A=\dfrac{12\sqrt{6}}{35}$

....❶

주어진 삼각형이 예각삼각형이므로

$0°<A<90°$

$\therefore \cos A=\sqrt{1-\sin^2 A}$

$\qquad\quad=\sqrt{1-\left(\dfrac{12\sqrt{6}}{35}\right)^2}=\dfrac{19}{35}$

....❷

따라서 코사인법칙에 의하여

$x^2=b^2+c^2-2bc\cos A$

$\quad=5^2+7^2-2\times 5\times 7\times\dfrac{19}{35}$

$\quad=25+49-38=36$

$\therefore x=6 \ (\because x>0)$

....❸

채점 기준	배점
❶ $a=x$로 놓고 $\sin A$의 값 구하기	30%
❷ $\cos A$의 값 구하기	30%
❸ 코사인법칙을 이용하여 x의 값 구하기	40%

0752 답 ③

$a:b:c=2:\sqrt{10}:3$이므로 $a=2k$, $b=\sqrt{10}k$, $c=3k$ $(k>0)$로 놓을 수 있다.

코사인법칙에 의하여
$$\cos B=\frac{a^2+c^2-b^2}{2ac}=\frac{4k^2+9k^2-10k^2}{2\times2k\times3k}=\frac{1}{4}$$
$$\therefore \sin B=\sqrt{1-\cos^2 B}=\sqrt{1-\left(\frac{1}{4}\right)^2}=\frac{\sqrt{15}}{4}$$

한편, 삼각형의 외접원의 반지름의 길이가 8이므로 사인법칙에 의하여
$$\frac{b}{\sin B}=2\times8 \quad \therefore b=16\sin B=16\times\frac{\sqrt{15}}{4}=4\sqrt{15}$$
즉, $\sqrt{10}k=4\sqrt{15}$에서 $k=2\sqrt{6}$이므로 $a=4\sqrt{6}$, $c=6\sqrt{6}$

$$\therefore \triangle ABC=\frac{1}{2}ac\sin B$$
$$=\frac{1}{2}\times4\sqrt{6}\times6\sqrt{6}\times\frac{\sqrt{15}}{4}$$
$$=18\sqrt{15}$$

유형 14 외접원, 내접원의 반지름의 길이와 삼각형의 넓이

0753 답 16

$\overline{AB}=10$, $\overline{BC}=12$, $\overline{CA}=8$이므로 코사인법칙에 의하여
$$\cos B=\frac{10^2+12^2-8^2}{2\times10\times12}=\frac{3}{4}$$
$$\therefore \sin B=\sqrt{1-\cos^2 B}=\sqrt{1-\left(\frac{3}{4}\right)^2}=\frac{\sqrt{7}}{4}$$

사인법칙에 의하여 $\dfrac{b}{\sin B}=2R$이므로
$$R=\frac{b}{2\sin B}=\frac{8}{2\times\frac{\sqrt{7}}{4}}=\frac{16}{\sqrt{7}}$$

한편, 삼각형 ABC의 내접원의 중심을 I라 하면
$\triangle ABC=\triangle IAB+\triangle IBC+\triangle ICA$에서
$$\frac{1}{2}\times10\times12\times\sin B=\frac{1}{2}\times r\times10+\frac{1}{2}\times r\times12+\frac{1}{2}\times r\times8$$
$$60\times\frac{\sqrt{7}}{4}=15r \quad \therefore r=\sqrt{7}$$

$$\therefore rR=\sqrt{7}\times\frac{16}{\sqrt{7}}=16$$

0754 답 ②

삼각형 ABC의 넓이가 3이므로
$$\frac{1}{2}bc\sin A=3 \quad \therefore bc\sin A=6 \quad \cdots\cdots \text{㉠}$$

삼각형 ABC에서 사인법칙에 의하여 $\dfrac{b}{\sin B}=\dfrac{c}{\sin C}=2\times2$이므로
$$b=4\sin B, \quad c=4\sin C \quad \cdots\cdots \text{㉡}$$
㉡을 ㉠에 대입하면
$$4\sin B\times4\sin C\times\sin A=6$$
$$\therefore \sin A\times\sin B\times\sin C=\frac{3}{8}$$

0755 답 9

삼각형 ABC의 외접원의 반지름의 길이가 4이므로 사인법칙에 의하여
$$\frac{a}{\sin A}=\frac{b}{\sin B}=\frac{c}{\sin C}=2\times4$$
$$\therefore \sin A=\frac{a}{8}, \quad \sin B=\frac{b}{8}, \quad \sin C=\frac{c}{8}$$

이때 $\sin A+\sin B+\sin C=\dfrac{9}{4}$이므로
$$\frac{a}{8}+\frac{b}{8}+\frac{c}{8}=\frac{9}{4} \quad \therefore a+b+c=18$$

한편, 삼각형 ABC의 내접원의 반지름의 길이가 1이므로 삼각형 ABC의 넓이는
$$\frac{1}{2}\times1\times a+\frac{1}{2}\times1\times b+\frac{1}{2}\times1\times c=\frac{1}{2}\times1\times(a+b+c)$$
$$=\frac{1}{2}\times1\times18=9$$

0756 답 6

조건 ㈐에서 $\dfrac{1}{2}ab\sin C=6$

이때 사인법칙에 의하여 $\dfrac{c}{\sin C}=2R$에서 $\sin C=\dfrac{c}{2R}$이므로
$$\frac{1}{2}ab\times\frac{c}{2R}=6$$
$$\therefore R=\frac{abc}{24}=\frac{60}{24}=\frac{5}{2} \ (\because \text{조건 ㈎})$$

❶

한편, $\triangle ABC = \dfrac{1}{2}r(a+b+c)$이므로 조건 (나), (다)에 의하여

$\dfrac{1}{2}r \times 12 = 6$ $\quad \therefore r = 1$

......❷

$\therefore 2R + r = 2 \times \dfrac{5}{2} + 1 = 6$

......❸

채점 기준	배점
❶ 사인법칙과 조건 (가), (다)를 이용하여 R의 값 구하기	40%
❷ 조건 (나), (다)를 이용하여 r의 값 구하기	40%
❸ $2R + r$의 값 구하기	20%

0757
답 ④

삼각형 ABC에 내접하는 반원의 반지름의 길이를 r이라 하면

$\triangle ABC = \dfrac{1}{2} \times \overline{AB} \times \overline{AC} \times \sin A$

$\qquad = \dfrac{1}{2}r(\overline{AB} + \overline{AC})$

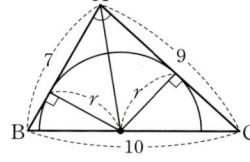

즉, $7 \times 9 \times \sin A = r(7+9)$에서

$r = \dfrac{63 \sin A}{16}$ ...... ㉠

한편, 코사인법칙에 의하여

$\cos A = \dfrac{\overline{AB}^2 + \overline{AC}^2 - \overline{BC}^2}{2 \times \overline{AB} \times \overline{AC}} = \dfrac{7^2 + 9^2 - 10^2}{2 \times 7 \times 9} = \dfrac{5}{21}$

이므로 $\sin A = \sqrt{1 - \cos^2 A} = \sqrt{1 - \left(\dfrac{5}{21}\right)^2} = \dfrac{4\sqrt{26}}{21}$

따라서 ㉠에 의하여

$r = \dfrac{63 \times \dfrac{4\sqrt{26}}{21}}{16} = \dfrac{3\sqrt{26}}{4}$

유형 15 **사각형의 넓이 – 삼각형의 넓이 이용**

0758
답 ②

점 A에서 $\overline{BC}$에 내린 수선의 발을 H라 하고, $\overline{AC}$를 그으면

$\overline{BH} = \overline{AB} \cos 30° = 4 \times \dfrac{\sqrt{3}}{2} = 2\sqrt{3}$

$\overline{AH} = \overline{AB} \sin 30° = 4 \times \dfrac{1}{2} = 2$

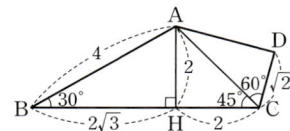

이때 $\overline{CH} = \overline{BC} - \overline{BH} = 2$이므로

$\angle ACH = 45°$, $\overline{AC} = 2\sqrt{2}$이고

$\angle ACD = 105° - 45° = 60°$

$\therefore \square ABCD = \triangle ABC + \triangle ACD$

$\qquad = \dfrac{1}{2} \times \overline{AB} \times \overline{BC} \times \sin 30° + \dfrac{1}{2} \times \overline{AC} \times \overline{CD} \times \sin 60°$

$\qquad = \dfrac{1}{2} \times 4 \times (2 + 2\sqrt{3}) \times \dfrac{1}{2} + \dfrac{1}{2} \times 2\sqrt{2} \times \sqrt{2} \times \dfrac{\sqrt{3}}{2}$

$\qquad = 2 + 2\sqrt{3} + \sqrt{3}$

$\qquad = 2 + 3\sqrt{3}$

0759
답 ⑤

사각형 ABCD가 원에 내접하므로

$\angle D = 180° - \angle B = 120°$

$\overline{AC}$를 그으면

$\square ABCD = \triangle ABC + \triangle ACD$

$\qquad = \dfrac{1}{2} \times \overline{AB} \times \overline{BC} \times \sin 60° + \dfrac{1}{2} \times \overline{AD} \times \overline{CD} \times \sin 120°$

$\qquad = \dfrac{1}{2} \times 6 \times 4 \times \dfrac{\sqrt{3}}{2} + \dfrac{1}{2} \times 2 \times 4 \times \dfrac{\sqrt{3}}{2}$

$\qquad = 6\sqrt{3} + 2\sqrt{3}$

$\qquad = 8\sqrt{3}$

0760
답 26

$\overline{BD}$를 그으면 삼각형 ABD에서 코사인법칙에 의하여

$\overline{BD}^2 = 7^2 + 8^2 - 2 \times 7 \times 8 \times \cos 120°$

$\qquad = 49 + 64 - 2 \times 7 \times 8 \times \left(-\dfrac{1}{2}\right)$

$\qquad = 169$

$\therefore \overline{BD} = 13 \ (\because \overline{BD} > 0)$

삼각형 BCD에서 코사인법칙에 의하여

$\cos C = \dfrac{9^2 + 10^2 - 13^2}{2 \times 9 \times 10} = \dfrac{1}{15}$

$\therefore \sin C = \sqrt{1 - \cos^2 C} = \sqrt{1 - \left(\dfrac{1}{15}\right)^2} = \dfrac{4\sqrt{14}}{15}$

$\therefore \square ABCD = \triangle ABD + \triangle BCD$

$\qquad = \dfrac{1}{2} \times \overline{AB} \times \overline{AD} \times \sin 120° + \dfrac{1}{2} \times \overline{BC} \times \overline{CD} \times \sin C$

$\qquad = \dfrac{1}{2} \times 7 \times 8 \times \dfrac{\sqrt{3}}{2} + \dfrac{1}{2} \times 9 \times 10 \times \dfrac{4\sqrt{14}}{15}$

$\qquad = 14\sqrt{3} + 12\sqrt{14}$

따라서 $a = 14$, $b = 12$이므로

$a + b = 14 + 12 = 26$

0761
답 6

$\overline{AC}$를 그으면 삼각형 ABC에서 코사인법칙에 의하여

$\overline{AC}^2 = (3\sqrt{2})^2 + (3 + \sqrt{3})^2 - 2 \times 3\sqrt{2} \times (3 + \sqrt{3}) \times \cos 45°$

$\qquad = 18 + (12 + 6\sqrt{3}) - 6\sqrt{2}(3 + \sqrt{3}) \times \dfrac{\sqrt{2}}{2}$

$\qquad = 12$

$\therefore \overline{AC} = \sqrt{12} = 2\sqrt{3} \ (\because \overline{AC} > 0)$

......❶

이때 사각형 ABCD가 원에 내접하므로

$\angle D = 180° - \angle B = 135°$

$\overline{CD} = x$라 하면 삼각형 ACD에서 코사인법칙에 의하여

$(2\sqrt{3})^2 = (\sqrt{2})^2 + x^2 - 2 \times \sqrt{2} \times x \times \cos 135°$

$12 = 2 + x^2 - 2 \times \sqrt{2} \times x \times \left(-\dfrac{\sqrt{2}}{2}\right)$

$x^2 + 2x - 10 = 0$

$\therefore x = -1 + \sqrt{11} \ (\because x > 0)$ ····················· ❷

$\therefore \square ABCD$

$= \triangle ABC + \triangle ACD$

$= \dfrac{1}{2} \times \overline{AB} \times \overline{BC} \times \sin 45° + \dfrac{1}{2} \times \overline{AD} \times \overline{CD} \times \sin 135°$

$= \dfrac{1}{2} \times 3\sqrt{2} \times (3 + \sqrt{3}) \times \dfrac{\sqrt{2}}{2} + \dfrac{1}{2} \times \sqrt{2} \times (-1 + \sqrt{11}) \times \dfrac{\sqrt{2}}{2}$

$= \dfrac{9 + 3\sqrt{3}}{2} + \dfrac{-1 + \sqrt{11}}{2}$

$= 4 + \dfrac{3}{2}\sqrt{3} + \dfrac{1}{2}\sqrt{11}$

따라서 $p = 4$, $q = \dfrac{3}{2}$, $r = \dfrac{1}{2}$이므로

$p + q + r = 4 + \dfrac{3}{2} + \dfrac{1}{2} = 6$ ····················· ❸

채점 기준	배점
❶ $\overline{AC}$의 길이 구하기	30%
❷ $\overline{CD}$의 길이 구하기	30%
❸ $\square ABCD$의 넓이 및 $p+q+r$의 값 구하기	40%

참고

점 A에서 $\overline{BC}$에 내린 수선의 발을 H라 하면

$\overline{AH} = 3\sqrt{2}\sin 45° = 3$,

$\overline{BH} = 3\sqrt{2}\cos 45° = 3$,

$\overline{CH} = \overline{BC} - \overline{BH} = \sqrt{3}$

따라서 삼각형 AHC에서

$\overline{AC} = \sqrt{(\sqrt{3})^2 + 3^2} = 2\sqrt{3}$

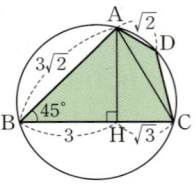

0762

답 ③

오른쪽 그림과 같이 호 ABC가 아닌 호 위에 점 D를 잡으면 사각형 ABCD가 원에 내접하므로

$\angle D = 180° - \angle B = 60°$

원주각의 성질에 의하여

$\angle AOC = 2\angle D = 2 \times 60° = 120°$

삼각형 OAC에서 코사인법칙에 의하여

$\overline{AC}^2 = 6^2 + 6^2 - 2 \times 6 \times 6 \times \cos 120°$

$\phantom{\overline{AC}^2} = 36 + 36 - 2 \times 6 \times 6 \times \left(-\dfrac{1}{2}\right) = 108$

$\therefore \overline{AC} = 6\sqrt{3} \ (\because \overline{AC} > 0)$

한편, $\overline{AB} = x$, $\overline{BC} = y$로 놓으면

$x + y = 8\sqrt{2}$

삼각형 ABC에서 코사인법칙에 의하여

$\overline{AC}^2 = \overline{AB}^2 + \overline{BC}^2 - 2 \times \overline{AB} \times \overline{BC} \times \cos 120°$

$108 = x^2 + y^2 - 2 \times x \times y \times \left(-\dfrac{1}{2}\right)$

즉, $x^2 + y^2 + xy = 108$에서

$(x + y)^2 - xy = 108$

$(8\sqrt{2})^2 - xy = 108$ $\qquad \therefore xy = 20$

$\therefore \square OABC = \triangle OAC + \triangle ABC$

$ = \dfrac{1}{2} \times 6 \times 6 \times \sin 120° + \dfrac{1}{2} xy \sin 120°$

$ = \dfrac{1}{2} \times 6 \times 6 \times \dfrac{\sqrt{3}}{2} + \dfrac{1}{2} \times 20 \times \dfrac{\sqrt{3}}{2}$

$ = 9\sqrt{3} + 5\sqrt{3} = 14\sqrt{3}$

유형 16 평행사변형의 넓이

확인 문제 40

평행사변형의 넓이는

$8 \times 10 \times \sin 150° = 80 \times \dfrac{1}{2} = 40$

0763

답 ⑤

$\square ABCD$가 평행사변형이므로

$B + C = 180°$ $\qquad \therefore B = 180° - 135° = 45°$

따라서 평행사변형 ABCD의 넓이는

$4 \times 12 \times \sin 45° = 48 \times \dfrac{\sqrt{2}}{2} = 24\sqrt{2}$

0764

답 ③

평행사변형 ABCD의 넓이가 $12\sqrt{2}$이므로

$\overline{AB} \times \overline{BC} \times \sin B = 12\sqrt{2}$, $4 \times 6 \times \sin B = 12\sqrt{2}$

$\therefore \sin B = \dfrac{\sqrt{2}}{2}$

이때 $0° < B < 90°$이므로 $B = 45°$

$\therefore C = 180° - B = 180° - 45° = 135°$

0765

답 ④

$\overline{AB} = \overline{CD} = 6$이므로 $\overline{BC} = x$라 하면 삼각형 ABC에서 코사인법칙에 의하여

$(6\sqrt{3})^2 = 6^2 + x^2 - 2 \times 6 \times x \times \cos 60°$

즉, $108 = 36 + x^2 - 2 \times 6 \times x \times \dfrac{1}{2}$에서

$x^2 - 6x - 72 = 0$, $(x + 6)(x - 12) = 0$

$\therefore x = 12 \ (\because x > 0)$

따라서 평행사변형 ABCD의 넓이는

$\overline{AB} \times \overline{BC} \times \sin 60° = 6 \times 12 \times \dfrac{\sqrt{3}}{2} = 36\sqrt{3}$

다른 풀이

$\overline{AB}=\overline{CD}=6$이므로 삼각형 ABC에서 사인법칙에 의하여

$$\frac{6\sqrt{3}}{\sin 60^\circ}=\frac{6}{\sin(\angle ACB)}$$

즉, $\sin(\angle ACB)=\frac{\sin 60^\circ}{\sqrt{3}}=\frac{1}{2}$이므로 $\angle ACB=30^\circ$

따라서 $\angle BAC=90^\circ$이므로

$$\square ABCD=2\triangle ABC=2\times\frac{1}{2}\times 6\times 6\sqrt{3}=36\sqrt{3}$$

유형 17 사각형의 넓이 – 대각선의 길이 이용

확인 문제 $18\sqrt{3}$

사각형의 넓이는

$$\frac{1}{2}\times 8\times 9\times\sin 60^\circ=36\times\frac{\sqrt{3}}{2}=18\sqrt{3}$$

0766 답 1

$(x+y)^2=x^2+y^2+2xy$에서

$5^2=17+2xy$

$2xy=8$ $\therefore xy=4$

따라서 사각형 ABCD의 넓이는

$$\frac{1}{2}xy\sin 150^\circ=\frac{1}{2}\times 4\times\frac{1}{2}=1$$

0767 답 10

$\overline{BD}=x$라 하면 사각형 ABCD의 넓이가 $15\sqrt{3}$이므로

$$\frac{1}{2}\times 6\times x\times\sin 120^\circ=15\sqrt{3}$$

즉, $\frac{1}{2}\times 6\times x\times\frac{\sqrt{3}}{2}=15\sqrt{3}$이므로

$\frac{3\sqrt{3}}{2}x=15\sqrt{3}$ $\therefore x=10$

따라서 대각선 BD의 길이는 10이다.

0768 답 972

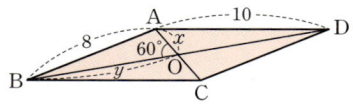

두 대각선의 교점을 O라 하자.

평행사변형의 두 대각선은 서로를 이등분하므로

$\overline{OA}=x$, $\overline{OB}=y$라 하면 $\overline{AC}=2x$, $\overline{BD}=2y$

삼각형 OAB에서 코사인법칙에 의하여

$x^2+y^2-2xy\cos 60^\circ=8^2$

$\therefore x^2+y^2-xy=64$ ······ ㉠ ❶

삼각형 OAD에서 $\angle AOD=120^\circ$이므로 코사인법칙에 의하여

$x^2+y^2-2xy\cos 120^\circ=10^2$

$\therefore x^2+y^2+xy=100$ ······ ㉡ ❷

㉡－㉠을 하면

$2xy=36$ $\therefore xy=18$

$$\therefore S=\frac{1}{2}\times 2x\times 2y\times\sin 60^\circ=\frac{1}{2}\times 2x\times 2y\times\frac{\sqrt{3}}{2}$$
$$=\sqrt{3}xy=18\sqrt{3}$$

$\therefore S^2=(18\sqrt{3})^2=972$ ❸

채점 기준	배점
❶ △OAB에서 코사인법칙으로 $\overline{OA}$, $\overline{OB}$의 관계 알아내기	30%
❷ △OAD에서 코사인법칙으로 $\overline{OA}$, $\overline{OB}$의 관계 알아내기	30%
❸ $\overline{OA}\times\overline{OB}$를 구하여 S^2의 값 구하기	40%

PART B 내신 잡는 종합 문제

0769 답 ③

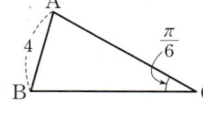

삼각형 ABC의 외접원의 반지름의 길이를 R이라 하면 사인법칙에 의하여

$$\frac{\overline{AB}}{\sin C}=2R$$

따라서 $\frac{4}{\sin\frac{\pi}{6}}=2R$이므로

$$R=\frac{4}{2\times\sin\frac{\pi}{6}}=\frac{4}{2\times\frac{1}{2}}=4$$

0770 답 ②

코사인법칙에 의하여

$c^2=a^2+b^2-2ab\cos\frac{2}{3}\pi$, $7^2=a^2+3^2-2\times a\times 3\times\left(-\frac{1}{2}\right)$

즉, $49=a^2+9+3a$이므로

$a^2+3a-40=0$, $(a+8)(a-5)=0$

$\therefore a=5$ ($\because a>0$)

$$\therefore \triangle ABC=\frac{1}{2}ab\sin\frac{2}{3}\pi$$
$$=\frac{1}{2}\times 5\times 3\times\frac{\sqrt{3}}{2}=\frac{15\sqrt{3}}{4}$$

0771 답 3

길이가 가장 긴 변의 길이는 c이므로 $\theta=\angle C$

코사인법칙에 의하여

$$\cos\theta=\frac{a^2+b^2-c^2}{2ab}=\frac{3^2+5^2-7^2}{2\times 3\times 5}=-\frac{1}{2}$$

이때 $0 < \theta < \pi$이므로 $\theta = \dfrac{2}{3}\pi$

$\therefore \tan^2\theta = \tan^2 \dfrac{2}{3}\pi = (-\sqrt{3})^2 = 3$

0772 답 ①

$\overline{AD} = \overline{EC} = x \ (0 < x < 12)$라 하면 $\overline{AE} = 12 - x$

$\therefore \triangle ADE = \dfrac{1}{2}x(12-x)\sin 60° = \dfrac{1}{2}x(12-x) \times \dfrac{\sqrt{3}}{2}$

$\qquad = -\dfrac{\sqrt{3}}{4}(x^2 - 12x)$

$\qquad = -\dfrac{\sqrt{3}}{4}(x-6)^2 + 9\sqrt{3}$

따라서 삼각형 ADE의 넓이의 최댓값은 $x = 6$일 때 $9\sqrt{3}$이다.

0773 답 ①

사인법칙에 의하여 $\dfrac{\overline{AC}}{\sin 30°} = \dfrac{4\sqrt{2}}{\sin 45°}$이므로

$\overline{AC} = \dfrac{4\sqrt{2}\sin 30°}{\sin 45°} = \dfrac{4\sqrt{2} \times \dfrac{1}{2}}{\dfrac{\sqrt{2}}{2}} = 4$

점 A에서 $\overline{BC}$에 내린 수선의 발을
H라 하면
$\overline{BH} = \overline{AB}\cos 30°$

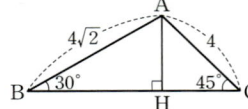

$\qquad = 4\sqrt{2} \times \dfrac{\sqrt{3}}{2} = 2\sqrt{6}$

$\overline{CH} = \overline{AC}\cos 45°$

$\qquad = 4 \times \dfrac{\sqrt{2}}{2} = 2\sqrt{2}$

$\therefore \overline{BC} = \overline{BH} + \overline{CH} = 2\sqrt{6} + 2\sqrt{2}$

다른 풀이

점 A에서 $\overline{BC}$에 내린 수선의 발을 H라 하면 직각삼각형 ABH에서

$\overline{BH} = \overline{AB}\cos 30° = 4\sqrt{2} \times \dfrac{\sqrt{3}}{2} = 2\sqrt{6}$

$\overline{AH} = \overline{AB}\sin 30° = 4\sqrt{2} \times \dfrac{1}{2} = 2\sqrt{2}$

이때 $\angle ACH = 45°$이므로 직각삼각형 ACH에서

$\overline{CH} = \dfrac{\overline{AH}}{\tan 45°} = \dfrac{2\sqrt{2}}{1} = 2\sqrt{2}$

$\therefore \overline{BC} = \overline{BH} + \overline{CH} = 2\sqrt{6} + 2\sqrt{2}$

0774 답 ②

$(a+b) : (b+c) : (c+a) = 9 : 10 : 11$이므로

$a+b = 9k, \ b+c = 10k, \ c+a = 11k \ (k > 0)$ ...... ㉠

로 놓을 수 있다.

세 식을 변끼리 더하면

$2(a+b+c) = 30k \qquad \therefore a+b+c = 15k$ ...... ㉡

㉡에서 ㉠의 각 식을 빼면 $a = 5k, \ b = 4k, \ c = 6k$

코사인법칙에 의하여

$\cos C = \dfrac{a^2 + b^2 - c^2}{2ab} = \dfrac{25k^2 + 16k^2 - 36k^2}{2 \times 5k \times 4k}$

$\qquad = \dfrac{5k^2}{40k^2} = \dfrac{1}{8}$

0775 답 4

$\angle BAC$는 반원에 대한 원주각이므로 $\angle BAC = 90°$

삼각형 ABC에서 $\angle ACB = 45°$이므로

$\angle ACD = 45° - 15° = 30°$

삼각형 ADC의 외접원의 반지름의 길이가 4이므로 사인법칙에 의하여

$\dfrac{\overline{AD}}{\sin(\angle ACD)} = 2 \times 4 = 8$

$\therefore \overline{AD} = 8\sin 30° = 8 \times \dfrac{1}{2} = 4$

0776 답 41

삼각형 ABD에서 코사인법칙에 의하여

$\cos A = \dfrac{6^2 + 6^2 - (\sqrt{15})^2}{2 \times 6 \times 6} = \dfrac{19}{24}$

삼각형 ABC에서 코사인법칙에 의하여

$\overline{BC}^2 = \overline{AB}^2 + \overline{AC}^2 - 2 \times \overline{AB} \times \overline{AC} \times \cos A$

$\qquad = 6^2 + 10^2 - 2 \times 6 \times 10 \times \dfrac{19}{24}$

$\qquad = 36 + 100 - 95 = 41$

$\therefore k^2 = 41$

0777 답 4

삼각형 BDC에서 $\angle DBC + \angle BCD = \angle ADB$이므로

$\angle DBC = 60° - 30° = 30°$

즉, $\angle DBC = \angle DCB$이므로

$\overline{BD} = \overline{CD} = 3$

삼각형 ABD에서 $\overline{AD} = a$라 하면 코사인법칙에 의하여

$\overline{AB}^2 = \overline{AD}^2 + \overline{BD}^2 - 2 \times \overline{AD} \times \overline{BD} \times \cos 60°$

즉, $(\sqrt{13})^2 = a^2 + 3^2 - 2 \times a \times 3 \times \dfrac{1}{2}$이므로

$a^2 - 3a - 4 = 0, \ (a+1)(a-4) = 0$

$\therefore a = 4 \ (\because a > 0)$

$\therefore \overline{AD} = 4$

0778 답 ②

$A + B + C = \pi$에서 $A + C = \pi - B$이므로

$\sin\dfrac{A-B+C}{2} = \sin\dfrac{\pi - 2B}{2} = \sin\left(\dfrac{\pi}{2} - B\right) = \cos B$

따라서 주어진 식은

$\sin A = 2\sin C \cos B$ ...... ㉠

삼각형 ABC의 외접원의 반지름의 길이를 R이라 하면 사인법칙에 의하여

$\dfrac{a}{\sin A} = \dfrac{c}{\sin C} = 2R$

$\therefore \sin A = \dfrac{a}{2R}, \ \sin C = \dfrac{c}{2R}$ ...... ㉡

코사인법칙에 의하여 $\cos B = \dfrac{a^2 + c^2 - b^2}{2ac}$ ...... ㉢

㉡, ㉢을 ㉠에 대입하면

$$\frac{a}{2R}=2\times\frac{c}{2R}\times\frac{a^2+c^2-b^2}{2ac}$$

$a^2=a^2+c^2-b^2,\ b^2=c^2$　　$\therefore b=c\ (\because b>0,\ c>0)$

따라서 삼각형 ABC는 $b=c$인 이등변삼각형이다.

0779
답 21

$\overline{AB}:\overline{AC}=3:1$이고 $\overline{AC}=k$이므로 $\overline{AB}=3k$이다.

삼각형 ABC에서 코사인법칙에 의하여

$$\overline{BC}^2=k^2+(3k)^2-2\times k\times 3k\times\cos\frac{\pi}{3}$$

$$=k^2+9k^2-2\times k\times 3k\times\frac{1}{2}=7k^2$$

$\therefore \overline{BC}=\sqrt{7}k\ (\because \overline{BC}>0)$

삼각형 ABC의 외접원의 반지름의 길이가 7이므로 사인법칙에 의하여

$$\frac{\overline{BC}}{\sin A}=2\times 7$$

즉, $\dfrac{\sqrt{7}k}{\sin\dfrac{\pi}{3}}=14$에서

$$k=14\times\frac{\sin\dfrac{\pi}{3}}{\sqrt{7}}=14\times\frac{\dfrac{\sqrt{3}}{2}}{\sqrt{7}}=\sqrt{21}$$

$\therefore k^2=(\sqrt{21})^2=21$

0780
답 ②

삼각형 ABD에서 코사인법칙에 의하여

$$\overline{BD}^2=3^2+5^2-2\times 3\times 5\times\cos 120°$$

$$=9+25-2\times 3\times 5\times\left(-\frac{1}{2}\right)=49$$

$\therefore \overline{BD}=7\ (\because \overline{BD}>0)$

이때 삼각형 BCD의 내접원의 반지름의 길이를 r이라 하면
$\triangle ABD=\triangle BCD$에서

$$\frac{1}{2}\times 3\times 5\times\sin 120°=\frac{1}{2}r(3+5+7),\ \frac{1}{2}\times 3\times 5\times\frac{\sqrt{3}}{2}=\frac{15}{2}r$$

$$\frac{15}{2}r=\frac{15\sqrt{3}}{4}\qquad \therefore r=\frac{\sqrt{3}}{2}$$

따라서 삼각형 BCD에 내접하는 원의 넓이는

$$\pi\times\left(\frac{\sqrt{3}}{2}\right)^2=\frac{3}{4}\pi$$

0781
답 9

원의 중심을 O라 하면 호의 길이는 중심각의
크기에 정비례하므로

$\overset{\frown}{AB}:\overset{\frown}{BC}:\overset{\frown}{CA}=3:4:5$에서

$\angle AOB:\angle BOC:\angle COA=3:4:5$

$\therefore \angle AOB=2\pi\times\dfrac{3}{12}=\dfrac{\pi}{2}$

$\angle BOC=2\pi\times\dfrac{4}{12}=\dfrac{2}{3}\pi$

$\angle COA=2\pi\times\dfrac{5}{12}=\dfrac{5}{6}\pi$

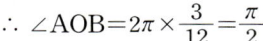

$\therefore \triangle ABC=\triangle AOB+\triangle BOC+\triangle COA$

$$=\frac{1}{2}\times 3^2\times\sin\frac{\pi}{2}+\frac{1}{2}\times 3^2\times\sin\frac{2}{3}\pi$$

$$+\frac{1}{2}\times 3^2\times\sin\frac{5}{6}\pi$$

$$=\frac{9}{2}\times\left(1+\frac{\sqrt{3}}{2}+\frac{1}{2}\right)=\frac{27}{4}+\frac{9}{4}\sqrt{3}$$

따라서 $a=\dfrac{27}{4}$, $b=\dfrac{9}{4}$이므로

$$a+b=\frac{27}{4}+\frac{9}{4}=9$$

0782
답 ②

$\angle PAD=\theta$라 하면 삼각형 PAD에서 코사인법칙에 의하여

$$\cos\theta=\frac{9^2+12^2-6^2}{2\times 9\times 12}=\frac{189}{216}=\frac{7}{8}$$

한편, $\angle PAB=\dfrac{\pi}{2}-\theta$이므로

$$\sin\left(\frac{\pi}{2}-\theta\right)=\cos\theta=\frac{7}{8}$$

$$\therefore \triangle ABP=\frac{1}{2}\times 8\times 9\times\sin\left(\frac{\pi}{2}-\theta\right)$$

$$=36\times\frac{7}{8}=\frac{63}{2}$$

0783
답 700π m²

$\overline{BC}$를 그으면 삼각형 ABC에서 코사인법칙에 의하여

$$\overline{BC}^2=\overline{AB}^2+\overline{AC}^2-2\times\overline{AB}\times\overline{AC}\times\cos 60°$$

$$=40^2+50^2-2\times 40\times 50\times\frac{1}{2}=2100$$

$\therefore \overline{BC}=\sqrt{2100}=10\sqrt{21}\,(m)\ (\because \overline{BC}>0)$

한편, 호수의 반지름의 길이를 R m라 하면 사인법칙에 의하여

$$\frac{\overline{BC}}{\sin 60°}=2R$$

$$\therefore R=\frac{\overline{BC}}{2\sin 60°}=\frac{10\sqrt{21}}{2\times\dfrac{\sqrt{3}}{2}}=10\sqrt{7}$$

따라서 호수의 넓이는

$$\pi\times(10\sqrt{7})^2=700\pi\,(m^2)$$

0784
답 ②

삼각형 ABC에서 사인법칙에 의하여

$$\frac{\overline{BC}}{\sin\dfrac{\pi}{3}}=2\times 2\sqrt{7}$$

$$\therefore \overline{BC}=4\sqrt{7}\times\frac{\sqrt{3}}{2}=2\sqrt{21}$$

삼각형 BCD에서 사인법칙에 의하여

$$\frac{\overline{BD}}{\sin(\angle BCD)}=2\times 2\sqrt{7}$$

$$\therefore \overline{BD}=4\sqrt{7}\times\frac{2\sqrt{7}}{7}=8$$

사각형 ABDC가 원에 내접하므로

$\angle D = \pi - \angle A = \pi - \dfrac{\pi}{3} = \dfrac{2}{3}\pi$

$\overline{CD} = x$라 하면 삼각형 BCD에서 코사인법칙에 의하여

$(2\sqrt{21})^2 = 8^2 + x^2 - 2 \times 8 \times x \times \cos \dfrac{2}{3}\pi$

$84 = 64 + x^2 - 2 \times 8 \times x \times \left(-\dfrac{1}{2}\right),\ x^2 + 8x - 20 = 0$

$(x+10)(x-2) = 0$

$\therefore x = 2\ (\because x > 0)$

$\therefore \overline{BD} + \overline{CD} = 8 + 2 = 10$

0785

답 22

삼각형 ABC의 외접원의 반지름의 길이를 R이라 하면 사인법칙에

의하여 $\dfrac{a}{\sin A} = \dfrac{b}{\sin B} = 2R$이므로

$\sin A = \dfrac{a}{2R}, \sin B = \dfrac{b}{2R}$

$\dfrac{\sin B}{\sin A} = \dfrac{5}{6}$에서

$\dfrac{b}{a} = \dfrac{5}{6}$ $\therefore b = \dfrac{5}{6}a$ …… ㉠

코사인법칙에 의하여 $\cos C = \dfrac{a^2 + b^2 - c^2}{2ab}$이고, $c = 8$이므로

$\dfrac{a^2 + b^2 - 8^2}{2ab} = \dfrac{3}{4}$ …… ㉡

㉠을 ㉡에 대입하면

$\dfrac{a^2 + \left(\dfrac{5}{6}a\right)^2 - 8^2}{2 \times a \times \dfrac{5}{6}a} = \dfrac{3}{4},\ \dfrac{\dfrac{61}{36}a^2 - 64}{\dfrac{5}{3}a^2} = \dfrac{3}{4}$

$\dfrac{4}{9}a^2 = 64,\ a^2 = 144$

$\therefore a = 12\ (\because a > 0)$

$a = 12$를 ㉠에 대입하면 $b = 10$

$\therefore a + b = 12 + 10 = 22$

0786

답 ③

$\overline{BD},\ \overline{MN}$을 그으면

$\overline{BC} = \overline{CD} = 4,\ \overline{CM} = \overline{CN} = 2$이므로

$\square BMND = \triangle BCD - \triangle MCN$

$= \dfrac{1}{2} \times 4 \times 4 - \dfrac{1}{2} \times 2 \times 2$

$= 8 - 2 = 6$ …… ㉠

한편, $\overline{BN} = \sqrt{4^2 + 2^2} = 2\sqrt{5},\ \overline{DM} = \sqrt{4^2 + 2^2} = 2\sqrt{5}$이므로

$\square BMND = \dfrac{1}{2} \times \overline{BN} \times \overline{DM} \times \sin \theta$

$= \dfrac{1}{2} \times 2\sqrt{5} \times 2\sqrt{5} \times \sin \theta$

$= 10 \sin \theta$ …… ㉡

㉠, ㉡에서 $10 \sin \theta = 6$

$\therefore \sin \theta = \dfrac{3}{5}$

0787

답 ④

점 A를 출발하여 $\overline{OB},\ \overline{OC},\ \overline{OD}$를 순서대로 모두 지난 후, $\overline{OA}$의 중점 P까지 가는 최단 거리는 다음 그림과 같은 옆면의 전개도에서 $\overline{AP}$의 길이와 같다.

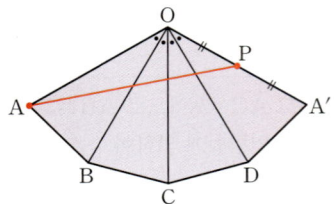

이때 $\angle AOP = 4 \times 30° = 120°$이고, $\overline{OA} = 2,\ \overline{OP} = \dfrac{1}{2}\overline{OA} = 1$이므로 삼각형 OAP에서 코사인법칙에 의하여

$\overline{AP}^2 = 2^2 + 1^2 - 2 \times 2 \times 1 \times \cos 120°$

$= 4 + 1 - 2 \times 2 \times 1 \times \left(-\dfrac{1}{2}\right) = 7$

$\therefore \overline{AP} = \sqrt{7}\ (\because \overline{AP} > 0)$

0788

답 ④

$\overline{BD}$를 그으면 삼각형 BCD에서 코사인법칙에 의하여

$\overline{BD}^2 = 6^2 + 12^2 - 2 \times 6 \times 12 \times \cos 60°$

$= 36 + 144 - 72 = 108$

$\therefore \overline{BD} = 6\sqrt{3}\ (\because \overline{BD} > 0)$

즉, 삼각형 BCD의 세 변의 길이의 비가

$6 : 6\sqrt{3} : 12$, 즉 $1 : \sqrt{3} : 2$이므로

$\angle DBC = 30°,\ \angle BDC = 90°$

$\therefore \angle ABD = 75° - 30° = 45°$

삼각형 OBD가 직각이등변삼각형이므로

$\overline{OD} = \overline{BD} = 6\sqrt{3},\ \overline{OB} = \sqrt{2} \times \overline{BD} = 6\sqrt{6}$

한편, $\triangle OAD \backsim \triangle OCB$ (AA 닮음)이므로

$\overline{OD} : \overline{OB} = \overline{OA} : \overline{OC}$에서

$6\sqrt{3} : 6\sqrt{6} = \overline{OA} : (6\sqrt{3} + 6)$

$6\sqrt{6} \times \overline{OA} = 6\sqrt{3}(6\sqrt{3} + 6)$

$\therefore \overline{OA} = 3\sqrt{6} + 3\sqrt{2}$

$\therefore \square ABCD = \triangle OBC - \triangle OAD$

$= \dfrac{1}{2} \times 6\sqrt{6} \times (6\sqrt{3} + 6) \times \sin 45°$

$\quad - \dfrac{1}{2} \times (3\sqrt{6} + 3\sqrt{2}) \times 6\sqrt{3} \times \sin 45°$

$= 54 + 18\sqrt{3} - 27 - 9\sqrt{3}$

$= 27 + 9\sqrt{3}$

0789

답 63

삼각형 ABC에서 $\overline{BC} = 3 + 3 = 6$이므로 코사인법칙에 의하여

$\overline{AC}^2 = 9^2 + 6^2 - 2 \times 9 \times 6 \times \cos 60°$

$= 81 + 36 - 2 \times 9 \times 6 \times \dfrac{1}{2} = 63$

$\therefore \overline{AC} = 3\sqrt{7}\ (\because \overline{AC} > 0)$

❶

삼각형 ABD에서 코사인법칙에 의하여

$$\overline{AD}^2 = 9^2 + 3^2 - 2 \times 9 \times 3 \times \cos 60°$$

$$= 81 + 9 - 2 \times 9 \times 3 \times \frac{1}{2} = 63$$

$$\therefore \overline{AD} = 3\sqrt{7} \ (\because \overline{AD} > 0)$$

❷

$$\therefore \overline{AC} \times \overline{AD} = 3\sqrt{7} \times 3\sqrt{7} = 63$$

❸

채점 기준	배점
❶ $\overline{AC}$의 길이 구하기	40%
❷ $\overline{AD}$의 길이 구하기	40%
❸ $\overline{AC} \times \overline{AD}$의 값 구하기	20%

0790

답 $12\sqrt{3}$

$\overline{OB}$를 그으면 $\overline{OA} = \overline{OB}$이므로

$\angle OBA = \angle OAB = 30°$

또한 $\overline{BC}$가 원의 접선이므로

$\angle OBC = 90°$

이때 $\angle ABC = 120°$이므로

$\angle ACB = 30°$

즉, $\angle ACB = \angle CAB = 30°$이므로

$\overline{AB} = \overline{BC}$

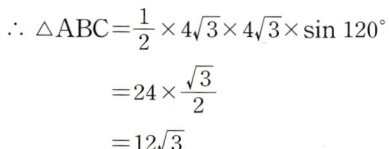

❶

한편, 점 O에서 $\overline{AB}$에 내린 수선의 발을 H라 하면

$$\overline{AH} = \overline{OA} \times \cos 30°$$

$$= \left(\frac{1}{2} \times 8 \right) \times \frac{\sqrt{3}}{2}$$

$$= 2\sqrt{3}$$

$$\therefore \overline{AB} = 2\overline{AH} = 4\sqrt{3}$$

❷

$$\therefore \triangle ABC = \frac{1}{2} \times 4\sqrt{3} \times 4\sqrt{3} \times \sin 120°$$

$$= 24 \times \frac{\sqrt{3}}{2}$$

$$= 12\sqrt{3}$$

❸

채점 기준	배점
❶ $\overline{AB} = \overline{BC}$임을 알아내기	40%
❷ $\overline{AB}$의 길이 구하기	30%
❸ 삼각형 ABC의 넓이 구하기	30%

0791

답 ②

이등변삼각형 ABC에서 $\overline{AB} = \overline{AC}$이므로

$$\angle B = \angle C = \frac{1}{2} \times (180° - 120°) = 30°$$

삼각형 BCP에서 $\overline{BP} = x$라 하면 코사인법칙에 의하여

$$\overline{BP}^2 + \overline{CP}^2 = x^2 + (x^2 + 4^2 - 2 \times x \times 4 \times \cos 30°)$$

$$= 2x^2 - 4\sqrt{3}x + 16$$

$$= 2(x - \sqrt{3})^2 + 10$$

따라서 $\overline{BP}^2 + \overline{CP}^2$의 최솟값은 $x = \sqrt{3}$일 때 10이다.

0792

답 ①

$\angle A_1 O A_2 = 360° \div 12 = 30°$

$\overline{OA_1} = \overline{OA_2} = x$라 하면 삼각형 OA_1A_2에서 코사인법칙에 의하여

$$\overline{A_1A_2}^2 = \overline{OA_1}^2 + \overline{OA_2}^2 - 2 \times \overline{OA_1} \times \overline{OA_2} \times \cos 30°$$

$$2^2 = x^2 + x^2 - 2 \times x \times x \times \frac{\sqrt{3}}{2}$$

즉, $4 = x^2 + x^2 - \sqrt{3}x^2$에서 $(2 - \sqrt{3})x^2 = 4$이므로

$$x^2 = \frac{4}{2 - \sqrt{3}} = 4(2 + \sqrt{3})$$

한편, $\angle A_1 O A_5 = 30° \times 4 = 120°$

$\therefore$ (오각형 $A_1A_2A_3A_4A_5$의 넓이)

$\quad =$ (육각형 $OA_1A_2A_3A_4A_5$의 넓이) $- \triangle OA_1A_5$

$\quad = 4 \times \triangle OA_1A_2 - \triangle OA_1A_5$

$\quad = 4 \times \left(\frac{1}{2} x^2 \sin 30° \right) - \frac{1}{2} x^2 \sin 120°$

$\quad = x^2 - \frac{\sqrt{3}}{4} x^2$

$\quad = 4(2 + \sqrt{3}) - \frac{\sqrt{3}}{4} \times 4(2 + \sqrt{3})$

$\quad = 8 + 4\sqrt{3} - 2\sqrt{3} - 3$

$\quad = 5 + 2\sqrt{3}$

0793

답 4π

삼각형 ABC의 외접원의 반지름의 길이를 R이라 하면 사인법칙에 의하여 $\dfrac{a}{\sin A} = \dfrac{c}{\sin C} = 2R$이므로

$$\sin A = \frac{a}{2R}, \ \sin C = \frac{c}{2R} \quad \cdots\cdots \ \bigcirc$$

코사인법칙에 의하여

$$\cos B = \frac{c^2 + a^2 - b^2}{2ca} \quad \cdots\cdots \ \bigcirc$$

$\bigcirc$, $\bigcirc$을 조건 ㈎의 식에 대입하면

$$\frac{a}{2R} = \frac{c^2 + a^2 - b^2}{2ca} \times \frac{c}{2R}$$

$$2a^2 = c^2 + a^2 - b^2$$

$$\therefore c^2 = a^2 + b^2$$

즉, 삼각형 ABC는 $C = \dfrac{\pi}{2}$인 직각삼각형이다.

한편, $\tan A = \dfrac{a}{b}$,

$\tan(\pi - B) = -\tan B = -\dfrac{b}{a}$,

$\tan\left(\dfrac{\pi}{4} - C\right) = \tan\left(\dfrac{\pi}{4} - \dfrac{\pi}{2}\right) = \tan\left(-\dfrac{\pi}{4}\right)$

$\qquad\qquad\qquad = -\tan\dfrac{\pi}{4} = -1$

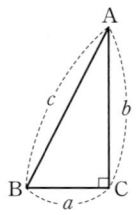

이므로 조건 (나)의 식에 대입하면

$2 \times \dfrac{a}{b} + \left(-\dfrac{b}{a}\right) = -1$, $2a^2 + ab - b^2 = 0$

$\therefore (a+b)(2a-b) = 0$

이때 $a + b \neq 0$이므로 $b = 2a$

$C = 90°$인 직각삼각형 ABC의 넓이가 $\dfrac{16}{5}$이므로

$\dfrac{1}{2}ab = \dfrac{1}{2}a \times 2a = a^2 = \dfrac{16}{5}$

즉, $c^2 = a^2 + b^2 = a^2 + (2a)^2 = 5a^2 = 5 \times \dfrac{16}{5} = 16$이므로

$c = 4 \ (\because c > 0)$

따라서 직각삼각형 ABC의 외접원의 반지름의 길이는 $\dfrac{1}{2}c = 2$이므로 외접원의 넓이는

$\pi \times 2^2 = 4\pi$

0794 　답 ③

오른쪽 그림과 같이 점 B에서 선분 AD에 내린 수선의 발을 F라 하면

$\cos(\angle BAC) = \dfrac{1}{8}$이고

$\overline{AB} = \overline{BD} = 4$이므로

$\overline{AD} = 2\overline{AF} = 2\overline{AB}\cos(\angle BAC)$

$\qquad = 2 \times 4 \times \dfrac{1}{8} = 1$

$\therefore \overline{CD} = \overline{AC} - \overline{AD} = 5 - 1 = 4$

이때 $\angle BDC = 180° - \angle BDA$이므로

$\cos(\angle BDC) = \cos(180° - \angle BDA)$

$\qquad\qquad\quad = -\cos(\angle BDA)$

$\qquad\qquad\quad = -\cos(\angle BAC) = -\dfrac{1}{8}$

삼각형 BCD에서 코사인법칙에 의하여

$\overline{BC}^2 = 4^2 + 4^2 - 2 \times 4 \times 4 \times \cos(\angle BDC)$

$\qquad = 16 + 16 - 2 \times 4 \times 4 \times \left(-\dfrac{1}{8}\right) = 36$

$\therefore \overline{BC} = 6 \ (\because \overline{BC} > 0)$

오른쪽 그림과 같이 점 D에서 선분 BC에 내린 수선의 발을 H라 하면

$\overline{BH} = \dfrac{1}{2}\overline{BC} = 3$

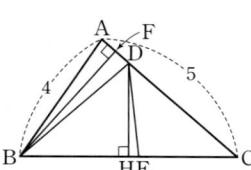

이므로 직각삼각형 DBH에서

$\overline{DH} = \sqrt{4^2 - 3^2} = \sqrt{7}$

이때 $\cos(\angle BAC) = \dfrac{1}{8}$이므로

$\sin(\angle BAC) = \sqrt{1 - \cos^2(\angle BAC)} = \sqrt{1 - \left(\dfrac{1}{8}\right)^2} = \dfrac{3\sqrt{7}}{8}$

즉, $\sin(\angle BED) = \dfrac{3\sqrt{7}}{8}$이므로 삼각형 DHE에서

$\overline{DE} = \dfrac{\overline{DH}}{\sin(\angle BED)} = \dfrac{\sqrt{7}}{\dfrac{3\sqrt{7}}{8}} = \dfrac{8}{3}$

0795 　답 ③

$\angle ACB$는 반원에 대한 원주각이므로

$\angle ACB = 90°$

이때 $\overline{AC} = 2\overline{BC}$이므로 피타고라스 정리에 의하여

$(2\overline{BC})^2 + \overline{BC}^2 = (3\sqrt{5})^2$, $5\overline{BC}^2 = 45$, $\overline{BC}^2 = 9$

$\therefore \overline{BC} = 3$, $\overline{AC} = 6$

$\therefore \cos(\angle CAB) = \dfrac{\overline{AC}}{\overline{AB}} = \dfrac{6}{3\sqrt{5}} = \dfrac{2}{\sqrt{5}}$,

$\qquad \cos(\angle CBA) = \dfrac{\overline{BC}}{\overline{AB}} = \dfrac{3}{3\sqrt{5}} = \dfrac{1}{\sqrt{5}}$

$\overline{AD} = \overline{DE} = \overline{EB} = \sqrt{5}$이므로

삼각형 ADC에서 코사인법칙에 의하여

$\overline{CD}^2 = 6^2 + (\sqrt{5})^2 - 2 \times 6 \times \sqrt{5} \times \cos(\angle CAB)$

$\qquad = 36 + 5 - 2 \times 6 \times \sqrt{5} \times \dfrac{2}{\sqrt{5}} = 17$

$\therefore \overline{CD} = \sqrt{17} \ (\because \overline{CD} > 0)$

삼각형 BCE에서 코사인법칙에 의하여

$\overline{CE}^2 = 3^2 + (\sqrt{5})^2 - 2 \times 3 \times \sqrt{5} \times \cos(\angle CBA)$

$\qquad = 9 + 5 - 2 \times 3 \times \sqrt{5} \times \dfrac{1}{\sqrt{5}} = 8$

$\therefore \overline{CE} = 2\sqrt{2} \ (\because \overline{CE} > 0)$

삼각형 CDE에서 코사인법칙에 의하여

$\cos\theta = \dfrac{(\sqrt{17})^2 + (2\sqrt{2})^2 - (\sqrt{5})^2}{2 \times \sqrt{17} \times 2\sqrt{2}}$

$\qquad = \dfrac{17 + 8 - 5}{4\sqrt{34}} = \dfrac{5}{\sqrt{34}}$

$\therefore \sin\theta = \sqrt{1 - \cos^2\theta} = \sqrt{1 - \left(\dfrac{5}{\sqrt{34}}\right)^2} = \dfrac{3}{\sqrt{34}}$

$\therefore \tan\theta = \dfrac{\sin\theta}{\cos\theta} = \dfrac{\dfrac{3}{\sqrt{34}}}{\dfrac{5}{\sqrt{34}}} = \dfrac{3}{5}$

0796 　답 ③

ㄱ. 삼각형 BCD의 넓이가 $4\sqrt{2}$이므로

$\dfrac{1}{2} \times 3 \times 4 \times \sin\theta = 4\sqrt{2}$ $\therefore \sin\theta = \dfrac{2\sqrt{2}}{3}$

이때 $0 < \theta < \dfrac{\pi}{2}$에서 $\cos\theta > 0$

$\therefore \cos\theta = \sqrt{1 - \sin^2\theta} = \sqrt{1 - \left(\dfrac{2\sqrt{2}}{3}\right)^2} = \dfrac{1}{3}$ (참)

ㄴ. 삼각형 BCD에서 코사인법칙에 의하여

$\overline{BD}^2 = 4^2 + 3^2 - 2 \times 4 \times 3 \times \cos\theta$

$\qquad = 16 + 9 - 2 \times 4 \times 3 \times \dfrac{1}{3} = 17$

$\therefore \overline{BD} = \sqrt{17} \ (\because \overline{BD} > 0)$

삼각형 BCD가 주어진 원에 내접하므로 원의 반지름의 길이를 R이라 하면 사인법칙에 의하여

$$\frac{\overline{BD}}{\sin\theta}=2R$$

$$\therefore R=\frac{\overline{BD}}{2\sin\theta}=\frac{\sqrt{17}}{2\times\frac{2\sqrt{2}}{3}}=\frac{3\sqrt{17}}{4\sqrt{2}}$$

즉, 원의 넓이는 $\pi\times\left(\frac{3\sqrt{17}}{4\sqrt{2}}\right)^2=\frac{153}{32}\pi$ (거짓)

ㄷ. 사각형 ABCD가 원에 내접하므로

$$\angle BAD=\pi-\theta$$

$\overline{AB}=x$라 하면 삼각형 ABD에서 코사인법칙에 의하여

$$(\sqrt{17})^2=x^2+2^2-2\times x\times2\times\cos(\pi-\theta)$$

즉, $17=x^2+4-4x\times(-\cos\theta)$에서

$$17=x^2+4-4x\times\left(-\frac{1}{3}\right)$$

$$3x^2+4x-39=0,\ (3x+13)(x-3)=0$$

$$\therefore x=3\ (\because x>0)$$

즉, 사각형 ABCD의 둘레의 길이는

$$3+3+4+2=12\ (참)$$

따라서 옳은 것은 ㄱ, ㄷ이다.

0797 답 ②

삼각형 O_1O_2C는 $\overline{O_1O_2}=\overline{O_1C}$인 이등변삼각형이므로

$$\angle O_1O_2C=\frac{1}{2}\times(\pi-\theta_2)$$
$$=\frac{\pi}{2}-\frac{\theta_2}{2}$$

$\angle CO_2O_1+\angle O_1O_2D=\pi$이므로

$$\frac{\pi}{2}-\frac{\theta_2}{2}+\theta_3=\pi$$

$$\therefore \theta_3=\frac{\pi}{2}+\frac{\theta_2}{2}$$

$\theta_3=\frac{\pi}{2}+\frac{\theta_2}{2}$를 $\theta_3=\theta_1+\theta_2$에 대입하여 정리하면

$2\theta_1+\theta_2=\pi$이므로 $\angle CO_1B=\theta_1$이다.

이때 $\angle O_2O_1B=\theta_1+\theta_2=\theta_3$이므로 삼각형 O_1O_2B와 O_2O_1D는 합동이다.

삼각형 AO_2B에서 $\overline{AO_2}$는 원 C_1의 지름이고 점 B는 그 원 위의 한 점이므로 삼각형 AO_2B는 $\angle ABO_2=90°$인 직각삼각형이다.

$\overline{AB}:\overline{O_1D}=1:2\sqrt{2}$이므로

$\overline{AB}=k$라 할 때 $\overline{BO_2}=\overline{O_1D}=2\sqrt{2}k$

직각삼각형 AO_2B에서 피타고라스 정리에 의하여

$$\overline{AO_2}^2=\overline{AB}^2+\overline{BO_2}^2=k^2+(2\sqrt{2}k)^2=9k^2$$

$$\therefore \overline{AO_2}=\boxed{3k}$$

직각삼각형 AO_2B에서

$$\cos(\angle BO_2A)=\frac{\overline{BO_2}}{\overline{AO_2}}=\frac{2\sqrt{2}k}{3k}=\frac{2\sqrt{2}}{3}$$

$$\therefore \cos\frac{\theta_1}{2}=\boxed{\frac{2\sqrt{2}}{3}}$$

삼각형 O_2BC에서 $\overline{BC}=k$, $\overline{BO_2}=2\sqrt{2}k$, $\angle CO_2B=\frac{\theta_1}{2}$이므로

코사인법칙에 의하여

$$\overline{BC}^2=\overline{BO_2}^2+\overline{CO_2}^2-2\times\overline{BO_2}\times\overline{CO_2}\times\cos\frac{\theta_1}{2}$$

$\overline{O_2C}=x$라 하면

$$k^2=8k^2+x^2-2\times2\sqrt{2}k\times x\times\frac{2\sqrt{2}}{3}$$

$$x^2-\frac{16}{3}kx+7k^2=0,\ 3x^2-16kx+21k^2=0$$

$$(3x-7k)(x-3k)=0$$

$$\therefore x=\overline{O_2C}=\frac{7}{3}k \text{ 또는 } x=\overline{O_2C}=3k$$

그런데 $\overline{O_2C}\neq\overline{AO_2}$이므로 $\overline{O_2C}=\boxed{\frac{7}{3}k}$

따라서 $f(k)=3k$, $g(k)=\frac{7}{3}k$, $p=\frac{2\sqrt{2}}{3}$이므로

$$f\left(\frac{2\sqrt{2}}{3}\right)\times g\left(\frac{2\sqrt{2}}{3}\right)=3\times\frac{2\sqrt{2}}{3}\times\frac{7}{3}\times\frac{2\sqrt{2}}{3}$$
$$=\frac{56}{9}$$

0798 답 ①

$\overline{AC}=k\ (k>0)$라 하면 삼각형 ABC에서 코사인법칙에 의하여

$$\overline{BC}^2=\overline{AB}^2+\overline{AC}^2-2\times\overline{AB}\times\overline{AC}\times\cos\frac{\pi}{3}$$

$$(\sqrt{13})^2=3^2+k^2-2\times3\times k\times\frac{1}{2}$$

$$13=9+k^2-3k,\ k^2-3k-4=0$$

$$(k+1)(k-4)=0 \qquad \therefore k=4\ (\because k>0)$$

$$\therefore \overline{AC}=4$$

$$S_1=\frac{1}{2}\times\overline{AB}\times\overline{AC}\times\sin\frac{\pi}{3}$$
$$=\frac{1}{2}\times3\times4\times\frac{\sqrt{3}}{2}=3\sqrt{3}$$

$$S_2=\frac{1}{2}\times\overline{AD}\times\overline{CD}\times\sin(\angle ADC)$$
$$=\frac{1}{2}\times9\times\sin(\angle ADC)$$
$$=\frac{9}{2}\times\sin(\angle ADC)$$

이때 $S_2=\frac{5}{6}S_1$이므로

$$\frac{9}{2}\times\sin(\angle ADC)=\frac{5}{6}\times3\sqrt{3}$$

$$\therefore \sin(\angle ADC)=\frac{5\sqrt{3}}{9}$$

삼각형 ACD에서 사인법칙에 의하여

$\frac{\overline{AC}}{\sin(\angle ADC)}=2R$이므로 $\frac{4}{\frac{5\sqrt{3}}{9}}=2R$

$$\therefore R=\frac{12\sqrt{3}}{5}\times\frac{1}{2}=\frac{6\sqrt{3}}{5}$$

$$\therefore \frac{R}{\sin(\angle ADC)}=\frac{\frac{6\sqrt{3}}{5}}{\frac{5\sqrt{3}}{9}}=\frac{54}{25}$$

0799

삼각형 ABC에서 코사인법칙에 의하여

$$\cos B = \frac{7^2+8^2-13^2}{2\times7\times8}=-\frac{1}{2} \qquad \therefore B=120°$$

이때

$$\triangle ABC = \frac{1}{2}\times7\times8\times\sin120°=28\times\frac{\sqrt{3}}{2}=14\sqrt{3}$$

이므로

$$\triangle DBE = \frac{1}{2}\triangle ABC = 7\sqrt{3}$$

한편, $\overline{BD}=x$, $\overline{BE}=y$라 하면

$$\triangle DBE = \frac{1}{2}xy\sin120°=\frac{\sqrt{3}}{4}xy$$

즉, $\frac{\sqrt{3}}{4}xy=7\sqrt{3}$에서 $xy=28$

삼각형 BED에서 코사인법칙에 의하여

$$\begin{aligned}\overline{DE}^2 &= x^2+y^2-2xy\cos120° \\ &= x^2+y^2-2\times28\times\left(-\frac{1}{2}\right) \\ &= x^2+y^2+28\end{aligned}$$

이때 $x>0$, $y>0$이므로 산술평균과 기하평균의 관계에 의하여

$$\begin{aligned}\overline{DE}^2 &= x^2+y^2+28 \\ &\geq 2\sqrt{x^2y^2}+28 \ (\text{단, 등호는 } x^2=y^2 \text{일 때 성립한다.}) \\ &= 2xy+28 \\ &= 2\times28+28=84\end{aligned}$$

$$\therefore \overline{DE}\geq\sqrt{84}=2\sqrt{21} \ (\because \overline{DE}>0)$$

따라서 $\overline{DE}$의 길이의 최솟값은 $2\sqrt{21}$이다.

0800

삼각형 ABC에서 $\overline{AB}=8$, $\overline{AF}=\overline{CF}=2$

$\overline{BE}=\overline{EF}=x$라 하면 $\overline{EC}=4\sqrt{3}-x$이므로

직각삼각형 ECF에서 $x^2=2^2+(4\sqrt{3}-x)^2$

$x^2=4+48-8\sqrt{3}x+x^2$, $8\sqrt{3}x=52$

$$\therefore x=\frac{13}{2\sqrt{3}}=\frac{13\sqrt{3}}{6}$$

점 F에서 $\overline{AB}$에 내린 수선의 발을
H라 하면 $A=60°$이므로

$$\overline{AH}=\overline{AF}\cos60°=2\times\frac{1}{2}=1$$

$$\overline{FH}=\overline{AF}\sin60°=2\times\frac{\sqrt{3}}{2}=\sqrt{3}$$

$$\overline{BH}=\overline{AB}-\overline{AH}=8-1=7$$

이때 $\overline{BD}=\overline{DF}=y$라 하면 $\overline{DH}=7-y$

직각삼각형 DFH에서 $y^2=(7-y)^2+(\sqrt{3})^2$

$y^2=49-14y+y^2+3$, $14y=52$ $\qquad \therefore y=\frac{26}{7}$

$$\begin{aligned}\therefore \triangle DEF &= \triangle BED = \frac{1}{2}xy\sin30° \\ &= \frac{1}{2}\times\frac{13\sqrt{3}}{6}\times\frac{26}{7}\times\frac{1}{2}=\frac{169\sqrt{3}}{84}\end{aligned}$$

따라서 $p=84$, $q=169$이므로

$p+q=84+169=253$

0801

$\overline{AC}:\overline{BD}=1:2$이므로 $\overline{AC}=k \ (k>0)$로 놓으면

$$\overline{BD}=2k$$

또한 $\overline{AB}=2$, $\overline{AH}:\overline{HB}=1:3$이므로

$$\overline{AH}=\frac{1}{2}, \ \overline{BH}=\frac{3}{2}$$

$\angle CAB=\theta$라 하면 $\overline{AC}/\!/\overline{BD}$이므로

$$\angle ABD=\pi-\theta$$

두 삼각형 ABC, ABD에서 각각 사인법칙에 의하여

$$\frac{\overline{BC}}{\sin\theta}=2r, \ \frac{\overline{AD}}{\sin(\pi-\theta)}=\frac{\overline{AD}}{\sin\theta}=2R$$

$$\therefore \overline{BC}=2r\sin\theta, \ \overline{AD}=2R\sin\theta \qquad \cdots\cdots \ \boxdot$$

$4(R^2-r^2)\times\sin^2(\angle CAB)=51$에서

$4(R^2-r^2)\times\sin^2\theta=(2R\sin\theta)^2-(2r\sin\theta)^2$이므로

$\boxdot$을 $(2R\sin\theta)^2-(2r\sin\theta)^2=51$에 대입하면

$$\overline{AD}^2-\overline{BC}^2=51 \qquad \cdots\cdots \ \boxdot$$

삼각형 AHC에서 $\cos\theta=\dfrac{\overline{AH}}{\overline{CA}}=\dfrac{1}{2k}$이므로

두 삼각형 ABC, ABD에서 각각 코사인법칙에 의하여

$$\begin{aligned}\overline{BC}^2 &= \overline{AB}^2+\overline{AC}^2-2\times\overline{AB}\times\overline{AC}\times\cos\theta \\ &= 2^2+k^2-2\times2\times k\times\frac{1}{2k} \\ &= k^2+2 \qquad \cdots\cdots \ \boxdot\end{aligned}$$

$$\begin{aligned}\overline{AD}^2 &= \overline{AB}^2+\overline{BD}^2-2\times\overline{AB}\times\overline{BD}\times\cos(\pi-\theta) \\ &= 2^2+(2k)^2+2\times2\times2k\times\cos\theta \\ &= 4+4k^2+2\times2\times2k\times\frac{1}{2k} \\ &= 4k^2+8 \qquad \cdots\cdots \ \boxdot\end{aligned}$$

$\boxdot$, $\boxdot$을 $\boxdot$에 대입하면

$(4k^2+8)-(k^2+2)=51$

$3k^2+6=51 \qquad \therefore k^2=15$

$$\therefore \overline{AC}^2=15$$

수열

유형별 문제

 PART A

08 등차수열과 등비수열

유형 **01** 등차수열의 일반항

확인 문제

(1) $a_n = -2n + 12$ (2) $a_n = 3n - 1$

(3) $a_n = -5n + 12$

(1) $a_n = 10 + (n-1) \times (-2) = -2n + 12$

(2) 첫째항이 2, 공차가 $5 - 2 = 3$이므로

$a_n = 2 + (n-1) \times 3 = 3n - 1$

(3) 첫째항이 7, 공차가 $2 - 7 = -5$이므로

$a_n = 7 + (n-1) \times (-5) = -5n + 12$

0802

답 ③

등차수열 $\{a_n\}$의 첫째항을 a, 공차를 d라 하면

$a_3 = a + 2d = -1$ …… ㉠

$a_8 = a + 7d = 9$ …… ㉡

㉠, ㉡을 연립하여 풀면 $a = -5$, $d = 2$

$\therefore a_n = -5 + (n-1) \times 2 = 2n - 7$

이때 33이 제k항이라 하면

$a_k = 2k - 7 = 33$ $\therefore k = 20$

따라서 33은 제20항이다.

0803

답 ②

등차수열 $\{a_n\}$의 공차를 d라 하면 $a_n - a_{n-1} = d$이므로

$a_3 - a_1 = a_7 - a_5 = \cdots = a_{23} - a_{21} = 2d$

$\therefore a_1 - a_3 + a_5 - a_7 + \cdots + a_{21} - a_{23}$

$= -\{(a_3 - a_1) + (a_7 - a_5) + \cdots + (a_{23} - a_{21})\}$

$= -6 \times 2d = -12d$

따라서 $-12d = 24$에서 $d = -2$

0804

답 -16

등차수열 $\{a_n\}$의 첫째항을 a, 공차를 d라 하면

$a_4 = a + 3d = 5$ …… ㉠

$a_7 = a + 6d = -4$ …… ㉡

❶

㉠, ㉡을 연립하여 풀면

$a = 14$, $d = -3$

❷

따라서 $a_n = 14 + (n-1) \times (-3) = -3n + 17$이므로

$a_{11} = -3 \times 11 + 17 = -16$

❸

0805

답 ④

등차수열 $\{a_n\}$의 첫째항을 a, 공차를 d라 하면

$a_2 = a + d = \log_2 3$ …… ㉠

$a_6 = a + 5d = \log_2 768$ …… ㉡

㉡ $-$ ㉠을 하면

$4d = \log_2 768 - \log_2 3 = \log_2 \dfrac{768}{3}$

$= \log_2 256 = \log_2 2^8 = 8$

$\therefore d = 2$

$d = 2$를 ㉠에 대입하면 $a + 2 = \log_2 3$

$\therefore a = \log_2 3 - 2 = \log_2 3 - \log_2 4 = \log_2 \dfrac{3}{4}$

🔊 **Bible Says** 로그의 성질

$a > 0$, $a \neq 1$이고 $M > 0$, $N > 0$일 때

(1) $\log_a 1 = 0$, $\log_a a = 1$

(2) $\log_a MN = \log_a M + \log_a N$

(3) $\log_a \dfrac{M}{N} = \log_a M - \log_a N$

(4) $\log_a N^k = k \log_a N$ (단, k는 실수이다.)

0806

답 29

등차수열 $\{a_n\}$의 공차를 d라 하면

$a_n = 2 + (n-1)d$

즉, $a_{n+1} = 2 + nd$이므로

$3a_{n+1} - a_n = 3(2 + nd) - \{2 + (n-1)d\}$

$= 6 + 3nd - 2 - nd + d$

$= 4 + 2nd + d$

$= (4 + 3d) + (n-1) \times 2d$

이때 수열 $\{3a_{n+1} - a_n\}$은 공차가 6인 등차수열이므로

$2d = 6$ $\therefore d = 3$

따라서 $a_n = 2 + (n-1) \times 3 = 3n - 1$이므로

$a_{10} = 3 \times 10 - 1 = 29$

0807

답 ⑤

오른쪽에서 3번째 좌석 번호를 앞에서부터 차례로 나열한 수열을 $\{a_n\}$이라 하면

$\{a_n\}$: 5, 12, 19, $\cdots$, 82

즉, 수열 $\{a_n\}$은 첫째항이 5, 공차가 7인 등차수열이므로

$a_n = 5 + (n-1) \times 7 = 7n - 2$

이때 은수가 예약한 좌석은 앞에서 7번째 줄이므로 구하는 좌석 번호는

$a_7 = 7 \times 7 - 2 = 47$

0808

답 ④

등차수열 $\{a_n\}$의 공차를 d라 하면

$a_5+a_7=a_{13}$에서

$(a_1+4d)+(a_1+6d)=a_1+12d$ $\therefore a_1=2d$

이때 $a_1=4$이므로

$2d=4$ $\therefore d=2$

$\therefore a_n=4+(n-1)\times2=2n+2$

따라서 $a_k=30$에서 $2k+2=30$

$2k=28$ $\therefore k=14$

0809

답 ⑤

등차수열 $\{a_n\}$의 첫째항을 a, 공차를 d라 하면

$a_1+a_2+a_3=27$에서 $a+(a+d)+(a+2d)=27$

$\therefore a+d=9$ $\cdots\cdots$ ㉠

$a_5+a_6+a_7=63$에서 $(a+4d)+(a+5d)+(a+6d)=63$

$\therefore a+5d=21$ $\cdots\cdots$ ㉡

㉠, ㉡을 연립하여 풀면 $a=6$, $d=3$

따라서 $a_n=6+(n-1)\times3=3n+3$이므로

$a_{14}=3\times14+3=45$

0810

답 ③

등차수열 $\{a_n\}$의 공차를 d라 하면

$a_1=2a_5$에서 $a_1=2(a_1+4d)$

$\therefore a_1=-8d$ $\cdots\cdots$ ㉠

$a_8+a_{12}=-6$에서 $(a_1+7d)+(a_1+11d)=-6$

$\therefore a_1+9d=-3$ $\cdots\cdots$ ㉡

㉠, ㉡을 연립하여 풀면 $a_1=24$, $d=-3$

따라서 $a_n=24+(n-1)\times(-3)=-3n+27$이므로

$a_2=-3\times2+27=21$

0811

답 ②

첫째항이 -5인 등차수열 $\{a_n\}$의 공차를 d라 하면

$a_4+a_8=(-5+3d)+(-5+7d)=-10+10d$

$a_9+a_{13}=(-5+8d)+(-5+12d)=-10+20d$

이때 $(a_4+a_8):(a_9+a_{13})=1:4$이므로

$(-10+10d):(-10+20d)=1:4$

$-10+20d=4(-10+10d)$, $-10+20d=-40+40d$

$20d=30$ $\therefore d=\dfrac{3}{2}$

따라서 $a_n=-5+(n-1)\times\dfrac{3}{2}=\dfrac{3}{2}n-\dfrac{13}{2}$이므로

$a_{11}=\dfrac{3}{2}\times11-\dfrac{13}{2}=10$

0812

답 ③

공차가 -3인 등차수열 $\{a_n\}$의 첫째항을 a라 하면

$a_n=a-3(n-1)$

이때 $a_3a_7=64$이므로

$(a-6)(a-18)=64$

$a^2-24a+44=0$, $(a-2)(a-22)=0$

$\therefore a=2$ 또는 $a=22$ $\cdots\cdots$ ㉠

이때 $a_8>0$에서

$a-21>0$ $\therefore a>21$ $\cdots\cdots$ ㉡

㉠, ㉡에 의하여 $a=22$

따라서 $a_n=22-3(n-1)=-3n+25$이므로

$a_2=-3\times2+25=19$

다른 풀이

등차수열 $\{a_n\}$의 공차가 -3이므로

$a_7=a_3+4\times(-3)=a_3-12$ $\cdots\cdots$ ㉠

$a_3a_7=64$에 ㉠을 대입하면

$a_3(a_3-12)=64$

$a_3{}^2-12a_3-64=0$, $(a_3-16)(a_3+4)=0$

$\therefore a_3=16$ 또는 $a_3=-4$

한편, $a_8=a_3+5\times(-3)=a_3-15$이므로

$a_8>0$이려면 $a_3>15$

$\therefore a_3=16$

$\therefore a_2=a_3-(-3)=16+3=19$

0813

답 제16항

등차수열 $\{a_n\}$의 첫째항을 a, 공차를 d라 하면 조건 ㈎에서

$a_1=-a_4$이므로

$a=-(a+3d)$

$\therefore a=-\dfrac{3}{2}d$ $\cdots\cdots$ ㉠

조건 ㈏에서 $a_7=18$이므로

$a+6d=18$ $\cdots\cdots$ ㉡

㉠을 ㉡에 대입하면

$-\dfrac{3}{2}d+6d=18$

$\dfrac{9}{2}d=18$ $\therefore d=4$

$d=4$를 ㉠에 대입하면 $a=-6$

❶

$\therefore a_n=-6+(n-1)\times4=4n-10$

❷

이때 54가 제k항이라 하면

$4k-10=54$, $4k=64$ $\therefore k=16$

따라서 54는 제16항이다.

❸

채점 기준	배점
❶ 첫째항과 공차 구하기	40%
❷ 일반항 구하기	20%
❸ 54가 제몇 항인지 구하기	40%

0814

답 ③

두 등차수열 $\{a_n\}$, $\{b_n\}$의 서로 같은 첫째항을 a라 하고 각 수열의 공차를 d_a, d_b라 하면 $a_3 - b_3 = 8$에서

$(a + 2d_a) - (a + 2d_b) = 8$

$\therefore d_a - d_b = 4$ $\qquad \cdots \cdots$ ㉠

$\therefore a_{15} - b_{15} = (a + 14d_a) - (a + 14d_b)$

$\qquad\qquad = 14(d_a - d_b)$

$\qquad\qquad = 14 \times 4 \ (\because ㉠)$

$\qquad\qquad = 56$

다른 풀이

두 등차수열 $\{a_n\}$, $\{b_n\}$에 대하여 $c_n = a_n - b_n$이라 하면 두 등차수열 $\{a_n\}$, $\{b_n\}$의 첫째항이 같고 $a_3 - b_3 = 8$이므로 수열 $\{c_n\}$은 $c_1 = 0$, $c_3 = 8$인 등차수열이다.

수열 $\{c_n\}$의 공차를 d라 하면 $c_3 = 8$에서

$0 + 2d = 8$ $\quad \therefore d = 4$

따라서 $c_n = 0 + (n-1) \times 4 = 4n - 4$이므로

$a_{15} - b_{15} = c_{15} = 4 \times 15 - 4 = 56$

유형 03 대소 관계를 만족시키는 등차수열의 항

0815

답 ④

등차수열 $\{a_n\}$의 첫째항을 a, 공차를 d라 하면

$a_5 = 24$에서 $a + 4d = 24$ $\qquad \cdots \cdots$ ㉠

$a_{12} = -18$에서 $a + 11d = -18$ $\qquad \cdots \cdots$ ㉡

㉠, ㉡을 연립하여 풀면 $a = 48$, $d = -6$

$\therefore a_n = 48 + (n-1) \times (-6) = -6n + 54$

$-6n + 54 < 0$에서

$6n > 54$ $\quad \therefore n > 9$

따라서 처음으로 음수가 되는 항은 제10항이다.

0816

답 ②

등차수열 $\{a_n\}$의 첫째항을 a, 공차를 d라 하면

$a_3 + a_5 = 44$에서 $(a + 2d) + (a + 4d) = 44$

$\therefore a + 3d = 22$ $\qquad \cdots \cdots$ ㉠

$a_2 a_4 = 220$에서

$(a + d)(a + 3d) = 220$ $\qquad \cdots \cdots$ ㉡

㉠을 ㉡에 대입하면

$(a + d) \times 22 = 220$

$\therefore a + d = 10$ $\qquad \cdots \cdots$ ㉢

㉠, ㉢을 연립하여 풀면 $a = 4$, $d = 6$

$\therefore a_n = 4 + (n-1) \times 6 = 6n - 2$

$a_n < 100$에서

$6n - 2 < 100$ $\quad \therefore n < 17$

따라서 자연수 n의 최댓값은 16이다.

0817

답 6

첫째항이 $a_1 = -12$인 등차수열 $\{a_n\}$의 공차를 d라 하면

$|a_3| = a_7$에서 $|a_1 + 2d| = a_1 + 6d$

모든 항이 서로 다르므로

$a_1 + 2d = -(a_1 + 6d)$ ❶

$2a_1 = -8d$ $\quad \therefore a_1 = -4d$

이때 $a_1 = -12$이므로

$-4d = -12$ $\quad \therefore d = 3$

$\therefore a_n = -12 + (n-1) \times 3 = 3n - 15$ ❷

$a_k > 0$에서

$3k - 15 > 0$ $\quad \therefore k > 5$

따라서 자연수 k의 최솟값은 6이다. ❸

채점 기준	배점
❶ 첫째항과 공차에 대한 식 세우기	30%
❷ 일반항 구하기	40%
❸ 자연수 k의 최솟값 구하기	30%

0818

답 41

조건 ㈎에 의하여 등차수열 $\{a_n\}$의 공차는 -2이고, 모든 항이 정수이므로

$a_n = -2n + k$ (k는 정수)

로 놓을 수 있다.

조건 ㈏에 의하여 $a_{11} \geq 8$, $a_{12} < 8$이므로

$-2 \times 11 + k \geq 8$, $-2 \times 12 + k < 8$

$\therefore 30 \leq k < 32$

k는 정수이므로

$k = 30$ 또는 $k = 31$

이때 $a_5 = -2 \times 5 + k = -10 + k$이므로

$a_5 = 20$ 또는 $a_5 = 21$

따라서 조건을 만족시키는 모든 a_5의 값의 합은

$20 + 21 = 41$

0819

답 ③

등차수열 $\{a_n\}$의 첫째항을 a, 공차를 d라 하면

$a_3 = -11$에서 $a + 2d = -11$ $\qquad \cdots \cdots$ ㉠

$a_9 = 13$에서 $a + 8d = 13$ $\qquad \cdots \cdots$ ㉡

㉠, ㉡을 연립하여 풀면 $a = -19$, $d = 4$

$\therefore a_n = -19 + (n-1) \times 4 = 4n - 23$

$4n - 23 = 0$에서

$n = \dfrac{23}{4} = 5.75$

이때 $a_5 = 4 \times 5 - 23 = -3$, $a_6 = 4 \times 6 - 23 = 1$이므로

$|a_5| > |a_6|$

따라서 $|a_n|$의 값이 최소가 되도록 하는 자연수 n의 값은 6이다.

0820

답 ①

등차수열 1, a_1, a_2, a_3, $\cdots$, a_{10}, 34의 공차를 d라 하면
첫째항이 1, 제12항이 34이므로
$34 = 1 + 11d$ $\therefore d = 3$
이때 a_7은 이 등차수열의 제8항이므로
$a_7 = 1 + (8-1) \times 3 = 22$

0821

답 15

등차수열 -3, a, b, c, 13의 공차를 d라 하면
첫째항이 -3, 제5항이 13이므로
$13 = -3 + 4d$ $\therefore d = 4$

❶

따라서
$a = -3 + d = -3 + 4 = 1$,
$b = a + d = 1 + 4 = 5$,
$c = b + d = 5 + 4 = 9$
이므로

❷

$a + b + c = 1 + 5 + 9 = 15$

❸

채점 기준	배점
❶ 공차 구하기	30%
❷ a, b, c의 값 구하기	60%
❸ $a + b + c$의 값 구하기	10%

0822

답 ④

등차수열 -3, a_1, a_2, a_3, $\cdots$, a_n, 9의 첫째항은 -3, 공차는 $\dfrac{4}{3}$이고 제$(n+2)$항이 9이므로
$9 = -3 + \{(n+2) - 1\} \times \dfrac{4}{3}$
$\dfrac{4}{3}(n+1) = 12$, $n + 1 = 9$
$\therefore n = 8$

0823

답 ②

등차수열 28, a_1, a_2, a_3, $\cdots$, a_n, 93의 첫째항이 28, 제$(n+2)$항이 93이므로 공차를 d라 하면
$28 + \{(n+2) - 1\}d = 93$
$\therefore (n+1)d = 65$
이때 $65 = 5 \times 13$이고 공차가 1보다 큰 자연수이므로
$d = 5$ 또는 $d = 13$
$d = 5$일 때, $n + 1 = 13$이므로 $n = 12$
$d = 13$일 때, $n + 1 = 5$이므로 $n = 4$
따라서 자연수 n의 최댓값은 12이다.

0824

답 ④

등차수열 10, a_1, a_2, a_3, $\cdots$, a_n, 22의 첫째항이 10, 제$(n+2)$항이 22이므로 공차를 d라 하면
$10 + \{(n+2) - 1\}d = 22$
$(n+1)d = 12$
$\therefore n + 1 = \dfrac{12}{d}$ $\cdots\cdots$ ㉠

이때 ㉠에서 n은 자연수이므로 $\dfrac{12}{d}$의 값도 자연수이어야 한다.

① $d = \dfrac{2}{3}$이면 $\dfrac{12}{d} = 18$이므로 자연수이다.

② $d = \dfrac{3}{4}$이면 $\dfrac{12}{d} = 16$이므로 자연수이다.

③ $d = \dfrac{4}{5}$이면 $\dfrac{12}{d} = 15$이므로 자연수이다.

④ $d = \dfrac{5}{6}$이면 $\dfrac{12}{d} = \dfrac{72}{5}$이므로 자연수가 아니다.

⑤ $d = \dfrac{6}{7}$이면 $\dfrac{12}{d} = 14$이므로 자연수이다.

따라서 주어진 수열의 공차가 될 수 없는 것은 ④이다.

다른 풀이

등차수열 10, a_1, a_2, a_3, $\cdots$, a_n, 22의 공차를 d라 하면
$(n+1)d = 12$에서
$d = \dfrac{12}{n+1}$

① $d = \dfrac{2}{3}$이면 $\dfrac{2}{3} = \dfrac{12}{n+1}$에서 $n + 1 = 18$이므로 $n = 17$

② $d = \dfrac{3}{4}$이면 $\dfrac{3}{4} = \dfrac{12}{n+1}$에서 $n + 1 = 16$이므로 $n = 15$

③ $d = \dfrac{4}{5}$이면 $\dfrac{4}{5} = \dfrac{12}{n+1}$에서 $n + 1 = 15$이므로 $n = 14$

④ $d = \dfrac{5}{6}$이면 $\dfrac{5}{6} = \dfrac{12}{n+1}$를 만족시키는 자연수 n의 값이 존재하지 않는다.

⑤ $d = \dfrac{6}{7}$이면 $\dfrac{6}{7} = \dfrac{12}{n+1}$에서 $n + 1 = 14$이므로 $n = 13$

따라서 주어진 수열의 공차가 될 수 없는 것은 ④이다.

0825

답 4

두 등차수열 $\{a_n\}$, $\{b_n\}$의 서로 같은 공차를 d라 하자.
등차수열 $\{a_n\}$: 4, x_1, x_2, x_3, $\cdots$, x_7, 20의 첫째항이 4, 제9항이 20이므로
$20 = 4 + 8d$
$\therefore d = 2$
등차수열 $\{b_n\}$: -15, y_1, y_2, y_3, $\cdots$, y_k, 5의 첫째항이 -15, 공차는 $d = 2$이고 제$(k+2)$항이 5이므로
$5 = -15 + \{(k+2) - 1\} \times 2$
$k + 1 = 10$
$\therefore k = 9$
이때 y_5는 등차수열 $\{b_n\}$의 제6항이므로
$y_5 = -15 + (6-1) \times 2 = -5$
$\therefore k + y_5 = 9 + (-5) = 4$

유형 05 등차중항

확인 문제 -2

$$x=\frac{3+(-7)}{2}=-2$$

0826

답 -2

세 수 -3, $2-a$, a^2-1이 이 순서대로 등차수열을 이루므로

$2(2-a)=-3+(a^2-1)$

$a^2+2a-8=0$, $(a+4)(a-2)=0$

$\therefore a=-4$ 또는 $a=2$

따라서 모든 실수 a의 값의 합은 $-4+2=-2$

> **참고**
>
> $a=-4$일 때 주어진 수열은 -3, 6, 15이므로 공차가 9인 등차수열을 이루고, $a=2$일 때 주어진 수열은 -3, 0, 3이므로 공차가 3인 등차수열을 이룬다.

0827

답 ④

세 수 3, b, 11이 이 순서대로 등차수열을 이루므로

$2b=3+11$ $\therefore b=7$

또한 a, 3, b, 즉 a, 3, 7이 이 순서대로 등차수열을 이루므로

$2\times3=a+7$ $\therefore a=-1$

$\therefore b-a=7-(-1)=8$

0828

답 ①

$f(x)=x^2+ax+2$라 하면 $f(x)$를 일차식 $x-1$, $x-2$, $x-4$로 나누었을 때의 나머지는 각각

$f(1)=1^2+a+2=a+3$

$f(2)=2^2+2a+2=2a+6$

$f(4)=4^2+4a+2=4a+18$

세 수 $f(1)$, $f(2)$, $f(4)$, 즉 $a+3$, $2a+6$, $4a+18$이 이 순서대로 등차수열을 이루므로

$2(2a+6)=(a+3)+(4a+18)$

$4a+12=5a+21$ $\therefore a=-9$

0829

답 2

세 수 $\log_3 2$, a, $\log_3 162$가 이 순서대로 등차수열을 이루므로

$2a=\log_3 2+\log_3 162=\log_3 (2\times162)$

$\quad=\log_3 (2^2\times3^4)=4+2\log_3 2$

$\therefore a=2+\log_3 2$ ❶

세 수 $\log_3 2$, b, $\log_3 32$가 이 순서대로 등차수열을 이루므로

$2b=\log_3 2+\log_3 32=\log_3 (2\times32)$

$\quad=\log_3 2^6=6\log_3 2$

$\therefore b=3\log_3 2$ ❷

또한 세 수 b, $\log_3 32$, c, 즉 $3\log_3 2$, $\log_3 32$, c가 이 순서대로 등차수열을 이루므로

$2\log_3 32=3\log_3 2+c$

$\therefore c=2\log_3 32-3\log_3 2=\log_3 32^2-\log_3 2^3$

$\quad=\log_3 \frac{32^2}{2^3}=\log_3 \frac{2^{10}}{2^3}$

$\quad=\log_3 2^7=7\log_3 2$ ❸

$\therefore a+2b-c=2+\log_3 2+2\times3\log_3 2-7\log_3 2=2$ ❹

채점 기준	배점
❶ a의 값 구하기	30%
❷ b의 값 구하기	30%
❸ c의 값 구하기	30%
❹ $a+2b-c$의 값 구하기	10%

0830

답 ③

x에 대한 이차방정식 $x^2-nx+4(n-4)=0$을 풀면

$(x-4)\{x-(n-4)\}=0$

$\therefore x=4$ 또는 $x=n-4$

세 수 1, α, β가 이 순서대로 등차수열을 이루므로

$2\alpha=\beta+1$ $\cdots\cdots$ ㉠

이때 α, β의 값에 따라 경우를 나누어 보면 다음과 같다.

(ⅰ) $\alpha=4$, $\beta=n-4$일 때

$\alpha<\beta$이므로 $4<n-4$ $\therefore n>8$

㉠에서 $2\times4=(n-4)+1$, $8=n-3$

$\therefore n=11$

(ⅱ) $\alpha=n-4$, $\beta=4$일 때

$\alpha<\beta$이므로 $n-4<4$ $\therefore n<8$

㉠에서 $2(n-4)=4+1$, $2n-8=5$

$2n=13$ $\therefore n=\frac{13}{2}$

이때 n은 자연수가 아니므로 조건을 만족시키지 않는다.

(ⅰ), (ⅱ)에서 구하는 자연수 n의 값은 11이다.

0831

답 ②

수열 $\{a_n\}$이 등차수열이므로 a_5는 a_3, a_7의 등차중항이고

$2a_5=a_3+a_7$

이때 $a_3+a_5+a_7=30$이므로

$2a_5+a_5=30$, $3a_5=30$ $\therefore a_5=10$

세 수 6, a_5, $3k+2$, 즉 6, 10, $3k+2$가 이 순서대로 등차수열을 이루므로

$2\times10=6+(3k+2)$

$3k+8=20$, $3k=12$ $\therefore k=4$

> 🔊 **Bible Says** 등차중항
>
> 등차수열 $\{a_n\}$에 대하여
> (1) a_n은 a_{n-1}, a_{n+1}의 등차중항이다.
> (2) a_n은 a_{n-m}, a_{n+m}의 등차중항이다. (단, m은 $m<n$인 자연수이다.)

0832 답 ④

등차수열을 이루는 세 실수를 $a-d$, a, $a+d$로 놓으면

세 실수의 합이 6이므로

$(a-d)+a+(a+d)=6$, $3a=6$　∴ $a=2$

세 실수의 곱이 -42이므로

$(a-d)\times a\times(a+d)=-42$

위의 식에 $a=2$를 대입하면

$2(2-d)(2+d)=-42$

$4-d^2=-21$, $d^2=25$　∴ $d=\pm5$

따라서 세 실수는 -3, 2, 7이므로 세 실수의 제곱의 합은

$(-3)^2+2^2+7^2=62$

0833 답 ⑤

등차수열을 이루는 세 실근을 $a-d$, a, $a+d$로 놓으면 삼차방정
식 $x^3-3x^2-x+k=0$에서 근과 계수의 관계에 의하여

$(a-d)+a+(a+d)=3$, $3a=3$　∴ $a=1$

즉, 삼차방정식의 한 실근이 1이므로

$1^3-3\times1^2-1+k=0$　∴ $k=3$

> **참고**
>
> $k=3$이면 주어진 삼차방정식은 $x^3-3x^2-x+3=0$이므로
> $(x+1)(x-1)(x-3)=0$
> ∴ $x=-1$ 또는 $x=1$ 또는 $x=3$
> 따라서 세 실근 -1, 1, 3은 공차가 2인 등차수열을 이룬다.

0834 답 ②

등차수열을 이루는 네 수를 $a-3d$, $a-d$, $a+d$, $a+3d$ $(d>0)$
로 놓으면 네 수의 합이 32이므로

$(a-3d)+(a-d)+(a+d)+(a+3d)=32$

$4a=32$　∴ $a=8$

가장 큰 수는 가장 작은 수의 7배이므로

$a+3d=7(a-3d)$

위의 식에 $a=8$을 대입하면

$8+3d=7(8-3d)$

$24d=48$　∴ $d=2$

따라서 네 수는 2, 6, 10, 14이므로 구하는 곱은

$2\times6\times10\times14=1680$

0835 답 231

등차수열을 이루는 직육면체의 가로의 길이, 세로의 길이, 높이를
각각 $a-d$, a, $a+d$로 놓으면

모든 모서리의 길이의 합이 84이므로

$4\{(a-d)+a+(a+d)\}=84$

$3a=21$　∴ $a=7$　❶

겉넓이가 262이므로

$2\{a(a-d)+a(a+d)+(a-d)(a+d)\}=262$

즉, $3a^2-d^2=131$이므로 $a=7$을 대입하면

$3\times7^2-d^2=131$, $d^2=16$

∴ $d=\pm4$　❷

따라서 직육면체의 가로의 길이, 세로의 길이, 높이는 각각

3, 7, 11 또는 11, 7, 3이므로 구하는 부피는

$3\times7\times11=231$　❸

채점 기준	배점
❶ 모서리의 길이의 합에 대한 식 세우기	40%
❷ 겉넓이에 대한 식 세우기	40%
❸ 직육면체의 부피 구하기	20%

유형 **07** 등차수열의 합

> **확인 문제** (1) 210　(2) 285

(1) $S_{10}=\dfrac{10\times\{2\times3+(10-1)\times4\}}{2}=210$

(2) 일반항 $a_n=3n-5$이므로

$a_1=3\times1-5=-2$

$a_{15}=3\times15-5=40$

∴ $S_{15}=\dfrac{15\times(-2+40)}{2}=285$

> **다른 풀이**
>
> (2) $a_n=3n-5=-2+(n-1)\times3$이므로 등차수열 $\{a_n\}$의 첫째항
> 은 -2, 공차는 3이다.
> ∴ $S_{15}=\dfrac{15\times\{2\times(-2)+(15-1)\times3\}}{2}=285$

0836 답 ⑤

등차수열 $\{a_n\}$의 첫째항을 a, 공차를 d라 하면

$a_7=a+6d=28$　……㉠

$a_{10}=a+9d=43$　……㉡

㉠, ㉡을 연립하여 풀면

$a=-2$, $d=5$

따라서 수열 $\{a_n\}$의 첫째항부터 제20항까지의 합은

$\dfrac{20\times\{2\times(-2)+(20-1)\times5\}}{2}=910$

0837 답 89

첫째항이 2, 제n항이 44인 등차수열의 첫째항부터 제n항까지의 합
이 345이므로

$\dfrac{n\times(2+44)}{2}=345$

$23n = 345$ $\therefore n = 15$

....●

즉, $a_{15} = 44$이므로 등차수열 $\{a_n\}$의 공차를 d라 하면
$a_{15} = 2 + 14d = 44$
$14d = 42$ $\therefore d = 3$

....❷

따라서 $a_n = 2 + (n-1) \times 3 = 3n - 1$이므로
$a_{30} = 3 \times 30 - 1 = 89$

....❸

채점 기준	배점
● n의 값 구하기	40%
❷ 공차 구하기	40%
❸ a_{30}의 값 구하기	20%

0838

답 ④

첫째항이 1인 등차수열 $\{a_n\}$의 공차를 d라 하면
$a_2 + a_7 + a_8 = 10$에서
$(1+d) + (1+6d) + (1+7d) = 10$
$3 + 14d = 10$, $14d = 7$
$\therefore d = \dfrac{1}{2}$

즉, 등차수열 $\{a_n\}$의 첫째항이 1, 공차가 $\dfrac{1}{2}$이므로

$S_n = \dfrac{n\left\{2 \times 1 + (n-1) \times \dfrac{1}{2}\right\}}{2} = 22$에서

$\dfrac{n(n+3)}{2} = 44$, $n^2 + 3n - 88 = 0$

$(n+11)(n-8) = 0$
$\therefore n = 8$ ($\because n$은 자연수)

0839

답 ③

등차수열 $\{a_n\}$의 첫째항이 -31, 공차가 4이므로
$S_n = \dfrac{n\{2 \times (-31) + (n-1) \times 4\}}{2} = 2n^2 - 33n$

$S_n > 0$에서
$2n^2 - 33n > 0$, $n(2n - 33) > 0$
$\therefore n > \dfrac{33}{2} = 16.5$

따라서 자연수 n의 최솟값은 17이다.

참고

등차수열 $\{a_n\}$의 공차가 양수이므로 n의 값이 커질수록 수열의 각 항의 값은 증가한다.
이때 $a_n = -31 + (n-1) \times 4 = 4n - 35$이므로 $n \geq 9$일 때 $a_n > 0$이다.
한편,
$S_{16} = \dfrac{16 \times \{2 \times (-31) + 15 \times 4\}}{2} = -16 < 0$,
$S_{17} = \dfrac{17 \times \{2 \times (-31) + 16 \times 4\}}{2} = 17 > 0$
이므로 $n \leq 16$일 때 $S_n < 0$, $n \geq 17$일 때 $S_n > 0$이다.

0840

답 ①

등차수열 $\{a_n\}$의 첫째항을 a, 공차를 d라 하면 등차수열
a_1, a_3, a_5, $\cdots$, a_{2n-1}의 첫째항은 a, 공차는 $2d$이므로
$a_1 + a_3 + a_5 + \cdots + a_{2n-1} = \dfrac{n\{2a + (n-1) \times 2d\}}{2}$
$= dn^2 + (a-d)n$

즉, 모든 자연수 n에 대하여 $dn^2 + (a-d)n = 6n^2 - 3n$이 성립해야 하므로
$d = 6$, $a - d = -3$
$\therefore a = 3$, $d = 6$

따라서 등차수열 a_1, a_3, a_5, $\cdots$, a_{19}의 첫째항은 3, 공차는 12, 항수는 10이고, 등차수열 a_2, a_4, a_6, $\cdots$, a_{20}의 첫째항은 $3 + 6 = 9$, 공차는 12, 항수는 10이므로
$a_1 - a_2 + a_3 - a_4 + \cdots + a_{19} - a_{20}$
$= (a_1 + a_3 + a_5 + \cdots + a_{19}) - (a_2 + a_4 + a_6 + \cdots + a_{20})$
$= \dfrac{10 \times \{2 \times 3 + (10-1) \times 12\}}{2} - \dfrac{10 \times \{2 \times 9 + (10-1) \times 12\}}{2}$
$= 570 - 630 = -60$

다른 풀이

등차수열 $\{a_n\}$의 공차가 $d = 6$이므로
$a_1 - a_2 + a_3 - a_4 + \cdots + a_{19} - a_{20}$
$= -(a_2 - a_1) - (a_4 - a_3) - \cdots - (a_{20} - a_{19})$
$= \underbrace{-d - d - \cdots - d}_{10개} = -10d = -10 \times 6 = -60$

0841

답 180

두 등차수열 $\{a_n\}$, $\{b_n\}$의 공차를 각각 d_a, d_b라 하면
$a_1 + b_1 = 5$, $d_a + d_b = 1$이므로
$(a_1 + a_2 + a_3 + \cdots + a_{15}) + (b_1 + b_2 + b_3 + \cdots + b_{15})$
$= \dfrac{15 \times \{2 \times a_1 + (15-1) \times d_a\}}{2} + \dfrac{15 \times \{2 \times b_1 + (15-1) \times d_b\}}{2}$
$= 15(a_1 + 7d_a) + 15(b_1 + 7d_b)$
$= 15(a_1 + b_1) + 105(d_a + d_b)$
$= 15 \times 5 + 105 \times 1 = 180$

다른 풀이

두 등차수열 $\{a_n\}$, $\{b_n\}$에 대하여 $c_n = a_n + b_n$이라 하면
수열 $\{c_n\}$은 첫째항 5, 공차가 1인 등차수열이므로
$(a_1 + a_2 + a_3 + \cdots + a_{15}) + (b_1 + b_2 + b_3 + \cdots + b_{15})$
$= (a_1 + b_1) + (a_2 + b_2) + (a_3 + b_3) + \cdots + (a_{15} + b_{15})$
$= c_1 + c_2 + c_3 + \cdots + c_{15}$
$= \dfrac{15 \times \{2 \times 5 + (15-1) \times 1\}}{2} = 180$

0842

답 448

등차수열 $\{a_n\}$에서 $a_1 = -24$, $a_{10} = 12$이므로 공차를 d라 하면
$-24 + 9d = 12$, $9d = 36$ $\therefore d = 4$
$\therefore a_n = -24 + (n-1) \times 4 = 4n - 28$
$a_n = 0$에서
$4n - 28 = 0$ $\therefore n = 7$

즉, 등차수열 $\{a_n\}$의 첫째항부터 제6항까지는 음수이고 제7항은 0이며 제8항부터는 양수이다.

이때

$a_6=4\times6-28=-4$,

$a_8=4\times8-28=4$,

$a_{20}=4\times20-28=52$

이므로

$|a_1|+|a_2|+|a_3|+\cdots+|a_{20}|$

$=-(a_1+a_2+a_3+\cdots+a_6)+a_7+(a_8+a_9+a_{10}+\cdots+a_{20})$

$=-\dfrac{6\times\{-24+(-4)\}}{2}+0+\dfrac{13\times(4+52)}{2}$

$=84+0+364=448$

다른 풀이

$|a_1|+|a_2|+|a_3|+\cdots+|a_{20}|$

$=-(a_1+a_2+a_3+\cdots+a_6)+a_7+(a_8+a_9+a_{10}+\cdots+a_{20})$

$=(a_1+a_2+a_3+\cdots+a_{20})-2\times(a_1+a_2+a_3+\cdots+a_6)$

$=\dfrac{20\times(-24+52)}{2}-2\times\dfrac{6\times\{-24+(-4)\}}{2}$

$=280+168=448$

0843

답 ③

a_{k-3}, a_{k-2}, a_{k-1}은 이 순서대로 등차수열을 이루므로 a_{k-2}는 a_{k-3}과 a_{k-1}의 등차중항이다.

즉, 조건 ㈎에서

$a_{k-2}=\dfrac{a_{k-3}+a_{k-1}}{2}=\dfrac{-24}{2}=-12$

수열 $\{a_n\}$의 첫째항부터 제k항까지의 합 S_k는

$S_k=\dfrac{k(a_1+a_k)}{2}$

이때 등차수열 $\{a_n\}$의 공차를 d라 하면

$a_1+a_k=(a_3-2d)+(a_{k-2}+2d)=a_3+a_{k-2}$

이므로

$S_k=\dfrac{k(a_3+a_{k-2})}{2}=\dfrac{k\{42+(-12)\}}{2}=15k$

이때 조건 ㈏에 의하여

$15k=k^2$

$\therefore k=15\ (\because k\neq0)$

다른 풀이

등차수열 $\{a_n\}$의 공차를 d라 하면 $a_n=a_1+(n-1)d$이므로

$a_3=a_1+2d=42$ $\cdots\cdots$ ㉠

한편, 조건 ㈎에서 $a_{k-2}=-12$이므로

$a_1+(k-3)d=-12$ $\cdots\cdots$ ㉡

조건 ㈏에서

$S_k=\dfrac{k\{2a_1+(k-1)d\}}{2}=k^2$

이고, $k\neq0$이므로

$2a_1+(k-1)d=2k$ $\cdots\cdots$ ㉢

㉢-㉠을 하면

$a_1+(k-3)d=2k-42$ $\cdots\cdots$ ㉣

㉡, ㉣에서 $2k-42=-12$

$2k=30$ $\therefore k=15$

0844

답 2

첫째항이 24, 끝항이 48이고 항수가 $(n+2)$인 등차수열의 합이 468이므로

$\dfrac{(n+2)\times(24+48)}{2}=468$

$n+2=13$

$\therefore n=11$

이 수열의 공차를 d라 하면 첫째항이 24, 제13항이 48이므로

$24+(13-1)\times d=48$

$12d=24$

$\therefore d=2$

0845

답 ③

수열 6, a_1, a_2, a_3, $\cdots$, a_{18}, 63은 첫째항이 6, 제20항이 63인 등차수열이므로 첫째항부터 제20항까지의 합은

$\dfrac{20\times(6+63)}{2}=690$

따라서 $6+a_1+a_2+a_3+\cdots+a_{18}+63=690$이므로

$a_1+a_2+a_3+\cdots+a_{18}=621$

다른 풀이

등차수열 6, a_1, a_2, a_3, $\cdots$, a_{18}, 63의 첫째항 6, 제20항이 63이므로 공차를 d라 하면

$6+(20-1)\times d=63$

$19d=57$

$\therefore d=3$

따라서 수열 a_1, a_2, a_3, $\cdots$, a_{18}의 첫째항은 $a_1=6+3=9$이고 공차는 3, 항수는 18이므로 그 합은

$\dfrac{18\times\{2\times9+(18-1)\times3\}}{2}=621$

0846

답 19

$a_1+a_2+a_3+\cdots+a_n=817$이므로

$13+a_1+a_2+a_3+\cdots+a_n+73=13+817+73=903$

❶

즉, 첫째항이 13, 끝항이 73이고 항수가 $(n+2)$인 등차수열의 합이 903이므로

$\dfrac{(n+2)\times(13+73)}{2}=903$

❷

$43(n+2)=903$, $n+2=21$

$\therefore n=19$

❸

채점 기준	배점
❶ 주어진 수열의 합 구하기	30%
❷ 등차수열의 합 공식을 이용하여 n에 대한 식 세우기	40%
❸ 자연수 n의 값 구하기	30%

0847

첫째항이 11인 등차수열의 제$(n+2)$항이 50이므로 공차를 d라 하면
$$11+\{(n+2)-1\}\times d=50$$
$$\therefore (n+1)d=39 \quad \cdots\cdots \ \bigcirc$$
이때 주어진 수열의 모든 항이 자연수이므로 d의 값도 자연수이어야 한다.

즉, $\bigcirc$을 만족시키는 두 자연수 n, d의 순서쌍 (n, d)는
$$(2, 13),\ (12, 3),\ (38, 1)$$
또한 $11+a_1+a_2+a_3+\cdots+a_n+50$의 값은 첫째항이 11, 끝항이 50인 등차수열의 첫째항부터 제$(n+2)$항까지의 합이므로
$$11+a_1+a_2+a_3+\cdots+a_n+50=\frac{(n+2)\times(11+50)}{2}$$
$$=\frac{61}{2}(n+2)$$
이 값이 최소이려면 n의 값이 최소이어야 한다.

따라서 $n=2$, $d=13$일 때, 구하는 최솟값은
$$\frac{61}{2}\times(2+2)=122$$

참고

(i) $n=2$, $d=13$일 때, 주어진 수열은
   11, 24, 37, 50
   이고 그 합은 $11+24+37+50=122$

(ii) $n=12$, $d=3$일 때, 주어진 수열은
   11, 14, 17, $\cdots$, 47, 50
   이고 그 합은 첫째항이 11, 끝항이 50인 등차수열의 첫째항부터 제14항까지의 합이므로
   $$11+14+17+\cdots+47+50=\frac{14\times(11+50)}{2}=427$$

(iii) $n=38$, $d=1$일 때, 주어진 수열은
   11, 12, 13, $\cdots$, 49, 50
   이고 그 합은 첫째항이 11, 끝항이 50인 등차수열의 첫째항부터 제40항까지의 합이므로
   $$11+12+13+\cdots+49+50=\frac{40\times(11+50)}{2}=1220$$

유형 09 부분의 합이 주어진 등차수열

0848

등차수열 $\{a_n\}$의 첫째항을 a, 공차를 d라 하면
$$S_{10}=\frac{10\times\{2a+(10-1)\times d\}}{2}=195$$
$$\therefore 2a+9d=39 \quad \cdots\cdots \ \bigcirc$$
$$S_{20}=\frac{20\times\{2a+(20-1)\times d\}}{2}=690$$
$$\therefore 2a+19d=69 \quad \cdots\cdots \ \bigcirc$$
$\bigcirc$, $\bigcirc$을 연립하여 풀면
$$a=6,\ d=3$$
$$\therefore S_{30}=\frac{30\times\{2\times6+(30-1)\times3\}}{2}=1485$$

0849

등차수열 $\{a_n\}$의 첫째항을 a, 공차를 d, 첫째항부터 제n항까지의 합을 S_n이라 하면
$$S_{10}=\frac{10\times\{2a+(10-1)\times d\}}{2}=200$$
$$\therefore 2a+9d=40 \quad \cdots\cdots \ \bigcirc$$
제11항부터 제20항까지의 합이 600이므로
$$S_{20}=S_{10}+600=800$$
즉, $S_{20}=\dfrac{20\times\{2a+(20-1)\times d\}}{2}=800$에서
$$2a+19d=80 \quad \cdots\cdots \ \bigcirc$$
$\bigcirc$, $\bigcirc$을 연립하여 풀면 $a=2$, $d=4$
$$\therefore S_{30}=\frac{30\times\{2\times2+(30-1)\times4\}}{2}=1800$$
따라서 주어진 수열의 제21항부터 제30항까지의 합은
$$S_{30}-S_{20}=1800-800=1000$$

Bible Says 합을 항으로 하는 수열

첫째항이 a, 공차가 d인 등차수열 $\{a_n\}$의 첫째항부터 제n항까지의 합을 S_n이라 하면
$$S_n=a_1+a_2+a_3+\cdots+a_n$$
$$S_{2n}-S_n=(a_1+a_2+a_3+\cdots+a_{2n})-(a_1+a_2+a_3+\cdots+a_n)$$
$$=a_{n+1}+a_{n+2}+a_{n+3}+\cdots+a_{2n}$$
$$=(a_1+nd)+(a_2+nd)+(a_3+nd)+\cdots+(a_n+nd)$$
$$=(a_1+a_2+a_3+\cdots+a_n)+n\times nd$$
$$S_{3n}-S_{2n}=(a_1+a_2+a_3+\cdots+a_{3n})-(a_1+a_2+a_3+\cdots+a_{2n})$$
$$=a_{2n+1}+a_{2n+2}+a_{2n+3}+\cdots+a_{3n}$$
$$=(a_1+2nd)+(a_2+2nd)+(a_3+2nd)+\cdots+(a_n+2nd)$$
$$=(a_1+a_2+a_3+\cdots+a_n)+2\times n\times nd$$
$$\vdots$$
이와 같이 계속되므로 합을 항으로 하는 수열 S_n, $S_{2n}-S_n$, $S_{3n}-S_{2n}$, $\cdots$
은 공차가 $n\times nd=n^2d$인 등차수열을 이룬다.

참고

수열 S_{10}, $S_{20}-S_{10}$, $S_{30}-S_{20}$은 공차가 $100d$인 등차수열을 이룬다.
$S_{10}=200$, $S_{20}-S_{10}=600$이므로
$$100d=600-200=400 \quad \therefore d=4$$
$$\therefore S_{30}-S_{20}=600+100\times4=1000$$

0850

공차가 $\dfrac{3}{2}$인 등차수열 $\{a_n\}$에 대하여 수열 a_1, a_3, a_5, $\cdots$, a_{15}는 첫째항이 a_1이고 공차가 $2\times\dfrac{3}{2}=3$, 항수가 8인 등차수열이므로
$$a_1+a_3+a_5+\cdots+a_{15}=\frac{8\times\{2a_1+(8-1)\times3\}}{2}=148$$
$$2a_1+21=37,\ 2a_1=16 \quad \therefore a_1=8$$
$$\therefore a_2=a_1+\frac{3}{2}=8+\frac{3}{2}=\frac{19}{2}$$
따라서 수열 a_2, a_4, a_6, $\cdots$, a_{16}은 첫째항이 $\dfrac{19}{2}$이고 공차가 $2\times\dfrac{3}{2}=3$, 항수가 8인 등차수열이므로
$$a_2+a_4+a_6+\cdots+a_{16}=\frac{8\times\left\{2\times\dfrac{19}{2}+(8-1)\times3\right\}}{2}=160$$

등차수열 $\{a_n\}$의 공차가 $\dfrac{3}{2}$이므로

$$a_{n+1}-a_n=\frac{3}{2} \qquad \therefore a_{n+1}=a_n+\frac{3}{2}$$

$$\therefore a_2+a_4+a_6+\cdots+a_{16}$$

$$=\left(a_1+\frac{3}{2}\right)+\left(a_3+\frac{3}{2}\right)+\left(a_5+\frac{3}{2}\right)+\cdots+\left(a_{15}+\frac{3}{2}\right)$$

$$=a_1+a_3+a_5+\cdots+a_{15}+8\times\frac{3}{2}$$

$$=148+12=160$$

0851

답 ⑤

첫째항이 10이고 모든 항이 양수인 등차수열 $\{a_n\}$의 공차를 d라 하면

$$S_k=\frac{k\{20+(k-1)d\}}{2}$$

$$S_{3k}=\frac{3k\{20+(3k-1)d\}}{2}$$

$S_{3k}=9S_k$에서

$$\frac{3k\{20+(3k-1)d\}}{2}=9\times\frac{k\{20+(k-1)d\}}{2}$$

$$20+(3k-1)d=3\{20+(k-1)d\} \ (\because k\neq 0)$$

$$20+3kd-d=60+3kd-3d$$

$$2d=40 \qquad \therefore d=20$$

따라서 $a_n=10+(n-1)\times 20=20n-10$이므로

$$a_{20}=20\times 20-10=390$$

0852

답 ①

등차수열 $\{a_n\}$의 첫째항을 a, 공차를 $d \ (d>0)$라 하면

$$S_9=\frac{9\times\{2a+(9-1)\times d\}}{2}=27$$

$$\therefore a+4d=3 \qquad \cdots\cdots \ \bigcirc$$

$$|S_3|=\left|\frac{3\times\{2a+(3-1)\times d\}}{2}\right|=27$$

즉, $|3(a+d)|=27$에서

$$|a+d|=9$$

$$\therefore a+d=9 \text{ 또는 } a+d=-9$$

(i) $a+d=9$일 때

　$\bigcirc$과 $a+d=9$를 연립하여 풀면

　$a=11$, $d=-2$

　$d<0$이므로 공차가 양수라는 조건을 만족시키지 않는다.

(ii) $a+d=-9$일 때

　$\bigcirc$과 $a+d=-9$를 연립하여 풀면

　$a=-13$, $d=4$

(i), (ii)에서 $a=-13$, $d=4$

따라서 $a_n=-13+(n-1)\times 4=4n-17$이므로

$$a_{10}=4\times 10-17=23$$

0853

답 2

등차수열 $\{a_n\}$의 첫째항이 1이고 공차가 $\dfrac{1}{2}$이므로

$$S_k=\frac{k\left\{2+(k-1)\times\frac{1}{2}\right\}}{2}=\frac{k(k+3)}{4}$$

$$S_{k+3}=\frac{(k+3)\left\{2+(k+3-1)\times\frac{1}{2}\right\}}{2}=\frac{(k+3)(k+6)}{4}$$

$$S_7=\frac{7\times\left\{2+(7-1)\times\frac{1}{2}\right\}}{2}=\frac{35}{2}$$

❶

이때 S_k, S_{k+3}, S_7이 이 순서대로 등차수열을 이루므로

$$2S_{k+3}=S_k+S_7$$

❷

즉, $2\times\dfrac{(k+3)(k+6)}{4}=\dfrac{k(k+3)}{4}+\dfrac{35}{2}$에서

$$2(k+3)(k+6)=k(k+3)+70$$

$$k^2+15k-34=0, \ (k+17)(k-2)=0$$

$$\therefore k=2 \ (\because k\text{는 자연수})$$

❸

채점 기준	배점
❶ S_k, S_{k+3}, S_7 구하기	40%
❷ 등차중항을 이용하여 S_k, S_{k+3}, S_7에 대한 식 세우기	30%
❸ 자연수 k의 값 구하기	30%

S_k, S_{k+3}, S_7이 이 순서대로 등차수열을 이루므로

$$2S_{k+3}=S_k+S_7$$

$$2(S_k+a_{k+1}+a_{k+2}+a_{k+3})=S_k+S_7$$

$$S_k+2(a_{k+1}+a_{k+2}+a_{k+3})=S_7$$

이때 수열 $\{a_n\}$이 등차수열이므로 $2a_{k+2}=a_{k+1}+a_{k+3}$

$$\therefore S_k+6a_{k+2}=S_7$$

$$S_k=\frac{k(k+3)}{4}, \ a_{k+2}=1+(k+1)\times\frac{1}{2}=\frac{k+3}{2}, \ S_7=\frac{35}{2}$$이므로

$$\frac{k(k+3)}{4}+6\times\frac{k+3}{2}=\frac{35}{2}$$

$$k(k+3)+12(k+3)=70, \ k^2+15k-34=0$$

$$(k+17)(k-2)=0 \qquad \therefore k=2 \ (\because k\text{는 자연수})$$

유형 **10** 등차수열의 합의 최대·최소

0854

답 ②

등차수열 $\{a_n\}$의 첫째항을 a, 공차를 d라 하면

$$a_3=a+2d=13 \qquad \cdots\cdots \ \bigcirc$$

$$a_{10}=a+9d=-15 \qquad \cdots\cdots \ \bigcirc\!\!\bigcirc$$

$\bigcirc$, $\bigcirc\!\!\bigcirc$을 연립하여 풀면 $a=21$, $d=-4$

$$\therefore a_n=21+(n-1)\times(-4)=-4n+25$$

첫째항이 양수, 공차가 음수인 등차수열이므로 항수가 커질수록 항의 값이 감소하고, $a_n\geq 0$을 만족시키는 n이 최대일 때까지의 합이 S_n의 최댓값이다.

즉, $a_n \geq 0$에서 $-4n + 25 \geq 0$

$4n \leq 25$ $\therefore n \leq \dfrac{25}{4} = 6.25$

이를 만족시키는 자연수 n의 최댓값은 6이므로 S_n의 최댓값은

$$S_6 = \dfrac{6 \times \{2 \times 21 + (6-1) \times (-4)\}}{2} = 66$$

다른 풀이

등차수열 $\{a_n\}$의 첫째항을 a, 공차를 d라 하면

$a = 21$, $d = -4$이므로

$$S_n = \dfrac{n\{2 \times 21 + (n-1) \times (-4)\}}{2}$$

$$= n(-2n + 23) = -2n^2 + 23n$$

$$= -2\left(n - \dfrac{23}{4}\right)^2 + \dfrac{529}{8}$$

이때 n은 자연수이고 $\dfrac{23}{4} = 5.75$에 가장 가까운 자연수는 6이므로

S_n의 값은 $n = 6$일 때 최대이다.

따라서 구하는 최댓값은

$$S_6 = -2 \times 6^2 + 23 \times 6 = 66$$

0855 답 ④

첫째항이 -27인 등차수열 $\{a_n\}$의 공차를 d라 하면

$$S_3 = \dfrac{3 \times \{2 \times (-27) + (3-1) \times d\}}{2} = 3(d - 27)$$

$$S_7 = \dfrac{7 \times \{2 \times (-27) + (7-1) \times d\}}{2} = 7(3d - 27)$$

이때 $S_3 = S_7$이므로 $3(d - 27) = 7(3d - 27)$에서

$18d = 108$ $\therefore d = 6$

$\therefore a_n = -27 + (n-1) \times 6 = 6n - 33$

첫째항이 음수, 공차가 양수인 등차수열이므로 항수가 커질수록 항의 값이 증가하고, $a_n \leq 0$을 만족시키는 n이 최대일 때까지의 합이 S_n의 최솟값이다.

즉, $a_n \leq 0$에서 $6n - 33 \leq 0$

$6n \leq 33$ $\therefore n \leq 5.5$

이를 만족시키는 자연수 n의 최댓값은 5이므로 S_n의 최솟값은

$$S_5 = \dfrac{5 \times \{2 \times (-27) + (5-1) \times 6\}}{2} = -75$$

0856 답 234

등차수열 $\{a_n\}$의 첫째항을 a, 공차를 d라 하면

$a_5 = a + 4d = 23$ ...... ㉠

$S_{10} = \dfrac{10 \times \{2a + (10-1) \times d\}}{2} = 215$에서

$2a + 9d = 43$ ...... ㉡

㉠, ㉡을 연립하여 풀면 $a = 35$, $d = -3$

$\therefore a_n = 35 + (n-1) \times (-3) = -3n + 38$

·· ❶

첫째항이 양수, 공차가 음수인 등차수열이므로 항수가 커질수록 항의 값이 감소하고, $a_n \geq 0$을 만족시키는 n이 최대일 때까지의 합이 S_n의 최댓값이다.

즉, $a_n \geq 0$에서 $-3n + 38 \geq 0$

$3n \leq 38$ $\therefore n \leq \dfrac{38}{3} = 12.\times\times\times$

이를 만족시키는 자연수 n의 최댓값은 12이므로

$k = 12$

·· ❷

또한 S_n의 최댓값은

$$M = S_{12} = \dfrac{12 \times \{2 \times 35 + (12-1) \times (-3)\}}{2} = 222$$

·· ❸

$\therefore k + M = 12 + 222 = 234$

·· ❹

채점 기준	배점
❶ 첫째항, 공차 및 일반항 구하기	30%
❷ S_n의 값이 최대가 되는 n의 값 구하기	30%
❸ S_n의 최댓값 구하기	30%
❹ $k + M$의 값 구하기	10%

0857 답 ③

수열 $-30, a_1, a_2, a_3, \cdots, a_k, -3$의 첫째항은 -30, 끝항은 -3, 항수는 $k+2$이고 모든 항의 합이 -165이므로

$$\dfrac{(k+2) \times \{-30 + (-3)\}}{2} = -165$$

$k + 2 = 10$ $\therefore k = 8$

즉, 수열 $-30, a_1, a_2, a_3, \cdots, a_8, -3$은 첫째항이 -30, 제10항이 -3인 등차수열이므로 공차를 d라 하면

$-30 + (10-1) \times d = -3$

$9d = 27$ $\therefore d = 3$

$\therefore a_1 = -30 + d = -30 + 3 = -27$

따라서 수열 $\{a_n\}$은 첫째항이 -27, 공차가 3인 등차수열이므로

$a_n = -27 + (n-1) \times 3 = 3n - 30$

등차수열 $\{a_n\}$의 첫째항부터 제n항까지의 합을 S_n이라 하면 첫째항이 음수, 공차가 양수인 등차수열이므로 항수가 커질수록 항의 값이 증가하고, $a_n \leq 0$을 만족시키는 n이 최대일 때까지의 합이 S_n의 최솟값이다.

즉, $a_n \leq 0$에서 $3n - 30 \leq 0$

$\therefore n \leq 10$

이를 만족시키는 자연수 n의 최댓값은 10이므로 S_n의 최솟값은

$$S_{10} = \dfrac{10 \times \{2 \times (-27) + (10-1) \times 3\}}{2} = -135$$

0858 답 ⑤

첫째항이 88인 등차수열 $\{a_n\}$의 정수인 공차를 d라 하면

$a_n = 88 + (n-1)d$

그런데 첫째항이 양수이므로 S_n의 최댓값이 존재하려면 등차수열 $\{a_n\}$의 항수가 커질수록 항의 값이 감소하여 항의 값이 음수인 항이 존재해야 한다.

이때 임의의 자연수 n에 대하여 $S_n \leq S_{10}$이므로 S_n의 값은 $n = 10$일 때 최대이다. 즉, $a_{10} \geq 0$, $a_{11} < 0$이어야 하므로

$a_{10}=88+9d \geq 0$에서

$d \geq -\dfrac{88}{9}=-9.\times\times\times$

$a_{11}=88+10d<0$에서

$d<-8.8$

따라서 $-9.\times\times\times \leq d < -8.8$을 만족시키는 정수 d의 값은

$d=-9$

유형 11 나머지가 같은 자연수의 합

0859 답 ④

두 자리 자연수 중에서 5로 나누었을 때의 나머지가 3인 수를 작은 것부터 차례대로 나열하면

$13, 18, 23, \cdots, 98$

이 수열은 첫째항이 13, 공차가 5인 등차수열이고 98을 이 수열의 제n항이라 하면

$98=13+(n-1)\times5$에서 $n=18$

따라서 구하는 총합은 첫째항이 13, 끝항이 98, 항수가 18인 등차수열의 합이므로

$\dfrac{18\times(13+98)}{2}=999$

0860 답 ①

100 이하의 자연수 중에서 6의 배수를 작은 것부터 차례대로 나열하면

$6, 12, 18, \cdots, 96$

이 수열은 첫째항이 6, 공차가 6인 등차수열이고 96을 이 수열의 제n항이라 하면

$96=6+(n-1)\times6$에서 $n=16$

따라서 구하는 총합은 첫째항이 6, 끝항이 96, 항수가 16인 등차수열의 합이므로

$\dfrac{16\times(6+96)}{2}=816$

0861 답 ②

100 이상 200 이하의 자연수 중에서 3으로 나누어떨어지는 수를 작은 것부터 차례대로 나열하면

$102, 105, 108, \cdots, 198$ ······ ㉠

이 수열은 첫째항이 102, 공차가 3인 등차수열이고 198을 이 수열의 제n항이라 하면

$198=102+(n-1)\times3$에서 $n=33$

즉, ㉠의 총합은 첫째항이 102, 끝항이 198, 항수가 33인 등차수열의 합이므로

$\dfrac{33\times(102+198)}{2}=4950$

100 이상 200 이하의 자연수 중에서 4로 나누어떨어지는 수를 작은 것부터 차례대로 나열하면

$100, 104, 108, \cdots, 200$ ······ ㉡

이 수열은 첫째항이 100, 공차가 4인 등차수열이고 200을 이 수열의 제n항이라 하면

$200=100+(n-1)\times4$에서 $n=26$

즉, ㉡의 총합은 첫째항이 100, 끝항이 200, 항수가 26인 등차수열의 합이므로

$\dfrac{26\times(100+200)}{2}=3900$

한편, 100 이상 200 이하의 자연수 중에서 3, 4로 모두 나누어떨어지는 수, 즉 12로 나누어떨어지는 수를 작은 것부터 차례대로 나열하면

$108, 120, 132, \cdots, 192$ ······ ㉢

이 수열은 첫째항이 108, 공차가 12인 등차수열이고 192를 이 수열의 제n항이라 하면

$192=108+(n-1)\times12$에서 $n=8$

즉, ㉢의 총합은 첫째항이 108, 끝항이 192, 항수가 8인 등차수열의 합이므로

$\dfrac{8\times(108+192)}{2}=1200$

따라서 100 이상 200 이하의 자연수 중에서 3 또는 4로 나누어떨어지는 수의 총합은

$4950+3900-1200=7650$

0862 답 630

4로 나누었을 때의 나머지가 1인 자연수를 작은 것부터 차례대로 나열하면

$1, 5, 9, 13, 17, 21, 25, 29, 33, 37, 41, 45, \cdots$ ······ ㉠   ❶

6으로 나누었을 때의 나머지가 3인 자연수를 작은 것부터 차례대로 나열하면

$3, 9, 15, 21, 27, 33, 39, 45, 51, \cdots$ ······ ㉡   ❷

㉠, ㉡에서 공통인 수를 작은 것부터 차례대로 나열하면 구하는 수열 $\{a_n\}$은

$9, 21, 33, 45, \cdots$ ❸

따라서 수열 $\{a_n\}$은 첫째항이 9, 공차가 12인 등차수열이므로

$a_1+a_2+a_3+\cdots+a_{10}=\dfrac{10\times\{2\times9+(10-1)\times12\}}{2}$

$=630$ ❹

채점 기준	배점
❶ 4로 나누었을 때의 나머지가 1인 자연수 구하기	30%
❷ 6으로 나누었을 때의 나머지가 3인 자연수 구하기	30%
❸ ❶, ❷에서 공통인 자연수 구하기	20%
❹ $a_1+a_2+a_3+\cdots+a_{10}$의 값 구하기	20%

0863
답 ③

연속하는 15개의 홀수 중에서 가장 큰 수를 a라 하면 이 15개의 홀수는
$$a, a-2, a-4, \cdots, a-28$$
이므로 첫째항이 a, 공차가 -2, 항수가 15인 등차수열을 이룬다.
이때 연속하는 15개의 홀수인 자연수의 합이 315이므로
$$\frac{15 \times \{a+(a-28)\}}{2}=315$$
$$2a-28=42, \ 2a=70 \qquad \therefore a=35$$
따라서 구하는 가장 큰 수는 35이다.

0864
답 ②

헤리가 서비스에 가입한 지 n번째 달의 요금을 a_n원이라 하면 수열 $\{a_n\}$은 첫째항이 $a_1=13000$, 공차가 -400인 등차수열을 이루므로
$$a_n=13000+(n-1)\times(-400)$$
$$=-400n+13400$$
요금이 6200원인 달이 가입한 지 n번째 달이라 하면
$$-400n+13400=6200$$
$$400n=7200 \qquad \therefore n=18$$
즉, 헤리는 이 서비스를 연속하여 18개월 동안 이용하였으므로 헤리가 이 서비스를 이용하면서 낸 요금의 총합은 첫째항이 13000, 끝항이 6200, 항수가 18인 등차수열의 합과 같다.
따라서 구하는 요금의 총합은
$$\frac{18 \times (13000+6200)}{2}=172800(\text{원})$$

0865
답 14단계

n단계에 쌓은 블록의 개수를 a_n이라 하면 수열 $\{a_n\}$은 첫째항이 1이고 공차가 2인 등차수열이다.

❶

이 수열의 첫째항부터 제n항까지의 합을 S_n이라 하면
$$S_n=\frac{n\{2\times1+(n-1)\times2\}}{2}=n^2$$

❷

총 200개의 블록을 사용하여 최대 n단계까지 쌓을 수 있다고 하면
$$S_n=n^2\leq200$$
이때 $14^2=196$, $15^2=225$이므로 위의 부등식을 만족시키는 자연수 n의 최댓값은 14이다.
따라서 최대 14단계까지 쌓을 수 있다.

❸

채점 기준	배점
❶ n단계에 쌓은 블록의 개수의 수열 구하기	30%
❷ n단계까지 쌓을 때, 블록의 총 개수 구하기	30%
❸ 최대 몇 단계까지 쌓을 수 있는지 구하기	40%

0866
답 ①

3과 9 사이에 있는 분모가 7인 분수를 작은 것부터 차례대로 나열하면
$$\frac{22}{7}, \frac{23}{7}, \frac{24}{7}, \cdots, \frac{61}{7}, \frac{62}{7} \qquad \cdots\cdots \ ㉠$$
이므로 첫째항이 $\frac{22}{7}$이고 공차가 $\frac{1}{7}$인 등차수열을 이룬다.

(i) 3과 9 사이에 있는 분모가 7인 분수의 총합
수열 ㉠에서 $\frac{62}{7}$를 이 수열의 제n항이라 하면
$$\frac{62}{7}=\frac{22}{7}+(n-1)\times\frac{1}{7} \qquad \therefore n=41$$
즉, 분수의 총합은 등차수열 ㉠의 첫째항부터 제41항까지의 합이므로
$$\frac{41 \times \left(\frac{22}{7}+\frac{62}{7}\right)}{2}=246$$

(ii) 3과 9 사이에 있는 분모가 7인 분수 중 정수인 수의 총합
수열 ㉠에서 정수인 수를 작은 것부터 차례대로 나열하면
$$\frac{28}{7}, \frac{35}{7}, \frac{42}{7}, \frac{49}{7}, \frac{56}{7}$$이므로 정수인 수의 총합은
$$4+5+6+7+8=30$$

(i), (ii)에서 3과 9 사이에 있는 분모가 7인 분수 중 정수가 아닌 수의 총합은
$$246-30=216$$

0867
답 ①

n각형의 내각의 크기의 합은
$$180°\times(n-2)=180°\times n-360° \qquad \cdots\cdots \ ㉠$$
이 n각형의 가장 작은 내각의 크기가 $60°$이고, 내각의 크기는 공차가 $20°$인 등차수열을 이루므로 첫째항이 $60°$, 공차가 $20°$, 항수가 n인 등차수열의 합은
$$\frac{n\{2\times60°+(n-1)\times20°\}}{2}=10°\times n^2+50°\times n \qquad \cdots\cdots \ ㉡$$
㉠, ㉡에서
$$10°\times n^2+50°\times n=180°\times n-360°$$
$$n^2-13n+36=0, \ (n-4)(n-9)=0$$
$$\therefore n=4 \ \text{또는} \ n=9$$
이때 $n=9$이면 가장 큰 내각의 크기가
$$60°+(9-1)\times20°=220°$$
이므로 조건을 만족시키지 않는다.
따라서 $n=4$이므로 가장 큰 내각의 크기는
$$60°+(4-1)\times20°=120°$$

0868
답 ⑤

두 곡선 $y=x^2+4x+a$, $y=x^2$과 그은 선분의 교점의 x좌표를 t, $x=t$일 때의 선분의 길이를 $f(t)$라 하면 각 선분의 길이는 $x=t$일 때의 두 곡선의 y의 값의 차이므로
$$f(t)=(t^2+4t+a)-t^2=4t+a$$

이때 각 선분을 같은 간격으로 그었으므로 그 간격을 d라 하면 교점의 x좌표 t는 공차가 d인 등차수열을 이룬다. 그러므로 주어진 10개의 선분의 길이 역시 등차수열을 이룬다.

따라서 구하는 선분의 길이의 합은 첫째항이 7, 끝항이 29, 항수가 10인 등차수열의 합과 같으므로

$$\frac{10 \times (7+29)}{2} = 180$$

0869 답 ②

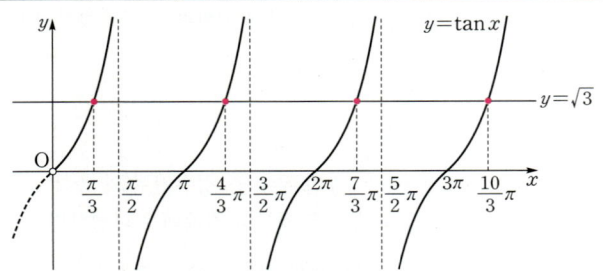

함수 $y=\tan x$ $(x>0)$의 그래프와 직선 $y=\sqrt{3}$의 교점의 x좌표는

$$x = \frac{\pi}{3}, \frac{4}{3}\pi, \frac{7}{3}\pi, \cdots$$

즉, 수열 $\{a_n\}$은 첫째항이 $\frac{\pi}{3}$, 공차가 π인 등차수열이므로

$$S_n = \frac{n\left\{2 \times \frac{\pi}{3} + (n-1) \times \pi\right\}}{2} = \frac{n(3n-1)}{6}\pi$$

이때 $S_k = 17\pi$이므로

$$\frac{k(3k-1)}{6}\pi = 17\pi$$

$$3k^2 - k - 102 = 0$$

$$(3k+17)(k-6) = 0$$

$$\therefore k=6 \ (\because k는 자연수)$$

유형 13 수열의 합과 일반항 사이의 관계

확인 문제 (1) $a_n = 2n+1$
(2) $a_1 = 0, a_n = 4n-1 \ (n \geq 2)$

(1) $S_n = n^2 + 2n$에서

(i) $n=1$일 때
$$a_1 = S_1 = 1^2 + 2 \times 1 = 3$$
(ii) $n \geq 2$일 때,
$$a_n = S_n - S_{n-1}$$
$$= (n^2+2n) - \{(n-1)^2 + 2(n-1)\}$$
$$= 2n+1 \quad \cdots\cdots \text{㉠}$$

이때 $a_1 = 3$은 ㉠에 $n=1$을 대입한 것과 같으므로
$$a_n = 2n+1$$

(2) $S_n = 2n^2 + n - 3$에서

(i) $n=1$일 때
$$a_1 = S_1 = 2 \times 1^2 + 1 - 3 = 0$$
(ii) $n \geq 2$일 때
$$a_n = S_n - S_{n-1}$$
$$= (2n^2+n-3) - \{2(n-1)^2 + (n-1) - 3\}$$
$$= 4n-1 \quad \cdots\cdots \text{㉠}$$

이때 $a_1 = 0$은 ㉠에 $n=1$을 대입한 것과 같지 않으므로
$$a_1 = 0, \ a_n = 4n-1 \ (n \geq 2)$$

0870 답 ③

$S_n = n^2 + 6n$에서

(i) $n=1$일 때
$$a_1 = S_1 = 1^2 + 6 \times 1 = 7$$
(ii) $n \geq 2$일 때
$$a_n = S_n - S_{n-1}$$
$$= (n^2+6n) - \{(n-1)^2 + 6(n-1)\}$$
$$= 2n+5 \quad \cdots\cdots \text{㉠}$$

이때 $a_1 = 7$은 ㉠에 $n=1$을 대입한 것과 같으므로
$$a_n = 2n+5$$
$$\therefore a_{2n} = 2 \times 2n + 5 = 9 + (n-1) \times 4$$

따라서 $a_2 + a_4 + a_6 + \cdots + a_{40}$은 첫째항이 9, 공차가 4인 등차수열의 첫째항부터 제20항까지의 합과 같다.

$$\therefore a_2 + a_4 + a_6 + \cdots + a_{40} = \frac{20 \times \{2 \times 9 + (20-1) \times 4\}}{2}$$
$$= 940$$

0871 답 ②

$S_n = 2n^2 + n - 2$에서

$a_1 = S_1 = 2 \times 1^2 + 1 - 2 = 1 \qquad \therefore k \neq 1$

$$\therefore a_k = S_k - S_{k-1}$$
$$= (2k^2+k-2) - \{2(k-1)^2 + (k-1) - 2\}$$
$$= 4k-1$$

따라서 $a_k = 51$에서 $4k-1 = 51$이므로
$$4k = 52 \qquad \therefore k = 13$$

0872 답 84

$f(x) = 3x^2 - 5x$라 하면 다항식 $f(x)$를 $x-n$으로 나누었을 때의 나머지는

$$f(n) = 3n^2 - 5n$$

즉, $S_n = 3n^2 - 5n$이므로

$$a_3 = S_3 - S_2 = (3 \times 3^2 - 5 \times 3) - (3 \times 2^2 - 5 \times 2) = 10$$
$$a_6 = S_6 - S_5 = (3 \times 6^2 - 5 \times 6) - (3 \times 5^2 - 5 \times 5) = 28$$
$$a_9 = S_9 - S_8 = (3 \times 9^2 - 5 \times 9) - (3 \times 8^2 - 5 \times 8) = 46$$
$$\therefore a_3 + a_6 + a_9 = 10 + 28 + 46 = 84$$

$S_n=3n^2-5n$이므로

(ⅰ) $n=1$일 때

$a_1=S_1=3\times1^2-5\times1=-2$

(ⅱ) $n\geq2$일 때

$a_n=S_n-S_{n-1}$

$=(3n^2-5n)-\{3(n-1)^2-5(n-1)\}$

$=6n-8$ ······ ㉠

이때 $a_1=-2$는 ㉠에 $n=1$을 대입한 것과 같으므로

$a_n=6n-8$

$\therefore a_3+a_6+a_9=(6\times3-8)+(6\times6-8)+(6\times9-8)$

$=10+28+46=84$

0873
답 520

$a_7+a_8+a_9=S_9-S_6$이고 $S_n=3n^2+kn$이므로

$a_7+a_8+a_9=(3\times9^2+9k)-(3\times6^2+6k)$

$=135+3k$

즉, $135+3k=33$에서

$3k=-102$ $\therefore k=-34$

따라서 $S_n=3n^2-34n$이므로

$S_{20}=3\times20^2-34\times20=520$

0874
답 16

$S_n=n^2+kn$, $T_n=2n^2-3n+4$라 하면

$a_{10}=S_{10}-S_9$

$=(10^2+10k)-(9^2+9k)$

$=k+19$ ──────────────── ❶

$b_{10}=T_{10}-T_9$

$=(2\times10^2-3\times10+4)-(2\times9^2-3\times9+4)$

$=35$ ──────────────── ❷

이때 $a_{10}=b_{10}$이므로

$k+19=35$ $\therefore k=16$ ──────────────── ❸

채점 기준	배점
❶ a_{10}의 값 구하기	40%
❷ b_{10}의 값 구하기	40%
❸ k의 값 구하기	20%

0875
답 ⑤

$S_n=n^2-2n$이므로

(ⅰ) $n=1$일 때

$a_1=S_1=1^2-2\times1=-1$

(ⅱ) $n\geq2$일 때

$a_n=S_n-S_{n-1}$

$=(n^2-2n)-\{(n-1)^2-2(n-1)\}$

$=2n-3$ ······ ㉠

이때 $a_1=-1$은 ㉠에 $n=1$을 대입한 것과 같으므로

$a_n=2n-3$

$a_n>40$에서 $2n-3>40$

$2n>43$ $\therefore n>\dfrac{43}{2}=21.5$

따라서 자연수 n의 최솟값은 22이다.

유형 14 **등비수열의 일반항**

확인 문제 (1) $a_n=3^{n-1}$ (2) $a_n=8\times\left(\dfrac{1}{2}\right)^{n-1}$ (3) $a_n=(-2)^{n-1}$

(1) 첫째항이 1, 공비가 3인 등비수열 $\{a_n\}$의 일반항 a_n은

$a_n=1\times3^{n-1}=3^{n-1}$

(2) 수열 $\{a_n\}$: 8, 4, 2, 1, ···은 첫째항이 8, 공비가 $\dfrac{4}{8}=\dfrac{1}{2}$인 등비

수열이므로 일반항 a_n은

$a_n=8\times\left(\dfrac{1}{2}\right)^{n-1}$

(3) 수열 $\{a_n\}$: 1, -2, 4, -8, ···은 첫째항이 1, 공비가

$\dfrac{-2}{1}=-2$인 등비수열이므로 일반항 a_n은

$a_n=1\times(-2)^{n-1}=(-2)^{n-1}$

0876
답 ①

등비수열 $\{a_n\}$의 첫째항을 a, 공비를 r이라 하면

$a_3=ar^2=108$ ······ ㉠

$a_6=ar^5=4$ ······ ㉡

㉡÷㉠을 하면 $r^3=\dfrac{1}{27}$ $\therefore r=\dfrac{1}{3}$

$r=\dfrac{1}{3}$을 ㉠에 대입하면

$a\times\left(\dfrac{1}{3}\right)^2=108$ $\therefore a=972$

따라서 $a_n=972\times\left(\dfrac{1}{3}\right)^{n-1}$이므로

$a_2=972\times\dfrac{1}{3}=324$

0877
답 $\dfrac{9}{256}$

$a_n=\dfrac{5}{4^{3n+1}}$에서

$a_1=\dfrac{5}{4^{3\times1+1}}=\dfrac{5}{4^4}=\dfrac{5}{2^8}$, $a_2=\dfrac{5}{4^{3\times2+1}}=\dfrac{5}{4^7}=\dfrac{5}{2^{14}}$

$\therefore \dfrac{a_2}{a_1}=\dfrac{\dfrac{5}{2^{14}}}{\dfrac{5}{2^8}}=\dfrac{1}{2^6}=\dfrac{1}{64}$

따라서 등비수열 $\{a_n\}$의 첫째항은 $\dfrac{5}{256}$이고 공비는 $\dfrac{1}{64}$이므로 그 합은

$$\dfrac{5}{256}+\dfrac{1}{64}=\dfrac{9}{256}$$

다른 풀이

$4^{3n+1}=4^{3n}\times 4=64^n\times 4=256\times 64^{n-1}$이므로

$$a_n=\dfrac{5}{4^{3n+1}}=\dfrac{5}{256\times 64^{n-1}}=\dfrac{5}{256}\times\left(\dfrac{1}{64}\right)^{n-1}$$

즉, 주어진 등비수열의 첫째항은 $\dfrac{5}{256}$, 공비는 $\dfrac{1}{64}$이다.

따라서 그 합은

$$\dfrac{5}{256}+\dfrac{1}{64}=\dfrac{9}{256}$$

0878

답 11

등비수열 $\{a_n\}$의 첫째항을 a, 공비를 r이라 하면

$a_4=ar^3=-\dfrac{1}{3}$ ...... ㉠

$a_7=ar^6=9$ ...... ㉡

㉡÷㉠을 하면

$r^3=-27$ ∴ $r=-3$

──────────────────── ❶

$r=-3$을 ㉠에 대입하면

$a\times(-3)^3=-\dfrac{1}{3}$ ∴ $a=\dfrac{1}{81}$

∴ $a_n=\dfrac{1}{81}\times(-3)^{n-1}$

──────────────────── ❷

$a_k=729$에서 $\dfrac{1}{81}\times(-3)^{k-1}=729$

따라서 $(-3)^{k-1}=81\times729=3^4\times3^6=3^{10}=(-3)^{10}$이므로

$k-1=10$ ∴ $k=11$

──────────────────── ❸

채점 기준	배점
❶ 공비 구하기	30%
❷ 첫째항 및 일반항 구하기	30%
❸ k의 값 구하기	40%

0879

답 ①

등비수열 $\{a_n\}$의 첫째항이 6, 공비가 $\dfrac{1}{4}$이므로 일반항 a_n은

$$a_n=6\times\left(\dfrac{1}{4}\right)^{n-1}$$

즉, 수열 $\{a_{2n-1}\}$의 일반항 a_{2n-1}은

$$a_{2n-1}=6\times\left(\dfrac{1}{4}\right)^{(2n-1)-1}=6\times\left(\dfrac{1}{4}\right)^{2(n-1)}$$
$$=6\times\left(\dfrac{1}{16}\right)^{n-1}$$

따라서 수열 $\{a_{2n-1}\}$의 첫째항은 6, 공비는 $\dfrac{1}{16}$이므로 그 곱은

$$6\times\dfrac{1}{16}=\dfrac{3}{8}$$

다른 풀이

등비수열 $\{a_n\}$에 대하여 등비수열 $\{a_{2n-1}\}$은

$a_1,\ a_3,\ a_5,\ a_7,\ \cdots$이다.

즉, 수열 $\{a_{2n-1}\}$의 첫째항은 수열 $\{a_n\}$의 첫째항과 같으므로

$a_1=6$

또한 수열 $\{a_{2n-1}\}$의 둘째항은

$a_3=6\times\left(\dfrac{1}{4}\right)^2=\dfrac{6}{16}=\dfrac{3}{8}$

이므로 수열 $\{a_{2n-1}\}$의 공비는

$$\dfrac{a_3}{a_1}=\dfrac{\frac{3}{8}}{6}=\dfrac{1}{16}$$

따라서 수열 $\{a_{2n-1}\}$의 첫째항은 6, 공비는 $\dfrac{1}{16}$이므로 그 곱은

$$6\times\dfrac{1}{16}=\dfrac{3}{8}$$

0880

답 50

등비수열 $\{a_n\}$의 첫째항을 a, 공비를 r이라 하면

$a_2=ar=2$ ...... ㉠

$a_6=ar^5=8$ ...... ㉡

㉡÷㉠을 하면 $r^4=4$

$r^2=2$ ∴ $r=\sqrt{2}$ ($\because r>0$)

$r=\sqrt{2}$를 ㉠에 대입하면

$\sqrt{2}a=2$ ∴ $a=\sqrt{2}$

∴ $a_n=\sqrt{2}\times(\sqrt{2})^{n-1}=(\sqrt{2})^n$

──────────────────── ❶

$\log_2 a_1+\log_2 a_3+\log_2 a_5+\cdots+\log_2 a_{19}$
$=\log_2 (a_1\times a_3\times a_5\times\cdots\times a_{19})$
$=\log_2 \{\sqrt{2}\times(\sqrt{2})^3\times(\sqrt{2})^5\times\cdots\times(\sqrt{2})^{19}\}$
$=\log_2 \{(\sqrt{2})^{1+3+5+\cdots+19}\}$ ...... ㉢

──────────────────── ❷

이때 $1+3+5+\cdots+19$는 첫째항이 1, 끝항이 19, 항수가 10인 등차수열의 합이므로

$$1+3+5+\cdots+19=\dfrac{10\times(1+19)}{2}=100$$

따라서 ㉢에서

$\log_2 a_1+\log_2 a_3+\log_2 a_5+\cdots+\log_2 a_{19}=\log_2 (\sqrt{2})^{100}$
$=\log_2 2^{50}=50$

──────────────────── ❸

채점 기준	배점
❶ 일반항 구하기	40%
❷ 로그의 성질을 이용하여 주어진 식 정리하기	30%
❸ $\log_2 a_1+\log_2 a_3+\log_2 a_5+\cdots+\log_2 a_{19}$의 값 구하기	30%

다른 풀이

$a_1 a_{19}=a_3 a_{17}=a_5 a_{15}=a_7 a_{13}=a_9 a_{11}=a_{10}{}^2$이므로

$\log_2 a_1+\log_2 a_3+\log_2 a_5+\cdots+\log_2 a_{19}$
$=\log_2 (a_1\times a_3\times a_5\times\cdots\times a_{19})$
$=\log_2 (a_{10}{}^2)^5=\log_2 a_{10}{}^{10}$
$=10\log_2 a_{10}$

등비수열 $\{a_n\}$의 첫째항을 a, 공비를 r이라 하면

$a_2 = ar = 2$ ······ ㉠

$a_6 = ar^5 = 8$ ······ ㉡

㉡÷㉠을 하면 $r^4 = 4$

$\therefore a_{10} = a_2 \times r^8 = 2 \times (r^4)^2$

$\qquad = 2 \times 4^2 = 32$

$\therefore \log_2 a_1 + \log_2 a_3 + \log_2 a_5 + \cdots + \log_2 a_{19}$

$\qquad = 10\log_2 a_{10} = 10\log_2 32$

$\qquad = 10\log_2 2^5 = 10 \times 5 = 50$

🔊 **Bible Says** **로그의 성질**

$a > 0$, $a \neq 1$이고 $M > 0$, $N > 0$일 때

(1) $\log_a 1 = 0$, $\log_a a = 1$

(2) $\log_a MN = \log_a M + \log_a N$

(3) $\log_a \dfrac{M}{N} = \log_a M - \log_a N$

(4) $\log_a N^k = k\log_a N$ (단, k는 실수이다.)

유형 15 **항 또는 항의 관계가 주어진 등비수열**

0881

답 ④

등비수열 $\{a_n\}$의 첫째항을 a, 공비를 r이라 하면

$\dfrac{a_{10}}{a_8} + \dfrac{a_7}{a_6} = 6$에서 $\dfrac{ar^9}{ar^7} + \dfrac{ar^6}{ar^5} = 6$

$r^2 + r = 6$, $r^2 + r - 6 = 0$

$(r+3)(r-2) = 0$

$\therefore r = -3$ 또는 $r = 2$

이때 수열 $\{a_n\}$의 모든 항이 양수이므로 $r > 0$

따라서 $r = 2$이므로

$\dfrac{a_5 + a_6}{a_2} = \dfrac{ar^4 + ar^5}{ar} = r^3 + r^4$

$\qquad = 2^3 + 2^4 = 24$

0882

답 ③

등비수열 $\{a_n\}$의 첫째항을 a, 공비를 r이라 하면

$a_2 = ar = 24$ ······ ㉠

또한 $a_5 = \dfrac{1}{4}a_3$에서

$ar^4 = \dfrac{1}{4} \times ar^2$, $r^2 = \dfrac{1}{4}$

이때 수열 $\{a_n\}$의 모든 항이 양수이므로 $r > 0$

즉, $r = \dfrac{1}{2}$이므로 이를 ㉠에 대입하면

$a \times \dfrac{1}{2} = 24$ $\quad \therefore a = 48$

따라서 $a_n = 48 \times \left(\dfrac{1}{2}\right)^{n-1}$이므로

$a_7 = 48 \times \left(\dfrac{1}{2}\right)^6 = \dfrac{3}{4}$

0883

답 25

등비수열 $\{a_n\}$의 첫째항을 a, 공비를 r이라 하면

$a_1 + a_2 = a + ar = a(1+r) = 6$ ······ ㉠

$a_3 \times a_4 + a_3 \times a_5 = ar^2 \times ar^3 + ar^2 \times ar^4$

$\qquad = a^2 r^5 (1+r) = 30$ ······ ㉡

㉡÷㉠을 하면 $ar^5 = 5$

$\therefore a_5 \times a_7 = ar^4 \times ar^6 = a^2 r^{10}$

$\qquad = (ar^5)^2 = 5^2 = 25$

0884

답 ⑤

모든 항이 양수인 등비수열 $\{a_n\}$의 첫째항을 a ($a > 0$), 공비를 r ($r > 0$)이라 하면

$\dfrac{a_3 a_8}{a_6} = 12$에서

$\dfrac{ar^2 \times ar^7}{ar^5} = ar^4 = 12$ ······ ㉠

$a_5 + a_7 = 36$에서

$ar^4 + ar^6 = ar^4(1+r^2) = 36$ ······ ㉡

㉡÷㉠을 하면

$1 + r^2 = 3$, $r^2 = 2$ $\quad \therefore r = \sqrt{2}$ ($\because r > 0$)

$r = \sqrt{2}$를 ㉠에 대입하면

$4a = 12$ $\quad \therefore a = 3$

$\therefore a_{11} = ar^{10} = 3 \times (\sqrt{2})^{10} = 3 \times 32 = 96$

0885

답 ①

등비수열 $\{a_n\}$의 공비를 r이라 하면

$\dfrac{a_{11}}{a_1} = \dfrac{a_{12}}{a_2} = \dfrac{a_{13}}{a_3} = \cdots = \dfrac{a_{20}}{a_{10}} = r^{10}$

즉, $\dfrac{a_{11}}{a_1} + \dfrac{a_{12}}{a_2} + \dfrac{a_{13}}{a_3} + \cdots + \dfrac{a_{20}}{a_{10}} = 30$에서

$10 \times r^{10} = 30$ $\quad \therefore r^{10} = 3$

$\therefore \dfrac{a_{30}}{a_{10}} = r^{20} = (r^{10})^2 = 3^2 = 9$

0886

답 42

등비수열 $\{a_n\}$의 첫째항을 a, 공비를 r이라 하면

$a_1 + a_2 + a_3 = a + ar + ar^2$

$\qquad = a(1 + r + r^2) = 14$ ······ ㉠

$a_3 + a_4 + a_5 = ar^2 + ar^3 + ar^4$

$\qquad = ar^2(1 + r + r^2) = 56$ ······ ㉡

㉡÷㉠을 하면 $r^2 = 4$

이때 수열 $\{a_n\}$의 공비가 양수이므로

$r = 2$

❶

이를 ㉠에 대입하면

$a \times (1 + 2 + 2^2) = 14$ $\therefore a = 2$

$\therefore a_n = 2 \times 2^{n-1} = 2^n$

·· ❷

$\therefore a_1 + a_3 + a_5 = 2 + 2^3 + 2^5 = 42$

·· ❸

채점 기준	배점
❶ 공비 구하기	40%
❷ 첫째항 및 일반항 구하기	40%
❸ $a_1 + a_3 + a_5$의 값 구하기	20%

0887 답 ②

등비수열 $\{a_n\}$의 첫째항을 a, 공비를 r $(r > 1)$이라 하자.

조건 ㈎에서

$a_3 \times a_5 \times a_7 = ar^2 \times ar^4 \times ar^6$
$\qquad\qquad = a^3 r^{12} = 125$

$(ar^4)^3 = 5^3$ $\therefore ar^4 = 5$

조건 ㈏에서

$\dfrac{a_4 + a_8}{a_6} = \dfrac{ar^3 + ar^7}{ar^5} = \dfrac{ar^3(1 + r^4)}{ar^5}$

$\qquad\qquad = \dfrac{1 + r^4}{r^2} = \dfrac{13}{6}$

$6r^4 - 13r^2 + 6 = 0$, $(2r^2 - 3)(3r^2 - 2) = 0$

$\therefore r^2 = \dfrac{3}{2}$ 또는 $r^2 = \dfrac{2}{3}$

이때 $r > 1$이므로 $r^2 = \dfrac{3}{2}$

$\therefore a_9 = ar^8 = ar^4 \times (r^2)^2 = 5 \times \left(\dfrac{3}{2}\right)^2 = \dfrac{45}{4}$

다른 풀이

$r^2 = \dfrac{3}{2}$에서 $r = \sqrt{\dfrac{3}{2}} = \dfrac{\sqrt{6}}{2}$ $(\because r > 1)$

이를 $ar^4 = 5$에 대입하면

$a \times \left(\dfrac{3}{2}\right)^2 = 5$ $\therefore a = 5 \times \dfrac{4}{9} = \dfrac{20}{9}$

따라서 $a_n = \dfrac{20}{9} \times \left(\dfrac{\sqrt{6}}{2}\right)^{n-1}$이므로

$a_9 = \dfrac{20}{9} \times \left(\dfrac{\sqrt{6}}{2}\right)^8 = \dfrac{20}{9} \times \dfrac{81}{16} = \dfrac{45}{4}$

유형 16 대소 관계를 만족시키는 등비수열의 항

0888 답 ①

등비수열 $\{a_n\}$의 첫째항을 a, 공비를 r이라 하면

$a_3 = ar^2 = \dfrac{1}{4}$ ······ ㉠

$a_6 = ar^5 = 16$ ······ ㉡

㉡÷㉠을 하면

$r^3 = 64$ $\therefore r = 4$

$r = 4$를 ㉠에 대입하면

$a \times 4^2 = \dfrac{1}{4}$ $\therefore a = \dfrac{1}{64}$

$\therefore a_n = \dfrac{1}{64} \times 4^{n-1} = \dfrac{1}{4^3} \times 4^{n-1} = 4^{n-4}$

이때 $a_n < 1000$, 즉 $4^{n-4} < 1000$에서 $4^4 = 256$, $4^5 = 1024$이므로

$n - 4 \leq 4$ $\therefore n \leq 8$

따라서 자연수 n의 최댓값은 8이다.

0889 답 ②

공비가 2인 등비수열 $\{a_n\}$의 첫째항을 a라 하면

$a_2 + a_3 + a_4 = a \times 2 + a \times 2^2 + a \times 2^3 = 14a$

즉, $14a = 84$에서 $a = 6$이므로

$a_n = 6 \times 2^{n-1}$

이때 $a_5 = 6 \times 2^4 = 96$, $a_6 = 6 \times 2^5 = 192$이므로 100에 가장 가까운 항은 a_5, 즉 제5항이다.

0890 답 제7항

첫째항이 9인 등비수열 $\{a_n\}$의 공비를 r이라 하면

$a_3 = 1$에서 $9 \times r^2 = 1$

$r^2 = \dfrac{1}{9}$ $\therefore r = \dfrac{1}{3}$ $(\because r > 0)$

·· ❶

따라서 $a_n = 9 \times \left(\dfrac{1}{3}\right)^{n-1}$이므로

$9 \times \left(\dfrac{1}{3}\right)^{n-1} < \dfrac{1}{50}$

·· ❷

즉, $\left(\dfrac{1}{3}\right)^{n-1} < \dfrac{1}{450}$에서

$3^{n-1} > 450$

이때 $3^5 = 243$, $3^6 = 729$이므로

$n - 1 \geq 6$ $\therefore n \geq 7$

따라서 처음으로 $\dfrac{1}{50}$보다 작아지는 항은 제7항이다.

·· ❸

채점 기준	배점
❶ 공비 구하기	40%
❷ 부등식 세우기	20%
❸ 처음으로 $\dfrac{1}{50}$보다 작아지는 항이 제몇 항인지 구하기	40%

0891 답 ①

모든 항이 양수인 등비수열 $\{a_n\}$의 첫째항을 a, 공비를 r이라 하면

$a > 0$, $r > 0$

$\log_3 a_3 = \dfrac{7}{4}$에서 $a_3 = ar^2 = 3^{\frac{7}{4}}$ ······ ㉠

$\log_3 a_8 = 3$에서 $a_8 = ar^7 = 3^3$ ······ ㉡

ㄴ÷ㄱ을 하면

$$r^5=\frac{3^3}{3^{\frac{7}{4}}}=3^{3-\frac{7}{4}}=3^{\frac{5}{4}}=\left(3^{\frac{1}{4}}\right)^5 \qquad \therefore r=3^{\frac{1}{4}}$$

$r=3^{\frac{1}{4}}$을 ㄱ에 대입하면

$$a\times\left(3^{\frac{1}{4}}\right)^2=3^{\frac{7}{4}} \qquad \therefore a=\frac{3^{\frac{7}{4}}}{\left(3^{\frac{1}{4}}\right)^2}=3^{\frac{5}{4}}$$

$$\therefore a_n=3^{\frac{5}{4}}\times\left(3^{\frac{1}{4}}\right)^{n-1}=3^{\frac{n}{4}+1}$$

즉, $27<a_n<243$에서 $3^3<3^{\frac{n}{4}+1}<3^5$이므로

$$3<\frac{n}{4}+1<5,\ 2<\frac{n}{4}<4$$

$$\therefore 8<n<16$$

따라서 자연수 n은 9, 10, 11, $\cdots$, 15의 7개이다.

0892

답 15

등비수열 $\{a_n\}$의 첫째항을 a, 공비를 r이라 하면

$$a_1+a_2=a+ar=a(1+r)=2 \qquad \cdots\cdots\ ㄱ$$
$$a_4=ar^3=27 \qquad \cdots\cdots\ ㄴ$$

ㄱ에서 $a=\dfrac{2}{1+r}$이므로 이를 ㄴ에 대입하면

$$\frac{2}{1+r}\times r^3=27$$

$$2r^3-27r-27=0,\ (r+3)(2r^2-6r-9)=0$$

$$\therefore r=-3\ \text{또는}\ r=\frac{3\pm3\sqrt{3}}{2}$$

이때 수열 $\{a_n\}$의 모든 항이 정수이므로 $r=-3$

$r=-3$을 ㄱ에 대입하면

$$-2a=2 \qquad \therefore a=-1$$

즉, $a_n=-1\times(-3)^{n-1}$이므로

$$|a_n|=|-1\times(-3)^{n-1}|=3^{n-1}$$

$|a_n|<200$에서 $3^{n-1}<200$

이때 $3^4=81$, $3^5=243$이므로

$$n-1\leq4 \qquad \therefore n\leq5$$

따라서 조건을 만족시키는 자연수 n은 1, 2, 3, 4, 5이므로 구하는 합은

$$1+2+3+4+5=15$$

유형 17 두 수 사이에 수를 넣어서 만든 등비수열

0893

답 480

등비수열 4, x_1, x_2, x_3, x_4, 972의 공비를 r이라 하면 첫째항이 4, 제6항이 972이므로

$$4r^5=972,\ r^5=243 \qquad \therefore r=3$$

따라서 $x_1=4\times3=12$, $x_2=4\times3^2=36$, $x_3=4\times3^3=108$,

$x_4=4\times3^4=324$이므로

$$x_1+x_2+x_3+x_4=12+36+108+324=480$$

0894

답 4

등비수열 32, a_1, a_2, a_3, $\cdots$, a_n, 243의 공비가 $\dfrac{3}{2}$이고, 첫째항이 32, 제$(n+2)$항이 243이므로

$$32\times\left(\frac{3}{2}\right)^{n+1}=243$$

따라서 $\left(\dfrac{3}{2}\right)^{n+1}=\dfrac{243}{32}=\left(\dfrac{3}{2}\right)^5$이므로

$$n+1=5 \qquad \therefore n=4$$

0895

답 ③

등비수열 1, a_1, a_2, a_3, $\cdots$, a_{15}, 256의 공비를 $r\ (r>0)$이라 하면 첫째항이 1, 제17항이 256이므로

$$1\times r^{16}=256=2^8,\ r^2=2$$

$$\therefore r=\sqrt{2}\ (\because r>0)$$

따라서 $a_n=1\times(\sqrt{2})^n=2^{\frac{n}{2}}$이므로

$$a_1\times a_2\times a_3\times\cdots\times a_{15}=2^{\frac{1}{2}}\times2^{\frac{2}{2}}\times2^{\frac{3}{2}}\times\cdots\times2^{\frac{15}{2}}$$
$$=2^{\frac{1+2+3+\cdots+15}{2}} \qquad \cdots\cdots\ ㄱ$$

이때 $1+2+3+\cdots+15$는 첫째항이 1, 끝항이 15, 항수가 15인 등차수열의 합과 같으므로

$$1+2+3+\cdots+15=\frac{15\times(1+15)}{2}=120$$

따라서 ㄱ에서

$$a_1\times a_2\times a_3\times\cdots\times a_{15}=2^{\frac{120}{2}}=2^{60}$$

0896

답 2

등비수열 a, x_1, x_2, -1, x_3, x_4, x_5, -81의 공비를 $r\ (r<0)$이라 하면 첫째항이 a, 제4항이 -1, 제8항이 -81이므로

$$ar^3=-1 \qquad \cdots\cdots\ ㄱ$$
$$ar^7=-81 \qquad \cdots\cdots\ ㄴ$$

ㄴ÷ㄱ을 하면

$$r^4=81,\ r^2=9$$

$$\therefore r=-3\ (\because r<0)$$

❶

$$x_2=\frac{-1}{r}=\frac{-1}{-3}=\frac{1}{3}$$

$$x_5=(-1)\times r^3=(-1)\times(-3)^3=27$$

❷

$$\therefore \log_3|x_2\times x_5|=\log_3\left|\frac{1}{3}\times27\right|$$
$$=\log_3 9=\log_3 3^2=2$$

❸

채점 기준	배점
❶ 공비 구하기	40%
❷ x_2, x_5의 값 구하기	각 20%
❸ $\log_3|x_2\times x_5|$의 값 구하기	20%

0897

답 ②

등비수열 $1, a_1, a_2, a_3, \cdots, a_n, 64$의 첫째항은 1, 제$(n+2)$항은 64이므로

$1 \times r^{n+1} = 64$ $\therefore r^{n+1} = 2^6$ $\cdots\cdots$ ㉠

이때 n, r은 모두 자연수이므로 r은 2^k (k는 음이 아닌 정수)의 꼴이다.

(ⅰ) $r = 1$일 때, ㉠을 만족시키는 자연수 n은 존재하지 않는다.

(ⅱ) $r = 2$일 때, ㉠에서 $2^{n+1} = 2^6$이므로 $n = 5$

(ⅲ) $r = 2^2$일 때, ㉠에서 $(2^2)^{n+1} = 2^6$이므로

$2n+2 = 6$ $\therefore n = 2$

(ⅳ) $r = 2^3$일 때, ㉠에서 $(2^3)^{n+1} = 2^6$이므로

$3n+3 = 6$ $\therefore n = 1$

(ⅴ) $r = 2^4, 2^5, 2^6, \cdots$일 때, ㉠을 만족시키는 자연수 n은 존재하지 않는다.

(ⅰ)~(ⅴ)에서

$n = 5, r = 2$ 또는 $n = 2, r = 4$ 또는 $n = 1, r = 8$

따라서 $n+r = 5+2 = 7$ 또는 $n+r = 2+4 = 6$ 또는

$n+r = 1+8 = 9$이므로 구하는 최솟값은 6이다.

유형 18 등비중항

확인 문제 (1) 4 (2) $\sqrt{2}+1$

(1) 세 수 $1, x, 16$이 이 순서대로 등비수열을 이루므로

$x^2 = 1 \times 16$ $\therefore x = 4$ ($\because x > 0$)

(2) 세 수 $\sqrt{2}-1, 1, x$가 이 순서대로 등비수열을 이루므로

$1^2 = (\sqrt{2}-1) \times x$

$\therefore x = \dfrac{1}{\sqrt{2}-1} = \sqrt{2}+1$

0898

답 ③

세 양수 $x, x+8, 8x+4$가 이 순서대로 등비수열을 이루므로

$(x+8)^2 = x(8x+4)$

$x^2 + 16x + 64 = 8x^2 + 4x$

$7x^2 - 12x - 64 = 0, (x-4)(7x+16) = 0$

$\therefore x = 4$ ($\because x > 0$)

0899

답 ④

$f(x) = x^2 + ax + 2$를 $x-1, x, x+1$로 나눈 나머지는 각각

$f(1) = 1 + a + 2 = 3 + a$

$f(0) = 2$

$f(-1) = 1 - a + 2 = 3 - a$

이때 $f(1), f(0), f(-1)$이 이 순서대로 등비수열을 이루므로

$2^2 = (3+a)(3-a)$

$4 = 9 - a^2, a^2 = 5$

$\therefore a = \sqrt{5}$ ($\because a > 0$)

0900

답 2

1이 아닌 세 양수 a, b, c가 이 순서대로 등비수열을 이루므로

$b^2 = ac$

$\therefore \dfrac{1}{\log_a b} + \dfrac{1}{\log_c b} = \log_b a + \log_b c$

$= \log_b ac$

$= \log_b b^2 = 2$

🔊 **Bible Says** 로그의 밑의 변환

$a > 0, a \neq 1$이고 $b > 0$일 때

(1) $\log_a b = \dfrac{\log_c b}{\log_c a}$ (단, $c > 0, c \neq 1$)

(2) $\log_a b = \dfrac{1}{\log_b a}$ (단, $b \neq 1$)

0901

답 $\dfrac{\sqrt{3}}{4}$

세 수 $1, 2\cos\theta, 4\sin\theta+1$이 이 순서대로 등비수열을 이루므로

$(2\cos\theta)^2 = 1 \times (4\sin\theta+1)$ ❶

$4\cos^2\theta = 4\sin\theta + 1$

$4(1-\sin^2\theta) = 4\sin\theta + 1$

$4\sin^2\theta + 4\sin\theta - 3 = 0, (2\sin\theta-1)(2\sin\theta+3) = 0$

이때 $0 < \theta < \dfrac{\pi}{2}$에서 $\sin\theta > 0$이므로

$\sin\theta = \dfrac{1}{2}$ ❷

$0 < \theta < \dfrac{\pi}{2}$에서 $\cos\theta > 0$이므로

$\cos\theta = \sqrt{1-\sin^2\theta} = \sqrt{1-\left(\dfrac{1}{2}\right)^2} = \dfrac{\sqrt{3}}{2}$ ❸

$\therefore \sin\theta \times \cos\theta = \dfrac{1}{2} \times \dfrac{\sqrt{3}}{2} = \dfrac{\sqrt{3}}{4}$ ❹

채점 기준	배점
❶ 등비중항을 이용하여 식 세우기	30%
❷ $\sin\theta$의 값 구하기	30%
❸ $\cos\theta$의 값 구하기	30%
❹ $\sin\theta \times \cos\theta$의 값 구하기	10%

🔊 **Bible Says** 삼각함수 사이의 관계

(1) $\tan\theta = \dfrac{\sin\theta}{\cos\theta}$

(2) $\sin^2\theta + \cos^2\theta = 1$

0902

답 13

조건 (개)에서 세 수 a, $a+b$, $2ab-5$가 이 순서대로 등차수열을 이루므로

$2(a+b)=a+(2ab-5)$

$\therefore a+2b-2ab+5=0$ ...... ㉠

조건 (내)에서 세 수 a, ab^2, $8ab$가 이 순서대로 등비수열을 이루므로

$(ab^2)^2=a\times 8ab$

$a^2b^4=8a^2b$

$a\neq 0$, $b\neq 0$이므로 $b^3=8$

b는 실수이므로 $b=2$

$b=2$를 ㉠에 대입하면

$a+4-4a+5=0$, $3a=9$ $\therefore a=3$

$\therefore a^2+b^2=3^2+2^2=13$

0903

답 ②

등차수열 $\{a_n\}$의 첫째항을 a, 공차를 d $(d\neq 0)$라 하면

세 항 a_2, a_5, a_{12}, 즉 $a+d$, $a+4d$, $a+11d$가 이 순서대로 등비수열을 이루므로

$(a+4d)^2=(a+d)(a+11d)$

$a^2+8ad+16d^2=a^2+12ad+11d^2$

즉, $4ad=5d^2$에서 $d\neq 0$이므로

$4a=5d$ $\therefore a=\dfrac{5}{4}d$

$\therefore \dfrac{a_3}{a_2}=\dfrac{a+2d}{a+d}=\dfrac{\frac{5}{4}d+2d}{\frac{5}{4}d+d}=\dfrac{\frac{13}{4}d}{\frac{9}{4}d}=\dfrac{13}{9}$

유형 **19** 등비수열을 이루는 수

0904

답 ④

등비수열을 이루는 세 실수를 a, ar, ar^2으로 놓으면

합이 21이므로

$a+ar+ar^2=21$ $\therefore a(1+r+r^2)=21$ ...... ㉠

곱이 64이므로

$a\times ar\times ar^2=64$ $\therefore (ar)^3=64$ ...... ㉡

㉡에서 $ar=4$이므로 $a=\dfrac{4}{r}$를 ㉠에 대입하면

$\dfrac{4}{r}\times(1+r+r^2)=21$

양변에 r을 곱하여 정리하면

$4r^2-17r+4=0$, $(4r-1)(r-4)=0$

$\therefore r=\dfrac{1}{4}$ 또는 $r=4$

$r=\dfrac{1}{4}$일 때, $a=16$이므로 세 실수는 16, 4, 1

$r=4$일 때, $a=1$이므로 세 실수는 1, 4, 16

따라서 세 수 중 가장 큰 수는 16이다.

0905

답 ①

등비수열을 이루는 세 양수를 a, ar, ar^2 $(a>0$, $r>1)$으로 놓으면 합이 7이므로

$a+ar+ar^2=7$ $\therefore a(1+r+r^2)=7$ ...... ㉠

가장 큰 수의 제곱이 가운데 수의 제곱의 4배와 같으므로

$(ar^2)^2=4(ar)^2$

즉, $a^2r^4-4a^2r^2=0$에서 $a^2r^2(r+2)(r-2)=0$이므로

$r=2$ $(\because a>0$, $r>1)$

즉, ㉠에서 $a\times(1+2+4)=7$이므로 $a=1$

따라서 구하는 세 양수는 1, 2, 4이므로 그 곱은

$1\times 2\times 4=8$

0906

답 14

등비수열을 이루는 세 실수를 a, ar, ar^2으로 놓으면

합이 6이므로

$a+ar+ar^2=6$ $\therefore a(1+r+r^2)=6$ ...... ㉠

곱이 -64이므로

$a\times ar\times ar^2=-64$ $\therefore (ar)^3=-64$ ...... ㉡

❶

㉡에서 $ar=-4$이므로 $a=-\dfrac{4}{r}$를 ㉠에 대입하면

$-\dfrac{4}{r}\times(1+r+r^2)=6$

양변에 r을 곱하여 정리하면

$2r^2+5r+2=0$, $(2r+1)(r+2)=0$

$\therefore r=-\dfrac{1}{2}$ 또는 $r=-2$

❷

$r=-\dfrac{1}{2}$일 때, $a=8$이므로 세 실수는 8, -4, 2

$r=-2$일 때, $a=2$이므로 세 실수는 2, -4, 8

❸

따라서 세 수의 절댓값의 합은

$2+4+8=14$

❹

채점 기준	배점
❶ 세 실수의 합과 곱을 이용하여 식 세우기	40%
❷ 공비 구하기	30%
❸ 세 실수 구하기	20%
❹ 세 실수의 절댓값의 합 구하기	10%

0907

답 ②

삼차방정식 $2x^3-kx^2+63x-54=0$의 세 실근을 a, ar, ar^2으로 놓으면 삼차방정식의 근과 계수의 관계에 의하여

$$a+ar+ar^2=\frac{k}{2} \qquad \cdots\cdots \text{㉠}$$

$$a\times ar+ar\times ar^2+a\times ar^2=\frac{63}{2} \qquad \cdots\cdots \text{㉡}$$

$$a\times ar\times ar^2=27 \qquad \cdots\cdots \text{㉢}$$

㉢에서 $(ar)^3=27$이므로 $ar=3 \qquad \cdots\cdots \text{㉣}$

㉡에서 $ar(a+ar+ar^2)=\frac{63}{2}$이므로 이 식에 ㉠, ㉣을 대입하면

$$3\times\frac{k}{2}=\frac{63}{2}$$

$$\therefore k=21$$

0908

답 ⑤

두 곡선 $y=x^3-4x^2-8x+k$, $y=2x^2+16x$가 서로 다른 세 점에서 만나므로 방정식 $x^3-4x^2-8x+k=2x^2+16x$, 즉 $x^3-6x^2-24x+k=0$은 서로 다른 세 실근을 갖는다.

교점의 x좌표, 즉 이 삼차방정식의 세 실근을 a, ar, ar^2으로 놓으면 삼차방정식의 근과 계수의 관계에 의하여

$a+ar+ar^2=6$에서
$$a(1+r+r^2)=6 \qquad \cdots\cdots \text{㉠}$$

$a\times ar+ar\times ar^2+a\times ar^2=-24$에서
$$a^2r(1+r+r^2)=-24 \qquad \cdots\cdots \text{㉡}$$

$$a\times ar\times ar^2=-k \qquad \cdots\cdots \text{㉢}$$

㉡÷㉠을 하면 $ar=-4$

따라서 ㉢에서
$$k=-(ar)^3=-(-4)^3=64$$

0909

답 ②

직육면체의 가로, 세로의 길이 및 높이를 차례대로 a, ar, ar^2으로 놓으면 모든 모서리의 길이의 합이 52이므로
$$4(a+ar+ar^2)=52$$
$$\therefore a(1+r+r^2)=13 \qquad \cdots\cdots \text{㉠}$$

겉넓이가 78이므로
$$2(a\times ar+ar\times ar^2+a\times ar^2)=78$$
$$\therefore a^2r(1+r+r^2)=39 \qquad \cdots\cdots \text{㉡}$$

㉡÷㉠을 하면 $ar=3$

따라서 직육면체의 부피는
$$a\times ar\times ar^2=(ar)^3=3^3=27$$

유형 20 **등비수열의 활용**

0910

답 ②

[n단계]에서 남아 있는 색종이의 넓이를 a_n이라 하자.

[1단계]에서 각 변의 중점을 이어서 만든 작은 정삼각형을 오려 내고 남아 있는 색종이의 넓이는
$$a_1=\left(\frac{\sqrt{3}}{4}\times 2^2\right)\times\frac{3}{4}=\sqrt{3}\times\frac{3}{4}$$

[2단계]에서는 [1단계]에서 남은 3개의 작은 정삼각형에서 같은 방법으로 만든 더 작은 정삼각형을 오려 내므로 남아 있는 색종이의 넓이는
$$a_2=a_1\times\frac{3}{4}=\sqrt{3}\times\left(\frac{3}{4}\right)^2$$

[3단계]에서는 [2단계]에서 남은 9개의 작은 정삼각형에서 같은 방법으로 만든 더 작은 정삼각형을 오려 내므로 남아 있는 색종이의 넓이는
$$a_3=a_2\times\frac{3}{4}=\sqrt{3}\times\left(\frac{3}{4}\right)^3$$
$$\vdots$$

이와 같이 계속되므로 [n단계]에서 남아 있는 색종이의 넓이 a_n은
$$a_n=\sqrt{3}\times\left(\frac{3}{4}\right)^n$$

따라서 [8단계]에서 남아 있는 색종이의 넓이는
$$a_8=\sqrt{3}\times\left(\frac{3}{4}\right)^8$$

한 변의 길이가 a인 정삼각형의 높이를 h, 넓이를 S라 하면

$$h = \frac{\sqrt{3}}{2}a, \quad S = \frac{\sqrt{3}}{4}a^2$$

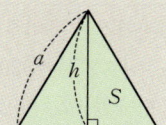

0911

답 729

생산량의 50 %가 재활용 유리병으로 수거되고, 그 중 60 %가 실제로 재활용되므로 유리병 100만 개로 재활용 과정을 한 번 거쳐 생산되는 유리병의 개수는

$$100 \times \frac{50}{100} \times \frac{60}{100} = 100 \times 0.3 (만 개)$$

이와 같이 재활용되어 생산된 유리병 (100×0.3)만 개에 대하여 재활용 과정을 다시 한 번 거쳐 생산되는 유리병의 개수는

$$(100 \times 0.3) \times \frac{50}{100} \times \frac{60}{100} = 100 \times 0.3^2 (만 개)$$

이와 같이 재활용되어 생산된 유리병 (100×0.3^2)만 개에 대하여 재활용 과정을 다시 한 번 거쳐 생산되는 유리병의 개수는

$$(100 \times 0.3^2) \times \frac{50}{100} \times \frac{60}{100} = 100 \times 0.3^3 (만 개)$$

$$\vdots$$

즉, 유리병 100만 개로 재활용 과정을 n번 거쳐 생산되는 유리병의 개수는

$100 \times 0.3^n (만 개)$

따라서 재활용 과정을 6번 거쳤을 때, 실제로 재활용되어 생산되는 유리병의 개수는 (100×0.3^6)만 개이므로

$$1000000 \times 0.3^6 = 1000000 \times \frac{3^6}{1000000}$$
$$= 729(개)$$

0912

답 ⑤

한 변의 길이가 4인 정삼각형 ABC의 높이는

$$h_1 = 4 \times \frac{\sqrt{3}}{2}$$

한 변의 길이가 h_1인 정삼각형의 높이는

$$h_2 = \frac{\sqrt{3}}{2} \times h_1 = 4 \times \left(\frac{\sqrt{3}}{2}\right)^2$$

한 변의 길이가 h_2인 정삼각형의 높이는

$$h_3 = \frac{\sqrt{3}}{2} \times h_2 = 4 \times \left(\frac{\sqrt{3}}{2}\right)^3$$

$$\vdots$$

이와 같이 계속되므로 한 변의 길이가 h_{n-1}인 정삼각형의 높이는

$$h_n = 4 \times \left(\frac{\sqrt{3}}{2}\right)^n$$

따라서 한 변의 길이가 h_{10}인 정삼각형의 둘레의 길이는

$$3h_{10} = 12 \times \left(\frac{\sqrt{3}}{2}\right)^{10}$$

0913

답 $\frac{1}{16}$

정사각형 A_n의 한 변의 길이를 a_n이라 하자.
정사각형 A_1의 대각선의 길이가 4이므로

$$\sqrt{2}a_1 = 4 \qquad \therefore a_1 = 4 \times \frac{1}{\sqrt{2}}$$

정사각형 A_2의 대각선의 길이가 a_1이므로

$$\sqrt{2}a_2 = a_1 \qquad \therefore a_2 = \frac{1}{\sqrt{2}} \times a_1 = 4 \times \left(\frac{1}{\sqrt{2}}\right)^2$$

정사각형 A_3의 대각선의 길이가 a_2이므로

$$\sqrt{2}a_3 = a_2 \qquad \therefore a_3 = \frac{1}{\sqrt{2}} \times a_2 = 4 \times \left(\frac{1}{\sqrt{2}}\right)^3$$

$$\vdots$$

❶

이와 같이 계속되므로 정사각형 A_n의 한 변의 길이 a_n은

$$a_n = 4 \times \left(\frac{1}{\sqrt{2}}\right)^n$$

❷

따라서 정사각형 A_{12}의 한 변의 길이는

$$a_{12} = 4 \times \left(\frac{1}{\sqrt{2}}\right)^{12} = 4 \times \frac{1}{2^6} = \frac{1}{16}$$

❸

채점 기준	배점
❶ 정사각형 $A_1, A_2, A_3, \cdots$의 한 변의 길이 구하기	40%
❷ 정사각형 A_n의 한 변의 길이 구하기	30%
❸ 정사각형 A_{12}의 한 변의 길이 구하기	30%

0914

답 62

$x_1 = 2$, $x_2 = \frac{4}{3}$, $x_3 = \frac{8}{9}$, $\cdots$, $x_n = \frac{2^n}{3^{n-1}}$, $\cdots$일 때,
이차함수 $f(x) = x^2$의 그래프에 대하여 밑변의 길이가 $x_n - x_{n+1}$이고 높이가 $f(x_{n+1})$인 직사각형의 넓이 S_n은

$$S_1 = (x_1 - x_2) \times f(x_2) = \left(2 - \frac{4}{3}\right) \times \left(\frac{4}{3}\right)^2$$
$$= 2\left(1 - \frac{2}{3}\right) \times \left(\frac{2^2}{3}\right)^2$$

$$S_2 = (x_2 - x_3) \times f(x_3) = \left(\frac{4}{3} - \frac{8}{9}\right) \times \left(\frac{8}{9}\right)^2$$
$$= \frac{4}{3}\left(1 - \frac{2}{3}\right) \times \left(\frac{2^3}{3^2}\right)^2$$

$$S_3 = (x_3 - x_4) \times f(x_4) = \left(\frac{8}{9} - \frac{16}{27}\right) \times \left(\frac{16}{27}\right)^2$$
$$= \frac{8}{9}\left(1 - \frac{2}{3}\right) \times \left(\frac{2^4}{3^3}\right)^2$$

$$\vdots$$

$$S_n = (x_n - x_{n+1}) \times f(x_{n+1})$$
$$= \frac{2^n}{3^{n-1}} \times \left(1 - \frac{2}{3}\right) \times \frac{(2^{n+1})^2}{(3^n)^2}$$
$$= \frac{2^n \times 1 \times 2^{2n+2}}{3^{n-1} \times 3 \times 3^{2n}} = \frac{2^{3n+2}}{3^{3n}}$$

따라서 $S_{10} = \frac{2^{32}}{3^{30}}$이므로 $m = 32$, $k = 30$

$$\therefore m + k = 32 + 30 = 62$$

$S_1, S_2, S_3, \cdots$을 계산하면 $S_1 = \dfrac{2^5}{3^3}$, $S_2 = \dfrac{2^8}{3^6}$, $S_3 = \dfrac{2^{11}}{3^9}$, $\cdots$

먼저 분자인 $2^5, 2^8, 2^{11}, \cdots$에서 지수 $5, 8, 11, \cdots$은 첫째항이 5이고 공차가 3인 등차수열이므로 분자의 지수의 일반항은 $5 + (n-1) \times 3 = 3n + 2$
즉, 분자의 일반항은 2^{3n+2}이다.
한편, 분모인 $3^3, 3^6, 3^9, \cdots$에서 지수 $3, 6, 9, \cdots$는 첫째항이 3이고 공차가 3인 등차수열이므로 분모의 지수의 일반항은 $3 + (n-1) \times 3 = 3n$
즉, 분모의 일반항은 3^{3n}이다.
따라서 $S_n = \dfrac{2^{3n+2}}{3^{3n}}$임을 알 수 있다.

유형 21 등비수열의 합

확인 문제   (1) 3069   (2) 1364

(1) 첫째항이 3, 공비가 2인 등비수열이므로
$$S_{10} = \frac{3 \times (2^{10} - 1)}{2 - 1} = 3 \times 2^{10} - 3 = 3069$$

(2) $a_n = 2 \times (-2)^n = 2 \times (-2) \times (-2)^{n-1}$
$$= -4 \times (-2)^{n-1}$$
즉, 수열 $\{a_n\}$은 첫째항이 -4, 공비가 -2인 등비수열이므로
$$S_{10} = \frac{-4 \times \{1 - (-2)^{10}\}}{1 - (-2)}$$
$$= -\frac{4 \times (1 - 1024)}{3} = 1364$$

Bible Says   등비수열의 합

$r \neq 1$일 때, 첫째항이 a, 공비가 r인 등비수열의 첫째항부터 제n항까지의 합 S_n은 r의 값의 범위에 따라 분모가 음수가 되지 않도록 다음과 같이 공식을 선택하면 계산이 간단하다.
(1) $r > 1$일 때, $S_n = \dfrac{a(r^n - 1)}{r - 1}$
(2) $r < 1$일 때, $S_n = \dfrac{a(1 - r^n)}{1 - r}$

0915
답 ①

등비수열 $\{a_n\}$의 첫째항을 a, 공비를 r $(r < 0)$이라 하면
$a_2 + a_3 = 6$에서 $ar + ar^2 = 6$
$\therefore ar(1 + r) = 6$ ...... ㉠
$a_4 + a_5 = 24$에서 $ar^3 + ar^4 = 24$
$\therefore ar^3(1 + r) = 24$ ...... ㉡
㉡÷㉠을 하면
$r^2 = 4$ $\therefore r = -2$ $(\because r < 0)$
$r = -2$를 ㉠에 대입하면
$a \times (-2) \times \{1 + (-2)\} = 6$ $\therefore a = 3$
따라서 첫째항이 3, 공비가 -2인 등비수열 $\{a_n\}$의 첫째항부터 제10항까지의 합은
$$\frac{3 \times \{1 - (-2)^{10}\}}{1 - (-2)} = 1 - 1024 = -1023$$

0916
답 ②

공비가 2인 등비수열 $\{a_n\}$의 첫째항을 a라 하면
$a_k = a \times 2^{k-1} = 320$ ...... ㉠
등비수열 $\{a_n\}$의 첫째항부터 제$(k+2)$항까지의 합이 2520이므로
$$\frac{a(2^{k+2} - 1)}{2 - 1} = 2520$$
즉, $a \times 2^{k+2} - a = 2520$에서
$8a \times 2^{k-1} - a = 2520$
위의 식에 ㉠을 대입하면
$8 \times 320 - a = 2520$, $2560 - a = 2520$
$\therefore a = 40$
$a = 40$을 ㉠에 대입하면
$40 \times 2^{k-1} = 320$
따라서 $2^{k-1} = 8 = 2^3$이므로
$k - 1 = 3$ $\therefore k = 4$

0917
답 14

$\log_2 4 + \log_2 4^2 + \log_2 4^4 + \cdots + \log_2 4^{1024}$
$= \log_2 2^2 + \log_2 (2^2)^2 + \log_2 (2^2)^4 + \cdots + \log_2 (2^2)^{1024}$
$= \log_2 2^2 + \log_2 2^4 + \log_2 2^8 + \cdots + \log_2 2^{2048}$
$= 2 + 4 + 8 + \cdots + 2048$
$= 2 + 2^2 + 2^3 + \cdots + 2^{11}$

                       ❶

이는 첫째항이 2이고 공비가 2인 등비수열의 첫째항부터 제11항까지의 합과 같으므로
$\log_2 4 + \log_2 4^2 + \log_2 4^4 + \cdots + \log_2 4^{1024}$
$$= \frac{2 \times (2^{11} - 1)}{2 - 1} = 2^{12} - 2$$

                       ❷

따라서 $2^{12} - 2 = 2^m - n$에서 $m = 12$, $n = 2$이므로
$m + n = 12 + 2 = 14$

                       ❸

채점 기준	배점
❶ 지수와 로그를 이용하여 좌변의 식 정리하기	40%
❷ 등비수열의 합을 이용하여 좌변의 식 간단히 하기	40%
❸ $m + n$의 값 구하기	20%

0918
답 242

등비수열 $\{a_n\}$의 첫째항을 a, 공비를 r이라 하면
$a_n + a_{n+1} = ar^{n-1} + ar^n$
            $= ar^{n-1}(1 + r) = 8 \times 3^{n-1}$ ...... ㉠
㉠에 $n = 1$을 대입하면
$a(1 + r) = 8$ ...... ㉡
㉠에 $n = 2$를 대입하면
$ar(1 + r) = 24$ ...... ㉢
㉢÷㉡을 하면 $r = 3$

$r=3$을 ㉡에 대입하면

$4a=8$ ∴ $a=2$

따라서 등비수열 $\{a_n\}$은 첫째항이 2, 공비가 3이므로 첫째항부터 제5항까지의 합은

$$\frac{2\times(3^5-1)}{3-1}=242$$

0919

답 257

$f(x)=(1+x^4+x^8+x^{12})(1+x+x^2+x^3)$에서

$1+x^4+x^8+x^{12}$은 첫째항이 1, 공비가 x^4인 등비수열의 첫째항부터 제4항까지의 합이므로

(i) $x^4=1$이면

$1+x^4+x^8+x^{12}=1+1+1+1=4$

(ii) $x^4\neq1$이면

$1+x^4+x^8+x^{12}=\dfrac{1\times\{(x^4)^4-1\}}{x^4-1}=\dfrac{x^{16}-1}{x^4-1}$

또한 $1+x+x^2+x^3$은 첫째항이 1, 공비가 x인 등비수열의 첫째항부터 제4항까지의 합이므로

(iii) $x=1$이면

$1+x+x^2+x^3=1+1+1+1=4$

(iv) $x\neq1$이면

$1+x+x^2+x^3=\dfrac{1\times(x^4-1)}{x-1}=\dfrac{x^4-1}{x-1}$

(i)~(iv)에서 $f(1)=4\times4=16$이고 $x\neq1$일 때는

$f(x)=\dfrac{x^{16}-1}{x^4-1}\times\dfrac{x^4-1}{x-1}=\dfrac{x^{16}-1}{x-1}$이므로

$f(2)=\dfrac{2^{16}-1}{2-1}=2^{16}-1$

∴ $\dfrac{f(2)}{\{f(1)-1\}\{f(1)+1\}}=\dfrac{2^{16}-1}{(16-1)(16+1)}$

$=\dfrac{2^{16}-1}{(2^4-1)(2^4+1)}$

$=\dfrac{(2^8-1)(2^8+1)}{2^8-1}$

$=2^8+1=256+1=257$

참고

공비가 문자를 포함한 식일 때는
 (공비)$=1$, (공비)$\neq1$
인 경우로 구분하여 등비수열의 합을 구한다.

0920

답 ④

$192=2^6\times3$의 양의 약수는

$1,\ 2,\ 2^2,\ \cdots,\ 2^6,\ 3\times1,\ 3\times2,\ 3\times2^2,\ \cdots,\ 3\times2^6$

즉, 192의 양의 약수의 총합은

$(1+2+2^2+\cdots+2^6)+(3\times1+3\times2+3\times2^2+\cdots+3\times2^6)$

$=(1+3)\times(1+2+2^2+\cdots+2^6)$ ……㉠

이때 $1+2+2^2+\cdots+2^6$은 첫째항이 1, 공비가 2인 등비수열의 첫째항부터 제7항까지의 합이다.

따라서 ㉠에서 구하는 합은

$4\times\dfrac{2^7-1}{2-1}=508$

자연수 N의 양의 약수의 총합을 S라 하면 S의 값은 등비수열의 합을 이용하여 다음과 같이 구한다.

(1) $N=p^n$ (p는 소수, n은 자연수)일 때,

$$S=1+p+p^2+\cdots+p^n=\frac{p^{n+1}-1}{p-1}$$

(2) $N=p^n\times q^m$ ($p,\ q$는 서로 다른 소수, $m,\ n$은 자연수)일 때,

$$S=(1+p+p^2+\cdots+p^n)(1+q+q^2+\cdots+q^m)$$
$$=\frac{p^{n+1}-1}{p-1}\times\frac{q^{m+1}-1}{q-1}$$

0921

답 ②

모든 항이 실수인 등비수열 $\{a_n\}$의 공비를 r이라 하면

$a_2a_4=1$에서

$a_1r\times a_1r^3=1$

∴ $a_1^2r^4=1$ ……㉠

$a_1^2=\dfrac{1}{2}$을 ㉠에 대입하면

$\dfrac{1}{2}r^4=1$ ∴ $r^4=2$

∴ $(a_1+a_3+a_5+a_7+a_9)(a_1-a_3+a_5-a_7+a_9)$

$=\dfrac{a_1\{1-(r^2)^5\}}{1-r^2}\times\dfrac{a_1\{1-(-r^2)^5\}}{1-(-r^2)}$

$=\dfrac{a_1(1-r^{10})}{1-r^2}\times\dfrac{a_1(1+r^{10})}{1+r^2}$

$=\dfrac{a_1^2(1-r^{20})}{1-r^4}=\dfrac{a_1^2\{1-(r^4)^5\}}{1-r^4}$

$=\dfrac{\dfrac{1}{2}\times(1-2^5)}{1-2}=\dfrac{31}{2}$

0922

답 16

첫째항이 12, 공비가 4인 등비수열의 첫째항부터 제n항까지의 합을 S_n이라 하면

$S_n=\dfrac{12\times(4^n-1)}{4-1}=4(4^n-1)$

$S_n\geq10^{10}$에서

$4(4^n-1)\geq10^{10}$

∴ $4^n\geq\dfrac{10^{10}}{4}+1$

이때 $\dfrac{10^{10}}{4}+1>\dfrac{10^{10}}{4}$이므로 위의 부등식에서

$4^n>\dfrac{10^{10}}{4}$

양변에 상용로그를 취하면

$\log4^n>\log\dfrac{10^{10}}{4}$

$\log2^{2n}>\log10^{10}-\log2^2$

$2n\log2>10-2\log2$

∴ $n>\dfrac{10-2\log2}{2\log2}=\dfrac{10-2\times0.3}{2\times0.3}=15.\times\times\times$

따라서 자연수 n의 최솟값은 16이다.

0923

답 ④

등비수열 $\{a_n\}$의 첫째항을 a, 공비를 r이라 하면

$$S_3=\frac{a(r^3-1)}{r-1}=28 \qquad \cdots\cdots \ㄱ$$

$$S_6=\frac{a(r^6-1)}{r-1}=\frac{a(r^3+1)(r^3-1)}{r-1}=252 \qquad \cdots\cdots \ㄴ$$

$ㄴ \div ㄱ$을 하면

$r^3+1=9$, $r^3=8$ $\quad \therefore r=2$

$r=2$를 $ㄱ$에 대입하면

$\dfrac{a\times(2^3-1)}{2-1}=28$, $7a=28$ $\quad \therefore a=4$

따라서 첫째항이 4, 공비가 2인 등비수열 $\{a_n\}$의 일반항은

$a_n=4\times 2^{n-1}=2^{n+1}$이므로

$a_5=2^{5+1}=64$

0924

답 80

등비수열 $\{a_n\}$의 첫째항을 a, 공비를 r이라 하고, 첫째항부터 제n항까지의 합을 S_n이라 하면 첫째항부터 제10항까지의 합이 20이므로

$S_{10}=20$에서 $S_{10}=\dfrac{a(r^{10}-1)}{r-1}=20$ $\qquad \cdots\cdots \ㄱ$

제11항부터 제20항까지의 합이 40이므로 $S_{20}-S_{10}=40$, 즉

$S_{20}=S_{10}+40=20+40=60$에서

$S_{20}=\dfrac{a(r^{20}-1)}{r-1}=\dfrac{a(r^{10}+1)(r^{10}-1)}{r-1}=60$ $\qquad \cdots\cdots \ㄴ$

❶

$ㄴ \div ㄱ$을 하면

$r^{10}+1=3$ $\quad \therefore r^{10}=2$ $\qquad \cdots\cdots \ㄷ$

❷

$\therefore S_{30}=\dfrac{a(r^{30}-1)}{r-1}=\dfrac{a(r^{10}-1)(r^{20}+r^{10}+1)}{r-1}$

$=\dfrac{a(r^{10}-1)}{r-1}\times(r^{20}+r^{10}+1)$

$=20\times(2^2+2+1) \ (\because \ㄱ, \ㄷ)$

$=140$

따라서 등비수열 $\{a_n\}$의 제21항부터 제30항까지의 합은

$S_{30}-S_{20}=140-60=80$

❸

채점 기준	배점
❶ 주어진 부분의 합을 등비수열의 합으로 표현하기	40%
❷ 공비 r에 대한 관계식 구하기	30%
❸ 제21항부터 제30항까지의 합 구하기	30%

참고

❸에서 등비수열 $\{a_n\}$의 첫째항을 a, 공비를 r이라 하면

$a_{21}=ar^{20}$, $a_{22}=ar^{21}$, $a_{23}=ar^{22}$, $\cdots$, $a_{30}=ar^{29}$

따라서 수열 $\{a_n\}$의 제21항부터 제30항까지의 합은 첫째항이 ar^{20}이고 공비가 r인 등비수열의 첫째항부터 제10항까지의 합과 같으므로

$\dfrac{ar^{20}(r^{10}-1)}{r-1}=\dfrac{a(r^{10}-1)}{r-1}\times r^{20}=20\times 2^2 \ (\because \ㄱ, \ㄷ)=80$

과 같이 구할 수도 있다.

0925

답 64

등비수열 $\{a_n\}$의 공비를 r이라 하면

$a_n=a_1\times r^{n-1}=r^{n-1}$

이때 $r=1$이면 $a_n=1$이므로

$\dfrac{S_6}{S_3}=\dfrac{6}{3}=2$

$2a_4-7=2\times 1-7=-5$

$\dfrac{S_6}{S_3}\neq 2a_4-7$이므로 주어진 조건을 만족시키지 않는다.

$\therefore r\neq 1$

따라서 $S_3=\dfrac{r^3-1}{r-1}$, $S_6=\dfrac{r^6-1}{r-1}$이므로

$\dfrac{S_6}{S_3}=\dfrac{\dfrac{r^6-1}{r-1}}{\dfrac{r^3-1}{r-1}}=\dfrac{r^6-1}{r^3-1}=\dfrac{(r^3+1)(r^3-1)}{r^3-1}$

$=r^3+1$

또한 $2a_4-7=2r^3-7$이므로 $\dfrac{S_6}{S_3}=2a_4-7$에서

$r^3+1=2r^3-7$ $\quad \therefore r^3=8$

$\therefore a_7=r^6=(r^3)^2=8^2=64$

0926

답 ⑤

등비수열 $\{a_n\}$의 첫째항을 a, 공비를 r이라 하면

$a_n=ar^{n-1}$

$a_1+a_2+a_3+\cdots+a_{10}$은 등비수열 $\{a_n\}$의 첫째항부터 제10항까지의 합이므로 $a_1+a_2+a_3+\cdots+a_{10}=20$에서

$\dfrac{a(r^{10}-1)}{r-1}=20$ $\qquad \cdots\cdots \ㄱ$

한편, $a_{2n-1}=ar^{(2n-1)-1}=a(r^2)^{n-1}$이므로 $a_1+a_3+a_5+a_7+a_9$는 첫째항이 a이고 공비가 r^2인 등비수열의 첫째항부터 제5항까지의 합이다.

즉, $a_1+a_3+a_5+a_7+a_9=4$에서

$\dfrac{a\{(r^2)^5-1\}}{r^2-1}=\dfrac{a(r^{10}-1)}{(r+1)(r-1)}=4$ $\qquad \cdots\cdots \ㄴ$

$ㄱ \div ㄴ$을 하면

$r+1=5$ $\quad \therefore r=4$

0927

답 ②

첫째항이 9인 등비수열 $\{a_n\}$의 공비를 r이라 하면

$S_k=\dfrac{9(r^k-1)}{r-1}=63$ $\qquad \cdots\cdots \ㄱ$

$S_{2k}=\dfrac{9(r^{2k}-1)}{r-1}=\dfrac{9(r^k-1)(r^k+1)}{r-1}=567$ $\qquad \cdots\cdots \ㄴ$

$ㄴ \div ㄱ$을 하면

$r^k+1=9$ $\quad \therefore r^k=8$

$r^k=8$을 $ㄱ$에 대입하면

$\dfrac{9\times(8-1)}{r-1}=63$, $r-1=1$ $\quad \therefore r=2$

즉, 등비수열 $\{a_n\}$의 첫째항이 9, 공비가 2이므로

$a_n=9\times 2^{n-1}$

$$\therefore a_{2n-1}=9\times 2^{(2n-1)-1}=9\times 4^{n-1}$$

따라서 $a_1+a_3+a_5+\cdots+a_{2k-1}$은 첫째항이 9, 공비가 4인 등비수열의 첫째항부터 제k항까지의 합이므로

$$\begin{aligned}a_1+a_3+a_5+\cdots+a_{2k-1}&=\frac{9\times(4^k-1)}{4-1}\\&=3\times2^{2k}-3=3\times(2^k)^2-3\\&=3\times8^2-3\ (\because r=2,\ r^k=8)\\&=189\end{aligned}$$

다른 풀이

$r^k=8$이고 $r=2$이므로 $k=3$

$$\therefore 2k-1=2\times3-1=5$$

따라서 등비수열 $\{a_n\}$의 첫째항이 9, 공비가 2이므로

$$\begin{aligned}a_1+a_3+a_5+\cdots+a_{2k-1}&=a_1+a_3+a_5\\&=9+9\times2^2+9\times2^4\\&=189\end{aligned}$$

0928
답 ③

등비수열 $\{a_n\}$의 첫째항을 a, 공비를 r이라 하면

$$a_n=ar^{n-1}$$
$$\therefore a_{2n-1}=ar^{(2n-1)-1}=a(r^2)^{n-1},$$
$$a_{2n}=ar^{2n-1}=ar(r^2)^{n-1}$$

즉, $a_1+a_3+a_5+\cdots+a_{19}$는 첫째항이 a, 공비가 r^2인 등비수열의 첫째항부터 제10항까지의 합이므로

$$\frac{a\{(r^2)^{10}-1\}}{r^2-1}=10 \qquad\cdots\cdots\ \text{㉠}$$

또한 $a_2+a_4+a_6+\cdots+a_{20}$은 첫째항이 ar, 공비가 r^2인 등비수열의 첫째항부터 제10항까지의 합이므로

$$\frac{ar\{(r^2)^{10}-1\}}{r^2-1}=30 \qquad\cdots\cdots\ \text{㉡}$$

㉡÷㉠을 하면 $r=3$

이를 ㉠에 대입하면 $\dfrac{a(3^{20}-1)}{3^2-1}=10$

$$\therefore a(3^{20}-1)=80 \qquad\cdots\cdots\ \text{㉢}$$

한편, $a_{11}+a_{12}+a_{13}+\cdots+a_{30}$은 첫째항이 $a_{11}=a\times3^{10}$이고 공비가 $r=3$인 등비수열의 첫째항부터 제20항까지의 합과 같으므로

$$\begin{aligned}a_{11}+a_{12}+a_{13}+\cdots+a_{30}&=\frac{a\times3^{10}\times(3^{20}-1)}{3-1}\\&=a(3^{20}-1)\times\frac{3^{10}}{2}\\&=80\times\frac{3^{10}}{2}\ (\because\ \text{㉢})\\&=40\times3^{10}\end{aligned}$$

유형 23 등비수열의 합의 활용

0929
답 ③

매년 일정하게 감소하는 자동차 휘발유 소비량의 감소 비율을 r이라 할 때, 2021년에 a톤이었던 휘발유 소비량이 9년 후인 2030년에 $\dfrac{a}{8}$톤이 되었으므로

$$ar^9=\frac{a}{8},\ r^9=\frac{1}{8}\qquad\therefore r^3=\frac{1}{2}\qquad\cdots\cdots\ \text{㉠}$$

$$\therefore r=\frac{1}{\sqrt[3]{2}}=\frac{1}{1.3}=\frac{10}{13}\qquad\cdots\cdots\ \text{㉡}$$

따라서 A지역에서 2021년부터 2035년까지 15년 동안 소비될 것으로 예상되는 자동차 휘발유 소비량의 총합은 첫째항이 a톤이고 공비가 r인 등비수열의 첫째항부터 제15항까지의 합과 같으므로

$$\begin{aligned}\frac{a(1-r^{15})}{1-r}&=\frac{a\{1-(r^3)^5\}}{1-r}=\frac{a\left(1-\dfrac{1}{32}\right)}{1-\dfrac{10}{13}}\ (\because\ \text{㉠, ㉡})\\&=\frac{403}{96}a\ (\text{톤})\end{aligned}$$

0930
답 ②

n번째 일요일에 달릴 거리를 a_n km라 하면 달릴 거리를 매주 일주일 전보다 10 %씩 늘리므로

$$a_1=5$$
$$a_2=a_1\times\left(1+\frac{10}{100}\right)=5\times1.1$$
$$a_3=a_2\times\left(1+\frac{10}{100}\right)=5\times1.1^2$$
$$\vdots$$

이와 같이 계속되므로

$$a_n=5\times1.1^{n-1}$$

첫 번째 일요일부터 n번째 일요일까지 달릴 거리의 총합을 S_n km라 하면 $S_n\geq200$에서

$$\frac{5\times(1.1^n-1)}{1.1-1}\geq200$$

즉, $1.1^n-1\geq4$에서 $1.1^n\geq5$

이 부등식의 양변에 상용로그를 취하면

$$n\log1.1\geq\log5$$

$$\therefore n\geq\frac{\log5}{\log1.1}=\frac{1-\log2}{\log1.1}=\frac{1-0.3010}{0.0414}=16.\times\times\times$$

따라서 자연수 n의 최솟값은 17이므로 달릴 거리의 총합이 처음으로 200 km 이상이 되는 날은 17번째 일요일이다.

0931
답 ④

삼각형 ABC에서 세 점 D, E, F는 각각 세 변 AB, BC, CA의 중점이므로

$$\overline{BD}=\frac{1}{2}\overline{AB}=\frac{1}{2}\times4=2,\ \overline{BE}=\frac{1}{2}\overline{BC}=\frac{1}{2}\times6=3$$

$$\therefore S_1=\overline{BD}\times\overline{BE}\times\sin60°=2\times3\times\frac{\sqrt3}{2}=3\sqrt3$$

또한 R_n과 R_{n+1}은 닮은 도형이고 닮음비가 2 : 1이므로 넓이의 비는 4 : 1이다.

따라서 수열 $\{S_n\}$은 첫째항이 $3\sqrt3$, 공비가 $\dfrac{1}{4}$인 등비수열이므로

$$S_1+S_2+S_3+\cdots+S_{10}=\frac{3\sqrt3\times\left\{1-\left(\dfrac{1}{4}\right)^{10}\right\}}{1-\dfrac{1}{4}}=4\sqrt3\left(1-\frac{1}{2^{20}}\right)$$

0932

[n단계] 그림에서 색칠된 모든 부분의 넓이를 S_n이라 하자.

[1단계]에서 한 변의 길이가 16인 정사각형을 4등분하여 대각선 방향으로 놓인 두 정사각형에 색칠하므로

$$S_1 = 16 \times 16 \times \dfrac{2}{4}$$
$$= 256 \times \dfrac{1}{2}$$

[2단계]에서는 [1단계]에서 칠하지 않은 2개의 정사각형을 각각 4등분하여 대각선 방향으로 놓인 두 정사각형에 추가로 색칠하므로

$$S_2 = S_1 + S_1 \times \dfrac{1}{4} \times 2$$
$$= 256 \times \dfrac{1}{2} + 256 \times \left(\dfrac{1}{2}\right)^2$$

[3단계]에서는 [2단계]에서 칠하지 않은 4개의 정사각형을 각각 4등분하여 대각선 방향으로 놓인 두 정사각형에 추가로 색칠하므로

$$S_3 = S_2 + S_1 \times \dfrac{1}{16} \times 4$$
$$= 256 \times \dfrac{1}{2} + 256 \times \left(\dfrac{1}{2}\right)^2 + 256 \times \left(\dfrac{1}{2}\right)^3$$
$$\vdots$$

❶

이와 같이 계속되므로

$$S_n = 256 \times \dfrac{1}{2} + 256 \times \left(\dfrac{1}{2}\right)^2 + 256 \times \left(\dfrac{1}{2}\right)^3 + \cdots + 256 \times \left(\dfrac{1}{2}\right)^n$$
$$= \dfrac{256 \times \dfrac{1}{2} \times \left\{1 - \left(\dfrac{1}{2}\right)^n\right\}}{1 - \dfrac{1}{2}}$$
$$= 256\left\{1 - \left(\dfrac{1}{2}\right)^n\right\}$$

❷

따라서 [10단계] 그림에서 색칠된 모든 부분의 넓이는

$$S_{10} = 256\left\{1 - \left(\dfrac{1}{2}\right)^{10}\right\} = 256 \times \dfrac{1023}{1024} = \dfrac{1023}{4}$$

❸

채점 기준	배점
❶ [1단계], [2단계], [3단계], … 그림에서 색칠된 모든 부분의 넓이 구하기	40%
❷ [n단계] 그림에서 색칠된 모든 부분의 넓이 구하기	40%
❸ [10단계] 그림에서 색칠된 모든 부분의 넓이 구하기	20%

참고

[1단계]에서 색칠된 작은 정사각형 1개와 [2단계]에서 새로 색칠되는 작은 정사각형 1개의 닮음비가 2 : 1이므로 넓이의 비는 4 : 1이다.

즉, [2단계]에서 새로 색칠되는 부분 하나의 넓이는 $S_1 \times \dfrac{1}{4}$이고

그 개수가 2이므로 $S_2 = S_1 + S_1 \times \dfrac{1}{4} \times 2$

같은 방법으로, [1단계]에서 색칠된 작은 정사각형 1개와 [3단계]에서 새로 색칠되는 작은 정사각형 1개의 닮음비가 4 : 1이므로 넓이의 비는 16 : 1이다.

즉, [3단계]에서 새로 색칠되는 부분 하나의 넓이는 $S_1 \times \dfrac{1}{16}$이고

그 개수가 4이므로 $S_3 = S_2 + S_1 \times \dfrac{1}{16} \times 4$

0933

점 P_n의 y좌표를 y_n이라 하면

$$y_1 = 0$$
$$y_3 = \overline{P_1P_2}$$
$$y_5 = \overline{P_1P_2} - \overline{P_3P_4}$$
$$y_7 = \overline{P_1P_2} - \overline{P_3P_4} + \overline{P_5P_6}$$
$$\vdots$$

이와 같이 계속되므로

$$y_{15} = \overline{P_1P_2} - \overline{P_3P_4} + \overline{P_5P_6} - \cdots + \overline{P_{13}P_{14}} \qquad \cdots\cdots ㉠$$

이때

$$\overline{P_1P_2} = \dfrac{2}{3}\overline{OP_1} = \dfrac{2}{3} \times 6 = 4$$
$$\overline{P_3P_4} = \dfrac{2}{3}\overline{P_2P_3} = \dfrac{2}{3} \times \dfrac{2}{3}\overline{P_1P_2} = 4 \times \left(\dfrac{2}{3}\right)^2$$
$$\overline{P_5P_6} = \dfrac{2}{3}\overline{P_4P_5} = \dfrac{2}{3} \times \dfrac{2}{3}\overline{P_3P_4} = \left(\dfrac{2}{3}\right)^2 \times 4 \times \left(\dfrac{2}{3}\right)^2 = 4 \times \left(\dfrac{2}{3}\right)^4$$
$$\vdots$$
$$\overline{P_{13}P_{14}} = \dfrac{2}{3}\overline{P_{12}P_{13}} = \cdots = 4 \times \left(\dfrac{2}{3}\right)^{12}$$

따라서 ㉠에서

$$y_{15} = 4 - 4 \times \left(\dfrac{2}{3}\right)^2 + 4 \times \left(\dfrac{2}{3}\right)^4 - \cdots + 4 \times \left(\dfrac{2}{3}\right)^{12}$$
$$= 4 + 4 \times \left(-\dfrac{4}{9}\right) + 4 \times \left(-\dfrac{4}{9}\right)^2 + \cdots + 4 \times \left(-\dfrac{4}{9}\right)^6$$
$$= \dfrac{4 \times \left\{1 - \left(-\dfrac{4}{9}\right)^7\right\}}{1 - \left(-\dfrac{4}{9}\right)}$$
$$= \dfrac{36}{13}\left\{1 - \left(-\dfrac{4}{9}\right)^7\right\}$$
$$= \dfrac{36}{13}\left\{1 + \left(\dfrac{4}{9}\right)^7\right\}$$

유형 **24** 등비수열의 합과 일반항 사이의 관계

확인 문제 (1) $a_n = 2^{n-1}$
(2) $a_1 = 4$, $a_n = 2 \times 3^{n-1}$ $(n \geq 2)$

(1) $S_n = 2^n - 1$에서

(i) $n = 1$일 때
$$a_1 = S_1 = 2^1 - 1 = 1$$

(ii) $n \geq 2$일 때
$$a_n = S_n - S_{n-1}$$
$$= (2^n - 1) - (2^{n-1} - 1)$$
$$= 2^n - 2^{n-1} = 2^{n-1} \times (2 - 1)$$
$$= 2^{n-1} \qquad \cdots\cdots ㉠$$

이때 $a_1 = 1$은 ㉠에 $n = 1$을 대입한 것과 같으므로

$$a_n = 2^{n-1}$$

(2) $S_n=3^n+1$에서

  (i) $n=1$일 때

    $a_1=S_1=3^1+1=4$

  (ii) $n \geq 2$일 때

    $a_n=S_n-S_{n-1}$

    $=(3^n+1)-(3^{n-1}+1)$

    $=3^n-3^{n-1}=3^{n-1} \times (3-1)$

    $=2 \times 3^{n-1}$ ······ ㉠

  이때 $a_1=4$는 ㉠에 $n=1$을 대입한 것과 같지 않으므로

  $a_1=4,\ a_n=2 \times 3^{n-1}\ (n \geq 2)$

0934   답 ①

$S_n=2^{n+1}-3$에서

(i) $n=1$일 때

  $a_1=S_1=2^{1+1}-3=1$

(ii) $n \geq 2$일 때

  $a_n=S_n-S_{n-1}$

  $=(2^{n+1}-3)-(2^n-3)$

  $=2^{n+1}-2^n=2^n \times (2-1)$

  $=2^n$ ······ ㉠

이때 $a_1=1$은 ㉠에 $n=1$을 대입한 것과 같지 않으므로

$a_1=1,\ a_n=2^n\ (n \geq 2)$

$\therefore a_1+a_3+a_5+a_7+a_9=1+2^3+2^5+2^7+2^9$

$=1+\dfrac{2^3 \times \{(2^2)^4-1\}}{2^2-1}$

$=1+680=681$

0935   답 $\dfrac{23}{3}$

$3S_n+1=6^n$에서

$3S_n=6^n-1$ $\therefore S_n=\dfrac{1}{3} \times 6^n-\dfrac{1}{3}$

··· ❶

(i) $n=1$일 때

  $a_1=S_1=\dfrac{1}{3} \times 6^1-\dfrac{1}{3}=\dfrac{5}{3}$

(ii) $n \geq 2$일 때

  $a_n=S_n-S_{n-1}$

  $=\left(\dfrac{1}{3} \times 6^n-\dfrac{1}{3}\right)-\left(\dfrac{1}{3} \times 6^{n-1}-\dfrac{1}{3}\right)$

  $=\dfrac{1}{3} \times 6^n-\dfrac{1}{3} \times 6^{n-1}=\dfrac{1}{3} \times 6^{n-1} \times (6-1)$

  $=\dfrac{5}{3} \times 6^{n-1}$ ······ ㉠

이때 $a_1=\dfrac{5}{3}$는 ㉠에 $n=1$을 대입한 것과 같으므로

$a_n=\dfrac{5}{3} \times 6^{n-1}$

··· ❷

따라서 $a=\dfrac{5}{3},\ r=6$이므로

$a+r=\dfrac{5}{3}+6=\dfrac{23}{3}$

··· ❸

채점 기준	배점
❶ S_n 구하기	20%
❷ a_n 구하기	60%
❸ $a+r$의 값 구하기	20%

0936   답 ③

$\log_3 (S_n+1)=n+2$에서

$S_n+1=3^{n+2}$ $\therefore S_n=3^{n+2}-1$

ㄱ. $a_1=S_1=3^{1+2}-1=26$

  $a_3=S_3-S_2=(3^{3+2}-1)-(3^{2+2}-1)=162$

  $\therefore a_1+a_3=26+162=188$ (참)

ㄴ. $n \geq 2$일 때

  $a_n=S_n-S_{n-1}$

  $=(3^{n+2}-1)-(3^{n+1}-1)$

  $=3^{n+2}-3^{n+1}=3^{n+1} \times (3-1)$

  $=2 \times 3^{n+1}$ ······ ㉠

  이때 $a_1=26$ ($\because$ ㄱ)은 ㉠에 $n=1$을 대입한 것과 같지 않으므로

  $a_1=26,\ a_n=2 \times 3^{n+1}\ (n \geq 2)$ (거짓)

ㄷ. $n \geq 2$일 때, $a_n=2 \times 3^{n+1}$이므로 자연수 k에 대하여

  $a_{2k}=2 \times 3^{2k+1}=2 \times 3^3 \times 3^{2(k-1)}=54 \times 9^{k-1}$

  즉, 수열 $\{a_{2n}\}$은 첫째항이 54, 공비가 9인 등비수열이다. (참)

따라서 옳은 것은 ㄱ, ㄷ이다.

0937   답 ②

$S_n=5 \times 2^{n+2}+k$에서

(i) $n=1$일 때

  $a_1=S_1=5 \times 2^{1+2}+k=k+40$

(ii) $n \geq 2$일 때

  $a_n=S_n-S_{n-1}$

  $=(5 \times 2^{n+2}+k)-(5 \times 2^{n+1}+k)$

  $=5 \times 2^{n+2}-5 \times 2^{n+1}=5 \times 2^{n+1} \times (2-1)$

  $=5 \times 2^{n+1}$ ······ ㉠

이때 수열 $\{a_n\}$이 첫째항부터 등비수열을 이루려면

$a_1=k+40$이 ㉠에 $n=1$을 대입한 것과 같아야 하므로

$k+40=5 \times 2^{1+1}$ $\therefore k=-20$

0938   답 9

$S_n=2^{n+2}-4$에서

(i) $n=1$일 때

  $a_1=S_1=2^{1+2}-4=4$

(ii) $n \geq 2$일 때

  $a_n=S_n-S_{n-1}$

  $=(2^{n+2}-4)-(2^{n+1}-4)$

  $=2^{n+2}-2^{n+1}=2^{n+1} \times (2-1)$

  $=2^{n+1}$ ······ ㉠

이때 $a_1=4$는 ㉠에 $n=1$을 대입한 것과 같으므로
$$a_n=2^{n+1}$$
....❶

$a_n>1000$에서 $2^{n+1}>1000$
....❷

이때 $2^9=512$, $2^{10}=1024$이므로
$$n+1\geq10 \qquad \therefore n\geq9$$
따라서 자연수 n의 최솟값은 9이다.
....❸

채점 기준	배점
❶ a_n 구하기	50%
❷ n에 대한 부등식 세우기	20%
❸ n의 최솟값 구하기	30%

유형 25 원리합계

0939 답 ④

매년 초에 100만 원씩 적립할 때, 10년째 말의 적립금의 원리합계는
$$100\times(1+0.03)+100\times(1+0.03)^2+\cdots+100\times(1+0.03)^{10}$$
$$=\frac{100\times1.03\times(1.03^{10}-1)}{1.03-1}$$
$$=\frac{100\times1.03\times0.3}{0.03}$$
$$=1030(만 원)$$

0940 답 ④

매년 초에 적립하는 금액을 a만 원이라 하면 5년째 말의 적립금의
원리합계는
$$a\times(1+0.04)+a\times(1+0.04)^2+\cdots+a\times(1+0.04)^5$$
$$=\frac{a\times1.04\times(1.04^5-1)}{1.04-1}$$
$$=\frac{a\times1.04\times0.2}{0.04}$$
$$=5.2a(만 원)$$
즉, $5.2a=260$에서 $a=50$
따라서 매년 초에 50만 원씩 적립해야 한다.

0941 답 17000원

김씨가 매년 초에 11만 원씩 적립하여 5년째 말에 받는 적립금의
원리합계는
$$11\times(1+0.06)+11\times(1+0.06)^2+\cdots+11\times(1+0.06)^5$$
$$=\frac{11\times1.06\times(1.06^5-1)}{1.06-1}=\frac{11\times1.06\times0.3}{0.06}$$
$$=58.3(만 원)$$
....❶

이씨가 매년 말에 12만 원씩 적립하여 5년째 말에 받는 적립금의
원리합계는
$$12+12\times(1+0.06)+12\times(1+0.06)^2+\cdots+12\times(1+0.06)^4$$
$$=\frac{12\times(1.06^5-1)}{1.06-1}$$
$$=\frac{12\times0.3}{0.06}$$
$$=60(만 원)$$
....❷

따라서 김씨의 원리합계는 583000원, 이씨의 원리합계는 600000원
이므로 두 사람이 5년째 말에 받는 적립금의 원리합계의 차액은
$$600000-583000=17000(원)$$
....❸

채점 기준	배점
❶ 김씨의 원리합계 구하기	40%
❷ 이씨의 원리합계 구하기	40%
❸ 두 사람의 원리합계의 차액 구하기	20%

0942 답 ⑤

매년 초의 적립금이 전년도 대비 5 %씩 증액되므로 적립금의 원리
합계를 그림으로 나타내면 다음과 같다.

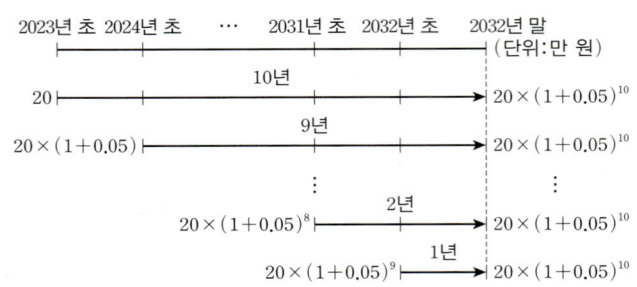

따라서 2032년 말의 적립금의 원리합계는
$$20\times1.05^{10}\times10=20\times1.6\times10$$
$$=320(만 원)$$

0943 답 ①

300만 원의 12개월 후의 원리합계는
$$300\times(1+0.02)^{12}=300\times1.02^{12}$$
$$=300\times1.3$$
$$=390(만 원) \qquad \cdots\cdots ㉠$$
매달 말에 지불하는 금액을 a만 원이라 하면 12개월 후의 원리합계는
$$a+a\times(1+0.02)+a\times(1+0.02)^2+\cdots+a\times(1+0.02)^{11}$$
$$=\frac{a\times(1.02^{12}-1)}{1.02-1}$$
$$=\frac{a\times0.3}{0.02}$$
$$=15a(만 원) \qquad \cdots\cdots ㉡$$
㉠, ㉡이 일치해야 하므로
$$15a=390 \qquad \therefore a=26$$
따라서 매달 말에 26만 원을 지불해야 한다.

0944

답 ③

등차수열 $\{a_n\}$의 첫째항을 a, 공차를 d라 하면

$a_3 = a + 2d = 42$ ······ ㉠

$a_{13} = a + 12d = -18$ ······ ㉡

㉠, ㉡을 연립하여 풀면

$a = 54$, $d = -6$

$\therefore a_n = 54 + (n-1) \times (-6) = -6n + 60$

이때 $a_k = 0$에서 $-6k + 60 = 0$이므로

$6k = 60$ $\therefore k = 10$

0945

답 ③

$\begin{pmatrix} a_1 & a_4 & a_7 \\ a_2 & a_5 & a_8 \end{pmatrix} \begin{pmatrix} 1 \\ 1 \\ 1 \end{pmatrix} = \begin{pmatrix} 36 \\ 30 \end{pmatrix}$에서

$a_1 + a_4 + a_7 = 36$, $a_2 + a_5 + a_8 = 30$

등차수열 $\{a_n\}$의 공차를 d라 하면

$a_1 + a_4 + a_7 = a_1 + (a_1 + 3d) + (a_1 + 6d) = 36$에서

$a_1 + 3d = 12$ ······ ㉠

$a_2 + a_5 + a_8 = (a_1 + d) + (a_1 + 4d) + (a_1 + 7d) = 30$에서

$a_1 + 4d = 10$ ······ ㉡

㉠, ㉡을 연립하여 풀면

$a_1 = 18$, $d = -2$

따라서 $a_n = 18 + (n-1) \times (-2) = -2n + 20$이므로

$a_3 = -2 \times 3 + 20 = 14$, $a_9 = -2 \times 9 + 20 = 2$

$\therefore a_3 + a_9 = 14 + 2 = 16$

Bible Says 행렬의 곱셈

$\begin{pmatrix} a & b & c \\ d & e & f \end{pmatrix} \begin{pmatrix} x \\ y \\ z \end{pmatrix} = \begin{pmatrix} ax + by + cz \\ dx + ey + fz \end{pmatrix}$

0946

답 ②

등차수열 $\{a_n\}$의 공차를 d라 하면

$a_1 = a_3 + 8$에서

$a_1 = (a_1 + 2d) + 8$ $\therefore d = -4$

$2a_4 - 3a_6 = 3$에서

$2(a_1 + 3d) - 3(a_1 + 5d) = 3$

즉, $-a_1 - 9d = 3$에서 $d = -4$이므로

$-a_1 - 9 \times (-4) = 3$

$-a_1 + 36 = 3$ $\therefore a_1 = 33$

$\therefore a_n = 33 + (n-1) \times (-4) = -4n + 37$

$a_k < 0$에서 $-4k + 37 < 0$

$\therefore k > \dfrac{37}{4} = 9.25$

따라서 주어진 조건을 만족시키는 자연수 k의 최솟값은 10이다.

0947

답 ④

$a_2 + a_3 = \dfrac{1}{a_2} + \dfrac{1}{a_3}$에서 $a_2 + a_3 = \dfrac{a_2 + a_3}{a_2 \times a_3}$이므로

$a_2 \times a_3 = 1$

이때 첫째항이 $\dfrac{1}{64}$인 등비수열 $\{a_n\}$의 공비를 r이라 하면

$a_2 \times a_3 = \left(\dfrac{1}{64} \times r \right) \times \left(\dfrac{1}{64} \times r^2 \right) = 1$

즉, $r^3 = 64^2 = (2^6)^2 = (2^4)^3$이므로

$r = 2^4 = 16$

$\therefore a_5 = \dfrac{1}{64} \times 16^4 = \dfrac{1}{2^6} \times (2^4)^4 = 2^{10} = 1024$

0948

답 ⑤

등비수열 $\{a_n\}$의 첫째항을 a, 공비를 r이라 하면

$a_5 = ar^4 = 2$ ······ ㉠

$a_9 = ar^8 = 8$ ······ ㉡

㉡ ÷ ㉠을 하면

$r^4 = 4$, $r^2 = 2$ $\therefore r = \sqrt{2}$ $(\because r > 0)$

$r = \sqrt{2}$를 ㉠에 대입하면

$a \times (\sqrt{2})^4 = 2$ $\therefore a = \dfrac{1}{2}$

$\therefore a_n = \dfrac{1}{2} \times (\sqrt{2})^{n-1} = \dfrac{1}{2} \times 2^{\frac{n-1}{2}} = 2^{\frac{n-3}{2}}$

이때 $a_n > 1000$, 즉 $2^{\frac{n-3}{2}} > 1000$에서 $2^9 = 512$, $2^{10} = 1024$이므로

$\dfrac{n-3}{2} \geq 10$ $\therefore n \geq 23$

따라서 자연수 n의 최솟값은 23이다.

0949

답 ①

등차수열 $\{a_n\}$의 공차를 d, 등비수열 $\{b_n\}$의 공비를 r이라 하자.

$a_2 + b_2 = a_3 + b_3$에 $b_3 = -a_2$를 대입하면

$a_2 + b_2 = a_3 - a_2 = d$

위의 식에 $a_2 = 3 + d$, $b_2 = 3r$을 대입하면

$3 + d + 3r = d$, $3r = -3$ $\therefore r = -1$

$b_3 = -a_2$에서 $3r^2 = -(3 + d)$

이때 $r = -1$이므로

$3 = -(3 + d)$, $3 = -3 - d$ $\therefore d = -6$

$\therefore a_3 = 3 + 2 \times (-6) = -9$

0950

답 3

세 실수 $\log 4$, $\log (3^a - 3)$, $\log 144$가 이 순서대로 등차수열을 이루므로

$\log (3^a - 3) = \dfrac{\log 4 + \log 144}{2} = \dfrac{\log (4 \times 144)}{2}$

$= \dfrac{\log (2^6 \times 3^2)}{2} = \log (2^6 \times 3^2)^{\frac{1}{2}}$

$= \log (2^3 \times 3) = \log 24$

따라서 $3^a - 3 = 24$에서 $3^a = 27 = 3^3$이므로

$a = 3$

$a=3$일 때 $\log(3^a-3)=\log(3^3-3)=\log 24$

따라서 주어진 수열은 $\log 4$, $\log 24$, $\log 144$, 즉

$\log 4$, $\log 4+\log 6$, $\log 4+2\log 6$

이므로 공차가 $\log 6$인 등차수열을 이룬다.

0951 답 ⑤

등차수열을 이루는 네 수를 $a-3d$, $a-d$, $a+d$, $a+3d$ $(d>0)$
로 놓으면

네 수의 합이 20이므로

$(a-3d)+(a-d)+(a+d)+(a+3d)=20$

$4a=20$ ∴ $a=5$

가장 큰 수가 23이므로 $a+3d=23$

위의 식에 $a=5$를 대입하면 $5+3d=23$

$3d=18$ ∴ $d=6$

따라서 네 수는 -13, -1, 11, 23이므로 가장 큰 수를 제외한 나머지 세 수의 곱은

$(-13)\times(-1)\times11=143$

다른 풀이

등차수열을 이루는 네 수 중 가장 큰 수가 23이므로 이들 네 수를
$a-d$, a, $a+d$, 23 $(d>0)$으로 놓을 수 있다.

네 수의 합이 20이므로

$(a-d)+a+(a+d)+23=20$

$3a=-3$ ∴ $a=-1$

수열 $-1-d$, -1, $-1+d$, 23에서 $-1+d$는 -1, 23의 등차중항이므로

$-1+d=\dfrac{-1+23}{2}=11$ ∴ $d=12$

따라서 가장 큰 수를 제외한 나머지 세 수는 -13, -1, 11이므로
그 곱은

$(-13)\times(-1)\times11=143$

0952 답 ③

등비수열 5, a_1, a_2, a_3, $\cdots$, a_{10}, 45의 공비를 r이라 하면

첫째항 5, 제12항이 45이므로

$5r^{11}=45$ ∴ $r^{11}=9$

이때 a_2, a_9는 각각 첫째항이 5, 공비가 r인 등비수열의 제3항,
제10항이므로

$a_2\times a_9=5r^2\times5r^9=25\times r^{11}$
$\qquad\qquad=25\times9=225$

0953 답 ①

100 이하의 자연수 중에서 3으로 나누어떨어지는 수를 작은 것부
터 차례대로 나열하면

3, 6, 9, 12, 15, 18, 21, 24, 27, 30, 33, $\cdots$, 96, 99 ····· ㉠

100 이하의 자연수 중에서 4로 나누었을 때의 나머지가 3인 수를
작은 것부터 차례대로 나열하면

3, 7, 11, 15, 19, 23, 27, 31, 35, $\cdots$, 95, 99 ····· ㉡

㉠, ㉡에서 공통인 수를 작은 것부터 차례대로 나열하면

3, 15, 27, $\cdots$, 99

이 수열은 첫째항이 3, 공차가 12인 등차수열이고

$99=3+(9-1)\times12$

에서 99는 제9항이다.

따라서 구하는 자연수의 총합은 첫째항이 3, 끝항이 99, 항수가 9
인 등차수열의 합이므로

$\dfrac{9\times(3+99)}{2}=459$

0954 답 ①

등차수열 $\{a_n\}$의 첫째항을 a라 하면

$a_4=a+3\times(-4)=a-12$

$a_9=a+8\times(-4)=a-32$

이때 $a-32<a-12$이므로 $|a_4|=|a_9|$에서

$a-12=-(a-32)$

$2a=44$ ∴ $a=22$

즉, $a_n=22+(n-1)\times(-4)=-4n+26$이므로

$a_{11}=-4\times11+26=-18$

$a_{20}=-4\times20+26=-54$

따라서 주어진 수열의 제11항부터 제20항까지의 합은 첫째항이
-18, 끝항이 -54, 항수가 10인 등차수열의 합과 같으므로

$\dfrac{10\times\{-18+(-54)\}}{2}=-360$

0955 답 ②

$A(n,\sqrt{n})$, $B(n,\sqrt{mn})$, $C(n,3\sqrt{n})$이므로

$\overline{AP}=\sqrt{n}$, $\overline{BP}=\sqrt{mn}$, $\overline{CP}=3\sqrt{n}$

이고, $\overline{AP}$, $\overline{BP}$, $\overline{CP}$가 이 순서대로 등비수열을 이루므로

$\overline{BP}^2=\overline{AP}\times\overline{CP}$

즉, $(\sqrt{mn})^2=\sqrt{n}\times3\sqrt{n}$에서 $mn=3n$

$n>0$이므로 $m=3$

또한, $\overline{OA}^2=n^2+n$, $\overline{OB}^2+7=n^2+3n+7$, $\overline{OC}^2+2=n^2+9n+2$

이고, $\overline{OA}^2$, $\overline{OB}^2+7$, $\overline{OC}^2+2$가 이 순서대로 등차수열을 이루므로

$2(\overline{OB}^2+7)=\overline{OA}^2+(\overline{OC}^2+2)$

즉, $2(n^2+3n+7)=(n^2+n)+(n^2+9n+2)$에서

$4n=12$ ∴ $n=3$

∴ $m+n=3+3=6$

0956 답 63

$a_1=7$인 등비수열 $\{a_n\}$의 공비를 r이라 하면

$\dfrac{S_9-S_5}{S_6-S_2}=\dfrac{a_6+a_7+a_8+a_9}{a_3+a_4+a_5+a_6}$

$\qquad\qquad=\dfrac{(a_3+a_4+a_5+a_6)r^3}{a_3+a_4+a_5+a_6}$

$\qquad\qquad=r^3$

이때 $\dfrac{S_9-S_5}{S_6-S_2}=3$이므로

$r^3=3$

∴ $a_7=a_1r^6=7\times(r^3)^2=7\times3^2=63$

0957 답 ③

등비수열 $\{a_n\}$의 공비를 r $(r>1)$이라 하면 첫째항이 1이므로

$$a_n=r^{n-1} \quad \cdots\cdots \text{㉠}$$

수열 $\{a_n\}$의 첫째항부터 제n항까지의 합은

$$S_n=\frac{r^n-1}{r-1} \quad \cdots\cdots \text{㉡}$$

ㄱ. ㉠에 의하여

$$\log a_n=\log r^{n-1}$$
$$=(n-1)\log r$$

즉, 수열 $\{\log a_n\}$은 첫째항이 0이고 공차가 $\log r$인 등차수열이다. (참)

ㄴ. ㉠에 의하여

$$a_{n+1}-a_n=r^n-r^{n-1}$$
$$=(r-1)r^{n-1}$$

즉, 수열 $\{a_{n+1}-a_n\}$은 첫째항이 $r-1$이고 공비가 r인 등비수열이다. (거짓)

ㄷ. ㉡에 의하여

$$S_{2n}-S_{2n-1}=\frac{r^{2n}-1}{r-1}-\frac{r^{2n-1}-1}{r-1}$$
$$=\frac{r^{2n}-r^{2n-1}}{r-1}$$
$$=\frac{r^{2n-1}(r-1)}{r-1}$$
$$=r^{2n-1}=r\times(r^2)^{n-1}$$

즉, 수열 $\{S_{2n}-S_{2n-1}\}$은 첫째항이 r이고 공비가 r^2인 등비수열이다. (참)

따라서 옳은 것은 ㄱ, ㄷ이다.

다른 풀이

ㄷ. 수열의 합과 일반항 사이의 관계에 의하여

$$S_{2n}-S_{2n-1}=a_{2n}=r^{2n-1} \ (\because \text{㉠})$$
$$=r\times(r^2)^{n-1}$$

즉, 수열 $\{S_{2n}-S_{2n-1}\}$은 첫째항이 r이고 공비가 r^2인 등비수열이다. (참)

0958 답 ②

노트북을 구매하면서 40만 원을 우선 지불하였으므로 12개월 동안 60만 원의 원리합계만큼 지불해야 한다.

60만 원의 12개월 후의 원리합계는

$$60\times(1+0.04)^{12}=60\times1.04^{12}=60\times1.6$$
$$=96(\text{만 원}) \quad \cdots\cdots \text{㉠}$$

매달 말에 지불하는 금액을 a만 원이라 하면 12개월 후의 원리합계는

$$a+a\times(1+0.04)+a\times(1+0.04)^2+\cdots+a\times(1+0.04)^{11}$$
$$=\frac{a\times(1.04^{12}-1)}{1.04-1}$$
$$=\frac{a\times0.6}{0.04}=15a(\text{만 원}) \quad \cdots\cdots \text{㉡}$$

㉠, ㉡이 일치해야 하므로

$$15a=96 \quad \therefore a=6.4(\text{만 원})$$

따라서 매달 말에 64000원을 지불해야 한다.

0959 답 ③

등차수열 $\{a_n\}$의 첫째항을 a, 공차를 d라 하면

$$S_{10}=\frac{10\times\{2a+(10-1)\times d\}}{2}=-70\text{에서}$$
$$2a+9d=-14 \quad \cdots\cdots \text{㉠}$$
$$S_{20}=\frac{20\times\{2a+(20-1)\times d\}}{2}=-740\text{에서}$$
$$2a+19d=-74 \quad \cdots\cdots \text{㉡}$$

㉠, ㉡을 연립하여 풀면

$$a=20, \ d=-6$$
$$\therefore a_n=20+(n-1)\times(-6)$$
$$=-6n+26$$

임의의 자연수 n에 대하여 $S_n\leq k$일 때, k의 최솟값은 S_n의 최댓값이고, 이때 주어진 수열은 첫째항이 양수, 공차가 음수인 등차수열이므로 항수가 커질수록 항의 값이 감소한다.

즉, S_n의 최댓값이 존재하고, $a_n\geq0$을 만족시키는 n이 최대일 때까지의 합이 S_n의 최댓값이다.

$a_n\geq0$에서 $-6n+26\geq0$

$$\therefore n\leq\frac{26}{6}=4.\times\times\times$$

이를 만족시키는 n의 최댓값은 4이므로 S_n의 최댓값은

$$S_4=\frac{4\times\{2\times20+(4-1)\times(-6)\}}{2}=44$$

따라서 k의 최솟값은 44이다.

0960 답 ⑤

[1단계]에서 한 변의 길이가 10인 정사각형의 각 변의 중점을 이어 만든 삼각형 4개의 넓이는

$$A_1=(10\times10)\times\frac{1}{2}=100\times\frac{1}{2}$$

[1단계]에서 색칠하지 않은 정사각형의 넓이는 A_1과 같으므로 [1단계]에서 색칠하지 않은 정사각형의 각 변의 중점을 이어 만든 삼각형 4개의 넓이, 즉 [2단계]에서 새롭게 칠해지는 삼각형 4개의 넓이는

$$A_2=A_1\times\frac{1}{2}=100\times\left(\frac{1}{2}\right)^2$$

[2단계]에서 색칠하지 않은 정사각형의 넓이는 A_2와 같으므로 [2단계]에서 색칠하지 않은 정사각형의 각 변의 중점을 이어 만든 삼각형 4개의 넓이, 즉 [3단계]에서 새롭게 칠해지는 삼각형 4개의 넓이는

$$A_3=A_2\times\frac{1}{2}=100\times\left(\frac{1}{2}\right)^3$$
$$\vdots$$

이와 같이 계속되므로 [n단계]에서 새롭게 칠해지는 삼각형 4개의 넓이는

$$A_n=100\times\left(\frac{1}{2}\right)^n$$

따라서 [10단계]에서 새롭게 칠해지는 삼각형 4개의 넓이는

$$A_{10}=100\times\left(\frac{1}{2}\right)^{10}=\frac{5^2}{2^8}$$

0961

답 ②

$S_k = -16$, $S_{k+2} = -12$이므로

$S_{k+2} - S_k = a_{k+1} + a_{k+2} = 4$

등차수열 $\{a_n\}$의 첫째항을 a라 하면 공차가 2이므로

$(a+2k) + \{a+2(k+1)\} = 4$

$2a + 4k = 2$, $a + 2k = 1$

$\therefore a = 1 - 2k$ ...... ㉠

$S_k = -16$이므로 $\dfrac{k\{2a + 2(k-1)\}}{2} = -16$

$\therefore k(a + k - 1) = -16$

위의 식에 ㉠을 대입하면

$k\{(1-2k) + k - 1\} = -16$, $-k^2 = -16$

$\therefore k = 4$ ($\because k$는 자연수)

$k = 4$를 ㉠에 대입하면

$a = 1 - 2 \times 4 = -7$

따라서 $a_n = -7 + (n-1) \times 2 = 2n - 9$이므로

$a_{2k} = a_8 = 2 \times 8 - 9 = 7$

0962

답 ④

2011년의 전입자 수를 a명이라 하고 매년 전입자 수가 전년도의 전입자 수의 r배라 하면 2011년부터 2020년까지 10년 동안의 전입자 수는 20만 명이므로

$\dfrac{a(1 - r^{10})}{1 - r} = 200000$ ...... ㉠

2016년의 전입자 수는 ar^5명이고, 2016년부터 2020년까지 5년 동안의 전입자 수는 4만 명이므로

$\dfrac{ar^5(1 - r^5)}{1 - r} = 40000$ ...... ㉡

㉠÷㉡을 하면 $\dfrac{1 - r^{10}}{r^5(1 - r^5)} = 5$

$\dfrac{(1 - r^5)(1 + r^5)}{r^5(1 - r^5)} = 5$

$1 + r^5 = 5r^5$, $4r^5 = 1$

$\therefore r^5 = \dfrac{1}{4}$

즉, 2026년의 전입자 수는

$ar^{15} = a \times \left(\dfrac{1}{4}\right)^3 = \dfrac{1}{64}a$(명)

따라서 2011년의 전입자 수는 2026년의 전입자 수의

$\dfrac{a}{\frac{1}{64}a} = 64$(배)이다.

0963

답 24

서로 다른 세 수를 a, ar, ar^2 ($r > 1$)으로 놓으면 a, r은 모두 자연수이고 $a \geq 1$, $ar^2 \leq 50$이다.

(i) $r = 2$일 때

$ar^2 \leq 50$, 즉 $4a \leq 50$에서 $a \leq \dfrac{50}{4} = 12.5$

즉, 첫째항 a로 가능한 것은 1, 2, 3, ···, 12의 12개이다.

(ii) $r = 3$일 때

$ar^2 \leq 50$, 즉 $9a \leq 50$에서 $a \leq \dfrac{50}{9} = 5.\times\times\times$

즉, 첫째항 a로 가능한 것은 1, 2, 3, 4, 5의 5개이다.

(iii) $r = 4$일 때

$ar^2 \leq 50$, 즉 $16a \leq 50$에서 $a \leq \dfrac{50}{16} = 3.125$

즉, 첫째항 a로 가능한 것은 1, 2, 3의 3개이다.

(iv) $r = 5$일 때

$ar^2 \leq 50$, 즉 $25a \leq 50$에서 $a \leq 2$

즉, 첫째항 a로 가능한 것은 1, 2의 2개이다.

(v) $r = 6$일 때

$ar^2 \leq 50$, 즉 $36a \leq 50$에서 $a \leq \dfrac{50}{36} = 1.\times\times\times$

즉, 첫째항 a로 가능한 것은 1의 1개이다.

(vi) $r = 7$일 때

$ar^2 \leq 50$, 즉 $49a \leq 50$에서 $a \leq \dfrac{50}{49} = 1.\times\times\times$

즉, 첫째항 a로 가능한 것은 1의 1개이다.

(vii) $r \geq 8$일 때

$ar^2 \leq 50$, 즉 $a \leq \dfrac{50}{r^2} < 1$이므로 이를 만족시키는 자연수 a는 존재하지 않는다.

(i)~(vii)에서 구하는 경우의 수는

$12 + 5 + 3 + 2 + 1 + 1 = 24$

0964

답 44π

중심각의 크기가 $\dfrac{2}{3}\pi$인 부채꼴 OAB의 넓이가 48π이므로

$\dfrac{1}{2} \times \overline{\text{OA}}^2 \times \dfrac{2}{3}\pi = 48\pi$

$\overline{\text{OA}}^2 = 144$ $\therefore \overline{\text{OA}} = 12$ ($\because \overline{\text{OA}} > 0$)

❶

이때 A_1, A_2, A_3, ···, A_9는 선분 OA를 10등분하는 점이고 B_1, B_2, B_3, ···, B_9는 선분 OB를 10등분하는 점이므로

$\overline{\text{OA}_1} = \overline{\text{OB}_1} = \dfrac{1}{10} \times 12 = \dfrac{6}{5}$

$\overline{\text{OA}_2} = \overline{\text{OB}_2} = \dfrac{2}{10} \times 12 = \dfrac{12}{5}$

$\overline{\text{OA}_3} = \overline{\text{OB}_3} = \dfrac{3}{10} \times 12 = \dfrac{18}{5}$

$\vdots$

즉, 수열 $\{\overline{\text{OA}_n}\}$은 첫째항이 $\dfrac{6}{5}$이고 공차가 $\dfrac{6}{5}$인 등차수열이고

$\overparen{A_nB_n} = \overline{\text{OA}_n} \times \dfrac{2}{3}\pi$이므로

$\overparen{A_nB_n} = \left\{\dfrac{6}{5} + (n-1) \times \dfrac{6}{5}\right\} \times \dfrac{2}{3}\pi$

$= \dfrac{4}{5}n\pi$ ($n = 1, 2, 3, \cdots, 9$) ...... ㉠

❷

$\widehat{AB}=\overline{OA}\times\dfrac{2}{3}\pi=12\times\dfrac{2}{3}\pi=8\pi$이고, 이는 ㉠에 $n=10$을 대입한 것과 같다.

따라서 호 AB를 포함하는 10개의 호의 길이의 총합은 첫째항이 $\dfrac{4}{5}\pi$, 끝항이 8π이고 항수가 10인 등차수열의 합과 같으므로

$$\dfrac{10\times\left(\dfrac{4}{5}\pi+8\pi\right)}{2}=44\pi$$

.... ❸

채점 기준	배점
❶ 부채꼴의 반지름의 길이 구하기	20%
❷ 수열 $\{\widehat{A_nB_n}\}$의 일반항 구하기	40%
❸ 10개의 호의 길이의 총합 구하기	40%

Bible Says **부채꼴의 호의 길이와 넓이**

반지름의 길이가 r, 중심각의 크기가 θ라디안인 부채꼴의 호의 길이를 l, 넓이를 S라 하면

$$l=r\theta,\ S=\dfrac{1}{2}r^2\theta=\dfrac{1}{2}rl$$

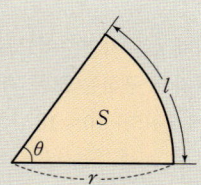

0965

답 10

등비수열 $\{a_n\}$의 첫째항을 a, 공비를 r이라 하면

$a_3=ar^2=12$ ...... ㉠

$a_5=ar^4=36$ ...... ㉡

㉡÷㉠을 하면 $r^2=3$

$r^2=3$을 ㉠에 대입하면

$3a=12$ ∴ $a=4$

∴ $a_n=4r^{n-1}$

.... ❶

$\therefore a_n{}^2=(4r^{n-1})^2$

$\quad=16\times(r^2)^{n-1}$

$\quad=16\times 3^{n-1}$

.... ❷

따라서 $A=a_1{}^2+a_2{}^2+a_3{}^2+\cdots+a_{10}{}^2$은 첫째항이 16, 공비가 3인 등비수열 $\{a_n{}^2\}$의 첫째항부터 제10항까지의 합이므로

$$A=\dfrac{16\times(3^{10}-1)}{3-1}$$

$$=8\times 3^{10}-8$$

.... ❸

$\therefore \log_3\dfrac{A+8}{8}=\log_3\dfrac{8\times 3^{10}-8+8}{8}$

$\qquad=\log_3 3^{10}=10$

.... ❹

채점 기준	배점
❶ 등비수열 $\{a_n\}$의 일반항 구하기	40%
❷ 등비수열 $\{a_n{}^2\}$의 일반항 구하기	20%
❸ A의 값 구하기	30%
❹ $\log_3\dfrac{A+8}{8}$의 값 구하기	10%

0966

답 ③

등차수열 $\{a_n\}$의 첫째항을 a, 공차를 d $(d>0)$라 하면

$a_4=a+3d=-1$ ...... ㉠

이때 $a_4=-1<0$, $d>0$이므로

$a_1<a_2<a_3<0$ ∴ $|a_2|=-a_2$

(i) $a_7\geq 0$일 때

$|a_2|+1=|a_7|$에서 $-a_2+1=a_7$

$-(a+d)+1=a+6d$

∴ $2a+7d=1$ ...... ㉡

㉠, ㉡을 연립하여 풀면

$a=-10$, $d=3$

(ii) $a_7<0$일 때

$|a_2|+1=|a_7|$에서 $-a_2+1=-a_7$

$-(a+d)+1=-(a+6d)$

$5d=-1$ ∴ $d=-\dfrac{1}{5}$

그런데 $d>0$이어야 하므로 조건을 만족시키지 않는다.

(i), (ii)에서 $a=-10$, $d=3$이므로

$a_n=-10+(n-1)\times 3=3n-13$

$\therefore a_{10}=3\times 10-13=17$

0967

답 130

첫 번째 시행에서는 수열 1, 2, 3, 4, …의 홀수 번째 항을 버리고 남는 수들을 가장 작은 것부터 크기순으로 나열한다.

즉, 첫 번째 시행으로 만들어지는 수열은

2, 4, 6, 8, 10, 12, 14, 16, 18, 20, …

이므로 첫째항이 2이고 공차가 2인 등차수열을 이룬다.

두 번째 시행에서는 첫 번째 시행에서 만들어진 수열의 짝수 번째 항을 버리고 남는 수들을 가장 작은 것부터 크기순으로 나열한다.

즉, 두 번째 시행으로 만들어지는 수열은

2, 6, 10, 14, 18, 22, …

이므로 첫째항이 2이고 공차가 4인 등차수열을 이룬다.

세 번째 시행에서는 두 번째 시행에서 만들어진 수열의 짝수 번째 항을 버리고 남는 수들을 가장 작은 것부터 크기순으로 나열한다.

즉, 세 번째 시행으로 만들어지는 수열은

2, 10, 18, 26, …

이므로 첫째항이 2이고 공차가 8인 등차수열을 이룬다.

이와 같이 이후의 시행에서는 이전 시행에서 만들어진 수열의 짝수 번째 항을 버리고 남는 수들로 수열을 만드는 시행을 반복하므로 n번째 시행으로 만들어지는 수열은 첫째항이 2이고 공차가 2^n인 등차수열을 이룬다.

따라서 5번째 시행에서 만들어지는 수열은

$2,\ 2+2^5,\ 2+2\times 2^5,\ 2+3\times 2^5,\ 2+4\times 2^5,\ \cdots$

이므로 이 수열의 제5항은

$2+4\times 2^5=130$

0968

답 151

$a_1=3$이고 조건 (가)에서 수열 $\{a_{2n-1}\}$이 공차가 2인 등차수열이므로

$a_{2n-1}=3+(n-1)\times2=2n+1$

또한 $a_1=3$에서 $S_1=a_1=3$이고 조건 (나)에서 수열 $\{S_{2n-1}\}$은 공비가 3인 등비수열이므로

$S_{2n-1}=3\times3^{n-1}=3^n$

이때 $S_8=S_9-a_9$이고 $9=2\times5-1$이므로

$S_8=3^5-(2\times5+1)=232$

따라서 $a_8=S_8-S_7$이고 $7=2\times4-1$이므로

$a_8=232-3^4=232-81=151$

다른 풀이

조건 (가)에서 수열 $\{a_{2n-1}\}$이 공차가 2인 등차수열이므로

$a_1=3,\ a_3=5,\ a_5=7,\ a_7=9,\ a_9=11,\ \cdots$

$a_1=3$이므로 $S_1=3$이고 조건 (나)에서 수열 $\{S_{2n-1}\}$은 공비가 3인 등비수열이므로

$S_1=3,\ S_3=9,\ S_5=27,\ S_7=81,\ S_9=243,\ \cdots$

이를 이용하여 $a_2,\ a_4,\ a_6,\ a_8,\ \cdots$을 순서대로 구하면 다음과 같다.

$S_3=9$이고 $a_1=3,\ a_3=5$이므로

$a_2=S_3-a_1-a_3=9-3-5=1$

$S_5=27,\ S_3=9$이고 $a_5=7$이므로

$a_4=S_5-S_3-a_5=27-9-7=11$

$S_7=81,\ S_5=27$이고 $a_7=9$이므로

$a_6=S_7-S_5-a_7=81-27-9=45$

따라서 $S_9=243,\ S_7=81$이고 $a_9=11$이므로

$a_8=S_9-S_7-a_9=243-81-11=151$

0969

답 360

첫째항이 9, 끝항이 40, 항수가 12인 등비수열

$9,\ a_1,\ a_2,\ a_3,\ \cdots,\ a_{10},\ 40$

의 공비를 r이라 하면 $r>1$이고

$40=9r^{11}$ $\therefore r^{11}=\dfrac{40}{9}$ ······ ㉠

$9+a_1+a_2+a_3+\cdots+a_{10}+40=\dfrac{9(r^{12}-1)}{r-1}$

한편, 수열 $\dfrac{1}{9},\ \dfrac{1}{a_1},\ \dfrac{1}{a_2},\ \dfrac{1}{a_3},\ \cdots,\ \dfrac{1}{a_{10}},\ \dfrac{1}{40}$은 첫째항이 $\dfrac{1}{9}$, 끝항이 $\dfrac{1}{40}$, 항수가 12인 등비수열이고 공비는 $\dfrac{1}{r}$이므로

$$\dfrac{1}{9}+\dfrac{1}{a_1}+\dfrac{1}{a_2}+\dfrac{1}{a_3}+\cdots+\dfrac{1}{a_{10}}+\dfrac{1}{40}=\dfrac{\dfrac{1}{9}\left\{1-\left(\dfrac{1}{r}\right)^{12}\right\}}{1-\dfrac{1}{r}}$$

$$=\dfrac{r^{12}-1}{9r^{11}(r-1)}$$

이때 주어진 등식이 성립하므로

$\dfrac{9(r^{12}-1)}{r-1}=k\times\dfrac{r^{12}-1}{9r^{11}(r-1)}$

$\therefore k=\dfrac{9(r^{12}-1)}{r-1}\times\dfrac{9r^{11}(r-1)}{r^{12}-1}$

$\qquad=81r^{11}=81\times\dfrac{40}{9}=360\ (\because ㉠)$

0970

답 18

등차수열 $\{a_n\}$의 공차 d가 자연수이므로 $d>0$

조건 (가)에서 $a_8=2a_5+10$이므로

$a_1+7d=2(a_1+4d)+10$

$\therefore a_1=-d-10<0\ (\because d>0)$

모든 자연수 n에 대하여 $a_n<a_{n+1}$이므로 $a_n<0$을 만족시키는 자연수 n의 최댓값을 k라 하면

$a_k<0,\ a_{k+1}\geq0$

$\therefore a_k\times a_{k+1}\leq0$

그런데 조건 (나)에서 $a_k\times a_{k+1}\geq0$이어야 하므로

$a_{k+1}=0$

즉, $a_{k+1}=a_1+kd=0$에서

$(-d-10)+kd=0$

$\therefore k=\dfrac{10}{d}+1$

이때 k는 자연수이므로 d는 10의 약수이어야 한다.

따라서 구하는 모든 자연수 d의 값의 합은

$1+2+5+10=18$

0971

답 ②

첫째항이 3인 등비수열 $\{a_n\}$의 공비를 r이라 하면

$S_{10}<S_8$에서 $S_{10}-S_8=a_{10}+a_9<0$이므로

$3r^9+3r^8<0,\ 3r^8(r+1)<0$

이때 $r^8>0$이므로

$r+1<0$ $\therefore r<-1$

한편, $S_{10}-S_8=S_2+2S_8$에서

$S_{10}-3S_8-S_2=0$

즉, $\dfrac{3(1-r^{10})}{1-r}-3\times\dfrac{3(1-r^8)}{1-r}-\dfrac{3(1-r^2)}{1-r}=0$에서

$1-r^{10}-3(1-r^8)-(1-r^2)=0$

$r^2-r^{10}-3(1-r^8)=0$

$r^2(1-r^8)-3(1-r^8)=0$

$(1-r^8)(r^2-3)=0$

이때 $r<-1$에서 $r^8\neq1$이므로

$r^2=3$ $\therefore r=-\sqrt{3}$

따라서 $a_n=3\times(-\sqrt{3})^{n-1}$이므로

$a_5=3\times(-\sqrt{3})^4=27$

0972

답 ③

조건 (가)에서 $S_{10}=a_{10}$이므로

$a_1+a_2+a_3+\cdots+a_9+a_{10}=a_{10}$

$\therefore a_1+a_2+a_3+\cdots+a_9=S_9=0$ ······ ㉠

조건 (나)에서 $n\geq4$일 때 $T_n=S_n+60$이므로 $n=9$를 대입하면

$T_9=S_9+60$

$\therefore T_9=60\ (\because ㉠)$ ······ ㉡

즉, ㉠, ㉡에 의하여

$T_4=30,\ a_5=0$

또한 조건 (나)에서 $T_4 = S_4 + 60$이므로 $S_4 = -30$
등차수열 $\{a_n\}$의 첫째항을 a, 공차를 d라 하면
$$a_5 = a + 4d = 0 \qquad \cdots\cdots \text{©}$$
$$S_4 = \frac{4 \times (2a + 3d)}{2} = -30$$에서
$$2a + 3d = -15 \qquad \cdots\cdots \text{©}$$
©, ©을 연립하여 풀면
$$a = -12, \ d = 3$$
따라서 $a_n = -12 + (n-1) \times 3 = 3n - 15$이므로
$$a_{10} = 3 \times 10 - 15 = 15$$

0973 답 ④

ㄱ. $S_4 = 10S_2$에서
$$\frac{a_1(r_a^4 - 1)}{r_a - 1} = 10 \times \frac{a_1(r_a^2 - 1)}{r_a - 1}$$
즉, $r_a^4 - 1 = 10(r_a^2 - 1)$에서
$$(r_a^2 + 1)(r_a^2 - 1) = 10(r_a^2 - 1)$$
$r_a > 1$이므로 $r_a^2 + 1 = 10$
$$r_a^2 = 9 \qquad \therefore r_a = 3$$
한편, $T_6 = 21T_2$에서
$$\frac{b_1(r_b^6 - 1)}{r_b - 1} = 21 \times \frac{b_1(r_b^2 - 1)}{r_b - 1}$$
즉, $r_b^6 - 1 = 21(r_b^2 - 1)$에서
$$(r_b^2 - 1)(r_b^4 + r_b^2 + 1) = 21(r_b^2 - 1)$$
$r_b > 1$이므로 $r_b^4 + r_b^2 + 1 = 21$
$$r_b^4 + r_b^2 - 20 = 0, \ (r_b^2 + 5)(r_b^2 - 4) = 0$$
$$r_b^2 = 4 \qquad \therefore r_b = 2$$
$$\therefore r_a > r_b \ (참)$$
ㄴ. $r_a = 3$이므로 $a_1 = 4$이면
$$S_5 = \frac{4 \times (3^5 - 1)}{3 - 1} = 2 \times (243 - 1) = 484 \ (거짓)$$
ㄷ. $r_b = 2$이므로 $b_1 = 3$이면
$$T_5 = \frac{3 \times (2^5 - 1)}{2 - 1} = 3 \times (32 - 1) = 93 \ (참)$$
따라서 옳은 것은 ㄱ, ㄷ이다.

0974 답 80

세 실수 a, b, c가 이 순서대로 등차수열을 이루므로
$$2b = a + c$$
조건 (가)에서 $\dfrac{2^a \times 2^c}{2^b} = 32$이므로
$$2^{a+c-b} = 32, \ 2^{2b-b} = 32$$
$$2^b = 2^5 \qquad \therefore b = 5$$
한편, 등차수열 a, b, c의 공차를 d라 하면
$a = 5 - d$, $c = 5 + d$로 놓을 수 있다.
이를 조건 (나)의 식에 대입하면
$$(5 - d) + (5 + d) + (5 + d)(5 - d) = 26$$
$$10 + 25 - d^2 = 26, \ d^2 = 9$$
$$\therefore d = 3 \ 또는 \ d = -3$$

(i) $d = 3$일 때
$$a = 5 - 3 = 2, \ c = 5 + 3 = 8$$
$$\therefore abc = 2 \times 5 \times 8 = 80$$
(ii) $d = -3$일 때
$$a = 5 - (-3) = 8, \ c = 5 - 3 = 2$$
$$\therefore abc = 8 \times 5 \times 2 = 80$$
(i), (ii)에서 $abc = 80$

다른 풀이
조건 (나)에서 $a + c + ca = 26$이므로
$$2b + ca = 26$$
이때 $b = 5$이므로
$$2 \times 5 + ca = 26$$
$$ca = 16$$
$$\therefore abc = b \times ac = 5 \times 16 = 80$$

0975 답 ④

2023년 초에 100만 원을 예금하고 2023년 말에 10만 원을 인출하므로 2024년 초에 통장에 남아 있는 금액은
$$(100 \times 1.05 - 10)만 \ 원$$
이 금액이 예금되어 있는 상태에서 2024년 말에 10만 원을 인출하므로 2025년 초에 통장에 남아 있는 금액은
$$(100 \times 1.05 - 10) \times 1.05 - 10$$
$$= 100 \times 1.05^2 - 10 \times 1.05 - 10(만 \ 원)$$
또한 이 금액이 예금되어 있는 상태에서 2025년 말에 10만 원을 인출하므로 2026년 초에 통장에 남아 있는 금액은
$$(100 \times 1.05^2 - 10 \times 1.05 - 10) \times 1.05 - 10$$
$$= 100 \times 1.05^3 - 10 \times 1.05^2 - 10 \times 1.05 - 10(만 \ 원)$$
$$\vdots$$
이와 같이 계속되므로 2033년 초에 이 통장에 남아 있는 금액은
$$100 \times 1.05^{10} - 10 \times 1.05^9 - 10 \times 1.05^8 - \cdots - 10 \times 1.05 - 10$$
$$= 100 \times 1.05^{10} - 10 \times (1.05^9 + 1.05^8 + \cdots + 1.05 + 1)$$
$$= 100 \times 1.05^{10} - 10 \times \frac{1.05^{10} - 1}{1.05 - 1}$$
$$= 100 \times 1.6 - 10 \times \frac{1.6 - 1}{0.05}$$
$$= 160 - 120 = 40(만 \ 원)$$
따라서 2033년 초에 이 통장에 남아 있는 금액은 40만 원이다.

0976 답 30

등차수열 $\{a_n\}$의 공차를 d라 하면 조건 (가)에서 S_n이 $n = 7$, $n = 8$에서 최솟값을 가지므로
$$S_8 = S_7$$
즉, $S_8 - S_7 = a_8 = a_1 + 7d = 0$이므로
$$a_1 = -7d$$
또한 $S_9 \geq S_8$이므로
$$a_9 = a_8 + d = d \geq 0$$
그런데 $d = 0$이면 $a_1 = 0$이 되어 모든 자연수 n에 대하여 $S_n = 0$이므로 조건 (나)를 만족시키지 않는다.
$$\therefore d > 0$$

따라서 $n \geq 9$인 모든 자연수 n에 대하여 $a_n > 0$이므로
$m > 8$일 때 $S_{2m} > S_m$이다.
즉, 조건 (나)에서 $-S_m = S_{2m} = 162$이므로
$-S_m = S_{2m}$에서

$$-\frac{m\{2a_1 + (m-1)d\}}{2} = \frac{2m\{2a_1 + (2m-1)d\}}{2}$$

$14d - (m-1)d = -28d + 2(2m-1)d \ (\because a_1 = -7d)$

$-m + 15 = 4m - 30 \ (\because d > 0)$

$\therefore m = 9$

또한 $S_9 = \dfrac{9 \times (-14d + 8d)}{2} = -162$에서

$-27d = -162$

$\therefore d = 6$

$\therefore a_{13} = a_8 + 5d = 0 + 5 \times 6 = 30$

0977

답 ①

주어진 수열의 공차를 d라 하면 모든 항이 정수인 수열이므로
이 수열의 공차 d도 정수이어야 한다.
20은 이 수열의 제$(n+1)$항이므로
$a_1 + nd = 20$ ······ ㉠
60은 이 수열의 제$(n+m+2)$항이므로
$a_1 + (n+m+1)d = 60$ ······ ㉡
c_n은 이 수열의 제$(2n+m+2)$항이므로
$a_1 + (2n+m+1)d = c_n$

$\therefore a_1 + c_n = a_1 + \{a_1 + (2n+m+1)d\}$
$\qquad = (a_1 + nd) + \{a_1 + (n+m+1)d\}$
$\qquad = 20 + 60 = 80 \ (\because ㉠, ㉡)$

이때 주어진 수열의 합이 800이므로

$$\frac{(2n+m+2)(a_1 + c_n)}{2} = 800$$

즉, $\dfrac{(2n+m+2) \times 80}{2} = 800$에서

$2n + m + 2 = 20$

$\therefore 2n + m = 18$ ······ ㉢

그런데 n, m은 모두 자연수이므로 ㉢이 성립하려면 m은 짝수이어야 한다.
한편, ㉡ - ㉠을 하면
$(m+1)d = 40$

$\therefore d = \dfrac{40}{m+1}$

이때 d가 정수가 되도록 하는 자연수 m의 값은
1, 3, 4, 7, 9, 19, 39
이때 짝수인 m의 값은 $m=4$뿐이다.
$m=4$를 ㉢에 대입하면 $n=7$

$\therefore 2m + n = 2 \times 4 + 7 = 15$

> **참고**
>
> $d = \dfrac{40}{m+1}$의 값이 정수이려면 $m+1$은 40의 양의 약수이어야 하므로
> $m+1 = 1, 2, 4, 5, 8, 10, 20, 40$
> 따라서 자연수 m의 값으로 가능한 것은 1, 3, 4, 7, 9, 19, 39이다.

0978

답 9

$\log_m n = k$ (k는 유리수)라 하면
$n = m^k$
세 수 m, n, 64, 즉 m, m^k, 64가 이 순서대로 등비수열을 이루므로
$(m^k)^2 = 64m$

$m^{2k-1} = 64 = 2^6$ $\therefore m = 2^{\frac{6}{2k-1}}$

이때 m은 두 자리 자연수이고 $\dfrac{6}{2k-1}$의 값이 유리수이므로

$\dfrac{6}{2k-1}$의 값으로 가능한 것은 4, 5, 6이다.

(i) $\dfrac{6}{2k-1} = 4$일 때

$2k-1 = \dfrac{3}{2}$, $2k = \dfrac{5}{2}$ $\therefore k = \dfrac{5}{4}$

이때 $m = 2^4 = 16$, $n = m^k = 16^{\frac{5}{4}} = 2^5 = 32$이므로 세 수 m, n, 64, 즉 16, 32, 64는 이 순서대로 공비가 2인 등비수열을 이룬다.

(ii) $\dfrac{6}{2k-1} = 5$일 때

$2k-1 = \dfrac{6}{5}$, $2k = \dfrac{11}{5}$ $\therefore k = \dfrac{11}{10}$

이때 $m = 2^5 = 32$, $n = m^k = 32^{\frac{11}{10}} = 2^{\frac{11}{2}} = 32\sqrt{2}$이므로 세 수 m, n, 64, 즉 32, $32\sqrt{2}$, 64는 이 순서대로 공비가 $\sqrt{2}$인 등비수열을 이루지만 n이 두 자리 자연수가 아니다.

(iii) $\dfrac{6}{2k-1} = 6$일 때

$2k-1 = 1$, $2k = 2$ $\therefore k = 1$

이때 $m = 2^6 = 64$, $n = m^k = 64$이므로 세 수 m, n, 64, 즉 64, 64, 64는 이 순서대로 공비가 1인 등비수열을 이루지만 두 수 m, n이 서로 다른 자연수가 아니다.

(i)~(iii)에서

$$\log_m n = k = \frac{5}{4}$$

따라서 $p=4$, $q=5$이므로
$p + q = 4 + 5 = 9$

0979

답 ③

등차수열 $\{a_n\}$의 모든 항이 자연수이고 공차가 0이 아니므로 공차를 d라 하면 d는 자연수이다.
$a_n = a_1 + (n-1)d$이므로
$d=1$일 때, $a_7 = a_1 + 6 \times 1 = a_1 + 6$
$d=2$일 때, $a_7 = a_1 + 6 \times 2 = a_1 + 12$
$d=3$일 때, $a_7 = a_1 + 6 \times 3 = a_1 + 18$
$d=4$일 때, $a_7 = a_1 + 6 \times 4 = a_1 + 24$
$\qquad \vdots$
이고, $a_k = a_1 + (k-1)d = a_1 + (a_7 - 1)d$에서
$d=1$일 때, $a_k = a_1 + (a_1 + 5) \times 1 = 2a_1 + 5$
$d=2$일 때, $a_k = a_1 + (a_1 + 11) \times 2 = 3a_1 + 22$
$d=3$일 때, $a_k = a_1 + (a_1 + 17) \times 3 = 4a_1 + 51$
$d=4$일 때, $a_k = a_1 + (a_1 + 23) \times 4 = 5a_1 + 92$
$\qquad \vdots$

이때 조건 ㈎에서 a_1은 10보다 작은 자연수이므로 조건 ㈏의 $a_k=67$을 만족시키려면 $d=3$이고

$4a_1+51=67$, $4a_1=16$

$\therefore a_1=4$

다른 풀이

등차수열 $\{a_n\}$의 모든 항이 자연수이고 공차가 0이 아니므로 공차를 d라 하면 d는 자연수이다.

$a_k=a_1+(k-1)d=a_1+(a_7-1)d$
$\quad=a_1+(a_1+6d-1)d=67$

에서

$a_1(d+1)=-6d^2+d+67$

$a_1(d+1)=(-6d+7)(d+1)+60$

$\therefore a_1=-6d+7+\dfrac{60}{d+1}$

조건 ㈎에서 a_1은 10보다 작은 자연수이므로 $1\le a_1\le 9$이고 $d+1$은 60의 약수이다.

$d+1=2$, 즉 $d=1$일 때, $a_1=-6\times1+7+\dfrac{60}{1+1}=31$

$d+1=3$, 즉 $d=2$일 때, $a_1=-6\times2+7+\dfrac{60}{2+1}=15$

$d+1=4$, 즉 $d=3$일 때, $a_1=-6\times3+7+\dfrac{60}{3+1}=4$

$d+1=5$, 즉 $d=4$일 때, $a_1=-6\times4+7+\dfrac{60}{4+1}=-5$

$\qquad\qquad\vdots$

따라서 a_1의 값은 4이다.

0980

답 ③

10보다 큰 300 이하의 서로 다른 네 개의 자연수를

$a,\ ar,\ ar^2,\ ar^3\ (r>1)$

으로 놓으면 r도 자연수이고

$10<a<ar<ar^2<ar^3\le 300$ $\quad$ …… ㉠

㉠에서 $10<a$의 양변에 r^3을 곱하면

$10r^3<ar^3\le 300$ $\quad\therefore r^3<30$

이를 만족시키는 1보다 큰 자연수 r은 2 또는 3이다.

한편, 공비가 일정할 때, 등비수열을 이루는 네 수의 합이 가장 크려면 네 수 중 가장 작은 수 a의 값도 최대이어야 한다.

(ⅰ) $r=2$일 때

㉠에서 $ar^3\le 300$, 즉 $8a\le 300$이므로

$a\le\dfrac{300}{8}=37.5$

즉, $a=37$일 때 합이 최대인 네 수는 37, 74, 148, 296이고 그 합은

$37+74+148+296=555$

(ⅱ) $r=3$일 때

㉠에서 $ar^3\le 300$, 즉 $27a\le 300$이므로

$a\le\dfrac{300}{27}=11.\times\times\times$

즉, $a=11$일 때 합이 최대인 네 수는 11, 33, 99, 297이고 그 합은

$11+33+99+297=440$

(ⅰ), (ⅱ)에 의하여 네 수의 합이 가장 클 때, 그 합은 555이다.

0981

답 ①

S_1을 만들기 위해 종이 ABCD를 접는 선은 한 변의 길이가 $\sqrt{2}$인 정사각형을 이루므로 S_1을 펼친 그림에서 접힌 모든 선들의 길이의 합은 $4\sqrt{2}$이다.

S_2를 만들기 위해 S_1을 접는 선은 한 변의 길이가 1인 정사각형을 이루고 종이가 두 겹이므로 S_2를 펼친 그림에서 새로 접힌 모든 선들의 길이의 합은

$2\times4\times1=8$

S_3을 만들기 위해 S_2를 접는 선은 한 변의 길이가 $\dfrac{1}{\sqrt{2}}$인 정사각형을 이루고 종이가 네 겹이므로 S_3을 펼친 그림에서 새로 접힌 모든 선들의 길이의 합은

$4\times4\times\dfrac{1}{\sqrt{2}}=8\sqrt{2}$

$\qquad\qquad\vdots$

이와 같이 계속되므로 새로 접힌 모든 선들의 길이의 합은 첫째항이 $4\sqrt{2}$이고 공비가 $\sqrt{2}$인 등비수열을 이룬다.

따라서 S_n을 펼친 그림에서 접힌 모든 선들의 길이의 합 l_n은 첫째항이 $4\sqrt{2}$이고 공비가 $\sqrt{2}$인 등비수열의 첫째항부터 제n항까지의 합이므로

$l_5=\dfrac{4\sqrt{2}\times\{(\sqrt{2})^5-1\}}{\sqrt{2}-1}$

$\quad=\dfrac{4\sqrt{2}(4\sqrt{2}-1)(\sqrt{2}+1)}{(\sqrt{2}-1)(\sqrt{2}+1)}$

$\quad=4\sqrt{2}(7+3\sqrt{2})$

$\quad=24+28\sqrt{2}$

09 수열의 합

유형 01   합의 기호 $\sum$

확인 문제

1. (1) $2+4+6+8+10$ (2) $1+4+9+\cdots+100$
(3) $2+4+8+\cdots+2^n$

2. (1) $\sum\limits_{k=1}^{50}(2k-1)$ (2) $\sum\limits_{k=1}^{9}(3k+2)$
(3) $\sum\limits_{k=1}^{10}k(k+1)$

1. (1) $\sum\limits_{k=1}^{5}2k=2\times1+2\times2+2\times3+2\times4+2\times5$
$=2+4+6+8+10$

(2) $\sum\limits_{k=1}^{10}k^2=1^2+2^2+3^2+\cdots+10^2$
$=1+4+9+\cdots+100$

(3) $\sum\limits_{k=1}^{n}2^k=2^1+2^2+2^3+\cdots+2^n$
$=2+4+8+\cdots+2^n$

2. (1) $1+3+5+\cdots+99$
$=(2\times1-1)+(2\times2-1)+(2\times3-1)+\cdots+(2\times50-1)$
$=\sum\limits_{k=1}^{50}(2k-1)$

(2) $5+8+11+\cdots+29$
$=(3\times1+2)+(3\times2+2)+(3\times3+2)+\cdots+(3\times9+2)$
$=\sum\limits_{k=1}^{9}(3k+2)$

(3) $1\times2+2\times3+3\times4+\cdots+10\times11$
$=1\times(1+1)+2\times(2+1)+3\times(3+1)+\cdots+10\times(10+1)$
$=\sum\limits_{k=1}^{10}k(k+1)$

0982

답 ②

$\sum\limits_{k=1}^{n}(a_{2k-1}+a_{2k})$
$=(a_1+a_2)+(a_3+a_4)+(a_5+a_6)+\cdots+(a_{2n-1}+a_{2n})$
$=\sum\limits_{k=1}^{2n}a_k$

이므로 $\sum\limits_{k=1}^{2n}a_k=n^2-n$

$\therefore \sum\limits_{k=1}^{20}a_k=\sum\limits_{k=1}^{2\times10}a_k=10^2-10=90$

0983

답 100

$\sum\limits_{k=1}^{99}a_{k+1}-\sum\limits_{k=3}^{101}a_{k-2}$
$=(a_2+a_3+a_4+\cdots+a_{100})-(a_1+a_2+a_3+\cdots+a_{99})$
$=a_{100}-a_1$
$=105-5=100$

0984

답 ①

$\sum\limits_{k=1}^{7}a_k=a_1+a_2+a_3+\cdots+a_7$

$\sum\limits_{k=1}^{6}(a_k+1)=(a_1+1)+(a_2+1)+(a_3+1)+\cdots+(a_6+1)$
$=(a_1+a_2+a_3+\cdots+a_6)+6$

이때 $\sum\limits_{k=1}^{7}a_k=\sum\limits_{k=1}^{6}(a_k+1)$이므로

$a_7=6$

0985

답 ④

ㄱ. $3+6+9+\cdots+3(n-1)$
$=3\times1+3\times2+3\times3+\cdots+3\times(n-1)$
$=\sum\limits_{k=1}^{n-1}3k=\sum\limits_{k=2}^{n}3(k-1)$ (참)

ㄴ. $1-1+1-1+1$
$=1+(-1)+1+(-1)+1$
$=(-1)^0+(-1)^1+(-1)^2+(-1)^3+(-1)^4$
$=\sum\limits_{k=0}^{4}(-1)^k=\sum\limits_{k=1}^{5}(-1)^{k-1}$ (거짓)

ㄷ. $\sum\limits_{k=1}^{n}k^2=1^2+2^2+3^2+\cdots+n^2$
$=(0+1)^2+(1+1)^2+(2+1)^2+\cdots+\{(n-1)+1\}^2$
$=\sum\limits_{k=0}^{n-1}(k+1)^2$ (참)

따라서 옳은 것은 ㄱ, ㄷ이다.

참고

합의 기호 $\sum$를 사용하여 수열의 합을 나타낼 때에는 시작하는 항과 끝나는 항의 번호를 조정하여 일반항의 꼴을 변형할 수 있으므로 보기의 수열의 합은 다음과 같이 다양하게 표현할 수 있다.

ㄴ. $1-1+1-1+1=\sum\limits_{k=0}^{4}(-1)^k=\sum\limits_{k=2}^{6}(-1)^k=\cdots$
$=\sum\limits_{k=1}^{5}(-1)^{k-1}=\sum\limits_{k=3}^{7}(-1)^{k-1}=\cdots$

ㄷ. $\sum\limits_{k=1}^{n}k^2=\sum\limits_{k=0}^{n-1}(k+1)^2=\sum\limits_{k=2}^{n+1}(k-1)^2=\cdots$

0986

답 30

$\sum\limits_{k=1}^{20}a_{k+1}-\sum\limits_{k=2}^{21}a_{k-1}$
$=(a_2+a_3+a_4+\cdots+a_{21})-(a_1+a_2+a_3+\cdots+a_{20})$
$=a_{21}-a_1$

❶

따라서 $a_{21}-a_1=26$에서 $a_1=4$이므로
$a_{21}-4=26$

$\therefore a_{21}=30$

❷

채점 기준	배점
❶ 주어진 등식의 좌변 간단히 하기	60%
❷ a_{21}의 값 구하기	40%

0987

답 ②

$$\sum_{k=1}^{n}(a_k - a_{k+1})$$
$$=(a_1-a_2)+(a_2-a_3)+(a_3-a_4)+\cdots+(a_n-a_{n+1})$$
$$=a_1+(-a_2+a_2)+(-a_3+a_3)+\cdots+(-a_n+a_n)-a_{n+1}$$
$$=a_1-a_{n+1}$$
$$=1-a_{n+1} \ (\because a_1=1)$$
따라서 $1-a_{n+1}=-n^2+n$이므로
$$a_{n+1}=n^2-n+1$$
$$\therefore a_{11}=a_{10+1}=10^2-10+1=91$$

참고

$n=10$이면 주어진 식의 좌변은
$$\sum_{k=1}^{10}(a_k-a_{k+1})=(a_1-a_2)+(a_2-a_3)+\cdots+(a_{10}-a_{11})$$
$$=a_1-a_{11}=1-91 \ (\because a_1=1, a_{11}=91)$$
$$=-90$$
주어진 등식의 우변은
$$-10^2+10=-90$$
따라서 구한 답이 옳음을 확인할 수 있다.

0988

답 28

$$\sum_{k=1}^{10}ka_k=a_1+2a_2+3a_3+\cdots+10a_{10}=100 \quad \cdots\cdots \ \bigcirc$$
$$\sum_{k=1}^{9}ka_{k+1}=a_2+2a_3+3a_4+\cdots+9a_{10}=72 \quad \cdots\cdots \ \bigcirc$$
$\bigcirc-\bigcirc$을 하면
$$a_1+(2a_2-a_2)+(3a_3-2a_3)+\cdots+(10a_{10}-9a_{10})=100-72$$
이므로
$$a_1+a_2+a_3+\cdots+a_{10}=28$$
$$\therefore \sum_{k=1}^{10}a_k=a_1+a_2+a_3+\cdots+a_{10}=28$$

0989

답 ⑤

$$S_n=\sum_{k=1}^{n+1}(k+1)^2-\sum_{k=1}^{n}(k-1)^2$$
$$=\{2^2+3^2+4^2+\cdots+(n+2)^2\}-\{0^2+1^2+2^2+\cdots+(n-1)^2\}$$
$$=n^2+(n+1)^2+(n+2)^2-1^2$$
$$=3n^2+6n+4$$
$$\therefore a_{10}=S_{10}-S_9$$
$$=(3\times10^2+6\times10+4)-(3\times9^2+6\times9+4)$$
$$=364-301=63$$

다른 풀이

$$a_{10}=S_{10}-S_9$$
$$=\left\{\sum_{k=1}^{11}(k+1)^2-\sum_{k=1}^{10}(k-1)^2\right\}-\left\{\sum_{k=1}^{10}(k+1)^2-\sum_{k=1}^{9}(k-1)^2\right\}$$
$$=\left\{\sum_{k=1}^{11}(k+1)^2-\sum_{k=1}^{10}(k+1)^2\right\}-\left\{\sum_{k=1}^{10}(k-1)^2-\sum_{k=1}^{9}(k-1)^2\right\}$$
$$=(11+1)^2-(10-1)^2$$
$$=144-81=63$$

참고

$S_n=\sum_{k=1}^{n+1}(k+1)^2-\sum_{k=1}^{n}(k-1)^2$에서
$$\sum_{k=1}^{n+1}(k+1)^2=\sum_{k=2}^{n+2}k^2, \ \sum_{k=1}^{n}(k-1)^2=\sum_{k=0}^{n-1}k^2=\sum_{k=1}^{n-1}k^2$$이므로
$$S_n=\sum_{k=2}^{n+2}k^2-\sum_{k=1}^{n-1}k^2=\left(\sum_{k=1}^{n+2}k^2-1^2\right)-\sum_{k=1}^{n-1}k^2$$
$$=\left(\sum_{k=1}^{n+2}k^2-\sum_{k=1}^{n-1}k^2\right)-1=\sum_{k=n}^{n+2}k^2-1$$
$$=n^2+(n+1)^2+(n+2)^2-1=3n^2+6n+4$$

유형 02 $\sum$의 기본 성질

확인 문제 (1) 8 (2) 13

(1) $\displaystyle\sum_{k=1}^{5}(a_k+2b_k)=\sum_{k=1}^{5}a_k+\sum_{k=1}^{5}2b_k=\sum_{k=1}^{5}a_k+2\sum_{k=1}^{5}b_k$
$$=2+2\times3=8$$

(2) $\displaystyle\sum_{k=1}^{5}(6a_k-3b_k+2)=\sum_{k=1}^{5}6a_k-\sum_{k=1}^{5}3b_k+\sum_{k=1}^{5}2$
$$=6\sum_{k=1}^{5}a_k-3\sum_{k=1}^{5}b_k+\sum_{k=1}^{5}2$$
$$=6\times2-3\times3+2\times5=13$$

0990

답 ④

$\displaystyle\sum_{k=1}^{10}a_k=7, \ \sum_{k=1}^{10}a_k^2=22$이므로
$$\sum_{k=1}^{10}(a_k-1)(2a_k+3)=\sum_{k=1}^{10}(2a_k^2+a_k-3)$$
$$=2\sum_{k=1}^{10}a_k^2+\sum_{k=1}^{10}a_k-\sum_{k=1}^{10}3$$
$$=2\times22+7-3\times10=21$$

0991

답 24

$\displaystyle\sum_{k=1}^{10}(2a_k-b_k)=34, \ \sum_{k=1}^{10}a_k=10$이므로
$$\sum_{k=1}^{10}(a_k-b_k)=\sum_{k=1}^{10}\{(2a_k-b_k)-a_k\}$$
$$=\sum_{k=1}^{10}(2a_k-b_k)-\sum_{k=1}^{10}a_k$$
$$=34-10=24$$

0992

답 ③

$$\sum_{k=1}^{n}(a_k+b_k)^2=\sum_{k=1}^{n}(a_k^2+2a_kb_k+b_k^2)$$
$$=\sum_{k=1}^{n}(a_k^2+b_k^2)+2\sum_{k=1}^{n}a_kb_k$$
이때 $\displaystyle\sum_{k=1}^{n}(a_k+b_k)^2=120, \ \sum_{k=1}^{n}a_kb_k=25$이므로
$$120=\sum_{k=1}^{n}(a_k^2+b_k^2)+2\times25$$
$$\therefore \sum_{k=1}^{n}(a_k^2+b_k^2)=120-50=70$$

0993

답 11

$$\sum_{k=1}^{10}(a_k+2b_k)=\sum_{k=1}^{10}a_k+2\sum_{k=1}^{10}b_k=11 \quad\cdots\cdots\text{㉠}$$

$$\sum_{k=1}^{10}(3a_k-b_k)=3\sum_{k=1}^{10}a_k-\sum_{k=1}^{10}b_k=12 \quad\cdots\cdots\text{㉡}$$

❶

㉠+㉡×2를 하면

$$7\sum_{k=1}^{10}a_k=35 \qquad \therefore \sum_{k=1}^{10}a_k=5$$

이를 ㉠에 대입하면

$$5+2\sum_{k=1}^{10}b_k=11 \qquad \therefore \sum_{k=1}^{10}b_k=3$$

❷

$$\therefore \sum_{k=1}^{10}\left(2a_k+\frac{1}{3}b_k\right)=2\sum_{k=1}^{10}a_k+\frac{1}{3}\sum_{k=1}^{10}b_k$$
$$=2\times5+\frac{1}{3}\times3=11$$

❸

채점 기준	배점
❶ $\sum$의 성질을 이용하여 $\sum_{k=1}^{10}a_k$, $\sum_{k=1}^{10}b_k$에 대한 식 세우기	40%
❷ $\sum_{k=1}^{10}a_k$, $\sum_{k=1}^{10}b_k$의 값 구하기	30%
❸ $\sum_{k=1}^{10}\left(2a_k+\frac{1}{3}b_k\right)$의 값 구하기	30%

0994

답 ①

$\sum_{k=1}^{n}a_k=n^2$에 $n=10$, $n=20$을 각각 대입하면

$$\sum_{k=1}^{10}a_k=10^2=100, \ \sum_{k=1}^{20}a_k=20^2=400$$

$$\therefore \sum_{k=11}^{20}a_k=\sum_{k=1}^{20}a_k-\sum_{k=1}^{10}a_k=400-100=300$$

$\sum_{k=1}^{n}b_k=2n$에 $n=10$, $n=20$을 각각 대입하면

$$\sum_{k=1}^{10}b_k=2\times10=20, \ \sum_{k=1}^{20}b_k=2\times20=40$$

$$\therefore \sum_{k=11}^{20}b_k=\sum_{k=1}^{20}b_k-\sum_{k=1}^{10}b_k=40-20=20$$

$$\therefore \sum_{k=11}^{20}(a_k-2b_k+5)=\sum_{k=11}^{20}a_k-2\sum_{k=11}^{20}b_k+\sum_{k=11}^{20}5$$
$$=300-2\times20+5\times(20-10)$$
$$=310$$

0995

답 ①

$\sum_{k=1}^{10}(a_k+1)^2=20$에서 $\sum_{k=1}^{10}(a_k^2+2a_k+1)=20$이므로

$$\sum_{k=1}^{10}a_k^2+2\sum_{k=1}^{10}a_k+\sum_{k=1}^{10}1=20, \ \sum_{k=1}^{10}a_k^2+2\sum_{k=1}^{10}a_k+1\times10=20$$

$$\therefore \sum_{k=1}^{10}a_k^2+2\sum_{k=1}^{10}a_k=10 \quad\cdots\cdots\text{㉠}$$

$\sum_{k=1}^{10}a_k(a_k+3)=12$에서 $\sum_{k=1}^{10}(a_k^2+3a_k)=12$이므로

$$\sum_{k=1}^{10}a_k^2+3\sum_{k=1}^{10}a_k=12 \quad\cdots\cdots\text{㉡}$$

㉡−㉠을 하면 $\sum_{k=1}^{10}a_k=2$

0996

답 12

$$\sum_{k=1}^{10}a_k-\sum_{k=1}^{7}\frac{a_k}{2}=\sum_{k=1}^{10}a_k-\frac{1}{2}\sum_{k=1}^{7}a_k=56 \quad\cdots\cdots\text{㉠}$$

$$\sum_{k=1}^{10}2a_k-\sum_{k=1}^{8}a_k=2\sum_{k=1}^{10}a_k-\sum_{k=1}^{8}a_k=100 \quad\cdots\cdots\text{㉡}$$

$2\times\text{㉠}-\text{㉡}$을 하면

$$\sum_{k=1}^{8}a_k-\sum_{k=1}^{7}a_k=12$$

$$\therefore a_8=12$$

다른 풀이

$$\sum_{k=1}^{10}a_k-\sum_{k=1}^{7}\frac{a_k}{2}=\sum_{k=1}^{7}a_k+\sum_{k=8}^{10}a_k-\frac{1}{2}\sum_{k=1}^{7}a_k=56$$

$$\therefore \frac{1}{2}\sum_{k=1}^{7}a_k+\sum_{k=8}^{10}a_k=56 \quad\cdots\cdots\text{㉠}$$

$$\sum_{k=1}^{10}2a_k-\sum_{k=1}^{8}a_k=2\left(\sum_{k=1}^{8}a_k+\sum_{k=9}^{10}a_k\right)-\sum_{k=1}^{8}a_k=100$$

$$\therefore \sum_{k=1}^{8}a_k+2\sum_{k=9}^{10}a_k=100 \quad\cdots\cdots\text{㉡}$$

$2\times\text{㉠}-\text{㉡}$을 하면

$$\sum_{k=1}^{7}a_k+2\sum_{k=8}^{10}a_k-\left(\sum_{k=1}^{8}a_k+2\sum_{k=9}^{10}a_k\right)=12$$

$$\left(\sum_{k=1}^{7}a_k-\sum_{k=1}^{8}a_k\right)+2\times\left(\sum_{k=8}^{10}a_k-\sum_{k=9}^{10}a_k\right)=12$$

$$-a_8+2a_8=12$$

$$\therefore a_8=12$$

유형 03 $\sum r^k$ 꼴의 계산

0997

답 ③

$$\sum_{k=1}^{10}\frac{3^k+2^k}{4^k}=\sum_{k=1}^{10}\left(\frac{3^k}{4^k}+\frac{2^k}{4^k}\right)$$
$$=\sum_{k=1}^{10}\left(\frac{3}{4}\right)^k+\sum_{k=1}^{10}\left(\frac{1}{2}\right)^k$$
$$=\frac{\frac{3}{4}\times\left\{1-\left(\frac{3}{4}\right)^{10}\right\}}{1-\frac{3}{4}}+\frac{\frac{1}{2}\times\left\{1-\left(\frac{1}{2}\right)^{10}\right\}}{1-\frac{1}{2}}$$
$$=3\left\{1-\left(\frac{3}{4}\right)^{10}\right\}+\left\{1-\left(\frac{1}{2}\right)^{10}\right\}$$
$$=-3\times\left(\frac{3}{4}\right)^{10}-\left(\frac{1}{2}\right)^{10}+4$$

따라서 $a=-3$, $b=4$이므로

$$a+b=-3+4=1$$

0998

답 764

$a_{ij}=\sum_{k=1}^{3i+j}2^k \ (i=1, 2, \ j=1, 2)$이므로

$$a_{21}=\sum_{k=1}^{3\times2+1}2^k=\sum_{k=1}^{7}2^k=\frac{2\times(2^7-1)}{2-1}=254$$

$$a_{22}=\sum_{k=1}^{3\times2+2}2^k=\sum_{k=1}^{8}2^k=\frac{2\times(2^8-1)}{2-1}=510$$

따라서 행렬 A의 제2행의 모든 성분의 합은

$$a_{21}+a_{22}=254+510=764$$

0999

답 $\dfrac{4^{n+1}-4}{3}$

다항식 $P(x)=x^{2n}(x-1)$을 $x-2$로 나누었을 때의 나머지가 a_n
이므로
$$a_n=P(2)=2^{2n}\times(2-1)=4^n$$

.... ❶

$$\therefore \sum_{k=1}^{n}a_k=\sum_{k=1}^{n}4^k=\frac{4\times(4^n-1)}{4-1}$$
$$=\frac{4^{n+1}-4}{3}$$

.... ❷

채점 기준	배점
❶ a_n을 n에 대한 식으로 나타내기	50%
❷ $\sum_{k=1}^{n}a_k$를 n에 대한 식으로 나타내기	50%

🔊 **Bible Says** **나머지정리**

다항식 $f(x)$를 일차식 $x-a$로 나누었을 때의 나머지를 R이라 하면
$$R=f(\alpha)$$

1000

답 ①

$$a_n=3+3^2+3^3+3^4+\cdots+3^n$$
$$=\frac{3\times(3^n-1)}{3-1}=\frac{3^{n+1}-3}{2}$$

즉, $2a_n+3=3^{n+1}$이므로

$$\sum_{k=1}^{n}(2a_k+3)=\sum_{k=1}^{n}3^{k+1}=\frac{3^2\times(3^n-1)}{3-1}$$
$$=\frac{3^{n+2}-9}{2}$$

따라서 $\dfrac{3^{n+2}-9}{2}=360$에서

$3^{n+2}-9=720$, $3^{n+2}=729=3^6$

$n+2=6$ $\therefore n=4$

1001

답 ⑤

$$\sum_{k=1}^{10}a_k=6+66+666+\cdots+\underbrace{666\cdots6}_{10개}$$
$$=\frac{2}{3}\times(9+99+999+\cdots+\underbrace{999\cdots9}_{10개})$$
$$=\frac{2}{3}\times\{(10-1)+(10^2-1)+(10^3-1)+\cdots+(10^{10}-1)\}$$
$$=\frac{2}{3}\sum_{k=1}^{10}(10^k-1)$$
$$=\frac{2}{3}\left(\sum_{k=1}^{10}10^k-\sum_{k=1}^{10}1\right)$$
$$=\frac{2}{3}\times\left\{\frac{10\times(10^{10}-1)}{10-1}-1\times10\right\}$$
$$=\frac{2}{3}\times\frac{10^{11}-100}{9}$$
$$=\frac{2\times10^{11}-200}{27}$$

따라서 $a=2$, $b=200$이므로
$a+b=2+200=202$

다른 풀이

$$a_n=\underbrace{666\cdots6}_{n개}=6+60+600+\cdots+\underbrace{6000\cdots0}_{(n-1)개}$$
$$=\sum_{k=1}^{n}(6\times10^{k-1})=6\sum_{k=1}^{n}10^{k-1}$$
$$=6\times\frac{10^n-1}{10-1}=\frac{2}{3}\times10^n-\frac{2}{3}$$

$$\therefore \sum_{k=1}^{10}a_k=\sum_{k=1}^{10}\left(\frac{2}{3}\times10^k-\frac{2}{3}\right)=\frac{2}{3}\sum_{k=1}^{10}10^k-\sum_{k=1}^{10}\frac{2}{3}$$
$$=\frac{2}{3}\times\frac{10\times(10^{10}-1)}{10-1}-\frac{2}{3}\times10$$
$$=\frac{20\times(10^{10}-1)}{27}-\frac{20}{3}$$
$$=\frac{2\times10^{11}-200}{27}$$

따라서 $a=2$, $b=200$이므로
$a+b=2+200=202$

유형 **04** **$\sum$와 등차수열, 등비수열**

1002

답 45

등차수열 $\{a_n\}$의 공차를 d라 하면

$$\sum_{k=1}^{15}a_{2k}-\sum_{k=1}^{15}a_{2k-1}$$
$$=(a_2+a_4+a_6+\cdots+a_{30})-(a_1+a_3+a_5+\cdots+a_{29})$$
$$=(a_2-a_1)+(a_4-a_3)+(a_6-a_5)+\cdots+(a_{30}-a_{29})$$
$$=\underbrace{d+d+d+\cdots+d}_{15개}$$
$$=15d$$

이때 $a_3=1$, $a_6=10$이므로

$a_1+2d=1$ ……㉠

$a_1+5d=10$ ……㉡

㉠, ㉡을 연립하여 풀면 $a_1=-5$, $d=3$

$$\therefore \sum_{k=1}^{15}a_{2k}-\sum_{k=1}^{15}a_{2k-1}=15d=15\times3=45$$

1003

답 ②

수열 $\{a_n\}$이 등차수열이므로

$$\sum_{k=4}^{12}a_k=a_4+a_5+a_6+\cdots+a_{12}=\frac{9(a_4+a_{12})}{2}$$

이때 공차를 d라 하면

$$a_4+a_{12}=(a_1+3d)+(a_1+11d)$$
$$=a_1+(a_1+14d)=a_1+a_{15}=40$$

이므로

$$\sum_{k=4}^{12}a_k=\frac{9(a_4+a_{12})}{2}=\frac{9\times40}{2}=180$$

참고

등차수열 $\{a_n\}$에 대하여
$$a_1+a_2+a_3+\cdots+a_{n-1}+a_n$$
$$=\frac{n(a_1+a_n)}{2}=\frac{n(a_2+a_{n-1})}{2}=\cdots=\frac{n(a_k+a_{n-k+1})}{2}$$

1004

답 ③

이차방정식 $x^2-18x+32=0$에서

$(x-2)(x-16)=0$ $\therefore x=2$ 또는 $x=16$

등비수열 $\{a_n\}$의 공비를 r이라 하면 $r>1$이므로

$a_1=2$, $a_7=16$

즉, $a_7=a_1 r^6=2r^6=16$이므로

$r^6=8$ $\therefore r^2=2$

$\therefore \sum_{n=1}^{10} a_{2n-1}=a_1+a_3+a_5+\cdots+a_{19}$

$\qquad =2+2r^2+2r^4+\cdots+2r^{18}$

$\qquad =\dfrac{2\times\{(r^2)^{10}-1\}}{r^2-1}=\dfrac{2\times(2^{10}-1)}{2-1}=2046$

1005

답 ①

등차수열 $\{a_n\}$의 공차를 d라 하면

$a_5+a_{13}=3a_9$에서

$(a_1+4d)+(a_1+12d)=3(a_1+8d)$

$2a_1+16d=3a_1+24d$ $\therefore a_1+8d=0$ $\cdots\cdots$ ㉠

$\sum_{k=1}^{18} a_k=\dfrac{9}{2}$에서

$\dfrac{18\times\{2a_1+(18-1)\times d\}}{2}=\dfrac{9}{2}$, $2(2a_1+17d)=1$

$\therefore 4a_1+34d=1$ $\cdots\cdots$ ㉡

㉠, ㉡을 연립하여 풀면 $a_1=-4$, $d=\dfrac{1}{2}$

따라서 $a_n=-4+(n-1)\times\dfrac{1}{2}=\dfrac{1}{2}n-\dfrac{9}{2}$이므로

$a_{13}=\dfrac{1}{2}\times 13-\dfrac{9}{2}=2$

[다른 풀이]

a_9는 a_5와 a_{13}의 등차중항이므로 $a_5+a_{13}=2a_9$

이때 $a_5+a_{13}=3a_9$이므로

$2a_9=3a_9$ $\therefore a_9=0$ $\cdots\cdots$ ㉠

$1\le n\le 8$인 자연수 n에 대하여 a_n과 a_{18-n}의 등차중항이 $a_9=0$이므로

$\sum_{k=1}^{18} a_k=(a_1+a_2+\cdots+a_{16}+a_{17})+a_{18}$

$\qquad =(a_1+a_{17})+(a_2+a_{16})+\cdots+(a_8+a_{10})+a_9+a_{18}$

$\qquad =2a_9\times 8+a_9+a_{18}=a_{18}(\because ㉠)$

이때 $\sum_{k=1}^{18} a_k=\dfrac{9}{2}$이므로 $a_{18}=\dfrac{9}{2}$ $\cdots\cdots$ ㉡

등차수열 $\{a_n\}$의 공차를 d라 하고 ㉡-㉠을 하면

$a_{18}-a_9=\dfrac{9}{2}$, $9d=\dfrac{9}{2}$ $\therefore d=\dfrac{1}{2}$

$\therefore a_{13}=a_9+4d=0+4\times\dfrac{1}{2}=2$

1006

답 4

등비수열 $\{a_n\}$의 공비를 r이라 하면 $\sum_{k=1}^{n} a_{2k-1}=255$에서

$a_1+a_3+a_5+\cdots+a_{2n-1}=255$ $\cdots\cdots$ ㉠

$\sum_{k=1}^{n} a_{2k}=510$에서 $a_2+a_4+a_6+\cdots+a_{2n}=510$

즉, $a_1\times r+a_3\times r+a_5\times r+\cdots+a_{2n-1}\times r=510$이므로

$r(a_1+a_3+a_5+\cdots+a_{2n-1})=510$

이때 ㉠에 의하여

$255r=510$ $\therefore r=2$

·· ❶

등비수열 $\{a_n\}$의 첫째항이 3, 공비가 2이므로

$\sum_{k=1}^{n} a_{2k-1}=a_1+a_3+a_5+\cdots+a_{2n-1}$

$\qquad =3+3\times 2^2+3\times 2^4+\cdots+3\times 2^{2(n-1)}$

$\qquad =\dfrac{3\times\{(2^2)^n-1\}}{2^2-1}=4^n-1$

·· ❷

따라서 $4^n-1=255$이므로

$4^n=256=4^4$ $\therefore n=4$

·· ❸

채점 기준	배점
❶ 주어진 등비수열의 공비 구하기	50%
❷ 등비수열의 합을 n에 대한 식으로 나타내기	40%
❸ n의 값 구하기	10%

1007

답 ④

등비수열 $\{a_n\}$의 첫째항을 a, 공비를 r이라 하면

$a_{10}=4(a_9-a_8)$에서

$ar^9=4(ar^8-ar^7)$, $ar^9-4ar^8+4ar^7=0$

$ar^7(r^2-4r+4)=0$, $ar^7(r-2)^2=0$

$\therefore a=0$ 또는 $r=0$ 또는 $r=2$

이때 $\sum_{k=1}^{5} a_k=124$에서 $a\ne 0$, $r\ne 0$이므로 $r=2$

즉, 등비수열 $\{a_n\}$의 공비가 2이므로 $\sum_{k=1}^{5} a_k=124$에서

$\dfrac{a(2^5-1)}{2-1}=124$, $31a=124$ $\therefore a=4$

따라서 등비수열 $\{a_n\}$의 첫째항이 4, 공비가 2이므로

$a_n=4\times 2^{n-1}=2^{n+1}$

$\therefore \sum_{k=1}^{5} a_{2k}=\sum_{k=1}^{5} 2^{2k+1}=\sum_{k=1}^{5}\{8\times 2^{2(k-1)}\}$

$\qquad =\dfrac{8\times\{(2^2)^5-1\}}{2^2-1}=2728$

1008

답 ⑤

등차수열 $\{a_n\}$의 공차를 d라 하면

$\sum_{k=1}^{10}(a_{2k}+a_{2k+1})-\sum_{n=1}^{10}(a_{2n-1}+a_{2n})$

$=\{(a_2+a_3)+(a_4+a_5)+(a_6+a_7)+\cdots+(a_{20}+a_{21})\}$

$\quad -\{(a_1+a_2)+(a_3+a_4)+(a_5+a_6)+\cdots+(a_{19}+a_{20})\}$

$=a_{21}-a_1=(a_1+20d)-a_1=20d$

즉, $20d=60$이므로 $d=3$

$a_5=8$에서 $a_1+4d=a_1+4\times 3=8$이므로 $a_1=-4$

따라서 등차수열 $\{a_n\}$의 첫째항이 -4, 공차가 3이므로

$\sum_{k=1}^{10} a_k=\dfrac{10\times\{2\times(-4)+(10-1)\times 3\}}{2}=95$

1009

답 −12

등비수열 $\{a_n\}$의 첫째항을 a $(a>0)$, 공비를 r $(r<0)$이라 하면
$S_3=3a_3$에서
$$a+ar+ar^2=3ar^2,\ 2ar^2-ar-a=0$$
$$a(2r^2-r-1)=0,\ a(2r+1)(r-1)=0$$
$$\therefore a=0 \ \text{또는} \ r=-\frac{1}{2} \ \text{또는} \ r=1$$

이때 $a>0$, $r<0$이므로 $r=-\dfrac{1}{2}$

따라서 $a_n=a\left(-\dfrac{1}{2}\right)^{n-1}$이고
$$S_n=\frac{a\left\{1-\left(-\frac{1}{2}\right)^n\right\}}{1-\left(-\frac{1}{2}\right)}=\frac{2}{3}a\left\{1-\left(-\frac{1}{2}\right)^n\right\}$$이므로

$$\sum_{n=1}^{6}\frac{S_n}{a_n}=\sum_{n=1}^{6}\frac{\frac{2}{3}a\left\{1-\left(-\frac{1}{2}\right)^n\right\}}{a\left(-\frac{1}{2}\right)^{n-1}}=\sum_{n=1}^{6}\frac{2}{3}\left\{\left(-\frac{1}{2}\right)^{-n+1}-\left(-\frac{1}{2}\right)\right\}$$
$$=\sum_{n=1}^{6}\frac{2}{3}\left\{(-2)^{n-1}+\frac{1}{2}\right\}=\frac{2}{3}\left\{\sum_{n=1}^{6}(-2)^{n-1}+\sum_{n=1}^{6}\frac{1}{2}\right\}$$
$$=\frac{2}{3}\times\left\{\frac{1-(-2)^6}{1-(-2)}+\frac{1}{2}\times6\right\}$$
$$=\frac{2}{3}\times(-21+3)=-12$$

유형 05 **자연수의 거듭제곱의 합**

확인 문제   (1) 270   (2) 330   (3) 210

(1) $\displaystyle\sum_{k=1}^{9}6k=6\sum_{k=1}^{9}k=6\times\frac{9\times10}{2}=270$

(2) $\displaystyle\sum_{k=1}^{9}(k^2+k)=\sum_{k=1}^{9}k^2+\sum_{k=1}^{9}k=\frac{9\times10\times19}{6}+\frac{9\times10}{2}$
                 $=285+45=330$

(3) $\displaystyle\sum_{k=1}^{5}(k^3-k)=\sum_{k=1}^{5}k^3-\sum_{k=1}^{5}k=\left(\frac{5\times6}{2}\right)^2-\frac{5\times6}{2}$
                  $=225-15=210$

1010

답 ③

$1^2+2^2+3^2+\cdots+k^2=\displaystyle\sum_{n=1}^{k}n^2=\frac{k(k+1)(2k+1)}{6}$이므로

$$\frac{1^2+2^2+3^2+\cdots+k^2}{1+k}=\frac{k(k+1)(2k+1)}{6(1+k)}$$
$$=\frac{2k^2+k}{6}=\frac{1}{3}k^2+\frac{1}{6}k$$

$$\therefore \sum_{k=1}^{12}\frac{1^2+2^2+3^2+\cdots+k^2}{1+k}=\sum_{k=1}^{12}\left(\frac{1}{3}k^2+\frac{1}{6}k\right)$$
$$=\frac{1}{3}\sum_{k=1}^{12}k^2+\frac{1}{6}\sum_{k=1}^{12}k$$
$$=\frac{1}{3}\times\frac{12\times13\times25}{6}+\frac{1}{6}\times\frac{12\times13}{2}$$
$$=\frac{650}{3}+13=\frac{689}{3}$$

1011

답 ⑤

$$\sum_{k=1}^{20}(k-1)^2=0^2+1^2+2^2+\cdots+19^2=\sum_{k=1}^{19}k^2$$
$$\sum_{k=11}^{18}(k+1)^2=12^2+13^2+14^2+\cdots+19^2=\sum_{k=12}^{19}k^2$$
$$\therefore \sum_{k=1}^{20}(k-1)^2-\sum_{k=11}^{18}(k+1)^2=\sum_{k=1}^{19}k^2-\sum_{k=12}^{19}k^2$$
$$=\sum_{k=1}^{11}k^2$$
$$=\frac{11\times12\times23}{6}$$
$$=506$$

1012

답 8

등차수열 $\{a_n\}$의 첫째항이 -1, 공차가 2이므로
$$a_n=-1+(n-1)\times2=2n-3$$
❶

즉, $a_{k+1}+3=2(k+1)-3+3=2k+2$이므로
$$\sum_{k=1}^{n}(a_{k+1}+3)=\sum_{k=1}^{n}(2k+2)$$
$$=2\sum_{k=1}^{n}k+\sum_{k=1}^{n}2$$
$$=2\times\frac{n(n+1)}{2}+2\times n$$
$$=n^2+3n$$
❷

따라서 $n^2+3n=88$이므로
$$n^2+3n-88=0,\ (n+11)(n-8)=0$$
$$\therefore n=8 \ (\because n\text{은 자연수})$$
❸

채점 기준	배점
❶ 등차수열 $\{a_n\}$의 일반항 a_n 구하기	20%
❷ 주어진 등식의 좌변을 n에 대한 식으로 나타내기	50%
❸ n의 값 구하기	30%

1013

답 ①

$\displaystyle\sum_{k=1}^{n+1}k^2-\sum_{k=1}^{n}(k^2-k)=70$에서

$$\sum_{k=1}^{n+1}k^2=\sum_{k=1}^{n}k^2+(n+1)^2,\ \sum_{k=1}^{n}(k^2-k)=\sum_{k=1}^{n}k^2-\sum_{k=1}^{n}k$$

이므로
$$\sum_{k=1}^{n}k^2+(n+1)^2-\left(\sum_{k=1}^{n}k^2-\sum_{k=1}^{n}k\right)=70$$
$$(n+1)^2+\sum_{k=1}^{n}k=70$$
$$(n+1)^2+\frac{n(n+1)}{2}=70$$
$$2(n+1)^2+n(n+1)=140$$
$$3n^2+5n-138=0,\ (n-6)(3n+23)=0$$
$$\therefore n=6 \ (\because n\text{은 자연수})$$

1014

91

다항식 $2x^2-3x+1$을 $x-n$으로 나누었을 때의 나머지 a_n은 나머지정리에 의하여

$a_n=2n^2-3n+1$

$\therefore \sum\limits_{n=1}^{7}(a_n-n^2+n)=\sum\limits_{n=1}^{7}\{(2n^2-3n+1)-n^2+n\}$

$=\sum\limits_{n=1}^{7}(n^2-2n+1)$

$=\sum\limits_{n=1}^{7}n^2-2\sum\limits_{n=1}^{7}n+\sum\limits_{n=1}^{7}1$

$=\dfrac{7\times8\times15}{6}-2\times\dfrac{7\times8}{2}+1\times7$

$=140-56+7$

$=91$

$\sum\limits_{n=1}^{7}(a_n-n^2+n)=\sum\limits_{n=1}^{7}(n^2-2n+1)=\sum\limits_{n=1}^{7}(n-1)^2$

이때 $\sum\limits_{n=1}^{7}(n-1)^2=0^2+1^2+2^2+\cdots+6^2=\sum\limits_{n=1}^{6}n^2$이므로

$\sum\limits_{n=1}^{7}(n-1)^2=\sum\limits_{n=1}^{6}n^2=\dfrac{6\times7\times13}{6}=91$

🔊 **Bible Says** 나머지정리

다항식 $f(x)$를 일차식 $x-\alpha$로 나누었을 때의 나머지를 R이라 하면
$R=f(\alpha)$

1015

답 70

이차방정식 $x^2-(2n-1)x+n(n-1)=0$의 두 근이 α_n, β_n이므로 근과 계수의 관계에 의하여

$\alpha_n+\beta_n=2n-1$, $\alpha_n\beta_n=n(n-1)$

$\therefore (\alpha_n-1)(\beta_n-1)=\alpha_n\beta_n-\alpha_n-\beta_n+1$

$=\alpha_n\beta_n-(\alpha_n+\beta_n)+1$

$=n(n-1)-(2n-1)+1$

$=n^2-3n+2$

$\therefore \sum\limits_{n=1}^{7}(\alpha_n-1)(\beta_n-1)=\sum\limits_{n=1}^{7}(n^2-3n+2)$

$=\sum\limits_{n=1}^{7}n^2-3\sum\limits_{n=1}^{7}n+\sum\limits_{n=1}^{7}2$

$=\dfrac{7\times8\times15}{6}-3\times\dfrac{7\times8}{2}+2\times7$

$=140-84+14=70$

이차방정식 $x^2-(2n-1)x+n(n-1)=0$에서

$x^2-\{n+(n-1)\}x+n(n-1)=0$

$(x-n)\{x-(n-1)\}=0$

$\therefore x=n$ 또는 $x=n-1$

따라서 $\alpha_n=n$, $\beta_n=n-1$ 또는 $\alpha_n=n-1$, $\beta_n=n$이므로

$\sum\limits_{n=1}^{7}(\alpha_n-1)(\beta_n-1)=\sum\limits_{n=1}^{7}(n-1)(n-2)$

$=\sum\limits_{n=1}^{7}(n^2-3n+2)$

$=\sum\limits_{n=1}^{7}n^2-3\sum\limits_{n=1}^{7}n+\sum\limits_{n=1}^{7}2$

$=140-84+14=70$

1016

답 ④

$\sum\limits_{k=1}^{10}(k-c)(k+2c)=\sum\limits_{k=1}^{10}(k^2+ck-2c^2)$

$=\sum\limits_{k=1}^{10}k^2+c\sum\limits_{k=1}^{10}k-\sum\limits_{k=1}^{10}2c^2$

$=\dfrac{10\times11\times21}{6}+c\times\dfrac{10\times11}{2}-2c^2\times10$

$=-20c^2+55c+385$

$=-20\left(c^2-\dfrac{11}{4}c\right)+385$

$=-20\left(c-\dfrac{11}{8}\right)^2+385+20\times\left(\dfrac{11}{8}\right)^2$

따라서 $\sum\limits_{k=1}^{10}(k-c)(k+2c)$의 값이 최대가 되도록 하는 상수 c의 값은 $\dfrac{11}{8}$이다.

1017

답 ⑤

$\sum\limits_{k=1}^{10}(k+k^2)+\sum\limits_{k=2}^{10}(k+k^2)+\sum\limits_{k=3}^{10}(k+k^2)+\cdots+\sum\limits_{k=10}^{10}(k+k^2)$

$=\left(\sum\limits_{k=1}^{10}k+\sum\limits_{k=2}^{10}k+\sum\limits_{k=3}^{10}k+\cdots+\sum\limits_{k=10}^{10}k\right)$

$\quad+\left(\sum\limits_{k=1}^{10}k^2+\sum\limits_{k=2}^{10}k^2+\sum\limits_{k=3}^{10}k^2+\cdots+\sum\limits_{k=10}^{10}k^2\right)$ ...... ㉠

이때

$\sum\limits_{k=1}^{10}k+\sum\limits_{k=2}^{10}k+\sum\limits_{k=3}^{10}k+\cdots+\sum\limits_{k=10}^{10}k$

$=(1+2+3+4+\cdots+10)+(2+3+4+\cdots+10)$

$\qquad\qquad+(3+4+\cdots+10)+\cdots+(9+10)+10$

$=1+2\times2+3\times3+\cdots+9\times9+10\times10$

$=1^2+2^2+3^2+\cdots+10^2$

$=\sum\limits_{k=1}^{10}k^2$

$=\dfrac{10\times11\times21}{6}$

$=385$ ...... ㉡

또한

$\sum\limits_{k=1}^{10}k^2+\sum\limits_{k=2}^{10}k^2+\sum\limits_{k=3}^{10}k^2+\cdots+\sum\limits_{k=10}^{10}k^2$

$=(1^2+2^2+3^2+\cdots+10^2)+(2^2+3^2+\cdots+10^2)$

$\qquad\qquad+\cdots+(9^2+10^2)+10^2$

$=1^2+2\times2^2+3\times3^2+\cdots+9\times9^2+10\times10^2$

$=1^3+2^3+3^3+\cdots+10^3$

$=\sum\limits_{k=1}^{10}k^3$

$=\left(\dfrac{10\times11}{2}\right)^2$

$=3025$ ...... ㉢

따라서 ㉡, ㉢을 ㉠에 대입하면

$\sum\limits_{k=1}^{10}(k+k^2)+\sum\limits_{k=2}^{10}(k+k^2)+\sum\limits_{k=3}^{10}(k+k^2)+\cdots+\sum\limits_{k=10}^{10}(k+k^2)$

$=385+3025$

$=3410$

유형 06 ∑를 여러 개 포함한 식

1018 답 ①

$$\sum_{m=1}^{n}\left(\sum_{k=1}^{5}mk^2\right)=\sum_{m=1}^{n}\left(m\sum_{k=1}^{5}k^2\right)=\sum_{m=1}^{n}\left(m\times\frac{5\times6\times11}{6}\right)$$

$$=\sum_{m=1}^{n}55m=55\sum_{m=1}^{n}m=55\times\frac{n(n+1)}{2}$$

$$=\frac{55}{2}n(n+1)$$

따라서 $\frac{55}{2}n(n+1)=1155$이므로

$$n(n+1)=1155\times\frac{2}{55}=42=6\times7$$

$$\therefore n=6$$

1019 답 ②

$$\sum_{n=1}^{10}\left(\sum_{m=1}^{5}mn\right)=\sum_{n=1}^{10}\left(n\sum_{m=1}^{5}m\right)=\sum_{n=1}^{10}\left(n\times\frac{5\times6}{2}\right)$$

$$=\sum_{n=1}^{10}15n=15\sum_{n=1}^{10}n$$

$$=15\times\frac{10\times11}{2}=825$$

1020 답 ④

$$\sum_{m=1}^{10}\left(\sum_{k=1}^{m}2m^2k\right)=\sum_{m=1}^{10}\left(2m^2\sum_{k=1}^{m}k\right)$$

$$=\sum_{m=1}^{10}\left\{2m^2\times\frac{m(m+1)}{2}\right\}$$

$$=\sum_{m=1}^{10}m^3(m+1)$$

$$\sum_{k=1}^{10}k(k-1)^3=\sum_{k=0}^{9}\{(k+1)\times k^3\}$$

$$=\sum_{k=1}^{9}k^3(k+1)=\sum_{m=1}^{9}m^3(m+1)$$

$$\therefore \sum_{m=1}^{10}\left(\sum_{k=1}^{m}2m^2k\right)-\sum_{k=1}^{10}k(k-1)^3$$

$$=\sum_{m=1}^{10}m^3(m+1)-\sum_{m=1}^{9}m^3(m+1)$$

$$=10^3\times(10+1)=11000$$

1021 답 ⑤

이차방정식 $x^2-8x+15=0$의 두 근이 m, n이므로 근과 계수의 관계에 의하여

$$m+n=8,\ mn=15$$

$$\therefore \sum_{i=1}^{m}\left\{\sum_{k=1}^{n}(i+k)\right\}=\sum_{i=1}^{m}\left(\sum_{k=1}^{n}k+\sum_{k=1}^{n}i\right)=\sum_{i=1}^{m}\left\{\frac{n(n+1)}{2}+in\right\}$$

$$=\sum_{i=1}^{m}in+\sum_{i=1}^{m}\frac{n(n+1)}{2}=n\sum_{i=1}^{m}i+\sum_{i=1}^{m}\frac{n(n+1)}{2}$$

$$=n\times\frac{m(m+1)}{2}+\frac{n(n+1)}{2}\times m$$

$$=\frac{1}{2}mn(m+n+2)$$

$$=\frac{1}{2}\times15\times(8+2)=75$$

참고

이차방정식 $x^2-8x+15=0$에서

$$(x-3)(x-5)=0 \qquad \therefore x=3\ \text{또는}\ x=5$$

따라서 $m=3$, $n=5$ 또는 $m=5$, $n=3$이고

$$\sum_{i=1}^{m}\left\{\sum_{k=1}^{n}(i+k)\right\}=\sum_{i=1}^{3}\left\{\sum_{k=1}^{5}(i+k)\right\}=\sum_{i=1}^{5}\left\{\sum_{k=1}^{3}(i+k)\right\}=75$$

가 성립한다.

1022 답 ③

$$\sum_{n=1}^{5}\left(\sum_{k=1}^{n}2^{k+n-1}\right)=\sum_{n=1}^{5}\left(2^n\sum_{k=1}^{n}2^{k-1}\right)=\sum_{n=1}^{5}\left(2^n\times\frac{2^n-1}{2-1}\right)$$

$$=\sum_{n=1}^{5}(2^{2n}-2^n)=\sum_{n=1}^{5}(4^n-2^n)$$

$$=\sum_{n=1}^{5}4^n-\sum_{n=1}^{5}2^n$$

$$=\frac{4\times(4^5-1)}{4-1}-\frac{2\times(2^5-1)}{2-1}$$

$$=1364-62=1302$$

유형 07 ∑를 이용한 여러 가지 수열의 합

1023 답 ③

수열 $2,\ 3,\ 4,\ \cdots$의 제k항은 $k+1$

수열 $1,\ 3,\ 5,\ \cdots$의 제k항은 $2k-1$

즉, 수열 $2\times1,\ 3\times3,\ 4\times5,\ \cdots,\ 15\times27$의 제$k$항을 a_k라 하면

$$a_k=(k+1)(2k-1)=2k^2+k-1$$

이때 $15\times27=(14+1)\times(2\times14-1)=a_{14}$이므로

$$2\times1+3\times3+4\times5+\cdots+15\times27$$

$$=\sum_{k=1}^{14}a_k=\sum_{k=1}^{14}(2k^2+k-1)$$

$$=2\sum_{k=1}^{14}k^2+\sum_{k=1}^{14}k-\sum_{k=1}^{14}1$$

$$=2\times\frac{14\times15\times29}{6}+\frac{14\times15}{2}-1\times14$$

$$=2030+105-14=2121$$

1024 답 -1735

등차수열 $\{a_n\}$의 첫째항이 1, 공차가 -2이므로

$$a_n=1+(n-1)\times(-2)=-2n+3$$

등차수열 $\{b_n\}$의 첫째항이 2, 공차가 3이므로

$$b_n=2+(n-1)\times3=3n-1$$

$$\therefore \sum_{n=1}^{10}a_nb_n=\sum_{n=1}^{10}(-2n+3)(3n-1)$$

$$=\sum_{n=1}^{10}(-6n^2+11n-3)$$

$$=-6\sum_{n=1}^{10}n^2+11\sum_{n=1}^{10}n-\sum_{n=1}^{10}3$$

$$=-6\times\frac{10\times11\times21}{6}+11\times\frac{10\times11}{2}-3\times10$$

$$=-2310+605-30=-1735$$

1025

답 6734

수열 2, 3, 4, 5, $\cdots$의 제k항은 $k+1$

수열 1^2, 2^2, 3^2, 4^2, $\cdots$의 제k항은 k^2

즉, 수열 2×1^2, 3×2^2, 4×3^2, 5×4^2, $\cdots$의 제k항을 a_k라 하면

$a_k=(k+1)k^2=k^3+k^2$

❶

따라서 주어진 수열의 첫째항부터 제12항까지의 합은

$$\sum_{k=1}^{12}a_k=\sum_{k=1}^{12}(k^3+k^2)$$

$$=\sum_{k=1}^{12}k^3+\sum_{k=1}^{12}k^2$$

$$=\left(\frac{12\times13}{2}\right)^2+\frac{12\times13\times25}{6}$$

$$=6084+650=6734$$

❷

채점 기준	배점
❶ 수열의 제k항을 k에 대한 식으로 나타내기	50%
❷ 수열의 첫째항부터 제12항까지의 합 구하기	50%

1026

답 ②

수열 1, 2, 3, $\cdots$의 제k항은 k

수열 15, 14, 13, $\cdots$의 제k항은 $16-k$

즉, 수열 1×15, 2×14, 3×13, $\cdots$, 15×1의 제k항을 a_k라 하면

$a_k=k(16-k)=-k^2+16k$

이때 $15\times1=15\times(16-15)=a_{15}$이므로

$1\times15+2\times14+3\times13+\cdots+15\times1$

$$=\sum_{k=1}^{15}a_k=\sum_{k=1}^{15}(-k^2+16k)$$

$$=-\sum_{k=1}^{15}k^2+16\sum_{k=1}^{15}k$$

$$=-\frac{15\times16\times31}{6}+16\times\frac{15\times16}{2}$$

$$=-1240+1920=680$$

1027

답 ③

$a_n=1+3+5+\cdots+(2n-1)$

$$=\frac{n\{1+(2n-1)\}}{2}=n^2$$

$\therefore \log_4(2^{a_1}\times2^{a_2}\times2^{a_3}\times\cdots\times2^{a_{12}})$

$$=\log_{2^2}2^{a_1+a_2+a_3+\cdots+a_{12}}$$

$$=\frac{1}{2}(a_1+a_2+a_3+\cdots+a_{12})\log_2 2$$

$$=\frac{1}{2}(1^2+2^2+3^2+\cdots+12^2)$$

$$=\frac{1}{2}\sum_{k=1}^{12}k^2$$

$$=\frac{1}{2}\times\frac{12\times13\times25}{6}=325$$

1028

답 4

수열 1, 2, 3, $\cdots$의 제k항은 k

수열 n, $n-1$, $n-2$, $\cdots$의 제k항은 $n+1-k$

즉, 수열 $1\times n$, $2\times(n-1)$, $3\times(n-2)$, $\cdots$, $(n-1)\times2$, $n\times1$의 제k항을 a_k라 하면

$a_k=k(n+1-k)=-k^2+(n+1)k$

$\therefore 1\times n+2\times(n-1)+3\times(n-2)+\cdots+(n-1)\times2+n\times1$

$$=\sum_{k=1}^{n}a_k=\sum_{k=1}^{n}\{-k^2+(n+1)k\}=-\sum_{k=1}^{n}k^2+(n+1)\sum_{k=1}^{n}k$$

$$=-\frac{n(n+1)(2n+1)}{6}+(n+1)\times\frac{n(n+1)}{2}$$

$$=\frac{n(n+1)(n+2)}{6}$$

따라서 $\dfrac{n(n+1)(n+2)}{6}=\dfrac{n(n+a)(bn+c)}{6}$이므로

$a=1$, $b=1$, $c=2$ 또는 $a=2$, $b=1$, $c=1$

$\therefore a+b+c=4$

1029

답 ①

수열 1^2, 2^2, 3^2, $\cdots$의 제k항은 k^2

수열 $n-1$, $n-2$, $n-3$, $\cdots$의 제k항은 $n-k$

즉, 수열 $1^2\times(n-1)$, $2^2\times(n-2)$, $3^2\times(n-3)$, $\cdots$, $(n-1)^2\times1$의 제k항을 a_k라 하면

$a_k=k^2\times(n-k)=-k^3+nk^2$

$\therefore 1^2\times(n-1)+2^2\times(n-2)+3^2\times(n-3)+\cdots+(n-1)^2\times1$

$$=\sum_{k=1}^{n-1}a_k=\sum_{k=1}^{n-1}(-k^3+nk^2)=-\sum_{k=1}^{n-1}k^3+n\sum_{k=1}^{n-1}k^2$$

$$=-\left\{\frac{(n-1)n}{2}\right\}^2+n\times\frac{(n-1)n(2n-1)}{6}$$

$$=\frac{n^2(n+1)(n-1)}{12}$$

참고

수열 $1^2\times(n-1)$, $2^2\times(n-2)$, $3^2\times(n-3)$, $\cdots$, $(n-1)^2\times1$의 제k항이 $a_k=-k^3+nk^2$이므로 이 수열의 제n항은

$a_n=-n^3+n\times n^2=0$

따라서 $\sum_{k=1}^{n-1}a_k=\sum_{k=1}^{n}a_k$임을 이용하여 수열의 합을 구해도 된다.

1030

답 ③

수열 $\dfrac{3n+1}{n}$, $\dfrac{3n+2}{n}$, $\dfrac{3n+3}{n}$, $\cdots$의 제k항을 a_k라 하면

$a_k=\dfrac{3n+k}{n}=3+\dfrac{k}{n}$

이 수열의 첫째항부터 제n항까지의 합은

$$\sum_{k=1}^{n}a_k=\sum_{k=1}^{n}\left(3+\frac{k}{n}\right)=\sum_{k=1}^{n}3+\sum_{k=1}^{n}\frac{k}{n}=\sum_{k=1}^{n}3+\frac{1}{n}\sum_{k=1}^{n}k$$

$$=3\times n+\frac{1}{n}\times\frac{n(n+1)}{2}=\frac{7n+1}{2}$$

따라서 $\dfrac{7n+1}{2}=25$에서

$7n+1=50$, $7n=49$

$\therefore n=7$

1031

답 $\dfrac{13n^2-1}{3n}$

수열 1, 3, 5, $\cdots$의 제k항은 $2k-1$

즉, 수열 $\left(\dfrac{n+1}{n}\right)^2$, $\left(\dfrac{n+3}{n}\right)^2$, $\left(\dfrac{n+5}{n}\right)^2$, $\cdots$, $\left(\dfrac{3n-1}{n}\right)^2$의 제$k$항

을 a_k라 하면

$a_k=\left(\dfrac{n+2k-1}{n}\right)^2$

$\quad=\left(\dfrac{2}{n}k+\dfrac{n-1}{n}\right)^2$

$\quad=\dfrac{4}{n^2}k^2+\dfrac{4(n-1)}{n^2}k+\dfrac{(n-1)^2}{n^2}$

❶

이때 $\left(\dfrac{3n-1}{n}\right)^2=\left\{\dfrac{n+(2n-1)}{n}\right\}^2$이므로

$\left(\dfrac{n+1}{n}\right)^2+\left(\dfrac{n+3}{n}\right)^2+\left(\dfrac{n+5}{n}\right)^2+\cdots+\left(\dfrac{3n-1}{n}\right)^2$

$=\displaystyle\sum_{k=1}^{n}a_k=\sum_{k=1}^{n}\left\{\dfrac{4}{n^2}k^2+\dfrac{4(n-1)}{n^2}k+\dfrac{(n-1)^2}{n^2}\right\}$

❷

$=\dfrac{4}{n^2}\displaystyle\sum_{k=1}^{n}k^2+\dfrac{4(n-1)}{n^2}\sum_{k=1}^{n}k+\sum_{k=1}^{n}\dfrac{(n-1)^2}{n^2}$

$=\dfrac{4}{n^2}\times\dfrac{n(n+1)(2n+1)}{6}+\dfrac{4(n-1)}{n^2}\times\dfrac{n(n+1)}{2}+\dfrac{(n-1)^2}{n^2}\times n$

$=\dfrac{13n^2-1}{3n}$

❸

채점 기준	배점
❶ 주어진 수열의 제k항을 n, k에 대한 식으로 나타내기	40%
❷ 주어진 수열의 항수를 구하고 수열의 합을 $\sum$를 이용하여 표현하기	20%
❸ 주어진 수열의 합 간단히 하기	40%

유형 09 $\sum$로 표현된 수열의 합과 일반항 사이의 관계

1032

답 1650

수열 $\{a_n\}$의 첫째항부터 제n항까지의 합을 S_n이라 하면

$S_n=\displaystyle\sum_{k=1}^{n}a_k=n(n+1)=n^2+n$

(ⅰ) $n=1$일 때

$a_1=S_1=1^2+1=2$

(ⅱ) $n\geq2$일 때

$a_n=S_n-S_{n-1}$

$\quad=n^2+n-\{(n-1)^2+(n-1)\}$

$\quad=2n$ $\quad\cdots\cdots$ ㉠

이때 $a_1=2$는 ㉠에 $n=1$을 대입한 것과 같으므로

$a_n=2n$

$\therefore ka_{2k+1}=k\times2(2k+1)=4k^2+2k$

$\therefore \displaystyle\sum_{k=1}^{10}ka_{2k+1}=\sum_{k=1}^{10}(4k^2+2k)=4\sum_{k=1}^{10}k^2+2\sum_{k=1}^{10}k$

$=4\times\dfrac{10\times11\times21}{6}+2\times\dfrac{10\times11}{2}$

$=1540+110=1650$

1033

답 ②

수열 $\{a_n\}$의 첫째항부터 제n항까지의 합을 S_n이라 하면

$S_n=\displaystyle\sum_{k=1}^{n}a_k=n^2-2n$

따라서 $a_1=S_1=1^2-2\times1=-1$이고

$a_{10}=S_{10}-S_9=(10^2-2\times10)-(9^2-2\times9)=17$이므로

$a_1+a_{10}=(-1)+17=16$

1034

답 ②

수열 $\{a_n\}$의 첫째항부터 제n항까지의 합을 S_n이라 하면

$S_n=\displaystyle\sum_{k=1}^{n}a_k=n^2$

(ⅰ) $n=1$일 때

$a_1=S_1=1^2=1$

(ⅱ) $n\geq2$일 때

$a_n=S_n-S_{n-1}=n^2-(n-1)^2$

$\quad=2n-1$ $\quad\cdots\cdots$ ㉠

이때 $a_1=1$은 ㉠에 $n=1$을 대입한 것과 같으므로

$a_n=2n-1$

$\therefore 3^{a_n}=3^{2n-1}=3\times3^{2n-2}=3\times9^{n-1}$

$\therefore \displaystyle\sum_{n=1}^{10}3^{a_n}=\sum_{n=1}^{10}(3\times9^{n-1})=\dfrac{3\times(9^{10}-1)}{9-1}=\dfrac{3}{8}(9^{10}-1)$

1035

답 2731

수열 $\{a_n\}$의 첫째항부터 제n항까지의 합을 S_n이라 하면

$S_n=\displaystyle\sum_{k=1}^{n}a_k=2^{n+1}-1$

(ⅰ) $n=1$일 때

$a_1=S_1=2^{1+1}-1=2^2-1=3$

(ⅱ) $n\geq2$일 때

$a_n=S_n-S_{n-1}$

$\quad=2^{n+1}-1-(2^n-1)$

$\quad=2^n$ $\quad\cdots\cdots$ ㉠

이때 $a_1=3$은 ㉠에 $n=1$을 대입한 것과 같지 않으므로

$a_1=3$, $a_n=2^n$ $(n\geq2)$

❶

$\therefore \displaystyle\sum_{k=1}^{6}a_{2k-1}=a_1+a_3+a_5+a_7+a_9+a_{11}$

$=3+2^3+2^5+2^7+2^9+2^{11}$

$=3+\dfrac{2^3\times\{(2^2)^5-1\}}{2^2-1}=2731$

❷

채점 기준	배점
❶ 일반항 a_n 구하기	50%
❷ 수열의 합 구하기	50%

$k \geq 2$일 때, $a_{2k-1} = 2^{2k-1} = 2 \times 4^{k-1}$이므로

$$\sum_{k=1}^{6} a_{2k-1} = a_1 + \sum_{k=2}^{6} (2 \times 4^{k-1})$$
$$= a_1 + \sum_{k=1}^{5} (8 \times 4^{k-1})$$

1036
답 ⑤

수열 $\{na_n\}$의 첫째항부터 제n항까지의 합을 S_n이라 하면

$$S_n = \sum_{k=1}^{n} ka_k = n(n+1)(n+2)$$

(i) $n=1$일 때

$1 \times a_1 = S_1 = 1 \times (1+1) \times (1+2) = 6$이므로

$a_1 = 6$

(ii) $n \geq 2$일 때

$na_n = S_n - S_{n-1}$
$= n(n+1)(n+2) - (n-1)n(n+1)$
$= n(n+1)\{(n+2)-(n-1)\}$
$= 3n(n+1)$

$\therefore a_n = 3(n+1)$ ······ ㉠

이때 $a_1 = 6$은 ㉠에 $n=1$을 대입한 것과 같으므로

$a_n = 3(n+1)$

$\therefore a_{2k-1} = 3(2k-1+1) = 6k$

$\therefore \sum_{k=1}^{10} a_{2k-1} = \sum_{k=1}^{10} 6k = 6 \sum_{k=1}^{10} k = 6 \times \dfrac{10 \times 11}{2} = 330$

주어진 합 $\sum_{k=1}^{n} ka_k$를 $\sum_{k=1}^{n} a_k$로 혼동하여 $a_n = 3n(n+1)$과 같이 구하지 않도록 주의한다.

1037
답 58

수열 $\left\{\dfrac{4n-3}{a_n}\right\}$의 첫째항부터 제$n$항까지의 합을 S_n이라 하면

$$S_n = \sum_{k=1}^{n} \dfrac{4k-3}{a_k} = 2n^2 + 7n$$

(i) $n=1$일 때

$\dfrac{4 \times 1 - 3}{a_1} = S_1 = 2 \times 1^2 + 7 \times 1 = 9$이므로

$a_1 = \dfrac{1}{9}$

(ii) $n \geq 2$일 때

$\dfrac{4n-3}{a_n} = S_n - S_{n-1}$
$= (2n^2+7n) - \{2(n-1)^2 + 7(n-1)\}$
$= 4n+5$

$\therefore a_n = \dfrac{4n-3}{4n+5}$ ······ ㉠

이때 $a_1 = \dfrac{1}{9}$은 ㉠에 $n=1$을 대입한 것과 같으므로

$$a_n = \dfrac{4n-3}{4n+5}$$

$\therefore a_5 \times a_7 \times a_9 = \dfrac{17}{25} \times \dfrac{25}{33} \times \dfrac{33}{41} = \dfrac{17}{41}$

따라서 $p=41$, $q=17$이므로

$p+q = 41 + 17 = 58$

유형 10 분수 꼴인 수열의 합

확인 문제 (1) $\dfrac{9}{10}$ (2) $\dfrac{175}{264}$

(1) $\dfrac{1}{1 \times 2} + \dfrac{1}{2 \times 3} + \dfrac{1}{3 \times 4} + \cdots + \dfrac{1}{9 \times 10}$

$= \left(1 - \dfrac{1}{2}\right) + \left(\dfrac{1}{2} - \dfrac{1}{3}\right) + \left(\dfrac{1}{3} - \dfrac{1}{4}\right) + \cdots + \left(\dfrac{1}{9} - \dfrac{1}{10}\right)$

$= 1 - \dfrac{1}{10} = \dfrac{9}{10}$

(2) $\sum_{k=1}^{10} \dfrac{1}{k(k+2)} = \sum_{k=1}^{10} \dfrac{1}{2}\left(\dfrac{1}{k} - \dfrac{1}{k+2}\right) = \dfrac{1}{2} \sum_{k=1}^{10} \left(\dfrac{1}{k} - \dfrac{1}{k+2}\right)$

$= \dfrac{1}{2}\left\{\left(1 - \dfrac{1}{3}\right) + \left(\dfrac{1}{2} - \dfrac{1}{4}\right) + \left(\dfrac{1}{3} - \dfrac{1}{5}\right)\right.$
$\left. + \cdots + \left(\dfrac{1}{9} - \dfrac{1}{11}\right) + \left(\dfrac{1}{10} - \dfrac{1}{12}\right)\right\}$

$= \dfrac{1}{2}\left(1 + \dfrac{1}{2} - \dfrac{1}{11} - \dfrac{1}{12}\right)$

$= \dfrac{175}{264}$

1038
답 46

수열 $\dfrac{1}{2^2-1}$, $\dfrac{1}{4^2-1}$, $\dfrac{1}{6^2-1}$, $\cdots$, $\dfrac{1}{30^2-1}$의 제k항을 a_k라 하면

$a_k = \dfrac{1}{(2k)^2-1} = \dfrac{1}{(2k-1)(2k+1)}$
$= \dfrac{1}{2}\left(\dfrac{1}{2k-1} - \dfrac{1}{2k+1}\right)$

이때 $\dfrac{1}{30^2-1} = \dfrac{1}{(2 \times 15)^2-1} = a_{15}$이므로

$\dfrac{1}{2^2-1} + \dfrac{1}{4^2-1} + \dfrac{1}{6^2-1} + \cdots + \dfrac{1}{30^2-1}$

$= \sum_{k=1}^{15} a_k = \dfrac{1}{2} \sum_{k=1}^{15} \left(\dfrac{1}{2k-1} - \dfrac{1}{2k+1}\right)$

$= \dfrac{1}{2}\left\{\left(1 - \dfrac{1}{3}\right) + \left(\dfrac{1}{3} - \dfrac{1}{5}\right) + \left(\dfrac{1}{5} - \dfrac{1}{7}\right)\right.$
$\left. + \cdots + \left(\dfrac{1}{27} - \dfrac{1}{29}\right) + \left(\dfrac{1}{29} - \dfrac{1}{31}\right)\right\}$

$= \dfrac{1}{2}\left(1 - \dfrac{1}{31}\right) = \dfrac{15}{31}$

따라서 $p=31$, $q=15$이므로

$p+q = 31 + 15 = 46$

1039 답 ②

$a_n=2n+1$에서 $a_{n+1}=2(n+1)+1=2n+3$이므로

$$\dfrac{1}{a_n a_{n+1}}=\dfrac{1}{(2n+1)(2n+3)}=\dfrac{1}{2}\left(\dfrac{1}{2n+1}-\dfrac{1}{2n+3}\right)$$

$$\therefore \sum_{n=1}^{12}\dfrac{1}{a_n a_{n+1}}$$

$$=\dfrac{1}{2}\sum_{n=1}^{12}\left(\dfrac{1}{2n+1}-\dfrac{1}{2n+3}\right)$$

$$=\dfrac{1}{2}\left\{\left(\dfrac{1}{3}-\dfrac{1}{5}\right)+\left(\dfrac{1}{5}-\dfrac{1}{7}\right)+\left(\dfrac{1}{7}-\dfrac{1}{9}\right)+\cdots+\left(\dfrac{1}{25}-\dfrac{1}{27}\right)\right\}$$

$$=\dfrac{1}{2}\left(\dfrac{1}{3}-\dfrac{1}{27}\right)=\dfrac{4}{27}$$

1040 답 ⑤

$$a_n=\dfrac{2n^2+2n+1}{n^2+n}=\dfrac{2(n^2+n)+1}{n^2+n}$$

$$=2+\dfrac{1}{n(n+1)}=2+\dfrac{1}{n}-\dfrac{1}{n+1}$$

$$\therefore \sum_{n=1}^{10}a_n=\sum_{n=1}^{10}\left(2+\dfrac{1}{n}-\dfrac{1}{n+1}\right)$$

$$=\sum_{n=1}^{10}2+\sum_{n=1}^{10}\left(\dfrac{1}{n}-\dfrac{1}{n+1}\right)$$

$$=2\times 10+\left\{\left(1-\dfrac{1}{2}\right)+\left(\dfrac{1}{2}-\dfrac{1}{3}\right)+\left(\dfrac{1}{3}-\dfrac{1}{4}\right)\right.$$

$$\left.+\cdots+\left(\dfrac{1}{10}-\dfrac{1}{11}\right)\right\}$$

$$=20+\left(1-\dfrac{1}{11}\right)=\dfrac{230}{11}$$

1041 답 71

$f(x)=x^3-(n-1)x^2-n$이라 하면 다항식 $f(x)$를 $x-n$으로 나
눈 나머지 a_n은

$$a_n=f(n)=n^3-(n-1)\times n^2-n$$

$$=n^3-n^3+n^2-n=n^2-n=n(n-1)$$

··· ❶

$$\therefore \sum_{n=5}^{15}\dfrac{1}{a_n}=\sum_{n=5}^{15}\dfrac{1}{(n-1)n}$$

$$=\sum_{n=5}^{15}\left(\dfrac{1}{n-1}-\dfrac{1}{n}\right)$$

··· ❷

$$=\left(\dfrac{1}{4}-\dfrac{1}{5}\right)+\left(\dfrac{1}{5}-\dfrac{1}{6}\right)+\left(\dfrac{1}{6}-\dfrac{1}{7}\right)+\cdots+\left(\dfrac{1}{14}-\dfrac{1}{15}\right)$$

$$=\dfrac{1}{4}-\dfrac{1}{15}=\dfrac{11}{60}$$

··· ❸

따라서 $p=60$, $q=11$이므로

$p+q=60+11=71$

··· ❹

채점 기준	배점
❶ a_n을 n에 대한 식으로 나타내기	30%
❷ 부분분수를 이용하여 식 변형하기	30%
❸ 수열의 합 구하기	30%
❹ $p+q$의 값 구하기	10%

1042 답 8

수열 $\{a_n\}$의 첫째항부터 제n항까지의 합을 S_n이라 하면

$$S_n=\sum_{k=1}^{n}a_k=n^2+3n$$

(i) $n=1$일 때

$$a_1=S_1=1^2+3\times 1=4$$

(ii) $n\geq 2$일 때

$$a_n=S_n-S_{n-1}$$

$$=n^2+3n-\{(n-1)^2+3(n-1)\}$$

$$=2n+2 \quad\cdots\cdots ㉠$$

이때 $a_1=4$는 ㉠에 $n=1$을 대입한 것과 같으므로

$$a_n=2n+2$$

$a_{n+1}=2(n+1)+2=2n+4$이므로

$$\dfrac{1}{a_n a_{n+1}}=\dfrac{1}{(2n+2)(2n+4)}$$

$$=\dfrac{1}{4(n+1)(n+2)}$$

$$=\dfrac{1}{4}\left(\dfrac{1}{n+1}-\dfrac{1}{n+2}\right)$$

$$\therefore \sum_{n=1}^{p}\dfrac{1}{a_n a_{n+1}}=\dfrac{1}{4}\sum_{n=1}^{p}\left(\dfrac{1}{n+1}-\dfrac{1}{n+2}\right)$$

$$=\dfrac{1}{4}\left\{\left(\dfrac{1}{2}-\dfrac{1}{3}\right)+\left(\dfrac{1}{3}-\dfrac{1}{4}\right)+\left(\dfrac{1}{4}-\dfrac{1}{5}\right)\right.$$

$$\left.+\cdots+\left(\dfrac{1}{p+1}-\dfrac{1}{p+2}\right)\right\}$$

$$=\dfrac{1}{4}\left(\dfrac{1}{2}-\dfrac{1}{p+2}\right)$$

$$=\dfrac{p}{8(p+2)}$$

이 값이 $\dfrac{1}{10}$이므로 $\dfrac{p}{8(p+2)}=\dfrac{1}{10}$에서

$10p=8p+16$, $2p=16$

$\therefore p=8$

1043 답 ②

x에 대한 이차방정식 $x^2-nx-n=0$의 서로 다른 두 실근이 α_n, β_n이므로 근과 계수의 관계에 의하여

$$\alpha_n+\beta_n=n, \ \alpha_n\beta_n=-n$$

$$\therefore \alpha_n^2+\beta_n^2=(\alpha_n+\beta_n)^2-2\alpha_n\beta_n$$

$$=n^2-2\times(-n)$$

$$=n^2+2n=n(n+2)$$

$$\therefore \sum_{n=1}^{9}\dfrac{5}{\alpha_n^2+\beta_n^2}=\sum_{n=1}^{9}\dfrac{5}{n(n+2)}$$

$$=\sum_{n=1}^{9}\dfrac{5}{2}\left(\dfrac{1}{n}-\dfrac{1}{n+2}\right)$$

$$=\dfrac{5}{2}\sum_{n=1}^{9}\left(\dfrac{1}{n}-\dfrac{1}{n+2}\right)$$

$$=\dfrac{5}{2}\left\{\left(1-\dfrac{1}{3}\right)+\left(\dfrac{1}{2}-\dfrac{1}{4}\right)+\left(\dfrac{1}{3}-\dfrac{1}{5}\right)\right.$$

$$\left.+\cdots+\left(\dfrac{1}{8}-\dfrac{1}{10}\right)+\left(\dfrac{1}{9}-\dfrac{1}{11}\right)\right\}$$

$$=\dfrac{5}{2}\left(1+\dfrac{1}{2}-\dfrac{1}{10}-\dfrac{1}{11}\right)=\dfrac{36}{11}$$

1044

답 8

수열 $\dfrac{3}{1^2}$, $\dfrac{5}{1^2+2^2}$, $\dfrac{7}{1^2+2^2+3^2}$, $\cdots$, $\dfrac{2k+1}{1^2+2^2+3^2+\cdots+k^2}$ 의 제n항

을 a_n이라 하면

$a_n=\dfrac{2n+1}{1^2+2^2+3^2+\cdots+n^2}=\dfrac{2n+1}{\dfrac{n(n+1)(2n+1)}{6}}$

$=\dfrac{6}{n(n+1)}=6\left(\dfrac{1}{n}-\dfrac{1}{n+1}\right)$

$\therefore \dfrac{3}{1^2}+\dfrac{5}{1^2+2^2}+\dfrac{7}{1^2+2^2+3^2}+\cdots+\dfrac{2k+1}{1^2+2^2+3^2+\cdots+k^2}$

$=\sum\limits_{n=1}^{k}a_n=6\sum\limits_{n=1}^{k}\left(\dfrac{1}{n}-\dfrac{1}{n+1}\right)$

$=6\left\{\left(1-\dfrac{1}{2}\right)+\left(\dfrac{1}{2}-\dfrac{1}{3}\right)+\left(\dfrac{1}{3}-\dfrac{1}{4}\right)+\cdots+\left(\dfrac{1}{k}-\dfrac{1}{k+1}\right)\right\}$

$=6\left(1-\dfrac{1}{k+1}\right)$

$=\dfrac{6k}{k+1}$

이 값이 $\dfrac{16}{3}$이므로 $\dfrac{6k}{k+1}=\dfrac{16}{3}$에서

$18k=16k+16$, $2k=16$

$\therefore k=8$

1045

답 ⑤

$n\geq2$일 때 $S_n-S_{n-1}=a_n$이므로

$S_n-a_n=S_{n-1}$

$\therefore S_n-a_n=\dfrac{1}{(n-1)n}$ $(n\geq2)$

이때 $S_1-a_1=0$이므로

$\sum\limits_{k=1}^{10}(S_k-a_k)=S_1-a_1+\sum\limits_{k=2}^{10}(S_k-a_k)$

$=\sum\limits_{k=2}^{10}\dfrac{1}{(k-1)k}$

$=\sum\limits_{k=2}^{10}\left(\dfrac{1}{k-1}-\dfrac{1}{k}\right)$

$=\left(1-\dfrac{1}{2}\right)+\left(\dfrac{1}{2}-\dfrac{1}{3}\right)+\cdots+\left(\dfrac{1}{9}-\dfrac{1}{10}\right)$

$=1-\dfrac{1}{10}=\dfrac{9}{10}$

다른 풀이

$\sum\limits_{k=1}^{10}S_k=\sum\limits_{k=1}^{10}\dfrac{1}{k(k+1)}$

$=\sum\limits_{k=1}^{10}\left(\dfrac{1}{k}-\dfrac{1}{k+1}\right)$

$=\left(1-\dfrac{1}{2}\right)+\left(\dfrac{1}{2}-\dfrac{1}{3}\right)+\cdots+\left(\dfrac{1}{10}-\dfrac{1}{11}\right)$

$=1-\dfrac{1}{11}=\dfrac{10}{11}$

$\sum\limits_{k=1}^{10}a_k=S_{10}=\dfrac{1}{10\times11}=\dfrac{1}{110}$

$\therefore \sum\limits_{k=1}^{10}(S_k-a_k)=\sum\limits_{k=1}^{10}S_k-\sum\limits_{k=1}^{10}a_k$

$=\dfrac{10}{11}-\dfrac{1}{110}=\dfrac{9}{10}$

확인 문제 2

$\sum\limits_{k=1}^{8}\dfrac{1}{\sqrt{k}+\sqrt{k+1}}$

$=\sum\limits_{k=1}^{8}\dfrac{\sqrt{k}-\sqrt{k+1}}{(\sqrt{k}+\sqrt{k+1})(\sqrt{k}-\sqrt{k+1})}$

$=\sum\limits_{k=1}^{8}\dfrac{\sqrt{k}-\sqrt{k+1}}{k-(k+1)}$

$=\sum\limits_{k=1}^{8}(\sqrt{k+1}-\sqrt{k})$

$=(\sqrt{2}-1)+(\sqrt{3}-\sqrt{2})+(\sqrt{4}-\sqrt{3})+\cdots+(\sqrt{9}-\sqrt{8})$

$=\sqrt{9}-1=3-1=2$

1046

답 4

수열 $\dfrac{1}{\sqrt{3}+1}$, $\dfrac{1}{\sqrt{5}+\sqrt{3}}$, $\dfrac{1}{\sqrt{7}+\sqrt{5}}$, $\cdots$, $\dfrac{1}{\sqrt{81}+\sqrt{79}}$ 의 제k항을

a_k라 하면

$a_k=\dfrac{1}{\sqrt{2k+1}+\sqrt{2k-1}}$

$=\dfrac{\sqrt{2k+1}-\sqrt{2k-1}}{(\sqrt{2k+1}+\sqrt{2k-1})(\sqrt{2k+1}-\sqrt{2k-1})}$

$=\dfrac{\sqrt{2k+1}-\sqrt{2k-1}}{(2k+1)-(2k-1)}$

$=\dfrac{1}{2}(\sqrt{2k+1}-\sqrt{2k-1})$

이때 $\dfrac{1}{\sqrt{3}+1}=a_1$, $\dfrac{1}{\sqrt{81}+\sqrt{79}}=a_{40}$이므로

$\dfrac{1}{\sqrt{3}+1}+\dfrac{1}{\sqrt{5}+\sqrt{3}}+\dfrac{1}{\sqrt{7}+\sqrt{5}}+\cdots+\dfrac{1}{\sqrt{81}+\sqrt{79}}$

$=\sum\limits_{k=1}^{40}a_k=\dfrac{1}{2}\sum\limits_{k=1}^{40}(\sqrt{2k+1}-\sqrt{2k-1})$

$=\dfrac{1}{2}\{(\sqrt{3}-1)+(\sqrt{5}-\sqrt{3})+(\sqrt{7}-\sqrt{5})+\cdots+(\sqrt{81}-\sqrt{79})\}$

$=\dfrac{1}{2}\times(\sqrt{81}-1)$

$=\dfrac{1}{2}\times(9-1)=4$

1047

답 120

$a_n=\dfrac{1}{(n+1)\sqrt{n}+n\sqrt{n+1}}$

$=\dfrac{1}{(\sqrt{n+1})^2\sqrt{n}+(\sqrt{n})^2\sqrt{n+1}}$

$=\dfrac{1}{\sqrt{n}\sqrt{n+1}(\sqrt{n+1}+\sqrt{n})}$

$=\dfrac{\sqrt{n+1}-\sqrt{n}}{\sqrt{n}\sqrt{n+1}(\sqrt{n+1}+\sqrt{n})(\sqrt{n+1}-\sqrt{n})}$

$=\dfrac{\sqrt{n+1}-\sqrt{n}}{\sqrt{n}\sqrt{n+1}}$

$=\dfrac{1}{\sqrt{n}}-\dfrac{1}{\sqrt{n+1}}$

$$\therefore \sum_{n=1}^{k} a_n = \sum_{n=1}^{k} \left(\frac{1}{\sqrt{n}} - \frac{1}{\sqrt{n+1}} \right)$$
$$= \left(1 - \frac{1}{\sqrt{2}} \right) + \left(\frac{1}{\sqrt{2}} - \frac{1}{\sqrt{3}} \right) + \left(\frac{1}{\sqrt{3}} - \frac{1}{\sqrt{4}} \right)$$
$$+ \cdots + \left(\frac{1}{\sqrt{k}} - \frac{1}{\sqrt{k+1}} \right)$$
$$= 1 - \frac{1}{\sqrt{k+1}}$$

❷

이 값이 $\frac{10}{11}$이므로 $1 - \frac{1}{\sqrt{k+1}} = \frac{10}{11}$에서

$$\frac{1}{\sqrt{k+1}} = \frac{1}{11}, \ \sqrt{k+1} = 11$$

$$k+1 = 11^2 = 121$$

$$\therefore k = 120$$

❸

채점 기준	배점
❶ 분모의 유리화를 이용하여 a_n 간단히 하기	40%
❷ 수열의 합 간단히 하기	40%
❸ 자연수 k의 값 구하기	20%

1048

답 5

점 P_k의 좌표는 $(k, \sqrt{k})$, 점 Q_k의 좌표는 $(k, -\sqrt{k+1})$이므로

$$\overline{P_k Q_k} = \sqrt{k} - (-\sqrt{k+1}) = \sqrt{k} + \sqrt{k+1}$$

$$\therefore \sum_{k=1}^{35} \frac{1}{\overline{P_k Q_k}} = \sum_{k=1}^{35} \frac{1}{\sqrt{k+1} + \sqrt{k}}$$
$$= \sum_{k=1}^{35} \frac{\sqrt{k+1} - \sqrt{k}}{(\sqrt{k+1} + \sqrt{k})(\sqrt{k+1} - \sqrt{k})}$$
$$= \sum_{k=1}^{35} (\sqrt{k+1} - \sqrt{k})$$
$$= (\sqrt{2} - 1) + (\sqrt{3} - \sqrt{2}) + (\sqrt{4} - \sqrt{3})$$
$$+ \cdots + (\sqrt{36} - \sqrt{35})$$
$$= \sqrt{36} - 1 = 6 - 1 = 5$$

1049

답 ④

등차수열 $\{a_n\}$의 첫째항을 $a \ (a > 0)$라 하면 공차도 a이므로

$$\sum_{k=1}^{15} \frac{1}{\sqrt{a_k} + \sqrt{a_{k+1}}}$$
$$= \sum_{k=1}^{15} \frac{\sqrt{a_k} - \sqrt{a_{k+1}}}{(\sqrt{a_k} + \sqrt{a_{k+1}})(\sqrt{a_k} - \sqrt{a_{k+1}})}$$
$$= \sum_{k=1}^{15} \frac{\sqrt{a_k} - \sqrt{a_{k+1}}}{a_k - a_{k+1}}$$
$$= -\frac{1}{a} \sum_{k=1}^{15} (\sqrt{a_k} - \sqrt{a_{k+1}}) \ (\because a_{k+1} - a_k = a)$$
$$= -\frac{1}{a} \{ (\sqrt{a_1} - \sqrt{a_2}) + (\sqrt{a_2} - \sqrt{a_3}) + (\sqrt{a_3} - \sqrt{a_4})$$
$$+ \cdots + (\sqrt{a_{15}} - \sqrt{a_{16}}) \}$$
$$= -\frac{1}{a} (\sqrt{a_1} - \sqrt{a_{16}})$$

이 값이 2이고 $a_1 = a$, $a_{16} = a + 15a = 16a$이므로

$$-\frac{1}{a} (\sqrt{a} - \sqrt{16a}) = 2, \ \sqrt{a} - 4\sqrt{a} = -2a$$

$$-3\sqrt{a} = -2a, \ 3\sqrt{a} = 2a$$

양변을 제곱하면

$$9a = 4a^2, \ a(4a - 9) = 0$$

$$\therefore a = \frac{9}{4} \ (\because a > 0)$$

$$\therefore a_4 = a + 3a = 4a$$
$$= 4 \times \frac{9}{4} = 9$$

1050

답 ①

$$f(x) = \frac{1}{\sqrt{x+2} + \sqrt{x+1}}$$
$$= \frac{\sqrt{x+2} - \sqrt{x+1}}{(\sqrt{x+2} + \sqrt{x+1})(\sqrt{x+2} - \sqrt{x+1})}$$
$$= \sqrt{x+2} - \sqrt{x+1}$$

이므로 자연수 x에 대하여

$$g(x) = \sum_{k=0}^{x} f(k) = \sum_{k=0}^{x} (\sqrt{k+2} - \sqrt{k+1})$$
$$= (\sqrt{2} - 1) + (\sqrt{3} - \sqrt{2}) + (\sqrt{4} - \sqrt{3}) + \cdots + (\sqrt{x+2} - \sqrt{x+1})$$
$$= \sqrt{x+2} - 1$$

$g(x) = n$ (n은 자연수)이라 하면

$$\sqrt{x+2} - 1 = n$$

$$\sqrt{x+2} = n+1, \ x+2 = (n+1)^2$$

$$\therefore x = (n+1)^2 - 2 \qquad \cdots\cdots \ \bigcirc$$

이때 $1 \le x \le 100$이므로

$$1 \le (n+1)^2 - 2 \le 100$$

$$\therefore 3 \le (n+1)^2 \le 102$$

이때 n은 자연수이므로

$$(n+1)^2 = 4, \ 9, \ 16, \ \cdots, \ 100$$

$$n+1 = 2, \ 3, \ 4, \ \cdots, \ 10$$

$$\therefore n = 1, \ 2, \ 3, \ \cdots, \ 9$$

이것을 $\bigcirc$에 대입하면 자연수 x는 2, 7, 14, 23, 34, 47, 62, 79, 98의 9개이다.

유형 **12** 로그가 포함된 수열의 합

1051

답 ③

수열 $\{a_n\}$이 첫째항과 공비가 모두 4인 등비수열이므로

$$a_n = 4 \times 4^{n-1} = 4^n = 2^{2n}$$

$$\therefore \sum_{n=1}^{10} \log_2 a_n = \sum_{n=1}^{10} \log_2 2^{2n} = \sum_{n=1}^{10} 2n \log_2 2$$
$$= 2 \sum_{n=1}^{10} n = 2 \times \frac{10 \times 11}{2}$$
$$= 110$$

1052

답 624

$$\sum_{k=1}^{n} \log_5 \left(1+\frac{1}{k}\right) = \sum_{k=1}^{n} \log_5 \frac{k+1}{k}$$

$$= \log_5 \frac{2}{1} + \log_5 \frac{3}{2} + \log_5 \frac{4}{3} + \cdots + \log_5 \frac{n+1}{n}$$

$$= \log_5 \left(\frac{2}{1} \times \frac{3}{2} \times \frac{4}{3} \times \cdots \times \frac{n+1}{n}\right)$$

$$= \log_5 (n+1)$$

이 값이 4이므로 $\log_5 (n+1) = 4$에서

$n+1 = 5^4 = 625$ ∴ $n = 624$

1053

답 55

$$\sum_{n=1}^{20} \log_6 a_n = \sum_{n=1}^{10} \log_6 a_{2n} + \sum_{n=1}^{10} \log_6 a_{2n-1}$$

$$= \sum_{n=1}^{10} (\log_6 a_{2n} + \log_6 a_{2n-1})$$

$$= \sum_{n=1}^{10} \log_6 (a_{2n} \times a_{2n-1})$$

$$= \sum_{n=1}^{10} \log_6 (2^n \times 3^n)$$

$$= \sum_{n=1}^{10} \log_6 6^n$$

$$= \sum_{n=1}^{10} n$$

$$= \frac{10 \times 11}{2} = 55$$

[다른 풀이]

$$\sum_{n=1}^{20} \log_6 a_n = \log_6 a_1 + \log_6 a_2 + \log_6 a_3 + \log_6 a_4$$
$$+ \cdots + \log_6 a_{19} + \log_6 a_{20}$$

$$= \log_6 (a_1 \times a_2 \times a_3 \times a_4 \times \cdots \times a_{19} \times a_{20})$$

$$= \log_6 \{(a_1 \times a_3 \times \cdots \times a_{19})(a_2 \times a_4 \times \cdots \times a_{20})\}$$

이때 $a_{2n} = 2^n$에서 $a_2 = 2$, $a_4 = 2^2$, $a_6 = 2^3$, $\cdots$, $a_{20} = 2^{10}$이므로

$$a_2 \times a_4 \times \cdots \times a_{20} = 2 \times 2^2 \times 2^3 \times \cdots \times 2^{10}$$
$$= 2^{1+2+3+\cdots+10}$$
$$= 2^{\frac{10 \times 11}{2}} = 2^{55}$$

또한 $a_{2n-1} = 3^n$에서 $a_1 = 3$, $a_3 = 3^2$, $a_5 = 3^3$, $\cdots$, $a_{19} = 3^{10}$이므로

$$a_1 \times a_3 \times \cdots \times a_{19} = 3 \times 3^2 \times 3^3 \times \cdots \times 3^{10}$$
$$= 3^{1+2+\cdots+10}$$
$$= 3^{\frac{10 \times 11}{2}} = 3^{55}$$

$$\therefore \sum_{n=1}^{20} \log_6 a_n = \log_6 \{(a_1 \times a_3 \times \cdots \times a_{19})(a_2 \times a_4 \times \cdots \times a_{20})\}$$

$$= \log_6 (3^{55} \times 2^{55})$$

$$= \log_6 (3 \times 2)^{55}$$

$$= \log_6 6^{55} = 55$$

1054

답 ①

자연수 k에 대하여

$$\log_{k+1} (k+2) = \frac{\log_2 (k+2)}{\log_2 (k+1)}$$

이므로

$$\sum_{k=1}^{254} \log_2 \{\log_{k+1} (k+2)\}$$

$$= \sum_{k=1}^{254} \log_2 \left\{\frac{\log_2 (k+2)}{\log_2 (k+1)}\right\}$$

$$= \log_2 \left(\frac{\log_2 3}{\log_2 2}\right) + \log_2 \left(\frac{\log_2 4}{\log_2 3}\right) + \log_2 \left(\frac{\log_2 5}{\log_2 4}\right)$$
$$+ \cdots + \log_2 \left(\frac{\log_2 256}{\log_2 255}\right)$$

$$= \log_2 \left(\frac{\log_2 3}{\log_2 2} \times \frac{\log_2 4}{\log_2 3} \times \frac{\log_2 5}{\log_2 4} \times \cdots \times \frac{\log_2 256}{\log_2 255}\right)$$

$$= \log_2 \left(\frac{\log_2 256}{\log_2 2}\right) = \log_2 (\log_2 2^8)$$

$$= \log_2 (8 \log_2 2) = \log_2 8$$

$$= \log_2 2^3 = 3 \log_2 2 = 3$$

🔊 Bible Says **로그의 밑의 변환**

$a > 0$, $a \neq 1$이고 $b > 0$일 때

(1) $\log_a b = \dfrac{\log_c b}{\log_c a}$ (단, $c > 0$, $c \neq 1$)

(2) $\log_a b = \dfrac{1}{\log_b a}$ (단, $b \neq 1$)

1055

답 2

수열 $\{a_n\}$의 첫째항부터 제n항까지의 합을 S_n이라 하면

$$S_n = \sum_{k=1}^{n} a_k = \log \frac{(n+1)(n+2)}{2}$$

(ⅰ) $n=1$일 때

$$a_1 = S_1 = \log \frac{2 \times 3}{2} = \log 3$$

(ⅱ) $n \geq 2$일 때

$$a_n = S_n - S_{n-1}$$
$$= \log \frac{(n+1)(n+2)}{2} - \log \frac{n(n+1)}{2}$$
$$= \log\left\{\frac{(n+1)(n+2)}{2} \times \frac{2}{n(n+1)}\right\}$$
$$= \log \frac{n+2}{n} \quad \cdots\cdots \text{㉠}$$

이때 $a_1 = \log 3$은 ㉠에 $n=1$을 대입한 것과 같으므로

$$a_n = \log \frac{n+2}{n}$$

❶

따라서 $a_{2k} = \log \dfrac{2k+2}{2k} = \log \dfrac{k+1}{k}$이므로

❷

$$\sum_{k=1}^{99} a_{2k} = \sum_{k=1}^{99} \log \frac{k+1}{k}$$

$$= \log \frac{2}{1} + \log \frac{3}{2} + \log \frac{4}{3} + \cdots + \log \frac{100}{99}$$

$$= \log \left(\frac{2}{1} \times \frac{3}{2} \times \frac{4}{3} \times \cdots \times \frac{100}{99}\right)$$

$$= \log 100 = \log 10^2 = 2$$

❸

채점 기준	배점
❶ 일반항 a_n 구하기	40%
❷ a_{2k} 구하기	20%
❸ 수열의 합 구하기	40%

1056

답 ⑤

자연수 1, 2, 3, 4, 5, 6, …을 5로 나누었을 때의 나머지는 순서대로
1, 2, 3, 4, 0, 1, …
즉, 수열 $\{a_n\}$은 1, 2, 3, 4, 0이 이 순서대로 반복되고
$123 = 5 \times 24 + 3$이므로

$$\sum_{n=1}^{123} a_n = (1+2+3+4+0) + (1+2+3+4+0)$$
$$+ \cdots + (1+2+3+4+0) + 1+2+3$$
$$= (1+2+3+4+0) \times 24 + 6$$
$$= 10 \times 24 + 6 = 246$$

1057

답 ④

$7, 7^2, 7^3, 7^4, 7^5, \cdots$의 일의 자리의 숫자는 순서대로
$7, 9, 3, 1, 7, \cdots$
즉, 수열 $\{a_n\}$은 7, 9, 3, 1이 이 순서대로 반복되므로

$$\sum_{k=1}^{4} a_k = 7+9+3+1 = 20$$
$$\sum_{k=1}^{8} a_k = (7+9+3+1) \times 2 = 40$$
$$\sum_{k=1}^{12} a_k = (7+9+3+1) \times 3 = 60$$
$$\vdots$$
$$\sum_{k=1}^{4m} a_k = (7+9+3+1) \times m = 20m$$

따라서 $\sum_{k=1}^{n} a_k = 256$에서
$256 = (7+9+3+1) \times 12 + 7 + 9$
이므로
$n = 4 \times 12 + 2 = 50$

1058

답 128

수열 $\{a_n\}$의 각 항은 $-1, 0, 3$의 값 중 어느 하나를 가지므로
$a_1, a_2, a_3, \cdots, a_n$ 중 -1이 x개, 0이 y개, 3이 z개라 하면

$$\sum_{k=1}^{n} a_k = (-1) \times x + 0 \times y + 3 \times z = 8$$
$\therefore x - 3z = -8$ ...... ㉠

$$\sum_{k=1}^{n} a_k^2 = (-1)^2 \times x + 0^2 \times y + 3^2 \times z = 52$$
$\therefore x + 9z = 52$ ...... ㉡

㉠, ㉡을 연립하여 풀면
$x = 7, z = 5$

$$\therefore \sum_{k=1}^{n} a_k^3 = (-1)^3 \times x + 0^3 \times y + 3^3 \times z$$
$$= (-1) \times 7 + 27 \times 5$$
$$= -7 + 135$$
$$= 128$$

1059

답 ③

(i) $2 \leq n \leq 4$일 때
$n - 5 < 0$이므로 $f(2) = 0, f(3) = 1, f(4) = 0$이다.

(ii) $n = 5$일 때
$n - 5 = 0$이므로 $f(5) = 1$이다.

(iii) $6 \leq n \leq 10$일 때
$n - 5 > 0$이므로 $f(6) = 2, f(7) = 1, f(8) = 2, f(9) = 1,$
$f(10) = 2$이다.

(i)~(iii)에서
$$\sum_{n=2}^{10} f(n) = 0+1+0+1+2+1+2+1+2 = 10$$

참고

(i)에서 n이 홀수이면 $x^n = n-5$를 만족시키는 실수 x는 $\sqrt[n]{n-5}$의 하나
뿐이므로 $f(n) = 1$이고, n이 짝수이면 $x^n = n-5$를 만족시키는 실수 x는
존재하지 않으므로 $f(n) = 0$이다.
(iii)에서 n이 홀수이면 $x^n = n-5$를 만족시키는 실수 x는 $\sqrt[n]{n-5}$의 하나
뿐이므로 $f(n) = 1$이고, n이 짝수이면 $x^n = n-5$를 만족시키는 실수 x는
$\sqrt[n]{n-5}, -\sqrt[n]{n-5}$의 2개이므로 $f(n) = 2$이다.

🔊 **Bible Says** 실수의 거듭제곱근

실수 a의 n제곱근 중 실수인 것은 다음과 같다.

	$a > 0$	$a = 0$	$a < 0$
n이 짝수	$\sqrt[n]{a}, -\sqrt[n]{a}$	0	없다.
n이 홀수	$\sqrt[n]{a}$	0	$\sqrt[n]{a}$

1060

답 -1

방정식 $x^3 + 1 = 0$에서
$(x+1)(x^2 - x + 1) = 0$
$\therefore x = -1$ 또는 $x^2 - x + 1 = 0$
이때 ω는 방정식 $x^3 + 1 = 0$의 한 허근이므로 이차방정식
$x^2 - x + 1 = 0$의 근이다.
따라서 $\omega^3 + 1 = 0, \omega^2 - \omega + 1 = 0$이므로
$\omega^3 = -1, \omega^2 = \omega - 1$
한편, $\omega^2 - \omega + 1 = 0$에서 근의 공식에 의하여
$$\omega = \frac{1 \pm \sqrt{3}i}{2}$$

자연수 n에 대하여 ω^n의 실수 부분 $f(n)$은 n의 값에 따라 다음과
같이 구할 수 있다.

$n = 1$일 때, $\omega = \frac{1}{2} \pm \frac{\sqrt{3}i}{2}$이므로 $f(1) = \frac{1}{2}$

$n = 2$일 때, $\omega^2 = \omega - 1 = \frac{1}{2} \pm \frac{\sqrt{3}i}{2} - 1 = -\frac{1}{2} \pm \frac{\sqrt{3}i}{2}$이므로

$f(2) = -\frac{1}{2}$

$n = 3$일 때, $\omega^3 = -1$이므로 $f(3) = -1$

$n = 4$일 때, $\omega^4 = \omega^3 \omega = -\omega$이므로 $f(4) = -f(1) = -\frac{1}{2}$

$n = 5$일 때, $\omega^5 = \omega^3 \omega^2 = -\omega^2$이므로 $f(5) = -f(2) = \frac{1}{2}$

$n = 6$일 때, $\omega^6 = (\omega^3)^2 = 1$이므로 $f(6) = 1$

$n = 7$일 때, $\omega^7 = \omega^6 \omega = \omega$이므로 $f(7) = f(1)$
$\vdots$

따라서 $f(n)$의 값은 $\dfrac{1}{2}$, $-\dfrac{1}{2}$, -1, $-\dfrac{1}{2}$, $\dfrac{1}{2}$, 1이 이 순서대로 반복되고 $99=6\times16+3$이므로

$$\sum_{n=1}^{99}f(n)=\left\{\dfrac{1}{2}+\left(-\dfrac{1}{2}\right)+(-1)+\left(-\dfrac{1}{2}\right)+\dfrac{1}{2}+1\right\}\times16$$
$$+\dfrac{1}{2}+\left(-\dfrac{1}{2}\right)+(-1)$$
$$=-1$$

유형 14 여러 가지 수열의 합의 활용

1061

답 ③

오른쪽 그림과 같이 원의 중심 O에서 직선 $y=x+1$에 내린 수선의 발을 H라 하자.
원 $x^2+y^2=n$의 반지름의 길이는 $\sqrt{n}$이므로
$$\overline{OA_n}=\sqrt{n}$$

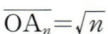

원점 O와 직선 $y=x+1$, 즉
$x-y+1=0$ 사이의 거리는
$$\overline{OH}=\dfrac{|0-0+1|}{\sqrt{1^2+(-1)^2}}=\dfrac{\sqrt{2}}{2}$$
직각삼각형 OA_nH에서 피타고라스 정리에 의하여
$$\overline{A_nH}=\sqrt{(\sqrt{n})^2-\left(\dfrac{\sqrt{2}}{2}\right)^2}=\sqrt{\dfrac{2n-1}{2}}$$
이때 $\overline{A_nH}=\overline{B_nH}$이므로
$$\overline{A_nB_n}^2=\left(2\times\sqrt{\dfrac{2n-1}{2}}\right)^2=4n-2$$
$$\therefore\sum_{n=1}^{10}\overline{A_nB_n}^2=\sum_{n=1}^{10}(4n-2)=4\sum_{n=1}^{10}n-\sum_{n=1}^{10}2$$
$$=4\times\dfrac{10\times11}{2}-2\times10=200$$

다른 풀이

원 $x^2+y^2=n$과 직선 $y=x+1$의 두 교점 A_n, B_n의 x좌표를 각각 a_n, b_n이라 하면 a_n, b_n은 이차방정식
$x^2+(x+1)^2=n$, 즉 $2x^2+2x+1-n=0$
의 두 실근이므로 근과 계수의 관계에 의하여
$$a_n+b_n=-1,\ a_nb_n=\dfrac{1-n}{2}\quad\cdots\cdots\text{㉠}$$
한편, $A_n(a_n,\ a_n+1)$, $B_n(b_n,\ b_n+1)$이므로
$$\overline{A_nB_n}^2=(b_n-a_n)^2+\{(b_n+1)-(a_n+1)\}^2$$
$$=2(b_n-a_n)^2$$
$$=2\{(a_n+b_n)^2-4a_nb_n\}$$
$$=2\left\{(-1)^2-4\times\dfrac{1-n}{2}\right\}(\because\text{㉠})$$
$$=2(2n-1)=4n-2$$
$$\therefore\sum_{n=1}^{10}\overline{A_nB_n}^2=\sum_{n=1}^{10}(4n-2)=4\sum_{n=1}^{10}n-\sum_{n=1}^{10}2$$
$$=4\times\dfrac{10\times11}{2}-2\times10=200$$

1062

답 ②

두 함수 $f(x)=x^2-nx+n(n+3)$, $g(x)=(n+3)x-2$의 그래프의 두 교점의 x좌표 a_n, b_n은 두 함수의 식을 연립한 이차방정식
$x^2-nx+n(n+3)=(n+3)x-2$, 즉
$x^2-(2n+3)x+n^2+3n+2=0$의 두 실근이다.
이때 이차방정식의 근과 계수의 관계에 의하여
$$a_nb_n=n^2+3n+2=(n+1)(n+2)$$
$$\therefore\sum_{n=1}^{28}\dfrac{30}{a_nb_n}=\sum_{n=1}^{28}\dfrac{30}{(n+1)(n+2)}=30\sum_{n=1}^{28}\left(\dfrac{1}{n+1}-\dfrac{1}{n+2}\right)$$
$$=30\left\{\left(\dfrac{1}{2}-\dfrac{1}{3}\right)+\left(\dfrac{1}{3}-\dfrac{1}{4}\right)+\left(\dfrac{1}{4}-\dfrac{1}{5}\right)\right.$$
$$\left.+\cdots+\left(\dfrac{1}{29}-\dfrac{1}{30}\right)\right\}$$
$$=30\times\left(\dfrac{1}{2}-\dfrac{1}{30}\right)=14$$

참고

두 함수의 식을 연립하여 얻은 이차방정식
$x^2-(2n+3)x+n^2+3n+2=0$에서
$x^2-(2n+3)x+(n+1)(n+2)=0$
$\{x-(n+1)\}\{x-(n+2)\}=0$
$\therefore x=n+1$ 또는 $x=n+2$
따라서 두 교점의 x좌표 a_n, b_n은 $n+1$, $n+2$임을 알 수 있다.

1063

답 464

곡선 $y=\dfrac{x^2}{2}$과 직선 $y=nx-1$이 만나는 두 점 A_n, B_n의 x좌표를 각각 a_n, β_n이라 하면 이 두 점은 곡선 $y=\dfrac{x^2}{2}$ 위의 점이므로
$$A_n\left(a_n,\ \dfrac{a_n^2}{2}\right),\ B_n\left(\beta_n,\ \dfrac{\beta_n^2}{2}\right)$$
따라서 두 직선 OA_n, OB_n의 기울기는 각각
$$a_n=\dfrac{\dfrac{a_n^2}{2}}{a_n}=\dfrac{a_n}{2},\ b_n=\dfrac{\dfrac{\beta_n^2}{2}}{\beta_n}=\dfrac{\beta_n}{2}$$

❶

한편, a_n, β_n은 $y=\dfrac{x^2}{2}$과 $y=nx-1$을 연립한 이차방정식
$\dfrac{x^2}{2}=nx-1$, 즉 $x^2-2nx+2=0$의 두 실근이므로 근과 계수의 관계에 의하여
$$a_n+\beta_n=2n$$

❷

$$\therefore\sum_{n=2}^{30}(a_n+b_n)=\sum_{n=2}^{30}\left(\dfrac{a_n}{2}+\dfrac{\beta_n}{2}\right)=\sum_{n=2}^{30}\dfrac{a_n+\beta_n}{2}$$
$$=\sum_{n=2}^{30}\dfrac{2n}{2}=\sum_{n=2}^{30}n=\sum_{n=1}^{30}n-1$$
$$=\dfrac{30\times31}{2}-1=464$$

❸

채점 기준	배점
❶ 두 직선의 기울기를 교점의 x좌표로 각각 표현하기	40%
❷ 교점의 x좌표 사이의 관계식 구하기	30%
❸ 수열의 합 구하기	30%

1064

답 ③

선분 OA를 $2^n : 1$로 내분하는 점 P_n의 좌표는

$$\left(\frac{2^n \times 1 + 1 \times 0}{2^n + 1}, \ \frac{2^n \times 0 + 1 \times 0}{2^n + 1}\right) \qquad \therefore \mathrm{P}_n\left(\frac{2^n}{2^n + 1}, \ 0\right)$$

따라서 $l_n = \dfrac{2^n}{2^n + 1}$이므로

$$\sum_{n=1}^{10} \frac{1}{l_n} = \sum_{n=1}^{10} \frac{2^n + 1}{2^n} = \sum_{n=1}^{10} \left\{ 1 + \left(\frac{1}{2}\right)^n \right\}$$

$$= \sum_{n=1}^{10} 1 + \sum_{n=1}^{10} \left(\frac{1}{2}\right)^n = 1 \times 10 + \frac{\frac{1}{2} \times \left\{ 1 - \left(\frac{1}{2}\right)^{10} \right\}}{1 - \frac{1}{2}}$$

$$= 10 + \left\{ 1 - \left(\frac{1}{2}\right)^{10} \right\} = 11 - \left(\frac{1}{2}\right)^{10}$$

1065

답 ④

$\mathrm{A}\left(n, \dfrac{4}{n}\right)$, $\mathrm{B}(n-1, 0)$, $\mathrm{C}(n+1, 0)$이라 하고 삼각형 ABC의 밑변을 $\overline{\mathrm{BC}}$라 하면

$$\overline{\mathrm{BC}} = (n+1) - (n-1) = 2$$

이고, 높이는 점 A의 y좌표, 즉 $\dfrac{4}{n}$이다.

따라서 삼각형의 넓이 a_n은 $a_n = \dfrac{1}{2} \times 2 \times \dfrac{4}{n} = \dfrac{4}{n}$이므로

$$\sum_{n=1}^{20} \frac{8}{a_n a_{n+1}} = \sum_{n=1}^{20} \frac{8}{\frac{4}{n} \times \frac{4}{n+1}}$$

$$= \frac{1}{2} \sum_{n=1}^{20} (n^2 + n) = \frac{1}{2}\left(\sum_{n=1}^{20} n^2 + \sum_{n=1}^{20} n \right)$$

$$= \frac{1}{2} \times \left(\frac{20 \times 21 \times 41}{6} + \frac{20 \times 21}{2} \right) = 1540$$

1066

답 ④

곡선 $y = \sqrt{x + n^2}$과 x축, y축으로 둘러싸인 영역의 내부 또는 경계는 다음 그림의 색칠한 부분 및 그 경계와 같다.

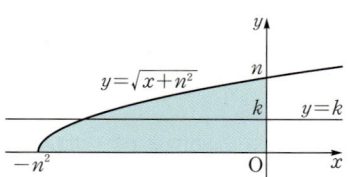

$y = \sqrt{x + n^2}$에서 $y = k$ (k는 정수)일 때,

$$\sqrt{x + n^2} = k, \ x + n^2 = k^2 \qquad \therefore x = k^2 - n^2$$

따라서 y좌표가 k이면서 x좌표가 정수인 점의 x좌표는

$0, -1, -2, \cdots, k^2 - n^2$이므로 그 개수는 $n^2 - k^2 + 1$이다.

이때 $0 \leq k \leq n$이므로 위의 그림에서 색칠한 부분 및 그 경계에 포함되고 x좌표와 y좌표가 모두 정수인 점의 개수는

$$a_n = \sum_{k=0}^{n} (n^2 - k^2 + 1)$$

$$= \sum_{k=0}^{n} (n^2 + 1) - \sum_{k=0}^{n} k^2 = \sum_{k=0}^{n} (n^2 + 1) - \sum_{k=1}^{n} k^2$$

$$= (n^2 + 1) \times (n+1) - \frac{n(n+1)(2n+1)}{6} \qquad \cdots\cdots (*)$$

$$= \frac{(n+1)(4n^2 - n + 6)}{6} = \frac{2}{3}n^3 + \frac{1}{2}n^2 + \frac{5}{6}n + 1$$

$$\therefore \sum_{n=1}^{6} a_n = \sum_{n=1}^{6} \left(\frac{2}{3}n^3 + \frac{1}{2}n^2 + \frac{5}{6}n + 1 \right)$$

$$= \frac{2}{3} \sum_{n=1}^{6} n^3 + \frac{1}{2} \sum_{n=1}^{6} n^2 + \frac{5}{6} \sum_{n=1}^{6} n + 1 \times 6$$

$$= \frac{2}{3} \times \left(\frac{6 \times 7}{2} \right)^2 + \frac{1}{2} \times \frac{6 \times 7 \times 13}{6} + \frac{5}{6} \times \frac{6 \times 7}{2} + 6$$

$$= 294 + \frac{91}{2} + \frac{35}{2} + 6 = 363$$

> **참고**
>
> $(*)$에서 $\sum\limits_{k=0}^{n} (n^2 + 1) \neq (n^2 + 1) \times n$임에 주의한다.
>
> $\sum\limits_{k=0}^{n} (n^2 + 1)$에서 k의 값이 0부터 n까지의 $(n+1)$개이므로
>
> $\sum\limits_{k=0}^{n} (n^2 + 1) = (n^2 + 1) \times (n+1)$이다.

1067

답 200

자연수 k에 대하여 함수 $f(x) = \dfrac{1}{k}x^2$의 그래프가 점 $\mathrm{B}(2n, n)$을 지날 때 $\dfrac{1}{k}$의 값이 최소이므로 k의 값은 최대이고, k의 최댓값은

$$n = \frac{1}{k} \times (2n)^2 \qquad \therefore k = 4n$$

또한 함수 $f(x) = \dfrac{1}{k}x^2$의 그래프가 점 $\mathrm{D}(n, 2n)$을 지날 때 $\dfrac{1}{k}$의 값이 최대이므로 k의 값이 최소이고, k의 최솟값은

$$2n = \frac{1}{k} \times n^2 \qquad \therefore k = \frac{n}{2}$$

즉, $\dfrac{n}{2} \leq k \leq 4n$이므로 자연수 k의 개수 a_n은 다음과 같다.

(i) n이 짝수일 때

$\dfrac{n}{2} \leq k \leq 4n$을 만족시키는 자연수 k는

$$\frac{n}{2}, \ \frac{n}{2} + 1, \ \frac{n}{2} + 2, \ \cdots, \ 4n$$

이므로

$$a_n = 4n - \frac{n}{2} + 1 = \frac{7}{2}n + 1$$

(ii) n이 홀수일 때

$\dfrac{n}{2} \leq k \leq 4n$을 만족시키는 자연수 k는

$$\frac{n+1}{2}, \ \frac{n+3}{2}, \ \frac{n+5}{2}, \ \cdots, \ 4n$$

이므로

$$a_n = 4n - \frac{n+1}{2} + 1 = \frac{7}{2}n + \frac{1}{2}$$

(i), (ii)에서

$$\sum_{n=1}^{10} a_n = \sum_{k=1}^{5} a_{2k} + \sum_{k=1}^{5} a_{2k-1}$$

$$= \sum_{k=1}^{5} \left(\frac{7}{2} \times 2k + 1 \right) + \sum_{k=1}^{5} \left\{ \frac{7}{2} \times (2k-1) + \frac{1}{2} \right\}$$

$$= \sum_{k=1}^{5} (7k + 1) + \sum_{k=1}^{5} (7k - 3)$$

$$= \sum_{k=1}^{5} (14k - 2) = 14 \sum_{k=1}^{5} k - \sum_{k=1}^{5} 2$$

$$= 14 \times \frac{5 \times 6}{2} - 2 \times 5 = 200$$

1068

답 ③

수열 1×1, 2×2, 3×2^2, 4×2^3, $\cdots$은 등차수열 1, 2, 3, 4, $\cdots$와 등비수열 1, 2, 2^2, 2^3, $\cdots$의 각 항의 곱으로 이루어진 수열이다.

주어진 수열의 첫째항부터 제10항까지의 합을 S라 하면

$S=1\times1+2\times2+3\times2^2+\cdots+10\times2^9$ ······ ㉠

등비수열 부분의 공비가 2이므로 ㉠×2를 하면

$2S=1\times2+2\times2^2+3\times2^3+\cdots+10\times2^{10}$ ······ ㉡

㉠−㉡을 하면

$$S=1\times1+2\times2+3\times2^2+\cdots+10\times2^9$$
$$-)\,2S=\qquad\quad 1\times2+2\times2^2+\cdots+9\times2^9+10\times2^{10}$$
$$-S=1\times1+1\times2+1\times2^2+\cdots+1\times2^9-10\times2^{10}$$

$\therefore S=-(1+2+2^2+2^3+\cdots+2^9)+10\times2^{10}$

$\qquad=-\dfrac{2^{10}-1}{2-1}+10\times2^{10}$

$\qquad=9\times2^{10}+1$

1069

답 26

주어진 등식의 좌변은 등차수열 1, 2, 3, 4, $\cdots$와 등비수열 $\dfrac{1}{3}$, $\dfrac{1}{3^2}$, $\dfrac{1}{3^3}$, $\dfrac{1}{3^4}$, $\cdots$의 각 항의 곱으로 이루어진 수열의 첫째항부터 제10항까지의 합이다.

이를 S라 하면

$S=\dfrac{1}{3}+\dfrac{2}{3^2}+\dfrac{3}{3^3}+\dfrac{4}{3^4}+\cdots+\dfrac{10}{3^{10}}$ ······ ㉠

등비수열 부분의 공비가 $\dfrac{1}{3}$이므로 ㉠×$\dfrac{1}{3}$을 하면

$\dfrac{1}{3}S=\dfrac{1}{3^2}+\dfrac{2}{3^3}+\dfrac{3}{3^4}+\dfrac{4}{3^5}+\cdots+\dfrac{10}{3^{11}}$ ······ ㉡

㉠−㉡을 하면

$$S=\dfrac{1}{3}+\dfrac{2}{3^2}+\dfrac{3}{3^3}+\dfrac{4}{3^4}+\cdots+\dfrac{10}{3^{10}}$$
$$-)\,\dfrac{1}{3}S=\qquad\dfrac{1}{3^2}+\dfrac{2}{3^3}+\dfrac{3}{3^4}+\cdots+\dfrac{9}{3^{10}}+\dfrac{10}{3^{11}}$$
$$\dfrac{2}{3}S=\dfrac{1}{3}+\dfrac{1}{3^2}+\dfrac{1}{3^3}+\dfrac{1}{3^4}+\cdots+\dfrac{1}{3^{10}}-\dfrac{10}{3^{11}}$$

$\qquad=\dfrac{\dfrac{1}{3}\times\left\{1-\left(\dfrac{1}{3}\right)^{10}\right\}}{1-\dfrac{1}{3}}-\dfrac{10}{3^{11}}$

$\qquad=\dfrac{1}{2}\left(1-\dfrac{1}{3^{10}}\right)-\dfrac{10}{3^{11}}$

$\qquad=\dfrac{1}{2}-\dfrac{23}{6}\times\dfrac{1}{3^{10}}$

$\therefore S=\dfrac{3}{2}\times\left(\dfrac{1}{2}-\dfrac{23}{6}\times\dfrac{1}{3^{10}}\right)$

$\qquad=\dfrac{3}{4}-\dfrac{23}{4\times3^{10}}$

$\qquad=\dfrac{1}{4}\left(3-\dfrac{23}{3^{10}}\right)$

따라서 $a=3$, $b=23$이므로

$a+b=3+23=26$

1070

답 ④

함수 $f(x)=2+5x+8x^2+\cdots+38x^{12}$에 대하여

$f(2)=2+5\times2+8\times2^2+\cdots+38\times2^{12}$ ······ ㉠

즉, $f(2)$는 등차수열 2, 5, 8, $\cdots$과 등비수열 1, 2, 2^2, $\cdots$의 각 항의 곱으로 이루어진 수열의 첫째항부터 제13항까지의 합이다.

등비수열 부분의 공비가 2이므로 ㉠×2를 하면

$2f(2)=2\times2+5\times2^2+8\times2^3+\cdots+38\times2^{13}$ ······ ㉡

㉠−㉡을 하면

$$f(2)=2+5\times2+8\times2^2+\cdots+38\times2^{12}$$
$$-)\,2f(2)=\qquad 2\times2+5\times2^2+\cdots+35\times2^{12}+38\times2^{13}$$
$$-f(2)=2+3\times2+3\times2^2+\cdots+3\times2^{12}-38\times2^{13}$$

$\therefore f(2)=-2-3\times(2+2^2+2^3+\cdots+2^{12})+38\times2^{13}$

$\qquad=-2-3\times\dfrac{2\times(2^{12}-1)}{2-1}+38\times2^{13}$

$\qquad=-2-3\times2^{13}+6+38\times2^{13}$

$\qquad=35\times2^{13}+4$

1071

답 ⑤

주어진 수열을

(1), $(-1, -2)$, $(1, 2, 3)$, $(-1, -2, -3, -4)$, $\cdots$

와 같이 묶으면 처음으로 나타나는 10은 11번째 묶음의 10번째 항이다.

이때 n번째 묶음의 항의 개수는 n이므로 첫 번째 묶음부터 10번째 묶음까지의 항의 개수는

$\displaystyle\sum_{n=1}^{10}n=\dfrac{10\times11}{2}=55$

따라서 $55+10=65$이므로 처음으로 나타나는 10은 제65항이다.

> **참고**
>
> 짝수 번째 묶음의 수는 모두 음수이므로 1은 1번째 묶음, 3은 3번째 묶음, 5는 5번째 묶음에서 처음으로 나타나고, 2는 3번째 묶음, 4는 5번째 묶음에서 처음으로 나타난다.
> 이처럼 홀수인 자연수 n은 n번째 묶음에서 처음으로 나타나고, 짝수인 자연수 n은 $(n+1)$번째 묶음에서 처음으로 나타난다.

1072

답 ①

주어진 수열을

(1), $(3, 1)$, $(5, 3, 1)$, $(7, 5, 3, 1)$, $\cdots$

과 같이 묶으면 n번째 묶음의 항의 개수는 n이므로 첫 번째 묶음부터 n번째 묶음까지의 항의 개수는

$\displaystyle\sum_{k=1}^{n}k=\dfrac{n(n+1)}{2}$

이때 $\dfrac{13 \times 14}{2} = 91$, $\dfrac{14 \times 15}{2} = 105$이고 $100 - 91 = 9$이므로

제100항은 14번째 묶음의 9번째 항이다.

또한 n번째 묶음의 첫째항은 $2n-1$이므로 14번째 묶음은

27, 25, 23, 21, 19, 17, 15, 13, 11, 9, 7, 5, 3, 1

따라서 제100항은 11이다.

1073

답 ④

주어진 수열을

(1), $\left(\dfrac{1}{2}, \dfrac{2}{2}\right)$, $\left(\dfrac{1}{3}, \dfrac{2}{3}, \dfrac{3}{3}\right)$, $\left(\dfrac{1}{4}, \dfrac{2}{4}, \dfrac{3}{4}, \dfrac{4}{4}\right)$, $\cdots$

와 같이 분모가 같은 항끼리 묶으면 n번째 묶음의 항의 개수는 n이고 n번째 묶음의 항의 분모도 n이며 n번째 묶음의 k번째 항의 분자는 k이다.

즉, $\dfrac{7}{10}$은 10번째 묶음의 7번째 항이다.

이때 첫 번째 묶음부터 9번째 묶음까지의 항의 개수는

$$\sum_{n=1}^{9} n = \dfrac{9 \times 10}{2} = 45$$

따라서 $45 + 7 = 52$이므로 $\dfrac{7}{10}$은 주어진 수열의 제52항이다.

1074

답 $\dfrac{5}{12}$

주어진 수열을

$\left(\dfrac{1}{2}\right)$, $\left(\dfrac{1}{3}, \dfrac{2}{3}\right)$, $\left(\dfrac{1}{4}, \dfrac{2}{4}, \dfrac{3}{4}\right)$, $\left(\dfrac{1}{5}, \dfrac{2}{5}, \dfrac{3}{5}, \dfrac{4}{5}\right)$, $\cdots$

와 같이 분모가 같은 항끼리 묶을 수 있다.

❶

n번째 묶음의 항의 개수는 n이므로 첫 번째 묶음부터 n번째 묶음까지의 항의 개수는

$$\sum_{k=1}^{n} k = \dfrac{n(n+1)}{2}$$

이때 $\dfrac{10 \times 11}{2} = 55$, $\dfrac{11 \times 12}{2} = 66$이고 $60 - 55 = 5$이므로 제60항은 11번째 묶음의 5번째 항이다.

❷

n번째 묶음의 분모는 $n+1$이므로 11번째 묶음은

$\dfrac{1}{12}, \dfrac{2}{12}, \dfrac{3}{12}, \dfrac{4}{12}, \dfrac{5}{12}, \dfrac{6}{12}, \cdots, \dfrac{11}{12}$

따라서 제60항은 $\dfrac{5}{12}$이다.

❸

채점 기준	배점
❶ 주어진 수열을 규칙에 따라 묶기	20%
❷ 제60항이 몇 번째 묶음의 몇 번째 항인지 구하기	40%
❸ 주어진 수열의 제60항 구하기	40%

1075

답 806

수열 $\{a_n\}$을

(1), $(2, 2)$, $(3, 3, 3)$, $(4, 4, 4, 4)$, $\cdots$

와 같이 묶으면 n번째 묶음은 n개의 n으로 이루어져 있다.

이때 첫 번째 묶음부터 n번째 묶음까지의 항의 개수는

$$\sum_{k=1}^{n} k = \dfrac{n(n+1)}{2}$$

이때 $\dfrac{12 \times 13}{2} = 78$, $\dfrac{13 \times 14}{2} = 91$이므로 제90항은 13번째 묶음의 12번째 항이다.

한편, n번째 묶음의 모든 항의 합은

$\underbrace{n+n+n+\cdots+n}_{n\text{개}} = n \times n = n^2$

$\therefore \displaystyle\sum_{k=1}^{90} a_k = \sum_{k=1}^{78} a_k + \sum_{k=79}^{90} a_k$

$\qquad = \displaystyle\sum_{n=1}^{12} n^2 + (\underbrace{13 + 13 + 13 + \cdots + 13}_{12\text{개}})$

$\qquad = \dfrac{12 \times 13 \times 25}{6} + 13 \times 12$

$\qquad = 650 + 156 = 806$

> **참고**
>
> $\displaystyle\sum_{k=1}^{90} a_k$는 주어진 수열의 첫째항부터 제90항까지의 합이므로
>
> (첫 번째 묶음부터 12번째 묶음까지의 모든 항의 합)
>
> $\qquad$ +(13번째 묶음의 첫째항부터 12번째 항까지의 모든 항의 합)
>
> 과 같이 구할 수 있다.
>
> 이때 $\dfrac{12 \times 13}{2} = 78$이므로
>
> (첫 번째 묶음부터 12번째 묶음까지의 모든 항의 합)$= \displaystyle\sum_{k=1}^{78} a_k$
>
> 이고 n번째 묶음의 모든 항의 합이 n^2이므로 $\displaystyle\sum_{k=1}^{78} a_k = \sum_{n=1}^{12} n^2$이다.

1076

답 136

주어진 수열을

$\{(1, 1)\}$, $\{(1, 2), (2, 1)\}$, $\{(1, 3), (2, 2), (3, 1)\}$,

$\{(1, 4), (2, 3), (3, 2), (4, 1)\}$, $\cdots$

과 같이 두 수의 합이 같은 순서쌍끼리 묶으면 n번째 묶음의 순서쌍의 두 수의 합은 $(n+1)$이고 n번째 묶음의 k번째 순서쌍의 첫 번째 수는 k이다.

또한 n번째 묶음의 항의 개수는 n이므로 첫 번째 묶음부터 n번째 묶음까지의 항의 개수는

$$\sum_{k=1}^{n} k = \dfrac{n(n+1)}{2}$$

이때 $\dfrac{14 \times 15}{2} = 105$, $\dfrac{15 \times 16}{2} = 120$이고 $111 - 105 = 6$이므로 제111항은 15번째 묶음의 6번째 순서쌍이다.

따라서 15번째 묶음의 순서쌍의 두 수의 합은 $15 + 1 = 16$이고 이 묶음의 6번째 순서쌍의 첫 번째 수는 6이므로 구하는 제111항은 $(6, 10)$이다.

즉, $a = 6$, $b = 10$이므로

$a^2 + b^2 = 6^2 + 10^2 = 136$

1077

답 2640

위에서 n번째 줄에 나열된 수들은 첫째항이 n이고 공차가 n, 항수가 $n+2$인 등차수열을 이루므로 위에서 n번째 줄에 나열된 수들의 합은

$$\frac{(n+2)[2n+\{(n+2)-1\}\times n]}{2}=\frac{(n+2)(n^2+3n)}{2}$$
$$=\frac{1}{2}n^3+\frac{5}{2}n^2+3n$$

따라서 첫 번째 줄부터 10번째 줄까지 나열된 모든 수의 합은

$$\sum_{n=1}^{10}\left(\frac{1}{2}n^3+\frac{5}{2}n^2+3n\right)$$
$$=\frac{1}{2}\times\left(\frac{10\times11}{2}\right)^2+\frac{5}{2}\times\frac{10\times11\times21}{6}+3\times\frac{10\times11}{2}$$
$$=\frac{3025}{2}+\frac{1925}{2}+165$$
$$=2640$$

1078

답 ④

위에서 n번째 줄에 나열된 수들은 첫째항이 1이고 공차가 n인 등차수열을 이룬다.

즉, 위에서 12번째 줄에 나열된 수들은 첫째항이 1이고 공차가 12인 등차수열을 이루므로 위에서 12번째 줄과 왼쪽에서 11번째 줄이 만나는 곳의 수는 이 수열의 제11항이다.

따라서 구하는 수는

$1+(11-1)\times12=121$

1079

답 ⑤

위에서 n번째 줄에 나열된 수의 개수는 $n+1$이므로 위에서 첫 번째 줄부터 19번째 줄까지 나열된 수의 개수는

$$\sum_{n=1}^{19}(n+1)=\frac{19\times20}{2}+1\times19=209$$

이때 $209=5\times41+4$이므로 위에서 19번째 줄의 마지막 숫자는 4이고 위에서 20번째 줄은 5, 1, 2, 3, 4가 이 순서대로 반복된다.

또한 20번째 줄에 나열된 수의 개수는 $20+1=21$이고

$21=5\times4+1$이므로 위에서 20번째 줄에 나열된 모든 수의 합은

$(5+1+2+3+4)\times4+5=65$

1080

답 ①

1	2	3	4	⋯	9	10
2	2	3	4	⋯	9	10
3	3	3	4	⋯	9	10
4	4	4	4	⋯	9	10
⋮	⋮	⋮	⋮	⋱	⋮	⋮
9	9	9	9	⋯	9	10
10	10	10	10	⋯	10	10

같은 수가 적힌 칸의 개수를 구하면

1이 적힌 칸이 1개

2가 적힌 칸이 3개

3이 적힌 칸이 5개

⋮

10이 적힌 칸이 19개

따라서 n이 적힌 칸이 $(2n-1)$개 있으므로 표에 적힌 모든 수의 합은

$$\sum_{n=1}^{10}\{n\times(2n-1)\}=\sum_{n=1}^{10}(2n^2-n)$$
$$=2\times\frac{10\times11\times21}{6}-\frac{10\times11}{2}$$
$$=770-55$$
$$=715$$

1081

답 247

조건 (내)에 의하여 2 이상의 자연수 n에 대하여 n행의 홀수 번째에 놓인 n개의 원 안에는 $(2n-1)$을 써넣는다.

조건 (내)에 의하여 n행의 짝수 번째에 놓인 원 안에는 이 원의 좌우에서 접하는 원에 적힌 $(2n-1)$, 이 원의 위에서 접하는 원에 적힌 $(2n-3)$의 합을 써넣으므로

$(2n-1)+(2n-3)+(2n-1)=6n-5$

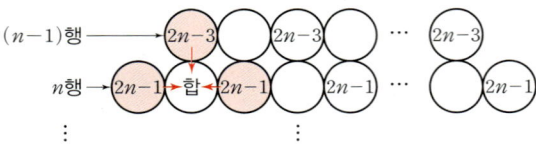

즉, 2 이상의 자연수 n에 대하여 n행의 짝수 번째에 놓인 $(n-1)$개의 원 안에는 $(6n-5)$를 써넣는다.

따라서 $n\geq2$일 때, n행의 원 안에 써넣은 수의 합을 a_n이라 하면

$$a_n=(2n-1)\times n+(6n-5)\times(n-1)$$
$$=8n^2-12n+5 \quad\cdots\cdots\ ㉠$$

이때 조건 (개)에서 1행의 원 안에는 1을 써넣고 ㉠에 $n=1$을 대입하면 $a_1=1$이므로 모든 자연수 n에 대하여

$a_n=8n^2-12n+5$

따라서 1행부터 10행까지 나열된 원 안에 써넣은 모든 수의 합은

$$S=\sum_{n=1}^{10}a_n=\sum_{n=1}^{10}(8n^2-12n+5)$$
$$=8\times\frac{10\times11\times21}{6}-12\times\frac{10\times11}{2}+5\times10$$
$$=3080-660+50$$
$$=2470$$
$$\therefore\ \frac{S}{10}=247$$

1082

답 ②

① $2+5+8+11+14+17$
$$=(3\times1-1)+(3\times2-1)+(3\times3-1)+(3\times4-1)$$
$$+(3\times5-1)+(3\times6-1)$$
$$=\sum_{k=1}^{6}(3k-1)$$

② $1+2+4+\cdots+2^n=2^0+2^1+2^2+\cdots+2^n=\sum_{k=1}^{n+1}2^{k-1}$

③ $\displaystyle\sum_{k=1}^{100}a_k=a_1+a_2+a_3+\cdots+a_{100}$
$$=(a_1+a_3+a_5+\cdots+a_{99})+(a_2+a_4+a_6+\cdots+a_{100})$$
$$=\sum_{k=1}^{50}a_{2k-1}+\sum_{k=1}^{50}a_{2k}$$

④ $\displaystyle\sum_{k=1}^{20}(2k+1)=3+5+7+\cdots+41$
$$=(2\times5-7)+(2\times6-7)+(2\times7-7)$$
$$+\cdots+(2\times24-7)$$
$$=\sum_{k=5}^{24}(2k-7)$$

⑤ $\displaystyle\sum_{k=0}^{9}(2k+1)^2+\sum_{k=1}^{10}(2k)^2$
$$=(1^2+3^2+5^2+\cdots+19^2)+(2^2+4^2+6^2+\cdots+20^2)$$
$$=1^2+2^2+3^2+\cdots+20^2$$
$$=\sum_{k=1}^{20}k^2=\sum_{k=0}^{19}(k+1)^2$

따라서 옳지 않은 것은 ②이다.

1083

답 ④

$\displaystyle\sum_{k=1}^{n}a_k=8n$이므로 $\displaystyle\sum_{k=1}^{10}a_k=8\times10=80$

$\displaystyle\sum_{k=1}^{n}b_k=-2n^2$이므로 $\displaystyle\sum_{k=1}^{10}b_k=-2\times10^2=-200$

$\therefore \displaystyle\sum_{k=1}^{10}(3a_k-b_k+1)=3\sum_{k=1}^{10}a_k-\sum_{k=1}^{10}b_k+\sum_{k=1}^{10}1$
$$=3\times80-(-200)+1\times10$$
$$=240+200+10=450$$

1084

답 9

$\displaystyle\sum_{k=1}^{10}(3a_k+b_k)=33$에서 $3\sum_{k=1}^{10}a_k+\sum_{k=1}^{10}b_k=33$ $\quad\cdots\cdots$ ㉠

$\displaystyle\sum_{k=1}^{10}a_k=\sum_{k=1}^{10}(2b_k-1)=2\sum_{k=1}^{10}b_k-\sum_{k=1}^{10}1$
$$=2\sum_{k=1}^{10}b_k-1\times10=2\sum_{k=1}^{10}b_k-10$$

이므로 $\displaystyle\sum_{k=1}^{10}a_k-2\sum_{k=1}^{10}b_k=-10$ $\quad\cdots\cdots$ ㉡

㉠$-$㉡$\times3$을 하면

$7\displaystyle\sum_{k=1}^{10}b_k=63$ $\quad\therefore \sum_{k=1}^{10}b_k=9$

1085

답 229

수열 $\dfrac{1}{1\times3}$, $\dfrac{1}{2\times4}$, $\dfrac{1}{3\times5}$, $\cdots$, $\dfrac{1}{18\times20}$의 제k항을 a_k라 하면

$a_k=\dfrac{1}{k(k+2)}=\dfrac{1}{2}\left(\dfrac{1}{k}-\dfrac{1}{k+2}\right)$

이때 $\dfrac{1}{18\times20}=a_{18}$이므로

$\dfrac{1}{1\times3}+\dfrac{1}{2\times4}+\dfrac{1}{3\times5}+\cdots+\dfrac{1}{18\times20}$

$=\displaystyle\sum_{k=1}^{18}a_k=\dfrac{1}{2}\sum_{k=1}^{18}\left(\dfrac{1}{k}-\dfrac{1}{k+2}\right)$

$=\dfrac{1}{2}\left\{\left(1-\dfrac{1}{3}\right)+\left(\dfrac{1}{2}-\dfrac{1}{4}\right)+\left(\dfrac{1}{3}-\dfrac{1}{5}\right)\right.$

$\left.\qquad+\cdots+\left(\dfrac{1}{17}-\dfrac{1}{19}\right)+\left(\dfrac{1}{18}-\dfrac{1}{20}\right)\right\}$

$=\dfrac{1}{2}\left(1+\dfrac{1}{2}-\dfrac{1}{19}-\dfrac{1}{20}\right)=\dfrac{531}{760}$

따라서 $p=760$, $q=531$이므로
$p-q=760-531=229$

1086

답 ②

$\displaystyle\sum_{k=3}^{n}(k^2+2)=\sum_{k=1}^{n}(k^2+2)-\sum_{k=1}^{2}(k^2+2)$
$$=\sum_{k=1}^{n}(k^2+2)-(1^2+2)-(2^2+2)$$
$$=\sum_{k=1}^{n}(k^2+2)-9$$

즉, $\displaystyle\sum_{k=1}^{n}(k+1)^2-\sum_{k=3}^{n}(k^2+2)=90$에서

$\displaystyle\sum_{k=1}^{n}(k^2+2k+1)-\left\{\sum_{k=1}^{n}(k^2+2)-9\right\}=90$

$\displaystyle\sum_{k=1}^{n}(k^2+2k+1)-\sum_{k=1}^{n}(k^2+2)+9=90$

$\displaystyle\sum_{k=1}^{n}\{k^2+2k+1-(k^2+2)\}=81$

따라서 $\displaystyle\sum_{k=1}^{n}(2k-1)=81$이므로

$2\times\dfrac{n(n+1)}{2}-n=81$, $n^2=81$

$\therefore n=9$ ($\because n$은 자연수)

1087

답 ③

$\displaystyle\sum_{n=1}^{5}kn=k\sum_{n=1}^{5}n=k\times\dfrac{5\times6}{2}=15k$이므로

$\displaystyle\sum_{k=1}^{5}\left(\sum_{n=1}^{5}kn\right)=\sum_{k=1}^{5}15k=15\sum_{k=1}^{5}k$
$$=15\times\dfrac{5\times6}{2}=225$$

또한 $\displaystyle\sum_{k=1}^{5}(k+n)=\sum_{k=1}^{5}k+\sum_{k=1}^{5}n=\dfrac{5\times6}{2}+5n=5n+15$이므로

$\displaystyle\sum_{n=1}^{5}\left\{\sum_{k=1}^{5}(k+n)\right\}=\sum_{n=1}^{5}(5n+15)=5\sum_{n=1}^{5}n+\sum_{n=1}^{5}15$
$$=5\times\dfrac{5\times6}{2}+15\times5=150$$

$\therefore \displaystyle\sum_{k=1}^{5}\left(\sum_{n=1}^{5}kn\right)+\sum_{n=1}^{5}\left\{\sum_{k=1}^{5}(k+n)\right\}=225+150=375$

1088

답 ⑤

수열 $2, 4, 6, 8, \cdots$의 제k항은 $2k$

수열 $2^2, 3^2, 4^2, 5^2, \cdots$의 제$k$항은 $(k+1)^2$

즉, 수열 $2 \times 2^2, 4 \times 3^2, 6 \times 4^2, 8 \times 5^2, \cdots$의 제$k$항을 a_k라 하면

$a_k = 2k \times (k+1)^2 = 2k^3 + 4k^2 + 2k$

따라서 주어진 수열의 첫째항부터 제10항까지의 합은

$$\sum_{k=1}^{10} a_k = \sum_{k=1}^{10} (2k^3 + 4k^2 + 2k)$$

$$= 2\sum_{k=1}^{10} k^3 + 4\sum_{k=1}^{10} k^2 + 2\sum_{k=1}^{10} k$$

$$= 2 \times \left(\frac{10 \times 11}{2}\right)^2 + 4 \times \frac{10 \times 11 \times 21}{6} + 2 \times \frac{10 \times 11}{2}$$

$$= 6050 + 1540 + 110$$

$$= 7700$$

1089

답 ①

수열 $3, 6, 9, \cdots$의 제k항은 $3k$

즉, 수열 $\left(\frac{n+3}{n}\right)^2, \left(\frac{n+6}{n}\right)^2, \left(\frac{n+9}{n}\right)^2, \cdots, \left(\frac{4n}{n}\right)^2$의 제$k$항을 a_k라 하면

$a_k = \left(\frac{n+3k}{n}\right)^2 = \left(\frac{3}{n}k+1\right)^2$

$\quad = \frac{9}{n^2}k^2 + \frac{6}{n}k + 1$

이때 $\left(\frac{4n}{n}\right)^2 = \left(\frac{n+3n}{n}\right)^2$이므로

$\left(\frac{n+3}{n}\right)^2 + \left(\frac{n+6}{n}\right)^2 + \left(\frac{n+9}{n}\right)^2 + \cdots + \left(\frac{4n}{n}\right)^2$

$= \sum_{k=1}^{n} a_k = \sum_{k=1}^{n} \left(\frac{9}{n^2}k^2 + \frac{6}{n}k + 1\right)$

$= \frac{9}{n^2}\sum_{k=1}^{n}k^2 + \frac{6}{n}\sum_{k=1}^{n}k + \sum_{k=1}^{n}1$

$= \frac{9}{n^2} \times \frac{n(n+1)(2n+1)}{6} + \frac{6}{n} \times \frac{n(n+1)}{2} + 1 \times n$

$= \frac{14n^2 + 15n + 3}{2n}$

1090

답 15

$\begin{pmatrix} a_n & 0 \\ a_n+1 & 3 \end{pmatrix}\begin{pmatrix} a_n+1 \\ b_n \end{pmatrix} = \begin{pmatrix} a_n(a_n+1) \\ (a_n+1)^2 + 3b_n \end{pmatrix} = \begin{pmatrix} n-1 \\ 2n \end{pmatrix}$이므로

$a_n(a_n+1) = n-1$에서

$a_n^2 + a_n = n-1$ ...... ㉠

$(a_n+1)^2 + 3b_n = 2n$에서

$a_n^2 + 2a_n = 2n - 3b_n - 1$ ...... ㉡

㉡ $-$ ㉠을 하면 $a_n = n - 3b_n$

$\therefore \sum_{k=1}^{10} a_k = \sum_{k=1}^{10} (k - 3b_k) = \sum_{k=1}^{10} k - 3\sum_{k=1}^{10} b_k$

$\qquad = \frac{10 \times 11}{2} - 3\sum_{k=1}^{10} b_k = 55 - 3\sum_{k=1}^{10} b_k$

이때 $\sum_{k=1}^{10} a_k = 10$이므로 $55 - 3\sum_{k=1}^{10} b_k = 10$

$3\sum_{k=1}^{10} b_k = 45 \qquad \therefore \sum_{k=1}^{10} b_k = 15$

1091

답 ②

등차수열 $\{a_n\}$의 공차를 $d \ (d>0)$라 하면 $a_5=5$이므로

$a_3 = 5-2d, \ a_4 = 5-d, \ a_6 = 5+d, \ a_7 = 5+2d$

$\therefore \sum_{k=3}^{7} |2a_k - 10|$

$= |2(5-2d)-10| + |2(5-d)-10| + |2 \times 5 - 10|$
$\qquad + |2(5+d)-10| + |2(5+2d)-10|$

$= |-4d| + |-2d| + |0| + |2d| + |4d|$

$= 4d + 2d + 2d + 4d \ (\because d>0)$

$= 12d$

이때 $\sum_{k=3}^{7} |2a_k - 10| = 20$이므로

$12d = 20 \qquad \therefore d = \frac{5}{3}$

$\therefore a_6 = a_5 + d = 5 + \frac{5}{3} = \frac{20}{3}$

1092

답 ③

$(n+1)\sum_{k=1}^{n} a_k = n$에서 $\sum_{k=1}^{n} a_k = \frac{n}{n+1}$

수열 $\{a_n\}$의 첫째항부터 제n항까지의 합을 S_n이라 하면

$S_n = \sum_{k=1}^{n} a_k = \frac{n}{n+1}$

(i) $n=1$일 때

$\quad a_1 = S_1 = \frac{1}{1+1} = \frac{1}{2}$

(ii) $n \geq 2$일 때

$\quad a_n = S_n - S_{n-1}$

$\qquad = \frac{n}{n+1} - \frac{n-1}{n}$

$\qquad = \frac{n^2 - (n+1)(n-1)}{n(n+1)}$

$\qquad = \frac{1}{n(n+1)}$ ...... ㉠

이때 $a_1 = \frac{1}{2}$은 ㉠에 $n=1$을 대입한 것과 같으므로

$a_n = \frac{1}{n(n+1)} \qquad \therefore \frac{1}{a_n} = n(n+1) = n^2 + n$

따라서 $\sum_{k=1}^{n} \frac{1}{a_k} = 240$에서

$\sum_{k=1}^{n} (k^2 + k) = 240, \ \sum_{k=1}^{n} k^2 + \sum_{k=1}^{n} k = 240$

$\frac{n(n+1)(2n+1)}{6} + \frac{n(n+1)}{2} = 240$

$\frac{n(n+1)(n+2)}{3} = 240$

$n(n+1)(n+2) = 720 = 8 \times 9 \times 10$

$\therefore n = 8$

1093

답 19

$f(n) = 2n-1, \ g(n) = (n-1)(n+1)$이므로

$(g \circ f)(n) = g(f(n)) = \{(2n-1)-1\}\{(2n-1)+1\}$

$\qquad = 4n(n-1)$

$$\therefore \sum_{n=2}^{20}\frac{80}{(g\circ f)(n)}=\sum_{n=2}^{20}\frac{80}{4n(n-1)}=\sum_{n=2}^{20}\frac{20}{n(n-1)}$$

$$=20\sum_{n=2}^{20}\left(\frac{1}{n-1}-\frac{1}{n}\right)$$

$$=20\left\{\left(1-\frac{1}{2}\right)+\left(\frac{1}{2}-\frac{1}{3}\right)+\left(\frac{1}{3}-\frac{1}{4}\right)\right.$$

$$\left.+\cdots+\left(\frac{1}{19}-\frac{1}{20}\right)\right\}$$

$$=20\times\left(1-\frac{1}{20}\right)=19$$

1094

答 151

$$\log\left(1-\frac{1}{k^2}\right)=\log\frac{k^2-1}{k^2}=\log\left(\frac{k-1}{k}\times\frac{k+1}{k}\right)$$

$$\therefore \sum_{k=2}^{50}\log\left(1-\frac{1}{k^2}\right)$$

$$=\sum_{k=2}^{50}\log\left(\frac{k-1}{k}\times\frac{k+1}{k}\right)$$

$$=\log\left(\frac{1}{2}\times\frac{3}{2}\right)+\log\left(\frac{2}{3}\times\frac{4}{3}\right)+\log\left(\frac{3}{4}\times\frac{5}{4}\right)$$

$$+\cdots+\log\left(\frac{48}{49}\times\frac{50}{49}\right)+\log\left(\frac{49}{50}\times\frac{51}{50}\right)$$

$$=\log\left\{\left(\frac{1}{2}\times\frac{3}{2}\right)\times\left(\frac{2}{3}\times\frac{4}{3}\right)\times\left(\frac{3}{4}\times\frac{5}{4}\right)\right.$$

$$\left.\times\cdots\times\left(\frac{48}{49}\times\frac{50}{49}\right)\times\left(\frac{49}{50}\times\frac{51}{50}\right)\right\}$$

$$=\log\left(\frac{1}{2}\times\frac{51}{50}\right)=\log\frac{51}{100}$$

따라서 $p=100$, $q=51$이므로

$p+q=100+51=151$

1095

答 ⑤

곡선 $y=\dfrac{4}{x}$ 위의 점 중에서 x좌표와 y좌표가 모두 자연수인 점의 x좌표는 4, 즉 2^2의 양의 약수이어야 하므로 $n=1$일 때 이와 같은 점의 개수는

$a_1=2+1=3$

곡선 $y=\dfrac{4^2}{x}$ 위의 점 중에서 x좌표와 y좌표가 모두 자연수인 점의 x좌표는 4^2, 즉 2^4의 양의 약수이어야 하므로 $n=2$일 때 이와 같은 점의 개수는

$a_2=4+1=5$

같은 방법으로 생각하면 곡선 $y=\dfrac{4^n}{x}$ 위의 점 중에서 x좌표와 y좌표가 모두 자연수인 점의 x좌표는 4^n, 즉 2^{2n}의 양의 약수이어야 하므로

$a_n=2n+1$

$$\therefore \sum_{n=1}^{10}a_na_{n+1}=\sum_{n=1}^{10}(2n+1)(2n+3)$$

$$=\sum_{n=1}^{10}(4n^2+8n+3)$$

$$=4\sum_{n=1}^{10}n^2+8\sum_{n=1}^{10}n+\sum_{n=1}^{10}3$$

$$=4\times\frac{10\times11\times21}{6}+8\times\frac{10\times11}{2}+3\times10$$

$$=1540+440+30=2010$$

1096

答 ④

$\displaystyle\sum_{n=1}^{9}\{(n+2)\times2^n\}=S$라 하면

$S=3\times2+4\times2^2+5\times2^3+\cdots+11\times2^9$ ······ ㉠

즉, S는 등차수열 3, 4, 5, $\cdots$와 등비수열 2, 2^2, 2^3, $\cdots$의 각 항의 곱으로 이루어진 수열의 첫째항부터 제9항까지의 합이다.

등비수열 부분의 공비가 2이므로 ㉠$\times2$를 하면

$2S=3\times2^2+4\times2^3+5\times2^4+\cdots+11\times2^{10}$ ······ ㉡

㉠$-$㉡을 하면

$$\begin{array}{r}S=3\times2+4\times2^2+5\times2^3+\cdots+11\times2^9\\-)\,2S=\qquad3\times2^2+4\times2^3+\cdots+10\times2^9+11\times2^{10}\\\hline-S=3\times2+1\times2^2+1\times2^3+\cdots+1\times2^9-11\times2^{10}\end{array}$$

$$=6+(2^2+2^3+\cdots+2^9)-11\times2^{10}$$

$$=6+\frac{2^2\times(2^8-1)}{2-1}-11\times2^{10}$$

$$=6+2^{10}-4-11\times2^{10}$$

$$=2-10\times2^{10}$$

$$\therefore S=10\times2^{10}-2=10238$$

1097

答 10

등비수열 $\{a_n\}$의 공비를 $r\,(r>1)$이라 하면

$a_3a_8=1$에서 $a_1r^2\times a_1r^7=1$

$\therefore a_1^2r^9=1$ ······ ㉠

한편, 수열 $\left\{\dfrac{1}{a_n}\right\}$은 첫째항이 $\dfrac{1}{a_1}$이고 공비가 $\dfrac{1}{r}\left(\dfrac{1}{r}<1\right)$인 등비수열이므로

$$\sum_{k=1}^{n}\frac{1}{a_k}=\frac{\dfrac{1}{a_1}\times\left\{1-\left(\dfrac{1}{r}\right)^n\right\}}{1-\dfrac{1}{r}}=\frac{r(r^n-1)}{a_1r^n(r-1)}$$

또한 $\displaystyle\sum_{k=1}^{n}a_k=\dfrac{a_1(r^n-1)}{r-1}$이므로 $\displaystyle\sum_{k=1}^{n}\frac{1}{a_k}=\sum_{k=1}^{n}a_k$에서

$$\frac{r(r^n-1)}{a_1r^n(r-1)}=\frac{a_1(r^n-1)}{r-1}$$

$\therefore a_1^2r^n=r$ ······ ㉡

㉠에서 $a_1^2=\dfrac{1}{r^9}$을 ㉡에 대입하면

$$\frac{1}{r^9}\times r^n=r$$

$$r^n=r\times r^9=r^{10}$$

$\therefore n=10$

1098

答 ②

등차수열 $\{a_n\}$의 첫째항을 a, 공차를 d라 하면

$a_2=a+d=4$ ······ ㉠

$a_5=a+4d=13$ ······ ㉡

㉠, ㉡을 연립하여 풀면

$a=1$, $d=3$

$\therefore a_n=1+(n-1)\times3=3n-2$ ······ ㉢

$$\therefore \sum_{k=1}^{56} \frac{1}{\sqrt{a_{k+1}}+\sqrt{a_k}}$$
$$= \sum_{k=1}^{56} \frac{\sqrt{a_{k+1}}-\sqrt{a_k}}{(\sqrt{a_{k+1}}+\sqrt{a_k})(\sqrt{a_{k+1}}-\sqrt{a_k})}$$
$$= \sum_{k=1}^{56} \frac{\sqrt{a_{k+1}}-\sqrt{a_k}}{a_{k+1}-a_k}$$
$$= \sum_{k=1}^{56} \frac{\sqrt{a_{k+1}}-\sqrt{a_k}}{3} \ (\because a_{k+1}-a_k=(\text{공차})=3)$$
$$= \frac{1}{3}\{(\sqrt{a_2}-\sqrt{a_1})+(\sqrt{a_3}-\sqrt{a_2})+(\sqrt{a_4}-\sqrt{a_3})$$
$$+\cdots+(\sqrt{a_{57}}-\sqrt{a_{56}})\}$$
$$= \frac{1}{3}(\sqrt{a_{57}}-\sqrt{a_1})=\frac{1}{3}\times(\sqrt{169}-1) \ (\because \textcircled{\tiny ㄷ})$$
$$= \frac{1}{3}\times(13-1)=4$$

다른 풀이

$a_n=3n-2$이므로

$$\sum_{k=1}^{56} \frac{1}{\sqrt{a_{k+1}}+\sqrt{a_k}}$$
$$= \sum_{k=1}^{56} \frac{1}{\sqrt{3k+1}+\sqrt{3k-2}}$$
$$= \sum_{k=1}^{56} \frac{\sqrt{3k+1}-\sqrt{3k-2}}{(\sqrt{3k+1}+\sqrt{3k-2})(\sqrt{3k+1}-\sqrt{3k-2})}$$
$$= \sum_{k=1}^{56} \frac{\sqrt{3k+1}-\sqrt{3k-2}}{3}$$
$$= \frac{1}{3}\{(\sqrt{4}-\sqrt{1})+(\sqrt{7}-\sqrt{4})+(\sqrt{10}-\sqrt{7})+\cdots+(\sqrt{169}-\sqrt{166})\}$$
$$= \frac{1}{3}\times(\sqrt{169}-1)$$
$$= \frac{1}{3}\times(13-1)=4$$

1099
답 ②

주어진 수열을

$$\left(\frac{1}{2}\right), \left(\frac{1}{4}, \frac{3}{4}\right), \left(\frac{1}{8}, \frac{3}{8}, \frac{5}{8}\right), \left(\frac{1}{16}, \frac{3}{16}, \frac{5}{16}, \frac{7}{16}\right), \cdots$$

과 같이 분모가 같은 항끼리 묶을 수 있다.
n번째 묶음의 항의 개수는 n이므로 첫 번째 묶음부터 n번째 묶음
까지의 항의 개수는

$$\sum_{k=1}^{n} k = \frac{n(n+1)}{2}$$

이때 $\frac{9\times10}{2}=45$이므로 제45항은 9번째 묶음의 9번째 항이다.

한편, n번째 묶음의 분모는 2^n이고 n번째 묶음의 k번째 항의 분자
는 $2k-1$이므로 9번째 묶음은

$$\frac{1}{2^9}, \frac{3}{2^9}, \frac{5}{2^9}, \cdots, \frac{17}{2^9}$$

따라서 제45항은 $\frac{17}{2^9}=\frac{17}{512}$이다.

1100
답 69

위에서 n번째 줄에 나열된 수의 개수는 $2n-1$이므로 위에서 첫 번
째 줄부터 11번째 줄까지 나열된 수의 개수는

$$\sum_{n=1}^{11} (2n-1)=2\times\frac{11\times12}{2}-1\times11=121$$

이때 $121=5\times24+1$이므로 위에서 11번째 줄의 마지막 숫자는
1이다.
즉, 위에서 12번째 줄은 2, 3, 4, 5, 1이 이 순서대로 반복된다.
또한 위에서 12번째 줄에 나열된 수의 개수는 $2\times12-1=23$이고
$23=5\times4+3$이므로 위에서 12번째 줄에 나열된 모든 수의 합은
$$(2+3+4+5+1)\times4+2+3+4=69$$

1101
답 ③

$a_n=(-1)^{\frac{n(n+1)}{2}}$이므로

$$a_1=(-1)^{\frac{1\times(1+1)}{2}}=(-1)^1=-1$$
$$a_2=(-1)^{\frac{2\times(2+1)}{2}}=(-1)^3=-1$$
$$a_3=(-1)^{\frac{3\times(3+1)}{2}}=(-1)^6=1$$
$$a_4=(-1)^{\frac{4\times(4+1)}{2}}=(-1)^{10}=1$$
$$a_5=(-1)^{\frac{5\times(5+1)}{2}}=(-1)^{15}=-1$$
$$a_6=(-1)^{\frac{6\times(6+1)}{2}}=(-1)^{21}=-1$$
$$a_7=(-1)^{\frac{7\times(7+1)}{2}}=(-1)^{28}=1$$
$$\vdots$$

즉, 수열 $\{a_n\}$은 -1, -1, 1, 1이 이 순서대로 반복되는 수열이다.

ㄱ. $a_{19}=(-1)^{\frac{19\times(19+1)}{2}}=(-1)^{190}=1$

$a_{20}=(-1)^{\frac{20\times(20+1)}{2}}=(-1)^{210}=1$

$\therefore a_{19}=a_{20}$ (참)

ㄴ. [반례] $a_1=-1$, $a_2=-1$이므로

$a_1+a_2=-2\neq0$ (거짓)

ㄷ. $2023=4\times505+3$이므로

$$\sum_{n=1}^{2023} na_n=-1-2+3+4-5-6+7+8-\cdots$$
$$+2020-2021-2022+2023$$
$$=(-1-2+3+4)+(-5-6+7+8)+\cdots$$
$$+(-2017-2018+2019+2020)$$
$$-2021-2022+2023$$
$$=\underbrace{4+4+4+\cdots+4}_{505개}-2021-2022+2023$$
$$=4\times505-2020=0$$ (참)

따라서 옳은 것은 ㄱ, ㄷ이다.

참고

$\frac{n(n+1)}{2}=b_n$이라 하면 b_n은 1부터 n까지의 합을 의미하므로

$b_1=1=(\text{홀수})$

$b_2=b_1+2=(\text{홀수})+(\text{짝수})=(\text{홀수})$

$b_3=b_2+3=(\text{홀수})+(\text{홀수})=(\text{짝수})$

$b_4=b_3+4=(\text{짝수})+(\text{짝수})=(\text{짝수})$

$b_5=b_4+5=(\text{짝수})+(\text{홀수})=(\text{홀수})$

$\vdots$

즉, b_n의 값은 홀수, 홀수, 짝수, 짝수가 이 순서대로 반복되므로 수열 $\{a_n\}$
은 -1, -1, 1, 1이 이 순서대로 반복되는 수열임을 알 수 있다.

1102

답 ①

등차수열 $\{a_n\}$의 공차를 d $(d \ne 0)$라 하자.

$a_6 \ge 0$이면 $|a_6| = a_8$에서 $a_6 = a_8$이므로 $d = 0$이 되어 모순이다.

따라서 $a_6 < 0$이고 $|a_6| = a_8$에서 $-a_6 = a_8$이므로

$-(a_1 + 5d) = a_1 + 7d$, $-a_1 - 5d = a_1 + 7d$

$-2a_1 = 12d$ $\quad \therefore a_1 = -6d$

$\therefore a_n = a_1 + (n-1) \times d$
$\qquad = -6d + dn - d = dn - 7d \quad \cdots\cdots \ \bigcirc$

또한 $\displaystyle\sum_{k=1}^{5} \dfrac{1}{a_k a_{k+1}} = \dfrac{5}{96}$에서

$\displaystyle\sum_{k=1}^{5} \dfrac{1}{a_k a_{k+1}} = \sum_{k=1}^{5} \left\{ \dfrac{1}{a_{k+1} - a_k} \times \left(\dfrac{1}{a_k} - \dfrac{1}{a_{k+1}} \right) \right\}$

$\qquad = \displaystyle\sum_{k=1}^{5} \dfrac{1}{d} \left(\dfrac{1}{a_k} - \dfrac{1}{a_{k+1}} \right) \ (\because \ a_{k+1} - a_k = (공차) = d)$

$\qquad = \dfrac{1}{d} \displaystyle\sum_{k=1}^{5} \left(\dfrac{1}{a_k} - \dfrac{1}{a_{k+1}} \right)$

$\qquad = \dfrac{1}{d} \left\{ \left(\dfrac{1}{a_1} - \dfrac{1}{a_2} \right) + \left(\dfrac{1}{a_2} - \dfrac{1}{a_3} \right) + \cdots + \left(\dfrac{1}{a_5} - \dfrac{1}{a_6} \right) \right\}$

$\qquad = \dfrac{1}{d} \left(\dfrac{1}{a_1} - \dfrac{1}{a_6} \right) = \dfrac{1}{d} \left(\dfrac{1}{-6d} - \dfrac{1}{-d} \right) \ (\because \ \bigcirc)$

$\qquad = \dfrac{1}{d} \times \dfrac{5}{6d}$

$\qquad = \dfrac{5}{6d^2} = \dfrac{5}{96}$

즉, $6d^2 = 96$이므로

$d^2 = 16$

이때 $a_6 = -d < 0$이므로 $d > 0$

$\therefore d = 4$

$\therefore a_1 = -6d = -6 \times 4 = -24$

따라서 등차수열 $\{a_n\}$의 첫째항이 -24, 공차가 4이므로

$\displaystyle\sum_{k=1}^{15} a_k = \dfrac{15 \times \{2 \times (-24) + (15-1) \times 4\}}{2} = 60$

1103

답 220

등차수열 $\{a_n\}$의 첫째항을 a, 공차를 d라 하면

$\displaystyle\sum_{n=1}^{10} a_n = \dfrac{10(2a + 9d)}{2} = 10$

$\therefore 2a + 9d = 2 \quad \cdots\cdots \ \bigcirc$

$\displaystyle\sum_{n=1}^{20} a_n = \dfrac{20(2a + 19d)}{2} = 40$

$\therefore 2a + 19d = 4 \quad \cdots\cdots \ \bigcirc\!\bigcirc$

$\bigcirc$, $\bigcirc\!\bigcirc$을 연립하여 풀면

$a = \dfrac{1}{10}$, $d = \dfrac{1}{5}$

$\therefore A = \displaystyle\sum_{n=1}^{30} a_n = \dfrac{30 \times \left\{ 2 \times \dfrac{1}{10} + (30-1) \times \dfrac{1}{5} \right\}}{2} = 90$

❶

등비수열 $\{a_n\}$의 첫째항을 a', 공비를 r이라 하면

$\displaystyle\sum_{n=1}^{10} a_n = \dfrac{a'(1 - r^{10})}{1 - r} = 10 \quad \cdots\cdots \ \boxdot$

$\displaystyle\sum_{n=1}^{20} a_n = \dfrac{a'(1 - r^{20})}{1 - r} = \dfrac{a'(1 + r^{10})(1 - r^{10})}{1 - r} = 40 \quad \cdots\cdots \ \boxminus$

$\boxminus \div \boxdot$을 하면

$1 + r^{10} = 4 \qquad \therefore r^{10} = 3 \quad \cdots\cdots \ \boxdot\!\boxdot$

$\therefore B = \displaystyle\sum_{n=1}^{30} a_n = \dfrac{a'(1 - r^{30})}{1 - r}$

$\qquad = \dfrac{a'(1 - r^{10})(1 + r^{10} + r^{20})}{1 - r}$

$\qquad = \dfrac{a'(1 - r^{10})}{1 - r} \times (1 + r^{10} + r^{20})$

$\qquad = 10 \times (1 + 3 + 3^2) \ (\because \ \boxdot, \ \boxdot\!\boxdot)$

$\qquad = 130$

❷

$\therefore A + B = 90 + 130 = 220$

❸

채점 기준	배점
❶ A의 값 구하기	40%
❷ B의 값 구하기	50%
❸ $A + B$의 값 구하기	10%

1104

답 364

수열 $\{a_n\}$이 1, $2+4$, $3+6+9$, $4+8+12+16$, $\cdots$이므로 a_n은 첫째항이 n, 공차가 n인 등차수열의 첫째항부터 제n항까지의 합이다.

$\therefore a_n = \dfrac{n\{2n + (n-1) \times n\}}{2}$

$\qquad = \dfrac{1}{2} n^3 + \dfrac{1}{2} n^2$

❶

$\therefore \displaystyle\sum_{k=1}^{12} \dfrac{a_k}{k} = \sum_{k=1}^{12} \left(\dfrac{1}{2} k^2 + \dfrac{1}{2} k \right)$

$\qquad = \dfrac{1}{2} \displaystyle\sum_{k=1}^{12} k^2 + \dfrac{1}{2} \sum_{k=1}^{12} k$

$\qquad = \dfrac{1}{2} \times \dfrac{12 \times 13 \times 25}{6} + \dfrac{1}{2} \times \dfrac{12 \times 13}{2}$

$\qquad = 325 + 39 = 364$

❷

채점 기준	배점
❶ 주어진 수열의 제n항을 n에 대한 식으로 나타내기	50%
❷ 수열의 합 구하기	50%

1105　　답 ①

$\sum\limits_{k=n}^{2n+1} a_k = n^2$이므로

$n=1$일 때, $\sum\limits_{k=1}^{2\times1+1} a_k = 1^2$에서 $\sum\limits_{k=1}^{3} a_k = 1$

$n=4$일 때, $\sum\limits_{k=4}^{2\times4+1} a_k = 4^2$에서 $\sum\limits_{k=4}^{9} a_k = 16$

$n=10$일 때, $\sum\limits_{k=10}^{2\times10+1} a_k = 10^2$에서 $\sum\limits_{k=10}^{21} a_k = 100$

$n=22$일 때, $\sum\limits_{k=22}^{2\times22+1} a_k = 22^2$에서 $\sum\limits_{k=22}^{45} a_k = 484$

$\therefore \sum\limits_{k=1}^{45} a_k = \sum\limits_{k=1}^{3} a_k + \sum\limits_{k=4}^{9} a_k + \sum\limits_{k=10}^{21} a_k + \sum\limits_{k=22}^{45} a_k$

$\qquad = 1+16+100+484 = 601$

따라서 $\sum\limits_{k=1}^{46} a_k = \sum\limits_{k=1}^{45} a_k + a_{46} = 601 + a_{46}$이므로

$601 + a_{46} = 610$

$\therefore a_{46} = 610 - 601 = 9$

1106　　답 16

등비수열 $\{a_n\}$의 공비를 r이라 하자.

조건 ㈏에서

$\left(\sum\limits_{k=1}^{5} a_{2k-1} + \sum\limits_{k=1}^{5} a_{2k}\right) + \sum\limits_{k=1}^{5} a_{2k} = 0$

$\therefore \sum\limits_{k=1}^{5} a_{2k-1} + 2\sum\limits_{k=1}^{5} a_{2k} = 0$

$\sum\limits_{k=1}^{5} a_{2k-1} = a$로 놓으면 $\sum\limits_{k=1}^{5} a_{2k} = ar$이므로

$a + 2ar = 0$, $a(1+2r) = 0$

이때 $a=0$이면 $a_1=0$이므로 조건 ㈎를 만족시키지 않는다.

따라서 $a \neq 0$이므로

$1 + 2r = 0$　　$\therefore r = -\dfrac{1}{2}$

조건 ㈎에서

$a_1 r^2 + a_1 r^4 = 5$, $a_1 r^2(1+r^2) = 5$　　……㉠

$r = -\dfrac{1}{2}$을 ㉠에 대입하면

$a_1 \times \dfrac{1}{4} \times \left(1 + \dfrac{1}{4}\right) = 5$, $\dfrac{5}{16} a_1 = 5$

$\therefore a_1 = 16$

1107　　답 ③

방정식 $x^3 = 1$에서

$x^3 - 1 = 0$, $(x-1)(x^2+x+1) = 0$

$\therefore x = 1$ 또는 $x^2 + x + 1 = 0$

이때 방정식 $x^3 = 1$의 한 허근이 ω이므로 ω는 이차방정식 $x^2 + x + 1 = 0$의 근이다.

즉, $\omega^2 + \omega + 1 = 0$이고 $\omega^3 = 1$이므로 ω^k이 실수가 되는 자연수 k는 3의 배수이다.

(i) $n=1$ 또는 $n=2$일 때

$k=1$ 또는 $k=2$이면 ω^k이 실수가 되는 자연수 k는 존재하지 않으므로

$f(1) = f(2) = 0$

(ii) $3 \leq n \leq 5$일 때

$1 \leq k \leq n$에서 ω^k이 실수가 되는 자연수 k는 3의 1개뿐이므로

$f(3) = f(4) = f(5) = 1$

(iii) $6 \leq n \leq 8$일 때

$1 \leq k \leq n$에서 ω^k이 실수가 되는 자연수 k는 3, 6의 2개이므로

$f(6) = f(7) = f(8) = 2$

$\vdots$

이와 같이 계속되므로 자연수 k에 대하여

$f(1) = f(2) = 0$, $f(3k) = f(3k+1) = f(3k+2) = k$

$\therefore \sum\limits_{n=1}^{100} f(n) = f(1) + f(2) + \{f(3) + f(4) + f(5)\}$

$\qquad\qquad + \{f(6) + f(7) + f(8)\}$

$\qquad\qquad + \cdots + \{f(96) + f(97) + f(98)\}$

$\qquad\qquad + f(99) + f(100)$

$\qquad = 0 + 0 + 1\times3 + 2\times3 + \cdots + 32\times3 + 33 + 33$

$\qquad = 3\sum\limits_{k=1}^{32} k + 66$

$\qquad = 3 \times \dfrac{32 \times 33}{2} + 66$

$\qquad = 1584 + 66 = 1650$

1108　　답 ④

a_7은 a_6과 a_8의 등차중항이므로

$a_6 + a_8 = 2a_7$

이때 조건 ㈎에서 $a_7 = a_6 + a_8$이므로

$a_7 = 2a_7$　　$\therefore a_7 = 0$

등차수열 $\{a_n\}$의 공차를 d라 하자.

(i) $d > 0$일 때

$n \geq 7$인 자연수 n에 대하여 $S_n + T_n < S_{n+1} + T_{n+1}$이므로 조건 ㈏를 만족시키지 않는다.

(ii) $d = 0$일 때

모든 자연수 n에 대하여 $a_n = 0$

즉, $S_n + T_n = 0$이므로 조건 ㈏를 만족시키지 않는다.

(i), (ii)에서 $d < 0$

이때 $a_7 = a_1 + 6d = 0$이므로

$a_1 = -6d > 0$

$n \leq 7$인 자연수 n에 대하여 $a_n \geq 0$이므로 $S_7 = T_7$

조건 ㈏에 의하여 $S_7 = T_7 = 42$이므로

$S_7 = \sum\limits_{k=1}^{7} a_k = \dfrac{7(2a_1 + 6d)}{2} = 42$

$-21d = 42 \ (\because a_1 = -6d)$

$\therefore d = -2, \ a_1 = 12$

$\therefore S_{15} = \sum\limits_{k=1}^{15} a_k = \dfrac{15(2a_1 + 14d)}{2}$

$\qquad = \dfrac{15 \times (24 - 28)}{2} = -30$

조건 ㈏에 의하여 $S_{15} + T_{15} = 84$이므로

$T_{15} = 84 - (-30) = 114$

1109

답 ⑤

$2^2 \times 3^2 \times 5^{n-1}$의 양의 약수의 개수는

$a_n = (2+1) \times (2+1) \times \{(n-1)+1\} = 9n$

$\therefore \displaystyle\sum_{k=1}^{n} \frac{1}{\sqrt{a_k} + \sqrt{a_{k+1}}}$

$= \displaystyle\sum_{k=1}^{n} \frac{1}{\sqrt{9k} + \sqrt{9(k+1)}}$

$= \dfrac{1}{3} \displaystyle\sum_{k=1}^{n} \frac{1}{\sqrt{k} + \sqrt{k+1}}$

$= \dfrac{1}{3} \displaystyle\sum_{k=1}^{n} \frac{\sqrt{k+1} - \sqrt{k}}{(\sqrt{k+1} + \sqrt{k})(\sqrt{k+1} - \sqrt{k})}$

$= \dfrac{1}{3} \displaystyle\sum_{k=1}^{n} (\sqrt{k+1} - \sqrt{k})$

$= \dfrac{1}{3} \{(\sqrt{2} - 1) + (\sqrt{3} - \sqrt{2}) + (\sqrt{4} - \sqrt{3}) + \cdots + (\sqrt{n+1} - \sqrt{n})\}$

$= \dfrac{\sqrt{n+1} - 1}{3}$

이때 두 자리 자연수 n에 대하여 $\dfrac{\sqrt{n+1}-1}{3} = m$을 만족시키는 자

연수 m이 존재하려면

$\sqrt{n+1} = 3m+1$

$n+1 = (3m+1)^2$

$\therefore n = (3m+1)^2 - 1$ ...... ㉠

$m = 1, 2, 3, 4, \cdots$일 때, ㉠에서

$n = 15, 48, 99, 168, \cdots$

따라서 두 자리 자연수 n은 15, 48, 99이므로 그 합은

$15 + 48 + 99 = 162$

1110

답 ①

모든 항이 양수인 등비수열 $\{a_n\}$의 첫째항을 a $(a > 0)$, 공비를

r $(r > 0)$이라 하자.

(ⅰ) $r = 1$일 때, $a_n = a$

조건 ㈎에서

$\displaystyle\sum_{k=1}^{4} a_k = 4a = 45$ $\therefore a = \dfrac{45}{4}$

조건 ㈏에서

$\displaystyle\sum_{k=1}^{6} \frac{a_2 \times a_5}{a_k} = \sum_{k=1}^{6} \frac{a \times a}{a} = 6a = 189$

$\therefore a = \dfrac{63}{2} \neq \dfrac{45}{2}$

즉, 주어진 조건을 만족시키지 않는다.

(ⅱ) $r \neq 1$일 때

조건 ㈎에서

$\displaystyle\sum_{k=1}^{4} a_k = \frac{a(r^4 - 1)}{r - 1} = 45$ ...... ㉠

조건 ㈏에서

$\displaystyle\sum_{k=1}^{6} \frac{a_2 \times a_5}{a_k} = ar \times ar^4 \times \sum_{k=1}^{6} \frac{1}{a_k}$

$= a^2 r^5 \times \dfrac{\dfrac{1}{a}\left\{1 - \left(\dfrac{1}{r}\right)^6\right\}}{1 - \dfrac{1}{r}}$

$= \dfrac{a(r^6 - 1)}{r - 1} = 189$ ...... ㉡

㉡$\div$㉠을 하면

$\dfrac{\dfrac{a(r^6 - 1)}{r - 1}}{\dfrac{a(r^4 - 1)}{r - 1}} = \dfrac{189}{45}, \ \dfrac{r^6 - 1}{r^4 - 1} = \dfrac{21}{5}$

$\dfrac{(r^2 - 1)(r^4 + r^2 + 1)}{(r^2 - 1)(r^2 + 1)} = \dfrac{21}{5}, \ \dfrac{r^4 + r^2 + 1}{r^2 + 1} = \dfrac{21}{5}$

$5(r^4 + r^2 + 1) = 21(r^2 + 1)$

$5r^4 - 16r^2 - 16 = 0, \ (5r^2 + 4)(r^2 - 4) = 0$

$r^2 = 4 \ (\because r^2 > 0)$

$\therefore r = 2 \ (\because r > 0)$

(ⅰ), (ⅱ)에서 $r = 2$이므로 이를 ㉠에 대입하면

$\dfrac{a(2^4 - 1)}{2 - 1} = 45, \ 15a = 45$ $\therefore a = 3$

$\therefore a_3 = ar^2 = 3 \times 2^2 = 12$

1111

답 80

두 점 P_n, Q_n의 x좌표를 각각 a_n, b_n이라 하면

$9^{a_n} = 1 + \dfrac{1}{n}, \ 3^{b_n} = 1 + \dfrac{1}{n}$

$9^{a_n} = 3^{b_n}$이므로 $3^{2a_n} = 3^{b_n}$ $\therefore 2a_n = b_n$

$\therefore \overline{P_n Q_n} = b_n - a_n = 2a_n - a_n = a_n$

$9^{a_n} = 1 + \dfrac{1}{n}$의 양변에 밑이 9인 로그를 취하면

$a_n = \log_9 \left(1 + \dfrac{1}{n}\right) = \log_9 \dfrac{n+1}{n}$

$\therefore \displaystyle\sum_{n=1}^{m} \overline{P_n Q_n} = \sum_{n=1}^{m} a_n = \sum_{n=1}^{m} \log_9 \frac{n+1}{n}$

$= \log_9 \dfrac{2}{1} + \log_9 \dfrac{3}{2} + \log_9 \dfrac{4}{3} + \cdots + \log_9 \dfrac{m+1}{m}$

$= \log_9 \left(\dfrac{2}{1} \times \dfrac{3}{2} \times \dfrac{4}{3} \times \cdots \times \dfrac{m+1}{m}\right)$

$= \log_9 (m+1)$

이 값이 2이므로 $\log_9 (m+1) = 2$에서

$m+1 = 9^2$ $\therefore m = 80$

1112

답 ③

등차수열 $\{a_n\}$의 첫째항을 a라 하자.

조건 ㈎에서

$\displaystyle\sum_{k=1}^{2m+1} a_k = \frac{(2m+1)\{2a + (2m+1-1) \times 5\}}{2}$

$\qquad = (2m+1)(a + 5m) < 0$

이때 $2m+1 > 0$이므로 $a + 5m = a + (m+1-1) \times 5 = a_{m+1} < 0$

(ⅰ) $a_{m+1} = -1$인 경우

$|a_m| + |a_{m+1}| + |a_{m+2}| = |-1 - 5| + |-1| + |-1 + 5|$

$\qquad = 6 + 1 + 4 = 11$

이므로 조건 ㈏를 만족시킨다.

$a_{m+1} = -1$이므로

$a_{m+6} = a_{m+1} + 5 \times 5 = -1 + 25 = 24$

$a_{m+7} = a_{m-1} + 6 \times 5 = -1 + 30 = 29$

그런데 $24 < a_{21} < 29$인 a_{21}의 값이 존재하지 않는다.

(ii) $a_{m+1}=-2$인 경우

$$|a_m|+|a_{m+1}|+|a_{m+2}|=|-2-5|+|-2|+|-2+5|$$
$$=7+2+3=12$$

이므로 조건 (나)를 만족시킨다.

$a_{m+1}=-2$이므로

$$a_{m+7}=a_{m+1}+6\times5=-2+30=28$$

이때 $24<a_{21}<29$이므로 $m+7=21$

$$\therefore m=14$$

(iii) $a_{m+1}\le-3$인 경우

$$|a_m|+|a_{m+1}|+|a_{m+2}|\ge13$$

이므로 조건 (나)를 만족시키지 않는다.

(i)~(iii)에서 $m=14$

1113

답 25

$$f(x)=\sum_{k=1}^{n}\left\{x-\frac{1}{k(k+1)}\right\}^2$$
$$=\sum_{k=1}^{n}\left[x^2-\frac{2}{k(k+1)}x+\left\{\frac{1}{k(k+1)}\right\}^2\right]$$
$$=\sum_{k=1}^{n}x^2-2x\sum_{k=1}^{n}\frac{1}{k(k+1)}+\sum_{k=1}^{n}\left\{\frac{1}{k(k+1)}\right\}^2 \quad\cdots\cdots\text{㉠}$$

이때 $\sum_{k=1}^{n}x^2=nx^2$이고

$$\sum_{k=1}^{n}\frac{1}{k(k+1)}=\sum_{k=1}^{n}\left(\frac{1}{k}-\frac{1}{k+1}\right)$$
$$=\left(1-\frac{1}{2}\right)+\left(\frac{1}{2}-\frac{1}{3}\right)+\left(\frac{1}{3}-\frac{1}{4}\right)$$
$$+\cdots+\left(\frac{1}{n}-\frac{1}{n+1}\right)$$
$$=1-\frac{1}{n+1}$$
$$=\frac{n}{n+1}$$

$\sum_{k=1}^{n}\left\{\frac{1}{k(k+1)}\right\}^2=a$ (a는 상수)라 하면 ㉠에서

$$f(x)=nx^2-\frac{2n}{n+1}x+a$$
$$=n\left\{x^2-\frac{2}{n+1}x+\left(\frac{1}{n+1}\right)^2\right\}+a-\frac{n}{(n+1)^2}$$
$$=n\left(x-\frac{1}{n+1}\right)^2+a-\frac{n}{(n+1)^2}$$

즉, $f(x)$는 $x=\frac{1}{n+1}$일 때 최솟값을 가지므로

$$g(n)=\frac{1}{n+1}$$

$$\therefore 60\sum_{n=1}^{10}g(n)g(n+1)$$
$$=60\sum_{n=1}^{10}\frac{1}{(n+1)(n+2)}$$
$$=60\sum_{n=1}^{10}\left(\frac{1}{n+1}-\frac{1}{n+2}\right)$$
$$=60\left\{\left(\frac{1}{2}-\frac{1}{3}\right)+\left(\frac{1}{3}-\frac{1}{4}\right)+\cdots+\left(\frac{1}{11}-\frac{1}{12}\right)\right\}$$
$$=60\left(\frac{1}{2}-\frac{1}{12}\right)$$
$$=60\times\frac{5}{12}=25$$

1114

답 47

조건 (가)에 의하여 실수 a_k (k는 자연수)는 x에 대한 방정식

$x^2-6x+(k-9)(3-k)=0$, 즉 $(x+k-9)(x+3-k)=0$의 근

이므로

$$(a_k+k-9)(a_k+3-k)=0$$

$$\therefore a_k=9-k \text{ 또는 } a_k=k-3$$

즉, 수열 $\{a_n\}$의 각 항이 될 수 있는 수들을 나열해 보면 다음과 같다.

k	1	2	3	4	5	6	7	8	9	10	11
$9-k$	8	7	6	5	4	3	2	1	0	-1	-2
$k-3$	-2	-1	0	1	2	3	4	5	6	7	8

$3\le k\le9$일 때 $a_k\ge0$이므로 $\sum_{n=3}^{9}a_n$의 최댓값은

$$6+5+4+3+4+5+6=33$$

이고, $3\le k\le8$일 때 $a_k\times a_{k+1}<0$인 경우는 없다.

따라서 조건 (나)에서 $a_n\times a_{n+1}<0$을 만족시키는 10 이하의 두 자연수 n을 각각 p, q ($p<q$)라 하면

(i) $p=1$, $q=2$일 때

$a_1\times a_2<0$, $a_2\times a_3<0$, $a_9\times a_{10}\ge0$, $a_{10}\times a_{11}\ge0$이어야 하므로

$\sum_{n=1}^{10}a_n$의 값이 최대가 되려면 $a_1=8$, $a_2=-1$, $a_{10}=7$

이때 $\sum_{n=1}^{10}a_n$의 최댓값은

$$a_1+a_2+\sum_{n=3}^{9}a_n+a_{10}=8+(-1)+33+7=47$$

(ii) $p=1$, $q=9$일 때

$a_1\times a_2<0$, $a_2\times a_3\ge0$, $a_9\times a_{10}<0$, $a_{10}\times a_{11}\ge0$이어야 하므로

$\sum_{n=1}^{10}a_n$의 값이 최대가 되려면 $a_1=-2$, $a_2=7$, $a_{10}=-1$

이때 $\sum_{n=1}^{10}a_n$의 최댓값은

$$a_1+a_2+\sum_{n=3}^{9}a_n+a_{10}=-2+7+33+(-1)=37$$

(iii) $p=1$, $q=10$일 때

$a_1\times a_2<0$, $a_2\times a_3\ge0$, $a_9\times a_{10}\ge0$, $a_{10}\times a_{11}<0$이어야 하므로

$\sum_{n=1}^{10}a_n$의 값이 최대가 되려면 $a_1=-2$, $a_2=7$, $a_{10}=7$

이때 $\sum_{n=1}^{10}a_n$의 최댓값은

$$a_1+a_2+\sum_{n=3}^{9}a_n+a_{10}=-2+7+33+7=45$$

(iv) $p=2$, $q=9$일 때

$a_1\times a_2\ge0$, $a_2\times a_3<0$, $a_9\times a_{10}<0$, $a_{10}\times a_{11}\ge0$이어야 하므로

$\sum_{n=1}^{10}a_n$의 값이 최대가 되려면 $a_1=-2$, $a_2=-1$, $a_{10}=-1$

이때 $\sum_{n=1}^{10}a_n$의 최댓값은

$$a_1+a_2+\sum_{n=3}^{9}a_n+a_{10}=-2+(-1)+33+(-1)=29$$

(v) $p=2$, $q=10$일 때

$a_1\times a_2\ge0$, $a_2\times a_3<0$, $a_9\times a_{10}\ge0$, $a_{10}\times a_{11}<0$이어야 하므로

$\sum_{n=1}^{10}a_n$의 값이 최대가 되려면 $a_1=-2$, $a_2=-1$, $a_{10}=7$

이때 $\sum_{n=1}^{10}a_n$의 최댓값은

$$a_1+a_2+\sum_{n=3}^{9}a_n+a_{10}=-2+(-1)+33+7=37$$

(vi) $p=9$, $q=10$일 때

$a_1 \times a_2 \geq 0$, $a_2 \times a_3 \geq 0$, $a_9 \times a_{10} < 0$, $a_{10} \times a_{11} < 0$이어야 하므로

$\sum\limits_{n=1}^{10} a_n$의 값이 최대가 되려면 $a_1 = 8$, $a_2 = 7$, $a_{10} = -1$

이때 $\sum\limits_{n=1}^{10} a_n$의 최댓값은

$a_1 + a_2 + \sum\limits_{n=3}^{9} a_n + a_{10} = 8 + 7 + 33 + (-1) = 47$

(i)~(vi)에서 $\sum\limits_{n=1}^{10} a_n$의 최댓값은 47이다.

1115

답 44

$\sum\limits_{n=1}^{4} \{(a_n)^2 + a_n\} = k$ ····· ㉠

$\sum\limits_{n=1}^{4} \{(a_n)^2 + |a_n|\} = k + 14$ ····· ㉡

㉡$-$㉠을 하면

$\sum\limits_{n=1}^{4} (|a_n| - a_n) = 14$ ····· ㉢

이때 $a_n \geq 0$이면 $|a_n| - a_n = 0$, $a_n < 0$이면 $|a_n| - a_n = -2a_n$이므로 ㉢을 만족시키려면 a_1부터 a_4까지의 항 중에서 음수인 모든 항의 합이 -7이어야 한다.

한편, 등차수열 $\{a_n\}$의 모든 항이 정수이고 공차가 양수이므로 a_1은 음의 정수이고 공차는 자연수이다.

(i) $a_1 = -7$일 때

a_1	a_2	a_3	a_4	$k = \sum\limits_{n=1}^{4} \{(a_n)^2 + a_n\}$
-7	0	7	14	308
-7	1	9	17	440
-7	2	11	20	600
⋮	⋮	⋮	⋮	⋮

(ii) $a_1 + a_2 = -7$, $a_2 < 0$일 때

a_1	a_2	a_3	a_4	$k = \sum\limits_{n=1}^{4} \{(a_n)^2 + a_n\}$
-6	-1	4	9	140
-5	-2	1	4	44

(i), (ii)에서 자연수 k의 최솟값은 44이다.

1116

답 ③

오른쪽 그림과 같이 두 점 E, H에서 $\overline{CD}$, $\overline{BC}$에 내린 수선의 발을 각각 P, Q라 하자.

$\overline{EP}$와 $\overline{HF}$가 만나는 점을 R, $\overline{EG}$와 $\overline{HF}$가 만나는 점을 S, $\overline{EP}$와 $\overline{HQ}$가 만나는 점을 T라 하면

$\angle HRT = \angle ERS$ (맞꼭지각),

$\angle HTR = \angle ESR = 90°$이므로

$\angle FHQ = 90° - \angle HRT$

$\quad\quad\quad\; = 90° - \angle ERS$

$\quad\quad\quad\; = \angle GEP$

따라서 두 삼각형 HFQ, EGP에서

$\overline{HQ} = \overline{EP}$, $\angle HQF = \angle EPG = 90°$, $\angle FHQ = \angle GEP$이므로

$\triangle HFQ \equiv \triangle EGP$ (ASA 합동)

$\therefore \overline{EG} = \overline{HF} = \sqrt{4n^2 + 1}$

따라서 사각형 EFGH의 넓이 S_n은

$S_n = \dfrac{1}{2} \times \overline{EG} \times \overline{HF}$

$\quad = \dfrac{1}{2} \times \sqrt{4n^2 + 1} \times \sqrt{4n^2 + 1}$

$\quad = \dfrac{4n^2 + 1}{2} = 2n^2 + \dfrac{1}{2}$

$\therefore \sum\limits_{n=1}^{10} S_n = \sum\limits_{n=1}^{10} \left(2n^2 + \dfrac{1}{2}\right) = 2\sum\limits_{n=1}^{10} n^2 + \sum\limits_{n=1}^{10} \dfrac{1}{2}$

$\quad\quad\quad\quad = 2 \times \dfrac{10 \times 11 \times 21}{6} + \dfrac{1}{2} \times 10$

$\quad\quad\quad\quad = 770 + 5 = 775$

🔊)) **Bible Says** 사각형의 넓이

오른쪽 그림과 같이 두 대각선이 서로 수직이고 두 대각선의 길이가 a, b인 사각형 ABCD의 넓이는

$\square ABCD = \dfrac{1}{2} \square EFGH$

$\quad\quad\quad\quad = \dfrac{1}{2} ab$

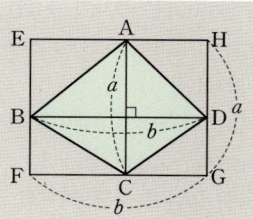

10 수학적 귀납법

유형 01 등차수열의 귀납적 정의

1117
답 ①

수열 $\{a_n\}$은 첫째항이 -10, 공차가 4인 등차수열이므로
$a_n=-10+(n-1)\times4=4n-14$
$a_k=50$에서 $4k-14=50$
$4k=64$ ∴ $k=16$

1118
답 ②

수열 $\{a_n\}$은 공차가 -3인 등차수열이고 $a_2=20$이므로
$a_{10}=a_2+8\times(-3)=20-24=-4$

다른 풀이

$a_{n+1}=a_n-3$에 $n=1$을 대입하면
$a_2=a_1-3$, $20=a_1-3$ ∴ $a_1=23$
수열 $\{a_n\}$은 첫째항이 23, 공차가 -3인 등차수열이므로
$a_n=23+(n-1)\times(-3)=-3n+26$
∴ $a_{10}=-3\times10+26=-4$

1119
답 10

수열 $\{a_n\}$은 등차수열이므로 등차중항의 성질에 의하여
$a_7=\dfrac{a_3+a_{11}}{2}=\dfrac{4+16}{2}=10$

다른 풀이 ❶

수열 $\{a_n\}$은 등차수열이므로 첫째항을 a, 공차를 d라 하면
$a_3=a+2d=4$ ······ ㉠
$a_{11}=a+10d=16$ ······ ㉡
㉠, ㉡을 연립하여 풀면 $a=1$, $d=\dfrac{3}{2}$
따라서 $a_n=1+(n-1)\times\dfrac{3}{2}=\dfrac{3}{2}n-\dfrac{1}{2}$이므로
$a_7=\dfrac{3}{2}\times7-\dfrac{1}{2}=10$

다른 풀이 ❷

수열 $\{a_n\}$은 등차수열이므로 공차를 d라 하면
$a_{11}=a_3+8d$
즉, $16=4+8d$이므로 $8d=12$ ∴ $d=\dfrac{3}{2}$
∴ $a_7=a_3+4d=4+4\times\dfrac{3}{2}=10$

1120
답 610

$a_n-2a_{n+1}+a_{n+2}=0$에서 $2a_{n+1}=a_n+a_{n+2}$이므로 수열 $\{a_n\}$은 등차수열이다.

❶

첫째항이 $a_1=2$, 공차가 $a_2-a_1=5-2=3$이므로

❷

$\displaystyle\sum_{k=1}^{20}a_k=\dfrac{20\times(2\times2+19\times3)}{2}=610$

❸

채점 기준	배점
❶ 수열 $\{a_n\}$이 등차수열임을 알기	30%
❷ 수열 $\{a_n\}$의 첫째항, 공차 구하기	30%
❸ $\displaystyle\sum_{k=1}^{20}a_k$의 값 구하기	40%

1121
답 ②

$a_{n+1}{}^2=a_n{}^2+4(2n-3)$에서
$a_{n+1}{}^2-a_n{}^2=4(2n-3)$
$(a_{n+1}-a_n)(a_{n+1}+a_n)=4(2n-3)$
이때 등차수열 $\{a_n\}$의 공차가 2이므로
$a_{n+1}-a_n=2$ ······ ㉠
즉, $2(a_{n+1}+a_n)=4(2n-3)$에서
$a_{n+1}+a_n=2(2n-3)$
㉠에서 $a_{n+1}=a_n+2$이므로
$(a_n+2)+a_n=2(2n-3)$, $2a_n+2=4n-6$
$2a_n=4n-8$ ∴ $a_n=2n-4$
∴ $a_{10}=2\times10-4=16$

다른 풀이

공차가 2인 등차수열 $\{a_n\}$의 첫째항을 a라 하면 일반항은
$a_n=a+(n-1)\times2=2n+a-2$
∴ $a_{n+1}=2(n+1)+a-2=2n+a$
이때 등차수열 $\{a_n\}$이 모든 자연수 n에 대하여 등식
$a_{n+1}{}^2=a_n{}^2+4(2n-3)$을 만족시키므로
$(2n+a)^2=(2n+a-2)^2+4(2n-3)$
$4n^2+4an+a^2=4n^2+4n(a-2)+(a-2)^2+8n-12$
즉, $a^2=(a-2)^2-12$에서
$a^2=a^2-4a-8$, $4a=-8$ ∴ $a=-2$
∴ $a_n=2n+(-2)-2=2n-4$
∴ $a_{10}=2\times10-4=16$

유형 02 등비수열의 귀납적 정의

1122
답 341

수열 $\{a_n\}$은 첫째항이 $\dfrac{1}{3}$, 공비가 2인 등비수열이므로 첫째항부터 제10항까지의 합은
$\dfrac{\dfrac{1}{3}\times(2^{10}-1)}{2-1}=341$

1123
답 256

조건 (내)에서 수열 $\{a_n\}$은 공비가 -2인 등비수열이다.
조건 (개)에서 $a_1=a_2+3$이고 조건 (내)에서 $a_2=(-2)\times a_1$이므로

$a_1 = (-2) \times a_1 + 3$

$3a_1 = 3 \qquad \therefore a_1 = 1$

$\therefore a_9 = a_1 \times (-2)^8 = 1 \times 256 = 256$

1124

답 22

수열 $\{a_n\}$은 등비수열이므로 첫째항을 a, 공비를 r이라 하면

$a_3 = 4$에서 $ar^2 = 4$ ...... ㉠

$a_4 = 16$에서 $ar^3 = 16$ ...... ㉡

㉡÷㉠을 하면 $r = 4$

$r = 4$를 ㉠에 대입하면

$16a = 4 \qquad \therefore a = \dfrac{1}{4}$

$\therefore a_n = \dfrac{1}{4} \times 4^{n-1} = 4^{n-2}$

$a_k = 2^{40}$에서 $4^{k-2} = 2^{40} = 4^{20}$

따라서 $k-2 = 20$이므로 $k = 22$

1125

답 ③

수열 $\{a_n\}$은 첫째항이 1인 등비수열이므로 공비를 r이라 하면

$\dfrac{a_9}{a_4} + \dfrac{a_{11}}{a_6} = 8$에서 $\dfrac{r^8}{r^3} + \dfrac{r^{10}}{r^5} = 8$

$2r^5 = 8 \qquad \therefore r^5 = 4$

$\therefore a_6 + a_{11} = r^5 + r^{10} = r^5(1 + r^5)$

$\qquad\qquad = 4 \times (1 + 4) = 20$

1126

답 11

$\log_3 a_{n+1} = \log_3 a_n - 1$에서

$\log_3 a_{n+1} = \log_3 a_n - \log_3 3$

$\log_3 a_{n+1} = \log_3 \dfrac{a_n}{3} \qquad \therefore a_{n+1} = \dfrac{1}{3} a_n$

--- ❶

따라서 수열 $\{a_n\}$은 첫째항이 $\dfrac{1}{9}$, 공비가 $\dfrac{1}{3}$인 등비수열이므로

$a_n = \dfrac{1}{9} \times \left(\dfrac{1}{3}\right)^{n-1} = \left(\dfrac{1}{3}\right)^{n+1}$

--- ❷

$\therefore \log_3 \dfrac{1}{a_{10}} = \log_3 3^{11} = 11$

--- ❸

채점 기준	배점
❶ a_n과 a_{n+1} 사이의 관계식 구하기	40%
❷ 일반항 a_n 구하기	40%
❸ $\log_3 \dfrac{1}{a_{10}}$의 값 구하기	20%

Bible Says **로그의 기본 성질**

$a > 0$, $a \neq 1$이고, $x > 0$, $y > 0$일 때

(1) $\log_a a = 1$, $\log_a 1 = 0$

(2) $\log_a xy = \log_a x + \log_a y$

(3) $\log_a \dfrac{x}{y} = \log_a x - \log_a y$

(4) $\log_a x^n = n \log_a x$ (단, n은 실수이다.)

1127

답 510

이차방정식 $a_n x^2 - a_{n+1} x + a_n = 0$이 모든 자연수 n에 대하여 중근을 가지므로 이 이차방정식의 판별식을 D라 하면

$D = (a_{n+1})^2 - 4(a_n)^2 = 0$

$(a_{n+1} + 2a_n)(a_{n+1} - 2a_n) = 0$

$\therefore a_{n+1} = -2a_n$ 또는 $a_{n+1} = 2a_n$

이때 수열 $\{a_n\}$의 모든 항이 양수이므로

$a_{n+1} = 2a_n$

따라서 수열 $\{a_n\}$은 첫째항이 2, 공비가 2인 등비수열이므로

$\displaystyle\sum_{k=1}^{8} a_k = \dfrac{2 \times (2^8 - 1)}{2 - 1} = 510$

유형 03 $a_{n+1} = a_n + f(n)$ 꼴로 정의된 수열

1128

답 ③

$a_{n+1} = a_n + 2n - 1$의 n에 1, 2, 3, 4, 5를 차례대로 대입하면

$a_2 = a_1 + 2 \times 1 - 1$

$a_3 = a_2 + 2 \times 2 - 1$

$a_4 = a_3 + 2 \times 3 - 1$

$a_5 = a_4 + 2 \times 4 - 1$

$a_6 = a_5 + 2 \times 5 - 1$

위의 식을 변끼리 더하면

$a_6 = a_1 + 2 \times (1 + 2 + 3 + 4 + 5) - 1 \times 5$

$\quad = 3 + 2 \times 15 - 1 \times 5 = 28$

1129

답 ③

$a_{n+1} = a_n + 4n$에서 $a_2 = a_1 + 4$

이를 $2a_1 = a_2 + 5$에 대입하면

$2a_1 = (a_1 + 4) + 5 \qquad \therefore a_1 = 9$

$a_{n+1} = a_n + 4n$의 n에 1, 2, 3, 4, 5, 6을 차례대로 대입하면

$a_2 = a_1 + 4 \times 1$

$a_3 = a_2 + 4 \times 2$

$a_4 = a_3 + 4 \times 3$

$a_5 = a_4 + 4 \times 4$

$a_6 = a_5 + 4 \times 5$

$a_7 = a_6 + 4 \times 6$

위의 식을 변끼리 더하면

$a_7 = a_1 + 4 \times (1 + 2 + 3 + 4 + 5 + 6)$

$\quad = 9 + 4 \times \dfrac{6 \times 7}{2} = 9 + 84 = 93$

1130

답 ⑤

$a_{n+1} = a_n + 2^n$의 n에 1, 2, 3, 4, 5, 6을 차례대로 대입하면

$a_2 = a_1 + 2^1$

$a_3 = a_2 + 2^2$

$a_4 = a_3 + 2^3$

$a_5 = a_4 + 2^4$

$a_6 = a_5 + 2^5$

$a_7 = a_6 + 2^6$

위의 식을 변끼리 더하면

$a_7 = a_1 + 2 + 2^2 + 2^3 + \cdots + 2^6$

$= a_1 + \dfrac{2 \times (2^6 - 1)}{2 - 1} = a_1 + 126$

이때 $a_7 = 136$이므로 $a_1 + 126 = 136$

$\therefore a_1 = 10$

1131

답 5

$a_{n+1} - a_n = \dfrac{1}{n(n+1)}$에서

$a_{n+1} - a_n = \dfrac{1}{n} - \dfrac{1}{n+1}$ ...... ㉠

❶

㉠의 n에 1, 2, 3, $\cdots$, $n-1$을 차례대로 대입하면

$a_2 - a_1 = \dfrac{1}{1} - \dfrac{1}{2}$

$a_3 - a_2 = \dfrac{1}{2} - \dfrac{1}{3}$

$a_4 - a_3 = \dfrac{1}{3} - \dfrac{1}{4}$

$\vdots$

$a_n - a_{n-1} = \dfrac{1}{n-1} - \dfrac{1}{n}$

위의 식을 변끼리 더하면

$a_n - a_1 = 1 - \dfrac{1}{n}$ $\therefore a_n = 2 - \dfrac{1}{n}$ ($\because a_1 = 1$)

❷

$a_k = \dfrac{9}{5}$에서 $2 - \dfrac{1}{k} = \dfrac{9}{5}$

$\dfrac{1}{k} = \dfrac{1}{5}$ $\therefore k = 5$

❸

채점 기준	배점
❶ 부분분수를 이용하여 관계식 변형하기	20%
❷ 일반항 a_n 구하기	50%
❸ k의 값 구하기	30%

유형 04 $a_{n+1} = a_n f(n)$ 꼴로 정의된 수열

1132

답 60

$a_{n+1} = \dfrac{n+1}{n} a_n$의 n에 1, 2, 3, $\cdots$, $n-1$을 차례대로 대입하면

$a_2 = \dfrac{2}{1} a_1$

$a_3 = \dfrac{3}{2} a_2$

$a_4 = \dfrac{4}{3} a_3$

$\vdots$

$a_n = \dfrac{n}{n-1} a_{n-1}$

위의 식을 변끼리 곱하면

$a_n = \dfrac{2}{1} \times \dfrac{3}{2} \times \dfrac{4}{3} \times \cdots \times \dfrac{n}{n-1} \times a_1$

$= na_1 = 2n$ ($\because a_1 = 2$)

$\therefore a_{10} + a_{20} = 2 \times 10 + 2 \times 20 = 60$

다른 풀이

$a_{n+1} = \dfrac{n+1}{n} a_n$에서 $\dfrac{a_{n+1}}{n+1} = \dfrac{a_n}{n}$이므로

$\dfrac{a_n}{n} = \dfrac{a_{n-1}}{n-1} = \cdots = \dfrac{a_1}{1} = 2$

즉, $\dfrac{a_{10}}{10} = 2$, $\dfrac{a_{20}}{20} = 2$이므로

$a_{10} = 20$, $a_{20} = 40$

$\therefore a_{10} + a_{20} = 20 + 40 = 60$

1133

답 ①

$a_{n+1} = 2^n a_n$의 n에 1, 2, 3, $\cdots$, 9를 차례대로 대입하면

$a_2 = 2^1 a_1$

$a_3 = 2^2 a_2$

$a_4 = 2^3 a_3$

$\vdots$

$a_{10} = 2^9 a_9$

위의 식을 변끼리 곱하면

$a_{10} = 2 \times 2^2 \times 2^3 \times \cdots \times 2^9 \times a_1$

$= 2^{1+2+3+\cdots+9}$ ($\because a_1 = 1$)

$= 2^{\frac{9 \times 10}{2}} = 2^{45}$

$\therefore k = 45$

1134

답 7

$(n+1)^2 a_{n+1} = n(n+2) a_n$, 즉 $a_{n+1} = \dfrac{n(n+2)}{(n+1)^2} a_n$의 n에

1, 2, 3, $\cdots$, $n-1$을 차례대로 대입하면

$a_2 = \dfrac{1}{2} \times \dfrac{3}{2} \times a_1$

$a_3 = \dfrac{2}{3} \times \dfrac{4}{3} \times a_2$

$a_4 = \dfrac{3}{4} \times \dfrac{5}{4} \times a_3$

$\vdots$

$a_n = \dfrac{n-1}{n} \times \dfrac{n+1}{n} \times a_{n-1}$

위의 식을 변끼리 곱하면

$a_n = \left(\dfrac{1}{2} \times \dfrac{3}{2} \right) \times \left(\dfrac{2}{3} \times \dfrac{4}{3} \right) \times \left(\dfrac{3}{4} \times \dfrac{5}{4} \right) \times \cdots \times \left(\dfrac{n-1}{n} \times \dfrac{n+1}{n} \right) \times a_1$

$= \dfrac{n+1}{2n}$ ($\because a_1 = 1$)

$a_k = \dfrac{4}{7}$에서 $\dfrac{k+1}{2k} = \dfrac{4}{7}$

$8k = 7k + 7$ $\therefore k = 7$

1135

답 41

$\sqrt{n+1}\,a_{n+1}=\sqrt{n}\,a_n$의 n에 1, 2, 3, $\cdots$, $n-1$을 차례대로 대입하면

$\sqrt{2}\,a_2=\sqrt{1}\,a_1$

$\sqrt{3}\,a_3=\sqrt{2}\,a_2$

$\sqrt{4}\,a_4=\sqrt{3}\,a_3$

$\qquad\vdots$

$\sqrt{n}\,a_n=\sqrt{n-1}\,a_{n-1}$

위의 식을 변끼리 곱하면

$\sqrt{n}\,a_n=\sqrt{1}\,a_1$ $\qquad\therefore a_n=\sqrt{\dfrac{1}{n}}\ (\because a_1=1)$

―――――――――――――――――――――――――― ❶

$\therefore \displaystyle\sum_{k=1}^{20}(a_k a_{k+1})^2=\sum_{k=1}^{20}\frac{1}{k(k+1)}=\sum_{k=1}^{20}\left(\frac{1}{k}-\frac{1}{k+1}\right)$

$\qquad\qquad\qquad\quad =\left(\frac{1}{1}-\frac{1}{2}\right)+\left(\frac{1}{2}-\frac{1}{3}\right)+\cdots+\left(\frac{1}{20}-\frac{1}{21}\right)$

$\qquad\qquad\qquad\quad =1-\frac{1}{21}=\frac{20}{21}$

―――――――――――――――――――――――――― ❷

따라서 $p=21$, $q=20$이므로 $p+q=21+20=41$

―――――――――――――――――――――――――― ❸

채점 기준	배점
❶ 일반항 a_n 구하기	40%
❷ $\displaystyle\sum_{k=1}^{20}(a_k a_{k+1})^2$의 값 구하기	50%
❸ $p+q$의 값 구하기	10%

유형 05 **여러 가지 수열의 귀납적 정의**

1136

답 ②

$a_1=2$이고 $a_{n+1}=3a_n+2$의 n에 1, 2, 3, 4를 차례대로 대입하면

$a_2=3a_1+2=3\times 2+2=8$

$a_3=3a_2+2=3\times 8+2=26$

$a_4=3a_3+2=3\times 26+2=80$

$a_5=3a_4+2=3\times 80+2=242$

[다른 풀이]

$a_{n+1}=3a_n+2$가 $a_{n+1}-\alpha=3(a_n-\alpha)$ (α는 상수)로 변형된다고 하면 $a_{n+1}=3a_n-2\alpha$이므로

$-2\alpha=2$ $\qquad\therefore \alpha=-1$

즉, $a_{n+1}+1=3(a_n+1)$이므로 수열 $\{a_n+1\}$은 첫째항이

$a_1+1=2+1=3$, 공비가 3인 등비수열이다.

따라서 $a_n+1=3\times 3^{n-1}=3^n$이므로

$a_n=3^n-1$

$\therefore a_5=3^5-1=243-1=242$

참고

$a_{n+1}=pa_n+q$ ($p\neq 1$, $pq\neq 0$) 꼴로 정의된 수열의 일반항은
$a_{n+1}-\alpha=p(a_n-\alpha)$ (α는 상수) 꼴로 변형한 후 수열 $\{a_n-\alpha\}$가 첫째항이 $a_1-\alpha$, 공비가 p인 등비수열임을 이용하여 구할 수 있다.
➡ $a_n-\alpha=(a_1-\alpha)\times p^{n-1}$

1137

답 ⑤

$a_1=0$이고 $a_{n+1}=(-1)^n a_n+2\cos\dfrac{n}{3}\pi$의 n에 1, 2, 3, 4, 5를 차례대로 대입하면

$a_2=(-1)^1 a_1+2\cos\dfrac{\pi}{3}=0+2\times\dfrac{1}{2}=1$

$a_3=(-1)^2 a_2+2\cos\dfrac{2}{3}\pi=1+2\times\left(-\dfrac{1}{2}\right)=0$

$a_4=(-1)^3 a_3+2\cos\pi=0+2\times(-1)=-2$

$a_5=(-1)^4 a_4+2\cos\dfrac{4}{3}\pi=-2+2\times\left(-\dfrac{1}{2}\right)=-3$

$a_6=(-1)^5 a_5+2\cos\dfrac{5}{3}\pi=3+2\times\dfrac{1}{2}=4$

$\therefore a_4+a_6=-2+4=2$

1138

답 ③

$a_1=2$이고 $a_{n+1}=\dfrac{2a_n}{a_n+2}$의 n에 1, 2, 3, $\cdots$을 차례대로 대입하면

$a_2=\dfrac{2a_1}{a_1+2}=\dfrac{2\times 2}{2+2}=1=\dfrac{2}{2}$

$a_3=\dfrac{2a_2}{a_2+2}=\dfrac{2\times 1}{1+2}=\dfrac{2}{3}$

$a_4=\dfrac{2a_3}{a_3+2}=\dfrac{2\times\frac{2}{3}}{\frac{2}{3}+2}=\dfrac{1}{2}=\dfrac{2}{4}$

$a_5=\dfrac{2a_4}{a_4+2}=\dfrac{2\times\frac{1}{2}}{\frac{1}{2}+2}=\dfrac{2}{5}$

$a_6=\dfrac{2a_5}{a_5+2}=\dfrac{2\times\frac{2}{5}}{\frac{2}{5}+2}=\dfrac{1}{3}=\dfrac{2}{6}$

$\qquad\vdots$

$a_n=\dfrac{2}{n}$

$a_k=\dfrac{1}{5}$에서 $\dfrac{2}{k}=\dfrac{1}{5}$ $\qquad\therefore k=10$

[다른 풀이]

$a_{n+1}=\dfrac{2a_n}{a_n+2}$에서

$\dfrac{1}{a_{n+1}}=\dfrac{a_n+2}{2a_n}$

$\therefore \dfrac{1}{a_{n+1}}=\dfrac{1}{a_n}+\dfrac{1}{2}$

즉, 수열 $\left\{\dfrac{1}{a_n}\right\}$은 첫째항이 $\dfrac{1}{a_1}=\dfrac{1}{2}$, 공차가 $\dfrac{1}{2}$인 등차수열이므로

$\dfrac{1}{a_n}=\dfrac{1}{2}+(n-1)\times\dfrac{1}{2}=\dfrac{n}{2}$

$\therefore a_n=\dfrac{2}{n}$

$a_k=\dfrac{1}{5}$에서 $\dfrac{2}{k}=\dfrac{1}{5}$ $\qquad\therefore k=10$

1139

답 2

$a_1=1$, $a_2=p$이고 $a_{n+2}=a_n+3$의 n에 1, 2, 3, …을 차례대로 대입하면

$a_3=a_1+3=1+3=4$

$a_4=a_2+3=p+3$

$a_5=a_3+3=4+3=7$

$a_6=a_4+3=(p+3)+3=p+6$

$\quad\vdots$

─────────────────────── ❶

$\displaystyle\sum_{k=1}^{20}a_k=(a_1+a_3+\cdots+a_{19})+(a_2+a_4+\cdots+a_{20})$

$\qquad\quad=(1+4+7+\cdots+28)$

$\qquad\qquad\qquad+\{p+(p+3)+(p+6)+\cdots+(p+27)\}$

$\qquad\quad=\dfrac{10\times(1+28)}{2}+\dfrac{10\{p+(p+27)\}}{2}$

$\qquad\quad=145+(10p+135)=10p+280$

─────────────────────── ❷

$\displaystyle\sum_{k=1}^{20}a_k=300$에서 $10p+280=300$

$10p=20$ $\quad\therefore p=2$

─────────────────────── ❸

채점 기준	배점
❶ 주어진 식의 n에 1, 2, 3, …을 차례대로 대입하여 항의 규칙 찾기	30%
❷ $\displaystyle\sum_{k=1}^{20}a_k$ 구하기	50%
❸ p의 값 구하기	20%

1140

답 ④

$a_{n+1}+a_n=(-1)^{n+1}\times n$에서

$a_{n+1}=-a_n+(-1)^{n+1}\times n$ $\quad\cdots\cdots$ ㉠

$a_1=12$이고 ㉠의 n에 1, 2, 3, …을 차례대로 대입하면

$a_2=-a_1+(-1)^2\times1=-12+1=-11$

$a_3=-a_2+(-1)^3\times2=11-2=9$

$a_4=-a_3+(-1)^4\times3=-9+3=-6$

$a_5=-a_4+(-1)^5\times4=6-4=2$

$a_6=-a_5+(-1)^6\times5=-2+5=3$

$a_7=-a_6+(-1)^7\times6=-3-6=-9$

$a_8=-a_7+(-1)^8\times7=9+7=16$

$\quad\vdots$

따라서 $a_8=16>a_1$이므로 $a_k>a_1$인 자연수 k의 최솟값은 8이다.

1141

답 21

$a_n+a_{n+1}=n+1$의 n에 1, 3, 5, …, 39를 차례대로 대입하면

$a_1+a_2=1+1=2$

$a_3+a_4=3+1=4$

$a_5+a_6=5+1=6$

$\qquad\vdots$

$a_{39}+a_{40}=39+1=40$

위의 식을 변끼리 더하면

$a_1+a_2+a_3+\cdots+a_{40}=\dfrac{20\times(2+40)}{2}=420$ $\quad\cdots\cdots$ ㉠

$a_n+a_{n+1}=n+1$의 n에 2, 4, 6, …, 38을 차례대로 대입하면

$a_2+a_3=2+1=3$

$a_4+a_5=4+1=5$

$a_6+a_7=6+1=7$

$\qquad\vdots$

$a_{38}+a_{39}=38+1=39$

위의 식을 변끼리 더하면

$a_2+a_3+a_4+\cdots+a_{39}=\dfrac{19\times(3+39)}{2}=399$ $\quad\cdots\cdots$ ㉡

㉠$-$㉡을 하면

$a_1+a_{40}=420-399=21$

다른 풀이

자연수 k에 대하여

(ⅰ) $n=2k-1$일 때, $a_{2k-1}+a_{2k}=2k$이므로

$\displaystyle\sum_{k=1}^{40}a_k=\sum_{k=1}^{20}(a_{2k-1}+a_{2k})=\sum_{k=1}^{20}2k$

$\qquad\quad=2\times\dfrac{20\times21}{2}=420$

(ⅱ) $n=2k$일 때, $a_{2k}+a_{2k+1}=2k+1$이므로

$\displaystyle\sum_{k=2}^{39}a_k=\sum_{k=1}^{19}(a_{2k}+a_{2k+1})=\sum_{k=1}^{19}(2k+1)$

$\qquad\quad=2\times\dfrac{19\times20}{2}+1\times19=399$

(ⅰ), (ⅱ)에서

$a_1+a_{40}=\displaystyle\sum_{k=1}^{40}a_k-\sum_{k=2}^{39}a_k=420-399=21$

유형 06 여러 가지 수열의 귀납적 정의
– 경우에 따라 다르게 정의되는 수열

1142

답 16

주어진 식의 n에 1, 2, 3, 4, 5, 6을 차례대로 대입하면

$a_1=3$은 홀수이므로 $a_2=3a_1-1=3\times3-1=8$

$a_2=8$은 짝수이므로 $a_3=\dfrac{1}{2}a_2+2=\dfrac{1}{2}\times8+2=6$

$a_3=6$은 짝수이므로 $a_4=\dfrac{1}{2}a_3+3=\dfrac{1}{2}\times6+3=6$

$a_4=6$은 짝수이므로 $a_5=\dfrac{1}{2}a_4+4=\dfrac{1}{2}\times6+4=7$

$a_5=7$은 홀수이므로 $a_6=3a_5-1=3\times7-1=20$

$a_6=20$은 짝수이므로 $a_7=\dfrac{1}{2}a_6+6=\dfrac{1}{2}\times20+6=16$

1143

답 ④

주어진 식의 n에 1, 2, 3, …, 7을 차례대로 대입하면

$a_1=7$은 소수이므로 $a_2=\dfrac{a_1+3}{2}=\dfrac{7+3}{2}=5$

$a_2=5$는 소수이므로 $a_3=\dfrac{a_2+3}{2}=\dfrac{5+3}{2}=4$

$a_3=4$는 소수가 아니므로 $a_4=a_3+3=4+3=7$

$a_4=7$은 소수이므로 $a_5=\dfrac{a_4+3}{2}=\dfrac{7+3}{2}=5$

$a_5=5$는 소수이므로 $a_6=\dfrac{a_5+3}{2}=\dfrac{5+3}{2}=4$

$a_6=4$는 소수가 아니므로 $a_7=a_6+6=4+6=10$

$a_7=10$은 소수가 아니므로 $a_8=a_7+7=10+7=17$

1144

답 11

주어진 식의 n에 1, 2, 3, 4를 차례대로 대입하면

$a_1=-3<0$이므로 $a_2=a_1+1=-3+1=-2$

$a_2=-2<0$이므로 $a_3=a_2+1=-2+1=-1$

$a_3=-1<0$이므로 $a_4=a_3+1=-1+1=0$

$a_4=0\geq0$이므로 $a_5=a_4-p=0-p=-p$

(i) $a_5\geq0$, 즉 $p\leq0$일 때

　$a_6=a_5-p=-p-p=-2p$

　$a_6=-10$이 되려면 $-2p=-10$에서 $p=5$

　그런데 이 값은 $p\leq0$을 만족시키지 않는다.

(ii) $a_5<0$, 즉 $p>0$일 때

　$a_6=a_5+1=-p+1$

　$a_6=-10$이 되려면 $-p+1=-10$에서 $p=11$

(i), (ii)에서 $a_6=-10$이 되도록 하는 실수 p의 값은 11이다.

1145

답 70

주어진 식의 n에 1, 2, 3, 4, 5를 차례대로 대입하면

$1<a_1<2$이므로 $a_2=a_1-2$

$-1<a_2<0$이므로 $a_3=-2a_2=-2(a_1-2)=-2a_1+4$

$0<a_3<2$이므로 $a_4=a_3-2=(-2a_1+4)-2=-2a_1+2$

$-2<a_4<0$이므로 $a_5=-2a_4=-2(-2a_1+2)=4a_1-4$

$0<a_5<4$이므로 $a_6=a_5-2=(4a_1-4)-2=4a_1-6$

이때 $-2<a_6<2$이므로

(i) $-2<a_6<0$일 때

　$a_7=-2a_6>0$이므로 $a_7=-1$을 만족시키지 않는다.

(ii) $0\leq a_6<2$일 때

　$a_7=a_6-2=(4a_1-6)-2=4a_1-8$

　이때 $a_7=-1$이므로 $4a_1-8=-1$에서 $a_1=\dfrac{7}{4}$

(i), (ii)에서 $a_1=\dfrac{7}{4}$이므로

$40\times a_1=70$

1146

답 91

a_2+a_3이 홀수이면 a_4는 홀수이므로 $a_4=10$에 모순이다.

즉, a_2+a_3은 짝수이므로

$a_4=\dfrac{a_2+a_3}{2}=10$　$\therefore a_2+a_3=20$　……㉠

한편, a_2+a_3은 짝수이므로 a_2, a_3은 모두 짝수이거나 모두 홀수이다.

그런데 a_2, a_3이 모두 짝수이면 a_1도 짝수이므로 $a_1=1$에 모순이다.

따라서 a_2, a_3은 모두 홀수이고, a_1+a_2는 짝수이므로

$a_3=\dfrac{a_1+a_2}{2}=\dfrac{1+a_2}{2}$　$\therefore a_2-2a_3=-1$　……㉡

㉠, ㉡을 연립하여 풀면

$a_2=13$, $a_3=7$

$\therefore a_2\times a_3=13\times7=91$

유형 07 **여러 가지 수열의 귀납적 정의**
- 같은 수가 반복되는 수열

1147

답 30

$a_1=4$이고 $a_{n+1}=(-1)^n\times a_n+2$의 n에 1, 2, 3, …을 차례대로 대입하면

$a_2=(-1)^1\times a_1+2=-4+2=-2$

$a_3=(-1)^2\times a_2+2=-2+2=0$

$a_4=(-1)^3\times a_3+2=0+2=2$

$a_5=(-1)^4\times a_4+2=2+2=4$

$\vdots$

따라서 수열 $\{a_n\}$의 항은 4, -2, 0, 2가 이 순서대로 반복되므로 모든 자연수 n에 대하여 $a_{n+4}=a_n$이다.

$\therefore \displaystyle\sum_{k=1}^{30} a_k=\sum_{k=1}^{28} a_k+a_{29}+a_{30}$

$\qquad=7(a_1+a_2+a_3+a_4)+a_1+a_2$

$\qquad=7\times\{4+(-2)+0+2\}+4+(-2)$

$\qquad=30$

1148

답 ④

$a_n a_{n+2}=a_{n+1}$에서 $a_{n+2}=\dfrac{a_{n+1}}{a_n}$　……㉠

$a_1=2$, $a_2=4$이고 ㉠의 n에 1, 2, 3, …을 차례대로 대입하면

$a_3=\dfrac{a_2}{a_1}=\dfrac{4}{2}=2$

$a_4=\dfrac{a_3}{a_2}=\dfrac{2}{4}=\dfrac{1}{2}$

$a_5=\dfrac{a_4}{a_3}=\dfrac{\frac{1}{2}}{2}=\dfrac{1}{4}$

$a_6=\dfrac{a_5}{a_4}=\dfrac{\frac{1}{4}}{\frac{1}{2}}=\dfrac{1}{2}$

$a_7=\dfrac{a_6}{a_5}=\dfrac{\frac{1}{2}}{\frac{1}{4}}=2$

$a_8=\dfrac{a_7}{a_6}=\dfrac{2}{\frac{1}{2}}=4$

$\vdots$

따라서 수열 $\{a_n\}$의 항은 2, 4, 2, $\frac{1}{2}$, $\frac{1}{4}$, $\frac{1}{2}$이 이 순서대로 반복되므로 모든 자연수 n에 대하여 $a_{n+6}=a_n$이다.

이때 $10=6\times1+4$, $20=6\times3+2$이므로

$a_{10}=a_4=\frac{1}{2}$, $a_{20}=a_2=4$

$\therefore a_{10}\times a_{20}=\frac{1}{2}\times4=2$

1149

답 ①

주어진 식의 n에 1, 2, 3, …을 차례대로 대입하면

$a_1=1<7$이므로 $a_2=2a_1=2$

$a_2=2<7$이므로 $a_3=2a_2=4$

$a_3=4<7$이므로 $a_4=2a_3=8$

$a_4=8\geq7$이므로 $a_5=a_4-7=1$

$\vdots$

따라서 수열 $\{a_n\}$의 항은 1, 2, 4, 8이 이 순서대로 반복되므로 모든 자연수 n에 대하여 $a_{n+4}=a_n$이다.

$\therefore \sum_{k=1}^{8} a_k=2(a_1+a_2+a_3+a_4)$
$=2\times(1+2+4+8)=2\times15=30$

1150

답 -3

주어진 식의 n에 1, 2, 3, …을 차례대로 대입하면

$a_1=6$은 정수이므로 $a_2=3-\frac{12}{a_1}=3-\frac{12}{6}=1$

$a_2=1$은 정수이므로 $a_3=3-\frac{12}{a_2}=3-\frac{12}{1}=-9$

$a_3=-9$는 정수이므로 $a_4=3-\frac{12}{a_3}=3-\frac{12}{-9}=\frac{13}{3}$

$a_4=\frac{13}{3}$은 정수가 아니므로 $a_5=3a_4-7=3\times\frac{13}{3}-7=6$

$\vdots$

따라서 수열 $\{a_n\}$의 항은 6, 1, -9, $\frac{13}{3}$이 이 순서대로 반복되므로 모든 자연수 n에 대하여 $a_{n+4}=a_n$이다.

이때 $9=4\times2+1$, $15=4\times3+3$이므로

$a_9=a_1=6$, $a_{15}=a_3=-9$

$\therefore a_9+a_{15}=6+(-9)=-3$

1151

답 200

$a_1=3$이고 $a_{n+1}=(3a_n$을 7로 나누었을 때의 나머지$)$이므로

$a_2=(3a_1$, 즉 9를 7로 나누었을 때의 나머지$)=2$

$a_3=(3a_2$, 즉 6을 7로 나누었을 때의 나머지$)=6$

$a_4=(3a_3$, 즉 18을 7로 나누었을 때의 나머지$)=4$

$a_5=(3a_4$, 즉 12를 7로 나누었을 때의 나머지$)=5$

$a_6=(3a_5$, 즉 15를 7로 나누었을 때의 나머지$)=1$

$a_7=(3a_6$, 즉 3을 7로 나누었을 때의 나머지$)=3$

$\vdots$

즉, 수열 $\{a_n\}$의 항은 3, 2, 6, 4, 5, 1이 이 순서대로 반복된다.

❶

이때 $a_k=4$를 만족시키는 50 이하의 모든 자연수 k의 값은

4, 10, 16, …, 46

❷

이 수열은 첫째항이 4, 끝항이 46, 항의 개수가 8인 등차수열이므로 모든 자연수 k의 값의 합은

$\frac{8\times(4+46)}{2}=200$

❸

채점 기준	배점
❶ 주어진 식의 n에 1, 2, 3, …을 차례대로 대입하여 항의 규칙 찾기	40%
❷ $a_k=4$를 만족시키는 자연수 k의 값 구하기	30%
❸ 모든 자연수 k의 값의 합 구하기	30%

1152

답 ③

주어진 식의 n에 1, 2, 3, …을 차례대로 대입하면

$0<a_1<1$이므로 $a_2=a_1-1$

$-1<a_2<0$이므로 $a_3=-a_2+1=-(a_1-1)+1=-a_1+2$

$1<a_3<2$이므로 $a_4=a_3-1=(-a_1+2)-1=-a_1+1$

$0<a_4<1$이므로 $a_5=a_4-1=(-a_1+1)-1=-a_1$

$-1<a_5<0$이므로 $a_6=-a_5+1=-(-a_1)+1=a_1+1$

$1<a_6<2$이므로 $a_7=a_6-1=(a_1+1)-1=a_1$

$\vdots$

즉, 수열 $\{a_n\}$의 항은 a_1, a_1-1, $-a_1+2$, $-a_1+1$, $-a_1$, a_1+1이 이 순서대로 반복되므로 모든 자연수 n에 대하여 $a_{n+6}=a_n$이다.

이때

$\sum_{k=1}^{6} a_k=a_1+(a_1-1)+(-a_1+2)+(-a_1+1)+(-a_1)+(a_1+1)$
$=3$

이므로

$\sum_{k=1}^{20} a_k=\sum_{k=1}^{18} a_k+a_{19}+a_{20}$
$=3\times3+a_1+(a_1-1)$
$=2a_1+8$

따라서 $2a_1+8=\frac{35}{4}$이므로 $2a_1=\frac{3}{4}$

$\therefore a_1=\frac{3}{8}$

1153

답 7

조건 ㈎의 식의 n에 1, 2, 3, 4를 차례대로 대입하면

$a_3=a_1-3$

$a_4=a_2+3$

$a_5=a_3-3=(a_1-3)-3=a_1-6$

$a_6=a_4+3=(a_2+3)+3=a_2+6$

조건 ㈏에 의하여 수열 $\{a_n\}$의 항은 a_1, a_2, a_1-3, a_2+3, a_1-6, a_2+6이 이 순서대로 반복되고

$$\sum_{k=1}^{6} a_k = a_1 + a_2 + (a_1 - 3) + (a_2 + 3) + (a_1 - 6) + (a_2 + 6)$$
$$= 3(a_1 + a_2)$$
이므로
$$\sum_{k=1}^{32} a_k = \sum_{k=1}^{30} a_k + a_{31} + a_{32} = 5\sum_{k=1}^{6} a_k + a_1 + a_2$$
$$= 16(a_1 + a_2)$$
따라서 $16(a_1 + a_2) = 112$이므로
$$a_1 + a_2 = 7$$

유형 08 S_n이 포함된 꼴로 정의된 수열

1154
답 ②

$S_n = 2a_n - 3$에서 $S_{n+1} = 2a_{n+1} - 3$이므로
$$a_{n+1} = S_{n+1} - S_n$$
$$= 2a_{n+1} - 3 - (2a_n - 3)$$
$$\therefore a_{n+1} = 2a_n$$
따라서 수열 $\{a_n\}$은 첫째항이 $a_1 = S_1 = 3$, 공비가 2인 등비수열이므로
$$a_n = 3 \times 2^{n-1}$$
$$\therefore a_6 = 3 \times 2^5 = 96$$

다른 풀이 ❶

$S_n = 2a_n - 3$에서 $S_{n+1} = 2a_{n+1} - 3$ ...... ㉠
$a_{n+1} = S_{n+1} - S_n$ $(n = 1, 2, 3, \cdots)$을 ㉠에 대입하면
$$S_{n+1} = 2(S_{n+1} - S_n) - 3$$
$$\therefore S_{n+1} = 2S_n + 3$$ ...... ㉡
㉡의 n에 1, 2, 3, 4, 5를 차례대로 대입하면
$$S_2 = 2S_1 + 3 = 2 \times 3 + 3 = 9 \ (\because S_1 = 3)$$
$$S_3 = 2S_2 + 3 = 2 \times 9 + 3 = 21$$
$$S_4 = 2S_3 + 3 = 2 \times 21 + 3 = 45$$
$$S_5 = 2S_4 + 3 = 2 \times 45 + 3 = 93$$
$$S_6 = 2S_5 + 3 = 2 \times 93 + 3 = 189$$
$$\therefore a_6 = S_6 - S_5 = 189 - 93 = 96$$

다른 풀이 ❷

$S_n = 2a_n - 3$에서 $S_{n+1} = 2a_{n+1} - 3$ ...... ㉠
$a_{n+1} = S_{n+1} - S_n$ $(n = 1, 2, 3, \cdots)$을 ㉠에 대입하면
$$S_{n+1} = 2(S_{n+1} - S_n) - 3$$
$$\therefore S_{n+1} = 2S_n + 3$$
$S_{n+1} = 2S_n + 3$이 $S_{n+1} - \alpha = 2(S_n - \alpha)$ (α는 상수)로 변형된다고 하면 $S_{n+1} = 2S_n - \alpha$이므로
$$\alpha = -3$$
즉, $S_{n+1} + 3 = 2(S_n + 3)$이므로 수열 $\{S_n + 3\}$은 첫째항이 $S_1 + 3 = 3 + 3 = 6$, 공비가 2인 등비수열이다.
따라서 $S_n + 3 = 6 \times 2^{n-1}$이므로
$$S_n = 6 \times 2^{n-1} - 3$$
$$\therefore a_6 = S_6 - S_5 = (6 \times 2^5 - 3) - (6 \times 2^4 - 3)$$
$$= 189 - 93 = 96$$

1155
답 108

$\dfrac{S_{n+1}}{S_n} = 3$에서 $S_{n+1} = 3S_n$이므로 수열 $\{S_n\}$은 공비가 3인 등비수열이다.
이때 $S_1 = a_1 = 2$이므로
$$S_n = 2 \times 3^{n-1}$$
$$\therefore a_5 = S_5 - S_4 = 2 \times 3^4 - 2 \times 3^3 = 108$$

다른 풀이

$S_{n+1} = 3S_n$의 n에 1, 2, 3, 4를 차례대로 대입하면
$$S_2 = 3S_1 = 3 \times 2 = 6 \ (\because S_1 = a_1 = 2)$$
$$S_3 = 3S_2 = 3 \times 6 = 18$$
$$S_4 = 3S_3 = 3 \times 18 = 54$$
$$S_5 = 3S_4 = 3 \times 54 = 162$$
$$\therefore a_5 = S_5 - S_4 = 162 - 54 = 108$$

1156
답 $\dfrac{71}{8}$

$2S_{n+1} = S_n + 1 \ (n \geq 1)$ ...... ㉠
㉠의 n 대신 $n-1$을 대입하면
$2S_n = S_{n-1} + 1 \ (n \geq 2)$ ...... ㉡
㉠ $-$ ㉡을 하면
$$2(S_{n+1} - S_n) = S_n - S_{n-1}$$
$$2a_{n+1} = a_n \quad \therefore a_{n+1} = \frac{1}{2}a_n \ (n \geq 2)$$

----❶

㉠에 $n = 1$을 대입하면 $2S_2 = S_1 + 1$
이때 $S_2 = 5$이므로
$$2 \times 5 = S_1 + 1 \quad \therefore S_1 = 9$$
즉, $a_1 = S_1 = 9$이고
$$a_2 = S_2 - S_1 = 5 - 9 = -4$$
$$\therefore a_1 = 9, \ a_n = a_2 \times \left(\frac{1}{2}\right)^{n-2} = (-4) \times \left(\frac{1}{2}\right)^{n-2} \ (n \geq 2)$$

----❷

$$\therefore a_1 + a_7 = 9 + (-4) \times \left(\frac{1}{2}\right)^5 = 9 + \left(-\frac{1}{8}\right) = \frac{71}{8}$$

----❸

채점 기준	배점
❶ $a_n = S_n - S_{n-1}$임을 이용하여 a_n과 a_{n+1} 사이의 관계식 구하기	40%
❷ 일반항 a_n 구하기	40%
❸ $a_1 + a_7$의 값 구하기	20%

1157
답 162

$a_1 = S_1 = 2$, $a_2 = 4$이므로
$$S_2 = a_1 + a_2 = 2 + 4 = 6$$
$S_{n+1} = a_{n+1} + S_n$이므로 이를 $a_{n+1}S_n = a_n S_{n+1}$에 대입하면
$$a_{n+1}S_n = a_n(a_{n+1} + S_n)$$
$$\therefore (S_n - a_n)a_{n+1} = a_n S_n$$
이때 $S_n - a_n = S_{n-1}$이므로
$$a_{n+1} = \frac{a_n S_n}{S_{n-1}} \ (n \geq 2)$$ ...... ㉠

①의 n에 2, 3, 4를 차례대로 대입하면

$a_3 = \dfrac{a_2 S_2}{S_1} = \dfrac{4 \times 6}{2} = 12$에서

$S_3 = S_2 + a_3 = 6 + 12 = 18$

$a_4 = \dfrac{a_3 S_3}{S_2} = \dfrac{12 \times 18}{6} = 36$에서

$S_4 = S_3 + a_4 = 18 + 36 = 54$

$a_5 = \dfrac{a_4 S_4}{S_3} = \dfrac{36 \times 54}{18} = 108$에서

$S_5 = S_4 + a_5 = 54 + 108 = 162$

유형 09 수열의 귀납적 정의의 활용

1158
답 ②

$(n+1)$일째 되는 날 수족관에 남아 있는 물의 양은 n일째 되는 날 수족관에 남아 있는 물의 양의 $\dfrac{3}{4}$배에 40 L를 더한 것이므로

$a_{n+1} = \dfrac{3}{4} a_n + 40 \ (n = 1, 2, 3, \cdots)$

따라서 $p = \dfrac{3}{4}$, $q = 40$이므로

$pq = \dfrac{3}{4} \times 40 = 30$

1159
답 145

$a_1 = 12$, $a_{n+1} = a_n + 7$이므로 수열 $\{a_n\}$은 첫째항이 12, 공차가 7인 등차수열이다.

$\therefore a_n = 12 + (n-1) \times 7 = 7n + 5$

$\therefore a_{20} = 7 \times 20 + 5 = 145$

1160
답 ③

n쌍의 부부가 참석하였을 때 이루어지는 악수의 총 횟수는 a_n이고, $(n+1)$번째 부부의 남편과 아내가 n쌍의 부부 $2n$명과 각각 한 번씩 악수해야 하므로

$a_{n+1} = a_n + 2 \times 2n = a_n + 4n \ (n = 1, 2, 3, \cdots)$

참고

n쌍의 부부가 참석하였을 때 참석 인원은 모두 $2n$명이다.

이들 $2n$명이 모두 한 번씩 악수할 때, 악수의 총 횟수는 $2n$명 중 악수할 2명을 택하는 조합의 수와 같으므로

$_{2n}C_2 = \dfrac{2n(2n-1)}{2} = 2n^2 - n$

이때 a_n은 n쌍의 부부가 각자 자신의 배우자와 악수하는 총 횟수 n을 뺀 것과 같으므로

$a_n = 2n^2 - n - n = 2n^2 - 2n$

1161
답 ③

a_1은 처음 세균 20마리를 넣고 1시간이 지난 후 시험관 안에 살아 있는 세균의 수이므로

$a_1 = 2 \times (20 - 5) = 30$

또한 $(n+1)$시간이 지난 후 시험관 안에 살아 있는 세균의 수는 n시간이 지난 후 시험관 안에 살아 있는 세균 중 5마리는 죽고 나머지는 각각 2마리로 분열하므로

$a_{n+1} = 2(a_n - 5) = 2a_n - 10$

따라서 $a = 30$, $p = 2$, $q = -10$이므로

$a + p + q = 30 + 2 + (-10) = 22$

1162
답 (1) 18 (2) $a_{n+1} = \dfrac{3}{4} a_n + 3$

(1) 농도가 20 %인 소금물 400 g에서 소금물 100 g을 덜어 내고 남은 300 g에 들어 있는 소금의 양은

$\dfrac{20}{100} \times 300 = 60 \ (g)$

농도가 12 %인 소금물 100 g에 들어 있는 소금의 양은

$\dfrac{12}{100} \times 100 = 12 \ (g)$

따라서 1회 시행 후 그릇에 담긴 소금물의 농도는

$\dfrac{60 + 12}{400} \times 100 = 18 \ (\%)$

$\therefore a_1 = 18$ ❶

(2) 농도가 a_n %인 소금물 400 g에서 소금물 100 g을 덜어 내고 남은 300 g에 들어 있는 소금의 양은

$\dfrac{a_n}{100} \times 300 = 3a_n \ (g)$

농도가 12 %인 소금물 100 g에 들어 있는 소금의 양은

$\dfrac{12}{100} \times 100 = 12 \ (g)$

$\therefore a_{n+1} = \dfrac{3a_n + 12}{400} \times 100 = \dfrac{3}{4} a_n + 3$ ❷

채점 기준	배점
❶ a_1의 값 구하기	30%
❷ a_n과 a_{n+1} 사이의 관계식 구하기	70%

1163
답 165

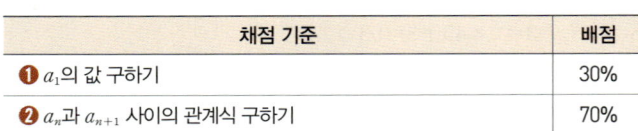

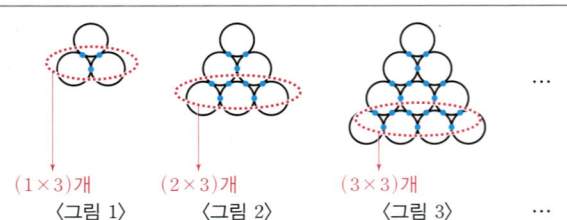

(1×3)개　　(2×3)개　　(3×3)개

〈그림 1〉　　〈그림 2〉　　〈그림 3〉

위의 그림과 같이 직접 원의 접점의 개수를 구해 보면

$a_1 = 3$

$a_2 = 3 + 6$

$a_3 = 3 + 6 + 9$

따라서 〈그림 n〉과 〈그림 $n+1$〉에 그려진 원의 모든 접점의 개수 a_n과 a_{n+1} 사이의 관계식은

$a_{n+1}=a_n+3(n+1)$ ...... ㉠

$a_1=3$이고 ㉠의 n에 1, 2, 3, ⋯, 9를 차례대로 대입하면

$a_2=a_1+3\times2=3+6=9$

$a_3=a_2+3\times3=9+9=18$

$a_4=a_3+3\times4=18+12=30$

$a_5=a_4+3\times5=30+15=45$

$a_6=a_5+3\times6=45+18=63$

$a_7=a_6+3\times7=63+21=84$

$a_8=a_7+3\times8=84+24=108$

$a_9=a_8+3\times9=108+27=135$

$a_{10}=a_9+3\times10=135+30=165$

다른 풀이

〈그림 n〉의 맨 아래에는 $(n+1)$개의 원이 있고 〈그림 $n+1$〉을 그리기 위하여 그 아래에 $(n+2)$개의 원을 외접하게 그리면 위의 $(n+1)$개의 원과의 접점이 $2(n+1)$개 생기고, 새로 그린 $(n+2)$개의 원끼리의 접점 $(n+1)$개가 생긴다.

$\therefore a_{n+1}=a_n+2(n+1)+(n+1)$
$\qquad\quad =a_n+3(n+1)$

위의 식의 n에 1, 2, 3, ⋯, 9를 차례대로 대입하면

$a_2=a_1+3\times2$

$a_3=a_2+3\times3$

$a_4=a_3+3\times4$

$\qquad\vdots$

$a_{10}=a_9+3\times10$

위의 식을 변끼리 더하면

$a_{10}=a_1+3\times(2+3+4+\cdots+10)$

$\qquad =3+3\times\dfrac{9\times(2+10)}{2}$

$\qquad =3+162=165$

유형 10 수학적 귀납법

1164

답 ⑤

조건 ㈎에서 $p(1)$이 참이므로 조건 ㈏에 의하여

$p(3)$, $p(3^2)$, $p(3^3)$, ⋯이 참이고,

$p(4)$, $p(4^2)$, $p(4^3)$, ⋯이 참이다.

또한 조건 ㈏에 의하여

$p(3\times4)$, $p(3\times4^2)$, $p(3\times4^3)$, ⋯이 참이고,

$p(3^2\times4)$, $p(3^2\times4^2)$, $p(3^2\times4^3)$, ⋯이 참이다.

즉, 음이 아닌 정수 a, b에 대하여 $p(3^a\times4^b)$ 꼴의 명제는 반드시 참이다.

① $72=2\times3^2\times4$ ② $96=2\times3\times4^2$

③ $168=2\times3\times4\times7$ ④ $180=3^2\times4\times5$

⑤ $192=3\times4^3$

따라서 반드시 참인 명제는 ⑤이다.

1165

답 ③

$p(1)$이 참이므로 $p(5)$와 $p(6)$도 참이다.

$p(5)$가 참이므로 $p(9)$와 $p(10)$도 참이다.

$p(6)$이 참이므로 $p(10)$과 $p(11)$도 참이다.

$p(9)$가 참이므로 $p(13)$과 $p(14)$도 참이다.

따라서 반드시 참이라고 할 수 없는 명제는 ③ $p(12)$이다.

1166

답 ⑤

조건 ㈎에서 $p(2)$가 참이므로 조건 ㈏에 의하여

$p(6)$, $p(10)$, ⋯, $p(2+4l)$ (l은 자연수)이 참이다.

또한 조건 ㈎에서 $p(5)$가 참이므로 조건 ㈏에 의하여

$p(9)$, $p(13)$, ⋯, $p(5+4m)$ (m은 자연수)이 참이다.

즉, $p(2+4l)$ 꼴과 $p(5+4m)$ 꼴의 명제는 반드시 참이다.

① $12=0+4\times3$ ② $23=3+4\times5$

③ $31=3+4\times7$ ④ $40=0+4\times10$

⑤ $46=2+4\times11$

따라서 반드시 참인 명제는 ⑤ $p(46)$이다.

유형 11 수학적 귀납법 - 등식의 증명

1167

답 ①

(i) $n=1$일 때,

(좌변)$=1^3=\boxed{1}$, (우변)$=\left\{\dfrac{1\times(1+1)}{2}\right\}^2=\boxed{1}$

이므로 주어진 등식이 성립한다.

(ii) $n=k$일 때, 주어진 등식이 성립한다고 가정하면

$1^3+2^3+3^3+\cdots+k^3=\left\{\dfrac{k(k+1)}{2}\right\}^2$

위의 식의 양변에 $\boxed{(k+1)^3}$을 더하면

$1^3+2^3+3^3+\cdots+k^3+\boxed{(k+1)^3}$

$=\left\{\dfrac{k(k+1)}{2}\right\}^2+\boxed{(k+1)^3}$

$=\dfrac{(k+1)^2}{4}\{k^2+4(k+1)\}$

$=\left\{\boxed{\dfrac{(k+1)(k+2)}{2}}\right\}^2$

즉, $n=k+1$일 때도 주어진 등식이 성립한다.

(i), (ii)에 의하여 모든 자연수 n에 대하여 주어진 등식이 성립한다.

$\therefore a=1$, $f(k)=(k+1)^3$, $g(k)=\dfrac{(k+1)(k+2)}{2}$

$\therefore f(a)+g(a)=f(1)+g(1)=2^3+\dfrac{2\times3}{2}$

$\qquad\qquad\qquad\qquad =8+3=11$

1168

(i) $n=1$일 때,

(좌변)$=\dfrac{1}{2\times5}=\dfrac{1}{10}$, (우변)$=\dfrac{1}{6\times1+4}=\dfrac{1}{10}$

이므로 주어진 등식이 성립한다.

(ii) $n=k$일 때, 주어진 등식이 성립한다고 가정하면

$$\dfrac{1}{2\times5}+\dfrac{1}{5\times8}+\cdots+\dfrac{1}{(3k-1)(3k+2)}=\dfrac{k}{6k+4}$$

위의 식의 양변에 $\boxed{\dfrac{1}{(3k+2)(3k+5)}}$을 더하면

$$\dfrac{1}{2\times5}+\dfrac{1}{5\times8}+\cdots+\dfrac{1}{(3k-1)(3k+2)}+\boxed{\dfrac{1}{(3k+2)(3k+5)}}$$

$$=\dfrac{k}{6k+4}+\boxed{\dfrac{1}{(3k+2)(3k+5)}}$$

$$=\dfrac{k(3k+5)+2}{2(3k+2)(3k+5)}=\dfrac{(k+1)(3k+2)}{2(3k+2)(3k+5)}$$

$$=\dfrac{k+1}{2(3k+5)}=\boxed{\dfrac{k+1}{6(k+1)+4}}$$

따라서 $n=k+1$일 때도 주어진 등식이 성립한다.

(i), (ii)에 의하여 모든 자연수 n에 대하여 주어진 등식이 성립한다.

$$\therefore f(k)=\dfrac{1}{(3k+2)(3k+5)},\ g(k)=\dfrac{k+1}{6(k+1)+4}$$

$$\therefore \dfrac{g(5)}{f(1)}=\dfrac{\dfrac{6}{6\times6+4}}{\dfrac{1}{5\times8}}=6$$

1169

답 ②

(i) $n=1$일 때,

(좌변)$=1-\dfrac{1}{2}=\boxed{\dfrac{1}{2}}$, (우변)$=\displaystyle\sum_{k=1}^{1}\dfrac{1}{1+k}=\boxed{\dfrac{1}{2}}$

이므로 주어진 등식이 성립한다.

(ii) $n=m$일 때, 주어진 등식이 성립한다고 가정하면

$$1-\dfrac{1}{2}+\dfrac{1}{3}-\dfrac{1}{4}+\cdots+\dfrac{1}{2m-1}-\dfrac{1}{2m}=\sum_{k=1}^{m}\dfrac{1}{m+k}$$

$n=m+1$일 때,

$$1-\dfrac{1}{2}+\dfrac{1}{3}-\dfrac{1}{4}+\cdots+\dfrac{1}{2m+1}-\dfrac{1}{2m+2}$$

$$=\sum_{k=1}^{m}\dfrac{1}{m+k}+\left(\dfrac{1}{2m+1}-\dfrac{1}{2m+2}\right)$$

$$=\dfrac{1}{m+1}+\sum_{k=2}^{m}\dfrac{1}{m+k}+\dfrac{1}{2m+1}-\dfrac{1}{2m+2}$$

$$=\sum_{k=2}^{m}\dfrac{1}{m+k}+\dfrac{1}{2m+1}+\left(\dfrac{1}{m+1}-\dfrac{1}{2m+2}\right)$$

$$=\sum_{k=2}^{m}\dfrac{1}{m+k}+\dfrac{1}{2m+1}+\boxed{\dfrac{1}{2m+2}}$$

$$=\sum_{k=2}^{m+1}\dfrac{1}{m+k}+\boxed{\dfrac{1}{2m+2}}$$

$$=\sum_{k=1}^{m}\dfrac{1}{m+k+1}+\dfrac{1}{m+(m+1)+1}$$

$$=\sum_{k=1}^{m+1}\dfrac{1}{m+k+1}$$

따라서 $n=m+1$일 때도 주어진 등식이 성립한다.

(i), (ii)에 의하여 모든 자연수 n에 대하여 주어진 등식이 성립한다.

$$\therefore a=\dfrac{1}{2},\ f(m)=\dfrac{1}{2m+2}$$

$$\therefore a+f(1)=\dfrac{1}{2}+\dfrac{1}{4}=\dfrac{3}{4}$$

1170

답 ⑤

(1) $n=1$일 때,

(좌변)$=\dfrac{4}{3}$, (우변)$=3-\dfrac{5}{3}=\dfrac{4}{3}$

이므로 (*)이 성립한다.

(2) $n=k$일 때, (*)이 성립한다고 가정하면

$$\dfrac{4}{3}+\dfrac{8}{3^2}+\dfrac{12}{3^3}+\cdots+\dfrac{4k}{3^k}=3-\dfrac{2k+3}{3^k}$$

이다.

위 등식의 양변에 $\dfrac{4(k+1)}{3^{k+1}}$을 더하여 정리하면

$$\dfrac{4}{3}+\dfrac{8}{3^2}+\dfrac{12}{3^3}+\cdots+\dfrac{4k}{3^k}+\dfrac{4(k+1)}{3^{k+1}}$$

$$=3-\dfrac{2k+3}{3^k}+\dfrac{4(k+1)}{3^{k+1}}$$

$$=3-\dfrac{1}{3^k}\left\{(2k+3)-\left(\boxed{\dfrac{4k+4}{3}}\right)\right\}$$

$$=3-\dfrac{1}{3^k}\left(\dfrac{2}{3}k+\dfrac{5}{3}\right)=3-\dfrac{2k+5}{3^{k+1}}$$

$$=3-\dfrac{\boxed{2(k+1)+3}}{3^{k+1}}$$

따라서 $n=k+1$일 때도 (*)이 성립한다.

(1), (2)에 의하여 모든 자연수 n에 대하여 (*)이 성립한다.

$$\therefore f(k)=\dfrac{4k+4}{3},\ g(k)=2(k+1)+3$$

$$\therefore f(3)\times g(2)=\dfrac{16}{3}\times9=48$$

1171

답 ④

(i) $n=1$일 때,

(좌변)$=3$, (우변)$=3$

이므로 (*)이 성립한다.

(ii) $n=m$일 때, (*)이 성립한다고 가정하면

$$\sum_{k=1}^{m}a_k=2^{m(m+1)}-(m+1)\times2^{-m}$$

이다.

$n=m+1$일 때,

$$\sum_{k=1}^{m+1}a_k=\sum_{k=1}^{m}a_k+a_{m+1}$$

$$=2^{m(m+1)}-(m+1)\times2^{-m}$$

$$\qquad +(2^{2m+2}-1)\times\boxed{2^{m(m+1)}}+m\times2^{-m-1}$$

$$=2^{m(m+1)}\times\{1+(2^{2m+2}-1)\}-2^{-m}\left\{(m+1)-\dfrac{m}{2}\right\}$$

$$=\boxed{2^{m(m+1)}}\times\boxed{2^{2m+2}}-\dfrac{m+2}{2}\times2^{-m}$$

$$=2^{(m+1)(m+2)}-(m+2)\times2^{-(m+1)}$$

이다.

따라서 $n=m+1$일 때도 (*)이 성립한다.

(i), (ii)에 의하여 모든 자연수 n에 대하여

$\sum\limits_{k=1}^{n} a_k = 2^{n(n+1)} - (n+1) \times 2^{-n}$이다.

$\therefore f(m) = 2^{m(m+1)}, \ g(m) = 2^{2m+2}$

$\therefore \dfrac{g(7)}{f(3)} = \dfrac{2^{16}}{2^{12}} = 2^4 = 16$

유형 12 수학적 귀납법 – 배수의 증명

1172 _답 ③

(i) $n=1$일 때,

$4^1 - 1 = 3$이므로 3의 배수이다.

(ii) $n=k$일 때, $4^n - 1$이 3의 배수라 가정하면

$4^k - 1 = 3m$ (m은 자연수)으로 놓을 수 있으므로

$4^k = \boxed{3m+1}$ ······ ㉠

$n=k+1$일 때,

$4^{k+1} - 1 = 4 \times 4^k - 1$

$\qquad\qquad = 4(\boxed{3m+1}) - 1 \ (\because ㉠)$

$\qquad\qquad = 12m + 3$

$\qquad\qquad = 3(\boxed{4m+1})$

따라서 $n=k+1$일 때도 $4^n - 1$은 3의 배수이다.

(i), (ii)에 의하여 모든 자연수 n에 대하여 $4^n - 1$은 3의 배수이다.

$\therefore f(m) = 3m+1, \ g(m) = 4m+1$

$\therefore f(1) + g(2) = 4 + 9 = 13$

1173 _답 ②

(i) $n=1$일 때,

$1 \times (1^2 + 5) = 6$이므로 6의 배수이다.

(ii) $n=k$일 때, $n(n^2 + 5)$가 6의 배수라 가정하면

$k(k^2 + 5)$는 6의 배수이다.

$n=k+1$일 때,

$(k+1)\{(k+1)^2 + 5\}$

$= (k+1)(k^2 + 2k + 1 + 5)$

$= (k+1)\{(k^2 + 5) + 2k + 1\}$

$= k(k^2 + 5) + k(2k+1) + (k^2 + 5) + (2k+1)$

$= k(k^2 + 5) + 3k^2 + 3k + 6$

$= k(k^2 + 5) + 3 \times \boxed{k(k+1)} + 6$ ······ ㉠

이때 $k(k^2 + 5)$는 6의 배수이고 $\boxed{k(k+1)}$은 $\boxed{2}$의 배수이므로

$3 \times k(k+1)$은 6의 배수이다. 즉, ㉠은 6의 배수이다.

따라서 $n=k+1$일 때도 $n(n^2 + 5)$는 6의 배수이다.

(i), (ii)에 의하여 모든 자연수 n에 대하여 $n(n^2 + 5)$는 6의 배수이다.

$\therefore f(k) = k(k+1), \ a = 2$

$\therefore f(a) = f(2) = 2 \times 3 = 6$

1174 _답 ⑤

(i) $n=1$일 때,

$4^{2 \times 1 + 1} + 3^{1+2} = 64 + 27 = 91 = 13 \times \boxed{7}$

이므로 13의 배수이다.

(ii) $n=k$일 때, $4^{2n+1} + 3^{n+2}$이 13의 배수라 가정하면

$4^{2k+1} + 3^{k+2} = 13m$ (m은 자연수)으로 놓을 수 있다.

$n=k+1$일 때,

$4^{2k+3} + 3^{k+3} = 4^2 \times \boxed{4^{2k+1}} + 3 \times 3^{k+2}$

$\qquad\qquad = 4^2 \times (13m - 3^{k+2}) + 3 \times 3^{k+2}$

$\qquad\qquad = 16 \times 13m - 13 \times 3^{k+2}$

$\qquad\qquad = 13 \times (16m - \boxed{3^{k+2}})$

따라서 $n=k+1$일 때도 $4^{2n+1} + 3^{n+2}$은 13의 배수이다.

(i), (ii)에 의하여 모든 자연수 n에 대하여 $4^{2n+1} + 3^{n+2}$은 13의 배수이다.

$\therefore a = 7, \ f(k) = 4^{2k+1}, \ g(k) = 3^{k+2}$

$\therefore a + f(0) + g(0) = 7 + 4 + 9 = 20$

유형 13 수학적 귀납법 – 부등식의 증명

1175 _답 ③

(i) $n=5$일 때,

(좌변) $= 2^5 = 32$, (우변) $= 5^2 = 25$

이므로 부등식 ㉠이 성립한다.

(ii) $n=k$ ($k \geq 5$)일 때, 부등식 ㉠이 성립한다고 가정하면

$2^k > k^2$

위의 식의 양변에 $\boxed{2}$를 곱하면

$\boxed{2} \times 2^k > \boxed{2} \times k^2 = k^2 + k^2$

이때 $k \geq 5$이면

$k^2 \geq 5k = 2k + 3k > \boxed{2k+1}$이므로

$\boxed{2} \times 2^k > k^2 + \boxed{2k+1}$에서

$2^{k+1} > (k+1)^2$

따라서 $n=k+1$일 때도 부등식 ㉠이 성립한다.

(i), (ii)에 의하여 $n \geq 5$인 모든 자연수 n에 대하여 부등식 ㉠이 성립한다.

$\therefore p = 2, \ f(k) = 2k+1$

$\therefore f(p) = f(2) = 5$

1176 _답 ⑤

주어진 식 (＊)의 양변을 $\dfrac{n(n+1)}{2}$로 나누면

$1 + \dfrac{1}{2} + \dfrac{1}{3} + \cdots + \dfrac{1}{n} > \dfrac{2n}{n+1}$ ······ ㉠

이다.

$n \geq 2$인 자연수 n에 대하여

(i) $n=2$일 때,

(좌변)$=1+\dfrac{1}{2}=\boxed{\dfrac{3}{2}}$, (우변)$=\dfrac{2\times 2}{2+1}=\dfrac{4}{3}$

이므로 ㉠이 성립한다.

(ii) $n=k\ (k\geq 2)$일 때, ㉠이 성립한다고 가정하면

$$1+\dfrac{1}{2}+\dfrac{1}{3}+\cdots+\dfrac{1}{k}>\dfrac{2k}{k+1}\qquad\cdots\cdots\ ㉡$$

이다. ㉡의 양변에 $\dfrac{1}{k+1}$을 더하면

$$1+\dfrac{1}{2}+\dfrac{1}{3}+\cdots+\dfrac{1}{k}+\dfrac{1}{k+1}>\dfrac{2k+1}{k+1}$$

이 성립한다. 한편,

$$\dfrac{2k+1}{k+1}-\boxed{\dfrac{2(k+1)}{k+2}}=\dfrac{(2k^2+5k+2)-(2k^2+4k+2)}{(k+1)(k+2)}$$
$$=\dfrac{k}{(k+1)(k+2)}>0$$

에서 $\dfrac{2k+1}{k+1}>\dfrac{2(k+1)}{k+2}$이므로

$$1+\dfrac{1}{2}+\dfrac{1}{3}+\cdots+\dfrac{1}{k}+\dfrac{1}{k+1}>\boxed{\dfrac{2(k+1)}{k+2}}$$

이다. 따라서 $n=k+1$일 때도 ㉠이 성립한다.

(i), (ii)에 의하여 $n\geq 2$인 모든 자연수 n에 대하여 ㉠이 성립하므로 (*)도 성립한다.

$$\therefore\ p=\dfrac{3}{2},\ f(k)=\dfrac{2(k+1)}{k+2}$$

$$\therefore\ 8p\times f(10)=8\times\dfrac{3}{2}\times\dfrac{22}{12}=22$$

1177

답 19

(i) $n=1$일 때,

(좌변)$=1$, (우변)$=2\sqrt{1}=2$

이므로 부등식 ㉠이 성립한다.

(ii) $n=k$일 때, 부등식 ㉠이 성립한다고 가정하면

$$1+\dfrac{1}{\sqrt{2}}+\dfrac{1}{\sqrt{3}}+\cdots+\dfrac{1}{\sqrt{k}}<2\sqrt{k}$$

위의 식의 양변에 $\dfrac{1}{\sqrt{k+1}}$을 더하면

$$1+\dfrac{1}{\sqrt{2}}+\dfrac{1}{\sqrt{3}}+\cdots+\dfrac{1}{\sqrt{k}}+\boxed{\dfrac{1}{\sqrt{k+1}}}<2\sqrt{k}+\boxed{\dfrac{1}{\sqrt{k+1}}}$$

이 성립한다. 한편,

$$2\sqrt{k+1}-2\sqrt{k}=\dfrac{2(\sqrt{k+1}-\sqrt{k})(\sqrt{k+1}+\sqrt{k})}{\sqrt{k+1}+\sqrt{k}}$$
$$=\dfrac{2}{\boxed{\sqrt{k+1}+\sqrt{k}}}$$
$$>\dfrac{2}{\sqrt{k+1}+\sqrt{k+1}}$$
$$=\dfrac{2}{2\sqrt{k+1}}=\dfrac{1}{\sqrt{k+1}}$$

에서 $2\sqrt{k}+\dfrac{1}{\sqrt{k+1}}<2\sqrt{k+1}$이므로

$$1+\dfrac{1}{\sqrt{2}}+\dfrac{1}{\sqrt{3}}+\cdots+\dfrac{1}{\sqrt{k}}+\dfrac{1}{\sqrt{k+1}}<2\sqrt{k+1}$$

따라서 $n=k+1$일 때도 부등식 ㉠이 성립한다.

(i), (ii)에 의하여 모든 자연수 n에 대하여 부등식 ㉠이 성립한다.

$$\therefore\ f(k)=\sqrt{k+1},\ g(k)=\sqrt{k+1}+\sqrt{k}$$

$$f(99)=\sqrt{100}=10$$

$$\sum_{k=1}^{99}\dfrac{1}{g(k)}=\sum_{k=1}^{99}\dfrac{1}{\sqrt{k+1}+\sqrt{k}}$$
$$=\sum_{k=1}^{99}(\sqrt{k+1}-\sqrt{k})$$
$$=(\sqrt{2}-\sqrt{1})+(\sqrt{3}-\sqrt{2})+(\sqrt{4}-\sqrt{3})$$
$$+\cdots+(\sqrt{100}-\sqrt{99})$$
$$=-\sqrt{1}+\sqrt{100}$$
$$=-1+10=9$$

$$\therefore\ f(99)+\sum_{k=1}^{99}\dfrac{1}{g(k)}=10+9=19$$

1178

답 ⑤

(i) $n=2$일 때,

(좌변)$=1+\dfrac{1}{2}+\dfrac{1}{3}+\dfrac{1}{4}=\boxed{\dfrac{25}{12}}$, (우변)$=1+\dfrac{2}{2}=2$

이므로 부등식 ㉠이 성립한다.

(ii) $n=k\ (k\geq 2)$일 때, 부등식 ㉠이 성립한다고 가정하면

$$1+\dfrac{1}{2}+\dfrac{1}{3}+\dfrac{1}{4}+\cdots+\dfrac{1}{2^k}>1+\dfrac{k}{2}$$

위의 식의 양변에

$$\dfrac{1}{2^k+1}+\dfrac{1}{2^k+2}+\cdots+\dfrac{1}{2^k+\boxed{2^k}}$$

을 더하면

$$1+\dfrac{1}{2}+\dfrac{1}{3}+\dfrac{1}{4}+\cdots+\dfrac{1}{2^k}+\dfrac{1}{2^k+1}+\dfrac{1}{2^k+2}+\cdots+\dfrac{1}{2^k+\boxed{2^k}}$$
$$>1+\dfrac{k}{2}+\dfrac{1}{2^k+1}+\dfrac{1}{2^k+2}+\cdots+\dfrac{1}{2^k+\boxed{2^k}}$$
$$>1+\dfrac{k}{2}+\dfrac{1}{2^k+2^k}+\dfrac{1}{2^k+2^k}+\cdots+\dfrac{1}{2^k+2^k}$$

즉,

$$1+\dfrac{1}{2}+\dfrac{1}{3}+\dfrac{1}{4}+\cdots+\dfrac{1}{2^{k+1}}>1+\dfrac{k}{2}+\dfrac{1}{2^k+\boxed{2^k}}\times 2^k$$
$$=1+\dfrac{k}{2}+\dfrac{1}{2}$$
$$=1+\dfrac{k+1}{2}$$

따라서 $n=k+1$일 때도 부등식 ㉠이 성립한다.

(i), (ii)에 의하여 $n\geq 2$인 모든 자연수 n에 대하여 부등식 ㉠이 성립한다.

$$\therefore\ p=\dfrac{25}{12},\ f(k)=2^k,\ g(k)=2^k$$

$$\therefore\ 12p+f(1)+g(2)=25+2+4=31$$

PART B 내신 잡는 종합 문제

1179
답 ⑤

수열 $\{a_n\}$은 첫째항이 9, 공비가 $\frac{1}{3}$인 등비수열이므로

$a_n = 9 \times \left(\frac{1}{3}\right)^{n-1} = \left(\frac{1}{3}\right)^{-2} \times \left(\frac{1}{3}\right)^{n-1} = \left(\frac{1}{3}\right)^{n-3}$

$a_k = \left(\frac{1}{3}\right)^{10}$에서 $\left(\frac{1}{3}\right)^{k-3} = \left(\frac{1}{3}\right)^{10}$

$k - 3 = 10$ $\therefore k = 13$

1180
답 19

수열 $\{a_n\}$은 등차수열이므로 공차를 d라 하면

$a_2 = -5$에서 $a_1 + d = -5$ ...... ㉠

$a_3 + a_7 = 14$에서 $(a_1 + 2d) + (a_1 + 6d) = 14$

$\therefore a_1 + 4d = 7$ ...... ㉡

㉠, ㉡을 연립하여 풀면

$a_1 = -9$, $d = 4$

$\therefore a_8 = a_1 + 7d = -9 + 7 \times 4 = 19$

1181
답 ④

$a_1 = \frac{1}{2}$이고 $a_{n+1} = \frac{1}{2 - a_n}$의 n에 1, 2, 3, $\cdots$을 차례대로 대입하면

$a_2 = \frac{1}{2 - a_1} = \frac{1}{2 - \frac{1}{2}} = \frac{2}{3}$

$a_3 = \frac{1}{2 - a_2} = \frac{1}{2 - \frac{2}{3}} = \frac{3}{4}$

$a_4 = \frac{1}{2 - a_3} = \frac{1}{2 - \frac{3}{4}} = \frac{4}{5}$

$\vdots$

$\therefore a_n = \frac{n}{n+1}$

$\therefore a_1 \times a_2 \times a_3 \times \cdots \times a_{10} = \frac{1}{2} \times \frac{2}{3} \times \frac{3}{4} \times \cdots \times \frac{10}{11} = \frac{1}{11}$

1182
답 ④

$a_{n+1} - a_n = \frac{2}{\sqrt{n} + \sqrt{n+2}}$에서

(우변) $= \frac{2}{\sqrt{n} + \sqrt{n+2}} = \frac{2(\sqrt{n+2} - \sqrt{n})}{(\sqrt{n+2} + \sqrt{n})(\sqrt{n+2} - \sqrt{n})}$

$\qquad = \frac{2(\sqrt{n+2} - \sqrt{n})}{(n+2) - n} = \sqrt{n+2} - \sqrt{n}$

이므로

$a_{n+1} - a_n = \sqrt{n+2} - \sqrt{n}$ ...... ㉠

㉠의 n에 1, 2, 3, $\cdots$, 7을 차례대로 대입하면

$a_2 - a_1 = \sqrt{3} - \sqrt{1}$

$a_3 - a_2 = \sqrt{4} - \sqrt{2}$

$a_4 - a_3 = \sqrt{5} - \sqrt{3}$

$a_5 - a_4 = \sqrt{6} - \sqrt{4}$

$a_6 - a_5 = \sqrt{7} - \sqrt{5}$

$a_7 - a_6 = \sqrt{8} - \sqrt{6}$

$a_8 - a_7 = \sqrt{9} - \sqrt{7}$

위의 식을 변끼리 더하면

$a_8 - a_1 = \sqrt{9} + \sqrt{8} - \sqrt{2} - \sqrt{1}$

$a_8 - \sqrt{2} = 3 + 2\sqrt{2} - \sqrt{2} - 1$

$\therefore a_8 = 2 + 2\sqrt{2}$

1183
답 ②

주어진 식의 n에 1, 2, 3, 4, 5, 6을 차례대로 대입하면

$a_1 = 2$는 짝수이므로 $a_2 = a_1 - 1 = 2 - 1 = 1$

$a_2 = 1$은 홀수이므로 $a_3 = a_2 + 2 = 1 + 2 = 3$

$a_3 = 3$은 홀수이므로 $a_4 = a_3 + 3 = 3 + 3 = 6$

$a_4 = 6$은 짝수이므로 $a_5 = a_4 - 1 = 6 - 1 = 5$

$a_5 = 5$는 홀수이므로 $a_6 = a_5 + 5 = 5 + 5 = 10$

$a_6 = 10$은 짝수이므로 $a_7 = a_6 - 1 = 10 - 1 = 9$

1184
답 6

조건 (나)에서 $p(k+2)$가 참이면 $p(2k+1)$도 참이므로

$p(k)$가 참이면 $p(2(k-2)+1)$, 즉 $p(2k-3)$도 참이다.

조건 (가)에서 $p(6)$이 참이므로 $p(2 \times 6 - 3)$, 즉 $p(9)$가 참이다.

같은 방법으로 하면

$p(9)$가 참이므로 $p(2 \times 9 - 3)$, 즉 $p(15)$가 참이다.

$p(15)$가 참이므로 $p(2 \times 15 - 3)$, 즉 $p(27)$이 참이다.

$p(27)$이 참이므로 $p(2 \times 27 - 3)$, 즉 $p(51)$이 참이다.

$p(51)$이 참이므로 $p(2 \times 51 - 3)$, 즉 $p(99)$가 참이다.

따라서 명제 $p(1)$, $p(2)$, $p(3)$, $\cdots$, $p(100)$ 중 반드시 참인 명제는 $p(6)$, $p(9)$, $p(15)$, $p(27)$, $p(51)$, $p(99)$의 6개이다.

1185
답 ⑤

(ⅰ) $n = 1$일 때,

$7^1 - 6 \times 1 = 1$이므로 36으로 나눈 나머지는 1이다.

(ⅱ) $n = k$일 때, $7^k - 6k$를 36으로 나눈 나머지가 1이라 가정하면

$7^k - 6k = 36m + 1$ (m은 음이 아닌 정수)로 놓을 수 있다.

$n = k + 1$일 때,

$7^{k+1} - 6(k+1) = 7 \times 7^k - 6(k+1)$

$\qquad = 7 \times (6k + 36m + 1) - 6(k+1)$

$\qquad = 7(\boxed{6k+1} + 36m) - 6(k+1)$

$\qquad = 36(k + \boxed{7m}) + 1$

따라서 $n = k+1$일 때도 $7^n - 6n$을 36으로 나눈 나머지는 1이다.

(i), (ii)에 의하여 모든 자연수 n에 대하여 7^n-6n을 36으로 나눈 나머지는 1이다.

$\therefore f(k)=6k+1$, $g(m)=7m$

$\therefore \dfrac{g(3)}{f(1)}=\dfrac{21}{7}=3$

1186

답 ①

$a_1=2$이고 주어진 식의 n에 1, 2, 3, $\cdots$을 차례대로 대입하면

$a_2=\dfrac{a_1}{2-3a_1}=\dfrac{2}{2-3\times 2}=\dfrac{2}{-4}=-\dfrac{1}{2}$

$a_3=1+a_2=1+\left(-\dfrac{1}{2}\right)=\dfrac{1}{2}$

$a_4=\dfrac{a_3}{2-3a_3}=\dfrac{\dfrac{1}{2}}{2-3\times\dfrac{1}{2}}=\dfrac{\dfrac{1}{2}}{\dfrac{1}{2}}=1$

$a_5=1+a_4=1+1=2$

$\vdots$

따라서 수열 $\{a_n\}$의 항은 2, $-\dfrac{1}{2}$, $\dfrac{1}{2}$, 1이 이 순서대로 반복되므로 모든 자연수 n에 대하여 $a_{n+4}=a_n$이다.

$\therefore \displaystyle\sum_{n=1}^{40} a_n=(a_1+a_2+a_3+a_4)+\cdots+(a_{37}+a_{38}+a_{39}+a_{40})$

$\qquad =10\displaystyle\sum_{n=1}^{4} a_n=10\times\left\{2+\left(-\dfrac{1}{2}\right)+\dfrac{1}{2}+1\right\}$

$\qquad =10\times 3=30$

1187

답 128

$(n+1)a_{n+1}=2na_n$에서 $a_{n+1}=\dfrac{2n}{n+1}a_n$ $\qquad\cdots\cdots$ ㉠

㉠의 n에 1, 2, 3, 4, 5, 6을 차례대로 대입하면

$a_2=\dfrac{2\times 1}{2}a_1$

$a_3=\dfrac{2\times 2}{3}a_2$

$a_4=\dfrac{2\times 3}{4}a_3$

$\vdots$

$a_7=\dfrac{2\times 6}{7}a_6$

위의 식을 변끼리 곱하면

$a_7=\dfrac{2\times 1}{2}\times\dfrac{2\times 2}{3}\times\dfrac{2\times 3}{4}\times\cdots\times\dfrac{2\times 6}{7}\times a_1$

$\qquad =\dfrac{2^6}{7}a_1=\dfrac{2^6}{7}\times 14=128$

다른 풀이

$(n+1)a_{n+1}=2na_n$에서 $b_n=na_n$이라 하면

$b_{n+1}=2b_n$

즉, 수열 $\{b_n\}$은 첫째항이 $b_1=1\times a_1=14$, 공비가 2인 등비수열이므로

$b_n=14\times 2^{n-1}$

따라서 $a_n=\dfrac{b_n}{n}=\dfrac{14\times 2^{n-1}}{n}$이므로 $a_7=\dfrac{14\times 2^6}{7}=128$

1188

답 ②

$a_1=20$이고 주어진 식의 n에 1, 2, 3, $\cdots$을 차례대로 대입하면

$a_2=|a_1|-2=20-2=18$

$a_3=|a_2|-2=18-2=16$

$a_4=|a_3|-2=16-2=14$

$\vdots$

$a_{10}=|a_9|-2=4-2=2$

$a_{11}=|a_{10}|-2=2-2=0$

$a_{12}=|a_{11}|-2=0-2=-2$

$a_{13}=|a_{12}|-2=2-2=0$

$a_{14}=|a_{13}|-2=0-2=-2$

$\vdots$

따라서 $1\leq n\leq 10$이면 $a_n=20+(n-1)\times(-2)=-2n+22$이고 $n\geq 11$이면 수열 $\{a_n\}$의 항은 0, -2가 이 순서대로 반복되므로 11 이상의 자연수 n에 대하여 $a_{n+2}=a_n$이다.

$\therefore \displaystyle\sum_{n=1}^{30} a_n=\sum_{n=1}^{10} a_n+\sum_{n=11}^{30} a_n$

$\qquad =\displaystyle\sum_{n=1}^{10}(-2n+22)+10\times\{0+(-2)\}$

$\qquad =(-2)\times\dfrac{10\times 11}{2}+22\times 10-20=90$

1189

답 90

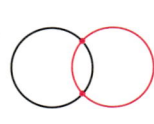 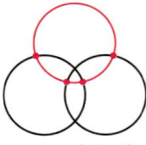 

$a_2=2$ $\qquad$ $a_3=a_2+4=6$ $\qquad$ $a_4=a_3+6=12$ $\qquad$ $\cdots$

n개의 원에 $(n+1)$번째 원을 그리면 $(n+1)$번째 원은 기존의 n개의 원과 각각 서로 다른 두 점에서 만나므로 $2n$개의 교점이 새로 생긴다.

$\therefore a_{n+1}=a_n+2n$ $(n=2, 3, 4, \cdots)$

$a_{n+1}=a_n+2n$의 n에 2, 3, 4, $\cdots$, 9를 차례대로 대입하면

$a_3=a_2+2\times 2$

$a_4=a_3+2\times 3$

$a_5=a_4+2\times 4$

$\vdots$

$a_{10}=a_9+2\times 9$

위의 식을 변끼리 더하면

$a_{10}=a_2+2\times(2+3+4+\cdots+9)$

$\qquad =2\times(1+2+3+\cdots+9)$ $(\because a_2=2)$

$\qquad =2\times\dfrac{9\times 10}{2}=90$

1190

답 290

$S_{n+1}+S_{n-1}=2(S_n+3)$에서

$S_{n+1}-S_n=S_n-S_{n-1}+6$

$\therefore a_{n+1}=a_n+6$ $(n\geq 2)$ $\qquad\cdots\cdots$ ㉠

이때 $a_1=2$, $a_2=8$이므로

$a_2=a_1+6$

이것은 ㉠에 $n=1$을 대입한 것과 같으므로

$a_{n+1}=a_n+6\ (n\geq1)$

따라서 수열 $\{a_n\}$은 첫째항이 2, 공차가 6인 등차수열이므로

$$S_{10}=\frac{10\times(2\times2+9\times6)}{2}$$
$$=290$$

1191

답 ②

$a_1=a$이고 조건 ㈎의 식의 n에 1, 2, 3, 4를 차례로 대입하면

$a_2=3-a_1=3-a$

$a_3=4-a_2=4-(3-a)=1+a$

$a_4=3-a_3=3-(1+a)=2-a$

$a_5=4-a_4=4-(2-a)=2+a$

이므로

$a_1+a_2+a_3+a_4+a_5$

$=a+(3-a)+(1+a)+(2-a)+(2+a)$

$=a+8$

조건 ㈏에서 $a_{n+5}=2a_n$이므로

$a_6+a_7+a_8+a_9+a_{10}=2(a_1+a_2+a_3+a_4+a_5)$
$=2(a+8)$

$a_{11}+a_{12}+a_{13}+a_{14}+a_{15}=2(a_6+a_7+a_8+a_9+a_{10})$
$=2\times2(a+8)$
$=2^2(a+8)$

$\vdots$

$a_{26}+a_{27}+a_{28}+a_{29}+a_{30}=2^5(a+8)$

이때 $\sum\limits_{k=1}^{30}a_k=630$이므로

$\sum\limits_{k=1}^{30}a_k=(1+2+2^2+2^3+2^4+2^5)(a+8)$

$=\dfrac{2^6-1}{2-1}\times(a+8)$

$=63(a+8)=630$

따라서 $a+8=10$이므로 $a=2$

1192

답 231

조건 ㈏에서 $2a_{n+1}=a_n+a_{n+2}$이므로 수열 $\{a_n\}$은 등차수열이다.

조건 ㈐의 $\sum\limits_{k=1}^{n}b_k=a_{n+1}$에 $n=1$을 대입하면

$b_1=a_2=5$

즉, 수열 $\{a_n\}$은 첫째항이 $a_1=1$이고, 공차가 $a_2-a_1=5-1=4$인 등차수열이다.

$\therefore a_n=1+(n-1)\times4=4n-3$

$\therefore \sum\limits_{k=1}^{10}(a_k+b_k)=\sum\limits_{k=1}^{10}a_k+\sum\limits_{k=1}^{10}b_k=\sum\limits_{k=1}^{10}a_k+a_{11}\ (\because 조건 ㈐)$

$=\sum\limits_{k=1}^{11}a_k=\sum\limits_{k=1}^{11}(4k-3)$

$=4\times\dfrac{11\times12}{2}-3\times11$

$=264-33=231$

1193

답 11

$a_{n+1}=\sqrt{a_na_{n+2}}$에서 $a_{n+1}{}^2=a_na_{n+2}$이므로 수열 $\{a_n\}$은 등비수열이다.

❶

등비수열 $\{a_n\}$의 공비를 r이라 하면

$\dfrac{a_6}{a_1}=r^5=\dfrac{2}{\frac{1}{16}}=32=2^5$

수열 $\{a_n\}$의 모든 항이 실수이므로 $r=2$

따라서 수열 $\{a_n\}$은 첫째항이 $\dfrac{1}{16}$, 공비가 2인 등비수열이므로

$a_n=\dfrac{1}{16}\times2^{n-1}=2^{n-5}$

❷

$a_k<100$에서 $2^{k-5}<100$

이때 $2^6=64$, $2^7=128$이므로

$k-5\leq6$ $\therefore k\leq11$

따라서 자연수 k의 최댓값은 11이다.

❸

채점 기준	배점
❶ 수열 $\{a_n\}$이 등비수열임을 알기	20%
❷ 수열 $\{a_n\}$의 일반항 구하기	50%
❸ 자연수 k의 최댓값 구하기	30%

1194

답 풀이 참조

(ⅰ) $n=1$일 때,

(좌변)$=\sum\limits_{k=1}^{1}(2k+1)=2\times1+1=3$,

(우변)$=1\times(1+2)=3$

이므로 주어진 등식이 성립한다.

❶

(ⅱ) $n=m$일 때, 주어진 등식이 성립한다고 가정하면

$\sum\limits_{k=1}^{m}(2k+1)=m(m+2)$

위의 식의 양변에 $2m+3$을 더하면

$\sum\limits_{k=1}^{m+1}(2k+1)=m(m+2)+(2m+3)$

❷

$=m^2+4m+3$

$=(m+1)(m+3)$

따라서 $n=m+1$일 때도 주어진 등식이 성립한다.

(ⅰ), (ⅱ)에 의하여 모든 자연수 n에 대하여 주어진 등식이 성립한다.

❸

채점 기준	배점
❶ $n=1$일 때 주어진 등식이 성립함을 보인 경우	30%
❷ $n=m$일 때, 주어진 등식이 성립한다고 가정하고 양변에 $2m+3$을 더한 경우	20%
❸ $n=m+1$일 때 주어진 등식이 성립함을 보인 경우	50%

1195

답 ②

(ⅰ) a_1이 5 이상의 홀수일 때

$a_2=a_1-3$이므로 a_2는 짝수이다.

$a_3=a_2+7=(a_1-3)+7=a_1+4$이므로 a_3은 홀수이다.

$a_4=a_3-3=(a_1+4)-3=a_1+1$이므로 a_4는 짝수이다.

$a_5=a_4+7=(a_1+1)+7=a_1+8$이므로 a_5는 홀수이다.

$a_6=a_5-3=(a_1+8)-3=a_1+5$이므로 a_6는 짝수이다.

$\vdots$

즉, $a_{2n+1}=a_1+4n$이므로 $a_{11}=a_1+20$이고 a_{11}은 홀수이다.

따라서 $a_{11}=27$에서

$a_1+20=27$ $\therefore a_1=7$

(ⅱ) a_1이 5 이상의 짝수일 때

$a_2=a_1+7$이므로 a_2는 홀수이다.

$a_3=a_2-3=(a_1+7)-3=a_1+4$이므로 a_3은 짝수이다.

$a_4=a_3+7=(a_1+4)+7=a_1+11$이므로 a_4는 홀수이다.

$a_5=a_4-3=(a_1+11)-3=a_1+8$이므로 a_5는 짝수이다.

$a_6=a_5+7=(a_1+8)+7=a_1+15$이므로 a_6은 홀수이다.

$\vdots$

이때 a_{2n+1}은 짝수이므로 $a_{11}=27$이라는 조건을 만족시키지 않는다.

(ⅰ), (ⅱ)에서 $a_1=7$이고, $a_6=a_1+5=7+5=12$이므로

$a_1+a_6=7+12=19$

1196

답 27

$\log a_{n+1}=\log a_n-\log \sqrt[5]{3}$에서

$\log a_{n+1}=\log \dfrac{a_n}{\sqrt[5]{3}}$

$\therefore a_{n+1}=\dfrac{1}{\sqrt[5]{3}}a_n$

즉, 수열 $\{a_n\}$은 첫째항이 $a_1=9$이고 공비가 $\dfrac{1}{\sqrt[5]{3}}$인 등비수열이므로

$a_n=9\times\left(\dfrac{1}{\sqrt[5]{3}}\right)^{n-1}=3^2\times 3^{\frac{1-n}{5}}=3^{\frac{11-n}{5}}$

$3^{\frac{11-n}{5}}$의 값이 유리수가 되려면 $\dfrac{11-n}{5}$의 값이 정수가 되어야 하므로

$n=1,\ 6,\ 11,\ 16,\ \cdots$

따라서 수열 $\{a_n\}$의 항의 값이 유리수인 것을 큰 수부터 차례대로 나열할 때, 처음 10개의 합은

$a_1+a_6+a_{11}+a_{16}+\cdots+a_{41}+a_{46}=3^2+3+1+\dfrac{1}{3}+\cdots+\dfrac{1}{3^6}+\dfrac{1}{3^7}$

$=\dfrac{3^2\left\{1-\left(\frac{1}{3}\right)^{10}\right\}}{1-\frac{1}{3}}$

$=\dfrac{27}{2}\left\{1-\left(\dfrac{1}{3}\right)^{10}\right\}$

$\therefore k=27$

1197

답 48

$a_1=5$이고 $a_{n+2}=2a_n$의 n에 1, 2, 3, $\cdots$, 8을 차례대로 대입하면

$a_3=2a_1=2\times 5=10$

$a_4=2a_2$

$a_5=2a_3=2\times 10=20$

$a_6=2a_4=2\times 2a_2=2^2a_2$

$a_7=2a_5=2\times 20=40$

$a_8=2a_6=2\times 2^2a_2=2^3a_2$

$a_9=2a_7=2\times 40=80$

$a_{10}=2a_8=2\times 2^3a_2=2^4a_2$

조건 (나)에서 $a_{n+10}=a_n$이므로

$\displaystyle\sum_{k=1}^{50}a_k=5\sum_{k=1}^{10}a_k=5(a_1+a_2+a_3+\cdots+a_{10})$

$=5\{(5+10+20+40+80)+(a_2+2a_2+2^2a_2+2^3a_2+2^4a_2)\}$

$=5\{155+(1+2+2^2+2^3+2^4)a_2\}$

$=5\left(155+\dfrac{2^5-1}{2-1}a_2\right)$

$=5(155+31a_2)$

$=155a_2+775$

이때 $\displaystyle\sum_{k=1}^{50}a_k=1240$이므로 $155a_2+775=1240$

$155a_2=465$ $\therefore a_2=3$

$\therefore a_{50}=a_{10}=2^4a_2=16\times 3=48$

1198

답 440

조건 (가)의 $a_n\times a_{n+1}=(-1)^{n+1}$에서

$a_{n+1}=\dfrac{(-1)^{n+1}}{a_n}$ $\cdots\cdots$ ㉠

$a_1=3$이고 ㉠의 n에 1, 2, 3, $\cdots$을 차례대로 대입하면

$a_2=\dfrac{(-1)^2}{a_1}=\dfrac{1}{3}$

$a_3=\dfrac{(-1)^3}{a_2}=\dfrac{-1}{\frac{1}{3}}=-3$

$a_4=\dfrac{(-1)^4}{a_3}=\dfrac{1}{-3}=-\dfrac{1}{3}$

$a_5=\dfrac{(-1)^5}{a_4}=\dfrac{-1}{-\frac{1}{3}}=3$

$\vdots$

따라서 수열 $\{a_n\}$의 항은 3, $\dfrac{1}{3}$, -3, $-\dfrac{1}{3}$이 이 순서대로 반복되므로 모든 자연수 n에 대하여 $a_{n+4}=a_n$이고 $\displaystyle\sum_{k=1}^{4n}a_k=0$이다. $\cdots\cdots$ ㉡

조건 (나)의 $a_n+b_n=n$에서 $b_n=n-a_n$이므로

$\displaystyle\sum_{k=1}^{20}(b_k+b_{k+1})=\sum_{k=1}^{20}\{(k-a_k)+(k+1-a_{k+1})\}$

$=\displaystyle\sum_{k=1}^{20}(2k+1)-\sum_{k=1}^{20}(a_k+a_{k+1})$

이때 ㉡에 의하여

$\displaystyle\sum_{k=1}^{20}(a_k+a_{k+1})=2\sum_{k=1}^{20}a_k-a_1+a_{21}=2\sum_{k=1}^{20}a_k-a_1+a_1=0$

$\therefore \displaystyle\sum_{k=1}^{20}(b_k+b_{k+1})=\sum_{k=1}^{20}(2k+1)=2\times\dfrac{20\times 21}{2}+1\times 20=440$

1199

(i) $n=1$일 때,

(좌변)$=1$, (우변)$=1$

이므로 (*)이 성립한다.

(ii) $n=m$일 때, (*)이 성립한다고 가정하면

$$\sum_{k=1}^{m}\frac{(-1)^{k-1}\,_mC_k}{k}=\sum_{k=1}^{m}\frac{1}{k}$$

이다. $n=m+1$일 때,

$$\sum_{k=1}^{m+1}\frac{(-1)^{k-1}\,_{m+1}C_k}{k}$$

$$=\sum_{k=1}^{m}\frac{(-1)^{k-1}\,_{m+1}C_k}{k}+\boxed{\frac{(-1)^m}{m+1}}$$

$$=\sum_{k=1}^{m}\frac{(-1)^{k-1}(_mC_k+_mC_{k-1})}{k}+\boxed{\frac{(-1)^m}{m+1}}$$

$$=\sum_{k=1}^{m}\frac{(-1)^{k-1}\,_mC_k}{k}+\left\{\sum_{k=1}^{m}\frac{(-1)^{k-1}\,_mC_{k-1}}{k}+\frac{(-1)^m\,_mC_m}{m+1}\right\}$$

$$=\sum_{k=1}^{m}\frac{(-1)^{k-1}\,_mC_k}{k}+\sum_{k=1}^{m+1}\frac{(-1)^{k-1}\,_mC_{k-1}}{k}$$

$$=\sum_{k=1}^{m}\frac{1}{k}+\sum_{k=1}^{m+1}\left\{\frac{(-1)^{k-1}}{k}\times\frac{\boxed{m!}}{(m-k+1)!(k-1)!}\right\}$$

$$=\sum_{k=1}^{m}\frac{1}{k}+\sum_{k=1}^{m+1}\left\{\frac{(-1)^{k-1}}{\boxed{m+1}}\times\frac{(m+1)!}{(m-k+1)!k!}\right\}$$

$$=\sum_{k=1}^{m}\frac{1}{k}+\frac{1}{m+1}\sum_{k=1}^{m+1}\{(-1)^{k-1}\,_{m+1}C_k\}$$

$$=\sum_{k=1}^{m}\frac{1}{k}+\frac{1}{m+1}$$

$$=\sum_{k=1}^{m+1}\frac{1}{k}$$

이다. 따라서 $n=m+1$일 때도 (*)이 성립한다.

(i), (ii)에 의하여 모든 자연수 n에 대하여 (*)이 성립한다.

$$\therefore f(m)=\frac{(-1)^m}{m+1},\ g(m)=m!,\ h(m)=m+1$$

$$\therefore \frac{g(3)+h(3)}{f(4)}=\frac{3!+4}{\frac{1}{5}}=50$$

🔊)) **Bible Says**　　**조합의 수**

(1) $_nC_r=\dfrac{n!}{r!(n-r)!}$ (단, $0\le r\le n$)

(2) $_nC_r=_{n-1}C_r+_{n-1}C_{r-1}$ (단, $1\le r<n$)

1200

$a_{30}=-27$이므로

$a_{30}=2a_{10}-3=-27$　　$\therefore a_{10}=-12$

$a_{10}=-a_3+5=-12$　　$\therefore a_3=17$

$a_3=2a_1-3=17$　　$\therefore a_1=10$

조건 ㈎, ㈏, ㈐의 식을 변끼리 더하면

$a_{3n-1}+a_{3n}+a_{3n+1}=(a_n-1)+(2a_n-3)+(-a_n+5)$

$$=2a_n+1$$

이므로

$$\sum_{k=1}^{40}a_k=a_1+(a_2+a_3+a_4)+(a_5+a_6+a_7)+\cdots+(a_{38}+a_{39}+a_{40})$$

$$=a_1+\sum_{k=1}^{13}(2a_k+1)=a_1+2\sum_{k=1}^{13}a_k+1\times13$$

$$=a_1+13+2\{a_1+(a_2+a_3+a_4)+\cdots+(a_{11}+a_{12}+a_{13})\}$$

$$=3a_1+13+2\sum_{k=1}^{4}(2a_k+1)$$

$$=3a_1+13+4\sum_{k=1}^{4}a_k+2\times1\times4$$

$$=3a_1+21+4(a_1+a_2+a_3+a_4)$$

$$=7a_1+21+4(a_2+a_3+a_4)$$

$$=7a_1+21+4(2a_1+1)=15a_1+25$$

$$=15\times10+25=175$$

1201

$a_n\ge3$일 때, $a_1=30$, $a_{n+1}=a_n-3$으로 정의된 수열 $\{a_n\}$은 첫째항이 30, 공차가 -3인 등차수열이므로

$a_n=30+(n-1)\times(-3)=-3n+33$

$a_n\ge3$에서

$-3n+33\ge3$, $-3n\ge-30$　　$\therefore n\le10$

즉, $n=1, 2, 3, \cdots, 10$일 때, $a_n=-3n+33$이므로

$$\sum_{k=1}^{10}a_k=\sum_{k=1}^{10}(-3k+33)=-3\times\frac{10\times11}{2}+33\times10$$

$$=-165+330=165$$

한편,

$a_{11}=|a_{10}-3|=|3-3|=0\ (\because a_{10}=-3\times10+33=3)$

$a_{12}=|a_{11}-3|=|0-3|=3$

$a_{13}=|a_{12}-3|=|3-3|=0$

$a_{14}=|a_{13}-3|=|0-3|=3$

$a_{15}=|a_{14}-3|=|3-3|=0$

$\vdots$

이므로

$$\sum_{k=1}^{10}a_k=\sum_{k=1}^{11}a_k=165$$

$$\sum_{k=1}^{12}a_k=\sum_{k=1}^{13}a_k=165+3=168$$

$$\sum_{k=1}^{14}a_k=\sum_{k=1}^{15}a_k=165+3\times2=171$$

$\vdots$

$$\therefore \sum_{k=1}^{2l}a_k=\sum_{k=1}^{2l+1}a_k=165+3(l-5)=150+3l\ (l=5, 6, 7, \cdots)$$

$150+3l\le300$에서 $3l\le150$　　$\therefore l\le50$

따라서 $l=50$일 때, $\sum_{k=1}^{100}a_k=\sum_{k=1}^{101}a_k=300$이므로 $\sum_{k=1}^{n}a_k\le300$을 만족시키는 자연수 n의 최댓값은 101이다.

1202

$n=1$일 때, $a_1=S_1=\frac{1}{2}$이므로 $\frac{1}{a_1}=2$이다.

$n=2$일 때, $a_2=S_2-S_1=-\frac{7}{6}$이므로 $\sum_{k=1}^{2}\frac{1}{a_k}=\frac{8}{7}$이다.

$n\ge3$인 모든 자연수 n에 대하여

$$\frac{S_n}{n!}=\sum_{k=1}^{n}\frac{S_k}{k!}-\sum_{k=1}^{n-1}\frac{S_k}{k!}=\frac{1}{(n+1)!}-\frac{1}{n!}$$

$$=\frac{1}{(n+1)!}-\frac{n+1}{n!\times(n+1)}=\frac{1-(n+1)}{(n+1)!}$$

$$=-\frac{\boxed{n}}{(n+1)!}$$

즉, $S_n=-\dfrac{n}{(n+1)!}\times n!=-\dfrac{\boxed{n}}{n+1}$ 이므로

$$a_n=S_n-S_{n-1}=-\frac{n}{n+1}+\frac{n-1}{n}$$

$$=-\left(\frac{n}{n+1}-\frac{n-1}{n}\right)=-\frac{n^2-(n-1)(n+1)}{n(n+1)}$$

$$=-\boxed{\frac{1}{n(n+1)}}$$

이다. 한편, $\sum\limits_{k=3}^{n}k(k+1)=-8+\sum\limits_{k=1}^{n}k(k+1)$ 이므로

$$\sum_{k=1}^{n}\frac{1}{a_k}=\frac{8}{7}-\sum_{k=3}^{n}k(k+1)=\frac{8}{7}-\left\{\sum_{k=1}^{n}k(k+1)-8\right\}$$

$$=\frac{64}{7}-\sum_{k=1}^{n}(k^2+k)=\frac{64}{7}-\sum_{k=1}^{n}k^2-\sum_{k=1}^{n}k$$

$$=\frac{64}{7}-\frac{n(n+1)}{2}-\sum_{k=1}^{n}\boxed{k^2}$$

$$=-\frac{1}{3}n^3-n^2-\frac{2}{3}n+\frac{64}{7}$$

이다.

$$\therefore f(n)=n,\ g(n)=\frac{1}{n(n+1)},\ h(k)=k^2$$

$$\therefore f(5)\times g(3)\times h(6)=5\times\frac{1}{3\times4}\times6^2=15$$

1203

답 ①

수열 $\{a_n\}$의 첫째항이 자연수이므로 귀납적 정의에 의하여 수열 $\{a_n\}$의 모든 항은 자연수이다.

이때 $a_2+a_4=40$에서 a_2와 a_4는 모두 홀수이거나 모두 짝수이어야 한다.

(i) a_2와 a_4가 모두 홀수인 경우

a_2가 홀수이므로 $a_3=a_2+1$

a_3은 짝수이므로 $a_4=\dfrac{1}{2}a_3=\dfrac{1}{2}(a_2+1)$

이때 $a_2+a_4=a_2+\dfrac{1}{2}(a_2+1)=40$이므로

$\dfrac{3}{2}a_2=\dfrac{79}{2}$ $\quad\therefore a_2=\dfrac{79}{3}$

즉, a_2와 a_4가 모두 홀수가 되는 경우는 존재하지 않는다.

(ii) a_2와 a_4가 모두 짝수인 경우

a_2가 짝수이므로 $a_3=\dfrac{1}{2}a_2$

ⓐ a_3이 홀수이면 $a_4=a_3+1=\dfrac{1}{2}a_2+1$

이때 $a_2+a_4=a_2+\left(\dfrac{1}{2}a_2+1\right)=40$이므로

$\dfrac{3}{2}a_2=39$ $\quad\therefore a_2=26$

$\therefore a_3=\dfrac{1}{2}\times26=13,\ a_4=\dfrac{1}{2}\times26+1=14$

즉, a_3은 홀수, a_4는 짝수이므로 조건을 만족시킨다.

ⓑ a_3이 짝수이면 $a_4=\dfrac{1}{2}a_3=\dfrac{1}{2}\times\dfrac{1}{2}a_2=\dfrac{1}{4}a_2$

이때 $a_2+a_4=a_2+\dfrac{1}{4}a_2=40$이므로

$\dfrac{5}{4}a_2=40$ $\quad\therefore a_2=32$

$\therefore a_3=\dfrac{1}{2}\times32=16,\ a_4=\dfrac{1}{4}\times32=8$

즉, a_3은 짝수, a_4는 짝수이므로 조건을 만족시킨다.

(i), (ii)에서 $a_2=26$ 또는 $a_2=32$

$26=a_2=\begin{cases}a_1+1 & (a_1\text{이 홀수인 경우})\\ \dfrac{1}{2}a_1 & (a_1\text{이 짝수인 경우})\end{cases}$ 이므로 $a_1=25$ 또는 $a_1=52$

$32=a_2=\begin{cases}a_1+1 & (a_1\text{이 홀수인 경우})\\ \dfrac{1}{2}a_1 & (a_1\text{이 짝수인 경우})\end{cases}$ 이므로 $a_1=31$ 또는 $a_1=64$

따라서 구하는 모든 a_1의 값의 합은

$25+52+31+64=172$

1204

답 ④

(i) $4\le n\le 7$인 자연수 n에 대하여 $\log_3 a_n$이 자연수가 아닌 경우

$a_5=a_4+6,\ a_6=a_5+6=a_4+12,\ a_7=a_6+6=a_4+18$이므로

$$\sum_{k=4}^{7}a_k=a_4+a_5+a_6+a_7=4a_4+36$$

즉, $4a_4+36=40$이어야 하므로 $4a_4=4$ $\quad\therefore a_4=1$

따라서 $a_4,\ a_3,\ a_2,\ a_1$의 값을 차례대로 구하면 다음 표와 같다.

a_4	a_3	a_2	a_1
1	3	9	27

$\therefore a_1=27$

(ii) $4\le n\le 7$인 자연수 n에 대하여 $\log_3 a_n$이 자연수인 n이 존재하는 경우

$a_n=3^m$ (m은 자연수)인 n $(4\le n\le 7)$이 존재한다.

이때 $a_4,\ a_5,\ a_6,\ a_7$ 중 3^m $(m\ge4)$이 존재하면 $\sum\limits_{k=4}^{7}a_k>40$이므로 주어진 조건을 만족시키지 않는다.

즉, $a_4,\ a_5,\ a_6,\ a_7$ 중 3^m $(m\ge4)$이 존재하지 않는다.

또한 $a_4,\ a_5,\ a_6,\ a_7$ 중 $3^3=27$이 존재하지 않으면

순서쌍 $(a_4,\ a_5,\ a_6,\ a_7)$은 $(9,\ 3,\ 1,\ 7)$ 또는 $(3,\ 1,\ 7,\ 13)$이므로 $\sum\limits_{k=4}^{7}a_k<40$이 되어 주어진 조건을 만족시키지 않는다.

따라서 $a_4,\ a_5,\ a_6,\ a_7$ 중 27이 존재해야 한다.

만약 $a_5,\ a_6,\ a_7$ 중 한 개가 27이면 $\sum\limits_{k=4}^{7}a_k>40$이므로 $a_4=27$이다.

이때 $a_4+a_5+a_6+a_7=27+9+3+1=40$이므로 $a_4=27$일 때 주어진 조건을 만족시킨다.

따라서 $a_1<300$을 만족시키는 $a_4,\ a_3,\ a_2,\ a_1$의 값을 차례대로 구하면 다음 표와 같다.

a_4	a_3	a_2	a_1
27	81	243	237
		75	69

$\therefore a_1=69$ 또는 $a_1=237$

(i), (ii)에서 모든 a_1의 값의 합은

$27+69+237=333$

수학의 바이블

유형 ON

2 권

정답과 풀이

대수

지수함수와 로그함수

 **01 지수**

유형 01 거듭제곱근의 정의

0001

답 ②

① 1의 네제곱근을 x라 하면 $x^4=1$에서
$x^4-1=0$, $(x^2-1)(x^2+1)=0$
$(x-1)(x+1)(x^2+1)=0$
$\therefore x=\pm1$ 또는 $x=\pm i$
즉, 1의 네제곱근은 ±1, $\pm i$이다. (거짓)

② -8의 세제곱근을 x라 하면 $x^3=-8$에서
$x^3+8=0$, $(x+2)(x^2-2x+4)=0$
$\therefore x=-2$ 또는 $x=1\pm\sqrt{3}i$
즉, -8의 세제곱근 중 실수인 것은 -2이다. (참)

③ 세제곱근 -125는 $\sqrt[3]{-125}=\sqrt[3]{(-5)^3}=-5$이다. (거짓)

④ 64의 세제곱근을 x라 하면 $x^3=64$에서
$x^3-64=0$, $(x-4)(x^2+4x+16)=0$
$\therefore x=4$ 또는 $x=-2\pm2\sqrt{3}i$
즉, 64의 세제곱근은 4, $-2\pm2\sqrt{3}i$이다. (거짓)

⑤ 16의 네제곱근을 x라 하면 $x^4=16$에서
$x^4-16=0$, $(x^2-4)(x^2+4)=0$
$(x-2)(x+2)(x^2+4)=0$
$\therefore x=\pm2$ 또는 $x=\pm2i$
즉, 16의 네제곱근은 ±2, $\pm2i$이다. (거짓)

따라서 옳은 것은 ②이다.

0002

답 ④

세제곱근 -27은
$\sqrt[3]{-27}=\sqrt[3]{(-3)^3}=-3$
$\therefore a=-3$
81의 네제곱근을 x라 하면 $x^4=81$에서
$x^4-81=0$, $(x^2-9)(x^2+9)=0$
$(x-3)(x+3)(x^2+9)=0$
$\therefore x=\pm3$ 또는 $x=\pm3i$
이 중 음수는 -3이므로 $b=-3$
$\therefore ab=(-3)\times(-3)=9$

참고

81의 네제곱근 중 음수를 $\sqrt[4]{-81}$과 같이 나타내지 않도록 주의해야 한다.

0003

답 ②

(ⅰ) $n=2$일 때
$n-3=-1<0$이므로 $f(2)=0$

(ⅱ) $n=3$ 또는 $n=5$일 때
$f(3)=1$, $f(5)=1$

(ⅲ) $n=8$일 때
$n-3=5>0$이므로 $f(8)=2$

(ⅰ)~(ⅲ)에서
$f(2)+f(3)+f(5)+f(8)=0+1+1+2=4$

0004

답 ④

$f(n)=n^2-6n-16=(n+2)(n-8)$이라 하자.
$f(n)$의 n제곱근 중 실수인 것이 존재하지 않으려면 $f(n)<0$이고
n은 짝수이어야 한다.
$f(n)<0$에서 $(n+2)(n-8)<0$
$\therefore -2<n<8$
이때 n이 2 이상의 짝수이어야 하므로
$n=2$, 4, 6
따라서 모든 자연수 n의 값의 합은
$2+4+6=12$

0005

답 ③

ㄱ. n이 홀수일 때, -2의 n제곱근 중 실수인 것은 $\sqrt[n]{-2}$의 1개이다. (거짓)

ㄴ. n이 짝수일 때, -3의 n제곱근 중 실수는 존재하지 않는다. (참)

ㄷ. $a<0$이고 n이 홀수일 때, a의 n제곱근 중 실수인 것은 $\sqrt[n]{a}$의 1개이다.
따라서 n이 홀수일 때, x에 대한 방정식 $x^n=-4$의 실근의 개수는 1이다. (참)

ㄹ. $a<0$이고 n이 짝수일 때, a의 n제곱근 중 실수는 존재하지 않는다.
따라서 n이 짝수일 때, x에 대한 방정식 $x^n=-5$의 실근은 존재하지 않는다. (거짓)

따라서 옳은 것은 ㄴ, ㄷ이다.

0006

답 ③

$A=\{2, 3, 4, 5, 6, 7, 8, 9\}$
$(-3)^m$의 n제곱근 중 음의 실수가 존재하려면
$(-3)^m<0$이고 n이 홀수이거나
$(-3)^m>0$이고 n이 짝수이어야 한다.
즉, m과 n은 모두 홀수이거나 모두 짝수이어야 한다.
따라서 $m\in A$, $n\in A$인 두 수 m, n의 순서쌍 (m, n)의 개수는
$4\times4+4\times4=32$

0007

$A=\{-9, -8, -7, \cdots, -2, 2, 3, 4, \cdots, 9\}$

$B=\{2, 3, 4, \cdots, 9\}$

c의 d제곱근 중 실수인 것이 존재하지 않으려면 $c<0$이고 d는 짝수이어야 한다.

이때 집합 A에서 음수인 원소는 $-9, -8, -7, \cdots, -2$

집합 B에서 짝수인 원소는 $2, 4, 6, 8$

따라서 c의 최댓값은 -2, d의 최댓값은 8이므로 $c+d$의 최댓값은 $-2+8=6$

유형 02 거듭제곱근의 계산

0008

① $\sqrt[4]{3}\times\sqrt[4]{27}=\sqrt[4]{3\times27}=\sqrt[4]{3^4}=3$ (참)

② $\dfrac{\sqrt[3]{-8}}{\sqrt[3]{27}}=\sqrt[3]{\dfrac{-8}{27}}=\sqrt[3]{\left(-\dfrac{2}{3}\right)^3}=-\dfrac{2}{3}$ (참)

③ $\left(\sqrt{5}\times\dfrac{1}{\sqrt[3]{25}}\right)^6=\left(\sqrt[6]{5^3}\times\sqrt[6]{\dfrac{1}{5^4}}\right)^6=\left(\sqrt[6]{\dfrac{5^3}{5^4}}\right)^6=\dfrac{1}{5}$ (참)

④ $\sqrt[3]{2}\times\sqrt[3]{16}=\sqrt[3]{\sqrt[3]{2^3}\times\sqrt[3]{2^4}}=\sqrt[3]{\sqrt[3]{2^3\times2^4}}=\sqrt[9]{2^7}$ (거짓)

⑤ $\sqrt{3\times\sqrt[3]{3}}\div\sqrt[3]{3\sqrt{3}}=\sqrt{\sqrt[3]{3^3}\times\sqrt[3]{3}}\div\sqrt[3]{\sqrt{3^3}}=\sqrt{\sqrt[3]{3^3\times3}}\div\sqrt[3]{\sqrt{3^3}}$
$\qquad=\sqrt[6]{3^4}\div\sqrt[6]{3^3}=\sqrt[6]{\dfrac{3^4}{3^3}}=\sqrt[6]{3}$ (참)

따라서 옳지 않은 것은 ④이다.

다른 풀이

① $\sqrt[4]{3}\times\sqrt[4]{27}=3^{\frac{1}{4}}\times3^{\frac{3}{4}}=3^{\frac{1}{4}+\frac{3}{4}}=3^1=3$ (참)

② $\dfrac{\sqrt[3]{-8}}{\sqrt[3]{27}}=\dfrac{\sqrt[3]{(-2)^3}}{\sqrt[3]{3^3}}=\dfrac{-2}{3}=-\dfrac{2}{3}$ (참)

③ $\left(\sqrt{5}\times\dfrac{1}{\sqrt[3]{25}}\right)^6=\left(5^{\frac{1}{2}}\times\dfrac{1}{5^{\frac{2}{3}}}\right)^6=\left(5^{\frac{1}{2}-\frac{2}{3}}\right)^6$
$\qquad=\left(5^{-\frac{1}{6}}\right)^6=5^{-1}=\dfrac{1}{5}$ (참)

④ $\sqrt[3]{2}\times\sqrt[3]{16}=2^{\frac{1}{3}}\times\left(2^{\frac{4}{3}}\right)^{\frac{1}{3}}=2^{\frac{1}{3}+\frac{4}{9}}=2^{\frac{7}{9}}=\sqrt[9]{2^7}$ (거짓)

⑤ $\sqrt{3\times\sqrt[3]{3}}\div\sqrt[3]{3\sqrt{3}}=3^{\frac{1}{2}}\times\left(3^{\frac{1}{3}}\right)^{\frac{1}{2}}\div\left\{3^{\frac{1}{3}}\times\left(3^{\frac{1}{2}}\right)^{\frac{1}{3}}\right\}$
$\qquad=3^{\frac{1}{2}+\frac{1}{6}-\frac{1}{3}-\frac{1}{6}}=3^{\frac{1}{6}}=\sqrt[6]{3}$ (참)

0009

$\sqrt[4]{16ab^2}\times\sqrt[3]{a^2b^2}\div\sqrt[6]{64ab^4}$
$=\sqrt[12]{(2^4ab^2)^3}\times\sqrt[12]{(a^2b^2)^4}\div\sqrt[12]{(2^6ab^4)^2}$
$=\sqrt[12]{2^{12}a^3b^6}\times\sqrt[12]{a^8b^8}\div\sqrt[12]{2^{12}a^2b^8}$
$=\sqrt[12]{\dfrac{2^{12}a^3b^6\times a^8b^8}{2^{12}a^2b^8}}=\sqrt[12]{a^9b^6}$
$=\sqrt[12]{(a^3b^2)^3}=\sqrt[4]{a^3b^2}$

다른 풀이

$\sqrt[4]{16ab^2}\times\sqrt[3]{a^2b^2}\div\sqrt[6]{64ab^4}=2^{\frac{4}{4}}a^{\frac{1}{4}}b^{\frac{2}{4}}\times a^{\frac{2}{3}}b^{\frac{2}{3}}\div2^{\frac{6}{6}}a^{\frac{1}{6}}b^{\frac{4}{6}}$
$\qquad=a^{\frac{1}{4}+\frac{2}{3}-\frac{1}{6}}b^{\frac{2}{4}+\frac{2}{3}-\frac{4}{6}}$
$\qquad=a^{\frac{3}{4}}b^{\frac{2}{4}}=\sqrt[4]{a^3b^2}$

0010

$\dfrac{\sqrt{3}(\sqrt[3]{2}+\sqrt[4]{3})}{\sqrt[3]{3}\times\left(\sqrt[3]{\dfrac{2}{3}}+\sqrt[12]{\dfrac{1}{3}}\right)}=\dfrac{\sqrt{3}(\sqrt[3]{2}+\sqrt[4]{3})}{\sqrt[3]{3}\times\sqrt[3]{\dfrac{2}{3}}+\sqrt[3]{3}\times\sqrt[12]{\dfrac{1}{3}}}$

$\qquad=\dfrac{\sqrt{3}(\sqrt[3]{2}+\sqrt[4]{3})}{\sqrt[3]{3}\times\sqrt[3]{\dfrac{2}{3}}+\sqrt[12]{3^4}\times\sqrt[12]{\dfrac{1}{3}}}$

$\qquad=\dfrac{\sqrt{3}(\sqrt[3]{2}+\sqrt[4]{3})}{\sqrt[3]{2}+\sqrt[12]{3^3}}$

$\qquad=\dfrac{\sqrt{3}(\sqrt[3]{2}+\sqrt[4]{3})}{\sqrt[3]{2}+\sqrt[4]{3}}=\sqrt{3}$

다른 풀이

$\dfrac{\sqrt{3}(\sqrt[3]{2}+\sqrt[4]{3})}{\sqrt[3]{3}\times\left(\sqrt[3]{\dfrac{2}{3}}+\sqrt[12]{\dfrac{1}{3}}\right)}=\dfrac{3^{\frac{1}{2}}\times\left(2^{\frac{1}{3}}+3^{\frac{1}{4}}\right)}{3^{\frac{1}{3}}\times\left(2^{\frac{1}{3}}\times3^{-\frac{1}{3}}+3^{-\frac{1}{12}}\right)}$

$\qquad=\dfrac{3^{\frac{1}{2}}\times\left(2^{\frac{1}{3}}+3^{\frac{1}{4}}\right)}{2^{\frac{1}{3}}+3^{\frac{1}{3}-\frac{1}{12}}}$

$\qquad=\dfrac{3^{\frac{1}{2}}\times\left(2^{\frac{1}{3}}+3^{\frac{1}{4}}\right)}{2^{\frac{1}{3}}+3^{\frac{1}{4}}}$

$\qquad=3^{\frac{1}{2}}=\sqrt{3}$

0011

$\dfrac{\sqrt[6]{3\sqrt{3}}}{\sqrt[12]{2^3\times3^4}}\div\dfrac{\sqrt[4]{2\times\sqrt[3]{2}}}{\sqrt[3]{2\times\sqrt[8]{3^n}}}=\dfrac{\sqrt[6]{3}\times\sqrt[12]{3}}{\sqrt[12]{2^3}\times\sqrt[12]{3^4}}\div\dfrac{\sqrt[4]{2}\times\sqrt[12]{2}}{\sqrt[3]{2}\times\sqrt[24]{3^n}}$

$\qquad=\dfrac{\sqrt[12]{3^2}\times\sqrt[12]{3}}{\sqrt[12]{2^3}\times\sqrt[12]{3^4}}\div\dfrac{\sqrt[12]{2^3}\times\sqrt[12]{2}}{\sqrt[12]{2^4}\times\sqrt[24]{3^n}}$

$\qquad=\dfrac{\sqrt[12]{3^3}}{\sqrt[12]{2^3}\times\sqrt[12]{3^4}}\div\dfrac{\sqrt[12]{2^4}}{\sqrt[12]{2^4}\times\sqrt[24]{3^n}}$

$\qquad=\dfrac{1}{\sqrt[12]{2^3}}\times\dfrac{1}{\sqrt[12]{3}}\times\sqrt[24]{3^n}$

$\qquad=\dfrac{1}{\sqrt[24]{2^6}}\times\dfrac{1}{\sqrt[24]{3^2}}\times\sqrt[24]{3^n}$

$\qquad=\sqrt[24]{\dfrac{3^n}{2^6\times3^2}}$

이때 $\sqrt[4]{\dfrac{9}{2}}=\sqrt[24]{\dfrac{3^{12}}{2^6}}$이므로

$\dfrac{3^n}{2^6\times3^2}=\dfrac{3^{12}}{2^6}$ $\qquad\therefore n=14$

$$\frac{\sqrt[6]{3\sqrt{3}}}{\sqrt[12]{2^3 \times 3^4}} \div \frac{\sqrt[4]{2 \times \sqrt[3]{2}}}{\sqrt[3]{2 \times \sqrt[8]{3^n}}} = \frac{3^{\frac{1}{6}} \times \left(3^{\frac{1}{2}}\right)^{\frac{1}{6}}}{2^{\frac{3}{12}} \times 3^{\frac{4}{12}}} \div \frac{2^{\frac{1}{4}} \times \left(2^{\frac{1}{3}}\right)^{\frac{1}{4}}}{2^{\frac{1}{3}} \times \left(3^{\frac{n}{8}}\right)^{\frac{1}{3}}}$$

$$= \frac{3^{\frac{1}{6}+\frac{1}{12}}}{2^{\frac{1}{4}} \times 3^{\frac{1}{3}}} \div \frac{2^{\frac{1}{4}+\frac{1}{12}}}{2^{\frac{1}{3}} \times 3^{\frac{n}{24}}}$$

$$= 2^{-\frac{1}{4}-\frac{1}{4}-\frac{1}{12}+\frac{1}{3}} \times 3^{\frac{1}{6}+\frac{1}{12}-\frac{1}{3}+\frac{n}{24}}$$

$$= 2^{-\frac{1}{4}} \times 3^{\frac{n-2}{24}}$$

이때 $\sqrt[4]{\dfrac{9}{2}} = 3^{\frac{2}{4}} \div 2^{\frac{1}{4}} = 2^{-\frac{1}{4}} \times 3^{\frac{1}{2}}$이므로

$$\frac{n-2}{24} = \frac{1}{2} \qquad \therefore n = 14$$

0012 답 ②

이차방정식의 근과 계수의 관계에 의하여

$\sqrt[3]{2} + b = -a$ ······ ㉠

$\sqrt[3]{2} \times b = -2$ ······ ㉡

㉡에서 $b = -\dfrac{2}{\sqrt[3]{2}} = -\dfrac{\sqrt[3]{2^3}}{\sqrt[3]{2}} = -\sqrt[3]{\dfrac{2^3}{2}} = -\sqrt[3]{4}$

㉠에서 $\sqrt[3]{2} + (-\sqrt[3]{4}) = -a$ $\therefore a = \sqrt[3]{4} - \sqrt[3]{2}$

$\therefore ab = (\sqrt[3]{4} - \sqrt[3]{2}) \times (-\sqrt[3]{4}) = -\sqrt[3]{16} + \sqrt[3]{8}$

$\qquad = -2\sqrt[3]{2} + 2 = 2(1 - \sqrt[3]{2})$

0013 답 ②

ㄱ. $R(4, 2) = \sqrt[4]{2} = \sqrt[8]{2^2} = \sqrt[8]{4} = R(8, 4)$ (참)

ㄴ. $R(a, R(a, b)) = \sqrt[a]{\sqrt[a]{b}} = \sqrt[a^2]{b} = R(a^2, b)$ (거짓)

ㄷ. $R(4, a) \times R(4, b) = \sqrt[4]{a} \times \sqrt[4]{b} = \sqrt[4]{ab} = R(4, ab)$ (참)

ㄹ. $R(a, 3) \times R(b, 3) = \sqrt[a]{3} \times \sqrt[b]{3} = \sqrt[ab]{3^b} \times \sqrt[ab]{3^a}$

$\qquad = \sqrt[ab]{3^b \times 3^a} = \sqrt[ab]{3^{a+b}}$

$\qquad = R(ab, 3^{a+b})$ (거짓)

따라서 옳은 것은 ㄱ, ㄷ이다.

유형 03 거듭제곱근의 대소 비교

0014 답 ⑤

$A = \sqrt{5}$

$B = \sqrt[3]{\sqrt{3^5}} = \sqrt[6]{3^5} = \sqrt[6]{243}$

$C = \sqrt{2 \times \sqrt[3]{3^2}} = \sqrt{2} \times \sqrt[3]{3^2} = \sqrt[6]{2^3} \times \sqrt[6]{3^2} = \sqrt[6]{2^3 \times 3^2} = \sqrt[6]{72}$

2, 6, 6의 최소공배수는 6이므로 세 수를 6제곱근 꼴로 나타내면

$A = \sqrt{5} = \sqrt[6]{5^3} = \sqrt[6]{125}$

$B = \sqrt[6]{243}$

$C = \sqrt[6]{72}$

이때 $72 < 125 < 243$이므로 $\sqrt[6]{72} < \sqrt[6]{125} < \sqrt[6]{243}$

$\therefore C < A < B$

$A = \sqrt{5} = 5^{\frac{1}{2}} = 5^{\frac{3}{6}} = (5^3)^{\frac{1}{6}} = 125^{\frac{1}{6}}$

$B = \sqrt[3]{\sqrt{3^5}} = \left(3^{\frac{5}{2}}\right)^{\frac{1}{3}} = 3^{\frac{5}{6}} = (3^5)^{\frac{1}{6}} = 243^{\frac{1}{6}}$

$C = \sqrt{2 \times \sqrt[3]{3^2}} = 2^{\frac{1}{2}} \times \left(3^{\frac{2}{3}}\right)^{\frac{1}{2}} = 2^{\frac{1}{2}} \times 3^{\frac{1}{3}} = 2^{\frac{3}{6}} \times 3^{\frac{2}{6}}$

$\qquad = (2^3 \times 3^2)^{\frac{1}{6}} = 72^{\frac{1}{6}}$

이때 $72 < 125 < 243$이므로 $72^{\frac{1}{6}} < 125^{\frac{1}{6}} < 243^{\frac{1}{6}}$

$\therefore C < A < B$

0015 답 ⑤

$A = \sqrt{\dfrac{1}{2} \times \sqrt[3]{(-2)^6}} = \sqrt{\dfrac{1}{2} \times \sqrt[6]{2^6}} = \dfrac{\sqrt{2}}{2} \times 2 = \sqrt{2}$

$B = \sqrt[4]{\sqrt{3^3}} = \sqrt[8]{3^3} = \sqrt[8]{27}$

$C = \sqrt[5]{\sqrt[3]{(-2)^7}} = \sqrt[15]{(-2)^7} = \sqrt[15]{-2^7} = -\sqrt[15]{2^7}$

이때 $A > 0$, $B > 0$, $C < 0$이므로 A, B, C 중 C가 가장 작다.

한편, $A = \sqrt{2} = \sqrt[8]{2^4} = \sqrt[8]{16}$이고 $\sqrt[8]{16} < \sqrt[8]{27}$이므로 $A < B$

$\therefore C < A < B$

0016 답 ⑤

$\sqrt{\sqrt{2}} = \sqrt[4]{2}$

$\sqrt[3]{2\sqrt{2}} = \sqrt[3]{2} \times \sqrt[6]{2} = \sqrt[6]{2^2} \times \sqrt[6]{2} = \sqrt[6]{2^3} = \sqrt{2}$

$\sqrt[4]{4\sqrt{2}} = \sqrt[4]{4} \times \sqrt[8]{2} = \sqrt[8]{4^2} \times \sqrt[8]{2} = \sqrt[8]{2^5}$

$\sqrt[6]{8\sqrt{2}} = \sqrt[6]{8} \times \sqrt[12]{2} = \sqrt[12]{8^2} \times \sqrt[12]{2} = \sqrt[12]{2^7}$

4, 2, 8, 12의 최소공배수는 24이므로 네 수를 24제곱근 꼴로 나타내면

$\sqrt[4]{2} = \sqrt[24]{2^6}$

$\sqrt{2} = \sqrt[24]{2^{12}}$

$\sqrt[8]{2^5} = \sqrt[24]{2^{15}}$

$\sqrt[12]{2^7} = \sqrt[24]{2^{14}}$

이때 $2^6 < 2^{12} < 2^{14} < 2^{15}$이므로

$\sqrt{\sqrt{2}} < \sqrt[3]{2\sqrt{2}} < \sqrt[6]{8\sqrt{2}} < \sqrt[4]{4\sqrt{2}}$

따라서 $a = \sqrt[4]{4\sqrt{2}} = \sqrt[24]{2^{15}}$, $b = \sqrt[6]{8\sqrt{2}} = \sqrt[24]{2^{14}}$이므로

$a^{24} \div b^{24} = 2^{15} \div 2^{14} = 2$

0017 답 7

$A = \sqrt{2} + \sqrt[3]{3}$, $B = \sqrt[3]{3} + \sqrt[4]{5}$, $C = \sqrt[4]{5} + \sqrt{2}$라 하면

$A - B = (\sqrt{2} + \sqrt[3]{3}) - (\sqrt[3]{3} + \sqrt[4]{5})$

$\qquad = \sqrt{2} - \sqrt[4]{5} = \sqrt[4]{2^2} - \sqrt[4]{5}$

$\qquad = \sqrt[4]{4} - \sqrt[4]{5} < 0$

$\therefore A < B$

$B - C = (\sqrt[3]{3} + \sqrt[4]{5}) - (\sqrt[4]{5} + \sqrt{2})$

$\qquad = \sqrt[3]{3} - \sqrt{2} = \sqrt[6]{3^2} - \sqrt[6]{2^3}$

$\qquad = \sqrt[6]{9} - \sqrt[6]{8} > 0$

$\therefore B > C$

$$C-A=(\sqrt[4]{5}+\sqrt{2})-(\sqrt{2}+\sqrt[3]{3})$$
$$=\sqrt[4]{5}-\sqrt[3]{3}=\sqrt[12]{5^3}-\sqrt[12]{3^4}$$
$$=\sqrt[12]{125}-\sqrt[12]{81}>0$$
$$\therefore C>A$$

즉, $A<C<B$이므로 $a=\sqrt[3]{3}+\sqrt[4]{5}$, $b=\sqrt{2}+\sqrt[3]{3}$

$$\therefore 3a+2b=3(\sqrt[3]{3}+\sqrt[4]{5})+2(\sqrt{2}+\sqrt[3]{3})$$
$$=2\sqrt{2}+5\sqrt[3]{3}+3\sqrt[4]{5}$$

따라서 $p=2$, $q=5$, $r=3$이므로

$$pq-r=2\times5-3=7$$

유형 04 **지수의 확장**

0018

답 ③

① $3^0+8^{\frac{1}{3}}=3^0+(2^3)^{\frac{1}{3}}=1+2=3$ (거짓)

② $\left(2^{-\frac{2}{3}}\right)^3=2^{\left(-\frac{2}{3}\right)\times3}=2^{-2}=\dfrac{1}{4}$ (거짓)

③ $(2^{\sqrt{2}})^{\sqrt{8}}=(2^{\sqrt{2}})^{2\sqrt{2}}=2^4=16$ (참)

④ $\{(-2)^4\}^{\frac{3}{4}}=(2^4)^{\frac{3}{4}}=2^3=8$ (거짓)

⑤ $3^{-2}\times\left(\dfrac{1}{9}\right)^{-3}=3^{-2}\times\left(\dfrac{1}{3^2}\right)^{-3}=3^{-2}\times(3^{-2})^{-3}$
$$=3^{-2}\times3^6=3^4=81$$ (거짓)

따라서 옳은 것은 ③이다.

0019

답 ⑤

$$\left(a^{\frac{1}{2}}b^{\frac{1}{3}}c^{\frac{1}{6}}\times a^{\frac{1}{3}}b^{\frac{1}{6}}c^{\frac{1}{2}}\right)^3=\left(a^{\frac{1}{2}+\frac{1}{3}}b^{\frac{1}{3}+\frac{1}{6}}c^{\frac{1}{6}+\frac{1}{2}}\right)^3$$
$$=\left(a^{\frac{5}{6}}b^{\frac{1}{2}}c^{\frac{2}{3}}\right)^3=a^{\frac{5}{2}}b^{\frac{3}{2}}c^2$$

0020

답 ③

$$2^{\frac{4}{3}}\times8^{\frac{1}{6}}\div\left(2^{\frac{1}{2}}\times16^{-\frac{3}{4}}\right)^{\frac{1}{3}}=2^{\frac{4}{3}}\times(2^3)^{\frac{1}{6}}\div\left\{2^{\frac{1}{2}}\times(2^4)^{-\frac{3}{4}}\right\}^{\frac{1}{3}}$$
$$=2^{\frac{4}{3}}\times2^{\frac{1}{2}}\div\left(2^{\frac{1}{2}}\times2^{-3}\right)^{\frac{1}{3}}$$
$$=2^{\frac{4}{3}}\times2^{\frac{1}{2}}\div\left(2^{-\frac{5}{2}}\right)^{\frac{1}{3}}$$
$$=2^{\frac{4}{3}}\times2^{\frac{1}{2}}\div2^{-\frac{5}{6}}$$
$$=2^{\frac{4}{3}+\frac{1}{2}-\left(-\frac{5}{6}\right)}$$
$$=2^{\frac{16}{6}}=2^{\frac{8}{3}}$$

0021

답 -2

$$3^{-3}\div\left\{\left(\dfrac{1}{27}\right)^{-3}\times9^{-5}\right\}=3^{-3}\div\{(3^{-3})^{-3}\times(3^2)^{-5}\}$$
$$=3^{-3}\div(3^9\times3^{-10})$$
$$=3^{-3}\div3^{-1}=3^{-2}$$

즉, $3^{-2}=3^n$이므로 $n=-2$

0022

답 ②

$$(a^{1+\sqrt{3}})^{3-\sqrt{3}}=\{(a^{\sqrt{3}+1})^{\sqrt{3}-1}\}^{\sqrt{3}}$$
$$=(a^2)^{\sqrt{3}}$$
$$=a^{2\sqrt{3}}$$

즉, $a^{2\sqrt{3}}=64=2^6$이므로

$$(a^{2\sqrt{3}})^{\frac{1}{2\sqrt{3}}}=(2^6)^{\frac{1}{2\sqrt{3}}}$$
$$\therefore a=2^{\frac{6}{2\sqrt{3}}}=2^{\sqrt{3}}$$

0023

답 ⑤

$$\left(3^{\alpha+\frac{\beta}{\alpha}}\right)^\alpha\times\left(3^{\beta+\frac{\alpha}{\beta}}\right)^\beta=3^{\alpha^2+\beta}\times3^{\beta^2+\alpha}$$
$$=3^{(\alpha^2+\beta^2)+(\alpha+\beta)}$$
$$=3^{(\alpha+\beta)^2-2\alpha\beta+(\alpha+\beta)}$$

이차방정식 $x^2-2x-2=0$의 두 근이 α, β이므로 이차방정식의 근과 계수의 관계에 의하여

$$\alpha+\beta=2,\ \alpha\beta=-2$$
$$\therefore \left(3^{\alpha+\frac{\beta}{\alpha}}\right)^\alpha\times\left(3^{\beta+\frac{\alpha}{\beta}}\right)^\beta=3^{2^2-2\times(-2)+2}=3^{10}$$

0024

답 27

$2^{x+1}-2^x=1$에서

$2\times2^x-2^x=1$, $2^x=1$

$\therefore 8^x=(2^x)^3=1^3=1$ ……… ㉠

$2\times4^y+8\times4^{y-1}=36$에서

$2\times4^y+8\times\dfrac{1}{4}\times4^y=36$

$4\times4^y=36$, $4^y=9$

$(2^y)^2=3^2$, $2^y=3$

$\therefore 8^y=(2^y)^3=3^3=27$ ……… ㉡

㉠$\times$㉡을 하면

$8^x\times8^y=1\times27=27$

$\therefore 8^{x+y}=27$

유형 05 **거듭제곱근을 유리수인 지수로 나타내기**

0025

답 ④

$$\sqrt[4]{a^5\times\sqrt{a^4\times\sqrt[3]{a^2}}}=\sqrt[4]{a^5}\times\sqrt[4]{\sqrt{a^4}}\times\sqrt[4]{\sqrt{\sqrt[3]{a^2}}}$$
$$=\sqrt[4]{a^5}\times\sqrt[8]{a^4}\times\sqrt[24]{a^2}$$
$$=\sqrt[4]{a^5}\times\sqrt{a}\times\sqrt[12]{a}$$
$$=a^{\frac{5}{4}}\times a^{\frac{1}{2}}\times a^{\frac{1}{12}}$$
$$=a^{\frac{5}{4}+\frac{1}{2}+\frac{1}{12}}=a^{\frac{11}{6}}$$
$$\therefore k=\dfrac{11}{6}$$

$$\sqrt[4]{a^5 \times \sqrt{a^4 \times \sqrt[3]{a^2}}} = \left\{ a^5 \times \left(a^4 \times a^{\frac{2}{3}} \right)^{\frac{1}{2}} \right\}^{\frac{1}{4}}$$
$$= \left\{ a^5 \times \left(a^{\frac{14}{3}} \right)^{\frac{1}{2}} \right\}^{\frac{1}{4}}$$
$$= \left(a^5 \times a^{\frac{7}{3}} \right)^{\frac{1}{4}}$$
$$= \left(a^{\frac{22}{3}} \right)^{\frac{1}{4}} = a^{\frac{11}{6}}$$

$$\therefore k = \frac{11}{6}$$

0026

답 4

$$\sqrt[3]{a^2 \times \frac{\sqrt[k]{a^5}}{\sqrt{a^3}}} = \left(a^2 \times \frac{a^{\frac{5}{k}}}{a^{\frac{3}{2}}} \right)^{\frac{1}{3}} = \left(a^{2 + \frac{5}{k} - \frac{3}{2}} \right)^{\frac{1}{3}}$$
$$= \left(a^{\frac{1}{2} + \frac{5}{k}} \right)^{\frac{1}{3}} = a^{\frac{1}{6} + \frac{5}{3k}}$$

$$\sqrt[12]{a^7} = a^{\frac{7}{12}}$$

즉, $a^{\frac{1}{6} + \frac{5}{3k}} = a^{\frac{7}{12}}$이므로 $\dfrac{1}{6} + \dfrac{5}{3k} = \dfrac{7}{12}$

$$\frac{5}{3k} = \frac{5}{12}, \ 3k = 12 \qquad \therefore k = 4$$

0027

답 ①

$$a = (3\sqrt{5})^3 = 3^3 \times 5^{\frac{3}{2}}$$
$$b = 27^2 = (3^3)^2 = 3^6$$
$$\therefore 15^9 = (3 \times 5)^9 = 3^9 \times 5^9 = \left(3^3 \times 5^{\frac{3}{2}} \right)^6 \times 3^{-9}$$
$$= \left(3^3 \times 5^{\frac{3}{2}} \right)^6 \times (3^6)^{-\frac{3}{2}} = a^6 b^{-\frac{3}{2}}$$

따라서 $m = 6$, $n = -\dfrac{3}{2}$이므로

$$mn = 6 \times \left(-\frac{3}{2} \right) = -9$$

$27^2 = b$에서 $(3^3)^2 = 3^6 = b$ $\qquad \therefore 3 = b^{\frac{1}{6}}$

$(3\sqrt{5})^3 = a$에서 $3 \times 5^{\frac{1}{2}} = a^{\frac{1}{3}}$이므로

$$5^{\frac{1}{2}} = a^{\frac{1}{3}} \times 3^{-1} = a^{\frac{1}{3}} \left(b^{\frac{1}{6}} \right)^{-1} = a^{\frac{1}{3}} b^{-\frac{1}{6}}$$

$$\therefore 5 = \left(a^{\frac{1}{3}} b^{-\frac{1}{6}} \right)^2 = a^{\frac{2}{3}} b^{-\frac{1}{3}}$$

$$\therefore 15^9 = (3 \times 5)^9 = \left(b^{\frac{1}{6}} \times a^{\frac{2}{3}} b^{-\frac{1}{3}} \right)^9$$
$$= \left(a^{\frac{2}{3}} b^{-\frac{1}{6}} \right)^9 = a^6 b^{-\frac{3}{2}}$$

따라서 $m = 6$, $n = -\dfrac{3}{2}$이므로

$$mn = 6 \times \left(-\frac{3}{2} \right) = -9$$

0028

답 ②

$a = \sqrt[3]{2}$에서 $a^3 = 2$

$b = \sqrt[4]{7}$에서 $b^4 = 7$

$$\therefore \sqrt[6]{28} = \sqrt[6]{2^2 \times 7} = (2^2 \times 7)^{\frac{1}{6}} = \left\{ (a^3)^2 \times b^4 \right\}^{\frac{1}{6}}$$
$$= (a^6 \times b^4)^{\frac{1}{6}} = a b^{\frac{2}{3}}$$

0029

답 6

$$\left(\sqrt[4]{5} \right)^{\frac{n}{2}} = \left(5^{\frac{1}{4}} \right)^{\frac{n}{2}} = 5^{\frac{n}{8}}$$

즉, $\left(\sqrt[4]{5} \right)^{\frac{n}{2}}$의 값이 자연수가 되려면 n은 8의 배수이어야 한다.

따라서 주어진 조건을 만족시키는 50 이하의 자연수 n은 8, 16, 24, 32, 40, 48의 6개이다.

0030

답 ⑤

$\left(a^{\frac{3}{4}} \right)^{\frac{2}{3}} = a^{\frac{1}{2}}$이 자연수가 되려면 $a = k^2$ (k는 자연수) 꼴이어야 한다.

따라서 $\left(a^{\frac{3}{4}} \right)^{\frac{2}{3}}$의 값이 자연수가 되도록 하는 100 이하의 모든 자연수 a는 1, 4, 9, 16, 25, 36, 49, 64, 81, 100의 10개이다.

0031

답 ③

$$\left(\sqrt[3]{2 \times \sqrt[4]{8}} \right)^m = \left(\sqrt[3]{2} \times \sqrt[12]{2^3} \right)^m = \left(2^{\frac{1}{3}} \times 2^{\frac{3}{12}} \right)^m = 2^{\frac{7}{12}m} = n$$

즉, $\left(\sqrt[3]{2 \times \sqrt[4]{8}} \right)^m$의 값이 자연수가 되려면 m이 12의 배수이어야 한다.

따라서 m의 최솟값은 12이고 이때의 n의 값은 $2^7 = 128$이므로 $m + n$의 최솟값은

$$12 + 128 = 140$$

0032

답 93

$$\left(\frac{1}{9} \right)^{\frac{2}{n}} = (3^{-2})^{\frac{2}{n}} = 3^{-\frac{4}{n}} \qquad \cdots\cdots \ ㉠$$

㉠이 자연수가 되려면 $-\dfrac{4}{n}$가 자연수이어야 한다.

따라서 가능한 정수 n의 값은 -4, -2, -1이다.

이때 ㉠ 꼴로 나타낼 수 있는 자연수는

$n = -4$이면 $3^{-\frac{4}{-4}} = 3^1 = 3$, $\quad n = -2$이면 $3^{-\frac{4}{-2}} = 3^2 = 9$

$n = -1$이면 $3^{-\frac{4}{-1}} = 3^4 = 81$

따라서 $\left(\dfrac{1}{9} \right)^{\frac{2}{n}}$ 꼴로 나타낼 수 있는 모든 자연수의 합은

$$3 + 9 + 81 = 93$$

0033

답 ④

$$\sqrt[3]{\frac{2^a \times 3^b}{12}} = \left(\frac{2^a \times 3^b}{2^2 \times 3} \right)^{\frac{1}{3}} = (2^{a-2} \times 3^{b-1})^{\frac{1}{3}} = 2^{\frac{a-2}{3}} \times 3^{\frac{b-1}{3}}$$이 자연수이므로 $\dfrac{a-2}{3}$, $\dfrac{b-1}{3}$은 음이 아닌 정수이다.

$$\therefore a = 2, 5, 8, \cdots, \ b = 1, 4, 7, \cdots$$

이때 $\sqrt[3]{\dfrac{2^a \times 3^b}{12}}$이 1보다 큰 자연수이므로 $\dfrac{a-2}{3} = \dfrac{b-1}{3} = 0$, 즉 $a = 2$, $b = 1$인 경우를 제외해야 한다.

따라서 $a + b$의 최솟값은

$$2 + 4 = 5 + 1 = 6$$

0034

답 ④

$\left(3^{\frac{1}{2}}+1\right)\left(3^{\frac{1}{4}}+1\right)\left(3^{\frac{1}{8}}+1\right)\left(3^{\frac{1}{8}}-1\right)$

$=\left(3^{\frac{1}{2}}+1\right)\left(3^{\frac{1}{4}}+1\right)\left\{\left(3^{\frac{1}{8}}\right)^2-1\right\}$

$=\left(3^{\frac{1}{2}}+1\right)\left(3^{\frac{1}{4}}+1\right)\left(3^{\frac{1}{4}}-1\right)$

$=\left(3^{\frac{1}{2}}+1\right)\left\{\left(3^{\frac{1}{4}}\right)^2-1\right\}$

$=\left(3^{\frac{1}{2}}+1\right)\left(3^{\frac{1}{2}}-1\right)$

$=\left(3^{\frac{1}{2}}\right)^2-1=3-1=2$

0035

답 64

$a-b=\left(a^{\frac{1}{3}}-b^{\frac{1}{3}}\right)^3+3a^{\frac{1}{3}}b^{\frac{1}{3}}\left(a^{\frac{1}{3}}-b^{\frac{1}{3}}\right)$

$\qquad =2^3+3a^{\frac{1}{3}}b^{\frac{1}{3}}\times 2$

$\qquad =8+6a^{\frac{1}{3}}b^{\frac{1}{3}}$

즉, $8+6a^{\frac{1}{3}}b^{\frac{1}{3}}=32$이므로

$6a^{\frac{1}{3}}b^{\frac{1}{3}}=24$ $\qquad \therefore a^{\frac{1}{3}}b^{\frac{1}{3}}=4$

$\therefore ab=\left(a^{\frac{1}{3}}b^{\frac{1}{3}}\right)^3=4^3=64$

다른 풀이

$\left(a^{\frac{1}{3}}-b^{\frac{1}{3}}\right)\left(a^{\frac{2}{3}}+a^{\frac{1}{3}}b^{\frac{1}{3}}+b^{\frac{2}{3}}\right)=a-b$이므로

$\left(a^{\frac{1}{3}}-b^{\frac{1}{3}}\right)\left\{\left(a^{\frac{1}{3}}-b^{\frac{1}{3}}\right)^2+3a^{\frac{1}{3}}b^{\frac{1}{3}}\right\}=a-b$

$a^{\frac{1}{3}}-b^{\frac{1}{3}}=2$, $a-b=32$를 대입하면

$2\left(2^2+3a^{\frac{1}{3}}b^{\frac{1}{3}}\right)=32$, $4+3a^{\frac{1}{3}}b^{\frac{1}{3}}=16$

$3a^{\frac{1}{3}}b^{\frac{1}{3}}=12$ $\qquad \therefore a^{\frac{1}{3}}b^{\frac{1}{3}}=4$

$\therefore ab=\left(a^{\frac{1}{3}}b^{\frac{1}{3}}\right)^3=4^3=64$

0036

답 ④

$\dfrac{1}{2^{\frac{1}{8}}-1}-\dfrac{1}{2^{\frac{1}{8}}+1}-\dfrac{2}{2^{\frac{1}{4}}+1}-\dfrac{4}{2^{\frac{1}{2}}+1}$

$=\dfrac{\left(2^{\frac{1}{8}}+1\right)-\left(2^{\frac{1}{8}}-1\right)}{\left(2^{\frac{1}{8}}-1\right)\left(2^{\frac{1}{8}}+1\right)}-\dfrac{2}{2^{\frac{1}{4}}+1}-\dfrac{4}{2^{\frac{1}{2}}+1}$

$=\dfrac{2}{2^{\frac{1}{4}}-1}-\dfrac{2}{2^{\frac{1}{4}}+1}-\dfrac{4}{2^{\frac{1}{2}}+1}$

$=\dfrac{2\left\{\left(2^{\frac{1}{4}}+1\right)-\left(2^{\frac{1}{4}}-1\right)\right\}}{\left(2^{\frac{1}{4}}-1\right)\left(2^{\frac{1}{4}}+1\right)}-\dfrac{4}{2^{\frac{1}{2}}+1}$

$=\dfrac{4}{2^{\frac{1}{2}}-1}-\dfrac{4}{2^{\frac{1}{2}}+1}$

$=\dfrac{4\left\{\left(2^{\frac{1}{2}}+1\right)-\left(2^{\frac{1}{2}}-1\right)\right\}}{\left(2^{\frac{1}{2}}-1\right)\left(2^{\frac{1}{2}}+1\right)}$

$=\dfrac{8}{2^1-1}=8$

0037

답 ④

$x^3+y^3-3(x-y)$

$=\left(2^{\frac{1}{3}}+2^{-\frac{1}{3}}\right)^3+\left(2^{\frac{1}{3}}-2^{-\frac{1}{3}}\right)^3-3\left\{\left(2^{\frac{1}{3}}+2^{-\frac{1}{3}}\right)-\left(2^{\frac{1}{3}}-2^{-\frac{1}{3}}\right)\right\}$

$=\left\{2+2^{-1}+3\times\left(2^{\frac{1}{3}}+2^{-\frac{1}{3}}\right)\right\}+\left\{2-2^{-1}-3\times\left(2^{\frac{1}{3}}-2^{-\frac{1}{3}}\right)\right\}$

$\qquad\qquad\qquad\qquad\qquad\qquad -3\times 2\times 2^{-\frac{1}{3}}$

$=2+2+3\times 2\times 2^{-\frac{1}{3}}-3\times 2\times 2^{-\frac{1}{3}}$

$=4$

다른 풀이

$x+y=2\times 2^{\frac{1}{3}}$, $x-y=2\times 2^{-\frac{1}{3}}$, $xy=2^{\frac{2}{3}}-2^{-\frac{2}{3}}$이므로

$x^3+y^3-3(x-y)$

$=(x+y)^3-3xy(x+y)-3(x-y)$

$=\left(2\times 2^{\frac{1}{3}}\right)^3-3\left(2^{\frac{2}{3}}-2^{-\frac{2}{3}}\right)\times 2\times 2^{\frac{1}{3}}-3\times 2\times 2^{-\frac{1}{3}}$

$=2^3\times 2-6\left(2-2^{-\frac{1}{3}}\right)-6\times 2^{-\frac{1}{3}}$

$=16-12+6\times 2^{-\frac{1}{3}}-6\times 2^{-\frac{1}{3}}=4$

0038

답 322

$a^{\frac{1}{3}}+a^{-\frac{1}{3}}=3$의 양변을 세제곱하면

$a+a^{-1}+3\left(a^{\frac{1}{3}}+a^{-\frac{1}{3}}\right)=27$

$a+a^{-1}+3\times 3=27$ $\qquad \therefore a+a^{-1}=18$

$a+a^{-1}=18$의 양변을 제곱하면

$a^2+a^{-2}+2=324$

$\therefore a^2+a^{-2}=322$

0039

답 ⑤

$3^{2x}-3^{x+1}=-1$의 양변을 3^x으로 나누면

$3^x-3=-3^{-x}$ $\qquad \therefore 3^x+3^{-x}=3$

$3^x+3^{-x}=3$의 양변을 제곱하면

$3^{2x}+3^{-2x}+2=9$ $\qquad \therefore 3^{2x}+3^{-2x}=7$

$3^{2x}+3^{-2x}=7$의 양변을 제곱하면

$3^{4x}+3^{-4x}+2=49$ $\qquad \therefore 3^{4x}+3^{-4x}=47$

$\therefore \dfrac{3^{4x}+3^{-4x}-5}{3^{2x}+3^{-2x}-1}=\dfrac{47-5}{7-1}=\dfrac{42}{6}=7$

0040

답 ②

$\left(x+\dfrac{1}{x}\right)^2=x^2+\dfrac{1}{x^2}+2=14+2=16$이므로

$x+\dfrac{1}{x}=4 \ (\because x>0)$

또한 $\left(\sqrt{x}+\dfrac{1}{\sqrt{x}}\right)^2=x+\dfrac{1}{x}+2=4+2=6$이므로

$\sqrt{x}+\dfrac{1}{\sqrt{x}}=\sqrt{6}\ (\because\ x>0)$

0041

답 1

$x^{\frac{1}{2}}-x^{-\frac{1}{2}}=k$라 하면

$\dfrac{x^{\frac{3}{2}}+x^{-\frac{3}{2}}}{x^2-x^{-2}}=\dfrac{\left(x^{\frac{1}{2}}+x^{-\frac{1}{2}}\right)(x-1+x^{-1})}{(x-x^{-1})(x+x^{-1})}$

$\qquad=\dfrac{\left(x^{\frac{1}{2}}+x^{-\frac{1}{2}}\right)(x+x^{-1}-1)}{\left(x^{\frac{1}{2}}-x^{-\frac{1}{2}}\right)\left(x^{\frac{1}{2}}+x^{-\frac{1}{2}}\right)(x+x^{-1})}$

$\qquad=\dfrac{x+x^{-1}-1}{\left(x^{\frac{1}{2}}-x^{-\frac{1}{2}}\right)(x+x^{-1})}$

$\qquad=\dfrac{\left\{\left(x^{\frac{1}{2}}-x^{-\frac{1}{2}}\right)^2+2\right\}-1}{\left(x^{\frac{1}{2}}-x^{-\frac{1}{2}}\right)\left\{\left(x^{\frac{1}{2}}-x^{-\frac{1}{2}}\right)^2+2\right\}}$

$\qquad=\dfrac{k^2+1}{k(k^2+2)}$

즉, $\dfrac{k^2+1}{k(k^2+2)}=\dfrac{2}{3}$이므로

$3k^2+3=2k^3+4k,\ 2k^3-3k^2+4k-3=0$

$(k-1)(2k^2-k+3)=0$

$\therefore\ k=1\ (\because\ 2k^2-k+3>0)$

$\therefore\ x^{\frac{1}{2}}-x^{-\frac{1}{2}}=1$

0042

답 ⑤

$x=\dfrac{a^b+a^{-b}}{2}$의 양변을 제곱하면

$x^2=\dfrac{a^{2b}+a^{-2b}+2}{4}$

$\therefore\ x^2-\dfrac{1}{2}=\dfrac{a^{2b}+a^{-2b}}{4}$

따라서

$\left(x^2-\dfrac{1}{2}\right)^2-\dfrac{1}{4}=\left(\dfrac{a^{2b}+a^{-2b}}{4}\right)^2-\dfrac{1}{4}$

$\qquad\qquad\qquad=\dfrac{a^{4b}+a^{-4b}+2}{16}-\dfrac{1}{4}$

$\qquad\qquad\qquad=\dfrac{a^{4b}+a^{-4b}-2}{16}$

$\qquad\qquad\qquad=\left(\dfrac{a^{2b}-a^{-2b}}{4}\right)^2$

이므로

$\sqrt{\left(x^2-\dfrac{1}{2}\right)^2-\dfrac{1}{4}}=\dfrac{a^{2b}-a^{-2b}}{4}\ (\because\ a^b>a^{-b})$

$\therefore\ 16\left(x^2-\dfrac{1}{2}\right)\sqrt{\left(x^2-\dfrac{1}{2}\right)^2-\dfrac{1}{4}}=16\times\dfrac{a^{2b}+a^{-2b}}{4}\times\dfrac{a^{2b}-a^{-2b}}{4}$

$\qquad\qquad\qquad\qquad=(a^{2b}+a^{-2b})(a^{2b}-a^{-2b})$

$\qquad\qquad\qquad\qquad=a^{4b}-a^{-4b}$

유형 **09** $\dfrac{a^x-a^{-x}}{a^x+a^{-x}}$ 꼴의 식의 값 구하기

0043

답 ①

$\dfrac{a^{2x}-a^{-2x}}{a^{6x}+a^{-6x}}$의 분모와 분자에 각각 a^{6x}을 곱하면

$\dfrac{a^{2x}-a^{-2x}}{a^{6x}+a^{-6x}}=\dfrac{a^{8x}-a^{4x}}{a^{12x}+1}=\dfrac{(a^{4x})^2-a^{4x}}{(a^{4x})^3+1}$

$\qquad=\dfrac{3^2-3}{3^3+1}=\dfrac{6}{28}=\dfrac{3}{14}$

0044

답 ②

$4^x=5$에서 $2^{2x}=5$

$\dfrac{8^x+8^{-x}}{2^x-2^{-x}}$의 분모와 분자에 각각 2^{3x}을 곱하면

$\dfrac{8^x+8^{-x}}{2^x-2^{-x}}=\dfrac{2^{3x}+2^{-3x}}{2^x-2^{-x}}=\dfrac{2^{6x}+1}{2^{4x}-2^{2x}}=\dfrac{(2^{2x})^3+1}{(2^{2x})^2-2^{2x}}$

$\qquad=\dfrac{5^3+1}{5^2-5}=\dfrac{126}{20}=\dfrac{63}{10}$

0045

답 8

$\dfrac{a^{3x}-a^{-3x}}{a^x+a^{-x}}$의 분모와 분자에 각각 a^{3x}을 곱하면

$\dfrac{a^{3x}-a^{-3x}}{a^x+a^{-x}}=\dfrac{a^{6x}-1}{a^{4x}+a^{2x}}=\dfrac{(a^{2x})^3-1}{(a^{2x})^2+a^{2x}}=\dfrac{7}{6}$

$a^{2x}=t\ (t>0)$로 놓으면

$\dfrac{t^3-1}{t^2+t}=\dfrac{7}{6},\ 6t^3-6=7t^2+7t$

$6t^3-7t^2-7t-6=0$

$(t-2)(6t^2+5t+3)=0$

$\therefore\ t=2\ (\because\ 6t^2+5t+3>0)$

즉, $a^{2x}=2$이므로

$a^{6x}=(a^{2x})^3=2^3=8$

0046

답 ②

$\dfrac{7^x-7^{-x}}{7^x+7^{-x}}$의 분모와 분자에 각각 7^x을 곱하면

$\dfrac{7^x-7^{-x}}{7^x+7^{-x}}=\dfrac{7^{2x}-1}{7^{2x}+1}=\dfrac{1}{2}$

$7^{2x}=t\ (t>0)$로 놓으면

$\dfrac{t-1}{t+1}=\dfrac{1}{2},\ 2t-2=t+1 \qquad \therefore\ t=3$

즉, $7^{2x}=3$이므로

$\left(\dfrac{1}{7}\right)^{-2x}+\left(\dfrac{1}{7}\right)^{2x}=7^{2x}+\dfrac{1}{7^{2x}}=3+\dfrac{1}{3}=\dfrac{10}{3}$

0047
답 ③

$2^x=20$에서 $20^{\frac{1}{x}}=2$ $\therefore 20^{\frac{2}{x}}=2^2$ …… ㉠

$5^y=20$에서 $20^{\frac{1}{y}}=5$ …… ㉡

㉠×㉡을 하면

$20^{\frac{2}{x}+\frac{1}{y}}=2^2\times5=20$

$\therefore \dfrac{2}{x}+\dfrac{1}{y}=1$

0048
답 ⑤

$8^a=\sqrt[4]{3}$에서 $2^{3a}=3^{\frac{1}{4}}$이므로

$2=3^{\frac{1}{12a}}$

이것을 $2^b=27$에 대입하면

$\left(3^{\frac{1}{12a}}\right)^b=27,\ 3^{\frac{b}{12a}}=3^3$

$\dfrac{b}{12a}=3$ $\therefore \dfrac{b}{a}=36$

> **다른 풀이**
>
> $8^a=\sqrt[4]{3}$에서 $2^{3a}=3^{\frac{1}{4}}$이므로
>
> $(2^{3a})^{12}=\left(3^{\frac{1}{4}}\right)^{12}=3^3=27$ $\therefore 2^{36a}=27$
>
> 이것을 $2^b=27$에 대입하면
>
> $2^b=2^{36a},\ b=36a$
>
> $\therefore \dfrac{b}{a}=36$

0049
답 ③

$21^a=27=3^3$에서 $3^{\frac{3}{a}}=21$ …… ㉠

$7^b=3$에서 $3^{\frac{1}{b}}=7$ …… ㉡

㉠÷㉡을 하면

$3^{\frac{3}{a}-\frac{1}{b}}=3$ $\therefore \dfrac{3}{a}-\dfrac{1}{b}=1$

0050
답 ①

$3^a=5$이므로

$15^b=(3\times5)^b=(3\times3^a)^b=(3^{a+1})^b=3^{b(a+1)}=25$

즉, $3^{b(a+1)}=5^2$에서 $5^{\frac{2}{b(a+1)}}=3$이므로

$5^{\frac{1}{b(a+1)}}=\sqrt{3}$

> **다른 풀이**
>
> $3^a=5$에서 $3^{a+1}=15$
>
> 이것을 $15^b=25$에 대입하면
>
> $15^b=(3^{a+1})^b=3^{b(a+1)}=25$
>
> 즉, $3^{b(a+1)}=5^2$에서 $5^{\frac{2}{b(a+1)}}=3$이므로
>
> $5^{\frac{1}{b(a+1)}}=\sqrt{3}$

0051
답 ②

$3^{\frac{1}{x}+\frac{1}{y}}=3^{\frac{x+y}{xy}}=(3^{x+y})^{\frac{1}{xy}}=(3^3)^{\frac{1}{xy}}=8$

$3^3=8^{xy}=(2^{xy})^3$

$\therefore 2^{xy}=3$

0052
답 4

$a^x=4$에서 $a=4^{\frac{1}{x}}$ …… ㉠

$b^y=4$에서 $b=4^{\frac{1}{y}}$ $\therefore b^2=4^{\frac{2}{y}}$ …… ㉡

$c^z=4$에서 $c=4^{\frac{1}{z}}$ $\therefore c^3=4^{\frac{3}{z}}$ …… ㉢

㉠×㉡×㉢을 하면

$ab^2c^3=4^{\frac{1}{x}+\frac{2}{y}+\frac{3}{z}}$

이때 $ab^2c^3=256=4^4$이므로

$4^{\frac{1}{x}+\frac{2}{y}+\frac{3}{z}}=4^4$

$\therefore \dfrac{1}{x}+\dfrac{2}{y}+\dfrac{3}{z}=4$

0053
답 ③

$3^x=5^y=\left(\dfrac{1}{15}\right)^z=k\ (k>0)$로 놓으면 $xyz\neq0$에서 $k\neq1$

$3^x=k$에서 $k^{\frac{1}{x}}=3$ …… ㉠

$5^y=k$에서 $k^{\frac{1}{y}}=5$ …… ㉡

$\left(\dfrac{1}{15}\right)^z=k$에서 $k^{\frac{1}{z}}=\dfrac{1}{15}$ …… ㉢

㉠×㉡×㉢을 하면

$k^{\frac{1}{x}+\frac{1}{y}+\frac{1}{z}}=3\times5\times\dfrac{1}{15}=1$

$\therefore \dfrac{1}{x}+\dfrac{1}{y}+\dfrac{1}{z}=0$

0054
답 ②

$2^x=k$에서 $2=k^{\frac{1}{x}}$ …… ㉠

$3^y=k$에서 $3=k^{\frac{1}{y}}$ …… ㉡

$12^z=k$에서 $12=k^{\frac{1}{z}}$ …… ㉢

㉠×㉡÷㉢을 하면

$2\times3\div12=k^{\frac{1}{x}+\frac{1}{y}-\frac{1}{z}}$

$\dfrac{1}{2}=k^2$ $\therefore k=\dfrac{\sqrt{2}}{2}\ (\because k>0)$

0055

답 ③

$x=2y$에서 $\dfrac{x}{y}=2$

또한 $x^y=y^x$에서 $x=y^{\frac{x}{y}}$ $\quad\therefore x=y^2$

이것을 $x=2y$에 대입하면

$y^2=2y$ $\quad\therefore y=2\ (\because y>0)$

$y=2$를 $x=y^2$에 대입하면 $x=4$

$\therefore x+y=4+2=6$

0056

답 ③

$9^a=125^b=k^c=t\ (t>0)$로 놓으면

$9^a=t$에서 $9=t^{\frac{1}{a}}$ $\quad\therefore 9^3=t^{\frac{3}{a}}$

$125^b=t$에서 $125=t^{\frac{1}{b}}$ $\quad\therefore 125^2=t^{\frac{2}{b}}$

$k^c=t$에서 $k=t^{\frac{1}{c}}$ $\quad\therefore k^6=t^{\frac{6}{c}}$

이때 $\dfrac{3}{a}+\dfrac{2}{b}=\dfrac{6}{c}$이므로 $t^{\frac{3}{a}+\frac{2}{b}}=t^{\frac{6}{c}}$에서

$t^{\frac{3}{a}}\times t^{\frac{2}{b}}=t^{\frac{6}{c}}$, $9^3\times 125^2=k^6$

$3^6\times 5^6=k^6$, $15^6=k^6$

$\therefore k=15\ (\because k>0)$

0057

답 6

$8^x=3^{-2y}$에서 $2^{3x}=3^{-2y}$

$\therefore 2=3^{-\frac{2y}{3x}}$ $\quad\cdots\cdots$ ㉠

$4^x=5^z$에서 $2^{2x}=5^z$

$\therefore 2=5^{\frac{z}{2x}}$ $\quad\cdots\cdots$ ㉡

㉠, ㉡에서

$3^{-\frac{2y}{3x}}=5^{\frac{z}{2x}}$, $3=5^{\frac{z}{2x}\times\left(-\frac{3x}{2y}\right)}$

$\therefore 3=5^{-\frac{3z}{4y}}$ $\quad\cdots\cdots$ ㉢

㉡$\times$㉢을 하면 $5^{\frac{z}{2x}-\frac{3z}{4y}}=6$

유형 **12** 지수법칙의 실생활에의 활용

0058

답 ③

$E=10^{k+1.5M}$에서

$E_1=10^{k+1.5\times 7}=10^{k+10.5}$

$E_2=10^{k+1.5\times 5}=10^{k+7.5}$

$\therefore \dfrac{E_1}{E_2}=\dfrac{10^{k+10.5}}{10^{k+7.5}}=10^{(k+10.5)-(k+7.5)}$

$\qquad =10^3=1000$

0059

답 ②

박테리아가 1분마다 k배 증식한다고 하면 오전 9시 n분의 박테리아의 수는

$N\times k^n$

같은 날 오전 9시 30분의 박테리아의 수가 $10N$이므로

$N\times k^{30}=10N$

$\therefore k^{30}=10$

따라서 같은 날 오전 9시 50분의 박테리아의 수는

$N\times k^{50}=N\times (k^{30})^{\frac{5}{3}}=10^{\frac{5}{3}}N$

0060

답 30

태양광선이 대기권에 도달하기 전의 특정 파장의 세기가 i_0이고

두께가 0.2 cm인 오존층을 통과한 후의 파장의 세기가 $\dfrac{5}{6}i_0$이므로

$\dfrac{i_0}{\frac{5}{6}i_0}=a^{0.2k}$, $\dfrac{6}{5}=a^{\frac{1}{5}k}$ $\quad\cdots\cdots$ ㉠

이 파장이 두께가 0.1 cm인 오존층을 통과한 후의 파장의 세기는

$\dfrac{\sqrt{m}}{6}i_0$이므로

$\dfrac{i_0}{\frac{\sqrt{m}}{6}i_0}=a^{0.1k}$, $\dfrac{6}{\sqrt{m}}=a^{\frac{1}{10}k}$

위의 식의 양변을 제곱하면

$\dfrac{36}{m}=a^{\frac{1}{5}k}$, $\dfrac{36}{m}=\dfrac{6}{5}\ (\because$ ㉠$)$

$\therefore m=30$

0061

답 ④

영화를 개봉한 후 30일째까지의 총 흥행수입이 400억 원이므로

$f(30)=a(1-b^{30})=400$ $\quad\cdots\cdots$ ㉠

영화를 개봉한 후 60일째까지의 총 흥행수입이 640억 원이므로

$f(60)=a(1-b^{60})=a(1-b^{30})(1+b^{30})=640$ $\quad\cdots\cdots$ ㉡

㉠을 ㉡에 대입하면

$400(1+b^{30})=640$

$1+b^{30}=\dfrac{8}{5}$ $\quad\therefore b^{30}=\dfrac{3}{5}$

이것을 ㉠에 대입하면

$a\times\left(1-\dfrac{3}{5}\right)=400$

$\dfrac{2}{5}a=400$ $\quad\therefore a=1000$

$\therefore f(90)=a(1-b^{90})$

$\qquad =1000\times\left\{1-\left(\dfrac{3}{5}\right)^3\right\}$

$\qquad =1000\times\dfrac{98}{125}=784$

따라서 영화를 개봉한 후 90일째까지의 총 흥행수입은 784억 원이다.

0062

답 ①

2^k의 제곱근 중 양수인 것이 a이므로

$a=\sqrt{2^k}$ ...... ㉠

a의 세제곱근 중 실수인 것이 $\sqrt[4]{8}$이므로

$\sqrt[3]{a}=\sqrt[4]{8}$ ...... ㉡

㉠을 ㉡에 대입하면

$\sqrt[3]{\sqrt{2^k}}=\sqrt[4]{8}$, $\sqrt[6]{2^k}=\sqrt[4]{2^3}$

즉, $2^{\frac{k}{6}}=2^{\frac{3}{4}}$이므로

$\dfrac{k}{6}=\dfrac{3}{4}$, $4k=18$ ∴ $k=\dfrac{9}{2}$

> **짝기출** 답 ⑤
>
> 양수 k의 세제곱근 중 실수인 것을 a라 할 때, a의 네제곱근 중 양수인 것은 $\sqrt[3]{4}$이다. k의 값은?
>
> ① 16 ② 32 ③ 64 ④ 128 ⑤ 256

0063

답 52

$3^a+3^{-a}=t$로 놓으면 $3^a>0$, $3^{-a}>0$이므로 산술평균과 기하평균의 관계에 의하여

$t=3^a+3^{-a}\geq2\sqrt{3^a\times3^{-a}}=2$ ∴ $t\geq2$

주어진 등식은

$t^2=2t+8$, $(t+2)(t-4)=0$

∴ $t=4$ ($\because$ $t\geq2$)

즉, $3^a+3^{-a}=4$이므로

$27^a+27^{-a}=3^{3a}+3^{-3a}$

$\qquad\qquad\quad=(3^a+3^{-a})^3-3(3^a+3^{-a})$

$\qquad\qquad\quad=4^3-3\times4=52$

> 🔊 **Bible Says** 산술평균과 기하평균의 관계
>
> $a>0$, $b>0$일 때
>
> $\dfrac{a+b}{2}\geq\sqrt{ab}$ (단, 등호는 $a=b$일 때 성립한다.)

0064

답 ③

$(\sqrt[3]{2^n})^2=2^{\frac{2}{3}n}$, $\sqrt[n]{8^{100}}=2^{\frac{300}{n}}$이므로 $(\sqrt[3]{2^n})^2$과 $\sqrt[n]{8^{100}}$이 모두 자연수가 되려면 $\dfrac{2}{3}n$과 $\dfrac{300}{n}$이 모두 자연수이어야 한다.

즉, n은 3의 배수이면서 300의 약수이어야 한다.

이때 $300=2^2\times3\times5^2$이므로 300의 약수 중 3의 배수는

3, 3×2, 3×2^2, 3×5, $3\times2\times5$, $3\times2^2\times5$, 3×5^2, $3\times2\times5^2$, $3\times2^2\times5^2$

따라서 주어진 조건을 만족시키는 자연수 n의 개수는 9이다.

> **참고**
>
> $300=3\times100$이므로 300의 약수 중 3의 배수의 개수는 100의 약수의 개수와 같다.
>
> $100=2^2\times5^2$이므로 100의 약수의 개수는
>
> $(2+1)\times(2+1)=9$

> **짝기출** 답 124
>
> 2 이상의 자연수 n에 대하여 $(\sqrt{3^n})^{\frac{1}{2}}$과 $\sqrt[n]{3^{100}}$이 모두 자연수가 되도록 하는 모든 n의 값의 합을 구하시오.

0065

답 ②

$U=\{x\,|\,|x|\leq4, x는 정수\}$

$\quad=\{-4, -3, -2, -1, 0, 1, 2, 3, 4\}$

집합 U의 공집합이 아닌 부분집합 X의 원소 중 양수의 개수를 p, 음수의 개수를 q라 하자.

이때 $0\not\in X$이면 $n(A)=2p$이므로 $n(A)=7$을 만족시키지 않는다.

∴ $0\in X$

$n(A)=7$에서 $2p+1=7$ ∴ $p=3$

$n(B)=6$에서 $p+q+1=6$

$3+q+1=6$ ∴ $q=2$

따라서 집합 X의 모든 원소의 합은 $X=\{-4, -3, 0, 1, 2, 3\}$일 때 최소이므로 구하는 최솟값은

$-4+(-3)+0+1+2+3=-1$

> **짝기출** 답 11
>
> 집합 $U=\{x\,|\,-5\leq x\leq5, x는 정수\}$의 공집합이 아닌 부분집합 X에 대하여 두 집합 A, B를
>
> $\quad A=\{a\,|\,a는 x의 실수인 네제곱근, x\in X\}$,
>
> $\quad B=\{b\,|\,b는 x의 실수인 세제곱근, x\in X\}$
>
> 라 하자. $n(A)=9$, $n(B)=7$이 되도록 하는 집합 X의 모든 원소의 합의 최댓값을 구하시오.

0066

답 ①

조건 (가)에서 $\sqrt[3]{a}=\sqrt[m]{b}$이므로

$a^{\frac{1}{3}}=b^{\frac{1}{m}}$ ∴ $b=a^{\frac{m}{3}}$ ...... ㉠

조건 (나)에서 $\sqrt{b}=\sqrt[n]{c}$이므로

$b^{\frac{1}{2}}=c^{\frac{1}{n}}$ ∴ $c=b^{\frac{n}{2}}$ ...... ㉡

조건 (다)에서 $c=\sqrt[4]{a^{12}}$이므로

$c=a^{\frac{12}{4}}=a^3$ ...... ㉢

㉠을 ㉡에 대입하면

$c=\left(a^{\frac{m}{3}}\right)^{\frac{n}{2}}=a^{\frac{mn}{6}}$ ...... ㉣

㉢, ㉣에서 $a^{\frac{mn}{6}}=a^3$이므로

$\dfrac{mn}{6}=3$ ∴ $mn=18$

따라서 $mn=18$을 만족시키는 1이 아닌 두 자연수 m, n의 순서쌍 (m, n)은 $(2, 9)$, $(3, 6)$, $(6, 3)$, $(9, 2)$의 4개이다.

0067

답 ③

$$B_1 = \frac{kI_0 r_1^2}{2(x_1^2 + r_1^2)^{\frac{3}{2}}}$$

$$B_2 = \frac{kI_0(3r_1)^2}{2\{(3x_1)^2 + (3r_1)^2\}^{\frac{3}{2}}} = \frac{kI_0 \times 9r_1^2}{2(9x_1^2 + 9r_1^2)^{\frac{3}{2}}}$$

$$= \frac{9kI_0 r_1^2}{2 \times 9^{\frac{3}{2}}(x_1^2 + r_1^2)^{\frac{3}{2}}} = \frac{9kI_0 r_1^2}{2 \times 3^3(x_1^2 + r_1^2)^{\frac{3}{2}}}$$

$$= \frac{1}{3} \times \frac{kI_0 r_1^2}{2(x_1^2 + r_1^2)^{\frac{3}{2}}} = \frac{1}{3}B_1$$

$$\therefore \frac{B_2}{B_1} = \frac{1}{3}$$

0068

답 13

$f(n) = -(n-3)(n-k)$라 하자.

$f(n)$의 n제곱근 중 음의 실수가 존재하려면

$f(n) > 0$이고 n은 짝수이거나

$f(n) < 0$이고 n은 홀수이어야 한다.

$f(n) = -(n-3)(n-k) > 0$에서 $3 < n < k$이고 $2 \le n \le 2k$이므로

$3 < n < k$

$f(n) = -(n-3)(n-k) < 0$에서 $n < 3$ 또는 $n > k$이고

$2 \le n \le 2k$이므로

$2 \le n < 3$ 또는 $k < n \le 2k$ ⋯⋯ (*)

(i) k가 짝수일 때

$3 < n < k$를 만족시키는 짝수 n은

$4, 6, 8, \cdots, k-2$

짝수 n의 개수는 $\dfrac{k-2}{2}$개의 짝수 중에서 2를 제외해야 하므로

$\rightarrow 2, 4, 6, \cdots, k-2$

$$\dfrac{k-2}{2} - 1 = \dfrac{k-4}{2}$$

$k < n \le 2k$를 만족시키는 홀수 n은

$k+1, k+3, k+5, \cdots, 2k-1$

$\rightarrow 1, 3, 5, \cdots, k-1$

홀수 n의 개수는 k개의 홀수 중에서 $\dfrac{k}{2}$개의 홀수를 제외해야 하므로

$\rightarrow 1, 3, 5, \cdots, 2k-1$

$$k - \dfrac{k}{2} = \dfrac{k}{2}$$

즉, $f(n)$의 n제곱근 중 음의 실수가 존재하도록 하는 자연수 n의 개수는

$$\dfrac{k-4}{2} + \dfrac{k}{2} = k-2$$

(ii) k가 홀수일 때

$3 < n < k$를 만족시키는 짝수 n은

$4, 6, 8, \cdots, k-1$

짝수 n의 개수는 $\dfrac{k-1}{2}$개의 짝수 중에서 2를 제외해야 하므로

$$\dfrac{k-1}{2} - 1 = \dfrac{k-3}{2}$$

$k < n \le 2k$를 만족시키는 홀수 n은

$k+2, k+4, k+6, \cdots, 2k-1$

$\rightarrow 1, 3, 5, \cdots, k$

홀수 n의 개수는 k개의 홀수 중에서 $\dfrac{k+1}{2}$개의 홀수를 제외해야 하므로

$\rightarrow 1, 3, 5, \cdots, 2k-1$

$$k - \dfrac{k+1}{2} = \dfrac{k-1}{2}$$

즉, $f(n)$의 n제곱근 중 음의 실수가 존재하도록 하는 자연수 n의 개수는

$$\dfrac{k-3}{2} + \dfrac{k-1}{2} = k-2$$

(i), (ii)에서 $f(n)$의 n제곱근 중 음의 실수가 존재하도록 하는 자연수 n의 개수는 $k-2$이므로

$k-2 = 11$ $\therefore k = 13$

> **참고**
>
> 위의 (*)에서 $2 \le n < 3$ 또는 $k < n \le 2k$일 때 $f(n) < 0$이고 n은 홀수이어야 하므로 (i), (ii)에서 홀수 n의 개수를 구할 때 $2 \le n < 3$, 즉 $n=2$는 생각하지 않아도 된다.

> **짝기출**
>
> 답 ①
>
> 자연수 n이 $2 \le n \le 11$일 때, $-n^2 + 9n - 18$의 n제곱근 중에서 음의 실수가 존재하도록 하는 모든 n의 값의 합은?
>
> ① 31   ② 33   ③ 35   ④ 37   ⑤ 39

0069

답 24

(i) n이 홀수일 때

방정식 $x^n = 64$의 실근은 $x = \sqrt[n]{64}$의 1개이므로 조건 ㈎를 만족시킬 수 없다.

(ii) n이 짝수일 때

방정식 $x^n = 64$의 실근은

$x = \sqrt[n]{64}$ 또는 $x = -\sqrt[n]{64}$

$\therefore x = 2^{\frac{6}{n}}$ 또는 $x = -2^{\frac{6}{n}}$

조건 ㈎를 만족시키려면 방정식 $f(x) = 0$도 서로 다른 두 실근 $2^{\frac{6}{n}}$, $-2^{\frac{6}{n}}$을 가져야 한다.

이때 $f(x)$는 최고차항의 계수가 1인 이차함수이므로

$$f(x) = \left(x - 2^{\frac{6}{n}}\right)\left(x + 2^{\frac{6}{n}}\right)$$

(i), (ii)에서

$$f(x) = \left(x - 2^{\frac{6}{n}}\right)\left(x + 2^{\frac{6}{n}}\right) = x^2 - 2^{\frac{12}{n}} \ (n은 \ 짝수)$$

이때 함수 $f(x)$는 $x=0$에서 최솟값을 갖고 조건 ㈏에서 함수 $f(x)$의 최솟값은 음의 정수이므로 $f(0) = -2^{\frac{12}{n}}$이 음의 정수이어야 한다.

따라서 가능한 자연수 n은 12의 약수이면서 짝수이므로 2, 4, 6, 12이고 그 합은

$2 + 4 + 6 + 12 = 24$

02 로그

유형 01 로그의 정의

0070 답 ②

$\log_x 16=2$에서 로그의 정의에 의하여
$x^2=16$ ∴ $x=4$ ($\because x>0$)
$\log_{\frac{1}{2}} y=-1$에서 로그의 정의에 의하여
$\left(\dfrac{1}{2}\right)^{-1}=y$ ∴ $y=2$
∴ $x+y=4+2=6$

0071 답 ③

로그의 정의에 의하여 $3^b=\dfrac{a}{9}$
∴ $\dfrac{a}{3^b}=9$

0072 답 66

$\log_2 (\log_a 2)=1$에서 로그의 정의에 의하여
$\log_a 2=2^1=2$ ∴ $a^2=2$
$\log_2 \{\log_3 (\log_2 b)\}=0$에서 로그의 정의에 의하여
$\log_3 (\log_2 b)=2^0=1$
$\log_2 b=3^1=3$ ∴ $b=2^3=8$
∴ $a^2+b^2=2+8^2=66$

0073 답 ①

로그의 정의에 의하여 $4^a=\sqrt{2}-1$이므로
$4^{-a}=\dfrac{1}{\sqrt{2}-1}=\dfrac{\sqrt{2}+1}{(\sqrt{2}-1)(\sqrt{2}+1)}=\sqrt{2}+1$
∴ $\dfrac{4^a-4^{-a}}{4^a+4^{-a}}=\dfrac{(\sqrt{2}-1)-(\sqrt{2}+1)}{(\sqrt{2}-1)+(\sqrt{2}+1)}$
$=-\dfrac{2}{2\sqrt{2}}=-\dfrac{\sqrt{2}}{2}$

유형 02 로그의 밑과 진수의 조건

0074 답 ⑤

(ⅰ) 밑의 조건에서 $x+2>0$, $x+2\neq 1$
  ∴ $x>-2$, $\neq -1$
(ⅱ) 진수의 조건에서 $6-x>0$ ∴ $x<6$
(ⅰ), (ⅱ)에서 $-2<x<-1$ 또는 $-1<x<6$
따라서 정수 x는 0, 1, 2, 3, 4, 5이므로 구하는 최댓값은 5이다.

0075 답 ④

(ⅰ) 밑의 조건에서 $x-1>0$, $x-1\neq 1$
  ∴ $x>1$, $x\neq 2$
(ⅱ) 진수의 조건에서 $-x^2+4x+5>0$, $x^2-4x-5<0$
  $(x+1)(x-5)<0$ ∴ $-1<x<5$
(ⅰ), (ⅱ)에서 $1<x<2$ 또는 $2<x<5$
따라서 정수 x는 3, 4이므로 구하는 합은
$3+4=7$

0076 답 ①

(ⅰ) 밑의 조건에서 $a-6>0$, $a-6\neq 1$
  ∴ $a>6$, $a\neq 7$
(ⅱ) 진수의 조건에서 모든 실수 x에 대하여 $x^2+ax+3a>0$이 성립하려면 $x^2+ax+3a=0$의 판별식을 D라 할 때, $D<0$이어야 하므로
  $D=a^2-12a<0$, $a(a-12)<0$
  ∴ $0<a<12$
(ⅰ), (ⅱ)에서 $6<a<7$ 또는 $7<a<12$
따라서 정수 a는 8, 9, 10, 11의 4개이다.

유형 03 로그의 기본 성질

0077 답 ②

$\log_3 (\sqrt{19}-\sqrt{10})+\log_3 (\sqrt{19}+\sqrt{10})$
$=\log_3 (\sqrt{19}-\sqrt{10})(\sqrt{19}+\sqrt{10})$
$=\log_3 \{(\sqrt{19})^2-(\sqrt{10})^2\}$
$=\log_3 9=\log_3 3^2$
$=2\log_3 3=2$

0078 답 ①

$\log_5 \sqrt{20}+2\log_5 \dfrac{1}{25}-\log_5 2=\log_5 2\sqrt{5}+\log_5 \left(\dfrac{1}{25}\right)^2+\log_5 2^{-1}$
$=\log_5 2\sqrt{5}+\log_5 \left(\dfrac{1}{5}\right)^4+\log_5 \dfrac{1}{2}$
$=\log_5 \left(2\sqrt{5}\times\dfrac{1}{5^4}\times\dfrac{1}{2}\right)=\log_5 5^{\frac{1}{2}-4}$
$=\log_5 5^{-\frac{7}{2}}=-\dfrac{7}{2}\log_5 5=-\dfrac{7}{2}$

0079 답 ④

$\log_3 \sqrt[3]{8}+\log_7 49-\log_3 \sqrt{324}=\log_3 \sqrt[3]{2^3}+\log_7 7^2-\log_3 \sqrt{18^2}$
$=\log_3 2+2\log_7 7-\log_3 18$
$=\log_3 \dfrac{2}{18}+2=\log_3 \dfrac{1}{9}+2$
$=\log_3 3^{-2}+2=-2\log_3 3+2$
$=-2+2=0$

0080

답 ②

$$\log_4\left(1-\frac{1}{3}\right)+\log_4\left(1-\frac{1}{4}\right)+\cdots+\log_4\left(1-\frac{1}{32}\right)$$

$$=\log_4\frac{2}{3}+\log_4\frac{3}{4}+\cdots+\log_4\frac{31}{32}$$

$$=\log_4\left(\frac{2}{3}\times\frac{3}{4}\times\cdots\times\frac{31}{32}\right)=\log_4\frac{1}{16}$$

$$=\log_4 4^{-2}=-2\log_4 4=-2$$

유형 04 로그의 밑의 변환

0081

답 ③

$$\log_3 108-\frac{1}{\log_4 3}=\log_3 108-\log_3 4=\log_3\frac{108}{4}$$

$$=\log_3 27=\log_3 3^3$$

$$=3\log_3 3=3$$

0082

답 ①

$$\log_2 81\times\log_3\sqrt{5}\times\log_5\sqrt{2}$$

$$=\frac{\log_{10}81}{\log_{10}2}\times\frac{\log_{10}\sqrt{5}}{\log_{10}3}\times\frac{\log_{10}\sqrt{2}}{\log_{10}5}$$

$$=\frac{\log_{10}3^4}{\log_{10}2}\times\frac{\log_{10}5^{\frac{1}{2}}}{\log_{10}3}\times\frac{\log_{10}2^{\frac{1}{2}}}{\log_{10}5}$$

$$=\frac{4\log_{10}3}{\log_{10}2}\times\frac{\frac{1}{2}\log_{10}5}{\log_{10}3}\times\frac{\frac{1}{2}\log_{10}2}{\log_{10}5}$$

$$=4\times\frac{1}{2}\times\frac{1}{2}=1$$

0083

답 ⑤

$$\frac{1}{\log_{12}3}+\frac{1}{\log_{18}3}-\frac{1}{\log_8 3}=\log_3 12+\log_3 18-\log_3 8$$

$$=\log_3\frac{12\times18}{8}=\log_3 3^3=3$$

0084

답 ①

$$\log_2(\log_2 3)+\log_2(\log_3 4)+\log_2(\log_4 5)$$

$$+\cdots+\log_2(\log_{255}256)$$

$$=\log_2(\log_2 3\times\log_3 4\times\log_4 5\times\cdots\times\log_{255}256)$$

$$=\log_2(\log_2 256)=\log_2(\log_2 2^8)$$

$$=\log_2 8=\log_2 2^3=3$$

🔊 **Bible Says** 로그의 밑의 변환

a, b, c가 1이 아닌 양수이고, $d>0$일 때

$$\log_a b\times\log_b c\times\log_c d=\log_a b\times\frac{\log_a c}{\log_a b}\times\frac{\log_a d}{\log_a c}=\log_a d$$

유형 05 로그의 여러 가지 성질

0085

답 ⑤

$$4^{\log_2 5}+\log_{\frac{1}{\sqrt{5}}}125=5^{\log_5 4}+\log_{5^{-\frac{1}{2}}}5^3$$

$$=5^{\log_5 2^2}+(-2)\times3\log_5 5$$

$$=5^2-6=19$$

0086

답 ③

$$(\log_3 5+\log_9 25)(\log_5 81+\log_{25}27)$$

$$=(\log_3 5+\log_{3^2}5^2)(\log_5 3^4+\log_{5^2}3^3)$$

$$=(\log_3 5+\log_3 5)\left(4\log_5 3+\frac{3}{2}\log_5 3\right)$$

$$=2\log_3 5\times\frac{11}{2}\log_5 3$$

$$=2\times\frac{11}{2}\times\log_3 5\times\frac{1}{\log_3 5}$$

$$=11$$

0087

답 ③

$$2\log_{\frac{1}{3}}\frac{4}{3}-\log_3\frac{3}{4}+\log_{\sqrt{3}}2\sqrt{3}$$

$$=2\log_{3^{-1}}\frac{4}{3}-\log_3\frac{3}{4}+\log_{3^{\frac{1}{2}}}2\sqrt{3}$$

$$=-2\log_3\frac{4}{3}-\log_3\frac{3}{4}+2\log_3 2\sqrt{3}$$

$$=\log_3\left(\frac{4}{3}\right)^{-2}-\log_3\frac{3}{4}+\log_3(2\sqrt{3})^2$$

$$=\log_3\frac{9}{16}-\log_3\frac{3}{4}+\log_3 12$$

$$=\log_3\left(\frac{9}{16}\times\frac{4}{3}\times12\right)$$

$$=\log_3 9=\log_3 3^2=2$$

0088

답 ⑤

$$A=3^{\log_3 18-\log_3 2}=3^{\log_3\frac{18}{2}}$$

$$=3^{\log_3 9}=9$$

$$B=\log_3 9-\log_3\frac{1}{81}=\log_3 9+\log_3 81$$

$$=\log_3(9\times81)=\log_3 3^6=6$$

$$C=\log_2\{\log_4(\log_8 64)\}$$

$$=\log_2\{\log_4(\log_8 8^2)\}$$

$$=\log_2(\log_4 2)=\log_2(\log_{2^2}2)$$

$$=\log_2\frac{1}{2}=\log_2 2^{-1}=-1$$

따라서 A, B, C의 대소 관계는

$$C<B<A$$

0089
답 ③

$$\log_2 120 = \log_2(2^3 \times 3 \times 5)$$
$$= 3 + \log_2 3 + \log_2 5$$
$$= 3 + a + b$$

0090
답 ②

$\log_2 3 = a$에서 $\log_3 2 = \dfrac{1}{a}$

$$\therefore \log_7 54 = \frac{\log_3 54}{\log_3 7} = \frac{\log_3(2 \times 3^3)}{\log_3 7}$$
$$= \frac{\log_3 2 + \log_3 3^3}{\log_3 7} = \frac{\dfrac{1}{a}+3}{b}$$
$$= \frac{3a+1}{ab}$$

0091
답 ④

$$\log_6 15 = \frac{\log_{10} 15}{\log_{10} 6} = \frac{\log_{10}(3 \times 5)}{\log_{10}(2 \times 3)}$$
$$= \frac{\log_{10}\left(3 \times \dfrac{10}{2}\right)}{\log_{10}(2 \times 3)}$$
$$= \frac{\log_{10} 3 + \log_{10} 10 - \log_{10} 2}{\log_{10} 2 + \log_{10} 3}$$
$$= \frac{b+1-a}{a+b}$$
$$= \frac{-a+b+1}{a+b}$$

0092
답 ①

$5^a = 3$에서 $a = \log_5 3$

$5^b = 4$에서 $b = \log_5 4 = \log_5 2^2 = 2\log_5 2$

$$\therefore \log_6 \sqrt{12} = \frac{\dfrac{1}{2}\log_5 12}{\log_5 6} = \frac{\log_5(2^2 \times 3)}{2\log_5(2 \times 3)}$$
$$= \frac{2\log_5 2 + \log_5 3}{2(\log_5 2 + \log_5 3)}$$
$$= \frac{2\log_5 2 + \log_5 3}{2\log_5 2 + 2\log_5 3}$$
$$= \frac{b+a}{b+2a} = \frac{a+b}{2a+b}$$

0093
답 ③

$a^3 b^2 = 1$의 양변에 밑이 a인 로그를 취하면

$\log_a a^3 b^2 = \log_a 1$, $\log_a a^3 + \log_a b^2 = 0$

$3 + 2\log_a b = 0$ $\quad \therefore \log_a b = -\dfrac{3}{2}$

$$\therefore \log_a a^4 b^3 = \log_a a^4 + \log_a b^3 = 4 + 3\log_a b$$
$$= 4 + 3 \times \left(-\frac{3}{2}\right) = -\frac{1}{2}$$

0094
답 ⑤

$2^{a+b} = 9$에서 $a+b = \log_2 9$

$3^{a-b} = 5$에서 $a-b = \log_3 5$

$$\therefore a^2 - b^2 = (a+b)(a-b)$$
$$= \log_2 9 \times \log_3 5$$
$$= 2\log_2 3 \times \log_3 5$$
$$= 2\log_2 3 \times \frac{\log_2 5}{\log_2 3}$$
$$= 2\log_2 5$$
$$\therefore 2^{a^2-b^2} = 2^{2\log_2 5} = 2^{\log_2 25} = 25$$

0095
답 ②

$\log_{64} a = \log_4 \sqrt{b}$에서 $\log_{2^6} a = \log_{2^2} b^{\frac{1}{2}}$

$\dfrac{1}{6}\log_2 a = \dfrac{1}{4}\log_2 b$, $\dfrac{\log_2 a}{\log_2 b} = \dfrac{3}{2}$

$$\therefore \log_b a = \frac{\log_2 a}{\log_2 b} = \frac{3}{2}$$
$$\therefore 8\log_b \sqrt{a} = 8\log_b a^{\frac{1}{2}} = 4\log_b a$$
$$= 4 \times \frac{3}{2} = 6$$

다른 풀이

$\log_{64} a = \log_4 \sqrt{b}$에서 $\dfrac{\log_b a}{\log_b 64} = \dfrac{\log_b \sqrt{b}}{\log_b 4}$

$$\therefore \log_b a = \frac{\log_b \sqrt{b}}{\log_b 4} \times \log_b 64$$
$$= \frac{\dfrac{1}{2}}{\log_b 4} \times 3\log_b 4 = \frac{3}{2}$$
$$\therefore 8\log_b \sqrt{a} = 4\log_b a = 4 \times \frac{3}{2} = 6$$

0096
답 ③

$\log_{10} \dfrac{10b}{a} : \log_{10} \dfrac{a}{b} = 2 : 1$이므로

$\log_{10} \dfrac{10b}{a} = 2k$, $\log_{10} \dfrac{a}{b} = k \ (k \neq 0)$로 놓으면

$1 + \log_{10} b - \log_{10} a = 2k$ ······ ㉠

$\log_{10} a - \log_{10} b = k$ ······ ㉡

㉠ + ㉡을 하면 $1 = 3k$ $\quad \therefore k = \dfrac{1}{3}$

따라서 $\log_{10} \dfrac{a}{b} = \dfrac{1}{3}$이므로 $\dfrac{a}{b} = 10^{\frac{1}{3}}$

$\therefore \left(\dfrac{a}{b}\right)^3 = \left(10^{\frac{1}{3}}\right)^3 = 10$

다른 풀이

$\log_{10} \dfrac{10b}{a} : \log_{10} \dfrac{a}{b} = 2 : 1$에서

$\log_{10} \dfrac{10b}{a} = 2\log_{10} \dfrac{a}{b}$, $\log_{10} \dfrac{10b}{a} = \log_{10}\left(\dfrac{a}{b}\right)^2$

즉, $\dfrac{10b}{a} = \left(\dfrac{a}{b}\right)^2$이므로 양변에 $\dfrac{a}{b}$를 곱하면

$\left(\dfrac{a}{b}\right)^3 = 10$

0097 답 ③

$\log_a x = \dfrac{1}{5}$에서 $\log_x a = 5$

$\log_b x = \dfrac{1}{4}$에서 $\log_x b = 4$

$\log_c x = \dfrac{1}{3}$에서 $\log_x c = 3$

$\therefore \log_x abc = \log_x a + \log_x b + \log_x c$
$\qquad\qquad = 5 + 4 + 3 = 12$

0098 답 ①

$3^x = 6^y = 18^z = k \,(k>0)$로 놓으면 $xyz \neq 0$이므로 $k \neq 1$

$k \neq 1$이므로 각 변에 밑이 k인 로그를 취하면

$\log_k 3^x = \log_k 6^y = \log_k 18^z = \log_k k$

$x\log_k 3 = y\log_k 6 = z\log_k 18 = 1$

$\therefore \dfrac{1}{x} = \log_k 3, \; \dfrac{1}{y} = \log_k 6, \; \dfrac{1}{z} = \log_k 18$

$\therefore \dfrac{1}{x} + \dfrac{1}{y} - \dfrac{1}{z} = \log_k 3 + \log_k 6 - \log_k 18$

$\qquad\qquad\qquad = \log_k \dfrac{3 \times 6}{18}$

$\qquad\qquad\qquad = \log_k 1 = 0$

다른 풀이

$3^x = 6^y = 18^z = k \,(k>0)$로 놓으면

$3^x = k$에서 $3 = k^{\frac{1}{x}}$ $\qquad \cdots\cdots$ ㉠

$6^y = k$에서 $6 = k^{\frac{1}{y}}$ $\qquad \cdots\cdots$ ㉡

$18^z = k$에서 $18 = k^{\frac{1}{z}}$ $\qquad \cdots\cdots$ ㉢

㉠ × ㉡ ÷ ㉢을 하면

$\dfrac{3 \times 6}{18} = \dfrac{k^{\frac{1}{x}} \times k^{\frac{1}{y}}}{k^{\frac{1}{z}}}$

$k^{\frac{1}{x} + \frac{1}{y} - \frac{1}{z}} = 1$

$\therefore \dfrac{1}{x} + \dfrac{1}{y} - \dfrac{1}{z} = 0$

참고

$xyz \neq 0$에서 $x \neq 0, y \neq 0, z \neq 0$이므로 $3^x = 6^y = 18^z \neq 1$
따라서 $3^x = 6^y = 18^z = k$로 놓으면 $k > 0, k \neq 1$

0099 답 ②

이차방정식의 근과 계수의 관계에 의하여

$\alpha + \beta = 6, \; \alpha\beta = 4$

$\therefore 2\log_3 (\alpha + \beta) - \log_3 \alpha\beta = 2\log_3 6 - \log_3 4$
$\qquad\qquad\qquad\qquad\qquad = \log_3 6^2 - \log_3 4$
$\qquad\qquad\qquad\qquad\qquad = \log_3 36 - \log_3 4$
$\qquad\qquad\qquad\qquad\qquad = \log_3 \dfrac{36}{4} = \log_3 9$
$\qquad\qquad\qquad\qquad\qquad = \log_3 3^2 = 2$

0100 답 ③

이차방정식의 근과 계수의 관계에 의하여

$\alpha + \beta = 8, \; \alpha\beta = 4$

$\therefore \log_{\alpha+\beta} \alpha + \log_{\alpha+\beta} \beta = \log_{\alpha+\beta} \alpha\beta = \log_8 4$
$\qquad\qquad\qquad\qquad\qquad\quad = \log_{2^3} 2^2 = \dfrac{2}{3}$

0101 답 ①

이차방정식의 근과 계수의 관계에 의하여

$\log_3 a + \log_3 b = 2, \; \log_3 a \times \log_3 b = -1$

$\therefore \log_a b + \log_b a = \dfrac{\log_3 b}{\log_3 a} + \dfrac{\log_3 a}{\log_3 b}$

$\qquad\qquad\qquad = \dfrac{(\log_3 a)^2 + (\log_3 b)^2}{\log_3 a \times \log_3 b}$

$\qquad\qquad\qquad = \dfrac{(\log_3 a + \log_3 b)^2 - 2 \times \log_3 a \times \log_3 b}{\log_3 a \times \log_3 b}$

$\qquad\qquad\qquad = \dfrac{2^2 - 2 \times (-1)}{-1} = -6$

0102 답 ②

$25 < 50 < 125$이므로 각 변에 밑이 5인 로그를 취하면

$\log_5 25 < \log_5 50 < \log_5 125$, $\log_5 5^2 < \log_5 50 < \log_5 5^3$

$\therefore 2 < \log_5 50 < 3$

따라서 $\log_5 50$의 정수 부분이 2이므로 $\log_5 50$의 소수 부분은

$\alpha = \log_5 50 - 2 = \log_5 50 - \log_5 25$

$\quad = \log_5 \dfrac{50}{25} = \log_5 2$

$\therefore 5^\alpha = 5^{\log_5 2} = 2$

0103

답 ②

$8<12<16$이므로 각 변에 밑이 2인 로그를 취하면

$\log_2 8<\log_2 12<\log_2 16$, $\log_2 2^3<\log_2 12<\log_2 2^4$

$\therefore 3<\log_2 12<4$

따라서 $\log_2 12$의 정수 부분은 $x=3$

$\log_2 12$의 소수 부분은

$y=\log_2 12-3=\log_2 12-\log_2 8=\log_2 \dfrac{12}{8}=\log_2 \dfrac{3}{2}$

$\therefore 2^{-x}+2^y=2^{-3}+2^{\log_2 \frac{3}{2}}=\dfrac{1}{8}+\dfrac{3}{2}=\dfrac{13}{8}$

0104

답 ④

$3<8<9$이므로 각 변에 밑이 3인 로그를 취하면

$\log_3 3<\log_3 8<\log_3 9$, $\log_3 3<\log_3 8<\log_3 3^2$

$\therefore 1<\log_3 8<2$

따라서 $\log_3 8$의 정수 부분은 $n=1$

$\log_3 8$의 소수 부분은

$a=\log_3 8-1=\log_3 8-\log_3 3=\log_3 \dfrac{8}{3}$

$\therefore \dfrac{3^n-3^a}{3^n+3^a}=\dfrac{3^1-3^{\log_3 \frac{8}{3}}}{3^1+3^{\log_3 \frac{8}{3}}}=\dfrac{3-\dfrac{8}{3}}{3+\dfrac{8}{3}}=\dfrac{1}{17}$

유형 10 로그의 값이 자연수가 되도록 하는 조건

0105

답 ⑤

$2\log_n 5=\log_n 5^2$의 값이 자연수가 되려면 n이 5 이상의 자연수이므로 $n=5^k$ (k는 2의 양의 약수) 꼴이어야 한다.

따라서 $n=5^1$, 5^2이므로 모든 n의 값의 합은

$5+25=30$

[다른 풀이]

$2\log_n 5=\dfrac{2}{\log_5 n}$의 값이 자연수가 되려면 n이 5 이상의 자연수이므로

$\log_5 n=1$ 또는 $\log_5 n=2$

$\therefore n=5$ 또는 $n=5^2=25$

따라서 모든 n의 값의 합은

$5+25=30$

0106

답 ③

$\dfrac{1}{3}\log_{10} 2^n+\dfrac{1}{9}\log_{10} 1.25^n=\dfrac{n}{3}\log_{10} 2+\dfrac{n}{9}\log_{10} \dfrac{5}{4}$

$\qquad=\dfrac{n}{9}\times 3\log_{10} 2+\dfrac{n}{9}\log_{10} \dfrac{5}{4}$

$\qquad=\dfrac{n}{9}\left(\log_{10} 2^3+\log_{10} \dfrac{5}{4}\right)$

$\qquad=\dfrac{n}{9}\log_{10}\left(2^3\times\dfrac{5}{4}\right)$

$\qquad=\dfrac{n}{9}\log_{10} 10=\dfrac{n}{9}$

$\dfrac{n}{9}$이 자연수가 되기 위해서는 n이 9의 배수이어야 하므로

200 이하의 9의 배수의 개수는 22이다.

0107

답 ①

$\log_{10} x-\log_{10} \dfrac{1}{x^2}=\log_{10} x-\log_{10} x^{-2}$

$\qquad\qquad\qquad=\log_{10} x-(-2\log_{10} x)$

$\qquad\qquad\qquad=3\log_{10} x$

이때 $10<x<1000$에서

$\log_{10} 10<\log_{10} x<\log_{10} 10^3$

즉, $1<\log_{10} x<3$이므로

$3<3\log_{10} x<9$

따라서 $3\log_{10} x$의 값이 자연수가 되도록 하는 x의 값은

$3\log_{10} x=4$, 5, 6, 7, 8이므로

$x=10^{\frac{4}{3}}$ 또는 $x=10^{\frac{5}{3}}$ 또는 $x=10^2$ 또는 $x=10^{\frac{7}{3}}$ 또는 $x=10^{\frac{8}{3}}$

그러므로 모든 x의 값의 곱은

$10^{\frac{4}{3}}\times 10^{\frac{5}{3}}\times 10^2\times 10^{\frac{7}{3}}\times 10^{\frac{8}{3}}=10^{\frac{4}{3}+\frac{5}{3}+2+\frac{7}{3}+\frac{8}{3}}$

$\qquad\qquad\qquad\qquad\qquad=10^{10}$

유형 11 로그의 성질의 활용

0108

답 ①

두 점 $(2, \log_4 a)$, $(3, \log_2 b)$를 지나는 직선이 점 $(4, 0)$을 지나므로 세 점 $(2, \log_4 a)$, $(3, \log_2 b)$, $(4, 0)$은 한 직선 위에 있다.

이때 $\log_4 a=\log_{2^2} a=\dfrac{1}{2}\log_2 a$이므로

$\dfrac{\dfrac{1}{2}\log_2 a-0}{2-4}=\dfrac{\log_2 b-0}{3-4}$

$\dfrac{1}{4}\log_2 a=\log_2 b$, $\dfrac{\log_2 b}{\log_2 a}=\dfrac{1}{4}$

$\therefore \log_a b=\dfrac{1}{4}$

[다른 풀이]

두 점 $(2, \log_4 a)$, $(3, \log_2 b)$를 지나는 직선의 방정식은

$y-\dfrac{1}{2}\log_2 a=\dfrac{\log_2 b-\dfrac{1}{2}\log_2 a}{3-2}(x-2)$

$\therefore y=\left(\log_2 b-\dfrac{1}{2}\log_2 a\right)(x-2)+\dfrac{1}{2}\log_2 a$

이 직선이 점 $(4, 0)$을 지나므로

$0=2\left(\log_2 b-\dfrac{1}{2}\log_2 a\right)+\dfrac{1}{2}\log_2 a$

$\dfrac{1}{2}\log_2 a=2\log_2 b$, $\dfrac{\log_2 b}{\log_2 a}=\dfrac{1}{4}$

$\therefore \log_a b=\dfrac{1}{4}$

0109

$\log_c (a+b)+\log_c (a-b)=2$에서

$\log_c (a+b)(a-b)=\log_c c^2$, $\log_c (a^2-b^2)=\log_c c^2$

$a^2-b^2=c^2$ $\quad \therefore a^2=b^2+c^2$

따라서 삼각형 ABC는 빗변의 길이가 a인 직각삼각형이다.

0110

$200=2^3 \times 5^2$의 양의 약수는 다음과 같다.

	1	2	2^2	2^3
1	1	2	2^2	2^3
5	5	2×5	$2^2 \times 5$	$2^3 \times 5$
5^2	5^2	2×5^2	$2^2 \times 5^2$	$2^3 \times 5^2$

$\therefore \log_2 a_1+\log_2 a_2+\log_2 a_3+\cdots+\log_2 a_{12}$

$=\log_2 (a_1 \times a_2 \times a_3 \times \cdots \times a_{12})$

$=\log_2 (2^{18} \times 5^{12})=\log_2 (2^{12} \times 5^{12} \times 2^6)$

$=\log_2 (2^6 \times 10^{12})$

$=6+12\log_2 10=6+\dfrac{12}{\log_{10} 2}$

$=6+\dfrac{12}{0.3}=46$

유형 12 상용로그의 값

0111

$\log 0.6=\log \dfrac{2 \times 3}{10}=\log 2+\log 3-\log 10$

$=0.3010+0.4771-1$

$=-0.2219$

0112

$\log 851+\log \sqrt{8.73}=\log (8.51 \times 10^2)+\dfrac{1}{2}\log 8.73$

$=\log 8.51+2+\dfrac{1}{2}\log 8.73$

$=0.9299+2+\dfrac{1}{2} \times 0.9410$

$=3.4004$

0113

$\log x=2.0828=2+0.0828=2+\log 1.21$

$=\log (10^2 \times 1.21)=\log 121$

$\therefore x=121$

0114

$\log 0.419=-0.3778=-1+0.6222$이므로

$\log 0.419+1=0.6222$, $\log 0.419+\log 10=0.6222$

$\log (0.419 \times 10)=0.6222$

$\therefore \log 4.19=0.6222$

$\log x=2.6222$이므로

$\log x=2+0.6222=2+\log 4.19$

$=\log 100+\log 4.19=\log 419$

$\therefore x=419$

유형 13 상용로그의 정수 부분과 소수 부분

0115

$\log \sqrt{x}=\dfrac{1}{2}\log x=-\dfrac{3}{4}$이므로

$\log x=-\dfrac{3}{2}=-1-\dfrac{1}{2}$

$=(-1-1)+\left(1-\dfrac{1}{2}\right)$

$=-2+\dfrac{1}{2}$

따라서 $n=-2$, $\alpha=\dfrac{1}{2}$이므로 $\dfrac{n}{\alpha}=-4$

0116

$\log x^3+\log \sqrt[4]{x^3}=3\log x+\dfrac{3}{4}\log x=\dfrac{15}{4}\log x$

$=\dfrac{15}{4} \times 0.7832=2.937$

따라서 $n=2$, $\alpha=0.937$이므로

$n-\alpha=2-0.937=1.063$

0117

$\log x$의 소수 부분을 α $(0 \leq \alpha <1)$로 놓으면 $\log x=5+\alpha$

$\therefore \log \sqrt{x}=\dfrac{1}{2}\log x=\dfrac{1}{2}(5+\alpha)$

$=2+\dfrac{1}{2}+\dfrac{\alpha}{2}$

이때 $0 \leq \alpha <1$에서 $\dfrac{1}{2} \leq \dfrac{1}{2}+\dfrac{\alpha}{2}<1$

즉, $\log \sqrt{x}$의 소수 부분은 $\dfrac{1}{2}+\dfrac{\alpha}{2}$이므로

$\dfrac{1}{2}+\dfrac{\alpha}{2}=0.6$, $\dfrac{\alpha}{2}=0.1$ $\quad \therefore \alpha=0.2$

$\therefore \log \dfrac{1}{x}=-\log x=-5.2=-5-0.2$

$=(-5-1)+(1-0.2)=-6+0.8$

따라서 $\log \dfrac{1}{x}$의 소수 부분은 0.8이다.

0118
답 ④

(i) $n=1, 2, 3$일 때

$\log 1 \leq \log n^2 < \log 10$에서 $0 \leq \log n^2 < 1$이므로

$f(n)=0$

(ii) $n=4, 5, \cdots, 9$일 때

$\log 10 < \log n^2 < \log 100$에서 $1 < \log n^2 < 2$이므로

$f(n)=1$

(iii) $n=10, 11, \cdots, 31$일 때

$\log 100 \leq \log n^2 < \log 1000$에서 $2 \leq \log n^2 < 3$이므로

$f(n)=2$

(iv) $n=32, 33, \cdots, 40$일 때

$\log 1000 < \log n^2 < \log 10000$에서 $3 < \log n^2 < 4$이므로

$f(n)=3$

(i)~(iv)에서

$f(1)+f(2)+f(3)+\cdots+f(40)$
$=0\times 3+1\times 6+2\times 22+3\times 9=77$

유형 **14** 자릿수와 상용로그

0119
답 ④

$\log 12^{10}=10\log 12=10\log(2^2\times 3)$
$\qquad =10(\log 2^2+\log 3)=10(2\log 2+\log 3)$
$\qquad =10(2\times 0.3010+0.4771)$
$\qquad =10.791$

따라서 $\log 12^{10}$의 정수 부분이 10이므로 12^{10}은 11자리의 정수이다.

0120
답 ①

$\log\left(\dfrac{3}{5}\right)^9=9(\log 3-\log 5)=9\left(\log 3-\log\dfrac{10}{2}\right)$
$\qquad =9(\log 3-1+\log 2)=9(0.4771-1+0.3010)$
$\qquad =9\times(-0.2219)=-1.9971$
$\qquad =-2+0.0029$

따라서 $\log\left(\dfrac{3}{5}\right)^9$의 정수 부분이 -2이므로 $\left(\dfrac{3}{5}\right)^9$은 소수점 아래 2째 자리에서 처음으로 0이 아닌 숫자가 나타난다.

0121
답 ⑤

$\log A^2B^2=\log(2^{20}\times 5^{16})=\log(2^{16}\times 5^{16}\times 2^4)$
$\qquad =\log(10^{16}\times 2^4)=16+4\log 2$
$\qquad =16+4\times 0.3010$
$\qquad =17.204$

따라서 $\log A^2B^2$의 정수 부분이 17이므로 A^2B^2은 18자리의 정수이다.

0122
답 ③

3^n이 12자리의 정수가 되어야 하므로 $\log 3^n$의 정수 부분은 11이어야 한다.

즉, $11 \leq \log 3^n < 12$이어야 하므로

$11 \leq n\log 3 < 12$

$11 \leq 0.48n < 12$

$\therefore 22.\times\times\times \leq n < 25$

따라서 이를 만족시키는 자연수 n은 23, 24이므로 그 합은

$23+24=47$

0123
답 ④

a^{38}이 19자리의 정수이므로 $\log a^{38}$의 정수 부분은 18이어야 한다.

즉, $18 \leq \log a^{38} < 19$이어야 하므로

$18 \leq 38\log a < 19$

$\therefore \dfrac{9}{19} \leq \log a < \dfrac{1}{2}$ ...... ㉠

$\log a^{-24}=-24\log a$이므로 ㉠의 각 변에 -24를 곱하면

$-24\times\dfrac{1}{2} < -24\log a \leq -24\times\dfrac{9}{19}$

$\therefore -12 < \log a^{-24} \leq -11.\times\times\times$

이때 $\log a^{-24}=-12+\alpha\ (0\leq\alpha<1)$ 꼴이므로 $\log a^{-24}$의 정수 부분은 -12이다.

따라서 a^{-24}은 소수점 아래 12째 자리에서 처음으로 0이 아닌 숫자가 나타난다.

유형 **15** 최고 자리의 숫자 구하기

0124
답 ①

$\log 6^{12}=12\log 6$
$\qquad =12\log(2\times 3)$
$\qquad =12(\log 2+\log 3)$
$\qquad =12\times(0.3010+0.4771)$
$\qquad =9.3372$

이때 $\log 2 < 0.3372 < \log 3$이므로

$9+\log 2 < 9.3372 < 9+\log 3$

$\log(2\times 10^9) < \log 6^{12} < \log(3\times 10^9)$

$\therefore 2\times 10^9 < 6^{12} < 3\times 10^9$

따라서 6^{12}의 최고 자리의 숫자는 2이다.

0125
답 ②

$\log(2^{10}\times 3^{20})=\log 2^{10}+\log 3^{20}$
$\qquad =10\log 2+20\log 3$
$\qquad =10\times 0.3010+20\times 0.4771$
$\qquad =12.552$

이때 $\log 3 = 0.4771$, $\log 4 = 2 \log 2 = 0.6020$이므로

$\log 3 < 0.552 < \log 4$

$12 + \log 3 < 12.552 < 12 + \log 4$

$\log(3 \times 10^{12}) < \log(2^{10} \times 3^{20}) < \log(4 \times 10^{12})$

$\therefore 3 \times 10^{12} < 2^{10} \times 3^{20} < 4 \times 10^{12}$

따라서 $2^{10} \times 3^{20}$의 최고 자리의 숫자는 3이다.

유형 16 두 상용로그의 소수 부분에 대한 조건이 주어진 경우

0126
답 ③

$10 \leq x < 100$이므로 $\log 10 \leq \log x < \log 100$

$\therefore 1 \leq \log x < 2$

$\log x^3$과 $\log \sqrt{x}$의 소수 부분이 같으므로

$\log x^3 - \log \sqrt{x} = 3 \log x - \dfrac{1}{2} \log x = \dfrac{5}{2} \log x = (\text{정수})$

$\dfrac{5}{2} \leq \dfrac{5}{2} \log x < 5$이므로

$\dfrac{5}{2} \log x = 3$ 또는 $\dfrac{5}{2} \log x = 4$

$\log x = \dfrac{6}{5}$ 또는 $\log x = \dfrac{8}{5}$

$\therefore x = 10^{\frac{6}{5}}$ 또는 $x = 10^{\frac{8}{5}}$

따라서 모든 실수 x의 값의 곱은

$10^{\frac{6}{5}} \times 10^{\frac{8}{5}} = 10^{\frac{6}{5} + \frac{8}{5}} = 10^{\frac{14}{5}}$

0127
답 17

$100 \leq x < 1000$이므로 $\log 100 \leq \log x < \log 1000$

$\therefore 2 \leq \log x < 3$

$\log \sqrt{x}$의 소수 부분과 $\log \sqrt[4]{x^3}$의 소수 부분의 합이 1이므로

$\log \sqrt{x} + \log \sqrt[4]{x^3} = \dfrac{1}{2} \log x + \dfrac{3}{4} \log x$

$\qquad\qquad = \dfrac{5}{4} \log x = (\text{정수})$

$\dfrac{5}{2} \leq \dfrac{5}{4} \log x < \dfrac{15}{4}$이므로 $\dfrac{5}{4} \log x = 3$

따라서 $\log x = \dfrac{12}{5}$이므로 $x = 10^{\frac{12}{5}}$

$\therefore m + n = 5 + 12 = 17$

0128
답 ①

$\log x$의 정수 부분이 4이므로 $4 \leq \log x < 5$

$\log x$의 소수 부분과 $\log \sqrt[3]{x}$의 소수 부분의 합이 1이므로

$\log x + \log \sqrt[3]{x} = \log x + \dfrac{1}{3} \log x$

$\qquad\qquad = \dfrac{4}{3} \log x = (\text{정수})$

$\dfrac{16}{3} \leq \dfrac{4}{3} \log x < \dfrac{20}{3}$이므로

$\dfrac{4}{3} \log x = 6 \qquad \therefore \log x = \dfrac{9}{2}$

$\log x = \dfrac{9}{2} = 4 + \dfrac{1}{2}$이므로 $\log x$의 소수 부분은 $\dfrac{1}{2}$이다.

유형 17 상용로그의 실생활에의 활용 – 관계식이 주어진 경우

0129
답 ②

$\log N_1 = 5.5$, $\log N_2 = 5$이므로

$\log N_1 - \log N_2 = 0.5$

$\log \dfrac{N_1}{N_2} = \dfrac{1}{2}$

$\therefore \dfrac{N_1}{N_2} = 10^{\frac{1}{2}} = \sqrt{10}$

0130
답 0.402

지진의 규모가 R_1, R_2일 때, 방출되는 에너지를 각각 E_1, E_2라 하면

$R_1 = 0.67 \log(0.37 E_1) + 1.46$

$R_2 = 0.67 \log(0.37 E_2) + 1.46$

$E_1 = 4 E_2$이므로

$R_1 = 0.67 \log(0.37 \times 4 E_2) + 1.46$

$\quad = 0.67 \log 4 + 0.67 \log(0.37 E_2) + 1.46$

$\quad = 0.67 \log 4 + R_2$

$\therefore R_1 - R_2 = 0.67 \log 4$

$\qquad\qquad = 0.67 \times 2 \log 2$

$\qquad\qquad = 0.67 \times 2 \times 0.3$

$\qquad\qquad = 0.402$

0131
답 563

물질의 온도가 $2T_0$일 때, 화합물이 생성되는 반응 속도는 $\sqrt{10} v_0$이므로

$\log \dfrac{\sqrt{10} v_0}{v_0} = k \left(\dfrac{1}{T_0} - \dfrac{1}{2T_0} \right)$

$\dfrac{1}{2} = k \times \dfrac{1}{2T_0} \qquad \therefore k = T_0$

물질의 온도가 $4T_0$일 때, 화합물이 생성되는 반응 속도는 $a v_0$이므로

$\log \dfrac{a v_0}{v_0} = k \left(\dfrac{1}{T_0} - \dfrac{1}{4T_0} \right)$

$\therefore \log a = T_0 \times \dfrac{3}{4T_0} = \dfrac{3}{4}$

$\qquad\quad = 0.75 = \log 5.63$

따라서 $a = 5.63$이므로

$100a = 563$

0132

답 ⑤

$V=2C$일 때, $t=\dfrac{3}{2}t_0$, 즉 $\dfrac{t}{t_0}=\dfrac{3}{2}$이므로

$\log\left(\dfrac{3}{2}-1\right)=k+4\log\dfrac{2C}{C}$

$\log\dfrac{1}{2}=k+4\log 2$, $-\log 2=k+4\log 2$

$\therefore k=-5\log 2$

$V=4C$일 때

$\log\left(\dfrac{t}{t_0}-1\right)=-5\log 2+4\log\dfrac{4C}{C}=-5\log 2+4\log 4$

$\qquad\qquad\qquad\quad=-5\log 2+4\log 2^2=-5\log 2+8\log 2$

$\qquad\qquad\qquad\quad=3\log 2=\log 2^3=\log 8$

즉, $\dfrac{t}{t_0}-1=8$이므로 $\dfrac{t}{t_0}=9$ $\quad\therefore t=9t_0$

따라서 통행시간은 기준통행시간의 9배이다.

유형 **18** 상용로그의 실생활에의 활용
― 일정한 비율로 변화하는 경우

0133

답 479

올해 이 하천의 생화학적 산소 요구량을 a라 하면 생화학적 산소 요구량이 매년 $10\,\%$씩 감소하므로 n년 후의 생화학적 산소 요구량은

$a(1-0.1)^n=0.9^n a$

8년 후 이 하천의 생화학적 산소 요구량이 올해의 k배이므로

$0.9^8 a=ka$ $\quad\therefore k=0.9^8$

양변에 상용로그를 취하면

$\log k=8\log 0.9=8\log\dfrac{3^2}{10}$

$\qquad\quad=8(2\log 3-1)=8\times(2\times 0.48-1)$

$\qquad\quad=-0.32=-1+0.68$

$\qquad\quad=-1+\log 4.79=\log(10^{-1}\times 4.79)$

$\qquad\quad=\log 0.479$

따라서 $k=0.479$이므로 $1000k=479$

0134

답 ①

첫해 수출량을 a라 하고, 수출량이 매년 $r\,\%$씩 증가했다고 하면 수출량이 10년 만에 2배가 되었으므로

$a\left(1+\dfrac{r}{100}\right)^{10}=2a$, $\left(1+\dfrac{r}{100}\right)^{10}=2$

양변에 상용로그를 취하면

$\log\left(1+\dfrac{r}{100}\right)^{10}=\log 2$, $10\log\left(1+\dfrac{r}{100}\right)=\log 2$

$\log\left(1+\dfrac{r}{100}\right)=\dfrac{1}{10}\log 2=\dfrac{1}{10}\times 0.30=0.03$

이때 $\log 1.08=0.03$이므로

$1+\dfrac{r}{100}=1.08$ $\quad\therefore r=8$

따라서 매년 $8\,\%$씩 증가하였다.

0135

답 ④

10년 후에 이 도시의 인구가 현재의 1.2배이므로

$80\left(1+\dfrac{a}{100}\right)^{10}=1.2\times 80$

$\left(1+\dfrac{a}{100}\right)^{10}=1.2$

양변에 상용로그를 취하면

$\log\left(1+\dfrac{a}{100}\right)^{10}=\log 1.2$

$10\log\left(1+\dfrac{a}{100}\right)=\log 1.2=\log\dfrac{2^2\times 3}{10}=2\log 2+\log 3-1$

$\therefore \log\left(1+\dfrac{a}{100}\right)=\dfrac{1}{10}(2\log 2+\log 3-1)$

$\qquad\qquad\qquad\quad=\dfrac{1}{10}\times(2\times 0.30+0.48-1)$

$\qquad\qquad\qquad\quad=0.008$

n년 후에 이 도시의 인구가 현재의 3배가 된다고 하면

$80\left(1+\dfrac{a}{100}\right)^n=3\times 80$

$\left(1+\dfrac{a}{100}\right)^n=3$

양변에 상용로그를 취하면

$\log\left(1+\dfrac{a}{100}\right)^n=\log 3$, $n\log\left(1+\dfrac{a}{100}\right)=\log 3$

$0.008n=0.48$ $\quad\therefore n=60$

따라서 60년 후에 이 도시의 인구는 현재의 3배가 된다.

PART **B** 기출 & 기출변형 문제

0136

답 ④

$\log_a\dfrac{a^4}{b^3}=2$에서

$\log_a a^4-\log_a b^3=2$

$4-3\log_a b=2$ $\quad\therefore \log_a b=\dfrac{2}{3}$

$\therefore \log_a b+\log_b a=\log_a b+\dfrac{1}{\log_a b}$

$\qquad\qquad\qquad\quad=\dfrac{2}{3}+\dfrac{3}{2}=\dfrac{13}{6}$

짱기출 답 ⑤

1보다 큰 두 실수 a, b에 대하여

$\log_a\dfrac{a^3}{b^2}=2$

가 성립할 때, $\log_a b+3\log_b a$의 값은?

① $\dfrac{9}{2}$ ② 5 ③ $\dfrac{11}{2}$ ④ 6 ⑤ $\dfrac{13}{2}$

0137

답 ②

$\dfrac{\log_a c}{\log_b c}=2$에서

$\dfrac{\dfrac{1}{\log_c a}}{\dfrac{1}{\log_c b}}=\dfrac{\log_c b}{\log_c a}=\log_a b=2$

$\therefore b=a^2$

$\dfrac{\log_a b}{\log_c b}=4$에서

$\dfrac{\dfrac{1}{\log_b a}}{\dfrac{1}{\log_b c}}=\dfrac{\log_b c}{\log_b a}=\log_a c=4$

$\therefore c=a^4$

$a=2$일 때, $b=2^2=4$, $c=2^4=16$

$a=3$일 때, $b=3^2=9$, $c=3^4=81$

그런데 a, b, c는 1보다 크고 20보다 작은 자연수이므로 $a\geq 3$에서는 주어진 조건을 만족시키지 않는다.

따라서 $a=2$, $b=4$, $c=16$이므로

$\log_2 abc=\log_2 (2\times 2^2\times 2^4)$

$\qquad\quad =\log_2 2^7$

$\qquad\quad =7\log_2 2$

$\qquad\quad =7$

답 ④

1보다 크고 10보다 작은 세 자연수 a, b, c에 대하여

$$\dfrac{\log_c b}{\log_a b}=\dfrac{1}{2}, \quad \dfrac{\log_b c}{\log_a c}=\dfrac{1}{3}$$

일 때, $a+2b+3c$의 값은?

① 21   ② 24   ③ 27   ④ 30   ⑤ 33

0138

답 ④

두 점 $P(\log_5 3)$, $Q(\log_5 12)$에 대하여 선분 PQ를 $m:(1-m)$으로 내분하는 점의 좌표가 1이므로

$\dfrac{m\log_5 12+(1-m)\log_5 3}{m+(1-m)}=1$

$m\log_5 12+\log_5 3-m\log_5 3=1$

$\log_5 12^m+\log_5 3-\log_5 3^m=1$

$\log_5 \dfrac{12^m\times 3}{3^m}=1, \ \dfrac{12^m\times 3}{3^m}=5$

$4^m\times 3=5$

$\therefore 4^m=\dfrac{5}{3}$

수직선 위의 두 점 $A(x_1)$, $B(x_2)$를 이은 선분 AB를 $m:n \ (m>0, n>0)$으로 내분하는 점 P의 좌표는

$$\dfrac{mx_2+nx_1}{m+n}$$

0139

답 282

집합 B의 원소는 모두 자연수이므로 a, b, c, d는 모두 3^k (k는 자연수) 꼴이다.

$a+b=12$이고 $a<b$이므로

$a=3$, $b=3^2=9$

$\log_3 c+\log_3 d=8$에서

$\log_3 cd=8 \quad \therefore cd=3^8$

이때 $a<b<c<d$이므로

$c=3^3=27$, $d=3^5=243$

따라서 집합 A의 모든 원소의 합은

$a+b+c+d=3+9+27+243=282$

답 56

자연수 전체의 집합의 두 부분집합

$$A=\{a, b, c\}, \ B=\{\log_2 a, \log_2 b, \log_2 c\}$$

에 대하여 $a+b=24$이고 집합 B의 모든 원소의 합이 12일 때, 집합 A의 모든 원소의 합을 구하시오.

(단, a, b, c는 서로 다른 세 자연수이다.)

0140

답 14

$\log_a b+\log_a c=5 \qquad \cdots\cdots \ \bigcirc$

$\log_a \dfrac{b}{c}=1$에서

$\log_a b-\log_a c=1 \qquad \cdots\cdots \ \bigcirc$

$\bigcirc$, $\bigcirc$을 연립하여 풀면

$\log_a b=3, \ \log_a c=2$

$\therefore b=a^3, \ c=a^2 \qquad \cdots\cdots \ \bigcirc$

$\bigcirc$을 $\log_a \dfrac{b+c}{3}=2$에 대입하면

$\log_a \dfrac{a^3+a^2}{3}=2, \ \dfrac{a^3+a^2}{3}=a^2$

$a^3-2a^2=0, \ a^2(a-2)=0 \quad \therefore a=2 \ (\because a>0)$

$a=2$를 $\bigcirc$에 대입하면 $b=8$, $c=4$

$\therefore a+b+c=2+8+4=14$

답 56

두 양수 x, y가

$$\log_2 (x+2y)=3, \ \log_2 x+\log_2 y=1$$

을 만족시킬 때, x^2+4y^2의 값을 구하시오.

0141

답 30

$f(x)=-x^2+ax+4$라 하면 로그의 진수의 조건에 의하여

$f(x)>0$이고

$f(x)=-x^2+ax+4$

$\qquad =-\left(x^2-ax+\dfrac{a^2}{4}-\dfrac{a^2}{4}\right)+4$

$\qquad =-\left(x-\dfrac{a}{2}\right)^2+\dfrac{a^2}{4}+4$

$\log_2 (-x^2+ax+4)$의 값이 자연수가 되는 실수 x의 개수가 6이므로 함수 $y=f(x)$의 그래프는 다음 그림과 같이 세 직선 $y=2^1$, $y=2^2$, $y=2^3$과 각각 2개의 점에서 만나고 직선 $y=2^n$ $(n \geq 4)$과는 만나지 않아야 한다.

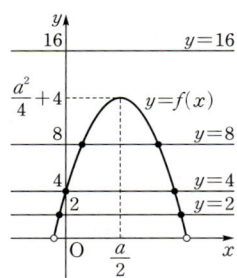

즉, $2^3 < \dfrac{a^2}{4}+4 < 2^4$이므로 $4 < \dfrac{a^2}{4} < 12$

$\therefore 16 < a^2 < 48$

이때 a는 자연수이므로 $a=5$, 6

따라서 구하는 모든 자연수 a의 값의 곱은

$5 \times 6 = 30$

0142

답 ①

$\dfrac{1}{3}+\log \sqrt{a} = \dfrac{1}{3}+\dfrac{1}{2}\log a$이고 $\dfrac{1}{2} < \log a < \dfrac{11}{2}$이므로

$\dfrac{1}{4} < \dfrac{1}{2}\log a < \dfrac{11}{4}$

$\therefore \dfrac{7}{12} < \dfrac{1}{3}+\dfrac{1}{2}\log a < \dfrac{37}{12}$

이때 가능한 자연수 $\dfrac{1}{3}+\dfrac{1}{2}\log a$의 값은 1, 2, 3이다.

$\dfrac{1}{3}+\dfrac{1}{2}\log a=1$에서 $\log a=\dfrac{4}{3}$이므로 $a=10^{\frac{4}{3}}$

$\dfrac{1}{3}+\dfrac{1}{2}\log a=2$에서 $\log a=\dfrac{10}{3}$이므로 $a=10^{\frac{10}{3}}$

$\dfrac{1}{3}+\dfrac{1}{2}\log a=3$에서 $\log a=\dfrac{16}{3}$이므로 $a=10^{\frac{16}{3}}$

따라서 구하는 모든 a의 값의 곱은

$10^{\frac{4}{3}} \times 10^{\frac{10}{3}} \times 10^{\frac{16}{3}} = 10^{\frac{4}{3}+\frac{10}{3}+\frac{16}{3}}$
$= 10^{10}$

0143

답 ④

편진폭이 A_1, 진동수가 $w=10\pi$일 때 진동가속도레벨이 $V=83$이므로

$83 = 20\log \dfrac{A_1 \times (10\pi)^2}{k}$ ...... ㉠

편진폭이 A_2, 진동수가 $w=80\pi$일 때 진동가속도레벨이 $V=91$이므로

$91 = 20\log \dfrac{A_2 \times (80\pi)^2}{k}$ ...... ㉡

㉡$-$㉠을 하면

$8 = 20\left\{\log \dfrac{A_2 \times (80\pi)^2}{k} - \log \dfrac{A_1 \times (10\pi)^2}{k}\right\}$

$\dfrac{2}{5} = \log \dfrac{A_2 \times (80\pi)^2}{k} - \log \dfrac{A_1 \times (10\pi)^2}{k}$

$= \log \dfrac{A_2 \times (80\pi)^2}{A_1 \times (10\pi)^2}$

$= \log \dfrac{64 A_2}{A_1}$

$\dfrac{64 A_2}{A_1} = 10^{\frac{2}{5}}$

$\therefore \dfrac{A_2}{A_1} = \dfrac{1}{64} \times 10^{\frac{2}{5}}$

0144

답 ②

두 점 $(a, \log_2 a)$, $(b, \log_2 b)$를 지나는 직선의 방정식은

$y = \dfrac{\log_2 b - \log_2 a}{b-a}(x-a) + \log_2 a$

위의 식에 $x=0$을 대입하면 y절편은

$\dfrac{a(\log_2 a - \log_2 b) + (b-a)\log_2 a}{b-a}$

$= \dfrac{b\log_2 a - a\log_2 b}{b-a}$ ...... ㉠

두 점 $(a, \log_4 a)$, $(b, \log_4 b)$를 지나는 직선의 방정식은

$y = \dfrac{\log_4 b - \log_4 a}{b-a}(x-a) + \log_4 a$

위의 식에 $x=0$을 대입하면 y절편은

$\dfrac{a(\log_4 a - \log_4 b) + (b-a)\log_4 a}{b-a}$

$= \dfrac{b\log_4 a - a\log_4 b}{b-a}$

$= \dfrac{b\log_2 a - a\log_2 b}{2(b-a)}$ ...... ㉡

㉠, ㉡의 두 값이 같아야 하므로

$b\log_2 a - a\log_2 b = 0$

$b\log_2 a = a\log_2 b$

$\log_2 a^b = \log_2 b^a$

$\therefore a^b = b^a$

$f(x) = a^{bx} + b^{ax}$에서 $f(1) = a^b + b^a = 40$이므로

$a^b = b^a = 20$

$\therefore f(2) = a^{2b} + b^{2a} = (a^b)^2 + (b^a)^2$
$= 20^2 + 20^2 = 800$

0145

답 ③

조건 ㈎에서 $\sqrt[4]{ab}$는 a의 세제곱근이므로

$\sqrt[4]{ab} = \sqrt[3]{a}$, $(ab)^{\frac{1}{4}} = a^{\frac{1}{3}}$

$a^{\frac{1}{3}-\frac{1}{4}} = b^{\frac{1}{4}}$, $a^{\frac{1}{12}} = b^{\frac{1}{4}}$

$\therefore a = b^3$ ...... ㉠

조건 ㈏에서 $\log_a bc + \log_b ac = 2$이고

$\log_a bc + \log_b ac = \log_{b^3} bc + \log_b b^3 c$

$= \dfrac{1}{3}(\log_b b + \log_b c) + 3\log_b b + \log_b c$

$= \dfrac{10}{3} + \dfrac{4}{3}\log_b c$

이므로 $\dfrac{10}{3}+\dfrac{4}{3}\log_b c=2$

$\log_b c=-1$ $\therefore c=b^{-1}$ …… ㉡

㉠, ㉡에 의하여

$b^{24}=\left(\dfrac{a}{c}\right)^k=\left(\dfrac{b^3}{b^{-1}}\right)^k=b^{4k}$

$24=4k$ $\therefore k=6$

> 2 이상의 세 실수 a, b, c가 다음 조건을 만족시킨다.
>
> (가) $\sqrt[3]{a}$는 ab의 네제곱근이다.
> (나) $\log_a bc+\log_b ac=4$
>
> $a=\left(\dfrac{b}{c}\right)^k$이 되도록 하는 실수 k의 값은?
>
> ① 6 ② $\dfrac{13}{2}$ ③ 7 ④ $\dfrac{15}{2}$ ⑤ 8

0146

$3^a=4^b=k^c=t\ (t>1)$로 놓으면

$3^a=t$에서 $a=\log_3 t$ …… ㉠

$4^b=t$에서 $b=\log_4 t$ …… ㉡

$k^c=t$에서 $c=\log_k t$ …… ㉢

조건 (나)에 의하여 $\log c=\log\dfrac{2ab}{a+2b}$이므로 $c=\dfrac{2ab}{a+2b}$

$\therefore (a+2b)c=2ab$ …… ㉣

㉠, ㉡, ㉢을 ㉣에 대입하면

$(\log_3 t+2\log_4 t)\log_k t=2\log_3 t\times\log_4 t$

$\dfrac{1}{\log_t 3}\times\dfrac{1}{\log_t k}+\dfrac{2}{\log_t 4}\times\dfrac{1}{\log_t k}=2\times\dfrac{1}{\log_t 3}\times\dfrac{1}{\log_t 4}$

양변에 $\log_t 3\times\log_t 4\times\log_t k$를 곱하면

$\log_t 4+2\log_t 3=2\log_t k$

$\log_t(4\times 3^2)=\log_t k^2$

$k^2=36$ $\therefore k=6\ (\because k>0)$

> 네 양수 a, b, c, k가 다음 조건을 만족시킬 때, k^2의 값을 구하시오.
>
> (가) $3^a=5^b=k^c$
> (나) $\log c=\log(2ab)-\log(2a+b)$

0147

$A_4=\{\log_4 x\,|\,x$는 100 이하의 자연수$\}$이고

10 이하의 자연수 k에 대하여 $b=2^k$이므로

$A_b=\{\log_{2^k} y\,|\,y$는 100 이하의 자연수$\}$

집합 $A_4\cap A_b$의 원소의 개수는 $\log_4 x=\log_{2^k} y$를 만족시키는 100 이하의 자연수 x, y의 순서쌍 (x, y)의 개수와 같다.

$\log_4 x=\log_{2^k} y$에서

$\dfrac{1}{2}\log_2 x=\dfrac{1}{k}\log_2 y$, $k\log_2 x=2\log_2 y$

$\log_2 x^k=\log_2 y^2$ $\therefore x^k=y^2$

즉, 집합 $A_4\cap A_b$의 원소의 개수는 $x^k=y^2$을 만족시키는 100 이하의 자연수 x, y의 순서쌍 (x, y)의 개수와 같다.

(i) $k=1$이면 $x=y^2$이므로 순서쌍 (x, y)는
$(1^2, 1)$, $(2^2, 2)$, $(3^2, 3)$, $\cdots$, $(10^2, 10)$이고
$n(A_4\cap A_{2^1})=10$

(ii) $k=2$이면 $x^2=y^2$, 즉 $x=y$이므로 순서쌍 (x, y)는
$(1, 1)$, $(2, 2)$, $(3, 3)$, $\cdots$, $(100, 100)$이고
$n(A_4\cap A_{2^2})=100$

(iii) $k=3$이면 $x^3=y^2$이므로 순서쌍 (x, y)는
$(1^2, 1^3)$, $(2^2, 2^3)$, $(3^2, 3^3)$, $(4^2, 4^3)$이고
$n(A_4\cap A_{2^3})=4$

(iv) $k=4$이면 $x^4=y^2$, 즉 $x^2=y$이므로 순서쌍 (x, y)는
$(1, 1^2)$, $(2, 2^2)$, $(3, 3^2)$, $\cdots$, $(10, 10^2)$이고
$n(A_4\cap A_{2^4})=10$

(v) $k=5$이면 $x^5=y^2$이므로 순서쌍 (x, y)는
$(1^2, 1^5)$, $(2^2, 2^5)$이고
$n(A_4\cap A_{2^5})=2$

(vi) $k=6$이면 $x^6=y^2$, 즉 $x^3=y$이므로 순서쌍 (x, y)는
$(1, 1^3)$, $(2, 2^3)$, $(3, 3^3)$, $(4, 4^3)$이고
$n(A_4\cap A_{2^6})=4$

(vii) $k=7$이면 $x^7=y^2$이므로 순서쌍 (x, y)는
$(1^2, 1^7)$이고
$n(A_4\cap A_{2^7})=1$

(viii) $k=8$이면 $x^8=y^2$, 즉 $x^4=y$이므로 순서쌍 (x, y)는
$(1, 1^4)$, $(2, 2^4)$, $(3, 3^4)$이고
$n(A_4\cap A_{2^8})=3$

(ix) $k=9$이면 $x^9=y^2$이므로 순서쌍 (x, y)는
$(1^2, 1^9)$이고
$n(A_4\cap A_{2^9})=1$

(x) $k=10$이면 $x^{10}=y^2$, 즉 $x^5=y$이므로 순서쌍 (x, y)는
$(1, 1^5)$, $(2, 2^5)$이고
$n(A_4\cap A_{2^{10}})=2$

따라서 조건을 만족시키는 집합 B의 원소는 2^3, 2^6이므로 구하는 모든 b의 값의 합은

$8+64=72$

PART  A'

03 지수함수와 로그함수

유형 01 지수함수의 함숫값

0148
답 9

$f(x)=a^{2x}$에서 $f(2)=\dfrac{1}{81}$이므로

$a^4=\dfrac{1}{81}=\left(\dfrac{1}{3}\right)^4$ $\quad\therefore a=\dfrac{1}{3}\ (\because a>0)$

따라서 $f(x)=\left(\dfrac{1}{3}\right)^{2x}$이므로

$f(-1)=\left(\dfrac{1}{3}\right)^{-2}=9$

0149
답 ④

① $f(-p)=a^{-p}$이고, $f\left(\dfrac{1}{p}\right)=a^{\frac{1}{p}}$이므로

$\quad f(-p)\ne f\left(\dfrac{1}{p}\right)$ (거짓)

② $f(2p)=a^{2p}$이고, $2f(p)=2a^p$이므로 $f(2p)\ne 2f(p)$ (거짓)

③ $f\left(\dfrac{p}{2}\right)=a^{\frac{p}{2}}=\sqrt{a^p}$이고, $f(\sqrt{p})=a^{\sqrt{p}}$이므로

$\quad f\left(\dfrac{p}{2}\right)\ne f(\sqrt{p})$ (거짓)

④ $\sqrt{f(2p)}=\sqrt{a^{2p}}=(a^{2p})^{\frac{1}{2}}=a^p$이고, $f(p)=a^p$이므로

$\quad \sqrt{f(2p)}=f(p)$ (참)

⑤ $f(pq)=a^{pq}$이고, $f(p)f(q)=a^p\times a^q=a^{p+q}$이므로

$\quad f(pq)\ne f(p)f(q)$ (거짓)

따라서 옳은 것은 ④이다.

0150
답 4

$f(2a)f(-b)=16$에서

$2^{2a}\times 2^{-b}=16$, $2^{2a-b}=2^4$ $\quad\therefore 2a-b=4$ $\quad\cdots\cdots$ ㉠

$\dfrac{f(a)}{f(b)}=4$에서

$\dfrac{2^a}{2^b}=4$, $2^{a-b}=2^2$ $\quad\therefore a-b=2$ $\quad\cdots\cdots$ ㉡

㉠, ㉡을 연립하여 풀면 $a=2$, $b=0$

$\therefore a^2+b^2=2^2+0^2=4$

0151
답 4

$f(x)=a^{px+q}$에서 $f(1)=\dfrac{1}{9}$이므로 $a^{p+q}=\dfrac{1}{9}$ $\quad\cdots\cdots$ ㉠

$f(3)=9$이므로 $a^{3p+q}=9$ $\quad\cdots\cdots$ ㉡

㉡÷㉠을 하면 $\dfrac{a^{3p+q}}{a^{p+q}}=\dfrac{9}{\frac{1}{9}}$

$a^{2p}=81$, $(a^p)^2=9^2$ $\quad\therefore a^p=9\ (\because a^p>0)$

㉠에서 $a^{p+q}=a^p a^q$이므로 $a^p a^q=\dfrac{1}{9}$

$a^p=9$를 대입하면 $9a^q=\dfrac{1}{9}$ $\quad\therefore a^q=\dfrac{1}{81}$

$f(4)=a^{4p+q}=(a^p)^4\times a^q$

$\qquad=9^4\times\dfrac{1}{81}=3^8\times\dfrac{1}{3^4}=3^4$

$\therefore k=4$

유형 02 지수함수의 성질

0152
답 ③

① 치역은 $\{y\,|\,y>0\}$이다. (거짓)

② $x=1$일 때 $y=5^{-1}=\dfrac{1}{5}$이므로 그래프는 점 $\left(1,\dfrac{1}{5}\right)$을 지난다.

(거짓)

③ $y=5^{-x}=\left(\dfrac{1}{5}\right)^x$에서 밑이 $0<\dfrac{1}{5}<1$이므로 x의 값이 증가하면 y

의 값은 감소한다. (참)

④ 그래프의 점근선은 x축이다. (거짓)

⑤ 그래프는 함수 $y=-5^x$의 그래프와 원점에 대하여 대칭이다.

(거짓)

따라서 옳은 것은 ③이다.

0153
답 ②

$a<b$일 때, $f(a)<f(b)$를 만족시키는 함수 $y=f(x)$는 x의 값이 증가할 때 y의 값도 증가하는 함수이므로 이를 만족시키는 지수함수는 (밑)>1이어야 한다.

① $f(x)=3.5^{-x}=\left(\dfrac{7}{2}\right)^{-x}=\left(\dfrac{2}{7}\right)^x$에서 $0<$(밑)<1

② $f(x)=0.2^{-x}=\left(\dfrac{1}{5}\right)^{-x}=5^x$에서 (밑)$>1$

③ $f(x)=\left(\dfrac{8}{5}\right)^{-x}=\left(\dfrac{5}{8}\right)^x$에서 $0<$(밑)<1

④ $f(x)=0.6^x$에서 $0<$(밑)<1

⑤ $f(x)=\left(\dfrac{\sqrt{3}}{2}\right)^x$에서 $0<$(밑)<1

따라서 주어진 조건을 만족시키는 함수는 ②이다.

0154
답 ⑤

함수 $y=\left(\dfrac{3a}{16}\right)^x$의 그래프와 원 $(x+1)^2+y^2=1$이 만나지 않으려면 오른쪽 그림과 같이 함수 $y=\left(\dfrac{3a}{16}\right)^x$이 x의 값이 증가할 때 y의 값은 감소하는 함수이어야 하므로 $0<$(밑)<1이어야 한다.

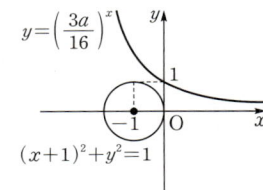

즉, $0<\dfrac{3a}{16}<1$에서 $0<a<\dfrac{16}{3}$

따라서 자연수 a는 1, 2, 3, 4, 5의 5개이다.

0155

답 6

$y=(2a^2-9a-4)^x$에서 x의 값이 증가할 때 y의 값도 증가하려면
$2a^2-9a-4>1$이어야 하므로 $2a^2-9a-5>0$

$(2a+1)(a-5)>0$ $\therefore a<-\dfrac{1}{2}$ 또는 $a>5$

따라서 자연수 a의 최솟값은 6이다.

유형 03 지수함수의 그래프의 평행이동과 대칭이동

0156

답 9

$y=2^{2x}$의 그래프를 x축에 대하여 대칭이동한 그래프의 식은
$y=-2^{2x}=-4^x$

이 함수의 그래프를 x축의 방향으로 m만큼, y축의 방향으로 n만큼 평행이동한 그래프의 식은
$y=-4^{x-m}+n$

이 식이 $y=-8\times4^x-6$, 즉 $y=-4^{x+\frac{3}{2}}-6$과 일치하므로
$m=-\dfrac{3}{2}$, $n=-6$

$\therefore mn=\left(-\dfrac{3}{2}\right)\times(-6)=9$

0157

답 ②

② 치역은 3보다 큰 실수 전체의 집합이다. (거짓)

⑤ 함수 $y=\left(\dfrac{1}{3}\right)^{x-2}+3$의 그래프는 $y=\left(\dfrac{1}{3}\right)^x$의 그래프를 x축의 방향으로 2만큼, y축의 방향으로 3만큼 평행이동한 것이므로 제3, 4사분면을 지나지 않는다. (참)

따라서 옳지 않은 것은 ②이다.

0158

답 ③

ㄱ. $y=-2^{2x}=-4^x$이므로 $y=4^{-x}$의 그래프를 원점에 대하여 대칭이동하면 $y=-2^{2x}$의 그래프와 일치한다.

ㄴ. $y=2\times2^{-x}+5=2^{1-x}+5$이므로 $y=4^{-x}$의 그래프를 평행이동 또는 대칭이동하여 $y=2\times2^{-x}+5$의 그래프와 일치시킬 수 없다.

ㄷ. $y=4\times\left(\dfrac{1}{2}\right)^{-2x}=4\times4^x=4^{x+1}$이므로 $y=4^{-x}$의 그래프를 y축에 대하여 대칭이동한 후 x축의 방향으로 -1만큼 평행이동하면 $y=4\times\left(\dfrac{1}{2}\right)^{-2x}$의 그래프와 일치한다.

ㄹ. $y=2\times2^{-2x}=2\times4^{-x}=4^{-x+\frac{1}{2}}$이므로 $y=4^{-x}$의 그래프를 x축의 방향으로 $\dfrac{1}{2}$만큼 평행이동하면 $y=2\times2^{-2x}$의 그래프와 일치한다.

따라서 $y=4^{-x}$의 그래프를 평행이동 또는 대칭이동하여 일치시킬 수 있는 그래프의 식은 ㄱ, ㄷ, ㄹ이다.

다른 풀이

ㄷ. $y=4\times\left(\dfrac{1}{2}\right)^{-2x}=4\times4^x=4^{x+1}$이므로 $y=4^{-x}$의 그래프를 x축의 방향으로 1만큼 평행이동한 후 y축에 대하여 대칭이동하면 $y=4\times\left(\dfrac{1}{2}\right)^{-2x}$의 그래프와 일치한다.

0159

답 ①

$f(x)=2^{1-2x}+k=\left(\dfrac{1}{2}\right)^{2x-1}+k=\left(\dfrac{1}{4}\right)^{x-\frac{1}{2}}+k$라 하면 함수

$y=f(x)$의 그래프는 $y=\left(\dfrac{1}{4}\right)^x$의 그래프를 x축의 방향으로 $\dfrac{1}{2}$만큼, y축의 방향으로 k만큼 평행이동한 것이다.

이때 $y=\left(\dfrac{1}{4}\right)^x$의 그래프는 오른쪽 그림과 같으므로 $f(x)=2^{1-2x}+k$의 그래프가 제1사분면을 지나지 않으려면 $f(0)\leq0$이어야 한다.

즉, $f(0)=2+k\leq0$이어야 하므로 $k\leq-2$

따라서 실수 k의 최댓값은 -2이다.

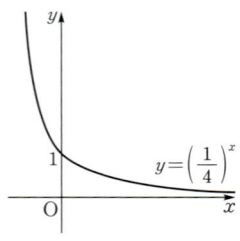

유형 04 지수함수의 그래프 위의 점

0160

답 5

함수 $y=3^{-x}$의 그래프를 x축의 방향으로 3만큼, y축의 방향으로 k만큼 평행이동한 그래프의 식은
$y=3^{-(x-3)}+k$

이 그래프가 점 $\left(4, \dfrac{16}{3}\right)$을 지나므로

$\dfrac{16}{3}=3^{-(4-3)}+k$, $\dfrac{16}{3}=\dfrac{1}{3}+k$

$\therefore k=5$

0161

답 ③

함수 $y=a^x$의 그래프를 y축에 대하여 대칭이동한 그래프의 식은
$y=a^{-x}$ …… ㉠

㉠의 그래프를 x축의 방향으로 2만큼, y축의 방향으로 -2만큼 평행이동한 그래프의 식은
$y=a^{-(x-2)}-2$ …… ㉡

㉡의 그래프가 원점을 지나므로
$0=a^2-2$, $a^2=2$

$\therefore a=\sqrt{2}$ ($\because a>0$)

0162

답 ②

함수 $f(x)=a^x$의 그래프가 두 점 $(b, 3)$, $\left(c, \dfrac{1}{9}\right)$을 지나므로

$a^b=3$, $a^c=\dfrac{1}{9}$

$\therefore f\left(\dfrac{b+c}{2}\right)=a^{\frac{b+c}{2}}=(a^{b+c})^{\frac{1}{2}}=(a^b\times a^c)^{\frac{1}{2}}$

$\qquad =\left(3\times\dfrac{1}{9}\right)^{\frac{1}{2}}=\left(\dfrac{1}{3}\right)^{\frac{1}{2}}=\dfrac{1}{\sqrt{3}}=\dfrac{\sqrt{3}}{3}$

0163

답 -1

점 A는 함수 $y=2^x$의 그래프 위의 점이고, y좌표가 2이므로

$2=2^x$에서 $x=1$

$\therefore \mathrm{A}(1, 2)$

점 B의 x좌표를 a라 하면 $\mathrm{B}(a, 2^a)$

점 C의 y좌표를 k라 하면 $\mathrm{C}(0, k)$

두 점 $\mathrm{B}(a, 2^a)$, $\mathrm{C}(0, k)$에 대하여 선분 BC를 $2:1$로 내분하는 점 A의 x좌표가 1이므로

$\dfrac{2\times 0+1\times a}{2+1}=1$　　$\therefore a=3$

두 점 $\mathrm{B}(3, 8)$, $\mathrm{C}(0, k)$에 대하여 선분 BC를 $2:1$로 내분하는 점 A의 y좌표가 2이므로

$\dfrac{2\times k+1\times 8}{2+1}=2$

$2k=-2$　　$\therefore k=-1$

따라서 점 C의 y좌표는 -1이다.

> 🔊 **Bible Says**　**선분의 내분점**
>
> 두 점 $\mathrm{A}(x_1, y_1)$, $\mathrm{B}(x_2, y_2)$를 이은 선분 AB를 $m:n$으로 내분하는 점 P의 좌표는
>
> $$\mathrm{P}\left(\dfrac{m\times x_2+n\times x_1}{m+n},\ \dfrac{m\times y_2+n\times y_1}{m+n}\right)$$

유형 05　지수함수의 그래프의 도형에의 활용

0164

답 2

곡선 $y=3^x$이 y축과 만나는 점이 A이므로

$\mathrm{A}(0, 1)$

곡선 $y=-3^x+6$이 y축과 만나는 점이 B이므로

$\mathrm{B}(0, 5)$

두 곡선 $y=3^x$, $y=-3^x+6$이 만나는 점이 C이므로 점 C의 x좌표는

$3^x=-3^x+6$에서

$2\times 3^x=6$, $3^x=3$　　$\therefore x=1$

$\therefore \mathrm{C}(1, 3)$

따라서 삼각형 ACB의 넓이는

$\dfrac{1}{2}\times(5-1)\times 1=2$

0165

답 ①

$g(x)=-\left(\dfrac{1}{2}\right)^x+4$의 그래프가 x축과 만나는 점이 A이므로 점 A의 x좌표는 $0=-\left(\dfrac{1}{2}\right)^x+4$에서

$\left(\dfrac{1}{2}\right)^x=4$, $2^{-x}=2^2$　　$\therefore x=-2$

$\therefore \mathrm{A}(-2, 0)$

두 곡선 $y=f(x)$, $y=g(x)$가 만나는 점이 B이므로 점 B의 x좌표를 k라 하면

$\left(\dfrac{1}{2}\right)^k-1=-\left(\dfrac{1}{2}\right)^k+4$에서

$2\times\left(\dfrac{1}{2}\right)^k=5$　　$\therefore \left(\dfrac{1}{2}\right)^k=\dfrac{5}{2}$

그러므로 점 B의 y좌표는

$\left(\dfrac{1}{2}\right)^k-1=\dfrac{5}{2}-1=\dfrac{3}{2}$

따라서 삼각형 AOB의 넓이는

$\dfrac{1}{2}\times 2\times\dfrac{3}{2}=\dfrac{3}{2}$

0166

답 9

$y=8\times 2^x=2^{x+3}$이므로 $y=8\times 2^x$의 그래프는 $y=2^x$의 그래프를 x축의 방향으로 -3만큼 평행이동한 것이다.

오른쪽 그림에서 빗금 친 두 부분의 넓이가 같으므로 두 함수 $y=2^x$, $y=8\times 2^x$의 그래프와 두 직선 $y=1$, $y=4$로 둘러싸인 부분의 넓이는 평행사변형 PQRS의 넓이와 같다.

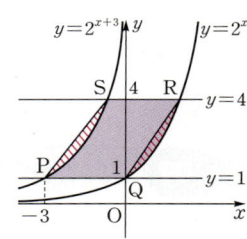

따라서 구하는 넓이는

$\overline{\mathrm{PQ}}\times(\text{높이})=3\times(4-1)=9$

유형 06　지수함수를 이용한 수의 대소 비교

0167

답 ①

$0<a<1$일 때, $f(x)=a^x$의 그래프의 개형은 오른쪽 그림과 같고,

$a<1<\dfrac{1}{a}$이므로

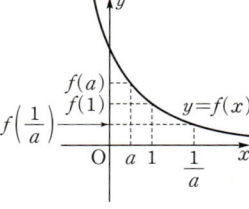

$f\left(\dfrac{1}{a}\right)<f(1)<f(a)$이다.

다른 풀이

$0<a<1$이므로 함수 $f(x)=a^x$은 x의 값이 증가할 때 $f(x)$의 값은 감소한다.

$0<a<1$이므로 $f(a)>f(1)$

$0<a<1$일 때, $\dfrac{1}{a}>1$이므로 $f\left(\dfrac{1}{a}\right)<f(1)$

$\therefore f\left(\dfrac{1}{a}\right)<f(1)<f(a)$

0168

답 ②

$A = \sqrt[4]{4\sqrt{2}} = \sqrt[4]{4} \times \sqrt[8]{2} = 2^{\frac{2}{4}} \times 2^{\frac{1}{8}} = 2^{\frac{5}{8}}$

$B = \left(\frac{1}{8}\right)^{-\frac{1}{4}} = 2^{-3 \times \left(-\frac{1}{4}\right)} = 2^{\frac{3}{4}}$

$C = 4^{\frac{1}{6}} \times 2^{\frac{1}{3}} = 2^{\frac{1}{3}} \times 2^{\frac{1}{3}} = 2^{\frac{2}{3}}$

이때 (밑) > 1이고, $\frac{5}{8} < \frac{2}{3} < \frac{3}{4}$이므로

$2^{\frac{5}{8}} < 2^{\frac{2}{3}} < 2^{\frac{3}{4}}$

$\therefore A < C < B$

0169

답 ⑤

$f(x) = 3^x$이라 하면

$A = 3^{\frac{1}{a}} = f\left(\frac{1}{a}\right)$, $B = 3^{a^2} = f(a^2)$, $C = 3^{-a} = f(-a)$

$0 < a < 1$에서 $1 < \frac{1}{a}$, $0 < a^2 < a < 1$, $-a < 0$이므로

$-a < 0 < a^2 < 1 < \frac{1}{a}$

오른쪽 그림에서

$f(-a) < f(a^2) < f\left(\frac{1}{a}\right)$이므로

$C < B < A$

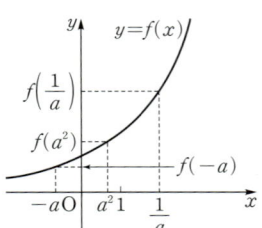

유형 07 지수함수의 최대·최소 – 지수가 일차식인 경우

0170

답 16

$f(x) = 2^{x+1}$에서 (밑) > 1이므로 $-2 \leq x \leq 1$에서 함수

$f(x) = 2^{x+1}$은 $x = 1$일 때 최대이다.

즉, 함수 $f(x)$의 최댓값은

$a = f(1) = 2^2 = 4$

$g(x) = \left(\frac{1}{2}\right)^{2x+2}$에서 $0 <$ (밑) < 1이므로 $-2 \leq x \leq 1$에서 함수

$g(x) = \left(\frac{1}{2}\right)^{2x+2}$은 $x = -2$일 때 최대이다.

즉, 함수 $g(x)$의 최댓값은

$b = g(-2) = \left(\frac{1}{2}\right)^{-2} = 4$

$\therefore ab = 4 \times 4 = 16$

0171

답 ③

$f(x) = a^{-x} = \left(\frac{1}{a}\right)^x$이고, $0 < a < 1$에서 $\frac{1}{a} > 1$이므로 $-1 \leq x \leq 2$

에서 함수 $f(x) = a^{-x}$은 $x = -1$일 때 최소이다.

이때 최솟값이 $\frac{2}{5}$이므로 $f(-1) = \frac{2}{5}$에서

$a = \frac{2}{5}$

따라서 함수 $f(x) = \left(\frac{2}{5}\right)^{-x}$은 $x = 2$일 때 최대이므로 최댓값은

$M = f(2) = \left(\frac{2}{5}\right)^{-2} = \frac{25}{4}$

$\therefore a \times M = \frac{2}{5} \times \frac{25}{4} = \frac{5}{2}$

다른 풀이

$f(x) = a^{-x} = \left(\frac{1}{a}\right)^x$이고, $0 < a < 1$에서 $\frac{1}{a} > 1$이므로 $-1 \leq x \leq 2$

에서 함수 $f(x) = a^{-x}$은 $x = -1$일 때 최소이고, $x = 2$일 때 최대

이다. 즉,

$f(-1) = a^{-(-1)} = a = \frac{2}{5}$

$M = f(2) = a^{-2}$

$\therefore a \times M = a \times a^{-2} = a^{-1} = \frac{5}{2}$

0172

답 80

$f(x) = 4 \times \left(\frac{1}{4}\right)^{2x+k}$에서 $0 <$ (밑) < 1이므로 $-2 \leq x \leq -1$에서 함

수 $f(x) = 4 \times \left(\frac{1}{4}\right)^{2x+k}$은 $x = -2$일 때 최대이다.

이때 최댓값이 1이므로 $f(-2) = 1$에서

$4 \times \left(\frac{1}{4}\right)^{-4+k} = 1$, $4^{-k+5} = 1$

$-k + 5 = 0$ $\therefore k = 5$

따라서 함수 $f(x) = 4 \times \left(\frac{1}{4}\right)^{2x+5}$은 $x = -1$일 때 최소이므로 최솟

값은

$m = f(-1) = 4 \times \left(\frac{1}{4}\right)^{-2+5}$

$\quad = 4 \times \left(\frac{1}{4}\right)^3 = \frac{1}{16}$

$\therefore \frac{k}{m} = \frac{5}{\frac{1}{16}} = 80$

0173

답 ③

$-1 \leq x \leq 3$에서 $|x-1|$의 값은 $x = -1$ 또는 $x = 3$일 때 최대이

고, $x = 1$일 때 최소이다.

한편, $f(x) = \left(\frac{1}{2}\right)^{|x-1|}$에서 $0 <$ (밑) < 1이므로 함수

$f(x) = \left(\frac{1}{2}\right)^{|x-1|}$은 $|x-1|$의 값이 최소일 때 최댓값을 갖고,

$|x-1|$의 값이 최대일 때 최솟값을 갖는다.

따라서 함수 $f(x) = \left(\frac{1}{2}\right)^{|x-1|}$의 최댓값과 최솟값은 각각

$f(1) = \left(\frac{1}{2}\right)^0 = 1$,

$f(-1) = f(3) = \left(\frac{1}{2}\right)^2 = \frac{1}{4}$

이므로 구하는 최댓값과 최솟값의 합은

$1 + \frac{1}{4} = \frac{5}{4}$

0174

답 ④

$y=2^{-x^2+2x-3}$에서 $f(x)=-x^2+2x-3$
이라 하면

$f(x)=-(x-1)^2-2$

$-1 \le x \le 2$에서 함수 $f(x)$는 $x=1$일
때 최댓값 -2를 갖고, $x=-1$일 때 최
솟값 -6을 갖는다.

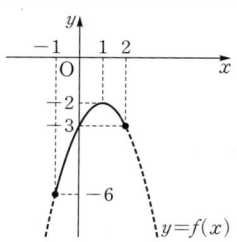

한편, $y=2^{f(x)}$에서 (밑)>1이므로 함수
$y=2^{f(x)}$은 $f(x)$가 최대일 때 최댓값을 갖고, $f(x)$가 최소일 때 최
솟값을 갖는다.

따라서 $M=2^{f(1)}=2^{-2}$, $m=2^{f(-1)}=2^{-6}$이므로

$\dfrac{M}{m}=\dfrac{2^{-2}}{2^{-6}}=2^4$

0175

답 ②

$f(x)=a^{-x^2+2x+3}$에서 $g(x)=-x^2+2x+3$이라 하면

$g(x)=-(x-1)^2+4$

이므로 함수 $g(x)$는 $x=1$일 때 최댓값 4를 갖는다.

한편, $f(x)=a^{g(x)}$에서 $a>1$이면 함수 $f(x)$는 $g(x)$가 최대일 때
최댓값을 갖고, $0<a<1$이면 함수 $f(x)$는 $g(x)$가 최대일 때 최솟
값을 갖는다.

$\therefore 0<a<1$

함수 $f(x)$의 최솟값이 $\dfrac{1}{81}$이므로 $a^{g(1)}=\dfrac{1}{81}$에서

$a^4=3^{-4}$

$\therefore a=(3^{-4})^{\frac{1}{4}}=3^{-1}=\dfrac{1}{3}$

0176

답 ④

$f(x)=x^2-6x+11=(x-3)^2+2$

$1 \le x \le 4$에서 함수 $f(x)$는 $x=1$일 때
최댓값 6을 갖고, $x=3$일 때 최솟값 2를
갖는다.

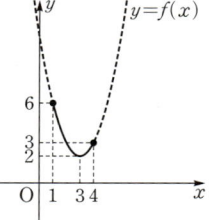

(i) $0<\dfrac{1}{a}<1$, 즉 $a>1$이면 함수

$(g \circ f)(x)=g(f(x))=\left(\dfrac{1}{a}\right)^{f(x)}$은

$f(x)$가 최소일 때 최대이고, 최댓값은 8이므로

$(g \circ f)(3)=8$에서 $\left(\dfrac{1}{a}\right)^{f(3)}=2^3$

$\left(\dfrac{1}{a}\right)^2=2^3$, $a^{-2}=2^3$ $\therefore a=2^{-\frac{3}{2}}=\dfrac{1}{2\sqrt{2}}$

이때 $a=\dfrac{1}{2\sqrt{2}}<1$이므로 $a>1$의 조건에 모순이다.

(ii) $\dfrac{1}{a}>1$, 즉 $0<a<1$이면 함수 $(g \circ f)(x)=g(f(x))=\left(\dfrac{1}{a}\right)^{f(x)}$

은 $f(x)$가 최대일 때 최대이고, 최댓값은 8이므로

$(g \circ f)(1)=8$에서 $\left(\dfrac{1}{a}\right)^{f(1)}=2^3$

$\left(\dfrac{1}{a}\right)^6=2^3$, $a^{-6}=2^3$ $\therefore a=2^{-\frac{3}{6}}=2^{-\frac{1}{2}}=\dfrac{1}{\sqrt{2}}$

따라서 함수 $(g \circ f)(x)=(\sqrt{2})^{f(x)}$은 $f(x)$가 최소일 때 최소이
므로 최솟값은

$(g \circ f)(3)=(\sqrt{2})^{f(3)}=(\sqrt{2})^2=2$

(i), (ii)에서 구하는 최솟값 m은 2이다.

0177

답 ②

$y=\left(\dfrac{1}{4}\right)^x-\left(\dfrac{1}{2}\right)^{x-1}-4=\left\{\left(\dfrac{1}{2}\right)^x\right\}^2-2 \times \left(\dfrac{1}{2}\right)^x-4$에서

$\left(\dfrac{1}{2}\right)^x=t$ $(t>0)$로 놓으면

$y=t^2-2t-4=(t-1)^2-5$

이때 $-2 \le x \le 1$에서

$\left(\dfrac{1}{2}\right)^1 \le \left(\dfrac{1}{2}\right)^x \le \left(\dfrac{1}{2}\right)^{-2}$이므로

$\dfrac{1}{2} \le t \le 4$

따라서 주어진 함수는 $t=4$, 즉 $x=-2$
일 때 최대이므로 최댓값은

$(4-1)^2-5=4$

$\therefore a=-2$, $M=4$

또한 주어진 함수는 $t=1$, 즉 $x=0$일 때 최소이므로 최솟값은

$(1-1)^2-5=-5$

$\therefore b=0$, $m=-5$

$\therefore a+b+M+m=-2+0+4+(-5)=-3$

0178

답 5

$y=4^x-2^{x+a}+7=(2^x)^2-2^a \times 2^x+7$에서

$2^x=t$ $(t>0)$로 놓으면

$y=t^2-2^a t+7$ ……㉠

이때 ㉠은 $x=1$, 즉 $t=2^1=2$일 때 최솟값 b를 가지므로

$y=t^2-2^a t+7$

$=(t-2)^2+b$

$=t^2-4t+4+b$

따라서 $2^a=4$, $7=4+b$이므로 $a=2$, $b=3$

$\therefore a+b=2+3=5$

0179

답 11

$y=-\left(\dfrac{1}{9}\right)^x+2 \times 3^{-x+1}+k=-\left\{\left(\dfrac{1}{3}\right)^x\right\}^2+6 \times \left(\dfrac{1}{3}\right)^x+k$에서

$\left(\dfrac{1}{3}\right)^x=t$ $(t>0)$로 놓으면

$y=-t^2+6t+k=-(t-3)^2+k+9$

이때 $-1 \le x \le 0$에서

$\left(\dfrac{1}{3}\right)^0 \le \left(\dfrac{1}{3}\right)^x \le \left(\dfrac{1}{3}\right)^{-1}$이므로

$1 \le t \le 3$

따라서 주어진 함수는 $t=3$일 때 최대

이고, 최댓값이 15이므로

$k+9=15$ $\therefore k=6$

또한 주어진 함수는 $t=1$일 때 최소이므로 최솟값은

$k+5=6+5=11$

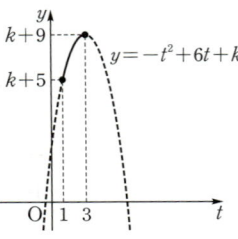

한편,

$9^{-x-2} + 9^x = (3^{-x-2})^2 + (3^x)^2 = (3^{-x-2} + 3^x)^2 - 2 \times 3^{-x-2} \times 3^x$

$\qquad\qquad\qquad = (3^{-x-2} + 3^x)^2 - \dfrac{2}{9} = t^2 - \dfrac{2}{9}$

이므로

$y = 2(3^{-x-2} + 3^x) + 9^{-x-2} + 9^x$

$\quad = 2t + t^2 - \dfrac{2}{9} = (t+1)^2 - \dfrac{11}{9}$

이때 ㉠에서 $t \ge \dfrac{2}{3}$이므로 주어진 함수는 $t = \dfrac{2}{3}$일 때 최소이고, 최

솟값은

$\left(\dfrac{2}{3} + 1\right)^2 - \dfrac{11}{9} = \dfrac{14}{9}$

유형 **10** 산술평균과 기하평균의 관계를 이용한 지수함수의 최대·최소

0180
답 ②

$\left(\dfrac{1}{6}\right)^{a+x} > 0$, $\left(\dfrac{1}{6}\right)^{a-x} > 0$이므로 산술평균과 기하평균의 관계에 의

하여

$y = \left(\dfrac{1}{6}\right)^{a+x} + \left(\dfrac{1}{6}\right)^{a-x}$

$\quad \ge 2\sqrt{\left(\dfrac{1}{6}\right)^{a+x} \times \left(\dfrac{1}{6}\right)^{a-x}}$

$\quad = 2\sqrt{\left(\dfrac{1}{6}\right)^{2a}} = 2 \times \left(\dfrac{1}{6}\right)^a$

$\qquad\qquad$ (단, 등호는 $\left(\dfrac{1}{6}\right)^{a+x} = \left(\dfrac{1}{6}\right)^{a-x}$일 때 성립한다.)

이때 $y = \left(\dfrac{1}{6}\right)^{a+x} + \left(\dfrac{1}{6}\right)^{a-x}$의 최솟값이 72이므로

$2 \times \left(\dfrac{1}{6}\right)^a = 72$

$\left(\dfrac{1}{6}\right)^a = 36$, $6^{-a} = 6^2$

$\therefore a = -2$

0181
답 ②

$\dfrac{2^x}{4^x + 4} = \dfrac{1}{2^x + 2^{-x+2}}$이고, $2^x + 2^{-x+2} = t$로 놓으면

$2^x > 0$, $2^{-x+2} > 0$이므로 산술평균과 기하평균의 관계에 의하여

$t = 2^x + 2^{-x+2} \ge 2\sqrt{2^x \times 2^{-x+2}} = 2 \times 2 = 4$

$\qquad\qquad$ (단, 등호는 $2^x = 2^{-x+2}$일 때 성립한다.)

즉, $t \ge 4$이므로 $0 < \dfrac{1}{t} \le \dfrac{1}{4}$

따라서 $y = 3^{\frac{2^x}{4^x+4}} = 3^{\frac{1}{t}} \le 3^{\frac{1}{4}}$이므로 주어진 함수의 최댓값은 $3^{\frac{1}{4}}$이다.

0182
답 ④

$3^{-x-2} + 3^x = t$로 놓으면 $3^{-x-2} > 0$, $3^x > 0$이므로 산술평균과 기하평

균의 관계에 의하여

$t = 3^{-x-2} + 3^x$

$\quad \ge 2\sqrt{3^{-x-2} \times 3^x} = 2\sqrt{3^{-2}}$

$\quad = 2 \times 3^{-1} = \dfrac{2}{3}$ (단, 등호는 $3^{-x-2} = 3^x$일 때 성립한다.) ······ ㉠

유형 **11** 로그함수의 함숫값

0183
답 ③

$f(x) = \log_2 x + 3$에서 $f(a) = 1$이므로

$\log_2 a + 3 = 1$, $\log_2 a = -2$

$\therefore a = 2^{-2} = \dfrac{1}{4}$

0184
답 ④

$f(x) = \left(\dfrac{1}{2}\right)^x = 2^{-x}$, $g(x) = \log_2 \dfrac{1}{x} = -\log_2 x$이므로

$(f \circ g)(2) = f(g(2)) = f(-\log_2 2) = f(-1) = 2^{-(-1)} = 2$

$(g \circ f)(2) = g(f(2)) = g(2^{-2}) = -\log_2 2^{-2} = 2$

$\therefore \dfrac{(f \circ g)(2)}{(g \circ f)(2)} = \dfrac{2}{2} = 1$

0185
답 ①

ㄱ. $f(a^x) = \log_a a^x = x \log_a a = x$ (참)

ㄴ. $f\left(\dfrac{x}{y}\right) = \log_a \dfrac{x}{y} = \log_a x - \log_a y = f(x) - f(y)$ (참)

ㄷ. $f\left(\dfrac{1}{x^k}\right) = \log_a \dfrac{1}{x^k} = -k \log_a x = -kf(x)$ (거짓)

ㄹ. $f(x) + f\left(\dfrac{1}{x}\right) = \log_a x + \log_a \dfrac{1}{x} = \log_a x - \log_a x = 0$ (거짓)

따라서 옳은 것은 ㄱ, ㄴ이다.

0186
답 ④

$f(x) = \log_a \left(\dfrac{2}{x} + 1\right) = \log_a \dfrac{x+2}{x}$이므로

$f(1) + f(2) + f(3) + \cdots + f(14)$

$= \log_a \dfrac{3}{1} + \log_a \dfrac{4}{2} + \log_a \dfrac{5}{3} + \log_a \dfrac{6}{4} + \cdots + \log_a \dfrac{15}{13} + \log_a \dfrac{16}{14}$

$= \log_a \left(\dfrac{3}{1} \times \dfrac{4}{2} \times \dfrac{5}{3} \times \dfrac{6}{4} \times \cdots \times \dfrac{15}{13} \times \dfrac{16}{14}\right)$

$= \log_a \dfrac{15 \times 16}{1 \times 2} = \log_a 120$

이때 $\log_a 120 = 1$이므로

$a = 120$

유형 12 로그함수의 성질

0187

답 ④

① 그래프의 점근선이 y축이므로 점근선의 방정식은 $x=0$이다. (참)

② $\log_a 1=0$이므로 그래프는 점 $(1, 0)$을 지난다. (참)

③ $0<a<1$이므로 x의 값이 증가하면 y의 값은 감소한다. (참)

④ 정의역은 $\{x|x>0\}$이다. (거짓)

⑤ 정의역은 양의 실수 전체의 집합이고, 치역은 실수 전체의 집합이므로 그래프는 제1, 4사분면을 지난다. (참)

따라서 옳지 않은 것은 ④이다.

0188

답 7

$y=\log(x^2-2x)$에서 $x^2-2x>0$이므로

$x(x-2)>0$

$\therefore x<0$ 또는 $x>2$

$\therefore A=\{x|x<0$ 또는 $x>2\}$

$y=\log(5-x)$에서 $5-x>0$이므로

$x<5$

$\therefore B=\{x|x<5\}$

$\therefore A\cap B=\{x|x<0$ 또는 $2<x<5\}$

따라서 집합 $A\cap B$의 원소 중 자연수는 3, 4이므로 구하는 합은

$3+4=7$

0189

답 ㄴ, ㄹ

ㄱ. $y=\log_{\frac{1}{3}}(-x)=\log_{3^{-1}}(-x)=-\log_3(-x)$

ㄴ. $y=\log_{\frac{1}{3}}\dfrac{1}{x}=\log_{3^{-1}}x^{-1}=\log_3 x$

ㄷ. $y=\log_9 x^2=\log_{3^2}x^2=\log_3|x|$

ㄹ. $y=-\dfrac{1}{3}\log_{\frac{1}{3}}x^3=-\log_{3^{-1}}(x^3)^{\frac{1}{3}}=\log_3 x$

따라서 함수 $y=\log_3 x$와 서로 같은 함수인 것은 ㄴ, ㄹ이다.

0190

답 ③

주어진 그래프에서 x의 값이 증가할 때 y의 값도 증가하므로

$a>1$

$x=1$일 때 $y<0$이므로

$\log_a b<0$, $\log_a b<\log_a 1$

(밑)$=a>1$이므로

$0<b<1$

이때 $y=-\log_{\frac{1}{b}}ax=\log_b ax$이므로 함수 $y=-\log_{\frac{1}{b}}ax$는 x의 값이 증가할 때 y의 값은 감소하고, $x=1$일 때 $\log_b a<\log_b 1=0$이다.

따라서 함수 $y=-\log_{\frac{1}{b}}ax$의 그래프로 알맞은 것은 ③이다.

유형 13 로그함수의 그래프의 평행이동과 대칭이동

0191

답 52

$y=\log_3\left(\dfrac{x}{9}+6\right)$

$=\log_3\dfrac{x+54}{9}$

$=\log_3(x+54)-\log_3 9$

$=\log_3(x+54)-2$

함수 $y=\log_3\left(\dfrac{x}{9}+6\right)$, 즉 $y=\log_3(x+54)-2$의 그래프를 x축의 방향으로 54만큼, y축의 방향으로 2만큼 평행이동하면 함수 $y=\log_3 x$의 그래프와 일치한다.

따라서 $m=54$, $n=2$이므로

$m-n=54-2=52$

0192

답 ②

$y=\log_a(ax+3a)$

$=\log_a a(x+3)$

$=\log_a a+\log_a(x+3)$

$=\log_a(x+3)+1$

의 그래프는 함수 $y=\log_a x$의 그래프를 x축의 방향으로 -3만큼, y축의 방향으로 1만큼 평행이동한 것이다.

함수 $y=\log_a x$의 그래프는 a의 값에 관계없이 항상 점 $(1, 0)$을 지나므로 함수 $y=\log_a(ax+3a)$의 그래프는 a의 값에 관계없이 항상 점 $(-2, 1)$을 지난다.

따라서 $p=-2$, $q=1$이므로

$p+q=-2+1=-1$

0193

답 ④

$y=-\log_2(2x+8)$

$=-\log_2 2(x+4)$

$=-\{\log_2 2+\log_2(x+4)\}$

$=-\log_2(x+4)-1$

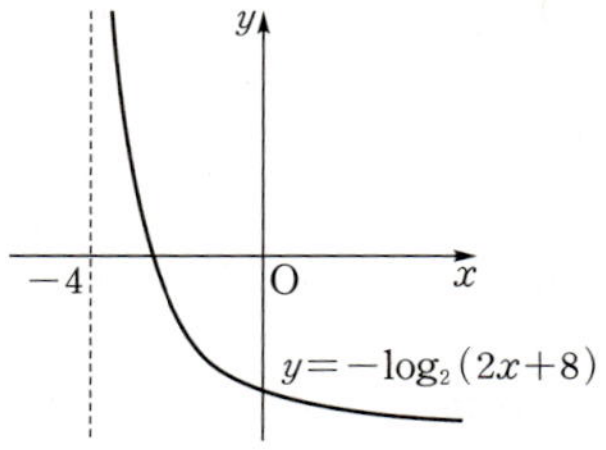

이므로 주어진 함수의 그래프는 오른쪽 그림과 같이 $y=\log_2 x$의 그래프를 x축에 대하여 대칭이동한 후 x축의 방향으로 -4만큼, y축의 방향으로 -1만큼 평행이동한 것이다.

① $x+4>0$이므로 정의역은 $\{x|x>-4\}$이다. (거짓)

② 치역은 실수 전체의 집합이다. (거짓)

③ 그래프의 점근선의 방정식은 $x=-4$이다. (거짓)

④ x의 값이 증가하면 y의 값은 감소한다. (참)

⑤ 그래프는 함수 $y=-\log_2 2x$의 그래프를 x축의 방향으로 -4만큼 평행이동한 것이다. (거짓)

따라서 옳은 것은 ④이다.

0194

답 ⑤

ㄱ. $y=-\dfrac{1}{2}\log_{\sqrt{3}}x=-\log_3 x$이므로 $y=\log_3 x$의 그래프를 x축에 대하여 대칭이동하면 $y=-\dfrac{1}{2}\log_{\sqrt{3}}x$의 그래프와 일치한다.

ㄴ. $y=\log_3\dfrac{x}{9}=\log_3 x-2$이므로 $y=\log_3 x$의 그래프를 y축의 방향으로 -2만큼 평행이동하면 $y=\log_3\dfrac{x}{9}$의 그래프와 일치한다.

ㄷ. $y=\log_3(3-x)=\log_3\{-(x-3)\}$이므로 $y=\log_3 x$의 그래프를 y축에 대하여 대칭이동한 후 x축의 방향으로 3만큼 평행이동하면 $y=\log_3(3-x)$의 그래프와 일치한다.

따라서 $y=\log_3 x$의 그래프를 평행이동 또는 대칭이동하여 일치시킬 수 있는 그래프의 식은 ㄱ, ㄴ, ㄷ이다.

유형 14 로그함수의 그래프 위의 점

0195

답 3

곡선 $y=2^{-x}-3$의 점근선은 직선 $y=-3$이므로 이 직선과 곡선 $y=-\log_3 x-2$의 교점의 좌표를 $(a,\,-3)$이라 하면

$-3=-\log_3 a-2$

$\log_3 a=1$

$\therefore a=3$

따라서 구하는 교점의 x좌표는 3이다.

> **참고**
>
> 곡선 $y=2^{-x}-3$은 곡선 $y=2^{-x}$을 y축의 방향으로 -3만큼 평행이동한 것이다. 이때 곡선 $y=2^{-x}$의 점근선은 직선 $y=0$이므로 곡선 $y=2^{-x}-3$의 점근선은 직선 $y=-3$이다.

0196

답 -1

$y=\log_{\frac{1}{4}}(x+m)+n$의 그래프의 점근선은 직선 $x=-m$이다.

이때 주어진 그래프에서 점근선이 직선 $x=-2$이므로

$m=2$

또한 그래프가 점 $(0,\,-1)$을 지나므로

$-1=\log_{\frac{1}{4}}2+n,\ -1=-\dfrac{1}{2}+n$ $\therefore n=-\dfrac{1}{2}$

$\therefore mn=2\times\left(-\dfrac{1}{2}\right)=-1$

0197

답 ②

함수 $y=\log_2 x$의 그래프가 점 $(a,\,0)$을 지나므로

$\log_2 a=0$에서 $a=1$

함수 $y=\log_2 x$의 그래프가 점 $(b,\,a)$, 즉 점 $(b,\,1)$을 지나므로

$\log_2 b=1$에서 $b=2$

함수 $y=\log_2 x$의 그래프가 점 $(c,\,b)$, 즉 점 $(c,\,2)$를 지나므로

$\log_2 c=2$에서 $c=2^2=4$

$\therefore ab+c=1\times2+4=6$

0198

답 4

직선 $y=1$과 곡선 $y=a^{-x+1}$이 만나는 점 A의 x좌표는

$1=a^{-x+1}$에서

$-x+1=0$ $\therefore x=1$

$\therefore$ A$(1,\,1)$

직선 $y=1$과 곡선 $y=\log_a(x-4)$가 만나는 점 B의 x좌표는

$1=\log_a(x-4)$에서

$x-4=a$ $\therefore x=a+4$

$\therefore$ B$(a+4,\,1)$

이때 $\overline{\text{AB}}=7$이고, $a>1$이므로

$(a+4)-1=7$ $\therefore a=4$

0199

답 ①

곡선 $y=\log_a x$가 직선 $x=2$와 만나는 점 A의 좌표는

A$(2,\,\log_a 2)$

곡선 $y=-\log_a x$가 직선 $x=2$와 만나는 점 B의 좌표는

B$(2,\,-\log_a 2)$

곡선 $y=\log_a(x+a^2)$이 직선 $x=2$와 만나는 점 C의 좌표는

C$(2,\,\log_a(2+a^2))$

이때 $\overline{\text{AB}}:\overline{\text{AC}}=2:1$이고,

$\overline{\text{AB}}=\log_a 2-(-\log_a 2)=2\log_a 2$

$\overline{\text{AC}}=\log_a(2+a^2)-\log_a 2=\log_a\dfrac{a^2+2}{2}$

이므로

$2\log_a 2:\log_a\dfrac{a^2+2}{2}=2:1$

$2\log_a\dfrac{a^2+2}{2}=2\log_a 2$

$\dfrac{a^2+2}{2}=2,\ a^2=2$

$\therefore a=\sqrt{2}\ (\because a>1)$

유형 15 로그함수의 그래프의 도형에의 활용

0200

답 30

점 A는 곡선 $y=\log_2 x$와 x축이 만나는 점이므로

A$(1,\,0)$

점 B는 곡선 $y=\log_2 x$ 위의 점이므로 B$(k,\,\log_2 k)$라 하면

C$(k,\,0)$ (단, $k>1$)

삼각형 ACB의 무게중심의 좌표가 $\left(11,\,\dfrac{4}{3}\right)$이므로

$\dfrac{1+k+k}{3}=11$

$2k=32$ $\therefore k=16$

$\therefore$ B$(16,\,4)$, C$(16,\,0)$

따라서 삼각형 ACB의 넓이는

$\dfrac{1}{2}\times(16-1)\times4=30$

0201 답 2

곡선 $y=3^x+1$의 점근선의 방정식은 $y=1$, 곡선 $y=\log_3(x-k)$의 점근선의 방정식은 $x=k$이므로

A$(k, 1)$

점 B는 곡선 $y=\log_3(x-k)$ 위의 점이고 y좌표가 1이므로

$\log_3(x-k)=1$에서

$x-k=3$ $\quad \therefore x=k+3$

$\therefore$ B$(k+3, 1)$

또한 점 C는 곡선 $y=3^x+1$ 위의 점이므로

C$(k, 3^k+1)$

삼각형 ABC의 넓이가 $\dfrac{27}{2}$이므로

$\dfrac{1}{2}\times\overline{\text{AB}}\times\overline{\text{AC}}=\dfrac{27}{2}$에서

$\dfrac{1}{2}\times 3\times 3^k=\dfrac{27}{2}$, $3^k=9$ $\quad \therefore k=2$

0202 답 16

$y=\log_3 3x=\log_3 3+\log_3 x=\log_3 x+1$,

$y=\log_3 \dfrac{x}{3}=\log_3 x-\log_3 3=\log_3 x-1$

이므로 $y=\log_3 3x$의 그래프는 $y=\log_3 \dfrac{x}{3}$의 그래프를 y축의 방향으로 2만큼 평행이동한 것이다.

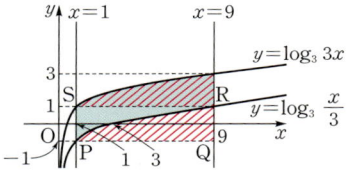

위의 그림에서 빗금 친 두 부분의 넓이가 같으므로 두 함수 $y=\log_3 3x$, $y=\log_3 \dfrac{x}{3}$의 그래프와 두 직선 $x=1$, $x=9$로 둘러싸인 부분의 넓이는 직사각형 PQRS의 넓이와 같다.

따라서 구하는 넓이는

$\overline{\text{PQ}}\times\overline{\text{QR}}=(9-1)\times 2=16$

유형 **16** 로그함수의 역함수

0203 답 ②

$y=\log_{\frac{1}{2}}(x+3)+2$에서

$y-2=-\log_2(x+3)$

$-y+2=\log_2(x+3)$

$2^{-y+2}=x+3$

$x=2^{-y+2}-3$

x와 y를 서로 바꾸면

$y=2^{-x+2}-3$

0204 답 ④

$(f\circ g)(x)=x$이므로 함수 $g(x)$는 함수 $f(x)$의 역함수이다.

$g(2)=k$라 하면 $f(k)=2$이므로

$\log_5(3k^3+1)=2$

$3k^3+1=5^2$, $3k^3=24$, $k^3=8$

$\therefore k=2$

$\therefore g(2)=k=2$

0205 답 ④

함수 $y=f(x)$의 그래프와 그 역함수의 그래프의 두 교점은 직선 $y=x$ 위에 있으므로 두 교점의 좌표는 각각 $\left(\dfrac{1}{2}, \dfrac{1}{2}\right)$, $(1, 1)$이다.

$f(x)=\log_a x+b$의 그래프가 점 $(1, 1)$을 지나므로

$\log_a 1+b=1$ $\quad \therefore b=1$

$f(x)=\log_a x+1$의 그래프가 점 $\left(\dfrac{1}{2}, \dfrac{1}{2}\right)$을 지나므로

$\log_a \dfrac{1}{2}+1=\dfrac{1}{2}$

$\log_a \dfrac{1}{2}=-\dfrac{1}{2}$, $a^{-\frac{1}{2}}=\dfrac{1}{2}$

$\therefore a=\left(\dfrac{1}{2}\right)^{-2}=4$

따라서 $f(x)=\log_4 x+1$이므로

$f(4)=\log_4 4+1=2$

0206 답 ⑤

$y=\log_2 16x=\log_2 x+4$이므로 $y=\log_2 16x$의 그래프를 x축의 방향으로 2만큼 평행이동한 그래프의 식은

$y=\log_2(x-2)+4$ $\qquad$ …… ㉠

이 함수의 그래프를 직선 $y=x$에 대하여 대칭이동한 함수의 그래프가 점 $(3, a)$를 지나므로 ㉠의 그래프는 점 $(a, 3)$을 지난다.

즉, $3=\log_2(a-2)+4$에서 $\log_2(a-2)=-1$

$a-2=2^{-1}=\dfrac{1}{2}$ $\quad \therefore a=\dfrac{5}{2}$

0207 답 40

$y=2^{x+3}+a$라 하면 $y-a=2^{x+3}$

$x+3=\log_2(y-a)$, $x=\log_2(y-a)-3$

x와 y를 서로 바꾸면 $y=\log_2(x-a)-3$

곡선 $y=\log_2(x-a)-3$을 x축의 방향으로 b만큼 평행이동시킨 곡선의 식은 $y=\log_2(x-a-b)-3$이므로

$g(x)=\log_2(x-a-b)-3$

따라서 곡선 $y=f(x)$의 점근선은 직선 $y=a$이고, 곡선 $y=g(x)$의 점근선은 직선 $x=a+b$이므로 두 점근선의 교점의 좌표는 $(a+b, a)$이다.

즉, $a+b=8$, $a=2$이므로

$a=2$, $b=6$

$\therefore a^2+b^2=2^2+6^2=40$

0208

답 265

함수 $f(x)=\log_2 x$의 역함수가 $g(x)$이므로
$g(x)=2^x$
점 A는 곡선 $y=g(x)$가 y축과 만나는 점이므로 A$(0, 1)$
점 B는 점 A를 지나고 x축에 평행한 직선이 곡선 $y=f(x)$와 만나는 점이므로 B$(b, 1)$이라 하면
$1=\log_2 b$　$\therefore b=2$　$\therefore$ B$(2, 1)$
점 C는 점 B를 지나고 y축에 평행한 직선이 곡선 $y=g(x)$와 만나는 점이므로 C$(2, c)$라 하면
$c=2^2=4$　$\therefore$ C$(2, 4)$
점 D는 점 C를 지나고 x축에 평행한 직선이 곡선 $y=f(x)$와 만나는 점이므로 D$(d, 4)$라 하면
$4=\log_2 d$　$\therefore d=2^4=16$　$\therefore$ D$(16, 4)$
$\therefore \overline{\mathrm{AD}}^2=(16-0)^2+(4-1)^2=265$

유형 17 로그함수를 이용한 수의 대소 비교

0209

답 ①

함수 $f(x)=\log_{\frac{1}{2}} x$의 그래프의 개형은 오른쪽 그림과 같고, $0<a<1$일 때 $a^2<a<\dfrac{1}{a}$이므로
$f\left(\dfrac{1}{a}\right)<f(a)<f(a^2)$이다.

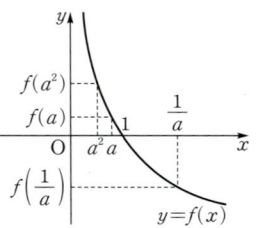

다른 풀이

$f(x)=\log_{\frac{1}{2}} x$에서
$f(a)=\log_{\frac{1}{2}} a=\log_2 \dfrac{1}{a}$
$f(a^2)=\log_{\frac{1}{2}} a^2=\log_2 \left(\dfrac{1}{a}\right)^2$
$f\left(\dfrac{1}{a}\right)=\log_{\frac{1}{2}} \dfrac{1}{a}=\log_2 a$
$0<a<1$이면 $0<a<1<\dfrac{1}{a}<\left(\dfrac{1}{a}\right)^2$이므로
$\log_2 a<\log_2 \dfrac{1}{a}<\log_2 \left(\dfrac{1}{a}\right)^2$
$\therefore f\left(\dfrac{1}{a}\right)<f(a)<f(a^2)$

0210

답 ③

$A=\log_4 \sqrt{27}=\log_{2^2} 3^{\frac{3}{2}}=\log_2 3^{\frac{3}{2}\times\frac{1}{2}}=\log_2 3^{\frac{3}{4}}$
$B=\log_{16} \sqrt[3]{81}=\log_{2^4} 3^{\frac{4}{3}}=\log_2 3^{\frac{4}{3}\times\frac{1}{4}}=\log_2 3^{\frac{1}{3}}$
$C=\log_8 27=\log_{2^3} 3^3=\log_2 3$
이때 (밑)>1이고, $3^{\frac{1}{3}}<3^{\frac{3}{4}}<3$이므로
$\log_2 3^{\frac{1}{3}}<\log_2 3^{\frac{3}{4}}<\log_2 3$
$\therefore B<A<C$

0211

답 ④

$A=\log_a \dfrac{a}{b}=1-\log_a b$
이고, $0<a<b<1$일 때 $0<\log_a b<1$이므로
$0<1-\log_a b<1$　$\therefore 0<A<1$
$B=\log_b a$에서 $0<a<b<1$일 때
$\log_b a>1$이므로 $B>1$
$C=\log_a \dfrac{b}{a}=\log_a b-1$
이고, $0<a<b<1$일 때 $0<\log_a b<1$이므로
$-1<\log_a b-1<0$　$\therefore -1<C<0$
$\therefore C<A<B$

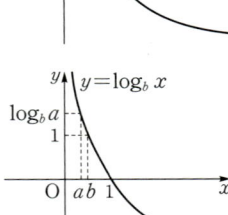

참고

$0<a<b<1$이므로 $a=\dfrac{1}{4}$, $b=\dfrac{1}{2}$을 대입해 보면
$A=\log_{\frac{1}{4}} \dfrac{\frac{1}{4}}{\frac{1}{2}}=\log_{\left(\frac{1}{2}\right)^2} \dfrac{1}{2}=\dfrac{1}{2}$
$B=\log_{\frac{1}{2}} \dfrac{1}{4}=\log_{\frac{1}{2}} \left(\dfrac{1}{2}\right)^2=2$
$C=\log_{\frac{1}{4}} \dfrac{\frac{1}{2}}{\frac{1}{4}}=\log_{2^{-2}} 2=-\dfrac{1}{2}$
$-\dfrac{1}{2}<\dfrac{1}{2}<2$이므로 $C<A<B$

유형 18 로그함수의 최대·최소 – 진수가 일차식인 경우

0212

답 ④

함수 $f(x)=\log_{\frac{1}{3}}(x-1)+3$은 x의 값이 증가하면 $f(x)$의 값은 감소하므로 $4\le x\le 10$에서 함수 $f(x)$는 $x=4$일 때 최대이다.
따라서 구하는 최댓값은
$\log_{\frac{1}{3}}(4-1)+3=\log_{\frac{1}{3}} 3+3$
　　　　$=-1+3=2$

0213

답 ②

함수 $f(x)=\log_{\frac{1}{3}}(x+a)$는 x의 값이 증가하면 $f(x)$의 값은 감소하므로 $4\le x\le 6$에서 함수 $f(x)$는 $x=6$일 때 최소이고, 최솟값 -1을 갖는다.
즉, $f(6)=-1$이므로
$\log_{\frac{1}{3}}(6+a)=-1$, $-\log_3(6+a)=-1$
$6+a=3$　$\therefore a=-3$
따라서 $f(x)=\log_{\frac{1}{3}}(x-3)$이고, 함수 $f(x)$는 $x=4$일 때 최대이므로 구하는 최댓값은
$\log_{\frac{1}{3}}(4-3)=0$

0214

답 ④

$a>1$일 때, 함수 $y=\log_a\left(\dfrac{1}{3}x+b\right)$는 x의 값이 증가하면 y의 값도

증가하므로 $2\leq x\leq 8$에서 함수 $y=\log_a\left(\dfrac{1}{3}x+b\right)$는 $x=8$일 때 최

대이고, 최댓값 2를 갖는다.

즉, $\log_a\left(\dfrac{8}{3}+b\right)=2$이므로 $b+\dfrac{8}{3}=a^2$ ...... ㉠

또한 주어진 함수는 $x=2$일 때 최소이고, 최솟값 1을 갖는다.

즉, $\log_a\left(\dfrac{2}{3}+b\right)=1$이므로 $b+\dfrac{2}{3}=a$ ...... ㉡

㉠-㉡을 하면 $a^2-a=2$

$a^2-a-2=0$, $(a+1)(a-2)=0$

$\therefore a=2\ (\because a>1)$

$a=2$를 ㉡에 대입하면

$b+\dfrac{2}{3}=2$　　$\therefore b=\dfrac{4}{3}$

$\therefore a+b=2+\dfrac{4}{3}=\dfrac{10}{3}$

유형 19 로그함수의 최대·최소 – 진수가 이차식인 경우

0215

답 ④

$f(x)=x^2-8x+23$이라 하면 $f(x)=(x-4)^2+7$이므로 함수

$f(x)$는 $x=4$일 때 최솟값 7을 갖는다.

이때 함수 $y=\log_7 f(x)+3$은 $f(x)$의 값이 증가하면 y의 값도 증

가하므로 함수 $y=\log_7 f(x)+3$은 $f(x)$의 값이 최소일 때, 최솟

값을 갖는다.

따라서 구하는 최솟값은

$\log_7 f(4)+3=\log_7 7+3=1+3=4$

0216

답 $\dfrac{1}{20}$

$f(x)=2x^2-8x+10$이라 하면

$f(x)=2(x-2)^2+2$

$-1\leq x\leq 4$에서 함수 $f(x)$는 $x=-1$일

때 최댓값 20을 갖고, $x=2$일 때 최솟값

2를 갖는다.

한편, $0<a<1$이므로 함수

$y=\log_a f(x)$는 $f(x)$의 값이 증가하면

y의 값은 감소한다.

즉, 함수 $y=\log_a f(x)$는 $f(x)$의 값이 최대일 때, 최솟값을 갖는다.

이때 최솟값은 -1이므로

$\log_a f(-1)=-1$, $\log_a 20=-1$

$a^{-1}=20$　　$\therefore a=\dfrac{1}{20}$

0217

답 ④

진수의 조건에서 $6-x>0$, $x+2>0$

$\therefore -2<x<6$

$y=\log_2(6-x)-\log_{0.5}(x+2)=\log_2(6-x)-\log_{\frac{1}{2}}(x+2)$

$\quad=\log_2(6-x)+\log_2(x+2)=\log_2(6-x)(x+2)$

$\quad=\log_2(-x^2+4x+12)$

$f(x)=-x^2+4x+12$라 하면 $f(x)=-(x-2)^2+16$이므로 함수

$f(x)$는 $x=2$일 때 최댓값 16을 갖는다.

이때 함수 $y=\log_2 f(x)$는 $f(x)$의 값이 증가하면 y의 값도 증가하

므로 함수 $y=\log_2 f(x)$는 $f(x)$의 값이 최대일 때, 최댓값을 갖는다.

따라서 구하는 최댓값은

$\log_2 f(2)=\log_2 16=4$

0218

답 ⑤

$f(x)=|x^2-10x+9|$라 하면

$f(x)=|(x-1)(x-9)|$

$\quad=|(x-5)^2-16|$

함수 $y=f(x)$의 그래프는 오른쪽 그림

과 같다.

$2\leq x\leq 8$에서 함수 $f(x)$는 $x=5$일 때

최댓값 16을 갖고, $x=2$ 또는 $x=8$일 때

최솟값 7을 갖는다.

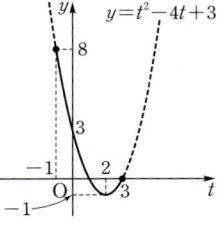

이때 함수 $y=\log f(x)$는 $f(x)$의 값이 증가하면 y의 값도 증가하므

로 함수 $y=\log f(x)$는 $f(x)$의 값이 최대일 때, 최댓값을 갖는다.

따라서 구하는 최댓값은

$\log f(5)=\log 16=4\log 2$

유형 20 로그함수의 최대·최소 – $\log_a x$ 꼴이 반복되는 경우

0219

답 ⑤

$y=(\log_3 x)^2+\log_{\frac{1}{3}} 3x^4+4$

$\quad=(\log_3 x)^2-\log_3 3x^4+4$

$\quad=(\log_3 x)^2-(\log_3 3+\log_3 x^4)+4$

$\quad=(\log_3 x)^2-4\log_3 x+3$

에서 $\log_3 x=t$로 놓으면

$y=t^2-4t+3=(t-2)^2-1$

이때 $\dfrac{1}{3}\leq x\leq 27$에서

$\log_3 \dfrac{1}{3}\leq \log_3 x\leq \log_3 27$이므로

$-1\leq t\leq 3$

따라서 주어진 함수는 $t=-1$일 때 최대

이고, 최댓값은 8이다.

또한 $t=2$일 때 최소이고, 최솟값은 -1이다.

따라서 구하는 최댓값과 최솟값의 합은

$8+(-1)=7$

0220

답 ②

$$y=\left(\log_2\frac{x^2}{4}\right)\left(\log_4\frac{x}{8}\right)$$
$$=\left(\log_2\frac{x^2}{4}\right)\left(\frac{1}{2}\log_2\frac{x}{8}\right)$$
$$=(2\log_2 x-2)\left(\frac{1}{2}\log_2 x-\frac{3}{2}\right)$$
$$=(\log_2 x)^2-4\log_2 x+3$$

에서 $\log_2 x=t$로 놓으면

$$y=t^2-4t+3$$
$$=(t-2)^2-1$$

이때 $2\leq x\leq 16$에서

$\log_2 2\leq\log_2 x\leq\log_2 16$이므로

$1\leq t\leq 4$

따라서 주어진 함수는 $t=2$일 때 최소
이고, 최솟값은 -1이다.

이때 $t=2$이면

$\log_2 x=2$

$\therefore x=2^2=4$

따라서 $a=4$, $b=-1$이므로

$a+b=4+(-1)=3$

0221

답 ②

$$y=(\log_3 x)(\log_{\frac{1}{3}}x)+a\log_3 x+b$$
$$=(\log_3 x)(-\log_3 x)+a\log_3 x+b$$
$$=-(\log_3 x)^2+a\log_3 x+b$$

$\log_3 x=t$로 놓으면

$$y=-t^2+at+b$$
$$=-\left(t-\frac{a}{2}\right)^2+\frac{a^2}{4}+b \quad\cdots\cdots\,\textcircled{\scriptsize{$\urcorner$}}$$

$x=3$이면 $t=1$이고, $t=1$일 때 $\textcircled{\scriptsize{$\urcorner$}}$은 최댓값 11을 가지므로

$\dfrac{a}{2}=1$, $\dfrac{a^2}{4}+b=11$

$\therefore a=2$, $b=10$

$\therefore a-b=2-10=-8$

유형 21 로그함수의 최대·최소 - 지수에 로그가 있는 경우

0222

답 ③

$y=x^{\log_3 x-1}$의 양변에 밑이 3인 로그를 취하면

$\log_3 y=\log_3 x^{\log_3 x-1}$

$\log_3 y=(\log_3 x-1)\log_3 x$

$\log_3 y=(\log_3 x)^2-\log_3 x$

$\log_3 x=X$, $\log_3 y=Y$로 놓으면

$$Y=X^2-X$$
$$=\left(X-\frac{1}{2}\right)^2-\frac{1}{4}$$

이때 $1\leq x\leq 9$에서

$\log_3 1\leq\log_3 x\leq\log_3 9$이므로

$0\leq X\leq 2$

따라서 Y는 $X=2$일 때 최대이고, 최
댓값은 2이므로

$\log_3 y=2$에서 $y=3^2$

즉, 주어진 함수의 최댓값은 3^2이다.

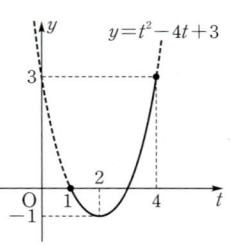

또한 Y는 $X=\dfrac{1}{2}$일 때 최소이고, 최솟값은 $-\dfrac{1}{4}$이므로

$\log_3 y=-\dfrac{1}{4}$에서 $y=3^{-\frac{1}{4}}$

즉, 주어진 함수의 최솟값은 $3^{-\frac{1}{4}}$이다.

따라서 최댓값과 최솟값의 곱은

$$3^2\times 3^{-\frac{1}{4}}=3^{2-\frac{1}{4}}=3^{\frac{7}{4}}$$

이므로 $k=\dfrac{7}{4}$

0223

답 ④

$y=x^{-\log x+6}$의 양변에 상용로그를 취하면

$\log y=\log x^{-\log x+6}$

$\log y=(-\log x+6)\log x$

$\log y=-(\log x)^2+6\log x$

$\log x=X$, $\log y=Y$로 놓으면

$$Y=-X^2+6X$$
$$=-(X-3)^2+9$$

따라서 Y는 $X=3$일 때 최대이고, 최댓값은 9이다.

$\log x=3$, $\log y=9$에서

$x=10^3$, $y=10^9$

이므로 $a=10^3$, $b=10^9$

$\therefore ab=10^3\times 10^9=10^{12}$

0224

답 ⑤

$xy=10x^{\log x}$의 양변에 상용로그를 취하면

$\log xy=\log 10x^{\log x}$

$\log xy=\log 10+\log x^{\log x}$

$\log x+\log y=1+(\log x)^2$

$\log y=(\log x)^2-\log x+1$

$\log x=X$, $\log y=Y$로 놓으면

$$Y=X^2-X+1$$
$$=\left(X-\frac{1}{2}\right)^2+\frac{3}{4}$$

따라서 Y는 $X=\dfrac{1}{2}$일 때 최소이고, 최솟값은 $\dfrac{3}{4}$이므로

$\log a=\dfrac{1}{2}$, $\log b=\dfrac{3}{4}$

$$\therefore \log ab=\log a+\log b$$
$$=\frac{1}{2}+\frac{3}{4}=\frac{5}{4}$$

유형 22 | 산술평균과 기하평균의 관계를 이용한 로그함수의 최대·최소

0225

답 ③

$y = \log_3 x^2 + \log_{x^2} 81$

$\quad = 2\log_3 x + 2\log_x 3$

$\quad = 2\log_3 x + \dfrac{2}{\log_3 x}$

이때 $x > 1$에서 $\log_3 x > 0$이므로 산술평균과 기하평균의 관계에 의하여

$y = 2\log_3 x + \dfrac{2}{\log_3 x}$

$\quad \geq 2\sqrt{2\log_3 x \times \dfrac{2}{\log_3 x}}$

$\quad = 2 \times 2$

$\quad = 4 \left(\text{단, 등호는 } 2\log_3 x = \dfrac{2}{\log_3 x} \text{일 때 성립한다.}\right)$

따라서 주어진 함수의 최솟값은 4이다.

0226

답 ④

$4\log_4 x + 4\log_2 y = 2\log_2 x + 4\log_2 y$

$\qquad\qquad\qquad\quad = \log_2 x^2 + \log_2 y^4$

$\qquad\qquad\qquad\quad = \log_2 x^2 y^4$

한편, $x^2 > 0$, $y^4 > 0$이므로 산술평균과 기하평균의 관계에 의하여

$x^2 + y^4 \geq 2\sqrt{x^2 y^4}$ (단, 등호는 $x^2 = y^4$일 때 성립한다.)

$32 \geq 2\sqrt{x^2 y^4}$, $\sqrt{x^2 y^4} \leq 16$

$\therefore x^2 y^4 \leq 16^2 = 2^8$

$\therefore \log_2 x^2 y^4 \leq \log_2 2^8 = 8$

따라서 구하는 최댓값은 8이다.

0227

답 ①

$\log_4(x+y) + \log_4\left(\dfrac{4}{x} + \dfrac{4}{y}\right) = \log_4(x+y)\left(\dfrac{4}{x} + \dfrac{4}{y}\right)$

$\qquad\qquad\qquad\qquad\qquad = \log_4\left(\dfrac{4y}{x} + \dfrac{4x}{y} + 8\right)$

한편, $x > 0$, $y > 0$에서 $\dfrac{4y}{x} > 0$, $\dfrac{4x}{y} > 0$이므로 산술평균과 기하평균의 관계에 의하여

$\dfrac{4y}{x} + \dfrac{4x}{y} + 8 \geq 2\sqrt{\dfrac{4y}{x} \times \dfrac{4x}{y}} + 8$

$\qquad\qquad\qquad = 2\sqrt{4^2} + 8$

$\qquad\qquad\qquad = 8 + 8 = 16 \left(\text{단, 등호는 } \dfrac{4y}{x} = \dfrac{4x}{y} \text{일 때 성립한다.}\right)$

$\therefore \log_4\left(\dfrac{4y}{x} + \dfrac{4x}{y} + 8\right) \geq \log_4 16 = 2$

따라서 구하는 최솟값은 2이다.

0228

답 ②

함수 $y = 2^x - 1$의 그래프의 점근선의 방정식은 $y = -1$

이 직선이 함수 $y = \log_2(x+k)$의 그래프와 만나는 점의 x좌표는

$\log_2(x+k) = -1$에서

$x + k = 2^{-1}$ $\quad \therefore x = \dfrac{1}{2} - k$

점 $\left(\dfrac{1}{2} - k, -1\right)$이 y축 위에 있으므로

$\dfrac{1}{2} - k = 0$ $\quad \therefore k = \dfrac{1}{2}$

0229

답 ④

함수 $y = \log_{\frac{1}{2}}(x-a) + b$에서 $0 < (밑) < 1$이므로 이 함수는 x의 값이 증가하면 y의 값은 감소한다.

따라서 주어진 함수는 $2 \leq x \leq 5$에서 $x = 2$일 때 최댓값 3을 갖고, $x = 5$일 때 최솟값 1을 가지므로

$\log_{\frac{1}{2}}(2-a) + b = 3$ $\quad\cdots\cdots$ ㉠

$\log_{\frac{1}{2}}(5-a) + b = 1$ $\quad\cdots\cdots$ ㉡

㉠ $-$ ㉡을 하면

$\log_{\frac{1}{2}}(2-a) - \log_{\frac{1}{2}}(5-a) = 2$

$\log_{\frac{1}{2}} \dfrac{2-a}{5-a} = 2$, $\dfrac{2-a}{5-a} = \left(\dfrac{1}{2}\right)^2$

$4(2-a) = 5-a$, $3a = 3$

$\therefore a = 1$

이를 ㉠에 대입하면 $b = 3$

$\therefore a + b = 1 + 3 = 4$

0230

답 ③

$y = a - \log_2(ax+8)$

$\quad = \log_{\frac{1}{2}}(ax+8) + a$

이므로 이 함수는 x의 값이 증가하면 y의 값은 감소한다.

이때 이 함수의 그래프가 제1사분면을 지나지 않으려면 오른쪽 그림과 같이 y축과 $y \leq 0$인 점에서 만나야 하므로

$a - \log_2(0+8) \leq 0$, $a - \log_2 2^3 \leq 0$

$\therefore a \leq 3$

따라서 양수 a의 최댓값은 3이다.

(그래프: $y = a - \log_2(ax+8)$)

짝기출

답 ④

함수 $f(x) = -2^{4-3x} + k$의 그래프가 제2사분면을 지나지 않도록 하는 자연수 k의 최댓값은?

① 10 ② 12 ③ 14 ④ 16 ⑤ 18

0231

답 ④

두 점 A, B의 x좌표를 각각 a, b $(0<b<a)$라 하면

$A(a, \log_2 a)$, $B(b, \log_2 4b)$

이때 선분 AB가 x축에 평행하므로 두 점 A, B의 y좌표가 같다.

$\log_2 a = \log_2 4b$, $a = 4b$ $\therefore b = \dfrac{1}{4}a$

$\therefore B\left(\dfrac{1}{4}a, \log_2 a\right)$

선분 AC가 y축에 평행하므로 두 점 A, C의 x좌표가 같다.

$\therefore C(a, \log_2 4a)$

$\overline{AB} = \overline{AC}$이므로

$a - \dfrac{1}{4}a = \log_2 4a - \log_2 a$

$\dfrac{3}{4}a = \log_2 4 + \log_2 a - \log_2 a$, $\dfrac{3}{4}a = 2$ $\therefore a = \dfrac{8}{3}$

따라서 점 B의 좌표는 $\left(\dfrac{2}{3}, \log_2 \dfrac{8}{3}\right)$이므로

$p = \dfrac{2}{3}$, $q = \log_2 \dfrac{8}{3}$

$\therefore p \times 2^q = \dfrac{2}{3} \times 2^{\log_2 \frac{8}{3}} = \dfrac{2}{3} \times \dfrac{8}{3} = \dfrac{16}{9}$

짝기출 답 ①

그림과 같이 함수 $y = 3^{x+1}$의 그래프 위의 한 점 A와 함수 $y = 3^{x-2}$의 그래프 위의 두 점 B, C에 대하여 선분 AB는 x축에 평행하고 선분 AC는 y축에 평행하다.
$\overline{AB} = \overline{AC}$가 될 때, 점 A의 y좌표는? (단, 점 A는 제1사분면 위에 있다.)

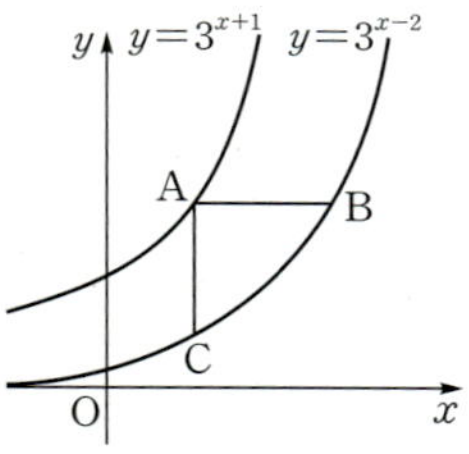

① $\dfrac{81}{26}$ ② $\dfrac{44}{13}$ ③ $\dfrac{95}{26}$ ④ $\dfrac{101}{26}$ ⑤ $\dfrac{54}{13}$

0232

답 16

조건 ㈐에서 이차함수 $y = f(x)$의 그래프는 직선 $x = 3$에 대하여 대칭이므로 $f(x) = p(x-3)^2 + q$ (p, q는 상수, $p \neq 0$)로 놓을 수 있다.

조건 ㈎에서 $f(1) = -4$이므로

$4p + q = -4$ ······ ㉠

조건 ㈑에서 $f(4) = 2$이므로

$p + q = 2$ ······ ㉡

㉠, ㉡을 연립하여 풀면 $p = -2$, $q = 4$

$\therefore f(x) = -2(x-3)^2 + 4$

$\therefore (g \circ f)(x) = g(f(x)) = \left(\dfrac{1}{2}\right)^{f(x)} = \left(\dfrac{1}{2}\right)^{-2(x-3)^2+4}$

이때 $(g \circ f)(x) = \left(\dfrac{1}{2}\right)^{f(x)}$에서 $0 < ($밑$) < 1$이므로 함수

$(g \circ f)(x) = \left(\dfrac{1}{2}\right)^{f(x)}$은 $f(x)$가 최소일 때 최댓값을 갖는다.

$1 \leq x \leq 4$에서 함수 $f(x) = -2(x-3)^2 + 4$의 최솟값은 $x = 1$일 때 -4이므로 함수 $(g \circ f)(x)$의 최댓값은

$\left(\dfrac{1}{2}\right)^{-4} = 16$

짝기출 답 128

두 함수

$$f(x) = \left(\dfrac{1}{2}\right)^{x-a}, \quad g(x) = (x-1)(x-3)$$

에 대하여 합성함수 $h(x) = (f \circ g)(x)$라 하자. 함수 $h(x)$가 $0 \leq x \leq 5$에서 최솟값 $\dfrac{1}{4}$, 최댓값 M을 갖는다. M의 값을 구하시오. (단, a는 상수이다.)

0233

답 ②

점 A는 직선 $y = \sqrt{3}$ 위에 있으므로 x좌표를 m ($m \neq 0$인 실수)이라 하면

$A(m, \sqrt{3})$

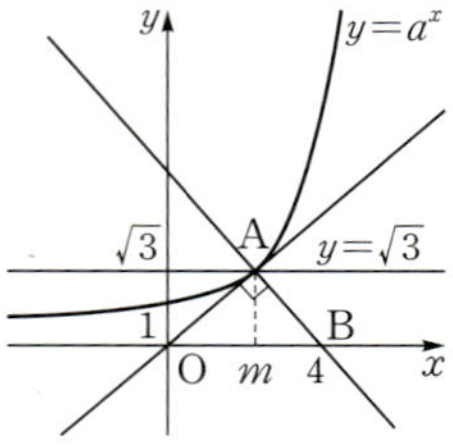

직선 OA의 기울기는

$\dfrac{\sqrt{3} - 0}{m - 0} = \dfrac{\sqrt{3}}{m}$

직선 AB의 기울기는

$\dfrac{0 - \sqrt{3}}{4 - m} = \dfrac{\sqrt{3}}{m - 4}$

이때 두 직선이 서로 수직이므로

$\dfrac{\sqrt{3}}{m} \times \dfrac{\sqrt{3}}{m-4} = -1$

$m(m-4) = -3$, $m^2 - 4m + 3 = 0$

$(m-1)(m-3) = 0$

$\therefore m = 1$ 또는 $m = 3$

따라서 점 A의 x좌표는 1 또는 3이다.

한편, 점 A는 지수함수 $y = a^x$ $(a > 1)$의 그래프 위의 점이므로

(i) $A(1, \sqrt{3})$일 때, $a = \sqrt{3} = 3^{\frac{1}{2}}$

(ii) $A(3, \sqrt{3})$일 때, $a^3 = \sqrt{3} = 3^{\frac{1}{2}}$ $\therefore a = 3^{\frac{1}{6}}$

(i), (ii)에서 구하는 모든 a의 값의 곱은

$3^{\frac{1}{2}} \times 3^{\frac{1}{6}} = 3^{\frac{1}{2} + \frac{1}{6}} = 3^{\frac{2}{3}}$

다른 풀이

지수함수 $y = a^x$의 그래프와 직선 $y = \sqrt{3}$이 만나는 점 A의 좌표를 $A(p, \sqrt{3})$이라 하면

$a^p = \sqrt{3}$에서 $p = \log_a \sqrt{3}$

$\therefore A(\log_a \sqrt{3}, \sqrt{3})$

두 직선 OA, AB가 서로 수직이므로 점 A에서 x축에 내린 수선의 발을 H라 하면 두 삼각형 OHA, AHB는 서로 닮음이다.

이때 $\overline{OH} = \log_a \sqrt{3}$, $\overline{AH} = \sqrt{3}$, $\overline{BH} = 4 - \log_a \sqrt{3}$이므로

$\overline{OH} : \overline{AH} = \overline{AH} : \overline{BH}$에서

$\log_a \sqrt{3} : \sqrt{3} = \sqrt{3} : (4 - \log_a \sqrt{3})$

$\log_a \sqrt{3}(4 - \log_a \sqrt{3}) = 3$

$(\log_a \sqrt{3})^2 - 4\log_a \sqrt{3} + 3 = 0$

$(\log_a \sqrt{3} - 1)(\log_a \sqrt{3} - 3) = 0$

즉, $\log_a \sqrt{3} = 1$ 또는 $\log_a \sqrt{3} = 3$이므로

$a = \sqrt{3} = 3^{\frac{1}{2}}$ 또는 $a = (\sqrt{3})^{\frac{1}{3}} = 3^{\frac{1}{6}}$

따라서 모든 a의 값의 곱은

$3^{\frac{1}{2}} \times 3^{\frac{1}{6}} = 3^{\frac{1}{2} + \frac{1}{6}} = 3^{\frac{2}{3}}$

0234

답 45

네 점 A, B, C, D의 좌표는
A$(1, a)$, B$(1, b)$, C$(2, a^2)$, D$(2, b^2)$
이때 $\overline{OA} < \overline{OB}$이므로 $a < b$
따라서 두 곡선 $y = a^x$, $y = b^x$과 네 점 A, B, C, D는 오른쪽 그림과 같다.
네 점 A, B, C, D를 꼭짓점으로 하는 사각형의 넓이가 5이므로

$$\frac{1}{2} \times (\overline{AB} + \overline{CD}) \times 1 = 5$$

$$\frac{1}{2} \times \{(b-a) + (b^2 - a^2)\} = 5$$

$$(b-a) + (b-a)(b+a) = 10$$

$$(b-a)(b+a+1) = 10$$

이때 $b-a$, $b+a+1$은 모두 자연수이고
$b-a < b+a+1$이므로

(ⅰ) $b-a=1$, $b+a+1=10$일 때
　두 식을 연립하여 풀면
　$a=4$, $b=5$

(ⅱ) $b-a=2$, $b+a+1=5$일 때
　두 식을 연립하여 풀면
　$a=1$, $b=3$
　a, b는 2 이상의 서로 다른 두 자연수이므로 조건을 만족시키지 않는다.

(ⅰ), (ⅱ)에서 $a=4$, $b=5$이므로
$10a + b = 10 \times 4 + 5 = 45$

답 18

짝기출

그림과 같이 3 이상의 자연수 n에 대하여 두 곡선 $y = n^x$, $y = 2^x$이 직선 $x=1$과 만나는 점을 각각 A, B라 하고, 두 곡선 $y = n^x$, $y = 2^x$이 직선 $x=2$와 만나는 점을 각각 C, D라 하자. 사다리꼴 ABDC의 넓이가 18 이하가 되도록 하는 모든 자연수 n의 값의 합을 구하시오.

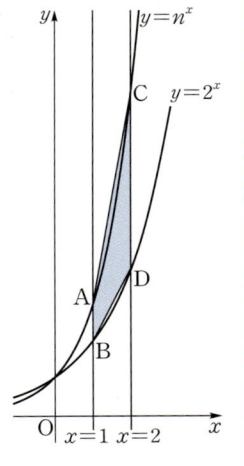

0235

답 ③

A$(a, 1-2^{-a})$ $(a > 0)$이라 하면 B$(a, 2^a)$이므로

$$\overline{AB} = 2^a - (1 - 2^{-a}) = 2^a - 1 + \frac{1}{2^a} = \frac{2^{2a} - 2^a + 1}{2^a}$$

점 C의 y좌표는 점 A의 y좌표와 같으므로 점 C의 x좌표는
$2^x = 1 - 2^{-a}$에서 $x = \log_2 (1 - 2^{-a})$
점 D의 y좌표는

$$1 - 2^{-\log_2 (1-2^{-a})} = 1 - (1 - 2^{-a})^{-1} = 1 - \frac{1}{1 - 2^{-a}}$$

$$= -\frac{2^{-a}}{1 - 2^{-a}} = -\frac{1}{2^a - 1}$$

이므로

$$\overline{CD} = (1 - 2^{-a}) - \left(-\frac{1}{2^a - 1}\right) = 1 - \frac{1}{2^a} + \frac{1}{2^a - 1}$$

$$= \frac{2^a (2^a - 1) - (2^a - 1) + 2^a}{2^a (2^a - 1)}$$

$$= \frac{2^{2a} - 2^a + 1}{2^a (2^a - 1)} \quad \cdots\cdots ㉠$$

$\overline{AB} = 2\overline{CD}$에서

$$\frac{2^{2a} - 2^a + 1}{2^a} = 2 \times \frac{2^{2a} - 2^a + 1}{2^a (2^a - 1)}$$

$$1 = \frac{2}{2^a - 1}, \ 2^a - 1 = 2 \qquad \therefore 2^a = 3$$

$2^a = 3$을 ㉠에 대입하면

$$\overline{CD} = \frac{3^2 - 3 + 1}{3 \times 2} = \frac{7}{6}, \ \overline{AB} = 2\overline{CD} = \frac{7}{3}$$

한편, $2^a = 3$에서 $a = \log_2 3$이므로

$$\overline{AC} = a - \log_2 (1 - 2^{-a}) = \log_2 3 - \log_2 \left(1 - \frac{1}{3}\right)$$

$$= \log_2 \frac{3}{\frac{2}{3}} = \log_2 \frac{9}{2}$$

따라서 사각형 ABCD의 넓이는

$$\frac{1}{2} \times (\overline{AB} + \overline{CD}) \times \overline{AC} = \frac{1}{2} \times \left(\frac{7}{3} + \frac{7}{6}\right) \times \log_2 \frac{9}{2}$$

$$= \frac{7}{4}(2\log_2 3 - 1)$$

$$= \frac{7}{2}\log_2 3 - \frac{7}{4}$$

0236

답 ④

직선 $y = -x$ 위의 두 점 A, B의 좌표를 각각 A$(-p, p)$, B$(-q, q)$라 하자. (단, $0 < p < q$)
이때 $\overline{AB} = 6\sqrt{2}$이므로 $\sqrt{(-q+p)^2 + (q-p)^2} = 6\sqrt{2}$

$$\sqrt{2}(q-p) = 6\sqrt{2} \ (\because p < q) \qquad \therefore q - p = 6 \quad \cdots\cdots ㉠$$

한편, 사다리꼴 ACDB의 넓이가 30이므로

$$\frac{1}{2} \times (p+q) \times (q-p) = 30$$

$$3(p+q) = 30 \ (\because ㉠) \qquad \therefore p + q = 10 \quad \cdots\cdots ㉡$$

㉠, ㉡을 연립하여 풀면 $p = 2$, $q = 8$
점 A$(-2, 2)$가 곡선 $y = 2 \times \left(\frac{1}{2}\right)^{ax+b}$ 위의 점이므로

$$2 = 2 \times \left(\frac{1}{2}\right)^{-2a+b}, \ 2 = 2^{2a-b+1}$$

$$2a - b + 1 = 1 \qquad \therefore 2a - b = 0 \quad \cdots\cdots ㉢$$

점 B$(-8, 8)$이 곡선 $y = 2 \times \left(\frac{1}{2}\right)^{ax+b}$ 위의 점이므로

$$8 = 2 \times \left(\frac{1}{2}\right)^{-8a+b}, \ 2^3 = 2^{8a-b+1}$$

$$8a - b + 1 = 3 \qquad \therefore 8a - b = 2 \quad \cdots\cdots ㉣$$

㉢, ㉣을 연립하여 풀면 $a = \frac{1}{3}$, $b = \frac{2}{3}$

$$\therefore a + b = \frac{1}{3} + \frac{2}{3} = 1$$

곡선 $y=2^{ax+b}$과 직선 $y=x$가 서로 다른 두 점 A, B에서 만날 때, 두 점 A, B에서 x축에 내린 수선의 발을 각각 C, D라 하자. $\overline{AB}=6\sqrt{2}$이고 사각형 ACDB의 넓이가 30일 때, $a+b$의 값은? (단, a, b는 상수이다.)

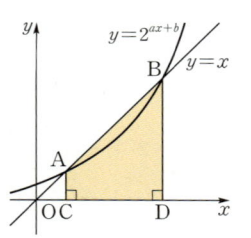

① $\dfrac{1}{6}$　　② $\dfrac{1}{3}$　　③ $\dfrac{1}{2}$　　④ $\dfrac{2}{3}$　　⑤ $\dfrac{5}{6}$

0237　　　답 ①

함수 $y=f(x)$의 그래프는 다음 그림과 같다.

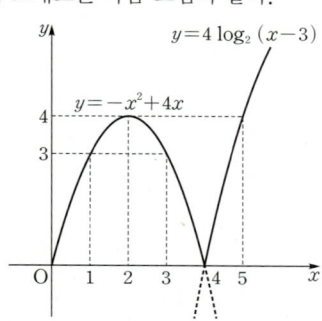

$t\le x\le t+1$에서 함수 $f(x)$의 최댓값을 구해 보면

$t=0$일 때, $0\le x\le 1$에서 함수 $f(x)$의 최댓값은 $f(1)=3$

$t=1$일 때, $1\le x\le 2$에서 함수 $f(x)$의 최댓값은 $f(2)=4$

$t=2$일 때, $2\le x\le 3$에서 함수 $f(x)$의 최댓값은 $f(2)=4$

$t=3$일 때, $3\le x\le 4$에서 함수 $f(x)$의 최댓값은 $f(3)=3$

$t=4$일 때, $4\le x\le 5$에서 함수 $f(x)$의 최댓값은 $f(5)=4$

$t\ge 5$일 때, $t\le x\le t+1$에서 함수 $f(x)$의 최댓값은 $f(t+1)>4$

즉, 함수 $f(x)$의 최댓값이 4가 되도록 하는 t의 값은 1, 2, 4이므로 그 합은

$a=1+2+4=7$

한편, $s\le x\le s+1$에서 함수 $f(x)$의 최솟값이 2인 경우는 다음과 같이 경우를 나누어 생각할 수 있다.

(ⅰ) $0\le s<1$일 때

함수 $f(x)$는 $x=s$에서 최소이고

$f(s)=-s^2+4s=2$에서

$s^2-4s+2=0$

$\therefore s=2-\sqrt{2}$ ($\because 0\le s<1$)

(ⅱ) $1\le s<2$일 때

함수 $f(x)$는 $f(1)=3$ 이상의 최솟값을 갖는다.

(ⅲ) $2\le s<3$일 때

함수 $f(x)$는 $x=s+1$에서 최소이고

$f(s+1)=-(s+1)^2+4(s+1)=2$에서

$s^2-2s-1=0$

$\therefore s=1+\sqrt{2}$ ($\because 2\le s<3$)

(ⅳ) $3\le s<4$일 때

함수 $f(x)$는 $x=4$에서 최소이고 최솟값은 $f(4)=0$

(ⅴ) $s\ge 4$일 때

함수 $f(x)$는 $x=s$에서 최소이고

$f(s)=4\log_2(s-3)=2$에서

$\log_2(s-3)=\dfrac{1}{2}$

$s-3=2^{\frac{1}{2}}=\sqrt{2}$

$\therefore s=3+\sqrt{2}$

(ⅰ)~(ⅴ)에서 함수 $f(x)$의 최솟값이 2가 되도록 하는 s의 값은 $2-\sqrt{2}$, $1+\sqrt{2}$, $3+\sqrt{2}$이므로 그 합은

$b=(2-\sqrt{2})+(1+\sqrt{2})+(3+\sqrt{2})=6+\sqrt{2}$

$\therefore a-b=7-(6+\sqrt{2})=1-\sqrt{2}$

양수 a에 대하여 $x\ge-1$에서 정의된 함수 $f(x)$는

$$f(x)=\begin{cases}-x^2+6x & (-1\le x<6)\\ a\log_4(x-5) & (x\ge 6)\end{cases}$$

이다. $t\ge 0$인 실수 t에 대하여 닫힌구간 $[t-1,\ t+1]$에서의 $f(x)$의 최댓값을 $g(t)$라 하자. 구간 $[0,\ \infty)$에서 함수 $g(t)$의 최솟값이 5가 되도록 하는 양수 a의 최솟값을 구하시오.

0238　　　답 12

두 점 A와 B의 y좌표가 모두 k이므로
A$(1,\ k)$, B$(\log_a k+k,\ k)$
두 점 C와 D의 x좌표가 모두 k이므로
C$(k,\ 2\log_a k+k)$, D$(k,\ 1)$

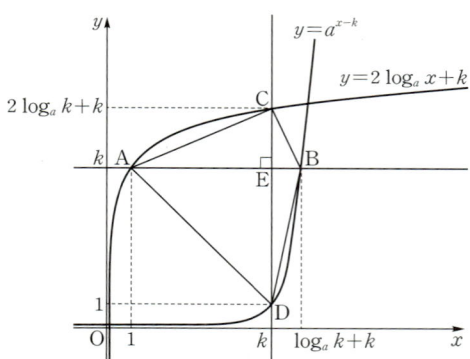

두 선분 AB와 CD가 만나는 점을 E라 하면 E$(k,\ k)$이므로
$\overline{AE}=k-1$, $\overline{BE}=\log_a k$, $\overline{CE}=2\log_a k$, $\overline{DE}=k-1$

사각형 ADBC의 넓이는 $\dfrac{1}{2}\times\overline{AB}\times\overline{CD}=\dfrac{85}{2}$이고,

삼각형 CAD의 넓이는 35이므로 삼각형 CDB의 넓이는

$\dfrac{85}{2}-35=\dfrac{15}{2}$

두 삼각형 CAD, CDB의 넓이의 비는

$\overline{AE}:\overline{BE}=35:\dfrac{15}{2}=14:3$이므로

$\overline{BE}=\dfrac{3}{14}\overline{AE}=\dfrac{3}{14}(k-1)$

이때 $\overline{CE}=2\overline{BE}=\dfrac{3}{7}(k-1)$, $\overline{DE}=\overline{AE}=k-1$이고,

삼각형 CAD의 넓이가 35이므로

$$\frac{1}{2} \times \overline{\mathrm{AE}} \times \overline{\mathrm{CD}} = \frac{1}{2} \times \overline{\mathrm{AE}} \times (\overline{\mathrm{CE}} + \overline{\mathrm{DE}})$$

$$= \frac{1}{2} \times (k-1) \times \frac{10}{7}(k-1)$$

$$= \frac{5}{7}(k-1)^2 = 35$$

$(k-1)^2 = 49$, $k-1 = 7$ $(\because k > 1)$

$\therefore k = 8$

한편, $\overline{\mathrm{BE}} = \log_a k = \frac{3}{14}(k-1)$이므로

$\log_a 8 = \frac{3}{2}$, $a^{\frac{3}{2}} = 8$

$\therefore a = 8^{\frac{2}{3}} = 2^{3 \times \frac{2}{3}} = 2^2 = 4$

$\therefore a + k = 4 + 8 = 12$

0239
답 192

곡선 $y = a^{x-1}$은 곡선 $y = a^x$을 x축의 방향으로 1만큼 평행이동한 것이고, 곡선 $y = \log_a(x-1)$은 곡선 $y = \log_a x$를 x축의 방향으로 1만큼 평행이동한 것이다.

이때 두 함수 $y = a^x$, $y = \log_a x$는 역함수 관계이므로 이 두 곡선은 직선 $y = x$에 대하여 대칭이다.

따라서 두 곡선 $y = a^{x-1}$, $y = \log_a(x-1)$은 직선 $y = x-1$에 대하여 대칭이다.

두 직선 $y = -x+4$, $y = x-1$의 교점을 M이라 하면

$-x+4 = x-1$에서 $x = \frac{5}{2}$, $y = \frac{5}{2} - 1 = \frac{3}{2}$이므로 $\mathrm{M}\left(\frac{5}{2}, \frac{3}{2}\right)$

한편, 점 M은 $\overline{\mathrm{AB}}$의 중점이므로

$\overline{\mathrm{AM}} = \frac{1}{2}\overline{\mathrm{AB}} = \frac{1}{2} \times 2\sqrt{2} = \sqrt{2}$

이때 점 A가 직선 $y = -x+4$ 위의 점이므로

$\mathrm{A}(p, -p+4)$ $\left(p < \frac{5}{2}\right)$라 하면 $\overline{\mathrm{AM}}^2 = 2$에서

$\left(p - \frac{5}{2}\right)^2 + \left(-p + 4 - \frac{3}{2}\right)^2 = 2$

$\left(p - \frac{5}{2}\right)^2 + \left(-p + \frac{5}{2}\right)^2 = 2$

$2\left(\frac{5}{2} - p\right)^2 = 2$, $\left(\frac{5}{2} - p\right)^2 = 1$

$\frac{5}{2} - p = 1$ $\left(\because p < \frac{5}{2}\right)$ $\quad \therefore p = \frac{3}{2}$

점 $\mathrm{A}\left(\frac{3}{2}, \frac{5}{2}\right)$가 곡선 $y = a^{x-1}$ 위의 점이므로

$\frac{5}{2} = a^{\frac{1}{2}}$ $\quad \therefore a = \left(\frac{5}{2}\right)^2 = \frac{25}{4}$

곡선 $y = \left(\frac{25}{4}\right)^{x-1}$이 y축과 만나는 점 C의 좌표는 $\mathrm{C}\left(0, \frac{4}{25}\right)$

점 C에서 직선 $y = -x+4$, 즉 $x+y-4 = 0$까지의 거리는

$$\frac{\left|\frac{4}{25} - 4\right|}{\sqrt{1^2 + 1^2}} = \frac{\frac{96}{25}}{\sqrt{2}} = \frac{48\sqrt{2}}{25}$$

따라서 삼각형 ABC의 넓이 S는

$$S = \frac{1}{2} \times \overline{\mathrm{AB}} \times \frac{48\sqrt{2}}{25} = \frac{1}{2} \times 2\sqrt{2} \times \frac{48\sqrt{2}}{25} = \frac{96}{25}$$

$\therefore 50 \times S = 50 \times \frac{96}{25} = 192$

다른 풀이

두 곡선 $y = a^{x-1}$, $y = \log_a(x-1)$을 x축의 방향으로 각각 -1만큼 평행이동한 두 곡선 $y = a^x$, $y = \log_a x$가 직선 $y = x$에 대하여 대칭이므로 두 점 A, B를 x축의 방향으로 각각 -1만큼 평행이동한 두 점을 A', B'이라 하면 두 점 A', B'도 직선 $y = x$에 대하여 대칭이다.

또한 직선 $y = -x+4$를 x축의 방향으로 -1만큼 평행이동한 직선의 식은

$y = -(x+1) + 4$, 즉 $y = -x+3$

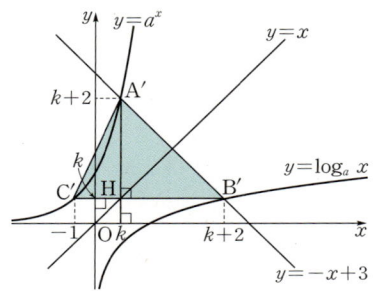

점 A'에서 x축에 내린 수선과 점 B'에서 y축에 내린 수선이 만나는 점을 H라 하면 $\overline{\mathrm{A'B'}} = 2\sqrt{2}$이므로

$\overline{\mathrm{A'H}} = 2$, $\overline{\mathrm{B'H}} = 2$

점 A'의 x좌표를 k라 하면 $\mathrm{A'}(k, k+2)$, $\mathrm{B'}(k+2, k)$

점 $\mathrm{A'}(k, k+2)$가 직선 $y = -x+3$ 위의 점이므로

$k+2 = -k+3$ $\quad \therefore k = \frac{1}{2}$

점 $\mathrm{A'}\left(\frac{1}{2}, \frac{5}{2}\right)$가 곡선 $y = a^x$ 위의 점이므로

$\frac{5}{2} = a^{\frac{1}{2}}$ $\quad \therefore a = \left(\frac{5}{2}\right)^2 = \frac{25}{4}$

점 C를 x축의 방향으로 -1만큼 평행이동한 점을 C'이라 하면 점 C'의 x좌표가 -1이므로 y좌표는

$y = a^{-1} = \left(\frac{25}{4}\right)^{-1} = \frac{4}{25}$

점 $\mathrm{C'}\left(-1, \frac{4}{25}\right)$에서 직선 $y = -x+3$, 즉 $x+y-3 = 0$까지의 거리는

$$\frac{\left|-1 + \frac{4}{25} - 3\right|}{\sqrt{1^2 + 1^2}} = \frac{48\sqrt{2}}{25}$$

삼각형 A'B'C'의 넓이는

$$\frac{1}{2} \times 2\sqrt{2} \times \frac{48\sqrt{2}}{25} = \frac{96}{25}$$

따라서 $S = \frac{96}{25}$이므로

$50 \times S = 50 \times \frac{96}{25} = 192$

04 지수함수와 로그함수의 활용

유형 01 밑을 같게 할 수 있는 지수방정식

0240
답 ③

$9^{x^2}=\left(\dfrac{1}{3}\right)^{-2x+k}$에서 $3^{2x^2}=3^{2x-k}$

즉, $2x^2=2x-k$이므로

$2x^2-2x+k=0$

이 이차방정식의 한 근이 2이므로

$2\times2^2-2\times2+k=0$ $\quad\therefore k=-4$

0241
답 ④

$(3^x-9)(5^{3x}-1)=0$에서

$3^x=9=3^2$ 또는 $5^{3x}=1=5^0$

$\therefore x=2$ 또는 $x=0$

따라서 모든 실근의 합은

$2+0=2$

0242
답 4

$(8\sqrt{2})^{2x}=4^{x^2-2}$에서

$(2^{\frac{7}{2}})^{2x}=2^{2(x^2-2)}$, $2^{7x}=2^{2x^2-4}$

즉, $7x=2x^2-4$이므로

$2x^2-7x-4=0$, $(2x+1)(x-4)=0$

$\therefore x=-\dfrac{1}{2}$ 또는 $x=4$

따라서 정수 x의 값은 4이다.

0243
답 ③

$\dfrac{5^{-x^2+4}}{5^{2x-1}}=\dfrac{1}{125}$에서

$\dfrac{5^{-x^2+4}}{5^{2x-1}}=5^{-3}$, $5^{(-x^2+4)-(2x-1)}=5^{-3}$

$5^{-x^2-2x+5}=5^{-3}$

즉, $-x^2-2x+5=-3$이므로

$x^2+2x-8=0$, $(x+4)(x-2)=0$

$\therefore x=-4$ 또는 $x=2$

이때 $\alpha>\beta$이므로 $\alpha=2$, $\beta=-4$

$\therefore \alpha-\beta=2-(-4)=6$

🔊 **Bible Says** 지수법칙

$a>0$, $b>0$이고 x, y가 실수일 때

(1) $a^xa^y=a^{x+y}$ (2) $a^x\div a^y=a^{x-y}$ (3) $(a^x)^y=a^{xy}$

(4) $(ab)^x=a^xb^x$ (5) $\left(\dfrac{a}{b}\right)^x=\dfrac{a^x}{b^x}$

유형 02 a^x 꼴이 반복되는 지수방정식

0244
답 ⑤

$64^x=5\times16^x+6\times4^x$에서

$4^{3x}=5\times4^{2x}+6\times4^x$

$(4^x)^3-5\times(4^x)^2-6\times4^x=0$

$4^x=t$ $(t>0)$로 놓으면

$t^3-5t^2-6t=0$, $t(t+1)(t-6)=0$

$\therefore t=6$ $(\because t>0)$

따라서 $4^x=6$이므로

$2^{2x}=6$ $\quad\therefore 2^x=6^{\frac{1}{2}}=\sqrt{6}$

0245
답 ①

방정식 $a^x+\dfrac{1}{2a^x}=\dfrac{9}{4}$의 한 근이 1이므로

$a+\dfrac{1}{2a}=\dfrac{9}{4}$, $4a^2-9a+2=0$

$(4a-1)(a-2)=0$

$\therefore a=2$ $(\because a>1)$

따라서 주어진 방정식은 $2^x+\dfrac{1}{2\times2^x}=\dfrac{9}{4}$이므로

$4(2^x)^2-9\times2^x+2=0$

$2^x=t$ $(t>0)$로 놓으면

$4t^2-9t+2=0$, $(4t-1)(t-2)=0$

$\therefore t=\dfrac{1}{4}$ 또는 $t=2$

즉, $2^x=\dfrac{1}{4}=2^{-2}$ 또는 $2^x=2$이므로

$x=-2$ 또는 $x=1$

따라서 다른 한 근은 -2이다.

0246
답 2

$(2+\sqrt{3})^x=t$ $(t>0)$로 놓으면 $2-\sqrt{3}=\dfrac{1}{2+\sqrt{3}}$이므로 주어진 방정식은

$t+\dfrac{1}{t}=4$, $t^2-4t+1=0$

$\therefore t=2\pm\sqrt{3}$

즉, $(2+\sqrt{3})^x=2+\sqrt{3}$ 또는 $(2+\sqrt{3})^x=2-\sqrt{3}$이므로

$x=1$ 또는 $x=-1$

$\therefore \alpha^2+\beta^2=1^2+(-1)^2=2$

0247
답 0

$9^x+9^{-x}+3^x+3^{-x}=4$에서

$\{(3^x+3^{-x})^2-2\}+(3^x+3^{-x})=4$

$(3^x+3^{-x})^2+(3^x+3^{-x})-6=0$ $\quad\cdots\cdots\ \bigcirc$

$3^x+3^{-x}=t$로 놓으면 $3^x>0$, $3^{-x}>0$이므로 산술평균과 기하평균의 관계에 의하여

$t=3^x+3^{-x} \geq 2\sqrt{3^x \times 3^{-x}}=2$

(단, 등호는 $3^x=3^{-x}$, 즉 $x=0$일 때 성립한다.)

㉠에서

$t^2+t-6=0$, $(t+3)(t-2)=0$

$\therefore t=2$ $(\because t \geq 2)$

즉, $3^x+3^{-x}=2$이므로 $x=0$

다른 풀이

$9^x+9^{-x}+3^x+3^{-x}=4$에서

$3^{2x}+3^{-2x}+3^x+3^{-x}-4=0$

위의 식의 양변에 3^{2x}을 곱하면

$(3^x)^4+(3^x)^3-4\times(3^x)^2+3^x+1=0$

$3^x=t$ $(t>0)$로 놓으면

$t^4+t^3-4t^2+t+1=0$

$(t-1)^2(t^2+3t+1)=0$

이때 이차방정식 $t^2+3t+1=0$의 두 근은 모두 음수이므로

$t=1$

즉, $3^x=1$이므로 $x=0$

🔊 **Bible Says** 산술평균과 기하평균의 관계

$a>0$, $b>0$일 때

$\dfrac{a+b}{2} \geq \sqrt{ab}$ (단, 등호는 $a=b$일 때 성립한다.)

🔵 **유형 03** 밑에 미지수가 있는 지수방정식

0248
답 ④

$x^{x+12}=x^{x^2}$에서

(i) $x=1$일 때, $1^{13}=1^1=1$이므로 등식이 성립한다.

(ii) $x \neq 1$일 때, $x+12=x^2$이므로

$x^2-x-12=0$

$(x+3)(x-4)=0$

$\therefore x=-3$ 또는 $x=4$

(i), (ii)에서 $x=-3$ 또는 $x=1$ 또는 $x=4$

따라서 모든 양수 x의 값의 합은

$1+4=5$

0249
답 2

$(3x^2-x+1)^{x+2}=1$에서

(i) $x+2=0$, 즉 $x=-2$일 때

$15^0=1$이므로 등식이 성립한다.

(ii) $3x^2-x+1=1$일 때

$3x^2-x=0$이므로 $x(3x-1)=0$

$\therefore x=0$ 또는 $x=\dfrac{1}{3}$

(i), (ii)에서 $x=-2$ 또는 $x=0$ 또는 $x=\dfrac{1}{3}$

따라서 정수 x는 -2, 0의 2개이다.

0250
답 ③

$(x-3)^{x+4}=(x-3)^{2x+5}$에서

(i) $x-3=1$, 즉 $x=4$일 때, $1^8=1^{13}=1$이므로 등식이 성립한다.

(ii) $x-3 \neq 1$, 즉 $x \neq 4$일 때

$x+4=2x+5$이므로 $x=-1$

그런데 $x>3$이어야 하므로 해가 없다.

(i), (ii)에서 $x=4$ $\quad\therefore A=\{4\}$

$(x+2)^{3x-2}=4^{3x-2}$에서

(iii) $3x-2=0$, 즉 $x=\dfrac{2}{3}$일 때, $\left(\dfrac{8}{3}\right)^0=4^0=1$이므로 등식이 성립한다.

(iv) $3x-2 \neq 0$, 즉 $x \neq \dfrac{2}{3}$일 때

$x+2=4$이므로 $x=2$

(iii), (iv)에서 $x=\dfrac{2}{3}$ 또는 $x=2$ $\quad\therefore B=\left\{\dfrac{2}{3},\ 2\right\}$

$\therefore A \cup B=\left\{\dfrac{2}{3},\ 2,\ 4\right\}$

따라서 구하는 부분집합의 개수는 $2^3=8$

🔊 **Bible Says** 부분집합의 개수

집합 $A=\{a_1, a_2, a_3, \cdots, a_n\}$에 대하여

(1) A의 부분집합의 개수 ➡ 2^n

(2) A의 진부분집합의 개수 ➡ 2^n-1

🔵 **유형 04** 연립방정식으로 표현된 지수방정식

0251
답 1

$\begin{cases} 2^x+3^{y+1}=13 \\ 3\times2^x-2\times3^y=6 \end{cases}$ 에서 $\begin{cases} 2^x+3\times3^y=13 \\ 3\times2^x-2\times3^y=6 \end{cases}$

$2^x=X$, $3^y=Y$ $(X>0, Y>0)$로 놓으면

$\begin{cases} X+3Y=13 \\ 3X-2Y=6 \end{cases}$

위의 두 식을 연립하여 풀면

$X=4$, $Y=3$

즉, $2^x=4=2^2$, $3^y=3$이므로 $x=2$, $y=1$

따라서 $\alpha=2$, $\beta=1$이므로

$\alpha-\beta=2-1=1$

0252
답 ⑤

$\begin{cases} 3^{x-1}+3^{y-1}=10 \\ 3^{x+y-2}=9 \end{cases}$ 에서 $\begin{cases} \dfrac{1}{3}\times3^x+\dfrac{1}{3}\times3^y=10 \\ \dfrac{1}{9}\times3^x\times3^y=9 \end{cases}$

$3^x=X$, $3^y=Y$ $(X>0, Y>0)$로 놓으면

$\begin{cases} \dfrac{1}{3}X+\dfrac{1}{3}Y=10 \\ \dfrac{1}{9}XY=9 \end{cases}$ $\therefore \begin{cases} X+Y=30 \\ XY=81 \end{cases}$

위의 두 식을 연립하여 풀면

$X=3$, $Y=27$ 또는 $X=27$, $Y=3$

따라서 $3^x=3$, $3^y=27=3^3$ 또는 $3^x=27=3^3$, $3^y=3$이므로
$x=1$, $y=3$ 또는 $x=3$, $y=1$
$\therefore \alpha^2+\beta^2=1^2+3^2=10$

참고

$X+Y=30$, $XY=81$이므로 X, Y는 t에 대한 이차방정식
$t^2-30t+81=0$의 두 근이다.
$t^2-30t+81=0$에서
$(t-3)(t-27)=0$
$\therefore t=3$ 또는 $t=27$
$\therefore X=3$, $Y=27$ 또는 $X=27$, $Y=3$

0253
답 ①

$\begin{cases} 2^x+2^y=12 \\ 4^x+4^y=80 \end{cases}$에서 $\begin{cases} 2^x+2^y=12 \\ (2^x)^2+(2^y)^2=80 \end{cases}$

$2^x=X$, $2^y=Y$ $(X>0, Y>0)$로 놓으면
$\begin{cases} X+Y=12 \\ X^2+Y^2=80 \end{cases}$
위의 두 식을 연립하여 풀면
$X=4$, $Y=8$ 또는 $X=8$, $Y=4$
따라서 $2^x=4=2^2$, $2^y=8=2^3$ 또는 $2^x=8=2^3$, $2^y=4=2^2$이므로
$x=2$, $y=3$ 또는 $x=3$, $y=2$
이때 $\alpha>\beta$이므로 $\alpha=3$, $\beta=2$
$\therefore \alpha-\beta=3-2=1$

참고

$X^2+Y^2=80$에서 $(X+Y)^2-2XY=80$이므로
$12^2-2XY=80$ $\therefore XY=32$
즉, $X+Y=12$, $XY=32$이므로 X, Y는 t에 대한 이차방정식
$t^2-12t+32=0$의 두 근이다.
$t^2-12t+32=0$에서
$(t-4)(t-8)=0$
$\therefore t=4$ 또는 $t=8$
$\therefore X=4$, $Y=8$ 또는 $X=8$, $Y=4$

유형 05 지수방정식의 근의 조건

0254
답 15

$4^x-5\times2^x+5=0$에서
$(2^x)^2-5\times2^x+5=0$
$2^x=t$ $(t>0)$로 놓으면
$t^2-5t+5=0$ ······ ㉠
주어진 방정식의 두 근이 α, β이므로 t에 대한 이차방정식 ㉠의 두 근은 2^α, 2^β이다.
따라서 이차방정식의 근과 계수의 관계에 의하여
$2^\alpha+2^\beta=5$, $2^\alpha\times2^\beta=5$
$\therefore 4^\alpha+4^\beta=(2^\alpha)^2+(2^\beta)^2$
$\qquad =(2^\alpha+2^\beta)^2-2\times2^\alpha\times2^\beta$
$\qquad =5^2-2\times5=15$

0255
답 25

$25^x-3\times5^{x+1}+k=0$에서
$(5^x)^2-15\times5^x+k=0$
$5^x=t$ $(t>0)$로 놓으면
$t^2-15t+k=0$ ······ ㉠
주어진 방정식의 두 근을 α, β라 하면 t에 대한 이차방정식 ㉠의 두 근은 5^α, 5^β이다.
이때 $\alpha+\beta=2$이므로 이차방정식의 근과 계수의 관계에 의하여
$k=5^\alpha\times5^\beta=5^{\alpha+\beta}=5^2=25$

0256
답 ②

$9^x-2\times3^{x+1}-k=0$에서
$(3^x)^2-6\times3^x-k=0$
$3^x=t$ $(t>0)$로 놓으면
$t^2-6t-k=0$ ······ ㉠
주어진 방정식이 서로 다른 두 실근을 가지려면 t에 대한 이차방정식 ㉠은 서로 다른 두 양의 실근을 가져야 한다.
(ⅰ) 이차방정식 ㉠의 판별식을 D라 하면
$\dfrac{D}{4}=(-3)^2+k>0$ $\therefore k>-9$
(ⅱ) 이차방정식 ㉠의 두 근의 합이 양수이어야 하므로 이차방정식의 근과 계수의 관계에 의하여
(두 근의 합)$=6>0$
(ⅲ) 이차방정식 ㉠의 두 근의 곱이 양수이어야 하므로 이차방정식의 근과 계수의 관계에 의하여
(두 근의 곱)$=-k>0$ $\therefore k<0$
(ⅰ)~(ⅲ)에서 $-9<k<0$
따라서 모든 정수 k의 값의 합은
$-8+(-7)+(-6)+\cdots+(-1)=-36$

Bible Says 이차방정식의 실근의 부호

이차방정식 $ax^2+bx+c=0$의 두 실근을 α, β라 하고 판별식을 D라 할 때
(1) 두 근이 모두 양수 $\Longleftrightarrow D\geq0$, $\alpha+\beta=-\dfrac{b}{a}>0$, $\alpha\beta=\dfrac{c}{a}>0$
(2) 두 근이 모두 음수 $\Longleftrightarrow D\geq0$, $\alpha+\beta=-\dfrac{b}{a}<0$, $\alpha\beta=\dfrac{c}{a}>0$
(3) 두 근이 서로 다른 부호 $\Longleftrightarrow \alpha\beta=\dfrac{c}{a}<0$

0257
답 ①

$4^x+k\times2^{x+1}+3k+1=0$에서
$(2^x)^2+2k\times2^x+3k+1=0$
$2^x=t$ $(t>0)$로 놓으면
$t^2+2kt+3k+1=0$ ······ ㉠
주어진 방정식의 두 실근을 α, 3α $(\alpha\neq0)$라 하면 t에 대한 이차방정식 ㉠의 두 근은 2^α, $2^{3\alpha}$이다.
따라서 이차방정식의 근과 계수의 관계에 의하여
$2^\alpha+2^{3\alpha}=-2k$, $2^\alpha\times2^{3\alpha}=3k+1$
$2^\alpha=p$ $(p>0)$로 놓으면
$p+p^3=-2k$, $p\times p^3=3k+1$

$p+p^3=-2k$에서 $k=-\dfrac{1}{2}p-\dfrac{1}{2}p^3$ ...... ㉡

㉡을 $p\times p^3=3k+1$에 대입하면

$p\times p^3=3\left(-\dfrac{1}{2}p-\dfrac{1}{2}p^3\right)+1$, $2p^4=-3p-3p^3+2$

$2p^4+3p^3+3p-2=0$, $(p+2)(2p-1)(p^2+1)=0$

$\therefore p=\dfrac{1}{2}$ $(\because p>0)$

$p=\dfrac{1}{2}$을 ㉡에 대입하면

$k=-\dfrac{1}{2}\times\dfrac{1}{2}-\dfrac{1}{2}\times\left(\dfrac{1}{2}\right)^3=-\dfrac{5}{16}$

2 권

유형 06 밑을 같게 할 수 있는 지수부등식

0258 <답 ②>

$0.6^{-f(x)}>0.6^{-g(x)}$에서 밑이 1보다 작으므로

$-f(x)<-g(x)$ $\therefore f(x)>g(x)$

따라서 주어진 부등식의 해는 $y=f(x)$의 그래프가 직선 $y=g(x)$

보다 위쪽에 있는 부분의 x의 값의 범위이므로

$-5<x<0$

0259 <답 ②>

$\dfrac{32}{8^x}\geq 2^{x-3}$에서 $2^{5-3x}\geq 2^{x-3}$

이때 밑이 1보다 크므로

$5-3x\geq x-3$, $4x\leq 8$ $\therefore x\leq 2$

따라서 자연수 x는 1, 2의 2개이다.

0260 <답 9>

$0.5^{x^2-1}-0.125^{x+3}>0$에서

$0.5^{x^2-1}>0.125^{x+3}$, $0.5^{x^2-1}>(0.5^3)^{x+3}$

$0.5^{x^2-1}>0.5^{3x+9}$

이때 밑이 1보다 작으므로

$x^2-1<3x+9$, $x^2-3x-10<0$

$(x+2)(x-5)<0$ $\therefore -2<x<5$

따라서 모든 정수 x의 값의 합은

$-1+0+1+2+3+4=9$

0261 <답 ①>

$\left(\dfrac{1}{9}\right)^{2x+1}\leq 243\leq\left(\dfrac{1}{3}\right)^{3x-20}$에서

$3^{-2(2x+1)}\leq 3^5\leq 3^{-(3x-20)}$, $3^{-4x-2}\leq 3^5\leq 3^{-3x+20}$

이때 밑이 1보다 크므로

$-4x-2\leq 5\leq -3x+20$

(i) $-4x-2\leq 5$에서

  $4x\geq -7$ $\therefore x\geq -\dfrac{7}{4}$

(ii) $5\leq -3x+20$에서

  $3x\leq 15$ $\therefore x\leq 5$

(i), (ii)에서 주어진 부등식의 해는

$-\dfrac{7}{4}\leq x\leq 5$

따라서 $\alpha=-\dfrac{7}{4}$, $\beta=5$이므로

$4\alpha+\beta=4\times\left(-\dfrac{7}{4}\right)+5=-2$

> 참고
> $A<B<C$ 꼴의 부등식은 연립부등식 $\begin{cases} A<B \\ B<C \end{cases}$ 꼴로 고쳐서 푼다.

0262 <답 6>

$8^{ax}\leq\left(\dfrac{1}{16}\right)^{x^2}$에서 $2^{3ax}\leq 2^{-4x^2}$

이때 밑이 1보다 크므로

$3ax\leq -4x^2$, $4x^2+3ax\leq 0$, $4x\left(x+\dfrac{3a}{4}\right)\leq 0$

$\therefore -\dfrac{3a}{4}\leq x\leq 0$ $(\because a$는 자연수$)$ ...... ㉠

㉠을 만족시키는 정수 x의 개수가 5

이므로 오른쪽 그림에서

$-5<-\dfrac{3a}{4}\leq -4$

$\therefore \dfrac{16}{3}\leq a<\dfrac{20}{3}$

따라서 자연수 a의 값은 6이다.

유형 07 a^x 꼴이 반복되는 지수부등식

0263 <답 ③>

$2^{2x}-6\times 2^{x+1}+20<0$에서

$(2^x)^2-12\times 2^x+20<0$

$2^x=t$ $(t>0)$로 놓으면

$t^2-12t+20<0$, $(t-2)(t-10)<0$

$\therefore 2<t<10$

따라서 $2<2^x<10$이고 밑이 1보다 크므로

$2^\alpha=2$, $2^\beta=10$

$\therefore 2^\alpha+2^\beta=2+10=12$

0264 <답 1>

$2^x-2^{2-x}\leq 3$에서

$(2^x)^2-3\times 2^x-4\leq 0$

$2^x=t$ $(t>0)$로 놓으면

$t^2-3t-4\leq 0$, $(t+1)(t-4)\leq 0$

$\therefore 0<t\leq 4$ $(\because t>0)$

즉, $0<2^x\le4$이므로

$0<2^x\le2^2$

이때 밑이 1보다 크므로

$x\le2$ ...... ㉠

$\left(\dfrac{1}{9}\right)^x-10\times\left(\dfrac{1}{3}\right)^{x+1}+1\le0$에서

$\left\{\left(\dfrac{1}{3}\right)^x\right\}^2-\dfrac{10}{3}\times\left(\dfrac{1}{3}\right)^x+1\le0$

$\left(\dfrac{1}{3}\right)^x=k\ (k>0)$로 놓으면

$k^2-\dfrac{10}{3}k+1\le0,\ 3k^2-10k+3\le0$

$(3k-1)(k-3)\le0$

$\therefore\ \dfrac{1}{3}\le k\le3$

즉, $\dfrac{1}{3}\le\left(\dfrac{1}{3}\right)^x\le3$이므로

$\dfrac{1}{3}\le\left(\dfrac{1}{3}\right)^x\le\left(\dfrac{1}{3}\right)^{-1}$

이때 밑이 1보다 작으므로

$-1\le x\le1$ ...... ㉡

㉠, ㉡의 공통 범위를 구하면

$-1\le x\le1$

따라서 실수 x의 최댓값은 1이다.

0265

답 101

$\left(\dfrac{1}{25}\right)^x-p\left(\dfrac{1}{5}\right)^x+q<0$에서

$\left\{\left(\dfrac{1}{5}\right)^x\right\}^2-p\left(\dfrac{1}{5}\right)^x+q<0$

$\left(\dfrac{1}{5}\right)^x=t\ (t>0)$로 놓으면

$t^2-pt+q<0$ ...... ㉠

이때 $-2<x<1$에서

$\dfrac{1}{5}<\left(\dfrac{1}{5}\right)^x<\left(\dfrac{1}{5}\right)^{-2}$

$\therefore\ \dfrac{1}{5}<t<25$

해가 $\dfrac{1}{5}<t<25$이고 t^2의 계수가 1인 이차부등식은

$\left(t-\dfrac{1}{5}\right)(t-25)<0$

$\therefore\ t^2-\dfrac{126}{5}t+5<0$ ...... ㉡

㉠, ㉡이 일치해야 하므로

$p=\dfrac{126}{5},\ q=5$

$\therefore\ 5(p-q)=5\left(\dfrac{126}{5}-5\right)=126-25=101$

🔊 **Bible Says** 이차부등식의 작성

(1) 해가 $\alpha<x<\beta$이고 x^2의 계수가 1인 이차부등식은
$(x-\alpha)(x-\beta)<0$, 즉 $x^2-(\alpha+\beta)x+\alpha\beta<0$
(2) 해가 $x<\alpha$ 또는 $x>\beta$이고 x^2의 계수가 1인 이차부등식은
$(x-\alpha)(x-\beta)>0$, 즉 $x^2-(\alpha+\beta)x+\alpha\beta>0$

0266

답 ⑤

$x^{x^2-12}<x^{4x}$에서

(i) $0<x<1$일 때, $x^2-12>4x$이므로

$x^2-4x-12>0,\ (x+2)(x-6)>0$

$\therefore\ x<-2$ 또는 $x>6$

그런데 $0<x<1$이므로 해가 없다.

(ii) $x=1$일 때, 주어진 부등식은 성립하지 않는다.

(iii) $x>1$일 때, $x^2-12<4x$이므로

$x^2-4x-12<0,\ (x+2)(x-6)<0$

$\therefore\ -2<x<6$

그런데 $x>1$이므로 $1<x<6$

(i)~(iii)에서 주어진 부등식의 해는

$1<x<6$

따라서 $\alpha=1,\ \beta=6$이므로

$\beta-\alpha=6-1=5$

0267

답 4

$(x-2)^{-x^2+4x}\ge(x-2)^{x-18}$에서

(i) $0<x-2<1$, 즉 $2<x<3$일 때

$-x^2+4x\le x-18,\ x^2-3x-18\ge0$

$(x+3)(x-6)\ge0$

$\therefore\ x\le-3$ 또는 $x\ge6$

그런데 $2<x<3$이므로 해가 없다.

(ii) $x-2=1$, 즉 $x=3$일 때

$1^3\ge1^{-15}$이므로 주어진 부등식이 성립한다.

(iii) $x-2>1$, 즉 $x>3$일 때

$-x^2+4x\ge x-18,\ x^2-3x-18\le0$

$(x+3)(x-6)\le0$

$\therefore\ -3\le x\le6$

그런데 $x>3$이므로 $3<x\le6$

(i)~(iii)에서 주어진 부등식의 해는

$3\le x\le6$

따라서 정수 x는 3, 4, 5, 6의 4개이다.

0268

답 ④

$(x^2-10x+25)^{x-5}<1$에서 $\{(x-5)^2\}^{x-5}<1$

$\therefore\ |x-5|^{2x-10}<1$ ...... ㉠

(i) $0<|x-5|<1$일 때

$-1<x-5<0$ 또는 $0<x-5<1$

$\therefore\ 4<x<5$ 또는 $5<x<6$ ...... ㉡

㉠에서 밑이 1보다 작으므로

$2x-10>0$ $\therefore\ x>5$ ...... ㉢

㉡, ㉢의 공통 범위를 구하면 $5<x<6$

(ii) $|x-5|=1$일 때

$x-5=\pm1$ $\therefore\ x=4$ 또는 $x=6$

이때 부등식 ㉠은 성립하지 않는다.

(iii) $|x-5|>1$일 때

$x-5<-1$ 또는 $x-5>1$

$\therefore x<4$ 또는 $x>6$ ...... ㉢

㉠에서 밑이 1보다 크므로

$2x-10<0$ $\therefore x<5$ ...... ㉣

㉢, ㉣의 공통 범위를 구하면 $x<4$

(i)~(iii)에서 주어진 부등식의 해는

$x<4$ 또는 $5<x<6$

따라서 $S=\{x|x<4$ 또는 $5<x<6\}$이므로 집합 S의 원소가 아닌 것은 ④이다.

유형 09 지수부등식이 항상 성립할 조건

0269

답 ③

$49^x-2\times7^{x+1}+3k-2\geq0$에서

$(7^x)^2-14\times7^x+3k-2\geq0$

$7^x=t\ (t>0)$로 놓으면

$t^2-14t+3k-2\geq0$

$f(t)=t^2-14t+3k-2$라 하면

$f(t)=(t-7)^2+3k-51$

$t>0$에서 $f(t)\geq0$이 항상 성립해야 하므로 오른쪽 그림에서

$f(7)=3k-51\geq0$

$3k\geq51$

$\therefore k\geq17$

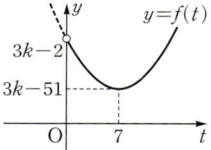

따라서 실수 k의 최솟값은 17이다.

0270

답 27

$3^{x+1}-2\times3^{\frac{x+4}{2}}+k\geq0$에서

$3\times(3^{\frac{x}{2}})^2-18\times3^{\frac{x}{2}}+k\geq0$

$3^{\frac{x}{2}}=t\ (t>0)$로 놓으면

$3t^2-18t+k\geq0$

$f(t)=3t^2-18t+k$라 하면

$f(t)=3(t-3)^2+k-27$

$t>0$에서 $f(t)\geq0$이 항상 성립해야 하므로 오른쪽 그림에서

$f(3)=k-27\geq0$

$\therefore k\geq27$

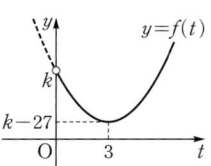

따라서 실수 k의 최솟값은 27이다.

0271

답 ④

$\left(\frac{1}{4}\right)^x-\left(\frac{1}{2}\right)^{x-2}+k\geq0$에서

$\left\{\left(\frac{1}{2}\right)^x\right\}^2-4\times\left(\frac{1}{2}\right)^x+k\geq0$ ...... ㉠

$\left(\frac{1}{2}\right)^x=t$로 놓으면 $x\geq0$이므로

$0<t\leq1$

㉠에서 $t^2-4t+k\geq0$

$f(t)=t^2-4t+k$라 하면

$f(t)=(t-2)^2+k-4$

$0<t\leq1$에서 $f(t)\geq0$이 항상 성립해야 하므로 오른쪽 그림에서

$f(1)=k-3\geq0$

$\therefore k\geq3$

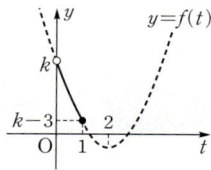

유형 10 지수함수의 실생활에의 활용

0272

답 ③

x년 후의 가격이 548800원, 즉 54.88만 원 이하가 되려면

$160\times0.7^x\leq54.88,\ 0.7^x\leq0.343$

$0.7^x\leq0.7^3$

이때 밑이 1보다 작으므로 $x\geq3$

따라서 태블릿 컴퓨터의 가격이 548800원 이하가 되는 것은 최소 3년 후이다.

0273

답 ③

수면에서의 빛의 세기의 $\frac{1}{128}$이 되는 곳의 수심을 x m라 하면

$A\times2^{-\frac{x}{4}}=\frac{1}{128}A,\ 2^{-\frac{x}{4}}=2^{-7}$

즉, $-\frac{x}{4}=-7$이므로 $x=28$

따라서 수면에서의 빛의 세기의 $\frac{1}{128}$이 되는 곳의 수심은 28 m이다.

0274

답 ④

처음 주사한 주사액의 양을 1, 이 주사액의 약효의 지속 시간을 t시간이라 하면

$\left(\frac{1}{\sqrt[3]{3}}\right)^t\geq\frac{1}{243},\ 3^{-\frac{t}{3}}\geq3^{-5}$

이때 밑이 1보다 크므로

$-\frac{t}{3}\geq-5$ $\therefore t\leq15$

따라서 주사액의 약효가 지속되는 최대 시간은 15시간이다.

0275

답 4장

처음 빛의 양을 1이라 하면 필름을 x장 붙일 때 통과하는 빛의 양은 $\left(\frac{3}{5}\right)^x$이므로

$\left(\frac{3}{5}\right)^x \leq \frac{81}{625}$, $\left(\frac{3}{5}\right)^x \leq \left(\frac{3}{5}\right)^4$

이때 밑이 1보다 작으므로 $x \geq 4$

따라서 필름을 최소 4장 붙여야 한다.

유형 11 밑을 같게 할 수 있는 로그방정식

0276

답 ①

진수의 조건에서 $x^2-9>0$, $7x+13>0$

$x^2-9>0$에서 $(x+3)(x-3)>0$

$\therefore x<-3$ 또는 $x>3$ ...... ㉠

$7x+13>0$에서 $x>-\frac{13}{7}$ ...... ㉡

㉠, ㉡의 공통 범위를 구하면 $x>3$ ...... ㉢

$\log_3(x^2-9)+1=\log_3(7x+13)$에서

$\log_3(x^2-9)+\log_3 3=\log_3(7x+13)$

$\log_3 3(x^2-9)=\log_3(7x+13)$

즉, $3(x^2-9)=7x+13$이므로

$3x^2-27=7x+13$, $3x^2-7x-40=0$

$(3x+8)(x-5)=0$ $\therefore x=5$ $(\because$ ㉢$)$

0277

답 7

진수의 조건에서 $3x+8>0$, $5x-5>0$

$\therefore x>1$ ...... ㉠

$\log\sqrt{3x+8}=1-\frac{1}{2}\log(5x-5)$에서

$2\log\sqrt{3x+8}=2-\log(5x-5)$

$\log(3x+8)+\log(5x-5)=2$

$\log(3x+8)(5x-5)=\log 100$

즉, $(3x+8)(5x-5)=100$이므로

$(3x+8)(x-1)=20$, $3x^2+5x-28=0$

$(x+4)(3x-7)=0$ $\therefore x=\frac{7}{3}$ $(\because$ ㉠$)$

따라서 $\alpha=\frac{7}{3}$이므로 $3\alpha=7$

0278

답 ⑤

$\log_2(x+2)=\frac{1}{2}+\log_4(3x+6)$의 진수의 조건에서

$x+2>0$, $3x+6>0$ $\therefore x>-2$ ...... ㉠

$\log_2(x+2)=\frac{1}{2}+\log_4(3x+6)$에서

$\log_2(x+2)=\frac{1}{2}+\frac{1}{2}\log_2(3x+6)$

$2\log_2(x+2)=1+\log_2(3x+6)$

$\log_2(x+2)^2=\log_2 2+\log_2(3x+6)$

$\log_2(x+2)^2=\log_2 2(3x+6)$

즉, $(x+2)^2=2(3x+6)$이므로

$x^2-2x-8=0$, $(x+2)(x-4)=0$

$\therefore x=4$ $(\because$ ㉠$)$

$2\log_{\frac{1}{4}}(x-4)-1=\log_{\frac{1}{2}} x$의 진수의 조건에서

$x-4>0$, $x>0$ $\therefore x>4$ ...... ㉡

$2\log_{\frac{1}{4}}(x-4)-1=\log_{\frac{1}{2}} x$에서

$2\log_{\left(\frac{1}{2}\right)^2}(x-4)=\log_{\frac{1}{2}} x+1$

$\log_{\frac{1}{2}}(x-4)=\log_{\frac{1}{2}} x+\log_{\frac{1}{2}}\frac{1}{2}$

$\log_{\frac{1}{2}}(x-4)=\log_{\frac{1}{2}}\frac{1}{2}x$

즉, $x-4=\frac{1}{2}x$이므로 $\frac{1}{2}x=4$ $\therefore x=8$

이것은 ㉡을 만족시키므로 주어진 방정식의 해이다.

따라서 $\alpha=4$, $\beta=8$이므로

$\alpha+\beta=4+8=12$

0279

답 1

밑의 조건에서 $x^2-6x+9>0$, $x^2-6x+9\neq1$이므로

$(x-3)^2>0$, $(x-2)(x-4)\neq0$

$\therefore x\neq2$, $x\neq3$, $x\neq4$ ...... ㉠

진수의 조건에서 $3-x>0$ $\therefore x<3$ ...... ㉡

㉠, ㉡의 공통 범위를 구하면

$x<2$ 또는 $2<x<3$ ...... ㉢

$\log_{x^2-6x+9}(3-x)=\log_4(3-x)$에서

(i) $x^2-6x+9=4$일 때

$x^2-6x+5=0$, $(x-1)(x-5)=0$

$\therefore x=1$ $(\because$ ㉢$)$

(ii) $3-x=1$일 때 $x=2$

그런데 $x=2$는 ㉢을 만족시키지 않는다.

(i), (ii)에서 $x=1$

유형 12 $\log_a x$ 꼴이 반복되는 로그방정식

0280

답 ④

진수의 조건에서 $x^2>0$, $x>0$ $\therefore x>0$ ...... ㉠

$\log_{\frac{1}{5}} x^2+\left(\log_{\frac{1}{5}} x\right)^2-15=0$에서

$\left(\log_{\frac{1}{5}} x\right)^2+2\log_{\frac{1}{5}} x-15=0$

$\log_{\frac{1}{5}} x=t$로 놓으면

$t^2+2t-15=0$, $(t+5)(t-3)=0$

$\therefore t=-5$ 또는 $t=3$

즉, $\log_{\frac{1}{5}} x = -5$ 또는 $\log_{\frac{1}{5}} x = 3$이므로

$x = \left(\dfrac{1}{5}\right)^{-5} = 5^5$ 또는 $x = \left(\dfrac{1}{5}\right)^{3} = \dfrac{1}{5^3}$ ······ ㉡

㉡은 모두 ㉠을 만족시키므로 주어진 방정식의 해이다.

$\therefore \alpha\beta = 5^5 \times \dfrac{1}{5^3} = 5^2 = 25$

0281 **답** 100

진수의 조건에서 $x > 0$ ······ ㉠

$6^{\log x} = x^{\log 6}$이므로 주어진 방정식은

$(6^{\log x})^2 - 35 \times 6^{\log x} - 36 = 0$

$6^{\log x} = t \ (t > 0)$로 놓으면

$t^2 - 35t - 36 = 0, \ (t+1)(t-36) = 0$

$\therefore t = 36 \ (\because t > 0)$

즉, $6^{\log x} = 36 = 6^2$이므로

$\log x = 2 \quad \therefore x = 10^2 = 100$

이것은 ㉠을 만족시키므로 주어진 방정식의 해이다.

0282 **답** ⑤

진수의 조건에서 $\dfrac{27}{x} > 0, \ \dfrac{x}{9} > 0$

$\therefore x > 0$ ······ ㉠

$\log_3 \dfrac{27}{x} \times \log_3 \dfrac{x}{9} + 2 = 0$에서

$(\log_3 27 - \log_3 x)(\log_3 x - \log_3 9) + 2 = 0$

$(3 - \log_3 x)(\log_3 x - 2) + 2 = 0$

$\therefore (\log_3 x)^2 - 5\log_3 x + 4 = 0$

$\log_3 x = t$로 놓으면 $t^2 - 5t + 4 = 0$

$(t-1)(t-4) = 0 \quad \therefore t = 1$ 또는 $t = 4$

즉, $\log_3 x = 1$ 또는 $\log_3 x = 4$이므로

$x = 3$ 또는 $x = 3^4 = 81$

이것은 모두 ㉠을 만족시키므로 주어진 방정식의 해이다.

따라서 구하는 두 근의 합은

$3 + 81 = 84$

0283 **답** 8

진수의 조건에서 $x > 0, \ y > 0$ ······ ㉠

$\log_2 x - \log_2 y = \dfrac{1}{2}(\log_2 x - \log_2 y)^2$에서

$\log_2 \dfrac{x}{y} = \dfrac{1}{2}\left(\log_2 \dfrac{x}{y}\right)^2$

$\dfrac{1}{2}\left(\log_2 \dfrac{x}{y}\right)^2 - \log_2 \dfrac{x}{y} = 0$

$\log_2 \dfrac{x}{y} = t$로 놓으면

$\dfrac{1}{2}t^2 - t = 0, \ \dfrac{1}{2}t(t-2) = 0$

$\therefore t = 0$ 또는 $t = 2$

즉, $\log_2 \dfrac{x}{y} = 0$ 또는 $\log_2 \dfrac{x}{y} = 2$이므로

$\dfrac{x}{y} = 1$ 또는 $\dfrac{x}{y} = 2^2 = 4$

그런데 $x \neq y$이므로 $\dfrac{x}{y} = 4 \quad \therefore x = 4y$ ······ ㉡

$x = 4y$를 $x^2 + y^2 = 34$에 대입하면

$16y^2 + y^2 = 34, \ 17y^2 = 34$

$y^2 = 2 \quad \therefore y = \sqrt{2} \ (\because ㉠)$

$y = \sqrt{2}$를 ㉡에 대입하면 $x = 4\sqrt{2}$

따라서 $\alpha = 4\sqrt{2}, \ \beta = \sqrt{2}$이므로

$\alpha\beta = 4\sqrt{2} \times \sqrt{2} = 8$

유형 13 양변에 로그를 취하는 방정식

0284 **답** ③

$5^{3x} = 2^{9-3x}$의 양변에 상용로그를 취하면

$\log 5^{3x} = \log 2^{9-3x}$

$3x \log 5 = (9 - 3x)\log 2$

$3x(\log 5 + \log 2) = 9 \log 2$

$3x \log 10 = 9 \log 2$

$\therefore x = 3 \log 2$

0285 **답** 42

진수의 조건에서 $6x > 0, \ 7x > 0$

$\therefore x > 0$ ······ ㉠

$6^{\log 6x} = 7^{\log 7x}$의 양변에 상용로그를 취하면

$\log 6^{\log 6x} = \log 7^{\log 7x}$

$\log 6x \times \log 6 = \log 7x \times \log 7$

$(\log 6 + \log x)\log 6 = (\log 7 + \log x)\log 7$

$(\log 6 - \log 7)\log x = (\log 7)^2 - (\log 6)^2$

$\therefore \log x = \dfrac{-(\log 6 + \log 7)(\log 6 - \log 7)}{\log 6 - \log 7}$

$ = -(\log 6 + \log 7)$

$ = -\log 42$

$ = \log \dfrac{1}{42}$

$\therefore x = \dfrac{1}{42}$

$x = \dfrac{1}{42}$은 ㉠을 만족시키므로 주어진 방정식의 해이다.

따라서 $\alpha = \dfrac{1}{42}$이므로 $\dfrac{1}{\alpha} = 42$

0286 **답** ②

진수의 조건에서 $x > 0$ ······ ㉠

$\dfrac{81}{x^2} = x^{\log_3 x + 1}$의 양변에 밑이 3인 로그를 취하면

$\log_3 \dfrac{81}{x^2} = \log_3 x^{\log_3 x + 1}$

$\log_3 81 - \log_3 x^2 = (\log_3 x + 1)\log_3 x$

$4 - 2\log_3 x = (\log_3 x)^2 + \log_3 x$

$\therefore (\log_3 x)^2 + 3\log_3 x - 4 = 0$

$\log_3 x = t$로 놓으면

$t^2 + 3t - 4 = 0$, $(t+4)(t-1) = 0$

$\therefore t = -4$ 또는 $t = 1$

즉, $\log_3 x = -4$ 또는 $\log_3 x = 1$이므로

$x = 3^{-4} = \dfrac{1}{81}$ 또는 $x = 3$ …… ㉡

㉡은 모두 ㉠을 만족시키므로 주어진 방정식의 해이다.

따라서 주어진 방정식을 만족시키는 모든 실수 x의 값의 곱은

$\dfrac{1}{81} \times 3 = \dfrac{1}{27}$

유형 14 연립방정식으로 표현된 로그방정식

0287
답 ②

진수의 조건에서 $x > 0$, $y > 0$ …… ㉠

$\log_3 x = X$, $\log_5 y = Y$로 놓으면 주어진 연립방정식은

$\begin{cases} X + Y = 6 \\ XY = 8 \end{cases}$

위의 연립방정식을 풀면

$X = 2$, $Y = 4$ 또는 $X = 4$, $Y = 2$

즉, $\log_3 x = 2$, $\log_5 y = 4$ 또는 $\log_3 x = 4$, $\log_5 y = 2$이므로

$x = 3^2 = 9$, $y = 5^4 = 625$ 또는 $x = 3^4 = 81$, $y = 5^2 = 25$

이것은 모두 ㉠을 만족시키므로 주어진 연립방정식의 해이다.

이때 $\alpha > \beta$이므로 $\alpha = 81$, $\beta = 25$

$\therefore \alpha - 2\beta = 81 - 2 \times 25 = 31$

> **참고**
>
> $X + Y = 6$, $XY = 8$이므로 X, Y는 t에 대한 이차방정식
> $t^2 - 6t + 8 = 0$의 두 근이다.
> $t^2 - 6t + 8 = 0$에서 $(t-2)(t-4) = 0$
> $\therefore t = 2$ 또는 $t = 4$
> $\therefore X = 2$, $Y = 4$ 또는 $X = 4$, $Y = 2$

0288
답 ④

밑의 조건에서 $x > 0$, $x \neq 1$, $y > 0$, $y \neq 1$ …… ㉠

$\begin{cases} \log_x 64 + \log_y 32 = 8 \\ \log_x 16 - \log_y 128 = -5 \end{cases}$ 에서 $\begin{cases} \log_x 2^6 + \log_y 2^5 = 8 \\ \log_x 2^4 - \log_y 2^7 = -5 \end{cases}$

$\therefore \begin{cases} 6\log_x 2 + 5\log_y 2 = 8 \\ 4\log_x 2 - 7\log_y 2 = -5 \end{cases}$

$\log_x 2 = X$, $\log_y 2 = Y$로 놓으면

$\begin{cases} 6X + 5Y = 8 \\ 4X - 7Y = -5 \end{cases}$

위의 연립방정식을 풀면 $X = \dfrac{1}{2}$, $Y = 1$

즉, $\log_x 2 = \dfrac{1}{2}$, $\log_y 2 = 1$이므로

$x^{\frac{1}{2}} = 2$, $y = 2$ $\therefore x = 4$, $y = 2$

이것은 ㉠을 만족시키므로 주어진 연립방정식의 해이다.

따라서 $\alpha = 4$, $\beta = 2$이므로

$\alpha\beta = 4 \times 2 = 8$

0289
답 29

진수의 조건에서 $x > 0$, $y > 0$ …… ㉠

$\begin{cases} \log_2 x + \log_5 y = 4 \\ \log_5 x \times \log_2 y = 4 \end{cases}$ 에서 $\begin{cases} \dfrac{\log x}{\log 2} + \dfrac{\log y}{\log 5} = 4 \\ \dfrac{\log x}{\log 5} \times \dfrac{\log y}{\log 2} = 4 \end{cases}$

$\therefore \begin{cases} \dfrac{\log x}{\log 2} + \dfrac{\log y}{\log 5} = 4 \\ \dfrac{\log x}{\log 2} \times \dfrac{\log y}{\log 5} = 4 \end{cases}$

$\dfrac{\log x}{\log 2} = X$, $\dfrac{\log y}{\log 5} = Y$로 놓으면

$\begin{cases} X + Y = 4 \\ XY = 4 \end{cases}$

위의 연립방정식을 풀면 $X = 2$, $Y = 2$

즉, $\dfrac{\log x}{\log 2} = 2$, $\dfrac{\log y}{\log 5} = 2$이므로

$\log x = 2\log 2 = \log 4$, $\log y = 2\log 5 = \log 25$

$\therefore x = 4$, $y = 25$

이것은 ㉠을 만족시키므로 주어진 연립방정식의 해이다.

따라서 $\alpha = 4$, $\beta = 25$이므로

$\alpha + \beta = 4 + 25 = 29$

> **참고**
>
> $X + Y = 4$, $XY = 4$이므로 X, Y는 t에 대한 이차방정식
> $t^2 - 4t + 4 = 0$의 두 근이다.
> $t^2 - 4t + 4 = 0$에서 $(t-2)^2 = 0$ $\therefore t = 2$
> $\therefore X = 2$, $Y = 2$

유형 15 로그방정식의 근의 조건

0290
답 ②

$\log \dfrac{x}{5} \times \log \dfrac{x}{6} = 1$에서

$(\log x - \log 5)(\log x - \log 6) = 1$

$\therefore (\log x)^2 - (\log 5 + \log 6)\log x + \log 5 \times \log 6 - 1 = 0$

$\log x = t$로 놓으면

$t^2 - (\log 5 + \log 6)t + \log 5 \times \log 6 - 1 = 0$

주어진 방정식의 두 근을 α, β라 하면 위의 t에 대한 이차방정식의 두 근은 $\log \alpha$, $\log \beta$이므로 이차방정식의 근과 계수의 관계에 의하여

$\log \alpha + \log \beta = \log 5 + \log 6$

$\log \alpha\beta = \log 30$ $\therefore \alpha\beta = 30$

즉, 주어진 방정식의 두 근의 곱은 30이다.

0291

답 ③

$\log_3 x=t$로 놓으면 주어진 방정식은 $t^2-4t-10=0$

주어진 방정식의 두 근이 α, β이므로 위의 t에 대한 이차방정식의 두 근은 $\log_3 \alpha$, $\log_3 \beta$이다.

이차방정식의 근과 계수의 관계에 의하여

$\log_3 \alpha + \log_3 \beta = 4$, $\log_3 \alpha \times \log_3 \beta = -10$ …… ㉠

$$\therefore (\log_\alpha 3)^2 + (\log_\beta 3)^2 = \frac{1}{(\log_3 \alpha)^2} + \frac{1}{(\log_3 \beta)^2}$$
$$= \frac{(\log_3 \alpha)^2 + (\log_3 \beta)^2}{(\log_3 \alpha)^2 (\log_3 \beta)^2}$$
$$= \frac{(\log_3 \alpha + \log_3 \beta)^2 - 2\log_3 \alpha \times \log_3 \beta}{(\log_3 \alpha \times \log_3 \beta)^2}$$
$$= \frac{4^2 - 2 \times (-10)}{(-10)^2} \ (\because ㉠)$$
$$= \frac{9}{25}$$

0292

답 ④

$\log_2 x=t$로 놓으면 주어진 방정식은

$t^2+kt-5=0$

주어진 방정식의 두 근을 α, β라 하면 위의 t에 대한 이차방정식의 두 근은 $\log_2 \alpha$, $\log_2 \beta$이므로 이차방정식의 근과 계수의 관계에 의하여

$\log_2 \alpha + \log_2 \beta = -k$

이때 $\alpha\beta=16$이므로

$k = -(\log_2 \alpha + \log_2 \beta) = -\log_2 \alpha\beta$
$\quad = -\log_2 16 = -\log_2 2^4 = -4$

유형 16 밑을 같게 할 수 있는 로그부등식

0293

답 ②

진수의 조건에서 $x^2+4x-12>0$

$(x+6)(x-2)>0$ $\quad \therefore x<-6$ 또는 $x>2$ …… ㉠

$\log_3 (x^2+4x-12) \le 2$에서

$\log_3 (x^2+4x-12) \le \log_3 3^2$

이때 밑이 1보다 크므로

$x^2+4x-12 \le 9$, $x^2+4x-21 \le 0$

$(x+7)(x-3) \le 0$ $\quad \therefore -7 \le x \le 3$ …… ㉡

㉠, ㉡의 공통 범위를 구하면

$-7 \le x < -6$ 또는 $2 < x \le 3$

따라서 주어진 부등식을 만족시키는 정수 x는 -7, 3의 2개이다.

0294

답 ③

진수의 조건에서 $x+2>0$, $x^2-4>0$

$\therefore x>2$ …… ㉠

$\log_2 (x+2)+2 > \log_2 (x^2-4)$에서

$\log_2 (x+2) + \log_2 2^2 > \log_2 (x^2-4)$

$\log_2 4(x+2) > \log_2 (x^2-4)$

이때 밑이 1보다 크므로

$4(x+2) > x^2-4$, $x^2-4x-12 < 0$

$(x+2)(x-6) < 0$ $\quad \therefore -2 < x < 6$ …… ㉡

㉠, ㉡의 공통 범위를 구하면 $2 < x < 6$

따라서 $\alpha=2$, $\beta=6$이므로

$\alpha+\beta = 2+6 = 8$

0295

답 7

진수의 조건에서 $f(x)>0$, $g(x)>0$ …… ㉠

$\log_2 f(x) + \log_{\frac{1}{2}} g(x) \le 0$에서

$\log_2 f(x) - \log_2 g(x) \le 0$, $\log_2 f(x) \le \log_2 g(x)$

이때 밑이 1보다 크므로 $f(x) \le g(x)$ …… ㉡

㉠, ㉡을 모두 만족시키는 x의 값의 범위는 $y=f(x)$, $y=g(x)$의 그래프가 모두 x축보다 위쪽에 있으면서 $y=f(x)$의 그래프가 $y=g(x)$의 그래프와 만나거나 그 아래쪽에 있어야 하므로

$2 < x \le 4$

따라서 모든 자연수 x의 값의 합은

$3+4=7$

0296

답 3

진수의 조건에서 $2x-1>0$, $x-2>0$

$\therefore x>2$ …… ㉠

$\log_{\frac{1}{3}} (2x-1) < \log_{\frac{1}{3}} (x-2) - 1$에서

$\log_{\frac{1}{3}} (2x-1) < \log_{\frac{1}{3}} (x-2) - \log_{\frac{1}{3}} \frac{1}{3}$

$\log_{\frac{1}{3}} (2x-1) < \log_{\frac{1}{3}} (x-2) + \log_{\frac{1}{3}} 3$

$\log_{\frac{1}{3}} (2x-1) < \log_{\frac{1}{3}} 3(x-2)$

이때 밑이 1보다 작으므로

$2x-1 > 3(x-2)$, $2x-1 > 3x-6$

$\therefore x<5$ …… ㉡

㉠, ㉡의 공통 범위를 구하면

$2 < x < 5$

해가 $2 < x < 5$이고 x^2의 계수가 1인 이차부등식은

$(x-2)(x-5) < 0$ $\quad \therefore x^2-7x+10 < 0$

이 이차부등식이 $x^2+ax+b<0$과 일치해야 하므로

$a=-7$, $b=10$

$\therefore a+b = -7+10 = 3$

0297

답 ⑤

진수의 조건에서 $x+1>0$, $2-x>0$

$\therefore -1 < x < 2$ …… ㉠

$\log_a (x+1) < \log_a (2-x) + 1$에서

$\log_a (x+1) < \log_a (2-x) + \log_a a$

$\log_a (x+1) < \log_a a(2-x)$

(i) $0<a<1$일 때, $x+1>a(2-x)$이므로

$(a+1)x>2a-1$

이때 $a+1>0$이므로

$x>\dfrac{2a-1}{a+1}$ ...... ㉡

그런데 ㉠, ㉡의 공통 범위가 $-1<x<1$이 될 수 없으므로 주어진 부등식의 해가 $-1<x<1$이 되도록 하는 a는 존재하지 않는다.

(ii) $a>1$일 때, $x+1<a(2-x)$이므로

$(a+1)x<2a-1$

이때 $a+1>0$이므로

$x<\dfrac{2a-1}{a+1}$ ...... ㉢

㉠, ㉢의 공통 범위가 $-1<x<1$이려면 $\dfrac{2a-1}{a+1}=1$이어야 하므로

$2a-1=a+1$ $\therefore a=2$

(i), (ii)에서 $a=2$

유형 17 $\log_a x$ 꼴이 반복되는 로그부등식

0298
답 ④

진수의 조건에서 $x>0$ ...... ㉠

$\log_3 x=t$로 놓으면 주어진 부등식은

$t^2-2t-3\geq0$, $(t+1)(t-3)\geq0$

$\therefore t\leq-1$ 또는 $t\geq3$

즉, $\log_3 x\leq-1$ 또는 $\log_3 x\geq3$이므로

$\log_3 x\leq\log_3 3^{-1}$ 또는 $\log_3 x\geq\log_3 3^3$

이때 밑이 1보다 크므로

$x\leq\dfrac{1}{3}$ 또는 $x\geq27$ ...... ㉡

㉠, ㉡의 공통 범위를 구하면

$0<x\leq\dfrac{1}{3}$ 또는 $x\geq27$

0299
답 ③

진수의 조건에서 $16x>0$, $\dfrac{x}{4}>0$

$\therefore x>0$ ...... ㉠

$\log_{\frac{1}{2}} 16x\times\log_2\dfrac{x}{4}\geq0$에서

$(-\log_2 16x)\times\log_2\dfrac{x}{4}\geq0$

$\log_2 16x\times\log_2\dfrac{x}{4}\leq0$

$(\log_2 16+\log_2 x)(\log_2 x-\log_2 4)\leq0$

$\therefore (\log_2 x+4)(\log_2 x-2)\leq0$

즉, $-4\leq\log_2 x\leq2$이므로

$\log_2 2^{-4}\leq\log_2 x\leq\log_2 2^2$

이때 밑이 1보다 크므로

$\dfrac{1}{16}\leq x\leq4$ ...... ㉡

㉠, ㉡의 공통 범위를 구하면

$\dfrac{1}{16}\leq x\leq4$

따라서 $\alpha=\dfrac{1}{16}$, $\beta=4$이므로

$\dfrac{\beta}{\alpha}=\beta\times\dfrac{1}{\alpha}=4\times16=64$

0300
답 64

진수의 조건에서 $x>0$, $64x>0$

$\therefore x>0$ ...... ㉠

$\log_4 x\times\log_4 64x\leq10$에서

$\log_4 x\times(\log_4 64+\log_4 x)\leq10$

$\log_4 x\times(3+\log_4 x)\leq10$

$\therefore (\log_4 x)^2+3\log_4 x-10\leq0$

$\log_4 x=t$로 놓으면 $t^2+3t-10\leq0$

$(t+5)(t-2)\leq0$ $\therefore -5\leq t\leq2$

즉, $-5\leq\log_4 x\leq2$이므로

$\log_4 4^{-5}\leq\log_4 x\leq\log_4 4^2$

이때 밑이 1보다 크므로

$\dfrac{1}{4^5}\leq x\leq4^2$ ...... ㉡

㉠, ㉡의 공통 범위를 구하면

$\dfrac{1}{4^5}\leq x\leq4^2$

따라서 $M=4^2$, $m=\dfrac{1}{4^5}$이므로

$\dfrac{1}{Mm}=\dfrac{1}{4^2\times\dfrac{1}{4^5}}=4^3=64$

0301
답 13

진수의 조건에서 $x>0$

$(\log_{\frac{1}{2}} x)^2+a\log_2 x+b>0$에서

$(\log_2 x)^2+a\log_2 x+b>0$ $(\because \log_{\frac{1}{2}} x=-\log_2 x)$

$\log_2 x=t$로 놓으면 $t^2+at+b>0$ ...... ㉠

주어진 부등식의 해가 $0<x<\dfrac{1}{8}$ 또는 $x>32$이므로

$\log_2 x<\log_2\dfrac{1}{8}$ 또는 $\log_2 x>\log_2 32$

$\therefore \log_2 x<-3$ 또는 $\log_2 x>5$

즉, 부등식 ㉠의 해는 $t<-3$ 또는 $t>5$이다.

해가 $t<-3$ 또는 $t>5$이고 t^2의 계수가 1인 이차부등식은

$(t+3)(t-5)>0$ $\therefore t^2-2t-15>0$

이것이 ㉠과 일치해야 하므로

$a=-2$, $b=-15$

$\therefore a-b=-2-(-15)=13$

0302

답 ②

진수의 조건에서 $x>0$ ...... ㉠

$\sqrt{\dfrac{x^3}{4}}\leq x^{\log_{0.5} x}$ 의 양변에 밑이 0.5, 즉 $\dfrac{1}{2}$ 인 로그를 취하면

$\log_{\frac{1}{2}}\sqrt{\dfrac{x^3}{4}}\geq \log_{\frac{1}{2}} x^{\log_{\frac{1}{2}} x}$

$\dfrac{1}{2}\left(\log_{\frac{1}{2}} x^3 - \log_{\frac{1}{2}} 4\right)\geq \left(\log_{\frac{1}{2}} x\right)^2$

$\dfrac{1}{2}\left(3\log_{\frac{1}{2}} x + 2\right)\geq \left(\log_{\frac{1}{2}} x\right)^2$

$\therefore 2\left(\log_{\frac{1}{2}} x\right)^2 - 3\log_{\frac{1}{2}} x - 2\leq 0$

$\log_{\frac{1}{2}} x = t$ 로 놓으면

$2t^2 - 3t - 2\leq 0,\ (2t+1)(t-2)\leq 0$

$\therefore -\dfrac{1}{2}\leq t\leq 2$

즉, $-\dfrac{1}{2}\leq \log_{\frac{1}{2}} x\leq 2$ 이므로

$\log_{\frac{1}{2}}\left(\dfrac{1}{2}\right)^{-\frac{1}{2}}\leq \log_{\frac{1}{2}} x\leq \log_{\frac{1}{2}}\left(\dfrac{1}{2}\right)^2$

이때 밑이 1보다 작으므로

$\dfrac{1}{4}\leq x\leq \sqrt{2}$ ...... ㉡

㉠, ㉡의 공통 범위를 구하면 $\dfrac{1}{4}\leq x\leq \sqrt{2}$

따라서 실수 x의 최솟값은 $\dfrac{1}{4}$ 이다.

0303

답 ④

진수의 조건에서 $x>0$ ...... ㉠

$x^{\log_5 x + 2}<125$ 의 양변에 밑이 5인 로그를 취하면

$\log_5 x^{\log_5 x + 2}<\log_5 125,\ (\log_5 x + 2)\log_5 x<3$

$\therefore (\log_5 x)^2 + 2\log_5 x - 3<0$

$\log_5 x = t$ 로 놓으면

$t^2 + 2t - 3<0,\ (t+3)(t-1)<0$

$\therefore -3<t<1$

즉, $-3<\log_5 x<1$ 이므로

$\log_5 5^{-3}<\log_5 x<\log_5 5$

이때 밑이 1보다 크므로 $\dfrac{1}{125}<x<5$ ...... ㉡

㉠, ㉡의 공통 범위를 구하면 $\dfrac{1}{125}<x<5$

따라서 주어진 부등식을 만족시키는 자연수 x는 $1,\ 2,\ 3,\ 4$의 4개이다.

0304

답 29

(i) $3^{x-1}<10^{x-2}$ 의 양변에 상용로그를 취하면

$\log 3^{x-1}<\log 10^{x-2}$

$(x-1)\log 3<x-2$

$(1-\log 3)x>2-\log 3$

이때 $\log 3 = 0.48$ 이므로

$(1-0.48)x>2-0.48,\ 0.52x>1.52$

$\therefore x>\dfrac{38}{13}$

(ii) 진수의 조건에서 $x>0$ ...... ㉠

$x^{2\log x}\leq 1000x$ 의 양변에 상용로그를 취하면

$\log x^{2\log x}\leq \log 1000x,\ 2(\log x)^2\leq \log 1000 + \log x$

$\therefore 2(\log x)^2 - \log x - 3\leq 0$

$\log x = t$ 로 놓으면

$2t^2 - t - 3\leq 0,\ (t+1)(2t-3)\leq 0$

$\therefore -1\leq t\leq \dfrac{3}{2}$

즉, $-1\leq \log x\leq \dfrac{3}{2}$ 이므로

$\log 10^{-1}\leq \log x\leq \log 10^{\frac{3}{2}}$

이때 밑이 1보다 크므로

$\dfrac{1}{10}\leq x\leq 10\sqrt{10}$ ...... ㉡

㉠, ㉡의 공통 범위를 구하면 $\dfrac{1}{10}\leq x\leq 10\sqrt{10}$

(i), (ii)에서 주어진 두 부등식을 모두 만족시키는 x의 값의 범위는

$\dfrac{38}{13}<x\leq 10\sqrt{10}$

이때 $\dfrac{38}{13}=2.\times\times\times,\ 10\sqrt{10}=31.6$ 이므로 주어진 두 부등식을 모두 만족시키는 정수 x는 $3,\ 4,\ 5,\ \cdots,\ 31$의 29개이다.

0305

답 ②

$(\log_5 x)^2>\log_5 \dfrac{x^2}{125a}$ 에서

$(\log_5 x)^2>\log_5 x^2 - \log_5 125a$

$(\log_5 x)^2>2\log_5 x - (\log_5 125 + \log_5 a)$

$\therefore (\log_5 x)^2 - 2\log_5 x + \log_5 a + 3>0$

$\log_5 x = t$ 로 놓으면

$t^2 - 2t + \log_5 a + 3>0$

주어진 부등식이 모든 양수 x에 대하여 성립하려면 위의 부등식은 모든 실수 t에 대하여 성립해야 한다.

이차방정식 $t^2 - 2t + \log_5 a + 3=0$의 판별식을 D라 하면

$\dfrac{D}{4}=(-1)^2 - (\log_5 a + 3)<0$

$\log_5 a>-2,\ \log_5 a>\log_5 5^{-2}$

이때 밑이 1보다 크므로 $a>\dfrac{1}{25}$

🔊 **Bible Says** 모든 실수 x에 대하여 이차부등식이 항상 성립할 조건

이차방정식 $ax^2 + bx + c=0$의 판별식을 $D=b^2 - 4ac$라 하면

(1) $ax^2 + bx + c>0$ ➡ $a>0,\ D<0$
(2) $ax^2 + bx + c<0$ ➡ $a<0,\ D<0$
(3) $ax^2 + bx + c\geq 0$ ➡ $a>0,\ D\leq 0$
(4) $ax^2 + bx + c\leq 0$ ➡ $a<0,\ D\leq 0$

0306

답 ②

$x^{\log_3 x} > (27x)^k$의 양변에 밑이 3인 로그를 취하면

$\log_3 x^{\log_3 x} > \log_3 (27x)^k$

$(\log_3 x)^2 > k(\log_3 27 + \log_3 x)$

$\therefore (\log_3 x)^2 - k\log_3 x - 3k > 0$

$\log_3 x = t$로 놓으면

$t^2 - kt - 3k > 0$

주어진 부등식이 모든 양수 x에 대하여 성립하려면 위의 부등식은 모든 실수 t에 대하여 성립해야 한다.

이차방정식 $t^2 - kt - 3k = 0$의 판별식을 D라 하면

$D = (-k)^2 - 4 \times (-3k) < 0$

$k^2 + 12k < 0$, $k(k+12) < 0$

$\therefore -12 < k < 0$

따라서 정수 k는 -11, -10, -9, $\cdots$, -1의 11개이다.

0307

답 17

$\left(\log_2 \dfrac{x^4}{a}\right)\left(\log_2 \dfrac{x^2}{a}\right) + 2 \geq 0$에서

$(\log_2 x^4 - \log_2 a)(\log_2 x^2 - \log_2 a) + 2 \geq 0$

$(4\log_2 x - \log_2 a)(2\log_2 x - \log_2 a) + 2 \geq 0$

$\therefore 8(\log_2 x)^2 - 6\log_2 a \times \log_2 x + (\log_2 a)^2 + 2 \geq 0$

$\log_2 x = t$로 놓으면

$8t^2 - 6\log_2 a \times t + (\log_2 a)^2 + 2 \geq 0$

주어진 부등식이 모든 양수 x에 대하여 성립하려면 위의 부등식은 모든 실수 t에 대하여 성립해야 한다.

이차방정식 $8t^2 - 6\log_2 a \times t + (\log_2 a)^2 + 2 = 0$의 판별식을 D라 하면

$\dfrac{D}{4} = (-3\log_2 a)^2 - 8\{(\log_2 a)^2 + 2\} \leq 0$

$(\log_2 a)^2 - 16 \leq 0$

즉, $-4 \leq \log_2 a \leq 4$이므로

$\log_2 2^{-4} \leq \log_2 a \leq \log_2 2^4$

이때 밑이 1보다 크므로 $\dfrac{1}{16} \leq a \leq 16$

따라서 $M = 16$, $m = \dfrac{1}{16}$이므로

$M + 16m = 16 + 16 \times \dfrac{1}{16} = 17$

유형 20 로그를 포함한 방정식과 부등식의 활용

0308

답 27

주어진 이차방정식의 판별식을 D라 하면

$\dfrac{D}{4} = \{-(\log_3 a - 1)\}^2 - (\log_3 a + 5) = 0$

$\therefore (\log_3 a)^2 - 3\log_3 a - 4 = 0$

$\log_3 a = t$로 놓으면

$t^2 - 3t - 4 = 0$, $(t+1)(t-4) = 0$

$\therefore t = -1$ 또는 $t = 4$

즉, $\log_3 a = -1$ 또는 $\log_3 a = 4$이므로

$a = 3^{-1} = \dfrac{1}{3}$ 또는 $a = 3^4 = 81$

따라서 모든 양수 a의 값의 곱은

$\dfrac{1}{3} \times 81 = 27$

0309

답 32

진수의 조건에서 $a > 0$ $\cdots\cdots$ ㉠

주어진 방정식이 이차방정식이므로

$\log_2 a + 3 \neq 0$, $\log_2 a \neq -3$

$a \neq 2^{-3}$ $\therefore a \neq \dfrac{1}{8}$ $\cdots\cdots$ ㉡

이차방정식 $(\log_2 a + 3)x^2 + 2(\log_2 a - 1)x + 2 = 0$의 판별식을 D라 하면

$\dfrac{D}{4} = (\log_2 a - 1)^2 - 2(\log_2 a + 3) \geq 0$

$\therefore (\log_2 a)^2 - 4\log_2 a - 5 \geq 0$

$\log_2 a = t$로 놓으면

$t^2 - 4t - 5 \geq 0$, $(t+1)(t-5) \geq 0$

$\therefore t \leq -1$ 또는 $t \geq 5$

즉, $\log_2 a \leq -1$ 또는 $\log_2 a \geq 5$이므로

$\log_2 a \leq \log_2 2^{-1}$ 또는 $\log_2 a \geq \log_2 2^5$

이때 밑이 1보다 크므로

$a \leq \dfrac{1}{2}$ 또는 $a \geq 32$ $\cdots\cdots$ ㉢

㉠, ㉡, ㉢의 공통 범위를 구하면

$0 < a < \dfrac{1}{8}$ 또는 $\dfrac{1}{8} < a \leq \dfrac{1}{2}$ 또는 $a \geq 32$

따라서 자연수 a의 최솟값은 32이다.

0310

답 ①

진수의 조건에서 $a > 0$ $\cdots\cdots$ ㉠

이차방정식 $x^2 + 2x\log_5 a + 3\log_5 a - 2 = 0$의 판별식을 D라 하면

$\dfrac{D}{4} = (\log_5 a)^2 - (3\log_5 a - 2) < 0$

$\therefore (\log_5 a)^2 - 3\log_5 a + 2 < 0$

$\log_5 a = t$로 놓으면

$t^2 - 3t + 2 < 0$, $(t-1)(t-2) < 0$

$\therefore 1 < t < 2$

즉, $1 < \log_5 a < 2$이므로

$\log_5 5 < \log_5 a < \log_5 5^2$

이때 밑이 1보다 크므로

$5 < a < 25$ $\cdots\cdots$ ㉡

㉠, ㉡의 공통 범위를 구하면

$5 < a < 25$

0311

답 ③

폐수 처리 기계를 x번 통과시킨다고 하면

$10 \times 0.8^x \leq 1$

$\therefore 0.8^x \leq \dfrac{1}{10}$

양변에 상용로그를 취하면

$\log 0.8^x \leq -1$

$x(\log 8 - 1) \leq -1$

$x(3 \log 2 - 1) \leq -1$

$x(3 \times 0.3 - 1) \leq -1$

$-0.1x \leq -1$

$\therefore x \geq 10$

따라서 오염 물질의 양이 1 t 이하가 되도록 하려면 폐수 처리 기계를 최소 10번 통과시켜야 한다.

0312

답 ⑤

$H_1 = 15$, $V_1 = 3$, $H_2 = 60$, $V_2 = 27$이므로

$\left(\dfrac{27}{3}\right)^{2-k} = \left(\dfrac{60}{15}\right)^2$, $9^{2-k} = 4^2$

$\therefore 9^{2-k} = 16$

양변에 상용로그를 취하면

$\log 9^{2-k} = \log 16$

$(2-k)\log 3^2 = \log 2^4$

$2(2-k)\log 3 = 4 \log 2$

$2 - k = \dfrac{2 \log 2}{\log 3}$

$\therefore k = 2 - \dfrac{2 \log 2}{\log 3}$

$\qquad = 2 - \dfrac{2 \times 0.3}{0.48}$

$\qquad = 2 - \dfrac{5}{4} = \dfrac{3}{4}$

0313

답 100배

pH$=5.8$, pH$=7.8$인 용액 1 L 속에 들어 있는 수소 이온 농도를 각각 x, y라 하면

$5.8 = -\log x$ $\qquad \cdots\cdots$ ㉠

$7.8 = -\log y$ $\qquad \cdots\cdots$ ㉡

㉡$-$㉠을 하면

$2 = -\log y + \log x$

$\log x - \log y = 2$

$\therefore \log \dfrac{x}{y} = 2$

즉, $\dfrac{x}{y} = 10^2$이므로 $x = 100y$

따라서 pH$=5.8$인 용액 1 L 속에 들어 있는 수소 이온 농도는 pH$=7.8$인 용액 1 L 속에 들어 있는 수소 이온 농도의 100배이다.

0314

답 ③

바다 수면에 비치는 햇빛의 양을 A라 하면 $10x$ m 내려갔을 때의 햇빛의 양은 $A\left(1 - \dfrac{11}{100}\right)^x$, 즉 $A \times 0.89^x$이므로

$A \times 0.89^x \geq 0.1A$

$\therefore 0.89^x \geq 0.1$

양변에 상용로그를 취하면

$\log 0.89^x \geq \log 0.1$, $x(\log 8.9 - 1) \geq -1$

$x(0.95 - 1) \geq -1$, $-0.05x \geq -1$

$\therefore x \leq 20$

따라서 이 식물성 플랑크톤이 살 수 있는 최대 깊이는

$10 \times 20 = 200$ (m)

PART **B** 기출 & 기출변형 문제

0315

답 4

$2^{x-13} \leq \dfrac{\sqrt{128}}{8^x} \leq 4^{-x^2 + \frac{61}{4}}$에서

$2^{x-13} \leq \dfrac{2^{\frac{7}{2}}}{2^{3x}} \leq 2^{2\left(-x^2 + \frac{61}{4}\right)}$

$2^{x-13} \leq 2^{\frac{7}{2} - 3x} \leq 2^{-2x^2 + \frac{61}{2}}$

이때 밑이 1보다 크므로

$x - 13 \leq \dfrac{7}{2} - 3x \leq -2x^2 + \dfrac{61}{2}$

(ⅰ) $x - 13 \leq \dfrac{7}{2} - 3x$에서

$\quad 4x \leq \dfrac{33}{2}$ $\qquad \therefore x \leq \dfrac{33}{8}$

(ⅱ) $\dfrac{7}{2} - 3x \leq -2x^2 + \dfrac{61}{2}$에서

$\quad 2x^2 - 3x - 27 \leq 0$

$\quad (x+3)(2x-9) \leq 0$

$\quad \therefore -3 \leq x \leq \dfrac{9}{2}$

(ⅰ), (ⅱ)에서 $-3 \leq x \leq \dfrac{33}{8}$

따라서 모든 정수 x의 값의 합은

$-3 + (-2) + (-1) + 0 + 1 + 2 + 3 + 4 = 4$

짝기출

답 ④

부등식 $\dfrac{27}{9^x} \geq 3^{x-9}$을 만족시키는 모든 자연수 x의 개수는?

① 1 ② 2 ③ 3 ④ 4 ⑤ 5

0316

$2^{2x+1}-(2n+1)2^x+n\le 0$에서

$2\times(2^x)^2-(2n+1)2^x+n\le 0$

$2^x=t$ $(t>0)$로 놓으면

$2t^2-(2n+1)t+n\le 0$

$(2t-1)(t-n)\le 0$

$\therefore \dfrac{1}{2}\le t\le n$ $(\because n$은 자연수$)$

즉, $\dfrac{1}{2}\le 2^x\le n$이므로

$2^{-1}\le 2^x\le 2^{\log_2 n}$

이때 밑이 1보다 크므로

$-1\le x\le \log_2 n$

위 부등식을 만족시키는 정수 x의
개수가 7이므로 오른쪽 그림에서

$5\le \log_2 n<6$

$\log_2 2^5\le \log_2 n<\log_2 2^6$

밑이 1보다 크므로

$32\le n<64$

따라서 자연수 n의 최댓값은 63이다.

0317

방정식 $\log_3 3x+\log_{\frac{1}{9}}(7x-12)=a$의 근이 4이므로

$\log_3 12+\log_{\frac{1}{9}}16=a$

$\log_3 12+\log_{3^{-2}}4^2=a$

$\log_3 12-\log_3 4=a$

$\therefore a=\log_3 \dfrac{12}{4}=\log_3 3=1$

그러므로 주어진 부등식은

$3\log_3 |x-2|\le 4-\log_3 \dfrac{1}{9}$

진수의 조건에서 $|x-2|>0$ $\therefore x\ne 2$ ······ ㉠

$3\log_3 |x-2|\le 4-\log_3 \dfrac{1}{9}$에서

$3\log_3 |x-2|\le 4-\log_3 3^{-2}$

$3\log_3 |x-2|\le 4+2$

$3\log_3 |x-2|\le 6$, $\log_3 |x-2|\le 2$

$\log_3 |x-2|\le \log_3 3^2$

이때 밑이 1보다 크므로 $|x-2|\le 9$

$-9\le x-2\le 9$ $\therefore -7\le x\le 11$ ······ ㉡

㉠, ㉡의 공통 범위를 구하면

$-7\le x<2$ 또는 $2<x\le 11$

따라서 구하는 모든 자연수 x는

1, 3, 4, 5, 6, 7, 8, 9, 10, 11의 10개이다.

짝기출

부등식 $2\log_2 |x-1|\le 1-\log_2 \dfrac{1}{2}$을 만족시키는 모든 정수

x의 개수는?

① 2 ② 4 ③ 6 ④ 8 ⑤ 10

0318

$\log_3 (x+3)\le k$에서 진수의 조건에 의하여 $x+3>0$

$\therefore x>-3$ ······ ㉠

$\log_3 (x+3)\le k$에서 $\log_3 (x+3)\le \log_3 3^k$

이때 밑이 1보다 크므로

$x+3\le 3^k$

$\therefore x\le 3^k-3$ ······ ㉡

㉠, ㉡의 공통 범위를 구하면 $-3<x\le 3^k-3$

$\therefore A=\{x|-3<x\le 3^k-3\}$

$\log_3 (x-5)-\log_{\frac{1}{3}}(x+3)\ge 2$에서 진수의 조건에 의하여

$x-5>0$, $x+3>0$

$\therefore x>5$ ······ ㉢

$\log_3 (x-5)-\log_{\frac{1}{3}}(x+3)\ge 2$에서

$\log_3 (x-5)+\log_3 (x+3)\ge 2$

$\log_3 (x-5)(x+3)\ge \log_3 3^2$

이때 밑이 1보다 크므로

$(x-5)(x+3)\ge 9$

$x^2-2x-24\ge 0$, $(x+4)(x-6)\ge 0$

$\therefore x\le -4$ 또는 $x\ge 6$ ······ ㉣

㉢, ㉣의 공통 범위를 구하면 $x\ge 6$

$\therefore B=\{x|x\ge 6\}$

두 집합 A, B는 정수 전체의 집합의 부분집합이고 k는 자연수이
므로 $n(A\cap B)=1$이려면

$3^k-3=6$, $3^k=9=3^2$

$\therefore k=2$

짝기출

정수 전체의 집합의 두 부분집합

$\quad A=\{x|\log_2 (x+1)\le k\}$

$\quad B=\{x|\log_2 (x-2)-\log_{\frac{1}{2}}(x+1)\ge 2\}$

에 대하여 $n(A\cap B)=5$를 만족시키는 자연수 k의 값은?

① 3 ② 4 ③ 5 ④ 6 ⑤ 7

0319

진수의 조건에서 $f(x)>0$, $x-1>0$

$f(x)>0$에서 $0<x<7$ ······ ㉠

$x-1>0$에서 $x>1$ ······ ㉡

㉠, ㉡의 공통 범위를 구하면 $1<x<7$ ······ ㉢

$\log_3 f(x)+\log_{\frac{1}{3}}(x-1)\le 0$에서

$\log_3 f(x)\le -\log_{\frac{1}{3}}(x-1)$

$\log_3 f(x)\le \log_3 (x-1)$

이때 밑이 1보다 크므로 $f(x)\le x-1$ ······ ㉣

㉢, ㉣의 공통 범위는 $1<x<7$에서 $y=f(x)$의 그래프가 직선
$y=x-1$과 만나거나 그 아래쪽에 있는 부분의 x의 값의 범위이므로

$4\le x<7$

따라서 모든 자연수 x의 값의 합은

$4+5+6=15$

0320

답 ④

두 함수 $f(x)=2^x+2$, $g(x)=2^{x+1}$의 그래프가 점 P에서 만나므로
$2^x+2=2^{x+1}$, $2^x+2=2^x\times 2$
$2^x=2$ ∴ $x=1$ ∴ P$(1, 4)$
선분 AB는 점 P를 중심으로 하는 원의 지름이므로 점 P는 선분 AB의 중점이다.
A$(a, 2^a+2)$, B$(b, 2^{b+1})$이라 하면
$\dfrac{a+b}{2}=1$에서 $b=-a+2$ ····· ㉠
$\dfrac{2^a+2+2^{b+1}}{2}=4$ ····· ㉡
㉠을 ㉡에 대입하면 $\dfrac{2^a+2+2^{-a+2+1}}{2}=4$
$2^a+2+2^{-a+3}=8$, $2^a+2^{-a+3}=6$
$(2^a)^2-6\times 2^a+8=0$
$2^a=t$ $(t>0)$로 놓으면
$t^2-6t+8=0$, $(t-2)(t-4)=0$ ∴ $t=2$ 또는 $t=4$
즉, $2^a=2$ 또는 $2^a=4$이므로 $a=1$ 또는 $a=2$
(i) $a=1$이면 ㉠에서 $b=1$
   A$(1, 4)$, B$(1, 4)$이므로 조건에 모순이다.
(ii) $a=2$이면 ㉠에서 $b=0$
   A$(2, 6)$, B$(0, 2)$이므로
   $\overline{AB}=\sqrt{(2-0)^2+(6-2)^2}=\sqrt{20}=2\sqrt{5}$
따라서 원의 지름의 길이가 $2\sqrt{5}$이므로 원의 넓이는
$\left(\dfrac{2\sqrt{5}}{2}\right)^2\pi=5\pi$

짝기출 답 ①

두 함수 $f(x)=2^x+1$, $g(x)=2^{x+1}$의 그래프가 점 P에서 만난다. 서로 다른 두 실수 a, b에 대하여 두 점 A$(a, f(a))$, B$(b, g(b))$의 중점이 P일 때, 선분 AB의 길이는?
① $2\sqrt{2}$　② $2\sqrt{3}$　③ 4　④ $2\sqrt{5}$　⑤ $2\sqrt{6}$

0321

답 ④

약물을 주입한 지 30분 후의 정맥에서의 약물 농도가 2 ng/mL이므로
$\log(10-2)=1-30k$, $\log 8=1-30k$
$30k=1-\log 8=\log 10-\log 8=\log\dfrac{10}{8}=\log\dfrac{5}{4}$
∴ $k=\dfrac{1}{30}\log\dfrac{5}{4}$
약물을 주입한 지 60분 후의 정맥에서의 약물 농도가 a ng/mL이므로
$\log(10-a)=1-\left(\dfrac{1}{30}\log\dfrac{5}{4}\right)\times 60$
$\qquad\qquad\quad =1-2\log\dfrac{5}{4}$
$\qquad\qquad\quad =\log 10-\log\left(\dfrac{5}{4}\right)^2$
$\qquad\qquad\quad =\log\left(10\times\dfrac{16}{25}\right)=\log\dfrac{32}{5}$
즉, $10-a=\dfrac{32}{5}$이므로 $a=\dfrac{18}{5}=3.6$

0322

답 ①

$9\times f(f(x))=f(x^3)$에서
$3^2\times 3^{\frac{1}{\log_3 f(x)}}=3^{\frac{1}{\log_3 x^3}}$, $3^{2+\frac{1}{\log_3 f(x)}}=3^{\frac{1}{3\log_3 x}}$
이때 $\log_3 f(x)=\log_3 3^{\frac{1}{\log_3 x}}=\dfrac{1}{\log_3 x}\log_3 3=\dfrac{1}{\log_3 x}$이므로
$3^{2+\log_3 x}=3^{\frac{1}{3\log_3 x}}$
$2+\log_3 x=\dfrac{1}{3\log_3 x}$
$(2+\log_3 x)\times 3\log_3 x=1$
∴ $3(\log_3 x)^2+6\log_3 x-1=0$
즉, 방정식 $9\times f(f(x))=f(x^3)$의 실근은 방정식
$3(\log_3 x)^2+6\log_3 x-1=0$의 실근과 같다.
$\log_3 x=t$로 놓으면
$3t^2+6t-1=0$
이차방정식 $3t^2+6t-1=0$의 판별식을 D라 하면
$\dfrac{D}{4}=3^2-3\times(-1)=12>0$
이므로 이차방정식 $3t^2+6t-1=0$은 서로 다른 두 실근을 갖는다.
이때 이차방정식 $3t^2+6t-1=0$의 두 실근을 α, β라 하면 방정식 $3(\log_3 x)^2+6\log_3 x-1=0$은 3^α, 3^β을 서로 다른 두 실근으로 갖는다.
이차방정식 $3t^2+6t-1=0$에서 근과 계수의 관계에 의하여
$\alpha+\beta=-2$
따라서 방정식 $3(\log_3 x)^2+6\log_3 x-1=0$의 모든 실근의 곱은
$3^\alpha\times 3^\beta=3^{\alpha+\beta}=3^{-2}=\dfrac{1}{9}$

짝기출 답 ⑤

1이 아닌 양의 실수 전체의 집합에서 정의된 함수 $f(x)$를
$f(x)=2^{\frac{1}{\log_2 x}}$이라 하자. 다음은 방정식 $8\times f(f(x))=f(x^2)$의 모든 해의 곱을 구하는 과정이다.

$x\neq 1$인 모든 양의 실수 x에 대하여
$f(f(x))=2^{\frac{1}{\log_2 f(x)}}$에서
$8\times f(f(x))=2^{\left(\boxed{(\text{가})}+\frac{1}{\log_2 f(x)}\right)}$이고,
$f(x)=2^{\frac{1}{\log_2 x}}$에서 $\log_2 f(x)=\dfrac{1}{\boxed{(\text{나})}}$이다.

방정식 $8\times f(f(x))=f(x^2)$에서
$2^{\left(\boxed{(\text{가})}+\boxed{(\text{나})}\right)}=2^{\frac{1}{2\log_2 x}}$
$\boxed{(\text{가})}+\boxed{(\text{나})}=\dfrac{1}{2\log_2 x}$

그러므로 방정식 $8\times f(f(x))=f(x^2)$의 모든 해는 방정식 $\left(\boxed{(\text{가})}+\boxed{(\text{나})}\right)\times 2\log_2 x=1$의 모든 해와 같다.
따라서 방정식 $8\times f(f(x))=f(x^2)$의 모든 해의 곱은 $\boxed{(\text{다})}$이다.

위의 (가), (다)에 알맞은 수를 각각 p, q라 하고, (나)에 알맞은 식을 $g(x)$라 할 때, $p\times q\times g(4)$의 값은?
① $\dfrac{1}{4}$　② $\dfrac{3}{8}$　③ $\dfrac{1}{2}$　④ $\dfrac{5}{8}$　⑤ $\dfrac{3}{4}$

0323

답 ①

다음 표와 같이 $x=a$일 때 가려진 4개의 메모판에 적혀 있는 식의 값을 각각 p, q, r, s라 하자.

	l_4	l_5	l_6	합계
l_1	4^a	p	-2^{a+1}	S_1
l_2	q	$2^{a+3}-16$	r	S_2
l_3	-2^{a+1}	$2^{a+3}-16$	s	S_3
합계	S_4	S_5	S_6	

$S_1=S_4$에서 $p=q$

$S_3=S_6$에서 $r=2^{a+3}-16$

$S_1=S_3$에서 $4^a+p=2^{a+3}-16+s$

$\therefore s=4^a-2^{a+3}+16+p$

따라서 위의 표는 다음과 같이 정리할 수 있다.

	l_4	l_5	l_6	합계
l_1	4^a	p	-2^{a+1}	S_1
l_2	p	$2^{a+3}-16$	$2^{a+3}-16$	S_2
l_3	-2^{a+1}	$2^{a+3}-16$	$4^a-2^{a+3}+16+p$	S_3
합계	S_4	S_5	S_6	

$S_1=S_3=S_4=S_6=4^a-2^{a+1}+p$,

$S_2=S_5=2(2^{a+3}-16)+p$이므로

$4^a-2^{a+1}+p=2(2^{a+3}-16)+p$

$4^a-2\times2^a=2(8\times2^a-16)$

$\therefore (2^a)^2-18\times2^a+32=0$

$2^a=t$ $(t>0)$로 놓으면

$t^2-18t+32=0$, $(t-2)(t-16)=0$

$\therefore t=2$ 또는 $t=16$

즉, $2^a=2$ 또는 $2^a=16=2^4$이므로

$a=1$ 또는 $a=4$

따라서 모든 실수 a의 값의 합은

$1+4=5$

0324

답 ④

두 곡선 $y=\log_n 2x$, $y=-\log_n(x+5)+1$의 교점의 x좌표는

$\log_n 2x=-\log_n(x+5)+1$에서

$\log_n 2x+\log_n(x+5)=1$

$\log_n 2x(x+5)=\log_n n$

즉, $2x(x+5)=n$이므로

$2x^2+10x-n=0$

주어진 두 곡선의 교점의 x좌표는 진수의 조건에 의하여 $x>0$이어야 하므로

$x=\dfrac{-5+\sqrt{25+2n}}{2}$

교점의 x좌표가 1보다 작아야 하므로

$\dfrac{-5+\sqrt{25+2n}}{2}<1$, $-5+\sqrt{25+2n}<2$

$\sqrt{25+2n}<7$, $25+2n<49$, $2n<24$

$\therefore n<12$

따라서 자연수 n의 최댓값은 11이다.

답 ②

$n\geq2$인 자연수 n에 대하여 두 곡선

$$y=\log_n x, \quad y=-\log_n(x+3)+1$$

이 만나는 점의 x좌표가 1보다 크고 2보다 작도록 하는 모든 n의 값의 합은?

① 30 　　② 35 　　③ 40 　　④ 45 　　⑤ 50

0325

답 ③

직선 $y=1$이 곡선 $y=2^x-1$과 만나는 점 A의 x좌표는 $1=2^x-1$에서

$2^x=2$ $\quad\therefore x=1$

$\therefore$ A$(1, 1)$

직선 $y=1$이 직선 $y=-(1+\log_2 n)x+7$과 만나는 점 B의 x좌표는 $1=-(1+\log_2 n)x+7$에서

$(1+\log_2 n)x=6$ $\quad\therefore x=\dfrac{6}{1+\log_2 n}$

$\therefore$ B$\left(\dfrac{6}{1+\log_2 n}, 1\right)$

따라서 두 점 A, B 사이의 거리는

$f(n)=\left|\dfrac{6}{1+\log_2 n}-1\right|$

ㄱ. $f(2)=\left|\dfrac{6}{1+\log_2 2}-1\right|=|3-1|=2$ (참)

ㄴ. $f(n)\geq1$에서 $\left|\dfrac{6}{1+\log_2 n}-1\right|\geq1$

이때 n은 자연수이므로 $\dfrac{6}{1+\log_2 n}-1\geq1$

$\dfrac{6}{1+\log_2 n}\geq2$, $\dfrac{1+\log_2 n}{6}\leq\dfrac{1}{2}$

$1+\log_2 n\leq3$, $\log_2 n\leq2$

$\log_2 n\leq\log_2 2^2$

밑이 1보다 크므로

$n\leq4$

따라서 $f(n)\geq1$을 만족시키는 자연수 n은 1, 2, 3, 4의 4개이다. (참)

ㄷ. $|f(n)-1|\geq\dfrac{2}{3}$에서

$f(n)-1\leq-\dfrac{2}{3}$ 또는 $f(n)-1\geq\dfrac{2}{3}$

$\therefore f(n)\leq\dfrac{1}{3}$ 또는 $f(n)\geq\dfrac{5}{3}$

(i) $f(n)\leq\dfrac{1}{3}$일 때

$\left|\dfrac{6}{1+\log_2 n}-1\right|\leq\dfrac{1}{3}$, $-\dfrac{1}{3}\leq\dfrac{6}{1+\log_2 n}-1\leq\dfrac{1}{3}$

$\dfrac{2}{3}\leq\dfrac{6}{1+\log_2 n}\leq\dfrac{4}{3}$, $\dfrac{3}{4}\leq\dfrac{1+\log_2 n}{6}\leq\dfrac{3}{2}$

$\dfrac{9}{2}\leq1+\log_2 n\leq9$, $\dfrac{7}{2}\leq\log_2 n\leq8$

$\log_2 2^{\frac{7}{2}}\leq\log_2 n\leq\log_2 2^8$

밑이 1보다 크므로

$2^{\frac{7}{2}}\leq n\leq2^8$

이때 $\sqrt{121} < 2^{\frac{7}{2}} = \sqrt{128} < \sqrt{144}$ 이므로

$11 < 2^{\frac{7}{2}} < 12$

따라서 $f(n) \leq \frac{1}{3}$ 을 만족시키는 자연수 n은

12, 13, 14, $\cdots$, 256의 245개이다.

(ii) $f(n) \geq \frac{5}{3}$ 일 때

$\left| \dfrac{6}{1+\log_2 n} - 1 \right| \geq \dfrac{5}{3}$

이때 n은 자연수이므로 $\dfrac{6}{1+\log_2 n} - 1 \geq \dfrac{5}{3}$

$\dfrac{6}{1+\log_2 n} \geq \dfrac{8}{3}$, $\dfrac{1+\log_2 n}{6} \leq \dfrac{3}{8}$

$1+\log_2 n \leq \dfrac{9}{4}$, $\log_2 n \leq \dfrac{5}{4}$

$\log_2 n \leq \log_2 2^{\frac{5}{4}}$

밑이 1보다 크므로

$n \leq 2^{\frac{5}{4}}$

이때 $\sqrt[4]{16} < 2^{\frac{5}{4}} = \sqrt[4]{32} < \sqrt[4]{81}$ 이므로

$2 < 2^{\frac{5}{4}} < 3$

따라서 $f(n) \geq \dfrac{5}{3}$ 를 만족시키는 자연수 n은 1, 2의 2개이다.

(i), (ii)에서 $|f(n)-1| \geq \dfrac{2}{3}$ 를 만족시키는 자연수 n의 개수는

$245+2=247$ (거짓)

이상에서 옳은 것은 ㄱ, ㄴ이다.

0326 답 12

점 $A(a, b)$를 직선 $y=x$에 대하여 대칭이동한 점을 B라 하면 $B(b, a)$이다.

조건 ㈎에서 점 $A(a, b)$가 곡선 $y=\log_2(x+2)+k$ 위의 점이므로

$b=\log_2(a+2)+k$ ......㉠

조건 ㈏에서 점 $B(b, a)$가 곡선 $y=4^{x+k}+2$ 위의 점이므로

$a=4^{b+k}+2$ ......㉡

㉠에서

$b-k=\log_2(a+2)$, $2^{b-k}=a+2$

$\therefore a=2^{b-k}-2$ ......㉢

㉡, ㉢에서

$4^{b+k}+2=2^{b-k}-2$

$\therefore 4^k \times 4^b - 2^{-k} \times 2^b + 4 = 0$ ......㉣

조건을 만족시키는 점 A가 오직 하나이므로 방정식 ㉣을 만족시키는 실수 b는 오직 하나이고 $2^b=t$ $(t>0)$로 놓으면 t에 대한 이차방정식

$4^k t^2 - 2^{-k} t + 4 = 0$ ......㉤

은 오직 하나의 양의 실근을 갖는다.

㉤에서 이차방정식의 근과 계수의 관계에 의하여

(두 근의 합) $= -\dfrac{-2^{-k}}{4^k} = 2^{-3k} > 0$

(두 근의 곱) $= \dfrac{4}{4^k} = 4^{1-k} > 0$

이므로 t에 대한 이차방정식 ㉤이 오직 하나의 양의 실근을 가지려면 ㉤의 판별식을 D라 할 때, $D=0$이어야 한다.

$D=(-2^{-k})^2 - 4 \times 4^k \times 4 = 0$

$4^{-k} - 16 \times 4^k = 0$

위의 방정식의 양변에 4^k을 곱하면

$1-16 \times 4^{2k}=0$, $2^{4k+4}=1$

$4k+4=0$ $\therefore k=-1$

$k=-1$을 ㉤에 대입하면

$\dfrac{1}{4} t^2 - 2t + 4 = 0$, $\dfrac{1}{4}(t-4)^2=0$ $\therefore t=4$

즉, $2^b=4$에서 $b=2$

$k=-1$, $b=2$를 ㉡에 대입하면

$a=4^{2+(-1)}+2=6$

$\therefore ab=6 \times 2 = 12$

삼각함수

05 삼각함수

유형 01 일반각과 호도법

0327
답 ③

① $225° = 225 × 1° = 225 × \dfrac{\pi}{180} = \dfrac{5}{4}\pi$

② $-480° = -480 × 1° = -480 × \dfrac{\pi}{180} = -\dfrac{8}{3}\pi$

③ $-\dfrac{2}{15}\pi = -\dfrac{2}{15} × 180° = -24°$

④ $\dfrac{3}{2}\pi = \dfrac{3}{2} × 180° = 270°$

⑤ $300° = 300 × 1° = 300 × \dfrac{\pi}{180} = \dfrac{5}{3}\pi$

따라서 바르게 나타낸 것은 ③이다.

0328
답 ⑤

① $-210° = 360° × (-1) + 150°$이므로 일반각은 $360° × n + 150°$

② $45° = 360° × 0 + 45°$이므로 일반각은 $360° × n + 45°$

③ $120° = 360° × 0 + 120°$이므로 일반각은 $360° × n + 120°$

④ $600° = 360° × 1 + 240°$이므로 일반각은 $360° × n + 240°$

⑤ $1080° = 360° × 3 + 0°$이므로 일반각은 $360° × n + 0°$

따라서 옳지 않은 것은 ⑤이다.

0329
답 ⑤

① $1300° = 360° × 3 + 220°$　　② $1000° = 360° × 2 + 280°$

③ $400° = 360° × 1 + 40°$　　④ $-900° = 360° × (-3) + 180°$

⑤ $-1500° = 360° × (-5) + 300°$

따라서 α의 값이 가장 큰 것은 ⑤이다.

0330
답 ①

① $-1435° = 360° × (-4) + 5°$

② $-\dfrac{47}{12}\pi = -705° = 360° × (-2) + 15°$

③ $375° = 360° × 1 + 15°$

④ $735° = 360° × 2 + 15°$

⑤ $\dfrac{73}{12}\pi = 1095° = 360° × 3 + 15°$

따라서 각을 나타내는 동경이 나머지 넷과 다른 하나는 ①이다.

0331
답 ②

ㄱ. $432° = 360° × 1 + 72°$

ㄴ. $612° = 360° × 1 + 252°$

ㄷ. $-822° = 360° × (-3) + 258°$

ㄹ. $-1008° = 360° × (-3) + 72°$

따라서 동경 OP의 위치가 같은 것은 ㄱ과 ㄹ이다.

유형 02 사분면의 각

0332
답 ④

① $-\dfrac{23}{6}\pi = 2\pi × (-2) + \dfrac{\pi}{6}$에서 $0 < \dfrac{\pi}{6} < \dfrac{\pi}{2}$ ➡ 제1사분면의 각

② $180° < 245° < 270°$ ➡ 제3사분면의 각

③ $840° = 360° × 2 + 120°$에서 $90° < 120° < 180°$
　➡ 제2사분면의 각

④ $\dfrac{17}{3}\pi = 2\pi × 2 + \dfrac{5}{3}\pi$에서 $\dfrac{3}{2}\pi < \dfrac{5}{3}\pi < 2\pi$ ➡ 제4사분면의 각

⑤ $\dfrac{55}{9}\pi = 2\pi × 3 + \dfrac{\pi}{9}$에서 $0 < \dfrac{\pi}{9} < \dfrac{\pi}{2}$ ➡ 제1사분면의 각

따라서 제4사분면의 각인 것은 ④이다.

0333
답 40

$40° × n$이 제3사분면의 각이 되려면 음이 아닌 정수 k에 대하여

$360° × k + 180° < 40° × n < 360° × k + 270°$

$k = 0$일 때, $180° < 40° × n < 270°$에서

$\dfrac{9}{2} < n < \dfrac{27}{4}$　　∴ $n = 5, 6$

$k = 1$일 때, $540° < 40° × n < 630°$에서

$\dfrac{27}{2} < n < \dfrac{63}{4}$　　∴ $n = 14, 15$

따라서 모든 n의 값의 합은 $5 + 6 + 14 + 15 = 40$

0334
답 ②

각 θ가 제3사분면의 각이므로 정수 n에 대하여

$360° × n + 180° < \theta < 360° × n + 270°$

$120° × n + 60° < \dfrac{\theta}{3} < 120° × n + 90°$

(i) $n = 3k$ (k는 정수)일 때

　$120° × 3k + 60° < \dfrac{\theta}{3} < 120° × 3k + 90°$

　$360° × k + 60° < \dfrac{\theta}{3} < 360° × k + 90°$

　즉, 각 $\dfrac{\theta}{3}$는 제1사분면의 각이다.

(ii) $n = 3k + 1$ (k는 정수)일 때

　$120° × (3k+1) + 60° < \dfrac{\theta}{3} < 120° × (3k+1) + 90°$

　$360° × k + 180° < \dfrac{\theta}{3} < 360° × k + 210°$

즉, 각 $\dfrac{\theta}{3}$는 제3사분면의 각이다.

(iii) $n=3k+2$ (k는 정수)일 때

$$120° \times (3k+2)+60° < \dfrac{\theta}{3} < 120° \times (3k+2)+90°$$

$$360° \times k+300° < \dfrac{\theta}{3} < 360° \times k+330°$$

즉, 각 $\dfrac{\theta}{3}$는 제4사분면의 각이다.

(i)~(iii)에서 각 $\dfrac{\theta}{3}$는 제1, 3, 4사분면의 각이므로 동경이 존재할 수 없는 사분면은 제2사분면이다.

유형 03 **두 동경의 위치 관계 - 일치 또는 원점 대칭**

0335 답 ④

각 θ를 나타내는 동경과 각 9θ를 나타내는 동경이 일치하므로

$9\theta-\theta=2n\pi$ (n은 정수)

$8\theta=2n\pi$ ∴ $\theta=\dfrac{n\pi}{4}$ ······ ㉠

한편, $0<\theta<\dfrac{\pi}{2}$이므로 $0<\dfrac{n\pi}{4}<\dfrac{\pi}{2}$ ∴ $0<n<2$

n은 정수이므로 $n=1$

이것을 ㉠에 대입하면 $\theta=\dfrac{\pi}{4}$

0336 답 ③

각 θ를 나타내는 동경과 각 8θ를 나타내는 동경이 원점에 대하여 대칭이므로

$8\theta-\theta=(2n+1)\pi$ (n은 정수)

$7\theta=(2n+1)\pi$ ∴ $\theta=\dfrac{2n+1}{7}\pi$ ······ ㉠

한편, $\dfrac{\pi}{2}<\theta<\pi$이므로 $\dfrac{\pi}{2}<\dfrac{2n+1}{7}\pi<\pi$

$\dfrac{7}{2}<2n+1<7$ ∴ $\dfrac{5}{4}<n<3$

n은 정수이므로 $n=2$

이것을 ㉠에 대입하면 $\theta=\dfrac{5}{7}\pi$

0337 답 ③

각 -3θ를 나타내는 동경과 각 5θ를 나타내는 동경이 서로 반대 방향으로 일직선을 이루므로, 즉 원점에 대하여 대칭이므로

$5\theta-(-3\theta)=(2n+1)\pi$ (n은 정수)

$8\theta=(2n+1)\pi$ ∴ $\theta=\dfrac{2n+1}{8}\pi$ ······ ㉠

한편, $\dfrac{\pi}{2}<\theta<\pi$에서 $\dfrac{\pi}{2}<\dfrac{2n+1}{8}\pi<\pi$이므로

$4<2n+1<8$ ∴ $\dfrac{3}{2}<n<\dfrac{7}{2}$

n은 정수이므로 $n=2, 3$

이것을 ㉠에 대입하면 $\theta=\dfrac{5}{8}\pi, \dfrac{7}{8}\pi$

따라서 모든 각 θ의 크기의 합은 $\dfrac{5}{8}\pi+\dfrac{7}{8}\pi=\dfrac{3}{2}\pi$

유형 04 **두 동경의 위치 관계 - 직선 대칭**

0338 답 ④

각 θ를 나타내는 동경과 각 5θ를 나타내는 동경이 x축에 대하여 대칭이므로

$\theta+5\theta=360° \times n$ (n은 정수)

$6\theta=360° \times n$ ∴ $\theta=60° \times n$ ······ ㉠

한편, $0°<\theta<90°$이므로 $0°<60° \times n<90°$

∴ $0<n<\dfrac{3}{2}$

n은 정수이므로 $n=1$

이것을 ㉠에 대입하면 $\theta=60°$

0339 답 ③

각 θ를 나타내는 동경과 각 4θ를 나타내는 동경이 y축에 대하여 대칭이므로

$\theta+4\theta=(2n+1)\pi$ (n은 정수)

$5\theta=(2n+1)\pi$ ∴ $\theta=\dfrac{2n+1}{5}\pi$ ······ ㉠

한편, $0<\theta<\dfrac{\pi}{2}$이므로 $0<\dfrac{2n+1}{5}\pi<\dfrac{\pi}{2}$

$0<2n+1<\dfrac{5}{2}$ ∴ $-\dfrac{1}{2}<n<\dfrac{3}{4}$

n은 정수이므로 $n=0$

이것을 ㉠에 대입하면 $\theta=\dfrac{\pi}{5}$

0340 답 ②

각 2θ를 나타내는 동경과 각 4θ를 나타내는 동경이 직선 $y=x$에 대하여 대칭이므로

$2\theta+4\theta=2n\pi+\dfrac{\pi}{2}$ (n은 정수)

$6\theta=\dfrac{4n+1}{2}\pi$ ∴ $\theta=\dfrac{4n+1}{12}\pi$ ······ ㉠

한편, $0<\theta<\pi$이므로 $0<\dfrac{4n+1}{12}\pi<\pi$

$0<4n+1<12$ ∴ $-\dfrac{1}{4}<n<\dfrac{11}{4}$

n은 정수이므로 $n=0, 1, 2$

이것을 ㉠에 대입하면 $\theta=\dfrac{\pi}{12}, \dfrac{5}{12}\pi, \dfrac{9}{12}\pi$

따라서 모든 각 θ의 크기의 합은

$\dfrac{\pi}{12}+\dfrac{5}{12}\pi+\dfrac{9}{12}\pi=\dfrac{5}{4}\pi$

0341
답 ③

각 θ를 나타내는 동경과 각 2θ를 나타내는 동경이 직선 $y=-x$에
대하여 대칭이므로

$\theta+2\theta=2n\pi+\dfrac{3}{2}\pi$ (n은 정수)

$3\theta=\dfrac{4n+3}{2}\pi$ $\quad \therefore \theta=\dfrac{4n+3}{6}\pi$ $\quad$ …… ㉠

한편, $0<\theta<2\pi$이므로 $0<\dfrac{4n+3}{6}\pi<2\pi$

$0<4n+3<12$ $\quad \therefore -\dfrac{3}{4}<n<\dfrac{9}{4}$

n은 정수이므로 $n=0$, 1, 2

이것을 ㉠에 대입하면 $\theta=\dfrac{3}{6}\pi$, $\dfrac{7}{6}\pi$, $\dfrac{11}{6}\pi$

따라서 모든 각 θ의 크기의 합은

$\dfrac{3}{6}\pi+\dfrac{7}{6}\pi+\dfrac{11}{6}\pi=\dfrac{7}{2}\pi$

유형 05 부채꼴의 호의 길이와 넓이

0342
답 ②

부채꼴의 호의 길이는

$6\times\dfrac{\pi}{3}=2\pi$ $\quad \therefore a=2\pi$

부채꼴의 넓이는

$\dfrac{1}{2}\times6^2\times\dfrac{\pi}{3}=6\pi$ $\quad \therefore b=6\pi$

$\therefore a+b=2\pi+6\pi=8\pi$

0343
답 ②

부채꼴의 반지름의 길이를 r, 중심각의 크기를 θ라 하자.
부채꼴의 호의 길이가 2π이므로 $r\theta=2\pi$ $\quad$ …… ㉠
부채꼴의 넓이가 8π이므로

$\dfrac{1}{2}r\times2\pi=8\pi$ $\quad \therefore r=8$

$r=8$을 ㉠에 대입하면

$8\theta=2\pi$ $\quad \therefore \theta=\dfrac{\pi}{4}$

0344
답 10

부채꼴의 반지름의 길이를 r이라 하면 부채꼴의 넓이가 70π이므로

$\dfrac{1}{2}r^2\times\dfrac{5}{7}\pi=70\pi$, $r^2=196$

$\therefore r=14$ ($\because r>0$)

따라서 부채꼴의 호의 길이는

$14\times\dfrac{5}{7}\pi=10\pi$

$\therefore a=10$

0345
답 75

부채꼴의 반지름의 길이를 r, 호의 길이를 l이라 하자.

부채꼴의 중심각의 크기가 $\dfrac{3}{2}$라디안이므로

$l=r\times\dfrac{3}{2}$ $\quad \therefore l=\dfrac{3}{2}r$ $\quad$ …… ㉠

이때 부채꼴의 둘레의 길이가 35이므로

$2r+l=35$ $\quad$ …… ㉡

㉠, ㉡을 연립하여 풀면 $r=10$, $l=15$

따라서 부채꼴의 넓이는

$\dfrac{1}{2}rl=\dfrac{1}{2}\times10\times15=75$

0346
답 27

넓이가 30인 부채꼴의 반지름의 길이를 r, 중심각의 크기를 θ라 하면

$\dfrac{1}{2}r^2\theta=30$ $\quad \therefore r^2\theta=60$

한편, 새로 만들어진 부채꼴에서

중심각의 크기는 $\left(1+\dfrac{60}{100}\right)\theta=\dfrac{8}{5}\theta$

반지름의 길이는 $\left(1-\dfrac{25}{100}\right)r=\dfrac{3}{4}r$

따라서 새로 만든 부채꼴의 넓이는

$\dfrac{1}{2}\times\left(\dfrac{3}{4}r\right)^2\times\dfrac{8}{5}\theta=\dfrac{9}{20}r^2\theta=\dfrac{9}{20}\times60=27$

0347
답 20

부채꼴의 반지름의 길이를 r, 호의 길이를 l, 넓이를 S라 하자.
부채꼴의 둘레의 길이가 16이므로

$2r+l=16$에서 $l=16-2r$

$\therefore S=\dfrac{1}{2}rl=\dfrac{1}{2}r(16-2r)=-r^2+8r$

$\qquad =-(r-4)^2+16$

따라서 $r=4$일 때 S가 최댓값 16을 가지므로

$\alpha=4$, $\beta=16$

$\therefore \alpha+\beta=4+16=20$

다른 풀이

부채꼴의 반지름의 길이를 r, 호의 길이를 l, 넓이를 S라 하자.
부채꼴의 둘레의 길이가 16이므로

$2r+l=16$

$2r>0$, $l>0$이므로 산술평균과 기하평균의 관계에 의하여

$2r+l\geq2\sqrt{2r\times l}$ (단, 등호는 $2r=l$, 즉 $r=4$일 때 성립한다.)

$16\geq2\sqrt{2rl}$, $\sqrt{2rl}\leq8$

$2rl\leq64$, $\dfrac{1}{2}rl\leq16$

$\therefore S\leq16$

따라서 $r=4$일 때 S가 최댓값 16을 가지므로

$\alpha=4$, $\beta=16$

$\therefore \alpha+\beta=4+16=20$

0348

답 ②

오른쪽 그림과 같이 반원의 중심을 O라

하고, $\angle PBO = \theta$라 하면

$\overline{OP} = \overline{OB} = \overline{OA} = 6$이므로

$\angle OPB = \theta$

$\angle POA = \theta + \theta = 2\theta$

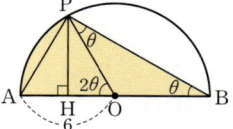

이때 부채꼴 OAP의 호 AP의 길이가 2π이므로

$6 \times 2\theta = 2\pi$ $\therefore \theta = \dfrac{\pi}{6}$

즉, $\angle POA = \dfrac{\pi}{3}$이므로 삼각형 PAO는 정삼각형이다.

한편, 점 P에서 선분 AB에 내린 수선의

발을 H라 하면

$\overline{PH} = 6 \sin \dfrac{\pi}{3} = 6 \times \dfrac{\sqrt{3}}{2} = 3\sqrt{3}$

따라서 구하는 도형의 넓이는

(부채꼴 OAP의 넓이) + (삼각형 POB의 넓이)

$= \dfrac{1}{2} \times 6^2 \times \dfrac{\pi}{3} + \dfrac{1}{2} \times 6 \times 3\sqrt{3}$

$= 6\pi + 9\sqrt{3}$

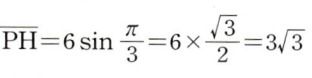

유형 06 부채꼴의 호의 길이와 넓이의 활용

0349

답 ①

전개도에서 부채꼴의 중심각의 크기를 θ라 하면 부채꼴의 반지름

의 길이는 원뿔의 모선의 길이와 같은 12이므로 부채꼴의 호의 길

이는 12θ이다.

한편, 밑면인 원의 둘레의 길이는 $2\pi \times 4 = 8\pi$

원뿔의 전개도에서 부채꼴의 호의 길이는 밑면인 원의 둘레의 길이

와 같으므로

$12\theta = 8\pi$ $\therefore \theta = \dfrac{2}{3}\pi$

따라서 원뿔의 겉넓이는

$\dfrac{1}{2} \times 12^2 \times \dfrac{2}{3}\pi + \pi \times 4^2 = 48\pi + 16\pi = 64\pi$

0350

답 ②

원뿔의 모선의 길이를 a, 밑면인 원의 반지름의 길이를 r이라 하자.

원뿔의 전개도에서 부채꼴의 호의 길이는 밑면인 원의 둘레의 길이

와 같으므로

(부채꼴의 호의 길이) $= 2\pi r$

한편, 원뿔의 옆넓이, 즉 전개도에서 부채꼴

의 넓이가 밑넓이의 2배이므로

$\dfrac{1}{2} a \times 2\pi r = 2 \times \pi r^2$ $\therefore a = 2r$

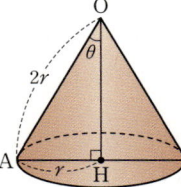

오른쪽 그림의 직각삼각형 OAH에서

$\sin \theta = \dfrac{\overline{AH}}{\overline{OA}} = \dfrac{r}{2r} = \dfrac{1}{2}$

0351

답 $112\pi \ \text{cm}^2$

필요한 한지의 넓이는

(부채꼴 COD의 넓이) − (부채꼴 AOB의 넓이)

$= \dfrac{1}{2} \times 20^2 \times \dfrac{2}{3}\pi - \dfrac{1}{2} \times 8^2 \times \dfrac{2}{3}\pi$

$= \dfrac{400}{3}\pi - \dfrac{64}{3}\pi$

$= 112\pi \ (\text{cm}^2)$

유형 07 삼각함수의 정의

0352

답 ③

$\overline{OP} = \sqrt{(-12)^2 + (-9)^2} = \sqrt{225} = 15$이므로

$\sin \theta = \dfrac{-9}{15} = -\dfrac{3}{5}$, $\cos \theta = \dfrac{-12}{15} = -\dfrac{4}{5}$

$\therefore \sin \theta - \cos \theta = -\dfrac{3}{5} - \left(-\dfrac{4}{5} \right) = \dfrac{1}{5}$

0353

답 ①

$\overline{OP} = \sqrt{(\sqrt{11})^2 + a^2} = \sqrt{a^2 + 11}$이므로

$\sin \theta = \dfrac{a}{\sqrt{a^2 + 11}} = -\dfrac{5}{6}$

$6a = -5\sqrt{a^2 + 11}$

양변을 제곱하면

$36a^2 = 25a^2 + 275$

$11a^2 = 275$, $a^2 = 25$

$\therefore a = \pm 5$

그런데 $\sin \theta < 0$이므로 $a < 0$

$\therefore a = -5$

$\therefore \tan \theta = \dfrac{-5}{\sqrt{11}} = -\dfrac{5\sqrt{11}}{11}$

0354

답 ④

$y = -2x$를 $x^2 + y^2 = 1$에 대입하면

$x^2 + (-2x)^2 = 1$, $5x^2 = 1$

$x^2 = \dfrac{1}{5}$ $\therefore x = \pm \dfrac{\sqrt{5}}{5}$

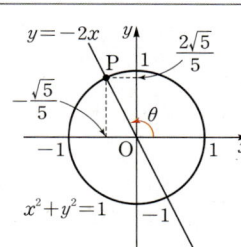

점 P는 제2사분면 위의 점이므로

$x = -\dfrac{\sqrt{5}}{5}$

즉, 점 P의 좌표는 $\left(-\dfrac{\sqrt{5}}{5}, \dfrac{2\sqrt{5}}{5} \right)$이므로

$\sin \theta = \dfrac{2\sqrt{5}}{5}$, $\cos \theta = -\dfrac{\sqrt{5}}{5}$

$\therefore \sin \theta + \cos \theta = \dfrac{2\sqrt{5}}{5} + \left(-\dfrac{\sqrt{5}}{5} \right) = \dfrac{\sqrt{5}}{5}$

0355

답 ⑤

각 θ가 제2사분면의 각이므로

$\sin\theta>0$, $\cos\theta<0$, $\tan\theta<0$

⑤ $\dfrac{\tan\theta}{\sin\theta}<0$

0356

답 ③

(ⅰ) $\sin\theta\cos\theta>0$일 때

$\sin\theta>0$, $\cos\theta>0$ 또는 $\sin\theta<0$, $\cos\theta<0$

즉, 각 θ는 제1사분면 또는 제3사분면의 각이다.

(ⅱ) $\cos\theta\tan\theta<0$일 때

$\cos\theta>0$, $\tan\theta<0$ 또는 $\cos\theta<0$, $\tan\theta>0$

즉, 각 θ는 제3사분면 또는 제4사분면의 각이다.

(ⅰ), (ⅱ)에서 각 θ는 제3사분면의 각이다.

0357

답 ③

$\sin\theta\tan\theta>0$에서 $\sin\theta$와 $\tan\theta$의 값의 부호가 서로 같고

$\sin\theta+\tan\theta<0$이므로

$\sin\theta<0$, $\tan\theta<0$

즉, 각 θ는 제4사분면의 각이므로 $\cos\theta>0$

$\therefore \sqrt{\tan^2\theta}+\sqrt{\sin^2\theta}+|\cos\theta|-\sqrt{(\tan\theta+\sin\theta)^2}$

$= |\tan\theta|+|\sin\theta|+|\cos\theta|-|\tan\theta+\sin\theta|$

$= -\tan\theta-\sin\theta+\cos\theta+\tan\theta+\sin\theta$

$= \cos\theta$

0358

답 -1

$\dfrac{\sqrt{\cos\theta}}{\sqrt{\sin\theta}}=-\sqrt{\dfrac{\cos\theta}{\sin\theta}}$가 성립하므로

$\sin\theta<0$, $\cos\theta>0$

즉, 각 θ는 제4사분면의 각이므로 $\tan\theta<0$

$\therefore \dfrac{\sqrt{\sin^2\theta}}{\sin\theta}+\dfrac{\sqrt{\cos^2\theta}}{\cos\theta}+\dfrac{\sqrt{\tan^2\theta}}{\tan\theta}$

$= \dfrac{|\sin\theta|}{\sin\theta}+\dfrac{|\cos\theta|}{\cos\theta}+\dfrac{|\tan\theta|}{\tan\theta}$

$= \dfrac{-\sin\theta}{\sin\theta}+\dfrac{\cos\theta}{\cos\theta}+\dfrac{-\tan\theta}{\tan\theta}$

$= -1+1+(-1)=-1$

🔊 **Bible Says** 음수의 제곱근의 성질

$ab\neq0$인 실수 a, b에 대하여

(1) $\sqrt{a}\sqrt{b}=-\sqrt{ab}$이면 $a<0$, $b<0$

(2) $\dfrac{\sqrt{a}}{\sqrt{b}}=-\sqrt{\dfrac{a}{b}}$이면 $a>0$, $b<0$

0359

답 $-3\tan\theta$

각 θ가 제2사분면의 각이므로

$\sin\theta>0$, $\cos\theta<0$, $\tan\theta<0$

$\therefore \dfrac{|\sin\theta|}{\sqrt{\cos^2\theta}}+2|\tan\theta|=\dfrac{|\sin\theta|}{|\cos\theta|}+2|\tan\theta|$

$= -\dfrac{\sin\theta}{\cos\theta}-2\tan\theta$

$= -\tan\theta-2\tan\theta$

$= -3\tan\theta$

0360

답 ⑤

ㄱ. $\dfrac{\sin\theta}{1+\cos\theta}=\dfrac{\sin\theta(1-\cos\theta)}{(1+\cos\theta)(1-\cos\theta)}$

$= \dfrac{\sin\theta(1-\cos\theta)}{1-\cos^2\theta}$

$= \dfrac{\sin\theta(1-\cos\theta)}{\sin^2\theta}$

$= \dfrac{1-\cos\theta}{\sin\theta}$ (참)

ㄴ. $\tan^2\theta-\sin^2\theta=\tan^2\theta\left(1-\dfrac{\sin^2\theta}{\tan^2\theta}\right)$

$= \tan^2\theta\left(1-\dfrac{\sin^2\theta}{\frac{\sin^2\theta}{\cos^2\theta}}\right)$

$= \tan^2\theta(1-\cos^2\theta)$

$= \tan^2\theta\sin^2\theta$ (참)

ㄷ. $(\sin\theta+\cos\theta)^2+\dfrac{(1-\tan\theta)^2}{1+\tan^2\theta}$

$= (\sin\theta+\cos\theta)^2+\dfrac{\left(1-\frac{\sin\theta}{\cos\theta}\right)^2}{1+\frac{\sin^2\theta}{\cos^2\theta}}$

$= (\sin\theta+\cos\theta)^2+\dfrac{\frac{(\cos\theta-\sin\theta)^2}{\cos^2\theta}}{\frac{\cos^2\theta+\sin^2\theta}{\cos^2\theta}}$

$= (\sin\theta+\cos\theta)^2+(\cos\theta-\sin\theta)^2$

$= \sin^2\theta+2\sin\theta\cos\theta+\cos^2\theta$
$\qquad\qquad +\cos^2\theta-2\sin\theta\cos\theta+\sin^2\theta$

$= 2$ (참)

따라서 옳은 것은 ㄱ, ㄴ, ㄷ이다.

다른 풀이

ㄴ. $\tan^2\theta-\sin^2\theta=\dfrac{\sin^2\theta}{\cos^2\theta}-\sin^2\theta$

$= \sin^2\theta\left(\dfrac{1}{\cos^2\theta}-1\right)$

$= \sin^2\theta\times\dfrac{1-\cos^2\theta}{\cos^2\theta}$

$= \sin^2\theta\times\dfrac{\sin^2\theta}{\cos^2\theta}$

$= \sin^2\theta\tan^2\theta$ (참)

0361

답 2

$$\left(1+\tan\theta+\frac{1}{\cos\theta}\right)\left(1+\frac{1}{\tan\theta}-\frac{1}{\sin\theta}\right)$$

$$=\frac{\cos\theta+\sin\theta+1}{\cos\theta}\times\frac{\sin\theta+\cos\theta-1}{\sin\theta}$$

$$=\frac{(\cos\theta+\sin\theta+1)(\sin\theta+\cos\theta-1)}{\sin\theta\cos\theta}$$

$$=\frac{(\cos\theta+\sin\theta)^2-1}{\sin\theta\cos\theta}$$

$$=\frac{\cos^2\theta+2\sin\theta\cos\theta+\sin^2\theta-1}{\sin\theta\cos\theta}$$

$$=\frac{1+2\sin\theta\cos\theta-1}{\sin\theta\cos\theta}$$

$$=\frac{2\sin\theta\cos\theta}{\sin\theta\cos\theta}=2$$

0362

답 ②

$$1+2\sin\theta\cos\theta=\sin^2\theta+\cos^2\theta+2\sin\theta\cos\theta$$
$$=(\sin\theta+\cos\theta)^2$$
$$1-2\sin\theta\cos\theta=\sin^2\theta+\cos^2\theta-2\sin\theta\cos\theta$$
$$=(\sin\theta-\cos\theta)^2$$

$0<\sin\theta<\cos\theta$에서 $\sin\theta+\cos\theta>0$, $\sin\theta-\cos\theta<0$이므로

$$\sqrt{1+2\sin\theta\cos\theta}-\sqrt{1-2\sin\theta\cos\theta}$$
$$=\sqrt{(\sin\theta+\cos\theta)^2}-\sqrt{(\sin\theta-\cos\theta)^2}$$
$$=|\sin\theta+\cos\theta|-|\sin\theta-\cos\theta|$$
$$=\sin\theta+\cos\theta+(\sin\theta-\cos\theta)$$
$$=2\sin\theta$$

유형 **10** **삼각함수 사이의 관계 - 식의 값 구하기**

0363

답 ③

$$\cos^2\theta=1-\sin^2\theta=1-\left(-\frac{3}{5}\right)^2=\frac{16}{25}$$

각 θ가 제3사분면의 각이므로 $\cos\theta=-\dfrac{4}{5}$

$$\tan\theta=\frac{\sin\theta}{\cos\theta}=\frac{-\dfrac{3}{5}}{-\dfrac{4}{5}}=\frac{3}{4}$$

$$\therefore 15\cos\theta+16\tan\theta=15\times\left(-\frac{4}{5}\right)+16\times\frac{3}{4}$$
$$=-12+12=0$$

0364

답 ⑤

$\tan\theta=\dfrac{1}{2}$에서 $\dfrac{\sin\theta}{\cos\theta}=\dfrac{1}{2}$이므로 $\cos\theta=2\sin\theta$ ······ ㉠

㉠을 $\sin^2\theta+\cos^2\theta=1$에 대입하면 $\sin^2\theta+(2\sin\theta)^2=1$

$5\sin^2\theta=1$, $\sin^2\theta=\dfrac{1}{5}$

$\sin\theta<0$이므로 $\sin\theta=-\dfrac{1}{\sqrt5}$

$\sin\theta=-\dfrac{1}{\sqrt5}$을 ㉠에 대입하면 $\cos\theta=-\dfrac{2}{\sqrt5}$

$$\therefore \sin\theta\cos\theta=\left(-\frac{1}{\sqrt5}\right)\times\left(-\frac{2}{\sqrt5}\right)=\frac{2}{5}$$

0365

답 ④

$\dfrac{1-\cos\theta}{1+\cos\theta}=\dfrac{1}{9}$에서 $9-9\cos\theta=1+\cos\theta$

$10\cos\theta=8$ $\therefore \cos\theta=\dfrac{4}{5}$

$$\sin^2\theta=1-\cos^2\theta=1-\left(\frac{4}{5}\right)^2=\frac{9}{25}$$

각 θ는 제4사분면의 각이므로 $\sin\theta=-\dfrac{3}{5}$

$$\tan\theta=\frac{\sin\theta}{\cos\theta}=\frac{-\dfrac{3}{5}}{\dfrac{4}{5}}=-\frac{3}{4}$$

$$\therefore 5\sin\theta-8\tan\theta=5\times\left(-\frac{3}{5}\right)-8\times\left(-\frac{3}{4}\right)$$
$$=-3+6=3$$

0366

답 ②

$\dfrac{1}{1+\cos\theta}+\dfrac{1}{1-\cos\theta}=6$에서

$$\frac{(1-\cos\theta)+(1+\cos\theta)}{(1+\cos\theta)(1-\cos\theta)}=6,\ \frac{2}{1-\cos^2\theta}=6$$

$$\frac{2}{\sin^2\theta}=6,\ \sin^2\theta=\frac{1}{3}$$

$0<\theta<\dfrac{\pi}{2}$에서 $\sin\theta>0$이므로 $\sin\theta=\dfrac{1}{\sqrt3}$

$$\cos^2\theta=1-\sin^2\theta=1-\frac{1}{3}=\frac{2}{3}$$

$0<\theta<\dfrac{\pi}{2}$에서 $\cos\theta>0$이므로 $\cos\theta=\dfrac{\sqrt2}{\sqrt3}$

$$\therefore \tan\theta=\frac{\sin\theta}{\cos\theta}=\frac{\dfrac{1}{\sqrt3}}{\dfrac{\sqrt2}{\sqrt3}}=\frac{1}{\sqrt2}=\frac{\sqrt2}{2}$$

0367

답 ①

$\dfrac{\sin\theta}{1+\cos\theta}+\dfrac{1+\cos\theta}{\sin\theta}=\dfrac{8}{3}$에서

$$\frac{\sin^2\theta+(1+\cos\theta)^2}{(1+\cos\theta)\sin\theta}=\frac{8}{3}$$

$$\frac{\sin^2\theta+(1+2\cos\theta+\cos^2\theta)}{(1+\cos\theta)\sin\theta}=\frac{8}{3}$$

$$\frac{2(1+\cos\theta)}{(1+\cos\theta)\sin\theta}=\frac{8}{3},\ \frac{2}{\sin\theta}=\frac{8}{3}$$

$$\therefore \sin\theta=\frac{3}{4}$$

$$\cos^2\theta=1-\sin^2\theta=1-\left(\frac{3}{4}\right)^2=\frac{7}{16}$$

$\dfrac{\pi}{2}<\theta<\pi$에서 $\cos\theta<0$이므로 $\cos\theta=-\dfrac{\sqrt7}{4}$

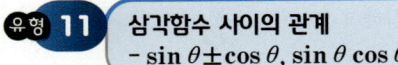

유형 11 삼각함수 사이의 관계
— $\sin\theta \pm \cos\theta$, $\sin\theta\cos\theta$ 이용

0368 답 ①

$\sin\theta+\cos\theta=\dfrac{1}{2}$의 양변을 제곱하면

$\sin^2\theta+2\sin\theta\cos\theta+\cos^2\theta=\dfrac{1}{4}$

$1+2\sin\theta\cos\theta=\dfrac{1}{4}$

$2\sin\theta\cos\theta=-\dfrac{3}{4}$ $\therefore\ \sin\theta\cos\theta=-\dfrac{3}{8}$

$\therefore\ \tan\theta+\dfrac{1}{\tan\theta}=\dfrac{\sin\theta}{\cos\theta}+\dfrac{\cos\theta}{\sin\theta}$

$\qquad\qquad\qquad=\dfrac{\sin^2\theta+\cos^2\theta}{\sin\theta\cos\theta}$

$\qquad\qquad\qquad=\dfrac{1}{-\dfrac{3}{8}}=-\dfrac{8}{3}$

0369 답 193

$\sin\theta+\cos\theta=\dfrac{\sqrt{5}}{2}$의 양변을 제곱하면

$\sin^2\theta+2\sin\theta\cos\theta+\cos^2\theta=\dfrac{5}{4}$

$1+2\sin\theta\cos\theta=\dfrac{5}{4}$

$2\sin\theta\cos\theta=\dfrac{1}{4}$ $\therefore\ \sin\theta\cos\theta=\dfrac{1}{8}$

$\therefore\ (1+\sin^2\theta)(1+\cos^2\theta)=1+\sin^2\theta+\cos^2\theta+\sin^2\theta\cos^2\theta$

$\qquad\qquad\qquad\qquad\quad=1+1+\left(\dfrac{1}{8}\right)^2$

$\qquad\qquad\qquad\qquad\quad=2+\dfrac{1}{64}=\dfrac{129}{64}$

따라서 $p=64$, $q=129$이므로

$p+q=64+129=193$

0370 답 ④

$\sin\theta\cos\theta=-\dfrac{1}{2}$이므로

$(\sin\theta-\cos\theta)^2=\sin^2\theta-2\sin\theta\cos\theta+\cos^2\theta$

$\qquad\qquad\qquad\quad=1-2\times\left(-\dfrac{1}{2}\right)=2$

이때 $\dfrac{\pi}{2}<\theta<\pi$에서 $\sin\theta>0$, $\cos\theta<0$이므로 $\sin\theta-\cos\theta>0$

$\therefore\ \sin\theta-\cos\theta=\sqrt{2}$

$\therefore\ \sin^3\theta-\cos^3\theta$

$\quad=(\sin\theta-\cos\theta)(\sin^2\theta+\sin\theta\cos\theta+\cos^2\theta)$

$\quad=(\sin\theta-\cos\theta)(1+\sin\theta\cos\theta)$

$\quad=\sqrt{2}\times\left\{1+\left(-\dfrac{1}{2}\right)\right\}=\dfrac{\sqrt{2}}{2}$

다른 풀이

$\sin^3\theta-\cos^3\theta=(\sin\theta-\cos\theta)^3+3\sin\theta\cos\theta(\sin\theta-\cos\theta)$

$\qquad\qquad\quad=(\sqrt{2})^3+3\times\left(-\dfrac{1}{2}\right)\times\sqrt{2}$

$\qquad\qquad\quad=2\sqrt{2}-\dfrac{3\sqrt{2}}{2}=\dfrac{\sqrt{2}}{2}$

0371 답 ⑤

$\tan\theta+\dfrac{1}{\tan\theta}=2$에서 $\dfrac{\sin\theta}{\cos\theta}+\dfrac{\cos\theta}{\sin\theta}=2$

$\dfrac{\sin^2\theta+\cos^2\theta}{\sin\theta\cos\theta}=2$, $\dfrac{1}{\sin\theta\cos\theta}=2$

$\therefore\ \sin\theta\cos\theta=\dfrac{1}{2}$

$(\sin\theta+\cos\theta)^2=\sin^2\theta+2\sin\theta\cos\theta+\cos^2\theta$

$\qquad\qquad\qquad=1+2\times\dfrac{1}{2}=2$

$0<\theta<\dfrac{\pi}{2}$에서 $\sin\theta>0$, $\cos\theta>0$이므로 $\sin\theta+\cos\theta>0$

$\therefore\ \sin\theta+\cos\theta=\sqrt{2}$

0372 답 ①

$\sin\theta-\cos\theta=\dfrac{\sqrt{5}}{5}$의 양변을 제곱하면

$\sin^2\theta-2\sin\theta\cos\theta+\cos^2\theta=\dfrac{1}{5}$, $1-2\sin\theta\cos\theta=\dfrac{1}{5}$

$2\sin\theta\cos\theta=\dfrac{4}{5}$ $\therefore\ \sin\theta\cos\theta=\dfrac{2}{5}$

$(\sin\theta+\cos\theta)^2=\sin^2\theta+2\sin\theta\cos\theta+\cos^2\theta$

$\qquad\qquad\qquad=1+2\times\dfrac{2}{5}=\dfrac{9}{5}$

각 θ가 제3사분면의 각이므로 $\sin\theta<0$, $\cos\theta<0$

따라서 $\sin\theta+\cos\theta<0$이므로

$\sin\theta+\cos\theta=-\sqrt{\dfrac{9}{5}}=-\dfrac{3\sqrt{5}}{5}$

$\therefore\ \sin^2\theta-\cos^2\theta=(\sin\theta+\cos\theta)(\sin\theta-\cos\theta)$

$\qquad\qquad\qquad\quad=\left(-\dfrac{3\sqrt{5}}{5}\right)\times\dfrac{\sqrt{5}}{5}=-\dfrac{3}{5}$

유형 12 삼각함수와 이차방정식

0373 답 ②

이차방정식 $2x^2-(\sqrt{3}+1)x+p=0$의 두 근이 $\sin\theta$, $\cos\theta$이므로 근과 계수의 관계에 의하여

$\sin\theta+\cos\theta=\dfrac{\sqrt{3}+1}{2}$ $\cdots\cdots$ ㉠

$\sin\theta\cos\theta=\dfrac{p}{2}$ $\cdots\cdots$ ㉡

㉠의 양변을 제곱하면

$\sin^2\theta + 2\sin\theta\cos\theta + \cos^2\theta = \dfrac{4+2\sqrt{3}}{4} = 1 + \dfrac{\sqrt{3}}{2}$

$1 + 2 \times \dfrac{p}{2} = 1 + \dfrac{\sqrt{3}}{2}$ $(\because$ ㉡$)$

$\therefore p = \dfrac{\sqrt{3}}{2}$

0374 답 ④

이차방정식 $3x^2 + 2x + a = 0$의 두 근이 $\cos\theta + \sin\theta$, $\cos\theta - \sin\theta$
이므로 근과 계수의 관계에 의하여

$(\cos\theta + \sin\theta) + (\cos\theta - \sin\theta) = -\dfrac{2}{3}$ ㄴㄴㄴㄴㄴ ㉠

$(\cos\theta + \sin\theta)(\cos\theta - \sin\theta) = \dfrac{a}{3}$ ㄴㄴㄴㄴㄴ ㉡

㉠에서 $2\cos\theta = -\dfrac{2}{3}$

$\therefore \cos\theta = -\dfrac{1}{3}$

㉡에서 $\cos^2\theta - \sin^2\theta = \dfrac{a}{3}$

$\cos^2\theta - (1 - \cos^2\theta) = \dfrac{a}{3}$, $2\cos^2\theta - 1 = \dfrac{a}{3}$

$2 \times \left(-\dfrac{1}{3}\right)^2 - 1 = \dfrac{a}{3}$, $\dfrac{a}{3} = -\dfrac{7}{9}$

$\therefore a = -\dfrac{7}{3}$

0375 답 -6

이차방정식 $2x^2 - x + a = 0$의 두 근이 $\sin\theta$, $\cos\theta$이므로 근과 계수의 관계에 의하여

$\sin\theta + \cos\theta = \dfrac{1}{2}$ ㄴㄴㄴㄴㄴ ㉠

$\sin\theta \cos\theta = \dfrac{a}{2}$ ㄴㄴㄴㄴㄴ ㉡

㉠의 양변을 제곱하면

$\sin^2\theta + 2\sin\theta\cos\theta + \cos^2\theta = \dfrac{1}{4}$

$1 + 2\sin\theta\cos\theta = \dfrac{1}{4}$

$2\sin\theta\cos\theta = -\dfrac{3}{4}$

$\therefore \sin\theta\cos\theta = -\dfrac{3}{8}$

㉡에서

$\dfrac{a}{2} = -\dfrac{3}{8}$ $\quad \therefore a = -\dfrac{3}{4}$

이차방정식 $3x^2 + bx + 3 = 0$의 두 근이 $\tan\theta$, $\dfrac{1}{\tan\theta}$이므로 근과

계수의 관계에 의하여

$\tan\theta + \dfrac{1}{\tan\theta} = -\dfrac{b}{3}$ ㄴㄴㄴㄴㄴ ㉢

㉢의 좌변을 정리하면

$\tan\theta + \dfrac{1}{\tan\theta} = \dfrac{\sin\theta}{\cos\theta} + \dfrac{\cos\theta}{\sin\theta}$

$= \dfrac{\sin^2\theta + \cos^2\theta}{\sin\theta\cos\theta}$

$= \dfrac{1}{\sin\theta\cos\theta}$

즉, $-\dfrac{b}{3} = \dfrac{1}{\sin\theta\cos\theta}$이므로

$-\dfrac{b}{3} = \dfrac{1}{-\dfrac{3}{8}} = -\dfrac{8}{3}$

$\therefore b = 8$

$\therefore ab = \left(-\dfrac{3}{4}\right) \times 8 = -6$

0376 답 17

이차방정식 $8x^2 - 4kx + 3k = 0$의 두 근이 $\sin\theta$, $\cos\theta$이므로 근과
계수의 관계에 의하여

$\sin\theta + \cos\theta = \dfrac{k}{2}$ ㄴㄴㄴㄴㄴ ㉠

$\sin\theta \cos\theta = \dfrac{3}{8}k$ ㄴㄴㄴㄴㄴ ㉡

㉠의 양변을 제곱하면

$\sin^2\theta + 2\sin\theta\cos\theta + \cos^2\theta = \dfrac{k^2}{4}$

$1 + 2\sin\theta\cos\theta = \dfrac{k^2}{4}$

$1 + \dfrac{3}{4}k = \dfrac{k^2}{4}$ $(\because$ ㉡$)$, $k^2 - 3k - 4 = 0$

$(k+1)(k-4) = 0$

$\therefore k = -1$ 또는 $k = 4$

이때 $-1 \leq \sin\theta \leq 1$, $-1 \leq \cos\theta \leq 1$이므로

$k = -1$

즉, $\sin\theta + \cos\theta = -\dfrac{1}{2}$, $\sin\theta\cos\theta = -\dfrac{3}{8}$이므로

$\dfrac{\sin^2\theta}{\cos\theta} + \dfrac{\cos^2\theta}{\sin\theta}$

$= \dfrac{\sin^3\theta + \cos^3\theta}{\sin\theta\cos\theta}$

$= \dfrac{(\sin\theta + \cos\theta)(\sin^2\theta - \sin\theta\cos\theta + \cos^2\theta)}{\sin\theta\cos\theta}$

$= \dfrac{(\sin\theta + \cos\theta)(1 - \sin\theta\cos\theta)}{\sin\theta\cos\theta}$

$= \dfrac{\left(-\dfrac{1}{2}\right) \times \left\{1 - \left(-\dfrac{3}{8}\right)\right\}}{-\dfrac{3}{8}}$

$= \dfrac{-\dfrac{11}{16}}{-\dfrac{3}{8}} = \dfrac{11}{6}$

따라서 $p = 6$, $q = 11$이므로
$p + q = 6 + 11 = 17$

0377

답 ①

$\tan\theta - \dfrac{6}{\tan\theta} = 1$의 양변에 $\tan\theta$를 곱하여 정리하면

$\tan^2\theta - \tan\theta - 6 = 0$

$(\tan\theta + 2)(\tan\theta - 3) = 0$

이때 $\pi < \theta < \dfrac{3}{2}\pi$이므로 $\tan\theta > 0$

$\therefore \tan\theta = 3$

$\tan\theta = 3$에서 $\dfrac{\sin\theta}{\cos\theta} = 3$이므로

$\sin\theta = 3\cos\theta$ ...... ㉠

㉠을 $\sin^2\theta + \cos^2\theta = 1$에 대입하면

$(3\cos\theta)^2 + \cos^2\theta = 1$, $10\cos^2\theta = 1$

$\therefore \cos^2\theta = \dfrac{1}{10}$

$\pi < \theta < \dfrac{3}{2}\pi$에서 $\cos\theta < 0$이므로

$\cos\theta = -\sqrt{\dfrac{1}{10}} = -\dfrac{\sqrt{10}}{10}$

$\cos\theta = -\dfrac{\sqrt{10}}{10}$을 ㉠에 대입하면

$\sin\theta = -\dfrac{3\sqrt{10}}{10}$

$\therefore \sin\theta + \cos\theta = -\dfrac{3\sqrt{10}}{10} + \left(-\dfrac{\sqrt{10}}{10}\right)$

$\qquad\qquad\qquad = -\dfrac{2\sqrt{10}}{5}$

0378

답 ①

동경 OP와 동경 OP'이 원점에 대하여 대칭이므로

$5\theta - \theta = (2n+1)\pi$ (n은 정수)

$4\theta = (2n+1)\pi$ $\quad \therefore \theta = \dfrac{2n+1}{4}\pi$ ...... ㉠

조건 ㉮에 의하여 각 θ는 제3사분면의 각이므로

$\pi < \theta < \dfrac{3}{2}\pi$에서 $\pi < \dfrac{2n+1}{4}\pi < \dfrac{3}{2}\pi$

$4 < 2n+1 < 6$ $\quad \therefore \dfrac{3}{2} < n < \dfrac{5}{2}$

n은 정수이므로 $n=2$

이것을 ㉠에 대입하면 $\theta = \dfrac{5}{4}\pi$

짝기출 답 ④

좌표평면 위의 점 P에 대하여 동경 OP가 나타내는 각의 크기 중 하나를 $\theta\left(\dfrac{\pi}{2} < \theta < \pi\right)$라 하자. 각의 크기 6θ를 나타내는 동경이 동경 OP와 일치할 때, θ의 값은?
(단, O는 원점이고, x축의 양의 방향을 시초선으로 한다.)

① $\dfrac{3}{5}\pi$ ② $\dfrac{2}{3}\pi$ ③ $\dfrac{11}{15}\pi$ ④ $\dfrac{4}{5}\pi$ ⑤ $\dfrac{13}{15}\pi$

0379

답 ⑤

$\sin^4\theta + \cos^4\theta = (\sin^2\theta + \cos^2\theta)^2 - 2\sin^2\theta\cos^2\theta$

$\qquad\qquad\qquad = 1 - 2\sin^2\theta\cos^2\theta = \dfrac{23}{32}$

$\therefore \sin^2\theta\cos^2\theta = \dfrac{9}{64}$

$\dfrac{\pi}{2} < \theta < \pi$이므로 $\sin\theta > 0$, $\cos\theta < 0$ ...... ㉠

따라서 $\sin\theta\cos\theta < 0$이므로

$\sin\theta\cos\theta = -\dfrac{3}{8}$

$(\sin\theta - \cos\theta)^2 = \sin^2\theta - 2\sin\theta\cos\theta + \cos^2\theta$

$\qquad\qquad\qquad = 1 - 2\sin\theta\cos\theta$

$\qquad\qquad\qquad = 1 - 2\times\left(-\dfrac{3}{8}\right) = \dfrac{7}{4}$

㉠에 의하여 $\sin\theta - \cos\theta > 0$이므로

$\sin\theta - \cos\theta = \dfrac{\sqrt{7}}{2}$

0380

답 ④

원 O'에서 중심각의 크기가 $\dfrac{7}{6}\pi$인 부채꼴 $AO'B$의 넓이를 T_1, 원 O에서 중심각의 크기가 $\dfrac{5}{6}\pi$인 부채꼴 AOB의 넓이를 T_2라 하면

$S_1 = T_1 + S_2 - T_2$

$\quad = \left(\dfrac{1}{2}\times 3^2\times\dfrac{7}{6}\pi\right) + S_2 - \left(\dfrac{1}{2}\times 3^2\times\dfrac{5}{6}\pi\right)$

$\quad = \dfrac{3}{2}\pi + S_2$

$\therefore S_1 - S_2 = \dfrac{3}{2}\pi$

0381

답 ③

$3\sin\theta - \cos\theta = 3$에서 $\cos\theta = 3\sin\theta - 3$ ...... ㉠

이것을 $\sin^2\theta + \cos^2\theta = 1$에 대입하면

$\sin^2\theta + (3\sin\theta - 3)^2 = 1$

$\sin^2\theta + 9\sin^2\theta - 18\sin\theta + 9 = 1$

$10\sin^2\theta - 18\sin\theta + 8 = 0$, $5\sin^2\theta - 9\sin\theta + 4 = 0$

$(5\sin\theta - 4)(\sin\theta - 1) = 0$

$\therefore \sin\theta = \dfrac{4}{5}$ 또는 $\sin\theta = 1$

이때 $\dfrac{\pi}{2} < \theta < \pi$이므로 $\sin\theta = \dfrac{4}{5}$

$\sin\theta = \dfrac{4}{5}$를 ㉠에 대입하면

$\cos\theta = 3\times\dfrac{4}{5} - 3 = -\dfrac{3}{5}$

$\therefore \tan\theta = \dfrac{\sin\theta}{\cos\theta} = \dfrac{\dfrac{4}{5}}{-\dfrac{3}{5}} = -\dfrac{4}{3}$

$\therefore \sin\theta + \tan\theta = \dfrac{4}{5} + \left(-\dfrac{4}{3}\right) = -\dfrac{8}{15}$

$3\sin\theta-\cos\theta=3$의 양변을 제곱하면

$9\sin^2\theta-6\sin\theta\cos\theta+\cos^2\theta=9$

$9(\sin^2\theta+\cos^2\theta)-6\sin\theta\cos\theta-8\cos^2\theta=9$

$6\sin\theta\cos\theta+8\cos^2\theta=0,\ 3\sin\theta\cos\theta+4\cos^2\theta=0$

$\cos\theta(3\sin\theta+4\cos\theta)=0$

이때 $\dfrac{\pi}{2}<\theta<\pi$이므로 $\cos\theta\neq0$

$\therefore\ 3\sin\theta=-4\cos\theta$

즉, $\dfrac{\sin\theta}{\cos\theta}=-\dfrac{4}{3}$이므로 $\tan\theta=-\dfrac{4}{3}$

한편, $\cos\theta=-\dfrac{3}{4}\sin\theta$를 $\sin^2\theta+\cos^2\theta=1$에 대입하면

$\sin^2\theta+\left(-\dfrac{3}{4}\sin\theta\right)^2=1,\ \dfrac{25}{16}\sin^2\theta=1,\ \sin^2\theta=\dfrac{16}{25}$

$\dfrac{\pi}{2}<\theta<\pi$에서 $\sin\theta>0$이므로 $\sin\theta=\dfrac{4}{5}$

$\therefore\ \sin\theta+\tan\theta=\dfrac{4}{5}+\left(-\dfrac{4}{3}\right)=-\dfrac{8}{15}$

답 ②

$3\sin\theta-4\tan\theta=4$일 때, $\sin\theta+\cos\theta$의 값은?

① $-\dfrac{2}{3}$ ② $-\dfrac{1}{3}$ ③ 0 ④ $\dfrac{1}{3}$ ⑤ $\dfrac{2}{3}$

0382
답 ③

$P(t,\sqrt{t})\ (t>0)$라 하면 $\overline{OP}=\sqrt{t^2+(\sqrt{t})^2}=\sqrt{t^2+t}$이므로

$\sin\theta=\dfrac{\sqrt{t}}{\sqrt{t^2+t}},\ \cos\theta=\dfrac{t}{\sqrt{t^2+t}}$

$\cos^2\theta-2\sin^2\theta=-1$이므로

$\dfrac{t^2}{t^2+t}-\dfrac{2t}{t^2+t}=-1,\ t^2-2t=-t^2-t$

$2t^2-t=0,\ t(2t-1)=0$ $\therefore\ t=\dfrac{1}{2}\ (\because\ t>0)$

$\therefore\ \overline{OP}=\sqrt{\left(\dfrac{1}{2}\right)^2+\dfrac{1}{2}}=\sqrt{\dfrac{3}{4}}=\dfrac{\sqrt{3}}{2}$

0383
답 27

오른쪽 그림과 같이 $\overline{BE}$를 그으면

$\angle AEB=\dfrac{\pi}{2}$이므로 직각삼각형

ABE에서

$\sin\dfrac{\pi}{3}=\dfrac{\overline{BE}}{6},\ \cos\dfrac{\pi}{3}=\dfrac{\overline{AE}}{6}$

$\dfrac{\sqrt{3}}{2}=\dfrac{\overline{BE}}{6},\ \dfrac{1}{2}=\dfrac{\overline{AE}}{6}$

$\therefore\ \overline{BE}=3\sqrt{3},\ \overline{AE}=3$

또한 점 E에서 $\overline{AB}$에 내린 수선의 발을 H라 하면 직각삼각형 AHE에서

$\sin\dfrac{\pi}{3}=\dfrac{\overline{EH}}{\overline{AE}},\ \dfrac{\sqrt{3}}{2}=\dfrac{\overline{EH}}{3}$ $\therefore\ \overline{EH}=\dfrac{3\sqrt{3}}{2}$

반원의 중심을 O라 하면 $\angle OBE=\angle OEB=\dfrac{\pi}{6}$이므로

$\angle BOE=\dfrac{2}{3}\pi,\ \angle DBE=\dfrac{\pi}{3}$

구하는 부분의 넓이는

(부채꼴 BDE의 넓이)+(삼각형 OBE의 넓이)

$\qquad\qquad\qquad\qquad$ $-$(부채꼴 OBE의 넓이)

$=\dfrac{1}{2}\times(3\sqrt{3})^2\times\dfrac{\pi}{3}+\dfrac{1}{2}\times3\times\dfrac{3\sqrt{3}}{2}-\dfrac{1}{2}\times3^2\times\dfrac{2}{3}\pi$

$=\dfrac{9}{2}\pi+\dfrac{9\sqrt{3}}{4}-3\pi=\dfrac{3}{2}\pi+\dfrac{9}{4}\sqrt{3}$

따라서 $p=\dfrac{3}{2},\ q=\dfrac{9}{4}$이므로 $8pq=8\times\dfrac{3}{2}\times\dfrac{9}{4}=27$

답 ④

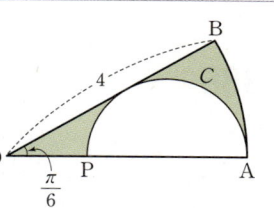

그림과 같이 반지름의 길이가 4이고 중심각의 크기가 $\dfrac{\pi}{6}$인 부채꼴 OAB가 있다. 선분 OA 위의 점 P에 대하여 선분 PA를 지름으로 하고 선분 OB에 접하는 반원을 C라 할 때, 부채꼴 OAB의 넓이를 S_1, 반원 C의 넓이를 S_2라 하자. S_1-S_2의 값은?

① $\dfrac{\pi}{9}$ ② $\dfrac{2}{9}\pi$ ③ $\dfrac{\pi}{3}$ ④ $\dfrac{4}{9}\pi$ ⑤ $\dfrac{5}{9}\pi$

0384
답 20

$A=\{1,2,3,4,5,6\}$에서 $1\le a\le6,\ 1\le b\le6$이므로

$2\le a+b\le12$ $\therefore\ \dfrac{\pi}{3}\le\dfrac{a+b}{6}\pi\le2\pi$

$\sin\dfrac{a+b}{6}\pi<0$에서

$\pi<\dfrac{a+b}{6}\pi<2\pi$ $\therefore\ 6<a+b<12$

(i) $a+b=7$일 때, 순서쌍 (a,b)는

$\quad(1,6),(2,5),(3,4),(4,3),(5,2),(6,1)$의 6개

(ii) $a+b=8$일 때, 순서쌍 (a,b)는

$\quad(2,6),(3,5),(4,4),(5,3),(6,2)$의 5개

(iii) $a+b=9$일 때, 순서쌍 (a,b)는

$\quad(3,6),(4,5),(5,4),(6,3)$의 4개

(iv) $a+b=10$일 때, 순서쌍 (a,b)는

$\quad(4,6),(5,5),(6,4)$의 3개

(v) $a+b=11$일 때, 순서쌍 (a,b)는

$\quad(5,6),(6,5)$의 2개

(i)~(v)에서 구하는 집합 X의 원소의 개수는

$6+5+4+3+2=20$

답 4

한 개의 주사위를 던져서 나오는 눈의 수를 원소로 가지는 집합 A에 대하여 집합 X를

$$X=\left\{x\,\middle|\,x=\sin\dfrac{a}{6}\pi,\ a\in A\right\}$$

라 하자. 집합 X의 원소의 개수를 구하시오.

06 삼각함수의 그래프

유형 01 주기함수

0385
답 −2

모든 실수 x에 대하여 $f(x+4)=f(x)$가 성립하므로
$f(11)=f(7)=f(3)=1$
$f(121)=f(117)=\cdots=f(5)=f(1)=-3$
$\therefore f(11)+f(121)=1+(-3)=-2$

0386
답 15

함수 $f(x)$의 주기가 p이므로 모든 실수 x에 대하여 $f(x+p)=f(x)$
가 성립하고, 자연수 n에 대하여
$f(x)=f(x+np)$ ……㉠
가 성립한다.
한편, 모든 실수 x에 대하여 $f(x-3)=f(x+5)$가 성립하므로 이
식의 양변에 x 대신 $x+3$을 대입하면
$f(x)=f(x+8)$ ……㉡
㉠, ㉡에서 $np=8$ $\therefore n=\dfrac{8}{p}$
이때 n이 자연수이므로 자연수 p는 8의 양의 약수이어야 한다.
$\therefore p=1, 2, 4, 8$
따라서 p의 값이 될 수 있는 모든 자연수의 합은
$1+2+4+8=15$

0387
답 ②

조건 ㈐에서 모든 실수 x에 대하여 $f(x+2)=f(x)$가 성립하므로
$f\left(\dfrac{49}{2}\right)=f\left(\dfrac{45}{2}\right)=f\left(\dfrac{41}{2}\right)=\cdots=f\left(\dfrac{1}{2}\right)$
조건 ㈑에서 모든 실수 x에 대하여 $f(x)=f(-x)$가 성립하므로
$f\left(\dfrac{1}{2}\right)=f\left(-\dfrac{1}{2}\right)=\left(-\dfrac{1}{2}+1\right)^2=\dfrac{1}{4}$

유형 02 $y=\sin x, y=\cos x, y=\tan x$의 그래프

0388
답 ②

ㄱ. $-1\le\cos x\le1$이므로 함수 $y=\cos x$의 치역은
$\{y|-1\le y\le1\}$이다. (참)
ㄴ. 그래프는 y축에 대하여 대칭이다. (참)
ㄷ. 주기가 2π이므로 모든 실수 x에 대하여 $\cos(x+2\pi)=\cos x$
가 성립한다. (거짓)
따라서 옳은 것은 ㄱ, ㄴ이다.

0389
답 ④

④ $-\dfrac{\pi}{2}<x<\dfrac{\pi}{2}$에서 두 함수 $y=\sin x$,
$y=\cos x$의 그래프는 오른쪽 그림과
같으므로 $-\dfrac{\pi}{2}<x<\dfrac{\pi}{2}$에서 함수
$y=\sin x$의 치역은 $\{y|-1<y<1\}$
이고, 함수 $y=\cos x$의 치역은
$\{y|0<y\le1\}$이다. (거짓)

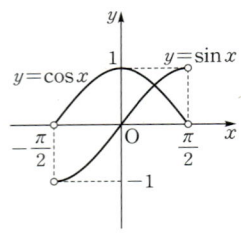

0390
답 ②

$\dfrac{\pi}{4}<1<\dfrac{\pi}{2}$이므로 오른쪽 그림에서
$\cos1<\sin1<\tan1$
$\therefore g(1)<f(1)<h(1)$

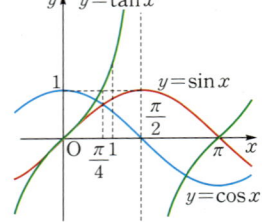

유형 03 $y=a\sin bx, y=a\cos bx, y=a\tan bx$의 그래프

0391
답 ③

함수 $y=-2\cos\dfrac{x}{2}$의 그래프는 다음 그림과 같다.

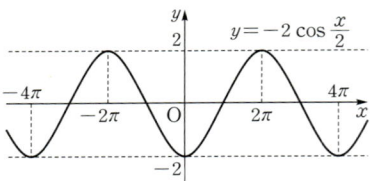

① $-1\le\cos\dfrac{x}{2}\le1$이므로 $-2\le-2\cos\dfrac{x}{2}\le2$
즉, 치역은 $\{y|-2\le y\le2\}$이다. (거짓)
② 주기는 $\dfrac{2\pi}{\frac{1}{2}}=4\pi$이다. (거짓)
③ 최댓값은 2, 최솟값은 -2이므로 최댓값과 최솟값의 차는
$2-(-2)=4$이다. (참)
④ 그래프는 점 $(0, -2)$를 지난다. (거짓)
⑤ 그래프는 y축에 대하여 대칭이다. (거짓)
따라서 옳은 것은 ③이다.

0392
답 ④

함수 $y=f(x)$의 그래프는 다음 그림과 같다.

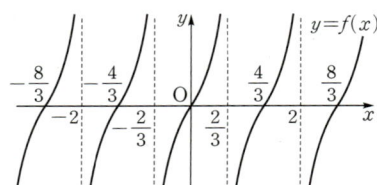

ㄱ. $y=\tan x$의 치역은 실수 전체의 집합이고, $y=\pi\tan\dfrac{3\pi}{4}x$의

그래프는 $y=\tan x$의 그래프를 x축의 방향으로 $\dfrac{4}{3\pi}$배 축소,

y축의 방향으로 π배 확대한 것이므로 $y=\pi\tan\dfrac{3\pi}{4}x$의 치역

도 실수 전체의 집합이다. (거짓)

ㄴ. 주기는 $\dfrac{\pi}{\frac{3\pi}{4}}=\dfrac{4}{3}$이므로 점근선의 방정식은

$x=\dfrac{4}{3}n+\dfrac{2}{3}$ (n은 정수)이다. (참)

ㄷ. $y=f(x)$의 그래프는 원점에 대하여 대칭이므로 모든 실수 x에

대하여

$f(-x)=-f(x)$ $\therefore f(-x)+f(x)=0$ (참)

따라서 옳은 것은 ㄴ, ㄷ이다.

0393   답 ②

함수 $y=2\cos\dfrac{\pi}{2}x$의 주기는 $\dfrac{2\pi}{\frac{\pi}{2}}=4$이

고, 최댓값과 최솟값이 각각 2, -2이므

로 $0\le x\le 2$에서 곡선 $y=2\cos\dfrac{\pi}{2}x$는

오른쪽 그림과 같다.

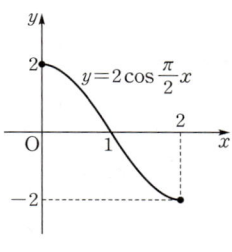

따라서 y좌표가 정수인 점의 y좌표는

-2, -1, 0, 1, 2이므로 구하는 점의 개수는 5이다.

0394   답 ①

함수 $y=n\sin\dfrac{n\pi}{3}x$의 주기는 $\dfrac{2\pi}{\frac{n\pi}{3}}=\dfrac{6}{n}$

이때 주기가 n이므로

$\dfrac{6}{n}=n$, $n^2=6$ $\therefore n=\sqrt{6}$ ($\because n>0$)

치역은 $\{y\,|\,-n\le y\le n\}$, 즉 $\{y\,|\,-\sqrt{6}\le y\le\sqrt{6}\}$이므로

$a=-\sqrt{6}$, $b=\sqrt{6}$

$\therefore ab=(-\sqrt{6})\times\sqrt{6}=-6$

0395   답 11

함수 $y=3\sin 2\pi x$의 주기는 $\dfrac{2\pi}{2\pi}=1$이고, 치역은 $\{y\,|\,-3\le y\le 3\}$

이므로 그 그래프는 다음 그림과 같다.

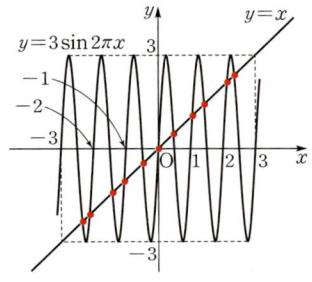

따라서 함수 $y=3\sin 2\pi x$의 그래프와 직선 $y=x$의 교점의 개수는

11이다.

0396   답 ①

$y=3\sin\left(\dfrac{x}{3}-\dfrac{\pi}{6}\right)-2=3\sin\dfrac{1}{3}\left(x-\dfrac{\pi}{2}\right)-2$

이므로 함수 $y=3\sin\left(\dfrac{x}{3}-\dfrac{\pi}{6}\right)-2$의 그래프는 $y=3\sin\dfrac{x}{3}$의 그

래프를 x축의 방향으로 $\dfrac{\pi}{2}$만큼, y축의 방향으로 -2만큼 평행이

동한 것이다.

따라서 $a=\dfrac{\pi}{2}$, $b=-2$이므로

$ab=\dfrac{\pi}{2}\times(-2)=-\pi$

0397   답 ②

함수 $y=\tan\dfrac{\pi}{4}x$의 그래프를 x축의 방향으로 1만큼, y축의 방향

으로 $-\dfrac{1}{2}$만큼 평행이동한 그래프의 식은

$y=\tan\dfrac{\pi}{4}(x-1)-\dfrac{1}{2}$

이 함수의 그래프를 x축에 대하여 대칭이동한 그래프의 식은

$-y=\tan\dfrac{\pi}{4}(x-1)-\dfrac{1}{2}$

$\therefore y=-\tan\dfrac{\pi}{4}(x-1)+\dfrac{1}{2}$

이 함수의 그래프가 점 $(2, k)$를 지나므로

$k=-\tan\dfrac{\pi}{4}+\dfrac{1}{2}$

  $=-1+\dfrac{1}{2}=-\dfrac{1}{2}$

0398   답 ③

① $y=-\cos 2x-1$의 그래프는 $y=\cos 2x$의 그래프를 x축에 대하
여 대칭이동한 후, y축의 방향으로 -1만큼 평행이동한 것이다.

② $y=-\cos(2x+2\pi)=-\cos 2(x+\pi)$의 그래프는 $y=\cos 2x$
의 그래프를 x축에 대하여 대칭이동한 후, x축의 방향으로 $-\pi$
만큼 평행이동한 것이다.

③ $y=2\cos(-x)+2$의 그래프는 $y=2\cos x$의 그래프를 y축에
대하여 대칭이동한 후, y축의 방향으로 2만큼 평행이동한 것이
다.

④ $y=\cos 2(x-\pi)+1$의 그래프는 $y=\cos 2x$의 그래프를 x축의
방향으로 π만큼, y축의 방향으로 1만큼 평행이동한 것이다.

⑤ $y=\cos(2x-\pi)-1=\cos 2\left(x-\dfrac{\pi}{2}\right)-1$의 그래프는

$y=\cos 2x$의 그래프를 x축의 방향으로 $\dfrac{\pi}{2}$만큼, y축의 방향으

로 -1만큼 평행이동한 것이다.

따라서 $y=\cos 2x$의 그래프를 평행이동 또는 대칭이동하여 겹쳐질

수 없는 것은 ③이다.

0399

답 ④

$y=2\tan\left(3x-\dfrac{\pi}{2}\right)=2\tan 3\left(x-\dfrac{\pi}{6}\right)$

③ $y=2\tan 3x$의 그래프는 원점에 대하여 대칭이고,

$y=2\tan\left(3x-\dfrac{\pi}{2}\right)$의 그래프는 $y=2\tan 3x$의 그래프를 x축

의 방향으로 $\dfrac{\pi}{6}$만큼 평행이동한 것이므로 점 $\left(\dfrac{\pi}{6},\ 0\right)$에 대하여

대칭이다. (참)

④ 그래프의 점근선의 방정식은 $3x-\dfrac{\pi}{2}=n\pi+\dfrac{\pi}{2}$에서

$x=\dfrac{n}{3}\pi+\dfrac{\pi}{3}$ (n은 정수) (거짓)

따라서 옳지 않은 것은 ④이다.

유형 05 삼각함수의 최대·최소와 주기

0400

답 ⑤

함수 $y=2\cos\left(2x-\dfrac{\pi}{2}\right)-3$의

최댓값은 $|2|-3=-1$이므로 $\alpha=-1$

최솟값은 $-|2|-3=-5$이므로 $\beta=-5$

$\therefore \alpha^2+\beta^2=(-1)^2+(-5)^2=26$

0401

답 ④

함수 $y=-3\sin\left(\dfrac{x}{3}-\dfrac{\pi}{6}\right)+1$의

주기는 $\dfrac{2\pi}{\frac{1}{3}}=6\pi$이므로 $a=6$

최댓값은 $|-3|+1=4$이므로 $M=4$

최솟값은 $-|-3|+1=-2$이므로 $m=-2$

$\therefore a+M+m=6+4+(-2)=8$

0402

답 ⑤

ㄱ. $f(x)=2\sin\pi x$의 주기는 $\dfrac{2\pi}{\pi}=2$이므로 정의역의 모든 실수
   x에 대하여 $f(x+2)=f(x)$를 만족시킨다.

ㄴ. $f(x)=\cos 2\pi x+1$의 주기는 $\dfrac{2\pi}{2\pi}=1$이므로 정의역의 모든
   실수 x에 대하여 $f(x+2)=f(x+1)=f(x)$를 만족시킨다.

ㄷ. $f(x)=\tan\left(\dfrac{\pi}{2}x-\pi\right)$의 주기는 $\dfrac{\pi}{\frac{\pi}{2}}=2$이므로 정의역의 모든
   실수 x에 대하여 $f(x+2)=f(x)$를 만족시킨다.

따라서 정의역의 모든 실수 x에 대하여 $f(x+2)=f(x)$를 만족시키는 것은 ㄱ, ㄴ, ㄷ이다.

유형 06 삼각함수의 미정계수의 결정 – 조건이 주어진 경우

0403

답 ④

$f(x)=a\sin\dfrac{x}{3}+b$의 최댓값이 4이고 $a>0$이므로

$a+b=4$ ...... ㉠

$f\left(\dfrac{\pi}{2}\right)=\dfrac{3}{2}$이므로

$a\sin\dfrac{\pi}{6}+b=\dfrac{3}{2}$

$\therefore \dfrac{1}{2}a+b=\dfrac{3}{2}$ ...... ㉡

㉠, ㉡을 연립하여 풀면

$a=5,\ b=-1$

$\therefore a-b=5-(-1)=6$

0404

답 8

함수 $f(x)=a\cos b\pi x+c$의 최댓값이 5, 최솟값이 1이고 $a>0$이므로

$a+c=5,\ -a+c=1$

위의 두 식을 연립하여 풀면

$a=2,\ c=3$

함수 $f(x)=2\cos b\pi x+3$의 주기가 $\dfrac{3}{2}$이고 $b>0$이므로

$\dfrac{2\pi}{b\pi}=\dfrac{3}{2}$ $\therefore b=\dfrac{4}{3}$

$\therefore abc=2\times\dfrac{4}{3}\times 3=8$

0405

답 ④

$n=0,\ 1,\ 2,\ 3,\ \cdots$일 때, 점근선의 방정식이

$x=0,\ \dfrac{\pi}{2},\ \pi,\ \dfrac{3}{2}\pi,\ \cdots$

이므로 함수 $y=\tan(ax-b\pi)$의 주기는 $\dfrac{\pi}{2}$임을 알 수 있다.

이때 $a>0$이므로

$\dfrac{\pi}{a}=\dfrac{\pi}{2}$ $\therefore a=2$

즉, $y=\tan(2x-b\pi)$이고 점근선의 방정식은

$2x-b\pi=m\pi+\dfrac{\pi}{2}$ (m은 정수)에서

$x=\dfrac{m}{2}\pi+\dfrac{\pi}{4}+\dfrac{b}{2}\pi$

이것이 $x=\dfrac{n}{2}\pi$ (n은 정수)와 같고, $0<b<1$이므로

$\dfrac{\pi}{4}+\dfrac{b}{2}\pi=\dfrac{\pi}{2},\ \dfrac{b}{2}\pi=\dfrac{\pi}{4}$ $\therefore b=\dfrac{1}{2}$

$\therefore ab=2\times\dfrac{1}{2}=1$

함수 $y=\tan(ax-b\pi)$의 주기가 $\dfrac{\pi}{2}$이고 $a>0$이므로

$$\dfrac{\pi}{a}=\dfrac{\pi}{2} \qquad \therefore a=2$$

즉, $y=\tan(2x-b\pi)$이고, 이 함수의 그래프는 점 $\left(\dfrac{\pi}{4},\,0\right)$을 지나므로

$$\tan\left(\dfrac{\pi}{2}-b\pi\right)=0$$

이때 $0<b<1$에서 $-\dfrac{\pi}{2}<\dfrac{\pi}{2}-b\pi<\dfrac{\pi}{2}$이므로

$$\dfrac{\pi}{2}-b\pi=0 \qquad \therefore b=\dfrac{1}{2}$$

$$\therefore ab=2\times\dfrac{1}{2}=1$$

0406
답 ⑤

조건 ㈎에서 함수 $f(x)=a\sin bx+c$의 주기가 $\dfrac{\pi}{2}$이고 $b>0$이므로

$$\dfrac{2\pi}{b}=\dfrac{\pi}{2} \qquad \therefore b=4$$

조건 ㈏에서 함수 $f(x)$의 최솟값이 0이고 $a>0$이므로

$$-a+c=0 \qquad\qquad \cdots\cdots\ \bigcirc$$

조건 ㈐에서 $f\left(\dfrac{\pi}{8}\right)=6$이므로

$$a\sin\dfrac{\pi}{2}+c=6 \qquad \therefore a+c=6 \qquad \cdots\cdots\ \bigcirc\!\!\bigcirc$$

$\bigcirc$, $\bigcirc\!\!\bigcirc$을 연립하여 풀면

$$a=3,\ c=3$$

$$\therefore 2a+b+c=2\times3+4+3=13$$

0407
답 ①

조건 ㈎에서 함수 $f(x)=a\cos(bx+c)+d$의 주기가 π이고 $b>0$이므로

$$\dfrac{2\pi}{b}=\pi \qquad \therefore b=2$$

함수 $f(x)=a\cos(2x+c)+d$에서 $a>0$이므로 최댓값은 $a+d$, 최솟값은 $-a+d$이다.

조건 ㈏에서 함수 $f(x)$의 최댓값과 최솟값의 합은 2, 차는 4이므로

$(a+d)+(-a+d)=2$에서

$$2d=2 \qquad \therefore d=1$$

$(a+d)-(-a+d)=4$에서

$$2a=4 \qquad \therefore a=2$$

즉, $f(x)=2\cos(2x+c)+1$이고, 조건 ㈐에서 $f\left(\dfrac{\pi}{6}\right)=1$이므로

$$2\cos\left(\dfrac{\pi}{3}+c\right)+1=1,\ \cos\left(\dfrac{\pi}{3}+c\right)=0$$

이때 $0<c<\dfrac{\pi}{2}$에서 $\dfrac{\pi}{3}<\dfrac{\pi}{3}+c<\dfrac{5}{6}\pi$이므로

$$\dfrac{\pi}{3}+c=\dfrac{\pi}{2} \qquad \therefore c=\dfrac{\pi}{6}$$

$$\therefore abcd=2\times2\times\dfrac{\pi}{6}\times1=\dfrac{2}{3}\pi$$

0408
답 ②

주어진 그래프에서 주기가 $\dfrac{8}{3}\pi$이고 $b>0$이므로

$$\dfrac{2\pi}{b}=\dfrac{8}{3}\pi \qquad \therefore b=\dfrac{3}{4}$$

최댓값이 2, 최솟값이 -2이고 $a>0$이므로

$$a=2$$

따라서 함수 $y=-\dfrac{3}{4}\cos x+2$의 최솟값은

$$-\left|-\dfrac{3}{4}\right|+2=\dfrac{5}{4}$$

0409
답 ②

주어진 그래프에서 주기가 $\dfrac{\pi}{2}-\left(-\dfrac{\pi}{2}\right)=\pi$이고 $b>0$이므로

$$\dfrac{2\pi}{b}=\pi \qquad \therefore b=2$$

최댓값이 3, 최솟값이 -1이고 $a>0$이므로

$$a+c=3,\ -a+c=-1$$

위의 두 식을 연립하여 풀면

$$a=2,\ c=1$$

$$\therefore abc=2\times2\times1=4$$

0410
답 ③

주어진 그래프에서 주기가 $\dfrac{\pi}{2}-\left(-\dfrac{3}{2}\pi\right)=2\pi$이고 $a>0$이므로

$$\dfrac{\pi}{a}=2\pi \qquad \therefore a=\dfrac{1}{2}$$

즉, $y=\tan\left(\dfrac{1}{2}x+b\pi\right)$의 그래프가 점 $\left(\dfrac{\pi}{2},\,0\right)$을 지나므로

$$\tan\left(\dfrac{\pi}{4}+b\pi\right)=0$$

이때 $0<b<1$에서 $\dfrac{\pi}{4}<\dfrac{\pi}{4}+b\pi<\dfrac{5}{4}\pi$이므로

$$\dfrac{\pi}{4}+b\pi=\pi \qquad \therefore b=\dfrac{3}{4}$$

$$\therefore a+b=\dfrac{1}{2}+\dfrac{3}{4}=\dfrac{5}{4}$$

0411
답 ①

주어진 그래프에서 주기가 $2\times\left(\dfrac{2}{3}\pi-\dfrac{\pi}{6}\right)=\pi$이고 $a>0$이므로

$$\dfrac{2\pi}{a}=\pi \qquad \therefore a=2$$

즉, $y=3\sin(2x+b)+2$의 그래프가 점 $\left(\dfrac{\pi}{6},\,5\right)$를 지나므로

$$3\sin\left(\dfrac{\pi}{3}+b\right)+2=5$$

$$\therefore \sin\left(\frac{\pi}{3}+b\right)=1$$

이때 $0<b<\pi$에서 $\frac{\pi}{3}<\frac{\pi}{3}+b<\frac{4}{3}\pi$이므로

$$\frac{\pi}{3}+b=\frac{\pi}{2} \qquad \therefore b=\frac{\pi}{6}$$

$$\therefore ab=2\times\frac{\pi}{6}=\frac{\pi}{3}$$

유형 08 절댓값 기호가 포함된 삼각함수

0412　답 ⑤

ㄱ. 두 함수 $y=\sin|x|$, $y=|\sin x|$의 그래프는 다음 그림과 같으므로 일치하지 않는다.

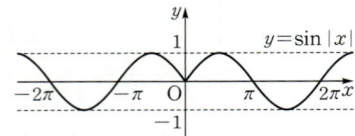

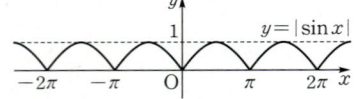

ㄴ. 두 함수 $y=\cos x$, $y=\cos|x|$의 그래프는 다음 그림과 같이 일치한다.

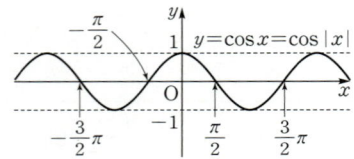

ㄷ. 두 함수 $y=|\cos x|$, $y=\left|\sin\left(x-\frac{\pi}{2}\right)\right|$의 그래프는 다음 그림과 같이 일치한다.

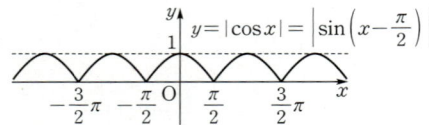

따라서 두 함수의 그래프가 일치하는 것은 ㄴ, ㄷ이다.

0413　답 ③

① $y=3\cos 2x$의 주기는 $\frac{2\pi}{2}=\pi$이다.

② $y=2\sin 2x$의 주기는 $\frac{2\pi}{2}=\pi$이다.

③ $y=\cos|x|$의 그래프는 다음 그림과 같으므로 주기는 2π이다.

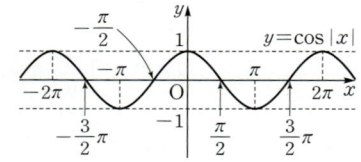

④ $y=|\sin x|$의 그래프는 다음 그림과 같으므로 주기는 π이다.

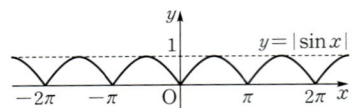

⑤ $y=|\tan x|$의 그래프는 다음 그림과 같으므로 주기는 π이다.

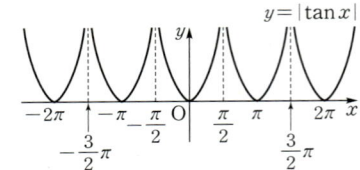

따라서 주기가 나머지 넷과 다른 하나는 ③이다.

0414　답 ③

함수 $y=|\tan ax|$의 주기는 $y=\tan ax$의 주기와 같으므로

$$\frac{\pi}{a}　(\because a>0)$$

함수 $y=3\sin 4x$의 주기는 $\frac{2\pi}{4}=\frac{\pi}{2}$

이때 두 함수의 주기가 서로 같으므로

$$\frac{\pi}{a}=\frac{\pi}{2} \qquad \therefore a=2$$

0415　답 ④

함수 $f(x)=|3\sin 2\pi x|$의 그래프는 다음 그림과 같다.

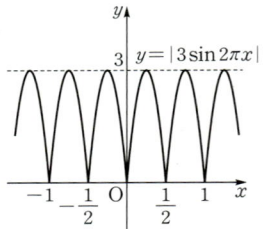

ㄱ. $0\le|\sin 2\pi x|\le 1$에서 $0\le|3\sin 2\pi x|\le 3$이므로 최댓값은 3, 최솟값은 0이다. (참)

ㄴ. 주기가 $\frac{\pi}{2\pi}=\frac{1}{2}$인 주기함수이다. (거짓)

ㄷ. 함수 $f(x)=|3\sin 2\pi x|$의 그래프는 y축에 대하여 대칭이므로 모든 실수 x에 대하여

$$f(-x)=f(x) \qquad \therefore f(x)-f(-x)=0 \text{ (참)}$$

따라서 옳은 것은 ㄱ, ㄷ이다.

유형 09 삼각함수의 그래프의 대칭성

0416　답 2π

$y=\sin x$의 그래프에서 두 점 $(a, -k)$, $(d, -k)$는 직선 $x=\frac{\pi}{2}$에 대하여 대칭이므로

$$\frac{a+d}{2}=\frac{\pi}{2} \qquad \therefore a+d=\pi$$

또한 두 점 (b, k), (c, k)도 직선 $x=\dfrac{\pi}{2}$에 대하여 대칭이므로

$$\dfrac{b+c}{2}=\dfrac{\pi}{2} \qquad \therefore b+c=\pi$$

$$\therefore a+b+c+d=(a+d)+(b+c)$$
$$=\pi+\pi=2\pi$$

0417
답 ②

$y=\cos 4x$의 그래프에서 두 점 $\left(\alpha, \dfrac{3}{5}\right)$, $\left(\beta, \dfrac{3}{5}\right)$은 직선 $x=\dfrac{\pi}{4}$에 대하여 대칭이므로

$$\dfrac{\alpha+\beta}{2}=\dfrac{\pi}{4} \qquad \therefore \alpha+\beta=\dfrac{\pi}{2}$$

또한 두 점 $\left(\gamma, -\dfrac{3}{5}\right)$, $\left(\delta, -\dfrac{3}{5}\right)$도 직선 $x=\dfrac{\pi}{4}$에 대하여 대칭이므로

$$\dfrac{\gamma+\delta}{2}=\dfrac{\pi}{4} \qquad \therefore \gamma+\delta=\dfrac{\pi}{2}$$

따라서 $\alpha+\beta+\gamma+\delta=\dfrac{\pi}{2}+\dfrac{\pi}{2}=\pi$이므로

$$f\left(\dfrac{\alpha+\beta+\gamma+\delta}{12}\right)=f\left(\dfrac{\pi}{12}\right)$$
$$=\cos\dfrac{\pi}{3}=\dfrac{1}{2}$$

0418
답 ②

함수 $y=\sin \pi x$의 주기는 $\dfrac{2\pi}{\pi}=2$이므로 $0<x<4$에서 그 그래프는 다음 그림과 같다.

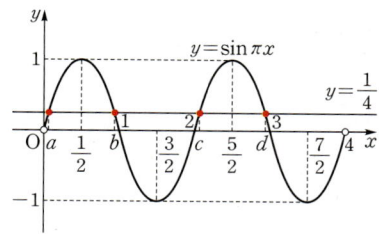

두 점 $\left(a, \dfrac{1}{4}\right)$, $\left(b, \dfrac{1}{4}\right)$은 직선 $x=\dfrac{1}{2}$에 대하여 대칭이므로

$$\dfrac{a+b}{2}=\dfrac{1}{2} \qquad \therefore a+b=1$$

두 점 $\left(b, \dfrac{1}{4}\right)$, $\left(c, \dfrac{1}{4}\right)$은 직선 $x=\dfrac{3}{2}$에 대하여 대칭이므로

$$\dfrac{b+c}{2}=\dfrac{3}{2} \qquad \therefore b+c=3$$

두 점 $\left(c, \dfrac{1}{4}\right)$, $\left(d, \dfrac{1}{4}\right)$은 직선 $x=\dfrac{5}{2}$에 대하여 대칭이므로

$$\dfrac{c+d}{2}=\dfrac{5}{2} \qquad \therefore c+d=5$$

$$\therefore a+2b+2c+d=(a+b)+(b+c)+(c+d)$$
$$=1+3+5=9$$

2권

유형 10 삼각함수의 그래프에서의 넓이

0419
답 10

오른쪽 그림에서 빗금 친 두 부분의 넓이가 같으므로 함수 $y=\tan x$의 그래프와 x축 및 직선 $y=k\,(k>0)$로 둘러싸인 부분의 넓이는 가로의 길이가 $\dfrac{3}{2}\pi-\dfrac{\pi}{2}=\pi$이고 세로의 길이가 k인 직사각형의 넓이와 같다.

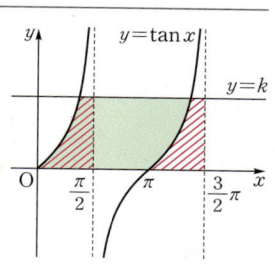

즉, $\pi k=10\pi$이므로
$k=10$

0420
답 ③

직선 l의 식을 $y=k\,(k>0)$라 하면

$$k\left(\dfrac{20}{3}-\dfrac{4}{3}\right)=32, \quad \dfrac{16}{3}k=32$$

$$\therefore k=6$$

한편, $y=a\cos bx$의 그래프가 직선 $x=\dfrac{\dfrac{4}{3}+\dfrac{20}{3}}{2}$, 즉 $x=4$에 대하여 대칭이므로 함수 $y=a\cos bx$의 주기는 $2\times 4=8$이다.

이때 $b>0$이므로

$$\dfrac{2\pi}{b}=8 \qquad \therefore b=\dfrac{\pi}{4}$$

즉, $y=a\cos\dfrac{\pi}{4}x$의 그래프가 점 $\left(\dfrac{4}{3}, 6\right)$을 지나므로

$$a\cos\dfrac{\pi}{3}=6, \quad \dfrac{1}{2}a=6 \qquad \therefore a=12$$

$$\therefore ab=12\times\dfrac{\pi}{4}=3\pi$$

0421
답 ⑤

$f(x)=\sin\dfrac{\pi}{8}x$라 하면 함수 $f(x)$의 주기가 $\dfrac{2\pi}{\dfrac{\pi}{8}}=16$이므로 함수 $y=f(x)$의 그래프는 직선 $x=4$에 대하여 대칭이다.

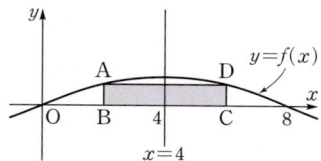

이때 $\overline{BC}=4$이므로 점 B의 x좌표는 2이다.

즉, A$(2, f(2))$이고 $f(2)=\sin\dfrac{\pi}{4}=\dfrac{\sqrt{2}}{2}$이므로

$$\overline{AB}=\dfrac{\sqrt{2}}{2}$$

따라서 직사각형 ABCD의 넓이는

$$4\times\dfrac{\sqrt{2}}{2}=2\sqrt{2}$$

0422

답 ②

$$\sin(\pi+\theta)+4\cos\left(\frac{3}{2}\pi+\theta\right)=-\sin\theta+4\sin\theta$$
$$=3\sin\theta$$
$$=3\times\frac{2}{3}=2$$

0423

답 2

$$\sin^2 x-\sin\left(\frac{\pi}{2}+x\right)\cos(\pi+x)$$
$$\qquad\qquad +\sin(-x)\cos\left(\frac{\pi}{2}+x\right)+\sin^2\left(\frac{3}{2}\pi+x\right)$$
$$=\sin^2 x-\cos x\times(-\cos x)+(-\sin x)\times(-\sin x)+\cos^2 x$$
$$=\sin^2 x+\cos^2 x+\sin^2 x+\cos^2 x$$
$$=1+1=2$$

0424

답 ②

$$\sin\left(\frac{\pi}{2}+\frac{\pi}{3}\right)+\cos\left(\frac{\pi}{2}+\frac{\pi}{6}\right)+\tan\left(\pi+\frac{\pi}{4}\right)$$
$$=\cos\frac{\pi}{3}-\sin\frac{\pi}{6}+\tan\frac{\pi}{4}$$
$$=\frac{1}{2}-\frac{1}{2}+1=1$$

0425

답 ④

① $\sin\dfrac{9}{4}\pi=\sin\left(2\pi+\dfrac{\pi}{4}\right)=\sin\dfrac{\pi}{4}=\dfrac{\sqrt{2}}{2}$

② $\tan\dfrac{2}{3}\pi=\tan\left(\pi-\dfrac{\pi}{3}\right)=-\tan\dfrac{\pi}{3}=-\sqrt{3}$

③ $\cos\left(-\dfrac{7}{3}\pi\right)=\cos\dfrac{7}{3}\pi=\cos\left(2\pi+\dfrac{\pi}{3}\right)=\cos\dfrac{\pi}{3}=\dfrac{1}{2}$

④ $\sin 510°=\sin(360°+150°)=\sin 150°$
$$\qquad\qquad =\sin(180°-30°)=\sin 30°=\dfrac{1}{2}$$

⑤ $\tan 855°=\tan(360°\times 2+135°)=\tan 135°$
$$\qquad\qquad =\tan(180°-45°)=-\tan 45°=-1$$

따라서 옳지 않은 것은 ④이다.

0426

답 ③

$$\frac{\cos(-x)}{\sin\left(\frac{\pi}{2}+x\right)\sin^2(\pi+x)}+\frac{\sin(-x)}{\cos\left(\frac{\pi}{2}-x\right)\tan^2(\pi+x)}$$
$$=\frac{\cos x}{\cos x\sin^2 x}+\frac{-\sin x}{\sin x\tan^2 x}=\frac{1}{\sin^2 x}-\frac{1}{\tan^2 x}$$
$$=\frac{1}{\sin^2 x}-\frac{\cos^2 x}{\sin^2 x}=\frac{1-\cos^2 x}{\sin^2 x}$$
$$=\frac{\sin^2 x}{\sin^2 x}=1$$

0427

답 ③

$7\theta=\pi$이므로
$$\sin 8\theta=\sin(\pi+\theta)=-\sin\theta$$
$$\sin 9\theta=\sin(\pi+2\theta)=-\sin 2\theta$$
$$\vdots$$
$$\sin 14\theta=\sin(\pi+7\theta)=-\sin 7\theta$$
$$\therefore\ \sin\theta+\sin 2\theta+\sin 3\theta+\cdots+\sin 14\theta$$
$$=\sin\theta+\sin 2\theta+\cdots+\sin 7\theta-(\sin\theta+\sin 2\theta+\cdots+\sin 7\theta)$$
$$=0$$

0428

답 22

$$\cos 2°=\cos(90°-88°)=\sin 88°$$
$$\cos 4°=\cos(90°-86°)=\sin 86°$$
$$\cos 6°=\cos(90°-84°)=\sin 84°$$
$$\vdots$$
$$\cos 88°=\cos(90°-2°)=\sin 2°$$
이때
$$\cos^2 2°+\cos^2 4°+\cos^2 6°+\cdots+\cos^2 88°=A \qquad\cdots\cdots\ \text{㉠}$$
라 하면
$$\sin^2 88°+\sin^2 86°+\sin^2 84°+\cdots+\sin^2 2°=A \qquad\cdots\cdots\ \text{㉡}$$
㉠+㉡을 하면
$$2A=(\cos^2 2°+\sin^2 2°)+(\cos^2 4°+\sin^2 4°)+(\cos^2 6°+\sin^2 6°)$$
$$\qquad\qquad +\cdots+(\cos^2 88°+\sin^2 88°)$$
$$=\underbrace{1+1+1+\cdots+1}_{44\text{개}}=44$$
$$\therefore\ A=22$$
$$\therefore\ \cos^2 2°+\cos^2 4°+\cos^2 6°+\cdots+\cos^2 88°=22$$

0429

답 ②

$\tan(90°-\theta)=\dfrac{1}{\tan\theta}$이므로
$$\tan\theta\times\tan(90°-\theta)=1$$
$$\therefore\ \tan 5°\times\tan 10°\times\tan 15°\times\cdots\times\tan 80°\times\tan 85°$$
$$=(\tan 5°\times\tan 85°)\times(\tan 10°\times\tan 80°)$$
$$\qquad\qquad\times\cdots\times(\tan 40°\times\tan 50°)\times\tan 45°$$
$$=\underbrace{1\times 1\times\cdots\times 1}_{8\text{개}}\times 1$$
$$=1$$

0430

답 11

$10\theta=2\pi$이므로 $5\theta=\pi$
$$\sin 0=0,\ \sin\theta,\ \sin 2\theta,\ \sin 3\theta=\sin(\pi-2\theta)=\sin 2\theta,$$
$$\sin 4\theta=\sin(\pi-\theta)=\sin\theta,\ \sin 5\theta=0,$$
$$\sin 6\theta=\sin(\pi+\theta)=-\sin\theta,$$
$$\sin 7\theta=\sin(\pi+2\theta)=-\sin 2\theta,$$
$$\sin 8\theta=\sin(\pi+3\theta)=-\sin 3\theta=-\sin 2\theta,$$

$\sin 9\theta = \sin(\pi + 4\theta) = -\sin 4\theta = -\sin \theta$

이므로

$S = \{0, \sin\theta, \sin 2\theta, -\sin\theta, -\sin 2\theta\}$

$\cos 0 = 1, \cos\theta, \cos 2\theta, \cos 3\theta = \cos(\pi - 2\theta) = -\cos 2\theta,$

$\cos 4\theta = \cos(\pi - \theta) = -\cos\theta, \cos 5\theta = \cos\pi = -1,$

$\cos 6\theta = \cos(\pi + \theta) = -\cos\theta,$

$\cos 7\theta = \cos(\pi + 2\theta) = -\cos 2\theta,$

$\cos 8\theta = \cos(\pi + 3\theta) = -\cos 3\theta = \cos 2\theta,$

$\cos 9\theta = \cos(\pi + 4\theta) = -\cos 4\theta = \cos\theta$

이므로

$T = \{-1, 1, \cos\theta, \cos 2\theta, -\cos\theta, -\cos 2\theta\}$

$\therefore n(S) + n(T) = 5 + 6 = 11$

유형 13 여러 가지 각의 삼각함수 – 도형에의 활용

0431

답 ②

A, B, C가 삼각형 ABC의 세 내각의 크기이므로

$A + B + C = \pi$에서 $A = \pi - (B + C)$

ㄱ. $\cos A = \cos\{\pi - (B + C)\} = -\cos(B + C)$ (거짓)

ㄴ. $\sin \dfrac{A}{2} = \sin \dfrac{\pi - (B + C)}{2} = \sin\left(\dfrac{\pi}{2} - \dfrac{B + C}{2}\right)$

$\qquad = \cos\left(\dfrac{B}{2} + \dfrac{C}{2}\right)$ (참)

ㄷ. $\tan \dfrac{A}{2} = \tan \dfrac{\pi - (B + C)}{2} = \tan\left(\dfrac{\pi}{2} - \dfrac{B + C}{2}\right)$

$\qquad = \dfrac{1}{\tan\left(\dfrac{B}{2} + \dfrac{C}{2}\right)}$ (거짓)

따라서 옳은 것은 ㄴ이다.

0432

답 ④

$2\cos^2 A - 3\sin A = 0$에서

$2(1 - \sin^2 A) - 3\sin A = 0$

$2\sin^2 A + 3\sin A - 2 = 0$

$(2\sin A - 1)(\sin A + 2) = 0$

$\therefore \sin A = \dfrac{1}{2}$ $\left(\because 0 < A < \dfrac{\pi}{2}$에서 $0 < \sin A < 1\right)$

한편, $A + B + C = \pi$이므로

$B + C = \pi - A$

$\therefore \sin\left(B + C - \dfrac{\pi}{2}\right) = \sin\left(\pi - A - \dfrac{\pi}{2}\right)$

$\qquad = \sin\left(\dfrac{\pi}{2} - A\right)$

$\qquad = \cos A$

$\qquad = \sqrt{1 - \sin^2 A}$ $\left(\because 0 < A < \dfrac{\pi}{2}\right)$

$\qquad = \sqrt{1 - \left(\dfrac{1}{2}\right)^2}$

$\qquad = \dfrac{\sqrt{3}}{2}$

0433

답 ②

삼각형 ABC에서 $A + B + C = \pi$이고, $C = \dfrac{\pi}{2}$이므로

$A + B = \dfrac{\pi}{2}$ $\qquad \therefore B = \dfrac{\pi}{2} - A$

$\therefore \tan B = \tan\left(\dfrac{\pi}{2} - A\right) = \dfrac{1}{\tan A}$

$\left(\tan A + \dfrac{1}{\tan A}\right)\left(\tan B + \dfrac{1}{\tan B}\right) = 9$에서

$\left(\tan A + \dfrac{1}{\tan A}\right)\left(\dfrac{1}{\tan A} + \tan A\right) = 9$

$\left(\tan A + \dfrac{1}{\tan A}\right)^2 = 9$

$\therefore \tan A + \dfrac{1}{\tan A} = 3$ $\left(\because 0 < A < \dfrac{\pi}{2}\right)$

이때 $\tan A = \dfrac{\sin A}{\cos A}$이므로

$\dfrac{\sin A}{\cos A} + \dfrac{\cos A}{\sin A} = 3$, $\dfrac{\sin^2 A + \cos^2 A}{\sin A \cos A} = 3$

$\dfrac{1}{\sin A \cos A} = 3$ $\qquad \therefore \sin A \cos A = \dfrac{1}{3}$

유형 14 삼각함수가 포함된 함수의 최대·최소 – 일차식 꼴

0434

답 ③

$f(x) = 2\cos(x + \pi) + 3\sin\left(x + \dfrac{3}{2}\pi\right) + 2$

$\qquad = -2\cos x - 3\cos x + 2$

$\qquad = -5\cos x + 2$

따라서 주어진 함수의 최댓값은 $|-5| + 2 = 7$, 최솟값은

$-|-5| + 2 = -3$이므로

$M = 7$, $m = -3$

$\therefore Mm = 7 \times (-3) = -21$

0435

답 7

$y = 2\sin x - \cos\left(\dfrac{\pi}{2} + x\right) + k$

$\quad = 2\sin x - (-\sin x) + k$

$\quad = 3\sin x + k$

주어진 함수의 최솟값이 1이므로

$-3 + k = 1$ $\qquad \therefore k = 4$

따라서 함수 $y = 3\sin x + 4$의 최댓값은

$3 + 4 = 7$

0436

답 27

$y = \left|\sin(x + 2\pi) - \dfrac{1}{2}\right| + \dfrac{9}{2}$

$\quad = \left|\sin x - \dfrac{1}{2}\right| + \dfrac{9}{2}$

$-1 \le \sin x \le 1$이므로 $-\dfrac{3}{2} \le \sin x - \dfrac{1}{2} \le \dfrac{1}{2}$

$0 \le \left| \sin x - \dfrac{1}{2} \right| \le \dfrac{3}{2}$

$\therefore \dfrac{9}{2} \le \left| \sin x - \dfrac{1}{2} \right| + \dfrac{9}{2} \le 6$

따라서 주어진 함수의 최댓값은 6, 최솟값은 $\dfrac{9}{2}$이므로

$M = 6, \ m = \dfrac{9}{2}$

$\therefore Mm = 6 \times \dfrac{9}{2} = 27$

다른 풀이

$y = \left| \sin x - \dfrac{1}{2} \right| + \dfrac{9}{2}$에서

$\sin x = t$로 놓으면 $-1 \le t \le 1$이고,
주어진 함수는

$y = \left| t - \dfrac{1}{2} \right| + \dfrac{9}{2}$

$-1 \le t \le 1$에서 이 함수는

$t = -1$일 때 최댓값 6, $t = \dfrac{1}{2}$일 때

최솟값 $\dfrac{9}{2}$를 가지므로 $M = 6, \ m = \dfrac{9}{2}$

$\therefore Mm = 6 \times \dfrac{9}{2} = 27$

0437
답 ④

$-\dfrac{\pi}{4} \le x \le \dfrac{\pi}{4}$에서 $-1 \le \tan x \le 1$이므로

$-3 \le \tan x - 2 \le -1$

$-3 \le -|\tan x - 2| \le -1$

$\therefore k - 3 \le -|\tan x - 2| + k \le k - 1$

주어진 함수의 최댓값과 최솟값의 합이 6이므로

$(k-1) + (k-3) = 6, \ 2k = 10$

$\therefore k = 5$

유형 15 삼각함수가 포함된 함수의 최대·최소 – 이차식 꼴

0438
답 9

$y = -4\sin^2 x + 4\cos x$

$\quad = -4(1 - \cos^2 x) + 4\cos x$

$\quad = 4\cos^2 x + 4\cos x - 4$

이때 $\cos x = t$로 놓으면 $-1 \le t \le 1$이고, 주어진 함수는

$y = 4t^2 + 4t - 4 = 4\left(t + \dfrac{1}{2}\right)^2 - 5$

$-1 \le t \le 1$에서 이 함수는 $t = 1$일 때 최댓값 4, $t = -\dfrac{1}{2}$일 때 최솟값 -5를 가지므로

$M = 4, \ m = -5$

$\therefore M - m = 4 - (-5) = 9$

0439
답 ②

$y = \sin^2\left(\dfrac{\pi}{2} + x\right) - \cos(\pi + x) + k$

$\quad = \cos^2 x + \cos x + k$

이때 $\cos x = t$로 놓으면 $-1 \le t \le 1$이고, 주어진 함수는

$y = t^2 + t + k = \left(t + \dfrac{1}{2}\right)^2 + k - \dfrac{1}{4}$

$-1 \le t \le 1$에서 이 함수는 $t = 1$일 때 최댓값 $k+2$를 갖는다.

이때 최댓값이 4이므로

$k + 2 = 4 \qquad \therefore k = 2$

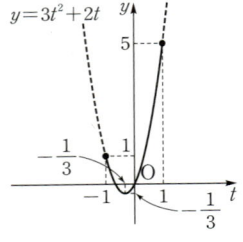

0440
답 ④

$y = 2\sin^2 x + \cos^2\left(\dfrac{\pi}{2} + x\right) + 2\sin(\pi - x)$

$\quad = 2\sin^2 x + \sin^2 x + 2\sin x$

$\quad = 3\sin^2 x + 2\sin x$

이때 $\sin x = t$로 놓으면 $0 \le x \le 2\pi$에서 $-1 \le t \le 1$이고, 주어진 함수는

$y = 3t^2 + 2t = 3\left(t + \dfrac{1}{3}\right)^2 - \dfrac{1}{3}$

$-1 \le t \le 1$에서 이 함수는 $t = 1$일 때 최댓값 5를 가지므로

$\beta = 5$

이때 $t = 1$에서 $\sin x = 1$이고, $0 \le x \le 2\pi$이므로 $x = \dfrac{\pi}{2}$

$\therefore \alpha = \dfrac{\pi}{2} \qquad \therefore \alpha\beta = \dfrac{\pi}{2} \times 5 = \dfrac{5}{2}\pi$

0441
답 3

$x - \dfrac{3}{4}\pi = t$로 놓으면 $x = t + \dfrac{3}{4}\pi$이므로

$y = a\cos^2\left(x - \dfrac{3}{4}\pi\right) + a\sin\left(x + \dfrac{\pi}{4}\right) + b$

$\quad = a\cos^2 t + a\sin(t + \pi) + b$

$\quad = a\cos^2 t - a\sin t + b$

$\quad = a(1 - \sin^2 t) - a\sin t + b$

$\quad = -a\sin^2 t - a\sin t + a + b$

이때 $\sin t = X$로 놓으면 $-1 \le X \le 1$이고, 주어진 함수는

$y = -aX^2 - aX + a + b$

$\quad = -a\left(X + \dfrac{1}{2}\right)^2 + \dfrac{5}{4}a + b$

$a > 0$이므로 이 함수는 $X = -\dfrac{1}{2}$

일 때 최댓값 $\dfrac{5}{4}a + b$, $X = 1$일 때 최솟값 $-a + b$를 갖는다.

최댓값이 4, 최솟값이 -5이므로

$\dfrac{5}{4}a + b = 4, \ -a + b = -5$

위의 두 식을 연립하여 풀면 $a = 4, \ b = -1$

$\therefore a + b = 4 + (-1) = 3$

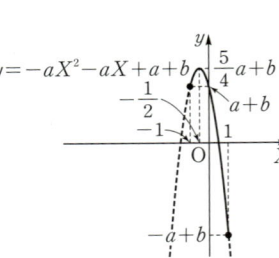

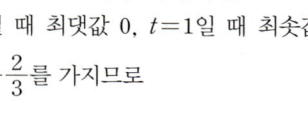

유형 16 삼각함수가 포함된 함수의 최대·최소 – 유리식 꼴

0442

답 ②

$y=\dfrac{1}{\sin x+2}-1$에서 $\sin x=t$로 놓으면 $-1\le t\le 1$이고, 주어진 함수는

$y=\dfrac{1}{t+2}-1$

$-1\le t\le 1$에서 이 함수는 $t=-1$
일 때 최댓값 0, $t=1$일 때 최솟값
$-\dfrac{2}{3}$를 가지므로

$M=0,\ m=-\dfrac{2}{3}$

$\therefore M+m=0+\left(-\dfrac{2}{3}\right)=-\dfrac{2}{3}$

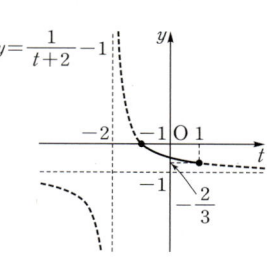

0443

답 ②

$y=-\dfrac{\tan x+1}{\tan x-2}$에서 $\tan x=t$로 놓으면 $0\le x\le\dfrac{\pi}{4}$에서 $0\le t\le 1$
이고, 주어진 함수는

$y=-\dfrac{t+1}{t-2}$

$=-\dfrac{3}{t-2}-1$

$0\le t\le 1$에서 이 함수는 $t=1$일 때 최
댓값 2, $t=0$일 때 최솟값 $\dfrac{1}{2}$을 가지
므로

$M=2,\ m=\dfrac{1}{2}$

$\therefore Mm=2\times\dfrac{1}{2}=1$

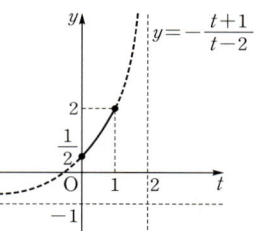

0444

답 2

$y=\dfrac{2\cos x+a}{2\cos x-2a}$에서 $\cos x=t$로 놓으면 $-1\le t\le 1$이고, 주어진
함수는

$y=\dfrac{2t+a}{2t-2a}$

$=\dfrac{3a}{2(t-a)}+1$

$a>1$이므로 $-1\le t\le 1$에서 이 함
수는 $t=-1$일 때 최댓값 $\dfrac{-2+a}{-2-2a}$
를 갖는다.
이때 최댓값이 0이므로

$\dfrac{-2+a}{-2-2a}=0\qquad\therefore a=2$

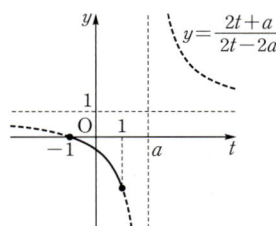

유형 17 삼각방정식 – 일차식 꼴

0445

답 ④

$\sqrt{3}\tan\pi x-3=0$에서 $\pi x=t$로 놓으면 $0\le x<3$에서 $0\le t<3\pi$이
고, 주어진 방정식은

$\sqrt{3}\tan t-3=0\qquad\therefore \tan t=\sqrt{3}$

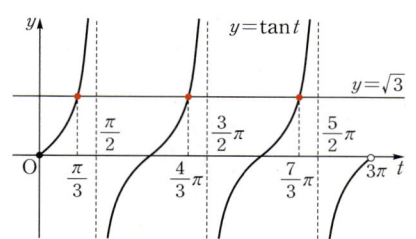

$0\le t<3\pi$에서 방정식 $\tan t=\sqrt{3}$의 해는 $y=\tan t$의 그래프와 직
선 $y=\sqrt{3}$의 교점의 t좌표와 같으므로 위의 그림에서

$t=\dfrac{\pi}{3}$ 또는 $t=\dfrac{4}{3}\pi$ 또는 $t=\dfrac{7}{3}\pi$

즉, $\pi x=\dfrac{\pi}{3}$ 또는 $\pi x=\dfrac{4}{3}\pi$ 또는 $\pi x=\dfrac{7}{3}\pi$이므로

$x=\dfrac{1}{3}$ 또는 $x=\dfrac{4}{3}$ 또는 $x=\dfrac{7}{3}$

따라서 주어진 방정식의 모든 근의 합은

$\dfrac{1}{3}+\dfrac{4}{3}+\dfrac{7}{3}=4$

0446

답 ②

$\cos 2x=\dfrac{1}{2}$에서 $2x=t$로 놓으면 $0\le x\le 2\pi$에서 $0\le t\le 4\pi$이고,
주어진 방정식은 $\cos t=\dfrac{1}{2}$

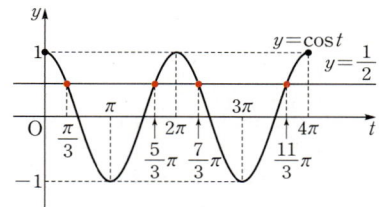

$0\le t\le 4\pi$에서 방정식 $\cos t=\dfrac{1}{2}$의 해는 $y=\cos t$의 그래프와 직

선 $y=\dfrac{1}{2}$의 교점의 t좌표와 같으므로 위의 그림에서

$t=\dfrac{\pi}{3}$ 또는 $t=\dfrac{5}{3}\pi$ 또는 $t=\dfrac{7}{3}\pi$ 또는 $t=\dfrac{11}{3}\pi$

즉, $2x=\dfrac{\pi}{3}$ 또는 $2x=\dfrac{5}{3}\pi$ 또는 $2x=\dfrac{7}{3}\pi$ 또는 $2x=\dfrac{11}{3}\pi$이므로

$x=\dfrac{\pi}{6}$ 또는 $x=\dfrac{5}{6}\pi$ 또는 $x=\dfrac{7}{6}\pi$ 또는 $x=\dfrac{11}{6}\pi$

따라서 $\alpha=\dfrac{\pi}{6},\ \beta=\dfrac{5}{6}\pi,\ \gamma=\dfrac{7}{6}\pi,\ \delta=\dfrac{11}{6}\pi$이므로

$\beta-\alpha+\delta-\gamma=\dfrac{5}{6}\pi-\dfrac{\pi}{6}+\dfrac{11}{6}\pi-\dfrac{7}{6}\pi=\dfrac{4}{3}\pi$

$\therefore \cos(\beta-\alpha+\delta-\gamma)=\cos\dfrac{4}{3}\pi=\cos\left(\pi+\dfrac{\pi}{3}\right)$

$=-\cos\dfrac{\pi}{3}=-\dfrac{1}{2}$

0447

답 ②

$\cos\left(\pi x+\dfrac{\pi}{4}\right)=\dfrac{\sqrt{3}}{2}$에서 $\pi x+\dfrac{\pi}{4}=t$로 놓으면 $0\le x<2$에서

$\dfrac{\pi}{4}\le t<\dfrac{9}{4}\pi$이고, 주어진 방정식은

$\cos t=\dfrac{\sqrt{3}}{2}$

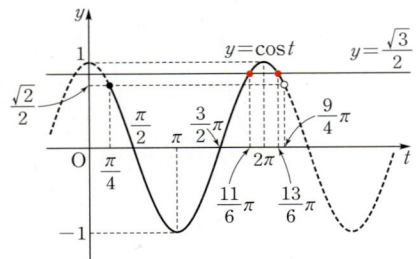

$\dfrac{\pi}{4}\le t<\dfrac{9}{4}\pi$에서 방정식 $\cos t=\dfrac{\sqrt{3}}{2}$의 해는 $y=\cos t$의 그래프와

직선 $y=\dfrac{\sqrt{3}}{2}$의 교점의 t좌표와 같으므로 위의 그림에서

$t=\dfrac{11}{6}\pi$ 또는 $t=\dfrac{13}{6}\pi$

즉, $\pi x+\dfrac{\pi}{4}=\dfrac{11}{6}\pi$ 또는 $\pi x+\dfrac{\pi}{4}=\dfrac{13}{6}\pi$이므로

$x=\dfrac{19}{12}$ 또는 $x=\dfrac{23}{12}$

따라서 $\alpha=\dfrac{19}{12}$, $\beta=\dfrac{23}{12}$이므로

$\beta-\alpha=\dfrac{23}{12}-\dfrac{19}{12}=\dfrac{1}{3}$

0448

답 4

방정식 $\sin x=k$의 근은 $y=\sin x$의 그래프와 직선 $y=k$의 교점의 x좌표와 같다.

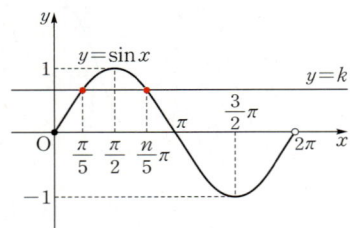

$y=\sin x$의 그래프에서 두 점 $\left(\dfrac{\pi}{5},\,k\right)$, $\left(\dfrac{n}{5}\pi,\,k\right)$는 직선 $x=\dfrac{\pi}{2}$

에 대하여 대칭이므로

$\dfrac{\dfrac{\pi}{5}+\dfrac{n}{5}\pi}{2}=\dfrac{\pi}{2}$, $\dfrac{\pi}{5}+\dfrac{n}{5}\pi=\pi$

$\dfrac{n}{5}\pi=\dfrac{4}{5}\pi$ $\therefore n=4$

0449

답 ②

$0\le x<2\pi$에서 $-\pi\le\pi\cos x\le\pi$이므로 $\pi\cos x=X$로 놓으면

$-\pi\le X\le\pi$이고, 주어진 방정식은

$\sin X=0$

$\therefore X=-\pi$ 또는 $X=0$ 또는 $X=\pi$

즉, $\pi\cos x=-\pi$ 또는 $\pi\cos x=0$ 또는 $\pi\cos x=\pi$이므로

$\cos x=-1$ 또는 $\cos x=0$ 또는 $\cos x=1$

이때 $0\le x<2\pi$이므로

(ⅰ) $\cos x=-1$에서 $x=\pi$

(ⅱ) $\cos x=0$에서 $x=\dfrac{\pi}{2}$ 또는 $x=\dfrac{3}{2}\pi$

(ⅲ) $\cos x=1$에서 $x=0$

(ⅰ)~(ⅲ)에서 주어진 방정식의 모든 근의 합은

$\pi+\dfrac{\pi}{2}+\dfrac{3}{2}\pi+0=3\pi$

유형 18 삼각방정식 – 이차식 꼴

0450

답 ④

$\sin^2 x+\cos x=1$에서

$1-\cos^2 x+\cos x=1$

$\cos^2 x-\cos x=0$

$\cos x(\cos x-1)=0$

$\therefore \cos x=0$ 또는 $\cos x=1$

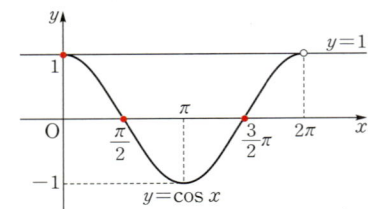

이때 $0\le x<2\pi$이므로

$\cos x=0$에서 $x=\dfrac{\pi}{2}$ 또는 $x=\dfrac{3}{2}\pi$

$\cos x=1$에서 $x=0$

따라서 주어진 방정식의 모든 실근의 합은

$\dfrac{\pi}{2}+\dfrac{3}{2}\pi+0=2\pi$

0451

답 ④

$2\cos^2 x-\sin x-1=0$에서

$2(1-\sin^2 x)-\sin x-1=0$

$2\sin^2 x+\sin x-1=0$

$(\sin x+1)(2\sin x-1)=0$

$\therefore \sin x=-1$ 또는 $\sin x=\dfrac{1}{2}$

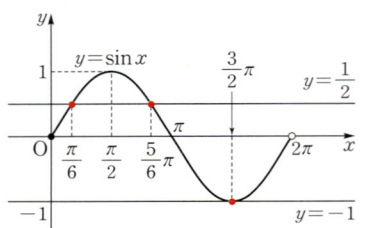

이때 $0 \le x < 2\pi$이므로

$\sin x = -1$에서 $x = \dfrac{3}{2}\pi$

$\sin x = \dfrac{1}{2}$에서 $x = \dfrac{\pi}{6}$ 또는 $x = \dfrac{5}{6}\pi$

따라서 주어진 방정식의 모든 근의 합은

$\dfrac{3}{2}\pi + \dfrac{\pi}{6} + \dfrac{5}{6}\pi = \dfrac{5}{2}\pi$

0452

답 ①

$\cos x + \sqrt{3}\sin x = \sqrt{3}$에서

$\cos x = \sqrt{3}(1 - \sin x)$ ...... ㉠

양변을 제곱하면 $\cos^2 x = 3(1 - \sin x)^2$

$1 - \sin^2 x = 3 - 6\sin x + 3\sin^2 x$, $4\sin^2 x - 6\sin x + 2 = 0$

$2\sin^2 x - 3\sin x + 1 = 0$, $(2\sin x - 1)(\sin x - 1) = 0$

$\therefore \sin x = \dfrac{1}{2}$ 또는 $\sin x = 1$

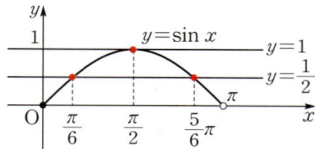

이때 $0 \le x < \pi$이므로

(i) $\sin x = \dfrac{1}{2}$에서 $x = \dfrac{\pi}{6}$ 또는 $x = \dfrac{5}{6}\pi$

    그런데 $x = \dfrac{5}{6}\pi$는 ㉠을 만족시키지 않는다.

(ii) $\sin x = 1$에서 $x = \dfrac{\pi}{2}$

(i), (ii)에서 주어진 방정식을 만족시키는 모든 x의 값의 합은

$\dfrac{\pi}{6} + \dfrac{\pi}{2} = \dfrac{2}{3}\pi$

0453

답 ①

삼각형 ABC에서 $A + B + C = \pi$이므로

$A + B = \pi - C$

즉, $\sin(A + B) = \sin(\pi - C) = \sin C$이므로

$2\sin^2(A + B) - 3\cos C = 3$에서

$2\sin^2 C - 3\cos C = 3$, $2(1 - \cos^2 C) - 3\cos C = 3$

$2\cos^2 C + 3\cos C + 1 = 0$

$(2\cos C + 1)(\cos C + 1) = 0$

$\therefore \cos C = -\dfrac{1}{2}$ 또는 $\cos C = -1$

이때 $0 < C < \pi$이므로

$\cos C = -\dfrac{1}{2}$ $\therefore C = \dfrac{2}{3}\pi$

따라서 $A + B = \pi - C = \pi - \dfrac{2}{3}\pi = \dfrac{\pi}{3}$이므로

$\sin(A + B - C) = \sin\left(\dfrac{\pi}{3} - \dfrac{2}{3}\pi\right) = \sin\left(-\dfrac{\pi}{3}\right)$

$= -\sin\dfrac{\pi}{3} = -\dfrac{\sqrt{3}}{2}$

0454

답 $\dfrac{\pi}{4}$

$5\sin^2 x - 1 = 3\sin x \cos x$에서

$5\sin^2 x - (\sin^2 x + \cos^2 x) = 3\sin x \cos x$

$4\sin^2 x - 3\sin x \cos x - \cos^2 x = 0$

$0 \le x < \dfrac{\pi}{2}$에서 $\cos x \ne 0$이므로 양변을 $\cos^2 x$로 나누면

$4 \times \left(\dfrac{\sin x}{\cos x}\right)^2 - 3 \times \dfrac{\sin x}{\cos x} - 1 = 0$

$4\tan^2 x - 3\tan x - 1 = 0$, $(4\tan x + 1)(\tan x - 1) = 0$

$\therefore \tan x = -\dfrac{1}{4}$ 또는 $\tan x = 1$

그런데 $0 \le x < \dfrac{\pi}{2}$이므로

$\tan x = 1$ $\therefore x = \dfrac{\pi}{4}$

유형 **19** 삼각함수의 그래프와 삼각방정식의 실근

0455

답 ③

방정식 $\sin \pi x = \dfrac{1}{5}x$의 서로 다른 실근의 개수는 함수 $y = \sin \pi x$

의 그래프와 직선 $y = \dfrac{1}{5}x$의 교점의 개수와 같다.

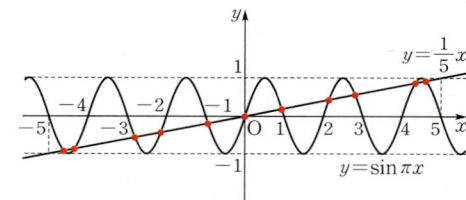

위의 그림에서 교점의 개수가 11이므로 방정식 $\sin \pi x = \dfrac{1}{5}x$의 서로 다른 실근의 개수는 11이다.

0456

답 4

방정식 $\sin\left(\dfrac{\pi}{2} - x\right) = \cos 2x$, 즉 $\cos x = \cos 2x$의 서로 다른 실근의 개수는 함수 $y = \cos x$의 그래프와 함수 $y = \cos 2x$의 그래프의 교점의 개수와 같다.

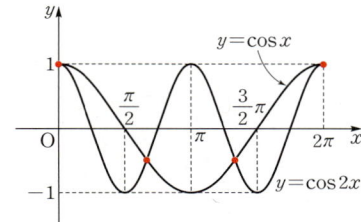

위의 그림에서 교점의 개수가 4이므로 $0 \le x \le 2\pi$에서 방정식 $\sin\left(\dfrac{\pi}{2} - x\right) = \cos 2x$의 서로 다른 실근의 개수는 4이다.

0457

답 16

방정식 $|\cos 4x|=\dfrac{1}{3}$의 서로 다른 실근의 개수는 함수

$y=|\cos 4x|$의 그래프와 직선 $y=\dfrac{1}{3}$의 교점의 개수와 같다.

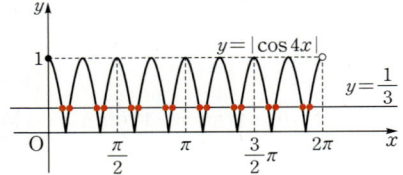

위의 그림에서 교점의 개수가 16이므로 $0 \le x < 2\pi$에서 방정식

$|\cos 4x|=\dfrac{1}{3}$의 서로 다른 실근의 개수는 16이다.

유형 **20** 삼각방정식의 근의 조건

0458

답 ②

$\sin(\pi+x)=\cos\left(\dfrac{\pi}{2}-x\right)-1+k$에서

$-\sin x=\sin x-1+k$

$2\sin x=1-k$

$\therefore \sin x=\dfrac{1-k}{2}$

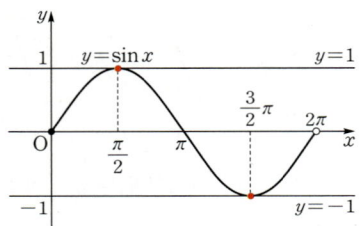

이 방정식이 $0 \le x < 2\pi$에서 오직 하나의 실근을 가지려면 함수

$y=\sin x$의 그래프와 직선 $y=\dfrac{1-k}{2}$가 한 점에서 만나야 하므로

위의 그림에서

$\dfrac{1-k}{2}=-1$ 또는 $\dfrac{1-k}{2}=1$

$\therefore k=3$ 또는 $k=-1$

따라서 모든 실수 k의 값의 합은

$3+(-1)=2$

0459

답 ②

$\cos^2 x+\sin x+k=0$에서

$1-\sin^2 x+\sin x+k=0$

$\sin^2 x-\sin x-1=k$

이때 $\sin x=t$로 놓으면 $-1 \le t \le 1$이고, 주어진 방정식은

$t^2-t-1=k$

이 방정식이 실근을 가지려면

$-1 \le t \le 1$에서

$y=t^2-t-1=\left(t-\dfrac{1}{2}\right)^2-\dfrac{5}{4}$의 그래프와

직선 $y=k$가 만나야 하므로 오른쪽 그림

에서

$-\dfrac{5}{4} \le k \le 1$

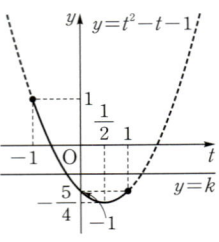

0460

답 ③

방정식 $\left|\cos x+\dfrac{1}{6}\right|=k$의 실근의 개수는 함수 $y=\left|\cos x+\dfrac{1}{6}\right|$

의 그래프와 직선 $y=k$의 교점의 개수와 같다.

함수 $y=\left|\cos x+\dfrac{1}{6}\right|$의 그래프는 함수 $y=\cos x+\dfrac{1}{6}$의 그래프에

서 $y \ge 0$인 부분은 그대로 두고, $y<0$인 부분을 x축에 대하여 대칭

이동시켜 그리면 다음 그림과 같다.

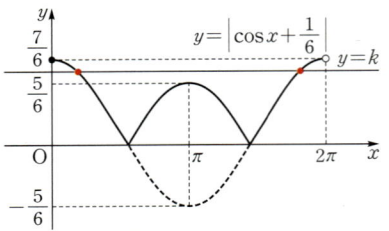

주어진 방정식이 서로 다른 두 실근을 가지려면 $0 \le x < 2\pi$에서 함

수 $y=\left|\cos x+\dfrac{1}{6}\right|$의 그래프와 직선 $y=k$가 두 점에서 만나야 하

므로 위의 그림에서

$\dfrac{5}{6} < k < \dfrac{7}{6}$

따라서 $\alpha=\dfrac{5}{6}$, $\beta=\dfrac{7}{6}$이므로

$\alpha+\beta=\dfrac{5}{6}+\dfrac{7}{6}=2$

유형 **21** 삼각부등식 – 일차식 꼴

0461

답 ④

$|\tan x| \le \sqrt{3}$에서

$-\sqrt{3} \le \tan x \le \sqrt{3}$

$-\dfrac{\pi}{2} < x < \dfrac{\pi}{2}$에서 $y=\tan x$의 그

래프는 오른쪽 그림과 같으므로

$-\sqrt{3} \le \tan x \le \sqrt{3}$을 만족시키는 x

의 값의 범위는

$-\dfrac{\pi}{3} \le x \le \dfrac{\pi}{3}$

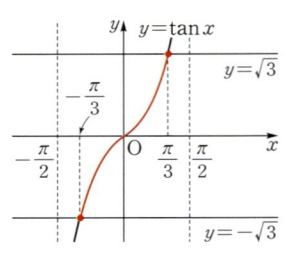

따라서 $\alpha=-\dfrac{\pi}{3}$, $\beta=\dfrac{\pi}{3}$이므로

$\beta-\alpha=\dfrac{\pi}{3}-\left(-\dfrac{\pi}{3}\right)=\dfrac{2}{3}\pi$

0462

답 ①

$-\dfrac{\pi}{2}<x<\dfrac{\pi}{2}$에서 $\cos x>0$이므로

$|\sin x|<\cos x$에서 $-\cos x<\sin x<\cos x$

각 변을 $\cos x$로 나누면

$-1<\dfrac{\sin x}{\cos x}<1$　　$\therefore -1<\tan x<1$

$-\dfrac{\pi}{2}<x<\dfrac{\pi}{2}$에서 $y=\tan x$의 그래프
는 오른쪽 그림과 같으므로
$-1<\tan x<1$을 만족시키는 x의 값의
범위는

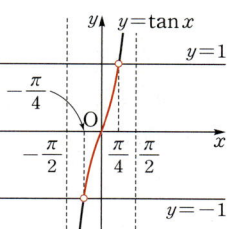

$-\dfrac{\pi}{4}<x<\dfrac{\pi}{4}$

0463

답 ⑤

$\cos\left(x-\dfrac{\pi}{3}\right)<\dfrac{1}{2}$에서 $x-\dfrac{\pi}{3}=t$로 놓으면 $0\le x<2\pi$에서

$-\dfrac{\pi}{3}\le t<\dfrac{5}{3}\pi$이고, 주어진 부등식은

$\cos t<\dfrac{1}{2}$

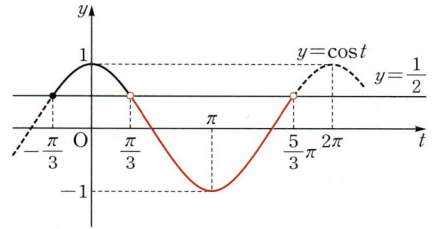

$-\dfrac{\pi}{3}\le t<\dfrac{5}{3}\pi$에서 $y=\cos t$의 그래프는 위의 그림과 같으므로

$\cos t<\dfrac{1}{2}$을 만족시키는 t의 값의 범위는

$\dfrac{\pi}{3}<t<\dfrac{5}{3}\pi$

즉, $\dfrac{\pi}{3}<x-\dfrac{\pi}{3}<\dfrac{5}{3}\pi$이므로

$\dfrac{2}{3}\pi<x<2\pi$

0464

답 6

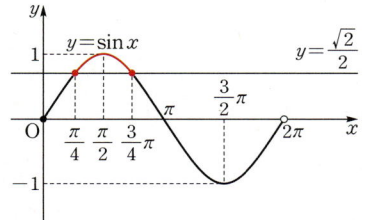

$0\le x<2\pi$에서 $y=\sin x$의 그래프는 위의 그림과 같으므로

$\sin x\ge\dfrac{\sqrt{2}}{2}$를 만족시키는 x의 값의 범위는

$\dfrac{\pi}{4}\le x\le\dfrac{3}{4}\pi$　　…… ㉠

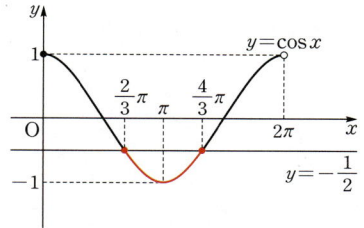

$0\le x<2\pi$에서 $y=\cos x$의 그래프는 위의 그림과 같으므로

$\cos x\le-\dfrac{1}{2}$을 만족시키는 x의 값의 범위는

$\dfrac{2}{3}\pi\le x\le\dfrac{4}{3}\pi$　　…… ㉡

㉠, ㉡의 공통 범위를 구하면

$\dfrac{2}{3}\pi\le x\le\dfrac{3}{4}\pi$

따라서 $\alpha=\dfrac{2}{3}$, $\beta=\dfrac{3}{4}$이므로

$12\alpha\beta=12\times\dfrac{2}{3}\times\dfrac{3}{4}=6$

유형 22　삼각부등식 – 이차식 꼴

0465

답 ②

$2\sin^2 x+3\cos x-3>0$에서

$2(1-\cos^2 x)+3\cos x-3>0$

$-2\cos^2 x+3\cos x-1>0$

$2\cos^2 x-3\cos x+1<0$

$(2\cos x-1)(\cos x-1)<0$

$\therefore \dfrac{1}{2}<\cos x<1$

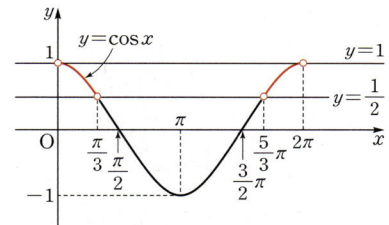

$0\le x<2\pi$에서 $y=\cos x$의 그래프는 위의 그림과 같으므로

$\dfrac{1}{2}<\cos x<1$을 만족시키는 x의 값의 범위는

$0<x<\dfrac{\pi}{3}$ 또는 $\dfrac{5}{3}\pi<x<2\pi$

0466

답 $-\dfrac{1}{2}$

$0<x<\dfrac{\pi}{2}$에서 $\sin x>0$이므로

$\sin x+\dfrac{1}{\sin x}<\dfrac{5}{2}$의 양변에 $2\sin x$를 곱하면

$2\sin^2 x+2<5\sin x$, $2\sin^2 x-5\sin x+2<0$

$(2\sin x-1)(\sin x-2)<0$

$\therefore \dfrac{1}{2}<\sin x<2$

그런데 $0<x<\dfrac{\pi}{2}$에서 $0<\sin x<1$이므로

$\dfrac{1}{2}<\sin x<1$

$0<x<\dfrac{\pi}{2}$에서 $y=\sin x$의 그래프는 오

른쪽 그림과 같으므로 $\dfrac{1}{2}<\sin x<1$을

만족시키는 x의 값의 범위는

$\dfrac{\pi}{6}<x<\dfrac{\pi}{2}$

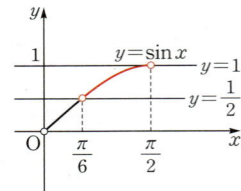

따라서 $\alpha=\dfrac{\pi}{6}$, $\beta=\dfrac{\pi}{2}$이므로

$\cos(\alpha+\beta)=\cos\left(\dfrac{\pi}{6}+\dfrac{\pi}{2}\right)$

$\qquad\qquad=-\sin\dfrac{\pi}{6}=-\dfrac{1}{2}$

0467　답 ③

$\cos\left(x+\dfrac{\pi}{6}\right)=\sin\left(\dfrac{\pi}{2}-x-\dfrac{\pi}{6}\right)=\sin\left(-x+\dfrac{\pi}{3}\right)$

$\qquad\qquad\qquad=-\sin\left(x-\dfrac{\pi}{3}\right)$

이므로 $2\cos^2\left(x-\dfrac{\pi}{3}\right)-\cos\left(x+\dfrac{\pi}{6}\right)-1\geq0$에서

$2\left\{1-\sin^2\left(x-\dfrac{\pi}{3}\right)\right\}+\sin\left(x-\dfrac{\pi}{3}\right)-1\geq0$

$2\sin^2\left(x-\dfrac{\pi}{3}\right)-\sin\left(x-\dfrac{\pi}{3}\right)-1\leq0$

이때 $x-\dfrac{\pi}{3}=t$로 놓으면 $0\leq x<2\pi$에서 $-\dfrac{\pi}{3}\leq t<\dfrac{5}{3}\pi$이고, 주

어진 부등식은

$2\sin^2 t-\sin t-1\leq0$

$(2\sin t+1)(\sin t-1)\leq0$

$\therefore -\dfrac{1}{2}\leq\sin t\leq1$

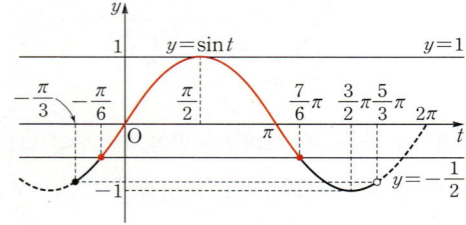

$-\dfrac{\pi}{3}\leq t<\dfrac{5}{3}\pi$에서 $y=\sin t$의 그래프는 위의 그림과 같으므로

$-\dfrac{1}{2}\leq\sin t\leq1$을 만족시키는 t의 값의 범위는

$-\dfrac{\pi}{6}\leq t\leq\dfrac{7}{6}\pi$

즉, $-\dfrac{\pi}{6}\leq x-\dfrac{\pi}{3}\leq\dfrac{7}{6}\pi$이므로

$\dfrac{\pi}{6}\leq x\leq\dfrac{3}{2}\pi$

따라서 $\alpha=\dfrac{\pi}{6}$, $\beta=\dfrac{3}{2}\pi$이므로

$\alpha+\beta=\dfrac{\pi}{6}+\dfrac{3}{2}\pi=\dfrac{5}{3}\pi$

0468　답 ④

$\sqrt{3}\,|\tan x|\geq\tan^2 x$에서

$\sqrt{3}\,|\tan x|\geq|\tan x|^2$

$|\tan x|^2-\sqrt{3}\,|\tan x|\leq0$

$|\tan x|(|\tan x|-\sqrt{3})\leq0$

$\therefore 0\leq|\tan x|\leq\sqrt{3}$

$-\dfrac{\pi}{2}<x<\dfrac{\pi}{2}$에서 $y=|\tan x|$의 그

래프는 오른쪽 그림과 같으므로

$0\leq|\tan x|\leq\sqrt{3}$을 만족시키는 x의

값의 범위는

$-\dfrac{\pi}{3}\leq x\leq\dfrac{\pi}{3}$

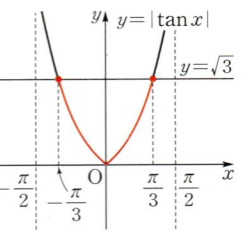

따라서 $\alpha=-\dfrac{\pi}{3}$, $\beta=\dfrac{\pi}{3}$이므로

$\beta-\alpha=\dfrac{\pi}{3}-\left(-\dfrac{\pi}{3}\right)=\dfrac{2}{3}\pi$

0469　답 ⑤

$\sin^2 x+6\cos x-3k\leq0$에서

$1-\cos^2 x+6\cos x-3k\leq0$

$\cos^2 x-6\cos x+3k-1\geq0$

이때 $\cos x=t$로 놓으면 $-1\leq t\leq1$이고, 주어진 부등식은

$t^2-6t+3k-1\geq0$　$\cdots\cdots\cdots$ ㉠

$-1\leq t\leq1$에서 함수

$y=t^2-6t+3k-1$

$\quad=(t-3)^2+3k-10$

은 $t=1$일 때 최솟값 $3k-6$을 가지므

로 $-1\leq t\leq1$에서 부등식 ㉠이 성립

하려면

$3k-6\geq0$

$\therefore k\geq2$

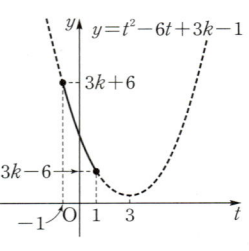

따라서 실수 k의 최솟값은 2이다.

유형 **23** 삼각방정식과 삼각부등식의 활용

0470　답 ⑤

이차방정식 $2x^2+4x\cos\theta+\sin\theta+2=0$이 서로 다른 두 실근을

가지려면 판별식을 D라 할 때, $D>0$이어야 하므로

$\dfrac{D}{4}=(2\cos\theta)^2-2(\sin\theta+2)>0$

$4\cos^2\theta-2\sin\theta-4>0$

$4(1-\sin^2\theta)-2\sin\theta-4>0$

$4\sin^2\theta+2\sin\theta<0$

$2\sin\theta(2\sin\theta+1)<0$

$\therefore -\dfrac{1}{2}<\sin\theta<0$

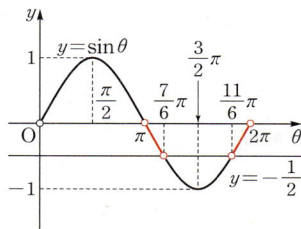

위의 그림에서 θ의 값의 범위는

$\pi < \theta < \dfrac{7}{6}\pi$ 또는 $\dfrac{11}{6}\pi < \theta < 2\pi$

따라서 $\alpha = \dfrac{7}{6}\pi$, $\beta = \dfrac{11}{6}\pi$이므로

$\alpha + \beta = \dfrac{7}{6}\pi + \dfrac{11}{6}\pi = 3\pi$

0471

답 ⑤

이차방정식 $x^2 - 2x\cos\theta + 2\cos\theta = 0$이 실근을 갖지 않으려면 판별식을 D라 할 때, $D < 0$이어야 하므로

$\dfrac{D}{4} = (-\cos\theta)^2 - 2\cos\theta < 0$

$\cos\theta(\cos\theta - 2) < 0$

$\therefore 0 < \cos\theta < 2$

이때 $0 \leq \theta < 2\pi$에서 $-1 \leq \cos\theta \leq 1$이므로

$0 < \cos\theta \leq 1$

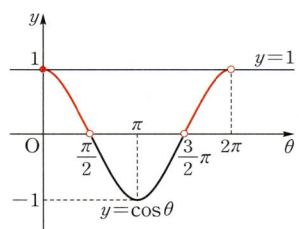

위의 그림에서 θ의 값의 범위는

$0 \leq \theta < \dfrac{\pi}{2}$ 또는 $\dfrac{3}{2}\pi < \theta < 2\pi$

0472

답 ③

이차방정식 $3x^2 - 3(\cos\theta - 1)x - \sqrt{3}\sin\theta = 0$의 한 근이 -1이므로 $x = -1$을 대입하면

$3 + 3(\cos\theta - 1) - \sqrt{3}\sin\theta = 0$

$3\cos\theta - \sqrt{3}\sin\theta = 0$, $3\cos\theta = \sqrt{3}\sin\theta$

$0 < \theta < \dfrac{\pi}{2}$에서 $\cos\theta \neq 0$이므로 양변을 $\sqrt{3}\cos\theta$로 나누면

$\tan\theta = \sqrt{3}$

이때 $0 < \theta < \dfrac{\pi}{2}$이므로 $\theta = \dfrac{\pi}{3}$

$\therefore \sin\theta = \dfrac{\sqrt{3}}{2}$, $\cos\theta = \dfrac{1}{2}$

주어진 이차방정식은 $3x^2 + \dfrac{3}{2}x - \dfrac{3}{2} = 0$

$2x^2 + x - 1 = 0$, $(x+1)(2x-1) = 0$

$\therefore x = -1$ 또는 $x = \dfrac{1}{2}$

따라서 구하는 다른 한 근은 $\dfrac{1}{2}$이다.

0473

답 ④

이차함수 $y = x^2 + 2\sqrt{2}x - 4\cos\theta$의 그래프가 x축과 만나지 않으려면 이차방정식 $x^2 + 2\sqrt{2}x - 4\cos\theta = 0$의 판별식을 D라 할 때, $D < 0$이어야 하므로

$\dfrac{D}{4} = (\sqrt{2})^2 + 4\cos\theta < 0$ $\therefore \cos\theta < -\dfrac{1}{2}$

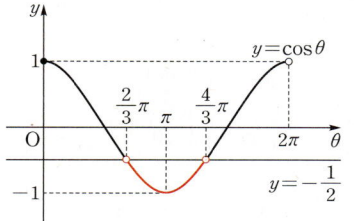

위의 그림에서 θ의 값의 범위는

$\dfrac{2}{3}\pi < \theta < \dfrac{4}{3}\pi$

따라서 $\alpha = \dfrac{2}{3}\pi$, $\beta = \dfrac{4}{3}\pi$이므로

$\beta - \alpha = \dfrac{4}{3}\pi - \dfrac{2}{3}\pi = \dfrac{2}{3}\pi$

PART **B** 기출&기출변형 문제

0474

답 ①

$\cos\left(\dfrac{\pi}{2} + \theta\right) \times \tan\left(\dfrac{\pi}{2} - \theta\right) = \dfrac{\sqrt{7}}{4}$에서

$\cos\left(\dfrac{\pi}{2} + \theta\right) \times \dfrac{\sin\left(\dfrac{\pi}{2} - \theta\right)}{\cos\left(\dfrac{\pi}{2} - \theta\right)} = \dfrac{\sqrt{7}}{4}$

$(-\sin\theta) \times \dfrac{\cos\theta}{\sin\theta} = \dfrac{\sqrt{7}}{4}$

$-\cos\theta = \dfrac{\sqrt{7}}{4}$ $\therefore \cos\theta = -\dfrac{\sqrt{7}}{4}$

한편, $\tan\theta < 0$, $\cos\theta < 0$이므로 θ는 제2사분면의 각이다.

따라서 $\sin\theta > 0$이므로

$\sin\theta = \sqrt{1 - \cos^2\theta} = \sqrt{1 - \left(-\dfrac{\sqrt{7}}{4}\right)^2} = \dfrac{3}{4}$

$\therefore \sin(\pi + \theta) = -\sin\theta = -\dfrac{3}{4}$

짝기출 답 48

$\sin\left(\dfrac{\pi}{2} + \theta\right)\tan(\pi - \theta) = \dfrac{3}{5}$일 때, $30(1 - \sin\theta)$의 값을 구하시오.

0475

답 32

$f(2+x)f(2-x)<\dfrac{1}{4}$에서

$f(2+x)=\sin\dfrac{\pi}{4}(2+x)=\sin\left(\dfrac{\pi}{2}+\dfrac{\pi}{4}x\right)=\cos\dfrac{\pi}{4}x,$

$f(2-x)=\sin\dfrac{\pi}{4}(2-x)=\sin\left(\dfrac{\pi}{2}-\dfrac{\pi}{4}x\right)=\cos\dfrac{\pi}{4}x$

이므로

$\cos^2\dfrac{\pi}{4}x<\dfrac{1}{4},\ \cos^2\dfrac{\pi}{4}x-\dfrac{1}{4}<0$

$\left(\cos\dfrac{\pi}{4}x+\dfrac{1}{2}\right)\left(\cos\dfrac{\pi}{4}x-\dfrac{1}{2}\right)<0$

$\therefore\ -\dfrac{1}{2}<\cos\dfrac{\pi}{4}x<\dfrac{1}{2}$ ...... ㉠

$\dfrac{\pi}{4}x=t$로 놓으면 $0<x<16$에서 $0<t<4\pi$이고, 부등식 ㉠은

$-\dfrac{1}{2}<\cos t<\dfrac{1}{2}$

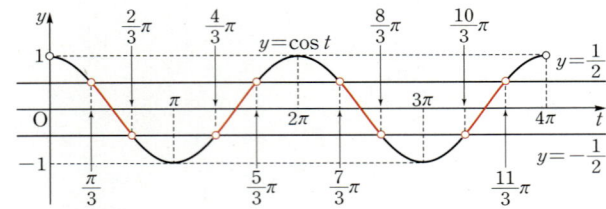

$0<t<4\pi$에서 $y=\cos t$의 그래프는 위의 그림과 같으므로

$-\dfrac{1}{2}<\cos t<\dfrac{1}{2}$을 만족시키는 t의 값의 범위는

$\dfrac{\pi}{3}<t<\dfrac{2}{3}\pi$ 또는 $\dfrac{4}{3}\pi<t<\dfrac{5}{3}\pi$ 또는 $\dfrac{7}{3}\pi<t<\dfrac{8}{3}\pi$

또는 $\dfrac{10}{3}\pi<t<\dfrac{11}{3}\pi$

즉, $\dfrac{\pi}{3}<\dfrac{\pi}{4}x<\dfrac{2}{3}\pi$ 또는 $\dfrac{4}{3}\pi<\dfrac{\pi}{4}x<\dfrac{5}{3}\pi$ 또는 $\dfrac{7}{3}\pi<\dfrac{\pi}{4}x<\dfrac{8}{3}\pi$

또는 $\dfrac{10}{3}\pi<\dfrac{\pi}{4}x<\dfrac{11}{3}\pi$이므로

$\dfrac{4}{3}<x<\dfrac{8}{3}$ 또는 $\dfrac{16}{3}<x<\dfrac{20}{3}$ 또는 $\dfrac{28}{3}<x<\dfrac{32}{3}$

또는 $\dfrac{40}{3}<x<\dfrac{44}{3}$

따라서 자연수 x는 2, 6, 10, 14이므로 그 합은

$2+6+10+14=32$

0476

답 ①

$3|\sin x|=3-2\cos^2 x$에서

$3|\sin x|=3-2(1-\sin^2 x)$

$3|\sin x|=2\sin^2 x+1$

$2|\sin x|^2-3|\sin x|+1=0$

$(2|\sin x|-1)(|\sin x|-1)=0$

$|\sin x|=\dfrac{1}{2}$ 또는 $|\sin x|=1$

$\therefore\ \sin x=\pm\dfrac{1}{2}$ 또는 $\sin x=\pm 1$

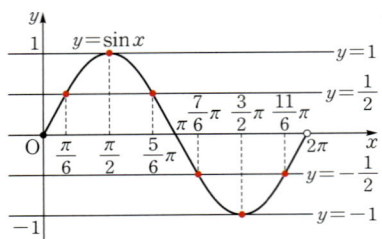

이때 $0\le x<2\pi$이므로

$\sin x=1$에서 $x=\dfrac{\pi}{2}$

$\sin x=\dfrac{1}{2}$에서 $x=\dfrac{\pi}{6}$ 또는 $x=\dfrac{5}{6}\pi$

$\sin x=-\dfrac{1}{2}$에서 $x=\dfrac{7}{6}\pi$ 또는 $x=\dfrac{11}{6}\pi$

$\sin x=-1$에서 $x=\dfrac{3}{2}\pi$

따라서 주어진 방정식의 모든 해의 합은

$\dfrac{\pi}{2}+\dfrac{\pi}{6}+\dfrac{5}{6}\pi+\dfrac{7}{6}\pi+\dfrac{11}{6}\pi+\dfrac{3}{2}\pi=6\pi$

짝기출   답 ④

$0\le x<2\pi$일 때, 방정식 $2\sin^2 x+3\cos x=3$의 모든 해의 합은?

① $\dfrac{\pi}{2}$ ② π ③ $\dfrac{3\pi}{2}$ ④ 2π ⑤ $\dfrac{5\pi}{2}$

0477

답 ③

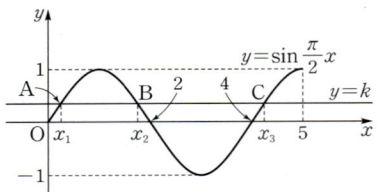

함수 $y=\sin\dfrac{\pi}{2}x$의 주기가 $\dfrac{2\pi}{\frac{\pi}{2}}=4$이므로 세 점 A, B, C의 x좌

표를 각각 $x_1\ (0<x_1<1)$, x_2, x_3이라 하면

$x_2=2-x_1,\ x_3=x_1+4$

세 점 A, B, C의 x좌표의 합이 $\dfrac{25}{4}$이므로

$x_1+x_2+x_3=\dfrac{25}{4}$에서

$x_1+(2-x_1)+(x_1+4)=\dfrac{25}{4}$

$x_1+6=\dfrac{25}{4}$ $\therefore\ x_1=\dfrac{1}{4}$

$\therefore\ x_2=2-x_1=2-\dfrac{1}{4}=\dfrac{7}{4}$

따라서 선분 AB의 길이는

$x_2-x_1=\dfrac{7}{4}-\dfrac{1}{4}=\dfrac{3}{2}$

0478

답 1

조건 ㈎에서 함수 $f(x)=a\tan bx+c$의 주기가 2π이고 $b>0$이므로

$\dfrac{\pi}{b}=2\pi$ $\therefore b=\dfrac{1}{2}$

조건 ㈏에서 $-\dfrac{\pi}{2}\le x\le\dfrac{\pi}{2}$에서 $f(x)=a\tan\dfrac{x}{2}+c$의 최댓값이 3

이고 $a>0$이므로 함수 $f(x)$는 $x=\dfrac{\pi}{2}$일 때, 최댓값 3을 갖는다.

즉, $a\tan\dfrac{\pi}{4}+c=3$이므로

$a+c=3$ $\cdots\cdots$ ㉠

조건 ㈐에서 $f\left(-\dfrac{\pi}{2}\right)=1$이므로

$a\tan\left(-\dfrac{\pi}{4}\right)+c=1$

$\therefore -a+c=1$ $\cdots\cdots$ ㉡

㉠, ㉡을 연립하여 풀면

$a=1$, $c=2$

$\therefore abc=1\times\dfrac{1}{2}\times2=1$

짝기출 답 ①

두 양수 a, b에 대하여 함수 $f(x)=a\cos bx+3$이 있다. 함수 $f(x)$는 주기가 4π이고 최솟값이 -1일 때, $a+b$의 값은?

① $\dfrac{9}{2}$ ② $\dfrac{11}{2}$ ③ $\dfrac{13}{2}$ ④ $\dfrac{15}{2}$ ⑤ $\dfrac{17}{2}$

0479

답 ①

삼각형 AOB의 넓이가 $\dfrac{15}{2}$이므로

$\dfrac{1}{2}\times\overline{AB}\times5=\dfrac{15}{2}$ $\therefore \overline{AB}=3$

$\therefore \overline{BC}=\overline{AB}+6=3+6=9$

이때 함수 $f(x)=a\sin\dfrac{\pi x}{b}+1$의 주기가

$\overline{AC}=\overline{AB}+\overline{BC}=3+9=12$이고 $b>0$이므로

$\dfrac{2\pi}{\dfrac{\pi}{b}}=12$, $2b=12$

$\therefore b=6$

$\therefore f(x)=a\sin\dfrac{\pi x}{6}+1\ (0\le x\le15)$

한편, $\overline{AB}$의 중점의 x좌표가 $12\times\dfrac{1}{4}=3$이므로 점 A의 x좌표는

$3-\dfrac{\overline{AB}}{2}=3-\dfrac{3}{2}=\dfrac{3}{2}$

점 $A\left(\dfrac{3}{2}, 5\right)$는 $y=f(x)$의 그래프 위의 점이므로

$5=a\sin\dfrac{\pi}{4}+1$, $\dfrac{\sqrt{2}}{2}a=4$

$\therefore a=4\sqrt{2}$

$\therefore a^2+b^2=(4\sqrt{2})^2+6^2=32+36=68$

0480

답 256

$m=144$, $L=10$, $t=2$이므로 주어진 관계식에 대입하면

$h=20-10\cos\dfrac{2\pi\times2}{\sqrt{144}}=20-10\cos\dfrac{\pi}{3}$

$=20-10\times\dfrac{1}{2}=15$

$m=a$, $L=5\sqrt{2}$, $t=2$이므로 주어진 관계식에 대입하면

$h=20-5\sqrt{2}\cos\dfrac{2\pi\times2}{\sqrt{a}}$

$=20-5\sqrt{2}\cos\dfrac{4}{\sqrt{a}}\pi$

이때 두 경우의 추의 높이가 같으므로

$15=20-5\sqrt{2}\cos\dfrac{4}{\sqrt{a}}\pi$

$5\sqrt{2}\cos\dfrac{4}{\sqrt{a}}\pi=5$

$\therefore \cos\dfrac{4}{\sqrt{a}}\pi=\dfrac{1}{\sqrt{2}}=\dfrac{\sqrt{2}}{2}$ $\cdots\cdots$ ㉠

한편, $a\ge100$에서 $\sqrt{a}\ge10$이므로

$0<\dfrac{1}{\sqrt{a}}\le\dfrac{1}{10}$ $\therefore 0<\dfrac{4}{\sqrt{a}}\pi\le\dfrac{2}{5}\pi$

따라서 ㉠에서 $\dfrac{4}{\sqrt{a}}\pi=\dfrac{\pi}{4}$이므로 $\sqrt{a}=16$

$\therefore a=16^2=256$

0481

답 ③

$a>0$이므로 함수 $f(x)=\tan\dfrac{\pi x}{a}$의 주기는

$\dfrac{\pi}{\dfrac{\pi}{a}}=a$

세 점 O, A, B를 지나는 직선이 정삼각형의 한 변을 포함하고 점 O가 원점이므로 이 직선의 방정식은

$y=\sqrt{3}x$

함수 $y=f(x)$의 그래프가 원점에 대하여 대칭이므로 두 점 A, B도 원점에 대하여 대칭이다.

점 B의 좌표를 $(k, \sqrt{3}k)\ (k>0)$라 하면

$A(-k, -\sqrt{3}k)$

점 $B(k, \sqrt{3}k)$가 함수 $y=f(x)$의 그래프 위의 점이므로

$\sqrt{3}k=\tan\dfrac{\pi k}{a}$ $\cdots\cdots$ ㉠

또한 삼각형 ABC가 정삼각형이므로 $C(3k, -\sqrt{3}k)$이고

$\overline{AC}=4k$

이때 선분 AC의 길이는 함수 $f(x)$의 주기와 같으므로

$4k=a$ $\cdots\cdots$ ㉡

㉡을 ㉠에 대입하면

$\sqrt{3}k=\tan\dfrac{\pi k}{4k}$, $\sqrt{3}k=\tan\dfrac{\pi}{4}$

$\sqrt{3}k=1$ $\therefore k=\dfrac{\sqrt{3}}{3}$

따라서 정삼각형 ABC의 한 변의 길이는 $4k=\dfrac{4\sqrt{3}}{3}$이므로 그 넓이는

$\dfrac{\sqrt{3}}{4}\times\left(\dfrac{4\sqrt{3}}{3}\right)^2=\dfrac{4\sqrt{3}}{3}$

삼각형 ABC가 정삼각형이므로 오른쪽 그림과 같이 점 B에서 $\overline{AC}$에 내린 수선의 발을 H라 하면 $\overline{BH}$는 $\overline{AC}$의 이등분선이다.

이때 $\overline{AH}=k-(-k)=2k$이므로

$\overline{CH}=\overline{AH}=2k$

따라서 점 C의 좌표는 $(3k,\ -\sqrt{3}k)$이다.

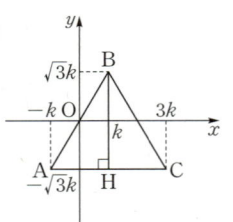

0482
답 16

방정식 $f(x)=\dfrac{x}{\pi}$의 서로 다른 실근의 개수는 함수 $y=f(x)$의 그래프와 직선 $y=\dfrac{x}{\pi}$의 교점의 개수와 같다.

두 함수 $y=\sin 8x$, $y=-\sin 8x$의 주기는 $\dfrac{2\pi}{8}=\dfrac{\pi}{4}$이고, 조건 ㈎, ㈏, ㈐에 의하여 함수 $f(x)$의 주기는 π이므로 함수 $y=f(x)$의 그래프와 직선 $y=\dfrac{x}{\pi}$는 다음 그림과 같다.

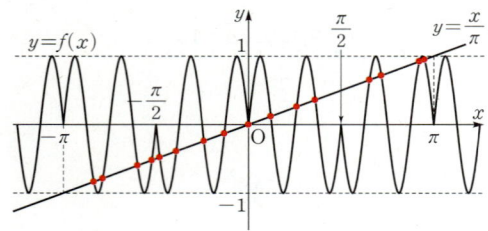

위의 그림에서 교점의 개수가 16이므로 방정식 $f(x)=\dfrac{x}{\pi}$의 서로 다른 실근의 개수는 16이다.

답 ⑤

함수 $f(x)$가 다음 세 조건을 만족시킨다.

㈎ 모든 실수 x에 대하여 $f(x+\pi)=f(x)$이다.

㈏ $0 \le x \le \dfrac{\pi}{2}$일 때, $f(x)=\sin 4x$

㈐ $\dfrac{\pi}{2} < x \le \pi$일 때, $f(x)=-\sin 4x$

이때 함수 $y=f(x)$의 그래프와 직선 $y=\dfrac{x}{\pi}$가 만나는 점의 개수는?

① 4   ② 5   ③ 6   ④ 7   ⑤ 8

0483
답 ⑤

ㄱ. $0<\theta<\dfrac{\pi}{4}$에서 두 함수 $y=\sin\theta$, $y=\cos\theta$의 그래프는 오른쪽 그림과 같다.

즉, $0<\sin\theta<\cos\theta<1$이다. (참)

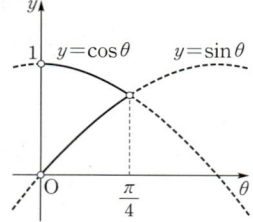

ㄴ. $0<\sin\theta<1$이므로 함수 $f(x)=\log_{\sin\theta}x$에서 x의 값이 증가하면 $f(x)$의 값은 감소한다.

$0<\theta<\dfrac{\pi}{4}$에서 $\sin\theta<\cos\theta<1$이므로

$\log_{\sin\theta}1<\log_{\sin\theta}\cos\theta<\log_{\sin\theta}\sin\theta$

즉, $0<\log_{\sin\theta}\cos\theta<1$이다. (참)

ㄷ. $0<\theta<\dfrac{\pi}{4}$에서 $0<\sin\theta<\cos\theta$이므로

$(\sin\theta)^{\cos\theta}<(\cos\theta)^{\cos\theta}$ …… ㉠

한편, $0<\cos\theta<1$이므로 함수 $f(x)=(\cos\theta)^{x}$에서 x의 값이 증가하면 $f(x)$의 값은 감소한다.

이때 $0<\theta<\dfrac{\pi}{4}$에서 $\sin\theta<\cos\theta$이므로

$(\cos\theta)^{\cos\theta}<(\cos\theta)^{\sin\theta}$ …… ㉡

㉠, ㉡에서

$(\sin\theta)^{\cos\theta}<(\cos\theta)^{\cos\theta}<(\cos\theta)^{\sin\theta}$ (참)

따라서 옳은 것은 ㄱ, ㄴ, ㄷ이다.

ㄷ. $0<\theta<\dfrac{\pi}{4}$에서 $\sin\theta<\cos\theta$이고

ㄴ에서 $\log_{\sin\theta}\cos\theta>0$이므로

$\sin\theta\times\log_{\sin\theta}\cos\theta<\cos\theta\times\log_{\sin\theta}\cos\theta$

$\log_{\sin\theta}(\cos\theta)^{\sin\theta}<\log_{\sin\theta}(\cos\theta)^{\cos\theta}$

이때 $0<\sin\theta<1$이므로

$(\cos\theta)^{\cos\theta}<(\cos\theta)^{\sin\theta}$ …… ㉠

또한 ㄴ에서 $\log_{\sin\theta}\cos\theta<1$이므로

$\log_{\sin\theta}\cos\theta<\log_{\sin\theta}\sin\theta$

이때 $0<\theta<\dfrac{\pi}{4}$에서 $\cos\theta>0$이므로

$\cos\theta\times\log_{\sin\theta}\cos\theta<\cos\theta\times\log_{\sin\theta}\sin\theta$

$\log_{\sin\theta}(\cos\theta)^{\cos\theta}<\log_{\sin\theta}(\sin\theta)^{\cos\theta}$

∴ $(\sin\theta)^{\cos\theta}<(\cos\theta)^{\cos\theta}$ $(∵ 0<\sin\theta<1)$ …… ㉡

㉠, ㉡에서

$(\sin\theta)^{\cos\theta}<(\cos\theta)^{\cos\theta}<(\cos\theta)^{\sin\theta}$ (참)

0484
답 6

a, b가 자연수이므로 $0 \le x \le 2\pi$에서 함수 $y=a\sin 2x+b$의 최댓값은 $a+b$, 최솟값은 $-a+b$이다.

b의 값에 따라 $p+q=6$이 되도록 하는 10보다 작은 두 자연수 a, b의 순서쌍 $(a,\ b)$는 다음과 같다.

(i) $b=1$일 때

$0 \le x \le 2\pi$에서 함수 $y=a\sin 2x+1$의 그래프가 직선 $y=1$과 만나는 점의 개수가 5이므로 $p=5$

$p+q=6$이 되려면 $q=1$

그런데 $0 \le x \le 2\pi$에서 함수 $y=a\sin 2x+1$의 그래프와 직선 $y=5$가 만나는 점의 개수가 1이 될 수 없으므로 자연수 a의 값은 존재하지 않는다.

(ii) $b=2$일 때

$p+q=6$이 되려면 오른쪽 그림과 같이 $p=4$, $q=2$이어야 한다. $0 \le x \le 2\pi$에서 함수 $y=a \sin 2x+2$의 그래프와 직선 $y=5$가 만나는 점의 개수가 2가 되려면 $a+2=5$에서 $a=3$이므로 순서쌍 (a, b)는 $(3, 2)$의 1개이다.

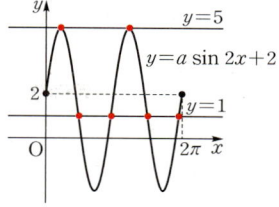

(iii) $b=3$일 때

ⓐ $a=2$인 경우

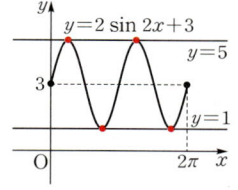

ⓑ $a \ne 2$인 경우

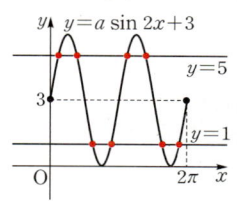

$0 \le x \le 2\pi$에서 함수 $y=a \sin 2x+3$의 그래프와 직선 $y=1$, $y=5$는 위의 그림과 같으므로 $p+q=6$을 만족시키는 자연수 a의 값은 존재하지 않는다.

(iv) $b=4$일 때

$p+q=6$이 되려면 오른쪽 그림과 같이 $p=2$, $q=4$이어야 한다.

$0 \le x \le 2\pi$에서 함수 $y=a \sin 2x+4$의 그래프와 직선 $y=1$이 만나는 점의 개수가 2가 되려면 $-a+4=1$에서 $a=3$이므로 순서쌍 (a, b)는 $(3, 4)$의 1개이다.

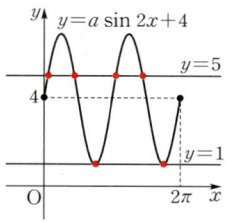

(v) $b=5$일 때

(i)의 $b=1$일 때와 마찬가지로 자연수 a의 값은 존재하지 않는다.

(vi) $b \ge 6$일 때

$p+q=6$이 되려면 오른쪽 그림과 같이 $p=2$, $q=4$이어야 한다.

$0 \le x \le 2\pi$에서 함수 $y=a \sin 2x+b$의 그래프와 직선 $y=1$이 만나는 점의 개수가 2가 되려면 $-a+b=1$에서 순서쌍 (a, b)는 $(5, 6)$, $(6, 7)$, $(7, 8)$, $(8, 9)$의 4개이다.

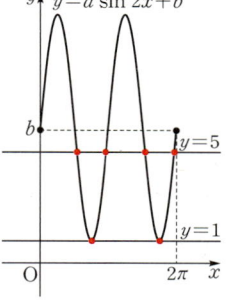

(i)~(vi)에서 구하는 순서쌍 (a, b)의 개수는

$1+1+4=6$

짝기출 | 답 14

$0 \le x \le 2\pi$에서 정의된 함수 $y=a \sin 3x+b$의 그래프가 두 직선 $y=9$, $y=2$와 만나는 점의 개수가 각각 3, 7이 되도록 하는 두 양수 a, b에 대하여 $a \times b$의 값을 구하시오.

0485

답 25

함수 $y=f(x)$의 그래프는 $y=\sin x+\dfrac{\sqrt{3}}{2}$의 그래프의 $x \ge 0$인 부분을 그려서 $x<0$인 부분은 $x \ge 0$인 부분을 y축에 대하여 대칭이동시킨 후, $y<0$인 부분을 x축에 대하여 대칭이동시켜 그리면 다음 그림과 같다.

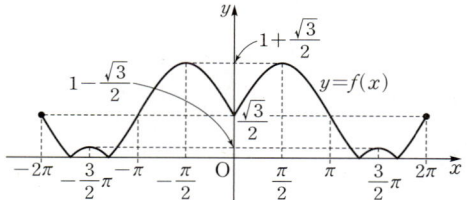

이때 방정식 $f(x)-k=0$, 즉 $f(x)=k$의 실근의 개수는 $y=f(x)$의 그래프와 직선 $y=k$의 교점의 개수와 같다.

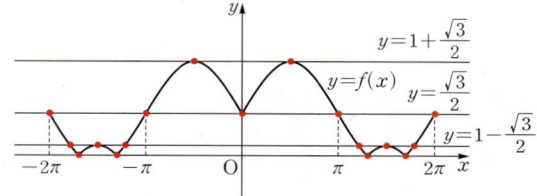

위의 그림에서 방정식 $f(x)-k=0$의 실근의 개수는

(i) $k>1+\dfrac{\sqrt{3}}{2}$일 때, $g(k)=0$

(ii) $k=1+\dfrac{\sqrt{3}}{2}$일 때, $g(k)=2$

(iii) $\dfrac{\sqrt{3}}{2}<k<1+\dfrac{\sqrt{3}}{2}$일 때, $g(k)=4$

(iv) $k=\dfrac{\sqrt{3}}{2}$일 때, $g(k)=5$

(v) $1-\dfrac{\sqrt{3}}{2}<k<\dfrac{\sqrt{3}}{2}$일 때, $g(k)=4$

(vi) $k=1-\dfrac{\sqrt{3}}{2}$일 때, $g(k)=6$

(vii) $0<k<1-\dfrac{\sqrt{3}}{2}$일 때, $g(k)=8$

(viii) $k=0$일 때, $g(k)=4$

(ix) $k<0$일 때, $g(k)=0$

(i)~(ix)에서

$A=\{0, 2, 4, 5, 6, 8\}$

따라서 집합 A의 모든 원소의 합은

$0+2+4+5+6+8=25$

짝기출 | 답 ③

$0 \le x<2\pi$일 때, 곡선 $y=|4 \sin 3x+2|$와 직선 $y=2$가 만나는 서로 다른 점의 개수는?

① 3　　② 6　　③ 9　　④ 12　　⑤ 15

07 삼각함수의 활용

유형 01 사인법칙

0486
답 ④

사인법칙에 의하여 $\dfrac{\overline{AB}}{\sin 60^\circ}=\dfrac{\overline{AC}}{\sin 45^\circ}$이므로

$\dfrac{\sqrt{6}}{\dfrac{\sqrt{3}}{2}}=\dfrac{\overline{AC}}{\dfrac{\sqrt{2}}{2}}$ $\therefore \overline{AC}=2$

0487
답 2

사인법칙에 의하여 $\dfrac{a}{\sin A}=\dfrac{b}{\sin B}$이므로

$\dfrac{\sin B}{\sin A}=\dfrac{b}{a}=\dfrac{8}{4}=2$

0488
답 ③

원의 중심을 O라 하면 부채꼴의 중심각의 크기는 호의 길이에 정비례하므로 $\overarc{AB}:\overarc{BC}:\overarc{CA}=4:3:5$에서

$\angle AOB:\angle BOC:\angle COA=4:3:5$

$\therefore \angle AOB=360^\circ\times\dfrac{4}{12}=120^\circ$, $\angle BOC=360^\circ\times\dfrac{3}{12}=90^\circ$

이때 원주각의 크기는 중심각의 크기의 $\dfrac{1}{2}$이므로

$C=\dfrac{1}{2}\angle AOB=60^\circ$, $A=\dfrac{1}{2}\angle BOC=45^\circ$

사인법칙에 의하여 $\dfrac{\overline{AB}}{\sin C}=\dfrac{\overline{BC}}{\sin A}$이므로

$\dfrac{2\sqrt{3}}{\sin 60^\circ}=\dfrac{\overline{BC}}{\sin 45^\circ}$

$\dfrac{2\sqrt{3}}{\dfrac{\sqrt{3}}{2}}=\dfrac{\overline{BC}}{\dfrac{\sqrt{2}}{2}}$ $\therefore \overline{BC}=2\sqrt{2}$

0489
답 ④

삼각형 ABC에서 사인법칙에 의하여 $\dfrac{\overline{AC}}{\sin B}=\dfrac{\overline{AB}}{\sin C}$이므로

$\dfrac{\overline{AC}}{\sin 60^\circ}=\dfrac{6}{\dfrac{\sqrt{3}}{3}}$ $\therefore \overline{AC}=\dfrac{6}{\dfrac{\sqrt{3}}{3}}\times\dfrac{\sqrt{3}}{2}=9$

한편, $0^\circ<C<90^\circ$에서 $\cos C>0$

$\therefore \cos C=\sqrt{1-\sin^2 C}=\sqrt{1-\left(\dfrac{\sqrt{3}}{3}\right)^2}=\dfrac{\sqrt{6}}{3}$

따라서 직각삼각형 AHC에서

$\overline{CH}=\overline{AC}\cos C=9\times\dfrac{\sqrt{6}}{3}=3\sqrt{6}$

다른 풀이

직각삼각형 ABH에서 $\overline{AB}=6$, $\angle ABH=60^\circ$이므로

$\overline{AH}=\overline{AB}\sin 60^\circ=6\times\dfrac{\sqrt{3}}{2}=3\sqrt{3}$

직각삼각형 AHC에서

$\overline{AC}=\dfrac{\overline{AH}}{\sin C}=\dfrac{3\sqrt{3}}{\dfrac{\sqrt{3}}{3}}=9$

$\therefore \overline{CH}=\sqrt{\overline{AC}^2-\overline{AH}^2}=\sqrt{9^2-(3\sqrt{3})^2}=3\sqrt{6}$

유형 02 사인법칙 – 삼각형의 외접원

0490
답 ⑤

삼각형 ABC의 외접원의 반지름의 길이가 8이므로 사인법칙에 의하여

$\dfrac{\overline{BC}}{\sin A}=2\times 8$

$\therefore \overline{BC}=16\times\dfrac{3}{4}=12$

0491
답 ⑤

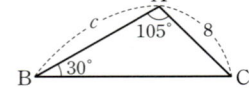

$C=180^\circ-(105^\circ+30^\circ)=45^\circ$

사인법칙에 의하여

$\dfrac{b}{\sin B}=\dfrac{c}{\sin C}=2R$이므로

$\dfrac{8}{\sin 30^\circ}=\dfrac{c}{\sin 45^\circ}=2R$

$\dfrac{8}{\sin 30^\circ}=2R$에서 $\dfrac{8}{\dfrac{1}{2}}=2R$ $\therefore R=8$

$\dfrac{c}{\sin 45^\circ}=2R$에서 $\dfrac{c}{\dfrac{\sqrt{2}}{2}}=16$ $\therefore c=8\sqrt{2}$

$\therefore cR=8\sqrt{2}\times 8=64\sqrt{2}$

0492
답 ④

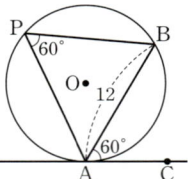

접선 AC와 현 AB가 이루는 각의 크기가 60°이므로 오른쪽 그림과 같이 호 AB에 대한 원주각, 즉 $\angle APB$의 크기도 60°이다.

이때 원 O의 반지름의 길이를 R이라 하면 삼각형 PAB에서 사인법칙에 의하여

$\dfrac{12}{\sin 60^\circ}=2R$

$\therefore R=\dfrac{12}{2\sin 60^\circ}=\dfrac{12}{2\times\dfrac{\sqrt{3}}{2}}=4\sqrt{3}$

따라서 구하는 원의 넓이는

$\pi\times(4\sqrt{3})^2=48\pi$

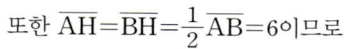

다른 풀이

원의 중심 O에서 선분 AB에 내린 수선의 발을 H라 하면

$$\angle AOH = \angle BOH = \frac{1}{2}\angle AOB = 60°$$

또한 $\overline{AH} = \overline{BH} = \frac{1}{2}\overline{AB} = 6$이므로

$$\overline{OA} = \overline{OB} = \frac{\overline{AH}}{\sin 60°} = \frac{6}{\frac{\sqrt{3}}{2}} = 4\sqrt{3}$$

따라서 구하는 원의 넓이는

$$\pi \times (4\sqrt{3})^2 = 48\pi$$

Bible Says 접선과 현이 이루는 각

원의 접선과 그 접점을 지나는 현이 이루는 각의 크기는 그 각의 내부에 있는 호에 대한 원주각의 크기와 같다. 즉, 오른쪽 그림에서
$$\angle BAT = \angle BCA$$

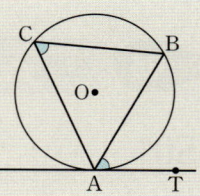

0493

답 12

삼각형 ABC의 외접원의 반지름의 길이가 $3\sqrt{5}$이므로 사인법칙에 의하여

$$\frac{\overline{AB}}{\sin C} = 2 \times 3\sqrt{5}$$

즉, $\frac{\overline{AB}}{\sin 45°} = 6\sqrt{5}$에서

$$\overline{AB} = 6\sqrt{5} \times \frac{\sqrt{2}}{2} = 3\sqrt{10}$$

한편, 사인법칙에 의하여 $\frac{3\sqrt{2}}{\sin B} = 6\sqrt{5}$이므로

$$\sin B = \frac{\sqrt{10}}{10}$$

이때 $\overline{AB} > \overline{AC}$이므로 $\angle B$는 예각이다.

$$\therefore \cos B = \sqrt{1 - \sin^2 B} = \sqrt{1 - \left(\frac{\sqrt{10}}{10}\right)^2} = \frac{3}{\sqrt{10}}$$

점 A에서 $\overline{BC}$에 내린 수선의 발을 H라 하면 직각삼각형 ABH에서

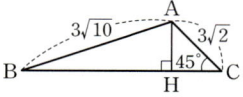

$$\overline{BH} = \overline{AB}\cos B = 3\sqrt{10} \times \frac{3}{\sqrt{10}} = 9$$

직각삼각형 ACH에서

$$\overline{CH} = \overline{AC}\cos 45° = 3\sqrt{2} \times \frac{\sqrt{2}}{2} = 3$$

$$\therefore \overline{BC} = \overline{BH} + \overline{CH} = 9 + 3 = 12$$

참고

꼭짓점 A에서 변 BC에 내린 수선의 발 H를 이용하면 $\sin B$, $\cos B$의 값을 구하지 않고도 답을 얻을 수 있다.

$\overline{AC} = 3\sqrt{2}$, $C = 45°$이므로 직각삼각형 ACH에서

$$\overline{AH} = \overline{CH} = 3\sqrt{2}\sin 45° = 3\sqrt{2} \times \frac{\sqrt{2}}{2} = 3$$

이때 $\overline{AB} = 3\sqrt{10}$, $\overline{AH} = 3$이므로 직각삼각형 ABH에서

$$\overline{BH} = \sqrt{\overline{AB}^2 - \overline{AH}^2} = \sqrt{(3\sqrt{10})^2 - 3^2} = 9$$

유형 03 사인법칙의 변형

0494

답 ④

$a : b : c = 2 : 3 : 4$이므로

$$\sin A : \sin B : \sin C = 2 : 3 : 4$$

따라서 $\sin A = 2k$, $\sin B = 3k$, $\sin C = 4k$ $(k > 0)$로 놓으면

$$\frac{\sin C}{\sin A + \sin B} = \frac{4k}{2k + 3k} = \frac{4}{5}$$

0495

답 ⑤

삼각형 ABC의 둘레의 길이가 25이므로

$$a + b + c = 25$$

삼각형 ABC의 외접원의 반지름의 길이가 5이므로 사인법칙에 의하여

$$\frac{a}{\sin A} = \frac{b}{\sin B} = \frac{c}{\sin C} = 2 \times 5$$

따라서 $\sin A = \frac{a}{10}$, $\sin B = \frac{b}{10}$, $\sin C = \frac{c}{10}$이므로

$$\sin A + \sin B + \sin C = \frac{a}{10} + \frac{b}{10} + \frac{c}{10}$$
$$= \frac{a+b+c}{10} = \frac{25}{10} = \frac{5}{2}$$

0496

답 1

$A + B + C = \pi$이므로

$$\sin(A+B) = \sin(\pi - C) = \sin C$$
$$\sin(B+C) = \sin(\pi - A) = \sin A$$
$$\sin(C+A) = \sin(\pi - B) = \sin B$$

이때 $\sin(A+B) : \sin(B+C) : \sin(C+A) = 3 : 4 : 5$이므로

$$\sin C : \sin A : \sin B = 3 : 4 : 5$$

$$\therefore c : a : b = 3 : 4 : 5$$

따라서 $a = 4k$, $b = 5k$, $c = 3k$ $(k > 0)$로 놓으면

$$\frac{a^2 + c^2}{b^2} = \frac{(4k)^2 + (3k)^2}{(5k)^2} = \frac{16k^2 + 9k^2}{25k^2} = 1$$

0497

답 ①

$ab : bc : ca = 4 : 3 : 6$이므로

$$ab = 4k, \ bc = 3k, \ ca = 6k \ (k > 0) \quad \cdots\cdots \ \bigcirc$$

로 놓을 수 있다. 위의 세 식을 변끼리 곱하면

$$ab \times bc \times ca = 4k \times 3k \times 6k$$
$$(abc)^2 = 72k^3 \quad \therefore abc = 6k\sqrt{2k} \quad \cdots\cdots \ \bigcirc$$

$\bigcirc$을 $\bigcirc$의 각 식으로 나누면

$$a = \frac{abc}{bc} = \frac{6k\sqrt{2k}}{3k} = 2\sqrt{2k}$$

$$b = \frac{abc}{ac} = \frac{6k\sqrt{2k}}{6k} = \sqrt{2k}$$

$$c = \frac{abc}{ab} = \frac{6k\sqrt{2k}}{4k} = \frac{3}{2}\sqrt{2k}$$

$$\therefore \sin A : \sin B : \sin C = a : b : c$$
$$= 2\sqrt{2k} : \sqrt{2k} : \frac{3}{2}\sqrt{2k}$$
$$= 4 : 2 : 3$$

유형 04 사인법칙을 이용한 삼각형의 모양 결정

0498 답 ④

$\cos^2 A - \cos^2 B = \sin^2 C$에서

$\cos^2 A = 1 - \sin^2 A$, $\cos^2 B = 1 - \sin^2 B$이므로

$1 - \sin^2 A - 1 + \sin^2 B = \sin^2 C$

$\therefore \sin^2 B = \sin^2 A + \sin^2 C$ ······ ㉠

이때 삼각형 ABC의 외접원의 반지름의 길이를 R이라 하면 사인법칙에 의하여

$$\frac{a}{\sin A} = \frac{b}{\sin B} = \frac{c}{\sin C} = 2R$$

$\therefore \sin A = \dfrac{a}{2R}$, $\sin B = \dfrac{b}{2R}$, $\sin C = \dfrac{c}{2R}$

위의 식을 ㉠에 대입하면

$$\left(\frac{b}{2R}\right)^2 = \left(\frac{a}{2R}\right)^2 + \left(\frac{c}{2R}\right)^2 \qquad \therefore b^2 = a^2 + c^2$$

따라서 삼각형 ABC는 $B = 90°$인 직각삼각형이다.

0499 답 ①

$A + B + C = \pi$이므로

$\sin(B+C) = \sin(\pi - A) = \sin A$

$\sin(C+A) = \sin(\pi - B) = \sin B$

즉, $a\sin(B+C) = b\sin(C+A) = c\sin C$에서

$a\sin A = b\sin B = c\sin C$ ······ ㉠

이때 삼각형 ABC의 외접원의 반지름의 길이를 R이라 하면 사인법칙에 의하여

$$\frac{a}{\sin A} = \frac{b}{\sin B} = \frac{c}{\sin C} = 2R$$

$\therefore \sin A = \dfrac{a}{2R}$, $\sin B = \dfrac{b}{2R}$, $\sin C = \dfrac{c}{2R}$

위의 식을 ㉠에 대입하면

$$\frac{a^2}{2R} = \frac{b^2}{2R} = \frac{c^2}{2R}$$

$\therefore a = b = c \;(\because a > 0, \; b > 0, \; c > 0)$

따라서 삼각형 ABC는 정삼각형이다.

0500 답 ①

삼각형 ABC의 외접원의 반지름의 길이를 R이라 하면 사인법칙에 의하여

$$\frac{a}{\sin A} = \frac{b}{\sin B} = \frac{c}{\sin C} = 2R$$

$\therefore \sin A = \dfrac{a}{2R}$, $\sin B = \dfrac{b}{2R}$, $\sin C = \dfrac{c}{2R}$ ······ ㉠

또한 $A + B + C = \pi$이므로

$\sin(B+C) = \sin(\pi - A) = \sin A = \dfrac{a}{2R}$ ······ ㉡

㉠, ㉡을 $\sin^2 A + \sin^2 B = 2\sin A \sin(B+C)$에 대입하면

$\left(\dfrac{a}{2R}\right)^2 + \left(\dfrac{b}{2R}\right)^2 = 2 \times \dfrac{a}{2R} \times \dfrac{a}{2R}$, $a^2 = b^2$

$\therefore a = b \;(\because a > 0, \; b > 0)$

따라서 삼각형 ABC는 $a = b$인 이등변삼각형이다.

유형 05 사인법칙의 활용

0501 답 ②

$P + A + B = 180°$이므로

$P = 180° - (75° + 60°) = 45°$

삼각형 PAB에서 사인법칙에 의하여 $\dfrac{\overline{PA}}{\sin B} = \dfrac{\overline{AB}}{\sin P}$이므로

$$\frac{\overline{PA}}{\sin 60°} = \frac{40}{\sin 45°}, \; \frac{\overline{PA}}{\frac{\sqrt{3}}{2}} = \frac{40}{\frac{\sqrt{2}}{2}}$$

$\therefore \overline{PA} = 20\sqrt{6} \,(\text{m})$

따라서 두 지점 A, P 사이의 거리는 $20\sqrt{6}$ m이다.

0502 답 ⑤

삼각형 ABQ에서

$\angle AQB = 180° - (30° + 105°) = 45°$

삼각형 ABQ에서 사인법칙에 의하여

$$\frac{\overline{AB}}{\sin 45°} = \frac{\overline{BQ}}{\sin 30°}, \; \frac{200}{\frac{\sqrt{2}}{2}} = \frac{\overline{BQ}}{\frac{1}{2}}$$

$\therefore \overline{BQ} = 100\sqrt{2} \,(\text{m})$

이때 삼각형 PBQ에서

$\overline{PQ} = \overline{BQ}\tan 60° = 100\sqrt{2} \times \sqrt{3} = 100\sqrt{6} \,(\text{m})$

따라서 타워의 높이는 $100\sqrt{6}$ m이다.

0503 답 ⑤

삼각형 ABD에서

$\angle BDA = 75° - 30° = 45°$

이므로 사인법칙에 의하여

$$\frac{\overline{BD}}{\sin 30°} = \frac{\overline{AB}}{\sin 45°}$$

즉, $\dfrac{\overline{BD}}{\frac{1}{2}} = \dfrac{40}{\frac{\sqrt{2}}{2}}$이므로 $\overline{BD} = 20\sqrt{2} \,(\text{m})$

점 B에서 $\overline{\mathrm{AD}}$에 내린 수선의 발을
H라 하면 직각삼각형 ABH에서
$\overline{\mathrm{AH}}=\overline{\mathrm{AB}}\cos 30°$
$\qquad =40\times\dfrac{\sqrt{3}}{2}=20\sqrt{3}\,(\mathrm{m})$

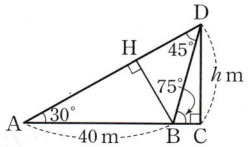

직각삼각형 BDH에서
$\overline{\mathrm{DH}}=\overline{\mathrm{BD}}\cos 45°=20\sqrt{2}\times\dfrac{\sqrt{2}}{2}=20\,(\mathrm{m})$
$\therefore \overline{\mathrm{AD}}=\overline{\mathrm{AH}}+\overline{\mathrm{DH}}=20\sqrt{3}+20\,(\mathrm{m})$
따라서 직각삼각형 ACD에서
$\overline{\mathrm{CD}}=\overline{\mathrm{AD}}\sin 30°=(20\sqrt{3}+20)\times\dfrac{1}{2}=10\sqrt{3}+10\,(\mathrm{m})$
$\therefore h=10\sqrt{3}+10$

유형 06 코사인법칙

0504
[답] 8

삼각형 ABC에서 코사인법칙에 의하여
$\overline{\mathrm{BC}}^2=\overline{\mathrm{AB}}^2+\overline{\mathrm{AC}}^2-2\times\overline{\mathrm{AB}}\times\overline{\mathrm{AC}}\times\cos\dfrac{\pi}{3}$
$\overline{\mathrm{AB}}=x$라 하면
$7^2=x^2+5^2-2\times x\times 5\times\dfrac{1}{2}$

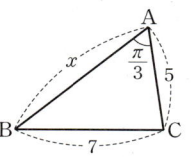

$x^2-5x-24=0,\ (x+3)(x-8)=0$
$\therefore x=8\ (\because x>0)$
$\therefore \overline{\mathrm{AB}}=8$

0505
[답] ②

사각형 ABCD가 원에 내접하므로
$B+D=\pi \quad \therefore B=\pi-D$
삼각형 ABC에서 코사인법칙에 의하여
$\overline{\mathrm{AC}}^2=\overline{\mathrm{AB}}^2+\overline{\mathrm{BC}}^2-2\times\overline{\mathrm{AB}}\times\overline{\mathrm{BC}}\times\cos B$
$\qquad =3^2+2^2-2\times 3\times 2\times\cos(\pi-D)$
$\qquad =13+12\cos D$
$\qquad =13+12\times\dfrac{5}{12}=18$
$\therefore \overline{\mathrm{AC}}=3\sqrt{2}\ (\because \overline{\mathrm{AC}}>0)$

0506
[답] 10

삼각형 ACD에서 코사인법칙에 의하여
$\overline{\mathrm{AC}}^2=\overline{\mathrm{AD}}^2+\overline{\mathrm{CD}}^2-2\times\overline{\mathrm{AD}}\times\overline{\mathrm{CD}}\times\cos 120°$
$\qquad =4^2+6^2-2\times 4\times 6\times\left(-\dfrac{1}{2}\right)=76 \quad\cdots\cdots ㉠$
$\overline{\mathrm{BC}}=x$라 하면 삼각형 ABC에서 코사인법칙에 의하여
$\overline{\mathrm{AC}}^2=\overline{\mathrm{AB}}^2+\overline{\mathrm{BC}}^2-2\times\overline{\mathrm{AB}}\times\overline{\mathrm{BC}}\times\cos 60°$
$\qquad =6^2+x^2-2\times 6\times x\times\dfrac{1}{2}$
$\qquad =x^2-6x+36 \quad\cdots\cdots ㉡$

㉠, ㉡에서 $x^2-6x+36=76$
$x^2-6x-40=0,\ (x+4)(x-10)=0$
$\therefore x=10\ (\because x>0)$
$\therefore \overline{\mathrm{BC}}=10$

0507
[답] ④

$\overline{\mathrm{AC}}$를 그으면 삼각형 ABC에서 코사인법칙에 의하여
$\overline{\mathrm{AC}}^2=\overline{\mathrm{AB}}^2+\overline{\mathrm{BC}}^2-2\times\overline{\mathrm{AB}}\times\overline{\mathrm{BC}}\times\cos B$
$\qquad =6^2+8^2-2\times 6\times 8\times\cos B$
$\qquad =100-96\cos B \quad\cdots\cdots ㉠$
사각형 ABCD가 원에 내접하므로
$B+D=\pi \quad \therefore D=\pi-B$
삼각형 ACD에서 코사인법칙에 의하여
$\overline{\mathrm{AC}}^2=\overline{\mathrm{CD}}^2+\overline{\mathrm{DA}}^2-2\times\overline{\mathrm{CD}}\times\overline{\mathrm{DA}}\times\cos D$
$\qquad =(3\sqrt{3})^2+(3\sqrt{3})^2-2\times 3\sqrt{3}\times 3\sqrt{3}\times\cos(\pi-B)$
$\qquad =54+54\cos B \quad\cdots\cdots ㉡$
㉠, ㉡에서
$100-96\cos B=54+54\cos B$
$150\cos B=46 \quad \therefore \cos B=\dfrac{23}{75}$

유형 07 코사인법칙의 변형

0508
[답] ⑤

코사인법칙에 의하여
$\cos B=\dfrac{a^2+c^2-b^2}{2ac}=\dfrac{(\sqrt{2})^2+(\sqrt{3}-1)^2-2^2}{2\times\sqrt{2}\times(\sqrt{3}-1)}$
$\qquad =\dfrac{2-2\sqrt{3}}{2\sqrt{2}(\sqrt{3}-1)}=\dfrac{-2(\sqrt{3}-1)}{2\sqrt{2}(\sqrt{3}-1)}$
$\qquad =-\dfrac{1}{\sqrt{2}}$
$\therefore B=135°$

0509
[답] 7

삼각형 ABD에서 코사인법칙에 의하여
$\cos B=\dfrac{\overline{\mathrm{AB}}^2+\overline{\mathrm{BD}}^2-\overline{\mathrm{AD}}^2}{2\times\overline{\mathrm{AB}}\times\overline{\mathrm{BD}}}=\dfrac{7^2+6^2-5^2}{2\times 7\times 6}=\dfrac{5}{7}$
$\overline{\mathrm{BC}}=6+4=10$이므로 삼각형 ABC에서 코사인법칙에 의하여
$\overline{\mathrm{AC}}^2=\overline{\mathrm{AB}}^2+\overline{\mathrm{BC}}^2-2\times\overline{\mathrm{AB}}\times\overline{\mathrm{BC}}\times\cos B$
$\qquad =7^2+10^2-2\times 7\times 10\times\dfrac{5}{7}$
$\qquad =49+100-100=49$
$\therefore \overline{\mathrm{AC}}=7\ (\because \overline{\mathrm{AC}}>0)$

0510

답 ⑤

정삼각형 ABC의 한 변의 길이를 $3k$ $(k>0)$라 하면
$\overline{BP}=\overline{PQ}=\overline{QC}=k$
삼각형 ABP에서 코사인법칙에 의하여
$$\overline{AP}^2=(3k)^2+k^2-2\times 3k\times k\times\cos 60°$$
$$=9k^2+k^2-3k^2=7k^2$$
$$\therefore \overline{AP}=\sqrt{7}k \ (\because \overline{AP}>0)$$
이때 $\triangle ABP\equiv\triangle ACQ$ (SAS 합동)이므로
$\overline{AQ}=\sqrt{7}k$
따라서 삼각형 APQ에서 코사인법칙에 의하여
$$\cos\theta=\frac{\overline{AP}^2+\overline{AQ}^2-\overline{PQ}^2}{2\times\overline{AP}\times\overline{AQ}}=\frac{7k^2+7k^2-k^2}{2\times\sqrt{7}k\times\sqrt{7}k}$$
$$=\frac{13k^2}{14k^2}=\frac{13}{14}$$

0511

답 ②

오른쪽 그림과 같이 세 꼭짓점을 각각 A, B, C라 하고 접힌 선을 $\overline{AD}$라 하면 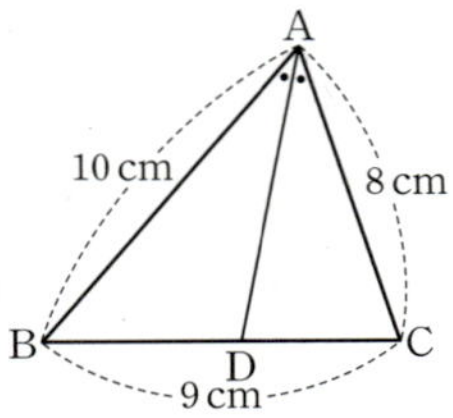
$\angle BAD=\angle CAD$이므로
$\overline{BD}:\overline{CD}=\overline{AB}:\overline{AC}$
$\quad\quad =10:8=5:4$
$\therefore \overline{BD}=5 \text{ cm}, \overline{CD}=4 \text{ cm}$
$\overline{AD}=x \text{ cm}, \angle BAD=\angle CAD=\theta$라 하면
삼각형 ABD에서 코사인법칙에 의하여
$$\cos\theta=\frac{10^2+x^2-5^2}{2\times 10\times x}=\frac{x^2+75}{20x} \quad\quad\cdots\cdots\ \bigcirc$$
삼각형 ACD에서 코사인법칙에 의하여
$$\cos\theta=\frac{x^2+8^2-4^2}{2\times x\times 8}=\frac{x^2+48}{16x} \quad\quad\cdots\cdots\ \bigcirc$$
$\bigcirc$, $\bigcirc$에서 $\dfrac{x^2+75}{20x}=\dfrac{x^2+48}{16x}$
$4(x^2+75)=5(x^2+48)$, $4x^2+300=5x^2+240$
$x^2=60 \quad\therefore x=2\sqrt{15} \ (\because x>0)$
따라서 접힌 선의 길이는 $2\sqrt{15} \text{ cm}$이다.

유형 **08** 사인법칙과 코사인법칙

0512

답 ③

코사인법칙에 의하여
$$\cos A=\frac{b^2+c^2-a^2}{2bc}=\frac{7^2+5^2-(4\sqrt{2})^2}{2\times 7\times 5}$$
$$=\frac{42}{70}=\frac{3}{5}$$
$$\therefore \sin A=\sqrt{1-\cos^2 A}=\sqrt{1-\left(\frac{3}{5}\right)^2}=\frac{4}{5}$$
삼각형 ABC의 외접원의 반지름의 길이를 R이라 하면 사인법칙에 의하여

$$\frac{a}{\sin A}=2R \quad\quad \therefore R=\frac{a}{2\sin A}=\frac{4\sqrt{2}}{2\times\frac{4}{5}}=\frac{5\sqrt{2}}{2}$$
따라서 삼각형 ABC의 외접원의 둘레의 길이는
$$2\pi\times\frac{5\sqrt{2}}{2}=5\sqrt{2}\pi$$

0513

답 ④

코사인법칙에 의하여
$$b^2=a^2+c^2-2ac\cos B$$
$$=6^2+5^2-2\times 6\times 5\times\frac{3}{4}=16$$
$$\therefore b=4 \ (\because b>0)$$
$\cos B=\dfrac{3}{4}$이므로
$$\sin B=\sqrt{1-\cos^2 B}=\sqrt{1-\left(\frac{3}{4}\right)^2}=\frac{\sqrt{7}}{4}$$
삼각형 ABC의 외접원의 반지름의 길이를 R이라 하면 사인법칙에 의하여
$$\frac{b}{\sin B}=2R \quad\quad \therefore R=\frac{b}{2\sin B}=\frac{4}{2\times\frac{\sqrt{7}}{4}}=\frac{8}{\sqrt{7}}$$
따라서 삼각형 ABC의 외접원의 넓이는
$$\pi\times\left(\frac{8}{\sqrt{7}}\right)^2=\frac{64}{7}\pi$$

0514

답 ④

$2\sin A=3\sin B=2\sin C$에서
$$\frac{1}{2\sin A}=\frac{1}{3\sin B}=\frac{1}{2\sin C}$$
$$\therefore \frac{\frac{1}{2}}{\sin A}=\frac{\frac{1}{3}}{\sin B}=\frac{\frac{1}{2}}{\sin C}$$
사인법칙에 의하여 $a:b:c=\dfrac{1}{2}:\dfrac{1}{3}:\dfrac{1}{2}=3:2:3$이므로
$a=3k$, $b=2k$, $c=3k$ $(k>0)$로 놓을 수 있다.
따라서 코사인법칙에 의하여
$$\cos B=\frac{a^2+c^2-b^2}{2ac}=\frac{9k^2+9k^2-4k^2}{2\times 3k\times 3k}=\frac{7}{9}$$

0515

답 ②

$\overline{BC}$를 그으면 삼각형 ABC에서 코사인법칙에 의하여
$$\overline{BC}^2=5^2+8^2-2\times 5\times 8\times\cos 60°$$
$$=25+64-40=49$$
$$\therefore \overline{BC}=7 \ (\because \overline{BC}>0)$$
원의 반지름의 길이를 R이라 하면 사인법칙에 의하여
$$\frac{\overline{BC}}{\sin 60°}=2R \quad\quad \therefore R=\frac{\overline{BC}}{2\sin 60°}=\frac{7}{2\times\frac{\sqrt{3}}{2}}=\frac{7}{\sqrt{3}}$$
따라서 구하는 원의 넓이는
$$\pi\times\left(\frac{7}{\sqrt{3}}\right)^2=\frac{49}{3}\pi$$

0516

답 ①

삼각형 ABC의 외접원의 반지름의 길이를 R이라 하면 사인법칙에 의하여

$$\frac{a}{\sin A}=\frac{b}{\sin B}=\frac{c}{\sin C}=2R$$

$$\therefore \sin A=\frac{a}{2R},\ \sin B=\frac{b}{2R},\ \sin C=\frac{c}{2R}$$

또한 코사인법칙에 의하여

$$\cos C=\frac{a^2+b^2-c^2}{2ab}$$

$$\therefore \sin^2 A+\sin^2 B-2\sin A\sin B\cos C$$

$$=\left(\frac{a}{2R}\right)^2+\left(\frac{b}{2R}\right)^2-2\times\frac{a}{2R}\times\frac{b}{2R}\times\frac{a^2+b^2-c^2}{2ab}$$

$$=\frac{a^2+b^2-a^2-b^2+c^2}{4R^2}$$

$$=\frac{c^2}{4R^2}=\left(\frac{c}{2R}\right)^2$$

$$=\sin^2 C$$

한편, $\tan C=\dfrac{1}{3}$에서 $\dfrac{\sin C}{\cos C}=\dfrac{1}{3}$이므로

$$\cos C=3\sin C$$

이것을 $\sin^2 C+\cos^2 C=1$에 대입하면

$$\sin^2 C+(3\sin C)^2=1$$

$$10\sin^2 C=1\qquad\therefore \sin^2 C=\frac{1}{10}$$

$$\therefore \sin^2 A+\sin^2 B-2\sin A\sin B\cos C=\sin^2 C$$

$$=\frac{1}{10}$$

0517

답 2

삼각형 ABC에서 코사인법칙에 의하여

$$\cos B=\frac{a^2+c^2-b^2}{2ac}=\frac{5^2+3^2-6^2}{2\times5\times3}=-\frac{1}{15}$$

$$\therefore \sin B=\sqrt{1-\cos^2 B}$$

$$=\sqrt{1-\left(-\frac{1}{15}\right)^2}=\frac{4\sqrt{14}}{15}$$

또한 삼각형 ABC에서 코사인법칙에 의하여

$$\cos C=\frac{a^2+b^2-c^2}{2ab}=\frac{5^2+6^2-3^2}{2\times5\times6}=\frac{13}{15}$$

$$\therefore \sin C=\sqrt{1-\cos^2 C}$$

$$=\sqrt{1-\left(\frac{13}{15}\right)^2}=\frac{2\sqrt{14}}{15}$$

한편, 삼각형 ABD에서 사인법칙에 의하여

$$\frac{\overline{AD}}{\sin B}=2R_1\qquad\therefore R_1=\frac{\overline{AD}}{2\times\frac{4\sqrt{14}}{15}}=\frac{15\overline{AD}}{8\sqrt{14}}$$

또한 삼각형 ADC에서 사인법칙에 의하여

$$\frac{\overline{AD}}{\sin C}=2R_2\qquad\therefore R_2=\frac{\overline{AD}}{2\times\frac{2\sqrt{14}}{15}}=\frac{15\overline{AD}}{4\sqrt{14}}$$

$$\therefore \frac{R_2}{R_1}=\frac{\frac{15\overline{AD}}{4\sqrt{14}}}{\frac{15\overline{AD}}{8\sqrt{14}}}=2$$

유형 09 삼각형의 최대각과 최소각

0518

답 24

길이가 가장 긴 변의 길이는 c이므로 $\theta=\angle C$

코사인법칙에 의하여

$$\cos\theta=\frac{a^2+b^2-c^2}{2ab}=\frac{4^2+5^2-7^2}{2\times4\times5}=-\frac{1}{5}$$

$$\therefore \sin^2\theta=1-\cos^2\theta=1-\left(-\frac{1}{5}\right)^2=\frac{24}{25}$$

$$\therefore \tan^2\theta=\frac{\sin^2\theta}{\cos^2\theta}=\frac{\frac{24}{25}}{\left(-\frac{1}{5}\right)^2}=24$$

0519

답 ③

$\dfrac{\sin A}{7}=\dfrac{\sin B}{5}=\dfrac{\sin C}{3}$에서 $\sin A\sin B\sin C\neq0$이므로

$$\frac{7}{\sin A}=\frac{5}{\sin B}=\frac{3}{\sin C}$$

사인법칙에 의하여 $a=7k$, $b=5k$, $c=3k$ $(k>0)$로 놓으면 크기가 가장 큰 각은 $\angle A$이므로 코사인법칙에 의하여

$$\cos A=\frac{b^2+c^2-a^2}{2bc}=\frac{25k^2+9k^2-49k^2}{2\times5k\times3k}=-\frac{1}{2}$$

$$\therefore A=\frac{2}{3}\pi\ (\because 0<A<\pi)$$

0520

답 25

$\overline{AC}=x$라 하면 코사인법칙에 의하여

$$\cos C=\frac{\overline{AC}^2+\overline{BC}^2-\overline{AB}^2}{2\times\overline{AC}\times\overline{BC}}=\frac{x^2+5^2-3^2}{2\times x\times5}$$

$$=\frac{x^2+16}{10x}=\frac{x}{10}+\frac{8}{5x}$$

이때 $\dfrac{x}{10}>0$, $\dfrac{8}{5x}>0$이므로 산술평균과 기하평균의 관계에 의하여

$$\cos C=\frac{x}{10}+\frac{8}{5x}\geq2\sqrt{\frac{x}{10}\times\frac{8}{5x}}=\frac{4}{5}$$

$$\left(\text{단, 등호는 }\frac{x}{10}=\frac{8}{5x},\text{ 즉 }x=4\text{일 때 성립한다.}\right)$$

그런데 $0<C<\pi$에서 $\cos C$는 감소하므로 $\cos C$의 값이 최소일 때 $\angle C$의 크기가 최대이다.

따라서 $\cos\theta=\dfrac{4}{5}$, $a=4$이므로 $\dfrac{a^2}{\cos^2\theta}=\dfrac{4^2}{\left(\dfrac{4}{5}\right)^2}=25$

유형 10 코사인법칙을 이용한 삼각형의 모양 결정

0521

답 ③

코사인법칙에 의하여

$$\cos A=\frac{b^2+c^2-a^2}{2bc},\ \cos B=\frac{c^2+a^2-b^2}{2ca}$$

위의 식을 $a\cos B-b\cos A=c$에 대입하면

$$a \times \frac{c^2+a^2-b^2}{2ca} - b \times \frac{b^2+c^2-a^2}{2bc} = c$$

$$c^2+a^2-b^2-(b^2+c^2-a^2)=2c^2$$

$$\therefore a^2=b^2+c^2$$

따라서 삼각형 ABC는 $A=90°$인 직각삼각형이다.

0522

답 ④

$A+B+C=\pi$에서 $A+B=\pi-C$이므로

$\sin(A+B)=\sin(\pi-C)=\sin C$

즉, $\sin(A+B)=\sin A \cos B$에서

$\sin C=\sin A \cos B$ ...... ㉠

삼각형 ABC의 외접원의 반지름의 길이를 R이라 하면 사인법칙에 의하여

$$\frac{a}{\sin A}=\frac{c}{\sin C}=2R$$

$\therefore \sin A=\dfrac{a}{2R}$, $\sin C=\dfrac{c}{2R}$ ...... ㉡

코사인법칙에 의하여

$$\cos B=\frac{a^2+c^2-b^2}{2ac}$$ ...... ㉢

㉡, ㉢을 ㉠에 대입하면

$$\frac{c}{2R}=\frac{a}{2R} \times \frac{a^2+c^2-b^2}{2ac}$$

$$2c^2=a^2+c^2-b^2$$

$\therefore a^2=b^2+c^2$

따라서 삼각형 ABC는 $A=90°$인 직각삼각형이다.

0523

답 ②

$A+B+C=\pi$이므로

$\sin(B+C)=\sin(\pi-A)=\sin A$

$\sin(A+B)=\sin(\pi-C)=\sin C$

$\sin(C+A)=\sin(\pi-B)=\sin B$

즉, $2\sin C \cos A+\sin(B+C)=\sin(A+B)+\sin(C+A)$에서

$2\sin C \cos A+\sin A=\sin C+\sin B$ ...... ㉠

한편, 삼각형 ABC의 외접원의 반지름의 길이를 R이라 하면 사인법칙에 의하여

$$\frac{a}{\sin A}=\frac{b}{\sin B}=\frac{c}{\sin C}=2R$$

$\therefore \sin A=\dfrac{a}{2R}$, $\sin B=\dfrac{b}{2R}$, $\sin C=\dfrac{c}{2R}$ ...... ㉡

코사인법칙에 의하여

$$\cos A=\frac{b^2+c^2-a^2}{2bc}$$ ...... ㉢

㉡, ㉢을 ㉠에 대입하면

$$2 \times \frac{c}{2R} \times \frac{b^2+c^2-a^2}{2bc} + \frac{a}{2R}=\frac{c}{2R}+\frac{b}{2R}$$

$$\frac{b^2+c^2-a^2}{b}+a=c+b, \quad b^2+c^2-a^2+ab=bc+b^2$$

$$a^2-c^2-ab+bc=0, \quad (a+c)(a-c)-b(a-c)=0$$

$\therefore (a+c-b)(a-c)=0$

이때 a, b, c는 삼각형의 세 변의 길이이므로

$a+c-b \neq 0$ $\therefore a=c$

따라서 삼각형 ABC는 $a=c$인 이등변삼각형이다.

0524

답 ③

코사인법칙에 의하여

$$\cos A=\frac{7^2+5^2-3^2}{2 \times 7 \times 5}=\frac{65}{70}=\frac{13}{14}$$

$$\therefore \sin A=\sqrt{1-\cos^2 A}=\sqrt{1-\left(\frac{13}{14}\right)^2}=\frac{3\sqrt{3}}{14}$$

삼각형 ABC의 외접원의 반지름의 길이를 R cm라 하면 사인법칙에 의하여

$$\frac{a}{\sin A}=2R \qquad \therefore R=\frac{a}{2\sin A}=\frac{3}{2 \times \frac{3\sqrt{3}}{14}}=\frac{7}{\sqrt{3}}$$

따라서 깨지기 전의 접시의 넓이는

$$\pi R^2=\pi \times \left(\frac{7}{\sqrt{3}}\right)^2=\frac{49}{3}\pi \, (\text{cm}^2)$$

0525

답 ①

출발한 지 30분 후, 즉 $\dfrac{1}{2}$시간 후까지 두 자동차 A, B가 이동한 거리는 각각

$$\overline{OA}=50 \times \frac{1}{2}=25 \, (\text{km}), \quad \overline{OB}=20\sqrt{2} \times \frac{1}{2}=10\sqrt{2} \, (\text{km})$$

이때 두 자동차 사이의 직선 거리는 $\overline{AB}$의 길이와 같으므로 삼각형 OAB에서 코사인법칙에 의하여

$$\overline{AB}^2=\overline{OA}^2+\overline{OB}^2-2 \times \overline{OA} \times \overline{OB} \times \cos 45°$$

$$=25^2+(10\sqrt{2})^2-2 \times 25 \times 10\sqrt{2} \times \frac{\sqrt{2}}{2}$$

$$=625+200-500=325$$

$\therefore \overline{AB}=\sqrt{325}=5\sqrt{13} \, (\text{km}) \; (\because \overline{AB}>0)$

따라서 구하는 거리는 $5\sqrt{13}$ km이다.

0526

답 ④

$\overline{AB}=c$ m, $\overline{BC}=a$ m, $\overline{CA}=b$ m라 하자.

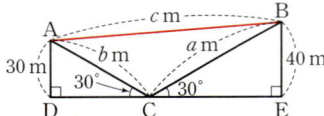

삼각형 ACD에서

$$b=\frac{30}{\sin 30°}=\frac{30}{\frac{1}{2}}=60$$

삼각형 BCE에서

$$a=\frac{40}{\sin 30°}=\frac{40}{\frac{1}{2}}=80$$

또한 $\angle ACB=180°-(30°+30°)=120°$

삼각형 ABC에서 코사인법칙에 의하여

$$c^2=80^2+60^2-2 \times 80 \times 60 \times \cos 120°$$

$$=6400+3600-2 \times 80 \times 60 \times \left(-\frac{1}{2}\right)=14800$$

$\therefore c=\sqrt{14800}=20\sqrt{37} \; (\because c>0)$

따라서 로프의 길이는 $20\sqrt{37}$ m이다.

0527

답 ②

원뿔의 전개도에서 부채꼴의 중심각의 크기를 θ라 하면 부채꼴의 호의 길이는 밑면인 원의 둘레의 길이와 같으므로

$$3\theta = 2\pi \times 1 \qquad \therefore \theta = \frac{2}{3}\pi$$

$$\therefore \angle AOP = \frac{1}{2}\theta = \frac{\pi}{3}$$

점 A에서 출발하여 원뿔의 옆면을 따라 점 P까지 이동한 경로를 전개도에 나타내면 최단 거리는 오른쪽 그림의 $\overline{AP}$의 길이와 같다.

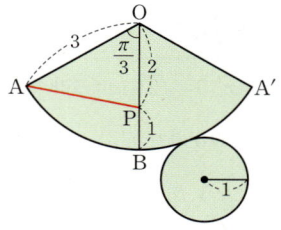

삼각형 OAP에서 코사인법칙에 의하여

$$\overline{AP}^2 = \overline{OA}^2 + \overline{OP}^2 - 2 \times \overline{OA} \times \overline{OP} \times \cos\frac{\pi}{3}$$

$$= 3^2 + 2^2 - 2 \times 3 \times 2 \times \frac{1}{2} = 7$$

$$\therefore \overline{AP} = \sqrt{7} \ (\because \overline{AP} > 0)$$

따라서 구하는 최단 거리는 $\sqrt{7}$이다.

0528

답 12

점 P를 $\overline{OA}$, $\overline{OB}$에 대하여 대칭이동한 점을 각각 P′, P″이라 하면
$\overline{PQ} = \overline{P'Q}$, $\overline{PR} = \overline{P''R}$, $\angle AOP = \angle AOP'$,
$\angle BOP = \angle BOP''$이므로

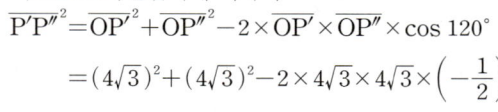

(삼각형 PQR의 둘레의 길이)
$$= \overline{PQ} + \overline{QR} + \overline{RP}$$
$$= \overline{P'Q} + \overline{QR} + \overline{RP''}$$
$$\geq \overline{P'P''}$$

이때 삼각형 OP′P″에서
$$\overline{OP'} = \overline{OP''} = \overline{OP} = 4\sqrt{3}$$
$$\angle P'OP'' = 120°$$

이므로 코사인법칙에 의하여

$$\overline{P'P''}^2 = \overline{OP'}^2 + \overline{OP''}^2 - 2 \times \overline{OP'} \times \overline{OP''} \times \cos 120°$$

$$= (4\sqrt{3})^2 + (4\sqrt{3})^2 - 2 \times 4\sqrt{3} \times 4\sqrt{3} \times \left(-\frac{1}{2}\right)$$

$$= 48 + 48 + 48 = 144$$

$$\therefore \overline{P'P''} = 12 \ (\because \overline{P'P''} > 0)$$

따라서 삼각형 PQR의 둘레의 길이의 최솟값은 12이다.

 **유형 12 삼각형의 넓이**

0529

답 9

삼각형 ABC의 넓이가 18이므로

$$\frac{1}{2} \times 8 \times \overline{BC} \times \sin 30° = 18$$

$$\frac{1}{2} \times 8 \times \overline{BC} \times \frac{1}{2} = 18 \qquad \therefore \overline{BC} = 9$$

0530

답 ③

삼각형 ABC에서 사인법칙에 의하여 $\dfrac{\overline{AB}}{\sin C} = \dfrac{\overline{AC}}{\sin B}$이므로

$$\frac{4}{\sin 45°} = \frac{\overline{AC}}{\sin 30°}, \quad \frac{4}{\frac{\sqrt{2}}{2}} = \frac{\overline{AC}}{\frac{1}{2}} \qquad \therefore \overline{AC} = 2\sqrt{2}$$

한편, 오른쪽 그림과 같이 점 A에서 $\overline{BC}$에 내린 수선의 발을 H라 하면

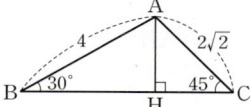

$$\overline{BH} = \overline{AB}\cos 30° = 4 \times \frac{\sqrt{3}}{2} = 2\sqrt{3},$$

$$\overline{CH} = \overline{AC}\cos 45° = 2\sqrt{2} \times \frac{\sqrt{2}}{2} = 2$$

$$\therefore \overline{BC} = \overline{BH} + \overline{CH} = 2(1+\sqrt{3})$$

$$\therefore \triangle ABC = \frac{1}{2} \times \overline{AB} \times \overline{BC} \times \sin 30°$$

$$= \frac{1}{2} \times 4 \times 2(1+\sqrt{3}) \times \frac{1}{2}$$

$$= 2(1+\sqrt{3})$$

> **참고**
>
> 꼭짓점 A에서 변 BC에 내린 수선의 발 H에 대하여
> $\overline{AH} = \overline{AB}\sin 30° = 4 \times \frac{1}{2} = 2$이므로 삼각형 ABC의 넓이를
> $\frac{1}{2} \times \overline{BC} \times \overline{AH} = \frac{1}{2} \times 2(1+\sqrt{3}) \times 2 = 2(1+\sqrt{3})$과 같이 구할 수도 있다.

0531

답 ①

삼각형 ABC의 넓이가 3이므로

$$\frac{1}{2} \times \overline{AB} \times \overline{CA} \times \sin A = 3$$

즉, $\frac{1}{2} \times 3 \times 2\sqrt{2} \times \sin A = 3$이므로

$$\sin A = \frac{\sqrt{2}}{2} \qquad \therefore A = 45° \ (\because 0° < A < 90°)$$

따라서 코사인법칙에 의하여

$$\overline{BC}^2 = \overline{AB}^2 + \overline{CA}^2 - 2 \times \overline{AB} \times \overline{CA} \times \cos 45°$$

$$= 3^2 + (2\sqrt{2})^2 - 2 \times 3 \times 2\sqrt{2} \times \frac{\sqrt{2}}{2}$$

$$= 9 + 8 - 12 = 5$$

$$\therefore \overline{BC} = \sqrt{5} \ (\because \overline{BC} > 0)$$

0532

답 ③

코사인법칙에 의하여 $\cos C = \dfrac{a^2+b^2-c^2}{2ab}$이므로

$$\cos 60° = \frac{a^2+b^2-2^2}{2ab} = \frac{1}{2} \qquad \therefore a^2+b^2-ab = 4 \quad \cdots\cdots \ \bigcirc$$

또한 $a^3+b^3 = 16$에서 $(a+b)(a^2-ab+b^2) = 16$

$$4(a+b) = 16 \ (\because \bigcirc) \qquad \therefore a+b = 4 \quad \cdots\cdots \ \bigcirc$$

$\bigcirc$에서 $(a+b)^2 - 3ab = 4$이므로 이 식에 $\bigcirc$을 대입하면

$$4^2 - 3ab = 4, \ 3ab = 12 \qquad \therefore ab = 4$$

$$\therefore \triangle ABC = \frac{1}{2}ab\sin C = \frac{1}{2} \times 4 \times \sin 60°$$

$$= 2 \times \frac{\sqrt{3}}{2} = \sqrt{3}$$

0533

답 19

$\overline{AD}$가 $\angle A$의 이등분선이므로

$\angle BAD = \angle CAD = 45°$

$\triangle ABC = \triangle ABD + \triangle ACD$에서

$\dfrac{1}{2} \times \overline{AB} \times \overline{AC}$

$= \dfrac{1}{2} \times \overline{AB} \times \overline{AD} \times \sin 45° + \dfrac{1}{2} \times \overline{AD} \times \overline{AC} \times \sin 45°$

이므로

$\dfrac{1}{2} \times 3 \times 4 = \dfrac{1}{2} \times 3 \times \overline{AD} \times \dfrac{\sqrt{2}}{2} + \dfrac{1}{2} \times \overline{AD} \times 4 \times \dfrac{\sqrt{2}}{2}$

$6 = \dfrac{7\sqrt{2}}{4}\overline{AD}$ $\therefore \overline{AD} = \dfrac{24}{7\sqrt{2}} = \dfrac{12\sqrt{2}}{7}$

따라서 $p=7$, $q=12$이므로

$p+q=7+12=19$

0534

답 ②

$\cos A = -\dfrac{1}{4}$이므로

$\sin A = \sqrt{1-\cos^2 A} = \sqrt{1-\left(-\dfrac{1}{4}\right)^2} = \dfrac{\sqrt{15}}{4}$

사각형 ABCD가 원에 내접하므로 $A+C=\pi$

$\therefore \sin C = \sin(\pi - A) = \sin A = \dfrac{\sqrt{15}}{4}$

$\cos C = \cos(\pi - A) = -\cos A = -\left(-\dfrac{1}{4}\right) = \dfrac{1}{4}$

$\overline{BC} = x$라 하면 $\overline{CD} = 2x$이므로 삼각형 BCD에서 코사인법칙에 의하여

$\overline{BD}^2 = \overline{BC}^2 + \overline{CD}^2 - 2 \times \overline{BC} \times \overline{CD} \times \cos C$

즉, $(4\sqrt{2})^2 = x^2 + (2x)^2 - 2 \times x \times 2x \times \dfrac{1}{4}$이므로

$32 = 4x^2$, $x^2 = 8$ $\therefore x = 2\sqrt{2} \ (\because x>0)$

$\therefore \overline{BC} = 2\sqrt{2}, \overline{CD} = 4\sqrt{2}$

따라서 삼각형 BCD의 넓이는

$\dfrac{1}{2} \times \overline{BC} \times \overline{CD} \times \sin C = \dfrac{1}{2} \times 2\sqrt{2} \times 4\sqrt{2} \times \dfrac{\sqrt{15}}{4}$
$= 2\sqrt{15}$

유형 13 세 변의 길이가 주어진 삼각형의 넓이

0535

답 ③

주어진 삼각형을 ABC라 하고, $a=8$, $b=13$, $c=15$라 하자.

코사인법칙에 의하여

$\cos B = \dfrac{a^2+c^2-b^2}{2ac} = \dfrac{8^2+15^2-13^2}{2 \times 8 \times 15} = \dfrac{120}{240} = \dfrac{1}{2}$

$\therefore \sin B = \sqrt{1-\cos^2 B} = \sqrt{1-\left(\dfrac{1}{2}\right)^2} = \sqrt{\dfrac{3}{4}} = \dfrac{\sqrt{3}}{2}$

따라서 삼각형 ABC의 넓이는

$\dfrac{1}{2}ac\sin B = \dfrac{1}{2} \times 8 \times 15 \times \dfrac{\sqrt{3}}{2} = 30\sqrt{3}$

다른 풀이

$s = \dfrac{8+13+15}{2} = 18$이므로 구하는 삼각형의 넓이는

$\sqrt{18 \times (18-8) \times (18-13) \times (18-15)}$

$= \sqrt{18 \times 10 \times 5 \times 3} = 30\sqrt{3}$

0536

답 4

$a=x$, $b=\sqrt{21}$, $c=5$라 하면 삼각형의 넓이가 $5\sqrt{3}$이므로

$\dfrac{1}{2}bc\sin A = 5\sqrt{3}$

즉, $\dfrac{1}{2} \times \sqrt{21} \times 5 \times \sin A = 5\sqrt{3}$에서 $\sin A = \dfrac{2\sqrt{7}}{7}$

이때 주어진 삼각형이 예각삼각형이므로 $\cos A > 0$

$\therefore \cos A = \sqrt{1-\sin^2 A} = \sqrt{1-\left(\dfrac{2\sqrt{7}}{7}\right)^2} = \dfrac{\sqrt{21}}{7}$

코사인법칙에 의하여

$x^2 = b^2 + c^2 - 2bc\cos A$

$= (\sqrt{21})^2 + 5^2 - 2 \times \sqrt{21} \times 5 \times \dfrac{\sqrt{21}}{7}$

$= 21 + 25 - 30 = 16$

$\therefore x = 4 \ (\because x>0)$

0537

답 ③

세 변의 길이의 비가 $4:5:6$이므로 $a=4k$, $b=5k$, $c=6k \ (k>0)$로 놓을 수 있다.

코사인법칙에 의하여

$\cos A = \dfrac{b^2+c^2-a^2}{2bc} = \dfrac{25k^2+36k^2-16k^2}{2 \times 5k \times 6k} = \dfrac{45k^2}{60k^2} = \dfrac{3}{4}$

$\therefore \sin A = \sqrt{1-\cos^2 A} = \sqrt{1-\left(\dfrac{3}{4}\right)^2} = \dfrac{\sqrt{7}}{4}$

이때 삼각형 ABC의 넓이가 $120\sqrt{7}$이므로

$\dfrac{1}{2}bc\sin A = 120\sqrt{7}$에서

$\dfrac{1}{2} \times 5k \times 6k \times \dfrac{\sqrt{7}}{4} = 120\sqrt{7}$

$\dfrac{15\sqrt{7}}{4}k^2 = 120\sqrt{7}$, $k^2 = 32$ $\therefore k = 4\sqrt{2} \ (\because k>0)$

가장 짧은 변의 길이는 a이므로

$a = 4k = 4 \times 4\sqrt{2} = 16\sqrt{2}$

유형 14 외접원, 내접원의 반지름의 길이와 삼각형의 넓이

0538

답 ⑤

삼각형 ABC의 외접원의 반지름의 길이가 3이므로 사인법칙에 의하여

$\dfrac{a}{\sin A} = 2 \times 3$ $\therefore \sin A = \dfrac{a}{6}$

이때 삼각형 ABC의 넓이가 10이므로

$$\frac{1}{2}bc\sin A = \frac{1}{2}bc \times \frac{a}{6} = 10$$

$$\therefore abc = 120$$

다른 풀이

삼각형 ABC의 외접원의 반지름의 길이가 3이고, 삼각형 ABC의 넓이가 10이므로 넓이 공식에 의하여

$$\frac{abc}{4 \times 3} = 10$$

$$\therefore abc = 120$$

0539
답 ⑤

코사인법칙에 의하여

$$\cos B = \frac{4^2 + 7^2 - 5^2}{2 \times 4 \times 7} = \frac{5}{7}$$

$$\therefore \sin B = \sqrt{1 - \cos^2 B} = \sqrt{1 - \left(\frac{5}{7}\right)^2} = \frac{2\sqrt{6}}{7}$$

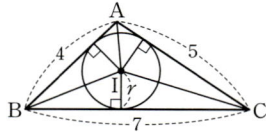

삼각형 ABC의 내접원의 중심을 I, 반지름의 길이를 r이라 하면
△ABC = △IAB + △IBC + △ICA에서

$$\frac{1}{2} \times 4 \times 7 \times \sin B = \frac{1}{2}r \times (4+7+5)$$

$$14 \times \frac{2\sqrt{6}}{7} = 8r \qquad \therefore r = \frac{\sqrt{6}}{2}$$

0540
답 2

삼각형 ABC의 외접원의 반지름의 길이가 5이므로 사인법칙에 의하여

$$\frac{a}{\sin A} = \frac{b}{\sin B} = \frac{c}{\sin C} = 2 \times 5$$

즉, $\sin A = \frac{a}{10}$, $\sin B = \frac{b}{10}$, $\sin C = \frac{c}{10}$이므로 이를

$\sin A + \sin B + \sin C = \frac{12}{5}$에 대입하면

$$\frac{a}{10} + \frac{b}{10} + \frac{c}{10} = \frac{12}{5} \qquad \therefore a+b+c = 24$$

삼각형 ABC의 내접원의 반지름의 길이를 r이라 하면 삼각형 ABC의 넓이에서

$$\frac{1}{2}r(a+b+c) = \frac{1}{2}r \times 24 = 24$$

$$\therefore r = 2$$

0541
답 ④

$\sin\theta = \frac{\sqrt{5}}{3}$이므로

$$\cos\theta = \sqrt{1 - \sin^2\theta} = \sqrt{1 - \left(\frac{\sqrt{5}}{3}\right)^2} = \frac{2}{3}$$

코사인법칙에 의하여

$$\overline{AC}^2 = \overline{AB}^2 + \overline{BC}^2 - 2 \times \overline{AB} \times \overline{BC} \times \cos\theta$$

$$= 6^2 + 4^2 - 2 \times 6 \times 4 \times \frac{2}{3} = 20$$

$$\therefore \overline{AC} = 2\sqrt{5} \ (\because \overline{AC} > 0)$$

삼각형 ABC의 외접원의 반지름의 길이를 R이라 하면 사인법칙에 의하여

$$\frac{2\sqrt{5}}{\sin\theta} = 2R \qquad \therefore R = \frac{2\sqrt{5}}{2\sin\theta} = \frac{2\sqrt{5}}{2 \times \frac{\sqrt{5}}{3}} = 3$$

즉, 삼각형 ABC의 외접원의 둘레의 길이는

$$2\pi \times 3 = 6\pi$$

삼각형 ABC의 내접원의 반지름의 길이를 r이라 하면 삼각형 ABC의 넓이에서

$$\frac{1}{2} \times \overline{AB} \times \overline{BC} \times \sin\theta = \frac{1}{2} \times r \times (\overline{AB} + \overline{BC} + \overline{CA})$$

$$6 \times 4 \times \frac{\sqrt{5}}{3} = r(6 + 4 + 2\sqrt{5}), \ (10 + 2\sqrt{5})r = 8\sqrt{5}$$

$$\therefore r = \frac{8\sqrt{5}}{10 + 2\sqrt{5}} = \sqrt{5} - 1$$

즉, 삼각형 ABC의 내접원의 둘레의 길이는

$$2\pi(\sqrt{5} - 1) = (2\sqrt{5} - 2)\pi$$

따라서 두 원의 둘레의 길이의 합은

$$6\pi + (2\sqrt{5} - 2)\pi = (2\sqrt{5} + 4)\pi$$

유형 15 사각형의 넓이 – 삼각형의 넓이 이용

0542
답 ①

사각형 ABCD가 원에 내접하므로

$$C = 180° - A = 120°$$

$\overline{BD}$를 그으면

$$\square ABCD = \triangle ABD + \triangle BCD$$

$$= \frac{1}{2} \times 3 \times 4 \times \sin 60° + \frac{1}{2} \times 1 \times 3 \times \sin 120°$$

$$= 6 \times \frac{\sqrt{3}}{2} + \frac{3}{2} \times \frac{\sqrt{3}}{2}$$

$$= 3\sqrt{3} + \frac{3\sqrt{3}}{4} = \frac{15\sqrt{3}}{4}$$

0543
답 ②

$\overline{AC}$를 그으면 삼각형 ACD에서 코사인법칙에 의하여

$$\overline{AC}^2 = 4^2 + 3^2 - 2 \times 4 \times 3 \times \cos 120°$$

$$= 16 + 9 - 2 \times 4 \times 3 \times \left(-\frac{1}{2}\right) = 37$$

삼각형 ABC에서 코사인법칙에 의하여

$$\cos B = \frac{5^2 + 6^2 - 37}{2 \times 5 \times 6} = \frac{24}{60} = \frac{2}{5}$$

$$\therefore \sin B = \sqrt{1 - \cos^2 B} = \sqrt{1 - \left(\frac{2}{5}\right)^2} = \frac{\sqrt{21}}{5}$$

$$\therefore \square ABCD = \triangle ABC + \triangle ACD$$
$$= \frac{1}{2} \times 5 \times 6 \times \sin B + \frac{1}{2} \times 4 \times 3 \times \sin 120°$$
$$= 15 \times \frac{\sqrt{21}}{5} + 6 \times \frac{\sqrt{3}}{2}$$
$$= 3\sqrt{21} + 3\sqrt{3}$$

0544
답 53

$\overline{AC}$를 그으면 삼각형 ACD에서 코사인법칙에 의하여
$$\overline{AC}^2 = 7^2 + 8^2 - 2 \times 7 \times 8 \times \cos 120°$$
$$= 49 + 64 - 2 \times 7 \times 8 \times \left(-\frac{1}{2}\right) = 169$$

이때 $\overline{AB} : \overline{BC} = 2 : 3$이므로

$\overline{AB} = 2k$, $\overline{BC} = 3k$ $(k > 0)$로 놓으면

직각삼각형 ABC에서
$$\overline{AC}^2 = \overline{AB}^2 + \overline{BC}^2 = (2k)^2 + (3k)^2 = 13k^2$$

즉, $13k^2 = 169$이므로 $k^2 = 13$
$$\therefore \square ABCD = \triangle ABC + \triangle ACD$$
$$= \frac{1}{2} \times 2k \times 3k + \frac{1}{2} \times 7 \times 8 \times \sin 120°$$
$$= 3k^2 + 28 \times \frac{\sqrt{3}}{2}$$
$$= 39 + 14\sqrt{3} \ (\because k^2 = 13)$$

따라서 $p = 39$, $q = 14$이므로

$p + q = 39 + 14 = 53$

0545
답 2

$\overline{BD}$를 그으면 삼각형 BCD에서

$C = 60°$이고 $\overline{BC} : \overline{CD} = 1 : 2$이므로

$\angle CBD = 90°$, $\angle CDB = 30°$

$\overline{BD} = \overline{CD} \sin 60° = 2 \times \dfrac{\sqrt{3}}{2} = \sqrt{3}$

또한 $\angle ADB = 75° - 30° = 45°$

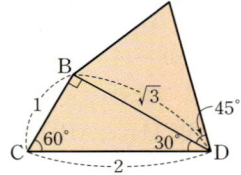

$\overline{AD} = x$라 하면 사각형 ABCD의 넓이가 $\dfrac{\sqrt{3} + \sqrt{6}}{2}$이므로

$$\triangle BCD + \triangle ABD = \frac{\sqrt{3} + \sqrt{6}}{2}$$
$$\frac{1}{2} \times 1 \times \sqrt{3} + \frac{1}{2} \times \sqrt{3} \times x \times \sin 45° = \frac{\sqrt{3} + \sqrt{6}}{2}$$
$$\frac{\sqrt{3}}{2} + \frac{\sqrt{6}}{4}x = \frac{\sqrt{3} + \sqrt{6}}{2}$$
$$\frac{\sqrt{6}}{4}x = \frac{\sqrt{6}}{2} \qquad \therefore x = 2$$

0546
답 ⑤

$\angle B + \angle D = 180°$이므로 $\angle B = \theta$라 하면 $\angle D = 180° - \theta$

$\overline{AC}$를 그으면 삼각형 ABC에서 코사인법칙에 의하여
$$\overline{AC}^2 = 1^2 + 2^2 - 2 \times 1 \times 2 \times \cos \theta$$
$$= 5 - 4\cos \theta \qquad \cdots\cdots \ \bigcirc$$

삼각형 ACD에서 코사인법칙에 의하여
$$\overline{AC}^2 = 4^2 + 5^2 - 2 \times 4 \times 5 \times \cos (180° - \theta)$$
$$= 41 + 40\cos \theta \qquad \cdots\cdots \ \bigcirc$$

$\bigcirc$, $\bigcirc$에서 $5 - 4\cos \theta = 41 + 40\cos \theta$

$44\cos \theta = -36 \qquad \therefore \cos \theta = -\dfrac{9}{11}$

$$\therefore \sin \theta = \sqrt{1 - \cos^2 \theta} = \sqrt{1 - \left(-\frac{9}{11}\right)^2} = \frac{2\sqrt{10}}{11}$$

$$\therefore \square ABCD = \triangle ABC + \triangle ACD$$
$$= \frac{1}{2} \times 1 \times 2 \times \sin \theta + \frac{1}{2} \times 4 \times 5 \times \sin (180° - \theta)$$
$$= 11 \sin \theta = 11 \times \frac{2\sqrt{10}}{11}$$
$$= 2\sqrt{10}$$

유형 16 평행사변형의 넓이

0547
답 ②

평행사변형 ABCD의 넓이가 $20\sqrt{3}$이므로

$5 \times 8 \times \sin B = 20\sqrt{3} \qquad \therefore \sin B = \dfrac{\sqrt{3}}{2}$

이때 $0° < B < 90°$이므로

$B = 60°$

평행사변형의 이웃하는 두 내각의 크기의 합은 $180°$이므로

$C = 180° - 60° = 120°$

0548
답 ②

두 대각선의 교점을 O라 하자.

$\overline{AD} \parallel \overline{BC}$이므로

$\angle ACB = \angle CAD = 60°$ (엇각)

$\therefore \angle BOC = 90°$

따라서 평행사변형 ABCD는 마름모이다.

즉, $\overline{BC} = \overline{AB} = 4$이고

$\angle ABC = \angle ABD + \angle DBC = 30° + 30° = 60°$

$$\therefore \square ABCD = 4 \times 4 \times \sin 60° = 16 \times \frac{\sqrt{3}}{2} = 8\sqrt{3}$$

0549
답 ⑤

$\overline{BC} = x$라 하면 삼각형 ABC에서 코사인법칙에 의하여
$$6^2 = (6\sqrt{3})^2 + x^2 - 2 \times 6\sqrt{3} \times x \times \cos 30°$$
$$36 = 108 + x^2 - 18x, \ x^2 - 18x + 72 = 0$$
$$(x - 6)(x - 12) = 0 \qquad \therefore x = 6 \text{ 또는 } x = 12$$

그런데 $\overline{AC} < \overline{BC}$에서 $x > 6$이므로 $x = 12$

$\therefore \overline{BC} = 12$

따라서 평행사변형 ABCD의 넓이는

$6\sqrt{3} \times 12 \times \sin 30° = 72\sqrt{3} \times \dfrac{1}{2} = 36\sqrt{3}$

0550

답 9

등변사다리꼴의 두 대각선의 길이는 같으므로

$\overline{BD}=\overline{AC}=6$

따라서 등변사다리꼴 ABCD의 넓이는

$\dfrac{1}{2}\times6\times6\times\sin30°=18\times\dfrac{1}{2}=9$

0551

답 ④

삼각형 PAD에서 $\angle APD=\theta$라 하면 코사인법칙에 의하여

$\cos\theta=\dfrac{8^2+4^2-8^2}{2\times8\times4}=\dfrac{1}{4}$

$\therefore \sin\theta=\sqrt{1-\cos^2\theta}$

$\qquad\quad=\sqrt{1-\left(\dfrac{1}{4}\right)^2}=\dfrac{\sqrt{15}}{4}$

사각형 ABCD에서

$\overline{AC}=8+6=14$,

$\overline{BD}=12+4=16$

이므로

$\square ABCD=\dfrac{1}{2}\times14\times16\times\sin\theta$

$\qquad\qquad=\dfrac{1}{2}\times14\times16\times\dfrac{\sqrt{15}}{4}$

$\qquad\qquad=28\sqrt{15}$

0552

답 ④

평행사변형의 두 대각선은 서로를 이등분하므로

$\overline{OA}=x$, $\overline{OB}=y$라 하면

$\overline{AC}=2x$, $\overline{BD}=2y$

$\angle AOD=120°$이므로

$\angle AOB=180°-\angle AOD=60°$

삼각형 OAB에서 코사인법칙에 의하여

$x^2+y^2-2xy\times\cos60°=4^2$

$\therefore x^2+y^2-xy=16 \qquad\cdots\cdots\ \ominus$

삼각형 OAD에서 코사인법칙에 의하여

$x^2+y^2-2xy\times\cos120°=5^2$

$\therefore x^2+y^2+xy=25 \qquad\cdots\cdots\ \ominus$

$\ominus-\ominus$을 하면

$2xy=9 \qquad \therefore xy=\dfrac{9}{2}$

$\therefore \square ABCD=\dfrac{1}{2}\times2x\times2y\times\sin60°$

$\qquad\qquad\quad=2\times xy\times\dfrac{\sqrt{3}}{2}$

$\qquad\qquad\quad=2\times\dfrac{9}{2}\times\dfrac{\sqrt{3}}{2}$

$\qquad\qquad\quad=\dfrac{9\sqrt{3}}{2}$

0553

답 ①

$\sin(A+B)=\sin(\pi-C)=\sin C$이므로 주어진 식은

$\dfrac{6}{\sin A}=\dfrac{7}{\sin B}=\dfrac{5}{\sin C}$

사인법칙에 의하여 $a=6k$, $b=7k$, $c=5k\ (k>0)$로 놓으면

코사인법칙에 의하여

$\cos A=\dfrac{(7k)^2+(5k)^2-(6k)^2}{2\times7k\times5k}$

$\qquad\ =\dfrac{38k^2}{70k^2}=\dfrac{19}{35}$

짝기출

답 ②

삼각형 ABC에서 $\dfrac{2}{\sin A}=\dfrac{3}{\sin B}=\dfrac{4}{\sin C}$일 때, $\cos C$의 값은?

① $-\dfrac{1}{2}$　② $-\dfrac{1}{4}$　③ 0　④ $\dfrac{1}{4}$　⑤ $\dfrac{1}{2}$

0554

답 ④

$\overline{AD}=\overline{AC}=5$, $\overline{AE}=\overline{AB}=13$이고

직각삼각형 ABC에서

$\overline{BC}=\sqrt{13^2-5^2}=12$

이때 $\angle CAB=\theta$라 하면

$\sin\theta=\dfrac{12}{13}$

또한 $\angle DAC=\angle EAB=\dfrac{\pi}{2}$이므로

$\angle DAE=\pi-\theta$

$\therefore \triangle ADE=\dfrac{1}{2}\times\overline{AD}\times\overline{AE}\times\sin(\pi-\theta)$

$\qquad\qquad=\dfrac{1}{2}\times5\times13\times\sin\theta$

$\qquad\qquad=\dfrac{1}{2}\times5\times13\times\dfrac{12}{13}=30$

짝기출

답 ①

그림과 같이 평면 위에 한 변의 길이가 3인 정사각형 ABCD와 한 변의 길이가 4인 정사각형 CEFG가 있다.

$\angle DCG=\theta\ (0<\theta<\pi)$라 할 때, $\sin\theta=\dfrac{\sqrt{11}}{6}$이다.

$\overline{DG}\times\overline{BE}$의 값은?

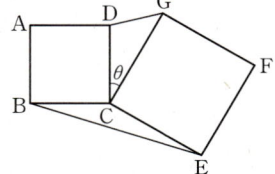

① 15　② 17　③ 19　④ 21　⑤ 23

0555

답 ②

삼각형 ABC의 외접원의 반지름의 길이가 $3\sqrt{5}$이므로 사인법칙에 의하여

$$\frac{10}{\sin C}=2\times 3\sqrt{5} \qquad \therefore \sin C=\frac{\sqrt{5}}{3}$$

삼각형 ABC는 예각삼각형이므로

$$\cos C=\sqrt{1-\sin^2 C}=\sqrt{1-\left(\frac{\sqrt{5}}{3}\right)^2}=\frac{2}{3}$$

$\dfrac{a^2+b^2-ab\cos C}{ab}=\dfrac{4}{3}$ 에서 $\dfrac{a^2+b^2-\frac{2}{3}ab}{ab}=\dfrac{4}{3}$

$3a^2+3b^2-2ab=4ab,\ 3(a-b)^2=0 \qquad \therefore a=b$

삼각형 ABC에서 코사인법칙에 의하여

$$10^2=a^2+b^2-2ab\cos C$$

$$a^2+a^2-2a^2\times \frac{2}{3}=100,\ \frac{2}{3}a^2=100$$

$$a^2=150$$

$$\therefore ab=a^2=150$$

0556

답 ④

선분 AP가 $\angle BAC$의 이등분선이고 $\overline{AB}:\overline{AC}=3:1$이므로
$\overline{BP}:\overline{PC}=3:1$이다.

즉, $\overline{PC}=k\ (k>0)$로 놓으면 $\overline{BP}=3k$이므로
$\overline{BC}=4k$

삼각형 ABC에서 코사인법칙에 의하여

$$(4k)^2=3^2+1^2-2\times 3\times 1\times \cos \frac{\pi}{3}$$

$$16k^2=9+1-2\times 3\times 1\times \frac{1}{2}$$

$$16k^2=7,\ k^2=\frac{7}{16} \qquad \therefore k=\frac{\sqrt{7}}{4}\ (\because k>0)$$

삼각형 APC의 외접원의 반지름의 길이를 R이라 하면 사인법칙에 의하여

$$\frac{k}{\sin \frac{\pi}{6}}=2R \qquad \therefore R=\frac{k}{2\sin \frac{\pi}{6}}=\frac{\frac{\sqrt{7}}{4}}{2\times \frac{1}{2}}=\frac{\sqrt{7}}{4}$$

따라서 삼각형 APC의 외접원의 넓이는

$$\pi \times \left(\frac{\sqrt{7}}{4}\right)^2=\frac{7}{16}\pi$$

0557

답 ③

삼각형 ABC에서 $\overline{AC}=x$라 하면 코사인법칙에 의하여

$$2^2=3^2+x^2-2\times 3\times x\times \cos (\angle BAC)$$

$$4=9+x^2-6x\times \frac{7}{8}$$

$$4x^2-21x+20=0,\ (x-4)(4x-5)=0$$

$$\therefore x=4\ (\because x>3)$$

이때 점 M이 $\overline{AC}$의 중점이므로 $\overline{AM}=\overline{CM}=2$이다.

또한 삼각형 MAB에서 코사인법칙에 의하여

$$\overline{BM}^2=\overline{AM}^2+\overline{AB}^2-2\times \overline{AM}\times \overline{AB}\times \cos (\angle BAM)$$

$$=2^2+3^2-2\times 2\times 3\times \frac{7}{8}=4+9-\frac{21}{2}=\frac{5}{2}$$

$$\therefore \overline{BM}=\frac{\sqrt{10}}{2}\ (\because \overline{BM}>0)$$

한편, $\overline{AD}$를 그으면 $\triangle DAM \sim \triangle CBM$ (AA 닮음)이므로
$\overline{DM}:\overline{CM}=\overline{AM}:\overline{BM}$에서

$$\overline{DM}:2=2:\frac{\sqrt{10}}{2},\ \frac{\sqrt{10}}{2}\overline{DM}=4$$

$$\therefore \overline{DM}=\frac{4\sqrt{10}}{5}$$

참고

삼각형 ABC에서 삼각형의 중선 정리에 의하여
$\overline{BA}^2+\overline{BC}^2=2(\overline{BM}^2+\overline{AM}^2)$

$3^2+2^2=2\times (\overline{BM}^2+2^2),\ \overline{BM}^2=\frac{5}{2}$

$\therefore \overline{BM}=\frac{\sqrt{10}}{2}\ (\because \overline{BM}>0)$

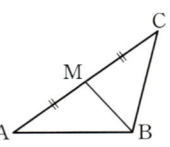

0558

답 ⑤

$\angle BAD=\angle DAC$이므로 원주각의 성질에 의하여
$\overline{BD}=\overline{CD}$

$\angle BAD=\angle DAC=\theta,\ \overline{BD}=\overline{CD}=k\ (k>0)$로 놓으면

삼각형 ABD에서 코사인법칙에 의하여

$$\cos \theta=\frac{3^2+(4\sqrt{3})^2-k^2}{2\times 3\times 4\sqrt{3}}=\frac{57-k^2}{24\sqrt{3}} \qquad \cdots\cdots \ \bigcirc$$

삼각형 ADC에서 코사인법칙에 의하여

$$\cos \theta=\frac{5^2+(4\sqrt{3})^2-k^2}{2\times 5\times 4\sqrt{3}}=\frac{73-k^2}{40\sqrt{3}} \qquad \cdots\cdots \ \bigcirc$$

$\bigcirc$, $\bigcirc$에서

$$\frac{57-k^2}{24\sqrt{3}}=\frac{73-k^2}{40\sqrt{3}},\ 3(73-k^2)=5(57-k^2)$$

$$219-3k^2=285-5k^2,\ 2k^2=66$$

$$k^2=33 \qquad \therefore k=\sqrt{33}\ (\because k>0)$$

$k=\sqrt{33}$을 $\bigcirc$에 대입하면

$$\cos \theta=\frac{57-(\sqrt{33})^2}{24\sqrt{3}}=\frac{\sqrt{3}}{3}$$

$$\therefore \sin \theta=\sqrt{1-\cos^2 \theta}=\sqrt{1-\left(\frac{\sqrt{3}}{3}\right)^2}=\frac{\sqrt{6}}{3}$$

따라서 삼각형 ABD의 넓이는

$$\frac{1}{2}\times \overline{AB}\times \overline{AD}\times \sin \theta=\frac{1}{2}\times 3\times 4\sqrt{3}\times \frac{\sqrt{6}}{3}$$

$$=6\sqrt{2}$$

짝기출

답 ①

그림과 같이 사각형 ABCD가 한 원에 내접하고
$\overline{AB}=5,\ \overline{AC}=3\sqrt{5},\ \overline{AD}=7$,
$\angle BAC=\angle CAD$
일 때, 이 원의 반지름의 길이는?

① $\dfrac{5\sqrt{2}}{2}$ ② $\dfrac{8\sqrt{5}}{5}$ ③ $\dfrac{5\sqrt{5}}{3}$

④ $\dfrac{8\sqrt{2}}{3}$ ⑤ $\dfrac{9\sqrt{3}}{4}$

0559

답 ⑤

$\overline{AB}=\overline{AD}=k$라 할 때 두 삼각형 ABC, ACD에서 각각 코사인법 칙에 의하여

$$\cos(\angle ACB)=\frac{10^2+\overline{BC}^2-k^2}{2\times10\times\overline{BC}}=\frac{1}{20}\left(\overline{BC}+\frac{\boxed{100-k^2}}{\overline{BC}}\right),$$

$$\cos(\angle DCA)=\frac{10^2+\overline{CD}^2-k^2}{2\times10\times\overline{CD}}=\frac{1}{20}\left(\overline{CD}+\frac{\boxed{100-k^2}}{\overline{CD}}\right)$$

이다.

이때 두 호 AB, AD에 대한 원주각의 크기가 같으므로
$\cos(\angle ACB)=\cos(\angle DCA)$이다.

즉, $\frac{1}{20}\left(\overline{BC}+\frac{100-k^2}{\overline{BC}}\right)=\frac{1}{20}\left(\overline{CD}+\frac{100-k^2}{\overline{CD}}\right)$에서

$$\overline{BC}-\overline{CD}=(100-k^2)\left(\frac{1}{\overline{CD}}-\frac{1}{\overline{BC}}\right)$$

$$=(100-k^2)\times\frac{\overline{BC}-\overline{CD}}{\overline{BC}\times\overline{CD}}$$

이때 $\overline{AC}=10<2R$이므로 $\overline{BC}\neq\overline{CD}$

$$\therefore \overline{BC}\times\overline{CD}=100-k^2$$

사각형 ABCD의 넓이는 두 삼각형 ABD, BCD의 넓이의 합과 같으므로

$$\frac{1}{2}k^2\sin(\angle BAD)+\frac{1}{2}\times\overline{BC}\times\overline{CD}\times\sin(\pi-\angle BAD)$$

$$=\frac{1}{2}\{k^2+(100-k^2)\}\sin(\angle BAD)$$

$$=50\sin(\angle BAD)=40$$

에서 $\sin(\angle BAD)=\boxed{\dfrac{4}{5}}$이다.

따라서 삼각형 ABD에서 사인법칙에 의하여

$$\frac{\overline{BD}}{\sin(\angle BAD)}=2R$$

$$\therefore \overline{BD}=2R\times\sin(\angle BAD)=\frac{8}{5}R$$

$$\therefore \overline{BD}:R=\boxed{\dfrac{8}{5}}:1$$

따라서 $f(k)=100-k^2$, $p=\dfrac{4}{5}$, $q=\dfrac{8}{5}$이므로

$$\frac{f(10p)}{q}=(100-8^2)\times\frac{5}{8}=\frac{45}{2}$$

0560

답 ③

$\overline{OA}=\overline{OP}$이므로 $\angle OPA=\angle OAP=\theta$

$\angle APB=\dfrac{\pi}{2}$이므로 $\angle CPD=\dfrac{\pi}{2}-\theta$

이때 $4\sin\theta=3\cos\theta$에서 $\cos\theta=\dfrac{4}{3}\sin\theta$이므로

$\sin^2\theta+\cos^2\theta=1$에 대입하면

$\sin^2\theta+\dfrac{16}{9}\sin^2\theta=1$, $\sin^2\theta=\dfrac{9}{25}$

$\therefore \sin\theta=\dfrac{3}{5}$, $\cos\theta=\dfrac{4}{5}$ $\left(\because 0<\theta<\dfrac{\pi}{2}\right)$

한편, $\overline{AB}=10$, $\angle APB=\dfrac{\pi}{2}$이므로

$$\overline{PA}=\overline{AB}\times\cos\theta=10\times\frac{4}{5}=8$$

$$\therefore \overline{PC}=\overline{PD}=\overline{PA}=8$$

$$\therefore \triangle ADC$$

$$=\triangle PAD+\triangle PDC-\triangle PAC$$

$$=\frac{1}{2}\times8\times8\times\sin\theta+\frac{1}{2}\times8\times8\times\sin\left(\frac{\pi}{2}-\theta\right)-\frac{1}{2}\times8\times8$$

$$=32\sin\theta+32\cos\theta-32$$

$$=32\times\frac{3}{5}+32\times\frac{4}{5}-32=\frac{64}{5}$$

0561

답 ④

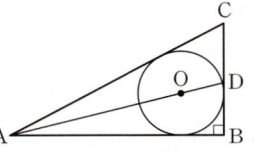

내접원과 $\overline{AB}$의 접점을 E라 하면
$\angle OEB=90°$이고
$\overline{AB}=x$, $\overline{BD}=y$라 하면 $\overline{OB}=y-3$
$\overline{AE}=\overline{AD}=6$이므로 $\overline{BE}=x-6$
이때 $\overline{AC}$가 원 O의 접선이므로
$\angle BDA=\angle BDC=90°$
즉, $\triangle ABD\backsim\triangle OBE$ (AA 닮음)이고 닮음비는
$\overline{AD}:\overline{OE}=6:3=2:1$
$\overline{AB}:\overline{OB}=2:1$에서 $x:(y-3)=2:1$
$x=2y-6$ $\therefore x-2y=-6$ ……㉠
$\overline{BD}:\overline{BE}=2:1$에서 $y:(x-6)=2:1$
$2x-12=y$ $\therefore 2x-y=12$ ……㉡
㉠, ㉡을 연립하여 풀면 $x=10$, $y=8$

한편, $\angle OBC=\theta$라 하면 $\sin\theta=\dfrac{\overline{CD}}{\overline{BC}}=\dfrac{6}{10}=\dfrac{3}{5}$이고

직각삼각형 OCD에서

$$\overline{OC}=\sqrt{\overline{OD}^2+\overline{CD}^2}=\sqrt{3^2+6^2}=3\sqrt{5}$$

삼각형 OBC의 외접원의 반지름의 길이를 R이라 하면 사인법칙에 의하여

$$\frac{\overline{OC}}{\sin\theta}=2R$$

$$\therefore R=\frac{\overline{OC}}{2\sin\theta}=\frac{3\sqrt{5}}{2\times\frac{3}{5}}=\frac{5\sqrt{5}}{2}$$

따라서 구하는 외접원의 둘레의 길이는

$$2\pi R=2\pi\times\frac{5\sqrt{5}}{2}=5\sqrt{5}\pi$$

짝기출   답 ①

그림과 같이 $\angle ABC=\dfrac{\pi}{2}$인 삼각형 ABC에 내접하고 반지름의 길이가 3인 원의 중심을 O라 하자. 직선 AO가 선분 BC와 만나는 점을 D라 할 때, $\overline{DB}=4$이다. 삼각형 ADC의 외접원의 넓이는?

① $\dfrac{125}{2}\pi$ ② 63π ③ $\dfrac{127}{2}\pi$ ④ 64π ⑤ $\dfrac{129}{2}\pi$

0562

$\overline{AB}$가 원의 지름이므로 $\angle APB = \angle AQB = 90°$

$\therefore \overline{AB} = \sqrt{1^2 + 7^2} = 5\sqrt{2}$, $\overline{QA} = \overline{QB} = 5$

또한 사각형 PAQB가 원에 내접하므로

$\angle PAQ + \angle PBQ = 180°$

$\therefore \angle PBQ = 180° - \angle PAQ$

이때 $\angle PAQ = \theta$라 하면 삼각형 PAQ에서 코사인법칙에 의하여

$\overline{PQ}^2 = 1^2 + 5^2 - 2 \times 1 \times 5 \times \cos\theta$

$= 26 - 10\cos\theta$ ...... ㉠

삼각형 PQB에서 코사인법칙에 의하여

$\overline{PQ}^2 = 7^2 + 5^2 - 2 \times 7 \times 5 \times \cos(180° - \theta)$

$= 74 + 70\cos\theta$ ...... ㉡

㉠, ㉡에서

$26 - 10\cos\theta = 74 + 70\cos\theta$

$80\cos\theta = -48$

$\therefore \cos\theta = -\dfrac{3}{5}$

㉠에서 $\overline{PQ}^2 = 26 - 10 \times \left(-\dfrac{3}{5}\right) = 32$

$\therefore \overline{PQ} = 4\sqrt{2}$ $(\because \overline{PQ} > 0)$

한편, 삼각형 AQB는 직각이등변삼각형이므로 $\angle ABQ = 45°$이고 원주각의 성질에 의하여

$\angle APQ = 45°$

또한 $\triangle PAR \sim \triangle BQR$ (AA 닮음)이고 $\overline{PA} : \overline{BQ} = 1 : 5$에서 두 삼각형 PAR과 BQR의 닮음비는 $1 : 5$이므로

$\overline{AR} = k$, $\overline{PR} = s$라 하면 $\overline{QR} = 5k$, $\overline{BR} = 5s$

$\overline{AB} = \overline{AR} + \overline{BR}$에서 $k + 5s = 5\sqrt{2}$ ...... ㉢

$\overline{PQ} = \overline{QR} + \overline{PR}$에서 $5k + s = 4\sqrt{2}$ ...... ㉣

$5 \times$ ㉣$-$㉢을 하면

$24k = 15\sqrt{2}$ $\therefore k = \dfrac{5\sqrt{2}}{8}$

즉, $\overline{AR} = k = \dfrac{5\sqrt{2}}{8}$이므로 삼각형 PAR의 외접원의 반지름의 길이를 R이라 하면 사인법칙에 의하여

$\dfrac{\overline{AR}}{\sin(\angle APR)} = 2R$ $\therefore R = \dfrac{\frac{5\sqrt{2}}{8}}{2\sin 45°} = \dfrac{\frac{5\sqrt{2}}{8}}{2 \times \frac{\sqrt{2}}{2}} = \dfrac{5}{8}$

따라서 삼각형 PAR의 외접원의 둘레의 길이는

$2\pi R = 2\pi \times \dfrac{5}{8} = \dfrac{5}{4}\pi$이므로

$p = 4$, $q = 5$

$\therefore p + q = 4 + 5 = 9$

짝기출

그림과 같이 선분 AB를 지름으로 하는 원 위의 점 C에 대하여

$\overline{BC} = 12\sqrt{2}$, $\cos(\angle CAB) = \dfrac{1}{3}$

이다. 선분 AB를 5 : 4로 내분하는 점을 D라 할 때, 삼각형 CAD의 외접원의 넓이는 S이다. $\dfrac{S}{\pi}$의 값을 구하시오.

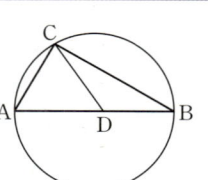

0563

점 E가 선분 AC를 1 : 2로 내분하므로 $\overline{AE} = k$, $\overline{EC} = 2k$ $(k > 0)$로 놓고, $\angle DAB = \theta$ $\left(\dfrac{\pi}{2} < \theta < \pi\right)$라 하자.

삼각형 AP_1P_2의 외접원의 지름의 길이가 k이므로 사인법칙에 의하여

$\dfrac{\overline{P_1P_2}}{\sin\theta} = k$ $\therefore \overline{P_1P_2} = k\sin\theta$

또한 삼각형 CQ_2Q_1의 외접원의 지름의 길이가 $2k$이므로 사인법칙에 의하여

$\dfrac{\overline{Q_1Q_2}}{\sin(\angle BCD)} = 2k$ $\therefore \overline{Q_1Q_2} = 2k\sin(\angle BCD)$

$\cos(\angle BCD) = -\dfrac{1}{3}$에서

$\sin(\angle BCD) = \sqrt{1 - \cos^2(\angle BCD)} = \sqrt{1 - \left(-\dfrac{1}{3}\right)^2} = \dfrac{2\sqrt{2}}{3}$이므로

$\overline{Q_1Q_2} = 2k \times \dfrac{2\sqrt{2}}{3} = \dfrac{4\sqrt{2}}{3}k$

이때 $\overline{P_1P_2} : \overline{Q_1Q_2} = 3 : 5\sqrt{2}$이므로

$k\sin\theta : \dfrac{4\sqrt{2}}{3}k = 3 : 5\sqrt{2}$

$k\sin\theta \times 5\sqrt{2} = \dfrac{4\sqrt{2}}{3}k \times 3$

$\therefore \sin\theta = \dfrac{4\sqrt{2}}{3} \times 3 \times \dfrac{1}{5\sqrt{2}} = \dfrac{4}{5}$

$\dfrac{\pi}{2} < \theta < \pi$이므로

$\cos\theta = -\sqrt{1 - \sin^2\theta} = -\sqrt{1 - \left(\dfrac{4}{5}\right)^2} = -\dfrac{3}{5}$

삼각형 ABD의 넓이가 2이므로 $\overline{AB} = x$, $\overline{AD} = y$라 하면

$\dfrac{1}{2}xy\sin\theta = 2$, $\dfrac{1}{2}xy \times \dfrac{4}{5} = 2$ $\therefore xy = 5$

또한 삼각형 BCD에서 코사인법칙에 의하여

$\overline{BD}^2 = 3^2 + 2^2 - 2 \times 3 \times 2 \times \cos(\angle BCD)$

$= 9 + 4 - 2 \times 3 \times 2 \times \left(-\dfrac{1}{3}\right) = 17$

삼각형 ABD에서 코사인법칙에 의하여

$\overline{BD}^2 = x^2 + y^2 - 2 \times x \times y \times \cos\theta$

$= x^2 + y^2 - 2 \times 5 \times \left(-\dfrac{3}{5}\right)$ $(\because xy = 5)$

$= x^2 + y^2 + 6$

따라서 $x^2 + y^2 + 6 = 17$이므로 $x^2 + y^2 = 11$

한편,

$(x + y)^2 = x^2 + y^2 + 2xy = 11 + 2 \times 5 = 21$

이므로

$x + y = \sqrt{21}$ $(\because x > 0, y > 0)$

$\therefore \overline{AB} + \overline{AD} = \sqrt{21}$

Ⅲ 수열

08 등차수열과 등비수열

유형 01 등차수열의 일반항

0564

답 ④

등차수열 $\{a_n\}$의 공차를 d라 하면 $a_n - a_{n-1} = d$이므로

$a_{100} - a_{99} = a_{98} - a_{97} = \cdots = a_2 - a_1 = d$

$\therefore a_{100} - a_{99} + a_{98} - a_{97} + \cdots + a_2 - a_1$

$= (a_{100} - a_{99}) + (a_{98} - a_{97}) + \cdots + (a_2 - a_1)$

$= 50d$

따라서 $50d = 100$에서 $d = 2$

0565

답 19

등차수열 $\{a_n\}$의 첫째항을 a라 하면

$a_{10} = a + 9 \times (-2) = 3$ $\therefore a = 21$

$\therefore a_n = 21 + (n-1) \times (-2) = -2n + 23$

$a_k = -15$에서 $-2k + 23 = -15$

$2k = 38$ $\therefore k = 19$

0566

답 ①

등차수열 $\{a_n\}$의 첫째항을 a, 공차를 d라 하면

$a_2 = a + d = \log_3 \dfrac{2}{3}$ ...... ㉠

$a_5 = a + 4d = \log_3 18$ ...... ㉡

㉡ − ㉠을 하면

$3d = \log_3 18 - \log_3 \dfrac{2}{3} = \log_3 \left(18 \times \dfrac{3}{2}\right)$

$= \log_3 27 = \log_3 3^3 = 3$

$\therefore d = 1$

$d = 1$을 ㉠에 대입하면 $a + 1 = \log_3 \dfrac{2}{3}$

$\therefore a = \log_3 \dfrac{2}{3} - 1 = \log_3 \dfrac{2}{3} - \log_3 3 = \log_3 \dfrac{2}{9}$

$\therefore a_n = \log_3 \dfrac{2}{9} + (n-1) \times 1 = n + \log_3 \dfrac{2}{9} - 1$

$= n + \log_3 \dfrac{2}{27}$

이때 $\log_3 486$을 제k항이라 하면

$\log_3 486 = k + \log_3 \dfrac{2}{27}$

$\therefore k = \log_3 486 - \log_3 \dfrac{2}{27} = \log_3 \left(486 \times \dfrac{27}{2}\right) = \log_3 (243 \times 27)$

$= \log_3 (3^5 \times 3^3) = \log_3 3^8 = 8$

따라서 $\log_3 486$은 제8항이다.

0567

답 ③

등차수열 $\{a_n\}$의 첫째항이 1이므로 공차를 d라 하면

$a_n = 1 + (n-1)d$

$\therefore a_{3n+2} = 1 + \{(3n+2) - 1\}d$

$= 1 + 3nd + d$

$= 1 + d + 3nd - 3d + 3d$

$= (1 + 4d) + (n-1) \times 3d$

이때 수열 $\{a_{3n+2}\}$는 공차가 12인 등차수열이므로

$3d = 12$ $\therefore d = 4$

즉, $a_n = 1 + (n-1) \times 4 = 4n - 3$이므로

$a_{2n} = 8n - 3 = 5 + (n-1) \times 8$

따라서 수열 $\{a_{2n}\}$은 첫째항이 5, 공차가 8인 등차수열이다.

유형 02 항 또는 항의 관계가 주어진 등차수열

0568

답 ③

등차수열 $\{a_n\}$의 첫째항과 공차가 같으므로 이를 모두 a라 하면

$a_3 + a_7 = 20$에서

$(a + 2a) + (a + 6a) = 20$

$10a = 20$ $\therefore a = 2$

따라서 $a_n = 2 + (n-1) \times 2 = 2n$이므로

$a_{10} = 2 \times 10 = 20$

0569

답 ①

등차수열 $\{a_n\}$의 공차를 d라 하면

$a_2 + 2a_6 = 0$에서 $(a_1 + d) + 2(a_1 + 5d) = 0$

$3a_1 + 11d = 0$ $\therefore a_1 = -\dfrac{11}{3}d$ ...... ㉠

$a_2 + a_4 + a_6 + 9 = a_1 + a_3 + a_5$에서

$a_2 + a_4 + a_6 - (a_1 + a_3 + a_5) = -9$

$(a_2 - a_1) + (a_4 - a_3) + (a_6 - a_5) = -9$

이때 $a_2 - a_1 = a_4 - a_3 = a_6 - a_5 = d$이므로

$3d = -9$ $\therefore d = -3$

$d = -3$을 ㉠에 대입하면 $a_1 = 11$

따라서 $a_n = 11 + (n-1) \times (-3) = -3n + 14$이므로

$a_5 = -3 \times 5 + 14 = -1$

0570

답 ④

등차수열 $\{a_n\}$의 첫째항을 a, 공차를 d라 하면

$a_5=7$에서 $a+4d=7$ ...... ㉠

또한

$a_3+a_9=(a+2d)+(a+8d)=2a+10d$

$a_6+a_{11}=(a+5d)+(a+10d)=2a+15d$

이고 $(a_3+a_9):(a_6+a_{11})=4:7$이므로

$(2a+10d):(2a+15d)=4:7$

즉, $7(2a+10d)=4(2a+15d)$에서

$3a+5d=0$ ...... ㉡

㉠, ㉡을 연립하여 풀면

$a=-5,\ d=3$

따라서 $a_n=-5+(n-1)\times3=3n-8$이므로 $a_k=40$에서

$3k-8=40,\ 3k=48$

$\therefore k=16$

0571

답 23

공차가 2인 등차수열 $\{b_n\}$의 첫째항을 b라 하면

$b_n=b+(n-1)\times2=2n+b-2$

이때 $a_n+b_n=5n$이므로

$a_n=5n-b_n=5n-(2n+b-2)$

$\qquad=3n-b+2$

$a_5=12$이므로

$12=3\times5-b+2$ $\therefore b=5$

따라서 $b_n=2n+b-2=2n+3$이므로

$b_{10}=2\times10+3=23$

[다른 풀이]

$a_n+b_n=5n$에서

$b_n=5n-a_n$

이 식의 양변에 $n=5$를 대입하면

$b_5=5\times5-a_5=25-a_5$

$\qquad=25-12=13$

이때 수열 $\{b_n\}$은 공차가 2인 등차수열이므로

$b_{10}=b_5+5\times2=13+10=23$

0572

답 ①

등차수열 $\{a_n\}$의 첫째항이 양수이고 공차가 0이 아니므로

$|a_2|=|a_6|$이려면 $a_2>0$, $a_6<0$이고 공차는 음수이어야 한다.

첫째항이 4인 등차수열 $\{a_n\}$의 공차를 $d\ (d\ne0)$라 하면

$a_2=-a_6$이므로

$4+d=-(4+5d),\ 6d=-8$

$\therefore d=-\dfrac{4}{3}$

따라서 $a_n=4+(n-1)\times\left(-\dfrac{4}{3}\right)=-\dfrac{4}{3}n+\dfrac{16}{3}$이므로

$a_{10}=-\dfrac{4}{3}\times10+\dfrac{16}{3}=-8$

유형 03 **대소 관계를 만족시키는 등차수열의 항**

0573

답 ③

등차수열 $\{a_n\}$의 첫째항을 a, 공차를 d라 하면

$a_3=-13$에서 $a+2d=-13$ ...... ㉠

$a_{10}=15$에서 $a+9d=15$ ...... ㉡

㉠, ㉡을 연립하여 풀면 $a=-21,\ d=4$

$\therefore a_n=-21+(n-1)\times4=4n-25$

$4n-25>0$에서

$4n>25$ $\therefore n>\dfrac{25}{4}=6.25$

따라서 처음으로 양수가 되는 항은 제7항이다.

0574

답 ①

등차수열 $\{a_n\}$의 공차를 d라 하면

$a_2=-a_{15}$에서

$30+d=-(30+14d)$

$15d=-60$ $\therefore d=-4$

$\therefore a_n=30+(n-1)\times(-4)=-4n+34$

$a_k<0$에서 $-4k+34<0$

$4k>34$ $\therefore k>\dfrac{17}{2}=8.5$

따라서 자연수 k의 최솟값은 9이다.

0575

답 ③

등차수열 $\{a_n\}$의 첫째항을 a, 공차를 d라 하면

$a_2=20$에서 $a+d=20$ ...... ㉠

$a_5+a_6+a_{15}=0$에서

$(a+4d)+(a+5d)+(a+14d)=0$

$\therefore 3a+23d=0$ ...... ㉡

㉠, ㉡을 연립하여 풀면 $a=23,\ d=-3$

$\therefore a_n=23+(n-1)\times(-3)=-3n+26$

$-3n+26=0$에서 $n=\dfrac{26}{3}=8.\times\times\times$

이때 $a_8=-3\times8+26=2,\ a_9=-3\times9+26=-1$이므로

$|a_8|>|a_9|$

따라서 $|a_n|$의 값이 최소가 되도록 하는 자연수 n의 값은 9이다.

유형 04 **두 수 사이에 수를 넣어서 만든 등차수열**

0576

답 ②

등차수열 $3,\ a_1,\ a_2,\ a_3,\ \cdots,\ a_{17},\ 12$의 공차를 d라 하면 첫째항이 3, 제19항이 12이므로

$12=3+18d,\ 18d=9$

$\therefore d=\dfrac{1}{2}$

0577

등차수열 1, a_1, a_2, a_3, $\cdots$, a_n, 28의 첫째항은 1, 공차는 $\frac{3}{2}$이고

제$(n+2)$항이 28이므로

$28=1+\{(n+2)-1\}\times\frac{3}{2}$

$\frac{3}{2}(n+1)=27$, $n+1=18$

$\therefore n=17$

0578

답 38

등차수열 $\{a_n\}$의 공차를 d라 하면 첫째항이 8, 제9항이 24이므로

$24=8+8d$, $8d=16$ $\therefore d=2$

$\therefore a_n=8+(n-1)\times2=2n+6$

이때 y_7은 첫째항이 8, 공차가 2인 등차수열 $\{a_n\}$의 제16항이므로

$y_7=a_{16}=2\times16+6=38$

0579

답 ⑤

등차수열 6, a_1, a_2, a_3, $\cdots$, a_m, 15, b_1, b_2, b_3, $\cdots$, b_n, 30의 공차를 d라 하자.

수열 6, a_1, a_2, a_3, $\cdots$, a_m, 15는 첫째항이 6, 공차가 d인 등차수열이고 15는 제$(m+2)$항이므로

$15=6+\{(m+2)-1\}\times d$ $\therefore d=\frac{9}{m+1}$ $\cdots\cdots$ ㉠

수열 15, b_1, b_2, b_3, $\cdots$, b_n, 30은 첫째항이 15, 공차가 d인 등차수열이고 30은 제$(n+2)$항이므로

$30=15+\{(n+2)-1\}\times d$ $\therefore d=\frac{15}{n+1}$ $\cdots\cdots$ ㉡

㉠, ㉡에서 $\frac{9}{m+1}=\frac{15}{n+1}$이므로

$9(n+1)=15(m+1)$

$\therefore 5m-3n+2=0$

유형 05 등차중항

0580

답 ⑤

세 수 $a+4$, a^2+3a, $3a^2+2$가 이 순서대로 등차수열을 이루므로

$2(a^2+3a)=(a+4)+(3a^2+2)$

$a^2-5a+6=0$, $(a-2)(a-3)=0$

$\therefore a=2$ 또는 $a=3$

따라서 모든 실수 a의 값의 곱은

$2\times3=6$

> **참고**
>
> $a=2$일 때 주어진 세 수는 6, 10, 14이므로 공차가 4인 등차수열을 이루고, $a=3$일 때 주어진 세 수는 7, 18, 29이므로 공차가 11인 등차수열을 이룬다.

0581

답 -1

$f(x)=ax^2-3x+6$이라 하면 $f(x)$를 일차식 $x+1$, $x-1$, $x-2$로 나누었을 때의 나머지는 각각

$f(-1)=a\times(-1)^2-3\times(-1)+6=a+9$

$f(1)=a\times1^2-3\times1+6=a+3$

$f(2)=a\times2^2-3\times2+6=4a$

세 수 $f(-1)$, $f(1)$, $f(2)$, 즉 $a+9$, $a+3$, $4a$가 이 순서대로 등차수열을 이루므로

$2(a+3)=(a+9)+4a$

$2a+6=5a+9$, $3a=-3$

$\therefore a=-1$

0582

답 42

이차방정식 $x^2-6x+4=0$의 두 근이 α, β이므로 근과 계수의 관계에 의하여

$\alpha+\beta=6$, $\alpha\beta=4$

m은 α, β의 등차중항이므로

$m=\frac{\alpha+\beta}{2}=\frac{6}{2}=3$

n은 α^2, β^2의 등차중항이므로

$n=\frac{\alpha^2+\beta^2}{2}=\frac{(\alpha+\beta)^2-2\alpha\beta}{2}$

$=\frac{6^2-2\times4}{2}=\frac{28}{2}=14$

$\therefore m\times n=3\times14=42$

0583

답 ③

x에 대한 이차방정식 $x^2-2nx+n^2-4=0$을 풀면

$x^2-2nx+(n-2)(n+2)=0$

$\{x-(n-2)\}\{x-(n+2)\}=0$

$\therefore x=n-2$ 또는 $x=n+2$

이때 $n-2<n+2$이므로 이차방정식의 서로 다른 두 실근 α, β $(\alpha<\beta)$에 대하여

$\alpha=n-2$, $\beta=n+2$

세 수 α, β, 13, 즉 $n-2$, $n+2$, 13이 이 순서대로 등차수열을 이루므로

$2(n+2)=(n-2)+13$

$2n+4=n+11$ $\therefore n=7$

0584

답 ③

등차수열 $\{a_n\}$의 공차가 3이므로

$a_1+a_2=a_1+(a_1+3)=2a_1+3$

$a_1+a_4=a_1+(a_1+3\times3)=2a_1+9$

세 수 a_1, a_1+a_2, a_1+a_4, 즉 a_1, $2a_1+3$, $2a_1+9$가 이 순서대로 등차수열을 이루므로

$2(2a_1+3)=a_1+(2a_1+9)$

$4a_1+6=3a_1+9$ $\therefore a_1=3$

0585

답 ②

등차수열을 이루는 세 실수를 $a-d$, a, $a+d$로 놓으면
세 실수의 합이 12이므로
$(a-d)+a+(a+d)=12$
$3a=12$ $\therefore a=4$
세 실수의 제곱의 합이 146이므로
$(a-d)^2+a^2+(a+d)^2=146$
즉, $3a^2+2d^2=146$이므로 이 식에 $a=4$를 대입하면
$3\times4^2+2d^2=146$
$2d^2=98$, $d^2=49$
$\therefore d=\pm7$
따라서 세 실수는 -3, 4, 11이므로 세 실수의 곱은
$-3\times4\times11=-132$

0586

답 ⑤

등차수열을 이루는 세 실근을 $a-d$, a, $a+d$로 놓으면 삼차방정식 $x^3-6x^2+kx+10=0$에서 근과 계수의 관계에 의하여
$(a-d)+a+(a+d)=6$
$3a=6$ $\therefore a=2$
즉, 삼차방정식의 세 실근은 $2-d$, 2, $2+d$이므로 근과 계수의 관계에 의하여
$(2-d)\times2\times(2+d)=-10$
$4-d^2=-5$, $d^2=9$
$\therefore d=\pm3$
따라서 세 실근은 -1, 2, 5이므로 제곱의 합은
$(-1)^2+2^2+5^2=30$

다른 풀이 ❶

삼차방정식 $x^3-6x^2+kx+10=0$의 한 실근이 2이므로 $x=2$를 대입하면
$2^3-6\times2^2+2k+10=0$
$2k=6$ $\therefore k=3$
따라서 삼차방정식 $x^3-6x^2+3x+10=0$을 풀면
$(x+1)(x-2)(x-5)=0$
$\therefore x=-1$ 또는 $x=2$ 또는 $x=5$
그러므로 세 실근의 제곱의 합은
$(-1)^2+2^2+5^2=30$

다른 풀이 ❷

삼차방정식 $x^3-6x^2+3x+10=0$의 한 실근이 2이므로 나머지 두 실근을 α, β라 하면 근과 계수의 관계에 의하여
$2+\alpha+\beta=6$ ……㉠
$2\alpha+2\beta+\alpha\beta=3$ ……㉡
따라서 삼차방정식의 세 실근의 제곱의 합은
$2^2+\alpha^2+\beta^2=(2+\alpha+\beta)^2-2(2\alpha+2\beta+\alpha\beta)$
$=6^2-2\times3$ ($\because$ ㉠, ㉡)
$=30$

0587

답 ③

등차수열을 이루는 네 수를 $a-3d$, $a-d$, $a+d$, $a+3d$ ($d>0$)로 놓으면
네 수의 합이 6이므로
$(a-3d)+(a-d)+(a+d)+(a+3d)=6$
$4a=6$ $\therefore a=\dfrac{3}{2}$
가장 작은 수와 가장 큰 수의 곱이 -54이므로
$(a-3d)(a+3d)=-54$
즉, $a^2-9d^2=-54$이므로 이 식에 $a=\dfrac{3}{2}$을 대입하면
$\left(\dfrac{3}{2}\right)^2-9d^2=-54$, $9d^2=\dfrac{225}{4}$
$d^2=\dfrac{25}{4}$ $\therefore d=\dfrac{5}{2}$ ($\because d>0$)
따라서 네 수는 -6, -1, 4, 9이고 이 중 가장 큰 수는 9이다.

0588

답 ④

등차수열 $\{a_n\}$의 첫째항을 a라 하면
$a_3=a+2\times3=13$ $\therefore a=7$
따라서 첫째항이 7, 공차가 3인 등차수열의 첫째항부터 제11항까지의 합은
$\dfrac{11\times\{2\times7+(11-1)\times3\}}{2}=242$

0589

답 ③

첫째항이 -10이고 공차가 2인 등차수열 $\{a_n\}$의 첫째항부터 제n항까지의 합이 180이므로
$\dfrac{n\{2\times(-10)+(n-1)\times2\}}{2}=180$
즉, $n(n-11)=180$에서
$n^2-11n-180=0$, $(n-20)(n+9)=0$
$\therefore n=20$ ($\because n>0$)

0590

답 ⑤

등차수열 $\{a_n\}$의 첫째항을 a, 공차를 d라 하면
$a_{20}=a+19d=4$ ……㉠
$a_{30}=a+29d=-16$ ……㉡
㉠, ㉡을 연립하여 풀면 $a=42$, $d=-2$
한편, 첫째항이 42, 공차가 -2인 등차수열 $\{a_n\}$의 첫째항부터 제k항까지의 합이 372이므로
$\dfrac{k\{2\times42+(k-1)\times(-2)\}}{2}=372$
즉, $k(43-k)=372$에서
$k^2-43k+372=0$, $(k-12)(k-31)=0$
$\therefore k=12$ ($\because k<30$)
따라서 $a_n=42+(n-1)\times(-2)=-2n+44$이므로
$a_k=a_{12}=-2\times12+44=20$

0591

등차수열 $\{a_n\}$의 첫째항을 a, 공차를 d라 하면

$a_2+a_3=0$에서 $(a+d)+(a+2d)=0$

$\therefore 2a+3d=0$ $\quad$ …… ㉠

$a_5+a_{15}=30$에서 $(a+4d)+(a+14d)=30$

$\therefore a+9d=15$ $\quad$ …… ㉡

㉠, ㉡을 연립하여 풀면 $a=-3$, $d=2$

따라서 첫째항이 -3, 공차가 2인 등차수열의 첫째항부터 제10항까지의 합은

$$\frac{10\times\{2\times(-3)+(10-1)\times2\}}{2}=60$$

0592

등차수열 $\{a_n\}$의 공차가 -3이고 $a_7=7$이므로

$a_7=a_1+6\times(-3)=7$ $\quad\therefore a_1=25$

즉, $a_1+a_2+a_3+\cdots+a_n$은 첫째항이 25, 공차가 -3인 등차수열 $\{a_n\}$의 첫째항부터 제n항까지의 합이므로

$$a_1+a_2+a_3+\cdots+a_n=\frac{n\{2\times25+(n-1)\times(-3)\}}{2}$$
$$=\frac{n(53-3n)}{2}$$

$a_1+a_2+a_3+\cdots+a_n<0$에서 $\dfrac{n(53-3n)}{2}<0$

$53-3n<0$ $(\because n>0)$

$\therefore n>\dfrac{53}{3}=17.\times\times\times$

따라서 자연수 n의 최솟값은 18이다.

> **참고**
>
> 등차수열 $\{a_n\}$의 첫째항은 양수이고 공차는 음수이므로 n의 값이 커질수록 수열의 각 항의 값은 감소한다.
>
> 이때 $a_n=25+(n-1)\times(-3)=-3n+28$이므로
>
> $n\geq10$일 때 $a_n<0$이다.
>
> 한편,
>
> $a_1+a_2+a_3+\cdots+a_{17}=17>0$,
>
> $a_1+a_2+a_3+\cdots+a_{18}=-9<0$
>
> 이므로 $n\geq18$일 때 $a_1+a_2+a_3+\cdots+a_n<0$이다.

0593

등차수열 $\{a_n\}$의 첫째항을 a, 공차를 d라 하면

$a_3=a+2d=11$ $\quad$ …… ㉠

$a_{10}=a+9d=-3$ $\quad$ …… ㉡

㉠, ㉡을 연립하여 풀면 $a=15$, $d=-2$

$\therefore a_n=15+(n-1)\times(-2)=-2n+17$

$a_n>0$에서 $-2n+17>0$

$\therefore n<\dfrac{17}{2}=8.5$

즉, 등차수열 $\{a_n\}$의 첫째항부터 제8항까지는 양수이고 제9항부터는 음수이다.

이때 $a_1=-2\times1+17=15$, $a_8=-2\times8+17=1$,

$a_9=-2\times9+17=-1$, $a_{15}=-2\times15+17=-13$이므로

$|a_1|+|a_2|+|a_3|+\cdots+|a_{15}|$

$=(a_1+a_2+a_3+\cdots+a_8)-(a_9+a_{10}+a_{11}+\cdots+a_{15})$

$=\dfrac{8\times(15+1)}{2}-\dfrac{7\times\{-1+(-13)\}}{2}$

$=64-(-49)=113$

두 수 사이에 수를 넣어서 만든 등차수열의 합

0594

첫째항이 2, 끝항이 35이고 항수가 $(n+2)$인 등차수열의 합이 259이므로

$$\frac{(n+2)\times(2+35)}{2}=259$$

$37(n+2)=518$, $n+2=14$

$\therefore n=12$

0595

등차수열 7, a_1, a_2, a_3, $\cdots$, a_{20}, 70의 첫째항이 7, 제22항이 70이므로 공차를 d라 하면

$7+(22-1)\times d=70$

$21d=63$ $\quad\therefore d=3$

따라서 수열 a_1, a_3, a_5, $\cdots$, a_{19}의 첫째항은 $a_1=7+3=10$이고 공차는 $2d=6$, 항수는 10이므로

$$a_1+a_3+a_5+\cdots+a_{19}=\frac{10\times\{2\times10+(10-1)\times6\}}{2}$$
$$=370$$

0596

첫째항이 14인 등차수열의 제$(n+2)$항이 35이므로 공차를 d라 하면

$14+\{(n+2)-1\}\times d=35$

$\therefore (n+1)d=21$ $\quad$ …… ㉠

이때 주어진 수열의 공차 d가 자연수이므로 ㉠을 만족시키는 두 자연수 n, d의 순서쌍 (n, d)는

$(2, 7)$, $(6, 3)$, $(20, 1)$

또한 $14+a_1+a_2+a_3+\cdots+a_n+35$의 값은 첫째항이 14, 끝항이 35인 등차수열의 첫째항부터 제$(n+2)$항까지의 합이므로

$$14+a_1+a_2+a_3+\cdots+a_n+35=\frac{(n+2)\times(14+35)}{2}$$
$$=\frac{49}{2}(n+2)$$

$\therefore a_1+a_2+a_3+\cdots+a_n=\dfrac{49}{2}(n+2)-14-35=\dfrac{49}{2}n$

이 값이 최소이려면 n의 값이 최소이어야 한다.

따라서 $n=2$, $d=7$일 때, 구하는 최솟값은

$\dfrac{49}{2}\times2=49$

(ⅰ) $n=2$, $d=7$일 때, 주어진 수열은
  14, 21, 28, 35
  $\therefore a_1+a_2=21+28=49$

(ⅱ) $n=6$, $d=3$일 때, 주어진 수열은
  14, 17, 20, 23, 26, 29, 32, 35
  $\therefore a_1+a_2+a_3+\cdots+a_6=17+20+23+26+29+32$
  $=\dfrac{6\times(17+32)}{2}=147$

(ⅲ) $n=20$, $d=1$일 때, 주어진 수열은
  14, 15, 16, $\cdots$, 34, 35
  $\therefore a_1+a_2+a_3+\cdots+a_{20}=15+16+\cdots+34$
  $=\dfrac{20\times(15+34)}{2}=490$

유형 09 부분의 합이 주어진 등차수열

0597 답 ③

등차수열 $\{a_n\}$의 첫째항을 a, 공차를 d, 첫째항부터 제n항까지의 합을 S_n이라 하면

$S_{10}=\dfrac{10\times\{2a+(10-1)\times d\}}{2}=-20$

$\therefore 2a+9d=-4$ $\cdots\cdots$ ㉠

$S_{30}=\dfrac{30\times\{2a+(30-1)\times d\}}{2}=540$

$\therefore 2a+29d=36$ $\cdots\cdots$ ㉡

㉠, ㉡을 연립하여 풀면 $a=-11$, $d=2$

따라서 주어진 수열의 첫째항부터 제20항까지의 합은

$S_{20}=\dfrac{20\times\{2\times(-11)+(20-1)\times 2\}}{2}=160$

0598 답 ④

등차수열 $\{a_n\}$의 첫째항을 a, 공차를 d라 하면

$S_{10}=\dfrac{10\times\{2a+(10-1)\times d\}}{2}=145$

$\therefore 2a+9d=29$ $\cdots\cdots$ ㉠

$S_{15}=\dfrac{15\times\{2a+(15-1)\times d\}}{2}=330$

$\therefore a+7d=22$ $\cdots\cdots$ ㉡

㉠, ㉡을 연립하여 풀면 $a=1$, $d=3$

$\therefore a_{16}+a_{17}+a_{18}+\cdots+a_{25}=S_{25}-S_{15}$

$=S_{25}-330$

$=\dfrac{25\times\{2\times 1+(25-1)\times 3\}}{2}-330$

$=925-330=595$

0599 답 388

등차수열 $\{a_n\}$의 첫째항을 a, 공차를 d, 첫째항부터 제n항까지의 합을 S_n이라 하자.

$a_1+a_2+a_3+\cdots+a_{13}=S_{13}=208$에서

$\dfrac{13\times\{2a+(13-1)\times d\}}{2}=208$

$\therefore a+6d=16$ $\cdots\cdots$ ㉠

$a_{14}+a_{15}+a_{16}+\cdots+a_{25}=S_{25}-S_{13}=292$에서

$S_{25}=292+S_{13}=292+208=500$이므로

$\dfrac{25\times\{2a+(25-1)\times d\}}{2}=500$

$\therefore a+12d=20$ $\cdots\cdots$ ㉡

㉠, ㉡을 연립하여 풀면 $a=12$, $d=\dfrac{2}{3}$

$\therefore a_{26}+a_{27}+a_{28}+\cdots+a_{37}=S_{37}-S_{25}$

$=S_{37}-500$

$=\dfrac{37\times\left\{2\times 12+(37-1)\times\dfrac{2}{3}\right\}}{2}-500$

$=888-500=388$

0600 답 ②

등차수열 $\{a_n\}$의 첫째항을 a, 공차를 d $(d>0)$라 하면

$S_6=\dfrac{6\times\{2a+(6-1)\times d\}}{2}=24$

$\therefore 2a+5d=8$ $\cdots\cdots$ ㉠

$|S_3|=\left|\dfrac{3\times\{2a+(3-1)\times d\}}{2}\right|=24$

즉, $|3(a+d)|=24$에서 $|a+d|=8$이므로

$a+d=8$ 또는 $a+d=-8$

(ⅰ) $a+d=8$일 때
  ㉠과 $a+d=8$을 연립하여 풀면
  $a=\dfrac{32}{3}$, $d=-\dfrac{8}{3}$
  이는 공차가 양수라는 조건을 만족시키지 않는다.

(ⅱ) $a+d=-8$일 때
  ㉠과 $a+d=-8$을 연립하여 풀면
  $a=-16$, $d=8$

(ⅰ), (ⅱ)에서 $a=-16$, $d=8$이므로

$S_{10}=\dfrac{10\times\{2\times(-16)+(10-1)\times 8\}}{2}=200$

유형 10 등차수열의 합의 최대·최소

0601 답 ②

등차수열 $\{a_n\}$의 첫째항을 a, 공차를 d, 첫째항부터 제n항까지의 합을 S_n이라 하자.

$a_2=a+d=-22$ $\cdots\cdots$ ㉠

$a_{20}=a+19d=32$ $\cdots\cdots$ ㉡

㉠, ㉡을 연립하여 풀면 $a=-25$, $d=3$

$\therefore a_n=-25+(n-1)\times 3=3n-28$

첫째항이 음수, 공차가 양수인 등차수열이므로 항수가 커질수록 항의 값이 증가하고, $a_n\le 0$을 만족시키는 n이 최대일 때까지의 합이 S_n의 최솟값이다.

즉, $a_n \leq 0$에서 $3n-28 \leq 0$ $\therefore n \leq \dfrac{28}{3} = 9.\times\times\times$

이를 만족시키는 자연수 n의 최댓값은 9이므로 S_n의 최솟값은

$$S_9 = \dfrac{9 \times \{2 \times (-25) + (9-1) \times 3\}}{2} = -117$$

다른 풀이

등차수열 $\{a_n\}$의 첫째항을 a, 공차를 d라 하면

$a=-25$, $d=3$이므로

$$S_n = \dfrac{n\{2 \times (-25) + (n-1) \times 3\}}{2} = \dfrac{n(3n-53)}{2}$$

$$= \dfrac{3}{2}n^2 - \dfrac{53}{2}n = \dfrac{3}{2}\left(n - \dfrac{53}{6}\right)^2 - \dfrac{53^2}{24}$$

이때 n은 자연수이고 $\dfrac{53}{6} = 8.8333\cdots$에 가장 가까운 자연수는 9이

므로 S_n은 $n=9$일 때 최소이다.

따라서 구하는 최솟값은

$$S_9 = \dfrac{3}{2} \times 9^2 - \dfrac{53}{2} \times 9 = -117$$

0602
답 ①

등차수열 $\{a_n\}$의 첫째항을 a, 공차를 d, 첫째항부터 제n항까지의 합을 S_n이라 하자.

$a_5 = a + 4d = 20$ ⋯⋯ ㉠

$a_6 + a_{11} = (a+5d) + (a+10d) = -2$에서

$2a + 15d = -2$ ⋯⋯ ㉡

㉠, ㉡을 연립하여 풀면 $a=44$, $d=-6$

$\therefore a_n = 44 + (n-1) \times (-6) = -6n + 50$

첫째항이 양수, 공차가 음수인 등차수열이므로 항수가 커질수록 항의 값이 감소하고, $a_n \geq 0$을 만족시키는 n이 최대일 때까지의 합이 S_n의 최댓값이다.

즉, $a_n \geq 0$에서 $-6n + 50 \geq 0$ $\therefore n \leq \dfrac{50}{6} = 8.\times\times\times$

이를 만족시키는 자연수 n의 최댓값은 8이므로 S_n의 값이 최대가 되도록 하는 자연수 n의 값은 8이다.

참고

$a_8 = -6 \times 8 + 50 = 2 > 0$, $a_9 = -6 \times 9 + 50 = -4 < 0$이므로 등차수열 $\{a_n\}$의 첫째항부터 제8항까지는 양수, 제9항부터는 음수이다.

따라서 등차수열 $\{a_n\}$의 첫째항부터 제8항까지의 합이 최대가 된다.

0603
답 72

등차수열 $\{a_n\}$의 첫째항을 a, 공차를 d라 하면

$$S_4 = \dfrac{4 \times \{2a + (4-1) \times d\}}{2} = -60$$에서

$2a + 3d = -30$ ⋯⋯ ㉠

$$S_{10} = \dfrac{10 \times \{2a + (10-1) \times d\}}{2} = -30$$에서

$2a + 9d = -6$ ⋯⋯ ㉡

㉠, ㉡을 연립하여 풀면 $a=-21$, $d=4$

$\therefore a_n = -21 + (n-1) \times 4 = 4n - 25$

첫째항이 음수, 공차가 양수인 등차수열이므로 항수가 커질수록 항의 값이 증가하고, $a_n \leq 0$을 만족시키는 n이 최대일 때까지의 합이 S_n의 최솟값이다.

즉, $a_n \leq 0$에서 $4n - 25 \leq 0$

$4n \leq 25$ $\therefore n \leq 6.25$

이를 만족시키는 자연수 n의 최댓값은 6이므로 $k=6$

또한 S_n의 최솟값은

$$m = S_6 = \dfrac{6 \times \{2 \times (-21) + (6-1) \times 4\}}{2} = -66$$

$\therefore k - m = 6 - (-66) = 72$

0604
답 ④

첫째항이 양수인 등차수열 $\{a_n\}$의 공차를 d, 첫째항부터 제n항까지의 합을 S_n이라 하면 S_n의 최댓값이 존재하므로 이 수열의 공차는 음수이다.

이때 S_n의 최댓값이 S_{15}이므로 $a_{15} \geq 0$, $a_{16} < 0$에서

$99 + 14d \geq 0$, $99 + 15d < 0$

즉, $-\dfrac{99}{14} \leq d < -\dfrac{99}{15}$에서

$-\dfrac{99}{14} = -7.\times\times\times$, $-\dfrac{99}{15} = -6.6$이고 d는 정수이므로

$d = -7$

따라서 $a_n = 99 + (n-1) \times (-7) = -7n + 106$이므로

$a_{10} = -7 \times 10 + 106 = 36$

유형 11   **나머지가 같은 자연수의 합**

0605
답 ②

100보다 작은 자연수 중에서 7로 나누었을 때의 나머지가 4인 수를 작은 것부터 차례대로 나열하면

$4, 11, 18, \cdots, 95$

이 수열은 첫째항이 4, 공차가 7인 등차수열이고 95를 이 수열의 제n항이라 하면 $95 = 4 + (n-1) \times 7$에서 $n=14$

따라서 구하는 총합은 첫째항이 4, 끝항이 95, 항수가 14인 등차수열의 합이므로

$$\dfrac{14 \times (4+95)}{2} = 693$$

0606
답 ⑤

두 자리 자연수 중에서 4로 나누어떨어지는 수를 작은 것부터 차례대로 나열하면

$12, 16, 20, 24, \cdots, 96$ ⋯⋯ ㉠

이 수열은 첫째항이 12, 공차가 4인 등차수열이고 96을 이 수열의 제n항이라 하면 $96 = 12 + (n-1) \times 4$에서 $n=22$

즉, ㉠의 총합은 첫째항이 12, 끝항이 96, 항수가 22인 등차수열의 합이므로

$$\dfrac{22 \times (12+96)}{2} = 1188$$

두 자리 자연수 중에서 6으로 나누어떨어지는 수를 작은 것부터 차례대로 나열하면

$12, 18, 24, 30, \cdots, 96$ ⋯⋯ ㉡

이 수열은 첫째항이 12, 공차가 6인 등차수열이고 96을 이 수열의
제n항이라 하면 $96=12+(n-1)\times6$에서 $n=15$
즉, ㉡의 총합은 첫째항이 12, 끝항이 96, 항수가 15인 등차수열의
합이므로
$\dfrac{15\times(12+96)}{2}=810$

한편, 두 자리 자연수 중에서 4, 6으로 모두 나누어떨어지는 수, 즉
12로 나누어떨어지는 수를 작은 것부터 차례대로 나열하면
12, 24, 36, $\cdots$, 96 $\cdots\cdots$ ㉢
이 수열은 첫째항이 12, 공차가 12인 등차수열이고 96을 이 수열의
제n항이라 하면 $96=12+(n-1)\times12$에서 $n=8$
즉, ㉢의 총합은 첫째항이 12, 끝항이 96, 항수가 8인 등차수열의
합이므로
$\dfrac{8\times(12+96)}{2}=432$

따라서 두 자리 자연수 중에서 4 또는 6으로 나누어떨어지는 수의
총합은
$1188+810-432=1566$

0607

답 ④

3으로 나누었을 때의 나머지가 2인 자연수를 작은 것부터 차례대로
나열하면
2, 5, 8, 11, 14, 17, 20, 23, 26, 29, 32, 35, 38, $\cdots$ $\cdots\cdots$ ㉠
5로 나누었을 때의 나머지가 3인 자연수를 작은 것부터 차례대로
나열하면
3, 8, 13, 18, 23, 28, 33, 38, 43, $\cdots$ $\cdots\cdots$ ㉡
㉠, ㉡에서 공통인 수를 작은 것부터 차례대로 나열하면 구하는 수
열 $\{a_n\}$은
8, 23, 38, $\cdots$
따라서 수열 $\{a_n\}$은 첫째항 8, 공차가 15인 등차수열이므로
첫째항부터 제12항까지의 합은
$\dfrac{12\times\{2\times8+(12-1)\times15\}}{2}=1086$

유형 12 등차수열의 합의 활용

0608

답 ④

연속하는 30개의 자연수 중에서 가장 작은 수를 a라 하면 가장 큰
수는 $a+29$이고, 이 30개의 자연수는
a, $a+1$, $a+2$, $\cdots$, $a+29$
이므로 첫째항이 a, 공차가 1, 항수가 30인 등차수열을 이룬다.
이 30개의 자연수의 합이 525이므로
$\dfrac{30\times\{a+(a+29)\}}{2}=525$
$2a+29=35$, $2a=6$ $\therefore a=3$
따라서 구하는 가장 작은 수는 3, 가장 큰 수는 $3+29=32$이므로
그 합은
$3+32=35$

0609

답 132

주어진 숫자판에서 왼쪽에서부터 n번째 칸을 시작으로 ▯▯▯ 모
양으로 연속하는 3개의 칸에 적힌 수의 합이 a_n이므로
$a_1=1+2+3=6$
$a_2=2+3+4=(1+1)+(2+1)+(3+1)$
$\quad=1+2+3+3\times1=a_1+3$
$a_3=3+4+5=(2+1)+(3+1)+(4+1)$
$\quad=2+3+4+3\times1=a_2+3$
$\quad\vdots$
즉, 수열 $\{a_n\}$은 첫째항이 6이고 공차가 3인 등차수열이므로 첫째
항부터 제8항까지의 합은
$\dfrac{8\times\{2\times6+(8-1)\times3\}}{2}=132$

참고

주어진 숫자판에서 왼쪽에서부터 n번째 칸에 적힌 수는 n이므로
$a_n=n+(n+1)+(n+2)=3n+3$
$\quad=6+(n-1)\times3$
따라서 수열 $\{a_n\}$은 첫째항이 6이고 공차가 3인 등차수열이다.

0610

답 ②

매일 공부 시간을 5분씩 늘리므로 방학 n일째에 공부한 시간을 a_n
분이라 하면 수열 $\{a_n\}$은 첫째항이 $a_1=60$이고 공차가 5인 등차수
열을 이룬다.
$\therefore a_n=60+(n-1)\times5=5n+55$
공부 시간이 3시간 50분, 즉 230분인 날이 방학 n일째라 하면
$5n+55=230$
$5n=175$ $\therefore n=35$
따라서 방학은 총 35일이고 도영이가 방학 동안 공부한 시간의 총
합은 첫째항이 60, 끝항이 230, 항수가 35인 등차수열의 합이므로
$\dfrac{35\times(60+230)}{2}=5075$(분)

0611

답 ⑤

n각형의 내각의 크기의 합은
$180°\times(n-2)=180°\times n-360°$ $\cdots\cdots$ ㉠
n각형의 내각의 크기가 공차가 20인 등차수열을 이루고 가장 큰
내각의 크기가 170°이므로 첫째항이 170°, 공차가 $-20°$, 항수가 n
인 등차수열로 생각할 수 있다.
이때 내각의 크기의 합은
$\dfrac{n\{2\times170°+(n-1)\times(-20°)\}}{2}=-10°\times n^2+180°\times n$
          $\cdots\cdots$ ㉡
㉠, ㉡이 일치해야 하므로
$-10°\times n^2+180°\times n=180°\times n-360°$
$n^2=36$ $\therefore n=6$ ($\because n$은 자연수)
따라서 이 육각형의 가장 작은 내각의 크기는
$170°+(6-1)\times(-20°)=70°$

0612

답 ①

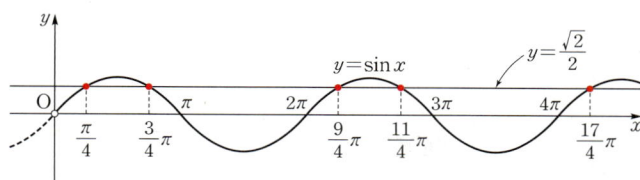

함수 $y=\sin x\;(x>0)$의 그래프와 직선 $y=\dfrac{\sqrt{2}}{2}$의 교점의 x좌표는

$x=\dfrac{\pi}{4},\;\dfrac{3}{4}\pi,\;\dfrac{9}{4}\pi,\;\dfrac{11}{4}\pi,\;\dfrac{17}{4}\pi,\;\cdots$

즉, 수열 $a_1,\;a_3,\;a_5,\;\cdots$는 $\dfrac{\pi}{4},\;\dfrac{9}{4}\pi,\;\dfrac{17}{4}\pi,\;\cdots$이므로

첫째항이 $\dfrac{\pi}{4}$, 공차가 2π인 등차수열을 이룬다.

$\therefore a_1+a_3+a_5+\cdots+a_{2k-1}=\dfrac{k\left\{2\times\dfrac{\pi}{4}+(k-1)\times 2\pi\right\}}{2}$

$\qquad\qquad\qquad\qquad\qquad=\dfrac{k(4k-3)}{4}\pi$

이때 $a_1+a_3+a_5+\cdots+a_{2k-1}=58\pi$이므로

$\dfrac{k(4k-3)}{4}\pi=58\pi$

$4k^2-3k-232=0,\;(4k+29)(k-8)=0$

$\therefore k=8\;(\because k는\;자연수)$

유형 13 수열의 합과 일반항 사이의 관계

0613

답 ②

$S_n=-2n^2+2n+5$이므로

$a_1=S_1=-2\times 1^2+2\times 1+5=5$

$a_{10}=S_{10}-S_9$

$\quad=(-2\times 10^2+2\times 10+5)-(-2\times 9^2+2\times 9+5)$

$\quad=-175-(-139)=-36$

$\therefore a_1-a_{10}=5-(-36)=41$

0614

답 ②

$a_3+a_4+a_5=S_5-S_2$이고 $S_n=n^2+kn+1$이므로

$a_3+a_4+a_5=(5^2+5k+1)-(2^2+2k+1)$

$\qquad\qquad\quad=21+3k$

즉, $a_3+a_4+a_5=30$에서 $21+3k=30$이므로

$3k=9\qquad\therefore k=3$

따라서 $S_n=n^2+3n+1$이므로

$a_6=S_6-S_5$

$\quad=(6^2+3\times 6+1)-(5^2+3\times 5+1)$

$\quad=55-41=14$

0615

답 ⑤

$S_n=-n^2+2n$에서

(i) $n=1$일 때

$\quad a_1=S_1=-1^2+2\times 1=1$

(ii) $n\geq 2$일 때

$\quad a_n=S_n-S_{n-1}$

$\qquad=(-n^2+2n)-\{-(n-1)^2+2(n-1)\}$

$\qquad=-2n+3\qquad\cdots\cdots\;\bigcirc$

이때 $a_1=1$은 $\bigcirc$에 $n=1$을 대입한 것과 같으므로

$a_n=-2n+3$

$\therefore a_{2n-1}=-2\times(2n-1)+3$

$\qquad\qquad=1+(n-1)\times(-4)$

따라서 $a_1+a_3+a_5+\cdots+a_{99}$는 첫째항이 1, 공차가 -4인 등차수열의 첫째항부터 제50항까지의 합과 같으므로

$a_1+a_3+a_5+\cdots+a_{99}=\dfrac{50\times\{2\times 1+(50-1)\times(-4)\}}{2}$

$\qquad\qquad\qquad\qquad\quad=-4850$

0616

답 123

$f(x)=x^2-12x$라 하면 다항식 $f(x)$를 $x+n$으로 나누었을 때의 나머지는

$f(-n)=n^2+12n$

즉, $S_n=n^2+12n$이므로

$a_{10}=S_{10}-S_9=(10^2+12\times 10)-(9^2+12\times 9)=31$

$a_{15}=S_{15}-S_{14}=(15^2+12\times 15)-(14^2+12\times 14)=41$

$a_{20}=S_{20}-S_{19}=(20^2+12\times 20)-(19^2+12\times 19)=51$

$\therefore a_{10}+a_{15}+a_{20}=31+41+51=123$

다른 풀이

$S_n=n^2+12n$이므로 $n\geq 2$일 때,

$a_n=S_n-S_{n-1}$

$\quad=(n^2+12n)-\{(n-1)^2+12(n-1)\}$

$\quad=2n+11$

$\therefore a_{10}+a_{15}+a_{20}=(2\times 10+11)+(2\times 15+11)+(2\times 20+11)$

$\qquad\qquad\qquad\qquad=31+41+51=123$

0617

답 ①

$S_n=2n^2+kn-1,\;T_n=n^2+7n$이라 하면

$a_8=S_8-S_7$

$\quad=(2\times 8^2+8k-1)-(2\times 7^2+7k-1)$

$\quad=k+30$

$b_8=T_8-T_7$

$\quad=(8^2+7\times 8)-(7^2+7\times 7)$

$\quad=22$

이때 두 수열 $\{a_n\}$, $\{b_n\}$의 제8항이 서로 같으므로

$a_8=b_8$에서

$k+30=22\qquad\therefore k=-8$

0618

$S_n=2n^2-11n$이므로

(i) $n=1$일 때

$a_1=S_1=2\times 1^2-11\times 1=-9$

(ii) $n\geq 2$일 때

$a_n=S_n-S_{n-1}$

$=(2n^2-11n)-\{2(n-1)^2-11(n-1)\}$

$=4n-13$ ······ ㉠

이때 $a_1=-9$는 ㉠에 $n=1$을 대입한 것과 같으므로

$a_n=4n-13$

$1\leq a_n\leq 100$에서

$1\leq 4n-13\leq 100$

$14\leq 4n\leq 113$

$\therefore 3.5\leq n\leq 28.25$

따라서 구하는 자연수 n은 4, 5, 6, ···, 28의 25개이다.

유형 14 등비수열의 일반항

0619

등비수열 $\{a_n\}$의 첫째항을 a, 공비를 r이라 하면

$a_3=ar^2=6$ ······ ㉠

$a_6=ar^5=162$ ······ ㉡

㉡÷㉠을 하면

$r^3=27$ $\therefore r=3$

$\therefore \dfrac{a_8}{a_4}=\dfrac{ar^7}{ar^3}=r^4=3^4=81$

참고

$r=3$을 ㉠에 대입하면

$a\times 3^2=6$ $\therefore a=\dfrac{2}{3}$

$\therefore a_n=\dfrac{2}{3}\times 3^{n-1}$

0620

등비수열 $\{a_n\}$의 첫째항을 a, 공비를 r이라 하면

$a_2=ar=6$ ······ ㉠

$a_5=ar^4=-48$ ······ ㉡

㉡÷㉠을 하면

$r^3=-8$ $\therefore r=-2 \ (\because r$은 실수$)$

$r=-2$를 ㉠에 대입하면

$a\times(-2)=6$ $\therefore a=-3$

따라서 $a_n=(-3)\times(-2)^{n-1}$이므로

$a_3+a_4=(-3)\times(-2)^2+(-3)\times(-2)^3$

$=-12+24=12$

0621

등비수열 $\{a_n\}$의 첫째항을 a, 공비를 r이라 하면

$a_2=ar=\dfrac{3}{2}$ ······ ㉠

$a_4=ar^3=6$ ······ ㉡

㉡÷㉠을 하면 $r^2=4$

이때 수열 $\{a_n\}$의 모든 항이 양수이므로 $r=2$

$r=2$를 ㉠에 대입하면

$a\times 2=\dfrac{3}{2}$ $\therefore a=\dfrac{3}{4}$

$\therefore a_n=\dfrac{3}{4}\times 2^{n-1}$

$a_m=768$에서 $\dfrac{3}{4}\times 2^{m-1}=768$

따라서 $2^{m-1}=768\times\dfrac{4}{3}=256\times 4=2^8\times 2^2=2^{10}$이므로

$m-1=10$ $\therefore m=11$

0622

등비수열 $\{a_n\}$의 첫째항이 4, 공비가 -2이므로 일반항 a_n은

$a_n=4\times(-2)^{n-1}$

즉, 수열 $\{a_n{}^2\}$의 일반항 $a_n{}^2$은

$a_n{}^2=\{4\times(-2)^{n-1}\}^2=4^2\times\{(-2)^{n-1}\}^2$

$=16\times\{(-2)^2\}^{n-1}=16\times 4^{n-1}$

따라서 수열 $\{a_n{}^2\}$의 첫째항은 16, 공비는 4이므로 그 합은

$16+4=20$

다른 풀이

수열 $\{a_n{}^2\}$의 첫째항은

$a_1{}^2=4^2=16$

수열 $\{a_n{}^2\}$의 둘째항은

$a_2{}^2=\{4\times(-2)\}^2=(-8)^2=64$

이므로 수열 $\{a_n{}^2\}$의 공비는

$\dfrac{a_2{}^2}{a_1{}^2}=\dfrac{64}{16}=4$

따라서 수열 $\{a_n{}^2\}$의 첫째항은 16, 공비는 4이므로 그 합은

$16+4=20$

0623

등비수열 $\{a_n\}$의 첫째항을 a, 공비를 r이라 하면

$a_3=ar^2=3$ ······ ㉠

$a_5=ar^4=9$ ······ ㉡

㉡÷㉠을 하면

$r^2=3$ $\therefore r=\sqrt{3} \ (\because r>0)$

$r=\sqrt{3}$을 ㉠에 대입하면

$a\times(\sqrt{3})^2=3$ $\therefore a=1$

즉, $a_n=1\times(\sqrt{3})^{n-1}=(\sqrt{3})^{n-1}$이므로

$a_1\times a_3\times a_5\times\cdots\times a_{19}$

$=1\times(\sqrt{3})^2\times(\sqrt{3})^4\times(\sqrt{3})^6\times\cdots\times(\sqrt{3})^{18}$

$=3\times 3^2\times 3^3\times\cdots\times 3^9$

$=3^{1+2+3+\cdots+9}$ ······ ㉢

이때 $1+2+3+\cdots+9$는 첫째항이 1, 끝항이 9, 항수가 9인 등차수열의 합이므로

$$1+2+3+\cdots+9=\frac{9\times(1+9)}{2}=45$$

따라서 ⓒ에서

$$a_1\times a_3\times a_5\times\cdots\times a_{19}=3^{45}$$

2권

다른 풀이

등비수열 $\{a_n\}$의 첫째항을 a, 공비를 r이라 하면

$$a_6+a_7+a_8=ar^5+ar^6+ar^7=7 \qquad \cdots\cdots ㉠$$
$$a_7+a_8+a_9=ar^6+ar^7+ar^8$$
$$=r(ar^5+ar^6+ar^7)=14 \qquad \cdots\cdots ㉡$$

㉡÷㉠을 하면 $r=2$

$$\therefore a_8+a_9+a_{10}=ar^7+ar^8+ar^9=r(ar^6+ar^7+ar^8)$$
$$=2\times14=28$$

유형 15 항 또는 항의 관계가 주어진 등비수열

0624 답 ②

등비수열 $\{a_n\}$의 첫째항을 a, 공비를 r이라 하면

$\dfrac{a_{12}-a_{11}}{a_{10}}=2$에서

$$\frac{ar^{11}-ar^{10}}{ar^9}=\frac{ar^{10}(r-1)}{ar^9}=r(r-1)=2$$
$$r^2-r-2=0, \ (r-2)(r+1)=0$$
$$\therefore r=2 \ 또는 \ r=-1$$

이때 수열 $\{a_n\}$의 모든 항이 양수이므로 $r>0$

따라서 $r=2$이므로

$$\frac{a_{10}}{a_8}+\frac{a_7}{a_6}=\frac{ar^9}{ar^7}+\frac{ar^6}{ar^5}=r^2+r$$
$$=2^2+2=6$$

0625 답 ⑤

등비수열 $\{a_n\}$의 첫째항을 a, 공비를 r이라 하면

$$a_3+a_4=ar^2+ar^3$$
$$=ar^2(1+r)=12 \qquad \cdots\cdots ㉠$$
$$a_3\times a_4+a_3\times a_5=ar^2\times ar^3+ar^2\times ar^4$$
$$=a^2r^5(1+r)=48 \qquad \cdots\cdots ㉡$$

㉡÷㉠을 하면 $ar^3=4$

$$\therefore a_3\times a_4\times a_5=ar^2\times ar^3\times ar^4$$
$$=a^3r^9=(ar^3)^3$$
$$=4^3=64$$

0626 답 ④

등비수열 $\{a_n\}$의 첫째항을 a, 공비를 r이라 하면

$$a_6+a_7+a_8=ar^5+ar^6+ar^7$$
$$=ar^5(1+r+r^2)=7 \qquad \cdots\cdots ㉠$$
$$a_7+a_8+a_9=ar^6+ar^7+ar^8$$
$$=ar^6(1+r+r^2)=14 \qquad \cdots\cdots ㉡$$

㉡÷㉠을 하면 $r=2$

이를 ㉠에 대입하면

$$a\times2^5\times(1+2+2^2)=7 \qquad \therefore a=\frac{1}{32}$$

따라서 $a_n=\dfrac{1}{32}\times2^{n-1}=\dfrac{1}{2^5}\times2^{n-1}=2^{n-6}$이므로

$$a_8+a_9+a_{10}=2^2+2^3+2^4=28$$

0627 답 25

등비수열 $\{a_n\}$의 공비를 r이라 하면

$$\frac{a_{15}}{a_{10}}=\frac{a_{16}}{a_{11}}=\frac{a_{17}}{a_{12}}=\cdots=\frac{a_{30}}{a_{25}}=r^5$$

즉, $\dfrac{a_{15}}{a_{10}}+\dfrac{a_{16}}{a_{11}}+\dfrac{a_{17}}{a_{12}}+\cdots+\dfrac{a_{30}}{a_{25}}=80$에서

$$16\times r^5=80 \qquad \therefore r^5=5$$

따라서 $a_{20}=ar^{19}=r^{10}\times ar^9=(r^5)^2\times a_{10}=5^2\times a_{10}=25\times a_{10}$이므로

$$k=25$$

0628 답 ③

등비수열 $\{a_n\}$의 첫째항을 a, 공비를 $r \ (r>1)$이라 하면

$a_2\times a_3\times a_4=216$에서

$$ar\times ar^2\times ar^3=a^3r^6=(ar^2)^3=216$$
$$\therefore ar^2=6 \qquad \cdots\cdots ㉠$$

$\dfrac{a_4+a_6}{a_5}=\dfrac{5}{2}$에서 $\dfrac{ar^3+ar^5}{ar^4}=\dfrac{ar^3(1+r^2)}{ar^4}=\dfrac{5}{2}$

즉, $\dfrac{1+r^2}{r}=\dfrac{5}{2}$에서 $2(1+r^2)=5r$

$$2r^2-5r+2=0, \ (2r-1)(r-2)=0$$
$$\therefore r=2 \ (\because r>1)$$

$r=2$를 ㉠에 대입하면

$$a\times2^2=6 \qquad \therefore a=\frac{3}{2}$$

따라서 $a_n=\dfrac{3}{2}\times2^{n-1}$이므로

$$a_5=\frac{3}{2}\times2^4=24$$

유형 16 대소 관계를 만족시키는 등비수열의 항

0629 답 ①

등비수열 $\{a_n\}$의 첫째항을 a, 공비를 $r \ (r>0)$이라 하면

$$a_2=ar=\frac{1}{3} \qquad \cdots\cdots ㉠$$
$$a_4=ar^3=3 \qquad \cdots\cdots ㉡$$

㉡÷㉠을 하면

$$r^2=9 \qquad \therefore r=3 \ (\because r>0)$$

$r=3$을 ㉠에 대입하면

$a \times 3 = \dfrac{1}{3}$ $\therefore a = \dfrac{1}{9}$

$\therefore a_n = \dfrac{1}{9} \times 3^{n-1} = \dfrac{1}{3^2} \times 3^{n-1} = 3^{n-3}$

이때 $a_n > 700$, 즉 $3^{n-3} > 700$에서 $3^5 = 243$, $3^6 = 729$이므로

$n-3 \geq 6$ $\therefore n \geq 9$

따라서 자연수 n의 최솟값은 9이다.

0630
답 ③

첫째항이 5인 등비수열 $\{a_n\}$의 공비를 r $(r>0)$이라 하면

$a_5 = 80$에서 $5r^4 = 80$

$r^4 = 16$, $r^2 = 4$ $\therefore r = 2$ $(\because r>0)$

즉, $a_n = 5 \times 2^{n-1}$이므로 $5 \times 2^{n-1} > 500$에서

$2^{n-1} > 100$

이때 $2^6 = 64$, $2^7 = 128$이므로

$n-1 \geq 7$ $\therefore n \geq 8$

따라서 처음으로 500보다 커지는 항은 제8항이다.

0631
답 ④

등비수열 $\{a_n\}$의 첫째항을 a, 공비를 r이라 하면

$a_3 - a_1 = ar^2 - a = a(r^2-1) = 48$ ……㉠

$a_4 - a_2 = ar^3 - ar = ar(r^2-1) = 144$ ……㉡

㉡÷㉠을 하면 $r=3$

$r=3$을 ㉠에 대입하면

$a \times (3^2-1) = 48$ $\therefore a=6$

$\therefore a_n = 6 \times 3^{n-1}$

즉, $300 < a_k < 3000$에서

$300 < 6 \times 3^{k-1} < 3000$ $\therefore 50 < 3^{k-1} < 500$

이때 $3^3 = 27$, $3^4 = 81$, $3^5 = 243$, $3^6 = 729$이므로

$4 \leq k-1 \leq 5$ $\therefore 5 \leq k \leq 6$

따라서 자연수 k는 5, 6이고 그 합은

$5+6 = 11$

0632
답 ②

등비수열 $\{a_n\}$의 첫째항을 a, 공비를 r이라 하면

$a_2 + a_3 = ar + ar^2 = ar(1+r) = 16$ ……㉠

$a_5 = ar^4 = 128$ ……㉡

㉠에서 $ar = \dfrac{16}{1+r}$이므로 이를 ㉡에 대입하면

$\dfrac{16}{1+r} \times r^3 = 128$

$r^3 - 8r - 8 = 0$, $(r+2)(r^2-2r-4) = 0$

이때 a_5가 정수이고 수열 $\{a_n\}$의 모든 항이 정수이므로 공비 r도 정수이어야 한다.

$\therefore r = -2$

이를 ㉡에 대입하면

$a \times (-2)^4 = 128$ $\therefore a = 8$

즉, $a_n = 8 \times (-2)^{n-1}$이므로

$|a_n| = |8 \times (-2)^{n-1}| = 8 \times 2^{n-1} = 2^3 \times 2^{n-1} = 2^{n+2}$

$|a_n|$의 값이 두 자리 자연수이려면

$10 \leq 2^{n+2} \leq 99$

이때 $2^3 = 8$, $2^4 = 16$, $2^6 = 64$, $2^7 = 128$이므로

$4 \leq n+2 \leq 6$ $\therefore 2 \leq n \leq 4$

따라서 조건을 만족시키는 자연수 n은 2, 3, 4의 3개이다.

다른 풀이

등비수열 $\{a_n\}$의 첫째항을 a, 공비를 r이라 하면 등비수열 $\{a_n\}$의 모든 항이 정수이므로 a, r은 정수이다.

$a_2 + a_3 = 16$에서 $ar + ar^2 = 16$

$\therefore a(r+r^2) = 16$ ……㉠

$a_5 = 128$에서 $ar^4 = 128$ ……㉡

㉠에서 a, $r+r^2$의 값이 정수이고 ㉡에서 $a>0$이므로

$a=8$, $r^4 = 16$ ……㉢

$a=8$을 ㉠에 대입하면

$r+r^2 = 2$, $r^2 + r - 2 = 0$

$(r+2)(r-1) = 0$ $\therefore r = -2$ $(\because ㉢)$

즉, $a_n = 8 \times (-2)^{n-1}$이므로

$|a_n| = |8 \times (-2)^{n-1}| = 2^3 \times 2^{n-1} = 2^{n+2}$

$|a_n|$의 값이 두 자리 자연수이려면

$2^4 = 16$, $2^5 = 32$, $2^6 = 64$이므로

$n = 2$, 3, 4

따라서 조건을 만족시키는 자연수 n은 3개이다.

유형 17 두 수 사이에 수를 넣어서 만든 등비수열

0633
답 ④

등비수열 81, a_1, a_2, a_3, a_4, a_5, a의 공비가 $\dfrac{2}{3}$이고, 첫째항이 81, 제7항이 a이므로

$a = 81 \times \left(\dfrac{2}{3}\right)^6 = \dfrac{64}{9}$

0634
답 192

등비수열 3, a, b, c, 192의 공비를 r $(r>0)$이라 하면 첫째항이 3, 제5항이 192이므로

$3r^4 = 192$, $r^4 = 64$

$r^2 = 8$ $\therefore r = 2\sqrt{2}$ $(\because r>0)$

$\therefore \dfrac{b \times c}{a} = \dfrac{\{3 \times (2\sqrt{2})^2\} \times \{3 \times (2\sqrt{2})^3\}}{3 \times 2\sqrt{2}} = 192$

다른 풀이

등비수열 3, a, b, c, 192의 공비를 r $(r>0)$이라 하면

$a = 3r$, $b = 3r^2$, $c = 3r^3$, $192 = 3r^4$

$\therefore \dfrac{b \times c}{a} = \dfrac{3r^2 \times 3r^3}{3r} = 3r^4 = 192$

0635

등비수열 $\frac{1}{8}$, x_1, x_2, x_3, 2, y_1, y_2, $\cdots$, y_n, 512의 공비를 r $(r>0)$

이라 하면 첫째항이 $\frac{1}{8}$, 제5항이 2이고 제$(n+6)$항이 512이므로

$\frac{1}{8} \times r^4 = 2$ ...... ㉠

$\frac{1}{8} \times r^{n+5} = 512$ ...... ㉡

㉠에서 $r^4 = 16$

$r^2 = 4$ ∴ $r = 2$ $(\because r>0)$

$r=2$를 ㉡에 대입하면

$\frac{1}{8} \times 2^{n+5} = 2^9$

∴ $2^{n+5} = 8 \times 2^9 = 2^3 \times 2^9 = 2^{12}$

따라서 $n+5=12$에서 $n=7$

0636

답 ⑤

등비수열 3, x_1, x_2, x_3, $\cdots$, x_8, 81의 공비를 r $(r>0)$이라 하면

첫째항이 3, 제10항이 81이므로

$3 \times r^9 = 81$, $r^9 = 27 = 3^3$

∴ $r^3 = 3$ ...... ㉠

∴ $\log_3 x_1 + \log_3 x_2 + \log_3 x_3 + \cdots + \log_3 x_8$

$= \log_3 (x_1 \times x_2 \times x_3 \times \cdots \times x_8)$

$= \log_3 (3r \times 3r^2 \times 3r^3 \times \cdots \times 3r^8)$

$= \log_3 (3^8 \times r^{1+2+3+\cdots+8})$ ...... ㉡

이때 $1+2+3+\cdots+8$은 첫째항이 1, 끝항이 8, 항수가 8인 등차
수열의 합과 같으므로

$1+2+3+\cdots+8 = \frac{8 \times (1+8)}{2} = 36$

따라서 ㉠, ㉡에서

$\log_3 x_1 + \log_3 x_2 + \cdots + \log_3 x_8$

$= \log_3 (3^8 \times r^{36})$

$= \log_3 \{3^8 \times (r^3)^{12}\}$

$= \log_3 (3^8 \times 3^{12})$

$= \log_3 3^{20} = 20$

유형 **18** 등비중항

0637

답 ②

세 양수 $x-1$, $x+2$, $3x$가 이 순서대로 등비수열을 이루므로

$(x+2)^2 = 3x(x-1)$

$x^2 + 4x + 4 = 3x^2 - 3x$

$2x^2 - 7x - 4 = 0$, $(x-4)(2x+1) = 0$

∴ $x = 4$ $(\because x>1)$

0638

답 ⑤

이차방정식 $x^2 - 8x + 1 = 0$의 두 실근이 α, β이므로 근과 계수의
관계에 의하여

$\alpha + \beta = 8$, $\alpha\beta = 1$

세 수 $\alpha+2$, k, $\beta+2$가 이 순서대로 등비수열을 이루므로

$k^2 = (\alpha+2)(\beta+2) = \alpha\beta + 2(\alpha+\beta) + 4$

$= 1 + 2 \times 8 + 4 = 21$

∴ $k = \sqrt{21}$ $(\because k>0)$

0639

답 ④

세 양수 2, $2\sin\theta$, $3\cos\theta$가 이 순서대로 등비수열을 이루므로

$(2\sin\theta)^2 = 2 \times 3\cos\theta$

$4\sin^2\theta = 6\cos\theta$, $4(1-\cos^2\theta) = 6\cos\theta$

$2\cos^2\theta + 3\cos\theta - 2 = 0$, $(2\cos\theta-1)(\cos\theta+2) = 0$

이때 $\sin\theta>0$, $\cos\theta>0$에서 $0<\theta<\frac{\pi}{2}$이므로

$\cos\theta = \frac{1}{2}$

$\sin\theta = \sqrt{1-\cos^2\theta} = \sqrt{1-\left(\frac{1}{2}\right)^2} = \frac{\sqrt{3}}{2}$

∴ $\tan\theta = \frac{\sin\theta}{\cos\theta} = \frac{\frac{\sqrt{3}}{2}}{\frac{1}{2}} = \sqrt{3}$

> **Bible Says** **삼각함수 사이의 관계**
>
> (1) $\tan\theta = \frac{\sin\theta}{\cos\theta}$
>
> (2) $\sin^2\theta + \cos^2\theta = 1$

0640

답 ②

세 양수 1, a, b가 이 순서대로 등비수열을 이루므로

$a^2 = b$ ...... ㉠

세 양수 a, b, 15가 이 순서대로 등차수열을 이루므로

$2b = a + 15$ ...... ㉡

㉠을 ㉡에 대입하면

$2a^2 = a + 15$, $2a^2 - a - 15 = 0$

$(a-3)(2a+5) = 0$ ∴ $a = 3$ $(\because a>0)$

$a=3$을 ㉠에 대입하면 $b = 9$

∴ $a + b = 3 + 9 = 12$

0641

답 40

세 수 2, a, b가 이 순서대로 등비수열을 이루므로

$a^2 = 2b$ ...... ㉠

$\log_a 2ab + \log_2 b = 8$에서 $\log_a (a \times 2b) + \log_2 b = 8$

$\log_a a^3 + \log_2 b = 8$ $(\because ㉠)$

$3 + \log_2 b = 8$, $\log_2 b = 5$ ∴ $b = 2^5 = 32$

즉, $a^2 = 2b = 64$이므로 $a = 8$ $(\because a>0)$

∴ $a + b = 8 + 32 = 40$

0642

등차수열 $\{a_n\}$의 첫째항을 a, 공차를 d $(d \neq 0)$라 하면 세 항 a_3, a_5, a_8, 즉 $a+2d$, $a+4d$, $a+7d$가 이 순서대로 등비수열을 이루므로

$(a+4d)^2 = (a+2d)(a+7d)$

$a^2 + 8ad + 16d^2 = a^2 + 9ad + 14d^2$

즉, $ad = 2d^2$에서 $d \neq 0$이므로 $a = 2d$

따라서 등비수열을 이루는 세 항 a_3, a_5, a_8은 순서대로 $4d$, $6d$, $9d$이므로 공비 r은

$r = \dfrac{6d}{4d} = \dfrac{3}{2}$

다른 풀이

등차수열 $\{a_n\}$의 공차를 d $(d \neq 0)$라 하면 세 항 a_3, a_5, a_8이 이 순서대로 등비수열을 이루므로 $a_5{}^2 = a_3 \times a_8$에서

$a_5{}^2 = (a_5 - 2d)(a_5 + 3d)$

$a_5{}^2 = a_5{}^2 + a_5 d - 6d^2$, $a_5 d - 6d^2 = 0$

$(a_5 - 6d)d = 0$

$d \neq 0$이므로 $a_5 = 6d$

즉, 공비가 r인 등비수열을 이루는 세 항 a_3, a_5, a_8은 이 순서대로 $4d$, $6d$, $9d$이므로

$4dr = 6d$, $6dr = 9d$

$\therefore r = \dfrac{3}{2}$ $(\because d \neq 0)$

유형 19 등비수열을 이루는 수

0643

등비수열을 이루는 세 실수를 a, ar, ar^2으로 놓으면

합이 -7이므로

$a + ar + ar^2 = -7$ $\therefore a(1 + r + r^2) = -7$ ...... ㉠

곱이 27이므로

$a \times ar \times ar^2 = 27$ $\therefore (ar)^3 = 27$ ...... ㉡

㉡에서 $ar = 3$이므로 $a = \dfrac{3}{r}$을 ㉠에 대입하면

$\dfrac{3}{r} \times (1 + r + r^2) = -7$

양변에 r을 곱하여 정리하면

$3r^2 + 10r + 3 = 0$, $(3r+1)(r+3) = 0$

$\therefore r = -\dfrac{1}{3}$ 또는 $r = -3$

따라서 등비수열을 이루는 세 실수는 -9, 3, -1이므로 세 수의 제곱의 합은

$1 + 9 + 81 = 91$

참고

$r = -\dfrac{1}{3}$일 때, $a = \dfrac{3}{r} = -9$이므로 세 실수는 -9, 3, -1

$r = -3$일 때, $a = \dfrac{3}{r} = -1$이므로 세 실수는 -1, 3, -9

0644

삼차방정식 $x^3 - kx^2 - 52x + 64 = 0$의 세 실근을 a, ar, ar^2으로 놓으면 삼차방정식의 근과 계수의 관계에 의하여

$a + ar + ar^2 = k$ ...... ㉠

$a \times ar + ar \times ar^2 + a \times ar^2 = -52$ ...... ㉡

$a \times ar \times ar^2 = -64$ ...... ㉢

㉢에서 $(ar)^3 = -64$이므로 $ar = -4$ ...... ㉣

㉡에서 $ar(a + ar + ar^2) = -52$이므로 이 식에 ㉠, ㉣을 대입하면

$-4k = -52$ $\therefore k = 13$

참고

$k = 13$일 때, 주어진 방정식은

$x^3 - 13x^2 - 52x + 64 = 0$

$(x-1)(x+4)(x-16) = 0$

$\therefore x = 1$ 또는 $x = -4$ 또는 $x = 16$

따라서 주어진 삼차방정식의 세 실근 1, -4, 16은 이 순서대로 공비가 -4인 등비수열을 이룬다.

0645

두 곡선 $y = x^3 + 4x^2 - 4x$, $y = x^2 + 2x + k$가 서로 다른 세 점에서 만나므로 방정식 $x^3 + 4x^2 - 4x = x^2 + 2x + k$, 즉

$x^3 + 3x^2 - 6x - k = 0$은 서로 다른 세 실근을 갖는다.

교점의 x좌표, 즉 이 방정식의 세 실근을 a, ar, ar^2으로 놓으면 삼차방정식의 근과 계수의 관계에 의하여

$a + ar + ar^2 = -3$에서

$a(1 + r + r^2) = -3$ ...... ㉠

$a \times ar + ar \times ar^2 + a \times ar^2 = -6$에서

$a^2 r(1 + r + r^2) = -6$ ...... ㉡

$a \times ar \times ar^2 = k$ ...... ㉢

㉡ $\div$ ㉠을 하면 $ar = 2$

따라서 ㉢에서

$k = (ar)^3 = 2^3 = 8$

참고

$k = 8$일 때, 삼차방정식 $x^3 + 3x^2 - 6x - 8 = 0$에서

$(x+4)(x+1)(x-2) = 0$

$\therefore x = -4$ 또는 $x = -1$ 또는 $x = 2$

따라서 두 곡선의 세 교점의 x좌표 -1, 2, -4는 이 순서대로 공비가 -2인 등비수열을 이룬다.

0646

삼각형의 세 변의 길이를 짧은 것부터 순서대로 a, ar, ar^2으로 놓으면 $r > 1$이다.

세 변의 길이의 합이 19이므로

$a + ar + ar^2 = 19$ ...... ㉠

세 변의 길이의 곱이 216이므로

$a \times ar \times ar^2 = 216$

즉, $(ar)^3 = 6^3$이므로 $ar = 6$

따라서 삼각형의 세 변 중 길이가 가장 긴 변과 가장 짧은 변의 길이의 합은

$$a+ar^2=19-ar=19-6=13 \ (\because ㉠)$$

참고

$ar=6$에서 $a=\dfrac{6}{r}$이므로 이를 ㉠에 대입하면

$$\dfrac{6}{r}\times(1+r+r^2)=19$$

양변에 r을 곱하여 정리하면

$$6r^2-13r+6=0, \ (2r-3)(3r-2)=0$$

$$\therefore r=\dfrac{3}{2} \ (\because r>1)$$

따라서 $r=\dfrac{3}{2}$일 때 $a=4$이므로 삼각형의 세 변의 길이는 4, 6, 9이다.

유형 20 등비수열의 활용

0647

답 ③

새 필터의 성능을 A, 새 필터를 장착한 공기청정기를 매일 8시간씩만 n일 동안 연속 사용한 후의 필터의 성능을 a_n이라 하자.

이 필터는 8시간 연속 사용할 때마다 성능이 10 %씩 감소하므로
1일 사용한 후의 필터의 성능은

$$a_1=A\times\left(1-\dfrac{10}{100}\right)=A\times0.9$$

2일 연속 사용한 후의 필터의 성능은

$$a_2=a_1\times\left(1-\dfrac{10}{100}\right)=A\times0.9^2$$

3일 연속 사용한 후의 필터의 성능은

$$a_3=a_2\times\left(1-\dfrac{10}{100}\right)=A\times0.9^3$$

$$\vdots$$

이와 같이 계속되므로 매일 8시간씩만 연속하여 n일 사용한 후의 필터의 성능은

$$a_n=A\times0.9^n$$

즉, 새 필터를 장착하고 5일을 사용한 후의 성능은

$$a_5=A\times0.9^5$$

따라서 5일을 사용한 후의 성능은 새 필터의 성능의

$$\dfrac{A\times0.9^5}{A}\times100=\dfrac{9^5}{10^5}\times10^2=\dfrac{9^5}{1000} \ (\%)이다.$$

0648

답 ④

삼각형 A_n의 둘레의 길이를 l_n이라 하자.
삼각형 A_1의 둘레의 길이가 12이므로

$$l_1=12$$

삼각형 A_1의 각 변의 중점을 이어서 만든 삼각형이 A_2이므로 두 삼각형 A_1, A_2는 닮음이고 닮음비는 2 : 1이다.
즉, 삼각형 A_2의 둘레의 길이는

$$l_2=\dfrac{1}{2}l_1=12\times\dfrac{1}{2}$$

삼각형 A_2의 각 변의 중점을 이어서 만든 삼각형이 A_3이므로 두 삼각형 A_2, A_3은 닮음이고 닮음비는 2 : 1이다.
즉, 삼각형 A_3의 둘레의 길이는

$$l_3=\dfrac{1}{2}l_2=12\times\left(\dfrac{1}{2}\right)^2$$

$$\vdots$$

이와 같이 계속되므로 삼각형 A_n의 둘레의 길이는

$$l_n=12\times\left(\dfrac{1}{2}\right)^{n-1}$$

따라서 삼각형 A_{12}의 둘레의 길이는

$$l_{12}=12\times\left(\dfrac{1}{2}\right)^{11}=\dfrac{3}{512}$$

🔊 **Bible Says** 닮은 도형의 길이의 비, 넓이의 비

서로 닮은 두 평면도형의 닮음비가 $m:n$일 때
(1) 둘레의 길이의 비는 $m:n$
(2) 넓이의 비는 $m^2:n^2$

0649

답 ①

[n단계]에서 남아 있는 색종이의 넓이를 a_n이라 하자.
[1단계]에서 정사각형을 4등분하여 그중 오른쪽 아래의 한 정사각형을 오려내고 남아 있는 색종이의 넓이는

$$a_1=4\times4\times\dfrac{3}{4}=16\times\dfrac{3}{4}$$

[2단계]에서 남은 3개의 작은 정사각형을 각각 4등분하여 오른쪽 아래의 한 정사각형을 각각 오려내고 남아 있는 색종이의 넓이는

$$a_2=a_1\times\dfrac{3}{4}=16\times\left(\dfrac{3}{4}\right)^2$$

[3단계]에서 남은 9개의 작은 정사각형을 각각 4등분하여 오른쪽 아래의 한 정사각형을 각각 오려내고 남아 있는 색종이의 넓이는

$$a_3=a_2\times\dfrac{3}{4}=16\times\left(\dfrac{3}{4}\right)^3$$

$$\vdots$$

이와 같이 계속되므로 [n단계]에서 남아 있는 색종이의 넓이 a_n은

$$a_n=16\times\left(\dfrac{3}{4}\right)^n$$

따라서 [7단계]에서 남아 있는 색종이의 넓이는

$$a_7=16\times\left(\dfrac{3}{4}\right)^7=4^2\times\dfrac{3^7}{4^7}=\dfrac{3^7}{4^5}$$

0650

답 ③

오른쪽 그림과 같이 정사각형 A_1의 꼭짓점 B가 아닌 나머지 세 꼭짓점을 각각 P, Q, R이라 하면 $\overline{PQ}$, $\overline{QR}$에 의하여 생기는 두 삼각형 APQ, QRC도 각각 직각이등변삼각형이고

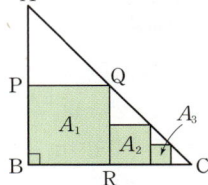

$$\overline{PQ}=\overline{BR}=\overline{PB}=\overline{QR}$$

이므로 삼각형 QRC는 직각을 낀 두 변의 길이가 $\dfrac{1}{2}\overline{AB}$인 직각이등변삼각형이다.

이때 정사각형 A_n의 넓이를 a_n이라 하자.

정사각형 A_1의 한 변의 길이는 $\frac{1}{2}\overline{AB}$이므로 그 넓이는

$a_1=\left(\frac{1}{2}\overline{AB}\right)^2=\overline{AB}^2\times\left(\frac{1}{2}\right)^2=16\times\frac{1}{4}$

정사각형 A_2의 한 변의 길이는 $\frac{1}{2}\overline{QR}$이므로 그 넓이는

$a_2=\left(\frac{1}{2}\overline{QR}\right)^2=\left\{\frac{1}{2}\times\left(\frac{1}{2}\overline{AB}\right)\right\}^2=\overline{AB}^2\times\left(\frac{1}{4}\right)^2=16\times\left(\frac{1}{4}\right)^2$

같은 방법으로 정사각형 A_3의 넓이는

$a_3=\left\{\frac{1}{2}\times\left(\frac{1}{4}\overline{AB}\right)\right\}^2=\overline{AB}^2\times\left(\frac{1}{8}\right)^2=16\times\left(\frac{1}{4}\right)^3$
$\vdots$

이와 같이 계속되므로 정사각형 A_n의 넓이 a_n은

$a_n=16\times\left(\frac{1}{4}\right)^n$

따라서 정사각형 A_8의 넓이는

$a_8=16\times\left(\frac{1}{4}\right)^8=2^4\times\frac{1}{2^{16}}=\frac{1}{2^{12}}$

유형 21 등비수열의 합

0651
답 ⑤

$a_n=2^{2n+1}=2\times2^{2n}=2\times4^n=8\times4^{n-1}$

즉, 수열 $\{a_n\}$은 첫째항이 8, 공비가 4인 등비수열이므로

$a_1+a_2+a_3+\cdots+a_{10}=\frac{8\times(4^{10}-1)}{4-1}$

$=\frac{2^3\times2^{20}-8}{3}$

$=\frac{2^{23}-8}{3}$

따라서 $a=23$, $b=8$ ($\because 0<b<10$)이므로
$a+b=23+8=31$

참고

수열 $\{a_n\}$의 일반항이 $a_n=2^{2n+1}$이므로
$a_1=2^{2\times1+1}=8$
$a_2=2^{2\times2+1}=32$
$a_3=2^{2\times3+1}=128$
$\vdots$
따라서 수열 $\{a_n\}$은 첫째항이 8, 공비가 $\frac{32}{8}=\frac{128}{32}=\cdots=4$인 등비수열임을 확인할 수 있다.

0652
답 8

공비가 2인 등비수열 $\{a_n\}$의 첫째항을 a라 하면
$a_4=a\times2^3=48$ $\therefore a=6$

즉, 등비수열 $\{a_n\}$의 첫째항은 6, 공비는 2이므로

$S_k=\frac{6\times(2^k-1)}{2-1}=6\times2^k-6=1530$

$6\times2^k=1536$, $2^k=256=2^8$

$\therefore k=8$

0653
답 ①

$1+(x+1)+(x+1)^2+(x+1)^3+\cdots+(x+1)^n$은 첫째항이 1, 공비가 $x+1$인 등비수열의 첫째항부터 제$(n+1)$항까지의 합이므로
$1+(x+1)+(x+1)^2+(x+1)^3+\cdots+(x+1)^n$

$=\frac{1\times\{(x+1)^{n+1}-1\}}{(x+1)-1}$

$=\frac{(x+1)^{n+1}-1}{x}$

0654
답 ②

$A^2=AA=\begin{pmatrix}1&0\\1&3\end{pmatrix}\begin{pmatrix}1&0\\1&3\end{pmatrix}=\begin{pmatrix}1&0\\1+3&3^2\end{pmatrix}$

$A^3=A^2A=\begin{pmatrix}1&0\\1+3&3^2\end{pmatrix}\begin{pmatrix}1&0\\1&3\end{pmatrix}=\begin{pmatrix}1&0\\1+3+3^2&3^3\end{pmatrix}$
$\vdots$

$A^{12}=\begin{pmatrix}1&0\\1+3+3^2+\cdots+3^{11}&3^{12}\end{pmatrix}$

따라서 행렬 $4A^{12}$의 $(2, 1)$ 성분은

$4\times(1+3+3^2+\cdots+3^{11})=4\times\frac{1\times(3^{12}-1)}{3-1}$

$=2\times3^{12}-2$

0655
답 15

등비수열 $\{a_n\}$의 첫째항을 a, 공비를 r이라 하면
$a_2=ar=16$ ······ ㉠
$a_4=ar^3=4$ ······ ㉡

㉡÷㉠을 하면

$r^2=\frac{1}{4}$ $\therefore r=\frac{1}{2}$ ($\because r>0$)

$r=\frac{1}{2}$을 ㉠에 대입하면

$\frac{1}{2}a=16$ $\therefore a=32$

$\therefore S_n=\frac{32\times\left\{1-\left(\frac{1}{2}\right)^n\right\}}{1-\frac{1}{2}}=64-64\times\left(\frac{1}{2}\right)^n=64-\frac{1}{2^{n-6}}$

$|64-S_n|<\frac{1}{300}$에서

$\left|64-\left(64-\frac{1}{2^{n-6}}\right)\right|<\frac{1}{300}$

즉, $\left|\frac{1}{2^{n-6}}\right|<\frac{1}{300}$에서 모든 자연수 n에 대하여

$\frac{1}{2^{n-6}}>0$이므로 $0<\frac{1}{2^{n-6}}<\frac{1}{300}$

$\therefore 2^{n-6}>300$

이때 $2^8=256$, $2^9=512$이므로

$n-6\geq9$ $\therefore n\geq15$

따라서 자연수 n의 최솟값은 15이다.

0656

답 ④

모든 항이 0이 아닌 실수인 등비수열 $\{a_n\}$의 첫째항을 a, 공비를 r
이라 하면

$a_1+a_3=6$에서 $a+ar^2=6$ ······ ㉠

$a_2 \times a_3=a_6$에서 $ar \times ar^2=ar^5$

$a^2r^3-ar^5=0$, $ar^3(a-r^2)=0$

이때 $a \neq 0$, $r \neq 0$이므로 $a=r^2$ ······ ㉡

㉡을 ㉠에 대입하면

$r^2+r^4=6$

$(r^2)^2+r^2-6=0$, $(r^2+3)(r^2-2)=0$

$\therefore r^2=2$, $a=r^2=2$

따라서 $a_1+a_3+a_5+\cdots+a_{19}$는 첫째항이 $a=2$, 공비가 $r^2=2$인 등
비수열의 첫째항부터 제10항까지의 합과 같으므로

$$a_1+a_3+a_5+\cdots+a_{19}=\frac{2 \times (2^{10}-1)}{2-1}$$
$$=2046$$

유형 **22** 부분의 합이 주어진 등비수열

0657

답 ②

등비수열 $\{a_n\}$의 첫째항을 a, 공비를 r이라 하고, 첫째항부터 제n
항까지의 합을 S_n이라 하면

$S_{10}=10$에서 $S_{10}=\dfrac{a(r^{10}-1)}{r-1}=10$ ······ ㉠

$S_{20}=330$에서

$S_{20}=\dfrac{a(r^{20}-1)}{r-1}=\dfrac{a(r^{10}+1)(r^{10}-1)}{r-1}=330$ ······ ㉡

㉡÷㉠을 하면

$r^{10}+1=33$

따라서 $r^{10}=32=2^5=(\sqrt{2})^{10}$이므로

$r=\sqrt{2}$ $(\because r>0)$

0658

답 ⑤

등비수열 $\{a_n\}$의 첫째항을 a, 공비를 r이라 하면

$S_k=\dfrac{a(r^k-1)}{r-1}=4$ ······ ㉠

$S_{2k}=\dfrac{a(r^{2k}-1)}{r-1}=\dfrac{a(r^k-1)(r^k+1)}{r-1}=28$ ······ ㉡

㉡÷㉠을 하면

$r^k+1=7$ $\therefore r^k=6$

$\therefore S_{3k}=\dfrac{a(r^{3k}-1)}{r-1}=\dfrac{a(r^k-1)(r^{2k}+r^k+1)}{r-1}$

$=\dfrac{a(r^k-1)}{r-1} \times (r^{2k}+r^k+1)$

$=4 \times (6^2+6+1)$

$=172$

0659

답 ②

등비수열 $\{a_n\}$의 첫째항을 a, 공비를 r이라 하면

$S_5=\dfrac{a(r^5-1)}{r-1}$, $S_{10}=\dfrac{a(r^{10}-1)}{r-1}$이므로

$S_{10}=\dfrac{a(r^5-1)(r^5+1)}{r-1}=(r^5+1) \times S_5$

따라서 $S_{10}=10 \times S_5$에서 $r^5+1=10$이므로 $r^5=9$

$\therefore \dfrac{a_{10}}{a_5}=\dfrac{ar^9}{ar^4}=r^5=9$

0660

답 3

첫째항이 1인 등비수열 $\{a_n\}$의 공비를 r이라 하면

$a_n=r^{n-1}$

$\therefore a_{2n-1}=r^{(2n-1)-1}=(r^2)^{n-1}$, $a_{2n}=r^{2n-1}=r \times (r^2)^{n-1}$

즉, $a_1+a_3+a_5+\cdots+a_{2k-1}$은 첫째항이 1, 공비가 r^2인 등비수열의
첫째항부터 제k항까지의 합이므로

$\dfrac{r^{2k}-1}{r^2-1}=21$ ······ ㉠

$a_2+a_4+a_6+\cdots+a_{2k}$는 첫째항이 r, 공비가 r^2인 등비수열의 첫째
항부터 제k항까지의 합이므로

$\dfrac{r \times (r^{2k}-1)}{r^2-1}=42$ ······ ㉡

㉡÷㉠을 하면 $r=2$

이를 ㉠에 대입하면 $\dfrac{2^{2k}-1}{2^2-1}=21$

$2^{2k}-1=63$, $2^{2k}=64=2^6$

따라서 $2k=6$이므로 $k=3$

> 참고
>
> 수열 $\{a_n\}$이 공비가 r인 등비수열이면 $a_{n+1}=a_n \times r$이므로
>
> $a_2+a_4+a_6+\cdots+a_{2k}=a_1 \times r+a_3 \times r+a_5 \times r+\cdots+a_{2k-1} \times r$
>
> $=r \times (a_1+a_3+a_5+\cdots+a_{2k-1})$
>
> 따라서 $42=21r$로부터 $r=2$를 바로 구할 수도 있다.

유형 **23** 등비수열의 합의 활용

0661

답 ②

$1 \leq n \leq 10$일 때, 입사 n년째 연봉을 a_n원이라 하면

$a_1=a$

$a_2=a_1 \times \left(1+\dfrac{10}{100}\right)=a \times 1.1$

$a_3=a_2 \times \left(1+\dfrac{10}{100}\right)=a \times 1.1^2$

$\vdots$

이와 같이 계속되므로

$a_n=a \times 1.1^{n-1}$

입사 1년째부터 입사 n년째까지의 연봉의 총합을 S_n원이라 하면
$1 \leq n \leq 10$일 때는

$S_n=\dfrac{a \times (1.1^n-1)}{1.1-1}=10a(1.1^n-1)$

또한 입사 11년째부터는 입사 10년째 연봉으로 동결되므로

$a_{11}=a_{12}=\cdots=a_{15}=a\times 1.1^9$

$\therefore S_{15}=S_{10}+5\times a_{10}=10a(1.1^{10}-1)+5\times(a\times 1.1^9)$

$=10a\times 1.1^{10}-10a+\dfrac{50}{11}a\times 1.1^{10}$

$=\dfrac{160}{11}a\times 1.1^{10}-10a$

$=\dfrac{160}{11}a\times 2.6-10a$

$=\dfrac{416}{11}a-10a=\dfrac{306}{11}a$

0662
답 ②

$\overline{B_nC_n}=a_n$이라 하자.

점 B_1은 변 AB를 $3:1$로 내분하는 점이므로

$\overline{AB_1}:\overline{B_1B}=3:1$ $\therefore$ $\overline{AB}:\overline{AB_1}=4:3$

같은 방법으로 $\overline{AC}:\overline{AC_1}=4:3$

즉, $\triangle ABC$와 $\triangle AB_1C_1$은 서로 닮음이고 닮음비는 $4:3$이므로

$a_1=\overline{B_1C_1}=\dfrac{3}{4}\times\overline{BC}$

점 B_2는 변 AB_1을 $3:1$로 내분하는 점이므로

$\overline{AB_2}:\overline{B_2B_1}=3:1$ $\therefore$ $\overline{AB_1}:\overline{AB_2}=4:3$

같은 방법으로 $\overline{AC_1}:\overline{AC_2}=4:3$

즉, $\triangle AB_1C_1$과 $\triangle AB_2C_2$는 서로 닮음이고 닮음비는 $4:3$이므로

$a_2=\overline{B_2C_2}=\dfrac{3}{4}\times\overline{B_1C_1}=\left(\dfrac{3}{4}\right)^2\times\overline{BC}$

$\vdots$

이와 같이 계속되므로

$a_n=\overline{B_nC_n}=\overline{BC}\times\left(\dfrac{3}{4}\right)^n$

따라서 $\overline{B_1C_1}+\overline{B_2C_2}+\overline{B_3C_3}+\cdots+\overline{B_{10}C_{10}}$은 첫째항이

$\overline{B_1C_1}=\dfrac{3}{4}\times\overline{BC}=\dfrac{3}{4}\times 4=3$이고 공비가 $\dfrac{3}{4}$인 등비수열의 첫째항

부터 제10항까지의 합과 같으므로

$\overline{B_1C_1}+\overline{B_2C_2}+\overline{B_3C_3}+\cdots+\overline{B_{10}C_{10}}=\dfrac{3\times\left\{1-\left(\dfrac{3}{4}\right)^{10}\right\}}{1-\dfrac{3}{4}}$

$=12\left\{1-\left(\dfrac{3}{4}\right)^{10}\right\}$

0663
답 ④

세 점 A_n, B_n, B_{n+1}을 꼭짓점으로 하는 삼각형 $A_nB_nB_{n+1}$은 오른쪽 그림과 같으므로 그 넓이는

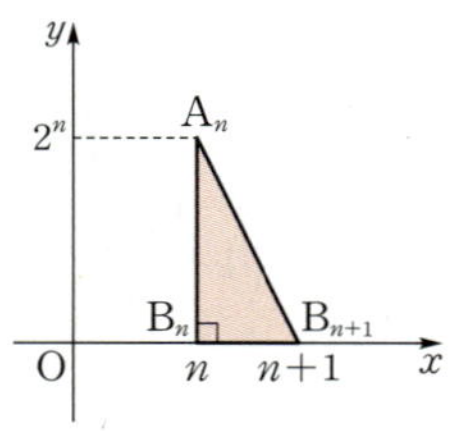

$S_n=\dfrac{1}{2}\times\overline{A_nB_n}\times\overline{B_nB_{n+1}}$

$=\dfrac{1}{2}\times 2^n\times\{(n+1)-n\}$

$=2^{n-1}$

$\therefore S_{2n-1}=2^{(2n-1)-1}=(2^2)^{n-1}=4^{n-1}$

따라서 수열 $\{S_{2n-1}\}$은 첫째항이 1, 공비가 4인 등비수열을 이루므로

$S_1+S_3+S_5+S_7+S_9=\dfrac{4^5-1}{4-1}=341$

0664
답 ③

[n단계] 그림에서 색칠된 모든 부분의 넓이를 S_n이라 하자.

[1단계]에서는 한 변의 길이가 4인 정삼각형의 각 변의 중점을 이어서 4개의 정삼각형을 만들고 한가운데의 정삼각형에 색칠하므로

$S_1=\dfrac{\sqrt{3}}{4}\times 4^2\times\dfrac{1}{4}=\sqrt{3}$

[2단계]에서는 [1단계]에서 칠하지 않은 3개의 정삼각형 각각에서 각 변의 중점을 이어서 4개의 정삼각형을 만들고 한가운데의 정삼각형에 색칠하므로

$S_2=S_1+S_1\times\dfrac{1}{4}\times 3=\sqrt{3}+\sqrt{3}\times\dfrac{3}{4}$

[3단계]에서는 [2단계]에서 칠하지 않은 9개의 정삼각형 각각에서 각 변의 중점을 이어서 4개의 정삼각형을 만들고 한가운데의 정삼각형에 색칠하므로

$S_3=S_2+S_1\times\dfrac{1}{16}\times 9=\sqrt{3}+\sqrt{3}\times\dfrac{3}{4}+\sqrt{3}\times\left(\dfrac{3}{4}\right)^2$

$\vdots$

이와 같이 계속되므로

$S_n=\sqrt{3}+\sqrt{3}\times\dfrac{3}{4}+\sqrt{3}\times\left(\dfrac{3}{4}\right)^2+\cdots+\sqrt{3}\times\left(\dfrac{3}{4}\right)^{n-1}$

$=\dfrac{\sqrt{3}\times\left\{1-\left(\dfrac{3}{4}\right)^n\right\}}{1-\dfrac{3}{4}}=4\sqrt{3}\left\{1-\left(\dfrac{3}{4}\right)^n\right\}$

따라서 [20단계] 그림에서 색칠된 모든 부분의 넓이는

$S_{20}=4\sqrt{3}\left\{1-\left(\dfrac{3}{4}\right)^{20}\right\}$

유형 24 등비수열의 합과 일반항 사이의 관계

0665
답 ④

$S_n=3^n-2$에서

$n=1$일 때, $a_1=S_1=3^1-2=1$

$n\geq 2$일 때, $a_n=S_n-S_{n-1}$이므로

$a_4=S_4-S_3=(3^4-2)-(3^3-2)$

$=79-25=54$

$\therefore a_1+a_4=1+54=55$

0666
답 9

$S_n+25=5^{n+2}$에서 $S_n=5^{n+2}-25$

(i) $n=1$일 때

$a_1=S_1=5^{1+2}-25=100$

(ii) $n\geq 2$일 때

$a_n=S_n-S_{n-1}$

$=(5^{n+2}-25)-(5^{n+1}-25)$

$=5^{n+2}-5^{n+1}=5^{n+1}\times(5-1)$

$=4\times 5^{n+1}$ $\cdots\cdots$ ㉠

이때 $a_1=100$은 ㉠에 $n=1$을 대입한 것과 같으므로

$a_n=4\times 5^{n+1}$

따라서 $p=4$, $q=5$이므로 $p+q=4+5=9$

0667

$S_n = k \times 3^{n-1} - 9$에서

(ⅰ) $n=1$일 때

$\quad a_1 = S_1 = k - 9$

(ⅱ) $n \geq 2$일 때

$\quad a_n = S_n - S_{n-1}$

$\qquad = (k \times 3^{n-1} - 9) - (k \times 3^{n-2} - 9)$

$\qquad = k \times 3^{n-1} - k \times 3^{n-2}$

$\qquad = k \times 3^{n-2} \times (3-1)$

$\qquad = 2k \times 3^{n-2} \quad \cdots\cdots \ \bigcirc$

이때 수열 $\{a_n\}$이 첫째항부터 등비수열을 이루려면

$a_1 = k-9$가 $\bigcirc$에 $n=1$을 대입한 것과 같아야 하므로

$k-9 = 2k \times \dfrac{1}{3}, \ \dfrac{1}{3}k = 9$

$\therefore k = 27$

0668

$S_n = 2^{n+3} - 8$에서

(ⅰ) $n=1$일 때

$\quad a_1 = S_1 = 2^{1+3} - 8 = 8$

(ⅱ) $n \geq 2$일 때

$\quad a_n = S_n - S_{n-1}$

$\qquad = (2^{n+3} - 8) - (2^{n+2} - 8)$

$\qquad = 2^{n+3} - 2^{n+2}$

$\qquad = 2^{n+2} \times (2-1)$

$\qquad = 2^{n+2} \quad \cdots\cdots \ \bigcirc$

이때 $a_1 = 8$은 $\bigcirc$에 $n=1$을 대입한 것과 같으므로

$a_n = 2^{n+2}$

$a_k - a_{k-1} = 128$에서

$2^{k+2} - 2^{k+1} = 128, \ 2^{k+1} \times (2-1) = 2^7$

$2^{k+1} = 2^7$

따라서 $k+1 = 7$이므로 $k = 6$

$\therefore a_k = a_6 = 2^{6+2} = 2^8 = 256$

유형 25 원리합계

0669

매년 초에 40만 원씩 적립할 때, 15년째 말의 적립금의 원리합계는

$40 \times (1+0.05) + 40 \times (1+0.05)^2 + \cdots + 40 \times (1+0.05)^{15}$

$= \dfrac{40 \times 1.05 \times (1.05^{15} - 1)}{1.05 - 1}$

$= \dfrac{40 \times 1.05 \times 1}{0.05}$

$= 840 (만 \ 원)$

0670

준우가 매월 말에 납입하는 금액을 a만 원이라 하면 12개월째 말의 적립금의 원리합계는

$a + a \times (1+0.015) + a \times (1+0.015)^2 + \cdots + a \times (1+0.015)^{11}$

$= \dfrac{a \times (1.015^{12} - 1)}{1.015 - 1} = \dfrac{a \times 0.2}{0.015}$

$= \dfrac{40}{3}a (만 \ 원)$

즉, $\dfrac{40}{3}a = 200$에서 $a = 15$

따라서 매월 말에 15만 원씩 납입해야 한다.

0671

원아가 매년 초에 10만 원씩 적립하여 10년째 말에 받는 적립금의 원리합계는

$10 \times (1+0.04) + 10 \times (1+0.04)^2 + \cdots + 10 \times (1+0.04)^{10}$

$= \dfrac{10 \times 1.04 \times (1.04^{10} - 1)}{1.04 - 1} = \dfrac{10 \times 1.04 \times (1.2^2 - 1)}{0.04}$

$= 114.4 (만 \ 원)$

효찬이가 매년 초에 20만 원씩 적립하여 5년째 말에 받는 적립금의 원리합계는

$20 \times (1+0.04) + 20 \times (1+0.04)^2 + \cdots + 20 \times (1+0.04)^5$

$= \dfrac{20 \times 1.04 \times (1.04^5 - 1)}{1.04 - 1} = \dfrac{20 \times 1.04 \times 0.2}{0.04}$

$= 104 (만 \ 원)$

따라서 원아의 적립금의 원리합계는 1144000원, 효찬이의 적립금의 원리합계는 1040000원이므로 원아가 10년째 말에 받는 금액은 효찬이가 5년째 말에 받는 금액보다

$1144000 - 1040000 = 104000 (원)$ 더 많다.

0672

매년 초의 적립금이 전년도 대비 10 %씩 증액되므로 적립금의 원리합계를 그림으로 나타내면 다음과 같다.

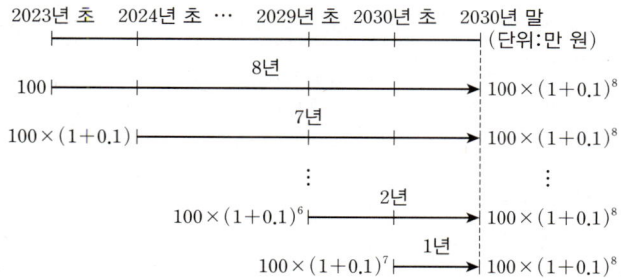

따라서 2030년 말의 적립금의 원리합계는

$100 \times 1.1^8 \times 8 = 100 \times 2.14 \times 8 = 1712 (만 \ 원)$

🔊 **Bible Says** 원리합계

원리합계 문제에서는 공식을 암기하기보다는 그림을 이용하여 매번의 납입금에 대한 원리합계의 변화를 파악하면 실수를 줄일 수 있다.

특히, 매 단위 기간의 말에 넣을 때에는 마지막에 넣는 돈의 이자는 없고, 매 단위 기간의 초에 넣을 때에는 마지막에 넣는 돈에 대하여 단위 기간이 1번 지날 동안의 이자를 받는다는 점에 주의한다.

0673

답 ③

등차수열 $\{a_n\}$의 첫째항을 a, 공차를 d $(d>0)$라 하면
조건 ㈎에서
$a_4=a+3d=-3$ ······ ㉠
이때 $a_4=-3<0$이므로
$a_3=a_4-d=-3-d<0$
(i) $a_6>0$일 때
조건 ㈏의 $|a_3|=|a_6|+2$에서
$-a_3=a_6+2$
$-(a+2d)=(a+5d)+2$
$-a-2d=a+5d+2$
$\therefore 2a+7d=-2$ ······ ㉡
㉠, ㉡을 연립하여 풀면
$a=-15,\ d=4$
(ii) $a_6<0$일 때
조건 ㈏의 $|a_3|=|a_6|+2$에서
$-a_3=-a_6+2$
$-(a+2d)=-(a+5d)+2$
$-a-2d=-a-5d+2$
$\therefore 3d=2$ ······ ㉢
㉠, ㉢을 연립하여 풀면
$a=-5,\ d=\dfrac{2}{3}$
이때 등차수열 $\{a_n\}$의 모든 항이 정수라는 조건을 만족시키지 않는다.
(i), (ii)에서 $a=-15,\ d=4$이므로
$a_n=-15+(n-1)\times4=4n-19$
$\therefore a_5=4\times5-19=1$

짝기출
답 ①

공차가 양수인 등차수열 $\{a_n\}$이 다음 조건을 만족시킬 때, a_2의 값은?

㈎ $a_6+a_8=0$
㈏ $|a_6|=|a_7|+3$

① -15 ② -13 ③ -11 ④ -9 ⑤ -7

0674

답 ②

첫째항이 a $(a>0)$이고, 공비가 r인 등비수열 $\{a_n\}$에서
$2a=S_2+S_3$이므로
$2a=(a+ar)+(a+ar+ar^2)$
$ar(2+r)=0$
이때 $a>0$이고 $r^2=64a^2$이므로 $r\neq0$
$\therefore r=-2$

$r=-2$를 $r^2=64a^2$에 대입하면
$4=64a^2,\ a^2=\dfrac{1}{16}$
$\therefore a=\dfrac{1}{4}$ $(\because a>0)$
$\therefore a_5=\dfrac{1}{4}\times(-2)^4=4$

0675

답 121

$S_{n+4}=S_n+3^n$에서
$S_{n+4}-S_n=3^n$
$\therefore a_{n+1}+a_{n+2}+a_{n+3}+a_{n+4}=3^n$
이때 등비수열 $\{a_n\}$의 첫째항을 a, 공비를 r이라 하면
$ar^n+ar^{n+1}+ar^{n+2}+ar^{n+3}=3^n$
$\therefore ar^n(1+r+r^2+r^3)=3^n$ ······ ㉠
㉠에 $n=1$을 대입하면
$ar(1+r+r^2+r^3)=3$ ······ ㉡
㉠에 $n=2$를 대입하면
$ar^2(1+r+r^2+r^3)=3^2=9$ ······ ㉢
㉢÷㉡을 하면 $r=3$
$r=3$을 ㉡에 대입하면
$a\times3\times(1+3+3^2+3^3)=3$
$\therefore a=\dfrac{1}{40}$
즉, $a_n=\dfrac{1}{40}\times3^{n-1}$이므로
$a_5=\dfrac{1}{40}\times3^4=\dfrac{81}{40}$
따라서 $p=40,\ q=81$이므로
$p+q=40+81=121$

짝기출
답 9

등비수열 $\{a_n\}$의 첫째항부터 제n항까지의 합을 S_n이라 하자. 모든 자연수 n에 대하여 $S_{n+3}-S_n=13\times3^{n-1}$일 때, a_4의 값을 구하시오.

0676

답 ④

등차수열 $\{a_n\}$의 첫째항을 a, 공차를 d라 하면 조건 ㈏에서
$a_2+a_5=(a+d)+(a+4d)$
$\qquad=(a+2d)+(a+3d)$
$\qquad=a_3+a_4=9$
이때 조건 ㈎에서 $a_3=b_4,\ a_4=b_3$이므로
$a_3+a_4=b_4+b_3=9$
등비수열 $\{b_n\}$의 첫째항을 b, 공비를 r $(r>1)$이라 하면 조건 ㈏에서
$b_1b_6=b\times br^5$
$\qquad=br^2\times br^3$
$\qquad=b_3\times b_4=18$

즉, $b_3+b_4=9$, $b_3\times b_4=18$이므로 b_3, b_4는 t에 대한 이차방정식
$t^2-9t+18=0$의 두 근이고
$(t-3)(t-6)=0$
$\therefore t=3$ 또는 $t=6$
그런데 등비수열 $\{b_n\}$의 공비가 1보다 크므로
$b_3<b_4$
$\therefore b_3=3$, $b_4=6$
따라서 등비수열 $\{b_n\}$의 공비가 $r=\dfrac{b_4}{b_3}=2$이므로
$b_5=b_4\times 2=12$
한편, $a_3=b_4=6$, $a_4=b_3=3$이므로 등차수열 $\{a_n\}$의 공차는
$d=a_4-a_3=3-6=-3$
즉, $a_3=a+2d=a+2\times(-3)=6$에서
$a_1=a=12$
$\therefore a_1+b_5=12+12=24$

짝기출   **답** 18

등차수열 $\{a_n\}$과 공비가 1보다 작은 등비수열 $\{b_n\}$이
     $a_1+a_8=8$, $b_2b_7=12$, $a_4=b_4$, $a_5=b_5$
를 모두 만족시킬 때, a_1의 값을 구하시오.

0677

답 101

서로 다른 세 자연수 a, b, c가 이 순서대로 등비수열을 이루므로
$b^2=ac$ …… ㉠
이때 $\log_2 a+\log_2 b+\log_2 c=9$에서
$\log_2 abc=9$
즉, $abc=2^9$이므로 이 식에 ㉠을 대입하면
$b^3=2^9$ $\therefore b=2^3=8$
$a<b<c$라 하고 $b=8$을 ㉠에 대입하면
$ac=64$
이때 세 수 a, b, c가 모두 서로 다른 자연수이므로
$a=1$, $c=64$ 또는 $a=2$, $c=32$ 또는 $a=4$, $c=16$
(i) 세 수 $a=1$, $b=8$, $c=64$는 이 순서대로 공비가 8인 등비수열
    을 이루고,
    $a+b+c=73$
(ii) 세 수 $a=2$, $b=8$, $c=32$는 이 순서대로 공비가 4인 등비수열
    을 이루고,
    $a+b+c=42$
(iii) 세 수 $a=4$, $b=8$, $c=16$은 이 순서대로 공비가 2인 등비수열
    을 이루고,
    $a+b+c=28$
(i)~(iii)에서 $a+b+c$의 최댓값은 73, 최솟값은 28이므로 그 합은
$73+28=101$

짝기출   **답** 36

세 실수 3, a, b가 이 순서대로 등비수열을 이루고
$\log_a 3b+\log_3 b=5$를 만족시킨다. $a+b$의 값을 구하시오.

0678

답 ⑤

등차수열 $\{a_n\}$의 공차를 d $(d\neq 0)$라 하면
$b_n=a_n+a_{n+1}$이므로
$b_{n+1}-b_n=(a_{n+1}+a_{n+2})-(a_n+a_{n+1})$
$\qquad\qquad =a_{n+2}-a_n$
$\qquad\qquad =2d$
따라서 수열 $\{b_n\}$은 공차가 $2d$인 등차수열이다.
$n(A\cap B)=3$이려면
$A\cap B=\{a_1, a_3, a_5\}=\{b_i, b_{i+1}, b_{i+2}\}$ (단, $i=1, 2, 3$)
이어야 하므로 집합 A의 세 원소 a_1, a_3, a_5가 집합 B의 연속하는
세 원소와 차례대로 같아야 한다.

	a_1	a_3	a_5
(i)	b_1	b_2	b_3
(ii)	b_2	b_3	b_4
(iii)	b_3	b_4	b_5

(i) $a_1=b_1$인 경우
    $a_1=a_1+a_2$에서 $a_2=0$이므로 $a_2=-4$에 모순이다.
(ii) $a_1=b_2$인 경우
    $a_1=a_2+a_3$에서
    $-4-d=-4+(-4+d)$
    $2d=4$ $\therefore d=2$
    $\therefore a_{20}=a_2+18d=-4+18\times 2=32$
(iii) $a_1=b_3$인 경우
    $a_1=a_3+a_4$에서
    $-4-d=(-4+d)+(-4+2d)$
    $4d=4$ $\therefore d=1$
    $\therefore a_{20}=a_2+18d=-4+18\times 1=14$
(i)~(iii)에서 가능한 모든 a_{20}의 값은 32, 14이므로 그 합은
$32+14=46$

0679

답 ①

첫째항이 양수인 등차수열 $\{a_n\}$의 공차를 d라 할 때, $d\geq 0$이면 모
든 자연수 n에 대하여 $a_n>0$이 되어 조건을 만족시키지 않는다.
따라서 $d<0$이어야 한다.
한편, 주어진 조건에서 $|S_3|=|S_6|$이므로
$S_3=S_6$ 또는 $S_3=-S_6$
(i) $S_3=S_6$일 때
    $\dfrac{3(2a_1+2d)}{2}=\dfrac{6(2a_1+5d)}{2}$에서
    $3a_1+3d=6a_1+15d$ $\therefore a_1=-4d$ …… ㉠
    이때
    $S_3=3a_1+3d=-12d+3d$ ($\because$ ㉠)
       $=-9d>0$ ($\because d<0$)
    $S_{11}=\dfrac{11(2a_1+10d)}{2}=11a_1+55d$
       $=-44d+55d$ ($\because$ ㉠)
       $=11d<0$ ($\because d<0$)
    이므로 $|S_3|=|S_{11}|-3$에서
    $S_3=-S_{11}-3$

즉, $-9d=-11d-3$이므로

$$d=-\frac{3}{2}$$

$$\therefore a_1=-4d=6$$

(ii) $S_3=-S_6$일 때

$\dfrac{3(2a_1+2d)}{2}=-\dfrac{6(2a_1+5d)}{2}$에서

$3a_1+3d=-6a_1-15d \quad \therefore a_1=-2d \quad \cdots\cdots \text{ⓛ}$

이때

$$S_3=3a_1+3d=-6d+3d \ (\because \text{ⓛ})$$
$$=-3d>0 \ (\because d<0)$$
$$S_{11}=\frac{11(2a_1+10d)}{2}=11a_1+55d$$
$$=-22d+55d \ (\because \text{ⓛ})$$
$$=33d<0 \ (\because d<0)$$

이므로 $|S_3|=|S_{11}|-3$에서

$$S_3=-S_{11}-3$$

즉, $-3d=-33d-3$이므로

$$d=-\frac{1}{10}$$

$$\therefore a_1=-2d=\frac{1}{5}$$

(i), (ii)에서 주어진 조건을 만족시키는 모든 수열 $\{a_n\}$의 첫째항은

6, $\dfrac{1}{5}$이고 그 합은

$$6+\frac{1}{5}=\frac{31}{5}$$

0680 　답 ③

$|x|\geq 3$일 때, $y=|x^2-9|=x^2-9$

$|x|<3$일 때, $y=|x^2-9|=-x^2+9$

a_1, a_4는 곡선 $y=x^2-9$와 직선 $y=k$의 교점의 x좌표이므로 방정식 $x^2-9=k$의 두 실근과 같다.

즉, $x^2=k+9$에서 $x=-\sqrt{k+9}$ 또는 $x=\sqrt{k+9}$

이때 $a_1<a_4$이므로 $a_1=-\sqrt{k+9}$, $a_4=\sqrt{k+9}$

또한 a_2, a_3은 곡선 $y=-x^2+9$와 직선 $y=k$의 교점의 x좌표이므로 방정식 $-x^2+9=k$의 두 실근과 같다.

즉, $x^2=-k+9$에서 $x=-\sqrt{-k+9}$ 또는 $x=\sqrt{-k+9}$

이때 $a_2<a_3$이므로 $a_2=-\sqrt{-k+9}$, $a_3=\sqrt{-k+9}$

a_1, a_2, a_3, a_4이 이 순서대로 등차수열을 이루므로

$a_4-a_3=a_3-a_2$에서

$\sqrt{k+9}-\sqrt{-k+9}=\sqrt{-k+9}-(-\sqrt{-k+9})$

$\sqrt{k+9}=3\sqrt{-k+9}$, $k+9=-9k+81$

$10k=72 \quad \therefore k=\dfrac{36}{5}$

다른 풀이

함수 $y=|x^2-9|$의 그래프는 y축에 대하여 대칭이므로 $a_2=-a_3$

이때 공차는 $a_3-a_2=a_3-(-a_3)=2a_3$이므로

$a_4=a_3+2a_3=3a_3 \quad \cdots\cdots \text{ㄱ}$

점 (a_3, k)는 곡선 $y=-x^2+9$ 위의 점이므로

$k=-a_3^2+9 \ (\because a_3<3)$

$\therefore a_3^2=9-k \quad \cdots\cdots \text{ㄴ}$

점 (a_4, k)는 곡선 $y=x^2-9$ 위의 점이므로

$k=a_4^2-9=9a_3^2-9 \ (\because \text{ㄱ})$

$\therefore a_3^2=\dfrac{k+9}{9} \quad \cdots\cdots \text{ㄷ}$

ㄴ, ㄷ이 일치해야 하므로 $\dfrac{k+9}{9}=9-k$

$k+9=9(9-k)$, $10k=72$

$$\therefore k=\frac{36}{5}$$

0681 　답 ①

등차수열 $\{a_n\}$의 첫째항을 a, 공차를 d라 하면

$S_k=-10$, $S_{k+3}=26$이므로

$S_{k+3}-S_k=a_{k+3}+a_{k+2}+a_{k+1}$
$=\{a+(k+2)d\}+\{a+(k+1)d\}+(a+kd)$
$=3a+3(k+1)d=36$

$\therefore a+(k+1)d=12 \quad \cdots\cdots \text{ㄱ}$

$S_{k-3}=-28$, $S_k=-10$이므로

$S_k-S_{k-3}=a_k+a_{k-1}+a_{k-2}$
$=\{a+(k-1)d\}+\{a+(k-2)d\}+\{a+(k-3)d\}$
$=3a+3(k-2)d=18$

$\therefore a+(k-2)d=6 \quad \cdots\cdots \text{ㄴ}$

ㄱ, ㄴ을 연립하여 풀면

$d=2$, $a=10-2k \quad \cdots\cdots \text{ㄷ}$

한편, $S_k=-10$이므로 $\dfrac{k\{2a+(k-1)d\}}{2}=-10$

위의 식에 ㄷ을 대입하면

$$\frac{k\{2(10-2k)+(k-1)\times 2\}}{2}=-10$$

$k(-k+9)=-10$, $k^2-9k-10=0$

$(k-10)(k+1)=0$

$\therefore k=10 \ (\because k\geq 4)$

$k=10$을 ㄷ에 대입하면

$a=10-2\times 10=-10$

따라서 S_{k-1}은 첫째항이 -10, 공차가 2인 등차수열의 첫째항부터 제9항까지의 합이므로

$$S_{k-1}=S_9=\frac{9\times\{2\times(-10)+(9-1)\times 2\}}{2}=-18$$

짝기출 　답 ②

공차가 2인 등차수열 $\{a_n\}$의 첫째항부터 제n항까지의 합을 S_n이라 하자. $S_k=-16$, $S_{k+2}=-12$를 만족시키는 자연수 k에 대하여 a_{2k}의 값은?

① 6 　　② 7 　　③ 8 　　④ 9 　　⑤ 10

0682 　답 ②

규칙 (나)에서 네 번째 줄의 네 번째 칸의 수는 $4\times 2=8$

규칙 (가)에서 네 번째 줄의 8의 왼쪽 칸의 수는 $\dfrac{8}{2}=4$

오른쪽 칸의 수는 $8\times 2=16$

이와 같은 방법으로 네 번째 줄의 모든
칸에 수를 채우면 오른쪽과 같다.
네 번째 줄에 있는 수를 왼쪽부터 차례
대로 나열하면

1, 2, 4, 8, 16, 32, 64

즉, 네 번째 줄에 있는 모든 수의 합은 첫째항이 1이고 공비가 2인
등비수열의 첫째항부터 제7항까지의 합이다.

따라서 구하는 합은

$$\frac{1 \times (2^7 - 1)}{2 - 1} = 127$$

0683 　　　　　답 ④

등차수열 $\{a_n\}$에서 $k \geq 6$일 때, a_{k-5}, a_{k-4}, a_{k-3}, a_{k-2}, a_{k-1}은
이 순서대로 등차수열을 이루므로 a_{k-3}은 a_{k-5}와 a_{k-1}의 등차중항
이다. 즉, 조건 (내)에서

$$a_{k-3} = \frac{a_{k-1} + a_{k-5}}{2} = \frac{8}{2} = 4 \quad \cdots\cdots \text{㉠}$$

이때 등차수열 $\{a_n\}$의 공차를 d라 하면

$$a_1 + a_k = (a_4 - 3d) + (a_{k-3} + 3d) = a_4 + a_{k-3}$$

이므로

$$S_k = \frac{k(a_1 + a_k)}{2} = \frac{k(a_4 + a_{k-3})}{2}$$

$$= \frac{k \times (10 + 4)}{2} \ (\because \text{㉮, ㉠})$$

$$= 7k$$

따라서 조건 (대)에서 $S_k = k^2 - 18$이므로

$$k^2 - 18 = 7k$$

$$k^2 - 7k - 18 = 0, \ (k-9)(k+2) = 0$$

$$\therefore k = 9 \ (\because k \geq 6)$$

짝기출 　　　　　답 ③

등차수열 $\{a_n\}$의 첫째항부터 제n항까지의 합을 S_n이라 하자.
$a_3 = 42$일 때, 다음 조건을 만족시키는 4 이상의 자연수 k의
값은?

(가) $a_{k-3} + a_{k-1} = -24$
(나) $S_k = k^2$

① 13　　　② 14　　　③ 15　　　④ 16　　　⑤ 17

0684 　　　　　답 117

수열 $\{a_n\}$은 공차가 d이고 모든 항이 자연수인 등차수열이므로
d는 자연수이다.

한편, 조건 (내)에서 세 항 a_2, a_k, a_{3k-1}이 이 순서대로 등비수열을
이루므로 $a_k^2 = a_2 a_{3k-1}$에서

$$\{a_1 + (k-1)d\}^2 = (a_1 + d)\{a_1 + (3k-2)d\}$$

$$a_1^2 + 2a_1(k-1)d + (k-1)^2 d^2 = a_1^2 + a_1(3k-1)d + (3k-2)d^2$$

$$a_1(k+1)d = (k^2 - 5k + 3)d^2$$

$$\therefore a_1 = \frac{k^2 - 5k + 3}{k+1} \times d \ (\because d \neq 0, \ k+1 \neq 0) \quad \cdots\cdots \text{㉠}$$

또한 모든 항이 자연수이므로 조건 (개)에서

$$0 < a_1 \leq d$$

$$0 < \frac{k^2 - 5k + 3}{k+1} \times d \leq d \ (\because \text{㉠})$$

$$\therefore 0 < k^2 - 5k + 3 \leq k+1 \ (\because d > 0, \ k+1 > 0)$$

$k^2 - 5k + 3 \leq k+1$에서 $k^2 - 6k + 2 \leq 0$

$$\{k - (3 - \sqrt{7})\}\{k - (3 + \sqrt{7})\} \leq 0$$

$$\therefore 3 - \sqrt{7} \leq k \leq 3 + \sqrt{7}$$

그런데 k는 $k \geq 3$인 자연수이므로 3, 4, 5이고, $k^2 - 5k + 3 > 0$이어
야 하므로 $k = 5$

$k = 5$를 ㉠에 대입하면

$$a_1 = \frac{25 - 25 + 3}{5 + 1} \times d = \frac{1}{2}d \qquad \therefore d = 2a_1$$

이때 $90 \leq a_{16} \leq 100$이므로

$a_{16} = a_1 + 15d = a_1 + 30a_1 = 31a_1$에서

$$90 \leq 31a_1 \leq 100, \ \frac{90}{31} \leq a_1 \leq \frac{100}{31}$$

$$\therefore a_1 = 3, \ d = 6 \ (\because a_1 \text{은 자연수})$$

$$\therefore a_{20} = a_1 + 19d = 3 + 19 \times 6 = 117$$

PART A′ 09 수열의 합

유형 01 합의 기호 $\sum$

0685 답 ②

$\sum\limits_{k=1}^{97} a_{k+2} - \sum\limits_{k=3}^{99} a_{k-1}$

$= (a_3 + a_4 + a_5 + \cdots + a_{99}) - (a_2 + a_3 + a_4 + \cdots + a_{98})$

$= a_{99} - a_2$

$= 100 - 1 = 99$

0686 답 ②

$\sum\limits_{k=2}^{10} a_k = a_2 + a_3 + a_4 + \cdots + a_{10}$

$\sum\limits_{k=1}^{9} (a_k + 3) = (a_1 + 3) + (a_2 + 3) + (a_3 + 3) + \cdots + (a_9 + 3)$

$\qquad\qquad\qquad = a_1 + a_2 + a_3 + \cdots + a_9 + 27$

이때 $\sum\limits_{k=2}^{10} a_k = \sum\limits_{k=1}^{9} (a_k + 3)$이므로

$a_2 + a_3 + a_4 + \cdots + a_{10} = a_1 + a_2 + a_3 + \cdots + a_9 + 27$

$\therefore a_{10} = a_1 + 27$

한편, $a_1 + a_{10} = 45$에서 $a_{10} = 45 - a_1$이므로

$45 - a_1 = a_1 + 27,\ 2a_1 = 18$

$\therefore a_1 = 9$

0687 답 14

$\sum\limits_{k=1}^{18} f(k+2) = 66$에서

$f(3) + f(4) + f(5) + \cdots + f(20) = 66 \qquad \cdots\cdots \,\bigcirc$

$\sum\limits_{k=3}^{20} f(k-1) = 52$에서

$f(2) + f(3) + f(4) + \cdots + f(19) = 52 \qquad \cdots\cdots \,\bigcirc$

$\bigcirc - \bigcirc$을 하면

$f(20) - f(2) = 66 - 52 = 14$

0688 답 ①

$\sum\limits_{k=1}^{n} (a_{2k-1} + a_{2k})$

$= (a_1 + a_2) + (a_3 + a_4) + (a_5 + a_6) + \cdots + (a_{2n-1} + a_{2n})$

$= \sum\limits_{k=1}^{2n} a_k$

이므로

$\sum\limits_{k=1}^{2n} a_k = 3n^2$

$\therefore \sum\limits_{k=1}^{10} a_k = \sum\limits_{k=1}^{2\times 5} a_k = 3 \times 5^2 = 75$

0689 답 ④

$\sum\limits_{k=2}^{n} (a_k - a_{k-1})$

$= (a_2 - a_1) + (a_3 - a_2) + (a_4 - a_3) + \cdots + (a_n - a_{n-1})$

$= a_n - a_1$

이때 $a_1 = 33$, $\sum\limits_{k=2}^{n} (a_k - a_{k-1}) = 2n-1\ (n \geq 2)$이므로

$a_n - 33 = 2n - 1 \qquad \therefore a_n = 2n + 32\ (n \geq 2)$

$\therefore a_{10} = 2 \times 10 + 32 = 52$

0690 답 ⑤

$\sum\limits_{k=1}^{20} k a_k = a_1 + 2a_2 + 3a_3 + \cdots + 20a_{20} = 60 \qquad \cdots\cdots \,\bigcirc$

$\sum\limits_{k=1}^{20} k a_{k+1} = a_2 + 2a_3 + 3a_4 + \cdots + 19a_{20} + 20a_{21} = 48 \qquad \cdots\cdots \,\bigcirc$

$\bigcirc - \bigcirc$을 하면

$a_1 + (2a_2 - a_2) + (3a_3 - 2a_3) + \cdots + (20a_{20} - 19a_{20}) - 20a_{21}$

$= 60 - 48 = 12$

이므로

$a_1 + a_2 + a_3 + \cdots + a_{20} - 20a_{21} = 12$

이때 $a_{21} = 3$이므로

$a_1 + a_2 + a_3 + \cdots + a_{20} - 20 \times 3 = 12$

$\therefore a_1 + a_2 + a_3 + \cdots + a_{20} = 72$

$\therefore \sum\limits_{k=1}^{20} a_k = a_1 + a_2 + a_3 + \cdots + a_{20} = 72$

유형 02 $\sum$의 기본 성질

0691 답 ①

$\sum\limits_{k=1}^{10} a_k = 8$, $\sum\limits_{k=1}^{10} b_k = 17$이므로

$\sum\limits_{k=1}^{10} (3a_k - 2b_k + 4) = \sum\limits_{k=1}^{10} 3a_k - \sum\limits_{k=1}^{10} 2b_k + \sum\limits_{k=1}^{10} 4$

$\qquad\qquad\qquad\qquad = 3\sum\limits_{k=1}^{10} a_k - 2\sum\limits_{k=1}^{10} b_k + \sum\limits_{k=1}^{10} 4$

$\qquad\qquad\qquad\qquad = 3 \times 8 - 2 \times 17 + 4 \times 10 = 30$

0692 답 ④

$\sum\limits_{k=1}^{n} (a_k - b_k)^2 = \sum\limits_{k=1}^{n} (a_k^2 - 2a_k b_k + b_k^2)$

$\qquad\qquad\qquad = \sum\limits_{k=1}^{n} (a_k^2 + b_k^2) - 2\sum\limits_{k=1}^{n} a_k b_k$

이때 $\sum\limits_{k=1}^{n} (a_k - b_k)^2 = 24$, $\sum\limits_{k=1}^{n} (a_k^2 + b_k^2) = 38$이므로

$24 = 38 - 2\sum\limits_{k=1}^{n} a_k b_k$

$2\sum\limits_{k=1}^{n} a_k b_k = 14 \qquad \therefore \sum\limits_{k=1}^{n} a_k b_k = 7$

0693

답 37

$\sum\limits_{k=1}^{10} a_k{}^2=65$, $\sum\limits_{k=1}^{10} b_k{}^2=7$이므로

$$\sum_{k=1}^{10}(a_k+2b_k)(a_k-2b_k)=\sum_{k=1}^{10}(a_k{}^2-4b_k{}^2)$$
$$=\sum_{k=1}^{10}a_k{}^2-4\sum_{k=1}^{10}b_k{}^2$$
$$=65-4\times 7=37$$

0694

답 ①

$\sum\limits_{k=1}^{10}(2a_k-b_k)=2\sum\limits_{k=1}^{10}a_k-\sum\limits_{k=1}^{10}b_k=2$ ...... ㉠

$\sum\limits_{k=1}^{10}(a_k+2b_k)=\sum\limits_{k=1}^{10}a_k+2\sum\limits_{k=1}^{10}b_k=16$ ...... ㉡

㉠$\times 2+$㉡을 하면

$5\sum\limits_{k=1}^{10}a_k=20$ $\therefore \sum\limits_{k=1}^{10}a_k=4$

이를 ㉠에 대입하면

$2\times 4-\sum\limits_{k=1}^{10}b_k=2$ $\therefore \sum\limits_{k=1}^{10}b_k=6$

$\therefore \sum\limits_{k=1}^{10}\left(\dfrac{1}{2}a_k+\dfrac{1}{3}b_k\right)=\dfrac{1}{2}\sum\limits_{k=1}^{10}a_k+\dfrac{1}{3}\sum\limits_{k=1}^{10}b_k$
$$=\dfrac{1}{2}\times 4+\dfrac{1}{3}\times 6=4$$

0695

답 45

$\sum\limits_{k=6}^{10}(3a_k-2b_k)=3\sum\limits_{k=6}^{10}a_k-2\sum\limits_{k=6}^{10}b_k$
$$=3\left(\sum_{k=1}^{10}a_k-\sum_{k=1}^{5}a_k\right)-2\left(\sum_{k=1}^{10}b_k-\sum_{k=1}^{5}b_k\right)$$
$$=3\times(33-8)-2\times(26-11)=45$$

0696

답 ③

$\sum\limits_{k=1}^{10}(a_k+1)^3=\sum\limits_{k=1}^{10}(a_k{}^3+3a_k{}^2+3a_k+1)$ ...... ㉠

$\sum\limits_{k=1}^{10}(a_k-1)^3=\sum\limits_{k=1}^{10}(a_k{}^3-3a_k{}^2+3a_k-1)$ ...... ㉡

㉠$-$㉡을 하면

$$\sum_{k=1}^{10}(a_k+1)^3-\sum_{k=1}^{10}(a_k-1)^3=\sum_{k=1}^{10}(6a_k{}^2+2)$$

즉, $\sum\limits_{k=1}^{10}(6a_k{}^2+2)=80$이므로

$6\sum\limits_{k=1}^{10}a_k{}^2+\sum\limits_{k=1}^{10}2=80$

$6\sum\limits_{k=1}^{10}a_k{}^2+2\times 10=80$ $\therefore \sum\limits_{k=1}^{10}a_k{}^2=10$

$\therefore \sum\limits_{k=1}^{10}(3a_k{}^2-1)=3\sum\limits_{k=1}^{10}a_k{}^2-\sum\limits_{k=1}^{10}1$
$$=3\times 10-1\times 10=20$$

유형 **03** $\sum r^k$ 꼴의 계산

0697

답 3

$\sum\limits_{k=1}^{10}\dfrac{4^k+2^k}{3^k}=\sum\limits_{k=1}^{10}\left(\dfrac{4^k}{3^k}+\dfrac{2^k}{3^k}\right)=\sum\limits_{k=1}^{10}\left\{\left(\dfrac{4}{3}\right)^k+\left(\dfrac{2}{3}\right)^k\right\}$

$=\sum\limits_{k=1}^{10}\left(\dfrac{4}{3}\right)^k+\sum\limits_{k=1}^{10}\left(\dfrac{2}{3}\right)^k$

$=\dfrac{\dfrac{4}{3}\times\left\{\left(\dfrac{4}{3}\right)^{10}-1\right\}}{\dfrac{4}{3}-1}+\dfrac{\dfrac{2}{3}\times\left\{1-\left(\dfrac{2}{3}\right)^{10}\right\}}{1-\dfrac{2}{3}}$

$=4\times\left\{\left(\dfrac{4}{3}\right)^{10}-1\right\}+2\times\left\{1-\left(\dfrac{2}{3}\right)^{10}\right\}$

$=4\times\left(\dfrac{4}{3}\right)^{10}-2\times\left(\dfrac{2}{3}\right)^{10}-2$

$=\dfrac{4\times 4^{10}-2\times 2^{10}}{3^{10}}-2=\dfrac{2^{22}-2^{11}}{3^{10}}-2$

따라서 $a=1$, $b=-2$이므로

$a-b=1-(-2)=3$

0698

답 ⑤

$a_n=\sum\limits_{k=1}^{n}2^{k-1}=\dfrac{2^n-1}{2-1}=2^n-1$이므로

$b_n=\sum\limits_{k=1}^{n}a_k=\sum\limits_{k=1}^{n}(2^k-1)=\sum\limits_{k=1}^{n}2^k-\sum\limits_{k=1}^{n}1$

$=\dfrac{2\times(2^n-1)}{2-1}-1\times n=2^{n+1}-2-n$

$\therefore \sum\limits_{k=1}^{10}b_k=\sum\limits_{k=1}^{10}(2^{k+1}-2-k)=\sum\limits_{k=1}^{10}2^{k+1}-\sum\limits_{k=1}^{10}2-\sum\limits_{k=1}^{10}k$

$=\dfrac{2^2\times(2^{10}-1)}{2-1}-2\times 10-\dfrac{10\times 11}{2}$

$=2^{12}-2^2-20-55=4017$

0699

답 ①

$\sum\limits_{k=1}^{9}a_k=3+33+333+\cdots+\underbrace{333\cdots 3}_{9\text{개}}$

$=\dfrac{1}{3}\times(9+99+999+\cdots+\underbrace{999\cdots 9}_{9\text{개}})$

$=\dfrac{1}{3}\times\{(10-1)+(10^2-1)+(10^3-1)+\cdots+(10^9-1)\}$

$=\dfrac{1}{3}\sum\limits_{k=1}^{9}(10^k-1)=\dfrac{1}{3}\left(\sum\limits_{k=1}^{9}10^k-\sum\limits_{k=1}^{9}1\right)$

$=\dfrac{1}{3}\times\left\{\dfrac{10\times(10^9-1)}{10-1}-1\times 9\right\}$

$=\dfrac{1}{3}\times\dfrac{10^{10}-10-81}{9}$

$=\dfrac{10^{10}-91}{27}$

다른 풀이

$a_n=\underbrace{333\cdots 3}_{n\text{개}}=3+30+300+\cdots+\underbrace{3000\cdots 0}_{(n-1)\text{개}}$

$=\sum\limits_{k=1}^{n}(3\times 10^{k-1})=3\sum\limits_{k=1}^{n}10^{k-1}$

$=3\times\dfrac{10^n-1}{10-1}=\dfrac{1}{3}\times 10^n-\dfrac{1}{3}$

$$\therefore \sum_{k=1}^{9} a_k = \sum_{k=1}^{9}\left(\frac{1}{3}\times 10^k - \frac{1}{3}\right) = \frac{1}{3}\sum_{k=1}^{9} 10^k - \sum_{k=1}^{9}\frac{1}{3}$$
$$= \frac{1}{3}\times\frac{10\times(10^9-1)}{10-1} - \frac{1}{3}\times 9$$
$$= \frac{10^{10}-10}{27} - 3 = \frac{10^{10}-10-81}{27}$$
$$= \frac{10^{10}-91}{27}$$

유형 04 ∑와 등차수열, 등비수열

0700

답 ③

등차수열 $\{a_n\}$의 첫째항을 a, 공차를 d라 하면
$a_5 = a+4d = 2$ ...... ㉠
$a_{10} = a+9d = 12$ ...... ㉡
㉠, ㉡을 연립하여 풀면
$a = -6$, $d = 2$
이때 $\sum_{k=1}^{20} a_{2k+1} = a_3+a_5+a_7+\cdots+a_{41}$은 첫째항이
$a_3 = -6+2\times 2 = -2$, 공차가 $2d = 4$, 항수가 20인 등차수열의 합
이므로
$$\sum_{k=1}^{20} a_{2k+1} = \frac{20\times\{2\times(-2)+(20-1)\times 4\}}{2}$$
$$= 720$$

참고

등차수열 $\{a_n\}$의 첫째항이 -6, 공차가 2이므로 일반항은
$a_n = -6+(n-1)\times 2 = 2n-8$
즉, $a_{2k+1} = 2(2k+1)-8 = 4k-6$이므로 자연수의 거듭제곱의 합 공식을
이용하여
$$\sum_{k=1}^{20} a_{2k+1} = \sum_{k=1}^{20}(4k-6) = 4\sum_{k=1}^{20}k - \sum_{k=1}^{20}6$$
$$= 4\times\frac{20\times 21}{2} - 6\times 20 = 720$$

과 같이 구할 수도 있다.

0701

답 ②

등비수열 $\{a_n\}$의 첫째항을 a, 공비를 r이라 하면
$a_2 a_5 = a_7$에서 $ar\times ar^4 = ar^6$
$a^2 r^5 - ar^6 = 0$, $ar^5(a-r) = 0$
$\therefore a = 0$ 또는 $r = 0$ 또는 $a = r$
이때 $a_3 = 8$이므로
$a \neq 0$, $r \neq 0$ $\therefore a = r$ ...... ㉠
또한 $a_3 = 8$에서 $ar^2 = 8$, $r^3 = 8$ ($\because$ ㉠)
$\therefore a = r = 2$
$\therefore a_n = 2\times 2^{n-1} = 2^n$
따라서 $\sum_{k=1}^{n} a_k = 254$에서
$\frac{2\times(2^n-1)}{2-1} = 254$, $2^n-1 = 127$, $2^n = 128 = 2^7$
$\therefore n = 7$

0702

답 54

이차방정식 $x^2-12x+20 = 0$에서
$(x-2)(x-10) = 0$ $\therefore x = 2$ 또는 $x = 10$
이때 등차수열 $\{a_n\}$의 공차가 양수이므로 $a_2 < a_{10}$
$\therefore a_2 = 2$, $a_{10} = 10$
등차수열 $\{a_n\}$의 첫째항을 a, 공차를 d라 하면
$a_2 = a+d = 2$ ...... ㉠
$a_{10} = a+9d = 10$ ...... ㉡
㉠, ㉡을 연립하여 풀면 $a = 1$, $d = 1$
따라서 $\sum_{n=2}^{10} a_n$은 첫째항이 $a_2 = 2$이고 공차가 1인 등차수열의 첫째
항부터 제9항까지의 합과 같으므로
$$\sum_{n=2}^{10} a_n = \frac{9\times\{2\times 2+(9-1)\times 1\}}{2} = 54$$

다른 풀이

이차방정식 $x^2-12x+20 = 0$의 두 근이 a_2, a_{10}이므로 이차방정식
의 근과 계수의 관계에 의하여
$a_2+a_{10} = 12$
$$\therefore \sum_{n=2}^{10} a_n = a_2+a_3+a_4+\cdots+a_{10}$$
$$= \frac{9\times(a_2+a_{10})}{2} = \frac{9\times 12}{2} = 54$$

0703

답 ①

등차수열 $\{a_n\}$의 공차를 d라 하면 $a_2+a_9 = 3a_7$에서
$(a_1+d)+(a_1+8d) = 3(a_1+6d)$
$2a_1+9d = 3a_1+18d$
$\therefore a_1+9d = 0$ ...... ㉠
또한 $\sum_{k=1}^{10} a_k = 90$에서
$\frac{10\times\{2a_1+(10-1)\times d\}}{2} = 90$
$\therefore 2a_1+9d = 18$ ...... ㉡
㉠, ㉡을 연립하여 풀면
$a_1 = 18$, $d = -2$
따라서 $a_n = 18+(n-1)\times(-2) = -2n+20$이므로
$a_6 = -2\times 6+20 = 8$

0704

답 682

등비수열 $\{a_n\}$의 공비를 r이라 하면
$$\sum_{k=1}^{5}(a_{2k}+a_{2k-1}) - \sum_{n=1}^{4}(a_{2n}+a_{2n+1})$$
$$= \{(a_2+a_1)+(a_4+a_3)+(a_6+a_5)+(a_8+a_7)+(a_{10}+a_9)\}$$
$$\qquad -\{(a_2+a_3)+(a_4+a_5)+(a_6+a_7)+(a_8+a_9)\}$$
$$= a_1+a_{10} = 1+r^9 (\because a_1 = 1)$$
즉, $1+r^9 = 513$에서
$r^9 = 512 = 2^9$ $\therefore r = 2$
따라서 $a_n = 2^{n-1}$이므로
$a_{2k} = 2^{2k-1} = 2\times 2^{2(k-1)} = 2\times 4^{k-1}$
$$\therefore \sum_{k=1}^{5} a_{2k} = \sum_{k=1}^{5}(2\times 4^{k-1}) = \frac{2\times(4^5-1)}{4-1} = 682$$

0705

답 ③

등비수열 $\{a_n\}$의 첫째항을 a ($a>0$), 공비를 r ($r>0$)이라 하면

$S_2=6a_3$에서 $a+ar=6ar^2$

$6ar^2-ar-a=0$, $a(6r^2-r-1)=0$

$a(2r-1)(3r+1)=0$

$\therefore a=0$ 또는 $r=\dfrac{1}{2}$ 또는 $r=-\dfrac{1}{3}$

이때 $a>0$, $r>0$이므로 $r=\dfrac{1}{2}$

따라서 $a_n=a\left(\dfrac{1}{2}\right)^{n-1}$이고

$S_n=\dfrac{a\left\{1-\left(\dfrac{1}{2}\right)^n\right\}}{1-\dfrac{1}{2}}=2a\left\{1-\left(\dfrac{1}{2}\right)^n\right\}$이므로

$\displaystyle\sum_{n=1}^{10}\dfrac{S_n}{a_n}=\sum_{n=1}^{10}\dfrac{2a\left\{1-\left(\dfrac{1}{2}\right)^n\right\}}{a\left(\dfrac{1}{2}\right)^{n-1}}=\sum_{n=1}^{10}2\left(2^{n-1}-\dfrac{1}{2}\right)$

$=\displaystyle\sum_{n=1}^{10}2^n-\sum_{n=1}^{10}1=\dfrac{2\times(2^{10}-1)}{2-1}-1\times10=2036$

유형 05 자연수의 거듭제곱의 합

0706

답 ⑤

$1+2+3+\cdots+k=\displaystyle\sum_{n=1}^{k}n=\dfrac{k(k+1)}{2}$이므로

$\dfrac{(k^2+k)^2}{1+2+3+\cdots+k}=\dfrac{\{k(k+1)\}^2}{\dfrac{k(k+1)}{2}}=2k^2+2k$

$\therefore \displaystyle\sum_{k=1}^{20}\dfrac{(k^2+k)^2}{1+2+3+\cdots+k}=\sum_{k=1}^{20}(2k^2+2k)=2\sum_{k=1}^{20}k^2+2\sum_{k=1}^{20}k$

$=2\times\dfrac{20\times21\times41}{6}+2\times\dfrac{20\times21}{2}$

$=5740+420=6160$

0707

답 ②

$\displaystyle\sum_{k=1}^{n-1}(3k+2)=3\sum_{k=1}^{n-1}k+\sum_{k=1}^{n-1}2=3\times\dfrac{(n-1)n}{2}+2(n-1)$

$=\dfrac{3}{2}n^2+\dfrac{1}{2}n-2$

따라서 $\dfrac{3}{2}n^2+\dfrac{1}{2}n-2=75$에서

$3n^2+n-154=0$, $(n-7)(3n+22)=0$

$\therefore n=7$ ($\because n$은 자연수)

0708

답 ④

등차수열 $\{a_n\}$의 첫째항이 4, 공차가 3이므로

$a_n=4+(n-1)\times3=3n+1$

$\therefore S_n=\displaystyle\sum_{k=1}^{n}a_k=\sum_{k=1}^{n}(3k+1)=3\sum_{k=1}^{n}k+\sum_{k=1}^{n}1$

$=3\times\dfrac{n(n+1)}{2}+1\times n=\dfrac{3}{2}n^2+\dfrac{5}{2}n$

따라서 $2S_k-3=2\left(\dfrac{3}{2}k^2+\dfrac{5}{2}k\right)-3=3k^2+5k-3$이므로

$\displaystyle\sum_{k=1}^{10}(2S_k-3)=3\sum_{k=1}^{10}k^2+5\sum_{k=1}^{10}k-\sum_{k=1}^{10}3$

$=3\times\dfrac{10\times11\times21}{6}+5\times\dfrac{10\times11}{2}-3\times10$

$=1155+275-30=1400$

> **참고**
>
> S_n은 수열 $\{a_n\}$의 첫째항부터 제n항까지의 합이고, 등차수열 $\{a_n\}$의 첫째항이 4, 공차가 3이므로
>
> $S_n=\dfrac{n\{2\times4+(n-1)\times3\}}{2}=\dfrac{3}{2}n^2+\dfrac{5}{2}n$

0709

답 ③

$f(x)=x^2+x+1$이라 하면 다항식 $f(x)$를 일차식 $x-n$으로 나누었을 때의 나머지 a_n은 나머지정리에 의하여

$a_n=f(n)=n^2+n+1$

$\therefore \displaystyle\sum_{n=1}^{6}(a_n+2n^2-n)=\sum_{n=1}^{6}\{(n^2+n+1)+2n^2-n\}$

$=\displaystyle\sum_{n=1}^{6}(3n^2+1)=3\sum_{n=1}^{6}n^2+\sum_{n=1}^{6}1$

$=3\times\dfrac{6\times7\times13}{6}+1\times6$

$=273+6=279$

0710

답 ②

이차방정식 $x^2-nx-n=0$의 두 근이 α_n, β_n이므로 근과 계수의 관계에 의하여

$\alpha_n+\beta_n=n$, $\alpha_n\beta_n=-n$

$\therefore \alpha_n^2+\beta_n^2=(\alpha_n+\beta_n)^2-2\alpha_n\beta_n$

$=n^2-2\times(-n)=n^2+2n$

$\therefore \displaystyle\sum_{n=1}^{7}(\alpha_n^2+\beta_n^2)=\sum_{n=1}^{7}(n^2+2n)=\sum_{n=1}^{7}n^2+2\sum_{n=1}^{7}n$

$=\dfrac{7\times8\times15}{6}+2\times\dfrac{7\times8}{2}$

$=140+56=196$

유형 06 $\sum$를 여러 개 포함한 식

0711

답 ⑤

$\displaystyle\sum_{m=1}^{6}\left(\sum_{k=1}^{6}m^2k\right)=\sum_{m=1}^{6}\left(m^2\sum_{k=1}^{6}k\right)=\sum_{m=1}^{6}\left(m^2\times\dfrac{6\times7}{2}\right)$

$=\displaystyle\sum_{m=1}^{6}21m^2=21\sum_{m=1}^{6}m^2$

$=21\times\dfrac{6\times7\times13}{6}=1911$

0712

답 ①

$$\sum_{i=1}^{m}\left\{\sum_{j=1}^{n}(i+j-2)\right\}=\sum_{i=1}^{m}\left\{\sum_{j=1}^{n}j+\sum_{j=1}^{n}(i-2)\right\}$$

$$=\sum_{i=1}^{m}\left\{\frac{n(n+1)}{2}+n(i-2)\right\}$$

$$=\sum_{i=1}^{m}\left(in+\frac{1}{2}n^2-\frac{3}{2}n\right)$$

$$=n\sum_{i=1}^{m}i+\sum_{i=1}^{m}\left(\frac{1}{2}n^2-\frac{3}{2}n\right)$$

$$=n\times\frac{m(m+1)}{2}+m\left(\frac{1}{2}n^2-\frac{3}{2}n\right)$$

$$=\frac{m^2n+mn^2-2mn}{2}$$

0713

답 ③

$$\sum_{m=1}^{n}\left\{\sum_{l=1}^{m}\left(\sum_{k=1}^{l}6\right)\right\}=\sum_{m=1}^{n}\left(\sum_{l=1}^{m}6l\right)=\sum_{m=1}^{n}\left(6\sum_{l=1}^{m}l\right)$$

$$=\sum_{m=1}^{n}\left\{6\times\frac{m(m+1)}{2}\right\}=\sum_{m=1}^{n}(3m^2+3m)$$

$$=3\sum_{m=1}^{n}m^2+3\sum_{m=1}^{n}m$$

$$=3\times\frac{n(n+1)(2n+1)}{6}+3\times\frac{n(n+1)}{2}$$

$$=\frac{n(n+1)(2n+1)}{2}+\frac{3n(n+1)}{2}$$

$$=\frac{n(n+1)(2n+1+3)}{2}$$

$$=n(n+1)(n+2)$$

따라서 $n(n+1)(n+2)=336=6\times7\times8$이므로

$n=6$

참고

삼차방정식 $n(n+1)(n+2)=336$을 풀어서 해를 구하는 일은 쉽지 않다. 이처럼 연속한 세 자연수의 곱으로 된 방정식의 경우, 수를 소인수분해하여 연속한 세 자연수의 곱의 꼴로 만들어 비교한다.
이 문제에서 $336=2^4\times3\times7$이므로 $2^4\times3\times7$을 적당히 변형하면 $6\times7\times8$을 얻을 수 있다.

0714

답 5

$$\sum_{m=1}^{n}\left\{\sum_{k=1}^{m}(m+k)\right\}=\sum_{m=1}^{n}\left(\sum_{k=1}^{m}m+\sum_{k=1}^{m}k\right)=\sum_{m=1}^{n}\left\{m^2+\frac{m(m+1)}{2}\right\}$$

$$=\sum_{m=1}^{n}\left(\frac{3}{2}m^2+\frac{1}{2}m\right)=\frac{3}{2}\sum_{m=1}^{n}m^2+\frac{1}{2}\sum_{m=1}^{n}m$$

$$=\frac{3}{2}\times\frac{n(n+1)(2n+1)}{6}+\frac{1}{2}\times\frac{n(n+1)}{2}$$

$$=\frac{n(n+1)}{4}\times\{(2n+1)+1\}$$

$$=\frac{n(n+1)(2n+2)}{4}=\frac{n(n+1)^2}{2}$$

따라서 $\dfrac{n(n+1)^2}{2}=90$에서

$n(n+1)^2=180=5\times6^2$

$\therefore n=5$

유형 07 ∑를 이용한 여러 가지 수열의 합

0715

답 ⑤

수열 $2,\ 3,\ 4,\ \cdots$의 제k항은 $k+1$
수열 $3,\ 5,\ 7,\ \cdots$의 제k항은 $2k+1$
즉, 수열 $2\times3,\ 3\times5,\ 4\times7,\ \cdots,\ 14\times27$의 제$k$항을 a_k라 하면
$a_k=(k+1)(2k+1)=2k^2+3k+1$
이때 $14\times27=(13+1)\times(2\times13+1)=a_{13}$이므로
$2\times3+3\times5+4\times7+\cdots+14\times27$

$$=\sum_{k=1}^{13}a_k=\sum_{k=1}^{13}(2k^2+3k+1)$$

$$=2\sum_{k=1}^{13}k^2+3\sum_{k=1}^{13}k+\sum_{k=1}^{13}1$$

$$=2\times\frac{13\times14\times27}{6}+3\times\frac{13\times14}{2}+1\times13$$

$$=1638+273+13=1924$$

0716

답 ④

수열 $1,\ 3,\ 5,\ \cdots$의 제k항은 $2k-1$
수열 $20,\ 18,\ 16,\ \cdots$의 제k항은 $22-2k$
즉, 수열 $1\times20,\ 3\times18,\ 5\times16,\ \cdots,\ 19\times2$의 제$k$항을 a_k라 하면
$a_k=(2k-1)(22-2k)=-4k^2+46k-22$
이때 $19\times2=(2\times10-1)\times(22-2\times10)=a_{10}$이므로
$1\times20+3\times18+5\times16+\cdots+19\times2$

$$=\sum_{k=1}^{10}a_k=\sum_{k=1}^{10}(-4k^2+46k-22)$$

$$=-4\sum_{k=1}^{10}k^2+46\sum_{k=1}^{10}k-\sum_{k=1}^{10}22$$

$$=-4\times\frac{10\times11\times21}{6}+46\times\frac{10\times11}{2}-22\times10$$

$$=-1540+2530-220=770$$

0717

답 550

수열 $\{a_n\}$이 $1,\ 2+3,\ 3+4+5,\ 4+5+6+7,\ \cdots$이므로
$a_1=1$
$a_2=2+3=2+(2+1)$
$a_3=3+4+5=3+(3+1)+(3+2)$
$a_4=4+5+6+7=4+(4+1)+(4+2)+(4+3)$
$\vdots$
$a_k=k+(k+1)+(k+2)+\cdots+\{k+(k-1)\}$
따라서 a_k는 첫째항이 k이고 끝항이 $k+(k-1)=2k-1$이며 항의 개수가 k인 등차수열의 합의 꼴이므로

$$a_k=\frac{k\times\{k+(2k-1)\}}{2}=\frac{k(3k-1)}{2}=\frac{3}{2}k^2-\frac{1}{2}k$$

$$\therefore \sum_{k=1}^{10}a_k=\sum_{k=1}^{10}\left(\frac{3}{2}k^2-\frac{1}{2}k\right)=\frac{3}{2}\sum_{k=1}^{10}k^2-\frac{1}{2}\sum_{k=1}^{10}k$$

$$=\frac{3}{2}\times\frac{10\times11\times21}{6}-\frac{1}{2}\times\frac{10\times11}{2}$$

$$=\frac{1155}{2}-\frac{55}{2}=550$$

0718

답 ②

수열 $\{a_n\}$이 1^2-3, 2^2-6, 3^2-9, $\cdots$이므로

$a_k=k^2-3k$

$\therefore \displaystyle\sum_{k=1}^{n} a_k = \sum_{k=1}^{n}(k^2-3k) = \sum_{k=1}^{n}k^2 - 3\sum_{k=1}^{n}k$

$\qquad = \dfrac{n(n+1)(2n+1)}{6} - 3 \times \dfrac{n(n+1)}{2}$

$\qquad = \dfrac{n(n+1)}{6} \times \{(2n+1)-9\}$

$\qquad = \dfrac{n(n+1)(2n-8)}{6}$

$\qquad = \dfrac{n(n+1)(n-4)}{3}$

이때 $\displaystyle\sum_{k=1}^{n} a_k=28$에서 $\dfrac{n(n+1)(n-4)}{3}=28$

즉, $n(n+1)(n-4)=3 \times 28 = 6 \times 7 \times 2$이므로

$n=6$

유형 08 제 k항이 n에 대한 식일 때의 수열의 합

0719

답 2

수열 1, 2, 3, $\cdots$의 제 k항은 k

수열 $n-1$, $n-2$, $n-3$, $\cdots$의 제 k항은 $n-k$

즉, 수열 $1 \times (n-1)$, $2 \times (n-2)$, $3 \times (n-3)$, $\cdots$, $(n-1) \times 1$의
제 k항을 a_k라 하면

$a_k=k(n-k)=-k^2+nk$

이때 $(n-1) \times 1 = (n-1) \times \{n-(n-1)\} = a_{n-1}$이므로

$1 \times (n-1) + 2 \times (n-2) + 3 \times (n-3) + \cdots + (n-1) \times 1$

$= \displaystyle\sum_{k=1}^{n-1} a_k = \sum_{k=1}^{n-1}(-k^2+nk)$

$= -\displaystyle\sum_{k=1}^{n-1}k^2 + n\sum_{k=1}^{n-1}k$

$= -\dfrac{(n-1)n(2n-1)}{6} + n \times \dfrac{(n-1)n}{2}$

$= \dfrac{n(n-1)(n+1)}{6}$

따라서 $\dfrac{n(n-1)(n+1)}{6} = \dfrac{(n+a)(n+b)(n+c)}{6}$에서 정수 a, b,
c는 -1, 0, 1이므로

$a^2+b^2+c^2 = (-1)^2 + 0^2 + 1^2 = 2$

0720

답 ④

수열 $\left(\dfrac{2n+1}{n}\right)^2$, $\left(\dfrac{2n+2}{n}\right)^2$, $\left(\dfrac{2n+3}{n}\right)^2$, $\cdots$, $\left(\dfrac{3n}{n}\right)^2$의 제 k항을

a_k라 하면

$a_k = \left(\dfrac{2n+k}{n}\right)^2 = \left(\dfrac{1}{n}k+2\right)^2 = \dfrac{1}{n^2}k^2 + \dfrac{4}{n}k+4$

이때 $\left(\dfrac{3n}{n}\right)^2 = \left(\dfrac{2n+n}{n}\right)^2 = a_n$이므로

$\left(\dfrac{2n+1}{n}\right)^2 + \left(\dfrac{2n+2}{n}\right)^2 + \left(\dfrac{2n+3}{n}\right)^2 + \cdots + \left(\dfrac{3n}{n}\right)^2$

$= \displaystyle\sum_{k=1}^{n} a_k = \sum_{k=1}^{n}\left(\dfrac{1}{n^2}k^2 + \dfrac{4}{n}k+4\right) = \dfrac{1}{n^2}\sum_{k=1}^{n}k^2 + \dfrac{4}{n}\sum_{k=1}^{n}k + \sum_{k=1}^{n}4$

$= \dfrac{1}{n^2} \times \dfrac{n(n+1)(2n+1)}{6} + \dfrac{4}{n} \times \dfrac{n(n+1)}{2} + 4 \times n$

$= \dfrac{38n^2+15n+1}{6n}$

0721

답 $\dfrac{n(n+1)(10n-1)}{6}$

수열 1, 2, 3, 4, $\cdots$의 제 k항은 k

수열 $2n+1$, $2n+3$, $2n+5$, $2n+7$, $\cdots$의 제 k항은

$2n+(2k-1) = 2n+2k-1$

즉, 수열 $1 \times (2n+1)$, $2 \times (2n+3)$, $3 \times (2n+5)$, $4 \times (2n+7)$,
$\cdots$의 제 k항을 a_k라 하면

$a_k = k \times (2n+2k-1) = 2k^2 + (2n-1)k$

따라서 주어진 수열의 첫째항부터 제 n항까지의 합은

$\displaystyle\sum_{k=1}^{n} a_k = \sum_{k=1}^{n}\{2k^2+(2n-1)k\} = 2\sum_{k=1}^{n}k^2 + (2n-1)\sum_{k=1}^{n}k$

$\qquad = 2 \times \dfrac{n(n+1)(2n+1)}{6} + (2n-1) \times \dfrac{n(n+1)}{2}$

$\qquad = \dfrac{n(n+1)(10n-1)}{6}$

유형 09 $\sum$로 표현된 수열의 합과 일반항 사이의 관계

0722

답 ②

수열 $\{a_n\}$의 첫째항부터 제 n항까지의 합을 S_n이라 하면

$S_n = \displaystyle\sum_{k=1}^{n} a_k = 3n-2$

$\therefore a_7 = S_7 - S_6 = (3 \times 7 - 2) - (3 \times 6 - 2) = 3$

0723

답 ③

수열 $\{a_n\}$의 첫째항부터 제 n항까지의 합을 S_n이라 하면

$S_n = \displaystyle\sum_{k=1}^{n} a_k = n^2-n$

(i) $n=1$일 때

$\quad a_1 = S_1 = 1^2 - 1 = 0$

(ii) $n \geq 2$일 때

$\quad a_n = S_n - S_{n-1}$

$\qquad = n^2-n-\{(n-1)^2-(n-1)\}$

$\qquad = 2n-2 \qquad \cdots\cdots$ ㉠

이때 $a_1=0$은 ㉠에 $n=1$을 대입한 것과 같으므로 $a_n=2n-2$

$\therefore (2k-1)a_k = (2k-1)(2k-2) = 4k^2-6k+2$

$\therefore \displaystyle\sum_{k=1}^{10}(2k-1)a_k = \sum_{k=1}^{10}(4k^2-6k+2) = 4\sum_{k=1}^{10}k^2 - 6\sum_{k=1}^{10}k + \sum_{k=1}^{10}2$

$\qquad = 4 \times \dfrac{10 \times 11 \times 21}{6} - 6 \times \dfrac{10 \times 11}{2} + 2 \times 10$

$\qquad = 1540 - 330 + 20 = 1230$

0724

답 ③

수열 $\{a_n\}$의 첫째항부터 제n항까지의 합을 S_n이라 하면

$$S_n=\sum_{k=1}^{n}a_k=4^n-1$$

(ⅰ) $n=1$일 때

$$a_1=S_1=4^1-1=3$$

(ⅱ) $n\geq 2$일 때

$$\begin{aligned}a_n&=S_n-S_{n-1}\\&=4^n-1-(4^{n-1}-1)\\&=3\times 4^{n-1}\qquad\cdots\cdots\;\unicode{x2299}\end{aligned}$$

이때 $a_1=3$은 $\unicode{x2299}$에 $n=1$을 대입한 것과 같으므로

$$a_n=3\times 4^{n-1}$$

$$\begin{aligned}\therefore \sum_{k=1}^{10}\frac{1}{a_k}&=\sum_{k=1}^{10}\frac{1}{3\times 4^{k-1}}=\sum_{k=1}^{10}\left\{\frac{1}{3}\times\left(\frac{1}{4}\right)^{k-1}\right\}\\&=\frac{\frac{1}{3}\times\left\{1-\left(\frac{1}{4}\right)^{10}\right\}}{1-\frac{1}{4}}=\frac{4}{9}\left\{1-\left(\frac{1}{4}\right)^{10}\right\}\end{aligned}$$

0725

답 60

수열 $\{(2n-1)a_n\}$의 첫째항부터 제n항까지의 합을 S_n이라 하면

$$S_n=\sum_{k=1}^{n}(2k-1)a_k=n(n+1)(4n-1)$$

(ⅰ) $n=1$일 때

$$(2\times 1-1)\times a_1=S_1=1\times(1+1)\times(4\times 1-1)=6$$

이므로 $a_1=6$

(ⅱ) $n\geq 2$일 때

$$\begin{aligned}(2n-1)a_n&=S_n-S_{n-1}\\&=n(n+1)(4n-1)-(n-1)n(4n-5)\\&=6n(2n-1)\end{aligned}$$

이므로 $a_n=6n\qquad\cdots\cdots\;\unicode{x2299}$

이때 $a_1=6$은 $\unicode{x2299}$에 $n=1$을 대입한 것과 같으므로

$$a_n=6n$$

$$\therefore a_{10}=6\times 10=60$$

> **참고**
>
> 주어진 합은 $\sum_{k=1}^{n}(2k-1)a_k$이므로 이를 $\sum_{k=1}^{n}a_k$로 혼동하여
> $a_n=6n(2n-1)$로 구하지 않도록 주의한다.

0726

답 ①

수열 $\left\{\dfrac{1}{a_n+2}\right\}$의 첫째항부터 제$n$항까지의 합을 S_n이라 하면

$$S_n=\sum_{k=1}^{n}\frac{1}{a_k+2}=n^2+n$$

(ⅰ) $n=1$일 때

$$\frac{1}{a_1+2}=S_1=1^2+1=2$$이므로

$$a_1+2=\frac{1}{2}\qquad\therefore a_1=-\frac{3}{2}$$

(ⅱ) $n\geq 2$일 때

$$\begin{aligned}\frac{1}{a_n+2}&=S_n-S_{n-1}\\&=n^2+n-\{(n-1)^2+(n-1)\}\\&=2n\end{aligned}$$

이므로 $a_n+2=\dfrac{1}{2n}$

$$\therefore a_n=\frac{1}{2n}-2=\frac{1-4n}{2n}\qquad\cdots\cdots\;\unicode{x2299}$$

이때 $a_1=-\dfrac{3}{2}$은 $\unicode{x2299}$에 $n=1$을 대입한 것과 같으므로

$$a_n=\frac{1-4n}{2n}$$

$$\begin{aligned}\therefore \sum_{k=1}^{10}\frac{a_k+4}{a_k+2}&=\sum_{k=1}^{10}\frac{\frac{1+4k}{2k}}{\frac{1}{2k}}=\sum_{k=1}^{10}(4k+1)=4\sum_{k=1}^{10}k+\sum_{k=1}^{10}1\\&=4\times\frac{10\times 11}{2}+1\times 10=230\end{aligned}$$

유형 10 · 분수 꼴인 수열의 합

0727

답 ①

등차수열 $\{a_n\}$의 첫째항이 5이고 공차가 2이므로

$$a_n=5+(n-1)\times 2=2n+3$$

$$\begin{aligned}\therefore \sum_{n=1}^{10}\frac{1}{a_na_{n+1}}&=\sum_{n=1}^{10}\frac{1}{(2n+3)\{2(n+1)+3\}}\\&=\sum_{n=1}^{10}\frac{1}{(2n+3)(2n+5)}=\sum_{n=1}^{10}\frac{1}{2}\left(\frac{1}{2n+3}-\frac{1}{2n+5}\right)\\&=\frac{1}{2}\sum_{n=1}^{10}\left(\frac{1}{2n+3}-\frac{1}{2n+5}\right)\\&=\frac{1}{2}\left\{\left(\frac{1}{5}-\frac{1}{7}\right)+\left(\frac{1}{7}-\frac{1}{9}\right)+\left(\frac{1}{9}-\frac{1}{11}\right)\right.\\&\qquad\left.+\cdots+\left(\frac{1}{23}-\frac{1}{25}\right)\right\}\\&=\frac{1}{2}\left(\frac{1}{5}-\frac{1}{25}\right)=\frac{2}{25}\end{aligned}$$

0728

답 $\dfrac{9}{40}$

수열 $\dfrac{1}{3^2-1},\;\dfrac{1}{5^2-1},\;\dfrac{1}{7^2-1},\;\cdots,\;\dfrac{1}{19^2-1}$의 제$k$항을 a_k라 하면

$$\begin{aligned}a_k&=\frac{1}{(2k+1)^2-1}=\frac{1}{4k^2+4k}=\frac{1}{4k(k+1)}\\&=\frac{1}{4}\left(\frac{1}{k}-\frac{1}{k+1}\right)\end{aligned}$$

이때 $\dfrac{1}{19^2-1}=\dfrac{1}{(2\times 9+1)^2-1}=a_9$이므로

$$\begin{aligned}&\frac{1}{3^2-1}+\frac{1}{5^2-1}+\frac{1}{7^2-1}+\cdots+\frac{1}{19^2-1}\\&=\sum_{k=1}^{9}a_k=\frac{1}{4}\sum_{k=1}^{9}\left(\frac{1}{k}-\frac{1}{k+1}\right)\\&=\frac{1}{4}\left\{\left(1-\frac{1}{2}\right)+\left(\frac{1}{2}-\frac{1}{3}\right)+\left(\frac{1}{3}-\frac{1}{4}\right)+\cdots+\left(\frac{1}{9}-\frac{1}{10}\right)\right\}\\&=\frac{1}{4}\left(1-\frac{1}{10}\right)=\frac{9}{40}\end{aligned}$$

0729

답 ②

수열 $\dfrac{1}{2\times5}$, $\dfrac{1}{5\times8}$, $\dfrac{1}{8\times11}$, $\cdots$, $\dfrac{1}{47\times50}$의 제k항을 a_k라 하면

$a_k=\dfrac{1}{(3k-1)(3k+2)}=\dfrac{1}{3}\left(\dfrac{1}{3k-1}-\dfrac{1}{3k+2}\right)$

이때 $\dfrac{1}{47\times50}=\dfrac{1}{(3\times16-1)\times(3\times16+2)}=a_{16}$이므로

$\dfrac{1}{2\times5}+\dfrac{1}{5\times8}+\dfrac{1}{8\times11}+\cdots+\dfrac{1}{47\times50}$

$=\displaystyle\sum_{k=1}^{16}a_k=\dfrac{1}{3}\sum_{k=1}^{16}\left(\dfrac{1}{3k-1}-\dfrac{1}{3k+2}\right)$

$=\dfrac{1}{3}\left\{\left(\dfrac{1}{2}-\dfrac{1}{5}\right)+\left(\dfrac{1}{5}-\dfrac{1}{8}\right)+\left(\dfrac{1}{8}-\dfrac{1}{11}\right)+\cdots+\left(\dfrac{1}{47}-\dfrac{1}{50}\right)\right\}$

$=\dfrac{1}{3}\left(\dfrac{1}{2}-\dfrac{1}{50}\right)=\dfrac{4}{25}$

0730

답 13

수열 1, $\dfrac{1}{1+2}$, $\dfrac{1}{1+2+3}$, $\dfrac{1}{1+2+3+4}$, $\cdots$, $\dfrac{1}{1+2+3+\cdots+k}$

의 제n항을 a_n이라 하면

$a_n=\dfrac{1}{1+2+3+\cdots+n}=\dfrac{1}{\dfrac{n(n+1)}{2}}$

$=\dfrac{2}{n(n+1)}=2\left(\dfrac{1}{n}-\dfrac{1}{n+1}\right)$

$\therefore 1+\dfrac{1}{1+2}+\dfrac{1}{1+2+3}+\dfrac{1}{1+2+3+4}+\cdots+\dfrac{1}{1+2+3+\cdots+k}$

$=\displaystyle\sum_{n=1}^{k}a_n=2\sum_{n=1}^{k}\left(\dfrac{1}{n}-\dfrac{1}{n+1}\right)$

$=2\left\{\left(1-\dfrac{1}{2}\right)+\left(\dfrac{1}{2}-\dfrac{1}{3}\right)+\left(\dfrac{1}{3}-\dfrac{1}{4}\right)+\cdots+\left(\dfrac{1}{k}-\dfrac{1}{k+1}\right)\right\}$

$=2\left(1-\dfrac{1}{k+1}\right)$

$=\dfrac{2k}{k+1}$

이 값이 $\dfrac{13}{7}$이므로 $\dfrac{2k}{k+1}=\dfrac{13}{7}$에서

$14k=13(k+1)$ $\therefore k=13$

0731

답 ①

$f(x)=x^2+4x+3$이라 하면 다항식 $f(x)$를 $x-n$으로 나눈 나머지 a_n은

$a_n=f(n)=n^2+4n+3=(n+1)(n+3)$

$\therefore \displaystyle\sum_{n=1}^{7}\dfrac{1}{a_n}=\sum_{n=1}^{7}\dfrac{1}{(n+1)(n+3)}$

$=\displaystyle\sum_{n=1}^{7}\dfrac{1}{2}\left(\dfrac{1}{n+1}-\dfrac{1}{n+3}\right)=\dfrac{1}{2}\sum_{n=1}^{7}\left(\dfrac{1}{n+1}-\dfrac{1}{n+3}\right)$

$=\dfrac{1}{2}\left\{\left(\dfrac{1}{2}-\dfrac{1}{4}\right)+\left(\dfrac{1}{3}-\dfrac{1}{5}\right)+\left(\dfrac{1}{4}-\dfrac{1}{6}\right)\right.$

$\left.\qquad\qquad+\cdots+\left(\dfrac{1}{7}-\dfrac{1}{9}\right)+\left(\dfrac{1}{8}-\dfrac{1}{10}\right)\right\}$

$=\dfrac{1}{2}\left(\dfrac{1}{2}+\dfrac{1}{3}-\dfrac{1}{9}-\dfrac{1}{10}\right)=\dfrac{14}{45}$

0732

답 ②

x에 대한 이차방정식 $x^2+4x-n(n+2)=0$의 서로 다른 두 실근이 α_n, β_n이므로 근과 계수의 관계에 의하여

$\alpha_n+\beta_n=-4$, $\alpha_n\beta_n=-n(n+2)$

$\therefore \dfrac{1}{\alpha_n}+\dfrac{1}{\beta_n}=\dfrac{\alpha_n+\beta_n}{\alpha_n\beta_n}=\dfrac{4}{n(n+2)}$

$\qquad\qquad=2\left(\dfrac{1}{n}-\dfrac{1}{n+2}\right)$

$\therefore \displaystyle\sum_{k=1}^{14}\left(\dfrac{1}{\alpha_k}+\dfrac{1}{\beta_k}\right)=2\sum_{k=1}^{14}\left(\dfrac{1}{k}-\dfrac{1}{k+2}\right)$

$=2\left\{\left(1-\dfrac{1}{3}\right)+\left(\dfrac{1}{2}-\dfrac{1}{4}\right)+\left(\dfrac{1}{3}-\dfrac{1}{5}\right)\right.$

$\left.\qquad\qquad+\cdots+\left(\dfrac{1}{13}-\dfrac{1}{15}\right)+\left(\dfrac{1}{14}-\dfrac{1}{16}\right)\right\}$

$=2\left(1+\dfrac{1}{2}-\dfrac{1}{15}-\dfrac{1}{16}\right)$

$=\dfrac{329}{120}$

유형 11 분모에 근호가 포함된 수열의 합

0733

답 ④

$\displaystyle\sum_{k=1}^{120}\dfrac{2}{\sqrt{k-1}+\sqrt{k+1}}$

$=\displaystyle\sum_{k=1}^{120}\dfrac{2(\sqrt{k-1}-\sqrt{k+1})}{(\sqrt{k-1}+\sqrt{k+1})(\sqrt{k-1}-\sqrt{k+1})}$

$=\displaystyle\sum_{k=1}^{120}(\sqrt{k+1}-\sqrt{k-1})$

$=(\sqrt{2}-0)+(\sqrt{3}-1)+(\sqrt{4}-\sqrt{2})+(\sqrt{5}-\sqrt{3})$

$\qquad\qquad+\cdots+(\sqrt{120}-\sqrt{118})+(\sqrt{121}-\sqrt{119})$

$=\sqrt{121}+\sqrt{120}-1$

$=11+2\sqrt{30}-1$

$=10+2\sqrt{30}$

0734

답 ④

$a_n=\sqrt{n+1}+\sqrt{n+2}$이므로

$\displaystyle\sum_{n=1}^{k}\dfrac{1}{a_n}=\sum_{n=1}^{k}\dfrac{1}{\sqrt{n+1}+\sqrt{n+2}}$

$=\displaystyle\sum_{n=1}^{k}\dfrac{\sqrt{n+1}-\sqrt{n+2}}{(\sqrt{n+1}+\sqrt{n+2})(\sqrt{n+1}-\sqrt{n+2})}$

$=\displaystyle\sum_{n=1}^{k}(\sqrt{n+2}-\sqrt{n+1})$

$=(\sqrt{3}-\sqrt{2})+(\sqrt{4}-\sqrt{3})+(\sqrt{5}-\sqrt{4})$

$\qquad\qquad+\cdots+(\sqrt{k+2}-\sqrt{k+1})$

$=\sqrt{k+2}-\sqrt{2}$

이 값이 $3\sqrt{2}$이므로 $\sqrt{k+2}-\sqrt{2}=3\sqrt{2}$에서

$\sqrt{k+2}=4\sqrt{2}$, $k+2=32$

$\therefore k=30$

0735

답 ③

수열 $\{a_n\}$이 첫째항이 1, 공차가 2인 등차수열이므로
$$a_n=1+(n-1)\times 2=2n-1 \quad \cdots\cdots \ \bigcirc$$

$$\begin{aligned}
\therefore \ & \sum_{k=1}^{24}\frac{1}{\sqrt{a_{k+1}}+\sqrt{a_k}} \\
&=\sum_{k=1}^{24}\frac{\sqrt{a_{k+1}}-\sqrt{a_k}}{(\sqrt{a_{k+1}}+\sqrt{a_k})(\sqrt{a_{k+1}}-\sqrt{a_k})}=\sum_{k=1}^{24}\frac{\sqrt{a_{k+1}}-\sqrt{a_k}}{a_{k+1}-a_k} \\
&=\sum_{k=1}^{24}\frac{\sqrt{a_{k+1}}-\sqrt{a_k}}{2} \ (\because a_{k+1}-a_k=(공차)=2) \\
&=\frac{1}{2}\{(\sqrt{a_2}-\sqrt{a_1})+(\sqrt{a_3}-\sqrt{a_2})+(\sqrt{a_4}-\sqrt{a_3}) \\
&\qquad\qquad\qquad\qquad\qquad\quad +\cdots+(\sqrt{a_{25}}-\sqrt{a_{24}})\} \\
&=\frac{1}{2}(\sqrt{a_{25}}-\sqrt{a_1})=\frac{1}{2}\times(\sqrt{49}-1) \ (\because \bigcirc) \\
&=3
\end{aligned}$$

다른 풀이

$a_n=2n-1$이므로

$$\begin{aligned}
&\sum_{k=1}^{24}\frac{1}{\sqrt{a_{k+1}}+\sqrt{a_k}} \\
&=\sum_{k=1}^{24}\frac{1}{\sqrt{2k+1}+\sqrt{2k-1}} \\
&=\sum_{k=1}^{24}\frac{\sqrt{2k+1}-\sqrt{2k-1}}{(\sqrt{2k+1}+\sqrt{2k-1})(\sqrt{2k+1}-\sqrt{2k-1})} \\
&=\sum_{k=1}^{24}\frac{\sqrt{2k+1}-\sqrt{2k-1}}{2} \\
&=\frac{1}{2}\{(\sqrt{3}-\sqrt{1})+(\sqrt{5}-\sqrt{3})+(\sqrt{7}-\sqrt{5})+\cdots+(\sqrt{49}-\sqrt{47})\} \\
&=\frac{1}{2}\times(\sqrt{49}-1)=3
\end{aligned}$$

0736

답 6

2 이상의 자연수 k에 대하여 두 곡선 $y=\sqrt{x}$, $y=-\sqrt{x-1}$과 두 직선 $x=k$, $x=k+1$에 의하여 만들어지는 직사각형의 가로의 길이는 1이고 세로의 길이는 $\sqrt{k}+\sqrt{k-1}$이므로
$$S_k=\sqrt{k}+\sqrt{k-1}$$

$$\begin{aligned}
\therefore \ & \sum_{k=2}^{49}\frac{1}{S_k}=\sum_{k=2}^{49}\frac{1}{\sqrt{k}+\sqrt{k-1}} \\
&=\sum_{k=2}^{49}\frac{\sqrt{k}-\sqrt{k-1}}{(\sqrt{k}+\sqrt{k-1})(\sqrt{k}-\sqrt{k-1})} \\
&=\sum_{k=2}^{49}(\sqrt{k}-\sqrt{k-1}) \\
&=(\sqrt{2}-\sqrt{1})+(\sqrt{3}-\sqrt{2})+(\sqrt{4}-\sqrt{3})+\cdots+(\sqrt{49}-\sqrt{48}) \\
&=\sqrt{49}-1=6
\end{aligned}$$

유형 12 로그가 포함된 수열의 합

0737

답 125

수열 $\{a_n\}$이 첫째항이 27, 공비가 3인 등비수열이므로
$$a_n=27\times 3^{n-1}=3^{n+2}$$

$$\begin{aligned}
\therefore \ \log_9 a_k &=\log_9 3^{k+2}=(k+2)\log_9 3 \\
&=(k+2)\log_{3^2} 3 \\
&=\frac{1}{2}(k+2)=\frac{1}{2}k+1
\end{aligned}$$

$$\begin{aligned}
\therefore \ \sum_{k=1}^{20}\log_9 a_k &=\sum_{k=1}^{20}\left(\frac{1}{2}k+1\right) \\
&=\frac{1}{2}\sum_{k=1}^{20}k+\sum_{k=1}^{20}1 \\
&=\frac{1}{2}\times\frac{20\times 21}{2}+1\times 20 \\
&=105+20=125
\end{aligned}$$

0738

답 ②

$$\begin{aligned}
\sum_{n=1}^{30}\log a_n &=\sum_{n=1}^{10}\log a_{3n-2}+\sum_{n=1}^{10}\log a_{3n-1}+\sum_{n=1}^{10}\log a_{3n} \\
&=\sum_{n=1}^{10}(\log a_{3n-2}+\log a_{3n-1}+\log a_{3n}) \\
&=\sum_{n=1}^{10}\log(a_{3n-2}\times a_{3n-1}\times a_{3n}) \\
&=\sum_{n=1}^{10}\log(2^n\times 3^n\times 2^n) \\
&=\sum_{n=1}^{10}\log 12^n=\sum_{n=1}^{10}(n\log 12) \\
&=(\log 12)\sum_{n=1}^{10}n \\
&=(\log 12)\times\frac{10\times 11}{2} \\
&=55\log 12 \\
&=\log 12^{55}
\end{aligned}$$

다른 풀이

$$\begin{aligned}
\sum_{n=1}^{30}\log a_n &=\log a_1+\log a_2+\log a_3+\log a_4 \\
&\qquad\qquad\qquad\qquad +\cdots+\log a_{29}+\log a_{30} \\
&=\log(a_1\times a_2\times a_3\times a_4\times\cdots\times a_{29}\times a_{30}) \\
&=\log\{(a_1\times a_4\times a_7\times\cdots\times a_{28}) \\
&\qquad\quad \times(a_2\times a_5\times a_8\times\cdots\times a_{29}) \\
&\qquad\quad \times(a_3\times a_6\times a_9\times\cdots\times a_{30})\} \quad \cdots\cdots \ \bigcirc
\end{aligned}$$

이때 $a_{3n-2}=2^n$에서 $a_1=2$, $a_4=2^2$, $a_7=2^3$, $\cdots$, $a_{28}=2^{10}$이므로
$$\begin{aligned}
a_1\times a_4\times a_7\times\cdots\times a_{28} &=2\times 2^2\times 2^3\times\cdots\times 2^{10} \\
&=2^{1+2+3+\cdots+10} \\
&=2^{\frac{10\times 11}{2}}=2^{55} \quad \cdots\cdots \ \bigcirc
\end{aligned}$$

또한 $a_{3n-1}=3^n$에서 $a_2=3$, $a_5=3^2$, $a_8=3^3$, $\cdots$, $a_{29}=3^{10}$이므로
$$\begin{aligned}
a_2\times a_5\times a_8\times\cdots\times a_{29} &=3\times 3^2\times 3^3\times\cdots\times 3^{10} \\
&=3^{1+2+3+\cdots+10} \\
&=3^{\frac{10\times 11}{2}}=3^{55} \quad \cdots\cdots \ \textcircled{\footnotesize ㄷ}
\end{aligned}$$

$a_{3n}=2^n$에서 $a_3=2$, $a_6=2^2$, $a_9=2^3$, $\cdots$, $a_{30}=2^{10}$이므로
$$\begin{aligned}
a_3\times a_6\times a_9\times\cdots\times a_{30} &=2\times 2^2\times 2^3\times\cdots\times 2^{10} \\
&=2^{1+2+3+\cdots+10} \\
&=2^{\frac{10\times 11}{2}}=2^{55} \quad \cdots\cdots \ \textcircled{\footnotesize ㄹ}
\end{aligned}$$

따라서 ㉡, ㉢, ㉣을 ㉠에 대입하면
$$\begin{aligned}
\sum_{n=1}^{30}\log a_n &=\log(2^{55}\times 3^{55}\times 2^{55}) \\
&=\log(2\times 3\times 2)^{55}=\log 12^{55}
\end{aligned}$$

0739

답 ②

2 이상의 자연수 k에 대하여

$$\log_{2k-1}(2k+1) = \frac{\log_3(2k+1)}{\log_3(2k-1)}$$

이므로

$$\sum_{k=2}^{40} \log_3\{\log_{2k-1}(2k+1)\}$$

$$= \sum_{k=2}^{40} \log_3\left\{\frac{\log_3(2k+1)}{\log_3(2k-1)}\right\}$$

$$= \log_3\left(\frac{\log_3 5}{\log_3 3}\right) + \log_3\left(\frac{\log_3 7}{\log_3 5}\right) + \log_3\left(\frac{\log_3 9}{\log_3 7}\right)$$

$$+ \cdots + \log_3\left(\frac{\log_3 81}{\log_3 79}\right)$$

$$= \log_3\left(\frac{\log_3 5}{\log_3 3} \times \frac{\log_3 7}{\log_3 5} \times \frac{\log_3 9}{\log_3 7} \times \cdots \times \frac{\log_3 81}{\log_3 79}\right)$$

$$= \log_3\left(\frac{\log_3 81}{\log_3 3}\right) = \log_3(\log_3 81)$$

$$= \log_3(\log_3 3^4) = \log_3 4$$

🔊 **Bible Says** **로그의 밑의 변환**

$a > 0$, $a \neq 1$이고 $b > 0$일 때

(1) $\log_a b = \dfrac{\log_c b}{\log_c a}$ (단, $c > 0$, $c \neq 1$)

(2) $\log_a b = \dfrac{1}{\log_b a}$ (단, $b \neq 1$)

0740

답 ①

수열 $\{a_n\}$의 첫째항부터 제n항까지의 합을 S_n이라 하면

$$S_n = \sum_{k=1}^{n} a_k = \log_2 \frac{(n+1)(n+2)}{2}$$

(ⅰ) $n=1$일 때

$$a_1 = S_1 = \log_2 \frac{2 \times 3}{2} = \log_2 3$$

(ⅱ) $n \geq 2$일 때

$$a_n = S_n - S_{n-1}$$

$$= \log_2 \frac{(n+1)(n+2)}{2} - \log_2 \frac{n(n+1)}{2}$$

$$= \log_2\left\{\frac{(n+1)(n+2)}{2} \times \frac{2}{n(n+1)}\right\}$$

$$= \log_2 \frac{n+2}{n} \qquad \cdots\cdots \text{㉠}$$

이때 $a_1 = \log_2 3$은 ㉠에 $n=1$을 대입한 것과 같으므로

$$a_n = \log_2 \frac{n+2}{n}$$

따라서 $a_{2k+1} = \log_2 \dfrac{2k+3}{2k+1}$이므로

$$p = \sum_{k=1}^{30} a_{2k+1} = \sum_{k=1}^{30} \log_2 \frac{2k+3}{2k+1}$$

$$= \log_2 \frac{5}{3} + \log_2 \frac{7}{5} + \log_2 \frac{9}{7} + \cdots + \log_2 \frac{63}{61}$$

$$= \log_2\left(\frac{5}{3} \times \frac{7}{5} \times \frac{9}{7} \times \cdots \times \frac{63}{61}\right)$$

$$= \log_2 \frac{63}{3} = \log_2 21$$

$$\therefore 2^p = 2^{\log_2 21} = 21^{\log_2 2} = 21$$

유형 13 특정한 값이 반복되는 수열의 합

0741

답 ②

1^2, 2^2, 3^2, 4^2, 5^2, 6^2, $\cdots$을 4로 나누었을 때의 나머지는 순서대로

1, 0, 1, 0, 1, 0, $\cdots$

즉, 수열 $\{a_n\}$은 1, 0이 이 순서대로 반복되고

$1111 = 2 \times 555 + 1$이므로

$$\sum_{n=1}^{1111} a_n = \underbrace{(1+0) + (1+0) + \cdots + (1+0)}_{555\text{개}} + 1$$

$$= (1+0) \times 555 + 1 = 556$$

참고

자연수 n에 대하여

(ⅰ) $n = 2k-1$ (k는 자연수)일 때, $n^2 = (2k-1)^2 = 4(k^2-k)+1$

(ⅱ) $n = 2k$ (k는 자연수)일 때, $n^2 = (2k)^2 = 4k^2$

(ⅰ), (ⅱ)에서 홀수 n에 대하여 n^2을 4로 나누었을 때의 나머지는 1이고, 짝수 n에 대하여 n^2을 4로 나누었을 때의 나머지는 0이다.

0742

답 227

3, 3^2, 3^3, 3^4, 3^5, $\cdots$을 10으로 나누었을 때의 나머지는 순서대로

3, 9, 7, 1, 3, $\cdots$

즉, 수열 $\{a_n\}$은 3, 9, 7, 1이 이 순서대로 반복되고

$30 = 4 \times 7 + 2$이므로

$$\sum_{k=1}^{30} a_k = \underbrace{(3+9+7+1) + (3+9+7+1) + \cdots + (3+9+7+1)}_{7\text{개}}$$

$$+ 3 + 9$$

$$= (3+9+7+1) \times 7 + 12 = 152$$

또한 4, 4^2, 4^3, 4^4, 4^5, 4^6, $\cdots$을 5로 나누었을 때의 나머지는 순서대로

4, 1, 4, 1, 4, 1, $\cdots$

즉, 수열 $\{b_n\}$은 4, 1이 이 순서대로 반복되고

$30 = 2 \times 15$이므로

$$\sum_{k=1}^{30} b_k = \underbrace{(4+1) + (4+1) + \cdots + (4+1)}_{15\text{개}}$$

$$= (4+1) \times 15 = 75$$

$$\therefore \sum_{k=1}^{30}(a_k + b_k) = \sum_{k=1}^{30} a_k + \sum_{k=1}^{30} b_k = 152 + 75 = 227$$

0743

답 ④

x_1, x_2, x_3, $\cdots$, x_n은 0, 1, 3의 값 중 어느 하나를 가지므로 x_1, x_2, x_3, $\cdots$, x_n 중 0이 a개, 1이 b개, 3이 c개라 하면

$$\sum_{k=1}^{n} x_k = 0 \times a + 1 \times b + 3 \times c = 21$$

$$\therefore b + 3c = 21 \qquad \cdots\cdots \text{㉠}$$

$$\sum_{k=1}^{n} x_k^2 = 0^2 \times a + 1^2 \times b + 3^2 \times c = 39$$

$$\therefore b + 9c = 39 \qquad \cdots\cdots \text{㉡}$$

㉠, ㉡을 연립하여 풀면 $b = 12$, $c = 3$

$$\therefore \sum_{k=1}^{n} x_k^5 = 0^5 \times a + 1^5 \times b + 3^5 \times c = 1 \times 12 + 243 \times 3 = 741$$

0744

$(2n-9)^3$의 부호는 $2n-9$의 부호와 같으므로 다음과 같이 경우를 나누어 생각할 수 있다.

(i) $2 \leq n \leq 4$일 때, $2n-9 < 0$

　음수 $(2n-9)^3$의 제곱근 중 실수인 것은 없으므로

　$f(2)=0$

　음수 $(2n-9)^3$의 세제곱근 중 실수인 것은 1개이므로

　$f(3)=1$

　음수 $(2n-9)^3$의 네제곱근 중 실수인 것은 없으므로

　$f(4)=0$

(ii) $5 \leq n \leq 30$일 때, $2n-9 > 0$

　양수의 n제곱근 중 실수인 것은 n이 홀수일 때 1개, n이 짝수

　일 때 2개이므로 양수 $(2n-9)^3$에 대하여

　$f(5)=f(7)=f(9)=\cdots=f(29)=1$

　$f(6)=f(8)=f(10)=\cdots=f(30)=2$

(i), (ii)에서

$$\sum_{n=2}^{30} f(n) = 0+1+0+\underbrace{1+2+1+2+\cdots+1+2}_{\text{1이 13개, 2가 13개}}$$
$$=1+(1+2)\times 13 = 40$$

유형 14 여러 가지 수열의 합의 활용

0745

답 ④

좌표평면에서 함수 $f(x)=2^{n+1}-x$의 그래프와 직선 $y=x$가 만나는 점의 x좌표는 방정식 $2^{n+1}-x=x$의 실근이다.

이때 $2^{n+1}=2x$에서 $x=2^n$

따라서 $a_n=2^n$이므로

$$\sum_{n=1}^{9} a_n = \sum_{n=1}^{9} 2^n = \frac{2 \times (2^9-1)}{2-1} = 1022$$

0746

답 728

$A\left(n, \dfrac{2}{n}\right)$, $B(n-1, 0)$, $C(n+2, 0)$이라 하고 삼각형 ABC의 밑변을 $\overline{BC}$라 하면

$\overline{BC}=(n+2)-(n-1)=3$

이고, 높이는 점 A의 y좌표, 즉 $\dfrac{2}{n}$이다.

따라서 삼각형의 넓이 a_n은 $a_n=\dfrac{1}{2} \times 3 \times \dfrac{2}{n}=\dfrac{3}{n}$이므로

$$\sum_{n=1}^{12} \frac{9}{a_n a_{n+1}} = \sum_{n=1}^{12} \frac{9}{\dfrac{3}{n} \times \dfrac{3}{n+1}}$$
$$= \sum_{n=1}^{12} (n^2+n) = \sum_{n=1}^{12} n^2 + \sum_{n=1}^{12} n$$
$$= \frac{12 \times 13 \times 25}{6} + \frac{12 \times 13}{2}$$
$$= 650 + 78 = 728$$

0747

답 414

오른쪽 그림과 같이 원 C_n과 직선 $y=x$의 두 교점을 A_n, B_n, 원의 중심을 C_n, 점 C_n에서 직선 $y=x$에 내린 수선의 발을 H라 하면

$C_n(2n, n)$

이때 원 C_n의 반지름의 길이는

$\sqrt{2n(n+1)}$이므로

$\overline{A_n C_n} = \sqrt{2n(n+1)}$

원의 중심 $C_n(2n, n)$과 직선 $y=x$, 즉 $x-y=0$ 사이의 거리는

$$\overline{C_n H} = \frac{|2n-n|}{\sqrt{1^2+(-1)^2}} = \frac{\sqrt{2}}{2}n$$

직각삼각형 $C_n A_n H$에서 피타고라스 정리에 의하여

$$\overline{A_n H} = \sqrt{\{\sqrt{2n(n+1)}\}^2 - \left(\frac{\sqrt{2}}{2}n\right)^2} = \sqrt{\frac{3}{2}n^2 + 2n}$$

이때 $\overline{A_n H}=\overline{B_n H}$이므로

$$l_n^2 = \overline{A_n B_n}^2 = \left(2 \times \sqrt{\frac{3}{2}n^2+2n}\right)^2 = 6n^2+8n$$

$$\therefore \sum_{n=1}^{9} \frac{l_n^2}{5} = \frac{1}{5} \sum_{n=1}^{9} (6n^2+8n) = \frac{6}{5}\sum_{n=1}^{9} n^2 + \frac{8}{5}\sum_{n=1}^{9} n$$
$$= \frac{6}{5} \times \frac{9 \times 10 \times 19}{6} + \frac{8}{5} \times \frac{9 \times 10}{2}$$
$$= 342 + 72 = 414$$

0748

답 ③

자연수 k에 대하여 함수 $f(x)=k\sqrt{x}$의 그래프가 점 $D(n^2, 4n^2)$을 지날 때 k의 값은 최대이고, 그 최댓값은

$4n^2=k\sqrt{n^2}$　∴ $k=4n$

함수 $y=f(x)$의 그래프가 점 $B(4n^2, n^2)$을 지날 때 k의 값은 최소이고, 그 최솟값은

$n^2=k\sqrt{4n^2}$　∴ $k=\dfrac{n}{2}$

즉, $\dfrac{n}{2} \leq k \leq 4n$이므로 n이 홀수일 때, 자연수 k의 개수 a_n은

$$a_n = 4n - \frac{n}{2} + \frac{1}{2} = \frac{7}{2}n + \frac{1}{2}$$

$$\therefore \sum_{n=1}^{10} a_{2n-1} = \sum_{n=1}^{10} \left\{\frac{7}{2}(2n-1) + \frac{1}{2}\right\}$$
$$= \sum_{n=1}^{10} (7n-3) = 7\sum_{n=1}^{10} n - \sum_{n=1}^{10} 3$$
$$= 7 \times \frac{10 \times 11}{2} - 3 \times 10$$
$$= 385 - 30 = 355$$

0749

답 125

곡선 $y=-\sqrt{x}+n$과 x축, y축으로 둘러싸인 영역의 내부 또는 경계는 다음 그림의 색칠한 부분 및 그 경계와 같다.

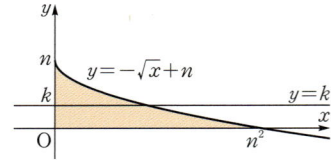

$y=-\sqrt{x}+n$에서 $y=k$ (k는 정수)일 때,

$k=-\sqrt{x}+n$, $\sqrt{x}=n-k$

$\therefore x=(n-k)^2$

즉, y좌표가 k이면서 x좌표가 정수인 점의 x좌표는

$0, 1, 2, \cdots, (n-k)^2$

이므로 그 개수는 $(n-k)^2+1$이다.

이때 $0 \le k \le n$이므로 앞의 그림에서 색칠한 부분 및 그 경계에 포함되고 x좌표와 y좌표가 모두 정수인 점의 개수는

$$a_n=\sum_{k=0}^{n}\{(n-k)^2+1\}=\sum_{k=0}^{n}(k^2-2nk+n^2+1)$$

$$=\sum_{k=0}^{n}k^2-2n\sum_{k=0}^{n}k+\sum_{k=0}^{n}(n^2+1)$$

$$=\sum_{k=1}^{n}k^2-2n\sum_{k=1}^{n}k+\sum_{k=1}^{n}(n^2+1)$$

$$=\frac{n(n+1)(2n+1)}{6}-2n\times\frac{n(n+1)}{2}+(n^2+1)\times(n+1)$$

$$=\frac{(n+1)(2n^2+n+6)}{6}$$

$$=\frac{1}{3}n^3+\frac{1}{2}n^2+\frac{7}{6}n+1$$

$$\therefore \sum_{n=1}^{5}a_n=\sum_{n=1}^{5}\left(\frac{1}{3}n^3+\frac{1}{2}n^2+\frac{7}{6}n+1\right)$$

$$=\frac{1}{3}\sum_{n=1}^{5}n^3+\frac{1}{2}\sum_{n=1}^{5}n^2+\frac{7}{6}\sum_{n=1}^{5}n+\sum_{n=1}^{5}1$$

$$=\frac{1}{3}\times\left(\frac{5\times6}{2}\right)^2+\frac{1}{2}\times\frac{5\times6\times11}{6}+\frac{7}{6}\times\frac{5\times6}{2}+1\times5$$

$$=75+\frac{55}{2}+\frac{35}{2}+5=125$$

유형 15 **(등차수열)×(등비수열) 꼴의 수열의 합**

0750
답 42

$1\times1-2\times3+3\times3^2-4\times3^3+\cdots-10\times3^9$

$=1\times1+2\times(-3)+3\times(-3)^2+4\times(-3)^3+\cdots+10\times(-3)^9$

이므로 구하는 합은 등차수열 $1, 2, 3, 4, \cdots$와 등비수열 $1, -3, (-3)^2, (-3)^3, \cdots$의 각 항의 곱으로 이루어진 수열의 첫째항부터 제10항까지의 합이다.

이를 S라 하면

$S=1\times1+2\times(-3)+3\times(-3)^2+4\times(-3)^3$
$\qquad +\cdots+10\times(-3)^9$ ...... ㉠

등비수열 부분의 공비가 -3이므로 ㉠×(-3)을 하면

$-3S=1\times(-3)+2\times(-3)^2+3\times(-3)^3+4\times(-3)^4$
$\qquad +\cdots+10\times(-3)^{10}$ ...... ㉡

㉠-㉡을 하면

$\quad S=1\times1+2\times(-3)+3\times(-3)^2+\cdots+10\times(-3)^9$

$-)\,-3S=\qquad 1\times(-3)+2\times(-3)^2+\cdots+10\times(-3)^{10}$

$\overline{\quad 4S=1\times1+1\times(-3)+1\times(-3)^2}$
$\qquad +\cdots+1\times(-3)^9-10\times(-3)^{10}$

$\quad =\dfrac{1-(-3)^{10}}{1-(-3)}-10\times(-3)^{10}$

$\quad =\dfrac{1}{4}-\dfrac{1}{4}\times3^{10}-10\times3^{10}=\dfrac{1}{4}-\dfrac{41}{4}\times3^{10}$

$\therefore S=\dfrac{1}{4}\times\left(\dfrac{1}{4}-\dfrac{41}{4}\times3^{10}\right)=\dfrac{1-41\times3^{10}}{16}$

따라서 $a=1$, $b=41$이므로

$a+b=1+41=42$

0751
답 ④

$S=3\times\dfrac{1}{2}+6\times\left(\dfrac{1}{2}\right)^2+9\times\left(\dfrac{1}{2}\right)^3+\cdots+30\times\left(\dfrac{1}{2}\right)^{10}$

$=\dfrac{3}{2}+\dfrac{6}{2^2}+\dfrac{9}{2^3}+\cdots+\dfrac{30}{2^{10}}$ ...... ㉠

즉, S는 등차수열 $3, 6, 9, \cdots$와 등비수열 $\dfrac{1}{2}, \dfrac{1}{2^2}, \dfrac{1}{2^3}, \cdots$의 각 항의 곱으로 이루어진 수열의 첫째항부터 제10항까지의 합이다.

등비수열 부분의 공비가 $\dfrac{1}{2}$이므로 ㉠×$\dfrac{1}{2}$을 하면

$\dfrac{1}{2}S=\dfrac{3}{2^2}+\dfrac{6}{2^3}+\dfrac{9}{2^4}+\cdots+\dfrac{30}{2^{11}}$ ...... ㉡

㉠-㉡을 하면

$\quad S=\dfrac{3}{2}+\dfrac{6}{2^2}+\dfrac{9}{2^3}+\cdots+\dfrac{30}{2^{10}}$

$-)\,\dfrac{1}{2}S=\qquad \dfrac{3}{2^2}+\dfrac{6}{2^3}+\cdots+\dfrac{27}{2^{10}}+\dfrac{30}{2^{11}}$

$\overline{\quad \dfrac{1}{2}S=\dfrac{3}{2}+\dfrac{3}{2^2}+\dfrac{3}{2^3}+\cdots+\dfrac{3}{2^{10}}-\dfrac{30}{2^{11}}}$

$\quad =\dfrac{\dfrac{3}{2}\times\left(1-\dfrac{1}{2^{10}}\right)}{1-\dfrac{1}{2}}-\dfrac{30}{2^{11}}=3-\dfrac{3}{2^{10}}-\dfrac{30}{2^{11}}$

$\quad =3-\dfrac{3}{2^{10}}-\dfrac{15}{2^{10}}=3-\dfrac{9}{2^9}$

$\therefore S=2\times\left(3-\dfrac{9}{2^9}\right)=6-\dfrac{9}{2^8}=\dfrac{1527}{256}$

0752
답 ①

$f(x)=x+2x^2+3x^3+4x^4+\cdots+nx^n$이라 하면 다항식 $f(x)$를 $x-2$로 나누었을 때의 나머지는

$f(2)=1\times2+2\times2^2+3\times2^3+\cdots+n\times2^n$ ...... ㉠

즉, $f(2)$의 값은 등차수열 $1, 2, 3, \cdots$과 등비수열 $2, 2^2, 2^3, \cdots$의 각 항의 곱으로 이루어진 수열의 첫째항부터 제n항까지의 합이다.

등비수열 부분의 공비가 2이므로 ㉠×2를 하면

$2f(2)=1\times2^2+2\times2^3+3\times2^4+\cdots+n\times2^{n+1}$ ...... ㉡

㉠-㉡을 하면

$\quad f(2)=1\times2+2\times2^2+3\times2^3+\cdots+n\times2^n$

$-)\,2f(2)=\qquad 1\times2^2+2\times2^3+\cdots+(n-1)\times2^n+n\times2^{n+1}$

$\overline{\quad -f(2)=1\times2+1\times2^2+1\times2^3+\cdots+1\times2^n-n\times2^{n+1}}$

$\quad =\dfrac{2\times(2^n-1)}{2-1}-n\times2^{n+1}$

$\quad =2^{n+1}-2-n\times2^{n+1}$

$\quad =-2-(n-1)\times2^{n+1}$

$\therefore f(2)=2+(n-1)\times2^{n+1}$

이 값이 $2+3\times2^9=2+6\times2^8$이어야 하므로

$n-1=6$, $n+1=8$ $\therefore n=7$

0753

답 ④

주어진 수열을

$(1), (2, 2), (3, 3, 3), (4, 4, 4, 4), \cdots$

와 같이 묶으면 n번째 묶음은 n개의 n으로 이루어져 있다.

이 수열에서 처음으로 나타나는 10은 10번째 묶음의 첫째항이고 마지막으로 나타나는 12는 12번째 묶음의 12번째 항이다.

첫 번째 묶음부터 n번째 묶음까지의 항의 개수는

$$\sum_{k=1}^{n} k = \frac{n(n+1)}{2}$$

이때 $\frac{9 \times 10}{2} = 45$이므로 $45+1 = 46$에서 처음으로 나타나는 10은 제46항이다.

또한 $\frac{12 \times 13}{2} = 78$에서 마지막으로 나타나는 12는 제78항이다.

따라서 $p = 46$, $q = 78$이므로

$p + q = 46 + 78 = 124$

0754

답 ③

주어진 수열을

$\left(\frac{1}{1}\right), \left(\frac{1}{2}, \frac{2}{1}\right), \left(\frac{1}{3}, \frac{2}{2}, \frac{3}{1}\right), \left(\frac{1}{4}, \frac{2}{3}, \frac{3}{2}, \frac{4}{1}\right), \cdots$

와 같이 분모와 분자의 합이 같은 항끼리 묶으면 n번째 묶음의 항의 개수는 n이고, n번째 묶음의 분모와 분자의 합은 $(n+1)$이며 n번째 묶음의 k번째 항의 분자는 k이다.

$\frac{5}{7}$에서 $7+5 = 12$이므로 $\frac{5}{7}$는 11번째 묶음의 5번째 항이다.

이때 첫 번째 묶음부터 10번째 묶음까지의 항의 개수는

$$\sum_{n=1}^{10} n = \frac{10 \times 11}{2} = 55$$

따라서 $55 + 5 = 60$이므로 $\frac{5}{7}$는 제60항이다.

0755

답 ③

주어진 수열을

$(1), (3, 1), (5, 3, 1), (7, 5, 3, 1), \cdots$

과 같이 묶으면 n번째 묶음의 항의 개수는 n이므로 첫 번째 묶음부터 n번째 묶음까지의 항의 개수는

$$\sum_{k=1}^{n} k = \frac{n(n+1)}{2}$$

이때 $\frac{9 \times 10}{2} = 45$, $\frac{10 \times 11}{2} = 55$이고 $50 - 45 = 5$이므로 제50항은 10번째 묶음의 5번째 항이다.

한편, n번째 묶음은 첫째항이 $2n-1$, 끝항이 1, 항수가 n인 등차수열을 이루므로 n번째 묶음의 모든 항의 합은

$$\frac{n\{(2n-1)+1\}}{2} = n^2$$

즉, 첫 번째 묶음부터 9번째 묶음까지의 모든 항의 합은

$$\sum_{n=1}^{9} n^2 = \frac{9 \times 10 \times 19}{6} = 285$$

또한 10번째 묶음의 첫째항부터 5번째 항까지의 합은

$19 + 17 + 15 + 13 + 11 = 75$

따라서 구하는 합은

$285 + 75 = 360$

0756

답 36

n번째 묶음의 항의 개수는 n이므로 첫 번째 묶음부터 n번째 묶음까지의 항의 개수는

$$\sum_{k=1}^{n} k = \frac{n(n+1)}{2}$$

이때 $\frac{32 \times 33}{2} = 528$, $\frac{33 \times 34}{2} = 561$이므로 531은 33번째 묶음의 수이다.

$\therefore a = 33$

32번째 묶음의 마지막 항은 528이고 각 묶음은 공차가 1인 등차수열로 이루어져 있으므로 33번째 묶음은

$(529, 530, 531, 532, \cdots, 561)$

즉, 531은 이 묶음의 3번째 항이므로 $b = 3$

$\therefore a + b = 33 + 3 = 36$

0757

답 ②

주어진 수열을

$(1), \left(\frac{1}{2}, \frac{2}{2}\right), \left(\frac{1}{3}, \frac{2}{3}, \frac{3}{3}\right), \left(\frac{1}{4}, \frac{2}{4}, \frac{3}{4}, \frac{4}{4}\right), \cdots$

와 같이 분모가 같은 항끼리 묶으면 n번째 묶음의 항의 개수는 n이므로 첫 번째 묶음부터 n번째 묶음까지의 항의 개수는

$$\sum_{k=1}^{n} k = \frac{n(n+1)}{2}$$

이때 $\frac{7 \times 8}{2} = 28$, $\frac{8 \times 9}{2} = 36$이고 $30 - 28 = 2$이므로 제30항은 8번째 묶음의 2번째 항이다.

한편, n번째 묶음의 모든 항의 분모는 n이고 n번째 묶음의 k번째 항의 분자는 k이므로 n번째 묶음의 모든 항의 합은

$$\frac{1}{n} + \frac{2}{n} + \frac{3}{n} + \cdots + \frac{n}{n} = \frac{1}{n}\sum_{k=1}^{n} k$$
$$= \frac{1}{n} \times \frac{n(n+1)}{2}$$
$$= \frac{n+1}{2}$$

즉, 첫 번째 묶음부터 7번째 묶음까지의 모든 항의 합은

$$\sum_{n=1}^{7} \frac{n+1}{2} = \frac{1}{2}\sum_{n=1}^{7} n + \sum_{n=1}^{7} \frac{1}{2}$$
$$= \frac{1}{2} \times \frac{7 \times 8}{2} + \frac{1}{2} \times 7$$
$$= \frac{35}{2}$$

또한 8번째 묶음은

$\left(\frac{1}{8}, \frac{2}{8}, \frac{3}{8}, \cdots, \frac{8}{8}\right)$

따라서 주어진 수열의 첫째항부터 제30항까지의 합은

$$\frac{35}{2} + \frac{1}{8} + \frac{2}{8} = \frac{143}{8}$$

0758

답 72

위에서 n번째 줄의 마지막 숫자는 위에서 첫 번째 줄부터 n번째 줄까지 나열되어 있는 수의 총 개수와 같으므로

$$\sum_{k=1}^{n} k = \frac{n(n+1)}{2}$$

즉, 위에서 11번째 줄의 마지막 숫자는

$$\sum_{k=1}^{11} k = \frac{11 \times 12}{2} = 66$$

따라서 위에서 12번째 줄은 67, 68, 69, 70, 71, 72, $\cdots$, 78이므로 이 줄의 왼쪽에서 6번째 수는 72이다.

0759

답 ④

위에서 n번째 줄은 첫째항이 n, 공차가 n, 항수가 $n+1$인 등차수열로 이루어져 있으므로 위에서 n번째 줄에 나열된 수의 합은

$$\frac{(n+1)[2n+\{(n+1)-1\}\times n]}{2} = \frac{n(n+1)(n+2)}{2}$$
$$= \frac{1}{2}n^3 + \frac{3}{2}n^2 + n$$

따라서 위에서 첫 번째 줄부터 9번째 줄까지 나열된 모든 수의 합은

$$\sum_{n=1}^{9}\left(\frac{1}{2}n^3 + \frac{3}{2}n^2 + n\right)$$
$$= \frac{1}{2}\times\left(\frac{9\times 10}{2}\right)^2 + \frac{3}{2}\times\frac{9\times 10\times 19}{6} + \frac{9\times 10}{2}$$
$$= \frac{2025}{2} + \frac{855}{2} + 45 = 1485$$

0760

답 480

위에서 n번째 줄에 나열된 수들은 첫째항이 n이고 공차가 n인 등차수열이다.

즉, 위에서 n번째 줄의 왼쪽에서 n번째에 있는 수는

$$n + (n-1)\times n = n^2$$

이때 256이 k번째 줄의 왼쪽에서 k번째에 있는 수라 하면

$$k^2 = 256 = 16^2 \quad \therefore k = 16$$

즉, 256은 위에서 16번째 줄의 왼쪽에서 16번째에 있는 수이므로 a는 위에서 16번째 줄의 왼쪽에서 15번째에 있는 수이다.

$$\therefore a = 256 - 16 = 240$$

또한 b는 위에서 15번째 줄의 16번째에 있는 수이므로

$$b = 15 + (16-1)\times 15 = 240$$
$$\therefore a + b = 240 + 240 = 480$$

0761

답 ③

$\sum\limits_{k=1}^{10}(a_k+2)^2 = 64$의 좌변은

$$\sum_{k=1}^{10}(a_k+2)^2 = \sum_{k=1}^{10}(a_k^2 + 4a_k + 4)$$
$$= \sum_{k=1}^{10}a_k^2 + 4\sum_{k=1}^{10}a_k + \sum_{k=1}^{10}4$$
$$= \sum_{k=1}^{10}a_k^2 + 4\sum_{k=1}^{10}a_k + 40$$

이므로 $\sum\limits_{k=1}^{10}a_k^2 + 4\sum\limits_{k=1}^{10}a_k + 40 = 64$

$$\therefore \sum_{k=1}^{10}a_k^2 + 4\sum_{k=1}^{10}a_k = 24 \quad \cdots\cdots \text{㉠}$$

또한 $\sum\limits_{k=1}^{10}a_k(2a_k-1) = 21$의 좌변은

$$\sum_{k=1}^{10}a_k(2a_k-1) = \sum_{k=1}^{10}(2a_k^2 - a_k) = 2\sum_{k=1}^{10}a_k^2 - \sum_{k=1}^{10}a_k$$

이므로

$$2\sum_{k=1}^{10}a_k^2 - \sum_{k=1}^{10}a_k = 21 \quad \cdots\cdots \text{㉡}$$

㉠$\times 2 -$㉡을 하면

$$9\sum_{k=1}^{10}a_k = 27 \quad \therefore \sum_{k=1}^{10}a_k = 3$$

이를 ㉠에 대입하면

$$\sum_{k=1}^{10}a_k^2 + 4\times 3 = 24 \quad \therefore \sum_{k=1}^{10}a_k^2 = 12$$

$$\therefore \sum_{k=1}^{10}a_k(a_k+1) = \sum_{k=1}^{10}(a_k^2 + a_k)$$
$$= \sum_{k=1}^{10}a_k^2 + \sum_{k=1}^{10}a_k$$
$$= 12 + 3 = 15$$

짝기출 **답** 14

> 수열 $\{a_n\}$에 대하여
> $$\sum_{k=1}^{10}(a_k+1)^2 = 28, \quad \sum_{k=1}^{10}a_k(a_k+1) = 16$$
> 일 때, $\sum\limits_{k=1}^{10}(a_k)^2$의 값을 구하시오.

0762

답 ①

$b_n = \dfrac{1}{(2n-1)a_n}$이라 하고 수열 $\{b_n\}$의 첫째항부터 제n항까지의 합을 S_n이라 하면

$$S_n = \sum_{k=1}^{n}b_k = n^2 + 2n$$

(i) $n=1$일 때

$$b_1 = S_1 = 1^2 + 2\times 1 = 3$$

(ii) $n \geq 2$일 때

$$b_n = S_n - S_{n-1}$$
$$= (n^2 + 2n) - \{(n-1)^2 + 2(n-1)\}$$
$$= 2n + 1 \quad \cdots\cdots \text{㉠}$$

이때 $b_1=3$은 ㉠에 $n=1$을 대입한 것과 같으므로
$$b_n=2n+1$$
즉, $\dfrac{1}{(2n-1)a_n}=2n+1$이므로
$$a_n=\dfrac{1}{(2n-1)(2n+1)}$$
$$\therefore \sum_{n=1}^{10} a_n = \sum_{n=1}^{10} \dfrac{1}{(2n-1)(2n+1)}$$
$$= \sum_{n=1}^{10} \dfrac{1}{2}\left(\dfrac{1}{2n-1}-\dfrac{1}{2n+1}\right)$$
$$= \dfrac{1}{2}\sum_{n=1}^{10}\left(\dfrac{1}{2n-1}-\dfrac{1}{2n+1}\right)$$
$$= \dfrac{1}{2}\left\{\left(1-\dfrac{1}{3}\right)+\left(\dfrac{1}{3}-\dfrac{1}{5}\right)+\left(\dfrac{1}{5}-\dfrac{1}{7}\right)\right.$$
$$\left.+\cdots+\left(\dfrac{1}{19}-\dfrac{1}{21}\right)\right\}$$
$$= \dfrac{1}{2}\left(1-\dfrac{1}{21}\right)=\dfrac{10}{21}$$

참고

수열 $\{a_n\}$의 첫째항부터 제n항까지의 합이 n에 대한 이차식이며 상수항이 0인 꼴, 즉 $\sum\limits_{k=1}^{n} a_k = An^2+Bn$ (A, B는 실수, $A\neq 0$) 꼴이면
$a_n=2An-A+B$ ($n\geq 1$)이므로 수열 $\{a_n\}$은 첫째항이 $A+B$이고 공차가 $2A$인 등차수열이다.

$\sum\limits_{k=1}^{n} \dfrac{1}{(2k-1)a_k}=n^2+2n$은 상수항이 0인 n에 대한 이차식이므로 수열 $\left\{\dfrac{1}{(2n-1)a_n}\right\}$은 첫째항이 3이고 공차가 2인 등차수열이다.

즉, $\dfrac{1}{(2n-1)a_n}=2n+1$이므로
$$a_n=\dfrac{1}{(2n-1)(2n+1)}$$

0763

답 ④

이차방정식 $x^2-(2n+1)x+n^2+n=0$에서
$$x^2-(2n+1)x+n(n+1)=0$$
$$(x-n)\{x-(n+1)\}=0$$
$$\therefore x=n \text{ 또는 } x=n+1$$
따라서 $\alpha_n=n$, $\beta_n=n+1$ 또는 $\alpha_n=n+1$, $\beta_n=n$이므로
$$\sum_{n=1}^{120} \dfrac{1}{\sqrt{\alpha_n}+\sqrt{\beta_n}}=\sum_{n=1}^{120}\dfrac{1}{\sqrt{n+1}+\sqrt{n}}$$
$$=\sum_{n=1}^{120}\dfrac{\sqrt{n+1}-\sqrt{n}}{(\sqrt{n+1}+\sqrt{n})(\sqrt{n+1}-\sqrt{n})}$$
$$=\sum_{n=1}^{120}(\sqrt{n+1}-\sqrt{n})$$
$$=(\sqrt{2}-1)+(\sqrt{3}-\sqrt{2})+(\sqrt{4}-\sqrt{3})$$
$$+\cdots+(\sqrt{121}-\sqrt{120})$$
$$=\sqrt{121}-1=11-1=10$$

짝기출

답 9

n이 자연수일 때, x에 대한 이차방정식
$$x^2-(2n-1)x+n(n-1)=0$$
의 두 근을 α_n, β_n이라 하자. $\sum\limits_{n=1}^{81}\dfrac{1}{\sqrt{\alpha_n}+\sqrt{\beta_n}}$의 값을 구하시오.

0764

답 15

등차수열 $\{a_n\}$의 첫째항이 2, 공차가 4이므로
$$a_5=2+4\times4=18$$
$\sum\limits_{k=1}^{n} a_k b_k=4n^3+3n^2-n$이므로
$$a_5 b_5 = \sum_{k=1}^{5} a_k b_k - \sum_{k=1}^{4} a_k b_k$$
$$=(4\times5^3+3\times5^2-5)-(4\times4^3+3\times4^2-4)$$
$$=570-300=270$$
이때 $a_5=18$이므로 $18b_5=270$
$$\therefore b_5=15$$

다른 풀이

등차수열 $\{a_n\}$의 첫째항 2, 공차가 4이므로
$$a_n=2+(n-1)\times4=4n-2$$
$$\sum_{k=1}^{n} a_k b_k=4n^3+3n^2-n$$
$$=n(4n^2+3n-1)$$
$$=n(n+1)(4n-1)$$
이때 $\sum\limits_{k=1}^{n} a_k b_k=S_n$이라 하면 $n\geq2$일 때
$$a_n b_n=S_n-S_{n-1}$$
$$=\sum_{k=1}^{n} a_k b_k - \sum_{k=1}^{n-1} a_k b_k$$
$$=n(n+1)(4n-1)-(n-1)n\{4(n-1)-1\}$$
$$=n(n+1)(4n-1)-(n-1)n(4n-5)$$
$$=n\{(n+1)(4n-1)-(n-1)(4n-5)\}$$
$$=n(4n^2+3n-1-4n^2+9n-5)$$
$$=n(12n-6)$$
$$=6n(2n-1)$$
이 식에 $a_n=4n-2$를 대입하면
$$(4n-2)b_n=6n(2n-1)$$
$$2(2n-1)b_n=6n(2n-1)$$
$$\therefore b_n=3n \ (\because n\geq2)$$
$$\therefore b_5=3\times5=15$$

0765

답 ①

첫째항이 -21이고 공차가 2인 등차수열의 첫째항부터 제n항까지의 합은
$$S_n=\dfrac{n\{2\times(-21)+(n-1)\times2\}}{2}$$
$$=\dfrac{n(2n-44)}{2}=n^2-22n$$
$$=(n-11)^2-121$$
즉, S_n의 값은 $n=11$일 때 최소이고 S_n의 그래프의 개형은 다음 그림과 같이 직선 $n=11$에 대하여 대칭이다.

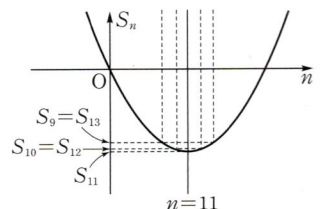

이때 $\sum\limits_{k=n}^{n+4}S_k=S_n+S_{n+1}+S_{n+2}+S_{n+3}+S_{n+4}$의 값이 최소가 되려면 $S_{n+2}=S_{11}$이어야 하므로

$n+2=11$ ∴ $n=9$

따라서 구하는 자연수 n의 값은 9이다.

답 ④

첫째항이 50이고 공차가 -4인 등차수열의 첫째항부터 제n항까지의 합을 S_n이라 할 때, $\sum\limits_{k=m}^{m+4}S_k$의 값이 최대가 되도록 하는 자연수 m의 값은?

① 8   ② 9   ③ 10   ④ 11   ⑤ 12

0766
답 ⑤

등차수열 $\{a_n\}$의 첫째항이 2이고 공차가 2이므로

$a_n=2+(n-1)\times2=2n$

$\therefore b_n=a_1+3a_2+5a_3+\cdots+(2n-1)a_n$

$\quad=\sum\limits_{k=1}^{n}(2k-1)a_k=\sum\limits_{k=1}^{n}2k(2k-1)$

$\quad=\sum\limits_{k=1}^{n}(4k^2-2k)=4\sum\limits_{k=1}^{n}k^2-2\sum\limits_{k=1}^{n}k$

$\quad=4\times\dfrac{n(n+1)(2n+1)}{6}-2\times\dfrac{n(n+1)}{2}$

$\quad=\dfrac{n(n+1)(4n-1)}{3}$

따라서 $\dfrac{b_n}{4n-1}=\dfrac{n(n+1)}{3}=\dfrac{1}{3}n^2+\dfrac{1}{3}n$이므로

$\sum\limits_{n=1}^{10}\dfrac{b_n}{4n-1}=\sum\limits_{n=1}^{10}\left(\dfrac{1}{3}n^2+\dfrac{1}{3}n\right)$

$\quad=\dfrac{1}{3}\sum\limits_{n=1}^{10}n^2+\dfrac{1}{3}\sum\limits_{n=1}^{10}n$

$\quad=\dfrac{1}{3}\times\dfrac{10\times11\times21}{6}+\dfrac{1}{3}\times\dfrac{10\times11}{2}$

$\quad=\dfrac{385}{3}+\dfrac{55}{3}=\dfrac{440}{3}$

답 ②

첫째항이 1인 등차수열 $\{a_n\}$에 대하여 수열 $\{b_n\}$을

$b_n=a_1+2a_2+3a_3+\cdots+na_n$ $(n\geq1)$

이라 하자. $b_{10}=715$일 때, $\sum\limits_{n=1}^{10}\dfrac{b_n}{n(n+1)}$의 값은?

① 30   ② 35   ③ 40   ④ 45   ⑤ 50

0767
답 730

수열 $\{a_n\}$의 일반항이

$a_n=\begin{cases}\left(\dfrac{n-1}{3}\right)^2 & (n=1,\ 4,\ 7,\ \cdots) \\ 1-n^2 & (n=2,\ 5,\ 8,\ \cdots) \\ n^2+n-5 & (n=3,\ 6,\ 9,\ \cdots)\end{cases}$

이므로

(i) $n=1,\ 4,\ 7,\ \cdots$, 즉 $n=3k-2$ (k는 자연수)일 때

$\quad a_n=a_{3k-2}=\left\{\dfrac{(3k-2)-1}{3}\right\}^2=(k-1)^2$

$\qquad=k^2-2k+1$

(ii) $n=2,\ 5,\ 8,\ \cdots$, 즉 $n=3k-1$ (k는 자연수)일 때

$\quad a_n=a_{3k-1}=1-(3k-1)^2$

$\qquad=6k-9k^2$

(iii) $n=3,\ 6,\ 9,\ \cdots$, 즉 $n=3k$ (k는 자연수)일 때

$\quad a_n=a_{3k}=(3k)^2+3k-5$

$\qquad=9k^2+3k-5$

(i)~(iii)에서

$\sum\limits_{n=1}^{30}a_n=\sum\limits_{k=1}^{10}a_{3k-2}+\sum\limits_{k=1}^{10}a_{3k-1}+\sum\limits_{k=1}^{10}a_{3k}$

$\quad=\sum\limits_{k=1}^{10}(k^2-2k+1)+\sum\limits_{k=1}^{10}(6k-9k^2)+\sum\limits_{k=1}^{10}(9k^2+3k-5)$

$\quad=\sum\limits_{k=1}^{10}\{(k^2-2k+1)+(6k-9k^2)+(9k^2+3k-5)\}$

$\quad=\sum\limits_{k=1}^{10}(k^2+7k-4)$

$\quad=\sum\limits_{k=1}^{10}k^2+7\sum\limits_{k=1}^{10}k-\sum\limits_{k=1}^{10}4$

$\quad=\dfrac{10\times11\times21}{6}+7\times\dfrac{10\times11}{2}-4\times10$

$\quad=385+385-40=730$

답 ⑤

수열 $\{a_n\}$의 일반항이

$a_n=\begin{cases}\dfrac{(n+1)^2}{2} & (n\text{이 홀수인 경우}) \\ \dfrac{n^2}{2}+n+1 & (n\text{이 짝수인 경우})\end{cases}$

일 때, $\sum\limits_{n=1}^{10}a_n$의 값은?

① 235   ② 240   ③ 245   ④ 250   ⑤ 255

0768
답 ③

등차수열 $\{a_n\}$의 공차가 3이고 조건 ㈎에서 $a_5\times a_7<0$이므로

$a_5<0<a_7$

따라서 $n\leq5$인 모든 자연수 n에 대하여 $a_n<0$이고, $n\geq7$인 모든 자연수 n에 대하여 $a_n>0$이다.

한편 조건 ㈏에서 $\sum\limits_{k=1}^{6}|a_{k+6}|=6+\sum\limits_{k=1}^{6}|a_{2k}|$이므로

$a_7+a_8+a_9+a_{10}+a_{11}+a_{12}=6+(-a_2-a_4+|a_6|+a_8+a_{10}+a_{12})$

$a_2+a_4+a_7+a_9+a_{11}-|a_6|=6$

이때

$a_2=a_6-4\times3=a_6-12$,

$a_4=a_6-2\times3=a_6-6$,

$a_7=a_6+3$,

$a_9=a_6+3\times3=a_6+9$,

$a_{11}=a_6+3\times5=a_6+15$

이므로

$(a_6-12)+(a_6-6)+(a_6+3)+(a_6+9)+(a_6+15)-|a_6|=6$

$\therefore 5a_6-|a_6|=-3$

(i) $a_6 \geq 0$인 경우

$4a_6 = -3$에서 $a_6 = -\dfrac{3}{4} < 0$이므로 조건을 만족시키지 않는다.

(ii) $a_6 < 0$인 경우

$6a_6 = -3$에서 $a_6 = -\dfrac{1}{2}$이므로 조건을 만족시킨다.

(i), (ii)에서 $a_6 = -\dfrac{1}{2}$

$\therefore a_{10} = a_6 + 4 \times 3 = -\dfrac{1}{2} + 12 = \dfrac{23}{2}$

0769

답 ①

36의 모든 양의 약수는 1, 2, 3, 4, 6, 9, 12, 18, 36이고, k의 값이 1, 2, 3, $\cdots$, 9일 때 $f(a_k)$, $\log a_k$의 값은 다음과 같다.

k	a_k	$f(a_k)$	$(-1)^{f(a_k)}$	$\log a_k$
1	1	1	-1	0
2	2	2	1	$\log 2$
3	3	2	1	$\log 3$
4	2^2	$2+1=3$	-1	$2\log 2$
5	2×3	$2 \times 2 = 4$	1	$\log 2 + \log 3$
6	3^2	$2+1=3$	-1	$2\log 3$
7	$2^2 \times 3$	$3 \times 2 = 6$	1	$2\log 2 + \log 3$
8	2×3^2	$2 \times 3 = 6$	1	$\log 2 + 2\log 3$
9	$2^2 \times 3^2$	$3 \times 3 = 9$	-1	$2\log 2 + 2\log 3$

$\therefore \displaystyle\sum_{k=1}^{9} \{(-1)^{f(a_k)} \times \log a_k\}$

$= -1 \times 0 + 1 \times \log 2 + 1 \times \log 3 + (-1) \times 2\log 2$

$\quad + 1 \times (\log 2 + \log 3) + (-1) \times 2\log 3$

$\quad + 1 \times (2\log 2 + \log 3) + 1 \times (\log 2 + 2\log 3)$

$\quad + (-1) \times (2\log 2 + 2\log 3)$

$= \log 2 + \log 3$

🔊 **Bible Says** **자연수의 양의 약수의 개수**

서로 다른 두 소수 p, q와 자연수 m, n에 대하여

(1) p^m의 양의 약수의 개수: $m+1$

(2) $p^m \times q^n$의 양의 약수의 개수: $(m+1)(n+1)$

0770

답 162

첫째항이 2인 등비수열 $\{a_n\}$의 공비를 r (r은 정수)이라 하면 조건 ㈎에서

$4 < 2r + 2r^2 \leq 12$

$\therefore 2 < r(r+1) \leq 6$

이때 $r(r+1)$은 연속한 두 정수의 곱이므로 3, 4, 5가 될 수 없다.

따라서 $r(r+1) = 6$이므로

$r^2 + r - 6 = 0$, $(r-2)(r+3) = 0$

$\therefore r = 2$ 또는 $r = -3$

(i) $r = 2$일 때

조건 ㈏에서

$\displaystyle\sum_{k=1}^{m} a_k = \dfrac{2 \times (2^m - 1)}{2 - 1} = 2^{m+1} - 2$

이므로

$2^{m+1} - 2 = 122$

$\therefore 2^{m+1} = 124$

이를 만족시키는 자연수 m은 존재하지 않는다.

(ii) $r = -3$일 때

조건 ㈏에서

$\displaystyle\sum_{k=1}^{m} a_k = \dfrac{2 \times \{1 - (-3)^m\}}{1 - (-3)} = \dfrac{1 - (-3)^m}{2}$

이므로

$\dfrac{1 - (-3)^m}{2} = 122$, $(-3)^m = -243$

$(-3)^m = (-3)^5$

$\therefore m = 5$

(i), (ii)에서 $r = -3$, $m = 5$이므로

$a_m = a_5 = a_1 r^4 = 2 \times (-3)^4 = 162$

0771

답 538

다음 그림과 같이 점 P에서 x축, y축에 내린 수선의 발을 각각 H, I라 하면 점 P를 지나는 직선의 기울기가 -1이므로 삼각형 RIP는 $\overline{RI} = \overline{IP}$인 직각이등변삼각형이다.

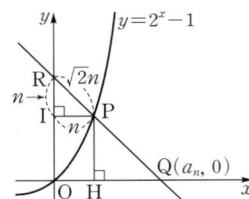

이때 $\overline{PR} = \sqrt{2}n$이려면 $\overline{RI} = \overline{IP} = n$이어야 하므로

$H(n, 0)$, $P(n, 2^n - 1)$

$\therefore \overline{OR} = \overline{OI} + \overline{IR} = \overline{PH} + \overline{IR} = 2^n - 1 + n$

또한 점 P를 지나는 직선의 기울기가 -1이므로 삼각형 ROQ도 $\overline{OR} = \overline{OQ}$인 직각이등변삼각형이다.

$\therefore \overline{OQ} = \overline{OR} = 2^n - 1 + n$

따라서 $a_n = 2^n - 1 + n$이므로

$\displaystyle\sum_{k=1}^{8} a_k = \sum_{k=1}^{8} (2^k - 1 + k)$

$= \displaystyle\sum_{k=1}^{8} 2^k - \sum_{k=1}^{8} 1 + \sum_{k=1}^{8} k$

$= \dfrac{2 \times (2^8 - 1)}{2 - 1} - 1 \times 8 + \dfrac{8 \times 9}{2}$

$= 510 - 8 + 36 = 538$

다른 풀이

점 P의 좌표를 (a, b) ($a > 0$, $b > 0$)라 하면 점 $P(a, b)$는 곡선 $y = 2^x - 1$ 위의 점이므로

$b = 2^a - 1$ $\therefore P(a, 2^a - 1)$

두 점 $P(a, 2^a - 1)$, $Q(a_n, 0)$에 대하여 직선 PQ의 기울기가 -1이므로 직선 PQ의 방정식은

$y - (2^a - 1) = -(x - a)$

$\therefore y = -x + 2^a + a - 1$

이 직선이 x축, y축과 만나는 점이 각각 Q, R이므로
Q$(2^a+a-1, 0)$, R$(0, 2^a+a-1)$
따라서 $a=n$일 때, $a_n=2^n-1+n$

짝기출 답 ①

그림과 같이 제1사분면에 있는 곡선 $y=\log_2(x+1)$ 위의 점 P를 지나고 기울기가 -1인 직선이 x축과 만나는 점을 Q라 하자. 자연수 n에 대하여 $\overline{PQ}=\sqrt{2}n$이 되도록 하는 점 Q의 x좌표를 x_n이라 할 때, $\sum_{k=1}^{5} x_k$의 값은?

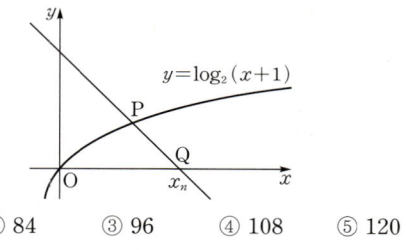

① 72   ② 84   ③ 96   ④ 108   ⑤ 120

0772
답 19

등차수열 $\{a_n\}$의 모든 항이 자연수이므로 첫째항을 a, 공차를 d (a는 자연수, d는 0 이상의 정수)라 하면

$$S_n=\frac{n\{2a+(n-1)d\}}{2}$$
$$=\frac{d}{2}n^2+\left(a-\frac{d}{2}\right)n$$

이때 $d=0$이면 $S_n=na$이고 $\sum_{k=1}^{7} S_k=644$이므로

$$\sum_{k=1}^{7} S_k=\sum_{k=1}^{7} ka=\frac{7\times8}{2}a=28a=644$$

$$\therefore a=23$$

즉, $a_7=23$이므로 a_7이 13의 배수임에 모순이다.

따라서 d는 자연수이고 $\sum_{k=1}^{7} S_k=644$에서

$$\sum_{k=1}^{7} S_k=\sum_{k=1}^{7} \left\{\frac{d}{2}k^2+\left(a-\frac{d}{2}\right)k\right\}$$
$$=\frac{d}{2}\sum_{k=1}^{7} k^2+\left(a-\frac{d}{2}\right)\sum_{k=1}^{7} k$$
$$=\frac{d}{2}\times\frac{7\times8\times15}{6}+\left(a-\frac{d}{2}\right)\times\frac{7\times8}{2}$$
$$=70d+28\left(a-\frac{d}{2}\right)$$
$$=28a+56d=644$$

$$\therefore a+2d=23 \quad\cdots\cdots \text{㉠}$$

한편, a_7은 13의 배수이므로 자연수 m에 대하여

$$a_7=a+6d=13m \quad\cdots\cdots \text{㉡}$$

㉠, ㉡을 연립하여 풀면

$$a=\frac{69-13m}{2}, \ d=\frac{13m-23}{4}$$

이때 a와 d가 모두 자연수이므로

$$\frac{69-13m}{2}>0, \ \frac{13m-23}{4}>0 \text{에서}$$

$$\frac{23}{13}<m<\frac{69}{13}$$

$$\therefore m=2, 3, 4, 5 \ (\because m\text{은 자연수})$$

(i) $m=2$일 때
$a=\dfrac{43}{2}$이므로 a가 자연수임에 모순이다.

(ii) $m=3$일 때
$a=15$, $d=4$

(iii) $m=4$일 때
$a=\dfrac{17}{2}$이므로 a가 자연수임에 모순이다.

(iv) $m=5$일 때
$a=2$이지만 $d=\dfrac{21}{2}$이므로 d가 자연수임에 모순이다.

(i)~(iv)에서 $a=15$, $d=4$이므로
$a_2=a+d=19$

10 수학적 귀납법

유형 01 등차수열의 귀납적 정의

0773
답 ④

수열 $\{a_n\}$은 공차가 2인 등차수열이므로

$a_4 - a_2 = 2 \times 2 = 4$

$\therefore \dfrac{2^{a_4}}{2^{a_2}} = 2^{a_4 - a_2} = 2^4 = 16$

다른 풀이

수열 $\{a_n\}$은 공차가 2인 등차수열이므로

$a_n = a_1 + (n-1) \times 2$

$\therefore \dfrac{2^{a_4}}{2^{a_2}} = \dfrac{2^{a_1+6}}{2^{a_1+2}} = 2^4 = 16$

0774
답 ③

수열 $\{a_n\}$은 첫째항이 100, 공차가 -6인 등차수열이므로

$a_n = 100 + (n-1) \times (-6) = -6n + 106$

$a_k < 0$에서 $-6k + 106 < 0$

$\therefore k > \dfrac{53}{3} = 17.666\cdots$

따라서 $a_k < 0$을 만족시키는 자연수 k의 최솟값은 18이다.

0775
답 29

$a_n - 2a_{n+1} + a_{n+2} = 0$에서

$2a_{n+1} = a_n + a_{n+2}$

즉, 수열 $\{a_n\}$은 등차수열이므로 공차를 d라 하면

$a_8 - a_6 = 6$에서

$2d = 6 \qquad \therefore d = 3$

$\therefore a_{10} = a_1 + 9d = 2 + 9 \times 3 = 29$

0776
답 ⑤

수열 $\{a_n\}$은 첫째항이 1, 공차가 $a_2 - a_1 = 2 - 1 = 1$인 등차수열이므로

$a_n = 1 + (n-1) \times 1 = n$

$\therefore \displaystyle\sum_{k=1}^{10} \dfrac{1}{a_k a_{k+1}} = \sum_{k=1}^{10} \dfrac{1}{k(k+1)} = \sum_{k=1}^{10} \left(\dfrac{1}{k} - \dfrac{1}{k+1} \right)$

$\qquad = \left(\dfrac{1}{1} - \dfrac{1}{2} \right) + \left(\dfrac{1}{2} - \dfrac{1}{3} \right) + \left(\dfrac{1}{3} - \dfrac{1}{4} \right) +$

$\qquad\qquad \cdots + \left(\dfrac{1}{10} - \dfrac{1}{11} \right)$

$\qquad = 1 - \dfrac{1}{11} = \dfrac{10}{11}$

유형 02 등비수열의 귀납적 정의

0777
답 ③

수열 $\{a_n\}$은 공비가 $\dfrac{1}{2}$인 등비수열이므로

$a_{10} = a_3 \times \left(\dfrac{1}{2} \right)^7 = 64 \times \left(\dfrac{1}{2} \right)^7 = \dfrac{1}{2}$

0778
답 728

조건 (나)에 의하여 수열 $\{a_n\}$은 공비가 3인 등비수열이다.

$a_{n+1} = 3a_n$에 $n=1$을 대입하면 $a_2 = 3a_1$이므로

조건 (가)의 $a_1 a_2 = 12$에서 $3a_1^2 = 12$

$a_1^2 = 4 \qquad \therefore a_1 = 2 \ (\because a_n > 0)$

$\therefore \displaystyle\sum_{k=1}^{6} a_k = \dfrac{2 \times (3^6 - 1)}{3 - 1} = 728$

0779
답 ③

수열 $\{a_n\}$은 등비수열이므로 공비를 r이라 하면

$a_1 + a_2 + a_3 = 21$에서

$a_1 + a_1 r + a_1 r^2 = 21$

$3 + 3r + 3r^2 = 21, \ r^2 + r + 1 = 7$

$r^2 + r - 6 = 0, \ (r+3)(r-2) = 0$

$\therefore r = 2 \ (\because a_n > 0)$

$\therefore a_6 = a_1 r^5 = 3 \times 2^5 = 96$

0780
답 8

수열 $\{a_n\}$은 첫째항이 8, 공비가 $\dfrac{a_2}{a_1} = \dfrac{-16}{8} = -2$인 등비수열이므로

$a_n = 8 \times (-2)^{n-1}$

$a_k = -1024$에서 $8 \times (-2)^{k-1} = -1024$

$2^3 \times (-2)^{k-1} = -2^{10}, \ (-2)^{k-1} = -2^7 = (-2)^7$

$k - 1 = 7 \qquad \therefore k = 8$

0781
답 25

$\log_5 a_{n+1} = 2 + \log_5 a_n$에서

$\log_5 a_{n+1} = \log_5 5^2 + \log_5 a_n$

$\log_5 a_{n+1} = \log_5 25 a_n \qquad \therefore a_{n+1} = 25 a_n$

따라서 수열 $\{a_n\}$은 첫째항이 5, 공비가 25인 등비수열이므로

$a_n = 5 \times 25^{n-1} = 5 \times 5^{2(n-1)} = 5^{2n-1}$

$\therefore \displaystyle\sum_{k=1}^{5} \log_5 a_k = \log_5 a_1 + \log_5 a_2 + \log_5 a_3 + \log_5 a_4 + \log_5 a_5$

$\qquad\qquad = \log_5 (a_1 \times a_2 \times a_3 \times a_4 \times a_5)$

$\qquad\qquad = \log_5 (5^1 \times 5^3 \times 5^5 \times 5^7 \times 5^9)$

$\qquad\qquad = \log_5 5^{1+3+5+7+9}$

$\qquad\qquad = \log_5 5^{25} = 25$

다른 풀이

$\log_5 a_n = b_n$이라 하면

$b_1 = \log_5 a_1 = \log_5 5 = 1$

$\log_5 a_{n+1} = 2 + \log_5 a_n$에서

$b_{n+1} = b_n + 2$

즉, 수열 $\{b_n\}$은 첫째항이 1이고 공차가 2인 등차수열이므로

$b_n = 1 + (n-1) \times 2 = 2n - 1$

$\therefore \sum_{k=1}^{5} \log_5 a_k = \sum_{k=1}^{5} b_k = \sum_{k=1}^{5} (2k-1)$

$\qquad = 2 \times \dfrac{5 \times 6}{2} - 1 \times 5 = 25$

Bible Says 로그의 기본 성질

$a > 0$, $a \neq 1$이고, $x > 0$, $y > 0$일 때

(1) $\log_a a = 1$, $\log_a 1 = 0$

(2) $\log_a xy = \log_a x + \log_a y$

(3) $\log_a \dfrac{x}{y} = \log_a x - \log_a y$

(4) $\log_a x^n = n \log_a x$ (단, n은 실수이다.)

0782

답 20

이차방정식 $a_n x^2 - 2\sqrt{a_{n+1}} x + 4 = 0$이 모든 자연수 n에 대하여 중근을 가지므로 이 이차방정식의 판별식을 D라 하면

$\dfrac{D}{4} = (\sqrt{a_{n+1}})^2 - 4a_n = 0$

$\therefore a_{n+1} = 4a_n$

따라서 수열 $\{a_n\}$은 첫째항이 4, 공비가 4인 등비수열이므로

$a_n = 4 \times 4^{n-1} = 4^n = 2^{2n}$

$\therefore \log_2 a_{10} = \log_2 2^{20} = 20$

유형 03 $a_{n+1} = a_n + f(n)$ 꼴로 정의된 수열

0783

답 ①

$a_1 = 100$이고 $a_{n+1} = a_n - 4n + 5$의 n에 1, 2, 3, $\cdots$, 7을 차례대로 대입하면

$a_2 = a_1 - 4 \times 1 + 5$

$a_3 = a_2 - 4 \times 2 + 5$

$a_4 = a_3 - 4 \times 3 + 5$

$\qquad \vdots$

$a_8 = a_7 - 4 \times 7 + 5$

위의 식을 변끼리 더하면

$a_8 = a_1 - 4 \times (1 + 2 + 3 + \cdots + 7) + 5 \times 7$

$\qquad = 100 - 4 \times \dfrac{7 \times 8}{2} + 35 = 23$

0784

답 52

조건 (나)의 $a_{n+1} - a_n = 2n + 3$에 $n = 1$을 대입하면

$a_2 - a_1 = 5$

$a_2 = a_1 + 5$를 조건 (가)의 $a_1 = 3a_2 - 7$에 대입하면

$a_1 = 3(a_1 + 5) - 7$

$2a_1 = -8$ $\qquad \therefore a_1 = -4$

$a_{n+1} - a_n = 2n + 3$의 n에 1, 2, 3, $\cdots$, 6을 차례대로 대입하면

$a_2 - a_1 = 2 \times 1 + 3$

$a_3 - a_2 = 2 \times 2 + 3$

$a_4 - a_3 = 2 \times 3 + 3$

$\qquad \vdots$

$a_7 - a_6 = 2 \times 6 + 3$

위의 식을 변끼리 더하면

$a_7 - a_1 = 2 \times (1 + 2 + 3 + 4 + 5 + 6) + 3 \times 6$

$\qquad = 2 \times \dfrac{6 \times 7}{2} + 18 = 60$

이때 $a_1 = -4$이므로 $a_7 = a_1 + 60 = -4 + 60 = 56$

$\therefore a_1 + a_7 = -4 + 56 = 52$

0785

답 ②

$a_{n+1} = a_n + 2^{n+1}$의 n에 1, 2, 3, $\cdots$, $n-1$을 차례대로 대입하면

$a_2 = a_1 + 2^2$

$a_3 = a_2 + 2^3$

$a_4 = a_3 + 2^4$

$\qquad \vdots$

$a_n = a_{n-1} + 2^n$

위의 식을 변끼리 더하면

$a_n = a_1 + 2^2 + 2^3 + 2^4 + \cdots + 2^n$

$\qquad = 3 + \dfrac{2^2(2^{n-1} - 1)}{2 - 1} = 2^{n+1} - 1$ $(\because a_1 = 3)$

$a_k = 255$에서

$2^{k+1} - 1 = 255$

$2^{k+1} = 256 = 2^8$, $k + 1 = 8$

$\therefore k = 7$

0786

답 8

$a_{n+1} - a_n = \dfrac{1}{\sqrt{n+1} + \sqrt{n}} = \dfrac{\sqrt{n+1} - \sqrt{n}}{(\sqrt{n+1} + \sqrt{n})(\sqrt{n+1} - \sqrt{n})}$

$\qquad = \sqrt{n+1} - \sqrt{n}$ $\qquad \cdots\cdots$ ㉠

㉠의 n에 1, 2, 3, $\cdots$, 15를 차례대로 대입하면

$a_2 - a_1 = \sqrt{2} - \sqrt{1}$

$a_3 - a_2 = \sqrt{3} - \sqrt{2}$

$a_4 - a_3 = \sqrt{4} - \sqrt{3}$

$\qquad \vdots$

$a_{16} - a_{15} = \sqrt{16} - \sqrt{15}$

위의 식을 변끼리 더하면

$a_{16} - a_1 = \sqrt{16} - \sqrt{1} = 4 - 1 = 3$

$\therefore a_{16} = a_1 + 3 = 5 + 3 = 8$

0787

답 29

$a_{n+1}=\dfrac{n+3}{n+1}a_n$의 n에 $1, 2, 3, \cdots, n-1$을 차례대로 대입하면

$a_2=\dfrac{4}{2}a_1$

$a_3=\dfrac{5}{3}a_2$

$a_4=\dfrac{6}{4}a_3$

$\vdots$

$a_{n-1}=\dfrac{n+1}{n-1}a_{n-2}$

$a_n=\dfrac{n+2}{n}a_{n-1}$

위의 식을 변끼리 곱하면

$a_n=\dfrac{4}{2}\times\dfrac{5}{3}\times\dfrac{6}{4}\times\cdots\times\dfrac{n+1}{n-1}\times\dfrac{n+2}{n}\times a_1$

$\quad\ =\dfrac{(n+1)(n+2)}{6}\ (\because a_1=1)$

$\therefore a_5+a_{10}=\dfrac{6\times7}{6}+\dfrac{11\times12}{6}=7+22=29$

다른 풀이

$a_{n+1}=\dfrac{n+3}{n+1}a_n$에서 $a_{n+1}=\dfrac{n+3}{n+2}\times\dfrac{n+2}{n+1}a_n$이므로

양변을 $(n+3)(n+2)$로 나누면

$\dfrac{a_{n+1}}{(n+3)(n+2)}=\dfrac{a_n}{(n+2)(n+1)}=\dfrac{a_{n-1}}{(n+1)n}$

$\qquad\qquad\qquad =\cdots=\dfrac{a_1}{3\times2}=\dfrac{1}{6}\ (\because a_1=1)$

즉, $\dfrac{a_5}{7\times6}=\dfrac{1}{6}$에서 $a_5=7$

$\dfrac{a_{10}}{12\times11}=\dfrac{1}{6}$에서 $a_{10}=22$

$\therefore a_5+a_{10}=7+22=29$

0788

답 ④

$a_{n+1}=4^n a_n$의 n에 $1, 2, 3, 4, 5$를 차례대로 대입하면

$a_2=4^1 a_1$

$a_3=4^2 a_2$

$a_4=4^3 a_3$

$a_5=4^4 a_4$

$a_6=4^5 a_5$

위의 식을 변끼리 곱하면

$a_6=4\times4^2\times4^3\times4^4\times4^5\times a_1$

$\quad\ =4^{1+2+3+4+5}\times2\ (\because a_1=2)$

$\quad\ =4^{\frac{5\times6}{2}}\times2$

$\quad\ =4^{15}\times2$

$\quad\ =2^{30}\times2=2^{31}$

$\therefore \log_2 a_6=\log_2 2^{31}=31$

0789

답 $\dfrac{8}{11}$

$a_{n+1}=\dfrac{(n+1)(n+3)}{(n+2)^2}a_n$의 n에 $1, 2, 3, \cdots, 9$를 차례대로 대입하면

$a_2=\dfrac{2\times4}{3\times3}\times a_1$

$a_3=\dfrac{3\times5}{4\times4}\times a_2$

$a_4=\dfrac{4\times6}{5\times5}\times a_3$

$\vdots$

$a_{10}=\dfrac{10\times12}{11\times11}\times a_9$

위의 식을 변끼리 곱하면

$a_{10}=\dfrac{2\times4}{3\times3}\times\dfrac{3\times5}{4\times4}\times\dfrac{4\times6}{5\times5}\times\cdots\times\dfrac{10\times12}{11\times11}\times a_1$

$\quad\ =\dfrac{2}{3}\times\dfrac{12}{11}\times1\ (\because a_1=1)$

$\quad\ =\dfrac{8}{11}$

다른 풀이

$a_{n+1}=\dfrac{(n+1)(n+3)}{(n+2)^2}a_n$의 양변에 $\dfrac{n+2}{n+3}$를 곱하면

$\dfrac{n+2}{n+3}a_{n+1}=\dfrac{n+1}{n+2}a_n=\dfrac{n}{n+1}a_{n-1}$

$\qquad\qquad\qquad =\cdots=\dfrac{1+1}{1+2}a_1=\dfrac{2}{3}\ (\because a_1=1)$

따라서 $\dfrac{11}{12}a_{10}=\dfrac{2}{3}$이므로 $a_{10}=\dfrac{8}{11}$

0790

답 ③

$\sqrt{n}\,a_{n+1}=\sqrt{n+1}\,a_n$의 n에 $1, 2, 3, \cdots, n-1$을 차례대로 대입하면

$\sqrt{1}\,a_2=\sqrt{2}\,a_1$

$\sqrt{2}\,a_3=\sqrt{3}\,a_2$

$\sqrt{3}\,a_4=\sqrt{4}\,a_3$

$\vdots$

$\sqrt{n-1}\,a_n=\sqrt{n}\,a_{n-1}$

위의 식을 변끼리 곱하면

$a_n=\sqrt{n}\,a_1=\sqrt{n}\ (\because a_1=1)$

$\therefore \displaystyle\sum_{k=1}^{10}(a_{k+1})^2=\sum_{k=1}^{10}(k+1)$

$\qquad\qquad\quad =\dfrac{10\times11}{2}+1\times10$

$\qquad\qquad\quad =55+10=65$

다른 풀이

$\sqrt{n}\,a_{n+1}=\sqrt{n+1}\,a_n$에서

$\dfrac{a_{n+1}}{\sqrt{n+1}}=\dfrac{a_n}{\sqrt{n}}\ (n=1, 2, 3, \cdots)$

$\therefore \dfrac{a_n}{\sqrt{n}}=\dfrac{a_{n-1}}{\sqrt{n-1}}=\dfrac{a_{n-2}}{\sqrt{n-2}}=\cdots=\dfrac{a_1}{\sqrt{1}}=1\ (\because a_1=1)$

따라서 $a_n=\sqrt{n}$이므로

$\displaystyle\sum_{k=1}^{10}(a_{k+1})^2=\sum_{k=1}^{10}(k+1)$

$\qquad\qquad\quad =\dfrac{10\times11}{2}+1\times10$

$\qquad\qquad\quad =55+10=65$

유형 05 여러 가지 수열의 귀납적 정의

0791
답 186

$a_1=1$이고 $a_{n+1}=2a_n+3$의 n에 1, 2, 3, 4, 5를 차례대로 대입하면
$a_2=2a_1+3=2\times1+3=5$
$a_3=2a_2+3=2\times5+3=13$
$a_4=2a_3+3=2\times13+3=29$
$a_5=2a_4+3=2\times29+3=61$
$a_6=2a_5+3=2\times61+3=125$
$\therefore a_5+a_6=61+125=186$

다른 풀이

$a_{n+1}=2a_n+3$이 $a_{n+1}-\alpha=2(a_n-\alpha)$ (α는 상수)로 변형된다고 하면 $a_{n+1}=2a_n-\alpha$이므로
$-\alpha=3$ $\therefore \alpha=-3$
즉, $a_{n+1}+3=2(a_n+3)$이므로 수열 $\{a_n+3\}$은 첫째항이
$a_1+3=1+3=4$, 공비가 2인 등비수열이다.
따라서 $a_n+3=4\times2^{n-1}=2^{n+1}$이므로
$a_n=2^{n+1}-3$
$\therefore a_5+a_6=(2^6-3)+(2^7-3)$
$\qquad\qquad=61+125=186$

0792
답 ④

$a_1=1$이고 $a_{n+1}=a_n+2\sin\dfrac{n}{6}\pi$의 n에 1, 2, 3, 4를 차례대로 대입하면
$a_2=a_1+2\sin\dfrac{\pi}{6}=1+2\times\dfrac{1}{2}=2$
$a_3=a_2+2\sin\dfrac{\pi}{3}=2+2\times\dfrac{\sqrt{3}}{2}=2+\sqrt{3}$
$a_4=a_3+2\sin\dfrac{\pi}{2}=2+\sqrt{3}+2\times1=4+\sqrt{3}$
$a_5=a_4+2\sin\dfrac{2}{3}\pi=4+\sqrt{3}+2\times\dfrac{\sqrt{3}}{2}=4+2\sqrt{3}$

따라서 $p=4$, $q=2$이므로
$p+q=4+2=6$

0793
답 ①

$a_1=\dfrac{1}{3}$이고 $a_{n+1}=\dfrac{a_n}{3a_n+1}$의 n에 1, 2, 3, …을 차례대로 대입하면

$a_2=\dfrac{a_1}{3a_1+1}=\dfrac{\dfrac{1}{3}}{3\times\dfrac{1}{3}+1}=\dfrac{1}{6}$

$a_3=\dfrac{a_2}{3a_2+1}=\dfrac{\dfrac{1}{6}}{3\times\dfrac{1}{6}+1}=\dfrac{1}{9}$

$a_4=\dfrac{a_3}{3a_3+1}=\dfrac{\dfrac{1}{9}}{3\times\dfrac{1}{9}+1}=\dfrac{1}{12}$

⋮

$a_n=\dfrac{1}{3n}$

$\therefore a_{10}=\dfrac{1}{3\times10}=\dfrac{1}{30}$

다른 풀이

$a_{n+1}=\dfrac{a_n}{3a_n+1}$에서

$\dfrac{1}{a_{n+1}}=\dfrac{3a_n+1}{a_n}$ $\therefore \dfrac{1}{a_{n+1}}=\dfrac{1}{a_n}+3$ …… ㉠

즉, 수열 $\left\{\dfrac{1}{a_n}\right\}$은 첫째항이 $\dfrac{1}{a_1}=3$, 공차가 3인 등차수열이므로

$\dfrac{1}{a_n}=3+(n-1)\times3=3n$ $\therefore a_n=\dfrac{1}{3n}$

$\therefore a_{10}=\dfrac{1}{3\times10}=\dfrac{1}{30}$

0794
답 6

$a_{n+1}+(-1)^n\times a_n=3^{n-1}$에서
$a_{n+1}=3^{n-1}-(-1)^n\times a_n$ …… ㉠
$a_1=1$이고 ㉠의 n에 1, 2, 3, …을 차례대로 대입하면
$a_2=3^0-(-1)^1\times a_1=1-(-1)\times1=2$
$a_3=3^1-(-1)^2\times a_2=3-1\times2=1$
$a_4=3^2-(-1)^3\times a_3=9-(-1)\times1=10$
$a_5=3^3-(-1)^4\times a_4=27-1\times10=17$
$a_6=3^4-(-1)^5\times a_5=81-(-1)\times17=98$
$a_7=3^5-(-1)^6\times a_6=243-1\times98=145$
⋮
따라서 $a_k<100$인 자연수 k의 최댓값은 6이다.

0795
답 31

$a_n+a_{n+1}=n$의 n에 2, 4, 6, 8, 10을 차례대로 대입하면
$a_2+a_3=2$
$a_4+a_5=4$
$a_6+a_7=6$
$a_8+a_9=8$
$a_{10}+a_{11}=10$
$\therefore \sum\limits_{k=1}^{11}a_k=a_1+(a_2+a_3)+(a_4+a_5)+\cdots+(a_{10}+a_{11})$
$\qquad\qquad=1+(2+4+6+8+10)\ (\because a_1=1)$
$\qquad\qquad=31$

유형 06 여러 가지 수열의 귀납적 정의 – 경우에 따라 다르게 정의되는 수열

0796
답 ④

주어진 식의 n에 1, 2, 3, 4, 5를 차례대로 대입하면
$a_1=2$는 짝수이므로 $a_2=a_1+1=2+1=3$
$a_2=3$은 홀수이므로 $a_3=2a_2-1=2\times3-1=5$

$a_3=5$는 홀수이므로 $a_4=3a_3-1=3\times5-1=14$

$a_4=14$는 짝수이므로 $a_5=a_4+1=14+1=15$

$a_5=15$는 홀수이므로 $a_6=5a_5-1=5\times15-1=74$

0797

답 9

$a_1=4\geq1$이므로

$a_2=3-2a_1=3-2\times4=-5$

$a_2<1$이므로

$a_3=a_2+p=-5+p$

(i) $a_3\geq1$, 즉 $p\geq6$일 때

$\quad a_4=3-2a_3=3-2(-5+p)=13-2p$

$\quad a_4=0$이 되려면 $13-2p=0$에서

$\quad p=\dfrac{13}{2}$

(ii) $a_3<1$, 즉 $p<6$일 때

$\quad a_4=a_3+p=(-5+p)+p=-5+2p$

$\quad a_4=0$이 되려면 $-5+2p=0$에서

$\quad p=\dfrac{5}{2}$

(i), (ii)에서 $a_4=0$이 되도록 하는 모든 실수 p의 값의 합은

$\dfrac{13}{2}+\dfrac{5}{2}=9$

0798

답 ③

a_1은 홀수이므로 $a_2=a_1+3$

a_2는 짝수이므로 $a_3=\dfrac{1}{2}a_2=\dfrac{1}{2}(a_1+3)$

(i) a_3이 홀수인 경우

$\quad a_4=a_3+3=\dfrac{1}{2}(a_1+3)+3=8$에서

$\quad a_1+3=10 \qquad \therefore a_1=7$

(ii) a_3이 짝수인 경우

$\quad a_4=\dfrac{1}{2}a_3=\dfrac{1}{4}(a_1+3)=8$에서

$\quad a_1+3=32 \qquad \therefore a_1=29$

(i), (ii)에서 $a_4=8$이 되도록 하는 모든 a_1의 값의 합은

$7+29=36$

0799

답 ⑤

주어진 식의 n에 1, 2, 3, 4를 차례대로 대입하면

$-\dfrac{1}{2}<a_1<0$이므로 $a_2=a_1+1$

$\dfrac{1}{2}<a_2<1$이므로 $a_3=-2a_2+1=-2(a_1+1)+1=-2a_1-1$

$-1<a_3<0$이므로 $a_4=a_3+1=(-2a_1-1)+1=-2a_1$

$0<a_4<1$이므로 $a_5=-2a_4+1=-2\times(-2a_1)+1=4a_1+1$

이때 $-1<a_5<1$이므로

(i) $-1<a_5<0$일 때

$\quad a_6=a_5+1>0$이므로 $a_6=-\dfrac{1}{2}$을 만족시키지 않는다.

(ii) $0\leq a_5<1$일 때

$\quad a_6=-2a_5+1=-2(4a_1+1)+1=-8a_1-1$

$\quad a_6=-\dfrac{1}{2}$이므로 $-8a_1-1=-\dfrac{1}{2}$

$\quad -8a_1=\dfrac{1}{2} \qquad \therefore a_1=-\dfrac{1}{16}$

(i), (ii)에서 $a_1=-\dfrac{1}{16}$이므로

$a_2=a_1+1=-\dfrac{1}{16}+1=\dfrac{15}{16}$

$\therefore a_1+a_2=-\dfrac{1}{16}+\dfrac{15}{16}=\dfrac{7}{8}$

유형 07 **여러 가지 수열의 귀납적 정의
  - 같은 수가 반복되는 수열**

0800

답 ②

$a_1=\dfrac{1}{2}$이고 $a_{n+1}=\dfrac{2a_n-1}{3a_n-1}$의 n에 1, 2, 3, …을 차례대로 대입하면

$a_2=\dfrac{2a_1-1}{3a_1-1}=\dfrac{2\times\dfrac{1}{2}-1}{3\times\dfrac{1}{2}-1}=0$

$a_3=\dfrac{2a_2-1}{3a_2-1}=\dfrac{2\times0-1}{3\times0-1}=1$

$a_4=\dfrac{2a_3-1}{3a_3-1}=\dfrac{2\times1-1}{3\times1-1}=\dfrac{1}{2}$

$\quad\vdots$

즉, 수열 $\{a_n\}$의 항은 $\dfrac{1}{2}$, 0, 1이 이 순서대로 반복되므로 모든 자연수 n에 대하여 $a_{n+3}=a_n$이다.

$\therefore a_{10}+a_{20}=a_1+a_2=\dfrac{1}{2}+0=\dfrac{1}{2}$

0801

답 4

주어진 식의 n에 1, 2, 3, …을 차례대로 대입하면

$a_1=\dfrac{1}{4}\leq1$이므로 $a_2=2a_1=2\times\dfrac{1}{4}=\dfrac{1}{2}$

$a_2=\dfrac{1}{2}\leq1$이므로 $a_3=2a_2=2\times\dfrac{1}{2}=1$

$a_3=1\leq1$이므로 $a_4=2a_3=2\times1=2$

$a_4=2>1$이므로 $a_5=\dfrac{a_4-1}{4}=\dfrac{2-1}{4}=\dfrac{1}{4}$

$\quad\vdots$

즉, 수열 $\{a_n\}$의 항은 $\dfrac{1}{4}$, $\dfrac{1}{2}$, 1, 2가 이 순서대로 반복되므로 모든 자연수 n에 대하여 $a_{n+4}=a_n$이다.

$\therefore a_5+a_{10}+a_{15}+a_{20}+a_{25}=a_1+a_2+a_3+a_4+a_1$

$$=\dfrac{1}{4}+\dfrac{1}{2}+1+2+\dfrac{1}{4}=4$$

0802

답 37

$a_1=2$이고 주어진 식의 n에 1, 2, 3, $\cdots$을 차례대로 대입하면

$a_2=\dfrac{1}{a_1}=\dfrac{1}{2}$

$a_3=6a_2=6\times\dfrac{1}{2}=3$

$a_4=\dfrac{1}{a_3}=\dfrac{1}{3}$

$a_5=6a_4=6\times\dfrac{1}{3}=2$

$\vdots$

따라서 수열 $\{a_n\}$의 항은 2, $\dfrac{1}{2}$, 3, $\dfrac{1}{3}$이 이 순서대로 반복되므로 모든 자연수 n에 대하여 $a_{n+4}=a_n$이다.

$\therefore \displaystyle\sum_{k=1}^{25}a_k=\sum_{k=1}^{24}a_k+a_{25}$

$$=6(a_1+a_2+a_3+a_4)+a_1$$

$$=6\times\left(2+\dfrac{1}{2}+3+\dfrac{1}{3}\right)+2$$

$$=6\times\dfrac{35}{6}+2=37$$

0803

답 18

$a_1=1$, $a_2=2$이고 $a_{n+2}=\dfrac{a_{n+1}+1}{a_n}$의 n에 1, 2, 3, $\cdots$을 차례대로 대입하면

$a_3=\dfrac{a_2+1}{a_1}=\dfrac{2+1}{1}=3$

$a_4=\dfrac{a_3+1}{a_2}=\dfrac{3+1}{2}=2$

$a_5=\dfrac{a_4+1}{a_3}=\dfrac{2+1}{3}=1$

$a_6=\dfrac{a_5+1}{a_4}=\dfrac{1+1}{2}=1$

$a_7=\dfrac{a_6+1}{a_5}=\dfrac{1+1}{1}=2$

$\vdots$

즉, 수열 $\{a_n\}$의 항은 1, 2, 3, 2, 1이 이 순서대로 반복되므로 모든 자연수 n에 대하여 $a_{n+5}=a_n$이다.

$\therefore \displaystyle\sum_{k=1}^{10}a_{2k}=2(a_2+a_4+a_6+a_8+a_{10})$

$$=2(a_2+a_4+a_1+a_3+a_5)$$

$$=2\times(2+2+1+3+1)$$

$$=2\times9=18$$

0804

답 88

$a_1=4$이고 $a_{n+1}=(a_n^3+1$을 5로 나누었을 때의 나머지)이므로

$a_2=(a_1^3+1$, 즉 65를 5로 나누었을 때의 나머지)$=0$

$a_3=(a_2^3+1$, 즉 1을 5로 나누었을 때의 나머지)$=1$

$a_4=(a_3^3+1$, 즉 2를 5로 나누었을 때의 나머지)$=2$

$a_5=(a_4^3+1$, 즉 9를 5로 나누었을 때의 나머지)$=4$

$\vdots$

즉, 수열 $\{a_n\}$의 항은 4, 0, 1, 2가 이 순서대로 반복되므로 모든 자연수 n에 대하여 $a_{n+4}=a_n$이다.

$\therefore \displaystyle\sum_{k=1}^{50}a_k=\sum_{k=1}^{48}a_k+a_{49}+a_{50}$

$$=12(a_1+a_2+a_3+a_4)+a_1+a_2$$

$$=12\times(4+0+1+2)+4+0$$

$$=88$$

0805

답 ③

$a_2=p$라 하고 조건 ㈎의 식의 n에 1, 2, 3, 4를 차례대로 대입하면

$a_3=a_1-2=5-2=3$ ($\because a_1=5$)

$a_4=a_2-2=p-2$

$a_5=a_3-2=3-2=1$

$a_6=a_4-2=(p-2)-2=p-4$

조건 ㈏에 의하여 수열 $\{a_n\}$의 항은 5, p, 3, $p-2$, 1, $p-4$가 이 순서대로 반복되고

$\displaystyle\sum_{k=1}^{6}a_k=5+p+3+(p-2)+1+(p-4)=3p+3$

이므로

$\displaystyle\sum_{k=1}^{20}a_k=\sum_{k=1}^{18}a_k+a_{19}+a_{20}$

$$=3\sum_{k=1}^{6}a_k+a_1+a_2$$

$$=3(3p+3)+5+p=10p+14$$

따라서 $10p+14=134$이므로

$10p=120$ $\therefore p=12$

$\therefore a_2=12$

0806

답 48

$S_n=\dfrac{2}{3}a_n+1$에서 $S_{n+1}=\dfrac{2}{3}a_{n+1}+1$

이때 $a_{n+1}=S_{n+1}-S_n$이므로

$a_{n+1}=\dfrac{2}{3}a_{n+1}+1-\left(\dfrac{2}{3}a_n+1\right)$, $\dfrac{1}{3}a_{n+1}=-\dfrac{2}{3}a_n$

$\therefore a_{n+1}=-2a_n$

따라서 수열 $\{a_n\}$은 첫째항이 $a_1=3$, 공비가 -2인 등비수열이므로

$a_n=3\times(-2)^{n-1}$

$\therefore a_5=3\times(-2)^4=48$

다른 풀이 ❶

$S_n = \dfrac{2}{3}a_n + 1$에서 $S_{n+1} = \dfrac{2}{3}a_{n+1} + 1$ ...... ㉠

$a_{n+1} = S_{n+1} - S_n$을 ㉠에 대입하면

$S_{n+1} = \dfrac{2}{3}(S_{n+1} - S_n) + 1$, $\dfrac{1}{3}S_{n+1} = -\dfrac{2}{3}S_n + 1$

$\therefore S_{n+1} = -2S_n + 3$ ...... ㉡

$S_1 = a_1 = 3$이고 ㉡의 n에 1, 2, 3, 4를 차례대로 대입하면

$S_2 = -2S_1 + 3 = -2 \times 3 + 3 = -3$

$S_3 = -2S_2 + 3 = -2 \times (-3) + 3 = 9$

$S_4 = -2S_3 + 3 = -2 \times 9 + 3 = -15$

$S_5 = -2S_4 + 3 = -2 \times (-15) + 3 = 33$

$\therefore a_5 = S_5 - S_4 = 33 - (-15) = 48$

다른 풀이 ❷

$S_n = \dfrac{2}{3}a_n + 1$에서 $S_{n+1} = \dfrac{2}{3}a_{n+1} + 1$ ...... ㉠

$a_{n+1} = S_{n+1} - S_n$을 ㉠에 대입하면

$S_{n+1} = \dfrac{2}{3}(S_{n+1} - S_n) + 1$, $\dfrac{1}{3}S_{n+1} = -\dfrac{2}{3}S_n + 1$

$\therefore S_{n+1} = -2S_n + 3$

$S_{n+1} = -2S_n + 3$이 $S_{n+1} - \alpha = -2(S_n - \alpha)$ (α는 상수)로 변형된다고 하면 $S_{n+1} = -2S_n + 3\alpha$이므로

$3\alpha = 3$ $\therefore \alpha = 1$

즉, $S_{n+1} - 1 = -2(S_n - 1)$이므로 수열 $\{S_n - 1\}$은 첫째항이 $S_1 - 1 = a_1 - 1 = 3 - 1 = 2$, 공비가 -2인 등비수열이다.

따라서 $S_n - 1 = 2 \times (-2)^{n-1}$이므로

$S_n = 2 \times (-2)^{n-1} + 1$

$\therefore a_5 = S_5 - S_4 = 33 - (-15) = 48$

0807 답 ①

$2S_n - S_{n+1} = 0$에서 $S_{n+1} = 2S_n$이므로 수열 $\{S_n\}$은 공비가 2인 등비수열이다.

$\therefore S_n = S_1 \times 2^{n-1}$

이때 $S_2 = 8$이므로 $S_1 \times 2 = 8$ $\therefore S_1 = 4$

따라서 $S_n = 4 \times 2^{n-1} = 2^2 \times 2^{n-1} = 2^{n+1}$이므로

$a_8 = S_8 - S_7 = 2^9 - 2^8 = 512 - 256 = 256$

이고 $a_1 = S_1 = 4$

$\therefore a_1 + a_8 = 4 + 256 = 260$

다른 풀이

$2S_n - S_{n+1} = 0$에서 $S_{n+1} = 2S_n$

$S_{n+1} = 2S_n$의 n에 1, 2, 3, $\cdots$, 7을 차례대로 대입하면

$S_2 = 2S_1 = 8$ ...... ㉠

$S_3 = 2S_2 = 2 \times 8 = 16$

$S_4 = 2S_3 = 2 \times 16 = 32$

$S_5 = 2S_4 = 2 \times 32 = 64$

$S_6 = 2S_5 = 2 \times 64 = 128$

$S_7 = 2S_6 = 2 \times 128 = 256$

$S_8 = 2S_7 = 2 \times 256 = 512$

$\therefore a_8 = S_8 - S_7 = 512 - 256 = 256$

㉠에서 $S_1 = 4$이므로 $a_1 = 4$

$\therefore a_1 + a_8 = 4 + 256 = 260$

0808 답 78

$a_{n+1} = S_n + 2n$ ($n \geq 1$) ...... ㉠

㉠의 n에 $n-1$을 대입하면

$a_n = S_{n-1} + 2n - 2$ ($n \geq 2$) ...... ㉡

㉠ $-$ ㉡을 하면 $a_{n+1} - a_n = S_n - S_{n-1} + 2$

$a_{n+1} - a_n = a_n + 2$

$\therefore a_{n+1} = 2a_n + 2$ ($n \geq 2$) ...... ㉢

이때 ㉠에 $n=1$을 대입하면

$a_2 = S_1 + 2 \times 1 = 1 + 2 = 3$ ($\because S_1 = 1$)

㉢의 n에 2, 3, 4, 5를 차례대로 대입하면

$a_3 = 2a_2 + 2 = 2 \times 3 + 2 = 8$

$a_4 = 2a_3 + 2 = 2 \times 8 + 2 = 18$

$a_5 = 2a_4 + 2 = 2 \times 18 + 2 = 38$

$a_6 = 2a_5 + 2 = 2 \times 38 + 2 = 78$

유형 09 수열의 귀납적 정의의 활용

0809 답 ⑤

수직선 위의 점 P_n의 좌표를 a_n이라 하면

$a_{n+2} = \dfrac{1 \times a_{n+1} + 2 \times a_n}{1 + 2}$

$\therefore a_{n+2} = \dfrac{a_{n+1} + 2a_n}{3}$ ...... ㉠

$a_1 = 0$, $a_2 = 81$이고 ㉠의 n에 1, 2, 3, 4를 차례대로 대입하면

$a_3 = \dfrac{a_2 + 2a_1}{3} = \dfrac{81 + 2 \times 0}{3} = 27$

$a_4 = \dfrac{a_3 + 2a_2}{3} = \dfrac{27 + 2 \times 81}{3} = 63$

$a_5 = \dfrac{a_4 + 2a_3}{3} = \dfrac{63 + 2 \times 27}{3} = 39$

$a_6 = \dfrac{a_5 + 2a_4}{3} = \dfrac{39 + 2 \times 63}{3} = 55$

따라서 점 P_6의 좌표는 55이다.

0810 답 195

$a_2 = a_1 + 9 = a_1 + 3 \times 3$

$a_3 = a_2 + 12 = a_2 + 3 \times 4$

$a_4 = a_3 + 15 = a_3 + 3 \times 5$

$\vdots$

$a_{10} = a_9 + 3 \times 11$

위의 식을 변끼리 더하면

$a_{10} = a_1 + 3 \times (3 + 4 + 5 + \cdots + 11)$

$= 6 + 3 \times \dfrac{9 \times (3 + 11)}{2}$ ($\because a_1 = 6$)

$= 6 + 189 = 195$

다른 풀이

[n단계]의 도형 아래에 ($n+1$)개의 정육각형을 붙이면

맨 왼쪽에 ⌐ 모양 1개, 맨 오른쪽에 ⌐ 모양 1개, 그 사이에 ⋏

모양 n개가 추가되므로

$a_{n+1}=a_n+3+3+3n=a_n+3(n+2)$

즉, $a_{n+1}-a_n=3(n+2)$이므로

$a_{10}=(a_{10}-a_9)+(a_9-a_8)+(a_8-a_7)+\cdots+(a_2-a_1)+a_1$

$\quad\quad=3\times11+3\times10+3\times9+\cdots+3\times3+6\ (\because a_1=6)$

$\quad\quad=3\times(2+3+4+\cdots+11)$

$\quad\quad=3\times\dfrac{10\times(2+11)}{2}=3\times65=195$

0811

답 ③

n명의 회원이 참석하였을 때 악수는 총 a_n번 이루어지고, $(n+1)$번째 회원이 들어오면서 n명과 각각 한 번씩 추가로 악수해야 하므로

$a_{n+1}=a_n+n$ ...... ㉠

㉠의 n에 1, 2, 3, $\cdots$, 11을 차례대로 대입하면

$a_2=a_1+1$

$a_3=a_2+2$

$a_4=a_3+3$

$\vdots$

$a_{12}=a_{11}+11$

위의 식을 변끼리 더하면

$a_{12}=a_1+1+2+3+\cdots+11$

$\quad\quad=0+\dfrac{11\times12}{2}\ (\because a_1=0)$

$\quad\quad=66$

다른 풀이

n명이 모두 한 번씩 악수할 때, 악수의 총 횟수는 n명 중 악수할 2명을 택하는 조합의 수와 같으므로

$a_n={}_nC_2=\dfrac{n(n-1)}{2}$

$\therefore a_{12}=\dfrac{12\times11}{2}=66$

0812

답 100

a_1은 올해 말 물고기 수이므로 올해 초 물고기 수에서 30 %가 감소된 후 2000마리가 추가된다.

$\therefore a_1=10000\times(1-0.3)+2000=9000$

또한 $(n+1)$년째 말의 물고기 수는 n년째 말의 물고기 수에서 30 %가 감소된 후 2000마리가 추가되므로

$a_{n+1}=a_n\times(1-0.3)+2000$

$\therefore a_{n+1}=0.7a_n+2000$

따라서 $a=9000$, $p=0.7$, $q=2000$이므로

$\dfrac{a-q}{100p}=\dfrac{9000-2000}{100\times0.7}=100$

0813

답 12

10 %의 소금물 100 g과 6 %의 소금물 100 g을 섞은 소금물의 농도가 a_1 %이므로

$\dfrac{10}{100}\times100+\dfrac{6}{100}\times100=\dfrac{a_1}{100}\times(100+100)$

$16=2a_1$ $\therefore a_1=8$

a_n %의 소금물 100 g과 6 %의 소금물 100 g을 섞은 소금물의 농도가 a_{n+1} %이므로

$\dfrac{a_n}{100}\times100+\dfrac{6}{100}\times100=\dfrac{a_{n+1}}{100}\times(100+100)$

$a_n+6=2a_{n+1}$ $\therefore a_{n+1}=\dfrac{1}{2}a_n+3$

따라서 $a=8$, $p=\dfrac{1}{2}$, $q=3$이므로

$apq=8\times\dfrac{1}{2}\times3=12$

유형 10 **수학적 귀납법**

0814

답 ②

명제 $p(n)$이 모든 홀수 n에 대하여 성립함을 증명하려면 먼저 $p(1)$이 참임을 보여야 한다.

'$p(1)$이 참일 때, $p(k)$가 참이면 $p(k+2)$도 참이다.'를 보이면 $p(1)$, $p(3)$, $p(5)$, $p(7)$, $\cdots$이 참이다.

따라서 보기 중 반드시 보여야 할 것은 ㄱ, ㄷ이다.

참고

'$p(1)$이 참일 때, $p(k)$가 참이면 $p(2k+1)$도 참이다.'를 보이면 $p(1)$, $p(3)$, $p(7)$, $p(15)$, $\cdots$가 참이다.

0815

답 ③

$p(k)$와 $p(k+1)$이 참일 때, $p(k+2)$가 참이므로

$p(5)$, $p(6)$이 참이면 $p(7)$도 참이다.

$p(6)$, $p(7)$이 참이면 $p(8)$도 참이다.

$p(7)$, $p(8)$이 참이면 $p(9)$도 참이다.

$\vdots$

따라서 명제 $p(n)$이 5 이상의 모든 자연수 n에 대하여 성립함을 증명하기 위해서는 $p(5)$, $p(6)$이 참임을 반드시 보여야 한다.

0816

답 ④

조건 ㈎에서 $p(1)$이 참이므로

조건 ㈏에 의하여 $p(3)$, $p(3^2)$, $p(3^3)$, $\cdots$이 참이고,

조건 ㈐에 의하여 $p(7)$, $p(7^2)$, $p(7^3)$, $\cdots$이 참이다.

또한 조건 ㈏에 의하여 $p(3\times7)$, $p(3^2\times7)$, $p(3^3\times7)$, $\cdots$이 참이고, 조건 ㈐에 의하여 $p(3\times7^2)$, $p(3^2\times7^2)$, $p(3^3\times7^2)$, $\cdots$이 참이다.

즉, 음이 아닌 정수 a, b에 대하여 $p(3^a\times7^b)$ 꼴의 명제는 반드시 참이다.

① $42=2\times3\times7$ ② $70=2\times5\times7$

③ $126=2\times3^2\times7$ ④ $189=3^3\times7$

⑤ $231=3\times7\times11$

따라서 반드시 참인 명제는 ④이다.

0817
답 ②

(i) $n=1$일 때,

(좌변)$=\boxed{2}$, (우변)$=1\times2=\boxed{2}$

이므로 주어진 등식이 성립한다.

(ii) $n=k$일 때, 주어진 등식이 성립한다고 가정하면

$$2+4+6+\cdots+2k=k(k+1)$$

위의 식의 양변에 $\boxed{2k+2}$를 더하면

$$2+4+6+\cdots+2k+\boxed{2k+2}=k(k+1)+\boxed{2k+2}$$
$$=k^2+3k+2$$
$$=(k+1)(\boxed{k+2})$$

따라서 $n=k+1$일 때도 주어진 등식이 성립한다.

(i), (ii)에 의하여 모든 자연수 n에 대하여 주어진 등식이 성립한다.

$\therefore a=2$, $f(k)=2k+2$, $g(k)=k+2$

$\therefore \dfrac{f(a)}{g(a)}=\dfrac{f(2)}{g(2)}=\dfrac{6}{4}=\dfrac{3}{2}$

0818
답 ⑤

(i) $n=1$일 때,

(좌변)$=\boxed{\dfrac{1}{2}}$, (우변)$=2-\dfrac{1+2}{2^1}=\boxed{\dfrac{1}{2}}$

이므로 주어진 등식이 성립한다.

(ii) $n=k$일 때, 주어진 등식이 성립한다고 가정하면

$$\dfrac{1}{2}+\dfrac{2}{4}+\dfrac{3}{8}+\cdots+\dfrac{k}{2^k}=\boxed{2-\dfrac{k+2}{2^k}}$$

위의 식의 양변에 $\dfrac{k+1}{2^{k+1}}$을 더하면

$$\dfrac{1}{2}+\dfrac{2}{4}+\dfrac{3}{8}+\cdots+\dfrac{k}{2^k}+\dfrac{k+1}{2^{k+1}}=\boxed{2-\dfrac{k+2}{2^k}}+\dfrac{k+1}{2^{k+1}}$$
$$=2-\dfrac{2(k+2)}{2^{k+1}}+\dfrac{k+1}{2^{k+1}}$$
$$=\boxed{2-\dfrac{k+3}{2^{k+1}}}$$

따라서 $n=k+1$일 때도 주어진 등식이 성립한다.

(i), (ii)에 의하여 모든 자연수 n에 대하여 주어진 등식이 성립한다.

$\therefore a=\dfrac{1}{2}$, $f(k)=2-\dfrac{k+2}{2^k}$, $g(k)=2-\dfrac{k+3}{2^{k+1}}$

$\therefore a+f(3)+g(3)=\dfrac{1}{2}+\left(2-\dfrac{5}{8}\right)+\left(2-\dfrac{6}{16}\right)=\dfrac{7}{2}$

0819
답 88

(i) $n=1$일 때,

(좌변)$=1\times2^1=\boxed{2}$, (우변)$=(-1)\times2^2+6=\boxed{2}$

이므로 주어진 등식이 성립한다.

(ii) $n=k$일 때, 주어진 등식이 성립한다고 가정하면

$$1\times2+3\times2^2+5\times2^3+\cdots+(2k-1)\times2^k$$
$$=(2k-3)\times2^{k+1}+6$$

위의 식의 양변에 $\boxed{(2k+1)\times2^{k+1}}$을 더하면

$$1\times2+3\times2^2+5\times2^3+\cdots+(2k-1)\times2^k+\boxed{(2k+1)\times2^{k+1}}$$
$$=(2k-3)\times2^{k+1}+6+\boxed{(2k+1)\times2^{k+1}}$$
$$=\{(2k-3)+(2k+1)\}\times2^{k+1}+6$$
$$=2(2k-1)\times2^{k+1}+6$$
$$=\boxed{(2k-1)\times2^{k+2}}+6$$

따라서 $n=k+1$일 때도 주어진 등식이 성립한다.

(i), (ii)에 의하여 모든 자연수 n에 대하여 주어진 등식이 성립한다.

$\therefore a=2$, $f(k)=(2k+1)\times2^{k+1}$, $g(k)=(2k-1)\times2^{k+2}$

$\therefore f(a)+g(a)=f(2)+g(2)=5\times2^3+3\times2^4$
$$=40+48=88$$

0820
답 ②

(i) $n=1$일 때,

$3^2-1=8$이므로 8의 배수이다.

(ii) $n=k$일 때, $3^{2n}-1$이 8의 배수라 가정하면

$3^{2k}-1=8m$ (m은 자연수)으로 놓을 수 있으므로

$3^{2k}=8m+1$

$n=k+1$일 때,

$3^{(\boxed{2k+2})}-1=9\times3^{2k}-1$
$$=9\times(8m+1)-1$$
$$=72m+8$$
$$=8(\boxed{9m+1})$$

따라서 $n=k+1$일 때도 $3^{2n}-1$은 8의 배수이다.

(i), (ii)에 의하여 모든 자연수 n에 대하여 $3^{2n}-1$은 8의 배수이다.

$\therefore f(k)=2k+2$, $g(m)=9m+1$

$\therefore f(4)+g(8)=10+73=83$

0821
답 40

(i) $n=1$일 때,

$2^1+3^{3\times1-2}=2+3=\boxed{5}$이므로 5의 배수이다.

(ii) $n=k$일 때, 2^n+3^{3n-2}이 5의 배수라 가정하면

$2^k+3^{3k-2}=5m$ (m은 자연수)으로 놓을 수 있다.

$n=k+1$일 때,

$2^{k+1}+3^{3(k+1)-2}=2\times2^k+3^3\times3^{3k-2}$
$$=2\times2^k+2\times3^{3k-2}+25\times3^{3k-2}$$
$$=2\times(2^k+3^{3k-2})+25\times3^{3k-2}$$
$$=2\times5m+25\times3^{3k-2}$$
$$=\boxed{10}\times m+\boxed{25}\times3^{3k-2}$$

이때 $\boxed{10}\times m$과 $\boxed{25}\times3^{3k-2}$이 모두 5의 배수이므로

$2^{k+1}+3^{3(k+1)-2}$도 5의 배수이다.

따라서 $n=k+1$일 때도 2^n+3^{3n-2}은 5의 배수이다.

(i), (ii)에 의하여 모든 자연수 n에 대하여 2^n+3^{3n-2}은 5의 배수이다.

$\therefore a=5,\ b=10,\ c=25$

$\therefore a+b+c=40$

유형 13 수학적 귀납법 – 부등식의 증명

0822 답 ①

(i) $n=1$일 때,

(좌변)$=3^1-1=2$, (우변)$=2\times1=2$

이므로 주어진 부등식이 성립한다.

(ii) $n=k\ (k\geq1)$일 때, 주어진 부등식이 성립한다고 가정하면

$3^k-1\geq2k$ $\qquad\cdots\cdots$ ㉠

이때

$\begin{aligned}(3^{k+1}-1)-\boxed{2(k+1)}&=3^{k+1}-3-2k\\&=\boxed{3}\times(3^k-1)-2k\\&\geq\boxed{3}\times\boxed{2k}-2k\ (\because\ ㉠)\\&=4k>0\end{aligned}$

즉, $3^{k+1}-1\geq\boxed{2(k+1)}$

따라서 $n=k+1$일 때도 주어진 부등식이 성립한다.

(i), (ii)에 의하여 모든 자연수 n에 대하여 주어진 부등식이 성립한다.

$\therefore a=3,\ f(k)=2(k+1),\ g(k)=2k$

$\therefore f(a)\times g(a)=f(3)\times g(3)=8\times6=48$

0823 답 ①

(i) $n=1$일 때,

(좌변)$=\dfrac{4!}{8}=\dfrac{24}{8}=\boxed{3}$, (우변)$=2^1=2$

이므로 부등식 ㉠이 성립한다.

(ii) $n=k\ (k\geq1)$일 때, 부등식 ㉠이 성립한다고 가정하면

$\dfrac{(k+3)!}{8}>2^k$

위의 식의 양변에 $\boxed{k+4}$를 곱하면

$\begin{aligned}\dfrac{(k+3)!}{8}\times(\boxed{k+4})&>2^k\times(\boxed{k+4})\\&=2^k\times k+2^k\times4\\&=k\times2^k+2^{k+2}\\&>2^{k+1}\end{aligned}$

즉, $\dfrac{(k+4)!}{8}>2^{k+1}$

따라서 $n=\boxed{k+1}$일 때도 부등식 ㉠이 성립한다.

(i), (ii)에 의하여 모든 자연수 n에 대하여 부등식 ㉠이 성립한다.

$\therefore a=3,\ f(k)=k+4,\ g(k)=k+1$

$\therefore f(a)\times g(a)=f(3)\times g(3)=7\times4=28$

0824 답 ③

(i) $n=2$일 때,

(좌변)$=1+\dfrac{1}{2^2}=\boxed{\dfrac{5}{4}}$, (우변)$=2-\dfrac{1}{2}=\dfrac{3}{2}$

이므로 부등식 ㉠이 성립한다.

(ii) $n=k\ (k\geq2)$일 때, 부등식 ㉠이 성립한다고 가정하면

$1+\dfrac{1}{2^2}+\dfrac{1}{3^2}+\cdots+\dfrac{1}{k^2}<2-\dfrac{1}{k}$

위의 식의 양변에 $\boxed{\dfrac{1}{(k+1)^2}}$을 더하면

$1+\dfrac{1}{2^2}+\dfrac{1}{3^2}+\cdots+\dfrac{1}{k^2}+\boxed{\dfrac{1}{(k+1)^2}}<2-\dfrac{1}{k}+\boxed{\dfrac{1}{(k+1)^2}}$

그런데 $k\geq2$이므로

$\begin{aligned}&\left\{2-\dfrac{1}{k}+\dfrac{1}{(k+1)^2}\right\}-\left(\boxed{2-\dfrac{1}{k+1}}\right)\\&=-\dfrac{1}{k}+\dfrac{1}{(k+1)^2}+\dfrac{1}{k+1}\\&=\dfrac{-(k+1)^2+k+k(k+1)}{k(k+1)^2}\\&=-\dfrac{1}{k(k+1)^2}<0\end{aligned}$

즉, $1+\dfrac{1}{2^2}+\dfrac{1}{3^2}+\cdots+\dfrac{1}{k^2}+\dfrac{1}{(k+1)^2}<\boxed{2-\dfrac{1}{k+1}}$

따라서 $n=k+1$일 때도 부등식 ㉠이 성립한다.

(i), (ii)에 의하여 $n\geq2$인 모든 자연수 n에 대하여 부등식 ㉠이 성립한다.

$\therefore a=\dfrac{5}{4},\ f(k)=\dfrac{1}{(k+1)^2},\ g(k)=2-\dfrac{1}{k+1}$

$\therefore \dfrac{a}{f(1)\times g(2)}=\dfrac{\dfrac{5}{4}}{\dfrac{1}{4}\times\dfrac{5}{3}}=3$

PART B 기출 & 기출변형 문제

0825 답 ③

주어진 식의 n에 1, 2, 3, $\cdots$, 7을 차례대로 대입하면

$a_2=-(2a_1-1)=-2a+1\ (\because\ a_1=a)$

$a_3=2a_2-1=2(-2a+1)-1=-4a+1$

$a_4=a_3+3=(-4a+1)+3=-4a+4$

$a_5=2a_4-1=2(-4a+4)-1=-8a+7$

$a_6=-(2a_5-1)=-2a_5+1=-2(-8a+7)+1=16a-13$

$a_7=a_6+3=(16a-13)+3=16a-10$

$a_8=-(2a_7-1)=-2a_7+1=-2(16a-10)+1=-32a+21$

이때 $a_3=a_8$이므로 $-4a+1=-32a+21$

$28a=20$ $\qquad\therefore a=\dfrac{5}{7}$

첫째항이 a인 수열 $\{a_n\}$은 모든 자연수 n에 대하여

$$a_{n+1}=\begin{cases} a_n+(-1)^n\times 2 & (n\text{이 3의 배수가 아닌 경우}) \\ a_n+1 & (n\text{이 3의 배수인 경우}) \end{cases}$$

를 만족시킨다. $a_{15}=43$일 때, a의 값은?

① 35 ② 36 ③ 37 ④ 38 ⑤ 39

조건 (나)의 $a_{n+1}-a_n=n$에서 $a_{n+1}=a_n+n$이므로

이 식의 n에 5, 6, 7을 차례대로 대입하면

$a_6=a_5+5$

$a_7=a_6+6=(a_5+5)+6=a_5+11$

$a_8=a_7+7=(a_5+11)+7=a_5+18$

이를 $\sum\limits_{n=5}^{8}a_n=54$에 대입하면

$a_5+(a_5+5)+(a_5+11)+(a_5+18)=54$

$4a_5+34=54$ $\therefore a_5=5$

0826

$a_1=a\ (a>0)$, $a_2=-3$이고 $a_{n+2}=a_{n+1}-a_n$의 n에 1, 2, 3, …을 차례대로 대입하면

$a_3=a_2-a_1=-3-a$

$a_4=a_3-a_2=(-3-a)-(-3)=-a$

$a_5=a_4-a_3=(-a)-(-3-a)=3$

$a_6=a_5-a_4=3-(-a)=3+a$

$a_7=a_6-a_5=(3+a)-3=a$

$a_8=a_7-a_6=a-(3+a)=-3$

$\vdots$

이때 $a>0$이므로

$|a_1|=a$, $|a_2|=3$, $|a_3|=3+a$,

$|a_4|=a$, $|a_5|=3$, $|a_6|=3+a$, …

와 같이 $|a_k|$의 값은 a, 3, $3+a$가 이 순서대로 반복된다.

$\therefore \sum\limits_{k=1}^{10}|a_k|=\sum\limits_{k=1}^{9}|a_k|+|a_{10}|$

$=\sum\limits_{k=1}^{9}|a_k|+|a_1|$

$=3(a+3+3+a)+a$

$=7a+18$

즉, $7a+18=60$이므로 $7a=42$

$\therefore a=6$

수열 $\{a_n\}$은 $a_1=9$, $a_2=3$이고, 모든 자연수 n에 대하여

$$a_{n+2}=a_{n+1}-a_n$$

을 만족시킨다. $|a_k|=3$을 만족시키는 100 이하의 자연수 k의 개수를 구하시오.

0827

조건 (가)에 의하여

$\sum\limits_{n=1}^{8}a_n=(a_1+a_5)+(a_2+a_6)+(a_3+a_7)+(a_4+a_8)$

$=15\times 4=60$

이때 $\sum\limits_{n=1}^{4}a_n=6$이므로

$\sum\limits_{n=1}^{8}a_n-\sum\limits_{n=5}^{8}a_n=6$, $60-\sum\limits_{n=5}^{8}a_n=6$

$\therefore \sum\limits_{n=5}^{8}a_n=54$

0828

주어진 식의 n에 1, 2, 3, …을 차례대로 대입하면

$a_1=6>4$이므로 $a_2=\dfrac{a_1}{4-a_1}=\dfrac{6}{4-6}=-3$

$a_2=-3\le 4$이므로 $a_3=a_2+3=-3+3=0$

$a_3=0\le 4$이므로 $a_4=a_3+3=0+3=3$

$a_4=3\le 4$이므로 $a_5=a_4+3=3+3=6$

$\vdots$

즉, 수열 $\{a_n\}$의 항은 6, -3, 0, 3이 이 순서대로 반복되므로 모든 자연수 n에 대하여 $a_{n+4}=a_n$이다.

n의 값에 따라 a_n, $\sum\limits_{k=1}^{n}a_k$의 값을 구하면 다음 표와 같다.

n	1	2	3	4	5	6	7	8	9	10	11	12	…
a_n	6	-3	0	3	6	-3	0	3	6	-3	0	3	…
$\sum\limits_{k=1}^{n}a_k$	6	3	3	6	12	9	9	12	18	15	15	18	…

따라서 $\sum\limits_{k=1}^{m}a_k=18$을 만족시키는 자연수 m의 최솟값은 9이다.

수열 $\{a_n\}$의 항은 6, -3, 0, 3이 이 순서대로 반복되므로

$$\sum\limits_{k=1}^{4}a_k=\sum\limits_{k=5}^{8}a_k=\sum\limits_{k=9}^{12}a_k=\cdots=6+(-3)+0+3=6$$

에 착안하여 $\sum\limits_{k=1}^{12}a_k=3\sum\limits_{k=1}^{4}a_k=18$로부터 자연수 m의 최솟값을 12로 잘못 구하지 않도록 주의한다.

첫째항이 1인 수열 $\{a_n\}$이 모든 자연수 n에 대하여

$$a_{n+1}=\begin{cases} 2a_n & (a_n<7) \\ a_n-7 & (a_n\ge 7) \end{cases}$$

일 때, $\sum\limits_{k=1}^{8}a_k$의 값은?

① 30 ② 32 ③ 34 ④ 36 ⑤ 38

0829

(i) $n=3$일 때, $A_3=\{(1, 2), (1, 3), (2, 3)\}$이므로

$a_3=\dfrac{2+3+3}{3}=\dfrac{8}{3}$이고 $\dfrac{2\times 3+2}{3}=\dfrac{8}{3}$이다.

그러므로 $a_n=\dfrac{2n+2}{3}$가 성립한다.

(ii) $n=k$ ($k \geq 3$)일 때, $a_k = \dfrac{2k+2}{3}$가 성립한다고 가정하자.

$n=k+1$일 때,

$A_{k+1}=A_k \cup \{(1, k+1), (2, k+1), \cdots, (k, k+1)\}$이고 집합 A_k의 원소의 개수는 k 이하의 자연수 중에서 2개를 선택하는 조합의 수와 같으므로

$$_k\mathrm{C}_2 = \boxed{\dfrac{k(k-1)}{2}}$$

또한 집합 $\{(1, k+1), (2, k+1), \cdots, (k, k+1)\}$에서 q의 값의 합은 $(k+1)\times k$이므로

$$a_{k+1} = \dfrac{\boxed{\dfrac{k(k-1)}{2}} \times \dfrac{2k+2}{3} + \boxed{k(k+1)}}{_{k+1}\mathrm{C}_2}$$
$$= \dfrac{2k+4}{3} = \dfrac{2(k+1)+2}{3}$$

이다. 따라서 $n=k+1$일 때도 $a_n = \dfrac{2n+2}{3}$가 성립한다.

(i), (ii)에 의하여 3 이상의 자연수 n에 대하여 $a_n = \dfrac{2n+2}{3}$이다.

$$\therefore f(k) = \dfrac{k(k-1)}{2}, \quad g(k) = k(k+1)$$

$$\therefore f(10) + g(9) = \dfrac{10 \times 9}{2} + 9 \times 10$$
$$= 45 + 90 = 135$$

0830

답 ③

수열 $\{a_n\}$의 첫째항이 자연수이므로 귀납적 정의에 의하여 수열 $\{a_n\}$의 모든 항은 자연수이다.

이때 $a_6+a_7=3$에서

$a_6=1$, $a_7=2$ 또는 $a_6=2$, $a_7=1$

이어야 하므로 다음과 같이 두 경우로 나누어 생각할 수 있다.

(i) $a_6=1$, $a_7=2$인 경우

$a_6=1$이 홀수이므로 $a_7=2^{a_6}=2$로 가능하다.

a_5가 홀수이면 $a_6=2^{a_5}=1$에서 $a_5=0$이지만 자연수가 아니다.

a_5가 짝수이면 $a_6=\dfrac{1}{2}a_5=1$에서 $a_5=2$로 가능하다.

a_4가 홀수이면 $a_5=2^{a_4}=2$에서 $a_4=1$로 가능하다.

a_4가 짝수이면 $a_5=\dfrac{1}{2}a_4=2$에서 $a_4=4$로 가능하다.

같은 규칙으로 가능한 a_1의 값을 구하면 다음 표와 같다.

a_7	a_6	a_5	a_4	a_3	a_2	a_1
2	1	2	1	2	1	2
					4	8
			4	8	3	6
					16	32

따라서 이 경우 모든 a_1의 값의 합은

$$2+8+6+32=48$$

(ii) $a_6=2$, $a_7=1$인 경우

(i)과 같은 방법으로 하여 가능한 a_1의 값을 구하면 다음 표와 같다.

a_7	a_6	a_5	a_4	a_3	a_2	a_1
1	2	1	2	1	2	1
						4
				4	8	3
						16
		4	8	3	6	12
				16	32	5
						64

따라서 이 경우 모든 a_1의 값의 합은

$$1+4+3+16+12+5+64=105$$

(i), (ii)에서 $a_6+a_7=3$이 되도록 하는 모든 a_1의 값의 합은

$$48+105=153$$

0831

답 ⑤

a_{n+1}이 3의 배수가 아니면 $a_{n+2}=a_{n+1}+a_n$ $\qquad$ …… ㉠

a_{n+1}이 3의 배수이면 $a_{n+2}=\dfrac{1}{3}a_{n+1}$ $\qquad$ …… ㉡

$a_7=40=3\times 13+1$이므로 a_6의 값에 따라 다음 세 경우로 나누어 생각할 수 있다.

(i) a_6이 3의 배수, 즉 $a_6=3k$ (k는 자연수) 꼴이면

$a_8=a_7+a_6=40+3k$ (∵ ㉠)

$a_9=a_8+a_7=80+3k$ (∵ ㉠)

또한 $a_7=\dfrac{1}{3}a_6$ (∵ ㉡)이므로

$40=\dfrac{1}{3}\times 3k$에서 $k=40$

$$\therefore a_9=80+3\times 40=200$$

(ii) $a_6=3k+1$ (k는 음이 아닌 정수) 꼴이면

$a_8=a_7+a_6=41+3k$ (∵ ㉠)

$a_9=a_8+a_7=81+3k$ (∵ ㉠)

또한 $a_7=a_6+a_5$ (∵ ㉠)이므로

$a_5=a_7-a_6=40-(3k+1)=39-3k=3(13-k)$

이때 $a_6=\dfrac{1}{3}a_5$ (∵ ㉡)이므로

$3k+1=\dfrac{1}{3}\times 3(13-k)$에서 $4k=12$, $k=3$

$$\therefore a_9=81+3\times 3=90$$

(iii) $a_6=3k+2$ (k는 음이 아닌 정수) 꼴이면

$a_8=a_7+a_6=42+3k=3(14+k)$ (∵ ㉠)

$a_9=\dfrac{1}{3}a_8=14+k$ (∵ ㉡)

또한 $a_7=a_6+a_5$ (∵ ㉠)이므로

$a_5=a_7-a_6=40-(3k+2)=38-3k$

$a_6=a_5+a_4$ (∵ ㉠)이므로

$a_4=a_6-a_5=3k+2-(38-3k)=6k-36=3(2k-12)$

이때 $a_5=\dfrac{1}{3}a_4$ (∵ ㉡)이므로

$38-3k=\dfrac{1}{3}\times 3(2k-12)$에서 $5k=50$, $k=10$

$$\therefore a_9=14+10=24$$

(i)~(iii)에서 a_9의 최댓값은 $M=200$, 최솟값은 $m=24$이므로

$M+m=224$